WISSENSCHAFTLICHE BEITRÄGE
AUS DEM TECTUM VERLAG

Reihe Sozialwissenschaften

WISSENSCHAFTLICHE BEITRÄGE
AUS DEM TECTUM VERLAG

Reihe Sozialwissenschaften

Band 28

Klaus Maylein

Die Jagd - Bedeutung und Ziele.

Von den Treibjagden der Steinzeit
bis ins 21. Jahrhundert

Tectum Verlag

Klaus Maylein

Die Jagd - Bedeutung und Ziele.
Von den Treibjagden der Steinzeit bis ins 21. Jahrhundert
Wissenschaftliche Beiträge aus dem Tectum Verlag:
Reihe: Sozialwissenschaften; Bd. 28

Zugl.: Konstanz, Univ. Diss. 2005

ISBN: 978-3-8288-2182-8

ISSN: 1861-8049

Umschlagabbildungen: Joachim von Sandrart: Der November (1643), Joadl: Hunter in Italy Stavoli (2008); JulieFisher: Hunting Silhouette | istockphoto.com

Besuchen Sie uns im Internet
www.tectum-verlag.de

Bibliografische Informationen der Deutschen Bibliothek
Die Deutsche Bibliothek verzeichnet diese Publikation in der Deutschen Nationalbibliografie; detaillierte bibliografische Angaben sind im Internet über http://dnb.ddb.de abrufbar.

MORS PORTA VITAE
IN MEMORIAM

Meinem Vater (1914 - 1990)
Meinem Bruder (1957 - 1990)

Danke

Mein Dank gilt zuallererst Herrn Prof. Dr. Hans-Georg Soeffner, der eine Arbeit wie die Vorliegende durch seine Unterstützung überhaupt erst ermöglicht hat. Ebenso danke ich Herrn Prof. Dr. Werner Georg für die Erstellung des Zweitgutachtens.
Weiterhin danke ich insbesondere Herrn Torsten Pflittner für seine kritischen Anmerkungen und das Korrekturlesen verschiedener Kapitel. Einen herzlichen Dank auch an Frau Julia Koch, die unermüdlich der deutschen Rechtschreibung auf der Spur war. Bei der Familie Brändle und hier insbesondere bei Gillian Brändle möchte ich mich für die englischsprachige Unterstützung recht herzlich bedanken.

Bedanken möchte ich mich ebenfalls beim Landesjagdverband Baden-Württemberg und hier insbesondere der Geschäftsstelle in Stuttgart, deren Mitarbeiter mir zu Beginn der Arbeit einige Literatur zur Verfügung gestellt haben. Ein herzliches Dankeschön auch an den Ökologischen Jagdverein Baden-Württemberg e.V., der in vieler Hinsicht diese Arbeit unterstützt hat - meistens ohne es zu wissen.

Ganz besonders bedanken möchte ich mich bei meiner Mutter, Elisabeth Maylein, die mir zu jeder Zeit jedwede Unterstützung zukommen ließ, die sich ein Sohn nur wünschen kann.

Mein herzlichster Dank aber gilt meiner zukünftigen Ehefrau Cerstin Nölker, ohne deren Kraft und Geduld diese Arbeit nicht hätte fertig gestellt werden können.

Ravensburg im April 2006
Klaus F. Maylein

Inhaltsverzeichnis

I Vorwort: Relevanz einer soziologischen Analyse der Jagdgeschichte

I.1 Einige Worte vorab

Den Ausgangspunkt der vorliegenden Arbeit bilden die gesamtgesellschaftlichen Entwicklungen der letzten dreißig Jahre, die auf Jagd und Jäger einen starken multifaktoriellen Einfluss ausgeübt haben. Diese Entwicklungen wurden bis heute in ihren sicht- und spürbaren Wirkungen auf die Jagd, auf ihre Funktion und ihre Praxis, wissenschaftlich weitgehend vernachlässigt. Im Rahmen der vorliegenden Arbeit wird die Gesamtheit der Entwicklungen seit den 1970er Jahren in ihren Auswirkungen auf die Gesellschaft und insbesondere auf die Jagd als ein kultureller Bruch umrissen, um diese kulturelle Zäsur von den früheren historischen Brüchen innerhalb der Jagdgeschichte abgrenzen zu können. Jene früheren historischen Brüche waren bis in die deutsche Nachkriegszeit überwiegend sozialer Art, basierend auf Zugangsbeschränkungen, auf Inklusionen und Exklusionen, die sich am gesellschaftlichen Stand, an Reputation oder Einkommen orientierten und damit strikt hierarchisch waren. So war z. B. im frühen Mittelalter die Jagd noch ein Jedermannsrecht, während im Hohen Mittelalter und der frühen Neuzeit die ersten umfassenden Zugangsbeschränkungen dieses Recht allmählich beschnitten. Erst mit der Revolution 1848/49 wurde die Jagd abermals ein freies Recht, während die jagdrechtliche Reaktion[1] von 1850 erneut zu Beschränkungen führte, die teilweise bis heute ihre Gültigkeit besitzen. Jagd und Jagdmöglichkeit konnten seit der Reaktion zuverlässig an sozialen Status, an Kapital und Titel gebunden werden. Trotz oder gerade wegen den sozialen Beschränkungen entwickelte sich parallel zum bürgerlich-adligen Waidmann eine bäuerlich-jagdliche Subkultur, die nicht an Distinktion sondern vielmehr entlang jagdlicher Effizienz orientiert war. Mit der Verabschiedung des Reichsjagdgesetzes 1934 gelang es jedoch diese unerwünschte bäuerlich-jagdliche Subkultur zurückzudrängen und die waidmännische Jagd als eine Tugend und als Jagdleitkultur zu etablieren. Im 21. Jahrhundert dagegen erfährt die jagdliche Subkultur der bäuerlichen Jagdpraxis eine nun ihrerseits institutionell gefestigte und gestützte Renaissance, in dem sie das traditionale Waidwerk langsam aber stetig zurückzudrängen scheint. Dabei sind es nicht so sehr die Bauern, die diese Entwicklung öffentlichkeitswirksam forcieren, als vielmehr die Forstberufe, die seit den 1970er Jahren die „jagdgrüne Larvenhaut des waidgerechten

[1] „Reaktion" bezeichnet die faktische Aufhebung der allgemeinen Jagdfreiheit von 1850. Nur 16 Monate nach Inkrafttreten des preußischen Jagdgesetzes im Oktober 1848 wurde die allgemeine Jagdfreiheit erneut aufgehoben. Das Jagdausübungsrecht wurde vom Jagdrecht getrennt, was zum Ausschluss der meisten Grundeigentümer von der Jagd führte. Diese Trennung besteht bis heute. Allerdings sei darauf verwiesen, dass unser heutiges Jagdrecht die Möglichkeiten des Grundeigentümers zur Schadensabwehr auf den eigenen Flächen restriktiver einschränkt, als es das Jagdgesetz des preußischen Monarchen Friedrich Wilhelm noch im Jahre 1850 tat. Unter Friedrich Wilhelm hatten die Grundeigentümer vielfältige Möglichkeiten der Schadenabwehr, sei es mit Hilfe von Hunden, durch Klappern oder durch Zäune.

Försters"[2] abzustreifen begannen und stattdessen einer ökologischen und wildbiologischen Betrachtungsweise den Vortritt gaben. Dieser Prozess hält bis heute an. Jener aktuelle und als kulturell bezeichnete Bruch unterscheidet sich damit insbesondere durch seine Loslösung von den früheren sozialen und hierarchischen Bezügen, basierend auf einer strikt modernen Form von Risikoabwägungen und Verantwortlichkeiten gegenüber einigen ökologischen Faktoren sowie den spezifisch ökonomischen Zwängen einer auf Ertrag ausgerichteten Forst- und Landwirtschaft. Die Jagd beginnt sich im 21. Jahrhundert auf verschiedenen Ebenen zu demokratisieren[3]; als soziale Distinktion verliert sie vor diesem Hintergrund immer mehr ihre Bedeutsamkeit. Der Druck von Außen auf das System der Jagd nimmt derart zu, dass die Einbindung des Jägers in vielfache Verantwortlichkeiten und Funktionen Jagd als soziale Distinktion uninteressant werden lässt. Die Widerstände werden zu groß, nicht nur in den eigenen Reihen sondern auch vom administrativen System und von Seiten einer stärker werdenden Jagdgegnerschaft. Die stetige Einengung jagdlicher Autarkie drängt den „Jäger aus Prestige" immer deutlicher zurück und beginnt Raum für jagdliche Handwerker zu schaffen, die die früheren (vor dem Reichsjagdgesetz) bäuerlichen Jagdpraktiken zu neuem Leben erwecken. Wir erleben momentan eine Renaissance sowohl in der Jagdpraxis als auch im jagdlichen Denken. Die Gründe für diesen aktuell andauernden kulturellen Bruch liegen ebenso in der Spezifikation der Zivilisation verborgen, wie es für die sozialen Brüche in den Zeiten davor der Fall war. Der Mensch, insbesondere auf der nördlichen Hemisphäre, wirkt zwischenzeitlich nicht nur regional sondern vielmehr global auf geographisch entfernte Teile des Globus ein ohne direkt vor Ort mit Maschinen oder Menschen präsent sein zu müssen. Er hat sich selbst in die Lage versetzt, Natur auf weltweite Distanzen zu zerstören, zumindest aber zu beeinträchtigen und in diesem Sinne bereits einen kultivierenden (im Sinne von Zerstörung) Einfluss sowohl regional-direkt als auch global-indirekt auszuüben. Der von Ulrich Beck verwandte Begriff für eine solche Gesellschaftsform leitet sich aus den Risikopotenzialen dieses spezifischen Zivilisationsstandes: Risikogesellschaft. Ihr Merkmal ist ein wissenschaftlich-technologisches Übergewicht, welches systemimmanent mehr Risiken produziert als tatsächlich abgesichert werden können. Dadurch wird deutlich, dass Verantwortung im Rahmen einer solchen Gesellschaft einen anderen Inhalt zur Folge haben muss, als in den traditionalen Gesellschaften vorindustrieller Zeit. Der Verantwortungsbegriff regelt in der gegenwärtigen Risikogesellschaft nicht primär privates und vergangenes Verhalten, sondern richtet sich an institutionelle Adressaten und an das öffentlich-politische Handeln von Gegenwart und Zukunft[4]. Bestandteil unserer Verantwor-

---

2 Zitiert nach Ulrich Schraml, Die Normen der Jäger, S. 42. Das Originalzitat stammt von Georg Sperber, Aus Jägertum entstanden ist deutsche Försterei..., in: Allgemeine Forstzeitung 24, S. 678-680.

3 Die Organisationsstrukturen werden durchsichtiger, vielfältiger und die Denk- und Handlungsweise liberaler. Das ist nicht zuletzt deshalb der Fall, weil die durchaus auch jagdlich provozierten ökologischen Schäden der vergangenen Jahrzehnte deutlich sichtbar und spürbar auf alle Gesellschaftsmitglieder einwirken. Die Jagd als soziale Distinktion ist hierarchisch, während ihre Auswirkungen demokratisch sind.

4 Vgl. dazu die Ausführungen bei Eduard Zwierlein, Verantwortung in der Risikogesellschaft, in: Eduard Zwierlein (Hrsg.), Verantwortung in der Risikogesellschaft, S. 24.

tung ist nicht mehr nur die menschliche Existenz, sondern ausdrücklich auch die non-humane Umwelt, deren räumliche, zeitliche und faktische Grenzen durch die Industrialisierungsprozesse weitgehend aufgehoben wurden. So kommt Eduard Zwierlein zu dem Ergebnis, dass Verantwortung in der Risikogesellschaft einer treuhänderischen Präventivverantwortung gleichkommt, die Kontinuität stiften, nachhaltig wirtschaften und die Freiheitsgrade kommender Generationen nicht unnötig verkleinern darf, im Resultat als „biophile Zukunftsethik" ihre Bindung an intergenerationelle Pflichten anerkennen und die Lebenschancen kommender Generationen mitbedenken müsse[5]. Dieser neue, spezifisch risikogesellschaftliche Verantwortungsbegriff ist insofern für das System der Jagd und damit für den Jäger von großer Bedeutung, als dass die mehrheitlich orthodox ausgerichtete, traditionale Jagdpraxis und das damit verbundene jagdliche Selbstverständnis auf kurzfristigem und egoistischem Kalkül beruhen - basierend auf Kapitalgutvernichtung (Verhinderung des Aufbaus naturnaher Mischwaldbestände durch Schalenwildüberhege, Bodenerosion, pflanzensoziologische Entmischung, etc.) - was langfristig für kommende Generationen zu einem Problem werden könnte. Zwischenzeitlich scheint es die Aufgabe von externen (außerhalb des Jagdsystems liegenden) Institutionen geworden zu sein, diesen Verantwortungsbegriff von außen an das relativ abgeschlossene System der Jagd heranzutragen und dieses System und seine traditionale, konservative Struktur zu durchbrechen. Hinreichenden Anlass dazu bieten die Konsequenzen eines überwiegend jagdkonservativen, orthodoxen Tuns genügend[6]. Das Ziel jener Institutionen, aber auch des politisch-administrativen Systems, ist es, den Jäger an seine Verantwortung zu erinnern, ihn zu einer festen Größe im ökoökonomischen System Wald-Wirtschaft-Umwelt zu machen, das heißt sein Handeln langfristig zu orientieren, die Potenziale seines jagdlichen Handelns auf interdependent-systemisches Denken zu transformieren, ihm seinen ökoökonomischen Generationenvertrag vor Augen zu halten um den Jäger schlussendlich zu einer „Ethik des Erhaltens, Bewahrens und Verhütens"[7] zu erziehen. Der Jäger heute ist eingebunden in ein System verschiedener Verantwortungen gegenüber einer nichtjagenden Gesellschaftsmehrheit und ihrem Recht auf eine intakte und funktionierende Waldstruktur auch oder gerade in den stadtnahen, gemeindlichen und kommunalen Räumen, während er auf der anderen Seite auch den ökonomischen Sachzwängen der staatlichen und privaten Forstwirtschaft in diesen Räumen verbunden bleibt. Dass man zwischen reiner Ökologie und reiner Ökonomie hinsichtlich der Jagd und ihrer Funktion sehr wohl bewusst unterscheiden muss, ist am Beispiel des Nationalparks Bayerischer Wald im Vergleich zu kleinstrukturierten Staats-, Gemeinde-, Kommunal- oder Privatwäldern zu verdeutlichen. Im Nationalpark existieren keine Ertragswünsche, keine wirtschaftlichen Zwänge oder gar ökonomische Zielvorgaben. Die Umwelt wirkt auf das Schutzge-

---

5 Vgl. ebd., S. 25.

6 Hier sei nur an die Auswirkungen der Schalenwildüberhege gedacht, an die Fütterungs- und Kirrungspraxis, die Schaffung jagdlicher Monokulturen durch Bekämpfung der Prädatoren bei gleichzeitiger Förderung der ohnehin stark präsenten Schalenwildarten, etc.

7 Vgl. dazu die Ausführungen bei Eduard Zwierlein, Verantwortung in der Risikogesellschaft, in: Eduard Zwierlein (Hrsg.), Verantwortung in der Risikogesellschaft, S. 25. Mit Erhalten und Bewahren ist jedoch ausdrücklich nicht die Schalenwildüberhege verstanden.

biet unter freiem Spiel vorhandener Kräfte ein, es findet keine Bejagung statt (zumindest nicht in den Kerngebieten), Prädatoren wie Luchs und Wolf übernehmen im Idealfall die Rolle des jagenden Menschen. Hier ist es vollkommen uninteressant, ob ganze Waldteile absterben, dem Sturm zum Opfer fallen oder der Borkenkäfer sein Werk verrichtet (welches unter strikt ökologischen Gesichtspunkten nicht bedenklich wäre) oder ob „jagdbare" Wildtiere reihenweise eines natürlichen Todes sterben oder einfach abwandern. Der Mensch stellt im Nationalpark keine wirtschaftlichen Ansprüche an das Biotop. Keine Ökonomie, keine einseitigen Egoismen, keine Konflikte. Die Verantwortung des Menschen reduziert sich auf die Erhaltung des Nationalparks als Großraum ohne weitere Kerneingriffe. Eine vollkommen andere Situation besteht dagegen in den zumeist kleinparzellierten (im Vergleich zum Bayerischen Nationalpark mit rund 25.000 Hektar) Staats-, Privat-, Kommunal-, oder sonstigen Wirtschaftswäldern. Hier herrschen ökonomische Zielvorgaben, Ertragsvorstellungen, Freizeitdruck und jagdliche Revieregoismen vor, die ein völlig anderes Management verlangen, als in den großen Schutzgebieten, in denen wenigstens einige der genannten Faktoren ausgeklammert werden können. Das Verantwortungsgefüge im Wirtschaftswald ist zweigeteilt, aber in sich nicht widersprüchlich; es ist ökologisch und ökonomisch gleichermaßen. Mittels der Gegenüberstellung von Zielvorgaben und Verantwortlichkeiten in Schutzgroßgebieten in Relation zu den Wirtschaftswäldern wird deutlich, dass der kulturelle Bruch, mit seiner höchsten Ausprägung in der Risikogesellschaft, aufgrund der höheren Zahl von Zielen und Verantwortungen (ökonomische Ziele zusammentreffend mit ökologischen Erfordernissen, Freizeitdruck, Jagddruck) gerade in den Wirtschaftsgebieten/Wirtschaftswäldern deutlichere Wirkungen zeigen muss als in den Nationalparken oder Großschutzgebieten. Damit ist auch das (jagdlich determinierte) Konfliktpotenzial im Wirtschaftswald wesentlich höher als in den Schutzgroßgebieten. Kulturell ist dieser gegenwärtig andauernde Bruch auch deshalb, weil es die Jagd in der Natur als eine der Zivilisation gegenüber stehende Größe nicht mehr gibt. Jagd findet heute innerhalb und nicht mehr außerhalb einer unberührten Natur als ein eigener Raum statt. Seit den letzten dreißig Jahren sehen wir uns gesamtgesellschaftlich konfrontiert mit Umweltkatastrophen, mit einer Inflationierung von Risiken und Gefahrenpotenzialen wie es Ulrich Beck nennt, gleichzeitig aber auch mit einer Verwissenschaftlichung aller Bereiche, insbesondere der Naturwissenschaften. All diese Entwicklungen haben zu einer Herausbildung eines ökologischen Gewissens geführt, zu einer Hinterfragung von Traditionen wie der Jagd, was letztlich dazu führte, dass „die ruhigen Zeiten der Jagd" schlagartig vorbei waren[8]. Spätestens mit den Auswirkungen der großen Sturmkatastrophen Vivian und Wiebke Anfang 1990 wurde darüber hinaus der Graben zwischen Försterei und privater Jägerei tiefer als zuvor. Die Kluft zwischen Tradition und Ratio (Orthodoxie - Heterodoxie) begann seit diesen Ereignissen stetig größer zu werden, was auch in den Diskussionen um die Bestrebungen der vormaligen rot-grünen Regierung zur Novellierung des Bundesjagdgesetzes sehr deutlich zutage trat. Die Praxis und die Ziele der Jagd haben sich seit den Stürmen von 1990 drastisch verändert. Aus den Ereignissen der letzten Jahrzehnte und deren Auswirkungen auf jagdlich zu erreichende Ziele, auf die Jagdfunktionen, hat sich mei-

8 Vgl. dazu bei Gerhard Frank, 120 Jahre organisierte Jägerschaft in Deutschland, S. 24f.

ne Fragestellung stetig weiter entwickelt und wurde auf diesem Wege zu einer umfassenden Kritik der Jagdgeschichte, insbesondere im Hinblick auf die ihr zugrunde liegenden Inhalte und Konzeptionen, die innerhalb der vergangenen 100 Jahre kaum einer Neubewertung unterzogen wurden. Jagdgeschichte ist eine Geschichte der stetigen Fortschreibung historischer Altbestände ohne jene inhaltlich und sachlich kritisch zu hinterfragen. Diese Linie möchte ich mit der vorliegenden Arbeit unterbrechen. Nicht die Deskription, sondern die Beantwortung der Frage, weshalb bestimmte Prozesse (Funktionalisierungen von Jagd) so und nicht anders stattgefunden haben, steht im Vordergrund. So gilt es die Funktionalisierung von Jagd durch die Epochen darzustellen und die Faktoren dafür auf der räumlichen, (herrschafts-) politischen, gesellschaftlichen Ebene zu analysieren. Die Jagd ist nur dann wissenschaftlich fassbar, wenn man sie innerhalb der epochenspezifischen Verfassungen der Gesellschaftsordnungen analysiert.

I.2 Der Einfluss des Zivilisationsprozesses auf die Jagd

Für den Jäger gibt es bekanntlich zwei Tageszeiten, die ihm jagdlichen Erfolg versprechen. Während er morgens in die Sonne hinein jagt, den Tag beginnt, nutzt er am Abend das letzte Büchsenlicht, die letzten Strahlen der Sonne, um Strecke (Beute) zu machen. Übersetzt in historisch-soziologische Bezüge befindet sich die Jagd in der Risikogesellschaft in einer Abenddämmerung die das Heraufziehen eines neuen Tages in Frage stellt. Während die Anti-Jagd Kampagnen aus verschiedenen Teilen der Gesellschaft immer stärker werden, droht die jagdliche Zukunft auf dem Altar jagdegoistischen Kalküls geopfert zu werden. Nur wenn es Jagd und Jäger gelingen sollte, ökonomische gleichwohl wie ökologische Funktionalität und Verantwortung zu übernehmen, sich aus den traditionalen Bezügen und Zwängen zu lösen, wird es eine jagdliche Zukunft geben können. Das klassisch-romantische Bild des Jägers, wie er mit geschulterter Büchse, den treuen Jagdhund am Fuße des Hochsitzes ablegend, seinen Stand bezieht, existiert auch heute noch und wird über Medien und Verbände - je nach Standpunkt - entweder gepflegt oder karikiert. Neben dem ideologisierten Bild gibt es diesen Jägertypus auch realiter und die Jäger, die dieses Bild „leben", sind ein spezifisches Abbild der bundesdeutschen Jagdordnung einerseits und einer in der Öffentlichkeit verbreiteten Vorstellung von Jagd und Jäger andererseits. Diese romantisierte Jagd ist aber auch ein Resultat der Nachkriegszeit, gewachsen unter dem Eindruck jener Wirtschaftswunderjahre und der relativen Sorglosigkeit in der noch jungen Bundesrepublik. Jenes Bild begann jedoch schon bald aus verschiedenen Gründen zu verblassen; der Jäger verlor vor dem Hintergrund des umfassenden Wandlungsprozesses von der Wirtschaftswunder- zur Risikogesellschaft allmählich seine ökologische Unschuld. An die Stelle des romantisierten und idealisierten Jagd- und Jägerbildes traten in den letzten drei Jahrzehnten teilweise erbitterte Diskussionen in der jagdlichen und forstlichen Presse als auch in den verschiedenen Öffentlichkeiten der Natur- und Tierschutzverbände, der Tierrechtsgruppen und der vielfältigen veganischen Gruppierungen. Diese Diskussionen, in die sich spätestens seit dem Regierungsintermezzo von Rot-Grün auch die Politik einbindet, sind getragen von zwei bestimmenden Größen: von nicht selten unter romantischen Eindrücken stehenden „waidmännischen" (orthodoxen) Emotionen einerseits und praxisorientierten (Zweck-)Rationalitäten

(Heterodoxien) andererseits. Längst sind diese beiden Faktoren nicht mehr eindeutig und final den differierenden Gruppierungen innerhalb der bundesdeutschen Jagdverbände, den Naturschutzgruppen oder den verschiedenen entweder jagdbeflissenen oder jagdkritischen politischen Parteien zuzuschreiben. Die Grenzen scheinen zu verwischen, auch wenn die Forstverwaltungen beziehungsweise deren Nachfolgeorganisationen und -strukturen nach den jüngsten anstehenden Verwaltungsreformen[9] der einzelnen Bundesländer nach wie vor die rationale Seite der Bejagung wildlebender Tiere vor dem Hintergrund ihres ökonomischen und ökologischen Anspruches sowie ihres Bourdieuschen Kapitals repräsentieren. Die Voraussetzungen der Forstverwaltungen hinsichtlich ihrer Kapitalsorten sowie ihrer Zielsetzungen sind es, die sie von dem häufig reviieregoistischen Denken einer überwiegend privaten (Pächter-)Jägerschaft unterscheiden[10]. So entstand der Konflikt zwischen der Jagd (emotional-egoistisch) und der Wildbewirtschaftung (rational-ökoökonomisch) im Verlauf der 1970er Jahre, verbunden mit der Realisierung in Politik und Wissenschaft, dass die Wohlstandsgesellschaft unabänderlich in eine Risikogesellschaft mündet. Dieser Konflikt, der zu tiefen Gräben zwischen den jeweiligen Vertretern oder Lagern führte, ist nach wie vor ein Strukturmerkmal der bundesdeutschen Jagd. So einfach diese Feststellung sein mag, so deutlich und klar die strukturellen Gründe dafür vor Augen liegen, so deutlich liegen hier die Konfliktpotenziale um die bundesdeutsche Jagd verborgen. Der Weg dorthin und schließlich auch darüber hinaus, wird im Rahmen der vorliegenden Arbeit stetig beschritten werden. So steht der historische Wandel, der von der Jagd zur Bewirtschaftung wildlebender Tierpopulationen und ihres Lebensraumes führte, immer im Vordergrund der hier angestrebten historisch-soziologischen Zielsetzung. Die Gründe für diesen Wandel müssen dabei in den epochenspezifischen Raumkonstruktionen gesucht werden, die ein begleitendes Moment des Zivilisationsprozesses sind, ja ihn letztlich sogar ausmachen, da die Unterschiede in den Raumkonstruktionen Brüche sozialer und kultureller Art im Zivilisationsprozess umschreiben. An ihnen ist die Abgrenzung von primitiv zu antik oder klassisch, von feudal und absolutistisch zu modern und von modern zu postmodern möglich. Die vorliegende Arbeit greift damit nicht die Absicht auf, individual-motivische Erklärungen für die Jagd zu finden, als vielmehr die Ausschöpfungsmöglichkeiten jagdlicher Potenziale in ihrem historischen Wandel aufzuzeigen, die unmittelbar

---

9 So werden in Baden-Württemberg bis zum Jahr 2005 die Forstämter in Auflösung gebracht und die bisherigen Aufgaben der Forstverwaltung in die Landratsämter eingegliedert. Bayern zieht nach dem Stand der Dinge Anfang 2004 wohl ebenfalls in den nächsten ein bis zwei Jahren nach.

10 Einen „ähnlichen" Bruch in den Jagdanschauungen zwischen der Försterei einerseits und den in die Jagd drängenden privaten Jäger gab es bereits zu Beginn des 19. Jahrhunderts, als die ersten zaghaften liberalen Ideen in die Jagd Einzug hielten. Da die Landesherren sich bis zur Revolution, insbesondere in Baden und in Württemberg, immer weiter zurückzogen, hielten sich die Förster für die nun berufenen Träger des Jagdwesens. Von ihrer Seite aus wurde auch vehement versucht, der Verpachtung von Jagden an bestimmte bürgerliche Kreise einen Riegel vorzuschieben. Vgl. dazu auch bei Karl Hasel, Auswirkungen der Revolution von 1848 und 1849 auf Wald und Jagd, auf Forstverwaltung und Forstbeamte, insbesondere in Baden, S. 107f. und 140f. Weiterhin dazu zusammenfassend auch bei Ulrich Schraml, Die Normen der Jäger, S. 27ff. Natürlich darf nicht außer Acht gelassen werden, dass die damaligen Motive der Försterei gänzlich andere waren als sie es heute sind.

mit den genannten Brüchen im Zivilisationsprozess und damit den Raumkonstruktionen zusammenhängen. Eine demzufolge rational-funktionale Betrachtung der Jagdgeschichte, ihrer Instrumentalisierungen, kann sich nur schwer mit ontologisch begründeten Motiven für die Jagd des Menschen begnügen. Jene können keine Legitimation für die Jagd begründen und führen vielmehr zu der Frage, ob die Gesellschaft den Jäger („diesen" Jäger) überhaupt braucht. Die vorliegende Arbeit folgt aus diesem Grunde nicht dem Weg der biologischen[11], sondern allein der funktionalen Hermeneutik, um auf diese Weise die Ansprüche der Gesellschaft an Jagd und Jäger reflektieren zu können.

I.2.1 Konkretisierung

In der genannten Kritik um Emotion und Rationalität im Rahmen der Bejagung wildlebender Tierarten steht dabei zunehmend auch das erwähnte bundesdeutsche Reviersystem, welches eine jagdrechtliche Ordnung bezeichnet, nach der die Jagd nur in Jagdbezirken ausgeübt werden darf, die nach den §§ 4-10a BJG ihre nähere Bestimmung erfahren[12]. Das Reviersystem hat zur Folge, dass diejenigen Grundeigentümer, die nicht über die erforderlichen Flächen verfügen um den Anforderungen an einen Eigenjagdbezirk[13] zu genügen in Jagdgenossenschaften per Gesetz „zwangsorganisiert"[14] werden. Da den Jagdgenossenschaftsmitgliedern in deren Gesamtheit zwar das Jagdrecht auf den Flächen der Genossenschaft eigen ist, sie jedoch selbst nicht automatisch das Jagdausübungsrecht auch wahrnehmen können[15], müssen sie jenes Jagdausübungsrecht an einen Jagdberechtigten in der Regel

---

11 Ganz anders dazu bei Günter R. Kühnle, Die Jagd als Mechanismus der biotischen und kulturellen Evolution des Menschen. De venatoris naturae sensibilis atque intelligibilis forma et principiis. Zur soziopsychologischen Rolle des Jagdschemas als Denk- und Handlungsschema, S. 44ff. Er versucht das Phänomen Jagd aus einem fundamentalontologischen Verständnis zu fassen. Die biologische Hermeneutik nimmt bei ihm einen großen Raum ein. Nach Kühnle ist die Jagd ein Phänomen im Universum des Lebendigen; Lebewesen sind die Bezugsebene der Jagd. Ebd., S. 44.

12 Siehe die einzelnen Wortlaute der betreffenden Paragraphen im Bundesjagdgesetz, in: Karl Kraft, Jagdrecht für Baden-Württemberg, S. 27-31.

13 § 7 BJG regelt die Bestimmungen, die für einen Eigenjagdbezirk gelten. So heißt es in § 7 (1) BJG: Zusammenhängende Grundflächen mit einer land-, forst- oder fischereiwirtschaftlich nutzbaren Fläche von 75 Hektar an, die im Eigentum ein und derselben Person oder einer Personengemeinschaft stehen, bilden einen Eigenjagdbezirk.

14 Der Begriff der Zwangsorganisation ist heftig in der jagdlichen Presse und den jagdlichen Diskussionen umstritten. Tatsache ist, dass Grundeigentümer dann automatisch Mitglied in einer Jagdgenossenschaft werden, wenn sie von den §§ 8-9 BJG erfasst werden. Dadurch, dass nur sehr wenige Grundeigentümer die Merkmale des § 7 BJG erfüllen, das heißt zusammenhängende Grundstücke mit einer land-, forst- oder fischereiwirtschaftlich nutzbaren Fläche von wenigstens 75 Hektar besitzen, sind die meisten Grundbesitzer in diesen Jagdgenossenschaften organisiert. Da dies per Gesetz so bestimmt ist, bleibt der Terminus des Zwangs nicht ganz von der Hand zu weisen.

15 In der Bundesrepublik Deutschland ist das Jagdrecht vom Jagdausübungsrecht getrennt. Zwar befindet sich beides in der Hand der Jagdgenossenschaft oder des Eigenjagdbesitzers, die Wahrnehmung des Jagdausübungsrechtes ist jedoch zwingend an eine erfolgreich abgelegte Jägerprüfung gebunden. Da die allerwenigsten Jagdgenossenschaftsmitglieder oder auch nur ein Genosse aus ihrer Mitte einen Jagdschein besitzen oder besitzt, bleibt nichts anderes als die Verpachtung des Jagdausübungsrechtes an einen Dritten übrig. Zwar gibt es

verpachten. Dadurch entstehen die für die bundesdeutsche Jagdkultur typischen kleinräumigen Revierstrukturen, in denen die Interessen der Jäger mit denen der Grundeigentümer systemimmanent kollidieren. Ihnen gegenüber stehen die staatsforstlichen Flächen, die in der Regel wesentlich größer sowie zentral durch die Forstämter und die jeweiligen Revierleiter verwaltet und bewirtschaftet werden. Hier liegen die forstlichen und jagdlichen Interessen in einer Hand, was bereits den triftigsten Unterschied zu den verpachteten Jagdrevieren in privater oder gemeindlicher Hand umschreibt. Um es mit den Worten von Bruno Hespeler zu sagen: das bundesdeutsche Reviersystem „zielt (...) auf die zeitlich befristete, möglichst teure Verpachtung von Landschaftsfragmenten auf der Verpächterseite und auf möglichst große, wenn auch kleinflächige Eigenbrötelei auf der Pächterseite"[16]. So führte und führt dieses System häufig zur Herausbildung jagdlicher Egoismen auf Seiten der privaten Jägerei auf ihren zumeist kleinstrukturierten und neidisch nach außen hin bewachten Jagdgrenzen und Jagdflächen, während die Forstverwaltungen großflächige und rationale Forst- und Wildbewirtschaftung in einer Hand betreiben können[17]. Aus diesen Überlegungen wird deutlich, dass sich im Rahmen der vorliegenden Arbeit wenigstens zwei getrennt voneinander zu betrachtende Komplexe ergeben: die emotionale (und überwiegend private) Jagd einerseits und die rationale Wildbewirtschaftung andererseits. Dabei wird zu gut zwei Drittel der Arbeit die Jagd als alleinige Form der „Bemächtigung"[18] wilder Tiere im Mittelpunkt stehen und erst im letzten Drittel die Wildbewirtschaftung unter modernen Gesichtspunkten hinzutreten. Dass dies so ist, kann nur auf historischem Wege belegt werden. Dabei wird deutlich werden, dass es die Jagd ist, die den Menschen in seinen Bann zieht, während diese Leistung, zumeist gemessen in Emotionen,

---

noch nach § 10 (2) BJG die Möglichkeit der Selbstverwaltung der Jagd, außer in einigen wenigen Musterrevieren im süddeutschen Raum wird davon jedoch leider zu selten Gebrauch gemacht. Vgl. dazu auch bei Reiner Gubitz, Eigenbewirtschaftung der Jagd im Gemeinschaftsjagdrevier in Bayern, S. 5-30. Auch der Ökologische Jagdverein Baden-Württemberg e.V. macht sich für jene Art der Jagdverwaltung und -organisation stark. Vgl. dazu das Autorenkollektiv Trefz, Knecht, Kapp, Herkle, Gröber, Grub, Bierer, Informationen zur Jagd für Grund- und Waldbesitzer, S. 9-28.

16 Siehe dazu Bruno Hespeler, Jäger wohin? Eine kritische Betrachtung deutschen Waidwerks, S. 39. Insbesondere sein Vergleich des ungarischen Reviersystems mit dem der Bundesrepublik, ist diesbezüglich aufschlussreich. Gerade in Ungarn findet eine großflächige Bewirtschaftung der Reviere statt unter möglichst demokratischer Beteiligung der ansässigen Jäger.

17 Ich folge mit diesen Zeilen den Ausführungen des Forstdirektors Ebert (Forstamt Tübingen-Bebenhausen), die er im Rahmen eines Presseintensivseminars am 08. Mai 2003 in Bonndorf geäußert hat. Ebert unterscheidet grundsätzlich die Wildbewirtschaftung von der Jagd. Die Wildbewirtschaftung, und das hätten die neuen Wege der Rotwildbejagung im Schönbuch eindrucksvoll unter Beweis gestellt, sei rational, während die Jagd der meisten privaten Jäger interessenegoistisch und emotional sei. Die Emotionalität der Jagd und ihre egoistischen Interessen würden dabei systemimmanent vom bundesdeutschen Reviersystem unterstützt. Eine Änderung dieser Situation rückt damit in der Bundesrepublik in weite Ferne, da am Reviersystem nicht gerüttelt werden soll und möglicherweise aus juristischen (grundrechtlichen) Gründen nicht gerüttelt werden kann. Vgl. dazu auch Klaus Maylein, Das Presseintensivseminar der Landesforstverwaltung und die langen Schatten der anstehenden Verwaltungsreform, in: Ökojagd, Ausgabe 3, August 2003, S. 9.

18 Vgl. dazu die sophistische Sichtweise und Bezeichnung der Jagd als Kunst der Bemächtigung, wie sie Platon in seinem Werk „Der Sophist" ausgeführt hat.

offensichtlich von der Bewirtschaftung wildlebender Populationen keinesfalls erbracht werden kann (so zumindest die Argumente der orthodoxen Jägerseite gegen die Wildbewirtschaftung). Die bundesdeutsche Jagd steht so heute an einem Scheideweg, der möglicherweise nur einer Seite einen begehbaren und realistischen Weg eröffnen wird. Einer rein auf traditionalen Gefühlslagen und in deren Denkmuster verhafteten Jagd wird nur eine geringe Überlebenschance gegeben sein, wenn schon eher einer rationalisierten Emotionalität im Rahmen einer großflächigen Wildbewirtschaftung, wie dies teilweise auch die Nationalparke, der fortschrittlich bewirtschaftete Großprivatwald und treffender noch die Forstämter vorexerzieren. Auch die aktuellen Diskussionen in der jagdlichen Öffentlichkeit, die starre und wenig kompromissbereite Verbandspolitik der orthodoxen Jagdverbände und die dadurch evozierten Verlautbarungen von Seiten des politisch-administrativen Systems lassen darauf schließen, dass die Jagd durch Reglementierung und Straffung dem offensichtlichen Ideal der rationalen Bewirtschaftung näher gebracht werden soll. Doch nicht erst seit dem Regierungswechsel von 1998 und der Regierungskoalition Rot-Grün sowie dem Einstieg in die zweite Legislaturperiode mit dem abermaligen Sieg der Bundestagswahl 2002 bemüht sich das politisch-administrative System der Bundesrepublik sehr aktiv darum, rationalisierenden Einfluss auf die Jagd auszuüben[19]. Bereits unter der Vorgängerregierung von CDU/CSU und FDP wurden Anstrengungen unternommen, die Jagdpraxis den sich ändernden Bedingungen anzupassen, rechtliche Regelungen aufzuweichen und andere zu verstärken. Auslöser dafür war sicher auch die Enquete-Kommission des Deutschen Bundestages, die in den 1990iger Jahren feststellte: „In vielen Regionen der Bundesrepublik verursachen zu hohe Schalenwildbestände erhebliche Waldschäden. Das größte Problem stellt dabei der Verbiss von Jungpflanzen dar - vor allem bei Laubbäumen und Tannen - der Naturverjüngung häufig verhindert. Darüber hinaus führt der selektive Verbiss einzelner Krautpflanzen und Sträucher zur Veränderung der Konkurrenzverhältnisse. Dadurch werden Arten verdrängt, während sich andere stark ausbreiten können" (...)[20]. Bezüglich der Ernsthaftigkeit und Reformwilligkeit scheint es jedoch von großer

---

[19] Der aktuellen Regierung wird aus traditionalen Jägerkreisen in den Medien ihre Reformwilligkeit stark angelastet. Dabei wird oftmals vergessen, dass 1994 der Verfassungsgeber die Änderung des Bundesjagdgesetzes (im folgenden BJG) zwingend vorgeschrieben hat. Mit der Grundgesetzänderung vom Oktober 1994 hat der Verfassungsgeber im Artikel 75 GG festgelegt, dass Rahmenvorschriften zukünftig nur noch allgemeine und insbesondere nicht unmittelbar geltende Regelungen enthalten dürfen. So hat der Gesetzgeber geradezu die Pflicht, das BJG gemäß den nun gestärkten Länderkompetenzen in seiner unzulässigen Detailregelung immens zu kupieren. Um nun bis zur Kreierung eines „verfassungskonformen" Bundesjagdgesetzes kein rechtliches Niemandsland entstehen zu lassen, hat sich der Gesetzgeber - unter anderem auf Intervention des DJV - diesem Problem im neu geschaffenen Artikel 125a GG angenommen. Jener beinhaltet nun zwei Lösungsvorschläge, wobei der erste den weiteren Bestand des Bundesjagdgesetzes zunächst einfach sichert. Erst durch eine völlige Neugestaltung des BJG nach den oben beschriebenen Grundsätzen auf Bundesebene, sollte das „alte" BJG dann abgelöst und die Länderkompetenzen gestärkt werden.

[20] Vgl. dazu einen Artikel von Georg Meister, Waldbau und Jagd, in: Festschrift 10 Jahre Ökologischer Jagdverein Bayern, S. 61. Ebenso: Enquete-Kommission „Schutz der Erdatmosphäre" des Deutschen Bundestages, Studienprogramm 2. Band, Wälder, Studie Klimaänderung, Wälder und Forstwirtschaft, 1994.

Bedeutung zu sein, welche politische Parteienkonstellation dem Ruf der Ratio folgen will ohne einerseits zu „kurz zu halten" oder andererseits über das Ziel hinauszuschießen. Die Diskussionen 1998 in den Jagdfachzeitschriften haben dies offenkundig vor Augen geführt[21]. Die Befürchtungen, Rot-Grün könne den Auftrag des Gesetzgebers aus 1994 allzu ernst nehmen, kommen hier deutlich zum Ausdruck. Offensichtlich wurden hier der damals regierenden Koalition von CDU/CSU und FDP stärkere Beharrungsqualitäten und damit die Aufrechterhaltung des Status quo zugestanden als SPD und Bündnis 90/Die GRÜNEN. Rationalisierungen auf dem sozialen Feld der Jagd im Sinne von Prozessen der Vereinfachung, der Effizienzsteigerung und der klaren Strukturierung bergen selbst oder gerade im 21. Jahrhundert ein immenses Konfliktpotenzial zwischen jenen Bestrebungen und der traditionalen Jagd und ihrer Anhängerschaft. Anhand Pierre Bourdieus Konzept des sozialen Feldes habe ich bereits in einer früheren Arbeit darauf hingewiesen, dass es innerhalb der Jagd wenigsten zwei große Strömungen gibt, die vereinfachend mit den Begriffen Orthodoxie und Heterodoxie umschrieben werden können[22]. Die daraus resultierenden Differenzen in der Sache unter den Teilnehmern im sozialen Feld basieren nach den Überlegungen Pierre Bourdieus auf unterschiedlichen Wahrnehmungsweisen und Erkenntnisfähigkeiten, die im sozialen Leben der Teilnehmer ihren Ursprung haben. Das bedeutet, dass der in aristokratischer Tradition stehende Industrielle, Arzt oder Rechtsanwalt, der als (distinktiver) Jagdpächter auftritt, in seiner spezifischen Einstellung oder Praxis innerhalb des sozialen Feldes durch sein soziales Leben beeinflusst wird. Sowohl die Gewichtung der von Pierre Bourdieu vorgeschlagenen Kapitalsorten (ökonomisches-, kulturelles-, symbolisches und soziales Kapital) als auch der Habitus generieren innerhalb des Feldes der Jagd die zu erwartenden bzw. möglichen Orthodoxien und Heterodoxien[23]. Um all jene Entwicklungen innerhalb der Jagd verstehen zu können, ist es notwendig, die Geschichte der Vergesellschaftungen, der Kulturwerdung des Menschen jenen Prozessen gegenüberzustellen, um die Kausalitäten, die zwischen der jeweiligen Gesellschaftsform und der herrschenden Jagd- oder Bemächtigungspraxis bestehen, offen zu legen, als auch andererseits anhand der Jagdpraxis Rückschlüsse auf den jeweiligen Stand der Zivilisation ziehen zu können. Der Jäger steht im 21. Jahrhundert an einem Wendepunkt seines Tuns[24]. Die

---

21 Vgl. dazu z. B. die Serie: „Sie fragten, Politiker antworten", in: Der Jäger, Nr. 08/1998, S. 28f.

22 Vgl. dazu Klaus Maylein, Jagd und Jäger in der modernen Gesellschaft, S. 57-94. Die Orthodoxie beschreibt innerhalb der Jagd die offizielle Welt, die herrschende Kultur, repräsentiert durch den Deutschen Jagdschutz-Verband und seinen 16 Landesjagdverbänden, sowie einige jagdliche Printmedien. Die Heterodoxie dagegen beschreibt die bewusst gewählte Gegenwelt, die Subkultur, repräsentiert durch einige Naturschutzvereinigungen, die Staatsforstverwaltung, die Ökologischen Jagdvereinigungen und zunehmend dem administrativen System der Bundesrepublik Deutschland. Zum Gegensatzpaar Orthodoxie/Heterodoxie vgl. auch bei Hans-Peter Müller, Sozialstruktur und Lebensstile, S. 306.

23 Vgl. diese Ausführungen bei Klaus Maylein, Jagd und Jäger in der modernen Gesellschaft, S. 59ff.

24 In beinahe allen mitteleuropäischen Nationen mussten die Jäger in den vergangenen Jahren vermeintlich schwere Rückschläge einstecken. Dort, wo starke Aristokratien wie in England, Schweden oder Spanien Volkes Wille noch etwas abschwächen können, sind die Einschnitte nicht gar so drastisch, und dennoch wurde in England die traditionelle Fuchsjagd im Jahre 2001 verboten. Auch die anderen europäischen Königshäuser sehen sich teilweise großen

Moderne macht ihre Drohung war und beginnt sich aus historischen Bezügen zu lösen, sie bricht mit Traditionen, jedoch nicht ohne eine Leistung der Differenzierung zu vollbringen. Es werden nicht alle Traditionen zum selben Zeitpunkt gebrochen, sondern kumulativ, beginnend jeweils mit denjenigen, die einem bestimmten gesellschaftlichen Ziel im Wege stehen. Traditionsinhalte, die keinen oder nur einen geringen Einfluss auf die Jagdpraxis nehmen (Jagdhornsignale, jagdliche Kommunikation, Jagdkunst, Bekleidung oder Tracht, Jägersprüche, etc.) erfahren kaum Modifikationen. So scheint es also weit mehr die traditionale Form der Jagdpraxis zu sein, die oftmals ein Hindernis darstellt. In diesem Sinne befinden sich Jagd und Jäger in einer ganz spezifischen „Abenddämmerung", ohne das jedoch jagdliche Abendstimmung aufkommen möchte. Die post-moderne Gesellschaft entdeckt scheinbar ein weiteres Mal in der Geschichte die Bedeutung und Möglichkeiten der Funktionalisierung von Jagd, wie es Jahrhunderte und Jahrtausende zuvor, jeweils unter den Vorzeichen der spezifischen und typischen Strukturen von Gesellschaft, der Fall war. Diese Funktionalisierung geht nun jedoch zu Lasten eines tradierten Jagdverständnisses und seiner Anhänger, da die Richtung der Funktionalisierung der Jagd nun nicht mehr von einer jagenden und regierenden Herrscherschicht definiert wird, sondern von den überwiegend nichtjagenden Gesellschaftsmitgliedern unterschiedlicher Couleur und differierender politischer Bandbreite forciert sowie den Naturwissenschaften mit neuer institutioneller Rückendeckung initiiert wird. Der Druck auf die Jagd findet nun also aus einer völlig neuen gesellschaftlichen Richtung statt, die bisher dem Druck eher weichen musste als dass sie ihn hätte verstärken können[25].

Spannungen gegenüber, wenn es um ihre Jagdpraktiken, ihre Jagdgewohnheiten geht. Der Jäger befindet sich in Europa teilweise massiv unter Druck gesetzt. Die Gründe dafür liegen nicht allein in der Jagd an sich verborgen, sondern sind ursächlich mit einer überkommenen Jagdpraxis und falschen jagdlichem Rollenverständnis verbunden. So verwundert es nicht, dass gerade das nordische, skandinavische Jagdmodell noch am unverwundbarsten zu sein scheint. Jagd bedeutet dort Beute zu machen, um Wildbret zu haben, geradeso wie man Pilze, Brennholz oder Beeren aus dem Wald, oder Fische aus dem See holt. Trophäen haben nur einen untergeordneten Wert und die „Hege" (ein urdeutscher Begriff) besteht lediglich darin, dass man immer nur das nimmt, was natürlich nachwachsen kann. Vgl. dazu ein Interview von Dr. Yves Lecocq, Jagd in Europa, in: Deutsche Jagd Zeitung, Ausgabe Nr. 12/2000, S. 28-29. Die Jagdansichten in der BRD dagegen führen uns in ganz andere Gewässer: Einhergehend mit der Zunahme der Stimmen, die die Jagd hier gänzlich verbieten möchten, ist auch die Tendenz gestiegen, die jagdliche Nutzung aller Tierarten für den Menschen zu untersagen. Gruppierungen wie die Initiative zur Abschaffung der Jagd, der European Federation Against Hunting, dem Vogelschutz-Komitee, der Initiative jagdgefährdeter Haustiere, dem Tier und Naturschutz TUN e.V., dem Verein der Förderung der Tierrechte (Schweiz), Animal Peace, Freiheit für Tiere, dem Vegetarierbund, etc. streben nicht nur nach einer Abschaffung der Jagd, sondern nach gänzlichem Verzicht auf die Nutzung aller Tierarten, nach Veganismus zur Erreichung einer höheren Spiritualität, wie dies Hubertus Mynarek formuliert hat. Siehe dazu auch in einem Interview mit Prof. Dr. Mynarek, „Die Metzelei an den Tieren ist wesentlich verursacht durch die Kirche", in: Der Lust-Töter, S. 38f.

25 Bürger und Bauern waren in der landesherrlichen Vergangenheit zumeist dem jagdlichen Druck durch die Herren hilflos ausgesetzt. Zwar gab es Mittel und Wege sich hier entgegenzustellen, etwa über die Wilderei, den Schlechtleistungen im Rahmen der Fronerbringung oder über andere rebellische Akte, eine Umkehrung der Situation konnte damit jedoch zu keinem Zeitpunkt erreicht werden. Erst heute beginnt die nichtjagende Gesellschaft den Jäger

I.3 Die Jagd in der Soziologie

Eine umfassende (historisch-)soziologische Betrachtung der Jagd wurde meines Wissens bisher noch nicht versucht, was jedoch nicht bedeutet, dass es keine Schriften zur Soziologie der Jagd gäbe. Bereits in meiner Magisterarbeit an der Universität Konstanz habe ich einen Teil derjenigen Problematiken, denen sich die Jägerschaft in der modernen Gesellschaft gegenübersieht, näher aufzuzeigen versucht. Über die Notwendigkeiten einer solchen Analyse lässt sich in der Zwischenzeit wohl nicht mehr wesentlich streiten. Die Jagd wurde lange Zeit nicht nur von der Soziologie lediglich stiefmütterlich behandelt, was insbesondere deshalb Verwunderung hervorruft, weil es gerade die Jagd ist, die über die Analyse der gesellschaftlichen Strukturen einer breiten Erklärung zugeführt werden kann. Sowohl die Jagdhistoriker als auch die Naturwissenschaftler haben diese Form der Analyse bislang noch nicht ernsthaft aufgegriffen. Hier liegt der Soziologie ein wahres Feld soziologischer Fragen offen vor Augen, die es nur zu stellen gilt. Die Gesellschaft als klassischer Bestandteil der Soziologie ist innerhalb einer Soziologie der Jagd ein wesentliches explanans der soziologischen Erklärung der Jagd. Andererseits stellt die Gesellschaft speziell in Bezug auf die Anforderungen der Jagd in der Moderne der Gegenwart auch das explanandum dar[26], insbesondere wenn es um die Wechselwirkungen zwischen nichtjagender Gesellschaftsmehrheit und einer jagenden Gesellschaftsminorität geht. Die Zusammenhänge zwischen Jagd und Gesellschaft (ihrer Struktur) sind nicht eingleisig, sondern in ihrer Kausalität miteinander verschränkt und verwoben, gleich einem gordischen Knoten. Wer ihn löst, wird die Aufgabe jedoch deshalb nicht gemeistert haben, sondern nur neue Fragen aufwerfen, die letztlich wieder zur Ausgangsbasis führen, nämlich der unlösbaren wechselseitigen Verbindung von Gesellschaft und Jagd und den daraus resultierenden Konflikten. Eine umfassende Soziologie der Jagd ist also in der Tat unerlässlich, will man die Jagd, nicht nur die der Gegenwart des 21. Jahrhunderts, in begreifbare und erklärbare, schlichtweg rationale Kategorien fassen, sie einer Analyse zugänglich machen, die außerhalb der Trieblehren menschlichen Handelns steht[27]. Wer die

---

als Instrument zu erkennen und ihn auch nur als solches zu akzeptieren. Das ist das wirklich Neue an Jagd und Jäger.

26 Die Jagd gilt als ein gesellschaftsprägendes und von der Gesellschaft geprägtes Phänomen gleichermaßen. Insbesondere die Funktionalisierung der Jagd im Verlaufe der Vergesellschaftung, die unterschiedliche Ausschöpfung ihrer Potenziale vor dem Hintergrund gesellschaftlicher Strukturen, wird dieses Beziehungsgefüge näher erklären können.

27 Damit stellt die vorliegende Arbeit einen Kontrapunkt zur Jagdanalyse Günter R. Kühnles dar, der die Jagd des Menschen unter den Aspekten ontogenetischer a priori betrachtet. Die Jagd ist eine Lebensform, so sein Ergebnis und in diesem Sinne auch grundrechtlich geschützt. Das Töten eines Tieres im Zuge der Jagd ist entgegen der Ausführung José Ortega y Gassets sehr wohl wesentlich. Es ist, so Kühnle, für das Glücksgefühl des Jägers unablässig und verschafft ihm unbewusst das Gefühl, die Natur und ihre Todesgewissheit (auch die des eigenen Todes) zu beherrschen. Während die Rechtfertigung für die Existenz der Jagd nach Kühnle gerade nicht durch wirtschaftliche (das heißt zutiefst rationale und zweckgerichtete) Ziele erbracht werden kann, ist dies nach meinem Dafürhalten sehr wohl der Fall. So wurde die Jagd in der frühen Neuzeit für vollkommen andere Dinge funktionalisiert als sie es in der Gegenwart der Post-Moderne wird. Die Funktionalisierung der Jagd für wirtschaftliche Dinge scheint für Günter R. Kühnle ein unerträglicher Zustand zu sein. Vgl. dazu seine Ausführungen in seiner 2003 erschienenen Dissertation: Die Jagd als Mechanismus der biotischen und

Jagd verstehen will, muss zunächst gewillt sein, ihre Erklärung nicht im einzelnen Jäger und seinen Motiven zu suchen, sondern in den Bedingungen der Zivilisation, der fortschreitenden Verkomplizierung der Gesellschaft. Wenn man so will, ist es die makrosoziologische Ebene, die den Versuch der Erklärbarkeit und der Herausarbeitung von epochenbegrenzten Spezifika innerhalb der Geschichte der Jagd erlaubt. So handelt die vorliegende Arbeit nicht von der subjektiven Motivation des Jägers, der aus vielerlei Gründen der Jagd nachging und heute nachgeht. Sie handelt nicht von der Bandbreite subjektiver Motivation und ihren zwei Extremen[28]. Vielmehr geht es um den Einfluss des Zivilisationsprozesses auf ein Phänomen, welches letztlich über die Analyse der externen Bedingungen keines mehr sein sollte. Es waren die historischen Wissenschaften, die die Jagd des Menschen aufgrund der stetigen Betrachtung des Themas durch die Brille des Mythischen und menschlich kaum Fassbaren erst zu einem Phänomen stilisiert haben. Dabei wurde übersehen, dass die Jagd im Rahmen der jeweiligen Verfassung einer Gesellschaft mit klaren Funktionen und Aufgaben belegt war und nach wie vor ist. Die Methodologie der Anthropologie der Nachkriegszeit, der Geschichtswissenschaft und der Philosophie haben die Jagd in die Ecke der Irrationalität getrieben, ohne dem interessierten Forscher einen alternativen Weg offen zu halten[29]. Die Gründe dafür liegen unter anderem auch darin verborgen, dass in den vorherrschenden jagdlichen Medien und den großen jagdlichen Verbänden die Klarheit darüber fehlt, dass jede Gesellschaft in ihren typischen Strukturen einen immer zu beachtenden, mindestens latent wichtigen Teil der Logik der Situation der Akteure[30] darstellt. Dies gilt in einem deutlichen Maße auch für die Jagd und ist in der heutigen Zeit vor dem Hintergrund der stetigen Verkomplizierung von Gesellschaft so relevant wie zu sonst kaum einer historischen Zeit. So ist die Wirtschaftlichkeit, die darüber hinaus auf ökologischen Resultaten basiert oder jene in Zukunft zumindest provoziert, der funktionale Zusammenhang der Jagd in der modernen Gesellschaft überhaupt und damit auch zur Beantwortung der Legitimationsfrage der Jagd auf wilde Tiere heranzuziehen. Die Jagd, ihre Funktion und ihre affektuelle Ausrichtung sind nach meiner Auffassung und nach den kommenden Ergebnissen der vorliegenden Arbeit einzig und allein von der Form, Qualität, Richtung und Intensität menschli-

---

kulturellen Evolution des Menschen. De venatoris naturae sensibilis atque intelligibilis forma et principiis. Zur soziopsychologischen Rolle des Jagdschemas als Denk- und Handlungsschema, S. 268ff.

28 Grob vereinfacht wird die Bandbreite einerseits über die privaten Jäger definiert, die die Jagd im Sinne einer sozialen Distinktion ausüben (natürlich gibt es genügend private Jäger, auf die jenes nicht zutrifft) sowie den Förstern oder Berufsjägern andererseits, die die Jagd als Teil ihres Berufsbildes ausüben. Irgendwo dazwischen gibt es eine Unzahl an Abstufungen und Variationen in den Motiven und subjektiven Zielen, die mit der Jagdausübung verbunden werden.

29 Irrationalität deshalb, weil offen zugegeben wird, dass die Jagd des Menschen keiner Erklärung bedarf. Jagd sei im tiefsten Innern des Menschen verankert, Teil seines Triebhaushaltes und damit eine Form von Freiheit und Individualität. Jede Restriktion sei aus diesem Grunde als unzulässiger Eingriff in die Freiheitsrechte und in die Selbstverwirklichung des Menschen anzusehen. Damit wird jede Diskussion über Sinn oder Unsinn jagdlicher Praktiken erstickt.

30 Vgl. dazu die Ausführungen zu Gesellschaft und Gesellschaftsanalyse bei Hartmut Esser, Soziologie, S. 328.

cher Interessen abhängig. Wie immer in der Geschichte handelt es sich auch bei der Bedeutung oder Funktion der Jagd um Phasen, die irgendwo einen Anfangs- und einen Endpunkt haben, bevor die neue Entwicklung an die Stelle der alten tritt. Allerdings dürfen jene Übergänge nicht als abrupt verstanden werden, sondern als fließend und lediglich über einen langen Zeitraum sich kulturell abschwächend[31]. Der Begriff „Phasen" subsumiert so grundsätzlich den Zivilisationsprozess und beschreibt damit die Makroebene, während das Verhalten der Menschen, in diesem Falle die jeweilige Jagdpraxis, die Mikroebene darstellt. Wie sehr es gerade die höfische Gesellschaft des Mittelalters und der Neuzeit war, die als Makrostruktur auf die Affekte der Menschen auf der Mikroebene einwirkte, hat eindrucksvoll Norbert Elias in seinen Werken zur höfischen Gesellschaft und zum Prozess der Zivilisation aufgezeigt[32]. Dabei scheint es sich so zu verhalten, dass eine einmal vergangene (Makro-) Phase zu keiner Zeit wieder auf der mikrosoziologischen Ebene entsprechende Auswirkungen hat. In Anbetracht der Tatsache, dass sich der Prozess der Zivilisation in stetiger Bewegung befindet, leuchtet dies umso mehr ein und dennoch existieren gegenwärtig gewisse Jagdpraktiken, aber auch jagdliches Gedankengut, welche eher einer vergangenen Epoche zuzuordnen sind. So nahm z. B. der rein existenzielle Faktor der Jagd oder der mit der Jagd verbundenen Handlungen sehr früh mit den Entwicklungen des Neolithikums ab. Ackerbau und Viehwirtschaft ersetzten die Jagd in jenen Zeiten bald vollständig. Der Mensch entwickelte sich vom Nomaden zum sesshaften Bauern, dessen Subsistenzwirtschaft auf Kontinuität und Planbarkeit beruhte. Seit jener Zeit gibt es keine stichhaltigen Anhaltspunkte mehr dafür, dass die Jagd wesentlich mehr als 3-5% zur Lebenshaltung beigetragen hätte. Eine existenzielle Notwendigkeit der Jagd zur Nahrungssicherung oder der Subsistenzwirtschaft allgemein lässt sich seitdem nicht mehr nachweisen. Eine Ausnahme bilden hier lediglich die symbolischen Verknüpfungen mit und rund um die Jagd, die insbesondere aus den ägyptischen, griechischen und römischen Kulturkreisen bekannt sind. In dem mehrere Jahrtausende währenden Zeitraum zwischen dem Neolithikum und dem frühen Mittelalter spielte die reale Jagdausübung nur eine sehr untergeordnete Rolle, bevor sie mit dem Untergang Roms und insbesondere nach dem Zerfall des von Karl dem Großen initiierten Reiches in Mitteleuropa eine bis dahin nie gekannte Bedeutung und Funktion erhielt. Dass es diesen tief greifenden und umfassenden Bruch tatsächlich gab wurde bisher von den Jagdhistorikern kaum oder nur unzureichend beachtet. Es wurde zwar der soziale Bruch im Rahmen der Bannforst- und stärker noch der Epoche der Regalität der Jagd sehr wohl thematisiert, allerdings unter den falschen

---

31 Möglicherweise gilt unseren Enkeln die Hochsitzjagd als ein solches Beispiel. Zu Zeiten der Reinertragslehre in Verbindung mit der Jagdleidenschaft eines Kaiser Wilhelm II. als unabdingbare Voraussetzung zum hegerischen Wahlabschuss ins Leben gerufen, erlauben artenreiche und auf natürlicher Verjüngung basierende Waldstrukturen in der nahen Zukunft nur noch rudimentären Jagderfolg von jenen stationären Einrichtungen. Schon heute wird auf staatsforstlichen Drückjagden ein Großteil der Jahresstrecke erzielt, die durch die Ansitzjagd vom Hochsitz herunter allein nicht bewältigt werden könnte.

32 Norbert Elias, Über den Prozess der Zivilisation, Band 1 und Band 2, an verschiedenen Stellen. Leider hat er es versäumt, die Jagd im Rahmen der höfischen Gesellschaft abzuhandeln. Durch dieses Versäumen hat Norbert Elias einen wesentlichen Bezugspunkt der höfischen Gesellschaft schlichtweg vergessen.

Vorzeichen und ganz in der Tradition der antiken Autoren und Vorbilder stehend. Auch der zweite umfassende Einschnitt, der kulturelle Bruch, der im Zuge der Industrialisierungen seine Wirkungen entfalten sollte, wurde grundsätzlich nicht erkannt und als wesentlicher Faktor für Rolle und Funktion der Jagd kaum akzeptiert. Beide Brüche haben die Funktion der Jagd auf ihre spezifische Weise determiniert, während gerade der kulturelle Bruch die Jagdfunktionen in den kommenden Jahrzehnten am deutlichsten beeinflussen wird. Der Zivilisationsprozess beschreibt, viel stärker als dies bisher berücksichtigt wurde, eine qualitative und quantitative Veränderung der (Lebens-)Räume. In Anlehnung an die (vermutete) akephale Struktur primitiver Jäger- und Sammlergesellschaften, war dieser geographische Raum Jedermann zugänglich, seine Ressourcen frei nutzbar durch den, der sie nutzbar machte, sei es durch das bloße zufällige Finden oder durch die gezielte Aktion, z. B. im Rahmen der Jagd, des Sammelns oder der Migration. Derartige räumliche Bewegungen waren für unsere hominiden Vorfahren und auch für die Jäger- und Sammlersozietäten des Paläolithikums existenzielle Handlungen. Nicht nur materielle Erfolge stellten sich durch die Bewegung in diesen horizontalen, weil frei zugänglichen geographischen Räumen ein, sondern auch immaterielle Erkenntnisse über den Verlauf der Flüsse, der Wälder, Berge und den Wanderbewegungen der eigenen Art sowie der Großfauna. Mit dem Ende des Nomadismus begann ein erster wesentlicher Einschnitt in die Nutzung und Verfügbarkeit der geographischen Räume, was auch auf die sozialen Räume auf Dauer einen wesentlichen Einfluss nehmen musste. Es war der Beginn einer Entwicklung, die den Menschen von der Horizontalität in die Vertikalität jedweden Raumes führte, einerlei, ob er überwiegend materieller oder sozialer Art war. Zwar wird sich echtes Eigentum (als Beispiel für materiellen Raum) daran anschließend zunächst noch nicht herausgebildet haben[33], bestimmte Regelungen (als Beispiel für sozialen Raum) über die Nutzungen besonders fruchtbarer Böden oder dem Areal um den eigenen Herd wird es jedoch mit einiger Sicherheit bereits sehr früh gegeben haben. Die dann allmählich einsetzende, zunehmende Zivilisierung, die Entdeckung von Handel und Verkehr und nicht zuletzt das Kriegshandwerk als neue Produktionsmöglichkeiten haben zu einer stetigen Vertikalisierung aller Räume geführt. Die Bedeutung der Jagd begann hier allmählich an Gewicht zu gewinnen, wenn auch nicht als Subsistenzhandlung, so doch als spezifische Raum(be)handlung[34]. Während Joseph Morsel die Jagd als Raum(be)handlung auf den historischen Bereich des spätmittelalterlichen Franken beschränkte, wird in der vorliegenden Arbeit jene Theorie konsequent auf alle historischen Epochen angewandt werden. Damit wird sich auch die Jagd im 21. Jahrhundert einer raumtheoretischen Betrachtung nicht entziehen können. Zumindest in Ansätzen wurde dies auch schon von Ulrich Schraml[35] mehr oder weniger deutlich angesprochen.

---

33 Zum Begriff und zur Geschichte des Eigentumsbegriffes siehe bei Stefan von Below und Stefan Breit, Wald – von der Gottesgabe zum Privateigentum, S. 3-29.

34 Der Begriff der Raum(be)handlung geht auf Joseph Morsel, Jagd und Raum - Überlegungen über den sozialen Sinn der Jagdpraxis am Beispiel des spätmittelalterlichen Franken, in: Werner Rösener (Hrsg.), Jagd und höfische Kultur im Mittelalter, S. 255-289.

35 Vgl. dazu Ulrich Schraml, Die Normen der Jäger, S. 239f.

I.4 Zusammenfassung

Die konsequente Analyse der Jagd durch die Epochen der Evolution einerseits und der Zivilisation andererseits zeigt eine Vielzahl an Unstimmigkeiten und wirft keine geringe Menge an Fragen auf, die von den historischen Wissenschaften bislang nur unzureichend geklärt und von der Soziologie nicht aufgegriffen wurden. Noch heute ist das Thema kaum gesellschaftswissenschaftlich fassbar, einzig die Wildbiologie und neuerdings auch die Ökologie betrachten die Jagd seit den 1970er Jahren zunehmend in rationalen Bahnen, funktionalisieren und legitimieren sie, fördern und bremsen sie, kritisieren und sanktionieren sie. Gleichzeitig ist ein steigendes Problembewusstsein in der Öffentlichkeit gegenüber der Jagd spürbar, da insbesondere die Konfliktfelder mannigfaltiger zu werden scheinen. Die Naturwissenschaften konnten sich so einen bedeutenden Vorsprung innerhalb der Jagdwissenschaft erarbeiten, ja es scheint gerade so, als ob sie den Gesellschaftswissenschaften das Thema aus der Hand nehmen würden[36]. Dabei ist es den Naturwissenschaften zu verdanken, dass sie das Thema Jagd überhaupt gesellschaftswissenschaftlich relevant gemacht haben. Ihre Resultate negieren die Jagd als eine Tätigkeit aus purer Leidenschaft und Vergnügen und rücken sie im spezifischen Zusammenhang zur Industrialisierung, Domestizierung und Umweltverschmutzung in systemtheoretische Zusammenhänge. Diese Zusammenhänge müssen jedoch erst noch beschrieben werden und das kann eine lohnende Aufgabe für die Soziologie, in diesem Falle für eine Jagdsoziologie, sein. Die Jagd wird seit den 1970er Jahren in einer stetig steigenden Anzahl verschiedener Teilöffentlichkeiten als ein massiver Eingriff in die zunehmend artifiziellen und dadurch sensibler werdenden Biotope diskutiert. Gerade in ihrer traditionalen Prägung wird sie als eine Gefahr für das primäre Ziel der dringend notwendigen Renaturierung und Restrukturierung der bundesdeutschen Wälder erkannt und als solche stigmatisiert. Der Jäger sah sich plötzlich mit einer Entromantisierung seines Tuns konfrontiert und mit ambivalenten Merkmalen versehen: er war und ist Risiko- und Dienstleistungsfaktor für die nichtjagende Gesellschaftsmehrheit in Personalunion. Einzig seine Jagdpraxis schlägt ihn entweder der einen oder der anderen Fraktion zu. Die Öffentlichwerdung der Auswirkungen der Industrialisierungen mit ihren Emissionen und Immissionen, die Erkenntnis dringend erforderlicher Umstrukturierung der bundesdeutschen Wälder zu einer naturnahen Waldwirtschaft, die Entmischung ganzer Waldkomplexe durch Monokulturen, Zaunschutzmaßnahmen und die Heranhegung hoher Schalenwildbestände führten dazu, dass an die Jägerschaft ein gesamtgesellschaftlich formulierter „neuer" Auftrag herangetragen wurde und es der Gesellschaft dabei vollkommen gleichgültig war und ist, ob die Jägerschaft willens ist diesen Auftrag anzunehmen oder nicht. Dieser Auftrag zwingt den Jäger, sich von der jahrzehntelang gültigen Trophäenjagd, der unbeschwerten und nur durch das Geld bestimmten Hobby- oder Freizeitjagd, zu entfernen. Er wird für

36 Zur breiten Themenabdeckung der deutschen naturwissenschaftlichen Jagdwissenschaft siehe auch eine Aufzählung aller in Deutschland ansässigen Institute und Forschungsstellen bei Peter Conrad, Ein Zweckbündnis muss her! in: Deutsche Jagdzeitung, Ausgabe Nr. 11/2004, S. 16-20. Allerdings sei vermerkt, dass jene Institute in der jagdlichen Diskussion kaum zutage treten. Es fehlt an einer offensiven jagdwissenschaftlichen Publizität in der Bundesrepublik.

den landwirtschaftlich- und forstwirtschaftlich nutzbaren, aber auch zunehmend der Nutzung entzogenen „Schutz-Raum" mitverantwortlich gemacht, damit die politisch, ökologisch und ökonomisch definierten Raumziele, die zwischenzeitlich eher einem Raumzwang gleichen, erreichbar werden. Die Romantik[37] der Jagd ist seit der Veröffentlichung erster durch Jagd verursachter Schadbilder im Wald (Waldsterben von unten) seit den 1970er Jahren auf dem Rückzug. An ihre Stelle tritt allmählich die Bewirtschaftung oder das Management wildlebender Tiere und ihres Lebensraumes, die die „Bejagung" nach hegerischen und waidmännischen Gesichtspunkten abzulösen, das heißt revieregoistische Mechanismen außer Kraft zu setzen beginnt. Unter dem Begriff der Wildtierbewirtschaftung ist sodann auch - in Anlehnung an die genannten Ausführungen von Forstdirektor Ebert - die rationale Zusammenführung von ökologischen und ökonomischen Interessen und damit explizit das Fernhalten überkommener Kategorien wie Hege und Waidgerechtigkeit alter Schule zu subsumieren. Wildtierbewirtschaftung fängt damit an, „optimale Wilddichten" zu eruieren, anstatt wie die Hege an die Kapazitätsgrenze des Biotops zu fahren und jenes dadurch zu zerstören. So wurde bereits 1981 von der Bayerischen Forstlichen Versuchs- und Forschungsanstalt (FVA) als auch vom bayerischen Landtag die optimale Wilddichte wie folgt definiert: optimal sei eine Wilddichte dann, wenn „einerseits die Hauptbaumarten und die wichtigsten Begleitbaumarten ohne Zaunschutz aufwachsen können und andererseits die Wildarten sowie die Ausübung der Jagd erhalten bleiben"[38]. Damit ist es wesentlicher einfacher, zu sagen was Wildtierbewirtschaftung nicht ist, nämlich Hege und damit verbunden das Ungleichgewicht zwischen Waldverjüngung und Schalenwildbestand, als sie exakt zu definieren. Wie dies zuweilen zu bewerten ist, wird noch ausführlich zur Sprache kommen.

[37] Das Zeitalter der Romantik hat den Ruf, eine Art Gegenbewegung als Antwort auf die bereits im Hohen Mittelalter spürbar einsetzenden Modernisierungsprozesse zu sein. So ist es nicht verwunderlich, dass es eine Romantik der Jagd gibt, deren traditionale Verbundenheit zu Kompatibilitätsproblemen in der Moderne führt. Diese Jagdromantik, symbolisiert durch den „Förster vom Silberwald", hat nach wie vor einen gewissen Einfluss auf die Jagd.

[38] Vgl. dazu die Ausführungen von Hans-Ulrich Sinner, Auswirkungen unterschiedlicher Hegemaßnahmen auf die Wildpopulation und die Vegetation - Ergebnisse aus dem Wildforschungsprojekt „Optimale Schalenwilddichte", in: Stationen von der Fütterung zum Verbiss? Hrsg. vom Ökologischen Jagdverein Bayern e.V., S. 45f.

1 Ausgangspunkt und Problemfokussierung einer Analyse der Jagdgeschichte unter weitgehend soziologischen Gesichtspunkten

1.1 Einführung

Dieses erste Kapitel stellt bereits einen in sich weitgehend geschlossenen, eigenständigen Teil der vorliegenden Arbeit dar mit dem Ziel, für die Thematik der Jagd und damit für die Themen innerhalb der noch zu behandelnden Fragestellungen zu sensibilisieren. So wenig die hier gewählte Vorgehensweise im Rahmen einer jagdgeschichtlichen Analyse im Vergleich zu bereits veröffentlichten Arbeiten als üblich erscheint, so wenig üblich ist das Thema Jagd in der Soziologie selbst. Es soll hier nicht darum gehen lediglich eine weitere jagdliche Arbeit zu erstellen, die sich harmonisch und weitgehend kritiklos in die bestehende, wenn auch zumeist der Soziologie fern stehende jagdhistorische Literatur einreiht. Mangelnde kritische Reflexion ist bereits eines der Merkmale der jagdlichen Literatur vergangener Dekaden; hier weiteren Vorschub zu leisten kann und soll nicht die Aufgabenstellung der kommenden Kapitel sein. Die Sorge nicht in jenes Fahrwasser zu gelangen führt so bereits dazu, dass sich geschichtliche Rückgriffe, gegenwärtige Situationsbeschreibungen, Fragestellungen und Thesen häufig abwechseln, ohne jedoch verwirrend wirken zu wollen. Es sollen all diejenigen gesellschaftlichen Faktoren bereits im Vorfeld angesprochen werden, die man zugunsten einer aussagefähigen und epochenübergreifenden Arbeit über die Jagd auf wilde Tiere analysieren muss. Eine einführende und damit zunächst auch verkürzte Darstellung der gegenwärtigen Lage von Jagd und Jäger in der Bundesrepublik Deutschland ist insofern das inhaltliche Ziel dieses ersten Kapitels. Die bereits von Ulrich Schraml[39], von Wilhelm Bode und Elisabeth Emmert[40] oder auch von Gerhard Frank[41] publizierte Erkenntnis, dass die vergangenen dreißig Jahre eine immense Wirkung auf die auch öffentlich bewusst gewordene Objektivierung der Jagdfunktionalisierungen in der Bundesrepublik hinterließen, führt im Rahmen der vorliegenden Arbeit zu der Grundannahme, dass auch in der Vergangenheit die epochenspezifischen Bedingungen ganz ähnliche Wirkungen auf die Jagd und ihre Instrumentalisierung haben mussten. Wenn die Vermutung jener epochenspezifischen Kausalität zur These ausgearbeitet werden kann, so ist das Ziel dieses einführenden Kapitels bereits erreicht und das weiterführende Vorgehen in den nächsten Kapiteln parallel dazu umrissen. Das Konzept dieser Arbeit ist damit in gewissem Sinne unorthodox und damit schon rein begrifflich ein Gegenspieler jagdlicher Anschauungen und der

---

39 Ulrich Schraml, Die Normen der Jäger. Soziale Grundlagen des jagdlichen Handelns, erschienen in der Schriftenreihe des Fachverband Forst e.V.; Bd. 8, Riwa Verlag, Augsburg 1998.

40 Wilhelm Bode und Elisabeth Emmert, Jagdwende. Vom Edelhobby zum ökologischen Handwerk, Verlag Beck, München 1998.

41 Gerhard Frank, 120 Jahre organisierte Jägerschaft in Deutschland, Sonderdruck des Deutschen Jagdschutz- Verbandes e.V. mit freundlicher Unterstützung von Wild und Hund, 1995.

großen Mehrzahl jagdlicher (Fach-)Literatur[42]. Unorthodoxes Arbeiten umschreibt in diesem Kontext jedoch lediglich die bohrende Frage nach der Funktion und den langfristigen Wirkungen der Jagd auf der ökologischen, ökonomischen und wildbiologischen Ebene. Kritik an Jagd und Jäger ist damit bereits in einer Sphäre jenseits der Orthodoxie anzusiedeln und häufig genug unerwünscht. Ursache für die überwiegend kritiklose Jagdbetrachtung der Vergangenheit ist, dass die Behandlung der „Jagd als Selbstzweck" nach wie vor Konsens unter Jägern als auch in der jagdlichen Literatur ist, während die Frage nach der Funktionalisierung der Jagd, dem spezifischen und messbaren Zweck der Jagd, unter stetig differierenden gesellschaftlichen Rahmenbedingungen auf großes Unbehagen stößt. So wie man bisher über die epochenspezifischen Funktionen der Jagd hinweggesehen hat, so verschließt man heute die Augen vor den eigentlichen Aufgaben der Jagd. Dass eifrige Ministerien dann auch einmal vor lauter Modernisierungsgedanken über das Ziel hinausschießen, bleibt nicht aus, wie das im Rahmen der neuen Taubenjagdzeiten der Fall zu sein scheint[43]. Da ich selbst seit 10 Jahren Jäger und von der Jagd als Handwerk, als Dienstleistung überzeugt bin, habe ich keine jagdfeindliche Arbeit im Auge, sondern möchte im Gegenteil die sinnfällige Positionierung von Jagd und Jäger - über den „Umweg" der Analyse der Jagdgeschichte - in der Gegenwart aufzeigen. Dass diese Positionierung jedoch mit tradierten Anschauungen brechen wird und brechen muss, bleibt noch ausführlich darzustellen. Traditionen können sich selbst im Wege stehen, was nirgends besser als bei der Jagd veranschaulicht werden kann.

1.2 Problemfokussierung

Den Fokus der vorliegenden Arbeit bildet der Versuch einer epochenspezifischen Erklärung der Jagd über die Analyse ihrer differierenden Funktionen im Lichte des Evolutions- und Zivilisationsprozesses. Der Weg der Analyse führt somit von den Jagdfunktionen der primitiven Gesellschaft weiter über die feudale zur bürgerli-

---

42 Wie sehr gerade Orthodoxien den ungetrübten und rationalen Blick auf das Thema Jagd in der Bundesrepublik verstellen, habe ich bereits in einer früheren Arbeit dargestellt. Vgl. dazu bei Klaus Maylein, Jagd und Jäger in der modernen Gesellschaft, S. 90ff. Während der Durchbruch jener in der Praxis und den Einstellungen verhafteten Orthodoxien auf beinahe ebenso unkonventionelle Weise geschieht, spiegelt das Konzept der vorliegenden Arbeit jene unorthodoxe Vorgehensweise lediglich wider.

43 Seit 2002 dürfen Ringel- und Türkentauben nicht mehr wie bisher vom 1. Juli bis zum 31. April bejagt werden, sondern nur noch vom 1. November bis zum 20. Februar. Aus Gründen des Tierschutzes ist die neue Regelung zwar der alten vorzuziehen, insbesondere weil § 22, Abs. 4 BJG die Bejagung von Elterntieren in den Setz- und Brutzeiten sowie den Aufzuchtzeiten verbietet. Auf der anderen Seite läuft diese Regelung aufgrund der Extremwerte (1. November und 20. Februar) gegen die Absichten des § 21, Abs. 1 BJG, der die Regelung des Abschusses von Wild an die berechtigten Ansprüche der Land-, Forst- und Fischereiwirtschaft auf Schutz gegen Wildschäden angelehnt wissen will. Die neue Jagdzeit der Ringel- und Türkentauben verunmöglicht damit weitgehend die zeitgleiche Reaktion auf entstandene oder entstehende Wildschäden vor allem an Gemüse, Raps und Getreide. Ausnahmegenehmigungen sind zwar vorgesehen, jene müssen jedoch angemeldet, geprüft und erteilt werden. Vgl. dazu auch einen kritischen Artikel mit dem Titel „Jagdzeit verkürzt - Bürokratie verdoppelt", in: Wild und Hund, Nr. 16/2003, S. 21f.

chen Gesellschaft, letztlich zur modernen und postmodernen Gesellschaft, die sich ihrerseits wieder in unzählige Gesellschaftsmodelle[44] untergliedert, sowie den damit ursächlich zusammenhängenden Konflikten gesamtgesellschaftlicher Art. Für das zugrunde gelegte soziologisch-historische Interesse ist es dabei nicht so sehr von Bedeutung, ob bestimmte Prozesse stattgefunden haben. Es geht vielmehr um die Beantwortung der Frage, weshalb bestimmte Prozesse so und nicht anders stattgefunden haben. Aus welchen Gründen wurde die Jagd für unterschiedliche, hinter ihrer originären Funktion[45] zu liegen kommende Ziele instrumentalisiert? In welchem Zusammenhang stehen die sichtbaren Brüche innerhalb der Jagdhistorie mit den politischen, räumlichen, gesellschaftlichen Prozessen? Was sind die Ursachen hierfür? Das sind die wesentlichen Fragen, die innerhalb einer umfassenden Analyse der Jagd in Zeit und Raum beantwortet werden müssen. In den folgenden Kapiteln möchte ich mich dieser Aufgabe stellen und damit auch gleichzeitig den Versuch wagen, Jagd in einem weniger „literaturtraditionellen"[46] Sinne zu analysieren. Um die Jagd einem rationalen oder funktionalen Verständnis zuzuführen, ist es unerlässlich, die Ereignisse der Vergangenheit, kritisch zu analysieren, das heißt den Gegenstand Jagd nicht isoliert zu betrachten, sondern im Verhältnis zu den spezifischen Prozessen der Vergesellschaftung und ihren Bedingungen darzustellen. Dass hier insbesondere die Zeiten der Spätantike, des frühen Mittelalters und dann spezifisch der frühen Neuzeit bis 1848/49 in ihren Wirkungen auf die Jagd analysiert werden müssen, wird noch ausführlich begründet werden. Nur so kann der Blick von der Oberflächlichkeit der historischen Jagdliteratur in die darunter liegenden Schichten der gesellschaftlich determinierten Funktionalisierungen von Jagd durch die Geschichte gelenkt werden. Dass hier gerade die Geschichte der Deutschen in vielerlei Hinsicht eine ganz besondere Wirkung auf die Historie und Funktionalisierungen der Jagd hinterlassen hat, bleibt aufzuzeigen. Hier, in den spezifischen Bedingungen des dezentralen und zersplitterten Ersten Deutschen Reiches, liegen, von der Literatur kaum gewürdigt, die Ursachen für den „jagdlichen Sonderweg" der Deutschen verborgen, der sich z. B. von der französischen oder englischen und insbesondere von der Jagdgeschichte in der neuen Welt deutlich unterscheidet. In keinem anderen mitteleuropäischen Land ist eine so enge Verbindung der politischen, sozialen und räumlichen Bedingungen und der Funktionalisierung von Jagd spürbar, wie es im Deutschen Reich der nachkarolingischen

---

44 So z. B. in die Risikogesellschaft (Ulrich Beck), die Dienstleistungsgesellschaft (Hartmut Häussermann, Walter Siebel), die Erlebnisgesellschaft (Gerhard Schulze), die Spaßgesellschaft, etc. um nur einige wenige zu nennen. Die Gesellschaftsmodelle schließen sich jedoch nicht aus. Unzählige Überlagerungen sind möglich.

45 Z. B. rein existenzielle Handlungen, zur Beschaffung von Nahrung, Kleidung (Felle), Werkzeugen (Knochen).

46 Was genau darunter verstanden werden muss, wird noch an verschiedenen literaturkritischen Stellen zur näheren Ausführung kommen. Allerdings kann vorab festgehalten werden, dass in der jagdlichen Literatur bis heute die Worte von Dietrich Stahl weitgehende Gültigkeit zu besitzen scheinen. Für ihn ist Jagd „uralter Trieb, ist Leidenschaft, ist das Greifen nach tief in die Menschheitsgeschichte hinab reichenden Wurzeln und die Sehnsucht, für Augenblicke wenigstens, zurückzukehren zu längst aufgegebenen Formen des Daseins". Vgl. dazu bei Dietrich Stahl, Wild, Lebendige Umwelt, S. 94. Ob ein solches Jagdverständnis in der modernen Gesellschaft überleben kann ist höchst fraglich.

Zeit der Fall war. Auch heute noch hebt sich die deutsche Jagdsituation aufgrund ihrer spezifischen Vergangenheit von der unserer europäischen Nachbarn hervor – sofern sich jene nicht das „deutsche Jagen" aufdrängen ließen, oder jenes aufgrund guter Devisen gerne angenommen haben[47]. Diese spezifisch deutsche Entwicklung wurde von den Historikern bisher nicht oder nur unzureichend bemerkt oder schlichtweg ignoriert. So bleibt gleich zu Beginn eine wesentliche These festzuhalten: Die Tatsache, dass allein in Deutschland der Adel seine Macht lange Zeit aufrechterhalten konnte, während Frankreich zentralistisch und England bereits sehr früh parlamentarisch regiert wurde, hat einen wesentlichen Einfluss auf die spezifisch deutsche Jagdgeschichte genommen. Die Verfassung einer Gesellschaft, so bleibt historisch noch aufzuzeigen, bestimmte zwar wesentlich die Funktionalisierung von Jagd. Doch gilt seit dem Ende des Zweiten Weltkrieges zumindest auf dem Gebiet der Jagd, dass hier von der Nachfolgeorganisation der ersten Jägervereinigungen, die allesamt unter adliger Federführung zustande gekommen sind, ein abgeschlossener und peinlich aristokratisch gedachter Staat im Staate auf den Weg gebracht wurde, der über ein eigenes Ehrengericht[48] und auch weitgehend eigene politische Spielregeln verfügt, die nicht grundsätzlich der demokratischen Grundstruktur entsprechen. Die Demokratie, so der frühere Oberstjägermeister und spätere Hauptgeschäftsführer des Deutschen Jagdschutz-Verbandes der Nachkriegszeit, Ulrich Scherping, stehe einer umfassenden jagdlichen Hege und jagdlichen

47 So wird nicht selten in den Jagdzeitschriften davon berichtet, wie der deutsche Jäger in Polen oder in Ungarn auf die Einhaltung seiner Jagdkultur in Form von Begrüßung, Strecke legen oder Verbrechen des Stückes Wert legt. Welche Außenwirkung dies auf die Gastgeber haben kann, scheint dabei nicht in den Sinn zu kommen. Wer zahlt, gibt den Ton an. So heißt es in einem Artikel mit dem Titel: Im Ausland waidgerecht jagen, in: „Die Pirsch", Ausgabe Nr. 06/2000, S. 103: „Die deutschen Jäger orientieren sich hinsichtlich ihres jagdlichen Verhaltens auch im Ausland zumeist an den Grundsätzen deutscher Waidgerechtigkeit und deutscher Legalität. Sie wollen sich zum größten Teil nicht mit ortsüblichen oder gar erlaubten Praktiken der Jagdausübung in den Zielländern identifizieren, wenn diese im Widerspruch zu den deutschen Rahmenbedingungen stehen". Wir Deutschen, so scheint es, exportieren unsere Kultur nur allzu gerne, ohne auf fremde Sitten und Gebräuche angemessen sensibel zu reagieren.

48 Zur Zuständigkeit des Ehrengerichts vgl. bei Horst Alexander Willam, Wildbahn und Waidwerk in Baden-Württemberg, S. 87. So gibt es beispielsweise Ehrengerichtsverfahren wegen unkameradschaftlichen Verhaltens gegen den Jagdnachbarn („Die Kameradschaft unter Deutschen Jägern verbietet es ... die Wiederanpachtung einer viele Jahre hindurch besessenen Jagd zu vereiteln; sie verbietet es insbesondere, rücksichtslos vermöge „des besseren Geldbeutels" einen anderen Pachtanwärter zu verdrängen", Ehrengericht Hannover, EGS.-A X b3, EG. Entsch. Nr. 10)". Laut Disziplinarordnung des DJV aus dem Jahre 1995 können bei Verstößen gegen die Deutsche Waidgerechtigkeit im Rahmen des Disziplinarverfahrens Geldbußen in Höhe bis zu 5.000 DM verhängt werden. Disziplinarausschüsse werden in jedem Landesverband gebildet und bestehen aus einem Vorsitzenden und zwei Beisitzern. Der Vorsitzende, so § 5 (1), Satz 2, muss zum Richteramt befähigt sein. Vgl. dazu die Disziplinarordnung des DJV, in: DJV Handbuch 2001, S. 46ff. Die Ehrengerichte gehen zurück auf die Zeiten vor der Machtergreifung der Nationalsozialisten, als in den Jägerversammlungen des Reichsjagdbundes jene Ehrengerichtsbarkeit gefordert wurde, um unliebsame Jäger, „ungeeignete Elemente", von der Jagdausübung auszuschließen. Der Grund musste in einem fehlenden Verantwortungsbewusstsein jener „Elemente" gegenüber der heimischen Tierwelt zu liegen kommen. Vgl. dazu die Ausführungen bei Eugen Syrer, Jagdrecht und Interessengruppen. Eine historisch-politische Analyse, S. 118-119 unter Bezug auf Ulrich Scherping.

Organisation (zumindest der auch nach 1945 gewollten) aufgrund ihrer Liberalität unweigerlich im Wege. Die Jagd erwehrt sich in der modernen Gesellschaft der Bundesrepublik mit ihren traditionell-kulturellen Inhalten und deren gewachsenen Strukturen den Anforderungen der modernen Gesellschaft, die Rationalität, Funktionalität und damit schlichtweg die Jagd allein im Rahmen einer gesetzlich und gesellschaftlich gestützten, zweckgerichteten Dienstleistung akzeptieren will. Dabei wird übersehen, dass die Gesellschaft in ihrer strukturellen, psychischen, physischen und kulturellen Ausgestaltung bisher in historischer Kontinuität die Jagd für ihre Zwecke grundlegend und epochenspezifisch instrumentalisiert hat. Es gibt also keinen Grund, am Fortgang dieser Entwicklung zu zweifeln, doch es gibt allen Grund, dieses Thema einem öffentlichen und interessierten Kreis zugänglich zu machen. Die Funktion, die die Jagd in der modernen Gesellschaft der Bundesrepublik erfüllen kann und, will sie überleben, auch erfüllen muss, wird regelmäßig von den orthodoxen Strömungen, als deren Hauptvertreter der Deutsche Jagdschutz-Verband benannt werden kann, geradezu torpediert[49]. Während im Feudalstaat bis 1848/49 der Jäger bzw. in Personalunion der Herrscher noch weitgehend die Gesellschaft formte, ist es in der Gegenwart die nichtjagende Gesellschaft, die, und das ist in gewissem Sinne ein Novum, mit der argumentativen Rückendeckung der Forstberufe, der Wildbiologie und der Ökologie als fachspezifischen Repräsentanten eines fachspezifischen Expertentums einen stetig zunehmenden Druck auf die orthodoxe und überwiegend private Jagd und ihre Vertreter ausüben.

[49] Der Deutsche Jagdschutz-Verband als größter deutscher Dachverband der Jäger scheint seine Priorität auf den Schutz der traditionellen „Jagd" orthodoxer Prägung und weniger auf die Einbindung der Jagd in die Anforderungen einer modernen, sowohl ökologisch als auch ökonomisch ausgerichteten Wald- als auch Wildbewirtschaftung verlagert zu haben. Gerade der damalige Präsident Freiherr Heereman (abgelöst am 25.05.2003 durch Jochen Borchert, MdB und früherer Bundeslandwirtschaftsministers unter Helmut Kohl) hat in seiner Rede anlässlich der Delegiertenversammlung des DJV am 12. Oktober 2001 in Konstanz deutlich gemacht, dass er offensichtlich die Grundgesetzänderung vom 27. Oktober 1994 nicht anerkennt. Während nämlich bis 1994 das BJG als sehr umfangreiches Rahmengesetz seine gesetzliche Pflicht erfüllen konnte, wurde ihm dies mit der Grundgesetzänderung vom 27. Oktober 1994 zum Verhängnis. Hier hat der Verfassungsgeber im Artikel 75 GG festgelegt, dass Rahmenvorschriften zukünftig nur noch allgemeine und insbesondere nicht unmittelbar geltende Regelungen enthalten dürfen. So hat der Gesetzgeber geradezu die Pflicht, das BJG gemäß den nun gestärkten Länderkompetenzen in seiner unzulässigen Detailregelung immens zu kupieren. Dazu Freiherr Heereman: „Bei dem Versuch, die Novellierung des Bundesjagdgesetzes zu erzwingen, geht es nicht darum, unser Jagdwesen zu stärken. Und schon gar nicht geht es darum, Belange des Natur- und Artenschutzes zu fördern. Die Novellierung des Bundesjagdgesetzes hat zum Ziel, die Jagd zu schwächen und die Rechte der Grundeigentümer auszuhöhlen. Wer dies nicht begreift oder begreifen will, gibt die Jagd scheibchenweise auf!" Und weiter: „Wir wollen, dass unser seit Jahrzehnten bewährtes Bundesjagdgesetz erhalten bleibt. Das Bundesjagdgesetz ist der Garant des Prinzips der Nachhaltigkeit". Vgl. dazu die Inhalte der Rede anlässlich der Delegiertenversammlung des DJV am 12. Oktober 2001, veröffentlicht unter der URL: http://www.jagdnetz.de und hier unter der URL: http://www.jagdnetz.de/Aktuelles/Bundesjaegertag/Bundesjaegertagung2001/index.cfm?todo=show&session_id=&id=600&pfadid=$0$599&pfadtitel=$%DCbersicht$Reden.

1.3 Ziele und Vorhaben der Arbeit

Betrachtet man die Historie der Jagd, so erscheint sie einem als ein gesellschaftsprägendes und gleichwohl auch als ein von der jeweiligen Gesellschaftsform geprägtes Phänomen. Der Prozess der Zivilisation schlägt sich in der Jagdgeschichte neben der Jagdpraxis und der Jagdkultur vor allem in der heutigen Jagdgesetzgebung und ihren zutage tretenden Affektbändigungen als eine Abfolge unzähliger sozialer wie auch technischer und wildbiologischer Inklusionen und Exklusionen nieder. Dabei ist eine deutliche Tendenz zur Inklusion zu beobachten, die nicht auf wenige Teile eines Ganzen beschränkt zu sein scheint. Gingen in den früheren Zeiten die Impulse zu Inklusionen und Exklusionen überwiegend vom jagenden Herrscher aus (sowohl bezüglich räumlicher Definitionen als auch sozialer Begrenzungen oder Fixierungen), so sind es heute die Wissenschaften, das Expertentum und die nichtjagende Bevölkerungsmehrheit, die in diesem speziellen Punkt an die Stelle des längst entmachteten Adels getreten sind. Die Betrachtung und Analyse jener Abfolge innerhalb der Jagdgeschichte, ihrer Ursachen und Wirkungen, ist Gegenstand der vorliegenden Arbeit. Eine Schlüsselposition in jener Untersuchung kommt neben der Zurückdrängung des freien Bauerntums und der Macht der Territorialherren sowie dem Anspruch der absoluten Fürsten insbesondere der „Vergesellschaftung der Natur“[50] zu, die mit der Industrialisierung ihren Anfang nahm. Zwar ist sie ihrerseits unabdingbares Merkmal des Zivilisationsprozesses, sie verlangt jedoch nach einer gesonderten und ausführlichen Betrachtung, will man Jagd und Jäger in der modernen Gesellschaft der Gegenwart besser verstehen. Ihre Faktizität und ihre Ausstrahlungen sind der Dreh- und Angelpunkt einer Analyse der Jagd unter den Prämissen von Exklusion und Inklusion moderner Prägung, während die Inklusionen und Exklusionen in den Zeiten davor überwiegend sozialer Art waren. Der Prozess der Vergesellschaftung von Natur in der modernen Gesellschaft ist dabei nicht lediglich die Summe aus Wissen, Erkenntnissen, Zufall und Irrtum, oder von Fortschritt im Allgemeinen. Jener Prozess kreiert seinerseits stetig neues Wissen um Gefahren und Risiken, was sich in Forschung und Lehre, in Kultur und Praxis und letztlich in allen Teilbereichen der Gesellschaft niederschlägt. Jene Entwicklung musste zwangsläufig früher oder später zu einem Bruch mit Traditionen führen, die aus einer Zeit vor diesem Wissen herrühren und die den aus diesem Wissen geborenen neuen Zwängen zuwiderlaufen. Darüber hinaus bleibt zu erwarten, dass es zu Kompatibilitätsproblemen kommen wird, die in der Zivilisation, insbesondere der Vergesellschaftung der Natur als Teil des Zivilisationsprozesses, ihre Ursachen haben. Gerade Jagd und Jäger sind ein hervorragendes Paradigma für diese durch Zivilisation generierten Probleme und den Umgang mit ihnen in den ausdifferenzierten Teilbereichen der modernen Gesell-

[50] Der Begriff der „Vergesellschaftung der Natur“ bezieht sich auf die Ausführungen von Ulrich Beck, Risikogesellschaft, S. 107ff. Er umschreibt das Ende der Gegenüberstellung von Natur und Gesellschaft. Gerade das 20. Jahrhundert war dadurch gekennzeichnet, dass es die Natur zu einem historischen Produkt generierte, in dem die natürlichen Bedingungen ihrer Reproduktion zerstört wurden. Im 21. Jahrhundert bleibt die Fortsetzung jener Entwicklung zu erwarten.

schaft[51]. Jagd übernimmt schon längst nicht mehr nur die Rolle der Bestandsregulierung von Wildtierpopulationen oder der Hege gesunder und stabiler Populationen, sondern stellt darüber hinaus eine gewisse Gefahrenquelle dar, die jedoch grundsätzlich leicht zu minimieren wäre. Auf der anderen Seite kommt der Jagd auch die Aufgabe zu, das Konsensmodell des naturnahen Mischwaldbaus zu unterstützen, seine Umsetzung zu gewährleisten und damit auch auf einen Punkt hinzuarbeiten, ab dem die Jagd in ihrer Intensität möglicherweise deutlich zurückgenommen werden kann. An diesem Punkt allerdings beginnen die Konflikte um die Jagd politisch, sozial, ökonomisch und ökologisch zu werden. Der Kreis der Adressaten, der Interessengruppen und der Gegner wird in dieser Auseinandersetzung stetig größer. Mit diesem Problem sieht sich die aktuelle Jagddiskussion in der Bundesrepublik Deutschland stärker als jemals zuvor konfrontiert. Bezogen auf die jagdliche Historie kann man anhand des Beschriebenen feststellen, dass seit den Bauernkriegen des 16. Jahrhunderts bis nach dem Ende des Dritten Reiches aus der Literatur keine umfassenden gesellschaftlichen Konflikte um die Jagd mit ähnli-

51 Hier ist nur an die Problematik der Schweinepest sowie an erste Fälle von CWD-BSE, Chronic Wasting Disease, bei Wildtieren zu erinnern. So hat Gerhard Huber einen Artikel mit dem Titel „CWD-BSE bei Hirsch und Reh" unter der URL: http://www.lwf.uni-muenchen.de/veroef2001/lwfakt29/beitrage28.htm veröffentlicht, der sich mit diesem bislang nur aus der Masttierhaltung bekannten Problem auseinandersetzt. Der Autor dazu: „Bislang war man der Meinung, dass BSE für Hirsche und Rehe keine Gefahr darstellen würde. Aus Kanada kam im Dezember 2000 allerdings die Meldung, dass dort auch Hirsche BSE-ähnliche, von Prionen verursachte Symptome zeigten und getötet werden mussten. Die Krankheit, die ebenfalls schwammartige Veränderungen des Gehirns verursacht, wird als Chronic Wasting Disease (CWD) bezeichnet und wurde bisher bei drei nordamerikanischen Hirscharten festgestellt, beim Maultier- (*Odocoileus hemionus*) und Weißwedelhirsch (*Odocoileus virginianus*) sowie bei einer Unterart des amerikanischen Rotwildes (Wapiti), dem Rocky Mountain Elk (*Cervus elaphus nelsoni*). Entgegen der jüngsten Berichterstattung in der Presse sind allerdings Elche bisher nicht betroffen. Die Meldungen beruhen offensichtlich auf einem Übersetzungsfehler (elk = Wapiti, Elch = moose)". Auch hier geht man offensichtlich von einer Übertragung der Krankheit durch verseuchtes Futter oder Futterbeigaben aus. Eine Reaktion von Seiten der Politik ließ damals nicht lange auf sich warten: Eine aktuelle Meldung der Presseagentur AP (abgedruckt in der Süddeutschen Zeitung und im Münchner Merkur am 20.08.2001): "Künftig auch BSE-Tests für Wildfleisch. Das Bundesministerium für Verbraucherschutz will künftig auch Wildfleisch auf BSE testen. Eine entsprechende Verordnung soll Anfang 2002 in Kraft treten. Die Bundesländer werden damit verpflichtet, erlegtes Reh- und Damwild stichprobenartig auf die Rinderseuche zu überprüfen. Es sei bekannt, dass in der Vergangenheit Wild in den Wäldern auch mit Tiermehl gefüttert worden sei, betonte der Staatssekretär Alexander Müller in einem Interview mit dem Hessischen Rundfunk. Die Forschung habe zudem gezeigt, dass eine Übertragung des BSE-Erregers auch auf diese Tiere möglich sei". Vgl. ebenfalls unter der URL: http://www.lwf.uni-muenchen.de/veroef2001/lwfakt29/beitrage28.htm unter Bezug auf den genannten Artikel von Gerhard Huber. Weiter auch bei Gerhard Huber, „CWD bei nordamerikanischen Hirschen ist weitaus ansteckender als BSE", unter der URL: http://www.lwf.bayern.de/lwfaktuell/44/kap-9.pdf. Jagdliche Methoden, das Ausbringen von Futter und Kirrmaterial zum Zwecke der Hege oder der Bejagung, haben auch auf dem Felde der Jagd ein enormes Risikopotenzial geschaffen, dem sich als Leidtragende die nichtjagende Bevölkerungsmehrheit ausgesetzt sieht und das es erfordert, dass spezifische Wissenschaften mit Problemlösungsstrategien betraut werden müssen. Die traditionale Jagdpraxis ist schon allein aus diesen Kausalitäten heraus nicht nur ein in der Öffentlichkeit oftmals nur stiefmütterlich behandeltes Thema, sondern ein gefahrenproduzierendes und damit die Gesamtgesellschaft inkludierendes Teilsystem der Gesellschaft.

chen Auswirkungen wie heute bekannt sind. Zwar existierten eine Vielzahl von Konflikten um den Zugang zur Jagd, gewissermaßen den Exklusionen von der aktiven Jagd sowie auch den parallel dazu in Verbindung zu sehenden Inklusionen über die Frondienste, niemals jedoch jagdliche Konflikte, die sich ernsthaft auf den gesamten Gesellschaftskörper ausdehnten, oder ihn zumindest tangierten[52]. Jagd war in historischer Abfolge vielmehr Bestandteil eines auf altiranische Vorbilder zurückgehenden Fürstenideals, von Kaiser Hadrian bis zu Karl dem Großen Bestandteil einer Virtus-Konzeption oder der Königslegitimation und späterhin eine Herrschaftshandlung und Bestandteil herrschaftlicher Politik bis zur deutschen Revolution von 1848/49. In den Jahren zwischen jener Revolution und dem Ende des Dritten Reiches fanden dagegen erst diejenigen Entwicklungen statt, die zur heute bekannten bundesdeutschen Jagdkultur, der Zementierung von „neuerfundener" Tradition führten, die unter den Anforderungen der modernen Gesellschaft immer mehr an Boden verliert. In jenen gut 100 bis 150 Jahren liegen die Anlagen verborgen, die das Thema Jagd in der Bundesrepublik, insbesondere seit den 1970er Jahren, zu einem Konglomerat an Konfliktfeldern, geboren aus Einzelinteressen, jagdlicher Versäulung von Traditionsbeständen[53] und einer an wildbiologischen, ökologischen und ökonomischen Determinanten vorbeilaufenden Jagdpraxis werden ließen. Hier sind das Reichsjagdgesetz von 1934, auf dessen Grundlage unser noch heute gültiges Bundesjagdgesetz[54] aufbaut, sowie dessen Förderer nicht ganz unschuldig. Dazu gesellt sich eine zunehmend kritische Anthropologie, die mit den bisherigen Mythen der Jagd bezüglich ihrer Rolle innerhalb der Evolution des Menschen bricht und damit einigen Anschauungen und tradierten Überzeugungen den Boden zu entziehen beginnt. Die Jagd als an der Schwelle der menschlichen Zivilisation stehend war lange Zeit, im Übrigen auch noch heute, eine angenehme Vorstellung für Philosophen und jagdliche Funktionäre[55], die zwar mit Hilfe

---

52 Zumindest die Städter waren in der frühen Neuzeit von den jagdlichen Handlungen und ihren Folgen gegenüber ihren auf dem Lande wohnenden und arbeitenden Zeitgenossen kaum tangiert. Hier rückte stärker das Turnier in den Mittelpunkt, welches zwar ähnliche, jedoch nicht deckungsgleiche Intentionen verfolgte wie die Jagd. Welche Intentionen das im Einzelnen waren, wird im Rahmen der vorliegenden Arbeit noch ausführlich behandelt werden. Zusätzlich waren im Bereich der Städte jagdliche Sonderrollen festzustellen. So wurden nicht selten Studenten oder auch wirtschaftlich bedeutende Bürger einer Jagdmöglichkeit teilhaftig - den so genannten Gnadenjagden.

53 Vgl. bei Ulrich Schraml, Die Normen der Jäger, S. 239 unter Bezug auf Gottschalch 1991, S. 14f und bei Klaus Maylein, Jagd und Jäger in der modernen Gesellschaft, S. 57ff unter Bezug auf den genannten Autor.

54 Allerdings sei hier erwähnt, dass selbst unser noch heute gültiges Tierschutzgesetz ebenfalls seine Wurzeln im Nationalsozialismus hat. Der Nationalsozialismus ist in diesem Sinne weit mehr eine Zeitbeschreibung als eine qualitative Wertung für die Inhalte beider Gesetze. Das darf in der Diskussion um die Herkunft der Gesetze nicht vergessen werden, denn die Inhalte sind nicht unwidersprochen nationalsozialistisch geprägt. Vgl. dazu die Ausführungen von Peter Conrad, BJG - kein Nazi-Gesetz!, in: Deutsche Jagdzeitung, Ausgabe Nr. 09/2004, S. 8.

55 Vgl. dazu die Ausführungen bei Hubertus Hiller, Jäger und Jagd, S. 64ff. So wurden gerade diejenigen Jagdwissenschaftler und ihre Aussagen in das Pantheon bundesdeutscher Jagdbetrachtungen erhoben, die dem Jagdtrieb das Wort redeten. Nicht zuletzt deshalb ist die von Kurt Lindner vertretene Auffassung von Jagd weder in den offiziellen Verbandsorganen rezitiert noch in den Argumentationsschatz der aktiven Jägerschaft aufgenommen. Welchen Stel-

dieser zwischenzeitlich antiquierten Anschauung an Rolle und Praxis der Jagd als auch am jagdlichen Selbstverständnis gefeilt haben, andererseits jedoch damit eine funktionalistisch-wissenschaftliche Betrachtung von Jagd über die Jahrzehnte effektiv verhindern konnten[56]. Eine entsprechende Kritik an einigen Vertretern der Jagdwissenschaft wird im Rahmen des zweiten Kapitels näher dargestellt werden, insbesondere da ihr Fundament sehr dünn zu sein scheint und an einigen Stellen bereits von der gegenwärtigen Entwicklung durchbrochen wurde. Als Quintessenz bleibt bestehen, dass es erst die noch junge bundesdeutsche Demokratie war, die die traditionale Jagd in einen auf einer neuen Qualität von Inklusion und Exklusion basierenden Erklärungsnotstand brachte. Die Inklusionen und Exklusionen waren nun nicht mehr sozialer, sondern kultureller Art. Jagd, zumindest die traditionale Jagd, wurde innerhalb der letzten dreißig Jahre zum ersten Mal in ihrer Geschichte reflexiv und droht dadurch sich selbst zu zerstören. Damit bedroht sie jedoch auch die der Jagd verbundenen reformorientierten Kräfte, da das unbedingte Festhalten an Überkommenem zur Kompromisslosigkeit und damit zur Stärkung der auf gegenläufigem Extremismus beruhenden absoluten Jagdgegnerschaft führen kann[57]. Zulauf findet diese ebenfalls kompromisslose Jagdgegnerschaft nicht zuletzt deshalb, weil das Thema der Jagd heute nicht mehr von einigen Wenigen entschieden wird, sondern von der Jagd zumeist fern stehenden politischen Gremien, die nicht den Jäger als Bezugspunkt, sondern allein die mit der Jagd in Zusammenhang stehenden Faktoren und die sie tangierenden Interessenbereiche bei ihrer Entscheidung berücksichtigen. Neuerdings findet aus diesem Grunde auf allen Seiten und in allen Lagern eine Art Sammlung von Argumenten statt, mit denen man den Prozess der Jagdgesetzgebung füttern und so einen Einfluss auf das zukünftige jagdliche Geschehen in der Bundesrepublik Deutschland nehmen möchte. Zu allem Überfluss verhält sich hier die größte Interessenvertretung bundesdeutscher Jäger gemäß einer auffälligen aristokratischen Arroganz vollkommen passiv. Einer der wenigen Beiträge zur Diskussion um das Bundesjagdgesetz stammt aus dem Januar 2003 und unterstreicht lediglich das bestehende Recht als

---

lenwert die Lindnersche Definition hat, wird noch an anderer Stelle ausführlich aufgezeigt werden.

56 So gelang tatsächlich erst Torsten Pflittner in einer Arbeit über die Funktion der Jagd bei den Karolingern der Schritt weg von der herkömmlichen Jagdbetrachtung hin zu einer funktionalistischen Analyse. Vgl. dazu bei Torsten Pflittner, Manifestation der Herrschaft im Raum. Adelige Jagd im Mittelalter unter Karl dem Großen, Wissenschaftliche Arbeit im Rahmen der Landeslehrerprüfung für das Lehramt an Gymnasien, Universität Konstanz, Geisteswissenschaftliche Sektion, Fachgruppe Geschichte, Konstanz 2003. Seine Arbeit wird noch ausführlich zur Sprache kommen.

57 Die sich in den letzten 30 Jahren formierende Jagdgegnerschaft ist teilweise äußerst radikal sowohl in ihren Anschauungen als auch in ihrer Lebensweise, denen sich ihre Verfechter ethisch und moralisch verpflichtet sehen. Aus dem Vegetarismus erwuchs hier schon bald der Veganismus und die Ablehnung jedweder Nutzung tierischer Helfer, Produktion tierischer Nahrung und Verarbeitung tierischer Produkte in allen Bereichen des menschlichen Lebens. Herausragendes Beispiel ist hier wohl die „Initiative zur Abschaffung der Jagd" unter dem Biologen und Studiendirektor Kurt Eicher mit Sitz in Heilbronn. Vgl. dazu unter der URL: http://www.abschaffung-der-jagd.de/index.php. Einen umfassenden Einblick in die Argumentationsreihe der Jagdgegner bietet auch das Buch von Walter Christiansen, Die Jagd ist nicht mehr zeitgemäß.

in seiner Struktur und seiner Wirkung nicht reformbedürftig[58]. Dass der DJV Uneinsichtigkeit und fehlendes politisches Gespür in der Diskussion um das Bundesjagdgesetz an den Tag legt, ist in einem Artikel in „Wild und Hund" nachlesbar[59]. Der DJV, so wird aus dem Artikel deutlich, hat jahrelang auf das falsche Pferd gesetzt. Für ihn und seine Repräsentanten galt und gilt nach wie vor das Bundesjagdgesetz als Maß aller Dinge. Dass jenes als Rahmengesetz in naher Zukunft obsolet sein könnte, wurde vom DJV missachtet. Die Grundgesetzänderung vom 27. Oktober 1994, in der der Verfassungsgeber im Artikel 75 GG festgelegt hat, dass Rahmenvorschriften zukünftig nur noch allgemeine und insbesondere nicht unmittelbar geltende Regelungen enthalten dürfen, wurde vom DJV bisher in seinen Auswirkungen auf die Verbandsstruktur und Verbandsaufgaben nicht erkannt. Neben der Jagdpraxis (und in Verbindung mit ihr stehend) ist der Prozess der „Entnaturisierung" in Bezug auf die Diskussionen um Inklusion und Exklusion der nichtjagenden Gesellschaftsmehrheit zu beachten. Die Jagd in der modernen gegenwärtigen Gesellschaft findet nicht mehr „draußen in der Natur" statt, sondern in artifiziellen Restnaturräumen, der sensiblen und aus dem Lot geratenen Innenausstattung unserer Zivilisation. So ist es der Wandel der Legitimation der Jagd – seinerseits begründet in einem Wandel des Naturbegriffs, einem Wandel aller Lebens- und Wirtschaftsräume - der Jagd und Jäger vor ein Kompatibilitätsproblem zu stellen scheint[60]. Die jagdliche Motivation und der starke Traditionalismus sind in der Gegenwart von denen früherer Zeiten nicht besonders zu unterscheiden. Die Legitimation der Jagd hat sich jedoch durch die Inklusion, die Hereinholung der Natur in die Zivilisation, so stark gewandelt, dass sich Jagd und Jäger in einem völlig neuen Fokus sehen. Das ist einer der wesentlichen Gründe für das Konfliktfeld Jagd contra moderne Gesellschaft. Es ist gleichzeitig aber auch ein Grund für die „neue" Funktionalisierung der Jagd innerhalb jener ausdifferenzierten und industrialisierten Gesellschaften. Der Jäger ist nicht zuletzt deshalb eine ambivalente Persönlichkeit. Er ist, um es auf den Punkt zu bringen, ein starker egoistischer Geist, den es gilt in eine Stimmung jagdlichen Altruismus' zu bringen, welchen es im Übrigen als so genannten reziproken Altruismus (wenn auch nur unter Bezug auf die Geschlechterrollen) bereits innerhalb der Evolution des Men-

---

58 Vgl. dazu die Ausführungen von Constantin Freiherr Heereman, ehemaliger Präsident des Deutschen Jagdschutz-Verbandes, in: Das Bundesjagdgesetz. Forderungen und Tatsachen, Deutscher Jagdschutz-Verband, Münster 2003.

59 Vgl. dazu einen Artikel von Heiko Hornung, Bundesjagdgesetz-Reform. Es kommt alles anders, in: Wild und Hund, Ausgabe Nr. 16/2003, S. 12ff. Vielleicht, so Chefredakteur Karl-Heinz Betz im Editorial („Doch nicht im grünen Bereich?") derselben Wild und Hund-Ausgabe, ist darin der Versuch des DJV zu erblicken, seine Haut zu retten, da der Übergang der Jagdgesetzgebung auf die Länder dem DJV als Dachorganisation den Boden unter den Füßen entziehen würde. Niemand würde ihn mehr ernst nehmen, seine Finanzierung wäre gefährdet und die Landesverbände würden überproportional an Einfluss gewinnen, während der Dachverband ums Überleben kämpfte.

60 Dieses Kompatibilitätsproblem ist jedoch begründet in den traditionalisierten Formen der Jagdpraxis, nicht in der Jagd selbst, da jene in der vergesellschafteten Natur noch weitgehende Aufgaben, insbesondere in der Bereinigung von Folgeproblemen der Industrialisierung, hat.

schen gegeben hat[61]. Auf diese Weise wäre es wohl möglich, die Jagd auch über das 21. Jahrhundert hinaus als ein funktionales Teilsystem der Gesellschaft zu erhalten.

1.3.1 Natur contra Kultur – die neue Form jagdlicher Raum(be)handlung

Wie bereits oben angesprochen agieren Jagd und Jäger in der Natur oder besser in dem, was heute vielfach als Restnatur verstanden wird; also innerhalb von Räumen, die den Einwirkungen mittelbarer und unmittelbarer Zivilisation unterliegen[62]. Solange die Natur nicht Rest, sondern noch eine der Gesellschaft gegenüber stehende und von ihr losgelöste Größe war, solange war die Jagd eine Betätigung, die mal mehr und mal weniger entweder das Überleben erleichterte, magisch-mythische oder „quasireligiöse" Bedürfnisse der Menschen befriedigte, wichtiger Bestandteil eines Fürstenideals und der fürstlichen Tugenderziehung war, als politisches Mittel zur Aufrechterhaltung und Durchsetzung von Herrschaft diente oder in späteren Zeiten Bestandteil einer müßigen aristokratischen Lebenskultur wurde[63] (es handelt sich hier grob vereinfachend um die Zeiten vor und während der Industrialisierungsprozesse). Jener Bruch, der die Mehrheit von der Jagd ausschloss und eine Minderheit bevorrechtigte, war ein Vorgang, der die Relationen von Natur und Gesellschaft nicht sonderlich beeinflusste. Es war lediglich ein sozialer Bruch, ein Bruch innerhalb der Gesellschaft, der durch sie hindurch ging, sie in Stände und letztlich Klassen einteilte, in Produzenten und Konsumenten, in Herrscher und Beherrschte, die Natur und ihre Ressourcen jedoch nur peripher betraf. Dennoch war dieser Bruch bereits das Resultat einer Aneinanderreihung unzähliger Zivilisationsprozesse. Erst der später stattfindende umfänglichere und äußerst

---

[61] Hier war jener reziproke Altruismus auf die Geschlechterbeziehungen begrenzt, wie noch ausführlich darzulegen sein wird (Josef H. Reichholf, S. 156ff). In den heutigen Gesellschaftsformen hat jener bereits in der Morgenröte der Menschheit vermutete Geschlechtervertrag seine Bedeutung verloren, nicht jedoch auf der gesamtgesellschaftlichen Ebene, wo der jagende Mensch gleichsam Funktionen für den Nichtjäger erfüllt. Jene Form des Altruismus bleibt jedoch aller Wahrscheinlichkeit nach auf die hoch industrialisierten Jagdländer Mitteleuropas beschränkt, während davon z. B. in Nordamerika aus verschiedenen Gründen keine Rede sein kann.

[62] Der Unterschied zwischen mittelbarer und unmittelbarer Zivilisation ist ein räumlich-geographischer. Innerhalb der mitteleuropäischen Industrienationen finden mittelbare und unmittelbare Auswirkungen der Zivilisation keine scharfen Abgrenzungen mehr zueinander. Die Übergänge sind aufgrund der räumlich-geographischen Dichte fließend. Anders dagegen z. B. in Ländern der Dritten Welt oder in Südamerika. Dort finden zunehmend mittelbare Zivilisationsauswirkungen statt, da die großen Industrienationen, die zum Teil Tausende Kilometer von jenen Räumen entfernt liegen, über die Globalität der Emissionen und Immissionen auch auf jene Länder Einfluss nehmen. Das Umweltproblem ist ein globales, wobei die Verursacher auf der nördlichen Hemisphäre liegen.

[63] Hier ist etwas ganz Bedeutendes anzumerken, was bis heute durchweg unausgesprochen blieb: Die Jagd in ihrer feudalen Funktion der politischen Kommunikation und Reproduktion von Herrschaft bis in den intimsten Winkel des gesellschaftlichen Lebens von der frühen Neuzeit bis in das 18. und 19. Jahrhundert hinein konnte niemals Gegenstand der Jagd als sozialer Distinktion bürgerlichen Charakters sein. Gegenstand jener Distinktion nach 1848 konnte allein die Jagdhandlung, verstanden als vormaliges adliges Privileg, sein. Das politische Element dagegen blieb außen vor. Damit ist die bürgerliche Jagd nicht in der Tradition der adligen Jagd zu betrachten, da sie vollkommen andere Aufgaben und Funktionen wahrnimmt, die mit jenen der feudalen Situation in keinerlei Übereinstimmung stehen.

komplexe Bruch zwischen Natur und Gesellschaft selbst, der in den Dekaden nach der Industrialisierung lokalisierbar ist, änderte Wesentliches. Nicht nur die Macht der Aristokratie wurde im Verlaufe der Industrialisierungsprozesse gebrochen, auch die Macht einer eigenständigen Natur ging Stück für Stück verloren. Ulrich Beck weist darauf hin, dass es erst der Industrialisierungsprozess war, der die Natur nun als „Nichtgesellschaft" aufgehoben und sie stattdessen zur zerstörten oder gefährdeten Innenausstattung der zivilisierten Welt gemacht hatte[64]. Die Auswirkungen der Industrialisierung, das Fortschreiten des Zivilisationsprozesses, hatten sowohl die lediglich jagdliche Nutzung von Ressourcen, die Jagd als faktische Herrschaftshandlung, als auch das in gewisser Hinsicht in aristokratischer Tradition stehende Jagdvergnügen endgültig verdrängt[65]. An die Stelle der Nutzung oder der Herrschaftshandlung trat stattdessen die Bewältigung der Folgeprobleme der Zivilisation selbst. Jagd übernimmt heute aus diesem Grunde vielfältige Funktionen, die nur rudimentär die bloße Nutzung als Aspekt ihrer Legitimation noch erkennen lassen. Jagd heute ist in weiten Teilen nichts anderes als die dringend gebotene Reduzierung von Schäden auf ökonomischer als auch ökologischer Basis (was sich oftmals deckt). Zusätzlich scheint heute vielen Jägern das „Vergnügen an der Jagd" abhanden gekommen zu sein, da das Bekenntnis zur Jagd, zum Töten wildlebender Tiere, einem gesellschaftlichen Spießrutenlauf gleichkommt. Selbst politische Amtsträger bekennen sich heute nicht mehr annähernd so freizügig zu ihrer Jagdtätigkeit oder Jagdleidenschaft, wie dies in den 1970er Jahren noch der Fall war[66]. Jagd wird zunehmend im Kreise der „öffentlichen" Personen wieder ein Teil des privaten Lebens, womit sie den umgekehrten Weg als etwa seit Kaiser Hadrian geht, als die Jagd von der privaten Sphäre der römischen Cäsaren zunehmend in die Sphäre der Öffentlichkeit trat und dort bis zum endgültigen Abschied von Macht und Würden der Aristokratie wirkungsvoll verblieb. Heute scheint die Jagd allgemein, nicht nur bei den Personen von öffentlichem Interesse, tatsächlich den umgekehrten Weg zu gehen. Nur wenige Jäger bekennen sich offenherzig und ungefragt zu ihrem Tun[67].

---

64 Vgl. diese Aussagen bei Ulrich Beck, Risikogesellschaft - Auf dem Weg in eine andere Moderne, S. 107.

65 Allerdings bedurfte es bis zu dem letztgenannten Zeitpunkt etwa 125 Jahre, da zwischen 1848/49 und etwa den Jahren 1960 bis 1970 ff. die Jagd noch in bester aristokratischer Tradition stand. Erst die Entwicklungen der 1970er Jahre brachten den Umschwung zustande, der jedoch nach wie vor noch nicht umfassend Realität in den bundesdeutschen Revieren wurde. Über diesen „Umschwung" wird in den jagdlichen Medien heftigst debattiert.

66 Diplomatenjagden, wie sie seit der Gründung der Bundesrepublik Deutschland ein Vierteljahrhundert lang als normal betrachtet wurden, wären in der heutigen Situation vollkommen undenkbar. Die Bundespräsidenten Heuss, Lübke, Heinemann und Scheel wie auch die Außenminister von Brentano, Schröder, Brandt und Scheel waren gerne und häufig gesehene Gäste oder zumindest „Jagdherren" auf den Bonner Diplomatenjagden im Hunsrück, im Reinhardswald, in der Eifel und in Rheinhessen. Vgl. dazu die Ausführungen von Walter Henkels, Wer einen Treiber erschießt muss die Witwe heiraten, S. 46ff. Auch wenn, wie Theodor Heuss, sie zum Teil selbst nicht Jäger waren, so galten sie doch als Jagdherren, die Diplomaten aus aller Herren Länder und Journalisten im Waidwerk zusammen brachten.

67 Vgl. dazu bei Bruno Hespeler, Jäger wohin?, S. 32. Viele Jäger, vor allem Geschäftsleute, wollen häufig in der Öffentlichkeit aufgrund des „schlechten Rufes" nicht als Jäger erkannt werden, so Bruno Hespeler.

Am Ende des 20. Jahrhunderts wurde deutlich, dass die Natur nicht mehr aus der Gesellschaft extrahiert werden kann, sondern beide Größen nur zusammen, als Kultur, begriffen werden können. Dieser zweite, nun kulturelle Bruch, übersteigt in seinen Auswirkungen auf die gesamte Gesellschaft den früheren sozialen Bruch bei weitem. Das Hereinholen der Natur in die Gesellschaft, ihre Vergesellschaftung, machte sie zu einem höchst sensiblen und gefährdeten Gut. Zwar übernahm die Natur jene Rolle auch in den Zeiten, als sie noch autonom gedacht werden konnte, als integrierter Bestandteil der hochzivilisierten Industrienationen wird sie jedoch von vielen Teil- und Subsystemen der Gesamtgesellschaft tangiert, beeinträchtigt, genutzt und nur von wenigen geschützt. Dabei sind den „reinen" Naturschützern angesichts der globalen Risiken der grenzenlosen oder besser grenzüberschreitenden Industrieeffekte schlichtweg die Hände gebunden. Dieser zweite Bruch ist also deutlich ein kultureller Bruch und insofern der bedeutendere und umfassendere Bruch hinsichtlich Ursache und Wirkungen. Er wird es auch sein, der über Wohl und Wehe der bundesdeutschen Jagdzukunft entscheiden wird, ob wir das nun wollen oder nicht. Der soziale Bruch in der Raum(be)handlung hat die Jagd auf eine vollkommen andere Weise beeinflusst und instrumentalisiert, als dies der zweite, überwiegend kulturelle (in der Kultivierung oder der Hereinholung von Natur in die Zivilisation verborgen liegende) Bruch in der Behandlung der Lebens- und Wirtschaftsräume durch den modernen, industrialisierten Menschen zu tun in der Lage war und ist. Dennoch zehrt die gesamte bundesdeutsche Jagdkultur, und insofern auch der Jäger als ihr Träger, von jenen Auswirkungen des sozialen Bruches, was auf der anderen Seite zu den bereits angesprochenen Kompatibilitätsproblemen mit den Anforderungen des weitaus stärkeren zweiten Bruches, des kulturell-ökologischen, führte und nach wie vor führt. So war es nicht der erste, sondern der zweite Bruch, der an den Eckpfeilern des jagdlichen Selbstverständnisses zu rütteln begann und jenes Selbstverständnis darüber hinaus wohl früher oder später wenn nicht zum Einsturz, so doch zu einer dringend notwendigen Sanierung in Gesetz und Praxis bringen wird. Die aktuellen Diskussionen rund um die Novellierung des Bundesjagdgesetzes sind der eindringlichste Zeuge für jenen zweiten Bruch[68] und die damit in Verbindung stehenden Konflikte. Der moderne Mensch entnimmt nicht nur Ressourcen aus der Natur, sondern gefährdet

[68] Zwischenzeitlich erschienene Diskussionspapiere und oder Grundsatzpapiere zum Bundesjagdgesetz und der anstehenden Novellierung (ohne Anspruch auf Vollständigkeit): a) vom NABU, Jagdpolitisches Grundsatzpapier des NABU, erschienen in der Reihe NABU Argumente, 2001; b) vom DJV, Das Bundesjagdgesetz. Forderungen, Tatsachen. Der Argumentationsleitfaden zum Bundesjagdgesetz, Deutscher Jagdschutz-Verband e.V., Bonn 2003; c) vom Bündnis 90 / Die Grünen Landesverband Saar, Positionspapier Jagd – Landnutzung im Sinne der Agenda 21; vom DNR, vgl. unter der URL: http://www.dnr.de/presse/index.php?send=Presseinformationen%20anzeigen&titel=t&suchbegriff=Natursch%FCtzer+wollen+neues+Bundesjagdgesetz&PHPSESSID=4259caf289528f4b5ad9bf5469ef01e4, vom ÖJV, Entwurf des Ökologischen Jagdverbands zur Novellierung des Bundesjagdgesetzes, September 2001, unter der URL: http://www.oejv.de/modules.php?name=Downloads&d_op=getit&lid=20. Weiterhin ebenfalls vom ÖJV, Landesverband Baden-Württemberg, Positionen zum Eckpunktpapier des Bundesministeriums für Verbraucherschutz, Ernährung und Landwirtschaft zur Novellierung des Bundesjagdgesetzes, unter der URL: http://www.oejv.de/modules.php?name=News&file=article&sid=503&mode=&order=0&thold=0.

oder zerstört sie durch seine Ökonomie und Kultur regional, national und global. Die Inklusion der Natur in die Gesellschaft wird erkauft durch Zurückdrängung, Gefährdung und Zerstörung. Im Resultat bedeutet dies, dass die Gesellschaft mit all ihren Teilsystemen Wirtschaft, Politik, Wissenschaft, Familie, Kultur nicht mehr ohne die Natur, oder besser das, was von ihr übrig blieb, gedacht werden kann. Folglich müssen auch Handlungen innerhalb der sensiblen Innenausstattung der Zivilisation von den Teil- oder Subsystemen (wie die Forst- und Jagdwirtschaft jeweils ein solches repräsentieren) der Gesellschaft gegenüber vertretbar sein, zumal die vergesellschaftete Natur überlebensnotwendig für die Spezies Mensch ist. Das ist die Anforderung an den Modernisierungsprozess im 21. Jahrhundert. In diesem Bewusstsein haben sich die Forstwirtschaft und das politisch-administrative System in ihren Zielsetzungen in den letzten 50 Jahren wesentlich verändert. Hier sind und waren nicht nur ökonomische Gründe ausschlaggebend, sondern in einem hohen Maße die Überzeugung, dass sich die Waldwirtschaft grundlegend ändern muss um die Fehler aus der Vergangenheit (die allein aus wirtschaftlichen Motiven heraus begangen wurden) rückgängig zu machen, da sich jene nachhaltig negativ auf unsere Gesamtökologie auswirkten und auswirken[69]. Wer die Waldwirtschaft ändern will, muss dies jedoch auch mit der Jagdpraxis (zumindest derjenigen auf wiederkäuendes Schalenwild, welches als „Hebel" in der Waldwirtschaft gilt) tun. Dass sich gerade die Jagd diesem Wandel selbst auch zu stellen hat - sie findet überwiegend in den forstwirtschaftlichen Räumen, dem Wald und seinen Einzugsgebieten, statt - wird in den kommenden Kapiteln noch häufig thematisiert werden. In diesem Zusammenhang soll deutlich gemacht werden, inwiefern die Jagd ein Abbild einer sich ändernden ökonomischen, kulturellen und politischen Verfassung ist und in der Vergangenheit war. Auch hier gilt wiederum gleiches für die Forst- und/oder Waldwirtschaft, die noch öfter zu Wort kommen wird. Die Geschichte der Jagd, die Geschichte ihrer Förderer, ihrer Rolle und letztlich ihrer Funktionen ist ein zuverlässiges Abbild des unendlichen Prozesses der Zivilisation. Jagd und Jagdpraxis spiegeln darüber hinaus gleichsam den Fortschritt in Wissenschaft und Gesellschaft wieder, da die beiden letztgenannten Größen sehr starke Rückwirkungen auf Jagd, Jäger, aber auch Gejagte haben. Dort, wo Traditionen aufgebrochen werden, gehen tief greifende gesellschaftliche Entwicklungen voraus. Für kaum einen anderen Bereich wie den der Jagd trifft dies so umfassend zu. Und kaum ein anderer Bereich reagiert so trotzig, so reaktionär, wie es innerhalb der Jagd und ihrer Verbände der Fall ist.

---

[69] Die geregelte Forstwirtschaft, die Ausbildung der Forstwissenschaft zu Beginn des 19. Jahrhunderts, basiert auf der Verknappung der Ressource Holz im von Sombart so genannten „hölzernen Zeitalter". Auf ihre Ergebnisse ist die radikale Umwandlung der deutschen Wälder im 19. Jahrhundert von den naturnahen Laubmischwäldern in gleichaltrige Nadelforste (Reinertragslehre) aus Fichte und Kiefer zurückzuführen. Bereits 1935 hat der amerikanische Forstmann, Ökologe und Philosoph Aldo Leopold vor den katastrophalen Wirkungen jener Forstwirtschaft gewarnt. Damit war er einer der ersten, galt doch die deutsche Forstwirtschaft zu diesem Zeitpunkt bereits als die vorbildlichste der Welt. Erst 1990 unter dem Eindruck der Orkangewalten Vivian und Wiebke fand ein programmatischer Schwenk zu naturverträglichen Formen der Waldwirtschaft statt. Vgl. dazu bei Georg Sperber, Deer and Dauerwald. The German Problem, in: Wilhelm Bode (Hrsg.), Naturnahe Waldwirtschaft - Prozessschutz oder biologische Nachhaltigkeit?, S. 38ff.

1.3.1.1 Folgerungen

Bevor nun im folgenden zweiten Kapitel eine kontroverse Diskussion um die Jagd als Motor des Menschseins begonnen werden soll, erscheint es mir notwendig, zunächst auf die Kapitel 10 und 11 der vorliegenden Arbeit Bezug zu nehmen. Jagd in der modernen Gesellschaft des 21. Jahrhunderts bildet die Summe aus einer Vielzahl von Entwicklungen, die man in Begriffen wie Rationalisierung, Differenzierung, Individualisierung und Domestizierung wiederfindet. Wer sich mit dem Thema der Jagd beschäftigt, wird ernsthaft um jene Prozesse und ihre Auswirkungen, ihre Forderungen, nicht umhin kommen. Diesen Leistungen der sich modernisierenden Gesellschaft müssen jedoch wiederum Leistungen innerhalb des Prozesses der Zivilisation vorausgegangen sein, die in einer ähnlichen Weise auf die Jagd Einfluss genommen haben. Es wäre vermessen, wenn man in einer geschichtlichen Darstellung der Jagd den Einfluss der jeweiligen Zeit auf die Jagd einfach ignorieren würde. Jene Leistungen der Vergangenheit können wir in den Fortschritten der Menschen auf den Ebenen der strukturellen, kulturellen, psychischen und physischen Entwicklungen durch die Epochen der Geschichte sehen, die letztendlich über einen Zeitraum von Jahrtausenden in die Prozesse der Modernisierungen einmündeten, beziehungsweise jene erst vorbereiteten. In Anbetracht der Tatsache, dass die moderne Gesellschaft, insbesondere die Nachkriegsgesellschaft des 20. Jahrhunderts, bis in die Gegenwart eine zusehends maßgeblichere Rolle innerhalb der Definition und Legitimation der Jagd einiger Weniger zu spielen und sich für das Thema Jagd zu interessieren beginnt, ist es wohl nur konsequent, von einer ähnlichen Kausalität zwischen dem Stand der Zivilisation und der Jagd durch alle Epochen auszugehen. Der Unterschied liegt allein darin verborgen, dass Politik in der bundesrepublikanischen Demokratie von überwiegend nicht jagenden Berufspolitikern betrieben wird, während die politischen Entscheidungsträger noch im 19., teilweise auch im 20. Jahrhundert allesamt „berufene" Jäger waren. Politik und Jagd lagen zumindest in den aristokratisch verwalteten Gesellschaften Jahrhunderte lang in einer Hand, während dies heute keineswegs mehr der Fall ist. Jene Beziehungen, die zwischen dem Prozess der Zivilisation und der Funktion der Jagd bestehen, gehen jedoch bei weitem über das Maß hinaus, welches der historischen Jagd bis dato zugestanden wurde. Auch wenn es die distinktive Jagdausübung, respektive den in aristokratischer Tradition stehenden Jäger auch in der modernen Gesellschaft speziell der Bundesrepublik Deutschland unzweifelhaft nach wie vor gibt, so ist er doch nicht repräsentativ und zu guter Letzt wohl eine aussterbende Spezies. Die moderne Gesellschaft der Gegenwart ist bereits auf dem besten Wege, der Jagd eine dienstleisterische Rolle innerhalb ihres Gesamtsystems zuzuweisen, insbesondere unter dem Eindruck naturwissenschaftlicher Erkenntnisse, die bereits bis heute spürbar zur Inklusion der Jagd anhand spezifischer Kriterien und Funktionsweisen führten[70]. Für Distanzierungsversuche sozialer Art wird hier kein Platz mehr sein. Die Jagd ist in diesem Kontext ein Beispiel dafür, wie ein zunächst distinktives, an aristokratische Traditionen anknüpfendes, im Sinne Thorstein Veblen

[70] Hier sei z. B. an die Jagd in Schutzgebieten erinnert, die dem Schutzzweck untergeordnet sein muss. Mit dieser Formulierung wird der Jagd eine Zielvorgabe gemacht, die es zu erreichen gilt. Für Animositäten sind hier nur wenige Freiräume.

gar barbarisches Verhalten oder Handeln aufgrund der äußeren Umstände gesamtgesellschaftlich relevant wird, in das Gesamtsystem der Gesellschaft integriert und mit spezifischen und genau definierten Funktionen ausgestattet wird[71]. Im Falle der Jagd ist diese Zäsur revolutionär, allerdings nur für jene, die dem überwiegenden Tenor der in antiker Tradition stehenden Historiker Glauben schenken und auf der Ebene imaginärer, philosophischer und romantischer[72] Betrachtungen der Jagd verharren. Tatsache ist vielmehr, dass die Jagd in historischer Kontinuität und vor dem Hintergrund des jeweiligen gesellschaftlichen Systems, der Verfasstheit der Gesellschaft, epochenspezifisch funktionalisiert wurde. Das bedeutet, dass wenn die Jagd den Bedingungen der modernen Gesellschaft unterliegt, dann muss sie in einem vergleichbaren Umfange auch den strukturellen, kulturellen, psychischen und physischen Entwicklungen innerhalb des Zivilisationsprozesses der längst zurückliegenden Epochen unterlegen haben. Die Darstellungen der historischen Jagd als Körperertüchtigung, als praeludium belli im Sinne Xenophons oder als lediglich fürstliches Plaisir und fürstlicher Zeitvertreib, greifen in diesem Kontext wesentlich zu kurz, will man die Funktion der Jagd in jenen Epochen tatsächlich ergründen. Die Bedeutung der Jagd, das Potenzial ihrer Indienststellung in einem sozialen und politischen Kontext, wurde bisher vollkommen missachtet[73]. Insofern ist der Kritik Hans Wilhelm Eckardts nichts mehr hinzuzufügen, der den Historikern mangelndes Problembewusstsein attestierte, die in der Jagd häufig nicht mehr als eine Randerscheinung sahen, der nur antiquarisches Interesse gelten könne[74]. In Anbetracht des nur geringen Interesses an der Jagd innerhalb der Sozialwissenschaften wurde hier also ganze Arbeit geleistet. Diesem Zustand Abhilfe zu schaffen ist daher Teil der vorliegenden Arbeit. Um das Vorhaben des geschichtlichen Rückschlusses aus den Bedingungen und Wirkungen der Gegenwart zu

---

71 Dabei wird an anderer Stelle noch auszuführen sein, dass der Begriff der Distinktion, wenn er in Anlehnung an die aristokratische Jagd benutzt wird, sehr vorsichtig zu beurteilen ist. Die aristokratischen Jäger haben die Jagd nur rudimentär für soziales Prestige funktionalisieren können. Im Vordergrund stand wesentlich stärker das raumkonstituierende Potential der Jagd. Das wurde bisher übersehen.

72 Dass die Jagd sehr stark mit romantischen Implikationen versehen ist, lässt auch der Umstand erkennen, dass Teile der bundesdeutschen Jägerschaft den Forderungen der modernen Gesellschaft nach einer genau bestimmbaren Jagdfunktion äußerst abweisend gegenüberstehen. Auch die historische Romantik machte mit dem Fortschrittsdenken der frühen modernen Gesellschaft im Laufe des 19. Jahrhunderts kurzen Prozess. Fortschritt und Ratio galten als verderbt, als inhuman und verfremdend. Die Natur, die bereits im 19. Jahrhundert herbe Einschnitte hinnehmen musste, wurde noch als Kontrapunkt zur Zivilisation und ihrer Rohheit und Verderbtheit gesehen. Das scheint heute bei der „romantischen" Klientel der Jägerschaft nicht anders zu sein. Die Parallelen sind überdeutlich. Vgl. dazu auch bei Hans van der Loo und Willem van Reijen, Modernisierung, Projekt und Paradox, S. 184ff.

73 Eine Ausnahme davon ist die Arbeit von Torsten Pflittner, Manifestation der Herrschaft im Raum. Adelige Jagd im Mittelalter unter Karl dem Großen, Wissenschaftliche Arbeit im Rahmen der Landeslehrerprüfung für das Lehramt an Gymnasien, Universität Konstanz, Geisteswissenschaftliche Sektion Fachgruppe Geschichte, Konstanz 2003 sowie ein Aufsatz von Joseph Morsel, Jagd und Raum – Überlegungen über den sozialen Sinn der Jagdpraxis am Beispiel des spätmittelalterlichen Franken, in: Werner Rösener (Hrsg.), Jagd und höfische Kultur im Mittelalter, Verlag Vandenhoeck & Ruprecht, Göttingen 1997.

74 Vgl. zur Kritik an der Vorgehensweise der Geschichtswissenschaftler bei Hans-Wilhelm Eckardt, Herrschaftliche Jagd, bäuerliche Not und bürgerliche Kritik, S. 14ff.

verdeutlichen, bleibt so zunächst der Abriss der letzten dreißig Jahre in ihren Auswirkungen auf die Jagd das dringlichste Anliegen.

1.3.1.2 Die Zäsur der 1970er Jahre

Es waren die 1970er Jahre, welche die Industrienationen in die Lage versetzten, ihr eigenes gefahrenproduzierendes Wissen durch neues zu ergänzen und wo nötig zu ersetzen. So ist eine der bedeutendsten Triebfedern für die vorliegende Untersuchung, nicht zuletzt weil sie auch soziologisch am interessantesten erscheint, der die gesamte Gesellschaft umfassende kulturelle Bruch[75] der 1970er Jahre und die auf ihn zurückzuführenden Entwicklungen in Politik, Wirtschaft und Kultur. Gerade der bis dato gültige Status quo wurde in den verschiedensten Bereichen der Gesellschaft durch jenen Modernisierungsschub zurückgedrängt und allmählich ersetzt. Die Moderne machte in jenen späten Nachkriegszeiten der relativen Saturierung ihre Drohung wahr und begann mit den Traditionen der alten Klassengesellschaft[76] zu brechen. Dieser Bruch setzte sich dabei summarisch zusammen aus einem Konglomerat unterschiedlicher Impulse auf der sozialen, kulturellen, politischen und ökonomischen Ebene der bundesdeutschen Gesellschaft. In diesem Zusammenhang war es gerade auch die Wissenschaft, das Expertentum, welches maßgeblich beteiligt war. Bezogen auf die Rolle der Jagd ist hier insbesondere die Forstwissenschaft zu nennen, aber auch die Forstpraxis mit einigen in der Öffentlichkeit und gegenüber ihren Standesgenossen resolut auftretenden Forstleuten, die zu einem revolutionären Sturm auf die traditionale Jagdpraxis und ihrer Klientel angetreten waren. So war es neben den Naturwissenschaften nicht zuletzt die Öffentlichkeit, die in jener Zeit ein lebhaftes Interesse an Jagd, Jäger und den Wirkungen seines Tuns entwickelte. Der am Heiligabend 1971 einem Millionenpublikum präsentierte Fernsehfilm von Horst Stern „Bemerkungen über den Rothirsch" ist in diesem Kontext ein Musterbeispiel einer sich zuungunsten der etablierten Jagd verändernden Einstellung. Jener Fernsehfilm setzte sich nicht nur kritisch mit Jagd und Jäger innerhalb des sozialen Feldes der Jagd auseinander, sondern ging deutlich darüber hinaus. Er kreierte eine Kausalität, die fortan in den Kreisen der Forstberufe, des Naturschutzes und allmählich der Politik eine zwingende Kraft unbedingter Rationalisierung der Jagd wurde. Er zeigte schonungslos die von der gängigen Jagdpraxis produzierten Risiken und Gefahren für eine nichtjagende Gesamtgesellschaft auf. Im Bewusstsein der Rezipienten wandelte sich die durch zu hohe Schalenwilddichten hervorgerufene Baumartenverarmung und Schädigung der Flora von einem peripheren zu einem zentralen Problem, welches unmit-

---

[75] Es wird im Folgenden noch häufig von Brüchen die Rede sein. Die Geschichte ist voll von ihnen, seien es soziale, kulturelle, historische, ökonomische, politische, etc. Dabei sind es offensichtlich gerade die Diskontinuitäten, die Geschichte gestalten und lebendig erscheinen lassen. Jeder Bruch beendet eine Kontinuität, eine Tradition und wird damit Teil des Zivilisationsprozesses.

[76] Wie sehr gerade die Jagd ein wichtiger Bestandteil jener Klassengesellschaft war, wurde bereits in vielen Arbeiten herausgestellt. Ihre aristokratische Tradition wurde von den bürgerlichen Schichten kopiert. Somit musste die Jagd, ungeachtet ihrer Folgen, schon allein aus ihrer Abstammung heraus Kritik auf sich ziehen. Sie war geradezu prädestiniert dazu unter die Räder des in den 1970er Jahren einsetzenden Modernisierungsprozesses zu gelangen.

telbaren Einfluss auf Klima, Wasserhaushalt, Nährstoffgehalt, Erosionsanfälligkeit, Insektenkalamitäten, Artenvielfalt von Tieren und Pflanzen und nicht zuletzt die Ökonomie der Waldbesitzer auf privater und staatlicher Ebene nahm. Diese Risiken waren nicht auf regionale Jägergruppen als Verursacher beschränkt, sondern aufgrund der zementierten Sozialisationsgefüge[77] innerhalb der homogenen Jägergruppen im gesamten Bundesgebiet auftretend. Auf der anderen Seite fallen die Gefahren einer falsch verstandenen Jagd nicht nur auf die regionalen Grund- und Waldbesitzer zurück, sondern beeinträchtigen über die überregionalen Waldfunktionen alle Gesellschaftsmitglieder mittelbar[78]. Jagd (aber auch die Forstwirtschaft, ihre Arbeitsweisen, Bewirtschaftungsarten, Ideologien, etc.) konnte von diesem Augenblick an kein politisches und öffentliches Schattendasein mehr fristen, sondern wurde nun deutlich in verschiedenen Öffentlichkeiten thematisiert und ihre Problemlagen fokussiert. Die Romantik der Jagd fand für die öffentliche Meinung ein jähes Ende. Das soziale Feld der Jagd wurde mit Horst Sterns Film und den sich anschließenden Diskussionen gesprengt, das heißt der Jäger und die Konsequenzen seines Tuns traten nun in den Fokus öffentlicher Debatten; er wurde als Verursacher zusammenhängender Natur- und Umweltprobleme verortet und die sich schon länger abzeichnende Kluft zwischen eher rationalem Försterjäger und eher traditionalem Privatjäger wurde erheblich vertieft. Jene Kluft – in der Zwischenzeit nochmals deutlich größer geworden – prägt bis heute die jagdlichen Diskussionen und hat zu einer Zäsur in der bundesdeutschen Jagdverbandsgeschichte der Nachkriegszeit geführt. Während der Deutsche Jagdschutz-Verband e.V. eine Monopolstellung besitzt und einen sehr hohen Organisationsgrad der Jäger in den ihm untergliederten Landesjagdverbänden[79] erreicht (1999/2000 ca. 86% aller Jagdscheininhaber[80] und im Jahre 2002/2003 ca. 84%[81]), schafft es der 1988 (1995 in Baden-Württemberg) neu gegründete, auf Heterodoxie in den Normen und Rationalisierung in der Jagdpraxis bedachte Ökologische Jagdverein bundesweit gerade einmal auf rund 1500 Mitglieder. Sein Kernbestand rekrutiert sich dabei aus den Forstberufen[82], seine Ziele und Proklamationen sind das Ergebnis der berufsspezi-

[77] Zur Sozialisation der Jäger und ihren Auswirkungen siehe auch Ulrich Schraml, Die Normen der Jäger, 1998 und M. Suda, Schalenwild und gesellschaftliche Interessen, in: Waldökosystem und Schalenwild, (Hrsg.) Ökologischer Jagdverein Bayern, e.V., S. 18f. Suda weist darauf hin, dass selbst heute die gängigen Sozialisationsprozesse in Jägergruppen ein waldangepasstes Verhalten nicht erwarten lassen. Weiterhin, so mein Einwand hierzu, liegt eine wesentliche Ursache im Reviersystem verborgen, welches jagdliche Egoismen geradezu heraufbeschwört.

[78] Welche Bedeutung der naturnahe Wald für die Gesamtgesellschaft hat, kommt auch in der Forderung des NABU und der IG B.A.U. zum tragen. Sie sehen Wälder nicht nur in ihrer Bedeutung für den Naturschutz, sondern in „ihrem großartigen Potenzial für eine zukunftsfähige Entwicklung einer sozial-ökologischen Industriegesellschaft". Vgl. dazu bei Stefan Mörsdorf und Hajo Wilms, Globaler Wandel fängt im Wald an! in: Wilhelm Bode (Hrsg.), Naturnahe Waldwirtschaft. Prozessschutz oder biologische Nachhaltigkeit?, S. 10.

[79] Der DJV besteht lediglich aus 16 Mitgliedern, nämlich den 16 Landesjagdverbänden. So sind die meisten Jäger in der Bundesrepublik nicht Mitglied im DJV, sondern lediglich in einem Landesjagdverband.

[80] Zahlen aus dem DJV – Handbuch 2001, (Hrsg.) Deutscher Jagdschutz-Verband e.V., S. 99ff.

[81] Zahlen aus dem DJV – Handbuch 2003, (Hrsg.) Deutscher Jagdschutz-Verband e.V., S. 250.

[82] So liegt der Anteil der Forstberufe (Förster, Forstsachverständige, etc.) im Ökologischen Jagdverein Baden-Württemberg bezogen auf die Gesamtmitgliederzahl bei rund 65% (Zahlen

fischen Sozialisationen der Forstleute und ihrer Sinnrationalitäten, seine Struktur strikt demokratisch und auf der freien Meinungsäußerung eines jeden Mitglieds gegründet[83]. Aber auch im ÖJV geht es letztlich um Jagd und somit um hochschlagende Emotionen, die oftmals eine sachliche Ebene trotz aller Vorsätze verunmöglichen. Zumindest in diesem Kontext sind sich die beiden jagdlichen Vereinigungen ebenbürtig. Weitere Vereine auf jagdlicher Ebene sind neben dem regional tätigen ÖJFN e.V. (Der ökologische Jagd-, Fischerei- und Naturschutzverband Hamburg e.V.), die ANJN e.V. (Arbeitsgemeinschaft Naturnahe Jagd Niedersachsen e.V.), die jedoch zwischenzeitlich (im Jahre 2002) in einem niedersächsischen Landesverband des Ökologischen Jagdvereins aufgegangen ist.

1.3.1.2.1 Ursachen der Zäsur

Die Nachkriegszeiten waren in vielerlei Hinsicht turbulent und geprägt von einem immensen Rationalisierungsschub auf allen Ebenen der Gesellschaft. Auf der sozialen Ebene zeichnete sich zunächst die Dienstleistungsgesellschaft ab, die in den ausgehenden 60er Jahren des 20. Jahrhunderts ihre Prägung erfahren hatte. Die Lohnarbeit wurde aus der Industrie in den tertiären Sektor verlagert und begann sich zum gewichtigsten Bereich der abhängigen Arbeit auszudehnen[84]. Die ebenfalls auf der sozialen Ebene zu verortenden Bildungsreformen führten zu einer höheren Qualifikation der Schulabgänger, was bis in die Gegenwart hinein zu einer Inflationierung des Bildungswesens führte. Es fand eine deutliche Verwissenschaftlichung aller Bereiche des privaten und öffentlichen Lebens statt, das Experten- und Spezialistentum wurde allmählich zu einer starken Macht, im Sinne Ulrich Becks „Risikogesellschaft" gar zu einer Übermacht, deren Definitionen über Dosierungen und Konzentrationen von oftmals unsichtbaren Risiken auch heute das Leben bestimmen. Neben den unsichtbaren Risiken der hoch industrialisierten Zivilisation, die nicht nur in saurem Regen und Radioaktivität, in Ozon und Nitroprofen ihren Kulminationspunkt erfuhren, wurden auch die sichtbaren, respektive durch Wissen sichtbar gewordenen Risiken (dazu zählt z. B. die Jagd und die „altehrwürdige" Forstwirtschaft, basierend auf der Reinertragslehre des 19. Jahrhunderts und den Aufforstungen entgegen dem Vorbild der naturwüchsigen Baumgesellschaften früherer Zeiten) einer Neubewertung unterzogen. Politisch-kulturell war die Studentenbewegung der 1960er Jahre, die außerparlamentarische Opposition, die größte Herausforderung für das politische Establishment. Was als studentische Gegenöffentlichkeit, als universitäre Reformbewegung begann, endete als eine die gesamte Gesellschaft öffnende Lebensform, die für gesellschaftliche Reformen sensibilisierte, für Ökologie und Natur, für sozialinnovative Impulse und darüber hinaus insbesondere für die sozialen Bewegungen als Gegengewicht zu den etablierten Parteien den Boden bereitete. Die öffentliche Bewusstmachung der Grenzen

vom Herbst 2003), Zahlenmaterial von der Geschäftsstelle des Ökologischen Jagdvereins Baden-Württemberg e.V. zur Verfügung gestellt.

83 Zur Heterodoxie versus Orthodoxie in den beiden Jagdverbänden siehe bei Klaus Maylein, Jagd und Jäger in der modernen Gesellschaft, S. 57ff unter Bezug auf die Theorie Pierre Bourdieus, Die feinen Unterschiede.

84 Vgl. dazu die Ausführungen von Hartmut Häussermann und Walter Siebel, Dienstleistungsgesellschaften, S. 21ff.

der Ökonomie in Bezug auf die Autopoiesis der Natur-Umwelt gehen ebenso auf die 1970er Jahre zurück, wie die Pluralisierung von Lebensstilen und die rasch zunehmende Ausdifferenzierung der Gesellschaft nach funktionalen Kriterien. Die traditionalen Milieus begannen sich im Zuge dieses Modernisierungsprozesses allmählich aufzulösen, die Subsysteme übernahmen Verantwortlichkeiten, die zuvor dem Staat oblagen, und kommunizierten in ihren Teilöffentlichkeiten Probleme, Vorschläge und Lösungen über die zunehmend professioneller werdenden Medien. Nicht nur die Ausdifferenzierung der Gesellschaft machte Fortschritte, auch im medialen Bereich traten neben den „alten" Medien in den achtziger Jahren dann die „neuen" Medien in die Kommunikation der Öffentlichkeiten untereinander ein, erweiterten und vereinfachten diese, was zusätzliche Rationalitäten und insbesondere Fokussierungen neuen Ausmaßes förderte. Das Interesse der Gesellschaft an den verschiedensten Kommunikationszweigen nahm im Zuge dieser Entwicklung stetig zu, sie schärfte ihr Problembewusstsein, was zu einem Anstieg der Themen auf der Agenda der massenmedialen Öffentlichkeiten führte[85]. Die Moderne deckte nun plötzlich gesamtgesellschaftlich relevante Interdependenzen auf, die weniger der gemeinsamen Wohlfahrt zu dienen, als vielmehr Gefährdungspotenziale zu beinhalten schienen, die von einer Gruppe oder einem Teilsystem der Gesellschaft produziert und von der nationalen oder gar globalen Bevölkerung getragen werden müssen. Das war, neben vielen anderen Folgeerscheinungen, der Beginn der ökologischen Krise nicht in einem realen Sinne, denn tatsächlich verschlechterte sich die Situation der Umwelt, des Klimas und der Artenvielfalt bereits seit den Hochzeiten der Industrialisierung, sondern in einem Sinne der Bewusstwerdung, der Öffentlichwerdung, der Verwissenschaftlichung des Themas. So war es gerade die Wissenschaft, die eine vollkommen neue Problemkomplexität von Natur und Gesellschaft in den Mittelpunkt der Betrachtungen rückte und damit bis dahin nicht bewusst-wirksame Kausalitäten aufdeckte und thematisierte. Dass jene Beziehungen schon so alt sind wie der Prozess der Industrialisierung, interessierte in diesem speziellen Falle zunächst einmal niemand, da allein die wissenschaftliche und durch sie die öffentliche Bewusstwerdung der Stein des Anstoßes war. Man begann sich auf allen Ebenen der Gesellschaft darüber bewusst zu werden, dass es Natur in einem originären Sinne nicht mehr gab und insbesondere in den mitteleuropäischen Industrie- und Technologienationen nie mehr geben könne. Die Natur selbst wurde nun mit den großen Einwirkungen der Industrialisierung vergesellschaftet. Die Zeiten und Ansichten eines Dichters wie des Freiherrn Joseph von Eichendorff über den deutschen Wald sind seit dem endgültig passé. Es steht der Wald, die Natur als Quelle der Schönheit nicht mehr im Gegensatz zur kapitalistischen Welt der Stadt, es sind nicht mehr zwei Räume, die sich fremd gegenüberstehen; der eine hektisch und betriebsam, der andere andächtig und still[86]. Der Gegensatz zwischen Kultur und Natur, wie er zu Zeiten

[85] Vgl. dazu unter anderem bei Winfried Schulz, Politische Kommunikation. Theoretische Ansätze und Ergebnisse empirischer Forschung, S. 86ff. Hier auch unter anderem zum Agenda-Setting und zur Herstellung von Öffentlichkeit über Medien.

[86] Vgl. die Stimmung in Eichendorffs „Unmut" (1839), „Der Unverbesserliche", etc. Die Schönheit des Waldes steht bei ihm immer im Gegensatz zum Motiv des Philisters, des preußischen Beamtenapparates, des Fortschrittsglaubens, des Spießbürgertums, etc. Er verwendet den Wald als einen traditionalen Raum, einen friedvollen und unbeirrbaren Hort der Schönheit

des 19. Jahrhunderts noch gegeben gewesen sein mag, ist seit der Ökologisierung des Bewusstseins nun auch geistig aufgehoben. Auch das ist ein räumliches Merkmal der modernen Gesellschaft, welche die Distanzierungsmöglichkeiten zwischen außen und innen reduziert. Die Zivilisation, ihre strukturellen, kulturellen, psychischen und physischen Entwicklungen, lassen jene Gegensätzlichkeit auch zu keiner Zeit mehr zu. Damit ist, insbesondere aufgrund des strukturellen Fortschritts, sofern man jenen wie bereits angeführt von den anderen Ebenen überhaupt abstrahieren kann, die Jagd kein subsistenzwirtschaftliches, herrschaftliches oder gar distinktives Element der Zivilisation mehr, sondern ein ökologisch gebotener Bestandteil des ökologisch-ökonomischen Fortschritts, der bewahrend, produzierend, sichernd und reduzierend wirkt und wirken muss im Vergleich zur allein endlich wirkenden Ausbeutung von artifizieller Natur moderner Räume. Das zu verstehen setzt die Analyse jener Räume, der Lebens- und Produktionsräume des modernen Menschen voraus. Die Beziehung der Deutschen zum Wald, wie sie neben Eichendorff auch Wilhelm Heinrich Riehl[87] beschrieben hatte, wurde hier bereits ein weiteres Mal erschüttert. Es war das endgültige Ende des Märchenwaldes in einem doppelten Sinne. Nicht nur aufgrund seiner existenziellen Bedeutung hatte der Wald bereits in den frühesten Zeiten die Menschen in seinen Bann gezogen. Mythen, Kobolde, Geister und Götter sind ihm zu verdanken. Unsere germanischen Vorfahren wurden von ihm beherrscht, beseelt und ernährt. Die mittelalterlichen Bauernkriege, die Revolution 1848/49, die Nachkriegszeit des 1. Weltkrieges, die Reaktionen darauf aus den Jahren 1933 und wieder 1945[88] und letztendlich der Bruch in den 1970er Jahren - sie alle zeigten als historische Ereignisse die Beziehungen und Wechselwirkungen zwischen der Bevölkerung, respektive der Gesellschaft, dem Wald und der Jagd auf. Im Wissen um die Zusammenhänge, um die Verursacher und um die Möglichkeiten und Notwendigkeiten einer Abwehr der drohenden Entwicklung, alles bereits im Angesicht des „sauren Regens", wurde

---

und Unzeitigkeit, der in einem krassen Gegensatz zu den Erscheinungen der kapitalistischen Gesellschaft dargestellt wird. Heute ist dieser Gegensatz schon lange aufgehoben, was die Raumproblematik wieder deutlich vor Augen führt. Allerdings spricht Eichendorff vielen Jägern aus der Seele, die auch heute in die Welt des Reviers entfliehen, um wenigstens für ein paar Stunden der harten Realität „draußen" zu entkommen. Man kann es drehen und wenden wie man will, Jagd impliziert Romantik, sie ist ein ewiger Quell allen Romantischen und damit ein erbitterter Gegner jedweder Rationalisierungsversuche. Dabei ist es die tiefe Tragik Eichendorffs, dass er sein Leben statt als freiheitlichster Romantiker tatsächlich als preußischer Beamter verleben musste. Vgl. dieses Resümee auch bei Dieter Krywalski, Knauers Lexikon der Weltliteratur, S. 137. Weiter zu den Werken von Eichendorff bei Wolfdietrich Rasch, Joseph von Eichendorffs Werke in einem Band. Wie sehr die Konflikte zwischen Romantik und Ratio die aktuellen Jagddiskussionen anheizen, ist in allen jagdlichen Fachblättern und den dazugehörigen Diskussionsforen im Internet zu verfolgen. So nimmt es nicht wunder, dass sich Diskussionsforen wie jenes von Wild und Hund unter der URL: http://www.wildundhund.de einer riesigen Beliebtheit erfreuen. Allein zwischen dem Jahr 2000 und dem Jahr 2005 steigerte sich die Zahl der Forumsteilnehmer von unter 1000 auf über 5000, die Kluft zwischen Romantikern und Praktikern abbildend.

87 Vgl. dazu an verschiedenen Stellen Wilhelm Heinrich Riehl, Land und Leute, insbesondere aber S. 43ff.

88 Vgl. dazu Anmerkungen bei Klaus Maylein, Jagd und Jäger in der modernen Gesellschaft, S. 19.

erstmals bewusst, dass sich die Beziehung des Menschen zur Natur, zum Wald, grundlegend und tief greifender als jemals zuvor geändert hat. Es war und ist der kulturelle Bruch, der den sozialen bei weitem überflügelt und ihn zumindest vor dem Hintergrund seiner langfristigen Wirkungen auf den gesamten Gesellschaftskörper zur Bedeutungslosigkeit herabsinken lässt. Die zunehmend ökologischen Anforderungen an den deutschen Wald, die deutsche Forstwirtschaft, die diesen Anforderungen Lösungen präsentieren musste, sowie die Auswirkungen der Zivilisation und Industrialisierung im Allgemeinen, haben diese Beziehung in einem gewissen Grade umgekehrt. Der Wald, die Natur in ihrer Gesamtheit, ist nicht mehr länger ein autopoietisches System, welches als Nährmutter unserer Zivilisation dienen kann, sondern wir haben sie zu einem Artefakt gemacht und darüber hinaus weitgehend planlos konstruiert, indem wir ihre Prozesse verstehen wollten und letztendlich, als es schon zu spät war, auch verstanden haben. Durch jenes Wissen haben wir die Natur umgestaltet, auf unsere spezifischen Anforderungen zugeschnitten, Teile daraus zerstört und fortwährender Zerstörung ausgesetzt. Natur ist aus diesem Grunde tatsächlich nicht mehr das Gegenstück zur Kultur, zum Werk des Menschen, sondern schon lange selbst ein Kunstprodukt, ein Artefakt unserer Zivilisation. Diese Form der Inklusion schließt den Begriff „Natur" als etwas Ursprüngliches aus und bindet nun die Gesamtgesellschaft über die vollkommen neuen Kausalitäten zwischen Restnatur und Ökonomie, zwischen Restnatur und Gesellschaft, ein. Die Rolle des Jägers begann zwangsläufig und von der Gesellschaft lange Zeit unerkannt, im Lichte dieser Inklusion der Natur im Zuge ihrer Vergesellschaftung eine Neudefinition zu erfahren, die im Verlaufe der vorliegenden Arbeit konkretisiert werden wird. Jagd wurde im Vergleich zur originären Funktion bereits im Neolithikum und insbesondere in der Frühantike selbst ein Artefakt und zunehmend kulturell überzeichnet. Abstufungen in jenem Prozess sind ausreichend vorhanden; allein ihre Kopplung an die gesellschaftlichen Entwicklungen wurde in der Literatur unzureichend erkannt und untersucht. Die Geschichte der Jagd ist in einem wesentlich stärkeren Maße eine Geschichte ihrer epochenspezifischen Funktionalisierungen, was ihr bisher in der Literatur nicht zugestanden wurde. Die vorliegende Arbeit möchte diesen Hiatus unbedingt schließen.

1.3.1.2.2 Auswirkungen auf Jagd und Jäger

Hier stellt sich nun die Frage, was diese nicht nur nationale Entwicklung mit dem eigentlichen Thema von Jagd und Jäger zu tun hat. Jener kurz umrissene tief greifende Wandel in der bundesdeutschen Gesellschaft, beginnend in den 1970er Jahren, ist weitgehend deckungsgleich mit einer Entwicklung, die gerade Jagd und Jäger zusehends in die öffentliche Kritik brachte[89]. Der frühere Präsident des Deutschen Jagdschutz-Verbandes (kurz: DJV), Gerhard Frank, attestierte jenem Zeitraum den Umbruch von der Mangelgesellschaft zur Überflussgesellschaft, für die nun auch andere Dinge als materieller Wohlstand einen Wert bekamen. Begriffe wie Freizeitbeschäftigung und Lebensqualität sowie die Sorge um den Erhalt unse-

---

89 Auch Michael Suda, Rituale und Triebe, in: Waldökosystem und Schalenwild, (Hrsg.) Ökologischer Jagdverein Bayern, e.V., S. 7ff, beschreibt als zeitlichen Rahmen zunehmender rationaler Kritik und Beurteilung der Jagd die letzten dreißig Jahre.

rer Umwelt traten immer mehr in den Vordergrund[90]. Trotz der Einfachheit dieses Erklärungsversuches spiegelt er im Kern die tatsächlichen gesellschaftlichen Veränderungen der späteren Nachkriegszeit wider, die insbesondere den Kampf um das „tägliche Brot" als Kardinalsproblem in den Schatten stellten[91]. Die Überwindung jener Situation setzte allmählich einen Prozess der Sensibilisierung und des Problembewusstseins in Lehre und Praxis frei, der zunächst nur marginal wahrgenommene und kommunizierte Probleme öffentlich thematisierte und damit überhaupt erst über mediale Fokussierung problematisierte. Dieser Prozess musste tatsächlich sehr „plötzlich" über die bundesdeutschen Jäger hereingebrochen sein, da die 1960er Jahre für Jagd und Jäger nach Gerhard Frank noch eine ruhige Zeit waren[92]. Wenn man unter dem Begriff „ruhig" fehlende Wissenschaftlichkeit und in ihrem Zuge ein nur rudimentäres öffentliches Problembewusstsein sowie nur marginale öffentliche Kritik subsumiert, so ist Gerhard Frank in diesem Punkt durchaus zuzustimmen. Doch es war lediglich die Ruhe vor dem Sturm neuer Rationalitäten und Kausalitäten, die nun auf die Gesellschaft hereinzubrechen begannen, ohne den Forstmann und den Jäger außen vor zu lassen. Die Marginalisierung der Jagd, die die Zeiten seit dem Ende des Zweiten Weltkrieges bis in die 1970er Jahre hinein bestimmte, fand ein jähes Ende. Jagdhistorisch von großem Interesse ist dabei die Tatsache, dass nun zum ersten Mal die nichtjagende Gesellschaft maßgeblich daran beteiligt war das Thema Jagd in die Öffentlichkeit zu rücken. Das war aus einer anderen Perspektive heraus jahrhundertelang die Aufgabe der Herrscher, des Adels, der Despoten. Die Richtung und Absicht der Thematisierung änderte sich nun, was konsequenterweise einen immensen Einfluss auf die Rolle der Jagd haben musste. Wurde die Natur bis dahin von den Industrienationen ausgebeutet, ohne an die langfristigen Auswirkungen zu denken, trat in jenen Dekaden des letzten Drittels des 20. Jahrhunderts ein allmähliches Umdenken in Form eines „ökologischen Gewissens" in den Mittelpunkt. Unzählige Initiativen, soziale Bewegungen und nicht zuletzt die Organisationen der politischen Ökologie wie DIE GRÜNEN, Robin Wood, das Institut für angewandte Ökologie[93], etc. bauten dieses (inter-)nationale Natur-Umwelt-Gewissen mit auf und förderten es. Die Bedingungen für jene Gruppierungen waren zu Beginn der 1970er Jahre nach Lutz Mez geradezu ideal, die Schlagworte „Staatsverdrossenheit" und „Loyalitätsverlust der Politiker" machten die Runde[94]. Die bundesdeutschen Bürger wurden, was die politische Aufmerksamkeit und die aktive Interessenvertretung anbelangte, aus einem längeren Dornröschenschlaf gerissen. Das Fehlen einer wirklichen Opposition führte mit der Studentenbewegung unter anderem dazu, dass sich die Bürger aktiver für das Tagesgeschehen, insbesondere für den Umwelt-

---

90 Vgl. bei Gerhard Frank, 120 Jahre organisierte Jägerschaft in Deutschland, S. 24f.

91 Vgl. diese Ausführungen bei Ulrich Beck, Risikogesellschaft - Auf dem Weg in eine andere Moderne, S. 26.

92 Vgl. bei Gerhard Frank, 120 Jahre organisierte Jägerschaft in Deutschland, S. 24.

93 Vgl. die Differenzierung von politischer und pragmatischer Ökologie bei Dieter Rucht, Von der Bewegung zur Institution?, in: Roland Roth, Dieter Rucht (Hrsg.), Neue soziale Bewegungen in der Bundesrepublik Deutschland, S. 253f.

94 Vgl. bei Lutz Mez, Von den Bürgerinitiativen zu den Grünen, in: Roland Roth, Dieter Rucht (Hrsg.), Neue soziale Bewegungen in der Bundesrepublik Deutschland, S. 266f.

schutz, zu interessieren begannen. Dieses Spannungsverhältnis, von dem hier die Rede ist, resultiert aus der bereits angesprochenen Vergesellschaftung der Natur, die die Gegenüberstellung zur Gesellschaft, zur Zivilisation aufgehoben hat. Jener spezifische Modernisierungsprozess hat nicht nur die Natur, sondern alles mit ihr zusammenhängende, und damit auch den Jäger, gleichsam eingesogen. Zugleich bringt diese Entwicklung das „natürliche" Verlangen von Verwaltung mit sich, quasi die Bürokratisierung von Natur, Forstwirtschaft und Jagd. Die bis dato im Kern noch aristokratische Jagd[95] hat im Verlaufe jener einsetzenden neuen Modernisierungsprozesse ihre Unschuld, sofern sie jene besaß, verloren und begann seit den späteren Nachkriegsjahren über die Gefährdung ökologischer Modelle, basierend auf der Geburt eines ökologischen Bewusstseins, alle gesellschaftlichen Ebenen mit ihrem Potenzial an Risiken und Gefährdungen zu tangieren. Nicht nur die Industrialisierung ist eine wichtige Determinante dieser Ausstrahlung der Jagd, sondern gleichfalls die Auswirkungen der spezifisch deutschen Forstwirtschaft und der flächendeckenden Nutzung sämtlicher Naturressourcen durch Forst- und Landwirtschaft und letztlich die Nutzung der Wälder und Fluren durch Erholungssuchende jeder Couleur. Natur und damit auch die Jagd, letztendlich ihre Räume, wurden nun nach den herrschaftlichen Zugriffen des Mittelalters und der Neuzeit bis 1848/49 und den darauf folgenden ruhigen, von Romantik geprägten Zeiten der Nachkriegszeit abermals politisch entdeckt. Allerdings hat sich, wie bereits weiter oben bemerkt, die Richtung der Politisierung der Jagd seit dem Feudalismus diametral geändert. Für die Jagd ist der Status eines Politikums zwar im Grunde nichts Neues, für die Natur, die keine mehr war, dagegen schon und auch die Art der Politisierung unterlag einer bis dato gänzlich unbekannten und folglich neuen Richtung. Die Gründe dafür liegen auf der Hand. Die Jagd bindet heute nicht mehr nur den Jäger und den Bauern oder Grundstücksbesitzer ein, wie dies im Mittelalter der Fall war, sondern weitet den Kreis der unmittelbar und mittelbar Betroffenen über ihre spezifisch moderne Inklusion und Ausstrahlung deutlich aus. In Anbetracht der Bedeutung der vielfältigen Waldfunktionen für die biologische Existenz aller Lebewesen wird die Gefährdungslage deutlich, in die die Jagd den Menschen bringen kann. Aus diesem Blickwinkel kann man durchaus von einem Verlust der ökologischen Unschuld sprechen, der jedoch nur in der Gesamtbetrachtung moderner Gefährdungslagen als ein solcher konstatiert werden kann. Gäbe es nicht die industrielle und postindustrielle Belastung der Menschen und ihrer Umwelt, so würde sich das gesamtgesellschaftliche Gefährdungspotenzial der Jagd deutlich reduzieren[96]. Verfolgt man diesen Gedankengang historisch zurück, so

---

[95] Monika E. Reiterer bejaht zwar das Vorhandensein einer teilweisen Elite-Haltung in der europäischen Jägerschaft, was jedoch für sie erst dann zu einem Problem wird, wenn „eine derartige Gruppe in ihrer geistigen Haltung unbeweglich wird und wenn Exklusivität und Elite-Haltung mit Blasiertheit und Schickeria verwechselt werden". Vgl. dazu bei Monika E. Reiterer, Ärgernis Jagd?, S. 18. Genau das aber zeichnet die traditionale Jägerschaft in der Bundesrepublik Deutschland aus. Sie ist überwiegend geistig unbeweglich, reaktionär, romantisch, eben aristokratisch in bester Manier.

[96] Dabei ist es wohl als Konsens zu betrachten, dass wir heute nicht so tun können, als ob es den technisch-naturwissenschaftlichen Forstschritt nicht gegeben hätte. Aus ihm auszusteigen käme einer Katastrophe gleich, so Jürgen Rüttgers, Dinosaurier der Demokratie, S. 178. Zur

wird das Gefährdungspotenzial mit zunehmender Entfernung (auf einer gedachten Zeitachse rückwärts in das 18., 17., 16. Jahrhundert) von der industriellen Revolution geringer, die ökologische Unschuld der Jagd größer, auch wenn dabei erkannt wird, dass die Jagd damals ein reines Herrschaftsinstrument, adliges Beiwerk oder ähnliches war. Die Jagd als Herrschaftsinstrument griff seit dem Mittelalter überwiegend im ländlichen Bereich ein und nahm ihrerseits in ihrer Bedeutung mit der Annäherung an die Neuzeit und im Verlaufe der Neuzeit bis 1848/49 zu. Erst danach verlor die Jagd vollumfänglich ihre Bedeutung als Herrschaftsinstrument. Singularisierung des Jagdrechts, Privileg und Distinktion, folglich Exklusion, gingen im Verlaufe der Jagdgeschichte den entgegengesetzten Weg des Gefährdungspotenzials und der Inklusion. Auch hier bemerkt man den Wandel von Natur und Gesellschaft deutlich, der den Weg von der Konfrontation zur Inklusion aller beschreibt. Jenen Leistungen der Aufweichung harter Konturen, der Verwischung klarer Grenzen im Zuge der modernen Gesellschaft, zurückzuführen auf Differenzierung, Rationalisierung, Domestizierung und Individualisierung, müssen Leistungen innerhalb des Prozesses der Zivilisation vorausgegangen sein, die in einer ähnlichen Weise auf die Jagd Einfluss genommen haben. Jene Leistungen können wir in den Fortschritten der Menschen auf den Ebenen der strukturellen, kulturellen, psychischen und physischen Entwicklungen durch die Epochen der Geschichte sehen. Es wird der Versuch zu unternehmen sein, die historische Jagd gemäß den gesellschaftlichen Anforderungen der jeweiligen Epoche zu konkretisieren, ihre hintergründigen Motive und Funktionen zu beschreiben und so die Geschichte der Jagd dem Horizont der Sozialwissenschaften anzugleichen und damit zugänglich zu machen. Auf diese Weise sollte es möglich sein, den Hiatus der Jagd in der Soziologie zu schließen und die weißen Flecken (in Bezug auf die Jagd) auf dem Gebiet der Sozialwissenschaften zumindest teilweise einzuschwärzen.

1.3.2 Abstraktionen

Primäres Ziel der vorliegenden Arbeit ist es, die Jagd sozialwissenschaftlich zu analysieren. Dieses Ziel soll mittels einer umfassenden Analyse der jeweiligen Funktion der Jagd im Verlaufe der Evolution einerseits und des Zivilisationsprozesses andererseits erreicht werden. Dies gelingt jedoch nur, wenn man im Rahmen einer solchen Analyse die Jagdfunktionen in ihrem Verhältnis zu den jeweils epochalen Rahmenbedingungen betrachtet. Allerdings erscheint es mir ratsam, zunächst mit dem Mythos der Jagd zu brechen um das Rohprodukt Jagd freilegen zu können. Dazu ist es als Vorarbeit unabdingbar, die Funktionen der Jagd sowohl in der Evolution als auch im Zivilisationsprozess zu lokalisieren und zu beschreiben. Dieses Vorgehen ist jedoch insofern mit einigen Problemen behaftet, als man in der Vergangenheit kaum wissenschaftliche Neugierde darauf verwandt hat, die hinter der vermeintlichen Jagdlust zu liegen kommende tatsächliche und zivilisationsabhängige Rolle der mitteleuropäischen oder gar „teutschen" Jagd innerhalb der letzten 1000 Jahre zu ergründen. Zu sehr hatte man sich auf die in der Tradition der antiken Schriftsteller stehenden Ansichten verlassen, in ihr ein militärisches Trai-

---

Bewältigung der in der Vergangenheit geschaffenen Probleme als auch zu den aktuell begünstigten Risiken und Gefahren brauchen wir den wissenschaftlich-technischen Fortschritt.

ning oder ein fürstliches Plaisir zu suchen[97]. Auch jüngst erschienene soziologische Arbeiten über die Jagd sehen den Jäger in der modernen Gesellschaft in jener Traditionslinie stehend, ohne jedoch auf den rational-funktionalen Aspekt der Jagd auf der Ebene der Ökologie und Ökonomie einzugehen. Die Darlegung der Funktion der Jagd bleibt hier der Naturwissenschaft vorbehalten, die sich konsequenterweise wiederum nicht um die Motivationsstruktur der Jäger kümmert. Erst die Zusammenführung beider Blickwinkel bringt jedoch nötiges Licht in das Dunkel der Jagd als ein vermeintliches Residuum menschlicher Urinstinkte[98]. Jene oben genannten tradierten Ansichten (Jagdlust, praeludium belli, Jagd als Zeitvertreib, etc.) kann man als lediglich epochenspezifisches und oberflächliches oder vordergründiges Merkmal der Jagd betrachten, wohingegen hier die hintergründigen Motive und Absichten, die mit der Jagd auf wilde Tiere verfolgt wurden und heute werden, von Bedeutung sind. Zwar überschneiden sich jene Merkmale zumindest im Bezug zur Jagd als praeludium belli zeitweilig; eine Erörterung dieses Umstandes erfolgt noch in einem späteren Kapitel. Um dieses Ziel zu erreichen, müssen die gesellschaftlichen Rahmenbedingungen, die politische Struktur, der Stand der Wissenschaften, der materiellen und immateriellen Kultur, etc. als bedeutsame Größen, die auf die Jagd wirken, in die Analyse miteinbezogen werden. Es geht also schlichtweg um die Darstellung der Prozesse der Zivilisation in ihren Wirkungen auf die Jagd, auf ihre Funktion und letztlich auch auf die Jäger, die seit der Nachkriegszeit des Zweiten Weltkrieges in einem zunehmenden Konflikt bezüglich der gesellschaftlichen Legitimation der Jagd und ihrer individuellen Motivationsstruktur stehen. Die Jagd ist insofern ein klassisches Beispiel dafür, wie man versucht hat, eine bereits in primitiven und animistischen Kulturen existierende und mit allerlei magischen Ritualen und Kulten belegte Handlung aus dem Prozess der Zivilisation zu isolieren und sie fortan in diesem Rahmen, frei von äußeren Einflüssen, sich selbst genügsam, erhaben und distanziert, zu beurteilen. Die Beziehung des Jägers zum Wildtier, seine Emotionen, sein Glück, wie es José Ortega y Gasset bezeichnet[99], oder sein Vergnügen, welches gemäß einer aristotelischen Empfehlung in der Energie und der Anstrengung verborgen liegt, als auch ein vermeintlich instinktiver Jagdtrieb, wurden zum bedeutendsten Wesensinhalt der Jagd über Jahrhunderte stilisiert. Auch in der Gegenwart des 21. Jahrhunderts versucht der Jäger diesen romantisch zu nennenden Größen anteilig zu werden und gerät dabei in Gefahr, die äußeren Bedingungen, die auf ihn und die Jagd einwirken, zu verkennen. Ja, es scheint gerade so zu sein, als ob der Jäger durch einen Verlust des gesellschaftlichen Denkens gekennzeichnet sei, da er die Forderungen der „Außenwelt" auf seine Tätigkeit als anmaßend und absurd abtut[100]. In der modernen Gesellschaft der

97 So z. B. auch Sigrid Schwenk, Jagd: Überlebensstrategie - höfische Lustbarkeit - verantwortungsbewusste Gestaltung der Umwelt, in: Rundgespräche der Kommission für Ökologie, Bayerische Akademie der Wissenschaften (Hrsg.), Band 25, S. 15ff.

98 Zum jagdlichen Urtrieb des Menschen Vgl. auch die Ausführungen von Göde Gendrich, Jagen - Verantwortung oder Lust am Töten, S. 57ff.

99 Vgl. dazu Ortega y Gasset, Meditationen über die Jagd, S. 11-19.

100 Vgl. dazu auch die Ausführungen des Deutschen Jagdschutz-Verbandes zur anstehenden Novellierung des Bundesjagdgesetzes, in: Das Bundesjagdgesetz. Forderungen und Tatsachen, Deutscher Jagdschutz-Verband, LV Druck im Landwirtschaftsverlag GmbH, Münster 2003.

Gegenwart ist der Jäger jedoch aus verschiedenen Gründen nicht mehr in der Lage, sich gegenüber den Nichtjägern zu distanzieren. Die Gründe dafür liegen allein im Zivilisationsprozess verborgen und werden durch die Geschichte beleuchtet, die über die Veränderung des Raumes Veränderungen in den Distanzierungsmöglichkeiten hervorrief. Zivilisation bedeutet schließlich auch das Zusammenrücken der Menschen, zumindest trifft dies für die räumliche Ebene ganz sicher zu. Der Jäger, so scheint es zumindest, ist in der lange Zeit vertretenen und anschaulich dargelegten arteigenen Evolution und ihren mutmaßlichen Rahmenbedingungen stecken geblieben, die mit den Rahmenbedingungen der postneolithischen oder gar der modernen Gesellschaft keinerlei Deckungen mehr haben. Ist man sich der sich stetig verändernden Rahmenbedingungen und ihrer Wirkungen auf die Jagd bewusst, so ist der nächste Schritt die Feststellung, dass jene äußeren Bedingungen lediglich ein Synonym für die Zivilisation sind. Sie ist es, die die Funktion der Jagd definiert und sich aufgrund dieses Zusammenhangs strikt an die jeweiligen Erfordernisse hält. So ist die Geschichte der Jagd untrennbar gekoppelt mit dem strukturellen, kulturellen, psychischen und physischen Fortschritt der Menschen, deren Summe wir mit dem Begriff der Zivilisation umschreiben. Da die Zivilisation offensichtlich kategorischer und konsequenter mit der Jagd umgeht als es der jagende Mensch auf seiner individualistischen Ebene vermag, treten Konflikte mit fortschreitender Zivilisierung in kaleidoskopischer Vielfalt auf den Plan. Letztlich gipfeln diese Konflikte in einer Ambivalenz der Jagd in der modernen Gesellschaft[101]. Tradition und Romantik scheinen so die größten Widersacher einer Handlung zu sein, die bei genauerer Betrachtung in der modernen Gesellschaft in die Hände von Spezialisten gelegt werden muss, die darauf bedacht sind, sich den Zweckrationalitäten der Gesellschaft im Umgang mit den übrigen Restnaturräumen als auch den ausschließlichen Kulturräumen zu unterstellen. Mit dem Begriff der Spezialisten möchte ich jedoch nicht darauf abheben, Jagd allein in die Hände des Forstpersonals oder von Berufsjägern zu legen, sondern auf die Bereitschaft zu lernen und zu verstehen. Es müssen gut ausgebildete und sich bereitwillig weiterbildende Jäger und Jägerinnen sein, die sich dann auch weiterhin aus „Privaten" zusammensetzen können und zusammensetzen müssen. Die Jagd ist seit dem Ende des Zweiten Weltkrieges den Schuhen eines reinen „Hobbys" entwachsen und heute gemäß einer Definition von Elisabeth Emmert und Wilhelm Bode ein ernsthaftes Handwerk geworden[102], welches die Bereitschaft des Jägers fordert, sich den Notwendigkeiten der Kulturlandschaft anzupassen. Jagd steht nicht in einem Einklang mit der Natur, sondern mit den neuen ökologischen und ökonomischen Bedürfnissen der Grundeigentümer und der Gesamtgesellschaft (z. B. fraglos bereits bei staatlichen Flächen). Und da sowohl die Kulturräume als auch das Wild übernationales Kulturgut sind, ist dem Schutz beider besondere Aufmerksamkeit entgegenzubringen. Momentan liegt dabei der Schwerpunkt auf dem Schutz der Kulturräume (Wald, Naturschutzgebiete, Schutzparke, Nationalparks, etc.), ohne jedoch den Schutz des Wildes aus den Augen zu verlieren. Wild zu töten heißt

[101] Vgl. dazu Klaus Maylein, Jagd und Jäger in der modernen Gesellschaft, Magisterarbeit an der Universität Konstanz, 1999.

[102] Vgl. dazu bei Wilhelm Bode und Elisabeth Emmert, Jagdwende, S. 216ff. Jagd als ein „ökologisches Handwerk".

nicht es zu vernichten, sondern lediglich dort, wo notwendig, die Populationsdichte zu reduzieren oder auf ein ökologisch und ökonomisch erträgliches Maß abzusenken, ohne die Dynamik der Population als Ganzes zu gefährden. Wird das Ziel des naturnahen Waldbaues auf großer Fläche verwirklicht, hat auch das Wild wieder mehr Spielraum als in den Zeiten der Vorbereitung und Durchführung jener Ziele. Von einer Ausrottung von Wildarten kann und darf jedoch niemals die Rede sein. In diesem Zusammenhang wird das Schlagwort „Wald vor Wild" oftmals missverstanden, welches prinzipiell genau jene zeitliche und örtliche Vorrangigkeit bezeichnet, ohne jedoch das „Gleichgewicht" aus den Augen zu verlieren. Als rhetorisches Mittel zur unreflektierten Polarisierung innerhalb der jagdlichen Konfliktthemen und der jagdlichen Verbandslandschaft wird dieser Ansatz jedoch leider häufig missbraucht[103]. An diesem Beispiel klingt bereits die Bedeutsamkeit der Jagd als eine spezifische Raumhandlung, wie ich sie im Verlauf der Arbeit analysieren werde, an. Bevor jedoch über die Funktion der Jagd in der modernen Gesellschaft berichtet werden kann, ist es ein langer Weg durch die Geschichte der Evolution einerseits und der Zivilisationsprozesse andererseits, mit deren Hilfe die der modernen Gesellschaft vorausgehenden Funktionen der Jagd innerhalb ihrer strukturellen, kulturellen, psychischen und physischen Entwicklungen herausgestellt werden sollen. Die eingehende Beschäftigung mit der Jagd und ihrer Geschichte bringt den Beobachter schon bald auf eine „warme" Fährte. Die Frage nach der Funktion der Jagd liegt dort verborgen, wo sie letztlich unbeeindruckt durch die Jahrtausende stattfand und bis an ihr Ende stattfinden wird; im Raum, seiner Überwindung, Nutzung, Appropriation, Zähmung und schließlich Kultivierung, jenen Räumen des Menschen also, die er im Verlaufe seiner Evolution und seiner Zivilisation von der bloßen Nutzung zur sukzessiven Zerstörung „entwickelt" hat. Dabei fällt auf, dass Räume in einer Republik anders gestaltet, organisiert und verwaltet werden als z. B. in einer Monarchie. Dasselbe gilt für das Vorhandensein von Adelsherrschaften einerseits und der Ausbildung eines parlamentarischen Systems andererseits. Die Verfassung eines Gemeinwesens hat so einen wesentlichen Einfluss auf die Rolle und Funktion der Jagd. Dies zu belegen bleibt Teil der vorliegenden Arbeit. War der Homo s. sapiens lange Zeit lediglich in der Lage, das im vorgegebenen Lebensraum Vorgefundene zu nutzen, übrigens ein Merkmal der gesamten Evolution und ihrer Übergangszeit[104], so ist der Mensch des 21. Jahrhunderts nicht nur in der Lage, sondern geradezu aus alltäglichem Handeln heraus gewohnt, die unterschiedlichsten Räume, die er zuvor in sich stetig beschleunigenden Prozessen kreierte, zu nutzen, zu betreten und letztlich zu zerstören. Der

103 So z. B. in einem Artikel von Gundula Thor, Nicht die Schuld „in die Schalen schieben", in: Die Pirsch, Nr. 08/2000, S. 14-15, weiterhin in einem Artikel von Josef-Markus Bloch, Wildschaden und Abschussplanung, in: Die Pirsch, Nr. 16/1997, S. 34f.

104 Als Übergangszeit zwischen Evolution und den Prozessen der Zivilisation soll der Zeitraum zwischen der biologischen Existenz des Homo s. sapiens und den Errungenschaften des Neolithikums gedacht werden. Während die Evolution auf rund 15 bis 18 Mio. Jahre zu veranschlagen ist, beläuft sich die Übergangszeit auf gerade rund 40.000 Jahre. In sie fällt nach Meinung einiger die Zähmung des Feuers, die Verfeinerung der Gerätschaften, vermutlich auch höherer jagdlicher Erfolg, etc. Voraussetzung für den Beginn der Zivilisation war dagegen die Urbarmachung des Bodens und die Domestikation verschiedener Wildtiere zum Zwecke der Viehzucht.

Mensch ist heute mehr denn je in der Lage seine Existenz und damit die Geschichtsschreibung zu beenden. Er trat durch Fortschritt und Entwicklung auf allen Gebieten in die Geschichte ein und befindet sich nur einen kleinen Schritt davor aus ihr zu verschwinden. Der Geist, so Jürgen Rüttgers, ist längst aus der Flasche, oder, wie Friedrich Dürrenmatt in seinem Drama „Die Physiker" beschrieben hat: „Was einmal gedacht worden ist, kann nicht mehr zurückgenommen werden"[105]. Dietrich Stahl bezeichnet denn auch diesen Prozess der Kultivierung als trügerisch, da er mehr durch Zerstörung und Abbau und damit durch Barbarei und nicht durch Kultur geprägt sei[106]. Am Rande erwähnt lässt sich über diese Aussage vortrefflich streiten, da der Begriff der Kultur keineswegs das Attribut „höherwertig" oder „unfehlbar" sein eigen nennen kann. Vielmehr ist Kultur artifiziell und schon aus diesem Grunde unabdingbar mit der Herauslösung des Menschen und damit auch seiner Umwelt aus natürlichen und ursprünglichen Zusammenhängen verbunden. Kultur ohne Eingriff, ohne Veränderung und Zäsur ist für eine auf Kontinuität und Wachstum gerichtete Zivilisation und damit für den Menschen nicht denkbar. Darüber hinaus haben wir es hier wohl auch mit einem anderen Problem zu tun. Wenn der moderne Mensch von Kultur spricht, so meint er nicht die Kultur des Buschmannes, der Pygmäen oder der Inuit, sondern die Kultur der zivilisierten und hoch industrialisierten Welt westlicher Prägung. Diese Kultur ist tatsächlich eine Kultur, die mit den natürlichen Zusammenhängen laufend kollidiert und jene äußerst erfolgreich zurückdrängt[107]. Wir alle leben aber in dieser Kultur, die ihrerseits ein Produkt des Zivilisationsprozesses ist und in ihren Auswirkungen getrost den unintendierten Folgen absichtsvollen Handelns zugeschlagen werden kann[108]. Was dabei oftmals vergessen wird, ist, dass wir mit unserer Kultur indirekt die traditionalen Lebensgemeinschaften jener „anderen" Kulturen beeinflussen. Der tropische Regenwald wird nicht von seinen Ureinwohnern bedroht, sondern von den großen Industrienationen, sei es durch Abholzung direkt oder über Emissionen und Immissionen indirekt. Völker, die ihren Lebensunterhalt als Jäger und Sammler bestreiten, sind heute im Aussterben begriffen und in die weniger gastlichen Randgebiete der Erde verbannt: in die Wüsten Australiens und ins südliche Afrika, in die tropischen Wälder des Amazonas, ins Kongobecken und in den Südosten Asiens, in die arktischen Tundren Lapplands, in die Chiukatka, nach Alaska und in die Weiten Nordkanadas. Obwohl jene Jägergesellschaften in Gebieten leben, die

---

[105] Vgl. bei Jürgen Rüttgers, Dinosaurier der Demokratie, S. 178.

[106] Vgl. dazu bei Dietrich Stahl, Wild – Lebendige Umwelt, S. 38f.

[107] Als ob das schlechte Gewissen plagt, werden seit den 1980er Jahren weltweit und in zunehmender Zahl Schutzgebiete wie Nationalparks, Landschaftsschutzgebiete, Naturschutzgebiete, etc. ausgewiesen. In Anbetracht der globalen, grenzenlosen Auswirkungen unsere Zivilisation können auch jene Gebiete schon längst nicht mehr ihrem Anspruch gerecht werden. Der Mensch ist nicht mehr in der Lage zwischen Kultur und Natur zu differenzieren. Spätestens seit Tschernobyl dürfte das auch den letzten Enthusiasten klar geworden sein.

[108] Wenn wir das nicht täten, würden wir wohl einer kollektiven Verzweiflung anheim fallen; insofern ist die Erklärung der jeweiligen Gegenwart als die Summe aller unintendierten Folgen absichtsvollen Handelns mehr eine Beruhigung des Gewissens.

etwa zwanzig Prozent der Oberfläche unseres Planeten ausmachen, stellen sie mittlerweile doch weniger als ein Prozent der Weltbevölkerung dar[109].

1.3.3 Zur Abgrenzung der Evolution von der Zivilisation

Norbert Elias bezeichnete die Zivilisation als das jeweilige Produkt eines stetigen Prozesses und umschreibt damit etwas, das ständig in Bewegung ist[110]. Bewegung setzt Raum voraus, weshalb untrennbar mit dem Prozess der Zivilisation eine sukzessive Veränderung der Räume verbunden ist. Jene Räume können Subsistenzräume der frühen Jäger und Sammler sein, Lebensraum allgemein, Herrschaftsräume speziell, oder Industrieraum respektive Residuen urtümlicher Naturräume und letztlich reine Kulturräume, wie sie in der Gegenwart des 21. Jahrhunderts vorherrschen. Jene Räume unterlagen und unterliegen der menschlichen Spezies und ihrem Fortschritt, ihrem Erfindergeist. So wie sich die Menschheit fortentwickelte, sich von einer Kulturstufe zur nächsten empor gehangelt hatte, so hat sie ihren Lebensraum dieser durchaus als zwanghaft zu nennenden Kultivierung unterworfen. Allmählich begannen sich die zunächst noch unstrukturierten Räume dann in Staaten zu unterteilen, in ihnen bildeten sich Städte, Zünfte, Ämter, Verwaltungsstrukturen, soziale Fixierungen, etc., wie es Georg Simmel formuliert hatte[111]. Im Begriff der Kultur ist dabei schon die gesamte Entwicklung zumindest andeutungsweise vorgezeichnet. Das natürliche Habitat des Homo s. sapiens und aller seiner frühen verwandten hominiden Spezies wurde zum Artefakt, zur Ressource, zum Kapital. Der Lebensraum wurde entdeckt, besiedelt, genutzt, erforscht, in Kriegen errungen und verloren, zerstört und wieder aufgebaut, der Natur abgerungen und wieder an sie verloren, letztlich im Verlaufe der Industrialisierung so sehr bedrängt, dass nur noch massiver nationaler und internationaler Schutz die vorzeitige Unbewohnbarkeit des Planeten Erde verhindern konnte und kann. Dabei muss jene Veränderung der Räume sowohl als Resultat als auch als Ursache des Zivilisationsprozesses betrachtet werden. Jener Prozess beschreibt dabei eine sehr breit gefächerte Entwicklung auf verschiedenen Ebenen der Gesellschaft. Diese Ebenen selbst sind wiederum das Ergebnis derjenigen Entwicklung, die wir mit dem Begriff der Zivilisation umschreiben. Die Entwicklung des Ackerbaus und bedingt auch der Viehwirtschaft, also eine erste Zähmung oder Überwindung der Naturräume, können hier als Akzelerator der menschlichen Zivilisation betrachtet werden, wie es nur noch die Erfindung der Dampfmaschine, allerdings mit einigen hier nicht näher zu begründenden Abstrichen, für die industrialisierte Gesellschaft darstellte. Die Fruktifikation des Bodens und seiner Techniken führte die Neolithiker vom Nomadismus zum Siedlungsbau, wie dies eindrucksvoll in Çatal Hüyük nachzuvollziehen ist[112]. Es ist der Beginn einer umfassenden Umstrukturierung der Jäger-Sammler-Völker zu sesshaften Bauern und Viehhirten, zu Staatsgründern, zu

---

109 Vgl. dazu bei Emmanuel Anati, Höhlenmalerei, S. 16. Man nimmt an, dass vor 500 Jahren die Erde noch zu etwa siebzig Prozent ihrer Oberfläche mit Jagdvölkern besiedelt war, die damals über fünfundzwanzig Prozent der Weltbevölkerung ausmachten.

110 Vgl. zum Begriff der Zivilisation bei Norbert Elias, Über den Prozess der Zivilisation, S. 90ff.

111 Vgl. dazu die Ausführungen Georg Simmels, Soziologie, S. 687-790.

112 Vgl. dazu das umfassende Werk von James Mellaart, Çatal Hüyük, an verschiedenen Stellen.

Händlern und zu Bürgern. Der Ausgangspunkt ist unbestritten die Domestikation der Natur, auf deren Zähmung sich die der Differenzierung, Rationalisierung und letztlich auch der Individualisierung vorgeordnete Prozesse erfolgreich berufen können. So ist es nicht vermessen, in der Domestikation, in der Kalkulierbarkeit von belebter und unbelebter Umwelt, den Beginn der Zivilisation zu suchen. Zunächst einmal bleibt also die Aussage bestehen, dass sich die Zivilisation von der Evolution dadurch abgrenzt, dass sie sich einerseits auf die Gattung Homo s. sapiens, auf den modernen Menschen bezieht und andererseits den Beginn rationaler Kultur durch die Überwindung der einseitigen Dependenz von der Natur und ihren Ressourcen bis zur Gegenwart beschreibt. Allerdings müssen in Bezug auf den Beginn der Zivilisation, wenn man sie denn anhand jener, zugegebenermaßen vagen, Kriterien zeitlich fixieren kann, weitere Abstriche gemacht werden. Diesen Streit zu schlichten oder gar zu lösen, kann nicht Aufgabe der vorliegenden Arbeit sein, es genügt die Abgrenzung zur Evolution anhand jener genannten Kriterien. Darüber hinaus gibt es in der Literatur meines Wissens nach keinen Hinweis, der dem Argument entgegenstehen würde, den Beginn der Zivilisation innerhalb der mehrere Jahrtausende dauernden neolithischen Revolution zu suchen. Im Gegenteil, es ist aus der Literatur gerade eine Bestätigung jener Trennung zu extrahieren. Im Verlauf der Evolution entwickelten sich aus dem alle Vorfahren tragenden Primatenzweig mehrere Unterarten und Verwandtschaften zum letztendlichen Resultat des Homo s. sapiens, während die Vorfahren allesamt, ohne eine Spur in unseren genetischen Anlagen zu hinterlassen, ausstarben. Das ist das bezeichnende Element der Evolution, dass alle wesentlich älteren Formen unserer hominiden Vorfahren (die jedoch tatsächlich keine genealogische Verwandtschaft darstellen), ohne ihre genetischen Spuren in uns modernen Menschen zu hinterlassen, verschwanden und das, obwohl sie wesentlich länger die Erde bevölkerten, als es der moderne Mensch gegenwärtig tut. So sind weder die drei bisher bekannten Australopithecus-Formen, der Homo habilis und Homo erectus noch der Neandertaler genealogische Vorfahren des modernen Menschen[113]. Ihnen allen ist ihr Ende, wahrscheinlich im Zuge klimatischer Veränderungen, gemeinsam, was sie als nicht entsprechend anpassungsfähig kennzeichnet. Erst der moderne Mensch, dessen direkte Stammlinie etwa 150.000 Jahre alt ist, hat es zustande gebracht, den klimatischen Veränderungen und Anforderungen gewachsen zu sein. Im Allgemeinen kann man also zusammenfassend den Ausgangspunkt der menschlichen Zivilisation in der Überwindung der Natur, der zielgerichteten Planbarkeit und dem kontinuierlichen Wirtschaften finden, die schließlich eindrucksvoll aus saisonal begrenzten Siedlungs- und Streifgebieten kontinuierliche und prosperierende Städtegründungen wie in Çatal Hüyük hervorbrachten. Die Planbarkeit und Kalkulierbarkeit der Natur und ihrer Ressourcen ist in der Tat nicht mehr der Evolution zuzuschreiben, sondern weit mehr dem Erwachsenwerden des Menschen, seiner Zivilisierung. Bereits mit dem Auftauchen des Homo s. sapiens vor etwa 40.000

[113] Vgl. dazu die Ausführungen bei Josef H. Reichholf, Das Rätsel der Menschwerdung, S. 13ff. Insbesondere die Erkenntnisse aus der seit Ende der 1980er Jahre möglichen Analyse der Mitochondrien (mt-DNS = mitochondriale Desoxyribonukleinsäure) über das zellunabhängige Erbgut, welches den Rückschluss auf den Weg des Menschen zulässt. Zusätzlich auch bei Ralf W. Schmitz und Jürgen Thissen, Neandertal. Die Geschichte geht weiter, S. 194ff.

Jahren in Europa haben wir es nicht mehr mit der biologischen Entwicklung des Menschen, seiner Phylogenese, zu tun, sondern bereits mit einer Art Übergangsstadium, das jedoch erst im Neolithikum etwa zwischen 12.000 und 4.000 vor Christus, regional abhängig, in den Prozess der Zivilisation einmündete. Jenes Erwachsenwerden in einem zivilisatorischen Sinne durchläuft jeder Mensch von seiner Geburt bis ins Greisenalter als jeweils individuelle Ontogenese. Die individuelle Ontogenese ist nach dieser Vorstellung, unter anderem zurückzuführen auf Johann Gottfried Herder und den wesentlich späteren Norbert Elias, das Durchlaufen des kulturellen Werdegangs der Menschheit, wobei jede individuelle Altersstufe einer bestimmten Kulturepoche entspricht. Im Kleinkind und seinen mythisch-magischen Vorstellungen können wir so einigermaßen zuverlässig die Merkmale altsteinzeitlicher Weltvorstellungen erblicken, bevor es beginnt, die Welt zu entdecken, zu hinterfragen und zu verstehen. Allerdings dürfen wir nicht dem Herderschen Prinzip zu weit folgen und am Ende mit dem biologischen Tod des Individuums den Tod der Zivilisation sehen. Vielmehr ist jener Hypothese soweit Recht zu geben, als man sie auf das Jugendalter des individuellen Menschen beschränkt.

1.3.3.1 Die analysierbaren Ebenen des Zivilisationsprozesses

In der Tat muss man innerhalb der Phasen des Neolithikums (Alt-, Meso-, Jungneolithikum) den Akzelerator menschlichen Fortschritts, menschlicher Zivilisation suchen. Mit dem ersten Schritt in die Kultivierung der Umwelt, der natürlichen Ressourcen, wurde eine Kettenreaktion in Gang gesetzt, die in ihren Auswirkungen und Folgen weder beabsichtigt gewesen sein konnte noch planbar war. Mit dem Ende der biogenetischen Entwicklung des Menschen traten jene Steuerungsmechanismen nicht mehr in Erscheinung und wurden stattdessen von zweckgerichteten Handlungen ersetzt, die dem Menschen halfen, seine Umwelt gemäß seinen Bedürfnissen zu gestalten. Diese Handlungen mündeten in strukturelle, kulturelle, psychische und physische Veränderungen, die man mit Karl Marx als soziale Evolution[114] oder eben den Prozess der Zivilisation bezeichnen kann. Allerdings trifft Karl Marx keine Unterscheidung zwischen der etwa 40.000 bis 50.000jährigen Geschichte des Homo s. sapiens in Europa und den dagegen noch jungen Errungenschaften des Neolithikums. Nach seiner Lesart begann die soziale Evolution bereits mit der Ausbildung des Homo s. sapiens als Gattung. Demnach wäre der Übergang von der Evolution zur Zivilisation des Menschen in die Zeit von vor etwa 150.000 Jahren zu datieren. Sinnvoller erscheint es mir jedoch den Beginn sozialer Evolution, des eigentlichen Zivilisationsprozesses, in der beginnenden Beherrschung der biologischen und räumlichen, belebten und unbelebten Umwelt zu suchen. Mit der Domestikation, dem beginnenden Ackerbau und dem Übergang vom Nomadismus zu kontinuierlichen Siedlungs- und nun auch Wirtschaftsräumen war der Mensch in der Lage, einige bedeutende physische Mängel[115] seiner Existenz zu kompensie-

---

114 Vgl. dazu bei Karl Marx, Die Deutsche Ideologie, S. 20ff.

115 Nach Arnold Gehlen ist der Mensch ein Mängelwesen, welches nur über Handeln einen Ausgleich in der ansonsten biologischen Unterprivilegierung im Vergleich zur Umwelt erreichen kann. Der menschliche Körper hat keine unmittelbaren Angriffs- und Abwehrorgane, keine scharfen Krallen und keine spitzen Zähne, er hat kein Fellkleid, nur rudimentäre olfaktorische Möglichkeiten, kein besonderes Gehör. Er ist eine Ansammlung von Organprimiti-

ren. Nur jene Entwicklung, die ihm einerseits Freiheiten durch die dauernde Kompensation von physischen Mängeln gewährleistete, ihn andererseits aber von anderen Faktoren, insbesondere von anderen Menschen und von technischen Mitteln in Abhängigkeit brachte, war der Anstoß zur Vorherrschaft des Menschen über alle anderen Gattungen, sich selbst und damit über letztlich alle Räume. Erst mit der Erfindung des Ackerbaus und der Viehzucht hatte sich der Mensch deutlich höhere Überlebensmöglichkeiten erschaffen, die er nur aus einem Grunde erbringen konnte: im Gegensatz zum Tier ist er nicht an ein System von Instinkten gebunden und insofern auch nicht festgelegt. Er besitzt die nach Arnold Gehlen so zentrale spezifische menschliche Handlungsfähigkeit[116]. Und jene Handlungsfähigkeit ist es, die über die Domestikation der Umwelt zu weiteren sozialen und kulturellen Veränderungen innerhalb der weiteren Entwicklung der Menschen führte. Es war der Beginn des Zivilisationsprozesses, der im historisch fortgeschrittenen Stadium in die Modernisierungsprozesse einmündete. Während der Modernisierungsprozess auf den vier Ebenen Domestizierung, Rationalisierung, Individualisierung und Differenzierung für den Sozialwissenschaftler nachweisbar und analysierbar ist, sind die ihm vorangehenden Zivilisationsprozesse, die bei Hans van der Loo und Willem van Reijen ausführlich dargestellt werden, in den Veränderungen auf der physischen, kulturellen, psychischen und strukturellen Ebene ablesbar[117]. Eine strikte Trennung oder Isolation jener Ebenen ist jedoch nicht möglich. So kann die Entwicklung des politischen Systems, von Handel und Verkehr, nicht ohne die Webersche Entzauberung der Welt[118] analysiert werden oder ohne die Betrachtung der Sitten und Bedürfnisse eines Volkes. Ebenso wenig ist es letztlich dienlich, all jene Ebenen ohne die physischen Entwicklungen, die Beherrschung der natürlichen und biologischen Grundlagen darzustellen. Der Zivilisationsprozess ist stetig in Bewegung, er stellt laufend eine Kombination aus allen vier Dimensionen von Fortschritt, letztlich eingebettet in die Modernisierungsprozesse[119], dar. Durch diese Verflechtungen, Abhängigkeiten und Interdependenzen entstehen alles andere als logische und mathematisch fassbare oder berechenbare Wirklichkeiten. Es entstehen Paradoxa oder Ambivalenzen, es wirken Fortschritt und Barbarei, Exklusion und Inklusion, Tradition und Neues stetig zeitgleich. Die Jagd, und das bleibt zu beweisen, ist in diesem Sinne ein hervorragender Weiser um die Entwicklung und den Zustand sozialer Systeme zu beschreiben[120].

---

vismen, die in der extremen Hilflosigkeit des menschlichen Fötus während der ersten Lebensjahre gipfeln. Vgl. dazu Arnold Gehlen, Der Mensch – Seine Natur und seine Stellung in der Welt, S. 140ff.

116 Vgl. bei Arnold Gehlen, Der Mensch – Seine Natur und seine Stellung in der Welt, S. 24.

117 Vgl. dazu die Arbeit von Hans van der Loo und Wilhelm van Reijen, Modernisierung – Projekt und Paradox.

118 Parallel zu der von Max Weber entwickelten Modernisierungstheorie der Entzauberung der Welt ist hier auch die Theorie von J. Romein zu nennen, der die europäische Geschichte als Abweichung vom allgemeinen menschlichen Muster bezeichnet hat. Vgl. dazu bei Hans van der Loo und Willem van Reijen, Modernisierung – Projekt und Paradox, S. 59ff unter Bezug auf den besagten Artikel von J. Romein, 1952.

119 Vgl. dazu ebd., S. 34ff

120 Auch Ulrich Schraml bezeichnet die Jagd als dafür hervorragend geeignet. Sowohl der Zugang zur Jagd als auch die Formen ihrer Praxis müssen als Weiser für die sozialen und politi-

Das setzt jedoch voraus, dass man den Räumen des Menschen eine wesentlich stärkere Rolle zuteilt, als dies bisher in der Literatur geschehen ist. Über die Betrachtung der Historie aus den Blickwinkeln der räumlichen Entwicklung des Menschen wurde die Jagd bald der Philosophie fremd, dagegen dem nach rationaler Erklärung strebenden Wissenschaftler zugänglicher. Bereits der erste exploitative Eingriff in den Naturraum, das heißt die Evolution der menschlichen Spezies, brachte einen Prozess in Gang, der bereits sehr früh eine Dynamik entwickelte, die man den Prozess der Zivilisation nennt. Spätestens mit dem Homo s. sapiens entwickelte sich diese Dynamik der Zivilisation, die zunächst über primitive Erkenntnisse die Möglichkeit erschloss Lebensräume nicht nur anzunehmen, sondern sie zu verändern, zu gestalten, zu beherrschen. Ab jenem Zeitpunkt, mit der Sesshaftwerdung als Ausdruck der Überwindung der Natur und dem Wachstum der Bevölkerung, begann sich der Mensch weiterführende Strukturen zu schaffen. Er stratifizierte allmählich über seine Gemeinschafts- und spätere Gesellschaftsformen auch seine Umwelt. Die Nutzung, der Zugriff und immer mehr auch die Herrschaft über Räume, die gerade nicht im Eigentum des nun Bevorrechtigten standen, traten im Verlauf des Zivilisationsprozesses nicht nur als Form des Imperialismus oder des Merkantilismus in den Vordergrund. In der Moderne der Gegenwart gibt es das zu erobernde Außen nicht mehr. Der Mensch hat sich alle Lebensräume unmittelbar durch Besiedelung und Nutzung oder mittelbar durch Gefährdung im Zuge der Industrialisierung einverleibt. Natürlich ist dies kein stetig verlaufender Prozess, er ist durchzogen von Brüchen und Diskontinuitäten; als Rahmenvorstellung bleibt jene Entwicklung jedoch bestehen und gerade die Gegenwart zeigt die Bemühungen, manche jener Prozesse wieder rückgängig zu machen oder in ihren Auswirkungen zumindest abzuschwächen. Auch das ist ein Merkmal des Zivilisationsprozesses, des Verlaufs struktureller, kultureller, psychischer und physischer Einwirkungen auf das menschliche Handeln. Alle die genannten Ebenen sind in ihren Veränderungen und Wirkungen nicht nur selbstreferentiell, sondern auch in ihren Wirkungen auf die Funktionen des Raumes und der Jagd zu untersuchen. Als Raum, darauf wird noch näher an anderer Stelle einzugehen sein, muss der gesamte mittelbar oder unmittelbar genutzte als auch ungenutzte Lebensraum der menschlichen Spezies verstanden werden. In diesem Sinne ist dies also die gesamte Oberfläche unseres Planeten, die wir besiedeln, nutzen und eben mit Gefährdungspotenzialen belegen. Im Raum, seinen Ausprägungen und Anforderungen, liegt das Verständnis sowohl der antiken, der mittelalterlichen als auch der modernen Jagd verborgen. Philosophische Betrachtungen mögen Versuche der Deutung eines Phänomens sein, welches die Menschen bis heute fasziniert, sie abstößt, ihnen ökologisch plausibel oder als barbarisches Residuum gleichermaßen erscheint, letztlich bleiben jene Betrachtungen Versuche oder leisten zumindest der Romantisierung der Jagd auch in modernen Zeiten Vorschub. Allerdings scheint das Maß des Romantischen in Bezug auf die Jagd allmählich voll zu sein; zu sehr greift sie in unterschiedliche Interessenlagen ein, zu bedeutend ist ihr Einfluss auf Ökonomie und Ökologie des Waldes, der sensiblen Innenausstattung unserer modernen Zivi-

schen Verhältnisse einer Gesellschaftsordnung betrachtet werden. Vgl. bei Ulrich Schraml, Die Normen der Jäger, S. 1f, unter Bezug auf Hans-Wilhelm Eckardt, Herrschaftliche Jagd, bäuerliche Not und bürgerliche Kritik.

lisation. Die Gesamtheit dieser Prozesse aufzuzeigen und einer Erklärung zuzuführen ist das oberste Ansinnen dieser Arbeit, die bezüglich ihrer Fragestellung die erste ihrer Art innerhalb der Jagdwissenschaften darstellt. Die vorliegende Arbeit soll den Leser in die Lage versetzen, selbst als Fachfremder über die Jagd, insbesondere innerhalb der modernen mitteleuropäischen Gesellschaften, nachzudenken. Sieht sich der Leser in die Lage versetzt dies tatsächlich anhand der hier aufgezeigten Informationen zu tun, so ist das Ziel bereits erreicht.

1.4 Ausblick auf die folgenden Kapitel

Bevor nun mit der umfassenden Darstellung der Jagd im Verlaufe des Zivilisationsprozesses begonnen werden kann, ist es zunächst einmal notwendig, den Stellenwert der Jagd innerhalb der Evolution des Menschen kritisch zu hinterfragen. Dabei kann es nicht nur um eine teilweise detaillierte Beweisführung oder Widerlegung vermeintlicher Fakten, die uns die Anthropologie, die Archäologie oder die Paläontologie seit Ende des 19. Jahrhunderts zusammengetragen haben, gehen, sondern darüber hinaus auch um die Hinterfragung der gängigsten jagdwissenschaftlichen Erkenntnisse selbst. Auf diesem Wege soll es ermöglicht werden, Jagd zu analysieren, ihre Potenziale in unterschiedlichen Gesellschaftsformen aufzuzeigen, ihre Rolle, ihre Funktion innerhalb der Vergesellschaftung darzulegen, die im Neolithikum eine andere war als in den altorientalischen Dynastien, die dort wiederum eine andere Funktion als im republikanischen Rom einerseits und dem cäsarischen Römischen Reich andererseits innehatte und die letztlich in den Territorialstaaten im mitteleuropäischen Feudalismus wieder gänzlich andere Funktionen erfüllte als in der modernen Gesellschaft der bundesrepublikanischen Gegenwart. Die Funktion der Jagd und die Ausprägung der jeweiligen Gesellschaftsform, so die vorauseilende These, hängen eng zusammen. Es muss die Jagd ihres Mythos entkleidet werden, um ihre Funktionen analysieren zu können. Erst dadurch wird man in die Lage versetzt, die im Verlauf des Zivilisationsprozesses unter jeweils differierenden politischen und gesellschaftlichen Systemen unterschiedlichen Inhalte und unterschiedlichen Funktionen der Jagd zu analysieren. Jagd beschreitet historisch den Weg von der Subsistenz der frühen Jäger- und Sammlersozietäten (egalitäre Strukturen) zur relativen Unbedeutsamkeit im republikanischen Rom, weiter zum Mittel der Repräsentation und Demonstration herrschaftlicher Tüchtigkeit oder Virtus im Rom der Cäsaren[121]. Von dort entwickelte sich die Jagd zum faktischen und brutalen Machtmittel im ausgehenden Mittelalter und der frühen Neuzeit und zur distinktiven Beschäftigung einer müßigen Klasse in der aufkommenden bürgerlichen Welt. Daran anschließend wurde die Jagd zum erhabenen Waidwerk mit hegerischen Pflichten nach Kriterien der Zuchtauswahl im Dritten Reich, während sie in der Übergangszeit zwischen 1945 und etwa den 1970er Jahren zu einem romantischen Intermezzo verkam. Erst die Auswirkungen der 1970er Jahre brachten das politisch-administrative System zusehends dazu, Jagd bestimmten ökonomischen, wildbiologischen und ökologischen Faktoren unterzuordnen.

121 Insbesondere die Jagd Kaiser Hadrians (76-138 n. Chr.) wird in diesem Zusammenhang wesentlicher Bestandteil des Kapitels 6 der vorliegenden Arbeit sein. Er kann getrost als der „Erfinder" jagdlicher Funktionalisierung im römischen Kulturkreis gelten.

Dieser Prozess dauert noch immer an und bestimmt die Konflikte rund um die Jagd. Seit dem kulturellen Bruch in den 1970er Jahren weitet sich der Kreis der mit der jagdlichen Problematik in Verbindung kommenden Personen und Institutionen stetig aus. Jagd beeinflusst schon seit langem nicht mehr nur den Waldbesitzer und den Jäger, sondern die gesamte Gesellschaft. Wir rationalisieren die Landwirtschaft, wir verbauen Lebensraum und führen Flurbereinigungsmaßnahmen durch, wir potenzieren die Tötung von Schlachttieren durch perfekte Technisierung, aber wir sind nicht in der Lage, den selben Maßstab an die Bejagung wildlebender Tiere anzulegen. Das bedeutet nicht, dass die genannten, häufig genug tierverachtenden Rationalisierungen aus der Viehwirtschaft an die Jagd angelehnt werden sollen – im Gegenteil. Es beschreibt nur die Tatsache, dass man auf allen Gebieten scheinbar emotionslos Entscheidungen treffen konnte und kann, auf dem Gebiet der Jagd dabei jedoch auf ganzer Linie versagt hat. Die Fehler, die man in der Landwirtschaft und der Nahrungsmittelproduktion begangen hat, legen den Blick auf eine vernünftige Lösung innerhalb der Jagd offen. Genau hier besteht dringender Handlungsbedarf. Wer die Jagd nicht lediglich als kulturelles Gut betrachtet, welches gegen alle Anfeindungen aufgrund des kulturellen Erbes auch in offensichtlich widersinniger Prägung erhalten werden muss, sondern Jagd als eine Raum(be)handlung begreift, die sich parallel zu den Räumen und deren Konstitution verändert, wer die daran anknüpfenden Auswirkungen und Ursachen versteht, der kann sich ein Urteil über Sinn und Umfang von Jagd in der modernen Gesellschaft bilden. Diese Kontinuität der jagdlichen Raum(be)handlung, die jeweiligen Sinnstiftungen aufzuzeigen, ist das Ziel der vorliegenden Arbeit.

1.5 Der Bezug zu meiner Magisterarbeit aus dem Jahr 1999

Bereits in meiner Magisterarbeit[122] an der Universität Konstanz habe ich mich mit dem Thema Jagd und Jäger befasst. Die damalige Fragestellung war eindeutig auf die funktional differenzierte Gesellschaft und die Rollenzuteilung von Jagd und Jäger innerhalb dieser Gesellschaftsstruktur zugeschnitten. So nimmt meine Magisterarbeit zumindest einen Teil der Fragestellung der vorliegenden Arbeit vorweg. Manche Ergebnisse werden sich deshalb voraussichtlich gleichen, wenn sie auch mit unterschiedlicher Methodik und mit unterschiedlicher Vorarbeit erzielt wurden. In einem wesentlichen Punkt unterscheidet sich jedoch meine frühere Arbeit von der vorliegenden inhaltlich diametral: ich hatte im Rahmen meiner Magisterarbeit nicht erkannt, dass die Jagd der frühen Neuzeit neben Müßiggang, Abwechslung oder Symbol der Vornehmheit durchaus weiterführende Funktionen für die damalige Gesellschaft erfüllte. Die Frage nach einer gesamtgesellschaftlichen Relevanz der Jagd in früheren Zeiten hatte in meiner Magisterarbeit keinen Raum, obgleich doch die Frage nach der Relevanz für die moderne Gesellschaft sehr wohl gestellt wurde. Zwischenzeitlich bin ich zu der Erkenntnis gelangt, dass erst die Analyse der verschiedenen Jagdfunktionen der Vergangenheit den Schlüssel für das Verständnis und die Verortung von Jagd und Jäger in der fortgeschrittenen Moderne bereitstellt. Das kulturelle „Phänomen“ der Jagd wird nur aus der umfas-

---

122 Vgl. dazu Klaus Maylein, Jagd und Jäger in der modernen Gesellschaft – Ambivalenz und Notwendigkeit? Magisterarbeit Universität Konstanz, Juni 1999.

senden Analyse der jagdlichen Funktionsmöglichkeiten in seinen Umrissen deutlicher. Punktuelle und nur epochenbegrenzte Betrachtungen reichen hierfür nicht aus. Die Zusammenhänge sind nur aus dem Ganzen heraus ersichtlich. Diese Leistung des Ganzen soll hier nun erbracht werden. Damit wird dann auch die Lücke, die meine vorherige Arbeit aufgetan hat, geschlossen werden. Im Umkehrschluss wird jedoch auch eine Menge von Fragen aufgeworfen, die hier nicht alle beantwortet werden können. Dies soll Ansporn genug sein, weitere jagdliche Forschung zu betreiben, um dieses spannende Thema aus der gesellschaftswissenschaftlichen Versenkung zu heben.

2 Die Jagd - Motor der Evolution oder Produkt der Zivilisation

2.1 Ausgangspunkt

Historiker und Philosophen haben bis heute die Jagd als einen Urtrieb, einen Instinkt definiert, der in jedem von uns Menschen unauslöschlich vorhanden sei. Der eine jage auf Wild, der andere werde Philatelist, einer werde Jagdflieger, wieder ein anderer strebe nach beruflichem Erfolg, nach Prestige und Macht, etc. All dies sollen Beweise für ein in uns vorhandenes Jagdgen (Günter R. Kühnle) sein, welches auch den modernen Menschen in verschiedene Richtungen treibe. Anthropologen sahen in der Jagd die Wiege der Menschheit, den Grund für die Bipedie und Pentadaktylie, für menschliche Intelligenz und die Herausbildung einer Sprache, etc. Bis heute haben sich diese Vorstellungen von der Jagd und ihren vermeintlichen Auswirkungen auf die Evolution des Menschen im Standesbewusstsein der Jäger, in Literatur und Medien gehalten. Natürlich hat es den jagenden Menschen über einen langen Zeitraum seiner Entwicklung gegeben, das soll in keinster Weise bestritten werden. Was aber einer ausführlichen Kritik zugeführt werden muss ist die Ansicht, dass die gesamte menschliche Morphologie, ja die hominide Evolution insgesamt, auf die Jagd zurückzuführen sei. Die Jagd als Motor unserer Zivilisation ist der Mythos, den es in diesem Kapitel zu entkräften gilt. Die Schlüsse, die aus den Inhalten dieses Mythos gezogen wurden und heute noch gezogen werden, sind es, die eine rationale Auseinandersetzung mit dem Thema Jagd erschweren. Um die Kritik am Mythos der Jagd darzustellen ist es notwendig, eine umfassende Analyse der Evolution von den ersten Australopithecinen bis zum Homo s. sapiens zu versuchen. Dabei wird unter Einbezug von Erkenntnissen aus der Anthropologie, Paläoanthropologie, der Archäologie und der Biologie (Genbiologie/mt-DNA-Analyse) eine Evolution des Menschen jenseits der Jagd beschrieben, um ein realistischeres Szenario aufzuzeigen, in welchem die Jagd nicht der Auslöser oder Akzelerator der menschlichen Zivilisation, sondern deren Produkt war und ist. Mit der Beantwortung der Frage nach den evolutions-biologischen Vor- und Nachteilen und der epochenspezifischen Funktion der Jagd wird zugleich eine Kritik der Philosophie der Jagd - wie sie z. B. José Ortega y Gasset vertritt - betrieben. Es ist gleichsam als Kontrapunkt der „funktionale Blick“, der im Rahmen der vorliegenden Arbeit auf die Jagd und ihre Stellung innerhalb epochenspezifischer Gemeinwesen angewandt werden soll. Philosophie und Romantik haben innerhalb eines solchen Vorhabens kaum einen Platz. Ortega y Gassets Ausführungen zur Jagd belasten gar in einem evidenten Maße die wissenschaftliche Auseinandersetzung mit dem Thema Jagd und Jäger, da er die Vernunft als größten Feind der Jagd betrachtet hatte und die Jagd als dem Glücksrepertorium des Menschen zugehörig deutete. Mit jener Argumentation konnten bisher rationale Erklärungsversuche bereits im Keim erstickt werden. Vermeintlich tief im Menschlichen verankerte Bedürfnisse sind nur schwerlich durch stringente rationale Argumentation zu hinterfragen oder gar zu entkräften. Neben der Entmystifizierung der Jagd gilt es eine Kritik der Jagdliteratur zu betreiben, insbesondere bezüglich der Basisquellen jeder historischen Jagd- und Forstliteratur wie Caesars „De bello gallico" und Tacitus „Germania". Jene Werke beeinflussten in hohem Maße die gesamte Jagdliteratur bis heute. Daneben ist die Jagdwissenschaft selbst ein Produkt vieler „Köche", geschrieben von Juristen, Ökonomen, Forstwissenschaftlern, Feldherrn, etc. Als Fach ist sie heimatlos mit Ausnahme der Fakultät für Jagdkultur in Bamberg (Sigrid Schwenk), deren Arbeiten allesamt in bester Tradition stehen, das heißt die Jagd als Mittel der Zerstreuung, des Vergnügens, als Urtrieb und Instinkt betrachten und sie insofern nicht als in rationale Bahnen lenkbar darstellen. Dabei wurde übersehen, dass die Jagd in historischer Kontinuität tatsächlich in äußerst zweckrationale Bahnen gelenkt wurde.

2.1.1 Der Umweg über die Evolution

Jagd trat erst ab einer bestimmten Stufe der Vergesellschaftung in den Blickpunkt der Menschen. Das Besondere – und damit ist auch gleichzeitig das wissenschaftliche Hauptinteresse der vorliegenden Arbeit angesprochen – ist dabei folgendes: Die Funktion der Jagd – das heißt die sich ständig in Bewegung befindliche Wechselwirkung zwischen der jeweils variierenden weil epochenspezifischen Jagdpraxis in Verbindung mit dem jeweiligen epochenspezifischen Raumkonstrukt – ist ihrerseits unmittelbar abhängig von der Konstruierung des Raumes und den Positionierungen der Menschen darin. Eine wesentliche und auf Wechselwirkungen beruhende Funktionalisierung jenseits der Subsistenzleistung erfuhr die Jagd also erst mit dem Beginn und der Fortführung der Vergesellschaftung, dem Prozess der Zivilisation. Die Evolution des Menschen ist ohne Jagd denkbar, der Feudalismus, die Territorialität des ausgehenden Mittelalters und der heraufziehenden Neuzeit dagegen nicht. Die (bisherige) Jagdgeschichte hat hierfür und für die Wechselwirkungen zwischen Jagd und Gesellschaft keine zufrieden stellende Erklärung parat. Im Gegenteil, die Jagdgeschichte rekurriert stetig auf die Jagd als einen Trieb, einen Instinkt, für den es in der modernen Gesellschaft keiner weiteren Erklärung bedürfe. Ist es dagegen möglich, Jagd als Urtrieb zu negieren, so wird der Blick auf das Rohprodukt Jagd frei und eine rationale Einbindung der Jagd in die Bedürfnisse und Ziele der modernen Gesellschaften rückt in greifbare Nähe – und damit auch ihre Erhaltung über das 21. Jahrhundert hinaus. Diese Leistung konnte bisher von der Jagdliteratur nicht gefördert oder gar erbracht werden. Deshalb hier der (Um-)Weg über die Evolution.

2.1.2 Einführung in die Problematik der Jagdbeurteilung

Beschäftigt man sich eingehend und kritisch mit dem Thema Jagd, so drängt sich sowohl dem Historiker als auch dem Soziologen immer mehr die Frage auf,

a) weshalb die Jagd auf wilde Tiere als soziale Handlung gerade mit zunehmender Entfernung von ihrer wie auch immer gearteten existenziellen Rolle, ihrer originären Funktion, zusehends in den Fokus der Mächtigen trat und

b) weshalb die Jagd unter bisheriger jagdwissenschaftlicher Perspektive eine in ihrer Kontinuität offensichtliche Überbewertung und beinahe schon theatralische Stilisierung als Motor des Menschseins erhalten hat, während sie parallel dazu für die historischen Zeiten[123] hinsichtlich ihrer herrschaftlichen Funktion und Rolle wissenschaftlich schlichtweg verkannt wurde.

Die Jagd auf wilde Tiere wurde in den historischen und philosophischen Wissenschaften ausführlich thematisiert, ihre Funktion im Rahmen der jeweils beschriebenen Gesellschaften dagegen nur unbeherzt dargelegt und zuweilen nicht erkannt. Gerade die mediävale und feudalistische Jagd muss aus diesem Grunde die neugierigen Fragen des Sozialwissenschaftlers auf sich ziehen, der sich aus den bisherigen Forschungserkenntnissen den Grund für die scheinbare Jagdleidenschaft der mittelalterlichen Herrscher - testiert durch einschlägige jagdhistorische Werke - nicht hinreichend erklären kann. Umso mehr verwundert den Betrachter die Renaissance der Jagd im mittelalterlichen Europa, wogegen sie in den Jahrhunderten vor Karl dem Großen - insbesondere bei den Römern - keinerlei wesentliche Rolle spielte[124]. Auch die Germanen waren offensichtlich nicht die großen Jäger[125], als die sie Gaius Julius Caesar und später Tacitus gerne darstellten - der eine wohl aus Naivität oder kriegsherrlicher Verachtung, der andere aus sozialkritischen Gründen, weil er der Dekadenz seiner römischen Landsleute mit der Gestalt des naturwüchsigen Barbaren und der Reinheit seiner Sitten offensichtlich einen Spiegel vorhalten wollte[126]. Bevor nun der Blick auf die römische und mittelalterliche Jagdbetrachtung gelenkt werden kann, ist es zunächst von größter Bedeutung, ihre Rolle im Rahmen der Evolutionsprozesse näher zu beleuchten. Das Hauptgewicht der Betrachtungen kommt dann im Verlaufe der Arbeit jedoch auf den Prozessen der Zivilisation zu liegen, die der Jagd eine epochenspezifische, zivilisationsabhängige Rolle zukommen ließen. Auffallend in diesem Zusammenhang ist, wie bereits oben erwähnt, dass die Jagd der prähistorischen Zeiten - insbesondere der Australopithecinen, des Homo habilis und Homo erectus, des Neandertalers und zuletzt des Homo s. sapiens bis zur Sesshaftwerdung, letztlich aber auch die Jagd der germanischen Krieger- und Bauernvölker[127] - eine deutliche Überhöhung in der

---

[123] Damit sind die Zeiten der Geschichtsschreibung im Gegensatz zu den prähistorischen Zeiten (ohne wesentliche Schriftkultur, kaum Artefakte, nur wenig plausible Sicherheit) gemeint.

[124] Als Ausnahme sind hier die römischen Cäsaren Domitian, Trajan und insbesondere Hadrian anzuführen, wobei allein der letztere die Jagd als öffentlichen Bestandteil seiner kaiserlichen Selbstdarstellung wählte. In der römischen Republik hingegen spielte die Jagd keinerlei Rolle und war selbst privat nur eine seltene Erscheinung der römischen Oberschicht. Die Gründe, die dann Kaiser Hadrian dazu bewegten, Jagd aus dem privaten Bereich in einen öffentlichen zu transportieren, und weshalb er damit gescheitert ist, werden noch sehr ausführlich thematisiert.

[125] Von den Germanen wird angenommen, dass sie die weitaus besseren Viehhirten als Feldbauern waren. Die Bedeutung der Jagd bei nomadisierenden Viehhirten, wie das insbesondere für die Zeiten der Völkerwanderungen auf die Germanen zutrifft, ist nur rudimentär. Viehzüchter, auch wenn sie nomadisierend sind, leben weder von der Jagd noch vom Sammeln. Vgl. dazu die Ausführungen von J. Helbling, Theorie der Wildbeutergesellschaft, S. 17.

[126] Zur Einschätzung des Historikers Tacitus siehe auch die Ausführungen bei Will Durant, Caesar und Christus, S. 466-470. Predigt und Drama findet man bei Tacitus dort, wo man Geschichte erwartet und dennoch gilt er als einer der bedeutendsten Geschichtsschreiber.

[127] In Bezug auf die germanischen Krieger- und Bauernvölker bleibt zu attestieren, dass hier die Ideologie des Dritten Reiches auf die Geschichtsschreibung auch im jagdlichen Bereich einigen Einfluss nahm. Als gutes Beispiel dient hierzu die ausführliche Arbeit von M. Marx-Kruse und E. von Campe, Chronik der deutschen Jagd. Eine Kulturgeschichte des Jagdwesens von

anthropologischen und historischen Wissenschaft erfuhr, während die mittelalterliche und feudalistische Adelsjagd eine bloß oberflächliche Charakterisierung erhielt. Diese Entwicklung gedieh gar so weit, dass die Jagd des ausgehenden 20. und beginnenden 21. Jahrhunderts sozialwissenschaftlich nahezu umfassend vernachlässigt wurde und nach wie vor wird. Betrachtet man die Mehrzahl der im 20. Jahrhundert erschienenen wissenschaftlichen Werke über die Jagd, so überwiegt auch hier der Versuch, Jagd allein aus dem Menschsein heraus erklären zu wollen[128]. Es scheint regelrecht die kategorische Unfassbarkeit der Jagd zu sein, die als Argument für Traditionsbewahrung und Rechtfertigung, auch in der Jagdwissenschaft, herhalten muss. In einer Gesellschaftsform, die stärker als jemals zuvor auf Rationalitäten, Leistungen und Gegenleistungen, Konflikte und Konfliktregelungsmechanismen verweisen kann, ist dies eine wahrlich unbefriedigende Strategie, die die jagdlichen Verbände öffentlichkeitswirksam verfolgen. Da mag es ein Trost, vielleicht auch eine Hoffnung für den einen oder anderen sein, dass die Moderne zwar auf Rationalitäten bedacht ist, sich gleichsam jedoch auch so ambivalent wie noch nie zuvor gibt. Neues und Altes, Ratio und Religion, Sinnverlust und Sinnsuche, Reichtum und Armut, Modernität und Barbarei[129] - die Liste ließe sich fortsetzen - sind wesentliche Merkmale unserer Zeit. Alles scheint möglich und die Jagd gerät in die Gefahr zwischen den Fronten, die zuweilen auch verwischen, zerrieben zu werden. Zusätzlich betrachteten die psychologischen Wissenschaften den Jäger lange Zeit als die Vorstufe des aggressiven Kriegers und Mörders. Der Jäger sei das Abbild originärer destruktiver Veranlagung des Homo s. sapiens, welche auf diesem Wege als eine entschuldbare Erklärung für die zerstörerischen Kräfte und Motive des modernen Menschen galt. Dem gegenüber steht die Beurteilung der jagdwissenschaftlichen Historiker, die die Jagd allein als Belustigung und Vergnügung des Adels sehen und sie damit jeder instrumentellen Kraft berauben. So war es die Jagdkultur, die in den Fokus der Betrachtungen trat, der nur oberflächliche Charakter der Jagd und nicht die ihr inhärenten Potenziale, die im Zuge der Adelsherrschaften umfänglich ausgeschöpft wurden. Mit dem Niedergang der die Gesellschaft verwaltenden Aristokratie ging dann das geschichtswissenschaftliche Interesse an der Jagd nahezu vollkommen verloren und reduzierte sich auf ein rein antiquarisches Niveau. Der Jäger heute ist nach zeitgemäßen Betrachtungen und im Lichte der obigen Interpretationen entweder Triebtäter oder Lustmörder[130] oder eine unsägliche Verbindung aus beidem. Dabei traten die tat-

---

den Anfängen bis zur Gegenwart in Dokumenten. Zwar ist die Ideologie des Dritten Reiches nicht ursächlich für Überlegungen der Auslese unter den Lebewesen, der nationalsozialistischen Denkweise ist dies jedoch sehr entgegen gekommen. Die Erhöhung der Germanen als Vorfahren der Deutschen wurde auf alle möglichen Arten versucht. Eine davon war die Glorifizierung der Bezwinger Roms durch ihren Freiheitsdrang, ihre Naturwüchsigkeit und die Reinheit ihres Blutes und ihrer Sitten. Die Jagd, so die Autoren im Vorwort, sei insofern auch eine Herzensangelegenheit des deutschen Volkes.

128 Vgl. dazu auch exemplarisch bei Monika E. Reiterer, Ärgernis Jagd?, S. 15-26ff.

129 Vgl. dazu das gleichnamige Buch „Modernität und Barbarei", herausgegeben von Max Miller und Hans-Georg Soeffner.

130 Gerade die Jagdgegnerschaft macht sich das „Lust-Moment" der Jagd zum Argument gegen diese in ihrer Gesamtheit. Vgl. dazu die Broschüre „Der Lusttöter", Herausgegeben von German Murer im Verlag Das Brennglas 2002. Walter Henkels weiß von einem Fernsehauftritt

sächlichen Potenziale der Jagd erst mit ihrer Entbehrlichkeit für die Subsistenzwirtschaft, mit dem Fortschritt der Zivilisation des Menschen, in vollem Umfange zutage. Auch heute ist ihre Funktion diametral zu jener originären Funktion, die vor dem Hintergrund vollkommen veränderter Räume, immenser struktureller, kultureller und psychischer Veränderungen analysiert werden muss. Während also die Jagd eo ipso als das Strukturmerkmal der menschlichen Vergesellschaftung und der Herrschaft des Mannes über die Frau lange Zeit mit größter Sorgfalt gepflegt wurde, übersah man die ihr tatsächlich inhärenten herrschaftspolitischen Anlagen und Möglichkeiten, die dann im Mittelalter und stärker noch in der frühen Neuzeit zur Formung und Erhaltung politischer Gemeinwesen instrumentalisiert werden konnten. So fand gerade zwischen dem frühen Mittelalter und der Neuzeit ein Paradigmenwechsel innerhalb der Jagdfunktionalisierung statt, innerhalb dieser Arbeit dargestellt am Beispiel Karls des Großen einerseits und den Territorialherrschaften andererseits, der den Umbruch von der in altiranischen und germanischen Wurzeln[131] beheimateten Legitimation eines Herrschers mit Hilfe der Jagd zur politischen Praxis des Fürsten, losgelöst von jedweder Fürstenspiegeltradition, beschreibt. Umso erstaunlicher ist die historische Ignoranz dieses Umbruches, weil es gerade Machiavelli war, der die Jagd als wesentlichen Bestandteil der politischen Praxis eines Herrschers (vertikaler Raum und vertikale Ebene der Jagd = aristokratische Struktur) zu Beginn des 16. Jahrhunderts bezeichnete. Diese Formulierung ist zweifach interessant. Zum einen beschreibt Machiavelli die Jagd in seinem Il Principe für den Alleinherrscher, während er sie in seinen Discorsi lediglich für den Feldherrn als bedeutend erachtet[132]. Zum anderen findet man historisch jenen Bruch zwischen Alleinherrschaften und Freistaaten auch in der Funktionalisierung von Jagd. Während die Jagd erstmalig bei Kaiser Hadrian eine gewisse öffentlichkeitswirksame Rolle zu spielen begonnen hatte, war sie in der römischen Republik in einem öffentlich-politischen Sinne vollkommen irrelevant. Die Tatsache aber, dass Machiavelli bei allen seinen Absichten auf die Stabilität eines einmal errichteten politischen Gemeinwesens bedacht war, sollte doch so manchen Jagdhistoriker stutzig gemacht haben[133]. Diese Wirkung blieb jedoch aus. Die Gegenüberstellung

---

des Wiener Verhaltensforschers Otto Koenig Anfang der 1970er Jahre zu berichten, dass jener den Jägern Faschistoides nachsagte, da sie das Wildtier gewissermaßen auf der Flucht erschießen. Daneben attestierte er dem Jäger mangelnde Potenz und erblickte im Gewehr ein Phallussymbol. Die Quelle dafür, eine Amerikanerin, die den Jägern Impotenz unterstellte, bekam massenhaft Zuschriften von mehr als tausend Jägern: „bitte schön, man möchte es ihr zeigen, und wann es sein könne". Vgl. dazu Walter Henkels, Jagd ist Jagd und Schnaps ist Schnaps, S. 13-15.

[131] Zu den altiranischen Fürstenidealen und der Rolle der Jagd als ein Bestandteil von ihnen, siehe bei Wolfgang Knauth, Das altiranische Fürstenideal von Xenophon bis Ferdousi, S. 112ff. Weitere Ausführungen dazu auch in Kapitel 6 der vorliegenden Arbeit.

[132] Vgl. dazu bei Niccolò Machiavelli, Der Fürst, Kapitel XIV, S. 60 und in seinen Discorsi, III. Buch, S. 390f.

[133] Auf der anderen Seite ist für Machiavelli bezeichnend, dass er Jahrhunderte lang falsch verstanden, oder, wie dies Herfried Münkler in seinem Werk „Machiavelli" treffend beschreibt, falsch schematisiert wurde. Insofern relativiert sich die Verwunderung über die Ignoranz gegenüber seinen Anmerkungen zur Jagd etwas. Vgl. dazu die Ausführungen bei Herfried Münkler, Machiavelli, S. 12f. Ohnehin muss man die jagdhistorische Wissenschaft als eher re-

der hadrianischen contra der karolingischen Jagd in Kapitel 6 wird diesen Zusammenhang noch deutlicher vor Augen führen müssen. Die Jagd der Pharaonen, der Könige und Kaiser und letztlich des mittelalterlichen Adels wurde zum Inbegriff des sich nur einem Herrscher geziemenden Vergnügens. Es wurden die zivilisatorischen Schritte oder besser Rückschritte, die kulturellen und politischen Unterschiede, insbesondere aber auch die damit unabdingbar zusammenhängenden veränderten Raummerkmale, die zwischen den pharaonischen Reichen und den mittelalterlichen Feudalstaaten zu liegen kamen, nicht berücksichtigt. Die Tatsache, dass es sich bei den altorientalischen und antiken Hochkulturen um eben solche, nämlich hoch entwickelte und bereits deutlich differenzierte Kulturen handelte, wurde im Vergleich zur mittelalterlichen Jagd in der feudalen Gesellschaftsordnung missachtet. Darüber hinaus scheinen auch die bildlichen Jagddarstellungen der Pharaonen oder Assyrer nur allzu vorschnell als reale Abbilder der Jagd verstanden worden zu sein. Das es hier auch andere Ansätze gibt, die ihre Wurzel gar in vorneolithischen Zeiten haben, bleibt noch aufzuzeigen. Die Kultur des Abendlandes hat sich im Vergleich zu den genannten orientalischen Beispielen nahezu anderthalb Jahrtausende im Kreis gedreht. Da die bildlich überlieferte Tötung eines Löwen[134] oder eines anderen großen Raubtieres offensichtlich Ruhm und Ansehen bereits bei den Pharaonen und den assyrischen Königen mehrte, musste dies bei den aristokratischen Jägern nach dem Willen der Jagdhistoriker auch so gewesen sein. Inwiefern dieser Kontext bisweilen zu beurteilen ist, wird an späterer Stelle noch näher dargestellt werden. Vielmehr als die reale Jagdausübung war es nach den noch ausführlich zur Anschauung kommenden Erkenntnissen das Symbol (die symbolische Jagdhandlung), welches den Herrscher des Altertums erhöhte bzw. die Ordnung innerhalb der mythischen Weltvorstellung wiederherstellte. Auffallend ist, dass selbst jene Jagdhandlung, ob real oder symbolisch, nicht in allen Kulturkreisen und in derselben Epoche in jener Intensität zu finden ist. Als bestes Beispiel können hier die Römer gelten. Weshalb ausgerechnet die „Herren der Welt“ der realen Jagd kaum eine Bedeutung zugemessen haben - mit Ausnahme der Löwenjagdsymbolik der römischen Jagdsarkophage - wird im Rahmen der vorliegenden Arbeit leider nicht erschöpfend genug analysiert werden können. Dennoch wird an entsprechender Stelle darauf noch zurückzukommen sein. Es stellt ja in der Tat eine analytische Herausforderung dar, die Antwort auf diese Frage wenigstens zu umreißen, wie das in Kapitel 6 unter hadrianischen Jagdbeispielen geschehen wird. In der Politik, den üblichen politischen Mitteln und der politischen Grundstruktur eines Gemeinwesens liegt ein bedeutender Teil der Antwort darauf verborgen. Im Übrigen gilt dieser Satz auch in Gänze für die gesamte Jagdgeschichte, wie noch im Rahmen dieser Arbeit aufgezeigt werden wird. Gesellschaft und Jagd waren und sind zu keinem Zeitpunkt zu trennen. Beide üben

---

aktionär bezeichnen. Neue Denkansätze und die Akzeptanz neuer Wege ist nicht die Stärke der wissenschaftlichen Nische „Jagdgeschichte“.

[134] Dass die Tötung eines Löwen außerordentliche symbolische Bedeutung hatte, ist unter anderem im Physiologus nachzulesen. In der Antike galt die Tötung eines Löwen als die Überwindung des Todes, im Christentum wurde er mit der Auferstehung in Zusammenhang gebracht, im Mittelalter galten menschenverschlingende Löwen als Symbole für unheilvolle Mächte, etc. Vgl. dazu Otto Seel, Physiologus, S. 5ff und bei Udo Becker, Lexikon der Symbole, S. 174f.

wechselseitig die vielfältigsten Wirkungen aufeinander aus. So komme ich zur Grundthese der vorliegenden Arbeit, die der Bedeutung und Instrumentalisierung der Jagd strukturelle, kulturelle, psychische und physische Determinanten der jeweiligen Gesellschaftsordnung als ausschlaggebend und strukturierend nachweisen möchte. Die Stufe und Art der Vergesellschaftung des Homo s. sapiens und seines politischen Systems, seiner sozialen und ökonomischen Strukturen, haben einen weitaus signifikanteren Einfluss auf die Jagdgeschichte, auf die Definition der Jagdfunktion, als dies bisher im Rahmen der Literatur beachtet wurde. Die Geschichte der Jagd ist eine Geschichte des Raumes, des Zugriffes auf ihn, der Herrschaft über ihn, seiner Veränderungen und seiner Bedeutung innerhalb der Vergesellschaftungsgeschichte. Aus diesem Grunde wird es notwendig, einen Bogen von der Antike bis zur mitteleuropäischen Industrienation zu ziehen, wobei der Schwerpunkt auf der realen Jagd[135] und damit in etwa ab den merowingischen und karolingischen Jagdgepflogenheiten zu liegen kommen wird. Allerdings wird auch der Symbolik der Jagd ein eigenes Kapitel zu widmen sein, da auch in ihr räumliche Determinanten und raumpolitisches Denken nachweisbar sind. Was bildlich zum Ausdruck gelangte, muss auch auf die Realität gewisse Rückwirkungen hinterlassen haben. Die Jagd ist nur dann zu erklären und zu verstehen und letztlich wissenschaftlich fassbar, wenn man sie innerhalb der jeweiligen Verfassung der Gesellschaftsordnungen analysiert. In der Praxis der Jagd, der Verfolgung und Tötung eines wildlebenden Tieres, so Ortega y Gasset[136] in seinen „Meditationen", hat sich signifikant über die Jahrhunderte nicht sehr viel verändert. Es mag Entwicklungen im Bereich der Waffentechnik gegeben haben, die den Spieß und die Armbrust durch die Feuerwaffen ersetzten, auch gab es Unterschiede innerhalb der Ritualformen und innerhalb der ethischen und moralischen Einstellungen zum Tier. Man darf jedoch nicht dem Fehler verfallen und ethische, moralische und technische Veränderungen als wesentlich in Bezug auf die Geschichte und damit auf die Funktionalisierungen der Jagd betrachten - sie sind bei einer Beurteilung der Jagd entlang des Zivilisationsprozesses nur peripher von Bedeutung. Wesentlich bleiben allein die Grundlage der Jagd und damit die Frage nach dem Warum, nach ihrer Rolle, ihrer Funktion, die sie unabhängig ihrer bloßen Werkzeuge ausfüllen konnte und kann. Und hier hat Ortega y Gasset viel zu kurz gedacht, denn ich meine, dass es historisch gerade die Formen der Jagd, die Ausgestaltungen ihrer Praxis waren, die Rückschlüsse auf die mit der Jagd verbundenen Absichten und damit im Analogieschluss auf ihre Funktion ziehen lassen. Neuzeitliche Jagdformen wie die der Parforcejagd, der Überlandjagden und der Eingestellten Jagden, aber auch der Gnadenjagden, sind ausdrücklich ein Weiser für die spezifische Funktion der Jagd innerhalb eines Gemeinwesens zu einem bestimmten historischen Zeitpunkt, im Rahmen einer bestimmten gesellschaftlichen Konstellation. Auch die symbolischen Inhalte der Jagd sollen hier an entsprechender Stelle in die Argumentation eingereiht werden, ebenso die Jagd- und Tierparke (Jagdbrühle)

---

135 Weshalb gerade die frühmittelalterliche Jagd mit dem Attribut „real" bezeichnet wird, werde ich noch ausführlich darstellen. Gerade die antike Jagd war häufig symbolischer Natur, wie dies auch Hartwig Altenmüller in seinem Werk „Jagd im Alten Ägypten" zum Ausdruck bringt.

136 Vgl. dazu bei Ortega y Gasset, Meditationen über die Jagd, S. 27.

der Merowinger und Karolinger sowie deren epischen Jagddarstellungen als mediale Übermittlung der charakterlichen Größe und herrschaftspolitischen Legitimation des Herrschers[137]. Auch die aktuellen Formen der Jagdpraxis, insbesondere aber diejenigen auf die Schalenwildarten wie Hirsch, Reh und Sau[138] mit vielen Jägern und möglichst vielen Hunden, sind in ihrer Art und in ihrem Umfang und damit schlichtweg in ihrer Zielsetzung dazu geeignet, die mit ihnen verbundenen Absichten kenntlich zu machen. Heute zählen, wie in der vergangenen Epoche der bäuerlichen Jagd, wieder hohe Strecken an Schalenwild, da jene im Zuge des naturnahen Waldbaus zunächst auf ein niedriges Maß abgesenkt werden müssen. Erst in ein oder zwei Generationen, wenn das Modell zur großflächigen Realität geworden sein wird, wird man von dieser Praxis wiederum etwas absehen können, da mehr Wild in diesen großflächig naturgewachsenen Biotopen dem forstlichen Betriebsziel und den ökologischen Notwendigkeiten nicht mehr zwangsläufig entgegenstehen wird[139]. Die Praxis der Jagd ist insofern historisch betrachtet jeweils mehr als nur eine Momentaufnahme, die sich nicht nur mit politischen, sondern auch räumlichen (räumlich im Sinne von geographisch als auch sozial) Veränderungen stetig wandelt. Deshalb ist es gerade der Wandel, der epochenspezifische Unterschied, der ein Verständnis für die Wechselwirkungen zwischen Gesellschaft und Jagdfunktion ermöglicht. Mit der Praxis wandeln sich im Fahrwasser dieser Logik konsequenterweise auch die Konflikte rund um die Jagd. Gerade die gegenkulturellen Bestrebungen unter der landesherrlichen Regalität der Jagd können hierfür beredter Zeuge sein, aber auch die heutigen Proteste der Jägerschaft gegen eine anstehende Novellierung des Bundesjagdgesetzes sind hierunter zu subsumieren. Herrschaftliche Absichten müssen somit eine andere Praxis kreieren als ökonomische und diese wiederum andere als rein ökologische oder als motivische Mischformen[140]. Somit ist es schlichtweg der Stand der Zivilisation, der über die Funktion der Jagd, ihre Praxisformen, über die durch sie zu erreichenden Ziele, aber auch ihre Konflikte, entscheidet. Dass es ausdrücklich nicht die Technik der Jagd (Jagdwaffen, nicht Jagdtechnik im Sinne von Jagdpraxis), die ethischen und moralischen

---

137 Hier ist insbesondere an das Karlsepos „Karolus magnus et Leo papa“ zu denken, daneben auch an das Ludwigsepos des Ermoldus Nigellus. Auf die Bedeutung der beiden Epen im Rahmen der Analyse der Jagdfunktionen im frühen Mittelalter wird noch ausführlich in Kapitel 6 der vorliegenden Arbeit zurückzukommen sein.

138 Unter Schalenwild subsumiert man diejenigen Säugetierarten, die dem Jagdrecht unterliegen und den Paarhufern (Artiodactyla) zuzurechnen sind. Dies können die Hirschartigen (z. B. Dam-, Reh-, Rot,- Sikawild) und die Rinderartigen (Gams-, Stein-, Muffelwild) sowie als Nichtwiederkäuer das Wildschwein sein. Als Schalen bezeichnet man die Hufe oder Klauen der Paarhufer.

139 Zur Planung und Durchführung effizienter Stöberjagden (groß angelegte Jagd mit Treibern, Hunden und einer großen Zahl von Schützen, die hauptsächlich die Wildwechsel besetzen) siehe auch einen Artikel von Hans Stark, Erfahrungen und Auswertungen bei Stöberjagden. Der Autor bezieht sich auf die Datengrundlage, die in den Jahren 1999/2000 und 2000/2001 in einem bayerischen Forstamt bei insgesamt 10 Gesellschaftsjagden auf Schalenwild und Füchse gewonnen wurde.

140 Als eine solche Mischform wird wohl das Jagdmotiv auf Schalenwild im Staatswald zu bezeichnen sein. Ökonomische und ökologische Motive finden hier eine Vermengung. Der Begriff des „Wildtiermanagements“ ist deshalb nicht verkehrt und gewinnt in forstlichen, administrativen und naturschützerischen Kreisen immer mehr Anhänger.

Einstellungen zum Tier sind, welche als allein bestimmende Faktoren für die Funktion und die Praxis der Jagd herangezogen werden können, lässt sich durch folgendes Beispiel und unter Berücksichtigung der oben genannten Bezüge verdeutlichen: In der Gegenwart der Industrienation Deutschland müssten wir die Jagd auf bestimmte Wildtiere (Schalenwildarten) auch dann praktizieren - vorausgesetzt alle anderen Rahmenbedingungen unserer Zivilisation wären so, wie sie sind -, wenn wir noch mit Pfeil und Bogen anstatt mit modernen Waffen ausgerüstet wären[141]. Die Gründe dafür liegen auf der Hand. Die Jagd ist in den meisten Fällen - insbesondere epochenbezogen - lediglich das vordergründige Phänomen oder das Instrument um etwas Verborgenes zu erreichen. Im Mittelalter waren dies deutlich herrschaftspolitische Ziele. Als die Jagd bürgerlich wurde, waren dies überwiegend distinktive Motive, während es in der Gegenwart der Bundesrepublik Deutschland ökologische und ökonomische Ziele sind. Herrschaftspolitische als auch ökologische Ziele sind jedoch im Gegensatz zu den distinktiven Motiven gesamtgesellschaftlich relevant; sie strahlen in den Bereich des alltäglichen Lebens ein, während die Jagd als lediglich soziale Distinktion nur geringe Ausstrahlungen hat. Dies setzt jedoch voraus, dass die Rahmenbedingungen ähnlich denen der Jahre um die beginnende Industrialisierung herum sind, da ansonsten auch die distinktive Jagdausübung zu einem gesellschaftlichen Problem werden kann, wie es seit den 1970er Jahren ja auch der Fall ist. Die Jagd als distinktive Handlung wird immer dann zu einem Problem, wenn sie effektive Bejagungsmethoden nach den Anforderungen von Zeit und Raum erschwert oder gar verhindert. Somit sind die mit der Jagd verbundenen Absichten, die jagdliche Form (Jagdpraxis) und deren Wirkungen die wesentlichen Unterscheidungskriterien im Verlaufe der Epochen. Innerhalb der vorliegenden Arbeit interessieren also allein jene sich wandelnden epochenspezifischen Ziele, ihr Hintergrund, deren Verständnis gleichsam das Verständnis von Jagd und ihrer Funktionalisierung nicht nur in der modernen Gesellschaft beinhaltet. Dasselbe gilt weitgehend uneingeschränkt für die Entwicklung des geregelten Wald- und Forstwesens, welches erst im Zuge der erstarken-

[141] Die Alternative wäre, den Wildtieren über Fütterungsbeigaben oder mittels Injektion so genannte Ovulationshemmer zu verabreichen, um die Population auf einem möglichst geringen Niveau zu halten. Aber: Ovulationshemmer würden den Status „wild" in jedem Falle aufheben und frei lebende Wildtiere den Nutztieren gleichstellen. Ein diskutierter möglicher Einsatzbereich ist das Schwarzwild, dessen offensive Populationsentwicklung der letzten Jahre über das Instrument der jagdlichen Regulation nicht gestoppt werden konnte. Vgl. dazu einen Artikel von Malte Dörter, Bittere Pille?, in: Deutsche Jagdzeitung, Nr. 05, Mai 2003, S. 3. Der Autor bezieht sich hier auf eine Aussage von Prof. Dr. Klaus Pohlmeyer, Leiter des Instituts für Wildtierforschung an der Tierärztlichen Hochschule Hannover. Die Pille, so Dr. Pohlmeyer „wäre fertig und könne jederzeit eingesetzt werden". Um das Risiko der Schweinepestfälle zu reduzieren, wäre ein massiver Eingriff in die Population der Wildschweine notwendig. Da die Jagd hier offensichtlich aus verschiedenen Gründen überfordert ist, bleibt der Einsatz des Ovulationshemmers ein adäquates Mittel. Auch hier sind es die Rahmenbedingungen der Agrar- und Industrienation Deutschland, die jene Mittel erforderlich machen könnten. Sollte jedoch der Einsatz eines Tages Realität werden, so wüsste ich kein Argument, welches die Wissenschaft davon abhalten sollte, Ovulationshemmer auch bei anderem Schalenwild anzuwenden, sodass letztlich eine Bejagung tatsächlich obsolet werden könnte.

den Adelsherrschaften[142] auf dem Boden des Deutschen Reiches seine Förderer gefunden hatte und herrschaftlich, nicht nur im Rahmen des Landausbaus, instrumentalisiert werden konnte. Es deutet sich in diesem Kontext die Bedeutsamkeit des Raumes, seiner Veränderung und seiner Verfügung in seinen Auswirkungen auf die Jagd bereits an. Es wurde zunehmend der Raum, der in den Mittelpunkt der Betrachtungen um die Jagd rückte - übrigens bis heute[143]. Alle mit der Jagd historisch verfolgten Ziele waren und sind „Raumziele". Die einen waren politisch motiviert (Sicherung des Territoriums, Vergrößerung des Herrschaftsbereichs, innere und äußere Stabilität und Kontinuität, Reproduktion von Ordnungsvorstellungen), die anderen sozial (bürgerliche Distinktion), dann ökonomisch (Bauernjagd) und später ökologisch bzw. ein Konglomerat aus den beiden letztgenannten. Dabei unterlagen und unterliegen diese Raumziele von Grund auf unintendierten Zwängen, die durch die strukturelle, kulturelle, psychische und physische Struktur der Zivilisation determiniert werden. Nur der Stand der Zivilisation bestimmt über die Art des Zwanges und über das Raumziel und damit auch über die Funktion der Jagd. In der Literatur wurde dies bisher leider kaum entsprechend gewürdigt. Dieser Hiatus ist im Rahmen der vorliegenden Arbeit unter der Zuhilfenahme von historischen Rückgriffen und Analysen zu schließen. Für die Zeiten nach dem Untergang Roms und der endgültigen Grablegung des Altertums blieb das naheliegende lange Zeit unausgesprochen. Die Jagd der Herrscher - und nur die der Herrscher - wurde ein wesentlicher Bestandteil herrschaftspolitischen Handelns und ist aus der Praxis der Herrschaft bis zu einem gewissen Punkt in der politischen Geschichte des Ersten Deutschen Reiches nicht mehr wegzudenken. Das Motiv für die Jagd, so wird zu zeigen sein, war in den überwiegenden Fällen nicht die genetische Prädisposition, nicht das Vergnügen, nicht die Zerstreuung und auch nicht die Kraft und Magie des Symbols, wie es (teilweise) noch in der Antike der Fall war, sondern die Raum(be)handlung, die Beherrschung des politischen und ökonomischen Einflussbereiches, seiner Bewohner und seines Raumes. Die Symbolträchtigkeit der Jagd, ihr „Erinnerungswert", kam dem Herrscher dabei nur allzu oft zugute. Die herrschaftliche Jagdhandlung war real, wenngleich durch sie sowohl reale als auch symbolische Herrschaft über die Untertanen ausgeübt werden konnte. Ohnehin ist eine eindeutige Trennung zwischen Symbol und Realität nicht immer möglich, die Übergänge fließend. Die Abweichung von Romeins all-

---

142 Es war letztendlich die aristokratische Gesellschaftsform, die der Jagd und dem Waldwesen eine neue Richtung, neuen Sinn und Bedeutung gab. Die Eigendynamik des ehemaligen Verwaltungsapparates Karls des Großen - des Dienstadels - hat die Gesellschaft auf Jahrhunderte strukturiert, Themen gefördert, gebremst, entschieden und somit auch der Jagd einen Platz als Bestandteil jener sozialen Praxis zugeteilt, die der Aristokratie lange Zeit vorbehalten war: die Herrschaft, die politische, kulturelle und soziale Führung, die Gestaltung der Kunst, des Musikgeschmacks, etc. Vgl. bei Joseph Morsel, Jagd und Raum - Überlegungen über den sozialen Sinn der Jagdpraxis am Beispiel des spätmittelalterlichen Franken, in: Werner Rösener (Hrsg.), Jagd und höfische Kultur im Mittelalter, S. 250ff.

143 Die Jagdgeschichte ist ohne die Berücksichtigung der Wald- und Forstgeschichte, die als wissenschaftlichen Gegenstand den Rahmen der Jagdhandlungen definieren, unvollständig und nicht erklärbar.

gemeinem menschlichen Muster[144], die Webersche Entzauberung der Welt, führte zu einer Schwächung des religiösen Glaubens, zu einer Hinterfragung des weltlichen Herrschaftsanspruches, und mündete nicht zuletzt auch aus diesem Grunde in die neue Form der aggressiven Raumbeherrschung und Raumbesetzung, wie man sie aus den Jahrhunderten des Feudalismus kennt. Der Untertan glaubte nicht mehr einspruchslos an die Gottgefälligkeit seiner Unterdrücker. Das Resultat daraus - insbesondere die ländlichen Reaktionen - war der Beginn der Revolution, der durchdringende Gedanke an sie, bis sie sich endlich 1789 in Frankreich, dann später, wenn auch abgeschwächt, 1848/49 in Deutschland ihren Weg bahnte. Sowohl die Ereignisse der Bauernaufstände in Süddeutschland mit ihrem Höhepunkt 1525 als auch die Ereignisse in Frankreich 1789 waren keine plötzlich hereinbrechenden Reaktionen, sie hatten sich lange vorbereitet und hatten ihren Grund in „den Verhältnissen des gemeinen Mannes und in der Zeit"[145].

2.1.3 Die Imagination von Jagd

Im Rahmen dieses Kapitels ist zunächst zu untersuchen, welchen Weg die Jagd im Verlauf der Evolution und des beginnenden Zivilisationsprozesses, der ökonomischen, kulturellen und sozialen Entwicklung nahm und wie dieser von den Wissenschaften aufgenommen wurde. Auf diese Weise gelangt man zum Kern dessen, was ich als „Imagination von Jagd"[146] bezeichnen möchte, dem also, was die Jagd zu so hoher - wenn auch misslicher - Bedeutung in Anthropologie und Philosophie aufsteigen ließ. Die zugegebenermaßen auch heute noch teilweise im Verborgenen liegende Rolle der Jagd innerhalb der Evolution zum Homo s. sapiens hat ihre Geschichte und ihren Charakter offensichtlich stärker beeinflusst als es die Jagd in den Zeiten der Geschichtsschreibung vermochte (mit Ausnahme der jagdlichen Symbolik in den alten Reichen der Ägypter, Mesopotamier, etc.). Das im Dunkeln liegende Vorgeschichtliche beeinflusste die Jagd augenscheinlich stärker als ihre offenkundigen historischen Aspekte, insbesondere jene des Mittelalters und des landesherrlichen Feudalismus. Die frühesten Formen der Jagd sollten roh und brutal sein und gleichzeitig den Menschen als Gattung ermöglicht haben. Die Jagd in den Zeiten des Mittelalters und der frühen Neuzeit dagegen wurde und wird verklärt, sie wird romantisch-entrückt, vergnüglich und erinnerungsspezifisch gesehen und nicht selten ganz im Sinne einer Reminiszenz an die Heroen des klassischen Altertums betrachtet. Zumindest in Bezug auf den letzten Punkt ist der

---

144 Vgl. dazu einen Artikel von Jan Romein mit dem Titel: Die europäische Geschichte als Abweichung vom allgemeinen menschlichen Muster, zitiert nach Hans van der Loo und Willem van Reijen, Modernisierung - Projekt und Paradox, S. 58.

145 Wilhelm Zimmermann, Der große deutsche Bauernkrieg, S. 9ff.

146 Unter der Imagination von Jagd kann man all diejenigen Implikationen subsumieren, auf die die Jagd regelmäßig zurückgeworfen wird. Im Grunde sind dies auch heute noch die Inhalte des Jagdmythos. Hier stellt man sich die Jagd als die älteste Tätigkeit der Welt vor, als Motor der Evolution, vgl. dazu die Arbeiten von Sigrid Schwenk, Von der hohen Kunst zu jagen. Jagdmethoden im 18. Jahrhundert, in: Die *Jägerey* im 18. Jahrhundert, Colloquium der Arbeitsstelle 18. Jahrhundert. Weiterhin Sigrid Schwenk, Jagd: Überlebensstrategie - höfische Lustbarkeit - verantwortungsbewusste Gestaltung der Umwelt, in: Rundgespräche der Kommission für Ökologie, Bayerische Akademie der Wissenschaften (Hrsg.), Band 25, Über die Jagd - Kulturelle Aspekte und aktuelle Funktionen.

Historiographie wenigstens partiell Recht zu geben, allerdings hat sie hier auch nur teilweise den wahren Zusammenhang zwischen der heroischen Jagd des Altertums und den mittelalterlichen Gepflogenheiten erkannt. Dort, wo die Menschen Lebensformen mit tief greifenden Strukturen hervorbrachten, wo sie Raum und Zeit begannen zu beherrschen, ausgerechnet dort sollte die Jagd weitgehend funktionsleer und nur der Vergnügungssucht der Herren gedient haben. In vielen Fällen mochten Romantik, Vergnügung und Zeitvertreib tatsächlich ein Motiv gewesen sein, typisch für die Geschichte der Jagd, insbesondere im Hinblick auf ihre Instrumentalisierung, waren jene Charaktere jedoch zu keinem Zeitpunkt. Auch heute sieht man allerorts in den Jagddiskussionen diese offensichtliche Kluft zwischen romantischer Jagdauffassung einerseits und modernen Forderungen an eine dienstleisterische Jagd andererseits[147]. Die zahlreichen Textstellen in karolingischen Quellen, die den König auf der Jagd erwähnen, sind nicht immer als das zu bezeichnen, was sie zu sein scheinen (Vergnügung, Zeitvertreib, ein „praeludium belli", etc.). Art und Umfang der Verbreitung von Informationen im frühen Mittelalter dürfen nicht unterschätzt werden. Nichts geschah ohne Sinn und Zweck. Jede Öffentlichmachung, jede Form der Außendarstellung, ist im Zusammenhang mit der Legitimation von Herrschaft zu betrachten[148]. So ist die Frage zu klären, welche Faktoren der Jagd letztlich zum Mythos gereichten. Es war nicht der Tötungsakt[149] allein, der diese Mythologisierung vorantrieb, vielmehr war es die Vorstellung einer scheinbar mit der Jagd zusammenhängenden oder von ihr zumindest geförderten Intellektualisierung der frühen Hominiden. Diese Intellektualisierung soll ihren Ausdruck in der Fähigkeit zum Werkzeuggebrauch, der zielgerichteten Planung und dem raumgreifenden Durchstreifen einer unberührten und den Hominiden gegenüber indifferent erscheinenden Natur gefunden haben, weiterhin in der Überlistung des Tieres und nicht zuletzt in der mit der Jagd in Verbindung gebrachten Rollenverteilung innerhalb der Geschlechter, letztendlich der Unterdrückung der Frau durch den Mann und der Generierung des Raubes und des Krieges als übergeordnete Wirtschaftsformen. Übersah man auch lange Zeit innerhalb der Evolution den

---

[147] Die romantischen Argumente des Reviergangs als das Eintauchen in eine andere Welt, in der die Gesetze der realen Lebenswelt außer Kraft sind, können in vielen jagdlichen Publikationen kumuliert betrachtet werden. Das Bild des Jägers entspricht nach wie vor oftmals diesem Typus des Romantikers, der sich in eine andere Welt begibt.

[148] Öffentlichkeit und Öffentlichmachung waren im frühen Mittelalter nicht zu unterschätzende Bestandteile der politischen Kommunikation und damit der Herrschaftslegitimation. Zum Stellenwert der Öffentlichmachung im Mittelalter vgl. auch bei Gerd Althoff, Spielregeln der Politik im Mittelalter, an verschiedenen Stellen.

[149] Das Töten blieb ohnehin – übrigens bis heute – in Jägerkreisen ein beinahe tabuisiertes Thema. Der Jäger jagt nicht um des Tötens Willen, der Tod ist lediglich das unausweichliche Resultat am Ende eines erfolgreichen Jagdtages. Über ihn spricht man aber nicht, vielmehr über das Erlebte und die Emotionen, die Eindrücke und die Trophäe. Hans Müller, Warum jagen wir heute noch? in: Ökojagd, Juli 1998, S. 17f, geht hier noch einen Schritt weiter. Er unterstellt der überwiegenden Mehrheit der Jäger, dass das Töten als eher unangenehm empfunden wird und aus diesem Grunde als Jagdmotiv denkbar ungeeignet erscheint. Dagegen seien gewisse „Teilaspekte" der Jagd als Handlung, wie das Beobachten, das Auflauern und Nachstellen, das Überlisten und „Haben", die Freude an der eigenen Geschicklichkeit, das Naturerlebnis, die Zugehörigkeit zu einer verschworenen Gemeinschaft, etc., bedeutendere Motive der Jäger. Vgl. dazu auch bei Klaus Maylein, Jagd und Jäger in der modernen Gesellschaft, S. 76.

Stellenwert von Präadaptionen für das Überleben einer Art, so meinte man bei der Jagd eine solche gefunden zu haben und hielt lange an ihr fest. Damit ist im Wesentlichen auch schon der Mythos der Jagd umrissen. Die Jagd sollte der Motor der Evolution und damit auch der späteren Zivilisation sein; der denkende, sprachbegabte und brutale[150] Mensch ihr Produkt. Mit diesem Wissen fällt es dem außenstehenden Beobachter deutscher Jagdsitten und Jagddiskussionen leichter, das Chaos zu entwirren, zumindest sieht er sich in die Lage versetzt, so manchen Argumentationsstrang pro traditionale Jagd besser einordnen zu können. Der traditionale Jäger bewegt sich insofern in einer Art ständiger Reminiszenz sowohl prähistorischer als auch antiker Jagd, letztlich auch jener der eigenen Großväter, die eine gänzlich andere Form der Jagd praktizieren konnten. Heute dagegen wird in den industrialisierten mitteleuropäischen Ländern an die Jagd eine vollkommen andere Forderung erhoben, die mit dem Konsensmodell naturnaher Mischwaldbau in engem Zusammenhang steht. Dass die jagdliche Erinnerungskultur jedoch noch viel weiter in der Historie der Menschen zurückgeht, wird in einem späteren Kapitel noch ausführlich erläutert werden.

Auch die Ereignisse zwischen 1934 und 1945 sind für das jagdliche Selbstverständnis der deutschen Jäger im 21. Jahrhundert noch immer von großer Bedeutung. Die Reflexionen auf das Vergangene sind tatsächlich wesentliche Bestandteile bundesdeutscher Jagdkultur, wie das bereits in einer früheren Arbeit dargelegt werden konnte[151]. Dabei ist der tatsächliche Zusammenhang zwischen Evolution und Jagd sowie derjenige zwischen den Prozessen der Modernisierung (als auch Industrialisierung) und Jagd weitgehend in den Hintergrund getreten. Der eine Prozess (Evolution) wurde überhöht und überstrapaziert, der andere schlichtweg negiert. Es bleibt also zu zeigen, dass sich die „Imagination von Jagd" bis heute nur unwesentlich verändert hat. Was sich jedoch wesentlich verändert hat, war und ist die tief greifende Instrumentalisierung der Jagd, die über die ursprüngliche Jagdhandlung im Sinne von Subsistenzwirtschaft weit hinausführt. Auch die Formen und die realen Auswirkungen der Erinnerung an die Jagd(bildnisse)[152] vergangener

---

150 Die Brutalität des modernen Menschen hat einige Anthropologen dazu veranlasst, die Ursache für sie in den Urzeiten der Evolution zu suchen. Neben der Jagd des „Mörderaffen" rückt auch das von einigen Forschern vermutete Steinewerfen bereits der Australopithecinen in den Mittelpunkt der Betrachtungen, wie an späterer Stelle noch kurz erläutert werden wird. Vgl. zur Bedeutung des Steinewerfens auch einen Artikel von Axel Tillemans, Erste Menschen: Aus Steinewerfern wurden Werkzeugmacher, in: bild der wissenschaft - online, unter der URL: http://www.wissenschaft.de/sixcms/detail.php?id=125177, vom 25.06.2002. Auch der Kannibalismus, die Anthropophagie, fasziniert die Forscher nach wie vor bei der Suche nach scheinbar angeborenen Aggressionen.

151 Vgl. dazu bei Klaus Maylein, Jagd und Jäger in der modernen Gesellschaft, an verschiedenen Stellen.

152 Die Erinnerung von Jagd und Jäger bezieht sich offenbar nicht immer auf die reale Jagdhandlung, auf ihre unumstößliche historische Faktizität, da allein der Mangel an hinreichender Quellenliteratur auch Abbildungen von Jagd und Jäger oder generell Darstellungen unter Zuhilfenahme jagdlicher Stilmittel den Betrachter dazu verleitet haben, hierin reale Jagdhandlungen zu vermuten. So wurden auch die römischen Jagdsarkophage lange Zeit als Beweis für eine rege Jagdtätigkeit der Römer auf wehrhaftes Wild interpretiert. Die moderne Wissenschaft betrachtet dies mittlerweile differenzierter. Vgl. dazu bei Bernard Andreae, Die römischen Jagdsarkophage, S. 135ff.

Epochen wurden einem Wandel unterworfen. Jener setzte jedoch bestimmte gesellschaftliche Strukturen und Konstellationen voraus, wie sie zum Ende des frühen Mittelalters allmählich auf deutschem Boden gegeben waren. Seit jener Zeit findet Jagd allein unter den Vorzeichen der Zivilisation und ihrer Bedingungen statt – ihrer Romantisierung hat dies allerdings keinen Abbruch getan. Diese Kluft ist ein Paradoxon der Jagd bis heute. Auch die mit Hilfe der Jagd unterdrückten Schichten haben der Romantisierung selbst keinen Riegel vorgeschoben. Das Bürger- und Bauerntum drängte nach 1848/49 geradezu in die Jagd. Auch der Wilderer, das Urgestein aller romantischen Verklärungen auf dem Gebiet der Jagd, war schon zu allen Zeiten der Jagdeinschränkungen ein Volksheld und blieb es bis weit in das 20. Jahrhundert hinein[153]. Um diesen Weg der ausführlichen Darlegung der gesellschaftlichen Einflüsse auf Jagd und Jäger nun begehbar zu machen, ist es zunächst notwendig, einerseits die Irrungen und Wirrungen der tatsächlichen Rolle der Jagd und andererseits der Imagination dessen, welche Rolle die Jagd innerhalb der Evolution gespielt haben sollte, aufzuzeigen. Auf diesem Wege muss es möglich sein, der Jagdhypothese einen Spiegel vorzuhalten und eine von der Fiktion abgewandte Rekonstruktion der Jagd im Rahmen der Menschwerdung zu erhalten, ihr zumindest aber näher zu kommen. Ist dies gelungen, so ist der Grundstein für eine rationale Auseinandersetzung mit dem Thema Jagd und Jäger gelegt und der Blick auf die gesamtgesellschaftlichen Faktoren weitgehend frei. Die Jagdhypothese, die nach wie vor in der Öffentlichkeit sich sehr hartnäckig haltende Imagination von Jagd, ist insofern ein Trugschluss, ein potemkinsches Dorf, an das sich die (insbesondere jagenden) Menschen in ihren Vorstellungen bis heute noch klammern. Sie ist beliebtes Thema in der traditionalen Fachpresse und bildet hier zumeist den Versuch einer romantischen Reminiszenz an vergangene Tage, jenseits der liberalen Demokratie der Nachkriegszeit. Die Jagdhypothese wird daneben regelmäßig bis heute in den Diskussionen und Publikationen vorgeschoben, um eine vermeintliche Erklärung für jagdliches Tun zu finden. In Försterkreisen dagegen wird man diesen Erklärungsversuch nur selten finden, da hier der Werkinstinkt den Verstand leitet und nicht die bürgerliche „Sinnlosigkeit“[154]. In Bezug auf die Wirkungen der liberalen Demokratie auf Jagd und Jäger wurde lange über eine publik gewordene Auffassung von Ulrich Scherping debattiert, die Herbert Selle noch einmal zusammengefasst hat. Scherping hatte nach dem Ende des Zweiten Weltkrieges und dem Inkrafttreten des Bundesjagdgesetzes 1953 die Auffassung vertreten, dass die Demokratie einer umfassenden jagdlichen Hege und jagdlichen Organisation aufgrund ihrer Liberalität unweigerlich im Wege stünde. Selle dazu: „Nach seiner Auslegung ist eines der Merkmale der Demokratie die Partnerschaft. Kann sie aber einem Partner gegenüber angewandt werden, der – wie das Tier – stumm ist und sich mit dem Wort weder verständlich machen noch rechtfertigen kann?“ Deshalb, so meinte er, „versagen die hier sonst so bewährten demokratischen Methoden und Mittel und sollten durch eine mehr aristokratisch bestimmte Ordnung ersetzt wer-

153 Vgl. dazu die Werke von Roland Girtler, Wilderer – Rebellen in den Bergen und Herbert Wotte, Jagd im Zwielicht.

154 Was genau unter diesem Begriffspaar (Sinnlosigkeit – Werkinstinkt) zu verstehen ist, wird in Kapitel 9 noch ausführlich dargestellt werden. Vgl. auch bei Thorstein Veblen, Theorie der feinen Leute, S. 248ff.

den. Die Erfahrung spricht für ihn; denn was unter dem Reichsjagdgesetz für die stumme Kreatur an Hege und Pflege geschehen ist, und wie unnachsichtig und ohne Ansehen der Person Vergehen gegen die Gesetzesvorschriften und Missachtung der waidmännischen, d. h. menschlichen Grundauffassungen geahndet worden sind, wird für alle Zeiten nachahmenswertes Vorbild bleiben."[155] Ein weiteres „demokratiefeindliches" Zitat, welches jedoch mehr auf die bürgerlichen und damit postrevolutionären Distinktionsversuche unter Zuhilfenahme der Jagd hindeutet, stammt von Carl Rehfuss (bekannt unter dem Pseudonym „Oberländer): „(...) wie zum Kriegführen, so gehört auch zum Jagen Geld, Geld und noch einmal Geld! Wer die Jagd mit Leib und Seele betreiben und nicht als Sonntags- oder Donnerstagsjäger bei schönem Wetter die Flinte spazieren tragen will, der bedarf unbeschränkter Zeit und eines genügenden Vorrates an Kleingeld; denn jede Ausgabe erzeugt auf diesem Gebiete die Notwendigkeit einer anderen, und wer erst einmal A und B gesagt hat, dem geht häufig beim Z der Atem aus"[156]. Man sieht, auch hier ist eine bestimmte Imagination von Jagd allgegenwärtig.

2.2 Ein Mythos entsteht - Argumente und Gegenargumente

„Im Anbeginn war die Jagd. Jagen und gejagt werden ist unabänderliches Gesetz der Natur, ist Lebenstrieb, Kampf um die Erhaltung nach dem Gesetz der Auslese, dem alles Lebende unterworfen ist. Auch am Anfang der menschlichen Entwicklung steht die Jagd: sie brachte die Nahrung, stählte den Körper, schulte den Geist und schuf so die Grundlage einer höheren Kulturstufe. Die Jagd stellte den Kräftigsten und Fähigsten heraus: wer sich als großer Jäger bewährte, war ein guter Krieger und zur Führung berufen. Dieser Grundsatz - heute noch bei allen Naturvölkern gültig - blieb auch nach dem Aufstieg zu höherer Kultur lange noch in den Menschen lebendig: ein großer Herrscher musste auch ein großer Jäger sein. So sind vom Anbeginn Jagd und Herrschertum eng verknüpft"[157].

Oder:

„Jagd ist eine Nutzung, welche tief in unserem evolutiven Erbe verwurzelt ist, denn bereits unsere noch deutlich affenartigen Vorfahren gingen auf die Jagd, so wie es auch heute unsere nächsten Verwandten, die Schimpansen, tun. Die Schimpansen veranstalten regelrecht organisierte Treibjagden, um ihren Speisezettel mit tierischem Eiweiß bereichern zu können. Anthropologen sehen gerade in dieser organisierten Jagdausübung mit der Notwendigkeit, effektiv untereinander zu kommunizieren, den Beginn der Sprachentwicklung des Menschen"[158].

---

155 Vgl. dazu die Ausführungen von Herbert Selle, Seine letzten Jahre in Bonn, in: Deutscher Jagdschutzverband e.V. (Hrsg.), Ulrich Scherping und ein halbes Jahrhundert Deutscher Jagdgeschichte, S. 88f. Das Werk ist ein Nachruf auf den früheren Reichsjägermeister Ulrich Scherping, dessen Einfluss auf die Jagd in der Bundesrepublik Deutschland als erheblich bezeichnet werden muss.

156 Vgl. dieses Zitat bei Carl Rehfuss (Oberländer), Der Lehrprinz, Ein Führer für angehende Jäger, S. 14.

157 Zitiert nach M. Marx-Kruse und E. von Campe, Chronik der deutschen Jagd, S. 1

158 Dieses Zitat stammt von der Homepage der Kreisjägervereinigung Ravensburg, Stand vom 01.01.2005, nachzulesen unter der URL: http://www.jaeger-rv.de/uberuns.htm. Darüber hin-

Auch die prominenten Worte des Reichsjägermeisters Hermann Göring im Gründungsdekret zur Einrichtung des Institutes für Jagdkunde der Universität Göttingen 1936, die mit den Worten „Um das deutsche Wild aufzuarten..." begannen und mit den Worten „...um den triebhaften Neigungen des wehrhaften deutschen Mannes Folge zu leisten..." endeten[159], sollten den Zeitgenossen als auch der Nachwelt die genetische Verankerung des Jagdtriebes bei uns Menschen (und hier nur bei den männlichen Exemplaren, Anm. d. V.) verdeutlichen. Jagdwissenschaftlern und Wildbiologen ist selbst noch heute diese Ansicht nicht fremd[160].

2.2.1 Einleitende Bemerkungen

Bei der Durchsicht populärer als auch wissenschaftlicher Arbeiten, deren Untersuchungsgegenstand die Gewichtung der Jagd innerhalb der Evolution, der frühen Jäger-Sammlersozietäten vorneolithischer Zeit, den späteren Ackerbauern und Viehzüchtern darstellt, bzw. die Rolle, die ihr innerhalb des Patriarchats, des Kriegswesens, von Herrschern, Monarchen und Staatsmännern bis in das 20. Jahrhundert hinein zugedacht wird, bleibt die anscheinend naturgewollte Verbindung von Evolution, Krieg und Jagd nachdrücklich im Gedächtnis des Lesers haften. Der Grund dafür liegt in dem sich hartnäckig haltenden Irrtum verborgen, dass die Jagd der Motor der menschlichen Entwicklung und nicht ihr späteres Produkt sei. Evolutionsbiologische Ansätze lassen heute die evolutive Bedeutung der Jagd weit in den Hintergrund treten. Stattdessen richtet sich das Augenmerk der Forschung zusehends auf die bereits schon sehr frühe Instrumentalisierung der Jagd auf der magisch-religiösen Ebene. Da Magie und Animismus dort, wo Menschen aufeinander trafen und sich zu vergesellschaften begannen, eine rückblickend nicht wegzudenkende Grundlage jener Prozesse bildeten, nahm auch hier die In-Dienst-Stellung der Jagd für jenseits ihrer eigentlichen Funktion zu liegen kommenden Ziele ihren Ausgangspunkt. Die wilden Tiere und die Jagd auf sie wurden von bloßer Subsistenz zu einem Fixpunkt von Magie und Religion. Erst wesentlich später wurde sie dann im Zuge des Prozesses der Zivilisierung auch für herrschaftspolitische Zwecke unentbehrlich. Dabei half ihr die jahrtausendealte Rekurrierung auf mythische und magische Fixpunkte, die – oft entgegen ihrem Sinn – als reale Jagdhandlungen der Herrscher missverstanden oder falsch interpretiert wurden. In den mittelalterlichen und feudalistischen Rahmen der Vergesellschaftung

aus sind heute noch viele Anthropologen/Paläontologen der Meinung, dass die Jagd tatsächlich die Entwicklung der Sprache geradezu gefordert hätte. Dass dies mit biologischen Argumenten zu entkräften ist, wird an anderer Stelle noch thematisiert. Vgl. auch einen Artikel im National Geographic, Jürgen Nakott, Das Rätsel von Bilzingsleben, S. 145f, Ausgabe Mai 2000, in dem der Autor die Erkenntnisse des Paläontologen Dietrich Mania (Jena) niederschreibt. Auch der Jenaer Forscher ist davon überzeugt, dass die Wurzel der Sprache in der Jagd auf wilde Tiere zu liegen kommt. Weiter zu den Forschungsergebnissen von Dietrich Mania auch in einem neueren Artikel des Spiegel, Matthias Schulz, Die Spur des Jägers, Ausgabe Nr. 06/2004, S. 140-153.

159 Siehe dieses Zitat bei Andreas Gautschi, Der Reichsjägermeister, im Vorwort von Antal Festetics, dem Direktor des Instituts für Wildbiologie und Jagdkunde der Universität Göttingen, S. 8.

160 Vgl. z. B. bei Dietrich Stahl, Wild – Lebendige Umwelt, S. 11; bei Dietrich Stahl und Hans Bibelriether, Jagd in Deutschland, S. 7-8; bei Heribert Kalchreuther, Jäger und Wildtier, S. 1.

passte jene Interpretation jedoch wesentlich besser, wie noch in weiteren Kapiteln ausführlich darzustellen sein wird. Herrschertum und Jagd waren zwar nicht von Anfang an miteinander verknüpft. Jedoch bleibt aufzuzeigen, dass es die schon immer vorhandene Grundstruktur der Jagd im Rahmen des feudalistischen Systems ermöglichte, nun einer vollkommen neuen und über die Jahrhunderte hinweg kontinuierlichen Funktionalisierung unterworfen zu werden. Verständlich und nachvollziehbar wird diese Entwicklung allein über die Analyse der Vergesellschaftung und der Konstitution von Raum, die beide innerhalb der vorliegenden Arbeit einen bestimmenden Platz einnehmen werden. Die Jagdgeschichte ist weit mehr eine Geschichte der Funktionalisierung *von* als eine Geschichte *des* eigentlichen Rohproduktes Jagd. Die Analyse jener Funktionalisierung ist eine Analyse der Gesellschaftsordnungen. Insofern hat sich seit der Antike nicht sehr viel verändert, denn für die Existenz des Menschen spielte die Jagd vor dreitausend Jahren eine ähnlich geringe Rolle wie es in der modernen Gesellschaft des 21. Jahrhunderts der Fall ist. Was sich aber geändert hat, sind die Funktionen der Jagd, ihre In-Dienst-Stellung zugunsten der jeweiligen epochenspezifischen Gesellschaftsordnung.

Wie sehr die Wissenschaften zeitweilig von der Jagd des Menschen voreingenommen waren, lässt sich anhand der noch relativ jungen Anthropologie und der Paläoanthropologie belegen. Die Jagd stand demnach an der Wiege der Menschheit. Dabei ist man sich bereits über die Kategorie der Hominiden bis dato nicht einig. Ob nun bereits die Australopithecinen echte Hominiden waren oder aber erst die späteren Formen, ist oftmals Streitpunkt in der wissenschaftlichen Diskussion. Selbst den Homo erectus betrachten manche Wissenschaftler im Rahmen dieser Diskussionen lediglich als einen späten Affen[161]. Diesen speziellen Streitpunkt zu klären ist aber für die vorliegende Arbeit keinesfalls notwendig und aufgrund der fremden Fachspezifika für den Verfasser auch nicht möglich. Festzustellen bleibt jedoch, dass die Unsicherheiten auf dem Gebiet der Evolution nicht auf die Frage nach dem aufrechten Gang, der Ernährungsweise oder der Lebensweise beschränkt bleiben, sondern es aufgrund der verwirrenden Definitionsgrenzen und der oftmals außer Acht gelassenen evolutionsbiologischen Kausalitäten zu einem schier undurchdringlichen Konglomerat an vermeintlichen Entwicklungslinien und deren Analysen kam[162]. Die Geschichte des Menschen ist in der Tat ein Rätsel. Und die Jagd, so schien man lange Zeit zu glauben, konnte nun endlich der Schlüssel zu jenem Rätsel sein. Und in der Tat bleibt trotz aller Skepsis die Einsicht erhalten, dass die Jagd in keinster Weise aus der Evolution und dem Leben des modernen Menschen weggedacht werden kann. Sie ist ein wesentlicher Bestandteil

---

[161] Vgl. dazu Jürgen Nakott, Das Rätsel von Bilzingsleben, S. 146, in: National Geographic, Ausgabe Deutschland, Mai 2000. Da der Homo erectus als die direkte Vorform des Neandertalers gilt, ist sein Verschwinden innerhalb der Evolution gerade einmal auf ca. 200.000 Jahre zu beziffern. Ihn in diesem Rahmen noch als Affen zu bezeichnen, ist mit einiger Sicherheit sehr weit hergeholt.

[162] Vgl. dazu auch einen Artikel von Jürgen Nakott, Menschen wie wir, S. 31f, in: National Geographic, Ausgabe Deutschland, Dezember 2002. Der Stammbaum der Menschen wird derzeit überarbeitet. Die Arten Homo erectus und Homo heidelbergensis fallen demnach aus unserem Stammbaum heraus, da sie eher dem Ehrgeiz der Forscher entsprangen, anstatt als wirkliche Unterart Bestand zu haben.

seines Lebens, nicht jedoch im Sinne einer Triebfeder der Evolution, geschweige denn der Zivilisation. Jagd, so soll hier keinesfalls bestritten werden, war auch innerhalb der Menschwerdung ein Teil des alltäglichen Überlebensstrebens, zumindest bei den Neandertalern und dem Homo s. sapiens. Sie kann jedoch aus verschiedenen Gründen nicht als ein Motor der Evolution sowie der späteren Zivilisation gelten. Einzig die Möglichkeiten ihrer Funktionalisierung stiegen mit fortschreitendem Prozess der Zivilisation an. Mit ihrer originären Aufgabenstellung, der Subsistenz, stand die Jagd von da an jedoch in keinerlei Zusammenhang mehr.

2.2.2 Fragen- und Problemstellung

Um die Jagd einer aktuelleren und wohl auch zwangsläufig rationaleren Beurteilung zuzuführen, ist es unabdingbar, die Interpretationen ihrer Verortung innerhalb der Evolution aufzuzeigen, um an ihnen jeweils alternative Erklärungsansätze zu erproben. Das heißt, dass die brennenden Fragen innerhalb der Evolution unter Exklusion der Jagd beantwortet werden können müssen. Ist dies möglich, so kann die Rolle der Jagd innerhalb der Evolution als in Frage gestellt betrachtet und ihre Relevanz ab einem bestimmten Punkt der Menschwerdung relativiert werden. Erreicht werden kann dieses Vorhaben nur unter den Vorzeichen einer biologischlogischen Erklärung der Evolution unter Ausschluss der Kategorie Jagd. Insbesondere für das weitere Vorgehen innerhalb dieser Arbeit können sich aus diesem Vorgehen wichtige Schlüsse ziehen lassen. Sie können eine Erklärung für die Beibehaltung der Kategorie Jagd lange nach der Sesshaftwerdung und der wirtschaftlichen Freistellung des Menschen von einer gewissen Jagdnotwendigkeit bieten, da von der Jagd nur deshalb im historischen Kontext nicht gelassen wurde, weil sie offensichtlich eine epochenspezifische und funktionale Leistung erbringen konnte und nach wie vor erbringt. Aus diesem Grunde ist es von großer Bedeutung, das evolutive Moment aus der Jagddiskussion zu entfernen und somit den Blick auf ihre Funktion, ihre Rolle im nun historischen Kontext freizulegen. Zu den im Mittelpunkt der Betrachtung stehenden Fragen gehört mit einiger Sicherheit jene, die sich mit der Problematik der Abspaltung der Hominiden von den Primaten befasst und der Beantwortung der Frage nachgeht, weshalb jene den Weg aus dem Wald in die Savanne oder Steppe antraten. Weiterhin sind die Fragen nach der Bipedie der Hominiden im Gegensatz zur Quadrupedie der Primaten, die Entwicklung der Sprache und der Geschlechterrollen beziehungsweise des damit zusammenhängenden obstetrischen Dilemmas zu stellen und schlussendlich ist die These zu widerlegen, dass die Jagd in irgendeiner Weise die Aggression und Destruktivität des modernen Menschen zu erklären in der Lage sei. Vor dem Hintergrund der ersten Hälfte des 20. Jahrhunderts und ihrer beiden großen Weltkriege war man sich innerhalb der Naturwissenschaften und teilweise auch in der Psychologie sicher, dass es die Jagd gewesen sein musste, die innerhalb der Evolution der Hominiden den Grundstein für die offenkundigen Aggressionen des Menschen legte. Es war der händeringende Versuch einer Erklärungsfindung einerseits und einer Entschuldigung andererseits, die die beiden Weltkriege in einer dem Menschen angeborenen Aggression zu suchen bereit war. Wir Menschen, so das Resultat, könnten nicht anders, da wir bereits das Töten von Tieren und unserer eigenen Art in uns tragen[163]. Allerdings gibt es für die - scheinbar angeborene - Aggressivität und Destruktivität des Menschen auch andere Erklärungsversuche. Einen sehr interessanten, jedoch nicht weniger obskuren Versuch die Jagd als Herd menschlicher Aggression zu verorten, möchte ich kurz skizzieren. Gero von Randow macht den ersten Steinwurf eines Hominiden dafür verantwortlich und zeigt den Weg von ihm bis zur Nuklearwaffe und zum Killersatelliten moderner Staaten auf. Sein Artikel stützt sich dabei auf die Theorie des texanischen Historikers und Geographen Alfred W. Crosby, der die Evolution des Menschen auf seine Fähigkeit des Werfens zurückführt. Laut Crosby fing es mit Steinen an, Speere und Schleudern folgten, am Ende standen die Schusswaffe, die Entwicklung großer Kanonen, Raketen und die alles vernichtende Atombombe. Für ihn ist es klar, dass der Mensch die Erde durch seine im Werfen verankerte Lust zu schießen unbewohnbar machen und fortan allein in Raumschiffen weiter existieren können wird[164]. Eine interessante Theorie, ein wenig obskur, sehr spekulativ, und nach meiner Einschätzung mit einiger Sicherheit an den wesentlichen Bedingungen der Evolution genauso vorbeigedacht wie dies mit der Jagd geschehen ist. Die Suche nach den verborgenen Gründen der Aggressivität und Destruktivität der Menschen hat nicht nur bei der Jagd und dem Steinewerfen halt gemacht, sondern wurde auch über die Anthropophagie versucht einer Erklärung zuzuführen. Der Kannibalismus hat die Menschen seit jeher fasziniert, das Aufbrechen von Knochen und Schädeln durch die Hominiden ist über einen sehr langen Zeitraum der menschlichen Evolution nachzuweisen. Dieses Phänomen des Knochenaufbrechens wurde bei den tierischen Leichen ebenso wie bei den arteigenen Leichen entdeckt. Dass die Körper und das Fleisch dagegen gegessen wurden, ist nicht nachzuweisen[165], im Falle der tierischen

---

163 Zum Teil ist der Hypothese eine gewisse Richtigkeit nicht abzusprechen. Wir Menschen tragen offensichtlich sehr wohl das Töten der eigenen Art in uns. Allerdings betrifft dies die Reproduktionsstrategien von Männern und Frauen, welche mit der Jagd in keinster Weise irgendetwas zu tun haben. Vgl. zur Kindstötung im Zuge von Reproduktionsstrategien bei Christian Vogel, Anthropologische Spuren, S. 111ff. Demnach scheint es in der Tat eine gewisse rationale Logik bezüglich des Tötens der eigenen Spezies zu geben. Frauen töten ihre Neugeborenen, wenn sie vom Kindsvater verlassen wurden, um ihre Reproduktionschancen zu steigern. Goethes Faust beinhaltet diese nur scheinbare Tragödie: das Gretchen tötet ihr uneheliches Kind, da sie mit ihm schlechte Heiratschancen und damit einen nur unterdurchschnittlichen Reproduktionswert besitzt. Die frühe Tötung des Kindes dient also unter anderem der Vermeidung von Fehlinvestitionen und beinhaltet die Steigerung des eigenen Reproduktionswertes. Vgl. dazu bei Christian Vogel, Anthropologische Spuren, S. 232ff und bei Johann Wolfgang Goethe, Faust I der Tragödie erster Teil, Reclam S. 132, wo Mephistopheles mit dem Satze schließt: Sie ist die erste nicht.

164 Vgl. dazu einen am 12. Mai 2002 in der Frankfurter Allgemeinen Sonntagszeitung veröffentlichten Aufsatz von Gero von Randow mit dem Titel „Werfen, schleudern, schießen: vom Steinwurf bis zum Killersatelliten, nachzulesen bei Bild der Wissenschaft online vom 15.05.2002 unter der URL: http://www.wissenschaft.de/sixcms/detail.php?id=122576.

165 Vgl. dazu einen Artikel von Ulrich Eberl „Kannibalismus - uraltes Erbe oder Mythos" in: Bild der Wissenschaft online unter der URL: http://www.wissenschaft.de/sixcms/detail.php?id=96670, vom 01.03.2000. Unter Bezug auf Archäologen wie Tim White schreibt er, dass die gefundenen Schnittstellen in einer Höhle von Moula-Guercy, die Brüche und Schlageinwirkungen an den Knochen von Hirsch und Mensch absolut identisch seien. Das fettreiche Knochenmark sei entfernt worden, ohne dass besondere Bestattungsmodalitäten für die Menschenknochen festzustellen seien. Umso verwunderlicher ist dies, als doch auch dem

Leichen jedoch plausibel genug, um nicht nur als Vermutung aufrechterhalten werden zu können. Wie dies bei den arteigenen Funden gehalten werden muss, ist dagegen sehr fraglich. Die Entfernung des Gehirnes deutet noch nicht zwingend auf den Verzehr hin und natürlich lässt dieser auch keine Schlüsse auf das dahinter liegende reale Motiv zu. Knochenmark und Gehirn musste eine sehr bedeutende Rolle zugekommen sein, da sich die Hominiden sonst wohl nicht die Mühe gemacht hätten, durch harte Knochenstrukturen an beides heranzukommen. Für den Verzehr des Knochenmarks und des Gehirns innerhalb der eigenen Art müssen wohl in stärkerem Maße magische Komponenten oder Rituale[166] in Betracht gezogen werden als die oftmals unterstellten Nahrungsengpässe, da es jene aller Wahrscheinlichkeit nach kaum gegeben haben wird. Die These von Marshall Sahlins, dass die steinzeitlichen Jäger und Sammler in einer ersten wahren Überflussgesellschaft gelebt haben dürften, ist heute in den Wissenschaften weit verbreitet[167]. Existenzbedrohende Nahrungsengpässe soll es während jener Zeiten, auch etwa des Neandertalers, kaum gegeben haben[168]. Ähnlich der Jagd ist man sich also auch innerhalb der Kannibalismus-Theorien sehr unschlüssig, insbesondere wenn es um die Differenzierung von profanem Kannibalismus aus Hunger oder Rachsucht und rituellem Kannibalismus geht[169]. Dies jedoch aufgrund der Knochenfunde auseinander halten zu wollen, ist schlichtweg unmöglich und wissenschaftlich zweifelhaft. Doch zurück zur Jagd. Sie wurde lange Zeit in Wissenschaft und Belletristik[170]

Neandertaler zwischenzeitlich ein Beerdigungsritual innerhalb der eigenen Spezies nachgewiesen werden konnte.

166 Vgl. dazu eine Ausführung von der Ethnologin Anna-Maria Brandstetter, zitiert bei Ulrich Eberl „Kannibalismus - uraltes Erbe oder Mythos?" in: Bild der Wissenschaft online unter der URL: http://www.wissenschaft.de/sixcms/detail.php?id=96670, vom 01.03.2000.

167 Vgl. dazu auch bei Uwe Wesel, Der Mythos vom Matriarchat, S. 79f, unter Bezug auf Marshall Sahlins. Jäger haben nicht viele Bedürfnisse. Deshalb leben sie in einem gewissen Reichtum. Auch die Vorratshaltung ist in jenen Zeiten nicht nachweisbar, was die These von Sahlin nur unterstützt. Nach seinen Worten hielten sie sie für überflüssig, auch wenn sie ihnen bereits technisch möglich war. Jäger- und Sammlergesellschaften müssen nicht an das Morgen, an die Zukunft denken, sie leben in den Tag hinein. Der Grund liegt im Lebenskampf verborgen, der bei den Jägern und Sammlern jedoch nur deshalb gering zeitaufwändig ist, weil wesentlich stärker gesammelt als gejagt wurde. Ackerbaubetreibende Gesellschaften dagegen müssen für ihr Überleben härter und zeitintensiver arbeiten. Vgl. dazu bei Uwe Wesel, Der Mythos vom Matriarchat, S. 79.

168 Allerdings gehen die beiden Archäologen und Urgeschichtler Ralf W. Schmitz und Jürgen Thissen, Neandertaler - die Geschichte geht weiter, S. 157ff, von einem weitaus härteren und von Mangel geprägten Leben aus als z. B. Marshall Sahlins.

169 Der profane Kannibalismus unterscheidet sich vom rituellen Kannibalismus am zuverlässigsten noch durch den Aspekt der Nahrung. So hat Irenäus Eibl-Eibesfeldt in seinem Werk „Krieg und Frieden aus der Sicht der Verhaltensforschung" den profanen Kannibalismus der Jalé im Westiran beschrieben: „Häufig tritt im Gefolge eines bewaffneten Konfliktes Kannibalismus auf. Die Motive dafür wechseln. Oft wird der Getötete als Nahrungsmittel betrachtet". Der tote Feind wird so verzehrt, „weil er gut schmecke, so gut wie Schweinefleisch, wenn nicht sogar besser". Vgl. dazu bei Irenäus Eibl-Eibesfeldt, Krieg und Frieden aus der Sicht der Verhaltensforschung, S. 215.

170 So z. B. auch bei William Golding, Lord Of The Flies, der in seinem Roman die Umkehrung der Zivilisation bei einer Horde englischer Schuljungen aufzeigt, die ohne Kontakt zur Außenwelt auf einer einsamen Insel stranden und beginnen über die Jagd nach Wildschweinen

für die Destruktivität der Menschen verantwortlich gemacht. Erst die Entwicklung in Wissenschaft und Technik seit etwa den 1970er Jahren erlaubt es dem Forscher ein wahrscheinlicheres Szenario zu entwerfen und argumentativ zu festigen. Die Wissenschaft vom Menschen und seiner Evolution wird jedoch mit dem Attribut des Wahrscheinlichen behaftet bleiben, da es schon schwierig genug ist, die historischen Zeiten zu rekonstruieren, geschweige denn die ahistorischen Jahrmillionen unserer Evolution. Darüber hinaus ist selbst das Vorhandensein schriftlicher Quellen kein Garant für die Darlegung der Fakten, keine Rückversicherung für geschichtliche Tatsachen. Gerade die Jagdgeschichte und die Vorstellung, dass der Mensch ein Raubtier durch und durch sei, sind beredte Zeugen für die offenkundigen Probleme der historischen und prähistorischen Forschung. Diese Vorstellung, unter anderem auch zurückzuführen auf den (von Charles Darwin so nicht propagierten) Darwinismus, impliziert eine geradlinige Entwicklung innerhalb der Evolution des Menschen, eine Aufstufung, die vom Affen zum modernen Homo s. sapiens verläuft und sich dabei gerne der Metapher des Mörderaffen bedient. Wie die Evolution des Menschen nach den neuesten Erkenntnissen zeigt, war es jedoch nicht immer das Überleben des physisch Stärkeren allein, insbesondere bei den Australopithecinen und auch bei den Neandertalern, die das Bestehen einer Art gewährleisten konnte. Innerartlich mag das zutreffend sein, nicht jedoch unter dem Druck verschiedenster Spezies, wie dies bei der Entwicklung der Säugetiere der Fall war. Die warmblütigen Säuger mussten in der Nacht eine Art Nischendasein fristen und den Tag den Riesenechsen überlassen[171]. Der Grund dafür liegt in der geregelten Körpertemperatur der kleinen Säuger verborgen, die ihnen die Aktivität in der kühlen Nacht erlaubte, während die kaltblütigen Echsen in einen Dämmerschlaf versanken. Hier war es also der reproduktive Erfolg der Gene, der sowohl zahlreiche Nachkommen zur Voraussetzung hatte und auch deren geringe Mortalität implizierte, Leistungsfähigkeit, Adaption, etc. beinhaltete. Das häufig zitierte „survival of the fittest"[172] bezog sich weniger auf so genannte Beschädigungskämpfe als vielmehr auf Zurückhaltung oder Komment[173] und somit auf Kooperation um

---

sich selbst gegenseitig zu jagen und zu töten. „Kill the beast! Cut his throat! Spill his blood!" wird zum Motto der Jungen.

171 Gerade die frühen Säugetiere, nach Josef H. Reichholf spitzmausähnliche, kleine Tiere, führten in den Jahrmillionen der Riesenechsen ein wahres Schattendasein. Ihr einziger Vorteil bestand in der geregelten Körpertemperatur, die sie im Gegensatz zu den Sauriern auch nachts aktiv sein ließ. Diese Fähigkeiten gereichten ihnen dann am Ende der Kreidezeit zum Vorteil. Vgl. dazu Josef H. Reichholf, Das Rätsel der Menschwerdung, S. 44ff.

172 Vgl. die Ausführungen bei Charles Darwin, Über die Entstehung der Arten durch natürliche Zuchtwahl oder die Erhaltung der begünstigten Rassen im Kampfe um´s Dasein, Drittes Capitel, Der Kampf um´s Dasein, S. 80ff.

173 Unter Kommentkampf versteht man in der Wildbiologie eine angeborene und nach genauen oder festen Regeln ablaufende, gegen Artgenossen gerichtete Kampfweise. Das BLV Jagdlexikon schreibt dazu: „Insbesondere bei Wildarten mit gefährlichen Waffen haben sich ein spezieller Austragungsmodus und Hemmmechanismen ausgebildet, die das Töten des Gegners weitgehend verhindern. Oft wird der Kampf zu einem Turnierkampf umgewandelt (...)". Ähnlich dem Turnier im Mittelalter, welches ja auch nicht primär auf Tötung des Gegners ausgerichtet war, sondern den Besten zum Sieger küren sollte, lautet das langfristige Resultat daraus Kooperation. Auch die im Turnier unterlegenen Ritter trainierten mehr und häufiger,

das beste Ergebnis der Gesamtfitnessmaximierung zu erhalten[174]. Was für die Kleinsäuger galt, galt wohl auch für die Australopithecinen, den Homo erectus und den Neandertaler, der wahrscheinlich nicht durch den modernen Menschen ausgerottet wurde, sondern wohl aufgrund fehlender Präadaption und möglicherweise der Abdrängung durch den Homo s. sapiens in den klimatischen Veränderungen der Nacheiszeit sein Ende fand. Konkurrenz bedeutet also nicht zwingend, dass der Stärkere den Schwächeren mit brutaler Gewalt verdrängt, sondern dass sich die Art behauptet, die eine optimale Nutzung des Lebensraumes betreibt. Bisher sah man aber gerade in der Jagd alle Voraussetzungen gegeben, die der älteren darwinistischen Theorie die Mittel in die Hand zu geben schien. Das Leben, die Evolution, ist nach diesen Vorstellungen ein steter Kampf ums Dasein. Dieser Kampf wurde nicht auf dem vergleichsweise subtilen Felde der Biologie und der Genetik ausgetragen, sondern nach den Darwinisten durch rohe Gewalt bereits der frühen Menschen gegen sich und gegen die Tiere überlagert. Von Aggressionen, Gewalt, Jagd und Krieg waren die hominiden Vorfahren im Gesichtsfeld der Evolution jedoch noch weit entfernt - mit einer Ausnahme, allerdings nur was die Jagd anbelangt: dem Neandertaler. Allerdings wird auch hier zunehmend relativiert und das Bild des Großwildjägers à la Hemingway abgeschwächt. Die Anthropologin Olga Soffer vertritt dabei die Meinung, dass letztlich z. B. nur sehr wenige Exemplare des Mammuts tatsächlich aktiv erlegt werden konnten. Vielmehr habe man die meisten nur ausgeschlachtet, nachdem sie einen natürlichen Tod gestorben waren[175]. Und gerade im Verlaufe der relativ schnellen Erderwärmung am Ende der letzten Eiszeit müssen viele von ihnen einen natürlichen Tod gestorben sein. Der Krieg dagegen, der ebenfalls zur Erklärung für den Untergang der Neandertaler herangezogen wurde, blieb allein der späteren Zivilisation, das heißt dem modernen Menschen der postneolithischen Zeit vorbehalten.

2.2.3 Zivilisation contra Evolution

Aufgrund der zumeist umgangssprachlichen Verwendung des Begriffs der Zivilisation[176] bleibt eine Bestimmung im Rahmen der vorliegenden Arbeit unerlässlich. So wird die Jagd in der Literatur sowohl für die Zivilisation als auch für die Evolution prinzipiell verantwortlich gemacht. Beides sind jedoch Prozesse, die aus wesentlichen Gründen eine signifikante Differenz aufweisen. Zum einen liegen die beiden großen Entwicklungslinien zeitlich etwa 15 bis 18 Millionen Jahre auseinander. Darüber hinaus beziehen sie sich zum anderen innerartlich auf höchst unterschiedliche und tatsächlich in keiner engen Verwandtschaft zueinander stehenden Hominidenarten. Innerhalb der Evolution wird der Terminus Zivilisierung nicht verwendet. Da hilft es auch nichts, dass der Neandertaler, bereits das Feuer be-

---

um sich messen zu können. Im Kriegsfall war dies für alle von Vorteil, da die „Gesamtfitness" maximiert wurde.

174 Vgl. dazu auch die Ausführungen zur Evolution bei Hartmut Esser, Soziologie, S. 195ff.

175 Vgl. dazu Rick Gore, Leute wie wir, in: National Geographic, Juli 2000, S. 130f unter Bezug auf die Anthropologin Olga Soffer.

176 Norbert Elias hat sich einer umfassenden Definition von Zivilisation gestellt, die hier nicht in der von ihm angedachten Weise berücksichtigt werden kann. Weshalb dies so ist, wird noch aufgezeigt werden.

herrschte, Werkzeuge herstellte und über eine zwar sprachlose, aber möglicherweise gutturale Verständigungsmöglichkeit verfügte. Zivilisation ist allein dem modernen Menschen vorbehalten, der Ackerbau und Viehzucht betrieb, Städte und Siedlungen gründete, Führerschaft und Krieg kannte, Räume strukturierte und reproduzierte. Während der erste bekannte Vorläufer des Menschen, der Ramapithecus, etwa 15 bis 18 Millionen Jahre alt[177] ist, bringt es der moderne Mensch lediglich auf ein Alter von ca. 140.000 Jahre. Davon befindet er sich gerade einmal rund 40.000 Jahre[178] in Europa. Diese Abstände führen einem die Dimensionen, die zwischen der Evolution hin zum Homo s. sapiens und der Zivilisation des Homo s. sapiens liegen, deutlich vor Augen. Und diese Dimensionen werden, wenn auch in Anbetracht der Spanne nur unwesentlich, noch einmal ausgeweitet, da man unter dem Beginn der Zivilisation zumindest die Zähmung der Natur durch Ackerbau und die Domestizierung der Tiere durch Viehzucht subsumiert. So stehen 18 Millionen Jahren Evolution etwa 130.000 Jahre eines Zwischenstadiums, in dem sich der moderne Mensch morphologisch nicht mehr veränderte, und lediglich ca. 8.000 bis 10.000 Jahre exploitativer und stetig fortschreitender Zivilisation gegenüber. Insofern ist es in der Tat notwendig, auf beide Prozesse (Evolution – Zivilisation) getrennt einzugehen, um die tatsächlichen Kausalitäten in analytischer Weise herausstellen zu können. In Anbetracht der genannten Dimensionen gibt es keine andere Möglichkeit als jeweils der Gegenwart der evolutions- oder zivilisationsabhängigen Epoche den stärksten Einfluss auf die Jagd zuzusprechen. Was im 21. Jahrhundert auf Jagd und Jäger wirkt, kann unmöglich auf Jagd und Jäger des Pliozäns oder des Pleistozäns angewendet werden sowie umgekehrt. Vermeintliche Aspekte eines Urinstinktes bleiben, ungeachtet der bisher ausgebliebenen Beweisführung seiner Faktizität, im Hinblick auf die Jagd in der modernen Gesellschaft vollkommen irrelevant. Hier verhindert schlichtweg der zurückgelegte Weg innerhalb des Zivilisationsprozesses, dass jene Kategorien in irgendeiner Weise auf die Tätigkeit der Jagd Einfluss nehmen könnten. Eine Legitimationsfrage, die sich im Verlaufe des Zivilisationsprozesses über andere Fragen hinweg geschoben hat, kann nicht durch vermeintlich rudimentäre Instinkte oder Triebe einer Beantwortung zugeführt werden. Genauso wenig können die strukturellen, kulturellen, physischen und psychischen Bedingungen des Mittelalters oder der frühen Neuzeit zur Definition

[177] Vgl. bei Hartmut Esser, Soziologie, S. 213f.

[178] Gemäß der so genannten „Out-of-Africa-2-Hypothese" ist der moderne Mensch etwa vor 40.000 bis 50.000 Jahren aus Afrika in Europa eingewandert. Neuere Untersuchungen haben jedoch gezeigt, dass bereits vor 40.000 Jahren offensichtlich moderne Menschen bis in den Polarkreis des Uralgebirges vordrangen. Wäre dem so, so ist zu vermuten, dass der moderne Mensch schon früher aus Afrika in die gemäßigten Breiten Europas vorgedrungen war. Diese Überlegungen stammen von John Inge Svendsen von der Universität Bergen, veröffentlicht im Fachmagazin Nature. Axel Tillemans hat darüber in Bild der Wissenschaft online unter der URL: http://www.wissenschaft.de/sixcms/detail.php?id=101356 vom 06.09.2001 berichtet. Neuere Untersuchungen belegen, dass das älteste bisher gefundene Skelett (oder Teile davon) eines modernen Menschen gerade einmal 38.000 Jahre alt ist. Darüber hinaus gibt es auch in Europa Funde von Neandertalerresten, die ihrerseits lediglich 32.000 Jahre alt sind. Vgl. dazu bei Ralf W. Schmitz und Jürgen Thissen, Neandertal – Die Geschichte geht weiter, S. 210ff. Die vorgefundenen Knochen am Polarkreis müssen also einer anderen Art zuzurechnen sein, oder es wurden bisher die ältesten Reste des modernen Menschen im gemäßigten Europa nur noch nicht gefunden.

dessen, was Jagd in der modernen Gesellschaft der Gegenwart impliziert, herangezogen werden. Umgekehrt ist es aber möglich nach diesem Verfahren jeweils festzulegen, was Jagd in der modernen Gesellschaft auf keinen Fall ist[179]. In der offensichtlichen Nichtbeachtung jener einfachen Regel, die es verbietet die Anforderungen der vergangenen Epochen, ja selbst der vergangenen letzten 50 Jahre auf die Jagd der Gegenwart zu übertragen[180], liegen sehr viele Missverständnisse verborgen, die heute in der modernen Gesellschaft der Bundesrepublik Deutschland zwischen Jäger und Nichtjäger, zwischen Jagd und Naturschutz zu beobachten sind. Hier liegen die großen Konfliktfelder der jagdlichen Nutzung verborgen, die nur durch die Beachtung und Umsetzung naturwissenschaftlicher Ergebnisse allmählich gemildert werden können. Dennoch scheinen die Konflikte momentan eher zu- als abzunehmen. Die Diskussionen rund um die Jagd in den Naturschutzgebieten, um die Eingrenzung jagdbaren Wildes allgemein, um die zunehmende Vorrangstellung forstlicher und ökologischer (was nicht immer dasselbe ist) Ziele gegenüber der Jagd, selbst die Diskussionen über das Waffenrecht und die Aufbewahrung von Waffen[181] gehören in jenes weite Rund. Zusätzlichen Konfliktstoff bringen die Diskussionen über die Novellierung des Bundesjagdgesetzes, die durch die rot-grüne Koalition vorangetrieben wurden[182].

2.2.4 Jagd - mehr als nur Kultur

Dass es eine Verbindung zwischen Herrschertum und Jagd historisch betrachtet über einen sehr langen Zeitraum gegeben hat, wird noch näher beleuchtet werden. Allerdings musste bereits im ausgehenden Mittelalter nicht mehr unbedingt der Herrscher selbst ein eifriger Jäger sein. Der Herrscher musste vielmehr darauf bedacht sein die Jagd in seiner Hand zu haben, sie zu kontrollieren, zu organisieren, zu verwalten, um so über entsprechende Einrichtungen die Untertanen einerseits von der aktiven Jagdhandlung ausschließen und andererseits über Frondiens-

---

179 Die Erstellung einer Negativliste bleibt für den Soziologen aufgrund der komplexen Materie zunächst der einfachere Weg. Dazu werden an geeigneter Stelle noch nähere Aussagen getroffen werden.

180 Weshalb dies tatsächlich so ist, wird noch an anderer Stelle ausführlich diskutiert. Tatsache ist, dass seit Beginn der Zivilisation - wenn auch mit einigen Unterbrechungen - so doch tendenziell die Lebensraumgestaltung des Menschen stetig akzellerierend verläuft. Überdeutlich wird dies bei der Analyse der letzten 100 Jahre, insbesondere aber bei der Betrachtung der Nachkriegszeit und deren technischen und industriellen Fortschritte.

181 Spätestens seit Erfurt (Amoklauf eines Schülers, der Schusswaffen mit in das Gutenberg-Gymnasium in Erfurt nahm, sich selbst und einige Lehrer tötete) im Frühjahr 2002 weht den legalen Waffenbesitzern ein schärferer Wind um die Ohren. Während der Jäger seine Büchse noch vor 20 Jahren im Hausflur an die Garderobe hängen konnte, sind wir von diesen Zuständen heute meilenweit entfernt. Das neue Waffengesetz, gültig seit 01. April 2003, verschärft die Aufbewahrungsbestimmungen, die Voraussetzungen für den Erwerb von Schusswaffen für Sportschützen und erweitert den Katalog der verbotenen Gegenstände. Vgl. dazu den Sonderdruck „Das neue Waffengesetz, herausgegeben durch „Die Pirsch", November 2002.

182 Zum Konfliktstoff der Novellierung des Bundesjagdgesetzes siehe auch einen Artikel von Klaus Maylein, Warum unser Novellierungsvorschlag zum BJG nicht funktioniert, veröffentlicht am 08.10.2001 auf der Homepage des Ökologischen Jagdvereins, unter der URL: http://www.oejv.de/info/artikel_Maylein.htm.

te einbinden (Exklusion - Inklusion[183]) zu können. Die Organisation und Verwaltung der Jagd als Mittel der Raumkonstruktion und Durchsetzung der Ordnungsvorstellungen war im Grunde für die Herrschaft wichtiger als die eigene Jagdausübung, da hier über Inklusion und Exklusion der Bevölkerung unmittelbare Herrschaft und Kontrolle ausgeübt werden konnte. Dabei wird deutlich, dass es die Geschichtswissenschaft versäumt hat der Frage nachzugehen, in welchen Epochen dies aus welchen Gründen tatsächlich stattfand und in welchen nicht. Zwar haben die meisten Autoren erkannt, dass sich die Jagd im Verlaufe des Zivilisationsprozesses gewandelt hat. Dennoch verfielen sie in den Fehler, Veränderungen allein in der Jagdpraxis, den Bräuchen und Ritualen, der Waffentechnik, der Ethik und Moral etc., also im Wesentlichen in ihrer noch jungen Kultur, zu suchen und nicht in der Funktion der Jagd oder gar ihrer Legitimation auf der ökonomischen, ökologischen, gesellschaftlichen und politischen Ebene. Nur wenn man alle drei Kategorien der Jagd - Funktion, Legitimation, Kultur - in ihren Veränderungen über die Jahrtausende der Zivilisierung analysiert, erschließt sich einem das Phänomen Jagd. Ein ähnliches Vorgehen, jedoch beschränkt auf die Funktion und den zu extrahierenden tatsächlichen Einfluss der Jagd auf die menschliche Spezies, muss auch im Rahmen einer Analyse der Evolution verfolgt werden. Die Reduktion der Jagd auf Lust, Vergnügen und militärisches Training, auf Urtrieb und Instinkt oder auf eine aus jagdlichen Interessen heraus definierte Verantwortung gegenüber dem Wildtier - eingebettet in den Hegegedanken des waidmännischen Jägers - greift viel zu kurz, will man ein Verständnis für die Rolle der Jagd innerhalb der Menschwerdung und der Zivilisation generieren. Hier hat die Soziologie bis dato noch nicht die Gelegenheit ergriffen, diesen Hiatus zu schließen. Nach einer Analyse der Evolution und ihres Einflusses auf die Jagd wird man sehen können, dass die Jagd tatsächlich erst seit dem Mittelalter begann auf verschiedenen Ebenen eine wesentliche Rolle zu spielen, deren Erklärung gerade nicht durch philosophische Betrachtungen gefördert wurde. Jagd wurde im Verlauf der Zivilisation zu einem Bestandteil von Herrschaft. Auch die magischen und religiösen Anklänge der Jagd wurden letztendlich für herrschaftspolitische Zwecke instrumentalisiert. Die Jagd entwickelte sich durch die Epochen von einem handfesten Bestandteil raum- und herrschaftspolitischer Erwägungen und Notwendigkeiten zu einem - zumindest in bestimmten gesellschaftlichen Kreisen - sozialen Distinktionsmerkmal und letztlich zu einer ökologisch und ökonomisch determinierten Raumhandlung in artifiziellen und äußerst sensiblen Restnaturräumen, respektive den Kulturräumen des Menschen im 20. und 21. Jahrhundert. Dass sich hier die Maßstäbe zu verwischen begannen, liegt auf der Hand. Dabei ist unbestreitbar ein kausaler Zusammenhang zwischen den Möglichkeiten der Raumhandlung und Raumbehandlung durch den Menschen im Zuge seiner materiellen und immateriellen Kultur einerseits und der Jagd andererseits zu sehen. Während diese Veränderungen ganz besonders für die reale Jagdhandlung gelten, ist Vergleichbares auch innerhalb der symbolischen Jagd, von den Höhlenmalereien bis hin zu den Radierungen Johann Elias Ridingers oder der modernen Jagdkunst, zu bemerken. Aus ihnen ist die Veränderung des

---

183 Wie noch zu zeigen sein wird, war es gerade das Wechselspiel zwischen Inklusion und Exklusion, welches als geeignete Lösung für die Konstituierung von Herrschaftsräumen, deren Kontrolle und Reproduktion in den Territorialstaaten betrachtet werden kann.

Raumes, das Fortschreiten der Zivilisation herauszulesen[184]. So sind die frühesten Szenen europäischer Felskunst, die nicht mehr das Tier, sondern nun bereits den Menschen in den Mittelpunkt stellten, etwa lediglich 12.000 Jahre alt[185]. Um so mehr verwundert es, dass die Jagd innerhalb der Sozialwissenschaften auf nur geringes Interesse stieß, ist sie doch Ausdruck der jeweiligen Gesellschaftsordnung, des Standes der Zivilisation und nur über ihn zu verstehen. Was bleibt, ist das Rohprodukt Jagd, welches für eine Vielzahl von jeweils historisch gewachsenen Bedürfnissen und Räumen instrumentalisiert wurde und heute in der Bundesrepublik Deutschland auf eine vollkommen andere Art und Weise als in den Jahrhunderten zuvor funktionalisiert wird. Der Weg dorthin ist spannend und lehrreich zugleich und er endet darüber hinaus in dem Eingeständnis, dass die Jagd zu kaum einer Zeit das war und das ist, was sie zu sein schien und zu sein scheint.

2.2.5 Die Notwendigkeit einer analytischen Jagdgeschichte

Die Jagdgeschichte ist wie kaum eine andere Wissenschaft durch eine unüberschaubare Verkettung von Emotionen und Übertreibungen, von patriarchaler Weltanschauung und den daraus in der Vergangenheit abgeleiteten Fehlinterpretationen und Missverständnissen geprägt. Gerade in Bezug auf den Mythos der Jagd hatten die Ereignisse des 20. Jahrhunderts einen nicht unerheblichen Einfluss. Matt Cartmill verortete die Jagdhypothese in der allgemeinen Tendenz zur Misanthropie jener Jahre, die zumindest in den Schrecken des Zweiten Weltkrieges und den weltpolitischen Entwicklungen der Nachkriegsjahre die jüngeren Formulierungen der Jagdhypothese zu erklären meinten[186]. Aus welchen Gründen es jedoch letzt-

---

[184] Gerade die moderne Jagdkunst beginnt aufgrund der fortschreitenden Zerstörung von Natur den Jagdraum wieder zu romantisieren. Standen in den Höhlenmalereien die Tiere im Vordergrund der Darstellung, rückten der Mensch und der Raum im Verlauf der Zivilisation immer mehr in den Mittelpunkt. Hier war auch bereits die römische Dichtung beteiligt, auch wenn die Römer ansonsten mit der realen Jagdhandlung nur wenig zu tun hatten. Bei Johann Elias Ridinger sind es der jagende Aristokrat und der Raum, die seine Werke dominieren. Bei den modernen Jagdmalereien scheint es keine Diskrepanz zu geben zwischen der industrialisierten Natur und der zu Bild gebrachten Jagdszenen. Bilder, die die Erlegung eines Rehbockes vor der Kulisse einer Großstadt oder eines bäuerlichen Großbetriebes zeigen, sind mir zumindest nicht bekannt. Auch die Ackerflur in ihrer artifiziellen Art wird dabei kaum abgelichtet, vielmehr scheinbar unberührte Natur ist das Stilmerkmal der Jagdmalerei der Gegenwart. Zu den Radierungen des Johann Elias Ridinger siehe bei Ortega y Gasset, Meditationen über die Jagd; des Weiteren im Eröffnungskatalog des Deutschen Jagdmuseums in München aus dem Jahr 1966 an verschiedenen Stellen, dort auch die Bilder von Jacques Callot, Parforcejagd, um 1630, S. 51, oder von J. Stradanus, Wolfsjagd mit Jagdspieß, 1578, S. 54. Gerade das Werk von J. Stradanus lässt im Hintergrund die Burg oder den Herrenhof in einem Strahlenkranz erscheinen. Da es aufgrund der Jagd im vollen Gange und der gesamten Darstellung weder die untergehende noch die aufgehende Sonne sein kann, lässt dies möglicherweise auch auf die Intention des Auftraggebers dieses Bildes schließen.

[185] Vgl. dazu bei Emmanuel Anati, Höhlenmalerei, S. 26. In den früheren Zeiten standen vielmehr die Tiere im Mittelpunkt der Malereien und der Mensch kam lediglich als Assoziation vor.

[186] Vgl. dazu bei Matt Cartmill, Tod im Morgengrauen, S. 40ff. Er weist jedoch auch darauf hin, dass es bereits auch wesentlich ältere Theorien – genauer aus dem Jahre 1773 – gibt, die in der Jagd die Wurzel der menschlichen Brutalität suchen; insbesondere von James Burnett, Lord Monboddo, in seinem Werk Of the Origin and Progress of Language.

endlich die Jagd sein sollte, die eine Erklärung für jene Brutalität liefern sollte, ist bis heute nicht ausreichend beantwortet worden. Auch ist nach wie vor nicht hinreichend geklärt, aus welchen Gründen eine vermeintlich jagdliche Ernährungsweise die Physiognomie einerseits oder die Psyche der Hominiden oder deren Vorfahren andererseits hätte beeinflussen sollen. Wenn auch die heutigen Jäger alle brutal, gewissenlos und blutdürstig wären, wie würde dann die Unauffälligkeit der legalen Waffenbesitzer in der Kriminalstatistik erklärt werden können? Das ändert jedoch nichts an der Akzeptanz der Jagdhypothese, was darauf hindeutet, dass es eine stillschweigende Übereinkunft in der Bevölkerung und unter den Wissenschaften zu geben scheint, die diese These als glaubwürdig und nachvollziehbar betrachten. Insofern haben wir es hier mit einem eigenständigen Phänomen innerhalb des Phänomens der Jagd zu tun, welches offensichtlich menschliche Abgründe auf eine plausible Art erklärbar und verständlich zu machen sucht. Jene Missverständnisse aus dem Weg zu räumen kann innerhalb der vorliegenden Arbeit nicht versprochen werden, insbesondere nicht aus dem Grunde, zugunsten einer unweigerlich unsachlich werdenden psychologischen Betrachtung das wahre Vorhaben aus den Augen zu verlieren. Emotionen, zumal sie hier nicht subjektiv, sondern geradezu ganzen Bevölkerungsgruppen unterstellt werden, sind einer analytischen Betrachtung der Funktionen der Jagd durch die Epochen der Evolution und Zivilisation abträglich. Einerlei, was der Jäger bei seinem Tun fühlt, es ist allein der Handlungsrahmen, der das, was er wie tut, definiert und erklärbar macht. Und gerade der Handlungsrahmen ist der im Wesentlichen analysierbare Teil der Jagdgeschichte. Er ist es, der die Funktionalisierung der Jagd durch die Epochen determinierte. Er war es auch, der im Rom der Antike eine ungleich andere Dimension annahm als im mittelalterlichen Deutschen Reich oder der modernen industrialisierten Gesellschaft der Gegenwart. Auch in Nordamerika wird die Jagd der Gegenwart auf einer gänzlich anderen Ebene ausgeübt, als es in Mitteleuropa jemals der Fall war. Der Handlungsrahmen scheint also nicht lediglich zeitliche, sondern auch räumliche und kulturell unterschiedliche Konnotationen zu haben. In der nordamerikanischen Demokratie, die seit 1776 Bestand hat, konnte sich eine ähnliche Jagdfunktion wie im „alten Europa" zu keiner Zeit entwickeln. Selbst die Zuwanderer aus Kontinentaleuropa hatten darauf kaum einen Einfluss – die nordamerikanische Jagd bildet insofern gerade heute ein eigenes Abbild der dortigen Verhältnisse struktureller, kultureller, psychischer und physischer Natur, die mit denen Deutschlands nicht in Übereinstimmung zu bringen sind[187]. Abgesehen vom sehr diffizilen und nur schwer überschaubaren Terrain der Evolution sind die Laudatoren der Jagdgeschichte der postneolithischen Zeit nahezu einhellig in ein

---

[187] Vgl. dazu auch die Ausführungen bei Bruno Hespeler, Jäger wohin?, S. 43f. Die US-Amerikaner haben das so genannte Lizenzsystem im Vergleich zu unserem bundesdeutschen Reviersystem. Die Jagdzeiten sind sehr kurz, das Jagdrecht ist nicht an Grund und Boden gebunden. Die Eigentümer können ihren Grund gegenüber der Jagd versperren oder aber einer bestimmten Jägergruppe reservieren. Der Handel mit Wildfleisch ist grundsätzlich verboten, doch kann jeder Erwachsene Amerikaner am nächsten Kiosk eine Lizenz für Weißwedelhirsch, Elch oder Karibu erstehen. Jeder US-Dollar, der für die Jagd ausgegeben wird, fließt direkt oder indirekt wieder in großflächige Biotopvorhaben, wissenschaftliche Untersuchungen und Lebensraumverbesserungen zurück. In Deutschland ist dies derzeit aus verschiedenen Gründen nicht möglich.

lediglich deskriptives Vorgehen verfallen, basierend auf Mythen und auf antiken literarischen Werken, welche sich bei näherer Betrachtung als für jenes Fach wissenschaftlich weitgehend unbrauchbar erwiesen oder schlichtweg missverstanden wurden. So gelten für die Geschichtswissenschaft und insbesondere für die Jagdgeschichte die Worte Carl Gustav Jochmanns: „Auch in der Geschichte der Menschen und Völker kennt man nur die großen Umrisse der Dinge, den allgemeinen Gang der Begebenheiten und deren auffallendsten Folgen mit einiger Zuverlässigkeit; der Irrtum liegt im einzelnen der Tatsachen wie der vermeinten Ursachen"[188] verborgen. Für die ahistorischen Zeiten der Evolution muss diese Aussage in ihrem Kern wohl um ein Vielfaches multipliziert werden. Wenn schon den schriftlichen Quellen, insbesondere wohl auch vor dem Hintergrund der klösterlichen Übersetzungstradition antiker Werke[189], nur bedingt Glauben geschenkt werden kann, um ein wie Vielfaches höher ist dann die unbekannte Variable innerhalb der Evolutionsgeschichte?

Weshalb sich der Mythos der Jagd, wie er im Folgenden skizziert werden wird, bis heute in den Köpfen so mancher Wissenschaftler einerseits und vieler Jäger andererseits festsetzen konnte, wird mit Sicherheit nicht vollends geklärt werden können. Allerdings erhebe ich den Anspruch, den Horizont der Betrachtung bezüglich der Rolle der Jagd innerhalb des Zivilisationsprozesses zu erweitern. Der Leser soll in die Lage versetzt werden, eine Verortung der Jagd innerhalb der Evolution einerseits und des unendlichen Prozesses der Zivilisierung andererseits vorzunehmen, indem ihm das dazu notwendige Rüstzeug in die Hand geben wird. Diese Vorgehensweise setzt jedoch auch den ausführlichen Rückgriff in die Evolution des Menschen voraus, um den Mythos der Jagd, der dort seine Wurzeln hat, mit Argumenten zu analysieren und ihn, wenn möglich, zu widerlegen. In dem Versuch, der lediglich beschreibenden Jagdgeschichte einen Kontrapunkt entgegenzusetzen, ist eine Vorgehensweise entlang analytischer Grundsätze somit unabdingbar. Nur auf diesem Wege kann es gelingen, die Jagd einem rationalen Verständnis zuzuführen, weitab vom Pfad der Psychologie und Philosophie, die sich mal abwechselnd, mal ergänzend über den Gegenstand Jagd äußern. Analytisch bedeutet in diesem Kontext eine ausführliche Betrachtung des Gegenstandes Jagd hinsichtlich aller Komponenten oder Faktoren, die auf die Jagd wirken oder von ihr ausgehen können. Die Jagd ist im Rahmen der Zivilisationsprozesse einem stetigen sowohl definitorischen als auch tatsächlichen Wandel unterworfen, der bis heute anhält und ihre Rationalisierung hervorgebracht hat. Dieser Kernaussage mit all ihren im Grunde automatisierten Konsequenzen schlägt selbst im 21. Jahrhundert, so einleuchtend sie auch erscheinen mag, erbitterter Widerstand aus den Reihen der bundesdeutschen Jäger entgegen. Von einer Funktionalisierung der Jagd und einer rationalen Einbettung des Jägers in die moderne Gesellschaft – auch wenn die

---

188 Siehe jenes Zitat bei Carl Gustav Jochmann, Die unzeitige Wahrheit, S. 76.

189 Verl. dazu die Ausführungen bei Matthias Schulz, Großmaul vom Gardasee, in: DER SPIEGEL 14/2002 - 30. März 2002, unter der URL: http://www.spiegel.de/spiegel/0,1518,189416,00.html. Der Autor bezieht sich hier auf die Arbeiten des Altphilologen Niklas Holzberg, der bewiesen hat, dass die Werke Catulls, die Generationen von Primanern lernten, beim Übersetzen verfälscht und geschönt wurden. Wo Catull unverblümt übers „Blasen" redet und Fellatio meint, erklang in der Übersetzung ein „Flötenspiel".

Tendenz nur allzu deutlich ist - sind wir nicht zuletzt aufgrund der Auswirkungen jagdlicher Versäulungen[190] nach wie vor wohl noch ein gutes Stück entfernt. Dabei ist die Jagd heute stärker denn je in der Lage eine rationale Funktion innerhalb der Gesellschaft einzunehmen, ein Leistungsbild zu erfüllen, welches nicht den Jäger zum Fixpunkt hat, sondern insbesondere die äußerst sensiblen artifiziellen Räume der Restnatur. So tangiert die Jagd heute in einem essenzielleren Sinne, wenn auch auf eine andere Weise als jemals zuvor, die Belange der nichtjagenden Gesellschaftsmitglieder, respektive der Gesamtgesellschaft. Jagd kann deshalb aus vielen verschiedenen Gründen, deren Ursachen im Gang der industrialisierten Zivilisation verborgen liegen, lediglich ökozentrisch[191] und nicht egozentrisch in die Kultur des 21. Jahrhunderts eingebettet werden.

2.2.5.1 Zu erhoffende Ergebnisse einer analytischen Vorgehensweise

Eine analytische Vorgehensweise muss eine plausible Verortung der Jagd im Rahmen der Evolutions- als auch Zivilisationsprozesse erbringen können. Um zunächst die anstehenden Fragen bezüglich der Rolle der Jagd innerhalb der Evolution beantworten zu können, ist es notwendig, die Jagd aus ihren bisherigen evolutiven Zusammenhängen zu extrahieren. Die Vorgehensweise der Extraktion der Jagd aus der Evolution mag zwar als unpopulär zu bezeichnen sein, dennoch erscheint mir diese Vorgehensweise unabdingbar, will man der ohnehin nur schemenhaften Jagdwissenschaft[192] ein festeres Standbein geben. Eine bloße Jagdphilosophie Ortega y Gassetscher Prägung kann heute nicht mehr zielführend sein, es mangelt ihr an Substanz und sie negiert geradezu die berechtigten Interessen anderer durch das Argument der vermeintlich genetischen Verankerung[193]. Der Mensch - einerlei ob es sich um die frühen Hominiden oder den modernen Menschen handelt - unterlag und unterliegt nach wie vor einem seltsamen Stigma. Er lebt in Räumen, in die er sich scheinbar ohne deren Manipulation nicht hinein fügt. Die Hominiden waren bereits in der Evolution auf Erfinderreichtum[194] und auf Manipulation aufgrund

---

190 Unter der Versäulung kann man in der Soziologie den Versuch werten, Traditionsbestände durch Abgrenzung der eigenen Gruppe und Ausgrenzung der Nichtmitglieder zu bewahren. Gerade innerhalb der bundesdeutschen Jägerschaft lässt sich dieses Verhalten exemplarisch nachweisen. Die drastische Veränderung der Lebens- und Arbeitsräume der modernen Gesellschaft durch Industrialisierung, Technisierung, Mobilisierung, Computerisierung, etc. führt zu einem zunehmenden Schwund an Traditionsbeständen. Die Moderne bricht mit Traditionen. Vgl. Dazu auch bei Ulrich Schraml, Die Normen der Jäger, an verschiedenen Stellen. Auch er benutzt das Konstrukt der Versäulung unter Bezug auch Wilfried Gottschalch, Soziologie des Selbst, S. 14f.

191 Der Begriff ökozentrisch in Verbindung mit der Jagd geht auf Monika E. Reiterer zurück.

192 Vgl. zur Problematik der Jagdwissenschaft auch bei Monika E. Reiterer, Ärgernis Jagd?, S. 165-178.

193 Zwar wird die Philosophie in Jägerkreisen häufig genug als nicht notwendig oder als zu abstrakt bezeichnet (vgl. dazu bei Monika E. Reiterer, Ärgernis Jagd?, S. 166), jedoch werden die Ergebnisse der philosophischen Betrachtung gerne und willfährig von der Jägerschaft angenommen, bietet das Instinktive doch eine gute Brustwehr gegenüber jeder jagdfeindlichen Kritik.

194 Allerdings werden sich die Hominiden der Notwendigkeit des Einfallsreichtums nicht bewusst gewesen sein. Der moderne Mensch kann diesen Bogen zu seiner Lebenswelt spannen,

ihrer organischen Unterprivilegierung[195], wie dies Arnold Gehlen nennt, angewiesen. Der Mensch reifte zu einem Generalisten heran und begann sich damit fortan von allen anderen Säugetieren zu unterscheiden. Im Verlauf der Evolution sind unzählige Tierarten aus genau jenen Gründen ausgestorben. Auch die Evolution des Menschen ist durch das Aussterben mehrerer Vorläufer der späteren durchsetzungsfähigeren Art Homo s. sapiens gekennzeichnet. Seine Vorgänger konnten sich den verändernden Bedingungen nicht schnell genug anpassen. Steppentiere wie das Wollnashorn oder das Mammut, die in den trockenen glazialen Zeiten hervorragende Lebensbedingungen vorfanden, konnten der Erderwärmung, der Zunahme der Niederschläge und dem damit verbundenen Siegeszug der Wälder über die Tundra nichts entgegenstellen - sie starben aus. Der Neandertaler musste ihnen aufgrund seiner hohen Spezialisierung auf die Megafauna und die (vermutete) Jagd auf Megaherbivoren folgen, da er selbst den räumlichen Veränderungen evolutionsbiologisch nichts entgegenhalten konnte. Spezialisierung, so zeigt die Evolution des Menschen, ist kein Freibrief für evolutionären Erfolg. Der Neandertaler, das Wollnashorn oder das Mammut sind beredte Zeugen dafür, dass Spezialisierungen in eine Sackgasse führen können, aus der es ohne Adaption an sich ändernde Bedingungen keinen Ausweg gibt. Manipulativ in Bezug auf „Lebens-Räume“ war der Neandertaler also offensichtlich nur rudimentär in Erscheinung getreten[196] oder aber er wurde von den gewichtigeren manipulativen Fähigkeiten des Homo s. sapiens schlichtweg übervorteilt und starb deshalb aus. Rückblickend ist es auch allein der Homo s. sapiens, der sich in Punkto Manipulation der „Lebens-Räume“ innerhalb der kürzesten Zeit (die Australopithecinen lebten z. B. viele Millionen Jahre auf der Erde, ohne auch nur annähernd jene Kapazität der Lebensraumveränderung zu generieren) hervortat. Das bedeutet aber auch, dass die Gattung Mensch nur deshalb überlebt hat, weil ihre Evolution nicht geradlinig verlief, wie man das lange Zeit angenommen hatte. Wäre die Evolution des Menschen geradlinig verlaufen anstatt ein breites Auffächern, Sich-Entfalten und Verschwinden zu bekunden, so hätte bereits ein einmaliges Abreißen der Kette genügt, um den Menschen als Art vollkommen zu verhindern. Das Aussterben der Neandertaler wäre nach dieser älteren evolutionären Vorstellung gleichzeitig das Ende des Homo s. sapiens gewesen. Da man heute aufgrund modernster Untersuchungen, insbesondere über die Analyse der mitochondrialen Desoxyribonukleinsäure mit nahezu absoluter Wahrscheinlichkeit davon ausgehen kann, dass der moderne Mensch keinerlei Neandertalerblut oder -gene in sich trägt[197], muss die Evolution nicht nur

nicht jedoch die frühen Hominiden wie z. B. die Australopithecinen, die ihre Situation gelebt und kaum hinterfragt haben können. Wie jene Manipulation der Räume dann in der Zivilisation aussah und aussieht, wird noch in den Kapiteln 4 ff. näher aufzuzeigen sein.

195 Vgl. dazu bei Arnold Gehlen, Der Mensch. Seine Natur und seine Stellung in der Welt, S. 91ff.

196 Zwar wird dem Neandertaler hin und wieder unterstellt, er habe manche Großsäuger an den Rand der Ausrottung gebracht; eine weiterführende räumliche Manipulation im Sinne einer beginnenden Vergesellschaftung oder einer höheren Wirtschaftsform kann ihm jedoch (bis jetzt?) nicht nachgewiesen werden.

197 Neben Josef H. Reichholf, Das Rätsel der Menschwerdung, S. 13ff unter Bezug auf den Nachweis der mt-DNS weist auch Ulrich Eberl in seinem Artikel „Kannibalismus - uraltes Erbe oder Mythos“ in: Bild der Wissenschaft online unter der URL: http://www.wissenschaft.de/sixcms/detail.php?id=96670 vom 01.03.2000 darauf hin, dass der Neandertaler aufgrund neu-

logisch, sondern auch tatsächlich breit gefächert stattgefunden haben. Es entstanden so viele Arten von höher entwickelten Primaten wie auch wieder ausstarben. Und auch hier standen klimatische Veränderungen Pate für die Entfaltung des sich entwickelnden Primatenstammbaumes. Weit im Pliozän[198], etwa vor fünf bis sechs Millionen Jahren, bildete sich die antarktische Eiskappe aus, die das zuvor feuchtwarme Klima der Erde trockener und kühler werden ließ. Die dadurch schrumpfenden Wälder gaben den Weg frei für die Entfaltung des Primatenlebens in der Savanne Ostafrikas, wo die Abzweigung zur Menschenlinie ihren Ursprung nahm[199]. Der Wald, seine Verbreitung, sein Rückzug und seine abermalige Verbreitung mit dem Ende der letzten Eiszeit in Europa, hat in der Evolution bereits eine wesentliche Rolle gespielt. Diese Rolle blieb dem Wald als Lebens-, Herrschafts- und Wirtschaftsraum auch in der Zivilisation bis heute erhalten. So wie die Entstehung des Menschen eng mit jenen Wechselspielen der Natur verbunden ist, so muss auch die Rolle der Jagd innerhalb der Evolution – zumindest teilweise – auf

---

erer genetischer Untersuchungen nicht unser direkter Vorfahre sein kann. Auch an späterer Stelle werden die Ergebnisse von Ralf W. Schmitz und Jürgen Thissen, Neandertal – Die Geschichte geht weiter, noch angeführt. Weiterhin zur mt-DNS und dem Nachweis fehlender Vorfahrenschaft des Neandertalers zum Homo s. sapiens in einem AP-Artikel, vom 14.07.1997 mit dem Titel: Eine Seitenlinie der Evolution, unter der URL: http://mainz-online.de/old/97/07/14/topnews/neander1.html. Unter Mitwirkung der Genetiker Professor Svante Pääbo und Matthias Krings aus München sowie anderer Experten in Deutschland und den USA war man nach DNA-Analysen zu dem Ergebnis gekommen, dass der Neandertaler kein Vorfahre der heutigen Menschen sein kann. Ebenso ein Artikel im Discovery Channel, Sind wir verwandt oder nicht? unter der URL: http://www.discovery.de/de/pub/specials/menschheit/theorien/sackgasse_neandertaler/forschung_print.htm: 1997 wurden Untersuchungsergebnisse einer vierjährigen Studie über mitochondriale DNA publiziert. Das Material war aus dem Oberarmknochen des in der „Feldhofer Grotte" gefundenen Neandertalers gewonnen worden. Diese DNA-Analyse wurde von Forschern der Universität München durchgeführt und zur Absicherung der Ergebnisse an der US-amerikanischen Pennsylvania State University wiederholt. Die Untersuchung war möglich, da die Knochen unter sehr günstigen Bedingungen – niedrigen Temperaturen und dichtem Lehm – in der Grotte gelagert waren. Aus dem Vergleich mit der DNA heute lebender Menschen schlossen die Münchner Wissenschaftler: Unter der Voraussetzung, dass Mutationen mit einer konstanten Rate stattfinden, lassen die Unterschiede zwischen der DNA des Neandertalers und der des heutigen Menschen den Schluss zu, dass beide im Zeitraum vor etwa 550.000 bis 690.000 Jahren einen gemeinsamen Vorfahren hatten. Etwa zu dieser Zeit dürfte der Homo erectus heidelbergensis, der Vorfahr des Homo sapiens, sich in Linien aufgespaltet haben, die einerseits zum Neandertaler und andererseits zum modernen Menschen führten. Die DNA-Analyse gibt keine Hinweise darauf, dass sich diese beiden Linien genetisch vermischten, obwohl sie im Nahen Osten etwa 50.000 Jahre und in Europa rund 10.000 Jahre lang parallel existierten, so die Forscher. Mit dieser Untersuchung wird die Annahme bestätigt, dass der Neandertaler nicht zu den Vorfahren des modernen Menschen gehört – er scheint eher eine Art „Cousin" des Menschen gewesen zu sein.

[198] Gegenüber dem Miozän die jüngere Abteilung des Neogens. Miozän: vor 23 bis 5 Millionen Jahren. Der Begriff Miozän wurde 1830 von dem französischen Naturforscher Gérard Paul Deshayes und dem englischen Geologen Charles Lyell geprägt. Das Pliozän dauerte daran anschließend von vor 5 bis 2,3 Millionen Jahren. Der Begriff Pliozän wurde ebenfalls 1830 von dem französischen Naturforscher Gérard Paul Deshayes und dem englischen Geologen Charles Lyell geprägt. Beide Perioden liegen in der Erdneuzeit, dem sogenannten Känozoikum.

[199] Vgl. dazu die Ausführungen von Josef H. Reichholf, Das Rätsel der Menschwerdung, S. 31f.

räumliche Determinanten bezogen gewesen sein, zumal von den Australopithecinen bis zum Homo erectus die Jagd keine wesentliche Rolle spielte. Im Gegenteil, die Jagd blieb nach Josef H. Reichholf ein eiszeitliches Zwischenspiel und damit ein Merkmal des Neandertalers und des modernen Menschen. Aber auch bezüglich der Jagd der Neandertaler finden sich immer mehr Kritiker unter den Urgeschichtlern und Anthropologen[200]. Da der Ausgangspunkt der Überlegungen zur Entstehung dieser Arbeit der war, dass es möglich sein muss, die Jagd und ihre Entwicklung in erklärbare und verständliche Kategorien zu bringen, ist es unabdingbar, nach Beweisen zu suchen, die den Zusammenhang zwischen der Evolution und der Jagd einerseits als auch den Gesellschaftsordnungen und der Rolle der Jagd im Verlaufe des Zivilisationsprozesses andererseits belegen.

a) Auf der Ebene der Evolution sollen die scheinbar fest gefügten Argumente der Jagdliteratur mit einfachen Überlegungen widerlegt werden. Wo Trieb und Urinstinkt[201] der Jagd das Wort reden, muss der Kritiker hellhörig werden, wo Darwinismus und das Überleben des Stärkeren der Jagd die Mittel in die Hand geben wollen, ist durch eine Analyse der Evolution entweder der Beweis oder aber der Gegenbeweis zu finden. Diese Beweisführung kann nur über die Darlegung der Menschwerdung und dort, wo nötig, in aller Ausführlichkeit erreicht werden, um die oftmals nicht zu Ende gedachten Prozesse innerhalb der Evolution neu zu konzipieren und sie in das Bild der Jagd zu integrieren. Die Geschichte der Menschwerdung ist so faszinierend wie sie auch zu allen Zeiten zu differierenden Interpretationen verleitet hat. Ich möchte mich hier ausdrücklich nicht ausnehmen; ohnehin wäre es vermessen, aufgrund der Zeiträume und der auf mutmaßlichen archäologischen, biologischen und evolutiven Erkenntnissen basierenden Interpretationen der Weisheit letzter Schluss propagieren zu wollen. Dennoch bleibt auf der anderen Seite die Erkenntnis, dass der Mythos der Jagd zwischenzeitlich durch Überlegungen aus dem Bereich der Biologie, der Verhaltensforschung und der neueren Anthropologie relativ einfach zu hinterfragen und damit eben auch zu widerlegen ist[202].

---

200 Dass die Jagd der Neandertaler selbst überdacht werden muss und inwiefern hier die Verwertung von Aas eine wesentliche Rolle spielte, wird noch dargestellt werden. Siehe dazu auch einen Artikel von Alfred Czarnetzki und Carsten M. Pusch, Die Neandertaler. Eine hochspezialisierte Art, in: Archäologie online, unter der URL: http://www.archaeologie-online.de/magazin/thema/2001/06/c_1.php. Demnach ist eine stringente Argumentation im Hinblick auf eine karnivorenähnliche Ernährungsweise der Neandertaler als hinfällig zu bezeichnen. Insofern wird auch hier die Stützung auf das Aufsuchen und Auffinden von Aas wieder verstärkt, zumal die Autoren davon ausgehen, dass die Neandertaler besser sehen und hören konnten als wir modernen Menschen.

201 Hier sei insbesondere auf die Kritik Arnold Gehlens an den Trieblehren der Menschen erinnert. Gehlen zeigt auf, dass es ein instinktives Verhalten des Menschen höchstens dort gibt, wo Organe arbeiten „wie es sich gehört", also beim Saugen des kleinen Kindes, seinen Greifübungen, vielleicht bei der Umarmungsbewegung. Alle anderen Äußerungen und Handlungen sind kulturell bedingt - der Mensch ist ein Kulturmensch und kein Triebmensch. Vgl. dazu bei Arnold Gehlen, Der Mensch - Seine Natur und seine Stellung in der Welt, S. 355ff.

202 Vielleicht ist auch in der rationaleren Sichtweise der Biologie, der Verhaltensforschung und der neueren Anthropologie der Grund für die überwiegend naturwissenschaftliche Jagdwissenschaft verborgen. Vgl. zur Jagdwissenschaft als Naturwissenschaft bei Monika E. Reiterer, Ärgernis Jagd, S. 172f.

b) Auf der Ebene der Zivilisation dagegen setzt die Analyse der Jagd zuerst die Analyse der sozialen und politischen Gegebenheiten einer jeweiligen Gesellschaft voraus. In der Mehrzahl der heute vorhandenen Jagdliteratur bleibt die spezifische Dependenz der Jagd von den komplexen Veränderungen der strukturellen, kulturellen, psychischen und physischen Ebenen der Gesellschaftsordnungen weitgehend unerkannt[203]. Vielmehr wird die Jagd als das Bestreben bezeichnet, fürstliche Lust zu empfinden, Zerstreuung und Abwechslung vom anstrengenden Regierungsgeschäft zu finden[204], sowie in der modernen Gesellschaft einer zunehmenden Naturentfremdung zu entfliehen, indem sie dem Jäger die Möglichkeiten eröffnet, zu seinen Wurzeln zu finden; dabei regelmäßig an seine „Urinstinkte" appellierend. Der Aspekt der Naturentfremdung wird wohl erkannt, in seinen Auswirkungen jedoch vollkommen fehlinterpretiert, wenn es um die Rolle der Jagd innerhalb der modernen Gesellschaft geht. Weiterhin wurde auch bisher kaum ein Augenmerk auf die zweckrationale Rolle der Jagd in den charismatischen (z. B. bei Karl dem Großen) und den traditionalen Herrschaften gelegt[205]. So wurde die Funktion der Jagd durch die Epochen der Zivilisation ebenso verkannt wie sie in den Jahrmillionen der Evolution überbewertet wurde. Die Jagd, verstanden als Urtrieb, ist sich dabei selbst der ärgste Feind, wenn es um eine Beurteilung ihrer Notwendigkeit und damit um die Frage nach ihrem Überleben in der modernen Gesellschaft des 21. Jahrhunderts geht. Ohnehin ist die Frage nach dem Urtrieb der Jagd eine Frage, die im Grunde nicht gestellt werden kann, da ihr eigentlicher Bezugspunkt nicht ernsthaft gegeben ist, wie das vorliegende Kapitel belegen soll. Die Jagd war Jahrmillionen innerhalb der Evolution der Hominiden überhaupt nicht existent, und als sie dann doch die Bühne der Evolution betrat, spielte sie nur eine rudimentäre Rolle im Leben der Menschen. Als Urtrieb kann die Jagd aus diesem Grunde kaum Eingang in ernsthafte Diskussionen finden. Einen wirklichen Bedeutungsschub erhielt die Jagd erst in den Gesellschaften der Zivilisation, da ihre Potenziale (vgl. dazu die Kapitel 4, 6, 7 und 8ff der vorliegenden Arbeit) erst hier vollumfänglich ausgeschöpft werden konnten.

Das eingehende Studium der Jagd im Verlaufe der Jahrhunderttausende der Evolution und der Zivilisation führt zu der Erkenntnis, dass es Zeiten gab, in denen unsere hominiden Vorfahren überhaupt nicht jagten, die Jagd als wesentlicher Bestandteil der menschlichen Evolution nicht existierte. Daneben gab es vermutlich Zeiten, in denen die Jagd nur eine unwesentliche Rolle in Bezug auf Subsistenzwirtschaft spielte, ihr jedoch gleichzeitig dazu eine Vielzahl unterschiedlicher Nebenfunktionen zukamen (zumeist mit einer deutlichen Tendenz zu immateriellen Funktionen wie Magie, Religion, Legitimation, etc.). Darauf war die Jagd in den folgenden Epochen nahezu unbedeutend, nur um dann mit einem Pauken-

---

203 Einzig in Bezug auf die kulturellen Inhalte der Jagd trifft dies nicht zu.

204 Vgl. dazu z. B. bei Lutz Fenske, Jagd und Jäger im frühen Mittelalter, in: Werner Rösener (Hrsg.), Jagd und höfische Kultur im Mittelalter, S. 52ff.

205 Zur zweckrationalen Rolle der Jagd in den charismatischen und traditionalen Herrschaften siehe die Kapitel 6 bis 8 der vorliegenden Arbeit. Zweckrationales Handeln ist durchaus nicht an das Vorhandensein der rationalen Herrschaft gebunden, sondern kann ebenso gut in den anderen beiden, von Max Weber beschriebenen Formen von Herrschaft, namentlich der charismatischen und traditionalen Herrschaften, auftauchen.

schlag kraftvoll in den Fokus adliger Herrscher zu treten, bis sie letztlich in der modernen Industriegesellschaft Mitteleuropas eine immense Komplexitätsreduktion[206] erfuhr. Die Tatsache, dass die Jagd heute hauptsächlich einer spezifisch industrialisierten Ökologie unterworfen wird, ist in diesem Zusammenhang kein Rückschritt, auch wenn dies manche so sehen mögen. Es ist ganz einfach das Resultat aus Fortschritt und Zivilisation. Es ist in der Gesellschaft des 21. Jahrhunderts mit ihren Zwängen und Forderungen nicht zielführend, die Jagd im Sinne einer historischen Erinnerungskultur zu betrachten. Die Hochzeit jener Betrachtung - und dort war es für die adlige Herrschaft auch zielführend und zweckrational - lag im Mittelalter und im Feudalismus. Die Jagd wird nur dann in der Zukunft eine Rolle spielen können, wenn sie sich wie in der Vergangenheit (insbesondere des Mittelalters und des Feudalismus) auch gemäß den Definitionen der jeweiligen epochenspezifischen Anforderungen instrumentalisieren lässt. Dass die Jagdfunktionen und die Jagdpraktiken dabei wesentliche Umbrüche erfuhren und erfahren müssen, liegt auf der Hand. Eine analytische Vorgehensweise innerhalb der Jagdgeschichte setzt nun genau an diesen Beziehungen zwischen der Funktion der Jagd sowohl auf der Ebene der Evolution als auch auf der Ebene der jeweiligen Gesellschaftsordnungen der Zivilisation an. Analysierbar ist immer nur die jeweilige epochenspezifische Prägung der Jagd. Wer diese Prägung einem Verständnis zuführen will, muss die jeweilige Gesellschaftsordnung hinterfragen und hieraus seine Antworten ableiten. Wie sehr jedoch - und das ist einigermaßen befremdlich - die Rolle der Gesellschaftsordnungen in der Vergangenheit hinsichtlich der Beurteilung der Jagd missachtet wurde, wird im Verlaufe der Arbeit immer wieder eindrücklich vor Augen geführt werden.

2.2.6 Quellenlage und Heimatlosigkeit der Jagdwissenschaft

Seit dem Ende des Zweiten Weltkrieges hat es auf allen Gebieten der Naturwissenschaften enorme Fortschritte gegeben. Diese Wissenssprünge machen sich seit den 1970er Jahren auch verstärkt in ihrem Einfluss auf die Zusammenhänge der Jagd bemerkbar. Während die Forstwissenschaft diese Erkenntnisse zu einem wesentlichen Teil auch in die Praxis umsetzte, blieb innerhalb der privaten Jägerschaft eine weitgehend reaktionäre Entwicklung hervorzuheben. Es waren die zumeist beruflich mit der Jagd in Berührung stehenden Spezialisten, die seit den 1970er Jahren zusehends mehr Einzelheiten, mehr Zusammenhänge und damit mehr Wissen innerhalb der Jagd erarbeiteten, während auf orthodoxer Seite der Jagd diese Er-

---

[206] Damit ist gemeint, dass die Jagd zeitweilig samt ihrer zweckrationalen Funktion viele andere, zuvor bereits bestehende Zusammenhänge verlor. So gibt es heute z. B. keine vergleichbare Jagdkunst mehr wie noch zu Zeiten eines Albrecht Dürers oder Johann Elias Ridingers, magische Komponenten der Jagd sind lediglich ein Residuum vergangener Zeiten, die Zahl der zu bejagenden Wildtiere verringerte und verringert sich zusehends, die Jagdkultur - das heißt jagdliches Brauchtum, Rituale, Emotionen, etc. - befindet sich auf einem stetigen Rückzug, das Töten wildlebender Tiere wird zusehends an übergeordneten Maßstäben gemessen und verbürokratisiert, ja von Schädlingsbekämpfungsmentalität ist hin und wieder die Rede, etc. Diese Komplexitätsreduktionen führen in der modernen Gesellschaft dazu, dass sich romantische Elemente immer vehementer an die Oberfläche arbeiten. Das mag man durchaus als das Nebeneinander von Moderne und Barbarei, von Rationalität und Romantik bezeichnen. Beispiele dazu werden im Verlaufe der vorliegenden Arbeit noch einige aufzuzeigen sein.

kenntnisse kaum beachtet wurden[207]. Das beste Beispiel dafür ist die inhaltliche Starrheit der Jägerprüfungen, die sich auch in den 1990er Jahren kaum von denen der unmittelbaren Nachkriegszeit abheben. Neuere wildbiologische, jagdpraktische und ökologische Erkenntnisse finden nur schwerlich einen Zugang in die Literatur der Vorbereitung auf die Jägerprüfung[208]. Das Wissen um die Auswirkungen der Jagdpraxis versuchte man in Jägerkreisen zu ignorieren und als absurd abzutun, wohl wissend, dass ansonsten ein Eingriff in die Tradition der jagdlichen Verhaltensstandards unweigerlich die Folge sein könnte. Das Resultat ist der nach wie vor zu beobachtende Versuch, sich gegen eine Rationalisierung der Jagd zu stemmen, indem man einerseits das Kulturgut der Jagd gegen den Fortschritt absetzt und andererseits den privaten Jäger kurzerhand zum Spezialisten, zum Naturschützer par excellence, befördert[209]. Diese Rolle könnte der Jäger auch übernehmen, nicht jedoch unter den bisherigen Prämissen[210]. Fortschritt und Rationalisierung, so offensichtlich die Befürchtungen der privaten Jägerschaft, können zu einem Aufbrechen der traditionalen jagdlichen Strukturen führen, zu einer Lockerung des Zusammengehörigkeitsgefühls, zu einem Verlust der Identität, die jedoch - bei allem gehörigen Respekt - eine Vielzahl ihrer Wurzeln in der Zeit zwischen 1934 und 1945 findet[211]. Die Tatsache, dass sich die bisherige Jagdwissenschaft hauptsächlich

---

207 Vgl. dazu auch die Ergebnisse bei Klaus Maylein, Jagd und Jäger in der modernen Gesellschaft, S. 36ff, S. 65ff und S. 90ff. Weiterhin bei Ulrich Schraml, Die Normen der Jäger, an verschiedenen Stellen aus dem jeweiligen Kontext. Die Kluft zwischen Orthodoxie und Heterodoxie ist auch in der Gegenwart noch hoch aktuell und überall im Jagdgeschehen und den Diskussionen um die Jagd spürbar. Einen guten Weiser für jene Diskussionen bietet das Wild und Hund Forum unter der URL: http://www.wildundhund.de.

208 Vgl. dazu auch im neuen Fritz Nüsslein, Das praktische Handbuch der Jagdkunde, BLV Verlagsgesellschaft mbH, München 2003. Auch hier werden nach wie vor die Traditionen der orthodoxen Jägerschaft bedient. Sei es die Altersansprache beim Rehwild, die daraus ableitbaren Handlungsmaxime der Jägerschaft, sei es die Fütterung des Wildes in der Notzeit, das Kurzhalten der Räuber, etc. Daneben auch bei Hermann Schulze, Der waidgerechte Jäger, S. 96ff („Die Bejagung des Rehwildes"), der nach Angaben seines Verlages (Paul Parey) in 20 Jahren kaum Veränderungen am Inhalte seines Werkes vornehmen musste. Vgl. dazu das Vorwort zur 21. Auflage.

209 So in aller Deutlichkeit und anhand einzelner Forderungen nachzuschlagen in einem Positionspapier des Deutschen Jagdschutz-Verbandes zur Novellierung des Bundesjagdgesetzes, in: Das Bundesjagdgesetz. Forderungen und Tatsachen, Deutscher Jagdschutz-Verband, LV Druck im Landwirtschaftsverlag GmbH, Münster 2003.

210 Auch Wilhelm Bode und Elisabeth Emmert haben sich schon vor einiger Zeit dazu geäußert, dass der Jäger durchaus in der Lage wäre als „ökologischer Integrator" eine wichtige Rolle zu übernehmen. Er sollte gewissermaßen die anderen Landnutzer dazu motivieren, es richtig zu machen und selbst mit gutem Beispiel voranzugehen. Vgl. bei Wilhelm Bode und Elisabeth Emmert, Jagdwende, S. 285ff.

211 So werden auch heute noch die so genannten Hegeschauen in vielen Teilen der Bundesrepublik abgehalten, die als sprachlogischer Tribut an die Moderne gewertet werden können. Inhaltlich und ideologisch sind sie nach wie vor den Trophäenschauen oder umgangssprachlich: „Knochen-Olympiaden" früherer Zeiten zuzurechnen, da allein die Stirnwaffen der männlichen Stücke vorgezeigt, akribisch vermessen und nach Alter geschätzt werden. Auf kaum einer anderen Veranstaltung wie den Hegeschauen findet eine solche Anhäufung von in anderen Bereichen längst über Bord geworfenen wildbiologischen und ökologischen Unsinns statt, der so nach wie vor in der jagdlichen Ausbildungsliteratur heruntergebetet wird. Was dort stattfindet, lässt sich nur noch mit grobem Unfug vergleichen, der zudem Methode

auf private Initiativen stützte, auf passionierte Waidmänner alten Schlages und alter Schule, führte zu einer sehr effektiven Geschlossenheit des Themas und der kritische Blick wurde nur selten gewagt. Die moderne Jagdwissenschaft dagegen ist ein Konglomerat unterschiedlicher Wissenschaftszweige, eine Ansammlung all derjenigen Fachgebiete, die sich in einem engeren oder einem weitläufigeren Sinne mit der Jagd befassen. Damit wird deutlich, dass die Wissenschaft von der Jagd beinahe ausschließlich im Bereich der Naturwissenschaften zu suchen ist, was Günter R. Kühnle veranlasst hatte, die Jagdwissenschaft in Deutschland deutlich zu kritisieren[212]. So sind es heute insbesondere drei Zweige der Naturwissenschaften, die sich innerhalb der Jagdwissenschaft das Thema aufteilen: Für die Frühgeschichte der Jagd zeichnet sich die Paläoanthropologie aus, in Bezug auf die Gegenwart treten an ihre Stelle überwiegend die Wildbiologie, dazu die Forstwissenschaft und die in den letzten dreißig Jahren entstandenen ökologischen Wissenschaften als Spezialgebiete der Naturwissenschaft allgemein[213]. Doch nicht nur von Seiten der Naturwissenschaft haben sich jagdliche Autoren hervorgetan, auch die Jurisprudenz, die Nationalökonomie und die Forstwirtschaft sind vertreten. Darunter befinden sich so hervorragende Autoren wie Christian Ludwig Stieglitz, Adam Schwappach, Karl Roth, Freiherr von Wagner, Hanns Hubert Hofmann, Kurt Lindner, Karl Hasel, Hans Wilhelm Eckardt et al. Ihre jagdwissenschaftliche Bedeutung liegt nicht nur in den Sachargumenten, basierend auf dem jeweiligen Wissensstand der Zeit, sowie ihren archivarischen Leistungen, längst in Vergessenheit geratene Schriftstücke und Urkunden des frühen und hohen Mittelalters wieder hervorgebracht zu haben. Ihr Einfluss ist geradezu messbar in der Häufigkeit, in der ihre Werke in den jagdlichen Printmedien und der weiterführenden Fachliteratur zitiert werden. Neuere historische Untersuchungen rekurrieren regelmäßig auf die Alt-

hat. So schreibt Bruno Hespeler über den Sinn und Unsinn der Hegeschauen: „Mit Sicherheit sind Hegeschauen dazu geeignet, der Öffentlichkeit Beweise zu liefern, dass viele Jäger die ihnen gesetzlich auferlegte Hegepflicht ausschließlich in ihrem reviereegoistischen Sinne erfüllen. Wie sonst wäre es möglich, dass auf Rotwild-Hegeschauen, etwa im Taunus, bis zu 50 und mehr Prozent falsch geschossene Hirsche hängen? Wie wäre es bei der Beherzigung auch nur elementarer wildbiologischer Erkenntnisse möglich, dass der Anteil erlegter Jährlings-Rehböcke auf manchen Hegeschauen nur 20% und weniger beträgt, wo es doch 50% sein sollten. Wie will man einerseits glaubhaft machen, dass es kaum noch Rehwild gibt, wenn man andererseits offenbar spielend in der Lage ist, den Bockabschuss weitgehend bei den älteren Böcken zu tätigen?" Siehe dazu bei Bruno Hespeler, Jäger wohin? S. 208-209. Zu den nach wie vor bestehenden Missständen bei den Hegeschauen siehe Wilhelm Bode, Elisabeth Emmert, Jagdwende, S. 189ff.

212 Nach Günter R. Kühnle gibt es gerade in Deutschland einen Tätigkeitsbereich, der mit dem falschen Etikett „Jagdwissenschaft" aktiv sei. In Wirklichkeit handele es sich dabei fast ausnahmslos um Wildbiologie. Vgl. ebd., Der Mensch als Jäger im Spiegel seiner Vernunft, S. 74ff.

213 Einzig die Forschungsstelle für Jagdkultur in Bamberg befasst sich als eigenständige Wissenschaft außerhalb der Naturwissenschaften mit dem Thema Jagd. Nach einer kurzen Zusammenstellung von Monika E. Reiterer über die Wettstreiter in Sachen Jagdwissenschaft ist auch der „Internationale Ring der Jagdwissenschaftler" dominiert von primär naturwissenschaftlich Ausgebildeten. So ist die Jagdwissenschaft in der Tat eine Naturwissenschaft und insofern gemäß den Grundsätzen der Anthropologie, der Archäologie und der Osteologie in Bezug auf die vorhistorischen Zeiten mit spekulativen Attributen versehen. Vgl. zur Jagdwissenschaft als Naturwissenschaft bei Monika E. Reiterer, Ärgernis Jagd, S. 172f.

meister der Jagdgeschichte, ohne jedoch in einem adäquaten Umfang tatsächlich neuere Erkenntnisse[214] gewinnen zu können. Auch Jörg Jarnut stimmt hier mit mir insofern überein, als er attestiert, dass bis heute keine zusammenfassende Darstellung der Jagdgeschichte des frühen Mittelalters existiert, die von einem Mediävisten geschrieben worden wäre[215]. Man hat den Blick auf die Jagd über den Rand des Urtriebs, des aristokratischen Zeitvertreibs, der Distinktion und der Körperertüchtigung oder des Kriegshandwerks hinaus kaum gewagt. Jagd wurde als Randerscheinung abgetan, oftmals gar in den Arbeiten über die höfische Gesellschaft - im Übrigen auch bei Norbert Elias (Die höfische Gesellschaft) - gänzlich missachtet und in der Gegenwart sozialwissenschaftlich gemieden. Aufgrund der Enge der Jagdwissenschaften bildeten jene Werke der Altmeister die Grundlage für weitere Arbeiten im Bereich der Jagdgeschichte. So haben die Vorgänger mit den großen Namen die jeweiligen naturwissenschaftlichen Überlegungen auf der Suche nach einem Motor der Zivilisation kurzerhand in ihre Deskription miteinbezogen und die Geschichte der Jagd durch die Epochen der Zivilisation auf tönernen Füßen errichtet. Ihnen nach folgten mehrere weitere jagdgeschichtliche Werke, die an den bedeutenden Werken der „Alten" nicht vorbeikamen und jene zur Basis ihres Forschens machten. So sind sie am Mythos der Jagd nicht ganz unschuldig; die Geschichte der Jagd erfuhr eine deutliche Reduktion ihrer soziologischen Komplexität. Dichtung und Kunst, beide reich an jagdlichen Einflüssen, erlagen ebenso diesen Betrachtungen über die Dekaden hinweg, wie es die Literatur seit Gaius Julius Caesars „De bello gallico" tat. So haben wir in der Bundesrepublik zwar einen großen Fundus an jagdhistorischen Materialien, auf der anderen Seite aber kaum soziologische Arbeiten, die sich dem Thema Jagd und Jäger von Seiten sich verändernder gesellschaftlicher Anforderungen nähern und ihre Funktion innerhalb der jeweiligen Gesellschaftsordnung herausarbeiten, respektive der Legitimationsfrage nachgehen. In den jagdlichen Printmedien der Gegenwart und auch in der jagdlichen Belletristik überwiegt ein fehlendes Problembewusstsein, welches meiner Meinung nach ursächlich auf die historische Tradition der Jagddarstellungen zurückzuführen ist. Jagd wird hier statisch gedacht, gesellschaftliche und wissenschaftliche Forderungen als Einschnitt in ein jagdliches und jägerisches Selbstverständnis gewertet, welches dem Anschein nach über Jahrhunderte gewachsen ist und auf Traditionsbestände rekurriert, die jeder gesellschaftlichen Forderung erhaben erscheinen. Dabei wird die - zugegeben oftmals hintergründige - Funktion der Jagd und ihr Wandel über die Jahrhunderte vollkommen verdrängt. Verdrängt werden offensichtlich auch die tatsächlichen Traditionsinhalte der deutschen Jägerei, als da wären die aus dem Französischen übernommene Parforcejagd mit der Hundemeute auf den Hirsch[216], das so genannte „eingestellte Jagen", das Fuchs-

[214] Das gilt natürlich nur in einem verallgemeinernden Sinne, da regionalspezifisch durchaus lesenswerte und mit unverzichtbaren Erkenntnissen gespickte Untersuchungen zustande kommen. Dennoch kommen auch diese Arbeiten oftmals nicht ohne einen einleitenden Abriss der bekannten Jagdgeschichte aus, der aus den Quellen der genannten Autoren gespeist wird.

[215] Vgl. dazu bei Jörg Jarnut, Die frühmittelalterliche Jagd unter rechts- und sozialgeschichtlichen Aspekten, in: Settimane di studio del Centro italiano di studi sull`alto medioevo 31/1, S. 766.

[216] Die Parforcejagd war keine Erfindung der Franzosen. Schon bei den altiranischen Völkern wurde diese Art der Jagd auf den Hirsch zu Pferd und vermutlich auch mit vielen Hunden gerne ausgeübt. Vgl. dazu bei Klaus Böhme, Vom Steinwurf des Vormenschen zum Waid-

prellen und die riesigen Überlandjagden wie z. B. der württembergischen Herzöge, bei denen nicht selten mehrere tausend Stück Wild niedergeschossen wurden. Auch die Jagd mit der Hundemeute auf alles Wild, dessen man habhaft werden konnte, die Tötung des Wildes durch den Hund, die Verwendung lebender und gezähmter Hirsche und Wildschweine, die Vogeljagd mit Leimruten, die Tötung trächtiger und führender Stücke etc. sind im Verhältnis zur historischen Dauer ihrer Praxis weit mehr Tradition als alle unsere jagdlichen Bräuche und Anschauungen heute zusammen genommen[217]. Diese für heutige Verhältnisse vielleicht grausame Art zu jagen, das regelrechte Abschlachten des Wildes, ist um ein Vielfaches mehr Tradition, als die Hege und das selektive Erlegen des Wildes nach Abschussplänen - die unter wildbiologischen Aspekten das Papier nicht wert sind auf denen sie stehen - wie es seit der zweiten Hälfte des 20. Jahrhunderts der Fall ist. Auf jene wahren Traditionsinhalte scheinen die bundesdeutschen Jäger jedoch nicht besonders stolz zu sein. Auch hier scheint man die Realitäten, die Gepflogenheiten der Zeit vergessen zu haben oder man will nicht an sie erinnert werden. Der Einfluss der modernen Gesellschaft auf Jagd und Jäger wird auf eine ähnliche Weise nicht ernst genommen, zurückgewiesen oder schlichtweg verkannt. Aber: in historischer Kontinuität lässt sich belegen, dass es Zeit und Raum sind, die über die Funktion der Jagd und die Art zu jagen bestimmen; das ist im Wesentlichen der Kern der Sache und sollte Bestandteil einer neueren Jagdwissenschaft werden.

2.2.6.1 Kritik an den Urquellen der Jagdgeschichte (Caesar und Tacitus)

Es sind insbesondere zwei Werke, die die Jagdgeschichte stark beeinflusst haben: Caesars „De bello gallico" und Tacitus´ „Germania". Aus diesem Grunde soll hier auf beide Schriften etwas näher eingegangen werden, um das historische Dilemma der Jagd zu verdeutlichen. Die Rekonstruktion germanischer Geschichte liegt überwiegend in der Leistung römischer Geschichtsschreibung verborgen. Die Anfänge der germanischen Geschichtsschreibung sind aber nicht auf die Erzählungen eines sich ethnographisch versuchenden Caesars und des späteren Tacitus zu reduzieren, sondern vielmehr auf griechische Quellen zurückzuführen. Bereits um die Mitte des vierten Jahrhunderts v. Chr. wurde neben Teilen Germaniens auch Britannien von dem Griechen Pytheas von Massilia im Rahmen einer wissenschaftlichen Forschungsexpedition besucht[218]. Erst mit den großen Wanderbewegungen der Kimbern und Teutonen in den letzten zwanzig Jahren des zweiten vorchristlichen Jahrhunderts flossen die griechischen und zunehmend römischen Quellen dann etwas reicher. Aber: es bleiben externe, von außen betrachtende Quellen;

---

werk der Antike, S. 181ff. Weiterhin bei Wolfgang Knauth, Das altiranische Fürstenideal von Xenophon bis Ferdousi, S. 112-119. Beide Autoren beziehen sich auf die Schriften Xenophons. Einzig die kulturelle Überfeinerung der Jagd auf einen einzelnen Hirsch bleibt den Franzosen zuzuschreiben.

[217] Die meisten unserer jagdlichen Traditionen sind gerade einmal rund 70 Jahre alt. Es sind waidmännische Verhaltensstandards, die zwar nicht dem stetigen Vorwurf, „nationalsozialistisch" zu sein, gerecht werden, die jedoch im Nationalsozialismus ein „günstiges" Milieu fanden, welches die unbedingte Durchsetzung jener Standards diktatorisch erlaubte.

[218] Vgl. bei J. Bühler, Die Germanen in der Völkerwanderung, S. 12f.

geschrieben aus dem Blickwinkel militärischer oder ökonomischer Intentionen fremder Invasoren oder Kaufleuten. Darüber hinaus weiß man zwischenzeitlich, dass die antike Geschichtsschreibung nicht allein auf historischen Tatsachen beruhte, sondern die Schaffung eines historischen Kunstwerkes mit der Behandlung des geschichtlichen Rohmaterials verfolgte. Während die antiken Hochkulturen Ägyptens, Hellas´ und Roms schon Jahrhunderte vor Caesar und Tacitus oder eines Pytheas von Massilia eine interne Geschichtsschreibung durch ihre führenden Philosophen, Rechtsgelehrten und Staatsmänner in großem Umfange für die Nachwelt hinterließen, ist uns kein auch nur annähernd detailliertes, originäres Dokument aus dem germanischen Kulturkreis bekannt[219]. Die Ursachen für eine fehlende Schriftkultur der Germanen sind sicher vielschichtig; dennoch müssen sie wohl zu einem guten Teil auch in den Auswirkungen der großen Migrationsbewegungen der Völkerwanderungen zu suchen sein. Fehlende Staatlichkeit[220] und insbesondere fehlende Städtekultur waren vermutlich Teil jenes Ursachenkonglomerats relativ primitiverer Zivilisation der germanischen Stämme und Völkerschaften. An anderer Stelle wird in diesem Zusammenhang noch der Einfluss der Nichtsesshaftigkeit, des Nomadentums, auf die anzutreffende Ebene der Zivilisation verdeutlicht werden. Zwar lässt sich für die Germanen die Sesshaftigkeit bereits in wesentlich früherer Zeit zumindest partiell nachweisen, ihre Kontinuität wurde jedoch im Verlaufe der starken Migrationsbewegungen bis zum Untergang Roms mehr oder weniger häufig durchbrochen. Den Anfang dazu bildet mit einiger Sicherheit der Zug der Teutonen und Kimbern, der von der Nordküste bis in die Ostalpen, Süddeutschland und Gallien führte und schließlich mit einer vernichtenden Niederlage gegen die Römer unter dem Feldherrn Marius bei Aquae Sextiae und Vercellae endete[221]. Dieses Zusammentreffen der nördlichen Völkerscharen mit dem Römischen Reich bildete den Auftakt der nachfolgenden Römerkriege und der römisch gefärbten, heroisierenden und mit dem Zerfall Roms zunehmend moralisierenden Geschichtsschreibung Germaniens. Da Roms Kontakte mit den Germanen zumeist kriegerischer Natur waren, ist es nicht verwunderlich, dass das jahrhundertelang für die Geschichtsschreibung bedeutendste Werk von einem Feldherrn wie Caesar stammt. Neben den persönlichen Erinnerungen des Feldherrn und späteren Diktator Roms bleibt dem Leser ein zweites Werk aufgrund der

[219] M. Marx-Kruse und E. von Campe, Chronik der Deutschen Jagd, S. 8f, benennen als Quellen in erster Linie Caesar, Tacitus, Plinius und Livius, die über Germanien um das Jahr 1 unterrichten, da originäre schriftliche Zeugnisse der Germanen selbst fehlen. Wie sehr antike Schriftstücke, trotz des Zeitzeugnisses, das sie liefern, nicht frei von spekulativen Darstellungen und Vermutungen sind und sein können, beschreibt auch Klaus Böhme in seiner Illustrierten Jagdgeschichte. Durch die externe Betrachtung einer fremden Kultur, der man sich lediglich durch kriegerische Auseinandersetzungen annähert, bleibt ohnehin eine nötige Objektivität und Einsicht kaum gewahrt.

[220] Die germanischen Stämme, Volksgruppen und Völkerschaften hatten die kulturellen Errungenschaften und Höhepunkte des hellenischen, mesopotamischen, ägyptischen und römischen Kulturkreises, die sich in Recht, Staat und Politik herauskristallisierten, nicht erreicht. Joseph Rovan, Geschichte der Deutschen, S. 24f, bezeichnet demgegenüber den kriegerischen Geist und den kollektiven Wandertrieb als eigentliche kulturelle Leistung der germanischen Völker. Auch A. Heusler, Deutsche Verfassungsgeschichte, S. 4, rekurriert auf die fehlende Staatlichkeit der germanischen Kriegervölker zu Zeiten der Feldzüge Caesars.

[221] Vgl. dazu die Römerkriege bei Hans Planitz, Deutsche Rechtsgeschichte, S. 15.

Häufigkeit seiner Erwähnungen im Gedächtnis haften, die „Germania" des Tacitus. Während die Gallischen Kriege den (relativen) Vorteil der Erlebniserzählung, des autobiographischen Stils haben, bleibt dies bei der Germania zu vermissen. So ist die Germania zuweilen stark an Caesars Autobiographie angelehnt, zum anderen Teil aber auch abweichend in ihren Betrachtungen und Schlussfolgerungen. Von einiger Bedeutung für die vorliegende Arbeit ist hier der Stellenwert der Jagd innerhalb der germanischen Lebensweise zu nennen[222]. Im Gegensatz zu Caesar hat Tacitus die von ihm beschriebene Kultur der Germanen und ihren Lebensraum zu seinen Lebzeiten nicht gesehen. Überwiegend auf Erzählungen Dritter, vermutlich Soldaten, sowie der Rezension vorhandener Quellen, insbesondere des Werkes Caesars, dürfte demnach seine Germania basieren. Hinreichend fundierte Fakten über die rechtsrheinische Vergesellschaftungsgeschichte sind damit von seiner Seite kaum zu erwarten. Im Umkehrschluss können jedoch Caesars Memoiren, auch wenn ihnen persönlich Erlebtes zugrunde liegt, nicht im Sinne einer Sozial- und Kulturstudie der besiegten Völker betrachtet werden, zumal sich Caesars Feldzüge und die Kultur der Germanen lediglich an deren Peripherie berührten[223]. Es spiegeln sich vielmehr die ganz subjektiven Kriegserinnerungen während der neun Jahre dauernden Auseinandersetzungen mit den gallischen und germanischen Stämmen darin wieder. Letztlich bleibt Caesar denn auch im römischen Denken verhaftet. Er beschreibt die gesellschaftlichen und politischen Verhältnisse aus dieser Haltung heraus insofern nicht ganz zutreffend, als er sie unwillkürlich mit den römischen Zuständen vergleicht und sie auch, da er die römische Terminologie benutzt, diesen zuweilen angleicht. Darüber hinaus scheint ein Merkmal römischer Geschichtsschreibung, sofern sie außerrömische, besiegte und unterworfene Völker und Völkerteile zum Gegenstand hatte, ein bestimmtes Maß moralischer Denunziation gewesen zu sein[224]. Inhaltlich kommen in Caesars Werk Wahrheit und Dichtung bzw. unreflektiert Eingang gefundene Erzählungen Dritter (Jägerlatein) eng

---

[222] Während Caesar Jagd und Krieg in den Mittelpunkt des germanischen Verlangens und Wirkens stellt, bemisst ihr Tacitus einen nur noch nachgeordneten Stellenwert. Vor der Jagd beschreibt er den Müßiggang, den Schlaf und den Schmaus als an erster Stelle stehend. Vgl. bei Tacitus, Germania, cap. 15, S. 13f. Die Diskrepanz innerhalb des jagdlichen Stellenwertes der germanischen Stämme zwischen Tacitus und Caesar greift auch Jörg Jarnut auf. Dennoch kommt er zu dem Schluss, dass Caesar als Quelle authentischer sei als Tacitus. Im Weiteren übernimmt er die Darstellungen Caesars und nimmt sie als Ausgangspunkt für die Jagdverhältnisse der Völkerwanderungszeit. Vgl. dazu bei Jörg Jarnut, Die frühmittelalterliche Jagd unter rechts- und sozialgeschichtlichen Aspekten, in: Settimane di studio del Centro italiano di studi sull`alto medioevo 31/1, S. 767f.

[223] 58 v. Chr. schlug Caesar Ariovist bei Mühlhausen, was die Germanen veranlasste in rechtsrheinisches Gebiet zurückzukehren. Die Migrationsbewegungen zu jener Zeit waren von Osten kommend und nicht nach Westen drängend. Die Hauptberührungspunkte von Caesars Armeen mit der germanischen Kultur waren jedoch noch überwiegend auf linksrheinisches Gebiet beschränkt. Allerdings werden an verschiedenen Stellen des Gallischen Krieges germanische Soldaten auch als Verbündete Caesars beschrieben, so z. B. in der berühmten Belagerung Alesias, welche zum Sieg über Vercingetorix führte. Gaius Iulius Caesar, Der Gallische Krieg, Erstes Buch, 34(1)ff und Klaus Böhme, Vom Steinwurf des Vormenschen zum Waidwerk der Antike, S. 200f.

[224] Vgl. dazu Marieluise Deissmann im Nachwort, Der Gallische Krieg, S. 353f. Allerdings gilt dies für Tacitus schon nicht mehr, der vielmehr den Verfall der eigenen Nation im Spiegel germanischer Urtümlichkeit anprangerte.

beieinander zu liegen[225]. Wie sehr er damit die Geschichtsschreibung, wenn auch nur im Detail, tatsächlich beeinflusst hat, lässt sich sehr anschaulich bei Keudell nachlesen. Dieser hatte noch im Jahre 1837 die von Caesar beschriebene faunistische Kuriosität des Elchtieres (alces?) ohne Knöchelgelenk sowie die Art seiner Bejagung unreflektiert als Tatsache repetiert[226]. Und noch etwas stimmt den aufmerksamen Leser kritisch: im „Physiologus" (Der Naturkundige), einem um etwa 200 n. Chr. erschienenen Volksbuch, wird dieselbe Kuriosität Wort für Wort für den „im Gebirge"(!) lebenden Elefanten beschrieben[227]. Hält man sich die Entstehungsgeschichte des Physiologus vor Augen, so war der Verfasser vermutlich Zeitgenosse des Tacitus, des Iuvenal oder eines Gellius. Allerdings meint Otto Seel, dass die ganze Entstehungsgeschichte sich auf mehrere Jahrhunderte erstreckt haben dürfte, bevor das Büchlein um das Jahr 200 n. Chr. entstanden sei. Es können also Teile davon bereits Caesar oder aber Tacitus bekannt gewesen sein oder aber

---

225 Diese Kritik muss sich Caesars Werk gefallen lassen, da er sich offensichtlich bei der Abfassung seiner Gedanken auch auf Aussagen Dritter verlassen hat, die ihm bei jener Gelegenheit nicht nur das wohl erste schriftlich überlieferte Jägerlatein zukommen ließen, sondern darüber hinaus auch möglicherweise Unwahrheiten sozialer, politischer und kultureller Art einstreuten. So wird im Sechsten Buch, 27(1)ff von einem Tier (Elch, alces?) berichtet, welches mangels Gelenkknöchel keine Ruhestatt am Boden finden kann, sondern sich zur Ruhe an einen Baum lehnen muss. Um es zu bejagen, graben die germanischen Jäger die bevorzugten Schlafbäume an, so dass sie bei Belastung umfallen und das Tier aufgrund der physischen Behinderung am Aufstehen gehindert bleibt und damit erlegt werden kann. Authentisch, aus der Sicht Caesars, kann jene Episode kaum sein; deshalb auch die Befürchtung, dass sich noch weitere unreflektierte Aussagen in Caesars Werk befinden, die sich nicht auf das jagdliche Gebiet beschränken müssen.

226 Siehe bei J. Keudell, Geschichte des Forst- und Jagdwesens von Teutschland, S. 80. Das Keudell gleich Caesar hier einer frühen Form des Jägerlateins aufgesessen ist, führt auch Reinhardt Voss, Jagdhumor und Jägerlatein, in: Wild und Weidwerk der Welt, Herausgegeben unter dem Ehrenschutz des Bundesministeriums für Land- und Forstwirtschaft und der Österreichischen Landesjagdverbände, S. 660, an. Ebenso bei Walter Frevert, Das jagdliche Brauchtum, S. 60.

227 Er besagt: Auch er (der Elefant, Anm. d. V.) habe keine Kniegelenke, deren Fehlen ihn zwingt sich zum Schlafen an einen Baum zu lehnen. Diesen Baum gräbt der Jäger an, auf dass der Elefant der Länge nach hinfällt. Findet der Jäger ihn so, dann macht er mit ihm zu seinem Vorteil, was er will. Kommt aber kein Jäger, wie kommt der Elefant dann wieder hoch? Er schreit mit klagender Stimme bis ein weiterer Elefant kommt. Da dieser dem Gefallenen nicht helfen kann, schreien nun zwei Elefanten, und unter ihrer Stimme kommen zwölf Elefanten, die ihn dennoch nicht aufheben können. Jetzt schreien die vierzehn Elefanten und es kommt ein kleiner auf ihr Rufen, der seinen Rüssel unter den Gefallenen legt und ihm aufhilft. Was hat das zu bedeuten? Der einzige Unterschied zu Caesars Erzählung ist der, dass der Physiologus ein Gleichnis beschreibt. Es sei, so der Physiologus, das Abbild von Adam und Eva. Als Adam und sein Weib im Garten Eden waren, wussten sie nichts von Vereinigung und dachten nicht ans Beisammensein. Aber als Eva vom Baume aß und ihrem Manne davon gab, da erkannten sich beide und Eva gebar Kain. Als nun der große Elefant kam, das ist: das Gesetz, da konnte es den Gefallenen nicht aufrichten. Darauf kamen die zwölf Elefanten, das ist die Schar der Propheten, und auch diese konnten ihn nicht aufrichten. Später als alle anderen kam der kleine Elefant, Christus der Gott, und richtete den Gefallenen auf. Denn der der Oberste von allen war, nämlich Christus und der neue Adam, ist geringer geworden als alle. Erniedrigt hat er sich selber, die Gestalt eines Knechtes annehmend, auf dass er alle errette. Nicht durchweg wortwörtlich, so doch zitiert nach „Der Physiologus" – Tiere und ihre Symbolik, übersetzt von Otto Seel, S. 64ff.

sie wurden im Verlauf der (früh-) mittelalterlichen klösterlichen Übersetzungstradition dem ursprünglichen Werk zugefügt. Einen nachhaltigen Einfluss hat es auf jeden Fall hinterlassen. Doch zurück zum „De bello gallico". Wenn sich selbst offenkundig in das Reich der Fabel zugehörige Bestandteile des Gallischen Krieges bis in das aufgeklärte 19. Jahrhundert hinein halten konnten, um ein wie vielfaches höher ist dann die Gefahr, dass sich Falschaussagen und Vermutungen über die germanische Lebensart und Kulturgeschichte in der Geschichtsschreibung bis in die Gegenwart multiplizieren konnten? Ein weiteres Indiz für möglicherweise berechtigte Zweifel an Caesars detailgetreuer Objektivität und Wahrheitsliebe in seinen Schriften findet man nach der Niederlage des Pompeius bei Pharsalos im Jahre 48 v. Chr. Während auf der Seite der Pompeianer 15.000 Mann gefallen sein sollen, behauptete Caesar selbst nur etwa 200[228] Mann verloren zu haben.

Im Großen und Ganzen möchte ich an dieser Stelle mit der Kritik dieser antiken Quellen ein Ende finden, wobei die Leistung Caesars für die Geschichtsschreibung nicht geschmälert werden soll. Ohnehin ist die antike römische und griechische Geschichtsschreibung von der modernen letztendlich zu unterscheiden. Während letztere versucht Fakten und Erkenntnisse wertfrei zu sammeln und dem Leser objektiv zur Verfügung zu stellen, will der antike Geschichtsschreiber ein literarisches Kunstwerk für die Nachwelt schaffen. Gerade für Gallien, in dem er ein Jahrzehnt Krieg geführt hatte, sammelte und erbrachte Caesar nachhaltige geographische und ethnographische Erkenntnisse, die sich in der Literatur bis heute erhalten haben. Mit der Nachhaltigkeit von Caesars Werk, ihrem Niederschlag in der Tradition der Geschichts- und Rechtswissenschaft, ist letztendlich auch der Rahmen des Dilemmas umrissen, welches sich darstellt. Durch die geschichtswissenschaftliche Präsenz des „De bello gallico", insbesondere in der Jagd- und Forstliteratur verbleibt kein allzu großer Spielraum. Im Gegenteil: es ist dieser Tradition wenigstens bis zu einem gewissen Grad Rechnung zu tragen, zumal eine andere Vorgehensweise hieße, einige der bedeutendsten naturwissenschaftlichen Forst- und Jagdhistoriker außer Betracht zu lassen[229]. Ohnehin ist die Jagdgeschichte in ihrer Dimension der unhaltbaren Interpretationen nur dann erkenntlich zu machen, wenn man die Jagdhistoriker im Vergleich zu neueren osteologischen Erkenntnissen zu Worte kommen lässt. So ist es mir ein Grundanliegen, einige Kontinuitäten in der wissenschaftlichen Betrachtung der Jagdgeschichte kritisch zu hinterfragen und an möglichen alternativen Interpretationen zu bemessen. An anderer Stelle wird man sehen, dass der Jagd mit dem Schwinden ihrer (primitiv-ökonomischen) Selbstverständlichkeit im Zuge der Zivilisation andere Bedeutun-

---

228 Vgl. zum Zweifel am Wahrheitsgehalt Caesars Schriften Will Durant, Caesar und Christus, S. 208 unter Bezug auf Plutarch. Allerdings fand ich bei Plutarchs Lebensbeschreibungen großer Helden Griechenlands und Roms, S. 462ff und S. 487ff lediglich Hinweise darauf, dass die Anzahl der gefallenen Soldaten bei Pharsalos 6.000 nicht überschritt und ansonsten die Zahlenverhältnisse sehr zu Gunsten Caesars standen. So verlor Caesar in der Schlacht bei Thapsus (46 v.Chr.) nur 50 Mann, während Scipio, Juba und Afranius 50.000 Mann verloren haben sollen.

229 So z. B. Schwappach, Keudell, Stieglitz, Marx-Kruse/Campe, Hasel, Mantel, Craner, etc. Einzig Kurt Lindner relativiert manche Aussage des Gallischen Krieges, um sie nicht unreflektiert als historisches Faktum zu akzeptieren.

gen und Funktionen zugemessen wurden. Wann diese Brüche in der Jagdhandlung stattfanden, ist keineswegs unstrittig. Selbst die oftmals ins Feld geführte pharaonische Jagd im alten ägyptischen Reich bleibt aufgrund der Unstimmigkeiten der Quellen und ihrer Interpretationen fragwürdig und zumindest ambiguos. Die Problematik der ägyptischen Jagdgeschichte liegt dabei - und selbiges gilt in weiten Teilen sicher auch für das neue ägyptische Reich - darin, dass nur äußerst beschwerlich zwischen Symbol und Realität eine Unterscheidung getroffen werden kann. Die Darstellung jagdlicher Handlungen auf Sarkophagen und Wandreliefs lässt noch keine signifikante Aussage über die Praxis und den Stellenwert der realen Jagdhandlung zu. Auch die Tatsache, dass die Jagd in der Kultur der Germanen bereits in der frühen Metallzeit keinerlei wirtschaftliche und existenzielle Rolle mehr spielte, bringt die oftmals in der Literatur vertretene Auffassung von der wirtschaftlichen Bedeutung der Jagd in der hoch entwickelten ägyptischen Gesellschaft in Beweisnot. Allein die jagdlichen Symbole, die unter den Pharaonen einen bedeutenden rituellen und magischen Stellenwert hatten, können eine Jagdökonomie oder ausgeprägte Jagdlust der Herrscher nicht beweisen. Allerdings bleibt zu beachten, dass das Staatswesen der Ägypter eine gänzlich andere Struktur hatte als das des republikanischen Roms und der Stammesgesellschaften Germaniens. Zurückkommend auf die germanische Jagd bleibt im Rahmen der nächsten Kapitel noch aufzuzeigen, dass ein deutlicher Funktionswandel hinsichtlich der Jagd tatsächlich stattfand. Allerdings wird dieser - zumindest für uns nachweisbar - nicht vor dem ausgehenden frühen oder gar hohen Mittelalter in Erscheinung getreten sein, da das freie Jagdrecht prinzipiell jedem bis in jene Zeiten offen stand[230]. Erst die endgültige Auflösung der Stammesstrukturen und die Etablierung der Herrschaft einer adligen Oberschicht radierten die früheren republikanischen Elemente wie das Volksthing allmählich gänzlich aus. Die Herrschaft des Adels und sein Verlangen, die Freiheit des Volkes zu beschneiden, es zu beherrschen, haben zu einer Privilegierung des ehemals freien Rechtes zur Jagd geführt, welches so über spezifische Exklusionen und Inklusionen den Herrscher in die Lage versetzen konnte, Räume zu kreieren, Ordnungsvorstellungen durchzusetzen, Herrschaft über Menschen auszuüben und seine Absolutheit zu demonstrieren. Solange die Strukturen einer Gesellschaft eine solche Entwicklung nicht gestatteten, solange blieben Notwendigkeit und Effekt aus. Weder im republikanischen Rom noch in den Stammesgesellschaften Germaniens ist davon auszugehen, dass die Jagd ein Herrschaftsrecht und damit ein Herrschaftsinstrument gewesen sein kann. In beiden Gesellschaften, auch wenn sie noch so unterschiedlich waren, blieb dem Volk, dem Kriegerbauern, die Aufgabe zugewiesen, über die Freiheit zu wachen. Erst die feudalen und absolutistischen Adelsherrschaften der frühen Neuzeit führten vor dem Hintergrund territorialer Zersplitterung und gegenseitiger Abgrenzung zu einer drastischen Änderung der Situation (vgl. dazu auch in Kapitel 5 den Verlust des Bauern als wehrhaftem Garanten für die Stabilität des Staates). Dass jedoch die Gründe für eine herrschaftspolitische Funktionalisierung der Jagd nicht nur eindimensional waren, wird an einem kleinen Beispiel deutlich. Wäre z. B. ein römischer Senator in der Republik oder aber der Kaiser in der Zeit der römischen Spätantike

[230] Vgl. dazu bei Jörg Jarnut, Die frühmittelalterliche Jagd unter rechts- und sozialgeschichtlichen Aspekten, in: Settimane di studio del Centro italiano di studi sull`alto medioevo 31/1, S. 770ff.

auf die Idee gekommen, das römische Jagdrecht auf den Adel und die Ritterschaft zu beschränken, so hätte dies aller Wahrscheinlichkeit nach keinerlei Auswirkungen haben können. Die Jagd spielte nach den Quellen in Rom und für die Römer einfach keine weiterführende Rolle, was einer der Gründe dafür war, dass Kaiser Hadrian mit seinem Vorhaben der Virtus-Konzeption mit Hilfe der Jagd (siehe ausführlich in Kapitel 6) scheitern musste. Als eine der wenigen Ausnahmen sei jedoch an die Jagdsymbolik erinnert, die in der Gestaltung der römischen Sarkophage der Oberschicht dennoch zu einiger Bedeutung gelangte. So erwuchs zwar dem Jagdmotiv auf den römischen Sarkophagen einige Bedeutung; aufgrund der Kontinuität der Motive, der ständigen Wiederholung der Darstellungen und der Tatsache, dass auch Kindergräber mit denselben jagdlichen Motiven versehen wurden, ist jedoch der Schluss zu ziehen, dass der Bezug zum Toten nicht realistisch, sondern religiös (respektive magisch) zu begründen ist. Die Symbolinhalte des Löwen reichen denn auch in der Antike von einer positiven Nähe zu Fruchtbarkeits- und Liebesgöttern bis hin zu einer negativen Implikation als unheil- und todbringendes Untier[231]. Die „jagdliche" Überwindung des Löwen ist insofern die Überwindung des Todes und damit die Voraussetzung, den Weg für ein Leben nach dem Tode zu ebnen. Dazu bedurfte es jedoch nicht der realen Tötung eines Löwen im Leben des Verstorbenen, allein die symbolische Erlegung anhand choreographierter Bilddarstellungen reichte bereits vollkommen aus, um das Gewollte zu versinnbildlichen. Soviel zunächst zur Kritik an den Quellen. Im Resultat soll hier festgehalten werden, dass die tatsächliche Rolle der Jagd aus den Überlieferungen und deren Nachbearbeitung durch die Jagdhistoriker offensichtlich nicht erkannt wurde. Was dagegen die konsequente Verfolgung der Strategie der Hinterfragung gesamtgesellschaftlicher und epochenspezifischer Charakteristika zu erbringen in der Lage ist, wird in den kommenden Kapiteln sehr ausführlich dargestellt werden.

2.3 Der Mythos der Jagd und die Bausteine seiner Kritik

2.3.1 Einleitung

Neben den antiken Autoren waren es die Ideen der seit dem 19. Jahrhundert als Teile der Naturwissenschaft entstandenen Paläontologie bzw. Anthropologie, die zunächst auf überwiegend theoretischer Überzeugung und – darauf aufbauend – zusehends naturwissenschaftlich von Thomas Huxley, Ernst Haeckel und Charles Darwin öffentlich publiziert wurden. Mit der Hilfe jener neuen Wissenschaften wurde versucht, den Mythos der Jagd nun wissenschaftlich zu stützen[232]. Die Anth-

---

231 Vgl. dazu Udo Becker, Lexikon der Symbole, S. 174f.

232 Jener Mythos existiert auch in der modernen Gesellschaft, insbesondere in den Köpfen derjenigen Jäger, die sich mit einer zweckgerichteten Funktionalisierung ihrer auf traditionellen Anschauungen basierenden Jagdpraxis nicht abfinden können. So heißt es noch im DJV Handbuch Jagd 2003, S. 7: „Entwicklungs- und Kulturgeschichte der Menschheit sind mit der Jagdgeschichte eng verzahnt. Schließlich stand die Jagd mit an der Wiege menschlicher Kultur, deren Grundpfeiler wir heute in Sozialordnung und Recht, Wirtschaft und Technik, Sprache, Musik und bildender Kunst sehen". Motive für den Einzelnen, überhaupt zur Jagd zu gehen, hören sich dann in nicht wenigen Fällen etwa so an: „Ich jage, weil ich geboren wur-

ropologie und die ihr angeschlossenen Disziplinen, die sich erst im Verlaufe der ersten Hälfte des 20. Jahrhunderts von der ablehnenden Haltung der Konfessionskirchen und des gebildeten Bürgertums loslösen konnten, haben in Bezug auf die Evolutionsgeschichte des Menschen auch heute noch keinen ganz unzweifelhaften Stand erreicht. Als Wissenschaft natürlich schon, nicht jedoch in Form gesicherter und nach allen Richtungen standhaltender Wissensbestände. Waren es zunächst die christlichen Vorbehalte die es nicht gestatteten, sich den Menschen als aus dem Affen[233] entwickelnd zu betrachten, so waren es später die Unzulänglichkeiten der technischen Hilfsmittel und Analysegeräte, die jeweils nur beschränkte Erkenntnisgewinne zuließen. Auch heute existiert eine relative Schnelllebigkeit der jeweils aktuellen Erkenntnisse, die eben nur solange Bestand haben, als dass sie durch wiederum neuere Resultate abgelöst werden. Neben den technischen Fortschritten sind es auch die zunehmenden Wissensbestände auf dem Gebiet der geologischen und ökologischen Wissenschaften, die die Anzahl der auf die Evolution zu beziehenden Größen regelmäßig erhöhen. Jeder Spatenstich, aber auch jede rationale Auseinandersetzung mit dem Thema, weg von eingefahrenen Dogmen, kann die bisherigen wissenschaftlich auf ihre Art verifizierten Erkenntnisse revolutionieren. Nicht zu vergessen sind hier die Schritte, die in Biologie und Genetik innerhalb der letzten 20 bis 30 Jahre gemacht wurden, die ein neues Bild der Evolution nicht nur erforderlich, sondern auch erst möglich machten. Interessant ist insofern die Parallelität zur Jagdwissenschaft, bzw. zur Rollendefinition der Jagd innerhalb der Bundesrepublik Deutschland, da auch diese seit etwa den 1970er Jahren einem spürbaren Wandel unterworfen ist. Ähnlich der Anthropologie ist es auch der Kulturmorphologie[234] nicht anders ergangen, die wie die Paläontologie seit etwa 1900 große Fortschritte machte. Auch sie musste sich erst aus der Umklammerung der Religion lösen, bevor sie das Licht der aufgeschlossenen und wissbegierigen Welt erblicken konnte. So ist sowohl die Vorstellung von der Evolution des Menschen als auch seiner kulturellen Errungenschaften, insbesondere von Werkzeugen, Höhlenmalereien oder kultischen Gegenständen, eine deutende Wissenschaft, die in der Vergangenheit oftmals irrigen und voreingenommenen Maßstäben aufgesessen ist. Johann Gottfried Herder, der als Urheber der Kulturmorphologie gilt, kann mit einiger Sicherheit als früheste und bedeutendste Triebfeder dieser neuen Wissenschaften vom Menschen und seiner Entwicklung betrachtet werden. Er ging der Frage nach, wie man nachträglich den Sinn und Zweck von Gegenständen jener frühen Menschen verstehen kann (Johann Wolfgang von Goethe, ein Jugendfreund Herders, hat ihn in diesem Ansinnen verspottet, indem er sagte: „Im Auslegen seid frisch und munter! Legt ihrs nicht aus, so legt was unter!")[235]. Prinzipiell hat sich bis

---

de". Vgl. dazu bei Ulrich Schraml, Die Normen der Jäger, S. 143f. Die Frage nach der Jagdlegitimation drängt sich dann in keinster Weise mehr auf. Das ist durchaus ein häufig anzutreffendes Problem bundesdeutscher Jäger.

[233] Dass sich der Mensch keineswegs „aus dem Affen" entwickelt hat, wird noch näher dargestellt werden.

[234] Die Kulturmorphologie befasst sich mit der Deutung kultureller Gegenstände wie z. B. der Kunstwerke, Wandbilder, Höhlenmalereien, Zeichnungen, Werkzeuge, etc. Sie ist jedoch in Abhängigkeit zum Erkenntnisstand der Paläontologie zu betrachten, da die Modelle der Menschwerdung die Deutung eines Messers oder einer Zeichnung unmittelbar determinieren.

[235] Zitiert nach Eberhard Orthbandt, Illustrierte Geschichte Europas, S. 17f.

heute auf dem Gebiet derjenigen Naturwissenschaften, die sich mit der Entstehung des Menschen, seiner Kultur und insbesondere seiner vermeintlichen, ihm in die Wiege gelegten Charaktereigenschaften befassen, nicht viel verändert. Neue Funde eröffnen neue Möglichkeiten für die deutende Kulturmorphologie, und die Forscherlandschaft ist so bunt wie deren Theorien und Erklärungsansätze. So wurden die Werkzeuge der frühen Hominiden, insbesondere diejenigen der Australopithecinen, zumeist als intentionale Tötungswerkzeuge betrachtet und erst allmählich als nützliches Instrumentarium eines auf Aas angewiesenen Allesessers erkannt. Dabei spielte von den Australopithecinen bis zum Homo erectus und wahrscheinlich auch noch (mit Einschränkungen) bis zu den Neandertalern Aas eine bedeutendere Rolle als bisher angenommen wurde. Dass die Möglichkeiten der modernen Anthropologie in enger Verbindung mit dem gesamten Spektrum der Naturwissenschaften, dem technischen und geistigen Fortschritt und den sich stetig kumulierenden archäologischen Funden überproportional wachsen, lässt sich an einem Beispiel sehr anschaulich verdeutlichen. Erst in den letzten Jahren wurde mehr und mehr die ältere Theorie verworfen, die die Überzeugung vertrat, dass der jagende Mensch das Aussterben der großen Urzeitsäuger wie etwa des Wollnashorns oder des Säbelzahntigers verursacht habe. Heute werden schon eher klimatische Veränderungen am Ausgang der letzten Eiszeit und ihre gravierenden Einwirkungen auf die eiszeitliche Tundra[236] oder gar Mikroorganismen[237] in die Betrachtung miteinbezogen. Allein die Ausbreitung des Menschen, die Durchdringung der Räume und deren spätere Urbarmachung mit dem Ende der Eiszeit sowie der Beginn einer kontinuierlichen Besiedlung können den Rückgang von Arten und letztlich auch deren Niedergang nicht für sich alleine beschleunigt haben. Darüber hinaus gibt es wissenschaftliche Meinungen, die dem damaligen Menschen - ob passiv oder aktiv - jede Einwirkung innerhalb des großen Sterbens absprechen, zumal die Neandertaler zu jener Zeit selbst bereits dem Untergang[238] geweiht waren. Natürlich sind dies Spekulationen - wenn auch wissenschaftlich begründbar - aber offensichtlich darf man in einigen Naturwissenschaften, speziell in den ethnographischen und anthropologischen Wissenschaften, weitaus spekula-

---

236 So z. B. auch bei Robert Delort, Der Elefant, die Biene und der heilige Wolf, S. 284. Für einen Kälteschock spricht auch die Tatsache, dass man in den Mägen der Mammuts vollkommen erhaltene Teile von Koniferen, Birken, Erlen, Weiden und verschiedenen Steppengräsern finden konnte, die den heute in diesen Breiten wachsenden Pflanzen sehr ähnlich sind. Der Zustand der Mammuts und die Hinweise darauf, dass der Tod unmittelbar nach der Nahrungsaufnahme eingetreten sein muss, lassen die Theorie des Kälteschocks plausibel erscheinen.

237 Bereits für wesentlich frühere Zeiten nehmen die Paläontologen heute an, dass auch das Aussterben der Dinosaurier nicht alleine auf den genannten Asteroideneinschlag zurückzuführen sei, sondern wesentlich dadurch begünstigt wurde, dass zu jener Zeit Landflächen, die zuvor durch Wasser getrennt waren, auf einmal in Verbindung standen. Über diese Landbrücken konnten neue Arten, die zuvor räumlich getrennt waren, einwandern, um Nahrung konkurrieren und möglicherweise auch Mikroorganismen mitgebracht haben, die für die nicht angepassten Arten tödlich verlaufen konnten. Vgl. dazu einen Artikel von Joel Achenbach, Blut und Bein. Wissenschaftler erwecken die Saurier zu neuem Leben, in: National Geographic, Ausgabe Deutschland, März 2003, S. 63. Achenbach bezieht sich auf den Forscher Philipp Currie.

238 Zum Untergang der Neandertaler vgl. auch in diesem Kapitel an späterer Stelle.

tiver arbeiten[239] als z. B. in den Sozialwissenschaften. Aus diesem Grunde wird sich die vorliegende Arbeit dieses spekulative Element der Wissenschaft zu Eigen machen, um über entsprechende Analysen und Betrachtungen Erkenntnisse - zwar spekulativen, aber nicht von der Hand zu weisenden - Charakters innerhalb der sehr dubiosen Geschichte der Jagd herausarbeiten zu können.

2.3.2 Die Jagdhypothese und ihre Auswirkungen auf die Jagdwissenschaft

Bevor nun auf die Analyse der Rolle der Jagd innerhalb der Evolution anhand neuerer wissenschaftlicher Erkenntnisse eingegangen werden soll, ist es notwendig, die früheren Auffassungen der Naturwissenschaften aufzuzeigen, die auch heute noch nicht völlig aus den Köpfen sowohl der Experten als auch der Laien verbannt sind. Allerdings ist in diesem Zusammenhang der jeweiligen Zeit, in der sich diese Theorien verfestigten, und ihren Umständen unbedingte Rechnung zu tragen. Die Gründe dafür liegen in der Anthropologie selbst verborgen, die letztendlich immer auch dem Drang nach einer Erklärung der menschlichen Seele, ihren ureigensten Prägungen, gewollt oder ungewollt Rechnung tragen musste. Eine Wissenschaft vom Menschen, die ihn nicht nur unter biologischen Gesichtspunkten, sondern darüber hinaus unter philosophischen, pädagogischen und theologischen Aspekten analysieren will, muss sich über diese Konsequenzen im Klaren sein. Heute ist es nicht mehr wissenschaftlich haltbar den Gedankengang fortzuführen, dass die frühen Vorfahren der Hominiden bereits in einer feindlichen Umwelt und unter hohen selektiven Druck gewaltsam ihre Entwicklung vorantreiben mussten. In den ersten zwei Dritteln des 20. Jahrhunderts mögen diesen Gedanken als schlüssig betrachtet worden sein, in den Zeiten nach dem Kalten Krieg und stetiger Annäherung zwischen Ost und West wurden diesen Theorien jedoch ihre ideologischen Grundlagen entzogen. Der Anthropologe scheint sich - bedingt auch noch heute - in einer breit gefassten politisch-ideologischen Zwickmühle zu befinden, die einen nicht unbeträchtlichen Einfluss auf sein wissenschaftliches Kerngebiet nimmt. Solange es die Möglichkeit der Auswertung der unter dem Elektronenmikroskop sichtbar und damit analysierbar gewordenen mitochondrialen Desoxyribonukleinsäure[240] nicht gab, ging man davon aus, dass sich der Mensch

---

[239] So wird heute der Stammbaum der Menschen gestutzt, da Kritiker der Meinung sind, dass manche Artnamen wohl eher dem Ehrgeiz von Forschern entsprangen, sich in Lehrbüchern zu verewigen. Vgl. dazu einen Artikel von Jürgen Nakott, Menschen wie wir, in: National Geographic, Ausgabe Deutschland, Dezember 2002, S. 31. Weiterhin wird die frühere Überzeugung, dass die Neandertaler eine karnivore Lebensweise pflegten, zunehmend in Kritik gezogen. Vgl. dazu einen Artikel von Alfred Czarnetzki und Carsten M. Pusch, Die Neandertaler. Eine hoch spezialisierte Art, in: Archäologie online, unter der URL: http://www.archaeologie-online.de/magazin/thema/2001/06/c_1.php.

[240] Lange Zeit konnte man nur die DNS im Zellkern untersuchen. Sie enthält zwar die eigentliche Erbsubstanz des Menschen, in den Mitochondrien findet sich jedoch daneben eine zusätzliche Erbsubstanz, die unabhängig vom Erbgut des Zellkerns überdauert und sich fortentwickelt. Die Mitochondrien werden auch die Energie liefernden Kraftwerke der tierischen und menschlichen Zellen genannt. Während sich bei der Befruchtung einer menschlichen Eizelle das Erbgut der Zellkerne sich vermischt, werden vom Vater keine Mitochondrien übertragen. Das heißt, dass ausschließlich die Mutter das Erbgut der Mitochondrien weitergibt. Die In-

nicht allein in Afrika entwickelte, sondern daneben womöglich auch in Asien. Begründet wurde diese Annahme durch die dort gemachten Funde der so genannten Java- und Pekingmenschen, denen man irrtümlich ein höheres Alter attestierte als es sich dann später herausstellte. Dieses Modell der menschheitsgeschichtlichen Entwicklung des Homo s. sapiens nennt man das „Multiregionale Modell". Seine Anhänger gehen davon aus, dass sich der anatomisch moderne Mensch an verschiedenen Orten der Alten Welt jeweils aus den archaischen Vorgängerpopulationen entwickelt hat[241]. Würde die Wiege der modernen Menschheit tatsächlich nicht für alle heutigen Menschen an ein und derselben geographischen Stelle zu lokalisieren sein, wie es die „Out-of-Africa-2-These" vertritt, wären einem biologischen Rassismus gute Gründe in die Hand gespielt[242]. Die Untersuchungen der DNA-Sequenzen in München und deren Gegenprobe an der Pennsylvania State University[243] führten zu dem Ergebnis, dass die Neandertaler letztlich ausgestorben sind, ohne einen Beitrag für die mt-DNA des modernen Menschen geleistet zu haben. An diesem Punkt wäre dies als Negierung des Multiregionalen Modells zu deuten, da sich der moderne Mensch eben nicht aus den archaischen Populationen der Neandertaler entwickelte, sondern eine eigenständige Linie bildete. Doch zurück zu den weiteren Bestandteilen des „Anthropologen-Dilemmas": weist der Anthropologe nämlich auf der anderen Seite nach, dass bereits die frühen Hominiden mit Raub, Gewalt und Krieg ihre evolutionären Schritte vorantrieben, dann gibt er der Menschheit eine entschuldbare Erklärung für ihre destruktiven Aggressionen mit ihren Kulminationspunkten im 20. Jahrhundert an die Hand. Weist er - wie es jetzt den Anschein hat - nach, dass die längste Zeit der Evolution durch Kooperation und Friedfertigkeit gekennzeichnet war und der Jagd keinerlei besondere evolutionäre Rolle zukam, so bringt er wiederum die Zivilisation in arge Bedrängnis. Gewalt und Krieg wären dann nämlich das Resultat aus der Entwicklung des modernen Menschen und damit schlichtweg das Ergebnis der Zivilisation. Da tröstet es

---

formationen der Mitochondrien bilden so innerhalb der menschlichen Evolution eine klare und niemals abreißende Mutterlinie, die seit 1987 nun auch nachverfolgt werden kann. Auf diesem Wege ist es möglich den Nachweis zu führen, dass der moderne Mensch eine vollkommen eigenständige Art ist, in der es keinerlei Neandertalerblut gibt. Eine Aufstufung innerhalb der Evolution ist nach diesem Verfahren widerlegt. Vgl. dazu die Ausführungen bei Josef H. Reichholf, Das Rätsel der Menschwerdung, S. 17ff und bei Ralf W. Schmitz und Jürgen Thissen, Neandertal - Die Geschichte geht weiter, S. 192f.

241 Vgl. dazu die Ausführungen von Ralf W. Schmitz und Jürgen Thissen, Neandertal - Die Geschichte geht weiter, S. 190f.

242 Eigentlich handelt es sich bei der Out-of-Africa-Theorie um eine zweigeteilte Theorie, da auch das Multiregionale Modell die Wurzel in Afrika sieht. Allerdings unterscheidet sich die Out-of-Africa-2-Theorie dadurch, dass hier Afrika als ausschließlicher Ort der Menschwerdung gehandelt wird. Vgl. dazu bei Ralf W. Schmitz und Jürgen Thissen, Neandertal - Die Geschichte geht weiter, S. 190ff. Das Multiregionale Modell würde in der Tat einen triftigen Grund für einen biologischen Rassismus liefern, wohingegen das Modell Out-of-Africa-2 dafür keinerlei Anhaltspunkte bietet.

243 Vgl. dazu die Analyseergebnisse bei Ralf W. Schmitz und Jürgen Thissen, Neandertal - Die Geschichte geht weiter, S. 207ff. Weiterhin in einem AP-Artikel vom 14.07.1997 mit dem Titel: Eine Seitenlinie der Evolution, unter der URL: http://mainz-online.de/old/97/07/14/topnews/neander1.html. Auch hier werden die Ergebnisse der DNA-Analysen noch einmal beschrieben.

kaum, dass es auch erst die Zivilisation war, die Institutionen und Einrichtungen zur Eindämmung der Gewalt und Anarchie geschaffen hat. Der Mensch scheint sich jedoch vielmehr mit dem Trugschluss angefreundet zu haben, dass er aufgrund der vermeintlich Jahrmillionen zurückreichenden Wurzeln eben so ist wie er ist, als dass er seinen Charakter und seine Einstellungen auf die jüngsten Entwicklungen zurückführen würde. Manche Dinge sind eben einfacher zu „verstehen", wenn man sie nicht rational erklären kann, wie das im Falle der Jagd gerne herausgehoben wird. So ist es nicht verwunderlich, dass selbst dem Briefmarkenfreund eine tief in ihm verwurzelte Gier nach Trophäen und Jagderfolg angehängt wird, nur weil er alle Hebel in Bewegung setzt eine bestimmte Marke, die in seinem Portfolio fehlt, zu ergattern[244]. Alles ist Jagd, scheint man oftmals den Eindruck zu haben und selbst unsere Hobbys und das Verlangen nach Karriere werden dem Diktat vermeintlicher Gene aus der Urzeit unterworfen. Die Vorstellung, dass wir in allem, was wir tun, jagdlichen Instinkten unterliegen, ist so falsch wie auch hartnäckig. Eine Rechtfertigung für unser Tun fällt mit diesem Argument jedoch in sich zusammen, da man nicht rechtfertigen kann, was man gezwungenermaßen tun muss. Auch hier scheint das Motiv der Entschuldbarkeit mancher Handlungen sehr weit gediehen zu sein. Zurückkommend auf die Jagd können wir in diesem Zusammenhang sehen, dass Rechtfertigungsdruck (zumeist von außen) und Jagd seit der Reaktion 1849/50 bis etwa in die 1970er Jahre nur sehr selten zusammengepasst haben. Es gab diesen Druck von Seiten einer mündigen Gesellschaft schlichtweg nicht. Als es ihn dann endlich gab, war die Jägerschaft hoffnungslos überfordert. Die Zuflucht zum Urtrieb und Instinkt ist daher so nahe liegend wie auch falsch und dennoch oftmals der letzte Ausweg in öffentlichen Diskussionen und den hier in ihrer Notwendigkeit immer häufiger werdenden Rechtfertigungen der Jagd. Und genau hier fängt auch das Dilemma von Jagd und Jäger in der modernen Gesellschaft an, da sie der Zivilisation auch heute noch nicht den Einfluss auf die Jagd zugestehen wollen, der ihr zwangsläufig zusteht und den sich jene im Zweifelsfall auch gegen jagdliche Interessen holt. Am Ende siegt das bessere Argument, die rationalere Lösung, der Komment und nicht die Sturheit mancher ewig Gestriger. Zu jenem Komment kann die Gesellschaft durch das politisch-administrative System, durch Institutionen und Organisationen außerhalb der Jagd, oder auch durch jagdliche Verbände kommen, die dem traditionalen Jagdverständnis dabei zumeist gegenüberstehen[245].

---

244 Zu dieser Auffassung vgl. bei Günter R. Kühnle, der Mensch als Jäger im Spiegel seiner Vernunft, S. 129ff, unter Bezug auf José Ortega y Gasset, Konrad Lorenz, Klaus Fischer, Platon, Nikolaus von Kues. Zum Versuch Günter R. Kühnles mit Hilfe einer privat initiierten interdisziplinären „Pilotstudie zur Jagdmotivation" aufzeigen zu wollen, dass es so etwas wie Jagdgene gäbe, vgl. kritisch Ulrich Schraml, Die Normen der Jäger, S. 8.

245 Wie z. B. der Ökologische Jagdverein, der sich vor rund 17 Jahren, ausgehend von Bayern, als alternativer Jagdverein in der Bundesrepublik gegründet hat. Vgl. dazu auch das Vorwort von Elisabeth Emmert, 10 Jahre ÖJV, in: 1988-1998. 10 Jahre Ökologischer Jagdverein Bayern, Ökologischer Jagdverein Bayern e.V. (Hrsg.), S. 3-4. Naturschutzvereinigungen wie BUND und NABU, die Dachorganisation DNR, etc. werfen ihr Gewicht ebenfalls zusätzlich in den Ring der Jagddiskussionen.

2.3.2.1 Zur eigentlichen Jagdhypothese

Aufgrund der enormen Fülle an Details, die uns die Paläoanthropologie in Zusammenarbeit mit einigen nicht minder komplexen Naturwissenschaften verschafft hat, ist es unumgänglich an dieser Stelle zu kürzen, zu vereinfachen und zu relativieren. Es kann hier keine umfassende und für einen Naturwissenschaftler zu Ehren gereichende Übersicht über die Menschwerdung abgehandelt werden; vielmehr wird eine Einbindung der Jagd in die Evolution unter Betonung des Wichtigen und unter Nichtbeachtung des weniger Wichtigen versucht, die Aufschlüsse über das weitere Vorgehen erbringen soll. Wenn der Leser in die Lage versetzt wird, sich ein Bild über die Funktion der Jagd innerhalb der Evolution zu verschaffen und in einem weiteren Schritt die Möglichkeiten ihrer Instrumentalisierung im Verlaufe der späteren Zivilisation erkennt, ist das Gewollte bereits erreicht. Die Jagd sollte nach der älteren Theorie für den Exodus der Vorfahren des Menschen aus dem Wald in die Savanne verantwortlich sein, wie auch für den weiteren Auszug aus Afrika nach Vorderasien und Europa. Aus diesem Grunde erschien es lange Zeit auch nachvollziehbar, dass sich der jagende Mensch für die Ausrottung einiger Großsäuger zu verantworten hatte, denn schließlich zog er nach dem Willen der Anthropologen hinter den Herden her und dezimierte sie letzten Endes so stark, dass ihre Population zusammenbrach. Der Affe, so die Kernaussage dieser Theorie, wurde nur deshalb zum Menschen, weil er jagte und sich über ihre Anforderungen an den Organismus aufrichtete und sich so ständig neue Räume erschloss. Die Jagd sollte eine erste, alles umfassende Raum(be)handlung sein, die den Menschen zu höherer Entwicklung führte, ihm den Gebrauch von Werkzeugen abverlangte, seinen Geist zu entwickeln half, um der Beute habhaft werden zu können, und die Ausbildung einer Sprache vorantrieb. Die Jagd sollte auch der Schlüssel zum aufrechten Gang sein, die Initialzündung, um von der Quadrupedie der Primaten zur Bipedie der frühen Australopithecinen zu gelangen. Die Widerlegung jener Hauptfaktoren der Jagdhypothese (Raumbewegung, Artensterben, Bipedie, Sprache, Werkzeuggebrauch, überhaupt die Notwendigkeit der Jagd innerhalb der Evolution) steht dabei im Vordergrund dieses Kapitels, um die Jagd besser in das Gebäude der Zivilisation zu integrieren, sie jedoch für die Stadien der Evolution exkludieren zu können. Die eigentliche Geschichte der Jagd beginnt erst mit ihrer funktionalen Einbindung in Religion, Magie und Politik, das heißt mit dem Beginn der Zivilisation allgemein.

2.3.2.1.1 Irrungen und Wirrungen der Jagdhypothese

Die Tatsache, dass die Evolution zeitlich vor einer zunehmend ökonomisch-egoistischen Zivilisation primitive Jäger- und Sammler-Sozietäten die Bühne des Lebens betreten ließ, veranlasste die Wissenschaft zu dem Schluss, dass dort die Kraft verborgen sein musste, die es dem Menschen ermöglichte, sich als passiver Gegenstand der Schöpfung zum kreativen Schöpfer selbst zu entwickeln. Die Entwicklung vom Primitiven zum Besseren musste aufsteigend sein und der Auslöser dazu wurde in der Jagd gesucht und vermeintlich gefunden. Während bereits

Raymond Dart[246] der Jagd und dem Verlangen nach Fleisch die Kraft beimaß, die Überwindung des Tieres hin zum Menschen überhaupt zu ermöglichen, wurde sie fortan als Motor der Zivilisation von namhaften Wissenschaftlern vertreten. Inhaltlich reflektiert die Jagdhypothese die Überzeugung patriarchaler Weltanschauung sowie originärer humanoider Aggressivität und Destruktivität[247], im Grunde somit Merkmale der Zivilisation, die kurzerhand als Urzustand auf die Evolution übertragen wurden. Die Entdeckung der Jagd, die durch den Hunger nach Fleisch begünstigt werden sollte, war nach der Auffassung der Jagdhypothese und ihrer Anhänger der Anfang vom Ende. Noch ehe das Tier zum Mensch werden konnte, fiel es auf die Stufe des aggressiven Monsters endgültig zurück. Es ist im Grunde eine Art pseudo-wissenschaftliche Umdeutung des Sündenfalls Adam und Evas. Der paradiesische Apfel[248] wird vom Fruchtfleisch zum Fleisch lebendiger Wesen, das bloße Pflücken der Frucht zum Tötungsvorgang - die Schwelle zum modernen Menschen, zur Zivilisation[249] (hier: jenseits des Garten Edens) durch den Tötungsakt überschritten. Nach dem Willen der Vertreter dieser Hypothese waren es die Bedingungen des jagdlichen Erfolgs, die aus den Menschenaffen allmählich zweifüßige Hominiden machten, da es notwendig war, Waffen oder Werkzeuge zu handhaben, die den Jagderfolg verbesserten. So soll es der Hunger nach Fleisch gewesen sein, der den Affen zwang, sich zum Menschen zu entwickeln. Die Jagdhypothese ist untrennbar mit der früheren Theorie von einer Aufstufung im Verlaufe der Evolution verbunden, die von einer stringenten Entwicklungslinie vom

[246] Verschiedene Aufsätze und Schriften Raymond A. Darts, zitiert bei Matt Cartmill, Tod im Morgengrauen, Kapitel 1 an verschiedenen Stellen und bei Yves Coppens, Lucys Knie, S. 88ff unter Bezug auf den von Raymond Dart 1924 gemachten Australopithecinen-Fund.

[247] Auch Thomas Hobbes hat die Anschauung jenes vermeintlichen Naturzustandes mit seinem Leviathan geprägt. Er zeichnet hier ein sehr düsteres Menschenbild, welches über die spezifisch menschlichen Größen der Konkurrenz, des Misstrauens und letztlich der Ruhmsucht der Menschen gestaltet wird. Die moderne Anthropologie dagegen hat aufgezeigt, dass die Voraussetzungen jener Konstellation in primitiven Gesellschaften fehlen. Knappe Ressourcen und ein ökonomisches Denken in den genannten sozialen Kategorien existieren in der Bedürfniswelt der Jäger- und Sammler kaum. Hobbes Naturzustand ist vielmehr ein Kulturzustand, wie er für die moderne Welt bezeichnend ist. Die Begrifflichkeiten wie Konkurrenz, Frieden, Krieg, etc. sind in den Sozietäten des Paläolithikums nicht existent. Das „bellum omnium contra omnes" setzt die Kategorien des Friedens und des Krieges voraus und bezeichnet damit Gesellschaften mit bereits strukturierter Herrschaft und Gefolgschaft und einer Ökonomie, die weit über die primitive hinausgeht. Der Naturzustand im Hobbesschen Sinne würde tatsächlich stattfinden, wenn in den modernen Gesellschaften die Führung, das Regelwerk und die Ordnung von heute auf morgen verschwinden würden. Denn der heutige homo sapiens könnte sich der originären Kooperation und Friedfertigkeit nicht mehr erinnern. Vgl. auch bei C.B. Macpherson, Naturzustand und Marktgesellschaft, in: Wolfgang Kersting (Hrsg.), Leviathan, S. 131f.

[248] Aus Gründen der Gewohnheit und Sitte soll hier vom Apfel als verbotener Frucht die Rede sein. Tatsächlich jedoch findet sich im Alten Testament, der Genesis, kein Wort eines Apfels. Es ist lediglich von Früchten die Rede. Im Nahen Osten gab es vor Tausenden von Jahren keine Apfelbäume und die Vermutung, dass es ein Feigenbaum gewesen sein muss, drängt sich auf, zumal sich Adam und Eva nach dem Genuss der Frucht mit Feigenblättern zugedeckt haben. Der Apfel ist ein Fruchtbarkeitssymbol der Kelten und Griechen und fand vielleicht hierüber Eingang in die Theologie.

[249] Dass im vorliegenden Buch von einem anderen Zivilisationsbegriff ausgegangen wird, wurde bereits dargestellt.

Affen zum Menschen ausging. Dass es jene Linearität in der Evolution nicht gab, ist erst eine Erkenntnis der letzten 25 Jahre und sie wirkt sich nur allmählich auf die Beurteilung der Jagd innerhalb der Evolution aus. Um innerhalb der eigenen Art das Überleben zu rationalisieren, mag es im Lichte dieser Theorie nachvollziehbar erscheinen, dass sich die Weibchen auf die Mutterrolle und die Männchen auf die Ernährerrolle spezialisiert hätten. Der langfristige Erhalt jener Hominiden - so die Aussage der Jagdhypothese - hätte nur durch einen kontinuierlichen Geburtsvorgang der Weibchen und die laufende Verfeinerung der Jagdtechnik, der Jagdlist und damit zusammenhängend dem Jagderfolg gewährleistet werden können. Die Aufrechterhaltung jener Entwicklung, beziehungsweise die Annahme einer evolutionsbiologischen Aufstufung zum Homo s. sapiens, habe die ständige Ausweitung der handwerklichen und geistigen Fertigkeiten auf der einen und längere Kinderjahre des Nachwuchses, bedingt durch das notwendige größere Gehirnvolumen, auf der anderen Seite zur Folge gehabt, da die Hominiden nur so notwendige kognitive Fähigkeiten zu entwickeln in der Lage waren. Die nun über die Jagd sich von der Vierfüßigkeit losgelösten Hominiden hätten ihren Nachwuchs aufgrund des sich durch die Aufrichtung verengenden Geburtskanals, des so genannten obstetrischen Dilemmas[250], früher zur Welt bringen müssen als ihre nichtjagenden Vettern. Daraus hätte letztendlich die Verlängerung der Säuglings- und Kinderjahre resultieren müssen, die zwar einen kognitiv unterentwickelten Nachwuchs zur Folge hatten, dem Menschen jedoch die Möglichkeit boten, sich über einen längeren Zeitraum zu entwickeln und somit einer zunehmend gesteigerten geistigen Fähigkeit eine Basis zu schaffen. Das Resultat der durch die Determinanten einer erfolgreichen Jagd begünstigten Evolution, zu der auch die Entwicklung der Sprache zur optimaleren Kooperation im Verlaufe der Jagd zählen sollte, findet sich nach Ansicht der Vertreter der Jagdhypothese letztendlich im Beginn der Zivilisation, der Erfindung des Ackerbaus und der Viehzucht. Wie auch von Matt Cartmill bestätigt, scheint die oben genannte Beziehung zwischen Jagd und Evolution nach den unterstellten Bedingungen zunächst äußerst plausibel zu sein. Problematisch wird, neben der zu Unrecht herausgestellten zentralen Bedeutung der Jagd, die Jagdhypothese in ihren weiteren Schlussfolgerungen und Verknüpfungen. Die Wissenschaft hat sich keinen Gefallen getan, als sie die Inhalte der Jagdhypothese auf den Homo s. sapiens der Moderne anwandte. Der moderne Mensch wurde bis in die Gegenwart hinein als äußerst kriegerisch, destruktiv und kaum kooperativ umschrieben und die Jagd und die mit ihr offensichtlich zusammenhängenden Größen wie Aggression, Anthropophagie und Egoismus seien daran schuld. Zwar bestehen in den modernen Staaten Regelungsmechanismen, die diese menschlichen Verhaltensweisen und Charaktere in moderate Bahnen lenken, vielleicht sogar abschwächen, in prähistorischen und primitiven Gesellschaften - so die Erklärung - muss

[250] Den Begriff des obstetrischen Dilemmas findet man bei Matt Cartmill, Tod im Morgengrauen, S20ff. Darunter versteht man die Verengung des Geburtskanals der frühen Hominiden durch die allmähliche Aufrichtung zur zweifüßigen Gangart bei gleichzeitigem Wachstum des Gehirns durch den Werkzeuggebrauch (homo faber). Die Lösung jenes Dilemmas ist die frühzeitige Entbindung vor der Selbstständigkeit des Säuglings. Jene war aber nur möglich, weil die Mutter den Säugling halten und betreuen konnte. Salopp könnte man dies die Entwicklung des Hominiden vom Nestflüchter zum Nesthocker nennen. Das obstetrische Dilemma mündet in die Jagdhypothese ein. Washburn, Birdsell, Dart et al vertreten diese Theorie vehement.

dagegen das Recht des Stärkeren und Grausameren gegolten haben, da jene Regelungsmechanismen noch nicht existierten. Bis in die 1970er Jahre hinein fiel jene Interpretation auf fruchtbaren Boden. Die beiden großen Weltkriege und die Ära des Kalten Krieges hatten ihr Übriges dazu getan, den Menschen als einen psychopathischen Affen[251] darzustellen, der eine blutige Schneise durch die Geschichte der zivilisierten Welt schlägt - und die Jagd, der Hunger nach Fleisch, sollte nun letztlich der Auslöser dazu sein. Ähnlich wie Aristoteles' Jagdverständnis, der die Jagd in seiner „Politeia" als einen gerechten Krieg im Sinne des Naturrechts bezeichnete (der sowohl gegen Tiere, als auch gegen Menschen gerichtet sei, die von Natur aus zu dienen bestimmt sind, aber nicht freiwillig dienen wollen[252]), spiegelt sich in der Jagdhypothese darüber hinaus eine bestimmte Vorstellung einer naturgewollten und naturgegebenen sozialen Ordnung wieder. Bereits die alttestamentarische Tradition legte die Herrschaft des Mannes über die Frau unmissverständlich fest; sie verdanke selbst ihre biologische Existenz dem Manne; sie sei ein Teil von ihm und lediglich ihm allein zur Seite gestellt[253]. Während in den frühen primitiven Sozietäten den Frauen allein aufgrund ihrer arterhaltenden, lebenspendenden Funktion eine mythische und tragende Rolle zugekommen sein dürfte, generierte erst die fortgeschrittene und ökonomische Zivilisation patriarchale Strukturen und irrige Vorstellungen eines Naturrechtes, oder eines vermeintlichen Naturzustandes, welcher so vermutlich nie existierte. Jene Zivilisation, die bereits den Ackerbau und die Viehzucht als auch die Siedlungsvorzüge gegenüber dem Nomadentum erkannte, beschrieb bereits einen ersten wahren ökonomischen Zustand, der den Jäger aus Existenzgründen hinter sich gelassen und stattdessen das Kriegs- und Raubwesen sowie das spezialisierte Kriegertum als neue ökonomische Instrumente - als eine „new economy" - entdeckte. Das Kriegertum stand damit zunächst in keinem originären Verhältnis zur Jagd, zu groß war die evolutionäre Lücke zwischen beiden sozialen Phänomenen. Nach der Überwindung der Natur wurde es vielmehr der Krieg, der im Gegensatz zur Jagd die Menschheit aus dem „Dunkel" holte, ihnen zusätzliche Prosperität, Erfindungsreichtum und Kultur verschaffte. Seine Motive waren zunächst wirtschaftlicher Art, während die kulturellen Leistungen und die hinter ihr stehenden Persönlichkeiten allesamt Wirkung und nicht Ursache waren. Die Zivilisation brauchte den Krieg und gebrauchte ihn häufig. Der Krieger verdrängte den Jäger, bevor er ihn instrumentalisierte; die Zivilisation dagegen verdrängte die Friedfertigkeit auf Dauer. Dennoch ist die Verbindung des Kriegs- mit dem Jagdwesen die prägendste und nachhaltigste in der Jagdgeschichte. Während in der modernen Demokratie dagegen die Figur des herrschenden Führers grundsätzlich per definitionem ausgeschlossen bleibt, war die Jagd in den

---

251 Vgl. bei Matt Cartmill, Tod im Morgengrauen, S. 43f.

252 Vgl. bei Aristoteles, Politik, 1256 b. Allerdings ist ihm zum Teil zuzustimmen. Die Jagd wurde im Mittelalter tatsächlich dazu verwandt, Herrschaft über diejenigen auszuüben, die im Kontext des gesellschaftlichen Gefüges dem unteren, dem produktiven Bereich der Gesellschaft angehörten. Ob die Jagd jedoch ein Teil der Kriegskunst war, ist sehr umstritten. Dazu aber später mehr in den Kapiteln 6 bis 8. Darüber hinaus wurde auch einer weiteren Auffassung des Aristoteles weniger Beachtung geschenkt, da er die Jagd auch schon mal als bloßes Gewerbe bezeichnete. Für die attische Demokratie konnte sie auch nicht mehr als ein Gewerbe sein. Vgl. dazu in Kapitel 6.

253 Vgl. Genesis 2, 4b-24.

historischen feudalen oder absolutistischen Gesellschaftssystemen, in denen es jene Führerschaft gab, ein wesentlicher Teil der Herrschaft. Die Jagd war hier nur das Mittel zum Zweck und nicht sich selbst genügsam. Erst die Überwindung des unökonomischen primitiven, aber friedfertigen Naturzustandes des Menschen war Voraussetzung für die Entstehung des Kriegertums, der Herrschaft über andere Menschen, des Sadismus und letztendlich der Instrumentalisierung bzw. der In-Dienst-Stellung der Jagd durch herrschende Eliten[254]. Adolf Schiller hat dazu eine eigene Ansicht kundgetan: „Der Mensch wurde zu seinem einzigen natürlichen und gefährlichsten Feind, als es den Adel gab und der Mensch Metall (Bronze, Eisen) zu Waffen schmieden konnte. Ab da lebt der Hass auf und die fürchterlichsten Kriege entstehen aus Machtgier und Verblendung weniger aber einflussreicher Fürsten, Könige und Politiker"[255]. Krieg, Raub und Jagd werden zu den bedeutendsten aktiven wie passiven Lebensinhalte der frühen mitteleuropäischen und mediterranen Kulturen gezählt, die eines gemein haben: eine deutlich komplexere Zivilisation auf struktureller, kultureller, psychischer und physischer Ebene als primitive Kulturen. Hier liegt die Differenz zu den primitiven Jäger-Sammlersozietäten verborgen, deren Stellungnahme zur Welt im Gegensatz zur bereits deutlich reflektierteren Sicht der erstgenannten naiv und magisch ist. Dieser Trennung, die nicht bloß zwei Kulturstufen voneinander scheidet, wurde lange Zeit in der sozialen und politischen Evolution des Menschen nicht die gebührende Aufmerksamkeit geschenkt. Merkmal dieser fehlenden Zuwendung ist, dass es kaum widersprüchliche Elemente zu geben scheint, wenn man die sozialen Ordnungen der uns durch wenigstens minimal-schriftliche Dokumentationen bekannten Kulturen auf primitive Jäger-Sammlersozietäten im Sinne eines Rückschlusses transformiert. Dabei wurde übersehen, dass jene Transformation zwar Übereinstimmungen in der alltäglichen häuslichen Lebensführung finden mag, sich der soziale Überbau der Gesellschaften und ihre ökonomischen Triebfedern, die Behandlung des Raumes, die Domestikation der Natur, jedoch völlig voneinander unterscheiden. Auch die noch rezenten Jäger- und Sammlervölker unserer Zeit sind der Zivilisation und ihren Auswirkungen unterworfen – selbst wenn sie tausende von Kilometern von den zivilisatorischen Zentren entfernt sein mögen. Die traditionale Lebensweise jener Völker wird eingeengt oder verfälscht durch Eingriffe internationaler Organisationen oder überregionaler Schutzzwecke und Gesetze, die jenen Schutz bewirken sollen. Der Schutzzweck ist dabei das Resultat der Zivilisation und ihrer globalen Auswirkungen. So können von jenen rezenten Jäger- und Sammlergesellschaften nicht mehr alle Tierarten uneingeschränkt bejagt werden wie noch von ihren Großvätern vor einhundert oder gar vor fünfzig Jahren. Allgemein sind viele Spezies in Flora und Fauna rückläufig, den Tieren werden altangestammte Brut- und Rückzugsstätten entzogen, Schadstoffeinträge beeinträchtigen

[254] Der Weg primitiver Jagdökonomie bis zur machiavellistischen Jagdauffassung ist zwar historisch sehr weit, evolutionslogisch dagegen nahe liegend. Wie aufzuzeigen sein wird, trat die Jagd im Verlaufe der Zivilisation aus dem Schatten ihrer ehemals rein primitiven und eher schwachen ökonomischen Bedeutung heraus; ließ jene ab einem bestimmten Punkt der Geschichte weit hinter sich und wurde zu einem rein sozialen Handeln.

[255] Vgl. dazu einen Artikel von Adolf Schiller, Die Entstehung der Menschheit, Naturhistorische Gesellschaft Nürnberg, 2001, unter der URL: http://www.colourfulworld.com/die_entstehung_der_menschheit/die_entstehung_der_menschheit.htm.

die genetischen Anlagen von Fisch- und Vogelarten, was sich auf die Arterhaltung auswirkt, Fang und Jagd auf Dickhäuter und Großkatzen wurden strengen Reglementierungen unterworfen, die selbst die Abwehr- oder Schutzjagd, wo notwendig, mehr als erschweren. Der zivilisierte Mensch beeinflusst damit das Leben der rezenten Jäger und Sammler auch aus einer gewissen geographischen Entfernung so nachhaltig, dass man aus den Lebensumständen jener Völker keine Rückschlüsse auf die nach Marshall D. Sahlins ursprüngliche „Wohlstandsgesellschaft" der primitiven Jäger mehr ziehen kann. Es ist also der Grad der Zivilisation, der einen Rückschluss schlichtweg verhindert. Während in Jäger-Sammlersozietäten Kooperation und Friedfertigkeit überwiegen, sind es Aggression und Destruktivität innerhalb der fortgeschrittenen Gesellschaften, deren äußere Bedingungen Sesshaftigkeit, Ackerbau und Viehzucht (Domestikation) - schlichtweg Exploitation - sind. Auf einen kurzen Nenner gebracht handelt es sich um die Unterscheidung von Natur versus Kultur, von Kooperation und Aggression. Wie noch zu zeigen sein wird, ist es auch insbesondere die Jagd, die in horizontalen oder egalitären Ordnungen vollkommen andere Implikationen mit sich bringt als in vertikalen, stratifizierten Ordnungen, wo sie überproportional aus ihrem urtümlichen Kontext herausgelöst ist. Ab einem bestimmten Punkt in der Geschichte der Zivilisierung spielen neben der gesellschaftlichen Struktur noch weitere Größen in die Beurteilung der Jagd, die allesamt Bestandteile der Moderne sind.

2.3.3 Korrektur der in der Jagdhypothese vermuteten Kausalitäten

2.3.3.1 Einleitung

Warum ist die Entkräftung der Jagdhypothese, die beinahe einer Desillusionierung vieler Wissenschaftler und Jäger gleichkommt, überhaupt so bedeutsam? Wäre das Bild der Jagd kritiklos anzunehmen, das heißt, würde es keinerlei besseren oder logisch-rationaleren Argumente für die Rolle der Jagd innerhalb der Evolution geben, so wäre das hier praktizierte Vorhaben von vornherein zum Scheitern verurteilt. Der Mythos der Jagd, der sich trotz vieler Bemühungen bis heute in vielen Kreisen gehalten hat, steht einer rationalen Beurteilung und Einschätzung der Jagd auch in der modernen Gesellschaft des 21. Jahrhunderts noch häufig im Wege[256]. Er würde es nicht tun, wenn seine Inhalte erwiesenermaßen als richtig zu beurteilen wären. Auf der vermeintlichen Richtigkeit dieser These beruhen auch die von Günter R. Kühnle vorgebrachten Argumente, mit denen er einer rationalen Erklärung der Jagd und ihrer Funktion argumentativ im Wege steht. Unter Bezug auf Blaise Pascal meint er nachweisen zu können, dass der menschliche Trieb und der

---

[256] Vgl. dazu auch die Ausführungen im DJV Handbuch Jagd 2003, S. 7f. Die Konsequenzen aus der traditionellen Überzeugung, dass die Jagd an der Wiege der Menschheit stand, wird in den öffentlichen Diskussionen oder auch nur in den privaten Äußerungen mancher Jäger dazu genutzt, die Jagd in ihrer jetzigen Form - außerhalb von Wildbiologie und Ökologie - als Teil des Menschseins zu erklären um damit über den Mangel an Argumenten hinweg zu täuschen. Das ist jedoch nach meiner Einstellung der falsche Weg. Jagd, wenn auch nicht in ihrer orthodoxen Prägung, hat durchaus gute Argumente, die ihren Fortbestand rational begründen können. Der Rückzug auf vermeintliche genetische Prädispositionen des Menschen zur Jagd ist dagegen als Resignation zu werten.

Zweck die Existenz der Jagd in der Moderne nicht erklären könnten; vielmehr sei es das Bedürfnis nach Zerstreuung: Jagd sei Lebensvollzug, nicht Zweckhandlung, nicht vernunftgeleitetes Handeln (...)[257]. Jagd unterliege gewissen Regeln, diese seien kein rationales, sondern ein kulturelles Phänomen. Die Jagd des Menschen als kulturell geprägtes Handeln finde in der sportlichen Jagd, im Waidwerk, ihren Höhepunkt. Es sei der Verzicht auf die Überlegenheit des Menschen[258]. Erst wenn es gelingt, dieses Bild aufgrund der aktuelleren Wissensbestände zu entmystifizieren, kann die Jagd in der nichtjagenden Öffentlichkeit rational begründet und als etwas zeitlich, regional und ökologisch-ökonomisch[259] Notwendiges etabliert werden. Darin sehe ich die Überlebenschance für die Jagd auf Wirbeltiere auch über das 21. Jahrhundert hinaus verborgen. Erst wenn auch der letzte Jäger verstanden hat, dass Jagd in der modernen Industrienation eine bestimmte und genau beschreibbare Funktion zu erfüllen in der Lage sein muss, erst dann wird sie öffentliche Akzeptanz finden. Diese Akzeptanz wird weit davon entfernt sein romantischen Gefühlen oder einer Art Erinnerungskultur anheim zu fallen, wie es lange Zeit der Fall war, ja teilweise bis heute der Fall ist. Der erste Schritt in diese Richtung ist die Darstellung des Rohproduktes Jagd innerhalb der Evolution, des Weiteren ihre Instrumentalisierungen in der Antike, im Mittelalter und in der Neuzeit bis heute. Jede dieser Epochen hat sich die Jagd auf wilde Tiere gewissermaßen zurechtgebogen, sie instrumentalisiert, um - mit Ausnahme der Subsistenz der frühen Menschen - hinter der eigentlichen Jagd auf wilde Tiere zu liegen kommende Ziele zu erreichen. Die Tatsache, das zwischen der Nachkriegszeit und den 1970er Jagd und Jäger aufgrund manch anderer drängenderer Problematiken der noch jungen bundesdeutschen Demokratie eine Zeit der romantischen Unbeschwertheit verlebt haben, rechtfertigt den Versuch der Bewahrung jenes Zustandes keineswegs. Im Gegenteil, die In-Dienst-Stellung der Jagd für die Restnaturräume jenseits überkommener Verhaltensstandards[260] oder waidmännischer Verklausulierungen und deren wildbiologischer und ökologisch unsinniger Traditionsbestände gilt es im 21. Jahrhundert in der Praxis umzusetzen.

2.3.3.2 Die Potenziale anderer Erklärungsansätze

Wie bereits gezeigt, dominierte lange Zeit die Vorstellung, dass die Jagd das kraftvolle Element der menschlichen Evolution gewesen sein müsse und sie die Abspaltung der Hominiden von den waldbewohnenden Primaten ermöglichte. Um zu jenem bestimmenden Element in der Evolution des Menschen zu werden, musste in der Ernährungsweise der frühen Hominiden ein drastischer Einschnitt stattgefunden haben, der die Jagd der Hominiden zwingend bedingte, während die ande-

[257] Vgl. dazu bei Günter R. Kühnle, Der Mensch als Jäger im Spiegel seiner Vernunft, S. 192, unter Bezug auf Blaise Pascal (1623-1662).

[258] Vgl. dazu bei Klaus Maylein, Jagd und Jäger in der modernen Gesellschaft, S. 48, unter Bezug auf Günter R. Kühnle.

[259] Damit ist gemeint, dass alles, was zunächst in der Waldwirtschaft als ökologisch gedacht werden kann (z. B. der Aufbau artenreicher Mischwaldbestände) zu einem späteren Zeitpunkt ökonomische Vorteile erbringen wird. Oder: Die Schäden (Kalamitäten, Windwurf, Erosion, etc.), die in Monokulturen entstehen, können im Mischwaldbau verringert werden.

[260] Vgl. dazu die Ausführungen in Kapitel 9 und 10 der vorliegenden Arbeit.

ren Primatengruppen - mit Ausnahme der Schimpansen - ihrer überwiegend nicht bedurften. Nur so sei der Drang aus dem Wald in die Savanne erklärbar. Bereits an diesem Punkt der Vermutungen weiß man heute zu differenzieren. Primaten wie Schimpansen und Paviane jagen hin und wieder sehr wohl - z. B. auf Schweine, andere Affen und kleinere Säugetiere wie Ducker[261] - und sie sind morphologisch dazu auch sehr wohl in der Lage. Entgegen den frühen Hominiden - auch bereits den ersten Formen der Australopithecinen - sind sie mit einem mächtigen Raubtiergebiss ausgestattet und sie bewegen sich zumindest während der Jagd vierfüßig, während die Schimpansen ansonsten die meiste Zeit hangelnd in Bäumen verbringen. Die Zweifüßigkeit ist also keineswegs Vorbedingung für jagdlichen Erfolg, im Gegenteil, die Quadrupedie ermöglicht eine wesentlich schnellere Fortbewegung als die Bipedie. Die Zweifüßigkeit musste demnach andere Gründe haben als die Jagd, da sie eher hinderlich als fördernd war. Ohnehin scheinen sehr viele Missverständnisse bereits in der Ernährungsweise verborgen, da der Hunger nach Fleisch, wie ihn Raymond Dart bezeichnete, konsequenterweise nicht nur auf jagdlichem Wege gestillt werden konnte. Die Bedeutung von Aas rückt heute immer mehr in den Mittelpunkt der Beurteilung - nicht nur der Australopithecinen -, insbesondere seit man aufgrund ihrer Morphologie dazu überging, ihnen die erfolgreiche Jagdtätigkeit endgültig abzusprechen. Die Schlussfolgerungen der Jagdhypothese in Bezug auf die Ernährungsweise der Australopithecinen, die, wie es Raymond Dart schrieb, nur deshalb auf den Weg der Menschwerdung gebracht wurden, weil sie sich in einer widrigen Umwelt mühsamst durchschlagen mussten, sind also nicht nur aufgrund der letzten Bemerkungen zu Schimpansen und Pavianen unschlüssig[262]. Weshalb hätten die Australopithecinen bereits widrigere Umstände vorfinden sollen als die anderen Primaten, die zudem den als jagend bezeichneten Australopithecus morphologisch übervorteilten, da sie mit den Attributen eines Raubtieres bereits organisch ausgestattet waren? Die Südaffenmenschen (Australopithecinen) dagegen antizipierten bereits die von Arnold Gehlen so definierten Organprimitivismen[263] des wesentlich späteren Homo s. sapiens und sie waren noch keineswegs in der Lage, dieses morphologische Problem durch Werkzeuge auszugleichen. Das lässt mich zu der Überlegung gelangen, dass der Geschmack am jagdlich gewonnenen Fleisch aufgrund der physiologischen Präadaptionen so weitaus eher den Schimpansen hinsichtlich ihrer Entwicklung hätte zugute kommen müssen als den Australopithecinen. Dass also der Genuss von Fleisch - und auch der in der Entwicklung der Australopithecinen abzuleitende zunehmende Bedarf des Körpers nach tierischem Eiweiß und vor allem Phosphor[264]

---

261 Vgl. hierzu einen Artikel von Markus Kappeler, Schimpanse. Pan troglodytes, erschienen in der WWF Gedenktaler Kollektion, Groth AG, Unterägeri, 1993, und unter der URL: http://www.markuskappeler.ch/tex/fratex.html.

262 Aussage Raymond Darts, zitiert nach Matt Cartmill, Tod im Morgengrauen, S. 16.

263 Vgl. dazu bei Arnold Gehlen, Der Mensch. Seine Natur und seine Stellung in der Welt, S. 91ff.

264 Phosphor ist ein wesentlicher Bestandteil des pflanzlichen und tierischen Organismus, in den Knochen und im Eiweiß vorkommend. Phosphor spielt für die menschliche Ernährung eine bedeutende Rolle. Die Phosphorsäure bildet das Gerüst der Nukleinsäuren, die die Erbübertragung gewährleisten und die Eigenschaften der Zellen und Organismen bestimmen. Phosphor ist unter anderem Bestandteil der Hülle, der Kruste und des Knorpel- und Knochengerüstes der Lebewesen. Die Verbindung zwischen zwei Phosphorsäuren, die so genannte

- zunächst nichts mit der Jagd zu tun gehabt haben muss, ist leicht zu belegen. Darüber hinaus ist auch die Bipedie in keinster Weise auf den Verzehr von frischem, durch die Jagd gewonnenem Fleisch zurückzuführen, sondern vielmehr auf die Zurückdrängung des Waldes mit der Zunahme der Gräservegetation[265] und die Spezialisierung der frühen Vorfahren des Menschen auf Aas. An dieser Stelle sei darauf hingewiesen, dass selbst in der Erforschung des größten je auf Erden lebenden Raubtieres, des Tyrannosaurus rex, seit etwa den neunziger Jahren verstärkt auch alternative Denkmodelle in der Paläoanatomie Anklang finden. Jack Horner vertritt so etwa seit 1991 die These, dass der Tyrannosaurus rex in Wirklichkeit ein Aasfresser war. Seine bananengroßen Zähne, so der Forscher, dienten ihm nicht zum Zerreißen der lebenden Beute, sondern zum Zermalmen und Aufbrechen der gefundenen Kadaver[266]. Auch heute ist die Artenvielfalt der Aasfresser - gerade in Afrika - größer als die der spezialisierten Räuber. Daneben gibt es eine weitere Vielzahl an Tieren, die Räuber und Aasfresser sind. Die wahre Bedeutung des Aases wurde offensichtlich lange Zeit verkannt oder ignoriert. Wahrscheinlich passte das Bild des Aasfressers auch nicht in unsere Anschauungen über die eigenen Vorfahren, die oftmals der Forschung im Wege stehen, weil nicht sein kann, was nicht sein darf. Unsere zutiefst menschliche Abneigung gegen alle Aasfresser mag hier eine wesentliche Rolle spielen. Die Vorstellung, das edelste und intelligenteste Lebewesen auf diesem Erdenrund - der Mensch - habe sich aufgrund der Verfügbarkeit von Aas zu dem entwickelt, was er heute ist, wurde so lange Zeit schlichtweg verhindert. Der Forschung hat das keinen Gefallen, aber auch keinen Abbruch getan. Mehrere Jahrzehnte ging man ungeachtet der obigen Ausführungen davon aus, dass es die kraft- und gefahrvolle Jagd gewesen sein müsse, die unter anderem auch die politische und soziale Dominanz des Mannes begründete[267]. Die Unterordnung der Frau sowie politische, kulturelle und ökonomische

---

Pyrophosphat-Bindung, enthält die Energie, die fast alle Lebewesen brauchen. Diese Bindung verbrauchen wir sowohl in unseren Muskeln bei Bewegungen, wie im Hirn beim Denken, bei der Aufnahme und Umwandlung der Stoffe, wie auch zur Ausscheidung von Speichel, Säften, Urin und Stuhl.

265 Vgl. dazu einen Artikel von Adolf Schiller, Die Entstehung der Menschheit, Naturhistorische Gesellschaft Nürnberg, 2001, unter der URL: http://www.colourfulworld.com/die_entstehung_der_menschheit/die_entstehung_der_menschheit.htm. Der Autor schreibt hierzu: „Vor etwa 8 Millionen Jahren, wahrscheinlich durch Verschiebungen der polaren Zonen, welche in der Erdevolution immer wieder vorkamen, durchaus aber auch durch Sonneneruptionen verursacht, kam es in Afrika zu einer folgenreichen Klimaveränderung. Bedingt durch ausfallenden Regen und dadurch entstandene lang anhaltende Trockenheit, zogen sich die Wälder im ostafrikanischen Äquatorialafrika immer weiter zurück. In den großen waldlos gewordenen Gebieten breitete sich Grasland aus - die Savanne. Auch die Affen zogen sich mit den Wäldern zurück - bis auf jene, welche bereits vorher (Hervorhebung nicht im Original) schon weitestgehend auf dem Boden lebten".

266 Vgl. dazu einen Artikel von Joel Achenbach, Blut und Bein. Wissenschaftler erwecken die Saurier zu neuem Leben, in: National Geographic, Ausgabe Deutschland, März 2003, S. 44. Der Autor beruft sich hier auf die Hypothesen des Forschers Jack Horner.

267 Diese Theorie geht unter anderem auch auf E. Service zurück, die er in seiner „man-the-hunter-Theorie" näher ausführte. Sie galt lange Zeit als Erklärungsansatz für die politischen Beziehungen zwischen den Generationen als auch den Geschlechtern in den primitiven und rezenten Wildbeutergesellschaften. Ihre Nachwirkungen sollen auch Strukturmerkmal der modernen Gesellschaften sein, in denen der Mann überproportional viel soziale und politi-

Entwicklungen sind nach diesem Modell der Evolution allein in der Jagd und in deren Aufstufung, der späteren Kriegführung, verborgen. Die Auswirkungen beider aggressiver Handlungen sollen so letztlich das Weltbild bis heute gestaltet haben. Jener Vorstellung anhängig ist sowohl der bereits genannte Versuch der Ergründung menschlicher Aggressionen und menschlicher Destruktivität im 20. Jahrhundert als auch der Trugschluss einer evolutionären Aufstufung des so genannten Jagd- oder Mörderaffen zum modernen Menschen, der sich aufgrund seines Hungers nach Fleisch aus dem Wald in die Steppe wagte und dort bereits in seiner frühen Form zum aggressiven und jagenden Perfektionisten wurde. Wie absurd jene Vorstellung unter Einbeziehung der im Wald verbleibenden Primatenarten trotz ihrer der Jagd dienenden Physiognomie ist, wurde bereits angedeutet. Die Australopithecinen waren weit davon entfernt sich über ihre Gehirnmasse, die jener der heutigen Menschenaffen entsprach[268], oder über ihre organische Unterprivilegierung zu den Herren der Savanne zu entwickeln. Wahrscheinlich war es sogar gerade die spezifische Unspezialisiertheit der frühen Hominiden, die ihren beispielhaften, jedoch keineswegs geradlinigen Weg durch die Evolution begünstigte. Die oben angeführten traditionalen Annahmen gehen meiner Meinung nach von vollkommen falschen Überlegungen aus. Was für den Krieg und die kriegerischen Aktivitäten allgemein gilt, gilt in einem ähnlichen Umfange auch für die Jagd. Keine der beiden Handlungen stand an der Wiege der Menschheit. Krieg und Jagd lassen nicht in die originären Tiefen des menschlichen Charakters oder der menschlichen Instinkte blicken, da sowohl die Kriegführung als auch die Jagd Resultat eines fortschreitenden Evolutions- und speziell eines späteren Zivilisationsprozesses waren. Erfolgreiche Jagd als auch effektive Kriegführung setzen neben zivilisatorischen Rahmenbedingungen, insbesondere auf der strukturellen Ebene, die Fähigkeiten der Organisation und Führung voraus, die mit einiger Sicherheit nicht als genetisch prädisponierte Eigenschaften der Australopithecinen oder gar der früheren Entwicklungsformen verstanden werden können. Campbell ist der Auffassung, dass die Jagd wohl erst viel später anzutreffen sei und mit der Verbreitung des Menschen in Asien vor etwa rund 500.000 Jahren zusammenfällt. Die Gründe dafür sieht er in der notwendigen und organisierten Kooperation als auch in der allmählichen Entwicklung einer adäquaten Technik verborgen, die ihrerseits Produkt einer lange währenden Entwicklung, insbesondere eines umfassenden Gehirnwachstums, sei[269]. Neben der Fähigkeit zur Kooperation ist die Körpergröße eine ähnliche Einflussgröße, wenn auch nicht beim Schimpansen oder beim Raubsäuger, so doch bei den Hominiden, da sie keine jagdlich brauchbare Morphologie besaßen, mit Ausnahme des viel späteren Neandertalers und des modernen Menschen. Die Voraussetzungen für die Kooperation und den Gebrauch von Werkzeugen liegen jedoch nicht irgendwo, sondern in der unbedingten Zunahme des Gehirnvolumens über eine „kritische Masse" hinaus verborgen. Um

sche Macht besitzt. Diese Theorie stützt sich stark auf Darwin, der über die Konkurrenz zwischen Beute und Feind seine Theorie des „survival of the fittest" entwickelte.

268 Vgl. dazu bei Josef H. Reichholf, Das Rätsel der Menschwerdung, S. 34.

269 Vgl. diese Ansicht bei B.G. Campbell, Human Evolution, zitiert nach Erich Fromm, Anatomie der menschlichen Destruktivität, S. 147. Neuere Überlegungen zum Alter der Jagd der Hominiden gehen jedoch von einer noch wesentlich kürzeren Lebensspanne aus.

jenes Gehirnvolumen, das sich irgendwo um 1000 bis 1250 ccm bewegt, aufzubauen, waren Entwicklungen von Nöten, die allein in den Gegebenheiten der Umwelt und vielfältigen Wechselspielen zu liegen kommen können. Bleibt man dagegen den konservativen Einschätzungen treu, so hätte die Jagd dieses Gehirnwachstum anregen sollen. Aber genau diese Argumentation ist nicht schlüssig genug, denn ein größeres Gehirnvolumen setzte fleischliche Kost voraus; fleischliche Kost auf jagdlichem Wege zu erlangen setzte jedoch seinerseits ein größeres Gehirnvolumen für den Australopithecus voraus, da er – um mit den Worten Arnold Gehlens zu sprechen – „organisch unterprivilegiert“[270] war. Zwar sind wir heutigen Menschen ebenfalls organisch unterprivilegiert, geistig sind wir jedoch weit überlegen, körperlich stärker und technisch perfektionierter. Mit allen drei Merkmalen konnten der Australopithecus und der viel spätere Homo erectus nicht aufwarten. Das war dem kräftigen und bereits vom Gehirnvolumen dem modernen Menschen sogar überlegenen Neandertaler vorbehalten. Lange Zeit schien ja tatsächlich vieles auf die Jagd als Evolutionsmotor zu deuten, da – so die Annahme – die unabdingbare Voraussetzung für die Entwicklung eines größeren Gehirnes eine reichliche Phosphorversorgung des Organismus ist. Phosphorverbindungen existieren in einer hohen Konzentration im Knochenmark und im Gehirn. Die Australopithecinen, die im unvorstellbaren Zeitraum von etwa acht Millionen Jahren lebten, waren der Ausprägung ihres Gebisses nach Allesesser, infolgedessen Sammler, wahrscheinlich ähnlich dem Rehwild „Konzentratselektierer“[271], die aber auch Insekten und Würmer nicht verschmäht haben dürften. Um an die notwendige phosphorreiche, mit hochwertigem Eiweiß ausgestattete Nahrung innerhalb der Knochen von Säugetieren und deren Gehirne zu gelangen, mussten die Australopithecinen also entweder gejagt haben oder bereits auf das Aufspüren und Zerlegen von Aas spezialisiert gewesen sein. Insbesondere die Jagd scheint einigermaßen abwegig, da ihre bereits genannten Organprimitivismen und ihr Gehirnvolumen von rund 500 ccm für die erfolgreiche Bejagung von Großtieren keine hinreichenden Voraussetzungen bieten konnten[272]. Nehmen wir einmal für einen Moment an, es wäre doch

[270] Der Begriff der Organprimitivismen geht auf Arnold Gehlen zurück, der ihnen in seinem Werk „Der Mensch – Seine Natur und seine Stellung in der Welt“, ein eigenes Kapitel widmete. Vgl. dazu S. 91ff.

[271] Vgl. dazu das Verdauungssystem des Rehwildes bei Bruno Hespeler, Rehwild heute, S. 18 unter Bezug auf Hofmann, der den Begriff des Konzentratselektierers geprägt hat.

[272] Der Grund dafür ist einleuchtend: aufgrund der morphologischen Unzulänglichkeiten waren die Australopithecinen für eine aktive Jagd nicht gerüstet. Werkzeuge waren also unabdingbar für erfolgreiche Jagd. Der Gebrauch von Werkzeugen jedoch setzt wieder ein größeres Gehirnvolumen voraus, wohingegen offensichtlich ein großes Gehirnvolumen für die Auswanderung aus Afrika nicht zwingend war. Dies aber zeigt, dass die Australopithecinen und die späteren Formen auch trotz geringen Gehirnvolumens und damit ohne Jagdstrategien ihr Überleben hervorragend meisterten, ja sogar bis nach Georgien in einer ersten Migrationswelle wandern konnten. Jagd war für derartige raumgreifende Entwicklungen nicht notwendig, da die Ernährungsweise eine andere war. Nach einem Artikel von Tanja Fabsits, „Out-of-Africa: Für die Auswanderung brauchten die Hominiden kein großes Gehirn“, in: Bild der Wissenschaft online unter der URL: http://www.wissenschaft.de/sixcms/detail.php?id=125911, vom 05.07.2002. Die Forscherin nimmt dort Bezug auf Forscher der Georgischen Akademie der Wissenschaften, die im Fachmagazin Science (Bd. 297, S. 85) von einem etwa

die Jagd gewesen, die jene hochwertige Nahrung beschafft und damit auch das Gehirnwachstum begünstigt hätte, so wären durch sie z. B. der aufrechte Gang und das sich über Jahrmillionen noch deutlicher abzeichnende Allesessergebiss in keinen schlüssigen evolutionsbiologischen Zusammenhang zu bringen. Die Evolutionsbiologie hat gezeigt, dass sich Spezialisierungen, wie z. B. die Nahrungsgewinnung durch Jagd eine solche darstellt, in organischen Änderungen äußern. Der aufrechte Gang, der bereits vor den Australopithecinen - wenn auch in gebückter Haltung - vorhanden war, wurde dagegen konsequent weiterentwickelt und das, obwohl die Fortbewegung auf vier Füßen für die Anforderungen der Jagd der Bipedie um Längen überlegen gewesen sein muss. Auch das Gebiss hätte sich wesentlich zu einem Raubtiergebiss mit kräftigen Eckzähnen entwickeln müssen statt zu einem Allesessergebiss. Umfangreicher Werkzeuggebrauch, der den Australopithecus in die Lage versetzt hätte ein sich lohnendes Säugetier trotz seiner Unzulänglichkeiten zu fangen oder in seine Nähe zu gelangen um es dann zu töten, kann nach den bisherigen Wissensbeständen ausgeschlossen werden. Erst der spätere Homo habilis benutzte Werkzeuge, die diesen Namen auch verdienten, die jedoch trotz allem über Steinsplitter als einfache Schaber und Faustkeile nicht hinausreichten[273]. Der erste Hominide, der ernsthaft in der Lage war effektiv zu jagen und darüber hinaus sehr spezialisierte Werkzeuge erschuf und benutzte, war der Homo sapiens neanderthaliensis.

2.3.3.2.a Die Abspaltung der Hominiden von den Primaten

Nach der älteren Jagdhypothese war es der Hunger nach Fleisch, der die Abspaltung der Hominiden von den Primaten bedingte und zum Habitatwechsel vom Wald in die Savanne führte. Diese Vorstellung ist so falsch nicht, dennoch wurde übersehen, dass fleischliche Nahrung auf einem weitaus bequemeren und biologisch nachvollziehbareren Wege gewonnen werden konnte als über Jagd. Doch noch etwas ist Bestandteil dieser Theorie: die Begrifflichkeit der „Abspaltung" bezeichnet das Verlassen der Bäume, welches den ersten Schritt zur Entwicklung des Menschen eingeläutet haben soll. Heute geht man jedoch davon aus, dass es diesen Umweg über die Bäume innerhalb der menschlichen Entwicklung nicht gegeben haben kann. Vielmehr fand eine getrennte Entwicklung zwischen baumbewohnenden Primaten einerseits und bodenlebenden Primaten andererseits statt, die im Übrigen auch weitaus eher einer biologischen Logik entspricht[274]. Die Ent-

---

1,7 Millionen Jahre alten Homoschädel berichten, der in Georgien gefunden wurde. Sein Gehirnvolumen beläuft sich auf gerade einmal 600 ccm.

273 Vgl. dazu die Ausführungen bei Josef H. Reichholf, Das Rätsel der Menschwerdung, S. 118f.

274 Die bislang ältesten Überreste von menschlichen Vorfahren hat ein internationales Forscherteam in Zentralafrika entdeckt. Die sechs fossilen Knochenstücke, darunter ein Schädel, seien sechs bis sieben Millionen Jahre alt, berichten die Forscher im Fachmagazin „Nature" (Bd. 418, S. 145 und 152). Amerikanische Paläontologen haben vormenschliche Fossilien aus Äthiopien mit einem Alter zwischen 5,2 und 5,8 Millionen Jahre beschrieben. Das Team um Michel Brunet von der Universität Poitiers (Frankreich) grub die Knochen in der Djurab-Wüste in Tschad aus. Das Prunkstück der Funde, der Schädel, trage eine seltsame Mischung aus menschen- und affenähnlichen Merkmalen sagen die Forscher. Das Schädeldach gleiche eher dem von Affen, die kleinen Zähne und die markanten Brauenwülste deuten dagegen auf die menschliche Linie. Die Forscher ordneten die Überreste einer bislang unbekannten Gattung zu, die sie

wicklung des Allgemeinen aus dem Speziellen ist nicht nachvollziehbar und widerspräche dieser Logik. Generell wurde lange Zeit beim Versuch der Rekonstruktion der menschlichen Evolution der Einfluss des Klimawandels, der Drift der Kontinente und der Entstehung des Golfstroms über die Jahrmillionen schlichtweg negiert. Es überwog die Vorstellung, dass die Evolution des Menschen aus ihm selbst heraus stattfand, eingebettet in einen ewigen Kampf mit der Natur, aus dem er - Dank der Jagd - siegreich hervorging. Heute weiß man, dass diese Theorie der Menschwerdung neu überdacht werden muss, zumindest jedoch sehr unvollständig und aus diesem Grunde in ihren Schlussfolgerungen sehr leicht angreifbar ist. Wenn wir heute von Abspaltung sprechen, so ist damit nicht mehr der Entwicklungsweg des Menschen als - wie es Arnold Gehlen nennt - „arrivierten Affen"[275] gemeint, sondern lediglich die endgültige räumliche Trennung der Australopithecinen von den waldbewohnenden Primatenarten. Die Hominiden haben sich mit einiger Sicherheit nicht aus dem Affen entwickelt, sondern sie existierten bereits Jahrmillionen lang neben ihnen her, bewohnten dasselbe Habitat und verließen jenes erst, als sich ihnen die Möglichkeiten dazu aufgrund ihrer evolutiv entwickelten Präadaptionen boten[276]. Jene Möglichkeiten lagen im Klimawechsel verborgen, der den Wald zurückdrängte und die Savanne zu unvorstellbarem Leben drängte. Dies war der Grund der räumlichen Abspaltung, nicht die Fortentwicklung der Hominiden aus den Affen selbst[277], da die biologischen Grundlagen dazu schon Jahrmillionen vorher gelegt wurden. Die Abspaltung der Hominiden von den Primaten ist also keineswegs entwicklungslinear oder gar teleologisch zu verstehen, sondern vielmehr auf ein Konglomerat von weltweiten klimatischen Veränderungen, ökologischen und biologischen Zufälligkeiten, Präadaptionen hier und deren Fehlen dort[278] und - von elementarer Bedeutung - lediglich Verwandtschaft

„Toumaï" nannten. Diesen Namen geben Tschader den Kindern, die kurz vor der Trockenperiode zur Welt kommen, und er bedeutet so viel wie „Hoffnung des Lebens". Die Funde würden zeigen, dass sich die evolutionären Linien von Schimpanse und Mensch früher getrennt haben als bislang angenommen, mindestens aber vor 7 Millionen Jahren, sagen die Forscher. Text übernommen von Marcel Falk „Älteste Überreste menschlicher Vorfahren entdeckt", in: Bild der Wissenschaft online unter der URL: http://www.wissenschaft.de/sixcms/detail.php?id=126372&template_id=518&query_id=279, vom 11.07.2002. Von einer faktischen Trennung im wahrsten Sinne des Wortes wird wahrscheinlich nicht die Rede sein können.

275 Vgl. bei Arnold Gehlen, Der Mensch – Seine Natur und seine Stellung in der Welt, S. 9f.

276 Ein neuerer Artikel von Teresa Baethmann, Den Menschen trennt mehr vom Affen als gedacht, erschienen unter der URL: http://www.wissenschaft.de/sixcms/detail.php?id=172320, vom 25.09.2002, scheint dieser Vermutung Vorschub zu leisten. Sie bezieht sich auf einen Artikel von Roy J. Britten und seinen Kollegen in der Fachzeitschrift „Proceedings" (Doi10.1073) der amerikanischen Akademie der Wissenschaften. Die neueren DNA-Untersuchungen am Erbgut der Schimpansen und demjenigen der Menschen weichen nicht wie bisher angenommen lediglich um 1,5% voneinander ab, sondern um ganze 5%. Die Unterschiede in den Ergebnissen hängen damit zusammen, dass man bisher die Frage nach der Übereinstimmung der Deletions- und Insertionsereignisse der menschlichen und der Schimpansen-DNA nicht berücksichtigt hat.

277 Vgl. die im Begriff der Abspaltung verborgenen Irrtümer der menschlichen Evolution bei Josef H. Reichholf, Das Rätsel der Menschwerdung, an verschiedenen Stellen.

278 Vgl. dazu auch die Ausführungen von André W. Keyser, Die ersten Menschen – Das Geheimnis der Höhle, in: National Geographic, Mai 2000, S. 137ff. Auch er beschreibt den Klimawan-

anstelle von Aufstufung (der Affe als Vorfahre) zurückzuführen. Warum? Tatsächlich haben bereits schon vorher baumbewohnende (Affen) und bodenbewohnende Primaten, wie die späteren Hominiden, parallel existiert. Den Grundstock der höheren Primaten müssen nach den Darstellungen Josef H. Reichholfs gerade die bodenbewohnenden Formen gebildet haben, da eine Entwicklung der Hominiden über den Umweg der Baumbewohner so gut wie auszuschließen ist[279]. Aus jenen bodenbewohnenden Primaten entwickelten sich sowohl die Menschenaffen als auch die Australopithecinen - eine Theorie, die es noch immer nicht leicht hat in der öffentlichen Meinung. Hatten doch die Konfessionskirchen an der Wiege der anthropologischen Wissenschaften ein großes Problem mit der Anerkennung des Menschen als sich aus dem Affen entwickelnd, so war dieses Problem letzten Endes gar keines, da jene Aufstufung in der Tat nicht existierte. Auf der anderen Seite ist das Bild des Menschen als Nachfahre der Affen so tief in der allgemeinen Meinung vertreten und verwurzelt, dass es nur zögerlich zu einer Umorientierung kommen wird. Das wieder neu aufgelegte Epos „Planet der Affen" zeigt, wie tief dieses vermeintliche Wissen in uns steckt und welche Vorstellungen wir von dem vermeintlichen evolutiven Potenzial der Affen haben. Dass sich sowohl die heute lebenden Affenarten als auch die bereits Millionen Jahren alten Menschenaffenarten keineswegs zum Menschen hin entwickeln konnten bzw. könnten, wird dabei übersehen oder nicht ernsthaft genug fokussiert. Die Summe der bedeutendsten Zufälligkeiten, die zuerst die Entstehung der boden- und baumbewohnenden Primaten allgemein und letztlich auch die viel später stattfindende räumliche Abspaltung der Hominiden von den Primaten bedingte, ist irgendwo im Tertiär zu finden, das heißt der Zeitspanne, die sich unmittelbar an die Vernichtung der Dinosaurier vor ca. 65 Millionen Jahren anschloss. Im Tertiär konnten sich nun jene kleinen, nachtlebenden Nagetiere als die ersten Säuger überhaupt ihren Lebensraum erschließen, der ihnen in den Zeiten der Dinosaurier (vor dem Tertiär) nur nachts zur Verfügung stand. Es war ihre große Stunde und sie konnten sie hervorragend nutzen, nicht zuletzt deshalb, weil sich nach den Millionen Jahren der Dunkelheit und Kälte im Schlepptau eines vermuteten Asteroideneinschlages[280] allmählich feuchtwarmes Klima ausbreitete. Jene klimatischen Veränderungen waren nun verantwortlich dafür, dass sich über die Kontinente riesige Wälder auszudehnen begannen. Das Leben wurde durch die Veränderungen innerhalb dieses Vegetationsbildes immens beeinflusst und es pulsierte in den ausgedehnten Wäldern besonders stark. Das war die Stunde der Säuger. Sie konnten sich nicht nur den Bo-

---

del als bestimmend für die Entwicklung der Australopithecinen einerseits und dem Aussterben anderer, nicht präadaptierter Arten, andererseits.

279 Vgl. bei Josef H. Reichholf, Das Rätsel der Menschwerdung, S. 130f.

280 Jener Asteroideneinschlag wäre nicht der erste seiner Art und seiner Wirkung gewesen. Bereits vor etwa 250 Millionen Jahren geschah eine ähnliche Katastrophe, die rund 90% aller Tier- und Pflanzenarten auf der Erde vernichtete. In den Meeren sollen die Auswirkungen gar noch stärker gewesen sein und über 95% des Lebens zerstört worden sein. Ob die Katastrophe im Perm ebenfalls durch einen Asteroiden ausgelöst wurde oder durch vulkanische Gase, die weltweit zu lange anhaltendem saurem Regen führten, ist bis heute ungeklärt. Man weiß nur, dass die Katastrophe vor 65 Millionen Jahren nicht die einzige in der Geschichte der Erde und des Lebens war. Vgl. dazu Hillel J. Hoffmann, Das große Sterben, in: National Geographic, September 2000, S. 156ff.

den als Lebensraum erschließen, sondern über das Klettern auch die Bäume, deren Wipfel und selbst den Luftraum dazwischen (Fledermäuse). Die Erschließung des Lebensraumes auf dem Waldboden, die hangelnde und kletternde Fortbewegung auf und zwischen den Bäumen, führte zu einer umfassenden Entwicklung der boden- als auch baumbewohnenden Primatenarten. Der Weg in die Baumregionen ist nicht nur auf den Klimawandel und das Ausbreiten dieses bestimmenden Vegetationsbildes zurückzuführen, sondern auch auf die Explosion der Insektenarten mit der Verbreitung der fortschrittlichen Blütenpflanzen. Die Insekten waren eine der hochwertigsten Nahrungsgrundlagen für die Säugetiere und sie waren nicht nur am Boden für die Vierfüßer und in der Luft für die Vögel interessant, sondern nun auch in den Baumregionen, zwischen dem Erdboden und den Baumkronen, für diejenigen Säugetiere nutzbar, die den Gang in diese Nische wagten: die Primaten[281]. Um diese Nahrung auch dann zugänglich zu machen, wenn die anderen beutegreifenden Insektenfresser wie etwa die Vögel keinerlei zuverlässige Orientierung mehr hatten (nachts), war die Herausbildung eines überragenden Gehörs, eines Tast- und Geruchsinns und nicht zuletzt eines dreidimensionalen räumlichen Sehens notwendig, wie es bei den Primaten zu beobachten war. Diese Entwicklung musste jedoch bereits stattgefunden haben, bevor sich manche Primaten in die Nische der Baumregionen begaben und die anderen sich auf dem Boden weiterentwickelten. Auf diesem Wege war der erste Schritt zur Entwicklung der Hominiden getan, da sich die einen Primatenarten aufgrund jener morphologischen Merkmale auf die Ausnutzung der genannten Nische spezialisierten, während sich andere Arten eher dem Leben auf dem Boden anpassten. Pentadaktylie, kräftige Vorderextremitäten und räumliches Sehen, Präadaption zur Bipedie, omnivore und damit optimale weil auch phosphorhaltige Nahrungsinhalte waren die wichtigsten Schritte, die den bodenbewohnenden Australopithecinen als auch den baumbewohnenden Primaten zu ihrer Entwicklung verhalfen. Solange jedoch die Waldvegetation das vorherrschende Bild war, solange konnte sich die räumliche Abspaltung der Hominiden von den Primaten nicht völlig vollzogen haben. Dafür mussten sich im Wesentlichen neue Räume auftun, die das Übergewicht der Waldbewohner und des Waldes auf andere Lebensräume verteilten, das heißt die Bodenbewohner gegenüber den Baumbewohnern übervorteilten. Die Gewinnung dieser Lebensräume hatte jedoch mit der Jagd der Primaten, wie etwa den Schimpansen oder einer bereits existierenden Linie des Ramapithecus oder Australopithecus überhaupt nichts zu tun. Vielmehr traten nun gegenläufige klimatische Entwicklungen auf den Plan, die zuvor zum Siegeszug der Wälder geführt hatten und nun deren Zurückdrängung begünstigten. Das feuchtwarme Klima, welches die Verbreitung der Säugetiere und deren Artenvielfalt in den zurückliegenden

---

[281] Wie sehr Insekten für die Ernährung der Primaten eine Rolle spielen, kann man in Tierdokumentationen verfolgen. Wer im Fernsehen Reportagen über Primaten, insbesondere über Schimpansen sieht, dem dürfte das Bild geläufig sein, wie Schimpansen eine Unmenge von Zeit damit verbringen können, mit Hilfe eines Stöckchens in Termitenbauten nach deren Bewohnern zu „fischen". Diejenigen Termiten, die sich an diesen „Gerätschaften" festhalten und an ihnen hoch laufen, werden von den Schimpansen über den Mund aufgenommen und verschlungen, indem sie die Termiten mit der Zunge und den Zähnen vom Holz aufnehmen. Diese Nahrung kann mit äußerst geringem energetischen Aufwand gewonnen werden und ist in ihrer Eiweißkonzentration als sehr hochwertig zu betrachten.

Jahrmillionen begünstigt hatte, wich einem nun kälteren und trockeneren Klima, welches anstelle des Baumwuchses den Siegeszug der Gräser hervorbrachte[282]. Diese Umgestaltung der Räume musste zu einer Zurückdrängung der Waldbewohner führen und eröffnete für diejenigen Primaten neue Möglichkeiten, die sich durch ihre Jahrmillionen dauernde Entwicklung im Wald bereits morphologische Präadaptionen erkauft hatten. Damals, so wird heute vermutet, musste an dieser Stelle die endgültige Abspaltung der Australopithecinen von den waldbewohnenden Primaten stattgefunden haben. Und mit der Abspaltung meint man nicht allein die biologische, die sich ja bereits sehr weit vorgewagt hatte, sondern insbesondere die räumliche Trennung beider zunächst parallel sich entwickelten Arten. Belege, dass es die Jagd gewesen sein soll, die die Hominiden aus dem Wald lockte, sind nach der heutigen Auffassung keine vorhanden. Ohnehin ist festzustellen, dass sich der Körper, insbesondere auch das Gebiss, mit der Zurückdrängung des Waldes bei den Australopithecinen nicht auf die Jagd umstellte, sondern sich vielmehr in die entgegengesetzte Richtung entwickelte. Da die Australopithecinen in der Savanne allmählich keine Früchte und weichen Pflanzen mehr fanden, mussten sie auf stärkereiche Wurzeln, Knollen und Körner wechseln. Um diese zermahlen zu können, entwickelten sich in relativ kurzer Zeit kräftige Backenzähne und ein großer Kiefer mit einer gewaltigen Kaumuskulatur[283]. Die Tatsache, dass wir Menschen heute räumlich getrennt von den Menschenaffen wohnen und uns in eine vollkommen andere Richtung entwickelt haben, ist also keineswegs mit der Jagd zu erklären.

2.3.3.2.b Die Bipedie der frühen Hominiden

Wir ich bereits an mehreren Stellen erwähnt habe, soll es nach dem Willen der Jagdhypothese die Jagd gewesen sein, die den Affen zwang sich aufzurichten, wodurch er zum Hominiden wurde. Diejenigen Affen, die dem Hunger nach Fleisch nicht mehr widerstehen konnten, verließen ihre Vettern im Wald, um zugunsten ihres Überlebens eine grundlegende Wandlung in ihrer Morphologie durchzumachen: sie richteten sich auf. Dabei ist es heute äußerst strittig, ob eine einmal erfolgte hohe Spezialisierung der Morphologie, wie es bei den Affen durchaus der Fall ist, wieder rückgängig gemacht werden kann[284]. Eine solche Rückgängigmachung widerspricht der biologischen Logik und es bieten sich deshalb andere Interpretationen an. Damit komme ich zu dem oben genannten Theorem, dass die Abspaltung der Hominiden von den Affen an einem wesentlich früheren Punkt in der Evolution stattgefunden haben muss, dort, wo jene Spezialisierung noch nicht

[282] Vgl. dazu die Ausführungen von Josef H. Reichholf, Das Rätsel der Menschwerdung, S. 57ff. Der Siegeszug der Gräser setzte eine aufgelockerte Bewaldung voraus, da sie auf Pollenflug und den dafür notwendigen Wind angewiesen waren. Dichter Wald verhindert die Ausbreitung von Gräsern schon allein aus diesem Grunde.

[283] Vgl. dazu André W. Keyser, Die ersten Menschen – Das Geheimnis der Höhle, in: National Geographic, Mai 2000, S. 140f.

[284] Spezialisierte Zustände sind immer Endzustände einer Entwicklung und es widerspricht jeder biologischen Vorstellung, dass primitive Organe sich aus schon spezialisierten zurückentwickelt hätten. Vgl. diese Aussage bei Arnold Gehlen, Der Mensch. Seine Natur und seine Stellung in der Welt, S. 92f.

ausgereift war, sondern noch am Scheideweg stand. Eine Rückentwicklung der Morphologie des baumbewohnenden Affen von der Quadrupedie zur Bipedie und zur Aufrichtung des Körpers hätte zwangsläufig zu schweren morphologischen und organischen Problemen geführt. Dennoch ist es ungleich einleuchtender, wenn man sich die frühen Australopithecinen und die Affen als etwa gleich weit von einem gemeinsamen Ausgangspunkt entwickelt vorstellt. Der Grund dafür ist relativ klar umrissen: da die Umstellung der Morphologie an den Füßen Entwicklungen am ganzen Körper nach sich zieht, ist eine solche Entwicklung ungleich zeitaufwändiger als die bloße Zunahme des Gehirns, welche bereits durch die bloße Umstellung der Nahrung zu bewerkstelligen ist. Neben der Jagd sollte nach der Vorstellung Raymond Darts die Bipedie den Australopithecus zu einer „jähen und flinken“[285] Fortbewegung befähigt haben, um dem Druck der Prädatoren in der Savanne entgehen zu können. An dieser Darstellung ist nun zweierlei zu hinterfragen: Zum einen, ob die Bipedie tatsächlich eine schnellere Bewegung als die Quadrupedie ermöglichte und zum anderen, ob der Druck der Fressfeinde tatsächlich so groß war, wie er oftmals dargestellt wurde. Die erste Frage ist wohl einigermaßen eindeutig zu beantworten. Der aufrechte Gang der Hominiden war und ist - auch wenn man sich die Zivilisationskrankheiten und das florierende Gewerbe der Orthopädie vor Augen hält - eher ein Hindernis als eine Wohltat und in Bezug auf spezifische Nützlichkeit eher ein Rück- denn ein Fortschritt. Betrachtet man die Zweifüßigkeit jedoch vor dem Hintergrund der nach Arnold Gehlen so wichtigen Prämisse der Kumulation von Möglichkeiten, wird dieser Schritt klarer. Unsere Morphologie ist Ausdruck des Unspezifischen, des Generellen. Dem Menschen steht damit eine Fülle von Möglichkeiten offen, während seine Physiognomie auch gleichzeitig eine leidgeprüfte Struktur darstellt. So wenig einsichtig die Entwicklung zum aufrechten Gang mit Blick nur auf die frühen Hominiden war, so einsichtig ist diese Entwicklung heute, die Vor- und Nachteile auf Jahrmillionen betrachtend, erst ausgewogen und eben nicht bereits mit dem ersten Schritt eines sich aufrichtenden Hominiden ersichtlich. Da die frühen Menschen überwiegend Sammler waren und später wohl auch in bescheidenerem Umfang die Jagd auf kleine Säuger und Reptilien ausübten, ist in beiden Fällen der aufrechte Gang nicht gerade förderlich. Das Sammeln erforderte eine gebückte Haltung, die Hocke oder das Knien, was mit einiger Sicherheit schon vor Jahrmillionen zu Haltungsschäden oder zumindest Schmerzen in den Gelenken und ähnlichem geführt haben dürfte. Der moderne Büromensch leidet insofern vergleichbar. Allein die Medizin und die Technik, zu der wir befähigt sind, helfen uns modernen Menschen über diese Unspezialisiertheit hinweg, ja sie verlängern sogar noch unser Leben und damit auch unser Leiden. Für die Jagd auf großes Wild und auch für die Flucht vor Prädatoren war die zweifüßige Fortbewegung im Vergleich zur Vierfüßigen zu langsam[286]. Darüber hinaus führte die organische Unterprivilegierung der Australopithecinen

285 Vgl. dazu die Ausführungen von Raymond Dart, zitiert bei Matt Cartmill, Tod im Morgengrauen, S. 17f.

286 Als Ausnahmen innerhalb der Tierwelt sind hier das Känguru und der Vogel Strauß zu nennen, die trotz einer zweifüßigen Fortbewegung ein sehr hohes Tempo erreichen können. Mit der Morphologie der Australopithecinen oder gar des modernen Menschen haben diese beiden Arten jedoch nichts gemeinsam. Ein ernsthafter Vergleich erübrigt sich somit.

zu weiteren jagdlichen Schwierigkeiten, da wirksame Waffen zur Kompensation nicht eingesetzt werden konnten. Ohnehin bleibt zu vermuten, dass, wenn die Jagd der Antrieb zum aufrechten Gang gewesen wäre, auch andere morphologische Entwicklungen hätten stattfinden müssen, die nun einmal zu einem Jagdsäuger gehören. Dazu zählt mit Sicherheit ein starkes und knochenbrechendes Gebiss, welches sich jedoch seit den Australopithecinen und vermutlich auch schon früher immer weiter in die gegenläufige Richtung des Omnivoren mit einem starken vegetarischen Einschlag entwickelte. Man kann nicht die Bipedie - sozusagen selektiv aus einem Pool der morphologischen Entwicklungen des Menschen - herausgreifen und als Auswirkung der Jagd betrachten und dabei gleichzeitig die Meinung vertreten, dass andere morphologische Faktoren (fehlende Klauen, mangelhafte olfaktorische Leistung, geringe Sprungkraft, etc.) dieser Argumentation nicht im Wege stehen würden. Kommen wir zur Überprüfung der zweiten These, weshalb es die Hominiden zum aufrechten Gang gebracht haben sollen: „...ihr anstrengendes Leben unentwegter Ausweichmanöver vor Geparden und Anschläge auf junge Antilopen..."[287] sollte die Entwicklung vom Menschenaffen zum Hominiden begünstigt oder gefördert haben, so Raymond Dart. Der Zwang Beute zu machen einerseits und die Fluchtbereitschaft vor den großen Raubsäugern andererseits seien ein wichtiger Schritt in Richtung Bipedie gewesen. Auch hier überwiegt die Vorstellung eines falsch verstandenen „survival of the fittest", von einem evolutionären Wettlauf zwischen Prädator und Beutetier. Das für die Verteidigung gegenüber Geparden und für die „Anschläge auf junge Antilopen" notwendige Aggressionspotenzial sei noch bis heute wirksam als Neigung sich zu schlagen oder zu töten[288]. Was macht die Vertreter dieser These so sicher, dass der Druck der Prädatoren tatsächlich so groß war, dass er die morphologische Entwicklung der Hominiden - die ja in Bezug auf den aufrechten Gang eine Entwicklung sein musste, die mit mehreren Jahrmillionen anzusetzen ist - beeinflusste? Dieser Druck hätte in diesen Zeiten um ein Vielfaches höher sein müssen, als er z. B. heute in den afrikanischen Nationalparks ist, wo ein relatives „Gleichgewicht" besteht. Dieses Gleichgewicht führt jedoch nicht zu einer wirklichen Reduktion der Beute durch die Räuber, da sie mit alten und kranken Stücken als auch den Jungtieren mehr als auskommen[289]. In diesen räumlich begrenzten und insofern abgeschlossenen Nationalparks gibt es kaum die Möglichkeit des Abwanderns, um Prädatorendruck zu vermindern. Vor 8 Millionen Jahren existierten die Grenzen dieser Parks jedoch nicht, das Wild konnte im Zweifelsfall abwandern, was jedoch bei der unterstellten Dichte an Räubern zu einem evolutionären Desaster bei den Fressfeinden geführt hätte, da die Beute den Beutegreifer reguliert und nicht umgekehrt. Genauso wie die Abwanderung hätte aber auch ein zu hoher Jagderfolg die Beute sehr schnell in ihrem Kernbestand getroffen und auf diesem Wege ebenfalls die Beutegreifer massiv erschüttert. Dieser massiv hohe Druck hätte jedoch vorhanden sein müssen, würde man der Theorie folgen wollen, dass die Prädatoren auf die Evolution ihrer Beute einen solchen großen Einfluss genommen hätten. Das heißt im Umkehr-

---

287 Vgl. dazu ein Zitat von Raymond Dart, zitiert bei Matt Cartmill, Tod im Morgengrauen, S. 17f.

288 Vgl. bei Hubert Suter, Waidwerk im Schussfeld, S. 10.

289 Ohnehin greift der Mensch stetig ein. Mal werden Großprädatoren ausgesetzt, mal Pflanzenfresser entnommen, etc.

schluss, dass es diesen Druck nicht gab, weder für die schnellen Huftiere noch für die als Beute wesentlich einfacher zu überwältigenden kleinen und langsamen Australopithecinen. Sie wären aufgrund ihrer morphologischen Unterprivilegierungen und der Tatsache, dass sie sich zur Nahrungsaufnahme sehr lange in den Überlappungsräumen zwischen Prädatoren, Savanne und jagdlich nutzbaren Wiederkäuern hätten aufhalten müssen, die bevorzugte, weil mit dem geringsten energetischen Aufwand zu erjagende Beute der Großprädatoren geworden und wohl ausgestorben, bevor sie überhaupt das Potenzial zu sprechen hätten ausschöpfen können. Wie lässt sich also die Bipedie der frühen Hominiden, ihre Entstehung, erklären, war sie doch für die Lebensweise der Hominiden und damit bei der Nahrungssuche und den mit ihr verbundenen möglichen Gefahren eher ein Rück- als ein Fortschritt? Die Jagd konnte es nicht sein, zu viele Faktoren sprechen dagegen. Und dennoch ist zumindest ein kleiner Teil der alten Jagdhypothese richtig: der Hunger nach Fleisch spielte eine wichtige Rolle sowohl für die Bipedie als auch für das spätere und in Anbetracht der „kurzen" Zeitspanne rapide Gehirnwachstum. An dieser Stelle kommen nun die tatsächlichen Vorteile der Bipedie zum tragen, die sowohl für die Jagd als auch für das Sammeln mehr Nachteile als Vorteile bringt. Wohin uns ein lebenslanges Bücken führt, sehen wir nur zu gut, wenn wir in der eigenen Familie ein paar Generationen zurückgehen, bis wir auf einen Fabrikarbeiter oder einen Bauern stoßen. Der aufrechte Gang musste also für etwas anderes einerseits von Vorteil sein und andererseits eine Leistung erbringen, die von keinem anderen Säuger erzielt werden konnte. Nur so ist der Überlebenserfolg der schmächtigen Australopithecinen zu erklären. Was aber war dieser Erfolg, den der kleine, etwa 1,5 Meter große Australopithecus aus dem aufrechten Gang erzielen konnte? Im Begriff „aufrechter Gang" sind wenigstens zwei und voneinander zunächst getrennt zu betrachtende Eigenschaften vereint. Das „sich Aufrichten" einerseits, welches den Australopithecus in der Vertikalen größer machte als alle anderen Raubsäuger Afrikas, und durch die Muskelproportionen andererseits, die weniger Spurt- als vielmehr Ausdauerstärke zum Resultat hatten. Die Hominiden waren so in der Lage aufgrund ihrer Höhe weiter zu sehen - insbesondere in Verbindung mit ihrem guten Sehvermögen, welches, wie bereits angedeutet, stereoskopisches Sehen ermöglichte –, und auf der anderen Seite das, was sie in der Entfernung sahen, ausdauernd und zielgerichtet anzusteuern. Dies ist gerade insofern interessant, als sich alle anderen - auf die Jagd spezialisierten - Raubsäuger aufgrund ihrer Proportionen lediglich als spurtstarke Kurzstreckenläufer hervortaten und heute noch unverändert tun - hier sei nur auf die Morphologie des Gepards oder des Löwen verwiesen. Hier waren die Hominiden also eindeutig im Vorteil und diesen Vorteil konnten sie nur für einen Zweck nutzen: für das Aufspüren und rechtzeitige Erreichen von Aas. Der aufrechte Gang, das Verlassen des Waldes, als das Klima ein Zurückdrängen der ausgedehnten Waldregionen erzwang, und das Aufspüren von eiweiß- und insbesondere phosphorhaltiger Nahrung standen entwicklungsgeschichtlich vor einer wesentlichen Größenzunahme des Gehirns und hatten allesamt mit der Jagd nicht das geringste zu tun - diese war schlichtweg nicht existent in den ersten Jahrmillionen der hominiden Evolution. Wie aber sollte die Spezialisierung auf Aas funktionieren, zumal doch mit der Nutzung des auf natürlichem Wege verendeten Wildes oder des durch Einwirkung eines Räubers gerissenen Wildes der Kontakt mit den Prädatoren eigentlich unumgänglich war?

In diesem Zusammenhang stellte unter anderem Josef H. Reichholf eine sehr interessante und nachvollziehbare These auf. Die Aufgabenstellung für die frühen Hominiden war verschiedener Natur. Zum einen mussten sie an dem auf natürliche Art verendeten Stück sein, bevor die großen Prädatoren mit ihren olfaktorischen Vorteilen eintrafen oder aber sie mussten frühzeitig genug dort sein, um wenigstens noch die von den Raubsäugern zurückgelassenen/übrig gelassenen Reste verwerten zu können, wenn es sich um ein gerissenes Stück Wild handelte. Auf der anderen Seite war auch Eile geboten, um dem Verwesungsvorgang zuvorzukommen, da die Australopithecinen kaum mit entsprechender bakterieller Hilfe in ihrem Magen-Darmtrakt rechnen konnten, wie das bei den Geiern als ausgesprochenen Speziallisten auf Aas der Fall ist. Das rechtzeitige Verzehren der Nahrung war also Voraussetzung, um Krankheiten einerseits und Konkurrenz andererseits zu verhindern. Um rechtzeitig an die Fundstelle zu gelangen nutzten ihnen ihr Körperbau und die damit verbundene Ausdauer im Laufen. Um die Fundstelle überhaupt erst ausfindig zu machen, bedienten sie sich ihrer Sehkraft und ihres räumlichen Abschätzungsvermögens einerseits als wohl auch der Deutung des Geierfluges andererseits. Ihr Hilfsmittel, so Josef H. Reichholf, können nur die Geier gewesen sein, da eine andere Form der Orientierung über weitere Strecken nicht möglich war[290]. Olfaktorisch waren die Hominiden den anderen Säugetieren hoffnungslos unterlegen. Es bleiben der Geierflug und die Kombinationsgabe zwischen dem Anblick der Vögel und der damit verbundenen Hoffnung auf Nahrung. Die Vorstellung, dass sich die frühen Hominiden in Ermangelung anderer Möglichkeiten geradezu auf Aas spezialisiert haben müssen, wird durch einen Blick in die Tierwelt konkreter. Dort, wo man die Wiege der Menschheit vermutet, in Ostafrika, existieren auch heute noch lediglich vier Arten, die Großwild jagdlich zur Strecke bringen. Es sind dies der Löwe (der allerdings auch das bequemer zu erhaltende Aas bevorzugt), der Gepard, die Hyäne, der Wildhund. Auf der anderen Seite gibt es eine Fülle von größeren und kleineren Prädatoren und Allesfressern, die von den Resten mehr als gut leben können. Allein über ein Dutzend Geierarten in sich überschneidenden Lebensräumen können für das Argument Zeuge stehen, dass Aas innerhalb der Evolution eine sehr bedeutende Rolle gespielt haben musste. Darüber hinaus sind die großen Räuber unter den Säugetieren nicht die intelligentesten. Diese Rolle kommt den Allesfressern, den Gemischtköstlern zu. Hier sei nur auf das Wildschwein bei den Säugern hingewiesen oder auf die Rabenkrähe bei den Vögeln. Beide ernähren sich übrigens auch häufig von Aas. Gerade bei den Rabenvögeln scheint ein Zusammenhang zu bestehen zwischen ihrer Populationszunahme und dem Straßenverkehr, der sie mit zusätzlichem, überaus üppigem Aas versorgt[291]. Die Gründe für die Bipedie - so scheint es - lagen also in der Nahrungszusammensetzung verborgen. Alles in allem spricht nichts für die These, dass es die Jagd gewesen sein soll, die uns Menschen den aufrechten Gang bescherte. Es

[290] Vgl. dazu die Ausführungen bei Josef H. Reichholf, Das Rätsel der Menschwerdung, S. 131ff.

[291] Zu den Fressgewohnheiten der intelligenten Singvögel vgl. bei Matthias Riemer, Wildbiologische Wahrheiten, S. 140ff. Weiterhin bei Diemut Klärner, Kolkraben, in: Ökojagd, Ausgabe 2, Juli 1999, S. 13-14. Er vermutet, dass nicht zuletzt die auf eine gewisse Intelligenz zurückzuführende Neugier der Vögel dazu geführt hat, dass sie ganz verschiedenartige Lebensräume besiedeln konnten.

sieht eher danach aus, dass die Hominiden bereits Läufer waren, bevor sie sich zum Menschen entwickelten[292] und bevor sie den Wald verließen. Vielmehr befähigte der aufrechte Gang zu einer ausdauernden Bewegung, die notwendig war, wenn man sich an den Rissen der Raubsäuger oder dem auf natürlichem Wege verendeten Wild gütlich tun wollte, bevor einem die Konkurrenz alles weg gefressen hatte. Der Mensch entwickelte sich mit Hilfe des aufrechten Ganges zu einem ausdauernden Läufer und weniger zu einem spurtstarken „Geparden" auf zwei Beinen, um besser jagen oder besser flüchten zu können. Damit verbesserte er sein Überleben offensichtlich anteilsmäßig stärker als er es durch seine Spurtschwäche verschlechterte.

2.3.3.2.c Das Gehirnwachstum seit den Australopithecinen

Als Gründe für die Vergrößerung des Gehirns der Hominiden, welches innerhalb von nur einer Million Jahren auf das Doppelte anstieg, wurden in der traditionellen Jagdliteratur bisher nur wenige Faktoren anerkannt. Ein solcher anerkannter Faktor sollte die Jagd sein, da sie ja bereits als Motor der Bipedie, des Werkzeuggebrauchs, der Sprache, etc. für legitim erklärt werden konnte. Dass die Jagd allein dazu nicht in der Lage war, auch nicht die fleischliche Nahrung als ausschließliche Größe zur Erklärung herangezogen werden kann, ist an einfachen Überlegungen festzumachen. Würde allein die Nahrungszusammensetzung - einmal dahingestellt, ob sie jagend oder sammelnd und suchend gewonnen würde - über die Leistungsfähigkeit des Gehirns entscheiden, so wäre es nicht einleuchtend, wieso gerade das körperlich schwächste Glied in der Kette der Artenvielfalt (die Hominiden) den höchsten Zuwachs an Gehirnmasse und damit Intelligenz aufzuweisen hatte. Müssten dann nicht alle Prädatoren äußerst intelligent sein und eine ähnlich fulminante Entwicklung des Gehirns absolviert haben, zumal ihre Evolutionszeit aller Wahrscheinlichkeit nach insgesamt länger ist als die der Australopithecinen bis zum modernen Menschen? In der Evolution des Menschen findet man von Seiten verschiedener Erklärungsversuche immer wieder die Parallelität zum Schimpansen. Die Jagd der Australopithecinen, so heißt es häufig, ist allein schon aus dem Grunde bewiesen, weil ja selbst die Schimpansen, zu denen sie unbestritten in enger Verwandtschaft standen, hin und wieder Jagd auf Antilopenkitze oder Pavianbabys machen. Während die Schimpansen jedoch im Wald blieben, zog es die Australopithecinen in die Savanne (aus welchem Grunde dies tatsächlich so war, habe ich bereits erläutert). Die Präadaption zum aufrechten Gang war den Vorgängern der Australopithecinen eigen, weshalb jene zweifüßig wurden und die Schimpansen nicht, und weshalb die einen den klimatisch bedingten Raumveränderungen folgen konnten und die anderen nicht. Doch nicht nur die Bipedie unterschied die frühen Hominiden von den Schimpansen, sondern auch bereits das in Relativität zur Körpergröße ausgeprägtere Gehirn der Australopithecinen. Hätte es nun die Jagd sein müssen, die das größere Gehirnvolumen rechtfertigte, so hätte dies auch uneingeschränkt für die Schimpansen zutreffen müssen, zumal jene für die Jagd besser präadaptiert waren. Tatsache jedoch ist, dass die Schimpansen nur hin und

[292] Zu dieser Vermutung veranlasst auch die These von Christine Tardieu, dass es nicht erst einen Gang auf vier und danach auf zwei Beinen gegeben habe, sondern eine eigenständige Entwicklung der Bipedie. Vgl. dazu bei Yves Coppens, Lucys Knie, S. 119f.

wieder ihren Körper mit zusätzlichem Phosphor versorgt haben, während die Australopithecinen auch ohne zu jagen eine bessere und kontinuierlichere Quelle an Phosphorverbindungen gefunden haben müssen. Nur so lässt sich das stetig zunehmende Gehirnvolumen der einen und die Stagnation bei den anderen erklären. Hätten die frühen Hominiden diese Quelle nicht für sich nutzbar gemacht, wäre eine so rasche Zunahme des Gehirnvolumens vom Australopithecus bis zum Neandertaler nicht möglich gewesen. Diese zusätzliche Quelle im Vergleich zu den Schimpansen wurde durch die oben genannte Spezialisierung auf Aas aufgetan. Das bedeutet aber auch, dass der aufrechte Gang (natürlich auch die anderen morphologischen Eigenschaften, die jedoch beim Schimpansen und bei den Hominiden weitgehend deckungsgleich waren), die Zurückdrängung des Waldes und die Spezialisierung auf Aas dem Gehirnwachstum vorausgegangen sein müssen, ja unabdingbare Voraussetzungen dazu waren, denn im Grunde waren es vor 8 Millionen Jahren allein der aufrechte Gang und die Entwicklung des Gebisses, die einen äußerlichen Unterschied zwischen Schimpansen und Australopithecinen ausmachten[293] und den einen in die Savanne zogen, den anderen dagegen im Wald verharren ließen. Während Raymond Dart und auch Robert Ardrey im Zerschlagen der Knochen und dem Öffnen des Schädels der „Beute" der Australopithecinen noch einen brutalen Akt sahen, der ihnen als Beweis für die im Dunklen der Menschheitsgeschichte angeborenen Aggressionen und der triebhaften Destruktivität der modernen Menschen galt, deutet dieses Verhalten unter Beachtung der Nahrungsqualität auf etwas vollkommen anderes hin. Sowohl im Knochenmark als auch im Gehirn ist die Konzentration des Phosphors besonders hoch und dieser Stoff ist für die Entwicklung eines leistungsfähigen Gehirns unabdingbar[294]. Früher war es gang und gäbe, dass man kleinen Kindern regelmäßig Hirnsuppe zu essen gab. Heute, im Zeitalter von BSE, ist die Verabreichung von Knochensubstanz, Knochenmark oder Hirn unserer Schlachttiere ein Drahtseilakt geworden, den man besser unterlässt. Dennoch besteht eine Vielzahl unserer modernen Nahrungsmittel aus Knochenextrakten oder Knochenmark, um den so wichtigen Nährstoffgehalt der Phosphorverbindungen für unseren Körper zu sichern. Wie weiter oben bereits angedeutet, war es jedoch nicht die Phosphorversorgung allein, die die Hominiden zur Ausbildung eines deutlich gesteigerten Gehirnvolumens befähigte. Eine gleichmäßig hohe und geregelte Körpertemperatur kommt als notwendige Voraussetzung für gesteigerte Gehirnleistung ebenso hinzu wie eine sehr gute, höchst effiziente Sauerstoffversorgung. Beides bringen nur die höher entwickelten Säugetiere zustande und zu ihnen gehören ohne Zweifel der Mensch und auch der Delfin[295], der sich damit auch deutlich vom Hai abgrenzen kann, obwohl ihre Nahrung

---

293 Ein weiterer sichtbarer Unterschied war die Körpergröße, da die ältesten Australopithecinen kleinwüchsiger waren als die Schimpansen bei etwa gleich großem Gehirnvolumen, was in Relation zur Körpergröße jedoch das Gehirn des Australopithecinen größer erscheinen lässt.

294 Vgl. zur Bedeutung des Knochenmarks und des Gehirns als Nahrungsquelle in einem Artikel von Ulrich Eberl „Kannibalismus - uraltes Erbe oder Mythos?", in: Bild der Wissenschaft online unter der URL: http://www.wissenschaft.de/sixcms/detail.php?id=96670 vom 01.03.2000. Er zitiert hier die Paläontologin Yolanda Fernandez-Jalvo, die auch noch bei den Neandertalern auf Funde gestoßen ist, bei denen alle Wirbeltierknochen aufgeschlagen und vom Mark befreit wurden.

295 Vgl. dazu die Ausführungen bei Josef H. Reichholf, Das Rätsel der Menschwerdung, S. 118f.

dieselbe ist. Was für den Australopithecus gilt, galt wohl auch für den sehr schmächtigen Homo habilis und den ersten Homo erectus. Erst die späteren Erectus-Formen und der noch genauer zu betrachtende Neandertaler fingen an, sich vom Aas auf die aktive Jagd zu verlegen. Der Neandertaler hatte dabei wohl so einen Erfolg, dass sein Gehirnvolumen sogar das des modernen Menschen im Durchschnitt zu übersteigen begann. Dennoch starb er am Ende der letzten Eiszeit unwiderruflich aus, ohne seine Gene weitergegeben haben zu können. Es war die Spezialisierung auf die Jagd der Megaherbivoren, mit deren Aussterben er denselben Weg gehen musste. Allerdings, und das ist zwischenzeitlich häufiger Gegenstand wissenschaftlicher Diskussionen, kann die Spezialisierung der Neandertaler auch in einer einseitigen Abhängigkeit von den großen Säugern der Eiszeiten betrachtet werden, die sich gerade nicht in der Jagd, sondern ebenfalls in der Nutzung durch Aas, Jungtieren oder sterbenden Tieren äußern konnte. Zunächst jedoch optimierten die Seitenlinien der menschlichen Evolution nach den Australopithecinen ihr Gehirnwachstum neben der Perfektionierung der Nahrungssuche durch die Optimierung der Sauerstoffversorgung und der gleichmäßigen Körpertemperatur. So, wie sich die Bipedie allmählich durchsetzte, so war der Gattung der Hominiden der allmähliche Verlust des Fellkleides eigen. Während die Australopithecinen im Grunde zweifüßige Schimpansen waren, mit einem dichten Fellkleid versehen, nahm jenes über die nachfolgenden Arten bis zum modernen Menschen stetig ab, der lediglich auf dem Kopf und im Schambereich noch nennenswert behaart ist. Wären wir modernen Menschen noch genauso behaart wie die Australopithecinen, wäre körperliche Arbeit und damit wohl unser Wohlstand nicht möglich geworden - die industrielle Revolution hätte nie stattgefunden; Karl Marx und Friedrich Engels hätten ihr Manifest der Kommunistischen Partei der Nachwelt wohl nicht hinterlassen können. Ein dichtes Fellkleid schützt zwar den Körper vor Auskühlung, macht jedoch körperliche Anstrengungen über einen längeren Zeitraum unmöglich, da die Wärmeabgabe insbesondere aufgrund fehlender Schweißdrüsen wesentlich schwieriger ist als bei einem nackten Körper. Nacktheit allein ist jedoch noch kein Garant für einen reibungslosen Wärmeaustausch - die Schweißdrüsen sind unabdingbare Voraussetzung dazu. Parallel zur Verminderung des Fellkleides innerhalb der Evolution mussten sich also die Schweißdrüsen bei den Hominiden herausgebildet haben, um die weiter oben genannte Läufereigenschaft aufrecht zu erhalten. Schweißdrüsen entziehen dem Körper Wasser und seine Verdunstung entzieht Wärme - eine effektivere Wärmeableitung aus erhitzten Körpern kann man sich in der Natur nicht vorstellen[296]. Das ist letztlich auch der Grund für die läuferische Ausdauer der frühen Hominiden gegenüber den anderen Säugetieren, die ihnen in der Versorgung des Körpers mit dem so wichtigen Phosphor zugute kam. Im Laufe der Evolution, des Aufkommens weiterer Hominiden und deren Verschwinden, blieb jedoch eine Tendenz ganz klar ersichtlich. Das Fellkleid bildete sich stetig zurück, die Spezialisierung auf Aas wurde perfektioniert, insbesondere über die Nutzung von Werkzeugen, die ein schnelles Öffnen der Beute erlaubten, um das Verzehren des Fleisches vor Eintritt

[296] Damit wurden der Mensch und auch alle seine früheren Entwicklungslinien zu einem der „durstigsten" Säuger, die es überhaupt gibt. Ohne Nahrung können wir es wesentlich länger aushalten als ohne Wasser.

lebensgefährlicher Fäulnisprozesse zu ermöglichen; die Anzahl der Schweißdrüsen nahm zu, das Gehirnvolumen verdoppelte und verdreifachte[297] sich zuletzt sehr rasch. Die körperliche Fitness scheint mit der Entwicklungslinie der Neandertaler ihren Höhepunkt erreicht zu haben, der gleichzeitig aber auch ihr Ende war. Der moderne Mensch war von seiner körperlichen Fitness dem Neandertaler zwar unterlegen, dennoch hat er sich gegenüber diesem durchgesetzt, auch wenn es wohl nie zu einer direkten Konfrontation im Sinne eines Kampfes oder gar kriegsähnlicher Handlungen gekommen ist. Die Konfrontation, wenn man den Vorgang so benennen kann, war vielmehr geprägt durch das räumliche Vordringen von Seiten des modernen Menschen und durch den Rückzug von Seiten der Neandertaler, die dann um 25.000 vor Christus endgültig ausgestorben sein dürften[298].

2.3.3.2.d Die Sprache

Auch bezüglich der Sprache unterstellt die Jagdhypothese, dass erst im Zuge der erfolgreichen, weil organisierten Treibjagd die Notwendigkeit effektiv zu kommunizieren anstieg. Beim Menschen sollte dies zu einer gutturalen und dann zu einer vokalen Sprache geführt haben[299]. Es müssen in diesem Zusammenhang wenigstens zwei Fragen beantwortet werden. Weshalb z. B. können Schimpansen nicht reden, wo doch ihre ganze Morphologie wesentlich stärker auf die Jagd abgestellt ist, als es die der Hominiden jemals war? Und die zweite Frage, die jedoch indirekt auch wieder auf die erste zurückführt, ist die Frage nach den morphologischen Voraussetzungen für eine nicht nur gutturale Sprache. Ausbildung und Artikulation einer Sprache sind niemals allein auf die lediglich neuronale Fähigkeit und damit letztlich auf das Gehirnvolumen zurückzuführen. Sprache braucht einen Sprachapparat, da ansonsten das Sprechen in gutturalen oder anderen sprachähnlichen Lauten untergehen würde. Die Sprache - nicht die gutturale, sondern die vokale Sprache - bildete sich jedoch frühestens mit den späten Formen der Neandertaler, wahrscheinlich jedoch erst mit dem Auftauchen des modernen Menschen heraus, da nur er über die optimalen Proportionen zwischen Zungenbein, Kehlkopf, Speise- und Luftröhre verfügte[300]. Neuere Untersuchungen scheinen zu bele-

---

297 Während die Australopithecinen über ein durchschnittliches Gehirnvolumen von 500 ccm verfügten, war jenes bei Homo erectus bereits auf 1000 ccm angewachsen und beim Neandertaler gar auf bis zu 1800 ccm - das ist selbst für den modernen Menschen unerreichbar groß. Aber auch hier zeigt sich, dass selbst das Gehirnvolumen allein niemals zur Begründung herangezogen werden kann, wenn es gilt z. B. die Leistungsfähigkeit des modernen Menschen gegenüber früheren Formen herauszustellen.

298 Vgl. dazu auch bei Ralf W. Schmitz und Jürgen Thissen, Neandertal - Die Geschichte geht weiter, S. 1f.

299 So lautet ein Zitat auf der Homepage der Kreisjägervereinigung Ravensburg unter der URL: http://www.jaeger-rv.de/uberuns.htm: „Jagd ist eine Nutzung, welche tief in unserem evolutiven Erbe verwurzelt ist, denn bereits unsere noch deutlich affenartigen Vorfahren gingen auf die Jagd, so wie es auch heute unsere nächsten Verwandten, die Schimpansen tun. Die Schimpansen veranstalten regelrecht organisierte Treibjagden, um ihren Speisezettel mit tierischem Eiweiß bereichern zu können. Anthropologen sehen gerade in dieser organisierten Jagdausübung mit der Notwendigkeit, effektiv untereinander zu kommunizieren, den Beginn der Sprachentwicklung des Menschen".

300 Hier wird kontrovers in der Wissenschaft diskutiert. Vgl. dazu einen Artikel im Discovery Channel, Wie sprachen unsere Ahnen?, unter der URL: http://www.discovery.de/

gen, dass tatsächlich auch die Spätformen der Neandertaler über einen bereits deutlich abgesenkteren Kehlkopf verfügten als die früheren und mittleren Formen[301]. Ihnen war es vielleicht möglich, einfache Worte zu artikulieren, während ihnen jedoch in 9/10 ihrer Evolutionszeit nur gutturale Laute möglich waren. Allerdings war diese Entwicklung wohl verspätet, denn wenig später starben die Neandertaler aus. Neben den morphologischen Voraussetzungen zum artikulierten Sprechen vermuten Wissenschaftler vom Leipziger Max-Planck-Institut für evolutionäre Anthropologie, dass das Vorhandensein eines „Sprachgens"[302] Voraussetzung dazu sein könnte. Dieses Gen sei bei Menschen und Affen verschieden und als einer der Gründe dafür verantwortlich, weshalb der Mensch im Gegensatz zum Schimpansen sprechen könne. Die Wirkungen jenes Gens befähigen offenbar den Träger, Mund und Kehlkopf komplizierter zu bewegen als dies ohne jenes Gen der Fall wäre. Das Gen sei dabei in etwa so alt wie die älteste Linie des Homo s. sapiens[303]. Hätte die Jagd jene Veränderungen in der Morphologie des Kehlkopfes zustande bringen sollen, so ist es nicht einsichtig, weshalb jene Entwicklung sich

---

de/pub/specials/menschheit/menschwerdung/sprache/sprachentwicklung_print.htm. Hier steht zumeist die Frage im Vordergrund, wann sich in der Entwicklungsgeschichte der Menschheit der Kehlkopf abzusenken begann. Die Wölbung der so genannten Schädelbasis ist ein Indiz für die Größe des Rachenraumes. Je größer sie ist, desto größer dürfte auch der Rachen gewesen sein. Nach Fundstücken zu urteilen, könnte bereits der Homo erectus über eine Lautpalette verfügt haben, wie sie für eine menschenähnliche Sprache notwendig ist.

301 Vgl. dazu unter anderem bei Ralf W. Schmitz und Jürgen Thissen, Neandertal – Die Geschichte geht weiter, S. 186f.

302 Siehe dazu auch einen Artikel im Dicovery Channel, Die menschliche Sprache - Kulturgut oder Ergebnis der evolutionären Auslese?, unter der URL: http://www.discovery.de/de/pub/specials/menschheit/menschwerdung/sprache/sprach_gen_print.htm. Hier heißt es: „Britische Genetiker vom Welcome Trust Center für Humangenetik der Universität Oxford identifizierten im Januar 1998 erstmals ein Gen, das an der Entwicklung des Sprechens beim Menschen beteiligt ist. Sie konnten das Gen auf dem Chromosom 7 lokalisieren und dort in einem kleinen Bereich, genannt „Sprache 1", einkreisen. Dieses Gen sei das erste, definitiv mit der Sprachfähigkeit des Menschen verbundene Gen, so die Forscher. Es erhielt den Namen FoxP2. Die Wissenschaftler hatten eine Familie untersucht, bei der über mehrere Generationen Kinder auftraten, die trotz durchschnittlicher Intelligenz große Schwierigkeiten hatten, Worte und einfache Sätze zu bilden und zu verstehen. Zudem hatten sie Probleme bei der Koordination von Lippen und Zunge. Die Untersuchungen wiesen auf vererbte Mutationen auf dem Chromosom 7 hin. Nach einer weiteren Untersuchung im Herbst 2001 wurde der Schaden auf ein einziges verändertes Gen, auf FoxP2, zurückgeführt. Inzwischen fand man heraus, dass auch andere Lebewesen das FoxP2-Gen besitzen. Mäuse z. B., die bekanntlich nicht sprechen können, und Schimpansen, deren Sprachfähigkeiten zumindest sehr umstritten sind. Die Funktion des Gens ist in beiden Fällen noch nicht restlos geklärt. FoxP2, so lautete schließlich die These der Forscher, dirigiere vermutlich über ein Protein eine ganze Gruppe bislang nicht identifizierter Gene. Erst diese seien an der Entstehung und Funktion der Neuronennetze beteiligt, in denen vielleicht der Sprachinstinkt angelegt ist." Die Forscher weiter: „Einige wenige Mutationen im FoxP2 während der sechs Millionen Jahre dauernden Evolutionsgeschichte vom Affen zum Menschen könnten zu den Ereignissen zählen, die den symbolisch denkenden und sprechenden Homo sapiens hervorgebracht haben."

303 Vgl. dazu einen Artikel von Carolin Muck mit dem Titel „Genmanipulation verlieh vor 200.000 Jahren unseren Vorfahren eine Stimme", in: Bild der Wissenschaft online unter der URL: http://www.wissenschaft.de/sixcms/detail.php?id=128518 vom 16.08.2002. Zitiert werden Forscher aus einem Beitrag in der Wissenschaftsausgabe „Nature" (Bd. 418).

mehrere Jahrmillionen Zeit gelassen haben sollte. Hätte die Sprache die jagdliche Effektivität einerseits gesteigert oder einfach nur das Überleben generell über die Möglichkeiten der Absprache und Verständigung vereinfacht, so hätte ihre Entwicklung wesentlich forcierter in bereits viel früheren Zeiten der Menschwerdung stattfinden müssen, da hier das Überleben des Individuums und der Gruppe aufgrund der körperlichen Schwäche, des noch mehr oder weniger dichten Fellkleides, des Fehlens ausgeprägter Schweißdrüsen und des erst zögerlich beginnenden Werkzeuggebrauchs womöglich hätte erleichtert werden können. Aber diese Entwicklung trat nicht ein, was den Schluss nahe legt, dass die artikulierte Sprache mit dem Überlebenserfolg in keinerlei ursächlichem Zusammenhang stand. Darüber hinaus bleibt noch aufzuzeigen, dass eine aktive Jagd in jenen Phasen der Menschwerdung nicht existierte oder nur auf Kleinsäuger, Echsen oder Amphibien konzentriert war. Die Vermutung, dass sich die Sprache erst etwa vor ca. 140.000 Jahren begann auszubilden - zusammenfallend etwa mit dem dritten Auszug menschlicher Wesen aus Ostafrika - legt den Verdacht nahe, dass die Sprache in keinerlei Zusammenhang mit der Jagd zu bringen ist. Auch ein Blick in die Welt der Großraubtiere zeigt, dass der jagdliche Erfolg mit der Artikulation einer Sprache nicht sehr viel zu tun hat. Es genügt die Verständigung über Mimik, Zeichen und Laute, deren Bedeutungen vom Gegenüber verstanden werden. Die Entstehung einer Sprache mit der Jagd in Verbindung zu bringen ist also äußerst spekulativ, zumal man mit der Definition von Sprache an dieser Stelle vorsichtig sein muss. Auch die Delfine, Raubkatzen und Vögel haben eine „Sprache", die zwar nicht mit unserem Verständnis von Sprechen übereinstimmt, jedoch eine äußerst spezialisierte und nuancierte Verständigungsmöglichkeit bietet. Da die Neandertaler als Jäger und Sammler aufgrund ihres hervorragenden Überlebenserfolges in den Phasen der Eiszeiten insbesondere in Europa als äußerst erfolgreich betrachtet werden müssen, wäre es ja nur schlüssig, ihnen die Fähigkeit zur Sprache zuzugestehen. Allein - sie hatten sie nicht. Dennoch konnten sie sich auf eine wohl bereits hoch spezialisierte Form verständigen. Auch wenn sie kein Wort sprechen (nach unserem Verständnis von Wortsprache) konnten, hatten sie eine Sprache und sind einzureihen in die Reihe aller Säuger, wo sie zumindest hinsichtlich der „Sprachlosigkeit" Gemeinsamkeiten hatten[304]. Die Tatsache, dass der moderne Mensch eine Wortsprache beherrscht, ist insofern reiner Zufall, insbesondere wenn man be-

[304] Vgl. dazu auch kontrovers einen Artikel im Discovery Channel, Die menschliche Sprache - Kulturgut oder Ergebnis der evolutionären Auslese? unter der URL: http://www.discovery.de/de/pub/specials/menschheit/menschwerdung/sprache/sprach_gen_print.htm. Erst im Verlauf der letzten 6.000 Jahre, so einige Wissenschaftler, haben sich aus dem indoeuropäischen Idiom die meisten heutigen europäischen Sprachen entwickelt. Einige „widersetzen" sich allerdings dem Versuch einer solchen Vereinnahmung. So gilt die Sprache der Basken inzwischen als wohl letzter Hinweis auf die Sprache der Cro-Magnon-Menschen, die vor rund 40.000 Jahren in Westeuropa auftauchten. Genetische Befunde stützen diese Sonderstellung der Basken. Die Geschichte von Genen und Sprachen scheint im Wesentlichen parallel zu verlaufen. Kultur und Gene beeinflussen sich also wechselseitig. Im Erbgut sind die Baupläne für die Stimmbänder, den Kehlkopf, die Zunge, die Lippen, die Zähne angelegt. Aber erst die Kultur bringt uns bei, diese „Instrumente" zum Klingen zu bringen. Sprache scheint somit eine kulturelle Errungenschaft zu sein, die auf einer spezifischen anatomischen und neurologischen Grundlage beruht. Kultur und Biologie lassen sich eben nicht so leicht voneinander trennen, so die Forscher.

denkt, dass die Ausbildung des menschlichen Sprechapparates, die Absenkung des Kehlkopfes zur Ermöglichung von Artikulation, zwar die Sprache herausbildete, gleichzeitig jedoch eine nur suboptimale Entwicklung darstellte, da durch das Absenken des Kehlkopfes die Gefahr des Sichverschluckens um ein Vielfaches gestiegen war. Es scheint, als ob der menschliche Sprechapparat selbst heute noch im Wesentlichen als „unfertig" zu betrachten ist. Dass natürlich mit der Entwicklung der Sprache die wahrscheinlich tiefgreifendste Veränderung im Leben der Menschen stattfand, steht außer Frage, sie jedoch mit der Jagd in direkte Verbindung zu bringen, scheint mehr als zweifelhaft. Insofern ist Hartmut Esser zuzustimmen, der die Hypothese von der kooperativen Jagd als Ursprung der „conditio humana" als eine sehr umstrittene bezeichnet[305], für die in der Tat vieles spricht, wobei der schlüssige Beweis jedoch eher der gegenteiligen Darstellung zugute kommt.

2.3.3.2.e Zur Erklärung der geschlechtsspezifischen Arbeitsteilung

Der Zoologe G. A. Bartholomew und der Anthropologe J. B. Birdsell vertraten die Ansicht, dass die Jagd ein zufälliges Nebenprodukt der Paarungskämpfe und lediglich aus den Aggressionen der Kämpfenden heraus entstanden sei. Während in den ersten Generationen immer die Stärksten die meisten Weibchen abbekommen hätten, sollen nach vielen Generationen alle Männchen groß und stark geworden sein. Mit ihrer Stärke und Brutalität hätten diese Männchen neuen Schlags sich nebenbei auch die Eignung zum Großwildjäger erworben, weil diese eine vom aggressiven Verhalten abgeleitete sekundäre Funktion sei[306]. Eine weitere Funktion dieser Brutalität sollte nach dieser Theorie, die im Übrigen in den 1950er und 1960er Jahren sehr populär war, die Herrschaft des Mannes über die Frau, insbesondere über ihre Sexualität, gewesen sein. Einhergehend mit der vermeintlichen Entstehung der Geschlechterrollen wurden die mit der Jagd in Verbindung gebrachten Potenziale aus nahe liegenden Gründen auch für die politische Dominanz des Mannes, welche er allein auf der sozialen Vorherrschaft aufzubauen in der Lage gewesen sei, als Erklärungsansatz herangezogen. Die Vorstellung, dass sich die Jagd der Hominiden aus dem Brunftverhalten entwickelt haben soll, ist mit einigen Gegendarstellungen einigermaßen schnell zu entkräften. Ähnlich wie bei anderen Ansätzen innerhalb der Jagdhypothese wurde auch hier versäumt, Parallelitäten aus dem Tierreich mit einzubeziehen. Daneben wurden die bereits ausführlich dargestellten morphologischen Fakten der frühen Menschen schlichtweg ignoriert. Die gesamte Physiognomie der Hominiden war sehr weit von einem auf Jagd spezialisierten Körper entfernt. Selbst das Sammeln von Früchten, Beeren oder Aas hat mit einiger Sicherheit schon sehr früh zu Rückenproblemen, Verspannungen und möglicherweise auch chronischen Krankheiten geführt, wie sie in einer modernen orthopädischen Praxis des 21. Jahrhunderts allgegenwärtig sind. Selbst die vermeintliche Jagdfertigkeit der Neandertaler wird immer wieder aufgrund der

[305] Vgl. dazu bei Hartmut Esser, Soziologie, S. 212f.

[306] Vgl. dazu die Ausführungen bei Matt Cartmill, Tod im Morgengrauen unter Bezug auf Bartholomew und Birdsell, S. 19ff.

morphologischen Unzulänglichkeiten jener Urmenschen einer Kritik unterzogen[307]. Der Problematik morphologischer Unzulänglichkeiten in diesem frühen Stadium der Menschwerdung durch eine Umstellung vom Sammeln auf die Jagd entgehen zu wollen, kann mit einiger Sicherheit ausgeschlossen werden. Dabei spielt es keine Rolle, ob die Jagd durch die sexuellen Aggressionen oder durch anderweitige Faktoren hätte begünstigt werden sollen. Ohnehin wäre diese Entwicklung in der Geschichte der Säugetiere einmalig, da keine Tierart bekannt ist, bei der aus sexuellen Aggressionen eine Umstellung in der Ernährung oder gar eine Präferierung der Jagd erfolgt wäre. Im Gegenteil: Die wohl heftigsten, aber auch faszinierendsten Brunftkämpfe stammen aus dem Reich der Vögel (Pfau, Großtrappe, Flamingo, Storch, etc.) und der Wiederkäuer, hier speziell der Boviden wie dem Dickhornschaf, dem Steinwild und dem Muffelwild als auch der Cerviden wie dem Ren, dem Wapiti oder dem Rothirsch. Das bedeutet, dass alle sexuelle Energie oder Aggression im Falle bestimmter morphologischer Präadaptionen - oder hier besser: Unterprivilegierungen - keine Auswirkungen auf die Ausbildung von Eckzähnen, Klauen, der Quadrupedie, etc. haben konnten. Die Evolution einer Art hat nicht aus eigenem Antrieb heraus stattgefunden, sondern stets unter den Einflüssen von Außen. Es ist immer ein Ursachenkonglomerat, welches in die Erklärungsversuche mit einfließen muss. Dennoch bleibt nicht von der Hand zu weisen, dass Frauen innerhalb der bundesdeutschen Jagd nach wie vor noch keine starke Rolle spielen. Hier wurde die Jagd erfolgreich als Bastion des Mannes verteidigt, begründet in der Tradition des deutschen Waidwerks, während in den Kulturen der Antike und den Mythen der Steinzeit die Frauen auch jagdlich eine - wenn auch symbolische - Rolle spielen konnten. Allerdings ist eine leichte Tendenz dahin zu bemerken, dass im Vergleich zu den 1960er und 1970er Jahren inzwischen mehr Frauen in die Jagd drängen[308]. Die Tatsache der geringen Frauenbeteiligung an der Jagd jedoch auf die

---

[307] Vgl. dazu einen Artikel im Discovery Channel, Sackgasse - Warum starb der Neandertaler aus? unter der URL: http://www.discovery.de/de/pub/specials/menschheit/theorien/sackgasse_neandertaler/sackgasse_print.htm. So heißt es hier: „Es könnte an den Händen gelegen haben, dass die Spezies Neandertaler von der Bildfläche verschwand. Waren sie für einen effektiven Werkzeuggebrauch zu grob? Um dieser Vermutung nachzugehen, untersuchten Wissenschaftler die Hände verschiedener Neandertaler. Sie rekonstruierten dreidimensionale Ansichten der Mittelhandknochen (Metacarpalia) und verglichen sie mit jenen moderner Menschen aus der gleichen Zeit. Die Unterschiede waren deutlich: Während die Metacarpalia des Homo s. sapiens fast schon grazil wirken, sind die der Neandertaler deutlich gröber. Der Homo neanderthalensis könnte also, im Vergleich zum modernen Menschen, ungeschickter im Werkzeuggebrauch gewesen sein. Er nutzte zwar ähnliche Werkzeuge wie seine Verwandten, konnte diese jedoch wahrscheinlich nicht so wirkungsvoll einsetzen. Seine Feinmotorik scheint nicht ausreichend ausgebildet gewesen zu sein. Dies kann zwar nicht als Erklärung ausreichen, warum der Neandertaler ausstarb, könnte jedoch zumindest erklären, warum es kaum Schnitzereien oder Höhlenmalereien vom Homo neanderthalensis gibt."

[308] Insbesondere die allmähliche Einsicht Jagd als Dienstleistung zu verstehen, weit außerhalb des traditionalen Jagdverständnisses, lockt mehr Frauen in die Jagd als es bisher der Fall war. Die Frau beginnt eine Rolle innerhalb der ökologischen und rationalen Form der Jagd zu spielen, unbelastet durch speziell deutsche „waidmännische" Anschauungen. Aufklärung innerhalb der Jagd, die in der Bundesrepublik noch in den Kinderschuhen steckt, ist hier möglicherweise als ein Grund dafür zu verzeichnen. Vgl. dazu auch bei Bruno Hespeler, Jäger wohin?, an versch. Stellen.

sexuelle Aggressivität der Männer zurückzuführen, scheint zu weit weg von der Realität. Welchen denkbaren Ansatz gibt es dann, der eine Rollenverteilung - wenn es denn eine solche bereits bei den frühen Hominiden gegeben hat - auf biologisch begründbare Füße zu stellen in der Lage ist? Zunächst einmal ist die Frage zu klären, ob die Hominiden eher in Gruppen oder einzelgängerisch lebten. Hier wird man sehr schnell zu dem Resultat gelangen, dass ihre ganze Morphologie, ihre Lebensweise und ihre Primatenwurzeln ein Leben in Gruppen zwingend zum Ergebnis haben mussten. Das Überleben der schmächtigen Australopithecinen als Individuen wäre aufgrund ihrer organischen Unterprivilegierung vollkommen in Frage gestellt gewesen. Wie nun aber diese Gruppen aussahen, darüber lässt sich an dieser Stelle der Argumentation noch keine Aussage treffen. Es bleibt jedoch zu vermuten, dass die Gruppen zumindest geschlechtlich und altersgestufte gemischte Gruppen sein mussten, da dies bei anderen Säugetieren, insbesondere bei Primaten, auch der Fall ist. Geht man von gemischten Gruppen aus, so ist der nächste Schritt die Feststellung, dass nur in jenen Gruppen überhaupt eine Arbeitsteilung notwendig und sinnvoll erscheint. Zwar gibt es bei den Wiederkäuern große Mutter-Kind-Familienverbände, die man auch den gemischten Gruppen zurechnen kann, eine Arbeitsteilung ist bei jenen jedoch aus verschiedenen Gründen, die noch angeführt werden, nicht existent. Sie ist ein Merkmal der Karnivoren und des Gemischtköstlers Mensch und damit wahrscheinlich auch seiner Ahnen. Unter den meisten säugenden Prädatoren gibt es bestimmte Formen von Arbeitsteilung. An erster Stelle sind hier die Wölfe zu nennen, bei denen vom Graben des Wurfkessels, des Baus, bis zum Behüten des Nachwuchses durch rangniedere Tiere (solange das Alphaweibchen auf der Jagd ist) Arbeitsteilung innerhalb des Rudels herrscht[309]. Wird das Alphaweibchen getötet oder stirbt es an einer Krankheit, so sorgt seine Stellvertreterin weiter für die Jungen, wobei ihr von Zeit zu Zeit ein weiteres weibliches Rudelmitglied hilft. Die Tatsache, dass sich der Mensch in Afrika - genauer in Ostafrika - entwickelt hat, lässt jedoch die Betrachtung der Wölfe nicht als regelkonform erachten, da es keinerlei Überschneidungsgebiete zwischen Wolf[310] und Australopithecinen gab. Aufschlussreich mögen die Anmerkungen trotz allem sein. Dennoch erscheint es ratsamer und gleichzeitig auch zielführend, sich auf die ostafrikanische Tierwelt zu begrenzen, wie sie bereits zu Zeiten der Australopithecinen ausgeprägt war. Hier seien insbesondere die Löwen auf der Seite der Karnivoren und einige Antilopenarten und Pferde oder Zebras auf der Seite der Wiederkäuer genannt. Eine Teilung der Gruppe - damit sei auch die Arbeitsteilung gemeint -, dahingestellt ob in Alte und Junge, Starke und Schwache, Männchen und Weibchen, ist in der Tat nur begründbar entweder über die Lebensweise eines Prädatoren und damit über die Jagd oder aber über die Nahrungssuche, die sich innerhalb kurzer Zeit auf relativ weite Strecken beziehen kann. Die Art und Weise der räumlichen Bewegung spielt hier also die gewichtigste Rolle. Was sind die Gründe hier-

309 Vgl. dazu die Erkenntnisse von Ronald D. Lawrence, die er in seinem Werk „Auf der Spur der Wölfe", S. 90ff, in Bezug auf die Arbeitsteilung innerhalb des Wolfrudels niedergeschrieben hat.

310 Zur Evolution und Verbreitung des Wolfes und seiner Unterarten siehe in einem Artikel des National Geographic, Januar 2002, Autorin: Karen E. Lange, Vom Wolf zum Wuffi - Die Evolution des Hundes, S. 40ff.

für? Bei reinen Pflanzenfressern ziehen die Jungen bereits als Nestflüchter mit der gesamten Gruppe umher. Hier finden auch in den wenigsten Fällen der Nahrungssuche oder Nahrungsaufnahme abrupte Ortswechsel statt. Die Aufnahme von Grünpflanzen ist in den allermeisten Fällen das Abgrasen oder Selektieren einer räumlich an konzentrierter Stelle auftretenden Vegetation. Ist diese abgeweidet, zieht die Gruppe oder die Herde weiter. Alle Mitglieder der Gruppe, wie z. B. bei den Pferden, Gnus oder vielen Antilopenarten, bleiben zusammen und bewegen sich gemeinsam in dem ihnen zur Verfügung stehenden Raum. Einer Arbeitsteilung innerhalb der Gruppe sind keine Voraussetzungen gegeben, da die Nahrung einfach zu beschaffen ist und auch die Aufzucht des Nachwuchses zumeist inmitten der gesamten Gruppe vonstatten geht. Das Kalb zieht innerhalb weniger Stunden mit der Herde weiter und ernährt sich sehr schnell von fester Nahrung. Völlig anders sieht es z. B. bereits bei einem Löwenrudel aus. Hier wird der Nachwuchs in der ersten Zeit der Aufzucht durch die Löwin nicht unmittelbar mit auf die Nahrungsbeschaffung genommen. Die Beschaffung der Nahrung durch Jagd strapaziert den Organismus ungleich stärker als durch Äsen der Grünvegetation. Dies gilt sowohl energetisch als auch räumlich. Jagd setzt zumeist örtlich in größerem Umfange notwendige Bewegungen zur Überwindung von Entfernungen voraus, die oftmals viele Kilometer betragen können. Zur raumgreifenden Handlung der Jagd kommt noch die Geschwindigkeit dazu, die notwendig ist, um Beute zu machen. Ausdauer und Schnelligkeit treffen auf den karnivoren Nachwuchs innerhalb der ersten Wochen ihres Lebens nicht zu. Hier müssen die Jungen während der Jagd zurückbleiben, was zumeist nicht unbeaufsichtigt passiert. Derselbe Vorgang ist auch bei den oben genannten Wölfen, allerdings mit wesentlich stärkeren sozialen Bindungen auch außerhalb der reinen Mutter-Welpen-Beziehung, zu beobachten. Das Beispiel der Löwen ist jedoch nur bedingt auf den frühen Hominiden anzuwenden, da die Unterscheide in den Details zu gewichtig sind. So weiß man z. B. von Löwen, dass sich jeweils ein starkes Männchen ein Löwinnenrudel zu Eigen macht. Sollten hier noch männliche Nachkommen eines früheren Rudelführers vorhanden sein, so tötet jenes diese. Auch die Zahl der Nachkommen ist bei einer Löwin um ein Vielfaches höher als bei einem Menschen oder einem frühen Hominiden. Die Tragzeit der Jungen, die Entwicklung vor und nach der Geburt und auch die Lebensweise sind sehr unterschiedlich. Das alles zeigt bereits, dass unterschiedliche Strategien innerhalb eines Löwenrudels einerseits und einer Hominidengruppe andererseits existieren mussten. Einzelgänger, wie dies zeitweilig die Löwenmännchen sind, konnten die Australopithecinen, wie bereits angedeutet, aufgrund ihrer organischen Unterprivilegierung und ihrer ganzen Ausrichtung auf Sozialität kaum sein, da ihr Überleben in starkem Maße gefährdet gewesen wäre. Auch sonst gibt es mehr Unterschiede als Gemeinsamkeiten zwischen Löwen und Hominiden und dennoch sind die Vergleiche zeitweilig sehr aufschlussreich. Trotz der aufgezählten Unterschiede setzt an dieser Stelle nun die Überlegung in Bezug auf die frühen Hominiden an. Hier ist der Nachwuchs selbst mehrere Jahre lang nicht in der Lage, der Gruppe auf ihrer Nahrungssuche und bei der damit verbundenen kurzfristigen räumlichen Veränderung zu folgen. Ähnlich wie bei den Löwen wird sich aus diesem Grunde ein Teil der Gruppe zurückhalten, während der andere Teil die Nahrung sucht, sammelt und Teile davon an einen bestimmten Treffpunkt verbringt. Das funktioniert bei einigen Säugetieren auf genau diese Art und Weise und ist für uns Menschen eine vollkommen normale zoologische Gegebenheit. Wahrscheinlich aber ist diese Art der anfänglichen Arbeitsteilung auch auf die frühen Hominiden anzuwenden. Damit ist aber noch nicht die geschlechtsspezifische Arbeitsteilung geklärt, da der Nachwuchs auch von anderen Artgenossen bewacht werden kann und nicht zwingend von der Mutter oder anderen Weibchen (Frauen) bewacht werden muss. Als Beispiel hierfür habe ich bereits die Wölfe genannt. Darüber hinaus war es wahrscheinlich auch den Australopithecinen schon möglich, ihren Nachwuchs - ähnlich den anderen Primatenarten - mit sich herumzutragen. Auch das müsste nicht zwingend durch die Mutter geschehen, wie es z. B. bei den Gorillas der Fall ist[311]. Wie ist die geschlechtsspezifische Arbeitsteilung dann zu erklären? Im Grunde allein nur über die Schwangerschaft einerseits und die Phasen des Stillens andererseits als über die Art der Nahrungsgewinnung und ihrer Zusammensetzung. Während der Schwangerschaft lastet auf dem Organismus der Mutter ein ungeheurer Druck. Hier werden die Voraussetzungen für den Nachwuchs geschaffen, der ihn in eine möglichst optimale körperliche und geistige Lage versetzen soll. Die Zufuhr von hochwertigen Nährstoffen ist in dieser Zeit unabdingbar, um eine Entwicklung zum Abschluss zu bringen, die nach der Geburt nicht mehr korrigierbar ist: der Aufbau eines leistungsfähigen Gehirns. Am Beginn der Evolution der Hominiden wird sich die Schwangerschaft nur auf einige wenige Wochen belaufen haben, ähnlich den Schimpansen, jedoch wurde diese Zeitspanne mit dem klimatischen Wandel, der Bipedie und der Verlagerung des Nahrungsspektrums auf Aas immer länger, da sich aufgrund der oben aufgezeigten Entwicklung das Gehirn stetig vergrößerte. Bis die Entwicklung zum Homo s. sapiens abgeschlossen war, verlängerte sich beispielsweise parallel dazu die Unselbstständigkeit der Paläanthropen von 12 auf bis zu 16 oder 17 Jahren beim modernen Menschen. Je länger die Schwangerschaft dauerte, desto hochwertiger musste die Nahrungszufuhr von außen sein, da das Gehirnwachstum unbedingt danach verlangte. Damit haben wir es in der Evolution mit einem geschlechtsspezifischen Gefälle innerhalb der Nährstoffversorgung, der energetischen Grundbedürfnisse zu tun, da der Mann mit einer gewissen Erhaltungsnahrung zurecht kam, während die Frau qualitativ und quantitativ höhere energetische Ansprüche stellte. Auch heute ist diese Aussage absolut gültig. Dies galt und gilt dabei nicht nur für die Zeiten der Schwangerschaft, sondern auch für die der Geburt angeschlossene Phase der Laktation. Damit sind wir bei einer Entwicklung angekommen, die nahezu überall im Tierreich der Säugetiere[312] zu beobachten ist. Das Männchen ist größer und kräftiger gebaut als das Weibchen. Diese zusätzliche Kraft ist auch tatsächlich notwendig, um - speziell bei den Hominiden - dem durch Schwangerschaft

311 Meines Wissens aber ist es tatsächlich so, dass innerhalb der Menschenaffengruppe der Nachwuchs des Alphaweibchens auch teilweise von in der Hierarchie tiefer stehenden Weibchen getragen wird. Ähnliches ist auch aus dem Wolfsrudel bekannt. Durch die Tatsache, dass bei manchen Säugetieren allein das Alphaweibchen Nachwuchs erhält, ist diese Form der internen Arbeitsteilung auch sozial-biologisch logisch.

312 Bei Wiederkäuern mag dies andere Gründe haben als bei den Karnivoren (und auch bei ihnen ist es nicht immer der Fall), dennoch ist die Tendenz deutlich und der Grund dafür nahe liegend.

körperlich geschwächten[313] und gleichzeitig energetisch hoch anspruchsvollen Weibchen die notwendige Nahrung zuzutragen und selbst dabei nicht zu kurz zu kommen. Dadurch erklärt sich auch die kräftigere Muskelausprägung beim Mann im Gegensatz zur Frau, da er durch diese Mehrarbeit für ausdauerndes Laufen, Finden und Zerteilen der Nahrung mehr Fette und Kohlehydrate verbrennt und auch benötigt als die Frau. Damit muss jedoch auch ein Unterschied in der Ernährung bestanden haben, der sich in der Bilanz der stärke- und eiweißhaltigen Nahrung und der Vitamine und Kohlehydrate niedergeschlagen hat. Der Blick in das Tierreich und auf die spezifischen Bedingungen in der Morgenröte der Menschheit zeigen auf, dass die Kernfamilie[314] bei den Hominiden bereits die Keimzelle aller sozialen Bindungen darstellt und sich damit im Tierreich von der Löwengruppe als Karnivoren einerseits aber auch den Cerviden als Wiederkäuer andererseits unterscheidet. Spätestens mit den fortgeschrittenen Stadien der Australopithecinen investierten die Weibchen bereits ein Vielfaches mehr an Energie bis zum Geburtsakt als dies bei den Löwinnen der Fall ist. Die Tragzeit war deutlich länger und sie wird sich stetig verlängert haben. Für die Aufrechterhaltung dieser Entwicklung war jedoch nicht nur die entsprechende Nahrung notwendig, sondern darüber hinaus eine Paarbindung, die für eine lange Zeit intakt sein und einen optimalen Reproduktionserfolg gewährleisten musste. Speziell bei den Hominiden scheint sich diese Paarbindung bewährt zu haben, da sich die Evolution ansonsten einen anderen Weg gesucht hätte. Die Paarbindung wird in den Jäger- und Sammlergesellschaften noch nicht so strikt geregelt gewesen sein wie in den Ackerbau betreibenden Gesellschaften. Uwe Wesels weist in diesem Zusammenhang darauf hin, dass gerade die sexuelle Freiheit bei Sammlern und Jägern als Gradmesser für die Stellung der Frau gelten kann. Je freier das Sexualleben der Gruppenmitglieder war, umso besser war die Stellung der Frau in diesen Sozietäten[315]. Josef H. Reichholf stellt in diesem Zusammenhang eine interessante Theorie vor, die jedoch noch nicht genügend erforscht ist. Es gibt keinen Grund nicht anzunehmen, dass es ab einem späteren Zeitpunkt der Evolution der Mann war, der gejagt hat. Was er vorher über das Ausspähen und Einbringen von Aas bewerkstelligte, sollte später

313 Mit körperlicher Schwächung ist die Verunmöglichung des ausdauernden Laufens, Bückens und schwer Arbeitens gemeint. Zwar nimmt der Körper an Masse zu, diese Masse ist aber nicht in Energie jenseits der Nährstoffversorgung des Nachwuchses zu nutzen.

314 Bei Max Weber ist im Gegensatz dazu die primitivste Form der Familie die Mutter-Kind Gruppe, die er als ökonomische Versorgungsgemeinschaft betrachtet. Bei den Australopithecinen hätte diese Versorgungsgemeinschaft jedoch den Tod beider, wahrscheinlich aber den frühen Abgang des Fötus oder des Kindes bzw. den Tod des geborenen Kindes zur Folge gehabt. Vgl. dazu bei Max Weber, Wirtschaft und Gesellschaft, S. 212f. Die von Max Weber so gedachte primitive Form der Familie ist eine Erscheinung der Zivilisation und nur hier überlebensfähig, insbesondere weil sich die Grundlage des Wirtschaftens, der Existenz, vollkommen verschoben hat. In der Morgenröte der Menschheit mussten aus der Paarbindung und der geschlechterübergreifenden Kooperation die besten Ergebnisse in Bezug auf die Gesamtfitnessmaximierung gewonnen worden sein. Auch Uwe Wesels, Der Mythos vom Matriarchat, S. 82f. weist darauf hin, dass zwar in vielen Jägergesellschaften (in denen jedoch entgegen ihrem Namen überwiegend gesammelt wird) gemeinsam die Nahrung gewonnen, jedoch getrennt konsumiert werde. Die Nahrungsaufnahme findet demnach in der Familie statt, in der bereits sehr früh gekocht und die Nahrung verzehrt wurde.

315 Vgl. bei Uwe Wesels, Der Mythos vom Matriarchat, S. 83.

die Jagd ersetzen. Tatsache ist aber, so Reichholf weiter, dass der Mann damit die für die Frau so hochwertige eiweißhaltige Ernährungsgrundlage beschaffte, während die Frau nach stärkereichen Knollen, Wurzeln und Körnern suchte und ihrerseits dem Mann die Energie spendende Nahrung beschaffte. Die Rollen, so scheint es, sind genau vertauscht. Möglicherweise ist in dieser Wechselseitigkeit, dieser Reziprozität, die enge Bindung zwischen Mann und Frau zu suchen, die stärker ausgeprägt ist als bei allen anderen Säugetieren[316]. Dass dann mit dem Siegeszug des Ackerbaus jene Reziprozität verloren ging, könnte eine Erklärung für die hier regelmäßig vorzufindende Unterdrückung der Frauen in Verbindung mit einer größeren Anzahl starker Sexualtabus sein, wie sie auch Uwe Wesels konstatiert[317]. Eine Erkenntnis neueren Datums könnte die These des oben genannten reziproken Altruismus teilweise untermauern. So hat man festgestellt, dass die Unterkiefer und Schädelformen der Australopithecinen immense geschlechtliche Unterschiede aufwiesen, wie man sie bis dato noch bei keiner menschenähnlichen Art gefunden hatte. Die Weibchen hatten einen bis zu einem Drittel kleineren Schädel mit einem fehlenden knöchernen Scheitelkamm im Gegensatz zu den Männchen. Die Männchen dagegen hatten nicht nur den größeren und kräftigeren Schädel, sondern auch größere und kräftigere Kiefer mit ca. bis zu einem Drittel größeren Zähnen als die Weibchen[318]. Dieser Unterschied könnte zur Erklärung herangezogen werden, wenn man bedenkt, dass das Kauen stärkereicher Knollen und Wurzeln der äußerst stärke- und eiweißbedürftigen Männchen mehr Energie erfordert als das Schlürfen von Knochenmark oder Hirn als der wichtigsten Nährstoffträger für werdende und säugende Mütter. Das wäre, setzt man nun die Theorie von Josef H. Reichholf dagegen, die wohl tiefgreifendste Kooperation, die man sich vorstellen kann, da sie selbst morphologische Eigenheiten innerhalb derselben Art zur selben Zeit hervorgerufen hätte. Hier ist lediglich die Frage zu klären, weshalb diese morphologischen Eigenheiten der Australopithecinen nur auf sie begrenzt blieben und sich nicht in den folgenden Arten der Hominiden fortsetzten. Allerdings wäre hier auch die so genannte „teeth-as-tool-Hypothese“[319] anwendbar. Demnach hätten die Männchen aufgrund der Versorgung ihrer Weibchen mit hochwertiger Nahrung ihre Zähne sozusagen als dritte Hand benutzen können um z. B. Haare und Fell von den Knochen zu entfernen. Unter Einsatz der Zähne, bedingt durch die starke Kaumuskulatur, wäre hier die Arbeit des Zerwirkens der Kadaver wesentlich ein-

---

316 Vgl. dazu bei Josef H. Reichholf, Das Rätsel der Menschwerdung, S. 152ff. Reichholf nennt diese Reziprozität den Geschlechtervertrag, die ungeschriebene Gesetzmäßigkeit, dass der Mann mehr von jener Nahrung beibringt, welche die Frau nötig hat, und umgekehrt. Diese wechselseitige Arbeitsteilung bildet einen reziproken Altruismus, bei dem jeder Beteiligte langfristig weitaus mehr gewinnt, als er allein und egoistisch zustande bringen würde. Vgl. den Begriff des reziproken Altruismus auch bei Hans Mohr, Biologie und soziokulturelle Evolution, in: Peter Sitte (Hrsg.), Jahrhundertwissenschaft Biologie, S. 191f. Reziproker Altruismus mündete schließlich in die Bildung der Gilden, Zünfte und Gewerkschaften, deren Ziel immer der gegenseitige Schutz und die gegenseitige Hilfe war und ist.

317 Vgl. bei Uwe Wesels, Der Mythos vom Matriarchat, S. 83.

318 Vgl. dazu die Ausgrabungsergebnisse von André W. Keyser, Die ersten Menschen – Das Geheimnis der Höhle, in: National Geographic, Mai 2000, S. 141.

319 Vgl. diese Hypothese bei Ralf W. Schmitz und Jürgen Thissen, Neandertal. Die Geschichte geht weiter, S. 108f.

facher zu bewerkstelligen gewesen als nur mit den Händen allein. Eine Theorie, die im Übrigen einige Anthropologen heute noch für den Neandertaler annehmen, der ebenfalls über eine sehr starke Kaumuskulatur verfügte. Auch wenn diese letzte Frage nicht beantwortet werden kann, so scheint es dennoch notwendig zu sein, neben sozialen oder sexuellen, kulturellen oder späteren magischen Gründen auch Synergieeffekte für die enge Bindung der Geschlechter in Betracht zu ziehen. Jedoch wird sich diese Bindung in den Millionen Jahren der fehlenden Jagdtätigkeit der frühen Hominiden bereits soweit gefestigt haben, dass nun zwar das Aufspüren und Heranschaffen von Aas allmählich durch die Jagd ersetzt werden konnte, das Ergebnis und die Synergieeffekte jedoch dieselben blieben. Insofern muss davon ausgegangen werden, dass die Entstehung der geschlechterübergreifenden, im Idealfall lebenslangen Kooperation bereits ein Ergebnis einer sehr frühen Entwicklung war, die möglicherweise schon beim Ramapithecus, spätestens jedoch mit den Australopithecinen abgeschlossen sein musste. Die Geschlechterrollen wie auch das gesamte Gruppenleben dürften bei den frühen Hominiden damit kooperativ und keineswegs von Aggression und Destruktivität geprägt gewesen sein. Zusätzlich war die geschlechtsspezifische Rollenverteilung aus den genannten Gründen nicht abhängig von der Jagd, denn diese existierte an der Wiege der Menschheit überhaupt noch nicht. Von Arbeitsteilung[320] konnte erst dann die Rede sein, als die Jäger-Sammlergesellschaften kontinuierlich in ackerbautreibende Sozietäten regelrecht umorganisiert wurden. Einher mit der Arbeitsteilung, die in diesem Sinne in den Sammlergesellschaften fehlte oder nur sehr rudimentär ausgebildet war, ging die Unterdrückung der Frau. Beide waren Merkmale der sesshaften Ackerbauern und nicht die der primitiven Jäger und Sammler. Summa summarum kann man die frühen Hominiden als die einzige Spezies unter den nichtjagenden Säugern bezeichnen, die es zu einer äußerst effektiven, die Gesamtfitnessmaximierung vorantreibenden Arbeitsteilung gebracht hat. Der Begriff der Arbeitsteilung ist dabei von demjenigen innerhalb der sesshaften Ackerbaugesellschaften zu unterscheiden. Wahrscheinlich bietet es sich aus diesem Grunde hier an, anstelle der Arbeitsteilung den Begriff des reziproken Altruismus zu setzen, wie ihn Hans Mohr benutzt hat[321]. Dadurch bleibt das Schema Jäger-Sammlergesellschaften contra Ackerbauern, sexuelle Freiheit contra restriktive und patriarchalisch verwaltete Paarbindungen, „Gleichrangigkeit" der Frauen contra Unterdrückung der Frauen, beibehalten und begrifflich jeweils sauber getrennt. Aber auch in bereits differenzierten Jäger-Sammler-Gesellschaften des Cro-Magnon-Menschen und des Homo s. sapiens, in denen die Frauen (wahrscheinlich ja wohl auch die Männer, die Alten und die Jungen, eingeschränkt wahrscheinlich auch die Kranken und Verletzten) sammel-

[320] Die Arbeit bei Jägern und Sammlern spielte nicht die herausragende Rolle wie bei den Ackerbauern. Während sich die Jäger und Sammler in etwa mit zweistündigem täglichem Aufwand ein Kalorienpensum von etwa 2000 verschaffen konnten, war dies bei den Ackerbauern nicht der Fall. Hier spielte Arbeit und damit auch Arbeitsteilung eine wesentlichere Rolle als bei den Jägern (die ja eigentlich Sammler waren). Vgl. dazu bei Uwe Wesel, Der Mythos vom Matriarchat, S. 84.

[321] Vgl. dazu bei Hans Mohr, Biologie und soziokulturelle Evolution, in: Peter Sitte (Hrsg.), Jahrhundertwissenschaft Biologie, S. 191f. Womöglich ging dem späteren Sippenaltruismus jener reziproke Altruismus voraus.

ten oder gar in den großen „communal hunts"[322] mit Männern kooperierten, blieb die Jagd für die politischen und sozialen Machtbeziehungen sowohl im häuslichen als auch außerhäuslichen Bereich zunächst irrelevant. Dies leuchtet umso mehr ein, hält man sich die Tatsache vor Augen, dass das Überleben der Jäger- und Sammlersozietäten überwiegend durch die Sammeltätigkeit gesichert wurde, die einen größeren Anteil zum Gesamtprodukt beitrug[323]. Die Verehrung der Frauen, die wahrscheinlich lange vor der sozialen Positionierung des Mannes verbreitet war, lässt sich dabei nicht aus der existenzsichernden Sammeltätigkeit ableiten als vielmehr aus dem Mysterium der Geburt und dem mit ihr zusammenhängenden exklusiven Wissen der Frauen, welches sie vermutlich lange Zeit vor den Männern geheim hielten[324]. An dieser Stelle muss doch die Frage erlaubt sein, weshalb es sich so verhält, dass, wenn schon nicht das Sammeln als Existenzsicherung das eine oder andere Geschlecht sozial übervorteilt hat (mit Ausnahme der Symbolkraft der zumeist weiblichen Figurinen), es ausgerechnet die Jagd gewesen sein soll, insbesondere unter der Berücksichtigung einer nur marginalen Erfolgsquote bei maximalem Energieverbrauch der Jäger. Aus energetischen Gesichtspunkten heraus musste doch die Jagd mit primitiven Mitteln weit hinter dem Sammeln zu liegen kommen. Dass darüber hinaus auch noch den sammelnden Frauen die Rolle der Gebärenden und eo ipso Lebenspendenden zufiel, bringt die scheinbar herrschende Rolle des jagenden Mannes zusehends in Argumentationsnot. Der Mann mag also körperlich stärker gewesen sein, seine mythische oder magische Rolle dagegen wird unter der Dominanz der Frauen als den gebärenden Mitgliedern der Gruppe zumindest gelitten haben. Eine Vormachtstellung des Mannes kommt in diesem Zusammenhang erst mit der vollständigen Kontrolle über die Sexualität der Frau zum Ausdruck, so wie es dann in den Ackerbaugesellschaften der Fall gewesen sein konnte[325].

2.3.3.2.f Die Jagd - das älteste „Handwerk" der Welt

Die letzten Abschnitte der vorliegenden Arbeit haben aufgezeigt, dass die Jagd aus vielen verschiedenen Gründen nicht als das älteste Handwerk der Welt bezeichnet

---

322 Jürg Helbling hält den ökonomischen Argumenten der „man-the-hunter"-Theorie von E. Service entgegen, dass es auch sehr wohl Kooperationen unter den Frauen und im Zusammenschluss mit den Männern gegeben haben wird. Neben der Kinderversorgung für den ersten Fall sind hier vor allem die großen Jagden zu nennen, die im zweiten Fall auch die Frauen mit involvierten. Siehe bei J. Helbling, Theorie der Wildbeutergesellschaft, S. 109f.

323 Vgl. dazu bei Jürg Helbling, Theorie der Wildbeutergesellschaft, S. 71, unter Bezug auf J. Stewart.

324 Vgl. dazu bei Georg Feuerstein, Gott und die Erotik, S. 99. Feuerstein weist auch darauf hin, dass sich in anthropologischen Schriften Beschreibungen von Stämmen der Gegenwart finden, die sich nach wie vor nicht über die Rolle des männlichen Samens bei der Fortpflanzung im Klaren sind. Vgl. dazu ebd., S. 93.

325 Vgl. dazu auch die Ausführungen von Uwe Wesel, Der Mythos vom Matriarchat, S. 78-84. Er weist darauf hin, dass es jedoch auch Männermonopole bei Jägergesellschaften wie den Mbuti gibt, die sich auf kultische Handlungen beziehen. In den Ackerbaugesellschaften dagegen ist dann die Verbindung zwischen Arbeitsteilung und Deklassierung der Frauen weitgehend vollzogen. Die Arbeitsteilung innerhalb der Ackerbaugesellschaften ist wohl auch als wesentlich ausgeprägter zu betrachten als in den Jäger- und Sammlergesellschaften.

werden kann - zumindest nicht mit gutem Gewissen. Wenn man sich jedoch die Frage nach einer sehr alten und in ihrer Kontinuität bis auf den heutigen Tag vorkommenden Tätigkeit stellt, so ist noch eher das Bearbeiten von Naturmaterialien wie Holz oder Stein sowie das Metzgerhandwerk plausibel zu erklären. Das Abschlagen, Abreißen oder später Abschneiden von Fleisch, das Zertrümmern von Knochen und das Öffnen der Schädel, um an die wertvolle Substanz des phosphorreichen Knochenmarks oder Gehirns von Aas zu gelangen, ist noch weitaus eher mit dem Handwerk des Metzgers in Verbindung zu bringen als mit irgendeinem anderen. Um diese Leistung zu vollbringen, mussten jedoch Gerätschaften aus Holz, Knochen oder Stein erfunden und bearbeitet werden, die das Eröffnen, Schlagen und Schneiden von Aas oder Pflanzenteilen erst ermöglichten. Auf der anderen Seite ist es schwierig und fraglich zugleich, allein diese Tätigkeiten herauszustellen. Darüber hinaus rückt eine vollkommen andere Tätigkeit mindestens ebenso stark in den Vordergrund der Betrachtung: die Geburtshilfe. Es ist nur schwerlich nachzuvollziehen, weshalb die frühen Hominiden, die ja bereits aufrecht gingen, nicht ähnliche Schwierigkeiten bei der Geburt gehabt haben sollen wie die Frauen der Gattung Homo s. sapiens sie - trotz des Fortschritts der Medizin - bis heute haben. Die eigentlichen Geburtsschwierigkeiten liegen allein in der Morphologie des Menschen begründet, in der Ausprägung des Geburtskanals, der aufgrund des aufrechten Gangs im Vergleich zur Beckenausprägung bei vierfüßigen Arten sehr stark verengt wurde. Auch wenn es die Möglichkeit des Kaiserschnittes (caesus ab utero matris) bereits wenigstens seit der Antike, schriftlich verbürgt gar in den Numa Pompilius zugeschriebenen Gesetzen[326] gibt, so konnte und kann er nur eine Notlösung darstellen. Die natürliche Geburtshilfe wird die menschliche Entwicklung durch alle ihre Phasen begleitet haben, möglicherweise mit einer Ausnahme: bei den Neandertalern. Jene haben zwar im Durchschnitt ein höheres Gehirnvolumen als der moderne Mensch entwickelt[327], ihr Kopf war also größer, ihre Stirn jedoch stärker abgeflacht und das Becken wesentlich breiter, der Geburtskanal großvolumiger als beim Homo s. sapiens. Dennoch wird auch hier im Regelfall zumindest die Hilfestellung bekannt gewesen sein, da die Geburt aufgrund der Morphologie aufrecht gehender Arten sich schwieriger gestaltet als bei den vierfüßigen Säugetieren. Eine Ausnahme mag hier das Känguru sein. Allerdings sind dessen Jungtiere bei der Geburt etwa wurmgroß und ihre Entwicklung findet im Tragesack statt, in dessen schützende Umgebung sich das Jungtier nach der Geburt sofort begibt[328]. Im Ergebnis bleibt festzuhalten, dass nicht die Jagd das

---

[326] Gaius Julius Caesar wurde angeblich 100 v. Chr. mit eben diesem Schnitt, der seinen Namen trägt, zur Welt gebracht. Der Kaiserschnitt war eine bereits in der Antike seit langem geübte Art der Geburtshilfe. Vgl. dazu Will Durant, Caesar und Christus, S. 189.

[327] Vgl. einen Artikel von Andreas Wawrzinek „War der moderne Mensch den Neandertalern technisch überlegen?" in: Bild der Wissenschaft online unter der URL: http://www.warp6.dva.de/sixcms/detail.php?id=119314&template_id=1981 vom 25.03.2002. Andreas Wawrzinek schreibt unter Bezug auf den Archäologen John Hoffecker von der Universität in Boulder, USA, dass die meisten Forscher von der Überlegenheit des modernen Menschen gegenüber den Neandertalern ausgehen, obwohl die ersten ein kleineres Gehirn besitzen als der urwüchsige „Vorgänger" der heutigen Menschen.

[328] Nach der Tragzeit kriecht ein 0,75 Gramm schwerer Embryo in den Beutel und saugt sich an der Zitze fest. Sein Geruchssinn weist ihm dabei den Weg. Erst wenn das kleine Känguru den

älteste Handwerk der Welt war[329], sondern aller Wahrscheinlichkeit nach das Bearbeiten von Holz, von Knochen oder Steinen zu Werkzeugen (unabdingbar, um als morphologisch benachteiligter Hominide überhaupt jagen zu können), das Suchen, Finden, Zerlegen und Transportieren der Nahrung (von Aas und Pflanzen, Obst, Wurzeln, Insekten, etc.) und womöglich gar die natürliche Geburtshilfe[330]. Ob man hier jedoch bereits mit der Bezeichnung „Hebamme" argumentieren kann, ist dann doch fraglich, wobei es durchaus nachvollziehbar wäre, dass sich im Laufe der Zeit bereits die besonderen sensiblen Fähigkeiten des einen oder anderen Weibchens herumgesprochen haben könnten. Gerade auf dem Höhepunkt der letzten Eiszeit und mit der Herausbildung größerer Siedlungen (mit nun rund 100 Mitgliedern statt wie sonst üblich etwa maximal 30) fand vermutlich schon eine erste Arbeitsteilung der Menschen in diesen Siedlungen wie etwa bei Dolni Vestonice statt[331]. Man geht davon aus, dass es die Arbeitsteilung, respektive die Spezialisierung der Bewohner war, die es nun erlaubte, dauerhafte Siedlungen zu gründen und mehrere Personen zu ernähren als dies in reinen nomadisierenden Jäger-Sammlergesellschaften früherer Prägung der Fall war. Aber das ist (noch) verwegene Spekulation. Dagegen ist man sich in der Forschung heute teilweise darin einig, dass sich die Eiszeitmenschen - und damit meint man wohl bereits den modernen Menschen - sehr um die Gesundheit der schwangeren Frauen sorgten. Die gefundenen Figurinen und Statuetten aus Mammut-Elfenbein oder aus den Knochen von Säugetieren dienten anscheinend nicht der Fruchtbarkeit oder einem Fruchtbarkeitszauber der Frauen, sondern sie sollen rituell aus Sorge um die Gesundheit schwangerer Frauen vergraben worden sein[332]. Wenn es die Sorge um schwangere Frauen gegeben hat, wäre es abwegig, nicht auch die aktive Geburtshilfe als sehr wahrscheinlich zu bezeichnen. Ich möchte zum Abschluss hier noch eine Anmerkung von Simon Conway Morris zum scheinbaren Verhältnis zwischen Werkzeugen und Gehirnmasse aufzeigen. Das Benutzen von Werkzeugen scheint für die meisten

---

Beutel verlässt, lässt es die Zitze wieder los. Verblüffend ist, dass das Weibchen bereits wenige Tage nach der Geburt wieder trächtig werden kann. Das befruchtete Ei nistet sich aber erst dann in die Gebärmutter ein, wenn der vorherige Nachwuchs den Beutel verlassen hat. Dieser Vorgang wird auch als verzögerte Einnistung bezeichnet. Daher ist es keine Seltenheit, dass die Kängurumütter eine befruchtete Eizelle in sich tragen, einen Embryo im Beutel haben, und ein Junges, das den Beutel verlassen hat, an einer der restlichen Zitzen ernähren. Faszinierend ist, dass die Zusammensetzung der Milch für das Embryo eine andere ist als für das ältere Junge. Vgl. dazu unter anderem bei Oliver Radtke, Beuteltiere, unter der URL: http://www.biokular.de/12/BEUTELT.HTM.

329 Vgl. dazu bei Hubert Suter, Waidwerk im Schussfeld, S. 7.

330 Vgl. zum so genannten obstetrischen Dilemma die Ausführungen bei Josef H. Reichholf, Das Rätsel der Menschwerdung, S. 157ff.

331 Zur Größe und Rolle einer der berühmtesten eiszeitlichen Siedlungen vgl. die Darstellungen und Ausführungen von T. Prideaux, Patricia Phillips, J. Jelinek, unter der URL: http://www.hominids.com/donsmaps/dolnivi.html, Dolni Vestonice I - The kiln and encampment, von: Don's Maps, Resources for the study of the Palaeolithic unter der URL: http://www.hominids.com/donsmaps/index.html#sites.

332 Vgl. dazu einen Artikel von Andreas Wawrzinek, New York University, „Eiszeitmenschen sorgten sich sehr um schwangere Frauen" in: Bild der Wissenschaft online unter der URL: http://www.wissenschaft.de/sixcms/detail.php?id=32820, vom 20.11.1998, unter Bezug auf den Anthropologen Randall White von der New York University.

Wissenschaftler nach wie vor ein Hinweis auf höhere Intelligenz zu sein. Demgegenüber steht jedoch das Beispiel des Delfins, der allem Anschein nach ähnlich intelligent zu sein scheint wie der Schimpanse und dass, obwohl er in einem völlig anderen Milieu lebt als die Landsäuger. Der Delfin benutzt zwar keine Werkzeuge, in seinem Verhalten ähnelt er jedoch stark den Primaten. Und in Bezug auf die relative Gehirngröße waren die Delfine den Hominiden bis vor ca. 1,5 Millionen Jahren überlegen, dabei reichen doch die Wurzeln unserer Technik bis auf eine Zeit von vor 2,5 Millionen Jahren zurück. In dieser Zeit jedoch waren unsere Gehirne kleiner als die der intelligenteren Delfine[333]. Scheinbar logische Aussagen über das Benutzen von Werkzeugen und eines damit kausal zusammenhängenden Gehirnwachstums oder eines bestimmten Gehirnvolumens als Vorbedingung dazu sind also mit großer Vorsicht zu genießen. Intelligenz ist nicht allein über die Fähigkeit des Werkzeuggebrauchs zu definieren.

2.3.4 Jagd während der letzten Eiszeit und im Neolithikum

2.3.4.1 Die Neandertaler und die Jagd

In der Ernährungsweise der frühen Hominiden ist also der Schlüssel für ihre Entwicklung verborgen, nicht in der Jagd. An der Wiege der Menschheit stand kein Jäger und folglich konnte auch die Jagd keinerlei Wirkung auf die Fortschritte innerhalb der Evolution entfalten. Selbst bei den Neandertalern und dem Cro-Magnon-Menschen sind sich die Anthropologen bis heute nicht einig darüber, ob jene Hominiden nun aktive Großwildjäger oder doch eher Sammler, Aasesser, spezialisierte Kleintierjäger oder eine Mischung aus den genannten waren. So hat man in Tschechien bei Morowia eine ungeheure Menge Überreste kleiner Pelztiere, insbesondere Hasen, gefunden, die mit Netzen gefangen wurden. Eine große Anzahl von jagdlich erbeutetem Großwild hätte das mühselige Fangen von Hasen mit Netzen, die weit über 25.000 Knoten bedurften - sie waren bis zu 90 Meter lang und einen Meter hoch[334] - wohl hinfällig gemacht. Der Arbeitsaufwand für die Erstellung, die regelmäßige Wartung, das Ausbringen und Auslegen der Netze muss im Verhältnis zur kurzfristigen Ausbeute stehen. Wenn also die Wissenschaft bisher immer davon ausgegangen ist, dass die Menschen der Eiszeit „leichtfüßige" (der Neandertaler war aufgrund seines großen und massiven Knochenbaues sicher kein Leichtgewicht) und tapfere Großwildjäger waren, hätte sich in dieser Konsequenz das Ersinnen und Anfertigen solcher Großnetze nicht gelohnt. Der „Fortschritt" innerhalb der Subsistenzvariablen wäre dadurch möglicherweise zum Erliegen gekommen, da es einer Neuerung oder einer Verlagerung des Beuteschemas nicht bedurft hätte. Wären die Neandertaler oder die Cro-Magnon-Menschen so tapfere und vor allem erfolgreiche Großwildjäger gewesen, wäre man nicht auf so große Mengen Hasenreste gestoßen. Darüber hinaus scheint die Jagd auf Klein-

---

333 Vgl. dazu bei Simon Conway Morris, Life´s Solution. Inevitable Humans in a Lonely Universe, an verschiedenen Stellen. Ähnliche Aussagen stammen auch von ihm aus einem Interview mit dem SPIEGEL, „Delfine waren uns überlegen", in: Der SPIEGEL, Nr. 40, 2003, S. 174ff.

334 Vgl. dazu Rick Gore, Leute wie wir, in: National Geographic, Juli 2000, S. 141, unter Bezug auf Olga Soffer und Jim Adovasio, Universität von Illinois.

säuger und das Ersinnen von Netzen auch die These widerlegen zu können, dass Kooperation zwangsläufig zur Großwildjagd führt. Die Vermutung, dass solche großen Netze in einer großen Anzahl existierten, lässt auf ein ausgeprägtes Sozialgefüge (und Sozialgefühl) schließen und dennoch wurde es nicht dazu instrumentalisiert, groß angelegte Jagden auf Mammut und Wisent durchzuführen, wie sie möglicherweise durch dieselbe Gruppe zu bewerkstelligen gewesen wären. Zu erinnern sei hier nun an die großen, von vielen Anthropologen vermuteten und auch durchaus plausibel erscheinenden „communal hunts". Die Erkenntnisse scheinen sich dagegen immer mehr auf die Fang- und Netzjagd bereits vor rund 30.000 Jahren und davor zu konzentrieren. Auch Roland H. Knauer favorisiert unter Bezug auf amerikanische und tschechische Wissenschaftler die Jagd mit Netzen auf Hasen, Füchse und anderes Kleinwild der eiszeitlichen Bewohner Mitteleuropas vor ca. 25.000 Jahren[335]. Ob allerdings die Neandertaler selbst auch solche Netze gefertigt haben, kann man weder eindeutig beweisen noch eindeutig bestreiten. Die Auffassungen über die Kunstfertigkeit sowie die geistigen Leistungen der Neandertaler gehen auch heute noch weit auseinander. Da sie jedoch bereits das Feuer beherrschten und Werkzeuge, die diesen Namen auch verdienten, herstellten[336], Kranke und Verletzte pflegten, wäre es nicht vermessen, ihnen symbolisches Denken und künstlerische Fähigkeiten ebenso zuzugestehen wie die Fertigkeiten zur Herstellung großer Fangnetze. Es lässt sich nach Abwägung aller Erkenntnisse, Hinweise und Gegenbeweise nicht leugnen, dass es die Jagd auf Großsäugetiere durch Menschen gegeben hat, jedoch erst ab einer Zeit, in der die menschliche Spezies nun tatsächlich begann, sich über weite Räume auszudehnen, die geographischen Barrieren hinter sich lassend. Der Wendepunkt zur Jagd fand wahrscheinlich erst mit dem so genannten zweiten Exodus aus der afrikanischen Urheimat, der insbesondere in Europa und Asien zu der äußerst robusten Art des Homo sapiens neanderthalensis geführt hatte, statt. Ihre Stärke, insbesondere anhand ihres massigen Knochenbaus zu rekonstruieren, kann dabei jedoch nicht allein auf die Jagd zurückgeführt werden. Auch für den Neandertaler hat die vorhandene Megaherbivoren-Population ausreichend Nahrung durch tierische Geburten oder Todesfälle bereitgestellt. Einzig die räumlichen Bewegungen waren aller Wahrscheinlichkeit nach weitaus umfassender als die im afrikanischen Lebensraum oder Ursprungsgebiet zuvor, da die Eiszeit größere Wanderbewegungen der Megaherbivoren zur Folge hatte. Jenen Großtieren musste der Neandertaler folgen, auch wenn er sie nicht bejagte, sondern sich nur von deren Aas, Neugeborenen oder gerade erst verendeten Tieren ernährt hätte. Diese wanderbedingte Abhängigkeit wurde bisher immer auf die Jagd umgemünzt und als Beweis für sie zitiert,

---

[335] Vgl. in einem Artikel von Roland H. Knauer „Kleinvieh statt Mammuts" in: Bild der Wissenschaft online unter der URL: http://www.wissenschaft.de/sixcms/detail.php?id=32851 vom 05.11.1997.

[336] Vgl. dazu einen Artikel im Discovery Channel, Die Kultur der Neandertaler, unter der URL: http://www.discovery.de/de/pub/specials/menschheit/theorien/sackgasse_neandertaler/kultur_print.htm. „Der Homo neanderthalensis lebte von der Jagd, konnte, so viel scheint festzustehen, Feuer entfachen und schlug seine Lager in Höhlen oder unter Felsvorsprüngen auf. Einige Funde lassen auf rituelle Handlungen schließen. So scheint dieser Urmensch einen Totenkult entwickelt zu haben, der Grabbeigaben und Totenopfer kannte." Dass dies sehr strittig ist, habe ich bereits an anderen Stellen erwähnt.

wobei offensichtlich vergessen wurde, dass aufgrund der bloßen Mortalität und der Morbidität sowie der Geburtenhäufigkeit der Arten ganz ohne Jagd wertvolle Nahrung für die Neandertaler abfallen konnte. Ein Tötungsakt eines geschwächten, kranken oder eines neugeborenen Tieres war sicher notwendig, ihn jedoch als heroisch und kämpferisch darzustellen, ist mit derselben Wahrscheinlichkeit wohl übertrieben. Daneben besteht noch die Möglichkeit, dass sich auch aus der räumlichen Bewegungsintensität des Neandertalers seine massige und kraftvolle, ausdauernde Statur ableiten lässt, die ihn deutlich von den zierlichen Australopithecinen, dem Homo habilis, aber auch dem Homo erectus unterschied. Die Hochzeit der Neandertaler war die Periode der glazialen Zeiten und es wundert nicht, dass ihr Verschwinden in die postglazialen Zeiten der letzten Eiszeit fällt, hält man sich die abermaligen räumlichen Veränderungen am Ende der letzten Eiszeit vor Augen[337]. Und noch etwas ist äußerst faszinierend: Es müssen in jenen Zeiten für etwa 10.000 bis 20.000 Jahre zeitgleich drei Arten von Hominiden parallel auf der Erde, wahrscheinlich sogar in Europa existiert haben. Es waren dies die schon späteren Formen der Neandertaler, daneben des Homo erectus und des frühen Homo s. sapiens[338], der sich vor rund 40.000 Jahren bereits in einer dritten Auswanderungswelle von Afrika ausgehend bis ins nördliche Europa vorschob. Der Neandertaler, obwohl er eine fünfmal längere Evolutionszeit als der moderne Mensch heute hinter sich hatte, starb offensichtlich aus, ohne auch nur irgendwelche Spuren in uns modernen Menschen hinterlassen zu haben. Das ist im Grunde nicht verwunderlich, denn selbst in unserer Zeit sterben Völker wie in Südamerika oder die Pygmäen in Afrika durch die Einwirkungen der Zivilisation aus, ohne Nachkommen und ohne genetische Spuren zu hinterlassen. Wird ihnen die Lebensgrundlage entzogen, gehen sie denselben Weg wie die Neandertaler 30.000 Jahre zuvor. Der moderne Mensch braucht sie nicht zu bekriegen oder zu erschlagen, die Zerstörung der Lebensräume durch Industrie oder Abholzung reicht aus, einen weiteren schleichenden Genozid zu vollbringen. Von Pulver und Blei sind wir hier bereits „erfolgreich" auf das Instrument der Ökonomisierung und Industrialisierung umgestiegen. Dass es nicht die Jagd allein sein konnte, die den Neandertaler als Spezies für eine so unglaublich lange Zeit erfolgreich überlebensfähig machte, kann mit einiger Leichtigkeit - zumindest argumentativ - belegt werden. Eine Schlüsselrolle kam dabei ohne Zweifel den Eiszeiten und ihren spezifischen Bedingungen zu, die in der Vergangenheit allerdings oftmals überzeichnet wurden. Das Klima der Eiszeiten war aller Wahrscheinlichkeit nach durchschnittlich wesentlich ruhiger und ausgeglichener als unser heutiges mitteleuropäisches Klima. Zwar muss man sich die durchschnittliche Jahrestemperatur etwa 4 bis 6 Grad niedriger vorstellen, warme Frühsommertage mit etwa 20 Grad dürften jedoch

337 Während sich die Eiszeiten durch das Vorherrschen der Tundra auszeichneten, muss nach dem Ende der letzten Eiszeit alles sehr schnell gegangen sein. Die Erwärmung führte zu Niederschlägen, diese wiederum zu neuem Leben jenseits des Graslandes. Es entstanden riesige Wälder dort, wo vorher die Tundra herrschte. Vgl. dazu Wilhelm Bode/Martin von Hohnhorst, Waldwende - Vom Försterwald zum Naturwald, S. 9ff.

338 Vgl. dazu das zweite Modell in der anthropologischen Debatte unserer Herkunft: Jenes geht davon aus, dass viele zehntausend Jahre lang mindestens drei Menschenarten gleichzeitig auf der Erde lebten. Vgl. dazu Jürgen Nakott, Das Rätsel von Bilzingsleben, in: National Geographic, Mai 2000, S. 146 unter Bezug auf Dietrich Mania.

keine Ausnahme gewesen sein. Im Winter blieb es durchgängig frostig, es gab nur sehr wenig Schnee und Tiefsttemperaturen, wie sie bei uns jeden Winter messbar sind, werden nur sehr selten vorgekommen sein[339]. Kurzum, die Wetterlage der Eiszeiten ist als sehr stabil zu bezeichnen, was Körper und Geist der Neandertaler wesentlich geringer beanspruchte als es das stark schwankende Klima der Gegenwart bei uns modernen Menschen tut. Auch die Tierwelt scheint von diesem Klima profitiert zu haben, worüber die archäologischen Funde, die auf ein immenses Tiervorkommen schließen lassen, Auskunft geben. Gerade der Artenreichtum und insbesondere die körperliche Größe vieler Arten ist ein Spezifikum der glazialen Zeiten Nordeuropas[340]. Riesenhirsch, Mammut, Wollnashorn, Steppenwisent, europäischer Elefant, Höhlenbär, Säbelzahntiger etc. sind nur einige der riesenhaften Erscheinungen innerhalb der Tierwelt der Eiszeiten. Die Begünstigung der Wiederkäuer in den glazialen Zeiten lässt den Schluss zu, dass es hochwertige und ausreichende Grünnahrung gegeben haben muss; ebenfalls ein Anzeichen dafür, dass das Klima in der Eiszeit weniger lebensfeindlich war als vielfach angenommen. Wo es viele Herdentiere und ausreichend Nahrung und Großprädatoren gab und wo ausgedehnte Wanderbewegungen stattgefunden haben, dort muss es auch genügend Nahrung für den Neandertaler gegeben haben. Und noch etwas ist in diesem Zusammenhang auffallend. Der körperliche Riesenwuchs war nicht auf die Tierwelt beschränkt, sondern setzte sich auch beim Neandertaler fort. Welche Gründe konnte das haben? Auch hier wird man immer wieder auf die Zusammensetzung der Nahrung zurückkommen müssen, eine andere plausible Erklärung scheidet wohl aus. Der Neandertaler hat sich vermutlich wesentlich umfassender von Fleisch ernährt als seine entfernten Verwandten in Afrika[341]. Die Gründe dafür sind zum einen in der Lebensumwelt zu sehen und zum anderen in den durch sie bedingten höheren Fettanteilen der Tierarten, die der Nahrung zugeführt wurden. Die Größe der Tiere in der Eiszeit lässt nämlich darauf schließen, dass sie höhere Fettanteile, bessere Fettdepots anlegten als ihre mageren Vettern im warmen Afrika. Dieses Fett lieferte auch den Neandertalern den „Brennstoff", der ihnen das Überleben in der kalten Periode der Eiszeiten besser ermöglichte. Dass sie jedoch in einem hohen Maße selbst die Jagd auf Großwild ausgeübt haben sollen, ist sehr umstritten. Auch die Entwicklung von verbessertem Gerät oder von effektiveren

339 Vgl. dazu bei Josef H. Reichholf, Das Rätsel der Menschwerdung, S. 188f. Aber auch hier gehen die Meinungen weit auseinander. Nach den Darstellungen von Ralf W. Schmitz und Jürgen Thissen, Neandertal - Die Geschichte geht weiter, S. 122ff, lagen die durchschnittlichen Temperaturen im Juli zwischen 60.000 und 14.000 v. Chr. um +10 Grad Celsius. Nach meiner Auffassung scheint die Theorie von Josef H. Reichholf jedoch für das Überleben der Neandertaler schlüssiger zu sein. Ohnehin ist von einem gesicherten und unstrittigen Temperaturmittel in diesen Zeiten keine Rede.

340 Verl. Zum Artenreichtum unter anderem Axel Beutler, Großtierfauna Mitteleuropas und ihr Einfluss auf Vegetation und Landschaft, in: Ökojagd, Ausgabe Juli 1997, S. 24ff unter Bezug auf Dietrich Mania & A. Dietzel, Begegnung mit dem Urmenschen, Axel Beutler, Die Großtierfauna Mitteleuropas und ihr Einfluss auf die Landschaft, et al.

341 Zwar ernährte sich der Neandertaler in den kalten Perioden überwiegend von Fleisch, einerlei wie er es beschaffte, in den Zwischeneiszeiten ernährte er sich jedoch vor allem vegetarisch. Vgl. dazu bei Yves Coppens, Lucys Knie, S. 117.

Waffen lässt noch nicht auf die Jagd schließen[342]. Die Notwendigkeit, sich bei der Suche nach neugeborenen oder verendeten Tieren auch einmal gegen Prädatoren oder angreifende Muttertiere verteidigen zu müssen, kann für die Erfindung immer besserer Waffen ebenfalls herangezogen werden. Ein Speer oder eine Lanze ist nicht lediglich bloß ein Wurfinstrument im Falle eines gewollten Angriffes, sondern aufgrund der Länge auch hervorragend dazu geeignet, sich Feinde vom Leib zu halten, nach ihnen zu stoßen, ohne das schützende Gerät aus der Hand zu lassen. Damit ist eine Lanze nicht lediglich ein Angriffsinstrument, sondern ebenso gut eine Verteidigungswaffe. Aktive Jagd kann selbst den robusten und muskulösen Neandertalern nur widerwillig zugeschrieben werden, und ob sie die Kleintierjagd anhand von Netzen ähnlich den Cro-Magnon-Menschen ausübten, ist bis zum heutigen Tage, wie bereits angeführt, noch nicht eindeutig belegt, aber eben auch nicht widerlegt. Die Vermutung, dass bereits vor 50.000 Jahren drei Menschenarten parallel in Europa existierten[343], legt zumindest gewisse Erfolgstechniken bei allen drei Spezies zugrunde, zu denen vielleicht die Jagd mit Netzen, auf kleine Säuger und Reptilien sowie - mit immensen Einschränkungen - auch die Großwildjagd zu zählen war. Das ist allerdings äußerst grobe Spekulation, die auch am Ende keine Antwort auf die Frage gibt, weshalb der Neandertaler und der Homo erectus ausstarben, während der zierlichere Homo s. sapiens (zunächst rein geographisch) die Welt eroberte. Als eine einigermaßen gesicherte Tatsache kann im Bezug auf den Neandertaler jedoch festgehalten werden, dass er - ob durch Jagd oder durch Sammeln bzw. die Aufnahme von Aas oder das Töten von neugeborenen Säugetieren - auf das Vorkommen der Megaherbivoren angewiesen war. Mit dem Ende der Eiszeit begann das große Sterben unter den großen Säugetieren Europas, von denen lediglich Wisent, Reh, Wildschwein, Rothirsch, Elch und Auerochse überlebten[344]. Das Verschwinden der großen Säuger, das abermalige Vordringen der Wälder, die Zunahme der Niederschläge etc. brachte auch umwälzende räumliche Veränderungen mit sich, denen der Neandertaler offensichtlich aufgrund fehlender Präadaptionen nicht gewachsen war. Eine andere plausible Erklärung für seinen Siegeszug einerseits und sein Verschwinden andererseits ist kaum denkbar: er war zu spezialisiert. Das sollte sich mit dem Homo s. sapiens grundlegend ändern.

2.3.4.2 Der moderne Mensch

Es ist schwer nachzuvollziehen, dass der Neandertaler mit seinem ungeheuren Gehirnvolumen ausgestorben ist, ohne eine unstrittig nachweisbare Form der

---

342 Vgl. dazu auch die Ansichten von Olga Soffer, zitiert von Rick Gore, Leute wie wir, in: National Geographic, Juli 2000, S. 130f.

343 Zumindest Neandertaler und Homo s. sapiens haben in Europa 10.000 Jahre, im Nahen Osten sogar 60.000 Jahre nebeneinander gelebt. Das ist auch der Grund, weshalb immer wieder einmal Vermutungen geäußert werden, die sexuelle Vermischungen der beiden Menschenarten habe tatsächlich stattgefunden und letztlich zum Untergang der Neandertaler als eigene Urmenschenart geführt. Vgl. dazu einen Artikel im Discovery Channel, Sackgasse - Warum starb der Neandertaler aus? unter URL: http://www.discovery.de/de/pub/specials/menschheit/theorien/sackgasse_neandertaler/sackgasse_print.htm, vom 16. März 2003.

344 Bei den Prädatoren überlebten Wolf, Vielfraß, Braunbär, Fuchs und Luchs.

Kunst hinterlassen[345] oder eine vokale Sprache gesprochen zu haben, während der schmächtigere Homo s. sapiens schon bald die Entwicklung von Kunst, Kultur und Sprache voranzutreiben begann. Um diese Leistung vollbringen zu können, geht man davon aus, dass es letztendlich die vokale Sprache war, die ihn dazu nicht nur endgültig von den früheren Formen der Hominiden unterschied, sondern ihn unter jenen heraushob. Nach all dem bisher hier dargestellten kann man den Schluss ziehen, dass es nicht die Jagd war, die die Sprache brachte, sondern die Kombination zwischen Gehirnvolumen einerseits und der Senkung des Kehlkopfes andererseits, die beim modernen Menschen nun erstmals auftrat. Der moderne Mensch wurde nach über 15 Millionen Jahren der Evolution erstmalig überhaupt in die Lage versetzt vokal sprechen zu können. Er kann - um auf die bekannte „24-Stunden-Formel" der Evolution zu rekurrieren - erst seit ein paar Minuten vor Mitternacht sprechen. Wenn die Jagd diese regelrechte Spätentwicklung gefördert haben sollte, so würde dies evolutionsbezogen keinen Sinn machen. Die bedeutendsten Schritte innerhalb der Evolution wurden schließlich ohne vokale Sprache vollzogen. Archäologische Neufunde als auch ergiebige Analysen rezenter Jäger-Sammlersozietäten führten zu einer neuen, in einem patriarchalen Umfeld geradezu gewagten Evolutionstheorie. Seit etwa den 1960er und 1970er Jahren finden zunehmend anthropologische Theorien Eingang in den wissenschaftlichen Diskurs, die anstelle des vermuteten kriegerischen und aggressiven Patriarchats der frühen Jäger- und Sammlersozietäten mit hoher Wahrscheinlichkeit matriarchale[346] (Erich

---

345 Nach dem bisherigen Stand der Erkenntnisse haben die Neandertaler tatsächlich kaum oder keine Kunst in Form von Höhlenmalereien, Schnitzereien oder ähnlichem hinterlassen. Alle bekannten Kunstwerke und Artefakte menschlicher Wesen werden dem Cro-Magnon-Menschen, also dem Homo s. sapiens zugeschrieben. Vgl. dazu Rick Gore, Leute wie wir, in: National Geographic, Juli 2000, S. 138f. Kontrovers dazu allerdings Yves Coppens, Lucys Knie, S. 73ff, der gerade in den Bestattungsriten der Neandertaler eine gewisses Gefühl für Symbolik und Rituale erkennt. Ralf W. Schmitz und Jürgen Thissen, Neandertal - Die Geschichte geht weiter, S. 160ff., dagegen zweifeln die Faktizität der Grabbeigaben oder etwaiger Bestattungsriten der Neandertaler wieder an. Ein Artikel im Discovery Channel dagegen hegt an der Kunstfertigkeit der Neandertaler keinen Zweifel. 1997 wurde in der Osteifel (Rheinland-Pfalz) in einem erloschenen Vulkan ein über 100.000 Jahre altes Schädeldach eines Neandertalers gefunden. In dem Schädelteil lagen drei Werkzeuge aus Feuerstein und Quarz, der Schädelrand wies Schnittspuren auf. Möglicherweise war der Schädel von Fleisch und Haut gereinigt und als kultischer Gegenstand benutzt worden. Andere Forscher widersprechen dieser These. Sie halten die Hirnschale für ein ganz profanes Gerätedepot. Vgl. dazu „Die Kultur der Neandertaler", unter der URL: http://www.discovery.de/de/pub/specials/menschheit/theorien/sackgasse_neandertaler/kultur_print.htm, vom 16. März 2003. Im selben Artikel ist auch die Rede davon, dass sich bereits vor 50.000 Jahren der Neandertaler auf die kunstvolle Herstellung von Werkzeugen aus Stein und Knochen verstand und bereits erste Schmuckstücke fertigen konnte. Man erkennt schnell, dass es eine einheitliche Beurteilung der Frage, ob der Neandertaler Kunst produzierte, nicht gibt.

346 Es bleibt aber zu vermuten, dass die Begrifflichkeit des Matriarchats gerade nicht in Anlehnung an die Bedeutung des Patriarchats zu interpretieren ist. Patriarchat beschreibt die Herrschaft des Mannes, während in den frühen Jäger-Sammlersozietäten diese Kategorie vollkommen fehlt. Der Frau kam wohl lediglich eine zentrale Rolle zu, die moralische, religiöse und soziale Funktionen betraf. Eine tatsächliche Herrschaft über Männer dürfte vernachlässigbar sein. Allerdings hat James Mellaart für die anatolische Siedlung Hacilar tatsächlich auf das Vorhandensein eines Matriarchats, der Herrschaft der Frauen, hingewiesen. Für Çatal Hüyük dagegen gilt nur die soziale Dominanz der Frau gegenüber dem Manne. Vgl. bei Ja-

Fromm nennt sie matrizentrische) Strukturen vermuten. Hinreichende Gründe dafür können sowohl in der religiösen und mythischen Verehrung der Frau als Gebärende und eo ipso als Mutter-Gottheit liegen als auch in der Vermutung, dass wenigstens 75 Prozent der Nahrung aus Samen, Wurzeln, Früchten, Nüssen und Beeren bestanden haben müssen, die vor allem von den Frauen gesammelt wurden. Es ist davon auszugehen, dass die Nahrung auch bei jagdlichen Erfolgen zu eben jenen drei Vierteln aus pflanzlicher Herkunft bestand. Daraus darf gefolgert werden, dass es weiterhin den Frauen und wahrscheinlich auch den Kindern und Alten oblag, den Bedarf der Gruppe bei einem wohl öfter anzunehmenden jagdlichem Misserfolg zu einhundert Prozent zu decken. Ohnehin erscheint die Gewichtung der Jagd gegenüber der fast völligen Missachtung des Fischens und des Vogelfangs sowie der Untergewichtung des Sammelns, auch von Aas, einige Fragen aufzuwerfen. Während z. B. das Fischen bei den Inuit tatsächlich den Frauen zugeschrieben werden kann[347], haben neuere Forschungen auch die Bedeutung des Vogelfangs auf den wärmeren Kontinenten herausgestellt. Dass der Vogelfang größere Anforderungen an List und Geduld gegenüber Kraft und Ausdauer der Säugetierjagd stellt, dürfte nicht erst anhand verschiedener Techniken des frühen Mittelalters bekannt sein[348]. Aus welchem Grund hier der Mann physisch oder psychisch bevorzugt sein sollte, ist nicht nachvollziehbar, zumal die Technik des Fischens auch von Kindern sehr früh beherrscht werden kann und auch heute bei einigen rezenten Jägervölkern von diesen besorgt wird. Beides, Fischen und Vogelfang, ist mit deutlich geringeren energetischen Aufwendungen zu bewerkstelligen als die Säugetierjagd. Die Erträge stehen dagegen dem Nahrungswert des Fleisches von Paarhufern oder Prädatoren in nichts nach. Auch die Jagdtechniken mit Netzen auf kleinere Säuger dürften in einer auf Arbeitsteilung basierenden größeren Jäger- und Sammlersiedlung wie z. B. Dolni Vestonice ebenfalls von Frauen (mit-)besorgt worden sein. In Anbetracht des Stellenwerts des Sammelns und Fischens (und wohl auch der Netzjagd) erscheint es nur konsequent, die Rolle der Frau in einem anderen Licht zu betrachten. Wenn behauptet wird, dass sich der Mensch – und damit ist in der traditionellen Literatur allein der Mann[349] gemeint – durch die Jagd geistige Fähig-

---

mes Mellaart, Çatal Hüyük, S. 216ff. Die Begrifflichkeit der matrizentrischen Struktur stammt von Erich Fromm, Anatomie der menschlichen Destruktivität, S. 178ff an verschiedenen Stellen.

347 Vgl. dazu die Ausführungen von Erich Fromm, Anatomie der menschlichen Destruktivität, S. 159. Die Eskimos, so Fromm, leben als einzige Kultur ausschließlich vom Jagen und vom Fischen und das Fischen besorgen meist die Eskimofrauen. (Anm. d. V.: ich habe Eskimo in meinen Ausführungen durch Inuit ersetzt. Inuit = Mensch ist der Begriff, den sich die Eskimos selbst gegeben haben.)

348 So z. B. die auch von Frauen ausgeübte Vogeljagd mit Leimruten und dem „Kloben“. Der Kloben ist ein „gespaltener Stecken“, durch den eine Schnur hindurchgeht. „Sitzen die Vögel darauf, so zieht der Vogler dann die Schnur und erwischet etwan ein Vöglin bei den Fittichen oder bei dem Köpflin oder bei den Bläuelin“. Als so genannter Vogelherd galt ein freier Platz mit Lockfutter versehen oder mit Lockvögeln bestückt. Vgl. dazu bei M. Marx-Kruse und E. von Campe, Chronik der deutschen Jagd – Eine Kulturgeschichte des Jagdwesens von den Anfängen bis zur Gegenwart in Dokumenten, S. 145. Die Autoren zitieren hier aus einem Werk von Geiler von 1517 mit dem Titel „Brösamlin“.

349 Auch in der christlich-jüdischen Genesis ist der Mensch zunächst der Mann. Er war es, der den Tieren und Dingen Namen gab. Als Gott sah, dass die Tiere des Waldes und des Himmels

keiten allmählich erschloss und im Resultat die politische, soziale und kulturelle Evolution nach seinem gewachsenen Willen erzwang, dann scheint diese Interpretation nur allzu offensichtlich einige erklärungsbedürftige Lücken aufzuweisen. Der wirtschaftliche Beitrag des jagenden Mannes für die Gruppe macht tatsächlich einen sehr geringen Teil aus, zieht man die mit der Jagd verbundenen Größen zur Erläuterung heran. Im Ergebnis bedeutet dies, dass die Jagd nicht in der Lage sein konnte, dem Mann - wenn denn tatsächlich keine Frauen jagten - physische oder psychische Vorteile zu verschaffen, die diesen dann legitimierten, hierarchische an Stelle egalitärer Strukturen zu setzen und sich politische Macht dauerhaft innerhalb der Gesellschaft zu sichern. Der jagende Mann ist nicht die die Erklärung für die Erstarkung politischer und sozialer Dominanz der Männer, diese muss andere Ursachen haben. Ganz abgesehen davon fand eine verfestigte herrschaftspolitische Instrumentalisierung der Jagd erst Jahrtausende später statt, nämlich unter den Vorzeichen einer ganz bestimmten strukturellen Ebene der Zivilisation. Eine mögliche Erklärung der allmählichen Dominanz des Mannes muss deshalb in den Bedingungen der Ackerbaugemeinschaften verborgen liegen. Die Weltbevölkerung wuchs in den Zeiten zwischen 10.000 und 4.000 v. Chr. von ca. fünf Millionen auf einhundert Millionen Menschen an[350]. Der Grund dafür ist neben den klimatischen Bedingungen, die durch das Abschmelzen der Eiskappen nach Norden hin immer größere wertvolle Ackerbauflächen freigaben, in den sozialen Bedingungen der großen Ackerbaugesellschaften zu suchen. Es wurden immer mehr Menschen benötigt, die die Felder bestellen konnten, um so auch einen hohen Ertrag zu sichern. Es war der Beginn der von Thomas Hobbes in seinem Leviathan genannten dominierenden Kategorien der menschlichen Natur wie der competition (Konkurrenz), diffidence (Misstrauen) und glory (Ruhmsucht)[351]. Die Konkurrenz veranlasste den Menschen zur Kriegführung um eines Vorteils willen, das Misstrauen begünstigte Kriege um die eigene Sicherheit zu gewähren und die Ruhmsucht um die Reputation zu erhöhen. Da die Sammler, primitiven Jäger und die Ackerbauern die am wenigsten kriegerischen sind, die fortgeschrittenen Jäger und Ackerbauern kriegerischer und erst die am höchsten stehenden Ackerbauern und die Hirten die

dem Menschen keine Hilfe waren, stellte er ihm die Frau zur Seite. Er formte sie aus dem Mann für ihn. Diese patriarchale, gottgewollte soziale Ordnung hat die Geschichte der Menschen über Jahrtausende stark beeindruckt.

350 Vgl. dazu bei Hans Mohr, Biologische und soziokulturelle Evolution, in: Peter Sitte (Hrsg.), Jahrhundertwissenschaft Biologie, S. 182.

351 Vgl. dazu auch die Ausführungen von Julian Nida-Rümelin, Bellum omnium contra omnes - Konflikttheorie und Naturzustandskonzeption im 13. Kapitel des Leviathan, in: Wolfgang Kersting (Hrsg.), Thomas Hobbes´ Leviathan oder Stoff, Form und Gewalt eines bürgerlichen und kirchlichen Staates, S. 112f. Thomas Hobbes selbst nennt in seinem Leviathan, zumindest in der deutschen Übersetzung, in Kapitel 13 die genannten drei Kategorien: die Mitbewerbung, die Verteidigung („defensio") und den Ruhm. Jene drei Kategorien bezeichnet er als die hauptsächlichen Anlässe, „dass die Menschen uneins werden. Mitbewerbung zielt auf Herrschaft und veranlasst Streit über Gewinn; Verteidigung hat Sicherheit zur Absicht und streitet für Wohlfahrt; Ruhm strebt nach einem guten Namen und bewirkt oft über geringfügige Dinge Uneinigkeiten wie z. B. über ein Wort, ein Lächeln, eine Äußerung (...)" etc. Vgl. dazu ebd., Kapitel 13, S. 115 (Reclam-Ausgabe).

kriegerischsten von allen sind[352], muss in der Sesshaftwerdung und dem Ackerbau sowie der Viehzucht der Beginn all jener Kategorien als bestimmende Größen des menschlichen Handelns gesehen werden. Aufgrund der benötigten Arbeitskräfte wurden Frauen zunehmend als Stammeseigentum betrachtet und das zunehmende Misstrauen zwischen Männern und Frauen führte wahrscheinlich zusätzlich zur männlichen Kontrolle über das Geschlechtsleben der Frauen sowie deren Reglementierung[353]. Demnach lag im Ackerbau und seinen Gesetzen die Kraft, die sowohl zum Kriege als auch zu einer Unterdrückung der Frauen führte. Die Jagd kann damit nicht ernsthaft als Ausgangspunkt dieser Entwicklung gesehen werden. Doch zurück zur Jagd. Zunächst einmal war die Jagd der frühen Jäger- und Sammlersozietäten grundsätzlich mit großen Gefahren für Leib und Leben verbunden; ihr Erfolg neben Geschick hauptsächlich Fortunas Willen unterworfen und regelmäßig mit einem hohen Energieverbrauch behaftet. Energie, die allein durch Nahrungsaufnahme gewonnen werden konnte, war von existenzieller Bedeutung, insbesondere unter den Bedingungen der Eiszeiten. Ihr Einsatz musste im Verhältnis zum Ertrag stehen. Selbst die großen Karnivoren jagten und jagen nach dieser einfachen Gesetzmäßigkeit. Der häufige Misserfolg der Jagd in Verbindung mit ihrer relativen Entbehrlichkeit für die tägliche Ernährung machte sie zu einem überwiegend unwirtschaftlichen Tun[354]. Zudem nahm sie den Jäger einseitig in Anspruch, der zwar möglicherweise Gruppenhandlungen und Fingerfertigkeit bzw. die Entwicklung von Waffen und Fallengeräten erlernte und vorantrieb, sowie insbesondere seine Ortskenntnisse erweiterte, dabei jedoch die Zeit für andere Dinge verlor. Untermauert werden kann dieser bisher in der Literatur regelmäßig anders lautende Zusammenhang[355] durch eine einfache Feststellung. Gerade in den Zeiten, in denen die Menschen erste feste Siedlungen gründeten, die Anzahl der Clanmitglieder stieg, Kooperation und Arbeitsteilung erstmals perfektioniert werden konnten, hat das Kunst- und Kulturschaffen der Menschen, messbar in der Quantität der Felszeichnungen, der Herstellung von Figurinen und rituellen Gegenständen, einen deutlichen Sprung erfahren. Rituelle Bedürfnisse, die in einem

---

352 Vgl. diese Ergebnisse bei Erich Fromm, Anatomie der menschlichen Destruktivität, S. 170, unter Bezug auf das monumentale Werk von Quincy Wright, A study of War, 1965.

353 Vgl. dazu auch bei Georg Feuerstein, Gott und die Erotik, S. 103f, unter Bezug auf G. Lerner, die die These vertritt, dass im Ackerbau die Kraft lag, die zu einer Unterdrückung der Frau führte.

354 Alois Seidl, Deutsche Agrargeschichte, S. 22, weist darauf hin, dass die Bedeutung der Jagd als Nahrungsquelle in der Jungsteinzeit regelmäßig unter 10% und in der anschließenden Metallzeit sogar noch niedriger ausfiel.

355 So wird auch heute noch die Kausalität zwischen Kunstschaffen und Jagd aufeinander bezogen. Mit anderen Worten: Der Jäger geht durch eine Schule des Lebens, deren Motive nicht das Töten, sondern der Wunsch zu lernen und verschiedene Tätigkeiten optimal auszuüben sind. Der Jäger ist damit an stetiger Fortentwicklung interessiert. Vgl. dazu die Ausführungen von Erich Fromm, Anatomie der menschlichen Destruktivität, S. 154. Viel wahrscheinlicher jedoch ist, dass je weniger Menschen jagten, desto mehr Menschen Kunst schufen. Die reinen und nicht ausdifferenzierten Jäger-Sammlergesellschaften schufen weniger Kunst und weniger Artefakte als die höheren und bereits ausdifferenzierten Jäger- und Sammlergruppen, wie sie z. B. in Dolni Vestonice vorkamen. Die Ritualbedürfnisse und damit auch die Herstellung von Figurinen oder von Felszeichnungen stiegen in solchen bereits ausdifferenzierten und größeren Gruppen an.

engen Zusammenhang mit den Absichten der Felszeichnungen und der Figurinen stehen, so die Vermutung, stiegen mit der letzten Eiszeit und den mit ihr verbundenen harten Lebensbedingungen offenbar deutlich an. Auffallend in diesem Kontext ist, dass zeitlich vor dem Zusammenrücken der Menschen und vor den Prozessen der Arbeitsteilung in Gesellschaften, in denen alle Mitglieder eines (kleineren) Clans sammeln oder jagen mussten, eine solche Häufigkeit von Artefakten nicht anzutreffen ist. Der jagende primitive Mensch, der sich bei der Verrichtung anderer Tätigkeiten nicht auf seine Mitmenschen verlassen konnte, hatte wohl keinen Sinn für das Schaffen von Kunst[356]. Insofern kann man zu dem Resultat gelangen, dass Jagd und Kunstschaffen der Menschen sehr wohl in einer bestimmten Kausalität zueinander stehen. Allerdings scheint diese Kausalität von einer anderen Wirkungsrichtung zu sein als dies bisher lange Zeit angenommen wurde. Erst die bereits ausdifferenzierten und damit höheren Jäger- und Sammlergesellschaften hinterließen ihrer Nachwelt eine große Menge an Artefakten, was Rückschlüsse auf deren gesteigertes Ritualbedürfnis und damit auf deren gesteigerten geistigen Leistungen und Bedürfnisse zulassen wird. Der Stellenwert der Jagd innerhalb der frühen Jäger- und Sammlersozietäten wurde lange Zeit nicht zuletzt durch die auch heute noch bestehende Overkill-Hypothese vermeintlich gestützt, die das Aussterben der Großsäuger auf die Jagdaktivitäten der postglazialen Menschen zurückführt. Die Kontroverse über die Verifizierbarkeit dieser These polarisiert in der modernen Forschung zwischen der Überlegenheit jagender Horden auch gegenüber großen Säugetieren und der Infragestellung der Wirksamkeit des damaligen Standes der Steinwerkzeuge und Steinwaffen gegenüber einem Dickhäuter oder einem wehrhaften Prädator auf der anderen Seite. Von dritter Seite werden allmählich auch hier ein Klimawechsel oder gar die Auswirkungen von Zoonosen als wahrscheinlichste Erklärung für das Aussterben der Urelefanten betrachtet, da keine der beiden anderen Möglichkeiten hinreichend erscheint[357]. Eine ebenfalls auf den Aspekt des Klimawechsels abzielende logisch-konsequente Erklärung findet man bei Josef H. Reichholf, der das Aussterben der Mammuts auf die Tatsache zurückführt, dass am Ende der letzten Eiszeit die nasskalten Niederschläge (nicht

[356] Diese Aussage ist natürlich überspitzt dargestellt, da das Schaffen von Kunst in Verbindung mit rituellen Bedürfnissen zu sehen ist und das Bedürfnis für Rituale in einer Gesellschaft mit mehreren Mitgliedern höher ist als in einer kleinen überschaubaren (Verwandtschafts-)Gruppe. Damit steht und fällt das Kunstschaffen mit der Größe der Gruppe und mit der Arbeitsteilung, wie sie z. B. in Dolni Vestonice vorhanden war.

[357] Vgl. dazu einen Aufsatz von Cornelia Pfaff, "Das Aussterben der Mammuts bleibt ein Geheimnis", in: Bild der Wissenschaft online, erschienen am 06. Juni 2001 unter der URL: http://www.wissenschaft.de/sixcms/detail.php?id=91314. Die Overkill-Hypothese wird von Paul Martin, einem Geowissenschaftler, vertreten, während der Mammut-Forscher Ross MacPhee neben klimatischen Bedingungen die Möglichkeit eines durch die Menschen eingebrachten Virus für verursachend hält. Vgl. dazu einen Aufsatz von Joachim Czichos, „Wurden Mammuts von einem Virus dahingerafft?", in: Bild der Wissenschaft online, erschienen am 13.10.2000 unter der URL: http://www.wissenschaft.de/sixcms/detail.php?id=36746. Eine Mittelstellung kommt dem deutschen Leiter der Forschungsstation für Quartärpaläontologie in Weimar, Ralf-Dietrich Kahlke zu, der den Hauptgrund für das Aussterben der Mammuts in einem Klimawechsel verortet und der Jagd seitens des Menschen höchstens bescheinigt, das Aussterben lokal beschleunigt, nicht jedoch verursacht zu haben. Vgl. dazu den genannten Aufsatz von Cornelia Pfaff.

trocken-kalter Schnee) zunahmen. Mammuts und Wollnashörner - das weiß man aus genauen Untersuchungen des erhalten gebliebenen Gewebes - verfügten zwar über ein dichtes Haarkleid zum Schutz vor Kälte, sie hatten jedoch offensichtlich keine Talgdrüsen auf der Haut. Das Fehlen jener Drüsen - in den Zeiten des trocken-kalten Klimas der Eiszeiten kein Problem - wurde ihnen nun zum Verhängnis. Die Feuchtigkeit der Niederschläge drang durch bis auf die Haut und kühlte die Urzeitriesen aus. Die Wolle wurde innerhalb kurzer Zeit durchnässt und die auf Wind und Regen folgende Kaltluft brachte den Erfrierungstod[358]. So lässt sich auch eine Erklärung für den phantastischen Zustand der Mammutfunde in Sibirien finden, die infolge Schockgefrierens so gut erhalten sind und dem Forscher sogar Gewebereste bereithalten. Doch zurück zur Jagd der modernen Menschen. Glaubt man der Auffassung einiger Anthropologen traditioneller Schule, so hätte doch die Jagd den Mann befähigen müssen, Kreativität und Innovation auf allen Gebieten der existenziellen Ebene des Menschen fördern zu können. Stattdessen wird der Ackerbau, welcher in seinen Auswirkungen als eine der größten geistigen Erfindungen der Menschheit überhaupt betrachtet werden kann, den Frauen zugeschrieben. Er stellt schon allein deshalb einen so revolutionären Schritt dar, weil er es dem Menschen ermöglichte, sich in bestimmtem Maße von der Natur zu lösen, während dies dem Jäger in größerem Umfange übrigens bis heute nicht gelang[359] (und zwar obwohl oder vielleicht gerade weil der heutige Jäger nicht mehr in der Natur-, sondern in der Kulturlandschaft jagt). Die Anfänge rationaler Ökonomie, so der Eindruck, müssen im Ackerbau zu suchen sein und nicht in der Jagd. Im Ge-

---

[358] Vgl. dazu bei Josef H. Reichholf, Das Rätsel der Menschwerdung, S. 218ff. Aber auch hier gehen die Meinungen wieder sehr weit auseinander, wie ein Artikel von Ute Kehse, „Sind Menschen für das Aussterben von Säbelzahntiger und Wollmammut verantwortlich?", in: Bild der Wissenschaft online, erschienen am 09.06.2001 unter der URL: http://www.wissenschaft.de/sixcms/detail.php?id=91488, belegt. Hier wird der Evolutionsbiologe John Alroy von der University of California in Santa Barbara anhand eines Artikels aus der Zeitschrift Science zitiert, der Klimaveränderungen aus verschiedenen Gründen als nur sekundär bezeichnet.

[359] Natürlich ist diese Aussage zu differenzieren. Der Mensch wäre in Bezug auf manche Tierarten sehr wohl in der Lage, ähnlich der Viehwirtschaft über die Reproduktionsrate auf die Population einzuwirken. Dass dies letztlich nicht in einem groß angelegten Freilandversuch in heimischen Jagdrevieren geschieht, dem stehen gesetzliche Regelungen (noch) entgegen. Allerdings ist die Ausweisung von und die Praxis in Rotwildgebieten in diesem Kontext gar nicht einmal so sehr weit von rationaler und zielgerichteter Produktion entfernt. Dass es dem jagenden Menschen trotz der Möglichkeiten dennoch nicht überall gelingen würde, dafür stehen die sukzessiv auf der Roten Liste erschienenen Arten der Tierwelt als stumme Zeugen. In diesem Sinne hat der Mensch tatsächlich landwirtschaftlich die größeren Potenziale und Möglichkeiten als ihm das in der Tierwelt zur Verfügung stehende Instrumentarium momentan noch bietet. Die Ausrottung einer Art macht ihre Wiederbelebung nach dem heutigen Stand der Gentechnik noch nicht möglich. Auf der anderen Seite sehen wir, dass die bundesdeutsche Jägerschaft momentan nicht in der Lage ist, die Wildschweinbestände wirksam und nachhaltig mit jagdlichen Mitteln zu reduzieren. Selbst wenn wir wollten, könnten wir ihrer nicht Herr werden, vorausgesetzt wir bewegen uns im gesetzlichen Rahmen des Bundesjagdgesetzes und seinen sachlichen Verboten, die in § 19 formuliert sind. Zur Entwicklung der Wildschweinbestände in Baden-Württemberg vgl. auch den Jagdbericht Baden-Württemberg 2001/2002 in der Reihe: Berichte der Wildforschungsstelle Nr. 9, S. 22-23. So hat sich der Abschuss des Schwarzwildes seit 1960 bis heute mehr als vervierzehnfacht (ca. 2.500 des Jagdjahres 1960/61 zu 37.000 im Jagdjahr 2001/2002). Die Tendenz ist nach wie vor steigend.

gensatz zur Jagd oblag es auch dem Ackerbau, den Beginn einer neuen Qualität der Lebensräume einzuläuten. Jene qualitative Raumentwicklung gelang der Jagd nicht, da sie lediglich Wissensgewinn über Migrationen großer Herden oder anderer Jäger-Sammlergruppen im räumlichen Bereich erbringen konnte. Eine optimale Nutzung jener Räume gelang jedoch über das Sammeln und später über den Ackerbau; über die Bezwingung der Natur. Die tatsächlichen Potenziale der Jagd in räumlicher Hinsicht sollten erst erkannt und wahrgenommen werden, als sich die Zivilisation schon längst über die originäre Funktion der Jagd hinweggesetzt hatte. Die Gründe dafür werden in den folgenden Kapiteln noch aus unterschiedlichen Blickwinkeln zu analysieren sein. So war es die Erfindung des Ackerbaus, die den Beginn der zielgerichteten und gewollten Produktion, den Beginn aller Ökonomie jenseits des primitiven Wirtschaftens überhaupt einläutete. Folgt man der in der Jagd lange Zeit vermuteten evolutionären Kraft, so kann die Schlussfolgerung doch nur lauten, dass die Frauen ebenfalls fleißige Jägerinnen waren - woher hätten sie sonst jenes geistige Potenzial erlangen sollen, welches es ihnen ermöglichte, den Menschen auf eine wesentlich höhere Stufe zu stellen (woher dieses Potenzial tatsächlich kommen könnte, habe ich an früherer Stelle bereits ausführlich dargelegt). Oder ist es nicht vielmehr einleuchtender, dass die Jagd als Subsistenzwirtschaft überhaupt keine oder nur eine untergeordnete Rolle im Prozess der (materiellen und geistigen) Zivilisation spielte? Sie war vielmehr ein Produkt der Evolution und der späteren Zivilisation und nicht ihr Motor. An diesem Punkt setzen einige sehr interessante Überlegungen von H.-P. Uerpmann an. Er hatte vorgeschlagen, hohe Wilddichten als ein Indiz für den Fortschritt im Ackerbau zu werten. Auf diese Weise könne man den hohen Anteil an Rotwild- bzw. Cervidenknochenfunden erklären, die im Gesamtdurchschnitt im Neolithikum etwa zwischen 5% und sehr selten 10% zu liegen kommen. Wie soll das verstanden werden? Hin und wieder hat man Fundplätzen einen sehr hohen Wildtierknochenanteil attestiert, so z. B. mit 94,1% am Burgäschisee-Süd im Kanton Bern. Uerpmann deutete das dortige Vorkommen des Rotwildes als Hinweis auf „Schutzjagd" und damit als Hinweis auf eine ausgedehnte Ackerkultur. In Anbetracht der Tatsache, dass der Rothirsch zu dieser Zeit ein Steppenbewohner war, kann diese Korrelation durchaus einleuchtend sein. Boesneck hat diesen Gedanken wohl 1963 entwickelt und das Vorherrschen der großen Cerviden unter den Knochenfunden mit der Intensivierung der Ackerkultur in Zusammenhang gebracht. Die Jagd sollte also bereits im Neolithikum zum Schutze der Kulturflächen auf jene Arten ausgeübt worden sein, die Schaden verursacht haben. Das wäre in der Tat die Vorwegnahme einer modernen Auffassung von Jagd gewesen, wie sie heute von vielen Naturschützern und Förstern bzw. Jägern gleichermaßen vertreten wird[360]. Diese Erklärungsversuche von Boesneck und Uerpmann haben bisher kaum Anklang gefunden. Allerdings ist die These, mit der eine ernsthafte Auseinandersetzung jener

---

360 Jagd soll sich heute insbesondere in Naturschutzgebieten dem Schutzzweck unterordnen. Auch Arten, die in Land- und Forstwirtschaft Schäden anrichten können, stehen heute von Seiten der Politik und des Naturschutzes stärker im Fokus als Tierarten, die zwar dem Jagdrecht unterliegen, denen jedoch eine Schadensverursachung kaum nachgewiesen werden kann (z. B. Iltis, Mauswiesel, Baummarder, Rabenvögel, etc.). Vgl. dazu auch das Jagdpolitische Grundsatzpapier des NABU, erschienen in der Reihe NABU-Argumente.

Gedanken verhindert wurde, sehr einfach selbst zu widerlegen. So hat A. von der Driesch betont, dass ein hoher Wildtieranteil bei Knochenfunden wie den oben genannten Ausdruck einer gesunden Umwelt mit großen, natürlichen Wildvorkommen sei und sich nicht auch auf andere Weise erklären lasse[361]. Hier liegt er aber falsch. Die Gegenwart lehrt uns das Gegenteil. Das häufige Vorkommen unserer kleinsten Cervidenart, des Rehwilds, lässt in der heutigen Zeit keine Rückschlüsse auf eine gesunde Umwelt zu, sondern lediglich darauf, dass der Mensch ihm Bedingungen geschaffen hat, die es fördern. Dasselbe gilt für die Stockente, den Fuchs, die Rabenvögel und das Schwarzwild, die sich in unserer bundesdeutschen Kulturlandschaft hervorragend entwickeln. Insofern tritt die Rotwildthese von Boesneck und Uerpmann wieder in den Vordergrund. Denn mit dem Ausbau der Ackerkultur musste gerodet werden und damit wurden dem steppenbewohnenden Rotwild neue Lebensräume erschlossen, was zu einer vermehrten Jagdmöglichkeit führte und führen musste, wollte man die Kulturen schützen. Das wäre, wenn sich die These einmal als richtig erweisen würde, bereits ein Indiz für einen ersten Kreislauf zwischen dem rational wirtschaftenden Menschen und bestimmten Wildtierpopulationen als so genannten Kulturfolgern. Und noch etwas stützt die These von Boesneck und Uerpmann mehr als dass es ihr schadet. Der Hinweis, dass man offensichtlich überwiegend erwachsene Tiere als Beute an diesen Orten fand, lässt den Rückschluss auf die Schutzjagd deutlicher werden. Große Tiere bringen einerseits mehr Fleisch - das ist aber hier vollkommen irrelevant, zumindest nebensächlich - und ihre Tötung wirkt sich äußerst nachhaltig auf die Population aus, da sie die Reproduzierenden sind, womit der Schutzzweck untermauert werden könnte. Tötet man ein führendes Alttier, so haben die jungen Kälber bis zu einem bestimmten Alter keine Überlebenschance. Tötet man ein trächtiges Alttier, so kommt Nachwuchs erst gar nicht zur Welt. In Zeiten fehlender (in unseren Kategorien) moralischer und ethischer Grundsätze gegenüber Tieren und eines fehlenden Waidgerechtigkeitsbegriffs ist das also ein äußerst probates Mittel, Wildtierbestände effektiv zu reduzieren. Jagdpraktisch machte die Jagd des Menschen auf ein Kalb nicht weniger Mühe als auf ein Elterntier. Beide mussten hart erjagt werden und der Tötungsvorgang war identisch. Durch den Ackerbau und natürlich auch die Viehzucht, die hier nicht vergessen werden soll, haben sich die Menschen endgültig von der passiven Lebensweise der früheren Hominiden und damit im Wesentlichen auch von der Jagd als (notwendiger?) Subsistenzwirtschaft gelöst. Möglicherweise gelang es dem jagenden Mann, der durch die jagdliche Schule des Lebens[362] ging, aus den Jagderkenntnissen Rückschlüsse zu gewinnen,

---

361 Vgl. dazu die Ausführungen bei Jens Lüming, Albrecht Jockenhövel, et al., Deutsche Agrargeschichte, Vor- und Frühgeschichte, S. 82ff. Lüming et.al. beziehen sich auf die Ergebnisse von H. P. Uerpmann und Boesneck, von denen mir leider keine separaten Arbeiten vorliegen.

362 Auch bei rezenten Jägervölkern wird die Jagd umfassend als eine Schule des Lebens bezeichnet. Sie ist ein Handwerk, welches es zu erlernen gilt. Dabei gibt es keinen endgültigen Lernerfolg, vielmehr ist es ein ständiges Erfahren, Dazulernen und Vervollkommnen (wie das unter dem Aspekt des Kunstschaffens zu beurteilen ist, habe ich bereits weiter oben ausgeführt). Jagd ist in diesem Sinne ein Handwerk, wenn auch nicht das „ersterfundene". Das Produkt (die Jagd) bleibt dasselbe, die Art und Weise es zu generieren ändert sich jedoch ebenso wie der Wert des Produktes selbst. Weiterhin entstehen um das originäre Produkt herum Einrich-

die es ihm irgendwann einmal ermöglicht haben, wilde Tiere lebend zu fangen, zu züchten und damit den Grundstein für rationalisierte Viehzucht zu legen. Die kulturelle Leistung des Ackerbaues bleibt dennoch unübertroffen, denn nur die kontinuierliche Bebauung des Bodens, das Angewiesensein auf klimatische Zirkulationen, auf den Kreislauf von Aussaat, Pflege und Ernte, bedingte die Sesshaftigkeit und begründete letztendlich die Städtekultur. Die Erfindung des Pflugbaues mit vorgespanntem Zugvieh ermöglichte eine kontinuierliche Überschussproduktion, die ihrerseits die Voraussetzung für weiterführende Arbeitsteilung, gesellschaftliche Gliederung, gewerbliche Erzeugung, Bergbau und Städtekultur war[363]. Eine dauerhafte Viehzucht dagegen konnte diese Leistung nicht erbringen - sie verlangte nicht einmal das Ende des primitiven Nomadenlebens, wie auch heute noch einige Wüstenstämme der Erde belegen. Dennoch ist eines sehr interessant: man geht heute davon aus, dass die Tierdomestikation ihren Ursprung in Südwest-Asien hatte, etwa um das 9. bis 8. Jahrtausend vor Christus. Damit fällt die Errungenschaft der Viehzucht in Gebiete, aus denen auch die ersten Hochkulturen stammen. Jene Gebiete waren jedoch zu dieser Zeit auch äußerst wildreich. Der Wildreichtum hat den Einfallsreichtum jener Kulturen nicht daran gehindert, eine bequemere und rationalere Methode der Fleischgewinnung zu finden[364]. Mancherorts dürfte die Haustierhaltung in Südwest-Asien bereits zu dieser Zeit die Jagd als Proteinquelle vollständig abgelöst haben. In Deutschland dürfte dieser Prozess wohl erst im ausgehenden Neolithikum begonnen haben. Diese Überlegungen werden durch einen Artikel von Carolin Muck bestätigt, die unter Bezug auf eine Vorabveröffentlichung der Fachzeitschrift „Proceedings" der Amerikanischen Akademie der Wissenschaften die Vorfahren der Europäer als aus dem Nahen Osten stammend beschreibt. Genetische Untersuchungen haben ergeben, dass der Anteil der Gene asiatischen Ursprungs von 15 bis 30 Prozent in Deutschland und Frankreich bis hin zu 85 bis 100 Prozent in Südosteuropa reicht. Diese Londoner Studie unterstützt das so genannte „Demic Diffusion Model", nach dem in der Jungsteinzeit (5.500 bis 2.200 v. Chr.) Bauern aus dem Nahen und Mittleren Osten nach Europa migrierten, ansässig wurden und sich mit den dortigen Jägern und Sammlern vermischten. Sie brachten auf diesem Wege nicht nur neues Genpotenzial nach Europa, sondern vor allem landwirtschaftliches Wissen, welches von den jagenden und sammelnden Nomaden aufgenommen werden konnte[365]. Doch selbst die Frage, ob die Viehzucht unbedingt eine Errungenschaft des Mannes gewesen sein sollte, wird häufig genug gestellt. Die Ergebnisse der Ausgrabungen in Çatal Hüyük bringen dabei auch in Bezug auf die Viehzucht verblüffende Ergebnisse. Die soziale Überlegenheit der Frau in der neolithischen Stadt Çatal Hüyük gründe-

---

tungen und Ordnungen, die es fördern, bremsen, einnehmen, kapitalisieren, instrumentalisieren, etc. Vgl. zu diesen Instrumentalisierungen in den Kapiteln 4ff. der vorliegenden Arbeit.

363 Vgl. zur Bedeutung und kulturellen Ausstrahlung des agrarischen Fortschritts bei Alois Seidl, Deutsche Agrargeschichte, S. 26.

364 Vgl. Jens Lüming, Albrecht Jockenhövel, et al., Deutsche Agrargeschichte, Vor- und Frühgeschichte, S. 76ff.

365 Vgl. einen Artikel von Carolin Muck, Unsere Vorfahren stammen aus dem Nahen Osten, in: Bild der Wissenschaft - online, erschienen am 06.August 2002 unter der URL: http://www.wissenschaft.de/sixcms/detail.php?id=127984.

te auf ihrer Rolle als Lebensquelle. Als Spenderin des Lebens wurde hier die Frau mit dem Arbeitsvorgang des Ackerbaus, mit der Zähmung und Aufzucht der Haustiere, mit den Vorstellungen von Wachstum, Überfluss und Fruchtbarkeit von Land und Vieh in Verbindung gebracht. James Mellaart geht davon aus, dass im Rahmen jener kultischen und mythischen Vorstellungen von der Ordnung der Welt der Kult der Göttin hauptsächlich in den Händen der Frauen gelegen haben dürfte. Die Männer spielten sozial und kultisch nur eine untergeordnete Rolle. Dennoch bleibt nicht gänzlich auszuschließen, dass es auch eine männliche Priesterschaft gab[366]. Eine dominante Rolle des Mannes scheint jedoch abwegig zu sein. Dass die Frau die zentrale Rolle innerhalb der anatolischen Siedlung Çatal Hüyük spielte, ist auch aus der Differenz zwischen den gefundenen männlichen oder zumindest an die Physis des Mannes angelehnten Götterfiguren zu den mit weiblichen Attributen versehenen Figurinen abzulesen. Das Verhältnis beläuft sich auf etwa vier zu eins zugunsten der Frauen[367], was die gesellschaftliche als auch spirituelle Dominanz der Frau (vielleicht auch nur des Weiblichen, was ja ein bedeutender qualitativer Unterschied wäre) zusätzlich unterstreicht. Die, wenn man so will, nichtjagende Frau hat für den Erhalt der Sozietät und - nach der Friedfertigkeit jener Jäger-Sammler-Gruppen zu urteilen - wohl auch für die moralische Erziehung einen unschätzbaren Dienst geleistet. Selbst wenn man die herausragende Stellung der Frau innerhalb der Gruppen-Sozietäten leugnen wollte, so käme man nicht umhin vor Einzelpersönlichkeiten die Familie, insbesondere die Mutter-Kind-Beziehung, zu stellen. Als eine wirkliche Ausnahme wäre hier lediglich an die mögliche Überlegenheit eines älteren oder weiseren Menschen zu denken, der in der Lage ist eine Zeremonie zu leiten. Über sein Geschlecht ist damit jedoch nichts ausgesagt. Neben der vermuteten und sehr wahrscheinlich matriarchalen (matrizentrischen) Struktur der primitiven Jäger-Sammlersozietäten wird als ein weiteres Merkmal - vielleicht auch als ein Resultat des ersteren - das Fehlen jeder „Hackordnung" und jeder kriegerischen Handlung in Betracht gezogen[368]. Herausragendes Merkmal dieser primitiven, wenn auch eher losen Ad-hoc-Vergesellschaftung wäre dann die Kooperation anstelle der Aggression. Ständige Ämter fehlten gänzlich, es gab keine Hierarchie und keine Häuptlinge und aus diesem Grunde wohl auch keine auf die Kontrolle durch eine Elite gegründete soziale Ordnung. Selbst die Jagd gründete sich keineswegs auf Aggression, der Tod des Tieres wurde letztendlich gar bedauert. Kurt Lindner stellt jenes aggressionsfreie Verhältnis zwischen Jäger und Wildtier über den Zusammenhang des Tötens und der anschließenden Jagdopfer, des Jagdzaubers und der Jagdkunst in Form der Höhlenmalerei, die letztendlich mythischen Ursprungs sind, heraus. Es sollten die erzürnten Geister der wilden Tiere besänftigt, aber auch gleichzeitig dem Dank für das vergangene und dem Erbitten zukünftigen Jagdglücks Ausdruck verliehen werden[369]. Aggressive, instrumentali-

---

366 Vgl. zur Rolle der Frau in Çatal Hüyük bei James Mellaart, Çatal Hyüyk, S. 237ff.

367 Vgl. das Verzeichnis der Skulpturen gefundener Gottheiten in Çatal Hüyük, aufgeführt bei James Mellaart, Çatal Hüyük, S. 238 und S. 239.

368 Vgl. dazu die Ausführungen bei Erich Fromm, Anatomie der menschlichen Destruktivität, S. 156ff unter Bezug auf E. R. Service, The Hunters, und M. D. Sahlins, The Origin of Society.

369 Vgl. bei Kurt Lindner, Die Jagd der Vorzeit, S. 224ff. Bereits in meiner Magisterarbeit habe ich darauf hingewiesen, dass dieser Tier-Mensch-Beziehung eine gewisse Rationalität zugrunde

sierte und wohl auch lustvolle Jagd, wie sie später im Rahmen der fortschreitenden Zivilisation geübt wird, ist mit einiger Sicherheit gänzlich auszuschließen. Höhlenmalereien, die in den überwiegenden Fällen als symbolische Jagd interpretiert wurden, haben an dieser Stelle einen guten Teil dazu beigetragen, den Stellenwert der Jagd, des Tötens von Tieren, in jenen frühen Sozietäten als dem Sammeln übergeordnet und im gesamten Lebenszusammenhang zentral darzustellen. Dass die Felszeichnungen dagegen in den meisten Fällen nichts mit der Jagd auf wilde Tiere zu tun hatten, wird in Kapitel 3 der vorliegenden Arbeit noch dargestellt werden. Inwiefern also eine andere Lesart - aufgrund der mit dem Instrument der Interpretation verbundenen Unsicherheit - der tatsächlichen Bedeutung von Felszeichnungen gleichrangige Annäherungen ermöglicht, ist in einem Artikel des National Geographic nachzulesen. Die Menschen jener Zeit, so wird vermutet, waren den Tieren zahlenmäßig weit unterlegen. Es müssen gewaltige Tierherden vorhanden gewesen sein, in dem die kleinen Gruppen der Jäger und Sammler nahezu untergehen mussten. Tiere besaßen nicht nur wegen ihrer Bedeutung als Nahrungsquelle, sondern auch wegen ihrer großen Zahl einige (insbesondere spirituelle) Macht. Sie waren anders als Menschen; Mythen und Sagen rankten sich um sie. Ein Teil dieser Macht sollte auf die Menschen übergehen, wenn sie sie malten. Dass in vielen der gemalten Tiere Speere stecken ist dabei noch kein Beweis für die symbolische Tötungs-Jagd. Erhärtet wird diese Vermutung dadurch, dass die Lanzen und Speere nur sehr selten in Körperteilen stecken, die den Tod des Tieres herbeigeführt hätten. Vielmehr kann in der Darstellung gespeerter Tiere eine symbolische Verbindung des Menschen mit dem Tier gesucht werden; Speere müssen nicht allein Tötungswerkzeuge sein, sondern können als menschliche Produkte Teil spiritueller Kontaktaufnahme mit dem lebendigen und vor allem am Leben bleibenden Tier sein[370]. In Anbetracht der mutmaßlichen magischen Weltbehandlung jener frühen Sozietäten ein durchaus plausibles Bild der versuchten Kommunikation und letztendlichen ehrfurchtsvollen Verehrung. In weiterer Anlehnung an Günter R. Kühnle[371] beschreiben die Höhlenmalereien womöglich also keine faktischen Jagdhandlungen in Tötungsabsicht, sondern sind dem Totemismus zuzuordnen. Sie spiegeln die Ehrfurcht und Heiligkeit der Jagdtiere wider, die in ihrer Existenz, ihrem Herkommen und ihrer Kraft von den frühen Menschen nicht erfasst werden konnten. Allein auf Grund ihrer Übernatürlichkeit und des bereits über die Intention der Höhlenmalerei artikulierten Zusammenhangs zwischen dem menschlichen und nichtmenschlichen Dasein können die Höhlenmalereien als ein Versuch der Kommunikation mit diesen Wesen, den in ihnen wohnenden Kräften und Göttern verstanden werden. Gemäß der Definition des Totems und des Totemismus kön-

---

liegt. Das Töten musste aus einem vernünftigen Grunde geschehen und die Jagd selbst war mit dem Erreichen des Ziels, dem überlebensnotwendigen Ertrag, beendet. Vgl. bei Klaus Maylein, Jagd und Jäger in der modernen Gesellschaft, S. 2. Jene Rationalität der Jagd verschwand mit der Jagd der Zivilisation. Sie wurde durch neuen Rationalitäten ersetzt.

370 Vgl. bei Rick Gore, Leute wie wir, in: National Geographic, Juli 2000, S. 147f. Weitere Beispiele einer möglichen Missdeutung bildlicher Zeugnisse führt der Autor unter Bezug auf den Wissenschaftler Jean Clottes an. "Wer würde denn beim Anblick eines gekreuzigten Jesus in einer Kathedrale auf die Idee kommen, dass die Grundaussage des Christentums die Liebe ist?"

371 Vgl. die Ausführungen zum Totemismus und Höhlenmalereien bei Günter R. Kühnle, Der Mensch als Jäger im Spiegel seiner Vernunft, S. 64f.

nen die als oberflächlich erkannten Jagdszenen wissenschaftlich nicht als solche haltbar bleiben, sondern sind vielmehr als kommunikative Riten zu verstehen, die das Verhalten gegenüber den Tieren für die menschliche Gruppe festlegen. Aus dieser Kommunikation heraus und der womöglich schon vorhandenen Erkenntnis über den existenziellen Zusammenhang zwischen Mensch und Tier ist das Anwachsen der Opfer-, Versöhnungs- und Dankeskulte zu beurteilen, wie sie unter anderem von Kurt Lindner dargestellt wurden[372]. Die Erkenntnis der einseitigen Dependenz des Menschen von den Tieren und der noch übermächtigen Gewalt der großen Raubtiere über den zum Gejagten werdenden Menschen lässt das Tier zu einem kultischen Gegenstand werden, dessen Mächte beschworen und besänftigt werden mussten. In den Höhlenmalereien können deshalb auch Anzeichen für die Anfänge von Magie und Religion gefunden werden. Die noch zur Sprache kommenden ägyptischen Wandmalereien und die römischen Jagdsarkophage sind in dieser Reihe wohl ebenfalls zu betrachten. In der Jagd oder im Tierreichtum allein die Triebfeder für die Anfänge einer Kultur des Animismus, der Magie und Religion zu suchen ist jedoch wiederum sehr sorgfältig gegen andere Möglichkeiten abzuwägen. So ist nicht auszuschließen, dass lange vor dem Jagdzauber, der Verehrung der Tiere, die Verehrung des Weiblichen stand. Sexualität und Fruchtbarkeit müssen ebenfalls als ein Mysterium gegolten haben, welches allerdings für die Frauen in seiner Kausalität bereits bekannt gewesen sein dürfte[373]. Das Mysterium der Empfängnis, die Fruchtbarkeit und der Tod nahmen im magischen Denken jener alt- und jungsteinzeitlichen Lebensgemeinschaften sicher einen gleich- oder gar höherwertigen Rang[374] ein als die wilden Tiere, ihre Nutzung und die daran anschließende Versöhnung mit ihnen über bestimmte Rituale. Gerade der Kult der „Großen Mutter" ist in diesem Zusammenhang nicht zu unterschätzen, der vor rund 30.000 Jahren bereits im gesamten Mittelmeerraum entfaltet war. Im altägyptischen Osiriskult kann man die Verschmelzung zwischen dem gewaltigen Kult der „Magna mater" und einer bereits hoch entwickelten religiösen Vorstellung der alten Ägypter feststellen, die zur Zeit Jesu Christi in das Römerreich aufgenommen wurde[375]. Als Zeichen einer sich entwickelnden geistigen Welt müssen auch die Träume der Menschen, das eigene Spiegelbild, die Anthropophagie oder verschiedene Formen von Geisteskrankheiten betrachtet werden. Die Jagd auf wesensfremde Kreaturen war nur eine der mannigfaltigen Möglichkeiten, die zur Herausbildung kultureller und geistiger Größen führen konnte. So entwickelten sich auch

---

372 Vgl. dazu bei Kurt Lindner, Die Jagd der Vorzeit, S. 224ff.

373 Auch Georg Feuerstein rekurriert in seinem Buch „Gott und die Erotik" auf das Mysterium der Fruchtbarkeit, des Geschlechtsaktes und des mit ihm in Verbindung stehenden Gebärvorganges. Allein die Frauen wurden ab einem bestimmten Alter wiederum von älteren Frauen initiiert und in die Geheimnisse der Empfängnis eingeweiht. Die Männer durften dieses Wissen nicht erfahren. Die Verehrung der Großen Mutter, der hieros gamos (der heiligen Hochzeit) müssen die logischen Konsequenzen daraus gewesen sein. Vgl. bei Georg Feuerstein, Gott und die Erotik, S. 98ff.

374 Vgl. dazu auch die Häufigkeit der weiblichen Attribute bei gefundenen Statuetten und Figurinen in Çatal Hüyük wie bereits weiter oben angesprochen. James Mellaart, Çatal Hüyük, S. 238f.

375 Vgl. dazu auch die Ausführungen von Eberhard Orthbandt, Illustrierte Geschichte Europas, S. 24ff.

aus dem Kannibalismus eine Vielzahl an Opfer- und Dankeskulten, die nicht mehr die gefangenen Feinde zur Schlachtbank führten, sondern dazu Stellvertreter - wie z. B. in der christlichen Religion das Lamm Gottes - auserkoren[376]. Auch hier war es womöglich die im Zuge der Zivilisation stattfindende qualitative Veränderung und Bedeutung der Räume, die dazu führte die Gefangenen nicht mehr zu töten, sondern ihre Arbeitskraft auf den Feldern oder den Bergwerken auszuschöpfen. Hab und Gut jener Menschen verleibte sich der Sieger natürlich ebenfalls ein; es war nunmehr schlichtweg kontraproduktiv, sich seiner Muskeln oder seines Gehirns auf kulinarischem Wege zu bedienen, wenn man doch seine Arbeitskraft ausbeuten konnte. Analog den Deutungsmöglichkeiten von Höhlenmalereien ist man sich auch über die Intention altägyptischer Jagdsarkophage und Jagdillustrationen in den Grabkammern der Könige und Beamten unsicher. Hartwig Altenmüller sieht in der ständigen Wiederholung der Themen im Bildaufbau jagdlicher Reliefs über Jahrhunderte hinweg die Möglichkeit gegeben, dass den Jagdbildern mehr rituelle als reale Bedeutung zuzumessen sei. Da sich die jagdlichen Themen königlicher Grabkammern selbst im Detail mit denjenigen, die in den Beisetzungsräumen der Beamtenschicht gefunden wurden, deckten, bleibt eine magische Bedeutung der „Jagdbilder“ für die soziale Ordnung der alten Ägypter nicht von der Hand zu weisen. Die Jagd der Pharaonen gehörte nach Konvention und Sitte zu denjenigen Unternehmungen, die in einem wesentlich rituellen Sinne zur Sicherung der Ordnung in der Welt beitrugen. So ist es z. B. denkbar, dass die Jagd auf das Wüstenwild bildhaft der Vernichtung böser Mächte in der unwegsamen und menschenfeindlichen Wüste entsprechen konnte. Die magische Bedeutung des Bildes und der Glaube an die rituelle Kraft der Darstellung veranlasste die Ägypter, an der einmal verfestigten Bildform festzuhalten[377]. Mit individuellen Jagderlebnissen und einem realen Jagdbezug haben diese Darstellungen allerdings wohl nichts mehr gemein. Dennoch wurden diese vermeintlichen Jagdszenen in der traditionellen Jagdliteratur als Beweis einer außerordentlichen Jagdleidenschaft der ägyptischen Pharaonen herangezogen. Stellt man sich den Stellenwert der Tiere in der ägyptischen Götterwelt, den mit ihnen verbundenen magischen und mythischen Kulte und Rituale vor, so fällt es schwer, Jagd auf die Vergnügungssucht der herrschenden Eliten zurückzuführen. Die symbolische Jagdausübung wird zwar keineswegs die faktische Jagdhandlung verdrängt haben, dennoch ist die Jagd der Ägypter in diesem Zusammenhang differenzierter zu begreifen als allein durch Reduzierung auf Jagdlust einer Beamten- und Herrscherschicht. Daneben wird auch das Argument, dass die Jagd ein bedeutender Wirtschaftspfeiler gewesen sein soll, neu bewertet werden müssen. In einem Land, das bereits vor rund 7000 Jahren über ein ausge-

---

[376] Das „Stellvertreterdenken“ ist bereits in sehr alten Kulturen nachweisbar. Schon assyrische Dämonenfiguren ähnelten dem mittelalterlichen Teufelsbild sehr verblüffend bis ins Detail. Auch in Assyrien und Mesopotamien glaubte man sich dämonischer Kräfte durch die Opferung eines Stellvertreters entziehen zu können. Das Lamm war damals schon ein häufig anzutreffendes Stellvertretertier, bevor es als Lamm Gottes stellvertretend für Jesus die Sünde der Welt hinweg nahm und den Opfertod gestorben ist. Deshalb stellt man bis heute Jesus als Lamm dar, das gestorben und auferstanden ist und aus dessen Leib das Opferblut in den Abendmahlkelch fließt. Vgl. dazu auch bei Eberhard Orthbandt, Illustrierte Geschichte Europas, S. 44f.

[377] Vgl. bei Hartwig Altenmüller, Jagd im alten Ägypten, S. 24ff.

klügeltes System von Bewässerungsanlagen und eine hoch entwickelte Agrikultur verfügte, in dem auch die Viehzucht eine noch nie gekannte Blüte erfuhr, kann der Jagd auf Wüstenwild nur schwer ein ernsthafter wirtschaftlicher Beitrag beigeordnet werden. Ohnehin wird jede noch so große Tierpopulation auf Dauer ernsthaft gefährdet, sollte sie im Einzugsgebiet einer Siedlung dauerhaft und als primäre Subsistenzwirtschaft bejagt werden. Klaus Böhme ist in diesem Zusammenhang der Meinung, dass bereits Siedlungen zwischen 8.000 und 3.000 v. Chr., die die Dimensionen einer heutigen Kleinstadt erreichten, beinahe ausschließlich von Jagd und Fischerei lebten[378]. Dazu bleibt zu sagen, dass selbst in den Tropen rezente Jägervölker, die in wesentlich kleineren Gruppen der Jagd nachgehen, bereits nach kurzer Zeit darauf angewiesen sind, weiterzuziehen oder aber wesentlich längere Strecken hinter sich zu bringen, um effektiv ein Stück Wild erlegen zu können. Fester Siedlungsbau und Jagd als Subsistenz passen in keiner Weise zusammen. Hier ist das Nomadentum kleinerer Stämme unabdingbare Voraussetzung. Als Ausnahme wird hier lediglich die Fischerei oder die Robbenjagd der Inuit gelten können. Aber auch hier sind die Bevölkerungsgrößen niemals mit denen wie z. B. in Çatal Hüyük zu vergleichen. Neben den bisher genannten Gründen, die gegen die Aufrechterhaltung der Jagdhypothese sprechen, bleibt noch das ihr inhärente oder zumindest zugrunde liegende Vorstellungsgefüge eines Naturrechtes darzulegen. Viel ist über das Naturrecht diskutiert worden, Philosophie und praktische Politik haben sich seiner angenommen, wobei die Philosophie nur Unheil auf dem Papier anrichtet, allerdings nur, solange sie nicht den politischen Kopf verführt und damit Schlimmeres zur Folge hat. Aber auch dafür gibt es genügend Beispiele in der Geschichte. Das Naturrecht respektive der Naturzustand im aristotelischen und Hobbesschen Sinne existierte in den primitiven Jäger- und Sammlersozietäten keinesfalls, vielmehr sind sie aggressiv-strukturierende Erscheinungen der Zivilisation und damit bereits kategorisch falsch – sie sind widernatürlich. Das Hobbessche Naturrecht spiegelt vielmehr die Bestandteile und Inhalte eines Kulturrechtes wieder. Originäres Naturrecht, oder besser der originäre Naturzustand, basieren auf Kooperation[379], Friedfertigkeit und einem auf Sitte und Konvention beruhenden kollektiven Regelungsmechanismus, der über Anfänge einer öffentlichen Meinung anerkannter Schlichter von streitbaren Parteien ist. Ständige Führerschaft und hierarchische Über- und Unterordnung sind den primitiven Jäger- und Sammlersozietäten als soziale Ordnung fremd. Ihre soziale Ordnung ist kontinuierlich egalitär, ohne einer Tendenz der Ausdifferenzierung in ständige Führerschaft und Subordination zu unterliegen. Hier liegt auch eine Überlegung verborgen, die nicht immer zu Ende gedacht wird. Egalitäre Strukturen beschreiben keineswegs einen akephalen Zustand. Führerschaft, wenn auch ephemer, existiert dagegen sehr wohl. Sie basiert jedoch nicht auf Unterdrückung und Furcht, die beide Merkmale einer kulturellen Auffassung von Führerschaft sind. Darüber hinaus ist die Führer-

---

378 Vgl. dazu bei Klaus Böhme, Vom Steinwurf des Vormenschen zum Waidwerk der Antike, S. 146f.

379 Vgl. dazu Erich Fromm, Anatomie der menschlichen Destruktivität, S. 163ff. Als Ausnahme muss hier die Kindstötung gesehen werden, die jedoch mit dem Attribut der Friedfertigkeit nichts zu tun hat, da jenes die Bereitschaft zu sippenüberspannender Freundschaft und Kooperation und nicht die individuelle Reproduktionsstrategie berührt.

schaft dort dem besseren Argument folgend und damit einmal dem einen oder anderen zu Eigen. Erst die Überwindung des Nomadenlebens durch die Erfindung des Ackerbaues und der Viehzucht als begehrte Kapitalien ließ ökonomische Anreize entstehen, für die es sich lohnte zu rauben, Krieg zu führen und ein Organisationsprinzip zu etablieren, welches auf Arbeitsteilung, Sklaverei und schließlich Prestige, Adel und der sozialen Ordnung ständig hierarchischer Gliederung basierte. Egalitäre Gesellschaften konnten diese Leistung der inneren Organisation, die notwendig war, wenn man ein Gebiet erobern und besetzen wollte, nicht erbringen[380]. Erst mit der Sesshaftwerdung begann nun die vertikale Ausnutzung und Behandlung des zur Verfügung stehenden Raumes, entgegen der horizontalen Raumbehandlung innerhalb der Evolution. Jagd war demnach nicht der Motor der Zivilisation, deren Merkmal ein höchst aggressives Potenzial ist; im Gegenteil: originäre Jagd der Jäger-Sammlersozietäten generierte nur den geringsten Teil der Nahrung, die zudem von einer (vermuteten) demographischen Minorität - den Männern[381] - ausgeübt wurde. Der Arbeitsteilung (außerhalb der geschlechtlichen Unterscheidung in Jäger und Sammlerinnen) sowie der Elitenbildung fehlte letztendlich die ökonomische Basis. Ihr einziges Wirtschaftsergebnis, der Jagd- und Sammelerfolg, wurde und wird auch heute noch in den rezenten Jägersozietäten dem Allgemeinwohl zur Verfügung gestellt (reziproker Altruismus, Sippenaltruismus), fern jeder egoistischen Ökonomie rein zivilisatorischer Prägung. Wenn man so will, sind die einzig mit der Jagd tatsächlich in Verbindung zu bringenden Verhaltensmuster die Kooperation und die Bereitschaft zu teilen[382].

2.4 Schlussfolgerungen

In Anbetracht der hier dargestellten Ergebnisse, die aufgrund einer rationalen Rekonstruktion der Menschwerdung und der Bedeutung der Jagd erzielt wurden, ist es nicht übertrieben, wenn man an die Soziologie den Anspruch stellt, einige

---

380 Natürlich gab es Auseinandersetzungen innerhalb der primitiven Kulturen, sie mit institutionalisierten Kriegen zu vergleichen widerspricht dagegen wissenschaftlicher Objektivität. Merkmale der Auseinandersetzungen in den primitiven Kulturen waren ihre Desorganisation, insbesondere das Fehlen ständiger Führer. Herzöge als militärische Führerpersönlichkeiten oder ähnliche Ämter waren nicht existent, die Waffengänge zumeist unblutig, ohne das Ziel möglichst viele der gegnerischen Partei zu töten und zu guter Letzt nicht auf Gebietseroberungen ausgerichtet. Sklaven oder andere Beute stellten keine Anreize in der ökonomischen Ausrichtung der frühen primitiven Gesellschaften dar, da es sie nicht gab. Egoistische Ökonomie ist eine Erfindung, die erst im Zuge des Ackerbaus und der Viehzucht ihre gesellschaftsstrukturierende Macht entfalten konnte. Solange sie fehlte, waren institutionalisierte Kriege und längere Fehden aufgrund ungenügender Motive nicht Gegenstand der Vergesellschaftungsgeschichte. Es wird ersichtlich, dass entgegen der Darstellung von Hobbes der Naturzustand ein sehr friedliebender war, das Kollektiv als solches für sein Überleben wirtschaftete und jede Substituierung aggressiven Verhaltens für egoistische Ziele der ökonomischen Planung nicht existent war. Vgl. dazu Erich Fromm, Anatomie der menschlichen Destruktivität, S. 168, unter Bezug auf M.J. Meggitt, Desert People, 1960; E. R. Service, The Hunters, 1966 und E. Clover und M. Ginsberg, A Symposium on the Psychology of Peace and War, 1934.

381 Ausgrabungen z. B. in Çatal Hüyük haben biologisch einen höheren Prozentsatz von Frauen als von Männern ergeben. Vgl. bei James Mellaart, Çatal Hüyük, S. 237.

382 Vgl. bei Erich Fromm, Anatomie der menschlichen Destruktivität, S. 155.

ihrer offensichtlich überkommenen Anschauungen und Interpretationen der Menschwerdung zu revidieren. Nach wie vor liegen auch ihr biologisch höchst unlogische und anthropologisch veraltete Erkenntnisse zu Grunde. Im Kern mögen ihre Aussagen richtig sein, denn ein intensives Gruppenleben war ohne Zweifel schon sehr früh ausgeprägt, wahrscheinlich bereits im Übergangsfeld zwischen Ramapithecus und Australopithecus, spätestens jedoch mit den nachfolgenden Hominidenarten. Kooperationen hat es wohl auf verschiedenen Ebenen gegeben, auch dies ist richtig, allerdings ist ein weiteres Festhalten an der Jagd und ihren vermeintlichen Wirkungen auf Soziabilität und Sozialität als Charakteren der conditio humana[383] unmöglich und als zentrales Theorem auf den Schuttplatz der widerlegten Hypothesen zu werfen.

Exkurs:

Daneben wird - auch wenn es im Rahmen der vorliegenden Arbeit nur eine Anekdote sein kann - oftmals übersehen, dass das Töten der eigenen Art sehr wohl ein wesentlicher Bestandteil des Menschseins war und nach wie vor zu sein scheint. Das Töten von Artgenossen ist im Bereich der Primaten und der Menschen kein kooperatives Verhalten, sondern vielmehr ein soziobiologisches und insofern ein Nutzen maximierendes, egoistisches Einzelmotiv. Dieses Merkmal zeugt jedoch nicht von einer angeborenen Brutalität oder Destruktivität, auch ist sie nicht in der Jagd verborgen, sondern eine biologisch-logische Handlungsweise in nahezu allen Kulturen. Dass wir dies in gewissem Rahmen innerhalb der modernen Gesellschaften des 21. Jahrhunderts erkannt haben und gar Institutionen einrichteten, die zwar die Tötung verhindern, das Resultat dagegen unberührt lassen, macht dies deutlich. Als Beispiel soll hier der Infantizid gelten, dessen Gründe der Anthropologe Christian Vogel eindrücklich vor Augen hält. Im Tierreich ist das Töten fremden Nachwuchses gang und gäbe. Bestes Beispiel sind hier die Löwenmännchen, die bei der Übernahme eines neuen Weibchenrudels zuerst alle Jungen töten. Frauen - in den einen Kulturen gar sozial anerkannt, in manchen strafrechtlich verfolgt - töten auch im 21. Jahrhundert ihren Nachwuchs oftmals dann, wenn es etwa Hinweise auf Missbildungen des Neugeborenen gibt, der Vater für die Familie aus verschiedenen Gründen nicht zur Verfügung steht und insofern eine Versorgungslücke hinterlässt, die sich negativ auf die erfolgreiche Reproduktionsstrategie der Frau auswirkt als auch eine lediglich suboptimale Entwicklung des Nachwuchses erwarten lässt. Weiterhin werden Kinder dann getötet, wenn Zweifel an der Vaterschaft des Ehemannes bestehen oder wenn das Kind unehelich auf die Welt kam und damit wiederum den Reproduktionserfolg der Frau vermindert[384]. In der Bundesrepublik Deutschland wird offensichtlich im Wissen um die Kindstötung als biologisch-logische Handlung im Sinne der Reproduktionsstrategien den Frauen

---

[383] Vgl. dazu bei Hartmut Esser, Soziologie - Allgemeine Grundlagen, S. 210ff. Er zeigt auf (allerdings wohl nicht absichtlich), inwiefern die biologischen und anthropologischen Grundlagen innerhalb der Soziologie und ihrer Anwendung auf den modernen Menschen von der Jagdhypothese noch befangen sind.

[384] Vgl. dazu die ausführlichen Darstellungen bei Christian Vogel, Anthropologische Spuren, S. 111ff.

eine Möglichkeit eröffnet, ihr Kind anonym und unbürokratisch an Sammelstellen abzugeben, um im Resultat denselben Erfolg zu erzielen wie bei der Tötung, nur dass die seelische und moralische Belastung dadurch geringer ausfallen dürfte. Die Rede ist von den so genannten Babyklappen[385] in mancher deutschen Großstadt, die den Frauen die Chance eröffnet, von vorne anzufangen, ihre Reproduktionsstrategie neu aufzurollen und im Rahmen eines optimalen sozioökonomischen Umfeldes durchzusetzen. Diesen evolutions- und soziobiologischen Werdegang des Infantizids durch die Epochen zu betrachten wäre mit einiger Sicherheit eine lohnende Aufgabe für einen interessierten Soziologen. Dadurch wird deutlich, dass der Mensch zwar keine genetische Präadaption zu Brutalität und Grausamkeit hat, dass er jedoch ebenso soziobiologischen Einflüssen unterliegt wie manche Säugetiere auch. Allein der Mensch hat die Möglichkeit der Institutionalisierung und nutzt sie auch. Exkurs Ende.

Diese Einflüsse sind wesentlich stärker innerhalb der Soziologie zu beachten als dies bisher offensichtlich der Fall war. Und damit finden wir wieder den Bogen zur Jagd. Der Mensch war niemals allein kooperativ und friedfertig im Sinne moderner Definitionen. Moralische Begriffe haben in der Evolution einerseits nichts verloren und andererseits in der Moderne (hier ist der Begriff nicht mehr ausklammerbar) zur Institution der Babyklappen hier und zur Aufnahme des Tierschutzes in das Grundgesetz dort geführt. Der Mensch tötet auch heute noch oftmals aus biologisch-logischen Handlungen, wie sie die Kindstötung eine sein kann. Sie ist jedoch im Gegensatz zur Jagd tief in uns verwurzelt und biologisch-logisch nachvollziehbar[386]. Die Jagd auf Tiere in der Gegenwart des 21. Jahrhunderts wird dagegen allein aus ökonomischen und ökologischen Gründen legitimierbar sein. Insbesondere nach der nun im Mai 2002 erfolgten Integration des Tierschutzes in das Grundgesetz[387] wird die Legitimation der Bejagung wildlebender Tiere an wesent-

---

[385] Folgende Pressemitteilung dazu: „Heute Vormittag haben Mitarbeiter des Projekts Findelbaby die Babyklappe in dem Kinderhaus in Hamburg-Altona eröffnet. Jetzt können Mütter in Not in der Goethestraße 27 ihre Neugeborenen anonym und ohne Angst vor Strafverfolgung durch eine Stahlklappe in ein Wärmebettchen legen. Die Babys werden dann von ehrenamtlichen Mitarbeitern des Projekts Findelbaby betreut – bis zu acht Wochen. In dieser Zeitspanne kann die Mutter ihr Kind wieder holen. Nach Ablauf dieser Acht-Wochen Frist nehmen wir Kontakt mit dem Vormundschaftsgericht und der Adoptionsstelle auf, und bereiten den Weg in die Adoptionsfamilie vor". (...) „Der Appell an die Frauen, sich verantwortungsbewusst zu verhalten, frühzeitig Hilfe zu suchen, erreicht eben nicht alle. Manche können diese Verantwortung nicht tragen. Und für diese Extremfälle bedarf es einer extremen Lösung (...)." Erklärungen vom 8. April 2000 zur Eröffnung der Babyklappe, nachzulesen unter der URL: http://www.babyklappe.de/oeffentlichkeit/presse/presse08042000.htm.

[386] Auch Uwe Wessel weist darauf hin, dass das Töten von Kindern, insbesondere von Mädchen, um die Gruppe klein zu halten, in den frühen Jäger- und Sammlergesellschaften gang und gäbe war. Vgl. bei Uwe Wessel, Der Mythos vom Matriarchat, S. 80f. In Rom und in den Provinzen des dritten nachchristlichen Jahrhunderts nahmen die Kindsaussetzungen ebenfalls mit ansteigender Verarmung im Zuge des Untergangs des Römischen Reiches rasch zu. Auch hier liegt deutlich die Motivik der optimalen Reproduktionsstrategie zugrunde. Vgl. dazu bei Will Durant, Caesar und Christus, S. 697.

[387] In den Jahren 1994 und 1997/1998 waren entsprechende Vorstöße im Bundestag nicht durchgekommen. Nach dem Regierungswechsel 1998 vereinbarten SPD und Grüne im Koalitionsvertrag eine neue Initiative. Im April 2000 scheiterte sie – wieder an der Union. Eine Grundgesetzänderung würde dem Tierschutz keine konkrete Verbesserung bringen, argumentierten

lich strikteren Regelungen und Grundsätzen festgemacht werden müssen als dies bisher der Fall war. Die ökosystemaren Folgen der Jagd, so bleibt zu erwarten, werden gemäß dieser grundgesetzlichen Wirkungen auf das Verhältnis zwischen Gesellschaft und Tier stärker beobachtet und ausgewertet werden. Kooperatives Jagen oder Jagd generell hat - viele Millionen Jahre nach dem kooperativen Sammeln von Aas, Wurzeln, Beeren und Körnern - vermutlich frühestens mit den Neandertalern stattgefunden und hier wiederum aller Wahrscheinlichkeit nach verstärkt auf kleine Säugetiere und nicht auf die Megaherbivoren. Auch die These von der „extremen Knappheit" der Ressourcen lässt sich kaum aufrechterhalten. Vielmehr muss anhand der oben angeführten Thesen davon ausgegangen werden, dass Nahrung - selbst in der Eiszeit - in einem gewissen Überfluss vorhanden war, der die gesamte Entwicklung der Säuger inklusive der Hominiden begünstigte. Sozialität und Soziabilität mögen zwar - wie innerhalb der morphologischen und sozialen Ergänzungen bei den Australopithecinen aufgezeigt wurde - wenigstens zu einem guten Teil mit der Beschaffung der Nahrung zusammenhängen, man darf aber auch hier nicht Ursache und Wirkung verwechseln. Die Vermutung der geschlechtlichen Arbeitsteilung hängt ja letztendlich mit den bereits erläuterten obstetrischen Eigenheiten zusammen, die die Hominiden bereits von den anderen großen Säugetieren - insbesondere den Fleischessenden - unterschied. Schon die Australopithecinen dürften regelmäßig nur einen Nachkommen pro Gebärvorgang zur Welt gebracht haben, da die Energie und die Zeit, die in den Nachwuchs investiert werden mussten, um ein Vielfaches höher war als bei den Raubsäugern. Die sehr lange währende Unselbstständigkeit des Nachwuchses, die räumlich anspruchsvolle Nahrungssuche nach Aas definierte wohl die Rolle der Männchen. Neben der morphologischen Unmöglichkeit der Jagd tritt hier noch eine weitere Komponente zu Tage: die Jagd wäre mit weitaus größeren Gefahren verbunden gewesen als das Sammeln und das Aufspüren von Aas. Todesfälle unter den ja-

---

Vertreter von CDU und CSU. Damals stimmten in seltener Eintracht SPD, Grüne, FDP und PDS für die Verankerung im Grundgesetz. Abgeordnete von CDU und CSU hatten zu erkennen gegeben, dass sie die Verfassungsänderung eigentlich befürworteten. Sie folgten dann aber dem Aufruf von Unionsfraktionschef Friedrich Merz zur geschlossenen Abstimmung. Davor hatten sich SPD und Grüne auf die Union zu bewegt. Ursprünglich war in ihrem Entwurf vorgesehen, die Verfassung durch einen Artikel 20b zu ergänzen: „Tiere werden als Mitgeschöpfe geachtet. Sie werden vor nicht artgemäßer Haltung, vermeidbaren Leiden und in ihren Lebensraum geschützt". FDP und PDS hatten ähnliche Entwürfe vorgelegt. Zur Abstimmung kamen dann - wie auch nun wieder - nur noch drei Worte. Demnach wird der Artikel 20a des Grundgesetzes erweitert. Darin schützt der Staat die natürlichen Lebensgrundlagen „und die Tiere". In elf Landesverfassungen ist der Tierschutz bereits verankert. Vgl. dazu einen Artikel mit dem Titel: „Tierschutz im Grundgesetz als Staatsziel definiert", unter der URL: http://www.3sat.de/3sat.php?http://www.3sat.de/nano/astuecke/34220/. Welche Folgen das neue Staatsziel jedoch haben wird, ist allerdings noch unklar. Weiterhin auch eine Stellungnahme von Bündnis 90/DIE GRÜNEN, Tierschutz im Grundgesetz!, unter der URL: http://www.gruene-fraktion.de/rsvgn/rs_dok/0,,3371,00.htm, vom 28. Februar 2002. Hier heißt es unter anderem: „Erst jetzt können wir vollständig die Ziele des Tierschutzgesetzes umsetzen: Tiere vor unnötigen Leiden und Schmerzen zu schützen. Denn zahlreiche Gerichtsurteile belegen, dass das Tierschutzgesetz nicht greift, wenn der Tierschutz mit den im Grundgesetz vorbehaltlos garantierten Grundrechten wie z. B. der Freiheit der Forschung oder der Kunst kollidiert". Welche Wirkung dies auf die Jagd haben wird, ist noch nicht abzuschätzen.

genden Männchen hätten damit wesentlich häufiger als ohne die Kategorie Jagd zu verzeichnen sein müssen. Dies hätte sich äußerst kontraproduktiv auf die Gesamtfitnessmaximierung ausgewirkt, da für das zurückbleibende Weibchen ein anderes Männchen oder eine andere Kleingruppe die Mitversorgung hätte übernehmen müssen. Bei gehäuften gleichartigen Vorkommnissen innerhalb einer Population – und davon muss man in Anbetracht der Verletzungsgefahr bei der Jagd ausgehen – hätte es unter Umständen zu einem Zusammenbruch jener Population kommen können, zumindest hätte es aber zu ihrer relativen Unterentwicklung geführt. Die Jagd hat also aller Wahrscheinlichkeit nach keinerlei Rolle innerhalb der Evolution und damit innerhalb einer morphologischen oder gar sozialen Entwicklung der Hominiden gespielt. Die Entwicklung einer Sprache ist ebenfalls nicht auf sie zurückzuführen und die Entwicklung von Werkzeugen, Gerätschaften und Waffen auch mit der Notwendigkeit zur Verteidigung des Status quo (Sicherung der herbeigeschafften Nahrung gegenüber Raubtieren) zu begründen. Auch in der Tierwelt existieren Spezies, die Werkzeuge benutzen. Der Oktopus benutzt Steine um Muscheln aufzubrechen, Bären schlagen mit Stöcken nach Früchten in Bäumen, der Bartgeier lässt markreiche Knochen aus größer Höhe auf Felsen fallen um an das Mark heranzukommen (dasselbe haben die Australopithecinen mit Hilfe von Steinen in ihrer Hand getan). Vögel wie der Spechtfink benutzen Stöcke oder Kaktusstacheln, um mit ihrer Hilfe die in den Baumhöhlen verborgenen Larven aufzuspießen und herauszuziehen, Krähen nehmen Walnüsse und Eicheln auf und werfen diese anschließend aus der Luft auf den Asphalt oder auf harten Untergrund um sie zu knacken und Elefanten benutzen Baumzweige als Fächer oder Fliegenklatsche[388]. Ohnehin sind weit reichende Fortschritte innerhalb des Werkzeug- und Waffenbaus erst mit dem Auftauchen des Homo s. sapiens zu bemerken, der sich bald von der Jagd ab- und dem Ackerbau und der Viehzucht zuwandte. Der moderne Mensch betrieb wohl den ersten primitiven Ackerbau und die ersten Versuche zur Tierdomestikation während einer Zeit, zu der die letzten Neandertaler noch lebten[389]. Der Homo s. sapiens begann hier Räume nach seinem Willen zu gestalten, was seine Überlebensfähigkeit immens steigern musste. Die Gestaltung der Räume und deren Einflüsse auf die noch lebenden Neandertalerpopulationen haben möglicherweise die spätere Entwicklung bereits antizipiert, die in der Zivilisation des 20. Jahrhunderts selbst Bestandteil der Entwicklung war und ist. Der

[388] Vgl. dazu bei Walter Krämer und Götz Trenkler, Das Beste aus dem Lexikon der populären Irrtümer, S. 382. Die Herangehensweise der Krähen bei der Aufnahme von Eicheln basiert auf eigenen Beobachtungen. Philip Bethge beschreibt in einem Artikel des SPIEGEL, Ausgabe Nr. 03/2004, S. 114-116, welche Begabungen insbesondere Vögeln ureigen sind. Insbesondere Rabenvögel besäßen ein soziales Urteilsvermögen, welches an das der Menschenaffen heranreicht. Bethge bezieht sich hier auf Ausführungen des Biologen Nathan Emery, University of Cambridge. Doch nicht nur das soziale Urteilsvermögen der Vögel wird zunehmend ernsthaft erforscht, sondern auch deren Begabung Werkzeuge zu nutzen oder generell Lösungen für Probleme zu finden.

[389] Zwischenzeitlich reichen die Neandertalerfunde in eine Zeit von lediglich 27.000 Jahre zurück. Da das älteste Skelett eines Homo s. sapiens gerade einmal 38.000 Jahre alt ist, muss es eine sehr lange Zeit der Überlagerungen der Neandertaler und der modernen Menschen gegeben haben. Vgl. dazu Ralf W. Schmitz und Jürgen Thissen, Neandertal – Die Geschichte geht weiter, S. 212f.

moderne Mensch führt über die Veränderung der Räume den Untergang geografisch vom Verursacher weit entfernt liegender afrikanischer oder südamerikanischer Naturvölker herbei, die mit ihrem Habitat ähnlich dem Neandertaler ohne Erben zu hinterlassen aussterben werden oder bereits ausgestorben sind. Auch bei ihnen liegt eine zu schwerwiegende Spezialisierung auf ein einmal erobertes Habitat und dessen Ressourcen zugrunde. Wird der Lebensraum zerstört - einerlei ob durch Klimaveränderungen oder durch den industrialisierten Menschen, der letztendlich jene Veränderungen teilweise auch herbeigeführt hat - wird das Resultat der Untergang der letzten Jäger- und Sammlervölker sein. Die Anfänge der rationalen Wirtschaftsformen Ackerbau und Viehzucht sind bereits im 9. bis 8. vorchristlichen Jahrtausend zu finden. Und hier begann sich bereits das Blatt von der Kooperation zur Aggression sowohl gegen den Raum als auch gegen die eigene Art zu wenden. Es war der Beginn der Zivilisation.

2.5 Nachtrag

Trotz der im Rahmen dieses Kapitels ausführlich erfolgten Kritik am Jagdmythos, der nicht zuletzt auf dem ewigen Menschheitsproblem von Gewalt und Gegengewalt basiert, bleibt eines nicht von der Hand zu weisen: Der Mensch ist ganz und gar ein mörderisches und im Verlaufe der Zivilisation zunehmend wirtschaftendes Wesen, ständig bestrebt, sich an den Rand der eigenen Ausrottung zu bringen. Zwar hat die Zivilisation entsprechende Institutionen hervorgebracht, die diese destruktiven Bestrebungen abmildern oder deren unkontrollierte Affektentladungen zu kanalisieren trachten. Die Akkumulation von Reichtümern und die sich daran anschließende Zeit der gewaltsamen Umverteilung durch Revolutionen und Kriege beschreibt dennoch im Wesentlichen die Zyklen der Geschichte[390]. Nicht Fortunas Rad bestimmte die Geschicke der Menschheit, es waren Revolutionen, Unruhen und Kriege. Karl Marx hat als wohl einer der bekanntesten Schriftsteller Krieg, Ökonomie und Kultur in ein rechtes Licht gerückt. Der wirtschaftende Mensch führt Krieg aus ökonomischen Motiven, während die Kultur Wirkung des wirtschaftenden - „letztendlich kriegführenden und raumkonstituierenden" (Anm. d. V.) - Menschen bleibt[391]. Man kann wohl nicht ernsthaft allein Helenas liebreizendes Antlitz dafür verantwortlich machen, dass sich tausende griechischer Schiffe im ersten Drittel des 13. Jahrhunderts v. Chr. gegen Troja warfen. Vielmehr war es wohl die Gewinnsucht einerseits und die Kontrolle des Handels und weiter Seegebiete andererseits, die mit der Beherrschung der Dardanellen befriedigt wer-

390 Diese Quintessenz der Geschichte in den Epochen vor der fortgeschrittenen Moderne entspricht in vollem Umfang der politischen Theorie Machiavellis und insofern seinem Verfassungskreislauf in Anlehnung an Polybios. Von der Urmonarchie bis zur Anarchie oder der von Aristoteles so benannten Ochlokratie findet eine ständige Akkumulation von Titel, Reichtümern und Macht statt, die jedes Mal aufs neue wieder durch Gegenbewegungen umverteilt werden, bis auch jenes zuletzt siegreiche Gebilde wiederum der Umverteilung anheim fällt. Konkurrenz, Misstrauen und Ruhmsucht, wie Thomas Hobbes sie nennt, sind die ständig überlebenden Triebfedern jener Umverteilung und damit das Rad der Geschichte.

391 Vgl. dazu Karl Marx und Friedrich Engels, Manifest der Kommunistischen Partei. Ich möchte hierzu anfügen, dass nicht nur der Krieg Kultur hervorbringt und -brachte, sondern ebenso auch die friedlichen und weniger friedlichen Raumkonstitutionen im Verlaufe der Geschichte.

den konnten. Im Übrigen eine Motivation, die im Ersten Weltkrieg ihre blutige Wiederholung fand. Die Jagd sollte der Auslöser für diese Aggressivität sein. Dabei ist es keineswegs strittig, dass der Mensch aggressiv ist, er ist wissbegierig und neugierig und um diesem unbefriedigendem Zustand zu entkommen zunehmend forschend. Er ist ständig bestrebt sich neue Räume zu erschließen, unter seine Kontrolle zu bringen, sie zu besetzen und sie zu verteidigen. Diese Form der Aggressivität des Menschen ist jedoch nicht einfach eine Größe, die man als schon immer vorhanden, als genetisch prädisponiert, verstehen kann. Vielmehr muss man die Aggressivität des Menschen als eine Aufstufung im Rahmen zunehmender Ökonomie - und damit als Aufstufung, welche die Beendigung der Evolution voraussetzte, eo ipso zivilisationsimmanent ist - betrachten. Das bedeutet aber auch, dass die Wurzeln dieser Aggressivität letztlich in Kooperation, Friedfertigkeit und lediglich primitiver Ökonomie des bloßen Überlebens verborgen liegen. Diese Vorstellung nimmt bereits die wesentlich später im Rahmen der vorliegenden Arbeit zu Tage tretende Diskussion um die Gegenüberstellung der Kultur versus Natur vorweg, wie sie von Ulrich Beck beschrieben wurde. Jene Diskussion und das Bewusstsein um die Realität jener Gegenüberstellung ist es, die die Auseinandersetzungen um die Funktion der Jagd in der Gegenwart des 21. Jahrhunderts prägt. Damit ist diese Diskussion aber auch unvermeidlich eine Diskussion um Räume, um die Konstitution von Räumen, die erst mit der Sesshaftwerdung eine neue Qualität erhielten, ja konsequenterweise erhalten mussten. Was für die Gegenwart gilt, galt ebenso für die Vergangenheit. So führte denn die neue Form der Raumkonstitution im Zuge der Sesshaftwerdung, der Gründung von Städten und Ackerbaugemeinschaften zu einer ersten Stufe umfassender Kultur. Sie markierte damit den Beginn einer Loslösung aus der Natur und ihren Zusammenhängen. Die Menschen wurden eigenständig. Kultur, die durchaus auch als das Ergebnis der neuartigen Raumkonstitution, verstanden als relationale Anordnung von sozialen Gütern und Menschen an Orten[392], gedacht werden kann, beschreibt häufig genug einen gewaltvollen Akt, ein stetiges Vervollkommnen der Zerstörung zuungunsten der natürlichen Zusammenhänge und damit zuungunsten des Natürlichen. Wer in dieser Kultur der Ackerbauern, Viehzüchter, Städtegründer, Kriegsherren, Herrscher, Forscher, Politiker und zuletzt der industriellen Gesellschaft etwas anderes als die Zerstörung des Natürlichen zugunsten des Artifiziellen sieht, verschließt die Augen vor der Realität[393]. In Bezug auf die oben angeführte und in Frage gestellte Jagdhypothese bleibt es dem modernen Wissenschaftler vorbehalten den Beweis

---

392 Vgl. dazu bei Martina Löw, Raumsoziologie, S. 154ff. Die Konstitution von Räumen wird uns im Rahmen der vorliegenden Arbeit stetig begleiten, da die Jagd eine wesentliche Funktionalisierung jenseits der Subsistenz erst mit dem Beginn und der Fortführung der Vergesellschaftung erfahren hat. Die Art und Weise der Funktionalisierung hängt eng mit dem Verständnis des Räumlichen zusammen.

393 Allerdings kann man auch in der Kultur der letzten 30 Jahre einen „Fortschritt" erkennen, der im Resultat versucht die negativen Folgen der Vergangenheit für natürliche Vorgänge und Kausalitäten abzumildern, wo dies möglich erscheint. Die globale Erwärmung der Erde und die in ihrem Schlepptau stattfindenden Wetterkuriositäten, vermehrt in den letzten 10 Jahren auch für uns Gegenwartsmenschen spürbar, wird jedoch kaum mehr aufgehalten werden können. Eine Bewusstseinsänderung und insofern eine ökologische Sensibilisierung sollte das Minimalziel der Politik in dieser Lage sein.

anzutreten, dass die augenscheinliche menschliche Aggressivität und Destruktivität gerade nicht genetisch prädisponiert, sondern selbst ein Kind dessen sind, was man Zivilisation nennt. Aggression und Zerstörung sind ab einer bestimmten Ebene der Vergesellschaftung unvermeidbar. Dabei benutzt die Geschichte jeden Augenblick im Leben der Herrscher für sich als Werkzeug zur Erreichung ihrer Ziele[394]. Dass in diesem Zusammenhang gerade die Jagd eine sehr gewichtige Rolle in den Zeiten vor der bürgerlichen Gesellschaft zu spielen begann, wird in den folgenden Kapiteln noch ausführlich aufgezeigt werden. Bliebe die Wissenschaft den Inhalten der Jagdhypothese dagegen treu (ungeachtet dessen ob sie nun verifizierbar ist oder nicht), gäbe sie der Menschheit eine entschuldbare Erklärung in die Hand für ihr eigenes zerstörerisches Tun. Im Falle eines ontogenetischen a priori, wie es Günter R. Kühnle verschiedentlich nennt, wäre der Mensch ein Raubtier, dessen Zähmung auch durch gesatztes Recht und durch einen staatlichen Überbau nicht gelingen würde. Die vermeintlich genetisch prädisponierte Aggression und Destruktivität findet ihren Weg sich Gehör zu verschaffen und die Jagd sollte letztlich der Auslöser dazu sein. Dabei ist es heute sehr strittig in der Ernährungsweise, einerlei ob Pflanzen- oder Fleischkost, die Entstehung von Aggressionen suchen zu wollen[395]. Vollkommen ad absurdum dürfte die allgemeine Geltungskraft dieser These dadurch geführt werden können, dass Adolf Hitler Vegetarier war[396]. Hitler war nicht nur Vegetarier, Antialkoholiker und Nichtraucher, sondern absolut kein Freund der Jagd[397], was Hermann Göring in seiner Eigenschaft als Reichsjägermeister des Öfteren zu spüren bekam. Natürlich muss man Ausnahmen von einer Regel akzeptieren. Hitler scheint jedoch unter Abwägung aller historischen Kriterien zu gewichtig zu sein, um nur als Ausnahme von einer ansonsten gültigen Regel angesehen werden zu können. In Bezug auf die „Vegetarier-These" des Gutmenschen müsste er ja geradezu als Präzedenzfall für und nicht gegen die Richtigkeit der These herangezogen werden können. Da er jedoch das ganze Gegenteil verkörpert, ist auch die These an sich wertlos. Dass jedoch die Jagd nicht für das Wesen und den Charakter, nicht für die Morphologie, nicht für den Genius, nicht für die Sprache der Menschen verantwortlich gemacht werden kann, wurde in diesem Kapitel bereits ausführlich nachgewiesen. Und erst mit diesem Hintergrundwissen beginnt die Geschichte der Jagd in den Phasen der Zivilisation wirklich interessant zu werden. Die Fragen nach ihrer Verortung und der Rolle der Jagd im Verlaufe der Ge-

394 Vgl. bei Leo N. Tolstoi, Kriegsursachen, in: Reiner Steinweg (Red.), Kriegsursachen, S. 23.

395 Vgl. bei Erich Fromm, Anatomie der menschlichen Destruktivität, S. 148, unter Bezug auf Sir Julian Huxley.

396 Vgl. dazu bei Werner Jochmann und Bernd Nellesen, Adolf Hitler. Persönlichkeit, Ideologie, Taktik, S. 11. Das Gesetz der Ausnahme von der Regel kann in diesem besonderen Falle nicht berücksichtigt werden, da kein Zweiter die Welt in so großes Unglück gestürzt hat wie Hitler. Wenn eine Regel in einem solchen Präzedenzfall versagt, kann sie auf andere geringere Fälle keine ernsthafte Anwendung finden, so meine Meinung.

397 So hielt neben Adolf Hitler nur noch Joseph Goebbels das Reichsjagdgesetz in seiner Fassung von 1934 als zu reaktionär, da es nach dem Willen Görings eine den Reichen und Aristokraten entgegenkommende Note enthielt. Dennoch konnte dieses Reichsjagdgesetz gegen den sozialistischen Flügel der Partei (u. a. auch Hitler und Goebbels) mit Hilfe des politischen Gewichts Görings durchgebracht werden. Vgl. dazu bei Andreas Gautschi, Der Reichsjägermeister, S. 28.

schichte können somit nur durch die Prozesse der Zivilisation beantwortet werden. Die Suche nach Antworten in der Evolution des Menschen ist dagegen völlig unfruchtbar und basiert zudem auf falschen Schlüssen.

2.6 Weitere Vorgehensweise und Ausblick

Da sich die vorliegende historisch-soziologische Analyse der Jagd als eine aufstufende Arbeit, historisch wie auch argumentativ versteht, ist es notwendig, nach der erfolgten Darstellung der Evolution des Menschen nun mit den frühen Formen jagdlicher oder jagdähnlicher Äußerungen in Form von Bildern, Zeichen, generell Artefakten fortzufahren, bevor die reale Jagdhandlung und ihre Funktionalisierung in den Epochen der Zivilisation näher betrachtet werden können. Im nächsten Kapitel wird aus diesem Grunde zunächst der Versuch angestellt werden müssen, die Jagd über ihre symbolischen (Kapitel 3) und räumlichen (Kapitel 4 und 5) Komponenten innerhalb der menschlichen Entwicklung bis etwa zum Ende der (Spät-)Antike aufzuzeigen, um die Frage nach einem frühen Sinn, einer Funktion der Jagd und ihrer Symbolik beantworten zu können. Darauf aufbauend wird die Frage nach den Potenzialen der Jagd zu klären sein, die die Jagd offensichtlich dazu prädestiniert haben, zunächst als bloßes Erziehungs-, Repräsentations- und dann späteres Herrschaftsinstrument genutzt zu werden. Um ein Verständnis von Symbolik und Realität zu gewinnen, ist es unabdingbar, die räumlichen Veränderungen innerhalb der Kulturwerdung der Menschen in die Überlegungen einzubeziehen. Insofern, um auf die traditionelle Sicht der Dinge zu rekurrieren, wird die Ansicht vieler Historiker, Jagd sei ein praeludium belli, eine Vergnügung und eine Möglichkeit der Zerstreuung, immer wieder im Verlauf der Arbeit meinen Ergebnissen gegenübergestellt werden, um dem Leser die Möglichkeit einer eigenständigen Abwägung und alternativen Betrachtungsweise in die Hand zu geben. Auch die Jagd als regelmäßig vermuteter Ausdruck aristokratischer Vornehmheit[398] wird in diesem Zusammenhang einer Kritik unterzogen werden müssen. Die Ausführlichkeit der bisherigen Darstellungen muss sich als zielführend für die vorliegende Arbeit und ihre mannigfachen Fragestellungen erweisen. Einer der wesentlichen Gründe für das umfassende vorliegende Kapitel ist in der Kuriosität der Jagdgeschichte und der Jagd als soziale Handlung zu suchen. Die Erkenntnisse der bis hierher getätigten Analyse zur Rolle der Jagd im Rahmen der Evolution sollen für die kommenden funktionalen und damit auch raumtheoretischen Überlegungen im Rahmen der vorliegenden Arbeit sensibilisieren. Das Thema Jagd ist zu weit davon entfernt in den Verdacht von Alltäglichkeit in Literatur und Öffentlichkeit zu geraten. Bruchstückhaft ist die Jagd jedoch in den Köpfen der Menschen präsent, sei es umgangssprachlich (die Jagd nach Glück, Ruhm, Ansehen, etc.) oder emotional (Proteste von radikalen Tierrechtsorganisationen, Bilder gewilderter Elefanten in Afrika, Tierschutzdiskussionen, Abschuss von Haustieren etc.). Dazu kommt, dass selbst in der ausgewiesenen Jagdwissenschaft die Erkenntnisse um den eigenen

[398] Dabei wird aufzuzeigen sein, dass die Jagd als aristokratische Vornehmheit erst ein Merkmal der bürgerlichen Jagd zur Mitte des 19. Jahrhunderts werden konnte. Ihren endgültigen Durchbruch als soziale Distinktion erhielt die Jagd jedoch erst Ende des 19. und zu Beginn des 20. Jahrhunderts.

Gegenstand nur wenig mehr als oberflächlich sind. Zu sehr hat sich die Jagdgeschichte vom Jagdmythos verleiten lassen[399], zu sehr wurde die Geschichte der Jagd Jahrzehnt um Jahrzehnt nur ungenügend einer im Sinne der Wissenschaft wünschenswerten Reflexion unterzogen. Wissenschaft ist per definitionem der Rationalität verpflichtet, wohingegen sich die Jagdwissenschaft ganz offenkundig zeitweilig aus dieser Verpflichtung geschlichen hat. Um einem Fortschreiten dieser Entwicklung den Weg zu versperren war es im Rahmen des vorliegenden Kapitels zunächst notwendig, diejenigen Zusammenhänge aufzuzeigen, die die Evolution jenseits der Jagd als wenigstens gleichwertig realistisch aufzuzeigen in der Lage sind. Darauf aufbauend liegt nun der wesentliche Vorteil des gewählten Weges einer umfassenden Analyse der Geschichte der Jagd darin verborgen, dass die weiterführenden Thesen, die in den nächsten Kapiteln erarbeitet und untersucht werden, in einem historisch-soziologisch einleuchtenderen, gleichsam rationaleren Sinne dargestellt werden können. So bleibt aufzuzeigen, dass die Funktionalisierung von Jagd wesentlich stärker an bestimmte räumliche und gesellschaftliche Mindestanforderungen gebunden war und ist, als dies bisher Eingang in die Diskussionen um die Verortung der Jagd in Geschichte und Gegenwart gefunden hat. Diese Funktionalisierungen von Jagd - und dazu sollte das vorliegende Kapitel entsprechende Gewissheit erbracht haben - unterlagen in keinster Weise irgendwelchen Urtrieben, Instinkten oder rudimentären evolutions-biologisch vorgezeichneten Verhaltensweisen, sondern einzig und allein den Erfordernissen von Zeit und Raum[400] und damit von Zivilisation. Jagd war damit zu allen Zeiten zweckrational, mit einer Ausnahme: dem 20. Jahrhundert. Jagd, so die darstellende Absicht der vorliegenden Arbeit, tritt erst ab einer bestimmten Stufe der Vergesellschaftung in den Blickpunkt der Menschen. Das Besondere an dieser zunächst nur als Vermutung ausgesprochenen Kausalität ist dabei folgendes. Die Funktion der Jagd, das heißt die sich ständig in Bewegung befindliche Wechselwirkung zwischen der historisch jeweils festzustellenden Jagd und dem jeweiligen epochenspezifischen Raumkonstrukt selbst, ist unmittelbar abhängig von der Konstruierung des Raumes und den Positionierungen der Menschen darin[401]. Mit anderen Worten: eine wesentliche Funktionalisierung (jenseits der Subsistenz) erfuhr die Jagd erst mit dem Beginn und der Fortführung der Vergesellschaftung. Die Evolution, so die Ergebnisse des vorliegenden Kapitels, ist ohne Jagd denkbar, die frühe Neuzeit dagegen nicht. Belege für diese These werden in den folgenden Kapiteln gesam-

399 So auch bei Sigrid Schwenk nachzulesen. Ihren Ausführungen haften häufig antiquierte Betrachtungsweisen, traditionelles Verständnis und nur wenig Willen einer Neuorientierung hinsichtlich der Jagd in der modernen Gesellschaft an. Vgl. dazu auch die Fragerunde im Anschluss an ihren Vortrag „Jagd: Überlebensstrategie - höfische Lustbarkeit - verantwortungsbewusste Gestaltung der Umwelt", in: Rundgespräche der Kommission für Ökologie, Bayerische Akademie der Wissenschaften (Hrsg.), Band 25, Über die Jagd - Kulturelle Aspekte und aktuelle Funktionen, S. 15ff und S. 21f.

400 Monika E. Reiterer hat in einem neueren Werk mit dem Titel: Ärgernis Jagd?, S. 199f, postuliert, dass sich die Jägerschaft den neuen Erkenntnissen der Paläoanthropologie nicht mehr verschließen dürfte. Ihr Ruf scheint jedoch zumindest in den Tiefen traditionellen jagdlichen Denkens bisher weitgehend verhallt zu sein.

401 Damit ist auch gleichzeitig das wissenschaftliche Hauptinteresse der vorliegenden Arbeit angesprochen.

melt und letztendlich an historischen Beispielen, wie etwa z. B. in den Kapiteln 6 bis 8, dargestellt.

3 Tier- oder Jagdbildnisse[402] – Zur Kristallisation eines Herrschaftsinstrumentes

3.1 Sensibilisierung

Die Überlegungen und Ergebnisse aus dem letzten Kapitel zum Mythos der Jagd haben gezeigt, dass die Verortung der Jagd sowie die Rolle des jagenden Menschen oder seiner hominiden Vorgänger innerhalb der Evolution einer Neukonzeption unterworfen werden müssen. Es scheint nicht mehr zeitgemäß, ihre vermeintliche evolutionsbiologische Schwergewichtigkeit innerhalb der Evolution des Menschen weiterhin anzuerkennen, da über alternative biologisch-logische Konzeptionen außerhalb der Jagdhandlungen das ältere Modell der Evolution zumindest sehr in Frage gestellt werden kann. So bleibt weit mehr das Gegenteil das Offensichtliche. Der Mensch entfaltete kein Raubtiergebiss, es bildeten sich keine Klauen an seinen Extremitäten aus, er richtete sich auf anstatt sich vierfüßig fortzubewegen, er brauchte wärmende Kleidung und Schuhwerk, weil er ansonsten nicht fortbewegungsfähig gewesen wäre und er verlegte sich in seiner modernen Ausprägung so bald als möglich auf Ackerbau und Viehzucht. Er baute sich ein Dach über dem Kopf um sich vor den Wetterunbilden zu schützen und wurde so vom Nomaden zum Siedler. Zwar bleibt die Jagd als Handlung nicht gänzlich von der Hand zu weisen; im Gegenteil, es ist wohl unbestritten, dass spätestens seit dem Neandertaler aktive Jagd[403] in einem bestimmten Rahmen ausgeübt wurde. Aus diesem Grunde bleibt auch nicht so sehr die Jagd auf wilde Tiere als begleitendes Moment der Menschwerdung fraglich als vielmehr ihre vermeintliche Funktion und ihre Instrumentalisierung im Zuge der Evolution. Die Instrumentalisierung oder Funktion der Jagd ist es jedoch, die innerhalb der vorliegenden Arbeit zur ständigen und ausführlichen Disposition steht. Sie ist es auch, so meine Vermutung, die einen direkten Einfluss auf die Symbolik der Jagd hinterlassen hatte und nun ausführlich betrachtet werden muss. In diesem Zusammenhang wird auch deutlich, aus welchen Abstufungen die jagdliche Symbolik, von den Höhlenmalereien bis in das Mittelalter hinein, bestand[404]. Als Vorausüberlegung erscheint es mir nur konse-

---

[402] Vielleicht muss es hier anstatt Jagdsymbolik deutlicher Jagdbildnisse heißen, da jene erst später entweder der Realität zugeordnet oder als Symbol interpretiert wurden. Aber: die Jagdbildnisse selbst sind zunächst weder als Realität noch als Symbol von vorneherein zu verstehen. Die Intentionen der Künstler zu ergründen erschwert eine Analyse zusätzlich. Hier muss sehr genau differenziert werden um letztendlich zu einem (wenn auch nur relational) befriedigenden Ergebnis zu gelangen.

[403] Allerdings wird immer mehr auch von Anthropologen die rein karnivore Lebensweise der Neandertaler in Zweifel gezogen. Auch für das Denkmodell des Neandertalers werden heute die rezenten Jäger-Sammlervölker des modernen Menschen als Referenz herangezogen. Vgl. auch bei Ralf W. Schmitz und Jürgen Thissen, Neandertal – Die Geschichte geht weiter, S. 153ff. Als ein Extremfall wird von den beiden Autoren die Ansicht mancher Kollegen betrachtet, die dem Neandertaler grundsätzlich die Fähigkeit zur Jagd absprechen. Vgl. ebd. S. 154.

[404] Die Unterschiede zwischen den ersten Felszeichnungen und z. B. den antiken Jagddarstellungen sind nicht nur graduell in der Abstraktion verborgen, sondern natürlich auch in der Objektivierung des Tatsächlichen (was wird visuell dargestellt?) als auch des Gewollten (was soll

quent, wenn man in den Tier- oder jagdlichen Symbolen – in direkter Anlehnung an die Kunst allgemein[405] – Repräsentanten des geistigen und materiellen Standes der Gesellschaften sieht und die objektivierten Gegenstände oder Malereien als Botschafter dieses Standes betrachtet. Die jagdliche Symbolik ist nicht nur selbst Bestandteil von Kultur, sondern sie repräsentiert darüber hinaus den jeweiligen Stand derjenigen Kultur und ihrer Umstände, die sie schufen. Aus diesem Grunde wird die sepulkrale Symbolik der Ägypter und der Römer von den Höhlenmalereien sowohl in Ausdruck und Art, als auch in den durch sie objektivierten Zusammenhängen grundsätzlich zu unterscheiden sein. Da der Stand der Kultur auch die Funktionen von Jagd notwendigerweise bestimmt oder beeinflusst, steht jene in einem ebenso direkten Zusammenhang zur Symbolik und zu den mit ihr bezweckten Zielen. Insofern ist der Weg der geistigen und materiellen Kultur, eo ipso die Prozesse der Zivilisation, an den Tier- oder jagdlichen Symbolen und ihrer Zweckmäßigkeit abzulesen. Er führt den Betrachter von der bloßen Darstellung oder Episode zur versuchten Kommunikation, zu Magie, Verehrung und Zauber, zu kultisch-religiösen Inhalten, Diesseits- und Jenseitsvorstellungen, Auferstehungs- und Todesbeschwörungen, letztendlich zu herrschaftspolitischen Intentionen (beginnend etwa unter dem römischen Kaiser Hadrian) sowie Darstellungen sozial-hierarchischer Strukturen wie im Mittelalter und in der frühen Neuzeit[406]. Auch heute noch wird über die Jagdmöglichkeit oftmals etwas über den sozialen Status des Jägers zum Ausdruck gebracht, nicht anders als bei geldintensiven

---

vermittelt werden?) selbst. Felszeichnungen, denen zumeist ein Bezug zur Jagd attestiert wurde, lassen nicht immer und eindeutig jagdliche Szenen erkennen, während die Bildnisse der Pharaonen im Alten Reich eindeutig Jagd darstellen. Auch die Tapisserien des ausgehenden Mittelalters und der beginnenden frühen Neuzeit bilden überdeutlich Jagdvorgänge ab, während das objektiv Gewollte mit der Jagd selbst (dem Fangen und Erlegen von Wild) nur wenig zu tun hat. Schon zu den Zeiten der Tapisserien löste die reale Jagdhandlung als Herrschaftshandlung allmählich das ursprüngliche Bild ab. So nimmt die Jagd als symbolisierte Handlung zwar einen wesentlichen Raum sowohl bei den ägyptischen Bildnissen als auch auf den Tapisserien des Mittelalters und der frühen Neuzeit ein, ihre Aussagen haben jedoch mit der Jagd als reale Handlung und deren originären Absichten der Eigenversorgung (Fleisch und Felle oder Schutz der Ackerfrüchte und des Viehs) nichts mehr gemein. Zu Fehlinterpretationen kommt es also auf beiden Ebenen, sowohl bei den Felszeichnungen als auch bei den altägyptischen Jagdbildnissen der Pharaonen und den Tapisserien oder Gemälden der frühen Neuzeit. Auf den Punkt gebracht bedeutet dies, dass sowohl die Felszeichnungen als auch die Jagdbildnisse der Pharaonen oder die sepulkralen Jagddarstellungen der Römer oder die Tapisserien und Gemälde des Mittelalters nichts mit der realen Jagd und deren Absichten verbindet außer dem Bild. Und das Bild ist auch erst seit den Hochkulturen Mesopotamiens, Ägyptens, Griechenlands oder Roms eindeutig ein Jagdbild wobei es differierende räumliche, soziale und politische Intentionen zu eigen hatte.

405 Wenn die Produktion von Kunst sozialen Charakter besitzt, sich auf kooperatives Verhalten und auf kooperative Verbindungen stützt und bestimmten und wechselnden Konventionen unterliegt, so ist dieser Zusammenhang ein Indiz für den Stand der jeweiligen geistigen und materiellen Kultur. Was für ein Symphonieorchester oder einen Komponisten gilt, gilt auch für den prähistorischen Menschen, der die Vorstellungen seiner Zeit objektiviert hat. Zur Kunst und ihrem sozialen Charakter siehe bei Howard S. Becker, Kunst als kollektives Handeln, in: Jürgen Gerhards (Hrsg.) Soziologie der Kunst, S. 23ff.

406 Zur Darstellung des Herr-Abhängigen-Verhältnisses über das Instrument der Jagd siehe auch bei Josef Morsel, Jagd und Raum, in: Werner Rösener (Hrsg.), Jagd und höfische Kultur im Mittelalter, S. 285f.

Sportarten wie Segeln oder Golf, die ihrerseits ein soziales Feld repräsentieren. Symbole der Jagd sind heute neben dem eigenen Revier selbst der Gamsbart, die Lederhose[407], das teure Jagdgewehr oder der allradbetriebene Offroader renommierter deutscher Automarken. Ähnlich der Praxis der Jagd existieren heute also wenigstens zwei große und gespaltene Lager auch innerhalb der sich mit der Jagd befassenden Wissenschaften, die der Rolle der Jagd innerhalb der Evolution ganz unterschiedliche Gewichtungen beimessen. Während die genannten Erkenntnisse zur Morphologie des Menschen, seiner Lebensumstände und seiner Werkzeuge bereits seit geraumer Zeit in eine Neukonzeption der Jagd im Rahmen der Evolution des Menschen in den anthropologischen Wissenschaften einflossen, kann ihr Eingang in das bundesdeutsche jagdliche Selbstverständnis oder in die Jagdwissenschaft[408] bis dato in nur rudimentärer und fragmentarischer Weise nachgewiesen werden. Im Übrigen ist es auffällig, dass außereuropäische Wissenschaftler sich wesentlich einfacher damit tun, die Rolle der Jagd innerhalb der Evolution des Menschen kritisch zu hinterfragen als dies ihren mitteleuropäischen Kollegen gelingt. Die Diskussion über die Existenz von Jagdgenen flackert in der Bundesrepublik in regelmäßigen Abständen in den verschiedensten Foren und Medien immer wieder einmal auf, insbesondere dann, wenn die Kritik an Jagd und Jäger eine Zunahme erfährt. Die Jagd als das Zünglein an der Waage innerhalb der Evolution des Menschen scheint eine rigorose Bastion zu sein, die insbesondere in der Bundesrepublik nicht kampflos aufgegeben und entgegen allen aktuellen anthropologischen wissenschaftlichen Überlegungen verteidigt wird[409]. Der innerhalb des vorangegangenen Kapitels dargestellte Wegfall der evolutionsbiologischen Stütze der Jagd in der modernen Anthropologie bleibt darüber hinaus nicht allein auf jenen Zusammenhang beschränkt. Vielmehr greift er nun auch in einem weiteren Schritt auf die Interpretationen der Höhlenmalereien zurück, die ebenfalls innerhalb der letzten zwei Jahrzehnte eine deutliche Neubewertung erfahren haben. Da der Schwerpunkt ihrer Interpretation nun nicht mehr bei der Jagd auf wilde Tiere zu liegen kommt - weder in der körperlichen oder geistigen Entwicklung zum Menschen noch bei den Motiven der Felsmaler - rücken die der Jagd zugeschriebenen Kunstwerke von ihr als Motivation allmählich weg. Galten bislang gerade die Höhlenmalereien als unbestrittenes Indiz für die Bedeutung der Jagd, so scheinen hier gänzlich andere Ursachen eine wesentlichere Rolle gespielt zu haben. Die vorliegende Arbeit stellt nun insofern den Versuch dar, den Weg der Tier- oder

---

407 Zu den Symbolen der Jäger und Wilderer gleichermaßen siehe bei Roland Girtler, Wilderer. Rebellen in den Bergen, S. 52ff.

408 Wie bereits an anderer Stelle erwähnt wurde, ist die Jagdwissenschaft zu einem großen Teil getragen von Ökonomen, Forstwissenschaftlern, Juristen etc., die ihrerseits selbst in den meisten Fällen der Jagd im privaten Bereich (außer den Forstberufen) nachgehen und sich mit modernen anthropologischen und evolutionsbiologischen Ansichten offenbar schwer tun. Vgl. dazu auch die Ergebnisse bei Klaus Maylein, Jagd und Jäger in der modernen Gesellschaft, an verschiedenen Stellen, insbesondere innerhalb des Vergleichs heterodoxer und orthodoxer Jagdklientel. Der Mythos der Jagd scheint eine gewisse Rolle für das Selbstverständnis und die in der Öffentlichkeit dargestellten Motive der Jäger zu spielen.

409 Günter R. Kühnle betrachtet in Anlehnung an José Ortega y Gasset den vorkulturellen Menschen als ein Raubtier, der ganz im Bannkreis der Jagd lebt. Vgl. dazu bei Günter R. Kühnle, Der Mensch als Jäger im Spiegel seiner Vernunft, S. 344.

jagdlichen Symbolik etwas näher darzustellen, um auch den jeweiligen Hintergrund der Jagd als Naturphänomen einerseits sowie als Kulturphänomen andererseits mit einzubeziehen. Je nach Stand der Zivilisation änderten sich Absicht und Motivation der Jagd, wechselte die Darstellung Tier- oder jagdlicher Szenen, veränderten sich deren Intentionen und schließlich die Objektivierung dahinter liegender Ziele und Absichten. Diese Zusammenhänge müssen hier aufgezeigt und in die Analyse der Jagd bezüglich ihrer Konstanten (Jagd als Raumhandlung) und ihrer Variablen (Funktion der Jagd) einbezogen werden. Auch dieser Schritt ist zuvorderst notwendig, um den Blick auf die Jagd aus einer anderen Perspektive nachvollziehen zu können.

3.1.1 Symbol contra Realität - Natur contra Kultur

Das Leben allgemein, ungeachtet ob es sich um den Gebärvorgang der eigenen Art, das Heranwachsen und den Tod oder um die Fülle an andersartigen Lebewesen wie die dem Menschen gegenüberstehenden Tiere handelte, musste aufgrund seiner bloßen Faktizität einen ungeheuren Eindruck auf die frühen Menschen gemacht haben. Die Konfrontation der Menschen mit beiden Phänomenen, dem Lebenszyklus der eigenen Spezies und dem Vorkommen wilder Tiere, die außerhalb des Menschseins standen, hat bereits zu Urzeiten zur Herausbildung von Symbolen, Metaphern, letztendlich Magie und Kunst geführt. Der Bogen lässt sich hier spannen von den frühesten Höhlenmalereien in Altamira, Lascaux, Aurignac, La Gravette über die Figurinen wie die zu Berühmtheit gelangte Venus von Villendorf, Darstellungen und Artefakte aus Çatal Hüyük, Dolní Vestonice, Hohlenstein-Stadel hin zu den Wandzeichnungen und Grabbeigaben der altägyptischen Pharaonen, den Löwenjagdsarkophagen der Römer und der jagdlichen Numismatik unter den römischen Kaisern Traian und Hadrian. Die Tiersymbolik - die auch in den Höhlenmalereien oder den Wandzeichnungen der Ägypter nicht zwingend Jagdsymbolik war - wurde ein fester Bestandteil nahezu aller Kulturen über die Jahrtausende hinweg. Aus jener Symbolik jedoch die Faktizität und Bedeutung der aktiven Jagd ableiten zu wollen, lehne ich ausdrücklich ab. Inwiefern bisweilen auch die Speerung von wilden Tieren im bildlichen Kontext zu bewerten ist, wurde im vorangegangenen Kapitel bereits dargestellt. Auch der dort angeführte und von Kurt Lindner beschriebene Bärenkult[410] ist nicht zwangsläufig auf die aktive Tötung und Erbeutung eines Bären zurückzuführen. Mindestens gleichwertig muss die bloße Nutzung eines verendet gefundenen Bären, das Erschlagen eines Jungtieres oder die bloße Existenz der Bären als sozusagen non-humane Manifestationen der Natur selbst angesehen werden. Vor dem Hintergrund jener mythischen Artefakte einerseits und des Gebärvorgangs der Frauen[411] oder bloßer weiblicher Attribute andererseits, entstanden in ältester Zeit wohl auch die von Erich Fromm so genannten matrizentrischen[412] Strukturen, bevor sie unter den Vorzeichen der sich verändern-

[410] Vgl. dazu bei Kurt Lindner, Die Jagd der Vorzeit, S. 224ff.

[411] Gerade aus den Funden von Çatal Hüyük ging eine große Anzahl von Figurinen gebärender Frauen hervor, zumeist noch in Verbindung mit Tieren, insbesondere mit Katzen. Vgl. dazu bei James Mellaart, Çatal Hüyük, S. 171ff.

[412] Kritisch zum „Der Mythos vom Matriarchat" stellt sich Uwe Wesel mit seinem gleichnamigen Buch. Von einer reinen Frauenherrschaft, so Uwe Wesel, wird man wohl in nur sehr wenigen

den Produktionsbedingungen im Neolithikum und den Epochen danach in eine politische Ökonomie der Sexualität, und damit das Patriarchat, umschlugen. Vor einem ähnlichen Hintergrund entstand auch – allerdings über die Antike hinaus gehend – eine Tiersymbolik, denkbar gerade auch unabhängig von der Jagd, bevor ihre symbolischen Aussagen dann im frühen Mittelalter und über jene Epoche hinaus in eine herrschaftspolitische Ökonomie der Jagd entarteten. Jene Entartung, so meine Vermutung, könnte durchaus an die fehlinterpretierten Inhalte der früheren Tier- oder jagdlichen Symbolik gebunden gewesen sein, so dass ohne die bildhaften Überlieferungen von Jagd und Jägern in Altertum und Antike die Instrumentalisierung der Jagd in der frühen Neuzeit möglicherweise kaum in dem historisch dann vorgefundenen Umfang Realität geworden wäre. Eine kausale Verbindung jener Art zwischen jenen zwei Phänomenen ist jedoch nicht nachzuweisen, wenngleich auch als Anmerkung und Hinweis nicht gänzlich uninteressant. Streitbar ist wohl auch der Begriff der Entartung, da es sich ja unter dem Vorzeichen rationalen Kalküls nicht um Entartung als vielmehr zielgerichtete Instrumentalisierung und Indienststellung der Jagd und ihrer Potentiale handelt. Treffender wäre es aus diesem Grunde, dem Begriff der Dekadenz – im Sinne einer kulturellen Überfeinerung –, wie er noch an anderer Stelle ausführlicher behandelt werden wird, den Vortritt zu geben[413]. Damit rückt der Dekadenzbegriff in die Nähe der Affektbändigung. Merkmal jener „entarteten“ Jagd war es ja insbesondere ab der zweiten Hälfte des 19. Jahrhunderts, dass man sich einem Reglement unterstellte, welches den Jagderfolg eher erschwerte, als ihn erleichterte (so z. B. über Schonzeiten, Hegeziele, Waidgerechtigkeit, insbesondere das so genannte Ansprechen des zu bejagenden Stückes, Verbot des Schrotschusses auf manche Tierarten, etc.). All jene dekadenten, weil letztlich kulturellen Einflüsse, existierten in den Zeiten davor nicht. Zusammenfassend bleibt als Ergebnis also festzuhalten, dass die Jagd in den frühen Zeiten offensichtlich mehrere differierende Prägungen erhalten hatte: Eine spirituell-magische Ebene, die ihren Ausdruck in den Höhlenmalereien, den Figurinen und Darstellungen der Cro-Magnon-Menschen und der Neolithiker sowie den altägyptischen Wandzeichnungen und den römischen Löwenjagdsarkophagen gefunden hat, und eine reale Ebene, die wohl der Befriedigung materieller Bedürfnisse diente. Die reale Jagd verschaffte Nahrung, Felle und mit einiger Sicherheit auch Erkenntnisse im Zuge jagdlich-räumlicher Handlungen, was im nächsten Kapitel noch ausführlicher behandelt werden wird. Mit der fortschreitenden Agrikultur und Viehzucht des Neolithikums trat darüber hinaus die

Fällen sprechen können, wohl eher von der Matrifokalität, die es häufig in der Geschichte gab. Herrschaft dagegen ist eine rein männlich dominierte Kategorie des menschlichen Zusammenlebens. Was dagegen Erich Fromm unter matrizentrisch versteht, habe ich bereits in Kapitel 2 der vorliegenden Arbeit dargestellt. Vgl. dazu auch bei Erich Fromm, Anatomie der menschlichen Destruktivität, S. 173ff.

413 Hier wird noch zu überlegen sein, ob der Begriff der Dekadenz nicht deckungsgleich mit demjenigen der Affektbändigungen ist, da gerade das Resultat der Affektbändigungen in ihrer Kontinuität und Summe die verfeinerten Sitten darstellen. Wo etwas verfeinert wird, wird schnell etwas kulturell überspitzt. Damit rückt jedoch die Dekadenz ganz nah an die Affektbändigung. Die gebändigten Affekte, die institutionalisierte Dekadenz, rückgängig zu machen ist häufig schwieriger als die ursprüngliche Bändigung der Affekte am Beginn des Prozesses selbst.

Schutzjagd immer mehr in den Fokus des Wirtschaftens[414]. Trotz der Zweiteilung jagdlicher Ebenen lag die wesentliche Bedeutung der Jagd bereits zu einem großen Teil in ihrer spirituellen Unabdingbarkeit, insbesondere vor dem Hintergrund der naiv-magischen Stellungnahme zur Welt jener frühen Jäger-Sammlersozietäten, wie z. B. dem Cro-Magnon-Menschen, aber auch den frühen Neolithikern. In den antiken Hochkulturen wie Ägypten und Rom nahm die Bedeutung der realen Jagdhandlung nochmals deutlich ab, die magische oder symbolische Bedeutung dagegen blieb bestehen und wuchs stetig an (Wandzeichnungen, Jagdsarkophage, Mythen und Sagen). Erst im Verlaufe des frühen und eindeutig des hohen Mittelalters begann die symbolische Bedeutung deutlich zurückzutreten und stattdessen wurde die reale Jagdhandlung zu einem wesentlichen herrschaftspolitischen Standbein des Adels, der herrschenden Eliten. Ist die Konzeption der Evolution wie im ersten Kapitel dargestellt auch grundsätzlich ohne Jagd denkbar, so gilt dies nicht für die sich herausbildenden feudalistischen Strukturen. Hier wurde nicht mehr gejagt (auch nicht bildlich), um den Göttern zu huldigen, einem fürstlichen Ideal gerecht zu werden oder die Existenz zu sichern, sondern hier stand die Jagd bereits „frei" und bediente allein die herrschaftliche Komponente der Konstitution von Raum, der Raumbeherrschung und Raumbesetzung. Seit jenem Zeitpunkt definiert sich die reale Jagdhandlung nur noch über die mit ihrer Hilfe zu erreichenden Ziele, sei es der Versuch einer Virtuskonzeption und -demonstration wie bei Kaiser Hadrian, der Herrschaftslegitimation wie bei Kaiser Karl dem Großen, der Durchsetzung und Stabilisierung von Herrschaft wie im Mittelalter und der Neuzeit oder des Transfers sozialer Dignität und Distinktion[415], die hier speziell über die Adaption der adligen Jagd in bürgerlichen Kreisen erreicht werden konnte. Seit den 1970er Jahren dann ist die Jagd auf wilde Tiere und die neu in die Öffentlichkeit tretende Diskussion um sie in Mitteleuropa zusehends als Reaktion auf die Auswirkungen der Industrialisierungen zu betrachten. Diese Entwicklung wird sich wohl aufgrund der zusehenden Lebensraumverbauung, der Umweltproblematiken bei weiterhin bestehenden ökonomischen Interessen und vor dem Hintergrund der „Ökologisierung des Bewusstseins" auch in weiterer Zukunft fortsetzen.

---

[414] Allerdings ist diese Form des Wirtschaftens keine Primärwirtschaft, sondern eine Sekundärwirtschaft, da sie lediglich mittelbar zu Fleischbeigaben führen konnte, während sie unmittelbar die Feldfrüchte und die Viehbestände als Bestandteile der primären Wirtschaftsziele in einer Ackerbau betreibenden Gesellschaftsform schützte. Auch heute ist die Jagd – insbesondere die Jagd auf Schalenwild – keine unmittelbare ökonomische Handlung, sondern nur mittelbare Ökonomie. Die Aspekte der Schadenabwehr und der Schadenverminderung stehen heute im Mittelpunkt des jagdlichen Auftrags und nur beiläufig die Gewinnung hochwertiger Nahrungsmittel. Aus diesem Grunde finden Diskussionen zum Thema „Schädlingsbekämpfung" in den jagdlichen Foren im World-Wide-Web eine rege Teilnahme. Traditionale Jäger haben mit der reinen Reduktion von Wildbeständen hier eher ein ethisch-moralisches Problem als diejenigen Jäger, die aus beruflichen Gründen der Jagd nachgehen (Forstbeamte). Vgl. dazu auch bei Ulrich Schraml, die Normen der Jäger, an verschiedenen Stellen.

[415] Die Jagd als soziale Distinktion in bürgerlichen Kreisen ist ein Merkmal der Zeit etwa nach 1850, als die Reaktion auf 1848/49 die allgemeine Jagdfreiheit wiederum zuungunsten der Bauern beschnitt. Dazu wird noch an geeigneter Stelle ausführlich zu kommen sein. Jagd der Herren im Feudalismus/Absolutismus hatte mit der sozialen Distinktion bürgerlicher Prägung nichts gemeinsam.

Je nach der sozialen, geographischen und strukturellen Definition der Lebensräume der Kulturen steht damit im Rahmen der Jagd entweder der Tötungsakt im Vordergrund, d. h. das wilde Tier ist das Handlungsobjekt der Jagd, oder aber das Tier tritt zurück. Im letzten Falle wird der Erfolg der Jagd nicht allein über die Tötung definiert, auch wenn sie wie bei den Überland-/Parforcejagden oder den Eingestellten Jagden zum Teil in schier unvorstellbarem Umfang geschah. Das Objekt der Jagd wurde in der frühen Neuzeit jedoch der Raum und die auf ihm befindlichen Untertanen. Die Ökonomie der Jagd definierte sich hier nicht mehr über die Menge des getöteten Wildes, sondern in ihrer sozialen und politischen Wirkung auf die Untertanen. In der fortgeschrittenen Moderne ist das Ziel der Jagd zwar auch ein Politikum, deutlich zunehmend eine ökologisch und ökonomisch definierte Handlung, die Tötung wird jedoch aufgrund des unmittelbar damit zusammenhängenden Erfolges wieder wesentlich. Gerade diese Re-Barbarisierung hinsichtlich der Tötung scheint eines der tief greifenden Probleme der nichtjagenden Gesellschaftsmehrheit mit der Jagd zu sein. Sich zur Tötung frei lebender Tiere oder Lebewesen allgemein zu bekennen, wirft in der ausdifferenzierten modernen Gesellschaft aus verschiedenen Gründen viele Probleme auf, die nicht zuletzt in doppelmoralischen Beweggründen enden. Einer der Gründe für diese Doppelmoral (Hege - Tötung) liegt nicht so sehr im Tötungsakt, als vielmehr in den Folgen jahrzehntelanger jagdlicher Öffentlichkeitsarbeit des Deutschen Jagdschutz-Verbandes verborgen. Dieser hatte sich als Bewahrer und Hüter des deutschen Wildes hochstilisiert und dabei ganz das Töten des Schalenwildes „vergessen", was zu einer massiven Schlagseite der betroffenen Ökosysteme führte. Eine weniger polarisierende Außendarstellung über das Tun von Jagd und Jäger konnte so über lange Zeit verhindert werden, was jedoch dem Ansehen der Jagd weitaus mehr Schaden zufügte als das eine oder andere Fehlverhalten dies zu tun in der Lage gewesen wäre[416].

3.1.2 Weiterführung und Ausblick

Bereits in der Motivik der Tier- oder Jagdbildnisse der altorientalischen, respektive altägyptischen Reiche lassen sich Anzeichen oder besser Vorboten finden, die die Jagd dann - beginnend etwa im zweiten Jahrhundert nach Christus mit dem letzten der drei römischen Philosophenkaiser, Hadrian[417] - spätestens seit dem Mittelalter für einen Herrscher als unverzichtbar bezüglich seiner herrschaftspolitischen Identität und Praxis werden ließen. Die Jagd als Artefakt, als Bild, durchläuft im Verlau-

[416] Aktuelle jagdliche „Fehlverhalten" sind aus dem Jahre 2002/2003 die Erlegung eines Wolfes im Bramwald durch einen privaten Jäger oder die irrtümliche Erlegung eines unter Naturschutz stehenden Steinbockes durch einen Förster auf einer Rotwilddrückjagd im bayerischen Schliersee. Vgl. dazu auch einen Artikel von Andreas Rockstroh, Gleich oder gleicher? in: Deutsche Jagdzeitung, Ausgabe März 2003, S. 3.

[417] Die so genannten Philosophenkaiser regierten in der Zeit von 96 bis 180 nach Christus. Den Anfang machte Marcus Cocceius Nerva (Nerva), ihm folgte Marcus Ulpius Traianus (Traian) und diesem schließlich Publius Aelius Hadrianus (Hadrian) auf den Thron nach. Vgl. dazu auch bei Will Durant, Caesar und Christus, S. 438ff. Zwar waren die Intentionen, die mit der öffentlichen Darstellung des Jägers verbunden waren, sowohl bei Hadrian als auch bei Karl dem Großen vergleichbar, dennoch hatten die unterschiedlichen kulturellen Einflüsse einen wesentlichen Eindruck hinsichtlich des Gelingens hinterlassen.

fe dieses Prozesses einen elementaren Wandel bis hin zum realen Herrschaftsinstrument. Im Rahmen dieses Prozesses beginnt die Zeichnung oder das vermeintliche Abbild realer Jagd als interpretiertes oder interpretierbares Symbol auf die Realität durchzuschlagen, um sich dann unter der Rückendeckung der erinnerten antiken Kulturen als praktisches Instrument der Beherrschung von Raum und Untertanen im Zuge des Machtverfalls der karolingischen Dynastie zu bewähren. Gerade die noch aufzuzeigende Verbindung altiranischer Jagdinhalte mit den historisch verbürgten Versuchen Kaiser Hadrians und Karls des Großen sind in diesem Zusammenhang von großer Bedeutung. Beide Herrscher haben das der Jagd inhärente Potenzial ganz offensichtlich erkannt, umgesetzt und einer rational-funktionalen Ausschöpfung für den Erhalt ihrer Herrschaft zuzuführen versucht. Karl der Große tat dies mit einigem Erfolg, während der römische Kaiser Hadrian aus verschiedenen Gründen mit seinem Vorhaben scheiterte. An dieser Stelle wird deutlich, inwiefern systemische Nuancierungen und Veränderungen in der Gesellschaftsstruktur (republikanisches Rom versus kaiserliches Rom versus karolingisches Reich), im politischen und kulturellen System eines Staates oder Staatsgebildes, Wirkungen auf die Ausschöpfung jagdlicher Potenziale[418] haben konnten. Dadurch relativiert sich auch die Aussagekraft des gerne ins Feld geführten Rückschlusses vom zunächst lediglich artifiziellen Tier- oder Jagdbildnis zur realen Jagd. Auch der Rückschluss vom modernen Menschen auf den primitiven hat aus verschiedenen Gründen nicht zuverlässig funktioniert. Es ist schlichtweg unmöglich, von einem durch Institutionen gezähmten Aggressionspotenzial des zivilisierten Menschen auf ein vermeintlich weitaus ungeheuerlicheres aggressives Potenzial bei den primitiven Menschen zu schließen. Wir können uns heute trotz aller Fortschritte in Hermeneutik und Interpretation kaum ein Urteil darüber erlauben, ob die frühen Tier- oder Jagdbildnisse nun Reproduktionen des Erlebten oder Ausdruck mythisch-magischer, letztlich geistiger Systematik sind. Inwiefern hier die Tier- oder Jagdbildnisse früherer, paläolithischer, neolithischer wie auch vor- und frühantiker Kulturen möglicherweise fälschlich für die Reproduktion von Alltagshandeln gehalten sowie über ihre vermeintliche Faktizität zum althergebrachten herrschaftlichen Repertoire gerechnet und damit wider ihren originären Intentionen (historisch zu „früh"?) zum Symbol der Macht wurden, wird aus diesem Grunde zu diskutieren sein. Historisch argumentativ begründbar scheint dagegen nur, dass die Jagd auf wilde Tiere für herrschaftspolitische Zwecke jeweils epochenspezifisch hervorragend instrumentalisiert werden konnte. Bedingung dafür war, dass aus gesellschaftlichen Entwicklungen heraus die Zuflucht zur Jagd zweckgerichtet (zweckrational im Weberschen Sinne) war und notwendig erschien. Sicher ist auch, dass sich die mit der Jagd zu verfolgenden herrschaftspolitischen Ziele parallel zu den Ausschöpfungsmöglichkeiten jagdlicher Potenziale zwischen dem frühen Mittelalter und der frühen Neuzeit deutlich auszudifferenzieren begannen. Als vorausgreifendes Beispiel kann hier der intentionale Wandel von der Begründung und Stützung der Herrschaftslegitimation, wie sie beispielhaft für Hadrian und Karl den Großen dargestellt werden wird (und wie sie z. B. auch der

[418] Welcher Art die jagdlichen Potenziale sind, was unter ihnen generell zu verstehen ist und welche Ausschöpfungsmöglichkeiten es unter historischen Bezügen gibt, wird in Kapitel 4 ausführlich dargestellt werden.

xenophontischen Vorlage entspräche), bis hin zur reinen Herrschaftsausübung, wie sie unter den frühneuzeitlichen Landesherren etabliert wurde, genannt werden. Die vorliegende Arbeit handelt unablässig von diesen in historischer Kontinuität zunehmenden und sich ausdifferenzierenden Ausschöpfungsmöglichkeiten der jagdinhärenten Potenziale, die eine Instrumentalisierung jagdlicher Handlungen weit über die originären Bezüge der Jagd als Subsistenzhandlung in der kulturellen Entwicklung des Menschen bedingte. Die Geschichte der Jagdfunktionalisierungen ist also auch eine Geschichte der Jagdentfremdung, ihrer fortschreitenden „Dekadenz", vorausgesetzt man akzeptiert die originäre Leistung der Jagd, die Subsistenz, als Ursprung- und Ausgangspunkt jener Wertung. Die Jagdgeschichte oder die erklärende Jagdwissenschaft, wie sie z. B. Günter R. Kühnle in seiner Dissertation auf der Ebene der Sozialpsychologie vertritt[419], hat die Wirkung der Zivilisationsprozesse auf die Rolle der Jagd durch die Historie weitgehend vernachlässigt oder mit einem Federstrich in die Zwangsjacke der ontogenetisch gesteuerten Lust und des schieren Vergnügens gesteckt. Die Jagdmotive von den antiken Herrschern bis zu Revolution von 1848/49 waren jedoch nur rudimentär auf die Erfüllung des Ortega y Gassetschen Glücksrepertoriums ausgerichtet. Vielmehr wurde die Rolle der Jagd durch die herrschaftspolitischen, in der jeweiligen Gesellschaftsstruktur verborgenen Notwendigkeiten gestützt, wie dies in den Kapiteln 6ff der vorliegenden Arbeit ausführlich thematisiert werden wird. Die Funktion der Jagd unterliegt damit einem gewissen zeitnahen und eben zeitgenössischen Betrachtungssystem, welches seinerseits in epochenspezifischer Abhängigkeit von der jeweiligen Gesellschaftsstruktur steht. Diese allmähliche Entwicklung ist in ihrer Prozessualität zu verfolgen, die sehr eng an die strukturellen, kulturellen, psychischen und physischen Entwicklungen seit dem Ende des republikanischen Roms und insbesondere der nachchristlichen Jahrhunderte angelehnt ist. Dies ist bemerkenswerterweise daran abzulesen, dass sich sowohl das Tier- oder Jagdbildnis, und damit untrennbar verbunden das Symbol, als auch die Realität der Jagd in Darstellung und Intention deutlich verändert haben. Während das Jagdbildnis als magisch-mythisches

---

419 Vgl. dazu die im Januar 2003 von Günter R. Kühnle an der Universität Trier im Fachbereich VI (Geographie und Geowissenschaften) vorgelegte Dissertation mit dem Titel: Die Jagd als Mechanismus der biotischen und kulturellen Evolution des Menschen. Zur soziopsychologischen Rolle des Jagdschemas als Denk- und Handlungsschema. Eine Zusammenfassung der Dissertation ist auch von Andreas Kläne, Keine Angst vor der Lust, in: Wild und Hund, Ausgabe Nr.24/2003, S. 32-35, wiedergegeben. Das Credo der Arbeit lautet, dass die Jagd eine Lebensform sei, deren Verankerung in uns Menschen genetisch bedingt, also angeboren sei. Ob die Jagd als Trieb sich dann im einzelnen Menschen manifestiert, kann man als phänotypische Ursache begreifen, so mein Verständnis aus Kühnles Argumentation. Generell stehe die Jagd, bei Kühnle definiert als Lebensform, unter dem Schutz der Verfassung. Ohne ein Konzept für die Institutionalisierung der Jagd in der modernen Gesellschaft zu hinterlassen, ohne eine rational-funktionale Einbettung der Jagd zu versuchen, vertraut Günter R. Kühnle auf den grundrechtlichen Schutz der Jagd des Menschen als Lebensform. Meines Erachtens bedeutet diese philosophische Betrachtung und deren Erklärungsversuch nur das Ende der Jagd in der modernen Gesellschaft. Eine Unterstützung für das Töten frei lebender Wirbeltiere in der nichtjagenden Gesellschaftsmehrheit wird man mit dem Hinweis auf ontogenetische Wurzeln kaum erreichen können. Für eine praktische Beurteilung der Jagd im Rahmen der fortgeschrittenen Industrie- und Informationsgesellschaft bietet die Arbeit von Günter R. Kühnle keine Basis.

oder religiöses Symbol in den altorientalischen Reichen und der Antike überwiegend alleinige Leistungsträgerin war, wurde es seit dem zweiten nachchristlichen Jahrhundert zusehends die reale Jagdhandlung, die in den Mittelpunkt der nun herrschaftspolitischen Praxis trat. Das Jagdbildnis, welches antike Herrscher der Nachwelt hinterlassen haben, ist hier lediglich ein (möglicherweise) zusätzliches Argument ihrer Instrumentalisierung unter den Vorzeichen kontinuierlicher räumlicher Strukturierungen. In diesem Kontext werden auch die Jagdteppiche und Jagdbildnisse an den mittelalterlichen und frühneuzeitlichen Höfen zu werten sein, die eine deutliche Sprache sprechen und weitaus stimmiger als hierarchische politische Kommunikation denn als bloße Kunst zu werten sein werden[420]. Die Jagdbildnisse (und damit die Jagdsymbolik) als auch die Realität der Jagd erfuhren immense Abstraktionsleistungen, die zumindest für die reale Jagd bis heute bestehen und unabdingbarer Bestandteil eines modernen funktionalen Jagdverständnisses wurden[421]. Der Weg zum Symbol war bereits eine erste Abstraktionsleistung, während der Symbolismus - bezogen auf die nun reale Handlung - zusätzlich weitere Abstraktionsleistungen enthielt und die eigentliche (reale) Realität der Jagd über die durch sie zu erreichenden hintergründigen Ziele selbst abstrakt war oder zumindest mit fortschreitendem Zivilisationsprozess abstrakt wurde[422]. Ist die Darstellung wilder Tiere in den Höhlenmalereien (vermutlich) zunächst lediglich eine Reproduktion des Erlebten, fürderhin eine Botschaft oder bloße Information, ist die im Neolithikum zu findende Tier- oder Jagddarstellung der fortgeschrittenen Jäger-Sammlergesellschaften bereits von Magie geprägt und gewissermaßen abstrakt,

---

420 Vgl. dazu auch bei Joseph Morsel, Jagd und Raum. Überlegungen über den sozialen Sinn der Jagdpraxis am Beispiel des spätmittelalterlichen Franken, in: Werner Rösener (Hrsg.), Jagd und höfische Kultur im Mittelalter, S. 255ff. Weiterhin bei Birgit Franke, Jagd und landesherrliche Domäne. Bilder höfischer Repräsentation in Spätmittelalter und Früher Neuzeit, in: Wolfram Martini (Hrsg.), Die Jagd der Eliten in den Erinnerungskulturen von der Antike bis in die Frühe Neuzeit, S. 189-220.

421 Jagd unter natürlichen Prämissen (fernab zivilisatorischer Einflüsse) dient der Nahrungsgewinnung, der Subsistenz, während die Jagd in den Wirtschaftswäldern der Industrie- und Informationsgesellschaften des 21. Jahrhunderts gänzlich anderen, aber deshalb nicht weniger funktionalen (öko-ökonomischen) Zielen dient. Auch das ist als eine Abstraktion der realen Jagd zu verstehen, mit deren Hilfe verschiedene Vorhaben erreicht werden können, die jedoch allesamt außerhalb originärer natürlicher Korrelationen und Konstellationen zu liegen kommen. Über die Jagd (als bereits selbst in diesem Kontext Kultur - Natur barbarischer Akt) werden mit barbarischen Mitteln moderne Ziele verfolgt und auch erreicht. Zwar wurden diese barbarischen Handlungen einer sehr gründlichen Affektbändigung unterzogen, diese scheint jedoch zwischenzeitlich zu bröckeln; die Affekte werden teilweise wieder freigesetzt. Vgl. dazu die Kapitel 10 und 11.

422 Mit anderen Worten: die Darstellung der Jagd an Felswänden durch ein Tier und z. B. einen (abgeschossenen?) Pfeil könnte der ersten Stufe entsprechen. Ein Zeichensystem (Tier, Pfeil) stellt Jagd dar. Der zweite Schritt wäre dann bereits eine Leistung der Transzendierung, das heißt das dargestellte Tier und der Pfeil haben nicht die Objektivierung der Jagd zum Ziel, sondern die Kommunikation mit dem Tier oder das Erflehen um Jagderfolg gegenüber den (Tier-) Göttern (dasselbe Zeichensystem, andere Intention). Die dritte Stufe wäre dann die reale Jagdhandlung, die nicht mehr zum Zwecke der Jagd, sondern zum Zwecke der Herrschaftsausübung, der Repräsentation, der Kommunikation, etc. ausgeübt wird. Auch das ist eine Abstraktion. Von dieser Form oder Art der Abstraktion handelt die vorliegende Arbeit (z. B. die Kapitel 6ff).

insofern allein Symbol. Mit der Entwicklung der Produktivkraft wird jene Abstraktion dann zunehmend religiös, erhält ein freundliches aber bestimmtes und klar definiertes Gesicht, respektive erinnerungsspezifische Inhalte mythischer und herrschaftlicher Art, wie beispielsweise bei der hadrianischen Jagddarstellung, und wandelt sich letztlich im ausgehenden Mittelalter und im Feudalstaat zum nun realen Herrschaftsinstrument (das sind die noch zu benennenden drei Ebenen oder Stufen der Tier- oder Jagdsymbolik). Dazwischen kennen wir in der Spätantike noch weitere Abstufungen, die über den Topos der realen als auch mythologischen Jagd zwar den Herrscher in einer „Ikonographie der Macht"[423] erscheinen lassen, jedoch den Schritt zum faktischen realen Herrschaftsinstrument noch nicht vollzogen haben. Dies, so wird noch aufzuzeigen sein, ist typisch für die hadrianische und karolingische Jagd. Jener letzte Schritt der Ausschöpfung jagdinhärenter Potenziale wird dann erst in den epochenspezifischen Gesellschaftsstrukturen der Territorial- und Landesherrschaften vollzogen werden können. Was für die Fortentwicklung der jagdlichen oder mit der Jagd in Verbindung gebrachten Symbolik gilt, lässt sich also in gleichen Stücken für die Praxis der realen Jagd nachweisen, die sich ihren Weg von der Subsistenz zum praeludium belli in der griechischen Philosophie und den xenophontischen Ausführungen zur praktischen Politik, zur realen Herrschaft über Land und Leute bahnte und aus der Geschichte des Mittelalters und der Feudalstaaten aufgrund ihrer herrschaftlichen Faktizität nicht mehr wegzudenken ist. Diese tieferen, kausalen Zusammenhänge zwischen Gesellschaftsstruktur und Jagdfunktion wurden jedoch lange Zeit nicht in ihrem vollen Umfange erkannt und demnach kaum thematisiert. Zu lange wurde die Jagd als rein privates Vergnügen der Herrscher gewertet, während erst neuere Überlegungen den öffentlichen und politischen Charakter der Jagd in Symbol, Handlung und Wirkung herausstellen[424]. Wie subtil einerseits und wie deutlich andererseits die Verbindung zwischen Gesellschaftsstruktur, praktischer Politik und den Jagdhandlungen innerhalb der Jagdgeschichte tatsächlich ist, wird noch ausführlich thematisiert werden. Jagdgeschichte, so das Resultat, ist im Wesentlichen Gesellschaftsgeschichte. Die Jagd der Herrscher war spätestens nach dem Untergang der karolingischen Dynastie eine feste Größe innerhalb der Bandbreite politischer Spielregeln der auf den Zerfall kaiserlicher Macht folgenden Landesherrschaften. Die Übergänge zwischen symbolischen und realen Jagdhandlungen verschmelzen also zuweilen, so dass eine klare und im Nachhinein stattfindende Trennung nicht immer möglich erscheint - sie aber auch nicht eine absolute Bedingung für die Klarheit des letztlich Gewollten darstellt. Inwiefern die Symbolik der Jagddarstellungen in der Lage war, die Praxis der Politik zu beeinflussen, wird in den nächsten Kapiteln noch näher erläutert werden. Dort wird es von zentraler Bedeutung sein,

---

423 Vgl. dazu bei Rainer Warland, Vom Heros zum Jagdherrn, in: Wolfram Martini (Hrsg.), Die Jagd der Eliten, S. 179, unter Bezug auf S.P. Ellis, Power, Architecture, and Decor: How the Late Roman Aristocrat Appeared to his Guests.

424 Andreas Gutsfeld weist darauf hin, dass sich die althistorische Forschung nur leidlich der Jagd zugewandt hat und sie dann überwiegend als dem Privatleben eines Herrschers beigeordnet betrachtete. Vgl. dazu bei Andreas Gutsfeld, Hadrian als Jäger, in: Wolfram Martini (Hrsg.), Die Jagd der Eliten, S. 80f. Gutsfeld bezieht sich darüber hinaus auf die Arbeiten von Gregorovius, Henderson, Christ und Zahrnt, die hier der Vollständigkeit halber nur erwähnt werden, ohne dass sie in die vorliegende Arbeit im Einzelnen eingegangen wären.

die der Jagd inhärenten Potenziale darzulegen, die je nach Stand der strukturellen, psychischen, physischen und kulturellen Bedingungen instrumentalisiert werden können und seit dem 2. Jahrhundert unserer Zeitrechnung nachweislich instrumentalisiert wurden. Für die politische Rolle der Jagd wird es zudem ersichtlich werden, dass weder die Symbolhaftigkeit noch die der Jagd inhärenten Potenziale jeweils für sich allein die Jagd in ihrer Funktion als Herrschaftsinstrument bedingen konnten. Zumindest unter Kaiser Hadrian und Karl dem Großen waren die Bezüge zu den Persern oder zu Kulturen, die ihrerseits persisch respektive altiranisch beeinflusst waren, überdeutlich. Allein die Verbindung beider Faktoren (Symbol und inhärente Potenziale) gereichten der Jagd zum politischen Instrument. Aber es kommt noch eine weitere wesentliche Größe dazu. Jagd als reales herrschaftspolitisches Instrument – und das zeigt die römische Geschichte – trat erst dann in Erscheinung, als die Verhältnisse unsicher, die Gefahren allgegenwärtig, das Volk mürrisch und launisch wurde und die Herrschaft aufgrund dieser Begebenheiten nach Ausdruck von Stärke im Innern und Äußeren suchte. Die Gegenüberstellung der Jagdbedeutung im republikanischen[425] contra cäsarischen Rom macht dies deutlich. Auch im Mittelalter und den Feudalstaaten wird man eine Korrelation zwischen den inneren und äußeren Bedrohungen einer Herrschaft und der Bedeutung und Verwaltung von Wald und Forst als Raum und der Jagd als Raum(be)handlung im Kontext des zu beherrschenden Territoriums feststellen können. Verfolgt man diesen Gedankengang weiter, so bleibt es unverständlich, weshalb diese Korrelationen innerhalb der Geschichte der Jagd so unbeachtet blieben, wie dies bisher der Fall war. Diesen Hiatus zu schließen wird Aufgabe der folgenden Kapitel im Besonderen und der vorliegenden Arbeit im Allgemeinen sein. Doch zunächst zurück zu den jagdlichen Symbolen und ihren Wirkungen auf die reale Jagd. Die Jagd als wesentlicher Bestandteil der heroischen klassischen Herrscher, sei es aus Dichtung oder Bildkunst[426], wurde zu einer Identifikationsbasis zuerst der römischen Kaiser des ersten nachchristlichen Jahrhunderts und dann in deutlich stärkerem Maße der Adelsherrschaften des Mittelalters und des Feudalismus. So war es die Jagd, in direkter Anlehnung an die altgriechische und ägyptische motivgeschichtliche Tradition, die es Kaiser Hadrian (76-138 n. Chr.) erlauben sollte, trotz seiner politisch geächteten weil stärker auf Erhaltung denn auf Expan-

[425] Vgl. dazu bei Eva Schernig und Wolfram Martini, Das Jagdmotiv in der imperialen Kunst hadrianischer Zeit, in: Wolfram Martini (Hrsg.), Die Jagd der Eliten, S. 144f. Die beiden Autoren unterscheiden das republikanische Verständnis von Jagd im Sinne Catos, Dion Chrysostomos' und Plinius' von der nachhadrianischen Bedeutung. Die eine sei als Vorschule des Krieges und als Erholung zu betrachten, die andere als Erinnerung an die heroische Jagd, als Selbstdarstellung und nicht zuletzt als die Verbindung zwischen Imperium und Jagd als räumlichem Aspekt (dazu noch später).

[426] Dichtung und Bildkunst sagen nichts über die reale Jagd und deren Stellenwert innerhalb der Herrscherdynastien oder der Gesellschaften aus. Sie bilden mit stilistischer Finesse Ideale ab, die beispielsweise die Überwindung des durch das jeweilige Tier repräsentierten Unheils zum Gegenstand der Darstellung haben oder religiöse und mythische Inhalte transportieren können, ohne dass eine reale Jagdhandlung stattgefunden haben muss. Beide Kunstgattungen halten sich nicht an die Faktizität von Handlungen als vielmehr an die Faktizität der Idee, der Symbiose aus Imagination und Botschaft.

sion bedachten Entscheidungen[427], das Ansehen eines wahren Herrschers zu kreieren. Ermöglicht werden sollte es ihm dadurch, dass er als erster römischer Princeps die Jagd als öffentliche Handlung vollzog, Gedichte über sie verfasste und Münzen mit jagdlichen Szenen prägen ließ. Andererseits suchte er die direkte Anlehnung an die militärpropädeutische Funktion der Jagd, wie sie spätestens seit Xenophon[428] (etwa 428–354 v. Chr.) zumindest in Griechenland vertreten wurde und auch im Mittelalter einiges Ansehen erhielt (wenngleich auch die Anlehnung an den Krieg aus verschiedenen Gründen als argumentativ unglücklich zu bezeichnen ist[429]). Dass Kaiser Hadrian mit diesem Vorhaben dennoch scheiterte, liegt in der römischen Gesellschaftsstruktur und Kultur verborgen. Die Politik Hadrians stellte sich den stetigen Expansionsbestrebungen seiner Vorgänger, insbesondere Traians, entgegen und es war nur konsequent im Sinne der römischen Weltherrschaftsbestrebungen, dass ihm seine Diplomatie als Schwäche ausgelegt wurde. Um dieser Deutung entgegenzutreten, benötigte er ein symbolisches Mittel, welches es ihm erlaubte, entsprechend der militärischen Defensive an den Grenzen des Reiches Frieden und Sicherheit zu vermitteln, andererseits gemäß der innenpolitischen Maxime Kultur und Zivilisation zum Ausdruck zu bringen und drittens, schließlich in kompensatorischer Funktion, seine quasi-militärischen Befähigungen unter Beweis zu stellen[430]. Die Zuflucht zur realen Jagd in Verbindung mit der virtuellen Darstellung jagdlicher Handlungen sollte ihm diese Politik ermöglichen und er gewann an Ansehen auch ohne militärische Erfolge erringen zu müssen[431]. Hadrian, wenngleich er auch für einen einundzwanzigjährigen Frieden und für Prosperi-

---

427 Vgl. dazu die Ausführungen bei Will Durant, Caesar und Christus, S. 445ff. Der erste Entschluss Hadrians als Kaiser des römischen Imperiums war die Aufgabe der imperialistischen Politik seines Onkels und Vorgängers Traian. Durch sein Verhandlungsgeschick, sich auf diplomatischem Wege Bundesgenossen zu sichern anstatt sie als Provinzen militärisch zu entmachten, brachte er einige Feldherrn als auch Senatoren gegen sich auf. Diese sahen ihre Machtquellen und Besitzansprüche in Form von großen Gütern oder Statthalterposten in Gefahr. Traian konnte der römischen Virtus auf konventionelle Weise entsprechen, da seine Herrschaft von einigen großen Kriegen gezeichnet war, Hadrian nicht.

428 Eines der Hauptwerke Xenophons, der Schriftsteller und Soldat gleichermaßen war, ist der so genannte Kynegetikos. Dieser befasst sich als erstes Werk der Literatur überhaupt mit der Ausübung der Jagd in verschiedenen Facetten.

429 Weshalb dies so ist, wird noch an anderer Stelle ausgeführt werden. Die Kritik stützt sich dabei hauptsächlich auf Ortega y Gasset, der das reziproke Element innerhalb der Jagd vermisst, obgleich jene Wechselseitigkeit doch charakteristisch für den Krieg, den Kampf Mann gegen Mann sei und der so den Vergleich als hinkend bezeichnet. Vgl. dazu bei José Ortega y Gasset, Meditationen über die Jagd, S. 30f. Ohnehin, so meine Auffassung und Überzeugung, kann die Jagd auf wilde Tiere dem Juste oder dem Tjost als Formen der Kampferprobung und Kampfausbildung kaum das Wasser reichen, da sie in diesem Sinne vollkommen unzulänglich ist.

430 Vgl. dazu die Ausführungen von Tobias Kasulke, Hadrian und die Jagd im Spiegel der zeitgenössischen Literatur, in: Wolfram Martini (Hrsg.), Die Jagd der Eliten, S. 120ff.

431 Einzig zwei militärische Ausnahmen gab es im Leben Hadrians als Kaiser. Im Frühjahr 123 n. Chr. führte er einige Legionen gegen die Mauren Nordwestafrikas. Er schlug sie und vertrieb sie in die Berge. Nicht zu vergessen ist der von Simon Barkochba 132 n. Chr. initiierte Aufstand, den Hadrian 135 n. Chr. endgültig niederschlug. Die Zerschlagung des jüdischen Aufstandes war seine größte militärische Handlung während seiner Regierungsperiode. Vgl. dazu auch Will Durant, Caesar und Christus, Hadrian, S. 452f und S. 580f.

tät Roms gesorgt hatte, wurde nach den Quellen von seinen Landsleuten weniger geliebt als sein Ziehvater und Vorgänger Traian. Insofern liegt der Schluss nahe, dass das Mittel der Jagd nicht gänzlich das Ansehen des Feldherrn im Innenverhältnis aufzuwiegen vermochte. Der Rückgriff auf das Instrument der realen als auch stärker der bildlichen Jagd für den Transport politischer Inhalte war jedoch für die Römer ein gewisses Novum, während es für die Untertanen der mittelalterlichen Herrscher dann bereits alltäglich erschien und dies auch bis 1848/49 weitgehend so blieb. In Kapitel 6, 7 und 8 der vorliegenden Arbeit werden diese Überlegungen zur Verbindung von politischer Struktur und Jagd an historischen Beispielen noch einmal deutlicher konkretisiert werden müssen.

3.1.3 Zu verifizierende Überlegungen

Nach den obigen Ausführungen existieren also ganz offensichtlich wenigstens drei Ebenen, Stufen oder (prä-)historische Abschnitte von Abstraktionsleistungen, die von den Höhlenmalereien über die altägyptischen, antiken und spätantiken Jagddarstellungen im Rahmen der Kulturmorphologie zu interpretieren sind. Dabei sind nur die beiden ersten Ebenen überwiegend bildhafte Zeichen oder Darstellungen, während die dritte Ebene dann bereits reale Jagdhandlungen zum Symbol erklärt. Auf der ersten Stufe stehen die millionenfach überlieferten Abbildungen von Tieren oder von Tieren in Verbindung mit menschlichen Artefakten wie z. B. einem (abgeschossenen?) Pfeil, einem Stab (Lanze, Speer?) oder ähnlichem, die in Höhlen- oder in Felsbereichen an die Wände gemalt wurden. Ein Zeichensystem (Tier und/oder Tier plus menschliches Artefakt) stellt (möglicherweise) Jagd dar. Die Zeichensysteme ändern sich im Verlaufe der Zeit und können gegeneinander abgegrenzt werden. Einigermaßen sicher wird man sich darin sein können, dass innerhalb dieser Zeichensystematik die Bilder auf der ersten Ebene oder Stufe Tiere darstellen, wobei uns die Intention zunächst verborgen bleibt. Wahrscheinlich aber handelt es sich um keinerlei Abstraktionsleistung, um keinerlei Symbolismus, weil jener auf dieser Stufe noch gar nicht existierte[432]. Auf der zweiten Stufe oder Ebene findet dann bereits eine merkliche Leistung der Transzendierung statt, das heißt das dargestellte Tier und der Pfeil als menschliches Artefakt haben nicht die Objektivierung des Tieres oder der Jagd zum Ziel, sondern z. B. die Kommunikation mit dem Tier oder das Erbitten göttlichen Beistandes (z. B. Jagderfolg, aber auch die Bitte um Milde und Nachsicht, etc.). Es handelt sich somit auf den ersten beiden Ebenen zwar um dasselbe Zeichensystem, jedoch um vollkommen andere Intentionen und zumindest auf der zweiten Ebene bereits um eine wesentliche Abstraktionsleistung. Merkmal der zweiten Ebene ist, dass sie sowohl im Aurignacien oder im Neolithikum als auch in den Wandreliefs der Pharaonen des Alten Reiches zu finden ist. Auf der dritten Stufe findet sich dann bereits die reale Jagdhandlung, die nicht mehr zum Zwecke der Jagd, sondern zum Zwecke der Herrschaftsausübung, der Repräsentation, der Kommunikation, etc. ausgeübt wird. Ausgehend von diesen drei Ebenen oder Stufen einer mit der Jagd in Verbindung stehenden Symbolik, die vom Bild bis zur realen Handlung verläuft, sollen nun einige wichtige Überlegungen angestellt werden, die den Weg der Jagd vom reinen Bild zum realen Herr-

432 Vgl. dazu bei Emmanuel Anati, Höhlenmalerei, S. 14f.

schaftsinstrument nachzuvollziehen helfen sollen. Zusammenfassend kann also als Aufgabe des vorliegenden Abschnittes konkretisiert werden, dass diejenige Entwicklung aufzuzeigen ist, die es den wilden Tieren oder der Jagd auf wilde Tiere ermöglichte, eine weitgehende Abstraktionsleistung zu vollbringen, die bei den Höhlenmalereien wesentlich subtiler vorhanden (erste Stufe, zuweilen auch schon zweite Stufe), zumindest aber anderen Inhaltes und anderen Bezuges war als dann in den altorientalischen Kulturen und in der Spätantike. Während diese Abstraktionsleistung einerseits bei den antiken und nachchristlichen Herrschern existierte und von ihnen rege gebraucht wurde, war ihr endgültiger und in seinen Auswirkungen gewaltige Durchbruch erst im Übergang vom Hohen Mittelalter zur frühen Neuzeit zu verzeichnen[433]. Innerhalb der Darstellungen jagdlicher Themen - von den Höhlenmalereien über die Wandreliefs der altägyptischen Pharaonen hin zu den Löwenjagdsarkophagen der Römer und den mehrfach gefundenen numismatischen Motiven der kaiserlichen Jagdszenen hadrianischer Zeit - sind die Veränderungen im jeweils gewollten objektivierten Gegenstand immens und letztlich von einem äußerst hohen Abstraktionsgrad. Diese Entwicklung fand jedoch mit den römischen Darstellungen der letzten Kaiser als Jäger noch nicht ihr Ende. Vielmehr potenzierte sich hier das Symbol von der an sich harmlosen Selbstdarstellung unter dem Rückgriff auf die antiken Heroen zum Anspruch auf absolute Beherrschung von Mensch und Raum im Mittelalter und in den Feudalstaaten über das reale herrschaftspolitische Instrument der Jagd. Die Symbolik der Jagddarstellungen hat hierzu einen unschätzbaren Dienst geleistet, ihre Interpretationen der Aristokratie ein Mittel in die Hand gegeben, mit dem es ihr möglich wurde, auch außerhalb der „eigentlichen" Regierungsgeschäfte unmittelbare Herrschaft vor Ort über die Untertanen auszuüben. Auf diese Weise hat die symbolisierte, stilisierte Jagd der herrschenden Eliten zuletzt die Praxis der Herrschaft beeinflusst, insbesondere aber auch deshalb, weil die der Jagd inhärenten Potenziale vor dem epochenspezifischen Hintergrund ein willfähriges Mittel dazu abgaben[434]. Wer sich mit der interpretierten Symbolik der Jagd befasst, kommt so auf einem an sich automatisierten, weil zivilisationsimmanenten Weg auch zur Jagd als Praxis der Herrschaft bis in das 19. Jahrhundert hinein. Der Weg dorthin ist historisch vorgezeichnet, wenngleich auch bisher kaum thematisiert worden.

433 Interessanterweise auch hier wieder zusammenfallend mit den umwälzenden politischen, geographischen und sozialen Unsicherheiten, die mit dem Zerfall des Reiches eintraten. Innere und äußere Unruhen, die Zerstückelung des ehemals riesigen Frankenreiches und die Bedrohungen durch die Normannen und Sarazenen führten zu einer Situation, die den Rückgriff auf die Jagd herrschaftspolitisch unentbehrlich machte. Dieser Rückgriff auf jagdliche Handlungen sollte dann eine wesentliche Größe der deutschen Adelsherrschaften bis zu ihrem Ende im 19. Jahrhundert sein.

434 Aus welchem Grunde die Potenziale der Jagd (das Durchstreifen des Raumes, die kriegsähnliche Bewaffnung, das Heranpirschen und Anschleichen, die Möglichkeiten des Informationsgewinns, etc.) letztendlich den mittelalterlichen Herrschern in Verbindung mit der antiken Symbolwelt zugute kommen musste, wird im nächsten Kapitel noch ausführlich dargestellt werden.

3.2 Die Tier- und Jagdsymbolik

3.2.1 Ausgangspunkt

Die Tier- und Jagdsymbolik der frühen modernen Menschen, etwa im Aurignacien (beginnend vor ca. 40.000 Jahren), soll als Ausgangspunkt genommen werden, um ein chronologisches Verständnis von jenen ersten Zeichen und Spuren bis zur Tier- und Jagdsymbolik der Antike und darüber hinaus fördern zu können. Eine direkte und kontinuierliche Chronologie wird man dabei nicht als Ziel erreichen können, einzig die Darstellung und damit verbunden die Differenzierung zwischen Aurignacien, Neolithikum und Antike einerseits als auch zwischen Antike und Mittelalter respektive Feudalismus andererseits wird hinreichend realistisch sein. Und selbst dieses Vorhaben ist in weiten Teilen von Spekulation getragen, da die Realität und insbesondere der Wille der frühen Künstler bzw. deren Auftraggeber nicht mehr eindeutig und zweifelsfrei erforscht werden kann und sich somit einer Analyse weitgehend entzieht. Dennoch erscheint der Versuch jenes Vorhabens notwendig, will man die Besonderheiten innerhalb der Tier- oder Jagddarstellungen in wenigstens groben Zügen nachzeichnen. Dabei scheint man sich in der Wissenschaft dazu durchzuringen, der Felskunst nicht von vorneherein einen direkten jagdlichen Bezug anzuerkennen, während jener für die altorientalischen und antiken römischen Darstellungen in der sepulkralen Kunst und der Numismatik unverkennbar ist. Insofern ist dies bereits ein wesentlicher Punkt, will man die Unterschiede zwischen jenen Epochen, ihren Abstraktionsleistungen, ihrer Kunst herausarbeiten. Um sich dem Ausgangspunkt der hier anzustellenden Überlegungen einigermaßen annähern zu können ist es notwendig, sich die vermutete Geistesentwicklung der Menschen im Aurignacien vor Augen zu halten. Sie müssen sich über einen sehr langen Zeitraum in abwechselnden Naturräumen, von riesigen Wäldern bis zu endlosen Savannen, den Wüsten und Bergen, von gemäßigten Gefilden bis hin zu schneebedeckten Gletschern, vom Meer bis ins Landesinnere bewegt haben. Dies waren ihre Lebensräume, in welche sie scheinbar ohne weiteres nicht hineinpassten und die sie sich mit vielen – ihnen wesensfremden – Lebewesen teilen mussten[435]. Wie bereits erwähnt, scheint die Anpassung an den Raum oder gar seine spätere Beherrschung und Veränderung, seine Konstitution und Reproduktion, eines der bedeutendsten Strukturmerkmale innerhalb der menschlichen Entwicklung zu sein. Bereits die frühen Hominiden mussten sich diesen zunächst lediglich vorgefundenen und wohl durchaus auch geheimnisvollen Raum erst einmal erschließen, sich darin erhalten und parallel dazu in immer weitere Gebiete vordringen und sie sich aneignen, bevor sie entweder kontinuierlich Fuß fassen konnten wie in der ostafrikanischen Heimat oder aber wieder verdrängt

435 Siehe dazu auch die Ausführungen im zweiten Kapitel der vorliegenden Arbeit. Der Mensch scheint von jeher – im Gegensatz zu den Tieren – nicht in seinen Lebensraum hineingepasst zu haben. Er musste ihn sich erst formen, erobern und besetzen, sich fortentwickeln, um sich den Lebensraum in einer berechenbaren und sicheren Kontinuität gefügig zu machen. Es war die Kultivierung, die diese Leistung vollbrachte. Sie ist gleichzusetzen mit Zerstörung und ab einem späteren Zeitpunkt der Geschichte mit dem Versuch der Schadensminimierung oder Schadensbegrenzung einhergehend. Vgl. zu den Risiken der modernen Gesellschaft auch bei Ulrich Beck, Risikogesellschaft.

wurden wie in weiten Teilen Eurasiens und Europas. Die Höhlenmalereien, die bereits ein abstraktes Denkvermögen erforderten und dieses auch für den Betrachter widerspiegeln, werden von den meisten Anthropologen und Archäologen erst dem modernen Menschen zugeschrieben und nicht bereits den späten Formen der Neandertaler. So war es möglicherweise erst der Homo s. sapiens, der über die Höhlenmalereien, die Opfer- und Dankeskulte den Zusammenhang zwischen Mensch und Tier im Raum und damit das Leben der eigenen als auch der fremden Arten zu begreifen begann. Die Visualisierung ist nur ein weiterer Beleg für beginnendes Begreifen und für das Verlangen, den Raum zu strukturieren, ihn zu manipulieren. Hierauf basierte die geistige Entwicklung des Menschen in wesentlich höherem Maße als es durch die Jagd jemals möglich gewesen wäre. Es war der Beginn einer ruhelosen Kultur, einem Drang Natürliches zu artifizialisieren und damit berechenbar, kalkulierbar, strukturierbar zu machen. Erst was der Natur fremd ist oder ihr entfremdet wurde, bleibt dem Menschen form- und beherrschbar. Diese Ruhelosigkeit zieht sich wie ein roter Faden von den frühen Hominiden bis zu den modernen Menschen des 21. Jahrhunderts. Jener weite Bogen zeigt auf, dass wohl auch in der fernen Zukunft die Menschheit diese Eigenart nicht verloren haben wird. Während den frühen Menschen wahrscheinlich selbst die wilden Tiere, das eigene Spiegelbild, die nächtlichen Träume sowie auch die Wetterunbilden als höchst mysteriös erscheinen mussten, sind uns heute selbst die unvorstellbar weiten Räume außerhalb der Erdatmosphäre nicht mehr wesentlich fremd. Der Expeditionsgeist und die damit zusammenhängenden Entwicklungen einer sich stetig verbessernden Technik und der Ausbildung eines enormen Wissensgewinns ist durch diese immensen Erfolge jedoch nicht verlangsamt worden, im Gegenteil: Erst der stetige Wissensgewinn ermöglichte die zuverlässige materielle und immaterielle Strukturierung der Räume. Die Entwicklung des Menschen als auch seiner Wissenschaften war noch zu keiner Zeit so fulminant wie in den letzten 100 Jahren. Und gerade diese etwa einhundert Jahre haben jegliche Räume (nicht nur die geographischen, sondern auch die sozialen Räume) auf der Erde vollkommen neu strukturiert. Selbst Katastrophen, die durch Kriege, durch Industrialisierung und Forschung, durch Umweltverschmutzung oder einfach nur Reichtum verursacht wurden, sind nicht mehr allein nationale Probleme, sondern global in ihren Wirkungen spürbar[436]. Für die kommenden Dezennien ist es wohl nicht vermessen den Fortgang dieser Entwicklung vorauszusagen.

Der Fortschritt innerhalb der geistigen und materiellen Kultur des modernen Menschen muss einen wesentlichen Einfluss auf die Abbildung erster Zeichen oder Spuren bis hin zur bereits abstrakten Tier- und Jagdsymbolik genommen haben. Das Bedürfnis nach Kunst – sowohl im Sinne der Produktion fiktiver Realitäten als auch im Sinne der „Neuschöpfung als Prinzip"[437] – ist in der Felskunst und ihren Fortentwicklungen ebenso verborgen wie die Anfänge höherer Kommunikation. In

---

[436] Es ist die „sich selbst gefährdende Zivilisation", die dieses Potenzial geschaffen hat und nach wie vor ausbaut. Vgl. dazu die Ausführungen bei Ulrich Beck, Risikogesellschaft, an verschiedenen Stellen.

[437] Vgl. dazu die Merkmale der spezifischen Sinnorientierung von Kunst bei Jürgen Gerhards, Soziologie der Kunst: Einführende Bemerkungen, in: Jürgen Gerhards (Hrsg.), Soziologie der Kunst, S. 15.

ihr muss - wahrscheinlich neben dem Mythos der Fruchtbarkeit - der erste Ausdruck einer sich entwickelnden Geisteshaltung gegenüber den Dingen und Abläufen im Leben der frühen Menschen gesucht werden. Es war der Schritt der von der Wahrnehmung der Umwelt zu deren Abbildung, deren artifizielle Reproduktion über die Fixierung auf Felswänden, in Figurinen und Riten führte. Interessant in diesem Zusammenhang ist, dass sich die Höhlenmalereien überall auf der Welt ähneln und die Elemente sich wiederholen. Ebenfalls interessant ist die Fülle der Darstellungen im Vergleich zu den anderen Artefakten wie Statuetten, Figurinen, Hausrat und Zierrat. Während mittlerweile etwa rund zwanzig Millionen Grapheme aus aller Welt bekannt sind, wurden lediglich 100.000 bewegliche Fundstücke aus der Erde gegraben[438]. Die Felskunst stellt insofern das größte und bedeutendste Archiv dar, welches die Menschen aus einer weitgehend unbekannten Zeit ihrer Geschichte besitzen. Aus diesem Grunde ist es von großer Bedeutung, die Grapheme in ihrer Nähe oder ihrer Distanz zur Jagd des Menschen einer näheren Analyse zu unterziehen.

3.2.2 Das Bild - Erste Einblicke

In jener Welt begannen nun die gewaltigsten Eroberungen der Menschen auf geistigem, kulturellem und nicht zuletzt auch territorialem oder räumlichem Gebiet. Auf eine unvorstellbar lange Zeit der Migration, des Nomadismus, folgte die erst zaghafte doch schon bald vehemente Urbanisation, erste Formen von (nun nicht nur geschlechtsspezifischer) Arbeitsteilung sowie kontinuierlicher Produktion, die Institutionalisierung von Religion und Magie, Krieg, Raub und damit einhergehend die Versymbolisierung aller jener gesellschaftlicher Faktoren und in diesem Gefolge die Generierung und Reproduktion von Räumlichkeit aller Art[439]. Die Menschen des Aurignacien besetzten nun also in rascher Abfolge ihre Umwelt, ihren Lebensraum, nicht nur auf dem Wege der bloßen Ausbreitung ihrer Spezies, sondern darüber hinaus auch kommunikativ über eine vokale Sprache, über Abbilder der Realität in Wort und Bild und letztlich schriftlich. Die Welt wurde nicht nur materiell erschlossen, sondern zunehmend auch geistig. Man fand die Verbindung zwischen Wort und Bild. Auf diese Weise konnten einerseits reale Begebenheiten auch vor dem geistigen Auge rekonstruiert oder konstruiert werden, andererseits wurde es auch möglich, fiktionale Zusammenhänge zu kreieren, Muster zu entwerfen oder Idealzustände zu beschreiben, wie sie in der Realität nicht vorkamen, gleichsam so, als wollte man hinter die Realität in eine andere Welt blicken. Die Menschen wurden in ihrer Umwelt laufend mit Zeichen und Spuren konfrontiert,

---

438 Vgl. dazu bei Emmanuel Anati, Höhlenmalerei, S. 25.

439 Lebensräume, die zuvor keinerlei artifiziellen geistigen Strukturierung unterworfen waren, wurden nun geteilt und in Gebilde gewandelt, die zu Siedlungen, später Städten und Staaten wurden, die Begrenzungen erfuhren, die nicht augenscheinlich waren, sondern in den Köpfen der Menschen bestanden (z. B. Siedlungs-, Stadt- und Staatsgrenzen). Menschen siedelten sich in Städten und auf dem Land an, wurden zu Bauern, Handwerkern, Priestern oder Herrschern. All diese Entwicklungen brachten Formen und Charaktere von Räumen zuwege, die zuvor nicht existierten und die nun eine vollkommen neue Form der Behandlung und Beherrschung auf den Weg brachten. Das Tun und Unterlassen der Menschen reproduzierte nun stetig jene Räume, sei es sozial, politisch, kulturell, etc.

sei es von wilden Tieren, von den eigenen Fuß- oder Handabdrücken, den Überresten des Feuers, den Höhlen der Kaninchen oder des Fuchses und des Wolfes, von Kampfspuren aus dem Tierreich, von Tod und Leben. Alle diese Zeichen mussten für die Jäger- und Sammler von großer Bedeutung sein, bestimmte Inhalte darstellen, Zusammenhänge offenbaren, deren Verständnis für Kommunikation und die eigene Existenz sehr wichtig war. Das galt nicht nur für die Jagd, sondern für alle räumlichen Bewegungen, die von Versuch und Irrtum, von Ausweichen und Vordringen geprägt gewesen sein müssen. Zunächst war eine Spur lediglich eine Spur, ein Zeichen ein Zeichen, ohne jede weiterführende Abstraktion. Das ist es auch, was den Begriff „Symbol" auf dieser Ebene eigentlich ausschließt, da jene Zeichen noch nicht zum Transport von Informationen innerhalb eines menschlichen Zeichensystems oder Schemas genutzt wurden. Die bloße Reproduktion des Erlebten an den Felswänden ohne weiterführende Abstraktionsleistung bezeichne ich deshalb in Anlehnung an Emmanuel Anati im Folgenden als die erste Ebene einer Tier- oder Jagdsymbolik[440]. Graduelle Veränderungen in der Abstraktionsleistung ergaben sich jedoch im Laufe der Zeit und die Reproduktion dieser Zeichen durch Menschenhand gab die Möglichkeit der Kommunikation in die Hand, der Übermittlung von Botschaften. Der nächste Schritt war dann nicht mehr die bloße Reproduktion der in der Natur vorkommenden Spuren und Zeichen, sondern die sinnfällige Produktion eigener kommunikativer Zeichen und deren Darstellung auf den Felswänden. Auf diesem Wege bildete sich die fortgeschrittene Abstraktion heraus. Emmanuel Anati geht davon aus, dass das Abstrakte für den prähistorischen Menschen zunächst wahrscheinlich noch gar nicht existierte[441]. So wird wohl von einer allmählichen Abstraktionsleistung auszugehen sein, die von der bloßen Mitteilung oder Botschaft reproduzierter Artefakte realer Spuren und Zeichen bis zur rituellen Sprache und Kommunikation im Verlaufe der Epochen führte. Den höchsten Abstraktionsgrad erreichten dann die altorientalischen Jagdbildnisse, die wiederum Vorbild für die letzten Kaiser des römischen Imperiums und letztlich auch Vorbild für die Tapisserien der mittelalterlichen Territorialfürsten werden konnten[442]. Diese Art der Reproduktion, die sich im Grunde zwischen dem Paläolithikum/Neolithikum und den mittelalterlichen Tapisserien nur durch rein epochenspezifische Nuancen unterscheidet, kann man als die zweite Ebene der Tier- oder Jagdsymbolik beschreiben. Die Höhlenmalereien unserer modernen Vorfahren vor 40.000 Jahren zeigen also zunächst einmal auf, dass man möglicherweise einem unbestimmten Drang folgte, Erlebtes abzubilden, die Realität an den Fels-

---

440 Vgl. dazu die Ausführungen von Emmanuel Anati, Höhlenmalerei, S. 14f.

441 Vgl. dazu ebd., S. 14.

442 Gerade die Tapisserien, so Birgit Franke, zielten auf „Memoriae" ab. Sie „boten somit eine visuelle Konstruktion kollektiver Identität, die die Vorrangstellung des Herrschers und seiner Gemahlin sowie die hierarchische Struktur der Hofgesellschaft beinhaltete. Der Regent war hier Mittelpunkt seiner prosperierenden und befriedeten Domänen, in denen und von denen er und sein Hofstaat lebten. Die Jagd wurde schließlich als eine wesentliche herrschaftliche Verhaltensform, d.h. als unabdingbarer Bestandteil der herrscherlichen Imago ins Bewusstsein gerufen". (...) Mit Hilfe der Tapisserien konnte die „dynastische Kontinuität immer visuell hergestellt" werden. Siehe bei Birgit Franke, Jagd und landesherrliche Domäne. Bilder höfischer Repräsentation in Spätmittelalter und Früher Neuzeit, in: Wolfram Martini (Hrsg.), Die Jagd der Eliten in den Erinnerungskulturen von der Antike bis in die Frühe Neuzeit, S. 206.

wänden darzustellen, sie zu reproduzieren, zu vergegenwärtigen. Aus dieser bloßen Form der Abbildung erwuchs im Laufe der Zeit die Möglichkeit der Übermittlung von Botschaften und zu einem späteren Zeitpunkt womöglich auch die Überzeugung oder das Verlangen anhand der Spiegelung erlebter Wirklichkeit und womöglich mit Hilfe eines Mediums – eines Magiers, Priesters oder Schamanen – die reale Situation zu beeinflussen, sie zu manipulieren (z. B. Jagdzauber?[443]). Der Versuch der Manipulation, verstanden als Versicherung des Ist-Zustandes, macht nur dann einigen Sinn, wenn es sich um stetig sich wiederholende Situationen handelte, die abgebildet wurden, es also gemäß unserem heutigen Verständnis nach um alltägliche oder Standardsituationen ging, die das Überleben sicherten und damit notwendig waren. Heute sind wir uns dieser Standardsituationen nicht mehr bewusst, da wir unsere Nahrung und Kleidung auf Märkten und in Kaufhallen portions- oder konfektionsgerecht einkaufen. Vor 40.000 Jahren war unter den Standardsituationen dagegen das ausreichende und gesicherte Vorhandensein wilder Tiere als auch deren Nutzung in Form von Nahrung, Kleidung und Rohmaterialien für Werkzeuge und Schmuck zu subsumieren. Über die Art der Nutzung ist damit jedoch nichts ausgesagt, da die Absicht der visuellen Rückversicherung des Ist-Zustandes in Anbetracht des Angewiesensein auf wilde Tiere sowohl auf Aasnutzung als auch auf Jagdnutzung schließen lassen könnte oder gar lediglich Kommunikation mit den abgebildeten Tieren zum Ziel haben konnte. Gerade die Felszeichnungen des europäischen Paläolithikums zeigen häufig Tierarten, die für die Lebenswelt der Menschen wesentlich waren. Wesentlich bedeutet dabei aber nicht etwa nur Nutzung, sondern kann ebenso Spiegelbild der großen Zahl jener Tiere wie etwa Pferd und Bison sein, die ein sehr häufiges Thema der Darstellungen sind. Allerdings sind hier auch einige Besonderheiten zu beachten, insbesondere in der sehr häufigen Thematik der Gegenüberstellung von Bison/Rind contra Pferd, wie sie Emmanuel Anati sehr eindringlich aufgezeigt hat[444]. Durch die Darstellung, so scheint es, wurde das Bildnis bald so bedeutend wie die Realität, die Magie so zentral wie die Wirklichkeit. Das eine war ohne das andere nicht mehr denkbar und umgekehrt. Lange Zeit war man davon überzeugt, dass sich hier die Anfänge des Jagdzaubers mit den Anfängen der Tier- und Jagdsymbolik im Aurignacien vermischten und ihren bildhaften und so für uns überlieferten Anfang nahmen. Zumindest für die Tier- und Jagdsymbolik können wir dies heute mit einiger Sicherheit nachweisen, während der Jagdzauber in den anthropologischen Wissenschaften zunehmend umstritten ist. Höhlenmalerei, so vermutet man heute größtenteils, ist möglicherweise mehr der Tiersymbolik (zumindest was die zweite Ebene betrifft) als der reinen Jagdsymbolik zuzuordnen; ihr direkter Bezug zur Jagd ist zumindest äußerst fraglich und damit bezweifelbar. Darüber hinaus ist die Abbildung wilder Tiere selbst noch kein Beweis für die Existenz eines Jagdzaubers oder eines sonstigen jagdlichen Bezuges. Handelt es sich hier um die Übermittlung

[443] Unter Jagdzauber versteht man den bei Jägerkulturen z. T. üblichen Brauch, vor der Jagd durch tierähnliche Tanzbewegungen oder durch Felszeichnungen einen Jagderfolg zu beschwören. Die Bedeutung der Felsenbilder als Jagdzauber wird von den heutigen Wissenschaften eher verneint und überwiegend im kultisch-religiösen Bereich verortet. Vgl. dazu auch bei Udo Becker, Lexikon der Symbole, S. 85f.

[444] Vgl. dazu bei Emmanuel Anati, Höhlenmalerei, S. 28f.

von Botschaften oder allgemein um kultisch-religiöse Absichten und Handlungen oder Darstellungen, so ist dennoch bereits ein Schritt in der Abstraktionsleistung vorweggenommen, der noch im Verlaufe der Zeit wesentlich werden wird. Gerade die häufigen Wiederholungen der Grapheme Bison und Pferd innerhalb der europäischen Felszeichnungen deuten darauf hin, dass es eine Ikonographie bestimmter Tierarten zu geben scheint, die in dialektischer Beziehung zueinander stehen[445]. Darüber hinaus ist es durchaus auch diskussionswürdig, ob es sich hierbei um den tatsächlichen Ausgangspunkt der geistigen Welt handelt. Denkbar wäre ebenfalls, dass bereits auch früher durch bestimmte Rituale, mündlich überlieferte Geschichten oder Gebärden, die keinen Ausdruck in für uns nachweisbaren Figurinen oder Malereien gefunden haben, eine solche Vorstellung von Realität existiert haben könnte. In den Höhlenmalereien hätten sie dann lediglich ihren ersten kontinuierlichen und für uns über die Jahrzehntausende sichtbar erhalten gebliebenen Ausdruck einer sich entwickelnden Geisteshaltung gefunden. Die bildhafte Darstellung von Tieren und Menschen (Jägern?) kann durchaus als Versuch gewertet werden, die Umwelt (den Natur- und Lebensraum) nun fassbar zu machen, ihrer habhaft zu werden, zu verstehen und letztlich gar über Magie zu beeinflussen oder - um es moderner auszudrücken - die Herrschaft über sie oder Teile von ihr zu erlangen oder aber einfach nur spirituelle Welten zu erkunden. Dieser Schritt ist in diesem Sinne der späteren tatsächlichen Beherrschung der Natur durch Ackerbau und Viehzucht als ihr vorausgehend und in diesem Sinne auch zwingend notwendig für die geistige Entwicklung zu verstehen. Erst der Ackerbau und die Viehzucht führten später zur tatsächlichen Beherrschung und Formung der Natur, das heißt der Kreierung von Kultur. Von einer Explosion innerhalb des Kunstschaffens wird man aus diesem Grunde erst in jener Zeit sprechen können[446]. Mit der wissenschaftlichen Interpretation der Höhlenmalereien bildete sich innerhalb der Jagdwissenschaft oder der sich mit Jagd beschäftigenden Wissenschaften (Anthropologie, Archäologie, Osteologie, etc.) eine ganz spezifische Eigenart aus, die sich in ihrer Dominanz bis heute weitgehend erhalten hat: die Betonung realer Jagd auch in Gesellschaften, die sich bereits jenseits der Jagd als Subsistenzhandlung befanden. Es scheint für die bisherigen Untersuchungen anderer Autoren vollkommen unbedeutend zu sein, ob die Felszeichnungen dem Jagdzauber zuzurechnen sind oder sonstigen direkten oder indirekten Bezug zur Jagd haben, da sich die wissenschaftlich dokumentierte Jagdgeschichte von diesen Detaildiskussionen längst abgekoppelt hat. Die Überbetonung realer Jagd resultierte daraus, dass von den Felszeichnungen zumeist auf eine vermutete jagdliche Realität geschlossen wurde. Dies

445 Vgl. dazu Emmanuel Anati, Höhlenmalerei, S. 28f. Auch den Menschen begleiteten bereits überall dualistische Erscheinungen: Mann - Frau, Leben - Tod, Tier - Mensch, Wasser - Erde, etc.

446 Zur Explosion der Kunst vgl. die Ausführungen bei Emmanuel Anati, Höhlenmalerei, S. 14. Im Gegensatz zu Anati vertrete ich den Standpunkt, dass eine deutliche Steigerung des Kunstschaffens erst mit dem Neolithikum eingesetzt haben wird. Der Beginn der Zivilisation, das heißt die Urbanisation, die Ausdifferenzierung der Gesellschaft und des Arbeitsprozesses, die Institutionalisierung von Religion und Magie, etc., all das wird eine immense Steigerung des Kunstbedürfnisses und des Kunstschaffens mit sich gebracht haben. Auch die Jagd selbst, so werde ich noch ausführlich aufzeigen, nahm ihre fulminante Entwicklung erst im Laufe der Zivilisation.

führte zu einer Überbewertung realer Jagd, ohne ihre symbolische Kraft fern realer Handlungen entsprechend zu würdigen. Wenn man so will, kreierte die wissenschaftlich formulierte Jagdgeschichte den Mythos realer Jagd, der fortan in einem offensichtlichen und kontinuierlichen Ungleichgewicht zwischen der existenziellen oder wirtschaftlichen Bedeutung der Jagd einerseits (reale Jagdhandlungen) und ihrem symbolischen Wert und ihrem mythischen Gehalt andererseits bestand. „Schuld" daran sind nicht zuletzt die Höhlenmalereien, Figurinen und sonstigen Artefakte, die irgendeine Anlehnung an die Jagd erkennen lassen. Jenes Ungleichgewicht in der historischen Gewichtung, Bewertung und Beurteilung der beiden Ebenen (Realität – Symbol) kann man sowohl für die vorneolithischen Zeiten des modernen Menschen als auch innerhalb der späteren Phasen der Zivilisation nachweisen[447]. Was die Beurteilung der Jagdhandlungen im Mittelalter und der frühen Neuzeit angeht, blieb man sich wissenschaftlich der vermuteten kontinuierlichen Fehleinschätzung treu. Hier fand zwar tatsächlich reale Jagd statt, ihre herrschaftlichen Intentionen dagegen wurden nicht erkannt[448].

3.2.3 Dichotomie von Natur- und Kulturphänomenen innerhalb der Jagdhandlung

Zum besseren Verständnis von Jagd, ihrer Symbolik und den objektivierbaren Funktionen, die mit der Jagdhandlung oder ihrer Verbildlichungen zusammenhängen können, ist es unbedingt notwendig, einen Blick in die innere Struktur der Jagd als Handlung und als Symbol gleichermaßen zu werfen, die sich im Wesentlichen aus Natur- und Kulturbestandteilen zusammensetzt. Im Folgenden soll deshalb die Jagd in einen natürlichen und einen kulturellen Handlungsrahmen aufgeteilt werden. Unter der Naturperspektive, dem natürlichen Handlungsrahmen, ist die originäre Leistung der Jagd, die Subsistenz (Fleischbeschaffung, Felle, Knochen, Häute, Blut, etc.) zu subsumieren, also die primitive Jagd in ursprünglichen Jäger-Sammlergesellschaften. Der kulturelle Aspekt dagegen beschreibt die Jagd fern der Subsistenz und aufgrund der damit ursächlich in Verbindung stehenden Fortschritte der Zivilisation in Lebensräumen, die bereits durch den Menschen exploitativ verändert wurden (Ackerbau, Viehzucht, Siedlungen, Rodungen, etc.). Zur Feststellung eines natürlichen Handlungsrahmens müssen wenigstens zwei Kriterien von Jagd und Jäger positiv erfüllt sein.

---

[447] Während diese Entwicklung für die Neandertaler als sehr strittig gilt, kann man mit Sicherheit den frühen Formen der modernen Menschen (z. B. dem Cro-Magnon-Mensch) attestieren, dass sie sich neben der jagdlichen Subsistenz auch bereits der Jagd- oder Tiersymbolik bedienten, obwohl oder gerade weil sie in einem großen Umfang von der Nutzung der wilden Tiere zum Zwecke der Subsistenz abhängig waren. Später zeigen insbesondere die ägyptischen Eigenheiten das Ungleichgewicht zwischen jagdlicher Ökonomie und jagdlicher Symbolik auf. Jagd als wirtschaftliche Komponente spielte bei den Ägyptern keine Rolle mehr, wohingegen ihr symbolisches Gewicht für die Aufrechterhaltung der Ordnung in der Welt von großer Bedeutung war. Vgl. dazu die Ausführungen von Hartwig Altenmüller, Jagd im Alten Ägypten, S. 8 und S. 23ff. Wie noch zu zeigen sein wird, wurde aufgrund der Gleichsetzung Bild – Realität die tiefere Bedeutung der jagdlichen Symbolik lange Zeit verdrängt.

[448] Die Kapitel 6 bis 8 werden diese Kontinuität in der wissenschaftlichen Jagdbeurteilung zu durchbrechen versuchen.

a) Exploitative Eingriffe in die Natur (Artifizialisierung) dürfen nicht gegeben sein, weder durch den Jäger selbst (micro) noch durch räumlich getrennte Gesellschaften (macro)[449].

b) Die zweite Bedingung für die Existenz eines natürlichen Handlungsrahmens der Jagd ist die Jagd aus Subsistenzgründen, das heißt zur unmittelbar notwendigen Gewinnung von Nahrung, Fellen, Häuten und Nebenprodukten wie Knochen zur Herstellung von Werkzeugen.

Beide Bedingungen waren in den Zeiten zwischen dem Auftauchen des jagenden Neandertalers und des modernen Menschen und dem Neolithikum mit der Erfindung des Ackerbaus und der Viehzucht gegeben. Für die altorientalischen Hochkulturen und jene des Mittelmeerraumes und später der mitteleuropäischen Kulturen galt die Jagd nicht mehr als ein natürliches Phänomen, sondern als ein kulturelles, da sie für andere Zwecke instrumentalisiert oder in durch den Menschen nun erst definierten und sich stetig verändernden Räumen mit unterschiedlichen Zielsetzungen ausgeübt wurde. Das heißt, dass die Jagd sowohl im Tierreich als auch innerhalb der Menschwerdung ein natürliches Phänomen sein kann, wie es z. B. die Tötung einer Antilope durch einen Geparden im afrikanischen Busch oder die existenzielle Tötung von Tieren im Paläolithikum zum Zwecke der Daseinsbewältigung der Hominiden war. Die Jagd ist hier eine Handlung innerhalb der von der Natur vorgegebenen und unveränderlichen Größen wie Artenreichtum, Artendichte, Bedingungen der Existenz sowie Chancen und Risiken jenseits des Zustandes, den der moderne Mensch durch Raumdefinitionen[450], Exploitation und rationales Wirtschaften erreicht hat. Beide Arten der Tötung (Antilope durch einen Geparden, Hasen durch einen Menschen) im Zuge der Jagd und vor dem Hintergrund der eigenen Existenzsicherung sind natürliche Phänomene, sofern sie eingebettet sind in natürlich strukturierte Räume, wie sie z. B. im Aurignacien noch gegeben waren, und nicht in artifiziell strukturierte Räume. Während sich die Jagd des Kultur schaffenden Menschen gerade aufgrund seiner Raumstrukturierungen und Raumdefinitionen stetig verändert, ist die Jagd innerhalb der nicht Kultur schaffenden Tierwelt durchweg als ein natürliches Phänomen zu betrachten, auch in den artifiziellen Restnaturräumen der bundesdeutschen Wälder und Fluren. Im Tierreich walten Triebe und Instinkte und die vorgegebenen Räume werden durch die vom Instinkt geleiteten Subjekte (Tiere) nicht verändert. Das heißt, dass allein die Jagd, das Töten und getötet werden von Tieren durch Tiere, im – wenn auch

---

449 Letzteres ist z. B. auf die modernen Industrienationen zutreffend, da sie globale Auswirkungen ihrer nationalen Zivilisation verursachen. Allerdings ist eine strikte Grenzziehung kaum möglich, da auch heute noch im Amazonasgebiet Subsistenzjagd von rezenten Jägervölkern ausgeübt wird, obwohl die Industrienationen rodend und über globale Luftverunreinigungen und Klimaveränderungen auf die örtliche Umwelt einen merklichen Einfluss ausüben. Klimaveränderungen, die stetige Vergrößerung des Ozonlochs, die Zerstörung der Natur durch Rodung und Staudämme, durch Flussbegradigungen und Verklappung von Chemikalien und anderen synthetischen Stoffen, durch Luftverschmutzungen allgemein und deren Abregnung in weit entfernten Gebieten außerhalb der verursachenden Nationen sind Bestandteile dieser Einflüsse. All dies wirkt sich auf die Artenvielfalt, die autochthonen Zusammenhänge und damit auf die dort lebenden und jagenden Sozietäten aus.

450 Was mit Raumdefinitionen gemeint ist, wird in Kapitel 4 ausführlich sowohl theoretisch als auch anhand von Beispielen definiert werden.

bereits durch den Menschen artifizialisierten - Tierreich als weitgehend natürliches Phänomen bis heute erhalten blieb[451]. Jede andere Art der jagdlichen Tötung (Mensch - Tier) hat sich schon bald aus dem Kontext Natur herausgelöst und ist in einen neuen, einen kulturellen oder besser artifiziellen Raumzusammenhang hineingewachsen. Je weiter sich der Mensch aus dem Tierreich entfernt hat, später sogar exploitativ in die Natur eingriff, um so kultureller wurde die Jagd und die mit ihr verbundenen Ziele, seien es symbolische oder reale oder eine Mischung aus beidem. Sie begann einerseits Triebfeder für Rituale und Magie zu werden und später auf Regeln und Übereinkünften zu basieren, die aus Not und Trieb ein kulturfähiges Tun und Verhalten machten[452], deren Entwicklung und Weiterentwicklung von der Jagd der frühen Jäger-Sammlersozietäten, der Jagd und den Jagddarstellungen im Altertum bis zur zeitgenössischen Jagd des 21. Jahrhunderts zu verfolgen ist[453]. Alle diese jagdlichen Stufen sind dabei nur Wirkungen und nicht Ursache ein und derselben Entwicklungslinie: den Prozessen der Zivilisation und ihrer räumlichen Wirkungen in einem ideellen und materiellen Sinne gleichermaßen.

3.2.3.1 Anwendung auf die Gegenwart

Bezogen auf die bundesdeutsche Gegenwart bedeutet dies, dass das Erlegen eines Rehbockes oder eines Wildschweins in der Kulturlandschaft in keinem Falle mehr

---

451 Natürlich existieren auch heute noch rezente Jäger- und Sammlersozietäten, für die die Jagd als natürliches Phänomen ihre volle Validität besitzt. Jene Sozietäten sind jedoch nicht Gegenstand der vorliegenden Untersuchung. Auch ist dort trotz einer weitgehenden Natürlichkeit der Jagd manche kulturelle Komponente zu beachten. Die Auswirkungen der Zivilisation beispielsweise durch Emissionen und Immissionen, die Zerstörung der Ozonschicht und der damit verbundenen Erwärmung der Erde haben auch auf die weit entfernten Regionen des Planeten eingewirkt. Die Zivilisation beeinflusst damit auch die Lebenswelt der Pygmäen oder anderer rezenter Jäger-Sammlervölker, wodurch deren Habitat selbst zu einem Artefakt wird.

452 Vgl. dazu auch bei Hanno Helbling, Die Jagd - Mythos, Metapher, Motiv, S. 7.

453 Der Schwerpunkt jagdlicher Selbstbeschränkung des Menschen durch Regeln und Normen liegt jedoch weit mehr in der Neuzeit verborgen als in den Zeiten davor. Die Jagd war - teilweise bis nach 1848 - in allen ihren Erscheinungsformen und Ausdrucksweisen nach unseren modernen Maßstäben äußerst grausam. Erst die Überführung der Jagd in bürgerliche Kreise hat zu einer rigorosen Affektbändigung geführt, die zwar den Tod des Wildes als Beute zum Ziel hatte, dies jedoch so schnell und fair als möglich zu erreichen suchte. Wie und auf welche Weise dies geschah und welche Besonderheiten und Kuriositäten sich daraus ergaben, wird noch gesondert betrachtet werden. Darüber hinaus bleibt aufzuzeigen, dass es im 21. Jahrhundert wiederum das Bestreben einiger ist, diese Regeln als wesentliche Bestandteile der waidmännischen Tradition teilweise zu lockern, um die jagdliche Effizienz innerhalb der äußerst sensiblen Restnaturräume zu steigern. Galt es nach 1850 die jagdlichen und oftmals grausam anmutenden Affekte zur Hebung der Waidmannstugend zu bändigen, müssen sie in der Gegenwart wieder zum Leben erweckt werden, um überhöhte Schalenwildpopulationen wirksam reduzieren zu können. Wurde der Bauernjäger im 19. und zu Beginn des 20. Jahrhunderts lange Zeit in seiner Jagdweise beschnitten oder angefeindet, fordern die Naturschutzverbände, die Forstwirtschaft und Forstwissenschaft heute die wieder Anwendung jener bäuerlichen Jagdmethoden. Ausschlaggebend sind hier allein die Schäden an den Kulturflächen, an jenen Räumen also, die der Mensch der Natur entfremdet hat, um optimale Wirtschaftlichkeit zu erreichen.

Natur oder natürlich ist, sondern ein Abbild der mit der Kultivierung zusammenhängenden und von Menschenhand geschaffenen Probleme einerseits sowie der Motive der Ökologie, der Ökonomie und Freizeitgestaltung des modernen Menschen andererseits darstellt. Darüber hinaus ist all dies nur eine andere Bezeichnung für die Veränderung der räumlichen Qualitäten, die der Mensch geschaffen hat und die nun auf sein Handeln zurückfallen. Auch die Ökologie ist insofern ein Tribut an die Kulturleistung des Menschen und niemals Rechtfertigung einer nicht mehr existenten Naturleistung der Jagd[454]. Die Ökologie ist quasi das konsequente Resultat jener Auswirkungen der Industrialisierung und der damit zusammenhängenden Verwissenschaftlichung der Beziehungsgefüge zwischen Fortschritt und Lebensraumzerstörung, zwischen Kultivierung und dem Versuch umfassender Renaturierungen. Der Begriff des „Natur-, Kultur- oder Umweltmanagements" bietet sich hier also auch auf dem jagdlichen Gebiet durchaus an[455]. Erst die anhaltende Zerstörung der Natur durch das menschliche Konstrukt der Kulturlandschaft hat der Ökologie öffentlichkeitswirksames Leben eingehaucht und sie als Wissenschaft für die Erforschung und Erhaltung unserer Restnatur zwischenzeitlich unabdingbar gemacht. Die Ökologie als Wissenschaft und als Bestandteil öffentlicher Meinung ist damit im Wesentlichen selbst ein Kind der 1970er Jahre, als den Naturwissenschaften die Auswirkungen der Industrialisierungen, der Flurbereinigungen und der maschinellen und chemischen Landwirtschaft offenbar wurden. Öffentlich wirksam wurde sie dann durch die Ökologiebewegung, deren Ziel es ist, als nichtstaatliche Akteure das Anliegen eines umfassend verstandenen Umweltschutzes auch auf politischer Ebene geltend zu machen[456].

---

454 Gerade in den öffentlichen Diskussionen wird oftmals darauf verwiesen, dass die Jagd in unserer Kulturlandschaft die Aufgabe hat, das ökologische Gleichgewicht wiederherzustellen oder zu erhalten. Dabei wird übersehen, dass es das ökologische Gleichgewicht nicht gibt und noch niemals gab. Tierarten kommen und gehen, d. h. sie überleben und sterben aus, und das auch schon lange vor dem Zutun des Menschen. Jäger in der Bundesrepublik Deutschland brauchen kein Stück Wild dem Trugbild eines ökologischen Gleichgewichts zu opfern, allein schon deshalb, weil der Mensch Kulturraumtatsachen geschaffen hat, die selbst eine Annäherung an eine solche Schimäre von vornherein verunmöglichen. Aber: Jagd ist ökonomisch und ökologisch plausibel, da sie einerseits das Kapital der Waldbesitzer schützt und mehrt und andererseits einen unverzichtbaren Faktor bei dem Versuch der ökologisch gebotenen und dringend zu erreichenden Änderung der Baumartenzusammensetzung unserer bundesdeutschen Wälder stellt. In diesem Sinne ist die Jagd ökologisch sinnvoll, da sie zu bewerkstelligen hat, dass die Schalenwildbestände in einem waldverträglichen Maße erhalten bleiben. Seuchenpolitische Aufgaben kommen noch dazu.

455 Insbesondere die Abwägung zwischen zuverlässigen Weisern für die Wildschadenssituation einerseits und der Abschussplanung andererseits ist nicht mehr wie in früheren Zeiten über den Daumen gepeilt möglich, geschweige denn von Erfolg gekrönt. Zu den zu beachtenden Zusammenhängen siehe die a.i.d. (Auswertungs- und Informationsdienst für Ernährung, Landwirtschaft und Forsten e.V.) Broschüre Wildschäden am Wald, 1134/2002, S. 5-15.

456 Der Begriff der Ökologiebewegung setzte sich in der Bundesrepublik tatsächlich auch erst um das Jahr 1978 durch. Vgl. dazu Dieter Rucht, Von der Bewegung zur Institution? in: Roland Roth, Dieter Rucht (Hrsg.), Neue soziale Bewegungen in der Bundesrepublik Deutschland, S. 242f, unter Bezug auf Hans Magnus Enzensberger.

3.2.3.2 Die Herauslösung der Jagd aus natürlichen Zusammenhängen

Die Kraft, die notwendig war, die Jagd aus ihren natürlichen Zusammenhängen herauszulösen und in einen kulturellen Rahmen einzubinden, liegt - neben dem Auftauchen des modernen Menschen und seiner geistigen Kapazitäten - möglicherweise auch im Phänomen des Tötens verborgen. Das Töten (sowohl der eigenen Art als auch anderer Spezies) ist ein Strukturmerkmal des Zivilisationsprozesses, ob wir das nun einsehen wollen oder nicht[457]. Während das zielgerichtete Töten der eigenen Art als Reproduktionsstrategie bereits innerhalb der Evolution vorhanden war und die Raubzüge und Kriege andererseits als „new economy" trivialisierend erst dem Fortschritt des Wirtschaftens zuzurechnen sind, ist das Töten im Zuge der Jagdausübung - neben der Subsistenzwirtschaft - aus Gründen der sich daraus entwickelnden magischen Rituale auch ein Motor der religiösen Kulturentwicklung innerhalb der frühen Jäger- und Sammlersozietäten. Im Stadium der frühen Jäger- und Sammler ist also noch nicht das institutionalisierte Töten der eigenen Spezies gemeint (Krieg und Raub), sondern vielmehr das aktive Töten von Tieren zum Zwecke der Daseinsbewältigung als auch das Getötetwerden durch Raubtiere zum Zwecke derer Daseinsbewältigung. Der Tod - das Töten - muss dabei ohne Frage auch als Getötetwerden verstanden werden, welches mit einiger Sicherheit ebenfalls kein seltenes Phänomen innerhalb der Menschwerdung war. Unfälle, Verletzungen, Krankheiten, Geburten und wilde Tiere werden die Gründe für eine hohe Mortalität der frühen modernen Menschen - wohl aller Hominiden - gewesen sein. Dieses erste Stadium reflektiert, wenn man so will, die naturgewollte Tötung und das Getötetwerden, während im Zuge der Zivilisation postneolithischer Zeit das Töten nicht nur der Jagdtiere, sondern auch der eigenen Spezies selbst zur Kultur wurde. Die Dichotomie Natur - Kultur begegnet uns im Verlaufe der Jagdgeschichte, insbesondere der modernen, ständig wieder - meines Erachtens allerdings zumeist falsch interpretiert bis in die jagdlichen Diskussionsforen diverser Internetseiten[458] hinein. Die Tötung der Jagdtiere durch die frühen Jäger- und Sammlersozietäten - so die Meinung einiger - habe schon bald zu einer ersten Kulturleistung, zu einer Aktivierung des menschlichen Geistes im Denken und einem kognitiv mitbestimmten Fühlen außerhalb der natürlichen Vorgänge geführt[459]. Allerdings ist es sehr strittig, ob jene erste Kulturleistung der Jagd und dem Vorgang des Tötens zuzuschreiben ist. Möglicherweise kommt dem Gebärvorgang der Frauen eine viel größere Rolle zu, dessen Verehrung im Kult der gro-

---

457 Zu erinnern ist hier an die im ersten Kapitel erwähnten Reproduktionsstrategien von Männern und Frauen, die z. B. den Infantizid als Strukturmerkmal kennen. Jene Strategien waren jedoch wahrscheinlich bereits Bestandteil der Evolution und nicht erst der Zivilisation, die dafür Krieg und Raub hervorgebracht hat. Nicht zu verwechseln sind jene Reproduktionsstrategien mit Kategorien wie Brutalität, Gewalttätigkeit, Kriegslust, etc. Kriegslust und Gewalttätigkeit stellen insofern keinen Beleg für eine ontogenetisch verankerte Aggression des Menschen dar.

458 Dadurch, dass man sich in Jägerkreisen auch heute noch darauf beruft, eine Handlung zu begehen, die in der menschlichen Verfassung, im menschlichen Wesen unwiderruflich angelegt ist, nimmt man seinem Gegner die Waffe aus der Hand. Denn wenn wir von Natur aus so sind, wie wir sind, dann gibt es keinen rationalen Diskussionsbedarf, kein Argument der Gegenseite, das uns Jäger ernsthaft gefährden könnte.

459 Vgl. bei Günter R. Kühnle, Der Mensch als Jäger im Spiegel seiner Vernunft, S. 62f.

ßen Mutter und der „hieros gamos“[460] seinen Ausdruck fand. Leben und Tod können prinzipiell als der Entwicklung einer bestimmten Geisteshaltung dienlich angesehen werden; welchem Ereignis (der Geburt oder der Jagd) jedoch eine diesbezügliche Vorrangstellung einzuräumen ist, kann nach dem heutigen Stand der Wissenschaft kaum erschöpfend geklärt werden. Tatsache ist jedoch, dass die Höhlenmalereien überwiegend der Tier- oder Jagdsymbolik zuzuordnen sind, während sich die gefundenen Figurinen häufig durch weibliche Attribute auszeichnen[461], wie dies bereits angedeutet wurde. Ein Übergewicht der einen oder anderen Seite innerhalb der einen oder anderen Ausdrucksform feststellen zu wollen, kann jedoch der Sache nicht dienlich sein und wäre darüber hinaus vermessen. Allerdings scheint sich auch diese Interpretation zunehmend zu wandeln, da auch die Höhlenmalereien die Dialektik zwischen männlich und weiblich zum Ausdruck bringen. Der französische Wissenschaftler André Leroi-Gourhan weist dabei den in der europäischen Felsmalerei häufig anzutreffenden Tierarten wie Bison und Pferd jene geschlechtlichen Attribute zu. Auch Emmanuel Anati hat sich über diesen Dualismus innerhalb der Höhlenzeichnungen erschöpfend geäußert. Der Bison symbolisiere demnach das Weibliche, während das Pferd - beide wiederholen sich häufig als großflächige Gegenüberstellungen innerhalb der franko-kantabrischen Felskunst - das Symbol des Männlichen repräsentiere[462]. Die Gegenüberstellung Bison - Pferd wird auf diesem Wege zu einer Metapher, die mit der Jagd in keinerlei Beziehung steht, sondern ganz andere Assoziationen wecken soll.

a) Für den Bereich der Jagd, des Tötens wilder Tiere, bleibt aber dennoch zu beachten, dass sowohl das Herkommen der Tiere als auch ihre Sprache, ihre Gebärden und Verhaltensweisen von ihren hominiden Jägern nicht verstanden werden konnten. Diese Zusammenhänge, die Erklärungs- und Deutungsnot, musste sich in irgendeiner Weise artikulieren. Ähnlich wie der Geburtsvorgang für den Mann auch noch in rezenten Jäger-Sammler-Gesellschaften ein Mysterium ist, liegt der Schluss nahe, dass den Tieren ein Fluidum des Transzendenten anhaftete. So bleibt anzunehmen, dass aufgrund der magischen Vorstellungswelt des Frühmenschen in den Höhlenmalereien nicht reale Jagdhandlungen abgebildet sind, sondern transzendente Elemente, die sich einerseits auf die kulturelle Leistung der Verehrung (ähnlich der Muttergottheit) als auch der spirituellen Kontaktaufnahme mit den Tieren oder aber die genannten dialektischen Assoziationen beziehen. Die Tiersymbolik, die Darstellung bestimmter sich gegenüberstehender Tiere, wäre demnach auch ein assoziatives Element für die Gegensätze Mann - Frau, Leben - Tod, etc. Wäre dem so, so ist der Bezug zur Jagd innerhalb der Höhlenmalereien als tatsächlich nicht zwingend zu bezeichnen und oftmals in Frage zu stellen. Die Visualisierung jener Kulturleistung macht sie für den Forscher interpretierbar,

---

460 Vgl. zur Beschreibung der Heiligen Hochzeit, der hieros gamos, bei Georg Feuerstein, Gott und die Erotik, S. 111ff und an verschiedenen anderen Stellen.

461 Vgl. dazu auch bei Emmanuel Anati, Höhlenmalerei, S. 33. Hier ist eine weibliche Figur aus Elfenbein beschrieben, deren Alter auf etwa 30.000 Jahre geschätzt wird. Die Gestaltung jener Statuette, die als Anhänger gedient haben wird, brachte die Wissenschaftler zu der Annahme, dass es sich um den Anhänger einer jungen Frau handelte, der sie an den Monatszyklus erinnern sollte.

462 Vgl. dazu bei Emmanuel Anati, Höhlenmalerei, S. 28f.

erfassbar, was jedoch den Schluss nahe legt, dass vor der Sichtbarmachung der Geisteswelt bereits eine vergleichbare Leistung stattgefunden haben muss, die jedoch möglicherweise in Gebärden oder Sprache lange Zeit in den Köpfen der Jäger und Sammler lebte, bevor die Ausdrucksweise der Malerei gefunden wurde. Die Tatsache der Koexistenz einer großen Anzahl wilder Tiere mit nur zunächst vergleichsweise geringen Populationen unserer hominiden Vorfahren führt eine schon magische und rituelle Wertschätzung des Nichtmenschlichen in den Zeiten vor der Höhlenmalerei in den Blickpunkt. Zudem kommt die Rolle des Menschen als dem Gejagten großer Prädatoren zusätzlich zum Tragen, versucht man rituelle, magische oder schlichtweg religiöse Tendenzen und Formen aus der Beziehung Mensch - Tier zu kristallisieren. Man darf nicht aus den Augen verlieren, dass der steinzeitliche Mensch wohl auch häufig Opfer und nicht nur Jäger war und sich in der (Ehr-)Furcht gegenüber den großen Raubsäugern selbst magische Beschwörungsformeln und Zauberkulte herausgebildet haben könnten. Vielleicht sind unter Berücksichtigung jener Gedanken manche Höhlenmalereien auch schlichtweg Formeln der Beschwörung wilder Großprädatoren, auf dass jene sich eine andere Nahrung als den Menschen suchen mögen. Der Weg von der sensorischen Kunst (Reproduktion des Gesehenen) des Paläolithikums zur dargestellten Imagination (Symbole, Episoden) von natürlichen oder transzendenten Vorgängen im Neolithikum macht es dem Forscher nicht einfach, klare Strukturen herauszuarbeiten[463].

b) Auf der anderen Seite (im Gegensatz zum Getötetwerden durch einen Raubsäuger, siehe unter Punkt a) spendete die aktive Tötung eines Tieres Leben durch Nahrung, Felle und verschiedene Nebenprodukte. Aber auch hier ist zu beachten, dass nicht der Vorgang des Tötens wesentlich sein musste. Subsistenz konnte wesentlich effektiver durch die Nutzung bereits toter Tiere erfolgen, namentlich über Aas. Es ist nicht einzusehen, weshalb die Nutzung bereits toter Tiere nicht weniger Anlass zur bloßen Darstellung oder zu Dankeskulten und Riten gegeben haben sollte als deren aktive Tötung durch den Menschen[464]. Dankeskulte wie sie Kurt Lindner innerhalb seiner Arbeit über die Jagd der Vorzeit schilderte oder die visualisierten Versuche der Kommunikation durch Abbildung gespeerter Tiere, wie es im zweiten Kapitel angesprochen wurde, bildeten sich als Komponenten der Kultur auf künstlerischer als auch geistiger Ebene heraus. Durch jene Geistesleistung, die in den Höhlenmalereien zum Ausdruck kommt, begannen nach meinem Dafürhal-

---

463 Die Unstrukturiertheit des Raumes, die Unendlichkeit der Wälder, der schneebedeckten Gipfel, das Vorkommen wilder Tiere und der eigenen Spezies, die Weiten der Steppen und Savannen müssen allerdings in irgendeiner Art und Weise einen Eindruck hinterlassen haben.

464 Wenn zwischenzeitlich selbst die karnivore Lebensweise des hoch spezialisierten, muskulösen und ausdauernden Neandertalers in Frage gestellt wird (Vgl. dazu einen Artikel von Alfred Czarnetzki und Carsten M. Pusch, Die Neandertaler - Eine hoch spezialisierte Art, unter der URL: http://www.archaeologie-online.de/magazin/thema/2001/06/c_1.php, so gilt gleiches in gewissem Umfange wohl auch für den modernen Menschen. Unter energetischen Aspekten und den Aspekten des vermuteten Tier- und Artenreichtums während der Eiszeit und der anschließenden Warmzeit erscheint die Nutzung von Aas nach wie vor eine bisher leider vernachlässigte Option der Ernährungsweise zu sein, wie auch die Gewinnung von Stärke und Eiweiß über Nüsse, Wurzeln, Samen und Insekten. Vgl. dazu auch die Ausführungen bei Josef H. Reichholf, Das Rätsel der Menschwerdung an verschiedenen Stellen, insbesondere S. 36ff und S. 203ff.

ten die Jagd oder jagdähnliche Handlungen eine für die Nachwelt bereits nachweislich kulturelle Struktur zu entwickeln, die zunächst noch neben der Naturkomponente mitbestand. Das Resultat der kulturellen Wendung ist im Totemismus, dem Beginn religiöser Riten, der Magie, etc. zu finden. Trotz allem bleibt jedoch auch die Möglichkeit bestehen, dass allein die Koexistenz des Menschen mit den Tieren ebenfalls zur Herausbildung der Höhlenmalereien geführt hätte, ohne dass ein Tötungsvorgang zwingend notwendig gewesen wäre, womit wieder einem fehlenden Bezug zur Jagd Rechnung getragen werden würde. Allein die Präsenz jener Geschöpfe musste durch ihre Andersartigkeit den Geist der Menschen angeregt haben. Immerhin ist denkbar, dass der Tötungsvorgang durch das Vorhandensein von ausreichend Aas auch eine reduzierte Notwendigkeit besaß, da aufgrund der hohen Populationsdichten der Tiere neben der Ernährung der Menschen auch die Fellgewinnung durch die Nutzung der gerissenen oder natürlich gestorbenen Tiere aufrecht erhalten bleiben konnte. Da diese Unstimmigkeiten an dieser Stelle kaum zu lösen sein werden, bleibe ich im Folgenden der Tötung der Tiere treu, zudem sie wohl auch von den kritischsten Anthropologen nicht ganz von der Hand zu weisen sein wird. Allerdings ist man sich bis heute sehr uneins, ob die zielgerichtete Tötung wilder Tiere durch den Menschen der Steinzeit tatsächlich zu einer großen Welle des Aussterbens, insbesondere des Höhlenbären, des Säbelzahntigers, des Wollnashorns und des Mammuts führen konnte, oder ob es nicht vielmehr klimatische Bedingungen oder gar Infektionen gewesen sein können, die von den Menschen auf die Tiere übergingen und dafür verantwortlich waren. In der Vermutung, der Mensch habe seine großen karnivoren Konkurrenten als auch die Megaherbivoren bereits in der Steinzeit ausgelöscht, liegt daneben auch ein wichtiger Funke für die bereits weiter oben angeführte Jagdhypothese verborgen, die es im letzten Kapitel zu widerlegen galt. Der moderne Mensch fügte sich schließlich sehr gut in die pessimistischen Beurteilungen der zeitweise beliebten Mörderaffenthese, wie sie Matt Cartmill eindrücklich dargelegt und abgelehnt hat, ein. Damit sei den Ausführungen zur Natur–Kulturverschränkung innerhalb der Jagdhandlung zunächst einmal Genüge getan. Mit diesem Hintergrundwissen ausgestattet, soll nun eingehender auf die Inhalte und Funktionen der Tier- oder Jagdsymbolik im Verlaufe der Kulturwerdung eingegangen werden.

3.2.4 Konkretisierung: Ebenen der Tier- oder jagdlichen Symbolik

Wie im letzten Kapitel aufgezeigt, beginnt die Geschichte der Jagd nicht erst mit den sichtbaren Zeugen der prähistorischen Vergangenheit (den Höhlenmalereien) eine endlose Aneinanderreihung falscher Schlüsse und Interpretationen, die bis heute nachwirken, zu werden. Die Missachtung der anthropologischen Grundlagen, der evolutionsbiologisch vorgegebenen Determinanten menschlicher Jagd und menschlicher Lebensorganisation, haben zu einer – bewussten oder unbewussten – Reduktion von Komplexität in der Analyse und Darstellung der Geschichte der Jagd geführt. Der Mythos von der Jagd als Motor des Menschseins und alle mit ihm zusammenhängenden auch modernen Fehleinschätzungen von Jagd und Jäger resultieren daraus[465]. Das Interpretationspotenzial, welches den zahlreichen gefundenen Figurinen, Höhlenmalereien und Werkzeugen kulturmorphologisch innewohnt, hat sich dann jahrzehntelang geschickt in dieses Bild integrieren lassen. Heutige Formulierungen über das jagdliche Erbe unserer prähistorischen Verwandten als auch unserer prä- und postneolithischen Urahnen gehen dagegen etwas sensibler und kritischer mit den gefundenen Artefakten um. Es ist nicht mehr alles von vornherein Jagd, was danach aussehen mag. Noch lange Zeit vor der Etablierung archäologischer und osteologischer Wissenschaften stand also den Menschen ein Spiegel zur Verfügung, in dem sie ihre eigene Vergangenheit betrachten und analysieren konnten. Die Rede ist von den bereits mehrmals angesprochenen Höhlenmalereien unserer steinzeitlichen Vorfahren, die trotz oder gerade wegen fortschreitender wissenschaftlicher Erkenntnisse bis heute keine einheitliche Interpretation erfahren haben. Es sind nicht so sehr die Dogmen und Traditionen, die die Wissenschaft (und noch viel mehr die Jäger selbst) daran hindert auch andere Interpretationen als ernsthafte Alternativen in Betracht zu ziehen – es sind viel mehr die Gewichtungen der „verständigsten Deutungen" aus den Erkenntnissen der Kulturmorphologie der vergangenen Dekaden. Wie sehen die Gewichtungen dieser Deutungen aus? Generell scheint es für die meisten Menschen nahe liegender zu sein in Höhlenmalereien reale Jagdszenen zu erkennen als bloße Botschaften, rituelle oder kultische Absichten oder magische Beschwörungen, geschweige denn Kommunikationsversuche, losgelöst von direkten Jagdbezügen. Dasselbe Problem kennt man von Seiten der Beurteilung der Anthropophagie, die man lange Zeit als profan und nicht als rituell beurteilte und damit vorverurteilte. Für die meisten Wissenschaftler war der Kannibalismus ein Resultat der Lebensumstände, vermeintlicher Nahrungsengpässe oder eine Äußerung von Rachsucht gegenüber dem Verspeisten. Der Gedanke, dass mit der Verspeisung etwas Spirituelles erreicht werden sollte, was mit Hunger oder Rache in keinerlei Beziehung steht, wurde lange Zeit nicht aufgegriffen. Das Essen scheint für viele ein zu offenkundiger Vorgang zu sein, der ursächlich und urtümlich nicht ernst genug genommen werden kann. Dass jedoch die Aufnahme von Nahrung vielmehr auch rituelle und religiös-geistige Bezüge haben kann, ist uns nicht erst seit der vedischen Kochkunst geläufig[466]. Für die Aufnahme körperlicher Bestandteile eines Menschen gilt dies in einem noch sehr viel stärkeren Sinne. Bezüglich der Höhlen-

465 Auch die Jagdgegner gehen in ihrer Argumentation oftmals den falschen Weg, indem sie der Jagd eine archaische Komponente zuspielen und ihre Möglichkeiten und Nutzen innerhalb klar definierter Rahmenvorgaben in den modernen Wirtschaftsräumen übersehen oder nicht wahr haben wollen. Vgl. dazu auch das Buch von Walter Christiansen, Die Jagd ist nicht mehr zeitgemäß. Der Autor umschreibt hier die Jagd als der Befriedigung eines archaischen Bedürfnisses dienend. Damit spielt er der Jagd ungewollt und unbewusst ein Argument zu, welches durch keinen Natur- oder Tierschützer entkräftet werden kann. Was ontogenetisch in uns verwurzelt ist, bedarf keiner Rechtfertigung.

466 Gerade bei der vedischen Küche ist das spirituelle Bewusstsein des Kochs darauf gerichtet, eine Opferung für seinen Gott vorzubereiten. In den meisten Religionen bitten die Menschen Gott um das tägliche Brot, während ein Gottgeweihter im Krishna-Bewusstsein sein tägliches Brot Gott darbringt, um ihm seine Liebe zu zeigen. Die Speise in der vedischen Küche wird zur Verehrung, zum liebevollen Austausch mit Gott, sie wird spiritualisiert. Vgl. dazu bei Adiraja Dasa, Vedische Kochkunst, S. 9-13.

malereien lassen unsere wenigen Erkenntnisse beinahe jede Interpretation zu und Bilder sind nur leidlich geeignet, die Hintergründe und Motive eines steinzeitlichen Malers zu ergründen[467]. Einen befriedigenden Ausweg findet man nur in der Einbeziehung der Lebenswelten und der strikten Reduzierung von belastender Gegenwarts-Komplexität, die der Forscher unwillkürlich mit sich trägt. Die Jagdhandlung ist in Gesellschaften, die fern jedes exploitativen Verhältnisses zu ihrer Umwelt stehen, eine natürliche Handlung und keine kulturelle, wie im vorigen Abschnitt über die Natur-Kulturphänomene innerhalb der Jagd dargelegt wurde. Alle Versuche, die Jagd fortgeschrittener Zivilisationen wie die der Neolithiker in Çatal Hüyük, der Ägypter und Hellenen etc. mit derjenigen der Steinzeitjäger zu vergleichen, müssen zum Scheitern verurteilt sein. Die Unterschiede der gesellschaftlichen und räumlichen Strukturen sind immens. Ein Vergleich in diesem Sinne ist zwar dennoch möglich und im Übrigen auch notwendig, er muss jedoch die Unterschiede herauszuarbeiten in der Lage sein und darf keine (neuen) Dogmen setzen. Ungeachtet aller bisher begangenen Unzulänglichkeiten und Unstimmigkeiten, die in der wissenschaftlichen Analyse der Höhlenmalereien ersichtlich wurden, ist doch eines relativ unbestritten: sie können ein Konglomerat unterschiedlicher Intentionen ihrer Verfasser widerspiegeln, die neben der Darstellung großer Jagden auch magisch-religiöse Zusammenhänge, kultische Handlungen oder Rituale bezeugen können. Selbst die Langeweile eines steinzeitlichen Kindes oder Jugendlichen ist nicht aus dem Kreis der Möglichkeiten auszuschließen. Bisher hat die Forschung die Höhlenmalereien immer als kollektiven Ausdruck einer Gruppe, als der gesamten Geisteshaltung der damaligen Zeit angesehen. Was aber, wenn jene Bildnisse nicht immer als Ausdruck einer „offiziellen" Bildmagie zu verstehen sind? Das Beispiel des gelangweilten steinzeitlichen Kindes wäre ein

[467] Wie wenig ein Bild, eine Darstellung, ein Symbol allein in der Lage sein kann relevante Daten zu liefern, ist durch das Beispiel des Christentums deutlich vor Augen zu führen. Ohne Kenntnis über Zeit, Kultur und Umstände des Lebens Jesu kann ein Außenstehender bei der Betrachtung des gekreuzigten Gottessohnes nur schwerlich die eigentliche Intention des Christentums erkennen. Wie sollte man aufgrund vordergründiger Betrachtung dieses Symbols auf Nächstenliebe und Vergebung schließen können? Und wie sollte man, ohne Kenntnis des Schamanentums rezenter Jägervölker und den Versuch, sich in die Natürlichkeit des primitiven Lebens der frühen Jäger-Sammlersozietäten einzufühlen, in den Wandzeichnungen etwas anderes als faktische Jagdszenen erkennen? Um diese Leistung zu vollbringen, muss man versuchen, sich die Lebenswelt des Steinzeitmenschen zu vergegenwärtigen und seine materiellen und geistigen Grenzen zu akzeptieren.

solches, aber auch die in einer Höhle in Lascaux (Dordogne, Frankreich) gefundene Zeichnung an einer fast unzugänglichen Grubenwand (im so genannten Schacht) ist in diese Reihe einzuordnen. Sie macht den Anschein eines Nachrufes auf einen Freund, dem der ungeübte Maler einen letzten Liebesdienst erwiesen hatte[468]. Nach der Definition der Finder dieser Zeichnung handelt es sich um die Sterbeszene eines Jägers, der von einem von zwei Lanzen verwundeten Büffel offenbar niedergestreckt wurde (Abb.: Aus der Höhle Lascaux im so genannten Schacht, unter der URL: http://www.culture.gouv.fr/culture/arcnat/lascaux/de/f-dec.htm). Der

Bildaufbau, die Darstellung des Sterbenden, die Qualität, all das scheint darauf hinzuweisen, dass es sich um ein rein privates und dem Tod eines Verwandten oder Freundes gewidmetes Bild handeln könnte, fern jeder Symbolik, fern jeder Magie. Zu einer vollkommen anderen Beurteilung des inzwischen berühmten Bildes gelangt jedoch Emmanuel Anati, womit er sich von den Deutungen der ihm vorangegangenen Anthropologen und Archäologen deutlich unterscheidet. Das scheinbar im Bauchbereich auslaufende Blut interpretiert Anati als Phallus, die den Bison durchbohrenden Speere sind nach seinem Dafürhalten lediglich beigeordnete Elemente, die das Tier nicht, wie fälschlich angenommen, durchbohren, und der „Seelenvogel“, wie ihn Orthbandt nennt, wird zu einer Vogelstandarte[469]. Die scheinbar liegende Gestalt, häufig als Mensch interpretiert, wird bei Anati zu einem vogelgesichtigen Wesen, wenn auch mit klaren menschlichen Zügen. Ein Bison, so Anati, „lädt eine ichthyophallische Gestalt mit Vogelgesicht auf seine Hörner. Beide Bilderschriften sind von Ideogrammen begleitet. Auf dem Bison sieht man einen Pfeil, der das Tier jedoch nicht durchbohrt, wie mehrfach angenommen wurde (so z. B. auch von Dietrich Stahl[470]), sondern ihm als ergänzendes Logo beigegeben ist. Neben der anthropomorphen

---

[468] Vgl. dazu die Ausführungen bei E. Orthbandt, Illustrierte Geschichte Europas, S. 39f.

[469] Vgl. Emmanuel Anati, Höhlenmalerei, S. 10 und S. 239. Nur soviel scheint wirklich sicher: den wahren Inhalt jener Darstellung wird man wohl nie entziffern können. Das hier dargestellte Bild ist auf der offiziellen Homepage der Höhle von Lascaux unter der URL: http://www.culture.gouv.fr/culture/arcnat/lascaux/en/ zu sehen. Ebenfalls bei Emmanuel Anati, Höhlenmalerei, S. 10.

[470] Auch bei Dietrich Stahl, Wild – Lebendige Umwelt, S. 11, wird diese Szene erläutert. Der Stier, so Dietrich Stahl, „mit gesenkten Hörnern und gewaltiger Mähne halb über dem Mann stehend, ist offenbar verwundet. Ein Speer hat ihn durchbohrt, aus der Bauchdecke hängt in mehrfachen Schlingen das Eingeweide heraus. Schmerz und Wildheit verrät der peitschende Schweif“. Es handelt sich hier um die Beschreibung derselben Szene, wie sie oben unter Rekurs auf Emmanuel Anati beschrieben wird.

Gestalt steht eine Standarte mit Vogelemblem. Unter beiden Bildscherschriften befindet sich ein so genanntes Bâtonnet-Zeichen, das die Beziehung zwischen beiden angibt. Auf der linken Seite sieht man ein Rhinozeros mit einer Reihe von sechs paarweise angeordneten Punkten unter dem Schwanz"[471]. Welche Botschaft jedoch tatsächlich vermittelt werden soll, ist und bleibt ungelöst, auch wenn die Herstellung gewisser Beziehungen zwischen Mensch - Tier - Raum am deutlichsten vertreten wird. Und noch eine weitere Deutungslinie ist in der wissenschaftlichen Diskussion offensichtlich, die der Frage nachgeht, aus welchen Gründen der Cro-Magnon-Mensch die Höhlenbilder anfertigte. In Lascaux haben die osteologischen Untersuchungen ergeben, dass die meisten Beutetiere Rentiere gewesen sein müssen, da jene etwa mit neunzig Prozent an der gesamten dort gefundenen Knochensubstanz beteiligt sind. Auf den Wänden der Höhle sind dagegen überwiegend Wildpferde, Wisente und Hirsche abgebildet und nur lediglich mit einem Anteil von ca. vier Prozent das Rentier[472]. In manchen Höhlen sind sogar Tiere dargestellt, die es nach den Knochenfunden in der Umgebung der Höhle gar nicht gegeben hat. Klaus Böhme schließt daraus, dass in diesem Kontext die Beschwichtigung der Tiergötter oder derer toten Seelen nur schwer denkbar sei, da ja das getötete Tier kaum objektiviert wurde. Auch ist er der Meinung, dass die Waffentechnik des Cro-Magnon-Menschen bereits soweit fortgeschritten war, dass das Verhexen der Jagdtiere nicht notwendig war, um Beute zu garantieren. Für ihn bleibt die Möglichkeit eines ganz bestimmten Jagdzaubers bestehen, mit dessen Hilfe Tierarten, die womöglich aufgrund der bereits im Aurignacien einsetzenden Klimaveränderungen regional verschwunden waren, zurückgeholt werden sollten[473]. Ob diese Deutung in die richtige Richtung weist, wird dabei wohl so umstritten bleiben wie beinahe alle anderen Deutungsversuche auch. Der fehlende direkte Bezug zur Jagd wäre jedoch auch hier wieder bemerkbar.

Spätestens an diesem Punkt stößt man auf die für eine Analyse der Jagd so bedeutende Kraft der Symbole. Die Tier- oder Jagdsymbolik zieht sich wie ein roter Faden von der Altsteinzeit über die Antike, das frühe und hohe Mittelalter, die Neuzeit und in deutlich abgeschwächter Form bis in die Gegenwart des 21. Jahrhunderts hindurch. Dabei scheint das Symbol, das Tier, die Jagd oder jagdverwandte Handlungen als bloßes Bild für völlig andere Zusammenhänge ein Phänomen zu sein, welches keine Kulturbarrieren[474] kennt und so einen unverrückbaren Bestandteil innerhalb der kulturellen Entwicklung des Homo s. sapiens repräsentiert. Emmanuel Anati, der auf fünf Kontinenten Höhlenmalereien untersuchte und katalogisierte, bestätigt die globale Wiederholung der Typen der Darstellungen

471 Emmanuel Anati, Höhlenmalerei, S. 10.

472 Vgl. dazu bei Klaus Böhme, Vom Steinwurf des Vormenschen zum Waidwerk der Antike, S. 58ff.

473 Vgl. ebd.

474 Auch die Buschmannkultur Afrikas kennt jagdliche Symbolik. Übereinstimmung herrscht auch in der Intention; so stand nicht die Abbildung großer Jagden Pate für die Wandmalereien, sondern die Absicht, über die Objektivierung der wilden Tiere auf der Felswand in die dahinter liegende spirituelle Welt zu gelangen. Wandmalereien bezeugen diejenigen Vorstellungen, die die Verfasser am tiefsten bewegen. Vgl. dazu D. Lewis-Williams und K. Garrett, Bilder aus einer anderen Welt, in: National Geographic, Februar 2001, S. 68ff.

und das Bestehen frappierender Ähnlichkeiten auch ohne Austauschbeziehungen der Menschen untereinander. Der Anlass der Darstellungen und die einheitliche Entscheidung der Künstler für das selbe Oberflächenmaterial (Felswände, Höhleneingänge, Decken- und Bodenflächen, etc.) ist nicht äußeren Einflüssen zuzuordnen, sondern in wohl tief verwurzelten geistigen Bedürfnissen zu suchen[475]. Während der Tier- oder jagdliche Symbolismus im Verlaufe der Menschheitsgeschichte seit der Steinzeit für uns nachweislich existiert, änderte sich allein der abstrakte Sinnzusammenhang oder Vorstellungskomplex, auf den er verweist. Die Jagdhandlung selbst wurde schon mit der Sesshaftigkeit, dem Ackerbau und der Viehzucht zunehmend zu einer kulturellen Handlung, während die Jagdsymbolik, die Tier- oder Jagddarstellungen, von Anfang an in einem kulturellen Kontext zu beurteilen sind, auch wenn ihre Ausdrucksweise naturalistisch sein mag. Allein dieser Kontext ändert sich zwischen Steinzeit und Antike in einem sehr abstrakten oder zunehmend abstrakt werdenden Rahmen. Die Naturkomponente der realen Jagdhandlung innerhalb einer Gruppe oder Gesellschaft begann sich somit im Neolithikum bereits zu verwischen, während die jagdliche Symbolik sich dem Fortschritt der Zivilisation anpasste, sich veränderte, sich instrumentalisieren ließ. So verblieben die Jagdsymbole bis über das Altertum hinaus überwiegend in einem magischen und religiösen Kontext, so geschehen in Griechenland[476] und in Ägypten. Die religiöse und mythische Lebenswelt der Ägypter des Alten Reiches differenzierte im Tierreich nach Gut und Böse; sie assoziierte bestimmte Tiere mit ihren Göttern und wies ihnen, allerdings im Diesseits, ähnliche (an)greifbare Charaktere zu. Die Jagd auf diese Tiere erfüllte nicht den Zweck des Beutemachens, sondern galt der Steigerung von Macht und Ruhm oder der Vernichtung dunkler Mächte, dem Sieg über den Tod mittels der stilistischen Mittel der Jagd. Die königliche Jagd der alten Ägypter gehörte im Rahmen ihrer Lebenswelt zu denjenigen Unternehmungen, die in einem rituellen Sinne zur Sicherung der Ordnung in der Welt beitrugen. In diesem Kontext kam die Jagd auf das in der Wüste lebende Wild einem Krieg gegen die bösen Mächte gleich, während die Erlegung eines Nilpferdes mit der Harpune zur Sicherung der königlichen Macht führte[477]. Hier wird bereits die Gegenüberstellung verschiedener Räume deutlich. Die unwirtliche Wüste mit all ihren Gefahren und Unwägbarkeiten ist der Raum des Bösen, den es zwar nicht zu okkupieren galt, wohl aber das Böse darin zu besiegen. Es war nicht die reale Jagd, die hier im Vordergrund stand, sondern die mit ihrer Hilfe oder anhand ihrer Symbolik, ihres Bezuges, hintergründig zu erreichende Herstellung eines Gleichge-

---

[475] Der Fels ist ein in vielen Kulturen bekanntes Symbol für Festigkeit und Unveränderlichkeit. In der Bibel ist er Symbol der Stärke und Treue Gottes, bei den Griechen steht der Felsen für vergebliche Mühen und die nie zu befriedigenden Wünsche des menschlichen Lebens, verkörpert in der Sisyphossage. In der chinesischen Landschaftsmalerei erscheint der Fels als das Feste, dem Prinzip Yang Entsprechende. Vgl. dazu bei Udo Becker, Lexikon der Symbole, S. 85f.

[476] Matt Cartmill bezeichnet die mythische Bedeutung der Jagd in Griechenland als in keinem Verhältnis stehend zu ihrer nur nebensächlichen wirtschaftlichen Rolle. Vgl. bei Matt Cartmill, Tod im Morgengrauen, S. 50f.

[477] Vgl. zu den unterschiedlichen Assoziationen wilder Tiere mit den ägyptischen Göttern und der Funktion der Jagdbilder altägyptischer Wandreliefs bei Hartwig Altenmüller, Jagd im Alten Ägypten, S. 24ff.

wichts zwischen der irdischen Macht des Pharaos und den bösen Mächten der Wüste. Das Bildnis, das Symbol der Jagd, reichte hier für die zu verfolgenden Zwecke vollkommen aus. Darüber hinaus fand die pharaonische Jagd auch nicht in den besiedelten und bewirtschafteten Gebieten statt, wie es dann im späten Mittelalter und der Neuzeit der Fall war. Auch eine regelrechte Verwüstungspraxis (z. B. an wichtigen Feldfrüchten) durch die jagdlich dargestellten Pharaonen wird es im Gegensatz zu ihren neuzeitlichen Pendants nicht gegeben haben. Schon allein dieser grundlegende Gegensatz zeigt auf, dass jene Jagd oder Jagddarstellungen mit denen des späten Mittelalters und der Territorialherren in keiner Weise auf eine ähnliche Ebene gestellt und verglichen werden können. Auch die späteren Versuche der Selbstdarstellungen - so z. B. durch Kaiser Hadrian - haben mit jener genannten früheren ägyptischen Symbolik nicht mehr viel gemeinsam. Zwar könnte man die hadrianische Jagd durchaus in die Sphäre der pharaonischen Selbstdarstellung rücken, deren eigentliche Intention ritueller Zurückdrängung böser Mächte, von Unheil und Krankheit, ist jedoch so stark, dass sie die hadrianischen Absichten deutlich überlagern würde. Bloße Selbstdarstellung waren weder die pharaonischen noch die hadrianischen Jagden oder Jagdbilder. Zusätzlich kommt hinzu, dass die späten römischen Principes die Jagd als öffentliche Handlung faktisch vollzogen, die ägyptischen Pharaonen dagegen der Jagd über das Bildnis und den darstellenden Bezug zur Jagd zumeist im Rahmen sich wiederholender Darstellungen und des sich über die Jahrtausende gleichenden Bildaufbaus Genüge getan haben[478]. Darüber hinaus spricht gegen die These öffentlicher Jagddarstellungen bei den Ägyptern auch die Tatsache, dass die meisten altägyptischen Jagdbildnisse oder Bildnisse mit „jagdlichen Stilmitteln"[479] überwiegend an und in den Grabstätten der Pharaonen und später auch der hohen Beamten zu finden sind[480]. Von einer Repräsentation des Herrschers gegenüber einem größeren Publikum kann in diesem Kontext keine Rede sein. Eine strikt politische Kommunikation über die Herstellung von repräsentativer Öffentlichkeit ist bei den Pharaonen insofern nicht zu erkennen. Die Jagdbildnisse im alten Ägypten waren im wesentlichen sepulkrale Darstellungen und insofern mit den Intentionen Hadrians nicht vergleichbar, der nicht nur die Jagd in der Öffentlichkeit vollzog, sondern insbesondere die künstlerische Reproduktion seiner Jagderfolge und Jagdtaten in öffentlichen Darstellungen und auf zentralen Plätzen (Jagdtondi des Hadrian) durchführen ließ. Innerhalb der intentionalen Sepulkralsymbolik der Ägypter traten die Tiere hier als Naturwesen sui generis in ihrer Bedeutung allmählich zurück. Stattdessen traten über das Bildnis des Tieres die durch sie verkörperten Götter in ihrem Dualismus Gut - Böse oder Diesseits - Jenseits in den Mittelpunkt der Symbolisierung. Das Nilpferd

[478] Vgl. dazu die Ergebnisse von Hartwig Altenmüller, Jagd im Alten Ägypten, S. 9-32.

[479] Unter den jagdlichen Stilmitteln sind unterschiedliche bildliche Kombinationen oder Anordnungen von Pferden, Hunden, Reitern mit Spießen oder Bögen in bereits angedeuteten räumlichen Bewegungen zu verstehen. Natürlich sind auch äsendes, ruhig ziehendes oder fliehendes Wild, aufsteigende Vögel, etc. bildhaft verwandte Stilmittel der Jagd. Jene Stilmittel können auch getrennt und somit einzeln oder in wenigen Kombinationen auftreten, ohne dass primär jagdliche Handlungen daraus ersichtlich sein müssen.

[480] Vgl. dazu auch bei Rudolf Friess, Wesen und Wege der Jagd von ihrem Urbeginn bis heute, in: Wild und Weidwerk der Welt, Herausgegeben unter dem Ehrenschutz des Bundesministeriums für Land- und Forstwirtschaft und der Österreichischen Landesjagdverbände, S. 208.

wurde zum Gott Seth, die Wüstenantilopen zu bösen Mächten, der Löwe zum Symbol des Todes, wie er es auch teilweise in Rom war, bevor er im christlichen Glauben dem Auferstehungsgedanken näher gestellt wurde[481]. Noch in der Steinzeit fand diese Verknüpfung nicht statt. Der Tod des Tieres (einerlei ob selbst jagdlich herbeigeführt oder durch Unfall, Prädatoren oder natürlichen Tod des Tieres) war die Leistung zur existenziellen Sicherung, seine Abbildung geschah in Dankesabsicht oder im Sinne eines Kommunikationsversuches, oder in dem Versuch, den herbeigeführten Tod wieder gutzumachen, das Tier und seine Götter zu verehren. Etwas später kamen dann jedoch bereits die assoziativen Stile dazu, insbesondere im Dualismus Pferd - Bison (Mann - Frau). Den Abbildungen auf ägyptischen Wandreliefs und den römischen Jagdsarkophagen war nicht mehr ein realer Jagdakt zur Sicherung der Lebensgrundlage oder die Nutzung des Tieres auf verschiedene Weise vorangegangen; sie waren allein Bestandteil kultisch-religiöser und magischer Vorstellungen, die den Tod besiegen, eine Herrschaft festigen oder dunkle Mächte zurückdrängen sollten unter der Beibehaltung jagdlicher Stilmittel wie Waffen, Hunde, Pferde und bereits einer bildhaft zum Ausdruck gebrachten räumlichen Bewegung. Die Darstellung der Löwenjagd auch auf Kindersarkophagen ist ein eindeutiges Indiz dafür, dass allein eine kulturelle, magisch-religiöse Leistung der Jagd geblieben ist. Die Jagdmetapher, nämlich der Sieg über das Böse und den Tod, hatte für alle Verstorbenen dieselbe Gültigkeit - eine reale Handlung, ein realer Tötungsakt war keine zwingende Voraussetzung mehr. Erst mit dem zunehmenden Verfall des Römischen Reiches, den inneren und äußeren Bedrohungen, nahm er als reale Handlung wieder an Bedeutung zu, wie dies in Kapitel 6 der vorliegenden Arbeit noch ausführlich thematisiert werden wird. Im frühen Mittelalter befand sich die Jagd im deutlichen Übergang zwischen Magie und faktischer personaler Herrschaftsrepräsentation, ehe sie im Deutschen Reich der Territorialstaaten bis in die Neuzeit hinein eine Auffassung von Herrschaft, Adel und durch den Ausschluss der Masse die Geringschätzung und Beherrschung der unteren Schichten und des Raumes wiedergab. Mit dem Verlust ihrer Naturelemente, die in der realen Jagdhandlung, dem Töten und Nachstellen zur Existenzsicherung gesehen werden können, verlor die Jagd allein ihre Dichotomie auf Seiten des Jägers. Die bis dato festzustellende Verschränkung von Natur und Kultur fiel in sich zusammen, die Kultur der menschlichen Jagd auf beiden Ebenen (real und symbolisch) wurde eins und stellte sich gegen die Natur des Tieres, später auch gegen die Natur des Raumes. Jagd wurde damit zur Konfrontation Kultur - Natur. Die Sinnebene der Jagd erhielt dadurch einen Verlauf, der von der existenziellen Definition zur herrschaftspolitischen, später dann sozial-distinktiven und in der modernen Gesellschaft der Gegenwart zur ökonomischen und ökologischen Definition - abhängig jeweils vom Fortschritt der Zivilisation, von der Prägung der Räume, also auch vom ökonomischen, sozialen und politischen System, die ihrerseits die Cha-

[481] Vgl. Dazu die Ausführungen von Otto Seel im Physiologus, S. 6. Gerade im Mittelalter waren die Christen offenbar davon überzeugt, dass die Löwin ihre Jungen tot zur Welt bringt und ihnen erst am dritten Tage durch die Rückkehr des Löwenmännchens Leben förmlich eingehaucht wird (indem er ihnen ins Antlitz bläst). Hier war der Löwe ein Symbol der Auferstehung Christi. Siehe dazu auch die Anmerkungen bei Udo Becker, Lexikon der Symbole, S. 174f.

rakterisierung des Räumlichen determinieren - führte. Damit sind jedoch noch nicht alle mit der Jagd verbundenen Inhalte oder Symbole aufgezählt. Wenn in der griechischen Jagdmythologie der spiegelbildliche Gegensatz von Artemis und Dionysos[482] menschliche Zucht gegen tierische Wildheit stellt und beides miteinander verbindet, dann nur um aufzuzeigen, dass sich die Jagd an einer Grenze abspielt, an der das Menschliche (Kultur) auf das Wilde (Natur) stößt und so den äußersten Rand der Menschenwelt markiert. Nach Matt Cartmill liegt hierin der Grund verborgen, weshalb die Jagd in den späteren abendländischen Betrachtungen über den Ursprung des Menschen eine so große Rolle spielte[483]. Weiterhin erhielt die Jagd eine erotische Komponente, insbesondere im Alten Testament, im Hohelied Salomos, in dem weibliche Anmut, weibliche Brüste und Holdseligkeit mit Attributen von Gazelle und Reh in Verbindung gebracht werden[484]. Noch in der griechischen Mythologie und selbst in der römischen Betrachtung stand der Hirsch für Feigheit, während er in der indischen und semitischen Dichtung bereits Sinnbild für amouröse Sinnlichkeit war[485]. Eine ähnliche Symbolik, die sich durch die ägyptische Mythologie bis in die mittelalterliche Falknerei und ihre Darstellung auf Ornamenten und Teppichen wie z. B. auf dem zu einiger Berühmtheit gelangten Wandteppich von Bayeux erhalten hatte, ist auch dem Falken[486] gemein.

3.2.5 Zusammenfassung

Es kann also attestiert werden, dass die Höhlenmalereien gewissermaßen eine erste Stufe der Tier- oder jagdlichen Symbolik widerspiegeln, die in Art und Intention von der zweiten Ebene der ägyptischen Jagdbilder oder römischen Jagdsarkophage zu unterscheiden ist. Die erste Ebene (die Höhlenmalerei) steht aufgrund der aufgezeigten Objektivierungen eher selten unter dem Eindruck der Jagd, die zweite Ebene (Altes Ägyptisches Reich, Rom, etc.) dagegen steht eindeutig unter dem Eindruck und dem Einfluss der Stilmittel der Jagd. Bevor man die Frage nach einer vorhandenen Demarkationslinie zwischen dem natürlichen Vorgang des Tötens und dem bereits kulturellen Tötungsakt stellt, ist zunächst auf einer antizipierten Stufe die Trennung von Natur und Kultur innerhalb der Jagd selbst darzustellen. Schon sehr früh muss es eine Unterscheidung gegeben haben zwischen realer Jagdhandlung und einem Ritual oder einem Kult, der entweder zeitlich vor der Jagd oder nach ihrem Abschluss vollzogen wurde. Jener Ritus ist bereits nicht mehr

---

482 Der Dionysos-Kult soll die zweitpopulärste Mysterientradition in Griechenland gewesen sein. Die meisten seiner ihm zu Ehren abgehaltenen Kleinen und Großen Dionysien gerieten zu reinen Orgien. Vgl. dazu auch Georg Feuerstein, Gott und die Erotik, S. 154f. und bei Matt Cartmill, Tod im Morgengrauen, S. 53f. Gerade bei Euripides gelangen die Dionysischen Jagdverbindungen zu ihrem Höhepunkt. Auch hier sind Erotik und wilde Jagdmetapher zugegen.

483 Vgl. bei Matt Cartmill, Tod im Morgengrauen, S. 55.

484 Vgl. dazu das Hohelied Salomos, 1,1-8,14.

485 Vgl. dazu auch Mallanaga Vatsyayana, Das Kamasutra, an verschiedenen Stellen.

486 Der Falke ist allgemein ein sonnenhaftes, männliches, himmlisches Symbol und insbesondere in Ägypten aufgrund seines hohen Fluges, seiner Kraft und seiner Schönheit ein göttliches Symboltier. In der Renaissance symbolisiert der mit einer Haube verdeckte Falke die Hoffnung auf das die Dunkelheit erhellende Licht. Vgl. dazu auch bei Udo Becker, Lexikon der Symbole, S. 81f.

Bestandteil des Tötungsaktes, sondern von ihm losgelöst, von einer bestimmten Geisteshaltung geprägt und damit Kultur im Sinne von „nicht natur(vor)gegeben". Die reine Natur der Jagdhandlung kommt nur im Tierreich oder in den Zeiten vor dem vollen Durchbruch der Ackerbau und Viehzucht betreibenden Gesellschaften zum Vorschein. Je weiter sich die Evolution in der Gattung Mensch vorantastete, umso weniger Tierisches blieb in den frühen Menschen zurück. Die Natur wich der Kultur, was für die Geschichte und insbesondere für die Instrumentalisierung und Funktionalisierung der Jagd wesentlich werden sollte. Diesen Bruch hat es wohl erst mit dem Siegeszug des modernen Menschen gegeben, was die Vorstellung einer kulturellen Sukzession innerhalb der Evolution wieder stark einschränkt. Jene Sukzession ist erst seit dem Homo s. sapiens zu bemerken. Für materielle Artefakte mag eine Art Sukzession zwar bereits vor dem modernen Menschen Gültigkeit gehabt haben (z. B. die Entwicklung von Werkzeugen, der Gebrauch von Feuer, die Verbesserung von Hieb- und Schleuderwaffen, etc.), nicht jedoch für eine umfassende geistige Kultur. Allein der Bruch zwischen Neandertaler und Homo s. sapiens ist für diese Vermutung bereits unzählige Male als Beweis angeführt worden - allein es bleibt eine Vermutung. Solange sich die genannte fortgeschrittene Geisteshaltung, jene kognitiven Fähigkeiten nicht entwickelten, solange existierte auch nur die bloße Subsistenz des Sammelns und erst wesentlich später die reale Jagdhandlung, das Töten im Rahmen natürlicher Gegebenheiten und Zweckmäßigkeiten. Allmählich jedoch bildete sich im Verlaufe der Evolution der Mensch zu einem Wesen heran, das aus dem Tierischen aufsteigend, stetig an Geist gewann[487]. Nachweisbar ist dieser fortentwickelte geistige Zustand jedoch erst für den modernen Menschen, mit Einschränkungen wohl auch für den Neandertaler. Über die Entwicklung der kognitiven Fähigkeiten fand jedoch zumindest eine Zweiteilung der Jagd von unmittelbarer Jagdhandlung, dem Tötungsakt und der Nutzung und der Anwendung von Symbolen in einer Art kommunikativem Schematismus statt, über den sich das Töten von Tieren als natürliches Ereignis parallel zu einem kulturellen Phänomen herausbildete; zuerst wohl über Sprache oder Gebärden, über Sprechgesänge oder einfache Deutungen etc., später dann über Höhlenmalereien und Figurinen, Rituale, Schamanismus und Totemismus.

Mit einiger Sicherheit kann den frühen Jäger- und Sammlersozietäten eine natürliche Verbindung zur Jagd, zur Tötung ihrer Jagdtiere unterstellt werden. Die Gewinnung jagdlicher Erzeugnisse war zumindest vor den Errungenschaften des Ackerbaus und der Viehzucht in einem gewissen Rahmen dem unmittelbaren Selbsterhaltungstrieb zuzuschreiben und nicht dem Schutz agrarisch erzeugter Produkte (Kultur), keineswegs dem Vergnügen oder sonstiger „multimotivationaler" Handlungsschemata (Günter R. Kühnle), die nicht unmittelbar die Existenz zur Grundlage hatten. Die Höhlenmalereien sind in dem oben genannten Kontext des Totemismus, der neben der Heiligkeit der Tiere einen Verhaltenskodex gegenüber dem Totem (hier: den getöteten Tieren) umfasst, sowohl dem Komplex Natur (die Tötung des Tieres zur unmittelbaren Daseinsbewältigung) als auch dem Komplex Kultur (Ritus, Kult, Magie, Religion) verpflichtet. Die Jagdhandlung repräsentiert dabei die natürliche Tötung eines Tieres innerhalb der Mensch-Tier-

487 Vgl. dazu bei Günter R. Kühnle, Der Mensch als Jäger im Spiegel seiner Vernunft, S. 64.

Interaktion, die in diesem Falle zugunsten des Menschen ausgegangen ist. In nicht wenigen Fällen wird es auch zuungunsten des Jägers ausgegangen sein - aber auch der Tod des Jägers im Verlaufe der Mensch-Tier-Interaktion ist natürlich. Erst die Bemalung der Höhlenwände mit den genannten Tiermotiven kann gemäß ihrer Intention der versuchten Kommunikation und dem Versöhnungs- oder Dankesmotiv gegenüber dem Wildtier als erste kulturelle Komponente der Jagd oder der bloßen Existenz anderer Wesen (Tiere) betrachtet werden. Die Tötung einerseits als natürliches Phänomen der Jagd und die Höhlenmalerei als bereits kulturelles, vom eigentlichen Tötungsakt losgelöstes Phänomen spiegeln die in der frühen Jagd bereits angelegte Dichotomie Natur - Kultur wider. In der Höhlenmalerei und ihrer religiös-magischen Dimension ist bereits die jagdliche Symbolik der späteren mediterranen Hochkulturen - wenn auch noch eher rudimentär und nicht immer unter jagdlichen Bezügen - vorweggenommen[488]. An die Stelle der Existenzsicherung traten so allmählich rein kulturelle Motive wie die der Deckung eines Ritualbedürfnisses, einer religiösen Opferung oder auch nur des Schutzes der Viehherde und der Ackerfrüchte als den primären Wirtschaftsgütern. Deutlich zutage kommt dies in der jagdlichen Symbolik der Ägypter, die als Gegenstand schon nicht mehr eine vorangegangene reale Jagdhandlung begreift, sondern allein die Kraft des Bildes, des Symbols, als ausreichend empfindet, die mit der Symbolik der Jagd verbundenen Intentionen religiösen Inhaltes zu manifestieren. Natürlich wird die Jagd in Ägypten in mehr oder weniger bedeutendem Ausmaß ausgeübt worden sein, die Kraft des Symbols wurde jedoch dadurch nicht verstärkt, sie war bereits losgelöst von der tatsächlichen Jagdausübung und damit ein rein kulturelles Phänomen. Legt man den hier verwendeten Kulturbegriff der Schlachtung des Viehs zugrunde, so unterscheidet sich die jagdliche Tötung zunächst nicht von ihr. Ackerbau und Viehzucht sind kulturelle Erscheinungen, von Menschenhand geschaffen, zielgerichtete und auf Kontinuität, Planbarkeit und Berechenbarkeit basierende Produktion, die eine weitgehende Loslösung von der Natur beschreibt. Der wesentliche Unterschied zwischen der kulturellen Leistung der Schlachtung und derjenigen der Jagd liegt in der Dimension des Symbols und in der räumlichen Handlung[489] verborgen. Die Jagd behielt darüber hinaus ihre magisch-religiöse

[488] Die genannte Dichotomie Natur - Kultur wurde dann später in der jagdlichen Symbolik der Ägypter und der römischen Jagdsarkophage zugunsten der Kultur gänzlich aufgehoben. Der jagdliche Totemismus ist gemäß dieser Definition lediglich für die Sphäre der natürlichen Tötung nachzuweisen und verliert seinen Gehalt mit dem Ende der Unproduktivität des Menschen, also mit dem Beginn zielgerichteter und rationaler Produktion (hier: Ackerbau, Viehzucht, aber auch Städtebau). Die durch einen Menschen vollzogene Tötung eines wilden Tieres in seiner natürlichen wie auch bereits durch den Menschen kultivierten Lebensumwelt ist seit jener Zeit allein ein kultureller Vorgang, übrigens kontinuierlich bis heute.

[489] Hier könnte man einwenden, dass die Schlachtung allein auf Haustierbestände begrifflich angewendet werden kann, während bei frei lebenden Tieren die Kategorie der Jagd eben aus diesem Unterschied ihre Gültigkeit bezieht. Das ist nur sehr bedingt wahr. Wenn man bedenkt, mit welchen Mitteln die bundesdeutsche Jägerschaft in den letzten Jahrzehnten die Steigerung von Trophäen beim wiederkäuenden Schalenwild und den Gewichtszuwachs beim Schwarzwild erreicht hat, so gilt hier das Wort eines Funktionärs des Naturschutzbundes Deutschland e.V., der treffend von einer „Verhausschweinung" des Schwarzwildes gesprochen hat. Der Energieeintrag in die freie Wildbahn ist teilweise unvorstellbar. Folgendes Zitat aus einem Artikel des NABU unter der URL: http://www.oejv.de/

Bedeutung und Vermittlung auch in der zunehmenden Kultivierung des Tötens der Haustiere; das heißt im Rahmen des Bedeutungsverlustes der Jagd zugunsten des Schlachtens. Es hat auch den Anschein, als ob die jagdliche Symbolkraft im Verlaufe der Geschichte immer deutlicher in den Vordergrund trat. Während die Ägypter und bedingt die Römer jagdliche Symbole für die Interaktion Mensch – Gottheit, das diesseitige Leben und den Tod in Anwendung brachten, löste sich die reale Jagd vom symbolhaften Charakter wieder ab und wandelte den symbolischen Bestandteil von religiösen zu materiellen Inhalten wie der Herrschaft über Menschen. Einzig als Motiv der Selbstdarstellung blieb die antike Symbolik auch im Mittelalter und im Feudalismus erhalten, auch wenn sie hier, wie bereits angedeutet, möglicherweise in den historischen Wissenschaften häufig missverstanden oder zumindest kritikwürdig interpretiert wurde[490]. Im Feudalismus wurde die Jagd zu einem wesentlichen Bestandteil der politischen Kommunikation und der direkten realen sozialen Konfrontation über die nun erstmals belegte jagdliche Verwüstungspraxis der Herrscher (vgl. dazu ausführlich Kapitel 7). Die jagdliche Tötung ist seit jenen Zeiten kein natürliches Phänomen mehr. Sie blieb ein rein kulturelles Phänomen. Dadurch ist sie in Funktion und Ausgestaltung im Wesentlichen vom jeweiligen Stand der Zivilisation abhängig. Auch in der bundesdeutschen Gesellschaft der Gegenwart ist die Jagd kulturell bedingt. Ökonomische und ökologische

---

modules.php?name=News&file=article&sid=110, vom 31.01.2002: „Obwohl der NABU erst vor einem starken Jahr zahlreiche Verstöße gegen die Wildfütterungsbestimmungen angezeigt hat und sogar Tiermehlreste in Wildfutter nachweisen konnte, hat sich nach unseren Recherchen an den Fütterungsgepflogenheiten der Jäger nichts geändert", so Stefan Rösler vom NABU. „Zum Schutz der Verbraucher und des Wildes vor industriellen Futtermischungen muss es auf jeden Fall verschärfte Kontrollen durch die Behörden geben. Was sich in vielen Jagdrevieren abspielt, hat mit Jagd auf wildlebende Tiere nichts mehr zu tun", so der NABU-Landesvorsitzende weiter. Die Praxis könne mit landwirtschaftlicher Tierhaltung verglichen werden, bei der insbesondere Rehe mit Kraftfutter und Futtermischungen mit Pellets an die Tröge gelockt würden. „Wenn der Verbraucher denkt, das teuer erstandene Stück Rehbraten sei „wild", dann hat er sich getäuscht: das Reh hat mit großer Wahrscheinlichkeit den ganzen Winter an einem Kraftfuttertrog gestanden", erklärt Rösler. Und dass bei industriell hergestelltem Mischfutter die Gefahr von Antibiotika, Tiermehl und anderen potenziell gesundheitsgefährdenden Bestandteilen gegeben sei, darauf müsse man angesichts der BSE-Problematik nicht noch einmal hinweisen". Als Reaktion auf die vom NABU aufgedeckten und dokumentierten Vorgänge in so manchem badischen Revier und aufgrund der Ergebnisse der Wildforschungsstelle des Landes Baden-Württemberg in Aulendorf zum Thema Schwarzwildkirrung wurden im Juli des Jahres 2002 neue Fütterungsbestimmungen in der Durchführungsverordnung zum Landesjagdgesetz Baden-Württemberg festgehalten. Vgl. dazu die Broschüre des NABU Baden-Württemberg e.V. (Hrsg.), Fütterung – Ablenkungsfütterung – Kirrung? Erläuterungen zu den Fütterungsbestimmungen der Landesjagdgesetz-Durchführungsverordnung (LJagdGDVO) 2002.

[490] Darunter ist zu verstehen, dass die antiken jagdlichen Darstellungen nicht unbedingt einen realen Jagdvorgang und damit eine heroische Tat objektivierten, sondern vielmehr bereits ihrerseits versymbolisiert wurden und weit dahinter liegende Zusammenhänge und Funktionen abriefen bzw. aufrechterhalten sollten. Die mittelalterlichen Herrscher und die feudalistische Aristokratie nahmen dagegen bereits an, dass die jagdlichen Darstellungen der realen Jagd und damit der realen Bezwingung eines Löwen, eines Ebers oder eines Stieres galten. Insofern stellten sie sich gerne in einen vermeintlichen jagdlichen Bezug zu einem altorientalischen Herrscher, der sich ihrer Auffassung nach im Lichte seiner realen jagdlichen Heldentaten sonnte.

Aspekte, zunehmend auch Aspekte der Seuchenbekämpfung und erst ganz am Ende der Skala Aspekte der Nutzung des Fleisches oder des Pelzwerkes repräsentieren die modernen Anforderungen an eine Bejagung bestimmter wildlebender Tierarten in artifiziellen Räumen[491]. Die Gebote unserer modernen Kultur lassen Wild dort zum öko-ökonomischen Schädling werden, wo die Populationsgröße den Zwängen der durch den Menschen hervorgerufenen Naturzerstörung und seiner jeweils modernen Ökonomie zuwiderläuft. Gelingt die Umgestaltung der arg bedrängten Kulturwälder, deren Wurzeln noch an der Schwelle vom 19. zum 20. Jahrhundert zu liegen kommen, zu einem dem natürlichen Pendant weitgehend ähnlichen Kultur-Naturwald, so verliert insbesondere das Schalenwild zumindest für die Dauer der Aufrechterhaltung jenes wiederum neuen Gebildes den Status eines Schädlings für eben jenen Zeitraum. Tatsächlich wird es sogar fraglich sein, ob eine vergleichbare jagdliche Situation dann noch besteht, wenn die Umgestaltung der Monokulturen in großflächige und sich selbst verjüngende naturnahe Wälder von Erfolg gekrönt sein wird. Dass jene Wälder wesentlich mehr Wild vertragen können als unsere jetzigen Gebilde, wird teilweise heftig in den jagdlichen- und forstlichen Kreisen diskutiert, teils dementiert, teils bejaht. Im Folgenden gilt es nun also die verschiedenen vorfindbaren bzw. die zu erwartenden Ebenen im Rahmen der Tier- oder jagdlichen Symbolik darzustellen, die es anhand der bisherigen Ausführungen zu verorten gibt.

3.3 Ergebnisse aus der Tier- oder Jagdsymbolik und ihre Wirkungen

3.3.1 Die erste Ebene Tier- oder jagdähnlicher Symbolik

Auf der ersten Stufe der Entwicklung jagdlicher oder mit der Jagd zusammenhängender Symbole stehen die frühen Jäger- und Sammlersozietäten der modernen Menschen, etwa beginnend im Aurignacien. Diese erste Ebene ist gekennzeichnet durch bereits variierende Grade der Vergesellschaftung und Wirtschaftsweise. Sie erstreckt sich von der strikt natürlichen und überlebensnotwendigen Tötung wilder Tiere, eingebettet in eine hominide Natur, die fern jedes exploitativen Verhältnisses zu ihrer Umwelt steht, bis hin zum Neolithikum, also einer bereits sehr fortgeschrittenen Wirtschaftsweise, repräsentiert durch Ackerbau und Viehzucht. Jagd war in diesen Kulturen zunächst (auf der primitivsten Stufe) eine rein natürliche und noch keine kulturelle Handlung. Die Folge daraus war, dass eine Tier- oder

[491] Seit den Auswirkungen von Tschernobyl 1986 sind auch weitere „kulturelle“ Vorgaben für die Behandlung des Wildbrets und die Regelung des Abschusses gegeben. Im Wurzacher Ried, dem größten zusammenhängenden Riedgebiet in Deutschland, werden noch heute die dort erlegten Rehe und Wildschweine auf Cäsium 137 und Cäsium 134 hin untersucht. Gerade die Torfschichten des Rieds speichern die radioaktive Strahlung ähnlich gut wie Pilze. Werden diese vom Wild aufgenommen, sind Abweichungen vom Grenzwert (600 Becquerel) von bis zu 6000 Becquerel nachweisbar. Erst im Februar 2003 wurde im Kreis Ravensburg ein Keiler mit stattlichen 7000 Becquerel erlegt. Zu den Untersuchungsergebnissen an Rehen im Forstbezirk Waldburg siehe auch bei Matthias Riemer, Wildbiologische Wahrheiten, S. 170ff. Der Autor bezieht sich hier auf eigene Untersuchungsergebnisse, die auch noch im Jahre 2000 teilweise erhebliche Cäsiumbelastungen beim Rehwild ergaben.

jagdliche Symbolik im Sinne eines wesentlich abstrakten Sinnzusammenhanges zunächst nicht vorhanden war. Möglicherweise existierte eine Symbolik im Zusammenhang mit der Jagd, diese lag jedoch nicht in der vermeintlichen Darstellung faktischer Jagdszenen, sondern vielmehr in dem Versuch verborgen, über die Objektivierung der Umwelt, insbesondere der wilden Tiere, mit ihr in Kontakt zu treten, spirituelle Welten zu betreten. Die in der Literatur somit oftmals benannte jagdliche Symbolik ist damit tatsächlich ohne einen Bezug zur Jagd zustande gekommen und damit ursächlich weit mehr in einem von der Jagd losgelösten rituellen oder spirituellen Bedürfnis zu suchen. So konnten die Felszeichnungen in der Höhle von Lascaux in ihrer Summe z. B. keinerlei wirklichen und der Kritik gewachsenen Beleg für einen eindeutig jagdlichen Bezug erbringen[492]. Merkmal jener so genannten ersten Ebene Tier- oder jagdlicher Symbolik ist also, dass die eigentliche Jagdhandlung gerade nicht Gegenstand der Symbolisierung ist – sie war konkret, natürlich und existenziell und bedurfte keinerlei Transformation und zumindest in den primitiven Jäger- und Sammlergesellschaften noch seltener einer Visualisierung. Die Transformation war die Leistung der beginnenden Kultivierung, des Kulturschaffens, nicht die der originären Mensch-Tier-Beziehung. Die Visualisierungen jagdlicher Begebenheiten oder Darstellungen mit jagdlichem Bezug sind zwar bereits auch auf der ersten Ebene vorhanden, ihre Visualisierung jedoch eher zurückhaltend zur überwiegenden Thematik. Jene konkretisiert sich vielmehr durch die belebte Umwelt, die in ihr vorkommenden magisch verehrten Tiere und als Bindeglied zwischen der materiellen und spirituellen Welt der Jäger/Menschen und ihrer Waffen oder schlichtweg ihrer Artefakte. Dennoch sind Abbildungen von Werkzeugen als auch Abbildungen von Menschen oder anthropo-zoomorphen Wesen zunächst noch die Ausnahme, während mit fortschreitender Annäherung an das Neolithikum jene Bestandteile deutlich zunehmen[493]. Abstrakter Sinnzusammenhang war die Kommunikation, der Austausch, die Verehrung und die Teilhabe am spirituellen Geist dessen, was nicht menschlich ist. Es sind insofern keine Jagdbildnisse, sondern Tierbildnisse, mit denen bestimmte Bedürfnisse in Zusammenhang gebracht wurden. Erst etwa um 10.000–8.000 v. Chr. änderte sich dieses Bild etwas. Zwar blieb die erste Ebene jener Tier- oder Jagdsymbolik die dominierende, dennoch traten zunehmend jagdliche Bezüge in den Vordergrund, ebenso großflächige Darstellungen von Menschen, von Werkzeugen und Waffen, sowie von anthropo-zoomorphen Wesen. Neben der Darstellung von Zeichen und Spuren, den darstellenden Dualisierungen, traten ebenfalls zunehmend Assoziationen und Kommunikationen abstrakter Natur in den Vordergrund. Die allmähliche Veränderung in der Lebensweise und Lebenswelt der Menschen

---

492 Vgl. dazu auch die Darstellungen unter der URL: http://www.culture.fr/culture/arcnat/lascaux/de. Dies ist die URL der Homepage der Höhle von Lascaux, Dordogne, Frankreich. Viele der Höhlenbilder, die bei Emmanuel Anati, Höhlenmalerei, vorgestellt und analysiert werden, sind auf dieser Homepage ausführlich dargestellt.

493 Vgl. dazu auch die Ergebnisse bei Emmanuel Anati, Höhlenmalerei, S. 241ff. Emmanuel Anati belegt, dass sich je nach Gebiet und Epoche die quantitativen Proportionen der Thematiken verändern. Jene Thematiken sind: anthropomorphe Darstellungen oder zoomorphe Bildnisse, räumliche Strukturen oder topographische Darstellungen, Werkzeuge und Gegenstände sowie geometrische und schematische Zeichen. Der Mensch z. B. rückte erst auf der Stufe der höheren Jäger- und Sammler, etwa um 10.000 v. Chr., in den Mittelpunkt der Darstellungen.

scheint eine universelle Auswirkung zu haben, was auf dem Gebiet der Symbolik, der Abstraktion, bemerkbar war. Die Entwicklungen im Neolithikum, die Sesshaftwerdung im Zuge des Ackerbaus und der Viehzucht, scheinen dem Fortschritt in der Abstraktion dienlich gewesen zu sein. Raumbegreifung, Raumbewanderung, Raumkonstitution und die Reproduktion von Räumen haben in dieser Zeit einen immensen Wandel erfahren. Der strukturelle, kulturelle, psychische und physische Schritt, der mit der Überwindung des Nomadismus geschaffen wurde, entfaltete vielschichtige Wirkungen auf allen Gebieten menschlichen Lebens und Wirkens. Inwiefern jene graduellen Unterschiede innerhalb des menschlichen Fortschritts tatsächlich existierten, wird auch mit der Gegenüberstellung zu den Kulträumen in Çatal Hüyük deutlich. So wurden z. B. in Çatal Hüyük auch solche Wandbilder entdeckt, die eine Jagdgesellschaft oder einzelne Jäger darstellen, die bereits Beute gemacht haben oder aber im Begriff sind Beute zu machen und das zu Boden geworfene Tier (scheinbar) töten[494]. Der Grund für diese Unterscheidung mag jedoch in der Tatsache verborgen sein, dass der Fortschritt der Kultivierung in Çatal Hüyük bereits vergleichbar mit den entwickelten Kulturen der frühen Bronzezeit war. Hier blühten bereits früher als auf dem nördlichen Teil des europäischen Kontinents die Kultivierung der Böden sowie die Viehwirtschaft. Reste domestizierter Schafe und Ziegen wurden bei Ausgrabungen selbst in den untersten Fundschichten zutage gefördert[495]. Es ist letztlich eine Frage des fortgeschrittenen Zivilisationsstandes, der die Intention der Höhlenmalereien und diejenigen der Wandmalereien in den besagten Kulträumen unterscheidbar und erklärbar macht. Da in der anatolischen Konya-Ebene, dem Fundort Çatal Hüyüks, nicht nur exploitativ in die Natur eingegriffen wurde - Landwirtschaft und Viehzucht existierten und darüber hinaus bestanden bereits spezialisierte Künste und Handwerk (bereits ausdifferenzierte gesellschaftliche und räumliche Strukturen waren vorhanden) - wurde die Jagd vor gänzlich anderem Hintergrund ausgeübt als in den frühen Jäger-Sammlersozietäten. Damit war auch die Symbolik der Jagd eine bereits wesentlich abstraktere und verfolgte andere Absichten als die der primitiven Jägergesellschaften. Gerade die Tatsache, dass hier Landwirtschaft und Viehzucht betrieben wurden, legt die Vermutung nahe, dass die Schutzjagd bereits eine wesentliche Motivation der Jagd war. Ob die Abbildungen der Jagdgesellschaft in Bezug auf den Schutz der Ackerfrüchte zu sehen sind, bleibt jedoch bloße Vermutung. Ganz von der Hand zu weisen ist diese Spekulation dagegen nicht. Allerdings wäre es auch denkbar, dass zwischen der jagdlichen Symbolik der Neolithiker Çatal Hüyüks und derjenigen des ägyptischen Königreiches als auch des antiken Roms eine Zwischenstufe zu sehen ist. Ohnehin ist eine klare Trennung und deren Darlegung innerhalb der vorliegenden umfassenden Thematik nur lückenhaft und andeutungsweise zu erarbeiten. Die genauere Untersuchung jagdlicher Symbole, ihrer Entstehung und Evolution im Lichte der Zivilisierung der Menschheit, ihrer Kulturgeschichte, stellt ein lohnendes und umfassendes separates Arbeitsgebiet dar. Diese Leistung kann jedoch im Rahmen der vorliegenden Arbeit nicht erbracht werden. In diesem Zusammenhang bleibt mir nur auf die Arbeit von Emmanuel Anati zu verweisen.

494 Vgl. bei James Mellaart, Çatal Hüyük, S. 108ff.

495 Vgl. ebd., S. 265ff.

3.3.2 Die zweite Ebene der (nun schon) jagdlichen Symbolik

Mit dem Ende der prä-neolithischen Situation, den beginnenden Ausdifferenzierungen der Gesellschaften und der geistigen als auch materiellen Strukturierung von Räumen begann die Jagd ein kulturelles Phänomen zu werden. Von herausragender Bedeutung für diese Entwicklung mag die ägyptische als auch die römische Jagd der Antike ein lohnendes Beispiel sein. Interessant in diesem Kontext ist, dass obwohl sich der Mensch aus der einseitigen Dependenz von seiner natürlichen Umwelt befreien konnte, indem Viehzucht und Ackerbau die Bedürfnisse des Lebens abdeckten, er in keiner Weise von der Tötung wilder Tiere im Zuge der Jagd Abstand nahm. Im Gegenteil, ihre Kultivierung veranlasste ihn dazu, die Jagdtechniken zu verfeinern und die Jagdgerätschaften zu verbessern. Auf der anderen Seite gewannen die Jagdtiere selbst nicht an Eigenwert, sondern sie wurden im Zuge zunehmender Symbolisierung substituiert. Die religiöse und mythische Lebenswelt der Ägypter des Alten Reiches differenzierte im Tierreich nach gut und böse; sie assoziierten bestimmte Tiere mit ihren Göttern und wiesen ihnen, allerdings im Diesseits, ähnliche (an)greifbare Charaktere zu. Die Jagd auf diese Tiere erfüllte nicht den Zweck des Beutemachens, sondern galt der Steigerung von Macht und Ruhm oder der Vernichtung dunkler Mächte, jeweils über kultisch-religiöse Vorstellungen und Ausdrucksweisen. Die königliche Jagd der alten Ägypter gehörte im Rahmen ihrer Lebenswelt zu denjenigen Unternehmungen, die in einem rituellen Sinne zur Sicherung der Ordnung in der Welt beitrugen. In diesem Kontext kam die Jagd auf das in der Wüste lebende Wild einem Krieg gegen die bösen Mächte gleich, während die Erlegung eines Nilpferdes mit der Harpune zur Sicherung der königlichen Herrschaft führte[496]. Das Wild wurde hier zum reellen Fixpunkt unerklärlicher und als „göttlich" in der primitiv-naiven Vorstellungswelt erklärter Ursachenzusammenhänge für Krankheiten, Tod, aber auch für den Verlust von Herrschaft und Macht stilisiert. Selbst in der Gegenwart hat sich dieser Symbolismus noch durchgesetzt. Moderne Beispiele sind Melvilles „Moby Dick", der durch die gefahrvolle Auseinandersetzung für seine Verfolger eine mythische Dimension erhält, womit er den Kampf des Menschen mit dämonischen Mächten beschreibt. Auch Ernest Hemingways Erzählungen wie „The Green Hills of Africa", „The Old Man and the Sea", „The Snows of Kilimanjaro", „The Short Happy Life of Francis Macomber", „The Sun Also Rises", etc. bezeugen ein ähnliches Grundmuster, welches die Auseinandersetzung des Jägers mit dem Tier als eine Auseinandersetzung mit dem anonymen Walten des Schicksals und der Natur auf eine höhere, symbolische Ebene stellt[497]. Es sind allesamt Werke, in denen die Jagd nicht ausschließlich um ihrer selbst willen dargestellt wird, sondern über sie jagdfremde Wünsche, Sehnsüchte und Ängste aufgegriffen werden. Nicht die Jagdhandlung als reelle Handlung steht im Vordergrund – es reicht das Bild, das Symbol, das stilistische Mittel, wie es dann vielfachen Niederschlag in den frühen

---

496 Vgl. zu den unterschiedlichen Assoziationen wilder Tiere mit den ägyptischen Göttern bei Hartwig Altenmüller, Jagd im alten Ägypten, S. 24ff.

497 Vgl. dazu Hanno Helbling, Die Jagd – Mythos, Metapher, Motiv, S. 9ff. Darüber hinaus vgl. F.-W. Krotz, Wesen und Funktion der Jagd im Werke Ernest Hemingways, an unterschiedlichen Stellen.

Grabmalereien ägyptischer Könige und Beamten fand. Dass dies tatsächlich der Fall war, lässt sich anhand laufend wiederkehrender Schemata im Bildaufbau der ägyptischen Jagddarstellungen belegen. So wurden sie jahrhundertelang in gleich bleibenden Bildtypen an die Wand gebracht, die schon seit alter Zeit bestanden, ohne dass sich das Schema verändert hätte. Änderungen gab es lediglich in der sozialen Schicht derjenigen, die sich jene Darstellungen reservierten. Waren es früher nur die Pharaonen und Fürsten, wurden es später die Beamten und letztendlich auch die vermögenden Bürger, die sich jene sepulkrale Kunst aneigneten und auch in ihren Gräbern zur Anwendung brachten[498]. Auch im römischen Kulturkreis - selbst in republikanischer Zeit - war die Symbolik der Jagd von einiger Bedeutung. Gerade im jenseitigen Leben nach dem Tode war sie, ähnlich wie bei den Ägyptern, offensichtlich von großem symbolischem Wert. Von einigem Interesse im römischen Kulturkreis ist, dass die symbolische Jagd eine wesentlichere Rolle im Gegensatz zur realen Jagdhandlung gespielt hat. Zwar war die Jagd in den oberen Schichten der römischen Gesellschaft nicht völlig unbedeutend, eine ähnliche Privilegierung wie in den monarchischen Kulturen Mesopotamiens oder Griechenlands hat sie dagegen zu keinem Zeitpunkt erfahren. Ihre ohnehin geringe Bedeutung stieg erst im Zuge des Untergangs der Republik und den Auswirkungen des kaiserlichen Roms auf die Lebenswelt des feinen Römers. Dennoch blieben Jagd und Sport innerhalb der römischen Gesellschaft zu vernachlässigende Größen, zumal die Römer es für sinnvoller hielten, den Körper durch nützliche Arbeit auf dem Felde oder im Lager zu härten und zu trainieren[499] als im Gymnasion oder auf der Jagd. Zurückkommend auf die jagdliche Symbolik und ihre Verbindung mit den Kräften und Welten des Jenseits, galten gerade die Räumlichkeiten des Todes wie die Grabkammer und der Sarkophag als beliebte Objekte jagdlicher Symbolik. Auffallend für die römische Sarkophagkultur ist die bildliche Darstellung der Löwenjagd, die zunächst ein Privileg des Kaisers war, im Laufe der Zeit jedoch auch von den oberen Bevölkerungsschichten der Bürger Roms benutzt wurde, um schließlich in noch breitere Bevölkerungsschichten abzusinken. Der Löwe galt in Rom aus einer altorientalischen Tradition heraus als Versinnbildlichung des Todes. Bernard Andreae weist darauf hin, dass der Kaiser als Löwenjäger ein politisches Symbol reflektiert, während der verstorbene vornehme Römer durch die Übernahme der symbolischen Löwenjagd eine private „Heroisierung im Akt der Überwindung des Todes"[500] sucht. Auch hier ist die Jagd allein Symbol - die reelle Bejagung des Löwen dürfte für die wenigsten Römer in Erfüllung gegangen sein, zumal er auf italischem Boden weder in der Republik noch im kaiserlichen Rom eine Heimstatt hatte. Auch ist die Betonung des Privaten deutlich hervorzuheben, da die allerwenigsten Sarkophage einer wie auch immer gearteten Öffentlichkeit zugänglich gemacht wurden. Die meisten Sarkophage standen in Familiengruften und waren so einem breiteren Publikum dauerhaft entzogen. Letztlich ist in der Übernahme des Löwenmotivs auch in den unteren Schichten und sogar auf Kindersarkophagen die ungeheure Symbolkraft des Bildgedankens zu spüren, der von Anfang an vorausgesetzt werden kann und der letztlich Zweck gewesen sein muss.

[498] Vgl. dazu bei Hartwig Altenmüller, Jagd im alten Ägypten, S. 24ff.

[499] Vgl. dazu bei Will Durant, Caesar und Christus, S. 90f.

[500] Vgl. dazu Bernard Andreae, Die römischen Jagdsarkophage, S. 135f.

Gerade die Tatsache, dass sich das Löwenmotiv auch auf den Särgen verstorbener Kinder der römischen Oberschicht befand, lässt keinen anderen Schluss zu als den oben erwähnten. Die reelle Jagdhandlung verlor in diesem Kontext ihre Bedeutung - allein die Kraft des Symbols, der magische Selbstzweck, hielt die Metapher der Löwenjagd am Leben. Neben dieser religiös verankerten Symbolik der Löwenjagd gibt es im römischen Kulturkreis auch eine zweite Verbindung, die in der stilistischen Jagd ein Symbol für Herrschaft und Macht, letztlich auch Allgegenwärtigkeit, sieht. So stehen die Venationes[501] als brachiale Vorführung römischer Stärke auf der einen und Seneca mit seiner Phaedra als deutlich subtileres Zeugnis jener in der Jagd liegenden symbolischen Kraft auf der anderen Seite. Gemeinsam bleibt beiden das Suggerieren und Demonstrieren der Vormachtstellung Roms als Herren der Welt über das Instrument der Jagd: „Auf! Umstellt die schattigen Wälder und die Höhen des Kekropischen Berges! Rasch mit beflügeltem Schritte durchsuchet den Fluss des felsigen Parnes und das Thriasische Thal, das der eilende Fluss mit reißender Welle bespült! Ersteiget die Gipfel, die immer erglänzen im Ripäischen Schnee! Ihr dahin! Ihr dorthin, wo ein Wald von hohen Erlen sich erhebt! Dort, wo die Ebene sich ausdehnt, wo der taugetränkte Zephyr weht und kosend die Frühlingskinder hervorlockt! Dort, wo lieblich und sanft der Ilissus, gleich dem Mäander, trägen Laufes durch die Niederungen hingleitet und mit spärlichen Fluten den unfruchtbaren Sand bespült! Ihr dorthin, wo zur linken die Marathonische Ebene sich ausbreitet; wo gefolgt von der Schaar seiner Jungen zur Nachtzeit das Wild hervorkommt zur Aesung. Ihr dahin, wo vereint mit dem laulichen Südwind die Kälte mildert der starke Acharner! Andere sollen die Klippen des lieblichen Hymettus, andere die Hügel Aphidnäs ersteigen! (...) Wohlan, stehe du bei, göttliche Jungfrau, dem Gefährten, du, deren Herrschaft die einsamen Gegenden unterthan sind; von deren sicheren Geschossen das Wild getroffen sinkt, das aus den Fluten des kalten Araxes trinkt, und das am still ziehenden Ister spielt. Bald fühlt deines Armes Kraft Gätuliens Löwe oder der Kretische Hirsch bald erlegst du sonder Müh den schnellen Damhirsch. Dir erliegen bunte Tiger, dir langhaarige Stiere, dir langgehörnte Auerochsen: was nur immer auf der Erde Aesung nachgeht, sei es im armen Lande der Saramanten, sei es in dem reichen Arabien, oder auf den Höhen der wilden Pyrenäen, oder was sich birgt in Hyrkaniens Schluchten: alles fürchtet, Diana, deine Geschosse!“[502]

Seneca durchschreitet das römische Weltreich in diesen wenigen Sätzen von Ost nach West und von Nord nach Süd. Weit im Osten liegt der Araxes, der heutige Aras an der türkisch-armenischen Grenze. Ebenso der Mäander, der heutige Büyük Menderes in Anatolien. Die ripäischen Berge Skythiens trennen Asien von Europa und liegen mitten in Skythien (Ural). Auf ihren Höhen entspringt der Don, der in das Asowsche Meer mündet[503]. Im Süden endet das römische Reich mit Gätulien, wie das gesamte noch unbekannte und unerforschte Gebiet Marokkos, Algeriens,

[501] Die römischen Venationes (Kampf- und Schaujagden im römischen Circus) werden in Kapitel 5 der vorliegenden Arbeit noch ausführlich dargestellt werden.

[502] Zitiert aus Senecas Phaedra nach M. Miller, Das Jagdwesen der alten Griechen und Römer, S. 62ff.

[503] Vgl. bei J. Bühler, Die Germanen in der Völkerwanderung, S. 175.

Tunesiens und Lybiens zu jener Zeit genannt wurde[504]. Teile Makedoniens, Hispaniens und Galliens bleiben ebenso wenig unerwähnt. Rom ist allgegenwärtig; das soll wohl die Botschaft dieses Textes sein. Dennoch war die Jagdhandlung des römischen Kaisers Hadrian nicht in der Lage, die militärische Virtus zu ersetzen, die ihm zu seinen Lebzeiten aufgrund des dauernden Friedens während seiner 21jährigen Herrschaft versagt blieb. Die römischen Weltbeherrscher gaben jedoch viele der sie auszeichnenden Eigenschaften im Zuge stetigen Reichtums auf. Der Untergang der Republik und die Auswirkungen des kaiserlichen Roms auf die Lebenswelt des vornehmen Römers taten ein Übriges. Die Anhäufung von Reichtümern, die durch die Eroberungen der gesamten mediterranen Welt in die Staats- und Privatsäckel der römischen Oberschicht flossen, förderten die Herausbildung eines müßigen Lebens, welches letztendlich schier unvorstellbare Blüten der Dekadenz trieb. Die Zunahme des Reichtums bedingte auch eine drastische Zunahme des Fleischkonsums und damit eine besondere Bedeutung des Wildfleisches. Dass sich hierüber jedoch in der Jagdtätigkeit der vermögenden Römer sehr viel getan hätte, ist nicht nachweisbar. Allein der epikureische Lebenswandel und die mit ihm verbundene Leibesfülle dürften ein Hemmschuh für viele vermögende Römer gewesen sein, die Jagd aktiv auszuüben. Vermutlich importierte man den größten Teil des Wildfleisches aus den Provinzen - einen kleineren Teil wird man auch inneritalisch gejagt haben lassen. Selbst in der Zusammenstellung der Speisen spiegelte sich die Größe, Macht und räumliche Ausdehnung des Römischen Reiches wider. So wurden Delikatessen aus allen Teilen des Reiches und aus fernen Ländern eingeführt: Pfauen aus Samos, Birkhühner aus Phrygien, Kraniche aus Ionien, Thunfisch aus Chalkedon, Muränen von Gades, Austern aus Tarentum, Störe von Rhodos. Die einheimischen Nahrungsmittel galten nicht gerade als fein - sie waren gut genug für Plebejer[505]. Die Zusammenstellung der Speisen, ihre Aufzählung in schriftlichen Werken, kann ähnlich dem Jagdgeschehen die Funktion machtpolitischer Demonstration der Größe und Ausdehnung des Reiches übernehmen. Es ist im Grunde eine Veröffentlichung des Machtanspruches Roms. So sind durchaus Parallelen in der Symbolik der Jagd und des kulinarischen Vergnügens zu finden. Insbesondere im ersten nachchristlichen Jahrhundert dürfte diese subtile Symbolik römischer Größe allmählich stärker geworden sein, insbesondere mit den nun auch öffentlich als Jäger auftretenden römischen Kaisern seit Hadrian. Hadrian stellt insofern die - wenn auch nur gelegentlich spürbare - republikanisch-römische Tradition der Jagdbetrachtungen, die in ihr eine Vorschule des Krieges oder eine Erholung sahen, auf den Kopf. Für ihn wurde die Jagd öffentliche Selbstdarstellung und über die Kombination mit seinen ausführlichen Inspektionsreisen durch das römische Weltreich zur ersten wahren Raum(be)handlung. Da die bisherige Forschung vergeblich versucht hat, reale Jagderlebnisse hinter den jagdlichen

[504] Vgl. dazu die Topographie bei Will Durant, Caesar und Christus, S. 738 bis 739. Zusätzlich vgl. dazu Klaus Böhme, Vom Steinwurf des Vormenschen zum Waidwerk der Antike, S. 188f, der sich ebenfalls auf Seneca beruft.

[505] Vgl. dazu bei Will Durant, Caesar und Christus, S. 152f.

Darstellungen zu suchen[506], ist es zielführender - ähnlich wie bei der oben angeführten Textpassage bei Seneca -, hinter den Jagdtieren Keiler, Bär und Löwe Hinweise auf die Jagd in verschiedenen Teilen des Reiches oder gar, wie es Eva Schernig und Wolfram Martini bezeichnen, Anspielungen auf die Regionen selbst zu suchen. Damit stünden die Jagdszenen der Tondi auf dem Konstantinbogen in direkter Tradition mit Senecas Phaedra. Allerdings geht die hadrianische Selbstdarstellung noch etwas weiter, was die Räumlichkeit der Jagd einerseits und ihre Geeignetheit als Herrschaftsinstrument der späteren Zeiten andererseits andeutet. Dazu Eva Schernig und Wolfram Martini: „Indem der Kaiser die wilden Tiere in den verschiedenen Provinzen des Imperiums als theos therophonos in Anspielung auf den delphischen Apollo oder den vergöttlichten Hercules (zu sehen auf den Tondi des Konstantinbogen in Rom, Anmerkung d. V.) jagt und erlegt, schützt er die Menschen, ihre Herden und Felder; er sorgt für das Wohlergehen seiner Untertanen insbesondere in den Provinzen. So kann die Jagd als Ausdruck seiner reichsweiten pietas erga homines gelesen werden."[507] Die Aspekte des Schutzes, der helfenden Hand des Herrschers gegenüber seinen Untertanen, werden uns unter Karl dem Großen vor dem Hintergrund der fürstlichen Tugenden, des Königheils, wieder in etwas anderer Form begegnen. Im ausgehenden Mittelalter und in der Neuzeit begann dann jenes Merkmal der Jagd in Despotie verwandelt zu werden, in einen absoluten Anspruch auf Unterdrückung, Unterwerfung und Gewalt als Mittel der Innenpolitik. Die Gewalt nach außen wandelte sich zu einer Gewalt nach innen und die Jagd half hier aus verschiedenen Gründen tatkräftig mit (in Verbindung mit den Frondiensten, den Exklusionen und Inklusionen der Untertanen). Es war auch der Beginn einer umfassenden Verwüstungspraxis der jagenden Herrscher, die sie gegenüber den Feldern und Früchten ihrer Untertanen an den Tag zu legen begannen.

3.3.3 Zusammenfassung und Ausblick auf die dritte zu erwartende Ebene[508]

Bereits die Ausformungen und Charaktere der beiden ersten ausführlich dargestellten Ebenen der jagdlichen Symbolik lenken sehr schnell den Blick auf eine zu erwartende Entwicklung, die in die Instrumentalisierung der Jagd für herrschaftspolitische Zwecke zwingend einmündet. Der Grund für diese These liegt in der Grundstruktur der Jagd verborgen, die durch die Zeit hinweg zwar konstant blieb, im Lichte der zivilisatorischen Entwicklung jedoch von einem latenten zu einem öffentlich-dominanten Muster wurde und erstmals überhaupt jenseits der Subsistenz instrumentalisiert werden konnte. Während auf der ersten Ebene der frühen Jäger und Sammler das Tier noch im Mittelpunkt stand, sein Tod eine Funktion für das Überleben des Jägers oder der Gruppe hatte, rückte das Jagdtier in der Antike

[506] Vgl. dazu auch diesen Hinweis bei Eva Schernig und Wolfram Martini, Das Jagdmotiv in der imperialen Kunst hadrianischer Zeit, in: Wolfram Martini (Hrsg.), Die Jagd der Eliten, S. 146f, unter Bezug auf Boatwright.

[507] Siehe ebd.

[508] Sie ist es, die im weiteren Verlauf der vorliegenden Arbeit eindringlich durch die Epochen der Geschichte analysiert werden wird.

allmählich und im Mittelalter stetig in den Hintergrund; das Symbolische verdrängte das Lebewesen, machte es zum Beiwerk und später im Feudalismus und der Neuzeit zum Futter für die Hunde. Allerdings ist auch eine Abstufung in der Symbolik festzustellen. Während auf der ersten Stufe in den primitiven Jäger- und Sammlersozietäten reale und existenziell notwendige Jagdhandlungen im Mittelpunkt standen, die frühe Jagd als solche gar keinen Symbolismus kreierte, da sie eine originäre und widerspruchslos explizite Funktion übernahm, fand in der Antike eine Umkehrung zugunsten des Symbols und zuungunsten der eigentlichen Jagdfunktion statt. Aber: während hier zwar die eigentliche Funktion der Jagd in den Hintergrund trat, wurde der Bezug zur Jagd dagegen sehr wohl herausgestellt. Das ist der große Unterschied zu den Höhlenmalereien der primitiven Jäger, die zwar die Tiere in den Vordergrund rücken, den Bezug zur Jagd dagegen aber meistens vermissen lassen und somit dem Begriff „Jagdsymbolik" in vielen Fällen keinerlei Rechnung tragen. Bereits bei den höheren Jägern und vor allem bei den Völkern mit gemischten Wirtschaftsarten änderte sich dies im Allgemeinen. Und spätestens im Mittelalter kam der realen Jagdhandlung und dem Bezug zur Jagd in Anlehnung an die altorientalischen Darstellungen wieder eine große Rolle zu, da nur sie in der Lage war Räume außerhalb des Kriegszustandes zu durchmessen und letztlich zu besetzen und zu beherrschen. Zwar war die Jagd hier symbolisierte Herrschaft; aber vor Ort in den späteren Forsten der Fürsten und den Gemarkungen der Bauern war sie reale und damit auch faktische Herrschaftsausübung. Einzig der Stellenwert des Tieres blieb sowohl in der Antike als auch im Mittelalter auf einer sehr niederen Stufe. Deutlich zur Sprache kommt dies später bei René Descartes, der Tiere mit „quietschenden Maschinen" vergleicht und sie ohne Verstand und Vernunft, ohne Geist und Seele beschreibt[509]. Auch Maschinen benutzt der Mensch nur um etwas von ihnen Losgelöstes zu erreichen. Der Zweck schien die Mittel zu heiligen, wobei die Mittel ersetzbar und austauschbar waren. Schlussendlich war dies ein noch weiterer Schritt innerhalb der jagdlichen Symbolik, die nun alle transzendenten, mythischen und religiösen Verflechtungen allmählich hinter sich ließ und sich stattdessen allein auf Herrschaft und Macht über Räume und Menschen bezog. In der ritterlich-höfischen Kultur des Mittelalters ist diese Beziehung in ihrer höchsten Blüte zu betrachten. Zu jagen hieß einen geographischen Raum zu besetzen und zu beherrschen. Im Resultat bedeutet dies, dass alle Jagd allein symbolischen Charakter hatte und die sich aus ihr entwickelnden Rituale und Zeremonien Bestandteil dieser symbolischen Herrschaftsausübung waren. Ziel dieses Symbolismus war dabei die Herrschaftsbildung und Herrschaftserhaltung[510] über eine neue Form der politischen Kommunikation. Jagd wurde ein unverzichtbarer Bestandteil der politischen Spielregeln, des politischen Systems in Mittelalter und Neuzeit. Die jagdliche Handlung definierte das Verständnis einer Zeit, die auf

[509] Vgl. dazu bei Dietrich Stahl, Wild - Lebendige Umwelt, S. 65, unter Bezug auf Descartes (1673) S. 91-97. Was für ein Unterschied, vergleicht man Descartes' mechanische Anschauung mit den Beobachtungen und Niederschriften eines Cicero, der in seinem Werk De natura deorum ein bereits sehr liebevolles und detailgetreues Abbild der verschiedenen Tiere gibt. Vgl. dazu bei M. Tullius Cicero, Über das Wesen der Götter, S. 238ff.

[510] Vgl. dazu Klaus Maylein, Jagd und Jäger in der modernen Gesellschaft, S. 18, unter Bezug auf J. Morsel, Jagd und Raum, in: Werner Rösener (Hrsg.), Jagd und höfische Kultur im Mittelalter, S. 255ff.

Unterwerfung und Beherrschung ausgelegt war, die die Welt polarisierte in Macht und Ohnmacht, in Reichtum und Armut, in Herrschaft und Knechtschaft. Nicht das Bild der Jagd als ausreichende Symbolwirkung stand jetzt wie in Ägypten oder auch im späteren Rom im Mittelpunkt, sondern die reelle, faktische Jagdhandlung war nun selbst zum Symbol und zur Realität der Herrschaft und Macht geworden. Das unterscheidet diese nun dritte Ebene von den zwei vorherigen. Die Tier- oder Jagdsymbolik war nicht mehr ein naiver Versuch der Versöhnung und Kommunikation mit den tierischen Opfern und ihren Göttern, war nicht mehr Kampf gegen böse Mächte oder gegen den Tod, schlichtweg gegen alle schicksalhaften Phänomene, sondern sie bedeutete Herrschaft über Menschen und deren Lebenswelt – ihren Räumen –, symbolisch wie real mit einem nun unübersehbaren und kraftvollen Bezug zur Jagd. Die Unterschiede in den Motiven der Höhlenmalereien und der Felskunst sowie den späteren Wandzeichnungen altorientalischer Kulturen und zuletzt des Römischen Reiches sind also letztlich zurückzuführen auf den jeweiligen Stand der Vergesellschaftung, auf die Veränderungen im sozialen und ökonomischen Kontext. Es ist der Weg vom Zeichen, vom Wort, zur Episode, zur Geschichte, die die Felskunst derjenigen auszeichnet, die weiterführende Abstraktionsleistungen vollbrachten und bereits Ackerbau und Viehzucht kannten. Jene Entwicklung endete jedoch nicht mit der Etablierung der fortgeschrittenen und rationalen Wirtschaftsform, sondern entfaltete nun erst recht auch künstlerisch eine hohe Blüte. Zwar reißt die Geschichte der Felszeichnungen etwa mit der Erstarkung des Römischen Reiches ab, ihre Fortentwicklung erfuhr sie jedoch in der sepulkralen Symbolik oder Kunst, in der Tempelbemalung, der Dichtkunst, der skulpturellen Plastik, der Teppichkunst, etc. Symbolik und Abstraktion bleiben in enger Anbindung an die Prozesse der Zivilisation gebunden. Mit der fortschreitenden Zivilisierung, der Entstehung des Schrifttums, der Dichtkunst und der Literatur einerseits und der großflächigen Tempelkunst, der sepulkralen Kunst (z. B. Jagdsarkophage, Wandbildnisse in Bestattungsräumen) und zuletzt der numismatischen Darstellung jagdlicher Taten andererseits änderte sich nicht lediglich die Motivik, die Absicht, die Intention des Symbols, sondern auch die soziale Bedeutung, letztlich die Anzahl der Rezipienten. Jagd wurde zu einer öffentlichen Handlung und damit in einem System von Herrschern und Beherrschten zu einem unabdingbaren Herrschaftsinstrument. Einen ersten Eindruck jener Entwicklung kann man aus den öffentlichen hadrianischen Jagddarstellungen gewinnen, wie sie unter anderem bei Andreas Gutsfeld beschrieben werden[511].

Die Felskunst findet sich in Räumlichkeiten, die nur schwer zugänglich sind, als auch in großen und freistehenden Höhlen. Man findet sie sowohl in dunklen Nischen als auch an offenen Felsüberhängen oder großflächig im Freien[512]. In

511 Vgl. dazu bei Andreas Gutsfeld, Hadrian als Jäger, in: Wolfram Martini (Hrsg.), Die Jagd der Eliten, S. 80ff. Als Beispiele führt er die Prägung von Reichsmünzen, die mit jagdlichen Szenen bestückt sind, an, die häufigen und in der freien Natur stattfindenden Jagden zu Pferd und mit Hilfe von Hunden und die Überlegung, dass Hadrian nicht in seiner Freizeit und nicht zu seinem Vergnügen jagte, wie dies Senatoren taten.

512 Während die Felskunst der primitiven Jäger überwiegend in dunklen Höhlen aufzufinden ist, findet man die Abbildungen höherer Jäger überwiegend im Freien. Das mag auch daran liegen, dass die primitiven Jäger Kunst dort ausübten, wo sie hauptsächlich ihren Lebensmittel-

Ägypten befindet sich jagdliche Symbolik zwar bereits an öffentlich zugänglichen Tempelwänden, überwiegend jedoch in abgeschlossenen Bestattungsräumen, welche außer den Künstlern und Erbauern selbst keiner zu Gesicht bekommen sollte. Die römischen Jagdsarkophage waren ebenfalls einer Öffentlichkeit nicht zugänglich, ihre Motivik religiös und keineswegs repräsentativ. Erst die Dichtkunst und die numismatischen Jagddarstellungen unter Kaiser Hadrian rückten die Jagd in einen öffentlichen Rahmen. Erst diese Symbolik richtete sich gezielt an ein großes oder zumindest größeres Publikum als die eher private Symbolik der Sarkophage. Aus dieser Veränderung lässt sich etwas über den Wandel der sozialen Bedeutung der Tier- oder Jagdsymbolik, aber auch der gesellschaftlichen Bedingungen sagen. Die nicht in römischer Tradition stehende Öffentlichmachung der Jagd unter Kaiser Hadrian ist letztendlich der Beleg für jenen Wandel und der vorläufige Höhepunkt jener Entwicklung parallel dazu. Mit der Entwicklung der materiellen Kultur, der Erfindung von Pfeil und Bogen ist nach den Ergebnissen Emmanuel Anatis' auch eine Veränderung in den Felskunstwerken nachzuvollziehen. Diese änderten sich von assoziativen Darstellungen nun allmählich zu anekdotischen und narrativen Segmenten und Szenen[513]. Einen weiteren Einschnitt attestiert die moderne Forschung dann dem Siegeszug gemischter Wirtschaftsformen, sozusagen dem Übergang zwischen Jagd und Sammeln einerseits und Ackerbau und Viehzucht andererseits. Auffallend in dieser Phase der Vergesellschaftung ist, dass sich die anthropomorphen Figuren allmählich zu einem Hauptmotiv entwickelten und die reine Tiersymbolik in den Hintergrund gedrängt wurde. Parallel dazu entwickelte sich allmählich eine sepulkrale Kunst, eine magische Kunst, die okkulte Kräfte im Innern des Steins, auf den sie aufgetragen war, wecken sollte, wohin sich die Seelen der Toten geflüchtet hatten. Vor dem Hintergrund der gemischten Wirtschaftsformen entwickelte sich so neben einer beginnenden Ausdifferenzierung der Gesellschaften die Kunst zu einem intendierten Mittel der Kommunikation zwischen einem Diesseits und einem Jenseits. Womöglich begannen in dieser Phase der Vergesellschaftung die Funktionen der Priester oder Magier heranzureifen und so der Schritt in die Richtung der Institutionalisierung von Religion und Magie einen Ausgangspunkt zu finden. Die Jagd wurde zu einer häufigen Metapher für den ewigen Kampf zwischen dem Diesseits und dem Jenseits, zwischen dem Tod und dem Leben. Aber: wie ich in diesem Kapitel deutlich vor Augen geführt habe, ist es nicht immer einfach, eine klare Aussage über die Höhlenmalereien und somit über die von mir so genannte erste Ebene der Tier- oder jagdlichen Symbolik zu treffen. Wichtig in diesem Zusammenhang ist jedoch, dass der essentielle Unterschied zur Antike herausgearbeitet werden konnte, der in dem direkten Bezug zur Jagd oder ihren stilistischen Mitteln zu liegen kommt und darüber hinaus in der Darstellung offenkundig jagdlicher Handlungen einen hohen Abstraktionsgrad erreichte. Die Höhlenmalereien wurden zwar von Jäger- und Sammlersozietäten angefertigt, der Bezug zur Jagd ist jedoch nicht immer gewahrt, insbesondere deshalb, weil es auch sehr viele Darstellungen von wilden Tieren gibt, in deren Umfeld keine Stilmittel

punkt hatten. Höhere Jägervölker lebten vermutlich nicht mehr in den Höhlen, sondern bereits in Hütten oder Unterschlüpfen. Ihre Kunst fand womöglich deshalb überwiegend unter freiem Himmel statt.

[513] Vgl. dazu bei Emmanuel Anati, Höhlenmalerei, S. 254ff.

der Jagd verwendet wurden (keine Pfeile, keine Speere, etc.). Was bleibt, ist die Frage nach der Realität der Jagd in den Zeiten nach dem Durchbruch fortgeschrittener Wirtschaftsweisen wie Ackerbau und Viehzucht. Während es Aufgabe dieses Kapitels war, die Entwicklung aufzuzeigen, die die Jagd vorwiegend symbolisch-bildlich vollzogen hat, wird es im nächsten Kapitel die Aufgabe sein, den Weg der realen Jagd darzustellen, ihre Potenziale aufzuzeigen, die erst vor dem Hintergrund der fortschreitenden Zivilisation entdeckt und instrumentalisiert werden konnten. Die Gründe für die Instrumentalisierung der jagdinhärenten Potenziale sind für das weitere Vorgehen als unabdingbar zu bezeichnen, um die in der Überschrift dieses Kapitels angeführte „Kristallisation eines Herrschaftsinstrumentes" zuverlässig aufzeigen zu können. Die Entwicklung, die die Symbolik der Jagd vollzog, namentlich der Schritt in eine Öffentlichkeit bereits ausdifferenzierter Gesellschaften, zeichnete die Entwicklung der realen Jagd bereits vor. Auch sie musste diesen Schritt vollziehen; die Potenziale dazu waren da, allein die Ausdifferenzierung der Gesellschaft musste noch erfolgen oder zumindest an einen Punkt gelangen, der diesen letzten Schritt ermöglichte. So waren es die Definitionen des Raumes, seine Verschiebungen, Strukturierungen und Erschütterungen, über welche die Herrschenden die Potenziale der Jagd auszuschöpfen begannen und sie von der Subsistenz endgültig auf die herrschaftspolitische Ebene transformierten. Nahezu alle Herrscher des frühen und hohen Mittelalters als auch der Feudalstaaten waren (reale, nicht nur bildliche) Jäger. Dies waren sie mit einiger Sicherheit nicht allein deshalb, weil die Jagd einen Lustgewinn bedeutete, sondern weil die Jagdhandlungen einen existenziellen Bestandteil des herrschaftspolitischen zeitgenössischen Instrumentariums ausmachten. Insbesondere das feudale und absolutistische System auf dem Boden des Deutschen Reiches erbrachte die Grundlagen zu jener Entwicklung, die über die Analyse des Raumes verdeutlicht werden können. So gilt an dieser Stelle noch deutlicher als bisher dargelegt die These, dass zwar die Evolution ohne Jagd denkbar ist, der Feudalismus/Absolutismus dagegen keineswegs. Die Gründe dafür werden im nächsten Kapitel zunächst raumtheoretisch, als dann auch bereits anhand historischer Quellen in den darauf folgenden Kapiteln ausgeführt werden. Als Resultat des hier endenden dritten Kapitels kann schlussendlich festgehalten werden, dass die vermeintlich jagdliche Symbolik sowohl der Höhlenmalereien als auch der sepulkralen Kunst nur ganz selten etwas mit der Jagd auf wilde Tiere zu tun hatte. Das wurde bisher in der wissenschaftlichen Literatur nur unzureichend in Betracht gezogen.

4 Jagd und Raum (1) – Ausgangspunkt in Theorie und Praxis

4.1 Einleitung

4.1.1 Zur Plausibilität der folgenden theoretischen Überlegungen

Die Bewertung des (Lebens-)Raumes der Menschen als außerhalb der bloßen Umweltbedingungen stehend stellt einen weitgehenden Hiatus nicht nur in den historischen Wissenschaften, sondern auch oder gerade in der Soziologie dar. Welche Bedeutung die durch soziales Handeln konstituierten Räume haben können, zeigt Ulrich Beck in seinem Werk über die Risikogesellschaft unter Bezug auf die Natur als Raum auf[514]. Trotz dieser soziologischen, aber auch ökologischen Überlegungen wurde dieser Gedankengang bisher nur unwesentlich in der Forschung weiterverfolgt, was Dieter Läpple zu dem Ergebnis kommen lässt, dass sich die Wissenschaften nach wie vor offensichtlich durch eine ausgeprägte Raumblindheit auszeichnen[515]. Eine umfassende wissenschaftliche Untersuchung der Jagd bleibt aus diesem Grunde ohne die Analyse jener Räume und der Konstitution von Räumen nur Stückwerk. Die Analyse räumlicher Veränderungen ist jedoch gleichzeitig aufgrund ihrer Epochenspezifika mit einem enormen Arbeitsaufwand verbunden. Nur über diesen Aufwand ist es jedoch möglich, die strukturellen, kulturellen, psychischen und physischen Veränderungen von Räumen an historischen Beispielen darzustellen und ihre Wirkung auf die Jagd hinlänglich aufzuzeigen und zu analysieren. Dieser Weg wurde innerhalb der bisherigen Praxis jagdhistorischer Vorgehensweise vollkommen vernachlässigt. Das unintendierte Ergebnis jener Nichtbeachtung räumlicher Faktoren ist in einem gewissen Hang zur Romantisierung zu sehen, der sich der Jagd und der Jäger bis heute bemächtigt hat. Rationale Jagdanalysen durch die jeweiligen Epochen findet man kaum, das heißt die Frage nach einem tatsächlichen Nutzen der Jagd für den die Jagd beherrschenden oder ausübenden Fürsten wird nicht gestellt und eine epochenspezifische Erkenntnis darüber nicht erbracht. Der Raum, einerlei ob Herrschafts-, Lebens- oder Wirtschaftsraum, wird lediglich als vorgegebene Größe verstanden und nicht als ein von Menschen konstruiertes und sich in stetigem Wandel befindliches soziales Phänomen. Diese Forschungslücke innerhalb der jagdhistorischen oder jagdsoziologischen Literatur soll hier weitestgehend geschlossen werden, indem die Jagd stärker an raumtheoretische Fragenkomplexe angebunden wird. Gerade die Kapitel 2 und 3 der vorliegenden Arbeit haben aufgezeigt, dass die bisherige Sicht der

[514] Neben Ulrich Beck nehmen sich nun auch Autoren wie Peter Gross, Mario Schmidt oder Eduard Zwierlein der Thematik des Raumes an. Bei ihnen klingt jedoch stärker der Einfluss der Moderne auf Grenzen, auf Sozialsysteme und auf Optionen unterschiedlicher Couleur an als die Konstitution von Raum, wie dies Martina Löw beschreibt.

[515] Vgl. dazu die Ausführungen bei Dieter Läpple, Essay über den Raum – Für ein gesellschaftswissenschaftliches Raumkonzept, in: Hartmut Häussermann (Hrsg.), Stadt und Raum, S. 163. Bei Martina Löw, Raumsoziologie, S. 9, wird Dieter Läpple in eben jenem Zusammenhang zitiert.

Dinge zu einer gesellschaftsplausiblen und funktionalen Erklärung der Jagd nur sehr wenig beitragen konnte. Hinsichtlich der Jagd als einer wesentlichen Form der Raum(be)handlung gibt es bis heute lediglich einen Aufsatz von Joseph Morsel, der die Bedeutung des Raumes, die Bedingungen seiner Konstruktion und die Prozesse seiner Reproduktion durch Interaktionen zwischen Herren und Untertanen erkannt und formuliert hat[516]. Für Joseph Morsel hat die Jagd entgegen den historischen Argumenten und Überzeugungen nichts mit Gaumenlust oder Spielvergnügen zu tun, sondern sie ist, wie er am Beispiel des spätmittelalterlichen Franken zu belegen versucht, eine soziale Praxis[517] und als solche nur vor dem Hintergrund des (jeweils epochenspezifischen, Anm. d. V.) Raumes zu verstehen. Da jedoch die Ausführungen von Joseph Morsel noch nicht weit genug gehen, müssen als methodisches Werkzeug die Thesen und Ergebnisse zur Konstitution des Raumes von Martina Löw aufgegriffen werden. Nach ihrer Auffassung wird der jeweils epochenspezifische Raum konstituiert als eine Synthese von sozialen Gütern, anderen Menschen, Tieren und Orten in Vorstellungen, durch Wahrnehmungen und Erinnerungen, aber auch durch Platzierung jener Güter, Menschen und Tiere an Orten in Relation zu anderen Gütern und Menschen[518]. Damit wird schon die wesentliche Größe, die die Jagdfunktion und die Jagdpraxis letzten Endes determiniert, vollumfänglich beschrieben: die Konstitution von epochenspezifischem Raum. Die Mediävistik ist ohne die Analyse der Räume und der Positionierung der Menschen in ihnen nicht vorstellbar. Der Feudalismus ist ohne die umfassenden räumlichen Beziehungen der Herren zu ihren Untertanen nicht fassbar und die Jagd wiederum, ihre Praxis, ihre Kontrolle und ihre eifersüchtige Bewachung und Verteidigung ohne die Analyse jener Räume, ihrer strukturellen, kulturellen, psychischen und physischen Strukturen nicht zu verstehen. Neben den räumlichen Bedingungen soll hier auch auf den Aspekt der Memoria, der herrschaftsstabilisierenden Erinnerungskultur, eingegangen werden. Jene wird im Sammelband von Wolfgang Martini[519] bereits für die Frühgeschichte und die Antike untersucht. Auch die Formen der Erinnerung sind an die Ausgestaltung der Räume, an die Verfassung eines Gemeinwesens, gekoppelt und damit rein epochenspezifisch[520]. Selbst die politische Geschichte, die Betrachtungen von republikanischen Gemeinwesen oder Alleinherrschaften ist ohne eine Darstellung und Analyse der Räume nur schwer nachvollziehbar. Die Analyse des Raumes umfasst die Analyse des Nebeneinanders, der Organisation

---

516 Vgl. dazu den Aufsatz von Joseph Morsel, Jagd und Raum, in: Werner Rösener (Hrsg.), Jagd und höfische Kultur im Mittelalter, S. 255ff. Auf diese Arbeit wird noch verschiedentlich zurückzukommen sein. Auch die Bezeichnung der Raum(be)handlung stammt von Joseph Morsel.

517 Vgl. ebd., S. 282f.

518 Zu dieser Auffassung von Raum, welche die Ausführungen von Joseph Morsel stützen, siehe bei Martina Löw, Raumsoziologie, S. 263f.

519 Der Sammelband von Wolfram Martini mit dem Titel: Die Jagd der Eliten in den Erinnerungskulturen von der Antike bis in die Frühe Neuzeit, Verlag Vandenhoeck & Ruprecht, Göttingen 2000, wurde und wird im Verlaufe der vorliegenden Arbeit noch häufiger zitiert.

520 Heute spielt die frühantike Erinnerungskultur z. B. nur noch in der Jagdkunst eine Rolle, während sie aus dem Leben der Menschen verschwand.

von Gesellschaft und damit von Prozessen der Vergesellschaftung[521]. Hier wird deutlich, dass der Raumbegriff nicht allein als geographische Größe verstanden werden darf. Martina Löw weist in diesem Zusammenhang darauf hin, dass die „einzelnen Aspekte des komplexen sozialen Prozesses, in dessen Folge Räume entstehen oder reproduziert (bisweilen auch verändert) werden, nicht unerkannt bleiben dürfen", bloß weil der „Raum als Territorium oder Ort als bereits bekannt vorausgesetzt wird". Über diesen Trugschluss werde der Betrachter oftmals zu der Annahme verleitet, „dass der Raum ein geographischer, aber nicht soziologischer Gegenstand sei"[522]. So ist die Berücksichtigung des Räumlichen ein wesentliches Anliegen der vorliegenden Arbeit und für eine umfassende Analyse der Jagd und ihrer Funktionen vor dem Hintergrund der Vergesellschaftungen unabdingbar. Die Geschichte der Jagd ist nicht vor dem Hintergrund lediglich vorgegebener existenter Räume, existenter Strukturen und Inhalte von Räumen zu untersuchen, sondern soll auch selbst als Bestandteil des Werdens von Räumen im Zuge des Vergesellschaftungsprozesses aufgezeigt werden[523]. Mit anderen Worten: der Raum ist nicht der unverrückbare Hintergrund der sozialen Praxis (auch die Jagd ist eine soziale Praxis nach Joseph Morsel[524]), sondern er ist selbst in den Handlungskontext der Jagd und des Jägers eingebunden. Die räumliche Struktur und die soziale Praxis beruhen insofern weit mehr auf Wechselseitigkeiten als auf einseitigen und starren Beziehungen. Das führt zu der historisch zu verifizierenden Überlegung, dass die Funktion von Jagd, das heißt die sich ständig in Bewegung befindliche Wechselwirkung zwischen der jeweiligen Jagd und dem jeweiligen Raumkonstrukt, unmittelbar abhängig ist von der Konstruierung des Raumes und den Positionierungen der Menschen darin. Die Funktion der Jagd ist das Resultat aus den Wechselwirkungen von Raumkonstrukt und Positionierung von Menschen in diesem Raum. Weder das Raumkonstrukt noch die Positionierung der Menschen darin ist als starre Anordnung zu verstehen, sondern als sich stetig im Fluss befindliche Variante von Vergesellschaftung[525]. Menschen wurden im Mittelalter auf eine andere Art und Weise und unter anderen Zielsetzungen an Orten, aber auch in einem spezifi-

---

521 Vergesellschaftung ist die Umschreibung für die Thematisierung von Gesellschaft im Status nascens. Insbesondere Georg Simmel nennt die Prozesse der Vergesellschaftung den Gegenstand der Soziologie. Vgl. dazu auch die Ausführungen im Lexikon zur Soziologie (1988), S. 821. Hier wird deutlich, weshalb das Unverständnis der Soziologen über die Frage der Vernachlässigung des Raumes stetig zunimmt.

522 Zur Raumproblematik in den Gesellschaftswissenschaften siehe bei Martina Löw, Raumsoziologie, S. 13f.

523 Gerade in denjenigen Zeiten, in denen sowohl das Gewährenlassen als auch das beharrliche Bestehen auf einer Handlung in die Lage versetzte, Recht, basierend auf Gewohnheit, zu schaffen, war die Jagd ein strukturierendes Element des Vergesellschaftungsprozesses. Vgl. dazu auch die Ausführungen in Kapitel 8 zu den Freipirschgebieten unter den Herzögen Württembergs und den Grafen Zollerns.

524 Zur sozialen Praxis der Jagd bei Joseph Morsel, Jagd und Raum, in: Werner Rösener (Hrsg.), Jagd und höfische Kultur im Mittelalter, S. 285ff.

525 In diesem Beziehungsgefüge liegen auch die Voraussetzungen für die modernen Konflikte im sozialen Feld der Jagd verborgen, die in einer früheren Arbeit unter Bezug auf Bourdieu bereits dargestellt wurden. Vgl. bei Klaus Maylein, Jagd und Jäger in der modernen Gesellschaft, S. 57ff.

schen Gesellschaftsgefüge positioniert als in den Landesherrschaften und in jenen wiederum auf eine andere Weise als in der bürgerlichen Gesellschaft.

4.1.2 Eine erste Erklärungshilfe zur Bedeutung des Räumlichen

Um die Größe oder wissenschaftliche Bedeutung räumlicher Überlegungen zu historischen Gegebenheiten zu verdeutlichen, sei an dieser Stelle ein Beispiel erlaubt, bevor die eigentliche Thematik - Jagd und Raum - aufgegriffen und in den folgenden Kapiteln konkretisiert wird. Die Eroberung Germaniens nach den ersten Vorstößen Caesars im Rahmen seines gallischen Feldzuges in den fünfziger Jahren vor Christi Geburt war ein Vorstoß, der neue Räume für das Imperium Romanum erschließen sollte. Aus römischer Sicht waren diese Räume zunächst nur fassbar über die Anzahl der Feinde in ihnen und über das unwegsame und nach den Erzählungen - sowohl des Feldherrn selbst als auch des Tacitus - riesige Niemandsland[526], weiter über die Mythen und Sagen, die sich bereits um jenes Land und seine Bewohner rankten, und über das Land als Wirtschaftsgut selbst, welches über Urbarmachung, Ausbeutung der Rohstoffe sowie im Zuge der Landschenkung an verdiente Gefolgsleute und Soldaten einem ökonomischen Begriff, einem rechnerischen Wert, zugeführt werden konnte. Grob skizziert entsprach dies der römisch gedachten Struktur Germaniens aus der Sicht der römischen Eroberer vor den folgenden militärischen und zivilisatorischen Erschließungen des Landes. Die erste Handlung der Römer in den von ihnen eroberten Gebieten war der Bau von militärischen Lagern, befestigten Siedlungen und die Anlage von Straßen, um jenen Raum einerseits zu sichern, andererseits jedoch nach römischem Vorbild zu zivilisieren[527]. Es war der Beginn eines Kultur schaffenden und gleichzeitig auf Zerstörung hinauslaufenden Dualismus, dessen Merkmal die Zivilisierung des Rhein-, Mosel-, Donaugebietes war, der aber gleichzeitig den Germanen die Waffen zur Bezwingung des Römischen Imperiums in die Hand spielen sollte. „Vom Feinde lernen" - selten traf diese Formel in der Geschichte mehr zu als hier. Die Römer begannen den in ihren Augen unstrukturierten geographischen Raum „Germanien" nach römischem Denken und Handeln zu strukturieren, ihn ihren Vorstellungen und Absichten anzupassen, ihn zu zivilisieren. Die Abgrenzung und Sicherung der eroberten Gebiete durch militärische Bauten ermöglichte einen visuellen, gedachten oder emotionalisierten und tatsächlichen Abschluss nach außen hin, was einem ersten Schritt in Richtung räumliche Kontrolle gleichzusetzen war. Durch die Gründung von Städten (wie Augusta Treverorum, Mogontiacum, Bonna, Colonia Claudia Ara Agrippinensium, Novaesium, Colonia Ulpia Traiana, etc.), die Einführung des Weinbaus, des Straßen- und Viaduktbaus, der Grenzziehung, etc. erhielt der Raum allmählich materielle Strukturen. Durch die Ansiedlung von Gefolgsleuten, den Import römischer Kultur, die Anwerbung germanischer Soldaten als römi-

526 Auch das war schon eine räumliche Wertung aus römischer Sicht, da es germanisches Stammesland und gerade nicht Niemandsland, sondern richtigerweise allein nichtrömisches und damit unzivilisiertes Land war.

527 Den Römern waren die Chancen und Gefahren, die aus den germanischen Gebieten erwuchsen, sehr wohl bewusst. Nicht zuletzt deshalb haben sie die stärksten Energien des Römischen Reiches in die Rhein-Donau-Gebiete hineingepumpt. Vgl. dazu auch die Ausführungen bei Rudolf Pörtner, Mit dem Fahrstuhl in die Römerzeit, S. 7ff.

sche Auxiliareinheiten und der Vermischung der römischen Bewohner mit germanischen Bauern und Händlern wurde daran anschließend die reale Schaffung einer Provinz, einer Verwaltungseinheit des Römischen Reiches[528], ermöglicht. Diese Romanisierung Germaniens war insofern das Resultat aus der Anordnung materieller und symbolischer Güter, da mit dem Bau von Straßen und Städten auch Verwaltungsvorschriften, Rechtsordnungen und schließlich römisches Kulturgut in die besetzten Gebiete einflossen. Es sollte der Beginn einer römischen Provinz auf germanischem Boden sein, auch wenn sich jene letztendlich mit der Niederlage des Varus tatsächlich nicht verwirklichen ließ[529]. Die Errichtung einer Provinz unterscheidet sich von der bloßen militärischen Besetzung durch beinahe schon freundschaftliche Beziehungen, militärische Unterstützung und Hilfestellung bei Auseinandersetzungen mit feindlich gesinnten Stämmen (so geschehen in Gallien nach den Erzählungen Cäsars), wirtschaftlichen Austausch und Integration der Kulturelemente, wodurch die Provinz ein Teil des Reiches wurde und aus Feinden Verbündete machte[530]. Neben der materiellen Ordnung beruhte die römische Taktik der Schaffung von Provinzen, wie sie in Gallien erfolgreich war, weiterhin auf einer spezifischen Positionierung von Menschen in diesem Raum, die bewusst das Nebeneinander und Miteinander förderte und nicht die Separierung der unterschiedlichen Ethnien zur Folge hatte. Erst durch die Interaktion der Menschen in diesem Raum wurde die Römische Provinz oder ein erobertes Gebiet als ein(e) solche(s) konstruiert und über Veränderungen am Leben erhalten[531]. Andererseits fand in Rom selbst, weit ab von den Geschehnissen in diesen Gebieten, über die Positionierung von gefangenen Germanen oder über die Positionierung von Tieren des germanischen Urwaldes die Reproduktion des eroberten Raumes, des besetzten Gebietes vor den Augen der Römer statt. Macht und Herrschaft wurden so über die Bühne des Amphitheaters in die römische Öffentlichkeit transportiert, beliebig reproduziert und damit in der öffentlichen Meinung der Römer konstituiert. Der Römer hatte so die Möglichkeit, die Unterwerfung des Gegners, die Besetzung

---

528 Vgl. zur Rolle der Provinzen auch einen Artikel von Ralf-Peter Märtin, Kampf um Germanien, in: National Geographic Deutschland, Februar 2003, S. 100ff. Weiterhin zu Vermischung durch Verheiratung von römischen Soldaten mit germanischen Mädchen und deren Ansiedlungen im Einzugsgebiet der Städte im Rheinland (Germania Inferior) bei Will Durant, Caesar und Christus, S. 513. Das Rheinland, so Durant weiter, war um das Jahr 50 nach Christus ebenso dicht besiedelt und ebenso reich wie im 19. Jahrhundert. Das sei nicht zuletzt auf die vermögenden Legionäre zurückzuführen, die sich nach dem Ablauf ihres 20jährigen Dienstes dort angesiedelt hätten.

529 Klaus Bringmann weist in seinem Werk „Römische Geschichte - Von den Anfängen bis zur Spätantike", S. 63, darauf hin, dass die Schaffung einer Provinz im Gegensatz zum Donauraum in Germanien nicht zum vollen Durchbruch kam. Germanien, auch wenn anderes beabsichtigt wurde, kam über den Status eines Operationsgebiets nicht hinaus.

530 Wie trügerisch dies auch manchmal gewesen sein mag, belegt das Beispiel des eigentlich römisch sozialisierten Germanen Arminius, der Publius Quinctilius Varus´ Legionen in der gleichnamigen Schlacht im Jahre 9 nach Christus bei Kalkriese aufgerieben hat. Der Traum von einer germanischen Provinz wurde mit dieser Niederlage begraben und die römischen Bauten östlich des Rheins durch die Stämme der siegreichen Germanen niedergebrannt.

531 Dass es jedoch sehr wohl Unterschiede in der Schaffung von Provinzen zwischen z. B. mediterranen Eroberungen und solchen wie in Spanien und Gallien gab, ist ausführlich bei Ernst Badian, Römischer Imperialismus, belegt.

seines Raumes, durch einen Gang in die Darbietungen des Amphitheaters selbst in regelmäßigen Abständen mitzuerleben[532]. Aber: die materiellen Gegebenheiten allein reichten nicht aus um den Raum „Römische Provinz" zu konstruieren. Die Kontinuität der Reproduktion provinzialer Vorstellung und Funktion konnte nur über die Interaktionen der Menschen in diesem über Straßen, Militärlager, Siedlungen, Verwaltungsgebäude, Bauernhöfe, etc. materiell strukturierten Raum geschehen. Das Funktionieren jenes Raumes aus römischer Sicht war so nicht nur an die stetige Präsenz des römischen Militärs und der zumeist römischen oder römerfreundlichen Provinzverwaltung gebunden, sondern gleichzeitig an die Reproduktion römischer Vorherrschaft und Stärke über die Interaktionen zwischen Verwaltung[533] und Bauern, zwischen Römern und Galliern/Germanen und über den Ausbau und Instandhaltung der Straßen, der Lager und der Wehrsiedlungen. Die Provinz als römische Vorherrschaft, als römische Kontrolle und Macht, als römisch beherrschter Raum mit allem was in ihm existiert, konnte nur so real als auch in den Köpfen der besiegten Stämme und auch der siegreichen Römer innerhalb wie auch außerhalb der eigentlichen Provinz wahrgenommen werden. Für die unterlegene Bevölkerung innerhalb des Raumes (der Provinz) bedeutete dies die Akzeptanz der Bedingungen und des Herrschaftsgefüges; für die Römer in Rom bedeutete dieser Raum Sicherheit und Prosperität. Für beide Seiten waren dies Eindrücke, die sowohl emotional als auch real spürbar und wirksam waren und darüber hinaus auch in weit entfernten Gebieten reproduziert werden konnten. Für die freien germanischen Stämme außerhalb der eroberten und besetzten Gebiete musste die Provinz dagegen eine Provokation sein. Konflikte als auch militärische Erhebungen der unterworfenen (innerhalb) als auch der nicht unterworfenen (außerhalb) Stämme waren regelmäßig Ausdruck der Nichtakzeptanz dieser relationalen (An-)Ordnung sozialer Güter und der Menschen innerhalb und/oder außerhalb der Provinz als römisches Raumkonstrukt[534]. Mit der Niederlage des Varus ging der Traum von der römischen Provinz „Germania" mitsamt seinen Legionen dann endgültig unter. In Gallien, Spanien und Afrika dagegen waren die römischen Bestrebungen der Schaffung von Provinzen fruchtbarer und kontinuierlicher. Dieses Beispiel sollte die Bedeutung des Raumes aufzeigen und die Bedingungen seiner Konstitution, seiner Existenz und Reproduktion innerhalb und außerhalb seines eigentlichen Konstrukts belegen und verdeutlichen. Raum und Raumvorstellungen können eben nicht nur materiell (Paläste, Städte, Militärlager, Grenzen, etc.) reproduziert und abgebildet werden, sondern auch über Verwaltung, über Gesetze, über die Einführung neuer Techniken und neuen Wissens, über die Beziehungen und Interaktionen zwischen Besiegten und Siegern, über Festivitäten, Turniere und Konflikte konstruiert werden. Die Berücksichtigung der Räume, ihrer Bedeutung

[532] Vgl. dazu auch die Ausführungen in Kapitel 5 der vorliegenden Arbeit. Hier werden die römischen Venationes unter raumtheoretischen Überlegungen nochmals ausführlich dargestellt.

[533] Über das Instrument Verwaltung war es notwendig, die hierarchischen Beziehungen, das heißt die primär römische Vorherrschaft in der Provinz durch Interaktionen auch im Kleinen, also in der persönlichen Interaktion mit Bauern, Klienten, Händler, etc., zu reproduzieren, um den Anspruch des Ganzen kontinuierlich vor Augen zu führen.

[534] Zum Begriff der relationalen (An)Ordnung siehe bei Martina Löw, Raumsoziologie, S. 158ff.

und Reproduktion, ist aus verschiedenen noch historisch zu belegenden Gründen für die Geschichte der Jagd (insbesondere im Hohen Mittelalter und in der frühen Neuzeit) und ihrer Funktion vor dem Hintergrund der Vergesellschaftung von immensem Wert. Die Historiker wären wohl regelmäßig zu anderen Beurteilungen der fürstlichen Jagd gekommen, hätten sie dem Raum, den Bedingungen seiner Konstruktion und Reproduktion, mehr Aufmerksamkeit geschenkt. Dasselbe gilt auch für die Jagd des 20. und 21. Jahrhunderts.

Im Folgenden soll diese wissenschaftliche Lücke bezüglich den Raumanalysen innerhalb der Geschichte der Jagd weitgehend geschlossen werden. Ziel der kommenden Ausführungen ist es, die Jagd und ihre historisch festzumachenden und wechselnden Funktionen einer rationalen Erklärung zuzuführen, die fern von Vergnügungssucht, von Trieb und Instinkt[535] zu liegen kommt. Mit diesem Ansatz soll der historisch-philosophischen Betrachtung der Jagd, so wie sie z. B. der spanische Philosoph Ortega y Gasset verfolgt, entgegengewirkt werden. Ja ich möchte noch einen Schritt weiter gehen und gar der Verdrängung der Philosophie aus der Geschichte der Jagd Vorschub leisten, da jene das Verständnis der Jagd zu keinem Zeitpunkt gefördert und eine funktionale Analyse bisher eher verhindert als begünstigt hat. Das Resultat aus der historisch-philosophischen Jagdbetrachtung war vielmehr die Verfestigung und Verankerung ihrer Romantisierung, die Betonung emotionaler Inhalte und speziell in jagdlich-traditionellen Kreisen die Etablierung einer Überzeugung, dass uns Menschen die Jagd in den Genen läge und somit ein natürlicher Trieb sei[536]. Selbst im Gründungsdekret des Instituts für Jagdkunde der Universität Göttingen hatte 1936 Hermann Göring mit den Worten begonnen: „Um das deutsche Wild aufzuarten..." und mit der Überzeugung „um den triebhaften Neigungen des wehrhaften deutschen Mannes Folge zu leisten..."[537] geschlossen. Damit hat nicht zuletzt die philosophische Betrachtung und Fokussierung der Jagd die Konflikte um sie in der Gegenwart zu einem wesentlichen Teil mitzuverantworten.

---

535 Dass die Jagd keine bloße Trieb- oder Instinkthandlung des Menschen sein kann, wurde bereits in Kapitel 2 der vorliegenden Arbeit unter Bezug auf Arnold Gehlen und neuere anthropologische Erkenntnisse versucht zu belegen.

536 Ein Vergleich einiger Leserbriefe, abgedruckt bei Wild und Hund, Ausgabe Nr. 04/2004, S. 116, zur hier bereits angeführten Dissertation von Günter R. Kühnle mit dem Titel: „Die Jagd als Mechanismus der biotischen und kulturellen Evolution des Menschen. De venatoris naturae sensibilis atque intelligibilis forma et principiis. Zur soziopsychologischen Rolle des Jagdschemas als Denk- und Handlungsschema", zeigen deutlich auf, dass jene Formulierungen und Betrachtungen auch heute noch auf fruchtbaren Boden fallen. Da heißt es z. B.: „Jetzt hat unsere Standesvertretung, der Deutsche Jagdschutzverband, endlich die Chance, die Jagd als verfassungsrechtlich geschützte Lebensform zu verteidigen, statt uns euphemistisch als Naturschützer, allerdings mit einem archaischen Beutetrieb, anzubiedern". Vgl. dazu Leserbrief von Gerd Rohmann, Wild und Hund, Ausgabe Nr. 04/2004, S. 116. Oder, wie ein anderer dazu schrieb: „(...) Die meisten Jäger sind es doch schon leid, als Spiegler und Blender zum Vertuschen unseres angeborenen Jagdtriebs missbraucht zu werden. Wir sind es leid, uns nach dem Jagderfolg nicht mehr öffentlich über unseren „Kick" richtig freuen zu dürfen und uns zu verstecken. Nur weil es bisher keiner fertig brachte, unsere ganz ursprüngliche menschliche Anlage Nichtjägern verständlich zu machen". Vgl. ebd., S. 116.

537 Vgl. dazu bei Andreas Gautschi, Der Reichsjägermeister, im Geleitwort von Antal Festetics, S. 8.

4.1.3 Problemfokussierung

Innerhalb dieses Kapitels soll aufgezeigt werden, aus welchen Gründen gerade die Jagd auf wilde Tiere, unter Beachtung der soziologischen Vorzeichen der Vergesellschaftung, einen Herrscher in die Lage versetzen konnte, Stabilität und Kontinuität seiner Herrschaft zu optimieren und welches die jeweiligen Möglichkeiten dazu waren. Diese zunächst theoretisch zu beantwortende Frage kann nur unter der Einbeziehung der strukturellen Gestaltungen durch die Menschen im Verlaufe der Geschichte beantwortet werden. So ist es die Geschichte, die uns dabei lehrt, dass es eine enge Anbindung der im Verlaufe der Zivilisation gewachsenen Gesellschaftsentwürfe, ihrer Strukturierung und den jeweiligen Funktionen von Jagd und Jäger gibt. Aus dieser Erkenntnis gewinnt man den wissenschaftlich verifizierbaren Extrakt einer kausalen Verbindung, die zwischen der Praxis, den Formen und der Funktion von Jagd einerseits mit den räumlichen, sozialen und politischen Verhältnissen einer Gesellschaft andererseits besteht. Was für die symbolische Transportation gilt, kann für die reale Jagdhandlung nicht folgenlos geblieben sein, da sie schließlich darauf rekurriert, auch wenn dies teilweise nur unwillkürlich und epochenbezogen geschehen mag. Dies ist ein gänzlich neuer und damit zugleich ungewöhnlicher Aspekt für die geisteswissenschaftliche Betrachtung der Jagd, der ausführlich behandelt werden muss. Wie wichtig die Darstellung der Soziogenese des Staates, der Konzeption von Gesellschaft für die soziologische Analyse der Jagd, insbesondere im Mittelalter und in der frühen Neuzeit, tatsächlich ist, geht auch aus Max Webers Herrschaftssoziologie im Rahmen seines Werkes „Wirtschaft und Gesellschaft" hervor. Webers Herrschaftssoziologie verdeutlicht den Prozess der Soziogenese des Staates; sie beschreibt die Strukturformen und Funktionsweisen von Herrschaft. Weber lehrt, dass sich die Menschheit seit Jahrtausenden einem Prozess zunehmender Intellektualisierung und Rationalisierung gegenüber sieht, der sich sowohl unter evaluativem wie auch unter institutionellem Aspekt nachhaltig auf die Strukturtypen bzw. Strukturformen von Herrschaft ausgewirkt hat. Dieser Prozess beeinflusst die Funktion der Jagd nachweisbar und nachhaltig. Er ist durch die Epochen soweit gediehen, dass es für den modernen Menschen keine metaphysischen, unberechenbaren Mächte mehr gibt, die auf die soziale Evolution Einfluss nehmen könnten. In diesem Sinne bedeutet Rationalisierung für Weber die Entzauberung der Welt. Darüber hinaus scheint man bei der historischen Beurteilung der Jagd vollkommen vergessen zu haben, dass Macht und Herrschaft im Mittelalter auf eine völlig andere Art und Weise ausgeübt wurden als dies in der Gegenwart der modernen demokratischen Staaten der Fall ist. Allein die Gegenüberstellung personalisierter Herrschaft in den Epochen bis 1848 und den entpersonalisierten Herrschaften in der modernen Demokratie der Gegenwart macht dies besonders deutlich. Und weiter gefasst: in primitiven Gesellschaften existieren keine kontinuierlichen hierarchischen Strukturen, keine engen und begrenzten Räume, keine sozialen Klassen, keine Monopole. Das bedeutet nicht, dass diese Sozietäten akephal strukturiert sind, sondern dass die Kommunikation weitgehend unter Gleichen stattfindet und Entscheidungen der Gruppen oder des Stammes häufig auf einer öffentlichen Meinung basieren. Entscheidungen werden vor ihrer Umsetzung diskutiert und weitgehend demokratisch entschieden, ungeachtet der Möglichkeit, dass den Ausführungen eines älteren oder erfahrenen Gruppen- oder

Stammesmitgliedes besonderes Gehör geschenkt wird. Jagd, sofern sie in diesen Gesellschaften stattfindet, dient allein der Subsistenz, bestenfalls noch als „Schule des Lebens“[538], und erfüllt darüber hinaus keine weiterführenden Funktionen. Erst mit zunehmender Zivilisation, insbesondere nach den Errungenschaften des Neolithikums, fand eine weiterführende Stratifikation der Gesellschaft statt und die Kommunikation beschränkte sich ab einem bestimmten Punkt der Entwicklung überwiegend auf die jeweils selbe soziale Ebene der Zugehörigkeit. In der höfischen Gesellschaft verkehrte der Adel in seinen Kreisen, die Bauernschaft in den ihrigen, das Bürgertum in der Stadt[539]. Einen Austausch zwischen den differierenden sozialen Ebenen oder Klassen gab es kaum und wenn doch, so im Rahmen bereits institutionalisierter und strikt vertikaler Beziehungen. Öffentlichkeit, verstanden als soziales Ordnungsprinzip sowie eine öffentliche Meinung, war nur rudimentär vorhanden und im Sinne Jürgen Habermas' als repräsentative Öffentlichkeit[540] zu verstehen. Die genannten Berührungspunkte reduzierten sich nach der Schwächung des Volksthings (hervorgerufen durch die Erstarkung des Lehnswesen) auf die vom Fürsten abgehaltenen Gerichtstage, auf die gegenseitige Begegnung im Zuge der Fronleistungen, auf die Jagd in den ländlichen Herrschaftsbereichen – zuerst in den Forsten und später über die Regalität der Jagd auch innerhalb des gesamten Herrschaftsgebietes – und speziell in den Städten auf das Turnier, wie dies Josef Fleckenstein dargestellt hat[541]. Es begannen sich wesentliche Dualismen herauszukristallisieren, die politisch, sozial, geographisch-räumlich und damit letztendlich lebensweltlich waren[542]. Aber: das Konzept von Öffentlichkeit, wie es Jürgen Habermas dargestellt hat, geht historisch nur unzureichend auf. Die repräsentative Öffentlichkeit mag zwar eine einseitig konstruierte Öffentlichkeit sein, ihre Funktion dagegen wurde damit noch nicht beleuchtet. Gerd Althoff weist in diesem Zusammenhang darauf hin, dass die Existenz einer Öffentlichkeit im Mittelalter unzweifelhaft sei, allein ihre Struktur war eine andere als im modernen Staat. Gerade nonverbale Kommunikation, zu der auch die Jagd zu rechnen ist, war prägend für die mittelalterliche Öffentlichkeit, in der vorwiegend etwas dargestellt, ausgesagt, visualisiert oder zur Anschauung gebracht wurde[543]. Möglichkeiten zur Herstellung von Öffentlichkeit gab es nach Gerd Althoff sehr viele und sie haben wohl ihre Wirkung auch nicht verfehlt. Bei der Fortführung jener Gedanken auf die Bedingungen in der modernen Gesellschaft ist in Bezug auf die bis in das Mittelalter und die Neuzeit festzustellende Verarmung der Kommunikation also schnell

538 Vgl. diese Umschreibung bei Erich Fromm, Anatomie der menschlichen Destruktivität, S. 154.

539 Das republikanische Rom fällt aus diesem Rahmen heraus; doch dazu später mehr.

540 Vgl. die Konzeption von Öffentlichkeit im Mittelalter bei Jürgen Habermas, Strukturwandel der Öffentlichkeit, S. 54ff. Habermas gesteht dem Mittelalter lediglich die repräsentative Öffentlichkeit zu, in der sich die feudale Autorität dem Volk zur Schau stellte.

541 Vgl. dazu bei Josef Fleckenstein, Vom Rittertum im Mittelalter, Keip Verlag, Goldbach 1997.

542 Insbesondere der Dualismus Stadt – Land ist wesentlich im Mittelalter, darüber hinaus die Verfeinerung höfischer Sitten bei gleichzeitiger Brutalisierung der Blutgerichtsbarkeit, die Kluft zwischen Untertanen und Herrschern und z. B. die Wertigkeit des Wildbrets im Verhältnis zur Stellung der Jagd. All dies sind Dualismen, denen es noch nachzuspüren gilt, um die Geschichte der Funktionalisierungen von Jagd aufzuzeigen.

543 Vgl. dazu die Ausführungen zur Demonstration und Inszenierung unter den Aspekten von Öffentlichkeit im Mittelalter bei Gerd Althoff, Spielregeln der Politik im Mittelalter, S. 229ff.

der falsche Weg eingeschlagen. Führt man diese Theorie weiter, so wäre die moderne Gesellschaft aufgrund ihrer fortlaufenden Ausdifferenzierung und Spezialisierung geprägt von nur noch rudimentär vorhandenen Verflechtungen der verschiedenen gesellschaftlichen Teile untereinander. Gerade das Gegenteil ist jedoch der Fall. Nicht nur die Individuen kommunizieren auf vielfältigste technische Weise miteinander, sondern auch die verschiedenen Systeme kommunizieren über massenmediale Öffentlichkeiten in einem hohen Maße. Nehmen wir die moderne Gesellschaft des 21. Jahrhunderts zum Fixpunkt des Zivilisationsprozesses, so muss die These lauten, dass je einfacher eine Gesellschaftsstruktur ist, desto geringer die Verflechtungen der Gesellschaftsmitglieder untereinander und desto einfacher, rigoroser und rücksichtsloser Monopole durchsetzbar sind[544]. Bestes Beispiel dafür sind die Adelsherrschaften des Mittelalters und der beginnenden Neuzeit im Vergleich zu rationalen und bürokratisch organisierten Demokratien des 21. Jahrhunderts. An diesen Beziehungen, ihren Veränderungen, kann die jeweilige Funktion der Jagd sehr eindrücklich abgelesen werden. In diesem Zusammenhang ist es die Ausbildung des Lehnswesens und insbesondere dessen Übergang in das Feudalsystem im mediävalen Deutschland, welches Dreh- und Angelpunkt für die Analyse der sich nun im selben Zuge bildenden neuen Jagdfunktionen ist. Es sind die Bedingungen der Zeiten zwischen etwa 600 n. Chr. und 1300 n. Chr., die über das Lehnswesen in den Feudalismus führten und die die Jagd mit der Zurückdrängung der traditionalen Gesellschaftsstruktur ihrem Diktum unterworfen haben. Im Übergang vom reinen Lehnswesen zum gemischt-feudalen System liegen auch diejenigen Gründe verborgen, die die Geschichte der Jagd in Deutschland von derjenigen in anderen europäischen Ländern in späterer Zeit unterscheidet. Während sich in Frankreich der Zentralismus bis zur Revolution 1789 durchsetzen konnte, zerfiel Deutschland mit der Schwächung des Kaisertums in unzählige Splitterstaaten und Herrschaftsbereiche, was zu einer Dynamisierung der Dezentralisierung führte. Das blieb nicht ohne Auswirkung auf alle Bereiche des Zusammenlebens, auf die Jagd, ihre Praxis und ihre Funktion. Größere und kleinere Herrschaftsgebiete entwickelten sich, die Personalisierung nahm im selben Zuge zu und die räumliche Beherrschung und Behauptung wurde zu einem Dreh- und Angelpunkt der seit dem 14. Jahrhundert zunehmend auftauchenden „Staatsgebilde“[545] auf dem Gebiet des Deutschen Reiches. Damit gelangt man zu den Überlegungen bezüglich des Raumes, welcher im Zuge des Lehnswesens und seiner Entwicklung hin zum feudalen System eine ganz spezifische Umgestaltung erfuhr. Dieser Umgestaltung konnten sich die Kultur, die Politik, die Sitten und Gebräuche, schlussendlich die traditionale Gesellschaft, nicht entziehen. Das Lehnswesen, welches

544 So ist der Themenkomplex Jagd in der modernen Gesellschaft keineswegs mehr ein Monopol, sondern ein Gemeingut, welches zwar von einigen wenigen aktiv ausgeübt wird, aber von einer Vielzahl anderer Interessengruppen tangiert und behandelt wird, da der Kreis der Betroffenen über den Grundbesitzer hinaus erweitert wurde. Jagd ist heute vom Jäger allein nicht mehr durchsetzbar und kontrollierbar.

545 Nach H. Quaritsch, Staat und Souveränität, S. 33, taucht der Begriff des Staates im 14. Jahrhundert auf. Staat bezeichnet nach ihm Herrschaftsgewalt der Fürsten (personalisierte Herrschaft) und erst wesentlich später den Herrschaftsverband selbst (entpersonalisierte Herrschaft). Vgl. dazu auch bei Heinrich A. Breit, Staat und Herrschaft. Eine wissenssoziologische Untersuchung, S. 10f, unter Bezug auf H. Quaritsch.

sich insbesondere in Frankreich herausbildete, dessen Anfänge jedoch in Deutschland und in Italien verborgen liegen, spielte keinerlei Rolle auf dem Balkan, in Spanien, in einigen Teilen Italiens, Schwedens, Norwegens und im Oströmischen Reich. So bleibt der Fokus bei der Betrachtung von Jagd und Raum auf Mitteleuropa und hier insbesondere auf Deutschland beschränkt. Die deutsche Entwicklung ist auch deshalb interessant, weil hier die räumlichen Veränderungen von der Größe und Weiträumigkeit des ersten Deutschen Kaiserreiches unter Karl dem Großen hin zu den unzähligen kleinen und kleinsten Grafschaften, Bistümern, Fürstentümern und Reichsritterschaften[546], die sich in den unruhigen Zeiten nach dem Tode Karls und den anschließenden Kriegen herausgebildet hatten, aufgezeigt werden kann. Diese spezifisch räumlichen Entwicklungen in Verbindung mit dem Herauskristallisieren des Feudalismus spielt für die Erklärung der jagdlichen Funktionen von der Subsistenzhandlung zur Herrschaftshandlung eine immense und bisher weitgehend verkannte Rolle. Es ist der Weg von den natürlichen Räumen der primitiven Jäger- und Sammlervölker, von den Lebensinhalten traditionaler Gesellschaften der germanischen Völkerwanderungsstaaten wie noch unter den Merowingern und den Karolingern, zu den bereits artifiziellen Räumen - insbesondere auch den Forsten - unter den Nachfolgern Karls des Großen. Hier liegt der Grund verborgen, weshalb die Bedingungen in den primitiven Jäger-Sammlersozietäten der Vorzeit von denen des Mittelalters deutlich zu unterscheiden sind. Erstere sind in die Argumentationsreihe des Zivilisationsprozesses nicht aufzunehmen. Sie stellen schlichtweg einen räumlichen und sozialen Bruch dar, der sich allein über die Unterschiede in der geistigen und materiellen Kultur vor und nach der neolithischen Revolution erklären lässt. Bereits in der Tier- als auch in der jagdlichen Symbolik zwischen Aurignacien und dem altägyptischen Reich kann dies eindrücklich verfolgt werden, wie im letzten Kapitel ausgeführt wurde. Nach den Erläuterungen Erich Fromms und vieler neuer anthropologischer und osteologischer Untersuchungen waren die primitiven Jäger und Sammler eher friedfertig, wenngleich ihre Tischmanieren im Sinne Norbert Elias[547] wohl zu wünschen übrig ließen. Seit dem frühen Mittelalter haben sich die Sitten und Bräuche zwar im Laufe der Zeit gebessert, verfeinert, gleichzeitig jedoch stiegen die Gefahren von äußeren und inneren Unruhen stetig an. Mit der Überwindung des primitiven Nomadentums auf germanischem Boden entstanden allmählich die bereits genannten deutlichen Dualismen, die ihren vorläufigen Höhepunkt in der Brutalisierung der Blutgerichtsbarkeit einerseits und der Entwicklung der höfischen Sitten andererseits fanden. Wie sehr dies in einem unmittelbaren Zusammenhang zum Raum, den Bedingungen seiner Konstruktion und seiner Reproduktion in Vorstellung und Wahrnehmung steht, wird noch ausführlich aufgezeigt werden. In den frühen Jäger- und Sammlersozietäten hatte die Jagd auf wilde Tiere aus den eben genann-

---

546 Nach einer Darlegung von Otto Henne am Rhyn, Geschichte des Rittertums, Band 2, S. 151, existierten noch bis zum Ende des 18. Jahrhunderts im Süden und Westen des Reiches 1500 unabhängige Reichsritterschaften, die im Besitz von wenigstens 350 Familien waren, auf einem Gebiet von kaum 200 Quadratmeilen und mit etwa 200.000 Untertanen.

547 Vgl. dazu die Ausführungen von Norbert Elias über das Verhalten bei Tisch in: Über den Prozess der Zivilisation, Band 1, S. 202ff. Zur Rolle verschiedener jagdlicher Affekte siehe Kapitel 9-11.

ten Gründen gänzlich andere Funktionen als im Mittelalter. Aus diesem Zusammenhang und nach den Darstellungen Erich Fromms erscheint es plausibel, den Prozess der Zivilisierung zumindest zweigeteilt zu betrachten. Die materielle Ebene der Menschen vor der Sesshaftwerdung generierte einen vollkommen anderen Zusammenhang zwischen Jagd und sozialem System als dies in den Zeiten nach dem Neolithikum der Fall war. Die Herauslösung des Menschen aus den unmittelbaren Dependenzen der Natur führte von einer naiven und friedfertigen zu einer stetig reflektierteren, aber auch stetig destruktiveren Stellungnahme zur Welt. Intellektualisierung, Affektbändigung und die erreichte materielle Ebene können nicht isoliert innerhalb einer Analyse der fortschreitenden Zivilisierung betrachtet werden. So ist es gerade die künstliche, von Menschenhand geschaffene materielle Welt, welche Affekt und Intellekt miteinander verband und die Rolle und Funktion der Jagd im Verlaufe des Zivilisationsprozesses umkehrte. Im feudalen System wurde die Jagd ein wesentlicher Bestandteil der Staatsraison, nachdem diejenige Situation, wie sie unter Kaiser Hadrian einerseits und Kaiser Karl dem Großen andererseits gegeben war, gesellschaftlich überwunden wurde. Die Jagd blieb damit nicht länger nur ein Merkmal der traditionalen Gesellschaft. Dennoch bekam die traditionale Gesellschaft im Zuge der räumlichen, juristischen, sozialen und politischen Exklusionen und Inklusionen die Auswirkungen der herrschaftlichen Jagdhandlungen zu spüren, da sie über ein breites System von Frondiensten in das neue politische System der Beherrschung eingebunden waren. Der spezifische Zusammenhang zwischen Ausschluss und Einbindung auf verschiedenen Ebenen generierte so ein hervorragendes Instrument der Beherrschung und Kontrolle von Raum, aber auch der Repräsentation, der Reproduktion von Raum und Raumvorstellungen an jedem beliebigen Ort innerhalb des Herrschaftsgebietes[548]. Im Resultat bedeutet dies aber auch, dass es keine grundlegende Aufstufung im Prozess der Zivilisation gibt, sondern jene (Eliassche) Aufstufung an die Voraussetzungen einer bestimmten Ebene der materiellen, politischen, sozialen und kulturellen Ausprägungen historisch gebunden ist. Der Denkfehler eines unreflektierten Rückschlusses historischer auf prähistorische Zeiten hat in der bisherigen Jagdgeschichte zum Jagdmythos geführt, der bis heute in den Köpfen eines noch orthodoxen Jagdverständnisses – unter anderem auch bei Günter R. Kühnle – einen gewissen Stellenwert hat. Während also die Jagd in den primitiven Wildbeutergesellschaften – trotz der Versuche einiger Historiker und Philosophen, in ihr den Motor der Evolution zu sehen – eher unspektakulär und wohl nicht selten unter Einschluss der gesamten Gruppe, also auch von Frauen und Kindern, ausgeübt wurde, brachte erst die Überwindung der Natur, die Ausdifferenzierung in Bauern und Handwerker, in Adel und Freie, Unfreie und Sklaven – ergo die nun bereits relative Verkomplizierung der gesellschaftlichen Strukturen – die Jagd in einen wieder ganz eigenen, spezifischen Zusammenhang. Der Übergang der Jagd von einem allgemeinen und nicht wesentlich bedeutenden Gut zu einem singulären Adelsvorrecht fand im Deutschen Reich tatsächlich erst nach der schriftlichen Niederlegung der Volksrechte statt, nämlich lange Zeit nach dem Ende der Völkerwanderungen, als der

[548] Gerade die Beispiele der Wildfolge und der Freipirschbezirke, wie sie im Kapitel 8 der vorliegenden Arbeit näher beschrieben werden, sind hervorragende Instrumente der Reproduktion von Raum und Ordnungsvorstellungen.

Zerfall des von Karl dem Großen gegründeten Reiches, die inneren Unruhen und äußeren Bedrohungen, die Beschneidung der zuvor sorgsam gehüteten Volksrechte bedingten. Zwischen beiden Zivilisationsständen bestehen zeitliche Differenzen von mehreren hundert Jahren. Und erst hier beginnt die eigentliche Geschichte der „teutschen" Jagd, die eng mit der Geschichte der Deutschen, ihrer Zerrissenheit als auch ihres Nationalgefühls, zusammenhängt. Die gesamte Geschichte des Deutschen Reiches lässt sich auf die Auswirkungen des Lehnswesens und die Weiterentwicklung in das feudale System zurückführen, welches alle Bereiche des menschlichen Zusammenlebens beeinflusst und geprägt hat. Auch die Jagd ist nur in diesem Kontext zu verstehen und ihre spezifisch deutsche Entwicklung daran abzulesen. Jagd und Raum waren und sind seitdem auf deutschem Boden unauflöslich in einer teilweise recht seltsamen Allianz miteinander verknüpft[549]. Es war der Prozess der relativen Verkomplizierung von Gesellschaft, der mit einer Veränderung der Raumkonstruktionen einherging und in Bezug auf die Jagdgeschichte aus diesem Grunde einer der interessantesten und ergiebigsten Prozesse ist. Er ist es, der den Adel im frühen Mittelalter auf den Schild hob, wie er ihn im 19. Jahrhundert gleichsam stürzte. So wie die Erstarkung der Merowinger und ihrer Nachfolger einen ersten Einschnitt in der (deutschen) Jagdgeschichte bedeutete, so wurde das 19. Jahrhundert zu einem weiteren Meilenstein innerhalb der Jagdhistorie. Dort begann der Niedergang des europäischen Adels, das Schwinden seiner Macht und seiner Würden. Das Ende des Lehnswesens und des auf ihm aufbauenden Feudalsystems bedeutete auch das Ende der Adelsherrschaft in Deutschland. Der erste Stand war den Anforderungen der modernen, sich industrialisierenden und kapitalisierenden Welt nicht mehr gewachsen. Dominic Lieven bringt die Ursache des Verfalls adliger Omnipotenz demgemäß auf einen einfachen Nenner: die Gesellschaft wurde zu kompliziert, um von den Aristokraten verwaltet zu werden. Das Zeitalter der beruflich qualifizierten Fachleute – Burkes Sophisten, Wirtschaftlern und Rechnern – war angebrochen[550].

Dieser Einschnitt, die zunehmende Bedeutung der Spezialisten im Zuge der Verkomplizierung, wirft auch auf die Jagd einen langen Schatten, der eine zwangsweise Rationalisierung der Jagd in jenen Kreisen erzwang: die Rede ist vom akademisch geprägten Forstberuf, vom Förster als Jäger, der nun in eine Gegenstellung zum privaten bürgerlichen Jäger tritt. In diesem Zusammenhang wird uns das Sprichwort „aus Jägertum entstanden ist deutsche Försterei, geht jenes uns abhanden, ist´s auch mit ihr vorbei" noch gelegentlich beschäftigen. Dabei ist es von großem Interesse zu sehen, aus welchen Gründen der Forstberuf seit jeher einen großen Einfluss auf die Jagd hatte. Auch er fand seine Ausgestaltung und Verfestigung im Personalstab der Fürsten mit der Durchsetzung und Reproduktion der feudalen Strukturen, was nicht zuletzt auf die neue Rolle der Jagd einen deutlichen Einfluss nahm, bzw. half, jene neue Rolle auszufüllen und unter eine vertrauens-

549 Welche Verknüpfung zwischen Jagd und Raum in der modernen Gesellschaft besteht, wird noch in einem separaten Kapitel ausführlich aufgezeigt werden. Neben den Forsten als spezifischen Hoheitsbezirken sind spätestens mit der Regalität der Jagd ab etwa 1500 bis 1848 auch die außerhalb der Forste zu liegen kommenden Räume über Jagd kontrollierbar. Mit der Loslösung von den Forsten konnte ihr Potenzial noch weiter ausgeschöpft werden.

550 Dominic Lieven, Abschied von Macht und Würden – Der europäische Adel 1815 – 1914, S. 31.

würdige Verwaltung zu stellen. Der Förster wurde zum herrschaftlichen Instrument der Kontrolle und Verwaltung der neuen Räume, der Jagd und auch der Überwachung der Jagdrechte seines Herrn. Auch die Berufsjägerei an den Höfen und Burgen nahm in diesem Zusammenhang zu. Die Berufsjäger waren Reproduzenten herrschaftlicher Gewalt und Ordnungsvorstellungen, um diese bis in den intimsten und hintersten Winkel der Landesherrschaften zu transportieren. So ist bezeichnender Weise der Titel des Ober-Jägermeisters noch in der Hofverwaltung Kaiser Wilhelm II. um das Jahr 1900 dem Regierungspräsidenten gleichgestellt[551]. Daran kann man erkennen, welchen Stellenwert die Jagd an den Höfen genoss. Allein aus Gründen der Belustigung oder des Zeitvertreibs wäre eine derartige Stellung des Ober-Jägermeisters zu Beginn des 20. Jahrhunderts nicht nachzuvollziehen. Der Ober-Jägermeister (natürlich nicht mehr unter Kaiser Wilhelm II., hier ist das Amt in Verbindung mit der Tradition und der Repräsentation zu sehen) hatte in Verbindung mit den Forstbeamten historisch betrachtet eine Quasi-Regierungsposition inne, insbesondere was sein Auftreten gegenüber den Untertanen innerhalb des Herrschaftsraumes „Forst" anbelangte, der sich über die Regalität der Jagd ab etwa 1500 noch deutlich vergrößerte und damit vom früheren Wald-/Forstkontext loslösen konnte. Jagd als Mittel zur Reproduktion fürstlicher Gewalt und hierarchischer Ordnungsvorstellungen wurde so zu einer festen Institution innerhalb der Grenzen des jeweiligen Territoriums. Der Jägerei und der Försterei kamen hier spezifische Potenziale zu, die unter der „Positionierung von Menschen und Tieren"[552] in einem Raum zu subsumieren sein werden, mit deren Hilfe der spezifische Raum konstituiert, repräsentiert und damit auch gesichert werden konnte. Der Forstberuf lebte zumindest bis in die 1970er Jahre jagdliche Einstellungen und Traditionen nicht zuletzt wegen seiner engen Anbindung an die aristokratischen Strukturen und Vermächtnisse vor – die private Jagd verehrte diesen Beruf, hing an seinen Lippen und war stolz auf die deutsche Försterei. Das Bürgertum war speziell in Deutschland nach 1848/49 an allen aristokratischen Zügen und Anlehnungen sehr interessiert und für ihre Vertreter sehr empfänglich. Eine andere Erklärung für den engen Schulterschluss zwischen privater/bürgerlicher Jägerei und den Forstberufen in jagdlicher Hinsicht seit jenen Zeiten ist nur schwer denkbar. Heute ist davon nicht mehr viel übrig geblieben. Die Lager sind gespalten, weshalb sich Soziologen, aber auch die Jägerei selbst, auf die Dichotomie zwischen Förster und Privatjäger dankbar einlassen[553]. An dieser Stelle sei auch auf eine weitere Jägergruppe hingewiesen, die gerne Gegenstand soziologischer und historischer Untersuchungen ist. Gemeint sind die Wilderer, die insbesondere durch den Wiener Soziologen und Randkulturenforscher Roland Girtler eine umfassende

---

551 Vgl. dazu die Aufführung von Hans Rall, Wilhelm II. – Eine Biographie, S. 88, im Kapitel zu Hof und Hofgesellschaft unter Kaiser Wilhelm II.

552 Vgl. dazu die Gedankengänge bei Martina Löw, Raumsoziologie, S. 153ff. Körper der Raumkonstitution sind nach der Autorin neben materiellen und symbolischen Gütern auch Menschen und Tiere. Dazu in Kapitel 7 und 8 noch ausführlicher.

553 So z. B. Ulrich Schraml, Die Normen der Jäger, 1998, und Klaus Maylein, Jagd und Jäger in der modernen Gesellschaft, 1999.

Würdigung erfuhren[554]. Auch deren rebellische Kultur hat einen Beitrag dazu geleistet, Jagd und Jäger in der Gesellschaft einer rationalen Beurteilung zu unterziehen. Denn hinter dem „gemeinen Wilddieb" steckt mehr als das Wort assoziiert, es steckt ein „aristokratischer Zug" im Bergbewohner, der ihn zum Wildschützen werden lässt, zu einem Mann, der sich altes Recht zurückholt, der u. a. nach dem Recht der germanischen Vorfahren sein karges Leben durch ein Stück Fleisch aufwertet, der sich durch die selbst geschossene Lederhose und den Gamsbart am Hut mit den symbolischen Federn der Aristokratie schmückt[555]. Wilderer waren nach der Definition Roland Girtlers Rebellen, die den jagdlichen Egoismus der Großgrundbesitzer und der Aristokraten anprangerten und Rolle und Funktion der Jagd öffentlich durch ihr Verhalten, durch unzählige Gerichtsprozesse und handgreifliche Auseinandersetzungen rügten. Die Sympathie der Bergbewohner war demnach auch deutlich auf der Seite der Wilderer und nicht auf der Seite der ordentlichen Jägersleute. Erst der zunehmende Wohlstand auch in den entlegenen Bergregionen und der Wegfall des feudalen Systems führten zu einer drastischen Abnahme der Wilderei, zumal nach dem letzten großen Krieg die Zugangsbarrieren zur Jägerei wegfielen. Dadurch jedoch wurde eine Bewegung in Gang gesetzt, die tatsächlich eine Versäulung jagdlicher Traditionen mit sich brachte, anstatt ihr entgegen zu arbeiten. Es entstanden auf der einen Seite die orthodoxen Bestrebungen des jagenden Bürgertums, welches die Ansichten und Einstellungen der Aristokratie (allerdings der Aristokratie des ausgehenden 19. Jahrhunderts und nicht der Aristokratie früherer Zeiten)[556] mühelos übernahm, und auf der anderen Seite allmählich die heterodoxen Spezialisten der Forstberufe, welche ein Gegengewicht dazu bildeten[557]. Die Ausdifferenzierung der Gesellschaft jenseits des Feudalsystems, ihre Industrialisierung und Intellektualisierung ist es also, die dann bis in die Gegenwart ein soziologisch sehr interessantes Licht auf die Entwicklung der Räume unter den unterschiedlichen gesellschaftlichen Vorzeichen und damit auch auf die Jagd wirft, insbesondere auf die Bemühungen ihrer Integration, ihrer Rechtfertigung, ihrer Reaktion. Das Bürgertum wurde zum neuen Bannerträger der (nachrevolutionären) aristokratischen Jagd. Es schob sich als neue begüterte Oberschicht an die Stelle des Adels und erwehrte sich vehement der Rationalisierungsbestrebungen,

---

[554] Vgl. dazu Roland Girtler, Randkulturen, 1996, und Roland Girtler, Wilderer – Rebellen in den Bergen, 1998.

[555] Vgl. ebd., S. 13f.

[556] Damit ist gemeint, dass die Aristokratie des ausgehenden 19. Jahrhunderts bereits kapitalistisch „aufgeweicht" war, ein Produkt der gesellschaftlichen Veränderungen und strukturellen Entwicklungen, die sie bereits selbst nicht mehr steuern konnte. Der Adel war hier bereits nicht mehr der Kapitän des Schiffes, sondern der über Bord geworfene Lotse früherer Zeiten. Zwar dauerte der Niedergang des Adels aufgrund seines Reichtums und seiner Macht eine lange Zeit, aufzuhalten war er jedoch nicht mehr. Jene Zeiten dagegen waren es, die den adligen Lebensstil erst in das Bewusstsein des Bürgertums transportierten. Alles was mit Distinktion bürgerlichen Charakters zu tun hat, ist aus jener Zeit entlehnt.

[557] Vgl. dazu die Ausführungen bei Klaus Maylein, Jagd und Jäger in der modernen Gesellschaft, S. 57ff. Gerade unter den Gesichtspunkten des Räumlichen erhält der Wilderer seine ganz besondere Geschichte, das Attribut des Rebellen, da sein Tun Ausdruck der Inakzeptanz der durch die Landesherrn geförderten und reproduzierten relationalen (An-)Ordnungen sozialer Güter und Menschen an Orten ist. Vgl. dazu auch die Definition des Raumes bei Martina Löw, Raumsoziologie, S. 271.

indem es über traditionalisiertes Verhalten (scheinbar) aristokratische[558] Werte reproduzierte und sich in aufopferungsvoller Art und Weise gegen die Prozesse der Raumkonstruierung und der Reproduktion jener Inhalte von forstlicher Seite wehrte und bis heute wehrt. Es hat den Anschein, als ob der Wahlspruch der kaiserlichen Marine für die bürgerliche Jagd auch heute noch gilt, der da heißt zu kämpfen bis zur letzten Granate und entweder siegreich aus dem Gefecht hervor- oder mit wehenden Fahnen darin unterzugehen. Diesen offenen Kampf konnte man gerade in der laufenden Legislaturperiode (seit 2002) der Rot-Grünen Bundesregierung betrachten, die sich mit der durchaus heiklen Aufgabe auseinander setzte, aufgrund eines Urteils des Verfassungsgebers von 1994 die Novellierung des Bundesjagdgesetzes[559] umzusetzen. Ob dies gelingt, wird zwischenzeitlich wieder stark bezweifelt und kann zum Stand März 2005 vorerst als gescheitert betrachtet werden[560].

4.1.4 Konsequenzen

Die vorliegende Arbeit will das Verhältnis zwischen dem Zivilisationsprozess allgemein und der Soziogenese des Staates, insbesondere von Herrschaft, Politik und Jagd, aufzeigen, welches in einem direkten Zusammenhang mit der Ausbildung des Lehnswesens, des feudalen Systems, der Monopolisierung der Gewalt, der Erstarkung der Parlamente, dem politischen Niedergang des Adels und der Zunahme liberaler Ideen, letztlich der Verwissenschaftlichung aller Bereiche des alltäglichen Lebens und der Herausbildung der modernen Gesellschaft westlicher Prägung steht. In eine räumlich orientierte Argumentation eingebunden lautet dies: die Prozesse der Konstitution von Räumen und der Positionierung von Menschen in diesen Räumen geben die Antwort auf die jeweiligen Funktionen von Jagd, da die Ausschöpfung jagdlicher Potenziale (=Jagdfunktion) unmittelbar auf den

---

558 Weshalb dies nur scheinbar aristokratische Werte sind, wird in Kapitel 7 noch ausführlich dargestellt werden. Nur soviel vorweg: Die Jagd als bürgerliche Distinktion hat mit der Jagd der Aristokratie nichts gemein. Bereits die strukturellen Veränderungen, die das Bürgertum an die Stelle der Aristokratie stellten, hatten auf die Potenziale der Jagd einen solch immensen Einfluss, dass beide Formen von Jagd schlichtweg nicht vergleichbar sind. Es ist ein Denkfehler, wenn man die Jagd der Aristokratie derjenigen des Bürgers und Bauern gegen Ende des 19. Jahrhunderts gleichstellen möchte. Hier ist die Jagd eine Herrschaftshandlung, reale Politik, dort ist sie Distinktion (und für den Bauern Schadensabwehr), vollkommen derjenigen Funktion, die sie in einer adligen Gesellschaft adliger Jäger innehatte, entkleidet. Vgl. dazu auch Kapitel 9.

559 Während bis 1994 das BJG als sehr umfangreiches Rahmengesetz seine Pflicht erfüllen konnte, wurde ihm dies mit der Grundgesetzänderung vom 27. Oktober 1994 zum Verhängnis. Damals hatte der Verfassungsgeber im Artikel 75 GG festgelegt, dass Rahmenvorschriften zukünftig nur noch allgemeine und insbesondere nicht unmittelbar geltende Regelungen enthalten dürfen. So hat der Gesetzgeber die Aufgabe, das BJG gemäß den nun gestärkten Länderkompetenzen in seiner unzulässigen Detailregelung zu kupieren. Diese Absicht führt zu großen Befürchtungen innerhalb der traditionalen Jägerschaft. Vgl. auch die Ausführungen dazu an früherer Stelle in Kapitel 1 der vorliegenden Arbeit.

560 Vgl. dazu einen Artikel von Bernd Kamphuis, Wir müssen kämpfen! in: Deutsche Jagdzeitung, Ausgabe Nr. 11/2004, S. 6-7. Es mehren sich Stimmen die behaupten, dass die Regierung entschieden hatte, in dieser Legislaturperiode (2005 vorzeitig beendet) das Jagdrecht nicht mehr zu novellieren.

Wechselwirkungen von Raumkonstrukt und der Positionierung der Menschen darin basiert. Es gilt außerdem die Feststellung: je mehr die politischen Schlachten in den Parlamenten geschlagen werden, umso deutlicher verliert die Jagd ihren instrumentellen Charakter für die Durchsetzung und Behauptung einer einmal errichteten Herrschaft. Diese Feststellung bezieht ihre Gültigkeit aus den historischen Ereignissen bis zum Ende des Dritten Reiches 1945. Nach 1945 begannen allmählich weitere Raumdeterminanten auf die Jagd zu wirken, die bereits an anderer Stelle benannt wurden. Es gilt darüber hinaus auch die bisher in der Wissenschaft nicht thematisierte und deshalb bedeutende Feststellung, dass in Großreichen Jagd zu keiner Zeit herrschaftspolitisch so instrumentalisiert wurde, wie dies in den kleinstrukturierten Herrschaftsgebieten des Deutschen Reiches bis zur Mediatisierung der Fall war. Die Ausschöpfung jagdlicher Potenziale ist damit auch an die materielle Raumstruktur gebunden. Was für die politische Geschichte Deutschlands der letzten 150 Jahre gilt, muss jedoch auch für frühere Zeiten nachvollziehbar sein, sollte sich die These als umfassend und mit einiger Gültigkeit als richtig erweisen. In diesem Zusammenhang bleibt vorweg anzumerken, dass sich in gewisser Regelmäßigkeit im Verlaufe der Geschichte jene Besonderheiten sehr wohl wiederholt zeigten. So war die Jagd in den aristokratischen antiken Gesellschaften einer gänzlich anderen Funktionalisierung unterworfen als in den republikanischen oder demokratischen antiken Staatsgebilden[561]. Die Verfassung einer Gesellschaft, ihr politisches System, die Bedingungen der Konstitution von Räumen, ihre materielle und immaterielle Struktur, scheinen so einen großen Einfluss auf die Funktionalisierungen der Jagd zu nehmen. Die zunehmende Intellektualisierung und Rationalisierung führten Jagd und Jäger alsbald in einen immensen Erklärungsnotstand, wobei jedoch die traditionalisierenden und monopolisierenden Wirkungen des Dritten Reiches auf die deutsche Jagd und das daraus resultierende Vakuum bis etwa in die 1960er und 1970er Jahre hinein als Ausnahmen von der Ratio bezeichnet werden müssen. Erst nach jener Zeit begann sich der eigentliche und nun gesamtgesellschaftlich bedingte Einschnitt für Jagd und Jäger bemerkbar zu machen, da sich die Jäger mit ihren Traditionen und Inhalten, ihrer statischen und trotzig-jungen „Kultur“[562], nur sehr schwer den zunehmenden Liberalisierungen und Rationalisierungen zu stellen vermochten und nach wie vor vermögen. Jener Konnex zwischen Herrschaft und Jagd, zwischen Politik und Jagd, zwischen Raum und Jagd, letztlich zwischen der nichtjagenden Gesellschaft und der Jagd ist es, der die Frage, wie und warum sich die Jagd heute so zeigt, wie sich zeigt, stringenter beantworten kann als es die viel beschworene Anbindung der Jagd an das Kriegertum[563], die Erklärung der Jagd über den Triebhaushalt des

[561] So z. B. die Jagd als Kriegsübung bei Plato und bei Xenophon, deren Vorbild jeweils die starke Aristokratie war, während sie bei Aristoteles innerhalb des demokratischen Athens ein bloßes Gewerbe umschrieb und bei den republikanischen Römern keinerlei Bedeutung für das politische System besaß. Erst am Ende des Cäsarischen Roms, insbesondere unter Kaiser Hadrian, rückte die Jagd wieder in den Fokus herrschaftlicher Betrachtung.

[562] Die meisten Inhalte jener Jagdkultur sind gerade einmal – von heute gerechnet – rund 70 Jahre alt (1934 aufsteigend).

[563] Die Jagd tangiert nicht nur einseitig gesellschaftliche Belange und greift in diese ein, sondern auch die Gesellschaft selbst, ihre politischen, sozialen und kulturellen Verhältnisse, ihr Zivilisationsstand, determinieren letztendlich das Bild der Jagd und ihrer Praxisformen. Über die

Menschen oder das Recht auf Selbstverwirklichung als unverrückbarer Bestandteil unserer Verfassung[564] jemals könnten. Der Aspekt des Räumlichen muss innerhalb einer solchen Analyse wesentliche Beachtung finden, da die Jagd auch in der modernen Gesellschaft der Bundesrepublik nichts anderes ist als die repetitive Reproduktion verschiedener Räume über die Interaktion der Menschen darin (Waldbauern, Jäger, Forstbeamte, Freizeit- und Erholungssuchende, nichtjagende Gesellschaftsmehrheit generell). Was für die Gegenwart gilt und auch in die Diskussionen um Jagd und ihre Funktion Eingang findet, wurde in der Vergangenheit kaum beachtet und sowohl von Historikern als auch Soziologen strikt vernachlässigt. Doch bevor die Analyse in die Zusammenhänge der modernen Gesellschaft der Gegenwart einsteigen kann, ist es notwendig, die Verbindung des Raumes mit der Jagd herzustellen, die nach dem Zusammenbruch des Römischen Reiches auf dem Gebiet der germanischen Völkerwanderungsstaaten begann eine auf Jahrhunderte dominierende Rolle zu spielen. Das vorliegende Kapitel sowie das folgende Kapitel 5 werden sich mit der räumlichen Thematik stark auseinandersetzen müssen, bevor dann in Kapitel 6, 7 und 8 die mehr historisch-praktischen Bezüge zwischen Raum und Jagd herausgestellt werden können.

4.2 Die Konstruktion des Raumes als wesentlicher Faktor der Jagdgeschichte

4.2.1 Einleitende Bemerkungen

Die Antwort auf die Frage nach der Funktion der Jagd, so meine These in der Einleitung zur vorliegenden Arbeit, wird dort zu finden sein, wo Jagd seit jeher stattfindet: im Raum. Damit ist und bleibt die Jagd auf wilde Tiere untrennbar verbunden mit der sukzessiven Konstruktion von Räumen im Verlaufe der Kulturwerdung des Menschen. Die Funktionalisierungen der Jagd beschreiben die Überwindung lediglich vorgefundener Räume, die Nutzung des Raumes, die Appropriation von Raum, die Zähmung und schließlich die spezifisch moderne Kultivierung[565], die in industrialisierte Zerstörung mündete. Die Frage nach der Funkti-

---

Betrachtung der Vergangenheit kann dieser Zusammenhang in seiner Konsequenz erst genauer betrachtet werden. Vgl. dazu auch Klaus Maylein, Jagd und Jäger in der modernen Gesellschaft, S. III.

564 Die Philosophie, so sei in diesem Zusammenhang bemerkt, wird die Leistung der Einbindung von Jagd und Jäger in die moderne Gesellschaft nicht erbringen können, sie kann nur Schmuckwerk für den jagdlich Interessierten sein, geradeso wie es der 3. November eines jeden Jahres für den Waidmann darstellt, an welchem des Heiligen Hubertus als Schutzpatron der Jäger gedacht wird. Innerhalb der vorliegenden Arbeit dagegen geht es um die Praxis von Jagd und Jäger, um deren Einbettung in die verschiedenen gesellschaftlichen Prägungen im historischen Kontext und natürlich in der modernen Gesellschaft, um die Jagd als ein Teilsystem zu verstehen, welches sich nicht durch Animositäten am Leben erhalten lässt, sondern durch Kompetenz, Kompromisse und Leistungen, die von der nichtjagenden Gesellschaft erkannt, verstanden und akzeptiert werden müssen.

565 Unter der spezifisch modernen Kultivierung des Raumes ist die Reflexivität der Kultivierung zu verstehen, die sich selbst zum Problem wird und nach den Worten Dietrich Stahls, Wild – Lebendige Umwelt, S. 38f., mehr durch Zerstörung denn durch Kultur geprägt ist. Streitbar ist an diesem Punkt natürlich die Definition des Begriffes der Kultur. Innerhalb der vorliegenden

on der Jagd ist also eine Frage des Zivilisationsprozesses, der Kulturwerdung allgemein und nicht die nach einer individuellen Motivik. Dieser Zusammenhang wird auch heute noch von den meisten Jägern verkannt oder nicht akzeptiert, die als Motor ihres Tuns und ihrer Leistungen einer indifferenten – nur vermeintlich anthropologischen – traditionellen Motivik den Vortritt vor den historisch gewachsenen Bedingungen unserer Kulturlandschaft und ihren zunehmend wissenschaftlichen Implikationen zugestehen wollen. Die Betrachtung der Jagd als Bestandteil des menschlichen Triebhaushaltes verhindert ihre rationale Angleichung an sich wandelnde externe Bedingungen. Der Blick in die Vergangenheit zeigt, dass die früheren Jäger keine Probleme hatten, Jagd rational zu funktionalisieren, wohingegen die Jäger der Gegenwart sehr wohl Berührungsängste mit der rationalen Einbettung ihres Tuns in gesamtökologische und ökonomische Zusammenhänge haben. Die grundlegende Absicht der vorliegenden Arbeit ist es, den Mythos der Jagd der Realität anzugleichen, die Jagd quasi einer rationaleren, eo ipso realistischeren Beurteilung zuzuführen als dies bisher innerhalb der Jagdliteratur der Fall war. Andererseits ist der Beweis zu führen, dass die Jagd, die in noch nicht artifiziellen Räumen stattfindet, eine ungleich andere ist, als diejenige, die in durch den Menschen zunehmend strukturierten geographischen, sozialen und politischen Räumen ausgeübt wird. Auf diesem Wege ist der Nachweis zu erbringen, dass Jagd zu allen Zeiten ihrer Existenz eine spezifische Rolle, eine klar umrissene, gesellschaftliche Funktion erfüllte (wo der Prozess der Vergesellschaftung bereits vorangeschritten war), und aus diesem Grunde nicht durch allein biologische Elemente (Jagdinstinkt, Trieb, etc.) oder allein soziale Elemente (Jagdlust des Adels, Zeitvertreib), sondern einzig über soziologische Elemente allgemein (innerhalb der strukturellen Veränderungen, den kulturellen, psychischen und physischen Entwicklungen) einer Analyse zugänglich ist[566]. Auch im vorigen Kapitel wurde bereits ersichtlich, dass die Veränderungen innerhalb der Vergesellschaftung, das heißt der Strukturierung von Gesellschaft, der Institutionalisierung von Religion, Herrschaft und Ökonomie, Veränderungen in der Objektivierung der Tiere und der Jagd als auch ihrer Stilmittel mit sich brachten. So konnte in der altägyptischen Kultur die Realität der Jagd durch die bildliche und lediglich symbolische Jagddarstellung ersetzt werden, da die pharaonischen Ordnungsvorstellungen bereits über das Symbol hinreichend transportiert und repetitiv konstruiert werden konnten. Prozesse, die bildlich in Kunst und Magie oder einer sepulkralen Symbolik nachzuvollziehen sind, müssen aber ebenso auf der realen lebensweltlichen Ebene vorhanden sein, sie müssen sich ab einem bestimmten Punkt in der Jagdpraxis wieder finden und somit einer wirkungsvollen Analyse zugänglich sein. Nach dem Bild ist es also nur konsequent, wenn hier die Realität der Jagd, ihre Praxis, in die Analyse einbezogen wird. Erst nach Abschluss dieses Kapitels, in dem dieser Schritt nun überwiegend theoretisch vollzogen wird, ist es möglich, eine umfassendere Beurteilung vorzu-

Arbeit wird der Kulturbegriff jedoch dem Naturbegriff gegenüber gestellt. Er impliziert Artifizialität sui generis und vereint Fortschritt und Zerstörung durch die Zurückdrängung des Natürlichen automatisch in sich.

566 Natürlich sind soziale Erscheinungen Teil der soziologischen Betrachtung. Sie gehen aber nicht weit genug; sie sind lediglich Teil eines Ganzen. Erst das Ganze als das Soziologische entspricht einer Analyse, die für die Wissenschaft der Jagd hilfreich ist.

nehmen, die dann in den nächsten Kapiteln anhand historischer Beispiele zunächst bis zur Deutschen Revolution 1848/49 untermauert werden soll. In den weiteren Kapiteln wird es dann notwendig sein, die Auswirkungen der sozialen und kulturellen Brüche innerhalb der Funktionalisierung von Jagd vor dem Hintergrund der weiteren Entwicklungen näher auszuführen. Dabei wird der Praxis der Jagd vor dem Hintergrund des Raumes, seiner Konstruktion und Reproduktion eine wesentliche Schlüsselrolle zuzugestehen sein[567]. Das antike Rom stellt insofern für eine Theorie der offenkundigen Beziehungen zwischen Jagd und Raum, zwischen politischem System und der Rolle der Jagd, einen herausragenden Ausgangspunkt der Analyse dar[568]. Von hier aus sind antik-historische Rückgriffe einerseits ebenso wie der Blick auf die Entwicklungen des christlichen Okzidents andererseits möglich. Die Differenzierung Roms in ein republikanisches und in ein caesarisches Zeitalter erleichtert die Darlegung dieses Beziehungsgefüges dabei erheblich. Vor diesem Hintergrund und dem Fortgang der Geschichte von der höchsten Blüte zur vollkommenen Dekadenz, dem Zerfall des Reiches nach Karl dem Großen und der Entstehung der Territorialstaaten im Heiligen Römischen Reich Deutscher Nation (etwa ab 962 und der Kaiserkrönung Otto I.), ist es möglich, die Bedeutungen der Jagd herauszuarbeiten, die Kontinuität ihrer inhärenten Potenziale gemäß den räumlichen Strukturierungen zu analysieren. Die Beziehungen, die zwischen der Ausgestaltung des Raumes und der Bedeutung der Jagd bestehen, können auf diesem Wege dem Betrachter offenkundig gemacht werden. Jagd ist also nicht nur eine Handlung im Raum, sondern darüber hinaus abhängig von den geistigen Grundlagen (dem materiellen Ausdruck in den Einrichtungen eines Staates) und damit der Strukturierung des Raumes selbst. Das ist das bedeutendste Charakteristikum überhaupt. Der Jäger ist in der Lage die Vorstellung und Wahrnehmung von Raum über sein Tun zu reproduzieren, beliebig oft und repetitiv[569]. Das gilt für die Gegenwart gleichwohl wie für die Vergangenheit. Das ist letztlich der Beweis dafür, dass die Gesellschaft auf die Jagd einerseits wirkt und andererseits über die Jagd auf die Gesellschaft oder die Nichtjäger Wirkungen entfaltet werden können, die je nach Ausgestaltung der gesellschaftlichen Strukturen geartet sind. In primitiven Gesellschaften ist es der Beitrag zum Überleben, in feudalen Gesellschaften dagegen der Beitrag zur Herrschaftssicherung und Herrschaftsdurchsetzung, zur Reproduktion des Beziehungsgefüges zwischen Herrn und Untertan.

---

567 Damit ist gemeint, dass gerade die Diskussion um die Jagdpraxis, die Bejagungsstrategien, innerhalb der letzten dreißig Jahre sehr stark zugenommen hat. So gilt insbesondere dem noch gültigen Bundesjagdgesetz eine gesteigerte Aufmerksamkeit, welches momentan in der Kritik steht und dessen Novellierung von der Rot-Grünen Bundesregierung angestrebt wurde.

568 Aus den Veränderungen der räumlichen Struktur seit Roms Niedergang kann die Bedeutung der Jagd im Mittelalter herausgearbeitet werden. In den unzähligen Territorialstaaten des Mittelalters und des Feudalismus existierten Städte, Burgen, Gemeinden auf ein und demselben Territorium und konkurrierten um den knappen Raum. Jagd konnte aufgrund ihrer Potenziale ein geeignetes Mittel dazu sein, hier zu bestehen. Die Jagd als Monopol in den Händen eines Fürsten konnte diese Raumgebilde überlagern.

569 Zu sehen ist dies an den Differenzen zwischen der Jagd im Staatsforst und der privaten Jagd in gepachteten Jagdrevieren. Die differierenden Vorstellungen von Raum und Zeit werden hier sehr deutlich. Vgl. dazu auch Kapitel 10 und 11.

4.2.1.1 Ableitbare Erkenntnisse

Durch die obigen Überlegungen lassen sich die Unterschiede in den jagdlichen Funktionen im Verlaufe der Vergesellschaftungsgeschichte erklären, da die Jagd selbst kontinuierlich eine Raum(be)handlung bis heute blieb, während der Raum über die Steigerung der geistigen und materiellen Grundlagen jedoch eine drastische Veränderung vom Neolithikum bis heute erfuhr. Wie sehr diese Auswirkungen spürbar sind, wurde durch die Darstellung der Zäsur der 1970er Jahre bereits angedeutet. Auf diesem Wege kann die Konstante der Jagd - hier: die Raumhandlung - der Variablen der Jagd - hier: ihre Funktion im jeweiligen Raum - gegenüber gestellt werden. Insofern ist es möglich, eine Dekadenztheorie der Jagd zu entwickeln, die ihren „dekadenten" Charakter allein im Bezug zur originären Definition herleiten lässt. Die Jagd wurde in der Tat über die Jahrhunderte infolge kultureller Überfeinerung entartet und in ganz unterschiedliche Richtungen instrumentalisiert. Die Gründe dazu lassen einen engen Bezug zur Struktur der Räume wie auch zur sozialen Struktur der Gesellschaftsentwürfe herstellen. Inwiefern hier gerade das Lehnswesen und seine Einmündung in die feudalen Strukturen der mittelalterlichen und (früh-)neuzeitlichen Gesellschaft eine Rolle gespielt haben, wird noch ausführlich aufgezeigt werden. Die Jagd im 21. Jahrhundert, sowohl auf den Kulturflächen als auch in den Schutzgebieten der Bundesrepublik Deutschland, ist in diesem Sinne nicht weniger dekadent und entartet, als diejenige des Feudalismus mit ihren herrschaftspolitischen Ausprägungen und grausamen Spielarten. Dekadenz bringt in diesem rein funktionalen Zusammenhang nicht die Geringschätzung der Jagd zum Ausdruck, sondern bezeichnet allein ihre Distanz zur originären Funktion, wie sie in Kapitel 2 der vorliegenden Arbeit im Verlaufe der Evolution thematisiert wurde. Jagd in einer bürgerlichen Gesellschaft muss zwangsläufig ein hohes Maß an Entartung aufweisen, stellt man ihr als Bezugspunkt die Jagd der frühen und der rezenten Jäger- und Sammlersozietäten gegenüber. In der Gegenwart des 21. Jahrhunderts existieren Strömungen, die diese kulturelle Verfeinerung mit Hilfe des jagdlichen Werkinstinktes zurückzudrängen versuchen. Messbar ist die genannte Distanz zur originären Jagdfunktion nur noch über die Änderung in den übergeordneten Raumvorgaben, der Reproduktion räumlicher Vorstellungen und Wahrnehmungen im Vollzuge der Jagd vor dem Hintergrund der jeweiligen Gesellschaftsform. Diese jedoch unterliegt der menschlichen Macht, deren einziges Gesetz die Notwendigkeit der Situation ist. Damit wird deutlich, dass die Jagd im Neolithikum eine gänzlich andere als im Reich der Assyrer oder Pharaonen sein musste, die genannten sich von der römischen und karolingischen Jagd abhoben und jene sich wiederum diametral von derjenigen der Fürstentümer und Landesherrschaften des ausgehenden Mittelalters und der Neuzeit unterscheiden mussten. Auch die Jagd in der Industrienation muss sich aus diesem Grunde von der bürgerlichen Jagd der Kaiserzeit und der unbeschwerten Jagdromantik der Nachkriegszeit zwangsläufig unterscheiden.

4.2.2 Einführung in die hier zugrunde gelegte Theorie des Raumes

Das Verständnis des Räumlichen in der kulturellen, politischen und sozialen Geschichte der Menschen ist eine Voraussetzung für das Verständnis der Jagd. Zivilisation erzählt von der fortschreitenden Strukturierung des Raumes, von der Sinnverschiebung aller Räume auf der Erde und letztlich im Universum. Der Staat, schon immer ein außergewöhnlicher geographischer Raum, tritt erst mit dem geistigen Fortschritt eines Volkes in Erscheinung und beginnt von dort an laufend seine Struktur zu ändern. Der Prozess der Zivilisation füllt den Raum mit Inhalten, macht ihn fassbar, definiert ihn und gestattet seine Einkleidung in Worte und seine Beherrschung durch Verwaltung. Das Königtum strukturiert dabei Räume auf eine andere Art und Weise als es der Aristokratie eigen ist und jene tut es wiederum auf eine andere Art als es in einer Republik der Fall ist oder es die liberale Demokratie der Gegenwart zu tun beliebt[570]. Die unterschiedliche Konstitution von Raum findet dabei nicht nur Ausdruck in Bauwerken, Grenzen und Siedlungen als primär materiellen Gütern, sondern vor allem auch in den symbolischen Gütern wie Vorschriften, Werten und Gesetzen[571]. Zu jenen symbolischen Gütern werden aber auch die Fronpflicht und die Jagdpraxis zu rechnen sein, wie sie in Kapitel 7 und 8 ausführlich beleuchtet werden. Darüber hinaus findet die Konstitution von Raum in den Interaktionen der Menschen statt, die in den Alleinherrschaften des Mittelalters eine andere war als in einer Demokratie der Gegenwart. Wenn diese Differenzierungen der Strukturierung von Raum also innerhalb der so genannten drei reinen Herrschaftsformen gegeben sind, so muss es konsequenterweise auch bei den Entartungsformen wie Despotie, Oligarchie und Ochlokratie der Fall sein. Über das politische System jedoch bestimmen die geistige Haltung, der strukturelle, kulturelle, psychische und physische Fortschritt und damit wiederum der Stand der Zivilisation. Vor den Prozessen der Zivilisation (z. B. in der Evolution der Menschen) war geographischer Raum zwar da, ja im Überfluss vorhanden, aber er hatte keinerlei Struktur in einem heutigen Sinne und wurde keinerlei Zuordnung und Ausgestaltung zugeführt. Raum war also namenlos und schemenhaft und konnte nur durch Interaktion der Gruppen als solcher reproduziert werden. Dennoch gab es natürlich Versuche von Raumkonstruierungen, die heute in den Höhlenmalereien und Figurinen der frühen Menschen analysierbar sind. Aber erst die Prozesse der späteren Vergesellschaftung, der Kultivierung von Grund und Boden durch Verstand und Rationalisierung, ließen den Raum materielle wie auch immaterielle Formen annehmen, die bis heute in einem kontinuierlichen Wandel begriffen sind. Die Zivilisation strukturierte das zuvor unendlich Erscheinende und machte es zu einem endlichen Gut, welches künftig eifersüchtig bewacht, verteidigt, vermehrt und wieder verloren wurde. Die Jagd war dabei nur eines der Mittel, mit deren Hilfe Räume deutlich und entsprechend der jeweiligen gesellschaftlichen oder später politischen Zielsetzung konstruiert, reproduziert als auch beherrschbar gemacht wurden. In der Gegenwart der Bundesrepublik Deutschland sind diese Prinzipien nach wie vor erhalten, jedoch äußern sie sich gemäß den Raumdefinitio-

[570] Inwiefern jene Strukturierung nicht nur vom politischen System abhängig ist, sondern daneben von einer Vielzahl anderer Faktoren mit beeinflusst wird, bleibt noch ausführlich aufzuzeigen. Gerade auch die Auswirkungen der Industrialisierung sind es, die bei einer Betrachtung des Raumes mitberücksichtigt werden müssen. Für die Rolle der Jagd in einer Gesellschaftsform sind diese beiden Faktoren von herausragender Bedeutung.

[571] Vgl. zu den Körpern der Raumkonstitution bei Martina Löw, Raumsoziologie, S. 153. Über die Platzierung von Symbolen, auch von jagdlichen Symbolen, siehe in Kapitel 3 (über das Symbol).

nen einer liberalen Demokratie und unter den Einflüssen von Industrialisierung und Globalisierung auf eine völlig andere Art und Weise. Dies zu exemplifizieren ist ein weiter und spannender Weg, den zu Beschreiten die vorliegende Arbeit angetreten ist.

4.2.3 Zur Soziologie des Raumes im Rahmen der vorliegenden Fragestellungen

Mit dem Auftauchen der ersten Hominiden begann die Strukturierung des vorgefundenen Raumes, die Konstitution und Reproduktion von Raum mittels primitiver Raum(be)handlungen wie z. B. der bloßen Migration. Es wurden die verschiedensten und nur geographisch und klimatisch strukturierten Räume zunächst lose und relativ unorganisiert oder in Adhoc-Gruppen durchstreift, durchwandert und auf vielfältige Art und Weise genutzt, Millionen Jahre später mit dem Siegeszug der modernen Menschen (Homo s. sapiens) okkupiert, geteilt oder verteidigt, erobert oder verloren und einer zunehmenden und kontinuierlichen Konditionierung unterworfen. Zunächst oblag die Veränderung des Raumes allein dem Wechselspiel seiner Nutzer, später der Urbarmachung des Bodens, dem Landausbau durch Trockenlegung, der Rodung und dem Bergbau, dem Siedlungs- und Straßenbau, dem Raub und dem Krieg, der Zerstörung und dem Wiederaufbau, der Intellektualisierung und den fortschreitenden Ordnungsvorstellungen. Der zuvor lediglich vorgefundene Raum (Evolution) wurde so einer bereits deutlich artifiziellen Strukturierung durch soziale Güter materieller und symbolischer Natur unterworfen (Zivilisation). Während die bloße Nutzung des Raumes im Rahmen einer freien, womöglich akephalen, aber mit einiger Sicherheit einer horizontalen Ebene der Raum(be)handlung (wie sie im Aurignacien oder im Magdalenién gegeben war) als primitiv-liberal eingestuft werden kann, wird mit dem Siegeszug des Ackerbaus und der Viehzucht eine erste gewaltige Zäsur erreicht. Sesshaftigkeit und Sicherheit der Produktionsgebiete, der Kapitalien und der nunmehr kalkulierbaren Erträge als auch die Verfeinerung der Geisteshaltung führten zu einer ersten deutlichen Strukturierung der ehemals freien subjektiv unbegrenzten und unorganisierten Räume. Jene Räume bekamen allmählich ein Gesicht, eine Seele, ein Motiv. Diese Entwicklung ist als der Beginn der auf Kontinuität ausgelegten Raumgestaltungen durch den Menschen zu bezeichnen, die bis heute einen allgegenwärtigen, alltäglichen, Bestandteil menschlichen Lebens repräsentieren. Das menschliche Leben, die Zivilisation, kommt sodann einer kontinuierlichen Raumgestaltung gleich, ist Reproduktion, Ausdifferenzierung, Inklusion und Exklusion in kontinuierlicher Einheit. Als die Grundlage dieser kontinuierlichen Veränderung und Parallelität räumlicher Faktoren und damit des Raumes selbst ist der zivilisatorische Fortschritt anzusehen, der zu einer Aufteilung, Strukturierung und Stratifizierung der Gesellschaft und damit des Raumes führte und so Politik, Verwaltung und Herrschaft, zum Resultat hatte. Daraus erwuchs dem im Paläolithikum namenlosen und unorganisierten Raum[572] seine zunehmend gesellschaftliche Bedeutung, da er einer Gliede-

[572] Natürlich wissen wir nicht, ob dies tatsächlich so der Fall war. Um die antonyme Beziehung Evolution – Zivilisation jedoch auch im räumlichen Denken und Handeln beizubehalten und zu verdeutlichen, können wir die Vermutung sehr wohl aufrechterhalten, dass Ackerbau und

rung, einer Stratifizierung unterworfen wurde und somit Gemeinsamkeiten, aber auch Gegensätze evozierte. Ackerbau und Viehzucht, die Sesshaftwerdung der Menschen, war mit großer Sicherheit - um mit den Worten von Georg Simmel zu argumentieren - der Beginn der Verschmelzung eines gesellschaftlichen Gebildes mit einer bestimmten Bodenausdehnung[573]. Die geographische Ausdehnung ist dabei nicht das Wesentliche, der Raum nicht der Kern, sondern diejenigen Kräfte, die strukturierend wirken, die den Raum bändigen, ihm eine Form, eine Seele und Motiv geben, sind es. So ist z. B. eine Schule mit ähnlichen Komponenten aufgebaut wie ein Wohnhaus. Beide sind materiell durch Mauern, Zimmer, Tische, Stühle, Treppen sowie spezifische Aufenthaltsbereiche (Elternschlafzimmer - Kinderzimmer kontra Lehrerzimmer - Klassenzimmer) als Raum konstituiert. Erst die Interaktionen der in dem jeweiligen Raum Wohnhaus - Schule positionierten Menschen und die daraus entspringende Reproduktion räumlicher Determinanten, Vorstellungen und Wahrnehmungen unterscheiden letztlich ein Wohnhaus von der Schule[574]. Auf das Beispiel Roms bezogen lautet das Ergebnis dieser Überlegungen: Rom beherrschte einen riesigen Raum - namentlich ein Reich, ein Imperium -, welcher nicht aufgrund seiner räumlichen Ausdehnung herrlich war, sondern in dem die räumliche Größe Ausdruck des Kulturfortschritts, der geistigen Größe des Volkes und seiner Lenker, seiner Administration, seiner Bauern und seiner Soldaten, war. Erst die geistigen Leistungen einiger Weniger, das militärische Genie, die vorbildliche demokratisch-republikanische Struktur, führten Rom zur Weltmacht und damit auch zur geographischen Expansion. Wie sehr diese Schlussfolgerungen der Richtigkeit entsprechen zeigt auch die Tatsache, dass der Raum allein niemals stabilisierend auf ein Gemeinwesen wirkt, sondern dass es allein die geistigen Fähigkeiten und die Einrichtungen eines Staates als materieller Ausdruck des Genius sind, welche den Raum gestalten und ihn zusammenhalten oder zum Auseinanderbrechen bringen. Rom zerfiel nicht allein an der Ausdehnung seines Herrschaftsgebietes, sondern an dem geistigen Zerfall seiner Staatsmänner und seiner Gesellschaft, die bereits mit dem Ende der Republik ihren Anfang nahm. Gleiches ist in ähnlicher Schärfe auch für das Reich Karls des Großen zu bemerken, welches in seiner Kontinuität allein auf die Person Karls zugeschnitten war. Seinen Nachfolgern fehlte das politische Geschick und die äußeren Umstände, die auf das Reich wirkten, führten die glanzvoll begonnene karolingische Renaissance in den alsbaldigen Untergang. Fortan rückte für lange Zeit an die Stelle des politischen Genius die

---

Viehzucht vollkommen andere Raum(be)handlungen evozierten als es die Jahrmillionen menschlicher Evolution davor konnten.

573 Vgl. dazu die Ausführungen bei Georg Simmel, Soziologie, S. 690ff. Simmel beschreibt dort eine Soziologie des Raumes, der räumlichen Ordnungen der Gesellschaft. Für ihn bildet nicht ein geographischer Umfang ein Reich, sondern allein die psychologischen Kräfte, die die Bewohner eines Territoriums von einem herrschenden Mittelpunkt politisch zusammenhalten, bilden das Ganze, das Reich.

574 Gerade Georg Simmel, der unter Raum ein Gefäß, einen Behälter versteht, weist darauf hin, dass jener Behälter erst mit gesellschaftlichen Inhalten, Interaktionen gefüllt werden muss. Jene Prozesse der Vergesellschaftung ergeben dann erst die soziologische Relevanz von Raum. Raum wird über Interaktion in Vorstellung und Wahrnehmung der Menschen reproduziert, während der Raum ansonsten eine wirkungslose Form annimmt. Vgl. ebd., S. 687-790 und bei Martina Löw, Raumsoziologie, S. 60ff.

Gewaltherrschaft[575], die vom Reich und seinen sich verselbstständigten kleinen und größeren Teilen nachhaltig Besitz ergriff. Hier beginnt auch die Geschichte des Forstes neben ökonomischen insbesondere politische Dimensionen anzunehmen.

4.2.3.1 Die Strukturierung des Raumes

An dieser Stelle ist zu versuchen, einen Weg zwischen den räumlichen Vorstellungen von Georg Simmel und den Ausführungen von Martina Löw zu finden. Während der Raum bei Georg Simmel noch sehr stark geographisch fixiert oder als Behältnis gedacht wird, ist dies bei Martina Löw lediglich ein Teilbereich der Definition dessen, was einen Raum ausmacht. Der Raum ist nicht lediglich der starre Hintergrund für Handlungen, sondern der Raum wird bei Löw „aus der Struktur der Menschen und sozialen Gütern heraus abgeleitet", das heißt der Raum wird in den „Handlungskontext eingebunden"[576]. Simmel hatte dies in seiner Theorie nicht berücksichtigt. An der Spitze der Strukturierungen des Raumes steht für Georg Simmel ohne Zweifel und unverrückbar zunächst einmal der Staat. Er gilt als oberster Ausdruck geistigen Fortschritts und ist dabei einzigartig - er duldet nach Georg Simmel kein zweites Exemplar innerhalb derselben räumlichen Grenzen (des Staatsgebietes) neben sich. Der Staat stellt gewissermaßen den übergeordneten Rahmen dar, der den geographischen Umfang, die materielle Struktur und die geistigen Kräfte gleichermaßen umfasst[577]. Je weiter man jedoch der vertikalen Leiter des nun bereits strukturierten Raumes nach unten folgt, desto mehr jeweils soziologisch ähnliche Gebilde existieren gleichsam permeabel nebeneinander[578]. Der Form nach untergliedert sich so z. B. der Staat in viele Städte, die sich zwar auf demselben Territorium gegenseitig ausschließen, deren viele aber innerhalb des gesamten Staatsgebietes existieren. Dasselbe gilt für Ländereien oder Regionen, für Kultur- und landwirtschaftliche Zentren, für Zünfte, für Parteiungen, für Regierende und Regierte. All jene Gliederungen, all jene Ausdifferenzierungen beziehen sich grundsätzlich auf ein und dieselbe Personenzahl, auf ein und dieselbe Gesellschaft, also auf ein und denselben Staat. Georg Simmel hat auf diese Weise den juristischen Begriff des Staates soziologisch konzipiert. Das Kennzeichen des Staates ist neben der Ausschließlichkeit des Gebildes auf demselben Raumgebiet im juristischen Sinne das Vorhandensein eines Staatsvolkes, eines Staatsgebietes und einer Staatsgewalt, er ist auf Dauer ausgerichtet und regelt alle Belange, die für das gemeinschaftliche Leben notwendig sind[579]. Auch hier wird Wert auf die Singularität bei den Staat als Raum konzipierenden Merkmalen gelegt. Die insgesamt denk-

---

575 Natürlich herrschte auch Karl der Große nicht nur durch seinen Geist allein, sondern in starkem Masse mit dem Schwert. Dennoch unterscheidet sich die karolingische Verwaltung und Politik wohltuend von den späteren Despoten im Rahmen des Heiligen Römischen Reiches Deutscher Nation.

576 Martina Löw, Raumsoziologie, S. 264.

577 Allgemein ist diese Theorie Simmels als Behältertheorie in der Soziologie aufgefasst worden. Dieter Läpple dazu: Der Raum bleibt dabei die an sich wirkungslose Form, er ist nur Behälter für gesellschaftliche und seelische Inhalte. Zitiert nach Martina Löw, Raumsoziologie, S. 58.

578 Vgl. dazu auch bei Georg Simmel, Soziologie, S. 691f.

579 Vgl. zur Definition des Staates im juristischen Sinne bei Ignaz Seidl-Hohenveldern, Völkerrecht, S. 135.

baren differierenden Strukturierungen oder Gebilde des gemeinschaftlichen Zusammenlebens zeigen lediglich die unterschiedlichen Gründe oder Motive ihrer Zusammenfassung auf, die ihrerseits allein den Faktoren der Zivilisierung - den strukturellen, kulturellen, psychischen und physischen Veränderungen im Zuge des Fortschritts - unterliegen. Damit ist aber auch gleichzeitig gesagt, dass der Raum nicht nur als gegeben betrachtet werden darf, sondern selbst ständig in Bewegung ist, stetig reproduziert wird über Interaktionen und sich laufend verändert, neu konstituiert oder modifiziert wird. Alle diese Räume - bis auf den Staat - können innerhalb desselben Gebietes zwar der Form nach häufig vorkommen (so z. B. die verschiedensten Handwerkerzünfte, politische Gremien, Märkte, etc.), jedoch nicht in derselben Form auf demselben übergeordneten Territorium. Ein Beispiel: Georg Simmel weist darauf hin, dass es innerhalb der Stadtmauern einer Stadt zwar viele Zünfte und viele politische Ämter geben kann, nicht jedoch zweimal eine Zunft der Schmiede oder zweimal ein Statthalteramt. Innerhalb des Staatsgebietes jedoch ist dies sehr wohl möglich und auch üblich, da in jeder Stadt jeweils für sich Zünfte und auch ein Statthalteramt vorhanden sind. Häuser und Schutzmauern bilden den Raum der Stadt, ihre Strukturierung erhält sie durch das lokale politische und soziale Wesen, durch Märkte und Zünfte, durch Gesetze und Ordnungen, durch Häuser und Bewohner. Für die Ländereien gilt in einem regionalen Sinne dasselbe, für den Staat in nationalem Rahmen ebenfalls. Was für den großen Flächenstaat gilt, gilt dabei ebenso für die kleinen und kleinsten Staatsgebiete und Territorien des Deutschen Reiches, die bis zur napoleonischen Mediatisierung zu Beginn des 19. Jahrhunderts existierten. Gerade auf jene letztgenannten Gebiete wird sich die vorliegende Arbeit in den Kapiteln 6 bis 9 konzentrieren.

4.2.3.2 Zu den wesentlichen Qualitäten oder Prägungen des Raumes

Der Prozess der Zivilisation, das heißt die kulturelle, strukturelle, psychische und physische Entwicklung der Menschen geht nach Georg Simmel seit jeher von einigen Grundqualitäten der Raumform aus. Wie diese Grundqualitäten aussehen und welche Rolle sie in Bezug auf die Funktionalisierung der Jagd als herrschaftspolitisches Instrument spielen, wird im vorliegenden Kapitel zunächst nur theoretisch aufgezeigt werden. In den weiteren Kapiteln gilt es dann, diese Überlegungen auf die historischen Gegebenheiten anzuwenden, um die epochenspezifische Funktion von Jagd anhand räumlicher Determinanten aufzuzeigen. Im Rahmen der hier beschriebenen Grundqualitäten der Raumform wird der Theorie Georg Simmels dabei nicht dezidiert gefolgt, sondern sie wird einer Abänderung und wo nötig einer Modifizierung für die vorliegenden Problemstellungen der Jagd als Raum(be)handlung unterzogen. Dabei wird insbesondere der Wandel im 12. und 13. Jahrhundert mit dem Ende der Villicationsverfassung, der Herausbildung der Landesherrschaften, der Ostkolonisation und dem endgültigen Verlust der kaiserlichen Macht innerhalb einer Geschichte des Raumes und der Jagd von großer Bedeutung sein und uns aus diesem Grunde über die nächsten drei Kapitel hinweg immer wieder einmal beschäftigen. Doch zunächst zu den wesentlichen Qualitäten oder Prägungen des Raumes, wie er der vorliegenden Arbeit zugrunde liegt.

4.2.3.2.a Die Ausschließlichkeit

Bereits im ersten Kapitel habe ich darauf hingewiesen, dass unter dem Raum zunächst der gesamte Lebensraum der Menschen, also die Erdoberfläche als Makroraum, subsumiert werden kann. In jenem Raum fand die Evolution der Menschheit statt, ebenso wie das Werden der ersten Hochkulturen, die nun bereits damit begonnen hatten Strukturierungen des vorgefundenen Raumes vorzunehmen und dadurch neue - zuvor so nicht gegebene - Räume konzipierten. Jener riesige Gesamtraum untergliedert sich nun in viele einzelne Teilstücke des Ganzen, in „Grund und Boden, der die Bedingung ist, die Dreidimensionalität des Raumes für unsere Zwecke zu erfüllen und zu fruktifizieren"[580]. Die Teilräume des Ganzen können dabei verschiedene geographische Formationen beinhalten. Viele Staaten als die interessantesten Teilräume der Erdoberfläche beinhalten Wälder, Berge, Seen, Meere, Moore, Täler und Ebenen. Sie sind zwar ihrer soziologischen Form nach allesamt miteinander vergleichbar, jedoch innerhalb des durch sie umfassten geographischen Gebietes einzigartig, da auf ein und demselben Territorium keine zwei identischen sozialen Gebilde „Staat" nebeneinander bestehen können. Neben dem Staatsgebiet und den Städten wurden im frühen Mittelalter - mit deutlicher Perfektionierung von Verwaltung und Organisation bis 1848/49 - die Forste als ebensolche ausschließlichen Gebiete kreiert. Sie wurden neben den Städten zu den wichtigsten und bedeutendsten Räumen einer Herrschaft vom Mittelalter bis weit in die Neuzeit hinein. Dabei umfassten die Forste später nicht nur den Wald, die Wiesen und Seen, sondern auch die in ihnen befindlichen Siedlungen und Dorfgemeinschaften. In Württemberg bildeten sich gar aus den Forstgrenzen letztlich die Grafschaftsgrenzen, die Grenzen des württembergischen Territoriums heraus, wie das Rudolf Kiess darlegte[581]. Auch die Durchdringung des Herrschaftsraumes mit einer Vielzahl von Jagdschlössern und repräsentativen Jagdhöfen, die jeweils einzigartig waren und wohl als ein Stachel im Fleisch der traditionalen Gesellschaft betrachtet werden können, ist in diesem Kontext zu betrachten. Jagdschlösser z. B. waren ein wesentlicher Bestandteil eines herrschaftlichen Netzwerkes im zu beherrschenden Raum und damit weit mehr als nur prunkvolle Raststätte für den jagenden Adel.

Exkurs: Zu den Besonderheiten des Heiligen Römischen Reiches Deutscher Nation

Mit dem Fränkischen Reich wurde nach dem Zerfall des Römischen Reiches ein zunächst würdiger Nachfolger gefunden und auf dem gesamten westeuropäischen Kontinent etabliert. Jenes Reich bildete den Gegensatz zu den bestehenden Kalifenreichen und dem Rechtsnachfolger des Oströmischen Reiches, dem Byzantinischen Reich. Unter Karl dem Großen wurde versucht, eine umfassende Verwaltung und Organisation des Reiches aufzubauen und Karl selbst bereiste sein Leben lang (Reisekönigtum, in Ermangelung einer festen Hauptstadt war Karl gleichzeitig

---

[580] Vgl. dazu bei Georg Simmel, Soziologie, S. 690f. Die Fruktifikation des Raumes kann dabei geistig als auch materiell gedacht werden, da auch die Einrichtungen eines Staatswesens fruktifizierend auf den Raum wirken kann.

[581] Vgl. dazu die Ausführungen bei Rudolf Kiess, Die Rolle der Forsten im Aufbau des württembergischen Territoriums bis ins 16. Jahrhundert.

selbst das Zentrum des Reiches) die Gebiete des Reiches um vor Ort Gericht zu halten, Entscheidungen zu fällen und Zwistigkeiten zu mildern. Für eine kurze Zeit war das Frankenreich ein blühendes Staatswesen, mit einer straffen Organisation und einer einheitlichen Verwaltung. Doch das unter Karl dem Großen fortgeführte und verfestigte Lehnswesen führte spätestens mit dem Tode Karls und der Dreiteilung des Fränkischen Reiches zum Ende der Einheitlichkeit und im Verlaufe des Mittelalters zur Herausbildung unzähliger ökonomisch, politisch und juristisch autonomer Staaten oder Staatsgebilde auf dem Gebiet des ehemals mächtigen Frankenreiches. Während unter der Lehnsherrschaft die monarchische Gewalt noch einigen Einfluss hatte, verlor sie diesen mit dem Durchbruch des feudalen Systems um etwa 1200 n. Chr. endgültig. So hatten sich bis zum Ende des 12. Jahrhunderts unzählige durch Gewalt, Ehre und Religion zusammengehaltene Gemeinschaften auf dem Boden des ehemals Fränkischen Reiches im nun deutschen Teil gebildet, die bereits gesellschaftlich ausdifferenziert waren in Bauern, Krieger und Priester[582]. Der ehedem auf relative Einheitlichkeit gebaute fränkische Staat zerfiel in eine immer größer werdende Vielheit von Souveränitäten, die sowohl räumlich-horizontal (ländliche Gebiete, Städte, Regionen, Klöster, Bistümer, etc.) als auch sozial-vertikal (Bannherren, Burgherren, Gutshofbesitzer, Grafen, Fürsten, Herzöge, Könige, Kaiser) gegliedert waren. So erwuchsen auf dem deutschen Teil des fränkischen Staatsgebietes viele souveräne und autonome Herrschaften – Staatsgebilde im wahrsten Sinne, da sie jeweils ein Staatsvolk, ein Staatsgebiet und eine nicht unbedeutende Staatsgewalt besaßen –, wobei der Überbau des Kaiserreiches, namentlich des Heiligen Römischen Reiches Deutscher Nation, erhalten blieb, der Kaiser jedoch stetig an Einfluss und Gewalt verlor. Die Macht des Kaisertums ging unwiederbringlich auf die kleinen und kleinsten Territorien über, was sich in der Einheit von ökonomischer, politischer und juristischer Macht der jeweiligen Fürsten widerspiegelte. Das ist grob gezeichnet eine der Besonderheiten des deutschen Sonderweges, die einen nachhaltigen Einfluss auf die Jagd unter Bezug auf die Gestaltungen des Raumes hinterließ und die bei Georg Simmels Soziologie des Raumes im historischen Zusammenhang nicht umfassend berücksichtigt wurden. Für die vorliegende Arbeit dagegen ist jene Besonderheit ein unabdingbarer Bestandteil der Analyse, da der Überbau des Reiches nicht republikanisch war, sondern in Gestalt eines entmachteten Kaiserreiches bestand. War Frankreich zentralistisch aufgebaut, existierten zum Ende des Deutschen Reiches 314 reichsständische Territorien, 1475 Reichsritterschaften, also insgesamt 1789 eigenständige Obrigkeiten[583]. Nur so – über die Schwächung des Kaisertums und die Zersplitterung des Reiches – lässt sich die Souveränität der späteren Landesherrschaften erklären, die juristisch oder verfassungsrechtlich gar nicht souverän hätten sein dürfen, sich dieses Recht jedoch nehmen konnten. Die juristischen Gebilde der Ämter, der Forste, der Wildbänne und die Ausdehnung der Jagdhoheiten und der Forsthoheiten über die Regalität der Jagd und des Forstes ab etwa 1500 und die daraus resultierenden Überschneidungen unterschiedlicher Ansprüche und Rechtshoheiten machten das Chaos nahezu perfekt. So galt z. B. im zentralistisch aufgebauten Frankreich seit 1669 bis zur großen Revolution nur eine Forstordnung, die Forstordonnance,

[582] Vgl. dazu bei Jürgen Hoffmann, Politisches Handeln und gesellschaftliche Struktur, S. 23.

[583] Vgl. dazu die Ausführungen bei Karl Hasel, Forstgeschichte, S. 110.

einheitlich für das ganze Land und für alle Waldbesitzarten. Kompetenzstreitigkeiten wird es hier nur selten gegeben haben, ganz im Gegensatz zu den unzähligen Ordnungen im Deutschen Reich, die darüber hinaus einen im Wesentlichen autoritativen Charakter nach den Wirren des Dreißigjährigen Krieges annahmen[584]. Exkurs Ende.

Die Staaten oder Territorien, die sich mit der Bildung der Landesherrschaften vom Reich abgelöst haben, waren weitgehend autarke Machträume, gleichsam disziplinierende Teile innerhalb eines formal Ganzen – des Kaiserreiches. Da das Kaiserreich seine Macht gegenüber den einzelnen Teilen jedoch verloren hatte, waren für die Disziplinierungen der Untertanen jene Teile nun eigenständig verantwortlich. Machtmittel und Reproduktionen der neuen Herrschaftsgebilde begannen sich nun von denen des Ganzen allmählich zu unterscheiden. Die Konstruierung dieser autarken Teilräume als Raum unterscheidet sich vom Kaiserreich nun nicht nur in der Anordnung der materiellen oder sozialen Güter, sondern auch in der Positionierung und Verknüpfung der Menschen in diesen Räumen. Die Auflösung des Gesamtraums Kaiserreich zu einer Vielzahl autonomer Teilräume führte so zu einer sehr konfusen Überlagerung und Überschneidung von Räumen, deren Reproduktion und fortwährender Konstitution. Welche Rolle hier der Jagd als Reproduktor der Beziehungen zwischen Herrn und Untertanen zukam, wird noch ausführlich aufgezeigt werden. Allerdings sei hier abschließend darauf hingewiesen, dass Georg Simmel zwar die Ausschließlichkeit jener Raumgebilde auf demselben Raum benennt, daneben aber zu vergessen scheint, dass es auf demselben Raum durchaus eine Vielfalt verschiedener und konkurrierender Räume oder räumlicher Gebilde geben kann und konsequenterweise auch tatsächlich gibt. So konstituiert der Adel in seinen gegenseitigen hierarchischen Interaktionen Räume, die sich von denen der Untertanen und deren hierarchischen Interaktionen zum Adel deutlich unterscheiden. Die von Simmel genannte Permeabilität zeichnet sich so häufig durch Konkurrenz, durch Eifersüchteleien, Neid und Missgunst aus und nicht lediglich durch das bloße Nebeneinander, wie er das beschrieben hatte[585]. Auf diesen Zusammenhang wird noch in den Kapiteln 6, 7 und 8, in denen es um die Konstruktion und Reproduktion von Raum und Ordnungsvorstellungen mit Hilfe der Jagd geht, näher einzugehen sein. Die Ansichten Simmels werden dort mit den Überlegungen Martina Löws weiter angereichert werden müssen.

4.2.3.2.b Die Grenzziehungen

Neben der Ausschließlichkeit des Raumes – in Bezug auf die deutsche Geschichte eher die Ausschließlichkeit der Teilstücke als eigenständigen Staaten, entwicklungslogisch sogar eher voran- als nachgestellt – ist die Möglichkeit der Grenzziehung zu betrachten. Räume, und in den hier bedeutenden Überlegungen insbesondere Staaten als Räume, können definiert, begrenzt, verkleinert und vergrößert werden und damit überhaupt erst ihren räumlichen Charakter materiell als auch in

---

584 Vgl. ebd., S. 110, und bei Joachim Allmann, Der Wald in der frühen Neuzeit.

585 Vgl. dazu bei Georg Simmel, Soziologie, S. 691.

den Köpfen der Menschen und damit als Gegenstand ihres Handelns erhalten. Das Interessante daran ist, dass Räume, die augenscheinlich keine objektiven Begrenzungen haben (so z. B. die Erdoberfläche), durch soziologische Beziehungen subjektiven Grenzziehungen unterworfen werden können und unterworfen werden. Wo solche Beziehungen fehlen, wie z. B. im Paläolithikum, gibt es jene Grenzen nicht. Hier begrenzt sich allein der Mensch durch seine Fähigkeiten oder seine morphologische Unterprivilegierung, die ihn an einen bestimmten Ort binden, nicht jedoch den Raum selbst begrenzen. Erst die Entwicklungen der soziologischen Beziehungen im Gefolge von Ackerbau und Viehzucht, von Sesshaftigkeit und notwendiger Wehrhaftigkeit führten zur Grenzziehung, zum Abschluss eines Erreichten nach außen hin, zur Generierung einer Einheit und damit zu einer Kontrollmöglichkeit. Wie sehr diese Grenzziehungen selbst bei den wandernden Völkerschaften innerhalb der Völkerwanderungen von Bedeutung waren, ist bei Tacitus und Caesar überliefert[586]. Dabei scheint die Furcht vor der willkürlichen Grenze als Raumcharakteristikum vollkommen andere Dimensionen anzunehmen als die Furcht vor natürlichen Charakteristiken wie Gebirgen, Flüssen oder Seen. Erst die Vorstellung politischer Grenzen, die Imagination des dahinter liegenden anderen politischen Gebildes, schafft Sicherheit, Furcht oder ähnlich starke Emotionen. Dort, wo politische Grenzen aufeinander treffen, herrscht ein Zustand der Spannung, der im antiken Rom oder in den mittelalterlichen und (früh-)neuzeitlichen Feudalstaaten ein anderer war als in den modernen Staaten der europäischen Gegenwart. Bei den Germanen als auch bei manchen nordamerikanischen Indianervölkern wurde diese Spannung versucht aufzuheben, indem den Grenzen zweier Stämme weite Gebiete neutralen und unbewohnten Landes zwischengeschaltet waren. Insbesondere der Wald erhielt als natürliches Befestigungswerk gegen feindliche Einfälle häufig eine wesentliche Rolle. Während z. B. Caesar von den Nerviern berichtet, dass diese ihre Grenzen durch umgebogene und angehauene Bäumchen schützten, welche mit Brombeeren und Dornensträuchern versehen ein undurchdringliches Dickicht ergaben, weiß Tacitus ähnliches von den Treverern zu schreiben. Röhrig und Hilf berichten ihrerseits von einer Gepflogenheit der deutschen Ordensritter, die im Osten Preußens einen breiten Streifen Land absichtlich zu Wildnis verkommen ließen zum Schutz gegen litauische Einfälle[587]. Auch der Angrivarierwall, der die Grenze der Angrivarier zu den Cheruskern markierte, ist in diesem Zusammenhang zu nennen. Er unterschied sich von den „lebenden" Grenzwällen durch seine zusätzliche künstliche Befestigung durch Steine und Totholz. Eine solche „Wehrhecke", ähnlich derjenigen der Nervier, bestand in Deutschland bis in die Zeit des Dreißigjährigen Krieges hinein und wird urkundlich in einem „Bereitungsprotokoll" vom 25./27.02.1619 erwähnt. Diese Wehrhecke, auch „Gebück" genannt, wurde bis in das 17. Jahrhundert von den Gaugenossen gepflegt und ihre Zweckmäßigkeit und Instandhaltung von einem eigens dafür

[586] Die Germanen, glaubt man den Erzählungen Tacitus' und Caesars, bevorzugten nicht die direkte Angrenzung des eigenen an ein anderes Stammesgebiet, sondern die Trennung der beiden Grenzen durch unbewohntes Gebiet, die so genannten Wüstungen. Vgl. dazu bei Gaius Iulius Caesar, Der Gallische Krieg, Sechstes Buch, 23 (1), S. 169.

[587] Vgl. bei R. Hilf, und F. Röhrig, Wald und Waidwerk in Geschichte und Gegenwart, 1. Teil, S. 118.

eingerichteten General-Haingericht überwacht[588]. Doch nicht nur materiell-visuelle Grenzen sind hier zu beachten, sondern vielmehr auch oder gerade diejenigen Grenzen, die durch regelmäßig wiederkehrende soziale Handlungen verdeutlicht werden konnten. Im Mittelalter und der Frühen Neuzeit waren dies die Jagdhandlungen und hier insbesondere die noch ausführlich zu behandelnde Wildfolge. Durch das Unterlassen einer ansonsten regelmäßig wiederkehrenden Handlung konnten Grenzen bestätigt oder gar verschoben werden, so wie sie durch eine neue und auf Duldung stoßende soziale Praxis neu definiert werden konnten. So konnten z. B. durch das Umreiten eines zu beanspruchenden oder bereits beanspruchten Gebietes mit Gefolge oder Handlungsbevollmächtigten wie Jägerei und Försterei Grenzen gezogen und gefestigt werden. Über die Positionierung von Menschen und Tieren[589] in einem Raum sind sowohl der Raum selbst als auch seine Grenzen reproduzierbar und visualisierbar. Welche Mittel im Rahmen der jagdlichen Praxis und der Frondienste hierzu angewendet wurden, wird in den Kapiteln 7 und 8 noch ausführlich dargestellt werden.

Zurückkommend zu den oben beschriebenen Wüstungen oder unbewohntem Grenzland bleibt festzuhalten, dass es jenes Niemandsland in den zivilisierten Staaten heute aus verschiedenen Gründen nicht mehr gibt[590]. Einer der wichtigsten Gründe ist neben der Raumnot, der zunehmenden Verknappung des wertvollen Grundes und Bodens, insbesondere diejenige zivilisatorische Entwicklung, die völkerrechtliche Grundsätze anstelle von Neid, Missgunst und Misstrauen gesetzt hat. Höfische Sitte, Diplomatie und gegenseitiger Austausch von Gütern und Köpfen wirkten wohl gleichfalls kompensatorisch. Zwischenzeitlich ist es darüber hinaus ohnehin möglich geworden, diese Grenzen nicht nur militärisch zu überschreiten, sondern rein medial-kommunikativ, über soziale und ökonomische Beziehungen oder über die Globalisierung der Natur-Umwelt-Problematiken der modernen Industrienationen, wie sie Ulrich Beck in seiner Konzeption der Risikogesellschaft umschreibt. National geschaffene Umweltproblematiken einerseits und nationale Technikprobleme andererseits müssen heute nicht notwendigerweise auf den Produzenten beschränkt bleiben. Vielmehr werden die Nachbarn als auch weiter entfernte Staaten mit den national geschaffenen Gefährdungspotenzialen konfrontiert. Jede neue Technik konstituiert Fortschritt. Messbar ist dieser Fortschritt sowohl im Erfolg der Funktion einer Technik als auch im unabdingbaren Pendant zum Erfolg, nämlich dem Unfall, der Katastrophe. Harrisburg, Bhopal und Tschernobyl sind die Zeugen jener Verknüpfung von Erfolg und Unfall als gemeinsamem Teil des Fortschritts. So sind es gerade die Techniken des Atomzeitalters,

---

588 Vgl. ebd., S. 120ff.

589 Die Positionierung von Menschen und Tieren als Mittel der Raumkonstitution werden bei Martina Löw, Raumsoziologie, S. 153ff, behandelt.

590 Allerdings gibt es Ausnahmen: in den Grenzgebieten oder den Grenzstreifen entlang der innerdeutschen Grenzen bis 1990 waren jene Wüstungen z. B. auf Seiten der DDR sehr wohl noch vorhanden, ebenso entlang der Grenze von Nord- und Südkorea, die sich über jenes brachliegende Land zum Zwecke der Grenzsicherungen heute noch in einem Zustand befinden, der prinzipiell als historisch überwunden betrachtet werden kann. Eine ähnliche Grenzsituation existiert auch zwischen den USA und Mexiko. Israel baut seine Grenzzäune aktuell immer weiter aus, was ebenso zu Streifen von Niemandsland führt.

die das Ende der Distanzierungsmöglichkeiten[591] mit sich bringen und territoriale Grenzen, kulturelle Barrieren, ethnische Unterschiede aufheben und die Welt permeabel erscheinen lassen. Die Welt ist ein Dorf; kaum ein anderer Fortschritt wie der technische ist in der Lage, diese Formel in allen ihren Konsequenzen zu realisieren. Die allein an Grund und Boden gebundenen territorialen Grenzen sind also in verschiedenen Beziehungen durchlässig und darüber hinaus zunehmend bedeutungslos geworden, wenn es um die Abgrenzung der Staatsgebilde voneinander geht[592]. Die Moderne hat darüber hinaus in letzter Konsequenz die Grenzen zwar erhalten, das Zusammenwachsen der vielen kleinen Gebilde zu einem Großen dagegen gefördert, wie es das Beispiel Europas eindrücklich vor Augen hält. Noch im Heiligen Römischen Reich Deutscher Nation war die Entwicklungsrichtung eine andere, da das Reich selbst stetig geschwächt und die Regionen dagegen politisch, ökonomisch und juristisch autark wurden. Zurückkommend auf die Unterschiede der Begrenzungen darf hier nicht vergessen werden, dass auch die gegebenen natürlichen Gliederungen der Oberfläche des Raumes je nach Prägung bestimmte Wirkungen haben. Ein vom Meer eingeschlossener Staat wie England erfährt andere soziologische Konkretisierungen als ein von allen Seiten umringter Festlandstaat. Die Größe Roms ist neben seiner Lage auch auf seine Gesetzgeber zurückzuführen, da die italische Halbinsel im Norden von den Alpen und in den anderen Richtungen vom Meer umschlossen ist. Trotz der Übergriffe der Gallier im Jahre 390 v. Chr. und der Punier konnte sich Rom auf seine natürlichen Bollwerke letztendlich verlassen, allerdings auch erst, nachdem es die inneritalischen Streitigkeiten siegreich für sich entschieden hatte. Aber auch innerhalb eines Staatsgebietes selbst kann es Abweichungen räumlicher Natur geben. So wurde der Wald im Mittelalter neben dem Grenzgebiet im Wesentlichen zu einem eigenen Herrschaftsraum, zum Forst weiterentwickelt und in diesem Rahmen auch auf die Feldfluren, die Seen, Flüsse und Dorfschaften begrifflich und juristisch ausgedehnt. Konflikte mit der Obrigkeit wurden hier nicht aus den natürlichen Begrenzungen, sondern erst über die spezifischen Absichten der Herrscher generiert[593]. Es gibt also nicht nur die subjektive, sondern auch die objektive oder natürliche Grenzziehung oder Begrenzung, weiterhin die Abgrenzung von anderen, letztlich auch die Differenzierung in Einheimische und Fremde, in Kultur und Barbarentum, in Heiden und Christen, in Herren und Untertanen. Darüber hinaus lässt sich aus dem Gesagten der Schluss ziehen, dass die Grenze und der ihr entgegen gebrachte Tribut vielmehr eine Tatsache des zivilisatorischen Fortschrittes ist als eine des Raumes selbst. So wirken die Grenzen zwar räumlich, werden jedoch nicht ausschließlich über den Raum definiert. Grenzen bedeuten Inklusionen und Exklusionen und jene finden nicht nur zwischen Staaten statt, sondern auch zwischen sozialen Gruppen. Insofern sind

---

591 Zum Begriff der Distanzierungsmöglichkeiten siehe bei Ulrich Beck, Risikogesellschaft, S. 7ff.

592 Von großer Bedeutung sind dagegen die Grenzziehungen dann, wenn es um die Definitionen des Fremden und des Andersartigen geht, wie es bei Geenen und Georg Simmel an verschiedenen Stellen dargestellt wird.

593 Über die Eigenart der Bergbewohner, die zu Füßen oder in den schroffen und gewaltigen Massiven wohnen und arbeiten, wurde schon viel geschrieben. Dass sich das auch auf die Jagd oder besser die Wilderei niedergeschlagen hat, ist unter anderem bei Roland Girtler anschaulich nachzulesen. Vgl. dazu bei Roland Girtler, Wilderer. Rebellen in den Bergen.

hier auch die Fronleistungen einzubeziehen, die soziale Grenzen aufzeigten, da die einen jagdliche Frondienste erbringen mussten, während die anderen die eigentliche Jagd vollzogen und nicht selten Bürger der angrenzenden Städte als Publikum - beabsichtigt oder nicht - fungierten. Auf die Verarmung der Kommunikation zwischen den nun gegeneinander abgegrenzten sozialen Klassen wurde bereits in der Einleitung dieses Kapitels hingewiesen. Mit der Grenzziehung und der Ausdifferenzierung der Gesellschaften begannen die Inklusionen und Exklusionen, auch innerhalb der Instrumentalisierung der Jagd, eine wichtige Rolle zu spielen, die nun für die Herrschaftsausübung einen bedeutenden Pfeiler abgeben konnte und erst nach der vollständigen Aufhebung der Klassengesellschaft, der Befreiung der Bauern und dem politischen Ende des Adels, abermals in die Lage versetzt wurde, wiederum weiterführende oder eben zeitgemäße Funktionen zu übernehmen. So ist die Funktion der Jagd den Erfordernissen von Zeit und Raum unterworfen, gerade so wie alle anderen sozialen Praktiken auch.

4.2.3.2.c Fixierungen

Die dritte Besonderheit oder Grundqualität der Raumform, welche für die sozialen Gestaltungen im Raum von Bedeutung ist, umschreibt Georg Simmel mit dem Begriff der Fixierungen. Es ist für die Art und den Fortgang der Vergesellschaftung von eminenter Bedeutung, ob ihre Mitglieder oder Gruppen an einen bestimmten Raum kontinuierlich gebunden sind oder nicht. Nomadismus als die ursprünglichste Form der Ungebundenheit gebiert niemals jene Form von Zivilisation westlicher Prägung, wie wir sie kennen und schätzen. Aus diesem Grunde wird der Fixierung oder eben der Nichtfixierung eine wesentliche Funktion innerhalb der Prozesse der Zivilisation zugesprochen. Diese Fixierung muss jedoch auch über Georg Simmel hinaus gedacht werden und insofern neben der geographischen oder lokalen auch die Fixierung in den jeweiligen sozialen Klassen beschreiben. So wie es Stadtrechte von Zeit zu Zeit verboten haben, die Mauern der Stadt für längere Zeit zu verlassen ohne den Bürgerstatus zu verlieren[594], so ist es den mittelalterlichen Ständen und selbst noch den neuzeitlichen Klassen oder Schichten nicht selten verunmöglicht worden, den angeborenen sozialen Status zu verlassen. Nach unten war im Allgemeinen der Weg allezeit frei, nicht jedoch nach oben. Einzig in den Städten standen dem Bürger mehrere Möglichkeiten offen, wie das Beispiel der Welser, Hochstetter und Fugger zu zeigen in der Lage ist[595]. Ansonsten ist die soziale (vertikale) Mobilität der Bürger und Bauern erst eine Erscheinung der industriellen Revolution und ihrer Wirkungen auf das gesamte soziale Gefüge der alten Feudalstaaten. Auch das ist eine Form der Fixierung, mit deren Hilfe die durch die Obrigkeit gesteuerte Austarierung zwischen den Ständen gelingen sollte. Die bewusste und gewollte soziale Mobilität ist erst eine Erscheinung der späteren Zeit und ihr Resultat aus diesem Grunde gerade die Aufhebung der Fixierung der eigenen Person oder Gruppe im genau definierten Raum. Im alten Feudalstaat brauchten systemimmanent die Herrschenden eine bestimmte Anzahl von zu Beherr-

---

594 Vgl. dazu bei Georg Simmel, Soziologie, S. 706f.

595 Vgl. dazu die Geschichte der großen christlichen Familienunternehmen, die die jüdischen Geldverleiher im 15. Jahrhundert allmählich verdrängten. Siehe bei Will Durant, Das Zeitalter der Reformation, S. 307f.

schenden, da ansonsten das Prinzip der Aristokratie, das Prinzip von Inklusion und Exklusion in einer Ackerbau treibenden und von inneren wie äußeren Unruhen bewegten Gesellschaft nicht funktioniert hätte. Die hierarchische Interaktion nach festgelegten Regeln als wesentliche Kommunikationsform war ein unabdingbarer Bestandteil jener Herrschaften, deren Aufrechterhaltung für das System lebensnotwendig war. Das Wirtschaftssystem wäre in den Grundfesten erschüttert worden, wären die soziale Fixierung und die geographische oder regionale Fixierung und die damit in Zusammenhang stehenden Interaktionen (wie z. B. Jagd, Turnier, Frondienste[596], etc.) aufgehoben worden. Das Ergebnis wären unkalkulierbare Mindereinnahmen, bedingt durch Landflucht oder gar dem Wegzug in ein anderes Territorium, gewesen, die sich für eine Herrschaft, die auf Gewalt über Untertanen basiert, negativ ausgewirkt hätten. Als dann jedoch tatsächlich das Wirtschaftssystem im Zuge der Industrialisierungen erschüttert wurde, der Prozess der Vergesellschaftung dem Adel aus den Händen glitt, bedeutete dies auch den Untergang der politischen Aristokratie. Sehr anschaulich war dies im ausgehenden 19. Jahrhundert in Frankreich zu sehen, während auf deutschem Boden mit dem Ende des Ersten Weltkrieges dann dieselbe Entwicklung eintrat – die Gesellschaft wurde in der Tat zu komplex, um noch durch den Adel verwaltet werden zu können[597]. Fixierung in diesem Sinne beinhaltet also auch die Möglichkeit der einfachen und kalkulierbaren Strukturierung von Gesellschaft und damit die Aufrechterhaltung ihrer Beherrschung nach den gegebenen Möglichkeiten (Interaktionsformen) und Mitteln des Adels. Dieses System funktionierte im Ersten Deutschen Reich einmal mehr und einmal weniger bis zum vollen Durchbruch der industriellen Revolution und ihrer sozialen und politischen Auswirkungen nach 1848/49. Alle Handlungen im Raum wurden durch diese Fixierungen beeinflusst, keine einzige nicht an ihr gemessen und auch die Jagd sollte noch lange, wenn auch unter bürgerlichen Strömungen stehend, den Auswirkungen jener Fixierungen in Kultur und Praxis unterliegen[598]. Die soziale Fixierung hatte darüber hinaus noch einen weiteren sehr wesentlichen Vorteil: über sie wurde es letztlich ermöglicht, alle Rechte und Pflichten der jeweiligen Klassen zu verkaufen, zu belehnen und zu pfänden. Sie gab sowohl dem Empfänger einer solchen Leistung als auch dem Geber eine unverrückbare Rechtssicherheit. Forstrechte und Jagdgerechtigkeiten konnten so beliebig oft verpfändet, belehnt oder verkauft werden, da sie nicht nur räumlich sondern auch sozial fixiert waren. Sie waren ein Gut mit einem wesentlichen Wert, welches den neuen Herrn in die Rolle des alten Herrn brachte und damit wurden auch die Inhalte und Vollmachten auf ihn übertragen. Die Untertanen dagegen erlitten aufgrund ihrer Fixierung in Schicht und Raum dieselben

596 Was genau unter dieser Form der sozialen Interaktion zwischen Herrn und Untertanen zu verstehen ist, wird in Kapitel 7 und 8 aufgezeigt werden.

597 Vgl. dazu bei Dominic Lieven, Abschied von Macht und Würden, S. 31.

598 Wenn auch auf eine entartete Weise, da die Jagd als bürgerliche Distinktion derjenigen des Adels schließlich doch sehr entfernt steht. Motive, Ziele und Funktionen sind hier diametral voneinander zu unterscheiden. Jagd im Feudalismus konnte keine wertentleerte oder entfunktionalisierte Distinktion (siehe Kapitel 9) sein, sondern ein fest gefügtes Interaktionsmuster und damit herrschaftliches Instrument.

Inklusionen und Exklusionen wie unter den Herren davor. Für sie änderte sich wesentlich nichts, weder zum Guten noch zum Schlechten.

4.2.3.2.d Distanz und Nähe

Als den vierten Typus räumlicher Charaktere, die sich in soziologische Wechselwirkungen umsetzen, bezeichnet Georg Simmel die Unterschiede in Distanz und Nähe zwischen Personen, die in sozialen Beziehungen zueinander stehen[599]. Wie sehr auch hier die Fortschritte in den kulturellen, strukturellen, psychischen und physischen Entwicklungen einen Einfluss nehmen, zeigt das Beispiel Roms im Verhältnis zu den politischen Gebilden im Mittelalter auf dem Boden des Heiligen Römischen Reiches Deutscher Nation. Während in Rom das System der Autorität nicht an die persönliche und stetige Präsenz der führenden Männer gebunden, selbst im Kaiserreich die Unmittelbarkeit des Kaiser nicht notwendig war, musste die Präsenz des Herrschers im deutschen Reich entweder persönlich oder durch seine Statthalter, durch Burgen oder bei kirchlichen Herrschaften durch Klöster regelmäßig gewährleistet sein um herrschaftliche Autorität aufrechtzuerhalten. Nicht nur die Untertanen, sondern in einem spezifischen Maße auch die Autorität als eigenständige soziologische Form, mussten unmittelbar beherrschbar oder handhabbar sein. Jene Autorität wurde im Verlaufe des Mittelalters und der frühen Neuzeit auf die Jägerei und auf die Forstbediensteten übertragen, die in Bezug auf den Forst mit wesentlichen Befugnissen ausgestattet wurden. Die Förster und Jagdbediensteten konnten so im Mittelalter und erst recht in der Neuzeit diese Rolle oftmals übernehmen oder in Vertretung ausüben, da sie mit quasi herrschaftlichen Rechten ausgestattet für Recht und Ordnung in den Forsten zu sorgen hatten und mit ihrer Anwesenheit repräsentativ für den Herrscher, den Grafen oder Fürsten standen. Die Notwendigkeit der straffen Verwaltung und Organisation jener Räume wurde nicht zuletzt dadurch begründet, dass die Forste eine stetige Ausdehnung erfuhren, bis sie im Grunde das gesamte unter einer Gebietshoheit oder Herrschaft stehende Land umfassten. Die weitgehende Entrechtlichung der traditionalen Gesellschaft über die Zuspitzung des Forstbegriffs und dann des Wildbannes allgemein führte zu einer Stärkung der Position der Jagd- und Forstbediensteten. Die Jagd oder Jagdorganisation konnte so sozial Tieferstehende nobilitieren und sie in die Nähe der Herrschaft rücken, was insbesondere die Förster im Vormärz teilweise in arge Bedrängnis gebracht hatte[600]. Konservativismus und ein unübersehbares Faible für die konstitutionelle Monarchie brachten z. B. die badischen Förster im Verlaufe der Revolution oftmals in lebensbedrohliche Situationen und in die Schusslinie der Revolutionäre[601]. Als eine Ausnahme im Zusammenhang

---

[599] Vgl. dazu bei Georg Simmel, Soziologie, S. 716f.

[600] Allerdings muss hier berücksichtigt werden, dass es der Stand der Jägerei war, der sich aus überwiegend Nichtadligen zusammensetzte, während die Försterei bereits zu Beginn ihrer Geschichte überwiegend dem Adel vorbehalten blieb. Auch hieran kann man die Bedeutung des Forstraumes erkennen. Dazu später an geeigneter Stelle ausführlicher.

[601] Vgl. dazu die Ausführungen bei Karl Hasel, Auswirkungen der Revolution von 1848 und 1849 auf Wald und Jagd, auf Forstverwaltung und Forstbeamte, insbesondere in Baden, S. 30ff. Neben Handgreiflichkeiten gab es eine wahre Flut von Petitionen, die die Entfernung von Beamten verlangten, die als reaktionär galten oder sich sonst wie verhasst gemacht haben.

mit der direkten und persönlichen ortsgebundenen Autorität mag hier das päpstliche Rom gelten, welches über die Kurie und den Heiligen Stuhl auch trotz riesiger Entfernungen eine immense Autorität in allen Teilen der Erde beibehielt und bis heute behalten hat. Hier deutet sich auch der Unterschied zwischen der Autorität in den mittelalterlichen und feudalen Städten im Gegensatz zu den ländlichen Gebieten an. Die räumliche Nähe der Städter zueinander und zu ihren politischen Führern evozierte offensichtlich eine andere Politik und Repräsentation von Herrschaft, als dies die relative Distanz der Bauernstellen und Untertanen auf dem Lande hervorbrachte. Nicht von ungefähr kam es zur kulturellen Blüte und zum liberalen Geist in den Städten, während auf dem Land die Aristokratie das Heft streng und hart in der Hand behielt. In den ländlichen Gebieten nährte der Adel damit das revolutionäre Potenzial, wie es die Bauernaufstände des 16. Jahrhunderts und insbesondere der große Bauernkrieg von 1525, letztlich gar die Revolution von 1848/49 zu zeigen in der Lage waren. Erst mit ihr wurden auch die letzten Reste des feudalen Systems beseitigt und die Bauern aus ihrer Bedrückung befreit. Insofern sind die Fronleistungen und die jagdlichen Handlungen wesentliche Merkmale räumlicher Determinanten wie Distanz und Nähe und auch als solche historisch-soziologisch zu untersuchen. Mit fortschreitendem Zivilisationsprozess, mit kontinuierlicher geistiger Entwicklung, können die Distanzen bei gleich bleibender Autorität größer werden. Dies gilt jedoch nicht nur für Autorität, sondern für alle soziologischen Beziehungen: innerhalb des Beispiels für Staaten besonders im außenpolitischen, im ökonomischen und zusehends auch ökologischen Sinne. Der Schutz des Regenwaldes, die internationalen Investitionen in das Weltkulturerbe auch durch Staaten, die kein solches Erbe innerhalb ihres Staatsgebietes haben, die Welthungerhilfe, die Bildung internationaler Organisationen für verschiedene Belange globaler Art, etc. zeigen auf, dass nicht mehr allein die räumliche Nähe entscheidend für tief greifende soziologische Beziehungen ist. Die tatsächliche Distanz scheint entgegen der Kontinuität der geographischen Entfernungen aufgrund der modernen Segnungen des Fortschritts deutlich kleiner geworden zu sein, was den Begriff des Räumlichen zusehends relativiert, ihn jedoch nicht schmälert. Die Industrialisierung hat die Staaten der Welt so räumlich näher aufeinander zu bewegt, ohne geographische Grenzen zu verändern. Unterschiedliche politische Weltanschauungen konnten diesen Prozess nicht aufhalten.

4.2.3.3 Zusammenfassung und Ausblick auf die Potenziale der Jagd

Raum, so das Resultat aus den obigen Überlegungen, ist mehr als nur die Lebensumwelt, mehr als eine bloße Kulisse des Zivilisationsprozesses. Raum befindet sich in einem stetigen Wandel, er wird erst durch Menschen und soziale Güter konstituiert und darüber hinaus in verschiedenen Interaktionen öffentlich, privat, intern und extern reproduziert. Roms Größe war nicht allein dem Römer bekannt. Eine Armee oder auch nur eine Legion konnte im Feindesland über ihren Ruhm, ihre Uniformen, Abzeichen, ihre Bewaffnung und ihren Anblick dem Betrachter eine Ahnung von Roms Macht und Stärke vermitteln. Jede militärische Bewegung, jedes militärische Lager, jede Stadt oder Siedlung, die auf römisches Geheiß außerhalb des italischen Festlandes erbaut wurde, war eine repetitive Okkupation des Raumes für und im Namen Roms. Es entstanden neue Räume durch die spezifischen

Wechselwirkungen zwischen den Strukturen und den Handlungen und somit basierend auf Städten, Grenzen, Militärsiedlungen, auf Verwaltung und Gesetzgebung, auf unzähligen Inklusionen und Exklusionen, etc. Auf diesen Räumen bauten späterhin die merowingischen und karolingischen Herrscher auf, erweiterten, okkupierten, verloren sie und strukturierten sie neu. Die Vergabe von Lehen, die Kriege, die Fehden, die Verwaltung, der Burgenbau, die Villicationsverfassung etc., all das waren repetitive Handlungen zur Sicherung und Strukturierung von Raum als auch seiner stetigen Reproduktion. Und erst hier begann die Jagd als soziale Praxis allmählich eine gewichtige Rolle zu spielen, während sie zuvor nur rein symbolischen Wert besaß. Eine Analyse des Raumes oder die Einbeziehung räumlicher Besonderheiten in eine Analyse der Jagd und ihrer Funktionen im historischen Kontext wäre grundsätzlich unfruchtbar, wenn nicht bereits in der Jagdhandlung selbst latente oder offensichtliche Potenziale liegen würden, die im Zuge der Vergesellschaftung, der Strukturierung und Reproduktion von Raum, einer Funktionalisierung zugeführt werden könnten. Bis zum gegenwärtigen Zeitpunkt wurde innerhalb der Literatur kaum darauf Wert gelegt, diese Potenziale der Jagd herauszuarbeiten, die allesamt mit der originären Absicht und Funktion der Jagd von Jäger- und Sammlervölker der Vorzeit (das trifft auch für rezente Jäger- und Sammlervölker zu, wie sie Fromm beschrieben hat[602]) in keinem Zusammenhang mehr stehen. Während die philosophische Seite auf Instinkte und Urtriebe des Menschseins abstellte und Jagd auch als praeludium belli gelten lassen möchte, sind die meisten Jagdhistoriker über die Jagdlust, die Zerstreuung und höfische Kultur, die sich in den Praktiken der Jagd spiegelt, im Wesentlichen nicht hinaus gekommen. Aus diesem Grunde gilt es nun der Jagdfunktion nachzuspüren und die Frage nach ihrer prinzipiellen Geeignetheit als Herrschaftsinstrument einer Beantwortung zuzuführen. Jagd scheint eine epochenspezifische Handlung im jeweiligen Raum zu sein und dabei einem Grundmuster zu unterliegen, welche einem jagenden Menschen die Möglichkeit bietet, sie vor dem Hintergrund der jeweiligen Gesellschaftsordnung, der räumlichen Konstituierung, einer weitergehenden Instrumentalisierung zuzuführen, das heißt, ihre originäre Funktion als Mittel der Subsistenz gegen sich stetig wandelnde Funktionen im Rahmen ihrer weiterführenden Potenziale einzutauschen. Wie diese Potenziale in ihrem Verhältnis zum Raum aussehen können und wie sie zu bewerten sind, wird im folgenden Abschnitt näher betrachtet werden, bevor die Untersuchung der Jagdfunktionen und der Jagdpraxis, der Jagdfrondienste, der Wilderei, etc. im historischen Kontext Klarheit bringen wird.

[602] Erich Fromm beschreibt 30 primitive Kulturen in seinem Werk, jeweils unter Rekurs auf die Arbeiten von Ruth Benedict, Margaret Mead, C.P. Murdock und C.M. Turnbull. Vgl. dazu bei Erich Fromm, Anatomie der menschlichen Destruktivität, S. 191-207.

4.3 Jagd auf wilde Tiere: inhärente Potenziale als Raum(be)handlung[603]

4.3.1 Einführung

Wie bereits mehrfach angedeutet, liegen in der Wildtierjagd des Menschen Potenziale verborgen, die urtümlich sind und die sich in all den Jahrtausenden der Existenz des jagenden Menschen ihrer Grundstruktur nach nicht geändert haben. Diese Potenziale finden ihren Ausdruck allein in den äußeren und inneren Bedingungen der Vergesellschaftung. Nicht die Potenziale, sondern deren Ausschöpfung ist damit epochenspezifisch. Der Jäger der Vorzeit konnte aus verschiedenen Gründen (akephale Struktur der Jäger-Sammlergesellschaften, nomadisierende Lebensweise) die Jagd als Herrschaftshandlung nicht instrumentalisieren, während der landesherrliche Jäger die Jagd nicht zum Nahrungserwerb oder wegen materieller Vorteile ausüben musste[604]. Der moderne Jäger des 21. Jahrhunderts verfolgt mit der Bejagung wildlebender Tiere wiederum Ziele, die durch völlig andere gesellschaftsimmanente Bedingungen vorgegeben sind. Damit bleibt zunächst festzustellen: die Konstante der Jagd auf wilde Tiere war und bleibt die Raum(be)handlung, auch oder gerade weil sich der Raum stetig veränderte und sich zukünftig stetig verändern wird, während die Funktion der Jagd als Variable durch die Veränderungen des Raumes und damit der gesellschaftlichen Struktur epochenspezifische Anpassungen erfuhr und zukünftig erfahren wird (zur Erinnerung: die Jagd als Subsistenzwirtschaft steht lediglich am Beginn der Kulturgeschichte, während sie in der heutigen Zeit dem Konsensmodell des naturnahen Mischwaldbaus und vermehrt der Seuchenminimierung - Schweinepest, Fuchsbandwurm, etc. - unterstellt wird[605]). Die Jagd in der Bundesrepublik wurde zu einem großen Teil, auch wenn sich das viele Jäger nur widerstrebend eingestehen wollen, „Schädlingsbekämpfung" (hinsichtlich mancherorts bestehender regelrechter Schalenwildkalamitäten) und rationales Bewirtschaftungsinstrument zugleich, was jedoch nicht abwertend

---

603 Der Begriff der Raum(be)handlung ist der Arbeit von Joseph Morsel, Jagd und Raum - Überlegungen über den sozialen Sinn der Jagdpraxis am Beispiel des spätmittelalterlichen Franken, in: Werner Rösener (Hrsg.), Jagd und höfische Kultur im Mittelalter, S. 255ff, entlehnt. Er wird noch ausführlich an verschiedenen Stellen der vorliegenden Arbeit thematisiert werden.

604 Vgl. dazu auch die Ausführungen von Hans Wilhelm Eckardt, Herrschaftliche Jagd, bäuerliche Not und bürgerliche Kritik, S. 268ff. Eckardt stellt die These auf, dass der Adel in selbem Umfange auch dann gejagt hätte, wenn überhaupt keine materiellen Vorteile daraus erwachsen wären. Gejagt wurde nicht wegen, sondern trotz des Ertrages.

605 In einigen Bundesländern werden in unregelmäßigen Abständen z. B. für erlegte Frischlinge und/oder erlegte Füchse Prämien ausgeschüttet, die als finanzieller Anreiz den Jagderfolg bei der einen oder anderen Wildart steigern sollen. So sind Prämien bis 15 Euro pro erlegtem Stück keine Seltenheit, wie dies z. B. im Kreis Ravensburg, Baden-Württemberg, im Jagdjahr 2002/2003 für den Fuchs galt. Dadurch sollte eine Eindämmung des Fuchsbandwurms erfolgen, welcher eine weitaus höhere Gefährdung für den Menschen bedeutet als etwa die Tollwut. Hier stand die Seuchenbekämpfung im Mittelpunkt der Motivik. Regional - z. B. in sensiblen Brutgebieten gefährdeter Arten - mag es zwar auch anders lautende Motive zur Fuchsbejagung geben, nicht jedoch national, da die Fuchspopulationen weit davon entfernt sind, von uns Jägern reguliert zu werden. Selbst die Prämienausschüttungen ergaben zumindest im Kreis Ravensburg keine höheren Abschüsse als zuvor.

verstanden werden darf. Konsequente Jagd ist durchaus in der Lage, land- und forstwirtschaftliche Schäden, die ab einer bestimmten Höhe definitorisch und tatsächlich von ökonomischen zu empfindlichen ökologischen Schäden - regelmäßig jedoch zu ökoökonomischen Schäden - werden können, zu minimieren. In diesem Sinne entspricht die Jagd einem permanenten Reduktionsversuch von zum Teil hohen Populationen so genannter Schadenverursacher wie Schwarzwild (nur in der Landwirtschaft), Rot- und Rehwild, aber auch von Ringeltauben, regional von Wildgänsen, Gamswild, von Rabenkrähen, Fuchs[606], etc., aber auch vom Waschbären, dessen massenhaftes Auftreten in Wohngebieten Kassels für bundesweites Aufsehen sorgte und die Schadfähigkeit dieser Spezies deutlich vor Augen führte. Der ursprüngliche Begriff der Jagd und die mit ihr verbundenen Inhalte unterscheiden sich damit tatsächlich deutlich von der modern werdenden Bewirtschaftung einer Art, wie es im Wesentlichen die Forstverwaltungen oder Forstberufe als die ausgewiesenen Spezialisten im Feld der Jagd vorexerzieren[607]. Beide Bedingungen, sowohl die Jagd auf wilde Tiere als auch die Bewirtschaftung von wilden Tieren, sind schließlich nicht einfach nur existent, sondern sie werden durch den Menschen und die Konstituierung von Räumen erst geschaffen und gleichsam erst durch ihn in sein Bewusstsein gerufen. Hohe Wilddichten unter den feudalen und absolutistischen Bedingungen und Reproduktionen von Raum in Vorstellung und Wahrnehmung sind unter gänzlich anderer Perspektive zu beurteilen, als hohe Wilddichten in ökologisch sensiblen Räumen der hoch industrialisierten Bundesrepublik Deutschland. Erst in den letzten dreißig Jahren hat die zunehmende Verwissenschaftlichung der Jagd die Beziehungen zwischen Wilddichten und Restnatur- als auch Kulturräumen definiert und dargelegt, die zwar immer schon bestanden, jedoch noch nicht in ihrer Konsequenz und unter jenen räumlichen Prämissen in das Bewusstsein der Jäger und der Bevölkerung gerückt sind. Gemäß den Grundsätzen anthropozentrischer Betrachtungen bedeutet dies, dass alle Geschöpfe außerhalb des Menschseins erst durch den Menschen erkannt, benannt und nur durch ihn, sein Bewusstsein und sein Handeln sind, was sie sind[608]. Oder: der Raum, seine Konstitution und Reproduktion determiniert unmittelbar die Einstel-

---

606 Diese Aufzählung ist nicht vollständig. Es ist lediglich eine exemplarische Aufzählung und keine unter wildbiologisch, ökologischen und jagdpraktischen Gesichtspunkten extrahierte umfassende Benennung jagdlich zu regulierender oder besser: zu bewirtschaftender Wildbestände. Ohnehin bleibt es uns gegenwärtig noch verborgen, ob nicht in Zukunft heute noch vollkommen „unauffällige" Wildtierarten Träger von bedrohlichen Seuchen oder anderen Gefahrenpotenzialen werden können. Auch hier ist denkbar, dass in einem solchen Falle die Jagd eine oberste Priorität erhält. Hier gälte es dann nicht dem hehren Waidwerk, sondern einem einfachen Schaden-Nutzen-Kalkül, welches Jäger zu Spezialisten werden ließe, zu folgen.

607 Ich möchte mich hier auf die deutlichen Worte des Forstdirektors Karl Heinrich Ebert (Forstamt Tübingen-Bebenhausen) stützen, der auf einem Presseseminar der Landesforstverwaltung in Bonndorf am 08. Mai 2003 diese Unterscheidung verdeutlicht hat. Jagd, so Ebert weiter, sei emotional, die Bewirtschaftung von Wildbeständen dagegen rational. Solange das Reviersystem in der BRD in seinen momentanen Formen Bestand hat, solange wird es die emotionale (private) Jagd geben und solange wird die Bewirtschaftung von Wild und Wald auf diesen Flächen erschwert. Vgl. dazu auch bei Klaus Maylein, Das Presseintensivseminar der Landesforstverwaltung und die langen Schatten der anstehenden Verwaltungsreform, in: Ökojagd, Ausgabe 3, August 2003, S. 9.

608 Vgl. dazu bei Günter R. Kühnle, Der Mensch als Jäger im Spiegel seiner Vernunft, S. 106f.

lung und Bewertung von Werten und Lebewesen, wie auch jene wieder unmittelbar auf den Raum wirken. So wird die Jagd auf wilde Tiere allmählich zur Bewirtschaftung von Wildtierpopulationen. Galt eine hohe Wilddichte im Feudalismus aus verschiedenen noch zu benennenden Gründen als wünschenswert, ist heute das Gegenteil der Fall. Was für die Geschöpfe gilt, gilt auch für alle Beziehungen, Wechselwirkungen, für alle Räume oder kleine Welten, die es gibt und die den Menschen umgeben, gleichermaßen, wie bereits weiter oben unter der Grenzziehung, der Beschränkung und Begrenzung des Raumes angeführt wurde. Was wiederum für den Raum gilt, gilt uneingeschränkt für soziologische Handlungen, die ihrerseits innerhalb der Jahrtausende unterschiedliche und stetige - zumindest begriffliche - Ausdehnungen und Erweiterungen erfahren haben, die wir im Allgemeinen unter dem Begriff des Wertewandels subsumieren. Wie es Günter R. Kühnle jedoch treffend bezeichnet, liegt hier ein Missverständnis zugrunde, da sich nicht die Werte selbst gewandelt haben, sondern lediglich die Art und Weise, wie sie gefühlt, gedeutet, geschätzt und eingeordnet werden, einem Wandel unterworfen sei[609]. Auch dies ist über den stetigen Fluss des Raumes letztlich zu erklären, da Werte ein Teil der Reproduktion von Raum und selbst Räume zu konstituieren in der Lage sind. Jagd, Krieg, Gewalt, Macht, Herrschaft; all das sind Kategorien menschlichen Handelns, die sich im Verlaufe der Kulturentwicklung der Menschen entweder erst gebildet haben, fassbar wurden, oder die sich zumindest stetig geändert und den jeweiligen Strukturen des Zusammenlebens angepasst haben oder über sie angepasst wurden, ohne jedoch den Kern zu verändern. Gewalt findet ihren Ausdruck nicht nur in physischer Ausprägung, sondern, mit der Bildung und Sensibilisierung der Psychologie als Wissenschaft, anerkannterweise auch in psychischen Ausprägungen. Gewalt, und als solche auch begrifflich wie real anerkannt, ist nicht mehr nur auf dem Schlachtfeld anwesend, sondern im Beruf, der Familie, im Kinderzimmer, in der Schule, am Arbeitsplatz, bei der Polizei, etc. Es bleibt Gewalt, auch wenn ihre subjektive Interpretation, ihre subjektive Erfahrung, ihre subjektive Spürbarkeit sich von der körperlichen Gewalt unterscheiden. Die Ausdifferenzierung der Gesellschaft und die Auswirkungen der Kulturentwicklung des Menschen kreieren, reflektieren und reproduzieren stetig neue Räume, in denen Gewalt eine Rolle spielt und in denen Gewalt unterschiedliche Gesichter haben kann. Ähnlich erging es auch der Jagd. Die Jagd auf wilde Tiere hat sich einem „Wertewandel" unterwerfen müssen, der dem Prozess kultureller Überfeinerung gefolgt ist und sie pervertiert, kommerzialisiert, ökologisiert, ökoökonomisiert hat. Die Jagd als Kunst der Bemächtigung, wie sie Platon deutete, hat sich dabei im Kern nicht wesentlich verändert, allein der Stand der Zivilisation interpretierte jene „Kunst" einmal aus der Sicht des Herrschers, einmal aus der Sicht des Bauern oder des Bürgers. Heute dagegen wird die Jagd interpretiert aus der Sicht der modernen Forstwissenschaft, des Försters als Spezialisten im Feld der Jagd[610],

609 Vgl. dazu bei ebd., S. 132f.

610 In einer früheren Arbeit habe ich bereits unter Bezug auf Pierre Bourdieus Konzept des sozialen Feldes die Verortung der Forstberufe als Spezialisten im Feld der Jagd näher dargestellt. Sie stellen - grob vereinfacht - aufgrund ihrer Bildung und ihrer Sachgebundenheit den Gegenpol zum orthodoxen Standpunkt der in aristokratischer Tradition stehenden privaten Jägerschaft. Vgl. dazu bei Klaus Maylein, Jagd und Jäger in der modernen Gesellschaft, S. 57ff, unter Bezug auf die Ausführungen Pierre Bourdieus, Die feinen Unterschiede, S. 176ff.

des privaten Jagdpächters oder Jägers, der Tierrechtler und der Veganer, des Naturschutzes, der Waldbauern und der Erholungssuchenden und vieler anderer Gruppierungen und Interessenvertretungen. Die Veränderungen sozialer Kategorien oder Handlungen sind also nicht nur real, in der Handlung selbst angelegt, sondern es sind auch sprachlogische Veränderungen feststellbar, die sich hier im Verlaufe der Epochen ergeben haben, die hinsichtlich der Einschränkung des Gegenstandes oder der Auffindung der urtümlich mit dem jeweiligen Begriff verbundenen objektivierten Handlung Probleme bereiten können. Innerhalb der vorliegenden Arbeit gilt das ausschließliche Interesse deshalb allein der Jagd auf wilde Tiere und nicht der Jagdfliegerei, der Jagd nach Geld, Macht und Ruhm oder der Sammelleidenschaft philatelistisch interessierter Menschen. Interessant in diesem Zusammenhang ist nur, dass die kulturelle Entwicklung des Menschen nicht spurlos an der sprachlogischen Bedeutung von Jagd, genauso aber auch jener von Herrschaft, Macht, Gewalt, Liebe, etc., vorübergegangen ist. Niederschläge und Auswirkungen, die sich über Sprache bemerkbar machen, müssen jedoch auch in der Realität, in der Praxis, nachweisbar sein. Und genau das ist der springende Punkt, welcher von den historischen Darstellungen der Jagd auf wilde Tiere bisher vernachlässigt wurde. Jagd wird seit allen Zeiten aus kulturimmanenten Gründen laufend aus anderen Perspektiven gedeutet, eingeordnet, funktionalisiert. Die Darstellung jagdlicher Symbole im vorangegangenen Kapitel hat dies eindrücklich aufgezeigt. In den jagdhistorischen Wissenschaften, die sich mit der Jagd auf wilde Tiere befassen, scheint dies dagegen keinen oder zumindest nur einen unwesentlichen und zu vernachlässigenden Eindruck hinterlassen zu haben, dem hier begegnet werden soll.

4.3.2 Zur Definition der Jagd im Rahmen der vorliegenden Arbeit

Zunächst erscheint es mir dringlich zu sein, das hier zugrunde liegende Verständnis von Jagd näher darzustellen und eine Definition von Jagd vorzunehmen. Dieses Unterfangen wird durch die Tatsache, dass es innerhalb der Literatur keine einstimmige und unbestrittene Definition von Jagd gibt, erschwert. Da im Rahmen dieser Arbeit die funktionale Sicht der Jagd im Mittelpunkt steht, ist es geboten eine Definition zu entwickeln, die lange Zeit anerkannt, dann in der letzten Zeit in arge Bedrängnis gebracht wurde, zwischenzeitlich jedoch wieder von dem amerikanischen Anthropologen Matt Cartmill gestützt wird. Es handelt sich um die „Lindnersche Setzung" des Jagdbegriffes, der nicht nur Jagd auf die Bejagung wilder Tiere „reduziert", sondern darüber hinaus auch das Vorhandensein eines Jagdtriebes im Menschen schlichtweg verneint[611]. Ob die überwiegend aus dem philosophischen Lager tretende Kritik an diesem Lindnerschen Jagdbegriff angebracht ist (so z. B. von Günter R. Kühnle und José Ortega y Gasset), wird zu diskutieren sein.

4.3.2.1 Definitionsfindung

Die Definition der Jagd ist nicht widerspruchslos gleich dem Gegenstand der Jagd, wie er innerhalb der vorliegenden Arbeit thematisiert wird. Im Zuge des prakti-

611 Vgl. dazu bei Kurt Lindner, Jagd – Verteidigung einer Definition, in: Homo Venator, Schriften zur Geschichte und Soziologie der Jagd, S. 36f.

schen Vollzuges der hier zugrunde liegenden Analyse steht nur die wesentliche Seite der Jagd (und damit auch der Jagddefinition), ihre ursprüngliche Funktion, ihre originäre Handlungsstruktur, das heißt die Jagd des Menschen oder seiner Ahnen auf wilde Tiere mit den epochenspezifisch zur Verfügung stehenden Mitteln und deren Entwicklung im Verlaufe der menschlichen Vergesellschaftungsgeschichte im Mittelpunkt des Interesses. Sie bildet den Ausgangspunkt aller Überlegungen und Ausführungen innerhalb der hier vorliegenden Analyse. Ich interessiere mich also allein für die Fortentwicklung der originär auf wilde Tiere abgestellten Handlungsbreite ihrer Bemächtigung und nicht für die sprachlogische Extension des Jagdbegriffs im Zuge der kulturellen Entwicklung des Menschen, wie ihn José Ortega y Gasset in seinem Werk „Meditationen über die Jagd" erarbeitet hat, und welcher von Günter R. Kühnle umfassend und überaus akribisch ausgebaut wurde. Auch von einer anthropologischen Konstante innerhalb der Jagddefinition, wie sie Ortega y Gasset und Günter R. Kühnle betreiben, ist gemäß der Lindnerschen Betrachtung eindeutig Abstand zu nehmen. Der Existenz eines Jagdtriebes habe ich bereits unter Bezug auf Arnold Gehlen widersprochen. Der Mensch, so Gehlen, ist ein Kulturwesen und kein Triebwesen. Wenn man überhaupt einen Trieb des Menschen als solchen konstatieren möchte, dann ist dieser in der Befriedigung eines angeborenen Bedürfnisses zu finden, wie Hunger, Durst, Schlaf, Defäkation, Sexualität, nicht aber in der Jagd. Dabei wird die Befriedigung des Sexualtriebes wohl vor jedem vernunftbegabten Menschen in der modernen Gesellschaft nicht dafür herhalten können, Vergewaltigungen zu rechtfertigen, wohingegen der vermeintliche Jagdtrieb selbst über wissenschaftlich belegte negative Jagdfolgen hinweghelfen soll. Dadurch werden vollkommen sinnentleerte jagdliche Handlungen noch nachträglich durch die Vorspiegelung des menschlichen Triebhaushaltes gerechtfertigt[612]. Die Rechtfertigung der Jagd auf den Triebhaushalt stützen zu wollen ist ein sehr unglückliches Unterfangen des Deutschen Jagdschutz-Verbandes[613]. Innerhalb der vorliegenden Arbeit ist gerade die von Günter R. Kühnle kritisierte Setzung des Jagdbegriffs gemäß der Definition von Kurt Lindner[614] von einiger Relevanz, da einzig und allein die Jagd auf wilde Tiere im Rahmen der Kulturwerdung des Menschen Gegenstand der vorliegenden soziologisch-historischen Darstellung ist und nicht die Jagd nach Wahrheit, nach Wissen, die Jagdfliegerei, etc. Dennoch soll

612 Die Jagd als Trieb zu verorten spielt dem Jäger damit eine Generalabsolution in die Hand, um die Jagd als eine, durch ethisch determinierte Verhaltensweisen „human" gestaltete, „natürliche Betätigung" des modernen Menschen zu legitimieren. Vgl. dazu bei Hubertus Hiller, Jäger und Jagd, S. 63, unter Bezug auf Dietrich Stahl, Wild – Lebendige Umwelt, S. 94.

613 So heißt es in der DJV Ausgabe von „Jagd heute" 1988: Weil sich der Jäger des Auslebens eines „Urtriebes" und des Widerspruchs, der „zwischen Leben erhalten und dem Töten liegt" bewusst ist, verpflichtet er sich, dem Wild nach den in der zweiten Hälfte des 19. Jahrhunderts sich entwickelnden ethisch fundierten Grundsätzen der Waidgerechtigkeit „in Notzeiten beizustehen und beim Erlegen möglichst Leiden und Qualen zu ersparen". Zitiert nach Hubertus Hiller, Jäger und Jagd, S. 63.

614 Vgl. dazu bei Günter R. Kühnle, Der Mensch als Jäger im Spiegel seiner Vernunft, S. 89ff. Lindner, so Kühnle weiter, verzichtet innerhalb seiner Definition von Jagd auf die übliche, methodisch-wissenschaftliche Explikation eines Begriffes, was zu einem sehr ungewöhnlichen reduktionistischen Verfahren führe, in welchem er die Notwendigkeit behauptet, Jagd ausschließlich auf Wild beziehen zu müssen.

die sprachlogische Extension des Jagdbegriffs noch kurz im vorliegenden Abschnitt skizziert werden, um jenes Vorhaben von anderen deutlicher abgrenzen zu können. Erklärungsansätze, die dem Verständnis von Jagd Vorschub leisten wollen, setzen die Analyse der räumlich-gesellschaftlichen Determinanten voraus, die jeweils epochenspezifisch auf Jagd und Jäger wirken. Jagd ist insofern allein über die Kulturwerdung des Menschen, seine Vergesellschaftungsgeschichte, seine politischen Systeme, etc. einem Verständnis zuzuführen und nicht über die Reduktion auf einzelne Motive, die ihrerseits nur die Kulturentwicklung reflektieren. Nur aus diesen Zusammenhängen eröffnen sich die Konflikte, die in der Gegenwart zwischen der (privaten) Jagd einerseits und der bereits an verschiedenen Stellen genannten Wildbewirtschaftung (z. B. der Landesforstverwaltungen) andererseits bestehen. Zunächst möchte ich mich jedoch gemäß der historischen Abfolge auf die Jagd beschränken und erst im letzten Kapitel die Differenzierung zur modernen Wildbewirtschaftung der letzten dreißig Jahre aufzeigen. Schließlich war es die Jagd, die von den Landesherren instrumentalisiert wurde, und nicht die Wildbewirtschaftung, die ihrerseits erst das moderne Resultat einer Zivilisierung der Jagd bedeutete und als solche heute propagiert wird. Da innerhalb der vorliegenden Arbeit nicht die Definition des Jagdschemas nach den Ausführungen Platons[615] oder in letzter Konsequenz José Ortega y Gassets Philosophie zugrunde liegen, muss hier scharf getrennt werden. Die Jagd, so der Philosoph Günter R. Kühnle, ist ein Strukturelement des Menschlichen, welches sich vor dem Hintergrund kultureller Entwicklung allmählich von der bloßen Wildtierjagd auch auf die sozialen Bereiche und sozialen Kategorien wie Geld, Ruhm, Ansehen, Macht, Liebe, etc. ausgedehnt hat. Der moderne Mensch, so Günter R. Kühnle unter Bezug auf Konrad Lorenz, jagt nach vielerlei Dingen, was in der fortgeschrittenen Gesellschaft nicht zwingend Wildtierjagd bedeuten muss[616]. Die sprachliche Entwicklung und der bildhafte oder symbolisierte Jagdbegriff hat sich so tatsächlich als Kunst der Bemächtigung – wie es Platon definiert – auf viele Bereiche des gesellschaftlichen Zusammenlebens ausgedehnt. So verstanden wundert es nicht, dass die Definition der Jagd bei Günter R. Kühnle folgende Ausmaße annimmt: „Die Jagd ist ein multimotivationaler und multifaktorieller Komplex mit multifunktionaler Wirkung, der in der Regel leidenschaftliches Handeln ziel- und zweckorientierter Struktur auslöst und das Leben von Wildtieren zum Inhalte hat. Jagd ist darüber hinaus und allgemein das leidenschaftliche, allem Streben vor und im Handeln zugrunde liegende bewegende Prinzip; sie ist das Bedingungs- und Wirkungsgefüge zwischen Gedanke und vollendetem Akt“[617]. Wenn man ehrlich ist, zeigt die vielfache Verwendung des Begriffs „Jagd“ lediglich auf, welche beachtliche Präsenz dieser Begriff hat, nicht mehr und nicht weniger. Daraus ein Jagdschema zu entwickeln, wel-

[615] Vgl. die bereits genannte und noch zu nennende Definition Platons in seinem Werk „Der Sophist“, als Kunst der Bemächtigung.

[616] Vgl. ebd., S. 129ff, unter Bezug auf José Ortega y Gasset, Konrad Lorenz, Klaus Fischer, Platon, Nikolaus von Kues.

[617] Siehe ebd., S. 345. Der Autor gibt hier wohl unbewusst ein Zeugnis darüber ab, wie sehr sich die Jagd von der Wildbewirtschaftung unterscheidet. Die Emotionalität der Jagd ist direkt spürbar aus seinen Zeilen, während die Rationalität der Wildbewirtschaftung dem vollkommen gegenüber steht.

ches auf nahezu alle Bereiche des menschlichen Lebens Zugriff hat und handlungsmotivische Anlehnung findet, ist nach meiner Einschätzung dann doch überzogen. Es scheint, als ob Kühnle die Freudschen Theorien durch das Jagdschema zu ersetzen bestrebt ist. Aber auch jenes wird sich kaum durchsetzen, geschweige denn in rationale Überlegungen über den Stellenwert der Jagd in einer modernen Gesellschaft Eingang finden können. Aber: Jagd, real auf wilde Tiere oder sprachlogisch als freistehender Begriff bedeutet in der Tat Bemächtigung[618], Erlangung von etwas und letztlich auch Erhaltung von etwas. Das kann Herrschaft, Autorität, oder eben Wild sein oder eine Mischung aus allem. Die Jagd auf wilde Tiere als Akt der Bemächtigung erweitert jedoch auch in dieser Sphäre aufgrund der kulturellen Entwicklung des Menschen stetig neue Konnotationen, die sich von der eigentlichen Bemächtigung des Wildes lösen können und zur Bemächtigung von Raum, von Herrschaft, Macht und Ansehen über das Instrument der Jagd auf wilde Tiere erweitert werden. Innerhalb der vorliegenden Arbeit ist es jedoch nicht die Jagd nach Herrschaft (sofern es diese überhaupt gibt) als freistehender Begriff, sondern in der Tat die faktische Wildtierjagd des Menschen als Mittel zur Erlangung, Durchsetzung, Erhaltung und Reproduktion von Herrschaft, die historisch-soziologisch von größter Bedeutung ist. Die Handlung Jagd bleibt über die Jahrtausende gleich oder zumindest ähnlich, die Zielsetzungen und damit Funktionen ändern sich dagegen gemäß dem Prozess der Zivilisation, gemäß der Entwicklung des Raumes. Aufgrund der Beschränkung des Jagdbegriffs auf Bemächtigung wilder Tiere innerhalb des hier zugrunde liegenden Vorhabens hat die Definition Kurt Lindners nichts an ihrer Gültigkeit verloren, auch wenn sie bezüglich des umfassenden Jagdbegriffs von Günter R. Kühnle - womöglich zu Recht - den Vorwurf verdient, zu reduktionistisch zu sein. Kurt Lindner beschreibt die Jagd als „etwas spezifisch Menschliches. Sie ist zweckbewusste, auf Tötung gerichtete Verfolgung einer Gruppe von als Wild bezeichneten Säugetieren und Vögeln unter Verwendung zusätzlicher Mittel und unter Wahrung der Entkommenschancen des verfolgten Wildes“[619]. Da die Entkommenschance des Wildes weder bei der existenziellen noch der modernen Jagd, verstanden als Wildbewirtschaftung, gewollt ist und gewollt sein kann, ist die Definition von Matt Cartmill dagegen etwas klarer. Er bezeichnet Jagd als das „bewusste, direkte, gewaltsame Töten ungehinderter wilder Tiere; und wir definieren wilde Tiere in diesem Zusammenhang als solche, die den Menschen scheuen oder angreifen“[620]. Auch Matt Cartmill verneint ähnlich Kurt Lindner die Existenz eines Jagdgens oder einer im Menschen verwurzelten jagdlichen Triebstruktur. Aber auch die Definition von Matt Cartmill ist keineswegs allgemeingültig, da z. B. bei den Eingestellten Jagden der württembergischen Herzöge nicht von ungehinderten wilden Tieren gesprochen werden kann. Ulrich Schraml weist unter Bezug auf die unterschiedlichen Definitionen darauf hin, dass alle diese Jagddefinitionen - mit Ausnahme derjenigen von Günter R. Kühnle

618 Vgl. dazu die sophistische Sichtweise und Bezeichnung der Jagd als Kunst der Bemächtigung, wie sie Platon in seinem Werk „Der Sophist“ ausgeführt hat.

619 Siehe bei Kurt Lindner, Jagd - Verteidigung einer Definition, in: Homo Venator, Schriften zu Geschichte und Soziologie der Jagd, S. 15.

620 Vgl. diese Definition bei Matt Cartmill, Tod im Morgengrauen, S. 47.

(Anm. d. Verf.) - ausschließlich auf das Verhältnis von Jäger und Beute abzielen[621]. Der Versuch, sich auf eine Definition der Jagd einzulassen, ist also problematisch und vielleicht auch nicht immer zielführend. Es bleibt nur der Schluss zu ziehen, dass innerhalb der vorliegenden Arbeit all jene Formen der Jagd auf wilde Tiere auch als Jagd gelten sollen, sofern sie historisch als solche bezeichnet werden. Einziges einschränkendes Kriterium ist dann die Bezeichnung der Jagdtiere als wild[622]. Wesentlich an der Jagd auf wilde Tiere ist, bei Zugrundelegung der hier angestellten Überlegungen, dass die Veränderungen des Raumes, die Prozesse der Vergesellschaftung, schon bald über das von Ulrich Schraml bezeichnete Beziehungsgefüge hinaus reichten. Bereits in der altägyptischen Mythologie, den Jagddarstellungen Hadrians oder gar den jagenden Fürsten des mediävalen Mitteleuropas ging es nicht primär um die Beziehung zum Wildtier, nicht allein um die Beute. Das Wildtier selbst war dort zum Teil nur vordergründiges Objekt der Jagdhandlung oder des dargestellten Jagdzusammenhangs. Es war tatsächlich nicht das Fangen, Erlegen oder Töten des Wildes wesentlich, sondern wesentlich war die Bewegung im Raum - zumeist im beanspruchten Herrschaftsraum -, die Funktionalisierung der Jagd zur Wiederherstellung der Ordnung in der Welt oder die Herrschaftsrepräsentation in Anlehnung an die xenophonischen Ausführungen zum altiranischen Fürstenideal. Jagd - die Zurückdrängung, Verfolgung und Tötung des Wüstenwildes - grenzte die irdische Ordnung von der außerweltlichen ab. Sie galt der Reproduktion der pharaonischen Herrschaft auch in den entlegenen Wüstenteilen des Reiches. Um ein Beispiel aus dem Absolutismus zu bemühen bleibt zu erwähnen, dass im Zuge der Parforcejagd auf den Hirsch der Jagdherr das Tier häufig nur symbolisch erlegte. Er zog noch zu Pferde den Hirschfänger blank, während dann jedoch ein Jäger aus dem Jagdtross dem Tier den eigentlichen Todesstoß gab. Die Bewegung im Raum war nicht an die Beute gebunden. Bereits hier ist erkennbar, dass in der Jagd auf wilde Tiere tief greifende Möglichkeiten und Potenziale verborgen liegen, die nicht über Subsistenz einer Erklärung zuzuführen sind. Jagd beginnt mit zunehmender (stratifizierender) Vergesellschaftung eine Vielzahl von Erwartungen zu bedienen und Funktionen zu übernehmen, die mit der originären Subsistenzhandlung nichts mehr gemein haben. Auch das wurde innerhalb der bisherigen Definitionen kaum berücksichtigt. Wohin diese Entwicklungen im 20. und 21. Jahrhundert führen, wird noch ausführlich an anderer Stelle thematisiert werden. So viel vorweg: sie führen zur rationalen Wildbewirtschaf-

[621] Vgl. dazu bei Ulrich Schraml, Die Normen der Jäger, S. 6.

[622] Damit ist nicht die sprachlogische Bezeichnung jagdbarer Tiere als Wild (Substantiv), sondern als wild (Adjektiv, im Sinne von ungehindert, den Menschen scheuend, etc.) gemeint, da ansonsten die Kritik von Monika E. Reiterer greift, die sich ebenfalls über die Setzung des Lindnerschen Begriffs der Jagd kritisch äußert. Der Grund: Mit der Verwendung des Substantivs „Wild" grenzt Lindner die Jagd auf zivilisierte Gesellschaften ein, da es nur dort Formen von Jagdrecht gibt und die zum so genannten jagdbaren Wild gehörenden Gruppen frei lebender Tiere von den übrigen durch die sprachliche Fixierung „Wild" von den anderen unterschieden wird. Vgl. dazu die Ausführungen bei Monika E. Reiterer, Ärgernis Jagd?, S. 199, unter Bezug auf Kurt Lindner. Dasselbe gilt dann auch für die Wildbewirtschaftung, da auch ihr nur noch die Nutzung der juristisch als „Wild" bezeichneten Tierpopulationen zugrunde liegt. Neben der Praxis ändern sich hier natürlich auch die Ziele.

tung und zur Zurückdrängung von Traditionen, zumindest aber zur Freisetzung zuvor gehemmter und sanktionierter Affekte.

4.3.3 Zu den Potenzialen der Jagd als Raum(be)handlung

Nachdem nun der Begriff der Jagd für die vorliegende Arbeit definiert wurde, müssen die Fragen nach räumlichen Potenzialen oder räumlichen Handlungsschemata der Jagd[623] beantwortet werden, welche den Jäger zu jeder Zeit in die Lage versetzten, über die Jagd hinausgehende Ziele erreichen zu können. Das Herauskristallisieren jener Potenziale liefert wichtige Erkenntnisse für die Bedeutung der Jagd im Rahmen der Vergesellschaftungsgeschichte. Durch das Verständnis von Raum und Jagd kann die Geschichte der Jagd kritischer und damit zwangsläufig rationaler analysiert werden. Das, was die Historiker bisher übersehen oder nur leidlich thematisiert haben, tritt dann deutlich vor Augen. Bislang ist lediglich klar, dass die Jagd auf wilde Tiere die Bewegung im Raum sowohl des Jägers als auch der Beute voraussetzt. Prinzipiell hat sich daran auch bis heute nichts Wesentliches geändert. Im Vorfeld habe ich dies die Konstante der Jagd genannt, während sich die Variable, namentlich ihre Funktion, dagegen sehr wohl, aufgrund der räumlichen Faktoren, im Verlaufe der Epochen deutlich verschoben hat. Das ist der Ausgangspunkt der folgenden Überlegungen.

4.3.3.1 Problematik der bisherigen wissenschaftlichen Betrachtung

Hält man sich die Argumentationen derjenigen Anthropologen und Historiker vor Augen, die der Jagd eine tragende Rolle innerhalb der Evolution zuschreiben, so treten hier bereits räumliche Merkmale als beherrschend hervor. Was die Vertreter dieser These als so bedeutend für die Evolution des Menschen hielten, haben sie bei der Beurteilung der Jagd im Mittelalter und der Neuzeit völlig missachtet. Die Jagd sollte nach den auf Raymond Dart zurückgehenden Theorien bereits den frühen Hominiden befähigt haben den Wald zu verlassen und die für ihn günstigere Steppe zu erobern. Über den jagdlich bedingten aufrechten Gang sollte er zu einem ausdauernden Läufer geworden sein, was ihn befähigt habe, den Herden der Säugetiere zu folgen und sich neue Lebensräume zu erschließen. Sie soll seinen Erfindungsreichtum gesteigert, ihn zum Werkzeug- und Waffenbau, letztendlich zum Krieg und damit summarisch zur Zivilisation regelrecht getrieben haben. In diesem Sinne wäre das Potenzial der Jagd für die Evolution als auch für die frühe Zivilisation in der Tat immens gewesen, sowohl in ihren Handlungen als auch in ihren Wirkungen. Die Jagd wurde hier, nicht zuletzt aufgrund ihrer durchaus erkannten latenten Potenziale, in der Tat zu einer bedeutenden Raumhandlung stilisiert, die bereits über die bloße Zielsetzung der Gewinnung von Beute weit hinausging. So wurde die Bedeutung des Räumlichen (wenn auch völlig überzogen) zwar erkannt und beachtet, im Rahmen der Zivilisation dagegen vollkommen vernachlässigt. Man ist versucht zu sagen, dass sich die Ernsthaftigkeit des Räumlichen in den Theorien der Anthropologen und Historiker sehr früh erschöpft hatte und aus diesem Grunde in den Zeiten der Zivilisation nicht weiter verfolgt oder in seiner

---

[623] Bedingt wird hier auch das Sammeln zunächst noch zu berücksichtigen sein, da auch jene Subsistenzhandlung raumgreifend und damit Erkenntnis fördernd sein musste.

Tragweite schlichtweg nicht erkannt wurde. Dabei sind es doch erst die Strukturen der Zivilisation, die es dem Menschen ermöglichen, die Potenziale der Jagdhandlungen epochenspezifisch zu mobilisieren, freizusetzen und zu instrumentalisieren. Joseph Morsel ist es zu verdanken, dass Jagd und Raum ein Thema auch des Mittelalters und der Neuzeit werden konnten[624]. Bis ins Neolithikum stand anstelle der Jagd überwiegend das Sammeln (auch von Aas) im Mittelpunkt räumlicher Bewegungen und der Mobilität der Gruppen. Später hat wohl auch die Suche und Auswahl besonders fruchtbarer Böden oder nach günstigen Orten zum Siedlungs- und später Städtebau die Mobilität der Sippen und Stämme beeinflusst. Die Jagd dürfte hier wohl nur eine äußerst untergeordnete Rolle gespielt haben, optimale Weideplätze für das Vieh als auch gute Sammelgründe und Frischwasserversorgung müssen wohl als primär bei der Entscheidung für oder gegen einen Siedlungsgrund betrachtet werden. Dass dann jagdbare Populationen in der Nähe waren, muss eher als ein positiver Nebeneffekt verstanden werden. Lange Zeit wurde offensichtlich übersehen, dass die Jagd eine optimale Ausbeute und eine Leben sichernde Aufgabe nur unter nomadisierenden Verhältnissen bieten kann, da bei lokal stationären Gruppen die umgebenden Gebiete sehr schnell wildfrei gejagt wären, was damit zu energetisch suboptimalen Ergebnissen führen würde. Jagd bei sesshaften Stämmen oder Völkerschaften ist also mit diesem Hintergrundwissen vorsichtig zu analysieren. Sie konnte kontinuierlich lediglich ein Zubrot sesshafter Ackerbauern sein und niemals die Lebensgrundlage von sesshaften Jägern darstellen. Eine neuere Entdeckung aus Dmanisi in Georgien unterstützt die hier vertretene Auffassung von der Jagd als zweifelhaftes raumgreifendes Faktum innerhalb der Evolution. Hier fanden die Anthropologen unter der Leitung von David Lordkipanidze einen rund 1,75 Millionen Jahre alten Schädel eines Hominiden, der lediglich ein Gehirnvolumen von ca. 700 Kubikzentimeter hatte[625]. Da die Wissenschaft bisher von einem direkten Zusammenhang zwischen Gehirnvolumen und der Fähigkeit sich neue Räume (Out-of-Africa I und II) zu erschließen ausging, scheint man sich hier nun neuere Überlegungen machen zu müssen. Die gesamte Morphologie dieses Dmanisi-Menschen scheint deutlich kleiner zu sein als die eines Homo erectus und auch in der Werkzeugnutzung wesentlich primitiver (bereits die Australopithecinen hatten Steinsplitter zur Bearbeitung von Aas benutzt). Der Auszug aus dem Stammland Afrika kann aufgrund der bereits vorhandenen Bipedie, in Verbindung mit der morphologischen Unfähigkeit aktiv zu jagen, allein auf klimatische Veränderungen zurückzuführen sein. Auch darin ist ein weiteres Indiz dafür zu sehen, dass die Jagd bei der Verbreitung der Hominiden, der Eroberung neuer Räume und deren zeitweiliger Besetzung keine Rolle spielen musste. Sie gab weder den Impuls dazu noch wirkte sie unterstützend, da diese frühen Formen aufgrund ihrer offensichtlichen organischen Unterprivilegierung und der primitiven Werkzeuge keine aktive Jagd auszuüben in der Lage waren.

---

624 Vgl. dazu seinen Aufsatz Jagd und Raum, in: Werner Rösener (Hrsg.), Jagd und höfische Kultur im Mittelalter, S. 255-289. Leider wurden seine Ansätze dort bis heute nicht entsprechend weiterentwickelt und beachtet.

625 Vgl. dazu einen Artikel von Rick Gore, War das Eva? in: National Geographic, Ausgabe August 2002, S. 79ff, unter Bezug auf das Forschungsprojekt von David Lordkipanidze in Dmanisi, Georgien.

Die Rolle der Okkupierung von Räumen kam der Jagd erst wesentlich später zu. Denn dort, wo Jagd von weit entwickelten Hominiden tatsächlich nachweislich ausgeübt wurde (Neandertaler und Homo s. sapiens), erbrachte sie in der Tat gewisse Erkenntnisse über den Raum, die früher jedoch auch über andere räumliche Bewegungen wie etwa das Sammeln oder allgemeine Migrationsbewegungen[626] erbracht werden konnten. Sammeln und Jagd versetzten so erst den Homo s. sapiens - nicht zuletzt über das Mittel der Höhlenmalerei - in die Lage, den Raum allmählich selbst zu strukturieren. Die Richtung der Strukturierung begann sich hier allmählich zu ändern. Die Gründe dafür werden in dem folgenden Exkurs kurz beleuchtet.

Exkurs: Veränderung geographischer Räume

Die Veränderungen der Räume auf der Erde sind seit den Jahrmilliarden ihrer Entstehung wesentlicher Anstoß für die Entstehung des Lebens. Wie im letzten Kapitel dargestellt, wissen wir heute über die Evolution recht wenig, wir können nur spekulieren und finden für zwanzig Meinungen zwanzig andere. Jede dieser Meinungen ist dabei selten zu hundert Prozent zustimmungsfähig, eine gesunde Mischung erscheint logisch, bleibt jedoch fachspezifische, manchmal fachübergreifende Spekulation. Wenn wir aber den Zusammenhang zwischen klimatischen Veränderungen und Wandlungen der Arten im Hinblick auf eine Anpassung an eine andere Umwelt attestieren, bewegen wir uns dagegen mit einer größeren Wahrscheinlichkeit auf dem Boden der Realität[627]. Weltweite klimatische Veränderungen, die Drift der Kontinente, Eruptionen und vulkanische Aktivitäten, Asteroideneinschläge, etc. haben in den Jahrmilliarden der Entstehung und Formung der Erde einen ungeheuren Einfluss auf jedwedes Leben genommen. Jene Faktoren haben über die Beeinflussung des Klimas die gesamte Flora und Fauna und damit schlussendlich das Gesicht der Erdoberfläche - den Raum - auch in unzähligen regionalen und globalen Katastrophen erschaffen, zerstört und wieder zu neuem Leben erweckt. Wälder sind entstanden und mussten der Steppe weichen, nur um wieder dem Wald den Vortritt zu lassen. Wo heute fruchtbare Landschaften sind, waren vor Millionen von Jahren Meere und selbst dort wo vor 8000 Jahren Flora und Fauna eine ungeheuerliche Blüte trugen, befindet sich heute eine unwirtliche Wüste wie etwa im Zweistromland. Für all diese genannten geographischen Veränderungen von Räumen hatten der Mensch oder seine Vorformen keinerlei Möglichkeit der Beeinflussung und das nicht nur, weil sie dort z. T. noch nicht existierten. Auch die Tierwelt von den Dinosauriern bis zu den riesigen Säugetierherden zu Zeiten der Australopithecinen hatte keinen nennenswerten Einfluss auf die Veränderungen des Lebensraumes. Die Veränderungen geschahen als Teil der

[626] Allerdings bleibt zu bedenken, dass Migrationsbewegungen einen Anfangs- und einen Ausgangspunkt haben. Migration geschieht dabei nicht ohne Impuls. Das Sammeln und das Auffinden von Aas kann einen solchen Impuls zustande gebracht haben, dann nämlich, wenn die Ergiebigkeit des beanspruchten Lebensraumes nachlässt und aus diesem Grund ein neues Habitat aufgesucht wird.

[627] Vgl. diese Aussage auch bei Yves Coppens, Lucys Knie, S. 39f.

Evolution[628], als Teil der großen klimatischen Zäsuren, der Drift der Kontinente, der Entstehung der Meeresströmungen und der damit zusammenhängenden vulkanischen Prozesse. Jene äußeren und allein global zu verstehenden Einflüsse haben die Grundlage jedweden Lebens, die Grundlage der menschlichen Existenz geschaffen. Erst der moderne Mensch, der nun im Laufe des Neolithikums über die Entdeckung des Ackerbaus und der Viehzucht die Möglichkeiten exploitativer Nutzung und Vorbereitung zur späteren Nutzung erkannte, begann nun seinerseits die Veränderungen des Raumes aktiv voranzutreiben, aber ohne jemals wirklich in der Lage gewesen zu sein, diese rational zu steuern. Am Anfang war es nur die Rodung, sei es mit Hieb- und Schlagwerkzeugen oder mit Hilfe des Feuers, die kleinere und größere Waldstücke zugunsten des Feldbaus zurückdrängte. Hier begann der Mensch erstmalig das Bild der natürlich gewachsenen Landschaften zu verändern und an ihre Stelle etwas Neuartiges, Artifizielles, zu setzen: Kultur. Siedlungen, die sich relativ bald zu festen Städten entwickelten, folgten dieser rationalen Subsistenzkultur als sozialen Einrichtungen, um die sich bald ebensolche Mythen ranken sollten wie um die wilden Tiere und die Jagd. Bestes Beispiel dafür sind die Gründungen Roms, Jerichos, Babels, Karthagos, Alexandrias, etc. pp. Solange die Hominiden als auch die frühen modernen Menschen ihrem Lebensraum keine kultivierende Kraft entgegensetzen konnten, war allein die Anpassung an sich ändernde Bedingungen das Mittel um langfristig überleben zu können. Hier fanden die Anpassungen im Wesentlichen statt aufgrund der sich ändernden Umweltbedingungen und der Veränderungen des Lebensraumes, während im Verlaufe der Zivilisation die Anpassungen vielmehr ideologisch, wirtschaftlich, politisch, kulturell, also soziologisch zu verstehen sind. Nicht die Natur wirkt auf den Menschen, als vielmehr der Mensch auf die Natur und damit im Umkehrschluss auf sich selbst. Während die räumlichen Veränderungen innerhalb der Evolution für das Individuum nicht spürbar waren, sind sie in der Zivilisation für jeden Einzelnen erlebbar. Und erlebbar ist auch die Einflussnahme des Menschen auf die Natur, die Zurückdrängung des Umkehrschlusses zumindest bis zu einem bestimmten Grad, dort, wo, wie in der modernen Gesellschaft des 21. Jahrhunderts, die Lebenswichtigkeit einer funktionierenden Umwelt drastisch demonstriert wird. Erst in der Moderne verliert der Mensch seine Naivität gegenüber Luft, Wasser, belebter und unbelebter Umwelt. Der Verlust jener Naivität ist – zumindest im öffentlichen Bewusstsein – gerade einmal rund dreißig Jahre alt. Exkurs Ende.

Innerhalb der Erdgeschichte und der Evolution haben die Veränderungen des Raumes die Entstehung der Arten begünstigt. Die Beherrschung des Raumes durch die auftretenden modernen Menschen, seine Veränderung durch die strukturellen, kulturellen, psychischen und physischen Fortschritte innerhalb der Zivilisation, führten zu sozialen Strukturen, zu Krieg und zur Herrschaft über Land und Leute. Und nicht zuletzt hat es die moderne Gesellschaft unter Beibehaltung der zuvor genannten Errungenschaften (soziale Strukturen, Krieg, Monopole, etc.) seit dem Ende des Neolithikums geschafft, den Raum nicht nur zu nutzen, ihn auszubeuten,

---

[628] Vgl. dazu auch die Ausführungen von Wolfgang Wieser, Die Evolution der Evolutionstheorie, in: Peter Sitte (Hrsg.), Jahrhundertwissenschaft Biologie, S. 27f.

sondern ihn teilweise unwiederbringlich zu zerstören und sich damit selbst die Lebensgrundlage zu entziehen. Das sind im Wesentlichen die drei Stufen der Geschichte des geographischen Raumes (Nutzung, Ausbeutung, Zerstörung). In jeder Phase trat zu den Größen der vorherigen jeweils eine neue dazu, ohne die älteren Größen zu tilgen. Erdgeschichtlich stehen die globalen Veränderungen an erster Stelle, gefolgt von der Beherrschung durch den modernen Menschen, die Beherrschung gefolgt von der Zerstörung durch die fortgeschrittene industrialisierte Zivilisation. Die globalen Veränderungen, denen sich die Erde zu allen Zeiten ausgesetzt sieht, bleiben in jeder Phase erhalten, es treten lediglich Beherrschung und Zerstörung als weitere Faktoren humanimmanent hinzu. Und noch etwas hat sich dadurch geändert: der Mensch ist in der Lage den Prozess der Raumveränderungen auf der Erde um ein Vielfaches zu beschleunigen; er ist gewissermaßen den nach wie vor stattfindenden erdgeschichtlichen Veränderungen deutlich überlegen und hat sich von ihnen in gewisser Weise abgekoppelt[629]. Diese Überlegungen zu räumlichen Veränderungen durch den Menschen und dessen Wirkungen auf die Jagd fanden bisher in keiner Weise Eingang in die Geschichte der Jagd, ihrer Funktionen und ihrer Konflikte.

4.3.3.2 Konsequenzen für das weitere Vorgehen

Im Weiteren werden nun die strukturellen, kulturellen, psychischen und physischen Veränderungen im Verlaufe der beginnenden Zivilisierungsprozesse analysiert werden, insbesondere die Veränderungen von Handlungsmustern und Interaktionsformen; die Siedlungs- und Städtegründungen, der Handel, die Entstehung politischer Systeme, etc., die die Veränderung räumlicher Determinanten durch den modernen Menschen beschreiben und damit auch auf die Jagd einen wesentlichen Einfluss auszuüben begannen. Fortschritt, letztlich Zivilisation, geht einher mit zunehmend raumgreifenden Entwicklungen, sei es auf dem Gebiet der Migration, der Fruktifikation, der Okkupation, der Zerstörung oder Veränderung von Räumen, letztlich wieder mit der Raumregeneration, wie dies im Rahmen von Naturschutzgebieten, Biosphärenreservaten, der Aufforstung und Flächenstilllegung, gesetzlichen Bestimmungen zur Minimierung von Schadstoffeinträgen durch Industrie und Verkehr, etc. in der Gegenwart der Fall ist. Für all jene geschilderten Entwicklungen, egal ob es sich um die Horizontalität des Raumes unserer hominiden Vorfahren, die vertikale Raumbesetzung, Raumbeherrschung und Reproduktion des Mittelalters und der Frühen Neuzeit oder um die moderne Form der räumlichen Flächennutzungen, Flächenverteilungen, Zerstörungen und Schutzmaßnahmen handelt: der Mensch bedarf jeweils einer spezifischen Stufe der Zivilisation um jene Raum(be)handlungen durchzuführen, zu praktizieren. Im Lichte der mittelalterlichen Gesellschaft war die Beherrschung des Raumes, seine Besetzung und

[629] Natürlich sind wir in Anbetracht von Erdbeben und Vulkanausbrüchen auch als moderne Menschen hilflos und wir können lediglich versuchen eine präzise Vorhersage zu treffen, um Menschenleben zu schützen und Schäden zu minimieren. Dennoch sind dies nur die letzten Zuckungen unseres Planeten, regional begrenzt, und sollten nicht darüber hinwegtäuschen, dass der Mensch letztendlich die Zukunft des Planeten in der Hand hält. Wir sind zwischenzeitlich gar in der Lage drohende Asteroideneinschläge mit nuklearen Waffen zu mildern oder nahezu völlig zu verhindern.

strikte Reglementierung, so alltäglich, wie es die Ausweisung und besondere Behandlung von Landschaftsschutzgebieten oder Naturparks in der Gesellschaft der Gegenwart oder das allgemeine Betretungsrecht der Wälder ist. Allein die strukturelle, kulturelle, psychische und physische Ebene der Zivilisation, der Gesellschaft, determiniert dabei die Ansicht dessen, was als alltäglich befunden wird. Sammeln und Jagd fand in allen diesen Räumen und zu allen Zeiten in unterschiedlicher Intensität und mit unterschiedlicher Zielsetzung statt. Hält man sich dieses Beziehungsgefüge beim Streifzug durch die Geschichte vor Augen, wird die Jagd weniger Phänomen und mehr Strategie der Raum(be)handlung unter den differierenden Vorzeichen der jeweiligen Raumbedingungen und Raumziele. So wird aufzuzeigen sein, dass es gerade der Gegensatz zu Rom war, der die strukturellen, kulturellen, psychischen und physischen Entwicklungen im frühen und hohen Mittelalter so bedeutsam für die Jagd machte. Es war der Gegensatz von der Weiträumigkeit zur Kleinräumigkeit in seiner spezifischen Verbindung mit dem Niedergang des freien Bauerntums, der der Jagd eine wesentliche herrschaftliche Funktion spätestens nach Karl dem Großen zuwies. Hatte die bildliche Jagd - zumeist als sepulkrale Kunst - in Rom und im alten Ägypten beinahe ausschließlich eine magisch-symbolische Funktion, erhielt sie im Heiligen Römischen Reich Deutscher Nation auf Jahrhunderte eine herrschaftspolitische Systematisierung und Funktionalisierung innerhalb der Adelsherrschaften des Mittelalters und der frühen Neuzeit. Bevölkerungswachstum, Krieg, Ackerbau, Städtegründungen und Burgenbau als auch die Jagd waren Ausdruck jener sich verändernden Strukturen, der Staatswerdung, der Abschichtungsvorgänge, der Herrschaft, der Raum(be)handlungen. Dabei beschreiben diese Prozesse Inklusionen und Exklusionen, die von verschiedenen Faktoren abhängig waren und sich im Verlaufe der Zivilisierung stetig veränderten, jedoch immer einen Einfluss auf die Jagd aufwiesen und dies bis heute tun. Um die Geschichte der Jagd zu verstehen, muss man ihre Potenziale erkennen und darstellen, die je nach Stand der Zivilisation in die eine oder andere Richtung instrumentalisiert werden können. Während im Paläolithikum überwiegend das Sammeln als Raumhandlung Erkenntnisgewinne unterschiedlicher Art erbrachte, wurde dagegen die Jagd als raumgreifende Handlung gerade im feudalen Europa im Hinblick auf die Stabilisierung herrschaftlicher respektive politischer Systeme funktionalisiert. Nur über die Bedeutung der Räume, ihre Veränderung, wird ersichtlich, weshalb es massive Bedeutungssprünge der realen Jagd zwischen dem Altertum, dem Mittelalter und letztlich dem industriellen Zeitalter gegeben hat.

Bevor hier nun auf die ersten umfassenden strukturellen, kulturellen, psychischen und physischen Veränderungen im Verlaufe des frühen Mittelalters, beginnend mit der Umgestaltung der Gesellschaft, der Ausbreitung des Handels, der Entstehung autonomer Herrschaftsbereiche, der Städtegründungen, kurz: der Entwicklung sozialer, politischer und ökonomischer Strukturen und ihrem Einfluss auf die Jagd, begonnen werden kann, ist das originäre Spezifikum der Jagd als Raumhandlung, das ihr inhärente Potenzial darzustellen. Sammeln und Jagd greifen beide in die Lebensräume der wilden Tiere ein. Beide Handlungen finden in den Überlagerungsbereichen zwischen menschlich besiedeltem Raum und menschenleerem, aber tierreichem Urwald, der Savanne oder Steppe, letztlich auch im Wirtschaftswald und in den Naherholungsgebieten, den Biosphärenreservaten und

Naturschutzgebieten, den Landschaftsschutzgebieten, etc. der Gegenwart mit ihren differierenden Interessenlagen statt. Durch die Trennung von Jagd- und Jagdausübungsrecht einerseits und der unbedingten Bindung des Jagdrechtes an Grund und Boden andererseits handelt der Jäger heute in einem Raum, der mit vielerlei Interessen belegt ist. Gerade in Bezug auf die käufliche oder verpachtete Jagd[630] als der herkömmlichsten Form der Jagdgelegenheit bleibt in der Bundesrepublik der Jäger ein Außenstehender, der sich den Zugriff auf Flächen erkauft, die nicht in seinem Eigentum stehen. Somit obliegt dem Jäger die jagdliche Raumbehandlung fremden Grundes und Bodens, während dem oder den Eigentümern der Flächen die land-, fischerei- oder forstwirtschaftliche Bewirtschaftung jener Grundstücke obliegt[631]. Interessenskonflikte sind somit auch heute in jenen Räumen unabdingbar und eine logische Folgerung aus den gegensätzlichen Ansprüchen an den Raum und den Erwartungen, die an ihn gestellt werden. Zwar wird in der modernen Gesellschaft auch noch gesammelt, so z. B. Waldpilze und Reisig, das Sammeln selbst dagegen hat aber wohl nur eine sehr untergeordnete oder gar keine Auswirkung auf die regionalen und nationalen räumlichen Prozesse. Hier unterscheidet sich das Sammeln bereits sehr stark von der Jagd auf wilde Tiere, nicht zuletzt deshalb, weil mit ihr auch wildbiologische und ökologische Größen in engem Zusammenhang stehen. Doch zurück zur jagdlichen Raumhandlung in den frühen Perioden des modernen Menschen. Hier gilt Gleiches natürlich - wie bereits vermerkt - uneingeschränkt für das Sammeln als bedeutendster Subsistenzaktivität in den Zeiten des Paläolithikums als auch des Neolithikums. Über die längste Zeit der menschlichen Evolution nutzten die Hominiden die vorfindbaren Ressourcen der Natur durch Sammeln in einem Rahmen, der nur den Gesetzen von Klima, Regeneration und Verfügbarkeit von Seiten natürlicher Prozesse unterlag. Andere Restriktionen sozialer, kultureller oder politischer Art gab es noch nicht und die wesentlich späteren Bedingungen zunehmender Differenzierungsprozesse lagen noch nicht vor. Jagd und Fischfang dagegen wurden in einem nachweisbaren Rahmen erst Subsistenzbestandteile der Neandertaler und des modernen Menschen. Sofern Sammeln und Jagd als übergeordnete Subsistenz stattfanden, betraf es durchgehend nomadisierende Gruppen, da lediglich mit Hilfe des Weiterzugs der Lebensraum optimal ausgenutzt werden konnte. Dieser durch optimale Raumnutzung bedingte Nomadismus war wahrscheinlich bei den frühen Hominiden der Grund ihrer Ausbreitung über die Erde. Bietet ein Lebensraum eine optimale Versorgung, so nimmt die Population zu. Überschreitet dann der sich einstellende Fortpflanzungserfolg eine bestimmte Populationsgröße, dann löst sich eine Untergruppe ab

[630] Gemeint ist damit die Verpachtung der Jagdfläche an einen oder mehrere Jäger. Dadurch, dass die Jagd an Grund und Boden gebunden ist, der Eigentümer jedoch die Jagd nicht selbst ausüben darf, wenn er nicht über wenigstens 75 ha zusammenhängender Fläche und einen Jagdschein verfügt, kann man bei der Verpachtung von einem Verkauf auf Zeit ausgehen. Das Jagdausübungsrecht wird für eine bestimmte Zeit zu Verfügung gestellt, es wird dauerhaft an Jäger verpachtet.

[631] Dies geht hervor aus den Bestimmungen des § 1 Abs. 2, S. 2 BJG hervor, der dem Jäger die Pflicht auferlegt, seine Hege so durchzuführen, dass „Beeinträchtigungen einer ordnungsgemäßen land-, forst- und fischereiwirtschaftlichen Nutzung, insbesondere Wildschäden möglichst vermieden werden". Hier können die Interessen der Jäger den Raumzielen der Grundeigentümer deutlich gegenüber stehen.

und beginnt durch Weiterzug neue Räume zu besiedeln. In dem dann neu in Anspruch genommenen Raum laufen dieselben zwangsläufigen Prozesse ab und die Gruppe spaltet sich ein weiteres Mal. Diese „Ruhelosigkeit" wurde zuerst bei den Inuit durch Untersuchungen in den 1930er Jahren festgestellt und können nach Meinung Yves Coppens auch auf die frühen afrikanischen Hominiden und ihrem Drang nach Ausbreitung bis nach Asien und Europa übertragen werden[632]. Über den Nomadismus entgehen sowohl die reinen Sammler als auch die Jäger- und Sammlergruppen temporären und örtlichen Engpässen in der Subsistenzproduktion. Ganz nebenbei führte dies zu einer weitläufigen Besiedlung aller möglicher Territorien. Erst im Verlauf der Sesshaftwerdung und der zielgerichteten Produktion über die vorfindbaren Ressourcen hinaus wandelten sich das Bild und die Behandlung des Raumes. Der Krieg wurde zu einem bedeutenden Teil der Absicherung eigener Subsistenzwirtschaft, der rational produzierten Vorräte, und zielte auf die Erlangung neuer Produktionsgebiete und auch materieller Güter, die innerhalb der nomadisierenden Jäger- und Sammlergesellschaften nicht existierten. Die Gründe fehlender materieller Reichtümer bei Nomaden liegen in der Mobilität und der Transportabilität aller Güter verborgen, da regelmäßig zu Fuß oder per Lasttier alle Gegenstände an einen anderen Ort verbracht werden müssen. Innerhalb unterschiedlicher Nomadengruppen sind die Reichtümer allesamt gleich verteilt, da es in der Regel Waffen, Werkzeuge, Felle, kurzum bewegliche Güter sind, um deren Besitz wohl keine großen Auseinandersetzungen entstanden. Auch die Nahrungsgrundlagen waren durch einfachen Weiterzug wohl effektiver zu verbessern als durch Auseinandersetzungen, die mit Todesfolge oder aber zumindest großen Energieverlusten und Verletzungen verbunden sein konnten.

4.3.3.3 Differierende Ausprägungen des Raumes der frühen Menschen

Der Raum gibt im Kontext der Evolution auf Jahrhunderttausende zunächst allein den Rahmen der vorfindbaren Ressourcen an, die naturgemäß z. B. an der Küste anders beschaffen sind als im Landesinnern und dort wiederum nach Klimazonen und Höhenverteilung ihrerseits differieren. Innerhalb dieser Räume breiteten sich die Hominiden allmählich, ausgehend vom Tropengürtel, aus. Die im Zuge ihrer Verbreitung vorgefundenen Räume unterschieden sich allein über die Qualität und Quantität der Ressourcen, möglicherweise auch in einem unterschiedlichen Prädatorendruck auf die Hominiden selbst. Küstenbewohner wie die Paläoindianer im peruanischen Quebrada Jaquay und Quebrada Tacahuay nutzten bereits vor 11.000 bis 13.000 Jahren intensiv die Ressourcen des Meeres[633], während Bewohner im Landesinnern die Sammel- und Jagdgründe der Wälder, Savannen und Steppen nutzten. In beiden Lebensräumen war das Überleben über die Nutzung der vorfindbaren Ressourcen möglich, eine kontinuierliche Knappheit an Lebensmitteln bestand nicht. Der Vorteil der Küstenbewohner fand möglicherweise darin einen Ausdruck, dass nur in wenigen Fällen ein Weiterzug die Nahrungsgrundlagen

---

632 Vgl. dazu bei Yves Coppens, Lucys Knie, S. 42ff.

633 Vgl. Aufsatz von D. Marszk, Südamerikanische Urmenschen lebten vom Meer, in: bild der wissenschaft - online, unter der URL: http://www.wissenschaft.de/sixcms/detail.php?id=32684.

verbessert hätte, da das Meer eine höhere Kontinuität in der Nahrungsmittelversorgung mit sich brachte als die Steppe oder Savanne. Selbst bei kontinuierlichem Siedlungsbau ist das Meer ergiebiger und über einen ungleich längeren Zeitraum wirtschaftlicher als es die jagdliche Nutzung der Landsäugetiere jemals sein könnte. Auch in unserer heutigen Gesellschaft können ungleich mehr Menschen ihren Unterhalt mit Fischfang verdienen als durch die Jagd. Kontinuierlicher Siedlungs- und Städtebau in Verbindung mit Jagd als primärer Wirtschaftsform ist aufgrund der Jagd- und Mortalitätsraten in den davon betroffenen Wildtierpopulationen und den Abdrängungseffekten undenkbar und hat in Mitteleuropa aufgrund dieser Gründe wohl nie existiert. Dennoch war auch der ländliche Lebensraum der Menschen aufgrund der überwiegend nomadisierenden Lebensweise, der sehr geringen Dichte von Artgenossen und der vermutlich sehr hohen Dichte von Wildtieren, Pflanzen und Früchten vielleicht tatsächlich dazu geeignet, den Rahmen der ersten und wahren Überflussgesellschaft abzugeben, wie dies Marshall Sahlins darstellte[634]. Auch für den Homo s. sapiens hat sich daran lange Zeit nichts geändert. Einen tief greifenden Einschnitt erfuhr jener Rahmen - der Subsistenzraum - erst im Zuge der Sesshaftwerdung und den mit ihr beginnenden räumlichen Einschnitten. Während in den Jäger- und Sammlersozietäten der Frühzeit wohl eine gewisse Weiträumigkeit in Denken und Handeln bestanden haben mag, engten später die Stammesgrenzen, die Dorfschaften, die äußeren und inneren Bedrohungen im Zuge der Völkerwanderungen, der Zusammenbruch des römischen Reiches, der Feudalismus, die Lebens-, Produktions- und Wirkungsräume der Menschen allmählich immer weiter ein. Was zuvor allen zur Verfügung stand, wurde im Zuge der Vergesellschaftung aus der Gemeinschaftlichkeit herausgelöst und von einigen wenigen beansprucht, wesentlich später unter den Grundherren des Mittelalters gar gebannt und damit der allgemeinen Nutzung endgültig entzogen. In der Gemeinschaft herrschte durch die Verfügungsfreiheit aller eine wesentlich horizontale Raumausprägung vor, während mit zunehmender Vergesellschaftung die stratifizierte und somit vertikale Raumausprägung an Bedeutung gewann. Grenzziehungen, Veränderungen in Distanz und Nähe, Fixierungen, Inklusionen und Exklusionen waren das Resultat aus diesen historischen Prozessen. In diesem Zusammenhang musste sich die Jagd als Raumhandlung diesen Entwicklungen anpassen und ihr Gesicht, ihre Funktion, verändern.

4.3.3.3.1 Die zwei Arten der Raumausprägung

Sie unterscheiden sich durch die Lebensgewohnheiten bzw. der Adaptionsleistung des Nomadismus auf der einen und der Sesshaftigkeit und der Ausbildung herr-

[634] Vgl. den Bezug zur Überflussgesellschaft bei M. Sahlins, The aboriginal affluent society, dargestellt bei J. Helbling, Theorie der Wildbeutergesellschaft, S. 182ff. Sahlins geht davon aus, dass die Bedürfnisse dieser Gruppen gering und die Mittel sie zu befriedigen im Überfluss vorhanden waren. Während der homo oeconomicus die knappen Mittel so einsetzen muss, dass die Bedürfnisbefriedigung optimal ist, sind die Mittel des primitiven Jägers und Sammlers nahezu unbeschränkt, die Bedürfnisse jedoch gering. Eine Übernutzung und Ausbeutung findet normalerweise nicht statt. Auch ist der Arbeitsaufwand eines Jägers und Sammlers für die Subsistenz wesentlich geringer als beim modernen Menschen. Sahlins vertritt die Meinung, dass etwa zwei Stunden täglicher Arbeitsaufwand genügen, um genügend zum Lebensunterhalt beizutragen.

schaftlicher bzw. politischer Systeme auf der anderen Seite. Die Sesshaftigkeit kann hier wohl als Grundlage aller folgenden strukturellen, kulturellen, psychische und physischen Entwicklungen im Verlaufe des Zivilisationsprozesses angesehen werden. Nur die Sesshaftigkeit, die ihrerseits ein Resultat der Urbarmachung des Bodens war, brachte den Menschen in eine Situation, die es ihm erlaubte seine eigene Spezies über die Natur zu stellen. Kontinuität ersetzte die Diskontinuität insbesondere in der Urbarmachung, dem Wirtschaften, dem Landausbau, dem Einfluss und Macht und damit der Mehrung allerlei Gewinne. Allerdings können die Sesshaftigkeit und umfassende militärische Eroberungen und Gebietszugewinne allein noch nicht als Garant für die herrschaftspolitische Instrumentalisierung der Jagd herangezogen werden. Das hoch entwickelte antike Rom auf der einen Seite und das deutsche Mittelalter sowie die Neuzeit auf der anderen Seite sind anschauliche Indizien dafür, dass es sich um ganz bestimmte Ursachenkonglomerate handeln muss, welche die Jagd bei den einen entbehrlich, bei den anderen als unabdingbaren Bestandteil des politischen und sozialen Systems werden ließ. Das lässt den Schluss zu, dass wohl eine Vielzahl von äußeren und inneren Determinanten zu einer bestimmten Zeit aufeinander wirkten und jenes Wirken berücksichtigt werden muss, um der Frage nachgehen zu können, aus welchen Gründen der Jagd die eine oder andere Funktion innerhalb der einen oder anderen Gesellschaftsform zukommen konnte. Eine sehr wichtige Rolle nehmen dabei offensichtlich der Raum und seine Ausprägungen innerhalb einer solchen Analyse ein.

4.3.3.3.1.a Die horizontale Raumausprägung

Den frei zugänglichen Rahmen der Ressourcen benenne ich im Folgenden als die horizontale Ausprägung des Raumes. Merkmale sind die freie Verfügbarkeit der Mittel, das Nomadentum der Bewohner, häufig matrizentrische Kulturen sowie – entgegen den Behauptungen des Jagdmythos – das Fehlen von Aggression und Destruktivität[635]. Es werden überwiegend keine Arbeit, keine Kosten in den Boden investiert; seine Regeneration bleibt der Natur vorbehalten. Konflikte über die Ressourcen existieren nicht, da bei zu hohen Dichten der Bewohner nach wenigen Generationen eine Abwanderung oder Sippenspaltung stattfindet[636]. Das bestim-

[635] Angesichts der Tatsache, dass lange Zeit gerade in Ostafrika Australopithecinen und die Arten des Homo habilis und Homo erectus nebeneinander existierten, ist es nach der Überprüfung älterer Theorien des Jagdmythos verwunderlich, dass keine Massaker oder größere Konflikte mit tödlichem Ausgang nachweisbar sind. Im Gegenteil, die Südaffenmenschen sind nach heutiger Meinung mangels Intelligenz und Überlebensfähigkeit ausgestorben und nicht aufgrund häufiger Überfälle durch überlegenere, aggressive Arten der Gattung Mensch. Bis auf den homo sapiens teilten dieses Schicksal auch alle anderen Unterarten. Die Anpassung an die Bedingungen des Subsistenzraumes scheint also eine große Rolle zu spielen. Kann jene Adaptionsleistung nicht erbracht werden, z. B. durch eine Übergewichtung des Sammelns oder der Jagd oder durch fehlenden Nomadismus nach Ausreizung der unmittelbaren Lebensumwelt, so ist das Resultat das Aussterben der Spezies. Innerartliche Kompensationsleistungen können dann nicht erbracht werden und andere höher entwickelte Arten übernehmen die Fortentwicklung der Evolution.

[636] Bei einer Abwanderung (Sippenaufspaltung) im Abstand von vier bis fünf Generationen und einer Wanderstrecke von etwa dreißig Kilometern könnten die Frühmenschen in fünfzigtausend Jahren Spanien und in einhunderttausend Jahren China erreicht haben. Vgl. bei Klaus Böhme, Vom Steinwurf des Vormenschen zum Waidwerk der Antike, S. 19f. Auch Sahlins

mende Merkmal auf dieser Ebene der Raumnutzung ist der Nomadismus oder die unmittelbare Subsistenzwirtschaft, wohingegen auf der nächsten Ebene, der vertikalen Raumkonstitution, die Sesshaftigkeit und die mittelbare Subsistenzwirtschaft vorherrschen. Als unmittelbare Subsistenzwirtschaft bezeichne ich die freie Verfügbarkeit der Ressourcen, da hier die Lebenshaltung für den Stamm oder die Gruppe gemeinschaftlich und egalitär erbracht wurde. Dies dürfte, unter dem Überbau der Stammesstrukturen, noch zu den Zeiten des frühen Mittelalters von einiger Bedeutung in der germanischen Vergesellschaftungsgeschichte gewesen sein. Erst die daran anschließende soziale Stratifikation der Gesellschaft in Krieger, Priester und Bauern brachte allmählich eine unmittelbare Subsistenzwirtschaft mit sich, da die große Gruppe der Bauern den müßigen Kriegerstand mitversorgen musste. Hier ist insbesondere die Villicationsverfassung oder Domänenverwaltung von einiger Bedeutung. Ohnehin scheint die Bindung des Menschen an den Boden, bedingt durch Fortschritte der Subsistenzwirtschaft (Viehzucht und Ackerbau), das Ende egalitärer Beziehungen zu bedeuten, zumindest aber hat die Sesshaftigkeit eine soziale Hierarchisierung beschleunigt, dem Krieg und der Aggression Tür und Tor geöffnet. Das Ende der horizontalen Raumnutzung ist gleichzeitig das Ende der horizontalen Jagdebene, der Beginn kriegerischer Auseinandersetzungen und der Exklusion bestimmter Bevölkerungsanteile von der Jagdausübung. Allerdings gibt es auch fließende Übergänge. Eine strikte Trennung zwischen Nomadismus und Sesshaftigkeit auf der einen Seite und horizontaler sowie vertikaler Raumausprägung auf der anderen Seite kann kaum aufrechterhalten werden. Als Schema der Erklärung und Vereinfachung ist jene Trennung jedoch zu vertreten, zumal es um einen Prozess und nicht um eine detaillierte Zeitdiagnose geht. Solange es keine Konkurrenz, keine festen Siedlungsgebiete, keine Anhäufung von Reichtümern gab, solange war der Raum allen zugänglich, konnte von allen genutzt werden und gab lediglich den Rahmen der zur Verfügung stehenden Ressourcen ab. Die nach diesen Charakteren so benannte horizontale Ausprägung des Raumes war vorherrschend, solange keine kulturell, sozial oder politisch induzierte Einschränkung stattfand. Konkurrenz, Misstrauen und Ruhmsucht, um mit den Worten Thomas Hobbes zu sprechen, fehlten in diesen Zeiten, die einen Hauptstrang der sozialen, kulturellen und politischen Evolution des Menschen darstellen, gänzlich. Erst im Verlaufe der neolithischen Revolution, der Vormachtstellung der exploitativen Raumnutzung durch Ackerbau und Viehzucht, entstand eine weitere Raumqualität, die ich im Folgenden als vertikale Raumnutzung bezeichne. Dennoch ist darauf hinzuweisen, dass diese Einteilung nicht der historischen Wahrheit entspricht. Es handelt sich lediglich um einen Idealtypus, der mit dem Neolithikum auch nicht unbedingt sein Ende fand. Während im antiken Rom schon sehr früh politische Strukturen entstanden und sich die Gesellschaft ständisch gliederte, ist dies auf dem Gebiet des freien Germaniens bis in die Völkerwanderungszeit nicht

---

und Lee weisen auf diese Art der Ausbreitung hin, die sich aufgrund regional sinkender Erträge bei steigenden Kosten (Arbeitsaufwand) als die notwendigste aller Lösungen herauskristallisierte. Vgl. bei Jürg Helbling, Theorie der Wildbeutergesellschaft, unter Bezug auf Meillassoux, Sahlins und Lee, S. 184ff. Yves Coppens geht dabei von Zeiträumen um die 15.000 Jahre aus, innerhalb derer die Hominiden bereits bei ihrem ersten Exodus aus Afrika bis nach Asien gelangten. Vgl. dazu bei Yves Coppens, Lucys Knie, S. 43ff.

durchweg der Fall. So ist keineswegs der Umkehrschluss zutreffend, dass mit der Sesshaftigkeit und der Entwicklung politischer Strukturen, von Handel und Verkehr, von kontinuierlichen Dorfschaften oder Ansiedlungen der Jagd nun auf einmal raumpolitische oder herrschaftliche Funktionen zugekommen sein mussten. Von der Sesshaftwerdung bis zu jenem Punkt in der Geschichte der mitteleuropäischen Zivilisation ist es eine Zeitspanne von mehreren tausend Jahren, in denen Jagd von allen ausgeübt werden konnte und darüber hinaus in den Hochkulturen sehr bedeutende symbolische Werte und Funktionen hatte, während ihr erst im Verlaufe des Mittelalters deutlich überwiegend herrschaftspolitische Funktionen zukamen. Erst die hier spezifisch werdenden und wirkenden Bedingungen des Raumes, seiner Konstitution und Reproduktion brachten einen wesentlichen Funktionswandel der Jagd mit sich.

4.3.3.3.1.b Die vertikale Raumausprägung

Die vertikale oder hierarchisierte Raumausprägung war zunehmend gekennzeichnet durch die Patrimonialität, durch Verfügungs- und Zugangsbeschränkungen und durch die neue Wirtschaftsform des Krieges. Appropriation und Verfügungsgewalt über Land, der ständige Kampf um Lebensräume, führte zu einem ersten Höhepunkt in den Völkerwanderungen. Darin spiegelt sich bereits die vertikale Ebene des Raumes in Mitteleuropa wider. Mit ihrem Ende setzen dann auch die tiefgreifendsten Wandlungen auf dem Gebiet der Jagd ein, die im Folgenden näher untersucht werden. Es waren die strukturellen Entwicklungen auf dem Gebiet der Herrschaft, der Raumkreierung und -beherrschung, von Handel und Verkehr, etc., die letztendlich den Boden der späteren Modernisierungen bereiteten. Die Behandlung des Raumes, seine Einschränkungen und Nutzungsbestimmungen führten über die Kodifizierungen des Gewohnheitsrechts der Stämme und Völker zur ersten Rationalisierung in Form von Verwaltungseinheiten. Förster und Jäger als Personal der Landesherren in dem neuen Raum „Forst", ausgestattet mit weitgehenden herrschaftlichen Vertretungsbefugnissen, müssen als wesentliche Entwicklungen im Zuge des adligen Verwaltungsapparates betrachtet werden. Jene Personen waren gerade nicht nur für das Vergnügen des Adels eingestellt, sondern hatten herrschaftspolitische Regularien und Ordnungen vor Ort durchzusetzen und ihre Einhaltung zu überwachen, auch durch polizeiliche Arbeit Übertritte zu sanktionieren. Diese Entwicklung hat sich insbesondere unter den Landesherren zunehmend dynamisiert und mündete später in den bürokratischen Verwaltungsstab der späten Neuzeit und des industriellen Zeitalters ein. Auch im 21. Jahrhundert wird der Raum nicht regellos und egalitär genutzt. Nutzungsbeschränkungen, sei es der Führerschein oder der Jagdschein, der Flugschein, das Eigentum und weiterführende gesetzliche Regelungen (Waldgesetz, Naturschutzgesetz, Wasserschutzverordnungen, Zuwanderungsgesetze, etc.) sind die modernen Bedingungen der Raumnutzung, seines Zugangs. Zusätzlich kommt hinzu, dass die moderne Gesellschaft den Raum mit Gefährdungspotenzialen belegte, die Ulrich Beck zu seiner Theorie der Risikogesellschaft führte. Diese Gefährdungspotenziale umschreiben die Domestizierung der Natur, die so zu einer artifiziellen Natur wurde. Der Jäger trifft in seinem artifiziellen Wirkungsraum eine Vielzahl anderer Menschen und überregionale Interessenlagen, die in jenen Räumen Bedürfnisse sozialer und ökonomischer Art berücksichtigt wissen wollen. Darüber hinaus wurde der Raum, die artifizielle Natur, neben Wirtschafts- und Freizeitraum zur äußerst sensiblen Innenausstattung der Zivilisation, deren Gefährdung nicht den Land- oder Waldbesitzer allein, sondern die Gesamtgesellschaft trifft. Jagd ist heute in diesen modernen Räumen nicht mehr Herrschaftshandlung, nicht mehr Reproduktion hierarchischer sozialer Vorstellungen, Prestigeobjekt oder bloße Freizeittätigkeit, sondern gemäß den Raumdefinitionen der modernen und hoch industrialisierten Gesellschaft eine verantwortungsvolle und zweckgerichtete Handlung, die sich an ökosystemaren Gegebenheiten orientieren sowie gleichwohl an wirtschaftlichen Vorgaben und Zwängen messen lassen muss. Auch in dieser modernen Form jagdlicher Raumhandlung liegen Konfliktpotenziale verborgen, die ihre Ursprünge in den gesamtgesellschaftlichen Prozessen der Ausdifferenzierung, Rationalisierung, Individualisierung und Domestizierung haben. Die moderne Zivilisation hat eine artifizielle Natur kreiert, innerhalb derer der Jäger angewiesen ist allgemeinverantwortlich zu handeln. Die einschneidende Veränderung des Raumes bedeutet also gezwungenermaßen den Rückzug aus traditionellen Mustern und Verhaltensweisen, was für viele deutsche Jäger eine ungeheuerliche Forderung darstellt. Der Eintritt der Wissenschaft in diesen Raum macht die Jagd zu einem Konfliktfeld zwischen kultureller Identität und zweckrationalem Handeln.

4.3.3.3.2 Die Jagd im jeweiligen Raum

Neben dem Raum untergliedert sich also logisch-konsequent auch die Jagd in eine horizontale und eine vertikale Ebene, die sich im Verlaufe der Geschichte zusehends vermischten. Die Gründe dafür liegen in der Grundstruktur der Jagd, ihren Zwecken und ihrem Handlungsraum, der Lebenswelt von Mensch und Tier, verborgen. Die Jagd als Raumhandlung war bereits in ihrer originären Ausprägung dazu geeignet, innerhalb der nomadisierenden Lebensweise – ähnlich dem Sammeln – zu Erkenntnisgewinnen zu führen, die es ermöglichten, die Kapazität der vorfindbaren Ressourcen innerhalb des jeweils temporären Lebensraumes zumindest abzuschätzen. Jürg Helbling weist unter Bezug auf Winterhalder ausdrücklich darauf hin, dass die Ausbeutungsdauer eines Territoriums nomadisierender Jäger und Sammler von einer Menge Informationen und Wissen über die vorfindbaren Ressourcen abhing[637]. Er benennt zwar nicht explizit die Jagd und das Sammeln als Multiplikatoren dieses Basiswissens, dass jedoch beiden Arbeitsvorgängen jene Leistung im Rahmen ihrer spezifischen Raumbewegung zugute kommen musste ist nicht zu leugnen. Jagd, aber auch ausdrücklich das Sammeln, müssen als Aspekte des Erkenntnisgewinns im Rahmen der Naturerfahrungen betrachtet werden, als eine „Schule des Lebens", wie es Erich Fromm nennt[638]. Durch jene Subsistenzwirtschaft fielen Erkenntnisse an, die einen Einblick in das Potenzial der Ressourcen, deren Standorte und nicht zuletzt deren Regeneration erlaubten. Jagd ist damit eine Raum(be)handlung, deren Nutzen bereits vor den Zeiten des Neolithikums – ins-

[637] Vgl. bei Jürg Helbling, Theorie der Wildbeutergesellschaft, S. 190ff, unter Bezug auf B. Winterhalder.

[638] Vgl. bei Erich Fromm, Anatomie der menschlichen Destruktivität, S. 154ff. Ich habe bereits an anderer Stelle auf diese Zusammenhänge hingewiesen. Siehe bei Klaus Maylein, Jagd und Jäger in der modernen Gesellschaft, S. 2.

besondere bei den Neandertalern - weit über die originären Produkte Fleisch, Felle, Werkzeuge und Schmuck hinausgehen konnte. Sie leistete über den Erkenntniszugewinn einen Impuls, der dazu führen konnte den Weiterzug der Gruppe einzuleiten, bevor alle Ressourcen ausgebeutet waren. Jagd war gemäß den Grundsätzen von „Trial-and-Error" insofern eine Möglichkeit, seine Fähigkeiten und auch seine Sicherheit im Umgang mit natürlichen Ressourcen zu erhöhen. Doch nicht nur das Wissen über die Natur und ihre Ressourcen, ihre Kapazität und die Dauer ihrer Regenerationsphasen konnte im Zuge der Jagd nutzenorientiert gewonnen werden, sondern auch das Wissen über Migrationen und Aufenthaltsorte anderer lokaler Gruppen in der Region resultierten vermutlich daraus. Dabei waren die Kontakte mit anderen Jäger- und Sammlergruppen entgegen der häufig vertretenen Meinung nicht kriegerischer Art, sondern dienten vermutlich der Kommunikation und dem Austausch von Informationen, die den Fortbestand der Gruppen nicht gefährden, sondern vielmehr erleichtern konnten. Eine Gefährdung der individuellen Gruppendynamik wäre allein in konkurrierenden Sozietäten denkbar, in denen sich nur die stärkste Gruppe durchsetzen und ihre Chancen auf Reproduktion dadurch hätte erhöhen können. In der von Marshall Sahlins entwickelten paläolithischen Wohlstandsgesellschaft, die wohl nicht zuletzt aufgrund der sehr geringen Dichte an Menschen eine solche war, existierten dagegen Kooperation und Friedfertigkeit, da die nutzbaren Güter in einem unvorstellbaren Umfange räumlich und quantitativ vorhanden waren. Ausweichmöglichkeiten und die Erschließung neuer Lebensräume nach allen vier Himmelsrichtungen stellten die Menschen vor kein nur durch Aggression lösbares Problem, wie es in späteren Zeiten der Vergesellschaftung der Fall war. Das Ziel der freien (horizontalen) Jagd - nicht nur in den frühesten Gesellschaften und ungeachtet der oben genannten, sie begleitenden Erkenntnisgewinne - war und ist bei rezenten Völkern die Beute. Im Kontext der freien Jagd galt dies sowohl für die primitive Jagd der Frühmenschen als auch mit einiger Sicherheit für die germanische und frühmittelalterliche Jagd der Bauern und Jäger (nicht jedoch der Könige). Erkenntnisse über den Verlauf der Flüsse, der Täler und der Ausdehnung der Wälder[639] als auch über die gewohnten Wege des Wildes, seine Brut- und Rastplätze, wurden im Zuge der jagdlichen Raum(be)handlung fast zwangsläufig und gewinnbringend extrahiert. Im Stadium der frühen Jäger- und Sammlersozietäten war dieses Wissen ausschließlich von jagdlichem Nutzen - es war Basiswissen: im Zuge der Jagd für die Jagd als primitive Ökonomie gewonnen. Solange die Jagd neben dem Sammeln und dem Nomadentum alleinige Raum(be)handlung war, ist es also durchaus denkbar, dass dieses Wissen für den Erfolg, d. h. den Fortbestand der Gruppe, exklusiv blieb. Allerdings ist darüber hinaus die Möglichkeit in Betracht zu ziehen, dass im Zuge der noch friedlichen Migrationsbewegungen der nomadisierenden Jäger-Sammlersozietäten dank des jagdlich erfahrenen Raumwissens bessere Wohnstätten, Jagd- und Sammelgründe gefunden werden konnten, die der Sippe möglicherweise ein erträglicheres Ein-

639 An späterer Stelle werden diese spezifischen Erkenntnisse der Jagdhandlung, die von Niccolò Machiavelli in seinem „Il Principe" und seinen „Discorsi" als für eine optimale Kriegführung unabdingbar angesehen werden, noch öfter zur Sprache kommen. Insbesondere die Unterschiede zwischen den „Discorsi" (Die Jagd des Feldherrn) und dem „Il Principe" (Die Jagd des Fürsten) sind dabei von einiger Bedeutung.

kommen bescherten. Da in nomadisierenden Gesellschaften in bestimmten Abständen neue Sammel- und Jagdgründe gefunden werden müssen, können Jagen und Sammeln durchaus Entscheidungshilfen gegeben haben. In diesem Kontext wäre die zunächst rein jagdliche Raum(be)handlung auch der gesamten primitiven Ökonomie zugute gekommen. Die Jagd lieferte in diesem Zusammenhang alle notwendigen Informationen, die für die gezielten und auf Lebensverbesserung abgestellten Migrationsbewegungen von Nöten waren. Aber: es ist immer zu beachten, dass diese Leistung auch dem Sammeln anzuerkennen ist, welches zu jenen Zeiten nicht weniger Raumhandlung als die Jagd war. Der Grund dafür liegt in den Bedingungen des Lebens und Überlebens verborgen, die sich mit zunehmender Zivilisation von jener Form der Raum(be)handlung distanziert haben und stattdessen neue Formen hervorbrachten oder zumindest den „alten Formen" neue Funktionen erschlossen haben, wie dies gerade bei der Jagd sehr anschaulich bis heute der Fall war.

Vielleicht war es gerade der oben genannte Punkt, der später speziell die Jagd in den Köpfen der Geschichtsschreiber vom Sammeln hervorhob und mit dem Krieg in Verbindung brachte. Jenes Denken setzt voraus, dass die Erkundung anderer Gruppen unter Argwohn und Missgunst anstatt unter den Gesichtspunkten einer für alle Gruppen optimalen Verteilung innerhalb der Jagd- und Sammelgebiete stattfand. Im Rahmen der Jagd und des Sammelns wird es wohl auch zur Kommunikation mit anderen Nomadengruppen gekommen sein, ohne jene anzugreifen, zu töten oder zu verletzen. Die Jagd- und Sammelgründe waren groß genug, so dass eine aggressive Haltung in Anbetracht der Kosten nur suboptimal gewesen sein konnte. In diesem Zusammenhang sei noch einmal ausdrücklich darauf hingewiesen, dass es zu einer Verzerrung der Ergebnisse kommen kann, wenn man sich, wie dies in der Literatur häufig geschah, ausschließlich von dieser Seite argumentativ der Bedeutung der Jagd innerhalb früherer Jäger- und Sammlersozietäten anzunähern versucht. Denn zum einen wird über den tatsächlichen Stellenwert der Jagd in der neueren Forschung heftig diskutiert und zum anderen hätte jede Art der nichtjagdlichen Mobilität zum selben Resultat geführt. Auch der nomadisierende Viehzüchter der frühen Metallzeit hätte sich über seine Wanderungen und die Suche nach guten Äsungsplätzen räumliches Wissen aneignen können, welches für die Gruppe Vorteile erbracht haben könnte. Auch die Suche nach fruchtbaren Sammelgründen oder Ackerböden würde die Rolle der Jagd in diesem Kontext verdrängen. Ohnehin ist zu berücksichtigen, dass zeitlich vor der Viehzucht und dem Ackerbau das Sammeln einen bedeutend höheren Stellenwert inne hatte als die Jagd. Auch das Sammeln ist nach meinem Dafürhalten als eine Raum(be)handlung zu betrachten, welche in regelmäßigen Abständen den Weiterzug der Gruppe bedingte, welche so ihrerseits bessere Siedlungsgründe in Erfahrung gebracht haben könnte. Es bleibt also allein der Vorteil der jagdlichen Raum(be)handlung in der Bereitschaft und Gegenwärtigkeit der Verteidigung als auch eines möglichen Angriffes bei Gefahr bestehen; allerdings nur, wenn man voraussetzt, dass das Sammeln unbewaffnet und die Jagd ständig bewaffnet vor sich ging und dass die frühen Jäger-Sammlersozietäten in einem Zustand ständiger Bedrohung durch andere Stämme lebten. Da dies weitgehend ausgeschlossen werden kann, ist die Verteidigung gegenüber großen Prädatoren noch denkbar. Allerdings wäre dann auch das Sammeln ohne Bewaffnung nur suboptimal, da auch hier in jeder Situation mit dem Vorkommen von Bären, Wölfen oder anderen Prädatoren gerechnet werden musste. Auch Rudolf Friess nahm für die viel späteren germanischen Hirten und Bauern an, dass sie bewaffnet sein mussten gegen tierische und - nun auch schon - menschliche Räuber und dass „der Bauer das Schwert und den Spieß beim Ackern neben dem Pflug" führte[640]. Insofern ist es nicht vermessen zu vermuten, dass wohl auch die Sammeltätigkeit wie auch generell jede Bewegung im Raum bei den frühen Sammler- und Jägervölker bereits bewaffnet stattgefunden hat um sich, die Gruppe und das Gesammelte vor Prädatoren zu schützen.

4.3.3.3.3 Konkretisierung horizontaler und vertikaler Jagd im jeweiligen Raum

Die horizontale Ebene der Jagd ist allein über die Freizügigkeit des Einzelnen (keine einschränkenden Herrschaftsstrukturen, keine Grenzen, keine Schollengebundenheit) und der Subsistenzproduktion oder dem Schutz jener Produkte erfassbar. Wie ich hier dargestellt habe, ist der geographische Erkenntnisgewinn hinsichtlich der Raumstruktur (dem Verlauf der Berge, Flüsse, Täler und Seen), die Beobachtungen von Migrationen im Raum (tierischen und menschlichen Ursprungs) im Zuge der Jagdausübung aufgrund ihrer Raumaktivität originär. Dass auch das Sammeln im Kontext der Raumbewanderung betrachtet werden muss, versteht sich nach den obigen Ausführungen nun von selbst. Bei den Neandertalern und dem frühen Homo s. sapiens wurden diese Erkenntnisse noch allein im Rahmen der Optimierung der Subsistenzwirtschaft gewonnen und für das Überleben des Individuums, aber auch der Gruppe nutzenorientiert umgesetzt. Die Jagd wurde auf der horizontalen Ebene von allen Gruppenmitgliedern frei ausgeübt, zum Teil in den communal hunts auch von Frauen und Kindern, wie dies bereits an anderer Stelle erwähnt wurde und auch bei Hayden belegt ist[641]. Die Exklusion eines Gruppenmitgliedes von der aktiven Jagdhandlung fand vermutlich nur dann statt, wenn die eingeschränkten physischen Bedingungen und Fertigkeiten eines Gruppenmitgliedes (einerlei ob Mann oder Frau) dies nahe legten[642]. Horizontale Jagd findet darüber hinaus nur auf der horizontalen Ebene des Raumes statt; dort also, wo es keine Klassenstrukturen gibt. Wird Raum mit zunehmender Zivilisierung vertikalisiert, so erfährt auch die Jagd Inklusion und Exklusion als Ausdruck des vertikalen Verständnisses der entstehenden Stände- oder Klassengesellschaften. Allerdings, so scheint es, traf dies nur für die mittelalterlichen und mitteleuropäischen Strukturierungen vorrevolutionärer gesellschaftlicher Systeme zu. Rom z. B. bediente sich bis auf die bereits erwähnten Ausnahmen Traians und Hadrians zu keiner Zeit der

---

640 Vgl. dazu bei Rudolf Friess, Wesen und Wege der Jagd von ihrem Urbeginn bis heute, in: Wild und Weidwerk der Welt, S. 216, herausgegeben unter dem Ehrenschutz des Bundesministeriums für Land- und Forstwirtschaft und der Österreichischen Landesjagdverbände.

641 Vgl. bei Jürg Helbling, Theorie der Wildbeutergesellschaft, S. 200, unter Bezug auf B. Hayden, Subsistence and ecological adaptions of modern hunter-gatherers (1981).

642 Z. B. können die physischen Fertigkeiten durch Alter, Krankheit oder Verletzungen beeinträchtigt sein. Ein Ausschluss von der aktiven Jagd wird damit wahrscheinlich. Geschlecht oder Alter spielen also bis zur „Schwelle" der physischen Einschränkung keine Rolle.

Jagd als herrschaftspolitischem Instrument, und zumindest auf dem Land war die Jagd den Bauern im antiken Rom uneingeschränkt erlaubt. Diese Jagdfreiheit, zurückzuführen auf ihre völlige herrschaftspolitische Entbehrlichkeit, definierte römische Jagd überwiegend als Schutzjagd. Ihre sonstige Bedeutung war lediglich marginal. Neben der horizontalen Ebene der Jagd existiert also eine zweite, eine vertikale Ebene, die sich von der bloßen Nutzung der Ressourcen deutlich unterscheidet. Sie umfasst nun explizit alle Erkenntnisse – und deren instrumentalisierbare Konsequenzen –, die sich aus der Jagdhandlung auf der ersten Ebene, der reinen Nutzung, ergeben können. Diese Erkenntnisse wurden nun allerdings nicht mehr der Subsistenz untergeordnet wie noch bei den Neandertalern und den frühen modernen Menschen, sondern bereits in einem zunehmend sozial, politisch und kulturell determinierten Handlungsrahmen extrahiert. Dazu gehörten in erster Linie Erfahrungen über die Beschaffenheit des Lebens- und Jagdraumes, den Verlauf der Flüsse, Berge, Täler und Seen (bei Machiavelli wird dieser Zusammenhang wieder ins Gedächtnis gerufen)[643]. Wie aufzuzeigen sein wird, war es gerade die vertikale Ebene der Jagd, die zunehmend in der Geschichte der Zivilisation in den Mittelpunkt der Betrachtung rückte. Beide, vertikaler Raum und vertikale Jagdhandlung, sind Ausdruck der Klassengesellschaften: der zunehmenden Prozesse der Ausdifferenzierung im Verlaufe der Zivilisierungen und Modernisierungen. Allein die erste Ebene verlor im Laufe des Zivilisationsprozesses sehr bald ihre originären Inhalte, während die vertikale Ebene der jagdlichen Raumhandlung insbesondere im hohen und späten Mittelalter als auch in der Neuzeit stetig zunahm und über die spezifisch mittelalterlichen Strukturen der Gesellschaft weitere Ausprägungen erfuhr. Insgesamt gesehen ist das ein sehr interessanter Prozess, zumal die gesamte Gesellschaftsentwicklung ab einem bestimmten Punkt der Zivilisation nicht mehr horizontal (egalitär), sondern vertikal (sozial-hierarchisch) verläuft. Der Verlauf der horizontalen Ebenen von Raum und Jagd zu den vertikalen Ausprägungen ist deckungsgleich mit der Entstehung der Klassengesellschaften und den dazugehörigen Erscheinungen wie z. B. Krieg und Raub. Diese Erscheinungen sind nicht auf alle Menschen innerhalb einer Gesellschaft zu übertragen, sondern vielmehr an ihren Führern festzumachen. Es handelt sich immer nur um eine Elite, die für ihre Zwecke die anderen Mitglieder der Gemeinschaft instrumentalisiert. Der organisatorisch aufwendige Krieg ist nur möglich in einer funktionierenden Herrschaft und in einer funktionierenden Herrschaft muss es Klassengesellschaften geben. Gerade im Mittelalter und der Neuzeit wurde die Exklusion breiter Bevölkerungsteile von der Jagd und die Kontrolle über die Ressource Wald zu einer bestimmenden Größe einer funktionierenden Herrschaft. Viel stärker als in der römischen Antike wurde hier ein Ordnungssystem geschaffen, „welches primär den Zweck hatte, Herrschaft zu stabilisieren, nicht aber den inneren Frieden zu stiften“[644]. Wie sehr dies in den Territorialstaaten des Mittelalters

643 Vgl. dazu die Textstelle im „Il Principe“, XIV. Kapitel, Wie sich ein Herrscher zum Heerwesen zu verhalten hat. Für einen Alleinherrscher, so Machiavelli, ist aus diesem Grunde die Jagd von großer Bedeutung, da sie ihn in die Lage versetzt, die Beschaffenheit seines Herrschaftsraumes zu erkunden und kennen zu lernen.

644 Vgl. diese Ausführungen bei E. Krippendorff, Bemerkungen zu Herfried Münklers kritischer Auseinandersetzung, in: Robert Steinweg (Red.), Kriegsursachen, S. 146f.

und der Neuzeit der Fall war, wird noch deutlich in Kapitel 7 und 8 zur Sprache kommen. Die Rolle der Jagd, insbesondere ihrer Praxis, wird dabei im Mittelpunkt der Betrachtung stehen müssen.

4.3.3.4 Jagd, Krieg und Herrschaft im Kontext der Raumhandlung

Die jagdhistorische Literatur wird dominiert von der kausalen Verbindung des Krieges mit der Jagd. Dafür gibt es wenigstens zwei Gründe. Zum einen ist jene Verbindung von Jagd, Krieg und Herrschaft ab einem bestimmten Grade zivilisatorischer Bedingungen, den hierarchischen Ausprägungen, nunmehr konsequent – sie bot sich letztlich aufgrund der bereits genannten Raum(be)handlung und ihrer Extrakte sogar an. Es ist der Brückenschlag zwischen Evolution und Zivilisation. Wenn man so will repräsentiert die originäre Jagd (horizontale Ebene) eine „old economy", Krieg und Herrschaft (vertikale Ebene des Raumes) dagegen eine „new economy". Ihre Zweckverbindung ist das Ergebnis neuer Voraussetzungen, neuen Denkens und Handelns und ist insofern nicht zuletzt den aufkeimenden politischen Ideen der Antike zuzurechnen. Jagd, Krieg und Herrschaft sind so zunächst soziale Phänomene, die ebensolchen strukturellen Vorbedingungen unterliegen. Diesen drei sozialen Phänomenen ist dabei eines gemeinsam: es sind Raum(be)handlungen, die den Kriterien der Ökonomie (Raub- und Herrschaftsökonomie) unterliegen. Einzig die jeweilige originäre Absicht, die mit diesen Handlungen verbunden ist, unterscheidet die freie Jagd von der späteren exklusiven Jagd als auch von der Kriegführung und der Herrschaft. Damit gelangt man zum zweiten, bereits erwähnten Grund der Verbindung von Jagd und Krieg. Die Jagd auf wilde Tiere als ein militärisches Exerzitium ist nicht allein eine ihr bereits inhärente Vorstellung oder ein Potenzial, welches nur darauf wartet, auf günstige gesellschaftliche Entwicklungen zu stoßen, sondern darüber hinaus gerade das Resultat der Entstehung politischer Theorien vor dem Hintergrund der politisch-sozialen Realität. Als einer der Begründer jener Theorien, deren Ziel zumeist die Abbildung eines idealen Herrschers darstellte, ist neben Solon von Athen, Platon und Aristoteles auch Xenophon zu nennen, dessen Abneigung gegenüber der athenischen Demokratie eine wesentliche Rolle innerhalb der historischen Verbindung Jagd/Krieg spielte. In seiner Schrift „Kyrou paideia" liegt die historisch noch zu belegende Verbindung des politischen Systems mit der Jagd verborgen. Dort, wo Aristokratien herrschten, blieb Jagd ein Bestandteil des Fürstenideals gemäß xenophonischer Darstellungen, wo hingegen Republiken bestanden oder ein sonstiges parlamentarisches System existierte, nahm die Funktion der Jagd eine gänzlich andere Prägung an. Ein gutes Beispiel dafür liefert die Gegenüberstellung des republikanischen contra caesarischen Roms, weiterhin die Gegenüberstellung der Aristokratien des Heiligen Römischen Reiches Deutscher Nation mit den Entwicklungen nach 1848/49. Bevor jene Zusammenhänge jedoch in den kommenden Kapiteln konkretisiert werden, sind andere Überlegungen vorzuziehen.

Es ist auch heute noch eine weit verbreitete Ansicht über die Rolle der Jagd in der frühen Neuzeit, dass das „Jagen eine tapfere und ritterliche Übung und dem

Adel gleichsam ein praeludium belli"[645] gewesen sei. Was aber hat die Jagd nun tatsächlich - ungeachtet des politischen Systems - mit dem Krieg substanziell gemeinsam? Während durchaus die Möglichkeit nicht völlig von der Hand gewiesen werden kann, dass die Jagd aufgrund ihrer Strapazen als ein körperliches Training angesehen werden konnte und zum anderen auch weitere durchaus militärisch Vorteil erbringende Leistungen, wie die fast zwangsläufige Erkundung der Wälder, Gebirge, Flüsse und Seen, damit verbunden sein können, scheint dennoch zunächst eine Relativierung der Definition des praeludium belli notwendig. Wie bereits an voriger Stelle ausgeführt, waren der Jagdhandlung militärisch nutzbare Erkenntnisse und Ergebnisse zweifelsohne inhärent. Sie traten jedoch erst mit der beginnenden Kriegführung der Menschen aus ihrem Schattendasein einer ansonsten primitiven Ökonomie heraus. In der Literatur sind im Allgemeinen zwei Übersetzungen des praeludium belli gebräuchlich: diejenige des „Kriegsersatzes" und die der „Kriegsübung" oder der „Kriegsvorbereitung". Dabei scheint zunächst Übung oder Vorbereitung kriegsähnlicher Handlungen überzeugender zu sein, da von einem Ersatz in den Zeiten vor, während und lange nach den Völkerwanderungen keine Rede sein konnte - der Krieg war spätestens in den Metallzeiten allgegenwärtig und insoweit das Strukturmerkmal der Vergesellschaftungsgeschichte. Bestärkt wird diese Annahme auch durch die Grundverschiedenheit des Krieges und der Jagd. Bis auf wenige Ausnahmefälle ist die Jagd eine sehr einseitige Tötungshandlung, nur der Krieg, der Kampf Mann gegen Mann ist - nach den Ausführungen Ortega y Gassets - reziprok[646]. Darüber hinaus ist der Kampf Mann gegen Mann physisch und psychisch von einer gänzlich anderen Qualität als die Jagd auf wilde Tiere. Die Jagdhandlung kann also in einem originären Sinne das militärische Training, die realistischen Gefechtsübungen, bei ernsthafter Betrachtung keineswegs ersetzen. Vielmehr ist hier auf die Interpretation Xenophons zurückzugreifen, nach der die Jagd das Bild des Krieges sei oder sein könne. Die heutige Jagdausübung hat mit kriegerischen Abbildern wohl keine Gemeinsamkeiten mehr, indessen aber die großen und heute barbarisch anmutenden Jagden der württembergischen Herzöge, der Fürsten und Könige des Mittelalters und der Neuzeit, die unter dem Etikett der Parforcejagd, der „Jagd mit ganzer Kraft", mit Hörnerklang und Jägergeschrei, mit vielen Hunden und natürlich zu Pferde[647] stattfand. Auch Niccolò Machiavelli haben wir eine relativierende und damit sachliche Interpretation zu verdanken, die sich von den anderen Interpretationen insofern qualitativ abhebt, da hier zumeist die Jagd mit dem Kriege gleichgestellt wurde[648]. Faktisch ist die Jagd also durchaus in der Lage ein Bild des Krieges zu kreieren und damit natür-

---

645 Diesen Satz lässt Otto Brunner seinen Landedelmann Wolf Helmhard von Hohberg im 17. Jahrhundert sagen. Siehe dazu Rudolf Kiess, Protokoll über die Arbeitssitzung am 11. November 1995 im Konstanzer Stadtarchiv, Nr. 348, S. 16.

646 Vgl. dazu die Ausführungen bei Ortega y Gasset, Meditationen über die Jagd, S. 30f.

647 Die Jagd zu Pferde führte über die damit verbundenen sozialen Ausdrücke, die Höherstellung des Jägers gegenüber den Bauern und Nichtberittenen, allgemein zu großem Unmut bei den Untertanen. Es waren nicht nur die Schäden, die durch das Durchreiten der Felder verursacht wurden, sondern auch das Pferd als Mittel der sozialen Distinktion, welches zu Unruhen und Revolten führte. Doch dazu in den Kapiteln 7 und 8.

648 Vgl. dazu Theo Stammen, Xenophon in Machiavellis politischen Schriften, S. 10.

lich auf den Krieger zu reflektieren. Jagd reflektiert damit ein Bild des Herrschers und seiner Entschlusskraft, wie dies auch bei den beiden römischen Kaisern Traian und Hadrian der Fall war. Diese Vorstellung entspricht den Ansichten Xenophons, der die Jagdausübung des Herrschers als einen wesentlichen Bestandteil der Erziehung zum idealen Fürsten betrachtete. Die Jagd sollte nicht nur eine militärpropädeutische Aufgabe innerhalb der Erziehung des Prinzen übernehmen, sondern ihn darüber hinaus veredeln, ihn dem idealen Herrscher - neben der intellektuellen Ausbildung, dem Reiten, Schießen und der spezifischen Königsethik - näher bringen[649]. Damit und aufgrund der oben angeführten Einwände ist die Jagd nicht gleich Krieg, kein Ersatz und auch nur stark eingeschränkt eine Kriegsübung. Dennoch war die Jagd aufgrund ihrer Potenziale und ihrer (allerdings erst später in Erscheinung getretenen) erinnerungsspezifischen Merkmale in der Lage, ein Bild des Krieges und insbesondere des fürstlichen Kriegers darzustellen, welches den Fürsten ethisch und moralisch erhöhte, ihn als furchtlos, mutig und späterhin gar grausam erscheinen lassen konnte. Die Erhöhung des jagenden Fürsten scheint insofern bedeutender gewesen zu sein als die herausgestellte Verbindung zum Krieg[650]. Zurückzuführen ist diese Anschauung mit einiger Sicherheit auf die Ausführungen Xenophons in seiner „Kyrou paideia" (die Erziehung des Kyros), die zu einem der fruchtbarsten literarischen Vorbilder wurde, die die Geschichte der Jagd bis heute kennt. Dennoch sind die Inhalte seines Werkes mit einiger Vorsicht zu beurteilen, da er - als der europäische Vater der Fürstenspiegel-Literatur[651] - ähnlich seinen Nachahmern ein Herrscherzierbild zu kreieren versuchte. Er stellte seine Abneigung der athenischen Demokratie gegenüber deutlich zur Schau und versuchte durch sein Idealbild eines Herrschers der spartanischen Aristokratie das Wort zu reden[652]. Welchen Stellenwert historische Wahrheiten innerhalb eines solchen Ideals hatten, bleibt ungewiss, zumindest aber fraglich. Erst Niccolò Machiavelli hatte der Poesie - ganz entgegen der Tradition der Fürstenspiegel-Literatur - entsagt und damit der Geschichtsmächtigkeit und den unverblümten Fakten den Vortritt verschafft. Wo das poetische Fürstengemälde den wahren Sachverhalt bei Xenophon verdrängt, bleibt leider im Dunkeln verborgen. Allein

649 Zu den Ausbildungsinhalten eines idealen Herrschers, welche neben sportlichen und intellektuellen Tugenden die spezifische Königsethik wie Vertragstreue, Wahrheitsliebe, Dankbarkeit, Genügsamkeit, Gerechtigkeit, etc. pp. umfasst, siehe bei Wolfgang Knauth, Das altiranische Fürstenideal von Xenophon bis Ferdousi, S. 93ff

650 Gerade die mittelalterliche und frühneuzeitliche Jagd der Landesherren sollte gewisse Rechtssituationen untermauern, Ansprüche durchsetzbar oder gar einklagbar machen. Die Jagd galt hier entgegen der Auffassung in der Literatur nicht bloß als Vergnügen oder als Kriegsübung, sondern als eine soziale Praktik, die politische, rechtliche, ökonomische Ansprüche visualisierte und damit ein Bestandteil der Politik wurde. In den Kapiteln 7 und 8 wird dies anhand verschiedener Frondienste und Jagdpraktiken thematisiert werden.

651 Vgl. dazu die Ausführungen von Wolfgang Knauth, Das altiranische Fürstenideal von Xenophon bis Ferdousi, S. 3f und S. 9f.

652 Vgl. dazu ebd., S. 9ff. Der Zweck der Kyroupädie sei es, so Knauth weiter, an einem scheinbar praktischen geschichtlichen Beispiel das Wesen und die Voraussetzungen einer guten Herrschaftsform darzutun. Das dies nun ausgerechnet ein persisches Beispiel war, scheint den Griechen nicht weiter gestört zu haben, im Gegenteil, es gereichte ihm zum Vorteil. Weiter auch bei Wilfried Nippel, Politische Theorien der griechisch-römischen Antike, in: Hans-Joachim Lieber (Hrsg.), Politische Theorien von der Antike bis zur Gegenwart, S. 18ff.

die historische Ausstrahlung und die Herausbildung eines Herrscherideales, hier insbesondere mit Hilfe der Jagdhandlungen innerhalb der Erziehung des Perserprinzen, sind von großer Bedeutung und historisch nicht abzustreiten. Gerade innerhalb der Ausbildung und Erziehung des Kyros galt die Jagd als Vorbereitung für den Krieg. Die Heranbildung des physisch und ethisch musterhaft geprägten Kyros erfolgte nach den Ausführungen Xenophons zu einem gewissen Grad durch die Jagd[653]. Allerdings bleibt festzuhalten, dass die Jagd als Teil des körperlichen Trainings oder der sportlichen Meisterschaften eines idealen Herrschers betrachtet wurde und nur eine Rolle von Vieren hier ausfüllte. Als erstes sportliches Ideal nennt Xenophon die äußere Gestalt, die Freiheit von Gebrechen und damit die Schönheit an sich. Die physische Schönheit war bei den altiranischen Fürsten eine Vorbedingung für die Annahme des Königsthrones. Wer leibliche Gebrechen hatte, konnte die Königsmacht nicht ausüben. Als zweites Ideal musste der Herrscher die Reitkunst und die Pferdefreundschaft beherrschen und als drittes sportliches Ziel das Bogenspannen, das Schießen, den Speerwurf und das Waffenwerk allgemein. Erst an vierter Stelle reihte sich hier die Jagd in die sportlichen Tugenden ein[654].

Nach der nun erfolgten Relativierung der Jagd als praeludium belli bleibt noch die naturgegebene Verbindung zu analysieren, welche zwischen der Jagd und dem Krieg bestehen könnte. Diese naturgegebene Verbindung - bisher als die der Jagd inhärenten Potenziale bezeichnet - scheint ihrerseits zwei Ausprägungen zu haben: Zum einen können die jagdlich gewonnenen Fertigkeiten und Erkenntnisse - wie es bereits die Ausführungen zur jagdlichen Raumhandlung belegten - militärisch durchaus von Nutzen sein. Auf der anderen Seite konnte jene Verbindung Ausdruck einer sozialen Norm sein, die eine Anbindung der Jagd an das Kriegertum verfestigen konnte. Es bestand nicht nur bei den germanischen Völkern eine enge Verbindung zwischen sozialem Status und der Berechtigung überhaupt jagen zu dürfen. Zwar war die Jagd in vielen Kulturkreisen ein freies Recht, sie setzte aber die Freiheit der eigenen Person selbst voraus. Die Freiheit der Person allein gewährte das Recht des Waffenbesitzes, verpflichtete zum Heerdienst und ermöglichte die Jagdausübung, nicht nur bei den Germanen. Zwar wird in der Literatur die tatsächliche gesellschaftliche Strukturierung der germanischen Stämme kontrovers diskutiert[655], dass aber der Adel und die große Gruppe der Gemeinfreien das waffentragende Kriegertum repräsentierten, gilt durchaus als Konsens. Die Jagd

653 Allerdings darf nicht vergessen werden, dass die Jagd damals zwar als Übung für den Körper, aber auch als Abbild der ritterlichen Kämpfe galt.

654 Vgl. dazu die Ausführungen bei Wolfgang Knauth, Das altiranische Fürstenideal von Xenophon bis Ferdousi, S. 93 - 119. Auch das Ballspiel bleibt nicht unerwähnt.

655 Adam Schwappach, Grundriss der Forst- und Jagdgeschichte Deutschlands, S. 7f, teilt die germanischen Stämme in Freie, Unfreie und Freigelassene ein. Die Freien setzen sich demnach zusammen aus den Edlen oder dem Adel und den Gemeinfreien, die die breite Masse der Freien repräsentierten. Richard Schröder, Lehrbuch der deutschen Rechtsgeschichte, S. 47ff, teilt die germanischen Stämme dagegen in Adelige, Freie und Unfreie ein. Auch Hans Planitz, Deutsche Rechtsgeschichte, S. 50ff, neigt zur Einteilung Schröders. Daneben nennt er noch die Hörigen und die Freigelassenen. Im Gegensatz zu den Unfreien seien die Hörigen zwar persönlich frei gewesen, jedoch an die Scholle ihres Herrn gebunden, siehe bei G.F. Litschauer, Kleine Weltgeschichte, S. 89, und bei Hans Planitz, Deutsche Rechtsgeschichte, S. 53. Waffentragend waren dagegen nur die Freien (Gemeinfreien) und der Adel.

war also vermutlich bereits bei den Germanen jenen Schichten vorbehalten, die wehrpflichtig und über die Volksversammlung, das Volksding (Thing), auch politisch gewichtig waren[656]. Das Kriegertum, im mitteleuropäischen Kontext insbesondere das mittelalterliche Rittertum, entwickelte aus diesem Grunde einen starken Einfluss auf die Jagd, was sich nicht nur in den Formen der Jagd niederschlug, sondern auch ihre soziale und kulturelle Leistung, kurzum ihre Geschichte, prägte. Während die soziale Norm eine zwingende Verbindung zwischen der Jagd und dem Krieg bzw. dem Kriegertum als späterer Herrscherschicht bedingte, ist die oben genannte zweite Brücke zwischen den beiden Raum(be)handlungen Krieg und Jagd das latente Potenzial der Jagd (wie aufgezeigt bereits in der horizontalen, freien Jagd als Erkenntniszugewinn bezüglich der Geographie, der Migrationen anderer Gruppen, etc.), ein wichtiger Bestandteil des Nomadentums. Während also in den frühen egalitären Strukturen der Jäger-Sammler-Sozietäten jedem die Jagd gestattet war, wahrscheinlich auch Frauen und Kinder bei großen Treibjagden – den communal hunts[657] – mithalfen, erfuhr die Jagdberechtigung bereits über die Differenzierung in Freie und Unfreie eine erste Einschränkung innerhalb der germanischen Stammesgesellschaften als auch in den antiken Hochkulturen. Je weiter sich die Vergesellschaftung der Neuzeit entgegen bewegte, um so kleiner wurde der Kreis der Jagdberechtigten, desto größer wurde der Kreis der unmittelbar Ausgeschlossenen, aber auch der mittelbar Eingebundenen und umso größer wurde die Herrschaft der Jäger über die große Masse der Nichtjäger. Am Ende stand die absolute Herrschaft der Jäger über die Nichtjäger bis weit in die Neuzeit hinein unumschränkt fest. Erst 1848/49 (in Süd- und Mitteldeutschland auch schon früher) sollte sich dies in den deutschen Landen ändern. So war es der adlige Jäger, der nach dem Tode Karls des Großen bis ins 19. Jahrhundert die politische Macht im Deutschen Reich innehatte. Möglich war dies nur über die vollkommen neuen Bedingungen der Herrschaftserlangung, -ausübung und -stabilisierung innerhalb der dezentralisierten Adelsherrschaften auf ehemals germanischem Boden. Inwiefern hier das aristokratisch geprägte Bild der Jagd nach xenophontischen Vorstellungen eine wesentliche Rolle spielte, bleibt noch näher aufzuzeigen. Doch zurück zu den germanischen Stammesgesellschaften. Will man z. B. Caesars Beschreibung der germanischen Lebensverhältnisse Glauben schenken, so verhalfen ihnen die wesentlichen Inhalte ihres Lebens zu ihrer ungeheuren Stärke und Rohheit. Nach den Worten des „De bello gallico" waren dies ausschließlich die Jagd und militäri-

---

[656] Zu den Volksversammlungen der Germanen und den daran Berechtigten bzw. Dingpflichtigen Vgl. Richard Schröder, Lehrbuch der deutschen Rechtsgeschichte, S. 23f, und Christian L. Stieglitz, Geschichtliche Darstellung der Eigentumsverhältnisse an Wald und Jagd in Deutschland, S. 8ff.

[657] Jürg Helbling hält den ökonomischen Argumenten der „man-the-hunter"-Theorie von E. Service entgegen, dass es auch sehr wohl Kooperationen unter den Frauen und im Zusammenschluss mit den Männern gegeben haben wird. Neben der Kinderversorgung für den ersten Fall sind hier vor allem die großen Jagden zu nennen, die im zweiten Fall auch die Frauen mit involvierten. Siehe bei Jürg Helbling, Theorie der Wildbeutergesellschaft, S. 109f. Was für Frauen und Kinder galt, muss jedoch auch für Alte und Kranke gegolten haben, sofern sie sich in einem gewissen Rahmen und ohne sich selbst oder die anderen zu gefährden bewegen konnten.

sche Übungen[658]. Ohne Zweifel war die Jagd bis zur Erfindung weit reichender Schusswaffen ein physisch zuweilen stark belastendes Handwerk, welches aufgrund der unzureichenden Bewaffnung mit Spießen, Bögen oder Armbrüsten auch einen tödlichen Ausgang für den jagenden Menschen nehmen konnte. In der gefahrvollen, zumindest aber listvollen Niederringung der Natur, dem Bezwingen des wilden Tieres mit den bloßen Händen, mag sicher ein Grund für die literarische Verbindung der Jagd mit der militärischen Tüchtigkeit verborgen sein. Die Vorstellung einer funktionalen Einbindung der Jagd in die militärische Ausbildung der jungen Kriegerbauern ist letztlich aus beinahe allen Kulturkreisen, mit Ausnahme des republikanischen Roms, überliefert. Auch bereits im antiken aristokratischen Sparta wurde der Jagd wohl im Interesse des Staates nachgegangen. Dabei sollen gerade die kriegerischen Spartaner die Jagd als ein effektives Instrument der Körperertüchtigung betrachtet haben. Aufgrund deren ständigen Kriegslust mag die Jagd in diesem Zusammenhang als körperliches Training nicht ganz unwichtig gewesen sein[659]. Aber auch hier gibt es unterschiedliche Überlieferungen. Während Plato die späteren Überlegungen Machiavellis vorweg nimmt, indem er der Jagd den Zweck des geographischen Erkenntnisgewinns zuschreibt, welcher unmittelbar der Kriegskunst zugute kommt, beschreibt sie Aristoteles auch schon mal als ein bloßes Gewerbe[660]. Auch hier wird deutlich: Plato betrachtete die Jagd als einen Bestandteil aristokratischer[661] und unbedingter Herrschaft, während das aristotelische Verständnis an die athenische Demokratie angelehnt war, die der Jagd keine kriegerische oder repräsentative Rolle zuzubilligen schien. In einem (herrschafts-) politischen Sinne (wie er innerhalb der vorliegenden Arbeit verstanden wird) ist für die Jagd im Rahmen einer Republik keine Basis vorhanden.

Exkurs:

Jagd und ihre Rolle innerhalb eines politischen Systems scheint somit sehr wohl auf unterschiedliche Interpretationen zu stoßen, je nach der politischen Einstellung des Schreibers, Denkers, Philosophen. Man darf hier nicht außer Acht lassen, dass der Jagd zumindest in der Literatur – mit Ausnahme bei den republikanischen Römern – allein in denjenigen Kulturkreisen ein paramilitärischer Ausbildungscharakter zugeschrieben wurde, die zu Zeiten von Caesars Gallischem Krieg im Besitz einer bereits jahrtausendealten Städtekultur waren und die hauptsächlich aristokratisch oder monarchisch regiert wurden. Sie verfügten bereits über ein Wirtschaftssystem, das sich durch Geld-Warenverkehr und ausdifferenzierte Arbeitsteilung eine ökonomische, kulturelle und soziale Basis geschaffen hatte, von der die germanischen

658 Vgl. bei Gaius Iulius Caesar, Der Gallische Krieg, VI.21(3)f.

659 Vgl. dazu Thomas Szabó, Die Kritik der Jagd – Von der Antike zum Mittelalter, in: Werner Rösener (Hrsg.), Jagd und höfische Kultur im Mittelalter, S. 168f.

660 Vgl. dazu bei Max Miller, Das Jagdwesen der alten Griechen und Römer, S. 22f.

661 Platon ist auf der Suche nach dem idealen Staat in seinen Arbeiten einer mehr aristokratischen Staats- und Gesellschaftsordnung verbunden. Er ist bestrebt, zur Rettung der vorhandenen Machtverhältnisse eine starr hierarchische Gesellschaftsordnung zu schaffen. Vgl. dazu die Ausführungen bei Platon, Der Staat, insbesondere die Einleitung von Hans Martin Gerlach und Günther Schenk, S. 33.

Stammesgesellschaften noch weit entfernt waren. Zusätzlich zu dieser hohen Entwicklungsstufe trat ein großer Wildreichtum dazu, der es erlaubte, Jagd auch zu substituieren[662]. Allerdings bleibt diejenige Lesart nicht unterbunden, die nicht allein den militärischen Aspekt im Vordergrund sehen möchte, sondern weit mehr den Soldaten, und hier wohl auch viel eher die sozial höher gestellten Militärs, denen die Chance gegeben wurde sich außerhalb des Kriegshandwerks von den Strapazen zu erholen und Vergnügung und Zerstreuung auf der Jagd zu finden. Insofern wäre dies eine frühe Form des Jagdsports gewesen, da die Bedeutung des Wortes Sport im Deutschen an das englische Hauptwort „sport" angelehnt ist, was selbst wiederum durch Verschiebung und Vermischung mit dem altfranzösischen „se de(s)porter"[663] zusammenhängt. Jenes bedeutet sich „zerstreuen" sich „vergnügen" und der Jagdsport entspricht damit der Zerstreuung und der Vergnügung, was Historiker veranlasst haben könnte, sich auf jene Sequenz bei der Darstellung der mittelalterlichen Jagd zu reduzieren. Wie ich jedoch bereits innerhalb der symbolischen Bedeutung der Jagd nachgewiesen habe, ist die Jagd der Antike mit der derjenigen des Mittelalters und der Neuzeit nicht auf eine Stufe zu stellen. Was für das Bild gilt, gilt natürlich auch uneingeschränkt für die reale Jagdhandlung[664]. Exkurs Ende.

Doch zunächst zurück zur Jagd als mutmaßlicher Bestandteil der Gefechtsübungen (Jagd als Kriegsübung). Auch ungeachtet Caesars Erinnerungen ist davon auszugehen, dass es bereits lange vor dem „Buhurt", bzw. dem „Juste" oder der „Tjost"[665] – den eigentlichen Formen des mittelalterlichen Turniers – entsprechende Möglichkeiten zur Schulung des Kampfesmutes und der Gefechtsbereitschaft, insbesondere bei den Römern, gegeben hat. Die Jagd als eine Kriegsübung wäre nach Abwägung der Effizienz im Hinblick auf die physische und psychische Kriegsvorbereitung die schlechtere Wahl, zumal die weiter oben bereits genannte Reziprozität, durch die sich der Kampf Mann gegen Mann auszeichnet, fehlt. So scheint auch die zweite Definitionsmöglichkeit des praeludium belli als Übung

---

[662] Nach Xenophon wurde die Jagd bei den altiranischen Herrschern nicht nur in der freien Natur ausgeübt, sondern bereits in großen und ausgedehnten Wildparks. Vom älteren Kyros berichtet Xenophon, dass er bald die Tiere im Park durch sein Verfolgen, Schießen und Erlegen so dezimiert habe, dass ihm Astyages keine Jagdtiere mehr zur Verfügung stellen konnte. Im Folgenden erzählt Xenophon davon, dass sich Kyros deshalb außerhalb des Parks auf der Jagd betätigte und schon bald einen prächtigen Hirschen erlegte. Neben Hirschen erwähnt er Gazellen, Wildschafe und Wildesel, aber auch Bären, Panther und Löwen. Vgl. bei Wolfgang Knauth, Das altiranische Fürstenideal von Xenophon bis Ferdousi, S. 112

[663] Vgl. dazu bei Monika E. Reiterer, Ärgernis Jagd?, S. 46.

[664] Die Vermutung, dass im germanischen Kulturkreis die Jagd gerade nicht zum bloßen Vergnügen degradiert wurde, relativiert letztendlich die griechischen Überlieferungen oder deren Interpretationen. Wie sehr in diesem Zusammenhang das Symbol bei den Ägyptern als auch wohl bei den Hellenen im Vordergrund stand, wurde bereits erwähnt, ebenso das Potenzial der möglichen Falschinterpretationen jener Bildnisse als vermutliches Zeugnis faktischer Jagdtätigkeit.

[665] Vgl. zu den Formen der frühen Einzel- und Gruppenkampfspiele bei Ortwin Gamber, Ritterspiel und Turnierrüstung im Spätmittelalter, in: Josef Fleckenstein (Hrsg.), Das ritterliche Turnier im Mittelalter, S. 514f.

kriegsähnlicher Handlungen sehr vage zu sein. Dennoch schlug diese sich in der Literatur über Jahrhunderte unreflektiert nieder und das, obwohl die ursprünglich aus der griechischen Mythologie erwachsene Betrachtung der Jagd als Krieg gegen wilde Tiere in der neuen westlichen Religion keinen Rückhalt erhalten haben konnte. Auch die Tatsache, dass bereits in frühester Zeit äußerst realitätsnahe Gefechtsübungen sowohl der Reiterei als auch des Fußvolkes zur effektiven Kriegsschulung und Prüfung der Waffenfähigkeit existierten, tat der weiteren Formulierung der Jagd als praeludium belli keinen Abbruch[666]. Auch Caesar weiß ja von den germanischen Stämmen zu berichten, dass sie militärische Übungen kannten. Leider ist nicht ersichtlich, ob die Jagd von den germanischen Kriegerbauern nicht vielmehr ausgeübt wurde um ihre landwirtschaftlichen Erzeugnisse zu schützen. In diesem Punkt zumindest wären sie ihrem römischen Pendant dann ebenbürtig gewesen. Zumindest für die volatilen Zeiten der Völkerwanderungen mussten die nicht auf kontinuierlicher Landwirtschaft beruhenden Erzeugnisse umso mehr geschützt werden, da sie aufgrund fehlender umfassender Kultivierung und häufiger kriegsbedingter Abwesenheit des Bestellers nur in geringen Mengen gewonnen werden konnten. Jeder Verlust oder jede Schmälerung der Bodenfrüchte durch wilde Tiere, Unwetter oder Raub musste einschneidende Folgen für die Familie oder den Stamm mit sich gebracht haben. Anscheinend waren die Germanen jedoch bessere Viehzüchter als Ackerbauern[667], was das Argument der Schutzjagd auf landwirtschaftlichen Kulturen wieder etwas in seiner Bedeutung schmälert. An diesem Punkt soll noch eine weitere Möglichkeit in Betracht gezogen werden, die die römischen Geschichtsschreiber veranlasst haben könnte, die Bedeutung der germanischen Jagd für die Aufrechterhaltung der Wehrfähigkeit, der körperlichen Fitness und Moral zu übertreiben, bzw. zu überhöhen: Speziell von Tacitus wissen wir, dass seine Werke weniger der getreuen historischen Wahrheit, als vielmehr der römischen Gesellschaftskritik galten. Gerade sein Traktat „Germania" stellt der Entartung und Feigheit der Römer unter den Despoten die „mannhaften Tugenden eines freien Volkes" gegenüber[668]. Es fehlt in dieser Schrift an der sonst gewohnten römischen Arroganz; im Gegenteil, Tacitus preist die Tapferkeit und Kraft der germanischen Kriegerbauern, ihre ethische und moralische Einfachheit, die er den Römern wie einen Spiegel vorhält. Wie er die Germanen rühmt, so klagt er die um sich greifende Dekadenz, Schwäche und den Untergang der Moral der eigenen Landsleute an. In Anbetracht der Verhältnisse in Rom unter den Cäsaren erscheint dieser moralische Zeigefinger durchaus einleuchtend. Im Lichte dieser Interpretationen kommt den regelmäßigen, außerhalb der Stammesgrenzen stattfindenden Raubzügen wohl eher der Stellenwert kriegsähnlicher Handlungen, insbesondere

---

666 Vgl. bei Lutz Fenske, Jagd und Jäger im frühen Mittelalter, in: Werner Rösener (Hrsg.), Jagd und höfische Kultur im frühen Mittelalter, S. 54f, unter Bezug auf A. Schulz, Das höfische Leben zur Zeit der Minnesänger.

667 Zwar kannten die Indogermanen bereits den Pflug und betrieben Ackerbau, in erster Linie waren sie aber Viehzüchter, die auch das Pferd in ihre neue Heimat brachten. Neben dem Pferd spielten insbesondere das Rind und das Schaf eine zentrale Rolle. Vgl. dazu Alois Seidl, Deutsche Agrargeschichte, S. 24ff.

668 Vgl. dazu Will Durant, Caesar und Christus, S. 466ff.

in Form einer Initiation der jungen Krieger, zu[669]. Auch Ammianus Marcellinus attestiert den germanischen Stämmen der Sarmaten und Quaden, dass den Raubzügen ein besonderer Stellenwert zugekommen sei[670]. Dabei ist innerhalb der Literatur nicht annähernd so oft und ausführlich die Rede von der Jagd wie von den Raubzügen und dem Kriegshandwerk. Beides, militärisches Training und Raubzüge, förderten die Kampfkraft und Kampferprobung sicher um ein Vielfaches mehr als es die Jagd je vermochte. Darüber hinaus ist durch die literarische Trennung von Krieg und Raubzügen davon auszugehen, dass letztere den Friedenszustand nicht wirklich unterbrachen und somit nicht dem Kriege zugerechnet werden können. In diesem Zusammenhang würde die Jagd näher an die Inhalte der Raubzüge heran rücken als an den Krieg selbst. Auch wenn durch räuberische Überfälle die Gefahr eines offenen Krieges heraufbeschworen werden konnte, so gaben sie doch die Möglichkeit der Erprobung des Kriegshandwerkes außerhalb offener Feldschlachten. Durch sie konnte in relativen Friedenszeiten ähnlich der Jagdausübung ein deutlicheres Bild der eigenen und gegnerischen Lage gewonnen werden als es ohne die Jagd und den Raub möglich gewesen wäre. Zudem muss man nach der Sichtung der genannten literarischen Quellen zu dem Ergebnis gelangen, dass die Raubökonomie ein wesentlicher Bestandteil germanischen Wirtschaftens zumindest für die Dauer der Völkerwanderungen war. Wäre die Jagd auch nur annähernd so hingebungsvoll wie die Raubzüge ausgeübt worden, so hätte die jagdliche Ausbeute deutlich mehr als lediglich fünf bis ausnahmsweise zehn Prozent der Nahrungsversorgung ausmachen müssen[671]. Die Jagd bleibt also von allen drei genannten Raum(be)handlungen (Krieg, Raub, Jagd) das friedlichste Element und wohl auch nach den Erkenntnissen osteologischer Funde zunächst das unbedeutendste von allen. Als Raum(be)handlung im Sinne der Auskundschaftung des Gegners und der geographischen Gegebenheiten in friedlichen Zeiten bleibt die Jagdausübung in diesem Kontext zwar das risikoärmste Mittel – dennoch dürfte sie zu den Zeiten Caesars so nicht mehr angewandt worden sein. Anders bei den Persern, bei denen nach den Erzählungen Xenophons offensichtlich ein Jagdzug als eine List zur Eröffnung plötzlicher Kriegshandlungen benutzt wurde. Auf diesem Wege konnte ein Heerzug als Jagdgefolge getarnt und die damit verbundene Sorglosigkeit des Gegners zum erfolgreichen Kriegsschlag ausgenutzt werden[672]. Letzt-

669 Gaius Iulius Caesar, Der Gallische Krieg, VI.22(1)ff.

670 Vgl. bei Johannes Bühler, Die Germanen in der Völkerwanderung, S. 134, unter Bezug auf Ammianus Marcellinus, Res gestae, Buch VI.

671 Alois Seidl weist darauf hin, dass in der Steinzeit die Wildtierknochenfunde regelmäßig unter 10% ausmachten, während sie in der Metallzeit noch geringer waren. Siehe bei Alois Seidl, Deutsche Agrargeschichte, S. 22f.

672 Dass die Jagd als eine List betrieben wurde, die dem eigentlichen Kriege vorausgehen konnte, ist bei Xenophon für den jungen Kyros beschrieben. So unternimmt der Sohn des Königs von Assyrien einen Jagdzug ins assyrisch-medische Grenzgebiet. Er findet sein Gefolge zahlreich genug, um kurzerhand ins medische Land einzufallen und die Besatzungsmannschaften der medischen Festungen anzugreifen. Ein weiteres Mal eröffnet Kyros den Kampf gegen die Armenier durch eine große vorgegebene Jagd. An der Grenze angekommen, beginnt die Aufstellung des Heeres nach der Weise der Jagd. Als Kyros nach gutem Erfolg die Jagd abbricht, ist man bereits an der armenischen Grenze angekommen. Jetzt erst klärt er seine Truppen darüber auf, dass der wahre Zweck der Jagd der Krieg mit dem König von Armenien sei. Vgl.

lich aber hat die Jagd mit dem Krieg und den Raubzügen außer der Raum(be)handlung keine großen Ähnlichkeiten, da ein klarer Bruch zwischen Jagd und Krieg als auch Jagd und Raubzug besteht, sowohl in den akustischen Signalen, dem Verhalten, den Abzeichen und Bannern und letztendlich im Resultat selbst. Das latente Potenzial der Jagd liegt nicht unmittelbar in der Vernichtung oder Schädigung des Gegners als vielmehr mittelbar in der Erfassung der eignen als auch der gegnerischen Lage, der Tarnung, der räumlichen Bewegung, sowie der bewaffneten Präsenzdemonstration in relativen Friedenszeiten unter Zuhilfenahme der klassischen jagdlichen Attribute wie Pferde, Hunde, Speere, Hörner, eventuell auch Falken. Allerdings ist dieses Phänomen - nach seinem Untergang mit dem Perserreich - erst wieder in den Zeiten des europäischen Mittelalters und seinen Adelsherrschaften zu verzeichnen und gerade nicht in den chaotischen Zeiten der Völkerwanderung. Wieweit der Jagd diese Eigenschaften auch in faktischen Kriegszeiten zugerechnet wurden, geht aus der Literatur leider nicht hervor. Überhaupt bleibt die Betonung der Jagd einzig Bestandteil römischer Quellen; spätere Autoren als die genannten römischen erwähnen die Bedeutung der Jagd für die Germanen kaum und niemals in dieser Bedeutsamkeit. Wenn sie es doch tun, dann zweifelsohne unter dem immensen Einfluss des „De bello gallico“[673]. Eine Wendung nimmt dies erst mit dem Ende der karolingischen Herrschaft, dem Untergang des fränkischen Reiches in Zeiten dauernder äußerer und innerer Bedrohungen. Erst das unruhige Umfeld, die unbedingte Behauptung nun kleinerer Herrschaftsräume durch den sich verselbstständigenden Verwaltungsapparat, rückten im Mittelalter die Jagd als Raum(be)handlung in den Blickpunkt der Fürsten. Wald und Feld wurden zu den elementarsten Gütern, die ein Herrscher haben und kontrollieren musste, wollte er seiner Gewalt über Land und Leute Kontinuität zusichern. Die Jagd wurde hier zu einem Instrument unbedingter Beherrschung jener Räume und der Forst - eine Basis jeder Herrschaft - zum „meistbeaufsichtigten Raum des Abendlandes“[674]. Der Forst ist in diesem Zusammenhang nicht von der Jagd zu trennen. Beide gehören zusammen und sind nur über die sozialhistorischen Kontexte zu erklären, was noch ausführlich in den kommenden Kapiteln geschehen wird.

4.4 Zusammenfassung der Kausalität von Raum und Jagd

4.4.1 Einführung

Die Jagd als eine Handlung in spezifischen Räumen, weiterführend als Instrument zur Reproduktion von Raum, ihre Konkretisierung im Rahmen räumlicher Ziele und ihre Ausgestaltungen in den antiken und mittelalterlichen sowie neuzeitlichen Gesellschaften, lassen den Schluss zu, dass die Funktion der Jagd ursächlich mit den Entwicklungsstadien der sozialen und politischen Vergesellschaftung zusam-

dazu die Ausführungen bei Wolfgang Knauth, Das altiranische Fürstenideal von Xenophon bis Ferdousi, S. 114.

673 So z. B. Adam Schwappach, Ludwig Stieglitz, Karl Hasel, Kurt Lindner, etc.

674 Vgl. bei Joseph Morsel, Jagd und Raum, in: Werner Rösener (Hrsg.), Jagd und höfische Kultur im Mittelalter, S. 260.

menhängen muss. Die Jagd war einer stetigen Entwicklung ausgesetzt, die allein über die Prozesse der Vergesellschaftung zu erklären ist, letztlich über die Ausgestaltung des politischen Systems (in das aristokratische Ideal einerseits und das republikanische Ideal andererseits). Jagd, im Sinne Platons als Strategie der Bemächtigung, bietet - verstanden als Jagd auf wilde Tiere - die Möglichkeit, im Rahmen ihrer ihr eigenen raumgreifenden Handlungen sowohl Beute als auch geographische und migrationsspezifische Erkenntnisse zu erbringen, daneben Entscheidungshilfen zum Weiterzug der Gruppe zu leisten, sowie letztendlich erinnerungsspezifische Funktionen der Herrschaftsrepräsentation und darüber hinaus faktische Herrschaft über Inklusion und Exklusion bestimmter Teile der Gesellschaft durchzusetzen. So ist es die Jagd auf wilde Tiere, die sich im Verlaufe der Entwicklung gesellschaftlicher Strukturen von der Bemächtigung der Beute zur Bemächtigung von Herrschaft, zur Besetzung von Raum, ja zur Reproduktion von Raum und Ordnungsvorstellungen wandelte[675]. Abgeschlossen war dieser Prozess etwa mit der endgültigen Durchsetzung des feudalen Systems auf deutschem Boden um das 12. bis 13. Jahrhundert herum. Um die Jagd einer herrschaftlichen Funktionalisierung zuzuführen, war es unbedingt notwendig, dass vorab die gewachsenen traditionalen Strukturen der germanischen Stammesgesellschaften, die traditionalen Rechte des Einzelnen und damit die demokratischen Grundstrukturen aufgebrochen, die Gesellschaft neu formiert und sie einer aristokratischen Ausrichtung unterworfen wurde (vgl. dazu Kapitel 5). Dies geschah über die Vertikalisierung räumlicher als auch sozialer Ausprägungen und Strukturen der mittelalterlichen Gesellschaft im Zuge der inneren und äußeren Unruhen, der Abschichtungsvorgänge und insbesondere vor dem Hintergrund des Forstes und seiner juristischen und tatsächlichen Ausdehnung. Die Generierung von Jagd als Herrschaftsinstrument war innerhalb dieser Entwicklung zunächst mit einiger Sicherheit keine intentionale Absicht, was mit den obigen Zeilen verdeutlicht werden sollte. Der Durchbruch ihrer bis dato latenten Potenziale der Raum(be)handlung auf die herrschaftspolitische Ebene ist allein den Umständen der Zeit und dem Rückgriff auf antike Anschauungen zu verdanken. Hier beginnt die Geschichte der Jagd den Grundstein für ihren heutigen Stellenwert als Zankapfel differierender gesellschaftlicher Strömungen zu legen. Die modernen Auseinandersetzungen um das Thema Jagd spiegeln heute ihrerseits die Umstände von Zeit und Raum wieder und die Rückbesinnung innerhalb der Jagd scheint ein allzeit gewichtiges Gut zu sein - in der Vergangenheit wie auch heute.

4.4.2 Zusammenführung von Symbol, Raum und Jagd

Wie bereits ausführlich dargelegt wurde, setzt sich die Jagd aus einer Konstanten und einer Variablen zusammen. Die Konstante wurde hier als Raum(be)handlung definiert, während die Variable ihre spezifische und wechselnde Funktion innerhalb des Prozesses der Zivilisation darstellt. Weshalb die Jagd als eine

[675] Wohlgemerkt handelte es sich hier immer um die Jagd auf wilde Tiere, die dabei symbolisch oder real stattfand oder unter Einbezug beider Faktoren wie dies im Mittelalter der Fall war. Hier haben wir es ausdrücklich nicht mit sprachlogischen Verbindungen mit der Jagd zu tun, sondern mit der bewaffneten, berittenen und schon früh mit einer bereits brauchtümlichen Jagd ausdrücklich auf wilde Tiere.

Raum(be)handlung bezeichnet werden kann, wurde über die Darlegung der ihr inhärenten Potenziale aufgezeigt. Jenes Charakteristikum der Raum(be)handlung hat sich die Jagd bis heute erhalten und so ist es nur konsequent, sie aufgrund ihrer Epochen überspannenden Kontinuität als eine Konstante zu bezeichnen. Eingangs dieses Kapitels wurde die Frage nach der Eignung der Jagd als herrschaftliches Instrument und damit nach der Funktion oder Rolle von Jagd gestellt. Diese Frage, die die Variable der Jagd betrifft, kann nach allen Überlegungen nur unter Berücksichtigung der kulturellen, strukturellen, psychischen und physischen Prozesse innerhalb der Zivilisierungen und letztlich auch Modernisierungen beantwortet werden. Keines der bisher untersuchten Elemente (jagdliche Symbole, Potenziale der Jagd, Raum- und Sozialstruktur) war für sich allein in der Lage, die Funktionalisierung der Jagd - insbesondere im feudalen System - zu erklären. Diese Leistung kann nur über die Zusammenführung aller genannten Elemente erbracht werden. Um dies historisch zu untermauern, führt der Weg in den nächsten Kapiteln von den Römern über das Mittelalter zur Frühen Neuzeit bis 1848/49. Hier wird die prinzipielle Eignung der Jagd als Herrschaftsinstrument, wie sie in einer sehr abgeschwächten und durchaus als moderat zu bezeichnenden Form bereits bei Domitian, Traian und insbesondere Hadrian im ersten und zweiten nachchristlichen Jahrhundert verstanden wurde, unter Einbezug der wesentlich späteren Frondienste, der Generierung und Etablierung von Forsten und deren Verwaltung zur faktischen und unabdingbaren Herrschaftshandlung erweitert. Die Perfektionierung der Jagd als Instrument für die mit ihr originär in keinerlei Zusammenhang mehr stehenden Ziele fand erst lange nach den genannten römischen Kaisern statt. Jene hatten jedoch zumindest andeutungsweise den ersten Schritt getan und sich den jagdlichen Metaphern und Symbolen auf der herrschaftspolitischen Ebene bedient. Jene Entwicklung scheint jedoch nach den xenophontischen Darstellungen keine neue zu sein, ihre Wurzeln reichen im Gegenteil sehr weit zurück, wie es die genannte altiranische Praxis erahnen lässt. Zur Erinnerung: die Jagd hatte bereits in den frühen Zeiten zwei Ausprägungen: einerseits eine spirituelle Prägung, die ihren Ausdruck zuerst in den Höhlenmalereien, später in den altägyptischen Wandzeichnungen und den römischen Löwenjagdsarkophagen gefunden hat und die als variierendes Stilmittel jagdlicher Symbolik zu beurteilen ist; auf der anderen, eher ephemeren Seite diente die Jagd materiellen Bedürfnissen. Sie verschaffte Nahrung, Felle und Erkenntnisse im Zuge räumlicher Bewegungen. Im Paläolithikum - man mag sich darüber streiten - war die Jagd existenziell, vielleicht auch spirituell unabdingbar, insbesondere vor dem Hintergrund einer mehr naivmagischen Stellungnahme jener Kulturen zur Lebenswelt und ihren Inhalten. In den antiken Hochkulturen Ägyptens und Roms dagegen nahm die Bedeutung der realen Jagdhandlung stets weiter ab, die magische oder symbolische Bedeutung dagegen blieb bestehen. Diese Symbolhaftigkeit der Jagd setzte sich wie eine Glocke über die reale Jagdhandlung. In der Antike wurden die Mythen und Sagen in Anlehnung an griechische Göttersagen und altägyptische Gottheiten mit der stetigen Verfeinerung der Riten und der Weiterentwicklung des Glaubens vorangetrieben. Wolfram Martini erkennt in diesem Zusammenhang die wachsende Rolle der bildlichen und schriftlich Jagd, die zu einer Chiffre herrschaftlicher Qualitäten wurde und so weit über das ephemere lebensweltliche Ereignis hinaus und auch unabhängig von diesem verewigt und damit erinnert werden konnte[676]. Die Jagd wurde endgültig zu einer Metapher, die sich längst von ihrem Rohprodukt gelöst hatte. In diesem Zusammenhang sind auch die römischen Jagdsarkophage zu erklären und ist ihre Ikonographie zu verstehen. Auch die bereits angesprochene Aufzählung der lukullischen Zutaten einer römischen Festivität, ihre Zusammensetzung aus allen Teilen des Reiches, ist über die sich verselbstständigte Ikonographie zu verstehen. Dass jene selbst bei den jagdlich kaum ambitionierten Römern Eingang gefunden hatte, lässt auf die breite Wirkung und Akzeptanz der bildlichen und oder schriftlichen Jagd verlässliche Rückschlüsse ziehen[677]. Allein über die reale Jagdhandlung sagt sie dem Historiker nichts aus, was bisher immer unberücksichtigt blieb und zu vielen vermutlich falschen oder wenigstens unvollständigen Interpretationen führte. Erst im Verlauf des frühen, eindeutig aber im Hohen Mittelalter trat die symbolische Bedeutung deutlich zurück und stattdessen wurde die reale Jagdhandlung wieder zu einem Fixpunkt des Adels. Hier wurde nicht mehr gejagt um den Göttern zu huldigen, einem Fürstenideal zu entsprechen oder die Existenz zu sichern, sondern hier stand die Jagd bereits frei und bediente allein die herrschaftliche Komponente der Raumbeherrschung und Raumbesetzung, sowohl über materielle, visuelle als auch über akustische Handlungen[678]. Zugute kamen der Jagd hier die weiter oben genannten Prägungen der Raumformen, die neben der Ausschließlichkeit die Grenzziehung, die Fixierungen insbesondere sozialer Art und zu guter Letzt die Notwendigkeit unmittelbarer personaler Autorität zum Gegenstand haben. Seit jenen räumlichen Strukturierungen definiert sich Jagd ausschließlich über diejenigen Ziele, die mit ihr zu erreichen sind: sei es die Stabilisierung und Reproduktion von Herrschaft, die soziale Dignität und Distinktion, oder sei es die ökologische Reaktion auf die Auswirkungen der Industrialisierungen im 21. Jahrhundert. Je nach Stand der Zivilisation, der Prägung des politischen Systems und der Definition der Räume stand der Tötungsakt mal im Vorder- und mal im Hintergrund. Mal war das wilde Tier ausschließliches Handlungsobjekt der Jagd, mal trat das Tier als Bezugsobjekt zurück. Der Erfolg der Jagd wurde ab einem bestimmten Punkt der Vergesellschaftung nicht mehr über die Tötung definiert, auch wenn zum Teil - wie im Feudalismus - Hekatomben von Tieren getötet wurden. Das wahre Objekt der Jagd wurde der Raum (eigener Herrschaftsraum, fremder Herrschaftsraum und die Grenzbereiche) und die in ihm befindlichen Untertanen. Der Erfolg der Jagd definierte sich nicht nur über die

---

676 Vgl. dazu Wolfram Martini, Die Jagd der Eliten, in: Wolfram Martini (Hrsg.), Die Jagd der Eliten in den Erinnerungskulturen von der Antike bis in die frühe Neuzeit, S. 9ff.

677 Allerdings ist nicht ganz von der Hand zu weisen, dass diese Akzeptanz auf die Wirkungen der Kulturen Ägyptens und Griechenlands zurückzuführen sind, deren Inhalte und Lebensweise von den Römern regelrecht aufgesogen wurden. Allerdings bestätigt sich auf die eine wie auch auf die andere Weise der Betrachtung die These, dass die schriftliche und bildliche Jagd allein in der Lage war, bestimmte Erinnerungen und bestimmte Gesten oder Anschauungen zu transportieren. Die reale Jagd konnte dem kaum etwas entgegensetzen, zumindest nicht in der Antike.

678 So z. B. der Hörnerklang, die Jägerschreie, das Hundegeläut und später bei den großen Überlandjagden der Herzöge die unzähligen Schüsse, das Klappern Hunderter von Jagdwagen, die Reiterei, etc.

Menge des getöteten Wildes, sondern darüber hinaus in seiner absoluten Wirkung auf die Untertanen und auf die „Nachbarn", hier insbesondere auf die angrenzenden Landesherren oder den niederen landsässigen Adel. Die Ikonographie der Jagd auf der einen und die Exklusionen und Inklusionen über die Jagdhandlungen auf der anderen Seite bewirkten die politische Macht, das politische Signal der nunmehr realen Jagd, die darüber hinaus etwa seit Karl dem Großen zusätzlich über einen straffen Verwaltungsapparat gestützt werden konnte.

Hier liegen auch die Gründe verborgen, weshalb ausgerechnet die Jagd den Herrscher im feudalen System des Deutschen Reiches in die Lage versetzen konnte, Herrschaft auf einer wesentlich konsequenteren Ebene als z. B. durch Kaiser Hadrian zu reproduzieren und sie dann auch durchzusetzen. Nur über die spezifische Verbindung von Erinnerung (Symbol), Raum, politischem System und Sozialstruktur, von Inklusion und Exklusion über die Frondienste, wurde es möglich, andere Raumhandlungen, z. B. das Durchreiten mit bewaffneten Anhängern oder Söldnern, das Turnier, Durchzug und Durchmarsch des Militärs oder bloße Ausritte des Landesherrn oder des Adels zum Zwecke der Erkundung und Präsenzdemonstration, als zumindest gleichwertig oder gar wirkungsvoller auszuschließen. Das Fluidum der Jagd, die Wirkungen der Ikonographie, verfehlten hier ihr Ziel nicht und die Jagd wurde so mit Hilfe der genannten Größen zu einem öffentlich-dominanten Muster von Herrschaft. Auch höfische Veranstaltungen außerhalb der Burgmauern oder der Schlossanlagen hätten ja prinzipiell als herrschaftliche Raumhandlungen dem Anspruch auf Beherrschung und Führung genüge getan. Aber auch sie können mit einiger Sicherheit ausgeschlossen werden, wenngleich sie in einem Lehnsystem noch einige Bedeutung hatten, nicht jedoch im feudalen (Misch-)System der deutschen Territorialstaaten. Das Durchreiten bewaffneter Anhänger konnte außer bloßer Repräsentation keine Leistung erbringen. Die Jagdhandlungen dagegen in Verbindung mit den zu leistenden Frondiensten, den Inklusionen und Exklusionen der Untertanen, die Positionierung von Menschen und Tieren im geographischen und sozialen Raum, versetzten den Herrscher in die Lage, über bloße Repräsentation und Zur-Schau-Stellung hinauszugehen. Hier wurde bewusst hierarchische politische Kommunikation betrieben, wenn auch nur in eine Richtung, so doch mit der Gewissheit, dass die Botschaft eindeutig und unmissverständlich auf der anderen Seite verstanden wurde. Das Geheimnis lag in der klaren Befehlsstruktur, der Kontrolle, der Einbindung und dem Ausschluss als Bestandteil der Teilnahme an der Jagd als sozialer Praxis. Herrschaft konnte über diese Form der Jagd, die eine spezifische Form der Landesherrschaften war, per se ausgeübt werden. Zu jagen bedeutete Herrschaft auszuüben, auch wenn die Jagd selbst nur ein Teil von Herrschaft war. Aufgrund der ländlichen Strukturen, der Bedeutung von Feld und Wald für die landesherrlichen Untertanen deckten die Jagdhandlung und der mit ihr verbundene Forst nahezu den gesamten Lebensbereich der Untertanen ab. Mit der Bildung der Forste, ihrer Ausdehnung auf ehemals freies Land und letztlich auch auf die Güter der Freien, begann die reale Reproduktion der Herrschaft über die reale Jagdhandlung in den Vordergrund zu treten und die symbolische Reproduktion, insbesondere im Zusammenhang mit der Beizjagd, zu ersetzen. Lässt man die Falknerei außen vor[679], so beschränken sich die herrschaftlichen Jagdhandlungen spätestens ab dem 13./14. Jahrhundert (der endgültigen Ausbildung des feudalen Systems) auf den Rothirsch, nur noch bedingt auf die wilden Schweine und in den Alpen wesentlich stärker auf das Gams- und Steinwild[680]. Die Jagdpraxis stellte insbesondere über die Überlappung von Lebens-, Herrschafts- und Jagdraum bald eine Form aggressiver politischer Öffentlichkeitsarbeit dar, die sie lange Zeit bleiben sollte. So ist es nicht verwunderlich, dass es gerade die Parforcejagd auf der einen und die großen Jagdzüge und Eingestellten Jagden auf der anderen Seite waren, die nun für lange Zeit das Bild der Jagd und der Aristokratie prägten. Ihre herrschaftliche Kraft schöpfte die Jagd aus den Prozessen der Inklusion und der Exklusion als wesentlichen Bestandteilen der für die Herrschaften wichtigen Raum(be)handlung. Die Worte Kaiser Maximilians I., die in seinem „Haimlich Gejaidt Puech" niedergeschrieben stehen, verdeutlichen diesen Standpunkt: „Du König von Österreich, (...) sollst dich freuen der großen Lust der Waidmannschaft, deren du mehr hast als alle Könige und Fürsten, zu deiner Gesundheit und Erholung, auch zum Troste deiner Untertanen, weil du ihnen dadurch kannst bekannt werden, auch der Arme wie der Reiche täglich bei diesem deinen Waidwerke Zutritt zu dir hat, so dass sie sich ihrer Not zu beklagen und sie vorzubringen vermögen, du ihnen auch solche benehmen kannst mit Lust, indem du während des Genusses der Waidmannschaft den Bitten der Armen Hilfe gewähren kannst. Dazu sollst du deinen Sekretär und etliche Räte mitnehmen, damit du im stande bist, den gemeinen Mann, wenn er sich dir nähert, abzufertigen, was du dann schöner beim Waidwerk als in Häusern tun kannst"[681]. Ähnliches wissen wir auch von dem westfränkischen König Odo, der schon im Jahre 889 „beinahe stolz und selbstgefällig" feststellte, „dass ihm ein Rechtsstreit vorgetragen worden war, als er umgeben von Bischöfen, Grafen und Königsvasallen more regio, also nach Art der Könige, im Wald von Cuise jagte"[682]. Diese Aussagen über die Jagd als durchaus gesellschaftlichem Ereignis widersprechen der in der bisherigen Forschung propagierten Jagd als Möglichkeit zur königlichen Selbstfindung in der Einsamkeit der Wälder oder Forste. Das Gegenteil scheint der Fall gewesen zu sein: Jagd fand zumeist in Begleitung unzähliger Helfer, später unter Zuhilfenahme einer großen Anzahl von Fronpflichtigen und eines noch größeren Publikums, statt. Das Ziel der herrschaftlichen Jagd war gerade die Öffentlichkeit und nicht der Rückzug in die Einsamkeit und Romantik, wie dies in den Nachkriegsjahren des

---

679 Insbesondere deshalb, weil die Jagd mit dem Greif, vor allem mit dem Falken und dem Adler, sehr symbollastig ist und viele Rückgriffe auf das klassische Altertum zulässt.

680 Füchse, Hasen, Marder und Dachs wurden erst mit den höfischen Jagdvergnügungen - insbesondere dem Prellen - interessant. Das Prellen fand dabei innerhalb der Schlossmauern statt. Hier gab es keine jagdliche Öffentlichkeit, sondern es war ein reines Hofvergnügen, dem lediglich das Einfangen dieser Tierarten durch das jagdliche und forstliche Personal vorausging. Wölfe und Bären als gefährliches Jagdwild wurden dagegen oftmals den Untertanen freigegeben, was an anderer Stelle noch Schlussfolgerungen nach sich ziehen wird.

681 Zitiert nach M. Marx-Kruse und E. von Campe, Chronik der deutschen Jagd, S. 116.

682 Zitiert nach Jörg Jarnut, Die frühmittelalterliche Jagd unter rechts- und sozialgeschichtlichen Aspekten, in: Settimane di studio del Centro italiano di studi sull`alto medioevo 31/1, S. 787-788, unter Bezug auf Recueil des actes d`Eudes Nr. 14, ed. R. H. Bautier, 1967, S. 67, Z. 15-17.

20. Jahrhunderts der Fall war. Auch die Jagden der Perserkönige hätten den Historiker bereits aufmerken lassen müssen, da sie eine Vorwegnahme der großen Überlandjagden der Neuzeit darstellten. Schon damals bestand das Jagdgefolge aus 300 Beipferden, 1160 königlichen Sklaven zu Fuß mit Lanzen bewaffnet, 1040 Stabträgern, 700 Falken und den dazugehörigen Falknern, 700 Löwen, 700 Jagdhunden, 2000 Musikanten, etc.[683]. Was, wenn nicht Öffentlichkeit und die durch sie geschaffene Möglichkeit der Demonstration von allgewaltiger Herrschaft sollte den Ausschlag zu solchen Jagdzügen veranlasst haben? Die Jagdzüge benötigten jedoch ein bestimmtes politisches Umfeld, eine Aristokratie, um ihre Funktion als Herrschaftshandlung erfüllen zu können. Das war in den altiranischen Reichen nicht anders als in den Territorialstaaten des Heiligen Römischen Reiches Deutscher Nation. Die Ausbildung und Organisation der Verwaltung jener Jagden führte darüber hinaus zusätzlich zu einem System von Herrschaftspraktiken, welches von keiner anderen sozialen Handlung in diesem Umfang und mit diesem kulturhistorischen Hintergrund hätte ersetzt werden können. Die Jagd war – unter Rekurs auf die griechische Mythologie[684] – in diesem Sinne tatsächlich ein Geschenk des Himmels für die feudalen und Landesherrschaften des Deutschen Reiches, jedoch in ihrer Umfänglichkeit und Funktion nur über die neuen Raumkonstrukte wie z. B. den Forst, seine ökonomischen, sozialen und politischen Konstrukte und Wirkungen, einer Erklärung zuzuführen. Doch noch wichtiger als die Forste sind hier letzten Endes die Strukturen des Deutschen Reiches zu beachten, die Kleinräumigkeit der Herrschaftsgebiete, die Verflechtungen kaiserlicher und landesherrlicher Berechtigungen innerhalb desselben Gebietes, die Grenzstreitigkeiten und militärischen Krisen: sie haben der spezifisch deutschen Jagdgeschichte ihren Stempel aufgedrückt.

4.4.3 Schlussbemerkungen

An verschiedenen Stellen der vorliegenden Arbeit wurde und wird die Jagd als eine Raum(be)handlung definiert. Allein die generellen Potenziale der Jagd deuten bereits auf Räumlichkeit, auf Bewegung im Raum, etc. hin. Jene Potenziale, die sich, seit es jagende Menschen gibt, nicht verändert haben, werden gemäß den jeweiligen historischen und gesellschaftlichen Zweckmäßigkeiten ausgeschöpft und damit in verschiedene Richtungen instrumentalisiert. Der Ausschöpfungsgrad der der Jagd inhärenten Potenziale hängt damit einzig und allein vom Stand der Evolution respektive der Zivilisation ab. Die Jagd spaltet sich seit jeher in zwei Größen auf: in eine Konstante, das ist die Raum(be)handlung, und in eine Variable, das ist ihre Funktion, ihre Funktionalisierung durch die Epochen der Geschichte. Die Beziehungen, die zwischen der Ausgestaltung des Raumes und der Bedeutung der Jagd bestehen, können auf diesem Wege dem Betrachter offenkundig gemacht werden. Jagd ist also nicht nur eine Handlung im Raum, sondern darüber hinaus abhängig

---

683 Vgl. dazu die Aufzählungen bei Wolfgang Knauth, Das altiranische Fürstenideal von Xenophon bis Ferdousi, S. 115.

684 Für die Griechen war die Jagd ein Geschenk der Götter an die Menschen; ihren mit der Jagd in Verbindung gebrachten Göttern Artemis, Apollon und Dionysos wurden unzählige Tempel, Altäre, Epen, Opfer und Statuen gewidmet. Vgl. bei Matt Cartmill, Tod im Morgengrauen, S. 50ff.

von den geistigen Grundlagen (dem materiellen Ausdruck in den Einrichtungen eines Staates) und damit der Strukturierung des Raumes selbst - und das ist das bedeutendste Charakteristikum überhaupt. Der Jäger ist in der Lage die Vorstellung und Wahrnehmung von Raum über sein Tun zu reproduzieren, beliebig oft und repetitiv. Das gilt für die Gegenwart gleichwohl wie für die Vergangenheit (einzig in der Gegenwart ist der Jäger nicht mehr der Alleinherrscher, sondern sein Tun wird kritisch beäugt und demokratisch entschieden; reglementiert). Das ist letztlich der Beweis dafür, dass die Gesellschaft auf die Jagd einerseits wirkt und andererseits über die Jagd auf die Gesellschaft oder Nichtjäger Wirkungen entfaltet werden können, die je nach Ausgestaltung der gesellschaftlichen Strukturen geartet sind. In primitiven Gesellschaften ist es der Beitrag zum Überleben, in feudalen Gesellschaften dagegen der Beitrag zur Herrschaftssicherung und Herrschaftsdurchsetzung, zur Reproduktion des Beziehungsgefüges zwischen Herr und Untertan. Die Evolution ist ohne die Jagd denkbar, der Feudalismus und Absolutismus dagegen nicht. Damit unterscheidet sich jene Zeit, die zwischen dem ausgehenden Mittelalter und der Revolution von 1848/49 zu liegen kommt, diametral von allen anderen Zeiten. Auch in der Gegenwart des 21. Jahrhunderts ist die Jagd grundsätzlich nicht notwendig, zumindest nicht im Rahmen des Gesellschaftsmodells. Der Grund dafür ist neben dem politischen System im Fortschritt der Wissenschaft zu suchen, da die Reduktion bestimmter Wildarten, die als Kulturfolger bezeichnet werden können, zwar notwendig ist, Eingriffe in diese Populationen jedoch auch mittels Ovulationshemmer, der Kastration oder durch ähnliche Eingriffe in die Populationen prinzipiell erreicht werden könnten. Wir sind heute in der Lage nicht nur durch Tötung Populationen zu regulieren, sondern eben auch mittels moderner Medizin, die auch vor wildlebenden Tieren keinen Halt macht. Ob dies zukünftig die Jagd ablösen wird, bleibt abzuwarten, ist jedoch nach meinem Dafürhalten nicht zu hoffen.

Gerade für die Jagd als Raum(be)handlung existiert bis heute lediglich ein einziger Aufsatz von Joseph Morsel, der die Bedeutung des Raumes, die Bedingungen seiner Konstruktion und die Prozesse seiner Reproduktion durch jagdliche Interaktionen zwischen Herren und Untertanen erkannt und formuliert hat. Für Morsel hat die Jagd entgegen den historischen Argumenten und Überzeugungen nichts mit Gaumenlust oder Spielvergnügen zu tun, sondern sie ist eine soziale Praxis und als solche nur vor dem Hintergrund des Raumes selbst zu verstehen[685]. Damit wird deutlich, was Martina Löw unter Raum versteht. Für sie ist die Entstehung des Raumes ein soziales Phänomen und damit „nur aus den gesellschaftlichen Entwicklungen heraus, das heißt auch als prozesshaftes Phänomen, zu begreifen“[686]. Der Raum wird nach den Vorstellungen von Martina Löw als Synthese von sozialen Gütern (symbolische und materielle Güter), anderen Menschen und Orten in Vorstellungen, durch Wahrnehmungen und Erinnerungen, aber auch durch die Positionierung von sozialen Gütern und Menschen an Orten in Relation zu anderen

685 Vgl. dazu bei Joseph Morsel, Jagd und Raum - Überlegungen über den sozialen Sinn der Jagdpraxis am Beispiel des spätmittelalterlichen Franken, in: Werner Rösener (Hrsg.), Jagd und höfische Kultur im Mittelalter, S. 255-287.

686 Vgl. dazu Martina Löw, Raumsoziologie, S. 263.

Gütern und Menschen konstituiert[687]. Die bisherigen Ausführungen zum Raum und seiner Verbindung mit der Jagd haben zu dem Ergebnis geführt, dass die Ansichten Georg Simmels von Raum und seiner Konstitution nicht weit genug gehen. Seine Theorie reicht noch nicht aus, die Zusammenhänge zwischen epochenspezifischen Räumen und der darin enthalten Jagdfunktion zu erklären. Das ist über das Modell von Martina Löw schon weitaus realistischer zu bewerkstelligen, da es den Raum nicht nur als vorgegebene Größe, sondern als stetig neu mit Hilfe sozialer Handlungen und der Positionierung von Menschen im sozialen als auch im geographischen Gebilde zu reproduzierende Größe mit einbezieht. Die Funktion von Jagd, das heißt die sich ständig in Bewegung befindliche Wechselwirkung zwischen der jeweiligen Jagd und dem jeweiligen Raumkonstrukt, ist unmittelbar abhängig von der Konstruierung des Raumes und den Positionierungen der Menschen darin. Gerade die Mediävistik ist ohne eine Analyse der Räume und der Positionierung der Menschen in ihnen nicht vorstellbar, der Feudalismus nicht ohne die räumlichen Beziehungen der Herren zu ihren Untertanen und umgekehrt fassbar. In dem vorliegenden Kapitel wurde aus den genannten Gründen nun zunächst versucht eine theoretische Sensibilisierung für die Jagdgeschichte unter Aspekten des Raumes zu erreichen. Neben den raumtheoretischen Ausführungen und deren Verbindung zur historischen Jagd galt es die der Jagd grundsätzlich inhärenten Potenziale näher aufzuzeigen, die durch die Epochen zivilisationsbedingt diese oder jene Instrumentalisierung erfahren haben. Wie diese Potenziale dann z. B. im Feudalismus und Absolutismus genutzt werden konnten, wird Gegenstand der Kapitel 7 und 8 sein.

[687] Vgl. dazu ebd., S. 263.

5 Jagd und Raum (2) - historisch-soziologische Faktoren zwischen der römischen Kaiserzeit und den Karolingern

5.1 Inhaltliche Komponenten dieses Kapitels

Nachdem im vorangegangenen Kapitel die theoretischen Grundlagen für eine Analyse der Jagd als Raum(be)handlung gelegt werden konnten, wird im Rahmen dieses Kapitels deutlich werden müssen, welche geographischen, politischen und sozialen Faktoren zwischen der römischen Republik und dem Kaiserreich Karls des Großen bzw. den Landesherrschaften auf die Jagd wirkten und welche zwingenden Auswirkungen diese haben mussten. Hier wird ersichtlich werden, dass insbesondere die Stellung des Bauern in Wirtschaft und Gesellschaft einen großen Einfluss auf die Instrumentalisierbarkeit der Jagd durch den Adel hatte. Seine Fixierung an Grund und Boden, die Kalkulierbarkeit seiner Arbeit bei gleichzeitiger Beschneidung seiner politischen Rechte, machte ihn zu einem knechtbaren und kontrollierbaren Wirtschaftsgut. Welche Wirkungen dies auf die Reproduktion von Ordnungsvorstellungen durch den Territorial- oder Landesherrn nehmen konnte, wird in Kapitel 7 dann ausführlich aufgezeigt. Insgesamt besehen sind wenigstens drei Faktoren oder Blickwinkel innerhalb dieses Kapitels von großer Bedeutung:

A) Räumlich wird der Bogen gespannt von den spezifisch römischen Bedingungen und der Rolle der Jagd innerhalb des Römischen Imperiums hin zu den germanischen und frühmittelalterlichen Faktoren der Vergesellschaftung und räumlichen Strukturierungen (Inforestationen, Städte- und Burgenbau, Ersatz des stehenden Heeres durch Söldnertruppen, etc.) und sodann bis zum Verfall des Reiches und seiner Zersplitterung in nahezu 1800 Territorien.

B) Sozial im Mittelpunkt der Betrachtung steht der Bauernstand und seine Entwicklung, zumal er mit dem Ende der Villicationsverfassung bis zur Revolution von 1848/49 Adressat, Publikum und Leittragender der herrschaftlichen Jagdhandlungen war.

C) Politisch werden verschiedene Herrschaftsstrukturen und ihre wechselseitige Wirkung auf die Einbindung jagdlicher Handlungen in den Kontext „Herrschaftspraxis" aufgezeigt werden müssen, zumal dann in den Kapiteln 6, 7 und 8 die Funktion der Jagd an historischen Beispielen im Rahmen der römischen, karolingischen, feudalen und absolutistischen Geschichte dargestellt werden wird.

5.2 Einleitung

Nachdem im vorangegangenen Kapitel eine Verbindung zwischen dem originären und durch die Geschichte erhalten gebliebenen Potenzial (der Konstanten der Jagd) und ihrer Funktionalisierung im Verlaufe der räumlichen Entwicklungen der Menschen durch die Epochen des Zivilisationsprozesses (der Variablen der Jagd) aufgezeigt wurde, gilt es nun die historischen Prozesse nachzuzeichnen, um eine plausible Einbindung der Theorie in die geschichtliche Realität zu erhalten. Jagd wurde im Verlaufe des hohen Mittelalters und insbesondere dann der Frühen Neuzeit ein unverrückbarer Bestandteil einer Staatsraison, die noch unter den Karolingern nicht zuletzt auch aufgrund der relativen Stärke des Königtums und insbesondere im Kaisertum Karls des Großen eine gänzlich andere war[688]. In den territorialen Entwicklungen die zwischen dem Ende der karolingischen Dynastie und dem Aufkeimen des früh-modernen Staates stattfanden, kristallisierte sich eine ganz andere Praxis der Aufrechterhaltung einer einmal errichteten Herrschaft heraus als dies zuvor der Fall gewesen war. Nur unter dieser Prämisse ist die Brutalität, zumindest jedoch die Rigorosität des herrschaftlichen Reglements in Bezug auf Forst- und Jagdfrevel als letztendlicher Raumfrevel, als rebellischer Akt, als ein politisches Aufbegehren über die Infragestellung des herrschaftlichen Anspruches, seiner Macht und Allgegenwärtigkeit, zu verstehen. Daraus lässt sich auch ein herrschaftlicher Imperativ ableiten, der die Aufwendungen für die Jagd steigern und die stetige Verschärfung der Frondienste zum Resultat haben musste. Wohlgemerkt sind diese Entwicklungen erst in den Zeiten nach der karolingischen Dynastie vollumfänglich zu bemerken und eigentümlicherweise zusammenhängend oder einhergehend mit dem Beginn nun schriftlich fixierter und umfassender Verwaltung und Organisation. Die Jagd begann so spätestens im 13. Jahrhundert auf dem Boden des ehemaligen Germaniens endgültig als demonstrative und ritualisierte Verhaltensweise herrschaftspolitisch und damit raumkonstituierend zu werden[689]. Die Ablösung jener frühantiken Bezüge zur Jagd ist überdeutlich und anhand der Inklusionen und Exklusionen der Bevölkerung und des niederen Adels zu veranschaulichen. Die bedeutendste soziale Schicht innerhalb dieses Prozesses war neben dem Adel als dem herrschenden Teil der Bauernstand, da er als Pfeiler des feudalen Systems auch Adressat der spezifischen Herrschaftshandlungen mit dem Beginn der Landesherrschaften wurde. Das ist der Grund, weshalb ihm und seiner Entwicklung innerhalb dieses Kapitels zunächst das größte Interesse zukommt. Die Bauern hatten einen sehr weiten Weg durch die bewegte Geschichte der Herrschaft hinter sich, bevor sie ihren sozialen Tiefpunkt in der Leibeigenschaft des feudalen Systems fanden. Dort, wo sie nicht leibeigen waren bzw. das System der Leibeigenschaft aufgelöst oder gelockert werden konnte, wurden sie mit Abgaben und Frondiensten unter die Herrschaft geknechtet, was im Resultat keine wesentlich bessere

---

688 Unter Staatsraison soll verstanden werden: „Eine besondere und auf die innere Stabilität und äußere Expansionsfähigkeit des Staates bezogene Form der allgemeinen Feststellung, dass Mittel ihrem Zweck angemessen, das heißt dass sie rational im Hinblick auf diesen Zweck sein müssen und dass daher diejenigen Mittel die besten sind, die die größte Aussicht auf Erfolg haben". Siehe bei Carl Joachim Friedrich, Die Staatsraison im Verfassungsstaat, S. 15.

689 Darunter ist zu verstehen, dass Jagd sich aus dem Zusammenhang des Fürstenideales insofern herausgelöst hatte, als dass nun der praktische Jagdvollzug, die jagdliche Bewegung im Raum, Teil der hierarchischen Beziehungen zwischen Herrschaft und Untertanen wurde. Jagd war keine bloß bildliche Repräsentation fürstlicher Tugend und die Erfüllung eines fürstlichen Ideales mehr, sondern faktische Herrschaftsdurchsetzung vor Ort mittels Inklusion, Exklusion, Positionierung von Menschen im Raum und stetiger Reproduktion von Ordnungsvorstellungen. Darüber hinaus basierte die Herrschaft zunehmend auf jagdlichen und forstlichen Ordnungen, Gesetzen und einem Strafsystem, welches stark auf Dissuasion und Mutilation beruhte. Die aktive Einbindung der Untertanen bei gleichzeitigem Ausschluss von der eigentlichen Jagdhandlung begann hier ein wesentliches Interaktions- und damit Herrschaftsmuster zu werden. Die Jagd begann hier ihre gesellschaftliche Unschuld zu verlieren.

Stellung innerhalb der sozialen Hierarchie zur Folge hatte. War ihre Stellung in der Villicationsverfassung der Karolinger noch weitaus besser, so begannen mit deren Ende auch die umfassenden Eingriffe in die Freiheiten und Rechte des Bauernstandes. Die Jagd begann sich hier bald aus antiken Zusammenhängen zu lösen und ein reales Mittel der Herrschaftsdurchsetzung zu werden. Bereits im 12. und 13. Jahrhundert begann die Geschichte der Jagd die Geschichte des Bauernstandes zu kreuzen und schließlich zu lenken. Insofern ist es nicht verwunderlich, dass die Jagd einen weiteren wesentlichen Funktionswandel erst mit der endgültigen Befreiung des Bauernstandes im Jahre 1848/49 erhielt. So ist die Geschichte und Funktionalisierung der Jagd untrennbar mit der Geschichte des Bauernstandes auf der einen und dem Adel auf der anderen Seite verbunden. Beide gesellschaftlichen Pole determinierten zu gleichen Teilen die Jagdgeschichte, wie noch zu zeigen sein wird. Auch heute noch spielen die Landwirte und Waldbauern als Grundbesitzer und damit auch Jagdrechtsinhaber eine besondere Rolle innerhalb der Funktionalisierung von Jagd, ihrer Zielsetzung, aber auch ihrer Konfliktpotenziale. Allerdings wird diese Rolle nur allmählich in das Bewusstsein der Jäger transportiert und stößt hier auf verschiedensten Unmut, was an späterer Stelle noch ausführlich dargelegt werden wird. Die Konflikte entsprechen heute vielerorts einem Konflikt zwischen Jagdrechtsinhabern einerseits (den eigentlichen Grundbesitzern) und den Jagdausübungsberechtigten (den Jägern) andererseits, sowie dem Allgemeinwohlinteresse, während in früheren Zeiten die Konflikte nicht auf gleichberechtigte Vertragspartner[690] begrenzt waren.

5.3 Von den Römern bis zu Karl dem Großen

5.3.1 Grundzüge

Gegenstand dieses Kapitels ist diejenige Entwicklung, die im republikanischen Rom ihren Anfang nahm und im hohen Mittelalter zunächst ihre gesellschaftlich determinierende Blüte erreichte: der allmähliche Bedeutungswandel des freien, landbesitzenden Bauern für die Stabilität einer einmal verfestigten Herrschaft, bzw. die sich ändernde Rolle des Bauern in Gesellschaft und Staat. Seine gesellschaftliche Stellung, seine Rechte und Pflichten, waren untrennbar mit der Verfassung der jeweiligen Gesellschaft verbunden. Der Bauer in einer Republik oder in einem parlamentarischen System ist gleichberechtigtes Mitglied der Gemeinschaft, während er in Aristokratien und Despotien weitgehend entrechtet und geknechtet war. War er in frühen Zeiten wehrhaft und damit frei, wurde er bereits nach Karl dem Großen allmählich starken Abschichtungsvorgängen unterworfen, aus den Listen der wehrfähigen Männer gestrichen und lediglich auspressbarer Produzent für die adlige, müßige Herrscherschicht. Er wurde darüber hinaus sogar noch als Unruhe-

690 Dazu in den Kapiteln 10 und 11 ausführlicher. Welche Dimensionen die Auseinandersetzungen zwischen Jagdrechtsinhabern (Grundbesitzer) und Jagdausübungsberechtigten haben können, ist am „Fall Hinterstoisser" zu sehen. Vgl. dazu auch einen Artikel von Ida Schmid, Wie konnte das passieren? in: Wild und Hund, Ausgabe Nr. 23/1997, S. 6ff.

stifter, als „Lump" und Bandit gesehen; eine Entwicklung, die sich zwischen dem 15. und 18. Jahrhundert auch in den Jagd- und Forstordnungen widerspiegelte[691].

Seine gesellschaftliche Stellung war im republikanischen Rom eine gänzlich andere als in den zersplitterten Grundherrschaften und den territorialen Fürstentümern des feudalen Systems des Mittelalters und der frühen Neuzeit. Spätestens mit Gaius Iulius Caesar fanden die Auseinandersetzungen um das berühmte Ackergesetz[692] auch in Rom ein ruhmloses Ende. Die heraufziehende und Kontinuität versprechende Kaiserzeit Roms stärkte den Adel und schwächte die Bürger und Bauern nicht zuletzt aufgrund des endgültig gescheiterten Ackergesetzes, welches zuvor zum einen den Besitz von Ackerland auf ein bestimmtes Maß reduzierte und zum anderen bestimmte, dass die dem Feind abgenommenen Felder unter dem römischen Volk verteilt werden sollten[693]. Nicht umsonst wurden all diejenigen Politiker, die sich auf die Befolgung des Gesetzes beriefen, gewaltsam um ihr Leben gebracht, da ein stärker werdender Adel darin einen Hemmschuh für seine Bereicherungen im In- und Ausland sah. Die Betrachtung der räumlichen Entwicklungen, insbesondere die Gegenüberstellung der römischen contra der karolingischen Variante und der daran anschließenden, aufgrund der Zersplitterung des Reiches und der Überhandnahme der Einzelinteressen nahezu außer Kontrolle geratenen Raumentwicklungen nach dem Ende der karolingischen Dynastie, können ohne die Betrachtung des Bauern, seiner Stellung und seiner traditionalen Rechte nicht durchgeführt werden, zumal der Bauer Opfer stetiger Abschichtungen wurde. Mit dem Verlust der Wehrfähigkeit, die zurückzuführen ist auf die Beschneidung seines persönlichen Besitzes und seiner Rechte im Verlaufe der Spätantike und auf die strukturellen Entwicklungen des Mittelalters und der Feudalstaaten, degenerierte der Bauernstand zum bloßen Adressaten der nun auch zunehmend jagdlichen Herrschaftshandlungen. Einhergehend war jener Prozess mit einem sehr auffälligen Dualismus: einer zunehmenden Brutalisierung der Blutgerichtsbarkeit bei Verstößen gegen Fronleistungen und Dienste einerseits als auch der Herausbildung und Verfeinerung höfischer Sitten und französischer Kultur andererseits. Während

691 Vgl. dazu die Ausführungen von Joachim Allmann, Der Wald in der frühen Neuzeit, S. 81ff. In Kapitel 7 wird das Thema Art und Weise der Untertaneneinschätzung durch die Herren vertieft werden. Hier wird der Wandel, wie Untertanen gesehen wurden, deutlich.

692 Das erste römische Ackergesetz brachte bereits 486 v. Chr. der Konsul Spurius Cassius ein; er wurde nach den Quellen deshalb von den eifersüchtigen Patriziern ermordet. 367 v. Chr. wurden die Licinischen Gesetze erlassen, nach denen kein Bürger mehr als 500 Joch, das sind 125 Hektar, Ackerland besitzen durfte. Am Ende stehen die Gracchen, von denen Tiberius Sempronius Gracchus 133 v. Chr. das davor kaum beachtete Licinische Gesetz wieder erneuerte. Sein Vorhaben war, das Gemeindeland (das Land, welches den Feinden abgerungen wurde) unter den Bürgern zu verteilen. Aber auch er und sein Bruder scheiterten beide am Widerstand des Adels, der sich dieses Land nicht nehmen lassen wollte. Der Weg zur endgültigen Durchsetzung des Großgrundbesitzes und der daraus resultierenden Latifundienwirtschaft war endgültig bereitet. Die Erstarkung des Adels, des Großgrundbesitzes und die daraus resultierenden Abhängigkeitsverhältnisse zwischen Großen und Kleinen, zwischen Adel und Bürger oder Bauern, führten Rom unaufhörlich in die Kaiserzeit des Römischen Reiches. Vgl. dazu auch Klaus Bringmann, Römische Geschichte, S. 42ff, und bei Niccolò Machiavelli, Klassiker der Politik, S. 85, Anmerkungen von Theodor Mommsen (Römische Geschichte, I, 279).

693 Vgl. dazu die Ausführungen bei Niccolò Machiavelli, Discorsi, I, 37, S. 100f.

die Affekte an den Höfen einer bisweilen kulturell sehr überzeichneten Bändigung unterzogen wurden, die höfische Kultur ihrem Höhepunkt entgegensteuerte, wurden die geforderten Fronleistungen und Frondienste stetig erhöht, die Untertanen zunehmend drangsaliert, eingeengt, kriminalisiert. Wo aufgrund des Verlusts der Wehrfähigkeit und der Heerespflicht der Bauern auf deren Kampfmoral keine Rücksicht mehr genommen werden musste, konnten mit starker Hand schier unmenschliche Arbeitsleistungen herausgepresst werden. Die Erpressung von Steuern und Arbeit war mit brutalen Mitteln zu erreichen, die Kampfmoral und Tüchtigkeit im Felde, zumal von einem Söldnerheer, ließ sich mit jenen Mitteln nicht erhöhen. Trotz seiner wesentlichen Rolle als Produzent wurde der Bauer an den Rand der mittelalterlichen Gesellschaft und der frühen Neuzeit gedrückt und auch entsprechend behandelt. Die existenzielle Rolle des Bauern blieb für den Staat, die Herrschaft, zwar bestehen, allerdings wandelte sie sich vom Aktivposten der eigenverantwortlichen Produktion und militärischen Stärke des römischen Kriegerbauern zur eher passiven Rolle des unterdrückten mittelalterlichen und frühneuzeitlichen Bauern, der allein um des Mehrprodukts willen einer starken Hand bedurfte und über seine soziale und räumliche Fixierung[694], die bis etwa um 1500 abgeschlossen war, Pertinenz jedweder Herrschaft wurde. Die militärischen Akquirierungen, das System der Landschenkungen und Belehnungen an verdiente Gefolgsleute förderten das bereits nach römischem Vorbild vorhandene Bewirtschaftungssystem der Grundherrschaft (Latifundienwirtschaft). Symptom jenes Systems war die Unfreiheit der Bauernschicht, die auf den Grundstücken der Bevorrechtigten den Lebensunterhalt jenes neuen Adels erwirtschaften musste. Ihre Loslösung aus den kriegerischen Aktivitäten förderte auf diesem Wege das wirtschaftliche Wachstum, da die Ernten und die Viehwirtschaft zunächst durch die nun mögliche kontinuierliche Betreuung größere Zuwächse erhielten als früher. Jene kamen der Kriegerschicht zugute, die ihr Augenmerk allein auf Rüstung, militärisches Training, Pferdezucht und die Erringung zusätzlicher Landgüter und Ämter lenken konnte. Stärker als in Rom galt nach 1500 der Satz, dass die Kultur als Parasit vom Manne hinter dem Pflug lebt[695]. Die Auswirkungen jener gegensätzlichen Entwicklung zwischen Rom einerseits und dem späteren Heiligen Römischen Reich Deutscher Nation anderseits sind in der Karolingerzeit in der Konfrontation der Franken mit den Sachsen und Thüringern zu sehen[696]. Während es unter Karl dem Großen bereits ein sich herausbildendes spezialisiertes Kriegertum gab, standen auf der Seite der Sachsen die in ihren Stammesstrukturen verflochtenen Kriegerbauern, die

694 Die Fixierungen wurden bereits in Kapitel 4 näher betrachtet. Zur sozialen Fixierung kommt im Verlaufe des 15. und 16. Jahrhunderts noch vielerorts die räumliche Fixierung der Bauern auf der Scholle des Grundherrn dazu. Auf diesem Wege sollten der Landflucht ein Riegel vorgeschoben werden und die Bauern als ein fixes Kapital mit zu berechnender Verzinsung der jeweiligen Herrschaft erhalten bleiben. Beispiele für soziale und räumliche Fixierungen gibt es zum Beispiel vom Kloster Kempten im Allgäu, nachzulesen bei Peter Blickle, Studien zur geschichtlichen Bedeutung des deutschen Bauernstandes, S. 27ff. Aus der Fixierung lässt sich auch die Positionierung ableiten, die Martina Löw in ihrer Raumsoziologie an die Stelle der Simmelschen Fixierung stellt. Vgl. bei Martina Löw, Raumsoziologie, S. 153ff.

695 Vgl. dazu bei Will Durant, Das Zeitalter der Reformation, S. 760.

696 Vgl. zu den Konfrontationen zwischen Franken und Sachsen bei Aulo Engler, Germanen, S. 344ff.

kaum gegen eine hoch entwickelte Kriegsmaschinerie wie die der Franken bestehen konnten. Zwar währte der Krieg lange und war auch auf Seiten der Franken sehr verlustreich, letztendlich konnten die Sachsen aber weder eine offene Feldschlacht schlagen noch gewinnen. Sie suchten ihre Zuflucht im Guerillakrieg, der auch heute noch selbst hoch technologisierten Armeen schwere Verluste zuzufügen in der Lage ist. Die Herausbildung des spezialisierten Kriegertums brachte zwar einen technologischen Fortschritt in der Kriegsmaschinerie mit sich, gleichzeitig reduzierte sich jedoch die Anzahl der Krieger und mit der Zunahme des Söldnertums auch ihre Effizienz. Machiavelli hat in diesem Kontext die Schwäche des Söldnertums entgegen den römischen Kriegerbauern an mehreren Stellen seiner Discorsi herausgestellt[697]. Der Kampfgeist ging hauptsächlich durch das Fehlen des freien Kriegerbauern verloren, der für seine Freiheit eher zu streiten bereit ist als der in Lohn stehende Söldner. Der Untergang des freien Bauerntums, seine Knechtung und Ausbeutung war, wie zu zeigen sein wird, ein wesentlicher Grund für die Rolle, welche nun allmählich die Jagd und die strenge Reglementierung des Raumes (mit der Herausbildung der Forste, der Schwächung des Königtums, dem Aufblühen der Städte, dem Ende der Villicationsverfassung, der Erstarkung der Landesherrschaft) am Ende des Mittelalters zu spielen begann. Mit der begrifflichen wie auch sachlich-faktischen Ausdehnung der Forste und der späteren Regalität der Jagd und der Forsthoheit im ausgehenden Mittelalter fiel allmählich der Herrschaftsraum mit dem Jagdraum deckungsgleich zusammen. Diese Entwicklung unterscheidet sich diametral von derjenigen in karolingischer Zeit, in der der Jagdraum in der Regel nur einen kleinen Teil des Herrschaftsraumes eingenommen hatte[698]. Die große Bedeutung der ländlichen Gebiete für die Landesherrschaften im deutschen Mittelalter und der Untergang des Bürgers römischen Rechts[699] führten zu den Entwicklungen, die die Gesellschaft auf Jahrhunderte prägen sollten. Die Gründe für diese Umkehrung der strukturellen Voraussetzungen militärischer Stärke und gesellschaftlicher Kontinuität liegen auf mehreren Ebenen, die bereits im Rom der Kaiserzeit deutlich zutage traten. Die zunehmende Prosperität hatte zur Ausdifferenzierung der Gesellschaft geführt. Egalitäre Strukturen wurden verwischt und durch eine strikte Trennung zwischen Produktion, Kriegertum und politischer Elite ersetzt. Die alten Stammesstrukturen gingen auf diesem Wege auch in Thüringen und Sachsen nach 800 in der neuen Reichsorganisation der Karolinger auf. Für eine kurze Zeit sah es auch so aus, als ob das sich herauskristallisierende spezialisierte Kriegertum Europas allen Mächten gegenüber gewappnet wäre. Nach Karls Tod jedoch wurden die westlichen europäischen Reiche von den Skandinaviern als auch den Sarazenen schwer bedrängt und das Reich durch die Reichspolitik der Nachfolger Karls in unzählige kleine und große Herrschaften zersplittert. Äußere und innere Unruhen prägten die weitere Geschichte bis zur Gründung des Zweiten Deutschen Reiches 1871. Und während all dieser Jahrhunderte sollte die Jagd eine bedeutende politische Funktion übernehmen, deren Erklä-

---

697 Niccolò Machiavelli, Discorsi, Kapitel I, 43.

698 So fanden die Jagden der Karolinger überwiegend in den ihnen unterstellten Forsten oder den Tierparks – den Brühlen – statt.

699 Vgl. zu den gesellschaftlichen Vorgängen, insbesondere dem Untergang der civis, bei Karl Bosl, Die Grundlagen der modernen Gesellschaft im Mittelalter, S. 72ff.

rung einzig und allein in den Verhältnissen der jeweiligen Zeit gefunden werden kann. Auch die gesellschaftliche Eingebundenheit der Bauern hatte sich geändert. Rom band sie in der Republik als Aktivposten in das System des Römischen Weltreiches ein, während im Feudalstaat der Bauer scheinbar nicht involviert und stattdessen an den Rand gedrückt erscheint. Doch der Schein trügt, da in historischer Kontinuität die Bauern für das Funktionieren einer Herrschaft immer wesentlich waren, weil alle vom Bauernstand mit ernährt werden mussten. Was den Bauern dann noch verblieb, floss in die eigene, zumeist vielköpfige Familie und damit in die Erhaltung der eigenen Arbeitskraft[700]. Dieser Zusammenhang ist bei der Beurteilung der ausgiebigen Jagdhandlungen der Könige und Fürsten, des Stellenwerts der Forst- und Jagdordnungen und der Bedeutsamkeit der Frondienste des Mittelalters und der Frühen Neuzeit zu bedenken. Gewalt und Unterdrückung gegen die Bauern dürfen keineswegs mit Geringschätzung oder der Verkennung ihrer sozialen und politischen Rolle verwechselt werden. Der Adel wusste zu allen Zeiten, was er den Bauern zu verdanken hatte und ihr streitbares Potenzial war ihm nicht unbekannt. Aus diesem Grunde hat die adlige Herrenschicht den Bauern auch gefürchtet und ihn nach seiner erfolgreichen Entrechtlichung durch räumliche und soziale Fixierungen oder Positionierungen zu beherrschen versucht. Die Jagd sollte dazu unentbehrlich sein.

5.3.2 Roms Bauern

Glaubt man den erhaltenen antiken Überlieferungen, so war es der Umsicht des zweiten römischen Königs nach Romulus, Numa Pompilius, zu verdanken, dass er die Bedeutung des Kriegerbauern, des freies Land besitzenden Mannes, für die Stärke des römischen Volkes erkannt hatte. Nach den Lebensbeschreibungen des Plutarch verwendete Numa den Ackerbau als eine Art Zaubertrank, von dem er hoffte, dass sich das Volk mit dem Boden zugleich selbst veredeln werde[701]. So sehr Numa angeblich den Frieden liebte, so sehr hat er durch die Begünstigung der freien Bauernschaft die Macht und Stärke des römischen Volkes genährt. In der freien Bauernschaft, im Willen zu politischer Herrschaft und Größe, zum Kriegstreiben und dessen Früchten und nicht zuletzt in den daraus rückwirkenden sozialen, wirtschaftlichen und politischen Entwicklungen liegt jedoch auch das Dilemma des Altertums und des frühen Mittelalters verborgen. Es führt vom Erblühen einer Kultur, ihres Glanzes und Ruhmes direkt in ihren Untergang und mündet in die kulturelle Devolution des Mittelalters. Dieser Kampf führte aber auch parallel von der Weiträumigkeit Roms zur Kleinräumigkeit[702] des Deutschen Reiches bis zu den

---

700 Vgl. dazu ebd., S. 89ff. Dies galt nicht für die mancipia oder proprii, die in engster Abhängigkeit zum Herrn lebten und durch diesen verköstigt werden mussten.

701 Vgl. bei Plutarch, Lebensbeschreibungen großer Helden, S. 32f.

702 Mit dem Gegensatz Weiträumigkeit – Kleinräumigkeit ist eine Entwicklung gemeint, die die Geschichte Deutschlands und damit auch der Jagd in Deutschland tief greifend prägte. Das Reich zerfiel in 1789 Territorien, Reichsritterschaften und Fürstentümer, was zum Teil sehr kleine Herrschaftsgebiete zum Resultat hatte. Politik in ihnen musste in der Gesamtsituation, bedingt durch Eifersüchteleien, Fehden, Kriege, nachbarschaftliche Streitigkeiten, etc. raumlogische Konsequenzen haben, die insbesondere unter Einbezug der Jagd noch in den Kapiteln 7 und 8 ausführlich behandelt werden. Im römischen Imperium wäre schon allein auf-

Mediatisierungen unter Napoleon Bonaparte. Mit dem Ende der Völkerwanderung begann der eigentliche Kampf um den Raum, der mit dem Erliegen der Geldwirtschaft zum begehrtesten Kapital und zum reinsten Ausdruck von Macht und Herrschaft wurde. In diesem Kontext wird die Bedeutung des Waldes vor Augen geführt, der sowohl das Rückgrat der traditionalen Gesellschaft darstellte als auch die Begründung von Herrschaft über die landeskulturelle Bedeutung hinaus ermöglichte. Es entwickelte sich der Konflikt traditionaler Lebensweise contra unablässiger Feudalisierung, deren Wurzeln tief im römischen Imperialismus verborgen liegen und die für den ländlichen Raum in weiten Teilen Deutschlands die Grundstruktur der öffentlichen Ordnung bis zum Ende des 18. Jahrhunderts blieb. Wie zu zeigen sein wird, tritt an diesem Punkt der Vergesellschaftung die Instrumentalisierung der Jagd als Herrschaftsmittel in den Blickpunkt der feudalen Herren – sie war ferner eines der Symptome des Verfalls politischer und kultureller Größe des westlichen Altertums.

Exkurs:

In Rom jedoch spielte die Jagd zumindest in der republikanischen Zeit niemals eine annähernd so bedeutende Rolle. Auch in der Kaiserzeit finden sich zwar bereits Anklänge an erinnerungsspezifische Werte wie es für Traian und Hadrian aufgezeigt wurde und in Kapitel 6 noch wird, ein vordergründiges, reales und vor allem funktionierendes Herrschaftsinstrument wurde die Jagd der römischen Kaiser dennoch nicht. Selbst bei Karl dem Großen – der zumindest jagdlich in der Tradition Hadrians zu stehen scheint – herrschten noch die erinnerungsspezifischen Merkmale an das altiranische Fürstenideal vor, welches auch dem germanischen in einigen Punkten relativ nahe zu kommen scheint. Auch im germanischen Fürstenideal kam dem Krieg und der Jagd eine gewisse Rolle zu, will man in diesem Kontext den Ausführungen Caesars und Tacitus' Glauben schenken. Auch M. Marx-Kruse und E. von Campe berufen sich hier auf die im Grunde xenophontische Darstellung der Jagd in ihrer Bedeutung für die Kriegstüchtigkeit[703]. In Verbindung mit den zwei Epen „Karolus magnus et Leo Papa" und „In honorem Hludovici" kommt insbesondere Torsten Pflittner in einer neueren Arbeit zu der These, dass die Karolinger gezielt nach weiteren Möglichkeiten suchten, ihre Herrschaft zu legitimieren. Die Jagd, so Pflittner weiter, war dabei eine der Säulen jener Legitimation und in enger Anlehnung an Kaiser Hadrian zu betrachten[704]. Der Weg von der hadrianischen Funktionalisierung der Jagd zu den karolingischen Jagdbetrachtungen und dann vor allem zur feudalistischen und absolutistischen herrschaftspoliti-

---

grund der Freiheit der Bauern, der Verwaltungsstruktur und der Größe der Provinzen eine herrschaftspolitische Funktionalisierung der Jagd unmöglich gewesen.

703 Vgl. Dazu bei M. Marx-Kruse und E. von Campe, Chronik der deutschen Jagd, S. 22.

704 Vgl. dazu Torsten Pflittner, Manifestation der Herrschaft im Raum. Adelige Jagd im Mittelalter unter Karl dem Großen, S. 44-63. Da sich die Merowinger (und auch die Karolinger als deren Rechtsnachfolger) in der Tradition und Nachfolge der römischen Cäsaren betrachteten, blieb auch die Nachahmung der Selbstinszenierung nicht aus. Da Karl der Große hier neben dem Christentum auch die Jagd als sozusagen heidnisches Residuum in seine Repräsentation und Legitimation aufnahm, bleibt die Anlehnung an Kaiser Hadrian offensichtlich.

schen Funktionalisierung der Jagd, ist auf mehreren Ebenen zu analysieren. Räumliche Veränderungen, politische Situationen, aristokratische Besonderheiten, Probleme der Legitimation, generell strukturelle Veränderungen und insbesondere der stetige Niedergang des freien Bauerntums nach dem Frühmittelalter sind hier von wesentlicher Bedeutung. Exkurs Ende.

Doch zunächst zu den Verhältnissen in Rom. Durch die Verbindung des Ackerbaus mit der Kraft eines einheitlichen religiösen Kultes entstand ein Gebilde, das seinesgleichen in der Geschichte sucht. Niccolò Machiavelli war der Auffassung, dass Numa Pompilius für die römische Rechtsverfassung eine vergleichbare Funktion inne hatte wie Lykurg bei den Spartanern. Ähnlich wie jener soll Numa Pompilius dem römischen Volk eine Gesetzesbasis gegeben haben, die auf Gleichheit in den Chancen der politischen Beteiligung und des politischen Amtes zu liegen kam[705]. Jeder Bürger, der willens war ein Amt zu bekleiden, konnte sich ungeachtet seiner Herkunft darauf bewerben. Es war die Geburtsstunde des römischen Republikanismus, der rund 2500 Jahre später ein wesentlicher Bestandteil der amerikanischen Verfassung werden sollte. Für Machiavelli war die römische Republik das größte politische Vorbild überhaupt. Bereits das Rom Caesars oder Augustus' hatte diese Wirkung für ihn vollständig verloren, es waren schon im Zerfall befindliche politische Gemeinwesen, zerrissen, zerrüttet, dekadent. Die Merkmale der frühen Republik, die in ihr angelegte Verbindung des Bauern- und Kriegertums und das politische Gleichgewicht zwischen Adel und Bürgertum, ihr Austausch über Senat und Volksversammlung, waren lange Zeit der Garant für politische Kontinuität und militärischen Erfolg des politischen Gemeinwesens. Wie es sich im Verlaufe der römischen Geschichte zeigte, sollten dies tatsächlich die Grundpfeiler des römischen Imperiums sein, dessen innere Schwächung durch den Verfall der Agrarverfassung, die Trennung von Bauern- und Kriegerfunktion im Zuge der Latifundienwirtschaft und die in diesem Kontext zu sehende Sklavenhalterwirtschaft, insbesondere im kaiserlichen Rom, begann. Der Einfall der germanischen Völker, die nun selbst die Stärke ihres eigenen Kriegerbauerntums den Söldnerheeren der Römer vor Augen führten, war nur das Symptom und nicht die Ursache des Untergangs Roms. In Anlehnung an Georg Simmel war es hier nicht der riesige Raum, die Ausdehnung des Imperiums allein, die den politischen Niedergang herbeigeführt hatte. Es waren vielmehr soziale, politische, innere wie äußere, strukturelle wie kulturelle Gründe, die Rom das Ende brachten. Der rasche Aufstieg Roms, die Unterwerfung der gesamten Mittelmeerwelt und die stetige Expansion nach Norden[706] basierten auf einem äußerst strengen militärischen Exerzitium. Die politische Verfassung differenzierte die Chancen der Teilnahme am politischen Leben nicht nach dem Stand, sondern nach der Tüchtigkeit[707]. Zum Kriegsdienst verpflichtet

[705] Vgl. bei Niccolò Machiavelli, Discorsi, S. 11f.

[706] Damit sind die nach Gallien, Germanien und Britannien gerichteten Bemühungen gemeint (Anm. d. Verf.).

[707] So z. B. das Leben des Gaius Marius, der ein Sohn geringer und armer Eltern war, die mit eigener Hand ihren Acker bebauten. Vgl. zur Biographie des Marius bei Plutarch, Lebensbeschreibungen, S. 293f.

waren alle freien Bürger Roms, d. h. die Inhaber des römischen Bürgerrechts, die häufig über kleine Landgüter verfügten, von denen sie lebten. Selbst mächtige Römer der alten Republik gingen nach der Geschäftigkeit des Regierens häufig wieder auf ihre Landgüter zurück. Der Ackerbau ist als die Saat des gesellschaftlichen und politischen Lebens zu bezeichnen, ihm folgte der Militärdienst, das Tribunat bei weiterer politischer Karriere, später vielleicht die Würde eines Ädilen, danach das Konsulat, und, wie bei Gaius Marius, die Rolle des politischen Lenkers des römischen Schicksals. Am Ende jedoch stand wieder der Acker, das eigene Stück Land, sei es als Alterssitz oder als kleines Zubrot durch die erwirtschafteten Erträge. So schließt sich der Kreis für den Römer der alten Republik, es ist gleichsam das Motiv, das ihn in die Welt drängt, große Taten vollbringen lässt, den Ruhm seines Volkes mehrte, um am Ende in den Schoß seines Wirkens zurückzukehren. Der freie Bauernstand war also die Basis der römischen Gesellschaftsordnung geworden. Aber: diese römische Sozialverfassung wurde durch die Expansion des Reiches sehr bald aufgeweicht. Der Reichtum führte zur Konzentration von Land und Geld in wenigen Händen, zu Großgrundbesitz und dessen Bewirtschaftung durch Sklaven und Kriegsgefangene, die nach Rom geradezu einfluteten. Ihre Arbeitskraft war billig und mit ihnen konnte frei und nach Belieben verfahren werden. Die großen Kornkammern des römischen Reiches kamen im Laufe der Zeit außerhalb des italischen Gebietes zu liegen, die Einfuhr war aufgrund der Eroberungen billiger als die heimische Produktion. Die freien Bauern wurden verdrängt, flüchteten in die Stadt, wo sie verarmten, verloren als Hörige oder Kolonen und nicht zuletzt als Sklaven römischer Herkunft ihre Freiheitsrechte. Es bildeten sich soziale Klassen und ein soziales und kulturelles Gefälle zwischen Stadt und Land. Im Niedergang der republikanischen Ausrichtung Roms, der Entstehung der Klassenkämpfe, wurde bereits die Entwicklung vorweggenommen, die über zweitausend Jahre später im Manifest der Kommunistischen Partei von Karl Marx und Friedrich Engels[708] gerade so thematisiert wurde wie damals im alten Rom. Klassenkämpfe hat es in der römischen Republik wie in der römischen Gesellschaft der Spätantike gegeben, in der mittelalterlichen und feudalen Gesellschaft ebenso wie in der bürgerlichen Gesellschaft des 19. Jahrhunderts. Allein die Mittel des Kampfes haben sich im Verlaufe der Zivilisierung geändert. Doch zurück zu den Verhältnissen in Rom. Die Einfälle der Kimbern und Teutonen zwischen den Jahren 105 v. Chr., als bei Arausio den Römern zunächst eine gewaltige Niederlage beigebracht wurde, und 101 v. Chr., als Marius dann aber über die beiden Volksstämme bei Aqua Sextiae triumphierte[709], führten zu einer neuen Erschließung militärischer Stärke, die nun nicht mehr nur allein den Grundbesitzer als heerespflichtig betrachtete. Marius konnte nach der Verhinderung der Gracchischen Reformvorschläge und der zunehmenden Latifundienwirtschaft keine schlagkräftige Armee auf den Pfeilern der freien Bauernschaft mehr errichten. So fand er dann einen Weg, der zunächst das römische Heer, später den Staat revolutionieren sollte. Er forderte jeden Bürger, ob er nun über Besitz verfügte oder nicht, auf, sich dem Heer anzuschließen. Neben einem guten Sold bot er den Freiwilligen nach Abschluss des

---

[708] Vgl. dazu die Ausführungen von Karl Marx und Friedrich Engels, Manifest der Kommunistischen Partei, S. 19ff.

[709] Vgl. zum Schlachtenhergang bei Alfred Helbling, Der Zug der Cimbern und Teutonen, S. 61ff.

erfolgreichen Feldzuges auch Land an. Die Armee, die Marius auf diesem Wege gewann und die sich äußerst ruhmreich schlug, wurde überwiegend aus dem verarmten Großstadtproletariat rekrutiert[710]. Jenes sah hier seine Chance gekommen, aus der Verarmung auszubrechen und sich seinen Lebensunterhalt nach dem Militärdienst durch Arbeit auf eigenem Boden zu verdingen. Aber diese Bestrebungen hielten den allgemeinen Verfallserscheinungen nicht lange stand - sie blieben Strohfeuer, die der imperialistischen Ausrichtung des Reiches, der sozialen Anziehung der Städte, seinen Lebensphilosophien und staatlichen Getreideunterstützungen als auch der steigenden Sklavenwirtschaft nicht standhalten konnten. Das Land hatte seine Bedeutung für den römischen Soldaten verloren; ohnehin wurden die römischen Legionen immer mehr von fremden Soldaten aus den Provinzen aufgefüllt[711], die mit dem italischen Boden nicht viel mehr teilten als den Fußabdruck, den sie hinterließen. Aber: obwohl der Bauernstand schon früh sehr gelitten hatte, war die Rolle der Jagd im republikanischen Rom nur marginal und gerade keine soziale Raum(be)handlung herrschaftspolitischer Prägung. Dies sollte sich erst im hohen Mittelalter und der Frühen Neuzeit deutlich ändern[712].

5.3.2.1 Versuche, die alte Agrarverfassung und damit das Reich zu retten

Die bedeutendsten Versuche, den bereits weit fortgeschrittenen Anfängen zu wehren, wurden von den Gracchen unternommen, die jedoch beide unglücklich endeten. Die Überlegungen waren auch hier zunächst von militärischer Denkweise überlagert. Die Staatsverfassung Roms war nach der Beurteilung des Tiberius Gracchus in ernster Gefahr, sollten die römischen Bauern weiter durch nichtrömische Leibeigene ersetzt werden. Kampfkraft und Moral, so seine Ausführungen, könnten nicht dieselbe sein, ziehe man einen Vergleich zwischen einem heimatlosen oder zumindest entwurzelten Sklaven und einem vaterländisch gebundenen römischen Landmann. Die Republik sei in höchstem Maße gefährdet, wenn man die stolzen, grundbesitzenden römischen Kriegerbauern durch ein verarmtes Großstadtproletariat (auch wenn es bei Marius später funktioniert hat) oder gar freigelassene Sklaven ersetzen würde. Das Rezept des Tiberius Gracchus gegen den Verfall der Republik hätte für den römischen Staat keinerlei unlösbare materielle Probleme mit sich gebracht. Ohnehin wurde seinem Vorschlag selbst in der späteren Kaiserzeit noch viele Male, wenn auch nicht im Sinne einer Agrarreform, Folge geleistet. Die Worte, die Tiberius Gracchus zu weltgeschichtlicher Bedeutung brachte und in denen er die verhängnisvollen Wirkungen der Trennung von Bau-

---

[710] Vgl. bei Will Durant, Caesar und Christus, S. 138ff.

[711] Gerade unter Marc Aurel fand eine größere Ansiedlung besiegter Germanen auf italischem Boden statt. Neben der Bauernschaft hatten germanische Soldaten bereits früher Einzug in die Prätorianergarde der Kaiser gehalten, wo sie aufgrund ihrer Körperstärke und Größe repräsentativ und als eines Kaisers Ruhm mehrend eingesetzt wurden.

[712] Das zeigt einmal mehr, dass die Schwächung des Bauernstandes und die Stärkung des Adels allein noch nicht über die Richtung und Intensität der Jagdfunktionalisierungen entscheiden konnten. Die Gründe dafür müssen auf mehreren Ebenen gesucht werden, auch wenn die Beziehungen Adel - Bauernstand eine wesentliche Rolle spielen, wie die Darstellungen zum Mittelalter und der frühen Neuzeit noch zeigen werden.

ern- und Soldatentum auf das römische Staatswesen beschrieb, waren angeblich folgende: „Die Tiere, die in Italien hausen, haben ihre Höhlen; jedes hat sein Lager, seinen Schlupf. Aber die, welche für Italien kämpfen und sterben, haben an nichts teil, als an Luft und Licht. Ohne Wohnung und festen Sitz irren sie umher mit Weib und Kind. Die Feldherren lügen, wenn sie die Streiter ermuntern, für ihre Grabmäler und Heiligtümer den Feind abzuwehren. Denn keiner hat einen väterlichen Altar, keiner unter so vielen tausend Römern eine Grabstätte seiner Vorfahren. Nur für anderer Üppigkeit und Reichtum streiten und sterben sie. Sie heißen die Herren der Welt und nennen auch nicht eine Scholle ihr Eigen."[713] Tiberius Gracchus war ein Mann, der die inneren Zusammenhänge zwischen dem freien Bauerntum und der Kontinuität eines politischen Gemeinwesens erkannt hatte. Allein die Zeit, die bereits sehr weit gediehenen gesellschaftlichen Strukturen - die verfestigte ständische Gliederung - machten es ihm unmöglich, „seinen" Weg für Rom zu realisieren. Der Adel war bereits zu stark, der epikureische Genuss zu verlockend, die Zahl der Sklaven unüberschaubar und die Proletarisierung der Städte zu weit fortgeschritten. Das Reich betrat den langen Weg von der Republik zur Kaiserzeit – zwar unterbrochen von glanzvollen Perioden - und dennoch bis zur Anarchie, die im dritten Jahrhundert n. Chr. das Heer allgewaltig und allen früheren Glanz zunichte machte. Die römische Kultur, Kunst und Philosophie gingen in den barbarischen Kämpfen, politischen Umstürzen und Kaisermorden vollkommen unter, die wirtschaftliche, kulturelle, soziale und politische Devolution, die das ganze Mittelalter hindurch dauern sollte, nahm ihren Anfang. Mit dieser Devolution ist die Geschichte der Jagd untrennbar verbunden[714]. Davor spielte sie bis auf wenige religiös-magische Riten und Vorstellungen in Rom keine Rolle. Reale Jagd war nach den osteologischen Befunden nur marginal von Bedeutung, ganz im Gegensatz zur symbolischen Jagd. So begannen in der Selbstdarstellung der römischen Kaiser etwa erst gegen Ende des 1. nachchristlichen Jahrhunderts jagdliche Handlungen allmählich eine Rolle zu spielen (vgl. dazu Kapitel 6). Die Häufung militärischer Niederlagen, die Politik der Bewahrung und Sicherung bestehender Grenzen jenseits der sonst so gewohnten Expansion, führte die Jagd aus den bereits genannten Gründen von der privaten Sphäre in die Öffentlichkeit des Herrschens. Auch jagdähnliche Handlungen im Circus und im Rahmen der Venationes waren von großer Bedeutung. Sie hatten jedoch mit der Jagdhandlung im Lebensraum der wilden Tiere und der Bauern nichts gemeinsam. Sie dienten der Kreierung einer Herrschaft stabilisierenden Öffentlichkeit, später immer mehr einer Wiederherstellung idealherrschaftlicher Tugenden, insbesondere im Rom der Kaiserzeit. Roms Macht und Stabilität war in keinster Weise auf eine ähnliche Raum(be)handlung zurückzuführen, wie sie später jahrhundertelang Bestandteil der Herrschaft deutscher Fürsten wurde. Der Wald hatte bei den Römern nicht denselben Stellenwert wie bei den späteren merowingischen und karolingischen Herrschern oder deren Nachfolgern. Die Macht Roms basierte auf Kultivierung, dem Städtebau auch in Feindesland, der Strukturierung des vorgefundenen Raumes nach römischem Vorbild, einer gewaltigen Militärmaschinerie und nicht zuletzt auf der ökonomischen Ausbeutung der

---

[713] Siehe bei Plutarch, Lebensbeschreibungen großer Helden, S. 267f.

[714] Einzig unter Karl dem Großen kam es noch zu seinen Lebzeiten zu einer „kleinen" Renaissance des antiken Denkens und antiker Kulturgüter.

eroberten Ländereien. Rom war das Zentrum des Imports, nicht des Exports. Die Kolonisationen Roms unterschieden sich diametral von denjenigen der späteren Reichskönige auf germanischem Boden. Deren Augenmerk lag auf den Wäldern, den ehemals bäuerlichen Besitzungen und ihren Möglichkeiten für die Generierung und Aufrechterhaltung von Herrschaft. Die Infrastruktur wurde kaum ausgebaut, höchstens die alten römischen Straßen erhalten. Die Forste rückten im Mittelalter und der Neuzeit als oberste Raumformen in den Mittelpunkt der Herrscher, über die sie eifersüchtig wachten und die sie, nicht zuletzt mit Hilfe der Jagd, einer straffen Organisation und Verwaltung unterwarfen. Während Rom dem System des Großgrundbesitzes in nichtstaatlicher Hand erst auf dem Scheitelpunkt seiner Prosperität verfiel und damit neben vielen anderen Kriterien dem Untergang ein Stückchen näher kam, begannen die merowingischen und karolingischen Herrscher mit jenem System von Anfang an. So wie Rom der kulturellen Devolution mit dem Untergang des freien Kriegerbauern entgegen sah, so konnte bei den Rechtsnachfolgern des Römischen Reiches mit der Beibehaltung derselben agrarischen Verfassung nichts anderes als der Verfall der kulturellen, sozialen und politischen Errungenschaften eintreten. Allerdings ist dem entgegenzuhalten, dass mit Karl dem Großen ein Reich entstand, das in etwa ein halbes Jahrhundert lang diese Tatsache entkräften oder zumindest abmildern sollte. Bald nach seinem Tode zerfiel das Reich jedoch allmählich in eine Vielzahl kleinerer und größerer Grundherrschaften, die ihre Bauern knechteten und ihre Untertanen mit Hilfe der Religion und der strikten und nicht selten brutalen Besetzung und Beherrschung jenes Raumes lange Zeit niederhielten. Eine wesentliche und als solche zu bezeichnende Weiterentwicklung gab es erst im 18./19. Jahrhundert, als die Gesellschaft wieder deutlich differenzierter wurde und späterhin der Adel seine Machtstellung zugunsten eines erstarkenden und wirtschaftenden Bürgertums verlor. Rom war das Bild der Widersprüchlichkeit: so wie es einst das Land der besitzenden Bauern war, war es auch der Wegbereiter der feudalistischen Strukturen des Mittelalters, die dem Bauern seine Freizügigkeit nahmen, ihn sozial und geographisch fixierten, ihn den willkürlichen Positionierungen durch die Herren unterstellten. Rom hatte die Bauern zum Wohle seines Staatswesens gefördert, später enteignet und in die Verarmung geschickt und wiederum zu allen Zeiten Teile von ihnen mit staatlichem Land bedacht. Rom hatte die Republik als bestes politisches Gemeinwesen zu wahrer Größe gebracht, bevor sie in Oligarchie und Despotie unterging.

5.3.3 Die Jagd der Römer vor dem Hintergrund ihrer gesellschaftlichen Strukturen

Vor dem Hintergrund der Strukturen der römischen Gesellschaft, des römischen modus vivendi sowohl der republikanischen als auch der cäsarischen Geschichte erscheint es nun einfacher die Frage nach dem Wie und Warum der römischen Jagd zu klären. Wurde der mögliche Zusammenhang bereits im dritten Kapitel der vorliegenden Arbeit unter Rekurs auf Traian und Hadrian angedeutet, so ist hier nochmals darauf aufzubauen, bevor dann der Blick auf das frühe und hohe Mittelalter gelenkt werden wird. Die Jagd in Rom, so die meisten Autoren, stand allen Bürgern grundsätzlich frei. Einschränkungen gab es im Wesentlichen keine. Die in der Literatur zu verzeichnende jagdliche Abstinenz der Römer ist im Wesentlichen in jener Freiheit zu suchen, die z. B. ein distinktives Motiv lange Zeit verhindern konnte. Selbst die Einflüsse der griechischen Jagdliteratur sind erst zu wesentlich späteren Zeiten spürbar, als die xenophontische Auffassung von Jagd der Tagespolitik entgegen kam, wie z. B. bei Kaiser Hadrian. Allerdings waren seine Versuche der Virtusreproduktion mit Hilfe der Jagd keinesfalls von großer Bedeutung[715]. Weitere Gründe dafür, weshalb der Jagd bei den Römern keine bedeutende Rolle zukam, müssen also auf verschiedenen Ebenen gesucht werden. In diesem Zusammenhang ist zunächst auf die klimatische Eigenart der italischen Halbinsel und ihres Wildvorkommens im Verhältnis zu den germanischen Urwäldern näher einzugehen. Bereits auf der Ebene des Klimas zeigt sich sehr schnell, dass die Jagd bei den Römern, die bedingt durch die waldarme und milde Mittelmeerlage mit geringem Wildreichtum versehen waren (im internationalen Vergleich übrigens bis heute), keinen sehr hohen - auch nicht sozialen - Stellenwert besaß. Dies verwundert umso mehr, erwähnt doch Ortega y Gasset in seinen Meditationen, dass die Seltenheit des Wildes geradezu wesentlich für die Jagd sei[716]. Für die Römer traf dies nicht zu. Auf der anderen Seite gewährleistete die Qualität der Böden auf dem italischen Festland eine hohe Fruktifikation[717]. Jagd war vor diesem Hintergrund bestenfalls Bauernjagd zum Schutze der landwirtschaftlichen Erträge und der Bereicherung der ländlichen Küche. Selbst in außergewöhnlichen Situationen, auf Kriegszügen in wald- und wildreichen Ländern wie Gallien und Germanien, ist auch in Gaius Iulius Caesars Werken keine Rede von einer jagdlichen Betätigung der römischen Soldaten, des Feldherrn oder seiner Zenturionen. Das verwundert umso mehr, als der Iulier die Getreideversorgung und -beschaffung an einigen Stellen seines „De bello gallico" durchaus erwähnt[718], die Nahrungsgewinnung im Rahmen seiner Kriegshandlungen somit also sehr wohl schriftliche Beachtung findet. Von der Jagd der eigenen Truppen, von Spähern oder Pionieren dagegen ist an keiner Stelle die Rede. Hier sind die Ergebnisse Rudolf Pörtners über die Nahrungszusammensetzung des römischen Soldaten hilfreich. Laut Pörtner war die hervorragende körperliche Verfassung der Legionäre nicht zuletzt auf den Erfolg

---

715 Die Hintergründe des Versuchs der Funktionalisierung von Jagd unter Kaiser Hadrian werden in Kapitel 6 ausführlich dargestellt. Aus diesem Grunde sei hier nur kurz auf diese Besonderheit hingewiesen.

716 Vgl. dazu bei Ortega y Gasset, Meditationen über die Jagd, S. 37-49.

717 Dass sich die Römer bereits sehr früh auf die Kultivierung der Böden verstanden, ist nachzulesen bei Karl Hasel, Forstgeschichte, S. 33f. Klaus Bringmann, Römische Geschichte, S. 80f. weist auf den hohen Arbeitsaufwand hin, auf der italischen Halbinsel getätigt werden musste, um gute Erträge zu erwirtschaften. In Ägypten wurde zu dieser Zeit bereits die zehnfache Menge der Aussaat geerntet, während es die Römer auf etwa das Vierfache brachten.

718 Die Beschaffung des notwendigen Getreides für die römischen Legionäre beschreibt Caesar dabei in zwei Varianten. Zum einen mussten besiegte Stämme oder Bundesgenossen das Getreide stellen, oder das Getreide wurde durch die Legionen selbst im feindlichen Gebiet geerntet und eingebracht. Beispiele dazu: die Trinovanter (Britannienfeldzug), Gaius Iulius Caesar, De bello gallico, V. Buch, S. 126; die Lieferung von Getreide und anderem Nachschub aus dem Gebiet der Sequaner und Haeduer während des Feldzuges gegen Ariovist, I. Buch, S. 41; das Aussenden der Reiterei zum Futterholen (Britannienfeldzug), V. Buch, S. 124; die Regelung der Getreideversorgung vor seinem Feldzug gegen germanische Stämme, IV. Buch, S. 91f.; Getreideforderungen des P. Crassus gegenüber den Venetern, den Coriosoliten und den Unellern, III. Buch, S. 72., etc.

ihrer Verpflegung zurückzuführen. Sie bestand fast ausschließlich aus Getreide, meist Weizen, welchen der Soldat unzermahlen empfing, alle 16 Tage 15 Kilo. Fleisch erschien nur als Zugabe und allenfalls zum Geburtstag des Kaisers auf dem Speisezettel[719]. Jagdliche Nahrungsbeschaffung der römischen Legionäre zur Deckung des Eiweißbedarfs ist an keiner Stelle der mir bekannten Literatur erwähnt. Allerdings schließt Rudolf Pörtner die Möglichkeit nicht aus, dass die Soldaten ihren Bedarf an Fleisch bei den Marketendern decken konnten, die auf allen Kriegszügen ständige Begleiter der römischen Heere waren. Jedoch ist auch hier viel mehr von Käse und Speck die Rede als von jagdlich gewonnenem Wildfleisch. Weitaus gefragter scheinen der importierte Wein und die so genannte Posca, eine limonadenähnliche Mischung aus Essig und Wasser, gewesen zu sein[720]. Ohnehin scheint Fleisch als Nahrungsmittel in Rom zeitweilig keine große Rolle gespielt zu haben. Der Genuss von Fleisch galt vielmehr als ein Anzeichen einer verrohten und barbarischen Lebensweise und wurde als ein Merkmal einer niederen Kulturstufe betrachtet. Auch die griechische Auffassung hob die vegetarische Lebensweise über die der Fleischesser und Milchtrinker[721], die als barbarisch und unzivilisiert bezeichnet wurden. Im Verlaufe der römischen Geschichte sollte sich dies jedoch auf einem Gebiete ändern: in den epikureischen Künsten und Genüssen, zu denen spätestens seit Lucius Licinius Lukullus auch das gute und reichhaltige Essen gehörte. Während das Getreide Hauptbestandteil der soldatischen Ernährung blieb, wurde allein das Fleisch – Plinius rühmt hier das Schwein (vermutlich aber das Haus- und nicht das Wildschwein), weil es fünfzig verschiedene Leckerbissen liefert – ein übermäßiger Genuss der Vermögenden[722]. Im Mittelalter und der Neuzeit dagegen spielte die Fleischnahrung gerade an den Höfen der Fürsten eine große Rolle. So soll der Marquis d´Ivrée für den Mord an einem Bischof mit dem Verbot bestraft worden sein, Fleisch zu essen und seine Waffen zu gebrauchen[723]. Dennoch wurde die Jagd in der frühen Neuzeit nicht aufgrund des Fleischgewinns exzessiv ausgeübt. Selbst im besetzten und wildreichen Germanien spielte der Verzehr von Wildfleisch durch die Römer eine eher untergeordnete Rolle. So berichtet Mostefa Kokabi, dass die Ausgrabungen der römischen Zivilsiedlung Arae Flaviae (Rottweil) zu 99,5% Reste von Haustierknochen zum Vorschein brachten. Darüber hinaus ist auch nicht geklärt, ob der verbleibende 0,5%-Anteil von Knochen wildlebender Tiere auf frei lebendes Wild zurückzuführen ist[724]. Unter Bezug

---

719 Vgl. bei Rudolf Pörtner, Mit dem Fahrstuhl in die Römerzeit, S. 65.

720 Vgl. ebd.

721 Siehe bei Reinhard Wolters, Die Römer in Germanien, S.16ff. Bereits Poseidonios beschreibt die Germanen am Anfang des 1. Jahrhunderts v. Chr. als Menschen, die „als Frühstück Fleischstücke (essen), welche gliedweise gebraten sind; dazu trinken sie Milch und ungemischten Wein". Die Beschreibung eines Volkes als Fleischesser und Milchtrinker reichte aus, dieses als auf einer niederen Kulturstufe stehend zu betrachten.

722 Vgl. bei Will Durant, Caesar und Christus, S. 406f.

723 Vgl. dazu bei Robert Delort, Der Elefant, die Biene und der heilige Wolf, S. 105. Zur Bedeutung der Wildbretgeschenke im Mittelalter vgl. bei Joseph Morsel, Jagd und Raum - Überlegungen über den sozialen Sinn der Jagdpraxis am Beispiel des spätmittelalterlichen Franken, in: Werner Rösener (Hrsg.), Jagd und höfische Kultur im Mittelalter, S. 254ff.

724 Vgl. dazu bei Mostefa Kokabi, Arae Flaviae II, Viehhaltung und Jagd im römischen Rottweil, S. 136f.

auf Columella gelangt der Autor zu dem Schluss, dass die Möglichkeit nicht auszuschließen sei, dass die Römer bereits vor dem Jahre Null die Gatterhaltung von Wildschweinen, Hirschen (insbesondere von Damhirschen) und sogar Feldhasen beherrschten. Neben den römisch besetzten Gebieten spielte andererseits auch in der Germania libera die jagdliche Fleischgewinnung nur eine untergeordnete Rolle innerhalb der Lebens- und Ernährungsweise der Germanen[725]. Bestätigt werden könnte dieses Ergebnis auch durch den Ruf, welcher den germanischen Stämmen anhaftete. Von ihnen wurde gesagt, dass sie wesentlich bessere Viehhirten als Bauern gewesen seien. Fleisch, zumal auf relativ bequeme Weise, konnte über die Viehhaltung und die Hausschlachtung oder über die gemeinschaftliche Schlachtung im Rahmen der Genossen- oder Gemeinschaften effektiver beschafft werden als über die Jagd. Auch im frühen Mittelalter änderte sich hier nichts Wesentliches. Johannes Fried attestiert dem frühen Mittelalter die „Vergetreidung": die Pferdebohne war wichtiger Eiweißlieferant. Milchprodukte, vor allem Käse, fehlten auf keinem Speiseplan, der durch Fleisch der Haustiere und nur selten durch Wildbret ergänzt wurde[726]. Die jagdliche Betätigung der Römer, so das Ergebnis aus der Literatur, scheint im Großen und Ganzen sowohl inneritalisch als auch außeritalisch keine wesentliche Rolle gespielt zu haben. Sie hätte in den kaiserlichen Zeiten Roms ohnehin keine Betätigung der Feinschmecker sein können, da gerade Will Durant vom körperlichen Verfall jener Epikureer berichtet, deren Merkmale eher das Doppelkinn und die Leibesfülle waren, welche sie von den kernigen Staatsgründern der republikanischen Frühzeit deutlich unterschied. Während dies für die modernen Jäger der Gegenwart kein Problem mehr darstellt – bequemen Jagdeinrichtungen und weit reichenden Büchsenkalibern sei Dank –, musste dies für die beleibten Römer ein Hemmschuh gewesen sein. Sie gingen lieber geruhsamen Vergnügungen, wie dem Knöchel- und Würfelspiel, nach als sich auf der Jagd zu verausgaben. Ihre fleischlichen Gelüste müssen also – sofern es sich um wildlebendes Wild und nicht um Gatterwild handelte – bereits von angestellten Jägern oder einfachen Soldaten befriedigt worden sein, die für sie auf die Jagd gingen oder sie mit Wild belieferten. Diese These ist aber anhand der Quellenlage kaum nachweisbar. Zwar rügte Horaz die Leidenschaft des Würfelspiels seiner Zeitgenossen; er erkannte es als ein Zeichen nationalen Verfalls, wenn sich die Jünglinge, statt sich im Reiten zu üben und der Jagd zu frönen, dem Würfelspiel hingaben[727]. Ein wirkliches Beispiel jagdlicher Betätigungen im Sinne eines idealisierten Kriegers oder Herrschers fehlt jedoch in der Literatur[728]. Die Spielleidenschaft war nach Horaz dann wohl ein Tribut an die Zivilisation, die den Niedergang Roms zusätzlich begünstigte. Jagd dagegen war weder bedeutend für ein epikureisches Leben noch bedeutender Bestandteil eines militärischen Exerzitiums, kein praeludium belli,

[725] Dagegen waren die Gewinnung der Gerste als Brotgetreide und zur Herstellung von Grütze und Bier neben Milch, Lein und Leindotter zur Fettversorgung als auch das Fleisch der Haustiere Hauptbestandteile der germanischen Nahrungsmittel. Siehe bei Alois Seidl, Deutsche Agrargeschichte, S. 44f.

[726] Siehe bei Johannes Fried, Die Formierung Europas 840–1046, S. 7.

[727] Vgl. bei W. Richter, Die Spiele der Griechen und Römer, S. 83.

[728] Hier mag die von Ortega y Gasset berichtete Geschichte des Scipio Aemilianus eine Ausnahme darstellen. Vgl. bei José Ortega y Gasset, Meditationen über die Jagd, S. 20ff.

wenn das auch durch die Aussagen des Horaz den Anschein haben mag. Gleiches kann auf die germanischen Widersacher Roms übertragen werden. Auch hier spielte die Jagd niemals die Rolle, die ihr in der Geschichtsschreibung zugedacht wurde. Römer als auch Germanen waren freie und freiheitsliebende Völker. Sie beherrschten Viehzucht und Ackerbau, wenngleich die Römer hier den Germanen deutlich überlegen waren. Dennoch scheint es in keiner der beiden Kulturen eine Notwendigkeit gegeben zu haben, Jagd in einem nennenswerten Rahmen - außerhalb der Schutzjagd - auszuüben. Aber: einen gewissen sozialen Stellenwert als Statusobjekt erhielt die Jagd - wenn auch in bescheidenem Rahmen - nach Roms Sieg über Makedonien im Jahre 168 v. Chr. und während der römischen Hegemonie in Griechenland. Durch die Übernahme griechischer Lebensart und Kultur gelangten nach und nach überwiegend vermögende Römer zur sportlichen Jagd[729]. Eine vergleichbare Stellung, wie ihr manche römischen Geschichtsschreiber für den germanischen Raum einräumen, nahm sie jedoch zu keiner Zeit ein. Darüber hinaus fehlt in der außerjagdlichen Geschichtsschreibung über die Griechen ein Beleg für die in jagdhistorischen Werken herausragende Stellung der Jagd. Die weit reichende jagdliche oder jagdähnliche Symbolik in Gedichten, auf Mosaiken, auf Tongefäßen und in Heldensagen darf hier nicht überbewertet werden, da sie auch bei den Ägyptern die reale Jagd bei weitem überstrahlte und nicht zuletzt bei den Römern z. B. die Jagdsarkophage hervorbrachte. Der Stellenwert jener Symbolik wurde in Kapitel 3 besprochen und es dürfte als sehr gefährlich - zumindest aber zweifelhaft - bewertet werden, wenn man sich als Historiker dazu verleiten ließe, über die Symbolik auf eine vermeintliche Realität zu schließen. Die Kluft zwischen Symbol und Realität mag häufig der Grund dafür gewesen sein, dass es innerhalb der Jagdgeschichte zu Fehlinterpretationen kam. Bleibt man an dieser Stelle jedoch für einen Moment den Pfaden historischer Jagdargumentation treu, so wäre neben den genannten klimatischen Bedingungen und ihren Auswirkungen auf die Flora und Fauna die römische Geringschätzung der Jagd darin zu suchen, dass Ruhm und Ehre im römischen System nur demjenigen zuteil wurden, der in ehrbarer Weise für seinen Staat eintrat. Dies geschah jedoch nicht auf dem Wege jagdlicher Taten, sondern im Rahmen eines öffentlichen Amtes, einer Institution oder im Kriege. Allein die Leistung im Amt (lat. honos, Ehre, Ehrenamt) war in der Lage über Ruhm und Ehre des römischen Adligen zu bestimmen[730]. Ohnehin hätte es im republikanischen Rom

---

[729] Vgl. dazu Matt Cartmill, Tod im Morgengrauen, S. 60f.

[730] Vgl. dazu Stefan Breuer, Max Webers Herrschaftssoziologie, S. 142. Auch das könnte ein Grund für die relativ geringe Bedeutung der Jagd im römischen Kulturkreis sein. Nicht die Jagd scheint privilegiert, sondern Ruhm und Ehre als solche. Es ist nicht nur von großer Bedeutung, welche Handlung zugunsten der Staatsräson erbracht wird, sondern auch von wem. Im römischen Senat waren hauptsächlich römische Adlige in der Lage, politisch relevante Entscheidungen zu treffen bzw. zu fördern. Die Jagd dagegen, die jedermann aufgrund des Grundsatzes der res nullius offen stand, war in Rom gänzlich unpolitisch. Aber: Ortega y Gasset benennt in seinen Meditationen eine Ausnahme. Demnach konnte sich Scipio Aemilianus als erster Römer einiges Ansehen beim Senat nicht durch Reden und Prozesse, sondern durch seine enorme Jagdleidenschaft erwerben. Vgl. bei Ortega y Gasset, Meditationen über die Jagd, S. 16f. Im Großen und Ganzen dürfte dies jedoch tatsächlich eine Ausnahme geblieben sein. Dass gerade die Ausführungen von Stefan Breuer eine Verifizierung der Unbedeutsamkeit römischer Jagd herbeiführen können, wird im nächsten Kapitel bei der Analyse der hadrianischen Jagd augenscheinlich werden.

gar keine Unterscheidung zwischen der adligen und der bäuerlichen oder bürgerlichen Jagd geben können, da keine der Gruppen ausgeschlossen war, keine jagdrechtlichen Regelungen existierten und folglich der Jagd keine distinktiven, geschweige denn politischen Merkmale zugeschrieben werden konnten. Das umfassende System von formalen, juristischen und materiellen Inklusionen und Exklusionen war den Römern im Gegensatz zu den mittelalterlichen und frühneuzeitlichen Herrschern des Heiligen Römischen Reiches Deutscher Nation noch unbekannt. Auch war die freie römische Jagd nicht an pekuniäre Aufwendungen gebunden, die ihrerseits Ausdruck einer sozialen Hierarchisierung gewesen wären, da die Jagd mit dem Streitwagen wohl kaum als typisch inneritalische Jagdform angesehen werden kann. Fallenstellen und das Auflauern aus der Deckung heraus waren mit einiger Sicherheit die üblichen Formen der Jagd und auch dem ärmsten Bauern möglich. Auf der anderen Seite ist es nahezu auszuschließen, dass der römische Adlige sich jener Jagdarten bediente. Aufwändige und gefährliche Jagden mit dem Spieß oder dem Schwert, geschweige denn dem Bogen, sind aus dem römischen Kulturkreis nicht bekannt. Die Besonderheiten der Jagd unter Kaiser Hadrian als Mittel der herrschaftlichen Selbstdarstellung vor dem Hintergrund fehlender Heldentaten auf dem Schlachtfeld wurden ja bereits mehrfach angesprochen. Gerade die Tatsache, dass die römische Virtus in historischer Kontinuität offensichtlich an militärische Erfolge und die Bewährung im Amt zwingend gekoppelt war, wurde Hadrian insofern zum Verhängnis.

5.3.3.1 Im Gegensatz zur Jagd: der Stellenwert der römischen Venationes

Während die mittelbare Dienstbarmachung der Jagd für die Expansionspolitik der römischen Republik im Sinne eines praeludium belli als auch zur Reproduktion von Virtus gemäß den altiranischen Vorbildern mangels eindeutiger Hinweise wohl auszuschließen, zumindest aber sehr fragwürdig ist, und auch ansonsten Jagdhandlungen kein Mittel der Distinktion oder der Beherrschung waren, wurde jagdähnlichen Handlungen im Rahmen der Spektakel des römischen Circus ein durchaus beachtlicher Stellenwert beigemessen. Im Vordergrund der so genannten „Venationes", der Schaujagden[731], stand die Unterhaltung des römischen Volkes, welches die blutigen Tiergemetzel als willkommene Abwechslung und Zerstreuung annahm. Über den Zweck der Zerstreuung und Unterhaltung hinausgehend konnten die wohl nur vordergründig allein der Unterhaltung dienenden Venationes durchaus auch einen politischen Zweck hinsichtlich der Visualisierung römischer Macht und Stärke erfüllen. Die wilden Tiere wurden aus allerlei römischen Provinzen und Kriegsschauplätzen eigens für diese Kämpfe nach Rom gebracht

[731] Matt Cartmill, Tod im Morgengrauen, S. 60f, und Klaus Böhme, Vom Steinwurf des Vormenschen zum Waidwerk der Antike, S. 210ff. Mit diesen Tierkämpfen in den römischen Arenen, die nur dem Namen nach Verwandtschaft mit der Jagd aufweisen, wurde eine Entwicklung eingeläutet, die man als die Entartung der Jagd bezeichnen kann. Ähnlich grausame Tiergemetzel konnten sich an den Fürstenhöfen in Europa bis in das 19. Jahrhundert hinein in unterschiedlichen Formen halten. Ihren Status als Zurschaustellungen demonstrativer Macht und Größe konnten sie sich bis dahin zuverlässig sichern. Allein ihr Gesicht wandelte sich im Verlaufe des Zivilisationsprozesses – doch nicht unbedingt zum Besten.

und dort dem Volk präsentiert. Macht und Stärke des römischen Imperiums, insbesondere seine geografische Ausdehnung, konnten über die Vielfalt der exotischen Tierarten dem Publikum verdeutlicht werden. Die wilden Tiere des Nordens repräsentierten vor den Augen des römischen Volkes die besiegten barbarischen, gleichsam wilden Stämme und Völker. Ihr grausamer Tod in der Arena konnte die Szenerie auf den Schlachtfeldern schaustellerisch nachstellen. Die Venationes veranschaulichten den Untergang der besiegten Barbaren auch für denjenigen römischen Bürger, der die Schlachten und Siege nicht selbst vor Ort mit dem Schwert in der Hand erlebt hatte. Zwar hat dieses Bild nur mittelbar mit der Jagd zu tun, das herrschaftliche und eo ipso räumliche Potenzial aber, welches mit dem Fang, der Tötung oder auch nur dem Töten lassen von wilden Tieren verbunden sein kann, kommt deutlich zum Vorschein - der Ruhm des Kaisers wuchs durch solche Machtdemonstration stetig. Hier liegt das Potenzial der jagdähnlichen Handlungen - im Gegensatz zum späteren Mittelalter und insbesondere der Neuzeit - nicht in der unmittelbaren Raumhandlung verborgen, sondern in der Reproduktion der Raumbesetzung und des Sieges über die Feinde innerhalb der Mauern der Arena. Das träge Volk konnte so einen Teil von den Siegen kosten, die die römischen Legionen und ihre Feldherren auf den Schlachtfeldern jenseits der italischen Grenzen erkämpft hatten. Unter raumtheoretischen Gesichtspunkten können die Venationes damit wie folgt bewertet werden: die römische Herrschaft über den größten Teil der damals bekannten Welt konnte in ihren räumlichen Dimensionen in der Arena eine sichtbare und deutliche Reproduktion erfahren. Jener Raum in den Köpfen der Zuschauer erfuhr seine Reproduktion über die Arena und ihre Kulisse als materielle Bestandteile einerseits und über die Tiere und deren Abschlachtung (als symbolischer Sieg über die Völker der bekannten Welt) als immaterielle Bestandteile der Reproduktion von Raum andererseits. Die Arena als originär gewollter, visualisierter Raum trat hier eindeutig in den Hintergrund und wurde über die Verbindung des Gemetzels auf den Schlachtfeldern durch die Imagination des Sieges über fremde Völker und die Gewinnung neuen Raumes ersetzt. Es war die Reproduktion von Herrschaft und Raum vor den Augen des römischen Volkes; die Visualisierung der erfolg- und siegreichen Expansion des römischen Herrschaftsraumes. Die Positionierung der wilden Tiere in der Arena allein konnte diese Imagination nicht vermitteln, die Emotionen des anwesenden Publikums mussten durch die blutige Tötung der die Völker der Welt darstellenden Tiere angeregt werden, um die Vorstellung des Römischen Weltreiches und seiner Macht komplett und zuverlässig zu erreichen. Diese Besonderheiten der Positionierung von Tieren in einem Raum zum Zwecke der Reproduktion von Herrschaft und Macht tritt später in den Landesherrschaften des Deutschen Reiches in verschiedenen jagdpraktischen Spielarten wieder zum Vorschein, nun allerdings außerhalb von Mauern, mitten in der Lebenswelt der Untertanen, wie in Kapitel 7 und 8 aufgezeigt werden wird. Wenn man diesem Argumentationspfad folgt, repräsentierten die Tierhetzen eine Art mittelbare Raum(be)handlung, denn die exzessive Zurschaustellung wilder Tiere aus allen eroberten Gebieten symbolisierte deren Eingliederung in das Reich als Provinzen und war daher vor dem römischen Volk politisches und zugleich soziales Instrument der Herren Roms. Weiterhin war der soziale Aspekt - neben den oben genannten räumlichen Bezügen - nicht zu unterschätzen, da das Volk, insbesondere die Plebs, durch Brot und Spiele in turbulenten Zeiten befriedigt oder doch zumindest besänftigt werden konnte. Die Spiele waren ja nicht allein zur Zerstreuung und zum Vergnügen in solchem Maße abgehalten worden, sondern insbesondere in unruhigen Zeiten ein Mittel zur Besänftigung der aufgebrachten Menge. Gewährleistet wurde diese Verbindung auch über den Stellenwert des Circus als eine Art öffentlicher Raum, welcher in Anwesenheit des Kaisers dazu genutzt werden konnte, durch Zurufe oder Gesten Wünsche an den anwesenden Kaiser zu äußern oder irgendeine unbedeutende Reform zu fordern. Die Venationes hatten auf diesem Wege unterschiedliche Inhalte sozialer und politischer Art, die zum einen die Stärke und Weltmacht des römischen Imperiums dem Volk vor Augen führten und andererseits in Anbetracht der Großmächtigkeit und Güte des Regenten in bescheidenem Rahmen Funktionen der Meinungsäußerung verfolgten. Wenn man so will, war der Circus zumindest im caesarischen Rom in der Lage, in einem gewissen und vom Kaiser wohlbedachten Rahmen den Platz der griechischen Polis einzunehmen und durch Ablenkung, Brot und Geschenke zu besänftigen. Dem Schein politischer Mitsprachemöglichkeiten der anwesenden Römer kam jene Zweckverbindung offensichtlich zugute. Im Rahmen dieser großen und organisatorisch als auch finanziell unter unvorstellbarem Aufwand betriebenen Venationes war es oftmals der Fall, dass die anwesende Menge dank der Freigiebigkeit des Kaisers mit Leckereien und Geschenken[732] bedacht wurde, die ihr, ähnlich dem Schauspieler auf der Bühne, zugeworfen wurden. Über den sich balgenden Pöbel konnte sich der Herrscher gleich dem blutigen Schauspiel in der Arena erfreuen. Es ist nicht von der Hand zu weisen, dass einige soziale als auch politische Konflikte im Rom der Caesaren durch die Aufrechterhaltung oder Intensivierung der beliebten blutrünstigen Spiele – zumindest befristet – abgemildert werden konnten. Mit dem Aspekt und dem Grundgedanken der Jagd hatten die Tierhetzen in den römischen Arenen jedoch nur peripher zu tun. Sie waren allein ein Instrumentarium, welches über den Geschmack der Zeit einen Teil der Dekadenz auch dem niederen Volk greifbar vor Augen führte, es teilhaben ließ und somit willfährig machte, oder zumindest für eine bestimmte Zeit die politische Kraft des Volkes durch allerlei Zugeständnisse und Beschwichtigungen schmälern konnte. Gleichzeitig konnte der römische Kaiser seine Macht über Menschen und Tiere demonstrieren. Dennoch müssen die Venationes als ein weiteres Teilchen des Puzzles der späteren Jagd betrachtet werden, insbesondere im Hinblick auf die Erklärung der Jagd als Raum(be)handlung. Ähnlich den altägyptischen Zeichnungen in vielen Gräbern und auch den römischen Jagdsarkophagen zeigen die Venationes – allerdings im Vergleich zu den genannten Zeichnungen – real auf, welche Bedürfnisse über die Jagd oder jagdähnliche Handlungen befriedigt werden konnten, die, je nach Stand der strukturellen, kulturellen, psychischen und physischen Entwicklung, über den bloßen Akt des Tötens oder des Fangens hinaus wichtige religiöse, magische und eben gerade auch herrschaftspolitische Ausstrahlungen haben konnten. Die notwendigen gesellschaftlichen Bedingungen dafür sollten dann sukzessive im Deutschen Reich geschaffen werden.

Mittels der Venationes konnte die kaiserliche Macht, die Erweiterung des römischen Einflussbereiches bis nach Rom transportiert und über die Aspekte der

[732] Vgl. dazu Will Durant, Caesar und Christus, S. 414.

„Quasi-Polis" und der Verteilung von Geschenken ein wichtiges innenpolitisches Element kreiert werden, welches letztlich einen Einfluss auf die Stabilität der Kaiserherrschaft in Rom nehmen konnte. Dieses Beziehungsgefüge zwischen wilden Tieren, ihrem Fang und ihrer Abschlachtung im Rahmen der römischen Venationes im Detail zu analysieren, könnte eine lohnende Arbeit sein, die auch hier über den historisch zementierten Schatten der bloßen Belustigung und des Müßigganges springen müsste, um den Kern der Circusgemetzel erkennen zu können. Einen Beleg dafür, dass die blutigen Schauspiele nicht immer dem Geschmack der Zeit untergeordnet waren, gibt Marcus Tullius Cicero in einem seiner Briefe an seine Freunde bekannt: „Bleiben noch die Tierhetzen; großartig, zugegeben! Aber wie kann ein kultivierter Mann Vergnügen daran finden, wenn ein schwacher Mensch von einer gewaltigen Bestie zerrissen oder ein herrliches Tier vom Jagdspieß durchbohrt wird? Der letzte Tag gehörte den Elefanten (es handelt sich hier um eine Venatio, von Gnaeus Pompeius veranstaltet, bei der 18 Elefanten von Gladiatoren oder Soldaten niedergemetzelt wurden, Anm. d. Verf.). Da staunte die Masse und der Pöbel, aber recht warm wurden sie nicht; vielmehr regte sich so etwas wie Mitleid und das Gefühl: dieser Koloss hat irgendwie etwas Menschenähnliches"[733]. Die Diskussion, ob die Venationes eher einer römischen Freizeitkultur als der Absicht politischer Repräsentation oder der öffentlichen Reproduktion von Herrschaft und Ordnungsvorstellungen zuzuordnen waren, kann hier zu keinem endgültigen Abschluss gebracht werden. Beides scheint je nach Perspektive der Fragestellung möglich, eine Gewichtung zugunsten der einen oder der anderen Seite ist sicher nicht zielführend.

5.3.4 Der Untergang Roms - Grundsteinlegung der Feudalverfassung

Der Untergang Roms führte in den Gebieten des heutigen Frankreich und südlich des Limes, also in den stark romanisierten Teilen Germaniens, zur Herausbildung erster staatlicher Ansätze. Dabei trat vor allem das Herrschaftsgebilde des Frankenreiches unter den Merowingern und deren Nachfolgern, den Karolingern, zutage. Mit der Unterwerfung germanischer Stämme und der Abschaffung des Stammeskönigtums vereinten die merowingischen Könige zum ersten Mal große Teile des germanischen Volkes in einem Rahmen, der der Bezeichnung „Staat" schon sehr nahe kam. Im Zuge dieses Prozesses fand in den neuen Reichen lediglich die Fortführung dessen statt, was das alte Römische Reich hinterlassen hatte: eine klare politische Strukturen zersetzende Latifundienwirtschaft, basierend auf Unfreien, Kolonen und einer Vielzahl grundherrschaftlicher Partikularinteressen. Allerdings ist diese Entwicklung zuerst südlich des Limes festzustellen und greift erst unter Karl dem Großen durch die Unterwerfung der Sachsen auch auf die Germania libera über. Wie im republikanischen Rom eine charakteristische Einheit zwischen bäuerlichen und soldatischen Funktionen bestand, hatten sich auch die germanischen Stammesgemeinschaften bis nach deren Einfall in Rom dieses Strukturmerkmal erhalten. Südlich des Limes verschmolzen die germanischen Strukturen jedoch bald mit denjenigen der Römer. Sie übernahmen die herrschaftspolitisch äußerst labilen und mit einem deutlichen Hang zur Dezentralisierung verwässerten

[733] Vgl. bei Marcus Tullius Cicero, An seine Freunde, 7, 1, 3, S. 367f.

Strukturen ihres römischen Lehrmeisters und geschlagenen Feindes, was ihnen den historischen Vorwurf einbrachte, „die besseren Römer" gewesen zu sein[734]. Gewissermaßen triumphierte Rom im Tode über die Germanen, die sich nach der Reichsteilung 843 n. Chr. und der kurzen fränkischen Renaissance denselben Zerfallserscheinungen gegenüber sahen wie ehedem die Römer. Wie dominant der römische Einfluss gewesen sein muss, zeigt eine Gegenüberstellung der Sachsen mit den südlicheren Germanenstämmen, die schon früh durch merowingische Bestrebungen geeint wurden. Die soziale, kulturelle und politische Entwicklung in Sachsen war von derjenigen in den ehemaligen Gebieten der Germania inferior und Germania superior deutlich differenziert. Die Sachsen beheimateten weder römische Kultur noch kopierten sie sie. Aus diesem Grunde existierte auf wesentlich längere Zeit eine freie Bauernschaft innerhalb der sächsischen Stammesgesellschaften. So wundert es nicht, dass es unter Karl dem Großen die Sachsen waren, die sich seinen Plänen eines einheitlichen und zentralistisch geführten Reiches am hartnäckigsten widersetzten. Während bereits unter den Merowingern der Grundstein für die Zusammenlegung des Reiches unter einem Königtum gelegt wurde, erhielten sich die Sachsen ihre Unabhängigkeit und Freiheit solcherart, dass jeder Stammesteil seinen eigenen Krieg führen, seine eigenen Fehden ausfechten und eigene Friedensverträge unterzeichnen konnte[735]. Dadurch, dass Karl der Große nach der mehrfach bewiesenen Kriegsstimmung der Sachsen eine römische Art der Eroberungstechnik anwandte - den Bau von militärischen Großforts im errungenen Feindesland -, gelang die Unterwerfung nach langem Ringen und großen Verlusten auf beiden Seiten dennoch. Eine nicht zu unterschätzende Eroberungstaktik war auch die von Karl betriebene Besiedlung der eroberten Gebiete durch Mönche und Geistliche, die eine rege Missionstätigkeit entfalteten. Klöster wurden mit Grundbesitz ausgestattet und erlangten dadurch die Herrschaft über die dort ansässigen Bauern, die schon bald über Massentaufen nicht nur formell der Kirche und dem von Gott berufenen König unterstellt wurden. Die Aufteilung der sächsischen Gebiete in Grafschaften förderte zusätzlich die Herausbildung desselben Systems der Beherrschung wie in den romanisierten Teilen der früheren Germania inferior und Germania superior. Auf diesem Wege konnten auch die sächsischen Gebiete in das feudale System des Mittelalters eingegliedert werden. Um die Sachsen endgültig zu unterwerfen und in das Frankenreich einzugliedern, nahm Karl

[734] Der Grund für die enge Verbindung der germanischen Völker mit den römischen Verhältnissen und Gepflogenheiten liegt nicht in den häufigen Kriegszuständen verborgen, sondern ist vielmehr darin zu suchen, dass den Germanen schon früh der Status von Föderaten zuerkannt wurde. Ähnlich wie bereits Armin, der Herzog der Cherusker, der den Römern in der Varusschlacht große Verluste zugefügt hatte, waren germanische Führer vielfach in die römischen Kommandostrukturen eingebunden. Militärische, kulturelle und soziale Kontakte zwischen Römern und Germanen waren ganz alltäglich. Landwirtschaft und Obstbau, Kelterei und militärische Führung und Taktik waren in etwa die bedeutendsten Errungenschaften, die sich die Germanen von den Römern zeigen ließen. Eingebettet in manche Aspekte der römischen Kultur und Tradition war es nur konsequent, dass die Sieger diese Kultur nicht zerstören sondern daran partizipieren wollten. Nach der Eroberung Roms identifizierten sich die Germanen rasch mit dem Reich und führten selbst gegen andere „Barbaren" Krieg. Dazu bei Reinhard Wolters, Die Römer in Germanien, S. 108ff.

[735] Vgl. zur Sachsenfrage unter Karl dem Großen bei Aulo Engler, Germanen, S. 344ff.

der Große bis 804 Zwangsumsiedlungen vor, in dem er viele überlebende Sachsen zusammentrieb um sie im Frankenland irgendwo neu anzusiedeln[736]. Die so frei gewordenen Hofstellen in Sachsen wurden dann von Franken in Besitz genommen und bewirtschaftet. Es bleibt anzunehmen, dass jene Bauernstellen aufgrund der innersächsischen Situation innerer Unruhen und Bedrohungen durch „Partisaneneinheiten" selbst nicht frei bewirtschaftet werden konnten, sondern einem Grafen oder einem Kloster zum Schutz und Dienst unterstellt waren, was seinerseits die Stellung der Bauern schwächte. Karl strukturierte den sächsischen Raum, in dem er Domänen, Forste und Kirchen im Sachsenland über ein Netzwerk an Straßen verband und so seinem System der Beherrschung einverleiben konnte. Die Zurückdrängung des freien Bauerntums fand nun auch in Sachsen über den Großgrundbesitz und über die Integration Sachsens in das Frankenreich, seine Strukturen und Gesetze statt. Aber auch im übrigen Frankenreich verloren die Bauern zusehends ihre Freizügigkeit, insbesondere als im 9., 10. und 11. Jahrhundert die Überfälle der Normannen und diejenigen der Sarazenen die Herausbildung von Burgen oder befestigten Herrenhöfen förderten, deren Herren auf ihren Ländereien unfreie Bauern zum eigenen Unterhalt gegen Schutz und Schirm ansiedelten bzw. aufnahmen. Die äußeren Bedrohungen führten die Bauernschaft so zusehends in die Unfreiheit und sind insofern bei der Herauskristallisierung der spezifischen Herrschaftsformen des Deutschen Reiches zu berücksichtigen. Beide, innere wie auch äußere Bedrohungen des Frankenreiches, tragen zur Erklärung der späteren Rolle der Jagd bei.

Die endgültigen Auswirkungen der Übernahme wirtschaftlicher Rückständigkeit im Rahmen der römischen Latifundienwirtschaft können in der Umstrukturierung der germanischen Gesellschaft verfolgt werden. Der nach altem römischen Vorbild erfolgreich kämpfende und loyale Kriegerbauer verlor seine Stellung zugunsten einer hierarchischen Stratifikation der Gesellschaft in eine grundbesitzende und mit Herrschaftsrechten ausgestattete Kriegerelite hier und einen Bauernstand da, der nun ein Konglomerat von Freien, Halbfreien und Sklaven darstellte. Durch die zunehmende Erstarkung der Königsmacht verloren die Gemeinfreien mit ihren zumeist kleinen Grundbesitztümern im Verlaufe des Mittelalters stetig an Einfluss, zumal die merowingischen und karolingischen Könige ein vitales Interesse an der Schwächung des Volksthings hatten. So verlor das Volksthing als republikanisches Element bereits unter den Franken allmählich seine politische Bedeutung bis hin zur seiner vollständigen Auflösung. Öffentlichkeit wurde so zu einer repräsentativen Öffentlichkeit, da der Einfluss der Bauern auf die politischen Entscheidungsfindungsprozesse mit der Auflösung der Stammesstrukturen verloren ging. Im Wesentlichen können die Anfänge dieser Entwicklung mit dem Untergang Roms unter dem Gotenkönig Theoderich verortet werden. Die gesellschaftsprägenden Abschichtungsvorgänge, beginnend im 8. und endend im 11. Jahrhundert, bei denen sich aus der Reichsaristokratie und dem früheren Stammesadel durch die Kumulation von Ämtern, Lehn- und Privatbesitz sowie durch die Herausbildung einer Untervasallität und den Niedergang des kleinen, freien Grundbesitzes eine

[736] Zur Zwangsumsiedlung der Sachsen, ebd., S. 350f.

neue (ritterliche) Oberschicht formierte[737], vollendete diesen Prozess. Während in Rom Jahrhunderte zuvor die ländliche Bevölkerung in die Städte geflüchtet war und verproletarisierte, fand im frühen Mittelalter eine ähnliche Konzentration durch den Rückzug vieler Adliger auf ihre Landgüter statt, als im Zuge der Völkerwanderung die wenigen, schlecht befestigten Städte nur unzureichende Sicherheit boten. Vom dritten bis zum fünften Jahrhundert nach Christus entwickelten sich aus diesen Landsitzen die späteren befestigten Burgen, die in den folgenden Jahrhunderten oft zum Ausgangspunkt neuer Städtegründungen wurden. Diese unzähligen neuen Zentren der Wirtschaft, Macht und Kultur sollten Merkmal des politischen Verfalls des Westens und ihre zentrifugalen Kräfte symptomatisch für die weitere politische und kulturelle Struktur des Mittelalters werden, an dessen Ende die vollkommene Zersplitterung des Deutschen Reiches stehen sollte[738]. Nach dem Zerfall des römischen Reiches fiel der größte Teil des ehemaligen römischen Staatsgrundbesitzes an den König, der nicht nur das kaiserliche Patrimonialgut übernahm, sondern darüber hinaus durch Konfiskationen und Feldzüge seinen Besitz stetig vergrößerte[739]. Den Entwicklungsschritten zum Feudalwesen des Mittelalters wurde endgültig der Weg geebnet, als im Zuge der Aufteilung des früheren weströmischen Reiches unter die Germanen deren Stammesführer den besonders tüchtigen Kriegern Grundbesitztümer zum Genuss, die so genannten beneficia, zuwiesen. Mit ihnen waren oftmals auch Stellungen am Hof des jeweiligen Königs verbunden. Dieses Benefizialrecht führte zu einer regelrechten Akkumulation von Grundbesitz in den Händen der Könige, da manche dem König ihr Grundeigentum übergaben, um es von diesem wieder nach Benefizialrecht empfangen zu können. Nur so gelangten viele Grundeigentümer in den Genuss der Vorteile der Vasallität[740]. Im Zuge des Aufstieges des Lehnswesen, beginnend etwa im 4. Jahrhundert und vollendet im 9. Jahrhundert, nach dem Tode Karls des Gro-

---

737 Vgl. bei Lutz Fenske, Jagd und Jäger im frühen Mittelalter. Aspekte ihres Verhältnisses, in: Werner Rösener (Hrsg.), Jagd und höfische Kultur im Mittelalter, S. 46f.

738 Interessant in diesem Zusammenhang ist die Bedeutung der Stadtmauer, der wehrhaften Einfriedung von Höfen, Burgen und schlussendlich der Städte. Sie ist Ausdruck einer umfassenden und tief greifenden gesellschaftlichen Veränderung, gleichsam Symptom und Vorbote der Devolution. Macht und Herrschaft begannen hier zu Partikularinteressen zu werden; die zentrale Gewalt wurde geschwächt. Kunst, Wissenschaft und Kultur gingen zugunsten der politischen Machtkämpfe zugrunde; die traditionale Gesellschaft, ihre Alltäglichkeit, wurde empfindlich gestört, eingeengt und über die neuen Ordnungsvorstellungen der neuen Herren, die sich an die Stelle des Königs gesetzt hatten, allmählich zurückgedrängt. Bestandteile der neuen Ordnungsvorstellungen wurden der Burgenbau, die Einforstungen in den Händen der ehemaligen Beamten des Reiches, die Söldnerheere und nicht zuletzt die Jagd. Einmal erobertes Territorium wurde abgegrenzt, mit eigenen Gesetzen versehen, eigenen ökonomischen Prinzipien unterworfen und mit harter Hand regiert. Die freiheitliche und genossenschaftliche Lebensweise und Autonomie der freien Bauern, basierend auf Sitte und Gewohnheit, wurde eingeschränkt und letztlich aufgehoben. Landbesitz, die Akkumulation von Reichtümern und später die Fähigkeit ein eigenes Heer aufzustellen, wurden die neuen Merkmale sozialer Gliederung. Der Kriegerstand entwickelte sich zum Ausgangspunkt der Vergesellschaftung; aus ihm generierte sich ein neues Leitbild für die weitere Entwicklung des Mittelalters.

739 Siehe bei Kurt Lindner, Die Jagd im frühen Mittelalter, S. 34.

740 Vgl. bei Adam Schwappach, Grundriss der Forst- und Jagdgeschichte Deutschlands, S. 8f und S. 16f.

ßen, wurden allmählich die bisherigen germanischen Markgenossenschaften aufgelöst und viele der freien Genossen auch aus Sicherheits- oder anderen Gründen in die knechtischen Dienstverhältnisse gedrängt. Im Grundsatz war die Entscheidung des Einzelnen zwar freiwillig, großen Nutzen bringenden Entscheidungsspielraum gab es jedoch nicht - die Alternative war oftmals nur die Auflehnung gegen die Herrschaft[741]. Solche Beispiele sind unter anderem aus dem Allgäu in großem Umfange zu belegen. Jene Bauern wurden zu Freizinsern, indem sie ihren ureigenen Besitz von Ackerflächen und Weiden - im vorliegenden Falle einem Kloster - in die Munt eines Herrn übergaben, um danach gegen einen Zins jene Flächen wieder zurückzuerhalten. Einer der Gründe war, sich den unerträglichen Staatslasten wie Steuer und Kriegsdienst zu entziehen oder um den Angriffen von weltlichen Fürsten zu entgehen. Die Steuerzahlung ging so auf den neuen Herrn über. Der Bauer blieb frei - wenn auch nicht vollfrei -, bezahlte jedoch einen Zins an den neuen Herrn. Oftmals kam es vor, dass ein Bauer sein Land einem Kloster übergab, um im Gegenzug Leibeigene zu empfangen, die zum Dienst auf dem Gut bestimmt waren (so geschehen 849, wo der Priester Lantprecht seinen Besitz in Kißlegg an das Kloster St. Gallen als Precaria vermachte unter der Bedingung, dass ihm zwei männliche und zwei weibliche Leibeigene gestellt wurden)[742]. Aus den vermeintlichen Vorteilen wurden jedoch im Verlaufe der Zeit große Nachteile, da die Freizinser allmählich durch herrschaftliche Willkür in die Knechtschaft herab gezwungen wurden. Ohnehin wurden ihnen ähnliche Dienste aufgezwungen wie den Hörigen selbst auch. So machte auch der Frondienst vor diesen zuletzt noch teilfreien Bauern nicht halt.

5.3.5 Einige Besonderheiten zum Landausbau im frühen Mittelalter

Die Kriege der Merowinger und Karolinger brachten einen Bedeutungswandel des germanischen saltus oder silvae[743] mit sich, der sich nun diametral von den alten römischen Vorstellungen zu unterscheiden begann. In ihm wurden die Möglichkeiten des Landausbaus und der Landesplanungen entdeckt, die große, zugriffsrechtlich unter dem Einfluss des Königs stehende Flächen voraussetzten. Die Aneignungen jener Flächen sind unter dem Begriff der Inforestation in die Geschichte eingegangen, die sich nicht nur auf große Waldungen, sondern generell auf ganze Landstriche, auch auf Flüsse und Seen, bezog. Während Gegenstand der Inforesta-

---

741 Vgl. dazu C. G. Jochmann von Pernau, Zur Naturgeschichte des Adels, S. 49, und bei Horst Alexander Willam, Wildbahn und Waidwerk in Baden-Württemberg 1875-1975, S. 22. Auf diese Weise begaben sich viele Gemeinfreie in die Schutzgewalt eines Herrn, was ihnen den Kriegsdienst ersparte, gleichzeitig jedoch die Freiheit kostete.

742 Vgl. dazu bei Baumann, Geschichte des Allgäus, Band I, S. 213f.

743 Vgl. bei Heinrich Rubner, Vom römischen Saltus zum fränkischen Forst, in: Historisches Jahrbuch 83, 1964, S. 274f. Der Autor sieht im römischen saltus den Vorgänger des späteren Forstbegriffes unter den Merowingern und Karolingern. Kritisch dazu Thomas Zotz, Beobachtungen zu Königtum und Forst im frühen Mittelalter, in: Werner Rösener (Hrsg.), Jagd und höfische Kultur im Mittelalter, S. 98. Georges Duby bezeichnet den saltus als die für das Vieh reservierte Zone, im Unterschied zum ager, dem Acker, auf dem allein der Feldbau betrieben wurde. Unter *silva* dagegen versteht er „das Reich der zum Hof gehörigen Jäger". Vgl. bei Georges Duby, Krieger und Bauern - Die Entwicklung von Wirtschaft und Gesellschaft im frühen Mittelalter, S. 26.

tion in merowingisch-karolingischer Zeit zunächst nur der rechtsfreie Raum war, entweder dem Kriegsgegner abgerungen oder aber ius eremi (wildes, herrenloses Land), wurden allmählich auch die Allmenden miteinbezogen; d. h. auch die Flächen der freien bäuerlichen Markgenossenschaften und Hufenbauern der königlichen Verfügungsgewalt unterworfen. Nach den Quellen muss der rechtsfreie Raum auf germanischem Gebiet um das Jahr 500 sehr ausgedehnt gewesen sein und damit viel Raum für Aneignungen geschaffen haben. Der bereits kultivierte Boden, sei es durch Genossenschaften, Einzelhöfe oder Fronhöfe, umfasste nach Georges Duby höchstens 3,5-4% der Gesamtfläche in den am stärksten besiedelten Gebieten[744]. So nennt er eine Zahl von 2,2 Einwohnern pro Quadratkilometer, deren Aussagekraft jedoch nicht überzubewerten sei. Durch diese Daten könne vor allem die Vorstellung einer relativen Siedlungsleere am Beginn der sozialen, kulturellen und wirtschaftlichen Wachstumsperiode vor Augen geführt werden. Offensichtlich, so Georges Duby weiter, waren die potenziellen Siedlungsräume nur sehr spärlich von Menschen kultiviert und bewohnt, das waldbewachsene Land gar nahezu menschenleer und die wenigen dort lebenden Bauern in einer schlechten konstitutionellen Verfassung[745]. Krankheiten taten aufgrund des Zustandes häufiger Mangel- und Unterernährung wohl ihr Übriges, so dass der Umfang des ius eremi aufgrund der hohen Morbidität und Mortalität wohl zunächst eher zu- als abnahm. Herrenloses Land, welches von den Königen und ihren Nachfolgern akquiriert wurde, war demnach zum Zwecke des Landausbaus und als politische Währung des Herrscherhauses in großem Umfang vorhanden. Darüber hinaus wurden Schenkungen und Belehnungen an den Verwaltungsapparat und an verdiente Gefolgsleute äußerst großzügig gehandhabt. Land wurde zum wichtigsten Gut in den Händen der Könige, zu einer politischen Währung, die jedoch sehr schnell ihre Kraft gegen die monarchische Autorität selbst wandte. Land wurde zur Etablierung des eigenen Verwaltungsapparats genutzt, um Günstlinge und Adlige zu übervorteilen bzw. deren Gunst zu erkaufen. Die Konsequenzen daraus waren der Verlust der monarchischen Zentralgewalt zugunsten der Erstarkung der Kirche und der unzähligen Territorialhoheiten. Darüber hinaus führte diese Entwicklung in den unbedingten Feudalismus, zur Generierung von zunehmend restriktiven Forstordnungen, einer hierarchischen Forstverwaltung und zur herrschaftspolitischen Instrumentalisierung der Jagd oder jagdähnlicher Handlungen im Verlaufe des Mittelalters und der frühen Neuzeit. Im Resultat führte das System der Landschenkungen und Landbelehnungen also zu einer Politik, die zur Schwächung des Königtums führte und die Zersplitterung des Reiches in unzählige Territorien begünstigte. Die Verbindung von Grundbesitz und Macht, die Forderungen des neuen (Dienst-) Adels und die politischen und pekuniären Vorteile, die mit der Waldrodung und Urbarmachung zusammenhingen, führten über die ursprüngliche Landschenkung und Belehnung in eine Zwangssituation, die Schenkung und Belehnung bald obligatorisch machte, die Macht der Begünstigten festigte und

[744] Vgl. dazu ebd., S. 20.

[745] Georges Duby weist a .a. O. darauf hin, dass Ausgrabungen germanischer Gräber einen Zustand äußerster Unterernährung, insbesondere im Waldland, ergeben haben. Krankheitsanfälligkeiten, zurückzuführen auf Mangelernährung, führten offensichtlich zu einer erheblichen Bevölkerungsrücknahme zwischen den Jahren 570 und 743 auch außerhalb Germaniens.

gleichzeitig die Königsmacht zusehends schwächte. Kleine, mittlere und große Grundherren wurden in der Folge der Landschenkungen und Belehnungen zusätzlich gestärkt und waren über den Grundbesitz in die Lage versetzt worden, regionale Politik, regionale Herrschaft über Menschen zu generieren, auszuüben und zusehends auszubauen. Neben den weltlichen Grundherren erstarkten überproportional auch die klerikalen Grundherrschaften, die bis zur Säkularisation ihre Besitztümer erhalten konnten. Die Trennung von Bauern- und Kriegertum im Zuge der Grundherrschaft nach dem Vorbild der römischen Latifundien und die Bedeutung repräsentativer Macht - d. h. eines Herrschaftsgebildes, welches zunehmend auf Angst und Unterdrückung gegründet war - waren die Basis für die Instrumentalisierung der Jagd im Sinne herrschaftspolitischer Raum(be)handlung. In Gesellschaften, in denen Egalität auf breitem Sockel stand und eine politische und soziale Hierarchisierung nicht über einige wenige Merkmale hinausging - wie zum Beispiel die Anzahl der Bediensteten, die Größe des Grundbesitzes oder das Ansehen der Person -, war Herrschaft und Macht nicht ausbeuterisch, sondern soziale und kulturelle Kompetenz, dem Wohle der Gemeinschaft untergeordnet. In jenen Kulturen, dem republikanischen Rom als auch dem barbarischen Germanien, war die Jagd zu keiner Zeit ein Herrschaftsinstrument, wenn auch in Germanien aus anderen Gründen als in Rom. Erst die Generierung der Forste und deren Ausbau unter den Fürsten, Grafen und Herzögen waren dazu geeignet, die traditionale Raumbehandlung der Untertanen aufzubrechen, die magischen Elemente durch christliche Obrigkeitstreue zu ersetzen und auf diesem Wege neue Ordnungsvorstellungen und gesatztes Recht in den neuen Herrschaftsgebilden zu generieren und durchzusetzen. Hier erst begann die Jagd eine wesentliche Rolle innerhalb des politischen Systems zu übernehmen, sich von ihrem zuvorderst symbolischen Inhalt zu lösen und als reale Herrschaftspraktik deutlich an Gewicht zu gewinnen. Allerdings war dies ein sukzessiver Prozess, da die Jagd und die Einforstungen unter Karl dem Großen noch von schwächeren Motiven getragen wurden als es dann nach der Erstarkung der Partikularherrschaften der Fall war. Die Forste und ihre jagdliche Bedeutung unter Karl dem Großen waren noch wesentlich stärker der Generierung des Königsheils oder dem Ausdruck eines Fürstenideals verbunden als dann im Hochmittelalter und der Neuzeit. Gestützt wird diese noch näher zu betrachtende These durch die Arbeit von Torsten Pflittner, der aus der Literatur extrahieren konnte, dass sich der König mit der Generierung von Forsten und Brühlen Räume verfügbar machte, in welchen er der Jagd nachgehen konnte. Diese Brühle sollten sich nahe seinen Pfalzen befinden und mit einer künstlich erhöhten Chance auf die Erlegung vieler und gefährlicher Tiere versehen sein, um sich dem Hof als erfolgreicher Jäger darstellen zu können[746]. Sowohl die Tierparke als auch die Forste sollten einzig ihm und seinen Beauftragten als Jagdgelände zustehen, möglichst über das ganze Reich verteilt, gut bewacht und verwaltet sein. Somit benötigte er Angestellte vor Ort, venatores und forestarii, die sich um seinen Wildbestand kümmerten und sein am Hofe befindliches Jagdpersonal über vorhandene Wildbestände etc. informieren konnten. Die Forste wurden dabei auf vielerlei Weise be-

[746] Auch hier wird die Darstellung Ortega y Gassets, der die Seltenheit des Wildes als wesentlich für die Jagd nennt, ad absurdum geführt. Vgl. dazu die obigen Ausführungen zu Ortega y Gasset, Meditationen über die Jagd, S. 37-49.

nutzt: als Raum für die Schweinemast, für die Produktion von Honig, Wildbret und Holz; als Geschenke oder Tauschobjekte gegenüber verdienten Adeligen und kirchlichen Institutionen; sie dienten als Ressource zum Herrschaftsausbau über Besiedelung und Rodung und besonders als raumkonstituierendes Jagdgelände. Besonders der letzte Aspekt ist weiter aufzuschlüsseln. Torsten Pflittner sieht in den Königswäldern und den Forsten Räume, die zum Herrschaftsausbau und zur Herrschaftslegitimation dienten. In diesen Räumen konnte ein Teil des germanischen Königsheiles - hoher Jagderfolg - flexibler und hin und wieder öffentlichkeitswirksamer als in den Brühlen reproduziert werden. Andererseits beanspruchte der König über seine den Raum durchmessenden Jagden diese Gebiete regelmäßig für sich und visualisierte diesen Anspruch in einfacherer Form als z. B. durch Rodung, besonders in Zeiten stagnierender Bevölkerungszahlen[747]. Zuletzt beanspruchte er diesen Raum auch in seiner persönlichen Abwesenheit durch seine Angestellten, die, siehe Forstsondergerichtsbarkeit, eventuell sogar noch dem König unterstellt waren, selbst wenn ihr Arbeitsgebiet, ihr forestis, schon vergeben worden war[748].

5.4 Raum und Jagd seit Karl dem Großen - Der Bruch traditionaler Räume

5.4.1 Von der Weit- zur Kleinräumigkeit: die Dezentralisierungen

Erst nach dem Ende der Völkerwanderungen fand die Umgestaltung des Raumes von seiner mehr horizontalen zu seiner zunehmend vertikalen Struktur statt. Mit dem Untergang des Römischen Reiches wurden jene herrschaftspolitischen Voraussetzungen geschaffen, die dann eine gänzlich andere Raumbehandlung durch die kommenden Könige und deren spätere Erben notwendig machte. Die Weiträumigkeit machte der Kleinräumigkeit Platz, das Reich wurde nach Karl dem Großen und den Auswirkungen der Politik seiner Nachfolger gespalten und in unzählige Territorien zersplittert. Zwar waren die Söhne[749] und Enkel Karls des Großen an den Bürgerkriegen und der Spaltung des Reiches nicht unschuldig, doch hatte Karl selbst den Grundstein dafür gelegt. Nach seinem Tode war keiner seiner Nachfolger in der Lage, die unter Karl erstarkte Kirche und die großen und relativ selbstständigen Lehnsherrn und Provinzhöfe mit starker Hand zu bändigen. Hierin

---

747 Erst nach 950 n. Chr. hatte sich die Landwirtschaft von ihrer Stagnation erholt und die großen Rodungsperioden aufgrund des Bevölkerungswachstums fanden dann zwischen dem 11. und 13. Jahrhundert statt. Vgl. dazu bei Heinrich Rubner, Forstgeschichte im Zeitalter der industriellen Revolution, S. 29f.

748 Diese Überlegungen verdanke ich Torsten Pflittner, die in seinem Werk über die frühmittelalterliche Jagd in ihrer Verbindung zum germanischen Königsheil zum Ausdruck gebracht werden. Vgl. dazu bei Torsten Pflittner, Manifestation der Herrschaft im Raum. Adelige Jagd im Mittelalter unter Karl dem Großen, an verschiedenen Stellen.

749 Zwar hatte Karl drei Söhne, Pippin, Ludwig und Karl, von denen jedoch nur Karl (der Fromme) übrig blieb. Die beiden anderen starben bereits 810 und 811. Vgl. dazu auch bei Will und Ariel Durant, Kulturgeschichte der Menschheit, Das frühe Mittelalter, Band 6, S. 145f. Die Söhne Karls des Frommen führten als Könige der drei Teile Frankreich, Italien und Deutschland einen achtjährigen Bürgerkrieg gegen ihren Vater, den sie letztendlich gewannen, und setzten Karl den Frommen für ein Jahr gefangen.

lag der Anfang der neuen Art der Raumgestaltungen und Raumbeherrschungen, wie sie nun schnell voranschritt. Insbesondere den Forst- und Jagdordnungen als den symbolischen Größen jener neuen Raumkonstruktionen kam dabei eine bedeutende Rolle zu[750]. Die Organisation des Frankenreiches, welches im Grunde die Restitution des früheren römischen Imperiums in weiten Teilen Europas bedeutete, war für das Herauskristallisieren der herrschaftlichen Rolle des Raumes auf dem Gebiet des späteren Deutschlands von richtungweisender Bedeutung. Seit Karl dem Großen bis hin zu Bismarck hatte der eingeschlagene Weg der Reichsgründung der Zersplitterung und Konfusion den Partikularinteressen und Adelskämpfen Tür und Tor geöffnet. Dabei hatte Karl den Blick für <u>ein</u> Reich zu keinem Zeitpunkt verloren. Unter Karl dem Großen hatte sich das fränkische Staatsgebiet mehr als verdoppelt und das Reich als ein neues politisches Gebilde, losgelöst von den ursprünglichen römischen Machtzentren, ein ernstzunehmendes Gewicht bekommen. Diese Verlagerung der Macht von Süd nach Nord erfolgte aber zum Preis der Zerstörung regionaler Stammeszusammenschlüsse, die ihrer Ausrichtung nach akephale Züge eher kannten als klare und personenbezogene Führerschaft und rationale Ordnungsstrukturen. So mag es in Sachsen, Bayern und bei den Alemannen gewesen sein, die zwar herausragende Familien und Fürsten als Persönlichkeiten kannten, bei denen aber die politische Entscheidungsfindung im wesentlichen über das Volksthing, die Zusammenkunft der Fürsten, Adligen, Freien und Halbfreien, geschah[751]. Möglicherweise liegen hier die Gründe verborgen, die Karl veranlassten, sowohl den alemannischen Adel im Blutbad von Cannstatt 746 als auch den sächsischen Adel bei Verden 782 zu dezimieren[752]. Nicht nur die bäuerlichen Zusammenschlüsse und Genossenschaften mussten der Gründung des Reiches Tribut zollen, sondern auch die regionale Führungsschicht, die sich dem König widerspenstig zeigte. Der alte Stammesadel, zumindest der reichsfeindliche Teil, wurde so weitgehend eliminiert und seine Stellungen und Positionen durch einen königsnahen und eifrigen Dienstadel zu ersetzen versucht. Jener Dienstadel, das System seiner Belohnung und die allmähliche Vererblichung seines Standes und seiner Güter, gebar die von vielen Autoren zitierte „Tendenz zur Dezentralisierung"[753] auch im politischen System Karls des Großen. Während der karolingische Verwaltungsapparat ursprünglich auf der Gauverwaltung, den regionalen Verwaltungseinheiten basierte, wurden wichtige Entscheidungen letztlich von Karl allein getroffen. Seine Pfalzgründungen in Teilen des Reiches sind in diesem Zusammenhang zu sehen – Karl bereiste das Reich ständig und traf wichtige Entscheidungen häufig selbst vor Ort. Das Reich war ohne Übertreibung sein Eigentum, sein Geschöpf. Seine politischen Entscheidungen waren durch keine Institution revidierbar

---

750 Vgl. dazu die Ausführungen in Kapitel 7. Hier werden einige Besonderheiten der Jagd- und Forstordnungen erläutert und insbesondere ihre Funktion der Raumkonstruktion dargestellt.

751 Vgl. dazu bei Rolf Sprandel, Verfassung und Gesellschaft im Mittelalter, S. 73ff, und bei Aulo Engler, Germanen, S. 333f. Für Bayern nennt z. B. die Lex Bajuvariorum die Namen der fünf wichtigsten Familien: die Anionen, Draozza, Fagano, Hachalinga, Huosi.

752 Vgl. bei Karl Bosl und Eberhard Weis, Die Gesellschaft in Deutschland, S. 40ff.

753 So z. B. bei Stefan Breuer, Imperien der Alten Welt, S. 184. Er meint damit jedoch das weströmische Reich, während dieselbe Tendenz aufgrund der Verselbstständigung des Verwaltungsapparates auch für das erste Kaiserreich galt.

oder angreifbar. Er herrschte fast unumschränkt und beherrschte seinen Verwaltungsapparat zu seinen Lebzeiten[754]. Die interne Verwaltungsorganisation des fränkischen Reiches führte - merklich jedoch erst nach dem Tode Karls - nicht nur zu einer Schwächung der zentralen Königsmacht, sondern machte den Gauherrn, den Heerführer und Landesherrn, von einem königlichen Lehnsnehmer zu einem Reichsfeind, der anfing eigene Interessen zu verfolgen und andere Koalitionen zu suchen. Der König verlor nicht nur Reichsgut durch die Belehnung treuer Vasallen und Beamter, sondern wurde von jenen auch politisch torpediert. Nicht nur die Titel der Verwaltungsbeamten der merowingischen und karolingischen Könige wurden über die Belehnungspraxis der Reichsführer verselbstständigt, sondern auch die damit verbundenen regionalen und temporären Hoheiten und Befugnisse streitbar und schon bald kontinuierlich und erblich. Auf diesem Wege konnte das Reich nicht zentralistisch regiert werden, die inneren Bedingungen und äußeren Bedrohungen stärkten die Territorien zusätzlich, da die Macht des Königs fern, die militärische Bedrohung jedoch unmittelbar zu spüren war und Schutz und Schirm aus diesem Grunde durch den örtlichen Grundherrn oder Bischof gewährt werden mussten. Gerade im neunten und zehnten Jahrhundert waren die Einfälle der Sarazenen, Magyaren und Normannen für die Stärkung und Autonomisierung der grundherrlichen, gerichtlichen und militärischen Stimme der früheren Verwaltungsbeamten des Reiches zu einem bedeutenden Teil beitragend. Die Aufgaben der Verwaltungsbeamten des Reiches lagen in vielfältigen Bereichen, letztendlich in der Durchführung und Überwachung der Volksrechte und späterhin der königlichen Kapitularien, die ihrerseits überwiegend den Landesschutz, den Landausbau, Landwirtschaft und Waldwirtschaft als auch den Schutz und Schirm über die Untertanen regeln sollten. Über die Volksrechte, die auch zu Karls Zeiten ihre regionale Gültigkeit noch behielten, und deren Überwachung und Jurisdiktion erhielten die Fürsten schon bald großen Einfluss auf die Ordnung und Regelung der Waldnutzung und der Jagd. Die Volksrechte, geboren aus traditionalen Gesellschaften und deren ländlichen Bedürfnissen und Abhängigkeiten, enthielten ähnlich den Kapitularien der Könige und Kaiser Regelungen zur Holznutzung und Jagd. So kennt man den Markgrafen als Beamten der unruhigen Grenzprovinzen als auch den Holzgrafen als Vorsteher einer Markgenossenschaft und als nördliches Pendant den Deichgrafen als Vorsteher einer bäuerlichen Deichgenossenschaft. Karl versuchte die Reichsorganisation über die von ihm eingesetzten Beamten, d. h. die Bischöfe und Grafen, gegen die lokalen Fürsten durchzusetzen. Kaiserliche Bevollmächtigungen innerhalb dieses weit gefassten Aufgabengebietes konnten naturgemäß sowohl für eine Sache als auch gegen eine Sache eingesetzt werden. Als die Verwaltungsbeamten anfingen ihre Macht für eigene herrschaftspolitische Unternehmungen zu gebrauchen, Gerichtshöfe errichteten, Truppen aufstellten und Münzen prägten, hatte der König keine Macht mehr dieser Entwicklung Einhalt zu gebieten. Die Grundherren und Fürsten - weltliche und geistliche - usurpierten auf

[754] Neuere Forschungen zu Karl dem Großen sehen ihn nicht mehr als präabsoluten Alleinherrscher, sondern als mächtigen König, der dennoch auf die Unterstützung der Großen des Reiches angewiesen war und in seiner Politik auf deren Forderungen eingehen musste. Vgl. die Ausführungen von Matthias Becher, Eid und Herrschaft. Untersuchungen zum Herrscherethos Karls des Großen, an verschiedenen Stellen.

diesem Wege die Herrschaft über die ehemaligen königlichen Verwaltungsbezirke. Auch deren Herrschaft war bedroht durch innere Unruhen und äußere Expansionsgelüste der nachbarlichen Herren, durch Fehden und Kriege. Rechtsverordnungen nach innen mussten so gefasst sein, dass Widerstand und Unmut schon im Keim erstickt werden konnten. Die Untertanen waren in der Mehrzahl bäuerlich, ihre Bedürfnisse im Wald und auf den Äckern zu befriedigen. Was lag also näher, als diese Bereiche durch harte und enge Gesetze zu beschneiden, zu kontrollieren und bei Zuwiderhandlungen mit hohen Strafen zu sanktionieren? Die Herrschaft konnte in den nun hinsichtlich der Herrschaftserhaltung zunehmend rationalisierten Jagd- und Forstordnungen der Herren abgebildet werden, die über jene Ordnungen bestimmte Teile der Bevölkerung sowohl exkludieren als auch inkludieren konnten, um sich Gefolgschaft zu sichern und die Kontrolle zu bewahren. Möglich war dies vor allem in jenen Zeiten der alleinigen agrarischen Vormacht der aristokratischen Herrschaften und Staatsgebilde innerhalb der Volkswirtschaft[755]. Die Land- und nun auch die Forstwirtschaft wurden auf diesem Wege zur Leitlinie und Wurzel der Kultur, wie dies im römischen Reiche zuvor, allerdings in einem gänzlich anderen Sinne, bereits Jahrhunderte früher der Fall gewesen war. In dieser Konstellation wird hier noch später die höfische Kultur etwas näher betrachtet werden, welche nicht nur unabdingbar mit der mittelalterlichen Gesellschaft verbunden war, sondern auch wesentlich das Bild der Jagd geprägt und gefördert hatte. Hier ist der Beginn des schon erwähnten auffälligen Dualismus verborgen, der in der Verfeinerung der Sitten einerseits und in einer Verschärfung der Blutgerichtsbarkeit und der Frondienste andererseits zu finden ist. Wie sehr die Hoheit über den Forst und die Rationalisierung des Jagdwesens, über einen Verwaltungsapparat, einerseits und jagdliche Realität andererseits in der Lage war, über das frühere Fürstenideal hinausgehend Herrschaftsräume zu sichern und zu erhalten, zeigte dann auch die Entwicklung gegen Ende des Deutschen Reiches, als Napoleon Bonaparte die kleinen Fürstentümer im Zuge der Mediatisierung bereinigte. Die dann bereits schon spürbare Verkomplizierung der Gesellschaft im Vormärz, insbesondere durch die Auswirkungen der Industrialisierung, die Liberalisierungen und die Verwissenschaftlichung, führte zur Schwächung des Adels und zum Aufkommen der modernen Gesellschaft. Spätestens hier hatte die auf aristokratische Herrschaft abgestellte Forst- und Jagdgesetzgebung allmählich ihre herrschaftsimmanenten Potenziale verloren. Die Jagd wurde als ein Residuum feudaler Zeiten erkannt, nun aber zusehends erschwinglich für das aufstrebende Bürgertum, welches nun endlich die Früchte seiner Arbeit und seines Geldes genießen wollte. Der Adel und seine Lebensinhalte wurden zum Fixpunkt des Bürgers. Erst hier wurde Jagd tatsächlich zu einer Lebenseinstellung, zu einer Distinktion und zum Zankapfel der liberalen Strömungen, sei es unter Kaiser Wilhelm oder in der Weimarer Republik, später dann selbst in der Bundesrepublik, jedoch allmählich vor gänzlich anderen Hintergründen (z. B. Jagd als ökologisches Risiko, etc.).

[755] Wie sehr agrarische Vorherrschaft und Aristokratie zusammenhängen, wird mit der zunehmenden Industrialisierung deutlich. Sie war ein wichtiger Bestandteil des Niederganges der mitteleuropäischen Aristokratien. Ihr Siegeszug führte regelmäßig in parlamentarische Systeme. Vgl. dazu bei Dominic Lieven, Abschied von Macht und Würden, an verschiedenen Stellen.

5.4.2 Land und Herrschaft unter Karl dem Großen

Die von vielen Autoren attestierte Devolution, die mit dem Untergang Roms ihren langen Weg durch die Geschichte antrat, war ein Resultat des Verlustes der zentralen Macht Roms. Rom hatte es geschafft, seine Kriege[756] weit ab von den kapitolinischen Hügeln in den Provinzen zu führen, während das italische Städtewesen prosperierte. Kultur und Kunst hatten hier eine Blüte erfahren, die erst Jahrhunderte später wieder ihre Auferstehung in der gleichnamigen Epoche (Renaissance) feiern konnte. Der Zusammenbruch des Reiches – der weit mehr in den inneritalischen Problemen zu suchen ist als in der Barbarenschwemme selbst – führte zur Fortführung des erkrankten römischen Systems durch seine Eroberer. Die Völkerwanderung und der mit ihr verbundene dauernde Kriegszustand rückten die politischen Bestrebungen nach Macht und ihrer Kontinuität für einige Jahrhunderte in den Mittelpunkt des weltlichen wie auch geistlichen Lebens. Kunst, Wissenschaft und Kultur hatten in diesem Umfeld keine Chance der Fortführung römischen Genius'. Das Streben nach Macht, die inneren Kämpfe, die Erstarkung des Verwaltungsapparates und deren unvermeidliche Mündung in den Feudalismus des frühen und hohen Mittelalters hatten eine Entwicklung zur Folge, die die Behandlung des eigenen Machtbereiches, des Raumes, in den Mittelpunkt des herrschaftlichen Denkens und Handelns rückte wie nie zuvor. Fixpunkt in der agrarisch ausgerichteten frühmittelalterlichen Gesellschaftsverfassung war ihr Wirtschaftsraum, waren die großen Waldungen und die Ackerfluren, die in großem Maße erst noch durch Rodungen dem Walde abgerungen werden mussten. Die Akkumulation von Land, seine zielgerichtete Kultivierung und Besiedelung, waren die Voraussetzung der Generierung neuer und relativ stabiler Herrschaftsgebilde. Auf diesem Wege erwuchs eine neue Form der Raumbehandlung, die allein auf Akkumulation von Land basierte und bereits politische und ökonomische Kontinuität und Stabilität beabsichtigte – eine Entwicklung, die sich von der traditionalen Raumbehandlung bereits deutlich unterschied. Je weiter sich nun unter den Merowingern und Karolingern, ohnehin dann nach dem Ende des von Karl dem Großen initiierten Frankenreiches, Herrschaft, Kultur, Politik, schlichtweg die Gesellschaft von jenen tradierten (und immer noch republikanisch und frei-markgenossenschaftlich orientierten) Bahnen entfernte, umso deutlicher wurden die Konflikte um den ländlichen Raum. Seine Bedeutung wuchs ständig, zumal die Städtekultur den Germanen fremd war und nach der Eroberung Roms zunächst zugunsten regionaler Zentren zu Grunde ging. Erst etwa seit dem 11. und bis in das 13. Jahrhundert hinein erfuhren die Städte einen bedeutenden Aufschwung. Während der Adel auf dem Land weiterhin herrschte, kam in den Städten die Ministerialenschicht zu Amt und Würden. Sie stellten dort zunächst die Stadtvögte, später dann die Bürgermeister und Ratsherren. Die Betonung des ländlichen Raumes findet man von den Merowingern bis weit über die Karolinger hinaus. Dort wurde er allmählich im Sinne realer politischer und ökonomischer Herrschaft betrachtet und verwaltet. Eine große Rolle spielten hier auch die Kirchen und Klöster, die im Grunde ländli-

---

756 Selbst die Bürgerkriege konnten überwiegend außerhalb der Mauern Roms ausgetragen werden, so in Spanien, Thessalien und Nordafrika. Das bedeutete natürlich nicht das Fernbleiben politischer Repressalien, Folter und Mord in Rom selbst.

che Produktionseinheiten waren. Die königlichen und kaiserlichen Gesetze, die Kapitularien, befassten sich u. a. lange Zeit mit der Regelung landwirtschaftlicher und auch hier vorwiegend produktionstechnischer Fragen und gerade nicht mit der Organisation des Städtewesens[757]. Und wie noch zu zeigen sein wird, war das Capitulare de Villis zunächst noch stark an die Volksrechte angelehnt. Erst nach dem Tode Karls begannen die wesentlichen Abänderungen zugunsten der Herrschaft und zuungunsten der Untertanen. Tatsächlich war die Jagd auch bei Karl dem Großen noch wesentlicher Bestandteil der Volksrechte und damit den waffentragenden Freien erlaubt. Einzig in seinen Forsten behielt er sich die Jagd selbst vor. Dadurch, dass ein wesentlicher Teil des früheren Germaniens dicht bewaldet war, ist es gerade die damalige Behandlung des Waldes, die im Besonderen die Entwicklung von Herrschaft im Verlaufe des gesamten Mittelalters deutlich macht. Hier begann die Geschichte der Inforestationen, d. h. hier wird die herrschaftspolitische Bedeutung des Waldes und der ihm angegliederten Fluren innerhalb einer unter zunächst königlicher Obhut stehenden zielgerichteten Landeskultur begründet. Der Wald generierte ein immenses Potenzial, welches durch Rodung und Ansiedlung zinspflichtiger Königsbauern auf den neu geschaffenen Kulturflächen den realen und materialen Herrschaftsbereich erweitern konnte. Nur über bebaubares, respektive Ertrag abwerfendes Land konnten Abgaben und Zinsen in die Kassen der Herrschaft gespült werden. Die Aufgabe der Inforestationen war es als strukturgebende und zielgerichtete Landesplanung die Urbarmachung des Landes und die Ansiedlung bäuerlicher Untertanen im Sinne der Herren zu ermöglichen und damit weitere Herrschaftsgebiete in politischer und ökonomischer Hinsicht zu erhalten. Unreglementiertes und unüberlegtes Vorgehen in der Landesplanung konnte so durch die Inforestationen vermutlich weitgehend verhindert werden. Es erscheint äußerst kurzsichtig an dieser Stelle der in ihrer Kontinuität präsentesten Theorie, die allein die emotionalisierte, lustbetonte Jagd als Motor der Einforstungen bezeichnet, zu folgen[758]. Schließlich waren es die beamteten Grundherren des königlichen Verwaltungsapparates, die, ausgehend von ihren vom König erhaltenen Hufen, rodend in den herrenlosen Wald eindrangen und ihn in Besitz nahmen. Karl Bosl beschreibt in seiner Geschichte der Bayern, dass jener Gemeinwald, der Bestandteil einer oder mehrerer Allmenden (=Gemeinwald) war, von den rechtmäßigen Hufen der adligen Grundherren aus dann in Besitz gebracht werden konnte, wenn man Bäume fällte, Holzhäuser errichtete und sich das Recht an den so akqui-

[757] Vgl. dazu Aulo Engler, Germanen – Vom ersten Jahrhundert bis zu Karl dem Großen, S. 382f. Weiterführend auch das Capitulare de Villis, welches sich ausdrücklich auf die Domänenverwaltung bezieht und keineswegs städtepolitisch eine Rolle spielt.

[758] Tatsächlich handelt es sich hier um die historisch älteste bzw. kontinuierlichste Theorie, die allein die Jagdlust der wechselnden Herrscher als plausibles Motiv für die Inforestation betrachtet. Aber allein die Tatsache, dass es keinen Bruch in der Geschichte der meisten deutschen Landesherren zu geben scheint, was ihre angebliche Jagdleidenschaft betrifft, muss denjenigen stutzen lassen, der die Jagd als ein machtpolitisches Instrument der Landesherren in Betracht zieht. Allein die Kontinuität der Jagdausübung lässt eine solche Vermutung durchaus zu. Als ein politisches Mittel war die Jagd im Sinne der frühmittelalterlichen und mittelalterlichen Staatsräson geradezu zwingend geboten.

rierten Fluren während dreier Tage ersaß[759]. Gemäß dieser Gepflogenheit kamen die Grafen und Herzöge u. a. in den Besitz ausgedehnten Rodungslandes und genossen in ihm ebenso wie ehemals die freien Markgenossenschaften die Forsthoheit über die Wälder und Fluren als auch die – zumindest niedere – Gerichtsbarkeit[760]. Während sich in den Markgemeinden der traditionalen Lebensweise ein eigenes bäuerliches Recht entwickelte und demokratische Entscheidungsfindung in den Angelegenheiten der Markgenossen in diesem Sinne alltäglich war, wurde diese Entwicklung auf den grundherrlich ersessenen oder erstrittenen Marken nicht eingeleitet. Die nachziehenden Bauern wurden in das System der Frondienste und Fronabgaben eingebunden, früher gewährte Rechte an Wald und Weide nur solange aufrechterhalten wie sie den Partikularinteressen der Grundherren nicht zuwider liefen. Über das Mittel der späteren Forsthoheit dann erstreckte sich der wirtschaftliche, soziale und juristische Herrschaftsbereich allmählich auch auf den Wirtschaftsraum der reichsunmittelbaren Ländereien der Reichsstädte, der Reichsritterschaften und Klöster. Berücksichtigt man in diesem Kontext die demographischen Entwicklungen während und nach der Karolingerzeit, so stellt man fest, dass aufgrund eines sehr günstigen Klimas in den Jahrhunderten von etwa 700 bis 1300 n. Chr. die Bevölkerung im Verhältnis zur Produktivität im Agrarsektor regional stark zunahm. Landesplanung und Landausbau, d. h. die Kultivierung durch Rodung, musste stärker als zuvor forciert werden[761]. Große ausgedehnte Besitzungen – insbesondere auch zunächst in den Händen des Königs befindliche Waldbesitztümer – erlaubten eine zentralisierte Planung und Kontrolle dieses Prozesses[762]. Karl Hasel weist darauf hin, dass der Landausbau durch die geregelte Freigabe des königlichen Forstherren nicht zu unterschätzende pekuniäre Vorteile mit sich brachte und auf der anderen Seite dem willkürlichen und planlosen Roden, wie es außerhalb der königlichen Besitzungen durch die beschriebene Praxis der Rodung und Ersitzung von den grundherrschaftlichen Hufen aus üblich war, präventiv entgegengetreten werden konnte[763]. Dennoch trat recht schnell an die Stelle des Königs die oben genannte Entwicklung, die die Landesplanung durch Rodung und Ersitzung der Grundrechte auf die ehemaligen Verwaltungsbeamten des Reiches übertrug. Die eingeforsteten Ländereien mussten aufgrund der Zwänge einer traditionalen und patrimonial ausgerichteten Herrschaft als politische Währung schon durch Karl den Großen genutzt werden. Sein Verwaltungsstab, der neue Dienst- oder Amtsadel, verlangte neben der Erbrechtlichkeit der Titel und Pfründe eine

---

759 Siehe bei Karl Bosl, Das bayerische Stammesherzogtum, in: Bosl, Karl (Hrsg.), Zur Geschichte der Bayern, S. S. 477f, Das Recht der Ersitzung.

760 Manchen Grundherrn oblag so bis weit in die Frühe Neuzeit hinein die niedere Gerichtsbarkeit, die die Funktionen der Polizei, des Notariats, der Wehrersatz- und Finanzbehörde umfasste. Vgl. bei Karl Bosl und Eberhard Weis, Die Gesellschaft in Deutschland, S. 139.

761 Allerdings kann diese Lesart auch heißen, dass über die Rodungstätigkeiten die Bevölkerungszahl zunahm, da mehr Flächen als Ackerland zur Verfügung standen als früher. Die forcierten Kultivierungen können ihrerseits ein Grund für die Zunahme der Fertilität gewesen sein. Allein klimatische Veränderungen dafür verantwortlich zu machen ist möglicherweise in der Tat zu kurzsichtig. Die Frage nach Ursache und Wirkung ist demnach nicht ganz einfach zu beantworten.

762 Vgl. dazu bei Jürgen Hoffmann, Politisches Handeln und gesellschaftliche Struktur, S. 25ff.

763 Vgl. dazu bei Karl Hasel, Forstgeschichte, S. 62f.

weitgehende Autonomie, die auf Jahrhunderte den Nationalstaat verhinderte. Nach dem Tode Karls und der Teilung des Reiches verschärfte sich dieser Prozess zusehends. So wechselten nicht nur die meisten Einforstungen häufig den Besitzer, sondern darüber hinaus wurde auch das Recht der Einforstung mit der Zeit auf weltliche und geistliche Fürsten übertragen. Dass jene Prozesse nun auch einen wesentlichen Einfluss auf die Instrumentalisierung der Jagd mit sich bringen mussten, wurde bisher in der Literatur nicht berücksichtigt. Über die Verrechtlichung verlor die Jagd allmählich ihren Bezug zum frühantiken und hadrianischen Fürstenideal. Die Monopolisierung der Jagd als Vorrecht des Adels, das heißt die Außerkraftsetzung des heroischen Jagdbeweises durch den Fürsten, führte von der herrschaftlichen Tugend zur herrschaftlichen Praxis der Jagd als Mittel der praktischen Politik. Diesen Zustand findet man in den aristokratischen und oftmals despotischen Herrschaften innerhalb des Deutsche Reiches nach Karl dem Großen häufig. Durch die Verteilung des „staatlichen" Grundbesitzes unter Karl dem Großen und nach seinem Tode an die erstarkenden Beamtenfamilien des Dienstadels wurde auf der Basis des Landschenkungsprozesses die soziale Gliederung der mittelalterlichen Gesellschaft bis in die Neuzeit hinein determiniert. Ohnehin entstanden auf diese Weise lediglich viele kleinere und größere Produktionseinheiten, die durch weitere Belehnung und Unterbelehnung noch weiter zersplittert wurden. Die zentrale Königsgewalt verlor ihren Zugriff über die Ländereien der Bischöfe, Äbte, Herzöge, Markgrafen, Pfalzgrafen und Grafen, zumal gerade seitens der Letztgenannten eine weitere Ausdehnung des Lehnverhältnisses gegenüber ihren Ministerialen und anderen Bewohnern der Gaue stattfand. Der Einfluss des Königs auf die von ihm ursprünglich verliehenen Grundbesitztümer - den „Staat" - wurde zusehends geschwächt, die ursprüngliche Staatlichkeit gänzlich verwischt. Die Gerichtsbarkeit, die Einnahmen aus dem Zins und andere Königsrechte gingen auf die Territorialherren über. Darüber hinaus veränderte sich die Struktur innerhalb der vielen kleineren Grundherrschaften stetig durch kriegerische Auseinandersetzungen, was die Instabilität jener Gebilde zusätzlich förderte. Letztendlich leitete sich die soziale Gliederung des frühen Mittelalters aus der Landvergabe ab, die den Kriterien der Landverteilung bzw. Landnutzung sowie den damit verbundenen Rechte und oder Pflichten unterlag. Die höchste soziale Stellung nahmen jene Landesherren ein, die ihr Land direkt vom König erhalten hatten. Dies waren in erster Linie die Angehörigen des Verwaltungsapparates, die sich ihre Dienste neben der Erstreitung der Erbrechtlichkeit durch Grundbesitz belohnen ließen. Ähnlich den Reichsstädten hatten sie den Status der Reichsunmittelbarkeit[764] inne, der sich sowohl auf weltliche als auch geistliche Gewalt erstreckte. Bis zu jenem Punkt der Vergesellschaftung hatte der König das Handlungsrecht und die Initiative unter seiner Kontrolle. Allmählich jedoch erstritt sich auch die Reichsunmittelbarkeit das Recht selbst Lehen zu vergeben und damit ein Abhängigkeitsverhältnis zu schaffen, welches im Verhältnis zum König keinerlei Wirkung zeitigte. Die so genannten Landsassen, das heißt die Grafen, die nun ihre Grafschaft nicht mehr vom König,

---

[764] Zur Reichsunmittelbarkeit vgl. bei Adam Schwappach, Grundriss der Forst- und Jagdgeschichte Deutschlands, S. 34f; weiterhin im Volksbrockhaus, S. 643: reichsunmittelbar oder reichsfrei war bis 1806 derjenige, der nur dem Kaiser und dem Reich untertan war, also Landesherren, Reichsstädte, Reichsritter.

sondern bereits von jenen Reichsunmittelbaren erhalten hatten, unterstanden nicht mehr dem König, sondern den Fürsten. Das ländliche Kapital des Raumes war auf diese Weise in die Hände der Reichsunmittelbaren und der Landsassen übergegangen, die Herrschaft ausüben konnten, d. h. mit Herrschaftsrechten ausgestattet waren. Einzig die breite Masse des letzten Landstandes, der Hintersassen, repräsentierte die Produktion unter der Aufsicht ihres Herrn. Jene Hintersassen waren in der Regel Leibeigene, die die Sklaven im Verlaufe des 12. Jahrhunderts auf deutschem Boden dann endgültig ersetzt hatten. Von ihrem Stand hingen Wohl und Wehe der mittelalterlichen Welt ab, denn letztlich war es der leibeigene und Frondienst leistende Bauer, der den Wald zurückdrängte, Sümpfe und Niederungen trocken legte, Siedlungen baute, Dämme aufwarf und Soldaten, Könige und Geistliche gleichermaßen mit Brot, Fleisch und Gemüse versorgte. Jenes System hat man später mit dem Lehnswesen nach oben und dem Feudalwesen nach unten umschrieben, was den Verlust der Kontrolle für den König als obersten Lehnsherrn verdeutlicht. Ihm blieb allein der Einfluss auf die direkten Lehnsnehmer, während jene nach unten feudalistisch und selbstherrlich herrschten und sich nun der Jagd als Mittel der Herrschaftsdurchsetzung bedienen konnten. Welchen Weg gerade die klerikalen Lehnsherrschaften, die Klöster und Stifte im Mittelalter einschlugen, um auch die freie Bauernschaft unter die eigene Hoheit zu knechten, hat Wilhelm Zimmermann in seinem Buch über den großen deutschen Bauernkrieg geschildert. Dessen Ursachen kommen nicht nur im Unrecht des Adels gegenüber dem Landvolk zu liegen, sondern zu einem bedeutenden Teil auch in den Bestrebungen der geistlichen Herren, die weitgehend freie Bauernschaft zu Leibeigenen herabzudrücken. Während gerade im Süden des Reiches freie Bauern und so genannte Zinser - Pachtbauern auf z. B. klösterlichem Grund und Boden - noch sehr häufig waren, lag es im Bestreben der geistlichen Herren, diese allmählich ihrer Rechte zu berauben und in die Liste der Leibeigenen einzureihen. Selbst vor Meineid und Urkundenfälschungen haben die Äbte - wie zum Beispiel in dem bereits angeführten Fall von Kempten im Allgäu - nicht zurückgeschreckt, was der Schwur des Kemptener Abtes vom 4. Juli 1423 verdeutlicht[765].

5.5 Der Gegensatz: Raum in der traditionalen Gesellschaft

5.5.1 Die traditionale Gesellschaft

An dieser Stelle ist zunächst die Frage zu beantworten, was denn die traditionale Gesellschaft in ihrer Raumbehandlung von der der Territorialherrschaften unterschied und was demnach die traditionale Gesellschaft ausmachte. Dabei wird deutlich, dass die traditionale Gesellschaft jenseits späterer ökonomischer Bahnen dachte und funktionierte und auch unkultiviertes, herrenloses Land mit wichtigen

[765] Vgl. bei Wilhelm Zimmermann, Der große deutsche Bauernkrieg, S. 22ff. Allgemein ist die Leibeigenschaft nicht in ganz Deutschland zu jener Zeit zu finden. Die Unterschiede waren regional sehr groß. Dennoch bleibt als allgemeine Tendenz die weitgehende Entrechtlichung der Bauern feststellbar, mal im Zuge der juristischen Leibeigenschaft, mal im Zuge der materiellen Leibeigenschaft. Für den Bauern dürfte dies im Grunde keinen spürbaren Unterschied ausgemacht haben.

Funktionen versah. Bereits bei den Germanen des Altertums hatte unkultiviertes und ungenutztes Land einen großen wirtschaftlichen, sozialen und auch taktischen Stellenwert. Je ausgedehnter der Allmendenbesitz und herrenlose Grund (debatable ground) um die Ansiedlungen des Stammes herum war, umso angesehener, reicher und geschützter war dessen Stellung[766]. Dieser Raum hatte insoweit keine ökonomische Bedeutung in einem merkantilistischen oder gar kapitalistischen Sinne, sondern er erfüllte bereits - natürlich im kulturhistorischen Kontext - eine ähnliche Funktion wie in der Moderne das Büro eines Politikers oder Großindustriellen. Während letztere ihre Nobilität durch die Aneinanderreihung diverser Vorzimmer und vorgeordnetes Personal unterstreichen[767], war die Intention der germanischen Stämme die Hervorhebung ihrer Streitbarkeit und Volkszahl, die fremde Invasoren abschrecken sollte. Vieles war ungeregelt, unausgesprochen und dennoch eine wichtige Säule des Stammes und seiner Bedürfnisse. Die ungeregelte Holzwirtschaft, das heißt die Stillung des Holzbedarfs in den Allmenden und den ihnen zugeordneten herrenlosen Ländereien, die lose Kultivierung des waldfreien Landes zum Zwecke des Getreideanbaus, die von Caesar bereits beschriebene Rotation[768] der Bewirtschaftung, die Raubzüge und der kriegerische Weiterzug des ganzen Stammes mitsamt dem Hausstand, können als Bestandteile des traditionalen Lebens der germanischen Kriegerbauern des Altertums und frühen Mittelalters - insbesondere in den Zeiten der Völkerwanderungen - angesehen werden. Daneben bot der Wald die notwendige Ergänzung der Acker- und Wiesennahrung. Das war in groben Zügen das Gesicht der traditionalen Raumbehandlung respektive Lebensweise der Eroberer Roms. Merkmal jener Lebensweise war, wie es Max Weber betont, die Reduzierung auf das Wesentliche. Nicht die Ertragssteigerungen des viel späteren Merkantilismus und Kapitalismus standen bei der Nutzung des Raumes im Vordergrund, sondern der einfache Überlebenswille, das einfache Auskommen mit den vorgefundenen Ressourcen und Gegebenheiten. Die Bodenbewirtschaftung war rein extensiv, allein zur Deckung des Eigenbedarfs ausgelegt. Allerdings gehen die meisten Autoren davon aus, dass neben der Eigenbedarfsdeckung über den Überschuss der landwirtschaftlichen Produktion auch der bereits müßige Teil der germanischen Oberschicht, der Adel, bequem Leben konnte[769].

[766] Siehe bei Adam Schwappach, Grundriss der Forst- und Jagdgeschichte Deutschlands, S. 13ff. Weiterhin bei Gaius Iulius Caesar, Der Gallische Krieg, VI. Buch, 23 (1)ff: „Es gilt bei den Stämmen als höchster Ruhm, wenn sie um ihr Gebiet herum einen möglichst breiten Streifen brachliegender Einöde besitzen (...).“

[767] Zur sakralen Bedeutung von Büro und Schreibtisch vgl. Roland Girtler, Die feinen Leute, S. 41f.

[768] Vgl. die Ausführungen bei Gaius Iulius Caesar, Der Gallische Krieg, VI. Buch, 22 (2). Allerdings geht man davon aus, dass hier die Ausführungen Tacitus, Germania, 26, zutreffender sind. Es ist hier nicht vom gewaltsam erzwungenem Weiterzug die Rede, sondern von der Brachlegung der letztjährigen Felder um neue zu bestellen. Turnusgemäß werden so die vorhandenen Felder alle paar Jahre wieder neu bestellt, um dem Boden seine Regenerationsfähigkeit zu erhalten.

[769] Vgl. zur gesellschaftlichen Struktur unter den Merowingern bei Karl Bosl und Eberhard Weis, Die Gesellschaft in Deutschland, S. 20ff. Gerade im Zuge von Eroberungen zwang man die unterlegene Bevölkerung, den unterlegenen Stamm, die siegreiche Oberschicht mit zu ernähren. Vgl. dazu auch bei Röhrig/Hilf, Wald und Waidwerk in Geschichte und Gegenwart, Erster Teil, S. 123f.

Wenn dies auch für die Zeiten vor der Völkerwanderung kaum nachgewiesen werden kann, so scheint das Argument dennoch schlüssig zu sein, insbesondere unter dem Blickwinkel der später dann erfolgten Eroberungen. So wäre es nur konsequent, die unterlegene Bevölkerung zur Lebenssicherung der siegreichen Oberschicht heranzuziehen. Aber auch die eigene Bevölkerung wird aufgrund der ihr zugestandenen Nutzungsrechte an Grund und Boden ihrem Fürsten oder ihrer regionalen Adelsschicht landwirtschaftliche Erzeugnisse zugekommen haben lassen. Trotz aller folgenden Abänderungen und lebensweltlichen Spezifika über die Jahrhunderte blieben die Inhalte der traditionalen Gesellschaft der Ackerbau und die Viehzucht vor dem Hintergrund übernommener römischer Gepflogenheiten, das heißt der Ansammlung von Bauern unter dem Dach großer Grundbesitztümer. Erst die zunehmende Beschränkung der originären Rechte und der Freizügigkeit der Bauern riefen die sozialen Konflikte zwischen traditionaler Lebensführung der Bauern und den „neuen" Ordnungsvorstellungen der Grundherren hervor. Während und bis zum Abschluss der Völkerwanderungen hat es wenig regionale Kontinuität in der Raumbehandlung der germanischen Stämme und Völkerschaften gegeben. Erst die zunehmende Ausbreitung der Besiedlungen und die Generierung nun fester Niederlassungen, sei es durch die Anfänge des Burgenbaues oder der Ortschaften kleinerer und größerer Genossenschaften, führten zu einer gewissen Beständigkeit und Fixierung der Beziehungen zwischen Adel und Bauern als auch zwischen Wald und Mensch[770]. Die örtliche Fixierung resultierte dabei überwiegend aus der Angrenzung an nachbarliche Räume im Zuge der Siedlungsausbreitung, woraus auch die schriftliche Niederlegung der ersten Waldnutzungsordnungen resultierte. Die Bevölkerungszunahme bedingte eine stetige Verschiebung der Allmenden an die Grenzen der Mark und so eine Zunahme des Sondereigentums – da ein Weiterzug der Gemeinde nicht mehr üblich und möglich war, musste die Behandlung des Raumes einem Regularium unterworfen werden, welches die Kontinuität der Nutzung aufrechterhielt. Aus dem ehemals freien Wald wurde der gemeine Wald, das heißt die Nutzung des Waldes durch Viehmast oder Rodung konnte nur im Rahmen der von der Siedlergemeinschaft gestifteten Ordnung betrieben werden[771]. Diese Markgenossenschaften – das heißt der Zusammenschluss freier Bauern auf einer Mark –, über deren Entstehung sich die Autoren fachübergreifend uneins sind, gehen in ihrer Ausformung aller Wahrscheinlichkeit nach nicht auf das frühe Mittelalter zurück, sondern ihre Wurzeln reichen bis weit in die Zeiten vor der Völkerwanderung; die großen Migrationen unterbrachen lediglich die Kontinuität der genossenschaftlichen Marken[772]. Damit sind diese Organisati-

---

770 Vgl. dazu die Ausführungen von Kurt Mantel, Wald und Forst in der Geschichte, S. 151ff.

771 Vgl. dazu auch die Ausführungen von Heinz Brandsch (Hrsg.), Die Landgüterordnung Kaiser Karls des Großen, S. 105ff.

772 Damit ist natürlich nicht der Streit beigelegt, ob es sich bei diesen frühen Markgenossenschaften um bloße Nutzungen ohne Bindung an echtes Eigentum handelte, oder ob hier bereits echtes Eigentum ausgebildet war. Dazu weiterführend Hasel, Stieglitz, Craner, Schwappach, Lindner, Röhrig, Schröder, Brunner, etc. Es ist aber davon auszugehen, dass bis zum Ende der großen Völkerwanderungen die Ausbildung echten Eigentums eher unterentwickelt oder gar sehr unwahrscheinlich war. Bis zur Entstehung der Gemeinden fand die ländliche Vergesellschaftung im Rahmen der Familie, der Sippen und Horden statt – immer unter dem Gewölbe des Stammes –, innerhalb derer auch das Haus zum fahrbaren Hab und Gut gehörte. Das soll-

onsformen der Raumbewirtschaftung als wesentliche Bestandteile der traditionalen Gesellschaft anzusehen. Ihre Strukturen waren nicht bloß wirtschaftlicher Art, indem die Genossenschaftsmitglieder bestimmte Regularien der Waldnutzung und Feldwirtschaft trafen, sondern auch sozialer und politischer Natur. Dass es hier bereits echtes Eigentum von Seiten der Bauern gegeben haben soll, ist - wie in der Fußnote bemerkt - sehr unwahrscheinlich. Weitaus realistischer ist die Betrachtung des Bodens als ein Gemeingut, welches den Ansässigen Nutzungsrechte und dem Adel oder dem König wirtschaftliche Vorteile durch die Profitierung von erzeugten Produkten der Stammesmitglieder verschaffte. Im Folgenden gehe ich kurz auf die Ausprägung der Landnutzung, die Gestalt der frühen Markgenossenschaften und ihr Konfliktpotenzial, welches mit der Erstarkung einer neuen gesatzten Ordnung zum Vorschein kam, ein.

5.5.2 Jagd- und Landnutzung traditionaler Prägung

5.5.2.1 Räumliche Gliederung der Markgenossenschaften

Vieles wurde geschrieben über die Nutzung des Landes, über die Ausweisung von Sondereigentum und echtem Eigentum. Dabei scheint auch hier die Gepflogenheit vorherrschend gewesen zu sein, aus den alten Volksrechten der überwiegend im Donau-Main-Rheingebiet siedelnden Stämme auf die Anschauungen und Gewohnheiten zu den Zeiten lange vor den Niederschriften rückzuschließen. Sowohl Adam Schwappach als auch Röhrig/Hilf, Roth und Verfassungsrechtler wie Eichhorn und Thimme oder Waitz haben gerade im Jagdrecht den ihrer Ansicht nach notwendigen Zusammenhang mit dem Eigentum an Grund und Boden stetig erwähnt. Die Theorie des freien Tierfangs, die eine Bindung an Eigentum von Grund und Boden nicht kennt, ist erst im letzten Jahrhundert zu einigem Ansehen gelangt. Die Landnahme der frühen germanischen Stämme und die Umwälzungen im Zuge der Völkerwanderungen können keinen anderen Schluss zulassen, als dass die Behandlung des Raumes regellos und diskontinuierlich war. Eroberungen erweiterten den Einflussbereich und die Macht des Volksführers, des Königs und seiner Getreuen. Eine einmal erfolgte Landnahme konnte nur durch Ansiedlung und Verteilung des streitbaren Volkes auf dem eroberten Gebiet einer gewissen Stabilität durch die Aufrechterhaltung des Status quo abgesichert werden. Die Herrschaft über dieses Gebiet oblag dem König, er traf die Entscheidungen über die Besiedelung, die Abwehrmaßnahmen gegenüber äußeren Bedrohungen und die Belohnung treuer Gefolgsleute. Diese Gebietshoheit, auch oder gerade weil sie in den turbulenten Zeiten der späteren Völkerwanderungen äußerst labil war, kann als eine Form des Obereigentums verstanden werden. Die Bevölkerung genoss Nutzungsrechte am eroberten Land, die neben der Hofgründung, dem Landbau und bestimmten Rodungsbefugnissen auch die freie Jagd beinhalteten. Jede Änderung

te ein Zeichen für eine eher rudimentäre Eigentumsauffassung der germanischen Bauern sein, die wohl im Rahmen der Markgenossenschaft vielmehr Nutzungsrechte als Eigentumsrechte hatten. Markgenossenschaften mit ausgewiesenem Eigentum sind der Literatur nach erst im hohen Mittelalter zu verzeichnen. Dennoch soll im Folgenden die kleinbäuerliche oder auch gemeinschaftliche Landnutzung als traditionale Form der Landwirtschaft betrachtet werden, was in Anbetracht der Literaturlage auch kein größerer Fehler sein kann.

der Situation durch Krieg und Weiterzug oder der Verlust der Freiheit durch die Verknechtung durch einen siegreichen äußeren Feind brachte automatisch den Verlust bestimmter Nutzungsrechte aus der Vergangenheit mit sich. Die Herausbildung eines kontinuierlichen Eigentumsbegriffes, nicht nur an der landwirtschaftlich genutzten Mark, sondern auch an den landwirtschaftlich ungenutzten Jagdgebieten, wird in diesem Kontext kaum verwirklicht worden sein. Ohnehin weist Richard Schröder darauf hin, dass die Könige bei existierender Verbindung des Grundeigentums mit dem Jagdrecht nicht darauf angewiesen gewesen wären, sich die Jagd auf den königlichen Privatbesitzungen und dem Domanialland ausdrücklich vorzubehalten[773]. Dieser Vorbehalt ist daher nur dann nachvollziehbar, wenn der Gebietshoheit das Obereigentum gleichzusetzen ist und damit der freie Tierfang in den Domanialländereien unterbunden werden konnte und, wie es in späterer Zeit geschah, auch über jene Ländereien hinaus das Jagdrecht des freien Mannes nach Belieben eingeschränkt, beschnitten oder gänzlich genommen werden konnte. Die Jagd als Herrschaftshandlung ist ohnehin nur dann konsequent, wenn eine Trennung von Jagdrecht und Grund und Boden besteht bzw. wenn die Gebietshoheit des Herrschers das Recht der Raumbehandlung - hier durch die Jagd - in jedem Falle beinhaltete. Nur so ist es auch unter anderem nachzuvollziehen, dass die Durchsetzung der Zusammenlegung von Grund und Boden und dem Jagdrecht darauf so vehement im Vormärz 1848 gefordert wurde. Durch die Zusammenlegung sollte die Jagd als willkürliches Instrument des Fürsten entkräftet werden, was ja dann auch weitgehend gelang[774]. Die hier angestellten Überlegungen führen zu dem Schluss, dass es realistischer ist, die traditionale Raumbehandlung der germanischen Stämme in ihrer Diskontinuität, ihrer weitgehenden Regellosigkeit und damit dem fehlenden Eigentumsbegriff zu fassen, anstatt den Definitionsversuchen der älteren Vertreter der Jagd- und Rechtsgeschichte zu folgen. Die Raumbehandlung der traditionalen Gesellschaft verlief so vermutlich im Rahmen dreier Kreise, die von einem relativ kleinen Zentrum zur weitaus größeren Peripherie verliefen. Im inneren Kreis kamen Haus und Hof der Familie zu liegen. Im zweiten, schon weitaus größeren Ring, lagen die fruchtbaren Flächen, die vom Stamm oder von Teilen desselben bewirtschaftet wurden. Und schließlich im dritten, bedeutend größeren Ring, war die Allmende zusammengefasst, das heißt diejenigen Flächen, die entweder nicht sofort zur Kultivierung vorgesehen waren oder als unkultivierbar galten, sei es das dichte Holz, Moore, Sümpfe oder Seen. Insbesondere seien hier auch der Wald und die Weide genannt, die gemäß dem Stand des einzelnen Markgenossen im Rahmen seiner Nutzungsrechte diesem zugänglich waren. Unter der Zugänglichkeit wird die Freiheit der jagdlichen Nutzung, des Fischfangs, der Weide und Waldnutzung als auch die Nutzung von Wegen, Steinbrüchen und nicht zuletzt die Bienenbeute[775] verstanden. Aufgrund fehlender Eigentumsrechte

773 Vgl. dazu bei Richard Schröder, Lehrbuch der deutschen Rechtsgeschichte, S. 209ff.

774 Zwar wurde 1848 das Jagdrecht an Grund und Boden gebunden, aber die reaktionären Einflüsse ab 1850 führten über die Bestimmungen der Mindestgröße von Jagdrevieren und der Zwangszusammenlegung zu Jagdgenossenschaften (übrigens bis heute) in eine Entwicklung, die so von den Initiatoren von 1848 nicht gewollt war und sich wiederum zu ihrem Nachteil entwickelte.

775 Vgl. dazu bei Röhrig/Hilf, Wald und Waidwerk in Geschichte und Gegenwart, Erster Teil, S. 125f.

dürfte die Jagd, der freie Tierfang, tatsächlich aber nicht nur in der Allmende ausgeübt worden sein, sondern auf allen vorfindbaren Flächen. Dieser Zustand wird regional bis weit in das frühe Mittelalter hinein vorgeherrscht haben. Im Rahmen seines Obereigentums über die Markung wird der König oder ein von ihm damit belehnter Gefolgsmann regelmäßig die Möglichkeit einer Einschränkung des Tierfanges in den Händen gehalten haben. Eine tatsächliche Einschränkung fand jedoch nach den Quellen nicht bereits im frühen Mittelalter statt, sondern in großem und regelmäßigem Umfange erst mit der vollen Entfaltung der feudalistischen Strukturen, der Erstarkung der Reichsunmittelbarkeit und der Landsassen und der Entrechtlichung der Hintersassen im Hoch- oder Spätmittelalter. Bis dahin überwogen die traditionale Lebensweise und die traditionale Raumbehandlung.

5.5.2.2 Ökonomische Ausrichtung der traditionalen Markgenossenschaften

Neben der auf Sitte beruhenden räumlichen Strukturierung kann die Markgenossenschaft auf der ökonomischen Ebene als originär eigenständige Produktionseinheit mit einer intakten und funktionierenden Selbstverwaltung gesehen werden. Ähnlich dem Volksthing existierte innerhalb der Genossenschaften ein politisches Organ, das so genannte Märkerding, in dem über alle Belange der Genossenschaft beraten und entschieden wurde. Die Teilnahme am Märkerding war gebunden an die volle Mitgliedschaft innerhalb der Markgenossenschaft, das heißt letztlich an die Waffenfähigkeit. Ausdruck der Autonomie der freien Markgenossenschaften war ihre politische und rechtliche Struktur, die als Vorläufer der späteren politischen Gemeinde betrachtet werden kann. Die Markgenossenschaft war Inhaberin des Bannes auf den ihr zugehörigen Flächen, das heißt, es oblag ihr die volle Regelgewalt in Bezug auf die markgenossenschaftlichen Belange. Unter die Obhut der markgenossenschaftlichen Aufsicht fielen regelmäßig das Holz und die Fluren. Siedlungsfremden Personen wurden bereits Einschränkungen in der Nutzung der Mark auferlegt, um die Grundlagen der eigenen Land- und Waldnutzung, des Brennholzvorrates, der Köhlerei und des Holzeinschlages zu schützen[776]. Verstöße gegen die markgenossenschaftliche Ordnung wurden vom Märkergericht verfolgt und abgeurteilt. Die im Zusammenhang mit Regelverstößen eingezogenen Geldbußen flossen in die gemeinsame Kasse der Markgemeinde. Im Allgemeinen wählten die freien Mitglieder der Marken zeitlich befristet einen Obermärker, der vorstandschaftliche Aufgaben wahrnahm. Ihm zur Seite standen darüber hinaus in den meisten Genossenschaften weitere Verwaltungshelfer, Beamte oder Schöffen, die ihm bei der Wahrnehmung der Aufgaben halfen. Daneben existierten wohl auch schon Märkermeister oder Holzknechte, die den Holzhieb verwalteten und anwiesen und wohl auch Aufsichtsfunktionen ausübten[777]. Wenn auch vielleicht der Name noch nicht verwendet wurde, so waren die Aufgaben dieser dem Obermärker untergeordneten Personen mit denjenigen des späteren Försters bereits vergleichbar. Der Unterschied, der jedoch gravierend sein sollte, bestand allein

---

776 Siehe auch bei Kurt Mantel, Wald und Forst in der Geschichte, S. 151f.

777 Vgl. dazu bei Adam Schwappach, Grundriss der Forst- und Jagdgeschichte Deutschlands, S. 39f.

darin, dass die Aufsichtspersonen, die Interessen der Markgenossenschaft wahrnahmen, ihre ureigensten Entscheidungen durchsetzten und überwachten, während die späteren Förster königs- oder fürstenloyal, ausgestattet mit räumlichen und juristischen Vertretungsbefugnissen, die bereits entrechteten Untertanen in ihrer Lebensweise stark beschnitten. Die Förster als auch die Jägermeister übernahmen so im Wesentlichen herrschaftspolitische Funktionen, da über die Kontrolle des Waldes und der Jagd bis in die intimsten Bereiche des bäuerlichen Lebens eingegriffen werden konnte.

5.5.3 Die traditionale Gesellschaft - ein Problem für die neuen Herren

Aus diesen Zusammenhängen wird ersichtlich, dass die originären Markgenossenschaften ein äußerst autarkes und stabiles Gemeinschaftsgebilde darstellten, solange sich die einzelnen Mitglieder dieser Gemeinschaft unterstellten. Im Rahmen dieser markgenossenschaftlichen Verfassung oblag ihr bereits die Repräsentation einer schon öffentlichen Gewalt, sei es in der Gestalt des Obermärkers und der ihm untergeordneten Verwaltungshelfer oder aber in den Märkergerichten und dem ihnen zustehenden Bannrecht innerhalb der Mark. Die Markgemeinde regelte für die Dauer der bestehenden markgenossenschaftlichen Selbstverwaltung ihre Bedürfnisse innerhalb ihres Raumes selbstverantwortlich und autark. Die Feudalisierung der Gesellschaftsordnung im Verlaufe des Mittelalters brachte die Markgenossenschaft als öffentliche Gewalt in die Hand der Landesherren, die die bereits bestehenden Regelwerke für die eigene Herrschaftsstabilisierung ummünzten. Deutliche Konflikte entstanden nun aus der neuen Reglementierung der Verhältnisse durch die Landesherrschaft, da jene zusehends auf alte Rechtsbräuche und Gewohnheiten der freien Bauern stieß, die sich diese Gewohnheitsrechte nicht einfach beschneiden lassen wollten. Dort, wo ihre Rechte durch soziale und politische Entwicklungen beschnitten wurden, entstanden Unruhen und Revolutionen oder zumindest räumliche Gegenentwürfe durch Schlechtleistungen und Wilderei. Max Weber hat die Seele der traditionalen Gesellschaft auf die Bestandteile von Eintracht, Sitte und Religion in der Führung des Lebens, die Bewältigung der Alltäglichkeit, reduziert[778]. Im Gegensatz zur differenzierten modernen Gesellschaft befand sich die traditionale Gesellschaft in einem Status des Be- und Verharrens. Gesatztes Recht im Sinne rationaler Verwaltung und die Bürokratisierung der Raumbehandlung durch das Generieren neuer Ordnungen und die Beschränkung der althergebrachten Sitte und Konvention waren der Auslöser des Konfliktes zwischen der ehemals freien Bauernschaft und den neuen Landesherren. So waren es gerade die mit der Zeit entstehenden Jagd- und Forstordnungen, die mit dem geltenden und auf Alltäglichkeit beruhenden Normenbestand in keinster Weise kompatibel waren. Sie führten nicht nur die politische Schwächung der Markgemeinde mit sich, sondern griffen darüber hinaus in die Alltäglichkeit und Beständigkeit der Nutzung der Allmende und die Verwendung des erwirtschafteten Ertrages ein. Die bis dato geltenden und über Generationen hinweg erhaltenen und gewachsenen Gewohnheitsrechte verloren mit ihrem Bestand ihre stabilisierende

[778] Vgl. dazu bei Max Weber, Gesammelte Aufsätze zur Religionssoziologie, Band 1, 6. Auflage, S. 44f. Weiterführend auch bei Stefan Breuer, Max Webers Herrschaftssoziologie, S. 68ff.

Kraft auf die Gemeinschaft, ihre Integrationsleistung. An ihre Stelle trat nun die Herrschaft eines Grundherrn über die unfrei gewordenen Gemeindemitglieder, die ihm über Frondienste seine müßige Lebenswelt am Leben erhalten mussten. Die Durchsetzung jener herrschaftlichen Ansprüche gegenüber den freiheitsliebenden Gemütern der an ihre Tradition gewöhnten Bauern konnte nach ihrer Entrechtlichung nur zuverlässig mit der Gewalt des Schwertes und insofern auch mit der Jagd, ihren Inklusionen und Exklusionen, erreicht werden. Die Konflikte, die aus diesen herrschaftlichen Versuchen der Zurückdrängung bäuerlicher Traditionen und Gewohnheitsrechten resultierten, prägten die Geschichte der Jagd bis zur Revolution von 1848/49. Der Entzug des Jagdrechtes war der erste Schritt zur Herrschaftssicherung, ihres Monopols und ihrer Durchsetzung. Der zweite Schritt war die Einsetzung der Jagd als herrschaftliche Raumhandlung auf den zu bearbeitenden Ländereien der Untertanen und die Einbindung der Untertanen in jene räumliche Handlung über die jagdlichen Frondienste, bei gleichzeitiger Exklusion von der eigentlichen Jagdhandlung. Der dritte Schritt umfasste dann die Legitimierung jenes von Gott gewollten Weltbildes durch die christliche Religion. Der Niedergang der freien Markgenossenschaften ist somit letztendlich auf die allmähliche Entstehung der großen Grundbesitztümer und die Erstarkung des Adels zurückzuführen, die sich zuerst der traditionalen Ordnungsvorstellung der gewachsenen Markgenossenschaften entzogen haben, später dann die freien Markgenossenschaften durch die Einverleibung in den eigenen Wirtschaftsverband aufgelöst und so dem Gemeindeverband keinerlei Einwirkung auf die eigenen Flächen zugestanden haben. Darüber hinaus verkleinerten sie die Allmendflächen der Gemeinden durch stetiges Eindringen in den herrenlosen Wald über das Mittel der Rodung. Auf diesen neu geschaffenen oder erweiterten Grundherrschaften wurden nun selbst Bauern angesiedelt, die nicht den Bestimmungen der althergebrachten Normen unterworfen waren und selbst kein eigenes Land besaßen. Es waren keine freien Bauern, sondern Hörige, die nun nicht mehr freizügig waren, sondern an die Scholle des Grundherrn gebunden blieben[779]. Auf diese Weise generierte der Großgrundbesitz in den Händen der Landesherren allmählich eigene Herrschaftsbereiche, die mit eigenen Ordnungsvorstellungen abgesichert wurden. Wesentliche Bestandteile dieser Ordnungsvorstellungen waren die Jagd- und Forstordnungen, die ein bedeutender Pfeiler des Feudalismus bis weit in das 19. Jahrhundert hinein wurden.

5.6 Zusammenfassung

Im Gegensatz zur Entwicklung Roms fand also im frühen Mittelalter eindeutig eine Provinzialisierung und Dezentralisierung statt. Die Weiträumigkeit des römischen Weltreiches wich der Kleinräumigkeit und Zersplitterung des Deutschen Reiches bis zur Mediatisierung unter Napoleon Bonaparte. Die urtümlichen Stammesführer wurden abgelöst durch die zunächst vom König eingesetzten weltlichen und geistlichen Fürsten. Eine bedeutende Entwicklung der Provinzialisierung war der vollkommene Verlust des früheren römischen Bürgerrechts – sofern es bestand –, was

[779] Vgl. zu den markgenossenschaftlichen Besonderheiten versus den grundherrlichen „Markgenossenschaften" bei F. Graner, Forstgesetzgebung und Forstverwaltung, S. 104ff.

zunächst das Einbüßen der damit verbundenen Freiheiten und Privilegien bedeutete. Die Idee des Bürgerrechts, die römische Einheit zu schmieden, persönliche Immunität gegen Willkür und Folter zu gewähren und diese Rechte mit politischen und militärischen Pflichten zu verknüpfen, ging im frühen Mittelalter zugunsten der herrschaftlichen Partikularinteressen zugrunde. Die Stadtkultur verlor zunächst ihre originäre Kraft und die strikte Trennung von ländlichen und städtischen Verbindungen verengte den Horizont zielgerichteter Entwicklungen. Auf dem Land herrschten der Adel oder Äbte als Klostervorsteher, in den Städten zumeist ein Bischof. Allgemein geht man in der Literatur davon aus, dass es grundsätzlich zwei Arten von Grundherrschaften gab, wovon die erste - wohl auch die ältere - den landwirtschaftlichen Eigenbetrieb eines Herrn mit mehreren Abhängigen bezeichnet. Erst die zweite Art der Grundherrschaft, wahrscheinlich auch ein Resultat der Bevölkerungszunahme zwischen 500 und 1000 n. Chr. (von ca. 600.000 Einwohnern auf 3.000.000), kann als weniger extensiv bezeichnet werden und charakterlich dem wirklichen Großgrundbesitz angerechnet werden[780]. Die zweite Form führte zur Ausweisung umfassender Hufenbetriebe, die von leibeigenen Bauern gegen Zins und Frondienste bewirtschaftet wurden und zudem zur Generierung von Werkstätten zur Bedarfsdeckung auch der Güter außerhalb der landwirtschaftlichen Erzeugnisse führte. Nur auf diese Weise war es möglich, die Produktion über den Eigenbedarf der Produzenten in ein System der Überschussproduktion zu leiten, die das Auskommen der Grundherren sicherte, egal ob ein naturalistisches oder fiskalisches Tauschsystem bestand. König, Adel und Kirche waren die bestimmenden Grundherren, unter deren Obrigkeit die Bauern in den meisten Fällen nicht mehr persönlich frei, sondern an die Scholle gebunden, das heißt ihrer Freizügigkeit beraubt waren. Einzig in den Städten gab es noch Quasifreie, die nicht Gefolgschaft leisten oder an irgendeinen Herren Abgaben bezahlen mussten, die Steuer natürlich ausgenommen. Der Stand der Freien oder liberi erfuhr eine stetige Abschichtung, da diese im Zuge der Grundherrschaft sowohl dem Weberschen Oikosherren entsprachen als auch der herrschaftlichen Gefolgschaft. Die ehemals freien Hufenbauern und Markgenossenschaftsbauern kamen im Verlaufe der zweiteiligen Grundherrschaft genauso unter die Leibeigenschaft und Abhängigkeit wie die zuvor schon Unfreien, die es in den germanischen Stammesgesellschaften ja bereits auch schon gegeben hatte. Während sich für die ehemals freien Bauern durch die Verfügbarkeit zugunsten eines adligen oder geistlichen Herrn rechtlich, sozial und politisch einiges änderte, blieb die Situation für die bereits Unfreien gleich, da es keinen Unterschied machte, ob sie einem Oikosherren innerhalb der Markgenossenschaft, einem adligen Grundherren oder einem klösterlichen Vorsteher unterstanden. Auch wenn es regionale Unterschiede und Verzögerungen in den sozialen Schichtungsprozessen gegeben haben mag, so ist dennoch der Trend zur Ausdifferenzierung in zwei große Schichten zu verzeichnen, die eine Erstarkung des ehemaligen Verwaltungsapparates der merowingischen und karolingischen Könige - hierzu lässt sich leicht auch der adlige Klerus rechnen, da Adel und Kirche sich gegenseitig militärisch, ideologisch und ökonomisch stützten - auf der einen und die Knechtschaft der überwiegend ländlichen Bevölkerung auf der

---

[780] Vgl. dazu bei Karl Bosl und Eberhard Weis, Die Gesellschaft in Deutschland I, S. 20ff., sowie bei Rolf Sprandel, Verfassung und Gesellschaft im Mittelalter, S. 43ff.

anderen Seite beschreibt. Während die Machtkämpfe des Adels gerade im frühen Mittelalter sehr ausgeprägt waren und es hier zu vielfachen Über- und Unterordnungen kam, fand auf der Seite der Untertanen ein regional differenziert zu betrachtender Nivellierungsprozess statt. Sie waren politisch, sozial und kulturell auf Jahrhunderte vom Fortschritt ausgeschlossen und lediglich Adressaten und Leidtragende herrschaftlicher Bestrebungen und Willkür[781]. Jagd und Krieg als die hervorstechenden Raumhandlungen verschlechterten die Situation des Landvolks auf Jahrhunderte. Dabei war es nicht der Ausschluss der Landbevölkerung von der aktiven Jagd, sondern der Einschluss über die Fronleistungen einerseits und die Jagdhandlungen der Herren andererseits, die die Situation wirtschaftlich, psychisch und physisch verschlechterten, die Herrschaft dagegen stabilisierte. Als Beispiel der allmählichen Unterstellung der ehedem Freien unter die Fronherrschaft des Adels oder der Kirche mag der Freiheitskampf der Kemptener Bauern gelten. Auch hier fand eine Nivellierung statt, derer sich die Bauern selbst durch ihr altes verbrieftes Recht nicht gegen die Klöster, den Adel und die Städte erwehren konnten. Ursprünglich konnten sich die freien Bauern nach der Darstellung Wilhelm Zimmermanns[782] der Freizügigkeit erfreuen, sie konnten Verträge schließen und ihren Schirmherren frei wählen als auch jederzeit wechseln, sie waren frei an Eigentum und Person und bezahlten lediglich an ihren Schirmherren jährlich das Schirmgeld, welches sie vom Kriegsdienst befreite und auch sonst keinerlei Fron abverlangte. Diese Autonomie an Wirtschaft und Körper, die Freiheit an Leib und Gut wurde ab dem 9. Jahrhundert allmählich durch die Bestrebungen des Klosters Kempten massiv eingeengt, die ehemals freien Bauern in die Leibeigenschaft heruntergedrückt. Die Vorgehensweise der Äbte stellte dabei auf die allmähliche Beschneidung der Rechte durch die Fortführung der jeweiligen Politik des vorherigen Abtes ab, um so die Bauern über Gewohnheit und Althergebrachtes in die Schicht der Eigenleute des Klosters herabzudrücken. Diese Art der Nivellierung der Freien mit den Unfreien bedingte nicht zuletzt im 16. Jahrhundert dann die rebellische Kraft der Bauern, die sich in den großen Bauernkriegen Luft verschaffte. Die agrarische Gesellschaft des frühen Mittelalters befand sich durch herrschaftliche Willkür und wirtschaftliche Not unaufhaltsam im Übergang von der antiken Gesellschaftsgliederung zur Polarisierung in zwei Gruppen: die Starken und die Schwachen, die Konsumenten und die Produzenten, die Kulturträger und die Rebellen[783]. Zu den ersteren sind der König, Adel und die höher stehenden Kleriker zu rechnen, die

---

781 Dies sollte jedoch nicht darüber hinwegtäuschen, dass die Schicht der Unfreien schon sehr bald einen bedeutenden Aufschwung erfuhr. Handwerker, Hirten, Ministeriale und die leitenden Positionen in Wirtschaft und Gesellschaft der späteren Jahrhunderte können in einer Entwicklungslinie der Aufstufung betrachtet werden, die den Adel entbehrlich machte.

782 Vgl. bei Wilhelm Zimmermann, Der große Deutsche Bauernkrieg, S. 20ff.

783 Interessant in diesem Zusammenhang ist, dass es nicht die Schicht der Kulturträger war, die die entscheidenden Anstöße zur modernen Gesellschaft des hohen Mittelalters, der Neuzeit und der Moderne gaben, sondern der rebellische Geist der Unterdrückten, ihre Neugier und ihr Entdeckerwille, ihre Findigkeit und ökonomische Betriebsamkeit, die die Gesellschaft aus ihrer Lethargie riss. Aus der unterdrückten Schicht erhob sich die Möglichkeit der Loslösung von allem Gottgewollten und Transzendenten, es entstand der Rationalismus und kühle Sachverstand des homo oeconomicus, der den müßigen Adel in die Langeweile und Entbehrlichkeit entließ.

vielleicht 10% der gesamten frühmittelalterlichen Gesellschaft repräsentierten. Ihnen gegenüber stand die große Gruppe der Bauern, Handwerker und auch Bürger, von denen jedoch die Letztgenannten noch gewisse Vorrechte behielten oder erst erhielten. Auf Seiten des Adels erfuhren die Grafen und Herzöge eine stetige Machterweiterung, ebenso die Bischöfe und Äbte. Interessanterweise verloren mit den ehedem freien Bauern auch die Könige immer mehr an Einfluss und Selbstständigkeit. Im 10. Jahrhundert übernahmen endgültig die ehemaligen Königsbeamten, die Bischöfe in den Städten sowie Adel und Äbte auf dem Land den unmittelbaren Landausbau. Auf diesem Wege traf das Königtum ein ähnliches Schicksal wie den freien Bauern, da beide gegenüber der Vormachtstellung des Adels und der Kirche deutliche Abstriche ihrer Handlungsfreiheit hinnehmen mussten. Die freie Bauernschaft wurde in die Knechtschaft geführt, der König zum Herrscher ohne Herrschaft degradiert. Seit dem 10. Jahrhundert etwa oblag dieser neuen Gruppe der Starken nicht nur die politische Herrschaft, die Organisation der Landeskultur, des Lebens und der Produktion, sondern zumindest in der Form der Geistlichkeit auch eine mystische Rolle, die viele ehemals Freie dazu brachte, ihren Grundbesitz der Kirche anzudienen. Wo dies nicht durch religiöses Gewissen geschah, halfen die Geistlichen auch schon einmal mit Gewalt und arglistiger Täuschung nach, so wie es in Kempten im Allgäu der Fall war.

5.7 Der Wandel des Raumes – Resümee

Das gesamte Mittelalter war geprägt von einem tief greifenden Wandel des Räumlichen. Macht und Herrschaft über Räume, insbesondere über diejenigen, die ihrer Eigenart nach bis in die intimsten Winkel menschlicher Bedürfnisse ausstrahlten, war eine existenzielle Vorbedingung für die Adelsherrschaften im Deutschen Reich. Die Knechtung und weitgehende Entrechtlichung der Bauern war wiederum ihrerseits eine Vorbedingung jener räumlichen Beherrschung. Ein Entkommen aus jenen herrschaftlichen Fängen gab es teilweise nur in den Städten, die sich als kulturelle Hochburgen und Inseln inmitten des feudalen und rauen Umfeldes der ländlichen Räume dann etwa ab 1300 entwickeln konnten. Daneben existierten zu Beginn der großen Rodungsperioden auch vereinzelt weitgehend unabhängige Bauern in den großen Rodungsgebieten. Stadtluft als auch Rodung konnten den Menschen zunächst noch frei machen, allerdings verlor diese Verbindung im Verlauf des Mittelalters häufig ihren Wahrheitsgehalt. Bis zur Mediatisierung herrschten die Edelleute von ihren Burgen, Schlössern und Sitzen aus eifersüchtig und kleinräumig auf dem Land, sei es kraft eigenen Rechts, sei es als die allein zu Ämtern privilegierte Schicht. Über ihnen standen die größeren Grundherren, von denen sie ihre Herrschaftsbereiche ursprünglich als Lehen empfangen hatten, und über ihnen wiederum der Landesherr, der trotz absolutistischer Tendenz auf den Rat und den Willen der Grundherren angewiesen war[784]. Die Stabilität der Herrschaften hing unmittelbar mit der Beherrschung der Untertanen und des Raumes zusammen. Die Zeiten innerer Unruhen und äußerer Bedrohungen, die bis in das 19. Jahrhundert hinein anhielten, ließen jeden Ordnungsversuch, jede Reglementie-

[784] Vgl. dazu die Morphologie der Herrschaftselemente bei Hans Hubert Hofmann, Adelige Herrschaft und souveräner Staat, S. 47f.

rung als eine Handlung erscheinen, die der einmal errichteten Herrschaft zugute kommen musste und insbesondere ihre Stabilität und Kontinuität im Sinn zu haben hatte. In diesem Kontext kam dem Lebens- und Wirtschaftsraum seit dem frühen Mittelalter ein immenses herrschaftliches Potenzial zu, welches es zu akquirieren und zu stabilisieren galt. Das ist der Grund, weshalb der Jagd in diesen Räumen eine Rolle zukam, die weit über ihre originäre Funktion hinausging. Im Rahmen der vorliegenden Arbeit ist es nicht so sehr von Bedeutung einzelne Herrscher und ihr überliefertes Jagdverhalten darzulegen, welches durchaus oftmals das Prädikat der Lusthandlung verdiente. Es geht hier einzig um die Potenziale der Jagdhandlungen im Kontext der „neuen" Räume, die ihrerseits wieder mit dem Ende der Aristokratie nach rund 1000 Jahren zu Grabe getragen wurden. Die dynamische Industrialisierung und das Ende der Aristokratie als alleiniger gesellschaftlicher Kraft fallen etwa deckungsgleich in der Mitte des 19. Jahrhunderts zusammen. Die politische, soziale und gesellschaftliche Verkomplizierung der nun industriellen Gesellschaft führte nicht nur zu einem sich herausbildenden sozialwissenschaftlichen Gesellschaftsbegriff[785], sondern hatte einen weiteren Bruch innerhalb der Jagdgeschichte zum Ergebnis, der die Jagd aufgrund eines wohl drängenden bürgerlichen Bedürfnisses des „Nachholenwollens" für rund 100 Jahre zu einem nicht minder konfliktträchtigen Distinktionsmerkmal werden ließ. Die Reaktion und die Versäulung jagdlicher Traditionsbestände[786] sind sowohl Triebfeder als auch das Resultat jener 100 Jahre. Als politisches Instrument – sieht man von den Jagden der Diplomaten, die auch in der Bundesrepublik bis in die 1970er Jahre hinein existierten, der Könige und Kaiser[787] einmal ab – verschwand die Jagdhandlung bis in die Zeit nach dem Zweiten Weltkrieg von der Bühne der Öffentlichkeit. Es war die Zeit der Jagdromantik, fern jeder Einflussnahme auf politischer und gesamtgesellschaftlicher Ebene, die bis zum Ende der 1960er Jahre noch Bestand hatte. Die strukturellen Veränderungen im Nachkriegsdeutschland, insbesondere angestoßen in den 1970er Jahren, rückten die Jagd wieder deutlicher in den Fokus öffentlicher Betrachtung und wissenschaftlicher Behandlung. Doch zurück zu den Verhältnissen im Mittelalter. Die ungeheure Macht der merowingischen und karolingischen Herrscher war nicht so sehr auf ihr Potenzial an ruhelosen Kriegerbauern zurückzuführen, die es nun, nach dem Fall Roms, nach imperialistischen Dimensionen dürstete, sondern auf die Aneignung der ehemals römischen Landgüter und allen herrenlosen Landes, dessen sie habhaft werden konnten. Hier wurde der Grundstock für das Reichsgut gelegt, dessen Mehrung Karl der Große dann vorantrieb und welches nach dem Aussterben der karolingischen, sächsischen und salischen

---

785 Nach Wilfried Gottschalch, Soziologie des Selbst, S. 14f, war ein sozialwissenschaftlicher Gesellschaftsbegriff nicht vorhanden. Zur „Gesellschaft" gehörte nur ein geringer Teil, nämlich Bürger und Adlige, während das Volk außerhalb stand.

786 Zur Versäulung jagdlicher Traditionsbestände siehe auch bei Ulrich Schraml, Die Normen der Jäger, S. 239, unter Hinweis auf Wilfried Gottschalch. Mit Hilfe der Versäulung jagdlicher Traditionsbestände, so Ulrich Schraml weiter, ist der Versuch verbunden, jene über die Auswirkungen der Industrialisierung hinweg zu retten. Grundsätzlich zur Thematik der Versäulung siehe bei Wilfried Gottschalch, Soziologie des Selbst, S. 15ff.

787 Insbesondere die Jagdleidenschaft des deutschen Kaisers Wilhelm II. hat einige Auswirkungen in Bezug auf die jagdliche Affektsteuerung der deutschen Jäger mit sich gebracht. Vgl. dazu bei Andreas Gautschi, Wilhelm II. und das Waidwerk, an verschiedenen Stellen.

Dynastie den Staufernkaisern zum herrschaftlichen Vorteil gereichte. Anstatt Städte zu gründen und militärische Großlager nach römischem Vorbild in die neu eroberten Landschaften zu setzen, basierte die neue Herrschaft auf der Zuteilung von Siedlungs-, Rodungs- und Weideland und damit schon bald auf den Forsten, die in dieser Hinsicht eine vollkommen neue Erfindung der merowingischen und karolingischen Herrscher darstellten. Römische Kolonisation gründete auf einer blühenden Städtekultur in den besiegten Provinzen, verbunden mit militärischer Absicherung durch Lagerposten[788] und einer logistischen Verkehrsanbindung durch Straßen. Die Niederwerfung eines Volkes durch den römischen Genius war zumeist der Beginn einer fortgeschrittenen Zivilisation für das besiegte Volk, insbesondere in vielen Regionen Galliens, Germaniens und Hispaniens. In vielen anderen Regionen herrschten bereits Hochkulturen vor, so zum Beispiel in Griechenland, Gätulien (Nordafrika), Mesopotamien, Ägypten, etc. Die imperialistischen Bestrebungen waren hinsichtlich der besiegten Hochkulturen sehr gedämpft, während sie in den „barbarischen" Teilen des römischen Reiches zur vollsten Ausprägung kamen[789]. Kultur, Wirtschaft und Geist erfuhren eine Erhöhung, oftmals natürlich zum Preis der originären Freiheit und insbesondere der Freizügigkeit der unterworfenen Stämme. Aber: die römischen Invasoren waren trotz allem eine Bereicherung für den Landbau, die Wirtschaft und die Kultur. Einschränkungen in der Freiheit der Land- und Waldnutzung, der Jagd und des Fischfangs sind nicht den römischen Gepflogenheiten entlehnt, sondern allein das Resultat merowingischer und karolingischer Machtbestrebungen, die später in den Feudalismus mündeten. Die stetige Beschneidung ursprünglicher Volksrechte, die Schwächung des Volksthings und nicht zuletzt die Generierung der Forste, die die Besitztümer der Könige zu einem Alleinverfügungsgut machten, entsprachen der Politik der Nachfolger Roms. Jene Politik war auf das Königtum, seine Zentren, fokussiert und auf Beherrschung – und, wo dies nicht möglich war, Integration – der alten Strukturen wie Clan, Sippe, Klein- und Großstamm ausgerichtet[790]. Integration bedeutete die Vergabe von Lehen durch den König an Stammesfürsten, das heißt deren Einbindung in Macht und Würden des neuen Gesellschaftskörpers. Wie sehr jedoch die Schwächung des Volkes durch Entzug der Verfügungen über Wald und Land bei gleichzeitiger Übervorteilung des Verwaltungsapparates und der Kirche die königliche Position selbst in zunehmendem Maße schwächte, wurde schon ausgeführt. Spätestens im 14. Jahrhundert war das ehemals riesige Reichsgut so sehr zersplittert, dass es nur mehr ein Schatten seiner selbst war. Die großen Wald- und Grundbesitzer waren allein in der Schicht der weltlichen und geistli-

788 Einzig die Eroberung des Sachsenlandes durch Karl den Großen ist mit der römischen Gepflogenheit der militärischen Absicherung durch Kastelle und Lager zu vergleichen. Jahrzehntelange Guerillakriege der Sachsen gegen die fränkischen Eroberer brachten Karl dazu, selbst Vorposten und Großlager aus Stein im Sachsenland zu begründen. Zusätzlich ließ er den Truppen Mönche und Geistliche folgen, die durch die Christianisierung der Sachsen deren Widerstand schwächen sollten. Vgl. dazu bei Aulo Engler, Germanen, S. 345f.

789 Ernst Badian macht in seinem Werk „Römischer Imperialismus" sehr deutlich, dass die Römer zweierlei Arten von Politik verfolgten, wenn sie Kriege gegen barbarische oder zivilisierte Völker führten. Annexionen fanden jedoch in beiden Kulturkreisen sehr wenig statt, wenn auch mit der Tendenz einer aggressiveren Vorgehensweise bei barbarischen Völkern.

790 Vgl. dazu bei Karl Bosl und Eberhard Weis, Die Gesellschaft in Deutschland I, S. 36ff.

chen Fürsten zu suchen[791]. Die Aggressivität, mit dem Land unter den Bann genommen wurde, wuchs dabei stetig an. Der traditionale Aspekt, seine kulturelle Verwurzelung, die ökonomische Bedeutung des Waldes für die Viehwirtschaft und der Status des Holzes in der frühmittelalterlichen Bedarfsbefriedigung machten den Raum „Wald“ für die Landesherrschaft zu einem unschätzbaren Herrschaftsgut. Selbst in Gebieten, in denen sich relativ freie bäuerliche Gemeinden halten konnten, wie zum Beispiel in Württemberg, waren die Nutzungen der herrschaftlichen Waldungen von großer Bedeutung. Im Wald konnten Bedürfnisse befriedigt werden, die über die Feldflur weit hinausgingen. Die Gewinnung von Brenn- und Bauholz sowie die wichtige Schweinemast waren allein in den Wäldern zu erreichen. In diesem Zusammenhang muss das Forstregal noch genannt werden, welches später eine wichtige Rolle spielen sollte, da über die dadurch erreichte Forsthoheit nun auch die Forstordnungen aus den fürstlichen Forsten heraus auf die gemeindlichen, städtischen und bäuerlichen Wälder ausgedehnt werden konnten. Die Herrschaft über den Wald, das heißt in erster Linie die Kontrolle und Zugangsreglementierung, bedeutete so die Herrschaft über Menschen bis in den intimsten Bereich des alltäglichen individuellen oder genossenschaftlichen Lebens. Das ist der Grund, weshalb die Konflikte um den Wald letztendlich umso erbitterter wurden, je weiter sich die Herrschaften von den traditionalen Gesellschaften entfernten und je zivilisierter, ertragsorientierter, merkantilistischer, kapitalistischer die Gesellschaft wurde. Erst die endgültige Aufhebung der feudalistischen Residuen innerhalb der sich bereits modernisierenden Gesellschaft hob diesen Konflikt weitgehend auf oder entschärfte ihn zumindest.

791 Vgl. dazu Karl Hasel, Forstgeschichte, S. 61ff.

6 Die Rolle der Jagd als Instrument der Herrschaftslegitimation vor dem Hintergrund der gesellschaftlich-politischen Struktur

Exemplarisch dargestellt am Beispiel der spätantiken römischen Jagdfunktionalisierung unter Kaiser Hadrian und der frühmittelalterlichen Jagdfunktionalisierung unter Karl dem Großen

6.1 Einführung

Dieses Kapitel ist als Bindeglied zwischen den bisher erfolgten raumtheoretischen Überlegungen und ihrer noch nachzuweisenden historischen Relevanz zu betrachten. Beginnend mit diesem und fortführend mit den folgenden Kapiteln werden die bisher eher thesenhaften Ausführungen anhand mehrerer Beispiele auf ihren geschichtlichen Gehalt hin überprüft werden. Den Anfang möchte ich in diesem Kapitel mit der Darstellung der hadrianischen contra der karolingischen Jagd machen, da sich beide Jagdfunktionen zwar bereits deutlich voneinander unterscheiden, sie jedoch nur als eine Vorstufe derjenigen Entwicklungen betrachtet werden können, die dann in der Frühen Neuzeit bis zur Revolution 1848/49 stattfanden. Durch die Gegenüberstellung der hadrianischen contra der karolingischen Jagd zeigt dieses Kapitel die Einflussnahme differierender gesellschaftlicher Strukturen in ihren Wirkungen auf die Jagdfunktionalisierungen am Beispiel der römischen Spätantike und der frühmittelalterlichen Gesellschaft auf. Erst in den folgenden Kapiteln ist dann in weiteren Schritten der spätere und deutlichere Wandel der Jagdfunktionalisierungen im Feudalismus, Absolutismus und in der modernen Gesellschaft industrieller Prägung zu verfolgen, die diese Linie konsequent fortführten. Der historische Prozess der Aufstufung herrschaftspolitischer Funktionalisierungen von Jagd soll auf diesem Wege anschaulich aufgezeigt werden. Um diese Aufstufung anhand geschichtlicher Gegebenheiten verdeutlichen zu können, ist die Anlehnung der Jagdfunktion an den machiavellischen Kreislauf der Verfassungen hilfreich. In jenem Kreislauf spiegeln sich die den Menschen kennzeichnenden Verhaltens- und Entwicklungsmöglichkeiten wider[792]. Diese müssen in einer Republik von anderer Qualität gewesen sein als in einer Monarchie oder einer Despotie. Nimmt man die römische Republik als Bezugspunkt, als Referenz, so sind die Verbindungen, die zwischen der Funktion der Jagd und dem jeweiligen politischen System bestehen, schlüssig herzustellen. Historisch auffällig ist in diesem Kontext, dass dort, wo die Republik als Gemeinwesen ihrem Niedergang entgegen ging und durch andere Formen der Herrschaft ersetzt wurde, die Jagd schon bald herrschaftspolitische Funktionen erhielt. Diese Funktionen oder Ziele, die mit Hilfe der Jagd nun auf der politischen Ebene verfolgt wurden, zeigten sich in der römischen Kaiserzeit der Spätantike und im König- und Kaisertum Karls des Großen noch in Anlehnung an altiranische Fürstenideale, während sich die Jagd in den Alleinherr-

---

[792] Vgl. dazu die Ausführungen in Niccolò Machiavellis Werk „Discorsi – Gedanken über Politik und Staatsführung“, S. 12ff.

schaften der deutschen Territorialstaaten zum brutalen, rigorosen Machtinstrument entwickelte. Als dann die Vorherrschaft des Adels zu Ende ging, verlor die Jagd ihren herrschaftspolitischen Charakter und sie begann ein distinktives Element des bürgerlichen Lebens zu werden. Sie trat aus dem öffentlichen wieder in den privaten Bereich zurück, geradeso wie es in der römischen Republik der Fall war. Der Verlust politischer Indienststellung führte zu einer Entwicklung, an deren Ende die soziale Distinktion in Verbindung mit der Jagdromantik stand. Auch diese Entwicklung ist (teilweise) im antiken Rom geradeso wie im nachrevolutionären Deutschland zu beobachten, wenngleich auch die Auswirkungen von 1848/49 auf das Jagdwesen ungleich stärker waren als es die Auswirkungen der römischen Republik auf die Jagd sein konnten. Als Ergebnis der Entwicklungen von 1848/49 wurde die Jagd im Zuge der allgemeinen Jagdfreiheit zunächst bäuerlich und bürgerlich in gleichem Maße. Erst die reaktionären Bestrebungen des stark entmachteten Adels ab 1850 führten dazu, dass die Jagd wieder vermehrt aristokratisch-bürgerlich, damit distinktiv und in gewissem Rahmen auch mit (wieder) erinnerungsspezifischen[793] Aspekten versehen wurde. Im 21. Jahrhundert findet die Jagd zwar nach wie vor überwiegend in einem privaten Bereich statt; die Wirkungen der Jagd bleiben dagegen schon lange nicht mehr auf jenen Bereich beschränkt. Seit den 1970er Jahren findet sie wieder vermehrt öffentliches Interesse. Nicht der Jäger hat die Jagd insofern aus eigenem Antrieb aus dem privaten Bereich herausgelöst, so wie es unter Kaiser Hadrian noch der Fall war, sondern die kritische Öffentlichkeit hat die Jäger aus ihrem bürgerlichen, romantisch verklärten Schlaf gerissen und in das Rampenlicht der öffentlichen Diskussion gezerrt. Das Handeln des einzelnen Jägers, welchem er bislang nur revierbezogene und damit kleinste regionale Auswirkungen zuerkannte (z. B. die Hege von Schalenwild unter revieregoistischem Jagdinteresse), geriet in den Fokus des öffentlichen Interesses. Im 21. Jahrhundert ist schon längst nicht mehr der Jäger Herr der Lage, wie er es in den aristokratischen Zeiten immer gewesen war, sondern diese Rolle wird bereits zunehmend von der nichtjagenden Gesellschaftsmehrheit sowie dem Tier- und Naturschutz ausgefüllt. Die Gründe dafür sind neben dem politischen System in der Grundstruktur der Gesellschaft zu finden; kurzum in der kulturellen, strukturellen, psychischen und physischen Entwicklung der Gesellschaft.

In Anlehnung an die politische Dekadenztheorie Machiavellis muss aufgrund der Dependenz der Jagdfunktion (Wirkung) vom jeweiligen historischen Zivilisationsstand (Ursache) auch eine solche für die Jagd in unterschiedlichen Gesellschaftssystemen nachzuweisen sein. So wie Machiavelli die Frage nach den machtpolitischen Realitäten an einfachen Ursache-Wirkung-Überlegungen fest-

[793] Gerade der Adel versuchte über die exklusive Jagd an vergangene Zeiten retrospektivisch anzuknüpfen. Er verlor seine militärische Unentbehrlichkeit und seine politische Bedeutung über die Stärkung der Parlamente, aber es blieb ihm die Jagd auf seinen ausgedehnten Gütern. Jene Jagd hatte jedoch keinerlei politische Funktion mehr, sondern diente nun tatsächlich der Flucht aus einer schwierigen Zeit, wenn man so will aus einer adligen Identitätskrise. Das Bürgertum seinerseits versuchte einen Teil des adligen Lebensstiles über die Jagd zu kopieren. Der Kampf um die soziale Distinktion führte unter anderem auch dazu, dass die Pachtpreise für die Jagden in schwindelerregende Höhen schossen. Vgl. dazu auch die Ausführungen von Hubertus Hiller, Jäger und Jagd. Zur Entwicklung des Jagdwesens in Deutschland zwischen 1848 und 1914, S. 68-77.

macht[794], so muss auch die Jagdfunktion im Rahmen der jeweils gegebenen Gesellschaftsstruktur analysiert werden können. Mit anderen Worten bleibt zu erwarten, dass die Jagd historisch in einer Republik andere Funktionen als in einer Monarchie haben musste und wiederum andere Funktionen in einer Demokratie zu erfüllen in der Lage war und ist als in den beiden anderen Systemen. Die in Kapitel 4 dargestellten Potenziale der Jagd, die zwar latent schon immer vorhanden waren, sich jedoch erst mit den jeweiligen zivilisatorischen und damit räumlichen Veränderungen durch den Menschen und seine Möglichkeiten akzentuierten, haben aufgezeigt, dass ihre Anbindung an die jeweilige Gesellschaftsform oder den jeweiligen Stand der Zivilisation durch die Epochen sehr unterschiedliche Auswirkungen haben können und haben müssen. Hier sind letztendlich die Gründe für die zu treffende Differenzierung der Jagdfunktion in einer Republik, einer Monarchie oder einer Demokratie zu finden. Der Versuch einer unmittelbaren Anlehnung der Jagdfunktion an die Verfassung eines politischen Gemeinwesens oder an die jeweilige Struktur des Staates ist im Grunde nur die logische Konsequenz aus den bis zu diesem Punkt dargelegten historischen Zusammenhängen und Auffälligkeiten. Aus diesem Grunde ist die Gegenüberstellung zweier Staatsführer, die bewusst Jagd herrschaftspolitisch funktionalisiert haben - Hadrian (117-138) und Karl der Große (768-814) - ein hervorragendes Beispiel dafür, dass die Potenziale der Jagd als herrschaftspolitisches Instrument tatsächlich von den unterschiedlichsten Herrschern erkannt und ausgeschöpft wurden, wenn auch einmal mehr und einmal weniger erfolgreich, was jedoch seine Ursachen im gesamtgesellschaftlichen System fand. So bleibt aufzuzeigen, dass gerade Kaiser Hadrian aufgrund der spezifisch römischen Verhältnisse der Spätantike mit der erfolgreichen Instrumentalisierung der Jagd im herrschaftspolitischen Sinne scheitern musste, während diese Versuche bei Karl dem Großen aufgrund der spezifisch frühmittelalterlichen Gesellschaftsstruktur im fränkischen Reich bereits deutlicher von Erfolg gekrönt waren. Diese Spezifika zu analysieren und eine Erklärung für die unterschiedlichen Erfolge und Erfolgsmöglichkeiten der Jagdfunktionalisierungen zwischen Kaiser Hadrian und Kaiser Karl dem Großen zu erbringen, wird die Aufgabe dieses Kapitels sein.

6.2 Konkretisierung des Gewollten

Die bisherige Jagdgeschichtsforschung hat die gesellschaftlichen Rahmenbedingungen, die ein jeweils spezifisches jagdliches Handeln in irgendeiner Form bedingen mussten, kaum in ihre Fragestellungen miteinbezogen. Trotz dieses Missstandes ist jedoch auch ersichtlich, dass die räumlichen Faktoren bzw. die politische Struktur alleine nicht über die Funktion von Jagd, ihre Einbindung in die jeweiligen politischen Zielsetzungen, bestimmen konnte. Vielmehr sind jagdhistorische Erklärungsmodelle vonnöten, mit deren Hilfe jagdliche Auffälligkeiten auf möglichst breiter Grundlage untersucht werden können. Die Einflussnahme gesellschaftlicher oder zivilisatorischer Größen ist in diesem Kontext von höchster Bedeutung. Wie wichtig es für die Glaubwürdigkeit der jagdhistorischen Wissenschaften ist, das Fundament, auf das sich ihre Aussagen stützen, zu erweitern, kann gerade anhand

794 Vgl. dazu die Ausführungen von Reinhold Zippelius, Geschichte der Staatsideen, S. 90.

vermeintlicher Nebensächlichkeiten aufgezeigt werden. Bei näherer Überprüfung und Kritik beginnt das Gerüst der bisherigen Jagdgeschichte dann nicht selten zu wanken[795]. Caesars Glaubwürdigkeit – als bedeutender Chronist jagdlicher Besonderheiten der Germanen – wurde bereits in Kapitel 3 in Frage gestellt. Aber auch die panegyrischen Epen aus der Zeit der Karolinger sind nur teilweise dazu geeignet, einen Beitrag für die Realität, geschweige denn für die sich ändernde Funktion der Jagd zu erbringen. Wo diese Epen und Texte dennoch Informationen preisgeben, wurde die eigentliche Aussage von den Jagdhistorikern bislang nicht erkannt. Als Beispiel dazu dient die im Rahmen dieses Kapitels noch näher zu betrachtende, jagdwissenschaftliche Behandlung einer Erzählung Notker des Stammlers, die sich mit einer Jagdgesellschaft am Hofe Karls des Großen befasst. Die bisherige Forschung bewertete den Stellenwert der frühmittelalterlichen Jagddarstellungen in Bezug auf ihre Relevanz für die Herrscherlegitimation nur ungenügend als Beleg für politische hierarchische Kommunikation. Lediglich Torsten Pflittner stellt hier eine Ausnahme dar, indem er die Frage nach den Hintergründen für jagdliche Zeremonien oder jagdliche Handlungen generell stellt und damit der jagdhistorischen Wissenschaft eine Türe aufstößt, die bisher ignoriert wurde[796]. Jagd auf wilde Tiere, so das Postulat der vorliegenden Arbeit, beschreitet historisch einen langen Weg, der zunächst von der Subsistenz der frühen Jäger- und Sammlersozietäten (egalitäre Strukturen) zur ökonomischen, sozialen und politischen Unbedeutsamkeit in den Öffentlichkeiten des republikanischen Roms führte. Erst im Rom der Philosophenkaiser erfolgte die Weiterentwicklung der Jagd zum Mittel der Reproduktion militärischer Virtus um das zweite nachchristliche Jahrhundert herum. Unter Karl dem Großen dann war die Jagd auf wilde Tiere bereits ein unverzichtbares und auch so verstandenes[797] und in der Bevölkerung auf Akzeptanz stoßen-

[795] Als Beispiel soll hier eine Hofjagd Ludwig des Frommen dienen, die unter anderem auch Lutz Fenske, Jagd und Jäger im frühen Mittelalter. Aspekte ihres Verhältnisses, in: Werner Rösener (Hrsg.), Jagd und höfische Kultur im Mittelalter, S. 59, dargestellt hat. Er nimmt Bezug auf das (panegyrische) Herrscherlob des Ermoldus Nigellus, geschildert im 4. Buch seines Lobgedichtes auf Ludwig den Frommen. Laut Lutz Fenske und anderen soll diese Jagd Ludwig des Frommen auf einer Rheinaue stattgefunden haben, die Lutz Fenske unter Bezug auf Schmitz, „Pfalz und Fiskus Ingelheim", als Mariannenaue bei Ingelheim verortet. Das ist jedoch kaum möglich, da diese Aue heute an der breitesten Stelle etwa 250 Meter misst und knapp 2,5 Kilometer lang ist. Davon jedoch ist etwa 1 Kilometer weit unter 100 Meter breit. Anfragen beim „Museum bei der Kaiserpfalz der Stadt Ingelheim am Rhein" haben ergeben, dass über die Mariannenaue als Jagdbrühl Ludwig des Frommen nichts bekannt sei. Wie sich die Vermutung in die Literatur schlich, sei nicht nachvollziehbar. Auch Karl Hauck, Tiergärten im Pfalzbereich, in: Deutsche Königspfalzen 1 (Veröffentlichungen des Max-Planck-Instituts für Geschichte 11/1), S. 43, rekurriert auf diese Aue. Bären und Eber soll es auf dieser Aue gegeben haben, allesamt vermutlich ausgesetzt um sie bejagen zu können. Von tausend Geweihen erlegter Hirsche zu Ehren des Dänenkönigs Harald im Jahre 826 auf jener Aue ist bei Ermoldus die Rede. Selbst eine provisorische Sommerwohnung Ludwig des Frommen soll es auf dieser Jagdinsel gegeben haben. Fazit: ich halte die Ausführungen und Interpretationen von Lutz Fenske et. al. für äußerst fragwürdig und verweise auf die „Tradition" falscher Darstellungen, wie dies auch bei Caesar der Fall war.

[796] Vgl. dazu Torsten Pflittner, Manifestation der Herrschaft im Raum. Adelige Jagd im Mittelalter unter Karl dem Großen, an verschiedenen Stellen.

[797] Damit ist gemeint, dass die Legitimation und kaiserliche Selbstinszenierung bei Hadrian zwar versucht, jedoch von den zeitgenössischen Römern als solche nicht verstanden wurde. Bei

des Mittel zur Herrscherlegitimation. Zum faktischen und brutalen Machtinstrument geriet die Jagd dann erst zur Zeit der Territorialstaaten, während sie sich zur distinktiven Beschäftigung einer müßigen Klasse in der aufkommenden bürgerlichen Welt zur Zeit der Revolution 1848/49 entwickeln sollte. Eine politische Rolle für die Kontinuität und Stabilität des Staates spielte die Jagd weder im republikanischen Rom noch in der gegenwärtigen Bundesrepublik. Insofern ist zumindest in dem genannten spezifischen Sinne eine Deckungsgleichheit zwischen der römischen Republik und der bundesdeutschen Demokratie zu finden. Aber: ihre jenseits der Politik zu liegen kommende Funktion ist in der Bundesrepublik eine gänzlich andere als in der römischen Republik[798]. Es sind neben der politischen Struktur hauptsächlich zivilisationsimmanente Faktoren und die Unterschiede in den Ausdifferenzierungen der Gesellschaft, die strukturellen, kulturellen, psychischen und physischen Differenzen, die das antike Rom von der Bundesrepublik deutlich unterscheiden. Jagd als Herrschaftsinstrument - eingeschränkt auch unter dem Gesichtspunkt hadrianischer Motivik als auch der karolingischen Herrscherlegitimation - hörte also in einem öffentlich wirksamen Sinne mit der Revolution von 1848/49 endgültig auf zu existieren. Der Wandel vom rein personalen Herrschaftssystem des Reiches samt seinem Höhepunkt im Absolutismus hin zu der entpersonalisierten Herrschaft des modernen Staates brachte notwendigerweise auch einen Wandel in der Funktion der Jagd mit sich. Die Anbindung an politische Strukturen ist dabei noch keine Erklärung dafür, dass zu keiner Zeit mehr der Schritt zurück zu ihrer originären Leistung der Subsistenz stattfand. Hier ist vielmehr die Vergesellschaftung als komplexer Prozess in Hinsicht auf die Verantwortlichkeit dafür in die Pflicht zu nehmen. Zivilisationsimmanent ist ein stetiger Ausbau der mit Hilfe der Jagd auf wilde Tiere symbolisch und real zu erreichenden Zielsetzungen festzustellen. Die Veränderungen der politischen Strukturen in früheren Zeiten haben die Einbindung der Jagd in die politischen Prozesse determiniert, während der Siegeszug des Parlamentarismus der Jagd als Herrschaftsinstrument die Grundlage entzogen hat.

Wie bereits in Kapitel 3 aufgezeigt werden konnte, wurde die Jagd auf wilde Tiere sehr bald - unter Rekurs auf griechische und ägyptische Mythologien und

---

Karl dem Großen dagegen wurde sein Rekurs auf die Jagd der Frühantike von den angesprochenen Bevölkerungsschichten sehr wohl verstanden. Oder: während bei Hadrian die Zuflucht zur Jagd keine Steigerung seiner Virtus erbrachte, ist bei Karl dem Großen das Gegenteil zu bemerken. Doch dazu noch ausführlich im Rahmen dieses Kapitels.

798 Das darf aber nicht darüber hinwegtäuschen, dass einzelne Jagdmotive sich während der ganzen Zeit nicht verändert haben. Auch heute noch existiert das Jagdmotiv des Vergnügens, der Zerstreuung und des Genusses. Das ist auch in keinster Weise ein Problem, im Gegenteil. Jagd, die heute zusehends in übergeordnete ökonomische und ökologische Zielsetzungen eingebunden wird, wäre ohne eine bestimmte Hingebung, eine Lust oder andere emotionale Motive nicht durchführbar. Das „Jagenwollen" ist unabdingbare Voraussetzung, um die Jagd als Dienstleistung am Leben zu erhalten, sie zu rationalisieren und gesamtgesellschaftlich einer Akzeptanz zuzuführen. Die Jagdlust dagegen als das treibende Motiv ihrer Existenz, als ihre Legitimationsgrundlage darzustellen, triff in keinster Weise die historischen Tatsachen. Gerade Sigrid Schwenk sieht in der Jagdlust der Fürsten das treibende Motiv für die Jagd. Dass dies vollkommen an der Realität der Jagdfunktionalisierungen vorbei geht, wird noch ausführlich in den Kapiteln 7 und 8 thematisiert werden.

deren bildliche Darstellungen - auch als realistisches politisches oder herrschaftliches Instrument zur Generierung von Virtus erkannt, wie dies z. B. bei Hadrian im caesarischen Rom ebenfalls geschah. Im republikanischen Staatswesen Roms sind ähnliche Anbindungen der Jagd an Repräsentation oder gar ihre Funktion als herrschaftspolitisches Surrogat nicht überliefert[799]. Die der Jagd inhärenten Potenziale der Raumhandlung, oder wie es Joseph Morsel formuliert, der „Raum(be)handlung"[800], konnten angesichts der republikanischen Elemente, die auf einem politischen Gleichgewicht zwischen Adel und Bürger beruhen, offensichtlich nicht entfaltet werden[801]. Zwar meint Tobias Kasulke die Gründe für die Differenzierung der Jagdfunktion in Republik und Kaisertum allein auf die Ablehnung monarchischer Repräsentationsformen in der römischen Republik zurückführen zu können[802]. Meiner Meinung nach ist dies jedoch nur ein geringer Teilaspekt eines Ganzen. Vielmehr liegen die Ursachen in der politischen Struktur und ihren inneren wie äußeren Bedingungen verborgen. Auch die Bedeutung der Virtus, welche in enger Anlehnung zur Jagd - insbesondere des altiranischen Fürstenideales - zu sehen ist, „ist eine Frage der politischen Situation, in der sich ein Staat jeweils befindet"[803]. Der Feldherr der römischen Republik gelangte zu Ruhm und Ansehen durch militärische Operationen, was ein hohes Gefahrenpotenzial für Leib und Leben beinhaltete. Die Scipionen z. B. zeigten ihre Erfolge über die Annahme von Beinamen, die die von ihnen eroberten Gebiete deutlich machten (Scipio Africanus, Asiaticus, Hispallus). Dadurch aber erhöhten sie sich über das gewöhnliche Maß hinaus und brachten so die Republik, ob nun voluntativ oder nicht, in Gefahr. Ernst Badian sah gerade darin das Potenzial, welches eine auf der Basis der Gleichheit beruhende oligarchische Regierung praktisch unmöglich machte oder sie zumindest in Bedrängnis bringen musste[804]. Hätten nun jene Feldherrn über das Instrument der Jagd - in Anlehnung an altiranische Jagdfunktionen innerhalb der Repräsentation fürstlicher Tugendhaftigkeit - ihr Ansehen und ihre Virtus noch zusätzlich potenziert, so kann vermutet werden, dass die Republik ein schnelleres Ende gefunden hätte, als sie es historisch tatsächlich tat. Voraussetzung dafür wäre jedoch gewesen, dass das römische Volk jene außermilitärische Erringung von Virtus auch verstanden und akzeptiert hätte, geradeso wie es die Beinamen und militärische Virtus der Scipionen verstand und akzeptierte. Tatsächlich aber hat das

---

799 Eine Ausnahme habe ich bereits in Kapitel 3 unter Hinweis auf M. Miller, Das Jagdwesen der alten Griechen und Römer, S. 62ff, zitiert: die geographische Demonstration römischer Größe über das Stilmittel der Jagderzählung, wie es Seneca in seiner Phaedra als Stilmittel gebrauchte.

800 Vgl. dazu die Theorie von Joseph Morsel, Jagd und Raum, in: Werner Rösener (Hrsg.), Jagd und höfische Kultur im Mittelalter, S. 255ff, an verschiedenen Stellen.

801 Auch die Autoren Eva Scherning und Wolfram Martini, Das Jagdmotiv in der imperialen Kunst hadrianischer Zeit, in: Wolfram Martini (Hrsg.), Die Jagd der Eliten von der Antike bis in die frühe Neuzeit, S. 144ff, weisen darauf hin, dass es deutliche Unterschiede zwischen den republikanischen und den caesarischen Jagdmotiven gibt.

802 Vgl. dazu Tobias Kasulke, Hadrian und die Jagd im Spiegel der zeitgenössischen Literatur, in: Wolfram Martini (Hrsg.), Die Jagd der Eliten von der Antike bis in die Frühe Neuzeit, S. 101f.

803 Vgl. dazu die Ausführungen zum Begriff der römischen Virtus und der machiavellischen virtù bei Herfried Münkler, Machiavelli, S. 313.

804 Vgl. dazu die Ausführungen bei Ernst Badian, Römischer Imperialismus, S. 24.

römische Volk die Jagd selbst dreihundert Jahre später im Kaiserreich unter Hadrian nicht als allgemein akzeptiertes Instrument zur Reproduktion, Steigerung und Repräsentation von Virtus anerkannt oder als ein Instrument dazu verstanden. Vielmehr galt auch zur Zeit Kaiser Hadrians noch der Grundsatz, dass Virtus in einer Person exemplifiziert sei, die mit den eigenen militärischen Taten und denen der großen Vorfahren als Vorbild an der Spitze des Staates in Krieg und Frieden diesem die größten Dienste zu leisten in der Lage war[805]. Die altiranische und xenophontische Sicht, dass auch die Jagd ein Teil dieser Virtus sein kann, setzte sich erst bei Karl dem Großen wieder durch. Darüber hinaus war die jagdlich zu erringende Virtus in der Tat ein Merkmal von Monarchien/Aristokratien, wie es Xenophon für das persische Reich beschrieben hatte, und keineswegs von Republiken. Die römische Monarchie scheint insofern eine Ausnahme von der Regel gewesen zu sein, was an der republikanischen Wurzel und den alten Idealen gelegen haben mag, die auch im römischen Kaiserreich überdauerten. Der ideale Fürst bei Xenophon war Herr über ein „monarchisch straff, aber mit väterlichem Wohlwollen, also autoritär-patriarchalisch gelenktes Volk“[806].

An dieser Stelle mag eine Erzählung Ortega y Gassets von einigem Interesse sein: „Als einmal der persische Thron von dem Erbprinzen bestiegen wurde, der seit seiner Kindheit in Rom lebte und dort erzogen wurde, zwang man diesen bald zur Abdankung, da die Perser keinen Herrscher anerkennen konnten, dem an der Jagd nichts gelegen war, so traditionell war diese Beschäftigung bei den iranischen Herren und so eng mit ihrem Rang verbunden. Der Jüngling hatte sich offenbar der Literatur ergeben und galt als hoffnungslos“[807]. Aus diesem kurzen Einblick in die jagdlichen Unterschiede zwischen Rom und den Persern deutet sich schon die Problematik an, der Kaiser Hadrian gewahr wurde, als er es dem altiranischen Vorbild gleich tun wollte und ein Surrogat für militärische Virtus in der Jagd suchte. Die wahren Ursachen der Differenzierung der Jagdfunktion zwischen Republik und Kaiserreich liegen also in den Strukturen oder Notwendigkeiten, die in einer Staatsform wie der Republik nicht gegeben waren, da Politik hier weitgehend entpersonalisiert war und nach anderen Regeln erfolgte. So war die römische Republik bis zu Caesars Machtergreifung gerade kein personales Herrschaftssystem, wenngleich auch einzelnen Namen – insbesondere denen der rivalisierenden Generäle und ihrer Bildmonumente[808] – innerhalb der römischen Geschichte eine herausragende Rolle zukam. Zwischen 508 vor Christus und 49 vor Christus steht aus diesem Grunde für die Historiker der Begriff res publica – Gemeinwohl – für das politische System Roms[809]. In der funktionierenden Republik des alten Rom war demnach die Jagd als Mittel der Herrschaft vollkommen nutzlos, kein Herrscher

805 Zur Definition des Virtus-Begriffes ebd., S. 29ff.

806 Vgl. dazu bei Wolfgang Knauth, Das altiranische Fürstenideal von Xenophon bis Ferdousi, S. 9.

807 Ortega y Gasset, Meditationen über die Jagd, S. 18.

808 Standen in der Republik noch die Monumente der Feldherren im Mittelpunkt der bildlichen Repräsentation von Macht im öffentlich-politischen Raum, waren es im Kaiserreich nur noch der Kaiser selbst und der Staat. Vgl. dazu bei Werner Dahlheim, Geschichte der römischen Kaiserzeit, S. 188, unter Bezug auf E. Simon.

809 Siehe bei Will Durant, Caesar und Christus, S. 46.

verlangte nach ihr außerhalb des privaten Bereichs. Auch für die private Jagdleidenschaft der Römer sind die Quellen nur sehr spärlich. Selbst mit dem Kaiserreich, das heißt der nun neuen politischen Struktur, begann nicht unmittelbar der Aufstieg der Jagd in die Riege der politisch unabdingbaren Instrumente, wie dies dann bei den Karolingern und wesentlich stärker in einem real-politischen Sinne im Feudalismus der Landesherrschaften der Fall sein sollte. Es bedurfte neben der Verfassung des Gemeinwesens offensichtlich noch weiterer Bedingungen, zumeist äußerer Gegebenheiten, die erst etwa im 2. Jahrhundert die Jagd in den Blickpunkt der Politik, ihrer Vermittlung und der Repräsentation von Kaisermacht treten ließen. Eine gänzlich andere Sicht der Dinge scheint dagegen in politischen Gebilden notwendig, die jenes republikanische Gleichgewicht zuungunsten der Bürger und insbesondere der Bauern verschoben, wie dies nach dem Zerfall des karolingischen Reiches auf dem Gebiet des heutigen Deutschland der Fall war. Politisches Surrogat ist in diesem Zusammenhang jedoch nicht gleich politisches Surrogat – es scheint außerhalb der Republik weitere Abstufungen gegeben zu haben, die ihre Ursachen nicht allein in der Verfassung des Gemeinwesens fanden. So konnte die Jagd in Rom zu den Zeiten Kaiser Traians, insbesondere aber Kaiser Hadrians, zwar unter Anlehnung an die griechischen und ägyptischen Vorbilder repräsentative Aufgaben wahrnehmen, niemals jedoch faktische Herrschaft über Menschen generieren. Eine ähnliche Einschränkung erfuhr die Jagd auch noch unter Karl dem Großen, deren besondere Spezifika innerhalb dieses Kapitels näher erläutert werden. Aus dem Schatten mittelbarer Repräsentation, Demonstration oder Zur-Schau-Stellung trat die Jagd dann erst im Rahmen derjenigen Staatsgebilde, die nach den Karolingern für Jahrhunderte den Flickenteppich des Deutschen Reiches bildeten. Es war die Zeit der personalisierten absoluten Herrschaft, die bis zur Revolution von 1848/49 Bestand hatte. So ist es kein Zufall, dass die Umbrüche im politischen System zumeist auch Brüche in der Jagdgeschichte, der Funktionalisierung von Jagd, bedeuteten. Neben der Verfassung müssen auch die inneren und äußeren Umstände, die sozialen Verhältnisse und die spezifisch mittelalterlichen Abschichtungsvorgänge in eine Analyse der Ursachen miteinbezogen werden. Letztendlich sind hier Ursache und Wirkung nicht klar trennbar, da nicht selten in der Geschichte die äußeren Umstände die Verfassung eines politischen Gemeinwesens bestimmten. So ist das Beispiel Roms lediglich dazu geeignet, auf einer noch moderateren Ebene die Unterschiede zwischen Republik und Kaisertum herauszuarbeiten. Rom nimmt insofern in seinen kaiserlichen Zeiten eine Art intermediäre Stellung ein, da sich die Bedingungen für die Jagd als nun repräsentatives Instrument zwar verbesserten, respektive sich überhaupt erst einstellten, der Durchbruch zur realen Jagd als faktische Herrschaftsausübung dagegen mit Sicherheit für das späte Rom verneint werden kann. Diese intermediäre Stellung des kaiserlichen Roms ist auch insbesondere darin begründet, dass die Jagd aus dem privaten Bereich des Herrschers nun in den öffentlichen Bereich einmündete und sie sich dadurch unter Anlehnung vor allem an xenophontische Anschauungen als Mittel der Repräsentation etablierte. War die Jagd auf wilde Tiere bereits in der Republik als Bestandteil eines militärischen Exerzitiums thematisiert worden, insbesondere von Xenophon, Scipio Africanus und Cato dem Älteren, so erlangte sie diese Stellung in einem öffentlich-repräsentativen Sinne erst lange Zeit nach dem Niedergang der Republik. Die Idee einer philosophischen Jagdbetrachtung war demnach eine bereits sehr alte, allein ihr Durchbruch auf der realen sozialen und politischen Ebene ist erst im zweiten nachchristlichen Jahrhundert (und damit etwa 400 Jahre nach ihrer Entstehung) unter Kaiser Hadrian spürbar. Hier, interessanterweise gerade im Zeitalter der so genannten Philosophenkaiser - etwa zwischen 96 bis 180 n. Chr.[810], - wurden die philosophischen Jagdbetrachtungen in die Realität überführt und als Mittel der kaiserlichen Herrschaftsrepräsentation etabliert. Allerdings waren hier eindeutig die spezifischen sozialen und politischen Bedingungen der Zeit ausschlaggebend und nicht die Philosophie der Jagd, die bereits mehrere hundert Jahre alt war. Dennoch ist der Schritt zur Jagd als ein Mittel realer und machtvoller Herrschaftsdemonstration und Herrschaftshandlung bei den Römern weder in der Republik noch im Kaiserreich in einem ähnlichen Umfange nachzuvollziehen, wie es dann für das Gebiet des heutigen Deutschland nach dem Zusammenbruch des Karolingerreiches der Fall war. Das römische Recht und das damit juristisch begründete und garantierte freie Jagdrecht verhinderte womöglich die herrschaftspolitische Indienststellung der Jagd für lange Zeit. Solange das freie Recht auf Tierfang auch auf dem Boden des Heiligen Römischen Reiches Deutscher Nation in Kraft war, blieb die Jagd als Mittel der Innenpolitik weitestgehend auf das hadrianische Niveau der Selbstdarstellung beschränkt. Die Gründe für den offensichtlichen Wandel der Jagdmotivik, der Funktionalisierung und Instrumentalisierung von Jagd in der Zeit zwischen dem republikanischen und dem caesarischen Rom sowie den Adelsherrschaften des Mittelalters und der Frühen Neuzeit lassen sich vor dem Hintergrund der aufgezeigten raumtheoretischen Überlegungen und der dargelegten Potenziale der Jagd im Rahmen der Vergesellschaftungen schlüssig extrahieren. Die festzustellenden Differenzen in der Jagdfunktionalisierung bleiben nicht auf die bloße Motivik in Kunst oder Symbolik beschränkt, sondern finden im Wesentlichen ihren Ausdruck in der Praxis der Jagd, ihren Formen und Absichten, die sich weit vom eigentlichen Zweck der Subsistenz entfernt haben. Davon handeln die folgenden Abschnitte und Kapitel.

6.3 Gründe für den Bedeutungswandel der Jagd: Jagd und politische Struktur

6.3.1 Einleitung

Trotz des Umfangs und der Aufgabenstellung der vorliegenden Arbeit erscheint eine vollständige, epochenübergreifende Darstellung einer Ableitung der Jagdfunktion aus dem politischen System oder der Verfassung eines Gemeinwesens nicht möglich. Es gilt vielmehr den Blick für die Loslösung der Jagd aus ihren originären Zusammenhängen und ihre jeweils epochenspezifische Einbindung in die kulturellen, strukturellen, psychischen und physischen[811] Entwicklungen im Verlaufe des Zivilisationsprozesses zu schärfen. Für die Analyse der Jagd als Herrschafts- und Machtmittel, als Kommunikationsfor(u)m oder als militärsubstituierendes, ruhmgenerierendes Mittel, wie exemplarisch für Kaiser Hadrian dargestellt, ist unter

810 Vgl. zum Zeitalter der Philosophenkaiser bei Will Durant, Caesar und Christus, S. 438ff.

811 In Anlehnung an die Arbeit von Hans van der Loo und Willem van Reijen, Modernisierung – Projekt und Paradox.

dem Gesichtspunkt der Ordnungsstiftung und der Herrschaftssicherung Machiavellis politische Theorie ein passendes Instrument. Machiavellis Interesse gilt in allem seinem Streben der wohlgeordneten Republik, einem Gemeinwesen, welches ihm als das Beste unter allen erschien. Er analysiert in seinen beiden Hauptwerken, dem „Il Principe" als für die Alleinherrschaften geltend und den „Discorsi" als die Republik betreffend die Wendepunkte des Geschichtszyklus, die sich in der Republik als „Gipfel der Vollkommenheit" und in der Anarchie als „Tiefpunkt der Zerrüttung"[812] präsentieren. Sein Hauptaugenmerk gilt damit den politischen Aufgabenfeldern der Herrschaftserrichtung und Ordnungsstiftung am Tiefpunkt sowie der Erhaltung und Selbststeigerung der Republik selbst[813]. Jede politische Ordnung muss sich bei Machiavelli an der Republik als dem idealen Gemeinwesen messen lassen. Die politischen Mittel in einer Republik sind gemäß den Ausführungen des Florentiners von einer anderen Beschaffenheit und von einem anderen Umfang als dies z. B. in Adelsherrschaften der Fall ist. Auffallend in Bezug auf die Republik unter Rekurs auf die Jagd ist, dass im republikanischen Verständnis die Jagd in Anbindung an einen übergeordneten Zweck[814], als praeludium belli, bereits eine anerkannte Lesart war. Allerdings blieb dies trotz xenophontischer Beteuerungen nur Episode und auch Catos Worte[815] hatten offenbar nicht zur Folge, dass sich die jagdliche Betätigung aus dem privaten Bereich des Römers in der Republik lösen konnte. Wiewohl die republikanische Jagdauffassung eine kriegerische im Sinne des bereits oftmals genannten praeludium belli war, so wurde sie kaum öffentlich und niemals als herrschaftliche Repräsentation, geschweige denn als Mittel zur Steigerung des Ansehens und des Ruhmes genutzt. Vielmehr war die Betrachtung der Jagd als praeludium belli ein Kulturimport, vermutlich aus Persien oder Griechenland. Der Römer der Republik erwarb sich Ruhm und Ansehen auf eine andere, weitaus „herkömmlichere" und naheliegendere Methode: als Feldherr durch Kriegstaten, als Bürger oder Adliger durch politische Ämter sowie durch Rednerkunst. Erst in den Zeiten der römischen Kaiser und auch hier erst etwa im Verlaufe des zweiten nachchristlichen Jahrhunderts mit Traian und insbesondere Hadrian begann die Jagd den privaten Bereich zu verlassen und als öffentliches Instrument und Herrschaftsmittel sowohl bildlich wie auch in geringerem Umfang als reale Jagdhandlung in den Mittelpunkt der herrschaftlichen Repräsentation zu treten. Dennoch fand hier noch nicht der Durchbruch der Jagdfunktionalisierung auch auf der politischen Ebene statt. Hadrian kam über den Versuch der Installation der Jagd als Virtus produzierende Handlung nicht hinaus. Dennoch bleibt die Feststellung, dass Hadrian den Bedeutungswandel der Jagd einläutete, der seine Fortset-

812 Wolfgang Kersting, Niccolò Machiavelli, S. 67.

813 Vgl. dazu die Ausführungen zu den Niedergangsursachen und Erneuerungschancen innerhalb Machiavellis Lehre vom Geschichtskreislauf bei Wolfgang Kersting, Niccolò Machiavelli, S. 68ff.

814 Vgl. dazu die Ausführungen von Eva Schernig und Wolfram Martini, Das Jagdmotiv in der imperialen Kunst hadrianischer Zeit, in: Wolfram Martini (Hrsg.), Die Jagd der Eliten von der Antike bis in die frühe Neuzeit, S. 134f.

815 Cato der Ältere hatte in Anlehnung an Xenophon in der Jagd eine angemessene Betätigung der Jugend gesehen um sie zu tüchtigen Soldaten heranreifen zu lassen. Vgl. dazu auch ebd., S. 134.

zung durch Karl den Großen fand und seine Etablierung und Festigung in den Territorialherrschaften des Deutschen Reiches bis 1848/49 erlebte. Die vorliegende Arbeit geht unter anderem der Frage nach, weshalb dieser für die Jagdgeschichte so gravierende Bedeutungswandel überhaupt stattgefunden hat.

6.3.2 Der Versuch einer Funktionalisierung der Jagd unter den spätantiken römischen Kaisern Traian und Hadrian

Machiavellis Ausgangspunkt, insbesondere in seinen „Discorsi sopra la prima deca di Tito Livio", ist die römische Republik. In ihr sah er ebenso wie Titus Livius die wahre politische Größe, während die Zeiten des Gaius Iulius Caesar und des Augustus für beide nur Zeiten des Verfalls waren[816]. Der Verfall resultierte nicht nur aus den unzähligen Kräfteverschiebungen und inneren wie auch äußeren Unruhen im Zuge der sich abzeichnenden großen Völkerwanderungen, sondern auch aus der Überfeinerung der Kultur, der Dekadenz und Korruption der römischen Herren. Wohin jene Zerfallserscheinungen des gesamten Gesellschaftskörpers führen können, ist neben Korruption und Dekadenz auch in den sich wandelnden Jagdfunktionen zu sehen. Die im zweiten Kapitel angeführten Beispiele unter Bezug auf Kaiser Hadrian deuteten auf diesen Verfall bereits hin. Die Größe des römischen Imperiums, die Tugendhaftigkeit ihrer Politiker und Militärs war nach Machiavellis Lehre vom „Kreislauf der Geschichte" unmöglich ein kontinuierlicher Zustand. Laut Machiavellis Theorie erzeugt Tugend Ruhe, Ruhe Trägheit, Trägheit Unordnung, Unordnung Zerrüttung, wie wiederum aus der Zerrüttung Ordnung entsteht, aus der Ordnung Tugend, aus der Tugend Ruhm und Glück[817], nur um dann wieder in den Kreislauf des Verfalls zu treten. Diesen Reigen leitete Gaius Julius Caesar mit dem Überschreiten des Rubikon ein. Es begann das Zeitalter der Autokratie und damit der Unterdrückung der Freiheit. Diese Zeit der Despotie sollte erst mit den Kaisern Nerva und Traian dem Ende entgegen gehen, unter denen der römische Geist seine Freiheit wieder erlangen konnte. Das politische System, Rom als Kaiserreich und nicht als Republik, blieb zwar bestehen, die Herrscher von Nerva bis Marc Aurel fielen dagegen nicht in die praktische Politik ihrer Vorgänger zurück, die das Reich beinahe in den Untergang führten. Es war auch die Zeit des römischen Geschichtsschreibers Cornelius Tacitus[818], der in seinen Schriften der Vergangenheit der Despoten eine nun aufblühende Staatskunst unter den Kaisern Augustus, Nerva und Traian gegenüberstellen wollte. Gerade in diesem Zusammenhang beurteilten Machiavelli und Tacitus offensichtlich die Geschichte aus zwei verschiedenen Blickwinkeln. Für den Florentiner waren auch die Zeiten des Augustus bloße Zerfallserscheinungen – er richtete sich am Staatswesen, an der

---

[816] Vgl. dazu die Ausführungen bei Niccolò Machiavelli, Discorsi – Gedanken über Politik und Staatsführung, S. XLIf.

[817] Zitiert nach Wolfgang Kersting, Niccolo Machiavelli, S. 62.

[818] In dem uns vorliegenden Werk des Tacitus mit dem Namen „Die Germania des Tacitus", erschienen im Insel Verlag zu Leipzig, Erscheinungsjahr leider unbekannt, wird Tacitus mit dem Vorname Cornelius attribuiert. Will Durant bezeichnet dagegen den Cornelius Tacitus als den Vater des Gesuchten, welcher Prokurator für das kaiserliche Steuerwesen im belgischen Gallien war. Die Germania soll aber auf den Sohn zurückgehen, dessen Vornamen wir leider nicht kennen. Vgl. dazu bei Will Durant, Caesar und Christus, S. 466f.

Republik aus, während für Tacitus und seine Zeitgenossen mit Augustus und insbesondere Traian und Hadrian bereits bessere Zeiten angebrochen waren, wenn auch unter caesarischen Vorzeichen. Der Florentiner maß allein die Entfremdung des Kaiserreiches von republikanischen Idealen, von einer politischen Ideallinie der Stabilität, Kontinuität und Prosperität, wohingegen der zeitgenössische Römer seinen Lebensstandard als Fixpunkt nahm, die neu gewonnene Freiheit an Körper und Geist in ihrem Verhältnis zu den schlechteren Zeiten. Hier treffen Lebenswelt des zeitgenössischen Römers und die politische Theorie des Florentiners scheinbar unversöhnlich aufeinander. Für den Jagdwissenschaftler sind es jedoch gerade die genannten Zeiten, in denen die Funktionalisierung der Jagd eine wesentliche Rolle zu spielen begann. Die wirklichen Gründe für diesen Bedeutungswandel der Jagd wurden lange nicht beachtet und hinterfragt. Erst im Jahr 2000 beschäftigten sich einige Autoren in einem Band von Wolfram Martini mit dieser Thematik[819]. Des Weiteren ist auch die neue Arbeit von Torsten Pflittner hier anzuführen, in welcher er die Jagd in karolingischer Zeit als einen Bestandteil des germanischen Königheils ansieht[820]. Mit Hilfe der dort erarbeiteten Ergebnisse ist es möglich, einen ähnlichen Zusammenhang auch in der römischen Kaiserzeit zu vermuten, der im Übrigen auch durch den genannten Sammelband von Wolfram Martini belegt wird. Da die karolingische Variante im Rahmen dieses Kapitels noch ausführlich beleuchtet werden wird, erscheint es sinnvoll, zunächst einmal die römischen Verhältnisse einer Rekonstruktion zu unterziehen.

Mit dem Tode Domitians und der Wahl Nervas aus den Reihen des wieder erstarkenden Senats sind die Zeiten der Republik als auch der Despotie am Anfang des zweiten nachchristlichen Jahrhunderts endgültig vorbei. Mit Domitian, so Will Durant, verschwand auch die Erbfolge aus der römischen Monarchie für ein Jahrhundert[821]. Mit dem Ende der Erbfolge, die bei der Wahl Marcus Cocceius Nervas auf einhundertdreiundzwanzig Jahre Tradition zurückblicken konnte, fiel gleichsam ein Stück der Herrscherlegitimation der römischen Kaiser weg. Es begann die Zeit der Philosophenkaiser, ein beinahe goldenes Zeitalter von Nerva bis Marc Aurel, bevor mit Commodus der Rückfall in Korruption und Anarchie zu verzeichnen ist und das Ende des römischen Weltreiches im Innern wie auch im Äußern unaufhaltsam seinen Weg nahm. Jene Philosophen auf dem Kaiserthron verhalfen Rom zu einer Zeit der Macht und Stärke, in der die römische Gesellschaft noch einmal einen blühenden und glücklichen Zustand erreichte[822]; ihre Abgrenzung zur Epoche der Despoten war nicht nur das Resultat ihrer Politik, sondern sie muss in gewisser Weise auch Ausdruck in den Formen der kaiserlichen Herrscherlegitimation, Repräsentation und Zur-Schau-Stellung gefunden haben. Die römischen Philosophenkaiser wollten ausdrücklich keine Autokraten sein und verstan-

---

819 Vgl. dazu den Band von Wolfram Martini, Die Jagd der Eliten von der Antike bis in die Frühe Neuzeit.

820 Die Arbeit von Torsten Pflittner, als wissenschaftliche Arbeit im Rahmen der Landeslehrerprüfung für das Lehramt an Gymnasien in Februar 2003 eingereicht, trägt den Titel: Manifestation der Herrschaft im Raum. Adelige Jagd im Mittelalter unter Karl dem Großen.

821 Vgl. dazu bei Will Durant, Caesar und Christus, S. 438.

822 Siehe bei Edward Gibbon, The History of the Decline and Fall of the Roman Empire, Band I, S. 76.

den sich als Diener des Staates, die mit den gesellschaftlichen Eliten und den mit ihnen verbundenen Intellektuellen eine Ebene der Übereinstimmung fanden[823]. Jene Kaiser standen vermutlich in einer engen Beziehung zu frühantiken fürstlichen Idealen und Theodor Mommsen urteilte über sie: „Wenn einmal ein Engel des Herrn die Bilanz aufmachen sollte, ob das von Severus Antoninus beherrschte Gebiet damals oder heute mit größerem Verstande und mit größerer Humanität regiert worden ist, ob Gesittung und Völkerglück vorwärts oder zurückgegangen sind, so ist es sehr zweifelhaft, ob der Spruch zugunsten der Gegenwart ausfallen würde"[824]. Die Abkehr von der Despotie und der Schwenk zur Tugendhaftigkeit der Philosophenkaiser sowie die nun stärker zu beobachtende Einbindung östlich-hellenistischer monarchischer Traditionen lässt die Anbindung des Kaiserideals an das altiranische und xenophontische Fürstenideal erahnen[825]. So verwundert es nicht, dass nach Domitian und Traian insbesondere Hadrian über das Mittel der Jagd - in Anlehnung an das altiranische Fürstenideal - seinen Status als großer tugendhafter Herrscher zu legitimieren versuchte. Er rückte sich mit Hilfe der Jagd, die er aus diesem Grunde bewusst instrumentell aus dem privaten Bereich seiner Vorgänger löste, in die Sphäre der Öffentlichkeit, in welcher er zusätzlich mit mythologischen Verknüpfungen das neue kaiserliche Rollenbild in die verschiedenen Teile der Bevölkerung zu transportieren suchte. Die dadurch erreichte Selbstdarstellung zielte sowohl auf die Bürger, die Bauern als auch auf den Adel als Adressaten. In der Gestalt des Jägers exemplifizierte Hadrian die magische Kraft des idealen Fürsten in der Bezwingung der Tierwelt[826] oder, um es mit den Worten Tobias Kasulkes zu sagen: „In der Gestalt des Jägers offenbaren sich unter adaptivem Rückgriff auf verschiedentlich in der Antike tradierte Deutungsinhalte der Kulturbringer wie der Krieger im Sinne eines idealtypischen, im Falle des Kriegers kompensatorischen Ausdrucksmediums hadrianischer Politik"[827]. Die Gründe der Kompensation kriegerischer Inhalte oder Symbole liegen dabei in den inneren und äußeren Bedingungen der Regierungszeit Kaiser Hadrians verborgen. Während seiner Regierung herrschten einundzwanzig Jahre lang Prosperität und Friede, was ihm die Möglichkeit der Selbstdarstellung als erfolgreicher Feldherr nahm. Die

---

823 Vgl. dazu bei Klaus Bringmann, Römische Geschichte - Von den Anfängen bis zur Spätantike, S. 69.

824 Ebd., S. 69.

825 Tatsächlich fanden um die Wende vom 1. zum 2. nachchristlichen Jahrhundert Auseinandersetzungen mit der Problematik des idealen Herrschers statt. Nicht zufällig fallen diese Überlegungen in eine Zeit, in der der letzte absolute Autokrat Domitian einer Verschwörung seines eigenen Hausstandes zum Opfer fiel. Seine Gattin und fünf Diener ermordeten ihn im fünfundvierzigsten Lebensjahr und im fünfzehnten seiner Regierung. Vgl. dazu bei Will Durant, Caesar und Christus, S. 321.

826 So stand gerade der Aspekt der Bezwingung der Tierwelt als der Kultur gegenüberstehend im Mittelpunkt der Jagd des idealen Fürsten. Er demonstrierte durch die Überwindung des Wilden seine Fähigkeiten Kultur zu schaffen und konnte somit seiner königlichen Pracht gleichfalls Ausdruck verleihen. Vgl. dazu bei Wolfgang Knauth, Das altiranische Fürstenideal von Xenophon bis Ferdousi, S. 112f.

827 Vgl. dazu die Ausführungen zur hadrianischen Jagdinszenierung bei Tobias Kasulke, Hadrian und die Jagd im Spiegel der zeitgenössischen Literatur, in: Wolfram Martini (Hrsg.), Die Jagd der Eliten von der Antike bis in die frühe Neuzeit, S. 124.

meisten römischen Kaiser konnten auf die Rolle des Feldherrn und auf den einen oder anderen Triumphzug oder wenigstens eine Ovatio[828] zurückblicken und ihre Stellung dadurch legitimieren, ihre Tugendhaftigkeit und ihre Virtus unter Beweis stellen. Hadrian aber blieb nur das Mittel der Jagd in Anlehnung an altiranische Fürstenideale um als großer Herrscher Legitimation zu finden. Dieser nun öffentlich inszenierte Bedeutungswechsel der Jagd ist der schon mehrfach genannte Bruch zwischen der Jagd in der Republik und der Jagd in der Kaiserzeit des 2. nachchristlichen Jahrhunderts. Allerdings dürfen diese bereits nun herrschaftspolitisch ausgerichteten jagdlichen Ambitionen Hadrians im Verhältnis zu ihrer Wirksamkeit, ihrer Außenwirkung, nicht überbewertet werden; sie blieben lediglich ein Versuch. Erst unter Karl dem Großen ist eine Wirkung zu bemerken, die weit über den bloßen Versuch hinaus zu bewerten sein wird. Es war also die Politik Hadrians – darauf wurde bereits in Kapitel 3 hingewiesen –, die sich von den stetigen Expansionsbestrebungen seiner kaiserlichen Vorgänger unterschied[829]. Es ist nur konsequent, im Sinne der römischen Weltbeherrschungsambitionen, dass ihm seine Politik der Diplomatie nicht als Beweis seiner kaiserlichen Virtus ausgelegt wurde. Sowohl unter seinen Feldherrn als auch im Volk war er weit davon entfernt, an die Beliebtheit seines Onkels anknüpfen zu können. Um dennoch als tugend- und mannhafter Herrscher in der Öffentlichkeit des römischen Volkes Geltung zu erlangen, benötigte er ein symbolisches Mittel, welches es ihm erlaubte, militärische Tugenden, Körperbeherrschung, Mut und die Fähigkeit des Kulturschaffens sowie Prosperität, Frieden und Sicherheit zu vermitteln. Die Zuflucht zur Jagd in Anlehnung an das altiranische xenophontische Fürstenideal sollte ihm diesen Schritt ermöglichen, indem er versuchte an Ansehen zu gewinnen, auch ohne in den Genuss eines Triumphzuges[830] zu gelangen. Im Zusammenhang mit fehlenden militärischen Herausforderungen[831] können möglicherweise seine anhaltenden Reisen durch das Römische Reich betrachtet werden. Er bereiste alle Provinzen bis auf sechs[832], studierte ihre spezifischen Verhältnisse vor Ort und versuchte stetig die örtlichen Missstände so zu regeln, wie sie nur ein Kaiser mit dem ihm zur Verfü-

---

[828] Der Unterschied zwischen einem Triumphzug und einer Ovatio liegt in der Anzahl der erschlagenen Feinde. Die Ovatio war der kleine Triumph, die Opferung eines Schafes (ovis) zugunsten des Feldherrn, solange er weniger als 5000 Feinde im Rahmen seines Feldzuges erschlagen hatte. Bei mehr als 5000 erschlagenen Feinden wurde ihm der offizielle Triumph durch Rom zugebilligt. Vgl. bei Will Durant, Caesar und Christus, S. 100.

[829] Der erste Beschluss Hadrians als Kaiser war die Revision der imperialistischen Politik seines Onkels und Vorgängers Traian. Er zog die römischen Legionen aus Assyrien, Armenien, Mesopotamien und Parthien zurück, was den Euphrat zur Ostgrenze des Reiches machte. Vgl. dazu bei Will Durant, Caesar und Christus, S. 446.

[830] So fand zwar ein Triumphzug im Jahre 118 nach Christus statt, dieser wurde jedoch im Namen Traians gefeiert. Vgl. dazu bei Wolfram Martini und Eva Schernig, Das Jagdmotiv in der imperialen Kunst hadrianischer Zeit, in: Wolfram Martini (Hrsg.), Die Jagd der Eliten von der Antike bis in die frühe Neuzeit, S. 138.

[831] Dabei wird schnell vergessen, dass Hadrian im Jahre 135 den Bar Kochba Aufstand grausam und mit großen Verlusten beiderseits niedergeschlagen hatte. Vgl. dazu ausführlich bei Yigael Yadin, Bar Kochba, S. 17ff.

[832] Tobias Kasulke zitiert hier A.R. Birley, Hadrian. The Restless Emperor, London 1997, S. 1. Vgl. bei Tobias Kasulke, Hadrian und die Jagd im Spiegel der zeitgenössischen Literatur, in: Wolfram Martini (Hrsg.), Die Jagd der Eliten von der Antike bis in die frühe Neuzeit, S. 107.

gung stehenden Mitteln regeln konnte. Durch seine Ruhelosigkeit und sein Bestreben vor Ort wesentliche Entscheidungen selbst zu fällen, Notleidenden zu helfen, bei seinen Soldaten dieselbe Kleidung zu tragen, in ihrem Beisein dasselbe Essen zu sich zu nehmen, mit ihnen zu marschieren, die selbe strenge Körperzucht an den Tag zu legen, Gerechtigkeit walten zu lassen, edelmütig und ritterlich zu sein[833], versuchte Hadrian sich in die Tradition des persischen Fürstenideales, der Königsethik, wie sie Xenophon für Kyros den Großen beschrieben hatte, einzureihen. Die Repräsentationsmuster der römischen Kaiser[834] blieben also bis etwa zu Hadrian weitgehend konstant oder wurden durch ihn für die Dauer seiner Regierung erweitert, da er sie nun erstmalig aus den erwachsenen innen- wie außenpolitischen Zwängen heraus um das Mittel der Jagd erweiterte. Ungeachtet seines Rückgriffs auf die traditionellen Pfeiler der kaiserlichen Repräsentation und Außendarstellung sowie der Hervorhebung seiner Charaktereigenschaften wusste Hadrian offensichtlich um die Wirkung, die die Jagd des Kaisers in den einzelnen Provinzen vor Ort im Sinne einer Konstitution von bewusst gewollter und gezielter Öffentlichkeit haben konnte. Um jene Wirkung auch in das ferne Rom zu transportieren wurden Jagddarstellungen seit etwa 130 n. Chr. zu einem beliebten Thema repräsentativer Bildgattungen. Sie sind als Werke kaiserlicher Selbstinszenierung zu betrachten, die nur aus den politischen Verhältnissen hadrianischer Zeit einer Erklärung zugeführt werden können. Insbesondere die acht Jagdtondi Kaiser Hadrians in Rom sind hier von einiger Bedeutung[835]. Wolfram Martini und Eva Schernig sehen ebenfalls in diesem abrupten Wandel mehr als lediglich einen „künstlerischen Zugewinn" im Motivschatz römischer Kunst[836], in dem die Jagd zuvor einigermaßen unbekannt

---

833 Will Durant beschreibt einige Stationen aus dem ruhelosen Leben Hadrians, die allesamt dem Fürstenideal des Xenophon verblüffend ähnlich sind. So setzt sich die Königsethik des Kyros zusammen aus soldatischen Tugenden, aus Edelmut und Ritterlichkeit, aus Vertragstreue, Wahrheitsliebe, Gerechtigkeit, Genügsamkeit, Dankbarkeit und der Fürsorge für das Wirtschaftsleben. Von Hadrian ist bekannt, dass er bei seinen ausgedehnten Besuchen in den Provinzen zumeist eine Vielzahl von Fachleuten wie Architekten, Baumeister, Techniker und Künstler um sich hatte. Aus allen Provinzen sind Gegebenheiten belegt, die ihn in die Tradition jener Königsethik rücken. Zusätzlich dazu sind einige jagdliche Begebenheiten von einiger Bedeutung, wie sie in dem Sammelband von Wolfram Martini aus verschiedenen Perspektiven beleuchtet werden. Zu den Tugenden des Kyros siehe bei Wolfgang Knauth, Das altiranische Fürstenideal von Xenophon bis Ferdousi, S. 93-189.

834 Werner Dahlheim, Geschichte der Römischen Kaiserzeit, S. 29f, zeigt die vier Pfeiler der kaiserlichen Repräsentation auf. Die herrscherlichen Tugenden (virtutes) stehen an erster Stelle; der Kaiser als Weltherrscher erreicht die Grenzen der Erde und schafft so das imperium sine fine. Frieden und Wohlstand sind das Ergebnis des tugendhaften Herrschers. Zweitens erhält der Kaiser immer deutlicher Züge göttlicher Herkunft und göttlichen Einvernehmens, was ihn drittens von den Menschen, die um ihn herum sind, zusehends entrückt. Insignien und höfisches Zeremoniell unter Heranziehung orientalischer und hellenischer Vorbilder bauen materielle und geistige Schranken zu den Untertanen auf. Als vierten Pfeiler nennt Dahlheim die Frömmigkeit des Kaisers, die pietas, womit der Kaiser das gute und wohlwollende Einvernehmen der Götter mit dem Reich schafft.

835 Zu den Jagdtondi siehe bei Tobias Kasulke, Hadrian und die Jagd im Spiegel der zeitgenössischen Literatur und bei Wolfram Martini und Eva Schernig, Das Jagdmotiv in der imperialen Kunst hadrianischer Zeit, in: Wolfram Martini (Hrsg.), Die Jagd der Eliten von der Antike bis in die frühe Neuzeit, S.107ff und S. 129ff.

836 Vgl. dazu ebd., S. 129.

gewesen war. Dennoch blieb der Versuch Hadrians, mit Hilfe der Jagd und in Anlehnung an altiranische Fürstenideale Virtus über öffentliche Jagdhandlungen zu generieren, erfolglos. Der Versuch allein ist es jedoch, der wissenschaftlich äußerst interessant und gerade in seiner Vorwegnahme karolingischer Gegebenheiten einiges Licht auf die Jagd und die Möglichkeiten ihrer Funktionalisierung zu werfen in der Lage ist. Die der Jagd inhärenten Potenziale wurden von Hadrian erkannt - insbesondere wohl auch unter Rekurs auf die altiranische Kultur -, ihre letztendlich erfolgreiche Indienststellung schlug jedoch aufgrund der spezifisch römischen Virtus und ihrer Bedingungen fehl.

6.3.2.1 Zusammenfassung

Zusammenfassend sei hier also noch einmal darauf hingewiesen, dass Kaiser Hadrian mit dem Versuch militärischen Erfolg oder besser militärische Virtus in Anlehnung an altiranische Fürstenbilder mit Hilfe der Jagd zu erzeugen nicht sonderlich erfolgreich war. Zumindest einen messbaren Erfolg, wie ihn z. B. Karl der Große vorweisen konnte, hatte Kaiser Hadrian nicht[837]. Die Gründe dafür wurden bereits unter Bezug auf Will Durant in Kapitel 3 der vorliegenden Arbeit kurz erwähnt. Sein Onkel und Vorgänger auf dem Kaiserthron, Traian, der zwar ebenfalls ein begeisterter Jäger war, die Jagd jedoch im privaten Bereich belassen hatte, hatte sich seinen Ruhm auf für einen Römer herkömmliche Art erworben. Er war ein erfolgreicher Militärstratege und die Transportierung und Darstellung seiner Virtus als siegreicher Feldherr und als Pontifex Maximus in Personalunion führte jedem Römer die kaiserliche Macht und Stärke auf römisch-traditionelle (republikanische) Art und Weise vor Augen. Diese Art der Herrscherlegitimation wurde von den zeitgenössischen Römern „verstanden" und akzeptiert, sie war alltäglich und hatte eine lange überlieferte Tradition. Die realen Jagdhandlungen Hadrians und die Jagdtondi als Mittel der Virtusrepräsentation und -transportation vermochten diese Funktion nicht zu übernehmen. An die Art der Verehrung und Bewunderung, wie sie einem ruhmreichen Feldherrn entgegengebracht wurde, konnte mit Hilfe der Jagd bei ausbleibendem militärischem Erfolg nicht angeknüpft werden. Man ist versucht anzunehmen, dass Kaiser Hadrian kein anderes Mittel als die Jagd zur Virtuskonzeption geblieben war. Ein Virtusschwund hätte sich für Hadrian politisch existenziell auswirken können, zumal wenn man an die machiavellische Theorie anknüpft, nach der dem Verfall eines Gemeinwesens immer der Virtusschwund der Mächtigen vorausging. Schwindet die Virtus, tritt an deren Stelle die Fortuna, deren Bezwingung mit vielen Unwägbarkeiten behaftet ist; die Herrschergewalt wird geschwächt. Zwar bestand für Kaiser Hadrian keine Gefahr, dass seine Macht schwand[838], dennoch war er offensichtlich angetreten, mit Hilfe der

[837] Der „messbare" Erfolg Kaiser Karl des Großen bestand darin, dass er seine Stellung und Macht mit Hilfe der Dreiteilung seiner Legitimationsbeweise in allen drei großen Bevölkerungsteilen zuverlässig reproduzieren konnte.

[838] Hadrian wird als einer der „ausgezeichnetsten römischen Herrscher" beschrieben und obwohl er der imperialistischen Politik seines Onkels und Vorgängers Traian abschwor - was ihm seine nach Ruhm gierenden Feldherrn niemals verziehen haben -, so führte er Rom und das Reich zu Wohlstand und Prosperität. Vgl. dazu bei Will Durant, Caesar und Christus,

Jagd einem Virtusschwund entgegenzuwirken. Aber: der Stolz des Volkes auf die kaiserliche Virtus im Sinne einer Identifikation mit seinem obersten Herrn und dessen überragenden Leistungen konnte mit der Jagd anstelle des militärischen Erfolges nicht annähernd erreicht werden. Es bleibt zwar anzunehmen, dass die persischen Fürstenideale, insbesondere Xenophons Schriften, den Bürgern Roms nicht unbekannt waren, die Jagd als Mittel der kaiserlichen Selbstinszenierung dagegen war historisch für den Römer im eigenen Kulturkreis nicht nachvollziehbar und wohl aus diesem Grunde setzungsbedürftig. Wolfram Martini und Eva Schernig weisen in diesem Zusammenhang darauf hin, dass das Thema zu neu gegenüber den kanonischen Leitvorstellungen[839], zu privat in seiner „oberen" Bedeutungsschicht, „zu anspruchsvoll in seinem eigentlichen Gehalt und insofern in seiner propagandistischen Potenz dem militärischen Siegermotiv deutlich unterlegen"[840] gewesen sei. Das durch Kaiser Hadrian propagierte - im römischen Verständnis (nicht im persischen) - neue, „sozusagen in die Zukunft propagierte Paradigma bedurfte offenbar trotz der vielfachen Unterstützung durch die verschiedenen Medien und durch das lebensweltliche Vorbild des Kaisers geraume Zeit, um in das Bewusstsein der römischen Gesellschaft einzudringen"[841]. Sein historischer und in seinen gewollten Wirkungen feststellbarer Durchbruch lässt sich jedoch erst einige hundert Jahre später in der Jagd Kaiser Karls des Großen feststellen, wozu auf den folgenden Seiten ausführlich Stellung bezogen wird. Abschließend sei noch auf eine weitere Besonderheit der spezifisch römischen Virtus hingewiesen, die keinen Eingang in die Überlegungen Wolfram Martinis und Eva Schernigs gefunden hat. Nach Ernst Badian, der im Rahmen seiner Arbeit über den römischen Imperialismus die Differenz zwischen der Verwaltung und Ausbeutung oder generell der Beziehungen Roms zu einem Barbarenvolk einerseits und einem zivilisierten Volk andererseits herausgearbeitet hat, bleibt der Kampf um die Virtus auf die Kriege an der Barbarengrenze beschränkt[842]. Die Barbaren erfuhren eine gänzlich andere Behandlung in allen Belangen als sie die östlich Roms gelegenen zivilisierten Völker und Regierungen erfuhren. Hadrian, so ist bekannt, war gewissermaßen über die mehr als vierhundert Jahre alte Tradition der Erlangung der so bedeutenden Virtus quasi gestolpert, da er mit Ausnahme des Bar

---

S. 445ff. Zwar sei er im Volke nicht beliebt gewesen, so Will Durant, von einer Bedrohung seines Herrschaftsanspruches und seiner Herrschaft findet sich dagegen in der Literatur nichts.

839 Gerade Ernst Badian, wies darauf hin, dass die (aristokratischen) Leitvorstellungen letztendlich dem militärischen Erfolg und der Verwaltung öffentlicher Ämter entsprachen, welche die Grundlage eines Anspruchs auf Virtus bildeten. Insbesondere die Kriege gegen die Barbaren waren hier in der Lage Virtus zu konstituieren, was von den Kriegen gegen die zivilisierten Völker im Rahmen der römischen Republik interessanter Weise nicht in vollster Übereinstimmung behauptet werden kann. Gegen Barbaren zog Hadrian ja nicht zu Felde, die Judenerhebungen unter Bar Kochba sind nicht dem Barbarentum zuzuordnen. Siehe dazu bei Ernst Badian, Römischer Imperialismus, S. 31f. Fußnote ist nicht Bestandteil des Zitats, sondern von mir nachträglich und in Ergänzung eingefügt.

840 Wolfram Martini und Eva Schernig, Das Jagdmotiv in der imperialen Kunst hadrianischer Zeit, in: Wolfram Martini (Hrsg.), Die Jagd der Eliten von der Antike bis in die frühe Neuzeit, S. 152.

841 Ebd.

842 Vgl. dazu bei Ernst Badian, Römischer Imperialismus, S. 30ff.

Kochba-Aufstandes keine militärischen Erfolge erringen konnte. Die politische Situation, gepaart mit seiner Vorstellung geographischer Ausdehnung des Reiches im Rahmen von realistischer Beherrschbarkeit, machte es ihm unmöglich, Virtus auf traditionellem und allgemein akzeptiertem Wege zu erlangen - im Grunde geriet er trotz oder gerade wegen des Friedens und des Wohlstands unter seiner Herrschaft in ein (un)verschuldetes Legitimationsproblem. Zwar versuchte er jenes über die jagdlichen Inszenierungen zu kompensieren, dass dies jedoch nicht fruchtete, wurde hier in Übereinstimmung mit Wolfram Martini und anderen aufgezeigt. Der von Rainer Warland so genannte Versuch der spätantiken Kaiser, sich über die jagdliche Inszenierungen in einer „Ikonographie der Macht" darzustellen, ist für Kaiser Hadrian als gescheitert zu bezeichnen[843]. Die unersetzbare Bedeutung der militärischen Virtus existierte darüber hinaus bei Hadrian noch aus einem anderen Grunde. Über die Einbindung aller heidnischen Religionen in das Römische Reich und der damit verbundenen Religionsfreiheit (mit Ausnahme des Christentums) bestand keine Notwendigkeit einen weiteren Virtusanspruch anderer großer Bevölkerungsgruppen zu befriedigen. Es galt allein der spezifisch römische Virtusbegriff, während bei Karl dem Großen dann bereits christliche, germanisch-heidnische und römische Legitimationsansprüche gleichberechtigt nebeneinander befriedigt werden oder zumindest berücksichtigt werden mussten. Karl hatte damit mehr Handlungsspielraum als Hadrian und sollte deshalb auch erfolgreicher in seiner Jagdfunktionalisierung sein. Eine Situation veränderter oder neuartiger Legitimationsproblematik und -erfordernisse ist in späterer Zeit für den Übergang von den merowingischen Herrschern zu den karolingischen Königen zu sehen, die sich nun ebenfalls auf eine neue Art und Weise von den Traditionen und dem Charisma der merowingischen Herrscher unterscheiden mussten, wollten sie an das Charisma der Merowinger heranreichen. Allerdings - und das ist der wesentliche Unterschied zu Kaiser Hadrian - hatte Karl der Große mit seinen jagdlichen Inszenierungen Erfolg[844]; sie unterstrichen seine Virtus, seine Tugendhaftigkeit und seinen Status als „neuer König" zumindest in den paganen germanischen Bevölkerungsschichten des fränkischen Reiches. Jene Gruppe der paganen Germanen suchte Karl mit Hilfe der Jagd von seinem Königsheil und damit von seinem legitimen Königsanspruch zu überzeugen. Die Gründe dafür werden im folgenden Abschnitt aufgezeigt.

[843] Vgl. dazu bei Rainer Warland, Vom Heros zum Jagdherrn, in: Wolfram Martini (Hrsg.), Die Jagd der Eliten von der Antike bis in die frühe Neuzeit, S. 179, dort ebenfalls zitiert nach S. P. Ellis, Power, Architecture, and Decor: How the Late Roman Aristocrat Appeared to his Guests, in: E. K. Gazda (Hg.), Roman Art in the private Sphere. New Perspectives on the Architecture and Decor of the Domus, Villa and Insula, Ann Arbor 1991.

[844] Das ist natürlich eine Vermutung, wenn auch eine realistische. Man weiß heute nur, dass Karl im Volk und beim Adel anerkannt wurde. Inwieweit diese Anerkennung schließlich mit seinen Jagden zusammenhängt, kann niemand mit Gewissheit sagen.

6.3.3 Funktionalisierung der Jagd im Karolingischen Reich

6.3.3.1 Überleitung: Trennendes und Verbindendes zwischen Rom und Aachen

Wie bereits unter Bezug auf die spezifisch römischen Verhältnisse aufgezeigt wurde, waren jene sowohl in der Republik als auch im Kaiserreich denkbar ungeeignet, der Jagd als herrschaftlicher Raum(be)handlung einen adäquaten Stellenwert zukommen zu lassen. Sie konnte in den Augen der zeitgenössischen Römer weder über ihr Potenzial der Konstitution von Öffentlichkeit noch über die Vermittlung einer sonst auf militärischem Wege gewonnenen Virtus die gewünschte Wirkung entfalten. Hadrian führte das Reich nach den Quellen zwar zu Frieden und Wohlstand, eine ähnliche Wertschätzung wie sein Onkel und Vorgänger Traian konnte er trotz seiner Bemühungen und Verdienste für das römische Volk nicht erlangen[845]. Die Römer, ihre politische Situation im 2. nachchristlichen Jahrhundert, ihre Tradition und ihre Anschauungen hatten für erinnerungsspezifische Rückgriffe auf altiranische Fürstenideale keine Verwendung; ein Mann der soldatischen Tat und Tugend wurde höher geehrt als ein Mann, der jene Tugendhaftigkeit über das Surrogat der Jagd - auch wenn es historisch bereits für persische Herrscher verbürgt sein mochte - zu reproduzieren suchte. Das zumindest galt für Rom weitgehend uneingeschränkt, einerlei ob nun eine republikanische oder caesarische Regierungsform bestand. Rom war nicht Persien. Einzig der hier aufgezeigte Schritt vom bloßen Jagdsymbol zur stärkeren Betonung der Realität der Jagd, der Schritt vom rein privaten in den öffentlich-politischen Raum, unterscheidet die römische Republik vom Kaiserreich. Galt die Jagd unter den Philosophen der Republik bereits in Anlehnung an die genannten altiranischen Vorbilder als praeludium belli, als tugendhafte aristokratische Betätigung, gelangte jene Ansicht nur schwerlich vom gesprochenen Wort, vom prosaischen Werk, zur politischen Realität der Staatsmänner Roms. Jagd war in der Republik einzig dem privaten Bereich zuzuordnen, politisch vollkommen unbedeutend. Erst mit Kaiser Hadrian sollte sich dies ändern. Der Versuch, einer nun aus innen- und außenpolitischen Zwängen entstandenen Politisierung der Jagd Vorschub zu leisten, stieß jedoch auf den Widerstand der Gesellschaft der hadrianischen Zeit und ihrer Tugendvorstellungen, die einem römischen Kaiser Ruhm und Ehre über besondere Jagdhandlungen nicht zuzusprechen gewillt war. Damit endete dann die Episode des Versuches einer Indienststellung der Jagd im Rahmen römischer Politik. Rund 500 Jahre später, im karolingischen Reich, war die Situation dagegen eine vollkommen andere, auch wenn manche Ähnlichkeiten zu finden sind. Eine der wesentlichen Ähnlichkeiten zwischen Kaiser Hadrian und Karl dem Großen ist, dass sie beide vor einem Legitimationsproblem ihrer Herrschaft, ihrer Ansprüche auf Königsheil, standen. Während diese Problematik bei Hadrian aus den genannten Gründen mehr eine der reinen Virtus war, verhielt es sich bei Karl dem Großen vielschichtiger.

Damit komme ich zu den Unterschieden, die letztendlich aber eine Entscheidung darüber herbeigeführt haben, ob die Jagd einer politischen Funktionalisie-

---

[845] Will Durant, Caesar und Christus, S. 446. Dort heißt es wörtlich: "Nie aber fand er bei seinem Volke Beliebtheit".

rung zugeführt werden konnte oder nicht und wenn ja, in welchem Rahmen dies geschehen konnte. Pippin, der Vater Karls, übernahm ein riesiges Reich aus den Händen der geschwächten Dynastie des merowingischen Königsgeschlechts, deren Legitimation zum Königtum tief in der paganen Mystik der gallo-germanischen Bevölkerung wurzelte. Die Merowinger beriefen sich ursprünglich auf ihre übernatürliche Abkunft von einem höheren Wesen, von Quinotaurus, einem Meeresungeheuer[846]. Ähnlich wie im Falle des Numa Pompilius, der sich auf den vertrauten Umgang mit einer Nymphe namens Egeria berief[847], verhalf der Bezug zu Quinotaurus den Merowingern zur Legitimation ihres Königtums, zu Kontinuität und Stabilität. Mehr als 250 Jahre hatten so die Könige der Merowinger mit Hilfe ihres heidnischen Königsheils auf dem fränkischen Thron gesessen, wobei sie ihre vorgebliche übernatürliche Abkunft aus den Reihen des Adels heraushob und so ihre Herrschaft legitimierte. Diesem Charisma mussten die Karolinger ein eigenes entgegen setzen und, da das merowingische Königsheil religiöse Züge trug, musste auch seine karolingische Entsprechung religiös begründet und erkennbar sein. Neben dem Christentum als wichtigem Pfeiler der karolingischen Herrschaft mussten jedoch auch die paganen germanischen Traditionen beachtet werden, da jene noch derart in der karolingischen Gesellschaft verhaftet waren, dass sie weit über die Christianisierung hinaus in den Bevölkerungsschichten lebhaft blieben. Hier begann nun die Jagd auf wilde Tiere eine wichtige Rolle zu spielen, die jedoch nicht klar von den christlichen Bezügen einerseits und den paganen Traditionen andererseits abgegrenzt werden kann, wie dies Torsten Pflittner in seiner Arbeit über die Jagd im Mittelalter unter Karl dem Großen aufzeigen konnte. Vielmehr fanden Überschneidungen statt, was uns insbesondere im Hinblick auf manche Kloster(neu)gründungen noch näher beschäftigen wird[848]. Zunächst soll es hier insofern genügen, dass auf die Ähnlichkeiten und Unterschiede zwischen der Situation Hadrians und der der Karolinger kurz eingegangen wurde.

6.3.3.2 Die Rolle der Jagd bei den Karolingern

Das Beispiel Kaiser Hadrians ist für die Revision mancher historischer Darstellungen und Ausführungen durchaus heranziehbar. So wurde hier deutlich gemacht, dass allein die Lust an der Jagd, das Vergnügen[849], einen Herrscher in der Regel

---

[846] Dazu an späterer Stelle ausführlicher. Chronik des Fredegar III, 9; s. a. bei Ian Wood, The Merovingian Kingdoms, S. 37, und bei Torsten Pflittner, Manifestation der Herrschaft im Raum. Adelige Jagd im Mittelalter unter Karl dem Großen, S. 47.

[847] Vgl. dazu bei Niccolò Machiavelli, Discorsi, S. 44.

[848] Vgl. dazu auch die Ausführungen von Wilhelm Störmer, Hofjagd der Könige und der Herzöge im mittelalterlichen Bayern, in: Rösener, Werner (Hrsg.), Jagd und höfische Kultur im Mittelalter, S. 294ff. Gerade für Klöster galt es, legendäre Gründungsgeschichten zu erfinden, wenn sie im Zuge kriegerischer Auseinandersetzungen zerstört und damit ihrer Tradition beraubt wurden. Das Kloster Wessobrunn ist so ein Paradigma. Aber auch ohne Zerstörung des Klosters durch Krieg nahm man gerne Zuflucht zu legendären Gründungsgeschichten.

[849] Die Jagd der Karolinger wird in der Literatur, so auch bei Jörg Jarnut, Die frühmittelalterliche Jagd unter rechts- und sozialgeschichtlichen Aspekten, in: Settimane di studio del Centro italiano di studi sull`alto medioevo 31/1, S. 788f, als nur der jagdlichen Befriedigung der Herrscher dienend herausgestellt. Die Aspekte der Jagdlust und der damit zusammenhängenden Motive werden ja nicht in Frage gestellt. Es wird sie im Rahmen der Jagdausübung früher wie

nicht dazu verleitet haben wird seine jagdlichen Handlungen aus dem privaten Bereich zu lösen, um sie in die Öffentlichkeit zu transportieren oder über sie eine inszenierte Öffentlichkeit erst konstituieren zu wollen, mit dem Ziel politische Kommunikation zu betreiben. Der Versuch der Reproduktion einer ansonsten traditionsgebundenen und prinzipientreuen römischen Virtus[850] über das „neue" Instrument einer öffentlich inszenierten Jagd ist insofern sehr wohl als eine politische Kommunikation einzustufen, da sie als nonverbaler Akt eine öffentliche Meinung beeinflussen sollte[851]. In diesem Kontext ist auch die Gründung der Stadt Hadrianotherae (Hadriansjagd) zu nennen, die Hadrian im Anschluss an eine erfolgreiche Bärenjagd in Mysien gegründet haben soll[852]. Auch der Aspekt der Kulturbringung ist in diesem Zusammenhang zu beachten. Die Bezwingung eines Bären repräsentiert den Kampf gegen die Natur, seine Bezwingung stellt die Stärke des Kaisers über die Gewalten der Natur dar und in der Gründung der Stadt, das heißt in der räumlichen Strukturierung, ist der Tribut zu sehen, den die Natur der Kultur des Kaisers zu zollen hat. So liegt der Schluss nahe, das Beispiel Hadrians auch auf Karl den Großen anwenden zu können, der ebenfalls mit Hilfe der Jagd raumstrukturelle und politische Ziele zu erreichen suchte, die auf königliche Legitimation, sowie auf Stabilität und Kontinuität der karolingischen Herrschaft, abzielten. Das Beispiel Karls ist auch insofern von einigem Interesse, als nach dem Ende der Karolinger und der wiederum neuen politischen Situation des Feudalismus/Absolutismus die Jagd endgültig aus dem altiranischen Kontext, aus dem Dunstkreis der Virtus, herausgelöst und damit ein Bestandteil praktischer Herrschaft vor Ort werden konnte. Hier jedoch Lust und Vergnügen als Motive in den

---

heute gegeben haben, da ohne jene Form der Erträglichkeit von Jagd jene nicht ausgeübt werden konnte. Dennoch ist es auch trotz allem befremdlich, dass nahezu allen Fürsten und Herrschern des Mittelalters und der Neuzeit Jagdlust unterstellt wird. Wäre allein die Jagdlust Motiv der Jagd gewesen, sie hätte im privaten Bereich der Herrscher ausreichend und umfassend stattfinden können.

850 Vgl. dazu die Ausführungen von Ernst Badian, Römischer Imperialismus, S. 29f. „Commoda patriai prima putare" (den Vorteil des Vaterlandes für wichtiger als alles zu halten), das war der Grundsatz, dem der Erwerb von Virtus unterworfen war. Das Wesen der Virtus, so Badian weiter, war immer in besonderem Maße bei Heerführern und Staatsmännern verkörpert. Virtus war auch im 2. nachchristlichen Jahrhundert ein Produkt aus Abstammung, Amt und militärischem Erfolg. Da der militärische Erfolg seit dem 2. nachchristlichen Jahrhundert nur noch an der Barbarengrenze errungen werden konnte, wurde das Ringen um die so benötigten Triumphe immer härter und zäher. Als ausgerechnet unter Kaiser Hadrian diese Kriege ausblieben, musste er einen Weg finden, dem militärischen Genius, der militärischen Virtus, eine andere entgegenzustellen.

851 Andere Beispiele für nonverbale Kommunikation benennt z. B. Gerd Althoff, Spielregeln der Politik im Mittelalter, S. 229ff. So müssen nicht nur feierliche Akte der Könige in Kloster und Stadt hier dazugerechnet werden, sondern auch die Turniere, die Jagd, Investituren, etc. Ihnen allen war die Darstellung eines Herrschaftsverbandes in seiner Rangordnung gemeinsam, was als Form der politischen Kommunikation, der Zur-Schau-Stellung bewertet werden kann.

852 Vgl. dazu bei Jean-Marie André, Griechische Feste, Römische Spiele, S. 258, und bei Andreas Gutsfeld, Hadrian als Jäger, in: Wolfram Martini (Hrsg.), Die Jagd der Eliten von der Antike bis in die frühe Neuzeit, S. 79. Der Zusammenhang zwischen der Jagd Hadrians und der Gründung der Stadt wurde in den historischen Wissenschaften anscheinend nicht ernst genommen; der politische Gehalt nicht erkannt. Diese Kritik geht ebenfalls auf Andreas Gutsfeld zurück, der dies den Historikern ankreidet.

Mittelpunkt zu stellen oder gar einen Beleg für einen „aristokratischen Urtrieb zur Jagd" zu attestieren, wie dies Hans-Hubert Hofmann getan hat[853], ist nicht der Realität entsprechend. Schon die ausführlichen Darlegungen in Kapitel 2 der vorliegenden Arbeit dürften die Existenz eines „Urtriebes" oder eines „Instinktes zur Jagd" zumindest in Frage gestellt haben. Auch der von Ortega y Gasset beschrittene Weg, der der Jagd unterstellt, im Glücksrepertorium des Menschen stets den höchsten Rang eingenommen zu haben[854], ist nicht in der Lage die Funktionalisierung von Jagd, weder bei Hadrian noch bei Karl dem Großen, auch nur annähernd adäquat einer Erklärung zuzuführen. Die Vermutung, dass die politische Funktionalisierung nicht ursächlich gewollt, sondern lediglich augenscheinliches Nebenprodukt der Jagdlust war, wird wohl aufgrund der Absurdität des Gedankens nicht in Erwägung gezogen werden können. Kein Herrscher wird jemals eine zuvor ausgeübte private Handlung ohne herrschaftspolitische oder öffentliche Absichten und Ziele in die Öffentlichkeit transportiert haben. Es wäre ansonsten nur schwer zu erklären, weshalb gerade bestimmte politische und gesellschaftliche Zwänge mit den Versuchen, Zuflucht zur Jagd als Herrschaftslegitimation zu nehmen, historisch häufig zusammenfielen. Dass dies lange Zeit in der Jagdwissenschaft nicht beachtet wurde, mag auch damit zusammenhängen, dass es den Begriff der Öffentlichkeit nach der Habermasschen Definition in den Völkerwanderungszeiten nur schwerlich gab. Inwiefern dies jedoch nicht der Realität entsprach, wird noch an gegebenen Stellen dargestellt. Der Versuch der politischen Einbindung der Jagd, sei es zur Reproduktion von Virtus oder zur Stütze königlicher Legitimation, belegt weiterhin, dass die Vernunft gerade nicht der größte Feind der Jagd ist, wie dies Ortega y Gasset so vehement vertritt[855]. Auch die Vermutung Ortega y Gassets, dass für die Jagd eine gewisse Seltenheit der Tiere von Voraussetzung sei[856], kann gegen die historischen Bestrebungen der Landesfürsten, ihre Jagdmöglichkeiten über geographischen Zugewinn[857] einerseits, aber auch über eine Erhöhung der Wildtierpopulationen andererseits zu potenzieren, nur unbefriedigend als Erklärung Bestand haben. Das Prinzip der Massenabschlachtungen im Zuge der großen Hofjagden im Absolutismus unterlag ebenfalls kaum dem Moment der Seltenheit des Wildes. So bleibt der Vermutung nach die Jagd Karls des Großen letzten Endes einer politischen Erklärung anhängig, die im Folgenden näher dargestellt werden wird.

---

853 Vgl. dazu die Aussage bei Hans-Hubert Hofmann, Adelige Herrschaft und souveräner Staat, S. 515.

854 Vgl. dazu bei Ortega y Gasset, Meditationen über die Jagd, S. 88.

855 Vgl. dazu ebd., S. 48. Zwar meint Ortega y Gasset hier mehr die Vernunft in ihren Auswirkungen auf die technischen Möglichkeiten, aber auch hier ist zumindest momentan seine Befürchtung noch nicht angebracht. Bestes Beispiel sind die hohen Populationen von Wildschweinen, denen wir trotz unseres technischen Fortschrittes noch nichts Adäquates entgegenzustellen vermögen.

856 Vgl. ebd., S. 45.

857 Spätestens mit der Regalität der Jagd ist der geographische Zugewinn dahingehend zu interpretieren, dass das Recht zur Jagd nun nicht mehr allein auf den eigenen Grundflächen, sondern auf allen Grundflächen des beanspruchten Herrschaftsterritoriums ausgeübt werden konnte.

Die Ablösung der merowingischen Herrschaft durch das karolingische Geschlecht mit Pippin im Jahre 751 und die zur abendländisch-mediterranen Weltmacht gesteigerte Bedeutung des Großkönigtums zwischen 751 und 768 (der Herrschaft Pippins)[858] brachte den ersten Karolinger bereits im Vorfeld der Krönung in die Bedrängnis, dem den Merowingern ureigenen Charisma etwas Neuartiges gegenüberstellen zu müssen. Das karolingische Geschlecht war aufgrund des jahrhundertealten merowingischen Königheils dazu gezwungen, sowohl dem Adel als auch dem Volk eine vergleichbare Legitimation ihres Anspruches auf den fränkischen Thron darzubieten. Interessant, wenn auch nur am Rande, ist hier die Legende der göttlichen Abkunft selbst, die gewisse Parallelen mit der Sage von Romulus und Remus erkennen lässt. So soll ein Meeresungeheuer nach der Sage die Gattin Chlodios am Strand überwältigt haben, woraus Merowech, der Stammvater der merowingischen Franken, hervorgegangen sein soll[859]. Auch die Gründung Roms geht auf einen Vergewaltigungsakt zurück: Rhea, die Tochter des Numitor, legte sich am Ufer eines Baches nieder und empfing die „Lüft´ im geöffneten Busen (…). Im allzu großen Vertrauen auf Götter und Menschen schlummerte sie ein; Mars, von ihrer Schönheit überwältigt, segnete sie mit Zwillingen: Romulus und Remus."[860] Welche Rolle die Religion, die Zuflucht zu einer mythischen Beziehung des Herrschers zu einer Gottheit oder einem höheren Wesen im Bezug auf Stabilität und Kontinuität einer Herrschaft haben kann, zeigt auch das weiter oben genannte Beispiel Numa Pompilius', des Nachfolgers des Romulus. Machiavelli sieht die Bedeutung religiöser oder auch übernatürlicher Bezüge immer im Verhältnis zur politischen Situation. Sollen ungewohnte Einrichtungen oder neue und der Tradition zuwiderlaufende Gesetze geschaffen werden oder ist die Herrschaft an sich nur wenig stabil, dann kann die Zuflucht zur Religion die fehlende oder mangelnde eigene Autorität stützen und die praktische Politik dadurch erleichtern. Eine dieser bereits auf das alttestamentarische Königtum zurückgehenden Anbindungsmöglichkeiten ist die Salbung, die Pippin durch einen Bischof, vermutlich Bonifatius, erfuhr. Die Salbung des Saul zum König (1 Samuel 9,1 - 10,16)[861] macht die Intention deutlich. Eine neue Familie, die entgegen der Tradition und dem sozialen Ansehen zukünftig den König stellt, wird durch den Vorgang der Salbung, die Berufung auf Gott, ins rechte Licht gerückt und damit in die Lage versetzt, an die Legitimation der Vorgängerdynastie anzuknüpfen, ihr etwas Neues entgegenzusetzen und eine neue Tradition zu begründen. Dass mit der Salbung unter Rückgriff auf die alttestamentarische Königserhebung der Gesalbte und damit der weltliche König einen sakralen Anstrich erhielt, wurde dann im Mittelalter und in der beginnenden Auseinandersetzung des Papsttums mit den weltlichen Herrschern von der Kirche zusehends verneint und bestritten. Für Pippin und natürlich auch für Karl den Großen dagegen bot die Salbung wohl diese Wirkung, zumal sie bei Karl durch den

858 Zu den Daten der Krönung und der politischen Lage Europas im 8. Jahrhundert vgl. bei Karl Heldmann, Das Kaisertum Karls des Großen, S. 5f.

859 Vgl. dazu die Ausführungen bei Aulo Engler, Germanen, S. 241.

860 Will Durant, Caesar und Christus, S. 27 unter Bezug auf Ovid, Festkalender, iii,15.

861 Vgl. dazu die entsprechende Textstelle im Alten Testament, 1 Samuel 9,1-10,16.

Papst selbst, in Rom am Weihnachtsabend 800, vollzogen wurde[862]. In diesem Kontext können gewisse Parallelen zwischen den hadrianischen und karolingischen Bestrebungen gesehen werden, da beide vor der Situation standen, die Stellung des Herrschers zu legitimieren, ohne auf die herkömmliche Art verfahren zu können. Hadrian fehlte der Sieg an der Barbarengrenze, Karl (oder besser den Karolingern als Geschlecht) mangelte es an mythologischen Wurzeln, wie sie die Merowinger hatten. Hadrian, gebunden an römisches Recht, als auch Karl der Große engten die Jagdmöglichkeiten des Adels und des freien Volkes nach den Quellen nicht ein. Von Karl ist jedoch bekannt, dass er sich über die Forste Areale geschaffen hatte, in denen die Jagdgerechtigkeit ihm allein zustand. Darüber hinaus hatte er aber auch offensichtlich einige Wildparke oder Brühle, die auf irgendeine Art und Weise eingegrenzt waren und in denen ihm und seinem Gefolge die Jagd vorbehalten war. Während Hadrian weniger das Problem hatte, sich unterschiedlichen Bevölkerungsgruppen durch differierende Legitimationsprofile zu versichern (die genannte spezifisch römische Virtus galt in allen sozialen Schichten als anerkannt), stand Karl der Große dagegen sehr wohl vor diesem umfassenden Problem der Legitimation seiner Stellung. Gegenüber dem Adel musste er als Erster unter den Gleichgestellten, als Vortrefflichster der Vortrefflichsten gelten, das Charisma der Merowinger übertreffend; gegenüber seinen Untertanen als tapferer, mutiger und erfolgreicher Herrscher, in Ämtern und Krieg bewandert und gegenüber der Kirche als großer Christ, als Mehrer und Sicherer des Christentums auftreten. Spätestens mit der Kaiserkrönung am Weihnachtstag im Jahre 800 trat er in die Tradition der römischen Caesaren ein, allerdings weit mehr geschichtsphilosophisch denn staatsrechtlich[863], und er musste den Brückenschlag zwischen „seinen" noch überwiegend im Heidentum verwurzelten Germanen, den provinzialrömischen Schichten seines Reiches und der römischen Kirche, der er sich verpflichtet fühlte, in Wort und Tat zu Tage treten lassen. Vor diesem Hintergrund hat Torsten Pflittner verschiedene Säulen der Legitimierung (eine römische, christliche und germanische Säule der Legitimation) und deren Verbindung zur Jagd in seiner Arbeit herausgestellt[864]. Im Folgenden sollen diese wesentlichen Erkenntnisse der Arbeit von Torsten Pflittner aufgezeigt sowie unter Rekurs auf die bisherigen Kapitel der vorliegenden Arbeit exemplifiziert werden.

---

[862] So wie die Zuflucht zur Salbung eine Abgrenzung zu früheren Dynastien zur Folge haben konnte, ist dies auch dem plötzlichen Weglassen der Salbung zuzuschreiben. So ließ man bei der Königserhebung Heinrichs I. die Salbung nicht lediglich weg, sondern verzichtete demonstrativ auf sie, um zu zeigen, dass man nicht gewillt wäre, in die Tradition der Karolinger eintreten zu wollen. Vgl. dazu bei Gerd Althoff, Spielregeln der Politik im Mittelalter, S. 303.

[863] Vgl. dazu die Ausführungen bei Karl Heldmann, Das Kaisertum Karls des Großen, S. 22ff. Das Karl jedoch durchaus sich von seinen Zeitgenossen einen Vergleich mit den Kaisern der besten Zeiten des Römischen Reiches gefallen ließ, ist auch bei Karl Heldmann, S. 26 nachzulesen. Dennoch galt Karl natürlich aus verschiedenen Gründen nicht als Restitutor des römischen Imperiums. Er gründete ein eigenes, das fränkische Reich.

[864] Torsten Pflittner, Manifestation der Herrschaft im Raum. Adelige Jagd im Mittelalter unter Karl dem Großen, S. 44-62.

6.3.3.3 Rückgriff auf die räumlichen Faktoren, die Zusammensetzung der Bevölkerung und die daraus erwachsenden Problematiken der Herrschaftslegitimation

An dieser Stelle erscheint es notwendig, noch einmal kurz die räumlichen Darstellungen aus den vorherigen Kapiteln zusammenfassend darzulegen, um den Bogen zu den vorhandenen Legitimationsgrundlagen für die königliche Jagd und ihre Absichten zu spannen. Neben der kulturellen Situation ist es nämlich hauptsächlich die strukturelle räumliche Komponente, die den vorgefundenen Handlungsrahmen Kaiser Hadrians von demjenigen Kaiser Karls des Großen deutlich unterscheidet. Welche Vorstellung die Römer von Raum und seiner Strukturierung und damit letztendlich seiner Verwaltung und Beherrschung hatten, wurde bereits in Kapitel 4 unter Bezug auf das Raumkonstrukt der römischen Provinz näher dargestellt. Die räumlichen Strukturierungsversuche der Merowinger und Karolinger gingen über die römische Provinzverwaltung (zumindest derjenigen im barbarischen Teil des Römischen Reiches) hinaus beziehungsweise basierten auf anderen Grundstrukturen. Im Rahmen der merowingischen und karolingischen Strukturierungsversuche spielten nun erstmals der Wald und damit der noch nicht kultivierte Teil des Herrschaftsraumes eine herausragende Rolle. Der Wald war nicht der Feind der Kultur, sondern der Garant für Prosperität, für Macht und Einfluss. Aus diesem Grunde kann nicht häufig genug dieses strukturelle Spezifikum des frühen und hohen Mittelalters als auch der Frühen Neuzeit betont werden. Einer der wesentlichen strukturellen Faktoren, der zur Römerzeit keine Rolle spielte, ist im spezifischen und bis heute historisch-wissenschaftlich sehr umstrittenen Raumkonstrukt des Forstes zu verorten. Der Begriff des Forstes taucht ab etwa dem 7. Jahrhundert in den Urkunden der fränkischen Könige auf, womit erstmals eine Abgrenzung zum nicht eingeforsteten Wald, dem Silva, gemacht wurde. Der Forst als auch der spätere Wildbann (der mit dem ursprünglichen Forst an sich nicht mehr viel gemein hatte) waren, ungeachtet ihrer wirtschaftlichen Bedeutung, primär juristische und geographische Vorrechtsräume, während der Wald einen (freien) Nutzungsraum darstellte; die Unterschiede zwischen Wald und Forst waren also mehr der juristischen und politischen denn der materiellen Natur[865] zuzurechnen. Die ersten Einforstungen fanden unter den Merowingern und Karolingern statt und beschrieben ursprünglich den königlichen Besitz als einen Forst. Damit war der Forst Bestandteil des Reichsgutes, welches nach dem Tode eines jeden Königs durch den Heimfall seines Besitzes (der alten Besitztümern und des neu hinzugewonnene Landes) an das Reich in der Regel vergrößert werden konnte. Durch die stetige Akquirierung von Wald und Land und ihre juristische Umwandlung zu Forsten wurde der ursprüngliche germanische Urwald juristisch und tatsächlich Eigentum der Könige und mit deren Tod Teil des Reichsgutes, dessen Mehrung wiederum der Thronfolger freiwillig durch Kriege und Besitzergreifungen sowie unfreiwillig durch seinen eigenen natürlichen oder gewaltsamen Tod, der dem Heimfall voranging, vornahm. Auf diesem Wege erwuchs den Merowingern und stärker noch den Karolin-

[865] Vgl. dazu auch bei Karl Hasel, Forstgeschichte, S. 60f. Der Forst, so der Autor, ist der durch besonderen Rechtsakt gegen unbefugte Eingriffe geschützte königliche Wald. In den Kapiteln 7 und 8 werde ich noch ausführlich auf den Forst und den Wildbann zu sprechen kommen.

gern ihr Reichtum an Land und Wald, den sie im Zuge ihrer Lehenvergabe in der Reichsverwaltung aus Gründen der „Verwaltbarkeit" des Reiches, der Treuesicherheit und der Kontinuität ihrer Herrschaft an ihre Gefolgsleute abgeben mussten. Das Lehensystem entwickelte schon bald eine Eigendynamik, die von den Königen kaum mehr gesteuert werden konnte und sich von der königlichen Kontrolle löste. Dieser Vorgang des Kontrollverlustes über Land und Güter ist in die Geschichte als die Preisgabe des Reichsgutes eingegangen, was die Wälder und vor allem die ehemaligen Reichswälder in die Hände der weltlichen und geistlichen Fürsten als auch in die des niederen Adels brachten[866]. Dieser Vorgang war jedoch schon vielerorts sehr viel früher bemerkbar, als es bisher in manchen Abhandlungen attestiert wurde. So konnte das Heimfallrecht nach dem Tode des mit Gütern aus dem Krongut Beliehenen bereits unter den Merowingern im 6. Jahrhundert nicht immer zuverlässig durchgesetzt werden. Bereits hier fiel manches Stück Land und mancher Wald in die Hände der nun erbrechtlich damit verfahrenden Reichsbeamten und ging damit dem Fiskus unwiederbringlich verloren. Der Verlust des Reichsgutes setzte sich bis in das 14. Jahrhundert hinein fort, was die Fürsten in den Besitz von immer mehr, nun bereits erbrechtlichen, Bannforsten oder Wildbännen brachte. Sowohl im 6. und 7. Jahrhundert als auch nach den Karolingern waren diese Entwicklungen auf die Stärkung des (regionalen) Verwaltungsapparates und die gleichzeitige Schwächung der zentralen Gewalt zurückzuführen. Bereits die Erstarkung der Hausmeier unter den geschwächten merowingischen Königen führte zuvor zum Dynastiewechsel, während die spätere Stärkung der Grafen, Herzöge und Fürsten zum Ende des karolingischen Reiches führte und in die Territorialherrschaften des Hochmittelalters und der Frühen Neuzeit einmündete. Die Erstarkung der Verwaltung konnte so zwischen dem 8. und dem 11./12. Jahrhundert zweimal das Ende einer Dynastie herbeiführen oder zumindest deren Entmachtung vorantreiben oder begünstigen.

Die Bildung der Landesherrschaften ab dem 12. und 13. Jahrhundert mit ihrer weitgehenden Vollendung im 14. Jahrhundert kann demnach nur vor dem Hintergrund der Erstarkung des Verwaltungsapparates und der Preisgabe des Reichsgutes unter der karolingischen Vorherrschaft verstanden werden, insbesondere weil die Grenzen der so in Familienbesitz übergegangenen Forste vielerorts den Grenzen der Herrschaft respektive den späteren Territoriumsgrenzen entsprechen sollten (so geschehen z. B. in Württemberg). Die Forste blieben so nicht lediglich Nutzungsraum, sondern wurden - wenn auch regional unterschiedlich - zu einem räumlich scharf abgegrenzten Gebiet, welches für die Ausbildung des Territoriums, seine Stärkung und seinen Schutz von Nutzen sein konnte[867]. Die Umwandlung eines Stücks Land zu königlichem Forst war damit ursprünglich an einen Königsakt gebunden. Die Generierung von Forsten wurde jedoch später aus

---

866 Vgl. dazu die Ausführungen bei Karl Hasel, Forstgeschichte, S. 62ff. Begrifflichen Ausdruck findet jene Verwaltungspraxis im Lehnswesen, welches nach Karl dem Großen schon bald in deutlich feudalere Strukturen mündete. Zwar blieb „nach oben hin" das Lehnswesen bestehen, zwischen den Grundherren und den bäuerlichen Untertanen entwickelte sich dagegen die Feudalstruktur.

867 Vgl. dazu auch die Ausführungen bei Ulrich Bergemann, Die Geschichte der landesherrlichen Jagdhoheit in der Grafschaft Zollern, S. 50.

dem Kontext des Königsaktes losgelöst und ging im Zuge der Landesherrschaft auf die Landesherren über. Damit wurden die Landesherren aufgrund der verbliebenen und nach wie vor forstimmanenten Rechte in die Lage versetzt, die geographische Absicherung der einzelnen Landesherrschaften vollziehen zu können. Der Forst als juristisches räumliches Gebilde beinhaltete seit frühester Zeit das Recht alle Nutzungen, alle Pertinenzen in ihrer Gesamtheit gegen Nichtberechtigte abzuschließen, oder aber Teile davon freizugeben und die nicht freigegebenen Nutzungen selbst in Person oder zunehmend auch durch eigens dafür geschultes Personal vorzunehmen oder vornehmen zu lassen. So umschloss der Forst ein geographisches Gebiet, welches über die Reglementierungen des Landesausbaus in der Hand des Forstinhabers zuerst den Wald, die Wiesen und Felder, Flüsse und Seen, und bald darauf auch einzelne Hofstellen und letztlich auch ganze Dorfschaften beinhaltete[868]. Noch im 18. Jahrhundert war von einem „Forst auf dem Bodensee"[869], der vom Heiligen Römischen Reich als Lehen vergeben wurde, die Rede. Dies belegt, dass es sich beim Forstbegriff um Jagd, Fischfang und sämtliche Nutzungs- und Aufsichtsrechte handeln musste. Der Wald oder ganze Dorfschaften waren nur Teile des Forstes, nicht jedoch der Forst in seiner Gesamtheit. Durch den Verlust der königlichen Gewalt gingen diese Rechte auf die Landesherren über und die Grenzen des landesherrlichen Territoriums kamen mit den Grenzen der Forste in häufige Übereinstimmung. Aus dem reinen Nutzungs- und Wirtschaftsraum wurde ein umfassender Herrschaftsraum, der nach außen und innen entsprechend reproduziert werden konnte und musste, wie das in den Kapiteln 7 und 8 der vorliegenden Arbeit noch ausführlich dargestellt werden wird. Wie bereits an verschiedenen Stellen und insbesondere in Kapitel 5 aufgezeigt werden konnte, war in der Jagd- und Forstpolitik somit das Bestreben bereits der Karolinger zu erkennen, räumliche Sphären zu schaffen, die ökonomisch, politisch und auch jagdlich (was nicht unbedingt als von der Politik losgelöst betrachtet werden darf) Vorteile zu schaffen in der Lage waren. Da diese Forste in Anlehnung an die Pfalzen im Reich räumlich verteilt waren, können sie gemäß den hier angeführten Überlegungen und den Ausführungen von Torsten Pflittner als „Herrschaftsinseln" betrachtet werden, von denen aus ein bestimmtes Gebiet weiter mit königlicher Politik überzogen werden konnte[870]. Ähnlich den in landesherrlicher Zeit wie Pilze aus dem Boden schießenden Jagdschlössern[871] können die Forste als Netzwerk herrschaftlicher Politik, herrschaftlicher Einflusssphäre und Plattformen der Konstitution von

[868] Vgl. dazu auch die Ausführungen bei Adam Schwappach, Christian Ludwig Stieglitz, Kurt Lindner, et al.

[869] Vgl. dazu bei Heinrich Kaspers, Comitatus nemoris. Die Waldgrafschaft zwischen Maas und Rhein, in: Beiträge zur Geschichte des Dürener Landes, Band 7, zugleich Zeitschrift des Aachener Geschichtsvereins, Beiheft 2, S. 26.

[870] Vgl. dazu die Ausführungen von Torsten Pflittner, Manifestation der Herrschaft im Raum - Adelige Jagd im Mittelalter unter Karl dem Großen, S. 46, unter Bezug auf Brigitte Kasten, Laikale Mittelgewalten, S. 63.

[871] Welche Rolle den Jagdschlössern im Rahmen herrschaftlicher Politik zuweilen zukam, wird in Kapitel 7 noch ausführlich thematisiert. Insbesondere die Politik des Fürstbischofs Clemens August (1700-1761) ist hier von großer Bedeutung für die Beurteilung der Funktion von Jagdschlössern im Herrschaftsgebiet, zumal die Literatur nur wenige aussagefähige Quellen zu Umfang und Bedeutung der Jagdschlösser kennt.

Öffentlichkeit betrachtet werden. Das Ziel der Forste wie auch der Jagdschlösser war es, Ansprüche geltend zu machen und Herrschaft zu koordinieren, die unter Karl dem Großen gemäß der politischen Situation eine andere Ausrichtung hatte als unter den späteren Landesherren. Die Forste waren insofern strategisch wichtige Punkte, ähnlich den Straßen, die ein König besetzen musste, um den Staat räumlich zu beherrschen[872]. Unter den römischen Caesaren waren jene räumlichen Strukturen der Herrschaftssicherung und Kontrolle aufgrund der bestehenden Verträge und Abkommen mit den zivilisierten Völkern östlich Roms und der militärischen Vorposten, der Städtegründungen und des Rahmens der Provinzverwaltungen auf Seiten der barbarischen Völker gänzlich anders konzipiert als im Reich Karls des Großen. Im Gegensatz zum Römischen Reich befand sich das karolingische Reich erst im Aufbau einer umfassenden verwaltungstechnischen Struktur und musste hierzu die verschiedenen Bevölkerungsschichten und deren Führer angemessen einbinden. Bei den Römern waren die Straßen ein wichtiges Instrument zur Sicherung und Stabilisierung der eroberten Gebiete. Was den Römern ihre Straßen, waren den Karolingern ihre Forste, da von ihnen aus die traditionalen Strukturen der Bevölkerung allmählich aufgebrochen werden konnten. In der Zeit der Landesherrschaften ersetzte das Jagdregal, das heißt das Recht auf allen Grundstücken des Herrschaftsgebietes jagen zu können, die Rolle der Forste als Herrschaftsinseln, da die Regalität weitaus umfassendere Rechte in die Hand der Landesherren legte als es die regional begrenzten und zerstreut liegenden Forste zu tun in der Lage waren. Die Regalität der Jagd eröffnete den Potenzialen der Jagd wiederum wesentlich mehr Möglichkeiten ihrer Entfaltung und Instrumentalisierung als dies in den Zeiten davor der Fall gewesen war. Vor dem Hintergrund der Regalität erwuchs auch dem Jagdpersonal der Landesherren ein enormer Bedeutungsgewinn, der mit dem Ansehen und dem Umfang dieser Tätigkeiten in der Karolingerzeit nicht mehr verglichen werden kann.

Die räumliche Struktur des Fränkischen Reiches ist insofern nur wenig mit dem Imperium Romanum und seinen fortschrittlichen Verwaltungseinheiten, Provinzen, Straßen, Brücken, Städten und Zentren zu vergleichen. Auch aus diesem Grunde musste Karl auf eine erweiterte Strategie der politischen Einbindung der Jagd in sein Kaiserideal oder sein Königsheil aufbauen als es noch bei Kaiser Hadrian unter Rückgriff auf vermutlich altiranische Ideale der Fall gewesen war. Gemäß den zeitgenössischen Quellen hat denn auch Torsten Pflittner die jagdlichen Gepflogenheiten Karls des Großen in diesen Herrschaftsinseln belegt[873]. Jene Inseln, die Forste, wurden dabei nicht erst von den Karolingern geschaffen, sondern zu

---

[872] Solange das Reich vor dem 13. Jahrhundert noch nicht in die Einzelstaaten zerfiel, ist jene Besetzung wichtiger Punkte durchaus als Bestandteil der Reichspolitik zu bezeichnen. Vgl. dazu auch die Ausführungen bei Heinrich A. Breit, Staat und Herrschaft. Eine wissenssoziologische Untersuchung, S. 19, unter Bezug auf Mayer, Die Ausbildung der Grundlagen des modernen deutschen Staates im hohen Mittelalter, zuerst 1939, zitiert nach dem „fast unveränderten Abdruck" in: Kämpf (Hg), 1956 b, S. 291.

[873] Vgl. dazu bei Torsten Pflittner, Manifestation der Herrschaft im Raum. Adelige Jagd im Mittelalter unter Karl dem Großen, S. 46, unter Bezug auf Brigitte Kasten. Weiter zur Königsjagd ebd. S. 17f. Daneben ausführlich im Sammelband von Werner Rösener, Jagd und höfische Kultur im Mittelalter, insbesondere die Autoren Lutz Fenske, Werner Rösener, Karl-Heinz Spiess, Thomas Zotz, Joseph Morsel.

einem großen Teil von den merowingischen Vorgängern übernommen und über das Lehensystem an getreue Gefolgsleute der Karolinger verwalterisch übergeben, das heißt die politische Hand des Kaisers wurde über die entsprechenden Verwaltungs- und Produktionseinheiten verlängert. In welchem Kontext hier auch gerade das Förster- und Jägertum zu analysieren bleibt, nämlich nicht als bloßes Instrument der Aufrechterhaltung und Pflege königlicher lustgeleiteter Jagdmöglichkeiten, sondern als Vertreter des königlichen Herrschaftsanspruches, als Sprachrohr und verlängerter Arm des örtlich nicht kontinuierlich präsenten Herrschers, wurde bereits an anderer Stelle angemerkt. Zu den damit verbundenen Möglichkeiten der Positionierung von Menschen und Tieren an Orten wird in Kapitel 7 und 8 noch ausführlich die Rede sein. Bevor nun auf die von Torsten Pflittner beschriebenen drei Stützen der Herrschaftslegitimation Karls des Großen näher eingegangen werden soll, sind kurz die Gründe ihrer „Dreieinigkeit" im Fränkischen Reich darzustellen.

Als Adressaten der karolingischen Herrschaftslegitimierung sind die Gruppen - und dort vor allem die Oberschichten - der gallo-römischen Bevölkerung, des Klerus und der Germanen mit allen ihren Mischformen zu sehen. Jede der drei Stützen steht für eine der Bevölkerungsgruppen und hier ganz besonders die jeweilige Oberschicht[874], die das Reich unter seinem Dach vereinte. Karl Heldmann umschreibt gerade im Werdegang der kirchlichen Gebetstexte am Beispiel der Karfreitagsliturgie die offenkundigen und in der Literatur sehr umstrittenen Interpretationen eines vermeintlichen Fortlebens des Römischen Reiches im fränkischen Reich. Einerlei wie sich die Wissenschaft hier entscheidet, ob man in den Liturgien das Fortbestehen des Imperium Romanum entdeckt haben will oder nicht, so ist hier nur von Bedeutung, dass die drei wesentlichen Komponenten, Stützen oder Gruppen des karolingischen Reiches, auf die sich Torsten Pflittner bezieht, in den Sakramenten jener Zeit zum Ausdruck kamen. So ist in den Gebetstexten sowohl vom Römischen Reich die Rede als auch vom Reich der Franken, vom christlichen Kaiser oder vom Reich fränkischen Namens[875]. Die Franken, ihrer Natur nach heidnischen Ursprungs, sind in diesem Kontext der germanischen Komponente zuzusprechen, ebenso die ins Reich gewaltsam und unter massiven Verlusten beiderseits eingegliederten Sachsen[876], daneben die Bayern und die Thüringer. Als der römischen Komponente zugehörig sind die Nachfahren provinzialrömischer Siedler zu nennen. Und zuletzt die Berufung auf Gott und die unter Karl stattgefundene Christianisierung, die ihren Höhepunkt nach der Salbung Pippins im Jahre 751 in der ideell durch Gott an Karl übertragenen Kaiserwürde am Weihnachtstag 800

---

[874] Siehe bei Torsten Pflittner, Manifestation der Herrschaft im Raum. Adelige Jagd im Mittelalter unter Karl dem Großen, S. 49.

[875] Vgl. dazu bei Karl Heldmann, Das Kaisertum Karls des Großen, S. 34-50. Durch vielfache Übersetzungen, durch die staatsrechtlichen Verbindungen der Kirche Roms mit ihrem Mutterland und nicht zuletzt aufgrund der Tatsache, dass der Kaiser der Franken zugleich der Landesherr Roms war, sind diese Irrungen und Wirrungen innerhalb der Sakramentstexte des 7. und 8. Jahrhunderts entstanden.

[876] Zu den Sachsenkriegen siehe auch Kapitel 5 der vorliegenden Arbeit und in Bezug auf die Grausamkeit der Sachsenkriege bei Edward Gibbon, The Decline and Fall of the Roman Empire, S. 644f. Um die Kontrolle der Sachsen zu erleichtern, wurden sie christianisiert.

zu Rom fand[877]. Das Gottesgnadentum, welches der katholischen Kirche später noch zu einigen Auseinandersetzungen Anlass geben sollte, war damit endgültig auf die Könige übergegangen[878]. Subsumiert man diese Erkenntnisse über die Zusammensetzung des fränkischen Reiches unter modernen Gesichtspunkten, so war jenes Herrschaftsgebilde nichts anderes als ein „melting pot", ein kosmopolitisches Reich, ein Konglomerat ursprünglich paganer Germanenstämme, die sich in Auflösung oder Assimilation befanden und sich daneben der blutigen Christianisierung durch die fränkischen Führungsschichten ausgesetzt sahen, und all dies unter den römischen und mediterranen Einflüssen aus dem Süden des Reiches und den slawischen Einflüssen aus dem Osten[879]. Das waren letztendlich die Rahmenbedingungen, denen die Karolinger gerecht werden mussten. Dies konnte ihnen nur gelingen, wenn sie allen Gruppierungen eine Identifikationsbasis innerhalb des Reiches zu schaffen in der Lage waren. Welche Rolle hier die Jagd zu spielen begann, wird nun näher dargestellt werden müssen. Dabei wird deutlich werden, dass die Jagd tatsächlich allein den germanischen Tugenden als dienlich angesehen werden kann, wenn auch mit deutlichen Bezügen zum altiranischen Fürstenideal, während für die gallo-römischen Teile und den Klerus andere Legitimationen für die Rechtmäßigkeit des karolingischen Königtums gefunden werden mussten. An dieser Stelle möchte ich deshalb den Ausführungen Torsten Pflittners insofern widersprechen[880], als meiner Überzeugung nach gerade die gallo-römische Elite sowie auch die zugehörige Bevölkerung durch die Jagd Karls des Großen vermutlich nicht angesprochen werden konnte. Letztlich war es ja auch die römische Bevölkerung im zweiten nachchristlichen Jahrhundert, die dem Versuch der Virtuskonzeption Kaiser Hadrians über die Jagd unverständlich gegenüber stand. Allein die Tatsache, dass sich nun eine Verschiebung der kulturellen Basis der Bevölkerung im fränkischen Reich zugunsten der germanischen Stämme ergeben

---

877 Schon im sechsten Jahrhundert, unter den Merowingern, fand die Verkirchlichung vieler Lebensbereiche statt, nicht zuletzt auch des Staates und der Staats- bzw. Herrscherideologie, wenngleich auch mit vielen heidnischen Einsprenkelungen wie dem Seeungeheuer, welches den Merowech gezeugt haben soll. Vgl. dazu die Ausführungen bei Karl Bosl und Eberhard Weis, Die Gesellschaft in Deutschland, S. 18f.

878 Hier sei nur der Vollständigkeit halber auf den Gang nach Canossa Heinrichs IV. und den Investiturstreit sowie dessen Ausdehnung auf Frankreich und England verwiesen.

879 Vgl. dazu ebenfalls die Ausführungen bei Karl Bosl und Eberhard Weis, Die Gesellschaft in Deutschland, S. 15ff.

880 Torsten Pflittner stellt innerhalb seiner Darstellung des Legitimationsproblems, dem sich die Karolinger seit Pippin ausgesetzt sahen, auch in Bezug auf die gallo-römische Bevölkerung auf die Jagd ab. Karl der Große, so der Autor weiter, habe sich in der Tradition der römischen Kaiser gesehen und auch ihnen gemäß die Jagd ausgeübt. Vgl. bei Torsten Pflittner, Manifestation der Herrschaft im Raum. Adelige Jagd im Mittelalter unter Karl dem Großen, S. 47ff. Im Grunde möchte ich das auch gar nicht anzweifeln, da Karl der Große aus ähnlichen Motiven die Jagd ausübte wie Hadrian. Allerdings, und das darf man dabei nicht vergessen, konnte dies bei Hadrian aus den genannten Gründen nicht funktionieren, während es bei Karl dem Großen von Erfolg gekrönt war. So möchte ich hier ergänzen oder einfügen, dass speziell für die römischstämmige Bevölkerung die Jagd als Mittel zur Legitimation des karolingischen Königtums keine geeignete Vorgehensweise gewesen sein konnte. Die Jagdhandlungen des Königs zielten damit überwiegend auf die paganen Germanenstämme und deren mythologische Verwurzelungen mit Wald und Jagd.

hatte, lässt auf das Funktionieren der Jagd als Legitimationsbestandteil einen aussagefähigen Rückschluss zu. Die römischstämmige Bevölkerung konnte hier jedoch aus den genannten Gründen und ihrer Vorgeschichte nicht der Adressat sein. Sie musste auf andere Weise „erobert" oder für das Königtum der Karolinger eingenommen werden. Das karolingische Geschlecht hatte im Vergleich zu Kaiser Hadrian also mehr Möglichkeiten einerseits, aber auch gleichzeitig Zwänge, seine herausragende Virtus unter Beweis zu stellen. So war die kulturelle Vielfalt des Fränkischen Reiches einerseits von Vorteil, andererseits jedoch auch von Nachteil, da die Legitimation des karolingischen Königtums und seines Anspruches auf den Thron zwar vielschichtiger vorgenommen werden konnte, dadurch jedoch auch sehr schnell Abhängigkeiten und Zwänge entstehen konnten, deren Herr zu werden nicht einfach war. Die Erstarkung des Verwaltungsapparates und die bereits genannte Preisgabe des Reichsgutes sind als Folgen jener Abhängigkeiten und Zwänge zu betrachten. Damit glitt die Karolingerdynastie oberflächlich betrachtet in dasselbe Fahrwasser wie ihre merowingischen Vorgänger, da auch bei ihnen dem Schwund königlicher Macht die Erstarkung des Verwaltungsapparates – insbesondere des Hausmeiertums – dem Untergang vorausging. Brachten hier die Hausmeier, allen voran Karl Martell und Pippin, die Karolinger an die Macht, waren es mit dem Untergang der Nachfahren Karls wiederum die Gutsverwalter, deren Amt und Titulatur erbrechtlich und dadurch unaufhaltsam stärker wurden. Das Resultat allerdings war hier nun der Zerfall des Reiches und nicht seine Einigung und Wiedererstarkung. Für die Jagd sollte dies eine wesentliche Rolle spielen, was in den Kapiteln 7 und 8 deutlich herausgestellt wird. Doch zunächst zu den drei Säulen, auf die sich Karl der Große stützen konnte und in Anbetracht der notwendigen Stabilität seiner Herrschaft stützen musste.

6.3.3.3.a Germanische Bevölkerungsteile: Pagane Tradition und Jagd

Die germanische Komponente der Legitimation der karolingischen Herrschaft entsprach gleichsam der überwiegend noch paganen Stütze des Reiches. Die Karolinger, beginnend mit Pippin, unternahmen erfolgreich den Versuch, mit Hilfe charismatischer Komponenten ihren Herrschaftsanspruch deutlich zu machen. Sie setzten dem übernatürlichen merowingischen Charisma ein charismatisches Surrogat entgegen, um sich gegenüber allen Bevölkerungsgruppen zu legitimieren. Dass man hier sehr wohl von einer Außendarstellung in Form politischer Kommunikation sprechen kann, ja wahrscheinlich bereits von einer Inszenierung, lässt sich über die karolingischen Epen, die Jagdzüge und die Formen der Jagd relativ einfach belegen. Die Außenwirkung war nicht erst am karolingischen Hof geplant, kalkuliert und letztlich über das Verlesen der Epen an den Höfen vollzogen worden. Schon bei den altiranischen Jagdzügen und bedingt auch bei den Jagdhandlungen Kaiser Hadrians waren herrschaftliche (öffentliche) Interessen der Grund für die Inszenierung der Jagd. Die altiranischen Herrscher wussten sehr genau, was sie erreichen wollten und wie dies am besten zu tun sei. Weshalb dies bei Kaiser Hadrian nicht in diesem Umfange funktionieren konnte, wurde bereits ausgeführt. Dass der Aspekt der Inszenierung stärker beachtet werden muss, bleibt bei allen drei zu nennenden Säulen der karolingischen Herrschaftslegitimation anhängig. Schon im altiranischen Fürstenideal kam die Bedeutung der Außenwirkung und Außendarstellung unmissverständlich zum Tragen. Der Jagdzug des Herrschers war aufgrund seiner Dimensionen jenseits eines privaten Bezuges und intentional einzig als politische öffentliche Kommunikation zu verstehen, die sich ihrer Wirkung und ihres Publikums sehr wohl bewusst war[881]. Derartige Inszenierungen standen denjenigen der heutigen massenmedial veranstalteten Spektakel in nichts nach. Allein das Medium (hier das Epos, die unmittelbare Öffentlichkeit, dort die elektronischen Medien, die mittelbare Öffentlichkeit) hat sich geändert, die Praxis der Zur-Schau-Stellung nicht. Es ist schlichtweg unzulässig, sich den mittelalterlichen Vorgang der Legitimation königlicher Gewalt jenseits bestimmter und klar definierter Öffentlichkeiten vorzustellen. Neben der altiranischen Jagdinszenierung waren auch die jagdlichen Instrumentalisierungsversuche Kaiser Hadrians in dieser Tradition von „öffentlicher Kommunikation" zu sehen. Es ist nicht übertrieben, wenn man Öffentlichkeit entgegen den Ausführungen Jürgen Habermas auch in der Spätantike und im frühen Mittelalter als auch in den folgenden Epochen als bewussten und allgegenwärtigen Bestandteil der Herrschaftsausübung betrachtet. Charisma ohne Außenwirkung hatte keinerlei politischen Wert. Charisma mag vom Herrscher ausgehen, einerlei ob es angeboren ist, wie beim Dalai Lama, oder rein inszeniert und zumeist neu kreiert, wie bei mittelalterlichen Herrschern. Aber es wird ohne Publikum oder Adressaten, welche das Vorhandensein eines solchen Charismas bestätigen können, unnütz sein und ohne Folgen bleiben. Es zieht seine Macht nun einmal aus seiner Öffentlichkeit – Charisma steht damit im Gegensatz zum Privaten und damit steht auch die jagdliche Inszenierung der karolingischen Herrscher ganz deutlich in jenem Gegensatz. Das Ziel war das öffentliche Transportieren von königlicher Macht und Legitimation nach außen.

Max Weber nennt im Rahmen seiner Definition des Charismas bereits die wesentlichen Größen, die auf Jagd und Krieg sowie auf übernatürliche oder zumindest übermenschliche Kräfte rekurrieren[882]. Diese Form des Charismas ist jedoch nicht auf alle historischen Reiche oder Gesellschaften in diesem Umfang anzuwenden, wie das römische Beispiel gezeigt hat. Damit ist im Umkehrschluss aber auch nicht von einem spezifisch germanischen oder gallischen Charisma zu sprechen. Stammesunterschiede einerseits und die Verwischungen und Vermischungen frühantiken orientalischen und okzidentalen Charismas andererseits lassen es nur schwerlich zu, klar konturierte Differenzierungen vorzunehmen. Während die Merowinger hier auf die Außeralltäglichkeit ihrer Abstammung verweisen konnten, mussten die Karolinger einen anderen Weg beschreiten. Das Königsheil, das königliche Charisma war insofern eine mystische Erleuchtung, die

---

881 So z. B. der Jagdzug aus dem Schahname, der an anderer Stelle noch einmal näher betrachten werden wird. Nur so viel: das königliche Jagdgefolge bestand aus 300 Beipferden, 1160 Sklaven, 1040 Stabträgern, 700 Falken mit den dazugehörigen Falknern, 300 Reitern und noch vielen hundert weiteren Personen. Vgl. dazu bei Wolfgang Knauth, Das altiranische Fürstenideal von Xenophon bis Ferdousi, S. 115. Zusätzlich begleiteten den König seine Frauen (Parallele zur Jagd Kaiser Karl des Großen, der ebenfalls seine Frau und seine Töchter dabei hatte) und seine Familie. Eine derartige Bewegung im Raum, dazu mit allerlei Kostbarkeiten wie goldenen Behängen und goldenen Ketten, waren Bestandteile der Inszenierung und nicht der bloßen jagdlichen Motivik. Hier ging es um die Außenwirkung, um die politische Kommunikation, und nicht um die Jagd um ihrer selbst willen.

882 Vgl. zur Definition des Charismas bei Max Weber, Wirtschaft und Gesellschaft, S. 140f.

über die Erhöhung des physischen und psychischen Charakters des Herrschers erreicht wurde. Die Kultur einer Gesellschaft, ihre Verfassung und ihre Struktur bestimmten damit über die Art und Wirksamkeit eines Charismas. Bei den germanischen Stämmen scheint zumindest teilweise eine Überschneidung mit den Inhalten des antiken oder altiranischen Fürstenideals bemerkbar zu sein, welches neben der Schönheit des Körpers eine herausragende Körpergröße und die Fülle der Glieder - wohl für körperliche Kraft stehend - nennt und darüber hinaus auch Intelligenz und moralische Stärke als unabdingbare Bestandteile des idealen Fürsten subsumiert[883]. Weiterhin gehören diesem Ideal die „Pferdefreundschaft", die sportlichen Wettkämpfe und natürlich die Jagd auf wilde Tiere an, wie dies bereits an anderer Stelle erwähnt wurde. Wollte man es katalogisieren, so entspräche diese Form des Charismas am ehesten einem autokratischen, monarchischen Charisma und ist beinahe in jedem Kulturkreis zu finden. Das würde auch den historischen Versuch Kaiser Hadrians und denjenigen Kaiser Karls des Großen wieder in einige Übereinstimmung von der motivischen Seite her bringen. In der Epoche der Landesherrschaften fiel jenes Charisma dann nicht mehr ins Gewicht; die Jagd wurde vielmehr als direktes Herrschaftshandeln von einiger Bedeutung. Ohnehin bleibt in den Landesherrschaften der Verlust der Relevanz jedweden Charismas zu attestieren, dessen Platz nun endgültig die Gewalt, die Willkür und die Ausbeutung einnahmen. Jagd begann auch in diesem Kontext eine wesentliche Rolle zu spielen und unterstützte einen Herrschertypus, der auf edle Abstammung und hehre Tugendhaftigkeit nicht mehr angewiesen war. Anhand der karolingischen Quellen sind einige Belege für die besondere Herausstellung der heidnisch-germanischen Bestandteile des Königsheils in Anlehnung an die antike Tradition zu finden, die sich nun von der genannten spezifisch römischen Virtus unterscheiden, zumindest jedoch aufgrund der sozialen und politischen Bedingungen breiter gefächert sind als diese. Nach den Erzählungen Einhards[884] übte sich Karl der Große beständig im Reiten und Jagen, er soll von großer Statur gewesen sein und im Epos „Karolus magnus et Leone papa" heißt es: „Alle überragt sein hoher Wuchs (cunctos humeris supereminet altis)."[885] Die Anbindung des Kaisers an die genannten altiranischen idealen Charaktereigenschaften eines Herrschers, die Erhöhung seiner Person durch die Hervorhebung seines Mutes, seiner Virilität und Kraft, seiner Gerechtig-

[883] Zu den körperlichen und psychischen Merkmalen eines Herrschers siehe bei Wolfgang Knauth, Das altiranische Fürstenideal von Xenophon bis Ferdousi, S. 93-189.

[884] Zitiert wird der Biograph Karls des Großen bei Kurt Lindner, Die Jagd im frühen Mittelalter, S. 390. Natürlich darf man an dieser Stelle nicht vergessen, dass diese Aussagen und Beschreibungen des Kaisers nicht unbedingt objektiv sind. Von großer Bedeutung dagegen sind sie für die Darlegung des damit verbundenen Ziels: die Erhöhung der Person, die Legitimation seiner Herrschaft, die Zur-Schau-Stellung des Kaisers als idealem Herrscher gemäß den Tugendabbildern seiner Zeit. Zitiert wird diese Textstelle auch bei Sigrid Schwenk, Zur Kulturgeschichte des Schwarzwildes, in: C. Commichau (Hrsg.), Schriften des Arbeitskreises Wildbiologie an der Justus-Liebig-Universität, Giessen e.V., S. 15.

[885] Siehe bei Torsten Pflittner, Manifestation der Herrschaft im Raum. Adelige Jagd im Mittelalter unter Karl dem Großen, S. 60, unter Bezug auf die Lebensbeschreibung Karls des Großen durch seinen Biographen Einhard, in: Einhardi Vita Karoli, cap. 22.

keit und Tugend, ist auch in weiteren Epen aus der karolingischen Zeit enthalten[886]. Im Epos „Karolus magnus et Leone papa" etwa wird beschrieben, dass Karl der Große in Begleitung seiner Gemahlin Liutgart, seiner Söhne und sechs seiner Töchter, Rhodrud, Berta, Gisela, Rhodhaid, Theodrada und Hiltrud, alle prächtig gekleidet, unter Hörnerklang die Jagdgründe erreicht haben soll[887]. Während Kurt Lindner die Auflistung der Damen für die Jagd als weniger von Bedeutung abtut und sie auch mehr als der Phantasie des Dichters entsprungen betrachtet[888], ist wohl eher das Gegenteil der Fall. Auch wenn die Epen und Gedichte der karolingischen Zeit oftmals nicht die bloße Reproduktion von Realität zum Ziel hatten, so waren sie doch mit klaren Aussagen und Funktionen versehen. Nichts in ihnen fand ohne Grund Erwähnung, waren sie doch wesentlicher Bestandteil der Außendarstellung eines Herrschers. Sie waren ein Bestandteil der politischen Kommunikation, der politischen Spielregeln und sollten örtlich begrenzten Handlungen über ihr Verlesen an den Höfen, auf Marktplätzen oder in Gemeinden zu einer breiteren Öffentlichkeit verhelfen. Nichts, so kann vermutet werden, geschah ohne Sinn und Zweck. Letzteres trifft wohl eher für unsere massenmedial überfrachteten Zeiten, nicht jedoch für das frühe Mittelalter und die im Vergleich zu heute wenigen Möglichkeiten der Information und politischen Lenkung zu. Torsten Pflittner zieht daraus die Konsequenz, dass die Auflistung der Frauen Karls des Großen sowie seiner ehelichen Töchter einerseits und der illegitimen Töchter andererseits in eindeutiger Absicht erfolgte und als eine gewollte Darstellung seiner Virilität, seiner Zeugungskraft und Potenz[889] nach außen hin zu verstehen ist. So attestiert Torsten Pflittner, unter Rekurs auf das Epos „Karolus magnus et Leone papa", dass die germanischen Königstugenden für Karl den Großen explizit belegbar seien.

886 Vgl. dazu die Ausführungen bei Torsten Pflittner, Manifestation der Herrschaft im Raum. Adelige Jagd im Mittelalter unter Karl dem Großen, S. 51f, zum Inhalt des Karlsepos, unter Bezug auf Schaller, Das Aachener Epos, S. 165, et. al.

887 Vgl. diese Begebenheit bei Kurt Lindner, Die Jagd im frühen Mittelalter, S. 393ff, unter Bezug auf Angilbert, zitiert wahrscheinlich nach Hermann Althof, Angilberts Leben und Dichtungen, München 1888, S. 41-45. Der wirkliche Verfasser des Epos ist jedoch unbekannt. Angilbert als Verfasser ist lediglich eine Vermutung. Neueste literaturwissenschaftliche Erkenntnisse siehe bei Dieter Schaller, De karolo rege et Leone papa, (Aachener Karlsepos), in: Kurt Ruh (Hrsg.), Die deutsche Literatur des Mittelalters, Sp. 1041-1045.

888 Vgl. dazu bei Kurt Lindner, Die Jagd im frühen Mittelalter, S. 394. Hier muss man Lindner jedoch zugute halten, dass er die Jagd der Vergangenheit gemäß der bereits an anderer Stelle bemängelten historischen Tradition des Abschreibens und Weitergebens von „Erkenntnissen" betrachtete und kaum Worte der Kritik fand.

889 So Torsten Pflittner, Manifestation der Herrschaft im Raum. Adelige Jagd im Mittelalter unter Karl dem Großen, S. 60-62. Zur Virilität: Auch die Fruchtbarkeit in Form der persönlichen Zeugungspotenz ist wohl mit zu den Punkten zu zählen, in welchen ein Frankenherrscher sein Volk überragen sollte. Auch wenn die Annalisten diesem Verhalten des Königs kritisch gegenüberstehen, so ist doch von Karl eine große Zahl von Nebenfrauen und Kindern bekannt, die auch teilweise im Karlsepos auftreten. Weiteres bei Edward Gibbon, The Decline and Fall of the Roman Empire, S.644. Er schreibt: "(...) but the public happiness could not be materially injured by his nine wives or concubines, the various idulgence of meaner or more transient amours, the multitude of his bastards whom he bestowed on the church (...)." Die öffentliche Meinung, zumindest diejenige der heidnischen Germanen, konnte dadurch tatsächlich nicht beschädigt werden - im Gegenteil, wie bereits unter Bezug auf die Demonstration von Virilität als Bestandteil des Königheils aufgezeigt wurde.

„Alle relevanten Eigenschaften hatte er fast im Übermaß: körperliche Stärke, Charakter, Intelligenz, Virilität, Kriegserfolg und schließlich Jagderfolg."[890] Gerade hinsichtlich der Jagd, so Kurt Lindner, mehren sich die Mitteilungen über sie mit der Machtübernahme der Karolinger. Darüber hinaus attestiert er dem karolingischen Herrscherhaus den Ausbau des jagdlichen Verwaltungsapparates und eine erhöhte Jagdtätigkeit im direkten Vergleich zu den merowingischen Vorgängern[891]. Die Anlehnungen an ein antikes Fürstenideal, wie es Xenophon in seiner Schrift „Kyroupaideia" stilisiert, sind unverkennbar und vermutlich auch kein Zufall. Auch hier sind die Epen wieder einer näheren Betrachtung zu unterziehen, die nicht nur die Körperstärke und die Tugendhaftigkeit Karls des Großen oder Ludwig des Frommen, in panegyrischer Tradition stehend, überbetonen, sondern natürlich auch den jagdlichen Erfolg ins Mythische übersteigert haben. Neben den jagdlichen Übertreibungen existieren aber auch andere Töne, die dennoch nicht weniger interessant sind und als Beleg für die politische Kommunikation verstanden werden müssen, deren Ziel die Herausstellung des Edelmutes und der Gerechtigkeitsliebe Karls des Großen war. So wurde eine jagdhistorisch zwischenzeitlich zu einiger Berühmtheit gelangte Erzählung des Mönchs von St. Gallen[892] (vermutlich Notker)[893] in der Literatur unter waffentechnischen Überlegungen analysiert und dabei die eigentliche Aussage einfach übersehen. Karl, so der Inhalt der Erzählung, befand sich mit einer persischen Gesandtschaft in der Nähe von Aachen auf der Jagd. Als die fremden Gäste der Wildrinder ansichtig wurden, waren sie nicht wenig erschrocken und versuchten zu flüchten. Kaiser Karl jedoch ritt auf einen Wildstier zu und versuchte, ihm durch einen Schwerthieb (!) den Kopf vom Rumpf zu trennen. Der Schlag misslang, das gereizte Wild griff wütend den Kaiser an, zerriss ihm Stiefel und Hose und traf mit der Spitze des Hornes sein Bein[894]. An dieser Stelle der Erzählung brechen sowohl Kurt Lindner als auch Lutz Fenske ab. Die folgende Kritik und Analyse bezieht sich bei beiden Autoren im Weiteren dann allein auf die waffentechnischen Überlegungen und die Geeignetheit des Schwertes für die Jagd auf großes wehrhaftes Wild[895]. Aber: das Resultat beider Autoren bleibt

---

890 Siehe bei Torsten Pflittner, Manifestation der Herrschaft im Raum. Adelige Jagd im Mittelalter unter Karl dem Großen, S. 51-62. Auch für Ludwig den Frommen trifft dies in einigen Epen zu.

891 Vgl. dazu bei Kurt Lindner, Die Jagd im frühen Mittelalter, S. 389ff.

892 Als ein solcher wird der Chronist bei Kurt Lindner bezeichnet, Jagd im frühen Mittelalter, S. 391.

893 Torsten Pflittner, Manifestation der Herrschaft im Raum. Adelige Jagd im Mittelalter unter Karl dem Großen, S. 18f, benennt unter Bezug auf diese Erzählung ganz klar Notker den Stammler als Urheber. So findet sich die bei Lindner erwähnte Stelle auch in den Notkeri Gesta Karoli, II, 8, in: Reinhold Rau (Hrsg.), Quellen zur karolingischen Reichsgeschichte 3. Quelle zitiert nach Torsten Pflittner.

894 Vgl. diese Textstelle bei Kurt Lindner, Jagd im frühen Mittelalter, S. 392 und bei Lutz Fenske, Jagd und Jäger im frühen Mittelalter, in: Werner Rösener (Hrsg.), Jagd und höfische Kultur im Mittelalter, S. 64 sowie bei Karl Hauck, Tiergärten im Pfalzbereich, in: Deutsche Königspfalzen 1 (Veröffentlichungen des Max-Planck-Instituts für Geschichte 11/1), S. 38.

895 Vgl. die waffentechnische Kritik bei Kurt Lindner, Jagd im frühen Mittelalter, S. 392, und bei Lutz Fenske, Jagd und Jäger im frühen Mittelalter, in: Werner Rösener (Hrsg.), Jagd und höfische Kultur im Mittelalter, S. 64. Natürlich ist es abwegig einem Mann zu unterstellen, mit einem Schwerthieb den Schädel eines 800 bis 1000 Kg schweren Wildrindes abschlagen zu kön-

unbefriedigend, da sie einzig zu dem Schluss kommen, dass Epen und Erzählungen kein wirklichkeitsnahes Bild waidmännischer Praktiken bieten könnten[896]. Dass dies in gewisser Weise dennoch so ist, wurde ja bereits mehrfach erwähnt. Durch die Darstellung realer Jagdbegebenheiten lässt sich nun einmal kein oder nur schwerlich ein Charisma begründen, welches die übergeordnete Tugendhaftigkeit eines Königs zu begründen in der Lage wäre. Charisma ist zwingend daran gebunden, dass manche Teile einer durchaus in der Realität geschehenen Begebenheit dramatisiert und wieder andere weggelassen werden. Aber: die eigentliche Aussage der Erzählung Notkers (?) ist ja dem bisherigen Textauszug erst nachgeordnet. Karl, so die Erzählung des Mönchs weiter, kam nämlich nur deshalb nicht weiter zu Schaden, weil der wilde Stier, als er mit dem Horn das Bein des Kaisers berührte, erschrak und ein in Ungnade gefallener Höfling Karl half, indem jener dem Wild nacheilte und es durch einen Lanzenstich zwischen Hals und Schulter zur Strecke brachte. Dieser Höfling wurde zum Dank für seine Tat hoch geehrt und mit Geschenken bedacht[897]. Hätte diese Erzählung nicht gleichfalls dem Ansehen Kaiser Karls zur Ehre gereicht als wenn er den Stier eigenhändig zur Strecke gebracht hätte, jene Erzählung wäre niemals in die Öffentlichkeit der Geschichte getreten. Epen, so auch die Ausführungen weiter oben, haben ja gerade den Vorteil, dass nur selektiv Dinge Eingang in sie finden, die ihren Zweck voll und ganz erfüllen können[898]. In einer massenmedial überforderten Gesellschaft gehen diese Vorteile schlichtweg unter, in einer an Kommunikation dagegen relativ armen Gesellschaft, wie dies im frühen Mittelalter wohl der Fall war, dagegen nicht. Die ganze Erzählung ist insofern nicht als eine jagdliche Episode zu verstehen, sondern als die gezielte und gewollte Offenlegung der Großherzigkeit und Gerechtigkeit Kaiser Karls des Großen auch gegenüber in Ungnade gefallenen Untertanen. Es ist eine jener Inszenierungen politischer Kommunikation, die wahrscheinlich nicht einmal historisch stattgefunden hat. Welche Bedeutung öffentlich vollzogene oder zumindest öffentlich gemachte Milde und Gerechtigkeit des Herrschers als politisches Instrument des Mittelalters spielten, ist bei Gerd Althoff belegt. Selbst bei Investituren, wie für Konrad II. beschrieben, ist die Bezeugung von Milde und Gerechtigkeit ein wesentliches Mittel der gezielten Außendarstellung des Königs. So berichtet der Biograph Konrads, Wipo: „Auf dem Zug zur Weihe in den Mainzer Dom traten ihm mehrere Menschen mit besonderen Anliegen in den Weg und hielten den Krönungszug auf: Zunächst ein Bauer der Mainzer Kirche, dann eine Waise, als dritte eine Witwe. Trotz des Drängens seiner Fürsten ließ sich Konrad aufhalten

---

nen. Die wahre Aussage der Erzählung Notkers kommt jedoch erst im Anschluss daran. Dies wurde bisher übersehen.

896 Insbesondere bei Lutz Fenske, Jagd und Jäger im frühen Mittelalter, in: Werner Rösener (Hrsg.), Jagd und höfische Kultur im Mittelalter, S. 64, ist diese Kritik nachzulesen.

897 Vgl. bei Kurt Lindner, Jagd im frühen Mittelalter, S. 392.

898 Zum Zweck der Epeninhalte vgl. auch im Volksbrockhaus, Epos/Epen, S. 210f. Es handelt sich um die Darstellung geschichtlichen, sagenhaften oder mythischen Geschehens in monumental gesteigerter, rhythmisch gebundener Sprache. Epen geben ursprünglich auch Leitbilder des menschlichen Daseins wieder, wie es im altiranischen Schahname des Ferdousi der Fall ist.

und jedem der drei Gerechtigkeit widerfahren."[899] Nicht zufällig, so bleibt zu vermuten, wird in Notkers Erzählung Karl der Große von einem in Ungnade gefallenen Höfling gerettet und nicht von einem Edelmann. Der soziale Stand des Retters ist von wesentlicher Bedeutung für die Außenwirkung der Darstellung und für das Transportieren des Gewollten. Dass es gerade die Armen, Witwen und Waisen sind, die es sich erlaubten den Krönungszug Konrad II. zu stoppen, ist in derselben Weise nicht als Zufall zu sehen und auch wohl kaum auf die Eigeninitiative jener Personen zurückzuführen. Es handelt sich vielmehr, so Gerd Althoff, um Objekte, an denen Konrad II. seine Befähigung zum Herrscheramt zeigte, indem er den Nachweis von Gerechtigkeit und Milde erbringen konnte[900]. Auf genau jener Ebene der Außendarstellung müssen auch die Epen über die Taten und das Wirken der Karolinger betrachtet werden, deren Inszenierung, Wirkung und Folgen im vorhinein zweifelsohne bekannt und gewollt waren und deren Ausschmückung, Verbreitung und Verlesung geplant und gezielt durchgeführt wurde. Wie in der Forschung in Anbetracht jener Umstände das Vorhandensein politischer Kommunikation und der gezielten Konstitution von Öffentlichkeit im Mittelalter verneint werden konnte, bleibt mir ein Rätsel. Weshalb dies in der Literatur noch nicht ausreichend gewürdigt wurde, ist ebenso unverständlich und führt wieder zur Problematik der Jagd, ihrer Falschinterpretation und den daran anschließenden jahrzehntelang unreflektierten Wiederholungen in der historischen Jagdwissenschaft. Selbst in den Ritualen der Begrüßung und der Verabschiedung, der Verweigerung des Mahles oder der demonstrativen „tristitia", einer Form der Traurigkeit, die sich in Wortkargheit, Verweigerung von Zusammensein, etc. ausdrückte[901], müssen wesentliche Spielregeln der politischen und öffentlichen Kommunikation gesehen werden. Hier die Jagd als wesentliches Instrument der Herrschaften von den Regeln politischer Kommunikation ausnehmen zu wollen, liefe der Realität absolut zuwider. Allerdings - und das muss betont werden - blieb die Jagd als Instrument der Reproduktion von Königsheil auf die paganen germanischstämmigen Bevölkerungsteile des Frankenreiches beschränkt, da - und das zeigen die folgenden zwei Säulen - nur hier die „richtigen" Adressaten erreicht werden konnten. Für die christlichen Teile und die provinzialrömischen Fragmente mussten andere Instrumente der Generierung von Königsheil und damit Herrschaftslegitimation gefunden werden.

6.3.3.3.b Der Klerus und die christlichen Bevölkerungsteile

Für die späteren Christen konnte die Jagdhandlung gerade nicht das oben beschriebene Resultat erbringen, welches in den paganen Bevölkerungsteilen hervorgerufen werden konnte. Die ersten Christen hielten das Jagen für unvereinbar mit dem christlichen Glauben, was in seinen Grundzügen auch die Kirchenordnung des Hippolyt so übernommen hatte. Den Jägern wurde die Taufe verweigert und sie wurden aus der christlichen Gemeinschaft ausgeschlossen[902]. Während die

---

899 Zitiert nach Gerd Althoff, Spielregeln der Politik im Mittelalter, S. 233 unter Bezug auf Wipo, Gesta Chuonradi, cap. 1ff., S. 8ff.

900 Vgl. bei Gerd Althoff, Spielregeln der Politik im Mittelalter, S. 234f.

901 Vgl. ebd., S. 302f.

902 Vgl. diese Anmerkungen bei Dag Frommhold, Jägerlatein, S. 153.

Christen selbst in diesem Punkte wohl zerrissen waren, obsiegte im frühen Mittelalter dagegen die klerikale Ansicht, dass Fleischgenuss und Jagd keinen Widerspruch zum christlichen Glauben beinhalteten. Spätestens mit dem Niedergang der karolingischen Dynastie war auch das Jagdrecht der Kirche auf ihren Besitzungen ein wertvolles Gut. Selbst Papst Johann XII. weilte auf der Jagd, als ihm im Jahre 963 Sendboten Kaiser Otto des Großen aufsuchen wollten, um ihn nach den Beschwerden der Bischöfe von der öffentlichen Jagd abzubringen. Doch mussten sie unverrichteter Dinge wieder abziehen, da der Papst „mit Köcher und Bogen ins Feld gegangen" war[903]. So war die klerikale Kritik an der Jagd nach anfänglichen Höhepunkten bis in das 15. und 16. Jahrhundert hinein eher rudimentär vorhanden. Auch der französische Klerus betrieb die Jagd als Teil seiner Lebensführung, was zu gleichen Teilen ebenso für die kirchlichen Würdenträger in Deutschland seine Gültigkeit besaß[904]. Dass die Kirche Wasser predigte und dabei selbst Wein genoss, galt auch für die Jagd. Die bereits fortgeschrittene Christianisierung der Franken zum Ende des 8. Jahrhunderts stellten Pippin als auch Karl auf eine feste Basis, die es nicht notwendig machte, den Dynastienwechsel auf gewaltsame Art zu betreiben. Ein gewaltsamer Umsturz wäre aufgrund der Machtstellung des gewaltigsten Hausmeiers Pippin im Jahre 751 zwar durchaus möglich gewesen. Zwischen der Krönung durch eigene Hand und der Salbung durch einen Bischof bestanden jedoch Welten hinsichtlich der Wirkung der Legitimation und eben erst die Salbung konnte als eine Berufung, als ein göttlicher Wille nach außen transportiert werden, mit der Folge, dass die alte Ordnung der Merowinger durch die neue der Karolinger dauerhaft und stabil ersetzt werden konnte. Die historische Wirkung, die aus diesem Akt hervorging, namentlich die Begründung des Gottesgnadentums der weltlichen Herrscher, ist der Beleg dafür, dass die Karolinger gegenüber der Bevölkerungsgruppe der Christen vollkommen auf die Jagd als zusätzliche Legitimationsstütze verzichten konnten[905]. Daneben ist die Absicht der Karolinger, über das Mittel der Salbung das merowingische Heil mit etwas zumindest Gleichwertigem zu ersetzen, auch daran zu erkennen, dass bei der Königserhebung Heinrichs I. im Jahre 919, das heißt der Ablösung der Franken durch die Sachsen, der neue König auf die Salbung demonstrativ verzichtete. Auch er wollte damit belegen, dass er etwas Neues schuf und nicht in die Tradition der Karolinger einzutreten gewillt war und damit wiederum die nun sächsische Herrschaft von der vorherigen

[903] Vgl. dazu bei Kurt Lindner, Die Jagd im frühen Mittelalter, S. 417 unter Bezug auf Luitprands Werke, übers. Von Karl v. d. Osten-Sacken, 2. Aufl. Leipzig, S. 114-119.

[904] Vgl. dazu die Ausführungen bei Matt Cartmill, Tod im Morgengrauen, S.108ff, und bei Kurt Lindner, Die Jagd im frühen Mittelalter, S. 419f. Insbesondere die Beize mit dem Falken war die bevorzugte Jagdart des Klerus, während ihm zumeist die laute Jagd mit Horn und Hundegebell untersagt blieb.

[905] Natürlich war die frühmittelalterliche Gesellschaft nicht strikt in Christen, in Heiden und in einen Bevölkerungsteil römischer Kulturverbundenheit zu trennen. Die auch bei Torsten Pflittner untersuchten drei Säulen des Königsheils kamen in Mischformen vor oder konnten als Querschnitt über die Bevölkerung in ihrer Gesamtheit gelegt werden. Zur Argumentation jagdlicher Funktionalisierungserfolge und ihrer Erfordernisse ist eine kategorische Trennung dagegen von Vorteil. Das ist jedoch nur ein gedankliches Konstrukt.

rituell und in einem öffentlichen Akt abzugrenzen versuchte[906]. Die Wirkung nach außen wurde damit ebenfalls nicht verfehlt und der Wille zur Macht konnte durch den Mut, etwas Neues zu konstituieren, demonstrativ belegt werden. Nichts geschah ohne Grund in der frühmittelalterlichen und mittelalterlichen Politik, in ihrer Außendarstellung und ihren politischen Spielregeln und kaum etwas wurde dem Zufall überlassen. Wer hier rein ethische und moralische oder religiöse Beweggründe als ausschlaggebend bezeichnen will, irrt gewaltig. Hier galt bereits antizipierend der machiavellische Grundsatz, dass jedes Instrument so lange gut ist, wie es im richtigen Moment in gebotener Dosis die Stabilität und Kontinuität eines Gemeinwesens bzw. einer Herrschaft zum Ziel hat. Der Florentiner hatte dieses Gebot nicht erfunden, er hat es nur erkannt, beim Worte genannt und als wesentlich im Ringen um Macht und Herrschaft bezeichnet. Für die christlichen Teile der Bevölkerung des Fränkischen Reiches war die Jagd als Bestandteil des Königheils also aus den genannten Gründen nicht notwendig und aufgrund des kirchlichen „Banns" schon bald ungeeignet. Gerade das Christentum brachte die Jagd als Bestandteil des Königheils und der herrschaftlichen Legitimation, zumindest in der schon stark christianisierten und kirchentreuen Bevölkerungsschicht, zum Wanken. In den christlichen Bevölkerungsschichten konnte die Herrschaftslegitimation allein über den Vorgang der Salbung erfolgen, die „das Charisma der Merowinger durch etwas Neues - ein eigenes Charisma"[907] - zu ersetzen in der Lage war. So kommt denn auch Torsten Pflittner zu dem Schluss, dass von den genannten drei Säulen oder Stützen der karolingischen Herrschaftslegitimation grundsätzlich nur eine, nämlich die christliche, ein sicheres und absolutes weil sakrales Segment zur Festigung der Herrschaft bildete[908]. Dennoch war auch hier die öffentliche Inszenierung unabdingbar für den Erfolg jenes Charismaersatzes. Die Inszenierung der Salbung vor einem größeren Publikum mit Unterstützung der mönchischen Schreiber war nicht erst eine Erfindung der Salier. Einigermaßen unsicher war der Ersatz des merowingischen Charismas allein in den germanisch-paganen und den römisch-heidnischen Teilen der Reichsbevölkerung, was jedoch über die Jagd und ihre Außenwirkung, zumindest im germanisch-paganen Bevölkerungsteil, kompensiert werden konnte. Für die römisch-heidnischen Bestandteile brauchte Karl wiederum ein anderes Medium zur Generierung von Königsheil (dazu im nächsten Abschnitt mehr). Wäre der Versuch der herrschaftlichen Legitimation mit Hilfe der Jagd und gegenüber den germanisch-paganen Teilen der Reichsbevölkerung fehlgeschlagen, so hätte die Jagd möglicherweise keinen so hohen Stellenwert innerhalb der späteren Landeshoheiten erhalten[909]. Allerdings ist dies nur eine Vermu-

906 Vgl. dazu die Ausführungen bei Gerd Althoff, Spielregeln der Politik im Mittelalter, S.303, unter Bezug auf Widukind von Corvey, I, 26, S. 25ff., sowie Zotz, Amicitia und discordia, S. 171f.

907 Aulo Engler, Germanen, S. 308. Gegenüber der gallo-römischen Bevölkerung und den paganen Germanenstämmen reichte die sakrale Legitimation dagegen nicht aus. Diese musste jeweils an die Tradition und Kultur der Bevölkerung angepasst sein.

908 Vgl. dazu die Schlussüberlegungen bei Torsten Pflittner, Manifestation der Herrschaft im Raum. Adelige Jagd im Mittelalter unter Karl dem Großen, S. 62.

909 Allerdings ist diese These sehr vorsichtig einzuschätzen. In den Kapiteln 7 und 8 wird noch ausführlich aufgezeigt werden, dass sich die Jagdhandlungen der Herrscher in den Landesherrschaften von allen historischen Bezügen zu lösen begannen. Erinnerungsspezifische

tung, die auch nach den Ausführungen in Kapitel 7 und 8 eher verblassen wird als in ihrem Inhalt bestärkt zu werden, hat sich die Jagd doch in den Zeiten der Landesherrschaften von der Konstitution des Königheils vollkommen getrennt. Dennoch bleibt die Spekulation, dass eine verunmöglichte Jagdfunktionalisierung, wie es die gesellschaftlichen Strukturen noch unter Kaiser Hadrian bedingten, später in den deutschen Landesherrschaften der Jagd möglicherweise nicht den Spielraum eingeräumt hätte, wie er dann tatsächlich gegeben war. Grundsätzlich deutet also vieles auf die bewusste Inszenierung der Inthronisation und der weiteren Legitimation des neuen Geschlechts hin. Es spricht einiges gegen die ältere, vor allem auf Jürgen Habermas zurückgehende Auffassung[910], dass Öffentlichkeit und politische Kommunikation im Mittelalter nicht existent gewesen sein sollen. Gerade die Karolinger verstanden sich offensichtlich sehr gut auf die Schaffung von Öffentlichkeit und die damit zusammenhängende Optimierung politischer Kommunikation. Ob sie dabei auf die Religion oder auf das altiranische Fürstenideal zurückgreifen mussten, war einerlei. Sie verstanden es, aus den unterschiedlichen kulturellen Inhalten eine für sie positive Öffentlichkeit herzustellen, die zu einer Festigung der Herrschaft und damit zu ihrer Kontinuität führte. Machiavelli hätte sich so also nicht nur an „seinen" Römern ein Vorbild nehmen können, die ihrerseits unterschiedliche Kulturströmungen und Ideologien ihn ihren Pantheon aufnahmen um möglichst vielen Menschen auch eine geistige Heimat zu geben. Die frühen Karolinger unterschieden sich in diesem Punkt von den Römern kaum, auch wenn sie dann letztendlich doch der Christianisierung starken Vorschub leisteten und das römische als auch germanische Heidentum verdrängten. Dennoch bleibt für das gesamte Mittelalter prägend, dass das Heidentum mit seinen Mythen und seiner Magie noch lange Zeit über die Karolinger hinaus präsent war und in den Köpfen der Menschen, ihrem Denken und Handeln, einen festen Platz hatte.

Exkurs: Zum Verhältnis zwischen Kirche und Jagd

Historisch auffällig ist, dass die Kirche als erster und wesentlicher Kritiker der Jagd seit dem Ende der Antike auf den Plan trat. Die kirchliche Kritik ist seit etwa dem Jahre 506, dem gallischen Konzil in Agde, in den Quellen verbürgt[911]. Sie war zunächst viele Jahrhunderte auf die klerikale Jagd beschränkt und nicht explizit auf die weltliche ausgeweitet worden. Die Kritik an der weltlichen Jagd wurde erst in den Landesherrschaften seit etwa dem 13. Jahrhundert laut, während sie nur selten

---

Merkmale oder Funktionen gingen im Rahmen der Freisetzung jagdlicher Potentiale beinahe vollständig verloren. Was zählte waren nur noch die Ziele, die mit Hilfe der Jagd in der praktischen Politik erreicht werden konnten. Fürstenideale wurden hier nicht mehr bedient, die Außendarstellung der Herrscher zielte nicht mehr auf Legitimation durch das Volk ab, da es seiner nicht mehr bedurfte, Loyalitätsbekundungen waren nur noch gegenüber wenigen notwendig, da das Heft in die Hand von Gewalt und unablässiger Macht übergegangen war.

[910] Vgl. dazu die Ausführungen bei Jürgen Habermas, Strukturwandel der Öffentlichkeit, S. 58ff.

[911] Vgl. dazu die Ausführungen bei Thomas Szabó, Kritik der Jagd – Von der Antike zum Mittelalter, in: Werner Rösener (Hrsg.), Jagd und höfische Kultur im Mittelalter, S. 177, unter Bezug auf das Concilium Agathense, c. 55 (Corp. Christ. ser. lat. 148, S. 226). Auch Kurt Lindner bezieht sich auf jene Quelle. Vgl. dazu ebd., S. 412.

in der karolingischen Dynastie[912] zum Vorschein trat. Gerade ab etwa dem 13. Jahrhundert war es dann die Rigorosität, mit der die neue öffentliche Gewalt begann, ihr Interesse an den Wäldern und ihren Anspruch auf unbedingte Herrschaft durchzusetzen. Rigoros war jene Entwicklung deshalb, weil nun die Jagd sukzessive eingeschränkt und die Wirkungen der adligen Jagd für die Bevölkerung äußert drückend wurden. Am Jagdvorgang selbst nicht mehr beteiligt zu sein hieß für die ländliche Bevölkerung nicht, mit der Jagd nichts mehr zu tun zu haben. Die Lasten, die die bäuerliche Bevölkerung nun bis zur Revolution von 1848/49 zu schultern hatte, waren enorm. Eine Zunahme der kirchlichen Jagdkritik gegenüber dem Adel ist wohl nicht zuletzt deshalb in diesen Zeiten besonders zu bemerken. Während bei den Karolingern die Jagd dem König nur in den Forsten vorbehalten war und ansonsten wohl die allgemeine Jagdfreiheit bestand, wurde das Instrument des Jagdrechtes erst unter den Territorialherrschaften zu einem wirksamen Hebel der Exklusion bei gleichzeitiger Inklusion. In diesem Zusammenhang ist auch die „Verwüstungspraxis" der Jäger seit dem Ende der Villicationsverfassung zu sehen, die es unter den Karolingern - zumindest den Quellen nach - offensichtlich nicht gegeben hat. Unter dem Begriff der Verwüstungspraxis ist insbesondere der Schaden zu subsumieren, der den Bauern entstand, wenn die Jägerei mit Hunden, Pferden und Gespannen rücksichtslos die in der Frucht stehenden Äcker durchritten. Der Schaden wurde den Bauern in der Regel nicht vergütet, sondern fiel ihrem eigenen Hausstand zur Last. Für das frühe Mittelalter und die Zeiten davor ist diese Verwüstungs- oder Zerstörungspraxis, wie sie im hohen Mittelalter und der Frühen Neuzeit regelrechter Bestandteil der herrschaftlichen Jagdpraxis werden sollte, nicht nachzuweisen. Jörg Jarnut ist in diesem Kontext der Auffassung, dass die frühmittelalterliche Jagdfreiheit lediglich im Eigentumsrecht eines anderen seine Grenzen fand. Jarnut dazu: „Es wäre für unsere Kenntnis der frühmittelalterlichen Jagd von höchstem Interesse, wenn wir etwas wüssten, ob jemand ein Stück Wild, das auf dem Feld eines anderen stand, mit seinen Hunden und zu Pferde auch dann aufjagen konnte, wenn er dadurch das darauf stehende Getreide zerstörte"[913]. Auch bezüglich der hadrianischen Jagdpraxis ist von in Kauf genommenen oder gewollt provozierten Jagdschäden durch die Jägerei in der Literatur keine Rede. Die Ausweitung der Schäden, die durch die Jagd verursacht wurden, hing direkt mit der Einschränkung der Jagdfreiheit zusammen und so zugleich mit der

---

[912] Dass die weltliche Jagd dennoch auch schon im frühen Mittelalter kritisiert wurde, wird aus der Arbeit von Thomas Szabó, Kritik der Jagd - Von der Antike zum Mittelalter, in: Werner Rösener (Hrsg.), Jagd und höfische Kultur im Mittelalter, S. 189ff, deutlich. Allerdings, so der Autor, war dies ein wesentlich dünnerer Strang der Jagdkritik.

[913] Jörg Jarnut, Die frühmittelalterliche Jagd unter rechts- und sozialgeschichtlichen Aspekten, in: Settimane di studio del Centro italiano di studi sull`alto medioevo 31/1, S. 770-771. Hier ist jedoch sehr strittig, ob die Bezeichnung „Eigentum" auf jene Zeiten und auf die germanischen Verhältnisse anwendbar ist. Nach der Auffassung einiger ist die sprachlogische Entstehung des Begriffes des Eigentums in etwa auf das 13. Jahrhundert zurückzuverfolgen, das Eigentum moderner Auffassung dagegen erst auf das 17. Jahrhundert. Vgl. dazu bei Stefan von Below und Stefan Breit, Wald - von der Gottesgabe zum Privateigentum, S. 3ff. Einerlei, ob nun der Eigentumsbegriff oder das Nutzungsrecht gemeint oder betroffen ist, bleibt nicht widerlegt, dass die freie Jagd dort ihre Grenzen fand, wo die Feldfrüchte oder das Vieh eines anderen zu Schaden kamen.

Funktionalisierung der Jagd als herrschaftlicher Praxis vor Ort, als Herrschaftsinstrument, welches sich von den hadrianischen und karolingischen Bezügen und Absichten in der frühen Neuzeit vollkommen gelöst hatte. Das war gleichsam auch der Beginn der kirchlichen Jagdkritik, die dann bis 1848/49 in unterschiedlicher Intensität anhielt. Auch die Entstehung der sozialen Gestalt des Wilderers ist in jenen Zeiten zu verorten, in denen die Jagd begann ein Adelsprivileg und damit eine Herrschaft reproduzierende Interaktion in der feudalen Welt zu werden. Das Jagdverbot führte nicht nur zur Wilderei aus wirtschaftlich-existenziellen Gründen, sondern brachte auch eine neue Form des sozialen Rebellentums hervor, den Wilderer, der sich mit seiner Tat gegen die Ordnungsvorstellungen der Herren stellte[914]. Diese Form des Wilderers brach mit den Regeln der interaktiven Herrschaftsreproduktion und wurde dadurch zu einem rebellischen Akt. Dissuasion und Mutilation waren die Mittel, die die Herren gegen den Wilderer anwandten, um auf den „ordentlichen" Weg der hierarchischen Interaktion zurückzukehren. So weist Thomas Szabó nach, dass die Zunahme der kirchlichen Kritik an der weltlichen Jagd in einem engen Zusammenhang mit der Herauslösung der Jagd aus einem allgemeinen in einen besonderen Rechtskreis zu sehen ist, der nun nicht nur die Jagd, sondern auch die jagdberechtigten Personen in einen privilegierten Stand erhob[915]. Aber: auch die Medaille der kirchlichen Jagdkritik hat zwei Seiten. Während auf Konzilien und Synoden, in Traktaten und Predigten gegen die Jagd der Kleriker als auch der weltlichen Fürsten zu Felde gezogen wurde, gab es aus denselben Reihen auch versöhnlichere Töne, zumal Bischöfe und Päpste vor und während ihrer Amtsperioden gerne im Dunstkreis der königlichen Jagd zu finden waren. Dennoch bleibt nach all dem Gesagten auch die Vermutung zurück, dass gerade aus Art und Umfang der kirchlichen Kritik nicht so sehr die Kritik an der Jagd selbst im Vordergrund stand - denn die wurde ja im Rahmen der bäuerlichen Schutzjagd als durchaus lobenswert betrachtet - als vielmehr die Kritik an der Jagd als Herrschaftshandlung, sofern sie unter Ausschluss der Untertanen oder gar zu deren Schaden stattfand. Aus diesem Grunde ist es nicht verwunderlich, dass besonders im konfliktträchtigen 16. Jahrhundert eine Zunahme der Jagdkritik zu sehen ist, welche teilweise von der Kirche, teilweise von anderen Kreisen getragen bis in die Gegenwart anhält. Protestantismus, Klassenkonflikte und Bauernkrieg sind nicht zufällig die Erscheinungen eben jenes Jahrhunderts. Weiterhin haben diejenigen Argumentationsstränge in jener Zeit ihre Wurzeln, die die heutigen Jagdkritiker aus dem Lager der Moralisten, der Ökopazifisten und Tierrechtler verwenden. Es geht um die Frage nach der Stellung des Menschen im Verhältnis zu allen anderen Geschöpfen, zur belebten und unbelebten Umwelt, schlussendlich um seine Rolle und sein Selbstverständnis im Rahmen der Schöpfung. Hier sei an den angeblichen Ausspruch Leonardo da Vincis erinnert: „Die Zeit wird kommen, in der man der Ermordung eines Tieres mit ebensolcher Abscheu begegnen wird

914 Zum Wilderer als Sozialrebellen vgl. Kapitel 7 sowie die Ausführungen von E. Hobsbawn, Banditen, S. 21f.

915 Vgl. dazu die Darstellungen bei Thomas Szabó, Kritik der Jagd - Von der Antike zum Mittelalter, in: Werner Rösener (Hrsg.), Jagd und höfische Kultur im Mittelalter, S. 194f. So wendet sich Jonas von Orléans in seiner „Institutio laicalis" gegen die Umwandlung von Grund und Boden in königliche Forste, in denen die Jagd ausschließlich dem König zustand.

wie heute dem Mord an einem Menschen."[916] Neben den aufkommenden Tendenzen von Aufklärung und Vernunft ist die Jagdkritik auch auf die Auswirkungen der Renaissance zurückzuführen, die gerade die römischen und griechischen Klassiker wieder zu neuem Leben erweckte. Matt Cartmill über die Ansichten frühneuzeitlicher Autoren: „[Thomas] Morus` Utopier hören sich an wie Sallust, wenn sie die Jagd als Sklavenpflicht abtun. Sanchos Ansichten im Don Quijote erinnern an Varro. In seinen Tiraden gegen die Jägerei und an den Tieren verübte Grausamkeiten war Montaigne deutlich von Ovid und Plutarch beeinflusst."[917] Auch hier die Erkenntnis: Die Römer hielten nicht viel von der Jagd; die Christen taten es ihnen zumindest in diesem Punkt gleich. Exkurs Ende.

6.3.3.3.c Die heidnisch-römische Bevölkerung des Frankenreiches und die Jagd

Hier ist zunächst zu klären, ob es in den Zeiten der Karolinger überhaupt eine Bevölkerungsschicht heidnisch-römischen Ursprungs gab. Mischung und Zweisprachigkeit, so Karl Bosl, waren die Folge der nach 401 zurückbleibenden provinzialrömischen Bevölkerung, die sich mit den Germanen einerseits mischte, andererseits jedoch auch eigene Romanensiedlungen gründete. Noch im 8. Jahrhundert sind diese provinzialrömische Bevölkerung und das Weiterleben antiker Kulturformen nachweisbar[918]. Neben den germanischen Bevölkerungsgruppen und dem stetig größer werdenden christlichen Teil des Frankenreiches scheint es somit in der Tat eine dritte Größe innerhalb der Bevölkerung gegeben zu haben, die bezüglich der Wirksamkeit der königlichen Legitimation beachtet werden musste. Dass die Königslegitimation Karls des Großen in den heidnisch-römischen Bevölkerungsteilen des Frankenreiches mit Hilfe der Jagd kaum erfolgen konnte, wurde bereits mit Hilfe der hadrianischen Versuche der Virtuskonzeption über das Mittel der Jagd dargestellt. Das Beispiel Kaiser Hadrians hat gezeigt, dass er zwar die Jagdbetätigung aus seinem privaten Bereich in den politisch-öffentlichen Bereich transportiert hatte, dass er den ins Auge gefassten Zweck jedoch zu Lebzeiten aufgrund der spezifisch römischen Verhältnisse vermutlich nicht erreichte. Dadurch, dass er seine Absicht nicht umsetzen konnte, das heißt weder beim Adel noch bei der Bevölkerung mit seiner neuartigen (in Bezug auf das römische Beispiel, nicht auf das frühantike persische) Virtuskonzeption durchdringen konnte, kann man im Rahmen der Jagden Karls des Großen kaum einen originären Rückgriff auf die „caesarische" Tradition vermuten. Zum einen hat es diese Tradition faktisch oder zumindest quellenbelegt nicht gegeben - Kaiser Hadrian, bedingt auch Kaiser Traian, stellten in gewissem Umfange die Ausnahme der Regel dar - und zum anderen verfehlte Hadrian, wie bereits bemerkt, sein Ziel der Virtusreproduktion mit Hilfe der Jagd. Die jagdliche Inszenierung und die jagdlichen Erfolge konnten seine mangelnde militärische Virtus für den Römer der Spätantike nicht ersetzen. Für Karl den Großen war die Ausschöpfung des jagdlichen Potenzials dagegen

[916] Zitiert nach der Broschüre „Der Lust-Töter", Einband-Rückseite. Hier wird das Zitat mit der Urheberschaft Leonardo da Vincis versehen.

[917] Matt Cartmill, Tod im Morgengrauen, S. 111.

[918] Vgl. dazu die Ausführungen bei Karl Bosl und Eberhard Weis, Die Gesellschaft in Deutschland I, S. 21.

schon vielversprechender, da er zumindest die paganen germanischen Bevölkerungsschichten mit jagdlichem Erfolg von seinem Königsheil überzeugen konnte. Karl war also nur deshalb erfolgreicher als Hadrian mit seinem Versuch der jagdlichen Virtuskonzeption, weil sich die gesellschaftlichen, reichsdemographischen und kulturellen Bedingungen seiner Zeit von denen Kaiser Hadrians deutlich unterschieden. Hätten bei Karl dem Großen ähnliche Bevölkerungsstrukturen bestanden wie bei Kaiser Hadrian, so wären vermutlich beide gescheitert. So jedoch konnte Karl jede Bevölkerungsschicht mit entsprechenden Handlungen und Taten von seinem Königsheil, seiner Virtus, überzeugen. Ähnlich den christlichen Bevölkerungsteilen war also auch für die römisch-heidnische Bevölkerung und Kultur die Jagd kein geeignetes Mittel zur Herrscherlegitimation Karls des Großen. Es gibt keinen Grund, weshalb Karl der Große hier etwas hätte erreichen sollen, was Hadrian mit demselben Versuch und demselben Mittel (der Jagd) verwehrt geblieben war. Hier konnte Karl jedoch entgegen Kaiser Hadrian auf seine militärischen Erfolge vertrauen, die ihn in die Lage versetzten, römisch-heidnische Virtus zu konstituieren und sich damit in die Tradition der römischen Caesaren zu setzen. So wird in der Literatur vermutet, dass in den ersten, nicht überlieferten Büchern des Karlsepos die kriegerischen Erfolge Karls des Großen behandelt wurden[919]. Nicht nur die Jagd als Bestandteil des germanischen Königsheils hätte damit Eingang in das Karlsepos gefunden, sondern auch die kriegerischen Taten, die neben den germanischen Bevölkerungsteilen auch die römischen Bevölkerungsbestandteile und deren Kultur anzusprechen in der Lage waren. Zusätzlich folgt in den weiteren Teilen des Karlsepos die Lobpreisung Karls als Erbauer eines zweiten Roms. „Karl“, so das Epos, „ist Rex und Augustus (VS 94), Herr einer Stadt, die wie ein zweites Rom sich erhebt (VS 92-96).“[920] Karl wurde damit über das Medium des Epos als Nachfolger der Augusten gepriesen, der in Aachen ein zweites Rom gründete. Nicht der Jagd, die nach obiger Einschätzung für die Legitimation Karls in den römisch-heidnischen Bevölkerungsteilen seines Reiches vernachlässigt werden kann, war diese Leistung zuzuschreiben, sondern allein der Betonung der militärischen Tat und der Darstellung Karls als Nachfolger der Augusten[921]. Karl, so zumindest der Eindruck nach der Darstellung der drei Säulen des fränkischen Reiches, war sich durchaus bewusst, dass er seine Königslegitimation auf unterschiedliche Weise nach außen transportieren musste, wollte er seinem Reich Stabilität und Kontinuität geben. Er verstand es geschickt und vorausschauend

---

919 Vgl. dazu die Anmerkungen von Torsten Pflittner, Manifestation der Herrschaft im Raum. Adelige Jagd im Mittelalter unter Karl dem Großen, S. 55. Pflittner rekurriert auf eine Vermutung der Autoren Padberg und Schaller, die in den ersten Büchern des Karlsepos die kriegerischen Taten Karls vermuten.

920 Torsten Pflittner, Manifestation der Herrschaft im Raum. Adelige Jagd im Mittelalter unter Karl dem Großen, S. 55. Im lateinischen Original: "Rex Karolus (...) Augustus: sed et urbe potens, ubi Roma secunda / flore novo, ingenti, magna consurgit ad alta / Mole, tholis muro praecelsis sidera tangens".

921 Damit steht diese Aussage konträr zu derjenigen Torsten Pflittners, der auch in der Jagd einen Bestandteil caesarischer Tradition und damit einen wichtigen Baustein der Königslegitimation Karls gegenüber den römisch orientierten Teilen der Reichsbevölkerung sieht. Vgl. dazu bei Torsten Pflittner, Manifestation der Herrschaft im Raum. Adelige Jagd im Mittelalter unter Karl dem Großen, S. 56.

allen kulturellen, religiösen und ethnischen Gruppen, die in ihrer Gesamtheit das fränkische Reich bildeten, als legitimer König gerecht zu werden. Im Gegensatz zu Kaiser Hadrian konnte Karl die Spezifika der demographischen Struktur seines Herrschaftsbereiches mit Hilfe dreier Instrumente der Königslegitimation bedienen: er hatte großen militärischen Erfolg, er war ein erfolgreicher Jäger und er konnte sich auf Gott berufen. Diese drei Elemente zusammen machten ihn zu einem wahren Herrscher, dessen Legitimation auf breitestem Gerüst stand.

6.4 Zusammenfassung und Ausblick auf die zu erwartende Rolle der Jagd unter den Territorial- und späteren Landesherrschaften. Weiterentwicklung der Erkenntnisse aus der beispielhaften Gegenüberstellung Kaiser Hadrians und Karls des Großen

6.4.1 Zusammenfassung

Bei Hadrian als auch bei Karl dem Großen wurde mit Hilfe der realen Jagd und gerade nicht mehr allein mit der symbolischen Jagddarstellung die Erlangung von Virtus und damit - denkt man an die spezifisch römischen Prämissen der Legitimation - ein kaiserliches Charisma, ein Legitimitätsprinzip in den Mittelpunkt der Zielsetzung gerückt. Bei Hadrian misslang dieses Unterfangen aufgrund traditioneller römischer Virtusvorstellungen, während Karl der Große aufgrund der drei tragenden Säulen seiner Herrschaft zumindest bei einer - der paganen germanischen Säule - damit erfolgreich war. Die Kernaussagen des Kapitels 4 und die hier angeführten Beispiele Kaiser Hadrians und Karls des Großen als paradigmatischen Gegenstücken haben gezeigt, dass die Ausschöpfung der in der Jagd liegenden Potenziale durch die jeweils epochenspezifischen, politischen und gesellschaftlichen Strukturen determiniert wird. Wenn die strukturellen, kulturellen, psychischen und physischen Zustände und Entwicklungen die Funktionalisierung der Jagd für politische Zwecke nicht zulassen, so kann sich kein Erfolg für den Herrscher einstellen. So kamen z. B. die Römer der Republik zu keinem Zeitpunkt auf den Gedanken, Jagd für herrschaftspolitische Zwecke wie z. B. als Virtussurrogat zu funktionalisieren. Die Umstände der Zeit, des Raumes und der Gesellschaft haben diesen Spielraum und die Notwendigkeit dazu schlichtweg nicht eröffnet. So hatte Karl der Große grundsätzlich keine anderen Absichten als Kaiser Hadrian, die er mit der öffentlichen Zelebrierung von Jagd und Jagderfolg versuchte zu erreichen. Allein die strukturellen, kulturellen, psychischen und physischen Voraussetzungen seiner Zeit und seines Herrschaftsgebildes waren im Falle des Franken ausschlaggebend für den Erfolg sowie im Falle des Römers bestimmend für dessen Misserfolg. Für Hadrian wie auch für Karl den Großen galt jedoch, dass die Funktionalisierung der Jagd für herrschaftspolitische Zwecke erst am Beginn einer historisch langen Entwicklung stand. Karl konnte nur einen geringen Bruchteil der in der Jagd liegenden Potenziale für die Stabilisierung seiner Herrschaft instrumentalisieren. Für ihn war die Außenwirkung als erfolgreicher Jäger nur ein Teil eines auf germanischen Traditionen beruhenden Ideals, welches in seiner Gesamtheit seine Königslegitimation in den germanisch-heidnischen Bevölkerungsteilen seines

Reiches bezeugen sollte. Jagd war weder für Hadrian noch für Karl ein Teil praktischer Politik vor Ort, die hierarchisch und kontinuierlich Ordnungsvorstellungen reproduzieren sollte, wie dies mit Hilfe der Jagd in den späteren Territorialherrschaften von den Fürsten ausgiebig getan wurde. Die Jagd war gut genug um ein Bild des Kaisers in derjenigen Öffentlichkeit zu repräsentieren, für die die Jagdhandlungen einen gewissen Informationsgehalt transportierten: die heidnischen germanischen Bevölkerungsschichten. Das Reich Karls des Großen war ein Großreich, mit ihm an der Spitze und einer klaren Aufgabenverteilung an seine Verwaltung. Jagd als reales und umfassendes Herrschaftsinstrument konnte hier aus verschiedenen bereits genannten Gründen ebenso wenig wie in den längst untergegangenen Großreichen der Perser, der Ägypter oder der Römer von Bedeutung sein. Sie blieb hier in mythischen und magischen Bezügen verankert und galt späterhin als Beleg für die Tugendhaftigkeit des Herrschers. Klare und überwiegend reale herrschaftliche Adhoc-Funktionen erhielt die Jagd dagegen erst nach dem Ende der Villicationsverfassung, nach dem Ende der karolingischen Dynastie und mit der Erstarkung der Landesherrschaften. So war diese Entwicklung allein den geographisch kleineren territorialen Gebilden etwa zwischen dem 13. und 19. Jahrhundert vorbehalten. Festzuhalten bleibt denn auch, dass es in historischer Kontinuität Einschränkungen der freien Jagd oder der allgemeinen Jagdfreiheit in den genannten Großreichen nicht gab, zumindest die Quellen darüber keinen Aufschluss geben. Die Einschränkung der allgemeinen Jagdfreiheit bis hin zum vollständigen Jagdverbot für die Untertanen war ein Merkmal kleiner und kleinster Herrschaftsgebilde Mitteleuropas. Diese Beziehungen zwischen politischer Struktur einerseits und den geographischen Besonderheiten jener neuen mitteleuropäischen Staatsgebilde andererseits wurde in ihren Wirkungen auf die Rolle und Funktion der Jagd bislang in der Literatur nicht entsprechend gewürdigt. Eine Erklärung für diese Differenzen zwischen den historischen Großreichen und den klein- und kleinststaatlichen Entwicklungen auf dem Boden des Deutschen Reiches in Bezug auf die Rolle der Jagd ist in der Literatur bis heute nicht gegeben worden[922]. Alle bisherigen Ausführungen lassen eindeutig den Schluss zu, dass sich die Jagdfunktionen im Zuge des Herauskristallisierens der Landesherrschaften und der damit zusammenhängenden räumlichen Veränderungen zwingend multipliziert haben. Die Ausschöpfungsmöglichkeiten der in der Jagd verborgenen Potenziale wurden in den kleinstaatlichen Gebilden größer. Ein erster Schritt dazu war die Singularisierung der Jagdgerechtigkeit, die weitere wesentliche Potenziale räumlicher, politischer und sozialer Art freisetzen konnte. Diese „Weiterentwicklung“ oder besser: diese Multiplikation auszuschöpfender jagdlicher Potenziale wird in den Kapiteln 7 und 8 der vorliegenden Arbeit noch ausführlich dargestellt werden.

6.4.2 Ausblick in die Zeiten der Landesherren: zu erwartende Entwicklung

Die Entwicklung der Jagdfunktionalisierungen nach der karolingischen Dynastie hing unbedingt mit der strukturellen, kulturellen, psychischen und physischen Entwicklung im Zuge der aufkommenden Territorienbildung und der Landesherr-

[922] Dies wäre ein dankbares Thema für eine weiterführende Arbeit.

schaften zusammen. Räumliche Veränderungen schufen die Potenziale, Raum auf andere Weise als jemals zuvor zu konstituieren und zu reproduzieren. Rom hatte schon lange Zeit vor Hadrian durch Eroberungen für klare Verhältnisse auf dem italischen Festland, dem Kernreich, gesorgt. Das Imperium bestand nicht mehr aus rivalisierenden und sich in Bewegung befindlichen Stämmen, sondern aus einem Herrschaftsverband, der nach über zweihundertjährigem Kampfe im Jahre 272 v. Chr. endgültig Herr über ganz Italien wurde[923]. Die militärischen Eroberungen wurden anschließend durch Kolonisierungen, durch umfassende Agrikultur und Städtegründungen gefestigt. Die außerrömischen Untertanen wurden romanisiert und das Problem der zuvor vorhandenen Vielsprachigkeit über die lateinische Sprache als Haupt- und Amtssprache aufgehoben. So wurde ein Staatswesen geschaffen, welches zusammenwuchs und die nächsten 500 Jahre die damals bekannte Welt beherrschen sollte. Diese relative Einheit von Reich und Gesellschaft blieb über die Republik hinaus bestehen und war auch noch unter Kaiser Hadrian im Kern dieselbe. Auch oder weil die innen- und außenpolitischen Umstände andere waren als noch in der Republik, war Rom aufgrund seiner Struktur „einfacher" zu regieren als das spätere Frankenreich, welches neben Vielsprachigkeit mit deutlichen Kulturgefällen von West nach Ost und von Nord nach Süd belastet war, mit äußeren Bedrohungen durch Sarazenen und Normannen und insbesondere durch immense Kräfte im Innern, das heißt viele starke traditionale Adelsfamilien, denen nicht die Einheit des Reiches als vielmehr der persönliche Profit und die persönliche Macht am Herzen lagen. Zusätzlich war die Infrastruktur des Fränkischen Reiches mit derjenigen des Römischen Reiches nicht zu vergleichen. Das Frankenreich als Einheit konnte von vornherein nur solange Bestand haben, wie eine charismatische und personifizierte Kraft wie Karl der Große vorhanden war, der die einzelnen Bestrebungen der Adelsfamilien durch feines Austarieren des politischen Gleichgewichts durch Belehnungen und Schenkungen oder auch militärische Unterwerfung sowie durch Einbindung in die Reichspolitik am Leben erhalten konnte. Dass sich ein solches System jedoch auf natürliche Weise selbst erschöpfen musste, dürfte auch Karl schon zu seinen Lebzeiten bewusst gewesen sein. So war es denn auch tatsächlich die Verwaltung des Reiches, die den Karolingern zu Macht und Ansehen bereits unter den Merowingern verholfen hatte, bevor sie jene stürzten und sich damit in denselben Kreislauf begaben. Am Ende war es wiederum die erstarkte Verwaltung, die dem karolingischen Geschlecht Macht und Würden auf ähnliche Weise aus der Hand schlug wie den Merowingern zuvor. Damit wurde eine Entwicklung bestärkt, die im Hochmittelalter und der Frühen Neuzeit in Politik und Verwaltung nicht an die Errungenschaften Karls des Großen anknüpfte; es fand im Gegenteil die Archaisierung[924] jener Bereiche statt und die weitere Entwicklung des Hochmittelalters wurde gerade von dieser archaischen Wendung stärker bestimmt als von den positiven karolingischen Errungenschaften.

923 Vgl. zu den Stammeskriegen auf dem italischen Festland bei Will Durant, Caesar und Christus, S. 53-56. Der Autor bezeichnet diesen Kampf als Kampf um die Demokratie, der von 508-264 v. Chr. anhielt.

924 Zur hoffnungsvollen Entwicklung von Schriftlichkeit in Politik und Verwaltung unter Karl dem Großen siehe bei Gerd Althoff, Spielregeln der Politik im Mittelalter, S. 7ff.

Die Herrschaftsformen des Hochmittelalters und der Frühen Neuzeit basierten dann auch weniger auf Schriftlichkeit der Normen als vielmehr auf personaler Abhängigkeit, auf Gewalt und zusehends auf Grausamkeit und Rigorosität gegenüber den zunehmend als widerspenstig eingestuften Untertanen[925]. In dieser Situation begann sich die Jagd von den altiranischen Idealen, die auch unter Karl dem Großen - einerlei, ob bewusst oder unbewusst - noch deutlich spürbar waren, endgültig abzulösen und stattdessen weiterführende und gemäß den inneren und äußeren Unruhen und Instabilitäten durch umfassende Inklusionen und Exklusionen der Untertanen nachweisbare direkt-herrschaftliche Funktionen zu übernehmen. Damit trat die Jagd aus ihren tugendhaft-historischen Bezügen endgültig heraus und wurde zu einem eigenständigen Herrschaftsinstrument, auf welches kein Landesherr in Zukunft verzichten konnte. In diesem Kontext wird auch klar, weshalb Machiavelli die Tätigkeit der Jagd als von großer Bedeutung für einen Fürsten, nicht jedoch als von großer Bedeutung für einen Republikaner hielt. In einer Republik oder einem zumindest auf Schriftlichkeit und nicht auf Willkür beruhendem Herrschaftsverband bedurfte es der Jagd als politischem Instrument nicht[926]. Dass die Struktur der Republik oder auch des caesarischen Roms der Spätantike nicht mit den Zuständen und räumlichen Gegebenheiten des hohen Mittelalters und der Frühen Neuzeit zu vergleichen war, zeigt folgendes Beispiel: In den historischen Wissenschaften ist man sich über die Struktur des „Reiches" nach Karl dem Großen sowie auch über die Zusammensetzung und Struktur der Herrschaftsverbände der germanischen Stämme eher im Unklaren. Während die einen insbesondere für die Zeiten nach 962, der Gründung des Heiligen Römischen Reiches Deutscher Nation, von einer Reichsstruktur, einer klaren Hierarchisierung von Macht, Herrschaft und Zuständigkeiten ausgehen, sind andere, wie Heinrich A. Breit, davon überzeugt, dass gerade nach dem Ende der karolingischen Dynastie ähnliche Zustände zum Tragen kamen wie es in der germanischen Zeit davor schon einmal der Fall gewesen war. Breit geht davon aus, dass bereits in germanischer Zeit nicht die Gemeinfreien und Kleinbauern, nicht die Sippendörfer und Markgenossenschaften, nicht die selbst- und freigewählten Anführer in Heer und Gericht die Verhältnisse kennzeichneten, sondern bereits hier mannigfache Adelsherrschaften das bestimmende Element waren. Diese Adelsherrschaften sollten auch nach Karl dem Großen wiederum die bestimmende Schicht geworden sein[927]. Mit dem Ende der karolingischen Dynastie, die zumindest den Versuch einer kla-

---

925 So hat Joachim Allmann festgestellt, dass in der Frühen Neuzeit die Untertanen zusehends als hinterhältig, boshaft, rebellisch und aufwieglerisch bezeichnet wurden. Diesen Tendenzen konnte nur mit klaren hierarchischen Handlungen gegenübergetreten werden. Die Herrschaftshandlungen wurden so ab dem 16. Jahrhundert rigoroser, rücksichtsloser und umfassender. Auch die Jagd gehörte als Herrschaftshandlung dazu. Vgl. dazu bei Joachim Allmann, Der Wald in der frühen Neuzeit, S. 79ff.

926 So beschreibt Niccolò Machiavelli die Jagd als Instrument für den Fürsten im „Il Principe", während er in den „Discorsi" die Jagd nur für den Feldherrn erwähnt. Machiavellis „Discorsi" handeln von der Republik, während im „Il Principe" die Erhaltung einer einmal errichteten, fürstlichen Herrschaft im Vordergrund steht. Auch hier werden die Nuancen zwischen Republik und Jagd und zwischen Fürstenherrschaft und Jagd deutlich.

927 Vgl. dazu die Ausführungen bei Heinrich A. Breit, Staat und Herrschaft, S.64-66, unter Bezug auf Mitteis, Baader und Dannebauer.

ren - wenn auch oftmals nur begrifflichen - Hierarchie und Struktur der Herrschaftsorganisation vermittelt hat, traten dann Konflikte zwischen den Fürsten, das heißt den Herzögen und Grafen, offener zu Tage, die bis zur Herausbildung der Landesherrschaft und der Bildung des frühmodernen Staates anhielten. Dadurch, so Breit, ist es wahrscheinlich, dass die Struktur der Herrschaftsorganisation im Gebilde des Deutschen Reiches vollkommen diffus und kaum klar gegliedert war. Als Beispiel soll hier die bewusst angestrebte schwache Stellung des deutschen Königs gelten, dessen adlige Wähler stets darauf bedacht waren, dass jener gerade keine machtvolle Figur wurde[928]. Die hundertfachen herrschaftlichen Gebilde waren zumindest bis zur Herausbildung der Landesherrschaften ständig bestrebt, Bündnisse einzugehen oder sie zu brechen, die Stabilisierung der eigenen territorialen Herrschaft aufrechtzuerhalten oder gar zu erweitern, zumindest jedoch ihre Kontinuität und diejenige des eigenen Geschlechts zu sichern. Als ein Beispiel dafür kann die Geschichte der Grafschaft Löwenstein und der Grafen von Löwenstein-Habsburg exemplarisch für viele gelten[929]. In jener Zeit galten Grundbesitz, Burgenbesitz, eine große Gefolgschaft als machtvolle Voraussetzungen zum Erhalt der Herrschaft. Erst im 15. Jahrhundert sollte sich dies ändern. Gegen die von den Fürsten und Städten besoldeten Landsknechte mit ihren Feuerwaffen hatten die Ritter und ihre Knechte keine Chance mehr und die siegreichen Fürsten begannen nun Verwaltung und Justiz zu zentralisieren[930]. Landbesitz allein reichte nicht mehr aus, um im Gewirr der Stimmen weiterexistieren zu können. Die strukturellen, kulturellen, psychischen und physischen Entwicklungen nach den Karolingern, die mit der Bildung von Territorialherrschaften ihren vorläufigen Höhepunkt erfuhren, lassen damit die Vermutung zu, dass die Jagdfunktionalisierungen eine stetige Weiterentwicklung erfahren mussten, die schon bald in einem vollkommen anderen Licht erschienen als noch unter Kaiser Hadrian oder Karl dem Großen. Die Zersplitterung des Reiches war die Basis für eine weiterführende Ausschöpfung jagdlicher Potenziale. Erst jene Entwicklungen im Zuge der Territorialherrschaften ermöglichte es den Fürsten, Jagd als Mittel zur Raum- und Ordnungsreproduktion zu instrumentalisieren. Die Staaten oder Territorien des ausgehenden Mittelalters und der Frühen Neuzeit wurden schon bald relativ eigenständige Machtbehälter im Sinne Anthony Giddens[931]. Diese Territorien waren zunächst noch disziplinierende Teile innerhalb eines Ganzen - des Kaiserreiches. Da jenes aber seine Macht gegenüber den einzelnen Teilen stetig verringerte, wurden für die Disziplinierungen der Untertanen jene Teile allmählich eigenständig verantwortlich. Die Jäger als Herrscher im hohen Mittelalter und der Frühen Neuzeit haben als Repräsentanten

---

[928] Vgl. dazu Gerhard Fritz, Die Geschichte der Grafschaft Löwenstein und der Grafen von Löwenstein-Habsburg vom späten 13. bis zur Mitte des 15. Jahrhunderts, S. 31. So wurde z. B. auf Betreiben des Erzbischofs von Köln im Mai 1292 der machtpolitisch vollkommen bedeutungslose Graf Adolf von Nassau zum König gewählt. Auch in den Zeiten davor und danach waren die Königswähler stets bestrebt, möglichst einen willfährigen und schwachen König zu erhalten.

[929] Vgl. dazu Gerhard Fritz, Die Geschichte der Grafschaft Löwenstein und der Grafen von Löwenstein-Habsburg vom späten 13. bis zur Mitte des 15. Jahrhunderts, S. 19-87.

[930] Siehe bei Will Durant, Das Zeitalter der Reformation, S. 311.

[931] Vgl. zum Raum als „Machtbehälter“ bei Anthony Giddens, Die Konstitution der Gesellschaft, S.189. Weiterführend dazu in Kapitel 7.

des Raumes selbst (des Staates oder Territoriums) der Logik der neuen Ordnung und des Raumes entsprochen und gleichzeitig durch ihr Tun jene Ordnung und jene Räume gegenüber den Untertanen jedes Mal neu reproduziert, wenn sie jagten wie sie jagten. Die Bandbreite jenes Tuns gerade im Kontext jagdlicher oder mit der Jagd in Verbindung stehender Handlungen wird in Kapitel 7 und 8 der vorliegenden Arbeit verdeutlicht. Die Territorien waren durch Grenzen nach außen hin abgeschlossen. Jene Grenzen (als Strukturen des Raumes Territorium/Staat) trennten interne Interaktionen von äußeren Interaktionen ab. Die Grenzziehung und damit die räumliche Abgeschlossenheit und geographische Übersichtlichkeit eines jeden Teiles ermöglichte eine räumliche Kontrolle der in diesen Räumen positionierten Menschen (Untertanen) auf eine Art und Weise, wie dies zuvor nicht der Fall gewesen war[932]. Aufgrund der räumlichen „Ähnlichkeit" aller rund 1975 reichsstädtischen und reichsritterschaftlichen Gebilde, die im Heiligen Römischen Reich Deutscher Nation existierten, war auch Art und Umfang der Kontrolle weitgehend deckungsgleich (mit gewissen Unterschieden zwischen Stadt und Land natürlich). In allen diesen Gebilden reproduzierte sich die Ordnung im Kleinen wieder. Der niedere Adel arbeitete mit derselben disziplinierenden Architektonik auf seinen Landgütern wie es der reichsständische Adel im Lande, im Staate, tat. Diese neuen Ordnungen wurden jedoch nicht von allen akzeptiert, was zu Konflikten, zu eigenen und zu konträren Raumvorstellungen (so z. B. die Raum- oder Staatsvorstellungen der Bauern im Bauernkrieg) und zu wieder anderen Raumvorstellungen der Staatstheoretiker führte. Darüber hinaus fanden regelmäßig raumkonstituierende Kämpfe zwischen Landesherrn und Untertanen statt, die sich z. B. in den Verschärfungen der Jagd- und Forstordnungen im Zuge kriegerischer Umstände und innerer Unruhen zeigten[933]. Die Jagd wurde mit dem Ausschluss der Untertanen von ihr zu einer sozialen Handlung, zur hierarchischen Interaktion zwischen Herren (Jäger) und Untertanen (Fröner), zur fortgesetzten Reproduktion der tatsächlichen Herrschaftsbeziehungen und damit zu einem wesentlichen Bestandteil einer Politik der Landesherrn, die mit den Formen des Herrschens unter Kaiser Hadrian oder unter Karl dem Großen nicht mehr auf einer Stufe stand. Einhergehend mit dieser Verschärfung der räumlichen Determinanten in juristischer, ökonomischer, politischer und sozialer Hinsicht, begann die Jagd ein faktisches Herrschaftsinstrument zu werden, welches über die Ausbildung der Fronleistungen und der spezifisch raumgreifenden und raumreproduzierenden Jagdpraktiken (z. B. Parforce-, Überland-, Eingestellte Jagd) – also der Inklusionen und Exklusionen auf ebenfalls sozialer, politischer, ökonomischer, juristischer Ebene – ein wesentlicher Bestandteil des Feudalismus und Absolutismus wurde. Nach Karl dem Großen fand so der endgültige Bruch in der Tradition der Jagd als Bestandteil des Fürstenideales statt und stattdessen begann die Jagd auf wilde Tiere ein reales Herrschaftsinstrument in einer aristokratisch-despotisch beherrschten Welt zu werden.

---

932 Vgl. dazu die Ausführungen in Kapitel 4.

933 Vgl. dazu Joachim Allmann, Der Wald in der frühen Neuzeit, an verschiedenen Stellen. Sein ganzes Werk basiert auf den Auseinandersetzungen der Untertanen mit der Obrigkeit in Bezug auf die Waldnutzung bis zur Revolution.

7 Jagd als Mittel der Generierung, Reproduktion und Durchsetzung von Herrschaft in der frühen Neuzeit

Die „neuen" Raumsituationen in den Landesherrschaften unter besonderer Berücksichtigung der Fronleistungen, der gegenkulturellen Bestrebungen sowie die Bedeutung der Jagd- und Forstordnungen

7.1 Exkurs zum José Ortega y Gassetschen Jagdverständnis als Bestandteil des menschlichen Glücksrepertoriums

In seinem Werk „Meditationen über die Jagd" stellt sich Ortega y Gasset die Frage, ob es Beschäftigungen im Leben der Menschen gibt, die einen höheren Stellenwert hinsichtlich der von ihm so genannten Verdrängung von Lebenszeit genießen als andere[934]. Er differenziert dabei die menschliche Lebenszeit, den Lebenszeitraum, in einerseits mühsame und andererseits glückliche Beschäftigungen, in Tätigkeiten also, die uns zum einen notwendig erscheinen, jedoch auf der Kostenseite unsere wertvolle Lebenszeit vernichten (z. B. die Arbeit, deren Etymologie sich vom spanischen „trabajos" zurück zum „trepalitum" verfolgen lässt und nichts anderes als „Tortur", „Qual", bezeichnet[935]), und in Tätigkeiten, die uns Freude und Glück bescheren, die uns nicht den Eindruck vermitteln, Lebenszeit vergeudet zu haben. Diese letztgenannten Beschäftigungen, die uns nicht oktroyiert sind, müssen wohlüberlegt sein, da sie es letztlich sind, die dem Leben einen Sinn geben, die unser Dasein bereichern und ausfüllen. Als Glück bezeichnet denn auch Ortega y Gasset denjenigen Teil des Lebens, welcher Beschäftigungen gewidmet ist, zu denen der Mensch eine besondere Berufung besitzt. Übt er diese Beschäftigung aus, dann versinkt der Mensch ganz darin, geht in ihnen auf und vergisst die Zeit, ja er erhält einen „flüchtigen Vorgeschmack der Ewigkeit"[936]. Nur ganz wenige Beschäftigungen, so Ortega y Gasset, waren dazu berufen, diese Form des Glückes zu evozieren. Eine davon sollte die Jagd sein. Um den Beweis dafür zu erbringen, stellt Ortega y Gasset die Frage nach einer Bevölkerungsgruppe, die am wenigsten der Arbeit verpflichtet war und somit den größten Spielraum zum Glücklichsein hatte: die Aristokratie. Was tat der Aristokrat? Neben dem Tanz, dem Reiten und der Unterhaltung jagte er ausgiebig. Als zusätzlichen Beweis für die Jagdlust führt Gasset den Ausschluss großer Bevölkerungsteile von der Jagd an, da die Jagd als Glück bringende Tätigkeit eine Glücksmöglichkeit nur dann bereithalten konnte, wenn man die Masse von der Jagd ausschloss, da die Jagd ansonsten gefährdet gewesen und sich selbst zum Henker geworden wäre. Was Ortega y Gasset mit seiner Beurteilung der Jagdmotivation als das Streben nach Glück bewusst oder unbewusst eliminiert, ist die wesentliche Komponente der Kulturwerdung des Menschen: die Funktionalisierung sozialen Handelns nach zweckrationalen Gesichtspunkten. Die Jagd, im Verlaufe des Zivilisationsprozesses schon bald ihrer originären Funktion

[934] Vgl. dazu bei José Ortega y Gasset, Meditationen über die Jagd, S. 11-19.

[935] Ebd., S. 12.

[936] Ebd., S. 13.

der Subsistenz beraubt, bot hier wie keine zweite soziale Handlung ein Potenzial an, welches nur auf seine epochale oder epochenspezifische Freisetzung wartete. War die Jagd im frühen Mittelalter noch prinzipiell frei und allen zugänglich, so hinderte dieser Zustand die Herrscher nicht, Jagd entsprechend der Gesellschafts- und Herrschaftsstruktur erfolgreich zu funktionalisieren. Offensichtlich, um bei der Glücksterminologie Ortega y Gassets zu bleiben, konnten die Karolinger sehr wohl in jener Situation glücklich genug mit Hilfe der Jagd werden. Der Ausschluss breiter Bevölkerungsteile war hier also nicht das auslösende oder gar rettende Moment[937] jagdlicher Glückseligkeit. In den Landesherrschaften genügte der frühere Anspruch an die Jagd für herrschaftspolitische Ziele dann bereits nicht mehr. Die Zunahme der Jagdbedeutung über die frühere karolingische Legitimationskomponente hinaus, das heißt die nun funktionale Bedeutung der Jagd als Herrschaftsinstrument in den Territorien und Landesherrschaften der frühen Neuzeit, ist ebenfalls kaum über die Jagd als dem Glücksrepertorium zugehörig zu erklären. Gerade in den von Ortega y Gasset zitierten Zeiten feudalistischer und absolutistischer Herrscher geschah nichts ohne Sinn und Zweck. Wahrhaft einem privaten Bereich zurechenbare Handlungen im Leben der Herrscher wurden durch die stetige Präsenz von Öffentlichkeit verunmöglicht. Es existierte kaum eine Handlung, die aufgrund der Gesellschaftsstruktur keine Außenwirkungen entfaltet hätte, sei es über das Beisein von Adel und Klerus oder über die Eingebundenheit der Bauern, Fröner, des Personals oder ganzer Gemeinden und Städte in Reichstagen, Festen, Gerichtssitzungen, Turnieren, militärischen Aufmärschen oder eben der Jagd. Gerade in der Zeit zwischen dem Ende des hohen Mittelalters und den Revolutionswirren von 1789, dem Reichsdeputationshauptschluss von 1806 und schließlich der Revolution von 1848/49 wurden die der Jagd inhärenten Potenziale vollumfänglich und gesamtgesellschaftlich ausgeschöpft. Es war die Zeit, in der die Jagd herrschaftspolitisch instrumentalisiert und in Absicht und Wirkung noch weiter perfektioniert wurde. Die Perfektionierung im funktionalen Sinne impliziert dabei regelmäßig die Entfernung von originären (Jagd-)Bezügen[938]. Die Erlangung von Glück war in diesen Zeiten niemals ein Primärmotiv (warum wurde gejagt?) noch ein Primärprodukt (Glück als Jagdresultat) der Jagdhandlungen. Vielleicht mag die Jagd in den vergleichsweise ruhigen (und aufgrund der teilweisen funktionellen Heimatlosigkeit von Jagd) bürgerlichen Zeiten nach der Revolution von 1848/49 ein Glücksproduzent gewesen sein, nicht sehr wahrscheinlich jedoch (als alleiniges Motiv und Resultat) in den Zeiten davor. Weshalb das so ist und weshalb Ortega y Gasset hier irrt, ist Gegenstand des vorliegenden Kapitels.

[937] Natürlich verneine ich ein bestimmtes Glücks- oder Lustgefühl, welches über die Jagd erreicht oder befriedigt, oder welches sich im Vollzuge der Jagd erst einstellt, nicht. Der Unterschied zu meinen Betrachtungen ist der, dass die Lust und das Vergnügen keine Primärmotive oder Primärfaktoren waren, sondern sich als angenehme Nebenprodukte etablierten. Leider erwuchs dieser Ansicht, Lust sei ein Primärmotiv der adligen Jagd, eine so starke Vehemenz, dass der eigentliche Blick auf die Jagd, der rational-funktionale Ansatz, vor dem Hintergrund differierender politischer und gesellschaftlicher Strukturen literarisch äußerst stark vernachlässigt wurde.

[938] Spätestens in der modernen Gesellschaft wird dies so deutlich wie sonst zu keiner historischen Zeit.

7.2 Einführung in die Thematik

7.2.1 Einleitung

Die gesamte mittelalterliche und frühneuzeitliche Geschichte war bestimmt durch Dualismen wie Macht und Ohnmacht, Freund und Feind, Kultur und Gegenkultur, durch mannigfache und repetitive Inklusionen und Exklusionen räumlicher, sozialer, ökonomischer, kultureller und politischer Art. Daneben erfuhren zwar die Sitten und Verhaltensformen des Adels untereinander bei Tisch und bei Hofe mit der Herausbildung der höfischen Gesellschaft seit etwa dem 12. und 13. Jahrhundert eine stetige Verfeinerung, die Frondienste dagegen wurden in ihren Leistungen und deren Einforderung durch die Herren schärfer, die Gerichtsbarkeit (nicht nur die Halsgerichtsbarkeit) brutaler und grausamer, die Jagd- und Forstordnungen rigoroser, der Druck auf die bäuerlichen Untertanen insgesamt merklich stärker. Das Resultat war die Brutalisierung der Herrschaft bei gleichzeitiger Verfeinerung der höfischen Sitten. Die Macht des Kaisers über die einzelnen Territorien schwand bereits zum Ausgang des Mittelalters und die der regionalen Fürsten erstarkte in einem sehr umfassenden Sinne. Alle Teilgewalten, wie die Stände, Ritter, Städte, Gemeinden und Bauern, die sich den Fürsten widersetzten, wurden gelähmt[939]. Und dennoch erfuhren einzelne starke Städte seit dem 13. Jahrhundert eine wahre Blüte, während die Bauern bereits in ihre großen Auseinandersetzungen mit den Grund- und Landesherren, einmündend in deren Höhepunkte im 16. Jahrhundert, gerieten. Nach der blutigen Niederschlagung der Bauernkriege wandelte sich der Charakter der Auseinandersetzungen zwischen Bauern und Obrigkeit deutlich zugunsten einer weitgehend gewaltfreien Verweigerungshaltung der Bauern zu „Minder- oder Schlechtleistungen" im Zusammenhang mit den Frondiensten und vor allem hin zu Wilderei und Holzfrevel[940]. Es hat den Anschein, als ob nach der Niederlage im Bauernkrieg eine Art „Strukturwandel" in den hierarchischen Beziehungen zwischen Herrschaft und Bauern stattgefunden hätte, der sich von der offenen und blutigen Rebellion zur verdeckten, aber sehr wirkungsvollen Aktion einzelner, zumeist kleinerer bäuerlicher Gruppen z. B. mit Hilfe der Wilderei und des oben genannten Holzfrevels vollzogen hatte. Große Aufstände unter den sozial Schwachen blieben dann auch nach den Bauernkriegen bis in das 19. Jahrhundert hinein weitgehend aus und nahmen keinesfalls mehr die Dimensionen der früheren Aufstände und Unruhen an. Die Proteste und die Auflehnungen gegen die herrschaftlichen Ordnungsvorstellungen blieben so auf einer zwar subtileren, aber nicht minder wirkungsvollen Ebene einzelner Aktionen des „Ungehorsams" und der Verweigerung beschränkt. Man gewinnt hier sehr schnell den Eindruck, dass es der damaligen bäuerlichen oder generell ländlichen Bevölkerung

---

[939] Vgl. dazu bei Karl Hasel, Forstgeschichte, S. 137.

[940] Unter dem Holzfrevel subsumierte man jeden Verstoß gegen bestehende Forstordnungen, Instruktionen, Reskripte oder Mandate, das heißt also zumeist das widerrechtliche Entnehmen von Bau-, Brenn- oder sonstigem Nutzholz aus den herrschaftlichen Forsten, aber auch den gemeindlichen Wäldern. Der Holzfrevel, so wird zu zeigen sein, war ähnlich der Wilderei ein wichtiges Instrument der Untertanen, um gegenüber der Herrschaft eigene Ordnungsvorstellungen zum Ausdruck zu bringen. Nicht zuletzt deshalb wurde der Holzfrevel mit einem großen Aufwand an Personal versucht zu unterbinden.

kaum möglich war, den sie unterdrückenden herrschaftlichen Strukturen eigene Ordnungsvorstellungen entgegen zu setzen, geschweige denn sie aufzuheben. Andererseits wurde den ländlichen Bevölkerungsteilen ein Instrument in die Hand gespielt, welches es ihnen erlaubte, die raumreproduzierenden Handlungen der Herren zu stören und jenen Handlungen eigene und damit gegenkulturelle Handlungen regional und partiell sehr wohl entgegen zu setzen. Jenes Instrument war die Verweigerung, die Schlecht- oder Minderleistung gegenüber den herrschaftlich eingeforderten Leistungen. Dass diese bäuerlich-gegenkulturellen Bestrebungen dann wiederum entsprechende Reaktionen der Herrschaft zum Resultat haben mussten, liegt auf der Hand. Jenes Wechselspiel kennzeichnet jedoch die gesamte Geschichte des Spätmittelalters und der Neuzeit und ist damit nach meinem Dafürhalten ein unabdingbares Wesensmerkmal jener Gesellschaftsordnungen bis zur Revolution von 1848/49.

Die Neuzeit ist ohne dieses Wechselspiel von herrschaftlicher Raumkonstruktion und gegenkulturellen Handlungen der bäuerlichen Bevölkerung nicht vollständig zu verstehen und zu erklären, geschweige denn einer rationalen Analyse zu unterziehen. Im Verlauf des Spätmittelalters und der frühen Neuzeit begannen sich die Sanktionen und Regelungsmechanismen der Herren allmählich zu ändern, das heißt hauptsächlich als Antwort auf die bäuerlichen Protestbestrebungen zu brutalisieren. Im Zuge des kaiserlichen Machtverfalls und der zunehmenden Autarkie der Landesherren erwuchsen im gesellschaftlichen Kontext „neue“ hierarchische Interaktionen, die ebenso neue Arten von Räumen und damit verbunden von Ordnungsvorstellungen hervorbrachten, welche nun schon in einem deutlichen Gegensatz zu den Gegebenheiten des frühen Mittelalters standen. Die Gründe hierfür liegen nicht zuletzt in den geänderten strukturellen, kulturellen, psychischen und physischen Gegebenheiten verborgen. Eine klare Trennung jener Entwicklungen, jener Dualismen, insbesondere auch im Hinblick auf Ursache und Wirkung, ist dabei ein schier hoffnungsloses Unterfangen und darüber hinaus auch nicht praktikabel. Vielmehr fanden Überschneidungen und Vermischungen statt, die verschiedenen Ursprungs waren. Dabei ist die Frage, ob der Raum etwas Gegebenes, unabdingbar Vorfindbares ist, ob er also – wie bei Anthony Giddens – als „Behälter“[941] zu denken ist oder ob vielmehr das jeweilige soziale Handeln als selbst raumkonstituierend die bestimmende Größe ist, klar zu beantworten. Der Raum ist in stetiger Bewegung; es ist das soziale Handeln, welches ihn in Bewegung hält, ihn variierbar, veränderbar, formbar macht und schließlich überhaupt erst existieren lässt. Die landesherrlichen Räume, das heißt die Summe ihrer materiellen und immateriellen Strukturen, waren nicht lediglich existent, sondern mussten regelmäßig reproduziert werden, um Bestand und Gewicht zu haben. Jene für den Historiker rückblickend vorhandenen, scheinbar statischen Strukturen, wie ich sie auch unter Bezug auf Georg Simmel in Kapitel 4 der vorliegenden Arbeit beschrieben habe, wurden somit tatsächlich durch entsprechendes soziales Handeln stetig durch Reproduktion gefestigt, durch Rebellion unterminiert und durch herrschaftliche Reaktion darauf erneuert. Damit blieben die Räume in kontinuierlicher

[941] Vgl. zum Raum als „Machtbehälter“ bei Anthony Giddens, Die Konstitution der Gesellschaft, S. 189.

Bewegung; von Statik also keine Spur. Dass mit dem Begriff des Raumes nicht nur materieller Raum (z. B. der Forst, die Stadt, die Gemeinde, die bäuerlichen Bewirtschaftungsflächen, etc.) gemeint ist, sondern ebenso auch symbolische Räume ausschlaggebend sein können (Machtsphäre, Anspruch, Ordnungsvorstellungen, aber auch gegenkulturelle Vorstellungen, Rebellion, Auflehnung, etc.) wird noch ausführlich darzulegen sein. Räume, darauf habe ich bereits mehrfach hingewiesen, sind nicht einfach nur starr und in ihren materiellen Ausformungen unverrückbar gegeben[942], sondern sie werden durch soziales Handeln immer wieder neu konstruiert, verändert, reproduziert, etc. Innerhalb eines materiellen Raumes können so eine Vielzahl sozialer Räume über entsprechende Interaktionen reproduziert werden. Damit wird die von Georg Simmel attestierte Ausschließlichkeit als Merkmal des Raumes relativiert. Für seine Beispiele der Einzigartigkeit eines Staates innerhalb eines Territoriums oder der Zünfte in einer mittelalterlichen Stadt mag diese Ausschließlichkeit noch Geltung haben, für die Ordnungsvorstellungen innerhalb eines bestimmten Herrschaftsgebietes, innerhalb eines Staates oder einer Gemeinde, einer Stadt oder eines Dorfes dagegen nicht. Was die materiellen Räumlichkeiten anbelangt, ist insofern Georg Simmel zuzustimmen, da eine gewisse Ausschließlichkeit hier nicht geleugnet werden kann, hinsichtlich der symbolischen Räume und deren Konstitution und Reproduktion dagegen gilt diese Aussage nicht. Allerdings bleibt hier zu berücksichtigen, dass für Simmel das soziale Handeln selbst (noch) nicht raumkonstituierend war, für ihn die Ordnungsvorstellungen im Besonderen oder soziales Handeln generell nicht unter jener Prämisse beachtet wurden. Dass jedoch gerade in diesem Zusammenhang die Jagd ein raumreproduzierendes Handeln darstellt und die mit ihrer Hilfe konstruierten Räume gerade nicht auf Ausschließlichkeit beruhten, wird uns hier stetig beschäftigen.

7.2.2 Zu den Rahmengrößen des vorliegenden Kapitels

Zunächst möchte ich auf die Besonderheiten der materiellen Räume (der räumlichen Strukturen wie Forst, Wald, Jagdschlösser, etc.) eingehen, bevor dann im nächsten Schritt das raumreproduzierende Handeln und seine Bedingungen näher ausgeführt werden (dazu gehören die Fronleistungen, die Jagd- und Forstordnungen, die Jagdpraxis, etc.). So bringt z. B. bereits die räumliche Differenzierung in Stadt und Land soziale Unterschiede mit sich, die nur in den wenigsten Fällen tatsächlich überwindbar sind. Zwar sind uns Prozesse der Land- wie auch der Stadtflucht in der Geschichte bekannt, dennoch wurde gerade die Landflucht im Hochmittelalter von den großen Grundherren zu verhindern oder wenigstens zu

[942] Vgl. Martina Löw, Raumsoziologie, S. 130ff. Absolutistische Raumkonzeptionen, die den Raum zur starren Folie werden lassen, auf und vor der sich soziales Handeln abspielt, so Martina Löw, verhinderten in der Vergangenheit häufig die Untersuchung von Räumen durch Soziologen und Soziologinnen. Deshalb bezeichnet sie den Raum als eine „relationale (An)Ordnung von Körpern, welche unaufhörlich in Bewegung sind, wodurch sich die (An)Ordnung selbst ständig verändert. Das bedeutet, Raum konstituiert sich auch in der Zeit. Raum kann demnach nicht der starre Behälter sein, der unabhängig von den sozialen und materiellen Verhältnissen existiert, sondern Raum und Körperwelt sind verwoben." Vgl. ebd., S. 131.

unterbinden gewusst. Während der Städter überwiegend frei in seiner sozialen[943] als auch geographischen oder räumlichen Mobilität war, fand man den bäuerlichen Untertanen zumeist geographisch wie auch sozial fixiert (an die Scholle gebunden) vor. Während es dem Bauern weitgehend unmöglich war zu einigem Ansehen und Kapital zu gelangen, war dies in der Stadt gar dem Bettler möglich, der über das geschickte Betreiben seines Metiers zu solchem Vermögen kommen konnte, dass er Kapital gegen Zins an andere Bedürftige zu verleihen in der Lage war[944]. In der Stadt fand auf diesem Wege über die Vielzahl der Möglichkeiten und spezifischen Freiheiten ein sozialer Spielraum seinen Ausdruck, der über die Trennung der wirtschaftlichen und verfassungsmäßig-rechtlichen Einteilungen der Einwohner zustande kam. Eine Fixierung des Städters - auch wenn ihm teilweise der Bürgertitel zu tragen nicht gestattet war[945] - ähnlich dem Bauern kann so nicht attestiert werden, im Gegenteil: es herrschte eine starke vertikale Mobilität unter den drei städtischen Schichten - Patriziat, kaufmännischer und handwerklicher Mittel- oder Bürgerstand und Unterschicht - vor. Grundsätzlich bleibt also festzuhalten, dass sich mit der Stadt ein räumliches Herrschaftskonstrukt bildete, welches sich ohne Ausnahme von den ländlichen Herrschaftsräumen unterschied. Die Städte, um von ihrer rein ökonomischen Definition abzurücken, waren nicht durch die Anhäufung von Produktion und Konsumtion oder das Marktgeschehen allein von den ländlichen Räumen zu differenzieren, sondern insbesondere dadurch, dass sie ihre Angelegenheiten kommunal organisierten und dabei die verschiedenen Organisationsrollen untereinander auf der Basis der Gleichrangigkeit verteilten[946]. Sie bildeten den Ausgangspunkt der modernen Gesellschaft, während die ländlichen Gebiete bis in das 19. Jahrhundert hinein eine Ahnung des oftmals so bezeichneten „düsteren" Mittelalters[947] vermittelten. Hier galt das Recht des Stärkeren oder eben desjenigen, der die Verwaltung und damit die Kontrolle in seiner Hand behielt. Mate-

---

943 Zwar sind die städtischen Unterschichten bereits in der frühneuzeitlichen Stadt sozial mobil, das heißt vielerorts zu wirtschaftlich außerordentlich erfolgreichen Familien aufgestiegen, dennoch wurde ihnen der Eintritt in die soziale Schicht der Patrizier teilweise verwehrt. So kam es vor, dass selbst vermögende Handwerker pekuniär viele alteingesessene, aber zwischenzeitlich verarmte Patrizier überflügelten, ohne jedoch selbst in den Stand des Patriziats aufzusteigen. Vgl. dazu die Ausführungen bei Karl Bosl, Eberhard Weis, Die Gesellschaft in Deutschland I, S. 169f.

944 Vgl. dazu ebd., S. 170.

945 Als Beispiel dazu führt Georg Simmel das Stadtrecht von Harlem aus dem Jahre 1245 an. Danach sei es jedem Bürger abverlangt worden, innerhalb der Stadtmauern zu wohnen, die er nur zur Aussaat und zur Ernte je 40 Tage verlassen dürfe. Dass diese Regelung jedoch nicht als Einschränkung der Freizügigkeit verstanden werden darf, führt Georg Simmel gleich daran anschließend aus. Es muss vielmehr als eine Frage, ob man das politische Ganze überhaupt verlassen darf und doch sein Bürger bleiben könne, verstanden werden. Vgl. dazu bei Georg Simmel, Soziologie, S. 706.

946 Vgl. die Ausführungen bei Rolf Sprandel, Verfassung und Gesellschaft im Mittelalter, S. 105f. Diese Definition schließt nach Sprandel dabei nicht aus, dass an der Spitze dennoch ein Herr steht, der darüber hinaus eigene Rechte und eigene wirtschaftliche Egoismen zur Geltung bringen kann.

947 Unter dem Begriff des Mittelalters wird hier unter Anlehnung an Jürgen Miethke, Politische Theorien im Mittelalter, in: Hans-Joachim Lieber (Hrsg.), Politische Theorien von der Antike bis zur Gegenwart, S. 47, die Zeit zwischen 500 und 1500 n. Chr. verstanden.

rielle Strukturen waren hierfür wenigstens so wichtig wie die symbolischen Strukturen, die Gewalt über die symbolischen Räume, die letztlich auch die gezielte Positionierung von Mensch und Tier im jeweiligen Raum ermöglichten. In den vorangegangenen Ausführungen konnte bereits mehrfach auf die Bedingungen etwas näher eingegangen werden, die zu einer vollkommen neuen Form der Vergesellschaftung, der Verwaltung und Ausübung von Macht und Herrschaft seit dem Ende der germanischen Stammesstrukturen auf dem Gebiet des mediävalen Deutschlands führten. Die Gründung des merowingischen und karolingischen Staatsgebildes auf der Grundlage von großen ausgedehnten Ländereien und von (Rodungs-)Wald zum Zwecke des Landausbaus, die zunehmende soziale und räumliche Fixierung der ehemals freien Kriegerbauern, die Einmündung in die feudalistischen Strukturen, die Teilung des Reiches in kleine und große Fürstentümer und Landesherrschaften mit autarken Verwaltungseinheiten und zum Teil regionalen Gerichtshoheiten, in denen „Herrschaft zunehmend lokal, parzelliert und fragmentiert ausgeübt wurde“[948], etc. waren die deutlichsten Anzeichen eines gesamtgesellschaftlichen Bruches, der seine Fühler bis weit in die Gesellschaft jenseits der Revolution von 1848/49 hinausstrecken sollte. Das Heilige Römische Reich Deutscher Nation gründete auf den Schultern der traditionalen Gesellschaft, deren Freiheiten und Lebensinhalte über die Ordnungsvorstellungen der neuen Herrschenden zurückgedrängt wurden und die im selben Zuge gleichzeitig über jene Vorstellungen in den Rahmen einer neuen Gesellschaftsordnung gepresst werden konnte. Die Jagd erfuhr in jenen Zeiten einen immensen Bedeutungswandel bis weit in die Neuzeit hinein, der zwar an die altiranischen und hadrianischen Praktiken teilweise angelehnt, im Ganzen jedoch weitaus tief greifender als jemals zuvor war. Die Gründe dafür wurden dagegen nur oberflächlich und keineswegs unter Einbezug umfassender historisch-soziologischer Aspekte in der geschichtswissenschaftlichen Literatur berücksichtigt. Die Jagd, ihre Ordnungen und ihre Praktiken, ihre Verwaltung und die Befugnisse des sich herausbildenden und spezialisierenden Jagdpersonals, ebenso aber auch die Forstordnungen und die Strafen bei Zuwiderhandlungen gegen jagd- oder forstliche Reglementierungen, können allein als praktische Beherrschung jener nun gesellschaftlich neuen Wirklichkeit durch eine stetige Angleichung und Ausweitung der Mittel einer Erklärung und einem Verständnis zugeführt werden. Die gesellschaftliche und überwiegend ländliche Wirklichkeit wird dabei repräsentiert durch die Ausweitung des Lehnswesens bzw. um die im späten Mittelalter und in der Neuzeit vorhandene Zweiteilung der gesellschaftlichen Strukturen, die das Lehnswesen nach oben und das feudale System nach unten[949] ihr Eigen nannte. Die Königsmacht nahm unter diesen Vor-

[948] Vgl. bei Stefan Breuer, Imperien der Alten Welt, S. 188

[949] Das Lehnswesen hatte wesentlichen Bestand zwischen der Reichsunmittelbarkeit und dem König bzw. dem Kaiser, da hier eine echte Belehnung und ein echtes juristisches Band zwischen Lehengeber und Lehennehmer existierte. Dadurch, dass die Reichsunmittelbarkeit jedoch selbst Lehen an Gefolgsleute weitergab und jene auf ihren Gütern Bauern unter Abgabenpflichten oder Zehnten beschäftigten, wurde das juristische Band zum König oder Kaiser unterhalb der Reichsunmittelbarkeit durchschnitten. So herrschte nach unten der Feudalherr über zinspflichtige Untertanen, während über ihm die Reichsunmittelbarkeit stand, die ihm gegenüber Zinsforderungen stellte und ihm im Übrigen die Wahl seiner Mittel überließ. Al-

zeichen stetig ab, während die Landeshoheiten an Herrschafts- und Machtzugewinn erstarkten. Bereits auf dieser obersten Ebene der mediävalen Gesellschaft herrschten Exklusionen und Inklusionen vor, begleitet von Eifersüchteleien, Fehden und mannigfachen Kriegen im In- und Ausland. Diese kriegerischen und eifersüchtigen Attribute, die inneren und äußeren Gefahren, denen sich die Herrschaftsgebilde ausgesetzt sahen, waren nicht selten Anlass zu strikteren Forst- und Jagdordnungen, wie dies Joachim Allmann in seiner Arbeit für den Pfälzer Raum in der frühen Neuzeit herausgearbeitet hat[950]. Die größeren und kleineren Herrschaftsbereiche waren stetigen Umwälzungen ausgesetzt, häufigen Kriegen sowie unzählbaren sozialen Unruhen und religiösen Fanatismen. Allein für den Pfälzer Raum weist Joachim Allmann in den Jahren zwischen 1500 und 1796 unzählige Kriege, aber auch mittelbare Konflikte nach, die den Pfälzer Raum zum Auf- und Durchmarschgebiet machten und neben den direkten Kampfhandlungen zusätzlich zu Unsicherheit, Plünderungen und Instabilitäten führten[951]. Vor diesem Hintergrund galt die Logik der strengen Hand, da nur eine durchgehende Organisation des Lebens bis in den intimsten Raum der Untertanen, umfassende Reglementierungen und die sich daran anschließende Kontrolle neben einer oftmals brutalen Gerichtsbarkeit den Herrscher in die Lage versetzte, eine halbwegs kalkulierbare Stabilität seiner Herrschaft zu gewähren[952]. Die Ausweitung höfischer Sitten, die Verfeinerung der Umgangskultur des Rittertums und des Adels untereinander war in diesem Zusammenhang ebenso ein Kind der Zeit wie die Brutalisierung der Blutgerichtsbarkeit, die Ausweitung der (jagdlichen) Fronleistungen, etc. Die Tatsache, dass beide Prozesse also zeitgleich stattfanden, ist kein Widerspruch, sondern rückblickend logische Konsequenz aus den strukturellen, kulturellen, psychischen und physischen Umständen der Zeit. Norbert Elias ist es zu verdanken, dass wir einen umfassenden Einblick in jene Prozesse haben und darüber hinaus auch den „Verursacher“ benennen können. Auch hier ist die Veränderung der gesellschaftlichen Struktur letzten Endes dafür verantwortlich, dass sich die Persönlichkeit der Menschen veränderte, sich die Sitten verfeinerten, während sich die Bedrückungen der Untertanen auf der anderen Seite oftmals mehrten. Die höfische Kultur, die höfische Sitte war räumlich auf eben jenen Bereich und die ihm angehörenden

---

lein zwischen der Reichsunmittelbarkeit (freie Reichsstädte und Herzogtümer) und dem Lehengeber bestand somit ein echtes Lehnswesen.

950 Vgl. dazu die Arbeit von Joachim Allmann, Der Wald in der frühen Neuzeit, an verschiedenen Stellen.

951 Vgl. dazu ebd., S. 22ff. Allein der Dreißigjährige Krieg hatte regional zu Bevölkerungsverlusten von bis zu 90% geführt. Der Orléanische Krieg, der Bayerisch-Pfälzische Erbfolgekrieg, die Konflikte um die Reformation und eine Unzahl mittelbarer Konflikte und Kriege, bei denen die Pfalz Durchmarschgebiet war, taten ihr Übriges.

952 Was passieren konnte, wenn der Herrscher den Zügel aus der Hand gab, ist am Aufstieg so mancher Städte seit dem 11. Jahrhundert sichtbar. Viele ehemals kleine Handelsniederlassungen konnten sich mit der Zunahme des Reichtums, das heißt mit der Ausweitung des Handels, von den Feudalherren lossagen, sich ihren Einschränkungen entziehen und weitgehende politische und wirtschaftliche Selbstständigkeit erstreiten. Das war der Beginn des enormen Gefälles zwischen Stadt und Land, zwischen Kultur, relativem Reichtum, politischem Mitspracherecht einerseits und den trostlosen feudalen Praktiken andererseits. Vgl. bei Hans van der Loo und Willem van Reijen, Modernisierung – Projekt und Paradox, S. 52f.

Mitglieder des Adels und der Geistlichkeit beschränkt. Eine Außenwirkung in Form von Affektbändigungen gegenüber den Untertanen kann in ähnlichem Umfange nicht festgestellt werden und wäre auch in Bezug auf die Kontinuität der staatlichen Organisation kontraproduktiv gewesen[953]. Norbert Elias hat in seinem zweibändigen Werk „Über den Prozess der Zivilisation" aufgezeigt, dass es die (materiellen) Prozesse der Staatenbildung, des Herauskristallisierens großer und kleinerer Fürstenhöfe waren, die die Umgangsformen innerhalb der Mauern jener Zentren kultivierten, während sich die Unterschichten in den Städten gänzlich anders verhielten. Die Gründe dafür waren unter anderem auch die kürzeren Kommunikationswege und die häufigeren gesellschaftlichen Kontakte der Herrschenden und der Hofmitglieder untereinander, die zuvor im frühen Mittelalter noch nicht derart vorhanden waren. Es war der Beginn der französischen Diplomatie über die Landes- und Ländergrenzen hinweg, die formale Regularien der Begegnung außerhalb der Schlachtfelder notwendig machte und sie kultivierte. Auch hier handelt es nicht allein um Distinktion oder um soziale Arroganz (welche beide vielmehr erst Ausdruck der bürgerlichen Gesellschaft nach 1848/49 sein werden), sondern um die Auswirkungen der sich verkomplizierenden Verflechtungen in sozialer, politischer und ökonomischer Hinsicht. Die höfische Gesellschaft war keine Laune der Natur, sondern das Resultat der Monopolisierung der zwei entscheidenden Machtquellen eines Zentralherren: Steuern und Polizei- bzw. Militärgewalt[954]. Jene Monopolisierungen waren es auch, die aus dem Wald den Forst und damit einen Herrschaftsraum[955] und aus der Jagd zwischen dem Mittelalter und der Neuzeit ein hervorragendes Herrschaftsinstrument machten. Diese Vermutung wird durch die Analyse der bestimmenden mittelalterlichen Raumgrößen wie dem Forst (der neben der Stadt den bedeutendsten Herrschaftsraum abgab; späterhin dem Wildbann), den ländlichen und produzierenden Gebieten schlechthin, den Grenzgebieten, den Jagdschlössern und Jagdhöfen, sowie daneben der raumreproduzierenden Handlungen, der Fronleistungen und der Jagdpraktiken und schließlich auch der Forst- und Jagdordnungen innerhalb dieser Arbeit verdichtet werden.

7.2.2.1 Konkretisierung

Innerhalb dieses Kapitels gilt es nun gemäß den oben genannten Ausführungen der Entwicklung des Wildbannes und der Forste einige Aufmerksamkeit zu schenken, daneben der Entwicklung der Jagd- und Forstordnungen als auch in einem größeren Umfange der Ein- und Umsetzung der Frondienste, die als in einem engen Verhältnis von Forst und Jagd stehend zu betrachten sind. Jene Entwicklungen rücken die Bedeutung und Funktionalisierung von Jagd seit dem Mittelalter bis 1848/49 in ein klares Licht. Wohlgemerkt handelt es sich hier um die Jagd der Könige und Fürsten, der Grafen und Herzöge, und nicht um die Volksjagd, die

---

953 Vgl. dazu auch Machiavelli, Il Principe, XV, S. 63 (in der Übersetzung von Rudolf Zorn). Die Beachtung ethischer oder moralischer Grundsätze ist in der Politik nicht selten die schlechteste Wahl im Hinblick auf die Stabilität eines einmal errichteten Gemeinwesens.

954 Vgl. dazu bei Norbert Elias, Die höfische Gesellschaft, S. 10ff.

955 Vgl. dazu die Ausführungen von Joachim Allmann, Der Wald in der frühen Neuzeit, S. 12f. Anhand der Konflikte um das Waldwesen, so Allmann, lässt sich besonders die Entwicklung von Herrschaft zeigen.

auch im Mittelalter und der Neuzeit regional durchaus vorhanden war, deren Quellen jedoch nur äußerst spärlich sind. Beide Jagdarten, Methoden und Absichten sind gänzlich voneinander zu unterscheiden, da sie nicht nur von unterschiedlichen sozialen Schichten ausgeübt wurden, sondern unter vollkommen anderen Vorzeichen Eingang in die deutsche Jagdgeschichte gefunden haben. Die Auswirkungen der höfischen Sitten, der Affektbändigungen, wie sie Norbert Elias nennt, waren bei der Volksjagd nicht ausschlaggebend. Das Vorhandensein großzügiger Jagdschlösser und Jagdhöfe war keine unabdingbare Voraussetzung für die Jagd von Teilen des Volkes, sondern es ist allein vor dem Hintergrund der Raumbesetzung und Strukturierung von Raum durch die Herrschenden zu verstehen. Jagdschlösser waren nicht lediglich Stützpunkt und Rückzugsort für den vom Regieren ermüdeten Herrscher, sondern aufgrund ihres Charakters als Teil eines Netzwerks, welches über den Herrschaftsraum verteilt war, dazu geeignet, Herrschaft zu kontrollieren, zu repräsentieren und zu reglementieren[956]. Ähnlich den Forsten und Königshöfen (Pfalzen) der karolingischen Könige und Kaiser müssen auch die landesherrlichen Jagdschlösser und Herrensitze als ein herrschaftliches Netzwerk verstanden werden. Über sie konnte die Besetzung des Raumes auch unabhängig von der Anwesenheit des Herrschers demonstriert werden. Zudem benötigten diese Netzwerke wiederum Angestellte und Untertanen sowie ein System der Bewirtschaftung und Beschickung mit Gütern von außerhalb oder den umliegenden Feldern und Höfen, so dass zusätzlich die Positionierung von Menschen und Tieren um jene Raumpunkte stattfinden musste. Aus dem System der Beherrschung, den hierarchischen und relationalen Beziehungen zwischen Herrn und Untertanen, sind demnach weder Herrensitze noch Jagdschlösser in jener Zeit wegzudenken. Reine Lustbarkeiten und Prunksucht waren jedenfalls nicht der Auslöser zu deren Installation. Auch hier bleibt zu beachten, dass die Fürsten des Mittelalters noch keiner Jagdschlösser bedurften[957]. Die Pfalzen und Burgen oder ausgesuchte Höfe und Klöster gelten in der Literatur als Ausgangspunkt der Jagdhandlungen. So gilt im Folgenden zunächst die Betrachtung allein der Jagd der Fürsten, auch wenn hier und dort einmal auf die Jagdmöglichkeiten des Volkes im Feudalstaat eingegangen werden wird. Den oben genannten Jagd- und Forstordnungen, dem Wildbann, dem Forst und den Frondiensten sind die Faktoren der Inklusion und Exklusion gemein, das heißt der Ausgrenzung der Untertanen einerseits und ihrer engen Einbindung andererseits. Durch diese engen Verflechtungen der Einbeziehung bei gleichzeitiger Ausgrenzung war es den Grundherren und späterhin den Landesfürsten möglich, eine enorme Kraft zu entfalten, die bis 1848/49 alle inneren wie auch äußeren Unruhen des beanspruchten Gebietes zu

---

956 So haben allein die Landgrafen von Hessen-Darmstadt in ihrem Territorium, welches nur einen Bruchteil des heutigen Hessen an geographischer Ausdehnung beanspruchte, zwischen 1567 und 1768 nicht weniger als 35 Jagdschlösser und Jagdhöfe errichtet. Vgl. dazu bei Wilhelm Bode und Elisabeth Emmert, Jagdwende, S. 109, unter Bezug auf G. Siebert, Jagd und Jagdhäuser in Hessen-Darmstadt, S. 25ff. Auch Erhard Ueckermann, Jagd und Jagdgeschichte Nordrhein-Westfalens, S. 65ff., weist darauf hin, dass Nordrhein-Westfalen sehr reich an Jagdschlössern sei. Das größte Jagdschloss seiner Zeit war das Schloss Herzogsfreude (Joie-le-Duc), das unter dem Kurfürsten Clemens August 1753 erbaut wurde.

957 Vgl. dazu bei Georg Landau, Die Geschichte der Jagd und der Falknerei in beiden Hessen, S. 199f.

überstehen half. Auf die raumtheoretischen Überlegungen projiziert, bedeutet die Inklusion und die Exklusion nichts anderes, als die ausschließliche Möglichkeit der Herren, ihre Untertanen im beanspruchten Raum nach der Logik der Reproduktion von Herrschaft und Raum zu positionieren. In diesem Kontext wird die Jagd der Herrscher zu beurteilen sein und selbst die Jagd des Volkes oder von Teilen davon - wo sie gewährt wurde - ist nur vor dem Hintergrund der Kontrolle und der Vergabe von Jagdmöglichkeiten in Verbindung mit der politischen und sozialen Kraft ihrer räumlichen Potenziale zu beurteilen. So können nicht nur die Jagdbeschränkungen als ein Teil herrschaftlicher Praxis betrachtet werden, sondern ebenso auch die studentischen Gnadenjagden oder die Vergabe von Jagdmöglichkeiten an verdiente Untertanen und an aufstrebende Bürger. Die Begünstigung einer elitären oder geistigen Schicht konnte keinen Nachteil für den Landesherrn erbringen und die Gestattung jagdlicher Handlungen sowohl dem Herrscher als auch dem Begünstigten von Nutzen sein. Auch hier - im Verhältnis zwischen Handwerker und Studenten - kann die Rede von Exklusion einerseits und Inklusion andererseits sein, da die sozialen Potenziale offensichtlich von den Herrschern unterschiedlich eingestuft wurden und in ihre Entscheidung der Jagdbegünstigung miteinflossen. So waren die Gnadenjagden auf einen nur sehr engen Personenkreis begrenzt, der sich in der Regel auf „Adelige, höhere Beamte, Klostervorstände, fürstliche Personen, In- und Ausländer" [958] und, wie z. B. in Heidelberg seit 1665, auf die Studenten der dortigen Universität beschränkte. Nach den Bauernaufständen und der Erstickung des revolutionären Potenzials der unter den Abgaben stark belasteten Bauern, der Erfindung des Buchdrucks und unter dem Eindruck des aufstrebenden Bürgertums begannen die Herrscher in der Intelligenz und dem erfolgreichen Handel förderungswürdige Untertanen zu erblicken, denen eine besondere Gunst zu erweisen sich in wertvoller Loyalität ausbezahlen musste.

Exkurs:

Selbst die bäuerliche Jagd zwischen den beiden letzten großen Kriegen, ja auch die heute speziell in Süddeutschland immer bedeutendere bäuerliche Regiejagd[959], findet deutliche Unterschiede und Abgrenzungen gegen die Jagd der in adliger Tradition stehenden bürgerlichen Pächter oder so manchen modernen Hobby- und Freizeitjägers[960]. Es ist ein ungeschriebenes Gesetz menschlicher Eitelkeiten, dass ein Jagdpächter in den meisten Fällen andere jagdliche Interessen verfolgt als derjenige Grundeigentümer, der das Glück hat neben ausreichend zusammenhängen-

---

[958] Vgl. dazu auch die Ausführungen von R. Freiherr von Wagner, Das Jagdwesen in Württemberg unter den Herzögen, S. 7ff, und unter Einbezug der Darstellungen von Horst Alexander Willam, Wildbahn und Waidwerk in Baden-Württemberg, 1875 bis 1975, S. 25f. Auch der letztgenannte Autor bezieht sich auf die Textstellen bei R. Freiherr von Wagner.

[959] Zu den Eigenarten der bäuerlichen Regiejagd sowie der bäuerlichen Jagdpraktiken und Jagdmotive an späterer Stelle noch ausführlicher.

[960] Zu den Auswirkungen unterschiedlicher Sozialisation der Jäger siehe auch bei Ulrich Schraml, Die Normen der Jäger, S. 100ff. In der Arbeit von Ulrich Schraml nimmt die Polarisation „Private Jäger - Försterjäger" einen wesentlichen Platz ein. Große Teile der Försterjäger haben heute eine nicht unähnliche Einstellung zu Jagd wie die früheren Bauernjäger. Dazu in den Kapiteln 9 und 10 noch ausführlicher.

den Grundflächen mit einem Jagdschein ausgestattet zu sein. Das, was als historisches Residuum aristokratischer Einflüsse, summarisch in dem unbestimmten Begriff der deutschen Waidgerechtigkeit[961] eingeschlossen, von der Mehrzahl der bundesdeutschen Jäger verinnerlicht wurde, findet in diesen letztgenannten Kreisen nur selten eine Anwendung. Auch heute noch vermag die Vergabe von Jagdmöglichkeiten an Persönlichkeiten aus Wirtschaft und Politik das eine oder andere zu bewirken. Der Rothirsch – so hat auch noch Horst Stern in seinem offenen Brief an den Jäger Walter Scheel 1975 konzediert – sei einem maliziösen Forstwort zufolge die vornehmste Art der Bestechung in Politik und Wirtschaft[962]. Auch hier wird man wohl nicht falsch liegen, wenn man von jenem Forstwort auf die Gepflogenheiten und Wirkungen in der Vergangenheit als auch in der Gegenwart schließt. Exkurs Ende.

Bevor nun das Augenmerk auf die Entwicklung des herrenlosen und unstrukturierten Waldes zum strukturierten Forst und Forstwesen, beginnend etwa um die Zeiten Karls des Großen, geworfen wird, ist zunächst auf die unterschiedliche Behandlung des Waldes bei den Römern im Verhältnis zu den Germanen im Rahmen eines kleinen Exkurses einzugehen. Hier lässt sich bereits erahnen, welche Rolle dem Wald unter den Vorzeichen gesellschaftlicher Veränderungen zukommen wird.

7.2.2.2 Zur Bedeutung des Raumes „Wald"

In vorgeschichtlicher Zeit bestimmte die Verbreitung des Waldes wesentlich die Besiedlung durch den Menschen. Die riesigen Wälder in allen Teilen Germaniens setzten vor die Besiedlung die Rodungstätigkeit. Die aktive Lebensraumgestaltung, etwa durch Rodung, fand auf deutschem Boden bis weit in die Metallzeit hinein (ihr Ende mit der Eisenzeit wird in etwa auf Christi Geburt datiert) jedoch in weitaus geringerem Maße statt, als dies lange Zeit angenommen wurde.

Allerdings ist dies strittig, da auf der anderen Seite eine hohe Rodungsintensität bis zur Römerzeit um Christi Geburt unterstellt wird, deren Flächen erst in den Zeiten der großen Völkerwanderung wieder vom Wald zurückerobert wurden[963]. Gegner dieser Theorie argumentieren damit, dass während der deutlichen

---

[961] Der Begriff der deutschen Waidgerechtigkeit ist weder juristisch noch wildbiologisch oder ökologisch determiniert und fassbar. So ist bei Fritz Nüsslein, Das praktische Handbuch der Jagdkunde, S. 186ff., zwar bereits eine „modernere" Fassung der Inhalte der Waidgerechtigkeit vermerkt, die konsequente Ausgestaltung dagegen fehlt noch weitgehend. So bleibt die Waidgerechtigkeit eine Worthülse, eine Floskel. Nüsslein schreibt dazu: Unter Waidgerechtigkeit versteht man die disziplinierte und sittlich begründete Einstellung des Jägers zum Wild, zum Jagen, zum Mitjäger und zur Gesellschaft. Das darf jedoch nicht darüber hinweg täuschen, dass Waidgerechtigkeit an Trophäen und nicht am Tierschutz orientiert ist.

[962] Vgl. dazu den offenen Brief von Horst Stern, Jagd vorbei – Halali, veröffentlicht im Zeitmagazin Nr. 09/21, Februar 1975, S. 10-18. Weiterhin ist dieser Brief abgedruckt und veröffentlicht worden in dem Werk von Wilhelm Bode und Elisabeth Emmert, Jagdwende, S. 14f.

[963] Vgl. dazu die Ausführungen in: Wald in der Bundesrepublik Deutschland, Herausgegeben vom Land- und Hauswirtschaftlichen Auswertungs- und Informationsdienst e.V., S. 12f.

Klimaveränderungen von trocken-warm zu feucht-kühl, wie sie z. B. zwischen der Steinzeit und Bronzezeit auf der einen und der Eisenzeit auf der anderen Seite stattfanden, der Wald das menschliche Leben vielmehr verdrängte[964] anstatt es zu fördern. Früher bereits besiedelte Gebiete sollen auch hier wieder vom Wald durch für ihn klimatisch günstige Bedingungen, wie sie in der Eisenzeit geherrscht haben, zurückerobert worden sein. Weitgehend gesichert dagegen ist, dass mit den Karolingern im Verlaufe des frühen Mittelalters bis in die Zeit um 1300 dann von größeren, zielgerichteten Rodungsperioden zum Zwecke des Landausbaus gesprochen werden kann[965]. Hier wurden nun auch weniger siedlungsgünstige Gebiete vom Landesausbau erfasst, wobei sich die Klöster als Kolonisatoren sehr hervor taten.

Dennoch darf ungeachtet der vermuteten eher lebensfeindlichen Prägung der großen geschlossenen Urwaldgebiete die enge Bindung des Ackerbauern und Viehzüchters vor und um das Jahr Eins an den Wald nicht geschmälert werden. Die Waldweide war bereits in jenen Zeiten die Grundlage der Schweine-, Ziegen- und Rindermast. Als ein besiedlungspraktischer Nebeneffekt kann in der dauernden Niederhaltung der einmal erschlossenen Waldgebiete und durch das stetig tiefer eindringende Hausvieh die allmähliche Ausbreitung oder zumindest Vorbereitung siedlungsfreundlicher Gebiete betrachtet werden. Neben der Waldweide und der Nutzung der Waldfrüchte auch für die menschliche Ernährung oblag dem Wald als Lieferant des so wichtigen Bau- und Brennholzes eine bedeutende Funktion bereits innerhalb der Bauern- und Viehzüchtergesellschaften der Metallzeiten. Dieser enge Zusammenhang wurde in seiner Kontinuität keineswegs geschmälert; der Wald blieb die menschliche Zentralressource bis in das 19. Jahrhundert, in dem der Beginn des industriellen Zeitalters zu suchen ist; er wurde der wesentliche Bestandteil traditionaler Gesellschaften. Holz war unentbehrlich für den Haus-, Wasser-, Brücken-, Schiffs- und Fahrzeugbau, für Möbel, Werkzeuge und Gerätschaften aller Art. Es diente als Lichtquelle, war unentbehrlich im Erzbergbau, in Salinen, Glashütten und Schmelzöfen und neben der Wasserkraft der einzige Energielieferant für Haus, Gewerbe und Industrie. Darüber hinaus dienten die siedlungsnahen Waldungen bis in das 19. Jahrhundert nach wie vor der Viehweide, der Schweinemast und der Streuentnahme, der Imkerei, der Teer-, Harz-, Gerbrinde- und Pottaschengewinnung. Werner Sombart hat in diesem Zusammenhang den Satz geprägt, „dass die Kultur vor dem 19. Jahrhundert ein ausgesprochen hölzernes Gepräge" getragen habe[966]. Nach den oben angeführten Zusammenhängen ist das eine realistische Kurzfassung der Grundlagen der Volkswirtschaft bis in das 19. Jahrhundert hinein. Allein dieser Zusammenhang zeigt bereits, dass der Wald als Raum seit der Ausgestaltung einer territorialen Herrschaft, sei es in den alten Rei-

---

964 Vgl. zu den Ausführungen der Verbreitungsgebiete der Urwälder und den Besiedlungsorten der Menschen bei F. Lütge, Die Agrarverfassung des frühen Mittelalters, S. 4f und 8f, unter Bezug auf Kötzschke-Kretschmar, Sächsische Geschichte, S. 127 und 128.

965 Vgl. dazu auch die Ausführungen in: Wald, Ökologie und Naturschutz, Herausgegeben vom Ministerium für ländlichen Raum, Ernährung, Landwirtschaft und Forsten Baden-Württemberg, S. 11ff. So war es erst die anwachsende Bevölkerung, die umfassende Rodungen bis etwa in das 13. Jahrhundert hinein notwendig machte.

966 Zitiert nach Peter Blickle, Studien zur geschichtlichen Bedeutung des deutschen Bauernstandes, S. 37.

chen der Ägypter, der Kanaanäer, der Israeliten, der Assyrer, etc. ein besonderes Augenmerk der Herrscher erhielt. Die Kontrolle über den Wald muss seit jenen Zeiten eine unabdingbare Voraussetzung stabiler und kontinuierlicher Herrschaft gewesen sein. Im Gegensatz zum mediävalen und neuzeitlichen Deutschland kamen die genannten Reiche im Zusammenhang mit der Verwaltung, Überwachung und Nutzung ihrer Waldungen jedoch noch ohne das umfassende und zentralisierte Instrument der Jagd aus. Welche Rolle hier der (insbesondere symbolischen) Jagd jedoch tatsächlich zukam, habe ich bereits in Kapitel 3 anhand der symbolischen Funktionalisierung aufgezeigt.

Ein kurzer Blick in die Geschichte der vergangenen 100 Jahre und in die Gegenwart der Bundesrepublik Deutschland zeigt auf, dass mit dem industriellen Zeitalter die Geschichte des Waldes in seiner Bedeutung für die menschliche Spezies bei weitem nicht abgeschlossen ist. Zwar ist er nicht mehr Energieträger Nummer eins, seine ökologische Bedeutung für Klima, Wasserhaushalt, Nährstoffeintragungen, etc. als auch seine Bedeutung als Freizeitkulisse der Erholungssuchenden und naturverbundenen Menschen in stadtnahen Gebieten ist jedoch nicht zu schmälern. So wie die Rolle des Waldes für den Menschen aus seiner Biographie nicht mehr wegzudenken ist, so existieren auch nach wie vor Konflikte in und um den magischen Raum, Lebensraum, Herrschaftsraum, Wirtschaftsraum, Freizeitraum und Nutzungsraum Wald. Gemäß der modernen Ausgestaltung des politischen und sozialen Lebens der Menschen sind die Konflikte um den Wald nicht mehr blutiger und kriegerischer Natur. Einen gewissen Despotismus lassen manchen Streitigkeiten dennoch auch heute noch erkennen und die verbale Qualität der direkten Auseinandersetzungen ist nicht selten in der Lage den Pulverdampf und das Klingen der Schwerter durchaus zu ersetzen.

Nicht nur aufgrund seiner existenziellen Bedeutung hatte der Wald bereits in den frühesten Zeiten die Menschen in seinen Bann gezogen. Mythen, Kobolde, Geister und Götter sind ihm zu verdanken. Die frühen Menschen wurden von ihm beherrscht, beseelt und ernährt. Ähnlich wie es im Falle der Jagd aufzuzeigen sein wird, hatten die Stufen der Zivilisation den Einfluss des Waldes auf den Menschen allmählich umgedreht. Seine Kontrolle bedeutete die Herrschaft über Menschen und erlaubte aufgrund der dargestellten Universalität des Waldes Einflussmöglichkeiten auf alle Ebenen der menschlichen Existenz. Kontrolle über den Wald und seine Ressourcen, aber auch die Jagd wurden die hervorstechenden Merkmale und Instrumente herrschaftlicher Politik und Aggression, letztendlich gar die Basis territorialer Hoheit und Staatlichkeit, wie dies z. B. in Württemberg der Fall gewesen ist[967]. Dabei ist die machtpolitische Entdeckung des Waldes und der Fluren ein sehr interessantes Beispiel herrschaftlichen Denkens und Handelns. Lange Zeit galt die Lebensumwelt des jagdbaren Wildes lediglich als die Kulisse der Jagd, als Kriegsumfeld und Zufluchtsstätte, bestenfalls noch als Nährmutter der wilden Tiere, sowie im Aberglauben der zeitgenössischen Bevölkerung als Hort der Kobolde und Geister. Ab einer gewissen zivilisatorischen Entwicklungsstufe jedoch verlor der Wald dieses Attribut und wurde zum Augapfel herrschaftlicher Bestre-

[967] Welche Rolle den Forsten im Aufbau des württembergischen Territoriums bis in das 16. Jahrhundert zukam, ist im gleichnamigen Werk von Rudolf Kiess eindrücklich nachzulesen.

bungen und demnach fürstlicher Politik sowohl nach außen als auch nach innen. Der Wald wurde bereits seit Karl dem Großen, deutlich jedoch im Zeitalter des ausgeprägten Feudalismus des Spätmittelalters und der Territorialstaaten bis in die Neuzeit hinein als „Raum" gedacht. Herrschaft über Menschen war damit unmittelbar an die Ressource Wald gekoppelt. Die Ökonomisierung der Wälder verließ die Bahnen des allgemeinen Wirtschaftens und wurde zu einem singulären Gut. Die Herrschaft entdeckte den machtpolitischen Wert eines Naturgutes, welches alle Lebensbereiche der Menschen durchdrang. Seine Kontrolle wurde zum Zankapfel von Generationen. Die Behandlung des Waldes als Herrschaftsraum und die in ihm vollzogene Jagd als repräsentative und tatsächliche Herrschaftshandlung ist Gegenstand der historischen Analyse. Allerdings ist an dieser Stelle zu differenzieren oder zumindest darauf hinzuweisen, dass nicht allein die Jagd im Wald wesentlich sein konnte, sondern insbesondere die Jagd auf den Feldern der Bauern und in den Waldrandgebieten, letztlich also in den Forsten und in den Wildbanngebieten allgemein, die sich ja nicht nur auf den Wald beschränkten. Um diese Beziehungen näher darzustellen, ist es notwendig, die Bahnen der herkömmlichen Quellen an manchen Stellen zu verlassen. Nur auf diese Weise kann die herrschaftspolitische Bedeutung der Jagd und des Waldes zu einem adäquaten Abschluss in der Betrachtung und Untersuchung gebracht werden.

Exkurs: Die römische contra germanische Behandlung des Waldes und der Fluren

So unbedeutend die eigentliche Jagd (mit den genannten Ausnahmen im caesarischen Rom), nicht jedoch die jagdähnlichen Venationes in den Arenen, für die römische Staatsraison war, umso ausgeprägter fand jedoch bereits eine geregelte Waldwirtschaft im römischen Kulturkreis statt. Ähnlich wie bereits im ägyptischen und griechischen Kulturkreis spielte hier der Staat eine tragende Rolle, sei es in Form der Aufsicht, der waldbaulichen Organisation oder der Vermarktung des Nutzholzes. Aus dem römischen Recht sind uns darüber hinaus seit etwa dem 2. Jh. v. Chr. Regelungen zum Recht der privaten Flure und Waldungen als auch der darin arbeitenden "saltuarii"[968] bekannt. Während in traditionalen Gesellschaften des germanischen Kulturkreises das Verhältnis zum Wald ein sehr freies und in vielen Belangen eher magisches war, hatte in den antiken Hochkulturen bereits die Ökonomisierung und Rationalisierung unter staatlicher Kontrolle Einzug gehalten. Selbst berufsspezifische Bezeichnungen und Tätigkeiten für Waldarbeiter, Holzhauer, etc. waren bereits geläufig. So fand im persischen, assyrischen und ägyptischen Reich, Jahrhunderte vor der Praxis der mitteleuropäischen Kultur, die künstliche Bestandsgründung durch Aussaat und Aufzucht statt. Der staatliche Eingriff in Form der Organisationsgewalt zeigt die Bedeutung insbesondere des Nutzholzes für die Stabilität einer verfestigten Herrschaft auf. Holz war Energieträger als auch Baustoff ersten Ranges und die Garantie bzw. Kontrolle über seine Verfügbarkeit oberstes Gebot der Lebens- als auch der politischen Sicherung von Mensch und Staat. Staatliche Eingriffe in Form von Zöllen und Ausfuhrbeschränkungen auf bestimmte Holzarten, insbesondere auf diejenigen, die zum Schiffsbau verwendet

[968] Vgl. bei Horst Rubner, Forstgeschichte im Zeitalter der industriellen Revolution, S. 22ff.

wurden, zeigen die herrschaftspolitischen Überlegungen und den Stellenwert staatlicher Holzsteuerung auf. Dennoch ist uns aus dem römischen Kulturkreis nicht bekannt, dass diese besonderen Nutzwälder einen eigenständigen juristischen Begriff gebildet hätten, wie es der Forst unter den späteren Merowingern und Karolingern tat. Auch hierin unterscheidet sich die römische Waldbehandlung von der früh- und hochmittelalterlichen Art der Ausschließlichkeit und Verfügungsgewalt über den Raum „Wald". Eine gänzlich andere Bewertung erfuhren die germanischen Wälder auch noch bei Cäsar, die ihm bei seinen wenigen Strafexpeditionen über den Rhein auf germanisches Gebiet überwiegend als Kriegskulisse gedient haben mögen. Aus seinem militärischen Gesichtspunkt heraus beschreibt er die Verkehrsfeindlichkeit der Wälder und Sümpfe, die ihm zudem ein vollkommen neues Bild im Gegensatz zu seinen mediterranen Erfahrungen sein mussten. Schon allein die Diskrepanz zwischen der weitgehend kultivierten Mittelmeerlandschaft und den überwiegend unkultivierten germanischen oder gallischen Wäldern, Gebirgen und Sumpflandschaften müssen diesen Eindruck hervorgerufen haben[969]. Dass die Römer bereits praktische Erfahrungen im Waldbau besaßen und Rückschlüsse von der Pflanzengeographie auf die Wertigkeit der Böden ziehen konnten, musste ihnen spätestens mit dem Bau des Limes im römisch besetzten Teil Germaniens zugute gekommen sein. Der berühmte Grenzwall verläuft tatsächlich in auffallender Weise parallel zur Verbreitungsgrenze des Nadelholzes im Main-Neckar-Donauraum. Gratmann führt dies darauf zurück, dass nicht militärisch-strategische Überlegungen allein den Grenzverlauf determinierten, sondern die Grenze gerade so weit gegen die Germanen vorgetrieben wurde, wie der nährstoffreiche Laubholzboden reichte; den minderwertigen Nadelholzboden überließ man gern dem Feind[970]. Inwiefern man hierin Gründe für die relativ geringere Bewaldung nördlich des ehemaligen Limes finden kann, ist strittig. Über das tatsächliche Ausmaß der germanischen Rodungstätigkeit ist sich die Wissenschaft bis heute letztendlich uneins. Während eine Richtung den Germanen nördlich des Limes Untätigkeit auf dem Gebiet der Fruchtbarmachung bewaldeter Areale unterstellt, sieht eine andere einen deutlichen Fortschritt in der Urbarmachung, nicht zuletzt aufgrund der römischen Lehrmeister. Allerdings kann diese Beziehung nur für die Gebiete Germaniens Gültigkeit besitzen, die mit der römischen Kultur dauerhaft in Kontakt getreten sind. Sachsen und Thüringen konnten sich z. B. den römischen Einflüssen bis 800 unserer Zeitrechnung widersetzen. Die dann stattfindende „Romanisierung" erfolgte nicht durch Römer, sondern durch die Franken. Sicherheit besteht einzig darin, dass im römisch besetzten Teil Germaniens die Kultivierung der fruchtbaren Böden rasch voranschritt. Ebenso sind der Städtebau und der bis

[969] Vgl. bei Caesar und bei Tacitus an verschiedenen Stellen. Ähnlich auch bei R. Hilf und F. Röhrig, Wald und Waidwerk in Geschichte und Gegenwart, S. 95f, unter Bezug auf Pomponius Mela, Ammianus Marcellinus und Salvianus.

[970] Vgl. dazu bei R. Hilf und F. Röhrig, Wald und Waidwerk in Geschichte und Gegenwart, S. 100, unter Bezug auf R. Gratmann, Der obergermanische Limes und das fränkische Nadelholzgebiet. Über die Baumartenzusammensetzung und damit über das Aussehen des Waldes zu den Zeiten um Christi Geburt wird in der Literatur heftig diskutiert. Ob die These Gratmanns hier zutreffend ist, kann somit nicht verifiziert werden. Eine gelungene Zusammenfassung der Diskussionen siehe auch bei Torsten Pflittner, Manifestation der Herrschaft im Raum. Adelige Jagd im Mittelalter unter Karl dem Großen, S. 33.

heute so gern gesehene Obst- und Weinanbau südlich des Limes ein Produkt römischer Kultur und Lehrmeisterei. Die spezielle Form der Landnahme durch Rodung nahm jedoch spätestens unter den karolingischen Herrschern dann einen bedeutenden Platz ein, die das ungeheure Herrschaftspotenzial welches mit den Waldungen verbunden ist, erkannten. Das Christentum tat hier wohl ein Übriges, die übernatürlichen Vorbehalte der germanischen Heiden gegen den massiven Einschlag des Waldes allmählich zu unterbinden, um letztlich Rodungstätigkeit überhaupt zu ermöglichen[971]. Über die damit zusammenhängende Bedeutung der Wälder im Zuge des Aufbaus von Territorien wird an späterer Stelle noch ausführlich zurückzukommen sein. Für die germanische Zeit bleibt zu vermerken, dass die Wald(be)nutzung strikt traditionell verlief. Tacitus berichtet in seiner Germania vom Stamm der Semnonen, dass jene in den Wäldern den Göttern, insbesondere dem Gott Teut, huldigten. Der Wald war Raum religiös-magischer Zeremonien, er selbst durch die vermutete Anwesenheit der Götter geheiligt, was in der Literatur als der Ursprung der heiligen Haine[972] gilt. Die großen zusammenhängenden Wälder, wie sie allerorts bei Caesar und Tacitus ehrfurchtsvoll genannt werden, standen zu ihren Ureinwohnern weniger in einem ökonomischen Verhältnis als vielmehr in einer magischen und religiösen Beziehung. Darüber hinaus war der Wald Zufluchtsstätte vor äußeren Feinden und erlangte mit der Varusschlacht in diesem Zusammenhang seine größte Berühmtheit[973]. Spätestens mit diesem Ereignis dürfte der hercynische (Harzer) Wald synonym für die germanischen Waldlandschaften sein. Sie haben für die römischen Besatzer nicht erst nach der Niederlage des Varus eine Dimension erreicht, die ihre Feldherrn dazu veranlasste, die tatsächlichen Ausdehnungen der germanischen Wälder deutlich zu übertreiben, um die eigenen militärischen Misserfolge durch die Überhöhung der im Wald liegenden Gefahren und Unwägbarkeiten vor dem römischen Senat zu mildern[974]. Während einerseits die Niederlagen dadurch in ein milderes Licht gerückt werden, erfahren andererseits die Erfolge zusätzliche Glorifizierung, da nicht nur der Feind, sondern jeweils

971 Georges Duby geht davon aus, dass die Verehrung von Bäumen und Wäldern generell starke Tabus errichtet hat, die die Rodenden davon abhielten, den Nährboden über den Saum der Lichtungen auszudehnen, obwohl es weder an Arbeitskräften noch an hungrigen Bäuchen mangelte. Die Verkündung des Christentums brauchte sehr lange, um diese Tradition auszurotten. Vgl. in seinem Buch Krieger und Bauern – Die Entwicklung von Wirtschaft und Gesellschaft im frühen Mittelalter, S. 56f.

972 Vgl. bei Tacitus, Germania, cap.39, und bei J. Keudell, Geschichte des Forst- und Jagdwesens in Teutschland, S. 11f.

973 Zwar streiten sich die Wissenschaftler über den letztendlichen Hergang der wohl bekanntesten römischen Niederlage auf germanischem Boden, aber eine fachlich gewichtige Zahl von Historikern geht davon aus, dass der Cheruskerfürst Armin den drei römischen Legionen (die 17., 18. und 19., samt Tross, drei Reitereinheiten und sechs Kohorten Hilfstruppen - an die 20.000 Menschen) des Varus auf dem Marsch durch dichte Wälder die vernichtende Niederlage zufügte. Vgl. dazu Rudolf Pörtner, Mit dem Fahrstuhl in die Römerzeit, S. 21ff. Diese These wird vertreten unter anderem auch von Mommsen, der damit der Erzählung des Cassius Dio folgt. Auch die neuesten Erkenntnisse zur Varusschlacht, die in einem Artikel des National Geographic, Ausgabe März 2002, Sieg über Rom, S. 100ff, von Erwin Brunner zusammengefasst werden, bezeugen, dass die Schlacht in den Wäldern um den Kalkrieser Berg und nicht, wie lange gedacht, im Teutoburger Wald stattfand.

974 Vgl. dazu auch Karl Hasel, Forstgeschichte, S. 35ff.

auch immer die Natur überwunden werden musste. Auf Seiten der Gegner Roms dagegen erfuhr der Wald eine Überhöhung in die entgegengesetzte Richtung. Er galt fortan als das Bollwerk gegen die drohende Romanisierung, als wirksamer Bundesgenosse der tapferen Germanen gegen die hohe Kriegskunst Roms[975]. Insoweit lag es nahe, Wälder als natürliche Befestigungswerke gegen feindliche Einfälle zu betrachten, wie das bereits unter Hinweis auf die Nervier und Treverer bzw. die Angrivarier und deren berühmten Wall (den Angrivarierwall) erfolgte. Exkurs Ende.

7.3 Die überwiegend materiellen Güter der Raumkonstitution

7.3.1 Vom Wald zum Forst oder Wildbann

7.3.1.1 Einleitung

Felix von Hornstein benutzt in seinem Werk „Wald und Mensch" die auch für die vorliegende Arbeit weitgehend berechtigte Formel: Forst ist ein Begriff der Verwaltung, Wald ist stets ein Begriff der Natur[976]. Bereits ursprünglich unterscheiden sich die Begriffe Wald und Forst also wesentlich. Der Wald war auch noch unter den Karolingern und den späteren Landesherrn ein reiner Nutzungsbezirk, zur Befriedigung der bäuerlichen und gemeindlichen Bedürfnisse vorgesehen, während der Forst einen von dieser Nutzung entzogenen abstrakten Rechtsraum darstellte, über den der Inhaber des Forstes nach Belieben verfügen konnte. Es können aus ihm einzelne Nutzungen sowohl verkauft, belehnt, verpfändet oder vorbehalten werden. Der Forst umfasste somit ein Hoheitsrecht und einen Bezirk, in dem dieses Recht ausgeübt werden konnte. Ab dem 11. Jahrhundert etwa wurden jedoch diese noch der freien Nutzung unterliegenden Wälder und auch die Forste dem Wildbann als legitimem Nachfolger der Einforstungen unterworfen und die Kontrolle und Reglementierungen dieser Wälder insbesondere unter den späteren Landesherren vorangetrieben und (regional unterschiedlich) erst 1848 wieder aufgehoben. So treten oftmals die Bezeichnungen Wald, Forst und Wildbann gleichzeitig auf und werden auch in der Literatur nicht immer sauber nach ihrer juristischen und tatsächlichen Stellung voneinander getrennt. Unstimmigkeiten und Unklarheiten sind so von vornherein in die Diskussionen als begleitendes Element eingespeist[977], nicht zuletzt deshalb, weil es bei der Ablösung des Begriffes Forst durch den Wild-

975 Siehe bei R. Hilf, und F. Röhrig, Wald und Waidwerk in Geschichte und Gegenwart, 1. Teil, S. 118.

976 Siehe bei Felix von Hornstein, Wald und Mensch, Waldgeschichte des Alpenvorlandes Deutschlands, Österreichs und der Schweiz, S. 2. Allerdings wurde auch der Wald mit dem Zugriff der Herren auf ihn und bei gleichzeitiger Zurückdrängung kommunaler oder gemeindlicher Rechte ein Verwaltungsraum. Doch dazu später ausführlicher.

977 Karl Hasel, Forstgeschichte, S. 61f., weist in diesem Zusammenhang darauf hin, dass die königlichen Wälder den wichtigsten und ursprünglichsten Teil der Forste bildeten und so im Verlaufe der Zeit der Forstbegriff mit dem Begriff des Waldes zusammenfloss und heute auch oftmals gleichbedeutend mit diesem gebraucht wird.

bann im 11. Jahrhundert nicht blieb, denn bereits im 15. Jahrhundert wurde der Wildbann seinerseits allmählich wiederum durch den Begriff des Forstes ersetzt[978].

7.3.1.2 Die Geeignetheit der Forste als Herrschaftsraum

Eine vollständige und alle regionalen Spezifika abdeckende Untersuchung des historischen Werdegangs vom Wald zum Forst kann an dieser Stelle nicht getätigt werden. Die sehr starke Zersplitterung des Reiches in 314 reichsständische Territorien und 1475 Reichsritterschaften dürfte wenigstens ebenso viele Forstordnungen hervorgebracht haben, auch wenn manche mit einiger Sicherheit inhaltlich ähnlich gewesen sein mögen. Wenn an dieser Stelle den regionalen Untersuchungen der Vortritt gelassen werden muss, so ist es dennoch unerlässlich, die Frage nach dem Warum zu stellen, das heißt, den Ursachen für die Wandlung des unbestimmten Waldbegriffs hin zu dem juristischen und darüber hinaus gesamtgesellschaftlich relevant gewordenen Faktum der Forsten nachzuspüren. Als Grund für die Inforestationen jedoch allein die Jagdlust zunächst der Könige und nach dem Verfall ihrer Autorität die der Landesfürsten verantwortlich machen zu wollen[979], kann nicht der alles umfassende Weg der Analyse sein. Es bleiben nach meinem Dafürhalten wenigstens zwei große Motivblöcke innerhalb des geschichtlichen Ablaufs zu beachten, mit deren Hilfe die Inforestationen besser zu verstehen sein werden.

a. Vieles deutet auf die Jagd als Motiv hin. Aber: ihre zunehmende wirtschaftliche oder schlichtweg subsistenzielle Bedeutungslosigkeit einerseits und der enorme wirtschaftliche und herrschaftliche Vorteil der Akquirierung herrenlosen Landes (des so genannten „ius eremi") andererseits sprechen zumindest für eine Ausweitung der Motive. Die Jagd konnte darüber hinaus bestenfalls das Resultat ausgedehnten Waldbesitzes oder von Einforstungen gewesen sein, nicht jedoch die Intention, zumal in der späteren Regalität der Jagd jene ohnehin auch auf denjenigen Flächen dem Fürsten vorbehalten blieb, die nicht in seinem Eigentum standen.

b. Dagegen bot die Jagd die Möglichkeit der Beherrschung und Besetzung des eigenen wie auch des fremden Grund und Bodens, da das sich herausbildende Jagdrecht ja in letzter Konsequenz vom Eigentum an Grund und Boden vollständig für einige Jahrhunderte losgelöst wurde. Eine wesentliche Bedeutung erfuhr die Jagd so erst nach den Inforestationen, was sie nicht zum auslösenden Moment machen konnte.

Neben der Jagdhandlung selbst ist auch die Entwicklung des Forstregals von großer Bedeutung, da über jenes die Forstordnungen, die zunächst nur für die herrschaftlichen Forste galten, auch auf die restlichen Waldbesitze bäuerlichen, gemeindlichen, kirchlichen oder städtischen Ursprungs ausgedehnt werden

---

978 Rudolf Kiess weist darauf hin, dass das Hoheitsrecht und der Bezirk, in dem es ausgeübt wird, in den Quellen bis in das 15. Jahrhundert hinein Wildbann heißt und erst wieder danach allgemein durch Forst ersetzt wird. Vgl. dazu bei Rudolf Kiess, Die Rolle der Forsten im Aufbau des württembergischen Territoriums bis ins 16. Jahrhundert, S. 133.

979 Diese Ansicht geht überwiegend auf Kurt Lindner zurück, der sie in seinem Werk Geschichte des deutschen Weidwerks, Band 2, Die Jagd im frühen Mittelalter, S. 164ff. vertritt. Seine Betrachtung des Forstbegriffes hat unzählige Autoren stark beeinflusst.

konnten[980]. Den herrschaftlichen Raumkonstruktionen, zu denen ich noch ausführlich etwas weiter unten kommen werde, wurden so vollkommen neue Möglichkeiten in sozialer, geographischer und herrschaftlicher Hinsicht eröffnet. Die Jagd sollte nur ein Instrument der Beherrschung und Verwaltung, nicht jedoch der Grund für die Raumkonstruktion „Forst" sein. Der im frühen Mittelalter begonnene Prozess der Vergesellschaftung unter den Merowingern und den Karolingern führte über das Lehnswesen und die daran anschließende Feudalisierung schon sehr bald zu einer Gesellschaftsordnung, die sich über klare soziale, herrschaftliche, räumliche Abgrenzungen auszeichnete. Diese Abgrenzungen gingen spätestens nach den Bürgerkriegen unter den Rechtsnachfolgern Karls des Großen auf dem Boden des deutschen Teiles immer deutlicher zu Lasten der traditionalen Gesellschaft, haben doch die Umwälzungen im Gesellschaftskörper zum Verlust vieler der angestammten stammesbezogenen Rechte, der aus Stammesrechten extrahierten Gewohnheiten, Sitten und Gebräuche, geführt. Mit Roms Niedergang verlor auch das römische Bürgerrecht an Bedeutung, was einen nachteiligen Einfluss auf die personale Freiheit und Freizügigkeit hatte. Der Schollengebundenheit, den Frondiensten und der Leibeigenschaft der Bauern standen begüterte Grundherrschaften mit vielen Immunitäten und Privilegien gegenüber[981], die ihrerseits auf dem Gebiet noch größerer Grundherrschaften, den späteren Landesherrschaften, lagen und als Adel niederen Standes von jenen Landesherren im Verlaufe der Zeit in ihren jagdlichen und sonstigen Rechten ebenfalls beschnitten wurden. Die inneren und äußeren Unruhen taten im Verlaufe des 9. bis 11. Jahrhunderts dann ihr Übriges um den Niedergang des freien Bauerntums und die Beschneidung der traditionalen Gesellschaft zu beschleunigen und eine Art negative Nivellierung der unteren Schichten zu fördern, die dann bis in das 15. Jahrhundert regional unterschiedlich weitgehend abgeschlossen war[982]. Jene Prozesse, die letztlich in die sozialen und räumlichen/geographischen Fixierungen der Bauern führte, waren sozusagen unabdingbar um ihre Ertragskraft und die Kontinuität ihrer Leistungen für die neuen Herren kalkulierbar zu machen. Den Ausgangspunkt dieser die traditionale Gesellschaft zersetzenden Entwicklung bildet die Vergabe von Dienst-

---

980 So z. B. eindrücklich bei Rudolf Kiess, Die Rolle der Forsten im Aufbau des württembergischen Territoriums bis ins 16. Jahrhundert, S. 12f, beschrieben. Die Forstordnungen konnten nun auf alle Wälder ausgedehnt werden, was dazu führte, dass das herrschaftliche Forstpersonal Herr in fremden Waldungen wurde. Im Wissen um dieses Konfliktpotential wird nach Rudolf Kiess hinzugefügt, dass die Herrschaft diese Ordnungen wohl nicht veröffentlicht, sondern dem Personal als Dienstanweisung zugeteilt hatte.

981 Vgl. dazu bei Karl Bosl und Eberhard Weis, Die Gesellschaft in Deutschland I, S. 19.

982 Das Instrument zu jener Angleichung der unteren Schichten, ihrer sozialen und räumlichen Fixierung und damit die endgültige Kalkulierbarkeit ihrer Wirtschaftskraft, liegt unter anderem in der Leibeigenschaft verborgen, welche z. B. in Kempten und Ottobeuren nicht vor dem 15./16. Jahrhundert als besonders qualifiziertes Element der Grundherrschaft in Erscheinung trat. Vgl. dazu bei Peter Blickle, Studien zur geschichtlichen Bedeutung des deutschen Bauernstandes, S. 6ff. Allerdings waren lediglich rund 5-10% der Bauern von der Leibeigenschaft betroffen und jene vorwiegend im Südwesten Deutschlands anzutreffen, also in den Bauernkriegsregionen. Die meisten Bauern waren im 15. Jahrhundert bereits nicht mehr leibeigen, sondern an die Scholle des Grundherrn gebunden, was jedoch die soziale und räumliche Fixierung ebenso bedingte. Vgl. dazu bei Karl Bosl und Eberhard Weis, Die Gesellschaft in Deutschland I, S. 139f.

gütern, die zunächst den Bevorrechtigten an die korrekte Erfüllung seiner Pflichten gegenüber dem König gebunden hat und die ihm bei Nichteinhaltung das Heimfallrecht des Königs androhte. Während die Könige für jene Ansicht in ihren Kapitularien bis in das 9. Jahrhundert hinein kämpften, setzten sich bei den Dienstmännern dagegen zu jener Zeit bereits die entgegengesetzten Gewohnheiten durch[983]. Durch den nun beginnenden Prozess der Verherrschaftung, das heißt der Verselbstständigung der Grafen und Herzöge als ursprünglichen Funktionären des Königs, kam es zu einer Abschwächung und letztlich auch zum Verschwinden der früheren Gerichts- oder Thingversammlungen der Freien[984]. Die Gerichtsbarkeit ging in die Hände der neuen Herren über, die sich über die Umwandlung des früheren Amtsbezirkes in eine personale Herrschaft zu solchen selbst machten. Die überlieferten und lange Zeit eifersüchtig auf ihre Einhaltung bewachten Volksrechte wurden Stück für Stück beschnitten und die traditionale Gesellschaft juristisch, über die Abschichtungsvorgänge auch ökonomisch und sozial, unterdrückt. Das war der Beginn umfassender Inklusionen und Exklusionen der Untertanen, die detailliert juristisch, ökonomisch, sozial und räumlich nachgewiesen werden können und die bereits im letzten Kapitel einmal mehr, einmal weniger ausführlich angesprochen wurden. Eine der bedeutendsten Exklusionen ist dabei in den Einforstungen zu verorten, die die ehemals freien Rechte in den großen Waldungen einschränkten und zumindest einer zunehmend strikteren Reglementierung unterwarfen. Bevor wir uns den Jagdordnungen und den Frondiensten im Zusammenhang mit der Jagdhandlung der Herrscher zuwenden, gilt der Blick dem Forst, der als neues ökonomisches, politisches und juristisches Gebilde aus dem traditionalen und damit freien Wald extrahiert wurde und regional unterschiedlich bis 1848/49 überwiegend soziale Konflikte heraufbeschwor. Die Jagd- und Forstgeschichte hängen dabei beide untrennbar zusammen, wenngleich auch die Jagd auf wesentlich ältere Ordnungen, Strukturen und auf eine bereits unter Karl dem Großen bestehende Organisation zurückblicken kann als die Forstgeschichte. In diesem Zusammenhang ist auch das alte Sprichwort „aus Jägertum entstanden ist deutsche Försterei, geht jenes uns abhanden ist´s auch mit ihr vorbei" zu verstehen. So untrennbar die Jagd- und Forstgeschichte zusammenhängen, so untrennbar teilen sie in etwa das gleiche Schicksal als wissenschaftliche und insbesondere soziologische Nische, in die kaum ein Forscher vorzudringen versuchte. Zwar gibt es eine Menge jagdgeschichtlicher Literatur, jene hat sich jedoch nur oberflächlich mit der Jagd als lustbetontem Vergnügen des Adels befasst, sowie sich die Forstgeschichte zwar mit den Forstordnungen, jedoch nicht mit den dahinter verborgenen Wirkungen und Absichten jener Ordnungen befasste. Das Werk von Joachim Allmann ist insofern ein Meilenstein innerhalb der Forstgeschichte, da hier nun der Blick hinter die Forstordnungen gewagt wird und dies sinnvoll nur unter Berücksichtigung umfassender soziologischer Größen wie den inneren und äußeren Unruhen, der Mentalität der Untertanen und den möglichen Eingriffen und Übergriffen in das private Leben der Untertanen durch die Reglementierung der Nutzung und des Zugangs der ehedem freien Wälder geschehen kann. Die Bildung der Forste, so das vorwegzunehmende Ergebnis, allein auf wirtschaftliche Faktoren zurückzuführen, ist

983 Vgl. dazu bei Rolf Sprandel, Verfassung und Gesellschaft im Mittelalter, S. 47f.

984 Vgl. ebd., S. 86.

ähnlich der Jagd und ihrer Reduzierung auf fürstliches Plaisir zu oberflächlich und wissenschaftlich unbefriedigend. Die Funktionalisierung der Jagd hängt untrennbar mit der Geschichte der Einforstungen zusammen, und darüber hinaus generell mit der Geschichte des Waldwesens. Auch in der modernen Gesellschaft übernimmt die Jagd wichtige Funktionen innerhalb des Forstwesens, insbesondere im Hinblick auf die Durchsetzung der naturnahen Waldwirtschaft über die regional wichtige Reduzierung überhöhter Schalenwildbestände. Innerhalb der Jagd- und Forstgeschichte wird dem aufmerksamen Betrachter ersichtlich, dass jene seit dem späten Mittelalter synonym für die Geschichte der Herrschaft über Menschen ist und seit der Revolution 1848/49 Schauplatz erbitterter Kämpfe um angestammte Rechte, Bewahrung von Traditionen, soziale Eifersüchteleien, etc., ohne jedoch wirklich öffentlich in das Bewusstsein der Menschen zu treten. Jenen Schritt vollzieht das Jagd- und Forstwesen erst wieder mit den Zäsuren der 1970er Jahre und sieht sich dabei gleich mit umfassenden Problemen konfrontiert, die mit den Auswirkungen der Industrialisierungen, des Fortschritts einerseits und den versäulten Traditionsbeständen[985] der Jägerschaft andererseits die Pole bilden.

7.3.1.2.1 Vom Wald zum Forst - vorläufige Abgrenzungen

Unterstellt man der Jagd eine herrschaftliche Komponente in Form der bereits ausführlich dargestellten Raumbehandlung, so ist die Jagd im Sinne Joseph Morsels eine soziale Handlung, eine soziale Praktik[986] des Adels. Hier ist es zunächst zielführend, wenn man den Herrschaftsraum, der nicht gleichzusetzen ist mit Jagdraum, näher definiert. Die Jagd der Herrscher ist eine primär ländliche Raumhandlung und hier ganz allgemein eng an den Forst angelehnt. Die Stadt, sofern nicht reichsunmittelbar, ist zwar Pertinenz der Herrschaft, jedoch nicht Jagdraum. Die Jagd fand also überwiegend in den Forsten, den ihnen einverleibten Räumlichkeiten wie Wiesen, Äckern, Wäldern, Flüssen und an Seen, statt. Jagd und Forst - einerlei wie ihre letztendliche Definition ausgesehen haben mag - waren untrennbar und standen in einem klaren Gegensatz zur Stadt. Das könnte auch einer der Gründe dafür sein, weshalb das Turnier nach den Ausführungen von Josef Fleckenstein als die städtische Form von Herrschaftsreproduktion[987] im Gegensatz zur ländlichen Herrschaftsreproduktion durch die Jagdhandlungen angesehen werden kann. Aus diesen wenigen Sätzen wird schnell deutlich, dass auch der Wald nicht mit dem Begriff des Forstes gleichzusetzen oder gar zu verwechseln ist. Zwar wird der Wald in den meisten Forsten Pertinenz sein, Voraussetzungen für einen „Forst" scheint er dagegen nicht zu sein. Nach dem 7. Jahrhundert werden in den Urkunden vermehrt auch die Flüsse und Seen als Bestandteile des Forstes erwähnt[988], was

985 Von der Versäulung jagdlicher Traditionsbestände ist auch bei Ulrich Schraml, Die Normen der Jäger, S. 238f., die Rede. Er bezieht sich dabei ebenfalls auf die Ausführungen von W. Gottschalch, Soziologie des Selbst. Einführung in die Sozialisationsforschung, S. 14f.

986 Vgl. dazu die Ausführungen von Joseph Morsel zu Jagd und Raum, in: Werner Rösener (Hrsg.), Jagd und höfische Kultur im Mittelalter, S. 256ff.

987 Vgl. dazu die Ausführungen bei Josef Fleckenstein, Das Turnier als höfisches Fest im hochmittelalterlichen Deutschland, S. 229ff.

988 Vgl. dazu auch die Ausführungen bei Ulrich Bergemann, Die Geschichte der landesherrlichen Jagdhoheit in der Grafschaft Zollern, S. 28f.

Rückschlüsse auf die Ausdehnungen zulässt, zumal allmählich der juristische Begriff des Forstes so auch auf die bäuerlichen Grundstücke ausgedehnt werden konnte. Der Forst scheint sich in einer ersten Abgrenzung dadurch vom Walde zu unterscheiden, dass er ein juristisches Konstrukt der Könige und Fürsten war. Damit ist die Überschrift dieses Abschnittes nicht ganz eindeutig bzw. richtig. Es ist nicht der Wald als undefiniertes Gebiet, der zum Forst wurde, sondern der Forst bezeichnete ein vollkommen neues herrschaftliches räumliches Konstrukt, welches Wald neben vielen anderen Landschaftsbestandteilen beinhaltete; daneben blieben jedoch auch unbestimmte Waldgebiete bestehen, so z. B. in der Hand freier Genossenschaften oder Städte. Der Forst grenzt sich so als Herrschaftsraum unterschiedlicher geographischer Prägung von freien Räumen ab, die es durch alle Zeiten – wenn auch in geringem Umfang – gegeben hat. So beruht der wesentliche Unterschied z. B. zwischen der Stadt und dem Forst nach den Angaben von Rudolf Kiess darin, dass der Forst im Gegenteil zur Stadt ein juristischer[989] Raumbegriff war. Die Gründe liegen in der Beschneidung der freien Jagdgerechtigkeit einerseits als auch der beginnenden Verwaltung und Organisation jener Räume über Verordnungen, geschultes Personal und die Wirkungen des Bannes. Die Forste sind dabei auf die königlichen Okkupationen im frühen Mittelalter zurückzuführen; sie waren also ursprünglich im Eigentum des Königs und bezeichneten nur einen Teil des gesamten Königsgutes. Motor der Inforestationen war die gezielte Binnenkolonisation, das heißt der geregelte Landesausbau, der zunächst in der Regel immer in unmittelbarer Nähe von königlichen Fiskalbezirken stattfand[990]. Laut Rudolf Kiess ist auch der Forst zu jener Zeit lediglich Nutzungsraum außerhalb der Jagd und außerhalb des Wildbannes[991], auch wenn bereits innerhalb der frühen Forste das germanischrechtliche Prinzip des freien Tierfangs aufgehoben war. Diese Betrachtung hatte jedoch nur so lange Gültigkeit wie die von Karl dem Großen aufgebaute zentralistische Reichsverwaltung Bestand hatte. Bereits mit den Sachsenkaisern wurde der Forst identisch mit Wildbann und die auch bei Adam Schwappach dargestellte, zunächst noch notwendige und eingeholte Zustimmung der Landbevölkerung über die Ausdehnung des Wildbannes oder nun des Bannforstes zeigt auf, dass er sich bereits hier über das Königsgut hinaus auch auf fremden (z. B. markgenossenschaftlichen) Grund erstreckte. Bereits im 11. Jahrhundert war diese Entwicklung sehr weit fortgeschritten. Die neuen Forste (die Wildbannbezirke) erstreckten sich nun bereits weitgehend über fremden Grund und Boden und beschränkten bereits in starkem Maße das Jagdrecht des gemeinen Mannes. Dass ihnen ein juristischer Akt zugrunde liegt und somit auch juristische Faktizität zukommt, ist in der dem Einforstungsvorgang unmittelbar vorausgehenden Erstellung einer Einforstungsurkunde zu sehen. Dieser Vorgang, der wohl überwiegend

---

989 Vgl. bei Rudolf Kiess, Die Rolle der Forsten im Aufbau des württembergischen Territoriums, S. 3f, in Anlehnung an H. Thimme.

990 Vgl. dazu die Ausführungen bei Ulrich Bergemann, Die Geschichte der landesherrlichen Jagdhoheit in der Grafschaft Zollern, S. 29, unter Bezug auf Heinrich Kaspers, Comitatus nemoris, Die Waldgrafschaft zwischen Maas und Rhein, Untersuchungen zur Rechtsgeschichte des Forstgebiets des Aachen-Dürener Landes einschließlich der Bürge und Ville, S. 28f.

991 Vgl. bei Rudolf Kiess, Die Rolle der Forsten im Aufbau des württembergischen Territoriums, S. 3f, in Anlehnung an H. Thimme.

in der Zeit nach der Regierungsperiode Karls des Großen zu liegen kommt, hat den Untergang der ehemals freien bäuerlichen Markgenossenschaften beschleunigt bzw. erst ermöglicht. Jene Bannforste wurden so zu eigenen Gerichtsbezirken, die die niedere Gerichtsbarkeit den Markgenossen und dem Märkergericht entwanden und stattdessen in die Hände der Fürsten legten. Das war der erste bedeutende Schritt, um Zugriff auf den ländlichen Raum zu erhalten und ihn mit eigenen Ordnungsvorstellungen, die von denen der alten traditionalen Genossenschaften abwichen, zu belegen, letztlich zu besetzen. Die in jenen Forsten ansässigen Bauern wurden so von alten Rechten ausgeschlossen und gleichzeitig in das neue Ordnungssystem hineingezogen und über die weiteren Abschichtungsvorgänge, insbesondere die Leibeigenschaft sowie die Auswirkungen der Frondienste, sozial und räumlich gebunden. Die Bauern wurden so über ihre Fixierung einerseits wirtschaftlich kalkulierbar als auch andererseits an der Landflucht gehindert, ihre Leistungen, ihr Ertrag über Verleihung an Gefolgsleute oder Gläubiger aktives Handels- und Tauschgut. Auf den ursprünglich königlichen Forst folgte so nach der Erstarkung des Beamtenapparates eine Übergangszeit des Wildbannes oder Bannforstes, der dann bis zur endgültigen Herausbildung der Landesherrschaft zum landesherrlichen Forst wurde. Im Resultat bilden sich dann in späterer, landesherrlicher Zeit die Landeshoheiten auf der Basis dieser nun wesentlich weitläufigeren Wildbannbezirke oder Bannforste (den neuen Forsten) und nicht auf den Forsten im älteren Sinne. Der Verständlichkeit halber bleiben wir aber nun bei dem Begriff Forst, jedoch versehen mit den neuen, weitläufigeren, weiträumigeren Implikationen[992]. Diese Entwicklungen waren nicht überall dieselben und in der hier unterstellten Kontinuität. Dennoch sind sie als ein wesentliches Teil des Puzzles zu betrachten, welches Stück für Stück zusammengefügt die Bedeutung der Jagd in der realen Reproduktion von Herrschaft begründen helfen kann. Jene Reproduktion ist nur über die Ausprägung der Räume, ihre Abgrenzungen zueinander, verständlich zu machen. Dabei muss man sich immer im Klaren darüber sein, was Jagd nicht war: Subsistenzwirtschaft. Nicht einmal ein ähnlich lukullischer Charakter wie unter den römischen Epikureern kann der Jagd im Mittelalter oder der Neuzeit angetragen werden. Sie musste schlichtweg vollkommen anderen Bedingungen unterliegen als es uns aus der Geschichte des Altertums bekannt ist. Mit dem Raum wandelte sich zwangsläufig auch die Jagd.

7.3.2 Die räumlichen Differenzierungen zwischen der Villicationsverfassung und den Landesherrschaften

7.3.2.1 Einleitung

Dieses umfassende Kapitel gilt der exemplarischen Darlegung unterschiedlicher Raumkonstruktionen und deren Wirkungen auf die Funktionen und die Praxis der Jagd. Dabei ist es wohl beinahe unmöglich feststellen zu wollen, ob bestimmte Raumkonstruktionen ausschließlich die Praxis der Jagd beeinflussten oder ob über

[992] Im 15. Jahrhundert trat dann ohnehin, speziell in Württemberg, an die Stelle des Wildbanns der Begriff Forst, so wie es im 9. und 10. Jahrhundert der Fall war, nun allerdings in der weiträumigeren Variante, die auch Grund und Boden Fremder mit einschloss.

die Jagdhandlungen jene Räume erst zielgerichtet konstituiert werden konnten. Es bleibt allein festzustellen, dass beide Möglichkeiten denkbar und in gewissem Rahmen auch belegbar sind. Ich hatte ja in diesem Zusammenhang bereits unter Bezug auf Ulrich Schraml erwähnt, dass Jagd als gesellschaftsprägendes und von der Gesellschaft geprägtes Phänomen gleichermaßen gilt. Unbestritten ist jedoch, dass die Jagd in den Epochen nach der karolingischen Dynastie einen anderen Stellenwert hinsichtlich der mit ihrer Hilfe zu erreichenden Ziele erfuhr als zuvor. Die gesamtgesellschaftlichen Entwicklungen waren es dabei, die dazu ihr Übriges getan haben. Die politische Landkarte änderte sich mit dem abermaligen Erstarken des Verwaltungsapparates ebenso wie sich die Herrschaftsmittel und Praktiken der Herrschaftsausübung und damit schlichtweg die Konstitutionen von Raum änderten. Von wesentlicher Bedeutung für die neuen Formen und Möglichkeiten der Raumkonstitution ist es dabei, neben der „reinen" Jagdhandlung die Frondienste und die Forst- und Jagdordnungen zu betrachten. Bevor ich im nächsten Kapitel auf die bevorzugten Jagdarten, die Wild- und Jagdfolge, die Freie Pürsch und die Gnadenjagden näher eingehen möchte, erscheint es mir aus diesem Grunde von unbedingtem Nutzen, das Wechselspiel von Inklusionen und Exklusionen mit Hilfe der Frondienste und der Jagd- und Forstordnungen aufzuzeigen. Gerade mit Hilfe der ausgedehnten Fronleistungen war es der Landesherrschaft möglich, spezifische Räume zu konstituieren, die sich deutlich von denen der Karolingerzeit unterschieden. So ist es nicht zuletzt das Differieren in der Art und Weise jener Inklusionen und Exklusionen der Untertanen, das zwischen der Karolingerzeit und den Landesherrschaften bis zur Mediatisierung festzustellen ist. Das, was für die Jagd als Mittel der Raumkonstitution gilt, gilt ebenso für die Frondienste, das Turnier, die Gerichtstage, etc. Dies allein auf den Fortschritt im Sinne von „Zivilisation" oder „Kultur" zurückführen zu wollen, ist meines Erachtens nicht nur ungenau und unbefriedigend, sondern der falsche Ansatz. Vielmehr scheint jene Entwicklung in Abhängigkeit zur Konstitution des Raumes zu stehen, die als Nebenprodukt zwar eine verfeinerte höfische Kultur hervorbrachte, gleichzeitig jedoch auch barbarisch gegen Mensch und Tier vorging und im Grunde systemimmanent vorgehen musste. Waren z. B. die Strafen gegen Wilderer im frühen Mittelalter nur als Geldstrafen definiert, wurden sie in späterer Zeit über drakonische Körper- und Lebensstrafen ersetzt, die zwar in keinem Verhältnis zur Wertigkeit des Wildbrets, jedoch durchaus zur Wertigkeit des Raumes zu verstehen waren. Wie diese spezifisch nachkarolingische Wertigkeit des Raumes zu verstehen ist, wird noch ausführlich im Rahmen dieses Kapitels aufgezeigt werden.

7.3.2.2 Die „alte" Raumordnung: die Reichs- und Villicationsverfassung

Die Jagd als reale Herrschaftsausübung konnte im Rahmen der karolingischen Reichs- und vor dem Hintergrund der Villicationsverfassung[993] offensichtlich noch

[993] Zu den Grundlagen der Villicationsverfassung, der Domänenverwaltung des Reichsgutes, siehe im Capitulare de Villis, der Landgüterordnung Kaiser Karls des Großen, Heinz Brandsch (Hrsg.), S. 108ff. Die Landgüter oder Domänen, die durch einen Grafen verwaltet wurden, unterstanden – zumindest formell – dem Kaiser. Schäden oder Benachteiligungen dieser Domänen durch Handlungen des Kaisers daselbst (z. B. durch jagdliche Verwüstungs-

nicht annähernd jene Funktion erfüllen wie sie es späterhin unter den Landesherren und deren spezifischen Raumstrukturierungen für viele Jahrhunderte tat[994]. So konnte ich in Kapitel 6 zwar aufzeigen, dass die Jagd im karolingischen Reich bereits eine wesentliche Rolle im Rahmen der Herrschaftslegitimation spielen und sich damit aufgrund der strukturellen, kulturellen, psychischen und physischen Differenzen zur hadrianischen Situation deutlich abgrenzen konnte. Dennoch war sie noch ein gutes Stück von den tief greifenden Funktionalisierungen in den darauf folgenden Epochen der Landesherrschaften entfernt. Der Grund dafür wird wohl nicht zuletzt in den unterschiedlichen Bedingungen der Konstruktion von Raum sowie seiner Bewanderung, respektive Behandlung, verborgen sein. Neben den genannten Differenzen in den Strukturen des frühen Mittelalters, insbesondere im Vergleich zu den späteren Landesherrschaften, fällt vor allem auf, dass alles „Räumliche“, und damit eben auch kulturgeographische Beschreibungen allgemein, im 9. und 10. Jahrhundert fast gänzlich fehlen. Selbst Berichte über Rodungen, so Johannes Fried, sind wenig ergiebig und im Übrigen auch kaum fassbar. Selbst dort, wo dem Wald Siedlungsgrund abgerungen, wo das Unheimliche und Dunkle zurückgetrieben wurde, selbst dort wird nur wenig bis überhaupt nichts in den Überlieferungen darüber berichtet[995]. Weiterhin sind Grenzbeschreibungen nur äußerst grob und nicht in der Lage einen klar definierten und abgegrenzten Herrschaftsraum zu umschreiben. Auch die Urbare zählen zwar Höfe und vor allem die Einkünfte aus ihnen, sie verschweigen dagegen deren Lage und die letztendliche Gestalt der Ackerfluren[996]. So verfahren auch die meisten mittelalterlichen Schenkungsurkunden, die über die juristischen Ausgestaltungen ganz die Beschreibung der räumlichen Realität, die Grenzen und die Gestalt des Landes, seine Beschaffen-

---

praxis oder umfassende Jagdfrondienste und damit bedingte Senkung der Produktivität) ist aus den Quellen jener Zeit nicht bekannt. Die Größe des Reiches verhilft der Jagd nicht zu ihrer Rolle als unmittelbarer Herrschaftsreproduktion und Demonstration, da jene mit zunehmender Kleinräumigkeit ab etwa dem 14. Jahrhundert erst zu spüren ist. Hier findet die Reproduktion von Macht und Herrschaft über Raum und Menschen durch die Strukturierung des Raumes über ein enges Netz an Jagdschlössern als materiellen Güter einerseits sowie der Regalität der Jagd als immateriellem oder symbolischem Gut andererseits statt. Weiterhin können über die ausgedehnten Fronleistungen die Menschen im Herrschaftsraum auf eine vielfältigere Weise positioniert werden als dies im Rahmen der karolingischen Verhältnisse der Fall sein konnte. Die Positionierung von Menschen und Tieren im Raum wurde so erst ein Merkmal der Landesherrschaften.

994 Ein Grund dafür, weshalb die Jagd im Rahmen der Villicationsverfassung des frühen Mittelalters eine andere Rolle spielte als in den Landesherrschaften des Hohen Mittelalters und der Neuzeit, mag auch in dem sich ändernden Stellenwert der domanialen Einkünfte zu suchen sein. Waren sie im frühen Mittelalter noch das materielle Rückgrat, so wurden dies im Spätmittelalter die Steuern. Daneben änderte sich im Spätmittelalter auch das räumliche oder raumpolitische Denken der Herren zusehends. Die Nachbarn wurden mit mehr Aufmerksamkeit bedacht als die eigenen Untertanen, wenngleich auch jene durch die genannten Steuern, Abgaben, Zölle, Frondienste, etc. zusehends in ihre Schranken verwiesen wurden. Vgl. dazu auch bei Erich Meuthen, Das 15. Jahrhundert, S. 28ff.

995 So berichtet Johannes Fried über die Rodungstätigkeit des Klosters Lorsch, welches im 9. und 10. Jahrhundert den zuvor unbesiedelten Odenwald erschloss. In den Überlieferungen des Klosters wurden darüber keine Aussagen gemacht. Vgl. bei Johannes Fried, Die Formierung Europas 840-1046, S. 12ff.

996 Vgl. dazu bei Johannes Fried, Die Formierung Europas 840-1046, S. 13.

heit und Art vergessen lassen. Es scheint aufgrund der noch vorhandenen Weite und Unberührtheit des Raumes nicht wichtig gewesen zu sein klare Definitionen seiner Begrenzungen und Inhalte vorzunehmen. Insbesondere bei den genannten Grenzbeschreibungen finden wir diese fehlende Klarheit bis weit in die Neuzeit hinein. Kaum eine Grundherrschaft oder eine Landeshoheit wird vermessen; sie wird einer Beschreibung unterworfen und durch entsprechende Handlungen, deren Duldung oder Untersagung (z. B. der Jagd, der Wildfolge, der Freien Pürsch, etc.) visuell und akustisch besetzt, reproduziert und damit nach innen und außen verdeutlicht. Klare Grenzdefinitionen werden so weit häufiger und gewohnheitlich durch den Einsatz von Personal, nicht selten von Tieren, und natürlich durch soziale Handlungen ersetzt. Allerdings ist auch dies erst im Wesentlichen ein Merkmal des hohen Mittelalters und insbesondere der Neuzeit. Welche Rolle hier der Jagdpraxis zuerkannt werden muss, werden wir im Rahmen des vorliegenden Kapitels noch ausführlich behandeln. Dasselbe Merkmal, welches sich in den Güterbeschreibungen, den Grundherrschaften und den königlichen Gebieten niederschlägt, ist auch in den Beschreibungen von Reisenden wieder zu finden. Johannes Fried stellt eine solche typische Reisebeschreibung unter Bezug auf O. Pritsak, The origin of Rus`, folgendermaßen dar: Er „(...) steuerte nahe dem Lande genau nach Norden. Auf dem Wege ließ er drei Tage lang das wüste Land zur Rechten, die offene See zur Linken. Dann befand er sich so weit im Norden, wie die Walfischer zu gehen pflegen. Er fuhr weiter nach Norden, (...) abermals drei Tage lang. Da wandte sich das Land nach Osten oder das Meer ins Land hinein, das wusste er nicht. (...) Darauf segelte er nahe dem Land nach Südosten so weit, wie er in vier Tagen segeln konnte (...). Er berichtete, das Normannenland sei sehr lang und sehr schmal (...). An manchen Stellen gäbe es aber viel Bergland und längs des angebauten Landes liege weiter oberhalb wildes Ödland (...). Das angebaute Land sei gegen Osten am ausgedehntesten und werde im Norden immer schmaler."[997] Damit wurde der räumlichen Darstellung des Erlebten Genüge getan. Das Durchmessen des Raumes in groben und großen Zügen scheint dabei von höherer Gewichtigkeit als die detaillierte Beschreibung des Landes, des Klimas, etc. Nicht selten werden wohl in jener Oberflächlichkeit die Gründe dafür verborgen liegen, dass kommende Jagdhistorikergenerationen entweder das Erzählte und Überkommene für bare Münze genommen haben oder aber schlichtweg dem Raum und seinen Bedingungen und Inhalten keinerlei Beachtung schenkten. Wie sehr die Gutgläubigkeit der Jagdhistoriker auch zu wissenschaftlich unsauberen und fragwürdigen Ergebnissen führte und führen kann, ist uns gerade aus den Darstellungen der karolingischen Wildparke und Jagdbrühle deutlich vor Augen geführt, seien es der Aachener Wildpark oder die vermeintliche Jagdinsel „Mariannenaue" im Rhein bei Ingelheim. So bleibt auch die Beschreibung des Aachener Brühls sowie der meisten anderen Brühle der Karolinger beschränkt auf die Lobpreisung ihrer Größe, ohne jedoch Konkretes darüber auszusagen. Die poetische Darstellung der räumlichen Ausdehnung wird zudem über die Vielzahl der wilden Tiere und insbesondere durch räumlich anspruchsvolle Tierarten wie Auerochsen, Rotwild, Bären und Wildschweine erreicht,

---

[997] Zitiert nach Johannes Fried, Die Formierung Europas 840-1046, S. 32, unter Bezug auf O. Pritsak, The Origin of Rus`, Bd. 1, Old Scandinavian Sources other than the Sagas, Cambridge (Mass.) 1981, S. 202f.

ohne wesentlich auf geographische Fakten einzugehen. Jene offensichtlich mehr einer Regel der Rhetorik folgenden Erzählungen haben hier offensichtlich der geographischen oder geometrischen Neugierde der Zeit Genüge getan. Selbst bei Karl Hauck, der sich ausführlich mit dem Aachener Brühl und den Quellen, die sich mit ihm befassen, auseinandergesetzt hat, bleibt die räumliche Ausdehnung, die Beschaffenheit und Lage des Wildparks nur Fragment und äußerst vage[998]. Auch bei Kurt Lindner, der das Jagdgelände Karls des Großen erwähnt, wird es zwar als „von Mauern umgeben" und als „von der Wurm durchflossen"[999] beschrieben, über die sonstige Beschaffenheit wird dagegen nichts bekannt. Lindner bezieht sich hier auf das höfische Gedicht „De Karolo rege et Leone papa", welches die Schönheit der Landschaft, die Frische der Wiesen und Wälder, den Reichtum an Wasserwild am Ufer des Flusses und die Menge des ruhig äsenden Rotwildes preist[1000]. Unter räumlichen Aspekten ist die Erwähnung, dass der Park mit Mauern umgeben sei, die brauchbarste, während die emotionale Beschreibung der Landschaftsbestandteile „Wiesen und Wälder" sowie die Erzeugung eines idyllischen Bildes von Ruhe und Friedfertigkeit mit Hilfe des ruhig äsenden Rotwildes vor dem Auge des Lesers ganz auf das genannte Befolgen der Regeln der damaligen Rhetorik zurückzuführen zu sein scheint. Auch das Beigesellen weiterer und friedlich zusammenlebender Tierarten über das Rotwild hinaus gereicht dem panegyrischen Muster zur Vervollkommnung, nicht jedoch dem historischen Interesse[1001]. Eine realitätsnahe Aussage über die Beschaffenheit und Größe des Brühles wird daraus nicht zu gewinnen sein. Kritik am Wahrheitsgehalt dieser scheinbar so einleuchtenden Verbindung zwischen einfriedenden Mauern einerseits und Wiesen und Wäldern mit ihrem Wildreichtum andererseits kam erst spät in Gestalt des Historikers Lutz Fenske auf. Er hat darauf hingewiesen, welcher immense Aufwand an

---

998 Vgl. dazu Karl Hauck, Tiergärten im Pfalzbereich, in: Deutsche Königspfalzen 1 (Veröffentlichungen des Max-Planck-Instituts für Geschichte 11/1), S. 30-57.

999 Siehe bei Kurt Lindner, Die Jagd im frühen Mittelalter, S. 393.

1000 Vgl. jene Beschreibung ebd., S. 393, unter Bezug auf das höfische Gedicht De Karolo rege et Leone papa. Angilbert als Verfasser dieses Gedichtes scheint in der Literatur sehr umstritten zu sein.

1001 Gerade Walafried Strabo bringt dies in seinem 829 verfassten Gedicht „Versus de imagine Tetrici" deutlich zum Ausdruck. Er scheint ein Abbild des Garten Edens im Aachener Brühl zu sehen, so lassen es zumindest die Stilmerkmale seines Gedichtes erscheinen. Vgl. dazu Walafried, Versus de imagine Tetrici (MGH Poeta Latini aevi Carolini 2, hrsg. Von E. Dümmler 1884, Ndr. 1964), S. 374, V. 116-125; vgl. dazu auch bei A. Däntl, Walafried Strabos Widmungsgedicht an die Kaiserin Judith und die Theoderichstatue vor der Königspfalz zu Aachen, in: Zeitschrift des Aachener Geschichtsvereins 52, 1930, S. 1-38; weiterhin bei Lutz Fenske, Jagd und Jäger im frühen Mittelalter, in: Werner Rösener (Hrsg.), Jagd und höfische Kultur im Mittelalter, S. 58f; daneben auch die deutsche Übersetzung bei Karl Hauck, Tiergärten im Pfalzbereich, in: Deutsche Königspfalzen 1 (Veröffentlichungen des Max-Planck-Instituts für Geschichte 11/1), S. 40-41. Es handelt sich hier offensichtlich auch um den Versuch einer Verbindung zwischen irdischer Gewalt, königlicher Macht, Christentum und Heidentum. Karl Hauck: „Es wäre nahe liegend, mit den messianisch gestimmten Preisungen Ludwigs durch Walafrid das Thema „irdische Friedensherrschaft als Vorausdeutung auf die himmlische Herrschaft Christi und gesehen in Kongruenz zu ihr" im Hinblick auf den thematischen Bezug „Tierpark als Paradies" hier ausführlicher mitzubehandeln, zumal die Verbindung von Herrscherlob und Paradiesaspekt seit Gregor von Tours' Bericht über die Taufe Chlodwigs im Mittelalter immer wieder begegne."

Menschen und Material notwendig gewesen wäre, würde man die Dimensionen der Jagdbrühle, wie sie die Zeitzeugen über ihre rhetorische Aneinanderreihung faunistischer und floristischer Faktoren scheinbar belegen, für korrekt halten. So kam er zu dem Schluss, dass sich „eine auch nur annähernd wirklichkeitsgetreue Vorstellung über solche Brühle und ihre Größe, über die Jagd in ihnen und über die in ihnen gehaltenen Tiere"[1002], daraus nicht gewinnen lässt. Konnte die Jagd also als wesentlicher Bestandteil einer herrschaftlichen Raum(be)handlung aufgrund der scheinbaren Gleichgültigkeit gegenüber dem Raum in der karolingischen Zeit keine Rolle spielen, so trat sie als Teil der Königslegitimation durchaus in den Blickpunkt der Karolinger, wie das in Kapitel 6 dargestellt werden konnte. Allerdings fand sie unter Karl dem Großen überwiegend in nur vergleichsweise kleinen Teilräumen des Reiches wie den königlichen Forsten und den Brühlen - einmal dahingestellt wie sie tatsächlich ausgesehen haben mögen - statt[1003]. Es fehlte der karolingischen

---

1002 Lutz Fenkse, Jagd und Jäger im frühen Mittelalter. Aspekte ihres Verhältnisses, in: Werner Rösener (Hrsg.), Jagd und höfische Kultur im Mittelalter, S. 60ff. Insbesondere die Haltung von Schwarzwild, Bären und Auerochsen in diesen Brühlen hat Lutz Fenske dazu veranlasst, herbe Kritik an den Überlieferungen zu üben. Selbst im heutigen Schönbuch bei Tübingen, einem eingehegten Rotwildgebiet mit rund 4.800 Hektar Fläche (vgl. diese Zahl im Jagdbericht Baden-Württemberg 2001/2002, Berichte der Wildforschungsstelle Nr. 9, Aulendorf 2003, S. 9), können die Wildschweine durch Öffnungen in den Zäunen ein- und auswechseln, da deren dauerhafte Einhegung mit wesentlichen Kosten verbunden wäre. Treten dann noch Auerochsen und Bären in Erscheinung, so sind die zu erwartenden wildbiologischen und technischen Problematiken von solcher Dimension, dass die karolingischen Einrichtungen wohl sehr bald überfordert gewesen wären, abgesehen davon, dass dies selbst heute auf beinahe unlösbare Probleme treffen würde. Wenn wir uns daneben in den modernen Zooanlagen wie München (Hellabrunn) oder Stuttgart (Wilhelma) die Gehegebefestigungen für die Haltung von Bären oder Wisenten betrachten, erhält man wohl einen kleinen Einblick in die Aufwendungen, die für einen kilometerlangen standhaften Zaun oder eine entsprechend robuste Einfriedung hätten erbracht werden müssen. Die Kritik Lutz Fenskes richtet sich ebenso auf diese technischen Problematiken, mit denen die Menschen im 7. und 8. Jahrhundert konfrontiert gewesen wären. Selbst heute gibt es keinen vergleichbaren Bau. Allerdings muss an dieser Stelle auch erwähnt werden, dass Fenske doch zumindest partiell über das Ziel hinaus schießt. So weist er dezidiert auf die wildbiologischen und sozio-ökologischen Wirkungsfaktoren hin, die bei der Errichtung eines solchen Großareals neben den technischen Problemen berücksichtigt werden müssten. Es wäre meiner Meinung nach jedoch sehr abwegig, wenn man einem karolingischen Herrscher ein Gespür für die Schaffung eines Wildgeheges unter der Berücksichtigung artspezifischer Lebensraumansprüche und der artifiziellen Umwelt zugestehen wollte. Es wird jenen Gründern der Brühle vollkommen egal gewesen sein, ob sich die dort gefangenen Tiere wohl fühlten oder nicht. Ihr Zweck war es, die Bejagung wilder Tiere zu ermöglichen und die möglicherweise chaotischen Zustände in diesen Brühlen mögen hierfür sogar noch geeigneter gewesen sein als „geordnete" Verhältnisse, die selbst in heutigen Großgehegen immer problematisch sind. Nichtarttypische Haltung mag gar die Bejagung erleichtert haben, da die Rudelstrukturen aufgebrochen wurden, die Wilddichte zu hoch war, die Rückzugsmöglichkeiten zu gering, die Nahrungsgrundlagen zu schlecht waren, das Ruhebedürfnis unterbunden oder zumindest gestört wurde, etc. Auf diese Weise kann das dann auftretende unspezifische Verhalten der Arten dem berittenen Jäger mehr Möglichkeiten der erfolgreichen Erlegung bieten als dies unter natürlichen Verhältnissen jemals der Fall wäre. Dass dies doch auch in den Jagdgehegen gerade beabsichtigt sein könnte, bleibt nicht von der Hand zu weisen.

1003 Vgl. dazu die Ausführungen bei Lutz Fenske, Jagd und Jäger im frühen Mittelalter. Aspekte ihres Verhältnisses, in: Werner Rösener (Hrsg.), Jagd und höfische Kultur im Mittelalter, S. 56f, und bei Karl Hauck, Tiergärten im Pfalzbereich, in: Deutsche Königspfalzen 1 (Veröf-

Jagd insofern schlichtweg an Raum[1004], an Tiefe, an strukturellen und kulturellen Voraussetzungen, die sie über jene Anbindung hinaus hätte haben können. Man kann davon ausgehen, dass die Jagd Karls des Großen zwar ihren politischen Zweck der über das Fürstenideal zu erbringenden Herrschaftslegitimation zu erfüllen in der Lage war. Eine weiterführende Form der praktischen Politik vor Ort, wie sie dann in der frühen Neuzeit bestimmend für die Jagd wurde, kann hier eindeutig nicht festgestellt werden. Mit anderen Worten: die Staatsorganisation des Karolingerreiches bedurfte noch nicht der Jagd als Bestandteil der praktischen Politik vor Ort, das heißt im Herzen des beherrschten Raumes, wie es dann in den Jahrhunderten zwischen etwa 1400 und 1800 der Fall war. Hier stieg die Zahl der Herrschaftsgebiete auf dem Boden des Deutschen Reiches von etwas über 300 auf 1789 eigenständige Gebiete an[1005]. Die Folge daraus ist unschwer zu erkennen: in ihnen wurde „Raum" in jeder Form relevant, da er nur begrenzt vorhanden war und deshalb eifersüchtig bewacht und umkämpft wurde. Die meisten Herrschaftsgebilde auf dem Boden des Deutschen Reiches waren nun durchzogen und umgeben von Grenzen und Begrenzungen, von Ansprüchen und Forderungen kirchlicher, niederadliger und hochadliger Grundherren, von Städten und Gemeinden. Die absolutistischen Bestrebungen der Landesherren versuchten mit diesen Überschneidungen und den daraus resultierenden Unsicherheiten aufzuräumen; die Möglichkeit des Zugriffs und der Kontrolle über alle Räume innerhalb ihres Herrschaftsgebietes musste in ihrer Hand konzentriert sein. Der Bau von Jagdschlössern, die Frondienste, die Jagdhandlungen und -ordnungen des Herrschers wurden in dieser Situation ein wesentliches Instrument der praktischen Politik, der hierarchischen Interaktion mit Untertanen und Nachbarn vor Ort und damit der räumli-

---

fentlichungen des Max-Planck-Instituts für Geschichte 11/1), S. 36. Nach den Biographen waren diese Räume zwar sehr groß, in den obigen Ausführungen und durch die Verweise auf die Forschung konnte jedoch deren Ausdehnung weitgehend relativiert werden. Im Vergleich zur Ausdehnung des karolingischen Reiches wären jedoch auch die überlieferten Dimensionen der Brühle bei Aachen, Attigny, Compiegne, Frankfurt/Main, Niederbayern (Donau) und Regensburg nur sehr gering. Zu den Vorkommen der Brühle vgl. bei Lutz Fenske, Jagd und Jäger im frühen Mittelalter. Aspekte ihres Verhältnisses, in: Werner Rösener (Hrsg.), Jagd und höfische Kultur im Mittelalter, S. 60f, und bei Karl Hauck, Tiergärten im Pfalzbereich, in: Deutsche Königspfalzen 1 (Veröffentlichungen des Max-Planck-Instituts für Geschichte 11/1), S. 33f.

1004 An Raum im eigentlichen Sinne fehlte es ihr natürlich nicht. Die königlichen Besitzungen und das Reichsgut selbst waren von wesentlicher Größe. Was jedoch fehlte, war die spezifische Struktur des Raumes, wie sie erst ein Merkmal der späteren nachkarolingischen Vergesellschaftung war. Paradoxerweise bedeutet dies, dass die Jagd im karolingischen Reich auch deshalb keine wesentliche räumliche Rolle spielen konnte, gerade weil Raum im Überfluss vorhanden war. Jagd als herrschaftliche Raum(be)handlung ist auf eifersüchtig bewachtes Land, auf innere und äußere Instabilitäten der Herrschaftsgebiete und damit auf den Kampf um Raum und Einfluss in Räumen angewiesen. In karolingischer Zeit traf dies zwar außenpolitisch zu (Einfälle der Normannen, Sarazenen), innenpolitisch dagegen offensichtlich noch nicht. Zudem war der Verwaltungsapparat in jenen Zeiten noch zentralistisch genug.

1005 Vgl. dazu bei Karl Hasel, Forstgeschichte. Ein Grundriss für Studium und Praxis, S. 110. Als das deutsche Reich im Zuge des Reichsdeputationshauptschlusses von 1803 aufhörte zu existieren, zählte es 314 reichsständische Territorien und 1475 Reichsritterschaften, zusammen also 1789 selbstständige Obrigkeiten. Vgl. dazu auch Ploetz, Grunddaten der Weltgeschichte, Geschichts-Kompass, S. 115.

chen Klärung der Situation. Während also das Räumliche in seiner umfassenden Relevanz im karolingischen Reich noch keine vergleichbare Rolle wie bei den späteren Landesherrschaften spielte, wurde die Jagd unter Karl und seinen Nachfolgern dennoch für bestimmte Zwecke der Reproduktion von Macht und Herrschaft funktionalisiert. Die Anbindung des Königheils an altiranische Vorbilder unter den Karolingern benutzte die Jagd als Teil der politischen Kommunikation, als Teil der Zurschaustellung des Königs als idealem Herrscher sehr wohl und im Vergleich zu Kaiser Hadrian auch erfolgreich. Als Beispiel dafür kann uns das fragmentarisch erhalten gebliebene Karlsepos „De Karolo rege et Leone papa" gelten, welches von einem Jagdzug Karls des Großen handelt:

„Frühmorgens bei Sonnenaufgang bricht eine erlesene Schar der Aachener Hofgesellschaft mit Hörnerklang, wiehernden Pferden und bellenden Hunden zur Jagd auf. In ihrer Mitte die alles überstrahlende Gestalt Karls des Großen, umgeben von seiner Gemahlin und von seinen schönen Töchtern, die in erlesene prachtvolle Gewänder gekleidet sind, und begleitet von seinen Söhnen. Nachdem die Jagd begonnen hat, wird von den Hunden ein starker Keiler aufgescheucht, den Karl, nachdem die Hundemeute das Wild nach langer Verfolgung und heftiger Gegenwehr gestellt hat, erlegt. Darauf spornt Karl die Jagdgesellschaft an, sich eifrig der Jagd zu widmen, und tut sich selber dadurch hervor, dass er eine unzählige Menge von Wildschweinen zur Strecke bringt, während der nichtjagende Teil der Hofgesellschaft den Taten der Jäger von einem erhöhten Standort aus zuschaut"[1006].

Ungeachtet der auch von Lutz Fenske im Anschluss an diese Zeilen durchgeführten allgemeinen Kritik an dem Wahrheitsgehalt oder besser der Realitätstreue der dargestellten Jagd[1007], ist folgendes für unsere Zwecke wesentlicher: Der tugendhafte Kaiser, Karl, überstrahlt den ganzen Jagdzug; es folgen ihm seine Frau, seine schönen Töchter und natürlich seine Söhne zur Jagd. Karl erlegt das erste Wildschwein und aufgrund der anschließenden Ermutigung Karls an die anderen Jäger, doch nun in die Jagd einzugreifen, kann vermutet werden, dass Karl die Jagd zunächst allein eröffnete. Auch tat er sich über eine Vielzahl erlegter Wildschweine unter den anderen Jägern hervor. Gerade hier rückt die Anlehnung (ob bewusst oder unbewusst kann hier leider nicht bewiesen werden) an das altiranische xenophontische Fürstenideal in wenigen Sätzen eindrücklich vor Augen. Der Fürst in der altiranischen Kultur der Perser hatte nach den Worten Xenophons das Vor-Schuss-Recht und erst, wenn er davon Gebrauch machte, durften die anwesenden

1006 Zitiert nach Lutz Fenske, Jagd und Jäger im frühen Mittelalter. Aspekte ihres Verhältnisses, in: Werner Rösener (Hrsg.), Jagd und höfische Kultur im Mittelalter, S. 57, unter Bezug auf De Karolo rege et Leone papa, hrsg. u. übers. von F. Brunnhölzl, Karolus Magnus et Leo Papa. Ein Paderborner Epos und die Kaiseridee Karls des Großen, S. 3-54.

1007 So ist die wesentliche Kritik von Lutz Fenske darin begründet, dass in der Szenerie der Eindruck vermittelt wird, der Brühl bei Aachen habe immense Ausmaße gehabt. Die Hunde hetzen das Wild im Originaltext durch Ödland und über Berg und Tal, was für eine Jagd in freier Wildbahn realistisch erscheint, nicht jedoch für eine Jagd in einem eingehegten oder sonst wie umzäunten oder ummauerten Jagdpark. Vgl. Lutz Fenske, Jagd und Jäger im frühen Mittelalter. Aspekte ihres Verhältnisses, in: Werner Rösener (Hrsg.), Jagd und höfische Kultur im Mittelalter, S. 58f.

Jäger selbst Wild beschießen[1008]. Tapferkeit, Mut und Geschicklichkeit hoben den Perserkönig in der daraus resultierenden Menge des erlegten Wildes aus dem Kreise der anderen hervor. Auch bei den Persern galten die Wildschweine als das einem Fürsten zustehende Wild, da jenes in seiner Rohheit und Wildheit die Tugenden des mannbaren Herrschers am ehesten herausforderte und er sie auch unter Beweis stellen konnte. Die Teilnahme von Karls Söhnen an der Jagd spricht dafür, dass Jagd ein Bestandteil der Erziehung sein konnte, geradeso wie es bei den persischen Fürstensöhnen der Fall war. Die Begleitung des Jagdzuges mit Musik und Hörnerklang ist ebenfalls aus den Erzählungen des Xenophon bekannt[1009]. Hinzu tritt möglicherweise ein germanisches Ideal, die Zur-Schau-Stellung von Virilität, worauf durch die Begleitung seiner Gemahlin und seiner Töchter geschlossen werden kann[1010]. Auch die Betonung der Schönheit seiner Töchter wird wohl in diesem Zusammenhang zu sehen sein. Insofern scheint es sehr wohl zumindest Ähnlichkeiten mit dem genannten altiranischen Fürstenideal gegeben zu haben. Ob über die letzten römischen Kaiser jenes auf die Karolinger überging oder ob persische Kontakte[1011] selbst eine Rolle spielten, ist an dieser Stelle nicht zu klären. Einigermaßen sicher ist nur, dass die Jagd des Königs herrschaftspraktische, unmittelbare Wirkungen im eigentlichen und erst später anzutreffenden raumkonstituierenden Sinne dagegen offensichtlich nicht entfaltet hat. Dies blieb den Landesherrschaften im Rahmen des zersplitterten und uneinigen Deutschen Reiches vorbehalten. Die Gründe dafür liegen nicht zuletzt in der Struktur der karolingischen Villicationsverfassung und der noch relativen Stärke des Königtums verborgen. Die Untertanen waren wirtschaftlich relativ gut gestellt, die Kleinbetriebe im Rahmen der Domänenverwaltung wurden über geringe Pachtabgaben betrieben und die grundherrlichen und königlichen Ansprüche blieben den Möglichkeiten der Wirtschaftsbetriebe und der Wirtschaftsform angepasst[1012]. Erst mit der Auflö-

[1008] Zum Vor-Schuss-Recht vgl. bei Wolfgang Knauth, Das altiranische Fürstenideal von Xenophon bis Ferdousi, S. 116.

[1009] Vgl. dazu die Ausführungen bei Wolfgang Knauth, Das altiranische Fürstenideal von Xenophon bis Ferdousi, S. 112ff.

[1010] Vgl. bei Torsten Pflittner, Manifestation der Herrschaft im Raum. Adelige Jagd im Mittelalter unter Karl dem Großen, S. 59-61.

[1011] Gegen Ende des 9. Jahrhunderts ist eine Wildstierjagd durch Notker von St. Gallen bezeugt, an der neben Karl dem Großen ein persischer Gesandter (Lindner spricht von einer persischen Gesandtschaft) teilnahm. Vgl. dazu bei Lutz Fenske, Jagd und Jäger im frühen Mittelalter. Aspekte ihres Verhältnisses, in: Werner Rösener (Hrsg.), Jagd und höfische Kultur im Mittelalter, S. 63, unter Bezug auf Notker den Stammler, Gesta Karoli Magni, II/8, S. 60f, et. Al; und weiter bei Kurt Lindner, Die Jagd im frühen Mittelalter, S. 392. Vgl. auch bei Karl Hauck, Tiergärten im Pfalzbereich, in: Deutsche Königspfalzen 1 (Veröffentlichungen des Max-Planck-Instituts für Geschichte 11/1), S. 38.

[1012] Horst Alexander Willam weist darauf hin, dass es den Bauern am Ende des Kreuzzugsalters aufgrund der Beibehaltung relativ niederer Pachtgelder wirtschaftlich gut ging. Allerdings setzte dann im 13. Jahrhundert eine gegenläufige Entwicklung ein, die auch im Freidank zum Ausdruck komme. Vgl. dazu bei Horst Alexander Willam, Wildbahn und Waidwerk in Baden-Württemberg, S. 23.

sung der Villicationsverfassung, dem Aufblühen der Städte im 13. Jahrhundert[1013], der Ostkolonisation und dem Herauskristallisieren höfischer Lebensart begannen die allgemeinen Beschwerungen der Untertanen. Die Herrschaftsmittel in der Hand des Landesherrn wurden nun über die bloßen Wirtschaftsbeziehungen zwischen Herren und Abhängigen hinaus deutlich verlagert. Die Aufhebung des Systems gegenseitiger Rechte und Pflichten, d. h. die Auflösung des früheren Schutzes und Schirms[1014], führte zu einer despotischen Haltung der Landesherrn, die nun auch über die Auseinandersetzungen mit dem niederen Adel, den Versuch der Unterdrückung der kleineren Grundbesitzer und Grundherrschaften, eine zusätzliche Beschwerung des Bauernstandes erreichten. Durch die Erhöhung der Zins- und/oder Pachtabgaben der Grundherrn mussten jene bei ihren abhängigen Hufenbauern denselben Weg einschlagen um die Abgaben überhaupt erbringen zu können. Hier erst begannen die Jagdfronen und die Jagdhandlung selbst eine für den Landesherrn weitaus bedeutendere realpolitische Rolle zu spielen, als dies bei den Karolingern der Fall sein konnte. Jagd wurde jedoch nicht nur innenpolitisch bedeutsam, sondern gleichsam auch außenpolitisch, das heißt im Verhältnis zum Nachbarn unabdingbar, da mit Hilfe der jagdlichen Handlungen Anspruch und Macht repetitiv reproduziert werden konnten. Die Grenzen oder Grenzbezirke sowie die Jagdschlösser sollten hier auch eine wesentliche Rolle spielen. Die Jagd wurde hier allmählich aus dem mehr symbolischen Kontext des Fürstenideals herausgelöst und als Teil der Reproduktion herrschaftlicher Gewalt, Macht und Stärke unmittelbar und direkt funktionalisiert. Das ist der wesentliche Unterschied zwischen der Jagd im frühen Mittelalter und derjenigen der späteren Jahrhunderte. So ist es nicht verwunderlich, dass parallel zur Entwicklung der geopolitischen Struktur im Übergang von Mittelalter und früher Neuzeit die Jagd ein Hauptgrund der fürstlichen Bewegung im beanspruchten Gebiet wurde[1015]. Dass dadurch nicht nur Wirkungen nach innen, sondern ebenso und ungemildert nach außen erzielt werden konnten, wird insbesondere im Rahmen der Jagdpraktiken noch näher aufzuzeigen sein. Die Jagdfronen und Jagddienste zielten dabei stärker auf die notwendige Reproduktion von Raum im Innenverhältnis ab, während die Jagdpraktiken, insbesondere die Wildfolge, die Gnadenjagden, etc., auch das Außenverhältnis betrafen.

[1013] Insbesondere die angestrebte Selbstverwaltung der Städte durch einen Stadtrat und die dadurch begründete Loslösung von landesherrlichem Einfluss führte zur besonderen Herrschaftssituation auf dem Lande.

[1014] Jenes System der Rechte und Pflichten, des Schutzes und Schirms, war es, welches lange Zeit die Herrschaft der waffentragenden und reitenden Oberschicht als legitim und stabil überdauern ließ. Karl Bosl verortet jene Legitimität und Stabilität in der spezifischen Struktur jener archaisch totalen Gesellschaft, in der die Nichtherrschaftsfähigen in den Herren die gottbefohlenen Träger und Vermittler des göttlichen Heils sahen und ihnen aus diesem Grunde, aus gläubiger Annahme, Dienst und Gehorsam leisteten. Sie ertrugen deshalb die körperliche und geistige Unterwerfung als gottgewollte Ordnung des Lebens. Vgl. dazu bei Karl Bosl und Eberhard Weis, Die Gesellschaft in Deutschland I, S. 33f.

[1015] Vgl. dazu auch die ähnlich lautenden Ergebnisse bei E. Greverus, Zur Geschichte des Mecklenburgischen Jagdrechts unter besonderer Berücksichtigung des Ablagerrechts, Jägerrechts und des Rechts der Folge, S. 94ff.

7.3.3 Zusammenfassung

Die politischen und sozialen Veränderungen am Ende der Stauferzeit im 13. Jahrhundert, der soziale Abstieg des Bauernstandes und sein Bedeutungswandel zum bloßen Adressat explizit herrschaftlicher Raumhandlungen wie der Jagd, haben zu einem neuen System der Beherrschung geführt, welches im Wesentlichen bis 1848 erhalten blieb. Es scheint, als ob in jenen Zeiten die Verwaltung der Landes- und Grundherrschaften durch eine Visualisierung im Sinne repetitiver Handlungen Einzug in die Politik gehalten habe. Was für die innere Verwaltung galt, muss ebenso für das Behaupten des Gebietes nach außen in Betracht gezogen werden. Gerade die eifersüchtigen Blicke auf die nachbarschaftlichen Herrschaftsgebiete dürfen in diesem Kontext nicht unberücksichtigt bleiben. So wird aufzuzeigen sein, dass gerade in den Auseinandersetzungen um die Freipirschgebiete und um die Regelungen der Wildfolge die nachbarschaftlichen Absichten und Ziele, aber auch Ängste und Nöte durchaus trefflich beschrieben werden können. Die Durchsetzung eigener jagdlicher Ansprüche, z. B. in der Jagd- oder Wildfolge gegenüber dem Nachbarn oder einem Grundherren, stellte die hierarchische Ordnung in der landesherrlichen Welt wieder her oder repetierte jene zuverlässig. Darüber hinaus war jene Reproduktion von Ansprüchen, Stellung und Raum für die Untertanen auf beiden Seiten der Herrschaftsgebiete visualisierbar, auch wenn vom Jagdhorn speziell bei der Jagd- oder Wildfolge auf fremdem Gebiet kein Gebrauch gemacht werden durfte. Es sind hier im Wesentlichen die Wirkungen und Zusammenhänge jener in Kapitel 4 genannten räumlichen Größen, namentlich der räumlichen und sozialen Fixierungen, der Ausschließlichkeit, der Grenzziehung und der Wirkungen von Distanz und Nähe im Hinblick auf die historischen Begebenheiten näher zu betrachten. So ist es gerade die soziale und auch geographische Statik im Gegensatz zur politischen Dynamik, die einen sehr großen Einfluss auf die Bedeutung und Instrumentalisierung der Jagd nahm. Wie ist das zu verstehen? Das gesellschaftliche Gefüge war im hohen Mittelalter und der frühen Neuzeit tatsächlich ein relativ statisches, auch wenn es zumindest in den Städten schon so etwas wie soziale Mobilität gab[1016]. Dagegen waren die inneren wie äußeren herrschaftspolitischen und damit die räumlichen Verhältnisse eher unsicher und in ihrer Führung wechselnd. Nicht zuletzt deshalb kann in Gebieten, die durch kriegerische Einwirkungen häufig in ihrer Stabilität und Kontinuität erschüttert werden, das Wechselspiel zwischen äußerer Unsicherheit und innerer Reglementierung im Sinne einer stetigen Verschärfung der Jagd- und Forstordnungen betrachtet werden. Joachim Allmann hat diesen Zusammenhang zwischen Kriegsgefahren, inneren und äußeren Bedrohungen und ihren Auswirkungen auf die Reglementierung des Forst- und Waldwesens in aller Ausführlichkeit für den Pfälzer Raum belegen können[1017]. Das Zusammenspiel zwischen gesellschaftlicher Immobilität und herrschaftspolitischer

[1016] Siehe dazu die Bemerkungen zur sozialen Mobilität unter Bezug auf z. B. die Fugger, Welser und Hochstetter, in Kapitel 4 (Fixierungen). In den ländlichen Gebieten waren einer sozialen Mobilität dagegen weitgehend die Tore versperrt. Vgl. dazu auch die Ausführungen bei Will Durant, Das Zeitalter der Reformation, S. 307f.

[1017] Vgl. dazu die Ausführungen bei Joachim Allmann, Der Wald in der frühen Neuzeit. Eine mentalitäts- und sozialgeschichtliche Untersuchung am Beispiel des Pfälzer Raumes 1500-1800, S. 19ff, S. 111ff, S. 129ff, etc. an verschiedenen weiteren Stellen.

Mobilität, die in das Chaos der weltlichen und geistlichen Fürstenherrschaften führte, bedingte nicht unwesentlich den herrschaftlichen Fokus auf die Jagd und die mit ihr zu erreichenden Ziele, deren Resultat die Stabilisierung der Herrschaft und die Verdeutlichung von Ansprüchen sein musste. Gerade die Situation in den deutschen Fürstentümern, Reichsritterschaften und Grundherrschaften ist in der Lage, diese Zusammenhänge zu verdeutlichen. So ist es nicht übertrieben zu sagen, dass am Vorabend Luthers überall die Gewalt herrschte. Die weltlichen und geistlichen Fürsten verstärkten das genannte Chaos „durch ihre schrankenlose Begehrlichkeit, die Uneinheitlichkeit der Münzen und Zölle, die undurchsichtige Rivalität um Macht und Reichtum, den Missbrauch des römischen Rechts, durch das sie sich auf Kosten der unteren Stände, des Kleinadels und des Kaisers zu unumschränkten Herrschern zu machen suchten"[1018]. Raumpolitisch ist damit nun auch gleichzeitig die Abgrenzung zur Villicationsverfassung oder generell zur karolingischen Dynastie gefestigt, die diese Zersplitterungen so nicht gekannt hatte. Von der Domänenverwaltung hatte man sich so weit als nur möglich bereits entfernt, der Kaiser alle frühere Macht weitgehend verloren und die Fürsten hatten ein großes Potenzial, die Möglichkeit, ihre neuen Raumordnungen zu kreieren und durchzusetzen, hinzugewonnen.

7.3.4 Die „neue" Raumordnung: die Landesherrschaften

7.3.4.1 Einleitung

An dieser Stelle möchte ich auf die Ausführungen in Kapitel 4 Bezug nehmen und die neue räumliche Qualität der Landesherrschaften gegenüber der bereits gezeigten karolingischen Domänenverwaltung aufzeigen. Das hier versuchte Konstrukt einer räumlichen Betrachtung der Landesherrschaften oder der politischen Gebilde nach dem Ende der karolingischen Dynastie basiert auf den theoretischen Bausteinen von Anthony Giddens[1019] einerseits und Martina Löw[1020] sowie Georg Simmel[1021] andererseits, ohne jedoch die Absicht zu verfolgen, jene Theorien in ihrer Gesamtheit darlegen und gegeneinander abgrenzen zu wollen. Letzteres hat Martina Löw in ihrem Werk zur Raumsoziologie bereits hervorragend gelöst. Zudem entspräche eine solche Vorgehensweise nicht der vorliegenden Thematik, in deren Mittelpunkt die Erklärung der Funktionalisierung von Jagd durch die Epochen steht und nicht eine umfassende Theorie von Zeit und Raum. Die Jagd als Handlung, als soziale Praxis, wie sie Joseph Morsel beschreibt, kann im Sinne einer Freisetzung ihrer bereits mehrfach beschriebenen Potenziale einzig über ihre epochenspezifische Raumbezogenheit, das heißt die jeweiligen epochenspezifischen Strukturierungen des Raumes einer wissenschaftlich-rationalen, weil jenseits von

1018 Vgl. dazu bei Will Durant, Das Zeitalter der Reformation, S. 312.

1019 Anthony Giddens, Die Konstitution der Gesellschaft, S. 185ff und S. 334ff, unter Bezug auf Paul Willis (1979), der sich mit einer Gruppe von Kindern aus der Arbeiterklasse, die eine Schule in einem Armengebiet von Birmingham besuchten, unter räumlich-strukturellen Gesichtspunkten befasste.

1020 Martina Löw, Raumsoziologie, S. 152ff und S. 231ff.

1021 Georg Simmel, Soziologie, S. 687-790.

Trieb und Instinkt, von Lust und individueller Motivik zu liegen kommenden Erklärung zugeführt werden. Die der Jagd inhärenten Potenziale, wie sie in Kapitel 4 dargestellt wurden, werden je nach den strukturellen, kulturellen, psychischen und physischen Veränderungen im Verlaufe der Epochen auf unterschiedliche Weise zum Leben erweckt und funktionalisiert. Für die Jagd der Karolinger habe ich das ausführlich unter Einbezug der spezifischen und nicht zuletzt räumlichen Bedingungen jener Zeit im vorangegangenen Kapitel dargestellt, während es nun gilt, gleiches für die Zeiten bis etwa zur Revolution von 1848/49 anhand der Fronleistungen, der Jagd- und Forstordnungen, des Wilderertums und der Jagdpraxis aufzuzeigen. Erst nach der Darlegung jener spezifischen Zusammenhänge bleibt der Blick auf die Jagd der Gegenwart nicht mehr durch überkommene Vorstellungen verstellt. Eine rationale Betrachtung der Jagd wird dann wesentlich offenkundiger und einfacher zu vollziehen sein, als wenn man dem bisher überwiegenden jagdlichen Tenor folgen würde, der Trieb, Instinkt, Vergnügungssucht und militärische Zusammenhänge zur Erklärung heranzieht.

7.3.4.2 Theorie zur räumlichen Struktur der Landesherrschaften

Die Grund- und Landesherrschaften dürfen unter Einbezug ihrer räumlichen Faktoren bis zur Mediatisierung nur mit Einschränkungen als relativ abgeschlossene Machtbehälter[1022] betrachtet werden, die auf dem Boden des Ersten Deutschen Reiches jeweils für sich von anderen, teilweise gleichwertigen Gebilden, nachbarschaftlich eingeschlossen und gleichzeitig gegeneinander abgegrenzt waren, sich hin und wieder auch feindlich gegenüber standen. Allerdings ist der Begriff der Abgeschlossenheit hier einigermaßen problematisch, da er grundsätzlich nur den klar abgegrenzten Herrschafts- und Geltungsbereich des Landesherrn bezeichnet. Dass diese Grenzen der Herrschaften eher ungewiss und oftmals ineinander fließend waren, wird insbesondere im Hinblick auf die Wild- und Jagdfolge, die Freipirschgebiete und die Gnadenjagden zur Sprache kommen. Vielmehr ist es bei genauer Betrachtung so, dass eine deutliche Instabilität der einzelnen Herrschaften im Rahmen des Ersten Deutschen Reiches bestand. Jene Instabilität war gekennzeichnet durch die stetigen kriegerischen Bedrohungen der Herrschaften untereinander sowie des Reiches als Ganzem zum europäischen Ausland. Auch die revolutionären Potenziale im Innern sowie die internen Auseinandersetzungen der Landesherren mit Adel und Klerus, etc. lieferten einen Grund für jene eher instabile politische Lage. Es existierte eine Vielfalt konkurrierender und hierarchischer Räume auf dem Gebiet ein und derselben Landesherrschaft, die mit dem Begriff des „absoluten“ abgeschlossenen Machtbehälters (Anthony Giddens für den Raum

[1022] So wie Anthony Giddens die Schule als Machtbehälter bezeichnet, müssen auch die Grund- und Landesherrschaften als solche bezeichnet werden. Überwachung und Kontrolle fand über spezifische Handlungen und Ordnungsvorstellungen (z. B. durch das später noch anzuführende Wald- und Forstwesen, die Forstordnungen und Jagdordnungen) nicht nur in der Schule statt, sondern eben auch in den Landesherrschaften. Vgl. z. B. „Schule“ bei Anthony Giddens, Die Konstitution der Gesellschaft, S. 189f. Dass diese Abgeschlossenheit jedoch auch sehr kritisch betrachtet werden kann, ist bei Martina Löw, Raumsoziologie, S. 235ff, sehr ausführlich dargelegt.

„Schule“)[1023] nur schwerlich zu vermitteln ist. Den institutionalisierten Raumkonstruktionen der Landesherren standen stetig gegenkulturelle Versuche der Raumkonstruktion durch die Untertanen entgegen. Jene gegenkulturellen Bestrebungen bestanden zumeist aus Ungehorsamshandlungen und Schlechtleistungen von Seiten der Untertanen. Die Ermahnung an herrschaftsgewollte Leistungen von Seiten der Herren und die Nichtbeachtung jener auferlegten Pflichten durch die Untertanen geschah repetitiv und im selben Raum. Wie dies zuweilen unter Beachtung der Fronleistungen und der Wilderei zu beurteilen ist, wird noch ausführlich dargestellt werden. Aufgrund der unterschiedlichen hierarchischen Raumkonstruktionen innerhalb eines Herrschaftsraumes (einer Landesherrschaft) war es unbedingt notwendig, dass die Instrumente der Raum(be)handlung, das heißt der Raumkonstruktion, institutionalisiert und in die Hand der sozial höher stehenden Herren gelegt wurden. Damit wurden jedoch gleichzeitig die Möglichkeiten der Gegenkonzeption von Raum dem politischen, sozialen oder sonst wie aus einem hierarchischen Beziehungsfeld stammenden Gegner in die Hand gespielt, wenngleich er jene Konstruktionen nur flüchtig und an die eigene körperliche Präsenz gebunden durchsetzen konnte, wie dies die Beispiele des Bauernkrieges und insbesondere der Wilderei eindrucksvoll belegen. Aber auch der niedere Adel gehört in jene Kategorie, der zumindest über die niedere Jagd[1024] oder andere Vergünstigungen jagdlicher Art eigene Raumkonstruktionen durchzusetzen versuchte. Die Landesherrschaften der Neuzeit zeichneten sich gerade durch unablässige hierarchische Kämpfe um Raumkonstruktionen, deren Erhalt und deren Sanktionierungen aus. Die Kontrolle des ganzen Herrschaftsraumes wurde dadurch wesentlich erschwert und die Strafmaßnahmen als übliche und regelmäßig zu erwartende Reaktionen auf die räumlichen Gegenkonzeptionen der sozial Schwachen (der Bauer wird zum Räuber oder Wilderer[1025], was beides als gegenkulturelle Konzeption im Sinne Martina Löws verstanden werden muss) wurden stetig verschärft. Jene Brutalisierung der Gerichtsbarkeit stand dabei offensichtlich zur zeitgenössischen und in Sitten und Gebräuchen zu bemerkenden Eliasschen Affektbändigung an den Höfen in keinem Widerspruch. Beides (Affektbändigungen hier und Brutalisierung der Gerichtsordnungen dort) ist weitgehend unabhängig voneinander zu betrachten, da das eine der Eigengesetzlichkeit der Politik unterlag, die Handlungsfreiheit des Herrschers sicherte, und das andere die Bindungen von Moral und Religion und eben die Sitten und Gebräuche betraf. Gemäß der machiavellischen Maxime

---

[1023] Vgl. dazu die Ausführungen bei Anthony Giddens, Die Konstitution der Gesellschaft, S. 189f.

[1024] Die Art und Zusammensetzung der niederen Jagd war regional und zeitlich sehr verschieden. Einzig das Rotwild war durchweg der hohen Jagd zuzurechnen, während Reh und Sau mal zur einen, mal zur anderen Jagd gehörten. Vgl. dazu auch die Ausführungen bei Georg Landau, Die Geschichte der Jagd und der Falknerei in beiden Hessen, S. 110-118.

[1025] Räuber und Wilderer bezeichnet E. Hobsbawn als Sozialbanditen, die nicht darauf aus sind, die ihnen zugedachte Rolle des unterwürfigen Untertanen zu spielen. Sie setzen laufend gegenkonzeptionelle Raumkonstruktionen, die jedoch weitgehend flüchtig und an ihre eigene körperliche Präsenz gebunden sind. Insofern haben sie es schwer, gegenüber den Raumkonstruktionen der Herren zu bestehen, die auf institutionalisierten Rückhalt zurückblicken können. Am Ende steht zumeist der gewaltsame Tod durch Strick, Beil, Straflager. Vgl. dazu auch bei , E. Hobsbawn, Banditen, S. 125 f., und E. Hobsbawn, Sozialrebellen. Archaische Sozialbewegungen im 19. und 20. Jahrhundert, S. 41f.

galten jene Regeln in der Politik der genannten Epoche nur in ganz bestimmten und wenigen Situationen. In den meisten politischen Auseinandersetzungen und Entscheidungen würden Affektbändigungen, die sich zwangsläufig als eine Form der Milde erweisen, eher als Schwäche ausgelegt werden denn als Stärke[1026]. Für die Erhaltung eines Gemeinwesens, einer Raumkonstruktion nach bestimmten Vorstellungen und Bedingungen hätte dies fatale Auswirkung haben können. Aus diesem Grunde ist auch die zunehmende Affektbändigung einerseits und die Brutalisierung der (Hals-)Gerichtsbarkeit kein zeitgenössischer Widerspruch. Aus diesem Beziehungsgefüge resultiert die politische Instabilität, die damit nur eine Form politischer Dynamik bezeichnet, während die sozialen Fixierungen im Gegensatz dazu zu einer gewissen gesellschaftlichen Statik führten[1027]. Wie bereits in Kapitel 4 und 5 aufgezeigt, resultierte die gesellschaftliche Statik der frühen Neuzeit aus den sozialen und geographischen Fixierungen der Untertanen im jeweiligen Raum. Mit Hilfe jener Fixierungen konnte der Grund- und Landesherr auf weitgehend kalkulierbares Kapital zurückblicken und auf dessen Erträge mit einiger Sicherheit spekulieren. Auch die Herrschaft, die sich über Grund und Boden und schließlich über Menschen erstreckte, wurde auf diese Weise einiger Kontinuität zugeführt. Zwar war dies im karolingischen Reich ähnlich, da auch die Domänenverwaltung auf diese „human ressources" bauen konnte, es geschah jedoch unter geringerem Zwang und gemäß den Kapitularischen Aussagen ohne annähernd ähnlich existentielle Ausbeutung wie es in den Landesherrschaften vielfach der Fall war[1028]. Die weitgehende Entkopplung der Untertanen aus Kriegsdienst und Ämtern brachte den großen Vorteil der unnachgiebigen und deshalb rücksichtslosen Ausbeutung der arbeitenden und oder bäuerlichen Untertanen mit sich. So waren die Untertanen häufig nur Adressat der herrschaftlichen hierarchischen Interaktionen. Dennoch blieb ihnen ein gewisser Spielraum zur Konzeption gegenkultureller Räume, sei es im Zuge der Bauernunruhen oder über das Instrument der Wilderei sowie der Verweigerung oder Schlechtleistung der Fronleistungen. Das Resultat aus der spezifischen Raumkonstruktion der Landesherrschaften, den spezifisch hierarchischen Interaktionen, die sich nun von denen der karolingischen Dynastie deutlich unterscheiden, ist neben den Bauernkriegen insbesondere im Rebellen- und Wilderertum zu finden. Der Konstitution von Raum durch die hie-

1026 Vgl. dazu die Ausführungen im Il Principe, Kapitel XVIII. unter der Überschrift: „Über Grausamkeit und Milde; und ob es besser ist, geliebt oder gefürchtet zu werden oder umgekehrt", S. 67ff. Solange aus der Milde nicht die Unordnung resultiert, solange kann Milde auch in der Politik ein gutes Mittel sein. Dennoch müssen für den Florentiner aus der Eigengesetzlichkeit der Politik andere Verhaltensweisen herrühren als dies nach den hergebrachten moralischen und religiösen Bindungen der Fall sein kann.

1027 Niccolò Machiavelli hat diesen innen- und außenpolitischen Zuständen im Rahmen seines politischen Denkens und der Darlegung seiner Handlungsmaxime insbesondere in seinem „Il Principe" Rechnung getragen.

1028 So umschreibt denn auch Heiner Brandsch die Landgüterordnung Kaiser Karls des Großen als insofern wegweisend, als sie „der landwirtschaftlichen und gewerblichen Produktion den Weg ebnete, den Beamten, Bediensteten und Bauern einen wirklichen Rechtsschutz sicherte, eine gerechte Teilung der Bodenrente zwischen Grundherrn und Landarbeiter vornahm und den auf seinen Besitzungen wohnenden Teilen der arbeitenden Volksklasse ein gesichertes und menschenwürdiges Dasein bereitete (...)." Vgl. dazu bei Heiner Brandsch, Die Landgüterordnung Kaiser Karls des Großen, S. 9.

rarchischen Interaktionen der Herren mit den Untertanen, sei es durch die Jagdhandlungen, die Forst- und Jagdordnungen, die Frondienste, die Gerichtstage, die Turniere, etc. standen allmählich (wenn auch nur flüchtige) Gegenkonzeptionen von Seiten der Untertanen gegenüber. Die Bewegung des Armen Konrads und des Bundschuhs[1029] zum Ende des 15. und zum Beginn des 16. Jahrhunderts sind, wie auch die sich herausbildende Kultur der Wilderer, als solche Gegenkonzeptionen zu betrachten. Allerdings waren die auf rebellische Akte zurückgehenden Raumkonstitutionen der Untertanen sehr flüchtig und im Gegensatz zu denjenigen der Herren an die körperliche Präsenz der Bauernhaufen gebunden. Sie hatten keine Mauern, keine Städte, Burgen, Schlösser, keine Ordnungen und Gesetze von Dauer und Durchschlagskraft, keine ähnlich repetitiven und kontinuierlichen sozialen Praktiken wie die Herren. Mit der Zerschlagung ihrer Ideen und dem Ausbluten ihrer Kämpfer auf dem Schlachtfeld, der Hinrichtung ihrer Führer und der weiteren Politik der Unterdrückung verschwanden die konstituierten Räume sehr bald und dauerhaft, ohne sich auch materiell manifestieren zu können. Auch hier ein Indiz oder eine Begründung dafür, dass die Verfeinerung der Sitten auf dem Felde der Konstruktion von Raum – quasi systemimmanent – keine Wirkungen entfalten konnte. Nach den Bauernkriegen und ihrer blutigen und ebenso nachhaltigen Niederschlagung blieb den Untertanen als Möglichkeit der räumlichen Gegenkonzeption nur noch die Wilderei sowie die Schlechtleistung oder Verweigerung von Frondiensten, wie das bisweilen ganze Dörfer taten[1030]. Diese Gegenkonzeptionen – auch oder gerade weil sie auf Konfrontation aus waren – sind jedoch im Rahmen der Landesherrschaften und der Beziehungen von Herren und Untertanen zueinander unabdingbar. Das ausgehende Mittelalter und die frühe Neuzeit wären ohne diese hierarchisch sich gegenüberstehenden Räume nicht denkbar. Es sind vielmehr die hierarchischen Beziehungen, die Konstruktionen und Gegenkonzeptionen, die die sozialen und politischen Spezifika jener Zeiten einer Erklärung zuführen können und dem Verständnis feudaler Systeme zuträglich sind. Um es auf einen etwas provokativen Nenner zu bringen: Ich gehe davon aus, dass die Allmacht der Fürsten ohne die Rebellion – einerlei ob offen, wie im Bauernkrieg, oder eher verdeckt, wie durch die Wilderei – nicht denkbar gewesen wäre.

Die Konstitution von Raum durch die Landesherren funktionierte ihrerseits nur über die spezifischen hierarchischen Beziehungen, deren wichtigster weil auch kontinuierlichster Bestandteil die räumliche Gegenkonzeption, das heißt die Rebellion, die Schaffung (oder zumindest der Versuch) gegenkultureller Räume von Seiten der sozial tiefer stehenden Schichten war. Nur aus diesen repetitiv nach

---

1029 Die Bewegung des Bundschuhs geht namentlich zurück auf den mittelalterlichen groben und oben zugeschnürten Bauernschuh. Er war das Feldzeichen der aufständischen Bauern von 1492 bis 1525. Vgl. dazu im Volksbrockhaus 1965, S. 121. Vgl. dazu auch die Ausführungen bei Wilhelm Zimmermann, Der große deutsche Bauernkrieg, S. 30ff.

1030 So z. B. das Dorf Owingen 1699, welches sich geschlossen den geforderten Fronleistungen verweigerte. Vgl. dazu den Untertanenprozess, geschildert bei Ulrich Bergemann, Die Geschichte der landesherrlichen Jagdhoheit in der Grafschaft Zollern, S. 133ff. An anderer Stelle werde ich noch ausführlicher auf diesen Prozess eingehen. Weiterhin auch ganze Dorfschaften im Schleswig-Holsteinischen. Vgl. dazu bei Hubertus Hiller, Untertanen und obrigkeitliche Jagd, S. 59f. Auch hier ist von Schlechtleistung oder gar von geschlossener Verweigerung die Rede.

beiden Richtungen wirkenden hierarchischen Beziehungen sind die epochenspezifischen Entwicklungen jener Zeiten nachvollziehbar, wie sie andererseits auch gleichsam eine Vorausbedingung für jene Zeiten waren. Aus jenen differierenden Ansprüchen an den Raum, der Konstitution von Raum aus den spezifischen Vorstellungen, Wünschen und damit auch inneren wie äußeren Zwängen, erwuchsen spezifische soziale Praktiken, von denen die Jagd eine ganz wesentliche sein sollte. Die Wilderei war, wie zu zeigen sein wird, nicht mehr und nicht weniger als die Auflehnung der Untertanen gegen die Raumkonstruktionen der Herren. Die Wilderei ist damit als eine Möglichkeit der Gegenkonzeption zu verstehen unter Ausnutzung eben jenes Potenzials, welches die herrschaftliche Gegenseite nutzte um ihre Vorstellungen und Ansprüche im Innern wie auch nach außen durchzusetzen. Das der Jagd inhärente Potenzial war ebenso für die gegenkulturellen Versuche der Bauern nutzbar. Über Erfolg oder Misserfolg, der sich regelmäßig nur in der Kontinuität bestimmter Raumkonzeptionen ablesen ließ, entschieden lediglich die institutionellen Möglichkeiten, die der Jagd in den Händen der Herren naturgemäß mehr Durchschlagskraft gaben. Aus diesem Grunde waren auch die Raumkonzeptionen der Herren von längerer Dauer als die der Untertanen. So verfügten die Landesherren (und eingeschränkt auch der Adel) über Güter, die den Untertanen aufgrund der hierarchischen Struktur nicht zur Verfügung standen (soziale Güter wie Ordnungen, Soldaten, Burgen, Schlösser, daneben Wissen und soziale Positionen), mit deren Hilfe sie institutionalisierte Raumkonstruktionen durchsetzen konnten. Im Beziehungsgefüge mit den niederadligen Grundherren im eigenen Herrschaftsbereich und auch gegenüber den landesherrlichen Nachbarn müssen hier die Wild- und Jagdfolge, die jagdliche - oder, wie noch zu zeigen sein wird, auch weiderechtliche - Bewanderung und das Abstecken des Raumes subsumiert werden, während im innenpolitischen Kontext, im Beziehungsgefüge Herr - Untertan, die (jagdlichen) Frondienste, die Gerichtstage, die Turniere und natürlich das gesamte Strafwesen gesehen werden müssen. All diese Raumkonstruktionen hatten die hierarchische Interaktion, die repetitive Reproduktion der Raum- und Herrschaftsvorstellungen zum Ziel, denen sich die Untertanen nicht entziehen konnten. Auf dieser stetigen repetitiven räumlichen Manifestation der Herrschaft im Raum mit Hilfe verschiedener sozialer Praktiken basiert der wesentliche Unterschied der Landesherrschaften zur karolingischen Domänenverwaltung. Auf dieser „neuen" Form von Herrschaft gründen jedoch als Versuch der räumlichen Gegenkonzeption die auf körperlicher Präsenz basierenden Bauernunruhen, die Gründung von Räuberbanden und insbesondere die Wilderei, die nicht selten in Gruppen über längere Zeit ausgiebig betrieben wurde. Auch hier ist auffallend, dass die berühmten und namentlich erwähnten Wildschützen und ihre Banden ein Phänomen seit etwa dem beginnenden 16. Jahrhundert waren. Davor sind mir ähnliche Gestalten wie etwa Peter Epperlein (um 1560), der „Bayrische Hiesel" (bürgerlich Matthias Klostermeyer, um 1760) oder Karl Stülpner (um 1790-1820) nicht bekannt. Wilderei oder unerlaubtes Erlegen von Wild in bestimmten Gebieten hat es jedoch auch schon zu Zeiten der Karolinger im frühen Mittelalter gegeben. Eine rebellische, weil auf repetitiver Kontinuität basierende Handlung war die Wilderei oder das Vergehen des unerlaubten Schießens oder Jagens von Wild (z. B. in den Forsten des Königs) zumindest nach den Quellen in jenen früheren Zeiten jedoch keineswegs. Helden und vor allem „Volkshelden" konnten aus der karolingischen „Wildererkultur" (die de facto im eigentlichen Sinne keine war) keine hervorgehen. Die Mythenbildung und die Begründung der im einfachen Volk verwurzelten Sympathie zum Wilderer blieben der landesherrlichen Zeit und ihren spezifischen Raumbedingungen vorbehalten. Solange die Aristokratie das Jagdrecht für sich beanspruchte oder Jagd unter Ausschluss der ansässigen Bevölkerung betrieb, solange hatte der Wilderer hinsichtlich seiner historisch gewachsenen (sozialen) Reputation keinen Aderlass zu befürchten.

7.3.4.3 Zwischenergebnisse aus den räumlichen Differenzierungen

Wie bereits an anderer Stelle dargelegt wurde, muss die Jagd der Merowinger und Karolinger noch weitgehend in einer Linie mit der altiranischen und hadrianischen Anschauung betrachtet werden. So wurde zwar auch in der älteren Literatur die Verbindung zwischen herrschaftlichem Idealtypus und der Jagd unter den Karolingern erkannt, letztendlich jedoch nicht zu Ende gedacht, wie dies bei Werner Rösener unter Bezug auf Kantorowicz zur Geltung kommt[1031]. Interessant in diesem Zusammenhang ist nun, dass unter den Karolingern eine Art „Propagandaproduktion" begann, die zumindest in Teilen noch überliefert ist. In den Lobgedichten als auch sonstigen Quellen werden die Vorzüge der Nachfahren Pippins beschrieben, so kritisch diese Texte in ihrer herrschernahen Entstehung auch zu interpretieren sind. Eine wichtige Stütze für meine These zur relativen Nähe zwischen der frühmittelalterlichen Jagd unter den Karolingern und dem altiranischen Vorbild ist dabei die besondere Bedeutung der Wildschweinjagd im frühen Mittelalter. Sie bildet einen Gegenpol zur Hirschjagd in der frühen Neuzeit, die ihre Beliebtheit bis weit in das 20. Jahrhundert hinein nicht verloren hat[1032]. Gerade die Jagd auf die wilden Schweine galt wohl aufgrund ihrer Gefährlichkeit als eine Möglichkeit, dem altiranischen Fürstenideal näher zu kommen als dies über die Hirschjagd der Fall sein konnte. Denn gerade hinsichtlich der Bejagung der Wildschweine[1033] bleibt die Jagd vor dem Hintergrund ihrer Tugend schaffenden (aufgrund ihrer Gefährlichkeit) Bedeutung dem Fürstenideal des Kyros deutlicher verhaftet als es die Beja-

---

[1031] Vgl. dazu bei Werner Rösener, Jagd und höfische Kultur als Gegenstand der Forschung, in: Werner Rösener (Hrsg.), Jagd und höfische Kultur im Mittelalter, S. 16. Rösener führt hier ein Zitat von E. Kantorowicz an: „Die Jagd war...Ersatz des Krieges in Friedenszeiten". Nachzulesen ist dieses Zitat auch im Original bei E. Kantorowicz, Kaiser Friedrich II, 1927, S. 321.

[1032] Die Vermutung, dass die Wildschweinjagd nach dem Niedergang der Karolinger allmählich in ihrer Bedeutung hinter der des Rothirsches deutlich zurücktrat, kommt auch in den Waidsprüchen und Jägerschreien zum Ausdruck. Hier ist das Wildschwein nur äußerst gering vertreten, während der edle Rothirsch den Hauptteil der uns überlieferten so genannten „ausforschenden Wechselrede" ausmacht. Vgl. dazu einen Artikel von Freiherr von Berg, Waidsprüche und Jägerschreie, in: Monatsschrift für das Forst- und Jagdwesen, Dr. Franz Baur (Hrsg.), Juni 1868, S. 229.

[1033] Gerade die Griechen sahen den wilden Eber als Sinnbild der Kraft und des Kampfesmutes, während das Wildschwein im Mittelalter eine zwiespältige Bedeutung erfährt. Hier war es sowohl ein Symbol des Dämonischen als auch gelegentlich ein Christussymbol, was aber der falschen Deutung des Namens „Eber" (v. hebr. Ibri, Stammvater der Ebraer) zuzuschreiben ist. Vgl. dazu bei Udo Becker, Lexikon der Symbole, S. 266. Weiterhin auch die Kalydonische Jagd auf den Eber bei Ovid, Metamorphosen, aus dem 1. Jahrzehnt nach Christus stammend, abgedruckt bei Hanno Helbling (Hrsg.), Die Jagd – Mythos, Metapher, Motiv, S. 15-17.

gung des flüchtigen und lange Zeit als feige geltenden Hirsches zu tun in der Lage gewesen wäre. Unter den Merowingern und Karolingern galten jene fürstlichen Qualitäten auf dem Gebiet des Krieges, der Virilität und der Mut- und Kraftproben noch zu einem wesentlichen Teil als unabdingbar für die Darstellung königlicher Tugenden, für die Reproduktion der Königslegitimation der Dynastie, während mit der Erstarkung der Landesherrschaft diese Notwendigkeit weitgehend verloren ging (nicht zuletzt deshalb, weil der König/Kaiser immer mehr an Einfluss einbüßte und die Jagd auf die neuen und zahlreichen Herren überging). Hier wurden nun sehr bald flüchtende und damit raumgreifende Tierarten für die hinter der Jagdhandlung stehenden Ziele bedeutender[1034] und in Anbetracht der geringen räumlichen Ausdehnung der meisten Herrschaftsgebiete auch zielführend instrumentalisiert. Die Wahl der Jagdtiere ist dabei nur eine Möglichkeit der Raumkonstruktion. Schon allein der Wildbann, das heißt das uneingeschränkte Jagdrecht im Herrschaftsgebiet, ergab über die Jagdpraxis einerseits als auch die Jagdfron andererseits ein breites Band unterschiedlicher Instrumente zur Raumkonstruktion und damit zur Durchsetzung eigener Ansprüche und eigener Herrschaft in die Hand. Wie ist das zu verstehen? Nach der obigen Argumentation ist man zwar zunächst versucht aus der Kleinräumigkeit der landesherrlichen Herrschaftsgebilde auch die kleinflächige Jagd zu extrahieren; das Gegenteil war jedoch der Fall. Die Positionierung von Menschen (Jägern) und Tieren (Wild, Pferden, Hunden, Falken) im Raum konnte nicht zuletzt über die Wild- und oder Jagdfolge auch außerhalb des eigenen Territoriums erfolgen und nur hier einigen „herrschaftlichen Sinn" generieren. Visualisierung von Stand, Macht und Rechten war das Ziel dieser heute nur noch unter tierschützerischen Aspekten vorhandenen Regelungen[1035]. So waren die Landesgrenzen so sehr bewusst, wie sie auch bewusst durch jagdliche Handlungen des Stärkeren gegenüber dem „Schwächeren" über die gemeinsamen Grenzen hinweg verletzt wurden[1036]. Da die Verletzung dieser Grenzen jedoch den kommunikativen Gepflogenheiten des Adels jener Zeiten gehorchte und folgte, ist sie als Teil der gegenseitigen Akzeptanz und damit als Teil politischer Kommunikation und Repräsentation zu verstehen. Diese Form der politischen Kommunikation ist jedoch allein ein Merkmal der nachkarolingischen Zeit, da sie auch nur hier die politischen, sozialen und räumlichen Voraussetzungen dazu fand. Die Grund- und Lan-

1034 Vgl. dazu auch die Ausführungen bei Joseph Morsel, Jagd und Raum, in: Werner Rösener (Hrsg.), Jagd und höfische Kultur im Mittelalter, S. 286. Die Logik, die der Wahl der Jagd auf flüchtende Tiere bei kleinstrukturierten Gebieten folgt, ist klar: sie sind besonders scheu und deshalb fliehend, wodurch man hin und her gezogen wird und ihnen bei ihrer Flucht folgen muss. Gerade für den Landesherrn, der die Wildfolge für sich in Anspruch nimmt, ist dies von großem Vorteil, wie noch zu zeigen sein wird, führt sie ihn doch in Gebiete, in denen er seinen Anspruch, seine Stellung und Macht, reproduzieren kann.

1035 Die Wildfolge bezeichnet die aus tierschutzrechtlichen Maßstäben erwachsende Pflicht des Jägers, verletztes oder angeschossenes Wild so bald wie möglich von seinen Leiden zu erlösen. Der § 22a des Bundesjagdgesetzes besagt dazu, dass krankgeschossenes oder verletztes Wild so schnell wie möglich zu erlösen ist. Um dies auch dann zu gewähren, wenn das angeschossene Wild den eigenen Jagdbezirk verlassen hat, müssen die Revierpächter oder Jagdausübungsberechtigten entsprechende Wildfolgevereinbarungen treffen.

1036 Siehe dazu im nächsten Kapitel zur Thematik der Jagdpraxis ausführlicher. Hier wird auf die Grenzsituationen im Verlaufe der Jagdhandlungen dezidiert eingegangen werden.

desherrn erhielten nun, wesentlich stärker als dies im Rahmen der früheren Villicationsverfassung der Fall war, Herrschaft explizit über die vollständige Kontrolle von Land und Leute. Die frühneuzeitliche Grund- und Landesherrschaft war nichts anderes als die Herrschaft über Menschen, die auf eben jenem Grund und Boden ansässig waren und die deshalb von der Herrschaft vollständig und kontinuierlich erfasst wurden[1037]. Die Herrschaft über den Raum ist dabei unabdingbar an die Beherrschung der Menschen gebunden, die nun vollkommen andere Züge annahm als dies in der karolingischen Zeit der Fall sein konnte. Mit anderen Worten: musste sich der Herrscher im frühen Mittelalter noch als Gewinner möglichst vieler Schlachten hervortun, als guter Kämpfer, als erfolgreicher Jäger und Vater vieler Kinder - im Übrigen sind all dies Punkte, die zumindest auf den uns in den Quellen überlieferten Karl den Großen noch zutreffen -, änderte sich dieses Bild in der frühen Neuzeit (nach dem Untergang des Rittertums). In den Zeiten der Landesherrschaften trat an diese sehr idealistischen Abbilder von Herrschaft und Herrschaftslegitimation die repetitive (z. B. durch jagdliche Handlungen) reale Beherrschung des beanspruchten und konstruierten Raumes mit allen Mitteln. Auch die Ausführungen von Janet Nelson über die Jagd der Karolingerzeit stützen die These der Jagd als Fürstenideal noch zu den Zeiten Karls des Großen. Jagd, so die Autorin, galt hier als Interaktionsfeld und als Kommunikationsform zwischen König und Adel. Jagd habe so die Bindung zwischen den Großen des Reiches intensiviert und gefestigt sowie Gemeinschaftsbewusstsein gestiftet[1038]. Dabei hat Karl der Große offensichtlich dennoch versucht innerhalb dieser Jagdhandlungen eine dem König geziemende und ihn idealisierende Stellung einzunehmen, sei es über den Jagderfolg oder über die äußerliche Gestalt[1039] sowie die Darstellung in den genannten Epen. Eine bestimmte Außenwirkung versuchte er also sehr wohl zu entfalten, die ihn als primus inter pares hervorheben sollte. Gemeinsame Jagdhandlungen zwischen zwei (angrenzenden) Landesherren hat es dann anhand der Literatur jedoch nicht mehr gegeben. Im Gegenteil versuchten sich hier die Landesherren gegenseitig und auch in ihrem Verhältnis zum niederen Adel zu übervorteilen; von einem sozialintegrativen Element „Jagd" nach den Vorstellungen Janet Nelsons kann hier also keine Rede mehr sein[1040].

[1037] Vgl. dazu ergänzend die Definition bei Werner Rösener, Agrarwirtschaft, Agrarverfassung und ländliche Gesellschaft im Mittelalter, in: Enzyklopädie Deutscher Geschichte, Band 13, S. 7.

[1038] Vgl. dazu bei Janet L. Nelson, The Lord´s anointed and the people´s choice: Carolingian royal ritual (Rituals of Royality. Power and Ceremonial in Traditional Societies, ed. by D. Cannedine, S. Price) Cambridge 1987, S. 137-180, hier bes. S. 169. Vgl. dazu auch bei Lutz Fenske, Jagd und Jäger im frühen Mittelalter. Aspekte ihres Verhältnisses, in: Werner Rösener (Hrsg.), Jagd und höfische Kultur im Mittelalter, S. 44.

[1039] Vgl. dazu eine Erzählung von Notker von St. Gallen, nach der Karl der Große mit einem Schafspelz bekleidet zur Jagd ausritt und damit zugleich an seinem mit Luxusgewändern herausgeputzten Gefolge ein Exempel statuierte. Die Textstelle findet sich bei Lutz Fenske, Jagd und Jäger im frühen Mittelalter. Aspekte ihres Verhältnisses, in: Werner Rösener (Hrsg.), Jagd und höfische Kultur im Mittelalter, S. 44, zitiert nach Notker der Stammler, Gesta Karoli Magni Imperatoris II/7 (MGH SS rer. Germ. NS 12), S. 86f.

[1040] So wurden insbesondere Wilderer, die in den Grenzgebieten von Sachsen und Böhmen wilderten, von der jeweiligen Herrschaft geduldet oder gar unterstützt, sofern sich das Wildern

Tatsächlich wurde die Jagd als integrative Kommunikationsform zwischen den Herrschern kaum mehr praktiziert. Sie galt nun allein der Reproduktion hierarchischer Beziehungen, der Reproduktion herrschaftlicher Raumkonstruktionen, und jeder Versuch der Gegenkonzeption, der regelmäßig einer Rebellion gleichkommen musste, wurde durch drastische Strafen zu unterbinden versucht. Jagd hat sich so vom sozialintegrativen Element zu einem reinen Herrschaftsinstrument entwickelt, welches über die Möglichkeiten aktiver und passiver Inklusionen und Exklusionen sowohl im inneren wie auch im äußeren funktionalisiert werden konnte. Inwiefern hier gerade die Wild- oder Jagdfolge näher betrachtet werden muss, wird noch aufzuzeigen sein. Diese umfassenden Bestrebungen der Inklusion und Exklusion im inneren (gegenüber den Untertanen und dem landsässigen niederen Adel) wie auch im äußeren Verhältnis (gegenüber einem angrenzenden, aber niederrangigen Landesherrn) sind dabei eindeutig ein Merkmal der Entstehung der Landesherrschaften und damit der Situation nach dem Ende der karolingischen Villicationsverfassung. Für den Landesherrn der nachkarolingischen Zeit, den Grafen und Herzog, haben so speziell die frühantiken Ideale ihre Bedeutung und ihren praktischen Wert beinahe völlig verloren. Hier begann die Jagd, ihre Organisation, Verwaltung und Durchführung Teil des politisch-praktischen Instrumentariums der Herrscher zu werden. Diese Entwicklung ist jedoch ausschließlich ein Merkmal der späteren, nachkarolingischen Zeit, allerdings nun bis weit in die Neuzeit hinein. Herrschaft basierte nun auf einem straffen Reglement, der Beherrschung eines zumeist kleinen Raumes mittels willfähriger Helfer. In diesem Zusammenhang sind auch die Jagd- und Forstordnungen zu betrachten, die eine klare Anbindung an die Stabilität der inneren und äußeren Verhältnisse einer Herrschaft aufzeigen, wie dies ausführlich bei Joachim Allmann für den Pfälzer Raum dargestellt werden konnte[1041]. Die erinnerungsspezifische Verbindung der Jagd mit dem frühantiken Fürstenideal führte bei den Merowingern und den Karolingern zwar bereits zu einer Herausbildung der Jagd- und Forstverwaltung, jedoch nur in vergleichsweise rudimentärer Form zur Schaffung und Durchsetzung umfassender jagdlicher Fronleistungen. Hier war die Jagdhandlung noch nicht in die politisch-praktische Umsetzung von Herrschaft eingebunden, sondern lediglich Teil der Herrschaftslegitimation. Ohnehin war das Jagdrecht mit Ausnahme in den königlichen Forsten noch ein allgemeines Recht, ein Recht aller Freien. Das Bestehen eines weitgehend uneingeschränkten Jagdrechtes gemäß römischer Auffassung scheint im Übrigen auch eine Grundvoraussetzung für die Jagd als frühantike herrscherliche Tugend gewesen zu sein. Nur im Wettkampf aller Jäger stellt sich die Virtus

---

auf den Grenznachbarn beschränkte. So sahen es die böhmischen Großen nicht ungern, wenn ihre Wildschützen beim sächsischen Nachbarn wilderten und die böhmischen Hirsche dafür verschonten. Vgl. dazu bei Herbert Wotte, Jagd im Zwielicht, S. 166. Auch die unzähligen Streitigkeiten zwischen den Nachbarn und dem hohen und niederen Adel über die Wildfolge, die Freipirschbezirke, etc. lassen das Bild der Jagd als sozialintegratives Element in der Neuzeit als nicht verifizierbar erscheinen.

1041 Gerade auf die Arbeit von Joachim Allmann, Der Wald in der frühen Neuzeit, wird noch regelmäßig zurückzukommen sein. Die erst späte Entwicklung einer straffen Forstordnung ist nach den Ergebnissen Joachim Allmanns gerade auf die unruhigen Zeiten seit der frühen Neuzeit und hier speziell auf die großen und lang andauernden kriegerischen Auseinandersetzungen zurückzuführen. Doch dazu später noch ausführlicher.

des Königs über andere, nur hier gelingt ihm die Darstellung seiner Person, seines Mutes und seiner Waffengewandtheit als einer außergewöhnlichen Herrschergestalt würdig. So finden wir denn auch in den Zeiten des freien Jagdrechtes die Jagd in Anlehnung an das Fürstenideal, wohingegen mit der strikten Beschneidung der Jagdrechte seit der Landesherrschaft die Jagd als faktisches Herrschaftsinstrument historisch zum Tragen kommt. Und hier beginnen auch die Jagdordnungen Teil eines Herrschaftsrechtes zu werden, wie dies erst nach den Karolingern immer deutlicher zu Tage trat. Darüber hinaus waren Strafen bei Vergehen gegenüber Jagd- und, sofern schon vorhanden, Wald- oder Forstrechten in diesen Zeiten als sehr gemäßigt zu betrachten, das heißt Verfehlungen wurden noch nicht über Körper- und Todesstrafen geahndet. Sie sind erst ein Merkmal der Feudalverfassung und hinsichtlich der strafferen räumlichen Bedingungen unter den Landesherren einer Erklärung zuzuführen[1042]. Vieles des bis dato gesagten findet also seine ausschließliche Anwendung erst im Verlaufe des hohen Mittelalters und der frühen Neuzeit mit der deutlichen Ausprägung und Festigung der territorialen Herrschaften der Fürsten und Reichsritterschaften.

Im Folgenden sollen nun zunächst die Frondienste und die Jagd- und Forstordnungen näher betrachtet werden, die unter Karl dem Großen bereits existierten oder von diesem vorangetrieben wurden. Karl der Große, politisch ausgerichtet auf die Einheit des Reiches, verfolgte in einigen Teilen mit seinen Forst- und Jagdordnungen noch deutlich weichere Ziele als das dann in den unzähligen Herrschaften des zersplitterten Reiches im Hochmittelalter und der Neuzeit der Fall war. Das hierin tatsächlich ein Unterschied besteht, woraus dieser resultiert und ob es Erklärungsversuche dafür gibt, soll hier thematisiert werden. Die nahezu ausschließliche Konzentration der Jagd und der Forsthoheit auf herrschaftspolitische Vorhaben und Absichten konnte sich im Karolingerreich beinahe ebenso wenig vervollkommnen wie in den Zeiten des republikanischen, aber auch caesarischen Roms. Dazu sind kleinflächigere und auf Angst und Unterdrückung basierende Herrschaftsgebilde notwendig, die aufgrund ihrer Instabilität und innerer sowie äußerer Bedrohung auf jene effektiven Mittel der Herrschaftsausübung zurückgreifen müssen. Anschaulich beschreibt dies Joachim Allmann für den Pfälzer Raum in seinem Werk „Der Wald in der frühen Neuzeit“[1043]. Auch er stellt fest, dass ein starker und weitgehend unabhängiger regionaler Adel, die unbedingte agrarische Ausrichtung der Gesellschaft und ständige innere sowie äußere Bedrohung die Bedingungen der herrschaftlichen Instrumentalisierung der Jagd und der Forsthoheit waren. Das Ende der Alleinherrschaften, die Erstarkung des Parlamentarismus, führte zu einem Bedeutungswandel der Jagd, machte diese frei und ließ sie in letzter Konsequenz zu einem distinktiven Merkmal bürgerlicher Gesellschaften werden. Aber auch diese Entwicklung findet ihre Grenzen und einen erneuten Umbruch noch im

[1042] Hier noch einmal die Erinnerung daran, dass viele Fürsten in der Neuzeit begannen, sich weniger um innere Angelegenheiten und Reformen zu kümmern als vielmehr Interesse und Aufmerksamkeit dem Nachbarn entgegenzubringen. Vgl. dazu auch bei Erich Meuthen, Das 15. Jahrhundert, S. 28. Daneben auch exemplarisch für den Pfälzer Raum bei Joachim Allmann, Der Wald in der frühen Neuzeit, S. 19-30.

[1043] Insbesondere hinsichtlich der Analyse von Jagd- und Forstordnungen unter soziologischen Gesichtspunkten wurde jenes Werk bisher vollkommen vernachlässigt.

20. Jahrhundert, wie dies in den Kapitel 9ff noch ausführlich aufgezeigt werden wird.

7.3.5 Jagdschlösser als Netzwerke der Herrschaft

7.3.5.1 Einleitung

Torsten Pflittner bezeichnete die königlichen Forste unter den Karolingern in ihrer Gesamtheit als ein Netzwerk von Herrschaftsinseln, die sich in verschiedenen Regionen des riesigen Reiches befanden[1044]. Ihr Bereisen durch den König samt Verwaltung und Gefolge, die verschiedenen Pfalzen (palatia) und die von dort aus stattfindenden Gerichtstage und die Wahrnehmung sonstiger Verwaltungsaufgaben, waren ein wesentlicher Teil der praktischen Politik[1045]. Von diesen Herrschaftsinseln aus konnte der König die angrenzenden Gebiete mit seiner königlichen Politik, seinen königlichen Ordnungsvorstellungen, einfacher und direkter erreichen als von einem zentralen Königssitz aus. Mit der Teilung des Reiches und der Territorienbildung wurde dieses Netzwerk des Königs zerbrochen und seine praktische Politik der Raumbewanderung von den Territorialfürsten und den späteren Landesherren in nun wesentlich kleineren geographischen Räumen übernommen. Die Herrschaftsgebilde wurden kleiner und der zu beherrschende Raum dadurch übersichtlicher und stringenter beherrschbar. Die Aufgabe, die den Forsten und auch den Pfalzen (da sie meistens mit den Forsten in enger Verbindung standen) als Herrschaftsinseln unter den Karolingern zufiel, wurde nun auf Schlösser und Burgen, auf Klöster und große Höfe übertragen, wobei die Jagdschlösser begannen eine bedeutende Rolle im Rahmen der praktischen Politik, der Raumbewanderung und Raumbeherrschung ab etwa dem ausgehenden 15. Jahrhundert zu spielen. Ihr regelmäßiges Bereisen im Jahresverlauf, ihre immobile Präsenz auch in Abwesenheit des Landesherrn, der ihnen anhängige „Geruch" der Herrschaft muss durchaus als Lähmung der in Konkurrenz zum Herrn stehenden Teilgewalten und gegenkulturellen Bestrebungen der Raumkonstruktion verstanden werden. Ihr Bau zielte auch auf Kontrolle und Lähmung jener Teilgewalten (Bauern, Ritter, Städte, Gemeinden) ab und nicht so sehr auf die Jagd als lustbringendes Vergnügen. Insofern stehen die Jagdschlösser in einer nicht unerheblichen Tradition der Beherrschung und Besetzung des Raumes durch den Bau von dazu notwendigen Anlagen. In Kapitel 4 habe ich dies z. B. für die Strukturierung des Raumes unter den Römern aufgezeigt, die Wehranlagen, Straßen, Städte, Viadukte, Grenzanlagen, etc. in den eroberten Raum bauen ließen. Herrschaft und Kontrolle über den Raum setzt notwendig die materielle Strukturierung jenes Gebietes voraus, der in der Regel der Aufbau eines entsprechenden Verwaltungsapparates folgte. In den römischen Provinzen war dies ebenso der Fall wie dann in den Landesherrschaften der

---

[1044] Vgl. dazu die Ausführungen von Torsten Pflittner, Manifestation der Herrschaft im Raum – Adelige Jagd im Mittelalter unter Karl dem Großen, S. 46, unter Bezug auf Brigitte Kasten, Laikale Mittelgewalten, S. 63.

[1045] Zu den Pfalzstationen bei Heiner Brandsch, Die Landgüterordnung Kaiser Karls des Großen, S. 110f. Die Pfalzen wurden regelmäßig und wechselnd besucht, um die dort jeweils im Rahmen der Villicationsverfassung angesammelten Lebensmittel zu nutzen, das Bienenwachs und andere Produkte aus den Fronhöfen aufzubrauchen.

frühen Neuzeit. An die Stelle der Wehranlagen traten die Jagdschlösser, die Burgen und Höfe, an die Stelle der römischen Verwaltung traten unter anderem die Forst- und Jagdordnungen sowie die Jagd- und Forstbediensteten.

7.3.5.2 Zur Funktion und Rolle der Jagdschlösser als Herrschaftsinseln

Die „neuen" Räume der Landesherrschaften bedurften nicht nur eines „neuen" raumproduzierenden Handelns, sondern auch neuer materieller Strukturen, die ihrerseits Räume zu schaffen in der Lage waren. Beide, sowohl die raumproduzierenden Handlungen als auch die materiellen Strukturen des Raumes, mussten sich von denen früherer Zeiten und differierender gesellschaftlicher Konstellationen unterscheiden. Den Städten und ihrem Charakter als kulturellen Zentren, als kulturelle Inseln[1046], wurden so herrschaftliche Inseln auf dem Lande gegenübergestellt. Der Kontrast hätte stärker nicht sein können. Mit der Konstitution „neuer" institutionalisierter Räume begann jedoch auch stärker als zuvor der Versuch, gegenkulturelle Räume durch die Untertanen auf demselben Territorium zu konstituieren. Wie sich dies anhand der Fronleistungen, der Wilderei, der Jagd- und Forstordnungen belegen lässt, wird noch im Rahmen dieses Kapitels ausführlich behandelt werden. Doch zunächst zu den Jagdschlössern als neuer Form der Herrschaftsinseln: Das Netzwerk der Jagdschlösser ergibt sich ähnlich den Pfalzen oder Forsten der Karolinger erst dann, wenn wenigstens zwei oder drei solcher Inseln innerhalb eines Herrschaftsgebietes bestehen. Die Verknüpfung jener Inseln, das heißt die eigentliche Generierung eines Netzwerkes, setzt dann regelmäßige Bewanderung des Raumes, das heißt regelmäßige Einbeziehung jener Inseln in die praktische Politik, in die Raum(be)handlung des Herrschers, voraus. Das bedeutet gleichzeitig, dass entweder die Größe des Herrschaftsraumes über die Anzahl der Schlösser bestimmt wird oder aber die relative Unsicherheit des Fortbestandes einer Herrschaft jene determiniert. Je unsicherer die Herrschaft, je unruhiger die inneren Verhältnisse in einer Landesherrschaft waren, desto bedeutender wurde die Verknüpfung des Raumes mit herrschaftlichen Relaisstationen. Das hierzu auch die Verschärfung der Jagd- und Forstordnungen zu zählen ist, wird noch an anderer Stelle ausführlich behandelt werden. Materielle Voraussetzungen für die zielgerichteten jagdlichen Raumbewegungen waren jedoch die Jagdschlösser. Wie sah dies in der Realität der Landesherrschaften aus? Die Errichtung von Jagdschlössern, verteilt im jeweiligen Herrschaftsgebiet, ist meiner Einschätzung nach nur unzureichend über die Jagdlust der Herren zu begründen. Vielmehr erscheint mir der herrschaftliche „Netzwerkgedanke" einleuchtender zu sein, ohne dabei jedoch die Lustbarkeit der Jagd in Abrede stellen zu wollen. Als ausreichend für die Begründung und Standortwahl eines Jagdschlosses ist die Reduktion auf Lust und Vergnügen jedoch nicht zielführend und wird um Einiges an der Realität vorbeigehen.

[1046] Auch die Städte entwickelten sich seit dem 13. Jahrhundert zu kulturellen Inseln inmitten der mittelalterlichen Fehden, Eifersüchteleien, der Ränke um Macht und Herrschaft, der Knechtung der Untertanen auf dem Lande, etc. Stadtluft macht frei, so ein geflügeltes Wort, welches jedoch erst dann seine Gültigkeit hatte, wenn der Zugezogene ohne Anspruch des alten Leibherrn eine bestimmte Frist (1-10 Jahre) in der Stadt gesessen hatte. Dennoch waren die Städte der Lichtblick in der mittelalterlichen Welt. Vgl. dazu die Ausführungen zur Stadtentwicklung bei Karl Bosl und Eberhard Weis, Die Gesellschaft in Deutschland I, S. 79-91.

Allein die Kosten, die für die Begründung eines solchen Netzwerkes im Herrschaftsgebiet anfielen, können allein durch die Jagdlust kaum gerechtfertigt werden. Exemplarisch sei hier an das Jagdschloss Clemenswerth auf dem Hümmling erinnert, welches der Kurfürst und Erzbischof Clemens August 1736 bauen ließ. Seltsam genug war, dass er jenes Schloss in einem wirtschaftlich schwachen Gebiet, dessen Landschaft von riesigen Moorflächen geprägt war, erbauen ließ und die Proteste der bäuerlichen Untertanen (nicht nur aus jenem Grunde, Anm. d. V.) immens waren[1047]. Die Gründe für die Erbauung mussten also tiefer liegen. Tatsächlich befand sich das Hümmling-Revier mit dem Amtsantritt des Kurfürsten erst seit wenigen Jahrzehnten in der Hand der Erzbischöfe und Kurfürsten und musste zuvor den adligen Jägern mit Waffengewalt und letztendlich mit Hilfe eines Hofgerichtsurteils in Münster entwunden werden. Horst-Rüdiger Jarck gelangt dann auch selbst zu dem Ergebnis, dass die Gründe für die Errichtung des Schlosses Clemenswerth und für die Jagdtätigkeiten des Bischofs und Kurfürsten im Hümmling herrschaftspolitischer Art gewesen sein mussten. Daraus kann die Vermutung abgeleitet werden, dass dieses Vorgehen keinen Einzelfall darstellt. Im folgenden Kapitel werde ich darüber hinaus aufzeigen, welche Bedeutung gerade die Jagdpraxis in entlegenen Teilen des Herrschaftsgebietes und insbesondere in den Grenzregionen zum landesherrlichen Nachbarn hatte. Jagdhandlungen in diesen Gebieten setzten jedoch Burgen, Schlösser oder Höfe voraus, in denen die gesamte Jägerei sowie der Hofstaat des Herrschers eine angemessene Unterkunft fanden und die als Ausgangspunkt der Jagdhandlungen gelten konnten. Und da die Fürsten, wenn sie in den entfernt liegenden Gebieten jagen wollten, nicht immer den gesamten Jagdtross, die Hunde und Pferde mitnehmen konnten, so hielten sie sich in den ihnen unterstellten Klöstern, Höfen und Burgen neben Pferden auch Jäger und Geräte, für deren Unterhaltung nach dem Atzungsrecht die Einwohner zu sorgen hatten[1048]. Die Bedeutung bezüglich der Klöster wurde diesbezüglich jedoch allmählich durch den Bau von repräsentativen Jagdschlössern zurückgedrängt. Die Jagdschlösser waren darüber hinaus dazu geeignet, die Bedeutung der Klöster für eine Herrschaft zu reduzieren. Noch in früherer Zeit galten die Klöster als Punkte im Raum, die von den Königen besucht wurden, um von ihnen aus jagend in den sie umgebenden Raum vorzustoßen[1049]. Auch die Hundeaufzucht sowie die Verköstigung und Versorgung von Mensch und Tier wurden häufig genug den Klöstern aufgebürdet. Die Jagdschlösser, ohnehin architektonisch wesentlich repräsentativer oder herrschaftlicher als manches Kloster, konnten nun seit

---

[1047] Vgl. dazu bei Horst-Rüdiger Jarck, Repräsentation – sportliches Vergnügen – bäuerliche Last. Die Jagd des Bischofs Clemens August (1700-1761) im Hümmling, in: Die *Jägerey* im 18. Jahrhundert, Colloquium der Arbeitsstelle 18. Jahrhundert, Bergische Universität, Gesamthochschule Wuppertal, S. 72.

[1048] Vgl. dazu auch die Ausführungen von Herbert Wotte, Jagd im Zwielicht, S. 12ff., über die Zustände in Brandenburg und Sachsen zu Zeiten der Kurfürsten.

[1049] So z. B. unter Ludwig dem Frommen, der einige Jagden in den Ardennen abhielt. Hier hielt er sich zumeist in Klöstern auf und begab sich von ihnen aus auf die Jagd. Auch für eine Jagd von Kurfürst August aus dem Jahre 1565 ist die Beherbergung in einem Kloster bekannt. Als er mit seiner Gemahlin und seiner Dienerschaft im Kloster Grünhain Quartier nahm, mangelte es jedoch an Betten und Bettzeug. So ließ der Kurfürst den Rat von Annaberg ersuchen, er möge doch einige Betten und Bettgewande stellen. Vgl. dazu ebd., S. 16.

Ende des 15. Jahrhunderts[1050] deren Bedeutung als herrschaftliches Netzwerk zurückdrängen. Dass die Klöster begannen als herrschaftliche Punkte im Raum (erst über deren Verknüpfung entstand das herrschaftliche Netzwerk und damit eine neue Raumqualität) nicht mehr repräsentativ genug zu sein, ist auch daran abzulesen, dass seit dem 15. Jahrhundert einige eingegangene Klöster zu Jagdschlössern um- und ausgebaut wurden[1051]. Die Belastungen für die in unmittelbarer Nähe lebenden Untertanen blieben jedoch bestehen. Sie mussten nach wie vor auch dann Frondienste oder andere Leistungen erbringen, wenn der Fürst gerade nicht zur Jagd zugegen war. Doch zurück zu den Ausführungen von Horst-Rüdiger Jarck und der Funktion des Jagdschlosses Clemenswerth. Die in bestimmten Zeitabständen deutlich werdende Präsenz des Landesherrn in einem an der nördlichen Grenze seines großen Territoriums liegenden Gebietsteil stand hier offensichtlich im Vordergrund[1052]. Dass zu diesem Zweck ein einziges Jagdschloss nicht ausreichend war, liegt auf der Hand. Nordrhein-Westfalen, wo der genannte Kurfürst Clemens August seine großen Territorien besaß, sei zwar reich an Jagdschlössern, so Erhard Ueckermann, namentlich aufgeführt sind bei ihm jedoch nur das Jagdschloss Herzogsfreude, Falkenlust, Entenfang, das bereits genannte Clemenswerth, das Schloss Hirschberg, Lopshorn und ein Jagdhaus südöstlich von Münster[1053]. Ob die Aufzählung vollständig ist, ist mir leider nicht bekannt. Aufschlussreicher sind hier die Ausführungen von Georg Landau für beide Hessen. So führt er für die Geschichte der Jagd und der Falknerei in beiden Hessen nicht weniger als 43 Jagdschlösser und Jagdhäuser sowie Jagdzeughäuser an. Sie alle entstanden zwischen 1469 und

---

[1050] Auch Hans Wilhelm Eckardt weist darauf hin, dass der Bau von Jagdschlössern seinen Anfangspunkt gegen Ende des 15. Jahrhunderts hat. Damit stimmt er mit den Ergebnissen von Georg Landau überein. Vgl. dazu bei Hans Wilhelm Eckardt, Herrschaftliche Jagd, bäuerliche Not und bürgerliche Kritik, S. 59. Zur Architektur vgl. das Schloss Herzogsfreude (Joi-le-Duc), das 1753 von J.H. Roth unter dem Kurfürsten Clemens August erbaut wurde (heutiges Nordrhein-Westfalen). Vgl. dazu bei Erhard Ueckermann, Jagd und Jagdgeschichte, S. 64. Auch dem Jagdschloss Clemenswerth im Hümmling sagt man eine sagenhafte Architektur nach. Vgl. dazu bei Horst-Rüdiger Jarck, Repräsentation - sportliches Vergnügen - bäuerliche Last. Die Jagd des Bischofs Clemens August (1700-1761) im Hümmling, in: Die *Jägerey* im 18. Jahrhundert, Colloquium der Arbeitsstelle 18. Jahrhundert, Bergische Universität, Gesamthochschule Wuppertal, S. 72ff. Weiter zu nennen wäre für Baden-Durlach das Jagdschloss Karlsruhe und für Württemberg die Solitude. Vgl. dazu bei Hans Wilhelm Eckardt, Herrschaftliche Jagd, bäuerliche Not und bürgerliche Kritik, S. 59.

[1051] So z. B. unter Landgraf Philipp im Hessischen die ehemaligen Klöster zur Heida unsern Melsungen, zu Weissenstein und zur Karthause am Heiligenberg. Vgl. dazu bei Georg Landau, Die Geschichte der Jagd und der Falknerei in beiden Hessen, S. 199. Für Württemberg führt Hans Wilhelm Eckardt das zu einem Jagdschloss umgebaute Kloster Bebenhausen an. Vgl. dazu bei Hans Wilhelm Eckardt, Herrschaftliche Jagd, bäuerliche Not und bürgerliche Kritik, S. 59.

[1052] Vgl. dazu bei Horst-Rüdiger Jarck, Repräsentation - sportliches Vergnügen - bäuerliche Last. Die Jagd des Bischofs Clemens August (1700-1761) im Hümmling, in: Die *Jägerey* im 18. Jahrhundert, Colloquium der Arbeitsstelle 18. Jahrhundert, Bergische Universität, Gesamthochschule Wuppertal, S. 79.

[1053] Vgl. dazu bei Erhard Ueckermann, Jagd und Jagdgeschichte, S. 65ff. Die meisten der Jagdschlösser sollen auf die Bautätigkeit des Kurfürsten Clemens August zurückgehen. Welche Ziele er bisweilen beim Bau seiner Jagdschlösser verfolgte, habe ich bereits dargestellt.

1730, deren Rückbau (überwiegend Abriss) begann dann mit dem Jahre 1769[1054]. Für die Kurfürsten von Sachsen führt Herbert Wotte mehr als dreißig Jagdschlösser an, die darüber hinaus im Rahmen der großen Hauptjagen nicht ausreichend waren[1055]. Es darf vermutet werden, dass diese Bauten in den Zeiten der Abwesenheit des Jagdherrn zwar nicht gänzlich leer standen, jedoch nur von wenigen Personen bewohnt und betreut wurden. Das Jagdzeug wird darüber hinaus auch einer regelmäßigen Pflege bedürftig gewesen sein. Wie viele Personen hierzu in welchen zeitlichen Abständen eingesetzt wurden, ist aus der Literatur leider nicht zu extrahieren. Weiterhin sind mir keine Aufzeichnungen bekannt, die über die Verwaltung und Organisation der Jagdschlösser in der Abwesenheit des Jagdherrn Aufschluss geben könnten[1056]. Über die Kosten, die bei Visitationen der Jagdschlösser durch den Landesherrn entstanden, existieren dagegen sehr wohl aussagefähige Materialien. Auch hier möchte ich wiederum auf das Beispiel Clemenswerth rekurrieren, da jenes durch Horst-Rüdiger Jarck sehr gut aufbereitet wurde. Ansonsten sind die Quellen zur Geschichte und Funktion der Jagdschlösser nur sehr vage. Dass die möglichst bequeme Jagd auf wilde Tiere nicht explizit das Ziel der Errichtung des Jagdschlosses Clemenswerth gewesen sein kann, habe ich bereits weiter oben angeführt. Dies würde auch grundsätzlich meiner These herrschaftlicher Netzwerke, die ich in den Jagdschlössern zu sehen meine, widersprechen. Zusätzlich ist dies auch aus dem Umstand zu ersehen, dass die Wilddichte in den umgebenden Wäldern offensichtlich geringer als in anderen Territorien war. Zumindest schließt dies Horst-Rüdiger Jarck aus der Tatsache, dass die Klagen der bäuerlichen Bevölkerung über das Wild in den Akten kaum auszumachen seien[1057]. Die Jagd als eigenständige Handlung stand so wohl nicht im Mittelpunkt der angestellten Kosten-Nutzen-Rechnung des Kurfürsten. Vielmehr müssen die Potenziale der jagdlichen Raumbewegung und Raumbewanderung in sein Kalkül einbezogen werden. Welche Wirkungen tatsächlich beabsichtigt waren, bleibt nun aufzuzeigen: „Schon die Anreise geschah mit großem Gefolge. Etwa zwei Wochen vor der Ankunft des Landesherrn kamen der Zahlmeister mit der Küche einschließlich Bäckerei, Kellerei, Silbergeschirr und dem dazugehörigen Personal. Die Reisegesellschaft des Kurfürsten folgte mit etwa 30 Personen, denen sich noch eine letzte Reisegruppe mit Kanzlei-, Garderobe- und Büchsenspannerwagen mit Personal und den Jagd-

---

1054 Vgl. dazu bei Georg Landau, Die Geschichte der Jagd und der Falknerei in beiden Hessen, S. 199-203. Ob die Aufzählung vollständig ist, ist mir leider nicht bekannt. Selbst wenn sie es nicht wäre, so wird doch ein gewisser Eindruck über die Anzahl der Jagdschlösser und Jagdbauten in manchen Landesherrschaften erweckt.

1055 Vgl. dazu bei Herbert Wotte, Jagd im Zwielicht, S. 16.

1056 Hans Wilhelm Eckardt, Herrschaftliche Jagd, bäuerliche Not und bürgerliche Kritik, S. 71, weist darauf hin, dass die Quellen über die Kosten, die zur Erhaltung der Jagdschlösser aufgewendet werden mussten, auch ihm nicht bekannt sind. Entsprechendes Material liege keines vor, so der Autor weiter. Allerdings sind bei Horst-Rüdiger Jarck für das Schloss Clemenswerth ein Schlossverwalter und ein weiterer Bediensteter angeführt, die die Anlage in der Abwesenheit des Jagdherrn beaufsichtigten. Vgl. dazu ebd., Repräsentation – sportliches Vergnügen – bäuerliche Last. Die Jagd des Bischofs Clemens August (1700-1761) im Hümmling, in: Die *Jägerey* im 18. Jahrhundert, Colloquium der Arbeitsstelle 18. Jahrhundert, Bergische Universität, Gesamthochschule Wuppertal, S. 79.

1057 Vgl. dazu ebd.

hunden anschloss. 1732 waren für die Wegstrecke von Ahaus bis Sögel bei fünf Relaisstationen insgesamt jeweils 313 Pferde zu stellen. So mussten z. B. am 7. August die Gerichte Haselünne und Meppen 105 bzw. 36 Pferde stellen, an der Station Meppen das Gericht Lathen 130. Pferde und Wagen hatten die zur Landfolde verpflichteten Bauern zur Verfügung zu stellen, eine Belastung, der sich dieser Personenkreis gerne zu entziehen wünschte."[1058] Für das Jahr 1753 sind insgesamt 202 Personen im Gefolge des Kurfürsten zu verzeichnen, von denen 24 für die Küche abgestellt waren, 22 Musiker und 87 Hofbedienstete waren. Zusätzlich zu den 15-25 Jägern waren noch 20 Soldaten für Hilfsleistungen eingeschlossen[1059]. Fünfzehn Jagdaufenthalte des Kurfürsten sind in den Jahren von 1720 bis 1757 für Clemenswerth bezeugt. Die Verweildauer des Kurfürsten selbst und seines Verwaltungsapparates sowie seiner Bediensteten variiert zwischen 2 Tagen im Jahre 1730 und 75 Tagen im Jahre 1737. Die durchschnittliche Verweildauer beträgt 33 Tage pro Jahr, die jedoch immer zusammenhängend im Hümmling verbracht wurden[1060]. Die Auflistungen der beteiligten Personen, des Verwaltungsapparates und der Bediensteten sowie der Soldaten unterscheidet sich in keiner Weise von der früheren karolingischen Bewanderung der Pfalzen und Forste. Insofern scheint zumindest der materielle Vergleich des herrschaftlichen Netzwerkes von königlichem Forst und landesherrlichen Jagdschlössern schlüssig zu sein. Ein deutlicher Unterschied ist allein in Rolle und Funktion der Jagdhandlungen im Zuge jener Raumbewegungen zu bemerken. In den Landesherrschaften konnten über materielle Netzwerke und zusätzlich mit Hilfe des Verwaltungsapparates sowie der bereits straffer organisierten Jagd- und Forstordnungen die herrschaftlichen Ordnungsvorstellungen in alle Teile des Herrschaftsgebietes zuverlässig transportiert werden. Die Bewanderung des Raumes und der Aufenthalt des Herrschers in den Jagdschlössern, die teilweise an neuralgischen Punkten innerhalb seines Herrschaftsgebietes verteilt waren, band die ansässigen Untertanen für die Dauer seiner Anwesenheit stärker in seine Herrschaft ein als in den Zeiten seiner Abwesenheit. Aus diesem Grunde war die regelmäßige Wiederkehr, das regelmäßige Ritual des Einzuges und der einzelnen Jagdunternehmungen für die zuverlässige und kontinuierliche Reproduktion herrschaftlicher Raumvorstellungen und herrschaftlicher Ordnungsvorstellungen von so großer Bedeutung. Die zusätzliche Positionierung von 202 (für das Jahr 1753 belegt; siehe oben) mit der Herrschaft in direkter Verbindung stehenden Personen in einem ansonsten abgelegen Teil des Herrschaftsgebietes musste eine entsprechende Wirkung bis weit in die umliegenden Dorfschaften haben. Um diesen Effekt noch zu verstärken, wurden die meisten Pferde, Hunde, aber auch Jagdteilnehmer nicht im Schloss, sondern in den umliegenden

---

1058 Zitiert nach Horst-Rüdiger Jarck, Repräsentation – sportliches Vergnügen – bäuerliche Last. Die Jagd des Bischofs Clemens August (1700-1761) im Hümmling, in: Die *Jägerey* im 18. Jahrhundert, Colloquium der Arbeitsstelle 18. Jahrhundert, Bergische Universität, Gesamthochschule Wuppertal, S. 77.

1059 Vgl. dazu ebd., S. 75.

1060 Diese Daten gehen zurück auf die Zusammenstellung von Horst-Rüdiger Jarck, Repräsentation – sportliches Vergnügen – bäuerliche Last. Die Jagd des Bischofs Clemens August (1700-1761) im Hümmling, in: Die *Jägerey* im 18. Jahrhundert, Colloquium der Arbeitsstelle 18. Jahrhundert, Bergische Universität, Gesamthochschule Wuppertal, S. 73.

Höfen und Dorfschaften für die Dauer der Anwesenheit des Herrschers untergebracht[1061]. Alle Personen, die aus dem Umfeld des Herrschers kamen, müssen als Multiplikatoren seiner Herrschaftsvorstellungen betrachtet werden. Die Einbindung der Untertanen in die Unterbringung der Gäste und Bediensteten, die Haltung und Versorgung der Pferde und Hunde sowie der Ablauf der Jagdhandlungen selbst sind als herrschaftliche Positionierung von Menschen und Tieren an Orten zu bezeichnen, was aufgrund der kurfürstlichen Federführung und Kontrolle zuverlässig Raum und damit Ordnungsvorstellungen reproduzieren konnte. In früheren Zeiten, als es die Jagdschlösser noch nicht gab, das heißt vor dem ausgehenden 15. Jahrhundert, war mit dem Ende der Jagd und dem Abzug des Herrn die materielle Visualisierbarkeit des nach wie vor bestehenden Herrschaftsanspruches kaum möglich. Die benutzten Klöster hatten überwiegend religiöse Züge, große Höfe waren Wirtschaftseinheiten und dieser Charakter kam den Gebäuden nach dem Abzug des Herrschers wieder primär zu. Sie waren nur für die Dauer seines Aufenthaltes in die höhere Weihe eines Sitzes des Königs, Herzogs oder Grafen gekommen. Nicht so bei den Jagdschlössern. Auch wenn der Herrscher über 90% des Jahresverlaufs nicht anwesend war, so spiegelte das zumeist repräsentative Jagdschloss seine „Anwesenheit", seine Allmacht und Stärke zuverlässig wider. Auch hierin mag vielleicht ein Punkt entdeckt werden, weshalb gerade die Klöster zusehends seit dem 16. Jahrhundert durch repräsentative und aufwendige Jagdschlösser ersetzt wurden. Die Visualisierung der Herrschaft im Raum musste auch in Abwesenheit des Herrschers zuverlässig gewährleistet sein. Auch aus diesem Grunde waren wohl die Kosten, die für den Bau und Unterhalt dieser Gebäude entstanden, zweitrangig[1062]. Daraus, aus der Verbindung von Anwesenheit und Abwesenheit und über die direkte Möglichkeit der Positionierung von Menschen und Tieren im Raum, erwuchs den Jagdschlössern der Charakter eines herrschaftlichen Netzwerkes, welches oft genug den gesamten Herrschaftsraum umspannte. In diesem Sinne müssen sie als ein Stachel im Fleisch der in mittelbarer oder unmittelbarer Konkurrenz zum Landesherrn und seinen Obrigkeitsvorstellungen stehenden Teilgewalten, aber auch der Untertanen gesehen werden. Je einfacher diese Schlösser miteinander verknüpft werden konnten, je einfacher der Raum von Schloss zu Schloss bewandert werden konnte, umso stärker war die lähmende Wirkung auf die genannten Teilgewalten und umso stabiler wurde die Herrschaft des Landesherrn. Das waren nach meinem Dafürhalten im Wesentlichen Sinn und Zweck der Lust landesherrlicher Jäger am Bau von Jagdschlössern, Zeughäusern und Jagdhäusern. Sie schufen die Bedingungen für weiteres symbolisches und materielles Handeln vor Ort und in der näheren Umgebung, bzw. über die Netzwerkcharakteristika auch über regionale Räume hinausgehend. Nach den überwiegend materiellen Gütern wie den Forsten und den Jagdschlössern ist es nun unabdingbar, sich den symbolischen Gütern im Rahmen der herrschaftlichen jagdlichen Raumkonstitution zu widmen. Neben den materiellen Gütern der Raumkonstitution spielen die symbolischen Güter eine ebenso wichtige Rolle, ja ihre Übergänge sind zuweilen fließend, da auch die materiellen Güter, wie die in Stein gefügten Jagdschlösser,

---

[1061] Vgl. dazu ebd., S. 76.

[1062] Vgl. zu den Kosten von Bau und Unterhalt der Jagdschlösser in Württemberg bei Hans Wilhelm Eckardt, Herrschaftliche Jagd, bäuerliche Not und bürgerliche Kritik, S. 59ff.

nur „Produkte gegenwärtigen und vor allem vergangenen materiellen und symbolischen Handelns“[1063] darstellen.

7.4 Die überwiegend symbolischen Güter der Raumkonstitution

7.4.1 Einleitung

Ich habe bereits an verschiedenen Stellen darauf hingewiesen, dass die Jagd als soziale Handlung analog den räumlich-strukturellen Veränderungen im Zeitraum zwischen der Herrschaft Roms und den Zersplitterungen des hohen und späten Mittelalters in ihren Absichten und Wirkungen einen immensen Bedeutungszuwachs erfuhr. Die Bedeutungszunahme der Jagd, oder besser ihr Bedeutungswandel[1064], resultierte dabei nicht aus den oftmals literarisch zitierten Gründen der fürstlichen, gräflichen oder landesherrlichen Lustbarkeit. Vielmehr galt sie als Unterstützung der Legitimationsbasis merowingischer und karolingischer Herrscher, die sie zunächst unter Anlehnung an altiranische Fürstenideale als „mutig, geschickt und gefährlich[1065]“ erscheinen ließen. Erst im Zuge der Herausbildung der Landesherrschaften im 12. und 13. Jahrhundert fand eine Abkehr der Jagd aus diesen Bezügen statt. Die innen- und außenpolitischen Unsicherheiten sowie die Kleinräumigkeit der beanspruchten Territorien ließen aus der Jagd auf wilde Tiere herrschaftliche Praxis zur Raumbeherrschung werden. Die bewaffnete Präsenz der herrschaftlichen Jäger und ihres Gefolges wurde so ein machtpolitisches Instrument, über welches die demonstrative Zur-Schau-Stellung des herrschaftlichen Anspruches über bestimmte Landesteile erreicht und darüber hinaus die spezifische Beziehung zwischen der Herrschaft und den Abhängigen gezielt dargestellt werden konnte. Diese Beziehung fand überwiegend statt in hierarchischen Interaktionen, in der Konstitution und Gegenkonstitution von Raum. Gerade die Zunahme der (bäuerlichen) Gegenkonzeptionen, sei es im Zuge der Bauernunruhen oder der Zunahme der Wilderei, ist ein sehr interessanter Aspekt der Jagdgeschichte unter den Vorzeichen räumlicher Komponenten. Hier kommt nun die weiter oben genannte vertikale Struktur des Raumes und der Jagd darin deutlich zum Tragen. Das setzte jedoch voraus, dass man den zu beherrschenden Untertanen das Recht

---

[1063] Reinhard Kreckel, Politische Soziologie der sozialen Ungleichheit, S. 77. Ebenfalls zitiert bei Martina Löw, Raumsoziologie, S. 153.

[1064] Wahrscheinlich ist es sinnvoller, der Jagd einen Bedeutungswandel zu attestieren als einen Bedeutungszuwachs. Die Gründe liegen darin verborgen, dass die Jagd des frühen Mittelalters in ihrer - zumindest inhaltlichen - Ähnlichkeit mit frühantiken Fürstenidealen bereits eine bedeutende Rolle für den König spielte. Sie war für einen Herrscher und seine Legitimation von großer Bedeutung. Später, unter den Landesherren, rückte sie lediglich vom früheren Fürstenideal ab und begann Teil herrschaftspolitischer Praxis zu werden. Ihre Bedeutung wurde so nicht wesentlich verändert, sondern nur verlagert. Für den Untertanen hatte diese Verlagerung dagegen eine wesentliche Bedeutung, da er nun auf einmal in den Blickpunkt der herrschaftlichen Jagd trat. Wesentliche Inklusionen und Exklusionen begannen ihre innen- und außenpolitische Wirkung zu entfalten.

[1065] Vgl. bei Johannes Fried, Kaiser Friedrich II. als Jäger, in: Werner Rösener (Hrsg.), Jagd und höfische Kultur im Mittelalter, S. 150.

auf die bis dato freie Jagd untersagte und sie darüber hinaus räumlich fixierte, sie letztlich an die Scholle band[1066] oder wenigstens ihre soziale Mobilität einengte. Dabei wird die These der Raum(be)handlung noch weiter dadurch gestützt, dass zwar oftmals das Schlingenstellen und der Singvogelfang den Untertanen erlaubt blieben, die großen raumgreifenden Jagden auf Schalenwild (Wildschweine, Hirsche, teilweise auch Rehe) jedoch dem Herrscher allein zustanden. Einzig die Jagd auf Wölfe und Bären blieb den Hintersassen vielerorts erlaubt, was jedoch im Endeffekt die adligen Jagdmöglichkeiten auf Wiederkäuer durch die Reduktion der Prädatoren zu verbessern half. Die Ausrottung wehrhaften Wildes durch die Untertanen half den Herrschern mittelbar zur Aufrechterhaltung ihrer spezifisch spätmittelalterlichen und frühneuzeitlichen jagdlichen Raum(be)handlung, die nun sehr stark dem regelmäßig weit flüchtenden Wild, wie dem Hirschen, vorbehalten war[1067]. Noch zu Zeiten eines Xenophon und, bereits eingeschränkt, wohl auch noch eines Kaiser Karl des Großen[1068] wäre dies für einen Herrscher undenkbar gewesen, galt doch gerade die gefahrvolle Jagd oder zumindest deren Darstellung, ihr bildliches Ideal, als Fixpunkt für die Tugenden des Königs. An ihm (dem Hirschen) und seiner Bejagung richteten sich schließlich die Parforcejagd als auch die großen Jagen „teutscher Art" und die Überlandjagden z. B. der württembergischen

---

1066 Die Grundherrschaft im Mittelalter war ja nicht zuletzt eine Herrschaft über Menschen, die auf einem bestimmten Grund und Boden ansässig waren. Allein über ihre Ansässigkeit werden die Untertanen von der Herrschaft erfasst. Vgl. dazu das Zitat von Friedrich Lütge, zitiert nach Joseph Morsel, Jagd und Raum, in: Werner Rösener (Hrsg.), Jagd und höfische Kultur im Mittelalter, S. 282, seinerseits zitiert nach Werner Rösener, Agrarwirtschaft, Agrarverfassung und ländliche Gesellschaft im Mittelalter, S. 7. Fixierungen fanden darüber hinaus auch über die Verhinderung der Landflucht statt, als die Städte im 13. Jahrhundert an Attraktivität zuzunehmen begannen.

1067 Die Einteilung der Jagd in die Niedere und die Hohe Jagd ist regional sehr unterschiedlich und auch aus den einzelnen Quellen nicht immer plausibel und einheitlich ableitbar. Sicher ist nur, dass der Rothirsch kontinuierlich der Hohen Jagd vorbehalten blieb, während Wildschweine und Bären uneinheitlich mal der Niederen und mal wieder der Hohen Jagd zugeteilt wurden. Vgl. dazu bei Rudolf Friess, Wesen und Wege der Jagd von ihrem Urbeginn bis heute, in: Wild und Weidwerk der Welt, S. 217f. In gewissem Umfange bleibt die Hohe Jagd – dort wo ihr Bär und Wildschwein verhaftet sind – Bestandteil des xenophontischen Fürstenideales altiranischer Herkunft. Für den wagemutigen Ritter, Kaiser und König war aus diesem Grunde die Jagd auf wehrhaftes Wild teilweise über die karolingische Zeit hinaus noch von einiger Bedeutung. Dennoch verlor sie diese im 15. und 16. Jahrhundert mit dem Siegeszug der Parforcejagd. Zur Bedeutung der Jagd auf wehrhaftes Wild vgl. auch einen Aufsatz von Goede Gendrich, Wehrhaftes Wild – Wagemutiges Waidwerk, in: Die Pirsch, Nr. 04/1997, S. 80ff.

1068 Eingeschränkt deshalb, weil Karl der Große die Wolfs- und Bärenjagd, zumindest nach den Epen, wohl eher im Rahmen der Brühle, ausgeübt hat, hier aber deutlich der Schwerpunkt bereits auf Wildschweinen und Hirschen ruhte. Vgl. dazu bei Karl Hauck, Tiergärten im Pfalzbereich, in: Deutsche Königspfalzen 1 (Veröffentlichungen des Max-Planck-Instituts für Geschichte 11/1), S. 42ff, unter Bezug auf die Epen Walafrids und Ermoldus Nigellus. Eingeschränkt auch deshalb, weil die Wolfsjagd bereits an die Amtmänner und Untertanen delegiert war, wie dies Kurt Lindner, Die Jagd im frühen Mittelalter, S. 448f, veranschaulicht. Dem König musste nach einer karolingischen Anweisung nur noch angezeigt werden, ob und wie viele Wölfe erlegt wurden. Wolfsjäger wurden besonders behandelt, vom Kriegsdienst befreit und von den Bewohnern des betreffenden Gebiets zur Entlohnung mit Getreideabgaben bedacht. Vgl. ebd., S. 448.

Herzöge aus. All jene Jagden sind ihrer Art nach mit sehr ausdauernden und weitläufigen Bewegungen oder Wanderungen im Raum verbunden, mit der Aufbietung einer großen Zahl von Fronpflichtigen und demnach mit nicht zu unterschätzenden Außenwirkungen auf die Untertanen. Inwiefern gerade auch über die spezifische Positionierung von Menschen und Tieren herrschaftlicher Raum konstituiert und herrschaftliche Ordnungsvorstellungen reproduziert werden konnten, wird uns später bei der Betrachtung der Parforcejagd und der Überlandjagden sowie der Gnadenjagden, der Freien Pürsch und der Wildfolge noch näher beschäftigen. In diesem Kontext ist es auch nicht mehr verwunderlich, dass gerade die Strafen gegen Wilderer – ihrerseits ein Produkt der strukturellen Veränderungen im Verlaufe des erst späten Mittelalters[1069] – grausam und in einem krassen Missverhältnis zur ökonomischen Wertigkeit des Wildbrets standen. Verständlich wird jene überwiegend nachkarolingische und nur scheinbar übermäßige Abstrafung jedoch dann, wenn man die Wilderei vor dem Hintergrund des Räumlichen und das dabei tatsächlich zugrunde liegende „Vergehen" näher betrachtet. Es war keineswegs der Verlust des Wildes, sondern die Verletzung der Machtsphäre und der Herrschaftsansprüche des aristokratischen Jagdherrn, die seinen Zorn heraufbeschworen[1070]. Raumtheoretisch argumentiert verstieß der Wilderer gegen die Regeln der interaktiven Herrschaftsreproduktion, die strikt hierarchisch zwischen Herr und Untertan stattfand und durch ihre Umkehrung (der Untertan als Jäger) zum rebellischen Akt wurde. Vor diesem Hintergrund ist die herrschaftliche Reaktion auf die Wilderei, basierend auf Dissuasion und Mutilation, in einem gänzlich anderen Licht zu beurteilen. Es waren die geeigneten Mittel, den Weg zur ordentlichen und rechtmäßigen hierarchischen Interaktion zurückzufinden und ein zukünftiges Abweichen von jenem Pfad über die abschreckende Wirkung der Strafen zu verhindern. Das Wildbret war so im Zusammenhang Wilderei/Bestrafung tatsächlich vollkommen irre-

---

1069 Im frühen Mittelalter wurden die Vergehen gegen Personen, die unberechtigterweise der Jagd in den Königsforsten nachgingen, mit Geldbußen abgegolten. Jene Geldbußen wurden darüber hinaus ausdrücklich als Erträge verstanden und nicht als Ausgleichszahlungen. So heißt es unter anderem im Capitulare de Villis, cap. 62: Ut unusquisque iudex per singulos annos ex omni conlaboratione nostra quam cum bubus quos bubulci nostri, servant, quid de mansis qui arare debent, quid de sogalibus, quid de censis, quid de fide facta vel freda quid de feraminibus in forestis nostris sine nostro permisso captis, quid de diversis conpositionibus, (...)." Das heißt: Jeder Amtmann hat Jahr für Jahr über alle unsere Erträge Rechenschaft zu geben: Wie viel Korn auf dem von unseren Knechten mit unseren Ochsen bestellten Hofacker geerntet wurde, und wie viel die Hufenbauern, die zur Pflugarbeit da sind, lieferten, was an Ferkeln einkam; was an Zinsen; an Friedensgeldern; an Entschädigungen für Wild, das in unseren Forsten unerlaubt erlegt wurde; an verschiedenen anderen Strafgeldern; (...). Vgl. dazu bei Heiner Brandsch, Die Landgüterordnung Kaiser Karls des Großen, S. 81-82. Die Höhe jener fiskalischen Strafen wurde unterschiedlich bemessen bzw. in den Quellen zuweilen stark variierend angegeben. Christian Ludwig Stieglitz, Geschichtliche Darstellung der Eigentumsverhältnisse an Wald und Jagd in Deutschland. Von den ältesten Zeiten bis zur Ausbildung der Landeshoheit, S. 52f, berichtet von 60 Solidos, dem so genannten Königsbann und von dem geringer zu bemessenden Grafenbann, unter dem jene und andere Richter richteten und deren Höhe sich aus den Volksgesetzen ergaben. Kurt Lindner, Die Jagd im frühen Mittelalter, S. 85, berichtet ebenso von 60 Solidi, was jedoch nach seinen Ausführungen als sehr hoch angesehen werden muss. Die ärmere Bevölkerung, so Kurt Lindner weiter, hätte diesen Betrag niemals aufbringen können.

1070 Vgl. auch bei Roland Girtler, Wilderer – Rebellen in den Bergen, an verschiedenen Stellen.

levant. Es galt einzig die kontinuierliche Gegenkonzeption von Raum durch die Untertanen zuverlässig zu verhindern. Dazu war es unablässig, die Güter der Raumkonstitution in den Händen der Herren zu monopolisieren. Dass dies natürlich nicht immer gelang, liegt auf der Hand und die Vorgehensweise gegen Wilderer spricht letztendlich für diese Annahme.

Das herausragende Merkmal feudaler und landeshoheitlicher Herrschaft war, dass sie kontinuierlich nur dann aufrechterhalten werden konnte, wenn man die Bewohner der betreffenden Landesteile für sich auf diesen Ländereien arbeiten ließ. Es existierte noch nicht das System des eingetragenen Eigentums nach römischem Recht, sondern lediglich ein System der Beherrschung. Ländereien konnten gewonnen oder verloren werden - durchsetzbare Herrschaft hatte solange ihre Gültigkeit über Boden und Menschen, solange die erfolgreiche Besetzung des Raumes durch militärische Behauptung nach außen und umfassende Kontrolle durch Reglementierungen nach innen funktionierte. Der Raumbesetzung musste dann die auf Kontinuität ausgelegte Reproduktion von Macht und Herrschaft in diesen Räumen folgen, so dass der Raum nicht nur materiell, sondern auch in den Köpfen der Untertanen und der Nachbarn stetig präsent sein konnte. Dort, wo es keine Menschen gab, konnte ohnehin jedes Land angeeignet werden (z. B. im Rahmen der Ersitzung), zumindest solange, bis man es wieder verlor oder gegen die Raumkonzeptionen eines Größeren oder Stärkeren keine eigene setzen konnte. So können die sich im Mittelalter herausbildenden jagdlichen Frondienste als ein wirksames Instrument der Kontrolle und Beherrschung der Untertanen angesehen werden, die in die jagdlichen Raumhandlungen durch unterschiedliche Hilfestellungen, Abgaben, aber eben primär als Publikum, als Adressat, eingebunden wurden. Die soziale Hierarchie wurde im Rahmen dieser Handlungen stetig reproduziert und über die hierarchischen Interaktionen visualisiert. Herrscher kamen und gingen, der Boden, die Menschen und die Instrumentalisierung der Frondienste und der Jagd zu ihrer Beherrschung aber blieben[1071]. Gerade die Fronleistungen als Mittel der Inklusion der Untertanen in die räumlichen Jagdhandlungen als auch die Exklusionen der Untertanen von der eigentlichen Jagdausübung müssen als Vorgang der bewussten Positionierung von Menschen in einem gegebenen Raum, der Landesherrschaft, betrachtet werden. Erst durch die Verbindung von sozialen Gütern (materiellen und symbolischen Gütern) mit der gesteuerten Positionierung von Menschen in diesen Räumen wurde der gewünschte Erfolg erzielt. Da die Positionierung nicht nur positiv sein kann, sondern ebenso negativ gedacht werden muss, ist auch die Exklusion von Menschen an einer Handlung in einem Raum als wichtiges Merkmal der Positionierung zu bestimmen. Da die Wechselwirkungen zwischen Einbindung und Ausschluss der Untertanen im Zuge der jagdlichen Raumbewegungen dem Raum selbst eine andere Struktur geben als deren Fehlen oder gar deren Inanspruchnahme als bezahlten und angestellten Dienstleistern, wie

[1071] So galt nicht nur die Jagdhandlung selbst als Raumhandlung, sondern auch die mit ihr in Zusammenhang stehenden akustischen Äußerungen. Joseph Morsel schreibt hier speziell dem Hundegebell, den Jägerschreien, Paukenschlägen und insbesondere dem Hornsignal jene Funktion zu. Der Forst konnte so nicht nur visuell, sondern weithin auch akustisch besetzt und beherrscht werden. Vgl. bei Joseph Morsel, Jagd und Raum, in: Werner Rösener (Hrsg.), Jagd und höfische Kultur im Mittelalter, S. 283.

dies unter Kaiser Wilhelm II. noch der Fall war[1072], liegt auf der Hand. Damit kommt der Positionierung von Menschen in einem Raum eine große Bedeutung zu. Die herrschaftliche Jagd, ihre Rolle und Funktion, ist aus diesem Grunde ohne den bewusst positionierten Fröner nicht zu erklären. Die Einbindung der Untertanen ist der wesentliche Faktor bezüglich der „ordentlichen" hierarchischen Kommunikation und der Reproduktion herrschaftlichen Raumes selbst. Die fronleistenden Bauern sind innerhalb der Analyse eines Funktionswandels der Jagd durch die Epochen so ein wesentlicher Bestandteil der Erklärung selbst. Damit sind sie aber auch ein wesentlicher Baustein der politisch-räumlichen Struktur des Mittelalters und der frühen Neuzeit. Ihre Rolle im Rahmen der Grund- und Landesherrschaften ist damit jedoch ungleich höher zu bewerten als dies lediglich über die Produktion von Waren und Gütern, respektive Landwirtschaft, versucht wurde. Jene spiegelt nur einen Aspekt ihrer Bedeutung für die Stabilität und die Grundlagen jener Herrschaftsgebilde wider. So wie die Schüler für eine Schule raumkonstituierend wirken und ohne das Vorhandensein von Schülern und deren hierarchischer Interaktionen mit Lehrern die Schule nur ein Gebäude wie viele wäre[1073], so gilt dasselbe räumliche Prinzip auch für die Grundherrschaften und Landeshoheiten. Erst die spezifischen Beziehungen zwischen Herren und Untertanen konstituierten den Raum der jeweiligen Grundherrschaft oder der jeweiligen Landeshoheit. Die Frondienste spielten in diesem Kontext eine sehr bestimmende Rolle, da sie als hierarchische und nach klaren Regeln funktionierende Interaktionen zwischen Herren und Untertanen zu verstehen sind.

Wenn man diesen Gedankengang weiter verfolgt bedeutet das darüber hinaus: was im Innenverhältnis die hierarchischen Beziehungen zu Bauern, Adligen und Bürgern kontinuierlich repetitiv reproduzierte, musste nach außen in den nachbarschaftlichen Interaktionen mit anderen Landesherrn zu finden sein. Dass diese Beziehungen nicht nur über das Instrument des Krieges oder der in früherer Zeit noch bestehenden Fehde bestanden[1074], sondern ebenso durch jagdliche Handlungen zum Ausdruck gelangen konnten, bleibt noch aufzuzeigen. Im Rahmen der vorliegenden Arbeit werde ich das noch ausführlich mit Hilfe verschiedener Beispiele wie den Gnadenjagden, der Freien Pürsch und insbesondere der Wild- oder Jagdfolge einer näheren Erklärung zuführen. Doch zunächst zu den Ausstrah-

[1072] Vgl. dazu die Ausführungen von Andreas Gautschi, Wilhelm II. und das Waidwerk, an verschiedenen Stellen. Auch Waldarbeiter wurden in die Jagdtätigkeiten und Jagdvorbereitungen miteinbezogen. „Wenn es in Rominten galt, einen einmal bestätigten Hirsch zu beschatten und bereitzuhalten (für den Kaiser, Anm. d. V.), so standen auf allen übersichtlichen Wegen Forstbeamte und alkoholsichere Waldarbeiter als Beobachter, die das Überwechseln rechtzeitig melden konnten." Vgl. ebd. S. 87. Dass die Jagdhandlungen Kaiser Wilhelm II. mit Sinn und Zweck jener der Herren vor 1848 nicht mehr verglichen werden können, liegt auf der Hand.

[1073] Vgl. dazu die raumtheoretischen Ausführungen bei Martina Löw, Raumsoziologie, S. 233ff. Der Raum Schule wird durch verschiedene Faktoren erst zur Schule. Fehlt nur eines der raumkonstituierenden Elemente, ist das Ergebnis ein anderes. Auch ein Gefängnis besteht aus Steinen/Mauern und Fenstern, Türen, etc.

[1074] Einen umfassenden Einblick in das Fehdewesen gibt Otto Brunner, Land und Herrschaft, S. 1-110. Ähnlich dem Krieges und der Fehde ist nach meiner Auffassung auch der Raub zu sehen.

lungswirkungen der Inklusionen und Exklusionen der Untertanen mit Hilfe der Jagdfrondienste einerseits und des Ausschlusses von der aktiven Jagd andererseits. Die Art und Weise, wie dies nun in der uns überlieferten Praxis aussah, ist Gegenstand dieses Abschnittes. Über die Konkretisierung der im Mittelalter stattfindenden Exklusionen und Inklusionen der Landbevölkerung in den Ablauf und das Geschehen der Jagd ist die strukturelle Analyse der Vergesellschaftung am eindringlichsten aufzuzeigen. Sie unterscheiden sich dabei rigoros von den Exklusionen und Inklusionen in der modernen Gesellschaft des 21. Jahrhunderts. Die Weiterentwicklung des Raumes, seine wissenschaftliche Aufklärung, seine generelle Ökonomisierung und Rationalisierung - insbesondere im Waldwesen im Übergang vom 18. zum 19. Jahrhundert[1075] - hat zu einer gänzlich anderen Behandlung des Raumes geführt, was sich auch auf die Jagdhandlungen auswirkte. Die Herausarbeitung jenes Unterschiedes ist eines der bedeutendsten Anliegen der vorliegenden Arbeit und für das Verständnis von Jagd und Jäger und ihren Kompatibilitätsproblemen der Gegenwart äußerst wichtig.

7.4.2 Die jagdlichen Frondienste im Kontext der Jagdhandlung und Herrschaftsausübung

Die bis hierher aufgezeigte Entwicklung mit ihren Höhepunkten zwischen dem 12. und dem 16. Jahrhundert hat zu einer Verschiebung des Jagdrechtes, zu einer Monopolisierung der Jagd in den Händen der Herrscher geführt. Zuvor war die Jagd noch relativ frei, auch wenn es schon regionale Unterschiede gegeben haben mag. Walter Kübler geht gar davon aus, dass der Vorgang der Monopolisierung der Jagd bis zum 14. Jahrhundert - der Ausbildung der Regalität der Jagd - in vielen Territorien bereits abgeschlossen war[1076]. Wie Joachim Allmann speziell für den Pfälzer Raum im Rahmen seiner Arbeit feststellen konnte, bedeutete der Ausschluss (die unmittelbare Exklusion) von der aktiven Jagdhandlung für die Landbevölkerung keineswegs, dass sie mit dem Jagdvorgang nichts mehr zu tun hatte[1077], im Gegenteil: Gerade die mittelbare Inklusion der Untertanen bei gleichzeitiger unmittelbarer Exklusion[1078] brachte herrschaftliche Vorteile mit sich, wie sie im Folgenden dargestellt werden. Dies betrifft nicht nur die Jagdhandlungen, sondern auch das Forst- und Waldwesen in seiner epochenspezifischen Form. Diese genannten Vorteile lagen nicht nur in der hierarchischen Interaktion nach klaren Regeln, der Demonstration, Ausübung und Stabilisierung von Herrschaft, sondern über den Mehrwert der Fronleistungen auch in wirtschaftlichen Erträgen verborgen. So

[1075] Hier sei nur an die Kameralisten erinnert, die den Wald als ein wertvolles ökonomisches Gut außerhalb der Jagd definierten und zum Umdenken auch der Landesherrschaften, bzw. nach der Mediatisierung dann der Länderregierungen, zwangen. Das war der Beginn rationaler Forstwirtschaft und des Aufschwungs der Försterei.

[1076] Vgl. bei Walter Kübler, Reichsjagdgesetz und Württembergisches Jagdrecht - ein Vergleich, S. 9f.

[1077] Vgl. bei Joachim Allmann, Der Wald in der frühen Neuzeit, S. 23f.

[1078] Unter der unmittelbaren Exklusion subsumiere ich den vollständigen Ausschluss von der individuellen aktiven Jagd. Dieser Exklusion steht die mittelbare Inklusion gegenüber, das ist die Einbindung der Untertanen in die herrschaftlichen Jagdhandlungen, sei es durch Frondienste oder als Publikum und Adressat herrschaftlicher Machtdemonstrationen.

wurden die existenziell nutzbaren Räume der ländlichen Bevölkerung immer weiter beschnitten und als herrschaftlicher Raum von der unreglementierten Nutzung ausgenommen. Zum anderen mussten bei gleichzeitigem Jagdverbot immer mehr Jagd- und Beherbergungsdienste für die Landesherren verrichtet werden. Die Menschen konnten so nach Belieben und anhand der raumreproduzierenden Logik der Herren im Raum frei positioniert werden. Der Höhepunkt jener Entwicklung ist tatsächlich in der Regalität der Jagd verborgen, die im Grunde eine dichotome juristische Prägung hatte: sie umfasste das ehemals königliche Bannrecht[1079] als ein Exklusionsrecht mit entsprechendem Sanktionscharakter auf der einen und das Jagdrecht als ein mittelbares Inklusionsrecht auf der der anderen Seite. Über die Bannung konnten die Untertanen nach Gutdünken von der jagdlichen Nutzung (über das Forstregal dann auch von der Nutzung des Waldes) ausgeschlossen oder zumindest in weiten Teilen kontrolliert werden, während gleichzeitig über die Jagdgerechtigkeit die ausgeschlossenen Personen zum Jagddienst herangezogen werden konnten. Die stetigen Wechselwirkungen zwischen Exklusion und Inklusion evozierten einen beträchtlichen Teil der sozialen Misere der zumeist bäuerlichen Untertanen, die im Grunde bis zur Revolution 1848 ihren Bestand hatte. Auch an der Schwelle zum 19. Jahrhundert waren Bauernbeschwerden zum Wildschaden und den Jagdbelastungen alltäglich. Die Besonderheiten jener Wechselwirkungen zwischen Exklusionen und Inklusionen liegen in ihren überwiegend herrschaftlichen und sozialwirksamen Auswirkungen verborgen. In den Zeiten vor 1848/49 waren die Inklusionen und Exklusionen der Bevölkerung durch den Landesherrn geeignet, die eigene subjektive (bäuerliche) wirtschaftliche und existenzielle Lage zu gefährden. In modernen ausdifferenzierten und industrialisierten Gesellschaften finden dagegen gerade die Inklusionen auf einer vollkommen anderen Ebene statt; sie haben keine direkten sozialwirksamen Auswirkungen, stattdessen aber Wirkungen, die über die spezifisch mitteleuropäische ökologische Gefährdungslage gesamtgesellschaftlich spürbar sind. In der modernen Gesellschaft rückt die Jagd von ihrer sozialen und anthropozentrischen Betrachtung und Behandlung ab und generiert ökozentrische Problemkomplexe, wie sie noch ausführlich in Kapitel 10 und 11 aufgezeigt werden. Auf der anderen Seite sind wirkliche Exklusionen von der Jagdhandlung heute nicht mehr existent[1080]. So waren die Jagdfronen auf die Anforderungen der feudalen und später dann absolutistischen Herrschaft zuge-

[1079] Die Unterscheidung in Forst- und Wildbann gibt es so wahrscheinlich nicht. Unter dem Wildbann versteht man das Verbot jeglicher Nutzung des wilden unbebauten Landes. Er umfasst somit sowohl das Verbot der Jagd- als auch jeder anderen Form der Wald- und Landnutzung durch Dritte. Der Bann umfasst jede königliche Verordnung, die etwas bei Strafe gebietet oder verbietet, wie auch diese Strafe selbst als Bann oder Buße bezeichnet werden kann. Das Bannrecht ging bis zum 14. Jahrhundert auf die Grafen, Herzöge und Fürsten über.

[1080] Dennoch wird hin und wieder darüber gestritten, ob nicht Umfang und Fülle der Jägerprüfungen den Sinn und Zweck der Exklusion bestimmter Bevölkerungsteile implizieren. Gerade Personen, die mit einer Flut von Informationen aufgrund ihrer Bildung oder Ausbildung sowie ihres Berufstandes besser zurechtkommen als andere Teile der Bevölkerung, werden, so die Kritik, dadurch bevorzugt. Ob jedoch tatsächlich eine solche „soziologische Entmischung" vorliegt, ist äußerst strittig. Vgl. zum Begriff der soziologischen Entmischung bei Wilhelm Bode und Elisabeth Emmert, Jagdwende. Vom Edelhobby zum ökologischen Handwerk, S. 174ff.

schnitten, da sie Herrschaft demonstrieren konnten und das Volk in demütiger Haltung und Verpflichtung hielten. Zur Überwachung der Frondienste und deren Organisation sowie der Einhaltung zahlloser Mandate, Edikte und Instruktionen wurden die Jagdbediensteten sowie die Struktur der Jagd- und Forstorganisation immer bedeutender. Der Verwaltungsapparat begann hier eine wesentliche Rolle zu spielen. Er stand dem Landesherrn hinsichtlich der gegenkonzeptionellen Versuche der Raumkonstruktion durch die Untertanen hilfreich zur Seite. Durch die ihm zugedachten umfänglichen Aufgaben und Vollmachten konnte sich der Verwaltungsapparat so einen wesentlichen Zugriff auf das Jagd- und Forstwesen, allerdings nun im Sinne und zu Diensten des Landesherrn, verschaffen.

7.4.2.1 Zur Entstehungs-/Entwicklungsgeschichte der jagdlichen Frondienste

Die Feststellung einzelner Jagdfrondienste unter den Karolingern ist aufgrund der Quellenlage als sehr unsicher zu bezeichnen. Frondienste außerhalb der Jagd dagegen werden schon häufiger genannt und sind wohl im Rahmen der Villicationsverfassung auch schlüssig nachvollziehbar. Unter den Karolingern existierten so aller Wahrscheinlichkeit nach bereits Frondienste oder Leistungen[1081], die sich zumeist auf die generellen landwirtschaftlichen Hand- und Spanndienste bezogen haben dürften. Neben den Hand- und Spanndiensten der Untertanen war der Zehnt dagegen eine Leistung (neben dem Schweinemastzehnten, decima porcorum, auch dem Zehnt von allen anderen landwirtschaftlichen Erträgen), die von den Amtmännern (Domänenverwaltern) erbracht werden musste und nicht von den unfreien Untertanen[1082]. Darüber hinaus wurde der Zehnt vermutlich nicht (nur) der Hofverwaltung zugeführt, sondern den Kirchen, die auf den Besitzungen des Königs (vermutlich aber auch auf denen des Reichsgutes) zu liegen kamen[1083]. Die Hinweise darauf, dass die Frondienste oder Leistungen nicht von den Untertanen, sondern von den Amtmännern erbracht werden mussten, sind im capitulare de villis reichlich zu finden. So heißt es z. B. im cap.3: „Und dass sich die Amtmänner nicht herausnehmen, unsere Gutsleute in ihren Dienst zu stellen, sie zu Feldfrohn-

[1081] Die Bauern auf den Gutshöfen konnten nach einer Anmerkung von Lutz Fenske jedoch auch zu Instandhaltungsarbeiten an den Wildgehegen herangezogen werden, wie dies aus einem Kapitular von Ludwig dem Frommen aus dem Jahr 820 überliefert ist. Siehe bei Lutz Fenske, Jagd und Jäger im frühen Mittelalter. Aspekte ihres Verhältnisses, in: Werner Rösener (Hrsg.), Jagd und höfische Kultur im Mittelalter, S. 60f, unter Bezug auf MGH Capit. 1 Nr. 143 c. 4 S. 295.

[1082] Ungeachtet dessen werden sich die Amtmänner diese Leistungen gegenüber ihrem König und Kaiser auch wieder von den Bauern und Handwerkern zurückgeholt haben; trotz des Verbots in cap. 3 des capitulare de villis (siehe unten). Bei den Hand- und Spanndiensten kann ich mir jedoch diese Regelung nicht vorstellen, da wohl kaum der Amtmann diese verrichtet haben wird. Naturalabgaben wurden zwar von ihm abgeführt, aber auch nicht von ihm geerntet oder produziert. Insofern fielen die Abgaben und Dienste auf die Fröner regelmäßig zurück.

[1083] Vgl. dazu im capitulare de villis, cap. 6: "Volumus ut iudices nostri decimam ex omni conlaboratu pleniter donent ad ecclesias quae sunt in nostris fiscis, et ad alterius ecclesiam nostra decim data non fiat, nisi ubi antiquitus institutum fuit (...)." Vgl. dazu bei Heinz Brandsch (Hrsg.), Die Landgüterordnung Kaiser Karls des Großen, S. 19-20.

den, zum Holzzerkleinern oder zu irgendeiner anderen Arbeit zu zwingen (...)."[1084] Im Rahmen der Villicationsverfassung, wie sie uns im capitulare de villis entgegentritt, waren also die ansässigen Bauern vermutlich zu Hand- und Spanndiensten gegenüber dem Eigenbetrieb des Grundherrn (des Domänenverwalters) verpflichtet wie auch mit Abgaben und Leistungen gegenüber dem Fronhof belastet, dem sie unterstanden. Allerdings sind jene Leistungen nicht als dem Amtmann Vorteil verschaffend zu beurteilen, sondern vielmehr den Hofdomänen, denen die Erträge zuzuführen waren. Jene Abgaben wurden zwar durch den Amtmann des Fronhofes eingenommen oder eingezogen, jedoch an die königlichen Hofdomänen (die Pfalzen) weitergeleitet[1085]. Das würde zu dem Schluss führen, dass die Frondienste nicht als dem Amtmann zugehörig und zustehend zu bezeichnen sind, sondern allein den einzelnen Fronhöfen als Wirtschaftseinheiten innerhalb der Villicationsverfassung zuzurechnen sind. Materielle Erträge, die als Produkte der Leistungen zu betrachten sind, wurden dann der Hofdomäne zugeführt, was inhaltlich mit dem capitulare de villis, cap.1, in Übereinstimmung stünde. Hier heißt es nämlich ausdrücklich: „Volumus ut villae nostrae, quas ad opus nostrum serviendi institutas habemus, sub integritate partibus nostris deserviant et non aliis hominibus."[1086] Es bleibt also zu vermuten, dass die Amtmänner zwar keine eigenen Fronleistungen von den auf ihrem Amtsbezirk arbeitenden Untertanen verlangen durften[1087], dass es aber durch Arbeitsorganisation und die notwendige Delegierung von Arbeiten nach unten - im Rahmen des Fronhofes als Wirtschaftseinheit - auch durchaus hin und wieder zu Fronleistungen jener Ausprägung gekommen sein dürfte. Dass man sich nicht unbedingt an die Regelungen der Kapitularien zu halten brauchte und dieses abweichende Verhalten auch durchaus dem König und Kaiser

---

[1084] Heinz Brandsch (Hrsg.), Die Landgüterordnung Kaiser Karls des Großen, cap. 3, aus dem Lateinischen übersetzt. Erst mit der Schwächung des Königtums gingen die Fronleistungen auch auf die früheren Amtmänner über und wurden zu deren eigenem Vorteil ausgedehnt, verschärft, initiiert.

[1085] Zur Villicationsverfassung und der Einteilung des kaiserlichen Grundbesitzes und seiner Bewirtschaftung vgl. bei Heinz Brandsch (Hrsg.), Die Landgüterordnung Kaiser Karls des Großen, S. 108ff. Die kaiserliche Grundherrschaft bestand aus Domänen, denen jeweils ein Amtmann vorstand. Jener hatte seinen Sitz auf dem Haupt- oder Fronhof, zu dem regelmäßig etwa 4 bis 5 Hufen gehörten, die dem Eigenbetrieb des Amtmannes (des Grundherrn) unterstanden. Die restlichen 30 bis 100 abhängigen Hufen wurden von ihm verwaltet und die von den Bauern auf diesen abhängigen Hufen erarbeiteten Erträge (capitulare de villis, cap. 1) wurden von ihm eingezogen und an den königlichen Hof (Pfalzen) gesandt. Die Gesamtheit jener Hufen (Haupthof mit Eigenbetrieb und zusätzlich die abhängigen Hufen) bildeten eine Villication, eine Domäne. Wurden mehrere Domänen von einem Amtmann verwaltet, so setzte dieser Unterbeamte ein, die ihrerseits einen Haupthof mit mehreren abhängigen Hufen bestellten.

[1086] Vgl. dazu capitulare de villis, cap. 1, in der Übersetzung von Heinz Brandsch: „Wir wollen, dass die Erträge der in unserem Besitze befindlichen und für unsere Hofhaltung bewirtschafteten Hofgüter uneingeschränkt unserem eigenen Bedarfe dienen und nicht anderen Personen." Vgl. dazu Heinz Brandsch (Hrsg.), Die Landgüterordnung Kaiser Karls des Großen, S. 13.

[1087] Capitulare de villis, cap. 11 besagt: „Dass kein Amtmann irgendwo über unsere Leute, auch nicht über die in Waldhufen, verfüge, und von ihnen Verpflegung für seine Person oder Futter für seine Hunde fordere." Vgl. dazu bei Heinz Brandsch (Hrsg.), Die Landgüterordnung Kaiser Karls des Großen, cap. 11, S. 26.

bewusst war, hat Gerd Althoff in seinem Werk über die Spielregeln der Politik im Mittelalter aufgezeigt[1088]. Generell bleibt an dieser Stelle noch anzumerken, dass die Fronleistungen (im Gegensatz zu den jagdlichen Fronleistungen und/oder jagdlichen Hilfsdiensten) bereits seit den Karolingern bis zum 15. Jahrhundert eher rückläufig waren, während sie in den Gebieten der grundherrlichen Eigenwirtschaft und der Verschmelzung grund- und gerichtsherrlicher Rechte eine übermäßige Steigerung erfuhren. Dies, so Theuerkauf, war insbesondere in Ostdeutschland der Fall[1089]. Die Rückläufigkeit der Frondienste scheint also keine allgemeingültige Aussage zu sein, vielmehr ist regional und damit strukturell zu differenzieren (siehe dazu Anmerkung weiter unten). Ohnehin scheint die Rückläufigkeit für die jagdlichen Frondienste keine Gültigkeit zu haben, insbesondere wohl auch deshalb, weil es hier herrschaftslogisch keinen Grund gab, jene in Steuerzahlungen umzuwandeln. Aus welchem Blickwinkel dies zuweilen betrachtet werden muss, bleibt noch aufzuzeigen.

Doch zurück zu den jagdlichen Fronleistungen. Kurt Lindner attestiert zwar für die karolingische Zeit ebenfalls das Vorhandensein von Jagdfrondiensten, ihre tatsächliche Ausgestaltung und ihr Umfang dagegen ist nur äußerst lückenhaft und mit nur geringer Sicherheit nachzuvollziehen. Den ältesten Quellenbeleg für jagdliche Fronleistungen von Hörigen führt Kurt Lindner mit dem Jahre 1057 an. So mussten die Hofhörigen im Forst des Erzbischofs von Köln das gefangene Wild abführen, die Hunde halten und füttern und ohne bischöfliche Erlaubnis durften sie keine Jagd auf Bären, Schweine, Hirsche oder Rottiere halten[1090]. Ansonsten scheinen die Leistungen für und um die königliche Jagd überwiegend den Klöstern sowie den Förstern aufgetragen worden sein[1091]. Jagdliche Frondienste - zumindest diejenigen ähnlichen Umfanges wie in den späteren Landesherrschaften - der Untertanen sind für die Zeiten Karls des Großen kaum nachzuweisen[1092]. Ihre Bedeutung wuchs mit einiger Sicherheit erst unter den Landesherrschaften an und

[1088] Vgl. dazu bei Gerd Althoff, Spielregeln der Politik im Mittelalter, S. 282ff. Von einem karolingischen Rationalismus war man aufgrund des ungenauen Geltungsanspruches der Kapitularien weit entfernt. Auch hier, so mein Eindruck, galt wohl die Gewohnheit mehr als das Geschriebene.

[1089] Vgl. bei G. Theuerkauf, Frondienst, in: Erler, Adalbert und Kaufmann, Ekkehard (Hrsg.), Handwörterbuch zur Deutschen Rechtsgeschichte, I. Band, S. 1307-1308.

[1090] Siehe bei Kurt Lindner, Die Jagd im frühen Mittelalter, S. 447, unter Bezug auf die tabula de banno venationis, abgedruckt bei Gelenius, De admir. Magnit. Colon., 68, und Seibertz, Das westfälische Jagdrecht, 1852, S29f.

[1091] Vgl. zur Hundeaufzucht der Amtmänner im capitulare de villis, cap.58. Weiterhin zu den Aufgaben der Amtmänner und Meier bei Kurt Lindner, Die Jagd im frühen Mittelalter, S. 446.

[1092] Im capitulare de villis, cap. 10 heißt es darüber hinaus: „Dass unsere Vorarbeiter, Förster, Pferdewächter, Kellermeister, Vögte, Zöllner und sonstigen Unterbeamten für den Besitz von Hufen Spanndienste leisten und verkel zinsen. Von der Verpflichtung zu Handdiensten sollen sie befreit sein in der Voraussetzung, dass sie dafür ihre besonderen Dienste gut verstehen. Die Unterbeamten mit Amtslehen können die Hand- und sonstigen Dienste, zu denen sie etwa verpflichtet sind, in Stellvertretung verrichten lassen.“ Vgl. dazu bei Heinz Brandsch, Die Landgüterordnung Kaiser Karls des Großen, S. 24f. Von Frondiensten der Untertanen (nicht der der Beamten) ist keine Rede, im Gegenteil, sie werden sogar im capitulare de villis, cap.11, cap.3, ausdrücklich davon ausgenommen.

ihre Analyse kann nur unter Berücksichtigung jener neuen Herrschaften und deren räumlicher Qualitäten fruchtbar sein, auch oder gerade unter Aspekten von Repräsentation, von Herrschaftsbezeugung und Öffentlichkeit, wie noch zu zeigen sein wird. Jene neuen Herrschaften erforderten gänzlich andere Raumkonstruktionen als dies unter den Karolingern der Fall war. Raumkonstruktionen von Seiten der Herren bedingten jedoch zwangsläufig immer auch entsprechende Gegenkonzeptionen auf Seiten der anderen sozialen Fraktionen, seien es nun Untertanen, der niedere Adel, angrenzende Herrschaften oder der Klerus. Die Fronleistungen, insbesondere die jagdlichen Fronleistungen, die nicht in Steuerzahlungen umgemünzt wurden, sind so gemäß den Ausführungen Joseph Morsels folgendermaßen zu betrachten: Die Fron selbst (einerlei ob jagdlich oder landwirtschaftlich) und die Ablieferung derselben wird von den Herren in Verbindung mit den Abhängigen regelmäßig ausgeübt, damit die Kluft zwischen Arbeits- und Produktionsprozess symbolisch, ideell und deshalb auch gesellschaftlich überwunden werden kann. Die Fronleistungen zielten so regelmäßig auf das Zusammentreffen der Herren mit den Abhängigen und auf die visuelle Wahrnehmung der letzteren[1093]. Diese Definition war für die landwirtschaftlichen Fronleistungen der ausgehenden Karolingerzeit sicher noch zutreffend. Allerdings, so mein Eindruck, war dieses Zusammentreffen von Untertanen und Herren nicht immer und notwendigerweise dazu geeignet, die Kluft zwischen den Untertanen und ihrem Herrn zu überwinden. Im Gegenteil: gerade in den Landesherrschaften war es die strenge hierarchische Interaktion, die gewollt war, und ihre Auswüchse waren in der Misshandlung der Fronpflichtigen durch die Herren bis in das 19. Jahrhundert hinein regelmäßig visualisiert. Gerade im sozialen Feld der Jagd wurde dies dort überdeutlich. So war es selbst noch 1808 in Württemberg notwendig, ein Reskript zu erlassen, welches es den Herren und deren Bedienten bei Strafe verbot die Bauern, Fuhrleute und Postillons zu beschimpfen, sie zu misshandeln oder zu schlagen. Dieses Reskript trug den Namen: „das Verbot aller Gewalttätigkeiten, Misshandlungen und anderer Excesse bei Jagd und Jagdreisen betreffend“[1094]. 1808, die Mediatisierung war bereits in vollem Gange oder gar schon abgeschlossen, machte dieses Verbot aufgrund der veränderten Verhältnisse und damit auch aufgrund der veränderten Raumkonstruktionen sehr wohl Sinn. Die Jagd begann hier bereits allmählich einen weiteren Funktionswandel aufgrund der veränderten gesellschaftlichen Verhältnisse zu vollziehen. Sie wurde ganz allmählich aus ihren herrschaftspolitischen Bezügen gelöst, bis sie dann 1848/49 endgültig bürgerlich wurde. Vor diesen Zeiten und damit vor den napoleonischen Auswirkungen auf die deutschen Landesherrschaften war die Misshandlung der Untertanen im Zuge der jagdlichen Handlungen dagegen durchaus politisch sinnvoll und herrschaftspolitisch zielgeleitet. Ich möchte sogar so weit gehen, das Treten und Schlagen eines Knechtes oder Untertanen als wesentlichen Bestandteil der eigentlichen Jagdhandlung zu betrachten. Was waren die Gründe dafür? Dass diese hierarchischen Interaktionen, die auf absolute Unter-

1093 Siehe bei Joseph Morsel, Jagd und Raum, in: Werner Rösener (Hrsg.), Jagd und höfische Kultur im Mittelalter, S. 286f.

1094 Vgl. dazu bei A. L. Reyscher, Die grundherrlichen Rechte des württembergischen Adels, S. 179ff. Ebenso bei Hans Wilhelm Eckardt, Herrschaftliche Jagd, bäuerliche Not und bürgerliche Kritik, S. 122, ebenfalls unter Bezug auf A. L. Reyscher.

ordnung und Unterwerfung der Untertanen abzielte, für die Herren in ihrer Durchsetzung und strikten Befolgung vitale herrschaftliche Interessen in sich barg, zeigt folgendes Beispiel: 1699 wollte Fürst Friedrich Wilhelm von Hohenzollern-Hechingen einen während der Jagd aufgestöberten Fuchs, der in seinen Bau flüchtete, durch die Einwohner der nahe liegenden Gemeinde Owingen ausgraben lassen. Die Bauern jedoch weigerten sich unter Berufung auf alte Fronfreiheiten, worauf sieben von ihnen mit erheblichen Freiheitsstrafen belegt wurden; eine Frau, die sich öffentlich für die Verweigerung ausgesprochen hatte, wurde mit „ewiger Landesverweisung" bestraft, der ganzen Gemeinde wurde der alte Fronbrief abgenommen und durch neue und höhere Fronen ersetzt[1095]. Das Beispiel, nur scheinbar um des Fuchses willen, zeigt deutlich auf, dass es hier den Herren nicht um den materiellen Ertrag, sondern einzig um die „Ordnung in der landesherrlichen Welt" ging. Nicht der Fuchs stand im Mittelpunkt des Interesses, sondern die Reproduktion von Macht und Stärke, die hierarchische Interaktion zwischen Herren und Untertanen. Zu regieren beschränkte sich in den Landesherrschaften nicht auf die Abfassung von Schriftsätzen und die Delegierung der darin abgefassten Beschlüsse an den Verwaltungsapparat. Der Versuch der Gemeinde Owingen, störend auf die Raumkonstruktionen des Fürsten Friedrich Wilhelm von Hohenzollern-Hechingen einzuwirken, indem sie sich den Positionierungen entgegenstellte, musste so zwangsläufig aufgrund der institutionalisierten Gewalt des Fürsten eine Gegenreaktion in Form durchgreifender Bestrafungen nach sich ziehen. Hätten die Störversuche der Gemeindemitglieder hier einen Erfolg dergestalt mit sich gebracht, dass der Fürst gegenüber der als „gegenkulturell"[1096] zu bezeichnenden Raumkonstruktion der Owinger Gemeinde seinen Machtanspruch nicht hätte durchsetzen können, so hätte dies seinen gesamten Machtanspruch innerhalb seiner Herrschaft untergraben müssen und für die anderen Gemeinden in Frage gestellt. Die Ordnung in der landesherrlichen Welt konnte nur durch ein hartes Durchgreifen wiederhergestellt werden. Allerdings sind diese Wechselwirkungen zwischen fürstlicher Raumkonstruktion und den stetigen Versuchen der Untertanen, jene

[1095] Vgl. dazu den Untertanenprozess, geschildert bei Ulrich Bergemann, Die Geschichte der landesherrlichen Jagdhoheit in der Grafschaft Zollern, S. 133ff. Die Gemeinde Owingen ging nach dem Entzug des alten günstigeren Fronbriefes und dessen Ersetzung durch einen sehr viel ungünstigeren bis vor das Reichskammergericht im Jahre 1700. Für die Dauer des Prozesses musste der Fürst den alten Zustand wiederherstellen.

[1096] Als gegenkulturell ist der Versuch der Owinger Gemeinde aus verschiedenen Gründen zu benennen. Die Raumkonstruktion des Fürsten ist eine institutionalisierte. Die Regalien gaben ihm eine juristisch-symbolische Macht, seine Schlösser, Burgen und Besitzungen umschreiben seine materielle Stärke. Der Landesherr herrschte unumschränkt innerhalb des von ihm durch relationale Anordnung von sozialen Gütern (Grenzen, Burgen, Besitzungen, Gerichtshoheit, etc.) und Menschen (Untertanen, Soldaten, Verwaltung) konstruierten Raumes. Die Owinger Gemeinde brach mit ihrem Versuch des Widerstandes aus dieser Konstruktion aus, das heißt die Einwohner versuchten der landesherrlichen Raumkonstruktion eine eigene und insofern eine gegenkulturelle Ordnungsvorstellung entgegen zu setzen. Da sie jedoch weder über rechtliche noch planerische oder bauliche Mittel verfügten, konnten sie gemäß den Ausführungen Martina Löws diesen Raum nur unter Einsatz ihres Körpers materiell und symbolisch markieren. Dass dieser Versuch nur sehr flüchtig jene Raumkonstruktion erhalten ließ, wird aus der Gegenreaktion des Fürsten Friedrich Wilhelm deutlich. Vgl. dazu die theoretischen Ausführungen von Martina Löw, Raumsoziologie, S. 238f.

aufzubrechen oder zumindest zu stören, wesentlicher Bestandteil des Funktionierens einer Landesherrschaft. Die Bauernaufstände des beginnenden 16. Jahrhunderts sind ebenso ein beredtes geschichtliches Beispiel dafür. Mit dem Ende der karolingischen Dynastie begannen diese gegenseitigen Bestrebungen der Raumkonstruktion und Gegenkonstruktion an „Lebendigkeit" zuzunehmen, was uns nicht zuletzt die Verschärfung der Halsgerichtsordnung und der Frondienste sowie der Wandel der Jagdpraktiken offenkundig vor Augen führen. Sie alle waren wesentlicher Bestandteil der hierarchischen Interaktionen zwischen Herren und Untertanen, ohne die die landesherrliche Struktur vermutlich im Chaos und in Aufständen ihrem Niedergang entgegen gegangen wäre. So wie das Plebiszit Bestandteil einer Demokratie ist, sind die Versuche der gegenkulturellen Raumkonstruktion durch Verweigerungen, Aufstände, Sabotage, etc. und die Reaktion darauf mit brutaler Sanktionsgewalt unabdingbarer Bestandteil der landesherrlichen Zeit bis in das 19. Jahrhundert. In diesem Zusammenhang sind demnach die Misshandlungen, Tritte und Schläge der Herren für die Untertanen im Rahmen der Jagdhandlungen zu sehen[1097]. Für die Zeiten bis etwa 1848, wobei zwischen der Mediatisierung und 1848 eine Art allmählicher Abschwächung zu gesehen werden muss, mag diese Form der hierarchischen Interaktionen zielführend gewesen sein, während danach die „neuen" Raumkonstruktionen dafür keinen Platz mehr ließen. Politik wurde hier parlamentarisch, die Bürgerrechte gestärkt, die Affekte weiter gebändigt, die Jagd schließlich bürgerlich und einer Funktionalisierung außerhalb der Distinktion für eine lange Zeit nicht zugeführt. Dies änderte sich erst allmählich wieder in den 1970er Jahren. Doch zurück zu den Frondiensten. Bis etwa in das 13. Jahrhundert hinein, dem Ende der Kreuzzüge, änderte sich nichts Wesentliches an Art und Umfang jener bereits frühmittelalterlichen Frondienste, im Gegenteil, den Bauern ging es wirtschaftlich relativ gut und die Pachtgelder blieben konstant. Die Verfeinerung der höfischen Sitten, der steigende Lebensunterhalt und der damit ursächlich zusammenhängende Drang nach mehr Besitzungen führte jedoch schon bald zu einer Verschärfung der Frondienste, Abgaben und Pachten[1098]. So waren es in der Tat die umwälzenden Entwicklungen zum Ende der Stauferzeit in ihrer Gesamtheit (Beginn der Ostkolonisation, Ende der Kreuzzüge, Verfeinerung der Sitten im Zuge der höfischen Kultur, Erstarkung der Landesherrschaften, Ende der

---

[1097] Zu Gewaltanwendungen im Zuge der Jagdhandlungen siehe auch bei Martin Knoll, Umwelt – Herrschaft – Gesellschaft. Die landesherrliche Jagd Kurbayerns im 18. Jahrhundert, S. 273ff.

[1098] Zur Verbindung zwischen Kreuzzugszeitalter und Erhöhung der Ansprüche der Ritterbürtigen vgl. bei Horst Alexander Willam, Wildbahn und Waidwerk in Baden-Württemberg, S. 23. Dass sich am Ende der Stauferzeit die sozialen und politischen Verhältnisse für die Bauern geändert haben, kommt auch in einem Gedicht des Freidanks zum Ausdruck, welches in historischen Kreisen zu einiger Berühmtheit gelangte: „Die Fürsten zwingen mit Gewalt Feld, Steine, Wasser und den Wald, dazu die Tiere, wild und zahm. Der Luft auch täten sie´s gerne an, die muss uns doch gemeinsam sein. Sie möchten uns der Sonne Schein verbieten, auch Wind und Regen müsste man ihnen mit Zins und Golde wägen." Zitiert nach Horst Alexander Willam, Wildbahn und Waidwerk in Baden-Württemberg, S. 23. Die Macht der Herren, Räume zu konstituieren, durchzusetzen und deren Erhalt aufgrund ihrer institutionalisierten Macht zu garantieren, lässt sich aus diesen Zeilen ebenso gewinnen.

Villicationsverfassung[1099]), in deren Zuge sich mannigfache Interessen- und Machtkollisionen insbesondere zwischen niederem Adel als den Grundherren und dem hohen Adel als Landesherren ergaben. Daneben entwickelten sich auch für die Untertanen äußerst unbequeme Überschneidungen oder Doppel- und Mehrfachbelastungen, die sich aus den Pflichten gegenüber dem Landesherrn einerseits, einem Grund- oder Gerichtsherrn andererseits und nicht selten auch noch gegenüber einem Kloster ergeben konnten. Die Fronbelastungen - insbesondere die jagdlichen - begannen sich zu akkumulieren[1100]. Darüber hinaus wurden sie ein eifersüchtig bewachtes Gut der Landesherrschaften und damit der neuen Raumkonstruktionen. Aus dem Gesagten lässt sich somit summarisch extrahieren: Die Jagdfronen unter den Karolingern, sofern man sie als solche bereits bezeichnen kann, können als Bestandteil der königlichen Jagdrechte, als Ausfluss daraus bezeichnet werden (z. B. die Instandhaltung der Umzäunungen der Parkanlagen oder Brühle[1101]). Ihre Überwachung und Kontrolle wurde überwiegend an dem bereits bestehenden oder im Ausbau begriffenen Verwaltungsstab der Forste delegiert (s. o.). Sie standen so in einem originären Zusammenhang mit den jagdlichen Vorrechten des Königs auf den königseigenen Grundstücken oder in den königseigenen Forsten, Parks und Brühlen. Insofern dienten die Dienstleistungen des Verwaltungsapparates der Aufrechterhaltung und Pflege des königlichen Jagdrechtes und seiner Jagdmöglichkeiten und damit auch der repetitiven Beweisführung königlicher Tugenden durch jagdliche Handlungen. Eine wirkliche wirtschaftliche und kontinuierliche Benachteiligung der Fronleistenden durch die Pflicht der Fronleistung ist mir aus der Zeit Karls des Großen nicht bekannt. Auch Misshandlungen der Fronleistenden können in der Literatur nicht gefunden werden und würden im Übrigen der Intention der Kapitularien eher widersprechen als aus ihnen ableitbar oder interpretierbar zu sein. Die karolingische Herrschaft war in ihren Grundzügen auf diese Art der hierarchischen Interaktion - wie in Kapitel 6 dargestellt - analog zu ihrer Struktur und Weiträumigkeit keineswegs angewiesen. In den späteren kleinstrukturierten und von eifersüchtigen Nachbarn (andere Landesherrn) eingeschlossenen Landesherrschaften sah dies dann bereits vollkommen anders aus. Die Jagdfronen, die im Verlaufe der Erstarkung der Landesherrschaften im Wesentlichen erst gebildet wurden und sich dann deutlich verschärft haben werden, können dagegen in ihrer Rechtsstellung nicht mehr als ein urtümlicher Bestandteil der Jagdgerechtigkeit

---

[1099] Zum Zusammenhang zwischen Ostkolonisation, Aufblühen der Städte und Ende der Villicationsverfassung siehe bei Heinz Brandsch, Die Landgüterordnung Kaiser Karls des Großen, S. 108-121.

[1100] Inwiefern hier diese Entwicklungen aufgrund der epochenspezifischen Systemimmanenz auch auf gegenseitigen Neid, auf Missgunst und auf das Bestreben, nicht zu kurz zu kommen (zwischen den Landesherrn einerseits und den Grundherrn andererseits) zurückzuführen sind, soll nicht unausgesprochen bleiben. Wie sehr gewisse - wenn auch politisch begründete - Eifersüchteleien und Neidereien Gegenstand der inneren und äußeren Beziehungen im Rahmen der Landesherrschaft waren, wird auch bei den Ausführungen zur Freien Pürsch oder zur Gnadenjagd noch thematisiert werden. Dort, wo aufgrund von Gewohnheit und Sitte rechtliche Tatbestände auch außenpolitischer Art geschaffen werden können, spielt die gegenseitige Missgunst eine umso größere Rolle.

[1101] Die Amtleute der königlichen Güter hatten diese Leistungen zu erbringen. Vgl. dazu bei Kurt Lindner, Die Jagd im frühen Mittelalter, S. 446.

angesehen werden, sondern einzig und allein als ein herrschaftsimmanenter Bestandteil der sozialen Stellung eines Landesherrn[1102]. Mit Hilfe der Fronleistungen wurde dem Landesherrn über die damit zusammenhängenden Möglichkeiten der Inklusion und Exklusion ein sehr bedeutendes Mittel zur institutionalisierten Raumkonstruktion an die Hand gegeben. Ohnehin haben die Jagdfrondienste mit der Jagd selbst eher wenig gemeinsam, da auch die Jagd nicht der eigentümliche Gegenstand jagdlicher Handlungen war. Die Jagdhandlung war nur ein Instrument der Reproduktion von Raum und darüber hinaus einer der wenigen Berührungspunkte des Herrschers mit seinen Untertanen. An dieser Stelle sei Kurt Lindner zitiert, der den Jagddiensten attestiert, dass sie „jahrhundertelang die unerfreuliche, aber leider einzige persönliche Beziehung des Volkes zur Jagd"[1103] waren. Hier muss man meiner Ansicht nach jedoch einen Schritt weitergehen und anfügen, dass die Jagd und die Jagddienste nicht den Kontakt der Bevölkerung zur Jagd umschreiben, sondern im Wesentlichen den Kontakt und die Beziehung zum Herrn wiedergeben, der außerhalb der Jagd nur wenige Möglichkeiten hatte, in hierarchische Interaktionen mit seinen Untertanen zu treten. Die Jagd gab dem Herrscher die Möglichkeit praktischer Politik vor Ort über Präsenz, Demonstration und die repetitive Reproduktion von Herrschaft und mit allen ihren Implikationen. Nicht der Kontakt der Bevölkerung zur Jagd war gewünscht (sonst hätte man sie ordentlich daran teilnehmen lassen), sondern der Kontakt und die hierarchischen Beziehungen zum Landesfürsten, zum Herrn und seinem Verwaltungsstab waren gewollt und das Ziel jagdlicher Inklusionen und Exklusionen. Sowohl die Praxis der Jagd als auch die Fronleistungen können diesen Zusammenhang belegen. Vor diesem Hintergrund sind die Jagdfrondienste also nicht als Ausfluss des Jagdrechtes zu betrachten, sondern, gerade so wie die anderen Frondienste auch, als eine dem Herrscher schuldige Pflicht, auch wenn nun jene nicht dieselbe Tradition hatte wie die früheren Leistungen und Gegenleistungen gemäß dem Grundsatz von „Schutz und Schirm"[1104]. Der Herrscher nahm sich hier vielmehr das Recht oder benutzte schlichtweg seine soziale Stellung für sich, seine Jäger sowie die dazugehörigen Jagdhunde[1105] und Pferde, freie Unterkunft und Verköstigung innerhalb seines Einwirkungsbereiches zu erzwingen. Dadurch konnte in letzter Konsequenz eine Öffentlichkeit generiert werden, der sich die Untertanen nicht entziehen konnten[1106]. Während vor den Zeiten der Herausbildung der Landesherrschaft zwar in weiten Bereichen dem König und seinem Jagdtross bereits Gastungsrechte zustan-

---

1102 Auch Hans Wilhelm Eckardt, Herrschaftliche Jagd, bäuerliche Not und bürgerliche Kritik, S. 112, bezeichnet die Jagdfronen der Landesherren oder derjenigen, die einen Rechtstitel darauf vorweisen konnten, als Ausfluss der Rechte der Leib-, Grund-, Gerichts- und Landesherren. Die Jagdfronen waren somit in jener Zeit kein Bestandteil des Jagdrechtes.

1103 Kurt Lindner, Die Jagd im frühen Mittelalter, S. 447.

1104 Zum Grundsatz der Gewährung von Schutz und Schirm vgl. dazu unter anderem bei Otto Brunner, Land und Herrschaft, S. 291.

1105 Zur Hundeaufzucht und den verschiedenen, persönlich zu leistenden Jagdhilfsdiensten als wesentlichem Bestandteil der Jagdfronen siehe später.

1106 Der massenmedialen Öffentlichkeit heutiger Tage kann man sich auch nicht entziehen, selbst wenn man Fernseher und Radio ausschaltet. Sind die jagdlichen Frondienste deshalb als zugegebenermaßen sehr entfernte „Verwandte" oder „Vorgänger" medialer Beeinflussung zu sehen?

den, so waren jene doch zumeist auf Klöster und eigens dazu bestimmten Stützpunkte beschränkt[1107]. Von einer Reproduktion von Raum und einer über die hierarchischen Interaktionen reproduzierten Herrschaft oder Vorstellung von Herrschaft konnte hier noch keine Rede sein. Das Reproduzieren von Herrschaftsbeziehungen unter den Karolingern war nur unwesentlich auf die direkten hierarchischen Beziehungen zwischen Herren und Untertanen gemünzt, sondern vielmehr auf die Abgrenzung des Königtums vom Adel[1108]. Erst mit der Reichszersplitterung, der ritterlich-höfischen Kultur und der damit zusammenhängenden tief greifenden sozialen Wandlung im Zuge des voll ausgebildeten Feudalismus fand eine Konzentrierung der Jagddienste und der damit verbundenen Jagdbeschwernisse vor allem auf die bäuerlichen Teile der Bevölkerung statt[1109]. Abgrenzungsversuche gab es nun ihrerseits von den Landesherren, die sich auch jagdlich vom niederen Adel zu unterscheiden begannen. Die Last jener Beschwernisse für die bäuerliche Bevölkerung wurde im Verlaufe der darauf folgenden Jahrhunderte immer größer, da mit der fortschreitenden Jagdpraxis als herrschaftlicher Raum(be)handlung die Anzahl der Jäger und ihres Trosses stetig zunahm. Waren es zunächst lediglich Gruppen um die zehn bis zwanzig Mann, verfünfzigfachte sich diese Zahl bis in das 18. Jahrhundert hinein, da die repräsentativen Hofjagden nunmehr über ihren Umfang ihren sozialen Sinn und ihren politischen Zweck erfüllen konnten[1110]. Die Fronleistungen können so wohl in einem kausalen Zusammenhang mit der Loslösung der Jagd aus dem frühantiken Fürstenideal betrachtet werden und insofern als Ausfluss der Einbettung der Jagdpotenziale in

[1107] So ist im capitulare de villis, cap.36, davon die Rede, dass Jagdfalken und Sperber für den Hof abzurichten sind. Nach dem Text scheint dies in der Obhut der Amtmänner zu liegen und nicht Aufgabe der einzelnen Fröner zu sein. Im cap.58 wird den Amtmännern die Fürsorge und Aufzucht der jungen Hunde auferlegt. Auch diese darf zwar nach unten weiterdelegiert werden, nicht jedoch demjenigen zum Nachteil gereichen. Vgl. dazu bei Heiner Brandsch, Die Landgüterordnung Kaiser Karls des Großen, S. 77-78.

[1108] Vgl. dazu auch die Ergebnisse von Torsten Pflittner, Manifestationen der Herrschaft im Raum. Adelige Jagd im Mittelalter unter Karl dem Großen, S. 51ff: Mit Hilfe der Karl dem Großen zugedachten Epen, die über die öffentliche Verlesung am Hofe auch auf die Spitzen von Adel und Klerus mit ihren verschiedenen kulturellen Hintergründen zielten, sollte seine herausragende Stellung weiter untermauert und sein Herrschaftsanspruch gestützt werden. Zur notwendigen Herausstellung seines Status als Freiester der Freien kann auch ein Ansatz von Heinrich A. Breit, Staat und Herrschaft, S. 66ff, herangezogen werden. So ist nach seinen Befunden auch das fränkische Reich zu Zeiten Karls des Großen keineswegs ein hierarchisch klar strukturiertes Herrschaftsgebiet mit einem starken König an der Spitze. Vielmehr sind unzählige Herrschaftsansprüche vieler Großer vorhanden, die Karl zumeist in ihren Ansprüchen weitgehend bestätigt hat. Nicht zuletzt aus diesem Grunde bedurfte er eines königlichen und kaiserlichen Charismas oder einer Herrscherlegitimation, die auf verschiedenen Säulen aufgebaut war.

[1109] Vgl. dazu die Darstellungen bei Karl-Heinz Spiess, Herrschaftliche Jagd und bäuerliche Bevölkerung im Mittelalter, in: Werner Rösener (Hrsg.), Jagd und höfische Kultur im Mittelalter, S. 239ff.

[1110] Zur Extension der jagdlichen Raumhandlungen siehe bei Karl-Heinz Spiess, Herrschaftliche Jagd und bäuerliche Bevölkerung im Mittelalter, in: Werner Rösener (Hrsg.), Jagd und höfische Kultur im Mittelalter, S. 239ff; weiterhin bei Adam Schwappach, Grundriss der Forst- und Jagdgeschichte Deutschlands, S. 121f, und bei Freiherr von Wagner, Das Jagdwesen in Württemberg unter den Herzögen, S. 33ff.

die neuen räumlichen Bedingungen mit der Entstehung der Landesherrschaften verstanden werden. Mit Hilfe der (jagdlichen) Frondienste konnte so eine neue oder grundsätzlich epochenübliche Form von Öffentlichkeit generiert werden. Das wesentliche Merkmal ist dabei die mit den Fronleistungen verbundene Absicht und Möglichkeit der strikt hierarchischen Raumkonstruktion. So entwickelte sich die jagdliche Fron zu einem unabdingbaren Bestandteil der Landesherrschaften.

7.4.2.2 Persönlich und unmittelbar zu erbringende Leistungen

Auch wenn sich die hier dargestellten Unterschiede zwischen den jagdlichen Frondiensten der Karolingerzeit und denjenigen der späteren Landesherrschaften nicht stichhaltig belegen lassen und eine weiterführende Kritik geradezu heraufbeschwören, so ist dennoch die geäußerte Vermutung aufgrund der geringen Quellenlage und der teilweise widersprüchlichen Aussagen nicht ganz zu widerlegen. Sollten tatsächlich unter Karl dem Großen jagdliche oder zumindest jagdähnliche Frondienste überwiegend durch die Amtmänner besorgt worden sein[1111] und gerade nicht durch die bäuerlichen Untertanen, so wäre dies ebenfalls als ein weiteres Indiz für die im Rahmen dieser Arbeit vermutete unterschiedliche Jagdfunktionalisierung zwischen Karolingerreich und Landesherrschaften zu werten. Aufgrund der dürftigen Quellenlage können an dieser Stelle nur diejenigen Fronleistungen einer näheren Darstellung unterzogen werden, die bis in das 19. Jahrhundert hinein Bestand hatten. Regionale Unterschiede können hierbei nicht berücksichtigt werden. Die Fronleistungen, sobald sie auf die Untertanen im Verlaufe der Landesherrschaften ausgedehnt und verschärft wurden, sind im einzelnen und explizit im Falle der der Inklusion der Untertanen in die herrschaftliche Jagd als Form der politischen (hierarchischen) Kommunikation, als Teil jener spezifisch mittelalterlichen und neuzeitlichen Öffentlichkeiten, zuzuordnen. Entgegen den Vermutungen von Jürgen Habermas ist im Mittelalter die Konstituierung von Öffentlichkeit nicht nur möglich, sondern auch anhand verschiedener Beispiele wie Investituren, Devestituren, Prozessionen, Zeremonien und natürlich auch der Jagd und Frondienste zu belegen[1112]. Alle diese Handlungen konstituierten für sich jeweils Räume, die

---

[1111] So hatten z. B. die Amtmänner der königlichen Güter für die Instandhaltung der Umzäunungen der eingeparkten Orte oder Brühle zu sorgen. Vgl. bei Kurt Lindner, Die Jagd im frühen Mittelalter, S. 446.

[1112] Insbesondere die von Joseph Morsel dargestellte Atzungsgerechtigkeit des Dorfherrn am Tage der Gerichtssitzung ist hier einzubeziehen. Der Herr kommt am Tage der Gerichtssitzung mit einem Jagdzug im Dorf an und wird beköstigt. Die Übertragung der Jagdform in Art und Begleitung (Windhunde, Pferde, Habicht) auf die Abhaltung des Gerichts lässt das Prinzip der Beherrschung, welches in der Jagd als Raumhandlung angelegt ist, durchscheinen. Auch wird öffentlich mit den Attributen der Jagd gearbeitet; die Beziehung zwischen Gerichtsherrn und Untertanen deutlich gemacht. Vgl. dazu bei Joseph Morsel, Jagd und Raum, in: Werner Rösener (Hrsg.), Jagd und höfische Kultur im Mittelalter, S. 280f. Je mehr Untertanen und Adlige diesen Akt sahen, desto eindrücklicher war die Wirkung und desto nachhaltiger fand die Reproduktion herrschaftlicher Beziehungen und Anschauungen statt. Die Auswirkungen jener Demonstrationen dürften insofern nicht zu unterschätzen sein. Als Resultat daraus ist die Schaffung von Verbindlichkeit abzuleiten. Auch in Polen existierte im hohen Mittelalter bereits die Verbindung der Gerichtsherrschaft mit der hohen Jagd. Vgl. dazu bei Heinrich Rubner, Forstgeschichte im Zeitalter der industriellen Revolution, S. 26.

inhaltlich dieselbe Aussage hatten, jedoch je nach Interaktionspartner auf einer anderen sozialen Ebene stattfanden. Die Aussagen wurden jedoch von den sozial unterschiedlichen Teilnehmern der Kommunikation als solche gewertet und auch so verstanden, wie sie verstanden werden sollten. So sind im Rahmen einer Investitur auch die Großen des Reiches einbezogen, während bei der Jagd und den Fronleistungen häufig genug nur die unmittelbaren Untertanen als Interaktionspartner in Erscheinung traten. Bei den Großen des Reiches sind die Räume zwischen den Interaktionspartnern aufgrund ihrer ähnlichen sozialen Stellung wesentlich kleiner und feiner gesponnen als bei der großen sozialen Distanz zwischen Adligen und Bauern[1113]. Das wird wohl auch einer Gründe dafür sein, weshalb man den Bauern körperliche Misshandlungen während der Jagd angedeihen ließ, den sozial näher stehenden Adligen - auch wenn sie einer Anordnung zuwiderhandeln sollten - dagegen nicht. Hier fanden diffizile diplomatische Kommunikationen statt, die dem Gegenüber regelmäßig Handlungsoptionen offen ließen[1114]. Zurückkommend auf die mittelalterlichen und neuzeitlichen Öffentlichkeiten sind auch räumliche Differenzierungen innerhalb dieser Öffentlichkeiten zu bemerken. So existierte bereits eine andere Form der Öffentlichkeit in den urbanen - im Gegensatz zu den ländlichen - Räumen. Hier gab es das Turnier und die städtischen Feste, dort die Jagden und die Einbindung der Landbevölkerung in das jagdliche Geschehen[1115]. Das Besondere an der mittelalterlichen Öffentlichkeit war ihre spezifische Form. Sie war kein Diskussionsforum, welches die Kontrolle der Staatsgewalt anstrebte, sondern das Forum des Adels, der Herrschenden, die im Rahmen jenes Forums Entscheidungen verkündeten, Macht und Herrschaft demonstrierten und Ordnungsvorstellungen reproduzierten, z. B. durch Herrschaftsakte wie Hinrichtungen, Rituale, Zeremonien, Festivitäten, Turniere, Fronleistungen und Jagd. Dass es die Unterscheidung zwischen einer privaten Sphäre des Herrschenden und einer Öffentlichkeit - wenn auch in ihrer Aussage strittig - andererseits sehr wohl gegeben hat, ist auch historisch durch Richard von Ely belegt: „In den Forsten ist die Privatsphäre der Könige zu suchen, dort empfinden die Herrscher ihre höchste Wonne. Denn dorthin pflegen sie sich von den Staatsgeschäften zur Entspannung

[1113] Zurückzuführen ist diese Überlegung auf die Ausführungen von Martina Löw, Raumsoziologie, S. 154f.

[1114] Zu den Handlungsspielräumen und den sehr feinen kommunikativen Netzen in den Kommunikationen von sozial annähernd gleichwertigen Kommunikationspartnern vgl. auch bei Gerd Althoff, Spielregeln der Politik im Mittelalter, an verschiedenen Stellen. Insbesondere zur Kommunikation in der Fehde, ebd., S. 57ff, S. 99ff, S. 229ff.

[1115] Vgl. dazu auch die Ausführungen bei Freiherr Rudolf von Wagner, Das Jagdwesen in Württemberg unter den Herzögen, S. 25. Gerade die persönlich zu leistenden Jagdfronen (Schreibweise bei Wagner) lasteten auf dem Bauernstand und nicht auf den Bewohnern der Städte. Ergo sind die hier entstandenen Öffentlichkeiten im Sinne der Reproduktion von Ordnungsvorstellungen überwiegend unter Inklusion und Exklusion an die bäuerlichen Untertanen und nicht zu vergessen auch an den niederen Adel gerichtet, der die Jagden auf seinen Flächen ebenfalls dulden musste.

zurückzuziehen, um, unbehelligt vom Trubel des Hofes, die freie Luft des persönlich-privaten Bereichs zu atmen."[1116]

Exkurs zur Öffentlichkeit

An dieser Stelle ist es notwendig, die Begrifflichkeiten von „Öffentlichkeit" und „öffentlicher Meinung" näher zu explizieren.

a) pro Habermas: Öffentlichkeit lässt sich hier vereinfacht[1117] mit den Verhältnissen in den antiken Stadtstaaten darstellen. In jenen frühen Demokratien wurde bereits eine klare Trennung zwischen einer privaten (oikos) Haussphäre und rein öffentlicher (koine) oder gemeinsamer Sphäre getroffen. Öffentlich waren zumeist jene anstehenden Entscheidungen, die die Gemeinschaft und damit ihr politisches Geschick betrafen. Da jene Angelegenheiten den gesamten Gesellschaftskörper berührten, wurde darüber auf einem Forum - dem Marktplatz - diskutiert und rational entschieden. Ausschlaggebend waren diejenigen Meinungen zu bestimmten Themen, die eine größtmögliche Anhängerschaft unter den Anwesenden fanden. Die getroffenen Entscheidungen repräsentierten somit eine öffentlich konstituierte Meinung, die größtmögliche Zustimmung erfuhr und auf diesem Wege für die Gesellschaftsmitglieder verbindlich wurde. Merkmal von Öffentlichkeit war die Kommunikation von unten nach oben (demos), oder anders ausgedrückt die Kommunikation der autonomen Oikosvorstände (autonom in ihrem privaten, häuslichen Bereich) untereinander mit dem Resultat allgemeinverbindlicher, jetzt öffentlicher Entscheidungen in politischen Belangen. Die Hausherren traten auf diesem Wege aus dem privaten Bereich in einen öffentlichen Bereich hinein und trafen Entscheidungen im Namen der und auch für die Gemeinschaft. Öffentlichkeit im Sinne eines Diskussionsforums funktionierte hier nur auf dem Marktplatz, der als Forum Entscheidungsalternativen sortierte und letztendlich hierarchisierte. Ganz anders die Situation während des gesamten Mittelalters und darüber hinaus, insbesondere außerhalb der Stadtmauern. Ein vergleichbares Forum konnte das mediävale Feudalwesen aus verschiedenen Gründen nicht zur Verfügung stellen. Bereits systemimmanent, so Jürgen Habermas, fehlte es an einer adäquaten Trennung privater und öffentlicher Sphäre. Nach Jürgen Habermas ist bereits die Sphäre der mittelalterlichen Öffentlichkeit lediglich das Resultat repräsentativer Herrschaft. Sie stellt nicht ein Diskussionsforum dar, sondern ein herrschaftliches Statusmerkmal, verknüpft mit den Attributen einer höheren Gewalt[1118]. Merkmal der mediävalen Adelsherrschaften ist ihr auf unbedingte Beherrschung ausgerichteter Charakter. Die politische Gemeinschaft impliziert nicht, wie in den griechischen Stadtstaaten, die kooperierenden Oikosherren, die im Sinne der Staatsraison eine bestmögliche Entscheidung getroffen haben, sondern lediglich den kleinen Pro-

[1116] Richard von Ely, Dialogus de saccario; ed. C. Johnson London 1950; zit. nach Semmler, Joseph: Der Forst des Königs, in: ders. (Hg): Der Wald in Mittelalter und Renaissance, Düsseldorf 1991, S. 130-147, hier S. 130.

[1117] Es soll an dieser Stelle kein wissenschaftlicher Diskurs über Öffentlichkeit entbrennen, was mir die federführenden Autoren auf jenem Gebiet verzeihen mögen. Je einfacher die Darstellung, desto einprägsamer das gewünschte Resultat.

[1118] Vgl. bei Jürgen Habermas, Strukturwandel der Öffentlichkeit, S. 60f.

zentsatz der weltlichen und zunächst auch noch geistlichen Elite. Ein System, basierend auf Unterdrückern und Unterdrückten, kann keine Trennung zwischen rein privater und rein öffentlicher Sphäre gewähren. Damit repräsentieren die dennoch vorhandenen Teilöffentlichkeiten[1119] wie die Turniere, die Jagd und die höfischen Feste einzig Herrschaft und damit sich selbst. An dieser Stelle ist noch eine weitere Teilöffentlichkeit zu nennen: die Räume der Kirchen und Klöster. Sie hatten in Bezug auf die Meinungsbildung einen eminenten Einfluss, da zu ihrem Publikum sowohl die Bevölkerung als auch die Inhaber öffentlicher Gewalten zählten[1120]. Mit ihrem weitgehend unabhängigen Status konnte sich die Kirche als Leistungsrolle auch die kritische Würdigung vor allem der geistlichen und weltlichen Jagd erlauben – wenn auch auf der weltlichen Seite nur mit mäßigem Erfolg. Gemeinsam war dagegen beiden Teilöffentlichkeiten, dass sie kein nach allen Seiten offenes Diskussions- und Entscheidungsfindungsforum, sondern letztendlich politisches Instrument öffentlicher Repräsentation omnipotenter Herrschergewalt oder Medium erstarrter religiöser Doktrinen waren. So die Auffassung Jürgen Habermas.

b) contra Habermas: Den Überlegungen von Jürgen Habermas zum Fehlen mittelalterlicher und neuzeitlicher Öffentlichkeiten ist weitgehend zu widersprechen. In diesem Kontext ist die herrschaftliche Jagd zu betrachten, die öffentlichen Charakter im Sinne repräsentativer Herrschergewalt bis weit über das Mittelalter hinaus hatte. Um jene öffentliche Stellung abzusichern, basierten die Regierungsgeschäfte auf Unterdrückung und Despotie. Fehlende Kommunikations- und Partizipationsmöglichkeiten von Seiten der Bevölkerung führten zu anderen Ausdrucksformen der in der Bevölkerung herrschenden Meinungen, sei es durch Wilderei und Holzfrevel in den „öffentlichen" Wäldern oder durch die Jahrhunderte überdauernden Geschichten, Moritaten, Gedichte und Lieder. Die Bauernaufstände des 16. Jahrhunderts und die bis 1848 immer wieder anzutreffenden Verweigerungshaltungen der Untertanen bei Frondiensten sind ebenso als Teil einer öffentlichen Meinung zu verstehen. Sie waren letztendlich die wahren Spiegelbilder der in weiten Teilen der Bevölkerung vorherrschenden Einstellungen und Meinungen zum Thema der herrschaftlichen Jagd. Was für die englischen Bauern die Legende von Robin Hood[1121] war, war für den süddeutschen Bauern jene vom bairischen Hiesel. Während im Volk die unterdrückerische Seite der Jagd die Einstellungen beeinflusste und den Wilderer und Holzdieb zum Helden stilisierte, herrschte in der dem Adel nahe stehenden oder in der ihm zu Gefallen existierenden Literatur und der Kunst eine gänzlich andere Betrachtung vor. Diese Gegenkonzeptionen zwischen Adel und Volk werden auf den nächsten Seiten sehr häufig thematisiert. Ein Diskurs, wenn auch zuweilen sehr ruppig und mit rüden Methoden, fand in jedem Falle statt. Exkurs Ende.

[1119] In Bezug auf die Jagd ist das Publikum bei der Jagd die Bauernschaft, die Leistungsrolle wird vom Herrn ausgeübt. Die Kommunikation findet von oben nach unten statt, die Aussage ist klar und wird von allen Beteiligten richtig verstanden.

[1120] Vgl. dazu bei E.-B. Körber, Öffentlichkeiten der frühen Neuzeit, S. 12ff.

[1121] Englische Historiker wollen herausgefunden haben, dass Robin Hood ein in Ungnade gefallener Förster oder Holzknecht gewesen sei. Aus Rache soll er daher gerade in den Wäldern sein Unwesen getrieben haben, da er um die Bedeutung der Forste wohl Bescheid wusste.

Nach der Klärung der Frage nach mittelalterlichen Öffentlichkeiten gilt es nun gerade auch die Fronleistungen als Möglichkeit zur Konstitution von Öffentlichkeiten zu analysieren und sie insofern auch zu unterteilen in diejenigen, die die Konstitution einer Öffentlichkeit ergeben können, und diejenigen, die auf einer eher „privaten Ebene"[1122] anzusiedeln sind. Gerade mit Hilfe einiger Fronleistungen war der Landesherr in der Lage, eine mehr oder weniger große Konzentration von Untertanen an verschiedenen Orten beweglich im Raum zu positionieren. So konnte er zuverlässig eine große Gruppe von Menschen, die in einer spezifischen Beziehung zu ihm standen, mobilisieren und als Publikum - wenn schon nicht gewinnen - so doch verpflichten. Gleichzeitig und vor dem Hintergrund dieser Öffentlichkeit ist die Jagd als Bewegung im beanspruchten Raum, im Herrschaftsraum zu verstehen, die jedoch auf die Fronleistungen und damit auch auf die Leistungserbringer angewiesen war, wollte sie ihre ganze Wirkung entfalten. Dass diese Zusammenhänge in der Literatur nicht gänzlich verkannt wurden, zeigt Horst-Rüdiger Jarck am Beispiel des Fürstbischofs Clemens August (1700-1761) im Hümmling auf. Bei der Gegenüberstellung der finanziellen Aufwendungen zum Ertrag der genannten Jagd des Bischofs kommt Horst-Rüdiger Jarck schlussendlich zu der Frage, welchen Sinn denn die Jagden des Bischofs unter dem krassen Missverhältnis zwischen Aufwendungen und Ertrag machten. Seine Antwort: „Die anfangs gestellte Frage, ob denn die Jagd nur Teil des barocken höfischen Festes war oder auch bestimmte Funktionen erfüllen musste, scheint dahin beantwortet werden zu können, dass die in festen Zeitabständen deutlich werdende Präsenz des Landesherrn in einem an der nördlichen Grenze seiner großen Territorien liegenden Gebietsteil im Vordergrund stand. Die prachtvolle Repräsentation war eine der Möglichkeiten, zentrale Macht im Barock darzustellen"[1123]. Der Bischof konnte also durch die jagdlichen Raumbewegungen und die damit verbundenen hierarchischen Interaktionen mit seinen Untertanen bis in den letzten Winkel seines Herrschaftsbereiches Herrschaft und Anspruch zuverlässig reproduzieren.

7.4.2.2.a Die eine breite Öffentlichkeit konstituierenden Fronleistungen

Eine sehr breite Öffentlichkeit konnte dadurch erreicht werden, dass gewisse Fronleistungen zeitgleich von einer größeren Menge von Untertanen abverlangt wurden. Öffentlichkeit konstituierte sich in diesen Fällen aus der gegenseitigen Einbin-

[1122] Damit ist gemeint, dass die Untertanen hier jeweils für sich und nicht in größeren Gruppen, die zur selben Zeit am selben Ort agieren mussten, Leistungen gegenüber dem Herrn erbringen mussten. Z. B. die Hundeaufzucht: Sie fand im eigenen Haus des Untertanen statt, bedrückte diesen zwar finanziell, fand jedoch aufgrund der Abgeschiedenheit der Handlung (Zuhause) keinen Weg in eine breite Öffentlichkeit. Der Hundeaufzucht gegenüber stehen dann die anderen Fronleistungen, die von hunderten oder gar tausenden Frönern im Zuge großer Überlandjagden erbracht werden mussten. Hier findet schon allein die Ansammlung einer so großen Menge an Menschen visuelle und akustische Aufmerksamkeit auf einer wesentlich breiteren Ebene: Öffentlichkeit eben.

[1123] Horst-Rüdiger Jarck, Repräsentation - sportliches Vergnügen - bäuerliche Last. Die Jagd des Bischofs Clemens August (1700-1761) im Hümmling, in: Die Jägerey im 18. Jahrhundert, Colloquium der Arbeitsstelle 18. Jahrhundert, S. 79.

dung der Untertanen einerseits und den im Zuge der damit verbundenen Raumwanderungen stattfindenden Kontakte bis vor Stadttore, kleinere Grundherrschaften, vorbei an Gemeinden und in die Nähe der Landesgrenzen andererseits. Das „Publikum" waren in diesem Sinne sowohl die Leistung erbringenden Untertanen in ihrer gegenseitigen Reflexion als auch die nur als Zuschauer eingebundenen Teile einer Stadt, einer zufällig vorbeikommenden Reisegesellschaft, von Handlungstreibenden, fahrenden Kaufleuten, Gästen, der Mitglieder der Jagdgesellschaft (Frauen, Kinder, Bedienstete), etc. Jene weit reichenden Fronleistungen sind als öffentlichkeitswirksames Moment der regelmäßig zu betreibenden hierarchischen Interaktionen zwischen Herr und Untertanen zur Stützung der Ordnung in der landesherrlichen Welt zu verstehen. In diesem Sinne und so verstanden, ist durchaus eine gewisse Parallele zur bildlichen Jagd auf das Wüstenwild der ägyptischen Pharaonen zu sehen[1124], wie ich sie in Kapitel 3 skizziert habe. Auch jene bildliche Jagd wurde lediglich zur Wahrung oder Wiederherstellung der Ordnung in der Welt betrieben; wohingegen allerdings im Gegensatz zu den Landesherrschaften des Deutschen Reiches bereits die visuelle bildhafte Darstellung zur Zielerreichung ausreichend war. In den frühneuzeitlichen großen Jagdzügen der Landesherren wie z. B. der württembergischen Herzöge genügte aufgrund der spezifischen Raumkonstruktionen die bildliche Jagd für die angestrebten Ziele nicht mehr, was an ihre Stelle die überdimensionierte faktische und mehrere Wochen dauernde Jagdhandlung, wie sie unter anderem auch Freiherr Rudolf von Wagner skizzierte[1125], treten ließ. So wie der Bauer im Zuge der Verfestigung der Landesherrschaft durch die Übertragung der niederen Gerichtsbarkeit auf die Grundherren und die weiteren Verflechtungen und Überschneidungen immer weiter nach unten in ein hierarchisches Untertanenverhältnis geriet[1126], so spiegelte sich diese Klassifizierung auch durch die dem Landesherrn zu erbringenden Leistungen im Rahmen einer Jagd wider. Der Untertan hatte im Wesentlichen körperliche Arbeit zu leisten, während die Grundherren und Klöster materielle Leihgaben und Unterstützung der Hunde- und Greifvogelhaltung zu erbringen hatten. In beiden Fällen war das Ziel die Darstellung und Reproduktion der sozialen Hierarchie in Form öffentlicher interaktiver Kommunikation. Sozial näher stehende Personen wurden auch hier nicht mit denselben Fronleistungen bedacht wie die sozial weit entfernt stehenden Bauern. Die Reproduktion von Herrschaft, die Konstitution von Raum, folgte damit jeweils eigenen Spielregeln, je nach Status des Gegenübers innerhalb der sozialen Hierarchie. Da die Fronleistungen dazu geeignet waren, die Ordnungsvorstellungen der Herren zu transportieren, zu reproduzieren und weil dazu oftmals eine

---

1124 Diese wurde ausführlich in Kapitel 3 der vorliegenden Arbeit und unter Bezug auf Hartwig Altenmüller, Jagd im Alten Ägypten, S. 23ff, dargestellt.

1125 Vgl. dazu die jagdlichen Expansionen der württembergischen Herzöge zwischen dem 16. und dem 18. Jahrhundert bei Freiherr Rudolf von Wagner, Das Jagdwesen in Württemberg unter den Herzögen, S. 24ff.

1126 So hatte nicht selten der Bauer aufgrund seiner Verpflichtungen gegenüber einem Landesherrn (Leibeigenschaft) weitere Abgaben und Dienste als Hintersasse eines Klosters zu leisten und schließlich auch den Zehnt gegenüber einem Gerichts- oder Grundherrn abzuliefern. Dadurch kumulierte sich die Abgabenlast teilweise immens. Vgl. dazu auch bei M. Marx-Kruse und E. von Campe, Chronik der Deutschen Jagd. Eine Kulturgeschichte des Jagdwesens von den Anfängen bis zur Gegenwart in Dokumenten ,S. 149f.

gewisse Öffentlichkeit geschaffen werden musste, mussten auch die Strafen bei Zuwiderhandlung sehr streng ausfallen, wie noch dargestellt werden wird. Welche Fronleistungen waren nach Form und Inhalt dazu im Einzelnen geeignet?

Grundsätzlich sind hierunter all diejenigen Hilfsdienste zu subsumieren, die man als Vorbereitungen zu einer Überland- oder Eingestellten Jagd wie auch dann während des Vollzugs der eigentlichen Jagdhandlungen selbst benötigte. Fraglos hat es hier eine allmähliche Ausweitung sowohl der Jagdmannschaften und des Jagdzeuges als auch der zu Diensten herangezogenen Untertanen gegeben, die sich jedoch zwischen dem 16. und 18. Jahrhundert, also in den Hochzeiten des Absolutismus, noch weiter steigerte[1127]. In Württemberg gehörten hierzu zu Beginn der Herzogsperiode gegen Ende des 15. Jahrhunderts das „Fürstehen, Wildschleifen sc. nach den Wagen, das Führen des Jagdzeugs – der Seil- oder Saulwagen – und des erlegten Wilds, die Stellung berittener und fußgehender Boten und einzelner Pferde zu eventueller Berittenmachung von Jägern"[1128]. Weiterhin gehörten dazu die Bildung von Treiberketten, das Aufstellen und Reparieren von Zäunen, das Errichten von Tiergärten, der Fang von Wild, das Sammeln von Futter und die Nachtwache, das heißt das Unterhalten von Feuern, um ein Zurückwechseln des Wildes bei entsprechenden Jagden zu verhindern[1129]. Hans Wilhelm Eckardt weist unter Bezug auf F. K. Hartig darauf hin, dass man die Fronpflichtigen für all diejenigen Dienste in Anspruch nahm, die einem Herrn von Stand nicht abzuverlangen waren. Dennoch geht er noch einen Schritt weiter und bezichtigt nicht die Standesehre dieser Inanspruchnahme, sondern die Personalintensität des Jagdbetriebs an sich, der eine große Zahl von Fronpflichtigen unabdingbar machte[1130]. Aber: meiner Meinung nach ist beides nur sehr unzureichend in der Lage, die spezifischen Interaktionen zwischen Herr und Untertanen zu analysieren, geschweige denn zu erklären. Einzig die dadurch gegebenen Möglichkeiten der Positionierung von Untertanen hier und Herren dort im von der Landesherrschaft beanspruchten Raum kann die Funktion und die Gründe dieser Art der Einbindung bei gleichzeitigem Ausschluss (von der eigenen Jagdmöglichkeit) der Untertanen erklären. Die Reproduktion von Raum und Herrschaft durch die hierarchischen Interaktionen zwischen Herren und Untertanen war es ja bereits, die hier mit dem Begriff der „Jagdgerechtigkeit" umschrieben wurde. Die Jagdgerechtigkeit selbst ist ja nur das Abbild jener hierarchischen Interaktionen, die sprachliche Präzisierung von Inklusion und Exklusion der Untertanen einerseits und des niederen Adels und anderer sozial bereits höher gestellter und dennoch huldpflichtiger Personen gegenüber dem Landesherrn andererseits. Dass auch die sozial höher gestellten Teile der Bevölkerung teilweise in die Abgabenlasten eingebunden, wurden spricht hier nicht gegen die These, dass in den Fronleistungen eine hierarchische Interaktion und in deren Folge die Repro-

[1127] Dazu M. Marx-Kruse und E. von Campe: bis in das 18. Jahrhundert, dem „Goldenen Zeitalter der Jagd" stiegen die Fronbelastungen stetig an. Erst in der zweiten Hälfte des 18. Jahrhunderts trat eine Milderung der Umstände ein. Vgl. ebd., S. 149.

[1128] Freiherr Rudolf von Wagner, Das Jagdwesen in Württemberg unter den Herzögen, S. 24.

[1129] Vgl. diese Aufzählung bei Hans Wilhelm Eckardt, Herrschaftliche Jagd, bäuerliche Not und bürgerliche Kritik, S. 116-117.

[1130] Vgl. dazu bei Hans Wilhelm Eckardt, Herrschaftliche Jagd, bäuerliche Not und bürgerliche Kritik, S. 117, sowie bei F. K. Hartig, Forst- und Jagd- Staatsrecht, S. 356f.

duktion von Herrschaftsbeziehungen verstanden werden muss. Freiherr von Wagner erinnert daran, dass neben den körperlichen Diensten auch materielle Leihgaben wie Wagen, Zugtiere und Reitpferde „geleistet" wurden, diese mussten allerdings von den Klöstern, Spitälern und Hofbesitzern zur Verfügung gestellt werden[1131]. Auch hierin ist die einer genau festgelegten Regel folgende Anerkennung der hierarchischen sozialen Positionen zu erblicken. Den sozial Näherstehenden wird jedoch die Anerkennung der sozialen Hierarchie durch die Leihgaben „leichter" gemacht als den körperlich verpflichteten Untertanen. Auch hier wird deutlich, wie sehr die Größe der Räume zwischen zwei sozialen Gruppen variieren kann; nicht nur über verbale Kommunikation, sondern auch über institutionalisierte Interaktionen, deren Ziel die Anerkennung und Durchsetzung von Herrschaft ist. Je sozial ähnlicher sich die Kommunikationspartner sind, desto diffiziler und diplomatischer, feinfühliger wurden die hierarchischen Beziehungen in der gegenseitigen Anerkennung gestaltet. Waren die sozialen Distanzen sehr groß, wurde auch vor körperlichen Misshandlungen kein Halt gemacht. Weiterhin wird hier noch aufgezeigt werden, dass diejenigen jagdlichen Handlungen, die in erster Linie auf die Abgrenzung zum Nachbarn und die gegenseitige Anerkennung von Grenze und Hoheitsgebiet abzielten, in den hierarchischen Beziehungen zwischen den hohen Herren über die Wild- und Jagdfolge sowie über die Gnadenjagden stattfanden. Die jagdliche Einbindung des niederen Adels oder von anderen Persönlichkeiten im Innern des Herrschaftsgebietes durch Ab- oder Leihgaben deckte nur einen Teilbereich der Inklusion und Exklusion sozial höher gestellter Personen ab. Dennoch wird deutlich, dass die sozial vom Landesherrn entfernt stehenden Untertanen durch körperliche Arbeit im Zuge der Positionierung von Mensch und Tier im Raum eingebunden wurden, während die sozial dem Landesherrn näher stehenden Personenkreise durch materielle Leihgaben oder durch entsprechende Handlungen überwiegend symbolisch, aber deswegen nicht weniger interaktiv und hierarchisch eingebunden waren. Hier bestand die Anerkennung der Oberherrschaft weit mehr in der Duldung entsprechender Handlungen, mit deren Hilfe Ansprüche von einer Seite erhoben und repetitiv erneuert wurden, während sie von der Gegenseite oder dem als Adressat gedachten Gegenüber gemäß der vorhandenen Hierarchie gleichsam repetitiv akzeptiert wurden. Bis zur Herausbildung der eigenständigen und in ihren Grenzen fest gefügten Länderregierungen im Zuge der Mediatisierung unter Napoleon Bonaparte war es für einen Landesherrn unabdingbar, in regelmäßigen Abständen seine Herrschaft und seine Ordnungsvorstellungen bestätigen zu lassen und seinen Anspruch dadurch zu erneuern. Dies konnte gegenüber den Grundherren oder den im sozialen Gefüge nahe stehenden Personen durch bestimmte Ab- oder Leihgaben als Form der Anerkennung geschehen wie auch durch Frondienste von Seiten der sozial sehr tief – und damit entfernt – stehenden Untertanen sowie die Zahlung von Steuergeldern oder Abgaben. Fronleistungen der Untertanen, mit denen über die Interaktionen hinaus eine weit reichende Öffentlichkeit konstituiert werden konnte, wurden auch im Gegensatz zu den eher im privaten stattfindenden Fronleistungen wie Hundelege und Nachtselde (siehe beide weiter unten) nur selten, und dann zumeist erst im 18. Jahrhundert, in Steuerzahlungen umgewan-

[1131] Vgl. dazu bei Freiherr Rudolf von Wagner, Das Jagdwesen in Württemberg unter den Herzögen, S. 24f.

delt[1132]. Politisch zu bedeutend waren die direkten Interaktionen für die Herrschaft, so dass auf sie bis zur Mediatisierung nicht verzichtet werden konnte. Welchen Umfang die Positionierungen von Menschen und Tieren im Raum auch auf eine teilweise schon absurde Art und Weise haben konnten, schildert Gottfried Kretschmann unter Bezug auf den württembergischen Herzog Karl Eugen: „Wurde in der Barockzeit eine Wasserjagd im Gebirge abgehalten, mussten die Bauern eine Mulde graben, sie mit Ton ausschlagen und mit Wasser aus den Tälern füllen, um so einen künstlichen See zu schaffen." Und weiter: „Eine Hochleistung der Verirrung zeigte das Festinjagen zu Degerloch 1763, dessen Vorarbeiten fünf Monate dauerten, ebenso die Jagd am Bärensee 1782, bei der fünftausend bis sechstausend Stück Wild den Tod erwarteten. Bei einem ganz gewöhnlichen „Hirsch-Prunstjagen" zu Heidenheim 1790 waren tausend Mann durch drei Wochen mit den Vorbereitungen im Walde tätig, 73 reitende Boten jagten mit Meldungen hin und her. Auch Massenschlächtereien von Hasen kamen vor, wie zu Stammheim 1756 ein Kesseltreiben abgehalten wurde, das eine Ausdehnung von neuneinhalb Meilen hatte, drei Tage dauerte und etwa 4500 Mann zum Treiben und Wildabfahren in Anspruch nahm"[1133]. Eine „Verirrung", wie es Kretschmann nannte, ist nach meinem Dafürhalten in diesen vielmehr als raumlogisch zu bezeichnenden Beziehungen zwischen dem Herrn und den Untertanen tatsächlich jedoch nicht zu erblicken. Vielmehr hatten jene Jagden, jene hierarchischen Beziehungen System und eine eigene Logik, die der Reproduktion von Herrschaft und Raum der damaligen Zeit vollauf entsprach. Diese gewaltige Positionierung von Menschen und Tieren an Orten muss entsprechende gewollte und gezielt beabsichtigte Außenwirkungen gehabt haben. Schon allein die Organisation jener Bewegungen von Menschen und Material sowie deren stetige Kontrolle vor Ort durch berittene und unberittene Organe des fürstlichen Verwaltungsapparates sind nur als reale raumreproduzierende Herrschaftsausübung zu verstehen. Welche Bedeutung die materiellen Strukturen eines Herrschaftsgebietes haben können, ist auch daran zu ersehen, dass 1788 im Rahmen einer pfälzisch-kurfürstlichen Landjagd das Jagdgebiet durch die Einwohner modifiziert werden musste. Sie mussten unter anderem Nachbildungen der Schlösser und Burgen ihres Landesherrn herstellen[1134], was die räumliche Distanz zwischen Untertan und Landesherr einerseits als auch den absoluten Anspruch des Raumes durch den Kurfürsten andererseits verdeutlichte. Die Errich-

---

[1132] Allerdings gab es auch durchaus Landgrafen, die schon zu früherer Zeit das „Uebermaß der Dienste" etwas zurücknahmen. Allerdings sah dann die „Befreiung" der Untertanen dergestalt aus, dass an die Stelle der Natural- und physischen Leistung die Steuerzahlung trat. So z. B. beim hessischen Landgraf Moritz, der bereits 1597 wenigstens die „übernächtigen" Dienste in Geldzahlungen umwandelte. Vgl. dazu bei Georg Landau, Die Geschichte der Jagd und der Falknerei in beiden Hessen, S. 170. Unter den „übernächtigen" Diensten versteht man die Leistungen, die nachts zu erbringen waren, wie viele Land- und Ausfahrten, namentlich Bau-, Jagd-, Frucht-, Wein- und Bierfuhren, die der Herrscher verlangte.

[1133] Gottfried Kretschmann, Berühmte und berüchtigte Jäger, in: Wild und Weidwerk der Welt, Herausgegeben unter dem Ehrenschutz des Bundesministeriums für Land- und Forstwirtschaft und der Österreichischen Landesjagdverbände, S. 728-729. Weiterhin bei J.F. Klein und Walter Ziehr, Die Stuttgarter Pirsch, S. 20, und bei Freiherr Hans Hiller von Gaertringen, Jagd in Württemberg im 19. Jahrhundert, S. 6.

[1134] Vgl. dazu bei Joachim Allmann, Der Wald in der frühen Neuzeit, S. 66.

tung jener Nachbildungen ist die demütige Akzeptanz jener hierarchischen Ordnung und damit als Bestätigung der hierarchischen Beziehungen zu betrachten. Die von Joseph Morsel genannte hierarchische Interaktion zwischen Herr und Untertan, die auch in der persönlichen Ablieferung der Fronleistungen am Hofe des Herrschers zu sehen ist[1135], hat hier nur ihren weiteren Ausbau in feudaler Pracht und Blüte gefunden. Die im Zuge der Jagd zu erbringenden Fronleistungen sind im Grunde ja nur die Weiterentwicklung der zu leistenden Abgaben der „Gülten", die in der Lage sind, die hierarchischen Beziehungen vor einem größeren Publikum zu verdeutlichen und die Größe und Macht des Herrschers zu repräsentieren. Repräsentation war jedoch nicht das primäre und einzige Ziel dieser Handlungen, wie es vielfach in der Literatur gemutmaßt wird[1136], sie war nur ein schmückendes Beiwerk. Auch der niedere Adel konnte über die Ablieferungspflicht mancher Körperteile des erlegten Wildes bei Hofe in die hierarchischen Beziehungen wirkungsvoll eingebunden werden. Häufig genug musste solch ein Körperteil persönlich durch den Erleger beim Herrn abgeliefert werden[1137]. Dabei wurde zwischen dem niederen Adel und einem einfachen Untertan oft genug kein Unterschied gemacht. Auch die noch etwas weiter unten zur Sprache kommenden Maßregelungen von unzuverlässigen Untertanen vor den Augen einer großen Anzahl von Frönern musste eine feste Größe der hierarchischen Beziehungen zwischen Herr und Untertan sein und war selbst oder gerade in der Wirkung ihrer Brutalität wesentlicher Bestandteil jener Beziehungen. Die Reaktionen der Herren bei Nichtbefolgung der Aufrufe zu Jagensdiensten oder die Schlechtleistung durch die Fröner sind als wesentlicher Bestandteil der hierarchischen Interaktionen zwischen Herr und Untertan zu sehen. Bestrafungen waren umso wichtiger für die Wirkung der Reproduktion von Raum, als es Belobigungen offensichtlich nicht gab. Das zeigt, dass jenes System der Herrschaft strikt einseitig hierarchisch aufgebaut, ein Abbild von Über- und Unterordnung und um zu funktionieren auf teilweise heftige Gegenreaktionen der Herren in Form von körperlichen Bestrafungen in derselben Öffentlichkeit angewiesen war.

7.4.2.2.b Die nur marginale Öffentlichkeit konstituierenden Fronleistungen

Neben den oben genannten umfassenden und regelmäßig in weit ausgreifenden öffentlichen Bezügen stattfindenden und zumeist in Gruppen abzuleistenden Fronleistungen existierte auch eine Anzahl weiterer, persönlich zu erbringender Frondienste, die in häuslichen oder örtlich begrenzten Bezügen betrachtet werden müssen. Jene wurden zwar nicht in ähnlich umfänglichen Öffentlichkeiten wie die oben genannten vollzogen, ihr Ziel dagegen war die Veranstaltung oder Aufrechterhaltung großer Jagden, die ihrerseits eine umfassende Öffentlichkeit konstituieren

---

1135 Vgl. dazu die Ausführungen von Joseph Morsel, Jagd und Raum, in: Werner Rösener (Hrsg.), Jagd und höfische Kultur im Mittelalter, S. 284f.

1136 So z. B. bei Sigrid Schwenk, Jagd: Überlebensstrategie – höfische Lustbarkeit – verantwortungsbewusste Gestaltung der Umwelt, in: Rundgespräche der Kommission für Ökologie, Bayerische Akademie der Wissenschaften (Hrsg.), Band 25, Über die Jagd - Kulturelle Aspekte und aktuelle Funktionen, S. 15-21.

1137 Vgl. dazu bei Georg Landau, Die Geschichte der Jagd und der Falknerei in beiden Hessen, S. 110ff.

konnten und sollten. Die Verpflichtung der Untertanen zur Aufzucht und Fütterung von Jagdhunden fand zwar in einer Hofstelle, einem Kloster oder im Hause eines Städters (zumeist eines Müllers[1138], Fleischers oder Henkers[1139]) statt. Ihr Sinn und Zweck war die Verwendung jener Hunde auf den großen Parforce- oder Überlandjagden, zu deren Organisation und Durchführung dann Hunderte von Untertanen notwendig waren. Nicht selten wurden hier an die zweihundert Hunde eingesetzt, die durch die Untertanen aufgezogen, versorgt und gehalten werden mussten[1140]. Mit einiger Sicherheit wurden wohl trotz ihres mehr häuslichen oder privaten Charakters auch die persönlich zu erbringenden Fronleistungen in der Öffentlichkeit erkannt und als unabdingbare hierarchische soziale Beziehung entsprechend instrumentalisiert. Dadurch, dass diese Leistungen auch von Städtern (z. B. die Hundeatzung) erbracht werden mussten, konnten die Ordnungsvorstellungen der Herren so in die Städte hineingetragen werden, die ansonsten freier, unabhängiger oder privilegierter waren als die Gemeinden auf dem Land. Neben städtischen Personen, den Klöstern, manchem Gewerbe wie der Leinweber, die das Leinen für das Jagdzeug verbilligt liefern mussten, den Landschneidern, die die Netze ausbessern mussten, den Wasenmeistern, die Pferdehaare für die Garne an den Höfen abzuliefern hatten, wurden auch die an den Rand der Gesellschaft gedrückten Juden entsprechend involviert, indem sie die Federn für die nötigen Federlappen zu liefern hatten[1141]. Auf diese Art und Weise der Inklusionen über Dienste und Leistungen wurde beinahe die gesamte Bevölkerung in die herrschaftlichen Jagdhandlungen eingebunden. Die Reproduktion von Macht und Herrschaft, von Raum und damit verbunden von Ordnungsvorstellungen und der hierarchischen Beziehung zwischen Herren und Untertanen, insbesondere auch über die entsprechende Einbindung des Verwaltungsapparates der Jägerei und Försterei, konnte so über die Jagd hervorragend und zuverlässig multipliziert werden. Einen weiteren, sehr interessanten Punkt, der in der Literatur ansonsten kaum Erwähnung findet, führt Georg Landau auf: Unter den Jagdfronen, den Jagdleistungen und Aufwendungen, die die Herrschaft von den unterschiedlichen Personengruppen abverlangte, findet sich auch der Hinweis darauf, dass im Fürstentum Hessen-Darmstadt die Einwohner der Dörfer, Städte und Gemeinden oft-

---

[1138] Selbst 1849, so Georg Landau in seinem Werk „Die Geschichte der Jagd und der Falknerei in beiden Hessen", S. 177, war es noch herrschaftlicher Brauch, die Hunde den Müllern zur Fütterung zu geben.

[1139] Zur Rolle der Henker innerhalb der Abrichtung und Heilung königlicher Jagdhunde siehe einen Artikel von Gerold Braun, Henker und Rüdemänner, in: Wild und Hund, Nr. 18/1998, S. 68. Ihre Bedeutung für die königlichen und landesherrlichen Jäger konnten sich die ansonsten am Rande der Gesellschaft stehenden Henkersdynastien so etwa vom 16. bis in das 19. Jahrhundert erhalten. Vgl. dazu auch bei Klaus Maylein, Jagd und Jäger in der modernen Gesellschaft, S. 10.

[1140] So z. B. von Landgraf Moritz im Hessischen. Wurde die Zahl von 200 Hunden nicht erreicht, mussten die Säumer bis zu fünf der „besten Hämmel" dafür zur Strafe geben. Vgl. dazu bei Georg Landau, Die Geschichte der Jagd und der Falknerei in beiden Hessen, S. 177.

[1141] Zu den genannten Personenkreisen und deren Einbindung in die Jagd vgl. bei Georg Landau, Die Geschichte der Jagd und der Falknerei in beiden Hessen, S. 177-179. Weiterhin auch bei Hubertus Hiller, Untertanen und obrigkeitliche Jagd, Zu einem konfliktträchtigen Verhältnis in Schleswig-Holstein zwischen 1600 und 1848. Studien zur Volkskunde und Kulturgeschichte Schleswig-Holsteins, S. 34-36.

mals dazu gezwungen wurden, das von den Herren geschossene Wildbret anzukaufen. Wohl erst zu Beginn des 18. Jahrhunderts eingeführt, klagten die betreffenden Einwohner schon bald über die Höhe der dadurch entstandenen Lasten. Die Gemeinden mussten z. B. für jeden Hasen fünfzehn Albus bezahlen, während die üblichen Preise bei Wiederverkauf nur bei 4-8 Albus lagen. Jedes Dorf erhielt 100-200 Stück jährlich, was die Belastung deutlich macht. Auch in Hessen-Kassel bestimmte 1706 Landgraf Karl 2234 Stück Rotwild zur käuflichen Zwangsverteilung an die Untertanen[1142]. Jene mussten das von den Herren abgeschossene Wildbret per Zwangsverfügung zu überteuerten Preisen aufkaufen[1143]. Georg Landau führt dazu weiter aus, dass dies als Gegenreaktion der Herren darauf zu werten sei, dass sie auf Druck der Bevölkerung ab dem 18. Jahrhundert massiv in den Wildbestand eingreifen mussten, um dem Landmann übermäßigen Wildschaden zu ersparen[1144]. Da mit der Erhöhung des Abschusses gleichzeitig die Forderungen der Untertanen als durchgesetzt betrachtet werden konnten, musste dieser Zustand als unerträglich für die verletzten Ordnungsvorstellungen der Landesherren gewesen sein. Ähnlich der Wilderei oder der Widersetzung der Untertanen gegen die Leistung von Frondiensten müssen die Forderungen der Bauern als Versuch der gegenkulturellen Raumkonstruktion verstanden und damit ähnlich einem rebellischen Akt bewertet werden. Da die Herren zwar gegen die Wilderei Strafmaßnahmen verhängen konnten, nicht jedoch gegen die berechtigten Ansprüche und die reichsgerichtlich[1145] oder landtaglich gefestigten Entscheidungen zugunsten der Reduktion des Wildstandes, griffen sie offensichtlich zum Mittel des Zwangsabkaufs und damit wiederum zu einer neuen Form der Durchsetzung ihrer Herrschaftsansprüche und zur Regeneration wenigstens einiger ihrer Ordnungsvorstellungen. So wundert es nicht, dass auch im 19. Jahrhundert die Kette der Bauernklagen nicht abriss und die Herren weiterhin versuchten, ihre Ordnungsvorstellungen über hohe Wildbestände und damit über Jagdhandlungen und Frondienste im Sinne einer zielgeleiteten Positionierung von Mensch und Tier im Herrschaftsraum zu reproduzieren[1146]. Man sieht, die Übergänge zwischen den „weniger" öffentlichen und den eine umfassende Öffentlichkeit konstituierenden Frondiensten sind als fließend zu bezeichnen, da Sinn und Zweck einer jeden Fronleistung die Aufrechterhaltung herrschaftlicher Jagd, die Reproduktion herrschaftlicher Ordnungsvorstellungen, das Deutlichmachen und Durchsetzen hierarchischer Beziehungen war. Dabei existierten bereits relativ früh einige dieser als geringer oder geringfügiger zu erachtenden Fronleistungen. Kurt Lindner beschreibt solche weniger Öffentlich-

[1142] Vgl. dazu bei Georg Landau, Die Geschichte der Jagd und der Falknerei in beiden Hessen, S. 178-179.

[1143] Vgl. dazu ebd., S. 179.

[1144] Vgl. ebd.

[1145] So wurden sogar bereits in den Jahren 1717, 1740 und 1768 drei Urteile gegen die Herren von Hohenzollern-Hechingen ausgesprochen, die jene zur Verhütung von Wildschäden und zum Ersatz jener bereits eingetretenen Schäden verpflichtete. Vgl. dazu bei Hans Wilhelm Eckardt, Herrschaftliche Jagd, bäuerliche Not und bürgerliche Kritik, S. 86, unter Bezug auf Beck, Pfeiffer.

[1146] Vgl. dazu für das 19. Jahrhundert auch bei Hans Wilhelm Eckardt, Herrschaftliche Jagd, bäuerliche Not und bürgerliche Kritik, S. 84ff.

keit konstituierenden Leistungen bereits für das Jahr 1057. Jene Leistungen umfassten die genannte Hundelege sowie den Transport gefangenen Wildes nach „Köln oder einen anderen anbefohlenen Ort“[1147]. Von einer ähnlichen Bedrückung der Untertanen durch jene Leistungen wie in den Zeiten der Landesherrschaften kann jedoch im Jahre 1057 noch keine Rede sein.

7.4.2.2.c Weitere Fronleistungen

Im Zusammenhang mit der Hundelege ist auch deren Ablösung durch das Hundgeld[1148], das heißt den Ersatz der unmittelbaren Hundeaufzucht durch Steuerabgaben, zu betrachten. Weiterhin gehört auch die Atzung eines Habichts, der ebenso wie der Hund als Zeichen der Obrigkeit verstanden werden kann[1149], zu den eher im Hintergrund zu verrichtenden Fronleistungen, obgleich auch aus ihnen einige Beschwerungen entstanden sind. Neben der Hundelege ist hier insbesondere auch die Nachtselde zu nennen, die sich aus dem Gastungsrecht (ius albergariae) entwickelte, dessen Bestand sich bis auf Kaiser Karl den Großen zurückverfolgen lässt. Einen Hinweis darauf findet sich bereits im capitulare de villis, cap.11, in dem es heißt: „Dass kein Amtmann irgendwo über unsere Leute, auch nicht über die in Waldhufen, verfüge, und von ihnen Verpflegung für seine Person oder Futter für seine Hunde fordere“[1150]. Diese Zeilen geben Anlass zu der Vermutung, dass bereits damals schon jenes ursprünglich dem König, seinem Gefolge und Personen, die einen entsprechenden Ausweis des Königs bei sich führten, zustehende Recht, weidlich missbraucht wurde. M. Marx-Kruse und E. von Campe schildern in diesem Zusammenhang auch einen Brief des Kaisers an seinen Sohn Pippin, in dem sich Karl über die Auswüchse des Gastungsrechtes beschwerte[1151]. Im 15. Jahrhundert waren die von Karl noch gerügten Auswüchse schon zum landesherrlichen Gewohnheitsrecht und darüber hinaus auch von manchem Grundherrn und manchen Klosteräbten gegenüber ihren Untertanen in Anspruch genommen worden. In dieser Zeit verklang der Einspruch des damaligen Kaisers Sigismund (Schiedswort vom 15. Sept. 1434 zu Regensburg) zu den Beschwerungen der Untertanen durch

---

1147 Vgl. dazu bei Kurt Lindner, Die Jagd im frühen Mittelalter, S. 446f. Er bezieht sich hier auf ein Dokument mit dem Namen Tabula de banno venationis aus dem Jahr 1057. Aus diesem Dokument geht aber auch hervor, dass die Jagd in dieser Zeit noch weitgehend frei war. Er schreibt: „(...) die Hofhörigen (...) hatten die Hunde zu halten und zu füttern – Hundelege – und durften ohne bischöfliche Erlaubnis keine Bären, Schweine, Hirsche oder Rottiere jagen (...).“ Daraus kann ein generelles Jagdverbot wie in den späteren Zeiten der Landesherrschaften nicht abgeleitet werden. Siehe ebd., S. 447.

1148 Das *Hundgeld*, auch Hundehafer genannt, wurde teilweise schon sehr früh eingeführt. Georg Landau, Die Geschichte der Jagd und der Falknerei in beiden Hessen, S. 175, zeigt dies am Beispiel des Gerichtes Wetter für das 14. Jahrhundert.

1149 So werden z. B. bei Jacob Grimm, Weisthümer 3, S. 519, zwei Windhunde („mit zweien winden und mit eym habiche“) und ein Habicht als Zeichen der Höherrangigkeit des Grafen über die Freimänner des Freigerichts erwähnt. Vgl. diesen Bezug auch bei Joseph Morsel, Jagd und Raum, in: Werner Rösener (Hrsg.), Jagd und höfische Kultur im Mittelalter, S. 276.

1150 Heinz Brandsch, Die Landgüterordnung Kaiser Karls des Großen, S. 26.

1151 Vgl. dazu auch bei M. Marx-Kruse und E. von Campe, Chronik der Deutschen Jagd. Eine Kulturgeschichte des Jagdwesens von den Anfängen bis zur Gegenwart in Dokumenten, S. 152-153.

die willkürliche Nachtselde jedoch weitgehend ungehört[1152]. Wie es jedoch bei den weniger öffentlichkeitswirksamen Frondiensten häufig der Fall war (siehe auch bei der Hundelege), wurden hier schon bald die persönlichen Leistungen durch (nicht weniger persönliche) Steuerzahlungen ersetzt. So war dies auch bei der oben genannten Nachtselde der Fall, die bereits 1393 durch Herzog Johann von Bayern in eine Steuerzahlung, namentlich das so genannte „Jägergeld", umgewandelt wurde[1153]. Nicht selten mussten diese Steuern jedoch auch von ganzen Gemeinden oder Dörfern erbracht werden[1154]. Auch die Zahlungen von durch die Jagdhandlungen nur am Rande berührten Städten und Dörfern sind in diesem Kontext zu betrachten. Da die Jagd, insbesondere im Hinblick auf die Städte, ja nur an deren Peripherie stattfand, die Städte auch nicht annähernd ähnlich eingebunden werden konnten wie Klöster, Gemeinden oder verstreut liegenden Höfe, ist deren Stellung prinzipiell mit jener der nachbarlichen Landesherrn zu vergleichen. Da eine unmittelbare Erfassung des Raumes „Stadt" aufgrund der oftmals vorhandenen Streitigkeiten und Auseinandersetzungen sozialer, politischer und kultureller Art, begründet im Gegensatz Stadt - Land, zu verzeichnen war, mussten die Herren hier einen anderen Weg der Reproduktion von Herrschaft einschlagen. So regelt ein fürstlicher Befehl aus dem Jahre 1681 im Hessisch-Kasselschen, dass die an die Jagden grenzenden Städte für die Pferde der Oberförster und der berittenen Jäger das „rauhe Futter" zu stellen hätten[1155]. Eine solcherart institutionalisierte Einbindung der Städte war offensichtlich immer noch besser als gar keine Leistungen zu erheben und damit bestimmte Rechtspositionen aufzugeben. Zu den ebenso weniger öffentlichen Frondiensten sind auch die Wildfuhrleistungen der Untertanen zu rechnen. Zwar fanden jene regelmäßig im Anschluss an große Jagden statt, ihr Leistungsbild war jedoch eher als direkte hierarchische Kommunikation mit dem Burg- oder Schlossherrn sowie seinem Verwaltungsstab zu sehen. So heißt es z. B. in einem Reskript von 1820: „(...) Außerdem sind alle bespannten Untertanen schuldig, nach der Reihe alles auf diesen Treibjagden erlegte Wild binnen Amts dahin zu fahren, wohin es verlangt wird."[1156] Diese Fuhrdienste sind in einem ähnlichen Kontext zu betrachten wie die persönliche Abgabe der Zehnten oder anderer Fronen am oder beim Hofe des Herrn. Es ist ein Akt der Bekundung hierarchischer Ordnungen und damit ein Vorgang, der die Positionen im Gesellschaftsgefüge klar vor Augen führt, sowohl der gebenden als auch der nehmenden Seite. Die Visualisierungsmöglichkeiten, die zur Erzeugung eines breiten öffentlichen Eindrucks notwendig waren (wie z. B. durch den Einsatz von ganzen Gruppen im Raum), reichten hier nicht aus, genauso wenig wie sie es bei der Hundelege,

---

1152 Vgl. ebd., S. 155.

1153 Vgl. ebd., S. 156. Zum Jägergeld siehe auch im BLV Jagd-Lexikon, Stichwort „Jagdabgaben", S. 360f.

1154 Vgl. dazu für Dörfer im Fuldaer Land bei Georg Landau, Die Geschichte der Jagd und der Falknerei in beiden Hessen, S. 176.

1155 Vgl. dazu bei Georg Landau, Die Geschichte der Jagd und der Falknerei in beiden Hessen, S. 175-176.

1156 Vgl. dazu bei Hubertus Hiller, Untertanen und obrigkeitliche Jagd, Zu einem konfliktträchtigen Verhältnis in Schleswig-Holstein zwischen 1600 und 1848. Studien zur Volkskunde und Kulturgeschichte Schleswig-Holsteins, S. 39.

der Jägeratzung oder den Abgaben der Fronleistungen am Hofe des Herrn taten. Allerdings eröffneten auch die Wildfuhren den dazu angehaltenen Untertanen Möglichkeiten der Auflehnung und damit der Störung jener hierarchischen Interaktionen. So wurde nicht selten durch absichtliches Verzögern der Fuhre oder über vorgetäuschte Unfälle oder Radbrüche erreicht, dass das Wildbret nur noch verdorben am Ziel ankam. Von einem ähnlichen Fall, der sich 1654 in oder bei Segeberg zugetragen hat, weiß auch Hubertus Hiller zu berichten. Hier hatte ein Hanss Otten eine Wildfuhre zu seinem Herrn verzögert, wobei aus den Quellen leider nicht hervorgeht, ob es ein absichtliches oder ein ungewolltes Verzögern der Fuhre war[1157]. Generell jedoch bleibt zu vermuten, dass auch die Pflicht der Wildfuhren dem Untertan ein gewisses Potenzial eröffnete, demonstrativ gegen die Ordnungsvorstellungen des Herrn vorzugehen. An anderer Stelle wird noch ausführlich auf die Möglichkeiten der gegenkulturellen Raumkonzeptionen der Untertanen eingegangen werden. Aufgrund ihrer eher im privaten oder zumindest im verborgenen (nicht visualisierbaren, nicht akustischen, nicht durch große räumliche Bewegungen gekennzeichneten, etc.) Bereich verbleibenden Leistungen ist der finanzielle Nutzen und der damit verbundene psychologische oder moralische Aspekt für den Grund- oder Landesherren oftmals höher einzuschätzen als die öffentlichkeitswirksame repetitive Reproduktion von Herrschaft. Letztere konnte ja zuverlässig im Rahmen der großen Jagden erfolgen, während so die anderen Frondienste sinnvollerweise in Steuerzahlungen umgemünzt werden konnten. Steuerzahlungen sind in ihrer Wirkung der Forderung und Anerkennung von hierarchischen Beziehungen und Ordnungsvorstellungen nicht zu unterschätzen. Die Auseinandersetzungen um körperliche Dienste waren nicht die einzigen; Verweigerungen fiskalischer Leistungen waren ebenso bemerkbar und müssen ebenfalls als Versuch gegenkultureller Raumkonstitutionen verstanden werden, als rebellische „Subkultur", als Widerstand gegen die Ordnungsmacht, auch wenn der Grund jener „Widerstände" oftmals in der traurigen Situation größtmöglicher Armut gelegen haben mag. Hin und wieder wurde so den Untertanen auch ein Instrument in die Hand gespielt, sich gegen die Obrigkeit durchzusetzen und sei es auch nur aufgrund der schieren Armut, die den Landesherrn geradeheraus dazu zwang, von der Durchsetzung seiner Ansprüche abzusehen[1158]. Nicht immer mag selbst das Unvermögen aufgrund der Armut den Herrn davon abgebracht haben, von seinen Ansprüchen abzusehen, da die Durchsetzung der Ordnungsvorstellungen in ihrer Kontinuität letzten Endes als gewichtiges Element der Staatsraison zu werten war.

[1157] Vgl. dazu ebd., S. 60-61.

[1158] So geschehen in Hessen-Kassel unter Landgraf Wilhelm V. im Kriegsjahr 1629. Die Armut war so umgreifend, hervorgerufen durch Kriegswirren, Garnisonen, Durchmärsche und deren Verwüstungen, dass die Absicht Wilhelms V. völlig fehlschlug. Vgl. dazu bei Georg Landau, Die Geschichte der Jagd und der Falknerei in beiden Hessen, S. 171f.

7.4.3 Zur Analyse der Erduldung wirtschaftlicher Schäden (Wild- und Jagdschaden)

7.4.3.1 Einige Bemerkungen vorab

Die Wild- und Jagdschäden, ihre monetäre Be- oder soziale Wertung und das tatsächliche Ausmaß jener Schäden sind in der Literatur gemäß den unterschiedlichen Quellen und deren jeweils differierenden thematischen Eingebundenheit sehr uneinheitlich. Während die Bauern in ihren Beschwerden und Klagen wohl zu Übertreibungen neigten, versuchten die beauftragten herrschaftlichen Schadensbegutachter die Schäden meist zu bagatellisieren. Auch die Gerichtsurteile und behördlichen Entscheidungen sind insofern mit Vorsicht zu betrachten, da nicht selten der Gerichtsherr gleichzeitig auch der Jagdherr war. So halten sich die Übertreibungen einerseits und deren Beschwichtigungen andererseits in einer nur wenig Auskunft gebenden Waage. Neben den Quellen und deren jeweiliger Bewertung durch den Historiker ist jedoch der Zusammenhang, in dem der Wild- und Jagdschaden meistens gesehen wird, ebenfalls von Bedeutung und meiner Einschätzung nach einer neueren Betrachtung gemäß der hier zugrunde gelegten raumbezogenen Denkweise zu unterziehen. Den Wild- und Jagdschaden - im Zusammenhang stehend mit der Überhege des Wildes - lediglich auf die schiere Jagdlust der Herren zurückzuführen, wird ihm aufgrund seiner immensen volkswirtschaftlichen Auswirkungen bei näherer Betrachtung wahrscheinlich nur unzulänglich gerecht[1159]. Die teilweise und zu vermutende weit reichende Schädigung der Bauern wird ihre Rechtfertigung wohl kaum und niemals ausschließlich im Lustgewinn der Herren zu suchen haben. Vielmehr muss hier die Frage gestellt werden, ob die Zerstörung der mit bäuerlichem Schweiß gewonnenen Feldfrüchte nicht auch ein wesentlicher Bestandteil der hierarchischen politischen Kommunikation und Herrschaftsrepräsentation gewesen sein kann und das reichliche Vorhandensein von Wild (in Anlehnung an die Ausführungen zum Taubenhaus bei Joseph Morsel[1160]) die unabdingbare Basis hierzu gewesen sein muss. Im Gegensatz dazu

---

[1159] Häufig wird der Wild- und Jagdschaden lediglich als unvermeidliches Resultat der jagdlichen Fürstenlust betrachtet. So z. B. auch bei zeitgenössischen Autoren wie bei Cyriacus Spangenberg, der die Jagd „aus Wollust" anprangert, ansonsten jedoch für die Jagd spricht, solange sie die Funktion des Schutzes der Feldfrüchte oder der Nahrungsmittelgewinnung erfüllt. Vgl. zu den Darstellungen Spangenbergs bei Detlev Müller-Using und Friedrich K. Werner, Die Jagd in Schrifttum und Dichtkunst, in: Wild und Weidwerk der Welt, Herausgegeben unter dem Ehrenschutz des Bundesministeriums für Land- und Forstwirtschaft und der Österreichischen Landesjagdverbände, S. 674-675. Weiterhin bei Rolf Roosen, *...tuen kund und fügen zu wissen.* Ausgewählte Jagdordnungen des 18. Jahrhunderts, in: Die *Jägerey* im 18. Jahrhundert, Colloquium der Arbeitsstelle 18. Jahrhundert, Bergische Universität, Gesamthochschule Wuppertal, S. 58f; daneben auch bei Rudolf Friess, Wesen und Wege der Jagd von ihrem Urbeginn bis heute, in: Wild und Weidwerk der Welt, Herausgegeben unter dem Ehrenschutz des Bundesministeriums für Land- und Forstwirtschaft und der Österreichischen Landesjagdverbände, S. 218-219.

[1160] Joseph Morsel, Jagd und Raum, in: Werner Rösener (Hrsg.), Jagd und höfische Kultur im Mittelalter, S. 283. Ich werde noch ausführlicher auf die Verbindung zwischen dem Taubenhaus und der Jagd, respektive der Hundehaltung und einer bestimmten Größe von Wildtierpopulationen, im Rahmen dieses Kapitels eingehen.

hat Ortega y Gasset im Rahmen seiner Erklärungsversuche zur Jagdfunktion und Jagddefinition darauf hingewiesen, dass gerade die Seltenheit des Wildes Vorbedingung für die Jagd durch die Zeiten der Geschichte gewesen sei[1161]. So lautet im historischen Rückblick sein Urteil, dass Jagen bedeute „zu erreichen, dass Wild *da ist*"[1162]. Allerdings geht er aus nicht nachvollziehbaren Schlussfolgerungen davon aus, dass im Gegensatz zu seiner ursprünglichen Überlegung in allen Zeiten das Jagdwild sehr rar gewesen sein muss. Da er diese These auch für die Zeiten des Mittelalters und der frühen Neuzeit gelten lassen will, provoziert er die Kritik an diesen Aussagen geradezu. Ohne hier näher auf vermutete historische Populationsdichten eingehen zu wollen und zu können, sei der Hinweis gestattet, dass Ortega y Gasset sich lediglich die Mühe hätte machen müssen, bäuerliche Berichte und bäuerliche Klagen der frühen Neuzeit zu studieren, um seine These selbst ad absurdum zu führen. Auch die Berichte über die Strecken feudaler oder barocker Jagden hätten seinen Blick eigentlich eher schärfen als trüben müssen.

Der Blick in die Gegenwart offenbart gar in der dicht besiedelten deutschen Kulturlandschaft einen Wildreichtum, wie er seinesgleichen in Europa sucht[1163]. Nicht zuletzt deshalb existieren mannigfache Konflikte zwischen dem Waldbau und der rein privaten Jagdnutzung, die scheinbar unlösbar sind. So sind die Definitionsversuche Ortega y Gassets bezeichnend für die Inhalte und Anschauungen einer spezifisch deutschen bürgerlichen Waidgerechtigkeit, die in der Jagd ein Vorrecht einiger Weniger sah. Jene Wenigen tragen darüber hinaus über die Jagd erst Sorge dafür, dass Wild überhaupt da ist und seine Übernutzung – im Bewusstsein von Ausrottungsphantasien[1164] – unbedingt verhindert wird (z. B. über Hege einerseits und über einige Erschwerungen einer ansonsten rational zu erbringenden Jagdleistung andererseits). Ortega y Gasset übersieht dabei, dass sowohl für die landesherrlichen Jagden als auch für die Jagdfunktionen der Gegenwart dieses Jagdverständnis von keinerlei Bedeutung war bzw. ist[1165]. Das Gegenteil ist hier der Fall: Für die landesherrlichen Jagden und die mit ihr verfolgten Ziele und Funktionen konnte dies in keinster Weise zutreffend sein. Die jagdlich-herrschaftliche Raum(be)handlung war ja gerade auf die wilden Tiere und deren ausreichende

---

1161 Vgl. dazu bei José Ortega y Gasset, Meditationen über die Jagd, S. 37ff.

1162 Ebd., S. 44 (kursiv im Original).

1163 In Deutschland, so Hermann Ellenberg, leben pro Flächeneinheit mehr Rehe als in den übrigen Ländern Europas, vielleicht mit Ausnahme Österreichs. Auch Rotwild erreicht in den Gebieten, in denen es vorkommen darf, hohe Dichten. Vgl. dazu bei Hermann Ellenberg, Zur Verbissproblematik durch Wild in Wäldern, in: Saniga, M. und Korpel, S. (Hrsg.), Symposium über die Wälder, S. 99.

1164 Zumindest klingt auch bei Ortega y Gasset eine solche strikt bürgerliche Phantasie durch. So schürt er die These, dass Wild immer weniger wird, dass die Seltenheit des Wildes immer stärker zunimmt und deshalb die Jagd im Aussterben begriffen sei. Die Jagd, so Ortega y Gasset weiter, als die hervorragende Form des menschlichen Glücks sei in der Auflösung begriffen und um dieser Entwicklung vorzubeugen oder sie zumindest zu verlangsamen, sei eine bessere Jagdgesetzgebung angetreten. Vgl. die Ausführungen bei Ortega y Gasset, Meditationen über die Jagd, S. 45-49.

1165 Dabei ist Ortega insofern in Schutz zu nehmen, als er die „moderne" Jagdfunktion nicht kennen konnte; er ist bereits 1955 verstorben. Die Jagd im Rahmen der Landesherrschaften war ihm dagegen sehr wohl zugänglich.

Bejagungsmöglichkeit angewiesen. Wenn es den Herren nur darum gegangen wäre, die Jagd als Bestandteil ihrer edlen Gesinnung und ihres sozialen Ranges auszuüben, so hätte es genügt, die Falkenbeize auszuüben, zumal jene spätestens seit Kaiser Friedrich II. und seinem weltberühmten Werk „De arte venandi cum avibus“, um das Jahr 1240 entstanden, als die edelste aller Jagdarten bezeichnet wurde[1166]. Dass sich jedoch im Verlauf der Erstarkung und Herausbildung der Landesherrschaften die kraftvollen und raumgreifenden Jagdarten wie Überland-, Parforce- und Eingestellte Jagden Bahn brachen, hat seine Gründe. Dass mit diesen Bedingungen und den geänderten Jagdpraktiken auch die Schäden in der Feldwirtschaft zunehmen mussten, liegt auf der Hand. Ebenso wie die geänderten Anforderungen und Funktionen der Jagd muss aber auch die Schädigung der Bauern in einem gewissen Rahmen zumindest als zielführend und damit als Teil herrschaftlicher Politik der damaligen Zeit betrachtet werden. Eine umfassende Beachtung und Analyse der Wild- und auch der Jagdschäden (Schäden, die durch die direkten Einwirkungen der Jäger auf den Feldern entstanden, z. B. durch Überreiten der Frucht) kann hier jedoch nicht geleistet werden, auch wenn es die Überschrift anders vermuten lässt. Da jedoch die Wild- und Jagdschäden letztendlich nicht nur den Produktionsprozess behinderten, sondern darüber hinaus auch regelmäßig zu Mindererträgen auf den Feldern der Bauern führten, gilt es die Frage nach einer wie auch immer gearteten „Funktion“ dieser Schädigungen zu stellen. Gerade die Einbußen in der Produktion und die Hartnäckigkeit der Herren in der Sache müssen doch zu der Frage führen, was über die negativen volkswirtschaftlichen Folgen hinaus an übergeordneten Zielen erreicht werden sollte. Hier lediglich den Lustgewinn der Herren gegenüberzustellen ist, wie noch zu zeigen sein wird, sehr kurzsichtig und tatsächlich nicht zutreffend.

Darüber hinaus verwundert es, dass es hin und wieder auch von Seiten der Herren die Frage nach den Wildschäden und deren Quantifizierbarkeit gab. Vollkommen gleichgültig waren die Schäden somit nicht immer, der volkswirtschaftliche Schaden durfte den herrschaftlichen Nutzen auf Dauer offensichtlich nicht überwiegen[1167]. Allerdings relativiert sich auch diese Anschauung wieder, wenn man die Handhabung im Königreich Hannover für das Jahr 1780 heranzieht. Hier sind Spannen zu betrachten, die den „normalen“ Rahmen des Wildschadens zwischen einem Achtel bis zu zwei Drittel der Feldfrüchte beziffern. Erst was über jenes Maß hinausging, durfte überhaupt als Wildschaden von den Bauern ange-

---

1166 Vgl. Auszüge aus dem berühmten Werk bei Hanno Helbling, Die Jagd. Mythos, Metapher, Motiv, S. 26-29. Für Kaiser Friedrich II. ist die Beize die edelste und vornehmste Art der Jagd, bei der die Edlen und Mächtigen dieser Erde wohltuende Ablenkung finden können. Siehe weiterhin zum Werk Friedrich II. bei Gottfried Kretschmann, Berühmte und berüchtigte Jäger, in: Wild und Weidwerk der Welt, Herausgegeben unter dem Ehrenschutz des Bundesministeriums für Land- und Forstwirtschaft und der Österreichischen Landesjagdverbände, S. 725. Weiterhin auch bei Johannes Fried, Kaiser Friedrich II. als Jäger, in: Rösener, Werner (Hrsg.), Jagd und höfische Kultur im Mittelalter, S. 149ff.

1167 Vgl. dazu bei Freiherr Rudolf von Wagner, Das Jagdwesen in Württemberg unter den Herzögen, S. 441. So forderte Herzog Wilhelm Ludwig 1675 alle „Stabsbeamten im Land sowie die Kloster- und anderen geistlichen Verwalter auf, anzugeben, wie viele Äcker in den letzten drei Jahren zum Nachtheil der Herrschaft wegen Wildschadens unbebaut geblieben, oder, wenn angebaut, sehr verdorben worden seien und was das betrage“.

meldet werden[1168], im besten Falle also Schäden über rund 13%, im schlimmsten Falle Schäden erst über rund 66% der gesamten Ernte an Feldfrüchten. In diesen Fällen, in denen erst bei zwei Dritteln ein Schaden überhaupt als entstanden betrachtet wird, kann weder die Jagdlust noch eine herrschaftliche Komponente zur Erklärung herangezogen werden, da die volkswirtschaftlichen Kosten derart hoch sind, dass rationale Erklärungsversuche hinfällig erscheinen. Dennoch bleibt hier immer noch die Möglichkeit zurück, wie sie in dem Werk von Joachim Allmann stetig vor Augen geführt wird: die Verschärfung der Forstordnungen (auch wenn ich sie nun für Hannover nicht belegen kann), wie sie im Pfälzer Raum stattfand, sowie die Rigorosität jagdlicher Handlungen, sind ein Beleg für die Unsicherheiten der Herrschaftsgebilde, wie sie sich Ende des 18. Jahrhunderts verstärkt zeigten. Jene Unsicherheiten in politischer und sozialer Hinsicht sollten über die strikten Ordnungen gemildert werden, die auch eine gewisse Unnachgiebigkeit gegenüber den Untertanen mit sich zogen. Nur so kann, wenn auch ausdrücklich sehr spekulativ, das offensichtlich fehlende Maß der Herren bezüglich der Kosten-Nutzenrelation der Wildhege und der Jagdschäden erklärt werden. Es blieb ihnen keine andere Lösung als die Aufrechterhaltung ihrer Herrschaft durch Unterdrückung und Ausbeutung, wenn schon, wie die Geschichte zeigte, nicht zu retten, so doch zu verlängern. Die Strukturierung des Raumes oblag den Herren und die Einbeziehung der Untertanen nach festgelegten hierarchischen Regeln war ein fester Bestandteil dieser Strukturierungen. Der Wild- und Jagdschaden war lediglich Ausdruck der Strukturierungsmacht der Herren und insofern offensichtlich volkswirtschaftlich zu verschmerzen (zumindest aus der Sicht der Herren). Ein absolutistischer Herrscher konnte und wollte es sich nicht leisten, dass der Jagd- oder Wildschaden der Bauern und die sich daran anknüpfenden Klagen der Untertanen sein Handeln beeinflussen konnten. Seine absolute Herrschaft schöpfte er nicht zuletzt auch aus dem Brechen von Widerstand und der Demütigung der bäuerlichen Untertanen.

7.4.3.2 Wild- und Jagdschaden, zweck- und zielgerichtet

Nicht nur unmittelbare Frondienste waren also zu erbringen, auch entstandene Schäden durch das Wild einerseits als auch durch die Jagdhandlungen andererseits mussten von den Untertanen geduldet werden. Auch jene als mittelbar zu bezeichnenden Fronleistungen, die in der Erduldung wirtschaftlicher und nicht selten existenzbedrohender Schäden auf den Feldern wie auch an den bereitgestellten Wagen oder Gespannen verborgen liegen, sind den Prozessen der Inklusion bei gleichzeitiger Exklusion zuzurechnen[1169]. Zwar gab es in den Landesherrschaften bis zur Revolution von 1848/49 durchweg Klagen und, wo zugelassen, auch schon Petitionen, die einen zu hohen Wildbestand einerseits und die unzumutbaren Jagdpraktiken andererseits zur Ursache hatten, dennoch lassen sich zwei große

1168 Vgl. dazu bei Hans Wilhelm Eckardt, Herrschaftliche Jagd, bäuerliche Not und bürgerliche Kritik, S. 102.

1169 Joachim Allmann, Der Wald in der frühen Neuzeit, S. 63f, beschreibt die Inklusion der Bauern folgendermaßen: „Nicht jagdberechtigt zu sein, bedeutete für die Bauern nicht, mit dem Jagdvorgang nichts mehr zu tun zu haben."

historische Epochen besonders extrahieren: dies waren die Zeiten um den großen Bauernkrieg herum und die Zeiten des Absolutismus im 17. und 18. Jahrhundert. Beide Epochen sind durch extreme Belastungen der Untertanen durch die zu erduldenden Wild- und Jagdschäden innerhalb der Jagdgeschichte auffällig. Der große Bauernkrieg als auch der Dreißigjährige Krieg und speziell für die Gebiete des Pfälzer Raumes unzählige weitere Kriege und Kriegsdurchmärsche[1170] bilden dabei die Pole. Das führt zu der auch von Joachim Allmann herausgearbeiteten Kausalität, die zwischen den Versuchen der räumlichen Gegenkonzeptionen der Untertanen und der entsprechenden Reaktion der Herren durch vermehrte Jagd und strengere Jagd- und Forstordnungen bestand. Es ist kein Zufall, dass gerade in den unruhigen Zeiten die Jagd eher verstärkt und die Ordnungen um die Jagd und um das Waldwesen strenger gehandhabt wurden, als in den ruhigeren Zeiten[1171]. Die durch äußere und innere Bedrohungen in Gefahr gebrachte politische und räumliche Stabilität der Herrschaftsgebiete zog offenbar heftige Reaktionen von Seiten der Herren nach sich, um die Kontinuität ihrer Herrschaft zu sichern. So wurden nicht selten gerade auch die äußeren Bedrohungen durch Kriege oder Kriegsdurchzüge von den Landesherren dazu benutzt, das Regel- und Ordnungsgeflecht rigoros auszubauen und zu verschärfen. Die Verstärkung oder zumindest die fortdauernde Rigorosität der Jagd von Seiten der Herren darf aus diesem Grunde nicht so verstanden werden, dass der Wildbestand dadurch merklich gesenkt wurde; eher das Gegenteil dürfte der Fall gewesen sein. Vor dem Hintergrund unserer heutigen politischen Realität ist es nahezu unvorstellbar die Handlungsweise der Landesherren in diesen genannten Fällen zu verstehen. Offensichtlich war es das Bestreben der Herren in unsicheren Zeiten, geprägt durch massive innere und äußere Konflikte, sowohl die Jagd- und Forstordnungen zu verschärfen als auch die Jagdhandlungen teilweise zu intensivieren, anstatt sie zu reduzieren. Unvorstellbar für uns ist dieses Verhalten deshalb, weil die ohnehin am stärksten in Mitleidenschaft gezogenen Teile der Gesellschaft damit zusätzlich beschwert wurden, womit zu erwarten war, dass das revolutionäre Potenzial eher geschürt als eingedämmt werden würde. Dennoch scheint das System dieser Rigorosität zeitweilig funktioniert zu haben; den Bauern damit auch der letzte Widerstandswille gebrochen worden zu sein. Joachim Allmann führt in diesem Zusammenhang an, wie sich die Sicht der Untertanen von Seiten der Herren über die Jahrhunderte offensichtlich gewandelt hat. Im 17. Jahrhundert, in dem das Herzogtum Zweibrücken von vielerlei mittelbaren oder unmittelbaren Kriegseinwirkungen betroffen war und in deren Folge die Forstordnungen wesentliche Modifikationen erfuhren, wurde nicht dem Krieg und seinen Wirren die Notwendigkeit der Rigorosität zugeschrieben, sondern den Untertanen. Sie seien es, die den Krieg dazu nutzen Recht zu brechen, worauf die Obrigkeit gar nicht anders könne, als mit einer strengen Forstordnung zu reagieren[1172]. Dass in diesem Zusammenhang auch die Wild- und Jagdschäden nicht auf die Einsicht stoßen sie zu mindern oder

---

[1170] Vgl. dazu bei Joachim Allmann, Der Wald in der frühen Neuzeit, S. 19-30. Der Pfälzer Raum ist insofern hier hervorzuheben, weil die Vorarbeiten zu ihm durch das Werk von Joachim Allmann als hervorragend zu bezeichnen sind.

[1171] Vgl. dazu ebd., an verschiedenen Stellen.

[1172] Vgl. dazu ebd., S. 81-82.

gar zu ersetzen, dürfte auf der Hand liegen. Das Anziehen der „Daumenschrauben“ gegenüber den Untertanen gerade in den unsicheren Zeiten äußerer Bedrohungen scheint bereits von früh-absolutistischen Herrschern als ein probates Mittel der Herrschaftsstabilisierung angesehen worden zu sein. Daraus folgt: den hohen Wildbestand und die daraus resultierenden Wild- und Jagdschäden einzig oder überwiegend auf die Jagdleidenschaft der Landesherren zurückzuführen[1173], ist ebenso zu revidieren wie es für die Frondienste und die Praxis der Jagd in der vorliegenden Arbeit getan wird. Vielmehr ist hier die Frage zu stellen, ob mit Hilfe des hohen Wildbestandes einerseits und der Beschwerung der Untertanen über die Erduldung der Wildschäden andererseits ähnliche Ziele erreicht werden konnten, wie sie mit Hilfe der anderweitigen Positionierung von Menschen und Tieren über die Fronleistungen und die Jagdpraxis zu erreichen versucht wurden. Interessant ist diese Frage auch insofern, als es im frühen Mittelalter keinerlei Beschwerden über zu hohe Wildbestände gegeben hat. Zumindest sind mir solche Beschwerden aus der Literatur nicht bekannt[1174]. Wild- und Jagdschäden sind ein wesentliches Merkmal der landesherrlichen Herrschaften, beginnend etwa mit dem 15. Jahrhundert, und damit zusammenhängend mit den entsprechenden Ordnungsvorstellungen jener Herren, jener Zeit, in jenen Räumen[1175]. Möglicherweise ist in der Erduldung und Hinnahme von Wild- und Jagdschäden durch die Untertanen ein ähnliches interaktives Muster zu sehen wie es in Bezug auf die Ableistung mancher Frondienste für den Herrscher der Fall war. Der Wild- und Jagdschaden wäre dergestalt lediglich das logische Resultat aus den raumbezogenen und raumreproduzierenden Handlungen der Herren, das sichtbare Ergebnis der Herrschaftsansprüche, deren Durchsetzung und Reproduktion oder anders formuliert, die logische Konsequenz aus der in der ganzen frühen Neuzeit zu betrachtenden „Raumbeherrschung durch Raumbesetzung“[1176]. Ähnlich der zweck- und zielgerichteten und niemals lediglich spontanen Mildtätigkeit spätmittelalterlicher Herrscher vor einem größeren Publikum gegenüber sozial Schwachen[1177] ist dann das

---

1173 So z. B. bei Joachim Allmann, ebd., S. 63.

1174 Auch Karl Heinz Spiess, Herrschaftliche Jagd und bäuerliche Bevölkerung im Mittelalter, in: Werner Rösener (Hrsg.), Jagd und höfische Kultur im Mittelalter, S. 242-243, weist darauf hin, dass noch vor dem 15. Jahrhundert der Wildschaden als wirkliches bäuerliches Problem kaum thematisiert wurde, im Gegenteil: so wurde nach der Rechtssumme Bruder Bertholds aus dem 14. Jahrhundert den Laien die Jagd in der Fastenzeit und zur Zeit des Gottesdienstes verboten, „es sei denn, die Tiere wollten Schaden tun den Früchten auf dem Feld oder den Leuten“. Vgl. ebd., S. 242.

1175 Auch heute ist der Wildschaden insofern ein großes Thema, als er zumeist jenen entsteht, die das Jagdrecht selbst nicht ausüben können, sondern es durch Jäger besorgen lassen müssen (zumeist über das Instrument der Verpachtung). Insofern ist der Wildschaden ein wichtiges Thema dort, wo der Grundeigentümer und der Jäger nicht in Personalunion bestehen, sondern zwei Rechtskreise und zwei unterschiedliche Personen und damit nicht selten auch zwei differierende soziale Schichten repräsentieren.

1176 Vgl. dazu bei Joseph Morsel, Jagd und Raum, in: Werner Rösener (Hrsg.), Jagd und höfische Kultur im Mittelalter, S. 282. Morsel nennt die Raumbeherrschung durch Raumbesetzung das „Carabas-Prinzip“. Er bezeichnet damit „idealtypisch das Prinzip des Besitzens durch die (eventuell mit Drohungen) Überzeugung und Anerkennung von den Leuten, die die zu besitzenden Güter bearbeiten“. Vgl. ebd. S. 282.

1177 So wie es Gerd Althoff, Spielregeln der Politik im Mittelalter, S. 229ff, schildert.

Verwüsten der Felder durch die Jagdhandlungen ein längerfristig sichtbares Zeichen der frühneuzeitlichen Landesherren für ihre Omnipotenz und Allmacht. Oder, um auch hier die Worte Joseph Morsels zu benutzen: „Die Spaltung zwischen Arbeitsprozess und Produktionsprozess, die durch die Verdorfung einen Höhepunkt erreicht hatte, machte es notwendig, dass Herren und Dorfbewohner sich regelmäßig und wiederholt in hierarchischer Form trafen, damit die Herrschaftsbeziehungen reproduziert werden konnten[1178]." Wenn diese regelmäßige Zusammenkunft auch die Schädigung der Felder zur Folge hatte, um die Kluft der hier aufeinander treffenden sozialen Schichten noch deutlicher vor Augen zu führen, so schien dies lange Zeit „gut" zu gehen und ein nicht wegzudenkender historischer Bestandteil der gesellschaftlichen Entwicklung zu sein. Insofern bestehen die hierarchischen Beziehungen nicht nur in der Abgabe der Fronleistungen bei einem Herrn oder am Hofe eines selbigen, sozusagen einer Bringschuld, sondern darüber hinaus auch in einer Holschuld in der Form, dass sich der Herrscher jagend und reitend über die Felder der Bauern bewegt, er also zu seinen Untertanen kommt. Auch hier zeigt sich, dass Raum wesentlich stärker über Interaktionen definiert sein kann als über materielle Anordnungen, wie dies noch Georg Simmel vertrat[1179]. Während im Spätmittelalter noch die Abgabe der Frongüter an den Höfen der Herren dazu ausreichend gewesen sein mag die hierarchischen Beziehungen zu reproduzieren, war dies in der frühen Neuzeit mit ihren inneren und äußeren Unruhen und den absolutistischen Ansprüchen der Herrscher nicht mehr der Fall. War es noch im Mittelalter den Bauern und Bürgern gestattet den Herrscherhof zu besuchen, wurde ihnen der Zutritt dazu in den absolutistischen Herrschaften verwehrt. Die Herren verließen ihre Stadtresidenzen und ließen sich neue Schlösser bauen, was die Distanz zwischen Herren und Untertanen vergrößerte. Aus jener neuen Form der Hofhaltung und der Gesellschaft wurden die Bauern und Bürger ausgeschlossen[1180]. Die hierarchischen Beziehungen mussten sich auf eine andere, jedoch nicht weniger kontinuierliche Ebene stellen, wozu neben der Ausdehnung der Jagdfrondienste auch insbesondere die Erduldung von Wild- und Jagdschaden zu zählen ist. Aus welchen Gründen sich die Raum(be)handlungen zwischen dem Mittelalter und der frühen Neuzeit geändert haben, habe ich bereits an anderen Stellen ausführlich angeführt. Neben dem Jagdschaden, der durch die jagdlichen Handlungen der Herren und deren Personal verursacht wurde, konnte aber gleichzeitig auch das Wild als Bestandteil der herrschaftlichen Macht die herrschaftlichen Beziehungen reproduzieren, ohne auf die Anwesenheit der Herren oder deren Personal unmittelbar angewiesen zu sein. Ähnlich dem Verwaltungsapparat der Herren wurde so auch das Wild zu einem verlängerten Arm der Herrschaft selbst, da es, ohne zu Schaden zu kommen, auf den Feldern der Untertanen die Ordnungsvorstellungen des Herrn für ihn und in seiner Abwesenheit reproduzieren konnte. Lange Zeit war sogar das Verscheuchen des Wildes von den Feldern strikt verboten, so dass es sich dort gütlich tun konnte, während der Bauer zum

[1178] Siehe bei Joseph Morsel, Jagd und Raum, in: Werner Rösener (Hrsg.), Jagd und höfische Kultur im Mittelalter, S. 284.

[1179] Vgl. dazu die Ausführungen in Kapitel 4 der vorliegenden Arbeit.

[1180] Vgl. dazu die Ausführungen von Norbert Elias, Die höfische Gesellschaft, an verschiedenen Stellen.

hilflosen Zuschauer degradiert wurde[1181]. Die Instrumentalisierung von Tieren zur Reproduktion von Raum und Ordnungsvorstellungen ist in der frühen Neuzeit keine seltene Erscheinung. Neben dem Wild sind hier auch die (Jagd-)Hunde sowie die Falken und Habichte zu nennen, wie etwas weiter unten noch aufgezeigt werden wird[1182]. Auch ihnen wurde ein raumkonstituierendes Potenzial zugestanden, weshalb den Untertanen die Haltung von Hunden und Katzen so weit als möglich erschwert wurde. Hielten sich die bäuerlichen Untertanen dennoch eigene Hunde und Katzen, so wurden jene zumindest körperlich verstümmelt, um das herrschaftsgefährdende Potenzial, welches in der räumlichen Bewegung generell lag, und damit die (bäuerliche) Konstitution von Raum zu mindern. So verwundert es nicht, dass es als Ausfluss der zielgerichteten Instrumentalisierung von Tieren und deren Positionierung im Raum im Falle von Auflehnungen oder Aufständen gegen die Herrschaft regelrechte Hinrichtungen des Wildes durch die Untertanen gab, die im Wild nicht das Tier, sondern die Ordnungsvorstellungen der Herren sahen und es entsprechend dafür abstraften[1183]. Dass den Tieren zuweilen generell weiterführende Charakteren zugeschrieben wurden, ist auch in den gerichtlichen Anklagen gegen Tiere zu finden. Nicht selten wurden im Mittelalter und auch in der frühen Neuzeit Schweine, Pferde, Hunde, etc. angeklagt ein Verbrechen begangen zu haben, wofür sie mit dem Tode bezahlen mussten[1184].

1181 Und selbst wenn Maßnahmen erlaubt waren, die das Wild zu verscheuchen geeignet waren, bedeutete dies noch nicht zwangsläufig, dass jene Handlungen auch tatsächlich durchgeführt werden konnten. So waren z. B. 1665 unter Herzog Christoph in Württemberg die Klagen der Untertanen dergestalt, dass ihnen durch die Forstmeister die erlaubten Gegenmittel bei Strafe verboten wurden. Vgl. dazu bei Freiherr Rudolf von Wagner, Das Jagdwesen in Württemberg unter den Herzögen, S. 439.

1182 Auch Tiergärten mit exotischen Tieren sind hier in die Aufzählung einzureihen. Karl Hauck, Tiergärten im Pfalzbereich, in: Deutsche Königspfalzen 1 (Veröffentlichungen des Max-Planck-Instituts für Geschichte 11/1), S. 30ff. So ließ auch Kaiser Maximilian II. als Liebhaber von Löwenhöfen und Tiergärten im Jahre 1573 den Vorläufer des Wiener Tiergartens Schönbrunn erbauen. Vgl. ebd., S. 30.

1183 Dies geschah immer dann, wenn sich die Wut der Untertanen Bahn brach und das Wild zur Nachtzeit oder auch zur Tageszeit, dort wo es angetroffen wurde, durch die Bauern wahllos niedergemacht wurde.

1184 Zwar ist es einigermaßen schwierig entsprechende Literatur zu finden, jedoch findet sich der Hinweis darauf, dass auch Tiere hingerichtet wurden in einem Vortrag, gehalten im Fachbereich Rechtswissenschaft der Universität Oldenburg mit dem Titel: Kollektivschuld und Kollektivstrafe im jüdischen und israelischen Recht, (gedruckt in: DIALOG. Christlich-jüdische Informationen, Mai 2002) oder unter der URL: http://www.juedisches-recht.de/Rechtsgeschichte-Kollektivschuld.htm. „Im Mittelalter wurden allein in Europa nachweislich 34 Schweine des Kindesmordes überführt und im Namen des Volkes zum Tode bestraft, in den meisten Fällen durch den Strang. Im Mittelalter zählte alleine die Tat und nicht der Täter. Beging ein Tier eine Straftat, so wurde von einem Gericht über sein weiteres Schicksal entschieden. Meistens endete dies mit dem Todesurteil für den Angeklagten. Die Vorgehensweise, auch Tiere zu verurteilen und ihnen damit Schuldfähigkeit zuzusprechen, geht auf biblisches wie auch auf germanisches und römisches Recht zurück". Zitiert nach einem Artikel von Nadine Schneider, Verbrecherische Tiere vor Gericht, unter der URL: http://www.lonelygunmen.de/paranormal/legende/animalisch/gericht.html. Und weiter: „Dabei waren Schweine keineswegs die einzigen Übeltäter aus der Tierwelt, welche der Gerechtigkeit überantwortet wurden. Heuschrecken, Fliegen, Raupen, Schnecken, Termiten, Mäuse, Ratten, Maulwürfe, Hunden, Bullen, Ziegen und anderen Tieren wurde durch weltliche und kirchli-

7.4.3.2.1 Aus der Wildschadenproblematik geboren: die Gemeindewildschützen

Das Institut der Gemeindewildschützen ist mit der Problematik des Wildschadens untrennbar verbunden. Die teilweise liberaleren Entwicklungen im Verlaufe des ausgehenden 18. Jahrhunderts können jedoch noch nicht als Durchbruch bezüglich der Vermeidung oder Entschädigung von Wild- oder Jagdschaden betrachtet werden. So war auch das Institut der Gemeindewildschützen oder Kommunschützen nur oberflächlich betrachtet ein Fortschritt für die wildschadengeplagten Bauern oder Gemeinden. In der Taktik seiner Anwendung kam die Befürchtung der Herren zum Ausdruck, dass über die merklichen Liberalisierungen die Kontrollmechanismen der Herrschaft über den Raum geschwächt werden könnten. Wie so oft blieb damit das Institut selbst nur Fassade, erhielt einen liberalen und scheinbar fortschrittlichen Anstrich bei gleichzeitiger Beibehaltung der Kontrolle über mittelbare und in engem Zusammenhang mit der Einrichtung stehenden Regelungen. Damit war das „Neue" nicht mehr in der Lage das „Alte" zu verdrängen, die Situation blieb nur unwesentlich verändert oder sie stagnierte gar in den vorherigen Bahnen. In Württemberg wurde das Institut der „Gemeindewildschützen", wie sie Herzog Ludwig Friedrich nannte, bereits 1629 auf Veranlassung der württembergischen Landstände eingeführt[1185]. Es wurde festgelegt, dass außerhalb von fünf reservierten Forsten des Herzogs und außerhalb der Wildzäune das „Rot- und Schwarzwildbret"[1186] auf den Wiesen und Feldern geschossen werden sollte. Die Gemeinden jedoch, zu deren Hilfe jenes Wild geschossen wurde, waren zwangsweise angehalten, das Wildbret käuflich zu erwerben, das heißt die Dienste der Kommunwildschützen letztlich gut zu bezahlen, da nicht selten höhere als marktübliche Preise abverlangt wurden[1187]. Das Forstregal und die forstliche Obrigkeit wurden durch den Herzog in den betreffenden Gebieten ausdrücklich beansprucht und ausgeübt[1188]. Allerdings, so Ulrich Bergemann weiter, habe jenes Institut nur kurz bestanden und im Übrigen sei es, was Freiherr Rudolf von Wagner bestä-

---

che Gerichtshöfe der Prozess gemacht. So entstand mit der Zeit auch der Begriff Sündenbock. Zwischen den Jahren 824 und 1845 führten nicht weniger als 144 Strafverfolgungen zur Exekution oder Exkommunikation der verschiedensten Kreaturen, welche als besessen galten." Vgl. ebd. Die Erklärung von Nadine Schneider dazu ist dagegen einleuchtend: „Solche Prozesse sollten die Leute daran erinnern, das dass Böse überall lauern könnte und, wenn nicht auf der Stelle ausgerottet, zumindest verstanden werden musste, damit die Naturgesetze, welche das Universum regelten, nicht von ungewöhnlichen Verhalten der Tiere und Insekten untergraben wurden. Wie ein moderner Erforscher dieses Eifers sich ausdrückte, war es „die Aufgabe der Gerichte, das Chaos zu zähmen" und einem offenbar sinnlosen Geschehen wie dem Mord eines wehrlosen Kindes durch ein Schwein einen Sinn zu verleihen".

1185 Vgl. bei Ulrich Bergemann, Die Geschichte der landesherrlichen Jagdhoheit in der Grafschaft Zollern, S. 141.

1186 Zitiert nach Ulrich Bergemann, ebd., S. 141.

1187 Vgl. dazu die Situation in Hessen-Kassel, nachzulesen bei Georg Landau, Die Geschichte der Jagd und der Falknerei in beiden Hessen, S. 179. Auch hier mussten die Gemeinden das Wildbret zu überteuerten Preisen zwangsweise ankaufen.

1188 Vgl. zum Institut des Kommunschützen oder Gemeindewildschützen die Ausführungen bei Ulrich Bergemann, Die Geschichte der landesherrlichen Jagdhoheit in der Grafschaft Zollern, S. 141. Auch weiter unten wird nochmals kurz darauf einzugehen sein.

tigt[1189], in Württemberg erst wieder 1790 eingeführt worden. Was hatte dies zur Folge? Zwar wurden, wie wir aus anderen Gebieten wissen, die Kommunschützen von der betreffenden Gemeinde selbst gewählt, sie unterstanden jedoch dem Landesherrn und seinem Verwaltungsapparat. Während ab 1790 aufgrund der Wirkungen der Französischen Revolution des Vorjahres allmählich das Jagd- und Forstregal auch in den deutschen Staaten und Territorien regional unterschiedlich abgeschwächt wurde, war dies in den früheren Zeiten nicht der Fall gewesen. Durch die Einbehaltung der forstlichen Rechte und damit auch die Inanspruchnahme der Jagd- und Forstregalrechte, blieb die Kontrolle hier vollständig in den Händen des Landesherrn. Fronleistungen waren ohnehin von diesen Regelungen nicht berührt, was eine spürbare Erleichterung der Untertanen auf diesem Gebiet sowieso nicht zur Folge haben konnte. Auch der Zwangsabkauf des erlegten Wildes durch die Gemeinden wird entsprechende Auswirkungen, über die jedoch leider nichts Näheres bekannt ist, gehabt haben müssen[1190]. Der Landesherr gab so nur sehr wenige seiner vorherigen (und nach wie vor bestehenden) Rechte in die Hände der Untertanen oder in die Hand der Gemeinden, zudem hatte er noch den wesentlichen Vorteil, dass Geld in die herrschaftlichen Kassen kam, welches zuvor in dieser Art und Weise nicht geflossen war[1191]. Dass sich trotz des Instituts der Kommunwildschützen, sei es, weil es sich nicht durchsetzen konnte oder weil es aufgrund der verschiedenen, im Jagd- und Forstregal verborgenen rechtlichen Hintertürchen für die Herren an Durchschlagskraft fehlte, für die Untertanen nichts besserte, hat Ulrich Bergemann erarbeitet[1192]. Zugeständnisse der Landesherren gegenüber den Wildschadensklagen von Seiten der Untertanen gab es in der zweiten Hälfte des 18. Jahrhunderts sehr häufig, was nicht darüber hinwegtäuschen darf, dass die Landesherren alles daran setzten, sich nur weniger ihrer Rechte be-

1189 Weiterhin zum Institut der „Gemeinde-Wildschützen" auch bei Freiherr Rudolf von Wagner, Das Jagdwesen in Württemberg unter den Herzögen, S. 48, Schreibweise bei ihm abweichend von Bergemann.

1190 Auch bei Hans Wilhelm Eckardt, Herrschaftliche Jagd, bäuerliche Not und bürgerliche Kritik, S. 178ff, finden sich Textstellen, die anführen, dass das von den Gemeindeschützen erlegte Wild unverzüglich den jeweiligen Forstbehörden zu melden war, die dann von den Gemeinden das Schussgeld kassieren durften.

1191 Dies musste natürlich zu Beginn des 17. Jahrhunderts andere Auswirkungen haben als im ausgehenden 18. Jahrhundert. Gerade für die letzte Zeit wissen wir, dass jenes Geld in den finanziell äußerst angeschlagenen zollerschen Gebieten sehr nötig war. Vgl. dazu bei Ulrich Bergemann, Die Geschichte der landesherrlichen Jagdhoheit in der Grafschaft Zollern, S. 142.

1192 Allerdings berichtet hierzu Hans Wilhelm Eckardt, Herrschaftliche Jagd, bäuerliche Not und bürgerliche Kritik, S. 179, dass trotz der sorgfältig begrenzten Möglichkeiten des Wildschützeninstituts sich nach kurzer Zeit ein gewisser Erfolg einstellte. So ließ sich eine deutliche Abnahme der Klagen über Wildschaden durch Hochwild feststellen. Ob diese rückläufigen Klagen jedoch darauf zurückzuführen sind, dass die Schussgelder auf Dauer den Gemeindesäckel zu stark beanspruchten oder ob tatsächlich eine Linderung eintrat, geht aus Hans Wilhelm Eckardts Ausführungen nicht hervor. Im Grunde jedoch gibt er ja die Antwort etwas später durch die Hintertür, in dem er sagt: „Dabei lag der langfristige und tiefere Wert dieses Instituts (des Gemeindewildschützeninstituts, Anm. d. V.) wohl weniger in seiner Effektivität bei der Wildschadensverhütung als vielmehr darin, zum ersten Mal fremde Jäger im herzoglichen Jagdrevier zuzulassen und das herrschaftliche Jagdrecht damit auf die bisher weitgehendste Art zugunsten der Untertanen zu beschränken." Hans Wilhelm Eckardt, Herrschaftliche Jagd, bäuerliche Not und bürgerliche Kritik, S. 179.

schneiden zu lassen. So beklagten sich die zollernschen Untertanen im Jahre 1769, dass sie von ihrem Landesherrn an der Geltendmachung der Wildschadensansprüche gehindert würden. Noch vor Jahren, so ihre Argumentation, sei die Gemeinde Ranngendingen wegen eines „höflichen Gesuchs, in dem sie um Erstattung des Wildschadens gebeten hatte, erheblich bestraft worden. Daher hätten in späterer Zeit andere Gemeinden ihren Wildschaden zum größten Teil nicht mehr angezeigt."[1193] Nach meinen bisherigen Ergebnissen kann hier durchaus gemutmaßt werden, dass die Bezahlung von Wild- oder Jagdschaden den Herrschaftsanspruch der Herren nicht nur massiv untergraben hätte; es wäre ihren Ordnungsvorstellungen und ihrem hierarchischen Anspruch zuwider gelaufen für Herrschaftsrechte auch noch bezahlen zu müssen. Bis zur französischen Revolution 1789 und der darauf folgenden Einflussnahme von Ständeversammlungen auf die landesherrlichen Regierungen waren die Rücksichtnahme auf bäuerliche Kritik und die erlittenen landwirtschaftlichen Schäden nur Anekdote. Selbst noch 1833 waren für dreizehn württembergische Gemeinden sieben erfolglose Jahre in der Wildschadenseinklagung vergangen, in denen sich nichts geändert hatte[1194] und nur der Schaden selbst den Bauern blieb. Das bringt mich, in Verbindung mit all den anderen Größen der Raum(be)handlungen (Forst- und Jagdordnungen, Jagdpraxis, Fronleistungen) zu einer noch etwas ausführlicher zu behandelnden These: Solange die Gesellschaft strikt aristokratisch verwaltet wurde, sich mit Vehemenz vom frühen Mittelalter entfernte und sie sich dabei zwangsläufig verkomplizierte, musste sich die herrschaftspolitische Bedeutung der Jagd und der mit ihr in einem engen Zusammenhang stehenden Regelungen, Handlungen und Strukturen in ihren Wirkungen verstärken. Die aristokratische Verwaltung konnte dem Prozess der Verkomplizierung von Gesellschaft keine anderen Instrumente als Macht und Unterdrückung entgegenstellen. Dass dann am Ende, nämlich 1848/49, diese im 14. Jahrhundert begonnene Entwicklung nicht mehr aufgehalten und ihr Niedergang nicht mehr länger hinausgezögert werden konnte, zeigt rückblickend lediglich auf, dass die Rigorosität, mit der Jagdsachen behandelt wurden, tatsächlich Anteil an dieser Verzögerung hatte. Die Parlamentarisierung brach endgültig mit der Jagd als politischem Herrschaftsinstrument und setzte an die Stelle des omnipotenten Aristokraten den Fachmann und Bürokraten. Der soziale Bruch innerhalb der Jagdgeschichte war damit historisch „abgearbeitet". Nach 1848/49 und insbesondere mit den Auswirkungen der Industrialisierungen fand dann der als immens zu bezeichnende kulturelle Bruch innerhalb der Jagd statt, an dem wir bis heute in vielerlei Hinsicht zu zehren haben.

1193 Ulrich Bergemann, Die Geschichte der landesherrlichen Jagdhoheit in der Grafschaft Zollern, S. 143. Bergemann zitiert hier aus Reichskammergerichtsakten jener Zeit.

1194 Vgl. dazu bei Hans Wilhelm Eckardt, Herrschaftliche Jagd, bäuerliche Not und bürgerliche Kritik, S. 109. Dass es jedoch auch hier bereits im Jahre 1816 unter König Wilhelm I. von Württemberg Ausnahmen gab, werde ich unter Bezug auf Freiherr Hans Hiller von Gaertringen, Jagd in Württemberg im 19. Jahrhundert. Dargestellt an der Jagd auf Markung Gärtringen – Oberamt Herrenberg, in Kapitel 9 noch zur Sprache bringen.

7.4.3.3 Ausblick auf die nächsten Abschnitte

Alle bis hierher genannten Regelungen und Praktiken der Herren sowie die daraus resultierenden Belastungen der Untertanen führten regelmäßig zu den unterschiedlichsten Versuchen von Seiten der Untertanen, ihren eigenen Vorstellungen und ihrem eigenen Rechtsempfinden Raum zu verschaffen. Nachdem die Periode der großen Bauernunruhen im 16. Jahrhundert der Vergangenheit angehörte, begannen die unterdrückten Bevölkerungsschichten ihre als gegenkulturell zu bezeichnenden Bestrebungen mit subtileren Mitteln, jedoch auf nicht weniger wirkungsvollen Ebenen zu vollziehen. Das Wort „wirkungsvoll" bezieht sich dabei nicht auf baldige oder gar sofortige soziale oder politische Erfolge, sondern auf die Notwendigkeit kontinuierlicher herrschaftlicher Reaktionen darauf. Zu jenen nun subtileren Mitteln als Kampf und Gewalt gehören die Wilderei, die Verweigerungen von Fronleistungen und der Versuch, Wild nicht nur von den Flächen zu verscheuchen, sondern dauerhaft davon fernzuhalten, z. B. durch Zäune oder auch durch das Fangen oder gar Töten eines Hirsches auf den eigenen Feldern. Jenen Versuchen von Seiten der Untertanen, die darauf abzielen sollten ihre Situation zu verbessern oder wenigstens die Lebensumstände in ihrer Härte zu mildern, standen regelmäßig Reaktionen von Seiten der Herren gegenüber. Zäune, wie bereits weiter oben beschrieben, waren zwar erlaubt, mussten jedoch entsprechende Kriterien erfüllen, die letztendlich nur deren Unwirksamkeit zum Ziel hatten. Hunde konnten zwar gehalten werden, zumindest solange sie eine bestimmte Größe nicht überschritten, mussten jedoch mit „hölzernen Bengeln" versehen werden. Andere Hilfsmittel waren, sofern sie denn gestattet wurden, mit großen Kosten für die Untertanen verbunden, so dass jene schon deshalb davon Abstand nehmen mussten. Zu jenen Hilfsmitteln zählten die Einzäunungen der Felder durch lebende Hecken oder durch Holzzäune sowie die Abschirmung der Felder durch umfassende Gräben[1195]. Es war ein ständiges Wechselspiel zwischen Aktion und Reaktion, welches die politische und soziale Stellung der Herren und der Untertanen kontinuierlich repetitiv vor Augen führte. Die Versuche der räumlichen Gegenkonzeptionen durch die Untertanen konnten so zwar die Unterschiede in den Mitteln und den Kräften zwischen den Herren und den Untertanen nicht verringern, sie waren jedoch ein wesentlicher Bestandteil des Funktionierens feudaler und absolutistischer Herrschaften. Nur selten, so mein Eindruck, ergaben sich die Untertanen ohne Gegenwehr in ihr Schicksal. Sie versuchten im Gegenteil ihre eigene Situation auf jede nur erdenkliche Weise zu verbessern oder zumindest aktiv in sie einzugreifen. Welche Folgen das Handeln für sie selbst oder ihre Familie haben konnte, scheint weitgehend ohne Belang gewesen zu sein. Ohne jene kontinuierlichen hierarchischen Abläufe, Aktionen, Reaktionen und Gegenreaktionen ist der Verlauf jener Epochen vom Feudalismus zum Absolutismus nur schwer nachzuvollziehen. Wie jene Reaktionen der Untertanen auf herrschaftliche Anordnungen häufig genug aussahen, wird im folgenden Abschnitt ausführlich dargestellt werden.

[1195] Vgl. dazu die Ausführungen bei Ulrich Bergemann, Die Geschichte der landesherrlichen Jagdhoheit in der Grafschaft Zollern, S. 140. Die dabei entstehenden Kosten konnten von den betroffenen Untertanen in der Regel nicht aufgebracht werden.

7.4.4 Beispiele räumlicher Gegenkonzeptionen durch die Untertanen

Wie bereits mehrfach ausgeführt, konnten die Landesherren aufgrund ihrer institutionalisierten Gewalt ihren Raumkonstruktionen und damit ihrer Herrschaft Kontinuität und Durchsetzungskraft verleihen, zumindest solange das Jagdregal unumschränkt und unnachgiebig Bestand hatte. Erst etwa um 1770 ist allmählich eine Besserung - insbesondere im schwäbischen Raum - zu spüren, in dem das landesherrliche Jagdregal etwas abgeschwächt werden konnte[1196]. Für die davor liegenden Zeiten blieb den Untertanen nur der raumkonstituierende Gegenversuch (der mit den Worten von Martina Löw als „gegenkulturell" bezeichnet werden kann), der den mit institutionalisierter Deckung geschaffenen Raumkonstruktionen der Herren eigene Raumkonstruktionen entgegen setzen sollte. Das Resultat jener gegenkulturellen Raumkonstitutionen war, dass der Raum der Untertanen nur flüchtig von Bestand und regelmäßig an den Einsatz ihres eigenen Körpers gebunden war[1197]. Das historisch weitreichendste Beispiel dafür ist in den Bauernkriegen des 16. Jahrhunderts zu erblicken. Die Niederlage der Bauern führte dazu, dass sich in den kommenden 300 Jahren der Adel seine Machtfülle und seine feudalen Kompetenzen erheblich ausbaute und sicherte, das heißt sich seine Möglichkeiten der Raumkonstruktion weiter verbesserten, während die Gegenkonzeptionen der Untertanen weiterhin nur sehr flüchtig und in vielerlei Hinsicht verlustreich waren. Die Hinrichtung der Bauernführer wie Georg Dózsa, Jäcklein Rohrbach, Florian Geyer, etc. führte regelmäßig zu einem Verlust in der Sache selbst, was sich negativ auf die Motivation und Möglichkeiten der Bauern auswirkte[1198]. Die Aufrechterhaltung der bäuerlichen Raumkonstruktionen und Ordnungsvorstellungen fiel mit dem Tode der Anführer in sich zusammen. Beispiele für den Versuch der kurzzeitig materiellen und/oder symbolischen Besetzung von Raum können nach den Bauernunruhen des 16. Jahrhunderts insbesondere in persönlichen Verweigerungen der Bauern bezüglich bestimmter Fronleistungen gefunden werden. Neben den Verweigerungen und dem Ungehorsam ist wohl einer der bedeutendsten und auf Kontinuität beruhenden Versuche der Gegenkonzeption im Wilderertum zu finden. Da diesem jedoch etwas weiter unten ein eigener Abschnitt gewidmet wird, bleiben an dieser Stelle die anderen Raumkonstruktionen und Beispiele für jene nicht selten verzweifelten Versuche zu beachten. Hans Wilhelm Eckardt führt

---

1196 Um 1770 wurden die Wildschäden im Schwäbischen dann tatsächlich so unerträglich, dass auch das Reichskammergericht und der Reichshofrat auf einen starken Wildabschuss hinwirkten. Damit wurde das landesherrliche Jagdregal etwas abgeschwächt. Vgl. dazu bei Adam Schwappach, Handbuch der Forst- und Jagdgeschichte Deutschlands, S. 623f.

1197 Das Beispiel der „Lads" (Anthony Giddens, Die Konstitution der Gesellschaft, S. 188, und Martina Löw, Raumsoziologie, S. 238ff) und ihr „Kampf" gegen die Schule als Raum ist in diesem Falle auch nahezu deckungsgleich auf die Situation der Untertanen in einer Landesherrschaft oder unter einem Grundherrn anzuwenden. Bisher wurde dies meines Wissens jedoch leider kaum in der Literatur beachtet, weshalb mir keine eigenständigen Quellen dazu zur Verfügung stehen.

1198 Vgl. dazu bei Wilhelm Zimmermann, Der große deutsche Bauernkrieg, S. 113ff. Der zumeist gewaltsame Tod ihrer Führer brachte den bäuerlichen Widerstand und Kampfgeist regelmäßig in schwere Nöte und nicht selten zum baldigen Erliegen. Auch das ist ein Beispiel dafür, dass die räumlichen Gegenkonzeptionen ohne institutionalisierte Stütze mit dem Wegfall der körperlichen Präsenz in sich zusammenbrechen.

einige solcher Strategien der Verweigerung unter Bezug auf A.L. Reyscher an. Zur Fron erschienen oft nicht „mannbare Persohnen," sondern „junge halbgewachsene Burschen" und „alte, abgelebte, schwache" Männer. Aufgrund dieser Ungezogenheit sahen sich die Herren gezwungen, Jugendliche unter 17 und Männer über 60 Jahren von den Frondiensten auszuschließen. Kinder, Mädchen und Frauen als Stellvertreter zur Jagd zu schicken, war „wegen des Unvermögens der erstern, und wegen des Unfugs so durch die letztern gemeiniglich entstehet", ebenfalls verboten. Häufig, so Eckardt weiter, mussten die Pflichtigen ermahnt werden, pünktlich zu erscheinen, „willfährig und gehorsam" zu sein, mit dem Jagdzeug „ordentlich und ehrlich" umzugehen, keinen „Muthwillen zu treiben", „sich nicht statt der Arbeit zu verstecken" und nicht vor dem Abblasen davonzulaufen[1199]. Für Schleswig-Holstein sind ähnliche Vorkommnisse verzeichnet, die Hubertus Hiller aus dem Studium der Kieler Quellenkartei, aus Bücherregistern und Gerichtsprotokollen extrahiert hat. So erschienen teilweise ganze Gruppen oder Dorfschaften nicht zu den angeforderten Treiberdiensten, wie dies 1614/15 und nochmals 1696/97 der Fall gewesen war[1200]. Unter Zuhilfenahme der heutigen Terminologie würde man dieses Verhalten der Untertanen auf den gemeinsamen Nenner des „zivilen Ungehorsams" bringen, der ebenfalls ein (wenn auch heute legitimes) Mittel der gegenkulturellen Raumkonstruktion widerspiegelt. Durch diesen Ungehorsam der Untertanen wurde über die nicht folgenlos bleibende Aufmerksamkeit der Herren erreicht, dass sie die „als konkurrierend/different"[1201] wahrgenommene Raumkonstruktion erkannten und entsprechend strafend oder ordnend jenen Versuch zu unterbinden suchten. Durch die Gegenmaßnahmen der Herren wurde so den Untertanen angezeigt, dass sie durchaus in der Lage waren, gegenkulturelle Räume, wenn auch nur kurzfristig, zu etablieren. Hans Wilhelm Eckardt weist denn auch darauf hin, dass es oftmals genügte, diesen „mancherlei Unordnungen" und der damit verbundenen „Unbotmäßigkeit" über die Androhung von Geldstrafen wirksam zu begegnen. Darüber hinaus wurde die institutionalisierte Kraft der Herren dadurch unterstrichen, dass „Bürgermeister und Dorfrichter"[1202] als Obleute und Aufseher dienten und somit das Jagdpersonal gegen die gegenkulturellen Bestrebungen der Untertanen unterstützten. Diese Forcierung hat, zumindest im 18. Jahrhundert, der Aufrechterhaltung und Durchsetzung der herrschaftlichen Raumkonzeptionen und ihrer Ausstrahlungswirkungen auf die Untertanen sowie allen anderen Beteiligten offensichtlich genüge getan. Erst mit Hilfe der allmählich gegen Ende des 18. Jahrhunderts gnädiger werdenden Rechtsprechung des Reichskammergerichts gelang es den Untertanen in der oben genannten Grafschaft Hohenzol-

---

1199 Hans Wilhelm Eckardt, Herrschaftliche Jagd, bäuerliche Not und bürgerliche Kritik, S. 123-124. Der Autor bezieht sich hier auf verschiedene Reskripte, die in der Mehrzahl bei A. L. Reyscher, Die grundherrlichen Rechte des württembergischen Adels, Tübingen 1806, abgedruckt sind.

1200 Vgl. dazu bei Hubertus Hiller, Untertanen und obrigkeitliche Jagd, Zu einem konfliktträchtigen Verhältnis in Schleswig-Holstein zwischen 1600 und 1848. Studien zur Volkskunde und Kulturgeschichte Schleswig-Holsteins, S. 59ff. Hubertus Hiller hat dies für das Amt Rendsburg und Reinfeld festgestellt. Aufgrund der Spärlichkeit der Quellen, so der Autor, sei es sehr schwierig, entsprechende Vorkommnisse aufzufinden.

1201 Martina Löw, Raumsoziologie, S. 239.

1202 Hans Wilhelm Eckardt, Herrschaftliche Jagd, bäuerliche Not und bürgerliche Kritik, S. 124.

lern-Hechingen wenigstens einen Anspruch auf Wildschadensersatz gegen ihren Landesherrn durchzusetzen. Um zu diesem Spruch zu gelangen, bedurfte es jedoch eines hundertjährigen Untertanenprozesses, dessen Auslöser 1699 die oben dargestellte Fuchsjagd bei der Gemeinde Owingen war und dessen Ende erst durch den Landesvergleich von 1798 zu verzeichnen war. „Hierin erlaubte Fürst Hermann seinen Untertanen unter anderem die Aufstellung von Kommunschützen. Diese durften außerhalb des großflächigen fürstlichen Besitzes zu allen Jahreszeiten jegliche Art von Wildbret erlegen."[1203] Unter raumtheoretischen Gesichtspunkten war dies ein beinahe salomonisches Urteil. Die institutionalisierte Möglichkeit der Raumkonstruktion über die Jagdhandlungen und Jagdfronen wurde - wenn auch erst 1848/49 juristisch und damit tatsächlich aufgehoben - so doch zumindest durch den Vergleich von 1798 erheblich geschwächt und auf den fürstlichen Besitz beschränkt. Das Jagdregal der Zollern wurde dadurch seiner wesentlichen Bedeutung beraubt. Dem Jagdregal stand auf den anderen Flächen die Möglichkeit der Untertanen gegenüber, die Jagd durch angestellte Kommunschützen ausüben zu lassen, die zwar von der fürstlichen Regierung beaufsichtigt, jedoch von den Gemeinden frei gewählt wurden[1204]. Diese räumliche Gegenkonzeption hatte hier bis zur Revolution von 1848/49 Bestand. Ohne den Rückhalt des Landesvergleichs als institutionalisierter Stütze hätte jene gegenkulturelle Raumkonstruktion keinerlei Chance auf längerfristigen Bestand haben können. Und dennoch bleibt der Gesamteindruck getrübt, da zwar das Wild dezimiert wurde, das Wildbret jedoch von den betroffenen Gemeinden per Zwangsverfügung zu überteuerten Preisen angekauft werden musste[1205]. Dieses Geld floss in den Säckel des Landesherrn, was in letzter Konsequenz wieder seine Ordnungsvorstellungen, seine hierarchische Weltanschauung ins Lot rückte. So konnte aus der Not, das heißt aus dem Druck der Untertanen, doch noch ein Gewinn geschlagen werden, auch wenn das Institut der Jagd als herrschaftliche Raum(be)handlung einen herben Rückstoß erlebt hatte. Das obige Beispiel zeigt, dass erst ein Rechtsspruch und damit die Unterstützung durch eine Institution die Untertanen regelmäßig in eine bessere Stellung versetzen und ihrer Gegenkonzeption einige Kraft und Kontinuität verleihen konnten[1206]. Der Weg der Owinger Gemeinde vor das Reichskammergericht führte zu einer Aufhebung des von Friedrich Wilhelm unrechtmäßig ersetzten früheren Fronbriefes durch einen neuen, für ihn wesentlich ungünstigeren. Das vom Reichskammergericht erlassene Mandat lautete dann auch: der Fürst habe „1. den mit Gewalt erzwungenen Fronbrief aufzuheben, 2. den alten Vertrag wiederherzustellen und 3. den Klägern bis zum Ausgang des Prozesses ihre rechtmäßige Fronbefreiung zu

[1203] Ulrich Bergemann, Die Geschichte der landesherrlichen Jagdhoheit in der Grafschaft Zollern, S. 155.

[1204] Vgl. dazu ebd., S. 148f.

[1205] Vgl. dazu für Württemberg die Einführung der Kommunschützen aus dem Jahr 1629 bei Ulrich Bergemann, ebd., S. 141.

[1206] Allerdings ist hier zu berücksichtigen, dass mit juristischer Deckung, mit institutionalisierter Unterstützung im Rahmen gesamtgesellschaftlicher Veränderungen, aus einer Gegenkonzeption allmählich auch eine übliche und gewollte Raumkonstruktion werden kann, die nicht unweigerlich in Konkurrenz oder im Widerspruch zu anderen Räumen innerhalb desselben Gebietes stehen muss. Heute kann prinzipiell jedermann den Jagdschein machen, was im Übrigen auch zu einer drastischen Bedeutungsabnahme der Wilderei führte.

gewähren und sie mit keinen neuen Frondiensten zu belasten"[1207]. Ohne das Reichskammergericht hätte der Fürst seine auf althergebrachten hierarchischen Beziehungen basierende Raumkonstruktion durchsetzen können. Den Untertanen der Gemeinde Owingen wäre in diesem Falle nichts anderes übrig geblieben, als dies erneut zu akzeptieren und von der geschlossenen Verweigerung der Frondienste auf eine weniger umfassende Ebene der Raumkonstitution mit Hilfe des partiellen Ungehorsams überzugehen. Die Dauer des Untertanenprozesses von 1699 (Auslöser war die bereits genannte Fuchsjagd) bzw. 1700 (Beginn des eigentlichen Prozesses) mit einigen kleineren Unterbrechungen bis 1798, die die Grafschaft Hohenzollern-Hechingen beinahe an den Rand des Ruins brachte, lässt auf die gewaltigen Potenziale des Streites um die Jagd (hier insbesondere der Freien Pürsch) schließen. Die Freie Pürsch, das heißt die örtliche Ausübung der Jagd durch die Untertanen, war im Rahmen des gesamten Prozesses „die stärkste Triebfeder ihrer Beharrlichkeit in Fortsetzung der Prozesse gegen die Landesherrschaft"[1208]. Die Freie Pürsch war, ebenso wie die bereits angeführte Verweigerung der Fronleistungen, für die Untertanen am geeignetsten, durch gegenkulturelle Bestrebungen (also das Beharren auf der Freien Pürsch) stetig in Frage gestellt zu werden. Es ist hier der Versuch der Untertanen zu erblicken, sich gegen die Gewalt des Herrn, das heißt gegen sein Monopol der relationalen Anordnung von sozialen Gütern, Menschen und Tieren im Raum zu stemmen und an seine Stelle eigene Raumbewegungen und damit Raumkonstruktionen zu setzen. Die „freie", weil nicht geleitete, Bewegung der Untertanen im Raum widersetzte sich dieser herrschaftlichen, relationalen Anordnung und wurde damit zu einem rebellischen Akt, der nicht geduldet werden konnte. Die Zähigkeit der Prozesse im Zollerischen Gebiet und die Härte der Strafen anderswo zeugen davon, dass trotz des krassen Missverhältnisses von Aufwand und Ertrag im Rahmen der Jagd ihr ein so wesentliches herrschaftliches Potenzial zugeschrieben wurde, dass sie für beide Seiten zur Konstruktion und Gegenkonstruktion von Raum – und damit von Anspruch und Gegenanspruch – unabdingbar war. Wohin dies gerade im Rahmen der Gnadenjagden und der Freien Pürsch zuweilen führen konnte, wird an anderer Stelle noch näher dargestellt und beleuchtet werden müssen. Da auch die Positionierung von Tieren (natürlich in deren spezifischen Beziehungen zum Menschen) die Herren und damit zwangsläufig auch die Untertanen in die Lage versetzen konnte, Räume zu konstituieren, ist dieses Beispiel hervorragend dazu geeignet, Versuche und Gegenversuche an ihnen zu bemessen. Das Beispiel Joseph Morsels in Bezug auf die Schäferstreitigkeiten[1209] wird an gegebener Stelle noch näher behandelt, was

[1207] Vgl. die Darstellung des Streites zwischen der Gemeinde Owingen und dem Fürsten Friedrich Wilhelm bei Ulrich Bergemann, Die Geschichte der landesherrlichen Jagdhoheit in der Grafschaft Zollern, S. 134f. Auf seiner Zusammenfassung der Ereignisse beruhen auch die Ausführungen von Hans Wilhelm Eckardt, Herrschaftliche Jagd, bäuerliche Not und bürgerliche Kritik, S. 44ff.

[1208] Siehe bei J. Cramer, Die Grafschaft Hohenzollern. Ein Bild süddeutscher Volkszustände 1400–1850, S. 255.

[1209] Vorab deshalb folgende Bemerkungen zum Hund als raumkonstituierenden Element: Unterstützend für diese These möchte ich hier noch anmerken, dass die Pflicht zu Klöppelung oder Bengelung der Hunde hauptsächlich vorgesehen war für die Bauern-, Schäfer- und Wachhunde. Der Grund dafür liegt eindeutig in der raumkonstituierenden Rolle jener Hunde, die mich dazu veranlasst vorab ein weiteres Beispiel Joseph Morsels anzuführen, um die Bedeutung der Positionierung von Tieren (und Menschen) zu verdeutlichen. Der Raum kann nicht nur repetitiv durch Menschen weithin visualisierbar besetzt werden, sondern gerade auch mit Tieren oder einer Tierbehandlung wie z. B. mit Hilfe von Tauben. Dazu Joseph Morsel: „Mit derselben Logik (die für die Schäferstreitigkeiten gilt, Anm. d. V.) könnte auch die in Frankreich in der Neuzeit so wichtig gewordene Einrichtung des Taubenhauses verstanden werden: Aus einem bestimmten herrschaftlichen Punkt (Herrenhof oder Schloss) werden die umliegenden Felder durch die dort hinfliegenden Tauben symbolisch markiert, zumal eine Äquivalenz 1 Taube = 1 Morgen Land bestand. Vielleicht sollte man die Entwicklung dieser Institution mit dem Rückgang der herrschaftlichen Jagd im neuzeitlichen Frankreich in Verbindung bringen."[1210] Ähnlich den Tauben können in diesem Zusammenhang die Jagdtiere der Herren (der Habicht, die Falkenarten sowie die Hunde) betrachtet werden. Da ich die Atzungspflichten der Untertanen für die Beizvögel bereits oben angeführt habe, möchte ich hier auf die Jagdhunde zu sprechen kommen, die neben den Beizvögeln als Zeichen der Obrigkeit zu sehen sind[1211]. Der Hund, insbesondere die weit- und hochläufigen Jagd- und Windhunde der Adligen, muss über seine Positionierung im Zuge der Jagdhandlungen komplementär zu den Tauben, dem Falken und dem Habicht gedacht werden. Sein großer Vorteil neben der Schnelligkeit und, damit verbunden, der wechselnden und schnell abfolgenden Präsenz in verschiedenen Teilen des Raumes bestand jedoch zusätzlich in seinem „lauten Hals", das heißt in der akustischen Signalwirkung, die auch dann von einer Hundemeute ausging, wenn sie und die Jagdgesellschaft noch nicht sichtbar waren. Welche Bedeutung die akustische Besetzung des Raumes mit Hilfe des Hundegebells, der Jägerschreie, der Paukenschläge und des Hornsignals als wesentlichen aristokratischen Symbolen hatte, ist bereits von Joseph Morsel erarbeitet worden[1212]. Darüber hinaus weist Martina Löw darauf hin, dass durch Mimik, Gestik, Sprache, etc.[1213] Raumkonstruktionen beeinflusst werden können. Wenn dies auch nur für die direkte persönliche Interaktion zu gelten scheint, so muss an dieser Stelle auch die mittelbare Präsenz durch Laute, Töne oder Schreie - einerlei ob von Mensch oder Tier (allein der rechte Bezug zählt hier) - berücksichtigt werden. Gerade die Jägerschreie waren nicht nur dazu in der Lage, die soziale Position eines Menschen seinem Gegenüber anzuzeigen[1214], sondern auch die Inanspruchnahme eines Raumes zu akzentuieren. So ist es auch in diesem

---

zumeist einen „lauten Hals" hatten und von einiger Größe und Ausdauer waren. Vgl. dazu auch bei Rolf Roosen, ...tuen kund und fügen zu wissen. Ausgewählte Jagdordnungen des 18. Jahrhunderts, in: Die *Jägerey* im 18. Jahrhundert, Colloquium der Arbeitsstelle 18. Jahrhundert, Bergische Universität, Gesamthochschule Wuppertal, S. 56.

1210 Joseph Morsel, Jagd und Raum, in: Werner Rösener (Hrsg.), Jagd und höfische Kultur im Mittelalter, S. 283.

1211 Vgl. dazu ebd., S. 276 unter Bezug auf das Weistum von Rieneck von 1380.

1212 Joseph Morsel, Jagd und Raum, in: Werner Rösener (Hrsg.), Jagd und höfische Kultur im Mittelalter, S. 283.

1213 Vgl. dazu die Ausführungen bei Martina Löw, Raumsoziologie, S. 155.

1214 Vgl. dazu die Ausführungen von Freiherr von Berg, Waidsprüche und Jägerschreie, in: Monatsschrift für das Forst- und Jagdwesen, S. 226ff.

Zusammenhang nicht verwunderlich, wenn in späterer Zeit höheren Beamten und dem Adel z. B. in Franken die so genannte Niederjagd erlaubt wurde, jedoch mit der Einschränkung, keine lauten Treibjagden oder Klopfjagden (eine Jagdart, bei der das Wild von Treibern auf die Jäger zubewegt wird) abzuhalten bzw. keine Hunde zur Jagd zu nutzen[1215]. Auch die hessischen Niederwildjäger durften nicht mit Hunden in oder um landesherrliche Reviere jagen. Kamen sie in die Nähe von landgräflichen Wildbahnen und Gehegen, mussten sie ihre Hunde am Strick führen oder wenigstens mit den üblichen Bengeln (siehe unten) versehen[1216]. Die Positionierung der Jagdtiere, deren spezifische Verbindung zum Herrn und die raumgreifende Aktion selbst setzten den Landesherrn in die Lage, den eigenen Herrschaftsanspruch zu visualisieren, den Raum auch akustisch zu besetzen und über entsprechende hierarchische Interaktionen dauerhaft zu beanspruchen und zu reproduzieren. Das Hundegebell, die Jagdhornsignale, die Rufe der Jagdbediensteten und Fröner im Zuge der Jagdhandlung waren dazu geeignet, die Reichweite der visuellen Präsenz deutlich zu steigern, was auch in der Nähe der Jagd- und Forstgrenzen für den Nachbarn eine entsprechende Signalwirkung haben musste[1217]. Welche Bedeutung die akustische Besetzung des Raumes haben konnte, wird auch daraus deutlich, dass gerade im Rahmen der Wild- und Jagdfolge bei sozial sich nahe stehenden (geringe soziale Distanz) Landesherrn die Jagdhörner nicht geblasen werden durften. Dasselbe galt für die Hunde, die in jenem Falle nicht zum Hetzen des Wildes herangezogen werden durften, während im Verhältnis zum niederen Adel keine Abstriche durch den Landesherrn hingenommen wurden[1218]. Damit komme ich wieder zu den Potenzialen der Jagd, dem Wirkstoff, der, so Joseph Morsel, nicht die Wildverfolgung und -erlegung, sondern die räumliche Bewegung und die akustische Präsenz gewesen sei. Dadurch erst wird der Raum

---

1215 Vgl. dazu die Ausführungen von Rolf Roosen, *...tuen kund und fügen zu wissen*. Ausgewählte Jagdordnungen des 18. Jahrhunderts, in: Die *Jägerey* im 18. Jahrhundert, Colloquium der Arbeitsstelle 18. Jahrhundert, Bergische Universität, Gesamthochschule Wuppertal, S. 54. Der mögliche Einwand, dass dieses Verbot auf jagdpraktischen Rücksichtnahmen basieren könnte, wie z. B. um zu verhindern, dass in der Nähe herrschaftlicher Jagden durch lautes Treiben das der Herrschaft zustehende Hochwild beunruhigt wird, scheint mir zu wenig stichhaltig. Eine Beunruhigung, gleich welcher Art, war nie auszuschließen. Auch die Rehwildbejagung ist effektiver, wenn Hunde und Treiber eingesetzt werden können. Das Verbot zielte damit im Wesentlichen auf die Verhinderung oder wenigstens Behinderung jedweder Form der Jagd. Damit verblieb aber auch das wahrhaft raumkonstituierende Jagdrecht in seinem vollen Umfange bei den Herren. Die Untertanen waren sich dieser Einschnitte wohl bewusst und sie wussten auch, welche Symbolkraft diese jagdliche Beschneidung im hierarchischen Gefüge hatte. Damit war das Ziel der Herren jedoch erreicht.

1216 Vgl. dazu ebd., S. 54.

1217 Nicht umsonst werden manche Distanzbeschreibungen mit der Aneinanderreihung mehrerer akustisch wahrzunehmender Töne vorgenommen, die direkt oder indirekt mit der Jagdhandlung in einem engen Zusammenhang stehen: So wird die Meile durch die Summierung eines Hornschalls, eines Hundebellens, eines Hammerwurfs und eines (Jagd-)Knechtsfurzes wiedergegeben. Vgl. dazu bei Joseph Morsel, Jagd und Raum. Überlegungen über den sozialen Sinn der Jagdpraxis am Beispiel des spätmittelalterlichen Franken, in: Werner Rösener (Hrsg.), Jagd und höfische Kultur im Mittelalter, S. 271.

1218 Vgl. dazu die Ausführungen bei Hans Wilhelm Eckardt, Herrschaftliche Jagd, bäuerliche Not und bürgerliche Kritik, S. 41f.

besetzt, beherrscht und angeeignet[1219]. Die strikt hierarchische und nach einer Regel stattfindende Positionierung von Tieren – hier von tierischen Jagdhelfern – musste ein Vorrecht des Adels sein, um die gewünschten Raumkonstruktionen zu erhalten und ihre Kontinuität zuverlässig zu gewährleisten. Nur unter dieser Prämisse sind die Edikte und Verordnungen der Landesherren gegen die Bauernhunde zu verstehen, die im Verlaufe des 16. und 17. Jahrhunderts immer schärfer und grausamer wurden. Wenn die Positionierung eigener Jagdhunde den Adel in die Lage versetzen konnte, Räume zu konstruieren, so ist gleiches auch den Untertanen möglich, wenn auch nur flüchtig und zumeist mit sanktionierenden Gegenmaßnahmen der Herren behaftet. Ähnlich der Brutalität gegen Wilderer und der Verschärfung der Jagdfrondienste wurde auch die Behandlung der bäuerlichen Hunde seit dem 15. Jahrhundert restriktiver. Während noch im 15. Jahrhundert die Regelungen zur bäuerlichen Hundehaltung das so genannte Klöppeln[1220] vorsahen und die Herren dadurch wohl befriedigt waren, wurden die Regelungen in späterer Zeit strenger. Nicht selten mussten die Sehnen der Hinterläufe der Hunde durchschnitten[1221] oder das erste Glied eines beliebigen Vorderlaufes abgetrennt respektive abgehackt werden[1222]. Dennoch wurde auch hier von Seiten der Untertanen alles versucht, diesen Beschränkungen durch die Herren und den Kontrollen durch deren Aufsichtspersonal (Försterei und Jägerei) zu entgehen. Was für die Hunde der Bauern galt, wurde in etwas abgemilderter Form, wohl wegen der relativen sozialen Nähe zum Landesherrn, für die Hunde des niederen Adels gefordert. 1697 wiederholt ein Mandat Augusts des Starken die Klöppelung der bäuerlichen Hunde und fordert zusätzlich: Die Adligen sollen ihre Jagdhunde, „so oft sie damit durch Unsere Gehege oder Wildbahnen ziehen“, koppeln, das heißt zu zweien oder mehr aneinander schnallen[1223]. Die ständigen Wiederholungen der Mandate und

---

1219 Vgl. dazu die Schlussbetrachtungen bei Joseph Morsel, Jagd und Raum. Überlegungen über den sozialen Sinn der Jagdpraxis am Beispiel des spätmittelalterlichen Franken, in: Werner Rösener (Hrsg.), Jagd und höfische Kultur im Mittelalter, S. 285f.

1220 Damit ist gemeint, dass den Hunden ein Stock oder Knüppel um den Hals gehängt wurde, um ihren Bewegungsdrang und ihre Ausdauer einzuschränken. Dadurch wurde verhindert, dass sich die Hunde zu weit vom Hof entfernten, da sie aufgrund der Behinderungen durch das Gewicht und die Länge des Knüppels bei Hast oder Eile hoffnungslos gestolpert wären. Da sich offensichtlich die Untertanen nicht immer und bedingungslos an dieses Gebot hielten, wurden wohl die körperlichen Verstümmelungen der Hunde angeordnet. Nur so konnte verhindert werden, dass Hunde als Instrumente der gegenkulturellen Raumkonstruktion durch die Untertanen eingesetzt werden konnten. Vgl. dazu bei Karl-Heinz Spiess, Herrschaftliche Jagd und bäuerliche Bevölkerung im Mittelalter, in: Werner Rösener (Hrsg.), Jagd und höfische Kultur im Mittelalter, S. 243.

1221 Davon berichtet auch Arthur Berger, Die Jagd aller Völker im Wandel der Zeit, S. 166. Den Holzstock um den Hals des Hundes nennt er Knüttel.

1222 Vgl. dazu bei M. Marx-Kruse, und E. von Campe, Chronik der deutschen Jagd – Eine Kulturgeschichte des Jagdwesens von den Anfängen bis zur Gegenwart in Dokumenten, S. 165. Weiterhin bei Karl-Heinz Spiess, Herrschaftliche Jagd und bäuerliche Bevölkerung im Mittelalter, in: Werner Rösener (Hrsg.), Jagd und höfische Kultur im Mittelalter, S. 243, unter Bezug auf Young, The Royal Forests of Medieval England, S. 41 und S. 68. In England, so Spiess/Young, wurden den Hunden drei Zehen an einer Vorderpfote entfernt, um ihre Bewegungsfähigkeit zu mindern.

1223 Herbert Wotte, Jagd im Zwielicht. Von Jagdherrn, Jägern und Wilderern, S. 43.

Reskripte im Verlaufe des 15., 16. und 17. Jahrhunderts deuten darauf hin, dass sich die Untertanen und wohl auch der niedere Adel nicht grundsätzlich an diese Gebote gehalten haben. So hat sich auch Kurfürst Christian von Sachsen furchtbar darüber erzürnt, dass seine Untertanen die Regelungen zur Klöppelung der Hunde nur selten ernst nahmen und sich allerorts darüber hinweg setzten. Ähnlich den Regelungen in England, wo häufig den Hunden ein Teil des Vorderlaufes abgenommen wurde, befahl auch Christian von Sachsen 1588 seinem Oberforstmeister, dass die Hunde der Bauern zu lähmen seinen. Der Oberforstmeister solle den Hergang überwachen und darauf Obacht geben „allen ihren Hunden, die sie mit aufs Feld führen, einen Vorderfuß ablösen zu lassen"[1224]. In Württemberg wurden zwischen dem 17. und 19. Jahrhundert einige Verordnungen und Reskripte erlassen, die die Reduzierung der nicht dem Herzog gehörenden Hunde zum Ziel hatten[1225]. Da die Gründe für die angestrebte Dezimierung der potenziell für rebellische Akte der Untertanen einzusetzenden Hunde hier nur vorgeschoben waren, namentlich zur Verhinderung der Hundswut, geht auch Hans Wilhelm Eckardt davon aus, dass dies nur „wegen des zu erwartenden Unmuts" der Untertanen getan wurde[1226]. Das Ziel musste es sein, den Untertanen die Instrumente und Symbole möglicher Raumkonstruktionen aus der Hand zu nehmen, was bis 1848/49 auch meistens gelang, obgleich sich die Untertanen nicht immer entmutigen ließen. Wie sehr in den Hunden eine Gefahr für die Raumkonstitutionen der Herren gesehen werden musste, zeigt auch die folgende, mit der Bengelung der Hunde zusammenhängende Begebenheit auf, die bei W. G. Moser beschrieben wird: Oftmals entstanden gefährliche Feuer allein dadurch, dass sich Hunde, die einen Bengel um den Hals tragen mussten, ans offene Feuer legten, worauf sich nicht selten das Holz entzündete und die dadurch erschrockenen Tiere ins Heu oder ins Stroh liefen[1227]. Hans Wilhelm Eckardt zitiert dazu eine Anordnung der Kgl. Preußischen Regierung in Münster vom 2. Juni 1824, die das „Knüppeln" der Hunde wegen der damit verbundenen Feuersgefahr verbat. Bis 1824, so Eckardt weiter, nahm die Obrigkeit, die sonst um die „Wohlfahrt und Glückseligkeit ihrer Untertanen willen" das Leben bis in den intimsten Winkel mit entsprechenden Vorschriften regelte, an diesen Gefahren keinerlei Anstoß[1228]. Bis 1824 hielt es die Obrigkeit trotz ähnlicher bekannter Vorfälle nicht für notwendig, eine andere Lösung für die Hunde der Untertanen zu

1224 Zitiert nach Zitaten aus den Akten bei Herbert Wotte, Jagd im Zwielicht. Von Jagdherrn, Jägern und Wilderern, S. 44-45. Auch aus dem Schleswig-Holsteinischen sind uns solche Bestimmungen überliefert. So z. B. aus der Gottorfischen Wildbahn des Jahres 1703: „(...) befehlen wir so wol denselben, welche bey und in den Gottorfischen Amtshölzungen Ziegen halten, als auch demjenigen, welche an der Wildbahn wohnen, und daselbst Hunde haben, dass sie unverzüglich respective die Ziegen abschaffen, und auch den Hunden entweder den einen Fuß abhauen, oder auch denselben tüchtige Blöcke anhängen." Zitiert nach Hubertus Hiller, Untertanen und obrigkeitliche Jagd, S. 48.

1225 Vgl. jene zahlreichen Reskripte bei L.A. Reyscher, Die grundherrlichen Rechte des württembergischen Adels, S. 941f., S. 944f., S. 966f., S. 1044f.

1226 Vgl. dazu Hans Wilhelm Eckardt, Herrschaftliche Jagd, bäuerliche Not und bürgerliche Kritik, S. 81.

1227 Vgl. dazu bei W.G. Moser, Grundsätze der Forstökonomie, S. 695.

1228 Vgl. dazu die Ausführungen bei Hans Wilhelm Eckardt, Herrschaftliche Jagd, bäuerliche Not und bürgerliche Kritik, S. 80.

finden. Zu bedeutend war die Kontrolle über die Hunde und deren raumkonstituierendes Potenzial, welches ihnen offensichtlich in den Händen eines Bauern zugestanden wurde. Der Verlust des einen oder anderen Hofes musste deshalb als niederrangig angesehen werden, zumal dadurch die Raumkonstruktionen der Herren nicht gefährdet wurden. Der Abstieg manches Untertanen in die völlige Armut war ohnehin für den Herrn auch dann vollkommen ohne Belang, wenn die Armut aus Arbeitsunfähigkeit resultierte, die sich der Untertan im Zuge der Fronerbringung zuzog. Ein Anspruch auf soziale Absicherung des Schwerkranken oder der Hinterbliebenen gab es hierbei natürlich nicht. Es blieb allein die Gnade des Landesherrn anzurufen, der dann nach Gutdünken Abhilfe schaffen konnte oder eben nicht[1229]. Der Verlust eines Hofes – einerlei wie er zustande kam – wurde demnach nicht als wesentlich für den Herrn eingestuft. Bedeutender war die Durchsetzung der Ordnungsvorstellungen. Neben den Hunden der Bauern wurden selbst die Katzen einer groben Mutilation unterzogen. 1747 erließ dazu der Kurfürst Clemens August von Köln die Bestimmung, den Katzen die Ohren abzuschneiden. „Die in das ungeschützte Ohr eindringende Feuchtigkeit verleidete den Katzen das Mausen auf Wiesen und Feldern, wodurch Unruhe im Revier verhindert wurde.[1230]" Nach meinem Dafürhalten ging es dem Kurfürsten dabei jedoch nicht um Unruhe im so verstanden Sinne. Die unreglementierten Raumbewegungen von bäuerlichen Hunden und Katzen im vom Jagdregal erfassten Raum des Landesherrn oder des Grundherrn wurde von Clemens August als gegenkulturelle Raumkonstruktion verstanden und demgemäß als ein rebellischer Akt behandelt, der schließlich auch mit Geldstrafen und bei Nichtbeachtung im Wiederholungsfalle mit Festungshaft belegt werden konnte[1231]. Solange die Hundelege für die bäuerlichen Untertanen nicht in eine Steuerzahlung verwandelt wurde, gab es auch hier von Seiten der Bauern Versuche, sie etwas zu erleichtern. Da die Fütterungsmengen, die einem fürstlichen Hunde zugestanden wurden, oftmals enorm waren, galt es hier nicht selten von bäuerlicher Seite „Einsparungen" zu treffen, die sich auf den Ernährungs- und Gesundheitszustand des Hundes auswirken konnten. Die physische Schädigung eines herrschaftlichen Hundes, dessen körperliche Unversehrtheit (im Vergleich zu den geklöppelten und verstümmelten Hunden der Bauern) und seine Nähe zum Grund- oder Landesherrn ihn zum Symbol der fürstlichen Raumkonstruktionen, zum Symbol von Herrschaftsanspruch und Durchsetzungskraft machte, muss insofern auch als Protest oder als flüchtiger Versuch der gegenkulturellen Raumkonzeption verstanden werden. Diese symbolische Wirkung gegenüber dem Herrn war offensichtlich so groß, dass viele Bauern trotz der unausweichlichen

---

1229 Vgl. dazu ebd., S. 123. Er rekurriert auf zwei Beispiele von 1814 bzw. 1816 in Württemberg, wo je ein Fröner querschnittsgelähmt oder getötet wurde. Die Folgen waren von den Hinterbliebenen selbst zu tragen.

1230 F. A. v. Stubenrauch, Recht und Billigkeit in Forst- und Jagdsachen zwischen dem Landesherrn und seinen Unterthanen, S. 66f, des Weiteren auch bei M. Marx-Kruse, und E. von Campe, Chronik der deutschen Jagd – Eine Kulturgeschichte des Jagdwesens von den Anfängen bis zur Gegenwart in Dokumenten, S. 166.

1231 Zu den Maßnahmen, den Katzen die Ohren abzuschneiden und den Hunden Knebel oder Bengel an den Hals zu hängen, vgl. auch bei G. Rettstadt, Eine dienstliche Correspondenz aus der guten alten Zeit über das Abschneiden der Katzenohren, in: Monatsschrift für das Forst- und Jagdwesen, Dr. Franz Bauer (Hrsg.), Oktober 1868, S. 386ff.

Gegenreaktion der Bestrafung davon keinen Abstand nahmen. Wie weit dies nicht selten gehen konnte, zeigt eine Beschwerde der Gemeinde Bussmannshausen beim Schwäbischen Bund gegen den Junker Hans von Roth, vom 2. Februar 1525: „...weiter ist die ganze Gemeinde beschwert wegen derer, die Hintersassen unseres Junkers sind und Erbgüter haben. Denselben überweist er Hunde, gleichgültig ob sie es gern oder ungern sehen. Und wenn er hört, dass sie es nicht gerne haben wollen, da droht er ihnen mit einer Leibesstrafe und damit, dass er sie ins Gefängnis legen will. Damit macht er den Hintersassen gefügig und erschreckt ihn so, dass er dem Hund zu fressen gibt, so gut er kann und vermag. Und sollten seine kleinen Kinder Mangel leiden, so muss er es doch tun. Und wo der Hund nicht feist genug ist, da schädigt er dasselbige Volk in gehässiger Weise, es sei Mann, Frau oder Kind."[1232] Ein weiterer Versuch eigener Raumkonstruktionen der Bauern ist darin zu sehen, dass sie mancherorts aufgrund der hohen Wildschäden ihre Felder oder Teile davon einfach einzäunten. Die Verbote der Grund- oder Landesherrn konnten hier nicht immer von Erfolg beschieden sein, zumal dann, wenn der Wild- und Jagdschaden die Ernte in ihrer Gesamtheit zu gefährden schien. Dennoch wirkten die Landesherrn mit aller Macht gegen unbotmäßige Einzäunungen, wie es die Forstordnung von Hohenlohe-Neuenstein aus dem Jahre 1770 zeigt. Jene gestattete den Untertanen zwar die Einzäunung ihrer Felder und Gärten, jedoch unter bestimmten Auflagen, die den Schutzzweck jener Einfriedungen letztlich ad absurdum führten. So durften die Zäune lediglich eine geringe Höhe haben und keine spitzen Enden besitzen, damit sich das Wild beim Überspringen jener Einrichtungen nicht verletzte. Wie Hans Wilhelm Eckardt anhand dieser Bestimmungen treffend feststellt, sollten nicht die Feldfrüchte vor dem Zugriff der wilden Tiere geschützt werden, sondern die Verletzungsgefahr des Wildbrets dadurch minimiert werden[1233], ja das Überfallen jener Einfriedungen war offensichtlich vollauf gewollt und von den Landesherrn in Bezug auf die Abfassung der Texte vollumfänglich bedacht. In dieser Verballhornung und Verprellung der Untertanen durch die landesherrliche „Fürsorge" ist die rigorose Durchsetzung von Herrschaft, Kontrolle und Ordnungsvorstellungen zu sehen. Auch die Kosten für jene „Schutzmaßnahmen" waren von den Bauern selbst zu tragen. Durch jene Regelungen blieb den Untertanen keine andere Wahl, als zu illegalen Mitteln zu greifen und ihr Heil im Ungehorsam zu suchen. Die Nichtbeachtung herrschaftlicher Anordnungen sollte nicht nur ihren Lebensunterhalt sichern, sondern auch der Dreistigkeit und den offenen Provokationen der Landesherrn und ihren Ordnungsvorstellungen eigene Vorstellungen, eigene Ansprüche entgegen stellen, die teilweise sowohl das nackte Überleben einerseits und den Protest andererseits zum Ziel hatten. Es zeigt sich, dass es immer mehr disparate Rechts- oder Ordnungsvorstellungen gab, je weiter sich die Landesherrschaften auf den modernen Polizeistaat zubewegten. Gerade die Jagdfronen und die Konflikte um sie konnten dies belegen. Diese Konflikte stärkten den Zusammenhalt in der unterdrückten Bevölkerung und gaben so mancher gegenkulturellen Bestrebung neue Nahrung. Nicht selten war es der Fall, dass

---

1232 Zitiert nach M. Marx-Kruse und E. von Campe, Chronik der deutschen Jagd – Eine Kulturgeschichte des Jagdwesens von den Anfängen bis zur Gegenwart in Dokumenten, S. 152.

1233 Vgl. dazu Hans Wilhelm Eckardt, Herrschaftliche Jagd, bäuerliche Not und bürgerliche Kritik, S. 87, unter Bezug auf Riccius, Beust und Moser.

lieber eine Kollektivbestrafung hingenommen wurde als den Namen oder die Personen zu benennen, denen ein Vergehen gegen obrigkeitliche Ordnungen vorgeworfen wurde[1234]. Auch Hubertus Hiller stellt für Schleswig-Holstein fest, dass die Bauern auf ihren Dorfschaftsfeldern teilweise gezielt und unter Absprachen zur Jagd gingen, um sich damit bewusst dem obrigkeitlichen Gebot, welches ihnen die Jagd untersagte, zu widersetzen. „Sie demonstrierten, dass sie nicht gewillt waren, die traditionellen Rechte zugunsten der von der Obrigkeit geschaffenen Normen aufzugeben. Dabei nahmen sie auch eine Verurteilung nach obrigkeitlichen Bestimmungen in Kauf."[1235]

7.4.5 Zusammenfassung

Die Jagdfronen wie auch die Jagd selbst, so wurde hier gezeigt, müssen einerseits als ein Instrument zur Raumkonstruktion und dessen Beherrschung in den Händen der Grund- und, gemäß der sozialen Stellung, noch stärker der Landesherrn betrachtet werden, während sie andererseits auf Seiten der Leistungserbringer, nämlich der Bauern, auch vielfältige Möglichkeiten mit sich brachten, quasi gegenkulturelle Raumkonstruktionen dem unterdrückerischen Status quo entgegenzusetzen. Insofern liegt in der Jagd und im System der Fronleistungen sowohl einerseits ein Instrument zur Beherrschung, gleichzeitig jedoch andererseits auch ein Instrument zur Gegenkonzeption (ein herrschaftliches wie auch ein rebellisches Potenzial) verborgen. Die Beziehungen zwischen Untertanen und Herren, gerade auch weil sie strikt hierarchisch waren, zeigen im System der Fronleistungen das Potenzial des gegenkonzeptionellen Raumes. Einzig die Geschicke oder Missgeschicke der Landesherren im Umgang mit ihren Untertanen führten zur jeweiligen Realisierung dieses rebellischen Potenzials bzw. bestimmten über die Stärke und Kontinuität der Gegenbewegung.

Den kontinuierlichen bäuerlichen Willen zur gegenkonzeptionellen Raumkonstitution zeigt dagegen die Geschichte der Wilderei, das heißt prinzipiell die Jagd der Untertanen außerhalb von Freipirschgebieten. Außerhalb dieser noch detaillierter zur Sprache kommenden Gebiete war jeder Untertan, der jagend angetroffen wurde, zunächst ein Wilderer[1236]. Als ein soziales Rebellentum konnte sich das Wildern in manchen Regionen, insbesondere in manchen Gebirgsregionen Österreichs, bis in die frühe Nachkriegszeit des Zweiten Weltkrieges halten, bevor es seine Einbettung in jene gesellschaftlichen Zusammenhänge endgültig verlor. Das System der Frondienste und damit auch die Situation der Bauern und Herren war niemals ein statisches Konstrukt. Dass die Räume der Herren und die versuchten Gegenkonzeptionen stetig im Fluss waren, lässt sich aus der Geschichte der

[1234] So verhallten die Aufforderungen der Herren „den rechten thäter" zu nennen oftmals, was dann die Bestrafung aller zur Folge haben konnte. Vgl. dazu bei Hubertus Hiller, Untertanen und obrigkeitliche Jagd, Zu einem konfliktträchtigen Verhältnis in Schleswig-Holstein zwischen 1600 und 1848. Studien zur Volkskunde und Kulturgeschichte Schleswig-Holsteins, S. 62.

[1235] Ebd., S. 62.

[1236] So z. B. in Württemberg. Vgl. dazu die Ausführungen von Freiherr Rudolf von Wagner, Das Jagdwesen in Württemberg unter den Herzögen.

landesherrlichen Frondienste anschaulich aufzeigen. Der Ausdehnung der (jagdlichen) Frondienste von Seiten der Herren folgte stetig der Versuch der Gegenkonzeption durch Verweigerung oder Schlechtleistung oder sonstigen Entzug durch die Fröner, während darauf jeweils wiederum entsprechende Sanktionen als Reaktion von Seiten der Landesherrschaft durchgeführt wurden. Dieses Wechselspiel von Raumkonstruktion und Gegenversuch bzw. Gegenkonstruktion durch spezifische Raum(be)handlungen im Rahmen sozialer Praktiken ist einer der bedeutendsten Wesenszüge (sozial, politisch, gesellschaftlich) der Zeit zwischen dem Ende der karolingischen Dynastie und 1848/49, dem Ende aller willkürlichen (rein herrschaftspolitischen) Raumkonstruktionen[1237]. Zwischen 1848/49 und der Jahrhundertwende begannen bereits neben den „neuen" politischen Kräften auch die Auswirkungen der Industrialisierung ihre Hände nach Raum und Zeit zu strecken. Die spürbarsten und nachhaltigsten Auswirkungen jener Entwicklungen sind jedoch erst in den 1960er–1970er Jahren nicht nur visuell, sondern nun auch bereits in den Köpfen der Menschen erkennbar[1238]. Hier wird nun schlussendlich auch deutlich, was ich mit den Prozessen von Inklusion und Exklusion aussagen will. Sie umschreiben nicht allein die Einbindung der Untertanen in die Jagdhandlungen der Herren, sondern gleichzeitig auch den implizierten Ausschluss der Untertanen von der aktiven Jagd selbst. Es ist sogar explizit nicht der Versuch der Landesherren damit umschrieben, alle anderen von der Jagd insoweit auszuschließen, so dass die Jagd eine Lustbarkeit des Adels und damit Teil eines Standesgefühls[1239] bliebe. Vielmehr wurde über die Summe der Inklusionen und Exklusionen der Untertanen in und aus dem Jagdbetrieb zu erreichen versucht, dass gegenkulturelle Raumkonzeptionen nur schwerlich und letztlich nur flüchtig von den Untertanen durchgesetzt werden konnten. Jene gegenkulturellen Raumkonzeptionen waren an körperliche Präsenz gebunden, sei es im Zuge direkter und fortgesetzter Verweigerungshandlungen einerseits oder von Schlechtleistungen andererseits. Dadurch, durch das Fehlen institutionalisierter Kraft, wurden die Raumkonstruktionen der Bauern „rebellisch", flüchtig und im Gegenzug durch die sozial Höhergestellten auf das Heftigste sanktioniert. Beide Arten von Gegenkonzeptionen, Verweigerung als auch Schlechtleistung, sind an die körperliche Präsenz gebunden und beide führten direkte Gegenreaktionen in Form verschieden sanktionierter Strafen nach sich. Die strikt hierarchischen Interaktionen führten so nach den Bauernkriegen wieder zurück in die gewollte herrschaftliche Weltordnung, die nun mit Hilfe der

---

1237 Die Ära des Dritten Reiches machte hier jedoch für 12 Jahre eine Ausnahme.

1238 Damit sind die ökologischen Auswirkungen, nicht die sozialen gemeint.

1239 Gerade hier möchte ich die Ansicht Sigrid Schwenks zutiefst kritisieren, die in der landesherrlichen Jagd weitgehend kritiklos und wie selbstverständlich die schiere Lustbarkeit des Adels vermutet. Vgl. dazu Sigrid Schwenk, Von der hohen Kunst zu jagen. Jagdmethoden im 18. Jahrhundert, in: Die *Jägerey* im 18. Jahrhundert, Colloquium der Arbeitsstelle 18. Jahrhundert, Bergische Universität, Gesamthochschule Wuppertal, S. 40ff, weiterhin Sigrid Schwenk, Zur Kulturgeschichte des Schwarzwildes, in: C. Commichau (Hrsg.), Schriften des Arbeitskreises Wildbiologie an der Justus-Liebig-Universität, S. 13ff. Diese Meinung ist zwar nach wie vor eine sehr populäre und in der Literatur allenthalben verfochten; der Realität wird sie jedoch nicht gerecht.

Jagd regelmäßig hergestellt und insbesondere reproduziert werden konnte[1240]. Während ich unter der Inklusion der Untertanen insbesondere die Summe der zu erbringenden Fronleistungen subsumiere, handelt die Exklusion von dem Verbot der Jagdausübung und der passiven oder aktiven Wildschadensverhütung durch Zäune, Hunde oder Nachtwachen und dergleichen. In beiden Fällen ging es den Herren um die strikte Vermeidung räumlicher Gegenkonzeptionen, die den Herrschaftsanspruch und die Stabilität einer unumschränkten Herrschaft ins Wanken gebracht hätten. Liberalität und allgemeine Freiheit sind Errungenschaften, die in das Bild der Landesherrschaften nicht recht passen mögen. Unter dem Dach der späteren absoluten Formel „l´etat c'est moi"[1241] wird der Liberalität die Luft zum Atmen genommen. Eine andere Erklärung für die Bedeutung der Jagd als die des Raumes, seiner Bedingungen und seiner Wirkungen in jenen Zeiten kann ich nach der Durchsicht der Literatur und der Überlegungen zum Stellenwert des Raumes und seiner Behandlung im Rahmen der nachkarolingischen Zeit nicht finden. Gerade die Ausführungen zu den Frondiensten als Bestandteil der hierarchischen Interaktionen zwischen Herren und Untertanen können diesen Zusammenhang wirkungsvoll erklären. Im Weiteren wird dies nochmals im Abschnitt über die Jagdpraxis sehr deutlich werden, die im Wesentlichen - abgesehen von den Frondiensten, die im Rahmen der Jagd in Anspruch genommen wurden - räumliche Konzeptionen gegenüber den landesherrlichen Nachbarn und gegen andere Herrscher zum Ausdruck brachten. Um schlussendlich noch einmal das als immens zu bezeichnende Missverhältnis zwischen materiellem Wert des Wildbrets einerseits und den Möglichkeiten der Raumkonstruktion im Zuge der Inklusionen und Exklusionen vor dem Hintergrund der Positionierung von Mensch und Tier im Raum zu verdeutlichen, sei hier Otto von der Malsburg zu Elmarshausen zitiert: „So dann ich Gewissens halber unangedeutet nicht lassen kann, dass um eins Hasen oder Fuchses willen, ein ganzen Tag etzliche Hundert Menschen in der großen Kälte und tiefstem Schnee der massen ja wohl 4, 5 und 6 Wochen continuirlich travalliirt und anstatt der Hunde gebraucht werden, dass es einen Stein erbarmen möchte, wie viel Leuten ihre Glieder verfroren, dass sie ihr Lebelang damit zu thun haben. Ob nun solches vor Gott am jüngsten Gerichte, da der geringste Bauer so viel als der größte Monarche, so jemals die Sonne beschienen gilt, von einer christlichen Obrigkeit verantwortet werden könne, stelle ich an seinen Ort."[1242] Um den Hasen ging es den jagenden Herren tatsächlich nicht, wie es in diesem Kapitel nachgewiesen werden konnte. In diesem Zusammenhang sind die von Norbert Elias beschriebenen Affektbändigungen im Rahmen der höfischen Kultur keineswegs ein Widerspruch. Im Gegensatz zur Kultivierung der Sitten und Gebräuche hat sich

[1240] Einige Ausnahmen habe ich an verschiedenen Stellen erwähnt; die These wird durch sie jedoch eher unterstützt als untergraben.

[1241] Ausspruch, der auf den französischen König Ludwig XIV. zurückgeführt wird. Vgl. dazu auch bei Pierre Gaxotte, Ludwig XIV. Frankreichs Aufstieg in Europa, S. 20. „König und Königreich sind eins", so ebenfalls ein Ausspruch Ludwig XIV.

[1242] Zitiert nach Georg Landau, Beiträge zur Geschichte der Jagd und Falknerei in Deutschland. Die Geschichte der Jagd und der Falknerei in beiden Hessen, S. 166. Rolf Roosen, , ...*tuen kund und fügen zu wissen*. Ausgewählte Jagdordnungen des 18. Jahrhunderts, in: Die *Jägerey* im 18. Jahrhundert, Colloquium der Arbeitsstelle 18. Jahrhundert, Bergische Universität, Gesamthochschule Wuppertal, S. 61-62, führt jenes Zitat von Georg Landau ebenfalls an.

das politische System, das System von Beherrschung, Gewalt und Gegengewalt, von Raumkonstruktion und Gegenkonzeption im beinahe gesamten Verlauf des späten Mittelalters und der Neuzeit in Mitteleuropa kaum oder überhaupt nicht geändert. Die Herrschaft des Adels in den zersplitterten kleinen und kleinsten Herrschaftsgebilden des Deutschen Reiches war nicht in der Lage, jene Impulse der Kultivierung (repräsentiert durch die Bändigung der Affekte) auch auf die praktische Politik umzumünzen; es war schlichtweg systemimmanent nicht möglich. Erst der Niedergang der aristokratisch verwalteten Welt, der Einfluss humanistischer, parlamentarischer und - als Zünglein an der Waage - kapitalistischer und eo ipso industrieller Einflüsse hat dieses System der Beherrschung endgültig zerstört. Die Bedingungen der Raumkonstruktion als auch der Raum(be)handlung haben sich seit dem drastisch und rasant gewandelt. Die Vermutung, dass die Kultivierung der Sitten und Gebräuche keinesfalls ein Widerspruch hinsichtlich der Brutalität der Halsgerichtsordnung und der Strafen gegen die Untertanen aller Art sei, lässt sich vielleicht auch durch die Betrachtung der geistlichen Herrschaften untermauern. In ihnen galt dasselbe herrschaftliche Prinzip der Raumbeherrschung und Raumkonstruktion wie in den weltlichen Gegenstücken. In der Politik, der Erhaltung und Durchsetzung der Herrschaft und ihrer Ansprüche ist für das fromme Wort, nicht jedoch für die fromme Tat genug Platz. Auch die Bischöfe waren nicht zimperlich, wenn es um die Bestrafung unbotmäßiger (rebellischer) Handlungen wie Jagdfrevel, Wilderei[1243], Ungehorsam, Verweigerung geforderter Leistungen, etc. ging. Sie konnten sich, völlig gleich den weltlichen Herrschern, eine Untergrabung ihrer Ordnungen hinsichtlich der Stabilität ihrer Herrschaft und der Durchsetzungskraft ihrer Verordnungen durch Gegenkonzeptionen nicht erlauben. Sie herrschten schließlich ebenfalls über ein irdisches Reich und über irdische Untertanen. So habe der Erzbischof Michael von Salzburg, so wird erzählt, 1573 oder 1557 einen Bauern, der einen Hirschen auf seinem Feld erlegt hatte, in eine Hirschhaut einnähen und von den Jagdhunden zerreißen lassen[1244]. Auch wenn seine Tischmanieren für die damalige Zeit „Standards" gesetzt haben mögen, seine Reaktionen auf die Versuche räumlicher Gegenkonzeptionen durch die Untertanen entsprachen durchaus den Gepflogenheiten seiner Zeit. Wie sehr die Jagd als Möglichkeit der Raumbewanderung und Raumbeherrschung auch von den geistlichen Herren in Anspruch genommen wurde, ist bei Horst-Rüdiger Jarck für den Fürstbischof Clemens August nachzulesen. Er schreibt zur Jagd des Bischofs, dass sie die Funktion hatte, in festen Zeitabständen die landesherrliche Präsenz in den vor allem an der nördlichen Grenze seiner großen Territorien liegenden Gebietsteile in den Vordergrund zu stellen[1245]. Auch für einen Bischof galten die Regeln der Raumkon-

---

[1243] So kannten auch das Hochstift Speyer und das Hochstift Würzburg für die der Wilderei bezichtigten Untertanen Zwangsarbeit bis zu sechs Jahren, Prügelstrafen, Landesverweis und auch die Todesstrafe. Das Maß der Bestrafung hing nur noch davon ab, ob man wiederholt gewildert hatte oder erstmalig. Vgl. dazu die Ausführungen bei Hans Wilhelm Eckardt, Herrschaftliche Jagd, bäuerliche Not und bürgerliche Kritik, S. 129.

[1244] Vgl. dazu auch ebd., S. 133. Weiterhin auch bei Georg Landau, Die Geschichte der Jagd und der Falknerei in beiden Hessen, S. 183-184, unter Bezug auf S. Kirchhofs Weud Unmuth, S. 628, erwähnt.

[1245] Vgl. dazu bei Horst-Rüdiger Jarck, Repräsentation - sportliches Vergnügen - bäuerliche Last. Die Jagd des Bischofs Clemens August (1700-1761) im Hümmling, in: Die *Jägerey* im 18. Jahrstruktion mit Hilfe der Singularisierung des Jagdrechtes und der Einsetzung von Jagdfronen sowie der Bewanderung des Raumes über die Anwendung jagdlicher Praktiken, die, bischöflich oder nicht, dieselbe Funktion hatten wie bei den weltlichen Herrschaften. Die Staatsraison galt für weltliche wie für geistliche Herrschaften gleichermaßen. Nach der Betrachtung der Frondienste soll nun eine weitere, äußerst interessante Möglichkeit der Schaffung gegenkultureller Räume durch die Untertanen der Landesherrschaften unter den Gesichtspunkten raumtheoretischer Überlegungen dargestellt werden: das Wilderertum, seine Entstehung, Wirkung und die spezifischen herrschaftlichen Gegenreaktionen darauf bis 1848/49.

7.4.6 Das Wilderertum (als Ausdruck und Mittel der gegenkulturellen Raumkonzeption)

7.4.6.1 Einleitende Gedanken

Wieder möchte ich zunächst die bereits angeführten raumtheoretischen Überlegungen aufgreifen und kurz skizzieren. Raum, das habe ich bereits unter Bezug auf Martina Löw ausgeführt, ist eine relationale (An)Ordnung sozialer Güter, Menschen und Tiere an Orten[1246]. Dieser Raum, und das wurde bisher in der Literatur zum Thema Jagd kaum diskutiert, ist nicht einfach vorgegeben; er ist keine fixe Größe. Er wurde auf mindestens zwei verschiedene Arten regelmäßig und damit repetitiv konstituiert[1247]. Dies geschah einmal durch die Raumkonstruktionen der Herren einerseits und die stetigen Versuche der Gegenkonstruktionen der Untertanen andererseits. Mittel der institutionalisierten Raumkonstruktion waren das Jagd- und Forstrecht[1248] oder der Wildbann (und damit verbunden die Inklusionen und Exklusionen der Untertanen) sowie die Frondienste als symbolische Güter einerseits sowie die darin enthaltenen Möglichkeiten der Positionierung von Menschen und Tieren an Orten andererseits. Die Bewanderung jener Räume, das heißt die Präsenz in ihnen, fand statt über eine Anzahl von verschiedenen Jagdpraktiken, über die Gerichtstage[1249], die Veranstaltung von Turnieren (für den städtischen

hundert, Colloquium der Arbeitsstelle 18. Jahrhundert, Bergische Universität, Gesamthochschule Wuppertal, S. 79.

[1246] Martina Löw, Raumsoziologie, S. 234ff.

[1247] Veränderungen sind nicht ausgeschlossen, die Räume dynamisch, abhängig vom Wechselspiel zwischen Konstitution und Gegenkonzeption.

[1248] Zum Jagd- und Forstrecht werde ich weiter unten innerhalb dieses Kapitels noch ausführlich Stellung beziehen.

[1249] An dieser Stelle sei an die Ausführungen Joseph Morsels zu den Gerichtstagen gedacht, die oftmals die Form eines Jagdzuges angenommen haben. Morsel weist darauf hin, dass in fränkischen Weistümern dem Dorfherrn häufig die Atzungsgerechtigkeit zugewiesen wird, normalerweise am Tag der Gerichtssitzung. Die Atzung nimmt dabei die Form eines Jagdzuges an, wobei die Jagd jedoch ausdrücklich nicht vorgesehen ist. Bestandteile dieses Jagdzuges sind Pferde, Wind- und Vogelhunde, ein Habicht und „schöne Frauen". Dergestalt findet der Einzug in das Dorf statt. Morsel kommt zu dem Schluss, dass die Nachahmung der Jagd im Zuge der Gerichtshaltung nur bedeuten kann, dass sie „grundsätzlich einem Prinzip der Beherrschung entspricht". Und weiter: „Das wichtigste läge nämlich nicht in der Jagd selbst, in der Wilderlegung, sondern in dem Umzug, in der Bewegung im Raum zwischen dem Herrensitz und der Dorfgemarkung". Vgl. ebd., Jagd und Raum. Überlegungen über den sozialen

Bereich) sowie die Ablieferung der Fronleistungen durch die Untertanen und deren Entgegennahme durch den Herrn[1250]. Neben der unmittelbaren Bewanderung des Raumes durch den Herrn selbst muss man auch die mittelbare Raum(be)handlung betrachten, die über das Jagdpersonal, das Forstpersonal, die Schäfer, Gerichtsherren, etc. stattfinden konnte. Dem Verwaltungsapparat wird dabei die bedeutendste Rolle zuzurechnen sein, was ja auch den landläufigen Hass der Untertanen gegen die Förster zu erklären in der Lage ist, der sich dann zur Revolution 1848 regional sehr heftig zu entladen begann[1251]. Wie sich die Bedingungen der Raumkonstruktion und der Behandlung jener Räume zwischen der karolingischen Zeit und der Hochzeit der Landesherrschaften verändert haben, wurde bereits mehrfach und an verschiedenen Stellen angeführt. Die Wilderei muss in diesem Zusammenhang als eine mögliche und durchaus populäre Form der gegenkulturellen Raumkonstruktionen betrachtet werden, oder, wie es Hans Wilhelm Eckardt treffend bezeichnet, als eine Form des Widerstandes.

7.4.6.2 Die Wilderei

Schon hinsichtlich der Definition von Wilderei zeichnet sich eine interessante Kontur ab. Unter Wilderei, so steht bei Freiherr Rudolf von Wagner geschrieben, wird lediglich das unberechtigte Jagen auf Edel- und Schwarzwild, also auf weit flüchtendes (raumgreifendes) Wild subsumiert. Das unberechtigte Jagen auf anderes Wild galt dagegen als „Frevel am kleinen Waidwerk"[1252]. Welchen Stellenwert in den unterdrückten Gesellschaftsschichten der gesamten Neuzeit der Wilderer und damit die Wilderei hatte, lässt sich aus der Vielzahl der Geschichten und Sagen, die sich um die Personen und Handlungen jener Personen ranken und bis heute gehalten haben, ablesen. Zwar meint Freiherr von Wagner in seinem 1876 erschienenen Werk noch, dass die Wilderer in der Bevölkerung keinen Rückhalt gehabt hätten, ja sie seien als „Verbrecher im eigentlichsten Sinn"[1253] betrachtet worden, während jedoch die Geschichten und Reminiszenzen, die sich um Figuren wie Matthias Klostermeyer oder Carl Stülpner bildeten, Gegenteiliges erzählen (auch unter raumtheoretischen Gesichtspunkten ist eher das Gegenteil zu erwarten). Für Matthias Klostermeyer, besser bekannt als der „Bayrische Hiesel", gilt, dass das Land-

Sinn der Jagdpraxis am Beispiel des spätmittelalterlichen Franken, in: Werner Rösener (Hrsg.), Jagd und höfische Kultur im Mittelalter, S. 280-281.

1250 Auch Joseph Morsel sieht darin eine repetitive Reproduktion der Herrschaftsverhältnisse verborgen. Um diese Reproduktion aufrechtzuerhalten, sollten die Abhängigen mehrmals pro Jahr zum Herrn gehen „um die Gülten persönlich zu überbringen". Vgl. dazu ebd., S. 284.

1251 Siehe dazu auch die Ausführungen von Karl Hasel, Auswirkungen der Revolution von 1848 und 1849 auf Wald und Jagd, auf Forstverwaltung und Forstbeamte, insbesondere in Baden, S. 30f. So waren während der Aprilrevolution 1848 zahlreiche Petitionen aus dem ganzen Land an die zweite Kammer gelangt, welche die Entfernung von Beamten verlangten, die sich verhasst gemacht haben. Andernorts wurden die Beamten mit Gewalt vertrieben oder mussten fliehen. Die Nähe der Forstbeamten zu den Herren, ihre konservative Einstellung, mag der Auslöser gewesen sein.

1252 Vgl. dazu bei Freiherr Rudolf von Wagner, Das Jagdwesen in Württemberg unter den Herzögen, S. 456.

1253 Vgl. ebd., S. 463. Konträr dazu auch die Ausführungen von Roland Girtler, Wilderer. Rebellen in den Bergen, S. 13ff, und an anderen Stellen im Rahmen seines hervorragenden Buches.

volk neben der Uneinigkeit seiner Gegner sein bester Bundesgenosse war. Er war als „Hauptmann aller Wildschützen" ein Wohltäter des Volkes und gefürchtet lediglich von Jägern und Behörden[1254]. Auch Carl Stülpner, der berühmteste Wildschütz des Erzgebirges, dem sich zahlreiche Bücher, Heftchen, Theaterstücke und Filme annahmen, war im Volk äußerst beliebt und bereits zu Lebzeiten ein Held. Noch heute, so Herbert Wotte, steht das „Pilzhaus", wo er am 24. September 1841 im Alter von neunundsiebzig Jahren gestorben ist. Dort, wo früher sein Geburtshaus stand, erinnert ein Gedenkstein an ihn, während sein Grab auf dem Friedhof in Großolbersdorf noch heute von seinen Landsleuten mit Blumen geschmückt wird. In der Nähe von Ehrenfriedersdorf gibt es eine so genannte „Stülpnerhöhle" und am Scheibenberg einen „Stülpnersteig". Das Marienberger Heimatmuseum zeigt noch heute Jagdgeräte und Waffen des Stülpner Carl[1255]. Neben den Bauernkriegen war es insbesondere die Wilderei, die bis heute bekannte Helden und Heldensagen in den sozial schwächeren Schichten zu schaffen in der Lage war. Was Heinrich Pfeifer, Thomas Münzer, Jäcklein Rohrbach, Wendel Hipler, Weigand und Jörg Metzler, Florian Geyer oder (für Tirol) Michael Geismair[1256] für die Bauernbewegung waren, sind der „Bayrische Hiesel" (Matthias Klostermeyer), Peter Epperlein, Carl Heinrich Stülpner, der Schlosser Klostermann und letztendlich Georg Jennerwein oder gar als Vertreter der Räuberzunft Johannes Bückler, alias „Johannes durch den Wald" oder auch „Schinderhannes"[1257], für die Wilderer und die unterdrückten Untertanen. Ihnen allen gemein ist, dass sie in der armen Bevölkerung einen guten Ruf genossen und das nicht zuletzt deshalb, weil ihre Taten mit „gemeinen" Verbrechen keineswegs vergleichbar waren. Das Empfinden gegenüber „normalen Verbrechen" wie Mord und Totschlag, Einbruch und Diebstahl war in den armen Bevölkerungsschichten nicht wesentlich von dem der Herren zu unterscheiden. Bei der Wilderei dagegen waren die Betrachtungsweisen gänzlich verschieden. Für den Herrn war sie die Infragestellung seines Herrschaftsanspruches, ein rebellisches Verhalten, während sie für die Untertanen eine der wenigen Möglichkeiten war, sich gegen die Raumkonstruktionen der Herren aufzulehnen und ihr eigene entgegenzusetzen. Hier ist letztlich der Grund für die zumeist enge geistige und soziale Verbindung zwischen Bauern und Wilderern zu suchen, da es sich bei der Wilderei gerade nicht um ein Verbrechen wie andere handelte. Der Wilderer, so auch Roland Girtler, war ein sozialer Rebell, der sich aktiv gegen die Unterdrückung durch die Herren auflehnte und dabei gleichzeitig in der Achtung

[1254] Vgl. dazu die Ausführungen von Herbert Wotte, Jagd im Zwielicht, S. 122f., unter Bezug auf den Verfasser des „Neuen Pitaval" gegen Ende des 18. Jahrhunderts.

[1255] Vgl. dazu bei Herbert Wotte, Jagd im Zwielicht, S. 123f. Siehe dazu auch die Homepage des Marienberger Heimatmuseums unter der URL: http://www.bergstadt-marienberg.de/museum1.htm. Dort wird darauf hingewiesen, dass Ausstellungsstücke aus dem Leben und Wirken des Volkshelden Karl Stülpner (hier mit „K" geschrieben) vorhanden sind und ausgestellt werden.

[1256] Wilhelm Zimmermann, Der große Deutsche Bauernkrieg, zu den einzelnen Persönlichkeiten des Bauernkrieges insbesondere auf den S. 162f., S. 168f., S. 215f., S. 365f., S. 376f., S. 774f.

[1257] Vgl. zu den berühmten Wilderergestalten bei Herbert Wotte, Jagd im Zwielicht, S. 102ff., sowie bei Roland Girtler, Wilderer, S. 287f.

der unterdrückten Bauern und Untertanen stieg[1258]. Dass er damit auch auf die passive wie aktive Unterstützung der Bauern rechnen konnte, liegt in den Bedingungen und Wirkungen der Jagd als Raum(be)handlung verborgen. Weil der Wilderer der Raumkonstruktion der Herren ihre Grenzen aufzeigte, ihnen eigene Konstruktionen entgegensetzte, war seine Akzeptanz in der Bevölkerung groß und umso brutaler musste gegen ihn von Seiten der Herrschaft vorgegangen werden. Der „normale" Verbrecher gefährdete nur sehr selten die Herrschaft der Herren, während der Wilderer die Raumkonstrukte der Landesherren bis ins Mark erschütterte. Darin ist sicher einer der Gründe zu finden, weshalb der Wilderer in der Regel von großer Beliebtheit im Volke war. Aus diesem Grunde verwundert es auch nicht, wenn die scheinbare Unverhältnismäßigkeit der Strafen, die auf Wilderei, Wilddiebstahl oder Wildfrevel standen, noch 1822 durch einen badischen Abgeordneten kritisiert wurden, indem er sie mit Strafen für andere, „normale" Verbrechen verglich[1259] und auf die Diskrepanz hinwies. Diese scheinbare „Unverhältnismäßigkeit" der Strafen für Wilderei relativiert sich, wenn man den wahren Sachverhalt der Wilderei und der durch sie verletzten Raumkonstruktionen untersucht. Betrachtet man die Strafen für Wilderei, so gibt es nur zwei Möglichkeiten für deren Härte: Wild erhielt entweder einen Wert zuerkannt, der nicht den Gesetzen der Ökonomie unterlag, oder es ging im Rahmen der Wilderei zu keinem Zeitpunkt um die Wildbretverluste, was wesentlich wahrscheinlicher ist. Da man Wildbret im Allgemeinen in Zahlen gefasst hatte und ihm über Handel und Verkauf einen rechnerischen Wert zubilligen konnte[1260], war im Zuge der Wilderei der ökonomisch zu beziffernde Verlust zu keinem Zeitpunkt Gegenstand der Betrachtung und der Bestrafung. Die hohen Strafen jedenfalls lassen sich damit nicht plausibel erklären. Hans Wilhelm Eckardt kommt im Zusammenhang mit der ökonomischen Bedeutung der Jagd und damit auch der Wildtiere und deren Fleisch zu der These, dass der Adel wohl mindestens im gleichen Ausmaße gejagt hätte, wenn die Jagd überhaupt keinen materiellen Nutzen erbracht hätte[1261]. Während die meisten jagdlichen Autoren wohl ähnlich denken, diese Erkenntnis jedoch dazu nutzen,

---

1258 Vgl. bei Roland Girtler, Wilderer. Rebellen in den Bergen, S. 13ff. Vor Roland Girtler hat sich ein anderer Autor mit sozialen Rebellen befasst: E. Hobsbawn, Die Banditen, S. 125, zum Wilderer und ebenfalls E. Hobsbawn, Sozialrebellen. Archaische Sozialbewegungen im 19. und 20. Jahrhundert, S. 41, die Wilderer betreffend. Roland Girtler kommt dagegen das Verdienst zu, die Thematik der Wilderer umfassender und schärfer konturiert erkannt zu haben. Hobsbawn widmet den Wilderern in seinen beiden Werken nur einige wenige Anmerkungen. Eine ähnliche Kritik ist auch bei Hans Wilhelm Eckardt zu den nur rudimentären Ausführungen Hobsbawns zum Thema Wilderer nachzulesen. Vgl. ebd., Herrschaftliche Jagd, bäuerliche Not und bürgerliche Kritik, S. 140.

1259 Vgl. dazu bei Hans Wilhelm Eckardt, Herrschaftliche Jagd, bäuerliche Not und bürgerliche Kritik, S,131f.

1260 Einen guten Überblick oder Einblick in beispielhafte Zahlen findet man bei Hans Wilhelm Eckardt, Herrschaftliche Jagd, bäuerliche Not und bürgerliche Kritik, S. 60ff. Er kommt ob der Berechnungen und Gegenüberstellungen von Kosten und Ertrag zu dem einfachen Ergebnis, dass der finanzielle Ertrag für die Rolle der Jagd im herrschaftlichen Leben niemals eine Bedeutung hatte. Vgl. dazu ebd., S. 268.

1261 Vgl. dazu bei Hans Wilhelm Eckardt, Herrschaftliche Jagd, bäuerliche Not und bürgerliche Kritik, S. 268.

anstelle des materiellen Nutzens die Lustbarkeit zu stellen[1262], muss an dieser Stelle darauf hingewiesen werden, dass der wirkliche Nutzen der Jagd in der Raumbewanderung und deren Möglichkeiten zur repetitiven Reproduktion von Raum und damit von Herrschaft über Menschen zu liegen kam. Die Wilderei und der herrschaftliche Umgang mit ihr zeigt dies besonders deutlich. So ist auch die Strafgesetzgebung gegen die Wilderei nur von einem Gedanken getragen, nämlich mit Hilfe einer lückenlosen Gesetzgebung, mit unterschiedlichen Zugriffen auf Raum und Zeit und einer zunehmenden Normendichte vollständige Kontrolle und damit lückenlose Verrechtlichung aller Lebensbereiche zu erreichen. Oder wie Konrad Köstlin es beschreibt: „(...) die zunehmende rechtlich-satzungsmäßige Durchdringung der Lebensbereiche, die bisher als außerrechtlich, als durch Sitte und Brauch eher informell geregelt galten"[1263], ist das Ziel nicht nur der Wildereigesetzgebung, sondern das Ziel aller jagd- und forstrechtlichen Regelungen seit dem 15./16. Jahrhundert[1264]. In den Zeiten vor der Regalität der Jagd galt Wilddiebstahl nicht als schweres Verbrechen. Die Franken, so Herbert Wotte, bestraften ihn einst viel milder als den Viehdiebstahl, was nach seiner Meinung entweder auf den Wildreichtum zurückzuführen war oder auf das Fehlen struktureller Entwicklungen und deren Vorstellungen, wie sie dann unter den Landesherren gegeben waren[1265]. Noch im Sachsenspiegel steht geschrieben, dass niemand sein Leben an den wilden Tieren verwirken kann und auch der Schwabenspiegel verbietet Leib- und Lebensstrafen sowohl für den Wilddiebstahl als auch für den Vogel- und Fischdiebstahl[1266]. Erst unter den Landesherrschaften wurde die Jagd nicht mehr als ökonomischer Bestandteil einer Herrschaft, sondern als ein herrschaftlicher und absoluter Anspruch auf den Raum und alles in ihm Befindliche gedacht. Inwiefern über die Positionierung von Menschen und Tieren zuweilen bestimmte Ansprüche repetitiv reproduziert werden konnten, wurde bereits an voriger Stelle auch unter Hinzunahme des Beispiels des Taubenhauses - und bedingt der Schäferei - sowie der Hundehaltung näher ausgeführt. Die Wilderei war also keineswegs in einen ökonomischen Bezug zu bringen, sondern allein als Hinwegsetzung über jene Bezie-

---

1262 So z. B. Sigrid Schwenk, Von der hohen Kunst zu jagen. Jagdmethoden im 18. Jahrhundert, in: : Die *Jägerey* im 18. Jahrhundert, Colloquium der Arbeitsstelle 18. Jahrhundert, Bergische Universität, Gesamthochschule Wuppertal, S. 39ff, aber ebenso die meisten hier im Verlaufe der Arbeit angeführten Jagdhistoriker, Jagdwissenschaftler, etc.

1263 Siehe bei Konrad Köstlin, Die Verrechtlichung der Volkskultur, in: Konrad Köstlin und Kai Detlev Sievers (Hrsg.), Das Recht der kleinen Leute. Beiträge zur Rechtlichen Volkskunde, S. 109.

1264 Nicht das Wild und sein ökonomischer Wert oder Verlust waren also Gegenstand der Wildereigesetzgebung oder der Strafen selbst im Rahmen der Wilderei, sondern allein die Verletzung des Raumes, die Durchbrechung der hierarchischen Beziehungen zwischen Herr und Untertan waren Gegenstand der Strafbemessungen und natürlich auch der Wille, absolute Kontrolle über die scheinbar herrschaftsgefährdenden traditionellen Rechte der Untertanen auszuüben. Die Wertigkeit des Wildbrets, wie dies auch Hans Wilhelm Eckardt belegt, war durchaus wirtschaftlich erfassbar, was aus den Schussbüchern und Streckenmeldungen beziehungsweise deren Verwertung in der Hofküche abzulesen ist.

1265 Vgl. dazu bei Herbert Wotte, Jagd im Zwielicht, S. 55f.; Georg Landau, Die Geschichte der Jagd und der Falknerei in beiden Hessen, S. 180ff.

1266 Vgl. dazu bei Georg Landau, Die Geschichte der Jagd und der Falknerei in beiden Hessen, S. 181.

hungen, die fest zwischen Herr und Untertan standen, zu bemessen. Die Verletzung des Raumes, die Rebellion gegen die „gottgewollte" hierarchische Beziehung zwischen Untertan und Herr, war das eigentliche Vergehen, welches deshalb oftmals mit dem Tode bestraft wurde. Kein Mensch durfte sich anmaßen, die „gottgewollte" Ordnung durcheinander zu bringen oder gar in Frage zu stellen. Durch die Wilderei geschah allerdings genau dieses. Das Wilderertum ist eine unabdingbare Begleiterscheinung der aristokratisch verwalteten Gesellschaft. Zwar bedeutete der Niedergang der Aristokratie nicht zwangsläufig das Ende des Wilderertums – insbesondere in den Berggegenden Bayerns und Österreichs[1267] –, es nahm jedoch eine etwas andere Form an und erfuhr auf dem Boden der heutigen Bundesrepublik bis nach dem Ende des Zweiten Weltkriegs seinen Niedergang. Wenn also die Gründe seines Erlöschens vielschichtiger sind als angenommen, so ist seine Wurzel relativ einfach zu verorten. Jene Wurzel liegt in der Beschneidung der ursprünglichen Rechte des gewöhnlichen Volkes[1268], damit also bei der strukturellen Veränderung von Herrschaft im frühen und hohen Mittelalter und damit auch in der Sichtweise, wie die Herren die Untertanen sahen und umgekehrt[1269]. Alle diese sozialen Phänomene (Wilderei, Räuberbanden) waren auch Ausdruck tiefsten und oftmals genug auch verzweifeltsten Widerstandes. Sie waren letztlich auf den Versuch der Wahrung ursprünglicher Freiheit und grundlegender Rechte sowie auf die Abwehr der herrschaftlichen Willkür zurückzuführen und damit gegen die Raumkonstruktionen der Landesherren gerichtet. Die Bauernunruhen, das Wilderertum und nicht zuletzt auch das Räuberwesen, welches jedoch nur kurz erwähnt werden wird, waren Vorkommnisse ihrer Zeit und damit den Bedingungen des epochalen Raumes strikt unterworfen. Sie zielten sehr geschickt, wenn auch nur, wie im Falle der Bauernunruhen, flüchtig, regional und zeitlich beschränkt, auf die Schwächen des Systems von Herrschaft und Raum, wie es hier vielfach vorgestellt wurde, ab. Der Widerstand griff dabei oftmals auf die Ressourcen der Herren zurück, das heißt es war häufig ein Gang mit denselben „Waffen", denselben Mitteln, Symbolen, etc. zu beobachten, ohne jedoch auf die institutionalisierte Rückendeckung, wie sie die Herrn hatten, hoffen zu können. Das Beispiel der bäuerlichen Hunde und deren Behandlung durch die Verordnungen der Herrscher zeigt diese „Waffengleichheit" und die Versuche ihres Außerkraftsetzens von Seiten der Herrscher eindrücklich auf. Auch die Wilderei, die ja nichts anderes ist als die Jagd der Untertanen in Gebieten außerhalb der Freien Pürsch, ist ein Beleg für die herrschaftlichen Potenziale, die ihr von Seiten der Herren zugeschrieben wurden. Diese Potenziale durften keineswegs in die Hände der Untertanen gelangen, weshalb die Wilderei den

1267 Vgl. bei Roland Girtler, Wilderer. Rebellen in den Bergen. Er hat das Ende der Wilderei im rebellischen Sinne auf etwa die 1950er Jahre datiert.

1268 Vgl. ebd., S. 22f.

1269 Den Wandel, wie die Herren die Untertanen sahen und umgekehrt, zeigt Joachim Allmann sehr anschaulich in seinem Werk „Der Wald in der frühen Neuzeit", S. 78ff. Als Maßeinheit für die Veränderung der Sichtweise nimmt Joachim Allmann die Forstordnungen, die stetig rigoroser wurden und dem kleinen Mann immer weniger Spielraum bei der Befriedigung seiner elementarsten Bedürfnisse ließen. Die Herrschaft über den Wald wurde durch die Herren kontinuierlich ausgebaut und der Untertan als Räuber, Tauge- und Habenichts abgestempelt, dessen Treiben im Wald so weit als möglich eingeengt werden musste, wollte man nicht die Kontrolle verlieren.

Herren ein großes Ärgernis war. Ebenso werden noch die Freipirschgebiete in diesem Zusammenhang näher betrachtet werden müssen. Der Versuch der Raumkonstruktion mit Hilfe der Jagd und aller mit ihr zusammenhängenden Praktiken, Symbole und tierischen Helfer ist also für den Untertanen prinzipiell mit denselben Potenzialen versehen wie für den Landesherrn. Allein der soziale Stand und damit die institutionalisierte Rückendeckung lässt der Jagd der Herren in ihrem Resultat der beständigen und Tatsachen setzenden Raumkonstruktion genügend Durchschlagskraft. In diesem Kontext muss nach meiner Auffassung nun auch die Wilderei einzelner Untertanen und ganzer Banden betrachtet werden, wobei die letzteren in Bezug auf die Stabilität und Kontinuität einer räumlichen Gegenkonzeption, einer rebellischen Enklave, bereits ein ganzes Stück näher gekommen waren als dies Einzeltätern gelingen mochte. Und dennoch erscheint einem die Wilderei in der Literatur derart ausdrucksstark und als nachhaltiges soziales Phänomen, dass selbst einzelnen Tätern eine räumliche Gegenkonzeption zu gelingen schien. Selbst die beiden Bedingungen der Flüchtigkeit des Raumes (wie sie für das Fehlen von institutioneller Kraft und Rückendeckung bestimmend sind) und der unabdingbaren körperlichen Präsenz scheinen bei den durch Wilderei geschaffenen räumlichen Gegenkonzeptionen teilweise außer Kraft gesetzt worden zu sein. Bei den Untertanen hielten sich Sagen und Geschichten über jene wilden Jäger über die Jahrhunderte, deren Weitergabe und Reminiszenz wohl nicht selten den ärgsten Überdruss der geplagten Untertanen etwas zu mildern half. Wenn schon nicht durch die eigene und durchaus mit vielen Gefahren für Leib und Leben verbundene Tat dem Missfallen Ausdruck verliehen werden konnte, so war die Weitergabe der alten Geschichten und Heldensagen an die nächste Generation und der damit verbundene Seitenhieb auf die Herrschaft zumindest teilweise als Surrogat eigener aktiver Raum(be)handlungen zu bezeichnen (und damit Widerstand gegen den Status quo). Ohne die großen Namen großer Wilderer wäre dies nicht so ohne weiteres möglich gewesen. So fand sich wenigstens in den Köpfen der Versuch, der herrschaftlichen Raumkonstruktion etwas Rebellisches, etwas Neues entgegenzusetzen. Die Herren, so die Aussage jener Sagen und Geschichten, haben nicht alles und jeden unter Kontrolle. Kleine, wenn auch gefährliche Freiheiten, die jedoch allesamt politische Wirkungen und oftmals auch Absichten haben, sind möglich. Neben den Geschichten und Sagen ist jedoch auch von vielen Hilfestellungen, seien sie passiv oder aktiv, durch die Untertanen die Rede. Jene Sympathie der Bevölkerung für die Wilderer – nach Hobsbawn für alle Sozialrebellen oder Sozialbanditen weitgehend zutreffend – war nicht zuletzt ein Resultat von Raum und Zeit oder um es mit den Worten von Hobsbawn zu formulieren: „Symptome der Krisen und Spannungen ihrer Gesellschaft"[1270]. Die Landesverweise, Hinrichtungen und sonstigen Strafen gegen Wilderer und Räuber wie auch gegen die aufständischen Bauern haben als Gegenreaktion der Herren, außer im Falle der Bauernkriege, keine wirkliche Besserung gebracht. Tod und Verstümmelung, so mein Eindruck, wurden als zu erwartende Reaktion aufgefasst und waren ihres Schreckens sehr oft beraubt. Der Wilde-

---

[1270] Vgl. dazu bei E. Hobsbawn, Banditen, S. 21f. Auch Bernhard Schütz, Jagd in der Kunst, in: Rundgespräche der Kommission für Ökologie, Bayrische Akademie der Wissenschaften (Hrsg.), Band 25, Über die Jagd – Kulturelle Aspekte und aktuelle Funktionen, S. 46, nennt die Wilderer Sozialrevolutionäre.

rer und Räuber genoss sein Leben, solange er konnte, in vollen Zügen, um dann die Bestrafung umso gutwilliger über sich ergehen lassen zu können. Man könnte den Eindruck gewinnen, dass hier fatalistische Einflüsse vorherrschend waren. Die Zeit, in der der Räuber und Wilderer nicht gefasst wurde, konnte er als sozialer Rebell in seiner Funktion als Vorbild für die Unterdrückten verbringen. Eine Abschreckung war die Strafe, die auf Wilderei stand in den meisten Fällen deshalb wohl eher nicht. Vielmehr scheinen der Aufwand und das Aufheben, die um die Wilderei gemacht wurden und die daran jeweils anschließenden Gegenreaktionen der Herren ein wesentlicher Bestandteil des neuzeitlichen Umgangs zwischen Herr und Untertan gewesen zu sein. Man ist versucht, darin eine spezifische Art der Kommunikation, einen Markt der Ansprüche über institutionalisierte Raumkonstruktionen hier und gegenkulturelle Konzeptionen da zu erblicken. So weiß Georg Landau von einem „gegenseitigen Kriegszustand" im Reinhardswald im 16. Jahrhundert zu berichten, der zwischen Förstern und Wildschützen bestand. Die Bestrafungen der Wilderer durch die Obrigkeit, die zumeist ein Ende am Galgen fanden, schreckten nach seinen Ausführungen die Wilderer nicht. „Auch im Mainzischen hatte die Wilddieberei dergestalt zugenommen, dass der Kurfürst von Mainz (...) unter dem 3. November 1617 gemeinsame Maßregeln vorschlug." Wildschützen hätten zu dieser Zeit in Banden bis zu 60 Mann ihr Unwesen getrieben, aber selbst die folgenden harten Strafen, namentlich der Galgen sowie die Landesverweisungen und Zuchthausstrafen, haben keine Wirkung gezeigt[1271]. Jagd und Wilderei hat beiden Seiten raumkonstituierende Kompetenzen in die Hand gegeben und beide Seiten beharrten auf dieser Kompetenz, wenngleich auch mit unterschiedlicher Durchsetzungskraft hinsichtlich Stabilität und Kontinuität der Raumkonstrukte.

Daneben kann man sich nicht des Eindrucks erwehren, dass auch die Landesherren durch ihre Taktik der Bestrafung einen Teil der Mitschuld für die Aufrechterhaltung der Raumkonstruktionen durch die Wilderer trugen. Die Strafen, denen die Wilderer unterzogen wurden, wurden nicht selten öffentlich, das heißt auf einem Marktplatz oder an einer anderen belebten Stelle, vollzogen, wobei die Untertanen häufig angehalten wurden diesem Schauspiel beizuwohnen. Was als Abschreckung für die anwesenden Untertanen und als Demonstration von Macht und Stärke gedacht war, half so oftmals nur das rebellische Potenzial eher zu vergrößern denn zu vermindern. In der Bestrafung lag letztlich auch die Anerkennung der Gegenkonzeption in ihrer Gefährlichkeit für den Herrschaftsanspruch und die Raumkonstruktion des Herrn verborgen. Dies dürfte auch den Untertanen nicht verborgen geblieben sein. Die Bestrafung - zumal auf der Agora - stellte damit einen bedeutenden Teil der hierarchischen Beziehungen zwischen Herrn und Untertanen und damit auch ein Stück im Puzzle der gegenseitigen „Anerkennung" räumlicher Konzeptionen dar. Welches Ausmaß die öffentliche Bestrafung teilweise annehmen konnte, ist im Folgenden skizziert: „Nachdem Dippel (Hans Dippel, gen. Schnarbusch, den Landgraf Ludwig IV. 1591 zu Marburg wegen Wilderei

[1271] Vgl. dazu die ausführlichen Darstellungen bei Georg Landau, Die Geschichte der Jagd und der Falknerei in beiden Hessen, S. 192ff. Es ließen sich unzählige weitere Beispiel anführen, die jedoch alle zu demselben Schluss verleiten: die Bestrafung der Wilderer brachte keine Besserung.

peinlich anklagen ließ, Anm. d. V.) aus einem Gefängnis geholt worden, bot man ihm Suppe und Fleisch an, aber er war so gebeugt, dass er jede Speise zurückwies. (...) Endlich erschien der „Peiniger" und führte ihn hinab vors Rathaus, wo das peinliche Gericht auf dem Markte „unter freiem Himmel" saß. Hier wurde ihm das Urtheil vorgelesen und er musste an den Gerichtsstab geloben und mit aufgerichteten Fingern einen gelahrten und vorgehaltenen Eid zu Gott schwören, niemals wieder den hessischen Boden zu betreten. Sobald er hierauf einige Zeit am Halseisen gestanden, entblößte ihm der Henker den Rücken und führte ihn unter fortwährenden Ruthenstreichen bis zur Pforte am deutschen Hause. Hier bestieg Dippel mit dem Henker einen Karren und zog unter einer Bedeckung von 30 Gewaffneten noch am selben Tage bis zum Schlosse Wolkersdorf, wo er für die Nacht in Ketten und Fesseln geschlagen wurde. Schon zwischen 7 und 8 Uhr des nächsten Morgens wurde unter starker Bedeckung nach Bromskirchen aufgebrochen, wo man beim Kirchhof auf dem Gemeindeplatze (der Einwartsstätte) die zusammen berufenen Bewohner der Aemter Frankenberg und Battenberg bereits versammelt fand. Von neuem wurde dem Verurtheilten nun der Oberleib entblößt und er „mit stettigen unabbrüchligen Steupenstreichen", unter denen er zweimal zusammenbrach, so dass ihn die Schinder von Battenberg und Frankenberg unter die Arme fassen mussten, bis zu dem auf der Gränze neuerrichteten Galgen getrieben, wo er wieder in das Halseisen geschlossen wurde. Nachdem er hier einige Zeit gestanden, mussten die Zuschauer einen Halbkreis schließen und es erfolgte nun eine weitläufige Ermahnung, nicht blos an Dippel, sondern eben so sehr an die Zuschauer, es wurde mit lauter Stimme das fürstliche Wilddiebs-Edikt verlesen und schließlich auf den Galgen hingewiesen. Erst dann erfolgte der letzte Akt des Trauerspiels, denn nachdem ihn der Henker von neuem entblößt, damit jeder die blutigen Mahle der Streiche sehe, fasste derselbe ihn am Arme und stieß ihn mit den Worten: „Wohl aus meines gn. F. und H. Land und nimmer mehr darin" über die Landesgränze, dass er strauchelnd und taummelnd hinüberstürzte und sicher zu Boden gefallen seyn würde, wenn nicht seine Freunde ihn aufgefangen hätten (...)."[1272]

Ähnlich wie es Martina Löw für die gegenkulturelle Raumkonstruktionen der „Lads" in ihrem Verhältnis zur Lehrerschaft und deren Raumkonstruktion beschreibt, führte auch die umfassende und brutalisierende Wildereigesetzgebung und die Bestrafung jener Rebellen nur dazu, dass jene gegenkulturellen Räume dadurch überhaupt erst anerkannt wurden und sich damit materiell und symbolisch verfestigen konnten[1273]. Die öffentlichen Abstrafungen und vermeintlichen Exempel haben so nur der Öffentlichkeit angezeigt, dass die Herren sich durch die Versuche und Handlungen der Wilderer bis auf das Blut gereizt zeigten. Für die

1272 Zitiert nach Georg Landau, Die Geschichte der Jagd und der Falknerei in beiden Hessen, S. 191-192.

1273 Vgl. dazu die Ausführungen von Martina Löw, Raumsoziologie, S. 239. Die „Lads", so der selbst gewählte Name einer Schülergruppe, umfassen zwölf nicht akademisch geschulte Arbeiterjungen, die als Clique zusammen agieren. Martina Löw nimmt hier auf Paul Willis (1982) Bezug, der in den Jahren zwischen 1972 und 1975 in Großbritannien eine Untersuchung über die Statuspassage von Jungen aus der Arbeiterklasse ohne höhere Schulbildung in die Erwerbsarbeit durchführte.

Zielsetzung des Widerstandes war dies bereits ein beachtlicher Erfolg und damit eher Ansporn denn eine Lehre. Die Anzahl und stetigen Wiederholungen der Gesetze, Verordnungen, Vereinbarungen, Mandate, Kreis- und andere Patente, „Edicte", General- und einfacher Reskripte, etc. z. B. in Württemberg im Verlaufe der gesamten Herzogszeit sind äußerst zahlreich[1274]. Schon die Auflistung der unterschiedlichen Bestimmungen weist auf die große Bedeutung einerseits als auch auf die damit verbundene Unwirksamkeit andererseits hin. So ist denn auch die Überarbeitung und weitere Brutalisierung der Strafordnungen nicht selten mit dem Argument verbunden, dass die Wilderei in bedeutendem Umfange stetig zunehme und darüber hinaus die „Dreistigkeit der Wilderer" ebenfalls bis dahin unbekannte Auswüchse annehme[1275]. Die „Dreistigkeit" wird nicht zuletzt darin zu erblicken sein, dass die Wilderei nicht selten auch vor oder unter den Augen der Herzöge stattfand, was diese bereits 1588 und wiederholend 1718 dazu veranlasste, zu bestimmen: „Fand die Wilderei statt in herzoglichen Lustjagen, an Orten nahe bei der Hofhaltung oder bei einem Jagen, welchem der Herzog persönlich anwohnte, so wurden die Strafen verstärkt durch Stellung in das Halseisen, scharfes Ruthenstreichen, Bannung in den Zehnden und eventuell Landesverweisung; bei Anwesenheit des Herzogs kann selbst die Todesstrafe eintreten[1276]." Die Landesherren konnten also trotz institutionalisierter Möglichkeiten der Raumkonstruktionen die gegenkulturellen Bestrebungen der Untertanen mit Hilfe der Wilderei nicht ernstlich unterbinden, geschweige denn verhindern. Selbst mit der Republik Venedig wurde von Herzog Eberhard Ludwig 1716 ein Vertrag geschlossen, welcher die Übernahme von Galeerensträflingen regelte, die in Württemberg dem „freventlichen Wildern" überführt wurden. So kam es, dass Wilderer aus Württemberg Galeerendienst auf venezianischen Handelsschiffen versehen mussten. Aber auch in Bayern wurde in dem 1751 erlassenen Kriminalkodex verfügt, dass die Wilderei auf fremdem Grundstück Galeeren- oder Todesstrafe nach sich zog[1277]. Die unvermeidliche Verbindung der Wilderei mit einem Akt des Aufbegehrens, der Rebellion oder schlichtweg der Infragestellung der herrschenden Ordnung und ihrer Raumkonstruktionen ist wohl auch als Erklärung dafür anzusehen, weshalb die Strafen für Wilderei in den geistlichen Herrschaften nicht weniger grausam und hart waren als es in den übrigen der Fall war. Auch die geistlichen Herrschaften konnten nicht auf die Gottesfürchtigkeit ihrer Untertanen allein vertrauen, geschweige denn als Herrschaften bestehen und Entscheidungen durchsetzen. Auch sie waren an das Setzen von Standards, von Regeln und Ordnungen profaner Herkunft und profaner Motive gekoppelt. Wie ich bereits an anderer Stelle unter Bezug auf die Beispiele der Hochstifte Speyer und Würzburg hingewiesen habe, ist auch in den geistlichen Herrschaften der anthropologische Pessimismus Machiavellis ein Pfeiler der politischen Handlungsmaxime. So sind es nicht die ethischen Normen, die Moral und das Vertrauen auf diese, die ein Gemeinwesen festigen, sondern nur

---

1274 Vgl. dazu bei Freiherr Rudolf von Wagner, Das Jagdwesen in Württemberg unter den Herzögen, S. 463.

1275 Vgl. dazu ebd., S. 467.

1276 Vgl. dazu ebd., S. 471.

1277 Vgl. dazu bei Hans Wilhelm Eckardt, Herrschaftliche Jagd, bäuerliche Not und bürgerliche Kritik, S. 129f.

die Effizienz rational kalkulierter Handlungen. Dass zu jener Effizienz die jagdlichen und forstlichen Rechte, Ordnungen und Handlungen zu rechnen sind, ist nach dem bisher Gesagten deutlich geworden. So gilt auch für die geistlichen Herrschaften Machiavellis Rat: „Daher muss sich ein Herrscher, wenn er sich behaupten will, zu der Fähigkeit erziehen, nicht allein nach moralischen Gesetzen zu handeln sowie von diesen Gebrauch oder nicht Gebrauch zu machen, je nachdem es die Notwendigkeit erfordert."[1278] Auch die geistlichen Staaten waren auf die Kontinuität ihrer Raumkonstrukte angewiesen, ihre Staatsraison unterschied sich in Nichts von derjenigen der weltlichen Herren.

7.4.6.3 Resümee zur Wilderei

Die Wilderei war ein Resultat der strukturellen, kulturellen, psychischen und physischen Veränderungen im Verlaufe des Zivilisationsprozesses geradeso wie es auch ihr endgültiger Bedeutungsverlust war, der allerdings erst in der Mitte des 20. Jahrhunderts seinen Vollzug erfuhr[1279]. Die Aufrechterhaltung und im selben Zuge auch so verstandene Besetzung des Raumes, der ohnehin ein von den weltlichen und geistlichen Herren künstlich kreierter Herrschaftsraum war, wurde durch die Kontinuität der Jagdpraxis und der abverlangten Frondienste den Untertanen gegenüber demonstriert. Wildereien konnten von diesem Standpunkt aus nicht als Diebstahl oder bloßer Verstoß gegen ein ius regalia behandelt werden, ja selbst die oftmals ins Feld geführte (Hungers-)Not gilt unter räumlichen Betrachtungen nicht als Argument, sondern die Wilderei muss in diesem Kontext einzig und allein als Provokation gegen die Herrschaftsansprüche der Bannherren gesehen werden. Unter räumlichen Aspekten ist der Auslöser für die Wilderei vollkommen irrelevant, weil er an der Stoßrichtung jener Handlung nichts ändert. Die Wilderei, einerlei aus welchem Grunde sie auftritt, ist als gegenkultureller Versuch der Raumkonstruktion zu verstehen, der sich gegen die landesherrlichen Ordnungsvorstellungen richtete. Die Anstrengungen der Landesherren gegen die Wilderei einzutreten und die Brutalität und (ökonomische) Unverhältnismäßigkeit der Strafen müssen als ein Indiz dafür gewertet werden. Unverhältnismäßig waren die Strafen bei dieser Betrachtung jedoch tatsächlich zu keinem Zeitpunkt. Die oftmals zitierte Unverhältnismäßigkeit resultiert nur aus der ökonomischen Perspektive, die hier jedoch keineswegs in Betracht gezogen werden kann. Der Wildbretverlust war niemals das ausschlaggebende Moment der Strafbemessung, sondern die Verletzung der Ordnungsvorstellungen, das Aufbegehren gegen die Herrschaft und ihre Raumkonstrukte war der eigentliche Bezugspunkt. Auch Joseph Morsel sieht in der hier zur Sprache gekommenen Diskrepanz, die zwischen den Körperstrafen für Jagd-

---

[1278] Niccolò Machiavelli, Il Principe, XV, S. 63 (in der Übersetzung von Rudolf Zorn).

[1279] Im Allgemeinen hat die Wilderei in der Zeit ab etwa 1950 endgültig ihre soziale und politische Bedeutung verloren. Nicht nur der Wohlstand ist daran „schuld", sondern die Veränderung in den politischen Rahmenbedingungen und damit verbunden auch die Möglichkeiten der legalen Erlegung von Wild in den Gemeindejagden, Eigenjagden, Regiejagden, etc. Roland Girtler beschreibt in seinem Werk: Wilderer. Rebellen in den Bergen, S. 37, dass das Wildern nach dem Ersten Weltkrieg noch als Kavaliersdelikt galt. „Man lebte jetzt zwar in einer Republik, doch die Großgrundbesitzer benahmen sich den kleinen Leuten gegenüber noch immer wie Feudalherren." Solange sich das nicht änderte, sollte es dort Wilderer geben.

wilderei und Schlingenstellerei und dem tatsächlich angerichteten Schaden bestand, den Denkanstoß ökonomische und rein auf das Monopol der Jagd oder den „Lustfaktor" der Jagd abzielende Überlegungen hintanzustellen. Sie waren in ihrer Gesamtheit niemals der Auslöser für die Wildereistrafgesetzgebung. Verstöße gegen das Jagdverbot, welches Bestandteil des Bannrechtes und damit Bestandteil der institutionalisierten Raumkonstruktionen der Landesherren war, wurden nicht als solche betrachtet, sondern als Missachtung des herrschaftlichen Machtbereichs, als ein Anschlag auf die Souveränität des Herrschers, als eine Umkehrung der hierarchischen Interaktionen und damit als ein rebellischer Akt. Die Gründe, die letztendlich zu einer Verschärfung der Jagdordnungen führten, wurden nicht zuletzt über das mit voller Absicht gezeichnete Schreckgespenst des Wilderers erreicht. So wurden jene nicht als Einzeltäter umschrieben, sondern zumeist als „rottenweys" zusammengeschlossen, als Räuberbanden, die es nicht nur auf Wild, sondern auf allerlei „Mordt und anndere Ufrühren" abgesehen hätten. Es wird mit aller Deutlichkeit das revolutionäre Potenzial jener Banden und „unnutzen Buben" herausgestellt, um ihre Gefährlichkeit für die Herrschaft als Ganzes herauszustellen[1280]. Der Wilderer wird zum Aufrührer, zum hochverräterischen Spitzbuben und Mordgesellen abgestempelt, um sich seiner leichter und einfacher über die Halsgerichtsordnung entledigen zu können. Auch der Aspekt der Verteilung der Beute in der armen Bevölkerung durch die Wilderer, den Roland Girtler bis in die Zeiten nach dem Zweiten Weltkrieg beschreibt[1281], ist als ein Indiz für gegenkulturelle Räume und deren Ausweitung und versuchte Stabilisierung durch die Einbeziehung der unbeteiligten Bauern anzusehen. Die Vergabe des Wildbrets an andere, die nicht unmittelbar an der sozialen Handlung der Wilderei beteiligt waren, führte zu einer größeren räumlichen Reichweite, zu einer stabileren Konstruktion als die lediglich persönliche Einbehaltung der Beute nach Kriterien des Eigennutzes. Der Kreis der Eingeweihten, der Kreis der symbolisch positionierten (im Gegensatz zur unmittelbaren Positionierung von Mensch und Tier im Zuge der rebellischen Handlung „Wilderei", geschweige denn der herrschaftlichen Jagd und den Frondiensten) und sozial nahe stehenden Menschen wurde dadurch zuverlässig und erheblich erweitert. Die Flüchtigkeit der Raumkonstruktionen konnte dadurch nicht selten hinausgezögert oder abgemildert werden, da die Unterstützung der Wilderer durch die Bevölkerung den Reaktionen der Herren auf die räumlichen Provokationen keinen Anhaltspunkt gaben. Nicht umsonst wurden häufig die Mitwisser und Unterstützer der Wilderer ebenso hart bestraft wie der Wilderer selbst[1282]. In diesem Kontext dienten die zunächst unverhältnismäßig erscheinenden Körperstrafen wie generell die ganze Wildereigesetzgebung nicht der Satisfaktion um des Verlusts des Wildbrets willen, sondern zur Aufrechterhaltung und Durch-

[1280] Vgl. dazu einige Textstellen bei Joachim Allmann, Der Wald in der frühen Neuzeit, S. 130ff, unter Bezug auf archivarische Stellen wie z. B. LA Speyer B 2 2610 fol. 361r, 362v., daneben LA Speyer A 2 216/3 S. 109f.

[1281] Vgl. dazu bei Roland Girtler, Wilderer. Rebellen in den Bergen, S. 42ff.

[1282] Vgl. dazu bei Georg Landau, Die Geschichte der Jagd in beiden Hessen, S. 180ff., weiterhin bei Freiherr Rudolf von Wagner, Das Jagdwesen in Württemberg unter den Herzögen, S. 456ff., und bei Hans Wilhelm Eckardt, Herrschaftliche Jagd, bäuerliche Not und bürgerliche Kritik, S. 127ff.

setzung der herrschaftlichen Raumkonstruktionen. Aufgrund der sehr unsicheren inneren wie äußeren Verhältnisse der Landesherrschaften, die regelmäßig in Kriegshandlungen mittelbar oder unmittelbar verstrickt waren, musste eine solche Zuwiderhandlung die äußerst sensiblen und zerbrechlichen Verhältnisse der Herrschaftsdurchsetzung und -erhaltung auf das Äußerste belasten, da Herrschaft jederzeit durch äußere Bedrohungen und innere Rebellion gefährdet werden konnte. Aus diesem Grunde eröffnet sich bezüglich der Wilderei auch eine raumsoziologische Betrachtung. Die Fronleistungen, so habe ich weiter oben dargestellt, sind durchaus als herrschaftsreproduzierende Interaktionen zwischen Herren und Untertanen zu verstehen. So war es die Wilderei, die hier mit den Regeln der interaktiven Herrschaftsreproduktion brach und damit zu einem Ungleichgewicht in Anschauung und Hierarchie führte und eo ipso zu einem rebellischen Akt wurde. Dissuasion und Mutilation sind in diesem Zusammenhang als die Mittel zu betrachten, mit deren Hilfe wieder der Weg der ordentlichen hierarchischen Interaktion beschritten werden sollte. Das dies oftmals ins Gegenteil umschlug, lässt sich durch die Unmöglichkeit der Unterbindung der Wilderei wohl hinreichend belegen. Sowohl der Wilderei als auch der ordentlichen Jagdhandlung durch den Herrn ist gemein, dass sie repetitiv stattfanden. Gerade in den Zeiten der feudalen und absoluten Herrschaft wird der Raum regelmäßig mit Hilfe der Jagdhandlungen und der Inanspruchnahme von Frondiensten als Herrschaftsraum immer wieder neu okkupiert. In der repetitiven Wilderei der Einzelnen oder der Banden ist der Versuch zu erkennen, diesen Raum ebenfalls durch regelmäßige Handlungen wieder zurückzugewinnen oder ihn wenigstens störend zu beeinflussen. Wilderei und ordentliche, weil unter institutioneller Rückendeckung stattfindende herrschaftliche Jagd unterschieden sich insofern bezüglich ihrer Absichten und Ziele nicht wesentlich. Auch hier werden die Potenziale, die der Jagd grundsätzlich inhärent sind und die zu ihrer Freisetzung und Funktionalisierung auf die spezifischen Strukturen einer jeweiligen Gesellschaft angewiesen sind, deutlich vor Augen geführt. Handlungen, die zur Festigung einer Systematik von Ordnungsvorstellungen herangezogen werden können, sind in die gegenläufige Richtung ebenso instrumentalisierbar. Das ist das wirklich interessante an der historischen Jagd und nebenbei der Extrakt aus der Wilderei. Dort, wo sie heute noch sporadisch auftritt, wird man Wilderei als gegenkulturelle Bewegung kaum mehr bezeichnen können. Die Voraussetzungen und Bedingungen der Wilderei haben sich in der Bundesrepublik vollkommen verändert. Im folgenden Abschnitt ist es nun notwendig, auf die symbolischen Größen der Raumkonstruktionen näher einzugehen, bevor dann im nächsten Kapitel die Jagdpraxis der Herren näher dargestellt werden wird. Die Jagd- und Forstordnungen müssen als ein wesentlicher Teil der institutionalisierten Herrschaft über Raum und Zeit betrachtet werden. Sie bildeten das Rückgrat der Jagdfunktionalisierungen, der Jagdpraxis, und wurden aus diesem Grunde seit der frühen Neuzeit stetig in ihren Regelungen forciert. Die Gründe und Auswirkungen hierzu werden im folgenden Abschnitt ausführlich behandelt.

7.4.7 Zur Rolle und Funktion der Jagd- und Forstordnungen unter dem Aspekt des Räumlichen

7.4.7.1 Einführung

Die Errichtung der Forste muss als ein erster Einschnitt in die traditionale Waldnutzung betrachtet werden, da über sie zuvor unbekannte Regelungen Einzug in diese regionalen Räume nahmen und die Nutzungen dort beschränkten. Und wie es scheint, waren offensichtlich die sich parallel dazu entwickelnden Jagd- und Forstordnungen insbesondere dazu geeignet, die traditionalen Raum(be)handlungen (das heißt die generelle Freiheit der Bewegung, der allgemeinen Nutzung, der Siedlung, der Rodung, Urbarmachung, Viehhaltung, etc.) nun allmählich aufzubrechen. In Bezug auf die Zunahme und Ausweitung der Forstordnungen sind gerade einer sich entwickelnden Stadtkultur, dem Erblühen von Handel und Gewerbe, entscheidende Impulse zuzuschreiben, wie dies Heinrich Rubner für das Zweistromland, aber auch für die Römer bereits belegt hat[1283]. Das Zusammenrücken der Menschen drängte unreglementierte Nutzungen der Räume zugunsten nun entstehender Ordnungen, Gesetze, Regelungen, etc. zurück. Die Kontrolle durch Institutionen führte dazu, dass traditionelle Verhaltensweisen beschränkt oder beschnitten wurden. Ihre Blüte erreichte diese Entwicklung auf dem Gebiet des Deutschen Reiches jedoch erst etwa ab dem 16. Jahrhundert. Im Zuge des Fortschritts kam es so bereits in der (Spät-)Antike zu einer neuen Form der Raumbehandlung und Raumordnung, die zunächst die strikte Reglementierung und Ordnung des Rohstoffes Wald zum Resultat hatte. Jagdordnungen dagegen waren noch lange Zeit nicht das Resultat des gesellschaftlichen Zusammenrückens. Erst im fränkischen Reich begannen sich die Könige für eine geregelte Waldnutzung zu interessieren, deren vorläufiges Resultat der Forst war, der sich jedoch von den antiken Konstrukten bereits deutlich unterschied. Dem Forst gehörte neben der Waldwirtschaft jetzt auch bereits die Jagd an. Durch Usurpation und Schenkung begann sich der im 7. Jahrhundert herausgebildete Begriff des Forstes über das gesamte Frankenreich auszudehnen und bedeutete fortan die Waldherrschaft von König, Adel und Kirche[1284]. Doch nicht nur der Wald war mit dem Begriff „forestis" abgedeckt, sondern neben unbebautem allmählich auch bebautes Land, Gewässer und Nutzungsrechte wie Jagd und Fischfang[1285]. So sei hier nochmals darauf hingewiesen, dass man im 18. Jahrhundert noch den „Forst auf dem Bodensee" kannte, der vom Heiligen Römischen Reich zu Lehen ging[1286]. Auch wenn dieser Forst in seinen ursprünglichen Rechten im 18. Jahrhundert nicht mehr genutzt worden ist, so zeigt dieses Beispiel doch auf, dass der Forst vielmehr ein Nutzungsrecht als einen einzelnen Raum bezeichnete, ohne jedoch eindeutig das

---

[1283] Vgl. dazu bei Heinrich Rubner, Forstgeschichte im Zeitalter der industriellen Revolution, S. 22f.

[1284] Vgl. dazu ebd., S. 27.

[1285] Vgl. dazu bei Heinrich Kaspers, Comitatus nemoris. Die Waldgrafschaft zwischen Maas und Rhein, in: Beiträge zur Geschichte des Dürener Landes, Band 7, zugleich Zeitschrift des Aachener Geschichtsvereins, Beiheft 2, S. 23-24.

[1286] Vgl. dazu ebd., S. 26.

eine vom anderen auszuschließen. Bereits in Kapitel 5 der vorliegenden Arbeit habe ich auf diese Entwicklungen unter Bezug auf Adam Schwappach hingewiesen. Das Recht zu jagen war zu den Zeiten Karls des Großen noch allen Freien zugänglich, während allein in den Forsten, den Herrschaftsinseln der Könige, das Jagdrecht dem König zufiel. Erst mit dem Ende des Bauernkrieges begann die Epoche der Regalität der Jagd, die nun nicht nur die Jagdhoheit den Fürsten sicherte, sondern auch die Forsthoheit in die Hände der Herren trug, die nun zusätzlich auch Kirchengut und die Besitzungen von Adligen unter ihre Hoheit und Regelungsgewalt nehmen konnten. War in der Antike die sich entwickelnde Stadtkultur ausschlaggebend für die Bildung erster Waldordnungen, so war es im landesherrlichen Mitteleuropa vielmehr der Zugriff der Herren auf den zersplitterten Raum um jenen zu sichern und die eigene Macht zu stützen. Der Wald muss zunehmend als Raum betrachtet werden, dessen Kontrolle auch die Kontrolle der Untertanen und damit der Herrschaft bedeutete. Der Grund liegt darin verborgen, dass die Stallhaltung des Viehs in der Landwirtschaft bis in das 19. Jahrhundert hinein nicht gängige Praxis war, Landwirtschaft und Waldnutzung somit auf das engste miteinander verflochten waren und der Bauer ohne den Wald nicht bestehen konnte[1287]. Schweinemast und Großviehhaltung waren unmittelbar mit der Nutzung des Waldes und seiner Früchte verbunden. Holz diente zur Herstellung aller Gegenstände des täglichen Gebrauchs, selbst die Brunnenleitungen bestanden aus Holz und die Zäune, die das Vieh von den Feldern fernhielt, ebenfalls. Im Herbst, wenn dem Vieh der Weg auf die abgeernteten Felder zur Weide freigegeben wurde, wurden diese Zäune abgebaut, dabei zumeist verbrannt und im nächsten Frühjahr wieder neu errichtet. Auch hier war der Holzbedarf enorm[1288]. Im Herbst galt daneben das zu Boden gefallene Laub als Streu, alles Grüne dagegen als Futter. Nüsse, Beeren, Früchte und Pilze, daneben Kräuter und Wurzeln boten einen wichtigen Beitrag zur Ernährung der bäuerlichen Bevölkerung. Karl Hasel nennt zusätzlich die Nutzung des Harzes, die Harzerei, als wichtige Quelle für den Bauern[1289]. Die Baumrinde, insbesondere von Eichen, galt der Gerberei als unverzichtbarer Rohstoff und eine weit verbreitete gewerbliche Nutzung des Waldes fand in der Köhlerei ihren Ausdruck. Die Aufzählung der Waldnutzungen ist damit noch nicht vollständig; allerdings wird damit sehr schnell klar, was unter traditioneller Waldnutzung oder unter traditioneller Gesellschaft und deren Verwurzelung mit dem Wald gemeint ist. Hier liegt der Beginn und die herrschaftliche Erfolgsgeschichte umfassender Forst- und Jagdordnungen verborgen, die in ihren Zielsetzungen eben nicht nur wirtschaftliche Macht, sondern Herrschaft generell sichern, transportieren und damit reproduzieren sollten[1290]. Die Regalität eröffnete dem jagenden Fürsten voll-

---

[1287] So setzte sich z. B. in Schleswig-Holstein die Stallhaltung des Viehs erst im 19. Jahrhundert allmählich durch. Bis zu diesem Zeitpunkt galt die Waldweidewirtschaft als unentbehrlich. Vgl. dazu bei Hubertus Hiller, Untertanen und obrigkeitliche Jagd, S. 42f; weiterhin zur Verflechtung des Bauern und der Waldnutzung bei Kurt Mantel, Wald und Forst in der Geschichte, S. 89ff.

[1288] Vgl. dazu bei Stefan von Below und Stefan Breit, Wald – von der Gottesgabe zum Privateigentum, S. 32f.

[1289] Vgl. bei Karl Hasel, Forstgeschichte. Ein Grundriss für Studium und Praxis, S. 163.

[1290] Vgl. dazu bei Heinrich Rubner, Forstgeschichte im Zeitalter der industriellen Revolution, S. 39-40.

kommen neue Herrschaftspotenziale, die es ihm erlaubten, mit Hilfe der Jagdhandlungen, der Jagdpraxis, Ordnungsvorstellungen zuverlässig bis in den letzten Winkel seines Territoriums zu transportieren. Hier sei nur an den bereits genannten Kurfürsten und Erzbischof Clemens August (1700-1761) erinnert[1291].

Neben den magischen Elementen des Raumes wurden insbesondere die freiheitlichen Merkmale (welche in den Köpfen, im Denken und Handeln der Menschen verankert waren) durch rationale und nun einschränkende Ordnungsvorstellungen ersetzt und damit der gesamte Herrschaftsraum kalkulierbar, verwaltungstechnisch fassbar (über die Ausbildung der Jägerei, Försterei, über Frondienste, etc.) und damit schlichtweg beherrschbar gemacht. Man könnte auch sagen, dass der Raum vom Untertan weg auf den Herrscher zugeschnitten wurde, der sich ehedem allgemeine Rechte jetzt als besondere Herrschaftsrechte selbst vorbehielt. Die bereits mehrfach angesprochene Villicationsverfassung der Karolinger ist ein beredter Zeuge für die angestrebte Kalkulierbarkeit des Raumes. Tiefgreifende und umfassende Brüche in den als traditionell zu bezeichnenden Raumhandlungen findet man jedoch erst nach dem Ende der Villicationsverfassung[1292] und damit etwa beginnend im Spätmittelalter. Perfektioniert und weiterentwickelt wurde der Bruch (in der Summe bezeichnet dieser Bruch die herrschaftliche Kontrolle des Raumes über Einschränkungen der frühen Nutzungsrechte der Untertanen) in der traditionellen Raumbehandlung dann in den Landesherrschaften. Die Regalität von Jagd und Forst hatte hierzu wesentlich beigetragen. Und genau an diesem historischen Punkt möchte ich aus diesem Grunde ansetzen, zumal die frühere Entwicklung schon an verschiedenen Stellen ausführlich dargestellt wurde. Trotz aller von Joachim Allmann für den Pfälzer Raum erwähnten Krisen, Unwirtlichkeiten und der daraus erwachsenden (land-)wirtschaftlichen Stagnation[1293] hielten die Landesherren ihren harten politischen Kurs bei. Anstatt auf die schwierige Situation angemessen zu reagieren, das heißt den Lebens- und Wirtschaftswillen der gebeutelten Bevölkerung zu unterstützen, griffen die Landesherrn nicht selten zu gegenteiligen Maßnahmen. Die Bevölkerung wurde als rebellisch, verwegen und boshaft denunziert und als Resultat aus dieser Einschätzung und Beurteilung die Jagd- und Forstordnungen nicht gemildert, sondern sogar verschärft[1294]. Dagegen hätte gerade in den Kriegszeiten zusätzliche Holzzuweisung oder die Erlaubnis zum Schlingen- oder Fallenstellen den bäuerlichen Untertanen in seiner Not entlasten können. Das Gegenteil war jedoch der Fall. Rechtsverordnungen im Innern wurden so gefasst, dass Widerstand schon im Keim erstickt werden konnte. Die Untertanen waren in der Mehrzahl bäuerlich, ihre Bedürfnisse im Wald und auf

1291 Vgl. dazu bei Horst-Rüdiger Jarck, Repräsentation - sportliches Vergnügen - bäuerliche Last. Die Jagd des Bischofs Clemens August (1700 - 1761) im Hümmling, in: Die *Jägerey* im 18. Jahrhundert, Colloquium der Arbeitsstelle 18. Jahrhundert, Bergische Universität, Gesamthochschule Wuppertal, S. 79.

1292 Sie wurde erst etwa im 13. Jahrhundert durch andere Formen abgelöst. Ihr Ende steht wahrscheinlich in einem engen Zusammenhang mit dem Aufblühen der Städte und der Ostkolonisation. Vgl. dazu bei Heinz Brandsch, Die Landgüterordnung Kaiser Karls des Großen, S. 108ff.

1293 Vgl. dazu bei Joachim Allmann, Der Wald in der frühen Neuzeit, S. 19-30.

1294 Vgl. ebd., S. 82f.

den Äckern zu befriedigen. Was lag also näher als diese Bereiche durch harte und enge Gesetze zu beschneiden, zu kontrollieren und bei Zuwiderhandlungen mit hohen Strafen zu sanktionieren? Die Herrschaft wurde in den nun hinsichtlich der Herrschaftserhaltung zunehmend rationalisierten Jagd- und Forstordnungen der Fürsten abgebildet, die über diese Regelwerke bestimmte Teile der Bevölkerung sowohl exkludieren als auch inkludieren konnten um Gefolgschaft zu sichern und Kontrolle zu bewahren[1295]. Das Jagd- und Forstregal begann hier ein eigenständiges herrschaftliches Instrument zu werden, welches die Geschichtsforschung lange Zeit unterbewertet hat. Jagd- und Forstordnungen können also durchaus als ein Phänomen sich entwickelnder und räumlich zusammenrückender Kulturen betrachtet werden, wobei deren politische, soziale und juristische Ausgestaltung je nach aristokratischer oder parlamentarischer Herrschaft deutlich variieren wird. Den Jagd- und Forstordnungen ist gemein, dass sie den Handlungsrahmen vergrößerten oder verengten, innerhalb dessen die Jagdpraxis für herrschaftspolitische Funktionen instrumentalisiert werden konnte. Als symbolische Größe der Raumkonstruktion bestimmten die Ordnungen und Regelungen die Entfaltung der Potenziale, die den Jagdhandlungen grundsätzlich inhärent sind, wie ich es in Kapitel 4 dargelegt habe. Im frühen Mittelalter waren die Verordnungen noch unspezifisch, kaum detailliert und auf zumeist kleinere Gebiete wie den königlichen Forst beschränkt, während sie in den Landesherrschaften schon spezifiziert wurden und dann für ganze Territorien und damit die Gesamtheit des Herrschaftsgebietes galten. Die rasante Entwicklung der Forst- und Jagdordnungen ab etwa dem 16. Jahrhundert steht dabei zumeist in einem engen innenpolitischen und außenpolitischen Kontext und muss als Mittel der Machterhaltung und Machtdurchsetzung betrachtet werden[1296]. Die schon verschiedentlich angesprochene und dargelegte Diskrepanz zwischen der Jagdfunktionalisierung des frühen Mittelalters und derjenigen der Landesherrschaften ist somit auch ein Resultat der Veränderungen in der Ordnungsstruktur und der Zielsetzung jener Ordnungen im selben Zeitraum. Sie ist aber zusätzlich ein Merkmal der Veränderung der Raumphänomene, das heißt des Raumes und seiner Behandlung selbst in politischer, sozialer, kultureller und struktureller Hinsicht. Die Bevölkerungszahl stieg, klare Grenzen wurden immer wichtiger (die Menschen rückten zusammen), was in einem lehnsherrlichen, feudalistischen und absolutistischen Gemeinwesen die rigorose Absicherung von Herrschaft und damit von Ordnungsvorstellungen beinahe zwangsläufig nach sich ziehen musste. Dass sich hier humanistische Merkmale nur selten in die praktische Politik

[1295] Auch an den Höfen existierte ein fein gesponnenes Netz von Inklusionen und Exklusionen. Sie waren die entscheidenden Herrschaftsinstrumente feudalistischer und absolutistischer Fürsten. Mit ihrer Hilfe konnte ein fein abgestimmtes System von Gnaden- und Gunstbeweisen über den am Hofe versammelten Adel errichtet werden um diesen nach Bedarf an den Herrscher binden zu können.

[1296] In diesem Zusammenhang wird noch häufig auf das Werk von Joachim Allmann, Der Wald in der frühen Neuzeit, einzugehen sein, der eben jenes Beziehungsgeflecht für den Pfälzer Raum herausgearbeitet hat. Die Regelungen der Jagd- und Forstsachen scheint, so zumindest nach den Ergebnissen von Joachim Allmann, auch auf die sich wandelnde Einschätzung oder Sicht der Untertanen von Seiten der Landesherrschaft wesentliche Auswirkungen gehabt zu haben. Mit dem Verlust der notwendigen Loyalitätsbekundungen, die die Herren selbst zu vertreten hatten, wuchs gleichzeitig das Misstrauen, welches den Untertanen entgegengebracht wurde.

verirren, wurde unter Hinweis auf Joachim Allmann bereits deutlich gemacht. Die Untertanen - abgesehen von ihrem Nutzen als Ernährer von Adel und Klerus - wurden selbst im 18. Jahrhundert als Störenfriede, Unruhestifter und Rebellen betrachtet, was auf die herrschaftliche Handlungsweisen durchschlug[1297]. Die Staatsraison nötigte den Herrscher geradezu, die Untertanen über strenge räumliche Ordnungen wie die Jagd- und Forstordnungen einzuengen, sie lückenlos zu kontrollieren, das heißt die Positionierung der Menschen im Raum unter vollständiger Kontrolle zu halten.

7.4.7.2 Wesentliche Erkenntnisse räumlicher Veränderungen

Allen hier genannten Prozessen und Entwicklungen (nicht nur auf dem Felde der Jagd) ist die stetige Entfremdung der Menschen weg von der Natur (von der Wildnis), hin zur Zivilisation eigen. Diese Entfremdung ist räumlich argumentiert eine Entfernung/Distanz. Ihre Zunahme findet nicht nur technologisch statt, zumal man von einem technologischen Fortschritt zwischen dem frühen Mittelalter und dem Absolutismus nur eingeschränkt sprechen kann[1298]. Vielmehr sind jene Entfernungen und Distanzen zum Ursprung sozial, politisch, kulturell und strukturell zu verstehen. Jene Entwicklungen (sozialer, politischer, kultureller, struktureller Art) haben den Menschen in seinen Ansichten, seinem Wissen, seinen Handlungen, Zielen, Vorstellungen, Wahrnehmungen sowie seiner Art zu wirtschaften von einer freigestellten oder eigenständigen Natur entfernt. Die vorläufigen Höhepunkte jener Entwicklung können zwischenzeitlich in der Industrialisierung, der Technisierung und deren Auswirkungen betrachtet werden[1299]. Das Resultat aus diesen Entwicklungen war neben der Naturzerstörung (die jedoch erst im 19. und 20. Jahrhundert ein wirkliches Gewicht gewann), dass sich mit stetiger Strukturierung und Ausdifferenzierung der Gesellschaft das Verhältnis zwischen Lebensraum und Jagdraum, zwischen (Rest-)Natur und Kultur stetig verringerte. Während im Paläolithikum und Mesolithikum die Sphäre der Jagd gleichzeitig die Lebenssphäre des Menschen war, es keine Abstufungen oder räumlichen Ausdifferenzierungen gab, hat sich dieser Bezug mit fortschreitender Zivilisierung allmählich gewandelt. Auch die Vorstellung von Raum hat sich in den Zeiten zwischen dem Neolithikum und dem frühen Mittelalter sowie der Neuzeit grundlegend verändert. Bereits im

---

1297 Vgl. dazu bei Joachim Allmann, Der Wald in der frühen Neuzeit, S. 82.

1298 Bereits zwischen 50 v. Chr. Und 225 n. Chr. (innerhalb der Literatur ist man sich unsicher über die genaue Datierung) war ein Mann, von dem uns nur der Name überliefert ist, Heron, offensichtlich in der Lage, in seiner Mechanika und seiner Pneumatika eine Druckpumpe, eine Feuerwehrpumpe mit Kolben und Ventilen, eine hydraulische Uhr, eine Wasserorgel und eine Dampfmaschine in ihrer Funktion zu beschreiben. Vgl. dazu bei Will Durant, Caesar und Christus, S. 538. Auch auf dem Gebiet der Medizin war man im ersten nachchristlichen Jahrhundert in Alexandrien bereits so weit wie im Europa erst im 19. Jahrhundert. Vgl. ebd., S. 539.

1299 Auch die Betrachtung der Tiere als „quietschende Maschinen", wie dies Descartes und vieler seiner Zeitgenossen getan hatten, gehört in diese Entwicklungslinie. Die Aufnahme des Tierschutzes in das Grundgesetz der Bundesrepublik Deutschland ist selbst auch Resultat der Hereinholung der „Natur" in die Zivilisation, wie es Ulrich Beck in seiner Risikogesellschaft beschrieben hat. Dabei ist die „Hereinholung" zumeist nur ein anderes Wort für Zerstörung und Rückbau.

Neolithikum fand eine (wenn auch nur sehr vage) Trennung von Lebens- und Wirtschaftsraum und der Wildnis, der unzivilisierten Natur statt. Da die Jagd in diesen Zeiten bereits begann, sich von der Nahrungsbeschaffung zur reinen Schutzjagd, das heißt dem Schutz der Feldfrüchte und des Viehs zu entwickeln, fand die Jagd immer häufiger bis an den Rand oder gar in die zivilisierte Welt hinein statt. Jagd begann hier erstmals in zwei unterschiedlichen Räumen Wirkungen zu entfalten, während jedoch das Gewicht bereits deutlich auf den Kulturraum verlagert wurde. Die Jagd löste sich aus der Natur und trug unterschiedliche Einflüsse und Wirkungen in die Kultur hinein. Ihre Funktion wurde bereits deutlich auf den Schutz der erwirtschafteten Erträge abgestimmt, auf den Schutz eines Mehrprodukts. Da die Jagd jedoch noch allen frei stand, konnte sie ihre Funktion vollends und ohne weiterführende Substituierung erfüllen. Die Jagd war noch nichts Besonderes, nichts Exklusives oder gar (Herrschafts-)Politisches. Auch Christian Ludwig Stieglitz weist in diesem Zusammenhang darauf hin, dass es (neben den sonstigen inneren und äußeren Bedingungen der Völkerwanderungszeit, Anm. d. V.) die dünne Besiedlung Germaniens gewesen sein muss, die es unmöglich gemacht haben wird, dass alle Gebiete bereits Eigentum eines Einzelnen oder einer Personengemeinschaft sein konnten[1300]. Doch nicht nur Eigentum im römisch-rechtlichen Sinne, sondern auch Herrschaft und Verfügungsgewalt über diese Gebiete im spätfeudalistischen Sinne wird es noch nicht gegeben haben. Raum war nicht begrenzt oder knapp, wie es dann in den Landesherrschaften der Fall war, auch wenn als Impulse der Völkerwanderung Übervölkerung, Hunger sowie Wander-, Beute- und Abenteuerlust angesehen werden[1301]. Damit erreichten jedoch alle raumkonstituierenden und raumbehandelnden Handlungen niemals jene Wirkungen in ihrer vollen Tiefe und Breite, wie dies für die Jagd im Feudalismus der Fall war. Auch Kriege konnten so in den Zeiten der Völkerwanderungen nicht die umfassende Wirkung entfalten, wie es die Kriege, Konflikte und Unruhen in den Landesherrschaften der Neuzeit tun konnten. In der Völkerwanderung wich der unterlegene Stamm einfach aus, verdrängte andere und zog abermals weiter. In den Landesherrschaften dagegen konnte die Bevölkerung jene Migration nicht leisten, sondern der neue Herrscher musste neue Ordnungsvorstellungen an Stelle der alten setzen und diese neuen Ordnungen stetig reproduzieren. Die Leistung der Reproduktion konnte er dabei durch sich selbst oder durch seinen Verwaltungsapparat erbringen und damit auch über die Jagdhandlungen und Frondienste, mit deren Hilfe die gezielte Positionierung von Menschen und Tieren im Herrschaftsraum erfolgen konnte. Diese durchaus weiterführend zu nennenden Ausstrahlungen konnten mit Hilfe der Jagd in den Ackerbau betreibenden Gesellschaften in der vorher genannten germanischen Zeit vor und nach dem Jahre Null bis zum Untergang des Römischen Reiches nicht erreicht werden. Die in Kapitel 3 der vorliegenden Arbeit herausgearbeitete jagdliche Symbolik ändert an dieser Bemerkung zunächst nichts. Die Erhöhung des Herrschers mit den Stilmitteln der Jagd in Bild und Kunst hatte

[1300] Vgl. dazu bei Christian Ludwig Stieglitz, Geschichtliche Darstellung der Eigentumsverhältnisse an Wald und Jagd in Deutschland – Von den ältesten Zeiten bis zur Ausbildung der Landeshoheit, S. 26f, und zustimmend dazu bei Kurt Lindner, Die Jagd im frühen Mittelalter, S. 104.

[1301] Vgl. dazu bei Alfred Helbling, Der Zug der Cimbern und Teutonen, S. 1f.

schließlich nur die Aufgabe seine Stärke und Macht zu symbolisieren und war damit gerade nicht reale Herrschaft über Menschen mit Hilfe der Jagd, wie dies dann in späteren Zeiten realisiert werden konnte. Die Abstufungen sind hier zwischen der antiken Welt und dem Feudalismus Mitteleuropas ganz deutlich. Es ist die Verschiebung vom Symbol zur Praxis der Jagd, die wiederum das vorher freistehende, weil eigenständige Symbol verdrängte.

Auch im frühen Mittelalter unter den Merowingern und Karolingern galt die Jagd nach der herrschenden Lehre noch als das Recht des freien Tierfangs. Erst die tief greifenden Veränderungen im Verlaufe des 10. bis 13. Jahrhunderts führten dazu, dass Raum knapper, die Herrschaften und das Reich zersplittert, die inneren wie auch äußeren Verhältnisse zusehends unsicherer wurden. Nicht zuletzt die äußere Unsicherheit im 10. Jahrhundert, bedingt durch die Einfälle der Magyaren nach Bayern (900), Kärnten (901), Sachsen (906), Thüringen (908) und in das alemannische Gebiet (908) waren es, die die Loslösung einzelner Provinzen vom Reich förderten[1302]. Die Herzöge, die die großen Heere zur Verteidigung bildeten, wurden von der Krone weitgehend unabhängig, weil ihnen der König nicht mehr helfen konnte. Der Grundstock für das lehnsherrliche Deutschland wurde so durch die äußeren Bedrohungen zumindest mitgelegt. Zusätzlich war gegen Ende der Stauferzeit dann das Maximum der Rodungen erreicht und eine Entschärfung der Situation konnte bedingt über die Ostkolonisation erreicht werden, die zu jenem Zeitpunkt das Altreich gerade im richtigen Moment entlastete[1303]. Im späten Mittelalter und der frühen Neuzeit führten die genannten geographischen, politischen, sozialen, kulturellen, strukturellen Veränderungen zu einer vollkommenen Neubewertung der Jagd auf wilde Tiere und ihrer Funktionalisierung, wie ich das unter Heranziehung hadrianischer, karolingischer und letztlich landesherrlicher Rückgriffe im Verlaufe dieser Arbeit deutlich machen konnte. Die Verschiebung der Ebenen, die vielschichtigen Verflechtungen zwischen Herren und Untertanen, die Dualismen von Stadt und Land, haben dazu geführt, dass über die Ordnungsvorstellungen der Herren – nun zusehends repräsentiert durch die Rigorosität der Jagd- und Forstordnungen, also nach unserem heutigen Verständnis absolut an der Peripherie gesellschaftlicher Dringlichkeiten stehenden Ordnungen – Ausstrahlungswirkungen bis in den intimsten Bereich des Lebens der Untertanen stattfanden. Dieser Kontrast, auch hervorgerufen durch den bereits an früherer Stelle erwähnten Verlust des loyalen Untertanen, der, aller seiner Rechten beraubt, keiner Appellation an seine Treue und Loyalität mehr bedurfte (und wohl auch nicht zu folgen bereit war) und stattdessen mit strenger Hand regiert werden musste, bestimmte die Raumdefinitionen der Herren und die hierarchischen Beziehungen zwischen Herr und Untertan auf Jahrhunderte. Welche Wirkungen dies auf die Frondienste, die Wilderei und andere gegenkulturelle Reaktionen hatte, habe ich bereits im Rahmen dieses Kapitels dargestellt. Regelungen, die mittelbar oder unmittelbar auf die Lebensverhältnisse einer ländlichen Gesellschaft, einer Gesellschaft im „hölzernen

---

[1302] Vgl. dazu bei Will Durant, Das frühe Mittelalter, S. 185.

[1303] Vgl. dazu bei Horst Alexander Willam, Wildbahn und Waidwerk in Baden-Württemberg 1875-1975, hrsg. vom Landesjagdverband Baden-Württemberg e.V., S. 23.

Zeitalter"[1304], abzielten, sie beeinflussen konnten, waren aus eben diesem Grunde hervorragend dazu geeignet, Herrschaft, Ordnungsvorstellungen, hierarchische Beziehungen, zu verfestigen, zu kontrollieren und letztlich zu reproduzieren. Jagd- und Forstordnungen müssen aus genau diesen Gründen im Rahmen einer historisch-soziologischen Betrachtung der Jagd kritisch miteinbezogen werden. Sie halfen die herrschaftlichen Raumkonstruktionen formal zu etablieren, während die Jagdpraxis, die jagdlichen Frondienste und die Reaktionen auf Wilderei der unmittelbaren Reproduktion von Herrschaftsansprüchen und Ordnungsvorstellungen dienten. Und gerade deshalb, weil das Forstwesen nicht auf den Wald beschränkt blieb, die Forst- und Jagdordnungen über ihre Ausstrahlungen bis in den intimsten Winkel des Lebens der Untertanen Wirkungen außerhalb ihres originären Bereiches entfachten, waren sie ein wesentliches Instrument der Raumkonstruktionen und damit der Herrschaftsgebilde der Neuzeit bis 1848/49. In diesem Zusammenhang der Reproduktion von Raum, von Ordnungsvorstellungen verwundert es auch nicht, dass die Forstordnungen zu beinahe der Hälfte ihrer Regelungen aus jagdlichen Bestimmungen und Anweisungen bestanden, wie dies für die Forstordnung des Herzogtums Zweibrücken aus dem Jahre 1711 zutrifft. Von den insgesamt 68 Zeilen des Dekrets sind der Jagd 30,5 vorbehalten, dem Wald dagegen nur 9,5[1305]. Der Jagd kam also ein sehr hoher Stellenwert zu und sie bildete offensichtlich das Rückgrat des Herrschaftsinstrumentes Forstordnung.

7.4.7.2.1 Das Wald- und Forstwesen unter den Aspekten der neuen räumlichen Bedingungen

Jagd, so das Resultat bisher, war im Sinne Joseph Morsels eine soziale Handlung, eine soziale Praktik[1306] des Adels. Hier ist es zunächst zielführend, wenn man den Herrschaftsraum, der nicht gleichzusetzen ist mit Jagdraum, näher definiert. Die Jagd ist eine primär ländliche Raumhandlung und hier ganz allgemein eng an den Forst angelehnt. Die Stadt war, sofern nicht reichsunmittelbar zwar Pertinenz der Herrschaft, jedoch nicht Jagdraum. Die Jagd fand also überwiegend in den Forsten, den ihnen einverleibten Räumlichkeiten wie Wiesen, Äcker, Wälder, Flüsse und Seen statt. Jagd und Forst - gleichwohl wie seine letztendliche Definition ausgesehen haben mag - waren untrennbar und standen in einem klaren Gegensatz zur Stadt. Das könnte auch einer der Gründe dafür sein, weshalb das Turnier als die städtische Form von Herrschaftsreproduktion im Gegensatz zur ländlichen Herrschaftsreproduktion durch die Jagdhandlungen angesehen werden kann. Dass jedoch auch auf die Dörfer und Städte ein herrschaftlicher Rückgriff mit Hilfe der Jagd genommen werden konnte, habe ich weiter oben am Beispiel des „Ankaufzwangs" überteuerten Wildbrets aufgezeigt. Durch diese Form der Inklusion auch der Städte und Dörfer in die jagdlichen Raumbewegungen und Raum(be)handlungen konnte zuverlässig die Herrschaft auch auf jene „Kulturin-

[1304] Werner Sombart, zitiert nach Peter Blickle, Studien zur geschichtlichen Bedeutung des deutschen Bauernstandes, S. 37.

[1305] Vgl. dazu die Ausführungen zu jener Forstordnung und ihren Besonderheiten bei Joachim Allmann, Der Wald in der frühen Neuzeit, S. 81ff.

[1306] Vgl. dazu die Ausführungen Joseph Morsels zu Jagd und Raum, in: Werner Rösener (Hrsg.), Jagd und höfische Kultur im Mittelalter, S. 256ff.

seln" durchschlagen, wenngleich die „Wirkungen" auf einer anderen Eben anzusiedeln sind als die gegenüber den direkt eingebundenen und körperlich Fron leistenden bäuerlichen Untertanen. Ein weiterer wesentlicher Unterschied zwischen Stadt und Forst beruht nach den Angaben von Rudolf Kiess darin, dass der Forst im Gegenteil zur Stadt ein juristischer[1307] Raumbegriff war. Die Forste sind auf die königlichen Okkupationen im frühen Mittelalter zurückzuführen; sie waren also ursprünglich im Eigentum des Königs und bezeichneten nur einen Teil des gesamten Königsgutes. Laut Kiess ist auch der Forst lediglich Nutzungsraum außerhalb der Jagd und außerhalb des Wildbannes[1308]. Diese Betrachtung hatte jedoch nur solange Gültigkeit, solange die von Karl dem Großen aufgebaute zentralistische Reichsverwaltung Bestand hatte. Bereits mit den Sachsenkaisern wurde der Forst identisch mit Wildbann und die auch bei Adam Schwappach dargestellte zunächst noch notwendige und eingeholte Zustimmung der Landbevölkerung zur Ausdehnung des Wildbannes oder nun des Bannforstes zeigt auf, dass er sich bereits hier über das Königsgut hinaus auch auf fremden (z. B. markgenossenschaftlichen) Grund erstreckte. Die neuen Forste (die Wildbannbezirke) erstreckten sich nun bereits weitgehend über fremden Grund und Boden und schränkten in starkem Maße das Jagdrecht des gemeinen Mannes ein. Dass ihnen ein juristischer Akt zugrunde liegt und somit auch juristische Faktizität zukommt, ist in der dem Einforstungsvorgang unmittelbar vorausgehenden Erstellung einer Einforstungsurkunde zu sehen. Dieser Vorgang hat den Untergang der ehemals freien bäuerlichen Markgenossenschaften beschleunigt, bzw. ermöglicht. Jene Bannforste wurden so zu eigenen Gerichtsbezirken, die die niedere Gerichtsbarkeit den Markgenossen und dem Märkergericht entwanden und stattdessen in die Hände adeliger Herren legten. Das war der erste bedeutende Schritt Zugriff auf den ländlichen Raum zu erhalten und ihn mit eigenen Ordnungsvorstellungen, die von denen der alten Genossenschaften abwichen, zu belegen, letztlich zu besetzen. So kam es, dass der Forst, der ja im ursprünglichen Sinne ein menschen- und siedlungsleeres Gebiet unter den Karolingern bezeichnete, in der frühen Neuzeit und vor dem Hintergrund der Regalität des Forst- und Jagdrechts sowie des Wildbanns eine wesentliche Ausdehnung über Menschen und damit den „Lebens-Raum" nahm. Die Forst- und Jagdordnungen begannen stärker als zuvor auf diesen Gesamtraum und die in ihm lebenden Menschen Wirkungen zu entfalten. In diesem Zusammenhang ist es nicht verwunderlich, dass gerade die Jagdordnungen jedermann vertraut sein mussten. Sie waren so geschrieben, dass sie allgemein verständlich waren, das heißt von jedem Untertan verstanden werden konnten. Um auch wirklich jeden Untertan, einerlei ob in Stadt oder Land, zu erreichen, wurden die Jagdordnungen noch im 18. Jahrhundert von der Kanzel oder auf öffentlichen Plätzen verlesen, an Kirchen- und Rathausportalen angeschlagen[1309]. Im Vergleich zur heutigen Verbrei-

[1307] Vgl. bei Rudolf Kiess, Die Rolle der Forsten im Aufbau des württembergischen Territoriums, S. 3f, in Anlehnung an H. Thimme.

[1308] Vgl. ebd.

[1309] Vgl. dazu bei Rolf Roosen, *...tuen kund und fügen zu wissen*. Ausgewählte Jagdordnungen des 18. Jahrhunderts, in: Die *Jägerey* im 18. Jahrhundert, Colloquium der Arbeitsstelle 18. Jahrhundert, Bergische Universität, Gesamthochschule Wuppertal, S. 49. Weiter dazu auch bei Karl Hasel, Forstgeschichte. Ein Grundriss für Studium und Praxis, S. 110. Die Forstordnungen wurden bei Amts- und Forsttagen oder nach dem Gottesdienst mindestens einmal im Jahr

tung der Jagdgesetze ein immenser Aufwand, der meines Erachtens nach eine herrschaftspolitische und damit eine raumpraktische Erklärung haben musste. Heute, so Rolf Roosen, muss man der juristischen Sprache mächtig sein und sich ernsthaft auf die Suche nach jagdlichen und oder forstlichen Regelungen machen, bevor man sich darüber informieren kann[1310]. Zu weit weg, zu speziell, zu weit am Rand des gesellschaftlichen Geschehens finden jene Ordnungen für uns heute ihre Wirkungen. Diese Entwicklungen waren nicht überall dieselben und in der hier paradigmatisch dargestellten Kontinuität. Dennoch sind sie als ein wesentlicher Teil des Puzzles zu betrachten, welches Stück für Stück zusammengefügt die Bedeutung der Jagd- und Forstordnungen in der realen[1311] Reproduktion von Herrschaft begründen helfen kann. Jene Reproduktion ist nur über die Ausprägung der Räume und ihrer Abgrenzungen zueinander verständlich zu machen. Dabei muss man sich immer im Klaren darüber sein, was Jagd nicht war: Subsistenzwirtschaft. Nicht einmal einen ähnlich lukullischen Charakter wie unter den römischen Epikureern kann der Jagd im Mittelalter oder der Neuzeit angetragen werden. Sie musste schlichtweg vollkommen anderen Bedingungen unterliegen als es uns aus der Geschichte des Altertums bekannt ist. Um den Zusammenhang zwischen der Landeshoheit und der Forsthoheit, die zu einer Raumhoheit wurden, näher zu beleuchten, sind zunächst grundlegende Dinge zu bemerken. Retrospektiv betrachtet scheint es eine zwingende Verbindung zwischen dem zivilisatorischen Stand einer Gesellschaft und ihrem Verhältnis zum Wald und zum Raum allgemein zu geben. Wie dieses Verhältnis insbesondere in einer traditionalen Gesellschaft beschaffen ist, habe ich bereits an anderer Stelle ausgeführt. Die Erkenntnis dieser Kausalität kann keine andere Auswirkung haben, als dass eine isolierte Betrachtungsweise des Wald- und Forstwesens außerhalb der Jagd wissenschaftlich eher einen Rück- denn einen Fortschritt bedeuten würde. Die Beziehungen, die zwischen der jeweiligen Ausprägung des Wald- und Forstwesens auf der einen und der Herrschaft auf der anderen Seite bestanden und heute noch bestehen, können summarisch als militärisch, juristisch, ökonomisch, sozial und politisch bezeichnet werden[1312]. Dabei wirken und wirkten jene Beziehungen nach beiden Richtungen. Gerade für die früh- und spätmittelalterliche Herrschaftsausbildung scheint dies insbesondere zuzutreffen. Im Folgenden ist aus diesem Grunde die Frage zu betrachten, aus welchen Gründen gerade die rigorose räumliche Kontrolle den Herrscher in die Lage versetzte, Herrschaft nicht nur über Grund und Boden, sondern auch über Menschen zu etablieren, zu festigen oder zu verteidigen. Da diese Frage innerhalb des vorliegenden Abschnittes über die Fronleistungen bereits versucht wurde einer Beantwortung zuzuführen und im nächsten Kapitel (Kapitel 8) die Jagdpraktiken

---

im Beisein des Forstpersonals und der ganzen Gemeinde öffentlich verlesen, „damit sich niemand mit Unwissenheit entschuldigen könne". Vgl. dazu ebd., S. 110.

1310 Vgl. dazu bei Rolf Roosen, *...tuen kund und fügen zu wissen*. Ausgewählte Jagdordnungen des 18. Jahrhunderts, in: Die Jägerey im 18. Jahrhundert, Colloquium der Arbeitsstelle 18. Jahrhundert, Bergische Universität, Gesamthochschule Wuppertal, S. 49.

1311 Die reale Reproduktion im Vergleich zur symbolischen Reproduktion, die ein wesentlicher Bestandteil der jagdlichen Historie in äußerst unterschiedlichen Kulturkreisen und Epochen war.

1312 Siehe bei Joachim Allmann, Der Wald in der frühen Neuzeit, S. 19.

hierzu ebenfalls analysiert werden, bleibt hier die Rolle der Jagd- und Forstordnungen näher zu betrachten. Dabei kommt die Schlüsselrolle generell in der Besetzung des Raumes zu liegen, die es dem Landesherrn ermöglichte, Zugangsvoraussetzungen zu erlassen, die sowohl für die ehemaligen freien Genossenschaften als auch zunehmend für die Bürger angrenzender Städte angewandt wurden. Zu allen Zeiten kam dem Wald neben dem existenziellen Stillen der Grundbedürfnisse eine mythische Funktion zu. Mit ihm wurde die Vorstellung des Ewigen, der urhaften Schöpfung, verbunden[1313]. Dabei lag vermutlich gerade in der ernährenden und schützenden Funktion des Waldes die Ursache für seine mythisch-magische Verehrung verborgen. Während in der griechischen Kultur den Bäumen eine Seele zugeschrieben und ihre Früchte einer Gottheit geweiht wurden, sahen die Germanen den Wald in seiner Gesamtheit als heilig und frei an[1314]. Diese mit dem Wald verbundenen - wenn auch irrationalen - gefühlsmäßigen Implikationen, Sagen und Mythen waren und sind zu allen Zeiten ausschlaggebend dafür, den Wald als einen Ort ritueller, spiritueller und brauchtümlicher Handlungen zu generieren. Den Wäldern kam die soziale Rolle zu, Gruppenzusammengehörigkeiten zu festigen, gleichsam Rohstofflieferant brauchtümlicher Handlungen zu sein. Darüber hinaus war er durch seine physische Gestalt nur schwer zu kontrollieren und bot Gruppen und Einzelnen Raum, Handlungen zu vollziehen, die den Herrschern aus unterschiedlichen Gründen suspekt waren und aufgrund der zunehmenden sozialen Kluft im Mittelalter als herrschaftsgefährdend angesehen werden mussten[1315]. Allein die Tatsache der starken emotionalen Verwurzelung der ländlichen Bevölkerung im Wald musste für pragmatische und machtorientiert denkende Herrscher Grund genug für eine Zugangsbeschränkung sein. Stellt man dann noch die Wertigkeit des Waldes für die ländliche Bevölkerung in Rechnung, so erscheint die Kausalität, die zwischen der Herrschaft über den Wald und der Herrschaft über Menschen besteht, plausibel. Aus dem Wald heraus unterhielten entwurzelte Bauern - zumeist verstanden als Räuber - einen „permanenten Guerillakrieg" gegen den Adel[1316]. Der Wald wurde zum Gegenstück zur zivilisierten Stadt, was letztlich auch ein völlig anderes Waldrecht hervorzubringen in der Lage war. Das Waldrecht, so Rudi Holzberger, stand gegen die Regeln der zivilen Stadt[1317]. Den Wald zu kontrollieren bedeutete die Festigung der ländlichen Macht, die Ausstrahlung des eigenen Herrschaftsbereiches bis in den letzten Winkel des Raumes. Ähnlich wie bereits für die Frondienste und die Wilderei dargestellt, genügt es gerade nicht, die historischen Daten zu sammeln, zu sichten und zu einer Ereignisgeschichte zusammenzutragen, mit der Absicht, daraus das Verständnis für gesellschaftliche Zusammenhänge ableiten zu wollen. Ein solches Vorgehen wird nur in den wenigsten Fällen wirklich brauchbare Erklärungsansätze erbringen, wenngleich das

---

[1313] Vgl. bei Felix von Hornstein, Wald und Mensch, S. 1f.

[1314] Vgl. bei M. Marx-Kruse und E. von Campe, Chronik der deutschen Jagd, S. 9f.

[1315] Siehe die Bedeutung des Waldes für die traditionelle Gesellschaft bei Joachim Allmann, Der Wald in der frühen Neuzeit, S. 89.

[1316] Vgl. bei Helmut Reinicke, Märchenwälder. Ein Abgesang, S. 28.

[1317] Vgl. dazu bei Rudi Holzberger, Ein Streifzug durch die Wälder unseres Bewusstseins. Der Wald als Metapher, Mythos und Methode, in: Frank Halder (Hrsg.), Public Relations für den Wald, S. 141.

Sammeln von Daten wie z. B. von Kurt Lindner, Adam Schwappach oder Marx-Kruse und E. von Campe in ihren Werken sehr umfangreich exerziert wurde und diese die Grundwerte einer jeden Auseinandersetzung mit dem Thema Jagd und Forst bis heute darstellen. Was uns darüber hinaus jedoch die historischen Daten, die Epen und zeitgenössischen Berichte unter neueren und geradezu erfrischenden Perspektiven vor Augen führen können, ist anschaulich bei Torsten Pflittner nachzulesen. Sein Weg der Verbindung der bis heute nur wenig in gesamtgesellschaftliche Zusammenhänge eingebetteten Rohdaten mit eben den zeitgeschichtlichen strukturellen, kulturellen, psychischen und physischen Rahmenbedingungen der untersuchten Zeiten ist so einfach wie verblüffend[1318]. Nur wurde dieser Weg bisher kaum von der Jagdwissenschaft beschritten. Dabei wurde bereits von Joachim Allmann Ende der 1980er Jahre jener Weg für die Analyse der Forstordnungen im Pfälzer Raum erarbeitet und erstmals in hervorzuhebender Weise in aller Deutlichkeit aufgezeigt[1319]. Wirkungen auf die Jagdwissenschaft hat dies jedoch bis auf die genannte Ausnahme des Werkes von Torsten Pflittner und mit Einschränkungen derer von Ulrich Schraml und Hubertus Hiller keine gezeitigt. Was für die Forstordnungen gilt, lässt sich in ähnlicher Weise auch hinsichtlich der Jagdordnungen bemerken. Auch für die Jagd gilt, dass je weiter sich die Landesherrn und deren Vertreter von dem entfernten, was mit traditioneller Gesellschaft bezeichnet werden kann, die Konflikte um den Raum (um das Waldwesen bei Joachim Allmann, Anm. d. V.) umso heftiger wurden, woran sich letztendlich die Entwicklung von Herrschaft aufzeigen lässt[1320]. Bereits im Kapitel 5 habe ich den Gang jener Entwicklungen, insbesondere im Hinblick auf die spezifische Situation des Bauernstandes, aufgezeigt.

So wie das Forstwesen und die Forstordnungen nach den Ergebnissen von Joachim Allmann über den Bereich des Waldes hinaus zielten, so zielten auch die Jagd, ihre Organisation und ihre Praktiken weit über das hinaus, was man allgemein als die Jagd auf wilde Tiere bezeichnen würde. Es ist nicht die Freude an der Jagd, das „lustigs Gjaid“[1321], die an militärische Übungen erinnernden jagdlichen Handlungen, das Hundegebell und die Gewandtheit der Pferde, die allein als Grund für die Beliebtheit der Jagd zu verorten sind, sondern es ist vielmehr das

[1318] Vgl. dazu bei Torsten Pflittner, Manifestation der Herrschaft im Raum. Adelige Jagd im Mittelalter unter Karl dem Großen. Wissenschaftliche Arbeit im Rahmen der Landeslehrerprüfung für das Lehramt an Gymnasien. Universität Konstanz, 2003.

[1319] Joachim Allmann, Der Wald in der frühen Neuzeit. Eine mentalitäts- und sozialgeschichtliche Untersuchung am Beispiele des Pfälzer Raumes 1500-1800, Duncker und Humblot, Berlein1989.

[1320] Vgl. dazu ebd., S. 12.

[1321] Gottfried Kretschmann, Berühmte und berüchtigte Jäger, in: Wild und Weidwerk der Welt, Herausgegeben unter dem Ehrenschutz des Bundesministeriums für Land- und Forstwirtschaft und der Österreichischen Landesjagdverbände, S. 724. Kretschmann weist darauf hin, dass es ein Verdienst Kaiser Maximilians I. war zu bemerken, dass in der Jagd der segenbringende Vorteil zu liegen kommt, in nahe Berührung mit seinen Untertanen und ihren Nöten und Wünschen zu kommen. Aber: Die „Nähe“ zum Volke konnte hier mehrfach dargelegt werden, dass der Herrscher jedoch auf die Nöte und Wünsche des Volkes eingegangen wäre, ist wohl nur einer Regel der Rhetorik zuzuschreiben. Vielmehr wurden die Nöte ja erst heraufbeschworen durch die jagdliche „Nähe“ zum Volke.

bereits vielfach aufgezeigte herrschaftliche Potenzial, die Möglichkeiten der Konstruktion des Raumes, seiner Beherrschung und Sicherung, die die Jagd zu einem unverzichtbaren Instrument der landesherrlichen Politik werden ließ. Inklusion und Exklusion der Untertanen über die Möglichkeiten des Jagdrechtes, der Jagdfronen und der öffentlichen Repräsentation oder Demonstration im Rahmen großer Jagden waren hierzu unverzichtbar. Dort, wo der Herrscher nicht selbst jagte, tat dies sein Verwaltungsapparat, der in seiner Funktion nicht anders zu beurteilen ist als der verlängerte Arm des Landesherrn selbst, der auf die selben institutionalisierten Möglichkeiten der Raumkonstruktion zurückgreifen konnte, gerade so wie es dem Herrn beliebte. Der Verwaltungsapparat war so ein Multiplikator herrschaftlicher Macht und herrschaftlicher Ordnungsvorstellungen, gestützt auf umfängliche Jagd- und Forstordnungen. Dass auch das Wild und andere Tiere wie Hunde oder Falken und Habichte ein Multiplikator der Ordnungsvorstellungen der Herren sein konnten, habe ich bereits angeführt. Die Sympathien der Bevölkerung in den Revolutionswirren von 1848/49 wurden weder dem Wild noch den Förstern entgegengebracht[1322]. Bestandteil der strukturellen, kulturellen, psychischen und physischen Bedingungen des frühen und hohen Mittelalters war, dass in die Bestände traditionaler Raum(be)handlungen eingegriffen wurde. Im Falle der Jagd war dies eine Reglementierung des Zugangs. Die Jagd- und Forstordnungen, die im Verlaufe der Jahrhunderte erlassen wurden, konkretisierten stetig Mittel und Gründe der Beschränkungen. Der Ausschluss von der aktiven Jagdhandlung beinhaltete jedoch immer die Inklusion in die unmittelbare Jagdhandlung, sei es als Adressat der herrschaftlichen Raumhandlung, als Fronpflichtiger oder als Geschädigter, denkt man nur an die Vernichtung ganzer Ernten durch die zu hohen Schalenwildbestände oder aber durch die rücksichtslosen Jagdhandlungen der herrschaftlichen Reiter. Eine strikte Trennung dieser aufgezählten Inklusionen ist dabei nicht möglich, da die Fronpflicht immer mit einem materiellen Schaden oder wenigstens Nachteil verbunden war und fast jeder Adressat herrschaftlicher Handlungen auch fronpflichtig war. Selbst der niedere Adel war in späteren Zeiten dem Hochadel in gewissem Umfange fronpflichtig und in seiner früheren (Jagd-)Freiheit stark beschnitten. Die Jagdrechte des niederen Adels wurden nicht selten im Verlaufe des Mittelalters ebenso beschränkt oder gar gänzlich aufgehoben. Auf diesem Wege konnten politisch unliebsame Gegner oder Konkurrenten durch den Entzug des Jagdrechts sozial, politisch und räumlich ihrer Ernsthaftigkeit auf Dauer beraubt werden.

7.4.7.3 Die Jagd- und Forstordnungen: Instrumente der Herrschaft, Instrumente der Raumkonstruktion

Die strukturellen Veränderungen im Verlaufe der Zivilisierung haben, wie bereits ausführlich dargelegt wurde, zu einer Veränderung des Raumes sowohl in seiner Bedeutung und seiner Gestaltung als auch seiner Beherrschung geführt. Zwar ist der Wandel von einer horizontalen zu einer vertikalen Raumbehandlung, wie man sie auch in den demokratischen Gesellschaften Westeuropas kennt, ein generelles

[1322] Vgl. dazu bei Karl Hasel, Auswirkungen der Revolution von 1848 und 1849 auf Wald und Jagd, auf Forstverwaltung und Forstbeamte, insbesondere in Baden, S. 30ff.

Phänomen, dennoch sind auch innerhalb dieser großen Entwicklungsschritte viele Nuancen zu unterscheiden, die sich z. B. in differierenden Ordnungen, Regelungen und Sanktionen manifestieren. Im Verlaufe des Mittelalters und der aufkommenden Neuzeit existierten bereits Wald- und Forstordnungen, die strikte Exklusionen und kontrollierende Regularien beinhalteten und damit dem Wesen des Feudal- und Ständestaates Rechnung trugen. Hier tauchte auch erstmals die Jagdhandlung als beherrschende Raum(be)handlung in den Forsten und – im Verlaufe der Regalität der Jagd – auf allen ländlichen Gebieten auf. Allerdings begannen bereits hier im Verlaufe des 17. und 18. Jahrhunderts liberale Ideen Einzug zu halten, die zumindest eine Lockerung einiger Wald- und Forstordnungen, letztlich auch der Jagd mit sich brachten. Die Zeit nach der Revolution von 1848/49 brachte sukzessive mit der fortschreitenden Liberalisierung und Demokratisierung jene Ordnungen ganz ins Wanken und ersetzte sie durch Regelungen, die die Nutzung und Erhaltung und die immer wichtiger werdende Regeneration und den Schutz der Wälder zum Gegenstand hatten. Es drängten sich die Wald- und Forstordnungen in den Mittelpunkt, während die Jagd lange Zeit den Augen der Öffentlichkeit entschwand[1323]. Von einer Herrschaft über den Raum Wald konnte von da an keine Rede mehr sein. Das nun private, körperschaftliche und staatliche Eigentum an Wald brachte gleichzeitig die Verankerung eines freien Waldbetretungsrechtes – letztlich im Grundgesetz der Bundesrepublik Deutschland verankert – mit sich. Der letzte Schritt, die Ökologisierung des Bewusstseins in den 1970er Jahren, zeigte dann der Gesellschaft die Inklusion aller ihrer Mitglieder in das Thema Wald und Jagd auf. Der Schutz des Waldes – und dazu gehört auch die Jagd – ist Schutz des Klimas, des Wasserhaushalts, der Luft, Schutz vor Erosion, Emissionen und Immissionen, etc. Die Geschichte der Wald-, Jagd- und Forstordnungen lässt sich somit grob in drei bedeutende Phasen unterteilen: Die erste Phase ist die Zeit der freien Waldnutzung bis über die Antike hinaus in das frühe Mittelalter hinein. Zwar ist jene Phase bereits zweigeteilt in einen horizontalen und einen vertikalen Teil der Raumbehandlung, dennoch ist Herrschaft über den Wald nicht existent und damit nicht exklusiv und strukturelles Merkmal der Verflechtungsordnung der Gemeinschaften, respektive der Gesellschaft. Erst die Zeit zwischen dem Aufstieg der Karolinger, insbesondere der Herrschaft Karls des Großen und der französischen Revolution bzw. der Märzrevolution 1848, also die Epoche der Feudal- und Ständegesellschaften, kannte die absolute Herrschaft über den Wald und die weitgehende Exklusion der Untertanen von dem, was früher Bestandteil der traditionalen Raumhandlung war. Die dritte und letzte Phase ist dann die Zeit der Industrialisierung, der Liberalisierung und Demokratisierung bis in die Gegenwart, die den Wald- und Forstordnungen ein vollkommen neues Gesicht vor einem vollkommen neuen gesellschaftlichen Hintergrund gab.

[1323] Erinnert sei hier an die Anmerkung von Gerhard Frank, der erst in den 1970er Jahren Probleme auf Jagd und Jäger zukommen sah, die nun der beschaulichen Zeit ein Ende bereiteten. Vgl. dazu bei Gerhard Frank, 120 Jahre organisierte Jägerschaft in Deutschland, S. 24f.

7.4.7.3.1 Zur Zielsetzung der Jagd- und Forstordnungen

Bis weit in die karolingische Zeit hinein existierte, nach der momentan gültigen Lehre[1324], das Recht des freien Tierfangs. Bereits in Kapitel 6 habe ich darauf hingewiesen, dass dieses vermutete Recht des freien Tierfangs sich in das spezifisch karolingische Bild der Jagdfunktionalisierung hervorragend einfügte, da die Jagd den Herrscher über alle anderen erhöhen sollte, was ihm nur dann gelingen konnte, wenn im gewissen Rahmen ein Wettstreit der Jäger untereinander möglich war. Auch von Kyros wissen wir, dass er vom Vorrecht des ersten Schusses oder des „Sattjagens" nicht Gebrauch machen wollte, da von einem „fröhlichen" Wetteifern dann nicht mehr die Rede sein konnte[1325]. Wie schon erwähnt, hatte Karl dieses Vor-Schuss-Recht ebenfalls. Inwiefern er jedoch wirklichen Gebrauch davon machte, oder ob er lediglich die Jagd eröffnete und dann seine Mitjäger zur aktiven Teilnahme aufforderte, ist nicht mit Sicherheit zu sagen[1326]. Gerade weil die allgemeine Jagdfreiheit in diesen Zeiten gegeben war, musste der Herrscher unterschiedliche Anstrengungen auf sich nehmen, damit er auch in Art und Umfang der königlichen Jagd als primus inter pares bestehen konnte. Die Bildung der Jagdbrühle, das „Vor-Schuss-Recht" nach persischem Vorbild, die Häufigkeit der Jagden auch in den Forsten außerhalb der Brühle und die Bejagung gefährlicher Landraubtiere wie Wolf und Bär sind in diesem Kontext zu beurteilen. Erst die geänderte Situation im Zuge der Landesherrschaften brachte das dringende Bedürfnis, Jagd zu singularisieren und die entsprechenden, den Raum betreffenden Ordnungen rigoros zu gestalten. Das Jagd- und Forstrecht, die institutionelle Rückendeckung, versetzte dann den Landesherrn in die Lage, den Raum nach seinen Vorstellungen zu strukturieren, während die Jagd- und Forstpraxis die neuen Formen der Raum(be)handlung, der Bewanderung und Besetzung des Raumes repräsentierten. Diese Zweiteilung zwischen Raumkonstruktion einerseits und Raumbewanderung andererseits ist jedoch nicht als jeweils eigenständiger und gegeneinander abgegrenzter Prozess zu verstehen. Aus der Zeit vor dem 12. Jahrhundert sind äußerst wenige jagdliche und forstliche Regelungen bekannt, die bestimmte Verbote der Nutzung generell und damit auf ganze Herrschaftsgebiete bezogen aussprachen. Dagegen existierten einzelne Regelungen, die ein Jagdverbot für die Untertanen in den königlichen Forsten beinhalteten oder die Schweinemast bestimmten Restriktionen unterwarfen, schon zu merowingischer und karolingischer Zeit. Erst 1152, im Landfrieden Friedrich Barbarossas, fand erstmalig in aller

[1324] Grundsätzlich gibt es zwei unversöhnlich sich gegenüber stehende Lehrmeinungen, wobei die ältere den Grundsatz vertritt, dass das Jagdrecht zu den Zeiten der Volksrechte an Grund und Boden gebunden war, während die andere Meinung davon ausgeht, dass der freie Tierfang überwog. Vgl. dazu bei Kurt Lindner, Die Jagd im frühen Mittelalter, S. 102f; weiterhin bei Richard Schröder, Lehrbuch der deutschen Rechtsgeschichte, S. 209f, ebenso bei Christian Ludwig Stieglitz, Geschichtliche Darstellung der Eigentumsverhältnisse an Wald und Jagd in Deutschland – Von den ältesten Zeiten bis zur Ausbildung der Landeshoheit, S. 6-24.

[1325] Vgl. dazu bei Wolfgang Knauth, Das altiranische Fürstenideal von Xenophon bis Ferdousi, S. 113.

[1326] Vgl. dazu die Ausführungen bei Lutz Fenske, Jagd und Jäger im frühen Mittelalter. Aspekte ihres Verhältnisses, in: Werner Rösener (Hrsg.), Jagd und höfische Kultur im Mittelalter, S. 58f, weiterhin zum Vor-Schuss-Recht bei Wolfgang Knauth, Das altiranische Fürstenideal von Xenophon bis Ferdousi, S. 116.

juristischen Deutlichkeit die Ausgrenzung aller Untertanen im ganzen Raum statt. Hier heißt es: „Niemand darf Jagdnetze oder Schlingen oder andere Instrumente zum Tierfang halten außer zum Fang von Bären, Wildschweinen und Wölfen."[1327] Damit wurde ein vollkommenes Jagdverbot zumindest bezüglich der Volksjagd durchgesetzt. Die bereits mehrfach genannte Loslösung der bäuerlichen Untertanen aus früheren Loyalitätsverhältnissen[1328] und die schlechte Meinung der Herren von ihren Untertanen machten es umso notwendiger, dass wenigstens der Verwaltungsapparat als „trewlich" und „vleysig" erachtet werden konnte[1329]. In der frühen Neuzeit galt die Intention Karls des Großen, der sich noch „über Krieg, Recht, Gefolgschaftswesen und Treuebindungen"[1330] eine funktionierende hierarchische Gesellschaftsstruktur aufbauen wollte, nicht mehr uneingeschränkt. Die Herren waren von allen Seiten von Neid und Missgunst, von inneren wie von äußeren Gefahren bedroht, ihr Reglement war hart und nach modernen Maßstäben äußerst grausam. So wundert es auch nicht, dass die Strafregelungen gegenüber Wildfrevel in den Königsforsten zu Zeiten der Kapitularien wesentlich geringer ausfielen als in den Landesherrschaften der frühen Neuzeit. Die regelmäßig zitierte und auf König Guntram zurückzuführende Begebenheit aus dem Jahre 590 wird insofern zwar gerne als Gegenindikator gewertet, wird aber aufgrund der Quellenlage ein Einzelfall gewesen sein[1331]. Königliches Jagd- und Forstrecht wurde in den überwiegenden Fällen mit dem Bann, dass heißt mit der Bezahlung von zumeist 60 Solidi, beglichen und keineswegs mit Dissuasion oder gar Mutilation, wie es in den Landesherrschaften dann regelmäßig der Fall war[1332].

[1327] Zitiert nach Karl-Heinz Spiess, Herrschaftliche Jagd und bäuerliche Bevölkerung im Mittelalter, in: Werner Rösener (Hrsg.), Jagd und höfische Kultur im Mittelalter, S. 237.

[1328] Joachim Allmann, Der Wald in der frühen Neuzeit, S. 68f. und S. 78ff, bezeichnet aus diesem Grunde auch den Untertan als den zu Konditionierenden. Seiner Einschätzung nach geht aus dem Quellenmaterial des frühneuzeitlichen Pfälzer Raumes genau jene Betrachtung des Untertanen hervor. Dem Bauern war lediglich eine „verwegene", „boshafte" Art anrüchig, er musste wo möglich konditioniert und kontrolliert werden, um keinen Schaden anzurichten. Landesväterliche Avancen waren von Seiten der Herren sehr selten.

[1329] Vgl. dazu ebd., S. 70ff.

[1330] Vgl. dazu bei Torsten Pflittner, Manifestation der Herrschaft im Raum. Adelige Jagd im Mittelalter unter Karl dem Großen, S. 39.

[1331] Vgl. dazu die Ausführungen bei Thomas Zotz, Beobachtungen zu Königtum und Forst im frühen Mittelalter, in: Werner Rösener (Hrsg.), Jagd und höfische Kultur im Mittelalter, S. 104f: Im Jahre 590 begab sich König Guntram in den Vogesen auf die Jagd, wobei er auf die Spuren eines erlegten Büffels stieß. Der Übeltäter Chundo (der königliche Kämmerer), der es gewagt hatte in den regalis silva des Königs ohne dessen Genehmigung zu jagen, wurde gefangen genommen, nach Chalon gebracht und schließlich, als er nach dem offenen Ausgang eines Gottesurteils fliehen wollte, gesteinigt. Gregor von Tours, der diesen Bericht hinterlassen hat, will weiterhin wissen, dass den König daraufhin die Reue gepackt habe, da er wegen einer geringfügigen Sache einen ihm treu ergebenen Mann habe töten lassen.

[1332] Zu den Strafbemessungen siehe ebd., S. 104ff, weiterhin bei Karl-Heinz Spiess, Herrschaftliche Jagd und bäuerliche Bevölkerung im Mittelalter, in: Werner Rösener (Hrsg.), Jagd und höfische Kultur im Mittelalter, S. 231ff.

7.4.7.3.2 Einzelne Regelungen der Jagd- und Forstordnungen – Formen der Herrschaftsdurchsetzung[1333]

Waren die Zuwiderhandlungen der Untertanen in frühen Zeiten noch mit Geldstrafen oder Rügen disziplinarisch zu ahnden, entwickelte sich mit der Straffung der Räume (Forst, Forstregal, Forsthoheit) und der Ausbildung der Landesherrschaften eine sehr brutale Gerichtsbarkeit, die mit den höfischen Affektbändigungen Eliasscher Prägung, der Verfeinerung der Sitten augenscheinlich zunächst kollidiert. Das diese Kollision jedoch tatsächlich keine ist, habe ich bereits weiter oben unter machiavellischen Beispielen dargestellt. Dass man es hier nicht mit einem Verstoß oder einer Beschneidung jagdlichen Vergnügens der Herrscher zu tun hat, zeigt die Härte, mit der gegen Wilderer vorgegangen wurde. Die Jagdordnungen waren im Grunde lediglich ein Regelwerk, welches sich auf die Wilderer bezog und nicht – wie heute die Jagdgesetze des Bundes und der Länder – jagdliche Regeln für den Jäger selbst. Insofern lassen sich die Jagdordnungen als Bollwerk zum Schutz der Herrschaft interpretieren, welche durch die Taten des Wilderers schwer erschüttert wurde, und weswegen dann in den meisten Fällen schwere Körperstrafen mit der Absicht der Mutilation standen, oft sogar der Tod. Die Forstordnungen dagegen zielten auf vollständige Kontrolle nicht nur in den fürstlichen, sondern auch in den gemeindlichen Wäldern. Erst die Ausdehnung auf die Kommunen versetzte die Landesherrschaft in die Lage polizeistaatliche Zugriffe auch auf diese Räume zu nehmen, das heißt den Holzhandel zu determinieren, die Schweinemast und das Holzlesen zumindest in geregelte Bahnen lenken zu können. Die Landesherrschaften versuchten also verstärkt seit dem späten 16. Jahrhundert durch das geregelte Forstwesen Zugriff und Kontrolle auf ein traditionales Gewohnheitsrecht zu nehmen und durchzusetzen. Erstmalig begannen die Landesherren aus diesem Grunde ihren Beamten die Weisung aufzutragen, Strafen dort durchzuführen, wo sie bisher nur Pfändungen vornahmen. Stefan von Below und Stefan Breit beschreiben ein solches Vorkommnis für die Ebersberger Gemain aus dem Jahre 1600: Der Herzog beschwerte sich nach bald bewährtem Muster zunächst beim zuständigen Pfleger und ließ dann Haussuchungen bei den Untertanen vornehmen um festzustellen, wer wie viel Holz aus den angrenzenden Wäldern abfuhr. Das Ungeheuerliche war für die Untertanen jedoch neben der Visitation vor allem die darauf folgende Bestrafung, die mehr als die Hälfte der dortigen Bevölkerung traf. Damit wurde das Gleichgewicht zwischen Forstpersonal als verlängertem Arm der Herrschaft und den Untertanen empfindlich gestört, da nun das Forstpersonal nicht nur die Holzentnahme im Wald kontrollierte, sondern auch Haussuchungen vornehmen konnte[1334].

Damit wurde nicht nur der Raum Wald einer besseren Kontrolle unterworfen, sondern auch das private Umfeld, die intimsten Lebensbereiche der Untertanen wurden durchleuchtet. Wirtschaftliche Einbußen und Nachteile überlagerten sich mit einem Verlust an persönlicher Freiheit. So verwundert es nicht, dass neben

[1333] Diese Überschrift ist dem Werk von Joachim Allmann, Der Wald in der frühen Neuzeit, S. 129, entlehnt.

[1334] Vgl. dazu die Ausführungen bei Stefan von Below und Stefan Breit, Wald – von der Gottesgabe zum Privateigentum, S. 74ff.

der Wilderei auch der Holzdiebstahl zunahm, das eine aus Gründen gegenkultureller Raumkonstruktionen, das andere überwiegend aus existenziellen Gründen. Was die Wilderei für das Jagdrecht war, wurde der Holzdiebstahl nun für die forstrechtlichen Verhältnisse. In den Jagd- und Forstordnungen galt es all diejenigen Handlungen zu verbieten oder bei Zuwiderhandlung entsprechend zu sanktionieren, die dem Herrschaftsanspruch der Herren entgegenstanden. Aus diesem Grunde enthielten die Jagd- und Forstordnungen überwiegend Regelungen, die der herrschaftlichen Konzeption von Raum, der repetitiven Reproduktion von Herrschaft und Ordnungsvorstellungen, zuwiderlaufen konnten. Nicht zuletzt deshalb umfassten sie zu einem großen Teil allerlei Regelungen, die der Wilderei und dem Wilderer oder Wilddieb sowie dem Holzdiebstahl und Holzdieb galten. Schließlich war der Wilderer, aber zusehends auch der Holzdieb[1335] für die Raumkonstruktionen der Herren der ärgste Widersacher, da im Falle der Wilderei das Instrument des Wilderers die Jagd war, geradeso wie die Herren die Jagd zur Aufrechterhaltung und Durchsetzung ihrer Ansprüche instrumentalisierten. Die „Gleichheit" der Mittel machte den Wilderer für eine funktionierende Herrschaft gefährlich, wie ich es weiter oben bereits ausgeführt habe. Ziel der Jagd- und Forstordnungen war es, jegliche Positionierung von Mensch und Tier im Herrschaftsraum vollständig zu kontrollieren und zu lenken. Auf dem Gebiet des Forst- und Waldwesens gelang dies nur unvollständig, das heißt überwiegend in einem ökonomischen und treuhänderischen oder verwaltenden Sinne[1336], während es auf dem Gebiet der Jagd umfassend und auf Jahrhunderte hinaus nahezu vollständig gelang. Aus diesem Grunde waren die jagdlichen Regelungen auch jeweils umfänglicher in den einzelnen Forstordnungen festgehalten als es die Regelungen zur Waldnutzung, Holzzuweisung, Schweinemast, Zeidlerei, etc. Die Jagd war aufgrund ihres effizienteren Zugriffes auf sie für die Herren ein rigoroseres Herrschaftsinstrument (neben all den bereits genannten Vorteilen der Inklusionen und Exklusionen) als es das reine Waldwesen jemals sein konnte. Hier waren die Vorteile überwiegend ökonomischer Natur, während die Jagd zu keinem Zeitpunkt einen ökonomischen Nutzen für die Herren generierte. Hier war der Nutzen allein im herrschaftlichen Zugriff und in der herrschaftlichen Kontrolle von Land und Leuten zu sehen, also im Potenzial der Jagd. Ökonomisch betrachtet war die Jagd ein höchst defizitäres Geschäft[1337]. So brachte der bereits genannte Untertanenprozess die gefürstete Graf-

[1335] Vgl. dazu bei Hubertus Hiller, Untertanen und obrigkeitliche Jagd, S. 50f. Der Straftatbestand des Holzdiebs musste ähnlich wie zuvor der des Wilddiebs erst geschaffen werden. Beide waren jedoch der logische Ausfluss aus dem herrschaftlichen Zugriff und der herrschaftlichen Kontrolle über den Wald und über den Raum allgemein.

[1336] Vgl. dazu bei Joachim Allmann, Der Wald in der frühen Neuzeit, S. 83. Die im Wald zu liegen kommenden Grundbedürfnisse der Bevölkerung konnte die Herrschaft zwar bezüglich ihrer Befriedigung unter ihre Kontrolle bekommen, ein Verbot der Holznutzung oder der Schweinemast hätte jedoch zu keinem Zeitpunkt durchgesetzt werden können. Hinsichtlich der Jagd oblag den Herren jedoch wesentlich mehr Spielraum.

[1337] Vgl. dazu die Ausführungen von Hans Wilhelm Eckardt, Herrschaftliche Jagd, bäuerliche Not und bürgerliche Kritik, S. 268. In der Regel konnte der Ertrag der Jagd ihre Kosten nur zu einem Bruchteil decken, so der Autor. Auch Hans Wilhelm Eckardt kommt deshalb zu der These, dass der Adel auch dann gejagt hätte, wenn die Jagd überhaupt keine materiellen Vorteile erbracht hätte.

schaft Hohenzollern-Hechingen zwischen 1698 und 1795 (so lange dauerte der Prozess) an den Rande des Ruins[1338]. Im Folgenden werden nun einige Regelungen und Besonderheiten der Forst- und Jagdordnungen herausgegriffen.

7.4.7.3.2.a Waffenregelungen in den Jagd- und Forstordnungen

Ähnlich der bereits genannten Positionierung von Menschen und Tieren an Orten scheint auch dem Tragen von Waffen ein raumkonstituierendes Potenzial innezuwohnen. Der Waffenbesitz, viel stärker jedoch das Führen einer Waffe, konnte soziale Distanz vergrößern oder verkleinern, wie es im Übrigen auch noch heute der Fall ist[1339]. Ein Waffen tragender Bauer verkürzte die soziale Distanz zu seinem Herrn und zum Verwaltungsapparat seines Herrn nicht allein durch den Besitz[1340], sondern durch das Tragen, das Führen und das potenzielle Anwenden der Waffe. Andererseits vergrößerte der Herr die Distanz durch die Beschneidung des Rechts zum freien Tragen von Waffen. Natürlich ist nicht allein das Tragen einer Waffe in der Lage soziale Distanz zu visualisieren. Auch Hunde, Falken, Habichte, Pferde, Schmuck und entsprechende Gewänder, insbesondere Uniformen, konnten den sozialen Status repräsentieren und mit dem Aufkommen des Gewehres verloren Schwerter, Armbrüste, Spieße, Dolche, etc. ohnehin an Bedeutung[1341]. War die Armbrust für eine weite Verbreitung im Volke jedoch anfangs zu teuer, befand sich beinahe jeder Untertan zu Beginn des 17. Jahrhunderts im Besitz eines Gewehres, welches ihm im Zuge der Volksbewaffnung anvertraut wurde[1342]. Der Besitz von Waffen war also obrigkeitlich (zumindest in Württemberg) gewollt, das Führen jener Waffen im Raum, zumeist im Wald und auf den Feldern, wurde dagegen unter empfindliche Strafen gestellt. Da von verschiedenen Autoren bereits für das frühe und hohe Mittelalter das Verbot des Waffenbesitzes angenommen und konträr diskutiert wird, scheint allein für die frühe Neuzeit das Verbot des Tragens wahrscheinlicher zu sein[1343]. Die Landesherren konnten kein wirkliches Interesse

[1338] Vgl. dazu bei Ulrich Bergemann, Die Geschichte der landesherrlichen Jagdhoheit in der Grafschaft Zollern, S. 123-147.

[1339] In Nordamerika (USA), wo grundsätzlich jeder Waffen besitzen und teilweise auch führen (tragen) darf, ist dies naturgemäß kaum der Fall, während in Deutschland dies sehr wohl spürbar ist. Waffenbesitzer zu sein bedeutet insbesondere für Jäger und die ihnen widerfahrenden waffenrechtlichen Begünstigungen bezüglich großkalibriger Schusswaffen und deren Führen im Revier ein Privileg.

[1340] Der Besitz von Waffen war zumeist legal, umstritten war jedoch das Tragen, also das Führen von Waffen.

[1341] Ihre soziale Bedeutung blieb, zumindest im Offizierskorps auch noch des Zweiten Weltkriegs, dagegen noch lange Zeit bestehen. Ihren praktischen Sinn haben sie dagegen verloren.

[1342] Vgl. zur Militärverfassung und zur Volksbewaffnung bei Freiherr Rudolf von Wagner, Das Jagdwesen in Württemberg unter den Herzögen, S. 460.

[1343] Gerade Jörg Jarnut vermutet, dass die Bauern bereits im frühen Mittelalter waffenlos gehalten wurden. Vgl. dazu bei Jörg Jarnut, Die frühmittelalterliche Jagd unter rechts- und sozialgeschichtlichen Aspekten, in: Settimane di studio del Centro italiano di studi sull`alto medioevo 31/1, S. 797ff. Allerdings, so auch Torsten Pflittner in seiner Arbeit über die mittelalterliche Jagd Karls des Großen, sprechen gegen die Waffenlosigkeit der Bauern die vielfältigen Landfriedensverordnungen, die auf die Bewaffnung der Bauern eingehen und ihnen explizit gesdaran haben, dass sich ihre ohnehin schon als verwegen und boshaft[1344] titulierten bäuerlichen Untertanen mit jagdermöglichenden Waffen versahen, die ja letzten Endes zum Wildern benutzt werden konnten. Dass sie jene dann auch noch in den von den Herren beanspruchten und mit dem Gewaltmonopol belegten Räumen zur Schau stellten, musste aufgrund der von Waffen ausgehenden jagdlichen, polizeilichen oder fürstlichen Potenziale zu Konflikten führen. So ist es nicht verwunderlich, dass es in der frühen Neuzeit immer wieder Bestrebungen gab, neben dem Besitz von hochläufigen Hunden auch das Tragen von zur Jagdausübung brauchbaren Waffen in Bauernhand zu beschneiden und zu verhindern[1345]. Welches herrschaftsgefährdende Potenzial den Schusswaffen zugesprochen wurde, wird aus einer Bestimmung des Herzogs Ulrich aus dem Jahre 1517 deutlich. In ihr verfügte er, dass jedem, der mit Büchse, Armbrust oder „dergleichen Geschoss in des Herzogs Gejägden und Wildbännen, in Hölzern oder sonst zu Feld, an Orten, zum Waidwerk geschickt, außerhalb rechter Straße, oder sonst verdächtig gehen oder wandeln würde, ob er gleich nicht schieße, dem sollen beide Augen ausgestochen werden“[1346]. Diese Regelungen, die parallel zu den Forstordnungen entstanden oder ein Teil von ihnen waren, richteten sich gegen Wilderer aber auch „gegen die mörderischen buben, die uns umbringen wollen“[1347]. Die Herrschaft war sich also offensichtlich bewusst, dass ihre Ordnungsvorstellungen und die Art und Weise ihrer Kontrolle und Durchsetzung weiteres rebellisches Potenzial entfachen mussten. Rigorose Gegenmaßnahmen waren von Nöten. Dies kann im Verlauf der Landesherrschaften als ein unendlicher Kreislauf von Ordnungsgebung, anschließenden gegenkulturellen Bestrebungen und wiederum der daran anschließenden Reaktion noch rigoroserer Ordnungen betrachtet werden. Daraus schien es lange Zeit keinen Ausweg gegeben zu haben. Während die Untertanen in Württemberg nach der oben angeführten Volksbewaffnung, zumindest um den Dreißigjährigen Krieg herum, wohl ihre Büchsen behalten konnten, mussten die bäuerlichen Untertanen in Hessen ihre Büchsen in der Pfarrkirche sämtlich abliefern und nur die Städter durften die ihrigen behalten. Zusätzlich durften selbst die Durchreisenden

tatteten, Waffen zu besitzen. Vgl. dazu bei Torsten Pflittner, Manifestation der Herrschaft im Raum. Adelige Jagd im Mittelalter unter Karl dem Großen, S. 45.

1344 Joachim Allmann, Der Wald in der frühen Neuzeit, S. 82.

1345 Allerdings ist dies sehr kontrovers zu beachten und keineswegs von Allgemeingültigkeit. Gerade in Württemberg wurde den Bauern im Jahre 1719 im Interesse der Landwirtschaft das Abschießen der Sperlinge (Spatzen) erlaubt und darüber hinaus sogar die Ablieferung von zwei Dutzend der Vögel per Jahr und Untertan gefordert. Abgesehen von einigen kurzen Unterbrechungen blieb diese Regelung bis 1789 in Kraft und wurde dort sogar erneuert. Vgl. dazu bei Freiherr Rudolf von Wagner, Das Jagdwesen in Württemberg unter den Herzögen, S. 18. Damit wurde zwar das Tragen von Waffen regional und temporär erlaubt, deren Verwendung dagegen wurde von den Herren vorgeschrieben und im Resultat kontrolliert über den körperlichen Nachweis der Sperlinge. Von einem „freien“ Tragen kann insofern auch keine Rede sein.

1346 Vgl. dazu bei Freiherr Rudolf von Wagner, Das Jagdwesen in Württemberg unter den Herzögen, S. 464.

1347 Vgl. dazu bei Rudolf Kiess, Die Rolle der Forsten im Aufbau des württembergischen Territoriums bis ins 16. Jahrhundert, S. 13. Rudolf Kiess berichtet davon, dass die angedrohte Strafe, beide Augen auszustechen, in einzelnen Fällen wenigstens an einem Auge vollzogen wurde.

keine Büchsen bei sich führen[1348]. Damit lag das Monopol sowohl des Schusswaffenbesitzes als auch des Führens einer solchen wiederum beim Adel. Auf diese Weise wurde wohl auch erreicht, dass Förster und Jäger des Landesherrn bei der Ausübung ihrer Pflicht als verlängerter Arm der Herrschaft relativ sicher an Leib und Leben sein sollten sowie gleichzeitig der mit einer Schusswaffe angetroffene Untertan als Verbrecher abgestempelt und zuverlässig der Halsgerichtsordnung zugeführt werden konnte. Weitergehende gerichtliche Untersuchungen wurden hier als nicht notwendig erachtet, da bereits das Tragen der Schusswaffe, gleich aus welchem Motiv heraus, aufgrund des rebellischen Eindrucks einem Schuldeingeständnis gleichkam. Die Aburteilung war dann nur noch eine Formsache, eine Verteidigung überflüssig. Einfacher und rigoroser lassen sich herrschaftliche Ordnungsvorstellungen wohl kaum durchsetzen.

7.4.7.3.2.b Holzzuweisungen, Holzeinschlag, Holzdiebstahl, Pflege der Wälder

Dadurch, dass der Jagd im Wesentlichen Potenziale der Raumkonstruktion sowie der Reproduktion von Herrschaft und Ordnungsvorstellungen inne wohnen, ist es nicht verwunderlich, dass die Jagd auf das Waldwesen sowie generell auf die Behandlung des gesamten Lebens- und Wirtschaftsraumes der Menschen in der Neuzeit allmählich durchschlug. Die Waldverhältnisse, so Joachim Allmann, wurden auf die Bedürfnisse der Jagdausübung ausgerichtet, die Jagdinteressen dominierten die Rechtsverhältnisse[1349]. Nach den bisher hier dargelegten Thesen müssen meiner Meinung nach Kausalitäten und Effekte neu formuliert werden. Demnach war es vielmehr so, dass die mit Hilfe der Raum(be)handlung Jagd zu erreichenden Interessen und Ziele die Rechtsverhältnisse zu dominieren begannen. Das Interesse der Herren war der vollkommene Zugriff auf den Raum, die Kontrolle über möglichst viele Vorgänge innerhalb des eigenen Herrschaftsbereiches. Die Jagd war vor diesem Hintergrund lediglich ein Instrument der Konzeption von Raum und der Reproduktion und Durchsetzung von Ordnungsvorstellungen. Jagd war ein wesentlicher Bestandteil der praktischen Politik, die immer mehr auf den Fürsten zugeschnitten und im 17. und 18. Jahrhundert immer absolutistischer wurde. Damit erwuchsen aber auch dem Verwaltungsapparat zusehends Einwirkungs- und Kontrollmöglichkeiten. In Bezug auf die Jagd waren jene Einwirkungen absolut, während sie im Bereich des Waldwesens wenigstens die Kontrolle und damit die Beschneidung gemeindlicher oder niederadliger Entscheidungsspielräume zur Folge haben sollten. Dies gelang den Fürsten in der Tat; sie konnten Regelungen installieren, die sich gegen die gewohnheitsrechtliche freie Nutzung der Wälder als wichtigen Rohstoff- und Überlebensquellen der bäuerlichen Gesellschaft richteten[1350]. Als vorgeschobener Grund für den umfassenden und zentralistischen

[1348] Vgl. dazu bei Georg Landau, Die Geschichte der Jagd und der Falknerei in beiden Hessen, S. 184.

[1349] Vgl. dazu bei Joachim Allmann, Der Wald in der frühen Neuzeit, S. 84.

[1350] Vgl. dazu die Ausführungen von Stefan von Below und Stefan Breit, Wald – von der Gottesgabe zum Privateigentum, S. 74ff. Er führt hier das Beispiel der Ebersberger Gemain an. Im Jahre 1600 begann der Herzog unter Hinweis auf die Devastation den Zugriff und die Kontrolle über diese Gemain zu verstärken.

Zugriff auf jene Bereiche wurde zumeist die „üble" Gesinnung der Untertanen herangezogen. Mit Hilfe umfassender Einschränkungen der Untertanen bezüglich der freien Nutzung des Waldes konnte nun zusätzlich mit dem selbst heraufbeschworenen Holzdiebstahl ein gewichtiger Straftatbestand konstruiert werden, der ebenfalls als gegenkulturelle Raumhandlung, ähnlich der Wilderei, verstanden werden muss. In diesem Sinne ist auch Wilhelm Bode und Martin von Hohnhorst zu widersprechen, die einzig im Wilderer den Freiheitskämpfer erachteten, nicht jedoch auch im Holzdieb[1351]. Gerade die umfassenden Einschnitte in die Gemeinde- und Bauernwälder im Verlaufe des 17. und 18. Jahrhunderts hoben neben dem Wilderer nun auch den Holzdieb auf die Ebene der sozialen und räumlichen Auflehnung. Im Gegensatz zu Bode und Hohnhorst bin ich sehr wohl der Auffassung, dass der Holzdiebstahl dazu geeignet war, das „Selbstverständnis des Adels und seiner Jagd- und Forstbüttel"[1352] zu bedrohen. Die Erklärung dazu liegt auch hier in den spezifisch räumlichen Zusammenhängen und dem unbedingten Zugriff der Fürsten. In den Wirren des 17. Jahrhunderts gelangte der Zugriff und damit die Kontrollmöglichkeit über den gesamten Raum immer mehr in die Hand der Landesherren, die nicht selten ihren Eingriff in gemeindliche Rechte mit dem Verfall von Recht und Ordnung oder mit dem Hinweis auf den devastierten Zustand der Wälder geltend machten. So heißt es z. B. in der Stapelholmer Constitution von 1623: „Bey den Hölzungen befindert sich ein trefflich großer Missbrauch, indem Unsere Unterthanen nicht allein ihre Bondenhölzungen überfleissig und zur Unweise verhauen und verwüsten, sondern auch daneben Unsere Hölzungen nicht verschonen, derentwegen ordnen und gebieten Wir, Kraft dieses, dass Unsere Unterthanen der Verhauung und Niederfällung, sowol ihres Bonden, als Unsern eigenen Holzes, sich gänzlich enthalten, und ohne vorhergehende ausdrückliche Anweisung und Behammerung Unsers Hausvogts auf Gottdorf, etwas öffentlich oder heimlich zu hauen, sich keineswegs sollen gelüsten lassen, bey Vermeidung Unserer willkührlichen ernsten Strafe."[1353]

Der Landesherr konnte auf diese Weise nicht nur den Zugriff auf die Gemeindewaldungen allmählich erweitern, sondern auch darüber hinaus auf die genannten Bondenhölzungen ausdehnen. Die Bondenhölzungen wurden bis zu diesem Zeitpunkt von den Bauern des dazugehörigen Dorfes selbst verwaltet[1354]. Wollten nun die Gemeinde oder die Bauern Holz zuweisen oder verkaufen, so musste dies mit Genehmigung des Herzogs oder seiner Verwaltung geschehen. Den Gemeinden, die ansonsten Holz aus ihren eigenen Wäldern verkaufen konnten, wurde dies auch in den Pfälzer Wäldern versagt und die Kontrolle über den Holzverkauf sowie die Holzzuweisungen unter den fürstlichen Verwaltungsapparat – hier den Jägermeister – gestellt[1355]. Geradeso, wie sich im selben Zeitraum der

---

1351 Vgl. dazu die Ausführungen bei Wilhelm Bode und Martin von Hohnhorst, Waldwende. Vom Försterwald zum Naturwald, S. 43.

1352 Wilhelm Bode und Martin von Hohnhorst, Waldwende. Vom Försterwald zum Naturwald, S. 43.

1353 Zitiert nach Hubertus Hiller, Untertanen und obrigkeitliche Jagd, S. 50.

1354 Vgl. dazu bei Hubertus Hiller, Untertanen und obrigkeitliche Jagd, S. 50.

1355 Joachim Allmann, Der Wald in der frühen Neuzeit, S. 88ff, hat diese Entwicklung exemplarisch für das Fürstbistum Speyer herausgearbeitet.

landesherrliche Blick auf die Untertanen änderte, dass heißt ihre „Boshaftigkeit" und ihr „Rebellentum" in den Mittelpunkt rückten und zum Vorwand einer strengeren Jagd- und Forstordnung wurden, gelang es auch die gemeindlichen Rechte zurückzudrängen und neue, engere Ordnungsvorstellungen an die Stelle der alten zu setzen. Mit dem Hinweis, den Wald vor den Devastierungen durch die Untertanen schützen zu wollen, gelang es den Landesherren ihren Zugriff auf den bäuerlichen und gemeindlichen Raum deutlich zu erweitern. Der Wald als zuvor undurchsichtiger Raum der bäuerlichen Bevölkerung wurde so wesentlich transparenter für eine Herrschaft, was neben den Jagd- und Forstordnungen auch über die Ausweitung des Verwaltungsapparates im jagdlichen und forstlichen Bereich gelang. Die Jagd war also zunächst nur ein Instrument zur Erlangung und Durchsetzung von herrschaftlichen Interessen, die auf mehr Kontrolle und Einfluss abzielten. Erst so wurde sie selbst zu einem Eigeninteresse der Herrschaft. So oblag zumeist dem Jägermeister als verlängerter Arm des Fürsten nicht nur der Schutz und die Verwaltung der herrschaftlichen Jagd, sondern auch die Aufsicht über den Äckerich[1356] (das ist der Ertrag, der von den Untertanen entrichtet werden musste, wenn sie ihre Schweine in den herrschaftlichen Wald trieben um dort Schweinemast an Buchen und Eichen zu betreiben), über den Holzeinschlag, die Holzzuweisung[1357] an die Untertanen, etc. Auf diese Weise war es dem Jägermeister möglich, die Waldnutzung zwar nicht zu verbieten oder zu unterbinden, sie jedoch zu kontrollieren und in geordnete Bahnen zu lenken. Gerade für die Zeiten zwischen dem 17. und dem 18. Jahrhundert, die Joachim Allmann untersucht hat, wird deutlich, dass mit der Verbindung von Jagd, jagdlichem Verwaltungsapparat und Zugriff auf das Waldwesen die Herrschaft stabilisiert und ganz nebenbei in Richtung des frühmodernen „Polizeystaates" zugeschnitten werden konnte. Freiräume wurden kaum mehr zugelassen, die Gemeinden in ihren Entscheidungsspielräumen eingeengt und über die Möglichkeiten der Jagd- und Forstordnungen nun beinahe alle Lebensbereiche der bäuerlichen Untertanen kontrolliert[1358]. Das war das Ende der lokalen Waldordnungen, die nun durch die das ganze Territorium umfassende, für alle Waldbesitzarten geltende Forstordnung der Landesherren aufgrund deren Hoheitsgewalt ersetzt wurden[1359]. Merkmal der absolutistischen Epoche war, dass der Herrscher uneingeschränkt darüber befinden konnte, was für seine ohnmächtigen Untertanen gut und der Wohlfahrt dienlich sei und was ihren Charakter zusätzlich verderben musste. Das Resultat war die absolute Kontrolle des Herrschers und seines Verwaltungsapparates über den gesamten Herrschafts- und Lebensraum, die ihm die Beeinflussung der Untertanen bis in den intimsten Bereich des individuellen Lebens ermöglichte. Die Konstruktion und Reproduktion jener Räume lagen in der Hand des mit institutionalisierter Rückendeckung bestärkten Lan-

---

1356 Zu den vieh- und landwirtschaftlichen Einschränkungen im Rahmen der Jagd- und Forstordnungen siehe unter dem nächsten Punkt.

1357 Zu den Aufgaben eines Jägermeisters im 17. und 18. Jahrhundert siehe auch bei Freiherr Rudolf von Wagner, Das Jagdwesen in Württemberg unter den Herzögen, S. 212ff. Der Jägermeister hatte die Oberinspektion über Jagd- und zuweilen auch Forstsachen.

1358 Vgl. dazu bei Joachim Allmann, Der Wald in der frühen Neuzeit, S. 88-8,. zusätzlich auch Karl Hasel, Forstgeschichte. Ein Grundriss für Studium und Praxis, S. 108.

1359 Vgl. dazu bei Karl Hasel, Forstgeschichte. Ein Grundriss für Studium und Praxis, S. 107.

desherrn. Diese Entwicklung ging verschiedentlich so weit, dass es bis zur Revolution von 1848/49 mehr und mehr zu Petitionen kam, die z. B. in Baden die mangelnde Holzzuweisung durch die großherzogliche Verwaltung bemängelten. So ist eine Petition der Gemeinde Mingolsheim (Oberamt Bruchsal) aus dem Jahre 1835 bekannt, in der der Gemeinderat und der Bürgerausschuss von der großen Not der Gemeindebürger berichten, die aufgrund der Holzversteigerungen und der damit einhergehenden steigenden Holzpreise ihr Brennholz nur noch unzureichend aus den landesherrlichen Wäldern beziehen konnten. Steigender Holzfrevel in den landesherrlichen Wäldern sei das Resultat daraus, da Holz nun mal zu den elementarsten Grundbedürfnissen der Menschen gehöre. Der Vorschlag, der von badischer Seite kam, war der, dass doch die Gemeinde Holz aus den landesherrlichen Wäldern ersteigern solle, um jenes dann unentgeltlich an die Bedürftigen zu vergeben. Damit war das Problem auf dem Papier gelöst, die notwendigen Geldmittel konnte jedoch die Gemeinde nicht auftreiben und so blieb alles beim Alten[1360]. Diese Waldpolitik führte dazu, dass Fälle bekannt wurden, in denen Grafen und ihre Diener alte Leute und Kinder, die aus der Not heraus dürres Holz sammeln wollten um ihre erbettelten Kartoffeln zu sieden, mit Hunden aus dem Wald hetzen ließen. Karl Hasel beschreibt dieses Vorkommnis für die leiningische Standesherrschaft, die das schlechte Verhältnis der Standesherren zu der Bevölkerung ihres Gebietes zum Ausdruck bringen sollte[1361]. Dass nicht nur die Jagd-, sondern auch die Forstordnungen auf die bäuerliche Lebenswelt Auswirkungen entfalten konnten, belegt auch Hubertus Hiller für den Schleswig-Holsteinischen Raum. In diesem Kontext ist auch bedeutend, dass die Forstanweisungen häufig die jagdliche Reproduktion von Herrschaft in ihrer Kontinuität unterstützten, da Schutzmaßnahmen, die der Erhaltung des Waldes als Rohstoffquelle dienten, zweifellos auch der Wildbahn zugute kamen[1362]. Zwar ist bei obigem Beispiel der Gemeinde Mingolsheim durch die indirekte Anweisung kein weiteres Brennholz zur Verfügung zu stellen, auch die Wildbahn betroffen bzw. besser gestellt, jedoch spielte im Vormärz die Jagd als Herrschaftshandlung ähnlich wie noch im 18. Jahrhundert keine so prägnante Rolle mehr, zumal Baden seit 1818 die freiheitlichste der süddeutschen Verfassungen ihr eigen nannte. Vielmehr zielten die Forstordnungen hier auf die polizeistaatliche Funktion des Staates ab, der die vollständige Kontrolle über die Untertanen, die Gemeinden und Kommunen zu erhalten und auszubauen versuchte[1363]. Welche Blüten dies zuweilen trieb, ist in den von Karl Hasel dargestellten Petitionen an die zweite Kammer der Landstände in den Jahren von 1835-1846

[1360] Vgl. dazu bei Karl Hasel, Auswirkungen der Revolution von 1848 und 1849 auf Wald und Jagd, auf Forstverwaltung und Forstbeamte, insbesondere in Baden, Schriftenreihe der Landesforstverwaltung Baden-Württemberg, S. 71-72 sowie S. 88-89.

[1361] Vgl. dazu bei Karl Hasel, Auswirkungen der Revolution von 1848 und 1849 auf Wald und Jagd, auf Forstverwaltung und Forstbeamte, insbesondere in Baden, Schriftenreihe der Landesforstverwaltung Baden-Württemberg, S. 89.

[1362] Vgl. dazu bei Hubertus Hiller, Untertanen und obrigkeitliche Jagd, S. 50.

[1363] Das ist auch daran zu erkennen, dass die Forstregelungen allmählich die jagdlichen Ordnungen in ihrer Zahl verdrängten. Diese Entwicklung war wohl regional unterschiedlich, dennoch ist sie im späten Verlaufe des 18. Jahrhunderts dann allmählich zu erblicken. Vgl. dazu auch bei Hubertus Hiller, Untertanen und obrigkeitliche Jagd, S. 50f.

anschaulich nachzulesen[1364]. So verwundert es nicht, dass die Art und Weise der landesherrlichen Kontrolle und des Zugriffs auf die Wälder ein wesentliches Moment der Revolution von 1848/49 war. Wilhelm Heinrich Riehl schrieb dazu: „Bei jeder entscheidenden Volksbewegung in Deutschland wird sogleich dem Wald der Prozess gemacht. Ein großer Teil der Bauern lebt in steter geheimer Fehde mit den Herren des Waldes und ihren Gerechtsamen: zündet ein Revolutionsfunke, dann entbrennt bei diesen Leuten vor allem „der Krieg um den Wald". Das aufständische ländliche Proletariat kann keine Barrikaden bauen, keine Königsschlösser niederreißen, aber es verwüstet statt dessen den landesherrlichen Wald, denn dieser Wald ist in seinen Augen das Zwing-Uri der großen Herren neben dem schutzlosen Äckerchen des kleinen Landmanns. Siegt dann die Staatsgewalt wieder über die empörten Massen, so hat sie allemal nichts Eiligeres zu tun, als den Prozess, welchen man dem Wald gemacht, wieder aufzuheben, die Schutzbriefe des Waldes, welche man zerrissen, wieder in Kraft zu setzen. Dieses Schauspiel wiederholt sich, je nach dem Geist der Zeit abgestuft, in allen Jahrhunderten unserer Geschichte, und es wird wohl auch noch jahrhundertlang in immer neuen Formen wiederkehren."[1365]

Auch aus diesen Worten des Kulturhistorikers und Soziologen Wilhelm Heinrich Riehl wird deutlich, dass den Untertanen eine institutionalisierte Rückendeckung bei der Durchsetzung ihrer Forderungen schlichtweg fehlte. Die Folge sind gegenkulturelle Versuche der eigenen Raumkonstruktion wie mittels des Holzfrevels, das heißt des Holzdiebstahls, sowie der Devastierung der landesherrlichen Wälder. Was die Wilderei auf dem Gebiet der Jagd war, war der Holzfrevel auf dem Gebiet des obrigkeitlichen Waldwesens. Und gerade er war es, der der Herrschaft in den frühmodernen Staaten zu schaffen machte. Das Waldwesen und der herrschaftliche Zugriff auf dieses musste verschiedene Vorteile zu schaffen in der Lage sein, die die Nachteile der gegenkulturellen Bewegungen aufzuwiegen in der Lage waren. Diese Vorteile können sowohl in den wirtschaftlichen Punkten als auch daneben in den Konditionierungsmöglichkeiten und Konditionierungspotenzialen gegenüber den Untertanen gesehen werden. Die Forst- und Jagdordnungen sicherten somit dem Landesherrn einerseits pekuniäre Vorteile und ermöglichten ihm andererseits mit Hilfe der Konditionierungen der Untertanen die Stabilisie-

---

1364 Vgl. dazu bei Karl Hasel, Auswirkungen der Revolution von 1848 und 1849 auf Wald und Jagd, auf Forstverwaltung und Forstbeamte, insbesondere in Baden, Schriftenreihe der Landesforstverwaltung Baden-Württemberg, S. 70-145.

1365 Zitiert nach Wilhelm Heinrich Riehl, Land und Leute, S. 43f. Bereits in meiner Magisterarbeit hatte ich darauf hingewiesen, dass diese Zusammenhänge zwischen Revolution und Wald bisher nur unzureichend in der Literatur berücksichtigt wurden. Auch Karl Hasel, Auswirkungen der Revolution von 1848 und 1849 auf Wald und Jagd, auf Forstverwaltung und Forstbeamte, insbesondere in Baden, Schriftenreihe der Landesforstverwaltung Baden-Württemberg, S. 7, weist auf dieselbe wissenschaftliche Lücke hin. Eine der wenigen Arbeiten, die ein Gefühl für die Bedeutung und Rolle des Waldes auf beiden Seiten (Landesherrschaft/Untertanen) vermitteln, ist das Werk von Joachim Allmann. Das revolutionäre Potenzial des Waldes, welches sich aus der Summe der Beschneidungen traditioneller Rechte und der Lebenswichtigkeit des Holzes für die bäuerliche Bevölkerung zwangsläufig ergibt, tritt hier dem Leser deutlich vor Augen.

rung seiner Herrschaft und die Durchsetzung seiner Ordnungsvorstellungen[1366]. Ähnlich den Jagdordnungen und deren Bestrebungen die Wilderei zu unterbinden oder zu erschweren muss auch der Holzfrevel als logische Konsequenz aus den obrigkeitlichen Versuchen der Beschneidung traditioneller Rechte am Wald betrachtet werden. Während die Wilderei weniger aus existenziellen als vielmehr aus rebellischen oder gegenkulturellen Bestrebungen der Raumkonstruktion, der Auflehnung gegen die Ordnungsvorstellungen der Herrschaft gesehen werden kann, fand der Holzfrevel jedoch zu wesentlichen Teilen aus rein existenziellen Gründen statt. In einer Gesellschaft, in der sich das ganze Leben und seine Bewältigung um den Rohstoff Holz drehte, musste sich eine Kontrolle, die sich nicht auf das Kontrollieren allein beschränkte, sondern insbesondere Kontrolle durch Beschneidung und Zugangsbeschränkungen konstruierte, auf die Not der bäuerlichen und unterbäuerlichen Bevölkerung in ganz besonderer Weise durchschlagen. Hier wird auch deutlich, dass die Herrschaft bis in das 19. Jahrhundert hinein, wie das Karl Hasel auf den Punkt brachte, sicher nicht die Absicht hatte, „die Völker glücklich zu machen", auch wenn in manchen Forstordnungen die Begrifflichkeit des „Allgemeinen Wohles oder der allgemeinen Wohlfahrt" zu finden ist[1367]. Vielmehr waren die Forstordnungen, aber auch die Jagdordnungen auf die Spitze des Staates zugeschnitten, um die Kontrolle über die bäuerliche Lebensweise einerseits und die Potenzierung der Möglichkeiten von Herrschaftsreproduktion und damit von Raumkonstruktionen andererseits zu garantieren. Dass damit die Bevölkerung oder Teile von ihr in arge Not getrieben und zum Holzfrevel geradezu gezwungen wurde, muss als destruktive und offensichtlich in Kauf genommene Nebenwirkung der Kontrolle und der Konditionierungsmöglichkeiten betrachtet werden. Offensichtlich, so der Eindruck, müssen nach herrschaftlichen Gesichtspunkten der Kontrolle und des Zugriffs auch hier die Vorteile für den Herrn durch die Not der Bevölkerung nicht geschmälert worden sein. Wo können diese Vorteile nun verortet werden?

7.4.7.3.2.b.1 Zur Relevanz der absoluten Kontrolle über den Wald

Die Fürsten saßen auf ihren Burgen, Stammsitzen oder (Jagd-)Schlössern und bewegten sich zwischen jenen im Jahresverlauf. Sie hatten Untergebene, einen mehr oder weniger zuverlässigen, jedoch immer umfassenderen Verwaltungsapparat um und unter sich und dennoch gab es Dinge und Vorkommnisse, die vom Landesherrn nur schwerlich eingesehen und damit kontrolliert werden konnten. Jedes Detail, jedes Geschehen, welches nicht unter den Augen und mit Wissen des Landesherrn geschah, musste einen Rückschlag in seinem Allmachtsdenken und seinem Allmachtsanspruch bedeuten. Nicht umsonst existierten neben Jagd- und Forstordnungen auch Ordnungen über den Brotkauf, das Kleidertragen und Tanzen, gegen Luxus und Trunksucht, gegen Müßiggang, Landstreicher und Bettler

[1366] Vgl. dazu auch die Ausführungen von Joachim Allmann, Der Wald in der frühen Neuzeit, S. 98ff.

[1367] Vgl. dazu bei Karl Hasel, Forstgeschichte. Ein Grundriss für Studium und Praxis, S. 109. So war auch die Forsthoheit nur ein Glied im herrschenden System der Bevormundung, dessen man sich bediente, um, wie man meinte, die Völker glücklich zu machen. Zitiert ebd., S. 109.

sowie vieles mehr[1368]. Die wachsende Vielzahl der Zugriffs- und Einmischungsversuche der Herren in allen Bereichen des Lebens belegen diesen Allmachtsanspruch überdeutlich. Während die Bauern auf den Feldern über die verschiedentlichen Inklusionen und Exklusionen (auch über verwaltungsnahe oder verwaltungsloyale Zuträger) einigermaßen kontrolliert werden konnten, die Jägerei und Försterei, die Fronleistungen und Abgabenpflichten nahezu reibungslose hierarchische Kommunikation erlaubten und stetig repetitiv reproduzierten, gab es auch Räume, die gewissermaßen im Dunkeln lagen, die nicht ohne weiteres unter vollständige Kontrolle zu bringen waren. Ein solcher nur schwer zugänglicher und kontrollierbarer Raum waren die Wälder. Der Wald war durch seine physische Gestalt schon immer eine schwer zu kontrollierende Region. Er bot Gruppen und Einzelnen Raum Handlungen zu vollziehen, die den Herrschaften aus verschiedenen Gründen suspekt sein konnten. Diese Handlungen wurden in Intention und Absicht mit wachsender sozialer Distanz zwischen dem Landesherrn und den handelnden Untertanen für den Herrn befremdlicher und mussten a priori als gefährlich betrachtet werden. Weil in den Wäldern Gruppenzusammengehörigkeiten gefestigt werden konnten und aus ihnen „Rohstoffe" brauchtümlicher Handlungen kommen konnten, war den Herrschern daran gelegen, den Zugang zu jenen Räumen zu erschweren[1369]. Das Ergebnis war, dass z. B. in Süddeutschland selbst der private Waldbesitzer kein Holz einschlagen durfte, ohne dass es ihm durch den landesherrlichen Forstbediensteten zuvor ausdrücklich angewiesen wurde. Natürlich mag hier auch die allmähliche Einsicht der (kameralistischen) Forstverwaltung zu bemerken sein, die zu realisieren begann, dass uneingeschränkter Raubbau zur Vernichtung der Wälder führen kann. An erster Stelle mag diese Ansicht nach dem bisher Gesagten jedoch sicher nicht gestanden haben, zumal die Landesherren nicht gerade für ihre vorbildliche Wirtschaftsweise bekannt waren. Wie bereits an früherer Stelle (zur Besonderheit der Stadtmauern) angesprochen wurde, war gerade der Vorteil der städtischen Kultur, dass man sie über materielle Raumkonstrukte (Mauern, Türme, Stadttore) abschließen konnte, ohne jedoch Handel und Kommunikation völlig zu unterbinden. Nicht umsonst konnten sich die Städte zu wahren Kulturinseln ab dem 13. Jahrhundert entwickeln. Dies trifft jedoch nicht für den Wald zu. Er war weder materiell abschließbar noch konnte der Zugang zu ihm vollständig und lückenlos unterbunden oder kontrolliert werden. Deshalb war er ein Refugium für alle politischen und wirtschaftlich motivierten Außenseiter oder Briganten, für Rebellen wie Wilderer und Wildererbanden, die sich in ihm noch am sichersten fühlen konnten. Die gegenkulturellen Bewegungen der frühen Neuzeit und auch noch der späteren Zeiten nahmen nicht umsonst ihren Ausgangspunkt in diesem von der Herrschaft nur schwer zu kontrollierenden Raum, dem Wald. Der romantisch verklärte deutsche Wald ist damit auch als Keimzelle aufrührerischer Kräfte zu verstehen, als Hort von realen Rebellen und nicht nur von surrealen Geistern und Kobolden. Abschließbar oder zumindest kontrollierbar war der Wald in seiner Eigenschaft als Keimzelle aufrührerischer Kräfte nur mit Hilfe rigoroser Forst- und Jagdgesetzgebungen. Nur über sie war es möglich Zugangsbarrieren aufzubauen, die den Landesherrn in die Lage versetzen sollten, mit Hilfe seines

[1368] Vgl. dazu auch ebd., S. 109.

[1369] Vgl. dazu die Ausführungen bei Joachim Allmann, Der Wald in der frühen Neuzeit, S. 89.

Verwaltungsstabes seine Ordnungsvorstellungen durchzusetzen und zu reproduzieren[1370]. In diesem Zusammenhang habe ich im Rahmen dieses Kapitels bereits auch auf die Bedeutung der Jagdschlösser und deren Verknüpfung zu einem herrschaftlichen Netzwerk im Herrschaftsgebiet hingewiesen. Im Waldwesen konnte dieses Netzwerk auch über die Jagd- und Forstverwaltung der Landesherren installiert werden, was im Resultat einer Potenzierung der räumlichen Kontrolle und damit der stetigen Raumkonstruktion der Herren zugute kommen musste. Wie bereits vielfach ausgeführt, zeigt sich die Herrschaft nicht nur in der Positionierung von Tieren (Wild, Hunde, Falken), sondern insbesondere auch über jene von Menschen an Orten. Der Verwaltungsapparat der Landesherren, das heißt die zuständigen Jäger, Förster und Forstbediensteten, spielte diesbezüglich eine sehr wichtige Rolle für die Raumkonstruktionen der Herren. Sie hatten gewissermaßen den Schlüssel für den Raum Wald in ihrer Hand und schlossen ihn nur demjenigen auf, der entweder gut genug bezahlen konnte (oftmals auch nur in die private Tasche der Beamten)[1371] oder dem ein Recht zur Nutzung zuerkannt wurde – z. B. durch Kauf[1372] – oder der dieses Recht behalten und durchsetzen konnte, z. B. aufgrund alten und anerkannten Brauchs. Mit dem Netzwerk der Jagdschlösser, den Jagd- und Forstordnungen sowie dem Verwaltungsapparat sollte der Eigenmächtigkeit der Städte, Gemeinden, der Bauern, der Kirchengüter und Ritter entgegengewirkt werden. Gleichzeitig konnte die Herrschaft der Landesherren gekräftigt, die Teilgewalten gelähmt und damit auch die Prunksucht monopolisiert und potenziert werden. Die Beschneidung der Teilgewalten konnte mit Hilfe der Jagd- und Forstordnungen effektiv durchgeführt werden, was sich auch in der Ausweitung der herrschaftlichen Befugnisse und Kontrollen auf Gemeinde- und Privatwaldungen widerspiegelte. So heißt es bereits in der württembergischen Forstordnung von 1526, dass sie nicht nur in den herzoglichen, sondern explizit auch in den Wäldern der „stetten, dorfen, weylern, kirchenhailigen, gemainden oder sondern personen"[1373] zu achten sei. Wie sehr jene Zugriffe der Herren auf die früher weitgehend autarken Einheiten innerhalb der Herrschaft wirkten und jene wirkungsvoll zerschlugen, zeigen die Klagen gegen die 1526 erlassene Ordnung im Württembergi-

---

[1370] Interessant in diesem Zusammenhang ist, dass sich die unzähligen Forstordnungen, die es im deutschen Reich aufgrund seiner Zersplitterung in 1789 selbstständige Obrigkeiten bis zum Jahre 1803 (Reichsdeputationshauptschluss) gab, in Form und Inhalt im Wesentlichen sehr glichen. Sie alle hatten die Aufgabe, mit Hilfe einer autoritativen Bevormundung der Untertanen die Ordnungsvorstellungen der Herren rigoros auch gegen soziale Bedenken durchzusetzen. Vgl. dazu auch bei Karl Hasel, Forstgeschichte. Ein Grundriss für Studium und Praxis, S. 111.

[1371] Bestechlichkeit war offensichtlich beim unteren Forstpersonal nicht selten. Diese hielt sich bis weit in das 19. Jahrhundert hinein. Vgl. dazu auch bei Karl Hasel, Forstgeschichte. Ein Grundriss für Studium und Praxis, S. 112.

[1372] Im 19. Jahrhundert gingen manche Landesherren sowie Regierungen (wie in Baden) dazu über, das Holz aus den herrschaftlichen Wäldern öffentlich zu versteigern. Die Holznot der unteren Klassen steigerte sich dadurch noch mehr, da dieses System ein Anziehen des Holzpreises zum Resultat hatte. Vgl. dazu auch bei Karl Hasel, Auswirkungen der Revolution von 1848 und 1849 auf Wald und Jagd, auf Forstverwaltung und Forstbeamte, insbesondere in Baden, Schriftenreihe der Landesforstverwaltung Baden-Württemberg, S. 71ff.

[1373] Vgl. dazu bei Rudolf Kiess, Die Rolle der Forsten im Aufbau des württembergischen Territoriums bis ins 16. Jahrhundert, S. 13.

schen auf. Die Forstmeister rügten die Untertanen in ihren eigenen Wäldern, sie bestimmten über Bannung oder Öffnung der Häue, terminierten die Räumung des Holzes aus den Wäldern, verbaten den Untertanen das Eichellesen in den eigenen Wäldern. Die Klagen, so Rudolf Kiess, hinterlassen alle den Eindruck, als ob die Untertanen es nicht fassen können, dass diese Dinge alle ohne Berücksichtigung der individuellen Verhältnisse durch eine allgemeine Ordnung geregelt wurden. Dass jene Regelungen sich zwar auf den forstlichen Bereich bezogen, ihre Wirkungen jedoch weit über jenen Teilausschnitt des alltäglichen Lebens hinausgingen, wird aus folgenden Worten anschaulich: Die „Supplication Gemeiner Landschaft" wendet sich dagegen, dass die Forstmeister „sich selbst zu herrn in dem unsern" machen. Wenn die Untertanen ihre Ochsen nicht mehr in den Wald treiben dürfen, müssen sie die Ochsen abschaffen, „daruss uss der not das flaisch teur werden muss". Nachdrücklich soll folgende Beschwerde wirken: „Item an etlichen orten rugen sie schwanger frowen die uss wyblicher blödigkeit aicheln essen derglych junge kinder die etwan sechs oder acht aicheln ufflesen und mit denselben kurtzwylen."[1374] Försterei wie Jägerei nutzten ihre unmittelbare Stellung zum Landesherrn sehr häufig zu privaten Gunsten aus. Ihre Stellung wurde so oft genug nicht zum Multiplikator herrschaftlicher Ordnungsvorstellungen, als langer Arm der Herrschaft selbst, sondern führte zur mitunter rigorosen Ausnutzung der Untertanen abseits der gewollten hierarchischen Kommunikation und Ordnung durch den Verwaltungsstab selbst. Deshalb und natürlich auch aufgrund der vom Landesherrn gewollten und zumeist auch funktionierenden Multiplikatorrolle der herrschaftlichen Raumkonstruktionen waren die Forstbeamten keine besonders gelittenen Menschen und der Zorn der Bevölkerung entlud sich gegen die schlimmsten Repräsentanten ihrer Zunft im Revolutionsjahr 1848[1375]. Auch für den Fall, dass die Schlüsselpositionen der Forstbediensteten und die institutionelle Rückendeckung der Forst- und Jagdordnungen einmal nicht zur Zurückdrängung gemeindlicher Ansprüche ausreichen sollten, war durch die landesherrliche Oberhoheit das Hinzuziehen des Militärs in jeder Situation möglich. So führte z. B. ein Streit um den Gemeindewald Boppard 1771 zum Eingreifen des Militärs[1376]. Die Kontrolle und der herrschaftliche Zugriff auf den Wald, das heißt auf alle Wälder im Herrschaftsbereich, führte jedoch nicht zu einer Verbesserung des Waldzustandes, auch wenn dies verschiedentlich so dargestellt wird[1377]. Die Verschlechterung der Situation bis weit in das 18. Jahrhundert hinein galt lediglich den Landesherren als Argument, den Zugriff auf den Wald noch rigoroser zu betreiben, jedoch ohne dass das Übel der Devastationen entscheidend verringert worden wäre[1378]. Karl

1374 Zitiert nach Rudolf Kiess, ebd., S. 13.

1375 Welche Auswirkungen dies annehmen konnte, siehe bei Karl Hasel, Auswirkungen der Revolution von 1848 und 1849 auf Wald und Jagd, auf Forstverwaltung und Forstbeamte, insbesondere in Baden, Schriftenreihe der Landesforstverwaltung Baden-Württemberg, S. 30ff.

1376 Vgl. dazu bei Karl Hasel, Forstgeschichte. Ein Grundriss für Studium und Praxis, S. 113.

1377 Vgl. dazu bei Sigrid Schwenk, Von der hohen Kunst zu jagen. Jagdmethoden im 18. Jahrhundert, in: Die *Jägerey* im 18. Jahrhundert, Colloquium der Arbeitsstelle 18. Jahrhundert, Bergische Universität, Gesamthochschule Wuppertal, S. 42. Etwas weiter unten werde ich nochmals auf diese Beziehungen zu sprechen kommen.

1378 Vgl. dazu bei Karl Hasel, Forstgeschichte. Ein Grundriss für Studium und Praxis, S. 116.

Hasel dazu: „Die Spannungen wuchsen oft unnötig an durch die Verquickung der forstlichen mit den jagdlichen Interessen der Landesherren, durch das selbstherrliche, parteiliche und habsüchtige Verhalten vieler Forstbediensteter, ihre Bestechlichkeit und Unkenntnis. Mangels jeder öffentlichen Kontrolle wurden sie zu Alleinherrschaften in ihrem Bezirk, wobei ihnen die Vereinigung von Justiz und Verwaltung in der eigenen Person sehr zustatten kam. Deshalb war im Ausgang des 18. Jahrhunderts der Stand insbesondere der unteren Forstbediensteten sehr verhasst. Die französische Revolution hat dann die längst ausgehöhlte alte Ordnung zerbrochen und der Idee des Liberalismus auch in Deutschland zum Durchbruch verholfen."[1379] Die nach der Revolution 1848/49 erneuerten Forstordnungen oder Forstpolizeigesetze hielten sich dann auch über eine sehr lange Zeit, so z. B. in Württemberg von 1879 bis 1976, in Bayern von 1852 bis 1965, in Baden von 1854 bis 1976 (es wurde durch das baden-württembergisches Landeswaldgesetz abgelöst)[1380]. Ihnen allen war gemein, dass sie bereits sehr liberal und – objektbezogen – fortschrittlich waren, so dass eine Revision bis weit in das 20. Jahrhundert hinein nicht notwendig erschien. Im Verlauf des Mittelalters wurde das Fronsystem immer unverhältnismäßiger, den Bauern wurden mehr und mehr Dienstpflichten auferlegt, während die Schutzpflichten der Herren immer weniger wurden und schließlich das frühere reziproke System seinen Sinn verlor. Bis dahin standen nämlich den Grundherren die Zins-, Hand- und Spanndienste der Bauern zu, weshalb den Bauern im Gegenzug Brenn- und Nutzholz abgegeben wurde und Weide und Mast in den Wäldern unentgeltlich möglich war[1381]. Die Waldnutzung stand, ganz im Gegensatz zur Jagdnutzung, für die Herren noch nicht im Mittelpunkt ihrer Interessen. Zwischen dem 16. Jahrhundert und dem ausgehenden 19. Jahrhundert begann dann die Epoche des vollständigen Zugriffs und der vollständigen Kontrolle auch auf den Wald. Erst mit dem Ende des absolutistischen Denkens, mit der Verschiebung der Staatsinteressen weg von landesväterlicher Macht und willkürlich selbst definierter Wohlfahrtsfürsorge hin zur Schaffung einer Basis, die die Verwirklichung des Rechts zum Ziel hatte, verloren die Kontrolle und der Zugriff auf den Wald sowie die Jagd als Herrschaftshandlung ihre Nahrung, ihre Bedeutung. Dort wo funktionstüchtige Parlamente die schwachen Ständevertretungen ablösen konnten, d. h. in die Regierungstätigkeit auch faktisch einbezogen waren, verlor die Jagd ihre herrschaftliche Komponente vollkommen. Stattdessen wurde sie von neuen Bevölkerungsgruppen entdeckt, zu einem bürgerlichen Distinktionsmerkmal erhoben und somit in ihrer Funktionalität abermals „weiterentwickelt", geradeso wie ihre Funktionalität seit Kaiser Hadrian einen stetigen Aus- und Umbau erfuhr. Darin zumindest ähneln sich die Zeiten.

7.4.7.3.2.c Landesherrliche Beschränkungen in der bäuerlichen Vieh- und Landwirtschaft

Da die Regelungen der Herrschaft bezüglich der Wald- und Forstnutzungen sowie der Jagd aufgrund der elementaren Beziehungen der bäuerlichen Untertanen zu

---

1379 Vgl. dazu ebd.

1380 Vgl. dazu ebd., S. 120-121.

1381 Vgl. dazu auch bei Kurt Mantel, Wald und Forst in der Geschichte, S. 155.

jenen Räumen die überproportionale Erweiterung von Kontrolle durch Zugriff bedeutete, ist es nur konsequent, dass auch die Vieh- und Landwirtschaft der Bauern dadurch nicht unberührt bleiben konnte. Unberührt blieb sie dabei weder durch unmittelbare Regelungen innerhalb der Jagd- und Forstordnungen als auch durch mittelbare Regelungen. Die Ausdehnung der herrschaftlichen Macht auf den gesamten Wald, einerlei ob gemeindlich oder privat, führte zu einer Stärkung der Machtposition im gesamten Herrschaftsraum. Die Forstordnungen regelten nicht nur die Holzentnahme, die Holzzuweisungen und den Holzverkauf in den herrschaftlichen, bäuerlichen und gemeindlichen Wäldern, sondern aufgrund der Ausrichtung der Viehwirtschaft auf Waldweidewirtschaft bis in das 19. Jahrhundert hinein auch die Viehhaltung und damit die gesamte Viehwirtschaft. Nicht nur Schweine wurden in den Wäldern gemästet, sondern auch Großvieh wie Pferde und Kühe. Daneben beweideten Ziegen und Schafe die Verjüngungsflächen, sofern sie nicht geschützt waren, und fraßen das Gras zwischen den Bäumen[1382]. Noch bis in das 19. Jahrhundert hinein hatte die Waldweide und die Streunutzung im Wald eine heute kaum mehr vorstellbare Bedeutung. Erst mit der Übernahme der Stallhaltung verlor die Waldweide ihre herausragende Stellung[1383]. Die Ordnungen schrieben seit dem 16. Jahrhundert vor, wie viel Vieh in die Waldungen getrieben werden durfte und zu welchem Betrag. Auch hier stand die Kontrolle im Vordergrund und nicht die Absicht großflächige Verbote auszusprechen. Die Landesherren ließen sich diese Nutzungen durch die Gemeinden und Bauern in der Regel großzügig bezahlen. Über die Kontrolle fand eine gewisse Kalkulierbarkeit statt, die sich in den zu erwartenden Verwüstungen einerseits und den Erträgen andererseits widerspiegelte. Es ist die zielgerichtete Positionierung der bäuerlichen Untertanen und ihres Viehs im herrschaftlichen, aber nun auch gemeindlichen Wald sowie die Gegenüberstellung des Forstpersonals in denselben Räumen, was den Arm der Herrschaft deutlich verlängerte und ihre Ordnungsvorstellungen besser als zuvor zum Ausdruck bringen konnte. Daneben wurde die Vieh- und Landwirtschaft auch außerhalb des Waldes durch Verordnungen betroffen, die z. B. den Schutz der Ernte mit entsprechenden Zäunen verbat. Das Wild, aber auch die Jagdgesellschaft sollte ungehindert auf die Felder gelangen können, wie ich es bereits unter dem Punkt Wild- und Jagdschaden ausgeführt habe. Dass diese Art von Kontrolle und willkürlicher Zerstörung der bäuerlichen Felder für die Herrschaft eine nahezu unverzichtbare Form der repetitiven hierarchischen Interaktion darstellte, wurde bereits erwähnt. Jeder Versuch einer Verhinderung der Positionierung von Menschen und Tieren im beanspruchten Raum wurde so durch die Jagd- und Forstordnungen unterbunden. Dass auch das Wild als verlängerter Arm der Herrschaft betrachtet werden kann, wurde bereits erwähnt. Die Zäune standen der Positionierung von Wild eindeutig im Wege und gerade dem Wild wollte man

[1382] Stefan von Below und Stefan Breit, Wald – von der Gottesgabe zum Privateigentum, S. 33, weisen darauf hin, dass die Wälder teilweise so schwach bestockt waren, dass zwischen den Bäumen Gras wachsen konnte. Dieses Gras wurde nicht nur vom Vieh geäst, sondern auch von den Untertanen für Futterzwecke geschnitten.

[1383] Vgl. dazu auch bei Karl Hasel, Kleine Beiträge zur Forstgeschichte, insbesondere in Baden, S. 126. Zur Einführung der Stallhaltung auch bei Hubertus Hiller, Untertanen und obrigkeitliche Jagd, S. 43.

den ungehinderten Zugang auf die Kulturflächen erhalten, die ja inventarisch zu den herrschaftlichen Wildbahnen zu zählen waren[1384]. Daneben musste es wohl einem (früh-) absolutistischen Herrscher zuwider sein, beim Durchreiten seines Herrschaftsgebietes auf Zäune oder andere Begrenzungen[1385] zu stoßen, die nicht gemäß seinen Weisungen dort standen, sondern „willkürlich" errichtet wurden. Im Ergebnis bedeutete die allumfassende absolute Regelungsgewalt der Herren, dass das frühere Gleichgewicht zwischen Untertanen und Forstpersonal aufgehoben wurde. Stefan von Below und Stefan Breit weisen darauf hin, dass noch im 16. Jahrhundert ein solches Gleichgewicht zwischen Untertanen und Forstpersonal bestanden habe. Merkmal war eine gewisse Ausgewogenheit in Aktion und Reaktion. Sanktionen gegen die Untertanen wurden hier noch nicht verhängt, nur weil sie mehr Holz einschlugen als ihnen gestattet war. Die Berufung auf ihre gewohnheitsrechtliche Stellung half den Untertanen hier zumeist noch. Erst später wurde dieses Gleichgewicht nun zugunsten der Herrschaft gänzlich aufgehoben[1386]. Letztendlich lag hier in der Ausweitung der Kontrolle und des Zugriffs auch der Vorteil der Kriminalisierung von Untertanen verborgen, die sich den zumeist durch ein Zurückdrängen traditionaler Wald- und Landnutzungen gekennzeichneten neuen Anordnungen widersetzten. Dadurch wiederum gelangte ein starkes Druckmittel in die Hand des Landesherrn und seiner Verwaltung, die auf diese Art und Weise Unruhen innerhalb der bäuerlichen Bevölkerung mit Hilfe der Festsetzung eines „Rädelsführers" und seiner Verurteilung verhindern, abmildern oder beenden konnten. Die Kriminalisierung führte nicht selten dazu, die anonyme Masse aufständischer Bauern oder Gemeinden aufzubrechen und einzelne Personen herauszugreifen, die dann als Verbrecher abgeurteilt werden konnten. Als Mittel der Dissuasion war dies zuweilen sehr gut geeignet die Mehrzahl der Aufbegehrenden wieder auf die Pfade eines „ordentlichen" Untertanen zurück zu zwingen. Wie sich diese Kriminalisierung auswirken konnte, ist an einem Beispiel anschaulich darzustellen, Stefan von Below und Stefan Breit führen für die Ebersberger Gemain im herzoglichen Bayern Folgendes an: Im Mittelpunkt der Streitigkeiten stand dort das Verbot des Holzhandels, welches der Landesherr für die Untertanen in der dortigen Gemain (Gemeindewälder) im Jahre 1600 durchzusetzen versuchte. Dennoch wurden im Verlaufe des Streits auch sehr bald schon weitere landesherrliche Regelungen Gegenstand des Verfahrens, die massiv in die Gewohnheitsrechte von 12 Gemeinden bezüglich der Waldweide eingegriffen hatten. Der Herzog hatte hier unter anderem bestimmt, dass für jedes in die Wälder getriebene Stück Vieh ein bestimmter Geldbetrag bezahlt werden musste. Verstieß man gegen diese Regelung, so konnte ihre Einhaltung mit Turmhaft, Gefängnis oder hohen Geldstrafen erzwungen werden[1387]. Herzog Maximilian I. war in diesem Kontext wie alle seine Standesgenossen (einerlei ob in Nord- oder in Süddeutschland) bestrebt, gewohn-

[1384] Vgl. dazu bei Hubertus Hiller, Untertanen und obrigkeitliche Jagd, S. 48. Hubertus Hiller weist nach, dass auch die Kulturflächen der Bauern als den herrschaftlichen Wildbahnen zugehörig betrachtet wurden.

[1385] So wurde z. B. 1682 im Amt Tremsbüttel und Steinhorst von obrigkeitlicher Seite verboten, die Koppeln mit Gräben zu umziehen, da jene die Jagd behinderten. Vgl. dazu ebd., S. 45.

[1386] Stefan von Below und Stefan Breit, Wald – von der Gottesgabe zum Privateigentum, S. 76.

[1387] Vgl. dazu ebd., S. 33-233.

heitsrechtliche Anschauungen und Regelungen aufzuheben und durch eine straffe landesherrliche Ordnung zu ersetzen. Die Untertanen brachten die Klage vor das Reichskammergericht, wobei im Vorfeld des Prozesses einige Personen, die man der Rädelsführerschaft beschuldigte, in Haft genommen wurden. Die im Gefängnis Einsitzenden bildeten jedoch einen Schwurverband, den sie nach ihrer Freilassung auf die einzelnen Gemeinden ausdehnten, und konnten so den Eindruck erwecken, als ob von Anfang an hinter der Empörung eine große Anzahl von Gemeinden und nicht lediglich einige wenige Einzelpersonen standen. Diese Vermutung konnte jedoch durch die „Individualisierung der Widerstandsbewegung im Verhör"[1388] fallengelassen werden. Allerlei Taktiken wurden von den herzoglichen Kommissaren gegenüber den Untertanen in den betreffenden Gemeinden angewandt, die sie dazu bringen sollten, die Klage vor dem Reichskammergericht entweder fallen zu lassen oder sie vom Reichskammergericht abzuziehen und sie wieder dem Hofgericht Herzogs Maximilians vorzutragen. Da dieser „Vorschlag" (damit hätten die Untertanen mit schärfsten Reaktionen von Seiten des Herzogs rechnen können/müssen) nicht angenommen wurde, ordneten die Kommissare an, dass mit Hilfe eines Verhörs von 160 Untertanen die amorphe Masse der klagenden Gemeinden individualisiert werden konnte, um zu erfahren, wer gegen den Herzog klagte und dies auch in Zukunft zu tun gedenke[1389]. Das Auftauchen der herzoglichen Kommissare als verlängerter Arm des Herzogs galt gleichzeitig als Drohkulisse und als Machtdemonstration, die das Ziel hatte, die Klage zu einem Ende zu bringen. Die deutliche soziale Distanz zwischen Untertanen und Kommissaren kam denn auch in der Verhörsituation regelmäßig zum Ausdruck. Die Berufung auf altes Recht, auf Herkommen und Brauch war das einzige Argument der Untertanen, während auf der anderen Seite die ganze Machtfülle und Kraft eines frühabsolutistischen Herrschers in Gestalt der Kommissare stand. Jeder Bauer oder Söldner, der seine Zustimmung zu einem Kameralverfahren (vor dem Reichskammergericht) gab, musste nun befürchten, in Zukunft allerlei Sanktionen und Willkürlichkeiten ausgesetzt zu sein[1390]. Das Resultat jener hierarchischen Interaktionen war, dass die Widerstandsbewegung nun doch noch ein Gesicht und einen Namen erhielt, da mit Hilfe der Verhörmethoden die wenigen Rädelsführer ausgemacht werden konnten. Die Gemeinden konnten so in gehorsame Untertanen einerseits und Rebellen andererseits aufgeteilt werden, was das Vorgehen des Herzogs gegen die Auflehnung der Gemeinden hinsichtlich ihrer Nichtbeachtung seiner Anordnungen erleichterte. Der Druck auf die Rädelsführer, deren Inhaftierung oder die Pfändung ihres Hab und Guts führte in der Regel auch auf der Gemeindeebene dann zu durchschlagendem Erfolg. Nach dem Verhör der Untertanen wurde der Prozess vor dem Reichskammergericht erst einmal verzögert und diese Verzögerung schließlich dazu genutzt, die nun namentlich bekannten Personen einzuschüchtern, zu bedrohen und sie damit zu bewegen, das Verfahren abzubrechen[1391]. Trotz der institutionalisierten Kraft des Herzogs gelang es ihm nicht, die Gegen-

[1388] Ebd., S. 169.

[1389] Vgl. dazu ebd., S. 170.

[1390] Vgl. dazu ebd., S. 171.

[1391] Vgl. dazu ebd., S. 181.

konstruktionen der Untertanen sogleich vom Tisch zu fegen. Sie beharrten auf ihrem Gewohnheitsrecht in allen Belangen. Erst 1630 endete der Prozess, aus dem der bayerische Territorialstaat als Sieger hervor ging. „Als frühmoderner Staat hatte er in dieser Zeit seine Version vom Untertanen durchgesetzt, in der die Berufung auf das Gewohnheitsrecht nicht neue gesetzte Ordnungen verhindern konnte. Er hatte nicht dulden können, dass sich ein Raum wie die Gemain seinem Herrschaftsanspruch entzog."[1392] Erst die Ordnung, dass heißt die vollständige Kontrolle über den Raum Wald, gestattete es dem Herzog, diesen Raum in seine Herrschaft nahtlos einzureihen. Die oben genannten Mittel der Konfliktbeilegung zugunsten des Landesherrn setzten voraus, dass die Kontrolle und der Zugriff auf den gesamten Raum innerhalb des Herrschaftsgebietes gegeben waren. Die Forst- und Jagdordnungen, aber auch die weiderechtlichen Bestimmungen waren dazu prädestiniert, da mit ihrer Hilfe alle elementaren Lebensbedürfnisse (die nun mal im und um den Wald befriedigt werden mussten) der Untertanen erreicht, tangiert und im Resultat kontrolliert werden konnten.

7.4.7.3.3 Relativierung der Ausführungen zu den Jagd- und Forstordnungen

Ich möchte an dieser Stelle darauf hinweisen, dass meine Ausführungen zur Rolle und Funktion der Jagd- und Forstordnungen nicht dem Prinzip der Ausschließlichkeit unterliegen. Die hier dargestellte Sicht der Dinge ist nicht dazu geeignet, andere und in der Literatur schon immer herausgestellte Auswirkungen und „Wohltaten" der landesherrlichen Forstgesetzgebung zu negieren. Selbstverständlich ist bereits den frühen (16. Jahrhundert) und späteren (17. Jahrhundert und später) Forstordnungen gemein, dass sie auch auf eine nachhaltige Forstwirtschaft ausgerichtet zu sein schienen. So enthalten sie bereits im 16. Jahrhundert Verordnungen, die der Devastation der Wälder einen wirkungsvollen Riegel vorschoben. Ebenso sind Regelungen vorhanden, die dort, wo Holz eingeschlagen wurde, auch wieder eine Aufforstung befahlen und diese Flächen bis zu einem bestimmten Zeitpunkt auch durch Einzäunung vor Hausvieh- und Wildverbiss bewahrten. Den Waldrodungen, dem unbefugten „Brennen und Reuten" in den Wäldern, um jene in Ackerland oder in Wiesen umzuwandeln, wurden ebenfalls schon sehr früh entsprechende Ordnungen entgegengesetzt[1393]. Bereits die Forstordnungen des 16. Jahrhunderts schlugen in Deutschland den Weg zu einer geordneten Wald- und Forstwirtschaft ein. Unter anderem wurde bereits hier die schlagweise Hiebsführung eingeführt und geregelt, es wurde Bestandspflege betrieben, die Aussaaten und natürliche Verjüngungen gegen zu starken Verbiss durch Wild und Hausvieh geschützt, etc. Die Liste ließe sich noch fortsetzen. Ich möchte an dieser Stelle deshalb zu diesem komplexen Thema auf die einschlägigen Werke der Forstwissenschaften verweisen[1394]. Andererseits würde ich niemals soweit gehen wollen in der Jagdleidenschaft der Herren den Grund für manche noch heute bestehenden und

---

1392 Ebd., S. 233-234.

1393 Vgl. dazu bei Karl Hasel, Forstgeschichte. Ein Grundriss für Studium und Praxis, S. 114ff.

1394 So z. B. Karl Hasel, ebd., weiterhin Kurt Mantel, Wald und Forst in der Geschichte, daneben natürlich auch Adam Schwappach, Grundriss der Forst- und Jagdgeschichte Deutschlands, et al.

zusammenhängenden Wälder zu verorten, wie dies Sigrid Schwenk für den Spessart formuliert hat[1395]. Dass die rigorosen Jagd- und Forstordnungen durchaus in der Lage waren, die Devastierungen durch die Untertanen einzudämmen, steht wohl außer Frage. Hier geht es jedoch um die Ursache und nicht um die Wirkungen. Denn möglicherweise war der sich im Nachhinein als segensreich erweisende Schutz der Wälder eine unintendierte Folge absichtsvollen fürstlichen Handelns, welches jedoch die Erweiterung und Sicherung der eigenen Herrschaftssphäre zum eigentlichen Ziel hatte. Umgekehrt kann ja auch nicht ohne Kritik auf sich zu ziehen geschlussfolgert werden, dass der Spessart nur deshalb heute so existiert, weil er auf dem Blut und dem sozialen Elend tausender unterdrückter Bauern über die Jahrhunderte aufgebaut wurde. Bis in das 19. Jahrhundert und die Zeit der Landesforstgesetzgebung waren die herrschaftlichen Zugriffe auf den Wald deutlich stärker von absolutem Machtdenken gelenkt als von der Sorge um eine auf die Zukunft gerichtete, nachhaltige Wald- und Forstwirtschaft. Dass sich dennoch derartige Langzeitwirkungen regional bis heute gezeigt haben, ist weit mehr dem Zufall als einer landesväterlichen oder landesherrlichen Fürsorge zuzurechnen. Auch die reine Jagdlust ist nach den bisherigen Ausführungen zu Rolle und Funktion der Jagd nicht zur Erklärung heranziehbar. Die Jagd war ein herrschaftliches Instrument zur Raumbesetzung, Raumbeherrschung und damit zur Konstruktion von Raum, zur Reproduktion von Herrschafts- und Ordnungsvorstellungen. Um jenes Funktionieren von Herrschaft aufrechtzuerhalten, bedurfte es der Erhaltung natürlicher Wildreservoire und damit auch der Erhaltung von Wald. Dass sich diese Zusammenhänge irgendwann einmal auf den Erhalt großflächiger Waldungen in einem ökologischen oder naturschützerischen Kontext auswirken würden, konnte weder Absicht sein noch vermutet werden. So ist es als reiner Zufall anzusehen, dass aus einem reinen Herrschaftshandeln und aus herrschaftlichen Absichten heraus sich in einer industrialisierten und mehrere Jahrhunderte späteren Zivilisation jenes Handeln als ökologische Wohltat herausstellen sollte. Dafür den Landesherren und ihrem absoluten Anspruch auf Kontrolle und Zugriff post mortem zu danken, halte ich dagegen für grundfalsch. Wenn man sich jedoch aus Gründen der Erklärungsfindung mit dem Begriff des „Zufalls" nicht zufrieden geben will, sich auf die Suche nach einer halbwegs zutreffenden Erklärung für die noch heute bestehenden großen Waldungen wie den Kottenforst bei Bonn, den Soonwald im Hunsrück, den Teutoburger Wald, Harz, Kaufunger- und Rheinhardswald, den Solling und den Kaiserslauterer Reichswald, den Nürnberger Reichswald, den Schönbuch bei Tübingen und den Spessart, etc. begibt, dann ist wohl eher den Ausführungen von Kurt Mantel zuzustimmen, der eine praktische Sicht der Dinge und damit eine historisch nachvollziehbare Erklärung liefert. Mit der Jagd und der Einforstung, so Kurt Mantel, standen bereits unter den Königen wirtschaftliche und raumpolitische Bestrebungen im Vordergrund. Dies hat sich bis in das 20. Jahrhundert nicht wesentlich geändert. Schon unter den Karolingern wurde in den eingeforsteten Gebieten jede nicht ausdrücklich genehmigte Nutzung verboten. Allein der König oder die mit Einforstungsrechten bedachten zumeist adligen Personen

[1395] Vgl. dazu bei Sigrid Schwenk, Von der hohen Kunst zu jagen. Jagdmethoden im 18. Jahrhundert, in: Die *Jägerey* im 18. Jahrhundert, Colloquium der Arbeitsstelle 18. Jahrhundert, Bergische Universität, Gesamthochschule Wuppertal, S. 42.

oder Verwalter durften die Nutzung des Waldes in Form der Zeidlerei, der Waldweide, der Holznutzung und Rodung gestatten. Daneben waren die Forste und ihr Rodungspotenzial für den Landausbau in gezielter und geregelter Form von unschätzbarem Wert. Nur so gelang es den Karolingern zinspflichtige Königsbauern anzusiedeln, wilde Rodungen und damit Devastationen zu verhindern und das Land urbar zu machen[1396]. Die Zielsetzung war hier jedoch bereits auf die Sicherung der Macht durch Einfluss und Kontrolle ausgerichtet und nicht auf die Jagdleidenschaft der Herrscher. Diese Zielsetzung wandelte sich von der großen Fläche unter den Karolingern auf die kleine Fläche unter den Landesherrschaften nicht. Einzig die Größe des Herrschaftsraumes sank und die Bevölkerungszahl im relativen Vergleich nahm zu, was sich auf die Sensibilität von Kontrolle und Zugriff auf jene Räume auswirken musste. Da nun auch die früheren Königswälder insbesondere aufgrund ihrer Größe, ihres Raumes, für die wirtschaftlichen und raumpolitischen Bestrebungen der Landesherren von großer Bedeutung waren, wurden jene Wälder wiederum einem besonderen Schutz unterstellt. Die Ausweichmöglichkeiten der ländlichen Bevölkerung, im Gegensatz zum frühen Mittelalter, wurden damit immer weniger und die Jagd- und Forstordnungen mussten rigoroser werden, wollten sie diese Räume einer exklusiven herrschaftlichen Kontrolle und Nutzung unterstellen. Auf diese Weise verläuft eine Linie von den Königswäldern des frühen Mittelalters bis zu den heutigen Naturparks. Bis heute blieben diese Wälder in Form von Staats- und anderen Forsten erhalten und bilden den größten Teil der Naturparks in der Bundesrepublik. Die Jagdlust, so konnte ich aufzeigen, braucht man für eine Erklärung des epochenübergreifenden Bestandsschutzes der großen Wälder jedoch nicht zu bemühen. Allerdings konnte mit Hilfe der institutionalisierten Jagd (über Regelungen, Normen, Inklusionen, Exklusionen und einen Verwaltungsapparat als Überwachungsorgan) die Einhaltung der Jagd- und Forstordnungen (auch Wald- und Weidenutzungen) kontrolliert und zumeist auch vor Ort unmittelbar gegensteuernd eingegriffen werden, wenn sich Widerstände gegen die Ordnungen der Herren zeigten.

7.5 Resümee und Ausblick

7.5.1 Resümee

Im Rahmen der obigen Ausführungen sollte deutlich geworden sein, wie Martina Löws Betrachtungen zur Raumsoziologie, das heißt die relationale (An)Ordnung von Menschen und sozialen Gütern an Orten zu verstehen ist und wie jene Überlegungen auf die Jagd angewendet werden können. Durch die Schreibweise (An)Ordnung[1397] wird auf zwei unterschiedliche Aspekte verwiesen, zum einen auf die Ordnung, die durch Räume erst geschaffen wird (z. B. Forst contra Stadt) und zum zweiten auf den eigentlichen Prozess des Anordnens selbst, also auf die Handlungsdimension. Die Jäger als Herrscher im Mittelalter und der frühen Neuzeit haben als Repräsentanten des Raumes selbst (des Staates oder Territoriums) der Logik der Ordnung entsprochen und gleichzeitig durch ihr Tun jene Ordnung

[1396] Vgl. dazu bei Kurt Mantel, Wald und Forst in der Geschichte, S. 154.

[1397] Vgl. dazu bei Martina Löw, Raumsoziologie, S. 153ff.

gegenüber den Untertanen jedes Mal neu reproduziert. In der modernen Gesellschaft dagegen (wie ich noch in Kapitel 9ff. aufzeigen werde) ist der Jäger nicht mehr Repräsentant des Raumes „Staat", sondern lediglich Nutznießer eines künstlichen Raumes (dem Privatwald oder Staatsforst, dem Kulturraum generell), der er durch Verträge und Absprachen auf Zeit geworden ist. Die Staaten oder Territorien des ausgehenden Mittelalters und der Neuzeit dagegen waren Machtbehälter im Sinne Anthony Giddens. Jene Gebilde waren disziplinierende Teile innerhalb eines Ganzen – des Kaiserreiches. Da der Kaiser seine Macht gegenüber den einzelnen Teilen allmählich verlor, waren für die Disziplinierungen der Untertanen nun die frühneuzeitlichen Staaten oder Territorien als Teile des früheren Ganzen eigenständig verantwortlich. Jene Teile waren durch Grenzen nach außen hin abgeschlossen und jene Grenzen (als Strukturen des Raumes Staat) trennten interne Interaktionen von äußeren Interaktionen ab. Die Grenzziehung und damit die räumliche Abgeschlossenheit eines jeden Teiles ermöglichte die räumliche Kontrolle der in diesen Räumen positionierten Menschen (Untertanen). Aufgrund der Ähnlichkeit aller rund 1800 reichsstädtischen und reichsritterschaftlichen Gebilde im Deutschen Reich war auch Art und Umfang der Kontrolle weitgehend deckungsgleich (mit gewissen Unterschieden zwischen Stadt und Land natürlich). In allen diesen Gebilden reproduzierte sich die Ordnung im Kleinen wieder. Der niedere Adel arbeitete mit derselben disziplinierenden Architektonik auf seinen Landgütern wie der reichsständische Adel es im Lande, im Staate tat. Diese Ordnungen wurden jedoch nicht von allen akzeptiert, was zu Konflikten, zu eigenen Raumvorstellungen (den Staatsvorstellungen der Bauern im Bauernkrieg) und zu Raumvorstellungen der Staatstheoretiker führte. Darüber hinaus fanden regelmäßig raumkonstituierende Kämpfe zwischen Landesherren und Untertanen statt, die sich z. B. in den Verschärfungen der Jagd- und Forstordnungen im Zuge kriegerischer Umstände und innerer Unruhen zeigten. Geht man von einer relationalen (An)Ordnung sozialer Güter und Menschen aus, so ist der Staat nicht allein durch seine Grenzen und seine Herrenhöfe als gegeben vorauszusetzen. Vielmehr ist hier auch die Frage zu beantworten, wie die Untertanen und der Adel den Staat als Raum interaktiv konstituieren konnten, da ja neben den sozialen Gütern auch die Menschen – Adel, Bürger, Bauern – raumkonstituierend waren. Und hier kommt man zur Jagd als sozialer Praxis, als Interaktion zwischen Untertanen und Herren, als Reproduktion der Herrschaftsbeziehungen. Auch die Fronleistungen sind als solche zu interpretieren. Das Wildderertum als rebellischer Akt ist ebenfalls als Interaktion zwischen Untertanen und Herren zu untersuchen, das heißt als Ausdruck der Nichtakzeptanz jener (An)Ordnungen. Innerhalb des vorliegenden Kapitels stand gerade die Analyse der relationalen (An)Ordnung von Menschen, Tieren und sozialen Gütern im Rahmen dieser nun neuen Verantwortlichkeiten im Mittelpunkt des Interesses. Hier wurde das Augenmerk noch verstärkt auf die materiellen Güter (Wald, Forst, Jagdschlösser, Netzwerke der Schlösser) sowie auf diejenigen symbolischen Güter der Raumkonstitution gelegt, die eher dem Faktor Jagd- und Forstrecht und damit der Institutionalisierung im weitesten Sinne zugerechnet werden müssen. Dazu gehören die Frondienste der Untertanen, alle weiteren zu erbringenden Leistungen (z. B. zu Steuerzahlungen gewandelte Frondienste) sowie die Jagd- und Forstordnungen (also auch die die Landwirtschaft und Waldweide betreffenden Regelungen). Diese materiellen wie auch symbolischen Güter der

Raumkonstitution bildeten die Basis für die Kontinuität und Tiefe der Raumkonstitution der neuen Herren in der frühen Neuzeit bis 1848/49. Dadurch war es dem Adel möglich, seine Vorstellung von Herrschaft, seine hierarchische Ordnung, an jedem beliebigen Ort zu konstituieren und zu reproduzieren. Den Untertanen fehlte jene institutionalisierte Rückendeckung, was die Anzahl und Kontinuität der Versuche räumlicher Gegenkonzeptionen zwar nicht eindämmen konnte, jedoch den Bestand jener Räume an die körperliche Präsenz der Aufständischen, der Rebellen oder einfach der Unzufriedenen unabdingbar band. Wurden der oder die Betreffenden bestraft, so wurde die Gegenkonzeption in den meisten Fällen brüchig und nicht selten aufgegeben. Der letzte große Aufstand, der so zu Ende ging, ist in den Bauernunruhen des frühen 16. Jahrhunderts zu finden. Um ein Zusammenbrechen jener gegenkulturellen Raumkonstitutionen zuverlässig zu erreichen, waren die Landesherren immer bestrebt, dem Aufstand, der Rebellion ein Gesicht, einen Namen zu geben, um mit Hilfe der Bestrafung eines Verantwortlichen die große Masse der anderen einzuschüchtern und auf diese Weise die Kontrolle erneut zurückgewinnen zu können. Den auf Dauer bestehenden herrschaftlichen Ordnungsvorstellungen, deren Durchsetzung auch in schwierigen Zeiten und gegen den Willen der Untertanen möglich war, stand so lediglich das flüchtige Aufbegehren einiger weniger gegenüber, die zudem mit aller Strenge des Gesetzes verfolgt wurden und nicht selten – wie im Falle der Wilderer – den Tod fanden. Aber, so meine Ausgangsthese, beide sich gegenüberstehenden Raumkonstitutionen waren ein unabdingbarer Bestandteil feudaler und absolutistischer Gesellschaftssysteme. Das Verständnis jener als hierarchisch zu verstehender Kommunikationen ist für die funktionale Darlegung von epochenspezifischen Gesellschaftssystemen unabdingbar.

7.5.2 Ausblick auf Kapitel 8

Die Trennung zwischen denjenigen Gütern der Raumkonstitution, die jeweils auch schon für sich in der Lage waren institutionalisierend zu wirken (materiell: Forst, Schlösser, Netzwerke; symbolisch: Frondienste, Jagd- und Forstordnungen, Halsgerichtsordnung, etc.) von all denjenigen Gütern, die stärker auf Raumbewanderung und damit praxisbezogen waren, ist nicht nur vom Argumentationsstrang her sinnfällig. Auch wenn die Grenzen zugegebenermaßen verschwimmen, so wird auf diese Weise ermöglicht, dass das Jagdrecht (im weitesten Sinne die institutionalisierte Basis) von der Jagdpraxis als eigentlichem Mittel der Raumbewanderung getrennt betrachtet werden kann. Im folgenden Kapitel 8 stehen zwar wiederum überwiegend symbolische Güter der Raumkonstitution im Vordergrund, jedoch nun nicht mehr im Sinne des Jagd- und Forstrechts, sondern vielmehr im Sinne von (Jagd-)Praxis. Es werden die wesentlichen Jagdpraktiken der Herren einer weiterführenden Analyse zugeführt, die unter raumkontextuellem Bezug stärker auf Raumbewanderung ausgelegt waren als auf bloßer Satzung zu beruhen. Trotz aller Regelungen und Niederschriften war die Praxis letzten Endes situationsentscheidend, zumindest wenn sie über einen längeren Zeitraum hinweg gefestigt werden konnte und sich damit selbst zu einem Recht herausbildete. Allerdings wird zu bemerken bleiben, dass die Jagdpraxis, insbesondere im Absolutismus, deutlich auf die „inneradlige" Ebene verschoben wurde, dass heißt hauptsächlich eine Abgrenzungshandlung der Landesherren zu den ebenfalls landesherrlichen Nachbarn als auch zu den landadligen Güterbesitzern innerhalb des eigenen Territoriums wurde.

8 Die Jagdpraxis als Mittel der Generierung, Reproduktion und Durchsetzung von landesherrlicher Vorherrschaft

Die Praxis der Jagd im Kontext der strukturellen, kulturellen, psychischen und physischen Entwicklungen im Verlaufe der frühen Neuzeit

8.1 Allgemeines

Wie mehrfach erwähnt, waren die germanischen Stämme in früher Zeit häufig durch große Flächen Niemandsland voneinander getrennt, dass heißt unmittelbare Nachbarschaft war höchst selten und je größer die Entfernungen der einzelnen Stammesgrenzen zueinander waren, umso angesehener war der Stamm. Jene Form der als mittelbar zu nennenden Grenzziehung bei den germanischen Stämmen der Völkerwanderungszeit konnte die dann im Absolutismus so typischen Grenzstreitigkeiten vermeiden helfen, was mir jedoch aus der Literatur im Einzelnen nicht als Tatsache bekannt ist. Möglicherweise jedoch konnte dies der Fall sein, da zunächst jeder Stamm seine Grenzen überschreiten konnte, ohne das Territorium eines „Angrenzers" notwendigerweise verletzen zu müssen. Insofern waren auch keine kommunikativen Riten oder Regularien einzuhalten, wenn ein Stamm sein Gebiet verließ. Man begegnete sich als Freund, indem man den Raum des Nachbarn achtete, oder als Feind, indem man in kriegerischer Absicht eindrang. Komplizierte, Grenzen anerkennende soziale oder politische Handlungen waren in der Völkerwanderungszeit deshalb möglicherweise nicht notwendig. Völlig anders dagegen die Situation in den darauf folgenden Zeiten, die über Bevölkerungswachstum, Wirtschaftsverflechtungen, Handel und Verkehr, über Austauschbeziehungen zwischen Stadt und Land, über die Herausbildung relativ starrer Territorien und Herrschaftsinseln räumlich näher aneinander rückten und die nicht einfach durch Wanderung aufgegeben werden konnten oder gar darauf ausgerichtet waren. Hier war es umso wichtiger, Hierarchien, Grenzen und Machtverhältnisse symbolisch und materiell über Kommunikation, über soziale Handlungen, regelmäßig neu zu formen und aufrechtzuerhalten, gegenseitig anzuerkennen oder in Frage zu stellen. Gab es Streitigkeiten über den Status quo, so konnten diese durch entsprechende Tatsachen und Gewohnheitsrecht schaffende Handlungen, durch ein Netzwerk von Spielregeln, die den Kampf um Macht, Rang und Ehre lenkten, oder durch die Anrufung des Kaisers, auch außerhalb des Kriegszustandes, einer Lösung zugeführt werden. Nicht selten konnte trotz oder gerade wegen des engeren räumlichen Zusammenrückens damit das Ausufern der Gewalt verhindert werden[1398].

Nach dem Ende der Bauernunruhen im 16. Jahrhundert und der Vollendung der Reformation wurde die räumliche Situation noch einmal deutlich verschärft,

[1398] Vgl. dazu auch die Ausführungen von Gerd Althoff, Spielregeln der Politik im Mittelalter, an verschiedenen Stellen.

indem sich nicht nur konkurrierende Landesherrschaften herausbildeten, sondern innerhalb desselben Territoriums soziale, politische und rechtliche Verschränkungen bestanden, die ohne ständige Machtstreitigkeiten nicht hätten gelöst werden können. Allerdings wurden diese Kompetenzstreitigkeiten nicht durch das Schwert, sondern vielmehr mittels Verwaltung und Kommunikation zu lösen versucht[1399]. Da jene Verwaltung und Kommunikation in Zeiten, in denen sich das Staatsrecht erst allmählich herausbildete, darauf ausgelegt war, Chancen zu wahren, Ansprüche zu visualisieren, den Status quo zu sichern, müssen gerade all diejenigen sozialen Handlungen, deren Duldung oder deren Unterlassen bedeutende Potenziale in sich geborgen haben, als Eckpfeiler jener Kommunikation gegolten haben. Visualisierung war ein bedeutendes Instrument der politischen Kommunikation jener Zeiten. Da keine Rechtsposition sicher vor Veränderungen war, kein Titel nicht auch hätte verloren werden können, Sitten oder Gewohnheiten geändert werden mussten, wenn sie einem anderen zugesprochen wurden, musste ein Fakten schaffendes soziales Handeln repetitiv in aller Öffentlichkeit und unter aller Augen vollzogen werden. In diesem Zusammenhang waren es nicht selten die Jagdpraktiken, die für die einzelnen Parteien zur Wahrung ihrer Chancen, in politischer und demzufolge auch räumlicher Hinsicht, zum Teil immense Wirkungen entfalten konnten, wie die Ausführungen zur Freien Pürsch oder zur Wildfolge noch belegen werden. Da in den absolutistischen Zeiten die Fürsten mit ihren Territorien direkt aneinander grenzten, mussten Handlungen gefunden werden, die die Grenzen der Machtverhältnisse, die soziale Hierarchie, die Ansprüche und bisherigen Rechte visualisieren konnten und diese Visualisierungen mussten so eindeutig sein, dass sie von allen - einerlei ob Untertan oder Adliger - gleich verstanden und akzeptiert wurden. Es sei an dieser Stelle nochmals darauf hingewiesen, dass keine Handlung und keine Unterlassung oder Duldung in der mittelalterlichen und frühneuzeitlichen Gesellschaft, im Überlappungsbereich zwischen Adelsherrschaften und Territorialhoheiten, zwischen Feudalismus und Absolutismus ohne Grund und ohne herrschaftliche Funktion geschah. Herrschaft war nicht allein an geographische Grenzen gebunden. Herrschaft war vielmehr ein Konglomerat derjenigen Kräfte, die strukturierend wirkten, die Macht und Herrschaft, soziale und politische Distanz oder Nähe zum Ausdruck bringen konnten, die der Herrschaft und ihrem Raum eine Form und eine Seele geben konnten, die Herrschaft sichernde und Herrschaft reproduzierende Öffentlichkeiten formten, die durch repetitive Handlungen Gewohnheitsrecht oder Sitte evozieren konnten, die visuell und akustisch die Existenz von Ansprüchen und Forderungen deutlich und für jedermann sicht- und deutbar zum Ausdruck brachten. Im vorangegangenen Kapitel konnte dies für die Wirkungen und Zielsetzungen der Frondienste, der Rigorosität der Jagd- und Forstordnungen aufgezeigt werden. Selbst Tiere hatten im raumkonstruierenden Sinne eine wesentliche Bedeutung für die Herren, die sich nicht auf Liebhaberei oder Sammelleidenschaft reduzieren lässt. Das Beispiel der Bauernhunde oder der Tauben, aber auch des Wildes selbst sollte dies eindrücklich aufgezeigt haben. Selbst der nur ein paar Tage im Jahr betreffende Kirchweihschutz wurde im Zuge der sich herausbildenden Überschneidungszonen zwischen den

[1399] In Anlehnung an die Ausführungen von Hanns Hubert Hofmann, Adelige Herrschaft und souveräner Staat, S. 56-59.

Mediatgewalten und den Territorialherrschaften unabdingbarer und eifersüchtig bewachter Bestandteil der Machtdemonstration (Macht des Territorialherren über die Vogtei) und damit ein begehrtes Objekt der Territorialgewalt[1400]. Jede Form von Einflussnahme wurde als willkommene Möglichkeit gesehen, den eigenen Machtbereich auszudehnen, neue Ansprüche hinzuzugewinnen oder ganz einfach angestammte Rechte zu behaupten.

Dass die verschiedenen Jagdpraktiken, die Jagd allgemein, in diesem Kontext lediglich adliges oder zunehmend fürstliches Pläsir gewesen sein soll, mag nicht so recht einleuchten. Ihre Potenziale in räumlicher und damit herrschaftlicher Hinsicht waren viel zu groß, da mittels Jagd Zugriffsrechte repräsentiert und nicht selten auch durch stetige Übung erstritten werden konnten. Im vorangegangenen Kapitel wurden vor allem die Fronleistungen sowie die Forst- und Jagdordnungen als raumkonstituierende Herrschaftsmittel des Adels und der Landesherren gegenüber den Untertanen herausgestellt, während nun in diesem Kapitel einige Jagdpraktiken analysiert werden sollen, die weniger gegenüber den Untertanen instrumentalisiert wurden, sondern vor allem als Machtdemonstration der Landesherren gegenüber dem niederen Landadel gedacht waren. Die Frondienste, die Jagd- und Forstordnungen waren in ihrer Mehrheit ein Herrschaftsinstrument gegenüber den Untertanen, während einige Jagdpraktiken die Vorherrschaft des Landesherrn gegenüber dem Landadel zuverlässig reproduzieren sollten. Die Jagd versetzte den Landesherrn in die Lage die sozialen, politischen, materiellen Grenzen für den Landadel abzustecken, eigene Ordnungsvorstellungen zur Geltung zu bringen und den stattfindenden jagdlichen Handlungen der Grundherren stärkere, weil prunkvollere und organisationsgewaltigere Konzeptionen gegenüber zu stellen. Mittels Jagd wurden so alle wichtigen politisch-strukturellen Räume abgedeckt, alle sozialen Distanzen und Hierarchien visualisiert und über die Beliebigkeit der Wiederholungen repetitiv konstruierbar gemacht. Der Landesherr hatte die jagdlich konstruierbare Öffentlichkeit im Absolutismus in seiner Hand. Ohne seine ausdrückliche Genehmigung oder Duldung war diese Öffentlichkeit eine landesherrliche Öffentlichkeit, sein erweiterter politischer Arm, was insbesondere auch durch den personellen Ausbau der Jagd- und Forstverwaltungen zum Ausdruck kam. Die Jagdpraxis wandelte sich gemäß der historischen Situation stetig, was Rückschlüsse auf ihre Funktionalisierung im Rahmen der Herrschaftsausübung, der Herrschaftserhaltung und der Festigung eines Herrschaftsanspruches zulässt. Von vielen Jagdhistorikern wurden in der Vergangenheit die wesentlichen Deutungen von Gesellschaft und Jagd nahezu regelmäßig angesprochen, auch in ihrer Wichtigkeit betont, ohne jedoch umfassend diese Überlegungen in ihrer Konsequenz auszuarbeiten. Jagdliche Veränderungen und Entwicklungen wurden so häufig genug erkannt, ihre Ausstrahlungen und ihre Ursachen dagegen schlichtweg übersehen oder unzulässig reduziert. Exemplarisch hierzu sollen Hans Wil-

---

[1400] Vgl. dazu bei Hanns Hubert Hofmann, Adelige Herrschaft und souveräner Staat, S. 52. Der Kirchweihschutz, so Hofmann, „sei als ein Ausfluss der Vogtei anzusehen, als eine Vorbeugemaßnahme. Der Sicherheitsdienst an den feuchtfröhlichen Festtagen durch ortsfremde Organe des Kirchenpatrons und dann des Vogtherrn brachte dabei nicht nur Einnahmen aus Standgeldern und Auflagen, er wurde wegen der dabei entfalteten Machtdemonstration bald zu einem begehrten Objekt der Territorialgewalt."

helm Eckardt einerseits und Jörg Jarnut andererseits kurz angeführt werden. Die hoffnungsvollsten Einblicke in das, was im Rahmen einer Soziologie der Jagd hinterfragt werden muss, stammen dabei von Hans Wilhelm Eckardt, den ich im Folgenden kurz zitieren möchte. In Widerlegung Ortega y Gassets These, dass die Jagd im Glücksrepertorium des Menschen stets den höchsten Rang eingenommen hätte[1401], führt Hans Wilhelm Eckardt an, dass dies in keinster Weise historisch belegbar und auch weder soziologisch noch psychologisch nachgewiesen sei. „Die Jagd kann nicht als allgemeines menschliches Bedürfnis angesehen werden. Da sich also nicht Beziehungen zwischen *dem* Menschen und *der* Jagd, sondern immer nur zwischen bestimmten sozialen Gruppen und bestimmten Formen des Jagdrechtes und bestimmten Arten zu jagen feststellen lassen, muss in jeder historischen Situation nach der spezifischen Funktion und Bedeutung der Jagd und des Jagdrechtes gefragt werden. Hier geht es also um die Frage, warum das Jagdrecht und die mit ihm verbundenen Privilegien die dargestellte große Bedeutung für den herrschenden Adel besaß."[1402] Mit diesen Worten umreißt Hans Wilhelm Eckardt deutlich die Absichten des vorliegenden Werkes, welches den Leser in die Lage versetzen möchte, ein Verständnis für die Veränderungen gesellschaftlicher Strukturen und der Funktion der Jagd im Rahmen jener Strukturen zu entwickeln. Da die Geschichte der Jagd mit der Omnipotenz des Adels nicht ihren Anfangs- und auch nicht ihren Endpunkt findet, müssen auch die jenseits adliger Jagd liegenden Zeiten im Rahmen einer solchen Untersuchung berücksichtigt werden. In Kapitel 2 habe ich das ausführlich insbesondere für die Evolution des Menschen versucht, während die darauf folgenden Kapitel verschiedene Kulturen bis in das frühe Mittelalter beleuchtet haben. Für die nicht aristokratisch dominierten Zeiten Deutschlands gilt bezüglich der Funktionalisierung von Jagd dieselbe These wie für die vergangenen Jahrhunderte auch: Die Praxis der Jagd ist ein Weiser für die Funktion der Jagd innerhalb einer Gesellschaftsordnung. Die Potenziale der Jagd, wie sie in Kapitel 4 umfassend beschrieben wurden, werden in den verschiedenen und aufeinander folgenden Gesellschaftsordnungen unterschiedlich ausgeschöpft und zur Geltung gebracht. Damit ist die Jagd und insbesondere auch die Praxis der Jagd ein hervorragender Weiser für die Entwicklung und den Zustand sozialer Systeme. Auch Jörg Jarnut hat im Rahmen seines Aufsatzes „Die frühmittelalterliche Jagd unter rechts- und sozialgeschichtlichen Aspekten" an verschiedenen Stellen durchblicken lassen, dass die Jagd und ihre Praxis in ihrer Veränderung spezifischen gesellschaftlichen Umbrüchen unterliegen. So hat er durchaus erkannt, dass unter Karl dem Großen und Ludwig dem Frommen die Jagd Bestandteil der Herrschaftslegitimation und eben nicht des königlichen Vergnügens war[1403]. Auch die öffentliche Wirkung der

---

[1401] Vgl. dazu bei Ortega y Gasset, Meditationen über die Jagd, S. 11-19.

[1402] Hans Wilhelm Eckardt, Herrschaftliche Jagd, bäuerliche Not und bürgerliche Kritik, S. 268.

[1403] Vgl. dazu die Ausführungen bei Jörg Jarnut, Die frühmittelalterliche Jagd unter rechts- und sozialgeschichtlichen Aspekten, in: Settimane di studio del Centro italiano di studi sull`alto medioevo 31/1, S. 787f. Er schreibt: „Die traditionellen Herbstjagden dienten besonders Karl dem Großen und Ludwig dem Frommen also nicht nur zum Vergnügen, sondern eben auch dazu, einer sachverständigen, breiten Öffentlichkeit, zu der bisweilen auch ausländische Gesandte gehörten, ihren Mut und ihre körperlichen Fähigkeiten ebenso wie ihre Macht und ihren Reichtum zu beweisen." Diese Begründung der Jagd erinnert sehr stark an die frühantiken Jagdfunktionen der Perser, wie sie Xenophon überliefert hat.

Jagd bereits im frühen Mittelalter wurde von ihm hervorgehoben, während andere Autoren jene häufig verneinten. Hier ist auch Jürgen Habermas zu nennen, der das Vorhandensein einer Öffentlichkeit für das Mittelalter verneint hat[1404]. Dass es dagegen sehr wohl eine Form von Öffentlichkeit im Mittelalter gegeben hat, zeigt an historischen Beispielen Gerd Althoff anschaulich auf. Auch er rekurriert hierbei auf die Kritik an Habermas und versucht den Beweis zu erbringen, dass sich zwar die Träger und Formen politischer Kommunikation in Mittelalter und Neuzeit gewandelt haben, an einer Existenz von Öffentlichkeit, die neben der Vertraulichkeit und Heimlichkeit existierte, könne dagegen nicht gezweifelt werden[1405]. Als Beispiel für eine spezifische Form von Öffentlichkeit kann hier Kaiser Karl VI. gelten, der die Ruhe seiner Wiener Reviere erst im Zuge der Erbhuldigung seiner Länder verließ und nun ausgiebige Jagden in den betreffenden Teilen seines Reiches ausübte. So veranstaltete der Landeshauptmann der Steiermark ein großes Jagen auf Gams, zu deren Eintreibung dreitausend Bauern aufgeboten wurden[1406]. In welchem spezifischen Kontext dies zuweilen zu verstehen bleibt, wird noch ausführlich thematisiert werden. Die Öffentlichkeiten wandelten sich vom frühen Mittelalter bis zum hohen Mittelalter und der frühen Neuzeit genauso wie es die Jagdpraxis und die Funktion der Jagd im selben Zeitraum taten. Die Schnitt- und Berührungspunkte von Jagd und Öffentlichkeit, insbesondere aber die Faktoren ihrer Generierung mit Hilfe der Jagd, sollen auf den folgenden Seiten in Form verschiedener Jagdpraktiken näher betrachtet werden.

8.2 Einleitung

Die Entwicklung der Jagdpraktiken allein auf den Fortschritt in Handwerk und Technik zurückzuverfolgen, wird wohl nach dem bisher Dargelegten wesentlich zu kurz gedacht sein. Auch die bloße Freude am Waidwerk sowie mögliche, jedoch kritisch zu betrachtende Gründe der Nahrungsmittelversorgung müssen in den Zeiten ab dem frühen Mittelalter entgegen den heute noch üblichen Argumentationen (auch innerhalb der jagdlichen Ausbildungsliteratur[1407]) als vernachlässigbare Größen gelten. Vielmehr sind die gesellschaftlichen Entwicklungen und die durch sie geschaffenen Veränderungen und Bedingungen räumlicher, sozialer und politischer Art in die Darstellung der sich herauskristallisierenden Jagdpraktiken einzubeziehen. Die Beispiele Hadrians und Karls des Großen sollten in der Lage gewesen sein zu zeigen, dass die Jagd mehr war als lediglich eine auf individuellen Motiven, auf nur augenscheinlichen Traditionen oder gar genetischen Prädispositionen beruhende, vergnügliche und der Waffenkunst zuträgliche Handlung. Daneben ist

---

[1404] Vgl. dazu Jürgen Habermas, Strukturwandel der Öffentlichkeit, S. 54ff.

[1405] Dazu Gerd Althoff, Spielregeln der Politik im Mittelalter, S. 229-257.

[1406] Vgl. dazu bei Gottfried Kretschmann, Berühmte und berüchtigte Jäger, in: Wild und Weidwerk der Welt, Herausgegeben unter dem Ehrenschutz des Bundesministeriums für Land- und Forstwirtschaft und der Österreichischen Landesjagdverbände, S. 731.

[1407] Vgl. dazu die jagdliche Literatur zur Vorbereitung auf die Jägerprüfungen, wie z. B. bei Fritz Nüsslein, Das praktische Handbuch der Jagdkunde, S. 17. Ebenso bei Walter Frevert, Das jagdliche Brauchtum, S. 12, wo die Jagd auf den Rothirsch als das edelste Vergnügen bis in die Zeit um 1850 herum beschrieben wird.

es auch vollkommen unzureichend, wenn man z. B. der karolingischen Jagd und den ihr folgenden Epochen unterstellen will, dass es ihre zunehmende Exklusivität und ihr Prestige waren, die die Jagd als Vergnügen dazu beriefen, soziale Distanz zu schaffen oder zu betonen[1408]. Jagd als soziales Distinktionsmerkmal, und das ist eine ganz wesentliche und bisher absolut vernachlässigte Besonderheit, ist in ihrer Konsequenz und ihrem Umfang erst ein Resultat des Niedergangs der aristokratischen Omnipotenz. Die Herauslösung der Jagd aus den aristokratischen Bezügen ist im Gegensatz zu den bisherigen Annahmen innerhalb der Jagdgeschichte geradezu als die Vorbedingung für ihre Rolle als bloßes Distinktionsmerkmal zu bezeichnen. Erst als die Jagd herausgelöst wurde aus ihren rein politischen Bezügen, aus ihrem instrumentellen Charakter mittelalterlicher und frühneuzeitlicher Herrschaftspraxis, wurde der Jäger - nun immer häufiger bürgerlichen Standes - in die Lage versetzt, sich ihre plötzliche politische Bedeutungslosigkeit sozial zunutze zu machen, wie dies, hervorgerufen durch die Revolution, zwischen 1848/49 und etwa 1970 tatsächlich der Fall war[1409]. Im bürgerlich-parlamentarischen System wurde die Jagd von einer Herrschaftspraktik zu einer rein sozialen Praktik und damit zu einem bürgerlichen Distinktionsmerkmal, während gleichzeitig die bäuerlichen Jäger mit Hilfe der Jagd ihren Wirtschaftsbetrieb zu unterstützen suchten. So existieren seit der Revolution 1848/49 wenigstens zwei sich in Ordnungs- und Raumvorstellungen, in Normen und Zielen gegenüber stehende jagdliche Gruppen: der bürgerliche Waidmann und der Bauer (an dessen Stelle seit den 1970er Jahren stärker der Förster trat). Die Erklärung, weshalb die Jagd als (bürgerliches) Distinktionsmerkmal zwingend an ein parlamentarisches System gebunden ist, liegt auf der Hand. Politik wird in jenen Systemen auf eine vollkommen andere Art und Weise betrieben, als dies in feudalen Herrschaftsstrukturen der Fall war. Folgt man den Darstellungen Thorstein Veblens, so wird klar, was gemeint ist: Nach ihm werden die oberen Klassen früherer Zeiten von jeder produktiven Tätigkeit ausgeschlossen. Ihnen bleiben allein Beschäftigungen, die als ehrenvoll gelten[1410]. In dieser gottgewollten Ordnung kann von der Jagd als einer sozialen Distinktion bürgerlicher Prägung noch keine Rede sein. Abgeleitet werden kann diese Vermutung zudem auch aus den Besonderheiten des Wilderertums. Gerade die Kultur der Wilderer, die eine Jahrhunderte alte (Gegen-)Kultur darstellt, reflektiert ursprüng-

---

[1408] Stark betont werden das Prestige und der soziale Abstand dagegen bei Jörg Jarnut, Die frühmittelalterliche Jagd unter rechts- und sozialgeschichtlichen Aspekten, in: Settimane di studio del Centro italiano di studi sull`alto medioevo 31/1, S. 796f.

[1409] Allerdings muss hier erläuternd angemerkt werden, dass in der Zeit zwischen 1945 und 1970 die gesamtgesellschaftliche Bedeutungslosigkeit mehr auf Unwissenheit und fehlende Wissenschaftlichkeit in den Naturwissenschaften als auf reale Zusammenhänge zurückzuführen war. Die Bedeutung der Jagd wurde ja auch von kritischen Forstleuten bereits zu Beginn des 20. Jahrhunderts immer wieder aufgezeigt, ohne jedoch auf Gehör zu stoßen. So wird in einer Broschüre mit dem Titel „Wald über Jagd“ aus dem Jahre 1951 (?) von Wilhelm Münker darauf hingewiesen, dass schon die Forstleute zu Beginn des 20. Jahrhunderts über die Einwirkungen des Wildes auf den Wald teilweise sehr gut Bescheid wussten. Geändert hat sich dennoch bis in die 1970er Jahre kaum etwas.

[1410] Vgl. dazu die Ausführungen bei Thorstein Veblen, Theorie der feinen Leute, S. 21f.

lich nicht auf die adlige Jagd als eine soziale Distinktion[1411], sondern auf die Beschneidung und Einschränkung des davor freien Jagdrechts, auf den umfassenden räumlichen Herrschaftsanspruch der Herren. Der Wilderer erlag zu keinem Zeitpunkt seiner Geschichte der Versuchung, so zu werden wie der Adel, ihn nachzuahmen, ihm nachzueifern, wie es der Bürger späterer Epochen zu tun pflegte, sondern sein Ziel war es vielmehr, sich altes und angestammtes Recht zu nehmen. Hier hat man es mit einem „sozialen Rebellen" zu tun, und gerade nicht mit einer eigenständigen und auf Kontinuität ausgelegten Kultur, die wie die bürgerliche Spielart einen Rockzipfel adliger Lebensart erheischen wollte. Zwar gab es innerhalb der Wildererkultur ebenfalls Prestige und Einfluss zu gewinnen wie gleichwohl auch zu verlieren, eine soziale Distinktion bürgerlicher Lesart war sie dagegen zu keinem Zeitpunkt. Der Fixpunkt der Wilderer war so zwar der Adel, die herrschende Aristokratie, jedoch galt es deren räumlichen Anspruch zu untergraben und nicht ihren sozialen Stand oder ihre Kultur zu kopieren. Das bedeutet, dass die rebellische Kultur der Wilderer nur solange Bestand haben konnte, wie der gesellschaftliche Grund ihrer Konstitution, nämlich die herrschende Aristokratie, vorhanden war. Die Ablösung der Landesherren durch parlamentarische Systeme führte in der Wildererkonzeption zu Auflösungserscheinungen. Der Wilderer war unmittelbar an seinen Unterdrücker und Gegner gebunden, wie das in Kapitel 7 aufgezeigt werden konnte[1412]. In den jahrhundertelangen Auseinandersetzungen zwischen Wilderern und Jagdherren liegt im Grunde der Beleg für diese Vermutung verborgen. Die Jagd konnte niemals ein bloßes Objekt der lustvollen Handlung oder des Zeitvertreibs einiger Weniger sein, sondern galt vielmehr als herrschaftspolitisches Instrument zur Strukturierung, Beherrschung und Absicherung von Räumen nach außen und nach innen[1413]. Joseph Morsel hat in diesem Zusammenhang attestiert, dass die Jagd ein bedeutendes Puzzleteilchen darstellt, will man die mittelalterliche Aristokratie und hier insbesondere ihre spezifischen Herrschaftspraktiken verste-

[1411] Später dann, nach der Revolution von 1848/49 und zwischen den Kriegen, wurde das Aufbegehren der Wilderer durchaus den Zeiten angepasst. Die Vorherrschaft des Adels schwand oder war bereits völlig verschwunden und die Wilderer begannen sich scheinbar tatsächlich gegen die soziale Ungerechtigkeiten und die Arroganz der adligen Jagdherren aufzulehnen. Vgl. dazu bei Roland Girtler, Wilderer. Rebellen in den Bergen, S. 29f.

[1412] Dennoch hat die Wildererkultur eine wahre Blütezeit zwischen der Revolution 1848/49 und der Weimarer Republik zumindest in den Alpenregionen, den Bergdörfern Österreichs, aber auch Süddeutschlands erlebt. Der Grund dafür war, dass die häufig ortsfremden Jagdherren den Bauern und Bergbewohnern ihr angestammtes Recht auf das Wild streitig machten. Vgl. dazu ebd., an verschiedenen Stellen.

[1413] Vgl. dazu auch kritisch bei Joseph Morsel, Jagd und Raum, in: Werner Rösener (Hrsg.), Jagd und höfische Kultur im Mittelalter, S. 258, der für die Zeiten des Mittelalters und der frühen Neuzeit Thorstein Veblens Ansatz im Rahmen seines Werkes „Theorie der feinen Leute", ausschließt. Veblens „Theory of the Leisure Class" wurde in Bezug auf eine Gesellschaft formuliert, in welcher die Arbeit als ökonomische und allgemeine Tätigkeit begriffen wurde. Dies gilt für die industrialisierte Gesellschaft der postrevolutionären Zeit insbesondere und keineswegs für die Zeiten davor, in denen jeder in eine gottgegebene Ordnung eingebettet war und „die Untätigkeit nicht ökonomisch als Arbeitslosigkeit, sondern moralisch als Müßiggang verstanden wurde".

hen[1414]. Ich gehe hier noch einen Schritt weiter und stelle die Vermutung auf, dass die Funktion der Jagd und ihrer Praxisformen unmittelbar mit der Ausgestaltung der strukturellen, kulturellen, psychischen und physischen Verfassung eines Gesellschaftskörpers zusammenhängt. Jagd, so habe ich bereits bei der Untersuchung ihrer inhärenten Potenziale dargelegt, entfaltet ihre gesellschaftlichen Möglichkeiten erst im Rahmen der spezifischen Verfassung eines Gemeinwesens. Die Möglichkeiten der Jagd in Verbindung mit politischer Herrschaft sind aus diesem Grunde umso ersichtlicher, je mehr Gewalten in einer Hand konzentriert sind. Die Möglichkeiten der spezifischen und beliebigen Positionierung von Menschen und Tieren zur Generierung bestimmter Räume einerseits oder zur Beeinflussung bestehender Raumstrukturen andererseits wachsen hier überproportional an, während sie seit der Revolution von 1848/49 wieder rapide gesunken sind. Zwar ist die Jagd auch heute noch eine ganz spezifische Form der Raum(be)handlung, ihre Funktion und ihre Ziele innerhalb der Räume dagegen sind vollkommen anderen Faktoren unterworfen als dies noch in den Herrschaftsgebilden zwischen dem Karolingerreich und der Revolution der Fall gewesen sein konnte. Daraus ergibt sich, dass die Jagdgeschichte in einem wesentlich stärkeren Maße Verfassungs-, Sozial- und Wirtschaftsgeschichte ist als dies bisher Eingang in die jagdliche Literatur gefunden hat. Allein im Vergnügen, der Liebelei oder der Jagd als praeludium belli[1415] das Motiv der Exklusion der Untertanen von der aktiven Jagdausübung und die Entwicklung der spezifisch herrschaftlichen Jagdpraktiken von der Netz- und Fangjagd zur Hetz- und Parforcejagd oder zu den großen Jagdzügen und Eingestellten Jagden wie z. B. der württembergischen Herzöge zu suchen, wird den gesellschaftlichen Bedingungen, den inneren und äußeren Unruhen und Spannungen nach dem Zusammenbruch der karolingischen Dynastie und den wesentlich späteren Entwicklungen im Rahmen des früh-modernen Staates, den daran anlehnenden Jagd- und Forstordnungen, den Körper- und Lebensstrafen, letztlich dem feudalen System und den Potenzialen der Jagd als Raum(be)handlung in keinster Weise gerecht. Vielmehr, so auch der Eindruck von Joseph Morsel, ist in der Jagdhandlung die Besetzung des Raumes durch eine besondere Tierbehandlung zu verstehen. Die Tierbehandlung repräsentiert dabei die Stufen der Jagdpraxis, die die Behandlung von Tieren einerseits und die Positionierung von Menschen und Tieren in einem bestimmten Raum andererseits zum Inhalt hat. Die Logik aus jener Positionierung entspricht der Logik der Herrschaft, der Logik von Zeit und Raum, die sich in Wort, Tat und Bild an jedem beliebigen Ort reproduzieren lässt. In diesem Zusammenhang sind wohl auch die so genannten Schäferstreitigkeiten zu

[1414] Vgl. dazu die Ausführungen von Joseph Morsel, Jagd und Raum, in: Werner Rösener (Hrsg.), Jagd und höfische Kultur im Mittelalter, S. 257ff.

[1415] Gerade in den Situationen, wo die Jagd als Möglichkeit des Herrschers betrachtet wird, sich über alle anderen zu stellen, ist es unsinnig, Ausschlussmotive festmachen zu wollen. Die Herausstreichung des Herrschers als freiester der Freien, als tapferster der Tapferen ist nur über die direkte Konkurrenzsituation möglich, wie sie noch bei den altiranischen Fürsten oder auch bei Karl dem Großen gegeben war, einerlei ob ein Vor-Schuss-Recht existierte oder nicht. Im Großen und Ganzen wurde hier jagdlich konkurriert und der Ausgang der Jagd war ungewiss. Hier würden Exklusionen kontraproduktiv wirken. Vgl. dazu auch bei Wolfgang Knauth, Das altiranische Fürstenideal von Xenophon bis Ferdousi, S. 116f.

beachten, die ebenfalls über die Positionierung des Hundes[1416] und der Schafe auf Weiden und in Wäldern oder generell im Raum des Herrschers gewisse Besitzansprüche und damit Zugriffsrechte verdeutlichten. „Der Schäfer - der übrigens oft vom Herrn ernannt und eingesetzt wurde (im Gegensatz zum Kuh- und Schweinehirt, für welchen die Gemeinde in der Regel zuständig war) - bewies durch seine Wanderung in der Markung bis an deren Grenzen, wem der Raum und besonders die nicht bebauten Weideflächen zustanden. So konnte die Schäferei genauso wie die Rodungstätigkeit das praktische Äquivalent der Jagdausübung darstellen, das besonders für Herren ohne Wildbann wertvoll war"[1417]. Gerade der Seitenblick auf die Schäferstreitigkeiten, die Positionierung des Schäfers und seiner Tiere im Raum des Grund- oder Landesherrn, sollte den Blick für die Besonderheiten der Jagdpraxis wie die raumgreifenden Jagden im Zuge der Hetz- oder Parforcejagd, der Eingestellten Jagden, möglicherweise auch der Beizjagd, zu schärfen helfen. Aus diesem Grunde soll an dieser Stelle der Versuch unternommen werden, die wesentlichen Jagdpraktiken der Herrscher, die Parforcejagd, die Jagdzüge „teutscher" Art und die Eingestellten Jagden anhand der gesellschaftlichen Strukturierungen und Entwicklungen zu untersuchen und ihnen speziell die Jagdpraktiken der Untertanen und die ihnen teilweise zugedachten Jagdmöglichkeiten gegenüberzustellen. Gleichzeitig ist auf die Außenwirkung der Jagdpraxis der Landesherren gegenüber ihren Untertanen abzustellen, um die Beziehungen, die über Jagd reproduziert werden konnten, aufzuzeigen. So sind auch die so genannten Gnadenjagden nicht lediglich einer milden Stimmung des Landesherrn zuzurechnen oder als Tribut an die altangestammten und immer wieder einmal eingeforderten Rechte der Untertanen zu betrachten. Vielmehr scheinen über die Auswahl der Begünstigten (zumeist Studenten und Akademiker oder angesehene Bürger) auch andere Lesarten möglich und notwendig zu sein. Wären diese Jagden ein Tribut an vergangene Zeiten oder an die Forderungen der Bauern gewesen, so hätte es auch jene Bevölkerungsgruppe bevorteilen müssen. Doch selbst in der ersten Hälfte des 19. Jahrhunderts mussten die Bauern noch die schwersten Erduldungen hinsichtlich der Jagd und der mit ihr zusammenhängenden Auswirkungen hinnehmen. Das bäuerliche Element blieb bis heute - wenn auch mit bestimmten und noch zu nennenden Abstufungen - ein weitgehend unerwünschtes Element innerhalb der nach außen hin zu allen Zeiten abgeschlossenen Jägergruppen, einerlei ob es sich um aristokratische oder ritterliche Gruppen oder um den bürgerlichen Allgemeinen Deutschen Jagdschutzverband (gegründet 1875) oder den DJV als dessen Nachfolgeorganisation nach dem letzten Krieg handelte. Gerade die „bäuerliche" Jagdart mit Schrot und Hund auch auf verschiedene Schalenwildarten ist noch heute eine

---

[1416] Welche Rolle gerade auch der Hund als raumkonstituierendes Element zu spielen in der Lage war, habe ich bereits im vorangegangenen Kapitel im Zusammenhang mit den Frondiensten zur Sprache gebracht. Unterstützend für diese These möchte ich hier noch anmerken, dass die Pflicht zur Klöppelung oder Bengelung der Hunde hauptsächlich für die Bauern-, Schäfer- und Wachhunde vorgesehen war. Vgl. dazu auch bei Rolf Roosen, *...tuen kund und fügen zu wissen.* Ausgewählte Jagdordnungen des 18. Jahrhunderts, in: Die *Jägerey* im 18. Jahrhundert, Colloquium der Arbeitsstelle 18. Jahrhundert, Bergische Universität, Gesamthochschule Wuppertal, S. 56.

[1417] Joseph Morsel, Jagd und Raum, in: Werner Rösener (Hrsg.), Jagd und höfische Kultur im Mittelalter, S. 283-284.

von Seiten der orthodoxen Jagdverbände ungewollte und angefeindete Jagdart[1418]. Ihren Niedergang erlebte sie in der Weimarer Republik, ihrer Renaissance harrt sie bis heute, auch wenn es sie in einigen allgäuischen Revieren zwischenzeitlich wieder gibt (zumindest die Facette der bäuerlichen Regiejagd).

8.3 Von Heute auf Gestern schließen

Die Tatsache, dass sich die deutsche Jagdpraxis (zumindest teilweise[1419]) innerhalb der letzten dreißig Jahre geändert hat und nach wie vor in Veränderung begriffen ist, lässt die Vermutung zu, dass gesamtgesellschaftliche Veränderungen (insbesondere aber auch Veränderungen des Raumes und des Zugriffes auf ihn) nicht spurlos an einer auf Tradition oder Gewohnheit basierenden sozialen Handlung wie der Jagd vorbeigehen. Die seit etwa 1848/49, seit 1875, 1934 und 1953[1420] gewachsenen jagdlichen Strukturen und Bräuche haben diesen Einfluss aufgrund ihrer sehr starken orthodoxen Prägung – die ihre Wurzeln in den genannten Daten verankert hat – sehr deutlich zu spüren bekommen. Zu Beginn der vorliegenden Arbeit wurde auf diese Entwicklung unter Rekurs auf die gesamtgesellschaftlichen Zäsuren der 1970er Jahre kurz eingegangen. Darüber hinaus ist der Eindruck, den die nationalsozialistische Zeit auf die bundesdeutsche Jagd, sowohl in ihrem ge-

---

1418 Während sowohl der Naturschutzbund Deutschland als auch der Ökologische Jagdverein e.V. den Schrotschuss auf Rehe befürworten, wehrt sich der Deutsche Jagdschutz-Verband e.V. vehement gegen die Wiedereinführung jener bäuerlichen Jagdart des 19. und anfänglich auch 20. Jahrhunderts. Wirklich gute Argumente gegen den Schrotschuss auf Rehwild und gestreifte Frischlinge können vom DJV nicht vorgebracht werden, zumal jedes dieser Argumente gegen den Schrotschuss auf Schalenwild generell ein Argument gegen den gesamten „rauen Schuss" auf alles Wild, also auch auf Fuchs und Hase, auch Taube und Krähe, etc. abgibt. Bestimmte Schrotstärken, Entfernungen, Treffpunktlage, etc. sind unabdingbare Kriterien für jede Wildart und nicht nur für das Rehwild oder die gestreiften Frischlinge. Vgl. dazu auch die Ausführungen in: Das Bundesjagdgesetz – Forderungen und Tatsachen, Deutscher Jagdschutz-Verband e.V., S. 73-74. Dass es dennoch geht, beweisen unsere europäischen Nachbarn wie die Schweizer, Franzosen und Schweden, die den Schrotschuss auf Rehwild erfolgreich praktizieren.

Ein Abbild der bäuerlichen Jagdpraxis findet man in der Schilderung für die Gemarkung Gärtringen bei Freiherr Hans Hiller von Gaertringen, Jagd in Württemberg im 19. Jahrhundert, S. 39f. Die Böcke wurden teilweise im Bast geschossen, die Geißen auch führend.

1419 Hier sei insbesondere auf die Durchsetzung der Drückjagd auf Rehwild hingewiesen, die lange Zeit als eine unwaidmännische Jagdart galt und seit etwa 20-25 Jahren vor allem in den Staatsforstrevieren immer intensiver ausgeübt wird. Die überhöhten Schalenwildbestände und der Zustand der Wälder haben hier die orthodoxen Vorbehalte durchbrechen können. Dabei ist die Jagd mit Hunden auf Rehwild keine moderne Erfindung, sondern sie wurde bereits von den Bauernjägern in der zweiten Hälfte des 19. Jahrhunderts erfolgreich ausgeübt. Darüber hinaus wird sie auf Wildschweine und Rot- und Gamswild bereits seit längerer Zeit in der Bundesrepublik praktiziert. Und dennoch warnte der Präsident des Bayerischen Landesjagdverbandes Jürgen Vocke noch 1995 davor, dass sich der LJV Bayern durch Hetz- oder Drückjagden nicht zu „kaltschnäuzigen Schalenwildvernichtern degradieren" lassen dürfe. Vgl. dazu einen Artikel von Peter Friedrich Sieben, „Freizeitdrang zur Natur regeln", in: Die Pirsch, Ausgabe Nr. 09/1995, S. 8.

1420 Damit sind die Revolution, die Gründung des Allgemeinen Deutschen Jagdschutz-Verbandes (1875), die Einführung des Reichsjagdgesetzes (1934) und die Wiedererlangung der jagdlichen Souveränität (1953) gemeint.

setzlichen Rahmen als auch in ihrer Tradition, ihrem Denken und Handeln, hinterlassen hat, als ein Indiz dafür zu werten, dass bestimmte gesellschaftliche Konstellationen und Einflüsse einen wesentlichen Einfluss auf Ansinnen, Kultur und Praxis der Jagd zu hinterlassen in der Lage sind. Die Konflikte der Jagd mit den Naturschutzverbänden, den nichtjagenden Mehrheiten der Gesellschaft und mit Reformkräften in den eigenen Reihen resultieren größtenteils aus den Wirkungen des Dritten Reiches, die jenes auf das bundesdeutsche Jagdwesen hinterlassen hat. Heute befindet sich die bundesdeutsche Jagd einer historischen Gesetzmäßigkeit folgend wiederum in einer Art Um- oder Aufbruchstimmung. Die Jagd wurde seit dem Altertum und insbesondere seit dem frühen Mittelalter in regelmäßigen Abständen einer Umfunktionalisierung unterworfen, die nicht selten das Resultat politischer und sozialer Zwänge war – so auch heute. Selbst die Kritik an der Jagd ist nicht nur der Sache, sondern auch den Inhalten nach eine in der Geschichte immer wiederkehrende Erscheinung, die ihrerseits auch nie vollständig von der Bühne, insbesondere der literarischen und prosaischen, abgetreten ist[1421]. Dass diese Entwicklung auch an der Praxis der Jagd nicht spurlos vorübergehen kann und wohl auch ursächlich mit dem Wandel der Praxis verbunden sein wird, bleibt aufzuzeigen. Während sich jener bemerkbar machende Wandel in der modernen Gesellschaft der Bundesrepublik auf ein Ursachenkonglomerat aus zunehmendem Umweltbewusstsein, Erkenntnissen der ökologischen Wissenschaften, dem katastrophalen Zustand der Wälder durch Immissionen und deutlich zu hohe Schalenwilddichten und insbesondere durch die sich etablierende Erkenntnis der ökologischen Zusammenhänge und Auswirkungen berufen kann, ist der Hintergrund für die sichtbaren Änderungen der Jagdpraxis zwischen dem 10. und 18. Jahrhundert naturgemäß ein anderer. Durch die etwa zeitgleich deutlich forcierten Entwicklungen auf dem Gebiet des Wildbannes und späterhin der Einforstungen (des Forstes), die Entwicklungen der Forst- und Jagdordnungen, bleibt zu vermuten, dass durch jene Gebiets- und späteren Landeshoheiten in Verbindung mit der Durchsetzung der regionalen Leibeigenschaft und der breiten Entrechtlichung der Bauernschaft die Bildung einer Jagdpraxis vollzogen werden konnte, die vor diesem räumlich-sozialen Hintergrund dem Begriff der Herrschaftspraxis gleichzusetzen sein wird. Über das soziale und juristische Herabdrücken der Bauern in die Leibeigenschaft konnten einerseits ein einheitlicher Untertanenverband geschaffen und darüber

[1421] Wenn auch heute die Kritik nicht mehr aus dem kirchlichen Lager kommt, so doch oftmals aus der Richtung einer schon beinahe als quasi-religiös zu bezeichnenden, äußerst radikalen „neuen" Tier- und Naturschutzbewegung, die neben dem Veganismus kaum eine andere Lebensart und Lebenskultur zu dulden bereit scheint. Auch hier finden Bezüge zu alttestamentarischen Texten wie Jesaja 11,6 statt: „Dann wohnt der Wolf beim Lamm, der Panther liegt beim Böcklein. Kalb und Löwe weiden zusammen, ein kleiner Knabe kann sie hüten. Kuh und Bärin freunden sich an, ihre Jungen liegen beieinander. Der Löwe frisst Stroh wie das Rind." Vgl. dazu auch die Broschüre „Der Lust-Töter", ähnliches Jesaja Zitat, S. 46. Die Ernsthaftigkeit jener neuen Tierrechtspropheten wird durch deren getreuliches Beharren auf der Richtigkeit jener Möglichkeiten auf Erden ad absurdum geführt. Dennoch scheinen solche absurden geistigen Auswüchse regen Zulauf zu genießen. Die Menschen, so könnte man meinen, haben in all ihrem Reichtum, ihrer Lebensplanung und aufgrund fehlender Existenz- und Zukunftsängste den Blick für das Reale verloren. Da gerade in Europa eine Zuflucht zur Religion nicht attestiert werden kann (im Gegensatz zur USA), wird Phantastisches und Mythisches auf alle lebensweltlichen Dinge ausgedehnt und damit der Lebenswelt erst entrückt.

hinaus Art und Umfang der Herrschaftsmittel erweitert werden. Solange gegenüber den Untertanen keine Rücksichten auf später vielleicht notwendige Loyalitätsaspekte genommen werden mussten, konnte die Herrschaft über Land und Leute mit Gewalt und Furcht ausgeübt werden, da allein die Erpressung des Mehrproduktes für die Herrschaft von Bedeutung war und nicht die Loyalitätsbekundung der ohnehin entrechteten Untertanen. Die Abkopplung des Bauern vom Kriegsdienst ist hierfür unter anderen Faktoren als bestimmend zu erachten. Während im vorangegangenen Kapitel die Inklusionen und Exklusionen innerhalb und mit Hilfe der jagdlichen Frondienste näher behandelt wurden, gilt dieser Teil nun allein der Jagdpraxis, das heißt dem Wandel der bevorzugten Jagdarten und des aufkommenden „neuen" Brauchtums[1422] bis etwa zur Revolution von 1848/49. Das Datum der Revolution ist insofern für diese zeitliche Begrenzung von Bedeutung, als mit ihr all jene politischen, sozialen, räumlichen und juristischen Bedingungen wegfielen, die auch innerhalb der Jagdpraxis einige Wirkung entfalten sollten und an deren Stelle nun wiederum neue traten. 1848/49, deutlicher jedoch die Reaktion von 1850, ist als der Beginn der distinktiven bürgerlichen Jagdausübung anzusehen. Es sind der Untersuchung hier also diejenigen Bedingungen zugrunde zu legen, die sich in den eintausend Jahren zwischen dem 9. und dem 19. Jahrhundert herauskristallisiert haben und deren Einfluss auf die Jagdgeschichte nur rudimentär innerhalb der Literatur berücksichtigt wurde[1423]. Auch hier ist der lediglich beschreibenden Jagdgeschichte der Versuch einer Analyse anhand der gesellschaftlichen Umwälzungen, Abschichtungen und damit generell Strukturen entgegenzusetzen. Von einiger Problematik ist hier jedoch das Fehlen geeigneter Literatur, da es zwar an geschichtlichen Abrissen nicht mangelt, jene sich jedoch nicht dezidiert mit den einzelnen Jagdpraktiken auseinandersetzen. So ist zwar die Parforcejagd[1424] in einigen Abhandlungen beschrieben, jedoch nirgends ihre Art und ihr Umfang in den Zeiten des frühen Mittelalters, als es die Jagd auf den Hirschen zu Pferde und mit Hunden ja bereits auch gab, und auch kaum ihr Wandel vor dem Hintergrund der höfischen Einflüsse. Verkürzungen dort und Ausführlichkeit hier muss damit das Resultat innerhalb des vorliegenden Kapitels sein.

[1422] So wird aufzuzeigen sein, dass in den brauchtümlichen Handlungen des hohen Mittelalters und der frühen Neuzeit die Reproduktionen herrschaftlicher Vorstellungen und Ordnungen zu suchen sind und weniger eine sinnliche Kultur. So war auch z. B. die Aufteilung des erlegten Hirsches an die Anwesenden nach einem genau festgelegten Ritual, wie es bei Tristan und Isolde beschrieben wird, die Abfolge der Hierarchie, der Rangfolge der damit Bedachten innerhalb des herrschaftlichen Ordnungsgefüges. Auch die Abgabe von Teilen eines erlegten Hirsches am Hofe des Herrschers ist als Teil jener Kultur zu betrachten, die hierarchische Zwecke verfolgte und eben keine sinnlichen Traditionen erschuf oder pflegte. Vgl. dazu auch bei Gottfried von Strassburg, Tristan, Band 1, S. 174ff.

[1423] So gibt es bis heute keine umfassende Analyse der Parforcejagd, ihrer Geschichte, ihrer Eigenarten regionaler oder nationaler Art, ihrer Funktion und ihrer Ausstrahlung in die Kreise der Ausgeschlossenen.

[1424] Neben der Parforcejagd scheint auch die Gepflogenheit der „teutschen Jagd" für eine detaillierte historische Untersuchung von einigem Interesse zu sein, zumal es in der Literatur an neuerem Material und soziologischen Betrachtungen sehr mangelt. Eine ausführliche Untersuchung über die Parforcejagd sollte insofern ein lohnendes Gebiet für einen Historiker und oder Soziologen darstellen. Gegenstand der vorliegenden Arbeit kann es jedoch nicht sein.

8.4 Gedanken zur Verschiedenheit jagdlicher Handlungen

Die Jagd der Germanen vor und während der Völkerwanderungszeit, die man an dieser Stelle als zweiten historischen Bezugspunkt - der den Auffälligkeiten der oben genannten Moderne entgegensteht - anführen kann, liegt im Großen und Ganzen im Dunkel der fehlenden Schriftkultur verborgen. Einigermaßen sicher dagegen ist, dass die Germanen bereits in frühester Zeit Viehzüchter und wohl auch leidliche Ackerbauern waren und die Jagd selbst vermutlich an keine Einschränkungen gebunden war, außer vielleicht an den sozialen Status des (Gemein-)Freien[1425]. Ähnlich wie in der römischen Kultur dürfte so die „freie Pirsch" innerhalb der meisten germanischen Stämme vorherrschend gewesen sein[1426]. Diejenigen Markgenossen, die Freie waren, über eigenen „Rauch", also einen eigenen Herd in der Mark verfügten, konnten so auf ein freies Nutzungsrecht an den in der Literatur so genannten vier W´s, Wald, Wild, Weide und Wasser, zurückgreifen[1427]. Jagd konnte auf diesem Wege tatsächlich durchaus bereits als ein Weiser für eine soziale Hierarchie, wenn auch nur sehr rudimentär und wohl kaum soziologisch, von einiger Bedeutung sein. Die jagdlichen Abstufungen werden also in der Schicht der Freien dadurch gekennzeichnet gewesen sein, dass die einen zu Pferd, die anderen zu Fuß, jener mit schweren Waffen und jener mit Rute und Falle gejagt haben wird[1428]. Ob das jedoch tatsächlich so war, kann kein noch so akribischer Forscher mit Sicherheit behaupten, geschweige denn belegen. Dennoch bleibt die Vermutung nur schwerlich zu widerlegen, dass ein Heerführer oder Adliger weiterführende Möglichkeiten der Jagd hatte als es einem Kleinbauern vergönnt war. Ähnlich war es ja auch in absolutistischer Zeit, als einem Landesherrn weiterführende jagdliche Möglichkeiten an die Hand gegeben waren als einem landadligen Grundbesitzer. Welcher Art die jagdlichen Praktiken der Germanen - einerlei ob diejenige der sozial höhergestellten Personen oder die der jagenden gemeinen Kriegerbauern - in jenen Zeiten der Völkerwanderungen tatsächlich waren, lässt sich so zwar

---

1425 Vgl. dazu die Darstellungen von Christian Ludwig Stieglitz, Geschichtliche Darstellung der Eigenthumsverhältnisse an Wald und Jagd in Deutschland, S. 6ff. Kritisch zum Stand des „Gemeinfreien" siehe bei Heinrich A. Breit, Staat und Herrschaft. Eine wissenssoziologische Untersuchung, S. 64f.

1426 Vgl. dazu die Ausführungen bei Adam Schwappach, Grundriss der Forst- und Jagdgeschichte Deutschlands, S. 21ff. Schwappach ist hier der Auffassung, dass der Hausherr die Jagd auch durch alle zu seinem Hauswesen gehörigen Männer ausüben lassen konnte. Dies setzt jedoch voraus, dass Privatbesitz bestanden hätte. Dass dies jedoch sehr strittig ist, wurde bereits an anderer Stelle angeführt. So bleibt letztendlich die Jagd der Freien auf der Allmende und dem herrenlosen Land als einigermaßen sicher.

1427 Vgl. dazu auch die Ausführungen bei Rudolf Friess, Wesen und Wege der Jagd von ihrem Urbeginn bis heute, in: Wild und Weidwerk der Welt, herausgegeben unter dem Ehrenschutz des Bundesministeriums für Land- und Forstwirtschaft und der Österreichischen Landesjagdverbände, S. 216.

1428 Auch W. Eckehart Spengler, Jagdgeschichte und Jagdausübung in landesherrlicher Zeit, in: Colloquium der Arbeitsstelle 18. Jahrhundert Bergische Universität Gesamthochschule Wuppertal (Hrsg.), Die *Jägerey* im 18. Jahrhundert, S. 13, nimmt auf diese Jagdarten Bezug. Daneben meint er zu wissen, dass die Jagd der Germanen zumeist einzeln stattfand. Dennoch sollen sie die Treibjagd und die Vogelbeize gemäß der Skaldendichtung der Jüngeren Edda ebenfalls gekannt haben.

aufgrund der Quellenlage nicht mehr eindeutig rekonstruieren. Es ist jedoch davon auszugehen, dass ungeachtet des womöglichen Bestehens bereits bestimmter Bräuche oder jagdlicher Sitten[1429] die Jagd selbst überwiegend mit Schlingen, Fallen, Netzen, zu Fuß oder zu Pferd und auf große Säuger wie Elch, Hirsch oder Ur und Wisent wohl der Sicherheit und des Überraschungseffektes halber aus dem Hinterhalt heraus stattfand. Eine heroische Jagd, wie man sie lange Zeit auch den Menschen im Paläolithikum unterstellt hatte, ist für die Germanen wohl weitestgehend auszuschließen. Die Gründe dafür sind hinreichend in der reinen Zweckmäßigkeit und Notwendigkeit verborgen, die man der Jagd eines Volkes unterstellen kann, welches sich auf stetiger Wanderbewegung befindet und zudem auf ähnliche politische und infrastrukturelle Bedingungen, wie sie für das Römische Imperium gegeben waren, nicht zurückgreifen kann. Weiterführende gesellschaftliche Strukturen, die der Jagd als Herrschaftsinstrument einen Anhaltspunkt hätten geben können, sind wohl auszuschließen. Die Verwundung des Tieres durch die Jagdhandlung, die nur in den seltensten Fällen aufgrund der unzureichenden Waffen zum sofortigen Tod des gejagten Tieres geführt haben dürfte, setzte darüber hinaus den Einsatz großer und schneller Hunde voraus, die das Wild zu stellen oder auch zu töten in der Lage waren. Jene Überlegungen lassen doch in etwa erahnen, dass die Jagd in diesem Falle und unter diesen Umständen roh und blutig war und viel Schweiß auf Seiten der Jäger gekostet haben dürfte. Unterschiede in der Jagdpraxis zwischen den germanischen Edelleuten oder Häuptlingen und ihren Gefolgsleuten, den Kriegerbauern, sind aus der Literatur nicht zu extrahieren. Einzig die Anzahl der zur Verfügung stehenden Pferde, der Hunde und womöglich der Waffen dürfte Ausdruck verschiedener sozialer Stellungen innerhalb der Stammesstrukturen gewesen sein. Eine deutliche Unterscheidung in der Jagdpraxis der verschiedenen sozialen Schichten bleibt so zweifelsfrei nur etwa ab dem frühen und hohen Mittelalter zu konstatieren, als auch die Jagdgerechtigkeiten der unteren Schichten zusehends eingeschränkt wurden[1430]. Von einer jagdlich zu erreichenden sozialen Distinktion kann trotz der Unterschiede in der Jagdausübung nicht die Rede sein, da jene aus den bereits genannten Gründen die bürgerliche Gesellschaft des 19. Jahrhunderts voraussetzte oder zumindest die absolutistischen Streitereien zwischen Landesherrn und Landadel benötigte, um wirksam zu werden. Die Demonstration von Macht und Herrschaft gegenüber den Untertanen ist nicht mit der bürgerlichen Distinktion zu verwechseln. Jagd, sofern sie also von den Germanen betrieben wurde, hatte so aller Wahrscheinlichkeit nach die Beute zum Ziel und Zweck und es ist nur schwer vorstellbar, dass sie aufgrund der germanischen Gesellschaftsform soziale oder gar politische Funktionen erfüllen konnte[1431]. Sowohl die Schutz-

[1429] Nach den Erzählungen Arrians besaßen die Kelten bereits jagdliche Bräuche und sogar jagdliche Vereinigungen, die unter dem Schutze der Artemis standen. Vgl. dazu die Ausführungen bei Bernd Ergert, Die Jagd in Bayern von der Vorzeit bis zur Gegenwart, S. 23f.

[1430] So weisen auch die beiden Autoren M. Marx-Kruse und E. von Campe, Chronik der deutschen Jagd, S.60, darauf hin, dass es eigentliche Schonzeiten für das Wild im frühen Mittelalter nicht gegeben hat.

[1431] Zwar gibt auch hier Caesar in seinem De bello gallico ein beredtes Zeugnis dafür, dass die Jagd bei den Germanen sehr wohl bereits soziale Funktionen zu übernehmen in der Lage war. So heißt es bei ihm, dass diejenigen Germanen, die die meisten Auerochsen erlegt haben und die Hörner als Beweis vorlegen können, großen Ruhm ernteten. Inwieweit dies der Wahrheit

jagd als auch die Jagd zum Nahrungserwerb der Germanen wird darüber hinaus jenseits moralisch-ethischer Einstellungen zu beurteilen sein. Die Überlegungen dazu wurden bereits im zweiten Kapitel vorweg genommen. Schutzjagd, das wurde offensichtlich bisher immer verdrängt oder zumindest nicht eindrücklich thematisiert, hat dem Namen nach den Schutz der Ackerfrüchte (Bejagung der Schalenwildarten) oder des Viehs (Jagd auf große Beutegreifer) zum Ziel. Für den Bauern oder Viehhirten wird es keinen Unterschied zwischen einem führenden (laktierenden) Tier oder einem nichtführenden Tier gegeben haben. Im Gegenteil, für ihn war es von Vorteil wenn er ein führendes Tier erlegte, da der Nachwuchs dann - sofern er noch wenige Wochen alt war - in den meisten Fällen eingegangen sein dürfte. Über die aktive Tötung eines führenden Tieres konnte auf diese Weise der Tod von bis zu drei Kälbern (Rotwild) oder Kitzen (Rehwild) passiv herbeigeführt werden. Als rein bestandsreduzierendes Element ist diese Art der Jagd jeder anderen vorzuziehen, insbesondere wenn es um den Schutz von Ackerfrüchten geht und auf der anderen Seite keine juristischen oder moralisch-ethischen Bedenken bestehen[1432]. Geschmacklich gibt es ohnehin keinen Unterschied zwischen einer laktierenden und einer nichtlaktierenden Hirschkuh oder Rehgeiß, wenn schon eher zwischen einem brunftigen und nichtbrunftigen Hirschen. Der germanische Bauer oder Viehhirte wird nach diesen Überlegungen also keineswegs bereits ein emotionales Mitempfinden mit der Kreatur an den Tag gelegt haben, sondern die Jagd an den Gegebenheiten der Situation und des Umfeldes festgemacht haben[1433]. Insofern stünde auch hier für die Ausgestaltung der Jagdpraxis die lebensweltliche Situation Pate. Ohnehin wird das Tier - selbst in der christlichen Kanonik - lange Zeit als ein Wesen ohne Seele beschrieben, was auch letztlich die Sichtweise René Descartes in

---

entspricht lässt sich jedoch nicht mehr eruieren, zumal bereits mehrfach am Wahrheitsgehalt des De bello gallico gezweifelt wurde. Entspräche es dagegen den Tatsachen, so wäre zu klären, ob das Ansehen des Jägers daraus resultierte, dass er die Familien mit frischem Fleisch versorgt hatte oder allein aus der Trophäe heraus jenes Charisma abzuleiten war. Dass der germanische Jäger den erlegten Auerochsen im Walde ungenutzt verrotten ließ, wäre eine sehr gewagte und spekulative Annahme, die nicht unbedingt in das Bild des Überlebensdruckes im Rahmen der Völkerwanderungen passen würde, zumal hier die Siedlungs- und Ackerflächen in unregelmäßigen Abständen aufgelassen werden mussten, um den Weiterzug nicht zu behindern. Fleischliche Nahrung - neben der Viehzucht auch durch die Jagd - hätte insofern einen besonderen Stellenwert gehabt. Allein die Quellen können hier kein Ansteigen osteologischer Befunde, die für eine rege Jagdtätigkeit sprechen würden, anführen.

1432 Selbst in der Jagd des Freiherrn von Hiller und seiner Familie zu Beginn des 19. Jahrhunderts, in der gezielt die ansässigen Bauern der Jagd nachgehen konnten, wurde eine große Anzahl der Rehe mit Flinten und innerhalb der heute geltenden Schonzeit geschossen. Dabei war es vollkommen egal, ob der Bock noch im Bast stand oder die Geiß laktierend war. Hemmungen, so Baron Hiller von Gaertringen, haben die damaligen Jäger nicht gekannt. Vgl. bei Freiherr Hans Hiller von Gaertringen, Jagd in Württemberg im 19. Jahrhundert, S. 39.

1433 Auch M. Marx-Kruse und E. von Campe weisen in ihrer Chronik der deutschen Jagd darauf hin, dass noch zu Zeiten Karls des Großen keine Schonzeiten existierten und zu allen Jahreszeiten dem Wild nachgestellt wurde. Das hochbeschlagene Alttier wurde so wenig geschont wie die führende Ricke oder die Hasen zur Satzzeit. Vgl. dazu M. Marx-Kruse und E. von Campe, Chronik der deutschen Jagd, S. 27. Zwar sehen die beiden Autoren den Grund dafür im Stellenwert des Wildfleisches als wichtigster Nahrung. Dass dies jedoch sehr unrealistisch ist, hat sich erst in neuerer Zeit herausgestellt und bringt in diesem Zusammenhang die Schutzjagd wieder stärker in den Mittelpunkt der Betrachtung.

seiner Schrift „Discours de la méthode“ veranlasste, Tiere als mechanische Wesen zu beschreiben[1434]. Die Völkerwanderungszeit oder das frühe und hohe Mittelalter, ja selbst die frühe Neuzeit werden so wohl kaum Raum für moralisch-ethische Betrachtungen der wilden Tiere geboten haben, zumal gerade in der letztgenannten Zeit das Tier keineswegs wesentlich für die Jagd war. Wesentlich dagegen waren die Wirkungen, die durch die Jagdhandlungen nach außen hin erzeugt werden konnten. Gerade die spezifische Jagdpraxis des Mittelalters und der frühen Neuzeit lässt einen Rückschluss auf das Gewollte zu, gerade so, wie die jeweilige Jagdpraxis des Jägers in der heutigen Zeit Rückschlüsse auf seine Wurzeln, seine Motive, seine Sozialisation zulassen[1435]. Als weiteres Indiz für die möglichen Verflechtungen der Praxis der Jagd und der gesellschaftlichen Faktoren kann die deutlich abnehmende Bedeutung der Fallen-, Fang- und Netzjagd im Gegensatz zu den raumgreifenden Jagdarten wie der Parforcejagd oder den großen Jagdzügen, z. B. unter den württembergischen Herzögen, gelten. So sind es gerade jene zwei Jagdpraktiken, die unter Einbindung der historisch-soziologischen Veränderungen einer näheren Betrachtung auf den folgenden Seiten zugeführt werden müssen. Ihre Bedeutung kann im Kontext jener Kausalitäten kein Zufall sein. So ist die Begründung der Parforcejagd als französisches Kulturelement und ihre bereits daraus resultierenden Ausstrahlung auch auf die deutsche höfische Jagd zu kurz gedacht und damit weit mehr komplexitätsreduzierend denn handlungslogisch wertvoll für eine Analyse der Jagdpraxis im Wandel von Zeit und Raum. Sowohl die Parforcejagd als auch die Jagdzüge der (nicht nur) württembergischen Herzöge und auch die so genannten Eingestellten Jagden konnten in Verbindung mit den Frondiensten und Jagdbeschränkungen der Untertanen als eine Reproduktion der sozialen Ordnung, oder der Ordnung in der (früh-)absolutistischen Welt, verstanden werden. Hier findet im Übrigen eine interessante Parallele zu den symbolischen Jagddarstellungen der altägyptischen Reiche statt, die in der Visualisierung der Jagd auf das Wüstenwild genau jene Ordnung als wiederhergestellt betrachteten. Während die Ägypter diese Ordnung in der Welt dagegen mehr von einem spirituellen und religiösen Standpunkt aus interpretierten, waren die Bestrebungen der Landesherren deutlich weltlicherer Art. Darüber hinaus fand bis zum 19. Jahrhundert die Stabilisierung der nun zusehends profanen Ordnungsvorstellungen nicht mehr bildlich, sondern bereits äußerst real statt. Herrschaft kann auf die Wirkungen des Bildes weniger bauen als die Religion, insbesondere deshalb, weil sich erstere ständig neu beweisen muss. Jene Kausalität und Auffälligkeit kann auch zur Beantwortung der Frage nach dem Status der Jagd als praeludium belli herangezogen werden. Zwar rückt sie hier nicht als militärische Erziehung in den Mittelpunkt der Betrachtung, sehr wohl aber als Bestandteil der Erziehung jugendlicher Adliger, da ihnen über die Jagd jene Ordnungsvorstellungen vor Augen geführt und ihnen ihre

[1434] Der Kirchenkritiker und Begründer eines ökologischen Humanismus Prof. Dr. Hubertus Mynarek über die Verachtung der Natur durch die Kirche und der Nähe der Kirche zur Jagd, in: Der Lust-Töter, S. 38f.

[1435] An dieser Stelle wird noch auf die Ergebnisse Ulrich Schramls näher einzugehen sein, wie sie im Kapitel 11 angesprochen werden müssen.

soziale Stellung im Kontrast zum sozialen Umfeld verdeutlicht werden konnte[1436]. Insofern war die Jagd nicht um des Vergnügens, sondern um der Bewusstwerdung herrschaftlichen Selbstverständnisses der jungen Adligen willen eine wertvolle Erziehungsmethode. Mit ihrer Hilfe konnte die soziale Distanz zu den Untertanen zuverlässig angezeigt und beliebig reproduziert werden. Das Erlernen des Reitens in schwierigem Gelände wäre insofern ein willkommenes Nebenprodukt, zumal der Bauer selten die Mittel und die Muße gefunden haben wird auszureiten. Daraus jedoch der Jagd kriegsähnliche Handlungen zu unterstellen oder in ihr ein Instrument zum Erlernen der Waffenkunst zu sehen, ist schlichtweg nur eine Sicht der Dinge und nicht die Summe des jagdlichen Potenzials, welches auf einer bereits mehrfach beschriebenen Ebene wesentlichere Möglichkeiten eröffnete. Auch der Mythos des Heiligen Hubertus, der noch bis heute als Schutzpatron der Jäger gilt und zu dessen Gedenken am 3. November eines jeden Jahres so genannte Hubertusmessen abgehalten werden, gibt nicht viele Informationen über die verbreitete Jagdpraxis etwa um das Jahr 600 n. Chr. preis. So ist nicht nur die Herkunft oder der Verursacher der Legende ungewiss, sondern auch die Frage ungeklärt, welche Einstellung er zu den wilden Tieren nach seinem Bekehrungserlebnis hatte[1437]. Einigermaßen sicher ist seine literarische Einschätzung als wilder und passionierter Jäger[1438] vor seiner Bekehrung zum Christentum, was ihn wohl als zügellos und insbesondere regellos auszeichnet. Allerdings darf hier nicht die Metapher der Jagd darüber hinwegtäuschen, dass überhaupt nicht die reale Jagd auf wilde Tiere Thema der Hubertuslegende ist, sondern die Bekehrung zum Christentum im Mittelpunkt steht. Halten wir uns an diesem Punkt jedoch an die häufig genug verwendete Lesart der Legende, dann unterstützt sie den bereits weiter oben angeführten Schluss, der den germanischen Jägern eine Jagd noch weitgehend fern von detaillierten Übereinkünften oder Regeln unterstellt. Die Jagd – und hierzu kann die Hubertuslegende als unterstützend gewertet werden – wurde erst im Verlaufe des 11. bis 18. Jahrhunderts jenen uns als Brauchtum bekannten Übereinkünften unterworfen, die aus „Not und Trieb ein kulturfähiges Tun und Verhalten mach-

1436 Vgl. dazu die Überlegungen zum sozialen Sinn der Jagd bei Josef Morsel, Jagd und Raum, in: Werner Rösener (Hrsg.), Jagd und höfische Kultur im Mittelalter, S. 259.

1437 Zunächst einmal scheint es fraglich zu sein, Hubertus (geb. um 655 als Sohn eines Edelmannes, ab 709 Bischof in Maastricht, später in Lüttich, gest. 727, heilig gesprochen im Jahre 744) als den Verursacher der eigentlichen Legende zu verorten. Wahrscheinlicher ist es, dass die ursprüngliche Legende auf den heiligen Eustachius (Placidus) zurückgeht, der unter Kaiser Traian (98-117) den Märtyrertod sterben musste, und dass jene später lediglich auf den heiligen Hubertus übertragen wurde. Die Gründe für die Übertragung sind offenbar nicht bekannt und rein spekulativ, wie im Übrigen der gesamte Inhalt der Legende. Darüber hinaus wurde die Legende selbst erst etwa seit dem 14. Jahrhundert übermittelt, was den Beginn der Hubertusmessen vermutlich auch auf diese Zeit zurückführen lässt. Vgl. auch die Anmerkungen bei Monika E. Reiterer, Ärgernis Jagd?, S. 130f, und insbesondere bei Sälzle/Schedelmann, Jagdbrevier, S. 9ff. Auch hier ist die Überschneidung zwischen der Verbreitung der Hubertussage, dem Durchbruch der Parforcejagd in Deutschland, der Verschärfung der Frondienste und dem vollkommenen Jagdentzug der Untertanen nicht unbedingt als zufällig zu betrachten. Zur Hubertuslegende bei Ludwig Schellhorn, Das goldene Vlies, S. 235.

1438 Vgl. die Ausführungen bei Richard Blase, Die Jägerprüfung, S. 656, unter Bezug auf die Jagdhistorikerin Sigrid Schwenk und auf Klaus Böhme.

ten"[1439]. Dass jenes kulturfähige Tun und Verhalten ein Resultat seiner Zeit, der herrschaftlichen Logik und Praxis war, wurde schon häufiger angesprochen. Aufzuzeigen bleibt aber auch, dass jenes vermeintliche Brauchtum – zumindest jenes der jagdlichen Praxis – heutzutage ausdrücklich nicht mehr Gegenstand der traditionalen Jagdhandlungen ist, sondern jenes sich allein auf das geradezu neu erfundene und seitdem emsig reproduzierte Brauchtum der Jahre von 1934 bis 1945 bezieht. Die Zeit für Traditionsbildung, so der Eindruck, wird stetig in kürzeren Spannen gedacht[1440]. Neben der vermuteten Jagdpraxis der germanischen Stämme gibt die Jagdgeschichte noch eine Menge weiterer Auffälligkeiten preis, die nur auf ihre soziologische Auswertung warten. Grob vereinfachend kann man hier festhalten, dass die Jagd bis etwa zu Karl dem Großen die freie Jagd war, die mit Hilfe von Netzen, Gruben, Fängen oder Fallen, zu Fuß oder auch zu Pferd, mit Speer und Schwert[1441] als wichtigsten Waffen ausgeübt wurde. Mit und nach Karl dem Großen blieben diese Jagdarten weitgehend erhalten, obgleich sich nun bereits das Übergewicht auf die Jagd zu Pferde und mit wenigen oder vielen Hunden verlagerte. Gejagt wurde hier noch auf alle Schalenwildarten, besonders häufig auf Wildschweine und auf Hirsche, dazu auch noch auf die vorhandenen Prädatoren wie Bären und Wölfe. Allmählich setzte sich auch die Beizjagd mit dem Falken durch, welche schon sehr bald als Teil der höfischen Kultur regelrecht zelebriert wurde. Ab etwa dem 14./15. Jahrhundert dagegen begann dann der Siegeszug der Überland- und Parforcejagd, die Wertschätzung der großen und massenhaften Jagdzüge

---

[1439] Vgl. dazu bei Hanno Helbling, Die Jagd – Mythos, Metapher, Motiv, S. 7.

[1440] Natürlich gibt es unzählige Gebräuche, die auf eine mehrere hundert Jahre alte Tradition zurückblicken können. Hier sind die Jägerschreie zu nennen, die jagdliche Sprache allgemein, das Jägerrecht, etc. Daneben aber existieren Bräuche, die heute noch in Gebrauch sind, deren Alter sich jedoch auf wenige Jahrzehnte beschränkt und dazu aus der Zeit zwischen 1934 und 1945 stammen. Das wirkliche jagdliche Brauchtum ist heute eine antiquarische Sache. Man liest davon in den Büchern vergangener Tage. Und dabei ist der überwiegende Teil des „alten" Brauchtums von den deutschen Fürsten nur übernommen worden; und zwar vom späteren Erzfeind Frankreich. Das in der Praxis dagegen tatsächlich geübte Brauchtum entstand dagegen fast ausnahmslos im Dritten Reich. Als Beispiel seien hier die Jagdhornsignale genannt, das Verblasen der Strecke, die Behandlung der Jagdtrophäen. Vgl. dazu bei Bruno Hespeler, Jäger wohin?, S. 79ff. Zum Waidgeschrei vgl. einen Artikel von Freiherr von Berg, Waidsprüche und Jägerschreie, in: Monatsschrift für das Forst- und Jagdwesen, Dr. Franz Baur (Hrsg.), Juni 1868, S. 226ff. Walter Frevert, der wohl mit Ulrich Scherping zusammen als Begründer jenes Brauchtums gelten kann, schrieb in diesem Zusammenhang über das Verblasen der Strecke: „Ich erinnere mich, dass wir (Frevert und Scherping, Anm. d. V.) lange darüber debattierten, welche Haltung die Jäger beim Verblasen der Strecke einnehmen sollten. Ich hatte in meinem Manuskript vorgesehen, dass die teilnehmenden Jäger während des Verblasens den Hut abnehmen müssten. SCHERPING (groß im Original, Anm. d. V.) war dagegen und behauptete, dass man Leuten, die eine Glatze hätten, nicht zumuten könne, längere Zeit den Hut abzunehmen und sich unter Umständen den Regen auf die Glatze tröpfeln zu lassen." Siehe bei Walter Frevert, Die Rominter Heide, in: Ulrich Scherping und ein halbes Jahrhundert Deutscher Jagdgeschichte, Deutscher Jagdschutzverband e.V. (Hrsg.), S. 74f.

[1441] Wobei die Bedeutung des Schwertes sehr in Frage steht. Bereits in Kapitel 6 habe ich unter Bezug auf die Erzählung Notkers von St. Gallen von einer Jagd unter Karl dem Großen in einem Brühl bei Aachen darauf hingewiesen, dass das Schwert wohl kaum zur aktiven Jagd genutzt werden konnte. Vgl. die waffentechnische Kritik bei Kurt Lindner, Jagd im frühen Mittelalter, S. 392, und bei Lutz Fenske, Jagd und Jäger im frühen Mittelalter, in: Werner Rösener (Hrsg.), Jagd und höfische Kultur im Mittelalter, S. 64.

und der Eingestellten Jagden, die bis etwa zur Revolution 1848/49 von großer Bedeutung waren. Hieraus kann man bereits die Überschneidungen erahnen, die sich zwischen den Jagdgepflogenheiten während der Bannforstepoche einerseits und der Regalität der Jagd sowie ihrer Praxis andererseits ergaben. Dass jene Überschneidungen nicht zufälliger Art waren, wird hier aufzuzeigen sein. Ob es also als Erklärung für das Herauskristallisieren bestimmter Jagdpraktiken und des dazugehörigen Brauchtums nicht auch gesellschaftliche Erklärungsansätze geben kann – unter Berücksichtigung der gesellschaftlichen Abschichtungsvorgänge und der neuen Organisationsform von Herrschaft, insbesondere der Einforstungen, der Forsthoheit und der Landeshoheit sowie der Regalität der Jagd –, ist Bestandteil dieses Kapitels. Sollte sich dies bewahrheiten oder zumindest Anlass zu weiterer und detaillierter fachspezifischer Forschung geben, so ist der Zweck jenes Kapitels bereits erreicht. Die Veränderungen in den räumlichen Formen, die Generierung der Forste und deren juristische, soziale und politische Durchsetzung mussten auch auf die Formen und die Praxis von Jagd einen Einfluss ausüben, geradeso wie sie einen Einfluss auf Rodungstätigkeit, auf Vieh- und Schweinemast, auf die Zeidlerei, etc. auszuüben in der Lage waren. Über diesen Zusammenhang räumlicher Veränderungen und sozialer Auswirkungen müssen wiederum Rückschlüsse auf die Jagd als herrschaftspolitische Handlung möglich sein, die ein spezifisches Charakteristikum gerade in ihrer Differenz zwischen aristokratischem und republikanischem oder demokratischem politischen System und der jeweiligen Einbindung der Jagd im Rahmen der jeweiligen Kultur findet.

8.5 Analyse einiger spezifisch landesherrlicher Jagdpraktiken

8.5.1 Einführung

Die Bannforstepoche, die allgemein mit dem Zeitraum von etwa 800 bis 1500 eingegrenzt wird, hat im Verlaufe des 12. bis 13. Jahrhunderts bereits einen Höhepunkt erreicht, indem nun über die Regalität des Wildbannes (iura regalia) in Verbindung mit dem Gerichtsbann der Zugriff auf den Raum, die Ausgestaltung und die Kontrolle der Jagd in den Händen der Landesherrn, nachdrücklich forciert werden konnte. Allerdings sind diese Angaben innerhalb der Historie offensichtlich strittig oder zumindest herrscht einige Verwirrung darüber. Während Hans Wilhelm Eckardt die Entstehung des Wildbanns bzw. seiner Regalität auf die Zeit um das 12. Jahrhundert herum datiert, kritisiert er gleichzeitig Ulrich Bergemann, der – so Eckardt – scheinbar ohne Begründung die Regalität auf das Jahr 1500 und später datiert. Beim Nachprüfen dieser Angaben fiel jedoch auf, dass dies so nicht stimmt, da Ulrich Bergemann bereits selbst auf die Zeit um das 12. bis 13. Jahrhundert, im Übrigen unter Bezug auf dieselben Quellen wie Hans Wilhelm Eckhardt, zur Ausbildung des Wildbannes gelangt[1442]. Allerdings geht das umfassende Jagd-

[1442] Zu den Widersprüchen vgl. bei Hans Wilhelm Eckardt, Herrschaftliche Jagd, bäuerliche Not und bürgerliche Kritik, S. 28, unter Bezug auf Adam Schwappach, Grundriss der Forst- und Jagdgeschichte Deutschlands, S. 198ff; H. Planitz, Grundzüge des deutschen Privatrechts, S. 71, und Hermann Conrad, Deutsche Rechtsgeschichte, Band I, S. 276. Weiter siehe die entsprechende Textstelle bei Ulrich Bergemann, Die Geschichte der landesherrlichen Jagdhoheit in der Grafschaft Zollern, S. 42ff.

Lexikon des BLV Verlages seinerseits nun davon aus, dass die Epoche des Jagdregals erst in die Zeit von 1500 bis 1848 fällt[1443]. Und bei nochmaliger Durchsicht des Werkes von Ulrich Bergemann und der von Hans Wilhelm Eckardt zitierten Textstelle darin scheint es inhaltlich tatsächlich einige Ungereimtheiten zu geben. Denn hier wird nun von Ulrich Bergemann, obwohl er zuvor etwas anderes attestiert, zumindest jedoch nicht ausdrücklich verneint hat, die Herausbildung der landesherrlichen Jagdregals auf die Jahre 1500 und später festgelegt[1444]. Auch Arthur Berger hilft hier nicht weiter, indem er die Ausbildung des Jagdregals der Landesherrn auf das 14. Jahrhundert datiert[1445], ebenso wenig wie Sigrid Schwenk, die die Periode der Inforestation im 13. Jahrhundert durch die Periode der Regalität abgelöst sieht[1446]. Tatsache dagegen ist, dass sowohl in der Bannforstepoche als auch in der Epoche der Regalität der Jagd deutliche Umbrüche politischer und räumlicher Art stattfanden, die ihrerseits jeweils aus verschiedenen Gründen auch in der Praxis der Jagd reflektiert wurden. Mit der Verlagerung der Macht vom König auf die früheren Verwaltungseinheiten wurde der Zerstückelung des Reiches Vorschub geleistet, bis um das Jahr 1700 etwa 1789 eigenständige Gebietshoheiten vorhanden waren. Die Verlagerung der Macht brachte jedoch nicht nur die Schwächung des Königtums mit sich, sondern gleichzeitig - und sozusagen daran gekoppelt - die Stärkung der Gebietshoheiten zu Lasten der Untertanen, zu Lasten der Bauern, die erst in jenen Zeiten offensichtlich wesentliche Einbußen ihrer Wirtschaftskraft und ihrer Ernte durch die Einbindung in das neue Jagdrecht (Regalität) erdulden mussten. Aus diesem Grunde wird jene Zeit, in die die Bauernkriege als auch die Herausbildung des Vorranges der Landeshoheiten gegenüber den grundherrlichen Rechten fallen, einer genaueren Darstellung unterzogen werden müssen; nicht zuletzt, weil hier die Quellenlage besser ist. Arthur Berger attestiert gerade dem 15. und 16. Jahrhundert den endgültigen Untergang wenigstens einiger geringer, so doch existenter und wichtiger Jagdgerechtsame der Bauern auf ihren eigenen Feldern[1447]. Darüber hinaus wurde hier zusehends auch dem niederen Adel seit den Bauernkriegen des ersten Drittels des 16. Jahrhunderts das Jagdrecht entzogen und die Regalität der Jagd auf die Landeshoheit begrenzt (das könnte die obige Verwirrung auflösen, da nun die kleineren Grundherren jenes Jagdrecht an die Landesherren abtreten mussten). Dadurch wurde auf der einen Seite ein konkretes Herrschaftsrecht den kleineren Grundherren entzogen und auf der anderen Seite in den Händen der Landesfürsten gefestigt, welches sie über den niederen Adel gleichwohl wie über den gemeinen Bauern erhob. Durch die Regalität gelangte die vollständige juristische Ausgestaltung der Jagd- und Waldordnungen in die Hände der Fürsten. Damit hatten sie ein wesentliches Element der Strukturierung ihres Herrschaftsbereiches zur freien Verfügung, welches über die Inklusionen und Exklusio-

1443 Vgl. dazu die Ausführungen im Lexikon der Jagd, S. 371-372, Stichwort „Jagdgeschichte".

1444 Siehe dazu bei Ulrich Bergemann, Die Geschichte der landesherrlichen Jagdhoheit in der Grafschaft Zollern, S. 84-85.

1445 Vgl. bei Arthur Berger, Die Jagd aller Völker im Wandel der Zeit, S. 160.

1446 Vgl. dazu bei Sigrid Schwenk, Von der hohen Kunst zu jagen. Jagdmethoden im 18. Jahrhundert, in: Colloquium der Arbeitsstelle 18. Jahrhundert Bergische Universität Gesamthochschule Wuppertal (Hrsg.), Die *Jägerey* im 18. Jahrhundert, S. 39.

1447 Vgl. dazu bei Arthur Berger, Die Jagd aller Völker im Wandel der Zeit, S. 160f.

nen der Untertanen, aber auch der Grundherren als eines der bedeutendsten politischen Instrumente überhaupt erachtet werden muss. So wie die Geschichte des Raumes, des Forst- und Waldwesens, sowie des Zugriffs auf ihn und seiner Strukturierung durch das jeweilige Forstpersonal durch stetig restriktivere Forst- und Jagdordnungen und nicht zuletzt auch der Praxis der Jagd nicht als von der „Ereignisgeschichte" abgekoppelt betrachtet werden kann, so wenig kann dies mit der Jagd und ihrer Praxis geschehen. Aber: in dieser Ereignisgeschichte, die im Wesentlichen struktureller Natur ist, liegt auch der Grund dafür verborgen, weshalb die Jagd der domini terrae, der Landesherrn, nicht als Form der Distinktion gesehen werden kann. Auch das Vergnügen und der Lustcharakter sind aus den genannten Gründen nur als rudimentär zu bezeichnen. Die Jagd, die Kontrolle und Freiheit über die Ausgestaltungen des Jagdrechtes, erbrachten spezifische gesamtgesellschaftliche Wirkungen, die über eine bloße soziale Distinktion weit hinausgingen. Eine ähnliche soziale Erhöhung, wie sie das Bürgertum nach der Revolution von 1848/49 bzw. der Reaktion von 1850 mit Hilfe der Jagd versuchte, war in den Zeiten des ausgehenden Mittelalters und der frühen Neuzeit für die Landesherrschaft vollkommen unnötig und gleichwohl nicht möglich, daneben auch keineswegs beabsichtigt. Rang und Adel, Grundbesitz und reale politische Herrschaft, das Gewaltmonopol sowie die politischen und sozialen Umgangsformen höfischer Sitte und Konvention konnten den tatsächlichen Status zuverlässiger und deutlicher reproduzieren, als es die bloße Jagdmöglichkeit im Sinn hatte. Die jagdliche Form der Distinktion war erst der bürgerlichen Gesellschaft vorbehalten, die jedoch noch in weiter Ferne stand. Die Jagdmöglichkeit und vor allem auch das Jagdrecht müssen also vielmehr als Grundstock und Basis politischer Kommunikation und der alltagsweltlichen Reproduktion von Herrschaft gedacht werden denn als lediglich soziale Distinktion mit ansonsten inhaltsleerer Bedeutung. Ihre Grundlagen waren in der frühen Neuzeit noch gar nicht geschaffen; dies bleibt dem beginnenden Prozess der Industrialisierung und dem Schwinden der Bedeutung des Adels im Rahmen der industriellen Gesellschaft vorbehalten. Hier erst erweckt der Bürger jene soziale Distinktion, die im Übrigen fern realer Herrschaft steht, durch die Kopie adliger Lebensstile früherer Zeiten[1448]. Nicht die adlige Jagd in ihrer Funktion ist Bestandteil der späteren bürgerlichen Distinktion, sondern allein die bloße Jagdmöglichkeit als vermeintliches Privileg früherer Adelsfamilien, letztlich die auch wohl erst in bürgerlichen Köpfen gewachsene romantische Sicht auf die dadurch „verklärte" und letztlich nicht der Realität entsprechende aristokratische Jagd. Die distinktive Jagdausübung hat außer ihrer sozialen Abgrenzung von anderen keine weiterführende Funktion, weshalb die adlige Jagd des gesamten Mittelal-

[1448] Diese Gedankengänge folgen den Darstellungen Thorstein Veblens, Theorie der feinen Leute, wie sie schon zu Beginn dieses Kapitels angeführt wurden. Dort, wo gottgewollte Herrschaft im Rahmen einer gottgewollten Ordnung durch eine soziale Gruppe ausgeübt wird (Landesherrschaften), kann von einer sozialen Distinktion bürgerlichen Charakters keine Rede sein. Thorstein Veblen bezieht sich jedoch auf die bürgerliche Gesellschaft und nicht auf die feudale. Jene spielt nur insofern eine Rolle, als sie - wo möglich - in ganz spezifischen Teilen kopiert wird, so z. B. im Müßiggang oder der Jagd (allerdings nur als Tätigkeit und nicht in ihrer feudalen Funktion!). Die Jagd, verstanden als herrschaftliches Instrument politischer Kommunikation und stetiger Reproduktion von Gewalt vor dem Hintergrund der sozialen Hierarchie, kann nicht Bestandteil sozialer Distinktion bürgerlichen Maßstabs sein.

ters, aber auch der Neuzeit gerade nicht als eine soziale Distinktion bezeichnet werden kann. Die Jagd, und darauf habe ich in Kapitel 7 ausführlich hingewiesen, beinhaltete vor 1848 für die herrschende Aristokratie die Möglichkeit, über die freie Verfügung und Ausgestaltung des Jagd- und Forstrechts, die Positionierung von Jagdschlössern und jagdliche und forstliche Verwaltung sowie über die Positionierung von Tieren und Menschen in diesem Raum (sei es im Zuge der Parforce-, der „teutschen Jagd" oder der Eingestellten Jagden, der Gnadenjagden und der Freien Pürsch oder der Wildfolge) einen spezifischen Herrschaftsraum zu konstituieren, zu beherrschen, zu besetzen und beliebig zu reproduzieren. Diese Möglichkeit blieb dem jagenden Bürgertum in jedem Falle verwehrt, was die Unterschiede zwischen aristokratischer und bürgerlicher Jagd deutlich machen sollte. Über die teuer erkaufte Jagdmöglichkeit bürgerlicher Prägung wurde lediglich ein „barbarischer" Lebensstil reproduziert, inhaltsleer, bedeutungslos und gerade deshalb distinktiv. Es entspricht also schlichtweg nicht den Tatsachen, wenn man die bürgerliche Jagd der Jahre ab 1848/49 lediglich in adliger Tradition stehen sieht. Jene Tradition - das heißt die Funktionalisierung der Jagd als Herrschaftsinstrument seit spätestens Karl dem Großen[1449] - konnte in den bürgerlichen Kreisen in keinster Weise entfaltet werden. Die Ausübung der Jagd durch das Bürgertum wurde so allein die Kopie der Handlung selbst, nicht jedoch ihrer Wirkungen und keineswegs ihrer originären Absichten und Ziele. Die Jagd verlor doch erst gerade mit den Auswirkungen von 1848/49 endgültig ihre jahrhundertealte Funktion. Die bürgerliche Jagd ist dagegen nun tatsächlich die erste ihrer Art, die zunächst vollkommen irgendeiner ersichtlichen Funktion entkleidet war. Hier war es in einem gewissen Sinne „sozialer Trotz", der ganz darüber hinweg täuschte, dass die Jagd des Adels an spezifische strukturelle, kulturelle, psychische und physische Bedingungen geknüpft war, die nun jedoch allesamt nicht mehr existent waren. Allein das Merkmal der physischen Struktur, das heißt die räumlichen Veränderungen, die im Zuge der Revolution erreicht werden sollten, sind zu zeigen in der Lage, dass jene für sich allein schon immens waren[1450]. Die Tatsache, dass nun jedermann die Jagd ausüben konnte, sollte dies überdeutlich werden lassen. So waren die Bürger offensichtlich der Meinung, dem Adel ein Stück seiner Lebensart abgetrotzt zu haben. Die Jagd, die sie ausübten, hatte dagegen mit jener des Adels keine Gemeinsamkeiten mehr, ja selbst die alten Rituale waren dadurch ihrer Wirkung und

---

[1449] Allerdings ist hier zu beachten, dass dies nur für den germanischen oder deutschen Teil gilt. Wie ich aufgezeigt habe, wurde die Jagd schon sehr viel früher in anderen Kulturkreisen für politische Zwecke, wenn auch unter anderen Vorzeichen als in den Landesherrschaften, instrumentalisiert. Auch für Karl den Großen trifft dies so zu, da hier die Jagd noch in Anlehnung an altiranische Vorbilder von Bedeutung war, während sie nach dem Verfall der Villicationsverfassung als Herrschaftsinstrument, einhergehend mit dem Ansteigen der Gebietshoheiten von wenigen hundert auf rund 1789 in den Jahren zwischen 1400 und 1700, stetig an politischer Bedeutung gewann. Insofern sind hier deutliche Brüche zu verzeichnen, die nach der karolingischen Dynastie und nach der Revolution von 1848 jeweils zu betrachten sind.

[1450] Allein schon die Wahl Frankfurts am Main als neuem Zentrum, als Gegenpol zu Berlin und Wien, die bisher die eigentliche Macht im Deutschen Bund in den Händen hielten und als Gegenpol zu den einzelstaatlichen Dynastien und den sie tragenden adligen und bürokratischen Eliten, muss als räumliche Komponente verstanden werden. Vgl. dazu auch bei Dieter Hein, Die Revolution von 1848/49, S. 41f.

Leistung vollkommen verlustig gegangen, da jene an klar definierte gesellschaftliche Strukturen und Machtverhältnisse gebunden waren, die durch die Revolution beseitigt wurden. Allein der Bauer jagte vor diesem Hintergrund noch funktional, da er die Minimierung des Wildes zur Maximierung seiner Einkünfte und zur Entlastung seiner Situation nutzte. In gewissem Sinne bedeutete hier der Rückgriff auf die Zeiten des frühen Mittelalters einen Fortschritt und keineswegs einen Rückschritt[1451]. Dass dann die Auswirkungen der Jahre 1848 bis 1850 dennoch aufgrund der mancherorts sicher stattgefundenen, massiven Minimierung des Wildbestandes dem deutschen Wald eine bis heute nachwirkende Entlastung brachten, war lediglich ein positiver Nebeneffekt, der so keineswegs geplant oder beabsichtigt war.

Doch zurück zur Jagdpraxis der Landesherren. Die Grundlagen des unter den Merowingern und stärker noch Karolingern geschaffenen Jagdrechtes sowie die gesellschaftlichen Entwicklungen nach dem Untergang der karolingischen Dynastie und der endgültigen Herausbildung der Territorialherren im 12. und 13. Jahrhundert, waren - später dann unter Zuhilfenahme der Regalität - soweit gediehen, dass nun in den Formen und der Praxis der Jagd entsprechende Veränderungen bemerkbar wurden. Einhergehend mit jenen gesellschaftlichen Vorgängen, die sich wesentlich politisch, sozial, räumlich bemerkbar machten, wurden die Strafen für Jagdfrevel, Wilddiebstahl oder Wilderei, die noch im frühen Mittelalter allesamt durch Geldstrafen abbedungen werden konnten, durch Körper- und Lebensstrafen allmählich ersetzt. So wie im Zuge der gesellschaftlichen, politischen und räumlichen Veränderungen die höfische Sitte und das jagdliche Brauchtum eine Verfeinerung erfuhren, wurden die Strafen brutaler und grausamer und konnten in vielen Fällen nun nicht mehr in Geldstrafen gewandelt werden, wie dies in den früheren Zeiten immerzu der Fall gewesen war[1452]. Der Übergang der Forstberechtigung und des Jagdrechtes vom König auf die Territorialherren hatte diese Entwicklung begünstigt oder im Grunde sogar erst in Gang gesetzt. Damit wurde jedoch die Jagd nicht als Vergnügung von den neuen und zu Hunderten vorhandenen Herren übernommen, sondern als wirksames politisches Instrument zur Beherrschung und Festigung der neuen und nun auch weitgehend autarken Herrschaften. Was der Kaiser unter Zuhilfenahme seiner absoluten Stellung auf rein Symbolischem oder ritueller und in Anlehnung an altiranische Tugendbilder basierender demonstrativer Jagdvirtus erreichen konnte, musste nun aufgrund der inneren und äußeren Unsicherheiten als reale Herrschaftspraxis in die Alltagswelt der Untertanen gebracht werden. Dazu bedurfte es einer neuen Praxis der Jagd, einer neuen Aufgabenstellung, neuer und vor allem nun zusehends dissuasiver

---

[1451] Diesen Rückgriff auf frühere Jagdpraktiken findet man in der Gegenwart wiederum. Auch hier, wie die Kapitel 9 und 10 noch zeigen werden, ist der Rückgriff auf ehemals bäuerliche Praktiken ein Fortschritt.

[1452] Während in der Lex Salica (Erstfassung 507, Lex Salica carolina 802) der Diebstahl von Hunden noch mit 12 Schillingen, der Diebstahl von Vögeln mit 3 Schillingen und der Wilddiebstahl (z. B. eines erlegten Hirschen) mit 45 Schillingen abbedungen werden konnte, bedeutete dies in der landesherrlichen Zeit zumindest im Wiederholungsfalle den Tod. Vgl. dazu die Ausführungen bei W. Eckehart Spengler, Jagdgeschichte und Jagdausübung in landesherrlicher Zeit, in: Colloquium der Arbeitsstelle 18. Jahrhundert Bergische Universität Gesamthochschule Wuppertal (Hrsg.), Die *Jägerey* im 18. Jahrhundert, S. 16, und unter Bezug auf H. Geffcken, Leipzig 1898.

Ordnungen. Die Einforstungen unter den Karolingern als auch die Übertragung der Befugnisse zur Generierung von Forsten hatte bis in das späte Mittelalter noch vergleichsweise geringe Auswirkungen auf die Rechte der Untertanen am Wald zur Folge. Dennoch ist im 9. Jahrhundert bereits der Grundstein dafür gelegt worden, dass mit den Forsten ein hoheitlicher Raum außerhalb des Alltäglichen gebildet werden konnte, der sich dazu durch eine enge Anlehnung an die Praktiken der Jagd auszeichnete. Auch die allmähliche Einschränkung der Jagdrechte der Untertanen hatte im frühen Mittelalter noch keine wesentlichen Auswirkungen auf das Leben und Wirtschaften der Bauern, da der Entzug des Jagdrechtes dem Adel die Pflicht zur Jagd auferlegte und insofern als eine Erweiterung von „Schutz und Schirm" betrachtet werden kann, indem die Schutzjagd auf die Fahnen des Adels geschrieben wurde. Jene Entwicklung war in etwa bis zum Ende des 11. Jahrhunderts vielerorts abgeschlossen. Beschleunigt wurde dieser Prozess wohl mit einiger Sicherheit durch die Übertragung des Rechts zur Bildung von Forsten auf die weltlichen und geistlichen Grundherren. Neben jenen politischen und sozialen Ursachen ist jedoch auch der demographische Faktor nicht zu vernachlässigen. Der allmähliche Entzug des Jagdrechtes fällt mit den großen Rodungsperioden zusammen, die wiederum als eine Folge der Bevölkerungszunahme zu sehen sind und letztlich das Schwinden der Wildnis zum Resultat hatten. Raumlogisch ist die Verbindung, die zwischen der zunehmenden politischen Bedeutung der Jagd sowie dem knapper werdenden Raum durch die Bevölkerungszunahme im selben Zeitraum und den Möglichkeiten seiner Beherrschung und Kontrolle zu liegen kommt, äußerst interessant. Die Reaktionen der Territorialherren auf diese Entwicklung können anschaulich aus den Forst- und Jagdordnungen sowie der Praxis der Jagd extrahiert werden. Im 13. und 14. Jahrhundert endlich wurden auch die letzten markgenossenschaftlichen Wälder von den Landesherren gebannt, wodurch das Jagdrecht der Bauern, aber auch später des niederen Adels entweder völlig beseitigt oder soweit beschränkt wurde, dass ihnen zunächst nur noch die Jagd auf einiges Niederwild verblieb[1453]. Aber auch dieses Recht ging ihnen dann alsbald verloren. Das bedeutete jedoch im Umkehrschluss nicht, dass diese Art der Jagd von den Landesherren nun an Stelle der Untertanen ausgeübt wurde. Auch das kann ein Indiz dafür sein, dass es nicht prinzipiell um die Jagd als Handlung ging, sondern um die mit der Jagd zusammenhängende Bewegung im Raum, welche offensichtlich grundsätzlich einem Prinzip der Beherrschung entsprach[1454]. Die Jagd mit Schlingen, Fallen und Netzen, aber auch die Vogeljagd mit dem Kloben oder mit Leimruten fand nach dem Verbot für die Untertanen keinen nennenswerten Eingang in die herrschaftlichen Jagden[1455]. Ihre Jagdtiere beschränkten sich auf die

---

[1453] Vgl. dazu die Ausführungen bei Hans Wilhelm Eckardt, Herrschaftliche Jagd, bäuerliche Not und bürgerliche Kritik, S. 28, unter Bezug auf Hübner, Privatrecht, S. 294.

[1454] Vgl. diese Vermutung auch bei Joseph Morsel, Jagd und Raum, in: Werner Rösener (Hrsg.), Jagd und höfische Kultur im Mittelalter, S. 281.

[1455] Auch wenn hier Josef Morsel unter Bezug auf Endres, Bauernkrieg, anführt, dass die adligen Jagdgerätschaften durchaus auch Garne, Netze, Röhren und Kloben umfassten, wie dies die zerstörten Jagdgerätschaften der bambergischen Adligen 1525 ergaben. Vgl. dazu bei Josef Morsel, Jagd und Raum, in: Werner Rösener (Hrsg.), Jagd und höfische Kultur im Mittelalter, S. 274.

großen Wiederkäuer, hier insbesondere auf den Rothirsch und auch nur selten auf die Wildschweine[1456]. Auch das ist im Grunde, in Verbindung mit der raumgreifenden Bewegung der Jagdtiere wie z. B. des Rothirsches als ausdauerndem Läufer, als ein Indiz dafür zu werten, dass es bei der Aussperrung der Untertanen von bestimmten Jagdarten nicht um die Sache der Jagd an sich ging, sondern um die Herrschaftshandlung und deren Reproduktion über den ausschließlichen Zugriff auf den Raum, indem nach Belieben die Untertanen eingebunden und ausgeschlossen werden konnten. Gerade die spezifische Situation der Inklusion und Exklusion ist Merkmal der Reproduktion von Herrschaft über das Instrument der Jagd. So, wie sich die Jagdfronen im Verlaufe der territorialen Entwicklung des Deutschen Reiches einer starken Wandlung unterworfen sahen, so ist dies auch für die Jagdarten und damit die Praxis der Jagd sowie ihr Brauchtum festzustellen. Zu den bevorzugten Jagdtieren gesellten sich schon bald bevorzugte Jagdarten auf jene Tiere, die gleich dem Jagdtier raumgreifend waren. Hier sind insbesondere die Hetz- und Parforcejagden zu nennen, die mehrere Tage bis Wochen dauernden „teutschen Jagden" z. B. der Herzöge in Württemberg und zu guter Letzt die Eingestellten Jagden, die ihrem Höhepunkt in etwa seit dem 18. Jahrhundert entgegengingen. Letztere wurde dann selbst noch unter Kaiser Wilhelm II. zu Beginn des 20. Jahrhunderts praktiziert, wenn auch bereits unter anderen gesellschaftlichen Vorzeichen[1457]. Jene letzte Eingestellte Jagd kann lediglich als Reminiszenz an vergangene hochadlige Tage verstanden werden. Ein politisches Zeichen oder ein öffentlich hochwirksamer, herrschaftlicher Akt konnte hier nicht mehr festgestellt werden. Deutlich wird dies auch in der Kritik gegenüber jener Jagdart, die selbst aus nächster Nähe des Kaisers kam. Aber selbst seine Majestät behielt diese Form der Hofjagd nur aus Gründen der Tradition, des Althergebrachten und der Verpflichtung gegenüber höfischen Gepflogenheiten aufrecht. Dass jene Gepflogenheiten ihre originäre Funktion verloren hatten, war dabei nicht wesentlich von Bedeutung, sondern vielmehr das Anknüpfen an jene vergangenen Tage, die aufgrund ihrer jahrhundertealten Herrschaftslogik für den Hof des Kaisers zumindest in diesem Sinne formell unentbehrlich war. Andreas Gautschi hat hier ein Zitat aus dem Tagebuch des Grafen Philipp Eulenburg vom 11. November 1892 niedergeschrieben: „Die Jagd war, wie alle Eingestellten Jagden, entsetzlich. Dieses Niederknallen des armen wehrlosen Wildes, das sich nicht einmal durch die Flucht der Unannehmlichkeit entziehen kann, totgeschossen zu werden, ist keine königliche Lust-

[1456] So weist auch von Berg in seinen Ausführungen zu den Waidsprüchen und Jägerschreien darauf hin, dass auf den Rothirsch die weit überwiegende Zahl der Waidsprüche zutreffen, während nur sehr selten das wehrhafte Schwein und der Wolf darin vorkommen. Die Waidsprüche und Jägerschreie seien überwiegend in den Jahren 1581, 1610 und 1675 sowie von Jacob Grimm in den „Altdeutschen Wäldern" von 1813 gesammelt worden. Möglicherweise jedoch gehen sie auf noch wesentlich frühere Zeiten zurück. Vgl. dazu bei Artikel von Freiherr von Berg, Waidsprüche und Jägerschreie, in: Monatsschrift für das Forst- und Jagdwesen, Dr. Franz Baur (Hrsg.), Juni 1868, S. 226ff.

[1457] Vgl. zum Eingestellten Jagdbetrieb Kaiser Wilhelms II. bei Andreas Gautschi, Wilhelm II. und das Waidwerk, S. 75-86. Der Autor schreibt hier dazu, dass man im Gegensatz zu den Prunkjagden der früheren Zeiten, als man Tausende von Hilfskräften benötigte, nun auf moderateres Vorgehen erpicht war. Darüber hinaus konnte die ortsansässige Bevölkerung durch ihre Hilfsdienste hier etwas dazuverdienen.

barkeit. Seltsamer Weise hat niemand an einem Hofe ein Gefühl dafür, dass es zu dem Glanze eines Königs nicht unbedingt gehört, armes Wild in eine runde große Umzäunung zu treiben, in deren Mitte in einem kleinen Kreise die „hohen" Schützen aufgestellt sind, die nun solange auf das arme, atemlos und verzweifelt immer an dem äußeren Zaun entlang rasende Wild schießen, bis alles tot ist oder sich todeswund hereinschleppt, bis ihm am Schluss der Jagd der Fang gegeben wird."[1458]

8.5.2 Zu den Hetz- oder Parforcejagden, den großen „teutschen Jagden", Festin- oder Eingestellten Jagden

8.5.2.1 Zuordnungsproblematik

Generell erscheint es in der Literatur einigermaßen umstritten zu sein, klare begriffliche Unterscheidungen zwischen den genannten Jagdarten zu treffen. Am ehesten wird dies noch zwischen der Pirschjagd und den anderen Jagdarten der Fall sein, da gerade die Hetz-, Überland[1459]- und Parforcejagden ein kraftvolleres Element der Verfolgung ihr eigen nennen als es bei der Pirschjagd der Fall zu sein scheint. Aber: auch hier kann der erste Eindruck täuschen. Denn selbst gehetztes oder gejagtes Wild (Erklärung folgt umgehend) fällt dann unter den Begriff des Pirschens, wenn das gestellte Stück Wild mit der Armbrust oder dem Gewehr geschossen wurde. Wurde es stattdessen erstochen oder erschlagen, so sprach man dagegen entweder von der Hatz oder von der Jagd, dem Jagen[1460]. Freiherr Rudolf von Wagner hat sich als einer der Wenigen an die Definition dieser Jagdarten oder besser: dieser Praktiken, herangewagt. Demnach ist bereits im 15. Jahrhundert, und damit wohl auch schon lange davor, das Jagen des Wildes (Edelwildes) mit Hunden bekannt, die das Wild auf der Fährte verfolgen, es stellen, um so dann dem nachfolgenden Jäger (aufgrund der Distanzen und Schnelligkeit gerade bei einer Jagd auf den Hirsch wohl zu Pferd, Anm. d. V.) die Möglichkeit des Abfangens, des Stechens, Schlagens oder Schießens (dann allerdings „Pirschen") zu geben. Die Parallele zur Parforcejagd französischer Art[1461] ist bereits unverkennbar, weshalb die klare und strikte Trennung dieser beiden Formen der Jagd nur sehr schwer möglich ist. Allein das Zeremoniell und die strikte einzelne Positionierung des zu bejagenden Hirschen durch vorherige Bestimmung sowie seine Verfolgung zu Pferd, akustisch und mit eigens dafür abgerichteten Hunden, erlaubt hier die begriffliche und nur bedingt inhaltliche Unterscheidung. Das Hetzen dagegen geschieht mit Hunden,

[1458] Andreas Gautschi, Wilhelm II. und das Waidwerk, S. 81 unter Bezug auf Haller, Aus dem Leben des Fürsten Philip Eulenburg, 1924, S. 112-113.

[1459] Die Überlandjagden, so Freiherr Rudolf von Wagner, waren die Vorläufer der Parforcejagd und wurden inhaltlich äußerst deckend mit der späteren französisch geprägten Parforcejagd bereits im 16. Jahrhundert von den württembergischen Herzögen ausgeübt. Vgl. dazu Freiherr Rudolf von Wagner, Das Jagdwesen in Württemberg unter den Herzögen, S. 308ff.

[1460] Vgl. dazu die Ausführungen von Freiherr Rudolf von Wagner, Das Jagdwesen in Württemberg unter den Herzögen, S. 298-299.

[1461] Dass jedoch die Parforcejagd keine französische Erfindung sei, sondern schon Jahrhunderte zuvor von den Persern ausgeübt wurde, ist bei Georg Ludwig Hartig, Lehrbuch für Jäger und die es werden wollen, S. 334, nachzulesen.

die auf Sichtkontakt jagen um das Wild (überwiegend Schwarzwild, aber auch Fuchs, Hase und große Räuber wie Wolf) schnell einzuholen, zu stellen und dessen Erlegung durch Stechen oder Schlagen zu gewährleisten. Wird auch hier dann das Wild durch einen Schuss erlegt, nennt man es wiederum Pirschen. Die Jagdpraktiken des „Hetzens" und des „Jagens" können sodann zusammengefasst werden unter dem Begriff des „über Land jagens". Jene Jagd kam in Württemberg erst etwa im 18. Jahrhundert mit dem endgültigen Durchbruch der Parforcejagd und des Schießens, also des Pirschens einerseits und der Eingestellten Jagden andererseits, außer Gebrauch[1462]. Man wird wohl aufgrund der sehr unbefriedigenden Quellenlage zu den einzelnen Jagdpraktiken im Mittelalter und der frühen Neuzeit davon ausgehen müssen, dass keine abrupten Änderungen in der Jagdpraxis der Herrscher stattfanden, sondern die Übergänge fließend waren. Im Wesentlichen lagen jene Übergänge in der Anzahl der eingebundenen Untertanen und der Organisationsaufwendungen verborgen, die mit den jeweiligen Jagden verbunden waren. Und jene konnten natürlich dann intensiviert werden, wenn die Untertanen zusehends juristisch definiert und somit auch räumlich fixiert werden konnten. Die Entwicklung des Rechts nach den schriftlosen Zeiten seit dem Ende der Karolinger und den ersten Jahrhunderten nach ihrem Verschwinden war eine wesentliche Bedingung für die weitaus gewichtigere, herrschaftspolitische Instrumentalisierung der Jagd im Gegensatz zu ihrer Funktion unter den Karolingern. Die Entwicklungen auf dem Gebiet des Gerichtswesens, der Verwaltung, dem Aktenwesen, die Schaffung von Rechtsgebieten und deren Abgrenzung gegeneinander, etc. brachte wesentliche Fortschritte. Raum und die darauf befindlichen Menschen wurden so zu einem verlässlichen weil kalkulierbaren und berechenbaren Kapital einerseits und zu einem formbaren und instrumentalisierbaren Untertanenverband andererseits. Für die Geschichte der Jagd ist dies in keinster Weise zu vernachlässigen. Doch zurück zu den Jagdpraktiken jener Zeiten. Bereits über die Rangfolge oder Bedeutung verschiedener Jagdpraktiken, wenn jene auch regional schwanken mag (so hat z. B. Joseph Morsel darauf hingewiesen, dass in Franken die Parforcejagd keinerlei Rolle spielte)[1463], gehen die Meinungen auseinander. Sigrid Schwenk bezeichnet so z. B. allein das Eingestellte Jagen, die Parforcejagd und die Beizjagd als die wichtigsten Jagdpraktiken des Mittelalters und der frühen Neuzeit. Der Blickwinkel der Betrachtung, welcher aufgrund seiner Kurzsichtigkeit die niedergeschriebene Jagdgeschichte (leider) sehr eindimensional und oberflächlich werden ließ, spielt so also auch historisch besehen eine wichtige Rolle. Für eine Jagd, die als

---

[1462] Vgl. dazu die ausführlichen Darstellungen bei Freiherr Rudolf von Wagner, Das Jagdwesen in Württemberg unter den Herzögen, S. 296-392. Hier insbesondere die Ausführungen zur Pirschjagd, zur Hetzjagd, zur Parforcejagd, zum über Land jagen, etc.

[1463] Die wichtigsten Wildbanninhaber in Franken waren Geistliche, denen die Parforcejagd oder die „laute Jagd" mit Hörnerklang und Hundegebell schlichtweg nicht gestattet war, auch wenn es – wie Kurt Lindner aufzeigte – wohl auch darüber so manches Hinwegsetzen innerhalb der Geistlichkeit gab. Ein weiterer Punkt, so Joseph Morsel, war der, dass in Franken noch große ungerodete Wälder bestanden, in denen zwar gepirscht werden konnte, die aber für die Parforcejagd ungeeignet waren. Dennoch: selbst mit der Rodung in späterer Zeit kam die Parforcejagd in Franken nicht in Mode. Vgl. dazu Joseph Morsel, Jagd und Raum, in: Werner Rösener (Hrsg.), Jagd und höfische Kultur im Mittelalter, S. 272-273.

rein fürstliches Plaisir, als „hohe Kunst zu jagen"[1464] verstanden wird, erscheint die Beizjagd wertvoller zu sein als die groß angelegten und gut organisierten, einige hundert bis tausend Untertanen gleichzeitig einbindenden Jagden wie die Jagdzüge, die bei Sigrid Schwenk nicht erwähnt werden. Hier hat man es auch nicht mit Kunstformen, sondern mit rational organisierten und verwalteten Herrschaftshandlungen zu tun, deren Ziel und Erfolg nicht darin zu suchen war einen schönen Jagdtag oder eine schöne Jagdwoche zu verleben, sondern in der Reproduktion herrschaftlicher Raumvorstellungen und des Status quo, in der Sicherung der Gebietsherrschaft und der Kontrolle über das verwaltungstechnische Netzwerk. Welcher Mechanismus hinter diesen Jagden zuweilen steckte, wird im Folgenden ausführlich thematisiert werden.

8.5.2.2 Die Parforce- oder Hetzjagd

8.5.2.2.1 Diskussionen rund um die Parforce- oder Hetzjagd

Die Anfänge der Parforce- oder Hetzjagd fallen, um nach den Quellen zu urteilen, weitestgehend in die so genannte Bannforst-Epoche, also den Zeitraum von etwa 800 bis 1500 n. Chr. Allerdings sind auch bereits aus wesentlich früheren Zeiten Hetzjagden bekannt, so nach den Beschreibungen Xenophons in der altiranischen Kultur[1465], weiterhin bei den Griechen und Ägyptern[1466] und zu guter Letzt auch bei den Merowingern im germanischen Kulturkreis[1467]. Die Veränderungen in den sozialen und räumlichen Verhältnissen jener Zeit führten bereits etwa um die Zeiten Karls des Großen die alt-germanischen und wohl weitgehend regellosen weil auf Beute ausgerichteten Hetzjagden in allmählich stärker reglementierte Jagden zu Pferd auf zunächst noch verschiedenes flüchtendes und größeres Wild[1468]. Auch hier ist zu bemerken, dass je weiter die Jagd aus den Bezügen Jagd – Beute heraus-

---

[1464] Siehe gleichnamigen Aufsatz von Sigrid Schwenk, Von der hohen Kunst zu jagen. Jagdmethoden im 18. Jahrhundert, in: Colloquium der Arbeitsstelle 18. Jahrhundert Bergische Universität Gesamthochschule Wuppertal (Hrsg.), Die *Jägerey* im 18. Jahrhundert, S. 41.

[1465] Aber auch im Alten, Mittleren und Neuen Ägyptischen Reich kannte und verwandte man in der bildlichen Darstellung die Hetzjagd auf wilde Tiere zu Pferde und mit Hunden, so dargestellt bei Hartwig Altenmüller, Jagd im Alten Ägypten, S. 12, weiterhin bei Wolfgang Knauth, Das altiranische Fürstenideal von Xenophon bis Ferdousi, S. 112ff, für die frühantike Kultur der Perser nach den Erzählungen von Xenophon. So hat auch Kyros die Jagd zu Pferde hinter einem Hirschen oder einer Gazelle oder einem Wildschwein des Öfteren ausgeübt.

[1466] Hetzjagden, insbesondere auf Wüstenwild, sind auch aus dem altägyptischen Kulturkreis bekannt. Wie diese Jagden, insbesondere die Kraft ihres Bildes, zuweilen einzuordnen sind, habe ich bereits in Kapitel 3 beschrieben. Vgl. dazu Hartwig Altenmüller, Jagd im Alten Ägypten, S. 12ff.

[1467] Für die drei Arten der Hetzjagd zu Pferde unter den Merowingern vgl. die Ausführungen bei Torsten Pflittner, Manifestation der Herrschaft im Raum, Adelige Jagd im Mittelalter unter Karl dem Großen, S. 16-17.

[1468] So ist auch im Nibelungenlied zwischen 1150 und 1200 vom „pirschen in den Wald" wie auch von der Hetzjagd hinter dem Hunde und zu Pferde die Rede. „Einen Wisent schlug er nieder (Siegfried, Anm. d. V.) darnach auch einen Elch starker Ure viere und einen grimmen Schelch. Sein Ross trug ihn so schnelle dass ihm gar nichts entrann Hirsche oder Hinden nur wenig ihm entkam." Zitiert nach M. Marx-Kruse und E. von Campe, Chronik der deutschen Jagd, S. 54, unter Bezug auf das Nibelungenlied.

trat, sie ihrer Regel-, nicht jedoch unbedingt ihrer Zügellosigkeit beraubt wurde. Die Jagdstrecken oder die Anzahl der in den auf Repräsentation und Raumkonstitution ausgerichteten, spätfeudalen Eingestellten Jagden oder den auf den herzoglichen Jagdzügen in Württemberg erlegten Wildtiere, nahm nach den Quellen stetig zu[1469]. Die Institutionalisierung der nun weitgehend regelhaften, aber immer noch zügellosen Jagd ist einhergehend mit ihrer Funktionsbestimmung innerhalb der jeweiligen Gesellschaftsordnung. So ist es nicht verwunderlich, dass auch in der Gegenwart der bundesdeutschen Jagd allmählich jene tradierten Regeln der letzten 70 Jahre wieder zurückgedrängt werden, um sie optimal im Rahmen der vorherrschenden Zielsetzung ausüben zu können. Die Jagdpraxis, so die Vermutung, unterlag und unterliegt einem ständigen Wechselspiel von Affektbändigungen einerseits und deren Lockerung oder gar Auflösung andererseits, je nach Zielsetzung, die jedoch wiederum ihrerseits bedingt durch die äußeren und inneren gesellschaftlichen Vorgaben einer stetigen Veränderung unterlag und nach wie vor unterliegt[1470]. So wird gerade die Schalenwildjagd heutzutage, wenn man so will, „zügelloser", weil hier gerade im Staatswald deutlicher auf Strecke abgestellt wird als noch vor 20 oder 25, geschweige denn vor 30 Jahren, während gleichzeitig auch die bisherigen jagdlichen Regeln in ihrer Restriktivität abgebaut werden[1471]. So ist

1469 Vgl. dazu auch die Ausführungen bei Freiherr Rudolf von Wagner, Das Jagdwesen in Württemberg unter den Herzögen, an verschiedenen Stellen. So wie die Anzahl der Jagdmannschaften zwischen dem 15. und 18. Jahrhundert zunahm, so nahm auch die Strecke des erlegten Wildes in den meisten Fällen zu. Außerhalb der Hetz- oder Parforcejagden stieg die Anzahl der erlegten Tiere auch bei den Eingestellten Jagden erheblich an.

1470 So ist z. B. gerade bei der Schalenwildjagd im Staatsforst heute keineswegs mehr die Entkommenschance des Wildes wesentlich. Zwar wird diese Entkommenschance von einigen Autoren heute noch als Konsens der modernen Jagd betrachtet, diese Zeiten sind jedoch schon längst hinfällig. Auch Sigrid Schwenk bleibt der eher romantisch anmutenden Jagddefinition anhängig. Vgl. dazu bei Sigrid Schwenk, Von der hohen Kunst zu jagen. Jagdmethoden im 18. Jahrhundert, in: Colloquium der Arbeitsstelle 18. Jahrhundert Bergische Universität Gesamthochschule Wuppertal (Hrsg.), Die *Jägerey* im 18. Jahrhundert, S. 42. Aber: Das ganze Gegenteil ist heute der Fall. Vgl. dazu auch bei Wilhelm Bode, Vom lieben Bambi, dem edlen Bäumepflanzen und der gefräßigen Killerraupe! Von Märchengestalten im Deutschen Wald, in: Wilhelm Bode (Hrsg.), Naturnahe Waldwirtschaft, S.17-37. Gerade der Staatsforst zeigt in Bezug auf die Schalenwildbejagung, welche Prioritäten heute gesetzt werden. Dass dies auch allmählich Kreise in die Privat- oder Genossenschaftswaldungen zieht, wird noch dargestellt werden. Zu den differierenden Bewirtschaftungsvorstellungen, die sich ja letztendlich auch oder gerade in der Praxis der Jagd niederschlagen, vgl. auch die Ausführungen in: Das Bundesjagdgesetz – Forderungen und Tatsachen, Deutscher Jagdschutz-Verband e.V., unter anderem S. 52. Die Individualmeinungen über die Bewirtschaftung eines Schalenwildbestandes, so der DJV, würden zwischen der privaten Jägerschaft (diejenigen, die ein Revier gepachtet haben, Anm. d. V.) und der Staatsforstverwaltung weit auseinander gehen.

1471 Vgl. dazu einen Artikel von Alexander Krah, Ernte oder Vernichtung?, in: Wild und Hund, Ausgabe Nr. 03/2004, S. 12-15. Die Lehroberförsterei Chorin hatte am 11. Dezember 2003 eine Bewegungsjagd auf Rotwild veranstaltet, bei der am Ende 43 Stück Rotwild über dem Abschussplan zur Strecke kamen. Eine gewisse „Zügellosigkeit" ist der modernen Wildbewirtschaftung also durchaus zuzusprechen. Vgl. dazu auch einen Artikel von Josef-Markus Bloch, Gemetzel oder korrekte Jagd? in: Die Pirsch, Ausgabe Nr. 24/2004, S. 20-21. Auf einer Bewegungsjagd des Forstamtes Schliersee wurden am 16. November 2004 von 27 Schützen auf 150 Hektar 63 Stück Gamswild erlegt. In beiden Fällen (Chorin und Schliersee) war der Aufschrei in der Jagdpresse nicht zu überhören.

heute die Forderung einer Zusammenlegung der Jagdzeit von Geißen und Böcken[1472] ab September bis in den Dezember oder Januar hinein in den einem traditional-jagdlichen Denken verhafteten Jagdkreisen ein beinahe ungeheurer Regelverstoß, der - und jener Vorwurf ist inhaltlich nicht einmal zurückzuweisen - einzig auf die Erleichterung der Bejagung und damit letztlich auch auf die Erhöhung der Jagdstrecken abziele. „Zügellosigkeit" über das Instrument der relativen „Regellosigkeit" sind insofern wiederum die Merkmale eines modernen Jagdverständnisses. Die Taktik der Jagd „Zahl vor Wahl"[1473] bringt dies am deutlichsten zum Ausdruck. Allerdings bestehen hier deutliche Unterschiede zwischen privater und staatlicher Jagd, d. h. zwischen den unterschiedlichen Zielvorgaben und Motiven dieser beiden Ebenen der Jagd in der Bundesrepublik. Das bedeutet, dass die Gründe für die unterschiedliche Zügellosigkeit in der feudalen Jagd und derjenigen der modernen Jagd der bundesrepublikanischen Gegenwart sowie damit einhergehend die unterschiedlichen Zielsetzungen der jagdlichen Regeln letztlich in den strukturellen, kulturellen, psychischen und physischen Veränderungen zu suchen sind. Zunächst ist an dieser Stelle aufzuzeigen, welche Gründe die Zügellosigkeit vor dem Hintergrund der allmählichen Regelung der Jagd in den Zeiten bis zur deutschen Revolution 1848/49 hatte. Nach diesem Schritt ist unter Rekurs auf die Verhältnisse zwischen 1848/49 und 1945 aufzuzeigen, weshalb hier nun selbst die Zügellosigkeit gedrosselt wurde, während erst seit den 1970er Jahren Lockerungen in beiden Bereichen zu finden sind, die den bisherigen Prozess der Jagd umkehren, das heißt die Beute wieder in den Mittelpunkt rücken. Immerhin ist dieser Zustand - wenn auch unter anderen Voraussetzungen - für viele Tausend Jahre nicht nachweisbar und insofern ein Novum moderner Jagd des 21. Jahrhunderts in dicht besiedelten und industrialisierten Gebieten wie der Bundesrepublik. Die Jagdpraxis ist hierfür ein unverzichtbarer und sehr sicherer Weiser gesamtgesellschaftlicher Wandlungen.

Doch zurück zur Geschichte der Hetz- und Parforcejagd. Ein Beispiel zu jenem Themenkomplex gibt hier die bereits in Kapitel 6 angeführte Erzählung Notker des Stammlers. Karl der Große, so die Erzählung, befand sich auf der Jagd auf Auerochsen und Wisente, die er und die persische Gesandtschaft mit Pferden verfolgten und hetzten. Einer der bedeutendsten Unterschiede zu den Jagden der späteren Territorialherren liegt jedoch in der Örtlichkeit, im Raum, in dem diese Jagden überwiegend stattfanden, verborgen. Schon aus den Kapitularien Kaiser Karls des Großen wird ersichtlich oder zumindest die Vermutung genährt, dass jene Jagden überwiegend in den Brühlen oder den Königswäldern stattfanden und

[1472] So z. B. gefordert von der Rheinland-Pfälzischen Umweltministerin Margit Conrad, Pressemitteilung mit dem Titel „Positionspapier stößt auf Kritik", in: Wild und Hund, Ausgabe Nr. 04/2004, S. 102. Siehe dazu noch ausführlich Kapitel 11.

[1473] Zahl vor Wahl bedeutet Zügellosigkeit (Zahl) bei gleichzeitiger Regeleindämmung (Wahl). Speziell bei der Rehwild- als auch Rotwildbejagung bedeutet diese jagdliche Gepflogenheit, dass es im Zweifel besser ist, die erforderliche Anzahl zu erlegen, wenn auch z. T. bei weniger sorgfältiger Auswahl (damit ist das Ansprechen des Wildes nach traditionalen Gesichtspunkten = Regel, gemeint), als durch peinlich genaue Auswahl mit der Abschusserfüllung in Verzug zu geraten. Vgl. dazu auch Lexikon der Jagd, S. 827, Stichwort Zahlabschuss. Das ist ebenfalls eine Form der Freisetzung jahrzehntelang gebändigter Affekte.

eben keineswegs auf den Anbauflächen der Bauern oder denjenigen der Zinsgüter. Welche Rolle der Wildpark und die Krongüter für die Jagd spielten, ist darüber hinaus auch bei Karl Hauck eindrücklich geschildert[1474]. Damit konnten die in den eingehegten Brühlen oder Parken stattfindenden Jagden oder diejenigen in den abgelegenen Gebieten der Ardennen keine unmittelbare Öffentlichkeit generieren, sondern wurden über Erzählungen und andere mündliche Weitergaben in die Untertanenschaft getragen. Für die von Karl beabsichtigte Zielsetzung der Legitimation seines Herrschaftsanspruches war diese Form der mittelbaren Öffentlichkeitswirkung vollauf ausreichend. Für einen Landesherrn, so auch die Ausführungen in Kapitel 7, waren jene karolingischen Mittel und Jagdpraktiken keineswegs geeignet, seinen Herrschaftsanspruch und seine Ordnungsvorstellungen druckvoll und Kontinuität schaffend durchzusetzen. Allein die geringe räumliche Ausdehnung des eigenen Herrschaftsraumes war es, die einen völlig neuen Umgang mit den raumkonstituierenden Jagd- und Forstordnungen sowie der Jagdpraxis erforderten und entsprechende Instrumentalisierungen zur Realisation brachte. Eine dementsprechende deutliche Ausprägung und Ausgestaltung erhielt so dann auch die Hetz- oder Parforcejagd - die Venerie - beginnend etwa im 12./13. Jahrhundert und sich vervollkommnend mit eigenen Bezeichnungen, Gesetzen, Regeln und einer spezifischen Sprache bis etwa zum Ende des 15. Jahrhunderts. Damit fallen die wesentlichen Weiterentwicklungen der Hetz- und Parforcejagd in eine Zeit, in der das Jagdrecht immer mehr auf die Territorialherren überging und die Jagdrechte der Bauern in der Allmende immer stärker eingeschränkt wurden[1475]. Hier war es vor allem der französische Einfluss, der die Parforcejagd dann in ihrer endgültigen Form etablieren konnte. So fällt jene Entwicklung nicht nur mit den Abschichtungsvorgängen der Untertanen, die von jenen in die Leibeigenschaft gedrängt wurden, zusammen, sondern auch in einem gleichen Maße mit der Herausbildung eines höfischen oder ritterlichen Ideals. Jenes Ideal, welches in den Städten zur Verfeinerung des Turniers geführt hatte, bildete auf der Seite der ländlichen Prägungen das Rückgrat des jagdlichen Brauchtums als auch der jagdlichen Praxis selbst. Sigrid Schwenk meint den Beginn der Parforcejagd in Deutschland exakt auf das Jahr 1680 datieren zu können. Sie sei 1680 aus dem französischen Gebiet, wo sie ursprünglich beheimatet war und „chasse à courre" genannt wurde, nach Celle gekommen, wo gute Pferde gezüchtet wurden[1476]. Wenn man unter jener Parforcejagd die verfeinerte Variante der Verfolgung eines einzelnen und vorab auch zumeist durch Förster oder Jagdknechte bestätigten Hirsches nach englischer und französischer Art oder Sitte meint, so muss an jener Datierung jedoch wohl ein erheblicher Zweifel bestehen, wie die Ausführungen weiter unten noch belegen werden. Grundsätzlich, so auch der Wortlaut der Parforce-Jagd, muss unter ihr die

1474 Vgl. dazu die Ausführungen bei Karl Hauck, Tiergärten im Pfalzbereich, in: Deutsche Königspfalzen 1 (Veröffentlichungen des Max-Planck-Instituts für Geschichte 11/1), S. 32ff.

1475 Vgl. dazu auch bei W. Eckehart Spengler, Jagdgeschichte und Jagdausübung in landesherrlicher Zeit, in: Colloquium der Arbeitsstelle 18. Jahrhundert Bergische Universität Gesamthochschule Wuppertal (Hrsg.), Die *Jägerey* im 18. Jahrhundert, S. 19.

1476 Sigrid Schwenk, Von der hohen Kunst zu jagen. Jagdmethoden im 18. Jahrhundert, in: Colloquium der Arbeitsstelle 18. Jahrhundert Bergische Universität Gesamthochschule Wuppertal (Hrsg.), Die *Jägerey* im 18. Jahrhundert, S. 42f.

kraftvolle und ausdauernde Verfolgung von Wild, zumeist zu Pferde und hinter Hunden, verstanden werden. Welche Ausgestaltungen jene Parforcejagd dann im Verlaufe der Zeit annahm, darüber lässt sich wohl vorzüglich streiten. Bleibt man dieser Definition treu, so existierte die Hetzjagd auf einzelne und konkrete Stücke Schalenwildes bereits im deutschen Mittelalter, was auch aus Urkunden[1477] und der Manesseschen Liederhandschrift hervorgeht, gestützt darüber hinaus von folgendem Zitat von Hademar von Laber (1317-54), welches auf den Stellenwert der Hetzjagd zu seiner Zeit Rückschlüsse zulässt: „Wer jagt gerechtiglich, dem soll man Gutes nachsagen, wer aber will erschleichen und an Hecken fangen, den soll niemand preisen. Es sind ihrer viele, die ihrer Ehre damit schaden."[1478] Mit dem „Erschleichen" ist das Anpirschen des Wildes gemeint, während mit der Jagd in oder an den Hecken die Fangjagd des Schalenwildes in Netzen gemeint ist, die mit Hilfe von Hunden und Treibern - ähnlich den späteren Eingestellten Jagden - auf Zwangswechseln in diese Fangvorrichtungen getrieben wurden. Mit der Entwicklung von der Hetz- zur Parforcejagd französischer Prägung wurde allein den gesellschaftlichen Entwicklungen Rechnung getragen. Im Zuge der sozialen und räumlichen Veränderungen im Verlaufe der Rodungs- und Siedlungsperioden, aber auch der herrschaftlichen Bestrebungen zur Erlangung und Festigung kleinerer oder größer Grundherrschaften vor dem Hintergrund der inneren und äußeren Bedrohungen kam es beinahe zwangsläufig zu einer Umgestaltung und Umfunktionierung der Jagd auf wilde Tiere hin zu einer nunmehr sozialen herrschaftlichen Praxis[1479]. Diese „neue" Form der Jagdpraxis entwickelte eigene Regeln und Gesetze, die nur vor dem Hintergrund der gesellschaftlichen Entwicklungen ihre volle Kraft entfalten konnten und jener raumpolitischen, geographischen Situation der Landesherren geschuldet waren. So ist die Entwicklung der Jagdpraxis in enger Anlehnung an die Prozesse der Landesherrschaften zwischen dem 14. Jahrhundert und dem 18. Jahrhundert zu betrachten, innerhalb deren Spanne die Zahl der selbständigen Gebiete im Deutschen Reich gewaltig anstieg. Nur vor diesem Hintergrund und mit Hinblick auf die spezifischen Prozesse der Reproduktion von Macht, Raum und Herrschaft sind die Veränderungen innerhalb der Jagd und ihrer Praxis zu betrachten und können einer Erklärung der deutschen Jagdkultur Vorschub leisten. Je kleinräumiger die Herrschaftsgebiete wurden, desto eifersüchtiger wurden jagdliche Ambitionen der Nachbarn und insbesondere der Untertanen und des Landadels, der wohlhabenden Edelmänner beäugt. Die Rolle der Parforcejagd ist aus diesem Grunde in den Zeiten der Bannforstepoche von der Epoche des

[1477] So weist Adam Schwappach, Grundriss der Forst- und Jagdgeschichte Deutschlands, S. 54, nach, dass bereits in Urkunden des 13. Jahrhunderts die Parforcejagd, welche auch schon früher üblich war, in besser ausgebildeter Form geübt wurde.

[1478] Zitiert nach M. Marx-Kruse und E. von Campe, Chronik der deutschen Jagd, S. 59. Weiterhin führt z. B. das 2004 erschienene Buch von Werner Rösener, Die Geschichte der Jagd, die Parforcejagd nicht an. Rösener bezeichnet vielmehr das, was die meisten Autoren als Parforcejagd umschreiben, als Überlandjagd (auch auf den einzelnen Hirschen) und diese habe bereits im 12. Jahrhundert bestanden. Ebd., S. 139ff. Aus dieser Überlandjagd hat sich die spätere Parforcejagd entwickelt, wie dies auch Freiherr von Wagner in seinem Werk „Das Jagdwesen in Württemberg unter den Herzögen", S. 308, attestiert.

[1479] Vgl. dazu die Ausführungen und Überlegungen von Josef Morsel, Jagd und Raum, in: Werner Rösener (Hrsg.), Jagd und höfische Kultur im Mittelalter, an verschiedenen Stellen.

Jagdregals und des Absolutismus deutlich zu unterscheiden. Jene Unterscheidung kann dabei weniger in den brauchtümlichen Handlungen als vielmehr in den herrschaftspolitischen Möglichkeiten gesucht werden, die durch die Parforcejagd auf dem Gebiet des gesamten Herrschaftsbereichs multipliziert wurden, da ja über die Regalität der Jagd jene auch auf den Gebieten dem Herrscher vorbehalten war, auf die er in der Bannforstepoche noch keinen Zugriff hatte. Insofern sind die räumlichen Aspekte der Jagdpraxis in diesen Zeiten von denen des Frühmittelalters bis etwa zur Entdeckung der Neuen Welt zu unterscheiden. So ist zwar vom frühen Mittelalter an, spätestens jedoch nach Karl dem Großen die Eingrenzung des jagdberechtigten Kreises zu bemerken und als parallele Entwicklung dazu die stetige Beschwernis der Bauern und deren Entrechtlichung und Herabdrückung in die Leibeigenschaft. Ihre volle Blüte - ähnlich dem Waidwerk als Herrschaftsinstrument - erreichte jene Entwicklung dagegen erst zwischen dem 16. und dem 18. Jahrhundert, also in derjenigen Zeit, in der die Territorien auf dem Gebiet des Reiches stark an Zahl zunahmen und dadurch eine räumlich engere Struktur erhielten; die Nachbarn dadurch zunahmen, die adligen Konflikte anstiegen und die Untertanen „böswilliger" wurden, wie dies Joachim Allmann beschrieb. Parforcejagd, das heißt die Hetzjagd hinter dem Hirsch zu Pferde und mit Hilfe firmer Hunde, konnte unter den frühmittelalterlichen gesellschaftlichen Verhältnissen noch keine faktische Reproduktion von Herrschaft oder gar deren offensichtliches Instrument sein. Als Bestandteil herrschaftlicher Repräsentation dagegen war jenes Element auch im frühen Mittelalter unter Anlehnung an die antiken Jagdmetaphern nicht zu unterschätzen. Wir haben es hier aber ausdrücklich nur mit einer symbolischen Wertigkeit und nicht mit faktischer Herrschaftsausübung und Durchsetzung zu tun, im besten Falle eben mit dem Versuch der Herrschaftslegitimation, wie ich das in Kapitel 6 unter Bezug auf Torsten Pflittner darstellen konnte. Der Parforcejagd blieb - in Anlehnung an die bereits genannten schlummernden Potenziale der Jagd - so über Jahrhunderte das Element der Raumhandlung, der Präsenz, der Dominanz, der Reproduktion von Herrschaft und Ordnungsvorstellungen inhärent. Allein die gesellschaftlichen Bedingungen gereichten ihr entweder zur bloßen Herrschaftslegitimation, zur sozialen Abgrenzung der Landesherren gegenüber dem Landadel oder zur faktischen Herrschaftshandlung in den Landeshoheiten seit dem 16. bis 18. Jahrhundert. Die materiellen Unterschiede der Parforcejagd zwischen dem frühen Mittelalter und der frühen Neuzeit waren somit überwiegend zeremonieller Art und damit verbunden selbstverständlich auch funktionaler Art. Zum Ausdruck kamen diese inhaltlichen Unterschiede allein durch die sich verändernde herrschaftliche Struktur, die das endende 17. und beginnende 18. Jahrhundert mit sich brachte.

8.5.2.2.2 Die Potenziale der Parforcejagd in den landesherrlichen Gebilden der frühen Neuzeit

Die spezifisch aus dem französischen Kulturkreis übernommene Parforcejagd, das heißt die nun mit größtem zeremoniellen Aufwand betriebene und für den Absolutismus so typische Jagd zu Pferde[1480] und hinter den Hunden auf einen einzelnen Hirschen, war an gewisse strukturelle Voraussetzungen zwingend gebunden. Der Grund dafür liegt in der Art der Planung und Ausführung der Parforcejagd nach französischer Art auf den einzelnen Hirschen. Besondere Bedeutung kam dabei dem Leithund zu, den der Besuchsknecht (der Suchjäger, der den Leithund führt) am langen Riemen führte. Konnte ein passender Hirsch gefunden und durch den Leithund bestätigt werden, dann wurden Jäger, teils berittene und teils zu Fuß, mit Hunden auf die so genannten Fürlagen oder Relais verteilt. Dies waren Orte oder Zwangswechsel, an denen der Hirsch unbedingt durchkommen musste. Erst wenn sich der Jagdherr mit seinen berittenen Gästen am bestätigten Einstandsort des Hirschen eingefunden hatte, wurde durch den Oberpiqueur und seine Hundemeute, die an die hundert und mehr Hunde zählen konnte, der Hirsch aus der Dickung getrieben. Erreichte der Hirsch dann ein Relais, so wurde er von dort mit den frischen Hunden weitergetrieben. Mit Waidgeschrei ging es dann oft bis in die Nacht hinein weiter. Dazu Bernd Ergert: „In der schnellen Verfolgung des Hirsches durch die Meute und die berittenen Jäger, in der Unterscheidung vom übrigen Rotwild und im Wiederauffinden der verlorenen Spur, lagen der Reiz und die Bedeutung dieser Jagdart. Besonders wichtig waren für den Ablauf der Jagd die Verständigungssignale, die auf dem Parforcehorn geblasen wurden. Bekamen etwa die Piqueure den von den Hunden gejagten Hirsch zu Gesicht, wurde >>la vue<< geblasen, um die Jagdgesellschaft vom Stand der Hetze zu benachrichtigen. Hatte der Hirsch sich dann endlich vor den Hunden gestellt, erschallte aus den Hörnern der Jäger der Fürstenruf, der den Höhepunkt und das Ende der Parforcejagd einleitete."[1481] Daraufhin wurde entweder vom Herrn selbst „oder von einem dazu Ernannten ein Fang mit dem Hirschfänger hinter das Blatt, oder in die linke Brusthöhle, gegeben, oder ihm eine Kugel über den Augen durch den Kopf geschossen"[1482]. Während des Tötens des Hirschen, so Georg Ludwig Hartig weiter, „zieht die Jägerey, mit entblößter rechten Hand, den Hirschfänger einige Zolle aus der Scheide, ruft einstimmig Ha-lali! und bläst die Fanfare la mort"[1483]. Dass es bei der Parforcejagd offensichtlich weitaus mehr um die Bewegung im Raum, um die zeremonielle Repräsentation und Machtdemonstration oder um die Visualisierung repetitiver Reproduktion hierarchischer Vorstellungen als um die Jagd auf das edle Tier ging, ist an der Tatsache abzulesen, dass es völlig egal war, welchem Tier die Jagd letztlich galt. Georg Ludwig Hartig berichtet in seinem 1812 erschienenen Werk darüber, dass man für gewöhnlich zwar nur starkes Edelwild wie Rothirsch, Damschaufler oder Sauen (also „raumgreifend flüchtende Arten") parforce jagte, in Ermangelung solchen Wildes es aber auch Füchse, Rehe oder Hasen sein konn-

1480 Vgl. dazu bei Jürgen Freiherr von Kruedener, Die Rolle des Hofes im Absolutismus, in: Borchardt, Knut; Schremmer, Eckart; Zorn, Wolfgang; (Hrsg.), Forschungen zur Sozial- und Wirtschaftsgeschichte, S. 64-65.

1481 Bernd Ergert, Die Jagd in Bayern von der Vorzeit bis zur Gegenwart, S. 92.

1482 Ebd., S. 336.

1483 Ebd. Weiterhin auch bei Helmut Brackert, Höfische Jagddarstellungen in der deutschen Epik des Hochmittelalters, in: Rösener, Werner (Hrsg.), Jagd und höfische Kultur im Mittelalter, S. 372.

ten[1484]. Von größter Bedeutung war lediglich die Einhaltung des Zeremoniells, die akustischen Signale, die Raumbewanderung, schlichtweg die strikte hierarchische Einbindung aller beteiligter Personen und auch des unweigerlich erhaltenen Publikums in Form von Bauern, Städtern, Reisenden und natürlich dem umliegenden Landadel, sofern er nicht ohnehin in die Parforcejagd eingebunden war. In diesem Zusammenhang stimme ich gerade nicht mit Sigrid Schwenk überein, die der höfischen Jagd neben der Entspannung und Muße unter anderem das für die Dauer der Jagd möglich erscheinende Entkommen aus dem höfischen Zeremoniell bescheinigt[1485]. Vielmehr ist hier auf Jürgen Freiherr von Kruedener zu verweisen, der gerade der höfischen Jagd attestierte, dass es in ihrem Rahmen völlig unmöglich war, sich aus dem Zeremoniell zu entziehen[1486]. Ohne striktes Zeremoniell, ohne strikte Handlungsanweisungen hätten die Jagdhandlungen auch nicht das von Joseph Morsel dargestellte Potenzial der Raumbewanderung, Raumbesetzung und Raumbeherrschung oder Visualisierung von Hierarchie haben können[1487]. Die im Vordergrund stehende Bewegung im Raum und die mit ihr verbundenen Ziele der landesherrlichen Macht- und Organisationsdemonstration waren an bestimmte strukturelle Voraussetzungen gebunden. Diese bereits weiter oben genannten strukturellen Voraussetzungen für eine funktionale Parforcejagd absolutistischer Prägung waren zweigeteilt. Zum einen waren dies offensichtlich räumlich-strukturelle Bedingungen und zum anderen politisch-strukturelle Bedingungen. Unter Bezug auf die räumlich-strukturellen Gesichtspunkte bleibt zu bemerken, dass die spezifisch absolutistische Parforcejagd in großen zusammenhängenden Wäldern, in Sümpfen oder sonstigem unzugänglichen Terrain nicht mit derselben Zielsetzung ausgeübt werden konnte. Georg Ludwig Hartig schreibt hierzu, dass die Waldungen nicht gebirgig sein durften und durch Alleen und auf jede erdenkliche Art zum Reiten bequem und sicher gemacht sein mussten[1488]. Die Parforcejagd war also vielmehr auf artifizielles, kultiviertes Land, auf von Wiesen, Feldern, kleinen Gehölzen und Hofstellen sowie Burgen und Schlössern durchzogenen Wirtschafts- und Lebensraum angewiesen um überhaupt ihrer Art und Typik nach als raumgreifende und repetitive Handlung vor verschiedenen Öffentlichkeiten (Landadel contra Bauern/Untertanen) zur landesherrlich gewollten Geltung kommen zu können[1489]. Die Parforcejagd musste in kultiviertem Land stattfinden, dort,

---

[1484] Georg Ludwig Hartig, Lehrbuch für Jäger und die es werden wollen, S. 334.

[1485] Vgl. dazu bei Sigrid Schwenk, Die Jagd im Spiegel mittelalterlicher Literatur und Jagdbücher, in: Rösener, Werner (Hrsg.), Jagd und höfische Kultur im Mittelalter, S. 416.

[1486] Vgl. dazu bei Jürgen Freiherr von Kruedener, Die Rolle des Hofes im Absolutismus, in: Borchardt, Knut; Schremmer, Eckart; Zorn, Wolfgang; (Hrsg.), Forschungen zur Sozial- und Wirtschaftsgeschichte, S. 64-65.

[1487] Vgl. dazu bei Joseph Morsel, Jagd und Raum – Überlegungen über den sozialen Sinn der Jagdpraxis am Beispiel des spätmittelalterlichen Franken, in: Werner Rösener (Hrsg.), Jagd und höfische Kultur im Mittelalter, S. 255ff.

[1488] Georg Ludwig Hartig, Lehrbuch für Jäger und die es werden wollen, S. 335.

[1489] Wilhelm Störmer weist darauf hin, dass noch vor dem 15. Jahrhundert der Anteil der Urwälder, die kaum zu Pferde zugänglich gewesen sein sollen, recht groß war. In ihnen jedoch verbarg sich das Großwild. Diese Wälder waren jagdlich zu Pferde nicht nutzbar. Vgl. dazu bei Wilhelm Störmer, Hofjagd der Könige und der Herzöge im mittelalterlichen Bayern, in: Rösener, Werner (Hrsg.), Jagd und höfische Kultur im Mittelalter, S. 290f. Je intensiver die

wo sie von den Untertanen, aber vor allem von den adligen Grundeigentümern, dem Landadel, unbedingt wahrgenommen werden musste. Die Parforcejagd in ihrer „neuen" herrschaftspolitischen Zielsetzung (die sie von den Hetzjagden auf den Hirsch in früherer Zeit unterschied) war in Bezug auf die genannten politisch-strukturellen Bedingungen auf die absolutistische Hierarchie, das heißt auf den „fragmentarischen Charakter"[1490] zwischen den sich neu formierenden Elementen moderner Staatsgewalt und der Adelsherrschaft angewiesen. Insofern ist es nicht verwunderlich, dass die Sitte der Parforcejagd von den meisten Autoren erst auf das Ende des 17. Jahrhunderts datiert wird[1491] und es einen engen Zusammenhang zwischen fortschreitender Kultivierung nach dem Ende des Dreißigjährigen Krieges sowie den zerrissenen und uneinheitlichen Herrschaftsverhältnissen an der Schwelle zum modernen Staatsaufbau und jener Jagdart zu geben scheint. Die auf französische Vorbilder zurückgehende, höchst ritualisierte Parforcejagd mit ihrem Höhepunkt im 17. und 18. Jahrhundert war damit ausschließlich auf die absolutistischen Erfordernisse jener Zeit zugeschnitten. Sie sollte offensichtlich stärker die strukturellen Differenzen zwischen Landesherrschaft und niederem Adel bedienen als eine primär öffentlichkeitswirksame und repetitive Herrschaftshandlung gegenüber den Untertanen zu sein. Auch Jürgen Freiherr von Kruedener weist in diesem Zusammenhang darauf hin, dass die Parforcejagd der Landesherren, aber auch die Eingestellten Jagden so aufwändig konstruiert sein mussten, dass sie der wohlhabende (Land-) Adlige nicht mehr zu finanzieren vermochte. Die Parforcejagd der Fürsten musste „ursprünglichen Vergnügen jedes adligen Herrn auf dem Lande einen gesellschaftlich minderwertigen Anstrich"[1492] geben. Neben der sozialen Deklassierung des Landadels, der Reproduktion von sozialer Distanz, musste diese jagdlich zu erreichende Konstitution von Raum von beiden Seiten auch als politische Kommunikation verstanden werden, da die Möglichkeit jener Art der Jagd materielle Besitzungen zur Vorbedingung hatte oder zumindest den exklusiven Zugriff auf beliebige Räume durch den Landesherrn symbolisieren konnte. Wer mittels der Parforcejagd Räume aktiv konstruieren konnte, zeigte sich auch materiell in die Lage versetzt mächtig und damit ein potenziell gefährlicher Kriegsgegner zu sein[1493]. Neben den Jagdzügen und den Eingestellten Jagden war die

---

Waldweide ausgeübt wurde, ums so offener mussten die Waldstrukturen werden, je größer die Bevölkerung wurde, umso mehr rückte der Holzbedarf den Waldungen zu Leibe. Damit wurden die Wälder durchdringbarer, und räumlich für den Herrscher besser fassbar.

1490 Vgl. dazu die Ausführungen von Hanns Hubert Hofmann, Adelige Herrschaft und souveräner Staat, S. 47f.

1491 So z. B. Sigrid Schwenk, Von der hohen Kunst zu jagen. Jagdmethoden im 18. Jahrhundert, in: Die *Jägerey* im 18. Jahrhundert, Colloquium der Arbeitsstelle 18. Jahrhundert, Bergische Universität, Gesamthochschule Wuppertal, S. 42-43.

1492 Jürgen Freiherr von Kruedener, Die Rolle des Hofes im Absolutismus, in: Borchardt, Knut; Schremmer, Eckart; Zorn, Wolfgang (Hrsg.), Forschungen zur Sozial- und Wirtschaftsgeschichte, S. 56.

1493 Dass mittels der Parforcejagd Macht und Organisationsvermögen demonstriert werden konnten und der Herrscher damit in die Lage versetzt wurde, auch als ernstzunehmender Kriegsgegner betrachtet werden zu müssen, hat Sigrid Schwenk in ihrem Beitrag „Jagd: Überlebensstrategie – höfische Lustbarkeit – verantwortungsbewusste Gestaltung der Umwelt", in: Rundgespräche der Kommission für Ökologie, Bayerische Akademie der Wissenschaften

Parforcejagd unter dem Aspekt der Raumkonstitution nach oben genanntem Konnex mit einiger Sicherheit eine Jagdart mit einem hohen raumkonstituierenden Wirkungsgrad, da sie zumeist in beliebiger Zahl an teilnehmenden Jägern, Pferden und Hunden durchführbar war und sich die aktive Partizipation daran nach dem Kriterium der „Nähe zum Landesherrn" ergab. Insofern wird der Landesherr die Parforcejagd stärker als „inneradliges" und damit „innerherrschaftliches" Instrument genutzt haben können als sie ein wirksames Herrschaftsinstrument gegenüber den weitgehend exkludierten Untertanen sein konnte. Es sind aus der Literatur keine wesentlichen Dienste der Untertanen im Rahmen der schnellen Jagd zu Pferde ersichtlich, die nicht schon unter den raumkonstituierenden Fronleistungen im vorangegangenen Kapitel beschrieben worden wären (wie z. B. die Hundelege, die Bewirtung, Duldung von Wild- und Jagdschaden, etc.). Dennoch muss die Parforcejagd auch als eine Raumkonstitution gegenüber den Untertanen gedacht werden, da im Rahmen einer Parforcejagd die Jägerei, eine Hundemeute und einige Pferde in raschen Zeitabläufen beliebig oft zusammengestellt und aktiviert werden konnten. Darüber hinaus war die materielle Organisation einer Parforcejagd ebenfalls recht einfach gestaltet, da auch im Zeitalter der Radschloss- und Feuersteinbüchse auf jene verzichtet wurde und stattdessen der Hirsch allein durch Hetzen zur Aufgabe gebracht und dann mit dem Hirschfänger getötet wurde. Weitere Möglichkeiten der landesherrlichen Jägerei, auch aus der Parforcejagd ein raumschöpfendes und raumkonstituierendes Instrument einiger Kontinuität zu schaffen, lag in der Akustik jener Jagdform, die durch laute Rufe, durch Hörnerklang und durch Hundegebell die eigentliche Bewegung im Raum (d. h. auf den Feldern der Untertanen) unterstützen konnte. Joseph Morsel weist gerade im Zusammenhang mit den jagdlich bedingten akustischen Signalen auf deren raumkonstituierende Wirkung hin, während auch Martina Löw der Mimik, Gestik oder der Sprache eine Beeinflussung der Raumkonstruktionen attestiert[1494].

Die Parforcejagd auf den Hirsch ist unter den raumsoziologischen Merkmalen als eine zielgerichtete, gewollte und weitgehend kontrollierte Positionierung von Menschen und Tieren (Hunden, Pferden, aber auch des gejagten Hirschen) im zu beanspruchenden Raum zu beurteilen. Der geographische Raum der Landesherrschaft, der mittels Grenzziehungen festgelegt ist, konnte mit Hilfe der Parforcejagd auch in symbolische und eo ipso soziale Metaphern transformiert werden, und die hierarchischen Verhältnisse und die Ordnungsvorstellungen des Herrn gegenüber dem Landadel und den Untertanen zuverlässig und – gemäß den Gepflogenheiten der Zeit – schmerzlich (weil für den Bauern wirtschaftlich nachteilig und für den Landadel sozial deklassierend) reproduziert werden. Damit war die Parforcejagd nicht nur ein fürstliches Plaisir[1495], sondern eine Handlung der Herren und ihrer Jägerei, die nicht nur bei den Bauern, sondern auch bei den Gelehrten Fragen nach einer sozialen Gerechtigkeit aufzuwerfen begann, die die scheinbar gottge-

(Hrsg.), Band 25, Über die Jagd – Kulturelle Aspekte und aktuelle Funktionen, S. 18-19, angeführt.

1494 Martina Löw, Raumsoziologie, S. 155.

1495 Vgl. dazu bei Dietrich Stahl, Wild – Lebendige Umwelt, S. 77f, unter Bezug auf Heinrich Wilhelm Döbel.

wollte Ordnung, die Unterdrückung der Bauern und die Ungleichverteilung von Macht und Würden, von Waren und Geld, jedermann vor Augen führte. Neben dem Hirsch und dessen Aufspürung, Verfolgung und Lenkung im herrschaftlichen Raum muss auch das Pferd im Rahmen der Parforcejagd unter raumkonstituierenden Merkmalen betrachtet werden. Noch in den Zeiten der Wehrhaftigkeit der Bauern und der freien Jagd der Germanen galt das Pferd nicht als soziales Distinktionsmerkmal. Erst mit der Unterdrückung der Bauern, dem Verlust ihrer Wehrhaftigkeit, erlangten das Pferd und sein Reiter andere Konnotationen. So beschwerten sich im Zuge der Bauernunruhen im Jahre 1524 Bauern über die hoch zu Ross befindlichen Ritter, die in einem zukünftigen Gesellschaftsgebilde nicht mehr hoch zu Ross reiten sollten, da sie jenes Verhalten über die Mitmenschen erhob[1496]. Die Parforcejagd offerierte damit viele Möglichkeiten und Symbole der Raumbesetzung, der Positionierung von Menschen und Tieren im zu beanspruchenden Raum. Sie muss aus diesem Grunde als ein hervorragendes politisches Instrument in den Umbruchzeiten und Überlappungsbereichen zwischen grundherrlichen Zugriffen, nicht selten sich gegenüberstehenden und für den Untertan verworrenen Gerichtsbarkeiten, und den Ansprüchen der Territorialgewalten, den Landesherren, gesehen werden. Der direkte Vergleich zu den Jagden bei Karl dem Großen, die ja auch mittels Pferden und Hunden durchgeführt wurden, zeigt auf, dass Ziel und Zweck und damit auch die Räume der Parforcejagd der Landesherrn vollkommen von denen Karls zu unterscheiden sind. Bei Karl fanden diese Jagden in den Brühlen oder den Forsten statt, räumlich zumeist von den Untertanen getrennt. Erst die Territorial- und die Landesherren haben die Jagd in die Lebens- und Wirtschaftsräume der Untertanen und des niederen Adels getragen und Jagd als regelrechte Verwüstungspraxis ausgeübt. Die Gründe dafür müssen herrschaftliche gewesen sein; die physischen, psychischen kulturellen und sozialen Verhältnisse ihrer Zeit haben diese Entwicklung erst begünstigt und damit ein weiteres Mal die ausschöpfbaren Potenziale der Jagdhandlungen erweitert. Aber: es sei auch darauf hingewiesen, dass sich die eigentlichen Absichten der Jagdpraktiken, hier der Parforcejagd, im Verlaufe der Zeit tatsächlich veränderten oder ihren originären Inhalt verloren und sich in der Tat zu einem reinen Vergnügen oder Zeitvertreib des Adels wandelten. Als die fortschreitende Staatlichkeit begann sich von ihrem Fürsten zu lösen und die Staaten damit selbst ein eigenständiges Raumkonstrukt wurden, ohne an die Person des Fürsten unmittelbar gebunden zu sein, begannen jagdlich zu erreichende Raumkonstruktionen ihren politischen Wert zu verlieren. Abzulesen ist dieser „Wertverlust" auch daran, dass zumindest in der Endphase des 19. Jahrhunderts die großen Jagden der Fürsten für die Bevölkerung Möglichkeiten zum Aufbessern des Lebensunterhaltes boten. Dort galt der Spruch: „Wo der Hof ist, da ist Verdienst und Auskommen."[1497] Insofern ist der Jagd in diesen Zeiten, zwischen Mediatisierung und Revolution, ein Lustcharakter als primäres Motiv nicht gänzlich von der Hand zu weisen. Es ist jedoch abwegig, der Jagd herrschaftliche Potenziale der Raumbesetzung, Raumkonstitution und der Reproduktion herrschaftlicher Ordnungsvorstellungen bis zum 19. Jahrhundert

[1496] Will Durant, Das Zeitalter der Reformation, S. 401.

[1497] Vgl. dazu auch bei Bernd Ergert, Die Jagd in Bayern von der Vorzeit bis zur Gegenwart, S. 89.

absprechen zu wollen und an ihrer Stelle Vergnügung und Belustigung oder Zeitvertreib als primäres Motiv herauszustellen.

8.5.2.3 Die Jagdzüge „teutscher“ Art, die Eingestellten Jagden

Eine klare Trennung zwischen den Jagdzügen und den eingestellten Jagden zu treffen erscheint etwas schwierig zu sein. Ähnlich wie die Jagdzüge verlangte das eingestellte Jagen einen sehr großen Verwaltungsapparat sowie eine umfassende und zeitaufwändige Organisation, die zwischen dem 16. und 18. Jahrhundert stetig zunahm. Dadurch wurde insbesondere das Eingestellte Jagen ein Prärogativ der großen und reichen Herren, d. h. vor allem der Landesherrschaft, wie dies Freiherr von Wagner bezeichnete[1498]. Eingestellte Jagden konnten sowohl mit kleineren Treiben als auch mittels der großen vorangehenden Hauptjagden (Jagdzügen mit dem Zeug) erreicht werden. In Bezug auf Württemberg ist hier die Sitte der Jagdzüge „teutscher“ Art zu beachten, die einen beachtlichen Stellenwert erreichten und insofern auch öffentlichkeitswirksam die Parforcejagd zu übervorteilen in der Lage waren; nicht zuletzt deshalb, weil eine viel höhere Anzahl verstreut liegender Untertanen aktiv über die Jagdfronen eingebunden werden konnten und die Anzahl des passiven Publikums darüber hinaus ebenfalls deutlich erhöht werden konnte. Im Allgemeinen können unter der „teutschen Jagd“ die im Verlaufe des Absolutismus immer umfangreicher werdenden großen Jagdzüge der Landesherren mit dem „Zeug“ (Tücher, Lappen, Seile, Jagdwagen, etc.) „über Land“ subsumiert werden. Dabei scheint die Benennung der Jagdzüge als „teutsche“ Jagd innerhalb der Literatur einigermaßen strittig zu sein. Freiherr von Wagner schreibt, dass mit der Einführung der „französischen“ oder der Parforcejagd alle anderen zuvor ausgeübten Jagdarten, daneben auch die Beize mit dem Vogel, zur „teutschen“ Jagd wurden[1499]. Ähnlich wie die Parforcejagd, die Jagd mit ganzer Kraft vom Pferde herab, ist auch die Veranstaltung großer Jagdzüge nicht erst eine Erscheinung des Mittelalters oder der Neuzeit und nur bedingt ein französischer Export, sondern ein bereits im altiranischen Kulturkreis vorhandenes Instrument, welches als dem damaligen Fürstenideal dienend betrachtet werden kann[1500]. Nach der Eingliederung des persischen Reiches in den islamischen Macht- und Kulturbereich war jene Art der Jagd offensichtlich für viele Jahrhunderte verloren gegangen. Allerdings wurden Quellen zur Jagd im islamischen Kulturbereich nicht in die vorliegende Arbeit aufgenommen, was die getroffene Aussage möglicherweise wieder relativiert. Einigermaßen sicher ist dagegen, dass jene Art der Jagd weder bei den Griechen noch bei den Ägyptern oder den Römern ausgeübt wurde. Ihre Renaissance feierte sie dagegen mit umso größerem Erfolg in der feudalistischen und stärker noch absolutistischen Epoche zwischen dem 15. und 18. Jahrhundert. Hier ist jene Jagd mit dem Jagdzeug, das heißt mit einer bestimmten Anzahl von

[1498] Vgl. dazu bei Freiherr Rudolf von Wagner, Das Jagdwesen in Württemberg unter den Herzögen, S. 295.

[1499] Ebd., S. 296.

[1500] So beschreibt Werner Rösener, Der König als Jäger – Antike Einflüsse auf die herrschaftliche Jagd im Mittelalter, in: Wolfram Martini (Hrsg.), Die Jagd der Eliten, S. 26f, die Jagd der persischen Großkönige als mit entscheidenden Einfluss auf die höfische Jagdausübung ausgestattet.

Wagen, fronpflichtigen Helfern, Hunden und Pferden allerdings in manchen Abstufungen zu betrachten. Bis zum Ende des 15. Jahrhunderts waren jene organisierten und mit Helfern durchgeführten Jagden nach der Aussage von Freiherr von Wagner „über Lande" relativ unbedeutend bzw. kamen mit wenigen persönlichen Dienstleistungen - den Jagddiensten und Jagdfronen - aus. Dennoch beschreibt auch von Wagner bereits die Stellung von berittenen und zu Fuß gehenden Boten und einzelner Pferde zur Berittenmachung von Jägern, weiterhin Dienste der Untertanen als Fürsteher und zum Schleifen des Wildes „nach den Wagen", das Führen des Jagdzeuges[1501], etc. Eine wesentliche Zunahme erfuhr diese Form der Jagd dann mit der Festigung der Landeshoheit im Verlaufe des 16. Jahrhunderts und der nun endgültigen formalen und juristischen Souveränität über die Untertanen des Territoriums. Oder, um es mit den Worten von Erich Meuthen zu sagen: „Zur Grundstruktur des sich im Spätmittelalter langsam formierenden >>modernen<< Staates gehört dann unverkennbar der von einer dichten administrativen Organisation erfasste, einer politischen Einheit unmittelbar zugeordnete Untertan."[1502] Damit wurden den Landesherren Ressourcen an Mensch und Material geöffnet, die den Grund- und Territorialherren in diesem Umfange nicht zur Verfügung standen. Die Regalität der Jagd löste darüber hinaus den jagdlichen Zugriff auf wesentlich größere Räume aus als dies vorher in der Bannforstepoche bis etwa 1500 der Fall war. Das Jagdrecht war nicht mehr an den Forst gebunden, sondern galt überall im Lande für den Landesherrn, was ihn in die Lage versetzte, herrschaftliche Repräsentation auch auf den Grundflächen des Landadels mittels Jagd zu exerzieren. Mit der „Ressourcenexplosion" ging also auch eine stetige Zunahme des Zugriffs auf zuvor „fremde" Flächen einher, die Organisation und der Umfang der Jagdzüge stieg seit jener Zeit stetig an. Auch hier ist die Verbindung in die Vergangenheit der Geschichte, insbesondere der frühen Antike, von einiger Bedeutung für eine Analyse der mit den Jagdzügen verbundenen herrschaftlichen Intentionen. Das Wiederauftauchen (wenn auch nun im Vergleich zu den persischen Vorbildern funktional verfälscht) jener jagdlichen Phänomene ist keine bloße Zufälligkeit, sondern das Resultat des politischen Systems, der aristokratischen Gesellschaftsordnung einerseits und der bereits absolutistischen Ansprüche der Territorialherren seit dem 16. Jahrhundert andererseits[1503]. Ähnlich wie im Perserreich, wo alles auf den Monarchen zugeschnitten war, kam in den Landesherrschaften des Deutschen Reiches alles auf den Fürsten an. Allerdings bleibt hier die Intention deutlich zu unterscheiden. Während die großen und repräsentativen Jagden der Perser als Ausdruck der fürstlichen Tugend und Stärke dem Fürstenideal dienend waren, wurden sie in den Landesherrschaften im Deutschen Reich für faktische Herrschaftsausübung instrumentalisiert. In einem republikanischen oder parlamentarischen System der Vergangenheit haben jene Jagden dagegen zu keiner Zeit stattgefunden. Während zwar unter den Karolingern ähnliche Jagden ebenfalls gepflegt wurden, war deren Intention eine völlig andere, wie das Kapitel 6 zeigen konnte.

[1501] Vgl. dazu die Ausführungen bei Freiherr Rudolf von Wagner, Das Jagdwesen in Württemberg unter den Herzögen, S. 23-26, weiterhin S. 296.

[1502] Erich Meuthen, Das 15. Jahrhundert, S. 27.

[1503] Das Jagd- und Forstregal bildete bereits einen Ausfluss der absolutistischen Bestrebungen der Landesherrlichkeit. Vgl. dazu bei Karl Hasel, Forstgeschichte, S. 108.

Insofern kann man die These aufstellen, dass sowohl die Parforcejagd als auch die Jagdzüge ein spezifisches Merkmal aristokratischer und vor allem absolutistischer Systeme darstellen und in ihnen entweder als faktische Herrschaftshandlung erkannt oder als herrschaftspolitische Kommunikation, als Bewanderung des Raumes zu Repräsentations-, aber auch zu Zwecken der Herrschaftsausübung vor Ort instrumentalisiert werden konnten. Insofern können die großen Überlandzüge oder Repräsentationsjagden nur vor dem Hintergrund des politischen Systems, seiner Eigenheiten und Funktionsweisen einer näheren Darstellung und Analyse unterzogen werden. Die reine Prunksucht oder die bloße Repräsentation, wie es der Name jener Jagden vermuten lässt, bleibt dagegen innerhalb eines Erklärungsversuches nur Anekdote und damit im Wesentlichen nur unvollständig zu Ende gedacht.

Bevor nun der Blick auf die großen „teutschen Jagden" der frühen Neuzeit gerichtet wird, gilt es der kurzen Abbildung altiranischer Jagden, wie sie auch bei Xenophon beschrieben wurden. Was wurde mit den großen Jagdzügen bei den Persern verfolgt? Die höfischen Jagdzüge der Neuzeit haben ihren Ursprung oder zumindest ihren historischen Paten bereits in der Frühantike der persischen Großkönige. Tausende von Begleitern, so Werner Rösener, gehörten bei einer großen Hofjagd zum königlichen Gefolge[1504]. Dieser Personenkreis setzte sich zusammen aus sowohl adligem Geblüt, einer großen Anzahl an freien Untertanen und natürlich einer großen Menge Sklaven. „Das königliche Jagdgefolge (...) besteht aus 300 Beipferden mit goldenen Zügeln, 1160 königlichen Sklaven zu Fuß und mit Lanzen bewaffnet, weiteren 1040 Stabträgern – deren Stäbe sind an der Spitze mit Brokat umhüllt –, 700 Falken und den dazugehörigen Falknern, 300 Reitern; ferner aus abgerichteten, mit chinesischem Brokat bekleideten Panthern in Eisenketten, 700 Löwen, denen das Maul mit einer goldenen Kette durchbohrt ist, 700 Jagdhunden mit goldenen Halsbändern, 2000 Musikanten mit ihren Instrumenten, weiterhin Kamelen, die mit Thronsesseln und Zelten für die fürstlichen Jagdteilnehmer und ihre Stallungen beladen sind, 200 Sklaven mit Weihrauchpfannen, Aloeholz und Ambra für die Darbringung der Opfer, 200 jungen Leuten, die Rosen, Narzissen, Safran und Aromata trugen, 100 Wasserträgern mit Moschus, die kühlendes Nass auf den Weg zu sprengen hatten, falls der Wind plötzlich Staub aufwirbeln sollte, dem Korps der Edelknaben (Kadetten) in gelber, roter und violetter Tracht, an das sich der Träger des Kawaijanipaniers anschloss. Zuletzt erschien des Königs Majestät selbst, mit Krone und Ohrgehänge, einem golddurchwirkten, mit Edelsteinen besetzten Gürtel, Armreifen und Halskette."[1505] Aus dieser Aufzählung wird deutlich, dass es sich nahezu um die gesamte Hofgesellschaft handeln musste, die den König bei derartigen, wahrlich raumgreifenden Jagdpartien begleitete. Wolfgang Knauth bestätigt diese Annahme dadurch, dass er zur Begleitung noch den Reichsmarschall, den Staatskanzler, den Oberpriester, den Prinzenerzieher und den

[1504] Vgl. dazu bei Werner Rösener, Der König als Jäger – Antike Einflüsse auf die herrschaftliche Jagd im Mittelalter, in: Wolfram Martini (Hrsg.), Die Jagd der Eliten, S. 27.

[1505] Zitiert nach Wolfgang Knauth, Das altiranische Fürstenideal von Xenophon bis Ferdousi, S. 115. Knauth selbst zitiert jene Stelle aus Ferdowsis Schahnameh – A Revision of Vuller´s Edition by Said Naficy – 10 Bände – Teheran Beroukhim 1934 (1313 H.) – 1936 (1315 H.), SN II (12b) S. 415ff. S. 419 v. 590.

Chef der Leibwache hinzuzählt[1506]. Der Jagdzug konnte so die Regierungstätigkeit des Herrschers nicht beeinträchtigen bzw. unterbrechen, da er alle notwendigen Schlüsselpositionen seines Reiches um sich versammelt hatte. Darüber hinaus muss man wohl eher davon ausgehen können, dass die Regierungsfähigkeit nicht nur nicht unterbrochen, sondern der Jagdzug selbst bereits als ein wesentlicher Bestandteil des Herrschaftsvollzuges - sowohl Repräsentation als auch faktische Herrschaftshandlung - verstanden werden muss[1507]. Auch hier besteht eine nicht zu leugnende Verbindung zur bereits aufgezeigten Praxis Kaiser Maximilians I., dessen Berater ihm nahe legten, praktische Politik mit der Jagd zu verbinden um vor Ort und unmittelbar Recht sprechen sowie Anordnungen jedweder Art treffen und über Ge- oder Verbote verfügen zu können. Auch Kaiser Maximilian I. hatte 2000 Jahre nach den persischen Großkönigen offensichtlich den dazu notwendigen Regierungsapparat auf der Jagd um sich herum versammelt. So heißt es im „Haimlich Gejaidt Puech" Kaiser Maximilians I.: „Dazu sollst du deinen Sekretär und etliche Räte mitnehmen, damit du im stande bist, den gemeinen Mann, wenn er sich dir nähert, abzufertigen, was du dann schöner beim Waidwerk als in Häusern tun kannst."[1508] Ob das Waidwerk Kaiser Maximilians I. hier jedoch in den kaiserlichen Forsten, einem Tierpark oder gar in den gemeindlichen, städtischen oder anderen Forsten stattfand, ist leider nicht bekannt. Bereits bei den rund 100 bis 200 Jahre nach Kaiser Maximilian I. stattfindenden höfischen Jagen nach „teutscher" Art[1509] ist jene Verbindung zwischen praktischer Politik und Rechtsprechung im Zuge der Jagdzüge nicht mehr im Vordergrund stehend. Die herrschaftlichen Beziehungen der Grund- und Landesherrn mit den Untertanen waren weitgehend auf die Fronleistungen reduziert, auf Auspressen und Gefügigmachen respektive absolute Kontrolle über das Mittel der juristischen, ökonomischen und sozialen Exklusionen und Inklusionen, wie in Kapitel 7 beschrieben. Die Tatsache jedoch, dass die Hochzeit der Jagdzüge deckungsgleich mit der Herausbildung und Durchsetzung der Regalität der Jagd, der Forsthoheit und ihrer Wirkungen auch auf den grundherrlichen, gemeindlichen und städtischen Wald waren, lässt vermuten, dass die jagdlichen Raumbewanderungen vielmehr den Anspruch des Landesherrn gegenüber den Grundherren, dem Landadel, den Städten und Gemeinden reproduzieren

---

1506 Vgl. dazu bei Wolfgang Knauth, Das altiranische Fürstenideal von Xenophon bis Ferdousi, S. 115.

1507 Dennoch wird hier mehr das Fürstenideal, die Tugend des Herrschers und seine Repräsentation im Vordergrund gestanden haben als bereits faktische Herrschaftsausübung. Die Anzahl der Sklaven bekräftigt diese Vermutung, zumal von anderem Publikum (mittelbar und unmittelbar) keine Rede ist. Vgl. dazu bei Wolfgang Knauth, Das altiranische Fürstenideal von Xenophon bis Ferdousi, S. 115f. Darüber hinaus scheinen jene Jagden zumeist in den herrschaftlichen Tierparks ausgeübt worden zu sein. Damit steht diese frühe Jagdform im Zeichen der fürstlichen Tugenddarstellung und nicht im Zeichen der Herrschaftsausübung gegenüber den Untertanen.

1508 Vgl. dazu die Ausführungen in Kapitel 3. Die Textstelle findet sich bei M. Marx-Kruse und E. von Campe, Chronik der deutschen Jagd, S. 116.

1509 Die Jagen nach „teutscher Art" münden letztendlich in Eingestellte Jagden, da jene über mehrere Tage, ja sogar Wochen dauerten und der Ring der Treiber sich stetig verkleinerte, so dass das eingestellte Wild am Ende des Treibens von genau festgelegten Ständen durch die Herrschaft erlegt werden konnte.

sollten. Jagdliche Handlungen konnten nun von Rechts wegen in einem größeren Rahmen stattfinden als jemals zuvor, wodurch sie auch ein größeres mittelbares und unmittelbares Publikum erreichten, und sie waren nun auch geeignet, den um Macht- und Einfluss ringenden Landadel, die Grundherren, in ihre Schranken zu weisen, die Organisations- und Zugriffsgewalt auf den gesamten Raum zu visualisieren. Herrschaft konnte auf diesem Wege über die Jagdhandlungen selbst, ihre Vorbereitung und Durchführung, die Reproduktion der Organisationsmacht des Landesherrn erreicht werden. Allerdings sei darauf hingewiesen, dass im Gegensatz zur Parforcejagd bei den großen Jagdzügen oder den Eingestellten Jagden Untertanen wie Adel in den Sog der hierarchischen Strukturdemonstrationen, der landesherrlichen Ordnung in der Welt, hineingezogen wurden. Die Jagdzüge waren in diesem Sinne sicher die umfassendsten jagdlichen Mittel, mit deren Hilfe der Raum besetzt, über die willkürliche Positionierung von Menschen und Tieren strukturiert und die Macht über die geschickte Teilhaftigwerdung öffentlich demonstrierter sozialer Nähe zum Landesherrn gefestigt werden konnte. So beschreibt z. B. Bernd Ergert, wie der bayerische Kurfürst Max II. Emanuel mit seinem engsten Gefolge auf dem Starnberger See den Bucentauro, ein vom italienischen Architekten Santurini entworfenes Prunkschiff, bestieg und das restliche Gefolge nach Rang und Titel auf die anderen Begleitschiffe verteilt wurden[1510]. Titel und Rang, die Nähe zum Herrscher, die Positionierung des Adels als auch der Jägerei, der Untertanen und des Wildes waren auch in Folge der Jagdausübung unabdingbar einzuhaltende Rahmenbedingungen, von einem Entkommen aus dem höfischen Zeremoniell konnte in der Tat keine Rede sein. Wie muss die „teutsche" Jagd als eine absolutistische Spielregel oder ein Instrument landesherrlicher Kommunikation mit den Mediatgewalten einerseits und den Untertanen andererseits verstanden werden? Die Vorbereitungen einer Hauptjagd nach „teutscher" Art begannen in der Regel mit einem herrschaftlichen Erlass oder Befehl und führten in dessen Folge zu einer wochen-, ja monatelangen Aufregung und Unruhe in dem davon betroffenen Landesteil. Die organisatorischen Aufwendungen beschreiben Herbert Wotte, unter Bezug auf archivarische Quellen des Staatsarchiv Dresdens, und Bernd Ergert folgendermaßen: Den Schößern und Amtmännern obliegt es dann, den Gemeindevorstehern ihres Amtsbereiches die Anweisung zu überbringen, die Fronpflichtigen zum Jagddienst aufzubieten. Diese haben die Aufgabe, sich mit Geräten und Verpflegung - die Spanndienstpflichtigen auch mit Pferden und Fuhrwerk - versehen nach den Sammelplätzen in Marsch zu setzen. Der Jägermeister, der die Jagd leitet, zieht zeitgleich sämtliche Förster, Jäger und Jägerburschen aus den verschiedenen Forstämtern zusammen, um ihnen seine Befehle zu erteilen. Er selbst quartiert sich mit seinem Stab in einem Gutshof ein. Das sonstige Jagdpersonal und die Masse der Fronpflichtigen werden fürs erste in den Dörfern am Wald untergebracht. Die Jägerei muss die Fröner anweisen und beaufsichtigen. Morgens und abends ist Appell, da werden die Fronpflichtigen versammelt und gemeindeweise namentlich aufgerufen. Nur Krankheit und hohes Alter, vom Gemeindevorsteher bescheinigt, gelten als Entschuldigungsgrund. Wer zu spät kommt oder gar unentschuldigt fehlt, zahlt eine Strafe. Die Jägerei, so Herbert

[1510] Vgl. dazu bei Bernd Ergert, Die Jagd in Bayern von der Vorzeit bis zur Gegenwart, S. 90 und S. 94.

Wotte weiter, geht dabei mit den Bauern, die ihren Hof nur widerwillig verlassen haben, nicht eben sanft um. Brüllen und Fluchen erschallt unter der alten Dorflinde, und wenn sich ein Bauer gar zu störrisch oder langsam anstellt, setzt es gar Püffe und Schläge[1511]. Die Größe einer solchen Jagd konnte durchaus so gewaltig sein, dass die Treiber tagelang unterwegs waren. Bernd Ergert rekurriert auf Döbels Jägerpraktika und attestiert solchen gewaltig anmutenden Jagdzügen bis zu ihrem eigentlichen Abschluss (das allmählich immer weiter zusammengedrängte Wild auf engstem Raum im sog. Lauf), eine Dauer von bis zu fünf Wochen[1512]. Für die Dauer der Treiben durften die betreffenden Wälder von den Untertanen nicht betreten werden. Die Treiberwehr umfasste den Jagdraum mit einem großen Kreis und begann diesen nach dem gewünschten Punkt hin zu verringern. Um dies zu gewährleisten fuhren „viele Anspänner (...) nach dem Jägerhof oder zu den verschiedenen Zeughäusern, um dort das Jagdgerät - Lappen, Netze, Tücher, Garne, Leinen, Stellstangen, Haspeln - in Empfang zu nehmen.“[1513] Sobald dann das Jagdgerät beschafft wurde (das so genannte „Zeug“), begann unter der Leitung des Jägermeisters das Einlappen des Geländes und das so genannte Beitreiben. In einem riesigen Kreis rückten die Treiberketten vor – langsam, um das Wild nicht zu erschrecken und es in diejenige Richtung zu treiben, in der alles Wild eingestellt und von den Herren letztlich geschossen werden sollte. Während des Beitreibens wurden Hornsignale geblasen, die von den in die Treiberkette hinein verteilten Jägern gerade noch gehört werden mussten, um den Anschluss nicht zu verlieren. Wo ein Trieb abends aufhörte, so Bernd Ergert, wurde zur Verhütung des Rückwechselns eine Linie von Federlappen aufgebaut[1514]. Von diesem Punkt ging es sodann am nächsten Tag weiter. Nachts mussten Hunderte zum Frondienst herangezogene Untertanen lodernde Feuer entlang der gesamten Treiberkette unterhalten und die so genannte Lappstatt bewachen, während der andere Teil im Laub des Waldbodens nächtigte. „Ein Hofjäger und ein Oberförster reiten die Stellungen auf und ab, um nach dem Rechten zu sehen[1515]. Herzog Rudolf von Braunschweig ließ im Zuge dieser groß angelegten Jagdzüge keinen Jäger, ganz gleich ob Jägermeister oder Bursche, des Nachts fort, alle mussten Nacht für Nacht am Zeug bleiben, solange das Jagen dauerte, und kamen wochenlang nicht aus den Kleidern“[1516]. Dass es auch im Zuge der Beitreiben durch die Untertanen hin und wieder zu Schlechtleistungen kam, hat Herbert Wotte beschrieben. Fasste der Jägermeister die Bauern zuweilen zu hart an, so konnte es geschehen, dass diese absichtlich Wild entkommen ließen um „dem Verhassten eins auszuwischen“. Darum, so Wotte weiter, „hatten im Kurfürstentum Köln Treiber, die Wild entkommen ließen, nicht

[1511] Vgl. dazu die Ausführungen bei Herbert Wotte, Jagd im Zwielicht, S.8ff. Sofern sich der Autor hier auf archivarische Daten stützt, stammen diese aus dem Staatsarchiv Dresden, Loc. 8683 (15 Fasz.) III, 38 fol. 25^b Nr.6^b. Ansonsten bezieht er sich auf Freiherr von Flemming, Der vollkommene teutsche Jäger, von 1719; weiterhin auf Ulrich Wendt, Kultur und Jagd, Berlin 1908, etc.

[1512] Bernd Ergert, Die Jagd in Bayern von der Vorzeit bis zur Gegenwart, S. 84.

[1513] Herbert Wotte, Jagd im Zwielicht, S. 10f.

[1514] Bernd Ergert, Die Jagd in Bayern von der Vorzeit bis zur Gegenwart, S. 84.

[1515] Herbert Wotte, Jagd im Zwielicht, S. 11.

[1516] Ebd., S. 12.

nur zehn Gulden Strafe zu zahlen, sondern obendrein den, der sie angezeigt hatte, mit zehn Gulden dafür zu belohnen"[1517]. Dass die großen Jagden auch ganz alltägliche Vorgänge der nicht von der Jagd unmittelbar betroffenen Untertanen, Handeltreibenden oder Städter und Bauern beeinflussen konnten, ist durch folgende Maßregelung belegbar. Dort, wo die Versuche der Einkesselung des Wildes wichtige Straßen oder Marktwege schnitten, mussten Wachen aufgestellt werden, die die Abschnitte für allerlei Personen und Fuhrwerke passierbar machen mussten, wenn eine Durchfahrt notwendig war. Gerade an den Markttagen hatten die Wachen deshalb verstärkt zu tun, da ein reger Verkehr zustande kam[1518]. Diese ungeheure Organisation der Jagdzüge und der daran anschließenden eigentlichen Jagd, die der Landesherr mit seinem engsten Gefolge von einem Schirm aus auf das aus dem Lauf[1519] kommende Wild abhalten konnte, zeigt die materiellen Potenziale eines Landesherrn auf, mit deren Hilfe er weiterführendere Positionierungsmöglichkeiten von Mensch und Tier hatte als dies einem jagenden Grundherrn jemals möglich gewesen wäre. Auch über die materielle Ausgestaltung ergeben sich Verschiebungen und damit Differenzen in der Stärke und Kontinuität von Raumkonstruktionen mit einem deutlichen Gefälle zwischen Landesherrn und Grundherren, wie das auch erwähnte Prunkschiff des Kurfürsten Max II. Emanuel bei der berühmt gewordenen Jagd von 1722 am Starnberger See zeigen konnte. Die ungeheure Organisation, die äußerst aufwändige Bewegung im Raum mit Hunderten von Abhängigen, mit ebenso vielen Hunden und noch einmal so vielen Pferden, mit Wagen voller Jagdzeug, welches durch Jagdschneider und Jagdseiler ständig überarbeitet und ausgebessert werden musste, die prunkvolle Ausgestaltung nicht nur der Jagd, sondern auch des weitläufigen Ambientes, zeigt, dass nicht die Jagd im Vordergrund der Anstrengungen stand, sondern die Bewanderung des Raumes, die räumliche Beziehung zu den Untertanen, den Gemeinden und Städten, dem Landadel und möglicherweise auch dem landesherrlichen Nachbarn gegenüber, wenngleich hier auch die Gnadenjagden oder die Wildfolge noch interessanter gewesen sein mögen (siehe noch weiter unten). Die Vermutung, dass die Landesherren mit dieser Form der Jagdhandlung lediglich ihre persönliche Tüchtigkeit und ihr ritterliches Können unter Beweis zu stellen suchten[1520], wird wesentlich zu kurz gedacht sein. Aber auch für die Jagdzüge oder die Eingestellten Jagden gilt dasselbe wie für die oben beschriebene Parforcejagd. Auch sie wurden im Verlaufe des Absolutismus, spätestens nach den Mediatisierungen und bis hin zur Revolution von 1848/49 ihres herrschaftspolitischen Charakters nach und nach beraubt. Nach dem

1517 Ebd., S. 11.

1518 Vgl. dazu ebd., S. 12. Wotte weist unter Rekurs auf Freiherrn von Flemming darauf hin, dass an diesen Knotenpunkten häufig Bereicherungsversuche durch die Wache, üble Beschimpfungen der Durchreisenden oder Belehrungen stattfanden.

1519 Das über einige Tage hinweg langsam eingekesselte Wild wurde letztlich in eine Art Arena getrieben, von der aus es über einen Zwangswechsel in eine so genannte Kammer und von dort in den Lauf getrieben wurde, in dem der eigentliche Jagdvollzug stattfand. Zumeist wurde im Lauf ein Schirm errichtet, ein kleines Haus aus Holz, von dem aus ohne Gefahr das Wild erlegt werden konnte. Vgl. dazu bei Bernd Ergert, Die Jagd in Bayern von der Vorzeit bis zur Gegenwart, S. 89.

1520 So die Vermutung von Bernd Ergert, Die Jagd in Bayern von der Vorzeit bis zur Gegenwart, S. 84.

Sieg über Napoleon stand Europa am Beginn einer neuen Epoche. Das dynastische Prinzip (die absolute Herrschaft der Fürsten) wurde nicht nur in Deutschland grundlegend in Frage gestellt. Während sich in Mittel- und Süddeutschland wie in Nassau und Sachsen-Weimar, in Bayern, Baden und Württemberg zwischen 1814 und 1818/19 die konstitutionelle Monarchie entwickelte, wurde dort die Abkehr vom Absolutismus als erstes vollzogen. Verfassungsgebung, Volksvertretung in den Parlamenten, Gewaltenteilung und Liberalisierungen ließen jagdlich zu erreichende Raumkonstruktionen mit einem Schlag obsolet werden. So ist es nicht als Zufall zu werten, dass 1812 die letzte große Prunkjagd in Württemberg stattfand und hier bereits das Primärmotiv der Repräsentation, der Visualisierung von Ordnungsvorstellungen und der gottgewollten Hierarchie, dem Vergnügen des Landesherrn und der Hofgesellschaft weichen musste[1521].

8.5.2.4 Die Freie Pürsch und die Gnadenjagden

8.5.2.4.1 Allgemeines und Besonderes

Die „Freie Pürsch" ist von der Gnadenjagd in der Art und Weise ihres Zustandekommens und damit auch in ihren Wirkungen deutlich zu unterscheiden. Während die Gnadenjagd in den meisten Fällen ein frei verfügbares herrschaftliches Instrument darstellte, um manchem Adligen, höheren Beamten, einigen Klostervorständen, fürstlichen Personen, In- und Ausländern[1522] und anderen ausgewählten Untertanen gewisse Begünstigungen zuteil werden zu lassen bzw. die Möglichkeit bestand, sich durch deren jagdliche Einbindung einen politischen Loyalitätsvorteil zu erkaufen, war die Freie Pürsch viel mehr ein hoch sensibles Thema, welches als Spiegel politischer Ränke, nachbarschaftlicher Eifersüchteleien und damit insbesondere von Grenzstreitigkeiten betrachtet werden kann. Die Freie Pürsch war aus verschiedenen Gründen, die noch zu benennen sind, nicht selten ein Stachel im Fleisch der Landesherrn[1523], während andererseits die Gnadenjagden ein hervorragend geeignetes politisches Instrument in der Hand des Landesherrn sein konnten, mit deren Hilfe er über die zweck- und zielgerichteten Positionierungen von Menschen in einem bestimmten Raum Macht und Herrschaft reproduzieren konnte, ohne dort selbst in eigener Person jagdlich in Erscheinung treten zu müssen. So führten die Auseinandersetzungen um die Freie Pürsch nicht selten dazu, die althergebrachten Grenzbeschreibungen zu revidieren, zumindest jedoch neu zu defi-

---

[1521] Vgl. dazu auch die Ausführungen von Werner Rösener, Die Geschichte der Jagd, S. 279-280.

[1522] Zum berechtigten Personenkreis siehe bei Freiherr Rudolf von Wagner, Das Jagdwesen in Württemberg unter den Herzögen, S. 8.

[1523] Als Beispiel dazu kann die Freie Pirsch am oberen Neckar gelten. Jene Freie Pirsch galt im kaiserlichen Forst, der sich hier über Gebiete erstreckte, die teils württembergisch, teils österreichisch, teils zu Zollern oder Hohenberg gehörten und daneben auch adelige und geistliche Gebiete umfasste. Dadurch wird die damalige Organisation der Freipirschgebiete für uns heute kaum mehr nachvollziehbar, was die Schaffung eines klaren Bildes verunmöglicht. Tatsache ist, dass im Jahre 1736 die württembergischen Territorien dieser Freien Pirsch auf ihren Gebieten ein Ende bereiteten und sie als Gnadenjagd an die gewollten Personenkreise wieder zurückgaben. Siehe dazu bei Freiherr Rudolf von Wagner, Das Jagdwesen in Württemberg unter den Herzögen, S. 69-70.

nieren, wie dies Freiherr Rudolf von Wagner fast beiläufig erwähnt[1524]. Da die Jagdhandlungen einer Visualisierung von Grenzen (sozialen wie räumlich-materiellen) offenbar immensen Vorschub leisteten, waren die betroffenen Herren niederen und hohen Adels daran interessiert, jene Grenzverläufe durch Rechtsakte zu schützen, zumal in einer Zeit, in der Rechte aufgrund fehlender strikter Ordnungen durch Gewohnheitshandlungen noch gewonnen und auch verloren werden konnten, wie dies auch die studentische Jagd der Tübinger Studenten am Rottenberg zeigt[1525]. Die stillschweigende Duldung Freier Pürsch konnte so nicht selten die beharrliche Gegenpartei in ihren Rechten übervorteilen, während sie die eigene Seite benachteiligte. Das ist auch einer der Gründe dafür, weshalb die Streitigkeiten um die Freie Pürsch nicht selten Jahrhunderte andauerten, ohne zu wirklichen Ergebnissen zu führen. Das Resultat war, dass jede Partei versuchte, wenigstens den Status quo zu retten, was in nicht wenigen Fällen zu einer - wenn auch ungewollten - Art politischen Gleichgewichts unter den Kontravenienten führte. Dennoch versuchten die großen Landesherrn, allen voran die württembergischen Herzöge, freie Pirschbezirke so weit wie möglich zurückzudrängen, das heißt entweder in Forste mit singulärem Jagdrecht umzuwandeln oder als Gnadenjagden wieder an die vormals Freipirschberechtigten zurückzugeben, um sich so eine politische Loyalität zu sichern, die ohne das Instrument der Gnadenjagd auf anderem Wege hätte umständlich erarbeitet werden müssen. Inwiefern dies zuweilen zu beurteilen sein wird, werde ich nach der näheren Darstellung der Freien Pürsch aufzuzeigen versuchen. Doch zunächst zu den sehr interessanten Wechselverhältnissen zwischen der Freien Pürsch und dem Landesherrn, das heißt ihren Ausstrahlungswirkungen in den landesherrlichen Bereich und das daraus resultierende Konfliktpotenzial.

8.5.2.4.2 Zur Freien Pürsch

Eine umfassende Darstellung der Freien Pürsch ist von Freiherr Rudolf von Wagner überliefert, der jene gerade für die Herzogsperiode Württembergs exemplarisch

---

[1524] Freiherr Rudolf von Wagner, Das Jagdwesen in Württemberg unter den Herzögen, S. 75f. Er beschreibt dies hier am Beispiel des Rottenbergs. Seit 1490 wurde diesem Gebiet bescheinigt, dass es des Kaisers sei und damit Freie Pürsch gelte. Wer hier berechtigt war, die Freie Pirsch auszuüben, darüber wird in besagtem Vertrag nichts bestimmt. Faktisch jagten der Adel, die württembergischen und hohenbergischen Beamten von Tübingen und Rottenburg sowie die dazu berechtigten Untertanen. Zusätzlich traten noch die Studenten von Tübingen dazu. Allerdings, so Freiherr von Wagner weiter, besagte dieser Vertrag von 1490 nichts über die Grenzen der Freien Pirsch. So entzündete sich der Streit zunächst nicht an der Zusammensetzung der Berechtigten, sondern an den Grenzbestimmungen, zumal sich herzogliche Jagdgebiete daran anschlossen. So wurde offensichtlich eine neue Grenze festgelegt, die die Freie Pirsch von den herzoglichen Gebieten deutlich trennen sollte.

[1525] Vgl. dazu die Ausführungen bei Freiherr Rudolf von Wagner, Das Jagdwesen in Württemberg unter den Herzögen, S. 75f. Die Bedeutung von Gewohnheitsrecht oder Gewohnheitshandlungen ist auch aus einer Erzählung Christian Ludwig Stieglitz, Geschichtliche Darstellung der Eigentumsverhältnisse an Wald und Jagd in Deutschland - Von den ältesten Zeiten bis zur Ausbildung der Landeshoheit, S. 195, ersichtlich. Der Graf von Oettingen erhielt von seinem Landgericht ein Rechtsgutachten, aus dem hervorging, wie er jedermann in seiner Grafschaft die Jagd verbieten könne: Er brauche nur auf drei aufeinander folgenden Landtagen wiederholt das Verbot auszusprechen und gleichzeitig die Übertretung des Verbotes mit dem Verlust des Daumens anzumahnen. Damit war dann wohl der „Gewohnheit" genüge getan.

herausgearbeitet hat. Seine Ausführungen belaufen sich in etwa auf einen Zeitraum vom beginnenden 15. Jahrhundert bis zum Ende der Herzogszeit[1526] in Württemberg. Damit behandelt Freiherr von Wagner nicht nur die Herzogszeit in ihren Auswirkungen auf die Freie Pürsch, sondern daneben auch noch am Rande das Ende der Grafenzeit. Die Freie Pürsch, so der Eindruck aus der Literatur, war wohl von Anfang an nicht als die Erhaltung freien Jagdrechtes gedacht und vermutlich auch nie so gewollt. Es war ja geradezu das hier mehrfach aufgezeigte und herausgestellte politisch-logische Bestreben der Landesherren, die Jagdrechte der Untertanen und auch des niederen Adels so weit als nur möglich beschneiden zu können. Heute ist man sich weitgehend darüber einig, dass die Herkunft der Freipirschgebiete auf die Schwäche früherer Forstinhaber im Verlaufe des späten Mittelalters zurückzuführen sei. Insofern wären die Freipirschgebiete nach einem Wort von Karl-Heinz Spiess reine „Zerfallsprodukte"[1527] jener alten Forste, in denen sich die Einwohner über repetitive Jagdhandlungen allmählich ein Gewohnheitsrecht gegenüber dem Grundherrn geschaffen haben. Auch hier bleibt darauf hinzuweisen, dass jenes Gewohnheitsrecht als institutionalisierte Stütze der durch die Einwohner hinzugewonnenen Möglichkeit einer Gegenkonzeption zum herrschaftlichen Raum betrachtet werden muss. In diesem gegenkulturellen Raum waren keinerlei Jagdfrondienste zu leisten und das Ausmaß der Wildschäden lag weitgehend in der Hand der Bauern. Jagten sie viel, gab es weniger Schaden, jagten sie kaum, gab es entsprechend mehr Schaden[1528]. Die bestehenden Freipirschgebiete, deren gegenkultureller Räumlichkeit der Landesherr lange Zeit nicht sehr viel entgegensetzen konnte, führten in der Historie der Landesherrschaften zu einem Abbild der verschiedensten Streitigkeiten um Einflussnahme und Kontrolle, um Zugangskriterien und nicht zuletzt um räumliche Zugriffe und Zugeständnisse, wie dies Freiherr Rudolf von Wagner sehr eindrücklich und ausführlich in seinem Werk über das Jagdwesen in Württemberg unter den Herzögen verdeutlicht hat. Auch Ulrich Bergemann ist in diesem Zusammenhang zu nennen, der insbesondere die Streitigkeiten zwischen den „Pürschverwandten des Neckar-Schwarzwaldviertels" gegen Österreich und Württemberg anschaulich thematisiert hat[1529]. So „frei", wie es dem Namen nach zu vermuten wäre, war die Freie Pürsch auch dort, wo sie bestand, tatsächlich nicht. Sie war vielmehr ein hochbrisantes Politikum und wurde auch wie ein solches von verschiedenen Seiten eifersüchtig behandelt. Dass hier nicht die Jagdgelegenheit als solche im Mittelpunkt der Ränke

---

1526 Die Herzogszeit in Württemberg umfasst den Zeitrahmen von 1495 bis zur Bildung der beiden Mittelstaaten Baden und Württemberg nach dem Willen Napoleons 1803. Vgl. dazu die Ausführungen in: Die Forstwirtschaft in Baden-Württemberg, Schriftenreihe der Landesforstverwaltung Baden-Württemberg, 3. Auflage, S. 77.

1527 Vgl. dazu bei Karl-Heinz Spiess, Herrschaftliche Jagd und bäuerliche Bevölkerung im Mittelalter, in: Rösener, Werner (Hrsg.), Jagd und höfische Kultur im Mittelalter, S. 250.

1528 Prinzipiell entsprach diese Situation derjenigen der heute existierenden bäuerlichen Regiejagden wie z. B. in Isny-Neutrauchburg und in Beuren. Jagen die Jagdgenossen dort beherzt, sinkt der Verbissdruck, jagen sie weniger effizient, steigt er. Jagdpächter, die Verbissschäden mit höheren Wildschadenszahlungen ausgleichen könnten, existieren dort nicht, was der Verjüngung des Waldes und damit dem Wirtschaftsbetrieb der Waldbauern zugute kommt.

1529 Vgl. dazu bei Ulrich Bergemann, Die Geschichte der landesherrlichen Jagdhoheit in der Grafschaft Zollern, S. 99ff.

stand, dürfte zwischenzeitlich von verschiedenen Seiten her deutlich geworden sein. Mit der jagdlichen Zerstreuung, der Befriedigung fürstlicher Jagdlust, hat dies nur sehr wenig gemein. Vielmehr müssen hier die Ausstrahlungswirkungen der Jagdhandlung, das heißt die mit ihrer Hilfe visualisierbaren epochenspezifischen und teilweise durchaus raumpolitischen, weil Fakten schaffenden (z. B. Raum schaffende Gewohnheitsrechte, Traditionsbildungen einerseits oder gar die Brechung von Traditionen andererseits) Wirkungen berücksichtigt werden. Aus all der mir bekannten Literatur wird zwar deutlich, dass das Innehaben des Jagdrechtes, sei es singulär im Forst oder pluralisch in den Freipirschgebieten, den begünstigten Parteien jeweils einen Vorteil zu verschaffen in der Lage war. Wer das Jagdrecht auf einem bestimmten Gebiet, zumal mit kaiserlicher Bestätigung, ausüben durfte, hatte in jedem Falle einen besseren sozialen und materiellen Stand gegenüber demjenigen, dem es verwehrt wurde. Weshalb dies so war, wurde bisher leider kaum in einem realistischen und wenn man so will „realpolitischen" Kontext hinterfragt. Es genügte jeweils die Feststellung, dass im Verlaufe der, teilweise Generationen überdauernden, Streitigkeiten dieser oder jener Seite das Jagdrecht zugesprochen wurde. Welche herrschaftspolitische Auswirkung das Jagdrecht dagegen im Einzelnen tatsächlich und historisch verbürgt haben konnte, fällt argumentativ nicht ins Gewicht. Dieser Lapsus soll nun hier an den differierenden Beispielen der Freien Pürsch einerseits und der Gnadenjagd andererseits erläutert werden. Auch hier, wie bereits bei den Verweigerungen der Bauern gegen die Fronleistungen aufgezeigt, steht der Versuch der Gegenkonzeption von Räumen im Mittelpunkt der Betrachtung. Die Freipirschgebiete gaben den Untertanen und natürlich dem Landadel ein gewichtiges Instrument in die Hand, dem landesherrlichen Raum Einfluss und Kontrolle abzutrotzen und an seine Stelle eigene, gegenkulturelle Räume zu setzen.

Doch zunächst zur Geschichte oder Entstehung der Freipirschgebiete, womit ich zugleich schon an die Grenzen des hier Gewollten stoße. Die Entstehung der Freipirschgebiete kann hier keineswegs umfassend und historisch zufrieden stellend abgehandelt werden. Regelrecht zu verwickelt, zu „juristisch" (wenn man diesen Begriff für die württembergische Grafen- und frühe Herzogszeit überhaupt verwenden darf) und regionalspezifisch sind die Entwicklungen, die sich über die Freipirschgebiete teilweise im Verlaufe der Jahrhunderte hinweg geschoben haben. Das beinahe undurchdringliche Netz der historisch gewachsenen und verschiedenen Gerechtigkeiten, einerseits vom Kaiser und andererseits von den Landesherrn, den Lehnsnehmern und Klöstern, welche sich im Verlaufe der Zeit herausgebildet haben[1530], haben einen wesentlichen Einfluss auf die Geltung, die Tiefe, die Konflikte und Konfliktregelungsmechanismen im Rahmen der Freipirschgebiete und den an sie jeweils angrenzenden Grund- und Landesherrn genommen. Hier ist allein

[1530] Hier sei hier an die Forstgerechtigkeit erinnert, die den Freipirschrechten zumeist zuvorkam und selbst sehr alte bäuerliche, gemeindliche oder genossenschaftliche Rechte dann überlagerte. Vgl. dazu Christian Ludwig Stieglitz, Geschichtliche Darstellung der Eigentumsverhältnisse an Wald und Jagd in Deutschland von den ältesten Zeiten bis zur Ausbildung der Landeshoheit, S. 139f. Er beschreibt die Freie Pürsch als „das allen in einem gewissen District Angesessenen zustehende Recht (...) an den Orten, wo keine Forstgerechtigkeit besteht, zu jagen".

durch regionalspezifische Untersuchungen der Volksrechte, der alten Weistümer, von Forstgerechtigkeiten und Nutzungsrechten verschiedener Art ein Überblick zu gewinnen. Für Württemberg hat dies Freiherr von Wagner schon sehr umfassend getan; daneben auch der bereits schon genannte Walter Kübler sowie Annegret Reinwald mit ihrer Untersuchung zur Jagd im Badischen Odenwald[1531]. Aus diesen hier kurz exemplifizierten Gründen möchte ich für den weiter interessierten Leser auf die genannten Autoren hinsichtlich detailspezifischer Erkenntnisse zur Problematik der Freipirschgebiete verweisen. Ohnehin kann im Rahmen der vorliegenden Arbeit die Aufarbeitung der Geschichte der Freien Pürsch nicht erfüllt werden. Es genügt, die hier immer im Vordergrund stehenden räumlichen Überlegungen auf einige signifikante Begebenheiten im Rahmen der Freien Pürsch aufzuzeigen. Die Freie Pürsch, das zeigen die historischen Aufzeichnungen, musste zumeist von trotzigen Gemeinden oder Markgenossenschaften regelrecht erstritten werden, während deren Erhaltung dann freilich nicht weniger kämpferisch und kontinuierlich vonstatten gehen musste[1532]. Aus diesem Grunde ist die Freie Pürsch durchaus als ein Vorrecht von streitbaren „Pürschverwandten"[1533], die in regelmäßigen Abständen zur Erhaltung jener Rechte zuweilen große räumliche Anstrengungen und Bewegungen mit Mann und Ross vornehmen mussten, zu bezeichnen. Nur durch die Kontinuität repetitiver jagdlicher Raum(be)handlungen war es den Pürschverwandten möglich, der Bildung von Forsten oder sonst wie singulären Jagdrechten durch eifersüchtige Landesherren einigermaßen vorzubeugen[1534]. Als Beispiel kann

1531 Annegret Reinwald, Die Jagd im Badischen Odenwald, Dissertation an der Universität Heidelberg, 1967, an verschiedenen Stellen.

1532 Vgl. dazu die Ausführungen von Walter Kübler, Reichsjagdgesetz und Württembergisches Jagdrecht. Ein Vergleich, S. 11f. Wie dies zuweilen zu beurteilen sein wird, habe ich weiter oben unter Bezug auf Karl-Heinz Spiess dargelegt. Die heutige Forschung geht vielmehr von Verfallsprodukten aus älteren Forsten aus als von der Herausbildung aus Markgenossenschaften. Ein Beweis für das Bestehen altgermanischer Markgenossenschaften über das Institut der Freien Pirsch ist deshalb sehr fraglich.

1533 Die Pürschverwandten oder auch das Pürschcollegio (so bei Christian Ludwig Stieglitz, Geschichtliche Darstellung der Eigentumsverhältnisse an Wald und Jagd in Deutschland – Von den ältesten Zeiten bis zur Ausbildung der Landeshoheit, S. 139) bezeichnet den Zusammenschluss der in einem Freipirschgebiet zur Jagd Berechtigten. Jene Gesellschaften, wie sie Stieglitz bezeichnet, konnten über die Berechtigung der Freien Pirsch selbst Anordnungen treffen, Beamte bestellen und auch sonst alles tun, was dem Vorteil der Gesellschaft gereichte. Die Pürschverwandten des genannten Neckar-Schwarzwaldviertels bestanden aus 54 Edelleuten, an deren Spitze der Graf von Sulz und der Abt von Alpirsbach standen. Vgl. dazu bei Ulrich Bergemann, Die Geschichte der landesherrlichen Jagdhoheit in der Grafschaft Zollern, S. 100, weiterhin auch bei Karl Hasel, Kleine Beiträge zur Forstgeschichte, insbesondere in Baden, S. 38f.

1534 Vgl. dazu die Ausführungen bei Ulrich Bergemann, Die Geschichte der landesherrlichen Jagdhoheit in der Grafschaft Zollern, S. 101f. So unternahmen am 19. April 1578 die Pürschverwandten aus der Freien Pirsch am Neckar und vom Schwarzwald mit Hilfe einer großen Anzahl von Pferden und Mannen ein großes Jagen in den Hechinger Hölzern. Nur so konnte dem Grafen Eitel Friedrich zuvorgekommen und die Bildung eines Forstes verhindert werden. Nicht die schriftliche Fixierung von Rechten und Forderungen scheint hier rechtsbildend gewesen zu sein, sondern lediglich die repetitive Jagdhandlung traditionsbildend und -erhaltend. Hätte dieses repetitive Handeln der Pürschverwandten durch den Grafen durchbrochen werden können, so wäre ihm wohl die Bildung eines Forstes weniger unmöglich gewesen.

hier der weiter unten noch angeführte Jagdzug der Pürschverwandten des Neckar-Schwarzwaldviertels benannt werden. Generell, so scheint aus der Literatur hervorzugehen, gibt es Freipirschgebiete, deren Entstehung irgendwo im Dunkel der Unschriftlichkeit der (germanischen) Vergangenheit verborgen liegt[1535], als auch solche, die durch den Kaiser jeweils bestätigt[1536] wurden oder bereits gewohnheitsrechtlich dort bestanden, wo Gebiete im Herzen der Landesherrschaften nach wie vor vom Kaiser beansprucht und als Freipirschgebiete ausgewiesen waren[1537]. Mit anderen Worten: Freipirschbezirke konnten zunächst nur dort für Gemeinden und Markgenossenschaften aufrechterhalten bleiben, wenn jene den Nachweis der Unvordenklichkeit der ihnen zustehenden Rechte erbringen konnten[1538]. Die Fürsten, das heißt die niederen und höheren Landesherren sowie der Adel, pochten jedoch nicht selten auf die Abschaffung jener Freipirschbezirke[1539], während insbe-

---

[1535] So z. B. die Freie Pürsch bei Bottwar. Nach den Ausführungen von Freiherr Rudolf von Wagner, Das Jagdwesen in Württemberg unter den Herzögen, S. 66f, bestand jene Freie Pirsch bereits lange vor Beginn der Herzogszeit. Daneben sei von einer Beziehung dieser Freien Pirsch zu Kaiser und Reich nichts zu finden. Freiherr von Wagner verortet diese Freie Pirsch deshalb als eine rein württembergische Einrichtung, über deren Herkommen nichts bekannt ist. Weiterhin verweist auch Christian Ludwig Stieglitz, Geschichtliche Darstellung der Eigentumsverhältnisse an Wald und Jagd in Deutschland – Von den ältesten Zeiten bis zur Ausbildung der Landeshoheit, S. 140 darauf, dass er urkundliche Nachrichten vor dem 15. Jahrhundert und über den Ursprung des Instituts der Freien Pürsch nicht gefunden habe.

[1536] Als Beispiel für die Bestätigung einer Freien Pürsch: „Der Stadt Gemünd wurde dieses Recht (eine gemeine Pürsch, genannt Mundat) vom Kaiser Sigismund und der Stadt Rothweil von Friedrich III. bestätigt." Vgl. dazu bei Christian Ludwig Stieglitz, Geschichtliche Darstellung der Eigentumsverhältnisse an Wald und Jagd in Deutschland – Von den ältesten Zeiten bis zur Ausbildung der Landeshoheit, S. 139, unter Bezug auf die Biberacher Pürschordnung. Weitere kaiserliche Bestätigungen nennt Stieglitz für das schwäbische „Pürschcollegio" von Maximilian I. von 1516, Ferdinand I. von 1559 und Rudolph II. von 1601.

[1537] Als Beispiel dazu kann die bereits genannte Freie Pürsch am oberen Neckar herangezogen werden. Freiherr Rudolf von Wagner, Das Jagdwesen in Württemberg unter den Herzögen, S. 69, schreibt hierzu: „Im Gegensatz zu den bisher betrachteten, einheitlich organisierten Gebieten stellt sich die Freie Pürsch am oberen Neckar als eine Anzahl mehr oder minder für sich bestehender, selbstständiger Bezirke dar, welche nur dadurch eine gewisse Gemeinsamkeit und Einheit erhalten, dass sie sämtlich den Kaiser als obersten Lehnsherrn und Gebieter anerkennen – das Gebiet war kaiserlicher Forst und Freie Pürsch (...) – und gewisse Interessen gemeinsam verfolgen."

[1538] Nach den Ausführungen von Walter Kübler, Reichsjagdgesetz und Württembergisches Jagdrecht. Ein Vergleich, S. 11f, waren dies in Schwaben z. B. der Württembergische Schwarzwald mit Dornstetten, Freudenstadt, Reichenbach, die Gebiete an der oberen Donau, am oberen Neckar und auf der Leutkircher Haid. Christian Ludwig Stieglitz, Geschichtliche Darstellung der Eigentumsverhältnisse an Wald und Jagd in Deutschland von den ältesten Zeiten bis zur Ausbildung der Landeshoheit, S. 139, nennt hier Gebiete in Schwaben und in Franken.

[1539] Vgl. dazu auch die Ausführungen bei Horst Alexander Willam, Wildbahn und Waidwerk in Baden-Württemberg, S. 24-25, weiterhin auch bei Ulrich Bergemann, Die Geschichte der landesherrlichen Jagdhoheit in der Grafschaft Zollern, S. 100ff. Der Autor bezieht sich hier auf den Grafen Eitel Friedrich I., der jedoch einsehen musste, dass es ihm im Vergleich zu mächtigeren Landesherrn wie dem Herzog von Württemberg nicht möglich war, auf seinem Territorium die landesherrliche Jagdhoheit des Adels zu brechen. Solchen Landesherrn blieb dann nur der Weg zum Kaiser mit der Bitte, jene von fremdem Jagdrecht (nämlich vom Jagdrecht des Kaisers) berührten Teile des Landes in Form eines Forstes als Lehen zurückerkannt zu erhalten. Auch Freiherr Rudolf von Wagner, Das Jagdwesen in Württemberg unter den Herzösondere die Städte und Reichsstädte sowie die Klostervorstände und Kirchenleute die Beibehaltung der den Untertanen gebührenden Rechte unterstützten. Freiherr von Wagner nennt diese offen zu Tage tretenden Querelen das Ergebnis der „disparaten Elemente"[1540], die in der Behörde der Pürschstände zusammengefasst waren. So führten die Freipirschbezirke auf dem Gebiet Württembergs nicht zu einer Entspannung der Lage, sondern gerade über die Jagdgerechtigkeit einer Mehrheit – im Gegensatz zum Forst – zu langwierigen und letzten Endes stetig verschleppten Streitereien zwischen den Pürschständen[1541]. Die Beschlüsse dieser Pürschstände wurden per majora getroffen, wobei die Stimmenzahl der einzelnen Pürschstände durch die Stellung und den Besitz des Einzelnen bemessen wurde. Der Herzog Württembergs hatte demnach eine gewichtigere Stimme als ein ihm untergeordneter – z. B. gräflicher – Landesherr oder eine ihm an Besitz unterlegene Stadt, sofern sie nicht bereits ohnehin seiner direkten Herrschaft unterstand. Auf den einzelnen Pürschtagen, die zwischen 1511 und 1666 abgehalten wurden, haben es die „disparaten Elemente" letztlich zuwege gebracht, dass alle bis dahin getroffenen Ordnungen aufgrund unzähliger Einwände, Proteste und Vorbehalte „ziemlich werthlos"[1542] waren. So wechselten sich in regelmäßigen Abständen die landesherrlichen Versuche mit adligen Gegenreaktionen ab, die oftmals tatkräftige Aktionen waren. Ein Beispiel für eine solche tatkräftige Aktion ist bei Freiherr Rudolf von Wagner nachzulesen: Im Zuge der Bereitung der oben genannten Freien Pürsch im Jahre 1667 durch die „Pürschcommission" stellte sich ihr an der Miessach und Kanzach ein truchsessischer Sekretär mit etwa 4 bis 5 bewaffneten Jägern entgegen. Sein Einwand, die Kommission bewege sich bereits in Truchsessischem Forst bewegen und nicht mehr in der Freien Pirsch, konnte dagegen von der Kommission mit dem Hinweis auf die Streitbarkeit und Macht des Herzogs schnell entkräftet werden[1543]. So zeigt in diesem Zusammenhang auch Ulrich Bergemann auf, dass gerade die Versuche der Einverleibung eines Freipirschbezirkes durch einen Lan-

---

gen, S. 99, schreibt dazu: „Die Freie Pirsch war eine allen „Herren" sehr unbequeme und von ihnen stets angefeindete Einrichtung".

[1540] Freiherr Rudolf von Wagner, Das Jagdwesen in Württemberg unter den Herzögen, S. 54. Die disparaten Elemente sind wohl am anschaulichsten anhand der Kirchenvertreter einerseits und des weltlichen Adels andererseits darzustellen. Die einen pochten auf Beibehaltung der Freien Pürsch, während die anderen in die gegensätzliche Richtung zogen.

[1541] Neben den Pürschberechtigten gab es auch die Pürschstände. Zu den ersten gehörig bezeichnet Freiherr von Wagner all diejenigen, die den Besitz von Grund und Boden nachweisen konnten und darüber hinaus im Besitz von Hoheitsrechten waren. Dies trifft insbesondere auf alle eingesessenen geistlichen und weltlichen Herrschaften, Obrigkeiten, Bürger und Untertanen zu. Zu den Pürschständen dagegen, denen die Leitung der Pürschgebiete und die Aufstellung von Pürschordnungen oblag, gehörten die Fürsten, der Adel, die Vorstände der Klöster und Abteien und die Abgesandten der Reichsstädte Ulm und Biberach, sowie der Städte Buchau, Ehingen, Riedlingen, Munderkingen, Schelklingen, Niederstetten und Ringingen. Vgl. dazu bei Freiherr Rudolf von Wagner, Das Jagdwesen in Württemberg unter den Herzögen, S. 52.

[1542] Ebd., S. 61. Nach 1666 wurde gar der nächste Pürschtag erst im Jahre 1722 einberufen. Der Grund, so von Wagner weiter, ist in den verschiedenen Versuchen zur Abschaffung der Freien Pürsch zu suchen.

[1543] Vgl. diese Begebenheit bei Freiherr Rudolf von Wagner, Das Jagdwesen in Württemberg unter den Herzögen, S. 60-61.

desherrn eine große und organisierte jagdliche Raumbewegung und Demonstration zum Resultat haben konnte. Als im Jahre 1577 Graf Eitel Friedrich I. die Freie Pürsch auf seinem Zollerschen Herrschaftsgebiet nicht mehr anerkennen wollte, unternahmen die „Pürschverwandten" einen großen Jagdzug mit vielen Pferden und Mannen in den betreffenden Gebieten[1544]. Das Ziel war durch die jagdliche Präsenz von Mannschaften und Tieren im besagten Raum die Erhaltung und Sicherung der Freipirschrechte gegenüber den forstlichen Ambitionen des Grafen. Die Jagdhandlungen müssen so als die Verdeutlichung des Rechtsanspruches verstanden werden, der nur durch sie auch visuell und realiter durchsetzbar war. Da das Ansinnen des Grafen, auch gegenüber dem Kaiser, auf unfruchtbaren Boden fiel, wollte er es wie sein Vater versuchen und die Pürschverwandten um ein nachbarschaftliches Verhalten ersuchen. In der Konsequenz hätte dies bedeutet, dass jene auf die Jagd in den Hölzern vor seinem Herrensitz freiwillig verzichtet hätten. Da den Pürschverwandten jedoch die forstlichen Ambitionen des Grafen nicht verborgen blieben, lautete ihre Entgegnung: „Und wiewohl Euer Gnaden Wir oberstimmten Ihrem Begehren gemäß, berührter Enden, Jagens und Waidewercks halben zu verschonen, wohl gewogen, dieweil aber die Ort in der Pürst mit der wenigsten, uns auch wol wir auch der Jagd-Enden nit überig, Euer Gnaden in ihrem Schreiben auch Forst-Andeutung vermelden, will uns aus allerhand angelegenen Ursachen, Uns äußerst bedenklich seyn, Euer Gnaden hierinnen mit Abstehen zu willfahren."[1545] Das zeigt: der Verzicht, regional oder zeitlich, auf die Durchsetzung der freipirschrechtlichen Befugnisse durch den ansässigen Adel hätte den Grafen womöglich in die Lage versetzt, seine forstlichen Versuche gegenüber dem Kaiser deutlicher zum Ausdruck zu bringen und sie in naher Zukunft womöglich gar mit Erfolg zu bescheiden. Die räumliche Präsenz in regelmäßigen Abständen war für den Adel eine wesentliche Bedingung die Freipirschbezirke aufrechtzuerhalten und den Einforstungsbestrebungen des Grafen erfolgreich entgegenzutreten. Wenn es dazu also auch notwendig war bis vor die Mauern des Grafen selbst zu jagen, so sollte dies so geschehen. Jede andere Art des Verhaltens von Seiten der Freipirschberechtigten hätte den Grafen in seinen Rechten und seinen territorialen Gewalten gestärkt und die Stabilität der regionalen Gewalten zu Ungunsten der Adligen verschoben. Dass also die „Freie Pürsch" nicht selten ein Stachel im Fleisch der Landesherren sein musste, zeigen die mannigfachen Bestrebungen der Landesherren, die Freien Pirschbezirke in Forste umzufunktionieren, um die Jagdgerechtigkeit einer Majorität in die einer Minorität umzuwandeln. Wie im nächsten Abschnitt noch aufzuzeigen sein wird, gereichte es einem Fürsten tatsächlich zumeist zum Vorteil, wenn er die Freie Pirsch zurückdrängte und an ihrer Statt die Gnadenjagd setzte. Über das Instrument der Gnadenjagd konnte er eine zielgerichtete Positionierung von ihm gegenüber zu Loyalität verpflichteten Personen an den Grenzen seines Herrschaftsgebietes vornehmen[1546] und über sie gewissermaßen

1544 Vgl. dazu bei Ulrich Bergemann, Geschichte der landesherrlichen Jagdhoheit in der Grafschaft Zollern, S. 101.

1545 Zitiert nach Ulrich Bergemann, ebd., S. 102.

1546 Interessanterweise wurden die Gnadenjagden tatsächlich überwiegend in grenznahen Distrikten durch den Landesherrn vergeben. Vgl. dazu bei Freiherr Rudolf von Wagner, Das Jagdden langen Arm seiner Ansprüche und seiner Macht visualisieren. In Zeiten fehlender Schriftlichkeit war dieses Verhalten unabdingbar, während es sich in späterer Zeit scheinbar aus jenem Kontext loslöste und sich als eigenständige und historisch gewachsene Herrschaftsäußerung des Landesherrn bis in das 19. Jahrhundert erhielt. Eine unmittelbar herrschaftspolitische Bedeutung hatte die Jagd jedoch im ausgehenden 18. und beginnenden 19. Jahrhundert nur noch rudimentär. Die nun auch seit 1779 in die Rentkammer aufgenommenen Kameralisten hatten hier bereits den Einfluss der Jagd auf die Holzwirtschaft genauer erkannt, was zu einer Reihe von Auseinandersetzungen zwischen der Jagd und der Forstwirtschaft im beginnenden 19. Jahrhundert führte[1547]. Zurückkommend auf die Versuche der Landesherrn die Freie Pürsch zurückzudrängen, können als weitere Gründe die räumlichen Störungen durch die Freie Pürsch oder die Konstitution von freiem Raum durch die Freipirschberechtigten innerhalb eines Herrschaftsraumes angeführt werden. In diesen Räumen entstanden durchweg neben herrschaftlichen Einbußen auch materielle Nachteile, die von Seiten der Landesherrschaft ebenfalls hinzunehmen waren, da es in ihnen keine forstlichen Rechte, also auch keine Waldnutzungen, keine Frondienste[1548] wie Hundeaufstockung, Gastungspflichten oder sonstige Hilfsdienste gab. In einem Forst wären diese Rechte, die gleichsam Pflichten der Untertanen waren, dem Landesherrn regelmäßig zugefallen. Die landesherrlichen Anstrengungen konnten jedoch trotz eines Beschlusses in Württemberg von 1697 niemals umgesetzt werden[1549]. Auf der anderen Seite führten die Eifersüchteleien der einzelnen Herren untereinander letztlich sogar zum umgekehrten Ergebnis, so dass sich die Freie Pürsch als Institution länger halten konnte als es tatsächlich von denselben Herren so gewollt war. Damit wird jedoch auch ersichtlich, welche Rolle die Freie Pürsch tatsächlich zu spielen in der Lage war, wäre sie doch von rein vergnüglichen Standpunkten aus betrachtet niemals ein solches Politikum mit einer solchen Durchschlagskraft geworden.

Die obigen Darstellungen über die Vorgänge in der Grafschaft Zollern machen dies meiner Einschätzung nach besonders deutlich, auch wenn sie nicht als allgemeingültig betrachtet werden können. Ansätze für neuere Überlegungen zu Rolle und Funktion der Freipirschgebiete können durchaus daraus gewonnen werden. Ob sie haltbar sein mögen, müssen regionalspezifische Untersuchungen zu zeigen in der Lage sein. Wie ist das letzten Endes zu verstehen und was sind die Konsequenzen daraus? Die Umwandlung bestimmter Freipirschbezirke in Forste

---

wesen in Württemberg unter den Herzögen, S. 7. Diese „Besonderheit" der Gnadenjagden wird noch im nächsten Abschnitt entsprechend gewürdigt.

[1547] Vgl. dazu die Ausführungen von Wilfried Ott, Die Entwicklung der Forstorganisation in Württemberg seit 1803, S. 14-16. Auch die Konflikte heute sind geprägt von der konträren Stellung der Forstwirtschaft und der privaten Jagd. Vgl. dazu Kapitel 9 und 10.

[1548] Vgl. dazu bei Freiherr Rudolf von Wagner, Das Jagdwesen in Württemberg unter den Herzögen, S. 99.

[1549] So wurde im Jahre 1697 der Beschluss gefasst, dass die Freie Pirsch aufgelöst und ihre Bezirke in Forste umgewandelt werden sollten. Jene sollten anschließend an die Landesherren verteilt werden. Eine Umsetzung dieses Ediktes gab es dagegen zu keinem Zeitpunkt. Erst das 19. Jahrhundert brachte das Ende der Freien Pürsch. Siehe auch bei Horst Alexander Willam, Wildbahn und Waidwerk in Baden-Württemberg, S. 25.

hätte dem betreffenden Herrn das ausschließliche Jagdrecht und damit eine stärkere räumliche Position beschert als demjenigen Nachbarn, der in seinem Bereich die Freie Pürsch noch aufrechterhalten musste. Darüber hinaus hätte sich seine herrschaftspolitische Stellung gegenüber dem ansässigen Adel nochmals deutlich verstärkt. Um dies in jenem speziellen Falle zu verhindern, galt es offenbar den dadurch schlechter gestellten Herren mehr die Freie Pürsch überall in den betreffenden Bezirken sogar eher zu erhalten als sie zu schmälern. Dazu Freiherr von Wagner: „(...) die Freie Pürsch erhielt sich nach ihrem früheren Verhältnis auch noch in der folgenden Zeit, sie verdankte das aber zumeist der Eifersucht der betreffenden Herren, deren jeder das bezügliche Gebiet für sich und als Forst zu erringen bestrebt war und solches Anderen nicht gönnte."[1550] So ist es zu erklären, dass trotz eindeutiger Beschlüsse wie dem von 1697 und den Querelen zwischen 1722 und 1750 die Freie Pürsch am Leben erhalten blieb anstatt getilgt zu werden. Daran ist zu erkennen, welchen offenbar politischen Gegenwert das ausschließliche Jagdrecht im Rahmen eines Forstes haben musste, da der Kompromiss nur in der Beibehaltung der ansonsten unliebsamen Freien Pürsch zu finden war. Die Aufrechterhaltung eines Gleichgewichtes der Herren untereinander war dem allgemeinen Frieden und der allgemeinen Stabilität offensichtlich zuträglicher als die einseitige Übervorteilung einiger weniger Herren, die durch die Auflösung der Freien Pürsch in den Genuss zusätzlicher oder generell von Forsten gekommen wären, mit allem, was juristisch, sozial und politisch dazu gehörte. Denn durch die Generierung eines Freipirschbezirkes zu einem Forst wurde nicht nur das Jagdrecht singulär, sondern auch die Möglichkeit der Jagdfrondienste durch die Exklusion der Untertanen in den Bereich der politischen Möglichkeiten gerückt. Alles in allem hätte dies eine immense Steigerung raumpolitischer Macht zur Folge haben müssen, was nicht zuletzt an den Querelen darüber ersichtlich werden kann. Zusätzlich zur Einführung und Nutzbarmachung von Fronleistungen wäre das raumpolitische Instrument der Wildfolge[1551] in die Hände der nun ausschließlich berechtigten Herren gekommen. Auch hier hätte dann wohl die Lösung so ausgesehen, wie sie der Herzog von Württemberg ja bereits für seine eigenen Forste praktizierte: die Wild- oder Nachfolge in die neuen Forste hinein wäre verboten worden, während die Wildfolge auf das Gebiet der Freipirschbezirke durch die Adligen vorausgesetzt worden wäre. Zugriffsmöglichkeiten auf den nachbarlichen Herrschaftsraum wären damit in die Reichweite des neuen Forstinhabers gerückt, was in jedem Fall von den betroffenen Herren verhindert werden wollte. Die Stellung des Forstinhabers musste also durch die Umwandlung von Freipirschbezirken in Forste wirtschaftlich und allgemein politisch an Bedeutung gewinnen, was möglicherweise die Stabilität der Herrschaften untereinander und in ihrer Stellung zum Herzog zusätzlich gefährdet oder belastet hätte. Ein Beispiel dafür, dass das Waidwerk durchaus in der Lage war, die nachbarschaftlichen Verhältnisse in Unordnung zu bringen, gibt uns Ulrich Bergemann, der sich hier auf Reichskammergerichtsakten beruft: „Im Jahre 1560 beschwerte sich ein zollernscher Beamter im Auftrage des Grafen Karl bei

[1550] Freiherr Rudolf von Wagner, Das Jagdwesen in Württemberg unter den Herzögen, S. 66.

[1551] Die spezifische Rolle der Wild- oder Jagdfolge wird noch etwas weiter unten ausführlich behandelt werden. Ein Vorgreifen würde hier keinen Sinn machen, da die Erwähnung der Wildfolge also noch an gegebener Stelle exemplifiziert werden wird.

dem Herrn von Karpf zu Thalheim, dass dessen Söhne in den Hechinger Hölzern eine Sau angehetzt und aufgetrieben hätten. Diese Hölzer seien allezeit von den Vorfahren des Grafen als Burghölzer gehegt und gehalten worden; auch sei es unnachbarlich, so nahe unter den Augen und vor dem Haus des Grafen, der „von Edel und Unedel überhebt" sei, Waidwerk zu treiben."[1552] Zwar erreichte der Graf in der Folgezeit, dass durch geschickte Verhandlung die Freie Pürsch unter seinen Augen und vor seinem Haus unterlassen blieb, die Freie Pürsch als Institution dagegen konnte er nicht zurückdrängen.

So war die Beibehaltung der Freipirschbezirke zwar ein nur schwer hinnehmbares Zugeständnis der Herren an die Untertanen, im Rahmen „geopolitischer" (besser: regionalpolitischer) Überlegungen und aufgrund des gefundenen Kompromisses jedoch womöglich die bessere Wahl[1553]. Räumliche Überlegungen können so zum Versuch der Auflösung der Freipirschbezirke geführt haben gleichwohl wie auch zu deren Beibehaltung letztendlich förderlich gewesen sein. Hier sei zur Verdeutlichung an ein ähnliches Beispiel gedacht, welches Freiherr Rudolf von Wagner in seinem Werk so anschaulich dargestellt hat. Es handelt sich hier um die „Grenzstreitigkeiten" zwischen Württemberg und Österreich. Zu Beginn des 17. Jahrhunderts erhob Württemberg mehrere Proteste gegen das österreichische Entenschießen auf der Aach, wobei der Herzog sich offenbar auf einen Vertrag aus dem Jahr 1514 berief. In diesem, so Freiherr Rudolf von Wagner, sei die Jagd auf der Aach durchaus als an Württemberg verliehen zu verstehen. Während mehrerer Jahrzehnte hinweg scheint dieser Streit auf den Pürschtagen nicht entschieden worden zu sein und so er kam im Jahre 1652 zur direkten Verhandlung zwischen Württemberg und Österreich auf den Verhandlungstisch. Mit dem Streit über die Jagdrechte war der Streit über den Verlauf der Grenze zwischen Österreich und Württemberg eng verbunden. So wurde bereits in dem erwähnten Vertrag von 1514 die Grenze näher umschrieben: „Von Munderkingen über Deggenhausen und Mühlheim nach Dorf Steusslingen, nach Altensteusslingen, das Thal hinab zur Schmiechen, diese hinauf bis zum Dorf Schmiechen und bis zum Mockenthal, dieses hinauf, mitten durch die Hauser Hölzer, in das Schelklinger Wiesenthal, dieses hinab in das Tiefenthal, ihm folgenden zur Aach, und entlang derselben bis zum Hohlenstein. Dann hinüber auf das rechte Aachufer zum Sieggrünstein und auf diesem Ufer entlang der Aach, aber etwa 200 Schritte von ihr entfernt, bis zur Mündung in die Blau."[1554] Auf diesen Inhalt und auf die darin genannten Grenzziehungen bezog sich im Streit um die Jagd auf der Aach der Herzog, während die Österreichische Seite den Standpunkt vertrat, dass wenn die Aach schon die Grenze bilde, dann auch beiderseits jeweils die Jagd zu selben Teilen von Württemberg und von Österreich ausgeübt werden könne. Da jedoch eine beiderseitig vernünftige und einvernehmliche jagdliche Annäherung unmöglich erschien, einigte man sich im Jahre 1652 darauf, dass von Schelklingen bis zur

[1552] Zitiert nach Ulrich Bergemann, Die Geschichte der landesherrlichen Jagdhoheit in der Grafschaft Zollern, S. 100.

[1553] Vgl. dazu auch die „Kompromissfindung" im Grenzstreit zwischen Württemberg und Österreich, wie er oben dargestellt wurde.

[1554] Freiherr Rudolf von Wagner, Das Jagdwesen in Württemberg unter den Herzögen, S. 59f.

Mündung der Aach niemand mehr Enten schießen dürfe. Dieser Ausschnitt ist in der Lage deutlich zu zeigen, welche Bedeutung die jagdliche Positionierung von Mensch und Tier zuweilen zuerkannt wurde. Die beiden Kontrahenten taten sich am Ende einfacher, auf diese Form der Positionierung und damit Visualisierung politischer Machtverhältnisse gänzlich zu verzichten und stattdessen die Jagd beiderseits ruhen zu lassen. Die Jagdhandlung als Darstellung einerseits und Anerkennung des Grenzverlaufs gleichermaßen konnte von keiner Seite geduldet werden, da sie einen zu bedeutenden Eingriff in die herrschaftlichen Rechte und die Stabilität beider Verhältnisse zur Folge gehabt hätte. Der gegenseitige Verzicht auf die Jagdhandlung ist somit als Verzicht auf die stetige Visualisierung der Grenzen beiderseits und damit das jeweilige Beharren auf ohnehin strittigen Gegebenheiten zu bewerten. Der Verzicht der Entenjagd im Bereich der nur schwer nachzuvollziehenden tatsächlichen Grenzverläufe war so eine Lösung, die als Konfliktbewältigung ohne Gesichts- oder Ehrverlust bezeichnet werden kann. Hält man sich die Untersuchungen von Gerd Althoff über die Spielregeln der Politik im Mittelalter und hier speziell die Strategien der Konfliktlösungen[1555] vor Augen, so wird der gegenseitige Verzicht auf die Jagdhandlungen hier noch deutlicher. Nicht zuletzt aufgrund der an Landesgrenzen anzutreffenden beiderseitigen „Öffentlichkeiten" in Form von Untertanen und Adligen musste die Jagdhandlung einer jeder Seite hier entsprechende Wirkung entfalten. Ihre Aufrechterhaltung hätte – auch wenn das natürlich nun höchst spekulativ bleibt – so zu irgendeinem Zeitpunkt zu Mord und Totschlag unter den Jägern, wenn nicht gar zu einer bewaffneten Auseinandersetzung zwischen Württemberg und Österreich führen können. Versuchte man jahrzehntelang diesen Streit durch Mediatoren wie die Pürschstände beizulegen, blieb letztendlich nichts anderes übrig, als die betroffenen Territorien direkt in Verhandlungen treten zu lassen. So kann vermutet werden, dass gerade aufgrund der beiderseitigen Außenwirkungen[1556] der Jagdhandlungen im Bereich der Aach die friedliche und ehrenvolle Lösung des Konfliktes im gegenseitigen Verzicht lag, zumal der Verzicht hier nicht zwingend als Schwäche ausgelegt werden muss. Schließlich ist im gegenseitigen Verzicht sowohl das Beharren auf dem eigenen Standpunkt als auch die Anerkennung der gegenüberliegenden Ansprüche glei-

[1555] Zu den Strategien der Konfliktlösung siehe bei Gerd Althoff, Spielregeln der Politik im Mittelalter, S. 99-125. Manche Konfliktregelungs-mechanismen des Mittelalters scheinen jedoch auch noch für die Neuzeit einige Gültigkeit besessen zu haben. Eine klare Trennung in Epochen wird hier für die Zeit bis in das 19. Jahrhundert hinein wohl nicht immer möglich sein. Schriftliche Verträge als Merkmal der Neuzeit gegenüber dem Mittelalter konnten hier keinerlei Wirkung erzielen. Das Ausweichen auf Verzicht und gegenseitige Duldung jener Regelung als Merkmale der mittelalterlichen Konfliktbewältigung konnten demnach in diesem Falle mehr ausrichten und zu einer Lösung führen als neuzeitliche Vertrags- und Diplomatiegeschicke. Oder: Die Jagdhandlungen waren offensichtlich in ihren Wirkungen nach außen und nach innen von so großer politischer Tragweite, dass die damaligen modernen Vertragswerke in ihren Regelungen keine Anwendung finden konnten. Der gegenseitige Totalverzicht zeigt auf, dass hier eine „wirkliche" Lösung nicht erreicht werden konnte. Freiherr Rudolf von Wagner nennt denn auch die gefundene Lösung einen „Vergleich". Vgl. bei Freiherr Rudolf von Wagner, Das Jagdwesen in Württemberg unter den Herzögen, S. 60.

[1556] Damit ist gemeint, dass die herzoglichen Jäger nicht nur die eigenen Untertanen, sondern auch die österreichischen mit ihrem Handeln „erreicht" hätten als auch umgekehrt. Für keine der beiden Herrschaften wäre dies von Vorteil gewesen.

chermaßen zu verstehen. Die direkte Visualisierung der Grenzen durch jagdliche Handlungen, aber auch durch Hundegebell, Jagdhörner und Schussgeräusche[1557] wurde so vermieden und der Konflikt in einem „gleichgewichtigen" Einvernehmen beigelegt. Dennoch bleibt diese Lösung nach meiner Auffassung gleichermaßen die schlechteste, da keine der beiden Herrschaften die Überhand gewann und die Beendigung der Jagdhandlungen an der Grenze dies auch den jeweiligen Untertanen visualisierte. Auch das Unterlassen der Jagdhandlung kann eine ebenso deutliche Aussage sein wie ich es der Durchführung der Jagd hier unterstelle. Dies ist umso bedeutender, als die besagte Jagd an der Grenze von Württemberg und Österreich primär der Politik gegenüber dem Nachbarn galt und kaum innenpolitische Wirkungen in Form der Inklusion und Exklusion der Untertanen über Frondienste beabsichtigte. Das Ergebnis - der gegenseitige Verzicht - dagegen konnte im innenpolitischen Verhältnis keine Vorteile erzielen, da jede Seite zugleich einen Sieg als auch eine Niederlage eingestehen musste. Dem Adel und den Untertanen zumindest wird das wohl bewusst gewesen sein. Die Freipirschgebiete, so das Resümee aus den bisherigen Ausführungen, waren für die adligen, speziell landesherrlichen Ordnungsvorstellungen und Machtansprüche ein störender Fremdkörper im ansonsten frei verfügbaren, politischen sowie sozial reproduzierbaren Raum der Landesherren.

8.5.2.4.3 Zu den Gnadenjagden

Während die Freipirschbezirke also durchaus als ein Stachel im Fleisch der Landesherren betrachtet werden müssen, da sie die Vorrechte der Herren geschmälert und die räumliche Vormacht in vielerlei Hinsicht dadurch zumindest geschwächt haben, hatten die Gnadenjagden den sehr bedeutenden Vorteil, dass sie dem räumlich vollends beherrschten Gebiet entsprangen und damit in einem Gnadenakt an den Berechtigten verliehen werden konnten, ohne dass der Gewährende auf bestimmte Rechte verzichten musste oder gar Nachteile zu befürchten hatte. Im Gegenteil - alle Rechte blieben in der Hand und unter der Kontrolle des Gewährenden. Damit können aber auch die Gnadenjagden aufschlussreich unter den Gesichtspunkten des Raumes, seiner Konstruktion und Reproduktion, betrachtet werden. Die regel- und zielgeleitete Positionierung von bestimmten Bürgern oder Adligen im unumschränkten Herrschaftsraum des Landesherrn hatte eine nicht zu unterschätzende räumliche Signalwirkung. Nicht von ungefähr bleibt deshalb festzustellen, dass die Gnadenjagd oftmals in Distrikten vergeben wurde, in denen die Grenzen der eigenen Herrschaft verlaufen. So Freiherr von Wagner dazu: „Als Localitäten für solche Jagen (die Gnadenjagden, Anm. d. V.) wurden meist Grenzdistricte oder andere entlegene oder sonst wenig besuchte Oertlichkeiten gewählt; nur die Gnadenjagen für kleines Wild finden sich allerwärts."[1558] In diesem Zu-

---

[1557] Mit den akustischen Möglichkeiten der Raumkonstitution rekurriere ich an dieser Stelle auf Joseph Morsel, Jagd und Raum. Überlegungen über den sozialen Sinn der Jagdpraxis am Beispiel des spätmittelalterlichen Franken, in: Werner Rösener (Hrsg.), Jagd und höfische Kultur im Mittelalter, S. 283, sowie auch auf Martina Löw, Raumsoziologie, S. 155. Auch Löw attestiert der Gestik, Mimik, Sprache und damit wohl auch anderen Lautäußerungen von Menschen die Möglichkeit der Raumkonstruktion.

[1558] Freiherr Rudolf von Wagner, Das Jagdwesen in Württemberg unter den Herzögen, S. 7.

sammenhang möchte ich noch einmal auf die von Joseph Morsel geschilderte Positionierung der Schäfer im Herrschaftsraum zu sprechen kommen. So wurde der Schäfer nicht selten dazu benutzt durch seine Wanderungen durch die Markung bis an deren Grenzen zu beweisen, wem der Raum zustand[1559]: seinem Herrn, in dessen Namen und mit dessen Billigung er diese Raumbewanderung mit all ihren symbolischen Implikationen vornahm. Der Schäfer und der Schaftrieb müssen in ihrem Zusammenwirken als zielgerichtete Positionierung von Mensch und Tier im Raum betrachtet werden, die gerade über die Bewegung entlang oder in der Nähe der Grenzen ihr herrschaftspolitisches Potenzial gewannen. Jede Form der Visualisierung von sozialen und politischen Beziehungen darf in diesen Zeiten nicht vernachlässigt werden. Realität war, was man sah, roch, fühlte und hörte. So war es doch gerade die Grenznähe, die hierbei offensichtlich eine signifikante Rolle spielte. Da ein Herr ohne Wildbann zwar so auf das „Äquivalent“[1560] der Schäferei zurückgreifen konnte, gelang dies einem Landesherrn mit Wildbann oder ausgedehnten Forsten über das Instrument der politisch äußerst wertvollen Gnadenjagd allemal. Die Gründe, weshalb die Gnadenjagden oftmals in den Grenzdistrikten zu liegen kamen, werden jedoch in der mir bekannten Literatur nicht hinreichend erklärt[1561]. Unter Zuhilfenahme des gedanklichen und durchaus nicht fern der Realität zu liegen kommenden Konstrukts von Joseph Morsel ist somit durchaus ein Grund dafür zu finden, wie er bisher kaum thematisiert wurde[1562]. So war es für den Herrscher mit Hilfe dieses Konstrukts nicht notwendig die Jagd in persona ausüben zu

---

1559 Vgl. dazu die Ausführungen bei Joseph Morsel, Jagd und Raum. Überlegungen über den sozialen Sinn der Jagdpraxis am Beispiel des spätmittelalterlichen Franken, in: Werner Rösener (Hrsg.), Jagd und höfische Kultur im Mittelalter, S. 283-284.

1560 Joseph Morsel benutzt hier den Terminus „Äquivalent“, da ein solcher Herr ja auf andere Art und Weise mit Hilfe der Raum(be)handlung, d.h. der Positionierung von Menschen und Tieren im Raum, seinen Herrschaftsanspruch visualisieren musste als ein Landesherr mit Wildbann und ausgedehnter Rodungstätigkeit es tun konnte. Joseph Morsel, Jagd und Raum – Überlegungen über den sozialen Sinn der Jagdpraxis am Beispiel des spätmittelalterlichen Franken, in: Werner Rösener (Hrsg.), Jagd und höfische Kultur im Mittelalter, S. 284.

1561 Vgl. dazu bei Freiherr Rudolf von Wagner, bei Horst Alexander Willam, bei Hans Wilhelm Eckardt, et al. Gerade die Grenznähe der Gnadenjagden konnte kein Zufall sein und muss eine Erklärung haben, die jedoch mit nur oberflächlichen Argumenten zu finden versucht wurde.

1562 So benennt Freiherr Rudolf von Wagner zwar einen Grund für die Verlegung der Gnadenjagden in die Grenzbereiche, dieser scheint jedoch sehr oberflächlich und nur wenig zutreffend. Er schreibt: „Die Herzöge verliehen diese Jagen, da die Einbusse, welche sie dadurch erlitten, nicht von Belang war und sie andererseits und bei dem hohen Werth, in dem solche Verleihungen standen, die Empfänger sich verpflichteten.“ Vgl. dazu bei Freiherr Rudolf von Wagner, Das Jagdwesen in Württemberg unter den Herzögen, S. 7-8. Zwar wird wohl dem letzten Halbsatz durchaus zuzustimmen sein, wie ich das ja auch nach den obigen Ausführungen und unter Bezug auf die Darlegungen Martina Löws tue. Die Begründung im ersten Halbsatz dagegen ist vollkommen surreal. Es waren nämlich gerade die Grenzdistrikte, die jagdlich für den Herzog von größter Bedeutung waren, was die Ausführungen zur Wildfolge noch belegen werden. Dass er sich hier zuweilen anderen Personen bediente, schmälert jene Bedeutung keineswegs, da ja nicht nur herzogliches Personal seine Ansprüche visualisieren konnte, sondern selbstverständlich auch mit einer Gnadenjagd versehene Adlige, höhere Beamte, Klostervorstände, etc. Die Positionierung von Menschen im Raum und deren Auswirkungen darf hier keineswegs vernachlässigt werden.

müssen, genauso wenig wie er natürlich selbst die Schafe hätte an die Grenzen treiben müssen. Eigens dazu bevollmächtigtes Personal oder mit einer Gnadenjagd versehene hochrangige, aber auch niederrangige Adlige oder Untertanen tragen dieselbe räumliche Signalwirkung wie der Landesherr selbst an die Grenzen der Herrschaft und reproduzieren diese nach außen wie auch nach innen. Nicht der soziale Stand war die Bedingung für Raumbesetzung und Raumbeherrschung, sondern die soziale und als herrschaftsreproduzierend von allen Seiten als solche erkannte und akzeptierte Handlung war es, die entsprechende Ordnungsvorstellungen, Grenzen, Machtsphären oder Ansprüche repräsentativ kommunizieren konnte. Die Bewegung im Raum, oder wie es Joseph Morsel nennt: „die Raumbewältigung"[1563], im vorliegenden Falle mittels der Gnadenjagd an den räumlichen Grenzen des Herrschaftsbereichs, war das Wesentliche daran. Aus diesem Grunde konnten mit Hilfe der Jagd als Raum(be)handlung, jedoch ungeachtet des sozialen Standes[1564] des mit der Gnadenjagd betrauten Jägers, die Grenzen reproduziert, visualisiert oder gar angefochten werden. Die Gnadenjagd entsprach auch in diesem Sinne nur dem verlängerten Arm des Landesherrn, der nicht überall und zeitgleich seinen Herrschaftsanspruch in persona visualisieren konnte. Der mit einer Gnadenjagd bedachte Bürger, Student oder Adlige wurde, ob er es nun wollte oder nicht, zu einem politischen Instrument, zu einem Öffentlichkeit evozierenden und Argwohn hervorrufenden Medium landesherrlicher Raumpolitik. Aufgrund des oben genannten, für die Instrumentalisierbarkeit der Gnadenjagd zunächst irrelevanten sozialen Status des mit einer Gnadenjagdmöglichkeit bedachten Personenkreises ergibt sich bei näherer Betrachtung jedoch ein weiterer wichtiger Punkt aus einer Gnadenjagd: Neben dem genannten Spezifikum der jagdlichen Raum(be)handlung, welche ausschließlich dem Landesherrn zugute kam, wurde der soziale Raum zwischen dem Herrn und dem Jagdbegünstigten auf gewisse Weise verringert und gleichzeitig konnten wirkungsvolle Abhängigkeiten kreiert werden. An dieser Stelle möchte ich kurz auf die Ausführungen von Martina Löw zurückkommen. Sie hat den zwischen zwei Personen entstehenden Raum auf deren soziales Verhältnis gewissermaßen reduziert[1565]. Natürlich ist der interpersonale Raum zwischen einem gnadenhalber jagenden Heidelberger Studenten[1566] und dem Herzog ein wesentlich anderer als der zwischen dem letztgenannten und einem ebenfalls in Gnaden gesetzten Adligen. Im Bezug auf den von mir so genannten interpersonalen Raum muss man hier jedoch noch einen Schritt weiter gehen. Wie

---

1563 Vgl. dazu bei Joseph Morsel, Jagd und Raum – Überlegungen über den sozialen Sinn der Jagdpraxis am Beispiel des spätmittelalterlichen Franken, in: Werner Rösener (Hrsg.), Jagd und höfische Kultur im Mittelalter, S. 284.

1564 Auch wenn der soziale Status des mit einer Gnadenjagd bedachten Jägers zweitrangig war (vom Studenten bis zum Adligen), so konnte doch jedermann davon ausgehen, dass der betreffende Jäger zumindest in einer gewissen sozialen Nähe zum Landesherrn stand, da er mit dem Vorrecht oder dem Attribut der Gnadenjagd ausgezeichnet war.

1565 Martina Löw, Raumsoziologie, S. 154. Sie schreibt: „Die (An)Ordnung zweier Menschen zueinander ist ebenfalls raumkonstituierend, und zwar in Abhängigkeit zu deren sozialem Verhältnis."

1566 Hier beziehe ich mich auf die bei Annegret Reinwald, Die Jagd im badischen Odenwald, S. 13, genannte studentische Gnadenjagd für Studenten der Universität Heidelberg aus dem Jahr 1665.

weiter unten noch näher angeführt werden wird, ist der Raum zwischen Personen oder auch Institutionen neben der sozialen Schichtung auch auf weiteren, praktischeren Ebenen von großer Bedeutung. Ein Kriegsherr oder ein Fürst, welcher ein fremdes Gebiet mit Krieg überzogen hatte und siegreich aus der Schlacht hervortrat, musste sich auf ganz bestimmte Art und Weise um den interpersonalen „Raum" zwischen ihm und den Besiegten sorgen. Welche Möglichkeiten es dazu gibt, hat Machiavelli in seinem Il Principe stetig in den Vordergrund gestellt[1567]. Die Benachteiligung des Adels und verdienter Untertanen wird hier regelmäßig der schlechtere Weg gewesen sein, während die Einbindung und die Sicherung von Loyalität über Begünstigungen und Belobigungen wohl die moderatere Lösung darstellten. Wie dies mit der Gnadenjagd in Einklang zu bringen ist, ist an folgendem Beispiel aufzuzeigen: Den Vorteil, den eine Gnadenjagd gegenüber einem Freipirschbezirk haben konnte, hat Freiherr Rudolf von Wagner eindrucksvoll am Beispiel der Stadt und des Amtes Sulz beschrieben. Das Freipirschgebiet der Stadt und des Amtes Sulz gehörte bis 1473 der großen kaiserlichen Freien Pürsch am oberen Neckar an. Als aber Sulz bis 1473 durch Eroberung an Württemberg fiel, griffen die Herzöge in die Freie Pürsch ein, bis sie schließlich im Jahre 1554 durch Herzog Christoph gänzlich aufgehoben wurde. Das Besondere an der nun folgenden Entscheidung Herzog Christophs war, dass er jenes Gebiet nun eben nicht zu einem Forst erklärte, sondern einen anderen Weg wählte. Da die Freie Pürsch der Stadt und des Amtes Sulz durch die oben genannten Eroberungen aus der Freien Pürsch des Kaisers herausgelöst wurde und aufgrund ihrer exponierten Lage mitten in jene noch bestehenden Freipirschgebiete hineinragte, sah der Herzog von einer Umwandlung in einen Forst ab. Freiherr Rudolf von Wagner begründet diesen Schritt mit dem als gering zu erwartenden Wildstand, da ja aufgrund der isolierten Lage und der ringsum zu liegen kommenden Freipirschgebiete eine erfolgreiche Jagd nur leidlich möglich sein würde[1568]. Dies habe den Herzog dazu gebracht, das Jagen in diesem Gebiet als Gnadenjagd und gegen Revers[1569] wieder zurückzugeben. Nach all dem bisher Aufgezeigten und angesichts der der Jagd innewohnenden Potenziale, die einen Herrscher sowohl stützen als auch stürzen

[1567] So sind im Grunde alle Empfehlungen Machiavellis zur Erlangung oder Aufrechterhaltung einer Herrschaft in seinem Il Principe darauf bedacht, die bestehenden Differenzen und Distanzen in den Räumen zwischen den Besiegten und dem Sieger zu verkleinern. Ein Beispiel des Florentiners hierzu sei erlaubt: „Wenn man einen Staat, den man in der besprochenen Art erobert hat, gewohnt ist, nach eigenen Gesetzen und in Freiheit zu leben, so gibt es drei Möglichkeiten, seinen Besitz zu behaupten: entweder 1. ihn zerschlagen oder 2. dort seine Residenz einrichten oder 3. ihm die eigenen Gesetze lassen, ihn aber tributpflichtig machen und eine Regierung von wenigen Bürgern einsetzen, die für eine freundliche Haltung der anderen garantieren (...)." Vgl. dazu bei Niccolo Machiavelli, Der Fürst, V. Kapitel, S. 18-19. Heute würde man dies mit dem Begriff der Bürgernähe umschreiben wollen, auch wenn jene natürlich nicht mehr das Töten unliebsamer Querdenker implizieren kann; am nächsten kommt dieser Begriff dem Gemeinten wohl dennoch.

[1568] Freiherr Rudolf von Wagner, Das Jagdwesen in Württemberg unter den Herzögen, S. 84-85.

[1569] Die Bestimmungen der Gnadenjagden wurden regelmäßig schriftlich fixiert. Der Begünstigte hatte diese Bestimmungen schriftlich in einem Revers anzuerkennen; dazu gehörten auch die Zahl der zu erlegenden Stücke, die Jagdmanieren und Jagdzeiten. Aus diesem Grunde nannte man die Gnadenjagden auch Reversjagden. Siehe bei Freiherr Rudolf von Wagner, Das Jagdwesen in Württemberg unter den Herzögen, S. 6-7.

konnten, ist dagegen auch eine andere Lesart möglich und die Argumentation mit der nur als gering zu erwartenden Jagdbeute als zu kurz gedacht zu betrachten. Das heißt: aufgrund des bisher Gesagten denke ich, dass sich eine andere Erklärung als im Bereich des Möglichen liegend geradezu aufdrängt. Die Einrichtung eines Forstes in einer so isolierten Lage wie der beschriebenen könnte politisch eine unglücklichere Lösung als die dann tatsächlich gefundene gewesen sein. Die Zurückdrängung der Freipirschgebiete war ja ohnehin von den Herzögen zwar gewünscht, nicht immer in letzter Konsequenz dagegen das geeignete Mittel zur Stabilisierung der Verhältnisse. So wurde zwar durch die Umwandlung der Freien Pürsch in eine Gnadenjagd in die althergebrachten Rechte der ehemals Freipirschberechtigten eingegriffen, die Rückgabe der Jagd von Gnaden dagegen konnte die vormals Berechtigten wiederum in den Stand der Jagdberechtigten versetzen. Da Freiherr Rudolf von Wagner darauf verweist, dass den Quellen nach keinerlei Proteste der Pürschgenossen erhoben wurden, scheint der Herzog dadurch klug genug gehandelt zu haben. Zudem konnte er ja durch diesen Akt das eroberte Gebiet ausdrücklich von den anderen Gebieten trennen und er behielt alle Rechte in seiner Hand. Seine Stellung und seine Macht konnte er so aller Wahrscheinlichkeit nach stabiler erweitern als es ihm mit Hilfe der Errichtung eines Forstes und die daran anschließenden Streitereien und Auseinandersetzungen je möglich gewesen wäre. Die Errichtung eines Forstes hätte ja schließlich die Singularisierung des Jagdrechtes zur Folge gehabt, was in Anbetracht der stets erwähnten isolierten Lage des eroberten Gebietes zu immensen Streitigkeiten und Unruhen geführt hätte. Auch wenn die Forste in der Literatur (und ich stimme hier vollends mit jener Betrachtungsweise überein) als „Herrschaftsinseln“[1570] definiert werden, hätte jene Lösung mehr reale Probleme geschaffen als die Stabilität dieses neu erworbenen Gebietes zu fördern. In diesem Sinne war die Lösung des Herzogs eine wahrhaft machiavellische, da er das neu hinzugewonnene Gebiet so einfacher und schneller in die Landesherrschaft einbinden konnte als dies mit Gewalt und also unter Ausschluss der vormals Pirschberechtigten hätte geschehen können. Hier war es für die Erhaltung der Herrschaft und vor dem Hintergrund der Sicherung der Stabilität des neu erworbenen Gebietes von großem Vorteil, die ehedem Berechtigten gnadenhalber wieder in den Stand der Jagd zu setzen um auf diese Weise die damit verbundenen Rechte einerseits und Gehorsamspflichten der Berechtigten andererseits nicht aus der Hand geben zu müssen. Den herzoglichen Ansprüchen unter Bezug auf die Stabilität und Anerkennung der Herrschaft innerhalb des neu erworbenen Raumes wurde so offenbar Genüge getan. Raumtheoretisch betrachtet musste die Gnadenjagd ebenfalls die bessere Wahl sein, da der interpersonale Raum, der zwischen dem Herzog und den Adligen und Untertanen

[1570] So auch bei Torsten Pflittner, Manifestation der Herrschaft im Raum. Adelige Jagd im Mittelalter unter Karl dem Großen, S. 46, unter Bezug auf Brigitte Kasten, Mittelgewalten, S. 63. Was für die Forste im Rahmen der Königsjagd des frühen Mittelalters galt, wurde später von den Landesherren in ähnlicher Weise übernommen. Die Forste waren sehr bedeutende Faktoren der herrschaftlichen Gewalt und der Durchsetzungsfähigkeit landesherrlicher Politik. Mit der Regalität jedoch trat meines Erachtens der Forst in seiner Bedeutung etwas zurück, da nun die Jagdhandlung des Landesherrn auch über die Forste hinaus exklusiv wurde. Der „Raum“ der Jagd und damit ihr Wirkungskreis wurden im Zuge der Regalität wesentlich vergrößert. Wirtschaftlich dagegen waren die Forste natürlich nach wie vor von großer Bedeutung.

des eroberten Gebietes nicht nur sozial, sondern auch mentalitätsbezogen und psychologisch bestand (niemand verliert gerne einen Krieg und lässt sich dann ohne entsprechenden Druck oder aber Gefälligkeiten durch den neuen Herrn regieren), dadurch nicht noch größer wurde. Die Errichtung eines Forstes hätte diesen Raum, der ja nicht nur sozial bedingt ist, sondern natürlich auch ein Resultat der politischen Entscheidungen, des Umganges mit den Besiegten, den Erlassen und Verordnungen, etc. darstellt, in jedem Falle vergrößert. Die Gründe dafür habe ich bereits mit den Auswirkungen der Kreierung eines Forstes weiter oben genannt. Mit der Wiedereinsetzung der ehedem Jagdberechtigten nun gnadenhalber konnte der Raum zwischen den Kontrahenten (Adlige - Herzog) und den neu hinzugewonnenen Untertanen so gering wie möglich, aber auch so groß wie nötig gehalten werden. Einen zusätzlichen Hinweis darauf, dass die mit einer Gnadenjagd bedachten Personen dem Gewährenden jener Gnade wohl in den meisten Fällen Loyalität entgegenbrachten, gibt auch Horst Alexander Willam. Er schreibt dazu: „Man wird verstehen, wie die mit einer Gnadenjagd Bedachten Wert darauf legten, sich möglichst lange der „Gnade" zu erfreuen und nach Tunlichkeit zu versuchen, aus zeitbedingtem Gewohnheitsrecht ein echtes, eigentümliches Recht erwachsen zu lassen."[1571] Daraus und aufgrund des genannten Beispiels des Herzogs von Württemberg wird ersichtlich genug, dass Gnadenjagden durchaus politischer verstanden werden müssen als dies bisher in der Literatur geschehen ist. Für das Ansehen des Herzogs war dies nach meiner Auffassung mit einiger Sicherheit eine sehr kluge Handlung.

8.5.2.4.4 Die Wild- oder Jagdfolge im Kontext der Raum(be)handlung

Unter der Wild- oder Jagdfolge ist zunächst einmal generell die „Verfolgung von angeschossenem oder schwerkrankem Wild über die Grenzen des eigenen in den fremden Jagdbezirk"[1572] zu verstehen. Einmal abgesehen von den sprachlichen und rechtlichen Änderungen ist diese Definition auch auf die Wild- oder Jagdfolge vergangener Epochen anwendbar. Aus jener Definition heraus sind bereits die wesentlichen Kriterien, die konstitutiv gegeben sein müssen, extrahierbar. Insbesondere die räumliche Komponente scheint ein wesentlicher Schlüssel für das Verständnis des Instrumentariums „Wild- oder Jagdfolge" zu sein. Dafür sind jedoch einige Grundannahmen, wie sie im Folgenden thematisiert werden, notwendig. Betrachtet man die Jagdhandlungen der Großen des Reiches nach dem Ende der karolingischen Dynastie bis zur Revolution von 1848/49 gerade nicht als reines Vergnügen der Herren, als Zeitvertreib oder als Entspannungshandlung von den Strapazen der Herrschaftstätigkeit, sondern als ernsthafte und zweckorientierte, raumkonstituierende und raumreproduzierende Herrschaftshandlung, so kann über die Besonderheit der Wild- oder Jagdfolge, das heißt in der Regel des Verfolgens eines im eigenen Jagdbezirk oder auf eigenem Hoheitsgebiet verletzen Wildes in ein angrenzendes aber eben fremdes (Hoheits-)Gebiet, ein interessantes Bild aufgezeigt werden. Die Wild- oder Jagdfolge spiegelt geradewegs eine räumliche

---

[1571] Siehe diese Worte bei Horst Alexander Willam, Wildbahn und Waidwerk in Baden-Württemberg, S. 26.

[1572] Vgl. dazu Lexikon der Jagd, S. 798, Begriff der Wildfolge.

Realität sowie räumliche Vorstellungen und räumliches Denken, die spezifische Konstitution von Raum – über materielle und symbolische Güter[1573] einerseits sowie über die Positionierung von Menschen und Tieren in jenen Räumen andererseits – wider. Das bedeutet aber auch, dass die Jagdfolge nur in spezifischen, bereits vorstrukturierten Räumen einerseits stattfinden kann, gleichzeitig jedoch auch über ihre eigene Realität, ihre Existenz, selbst raumkonstituierend wirkt. In diesem Zusammenhang sei auch nochmals darauf verwiesen, dass, wie in Kapitel 4 bereits explizit erwähnt, die Geschichte der Jagd nicht vor dem Hintergrund lediglich vorgegebener existenter Räume, existenter Strukturen und Inhalte von Räumen zu untersuchen ist, sondern selbst als Bestandteil der epochenspezifischen Raumkonstruktion im Zuge des Vergesellschaftungsprozesses verstanden werden muss. Die Wildfolge, aber auch die genannten Freipirschbezirke und die Gnadenjagden versetzten so einen Herren in den Stand, Räume zu strukturieren, eigene Ordnungsvorstellungen zu reproduzieren und dies stetig zu visualisieren[1574]. Innerhalb der Wild- oder Jagdfolge sind somit zunächst verschiedene Möglichkeiten der Konstituierung von Räumen und deren Beeinflussung zu beachten. Die Wild- oder Jagdfolge setzt zunächst einmal das Vorhandensein von bestimmten geographischen als auch sozialen Grenzen voraus, da ohne sie das Instrument oder Institut der Jagd- oder Wildfolge vollkommen bedeutungslos oder inhaltsleer wäre[1575]. Wo Grenzen sind, treffen wenigstens zwei (das gilt für soziale wie auch geographische Grenzen), maximal jedoch unendliche Raumkonstruktionen (das gilt nur für die sozialen Grenzen, da geographische Grenzen bald zahlenmäßig erschöpft sind) aufeinander, die sich nicht notwendigerweise äußerlich unterscheiden müssen. Dort, wo zwei Wildbänne aufeinander treffen, gilt dies ja nur für den Bann, das Jagdrecht, nicht jedoch für die geographische Struktur, die politische Ideologie, die „andere Welt", etc. Auf beiden Seiten der Grenzen trifft man auf eine Landesherrschaft[1576], auf

---

1573 In enger Anlehnung an die Ausführungen von Martina Löw, Raumsoziologie, S. 152f. Sie weist darauf hin, dass jene als zusammenfassend „soziale Güter" bezeichnet werden können und als soziale Güter niemals nur allein materiell oder allein symbolisch ausgestaltet sein können. Was darunter gerade im Hinblick auf die Wildfolge gemeint sein könnte, wird noch anschließend dargestellt werden.

1574 Auch hier sei nochmals darauf verwiesen, dass die Visualisierung von Herrschaft und Ansprüchen eine wesentliche Größe der Politik war.

1575 Mit geographischer Grenze ist hier nicht lediglich die Landesgrenze gedacht, sondern, wie in der modernen Revierstruktur im Rahmen des Reviersystems in der Bundesrepublik Deutschland auch, die Jagdrechtsgrenze. Im modernen Sinne wäre dies die Grenze des das gepachtete Revier umspannenden Jagdausübungsrechtes. Damit erscheint die Wildfolge schon allein aufgrund der viel kleineren Revierstruktur der bundesdeutschen Jagdreviere (bereits ab 75 ha zusammenhängender land-, forst-, oder fischereiwirtschaftlich nutzbarer Fläche) häufiger der Fall zu sein als dies bei den Landesherrschaften denkbar wäre. Allerdings: da die Wildfolge auch zwischen den Grundherren innerhalb einer Landesherrschaft einerseits und den Grundherren und der Landesherrschaft andererseits galt, wird dies wieder zu relativieren sein.

1576 Dies gilt, auch wenn der eine Landesherr ein Kurfürst, der andere ein Herzog oder Graf sein mag. Die Titel mögen sich unterscheiden, die Strukturen der Herrschaft selbst dagegen nicht. Dasselbe gilt heute für den Freistaat Bayern oder Sachsen einerseits und die Hansestadt Hamburg oder Bremen andererseits. Es sind eigenständige Länder, eingebunden in das föderale System der Bundesrepublik, mit denselben Verwaltungseinheiten, einer sich gleichenden Bürokratie, denselben Rechtsgebräuchen und sich ähnelnden Sitten, auch wenn sie regionale Differenzen aufweisen mögen.

Flüsse, Seen, Berge, auf Städte mit gleicher Struktur, denselben Zünften, man trifft auf dieselben Verwaltungseinheiten, dieselben Sitten und Gebräuche, dieselbe Sprachgemeinschaft, etc. Der wesentliche Unterschied besteht somit allein in der Person des Landesherrn und in der Namensgebung der Territorien (z. B. Württemberg, Zollern, Sachsen, Brandenburg, Kurpfalz, Kurhessen, Darmstadt, etc.). So oder ähnlich kann man sich wohl stark vereinfacht die Landesherrschaften in der frühen Neuzeit auf deutschem Boden - die Fürstenstaaten - vorstellen. Ihnen allen gemein war ihre innere Struktur, die politischen und sozialen Grundlagen, die Architektur, die Geschichte ihrer Entstehung, ihr Militärwesen, ihre Märkte, Straßen, ihre Sitten und Gebräuche. Weiterhin waren diese Territorien durchsetzt oder konfrontiert mit verschiedentlichen Rechtsansprüchen verschiedener Herren in unmittelbarer Nachbarschaft oder gar auf dem Boden des eigenen Gebietes. Kaiserliche Rechtsansprüche, insbesondere die bereits genannten Freipirschgebiete oder kaiserliche Forste, konnten so die Territorien in ihrer einheitlichen Struktur stören oder zumindest beeinträchtigen. Auch hier standen die Landesherren stetig vor einer Situation, die ihr Handeln einmal als Schwäche, einmal als Stärke auslegen ließ und die so zumeist (Gewohnheits-)Rechte begünstigen oder gar begründen, sie genauso aber auch rückgängig machen konnte. In diesen epochenspezifischen Situationen waren das Jagdrecht und die Wildfolge gewichtige und allseits anerkannte Instrumente. Innerhalb der Strukturen der Landesherrschaften existierten also verschiedene Güter, die in stetiger Wechselwirkung zueinander standen. Als materielle Güter können zunächst die Herrenhöfe, die bestellten oder unbestellten Felder, Äcker, Wiesen, die Bauernhäuser, die Gemarkung, die Marksteine, Schlagbäume oder sonst wie gekennzeichneten Grenzen, daneben auch der Forst bezeichnet werden. Unter die symbolischen Güter dagegen können die Gerichtsbarkeit, das Jagd- und Forstrecht, das Wildbannrecht (welches höher einzustufen ist als das bloße Jagdrecht des Adels auf niederes Wild), das Recht des Waffentragens, die Lebensart, Gebräuche und Sitten, etc. subsumiert werden. Das zentrale Handeln des Landesherrn - über die Akkumulation dieser materiellen und symbolischen Güter - dreht sich um die kontinuierliche Sicherung des Status quo mit Hilfe der beliebigen Reproduktion von Stellung, Macht und Herrschaft in Realität und Vorstellung von Raum. Im Rahmen der Jagd- oder Wildfolge, auch wenn man einer Anmerkung von Freiherr Rudolf von Wagner folgend die Quellen als sehr spärlich bezeichnen muss[1577], sind vor dem Hintergrund der Konstitution von Raum, der politischen Struktur der Landesherrschaften in der frühen Neuzeit, mehrere Konstellationen oder Ebenen voneinander zu unterscheiden. Will man die entsprechende Hierarchie im Rahmen einer Landesherrschaft berücksichtigen, dann bedeutet die Verflechtung von materiellen und symbolischen Gütern als „sozialen Gütern" zunächst Folgendes: Der Landesherr als oberster Koordinator (auch hier ist die Kommunikationsfähigkeit als Form der Koordination, als Form der Veröffentlichung von Reglement, Ordnung, Recht, etc. hervorzuheben; diese wird beim Landesherrn entgegen den regionalen Patrimonialherren überproportional größer sein)

[1577] Freiherr Rudolf von Wagner, Das Jagdwesen in Württemberg unter den Herzögen, S. 297, schreibt zur Lage der Quellen, dass die „darüber vorhandenen Nachrichten (...) aber überaus dürftig sind und geben nicht Normalien, sondern nur spärliche Notizen über den herrschenden Gebrauch (...)".

findet seine Herrschaft bereits strukturiert vor und führt diese Strukturierung seiner Herrschaft durch allerlei materielle Formen, die ihren Ausdruck in Infrastruktur, Architektur, Militär, Grenzschutz, etc. und symbolischen Werten wie Ordnungen und Rechtsakten finden, fort. Ihre wirkliche Bedeutung, ihren Ausdruck von Funktion und damit Sinn im Rahmen der Landesherrschaft, finden jene materielle Formen oder Anordnungen über die Inhalte ihrer Symbolik. Straßen zeugen von Handel und Verkehr, von Kommunikation und Austausch, die Architektur von Größe und Reichtum eines Landes, einer Stadt. Die Architektur bildet auch den Gegenpol zur ländlichen Struktur, sie ist Merkmal einer blühenden Stadt, während sie auf dem Land einfacher und keineswegs repräsentativ erscheint. Als wichtige Ausnahmen sind hier wohl die Jagdschlösser zu nennen, die als herrschaftliches Netzwerk über den Raum verteilt wurden. Das Militär, der militärische Apparat, die Kanonen, Kartätschen, Waffen, Rüstungen, Kasernen, zeigen die Streitbarkeit auf, den Mut und den Willen zur Verteidigung des Erreichten oder zum Expansionswillen, zum Durst nach Macht und Land. Auf der anderen Seite entfalten auch die primär symbolischen Güter materielle Ausgestaltungen, wie z. B. der Wildbann, das Jagd- und Forstregal, das Jagdrecht. So ist der Wildbann in der Lage eine bestimmte Räumlichkeit zu erzeugen, die sich über die Raumstrukturen und Raumvorstellungen anderer – z. B. der Grundherren – wie eine Glocke stülpt (so beschneidet er z. B. das Jagdrecht des Adels, während er das übergeordnete Jagdrecht des Landesherrn darüber schiebt). Dasselbe gilt natürlich in gleicher Anwendung für die gesamten landesherrlichen Rechte, die entsprechenden Vorrang vor den patrimonialgewaltlichen Rechten der Grundherren haben. Der Grundherr findet sich in einem solchen Raum in einer anderen Positionierung als der Landesherr, womit ihm auch aufgrund der damit zum Ausdruck gebrachten sozialen, politischen Hierarchie weniger Gestaltungsmöglichkeiten zustehen werden. Auf der Ebene angrenzender Landesherrschaften ist also zumeist die Gleichrangigkeit der Ansprüche festzustellen, was dazu führte, dass die Jagdfolge zwischen ihnen eben nicht klar definiert, sondern im Gegenteil häufig genug umstritten war[1578]. Aber auch die Gleichrangigkeit ist historisch betrachtet wohl nur ein theoretischer Fall. Kurfürsten, so F. K. Hartig, meinten nicht selten, dass sie es ihrem Stolz und ihrer Standesehre schuldig seien, einem angrenzenden Grafen die Wild- oder Jagdfolge zu verweigern, während sie gleichzeitig ihre eigenen Jäger ohne zu zögern auf dessen Territorium schickten[1579]. Mit der Einbeziehung der Person des Landes- und des Grundherrn sind jedoch bereits weitere Größen in Bezug auf die Konstituierung von Raum genannt worden. Neben den sozialen Gütern (materiell und symbolisch) der Raumkonstitution nennt denn auch Martina Löw folgerichtig die Lebewesen, das heißt den Menschen und die Tiere[1580], wie ich das bereits bei den Jagdfronen in Kapitel 7 sowie im vorliegenden Kapitel bei den Jagdpraktiken, insbesondere der Parforcejagd, den großen Jagdzügen und den Eingestellten Jagden und deren spezifischer Logik einer Anordnung von Mensch

[1578] Vgl. dazu die Ausführungen bei Hans Wilhelm Eckardt, Herrschaftliche Jagd, bäuerliche Not und bürgerliche Kritik, S. 41.

[1579] Vgl. dazu bei F. K. Hartig, Forst- und Jagd-Staatsrecht, S. 413.

[1580] Vgl. dazu bei Martina Löw, Raumsoziologie, S. 153-155.

und Tier, angeführt habe[1581]. Ihre Präsenz, ihre Positionierung durch eigene Kraft oder eigenen Antrieb oder durch Handlungen anderer Menschen, sowie ihre Affekte, ihr aktives oder passives Sichverhalten über Sprache, Töne, Musik, Mimik, Gebärde, etc., beeinflusst nun darüber hinaus ebenfalls die Raumkonstruktion. Hierzu gilt gerade das Beispiel Joseph Morsels als Paradigma, der die Besetzung des Raumes (zunächst als Resultat der Anordnung sozialer Güter), hier speziell des Forstes, mit Hilfe des Hörnerklangs und des Hundegebells, der Jägerschreie der Jagdgesellschaft und der Paukenschläge[1582] verdeutlicht hat. Das bedeutet, dass Raum letztendlich das Ergebnis einer stetig im Fluss befindlichen relationalen (An)Ordnung von Lebewesen und sozialen Gütern darstellt[1583]. Daraus kann man die Schlussfolgerung ziehen, dass dort, wo zwei soziale Grenzen aufeinander treffen, ebenfalls Räume entstehen und zwar, wie dies Martina Löw beschreibt, in Abhängigkeit zu ihrem sozialen Verhältnis[1584]. Während bei obigem Beispiel die geographischen und die sozialen Grenzen zusammenfallen, ist dies innerhalb derselben Landesherrschaft nicht unbedingt und in jener Ausschließlichkeit der Fall. Das bedeutet, dass, wie bereits bei den Gnadenjagden ausgeführt wurde, der Raum zwischen einem mit der Gnadenjagd bedachten Studenten und dem Landesherrn deutlich größer sein wird als zwischen dem Landesherrn und einem adligen Großgrundbesitzer, der ja seinerseits gewisse Jagdrechte bereits sein Eigen nennen kann. Während der Grundbesitzer seinem Landesherrn bereits einiges Entgegenkommen aus Abgaben- und Treuepflichten heraus schuldet, wird sich der Landesherr dieses bei einem begünstigten Studenten erst noch zukünftig erhoffen oder auf andere Vorteile spekulieren[1585]. Auch entgegen den patrimonialen Grundherren innerhalb einer Landesherrschaft wird sich der Landesherr aufgrund der Standesunterschiede einerseits und auch aufgrund der Verdeutlichung seines herrschaftspolitischen Anspruchs die Wild- oder Jagdfolge gegenüber den Grundherren zu jeder Zeit herausgenommen haben, während er sie den Grundherren ihrerseits verbat[1586]. Einzig die Landsassen, also die patrimonialen Grundherren innerhalb einer Landesherrschaft, haben sich die Jagdfolge gegenseitig häufig und regelmäßig zuge-

[1581] In Kapitel 5 der vorliegenden Arbeit habe ich diese Besonderheit auch bereits im Hinblick auf die römischen Venationes versucht darzustellen.

[1582] Vgl. dazu die Ausführungen bei Joseph Morsel, Jagd und Raum, in: Werner Rösener (Hrsg.), Jagd und höfische Kultur im Mittelalter, S.283. Gerade das Hornsignal, das sich als wichtiges Jagdzeichen und akustische Jagdsprache, mithin als besonderes Jagd- und aristokratisches Symbol entwickelte, hebt der Autor hier besonders hervor. Zu den Jägerschreien siehe auch bei Georg Ludwig Hartig, Lehrbuch für Jäger und die es werden wollen, S. 288-289.

[1583] Siehe diese Definition bei Martina Löw, Raumsoziologie, S. 154. Hier heißt es wörtlich: *„Raum ist eine relationale (An)Ordnung von Lebewesen und sozialen Gütern."* Kursiv auch im Original.

[1584] Vgl. ebd., S. 154.

[1585] Aufgrund der Bedeutung der Visualisierung von Herrschaft und Anspruch wird auch der jagende Student als verlängerter Arm des Landesherrn die Inanspruchnahme eines bestimmten Gebietes trefflich visualisieren haben können. Uneigennützig war die Gnadenjagd wohl kaum.

[1586] Hans Wilhelm Eckardt, Herrschaftliche Jagd, bäuerliche Not und bürgerliche Kritik, S. 41. Auch in den württembergischen Freipirschgebieten war den berechtigten Gemeinden und deren Jägern die Nachfolge in den herzoglichen Forst verboten. Vgl. dazu bei Freiherr Rudolf von Wagner, Das Jagdwesen in Württemberg unter den Herzögen, S. 68.

standen[1587]. Ihr Aufbegehren in sozialer und politischer Hinsicht wird sich mehr gegen den sie beschneidenden Landesherrn als gegen den nachbarlichen Grundherrn weltlicher oder geistlicher Prägung gerichtet haben (auch wenn dies natürlich nicht immer so war; vgl. z. B. die Bedeutung der Fehde, des Raubritters, etc.). Erst die Positionierung der Lebewesen Mensch und Tier in ihrem Wechselspiel zueinander sowie der akustischen Unterstützungen führten letzten Endes zur besonderen Raumkonstruktion Forst, der dadurch auch erst in seiner ganzen Tragweite real und in den Köpfen der Untertanen oder des Publikums (natürlich auch der Akteure selbst) dauerhaft und klar konstituiert werden konnte. Doch hier kann es beim Forst als Raumkonstrukt nicht bleiben, da über die Jagdpraktiken jener letztendlich nur von der Herrschaft beanspruchte Raum regional beliebig reproduziert werden konnte. Das Instrument des Wildbannes führte ja folgerichtig vom Konstrukt des Forstes weg und versetzte den Landesherrn in die Lage, jenen Herrschaftsraum beliebig oft und an beliebigen Orten kontinuierlich zu reproduzieren. Hierdurch erfuhr, wie das bereits an verschiedenen Stellen thematisiert und angesprochen wurde, die Jagdhandlung über die strukturellen Entwicklungen eine relative Freisetzung ihres Potenzials, welches sich im Kern über die Jahrtausende nicht verändert hatte. Die Veränderung dagegen geschah allein im Raum, seiner Prägung, seiner Reproduktion im Zuge des politischen Systems und damit der Verfassung des Gemeinwesens. Die Wild- oder Jagdfolge, um zum Thema zurückzukommen, ist dabei nur ein Fenster, ein Ausschnitt, der es erlaubt, jene Veränderungen des Raumes zu verdeutlichen. Mit der Jagd- oder Wildfolge in einem unmittelbaren Zusammenhang stehend ist die Einteilung der späteren landesherrlichen Jagd in die Hohe und Niedere Jagd zu betrachten. Sie ist unter anderem auch der bereits genannten Positionierung von Tieren zum Zwecke der Raumkonstituierung zuzuordnen, indem – wie es Joseph Morsel differenzierte – Hirsche und Steinböcke als Hauptziele der Landesherren galten, da sie besonders scheu und deshalb fliehend sind[1588], was eine besonders umfassende Bewegung der Jäger und ihrer menschlichen als auch tierischen Helfer im Raum zur Folge hatte. In der Tat sind der Hohen Jagd überwiegend solche Wildarten zuzurechnen, die man als raumgreifend in ihrer Biologie und Lebensweise bezeichnen könnte. So blieben die meisten Landesherrn der Einteilung des Hochwildes aus karolingischer Zeit treu, in der Rot- und Schwarzwild, Auerochse, Wisent, Elch und Bär[1589] jener vorbehalten war. Trotz vielfacher Änderungen und regionaler Unterschiede änderte sich hier nichts Wesentliches mehr, auch wenn es regional noch weitere Einteilungen wie etwa die

---

[1587] Hans Wilhelm Eckardt, Herrschaftliche Jagd, bäuerliche Not und bürgerliche Kritik, S. 41, unter Bezug auf Beck und v. Seckendorff.

[1588] Vgl. dazu bei Joseph Morsel, Jagd und Raum, in: Werner Rösener (Hrsg.), Jagd und höfische Kultur im Mittelalter, S. 286. Der Steinbock, so Morsel, gilt in den Bergen als Äquivalent zum Hirsch, welcher im flachen Land und im Voralpengebiet oder im Gebiet der Mittelgebirge das bevorzugte Jagdtier der edlen Herren darstellte. Den besonderen Stellenwert des Hirsches stellt Kurt Lindner im Rahmen seines Werkes „Queen Mary´s Psalter", S. 13, auch für das mittelalterliche England dar. Der Rothirsch war bereits auch hier wesentlicher Bestandteil der Hetzjagd, später natürlich auch der Parforcejagd.

[1589] So bei Rudolf Friess, Wesen und Wege der Jagd von ihrem Urbeginn bis heute, in: Wild und Weidwerk der Welt, Herausgegeben unter dem Ehrenschutz des Bundesministeriums für Land- und Forstwirtschaft und der Österreichischen Landesjagdverbände, S. 217.

Mittlere Jagd gab, sowie einzelne Tierarten wie etwa das Reh nicht selten zwischen den Kategorien hin- und herwanderten. Dazu kommt, dass der Landesherr regelmäßig die Hohe Jagd auf allen Grundstücken innehatte, während die einzelnen Grundbesitzer nur die Niedere Jagd auf ihren Grundherrschaften ihr Eigen nennen konnten. Auch das ist eine Form der Strukturierung des Raumes einerseits als auch seiner Reproduktion gegenüber den als geringer einzustufenden Raumstrukturierungen der Patrimonialgewalten andererseits. Jagd im Sinne der Besetzung des beanspruchten Herrschaftsgebietes über die Jagdhandlung, das Hundegebell, den Hörnerklang, die Einbindungen der Fröner bei deren gleichzeitigem Ausschluss von der Jagdhandlung selbst; all das ist Bestandteil der Jagd als Herrschaftshandlung, deren „Wirkstoff" nicht die Wildverfolgung und Wilderlegung, sondern die räumliche Bewegung war[1590]. Aber: unter Zuhilfenahme der obigen Ergebnisse und der Hinweise von Martina Löw muss man hier noch einen Schritt weitergehen und davon ausgehen, dass die Wildverfolgung einer Logik der Positionierung von Lebewesen entsprach, mit deren Hilfe Raum konstituiert, zumindest beeinflusst, daneben aber auch beliebig reproduziert werden konnte. In diesem Kontext ist auch die genannte Zweiteilung der Jagd in die Hohe Jagd des Landesherrn und die Niedere Jagd des Adels, der regionalen Grundherren, zu sehen. Jeder Raum, insbesondere der Herrschaftsraum des mittelalterlichen und frühneuzeitlichen Deutschen Reiches, war jedoch – wie bereits genannt wurde – mit Grenzen versehen, die darüber hinaus nicht unbedingt allerorts sichtbar sein mussten. War dies schon bei den frühmittelalterlichen Forsten so[1591], wird es auch bei den späteren Wildbännen ähnlich gewesen sein. Die Landesherrschaften einerseits und vielfältigen Grundherrschaften auf dem Gebiet des Landesherrn andererseits (von Bischöfen, Grafen und dem „niederen" Adel, etc.) waren nicht anders räumlich getrennt oder abgegrenzt als durch Burgen, Schlagbäume oder Wachposten[1592] auf den wenigen Hauptstraßen einerseits sowie Marksteine und ähnliche Markierungen in der Flur andererseits. Manche Grenzen innerhalb der Landesherrschaft, das heißt die Grenzen der einzelnen Patrimonialgewalten (die Vielzahl der Rittergutsbesitzer, die zugleich Inhaber der lokalen Gerichts- und Polizeigewalt waren, namentlich im Brandenburg des 16. Jahrhunderts)[1593] zueinander, werden überwiegend durch

---

1590 Joseph Morsel, Jagd und Raum, in: Werner Rösener (Hrsg.), Jagd und höfische Kultur im Mittelalter, S. 285.

1591 So schreibt Thomas Zotz: „Die Grenzen (termini) eines Forsts, sein ambitus, waren in der Regel wohl nur bezeichnet, so wie wir bereits aus frühmittelalterlichen Quellen von Lachen, Grenzzeichen an Bäumen, hören, also nicht als Hindernis real existent." Vgl. dazu bei Thomas Zotz, Beobachtungen zu Königtum und Forst im früheren Mittelalter, in: Werner Rösener (Hrsg.), Jagd und höfische Kultur im Mittelalter, S. 103, unter Bezug auf Rubner und MGH DHII 326.

1592 Vgl. dazu Heinrich von Kleist, Michael Kohlhaas, S. 3ff. Kleists Hauptfigur, Michael Kohlhaas, ein Rosshändler Mitte des 16. Jahrhunderts, kam an der Elbe an einer „stattlichen Ritterburg auf sächsischem Gebiete" vorbei und sah sich hier einem Schlagbaum gegenüber, den er zuvor niemals dort sah. Das lässt uns den Schluss ziehen, dass die Burg als Grenzwacht, der Posten und auch der Schlagbaum im 16. Jahrhundert und – mit Ausnahme des Schlagbaums – wohl auch davor, durchaus die Regel gewesen sein werden.

1593 Vgl. dazu auch die Ausführungen von Otto Hintze, Geist und Epochen der preußischen Geschichte, in: Fritz Hartung (Hrsg.), Gesammelte Abhandlungen, S. 13-15.

imaginäre Grenzen wie der genannten Gerichtsbarkeit oder mit Hilfe der durch abhängige Bauern bewirtschafteten Höfe und deren Acker- und Waldflächen auch visuell bestanden haben. Innerhalb dieser Grenzen wird der Ranghöhere regelmäßig für sich die Wildfolge in Anspruch genommen, sie dem Rangniederen dagegen verwehrt haben. Thomas Zotz schreibt hierzu, dass im hohen Mittelalter das Wild durch den auf ein definiertes Gebiet bezogenen Bann umhegt sei[1594]. Dort, wo der Bann auf einen anderen, womöglich höherrangigen Bann trifft, endet der jagdlich und akustisch zu besetzende Raum. Alles innerhalb des Bannes ist sozusagen Pertinenz der eigenen Herrschaft (z. B. des Landesherrn im Vergleich zum regionalen Grundherrn), einerlei ob materiell oder symbolisch, einerlei ob Mensch oder Tier. Mit der Geburt des Jagdrechtes, mit der Größe der Hoheitsgebiete, mit Inhalt und Zielsetzung des Raumes änderten sich somit auch die Perspektive und die „Vertragspartner" der Wildfolge[1595], denn: es ist generell zu unterscheiden zwischen der Wildfolge oder der Nacheile von einem freien Jagdbezirk (einem Gebiet, in dem jedem Freien die Jagd erlaubt war) in einen Königsforst hinein und der Wildfolge eines Landesherrn in den späteren Zeiten der Regalität auf das Herrschaftsgebiet eines angrenzenden Fürsten. Der erste Fall betrifft den jagenden Freien (einerlei ob nun adlig oder nicht) der karolingischen und nachkarolingischen Zeit, der ein verletztes Stück Wild in einen Königsforst hinein verfolgen will, während der zweite Fall allein die Wildfolge unter gleichrangigen Fürsten oder zwischen den Trägern unterschiedlicher Adels- respektive Herrschaftstitel in landesherrlicher Zeit und bezüglich einem wesentlich größeren Gebiet, dem Wildbann, betrifft. Die Grenzen der Landesherrlichkeit waren nicht selten auch die Grenzen der Wildbänne und damit die Grenzen der beanspruchten Hoheitsgebiete, der hohen Gerichtsbarkeit und damit auch des Jagdrechtes. Noch in den germanischen Stammesrechten ist unter der Wildfolge oder Nacheile zu verstehen, dass durch die beginnende Okkupation[1596], das heißt den Beginn der Jagd auf ein konkretes Stück, jene mit dem Tod und/oder der Inbesitznahme dieses Stückes endet. Das Recht des freien Tierfanges konnte niemanden davon abhalten, auch auf anderen Gebieten, in anderen Räumen ungehindert das verletzte Stück Wild zu verfolgen und es zur Strecke zu bringen. Zumindest soll dies für volle 24 Stunden lang im germanischen Kulturkreis der Fall gewesen sein und damit für diesen Zeitraum allgemein zugesichert und verbindlich[1597]. Die Restriktivität, mit der die Wildfolge in den Zeiten der Landesherrschaften fortentwickelt wurde, zeigt auf, dass es sich hier um eine Entwicklung parallel zur Zerstückelung des Deutschen Reiches, zur Kleinräumigkeit der

[1594] Vgl. bei Thomas Zotz, Beobachtungen zu Königtum und Forst im früheren Mittelalter, in: Werner Rösener (Hrsg.), Jagd und höfische Kultur im Mittelalter, S. 103.

[1595] In germanischer Zeit mögen dies verschiedene Stämme gewesen sein, im Mittelalter und der frühen Neuzeit Landesherren und Grundherren, heute Staatsforst und Privatwald oder besser: öffentlich-rechtliche Jagdverhältnisse und Jagdpächter.

[1596] Vgl. dazu bei Kurt Lindner, Die Jagd im frühen Mittelalter, S. 195.

[1597] So zumindest beschreibt es Adam Schwappach für die germanische Zeit. Vgl. dazu bei Hans Wilhelm Eckardt, Herrschaftliche Jagd, bäuerliche Not und bürgerliche Kritik, S. 41, unter Bezug auf Adam Schwappach. Aber auch Freiherr Rudolf von Wagner führt den „Waidmannsbrauch" früherer Zeiten an, nach dem Wild während der nachfolgenden 24 Stunden auch in ein fremdes Jagdgebiet verfolgt werden durfte. Vgl. dazu bei Freiherr Rudolf von Wagner, Das Jagdwesen in Württemberg unter den Herzögen, S. 297.

Staatsgebilde und deren relativer Zerbrechlichkeit handeln musste. Die Wild- oder Jagdfolge war keine Animosität des hohen Adels, sondern ähnlich den jagdlichen Darstellungen im altägyptischen Reich ein Instrument, welches die „Ordnung in der Welt" repräsentierte und deren Kontinuität fortsetzen sollte. Wie sehr die Akzeptanz einer Grenze nicht davor schützte, sie dennoch im Rahmen der Wildfolge nach genau bestimmten Regeln von Seiten des Höherrangigen zu „verletzen", wird aus folgendem Zusammenhang deutlich. So zeigt Rudolf Kiess eine Verpflichtung des württembergischen Grafen Eberhards d. J. aus dem 15. Jahrhundert auf: „...wir...sollen jedes jars einmal zu zymlichen zytten an den orten der vörst und wiltpen gegen den anstössern jagen oder jagen lassen und die selben handhaben damit die wiltpen nit gemyndert werden." Die Grenzen des Forstes, so Rudolf Kiess weiter, müssen als Hoheitsbezirk durch einmaliges Jagen behauptet werden[1598]. Welche Bedeutung einer solchen einmaligen oder jährlichen räumlichen Handlung in ihrer herrschaftlichen Wirkung zuzurechnen war, beschreibt auch Freiherr Rudolf von Wagner für einen Fall in einem württembergischen Freipirschbezirk. Herzog Eberhard Ludwig hob demnach im Jahre 1709 die Freie Pirsch am Rottenberg auf, indem der Bezirk dem Forst Tübingen einverleibt wurde. Um dies öffentlich und folglich rechtswirksam durchzusetzen und die Einhaltung der nun bestehenden Verhaltensmaßregeln anzumahnen, wurde der Bezirk vom Jägermeister, dem Forstmeister von Tübingen und einer „Deputation des Oberraths" feierlich umritten[1599]. Das zeigt deutlich, dass sowohl im Mittelalter als auch in der frühen Neuzeit die Bedeutung räumlicher Handlungen für die Politik der Zeit in der historischen Wissenschaft offensichtlich nur ungenügend behandelt beziehungsweise in ihren weiteren Wirkungen in den Sozialwissenschaften nicht genügend berücksichtigt wurde.

Zurückkommend auf die Wildfolge, welche in zwei Richtungen als herrschaftlicher Akt wirkte, kann man jene durchaus als dem Ritualbestand des Mittelalters und der frühen Neuzeit zugehörig betrachten. Durch die Wildfolge eines höherrangigen Landesherrn auf das Gebiet eines angrenzenden, mit eigenem Wildbann versehenen landesherrlichen Grafen und die stillschweigende oder auch vertraglich zugesicherte Akzeptanz der Wildfolge des Niederrangigen gegenüber dem Höherrangigen – versehen mit dem gleichzeitigen Verzicht der eigenen Wildfolge auf das nachbarliche, hochadlige Gebiet – wurden die Grenzen und Hoheiten, die adlige Hierarchie, eher gestützt als in Frage gestellt oder gar gefährdet. Ähnlich dem Abjagen der Grenzen wird auch die Wildfolge, das genau reglementierte Überschreiten der Grenze hier und die Duldung dieses Vorgehens dort, Bestandteil der nachbarschaftlichen Beziehungen gewesen sein. Jenes Ritual kann somit als Absicherung und gegenseitige Akzeptanz der landesherrlichen Grenzen verstan-

---

1598 Zitiert nach Rudolf Kiess, Die Rolle der Forsten im Aufbau des württembergischen Territoriums bis ins 16. Jahrhundert, S. 125. Unter einmaligem Jagen versteht Rudolf Kiess natürlich den Bezug auf jedes Jahr, da wenigstens jährlich eine solche Jagd an der Grenze entlang stattfinden sollte.

1599 Vgl. dazu die Ausführungen bei Freiherr Rudolf von Wagner, Das Jagdwesen in Württemberg unter den Herzögen, S. 106. Er schreibt weiter, dass die betroffenen Untertanen nicht die Macht hatten, dagegen vorzugehen und sie darüber hinaus auch von keiner Seite unterstützt wurden.

den werden, welche im Vollzuge der jagdlichen Raumbewegung eben dort genau bestimmte und definierte zusätzliche Regelungen erfuhr, die auf einer kommunikativen Basis beruhten und die aufgrund der zusätzlichen Regelungen, aufgrund der zusätzlichen Restriktionen, die im Raum „Grenze" erst entstanden und an sie ursächlich gekoppelt waren[1600], das visuelle und reale Bestehen jener ansonsten unsichtbaren Grenzen anzuzeigen in der Lage waren. Die Wildfolge machte in diesem Kontext die Grenze überhaupt erst sichtbar, wahrnehmbar und aufgrund der gegenseitigen Regelungen in ihrer auch politischen Bedeutung über Herkommen und Sitte beidseitig akzeptiert und auch geachtet. Andererseits hatte die Wildfolge auch innerhalb der Landesherrschaft bestimmte Verhältnisse geschaffen, die es dem Landesherrn in der Regel erlaubten, die Jagdfolge auf dem gesamten Territorium auszuüben, ohne sie im Gegenzug den Grundherren zuzugestehen[1601]. In der Grenzüberschreitung im Rahmen der Wildfolge liegt kein willkürlicher oder ein lediglich arroganter Akt des höherrangigen gegen einen niederrangigen Adligen oder Landesherrn vor, sondern ein Regelungsmechanismus, der sowohl als politische Kommunikation als auch als Konfliktvermeidungsstrategie gesehen werden kann. Die Anerkennung der Grenze, des Hoheitsbezirkes des Angrenzers, konnte so nach dem Denken und Handeln des hohen Mittelalters und der frühen Neuzeit nicht lediglich durch die Unantastbarkeit signalisiert werden. Auch das bewusste Überschreiten im Rahmen der Wildfolge kann als Anerkennung durchaus von Bedeutung sein. Unterwirft man sich hier einem Reglement, wie z. B. dem Ablegen der Windhunde, dem Führen der Waffen außerhalb der unmittelbaren Griffbereitschaft, etc., so kann dies sehr wohl als ein die Grenzen respektierender Akt verstanden werden. Was nach einer Regel geschieht – und das tat die Wildfolge offenbar – ist insofern als kommunikativer Akt, als Anerkennung des Status quo und damit als beidseitig herrschaftsstabilisierend zu werten. Die Anerkennung der Wildfolge ersetzt den bewaffneten Streit, legt die Hierarchie der beiden Angrenzer in regelmäßiger, wenn auch auf den Jahresverlauf bezogen als wohl äußerst selten zu nennende Weise fest. Sie gehört in das politische Bild, in die besondere Diplomatie des hohen Mittelalters als auch der frühen Neuzeit und nicht allein in die jagdkulturelle Geschichte verbannt und damit kaum beachtet.

Exkurs: Wildfolge heute

Das Überschreiten jedweder geographischer Grenzen (und seien es nur Jagdrechtsgrenzen wie innerhalb der Revierstruktur der Bundesrepublik) mit einer jagdtauglichen Waffe scheint nicht nur in den modernen Jagdgebieten des 21. Jahrhunderts ein Akt der Missachtung fremden Rechts und fremden Besitzes gewesen oder als Affront gegen die eigenen Machtsphäre gesehen worden zu sein. Das Überschrei-

---

[1600] So beschreibt dies Hans Wilhelm Eckardt folgendermaßen: „ (...) Der Ort, an dem das Tier getroffen wurde und die Flucht begann, muss gekennzeichnet werden; Jagdhörner dürfen während der Jagdfolge nicht geblasen und Hunde zum Hetzen des Wildes nicht eingesetzt werden; doch auch wenn all dies vom Verfolger beachtet wird, darf der fremde Jagdherr ihm zuvorkommen und sich des Wildes bemächtigen, solange es flieht." Siehe dazu Hans Wilhelm Eckardt, Herrschaftliche Jagd, bäuerliche Not und bürgerliche Kritik, S. 41-42.

[1601] Vgl. dazu ebd., S. 41.

ten der Grenzen zum Zwecke der Nachsuche oder Nacheile wurde bereits im Sachsenspiegel entsprechend angeführt: „...so man die Püxen (Büchse) und die Winde (Windhunde) abgelegt..." [1602], war es gestattet. Auch im Schwabenspiegel, der 1274/75 kodifiziert wurde, gibt es im Artikel 197 genaue Anweisungen für die Jagd- oder Wildfolge sowie für das bloße Durchreiten des Bannforstes. Hier durfte das Jagdhorn nicht benutzt werden, die Waffe musste entspannt und der Köcher verschlossen sein, die Hundemeute gekoppelt[1603]. Akustische Signale, die ebenfalls einen Eingriff in das fremde Ordnungsgefüge dargestellt hätten, wurden ebenso unterbunden wie das offen zur Schau gestellte Tragen von Waffen. Die Wildfolge weitgehend unbewaffnet über die Grenze hinweg auszuüben zu müssen, scheint ein wesentliches Anliegen im Rahmen der Wildfolge bis heute zu sein. Das unbewaffnete Verfolgen des angeschossenen oder sonst wie verletzten Wildes ist denn auch folgerichtig nicht mehr der „Jagd" zuzuordnen, sondern der Nachfolge, wie dies Adam Schwappach für die Zeit des Sachsenspiegels attestiert[1604]. Dass diese Unterscheidung nicht lediglich auf Spitzfindigkeiten beruht, sondern hier eine klare Vorstellung und Regelung der Raumbewegung vor dem Hintergrund sich ändernder Herrschaftssphären zugrunde liegt, liegt als Vermutung nahe. Die Verfolgung von Wild von einem Herrschaftsgebiet in das andere muss abseits der Maßstäbe einer bloßen Inbesitznahme der Beute oder der Einstellungen gegenüber einem verwundeten Wildtier und dessen schnellstmöglicher Erlösung von seinen Schmerzen durch einen Fangschuss, das so genannte „Abnicken" oder das Erschlagen des verletzten Tieres verstanden werden. Während dies aus den oben genannten Gründen vor dem Hintergrund von Raum und Herrschaft in den Zeiten vor dem 19. Jahrhundert im Sinne der Raumbewanderung oder Raum(be)handlung unter frühneuzeitlichen Prämissen plausibel nachvollziehbar ist, sind die Restriktionen und Eigenheiten bezüglich dieser Regelung in der Gegenwart nicht gerade einleuchtend. Vor allem unter Aspekten des Tierschutzes und der Vermeidung unnötiger Qualen müsste eine Regelung gefunden werden, die es dem Jäger sofort und immer erlaubt, das verletzte Tier zu verfolgen und zur Strecke zu bringen. Auch heute ist die Wildfolge, das heißt „die Verfolgung von angeschossenem oder schwerkrankem Wild über die Grenzen des eigenen in den fremden Jagdbezirk" [1605] ein sehr sensibles Politikum. Die Erlösung des kranken Wildes – so der Eindruck – steht dabei oftmals eindeutig nicht im Vordergrund. So heißt es im Bundesjagdgesetz §22a (1): „Krankgeschossenes oder schwerkrankes Wild, das in einen fremden Jagdbezirk wechselt, darf nur verfolgt werden (Wildfolge), wenn mit dem Jagdaus-

[1602] Zitiert nach Hermann Velthuysen, Vor und nach dem Schuss, in: Wild und Weidwerk der Welt, S. 554.

[1603] Vgl. dazu die Ausführungen bei Horst Alexander Willam, Wildbahn und Weidwerk in Baden-Württemberg, S. 24.

[1604] Adam Schwappach, Grundriss der Forst- und Jagdgeschichte Deutschlands, S.53. Auch Adam Schwappach weist darauf hin, dass es keine einheitliche Regelung in Bezug auf die Wild- oder Jagdfolge gab. Unterschiedliche Regelungen ergeben sich aus dem Sachsen- und Schwabenspiegel wie auch aus den Weistümern. So schreibt er: „Viele Weisthümer lassen die Grenze der Jagd und Jagdfolge mittels Axtwurfes bestimmen, wobei der Jagdberechtigte noch soweit außerhalb der Mark jagen durfte als er mit der Axt werfen konnte. Anderwärts endlich war für die Jagdfolge ein bestimmtes Ziel gesetzt, welches nicht überschritten werden durfte."

[1605] Vgl. dazu Lexikon der Jagd, S. 798, Begriff der Wildfolge.

übungsberechtigten (nicht dem Grundeigentümer, Anm. d. V.) dieses Jagdbezirkes eine schriftliche Vereinbarung über die Wildfolge abgeschlossen worden ist."[1606] Das heißt, dass das Recht des Jagdausübungsberechtigten, krankgeschossenes oder schwerkrankes Wild zu verfolgen, an der Reviergrenze endet. Ist dies also der Fall, so bleibt dem Jäger nichts anderes übrig, als die Stelle, an der das Wild in den anderen Jagdbezirk wechselt, in irgendeiner Weise zu markieren oder sonst wie kenntlich zu machen. Daraufhin muss er sich so schnell wie möglich mit dem Reviernachbarn in Verbindung setzen und sich für die anstehende Nachsuche zur Verfügung stellen[1607]. Er gibt insofern die Handlungsvollmacht an denjenigen Jagdrechtsinhaber weiter, in dessen „Hoheitsbezirk" das Wild vermutet wird. Da diese Regelungen nicht bundeseinheitlich sind, kommt es auf der Länderebene zu entsprechenden Abwandlungen der Wildfolge. So ist z. B. in Baden-Württemberg, Bayern, Nordrhein-Westfalen, Brandenburg und Mecklenburg-Vorpommern eine so genannte Mindest-Wildfolge gesetzlich festgelegt, die es dem Jagdausübungsberechtigten erlaubt, bereits von ihm krankgeschossenes Wild, welches über die Grenze zum Jagdnachbarn gewechselt, jedoch für einen sicheren Schuss erreichbar ist, zu erlegen. Auch Wild, welches nach dem Schuss auf das Gebiet des Jagdnachbarn wechselt und in Sichtweite verendet, darf ohne vorherige Absprache mit dem Jagdnachbarn in den genannten Ländern versorgt, das heißt aufgebrochen und abtransportiert werden. Aber: ein wesentlicher Grund, der aufzuzeigen in der Lage ist, dass es bei der Wildfolge gerade auch um ganz andere Hintergründe als den des Tierschutzgedankens geht, ist darin zu erblicken, dass es dem Jagdausübungsberechtigten beim Überschreiten der Jagdgrenze in beiden Fällen nicht gestattet ist, geladene Schusswaffen (in Bayern: geladene Langwaffen) mitzuführen. In Sachsen-Anhalt ist darüber hinaus auch das Mitführen von ungeladenen Waffen beim Überschreiten der Grenze generell verboten[1608]. Die Gründe dafür sind eher undurchsichtig, zumal doch wohl ein „bewaffneter" Jäger in der heutigen Zeit für den Jagdnachbarn und dessen Jagdausübungsrecht keine Bedrohung darstellt. Darüber hinaus zieht man heute in nicht seltenen Fällen professionelle Nachsuchengespanne hinzu, die bei schwierigen Fällen mit der Nachsuche betraut werden. Eindeutig scheint hier ein Residuum aus längst vergangenen Zeiten noch lebendig zu sein, als es dem Jäger im Mittelalter und der frühen Neuzeit beim Durchreiten eines anderen Hoheitsgebietes nicht erlaubt war blankgezogene Waffen zu tragen oder mitzuführen. Die Pfeile mussten im Köcher verbleiben, der Bogen entspannt. Exkurs Ende.

8.6 Resümee aus den bisherigen Ausführungen

Die zurückliegenden Kapitel geben einen umfassenden Eindruck über diejenige Entwicklung, die ich in der Einleitung der vorliegenden Arbeit als in ihrer Gesamtheit in einen großen sozialen Bruch einmündend beschrieben habe. Die Jagd im Rahmen dieser Entwicklung bis in das 19. Jahrhundert hinein war eine Betätigung,

[1606] Vgl. dazu den Wortlaut des § 22a (1), BJG, bei Karl Linnenkohl, Bundesjagdgesetz, S. 54.

[1607] Vgl. dazu die Ausführungen bei Fritz Nüsslein, Das praktische Handbuch der Jagdkunde, S. 33.

[1608] Vgl. dazu die Ausführungen im Lexikon der Jagd, S. 798, Stichwort Wildfolge.

die einmal mehr und einmal weniger das Überleben erleichterte oder einfach nur magisch-mythische und damit quasireligiöse Bedürfnisse der Menschen befriedigte. Sie war innerhalb dieses historischen Rahmens einmal Subsistenzwirtschaft, einmal unabdingbarer Bestandteil eines Fürstenideales und der fürstlichen Tugenderziehung sowie schließlich ein politisches Mittel zur Aufrechterhaltung und Durchsetzung feudaler und absolutistischer Herrschaft. Die Auswirkungen jenes sozialen Bruchs, der seinen Höhepunkt mit dem Ausschluss der Bauern und Bürger aus der aktiven Jagdhandlung und der Singularisierung des Jagdrechtes hatte, wirkten bis weit nach 1848/49, ohne dass jener soziale Bruch selbst konsequent weitergeführt worden wäre (seit 1850 kann zumindest jeder einen Jagdschein erwerben, ob er jedoch kapitalkräftig genug ist in eine Jagdpacht einzutreten, bleibt letzten Endes die Crux, da die allgemeine Jagdfreiheit von 1848 dann 1850 der Jagdfreiheit des Kapitals wich). Der soziale Bruch, beginnend im Hochmittelalter und stärker noch in der frühen Neuzeit, ist für die interessierte Nachwelt zu zeigen in der Lage, welche strukturellen, kulturellen, psychischen und physischen Potenziale in der Jagd als Raum(be)handlung unter entsprechenden gesellschaftlichen Vorzeichen stecken. Die Jagd war so bis zur Mediatisierung und teilweise auch bis zur Revolution von 1848/49 aus der Politik der deutschen Grund- und Landesherrschaften nicht mehr wegzudenken, Feudalismus und Absolutismus waren ohne Jagd in ihrer historischen Tragweite und ihren räumlichen Besonderheiten kaum denkbar. Die Gründe dafür sind schlichtweg darin zu suchen, dass der Ausschluss der Bauern und Bürger von der Jagdhandlung im Umkehrschluss nicht bedeutete, dass jene nun mit der Jagd nichts mehr zu tun zu hatten. Es war ja gerade das Gegenteil der Fall. Der Ausschluss der großen Masse der Untertanen jedoch gereichte der Jagd zu einem herrschaftspolitischen Instrument, welches längst den Weg von der symbolischen Repräsentation oder Darstellung zum realen Herrschaftsakt gefunden hatte. Einzig aus den Wechselwirkungen zwischen Inklusion und Exklusion erwuchs der Jagdhandlung der Herren ein enormes Herrschaftspotenzial, das bis zur Revolution von 1848/49 in vielen Teilen des Reiches Bestand hatte. Weiterhin schuf der Ausschluss der Untertanen überhaupt erst die Möglichkeit gegenkultureller Raumkonstruktionen und eröffnete den Grund- oder Landesherren politische Handlungsalternativen um dem Volk Macht und Stärke zu visualisieren, die eigenen Ordnungsvorstellungen zu reproduzieren. Aus den gegenseitigen Raumkonstruktionen und den aus ihnen erwachsenden Konflikten wurden nicht zuletzt auch die Forderungen nach Freiheit und Gleichheit, nach Gewaltenteilung und Volksvertretungen, nach Freiheit des Geistes und der Wissenschaften genährt. Der Fortschritt zog seine Kraft von jeher aus Konflikten, aus unversöhnlich aufeinander treffenden Raumkonstruktionen, aus unterschiedlichen Anschauungen und auch aus Mord und Totschlag. Die Jagd und der Umgang mit ihr unter den Vorzeichen des jeweils epochenspezifischen Vergesellschaftungsprozesses gehören ebenso in diese lange Reihe der in die Zivilisation führenden Manifestationen sozialen Zusammenlebens wie Revolutionen, Kriege, Erfindungen, Gesetze, Brauch, Sitte, Ethik, Moral, etc. Wie kam es dazu? Die Loslösung der Jagd aus der menschlichen Subsistenz, die magischen und religiösen Implikationen früher Jäger- und Sammlervölker oder die der antiken Hochkulturen, die Instrumentalisierung der Jagd für die Königslegitimation wie unter Kaiser Hadrian oder Karl dem Großen – all diese Entwicklungen bedeuteten im Grunde keinen Einschnitt, keinen spürbaren und historisch-soziologisch bedeutenden Bruch innerhalb der Jagdgeschichte oder der Geschichte ihrer Funktionalisierung. Jene Potenziale der Jagd wurden schon beinahe zu allen Zeiten erkannt und es wurde ihnen in der einen oder anderen Weise Ausdruck verliehen, wie das die Beispiele von Emmanuel Anati[1609] für die Höhlenmalereien oder von Hartwig Altenmüller[1610] für das Ägyptische Reich zu zeigen in der Lage waren. Eine Herrscherideale bedienende oder über magisch-mythische Beziehungen hinausgehende Funktionalisierung der Jagd auf wilde Tiere ist bis weit in die karolingische Zeit hinein nicht nachweisbar. Jagd war bis dahin kaum reglementiert oder beschränkt, das heißt es bestand im Allgemeinen das Recht des freien Tierfanges für die großen Bevölkerungsgruppen fort. Selbst in der Bannforstepoche, die in etwa den Zeitrahmen von Karl dem Großen bis grob 1500 umspannte, war den Bauern die Jagd auf ihren Allmenden noch teilweise erlaubt. Einzig in den schon früheren merowingischen und späteren karolingischen Königsforsten blieb sie bereits dem König vorbehalten. Erst die Erstarkung der Landesfürsten und der Territorialherrschaften zwischen dem 15. Jahrhundert und dem napoleonisch erzwungenen Bruch zwischen 1801 und 1803, spätestens jedoch bis zur Revolution von 1848/49, führten zu einem jagdhistorisch und soziologisch sehr interessanten sozialen Bruch, der bis weit in das 20. Jahrhundert hinein seine Nachwirkungen zeitigte. Jener soziale Bruch war jedoch nicht der finale Bruch innerhalb der Jagdgeschichte. Er war der erste einschneidende und umfassende jagdhistorische Bruch, der auf keine geschichtliche Kontinuität zurückblicken konnte, der nicht nur die Funktion der Jagd neu definierte und weitere Potenziale (weit über magisch-mythische Implikationen und über das Herrscherideal hinausgehend) freistellte, sondern der erstmals den Jäger in die Lage versetzte, mit Hilfe der Jagdhandlungen Ziele zu erreichen, die fern magisch-religiöser Beziehungen oder gar subsistenzieller Bedürfnisse des Menschen zu liegen kamen. Die Jagdfunktionalisierungen nach dem sozialen Bruch konnten sogar auf die symbolischen Inhalte früherer Kulturen beinahe völlig verzichten. Ihre nun freigesetzten Potenziale waren stärker faktischer als symbolischer Natur und ermöglichten eine völlig neue Art der Funktionalisierung der Jagd. Mit dem sozialen Bruch, das heißt dem vorläufigen Ende der allgemeinen Jagdfreiheit, wurde die Jagd für lange Zeit ein politisches Instrument, ein raumkonstituierendes Moment, mit dessen Hilfe die Herrschaft im Innern wie auch im Äußern stetig reproduziert und damit stabilisiert werden konnte. Die Jagd des Landesherrn richtete sich im Innern gegen Rebellen, gegen Aufruhr und Ungehorsam oder gegen den Landadel, sowie im Äußern gegen die Ambitionen der angrenzenden und gerade ebenso verfahrenden Landesherren oder ausländischen

---

1609 Vgl. dazu die Ausführungen von Emmanuel Anati, Höhlenmalerei, an verschiedenen Stellen, die in Kapitel 3 der vorliegenden Arbeit ausgeführt wurden. So habe ich an jener Stelle darauf hingewiesen, dass wohl von einer allmählichen Abstraktionsleistung auszugehen sein, die von der bloßen Mitteilung oder Botschaft reproduzierter Artefakte realer Spuren und Zeichen bis zur rituellen Sprache und Kommunikation im Verlaufe der Epochen führte. Den höchsten Abstraktionsgrad erreichten dann die altorientalischen Jagdbildnisse, die wiederum Vorbild für die letzten Kaiser des Römischen Imperiums und letztlich auch der mittelalterlichen Territorialfürsten wurden.

1610 Vgl. dazu Hartwig Altenmüller, Darstellungen der Jagd im alten Ägypten. Die Jagd in der Kunst, S. 23ff., und in Kapitel 3 der vorliegenden Arbeit.

Mächte[1611]. Die Jagdhoheit erlaubte die Positionierung von Menschen und Tieren an Orten und damit die Konstitution von Räumen, die in den Zeiten bis zum Durchbruch der Grund- und Landesherrschaften so nicht existent waren. Das Resultat war die vollständige Kontrolle über Menschen an Orten und damit die Herrschaft und Gewalt über den Raum durch den Raum. Während die Jagden im frühen Mittelalter und unter den Karolingern in eigens dafür eingerichteten Brühlen, Tierparken oder in abgelegenen Gebieten wie den Ardennen stattfanden, wurde die Jagd der Grund- und Landesherren zunehmend in die Lebens- und Wirtschaftsräume der Untertanen getragen sowie besondere Sorge um die Jagd in den Grenzgebieten getroffen, wie dies die Beispiele der Wildfolge und der Gnadenjagden zeigen konnten. In Anbetracht der Sicherung des Status quo außerhalb einer republikanischen Verfassung oder eines anderen parlamentarischen Systems, so die Ergebnisse der vorliegenden Kapitel 7 und 8, müssen sowohl die herrschaftlichen Netzwerke, die Frondienste als auch die Jagd- und Forstordnungen und natürlich die Jagdarten als wichtige Instrumente zur Erklärung herangezogen werden. Dies war nur möglich, indem Jagd ein singuläres Herrschaftsrecht wurde. Eine Argumentation, die sich auf die Vergnügungssucht oder den Zeitvertreib der Herrscher für all die bis hierher aufgezeigten Besonderheiten und Eigenheiten der deutschen Jagd- und Vergesellschaftungsgeschichte stützt, entspräche nicht der historischen Wahrheit.

8.7 Ausblick auf die kommenden Kapitel

Nach dem Ende der absoluten Adelsherrschaften wurde die Jagd bürgerlich und erst die aristokratisch-bürgerliche Jagd wurde wahrhaft distinktiv. Wie in Kapitel 9 aufzuzeigen bleibt, kann die bürgerliche Jagd nicht als Kopie oder Fortführung der adligen Jagd gedacht werden, da alle gesellschaftlichen Voraussetzungen in der bürgerlichen Gesellschaft der adligen Jagdfunktion den Boden entzogen hatten. Das Bürgertum (wenn auch mit adliger Rückendeckung) setzte an die Stelle der zweckrationalen Adelsjagd, verstanden als Herrschaftsinstrument, eine sinn- und funktionslose, nun jedoch bereits zaghaft „waidgerechte" Jagd, die ob ihrer seit 1875 (Gründung des Allgemeinen Deutschen Jagdschutz-Verbandes) im Grunde ununterbrochen institutionalisierten Kraft in die heute noch bestehenden und sich gar noch verschärfenden Konflikte zwischen Ratio und Romantik, zwischen Werkinstinkt und Waidgerechtigkeit führte. Die Jagd begann für die Zeit zwischen dem ausgehenden 19. Jahrhundert und den 1970er Jahren zum ersten Mal in ihrer bekannten Geschichte zum Selbstzweck zu werden und konnte sich diesen Verlust von rationaler Funktion bis heute in einigen orthodoxen Kreisen bewahren. Jagd wurde im ausgehenden 19. Jahrhundert aller rationalen Funktionen entkleidet, indem sie zum edlen Waidwerk pervertierte und den letzten wahrhaft funktionalen Aspekt der Jagd, die Schadensabwehr auf land- und forstwirtschaftlichen Flächen, durch die Verdrängung und Ächtung des Bauernjägers aus der nun bürgerlichen,

[1611] Vgl. dazu die im vorliegenden Kapitel angeführten „Grenzstreitigkeiten" zwischen Württemberg und Österreich. Zu Beginn des 17. Jahrhunderts erhob Württemberg mehrere Proteste gegen das österreichische Entenschießen auf der Aach, welche beinahe zu einem umfassenden Konflikt geführt hätten.

waidgerechten Jagd für rund 100 Jahre verbannte. Erst die mess- und sichtbaren Auswirkungen der Industrialisierungsprozesse in den 1970er Jahren rückten nun zusehends die Jagd in den Fokus einer zunehmend interessierten Öffentlichkeit, aus dem sie derzeit aufgrund des reaktionären Potenzials ihrer Förderer und ihrer Institution (dem DJV als Nachfolgeorganisation des ADJV und des Reichsbundes Deutsche Jägerschaft) nicht herauszukommen scheint. Seit den 1970er Jahren werden die Stimmen immer lauter, die eine dienstleisterische Einbindung des Jägers in die Gesamtgesellschaft fordern, die ihm eine Verantwortung auferlegen, die jenseits der Waidgerechtigkeit steht und der er sich erst noch würdig und kompetent genug erweisen muss. Aus diesem Grunde wird nun in den kommenden Kapiteln der als kulturell zu bezeichnende Bruch näher beschrieben werden, der von einer Entfremdung des Menschen von der Natur, von ihrer Hereinholung in die Zivilisation und damit ihrer Zerstörung handelt, und der einen immensen Einfluss auf die Funktion und Zielsetzung der strikt modernen Jagd bis heute genommen hat. Der Werkinstinkt ist es, der heute wieder vom modernen Jäger gefordert wird und im Ruf nach alten bäuerlichen Jagdpraktiken seinen Ausdruck findet, wie die Kapitel 10 und 11 aufzeigen werden.

9 Entfunktionalisierung der Jagd in der bürgerlichen Gesellschaft

Das 19. Jahrhundert

Wenn sie auf den Vorwurf, dass das, wonach sie mit solchem Eifer streben, sie doch nicht befriedigen könne, die Antwort gäben, sie suchten darin nur eine hinreißende, berauschende Beschäftigung, die sie davon abhalten solle, an sich selbst zu denken, dann würden sie ihre Gegner einer Einrede berauben. Aber dies antworten sie nicht, denn sie kennen sich ja selber nicht. Sie wissen nicht, dass sie nur aufs Jagen ausgehen und nicht auf die Beute[1612].

9.1 Einführung

Die bisherige Betrachtung der Jagdgeschichte im Rahmen dieser Arbeit konnte aufzeigen, dass historisch betrachtet meistens aus zweckrationalen Gründen gejagt oder sich der Jagd bedient wurde. Niemals jedoch war die Jagd eine Handlung, die als Selbstzweck aufrechterhalten wurde, die revier- oder jagdegoistischen Motiven folgte und die als Resultat daraus zur Nobilitierung des Jägers führte. Dies sollte erst das Ziel der waidgerechten, affektgebändigten bürgerlichen Jagd sein. Bis in das letzte Drittel des 19. Jahrhunderts war die Jagd mit äußerst logisch-zweckrationalen Funktionen versehen; der jagende Mensch bediente sich ihrer nur als Instrument, um mit ihrer Hilfe Ziele erreichen zu können, die zunächst mit dem Verfolgen und Töten wilder Tiere in keinem ursächlichen Zusammenhang standen. Erst die bürgerliche Jagd des 19. Jahrhunderts sowie die waidmännische Jagd des beginnenden 20. Jahrhunderts bis in die 1970er Jahre hinein wurde von ihren Förderern weitgehend entfunktionalisiert und teilweise gar zum reinen Selbstzweck erhoben, wie das obige Zitat von Blaise Pascal zeigt. Ulrich Wendt schrieb 1908 dazu: „So stirbt die Jagd im Kampf mit der Kultur, weil sie schwach ist und in sich unfruchtbar; als Kulturstadium längst überwunden, und als Liebhaberei noch fortgeführt, gleitet sie aus der Hand des Landvolkes in die Hand der reichen Leute; das Geld und der große Grundbesitz beherrschen den Staat, und folglich auch die Jagd."[1613] Das daraus erwachsende bürgerliche Jagdverständnis, welches im Übrigen bis heute existiert, basiert seit dem ausgehenden 19. Jahrhundert auf der Vorstellung einer angeborenen Jagdleidenschaft, eines Jagdgens, welches affektuell in der Waidgerechtigkeit gebändigt werden muss und damit den Jäger aus „Einsicht in die Naturnotwendigkeit und damit letztlich gerade aus Liebe zur Schöpfung"[1614] die dem Jagdrecht unterstehenden Wildtiere töten lässt. Entfunktionalisierung und Emotionalisierung mit einhergehender Irrationalisierung sind seitdem Bestandteile waidgerechter bürgerlicher Jagd. Die Ausführungen im Rahmen der vorliegenden

---

1612 Blaise Pascal, zitiert nach Pierre Moinot, Die königliche Jagd, S. 1.

1613 Ulrich Wendt, Kultur und Jagd, Ein Pirschgang durch die Geschichte, S. 379.

1614 Vgl. dazu bei Hubertus Hiller, Jäger und Jagd, S. 121. Er zitiert dabei Rolf Hennig.

Arbeit haben aufgezeigt, dass es einen ursächlichen Zusammenhang zwischen der Gesellschaftsstruktur und der Funktionalisierung der Jagd in diesen jeweils epochenspezifischen Strukturen der unterschiedlichen Gesellschaftsformen gab und gibt. Die Gesellschaftsstruktur, ihre Institutionen und Anschauungen sind es, die die Konstitution von Raum und die jeweilige Funktion der Jagd in diesen entsprechend konzipierten Räumen bedingen. Da die Entstehung von Räumen als soziales Phänomen[1615] zwar einen historischen Anfangspunkt besitzt, jedoch kein statisches Faktum[1616] ist (und damit auch nicht unbedingt einen Endpunkt vorweisen muss), sondern den fortschreitenden Zivilisationsprozessen unterliegt (soziales Phänomen), müssen diese Prozesse neben dem Raum auch die darin üblichen sozialen Handlungen verändern. Eine dieser sozialen Handlungen ist die Jagd auf wilde Tiere, die gemäß den Prozessen der Zivilisation in viele verschiedene Richtungen im Verlaufe der Geschichte instrumentalisiert werden konnte. Für die Römer, die Karolinger und die Herrscher in der Epoche der frühen Neuzeit, habe ich diese Eigenart bezogen auf den Prozess der Zivilisation bisher ausführlich im Rahmen der vorliegenden Arbeit dargestellt. Die Jagd konnte jedoch nur deshalb an die jeweiligen in der Gesellschaftsstruktur verborgenen Anforderungen angepasst werden, weil in ihr ganz offensichtlich Potenziale ruhen, die nur auf ihre Freisetzung unter den jeweils epochenspezifischen Vorzeichen und der damit verbundenen Eigenheit der Konstitution von Räumen warten. Der Schlüssel zu diesen Potenzialen liegt dabei einzig und allein in den gesellschaftlichen Entwicklungen, in der gesellschaftlichen Struktur, und damit in der Konstitution und repetitiven Reproduktion von sich ändernden und zu ändernden Räumen verborgen. Auch für die zeitgemäße Jagdfunktion in den europäischen Industrienationen, und hier ganz besonders in der Bundesrepublik, können in diesem Zusammenhang sehr wichtige Erklärungen für ein umfassendes Verständnis von Jagd und gesellschaftlicher Struktur gewonnen werden. Das Prinzip der Raumkonstitution, wie es Martina Löw in ihrem Werk „Raumsoziologie" beschrieben hat, war und ist allen Kulturen und Völkern gemein; einzig die sozialen Handlungen sind es, die sich unterscheiden, ebenso wie Differenzen in den Vorstellungen, den Erinnerungen und den Wahrnehmungen der verschiedenen Gesellschaften existieren. Darüber hinaus unterscheiden sich die in den unterschiedlichen Gesellschaften existierenden Institutionen, in denen räumliche Strukturen eingelagert sind, teilweise erheblich. Aus diesem Zusammenhang wird ersichtlich, dass es immer und überall, in historischer und zeitgenössischer Kontinuität, der Stand der Zivilisation ist, der die Gesellschaften und Epochen voneinander unterscheidet und der sich auf alle Arten von Räumen auswirkt. Soziale Handlungen, die in die eine Epoche passen und bestimmte Funktionen erfüllen können, müssen in einer anderen Epoche nicht zwangsläufig dieselben Wirkungen unter denselben Ausprägungen entfalten. Nur im Zusam-

1615 Vgl. dazu bei Martina Löw, Raumsoziologie, S. 263ff.

1616 Zwar ist der Raum tatsächlich nicht statisch, von epochenspezifischen Räumen können wir dennoch sprechen, da natürlich der Wald oder Forst sowie das gesamte Herrschaftsgebiet zum Beispiel in der frühen Neuzeit auf eine andere Art und Weise als Raum konstituiert und repetitiv reproduziert wurde als dies in den heutigen Bundesländern, den Gemeinden, Städten oder den Forstämtern der Fall ist. Was für den Wald gilt, gilt auch für alle anderen Räume, für Verwaltung, Schule, das eigene Zuhause, den Arbeitsplatz, zwischenmenschliche Beziehungen, etc.

menspiel zwischen dem epochenspezifischen Raum, seiner Konstitution und seiner repetitiven Reproduktion einerseits sowie der gesellschaftlichen Struktur andererseits kann ein umfassendes Verständnis und eine plausible Erklärung zur Rolle der Jagd extrahiert werden. Dieses Prinzip der Erklärung und des Verständnisses gilt sowohl für die primitive Vergesellschaftung als auch für die Gesellschaften der modernen Industrienationen. Aus den zurückliegenden Kapiteln und den obigen Ausführungen ist somit überdeutlich geworden, dass die Jagd und Jagdfunktionen der Epochen vor der bürgerlichen Revolution von 1848/49 keineswegs mit denjenigen des Bauern- und Bürgertums der nachrevolutionären Zeit verglichen werden können. Spätere Generationen als die heutigen werden bei einer Beurteilung und Analyse der Jagdfunktionen der Zukunft zu demselben Ergebnis bezüglich eines Vergleichs der dann zeitgenössischen zur momentanen (dann: vergangenen) Jagd gelangen. Wir können heute bei allen unseren wissenschaftlichen und technischen Möglichkeiten dennoch nicht abschätzen, welche Funktionen die Jagd in 100 Jahren und darüber hinaus haben wird, so es sie dann noch geben mag. Wie bisher unschwer festzustellen ist, existieren immense Brüche innerhalb der Jagdgeschichte und damit der Geschichte ihrer Funktionalisierung, die ihren Kulminationspunkt mit Beginn der frühen Neuzeit in Gestalt eines sozialen Bruches hatten. In den vergangenen Kapiteln konnte belegt werden, dass es der Stand des Zivilisationsprozesses war, der die Jagdfunktionen eines vorangegangenen zum jeweils herrschenden Gesellschaftsmodell regelrecht zwingend voneinander trennte[1617]. Der Stand der Zivilisation bestimmt die Möglichkeit der Ausschöpfung jagdlicher Potenziale und damit die Funktion der Jagd, die niemals gleichbleibend sein kann, die sich analog dem Prozess der Zivilisation in stetiger Wandlung befindet und die sich in einer Monarchie demnach vollkommen anders zeigen muss als in einer Demokratie und wiederum anders in einer bäuerlichen Gesellschaft als in einer industrialisierten Wohlstandsgesellschaft. Meine im Rahmen dieser Arbeit ausführlich dargelegte Hauptkritik an der bisherigen jagdhistorischen Literatur, die sich in ihrer Stoßrichtung damit gleichsam an den nur rudimentären wissenschaftlichen Umgang mit dem Thema Jagd und Raum richtet, bemängelt gerade das Fehlen einer gewissen Sensibilität und Offenheit bezüglich des Erkennens der jeweils epochenspezifischen, funktionalisierbaren Jagdpotenziale. Insofern hoffe ich diese Lücke einigermaßen geschlossen und zu weiteren, insbesondere regionalspezifischen, Detailuntersuchungen angeregt zu haben. Weshalb die Jagdhistoriker sich hier nicht weiter bemüht und den Faden von z. B. Joseph Morsel nicht aufgegriffen haben, ist mir umso unverständlicher, als doch die Geschichte genügend Anhaltspunkte liefert, die es einem aufmerksamen Betrachter ermöglichen sollten, die

[1617] Allerdings zeigt hier die moderne Gesellschaft der Nachkriegszeit eine Besonderheit, wie sie wohl für Mitteleuropa prägend zu sein scheint (in Nordamerika und in den skandinavischen Länder ist dies nicht der Fall): es ist das Nebeneinanderbestehen unterschiedlicher, sowohl moderner als auch barbarischer oder vergangener Jagdmodelle in der Bundesrepublik Deutschland. Dazu gehört die Herausbildung der beiden Jägergruppen Förster – Private, wie sie auch Ulrich Schraml anschaulich aufgezeigt hat.

Funktionen der Jagd auf eine raum- und gesellschaftsspezifische Art und Weise zu analysieren[1618].

9.2 Anfänge der Jagd als soziale Distinktion bürgerlicher Prägung[1619]

9.2.1 Einleitung

In der jagd- und forstwissenschaftlichen/jagdhistorischen Literatur, die sich mit der bürgerlichen Jagd in ihren Anfängen befasst, liegen nach meinen Erkenntnissen einige Irrtümer oder Ungereimtheiten verborgen, die ich im Rahmen dieses Abschnittes aufgrund der bisherigen Ergebnisse nun auszuräumen hoffe. Ähnlich wie es für die bereits aufgezeigte mittelalterliche und frühneuzeitliche Jagdhandlung der Herren und Fürsten in ihrer wissenschaftlichen Beurteilung gilt, ist es wiederum der nur unvollständige Blick auf die Jagd und ihre Funktionen innerhalb der feudalen, landesherrlichen und absolutistischen Epoche, der in der Literatur zu der Annahme führte, dass die bürgerliche Jagd die adeligen Traditionen und die adelige Jagdliebhaberei lediglich kopierte um das Fluidum und die Vornehmheit des Adels zu erheischen[1620]. Das Aburteilen der herrschaftlichen Jagd als „Zeitvertreib der vornehmen Gesellschaft, die darin ihr Geltungsbedürfnis und Selbstbewusstsein zum Ausdruck brachte"[1621], führte in den meisten Fällen dazu die ehedem adelige oder besser fürstliche Jagd als lediglich bürgerlich gewordenes Prestigeobjekt zu betrachten. Dass dieser Rückschluss keineswegs als wissenschaftlich gesichert betrachtet und als den Rahmenbedingungen genügend Rechnung tragend bewertet werden kann, dürfte zwischenzeitlich aus den letzten Kapiteln deutlich geworden sein. Die Adelsjagd, das heißt die Jagd der Herrscher vor der bürgerlichen Revolution, hatte vollkommen andere Ziele und unterlag gänzlich anderen Zweckrationalitäten als diejenige Jagd, die die Anfänge bürgerlicher Jagd im 19. Jahrhundert abbildete. Daran anschließend werden auch der Jagd in der industrialisierten Gesellschaft des 21. Jahrhunderts wiederum gänzlich andere Zweckrationalitäten abgefordert als in den Zeiten zuvor. Die Jagd ist in Bewegung, soviel ist sicher, und zwar nicht erst, seit sie bürgerlich ist. Bleiben wir zunächst noch dem

1618 In diesem Bereich der Jagdanalyse als funktionaler Ast der Jagdhistorie schlummert noch sehr viel Potenzial für wissenschaftliches Arbeiten. Meiner Meinung nach ein lohnendes Ansinnen, insbesondere für regionalspezifische Analysen, die im Rahmen der vorliegenden Arbeit leider nicht erbracht werden konnten.

1619 Ich betone „bürgerlich" nur deshalb, weil aus meinen Ausführungen weiter oben und an anderer Stelle zuvor hervorgeht, dass die soziale Distinktion einzig und allein bürgerlicher Prägung war. Die Aristokratie jagte nicht aus Gründen der sozialen Distinktion, da es jene vor der bürgerlichen Gesellschaft nicht gab. Hier hatte die Jagd herrschaftspolitische Aufgaben und Funktionen, was bisher in der Literatur zu wenig beachtet wurde. Welche Folgen diese Betrachtung gerade für die Ausführungen z. B. von Roland Girtler haben, wird noch diskutiert werden.

1620 Vgl. dazu auch die Ausführungen von Roland Girtler, Die feinen Leute, S. 57ff, weiterhin ebenfalls bei Roland Girtler, Wilderer. Rebellen in den Bergen, S. 13ff., S. 46ff, und nochmals bei Roland Girtler, Randkulturen, S. 87ff.

1621 Vgl. dazu bei Karl Hasel, Forstgeschichte, S. 137.

Denkfehler des genannten Rückschlusses für einen Moment treu. In Anlehnung an die in Kapitel 3 genannten ägyptischen Jagdbilder, die als pharaonisches Privileg ihren Weg aus den Gräbern der Herrscher innerhalb einiger Jahrhunderte über die höheren Beamten auch allmählich an die Grabwände der Bürger fanden, mutmaßte man, dass die reale Jagd als Merkmal adeligen Lebensstils ebenso ihren Weg zu den nach gesellschaftlicher Anerkennung strebenden Besitzbürgern im 19. Jahrhundert gefunden habe[1622]. Auch die römische sepulkrale Löwenjagdsymbolik ging diesen Weg, bis sich jeder Bürger dieser Symbolik bedienen konnte. Dabei wurde offensichtlich lange Zeit übersehen, dass zwischen Symbol und realer Handlung ein großer Unterschied besteht. Die Jagd selbst hätte sich nach dieser Argumentation - so wie das Symbol - kaum verändert, sie wäre lediglich auf eine breitere gesellschaftliche Basis gestellt worden. Schon an diesem Punkt sollte sich jedoch der aufmerksame Betrachter vor Augen führen, dass die Funktion einer realen sozialen Handlung unmittelbar an die Anzahl der Handelnden gebunden ist. Steht eine Handlung vielen offen, so muss die Funktion häufig zwangsläufig eine andere sein als wenn nur wenige dieselbe Handlung ausüben können oder dürfen. Für die Jagd trifft dies in jedem Falle zu, wie die Ausführungen in den zurückliegenden Kapiteln gezeigt haben[1623]. In diesem Zusammenhang unterscheidet sich die reale Handlung vom bloßen Symbol überdeutlich. Die symbolische Überwindung des Todes durch die sepulkrale Löwenjagddarstellung verlor durch die breite Anwendung durch alle Gesellschaftsschichten keineswegs ihre Bedeutung und ihren Inhalt, sie wurde nun lediglich auch von den Bürgern in Anspruch genommen, um auch für die nichtadeligen Toten den Weg ins Jenseits zu ebnen. Die Jagd als Herrschaftsinstrument im Sinne einer realen sozialen Handlung dagegen verlor just in dem Moment ihre Bedeutung, ihre spezifische Funktion, als die Jagd allen oder einer Mehrheit zugänglich gemacht wurde. Damit hatte die Entwicklung von 1848/49 lediglich die umgekehrte Auswirkung der Exklusion der Mehrheit von der Jagd im ausgehenden Mittelalter. Auch hier fand ein Paradigmenwechsel in der Jagd, in der Funktionalisierung von Jagd und ihren Potenzialen statt und jener Paradigmen- oder Funktionswechsel konnte erfolgreich bis zur Revolution aufrechterhalten werden. Dies gelang jedoch nur deshalb, weil auch die spezifische Gesellschaftsstruktur, die Hierarchie der Stände, Klassen und Schichten bis zur Mitte des 19. Jahrhunderts weitgehend aufrechterhalten werden konnte. Die Potenz des Adels, seine Macht und Stärke, determinierte nicht nur den Prozess der Zivilisation, sondern mit ihm auch die spezifische Rolle der Jagd einiger Weniger im gesamten Gesellschaftsgefüge. Die Revolution von 1848/49 zerstörte diese Konstitution von Gesellschaft (wenn auch in Deutschland nur zögerlich), die Konstitutionsmöglichkeiten und die repetitiven Reproduktionsmöglichkeiten von Raum und Ordnungsvorstellungen für immer. Zwar hatte der Adel noch immer einen großen Einfluss auf die Jagd, dieser war jedoch mehr ideeller Natur. Allerdings, und das bleibt noch aufzuzeigen, förderte dieser adelige Einfluss den Weg der Jagd vom realen Herrschaftsinstrument zur sozialen Distinktion bürgerlicher Prägung auf verschie-

[1622] So z. B. auch Roland Girtler, Die feinen Leute, S. 60f.

[1623] Jagten in den frühen Jäger- und Sammlergesellschaften sehr viele, waren dies im pharaonischen Ägypten bereits nur noch wenige, ebenso bei den Römern. Funktion und Symbolwert der Jagd unterschieden sich vollkommen voneinander.

dene Weisen. Im Rahmen dieser Arbeit ist es von großer Bedeutung aufzeigen zu können, dass der freiheitliche, bürgerliche Griff nach der Jagd im Zuge der Entwicklungen von 1848/49 nicht mit dem vermeintlichen Motiv des Bürgers ein Stück adeligen Lebensstils zu erheischen, daran teilzuhaben, verwechselt werden darf. Die Jagd als Teil des adeligen Lebens, vielmehr als Teil der Herrschaft und als Herrschaft selbst, hörte in dem Moment auf zu existieren, als es den Bürgern ermöglicht wurde ihre Hand nach der Jagd legitim auszustrecken. Die politischen Ideen des Liberalismus und der Demokratie sowie die Forderungen nach Freiheit und Gleichheit, die in vormärzlicher Zeit entstanden sind, haben die Verhältnisse im Jagdwesen und die Funktion der Jagd selbst neu definiert[1624] und den Adel hier gleichermaßen überrannt. Damit hat das Bürgertum die jahrhundertealte adelige Jagdfunktion, das über viele Generationen hinweg gewachsene Fluidum der Jagd, mit dem Griff nach ihr zerstört und auf den übrig gelassenen Bruchstücken eine ganz neue Art und Form der Jagd sowie ihrer Funktionalisierung geschaffen. Ob dies bewusst geschah, ja bewusst überhaupt geschehen konnte, vermag ich nicht abzuschätzen. Wenn ich jedoch darüber ein Urteil abgeben sollte, so würde ich eher zu einem Nein tendieren. Das Bürgertum war sich darüber nicht im Klaren, die Historiker ebenso wenig. Für die weiterführenden Ausführungen wird aus diesen Zusammenhängen deutlich, dass von der Teilhabe des Bürgers am adeligen Jagdprivileg und an der adeligen Jagd selbst damit keine Rede sein kann. Es ist schlichtweg ein Trugbild, welches uns bis heute vorgeführt wird, dass die adelige Jagd in bürgerliche Kreise überging. Die bürgerliche Jagd ist einzig und allein ein Konstrukt der bürgerlichen Gesellschaft, das Resultat aus der Gesellschaftsstruktur und ihren inneren wie auch äußeren Bedingungen. Die bürgerliche Jagd kreierte damit ein vollkommen neues Jagdverständnis - nicht mehr und nicht weniger. Dass an der Konstruierung der bürgerlichen Jagd weite Teile des Adels maßgeblich beteiligt waren, ändert an dieser Tatsache nichts. Ihr Handeln war schließlich den Prämissen der bürgerlichen Gesellschaft unterworfen und das Resultat daraus konnte nicht anders als bürgerlich geprägt und mit bürgerlichen Zielen versehen sein. Das ging soweit, dass selbst die adelige oder in adeligen Kreisen geübte Jagd seit 1848/49 schlichtweg bürgerlich war. Alle anderen, früheren und damit gerade nicht-bürgerlichen Implikationen fielen spätestens mit der Revolution weg. Jagd war keine Herrschaftshandlung mehr, kein rein adeliges Instrument der Konstruktion von beherrschbarem Raum. Dem Bürger war es damit vollkommen unmöglich, Jagd in adeligem Sinne fortzuführen oder daran teilzuhaben. Das wurde in der Literatur so bisher nicht gesehen.

9.2.2 Theoretischer Bezug

An dieser Stelle ist es zunächst einmal notwendig, den Begriffsinhalt der Jagd, als soziale Distinktion verstanden, näher zu erläutern. Wie bereits mehrfach ausge-

[1624] Vgl. dazu die Ausführungen bei Klaus Maylein, Jagd und Jäger in der modernen Gesellschaft, S. 19f. Sämtliche feudalen Herrschaftsrechte auf dem Gebiet der Jagd wurden ohne Ausnahme gestrichen. Durch die damit erreichte Aufhebung des Wildbannes fand eine Rückführung des Jagdrechtes auf den Grundeigentümer statt, der dieses Recht nun auch wieder selbst ausüben konnte. Ein entsprechendes Gesetz wurde am 31. Oktober 1848 in Kraft gesetzt. Vgl. dazu ebd., S. 20. Weiterhin bei Werner Rösener, Die Geschichte der Jagd, S. 348ff.

führt wurde, ist die bürgerliche Jagd in ihrer Motivik, Praxis und Funktion von derjenigen der Aristokratie oder des Adels vor der Revolution deutlich zu unterscheiden. Beide Jagdausprägungen haben in ihrer Intention und Funktion nichts gemeinsam, was nicht zuletzt mit den sich gegenüberstehenden und zivilisationsimmanenten Ausschöpfungsmöglichkeiten der der Jagd inhärenten Potenziale in kausaler Verbindung steht. Mit anderen Worten bedeutet dies nur, dass in der bürgerlichen Gesellschaft die Ausschöpfungsmöglichkeiten oder die Instrumentalisierbarkeit der Jagdhandlungen einer gänzlich anderen Ausgangslage unterliegen als in der feudalen und absolutistischen Gesellschaft. Das hat nicht nur Wirkungen auf die Funktion der Jagd, sondern gleichermaßen auch auf die Praxis der Jagd. Analog zu dem bei Thorstein Veblen zitierten Sprichwort „Wie der Herr, so der Diener"[1625], welches die rasche Übernahme oder Adaption von Kulturelementen aus der Oberschicht verdeutlichen soll, bleibt hier nur anzumerken, dass, sobald der Bürger oder Bauer (der „Diener") die Jagd rechtlich ausüben durfte (sie ihm darüber hinaus verfassungsgemäß garantiert war[1626]), nichts mehr von der ursprünglichen Leistung, die die Jagd für den „Herrn" hatte, übrig bleiben konnte. Die Gründe liegen nicht zuletzt darin verborgen, dass erfolgreiche Adaptionen grundsätzlich historischer Veränderungen auf der politischen, sozialen und rechtlichen Ebene als ihnen vorausgehend bedürfen. Im speziellen Falle der Jagd bedeutete die Übernahme von Kulturelementen aus der aristokratischen Oberklasse die Zerstörung der ursprünglichen adeligen Jagdfunktion. Dies war jedoch nur möglich, weil die großen europäischen Revolutionen die vormaligen Klassengegensätze aufzuheben versuchten und letztlich aufhoben. 1848/49 waren mit der bürgerlichen Revolution die Voraussetzungen dafür geschaffen worden und damit der Grundstein für ein vollkommen neues (weil nun bürgerliches) Jagdverständnis gelegt. Im Grunde basieren die Vorstellung und der Wunsch des Bürgertums die Jagd als überkommenes, vornehmes Symbol nun für sich in Anspruch zu nehmen, nur in den Werken und Wünschen der (bürgerlichen) Historiker und deren geneigter Leserschaft (z. B. des gut situierten Besitz- und Bildungsbürgertums). Andererseits wird auch häufig genug darauf hingewiesen, dass den „Altjägern" nach 1848/49 die „Neujäger" ein Dorn im Auge waren, weil sie sich eben nicht an die Werte und Normen der Altvorderen hielten[1627]. „Vornehm", das heißt waidgerecht, waren in den Augen der Altjäger nur diejenigen, die sich den Werten und Normen der waidgerechten Jagd unterwarfen, sie pflegten und weitergaben. Möglich, dass sich so zwei Begriffe von Vornehmheit innerhalb der Jagd herausbildeten, ein waidgerechter (unabhängig von Rang und Namen) und ein allein an bürgerlich-distinktive Konnotationen gebundener Begriff von Vornehmheit, für den die Jagd-

---

1625 Thorstein Veblen, Theorie der feinen Leute, S. 234.

1626 So wurden die Jagdgerechtigkeit auf fremdem Grund und Boden, die Jagddienste, Jagdfronen und andere Leistungen für Jagdzwecke in der Frankfurter Reichsverfassung von 1849 aufgehoben und das Jagdrecht an Grund und Boden gebunden. Formuliert wurden die entsprechenden Regelungen unter den Grundrechten; die Feudalrechte damit aufgehoben. Das bedeutete das Ende des seit Jahrhunderten bestehenden Jagdregals. Vgl. Karl Hasel, Auswirkungen der Revolution von 1848 und 1849 auf Wald und Jagd, auf Forstverwaltung und Forstbeamte, insbesondere in Baden, S. 140.

1627 Vgl. dazu Ulrich Schraml, Die Normen der Jäger, S. 30.

pacht oder Jagdmöglichkeit als Zeichen finanzieller Potenz bereits ausreichend war. Auch der bürgerliche Tennis- oder Golfspieler musste nicht turnierfähig oder gar „weltklasse“ sein. Es genügte in der Regel die Zugehörigkeit zu einem Club, der die Vornehmheit und Distinktion bereits zuverlässig zum Ausdruck bringen konnte. Untermauert werden kann diese Vermutung auch durch den Ausschluss der so genannten „Sonntagsjäger“, „Bauernjäger“ und „Bauernschinder“ aus den Kreisen der „waidgerechten Jäger“. Zwar waren die Sonntagsjäger zumeist aus gesellschaftlich anerkannten Personenkreisen, die Jagd übten sie jedoch allein als Statussymbol aus und missachteten die traditionellen Werte dabei vollkommen[1628]. Tatsächlich war die Jagd vor der Revolution weniger ein Teil des distinguierten adeligen Lebensstils als vielmehr ein Bestandteil der realen Herrschaftsausübung des adeligen Vorbildes, wie ich bereits darstellen konnte. Die Jagd als ein ius regalium war kein Symbol der Vornehmheit, es sei denn, man wollte dasselbe auch für das Forst-, Markt-, Berg-, Münz-, Salz- und Zollregal vermuten. Alle diese Regalien versetzten den Herrscher in die Lage, Raum zu konstituieren und ihn nach seinen Ordnungsvorstellungen zu strukturieren, ihn letztlich zu beherrschen. Mit Vornehmheit hat das nun recht wenig zu tun. Die Jagd als Symbol der Vornehmheit, wie ich es selbst noch in meiner Arbeit über Jagd und Jäger in der modernen Gesellschaft rezitiert und vertreten habe[1629], existierte bis zur Revolution von 1848/49 im Wesentlichen überhaupt nicht; wenn überhaupt, dann als ein Symbol von realer Herrschaft. Neben den bereits von mir in den zurückliegenden Kapiteln dargelegten Belegen für den Stellenwert der Jagd innerhalb der feudalen Gesellschaft, insbesondere innerhalb des Adels, kann auch folgender Versuch der badischen und württembergischen Abgeordnetenkammer 1848/49 als ein Indiz dafür herangezogen werden: Nach der Beseitigung der herrschaftlichen Jagdrechte auf fremdem Grund und Boden, so Hans Wilhelm Eckardt, wollte die Kammer auch „das Jagdrecht der adeligen Großgrundbesitzer (...) unter staatlich-kommunale Kontrolle“ bringen um damit den Adel in seiner „sozialen und politischen Bedeutung“ weitgehend zu brechen[1630]. Auch dieses Vorhaben der badischen und württembergischen Abgeordnetenkammern zeigt, dass die Reduktion der Jagd auf ein lediglich vornehmes Symbol viel zu kurz gedacht ist und der Funktion der Jagd in den Epochen vor der Revolution keineswegs gerecht werden könnte. Um die Macht des Adels zu brechen, war man ja sogar bereit in einem Anflug bürgerlicher Selbstüberschätzung von liberalen Grundsätzen Abstand zu nehmen, indem man in die Eigentumsinteressen des Adels eingriff und die eigenen bürgerlichen Interessen „an der Beschränkung der Adelsmacht mit dem Staatsinteresse“ identifizierte, um mit „Hilfe des Staates bzw. der kommunalen Gemeinschaft“ bürgerliche Ziele zu errei-

[1628] Ebd., S. 32.

[1629] Vgl. dazu die Ausführungen bei Klaus Maylein, Jagd und Jäger in der modernen Gesellschaft, S. 43f. Hier heißt es: „Ein großer Schritt (...) wurde durch die Revolution von 1848/49 erreicht, indem nun stante pede die Jagd als Ausdrucksform des räuberischen Lebensstiles für zunächst alle Gesellschaftsmitglieder zugänglich wurde. Dadurch erlosch kurzfristig die Funktion der Jagd als Symbol der Vornehmheit.“ Auch Roland Girtler sieht die Jagd als Symbol der Vornehmheit. Vgl. dazu bei Roland Girtler, Die feinen Leute, S. 57ff, unter Bezug auf Horaz.

[1630] Hans Wilhelm Eckardt, Herrschaftliche Jagd, bäuerliche Not und bürgerliche Kritik, S. 285.

chen[1631]. Hans Wilhelm Eckardt hat in diesem Zusammenhang ganz richtig erkannt, dass sich in diesem Falle das Bürgertum nicht anders oder weniger despotischer verhalten hätte als es der Adel im Vormärz tat, als er „die Erhaltung seines privilegierten Jagdrechtes als im höheren Interesse liegend angesehen und verteidigt hatte"[1632]. Wäre die Jagd also lediglich ein Symbol der Vornehmheit gewesen, so wäre dieser überschäumende Eifer der Abgeordnetenkammern nur schwerlich zu erklären, zumal sie Gefahr liefen, gegen ihre eigenen liberalen und demokratischen Ideale zu verstoßen. Das Vorhaben wurde im Übrigen 1849 fallengelassen und nicht wieder aufgegriffen. So bleibt nur zu konstatieren, dass es das aufstrebende Bürgertum nach 1848/49 war, sei es in Kenntnis oder Unkenntnis der tatsächlichen Rolle der Jagd innerhalb des adeligen Lebens- und viel stärker Herrschaftsstils, welches nun die Jagd zu etwas rein Vornehmem, zumal rechtlich und politisch dazu legitimiert, machte. Dies war jedoch einzig und allein ein bürgerliches Verdienst und gründete keineswegs auf adeligen Mustern. Die Entwicklung der Jagd zu einem sozialen Distinktionsmerkmal kann nicht ohne die gesellschaftlichen Umbrüche, die neben der bürgerlichen insbesondere der industriellen Revolution zuzuschreiben sind, betrachtet werden. Gerade die Industrialisierung schaffte die sozialen Bedingungen (als mindestens ebenso bedeutende Größe neben den politischen Wirkungen der Revolution), die es dem Besitzbürger stärker als zuvor ermöglichten, dem vermeintlich noblen Müßiggang zu frönen. Historisch betrachtet war jedoch die Jagd kaum mit Müßiggang in Verbindung zu bringen, wie ich in den Kapiteln 6 bis 8 aufzeigen konnte. Im Grunde ist es auch generell fraglich, ob das Bild des müßigen Herrschers der frühen Neuzeit überhaupt aufrechterhalten werden kann. Erst die bürgerliche Gesellschaft, der bürokratische Apparat, die Parlamente und die Vielzahl politischer Ämter werden dem Monarchen einigen notwendigen Freiraum geschaffen haben, wie dies zum Beispiel in einer konstitutionellen Monarchie der Fall ist[1633]. Unter Bezug auf das Beispiel Kaiser Maximilians I. habe ich ja bereits aufgezeigt, dass die Jagd sehr wohl auch schon literarisch verbürgt in hierarchische politische Kommunikation (eben Herrschaft) eingebunden war. Die Jagd stand damit nicht außerhalb des Regierungsgeschäftes, wie dies hin und wieder vermutet wurde[1634], sondern war integraler Bestandteil herr-

---

1631 Ebd., S. 285-286.

1632 Ebd., S. 286.

1633 So hatte auch Kaiser Wilhelm II. genügend Zeit, sich einer Jagd zu widmen, die bereits nichts mehr mit der Jagd seiner Vorfahren zu tun hatte. Auch er jagte, wenn man so will, bereits nach der Manier der bürgerlichen Jagd, das heißt einer Jagd, die in der bürgerlichen Gesellschaft ihre Bedingungen findet, auch wenn es natürlich prunkvoll und kaiserlich zuging. Funktional betrachtet und in Anbetracht der Gesellschaftsstruktur und der bereits von ihm als unmittelbarem und absolutem Herrscher entrückten Politik der Minister, Räte, Sekretäre, des Parlaments, etc. waren seine jagdlichen Handlungen in der Tat jedweder früheren adeligen Funktion entkleidet, dem Vergnügen oder dem Zeitvertreib gewidmet. Vgl. zu den jagdlichen Umständen des Kaisers bei Andreas Gautschi, Wilhelm II. und das Waidwerk, sowie bei Kaiser Wilhelm II., Aus meinem Leben, 1859-1888. In seinem Tagebuch führt Kaiser Wilhelm II. öfter einmal jagdliche Erlebnisse, die ihn in alle Teile des Reiches führten, an.

1634 So zitiert z. B. Joseph Semmler, Der Forst des Königs, in: Joseph Semmler (Hrsg.), Der Wald in Mittelalter und Renaissance, S. 130, den Schatzmeister König Heinrichs II., Bischof Richard de Ely, mit den Worten: „In den Forsten ist die Privatsphäre der Könige zu suchen, dort empfinden die Herrscher ihre höchste Wonne. Denn dorthin pflegen sie sich von den Staatsgeschäfschaftspolitischer Praxis, wie dies auch unter räumlichen Aspekten Joseph Morsel herausgearbeitet hat. Möglich, dass der umfassende Müßiggang für die französischen Könige (etwa mit Ludwig XII., Ludwig XIV. und Ludwig XV.)[1635], denen man gemeinhin Müßiggang nachsagt, einiges Gewicht erlangte, Gegenstand der hier vorliegenden Untersuchung sind diese jedoch nicht (zumal die französischen Verhältnisse ganz andere als in den deutschen Territorien und Landesherrschaften waren). Erst die Bedingungen der politischen, sozialen und wirtschaftlichen Entwicklungen nach dem Sturz der zuvor allmächtigen (absolutistischen) Aristokratie (z. B. über die Parlamentarisierung, Bildung von Fachgremien, Ausschüssen, die Bedeutungszunahme von Fachleuten allgemein, etc.), führten zu einer Jagd, die nur noch mit Hilfe genügender Geldmittel und weniger bereits mit entsprechenden Geburtstiteln ausgeübt werden konnte[1636]. Der Jäger der bürgerlichen Gesellschaft nach 1848/49 musste nicht mehr Grundeigentümer oder feudaler Herrscher sein, um jagen zu können. Er bedurfte nur mehr genügend Geld und Freizeit, die es ihm erlaubten, sich in seinen Jagdrevieren auch in Person aufzuhalten. Den Ausführungen Roland Girtlers ist demnach nicht uneingeschränkt zuzustimmen. So schreibt er: „Als Symbol der Aristokratie wurde die Jagd schließlich auch für das kapitalkräftige Bürgertum zu einer wichtigen Betätigung, mit der auf die eigene Vornehmheit verwiesen werden konnte. Primarärzte, Rechtsanwälte und auch Geschäftemacher jeder Art sehen sich so als Jäger in direkter adeliger Tradition."[1637] Dem ersten Satz wird wohl uneingeschränkt zuzustimmen sein, da die Jagd ja auch nach meinen Ergebnissen Symbol von Macht und Herrschaft (nicht jedoch von lediglich Vornehmheit) war. Dass der symbolische Aspekt jedoch nur eine Seite der Medaille widerspiegelt und die zweite, weit bedeutendere Seite die Jagd als reales Herrschaftsinstrument umfasst, wurde in den zurückliegenden Kapiteln bereits ausführlich erläutert. Dass der unvollständige Blick auf die Jagdfunktionen nach wie vor äußerst populär zu sein scheint, belegt auch der Blick in das Vorwort zur Reihe der Rundgespräche der Kommission für Ökologie, Band 25, Über die Jagd – Kulturelle Aspekte und aktuelle Funktionen: „(...) Mit zeitlich wechselndem Gewicht dient sie (die Jagd, Anm. d. V.) u. a. dem Nahrungserwerb, der Abwehr der von wild lebenden Tieren drohenden Gefahren, der Befriedigung von Jagdlust,

---

ten zur Entspannung zurückzuziehen, um, unbehelligt vom Trubel des Hofes, die freie Luft des persönlich-privaten Bereichs zu atmen."

1635 Zur Biographie Ludwigs XIV. siehe bei Pierre Gaxotte, Ludwig XIV. Frankreichs Aufstieg in Europa. Anzeichen für übermäßigen Müßiggang als fester Bestandteil einer Herrschaft bzw. des Lebens eines Herrschers, kann darin nicht gefunden werden. Zum Luxus des französischen Hofes siehe auch bei Werner Sombart, Liebe, Luxus und Kapitalismus. Über die Entstehung der modernen Welt aus dem Geist der Verschwendung, S. 93ff.

1636 Dazu Roland Girtler, Die feinen Leute, S. 61: „Die Jagd – wie gewisse Sportarten überhaupt – verschaffte das Gefühl, einer nicht produktiven Tätigkeit nachzugehen und mit der Natur, ganz im Stile des traditionellen und adelig-heroischen Naturempfindens, sich auseinanderzusetzen: in verwegenem Pirschgang und schließlich beim Abschuss des flüchtenden Wildes. Dazu gehört auch – ähnlich wie bei feinen Tennis- und Golfklubs -, dass die Aufnahme in solche Jagdvereine an einen besonderen sozialen Status und eine entsprechende hohe Einschreibgebühr gebunden ist."

1637 Zitiert nach Roland Girtler, Die feinen Leute, S. 60.

Beutegier und Prestigebedürfnis sowie als Status- und Machtsymbol."[1638] Natürlich, so betone ich ausdrücklich, war die Jagd auch ein wichtiges Symbol, jedoch trat ihre reale Bedeutung weit über diejenige des Symbols hinaus. Ausgehend von diesen Funktionen der Jagd in den Zeiten vor 1848/49 wird darauf abgestellt, dass das Bürgertum, welches sich sittlich und kulturell an der Aristokratie orientierte, an der Jagd aus Gründen einer fortschreitenden sozialen und stilistischen, respektive kulturellen Annäherung an den Adel teilhaben wollte. Auch wenn der Grundgedanke sehr wohl zutreffend sein wird, so wurde dabei übersehen, dass es eine Annäherung in der Sache der Jagd in dieser Form nicht geben konnte, weil die Funktion der Jagd in der landesherrlichen Zeit unter ganz bestimmten Vorzeichen stand, die mit der bürgerlichen Gesellschaft in keinerlei Deckung zu bringen waren. Eine Fortschreibung aristokratischer Jagd in der bürgerlichen Gesellschaft scheidet aus diesem Grunde von vorneherein absolut aus. Die bürgerliche Gesellschaft kreierte sich ein vollkommen neues Jagdverständnis, welches nun wiederum im 21. Jahrhundert in einen scheinbar unvereinbaren Konflikt mit der neuerlichen Umfunktionalisierung tritt, die von der bürgerlichen, distinktiven und stark emotionalisierten Hobbyjagd zur rationalen Wildbewirtschaftung verläuft[1639]. Der jagende Bürger konnte also schließlich nicht mehr diejenige Art von „Vornehmheit" - oder besser: Herrschaft - einer vergangenen Epoche widerspiegeln, wie es dem Adel vor 1848 aus verschiedenen Gründen, die nun alle weggefallen waren, möglich und eigen war. Und dennoch, so meine Schlüsse daraus, gelang es dem Bürgertum trotz oder gerade aufgrund dieses Irrtums über die originären Absichten und Wirkungen der adeligen Jagd, die nun ganz allein auf bürgerlichen Grundsätzen basierende Jagd als etwas vornehmes und distinktives erscheinen zu lassen. Dies gelang, und hier stimme ich wiederum Roland Girtler zu, nicht zuletzt deshalb, weil die bürgerliche Jagdtätigkeit aufgrund der benötigten Geld- und Zeitmittel an einen bestimmten sozialen Status gebunden war und damit dem außenstehenden Betrachter wie auch dem involvierten Jägerkreis aufzuzeigen in der Lage war, dass man auch vollkommen unproduktiven Tätigkeiten nachzugehen im Stande sei. Auf diesem Wege wurde die Jagd tatsächlich vergleichbar dem Golfspiel oder dem Tennis, was noch 50 Jahre vorher (vor 1848) vollkommen undenkbar gewesen wäre (nicht weil man noch kein Golf oder Tennis spielte, sondern weil die Gesellschaftsstruktur jene Form der bürgerlichen Distinktion schlichtweg nicht kannte und niemals toleriert hätte). Hätte die Jagd bürgerlicher Prägung noch irgendeine sinnvolle Funktion inne gehabt, wäre sie in irgendeiner Form produktiv ähnlich der bäuerlichen Jagd gewesen, man hätte sie nicht mit dem ebenfalls unter produktiven Gesichtspunkten „sinnlosen" Golf- oder Tennisspiel vergleichen können. Aus diesen Gründen heraus erscheint es mir plausibel erklären zu können, weshalb diese, im historisch-politischen und generell räumlich-strukturellen Kontext besehen falsch verstandene Exklusivität (Vornehmheit) der Jagd nicht nur den sich am Aristokratischen orientierenden Bürger erfasste, ihn die Jägerprüfung machen, ein

---

[1638] Vgl. dazu das Vorwort von Dieter Frey, Karl Eugen Rehfuess, Hubert Ziegler, in: Rundgespräche der Kommission für Ökologie, Bayerische Akademie der Wissenschaften (Hrsg.), Band 25, Über die Jagd - Kulturelle Aspekte und aktuelle Funktionen, S. 9.

[1639] Natürlich kann und wird auch die rationale Wildbewirtschaftung nicht auf den Hobbyjäger verzichten können und verzichten wollen.

Revier pachten und die Waidmannssprache erlernen sowie selbst Einladungen aussprechen ließ, sondern weshalb auch der „zu Geld gekommene Mann aus der Welt der Prostitution und des Glücksspiels“ zu diesem „Symbol der feinen Lebensart“ und „des Müßiggangs“[1640] geradezu greifen musste, wollte er in der neuen Gesellschaftsordnung etwas gelten und zu einigem Ansehen gelangen. Hier, so meine durch die Ergebnisse der letzten Kapitel bestärkte Vermutung, liegen tatsächlich die Wurzeln der Jagd als bürgerliches Distinktionsmerkmal verborgen. Insofern scheint es notwendig, die bisherige Betrachtung der bürgerlichen Jagd als distinktive Kopie der aristokratischen/adeligen Jagd gemäß den Ausführungen von Roland Girtler zu überdenken und zu überarbeiten. Einzig das jagdliche Brauchtum, soweit es bereits in den adeligen Kreisen des 19. Jahrhunderts ausgebildet war, wurde nach einer langen brauchtümlichen Pause in den 1870er Jahren vom Bürgertum allmählich wieder entdeckt. Diese „Wiederentdeckung“ kam jedoch nicht von ungefähr, ja es kann möglicherweise schon beinahe von einem (Gruppen-)Zwang die Rede sein, da die Negierung des waidmännischen Kodex die Aufnahme in die elitären Jagdvereinigungen verhinderte, wie das Beispiel des „Sonntagsjägers“ von weiter oben belegt[1641]. Die Gründung von Jagdschutzvereinen – ähnlich den aus dem Boden schießenden Tennis- und Golfclubs –, denen allesamt die Sorge um den Wildbestand, die Bekämpfung der Wilderei und die Überwachung der Schongesetze eigen war, sollte für einen Sog sorgen, an dessen Ende ein jagdliches Umdenken hin zu Hege und Waidgerechtigkeit stehen sollte. Wer Mitglied in den Jagdvereinen werden und seinen Beitrag zur sittlichen und moralischen Hebung der Jagd leisten wollte, die edle Gesellschaft von Professoren, Anwälten, Adeligen, Industriellen, etc. genießen wollte, der musste dort um Aufnahme ersuchen. Auf diese Weise wuchsen die zumeist akademisch gebildeten Jäger in diese Jagdvereine hinein, während der „Bauernschinder“ zwar weiterhin „anders“ jagte, jedoch mit Verachtung und verwehrtem Zutritt gestraft wurde. Die vornehme Jagd stand nun tatsächlich dem Werkinstinkt des Bauern unversöhnlich gegenüber. Das war im Wesentlichen der Kern der Jagd als sozialer Distinktion: ihre im Vergleich zur Bauernjagd wirtschaftliche, ökologische und wildbiologische Unsinnigkeit. Heute dagegen wird vehement versucht diesen nach wie vor bestehenden Trend umzukehren, den verloren geglaubten Werkinstinkt des Jägers zu fordern und zu fördern.

9.2.3 Historisch-praktischer Bezug

Innerhalb dieses Abschnittes bleibt nun aufzuzeigen, dass die Basis für die Jagd als bürgerliche oder generell soziale Distinktion (das gilt ja dann für den jagenden Adel, die jagenden Politiker und Industriellen, Anwälte und Ärzte, etc. gleichermaßen) bereits vor der Revolution, zumindest in Baden und Württemberg (wie ich unter Bezug auf Hans Hiller von Gaertringen und Karl Hasel aufzeigen werde), geschaffen wurde. Andererseits ist jedoch auch anzumerken, dass zwischen der

---

1640 In Anlehnung an die Ausführungen von Roland Girtler, Die feinen Leute, S. 61.

1641 Zum Sonntagsjäger und seiner Stellung innerhalb der sich im letzten Drittel des 19. Jahrhunderts herausbildenden Jägergruppen, vgl. auch bei Ulrich Schraml, Die Normen der Jäger, S. 32.

Bereitung des Bodens für die Jagd als bürgerliche soziale Distinktion (das ist die Öffnung der Jagd für jene Kreise, der Wegfall monarchischer absoluter Gewalt) und dem gesellschaftlichen Vollzug (das ist die Gründung von Vereinen, die Bildung von Verhaltensstandards, mediale Unterstützung, politische Rückendeckung durch Parlamentarisierung, etc.), einige Jahrzehnte zu liegen kommen. Der Übergang von der herrschaftlichen Jagd zur bürgerlichen und insbesondere distinktiven bürgerlichen Jagd war also keineswegs abrupt und an ein einzelnes Datum wie z. B. die Revolution gebunden, sondern er verlief über eine relativ lange Zeitspanne, die von politischen und sozialen Umbrüchen und Einschnitten begleitet war (Reichsdeputationshauptschluss, Revolution, Industrialisierung, Arbeiterbewegungen, Reichsgründung, etc.). Einmal verfestigt, hat sich dieser Bruch in der Motivik und der Funktion der Jagd dagegen über einen sehr langen Zeitraum etabliert. So existiert die Jagd als soziale Distinktion, die nun wieder in neue Konflikte mit den an die Jagd gerichteten modernen Aufgaben im 21. Jahrhundert gerät und hier öffentlichkeitswirksam kollidiert, bis heute. Ähnlich wie in den Zeiten um die bürgerliche Revolution von 1848/49 herum, tritt die Jagd heute als „Handwerk des Beutemachens" in den Fokus jagdlicher Interessen[1642]. Die heterodoxe Seite (administratives System und Forst, Spezialisten im Feld der Jagd und „aufgeklärte" Privatjäger) plädiert für eine Intensivierung des handwerklichen Beutemachens, während sich die orthodoxe Seite (überwiegend in traditionalen Verhaltensmuster verharrende, überwiegend private Pachtjagdklientel mit Unterstützung des Deutschen Jagdschutz-Verbandes) gegen die rationale Wildbewirtschaftung zugunsten des Waldbaus als alleinige, besser: dominierende und legitime, Funktion der Jagd stemmt[1643]. Wilhelm Bode und Elisabeth Emmert gelangen nicht zuletzt im Bewusstsein dieses Dilemmas zu der Auffassung, dass die Jagd heute zu sehr „Prestigeobjekt und Statussymbol, Förderung exklusiver Gruppenbildung, wirtschaftliches und politisches Schmiermittel" und „Tummelplatz naturschützerischer Zieldiskussionen"[1644] sei, als das, was sie sein sollte: ein ökologisches Handwerk. Damit hat zwar hat die Revolution von 1848/49 „zum mindesten in einer für die ländliche Bevölkerung sehr wichtigen Frage eine sofortige und grundlegende Neuerung gebracht, die Aufhebung der bis dahin noch bestehenden vielfältigen und drückenden feudalen Rechte und Abgaben in den grund- und standesherrlichen Gebieten und ein in der modernen Staatsauffassung begründetes Jagdrecht, das in

[1642] Der Unterschied zu damals liegt allerdings darin, dass sich diese Forderungen im 21. Jahrhundert durchsetzen werden, während sie in der nachrevolutionären Zeit, insbesondere dann ab etwa 1870 mit der Gründung erster jagdlicher Vereinigungen, vom gehobenen Bürgertum und den höheren Forstbeamten unterstützt, verhindert werden konnten. Vgl. dazu auch die Ergebnisse von Eugen Syrer, Jagdrecht und Interessengruppen – Eine historisch-politische Analyse, S. 371.

[1643] Die Unterscheidung in eine heterodoxe und orthodoxe Richtung innerhalb des Jagdwesens und der Gruppierungen der Jäger in der Bundesrepublik geht auf die Ergebnisse von Ulrich Schraml, Die Normen der Jäger, und nicht zuletzt auch auf Eugen Syrer, Jagdrecht und Interessengruppen – Eine historisch-politische Analyse, zurück. Weiterhin bei Klaus Maylein, Jagd und Jäger in der modernen Gesellschaft.

[1644] Wilhelm Bode und Elisabeth Emmert, Jagdwende. Vom Edelhobby zum ökologischen Handwerk, S. 216f.

seinen Grundzügen bis heute kaum verändert wurde"[1645]. Andererseits wurde die Jagd als anerkanntes und bedeutendes soziales Distinktionsmerkmal erst in etwa um die Zeit der Reichsgründung herum geboren, auch wenn der Boden dazu schon früher bereitet wurde. Vor den 1870er Jahren konnte von Distinktion weder adeliger noch bürgerlicher Prägung kaum eine Rede sein. Auch die Situation direkt nach der Revolution 1848/49 ist insofern aus dem genannten Zusammenhang von Revolution und sozialer Distinktion der Jagd auszublenden, weil sich hier in exzessiver Weise die angestaute Wut vor allem der Bauern über die hohen Wildstände der Feudalherren entlud. Karl Hasel dazu: „Die übertriebene Wildhege und die dadurch hervorgerufenen Konflikte mit der Landwirtschaft, die Jagddienste, das barbarische Jagdgesetz und andere Jagdkalamitäten hatten die Bevölkerung schon längst gegen das Jagdwesen erbittert (...)." Die durch die Revolution dann ausgelösten Hoffnungen führten laut Karl Hasel dazu, dass „wer nur eine Flinte hatte und sie tragen konnte", sich auf die Beine machte, „um an dem Vertilgungskrieg gegen das arme Wild teil zu nehmen". Und weiter: „Es gab Gemeinden, welche mit klingendem Spiel zu diesen Freuden auszogen. Die kurzen Wintertage genügten nicht. Man hörte von großen Mondscheintreibjagden. Besonders in den Abendstunden hörte man, soweit das Ohr reichte, ein fast ununterbrochenes Feuern. Alle Hohlwege, Gräben und Vertiefungen waren mit Schützen besetzt, von denen manche in Ermangelung von etwas Besserem sogar mit Pistolen sich begnügten"[1646]. Die Motive der jagenden Bauern und Bürger waren speziell in den knapp eineinhalb Jahren bis zu den Jagdpolizeigesetzen von 1850 und später vollkommen andere als die oftmals angeführte soziale Distinktion der späteren Zeit. Jene schaffte ihren Durchbruch nicht abrupt, sondern erst allmählich mit den Entwicklungen im Zuge der genannten verschiedenen Jagdpolizeigesetze[1647], die nun Stück für Stück in den deutschen Ländern zu einer Trennung von Jagdrecht und Jagdausübungsrecht führten, der allmählichen Beruhigung der aufgeheizten Gemüter (insbesondere der Bauern), der Herausbildung erster jagdlicher Organe und Medien (wie z. B. der „Waidmann" und die „Deutsche Jagdzeitung"), dem Erwachsen eines waidgerechten Brauchtums und dessen Transport über die entsprechenden, zumeist adeligen oder forstlichen Vorbilder/Vertreter nach außen in die bürgerlichen Jägerkreise. Diese Prozesse, nicht zuletzt verstärkt durch die „Devastierungen der Wildstände" im Zuge der Kriegsgeschehnisse 1870/71 (viele der Kriegsheimkehrer brachten ihr „Reichsgewehr 71", erstmals ein Hinterlader mit Zentralfeuerpatrone, mit nach

1645 Karl Hasel, Auswirkungen der Revolution von 1848 und 1849 auf Wald und Jagd, auf Forstverwaltung und Forstbeamte, insbesondere in Baden, S. 145.

1646 Ebd., S. 151-152. Hasel führt das genannte Beispiel für Thüringen an.

1647 So z. B. das Preußische Jagdpolizeigesetz vom 7. März 1850, welches in § 2 den Eigentümer zur Ausübung des Jagdrechtes auf eigenem Grund und Boden befugte, wenn er über ein zusammenhängendes Grundeigentum von wenigstens 300 Morgen verfügte. Im Badischen Gesetz vom 2. Dezember 1850 über die Ausübung der Jagd wird in § 4 verfügt, dass der Eigentümer zusammenhängender Grundstücke von mindestens 200 Morgen die Jagd dort selbstständig und ausschließend auszuüben in der Lage ist. Vgl. dazu den Abdruck des Badischen Gesetzes bei Karl Hasel, Auswirkungen der Revolution von 1848 und 1849 auf Wald und Jagd, auf Forstverwaltung und Forstbeamte, insbesondere in Baden, S. 188.

Hause und wilderten entsprechend[1648]) und die damit verbundene abermalige Vertreibung der Bauern aus der Jagd (auch mit Hilfe des 1875 gegründeten ADJV), führten erst zur wahrhaft bürgerlichen Jagd und nun unter dem Deckmantel des Schutzes des Kultur- und Volksgutes Wild und Jagd zur sozialen Distinktion bürgerlicher Prägung. So konstatiert Ulrich Wendt, dass „seit dem 19. Jahrhundert" der „Gutsbesitzer und der reiche Mittelstand" jagen[1649]. Mit „dem 19. Jahrhundert" meint Wendt wahrscheinlich das letzte Drittel desselben oder generell die Zeit nach der Revolution, wie ja auch die folgenden Ausführungen meinerseits belegen werden.

9.2.3.1 Jagd als soziale Distinktion: Die Grundsteinlegung

Schon zwischen 1806 und der Revolution von 1848/49 wurde der Grundstein für die Jagd als bürgerliches, soziales Distinktionsmerkmal gelegt. Zwar begann die Jagd als (besitzbürgerliches) Statusmerkmal ihren Siegeszug mit dem Jahre 1807 in Baden und hat ihn in Teilen bis heute nicht beendet[1650], allerdings ist hier zu differenzieren zwischen der „Grundsteinlegung" (das ist die Ermöglichung der Jagdpacht auch für Bürger und Bauern in dieser Zeit überhaupt) und dem tatsächlichen Vollzug, d. h. der faktischen bürgerlichen Kapitalisierung der Jagdmöglichkeit als sozialem Distinktionsmerkmal, welche wohl erst in den Jahren um 1870 ihren endgültigen Durchbruch fand. 1807 war das Jahr, in dem in Baden angeordnet wurde, dass „die herrschaftlichen Jagden in Hof- und Revierjagden einzuteilen sind", wobei die „geeigneten, den Hoflagern nahen Distrikte" zu den Hofjagden gezählt wurden und nur diesem zugänglich waren, während in den anderen Revierjagden Verpachtungen auch an „Liebhaber" zulässig sein sollten. Diese Klientel waren zunächst die Revierförster und die höheren Forstdiener als auch die „anständigen Privatjagdliebhaber"[1651]. Da jene in Diensten der Landesherren standen und selbst Fröner zur – wenn auch nur gepachteten – Jagd heranziehen konnten[1652], kann von einer sozialen Distinktion der Revierförster oder der höheren Forstdiener hier noch

---

1648 Vgl. dazu auch die Ausführungen von Gerhard Frank, 120 Jahre organisierte Jägerschaft in Deutschland, S. 6.

1649 Ulrich Wendt, Kultur und Jagd, Ein Pirschgang durch die Geschichte, S. 358.

1650 Vgl. dazu bei Klaus Maylein, Jagd und Jäger in der modernen Gesellschaft, S. 68, unter Bezug auf einen Artikel in einer großen deutschen Jagdzeitung mit dem Titel: „(Alp-)Traumhafte...Pacht(bedingungen)", in: Die Pirsch, Nr. 12/1997, S.24, weiterhin Annoncen in der Rubrik „Reviere, Jagdgelegenheiten", in: Die Pirsch, Nr. 08/1995, S. 83f, sowie in der Rubrik „Jagdreviere" in: Wild und Hund, Nr.11/1998, S.97f; Wild und Hund, Nr. 12/1998, S. 112f; Wild und Hund Nr. 21/1998, S. 122f; Wild und Hund, Nr. 20/1998. Neueren Datums sind solche Annoncen zu finden in: Die Pirsch, Nr. 01/2004, S. 72 (5.000 € jährlich für einen entgeltlichen Begehungsschein in einem 800 ha Revier), ebd., S. 73 (10.000 € jährlich für Übernahme der Restpachtdauer in einem 1.200 ha großen Niederwildrevier), in: Wild und Hund, Nr.24/2003 (Begehungsschein in einem Niederwildrevier, 300 ha., 3.000 – 7.000 € jährlich), in: Wild und Hund, Nr.01/2004 (Jagdpartner für 800 ha Jagd, jährliche Kosten 15.000 – 20.000 € inklusive Wildschäden), in: Deutsche Jagd Zeitung, Nr.12/2003 (Teilhaber für Waldrevier, 700 ha, 5.500 € jährlich).Die Liste ließe sich endlos weiterführen.

1651 Vgl. dazu bei Karl Hasel, Auswirkungen der Revolution von 1848 und 1849 auf Wald und Jagd, auf Forstverwaltung und Forstbeamte, insbesondere in Baden, S. 103.

1652 Vgl. dazu ebd.

keine Rede sein. Sie konstituierten lediglich den ihnen anvertrauten Raum gemäß den Ordnungsvorstellungen ihrer Dienstherren. Ihre jagdliche Präsenz ist nicht anders zu bewerten als die des Herrn selbst, da die Forstpartie keineswegs in der Lage war die Jagd nach ihrem Gutdünken und ihrem Verständnis auszuüben, sondern dies allein nach An- und Ordnung der Landesfürsten tat. Dessen ungeachtet hatten die Forst- und Jagdbediensteten in den meisten Fällen ohnehin die Denk- und Handlungsweise ihrer Herren vollständig adaptiert. Diese Adaptionsleistung führte gar zuweilen soweit, dass Befehle des Herrn, das Wild den Kulturen anzupassen (diese „Befehle" kamen zumeist auf Einfluss und Druck der Landstände zustande, selbst in absolutistischen Systemen) von den Forstbediensteten nicht umgesetzt wurden, sondern gemäß einem von ihnen interpretierten „wirklichen Willen des Fürsten"[1653] boykottiert wurden. Wie das Forstpersonal also den herrschaftlichen Befehl umsetzte, war „ein anderes Problem, das sich bis in die Gegenwart verfolgen lässt"[1654]. Für die Gruppe der „anständigen Privatjagdliebhaber" dagegen mag dies bereits eine Vorstufe zur sozialen Distinktion gewesen sein, wenn auch nicht ganz klar aus dem Text von Karl Hasel hervorgeht, welche soziale Gruppe er damit meint. Immerhin könnte es sich ja auch um adelige Klientel handeln, welche keine eigene Jagdgelegenheit hatte. Zumindest die Trennung in Bürgerstand und „anständige Privatjagdliebhaber" könnte diesen Schluss durchaus als zulässig erscheinen lassen[1655], für den Bürgerstand galt nämlich auch noch 1813 nach einem Bericht der Direktion der Forste und Bergwerke in Baden „wegen der bekannten Nachteile für das Wohl der Staatsbürger und für die Behandlung der Jagden der Grundsatz, keine Jagden an Bauern und sonstige Untertanen zu verpachten, welche ein geringes bürgerliches Gewerbe treiben"[1656]. Dass dies jedoch nicht unbedingt der Regel entsprach, räumt Karl Hasel unter Bezug auf die fürstlich leiningischen Jagdbezirke selbst ein, in denen „jedem Bauer und Bürger erlaubt sei, zu seinem Vergnügen und zum Verderb seiner Haushaltung" Jagden zu pachten[1657]. Auch in Württemberg wurde der Kreis der zur Jagd berechtigten Dank König Wilhelm I. (1781-1864) schon lange vor 1848 unvorstellbar ausgeweitet, namentlich auch auf Bauern und Bürger wie Wirte, Metzger, Feldmesser, etc., wie

1653 Eugen Syrer, Jagdrecht und Interessengruppen – Eine historisch-politische Analyse, S. 108.

1654 Ebd., S. 108f. Als Beleg dafür, dass auch in der Gegenwart die Anordnungen und Gesetze des Landtages nicht immer vom Personal umgesetzt werden, führt Eugen Syrer eine Debatte des Bayerischen Landtags vom 22.10.1985 an. „Weil wir (*) – das sage ich als letzten Punkt – leider ein ausgesprochenes Vollzugsdefizit haben, (*) und zwar da und dort bei den Forstämtern. Forstleute sind auch Jäger. (...) Sie können noch so viele Gesetze beschließen, wenn sie draußen von den Jagdbehörden, den Jägern und den Grundbesitzern nicht entsprechend vollzogen werden, nutzen sie nichts. Daran liegt es." (Die Auslassungen „(*)" beziehen sich auf protokollierte Zwischenrufe). Zitiert nach Eugen Syrer, ebd., S. 108-109.

1655 Karl Hasel, Auswirkungen der Revolution von 1848 und 1849 auf Wald und Jagd, auf Forstverwaltung und Forstbeamte, insbesondere in Baden, S. 103.

1656 Ebd., S. 103.

1657 Ebd., S. 104. Auch Freiherr Hans Hiller von Gaertringen weist in seinem Werk „Jagd in Württemberg im 19. Jahrhundert, S. 9f, darauf hin, dass in Baden mit einer Verordnung vom 14.11.1817 die Verpachtung von Jagden an Bauern und Handwerker ausgeschlossen wurde. Da sich wohl nicht alle daran hielten, wurde am 13.10.1834 eine Verordnung beschlossen, die es erlaubte, die Regelung vom 14.11.1817 mit Nachsicht zu behandeln.

dies Freiherr Hans Hiller von Gaertringen für die Markung Gärtringen bestätigt[1658]. Auch unter ihnen war die Jagdmöglichkeit noch weit davon entfernt, als soziales Distinktionsmerkmal gelten zu wollen. Es wurde gejagt um Land- und Forstwirtschaft entsprechend zu entlasten. An dieser Stelle komme ich auf die oben genannte Differenzierung zwischen der Grundsteinlegung der Jagd als sozialer Distinktion und dem erst viel später stattfindenden und praxisrelevanten Vollzug mit den 1870er Jahren zurück. Die Umstände und Bedingungen der Jagdmöglichkeiten für Bauern und Handwerker in Württemberg bis 1848/49 waren in keinster Weise dazu geeignet, sich mit Hilfe der Jagd aus dem eigenen Stand hervorzuheben. Dazu Hans Hiller von Gaertringen: „Da es in Gärtringen 1823 115 Landwirte und 136 Handwerker gab, die auch vorzugsweise von der Landwirtschaft lebten, ist sicher, dass auch alle anderen Jäger ein ureigenes Interesse an der Vermeidung von Wildschäden hatten. Sie erhielten vom Pächter der Jagd Schussgeld, jagten also nicht unentgeltlich, geschweige denn, dass sie etwas dafür bezahlten. Sie erfüllten eine Aufgabe zum Wohle der Allgemeinheit und empfanden dies auch selbst so."[1659] Selbst die eigentlichen Pächter, die Familie Hiller von Gaertringen, hatte vollkommen andere Ziele, die sie mit der nun ermöglichten Pacht verfolgte. Die von Freiherr von Hiller am 17.07.1827 erworbene Pachtjagd hatte zum Ziel, den auf den Grundstücken der Jagd befindlichen Wald der Familie zu schützen: „nicht aus jagdlicher Passion, sondern zum Schutz seines eigenen Waldes vor Wildschaden", so Freiherr Hans Hiller von Gaertringen, habe seine Familie im ersten Drittel des 19. Jahrhunderts die Gärtringer Jagd gepachtet, „mit der die Gemeinde zuvor wirtschaftlich gescheitert war"[1660]. Mit der Auswahl der Jäger auf ihren Grundstücken und innerhalb ihrer Jagdpacht hatte die Familie von Gaertringen damit ein wirksames Instrument in der Hand, den Wildbestand gemäß ihren wirtschaftlichen Zielen anzupassen respektive anpassen zu lassen. Der Zeitpunkt, zu dem die Jagd des Bürgers ein bedeutendes Distinktionsmerkmal wurde, muss also einige Zeit nach der Revolution von 1848/49 gesucht werden, auch wenn man die Grundsteinlegung für die bürgerliche Jagd bereits in den Jahren nach 1807 verorten muss. Die Öffnung der Jagd für bürgerliche Kreise ab 1807 war nun bereits weitaus umfänglicher als die früheren Gnadenjagden, zu denen auch schon im 17. und 18. Jahrhundert Studenten oder Bürger Zutritt fanden.

9.2.3.2 Jagd als soziale Distinktion. Der gesellschaftliche Vollzug

Um von der Grundsteinlegung zum Vollzug der Jagd als bürgerlichem sozialem Distinktionsmerkmal zu gelangen, ist es notwendig, sich die gesamtgesellschaftlichen Entwicklungen nach der Reaktion von 1850 (Einführung der Jagdpolizeigesetze und Trennung von Jagdrecht und Jagdausübungsrecht in den einzelnen Ländern) näher anzuschauen. Die Gründe für die Instrumentalisierung der Jagd als ein

1658 Vgl. ebd., S. 35-36. Als Pächter trat hier zwar die Familie Hiller von Gaertringen auf, gejagt wurde aber tatsächlich im Jahresverlauf von sieben bis zwölf Bauern und Bürgern aus Gärtringen, vereinzelt auch aus Nachbarorten. Vgl. dazu ebd., S. 34. Damit wurde zwar auch in Württemberg die genannte Klientel von der Jagdpacht ausgeschlossen, jagen durfte sie dagegen sehr wohl, wie das Beispiel von Freiherr von Hiller bestätigt.

1659 Ebd., S. 36.

1660 Ebd., S. 33.

Bestandteil einer gehobenen bürgerlichen Lebensart sind auf mehreren gesamtgesellschaftlichen Ebenen verborgen, die allesamt jedoch zusammenhängen und die nicht nur auf dem Gebiet der Jagd eine tief greifende Entwicklung in Gang gesetzt haben. Das letzte Drittel des 19. Jahrhunderts legte den Grundstein für die moderne Industrie- und Informationsgesellschaft, nachdem die feudalen Agrarstrukturen endlich beseitigt werden konnten. Bis zur Revolution von 1848/49 konnte man in Deutschland - im Vergleich zu England oder Frankreich - nicht von einer Industrialisierung sprechen. Erst in den Jahren zwischen 1860 und 1888 näherte sich Deutschland an das Niveau Frankreichs an, ja überflügelte den Nachbarn nun sogar bis zur Thronbesteigung Kaiser Wilhelm II. im Jahre 1888 um ein gutes Stück[1661]. In allen Bereichen des Lebens, des Forschens, der Technik und des Zeitvertreibs erlangten die Menschen in jener Zeit große Freiheiten und Möglichkeiten, allesamt begründet im industriellen Fortschritt[1662]. Nicht zuletzt die verkehrstechnischen Entwicklungen in den 1870er und 1880er Jahren werden einen großen Beitrag zur Distinktionalisierung der Jagd geleistet haben, da nun durch häufigere und bessere Zugverbindungen für die besitzbürgerlichen Städter auch Reviere außerhalb ihrer Wohnstätten interessant wurden[1663]. Karl Erler stellt in seinem Werk „Die volkswirtschaftliche Bedeutung der Jagd in Deutschland und die Entwicklung der Wildstände im letzten Jahrhundert" die soziale Gliederung der Jagdpächter zwischen den Jahren 1850 und 1910 dar. Daraus wird ersichtlich, dass sich „das Bild der Herkunft und des Berufes der Jagdpächter immer mehr zuungunsten der ländlichen Jagdpächter" verschob, wenngleich es natürlich auch schon nach der Revolution und den einzelnen Landespolizeigesetzen seit 1850 hin und wieder kapitalkräftige Jagdpächter aus den Städten gab[1664]. Erler weist ausdrücklich darauf hin, dass diese Entwicklung tatsächlich auch auf den Ausbau der Infrastruktur zurückzuführen sei, so dass sich z. B. im Kreis Wittenberg zwischen 1885 und 1910 der Anteil der ortsansässigen bäuerlichen Jagdpächter von 78 im Jahre 1885 auf nunmehr 25 im Jahre 1910 verringerte[1665]. Ein weiterer Grund dafür, weshalb der Vollzug oder der Durchbruch der bürgerlichen Jagd als soziales Distinktionsmerkmal erst etwa mit der Reichsgründung des nun zweiten Deutschen Reiches stattfand, ist auch darin zu erblicken, dass sich nun eine gewisse Rechtssicherheit einerseits und eine

---

1661 Vgl. dazu die Zahlen zur industriellen Produktion in den Jahren zwischen 1780 und 1888 im direkten Vergleich zwischen England, Frankreich, Deutschland. Zu den Zahlen bei Manfred Görtemaker, Deutschland im 19. Jahrhundert, S. 155.

1662 Allein zwischen den Jahren von 1875 bis 1900 wurden erfunden oder eingeführt: der elektromagnetische Fernsprecher (Graham Bell, 1876), der Phonograph (Thomas Alva Edison, 1877), der Elektromotor (Firma Siemens & Halske, 1878), die Eröffnung des Fernsprechverkehrs in Deutschland (1880/81), der Benzinmotor (Gottlieb Daimler und Wilhelm Maybach, 1883), das erste Automobil (Carl Benz, 1885), die erste elektrische Untergrundbahn in London (1890), Gleitflugversuche (Otto Lilienthal, 1890-96), der Dieselmotor (Rudolf Diesel, 1893-97). Vgl. ebd., S. 147-148.

1663 So wuchs die Betriebslänge der deutschen Eisenbahnen zwischen 1865 und 1915 von 14.690 km auf 62.410 km an. Siehe ebd., S. 163. Das wiedervereinigte Deutschland brachte es 1994 gerade einmal auf 40.457 km Schienenlänge. Vgl. ebd., S. 163.

1664 Karl Erler, Die volkswirtschaftliche Bedeutung der Jagd in Deutschland und die Entwicklung der Wildstände im letzten Jahrhundert, S. 30.

1665 Ebd., S.30ff. und S. 45.

sich allmählich etablierende Jagdfunktion Bahn brechen konnte, die zumindest vordergründig die Sicherung und Hebung des deutschen Wildbestandes als Volksgut zum Ziel hatte. Diese (Rechts-)Sicherheit basierte nach meiner Einschätzung zum einen auf rein juristischen Pfeilern als auch zum anderen auf Pfeilern der Gewohnheit und Sitte. Rechtlich wurde klar, dass sich die Regelungen in den Jagdpolizeigesetzen, das heißt die Bindung des Jagdrechtes an Grund und Boden sowie die Trennung des Jagdausübungsrechtes davon, welches die Jagd gerade für das vermögende, jedoch nicht wald- oder landbesitzende Bürgertum interessant machte, mit oder nach 1850 durchgesetzt hatten und wohl nicht mehr daran gerüttelt werden würde. Das Reviersystem hat sich seitdem als Grundpfeiler der (bundes-) deutschen Jagd gehalten. Mit Gewohnheit und Sitte meine ich dagegen das Vertrauen der Jagdinteressierten darauf, dass Geld, politischer Einfluss und die Rückendeckung durch jagende Adelige/Politiker das bestehende System auf Dauer stützen würden. Die sich herausbildenden jagdlichen Vereinigungen, das waidmännische Brauchtum, die Waidmannssprache und der sittliche Anspruch an Jagd und Jäger wurde in diesen Kreisen ein wesentliches Identifikationsband. Die Jagd begann sich hier allmählich an gehobene Ansprüche, an Moral und Ethik, an Sitte und Konvention zu binden und sich vom „Bauernschinder" abzuwenden. Damit wurde die Jagd jedoch auch noch ihrer letzten Funktion entkleidet, da sie nicht mehr als Schutzjagd verstanden wurde. In der Negierung der Schutzjagd und dem damit verbundenen Verlust jener letzten rationalen Funktion lag mit einiger Sicherheit ein vornehmer Zug, den sich Jagd und Jäger allmählich aneigneten. Nicht zuletzt der letzte große Krieg in der deutschen Geschichte des 19. Jahrhunderts von 1870/71 sollte für die Durchsetzung dieser jagdlichen „Entfunktionalisierung" Auslöser sein[1666]. Für die Erfüllung dieses Zieles brauchte man ethisch und moralisch anständige Jäger, die nicht um irgendeines Gewinns willen jagten, sondern sich ihrer „Verantwortung für den Wildstand" und seinen kulturellen Stellenwert bewusst waren. Dass die Verantwortung für den Wildstand jedoch in letzter Konsequenz nur die Schädigung der Grundeigentümer und die Schaffung jagdlicher Monokulturen zum Resultat hatte, ist auch heute noch in den aktuellen Konflikten um Jagd und ihre Funktion zu erblicken. Der im wirtschaftlichen Leben gutsituierte Industrielle, Arzt oder Anwalt, Großgrundbesitzer oder Pensionär konnte auf dem Felde der Jagd mit seinem Geld und seiner Zeit einiges erreichen, indem er den Wildstand durch immensen finanziellen und ideellen Aufwand stärkte und gegen alle Unbilden als wertvolles Volksgut schützen konnte. Der zweckrational denkende und wirtschaftende Bauer galt vor diesem Hintergrund als die schlechteste der Möglichkeiten, während der kapitalkräftige Bürger oder Adelige dagegen auf-

[1666] So schreibt Horst Alexander Willam, Wildbahn und Waidwerk in Baden-Württemberg 1875-1975, hrsg. vom Landesjagdverband Baden-Württemberg e.V., S. 32: „Wie in allen kriegerischen Auseinandersetzungen, so blieb auch die Jagd während des deutsch-französischen Krieges 1870/71 von Beunruhigungen nicht verschont; man konnte sich leicht ausrechnen, wann der Zeitpunkt eintreten wird, wo das Waidwerk musealen Charakter annehmen musste. Und da diese jagdlichen Verhältnisse im ganzen Deutschen Reich vorfindlich waren, wenn auch mit wechselnder Intensität, kam es nicht von ungefähr, dass gegen Ende des Jahres 1874 aus Deutschlands Norden die Einladung an alle jene zum Zusammenschluss erging, denen die Erhaltung der Jagd Herzenssache war; denn das eine war einleuchtend: nur auf Reichsebene konnte Abhilfe geschaffen werden."

grund seines finanziellen und intellektuellen Hintergrundes der Ideallösung jener Jagdphilosophie sehr nahe kam. Zur Erreichung dieser wünschenswerten Ziele, die auf Drängen der Forstpartie und des jagenden Adels in die Gründungsversammlung des Allgemeinen Deutschen Jagdschutzverbandes 1875 Eingang fanden, musste etwas geschehen. Was, das hat Ulrich Wendt in seinem Werk kurz und knapp auf den Punkt gebracht: „Der Bauernjäger musste fort, die Jagd war wichtiger als die Hebung des Volkes, und deshalb waren große Jagdbezirke nötig."[1667] Dieses Ziel konnte jedoch nur erreicht werden, wenn man sich in Vereinen organisierte, entsprechende sittliche und moralische Satzungsinhalte erstellte und Kontrollorgane einsetzen konnte, die auch vor dem Mittel der Diffamierung und des Denunziantentums nicht zurückschreckten[1668]. Deshalb, so Gerhard Frank, „waren sich große Teile der deutschen Jäger aus Adel und Bürgertum darin einig, dass nur in einem solidarischen Schaffen der deutschen Jägerschaft die Chance bestand, einer anständigen, waidgerechten Jagd und einer artenreichen Wildbahn ihr Daseinsrecht dadurch zu verschaffen, dass mit der Vervollkommnung der Jagdwaffen auch eine Vertiefung des waidmännischen Pflichtbewusstseins Schritt halten muss und dass die Jagd nicht zum Stiefkind der Gesetzgebung absinken darf"[1669]. So kam es bereits 1869 in Schlesien zur Gründung des ersten deutschen Jagdschutzvereines, dem dann zu Beginn der 1870er Jahre weitere Gründungen in Berlin, Oppeln, Wiesbaden, Memmingen, Würzburg, Lübeck, Nürnberg und Dresden folgten[1670]. Neben dem finanziellen Aufwand und der zu investierenden Zeit (genügend Freizeit kontra Arbeitszeit) förderte der sittliche und moralische Anspruch an den Jäger und die Jagd die soziale Distinktion in einem erheblichen Umfange. So ist die Forderung nach der Hege des Wildes (Schonung, Fütterung, Entsagen, Ansprechen des Wildes, Hege mit der Büchse, etc.[1671]) geradezu dafür geschaffen, einen unmittelbaren Zusammenhang herzustellen zwischen der finanziellen Situation des Jägers (jetzt: Hegers) und der daraus geborenen Möglichkeit im nunmehr bereits sozialen Feld der Jagd zu partizipieren[1672]. Dies gilt jedoch nur, solange der uner-

---

1667 Ulrich Wendt, Kultur und Jagd, Ein Pirschgang durch die Geschichte, S. 358. Auch Ulrich Schraml führt dieses Zitat von Ulrich Wendt in seinem Werk „Die Normen der Jäger", S. 29, an. Schraml führt dazu aus, dass Wendt damit den zeitgenössischen etablierten „Alt"-Jägern aus der Seele sprach. Die Ablösung der Jagd als Herrenrecht wurde von den Altjägern nicht gerade begrüßt. Da die Jagd als Herrschaftsrecht jedoch ohnehin nicht mehr von Bedeutung sein konnte, beklagte man den Verfall der Sitten und die Dezimierung der Wildstände. Diese zwei Punkte sollten es dann auch sein, die den Adel und die Forstpartie 1875 zur Gründung des Allgemeinen Deutschen Jagdschutz-Verbandes drängten.

1668 Z. B. durch die Auslobung von Prämien, die demjenigen Jagdschutzbeamten, später auch dem Jäger generell, der auf Verfehlungen Einzelner aufmerksam machte, zugestanden wurden.

1669 Gerhard Frank, 120 Jahre organisierte Jägerschaft in Deutschland, S. 6.

1670 Vgl. ebd., S. 6.

1671 Die sittlichen und moralischen Entwicklungen auf dem Gebiet des Jagdwesens – zusammenhängend mit der neuen Funktion der Jagd (Schutz des Kulturgutes Wild, Distinktion) – hatten auch entsprechende Wirkungen auf der affektuellen Ebene der Jäger zum Resultat. Wie diese „Affektbändigungen" ausgesehen haben, werde ich noch ausführlich innerhalb dieses Kapitels darstellen.

1672 Vgl. dazu die Ausführungen bei Klaus Maylein, Jagd und Jäger in der modernen Gesellschaft, S. 21f. Ein Hinweis darauf, dass dies auch heute noch der Fall ist, findet sich auch bei Hans Wilhelm Eckardt, Herrschaftliche Jagd, bäuerliche Not und bürgerliche Kritik, S. 289, weitermüdliche Einsatz im Revier gemäß den Forderungen der sich im letzten Drittel des 19. Jahrhunderts herausbildenden „deutschen Waidgerechtigkeit" im Bau von Fütterungseinrichtungen, deren regelmäßiger Beschickung mit allerlei Futtermitteln und der sittlichen und moralischen Verpflichtung gegenüber dem Wildtier seine Geltung hatte. Auch der Wildschaden, den die überhegten Wildbestände nun an den Grundstücken der Bauern verursachten, musste man sich als Jäger „leisten" können. Jagd sank zur reinen Schicklichkeit herab, zu einer sinnlosen und mehr zerstörerischen denn formenden Handlung. Das neue, nun bürgerliche Jagdrecht entsprach also durchaus der bürgerlichen Erwerbsgesellschaft: „Es bot und bietet den führenden, besitzenden Schichten der Gesellschaft aufgrund ihrer materiellen Überlegenheit die Möglichkeit, Jagd weitgehend an sich zu ziehen."[1673] Doch erst die Kombination aus finanziellen Mitteln, der genügend vorhandenen freien Zeit, die zur Ausübung der Jagd notwendig war und der Befolgung waidmännischer Tugenden gemäß ihren sittlichen und moralischen Geboten gegenüber der Jagd und dem Wildtier gereichten der bürgerlichen Jagd zum sozialen Distinktionsmerkmal. Zusätzlich konnte nur diejenige Handlung als sozial distinktiv gelten, die in ihren Wirkungen vollkommen sinnlos oder schlicht überflüssig war. Die Jagd, im Sinne bürgerlicher Prägung des ausgehenden 19. Jahrhunderts und der ersten beiden Drittel des 20. Jahrhunderts, erfüllte diese Merkmale vollumfänglich; ja schlimmer noch: sie produzierte Risiken, die zu irgendeinem Zeitpunkt durch die nichtjagende Bevölkerung getragen werden mussten. Bis heute beeinflusst diese in den 1870er Jahren sich allmählich durchsetzende Jagdfunktionalisierung das bundesdeutsche Jagdwesen immens. Belege dafür, dass die Jagd auch heute noch zu stark als ein „Edelhobby" ausgelegt ist, können durch den Blick in beliebige Jagdzeitschriften gefunden werden. Die Jagdpachtpreise (je nach Größe und vorkommenden Wildarten) für Reviere sind nicht selten auf Summen jenseits von 10.000 Euro pro Jagdjahr veranschlagt. Auch die beiden Autoren Wilhelm Bode und Elisabeth Emmert haben die Frage gestellt, ob die Jagd in der Gegenwart eine Chance besitzt, den Schritt vom Edelhobby zum ökologischen Handwerk gänzlich vollziehen zu können[1674].

9.2.4 Zwischenergebnis zur Jagd als soziale Distinktion

Die in der Einleitung zu diesem Kapitel nochmals kurz skizzierten Einblicke in die historischen gesellschaftlichen Zusammenhänge zwischen der epochenspezifischen Konstitution von Raum und der dazugehörigen Jagdfunktion müssen zu dem Schluss führen, dass die Wirkungen der europäischen Revolutionen zwischen 1789 und 1848/49 auch gleichzeitig die Funktion der Jagd aus den genannten Gründen zunächst modifiziert und dann vollkommen umgekehrt haben. Von der Funktionalisierung der Jagd ist auch die Jagdpraxis betroffen, wie ich in Kapitel 11 noch

---

hin auch bei Ulrich Schraml, Die Normen der Jäger, S. 31ff, der die Zusammenhänge zwischen den neu formulierten jagdlichen Normen und der Sozialstruktur der Jäger oder Gruppenmitglieder für immer deutlicher erkennbar hält. Vgl. dazu ebd., S. 32.

[1673] Zitiert nach Hans Wilhelm Eckardt, Herrschaftliche Jagd, bäuerliche Not und bürgerliche Kritik, S. 289.

[1674] Vgl. dazu Wilhelm Bode und Elisabeth Emmert, Jagdwende. Vom Edelhobby zum ökologischen Handwerk.

aufzeigen werde. Ortega y Gasset liegt mit seiner Annahme, dass die Jagd epochenüberspannend und auf einen gemeinsamen Nenner reduziert entweder der Unterhaltung oder der Ernährung galt, inhaltlich vollkommen falsch[1675]. Das Volk, Bauern wie Bürger, schlugen den Herren nicht das Jagdprivileg aus der Hand, weil es zu deren Unterhaltung oder zu deren Ernährung jahrhundertlang aufrechterhalten und mit Gewalt verteidigt wurde. Nicht zuletzt hat ja auch Hans Wilhelm Eckardt darauf hingewiesen, dass die Jagd nicht wegen, sondern trotz ihres Ertrages ausgeübt wurde[1676]. Bauern und Bürger schlugen den Herren deshalb das Jagdprivileg aus der Hand, weil die Zivilisation in ihren Wirkungen auch die Aristokratie als herrschende Klasse ad acta legte. Mit der französischen Revolution und den Unruhen bis zur Mitte des 19. Jahrhunderts in Verbindung mit den rasanten technologischen und letztlich auch oder gerade sozialen und gesellschaftlichen Sprüngen im Zuge der Industrialisierung begann der tief greifende Umbau der Gesellschaft, der nicht mehr aufgehalten werden konnte. Dieser Umbau, dieser Wandel, der durch alle gesellschaftlichen Schichten ging, brachte den Fall der Aristokratie und ihres Herrschaftssystems, welches bis dahin viele Jahrhunderte auf Gewalt und Unterdrückung basierte und funktionierte[1677]. Entfesselt durch diese Entwicklung riss das Bürgertum wohl kaum die Jagd an sich, um sie in funktionaler Hinsicht gemäß dem adeligen Vorbild fortzuführen. Dies hätte bedeutet den feudalen Staat nicht umzubilden, sondern ihn zu verfestigen – eine vollkommen utopische Vorstellung, zumal unter bürgerlicher Federführung. Die adelige Funktionalisierung der Jagd unter bürgerlichen Vorzeichen hätte gemäß den neuen Raumkonstitutionen niemals funktionieren können, da an die Stelle der alten aristokratischen Institutionen neue parlamentarische, kapitalistische und private Institutionen gesetzt wurden. Wie ich an früherer Stelle unter Bezug auf Martina Löw ausgeführt habe, sind räumliche Strukturen in Institutionen eingelagert und der Fall oder Ersatz jener Institutionen musste zwangsläufig zu neuen Raumkonstitutionen führen. Das adelige Vorbild war endgültig Vergangenheit und auf die „neue" Zeit nicht mehr anwendbar. Das, was nun kam, war strikt bürgerlich, was nicht bedeutet, nicht hierarchisch sein zu können, sondern eben nur nicht herrschaftlich. Die Revolution vernichtete also mit einem Schlag die herrschaftspolitischen Funktionalisierungspotenziale der Jagd durch die Liberalisierungen und Demokratisierungen

1675 Vgl. dazu bei José Ortega y Gasset, Meditationen über die Jagd, S. 26ff, und seine Ausführungen zum Urwesen der Jagd. „Die Jagd", so Ortega y Gasset, „lässt sich nicht nach ihren besonderen Zwecken definieren – Nützlichkeit oder Sport. Diese bleiben abseits und jenseits von ihr und setzen sie voraus. Wir jagen, um uns zu unterhalten oder um uns zu ernähren; aber diese Zweckbestimmungen, die wir aus freien Stücken der Jagd geben, schließen in sich, dass diese schon da ist, und dass sie ihre eigene Konsistenz schon vor oder neben diesen Bestimmungen hat."

1676 Vgl. dazu bei Hans Wilhelm Eckardt, Herrschaftliche Jagd, bäuerliche Not und bürgerliche Kritik, S. 268.

1677 Zwar fand der endgültige Niedergang der Aristokratie im Vergleich zu England oder Frankreich in Deutschland erst sehr spät, namentlich mit dem Jahr 1918 seine Vollendung, dennoch gewann auch in Deutschland das Spezialisten-/Expertentum, welches unweigerlich an bürgerliche Kapazitäten gebunden war, schon seit der Revolution zunehmend an politischem, sozialem und gesellschaftlichem Gewicht. Staat und Gesellschaft waren auch im kaiserlichen Deutschland Wilhelms I. und Wilhelm II. nicht ohne die bürgerlichen Kräfte lebensfähig.

und damit verbunden die Öffnung dieses vormaligen Herrschaftsinstrumentes. Dem Bürgertum blieb aufgrund der veränderten gesellschaftlichen Ausgangslage, der veränderten Gesellschaftsstruktur systemimmanent gar nichts anderes übrig, als die nun annektierte und mit 1850 wiederum eingeschränkte Jagdfreiheit (und damit die jagdliche Funktion) einer gänzlich anderen Zielsetzung zu unterstellen als dies dem Adel zuvor jahrhundertelang möglich war. Allerdings ist die Entwicklung zwischen der Revolution und den 1970er Jahren bei näherem Hinsehen vielmehr geprägt von Ziel- und Funktionsverlusten, deren Ausdruck die Jagd als soziale Distinktion, die Schaffung jagdlicher Monokulturen durch die Übervorteilung des Schalenwildes und die rigorose Verfolgung aller Prädatoren sowie die Zurückdrängung des ehemals bäuerlichen Werkinstinktes war. Nur allzu vordergründig wurde die Hebung des Wildstandes propagiert (wie dies auch Ulrich Wendt bereits 1908 sah)[1678], dessen Erfolg sich jedoch so rasch einstellte, dass schon in den 1930iger Jahren die Verbisssituation in den Wäldern untragbar geworden war[1679]. Es darf vermutet werden, dass auch schon davor der Verbiss recht hoch gewesen sein wird und damit die Wildbestände gediehen, während die letzten Funktionsträger der Jagd, die Bauern, angefeindet wurden, bevor sie dann 1934 zwangsresozialisiert werden konnten. Erst seit den letzten dreißig Jahren wird nun seinerseits der waidgerechte Jäger zugunsten des Werkinstinktes von den Öffentlichkeiten des Tier- und Naturschutzes, der heterodoxen Jagdvereinigungen und weiter Teile der nichtjagenden Gesellschaft marginalisiert und seine Ablösung gefordert. Von einer Fortführung adeliger Jagdtradition (zumindest in funktionaler Hinsicht) in bürgerlichen Kreisen konnte also zu keiner Zeit eine Rede sein. Das, was sich seit der Revolution und stärker noch ab den 1870er Jahren herauskristallisierte, war strikt bürgerliche Jagdtradition, bürgerliche Jagdmentalität, bürgerliche Jagdentfunktionalisierung durch und durch, was nicht auf die Förderer einen Rückschluss zulassen kann, sondern auf die Gesellschaftsstruktur und die gesellschaftliche Situation der damaligen Zeit. Denn tatsächlich wurde die „bürgerliche" Jagd in der bürgerlichen Gesellschaft von Forstleuten und Aristokraten geprägt und gefördert und von ihnen ebenso ausgeübt wie von (allmählich waidmännisch bekehrten) Bauern und Bürgern. In einem der kommenden Absätze wird dargestellt werden, wie sich das 19. Jahrhundert auf die Funktion der Jagd ausgewirkt hat. Dabei wird deutlich, dass sowohl die Liberalisierung (die kurzzeitige Freisetzung des Werkinstinktes der Jagd) als auch andererseits die Dogmatisierung des edlen Waidwerks Resultate aus den Entwicklungen des 19. Jahrhunderts waren. Beide Jagdpole (Werkinstinkt – Waidwerk) sind jeweils für sich genommen logische Konsequenz aus den Bedingungen derselben Zeit und dennoch stehen sich beide bis heute in weiten Teilen

[1678] Ulrich Wendt sah, dass als die Jagd als Herrschaftsrecht nicht mehr von Bedeutung sein konnte, man nun kurzerhand den Verfall der Sitten und die Dezimierung der Wildstände beklagte. Nicht zuletzt deshalb wurde durch Teile des Adels und der Forstpartie 1875 zur Gründung des ADJV gedrängt. Vgl. dazu bei Ulrich Wendt, Kultur und Jagd, Ein Pirschgang durch die Geschichte, S. 358f.

[1679] Vgl. dazu die Ausführungen von Aldo Leopold, zitiert nach Georg Sperber, Deer and Dauerwald – The German Problem, in: Wilhelm Bode (Hrsg.), Naturnahe Waldwirtschaft – Prozessschutz oder biologische Nachhaltigkeit, S. 37f.

unversöhnlich gegenüber[1680]. Während innerhalb der letzten 100 Jahre im orthodoxen Lager weder institutionell (ADJV, Reichsbund DJ, DJV) noch in der Sozialstruktur der privaten Pachtjäger wirklich wahrnehmbare Änderungen stattfanden, fand auf Seiten des heterodoxen Werkinstinktes eine „personelle" Umbesetzung statt. Heute propagieren diesen Werkinstinkt das administrative System und die Gruppe der Förster- und Berufsjäger. Zusätzlich haben sich im Süden Deutschlands, insbesondere im Allgäu, Waldbauern diesem Grundgedanken des Werkinstinktes angeschlossen, wie die steigende Zahl der eigenbewirtschafteten genossenschaftlichen Regiejagden zeigt. Damals wie heute sind die Förster als Spezialisten im Feld der Jagd treibende Kraft im jagdlichen Wandel, wobei sie heute in der modernen Gesellschaft die Seiten getauscht haben.

An dieser Stelle möchte ich die vorläufige Betrachtung der Jagd als eine soziale Distinktion bürgerlicher Prägung zunächst einmal unterbrechen und vielmehr der Frage nach den Entfunktionalisierungen der Jagd im 19. Jahrhundert und beginnenden 20. Jahrhundert nachgehen. Die soziale Distinktion war ja keineswegs Teil der Argumentationsführung der zumindest arrivierten Jägerschaft für eine Neuentwicklung „brauchtümlicher" Handlungen, die Bändigung von Affekten und die Institution der Waidgerechtigkeit, wie auch die Ausführungen von Ulrich Wendt zeigen. Es wurden vielmehr vermeintliche und einleuchtende „Rationalitäten" in den Fokus der Jagd gestellt, die zu erreichen die deutsche Jägerschaft angetreten war. Interessant in diesem Zusammenhang ist lediglich, dass diese „Rationalitäten" mit der Entwicklung der Jagd zum bürgerlichen Distinktionsmerkmal zeitlich zusammenfallen, dass heißt nach der Reichsgründung 1871 begannen ihre umfassenden Wirkungen zu entfalten. In jene Zeit fällt die Geburt des auch nach außen hin auftretenden deutschen Waidmanns, der fortan dem ihm zum Nutzen (durch Hege) gereichenden Wild und der Einhaltung der deutschen Waidgerechtigkeit verpflichtet war. Jagd wurde hier weitgehend zum Selbstzweck, vollkommen losgelöst aus allen bis dahin bekannten Zweckrationalitäten. Insbesondere die Verdrängung des Bauern aus dem Felde der Jagd ist ein Indiz für die Zurückdrängung allerletzter Rationalitäten, die der Jagdausübung noch verblieben waren[1681]. Allerdings wurde dieses Idealbild des Jägers tatsächlich erst mit der Einführung des ersten umfassenden und einheitlichen Jagdgesetzes, dem Reichsjagdgesetz von 1934, vollumfänglich erreicht. Die Gleichschaltung der Jägerschaft, d. h. die Auflösung aller Jagdvereinigungen bis auf eine einzige (Reichsbund Deutsche Jägerschaft) und die gleichzeitige Zwangsmitgliedschaft in jener Vereinigung, bereitete den Boden dafür. So waren die Zeiten zwischen der Revolution und dem Reichs-

1680 So werden es wohl hauptsächlich die Fortschritte in Industrie und Wissenschaft gewesen sein, die beide Pole gegeneinander deutlicher abzugrenzen halfen und die Gefahrenpotenziale der waidgerechten Jagd in der fortgeschrittenen und von Emissionen und Immissionen beeinträchtigten Industriegesellschaft auf die Agenda der verschiedenen Öffentlichkeiten brachten. Vgl. dazu Kapitel 10 und 11.

1681 So schrieb ein gewisser Brüning in der DJZ des Jahres 1900, Bd. 34, S. 481ff, dass das „verderbliche Prinzip der Gleichmacherei" dafür sorge, dass die Waidgerechtigkeit abhanden komme. Deshalb forderte er, dass mit der Erhöhung der Pachtdauer und der Pachtpreise der Bauer jeder Möglichkeit beraubt werden solle, Jagden pachten zu können. Vgl. dazu die Zitate bei Hubertus Hiller, Jäger und Jagd, S. 114.

jagdgesetz bestimmt durch die Jagdklientel der Bauern hier und der Bürger, der Forstbediensteten und des Adels dort, die sich unversöhnlich gegenüberstanden. Mit der Einführung des Reichsjagdgesetzes 1934 konnte der „Bauernschinder" dann erfolgreich zugunsten des waidgerechten Hegers und Jägers zurückgedrängt werden. Hier ist zunächst die Frage zu klären, welche Verhaltensweisen des „Bauernschinders" denn nun tatsächlich als so verachtenswert betrachtet wurden, dass sie im Verlaufe der Veredelung der deutschen Jägerei bis und ab 1934 zurückgedrängt oder gebändigt werden mussten.

9.2.5 Die Zweckrationalitäten der Jagd bis 1848/49

Wie ich in den bisherigen Kapiteln aufzeigen konnte, war die Jagd bereits lange Zeit vor der modernen Gesellschaft von durchaus modern anmutenden Zweckrationalitäten geprägt [1682], die ganz im Sinne Max Webers nur das zu erreichende Ziel im Auge hatten und keineswegs Rücksichten auf moralische oder ethische Werte nahmen, geschweige denn nehmen mussten. In jenen Zeiten wurde das Potenzial der Jagd für die charismatische Herrschaft einerseits als auch für die traditionale Herrschaft andererseits vollumfänglich erkannt, ausgeschöpft und so erfolgreich zur Erreichung der entsprechenden Ziele eingesetzt. Jagd wurde damit ein unabdingbarer Bestandteil der hier untersuchten charismatischen als auch traditionalen Herrschaften und selbst für die traditionale Gesellschaft als Ganzes aufgrund der daraus resultierenden Wechselwirkungen hierarchischer Kommunikation und der gegenkulturellen Bestrebungen der Untertanen ein nicht wegzudenkendes Moment jener Epochen. Dabei wurde sehr schnell deutlich, dass die Kontinuität in der Zweckrationalität der Jagd zwar für die Epoche der charismatischen Herrschaften als auch der traditionalen Herrschaften ungebrochen war, dass jene Kontinuität jedoch ausgerechnet in der Epoche der rationalen Herrschaft, das heißt den kapitalistischen und industrialisierten Gesellschaften Deutschlands, lange Zeit maximale Einbrüche zu verbuchen hatte und bis heute hat (vgl. Kapitel 10). Gerade die Revolution von 1848/49 und die auf sie reagierenden wertkonservativen Entwicklungen mit und nach 1850 (der so genannten Reaktion[1683]) führten nicht zu einer Stabilisie-

---

[1682] Mit „modern" meine ich die Prägung jener von Max Weber so bezeichneten Zweckrationalität. Gerade bei Weber galt sie als Handlungstypus des modernen Menschen, der modernen Gesellschaft, die mit immer besseren Aussichten auf Erfolg ihre Ziele erreichte, indem sie die zur Verfügung stehenden Mittel äußerst rational und optimal einsetzte. Rücksichten auf moralische oder religiöse Bedenken gab es in diesem Typus des rationalen Handelns nicht. Vgl. dazu bei Max Weber, Wirtschaft und Gesellschaft, S. 12ff, und an verschiedenen Stellen, weiterhin bei Hans van der Loo und Willem van Reijen, Modernisierung – Projekt und Paradox, S. 142f. Zweckrationalitäten, wie sie Weber beschreibt, bleiben jedoch nicht notwendigerweise auf die moderne Gesellschaft beschränkt. Auch in früheren Epochen hat es jenes rationale Handeln häufig genug gegeben. Hier fanden die Funktionalisierungen der Jagd zwar unter charismatischen oder traditionalen Vorzeichen statt, zweckrationales Handeln war in beiden Herrschaftstypen jedoch durchaus gegeben. Um so mehr verwundert, dass gerade die kapitalistische, industrialisierte Gesellschaft jenen rationalen Anspruch nicht halten konnte und stattdessen die Jagdfunktionalisierungen herbe „romantische", generell emotionale Einbrüche hinnehmen mussten und insofern als Entfunktionalisierungen betrachtet werden müssen.

[1683] Hans Wilhelm Eckardt, Herrschaftliche Jagd, bäuerliche Not und bürgerliche Kritik, S. 288, nannte das Jagdrecht, wie es seit Mitte des 19. Jahrhunderts besteht, einen Kompromiss zwischen Revolution und Reaktion. „Revolutionär", so seine Ausführungen, „wäre das unberung der früheren, durchaus zweckrationalen Jagdfunktionalisierung, sondern im Gegenteil zu einer teilweise vollkommenen „funktionalen Heimatlosigkeit", einer Entfunktionalisierung der Jagd, deren Merkmal ein Konglomerat romantischer Reminiszenzen, „das Gefühl einer letzten Freiheit, das unmittelbare Erleben der Natur und - stärker als alles andere - Freude und Glück (...)"[1684] war. Welche Wirkungen diese funktionale Heimatlosigkeit gerade auf die Verhaltensstandards im jagdlichen Bereich hatte, werde ich in Kapitel 11 noch zur Sprache bringen, welches sich mit den Jagdpraktiken, den Affektbändigungen und den zwischenzeitlich zu bemerkenden Affektfreisetzungen befassen wird. Dem Betrachter jagdlicher Entwicklungslinien wird auffallen, dass die rationale Herrschaft, deren Legitimitätsglauben in der Fügsamkeit gegenüber formal korrekten Satzungen besteht, zwar die (mehr oder weniger umfassende) Liberalisierung der Jagd mit sich brachte, gleichzeitig jedoch, so der Eindruck, auf lange Zeit ihre zuvor bestehende Zweckrationalität verlor. Die bürgerliche Jagd konnte von den ansonsten rationalen Segnungen der bürgerlichen Gesellschaft keineswegs profitieren, was sich über Generationen seit dem letzten Drittel des 19. Jahrhunderts fortsetzte und heute nach wie vor einen Hemmschuh für die Integration der Jagd in die fortgeschrittene moderne Gesellschaft darstellen kann. Wie selten zuvor wird der Ruf nach einer wildbiologischen und ökologischen Legitimation des jagdlichen Tuns immer lauter, während die individuellen Motive der Jäger immer mehr in den Hintergrund treten oder zumindest bei der Frage nach der Legitimation der Jagd keine wesentliche Gewichtung mehr erhalten. Nicht zuletzt deshalb und aufgrund der stärker werdenden Fraktion der „Legitimationsanhänger" scheint die Jagd ihre nunmehr spezifisch post-moderne Zweckrationalität (die sich dadurch auszeichnet, dass sie die „alte" Zweckrationalität bäuerlicher Jagdstrategien und Jagdabsichten wieder hervorholt) seit etwa 30 Jahren allmählich wiederzugewinnen. Der an dieses Kapitel anknüpfende umfassende Blick auf die jagdlichen Entwicklungen und jagdlichen Verhaltensstandards im 20. und 21. Jahrhundert wird dies zu belegen haben. Die Jagd befindet sich momentan in einer Renaissance ehemals bäuerlichen Werkinstinktes und findet gerade damit Anklang und Unterstützung im administrativen System, den Forstberufen, den Naturschutzverbänden wie dem NABU und dem BUND, aber auch in den Ökologischen Jagdvereinigungen.

Doch zunächst zurück zur Funktion der Jagd und dem Blick in die Vergangenheit. So sollte z. B. die Jagd Kaiser Hadrians die für einen Römer so bedeutende Virtus und damit kaiserliche Legitimation erbringen, während die Karolinger ähnliche Wirkungen, allerdings zusätzlich auch auf der mythischen und oder magischen Ebene, mit Hilfe der Jagd zu erreichen suchten. Gerade die karolingische Jagd zeigt die Funktionalisierung ihrer Potenziale für eine charismatische Herrschaft, die auf dem Legitimitätsglauben an die Heiligkeit oder den Wert von Au-

---

dingte Jagdrecht und Jagdausübungsrecht für jeden auf seinem Grund und Boden gewesen oder aber das kollektive Jagdausübungsrecht; reaktionär wäre die Wiederherstellung der vormärzlichen Verhältnisse gewesen." Vgl. ebd., S. 288, weiterhin dazu auch die Ausführungen bei Wilhelm Bode und Elisabeth Emmert, Jagdwende. Vom Edelhobby zum ökologischen Handwerk, S. 115ff. Die letztgenannten Autoren bezeichnen den von Hans Wilhelm Eckardt beschriebenen Kompromiss in letzter Konsequenz dennoch als forst-feudal und reaktionär.

1684 So beschrieben bei Dietrich Stahl und Hans Bibelriether, Jagd in Deutschland, S. 8.

ßeralltäglichem beruht, eindringlich auf. Die Ziele, die Erlangung oder die Stützung der Stabilität von Herrschaft und die Begründung der Legitimation des eigenen Herrschaftsanspruches, waren äußerst zweckrationale Beweggründe, die eine entsprechende Instrumentalisierung der Jagd nach sich zogen. Bemerkenswert in diesem Zusammenhang ist auch, dass diese bereits herrschaftspolitische zweckrationale Instrumentalisierung der Jagd vollkommen ohne die Exklusion weiter Bevölkerungsteile von der Jagd auskam und, zumindest bei Karl dem Großen, von Erfolg gekrönt war. Einen vorläufigen Höhepunkt der zweckrationalen Jagdfunktionalisierungen bildete dann die gesamte Epoche der frühen Neuzeit bis zu den großen Revolutionen des ausgehenden 18. und beginnenden 19. Jahrhunderts. Jene Epoche ist der von Max Weber so genannten traditionalen Herrschaft zuzurechnen, die im Legitimitätsglauben an die Heiligkeit des Alltäglichen bestand und damit den vorkapitalistischen Gesellschaften zugeordnet werden kann. Hier tritt auch die Jagd als Mittel räumlicher Gegenkonzeptionen durch die Untertanen erstmals in der Geschichte auf den Plan. Jagd auf wilde Tiere, so scheint es, ist für beide Seiten (Herren – Untertanen) in jener Epoche ein Teil hierarchischer Kommunikation, ja ein funktionaler Teil des Systems von Feudalismus und Absolutismus. Anders bleibt die Bedeutung von Forst und Jagd, von Wilderei und Holzfrevel, von Ungehorsam und Aufbegehren sowie sonstigen mit der Jagd unmittelbar und mittelbar in Verbindung zu bringenden „Schlechtleistungen"[1685] von Seiten der Untertanen nur bedingt und in jedem Falle unvollständig zu erklären. Im Rahmen der zweckrationalen Funktionalisierung der Jagd durch die Epochen finden nach den von mir beschriebenen Entwicklungen epochenspezifisch verschiedene Paradigmenwechsel statt. In den charismatischen Herrschaften der Karolinger lautete das zu erreichende Ziel die Legitimierung des Herrschaftsanspruches, der Ersatz mythischer Faktoren, während in der frühen Neuzeit das Ziel die Kreierung, Stabilisierung und kontinuierliche Reproduktion von Herrschaft und Ordnungsvorstellungen war. Im Verlaufe des frühen 19. Jahrhunderts – wenn auch nur für kurze Zeit – trat an die Stelle der rein herrschaftspolitischen Funktionen nun die Ertragssteigerung in der

[1685] Unter dem eigentlich juristischen Begriff der „Schlechtleistung" ist – in Anlehnung an die juristische Diktion – die nur ungenügende Befolgung herrschaftlicher Anordnungen zu subsumieren. Dazu gehört die Nicht- oder nur Teilerbringung von Frondiensten, Verstöße gegen Anordnungen jeder Art, insbesondere bezüglich der Bengelung der Hunde, der Stellung von Jagdwagen, Pferden oder Brot (z. B. die Stellung des klapprigsten Wagens, des kränksten Pferdes, verschimmelten oder schlecht gebackenen Brotes, etc.), der Unterkunft und Bewirtung, etc. Auch der Verzug der Bergung des Wildes und dessen Verbringung an den Hof mit dem Resultat der Ungenießbarkeit des Wildbrets ist darunter zu rechnen. Den Untertanen, so habe ich in Kapitel 7 dargestellt, stand eine sehr breite Palette der „Schlechtleistung" offen, was auf die umfassende Einbindung der Untertanen trotz oder gerade der generellen Exklusion von der aktiven Teilnahme (nämlich selbst zu jagen) einen Rückschluss zulassen kann. Die Herrschaft, so mein Eindruck, „funktionierte" zu einem großen Teil nur aufgrund der gegenkulturellen Bestrebungen der Beherrschten, die wiederum Gegen- und Maßnahmen der Herren erforderten und so entweder das Herrschaftsgebilde bestärkten oder schwächten. Über die historische Stellung jener generell gegenkulturellen Bestrebungen der Untertanen in feudalistischen und absolutistischen Herrschaftsgebilden könnte eine separate Studie einige Klarheit erbringen. Diese Leistung kann jedoch an dieser Stelle nicht erbracht werden.

Land- und Forstwirtschaft[1686], wie ich sie für Württemberg unter König Wilhelm I. kurz darstellen konnte. Die Webersche Definition des zweckrationalen Handelns trifft jedoch für alle genannten Formen der Funktionalisierung zu. So bestanden auch keine moralischen oder ethischen Bedenken, sei es gegenüber dem Untertanen in der Jagd der Landesherrschaften oder sei es gegen die wilden Tiere, wenn es um die Dezimierung der Schalenwildbestände zum Ertragsschutz und zur Ertragsmaximierung bis etwa in die zweite Hälfte des 19. Jahrhunderts ging. Es bleibt jedoch im Rahmen des vorliegenden Kapitels einer näheren Erklärung zuzuführen, aus welchen Gründen gerade in der Zeit etwa zwischen der Reaktion von 1850 und der Etablierung des Bundesjagdgesetzes 1953 sowie den 1970er Jahren die bis dato durch die Epochen festzustellende Zweckrationalität in den Jagdhandlungen nicht nur stark rückläufig, sondern nahezu unter romantischen Reminiszenzen und quasi „neo-romantischen“[1687] Einflüssen nachhaltig und bis heute deutlich spürbar verhindert werden konnte. So lautet denn die dieses Kapitel umfassende Frage: Weshalb hatte ausgerechnet die Etablierung der rationalen Herrschaft vollkommen irrationale Auswirkungen auf die Funktion und Praxis der Jagd und wie äußerte sich das im Einzelnen? Diese Frage wurde von der Wissenschaft bisher nicht beantwortet.

1686 So z. B. in Württemberg unter König Wilhelm I. (1781-1864). Vgl. dazu bei Freiherr Hans Hiller von Gaertringen, Jagd in Württemberg im 19. Jahrhundert, S. 3f. Ob König Wilhelm I. diese Entscheidungen jedoch ohne politisches Kalkül anstellte, ist leider nicht nachvollziehbar. Prinzipiell jedoch ist denkbar, dass aufgrund der Situation nach der französischen Revolution und den Unruhen in Süddeutschland die Einsicht des Herrschers seine Untertanen beruhigen konnte. Die Sicherung seines politischen Überlebens konnte also durchaus davon abhängen.

1687 Darunter sind all jene romantischen, das heißt strikt irrationalen Verhaltensmuster und Anschauungen, zu subsumieren, die gerade in der industrialisierten und modernen Gesellschaft der Nachkriegszeit eine erneute Renaissance erfuhren. War die romantische Verklärung der bürgerlichen Jagd des ausgehenden 19. Jahrhunderts und des beginnenden 20. Jahrhunderts noch einigermaßen zeitnah (im historischen Sinne) und auch stark von Kaiser Wilhelm II. oder den großen Forstmännern der Zeit beeinflusst, so scheint die naturbeflissene Romantik der Gegenwart bar jeder Logik und bar jeder wissenschaftlichen Erkenntnis zu sein. Wer heute noch Rehwild füttern will, wie es ja die Landesjagdgesetzte nach wie vor auch zulassen (wenn auch seit 2002 in deutlich restriktiveren Maße), dann ist dies eine Form der Romantik, die von Gewohnheit und Sozialisation und nicht von Natursehnsucht oder bloßer Schwärmerei geprägt ist: eben „neo-romantisch“. Dennoch gilt nach wie vor, dass rationale Entwicklungen, der Fortschritt in Wissenschaft und Technik, immer mit dem Rückfall in romantische Reminiszenzen verbunden bleiben. Das scheint generell ein Phänomen der Gesellschaften und ihrer Entwicklung zu sein. Je fortschrittlicher ein System, je wissenschaftlicher Probleme erkannt und gelöst werden, desto häufiger scheint die Sehnsucht der Menschen in die relative Unsicherheit und Unwissenheit der Vergangenheit zu schweifen. Nicht selten ist das Resultat dann die Romantik. Bereits etwas weiter vorne hatte ich ja diesbezüglich auch Dietrich Stahl und Hans Bibelriether, Jagd in Deutschland, S. 8, zitiert. „Ein Stück Romantik“ ist für die Autoren wesentlicher Bestandteil der Jagd. So frage ich, ob es wohl schwierig werden mag, Menschen zu finden, die sich der Jagd noch verpflichten, wenn diese „Romantik“ auch zurückgedrängt wird?

9.3 Die rationale Herrschaft – ihre Wirkungen auf Jagd und Jäger

Um die oben gestellte Frage zu beantworten, beginne ich nun mit den Besonderheiten des 19. Jahrhunderts und seinen Wirkungen auf Jagd und Jäger. Die zurückliegenden Kapitel konnten aufzeigen, dass die Funktion der Jagd durch die Epochen einem Wandlungsprozess unterlag, der nur in enger Anlehnung an die Zivilisationsprozesse und hier insbesondere an die gesellschaftliche und politische Struktur einer Erklärung zuzuführen ist. Mit der Jagd, so die Ergebnisse, konnten die verschiedensten Ziele verfolgt werden. Und dennoch ziehen Historiker, was die Funktion der Jagd anbelangt, nach wie vor Parallelen zwischen Antike und Feudalherrschaft[1688]. Dabei wird übersehen, dass z. B. das jagdliche Monopol (Ende der freien Jagd des Mittelalters) in Verbindung mit einer spezifischen Struktur der Gesellschaft vollkommen andere Vorteile eröffnet und daneben jagdliche Potenziale erschlossen werden können, die zwar schon immer latent vorhanden waren, jedoch jeweils für sich erst epochen- und gesellschaftsspezifisch wirksam werden können. Erst als die Jagd ein unabdingbarer Bestandteil der schon unter absolutistischen Eindrücken stehenden praktischen Politik in den territorialen Gebilden der frühen Neuzeit wurde, verlor sie ihren liberalen-freiheitlichen Charakter auf sehr lange Zeit. Der absolute und unumschränkte Herrscher konnte aus verschiedenen und bereits ausführlich genannten Gründen keine Jagdfreiheit dulden[1689], ja er musste sie als ein singuläres Gut seiner eigenen Herrschaft wie ein Kleinod hüten und gegenüber allen Angriffen aggressiv und rücksichtslos verteidigen, wollte er seine Macht schützen oder gar stärken. Jene Potenziale konnten nur dann vollumfänglich ausgeschöpft werden, wenn man die Jagd limitierte, sie monopolisierte und dem Herrscher und seiner Verwaltung reservierte. Was dann mit Hilfe der Jagdhandlungen den Untertanen im Zuge der jagdlichen Raumkonstitutionen und Raumstrukturierungen angetan wurde, sucht seinesgleichen in der Geschichte und war insofern auch ein absolutes Novum, allerdings für den aufmerksamen Betrachter und unter Berücksichtigung machiavellischer Empfehlungen keine wunderliche Entwicklung. Politik in den deutschen Staaten und Territorien in den Zeiten vor der Französischen Revolution bediente sich weitgehend sorglos und frei, aber auch gewaltvoll aller nur möglichen und denkbaren Formen der Kommunikation, der hierarchischen Interaktion und der Dinge des alltäglichen Lebens. Das, was der Herrscher tat, dachte, befahl, zu tun gedachte, wie er sich gab, was er verlangte, das

---

1688 So auch im neuesten historischen Werk von Werner Rösener, Die Geschichte der Jagd", S. 262ff.

1689 Dass es davon trotz allem natürlich auch Ausnahmen gab, wurde bereits in den zurückliegenden zwei Kapiteln angesprochen. Gerade in Süddeutschland hatte sich das freie Jagdrecht von Bauern und Bürgern mancherorts über das Mittelalter hinaus gehalten. Als Beispiele solcher freier Jagden nennt Karl Hasel in Anlehnung an Friedrich Stissers „Forst- und Jagdhistorie der Teutschen" freie Jagden in Bottwar, Heiligenzimmern, Hohenzollern, Memmingen, Möhringen-Tuttlingen, Neckartal, Oberschwaben, etc. Welche Wirkungen jene Freie Pürschen zuweilen haben konnten, welche Absichten sie hegten und welche Möglichkeiten sie boten, habe ich bereits dargestellt. Auch in den Freipürschgebieten konnte der Herrscher Einfluss ausüben und gemäß seinen Ordnungsvorstellungen lenkend eingreifen. Vgl. dazu auch bei Karl Hasel, Kleine Beiträge zur Forstgeschichte, insbesondere in Baden, S. 38ff.

alles war praktische Politik, praktische und unbedingte Herrschaft über alles, was in seinem Einwirkungsbereich zu liegen kam. In dieser Epoche der frühen Neuzeit gab es für einen Herrscher nur äußerst wenig wirklich „unpolitisches" Verhalten, was sich erst mit der Französischen Revolution und ihren gesamteuropäischen Wirkungen ändern sollte. In den Zeiten bis zur konstitutionellen Monarchie, zur Republik oder zum demokratischen Staat, wie er in den Vereinigten Staaten seinen ersten modernen Ausdruck bekam, galt der Herrscher alles. Was er tat und was er unterließ, was er vertrat oder was er verfolgte, das alles war Ausdruck reinster und absoluter Herrschaft. Die auf ihn zugeschnittene und monopolisierte Jagd war ein wesentlicher Bestandteil dieser speziellen Form der umfassenden und absoluten Herrschaft über Land und Leute. Aufgrund der Verbindung des gesamten Lebens, Denkens und Handelns eines Herrschers mit den daraus resultierenden Wirkungen und Gestaltungen auf den gesamten Herrschaftsbereich, auf Land, Raum und Untertanen und damit auf den öffentlichen Bereich, waren auch die Jagd oder das Turnier, der Zugriff auf den Wald oder die Jagd- und Forstordnungen in dieser Epoche weit davon entfernt, lediglich die fürstliche Lust und Vergnügungssucht zu befriedigen. Genauso wenig können sie lediglich als Teil des privaten Lebensstandards oder der Lebensführung eines Herrschers und seiner Klientel betrachtet werden. Es galt niemals der Jagd als ein rein privatem, von Lust geleitetem Handeln, niemals als nur marginal – und ökonomisch schlussendlich vollkommen irrelevant – der Erwirtschaftung von Erträgen[1690], noch zielte die Jagd der Herrscher auf irgendeines Ackers Schutz ab oder sollte den Untertanen Erleichterung bringen. Der Schutz, der Ertrag und das Wildtier als Objekt der Jagd traten in dieser Form der (nicht nur landesherrlichen) Jagdhandlungen vollkommen in den Hintergrund, nicht jedoch die durchaus zweckrationalen und mit ihr verfolgten Absichten herrschaftspolitischer Art. Erst mit der Französischen Revolution von 1789 und den Auswirkungen ihrer Erschütterungen im kontinentaleuropäischen Raum wurde allmählich die Sorglosigkeit und häufig genug auch die räumliche Isolation der europäischen Politik in den Staaten und Territorien Europas zu einem Ende gebracht. Es war auch das Ende der sowohl subtilen als auch gewaltbereiten und in alltäglichen Formen der Kommunikation und des „Sichverhaltens" zu Tage tretenden Herrschaft: an ihre Stelle trat nun politisches Denken und Handeln, welches in seinen Konsequenzen über die eigenen Ländergrenzen hinaus gedacht und abgewogen werden musste. Die Staaten begannen sich eine Verfassung zu geben, Parlamente wurden einberufen, Ausschüsse ins Leben gerufen, der Absolutheitsanspruch des Herrschers nicht nur eingeengt, sondern aufgehoben und – bis auf die Ausnahmen Robespierres und Napoleon Bonapartes in Frankreich sowie Adolf Hitlers 130 Jahre später im Falle Deutschlands – nie wieder auf ein tragfähiges Podest gehoben. Zusätzlich trugen die Entwicklungen im 19. Jahrhundert geradezu rasant dazu bei, dass die neu geschaffenen Gesellschaften von einer in traditioneller Manier zu herrschen gewohnten Aristokratie nicht mehr beherrscht, geschweige

1690 Vgl. auch bei Hans Wilhelm Eckardt, Herrschaftliche Jagd, bäuerliche Not und bürgerliche Kritik, S. 268ff. Wie ich bereits auch an anderer Stelle gezeigt habe, gilt die Maxime, dass nicht wegen, sondern trotz des Ertrages gejagt wurde. Dazu Hans Wilhelm Eckardt: „Selbst wo in kleineren Herrschaften Überschüsse erzielt wurden, kann deren Geringfügigkeit kein Motiv für die Wertschätzung gewesen sein."

denn verwaltet werden konnten[1691]. Auf allen Gebieten, in Industrie, Wissenschaft, Technik, Medizin, Rechtswesen und gar in der Landwirtschaft erwuchsen auf einmal Fachleute und Fachgremien, deren Wissen und Meinungen zur Kenntnis genommen werden mussten, wollte man die nun bereits modernisierte Gesellschaft regieren. Dazu Dominic Lieven: „Regierung und Politik selbst wurden mehr und mehr zu Arbeitsbereichen für Verwaltungsfachleute, seit die staatlichen Bürokratien, besonders in Kontinentaleuropa, zusehends größer und spezialisierter wurden, und seit das allgemeine Wahlrecht die Mobilisierung der öffentlichen Meinung zu einer anrüchigen, zeitraubenden und zunehmend professionellen Beschäftigung machte."[1692] Der Industrialisierungsprozess, die Parlamentarisierungen, die Verkomplizierung von Wirtschaft und Verwaltung führten zu einer enormen Zunahme von Schlüsselpositionen in einer sich zusehends ausdifferenzierenden Gesellschaftsordnung, die allein mit der früheren aristokratischen Elite nicht mehr besetzt werden konnten. Der spezialisierte bürgerliche Fachmann trat damit in eine offene Konkurrenz zum hochwohlgeborenen Adeligen, der in nicht seltenen Fällen dem Bürger den Vortritt auf einen bestimmten Posten lassen musste. Diese Entwicklung, die den Adel allmählich in ein Nischendasein abdrängte, umschreibt Dominic Lieven treffend mit dem Verlust der „funktionalen und kulturellen Geschlossenheit (...) die immer ein Merkmal der traditionellen herrschenden Schicht Europas gewesen ist."[1693] Der Verlust dieser Geschlossenheit konnte nicht ohne direkte Auswirkungen auf die Funktion der Jagd und die jagdpraktischen Verhaltensstandards bleiben. Wie dies Hans Wilhelm Eckardt treffend formulierte, ist in diesen gesellschaftlichen Veränderungen, basierend auf dem bürgerlichen Sturm in Ämter und Schlüsselpositionen, die Jagd als des Adels „Zuflucht vor der modernen Welt"[1694] zu verstehen. Wie diese Auswirkungen nun tatsächlich funktional aussahen, welche Wirkungen jene Zuflucht zur Jagd und die Behütung der Jagd als bedeutendes und fast schon „letztes" adeliges Kleinod für die Jagdhandlungen und den Stellenwert der Jagd hatten, wird in diesem Abschnitt näher beleuchtet werden, während dann in einem späteren Abschnitt der Wandel in den jagdlichen Verhaltensstandards analysiert werden wird. Zusammenfassend kann also bis zum Beginn des 19. Jahrhunderts konstatiert werden, dass die Jagd seit der frühen Neuzeit bis zum Reichsdeputationshauptschluss 1803 (da er die Reichsritterschaften, Grafentümer, Herzogtümer, Reichsstädte, mediatisierte und damit auch die territoriale Umgestaltung des alten Reiches vollzog), formell jedoch bis zur späteren Revolution von 1848/49 in die unmittelbare Herrschaftsausübung eingebettet und damit ein äußerst wichtiges Element der Landesherrschaften, der absoluten Fürsten und ihrer Ordnungsvorstellungen, war. Zwar gab es auch Ausnahmen, wie das Beispiel König Wilhelm I. von Württemberg bezeugt[1695], die Regel war es jedoch

---

1691 Vgl. dazu bei Dominic Lieven, Abschied von Macht und Würden. Der europäische Adel 1815-1914, S. 30ff.

1692 Dominic Lieven, Abschied von Macht und Würden. Der europäische Adel 1815-1914, S. 32.

1693 Siehe dazu bei Dominic Lieven, Abschied von Macht und Würden. Der europäische Adel 1815-1914, S. 32.

1694 Hans Wilhelm Eckardt, Herrschaftliche Jagd, bäuerliche Not und bürgerliche Kritik, S. 273ff.

1695 Gerade im Süden Deutschlands gab es bereits 1816 umfassende Liberalisierungen auf dem Gebiet der Jagd und eine damit zusammenhängende „neue" Funktionalisierung, die vom hönicht. Jagd war bis in das 19. Jahrhundert hinein ein herrschaftspolitisch unabdingbarer Bestandteil der praktischen Politik vor Ort und auch nur aus diesem Kontext heraus einer umfassenden Erklärung zuzuführen. Die ersten Einschnitte, die aus einer Erschütterung des absoluten Herrschaftsdenkens resultierten, gingen bereits von der Französischen Revolution aus. Messbare Änderungen in den deutschen Staaten und Territorien gab es jedoch eindeutig nachweisbar erst mit den Auswirkungen des Reichsdeputationshauptschlusses und wesentlich stärker und umfassender (sowohl geographisch als auch sachlich) mit der deutschen Revolution von 1848/49. Der Verlust einer unabdingbaren Verbindung von Macht und Reichtum musste auch auf die Funktion der Jagd einen nicht unwesentlichen Einfluss besitzen. Der Aristokrat des 19. und noch stärker des beginnenden 20. Jahrhunderts konnte zwar reich an materiellem Besitzstand sein, dass er damit jedoch zwangsläufig auch politische Funktionen bekleidete, war nicht mehr die Folge daraus. Dieser Verlust der früheren kausalen Verbindung zwischen materiellem Reichtum und politischem Gewicht sowie der Möglichkeit Ordnungsvorstellungen zu reproduzieren, Räume zu konstituieren, sorgte nicht zuletzt auch beim Adel zu einem strikten Umdenken im jagdlichen Bereich. Erst hier wurde der Adel gewahr, dass er sich die Jagd nur dann erhalten konnte, wenn er sie veredelte, wenn er „modernen", das heißt zeitangepassten Jagdfunktionen (die eigentlich Entfunktionalisierungen waren) nach dem Munde sprach oder gar versuchte jene Funktionen in Anbetracht der gesellschaftlichen Veränderungen überhaupt erst neu zu schaffen und zu definieren, sich seine Legitimation selbst zu schaffen. Diese Funktionen bestimmte nun jedoch nicht mehr der adelige Großgrundbesitzer allein, sondern bereits das Bürgertum, das mit aller Macht in die Jagd drängte. Die historischen politischen, gesellschaftlichen und sozialen Erschütterungen der traditionellen Welt sollen im Folgenden nun in ihrer Wirkung auf die genannten Entfunktionalisierungen näher betrachtet werden, bevor die funktionalen Entwicklungen der Nachkriegszeit und die aktuellen Diskussionen um die Novellierung des Bundesjagdgesetzes ins Auge gefasst werden können.

9.3.1 Die Erschütterungen seit dem Reichsdeputationshauptschluss von 1803

Die Epoche von Mitte des 16. Jahrhunderts bis zum Jahrzehnt der Französischen Revolution (1789-1799) und - speziell für den Fall des Deutschen Reiches - dem Reichsdeputationshauptschluss von 1803 war zwar eine äußerst turbulente, gesellschaftlich von Revolutionen, Aufständen und Kriegen, daneben von Pest und Hunger, geistesgeschichtlich von Rationalismus und Aufklärung, politisch von Feudalismus und Absolutismus, von Religion und Reformation sowie künstlerisch von Barock und Rokoko geprägte, vielfach innerlich wie äußerlich zerrissene und

fischen raumkonstituierenden Jagdbetrieb auf handwerklich-rationalen Jagdbetrieb umstellte. Den Schwerpunkt bildeten im Rahmen der vorliegenden Arbeit territorialgeschichtlich sicher die süddeutschen Territorien Baden, Württemberg und die beiden Hessen, für die Georg Landau eine umfassende Jagdgeschichte geschrieben hat.

wieder zusammengefügte Welt[1696]. Aber auch Kontinuität gab es in dieser Welt. Sie wurde von der Aristokratie konstituiert, verwaltet, definiert und ausgebeutet und es stellte sich insofern für die Herrscher (einerlei ob Reichsritter, Herzog oder Graf, etc.) eine gewisse Form von Sicherheit ein, die nicht zuletzt durch die Predigt des Gottesgnadentums lange Zeit aufrechterhalten werden konnte. Die Menschen waren in Stände gegliedert, aus denen es in der Regel kein Entkommen gab. Jeder hatte seine ihm zugedachte Rolle zu erfüllen. Als die Aufklärung auch dem kleinen Mann eindrücklich vor Augen geführt hatte, dass die Verwalter der Ordnung keineswegs von Gott gesandt waren, verfügten dieselben Herren über einen Verwaltungsstab, der den vormals göttlichen Willen rational ersetzen und vor allem durchsetzen konnte. Absolute Gewalt über den Raum und die Untertanen darin war das Resultat daraus. Diese Sicherheit lässt sich, neben der Kontinuität von Ämtern und Würden, mit der Sicherheit der Herrschaft, der Sicherheit der eigenen Ordnungsvorstellungen, deren Durchsetzung und Kontrolle wohl am einfachsten übersetzen. Es war die Sicherheit der unabdingbaren Verbindung zwischen Reichtum und Macht und der damit verbundenen herrschaftlichen Autonomie. Der gottgewollten Fürstensouveränität taten auch die Landtage und Landstände keinen wesentlichen Abbruch, die zwar ein Gegengewicht zum absoluten Herrschaftsanspruch des Fürsten sein sollten, eine intermediäre Kraft zwischen Volk und Herrschaft, die jedoch in ihrer Wirkung aufgrund mangelnder Anerkennung durch den Fürsten eher bescheiden waren. Auch die Landstände oder der Landtag waren nichts anderes als Untertanen, denen man die Gunst erwies, zumindest formell ein Recht auf Mitwirkung oder Einschränkung der Regierungsgewalt des Fürsten zu besitzen. Tatsächlich jedoch wurde der Anspruch des Herrschers auf alleinige Regierungsgewalt von den Landständen und Landtagen eher selten beschränkt, wie auch Otto Brunner feststellte[1697]. Die Kontrolle über den selbstkonstituierten und repetitiv reproduzierten Raum blieb somit immer in der Hand des (absoluten) Fürsten. Diese relative Sicherheit der eigenen Macht und Kompetenz blieb durch die Jahrhunderte bestehen, bis zuerst die Revolution von 1789 in Frankreich ausbrach und Wellen der Erschütterung auch in andere europäische Staaten und Territorien aussandte. Revolution und – in gewissem Sinne auch – Napoleon Bonaparte, beide markierten auf ihre Art und Weise den Übergang von der frühen Neuzeit und damit von der traditionellen Gesellschaftsstruktur in die Moderne und damit

---

[1696] Diese Aufzählung findet in Anlehnung an Alexander Schwan, Politische Theorien des Rationalismus und der Aufklärung, in: Hans-Joachim Lieber (Hrsg.), Politische Theorien von der Antike bis zur Gegenwart, S. 157ff, statt.

[1697] Zur Rolle und Funktion der Landstände und des Landtages vgl. auch bei Otto Brunner, Land und Herrschaft, S. 414ff. Er zitiert den österreichischen Staatsmann und Grafen Ludwig Zinzendorf, der zu den Landständen 1765 folgendes sagte: sie können „als ein mit Privilegien begabtes corps intermediaire zwischen dem Landesfürsten und Unterthanen, keineswegs aber als Herrn des Landes angesehen werden". Siehe ebenfalls bei Otto Brunner, Land und Herrschaft, S. 415. Das Gottesgnadentum und seine Vertreter widersetzten sich bis weit in das 18. Jahrhundert erfolgreich mit ihren absolutistischen Anschauungen im alten Europa, während die 13 englischen Kolonien in Nordamerika weitgehend ohne belastende und verkrustete Strukturen das Zeitalter der Moderne auf ihre eigene Art und Weise einläuten konnten. Vgl. dazu auch die Ausführungen von Manfred Görtemaker, Deutschland im 19. Jahrhundert, S. 19ff.

in die sich stetig ausdifferenzierende Gesellschaftsstruktur industrieller Prägung. Die Revolution fegte die absolutistische Monarchie hinweg und setzte etwas Neues, scheinbar Unbesiegbares an ihre Stelle. Dieses „Neue" war die Volkssouveränität, einerlei ob sie sich in einer konstitutionellen Monarchie, einer Republik oder, wie in den Vereinigten Staaten, einem modernen Bundesstaat äußern mochte. Die Ideen der Volkssouveränität, zum Greifen nahe, schlugen in den verkrusteten Strukturen Europas und insbesondere Deutschlands als unmittelbarem französischen Nachbarn schwer ein. Den Erschütterungen, die da auch in den deutschen Staaten und Territorien kommen sollten und die bereits im Folgejahr der Französischen Revolution, 1790, tatsächlich kamen, wurde nun der Weg geebnet. Zwar werden die tatsächlichen politischen Auswirkungen der Französischen Revolution auf Deutschland als nur marginal betrachtet, da der in einigen Staaten bestehende aufgeklärte Absolutismus hier vorbeugend gewirkt habe und zudem das deutsche Volk politisch noch nicht reif gewesen sei[1698]. Dennoch kann man gerade auf jagdlichem Gebiet durchaus einige Einwirkungen bereits im Jahr und in den Folgejahren der Französischen Revolution bemerken. Als Beispiel dafür kann uns der württembergische Herzog Carl Eugen (1728-1793) gelten, der am 14. Juni 1790 ein Dekret aus dem Jahre 1789 auf das schärfste gegenüber seinen Jagd- und Forstbediensteten wiederholte, in dem er sie anwies alles Schwarzwild auszurotten und alles zu Schaden gehende Rotwild abzuschießen. Das wirklich neue an diesem Dekret war nicht die Anweisung des Abschusses; diese hatte es durch die Jahrhunderte unter allen möglichen Herzögen hin und wieder gegeben um die Untertanen zu beschwichtigen und ihnen den guten landesväterlichen Willen des Herzogs zu beweisen. Das Jagd- und Forstpersonal wusste um die tatsächliche Intention jener Dekrete regelmäßig Bescheid und verhielt sich demgemäß auch nur phlegmatisch, was die Ausführung des herzoglichen „Befehls" anbelangte. Diesmal, im Jahre 1790, war es jedoch anders. Herzog Carl Eugen nahm in das Dekret eine explizite Warnung an die Bediensteten auf, dass er „durchaus keine ihrer bisher gewöhnlichen Ausflüchte und Behelfe gelten zu lassen gemeint" sei und seine „Höchste Ungnade" drohe, wenn sie diesem Dekret nicht nachkämen. Dies war eine Sprache, die das Jagd- und Forstpersonal in den Jahrhunderten zuvor trotz gleichen Verhaltens in solchen Fällen nicht vernommen hatte, so Wilhelm Eckardt[1699]. Dem Herzog wurde es auf einmal recht ernst mit der Durchführung seiner Anweisungen. Die im Verlauf des ausgehenden 18. und beginnenden 19. Jahrhunderts bis ins Mark erfolgende Erschütterungen der Landesherrschaften und absoluten Fürsten musste – und das zeigt das Beispiel des württembergischen Herzogs Carl Eugen und seines Gesinnungswandels hinsichtlich der „neuen" Interpretation seines Dekretes zum Schwarzwildabschuss – konsequenterweise auch eine Erschütterung jener spezifisch herrschaftlichen Jagdfunktion mit sich bringen. In der historischen Reihenfolge für das Deutsche Reich betrachtet wird also ein erster wesentlicher Einschnitt zunächst mit der Französischen Revolution und dem rund 15 Jahre späteren Ende des Alten Deutschen Reiches zu verzeichnen sein, welches durch den Reichsdepu-

1698 So z. B. die Meinung von Gottfried Franz Litschauer, Kleine Weltgeschichte, S.234.

1699 Vgl. dazu die Ausführungen von Hans Wilhelm Eckardt, Herrschaftliche Jagd, bäuerliche Not und bürgerliche Kritik, S. 177.

tationshauptschluss[1700] vom 25. Februar 1803 besiegelt wurde. Die Territorialgestaltung des Alten Reiches wurde weitgehend modifiziert, an die Stelle der vor allem süddeutschen Reichsstädte, Reichsritterschaften und Grafschaften traten nun die verstärkten Mittelstaaten wie Bayern, Württemberg, Baden und Hessen-Kassel, die zudem nach dem Kriege 1805 und dem Frieden von Pressburg für souverän erklärt wurden[1701]. Da die Souveränität jener Reichsstaaten rechtlich besehen mit dem Reich unvereinbar war, traten die Rheinbundstaaten (alle süddeutschen Mittelstaaten, die sich dem französischen Protektorat unterwarfen) förmlich aus dem Reich aus und gaben ihre Titel als Kurfürsten oder Landgrafen zugunsten der großherzoglichen oder königlichen Würde auf. Wenige Tage danach legte auch Kaiser Franz II. mit einer vom 6. August datierten Erklärung die Krone des Reiches nieder; das Heilige Römische Reich Deutscher Nation war damit erloschen[1702]. Aus den 300 Reichsständen wurden nunmehr 39, darunter vier freie Städte und ihre Zahl verminderte sich danach dauernd[1703]. So ist es im Ganzen besehen nicht verwunderlich, dass sich gerade in Württemberg, aber teilweise wohl auch in den anderen süddeutschen Mittelstaaten bereits innerhalb der ersten 20 Jahre des 19. Jahrhunderts der Wandel von der feudalen zur bürgerlichen Jagd abzeichnete. Der Funktionsverlust der feudalen Jagd gebar so in äußerst kurzer Zeit im Königreich Württemberg eine neue Funktionalisierung der nun bereits überwiegend bäuerlichen und bürgerlichen Jagd, wie sie in etwa bis zur Reaktion nach 1850 noch unangefochten Bestand haben konnte[1704]. Der Wildbestand wurde nun deutlich vermindert, was nicht zuletzt zu Fortschritten im Landbau und zu einer ausreichenden Versorgung der Bevölkerung führte. Von einer Entfunktionalisierung der Jagd war also in den Zeiten vor der Revolution von 1848/49 noch keine Rede. Die Jagd erfüllte im Gegenteil die äußerst moderne Forderung nach Reduktion von Wildschäden an land- und forstwirtschaftlichen Kulturen über die Anpassung der Wildbe-

---

[1700] Reichsdeputationshauptschluss: das ist die Aufteilung der geistlichen Fürstentümer und der meisten Reichsstädte, um die deutschen Fürsten für die Gebietsverluste zu entschädigen, die sie durch die Abtretung des linken Rheinufers an Frankreich erlitten hatten. Er fand statt am 25.02.1803. Vgl. dazu im „Der große Volksbrockhaus", S. 642, Stichwort „Reichsdeputationshauptschluss", weiterhin bei Fritz Hartung, Deutsche Verfassungsgeschichte. Vom 15. Jahrhundert bis zur Gegenwart, S. 166ff.

[1701] Gemeint ist der so genannte „Dritte Koalitionskrieg": Großbritannien, Russland und Österreich gegen Frankreich, Bayern, Baden und Württemberg, Preußen verhielt sich neutral. Nach einem Sieg der britischen Flotte unter Nelson bei Trafalgar (21. Okt.) schlug Napoleon die Koalitionstruppen in der Dreikaiserschlacht bei Austerlitz am 2. Dezember des Jahres 1805. Ploetz Geschichtskompass. Grunddaten der Weltgeschichte, weiterhin bei Gottfried Franz Litschauer, Kleine Weltgeschichte, S. 240.

[1702] Vgl. zum Ende des Alten Reiches bei Fritz Hartung, Deutsche Verfassungsgeschichte. Vom 15. Jahrhundert bis zur Gegenwart, S.168ff.

[1703] Vgl. dazu bei Fritz Hartung, Deutsche Verfassungsgeschichte. Vom 15. Jahrhundert bis zur Gegenwart, S. 173, weiter auch bei Manfred Görtemaker, Deutschland im 19. Jahrhundert, S. 68.

[1704] So bleibt noch aufzuzeigen, dass bis zur Reaktion von 1850 die Jagd tatsächlich eine bestimmende Funktion hatte, nämlich die Absenkung der Schalenwildbestände zugunsten eines Mehrertrages aus der Landwirtschaft. Erst 1850 verlor die Jagd tatsächlich für einige Zeit ihr funktionelles Zuhause, wurde strikt bürgerlich und mit einigen neuen Verhaltensstandards bedacht, die ihr jede Form von Rationalität abzusprechen begannen.

stände an den Lebens- und damit Kulturraum der Menschen. Dazu Freiherr Hans Hiller von Gaertringen: „Als König Wilhelm I. von Württemberg (1781-1864) 1816 die Regierung antrat, leitete er in Württemberg nicht nur weitreichende Reformen des Staates, sondern vor allem auch den Wandel von der feudalen zur bürgerlichen Jagd ein. Dies war ein Teil seines Kampfes gegen Hunger und Teuerung. (...) Die im Königlich Württembergischen Staats- und Regierungsblatt oder von der Hofkammer veröffentlichten Verordnungen und die der Versteigerung zu Grunde liegenden Pachtbedingungen spiegeln die Grundeinstellung des Königs zur Jagd wider. Sie war für ihn nicht ein höfisches Fest, wie sie es bei seinem Vater, König Friedrich (1754 bis 1816) und seinem Großonkel, Herzog Carl Eugen (1728 bis 1793) gewesen war, sondern vor allem ein Mittel, die Schalenwildbestände zu vermindern und damit die Erträge der Landwirtschaft zu steigern. Dies war in der damaligen Zeit größter Not dringend geboten und deshalb oberstes Ziel aller Bemühungen des Königs. Wildschäden in der Landwirtschaft waren in Württemberg seit den Zeiten des Herzog Ulrichs, also seit dem 16. Jahrhundert, ein Dauerthema. Sie haben die Bauern oft um den Lohn ihrer Mühen gebracht und große Erbitterung in der Bevölkerung hervorgerufen. In Ehningen, einem Nachbarort Gärtringens, kam es selbst 1794 deshalb noch zu offenem Aufruhr."[1705] Die Jagdhandlung verlor somit zumindest in Württemberg spätestens mit der Thronbesteigung König Wilhelms I. 1816 zeitgleich ihre raumkonstituierende herrschaftspolitische Funktion wie sie eine „neue" und in Anbetracht der heutigen Jagdfunktionalisierungen geradezu moderne Funktionalisierung, nämlich die Schadensabwehr und damit Ertragssteigerung in der Land- und wohl auch Forstwirtschaft, hinzugewann. Dort, wo König Wilhelm I. tatsächlich einwirken konnte, nahm er diejenige Entwicklung bereits in den Jahren 1816/17 voraus, die dann in den anderen Staaten Deutschlands erst noch mit der Revolution von 1848/49 erkämpft werden musste. Auf diesem Wege entwickelte sich die Jagd von einem herrschaftspolitischen Instrument der Raumkonstitution und Raumbeherrschung sozusagen „auf dem Verwaltungswege" zur bäuerlich-bürgerlichen Jagd, deren Merkmal nun bereits die Handwerklichkeit, der „Werkinstinkt" (siehe unten), und damit verbunden der Schutz der Land- und Waldwirtschaft vor überhand nehmenden Wildschäden durch Schalenwildverbiss wurde[1706]. So wurde die Schadensersatzpflicht für Wildschaden, der den betroffenen Grundeigentümern und Bauern zu bezahlen war, sowohl in Baden als auch in Württemberg auf den Landtagen auf das Heftigste diskutiert. Was in Württemberg schon früh zu einigem Erfolg führte, musste in Baden noch bis in die 1830er Jahre auf Erfolg warten. Für Baden ist der Versuch der nun ab 1831 unter starker liberaler

---

1705 Vgl. dazu auch die Ausführungen von Freiherr Hans Hiller von Gaertringen, Jagd in Württemberg im 19. Jahrhundert. Dargestellt an der Jagd auf Markung Gärtringen – Oberamt Herrenberg, S. 3. Literatur zum dortigen Aufruhr findet man bei Antje Thran, Forstexcesse und eine würkliche Insurrection, in: Axel Kuhn (Hrsg.), Aufklärung und Revolution. Volksunruhen in Württemberg 1789-1801, S. 183ff und S. 201f.

1706 Vgl. dazu bei Freiherr Hans Hiller von Gaertringen, Jagd in Württemberg im 19. Jahrhundert. Dargestellt an der Jagd auf Markung Gärtringen – Oberamt Herrenberg, S. 4-5. Trotz aller Modernität, die der König hier an den Tag legte, darf nicht außer Acht gelassen werden, dass die Jagdfron selbst erst 1836 in Württemberg aufgehoben wurde. Aber auch mit dieser Maßnahme war König Wilhelm I. seiner Zeit immerhin um 12 Jahre voraus, da in den meisten anderen Staaten die Jagdfron erst mit der Revolution getilgt werden konnte.

Vorherrschaft stehenden Zweiten Kammer überliefert, gerechte Regelungen des Wildschadens nach dem Verursacherprinzip zu erreichen, wozu auch Württembergische Regelungen als Referenz herangezogen wurden[1707]. Während hier die Regierung des Großherzogs der Ersten Kammer (den Standesherrn) einen Gesetzesentwurf zukommen ließ, in dem die Jagdberechtigten noch von jeder Ersatzpflicht für Wildschäden befreit waren, tolerierte dies die Zweite Kammer (die Abgeordneten) nicht. Eckardt gibt die Reaktion der den Gesetzesentwurf begutachtende Kommission der Zweiten Kammer wieder: „Politik, polizeiliche Rücksichten und etwa diese betäubende Scheu vor dem Alter verkehrter Gebräuche seien zwar notdürftige Motive, um ein privilegiertes Jagdrecht beizubehalten, aber die Jagd dürfe nicht auf Kosten der Grundbesitzer betrieben werden. Das Jagdrecht schließe nicht ein Recht zur Wildhege nach Willkür und Liebhaberei ein, sondern eine Jagdpflicht, die dem Wildschaden vorzubeugen habe, und eine Ersatzpflicht für doch entstehende Verluste."[1708] Da sich die Zweite Kammer mit den Vorschlägen der Regierung und der Ersten Kammer nicht anfreunden konnte, ja dem vorliegenden Entwurf „gar keine Bürgschaft gegen den bisherigen Missbrauch des Jagdrechts" zugestand, sollten Änderungen daran vorgenommen werden. Diese Änderungen sahen vor, den kompletten Rot-, Dam- und Schwarzwildbestand außerhalb von Parks auszurotten und die Ersatzpflicht von Wildschäden durch die Jagdberechtigten im Gesetz zu verankern[1709]. Natürlich konnte dies von den Standesherren nicht geduldet werden und so konnte auf parlamentarischem Wege in Baden keine Einigung erzielt werden. Nicht zuletzt deshalb baten die Abgeordneten die Regierung, sich auf dem Verordnungswege zu behelfen und ein entsprechendes Wildschadensgesetz gemäß den Befugnissen der Prärogative zu erlassen. 1833, zwei Jahre nach den parlamentarischen Schachzügen zwischen den beiden Kammern, legte die badische Regierung tatsächlich der Ersten Kammer einen entsprechenden Entwurf vor, der die Ersatzpflicht vorsah. Appellierend an den Geist der Zeit und die volkswirtschaftlichen Erfordernisse im Zuge der wachsenden Bevölkerung und des Unmuts der Bauern erreichte es die Regierung schließlich, dass die Erste Kammer und danach auch die Abgeordneten dem Gesetz zustimmten[1710]. Damit wurde 1833 in Baden das erreicht, was bereits seit 1817 in Württemberg geregelt war: der Ersatz des Wildschadens. Jagd war zumindest in jener Zeit, zuerst in Württemberg und dann auch in Baden, auf eine Besserung der Nahrungsversorgung und damit Schadensminimierung ausgerichtet, was als äußerst zweckrationale und nach heutigen Gesichtspunkten moderne Funktion von Jagd betrachtet werden kann. Volkswirtschaftliche Überlegungen haben also in der

---

1707 Vgl. dazu die Ausführungen von Hans Wilhelm Eckardt, Herrschaftliche Jagd, bäuerliche Not und bürgerliche Kritik, S. 208ff, so z. B. das württembergische „Commun-Wildschützen-Institut" von 1817.

1708 Zitiert nach Hans Wilhelm Eckardt, Herrschaftliche Jagd, bäuerliche Not und bürgerliche Kritik, S. 209.

1709 Hans Wilhelm Eckardt, Herrschaftliche Jagd, bäuerliche Not und bürgerliche Kritik, S. 209-210.

1710 Vgl. dazu die Ausführungen bei Hans Wilhelm Eckardt, Herrschaftliche Jagd, bäuerliche Not und bürgerliche Kritik, S. 212-214.

ersten Hälfte des 19. Jahrhunderts von der Jagd Besitz ergriffen, erstmalig, und wie zu zeigen sein wird auch nicht für lange Zeit.

Die Funktion der Jagd als nüchternes und rationales Handwerk zur Absenkung der Schäden in Land- und Forstwirtschaft gebar ein starkes bäuerliches Element, wie es so bis zur Revolution Bestand hatte. Die dann überwiegend bürgerliche Stoßrichtung versuchte jenes rationale Element mit der Reaktion von 1850 allmählich zu verdrängen. Eine endgültige Verdrängung des bäuerlichen Werkinstinktes gelang zwar erst beginnend mit 1875 und vollendend 1934 mit der Einführung des Reichsjagdgesetzes, dennoch war der Weg schon seit der jagdrechtlichen Reaktion des Jahres 1850 vorgezeichnet. Ein Indiz für das bäuerliche, das heißt wirtschaftliche oder rationale Element, oder eben dem von Thorstein Veblen so treffend bezeichneten „Werkinstinkt"[1711] sind auch die Jagdpraktiken, die in jener Zeit bis zur Reaktion von 1850 vorherrschend waren. Sie waren ein Abbild der neuen Funktion, die sich in entsprechender Praxis niederschlagen musste und deren Forderungen sich heute, rund 180 bis 200 Jahre später (1816/17 als Ausgangspunkt) in erstaunlicher Deckung und „Modernität" wieder einstellen. Insgesamt besehen bleibt darauf hinzuweisen, dass der Kontrapunkt des Werkinstinktes, also die umfassende Sinnlosigkeit der Jagd, die sich in den Normen der Waidgerechtigkeit widerspiegelt, im jagdlichen Kontext nicht zeitlich vor das Auftauchen des Werkinstinktes datiert werden kann. Es war die sich erst später etablierende Waidgerechtigkeit, die die Entfunktionalisierungen der Jagd vorantrieb. Die Normen und Verhaltensstandards von Jagd und Jägern in den Landesherrschaften waren keineswegs sinnlos oder irrational; im Gegenteil, sie waren strikt herrschaftspolitisch ausgerichtet und auch nur in der spezifischen Logik der Landesherrschaften und deren räumlichen Bedingungen zu verstehen. Die Zeit des jagdlichen Werkinstinktes brach sich z. B. in Württemberg erst mit König Wilhelm I. auch im bäuerlichen Bereich und damit etwa gegen 1816/17 Bahn, wie dies Freiherr Hans Hiller von Gaertringen in seinem Werk zu Papier brachte. Die Revolution 1848/49 verhalf diesem jagdlichen Werkinstinkt dann in allen deutschen Staaten zunächst zum Durchbruch, während er mit den Auswirkungen der Reaktion von 1850 zum Erliegen gebracht oder zumindest stark behindert und nicht selten geächtet wurde. So existierte eine gewisse Handwerklichkeit und Rationalität der Jagd in Württemberg zwischen 1816 und 1850, während sie in den anderen deutschen Staaten gerade einmal knapp eineinhalb Jahre bestehen konnte, nämlich von 1848/49 bis etwa 1850. Erst die Zeit nach 1850 und insbesondere nach 1875, dem Zeitpunkt der Gründung des Allgemeinen Deutschen Jagdschutzverbandes (ADJV), verhalf den Normen der nun überwiegend bürgerlichen Jäger (unter Hilfestellung aristokratischer und forstlicher Kapazitäten) in ihrer tatsächlich nicht seltenen, umfassenden „Sinnlosigkeit"[1712] zum Durchbruch. So wie sich hier wie-

1711 Zum Begriff des Werkinstinktes vgl. auch die Ausführungen bei Thorstein Veblen, Theorie der feinen Leute, S. 248f. Veblen setzt den nach zweckvollem Handeln strebenden Werkinstinkt in die Opposition zur umfassenden Sinnlosigkeit der Normen der müßigen Klasse. Dieser Zusammenhang fügt sich auf beinahe wundersame Weise in den von Veblen so nicht thematisierten Dualismus (bürgerliches) Waidmannstum – Bauernjäger ein.

1712 Unter dem Begriff der „Sinnlosigkeit" subsumiere ich die oftmals völlige Missachtung ökologischer und wildbiologischer Zusammenhänge, die in den jagdlichen Verhaltensstandards zu

derum neue Verhaltensstandards im Vergleich zu denen zwischen 1816 und 1850 herausbildeten, so wurde auch die „Funktion" der Jagd wieder einem vollkommen anderen Ziel unterstellt. Es galt nun wie in feudalen Zeiten der Hebung der Schalenwildbestände, nachdem diese nun einige Zeit relativ effektiv vermindert werden konnten. Allerdings war die Zielsetzung der Jagd nach der Revolution nicht mehr die zu erreichende Konstitution von Raum im zuvor herrschaftspolitischen Sinne, sondern die Etablierung der Jagd als nun soziale Distinktion, als Gradmesser eines höheren sozialen Status, was die Sorge um den Wildbestand als nur vorgeschoben erscheinen lässt, denn tatsächlich wird dieser kaum wirklich gefährdet gewesen sein. Nicht umsonst existierte auch schon 1855, also kurz nach den vermeintlich verheerenden Wirkungen der Revolution auf den Wildstand, in Württemberg eine Regelung, die bei wiederholtem und umfangreicherem Wildschaden das Oberamt berechtigte, außerordentliche Treibjagden auch in der Schonzeit zu erwirken, durchzusetzen und im Falle der Weigerung durch den Jagdpächter diese Treibjagden durch Dritte zwangsweise vornehmen zu lassen[1713]. Diese Regelung wäre für das Jahr 1855 kaum nachzuvollziehen, wenn die Beschreibungen und Befürchtungen eines Karl Emil Diezel oder eines Ferdinand von Raesfeld, die den Niedergang aller Schalenwildarten durch das Schießertum bäuerlicher Elemente befürchteten,

---

Tage treten. So wurden z. B. an die Abschusskriterien des geweihtragenden Schalenwildes und der damit zusammenhängenden „Kontrollinstanz", der Trophäen- oder Hegeschauen, über Jahrzehnte hinweg vollkommen unsachliche und rein emotionale Maßstäbe gelegt. Gerade auf den heute sehr strittigen, in Baden-Württemberg zwischenzeitlich nur mehr freiwilligen Hegeschauen (während in Bayern nach wie vor die Pflicht zu Trophäen- oder Hegeschauen besteht) wird aufgrund des Phänotyps des erlegten männlichen Schalenwildes versucht, Rückschlüsse auf den Genotyp zu ziehen. Bis heute lernt der angehende Jäger, dass er unter dem geweihtragenden Schalenwild die „Schlechten" (das ist der Phänotyp, da wir den Genotyp kaum verändern können) zuerst erlegen muss. Ein Beispiel von Bruno Hespeler, Rehwild heute. Lebensraum, Jagd und Hege, S. 64ff: „Der „mickrige" Bock ist nicht unbedingt deshalb „mickrig", weil dieser Körperzustand seinem Genotyp entspricht, sondern einfach weil seine Umwelt (geringe Äsung, sozialer Druck usw.) die volle Entfaltung seiner Anlagen nicht zuließ. Es ist durchaus möglich, dass dieser Bock mit seinem „mickrigen" 160-Gramm-Geweih die bessere Erbanlagen in sich trägt als sein Bruder mit dem 300-Gramm-Geweih." Selbst im Jahr 2003 hält der Deutsche Jagdschutz-Verband die Geeignetheit des Instrumentes der Hegeschauen für unangefochten. Hierzu heißt es im DJV Handbuch Jagd 2003: „Hegeschauen sind besonders geeignet, um die Situation des Wildes in seinen Lebensräumen sowie wildbiologische, jagdkundliche und vegetationsbezogene Zusammenhänge auch für Nichtjäger allgemeinverständlich und öffentlichkeitswirksam darzustellen (...)." Und weiter: „Trophäen, Wildbretgewichte, Altersklassenaufbau, Erlegungsdaten und Krankheitsmerkmale sind Indikatoren für den guten oder schlechten Zustand von Wildpopulationen." Vgl. dazu im DJV Handbuch Jagd 2003, S. 25. Auch hier wird die Verwechslung von Genotyp und Phänotyp wieder allzu deutlich. Auch Hans-Dieter Pfannenstiel weist darauf hin, dass die von Jägern entworfenen „Güteklassen" vollkommen widernatürlich sind und damit „mit Biologie nichts zu tun" haben, und weiter: „Beim Rehwild sollte inzwischen wirklich jeder Jäger bemerkt haben, dass der genetische Anteil an der Ausprägung des Gehörns, und auf den zielen Güteklassen, eher vernachlässigbar ist." Vgl. dazu bei Hans-Dieter Pfannenstiel, Güteklassen wildbiologisch sinnvoll?, in: Unsere Jagd, Ausgabe Nr. 12/2003, S. 20-21. Weshalb der DJV an den Aussagen der Hegeschauen dennoch festhält, ist nach meinem Dafürhalten nicht logisch-rational begründbar.

1713 Rubrik: Aus Württemberg, Wildschadensersatz, in: Tuisko Lorey (Hrsg.), Allgemeine Forst- und Jagdzeitung, Jahrgang 1900, Ausgabe Januar 1900, S. 255-256.

auch nur annähernd der Realität entsprochen hätten[1714]. Auch heute noch, da wir durchweg hohe Wildbestände an Wildschweinen und Rehe haben, können solche Polizeijagden angeordnet und durchgeführt werden, wie aktuell die Androhung der Stadtverwaltung Koblenz aus 2004 vor Augen führt[1715]. So konnte der Jäger – trotz offensichtlicher Mängel seines nach außen hin transportierten „Auftrages" im Sinne des Volkes – zum Vorbild einer vollkommen neuen ethischen und moralischen Größe stilisiert werden, die durch seine Aufopferung für die Wildbahn als nationales Kultur- und Volksgut noch unterstrichen werden konnte. Nicht selten wird die Jagd wohl auch zur Anbahnung von Geschäften in bürgerlichen Kreisen oder zur Pflege von Freund- und Seilschaften im politisch-aristokratischen Bereich ihren neuen Zweck erfüllt haben, geradeso, wie sie dies auch heute noch teilweise zu tun in der Lage ist[1716]. Die Sorge um den Wildstand war damit keineswegs die „neue" Funktion der Jagd, sondern vielmehr ein vorgeschobener Grund, innerhalb der Jägerschaft „aufzuräumen", das heißt die unerwünschten Elemente durch restriktive waidmännische Verklausulierungen eines einfachen Tuns (Jagd) auszuschließen. So heißt es in der Allgemeinen Forst- und Jagdzeitung des Jahrgangs 1900, dass ein angemessener Wildbestand aufgrund der neuen Wildschadensregelungen, die den Pachtjäger finanziell belasten, nur dort aufrechterhalten werden könne, wo Jagdliebhaber anzutreffen seien, für die „eine Verteuerung des Jagdvergnügens (aufgrund der Wildschadenszahlungen, die die Einführung des Bürgerlichen Gesetzbuches mit sich brachte, Anm. d. V.) keine nennenswerte Rolle spielt (...)"[1717]. Die waidmännische Jagd war insofern ein willfähriges Instrument, um jedwede Rationalität aus dem Felde der Jagd für lange Zeit zu verbannen, saß sie doch die Wildschäden mittels Geld aus, ohne sich für die langfristigen Folgen, gerade im Wald, zu interessieren. Der „angemessene" Wildstand, der das Ziel der waidgerechten, kapitalkräftigen Jagd war, war ein Wildstand, der sich bereits weit davon entfernt hatte, den Jäger als fürsorgenden Heger, als Erhalter des Volksgutes „Wild" zu umkränzen. Tatsächlich darf davon ausgegangen werden, dass der

1714 Auch die Streckenzahlen für das Rehwild des Jahres 1865 in Bayern oder die Wildschadensbeschwerden der badischen Bauern Ende der 1860iger Jahre lassen nur den Schluss zu, dass die Beschreibungen zur desaströsen Wildbahn, wie von Karl Emil Diezel, deutlich übertrieben waren. In nur 10 Jahren hätte sich der Rehwildbestand in einem schier unvorstellbaren Masse vermehren und erholen müssen, hätten die Ausführungen Diezels Bestand. Vgl. dazu die Zahlen bei Wolf Hockenjos, März-Errungenschaften, in: Ökologischer Jagdverein Bayern e.V. (Hrsg.), Festschrift zehn Jahre Ökologischer Jagdverein Bayern 1988-1998, S. 37f, weiterhin bei Wulf-Eberhard Müller, Jagen vor dem Reichsjagdgesetz, in: Ökologischer Jagdverein Bayern e.V. (Hrsg.), Festschrift zehn Jahre Ökologischer Jagdverein Bayern 1988-1998, S. 49f. Zwischen 1865 und 1910 konnte der jährliche Rehwildabschuss in Bayern verdreifacht und zwischen 1910 und 1936 noch einmal mehr als verdreifacht werden.

1715 Vgl. dazu bei Heiko Hornung, Polizeijagden angedroht, in: Wild und Hund, Ausgabe Nr. 24/2004, S. 114.

1716 Auch heute wird wohl noch das „maliziöse" Forstwort seine Gültigkeit besitzen, nachdem die „vornehmste Art der Bestechung in Politik und Wirtschaft" der Rothirsch sei. Vgl. dazu bei Horst Stern, Jagd vorbei - Halali. Offener Brief an den Jäger Walter Scheel, in: Zeitmagazin Nr. 9/21, Februar 1975. Abgedruckt ist dieser offene Brief ebenfalls bei Wilhelm Bode und Elisabeth Emmert, Jagdwende, die betreffende Stelle hier S. 14-15.

1717 Rubrik: Aus Württemberg, Wildschadensersatz, in: Tuisko Lorey (Hrsg.), Allgemeine Forst- und Jagdzeitung, Jahrgang 1900, Ausgabe Januar 1900, S. 256.

Wildbestand schon vor der Jahrhundertwende zum 20. Jahrhundert regional äußerst hoch war. Wäre dem nicht so gewesen, hätte es die Einführung umfänglicher Wildschadensregelungen aufgrund des politischen Gewichtes der Jäger Ende des 19. Jahrhunderts niemals gegeben.

9.3.1.1 Die Jagd als Zuflucht vor der modernen Welt und als Ersatzbefriedigung[1718]

Ich möchte an dieser Stelle den als Zwischenüberschrift verwendeten Gedankengang von Hans Wilhelm Eckardt aufgreifen und versuchen, ihn einer anderen Erklärung zuzuführen, als dies der genannte Autor in seinem Werk tut. Es ist nicht die Jagd als Illusion des Krieges und des Kampfes, die den Aristokraten dazu bringen soll Zuflucht in der Jagd zu finden, wie sie Hans Wilhelm Eckardt versteht. Vielmehr ist es die Jagd als frühere Herrschaftshandlung einerseits und nun neu entdeckte moralisch-sittliche Aufgabe eines ansonsten entmachteten (mediatisierten) Standes andererseits, die den adeligen Jäger dazu bringt, jagen zu gehen. Darüber hinaus wurde die Jagdkultur im 19. Jahrhundert wesentlich deutlicher vom grundbesitzenden ursprünglich niederen Adel definiert als von den früheren Fürsten und Feudalherren. Für jene hatte die Jagd keine Bedeutung mehr, sie wurde ihres herrschaftlichen Potenzials vollständig beraubt und avancierte nun zu einem sozialen Feld des niederen Adels, der Forstleute und des aufstrebenden Bürgertums. So wie das Bürgertum hatte auch der niedere Adel kaum Gelegenheit, in den Zeiten vor dem 19. Jahrhundert der Jagd zu frönen, es sei denn auf den eigenen Grundbesitzungen, sofern ihnen diese Jagdmöglichkeit zugestanden wurden. So verwundert es auch nicht, dass die in den 1870er Jahren gegründeten Jagdvereinigungen zuvorderst mit Beamten der Forstverwaltungen, gefolgt von Adel und Militär[1719] besetzt waren und jenen allesamt daran gelegen war, das Prestige der Jagd, den sittlichen und moralischen Anspruch zu heben; die Jagd aus den Händen der „Bauernschinder" zu reißen. So lautete denn auch eines der gesellschaftlichen Ziele der neu entstehenden Jagdvereinigungen, die „Verbesserung des in den Jag-

---

1718 Hans Wilhelm Eckardt verortet die adelige Jagdfunktion generell auf vier Ebenen. Als Statussymbol und Selbstbestätigung, als Zuflucht vor der modernen Welt, als Mittel gegen existenzielle Langeweile, als Ersatzhandlung und Ersatzbefriedigung. Wie ich diese Art der historischen Betrachtung oder jagdlichen Komplexitäts-Reduktion beurteile und welche Argumente dagegen sprechen, habe ich in den Kapiteln 6ff. der vorliegenden Arbeit zur Genüge dargestellt. Jagd, verstanden als Zuflucht vor der modernen Welt und als Ersatzhandlung, insbesondere in einer zunehmend bürgerlich beeinflussten Welt, ist dagegen eine Möglichkeit, jagdliche Funktionen, die sich in der modernen Gesellschaft auch der Nachkriegszeit fortbildeten, aufzuzeigen. Aus diesem Grunde soll hier die Eckardtsche Einschätzung nochmals zu Rate gezogen werden. Vgl. dazu bei Hans Wilhelm Eckardt, Herrschaftliche Jagd, bäuerliche Not und bürgerliche Kritik, S. 271ff. Wohlgemerkt, für die Zeiten der heraufkommenden Romantik, also für die Zeitwende vom 18. zum 19. Jahrhundert und auch darüber hinaus, ist diese Funktionalisierung tatsächlich anzutreffen. Sie wird gar bestimmend, was die weitere jagdpraktische, jagdkulturelle und jagdrechtliche Entwicklung bis zum BJG anbelangt.

1719 So setzte sich z. B. der pfälzisch-bayerische Jagdschutzverein des Jahres 1879 auf der Ebene der Vorstände, Kassierer und Sekretäre zu 64% aus höheren Forstbeamten und sonstigen Beamten zusammen, gefolgt vom Adel und vom Militär. Zahlen von Eugen Syrer, Jagdrecht und Interessengruppen. Eine historisch-politische Analyse, S. 114. Er bezieht sich auf die Daten aus dem Deutschen Jäger, Ausgabe Nr. 09/1879.

den liegenden Nathionalwertes" und eine „moralische Hebung gewisser Bevölkerungsschichten" zu erreichen[1720]. Wie bereits die Ausführungen etwas weiter oben vermuten lassen, hatten die kulturellen, strukturellen, psychischen und physischen Veränderungen zu Beginn des 19. Jahrhunderts nicht nur den Grundstock für eine ökonomische und rational an gesamtgesellschaftlichen Interessen ausgerichteten Jagd gelegt, sondern als Paradoxon dazu auch eine entgegengesetzte und schließlich obsiegende Entwicklung begünstigt, die jene rationalen Elemente und schwer errungenen Siege wiederum Stück für Stück zurückzudrängen suchte. Erste zaghafte Andeutungen eines jagdlichen Werkinstinktes, wie ich ihn unter Bezug auf das Beispiel der Markung Gärtringen aufzeigen konnte, standen schon bald dem Dogma des edlen Waidwerks und damit verbunden der Waidgerechtigkeit und Hegeideologie gegenüber, deren unversöhnlicher Zwist bis in die Gegenwart anhält. Die Jagd wurde zwar in bäuerlichen Kreisen zu einer rationalen Möglichkeit der Schadensminimierung in den eigenen Forsten oder Wälder und Grundstücken landwirtschaftlicher Nutzung, gleichzeitig jedoch fand ein totaler Funktionsverlust - zumindest unter rationalem Kalkül - in den adeligen Kreisen statt[1721]. Diese Situation konnte sich der zuvor jagdlich beschnittene niedere Adel mit der Rückendeckung der Forstberufe zunutze machen und zu einem neuen Kulturträger einer nun entfunktionalisierten, im Sinne des Werkinstinktes sinnlosen Jagd aufsteigen. In diese Gemengelage von Rationalität und Sinnlosigkeit, von Auflösungserscheinungen und Revolution, trat nun zusätzlich die aufkommende Romantik, die sogleich begann die Phantasie anzuregen und die den Blick für ganz neue Perspektiven auf die Schöpfung freigab. Die Vorboten der Industrialisierung standen bereits am Horizont, die Kultivierung der Natur durch die Menschen nahm an Geschwindigkeit auf und die Menschen besannen sich für ein paar Dezennien dieser dem Untergang geweihten Schönheit ursprünglicher Natur. Dichter und Philosophen, so Goede Gendrich, „offenbaren den Menschen die Landschaft als etwas Neues, als etwas bislang nie Empfundenes. Die Menschen haben das Brot gegessen, das ihnen aus der Erde entgegenwuchs; nun spüren sie, dass ihnen aus der Landschaft, aus ihrer Schönheit und Gewalt, aus ihrem Gesetz und ihrer Ästhetik, auch die Nahrung der Seele kommt"[1722]. Im Tier (zumindest dem jagdlichen Nutztier) wurde nun nicht mehr die frühere Descartesche Maschine gesehen, sondern eine „Ehrfurcht vor dem Sein"[1723] griff auch auf den Jäger über, der fortan begann sein Tun

1720 Vgl. dazu bei Eugen Syrer, Jagdrecht und Interessengruppen. Eine historisch-politische Analyse, S. 112.

1721 Dennoch sei darauf hingewiesen, gerade unter Bezug auf die Ausführungen von Freiherr Hans Hiller von Gaertringen, dass die Gegenüberstellung des Funktionsgewinns hier und des Verlustes dort lediglich idealtypisch dargestellt oder als Beispiel dazu geeignet ist, die Fronten, die ja durchaus bestanden, zu differenzieren und zu veranschaulichen. Sicher gab es noch wesentlich mehr Adelige wie die Familie Hiller von Gaertringen, die nun endlich mit Hilfe der Pacht ihre eigenen Wälder nach wirtschaftlichen Überlegungen umtreiben konnten. Dazu, so auch die heutigen Erkenntnisse, war die Jagd in der eigenen Hand unersetzlich. Über die Jagd allein ist bereits Waldbau möglich.

1722 Goede Gendrich, Jagen. Verantwortung oder Lust am Töten?, S. 33-34.

1723 Vgl. dazu die Überlegungen von Monika E. Reiterer, Ärgernis Jagd? S. 158. „Die Ethik der Ehrfurcht vor dem Sein" ist nach der Autorin „die stabilste Basis für eine weitere Dauer des Weidwerks im ständig schneller werdenden Wechsel der menschlichen Lebenswelt (...)". Mozu veredeln und damit sich gleichsam selbst veredelte. Der Jäger als roher Barbar wurde endgültig, zumindest nach den Anschauungen der Romantik, zu Grabe getragen und mit ihm auch die generelle rohe Einstellung zum Tier. Nicht umsonst wurden noch in der ersten Hälfte des 19. Jahrhunderts die ersten Tierschutzvereine gegründet, so 1837 in Stuttgart, 1839 in Dresden, 1841 in Hamburg, Berlin und in Frankfurt a. M. sowie 1842 in München. So lautete der Leitgedanke auch hier, dass der Tierschutz „nicht nur auf dem Gefühl des Mitleids, der Gerechtigkeit und Dankbarkeit, sondern auch auf der Erwägung, dass durch die Ausübung und Pflege des Tierschutzes die Menschheit wirtschaftlich und sittlich gefördert, die Jugend gebessert und die Rohheit gesteuert wird"[1724], beruhe. Für die Jagd in ihrer Wirkung auf den sittlichen Zustand des Jägers galt dabei Gleiches, wenngleich die Kluft zwischen der Behandlung des Raubwildes und des Schalenwildes offensichtlich war (im Übrigen bis heute). So referierte A. Zimmer im Jahre 1900 darüber, wie man Raub- und Rabenvögel am besten „angreife", nämlich ihre Nester mitsamt dem brütenden Vogel von unten dann ausschießt, sobald die Eier gelegt wurden. Der Schütze solle nach der Lage des von unten sichtbaren Vogelschwanzes herauslesen, wo in etwa der zu treffende Vogel im Nest sitzt[1725]. Diese (Un-)Sitte wurde für die Elstern- und Rabenkrähen von Hans Behnke auch noch 1994 propagiert und lediglich auf die landesrechtlichen Bestimmungen dazu verwiesen[1726]. Hätte man damals dem Grundeigentümer geraten, er solle alle Rotwildkälber, Kitze oder Frischlinge, deren er habhaft werden könne, erschießen, erschlagen oder sonst wie umbringen, um ökonomischen Schaden von seinen Grundflächen abzuwenden, er wäre nicht weit gekommen. Zwischen Anspruch und Realität waren es also die Romantik und ihre gesellschaftsumspannenden Wirkungen, die als wahrer Glücksfall für die durch die gesellschaftlichen Veränderungen verwirrte und entwurzelte Aristokratie gelten konnten, verlor der Adel doch stetig an Bedeutung. Jener nun erst tatsächlich zum Müßiggang oder besser zur (Zwangs-) Nivellierung an besitzbürgerliche Kreise verdammten Klasse wurde durch die Romantik und die mit ihr verbundene Naturerwachung oder Naturentdeckung eine Aufgabe in die Hand gespielt, die die Veredelung des Menschen im Jäger, versehen mit dem Auftrag Wild und Natur zu schützen, zu behüten und nur das Nötige daraus zu ernten, vorsah. Wenn man dem Terminus der Raumkonstitution treu bleibt, so boten die Inhalte der Romantik für den Adel eine neue Möglichkeit allmählich in Allgemeingut übergehende Ordnungsvorstellungen zu reproduzieren und damit romantisch-verklärte quasi Natur-Räume zu konstituieren, die nun nichts mehr mit der vorherigen Raumkonstitution mit Hilfe des Instrumentes der Jagd gemein hatten.

---

nika E. Reiterer bezieht dies zwar auf die Jagd der Gegenwart, aber auch für die Vergangenheit hatte dies absolute Gültigkeit, zumindest was die waidmännische Jagd des 19. und 20. Jahrhunderts anbelangte.

1724 Vgl. bei Goede Gendrich, Jagen. Verantwortung oder Lust am Töten?, S. 38, in Anlehnung an Schopenhauers Philosophie des Mitleids.

1725 Vgl. dazu bei A. Zimmer, Ueber den Nutzen und Schaden der Raub- und Rabenvögel und über die Jagd auf dieselben an ihren Nestern, in: Tuisko Lorey (Hrsg.), Allgemeine Forst- und Jagdzeitung, Jahrgang 1900, Ausgabe Januar 1900, S. 94-102.

1726 Hans Behnke, Hege und Jagd im Jahreslauf, S. 58.

Die Rede ist nun nicht mehr von Herrschaft im Sinne von Ordnung und Territorium, sondern bereits von neuen Formen der Natur- und Tierbehandlung, wie sie in der Jagd allmählich Einzug hielten und andererseits auch für die Gründung von Tierschutzvereinen ausschlaggebend waren. Der Jäger schützte durch sein Tun in den zu pflegenden Naturräumen das Tier, das Edle, vor dem Menschen (und vor dem Raubwild), dem Barbar, die Schöpfung vor dem Zeitgeist der Zerstörung. Damit begann der edle Jäger Räume zu konstituieren, die bereits der Zivilisation gegenüber standen, die nicht Teil von hektischer Betriebsamkeit und Geschäftemacherei waren, sondern Teil eines neuen Begriffs von Bewahrung und Schutz einer gottgegebenen Schönheit vor Hektik, Schmutz und Beton. Gestützt wird diese These auch durch die Lyrik des Joseph Freiherrn von Eichendorff, bei dem gerade der Wald (wie auch bei Wilhelm Heinrich Riehl) eine sehr bedeutende Funktion als Zufluchtsort der Schönheit, des Dichters selbst und damit als Gegenpol zu etwas, im Falle Eichendorffs zur Philisterwelt, der Krämerwelt wurde. Im Waldmotiv Eichendorffs, so Dietrich Grohnert und Klaus Schaefer, „steckt ein guter Teil Gesellschaftskritik, Kritik an der sich nun auch in Deutschland immer kräftiger herausbildenden kapitalistischen Gesellschaftsordnung mit ihren lebens- und schönheitsfeindlichen Tendenzen. In der Wahl gerade dieses Motivs liegt gleichzeitig bereits die Entscheidung Eichendorffs für seine eigene Person gegenüber diesen Erscheinungen: Flucht aus der Welt an Stelle aktiver Veränderung der Welt."[1727] Die gesamte Waldlyrik der Romantik war intentional sehr auf Flucht und sich Zurückziehen gemünzt, was sicher nicht nur charakteristisch für Adelige und Großgrundbesitzer, sondern auch für Angehörige des deutschen Kleinbürgertums war. Auch heute noch sind diese romantischen Reminiszenzen ein wesentlicher Teil des waidmännischen Selbstverständnisses, die Flucht in scheinbar heile grüne Welten nur allzu gut nachvollziehbar. Heute ist die Natur jedoch nicht mehr ein der Zivilisation gegenüberstehendes Etwas, ein Kontraraum, sondern sie wurde von der Zivilisation eingesogen und mit ihr bis zur Unkenntlichkeit vermengt. Und dennoch: auch oder gerade deshalb ist der Wald nach wie vor der Zufluchtsort des Schönen und Guten, wenngleich auch ein Trugbild. Die „Naturerfahrung" ist immer noch ein starkes Motiv des Jägers, auch wenn schon längst die „feindliche Krämerwelt"[1728], wie sie Eichendorff verteufelte, den Wald, die Natur als Refugium des Schönen und Guten (häufig in der poetischen Gestalt des Rehs) in Besitz genommen und ihre Spuren quer hindurch gezogen hat. Die Romantik in oder der Jagd scheint ein so starkes Motiv zu sein, dass die Realität nur schwer durch ihren Panzer dringen kann, was eine rationale Betrachtung der Jagd deutlich erschwert. Nicht nur im 19. Jahrhundert, sondern auch heute ist die Romantik neben der Versäulung jagdlicher Traditionsbestände ein Hauptpfeiler der mit der Jagd zusammenhängenden Konflikte, da sie es ist, die Jagd nach wie vor entfunktionalisiert. So bleibt zu bemerken, dass in den stärker werdenden bürgerlichen Kräften vor der Revolution von 1848/49 nicht nur die Gründe für den sich Bahn brechenden bäuerlichen Werkinstinkt innerhalb der Jagd und ihrer damit verbundenen Ausrichtung auf die vorwiegend, weil gesamtgesellschaftlich drückenden, agrar-ökonomischen

---

1727 Dietrich Grohnert und Klaus Schaefer, Romantik, S. 375ff. Der Weg eines großen Dichters. Zum Wirken von Joseph Freiherr von Eichendorff.

1728 Vgl. dazu ebd., S. 378.

Funktionen verborgen liegen. Es werden in dieser Zeit auch der kommenden „waidgerechten" Jagd sowie einer der Hegeideologie verpflichteten aristokratisch-bürgerlichen Jagd die sozio-historischen Bedingungen geschaffen. Jene Bedingungen haben ihren Ursprung in adeligen Kreisen, die den nahenden bürgerlichen Kräften zwar nichts Wesentliches mehr entgegenstellen konnten, die sich aber über die Jagd einen kleinen Lebensbereich, ein kleines Refugium zu reservieren suchten, welches sie gemäß ihrer Standesehre und ihrem Lebensstil ausschmücken konnten. In diesem Zusammenhang sind auch die vehementen Anstrengungen des Adels zu verstehen, der zwischen dem Reichsdeputationshauptschluss und der Revolution von 1848/49 eine Verpachtung der Staatsjagden an Nichtadelige zu verhindern suchte[1729]. Gelang ihm dies bis zur Thronbesteigung König Wilhelm I. in Württemberg noch, endete diese Ära bereits 1816/17. König Wilhelm I. gab jedoch nicht nur den Freipirschgebieten das Jagdrecht zurück, er beendete auch die jahrhundertlange Bevormundung der Forstwirtschaft durch die Jagd und ordnete die Verpachtung der staatlichen Jagden an, deren Nutznießer nun alle unbescholtenen Bürger mit „Ausnahme gemeiner Hand- und Handwerksleute" werden konnten[1730]. Dem Adel blieb nunmehr die Herrschaft über die wilden Tiere auf den eigenen Ländereien, „die sich ohne Murren und ohne Einmischung zentraler staatlicher Behörden regieren ließen, die Jagdreviere waren die letzten Gebiete, in denen man absolut herrschte"[1731]. Möglicherweise wurde hier der Grundstein für eine jagdliche Interessengemeinschaft gelegt, wenngleich ihr auch erst 1875 mit der Gründung des Allgemeinen Deutschen Jagdschutz-Verbandes der endgültige Durchbruch gelang. Um sich vor weiteren Angriffen von außen zu schützen, wurden ethische Normen der Jagd ersonnen, die der Gemeinschaft Stabilität verleihen und somit als Schutzschild gegen Störungen dienen konnten. Monika E. Reiterer zeigt in diesem Zusammenhang auf, dass die Stabilität einer Gemeinschaft (z. B. der edlen Jäger) von der Stabilität ihrer Kultur abhängig sei[1732]. In diesem Kontext sei auch darauf hingewiesen, dass es durchaus Parallelen zwischen dem Duell und der waidgerechten Jagd zu geben scheint. Ähnlich dem adeligen Duell als Möglichkeit der Satisfaktion, als Beweis für Vitalität und Kraft, für Edelmut und Demonstration des eigenen Adels, entwickelte sich die waidgerechte Jagd zu einem Ersatz, Ehre und Adel nicht mehr im Hinblick auf Abstammung und Macht, sondern vielmehr im Hinblick auf die durchgängig romantisch beeinflussten Attribute „edel" und „schön" zu reproduzieren. Geradeso, wie das Duell die mörderische, „unberechenbare und gewissenlose Bluttat, für welche Hinterhalt und Versteck ebensoviel oder mehr als offene Auseinandersetzung gelten, in einen geregelten, absichtsvollen und fairen Zweikampf"[1733] wandelt, geradeso wandelt die waidgerechte und zunächst in

---

1729 Vgl. dazu bei Hans Wilhelm Eckardt, Herrschaftliche Jagd, bäuerliche Not und bürgerliche Kritik, S. 274f.

1730 Vgl. dazu bei Wilfried Ott, Die Entwicklung der Forstorganisation in Württemberg seit 1803, S. 57.

1731 Hans Wilhelm Eckardt, Herrschaftliche Jagd, bäuerliche Not und bürgerliche Kritik, S. 279.

1732 Vgl. dazu bei Monika E. Reiterer, Ärgernis Jagd?, an verschiedenen Stellen.

1733 Gert Ueding, Eine gewisse Garantie gegen rohe Tätlichkeiten. Das Duell im Werk Goethes: Adeliger Ehrenkodex oder bürgerliches Seelendrama?, in: Uwe Schultz (Hrsg.), Das Duell. Der tödliche Kampf um die Ehre, S. 89.

adeligen Kreisen propagierte Jagd das brutale, barbarische Element zu einer kulturellen Leistung zum Schutze der Schöpfung. Duell und waidgerechte Jagd bedeuten eine Kulturleistung, „nämlich die Bändigung des Menschengeschlechts in seiner ungeheuchelten Tierheit"[1734]. Die Parallelität zwischen Duell und waidgerechter Jagd wurde auch von Hanno Helbling gesehen, der dazu vermerkte: „Es waren Übereinkünfte, die aus Not und Trieb ein kulturfähiges Tun und Verhalten machten. Jemandem im Zweikampf das Leben zu nehmen (...) konnte als ultima ratio gelten, solange es nach einer Regel geschah. So auch verständigte man sich über die Jagd. Nicht mit dem „Gegner", nicht mit den Opfern. Aber durch immer genauere Absprache unter den Tätern wurde legitimiert, was sich immer weniger selbst, aus Nahrungs- oder aus Schutzbedürfnis, rechtfertigte. Was nur gemäß strenger Vorschrift ins Werk gesetzt wird, scheint der Verfolger zurückzuhalten und dem Verfolgten eine Chance zu geben."[1735] Interessant in diesem Zusammenhang ist auch, dass der endgültige Durchbruch der waidgerechten Jagd zwischen dem Ende des 19. und dem Beginn des 20. Jahrhunderts zu liegen kommt, in einer Zeit also, in der das Duell als realer Mythos eines „Heldentums von Mann zu Mann"[1736] mit den Wirkungen der Materialschlachten des Ersten Weltkrieges zu Grabe getragen wurde und gleichsam auch die Zerstörungskraft des Menschen auf die Schöpfung so deutlich wie nie zuvor aufgezeigt wurde. So waren es nicht umsonst die zerstörerischen Kräfte der Revolution, des deutsch-französischen Krieges von 1870/71 und der Erste Weltkrieg, die den romantischen Kräften und damit der Waidgerechtigkeit, der Veredelung des Jägers durch die Edelmütigkeit seines Tuns, Auftrieb gaben. Während jedoch das Duell bereits an den frühen Fürstenhöfen die „Affekte der Gewalt zähmte"[1737], zähmte die Waidgerechtigkeit erst gegen Ende des 19. Jahrhunderts die Affekte des Jägers, einerlei ob adelig oder bürgerlich und erhob jenes affektgebändigte Sichverhalten zu einem jagdlichen Verhaltensstandard, der sich bis heute hält. Bei allen romantischen Einflüssen oder Einflüssen von Standesehre, die aus der Jagd etwas Edles zu machen suchten, so ist auch in der Waidgerechtigkeit und der damit zusammenhängenden Hegeideologie die Illusion inne, die Herrschaft über die Natur anzutreten, zu verstehen als Herrschaft über das Tierreich anstelle von Untertanen und Territorium. Mittels Waidgerechtigkeit konnte der Raum „Revier" so gestaltet werden, dass er den jagdlichen Interessen diente und nicht irgendeinem anderen Anspruch gerecht werden musste, wie die Kapitel 10 und 11 noch zeigen werden. Noch heute erwehrt sich der waidgerechte Jäger jeder Form der Rationalisierung, der Öffentlichmachung seines Tuns und auch der Konsequenzen, die sein Tun oder Unterlassen für die Gesamtgesellschaft haben. Und dennoch, trotz oder gerade aufgrund romantischer Einflüsse, ist in der Waidgerechtigkeit letztlich nicht der Versuch einer Erhaltung von Natur zu sehen, nicht die Erhaltung ihrer Schönheit, zu der auch Grausamkeit gehört, sondern

---

1734 Ebd. Im Original bei Johann Wolfgang von Goethe, Campagne in Frankreich, 1792, HA Bd. 10, S. 359.

1735 Hanno Helbling, Die Jagd. Mythos, Metapher, Motiv, S. 7.

1736 Uwe Schulz, Von der Heldentat zum Freitod, in: Uwe Schultz (Hrsg.), Das Duell. Der tödliche Kampf um die Ehre, S. 10.

1737 Vgl. dazu bei Achatz von Müller, Schauspiele der Gewalt. Vom Zweikampf zum Duell, in: Uwe Schultz (Hrsg.), Das Duell. Der tödliche Kampf um die Ehre, S. 29.

vielmehr ihre Zivilisierung, ihre Zurückdrängung durch den Versuch der Bändigung von Natur. Durch die Waidgerechtigkeit werden Zustände geschaffen, die naturnahen Waldbau nicht selten großflächig verhindern, wie Margit Conrad als Umweltministerin für Rheinland-Pfalz im Jahre 2004 attestierte[1738]. Zusätzlich werden jagdliche Monokulturen geschaffen, indem die Schalenwildbestände bevorzugt und die Räuber benachteiligt werden. Das alles ist sehr weit von Natur entfernt. Ebenfalls ein Argument gegen die Naturstellung der Waidgerechtigkeit oder der Jagd allgemein ist, dass das Wild im Zuge der modernen Jagdausübung mit Feuerwaffen in der Regel schneller und schmerzloser vom Leben zum Tode befördert wird, so Hermann Löns, als „wenn es durch Krankheit oder aus Altersschwäche eingehend bei lebendigem Leibe von Krähen zerhackt und von Ungeziefer zu Tode gepeinigt wird". Und weiter: „Die Natur ist, fasst man sie als Person auf, so roh und grausam, dass die Ausübung der Jagd mild gegen die Art und Weise genannt werden muss, in der die höher entwickelten Tiere auf die eine oder andere Art ihr Ende finden."[1739] Jagd bleibt also eine Raum(be)handlung, jedoch mit nun vollkommen anderen Konnotationen versehen als noch wenige Dezennien zuvor. Insofern scheint mir der Schluss gerechtfertigt, die „neue" Funktion der Jagd im 19. Jahrhundert auch im Sinne einer nun schon lenkenden und formenden „Herrschaft über die Natur und das Tierreich", gleichfalls über ein kleines Fleckchen Revier, zu verorten, wenngleich jene ursprünglich adeligen Reminiszenzen im 20. Jahrhundert sehr bald verblassten und strikt bürgerlich funktionalisiert wurden. Unter rationalem Verständnis war jene Jagd jedoch keineswegs funktional, sondern vielmehr wildbiologisch, ökologisch, ökonomisch und moralisch weitgehend sinnlos. Jene Form der sinnlosen Jagd konnte in den Zeiten noch ausstehender Schädigungen der Umwelt durch Emissionen und Immissionen existieren, ohne auf nennenswerte gesellschaftliche Gegenwehr zu stoßen. Die Jäger waren unter sich, sie konnten ihre Reviere mit ihrem Geld und ihrer Waidgerechtigkeit gestalten wie es ihnen beliebte, sie waren niemandem Rechenschaft schuldig, der Wald nur Kulisse und nicht ökologische Lunge der von Industrieabgasen geplagten Bevölkerung. Nicht umsonst waren jene Zeiten für Jagd und Jäger auch die ruhigsten und im Sinne waidgerechter Maßgaben die besten Jahre, wie Gerhard Frank für die Jahre bis 1970 attestierte[1740].

9.3.1.2 Wirkungen des 19. Jahrhunderts auf den Wildstand

Dadurch, dass die Jagdfunktion wie in Württemberg im ersten Drittel des 19. Jahrhunderts zunächst einem starken ökonomischen Einfluss unterworfen wurde, geriet sehr bald das Niederwild in den Fokus der Jägerschaft. So wurde schon zu Beginn des 19. Jahrhunderts das Hochwild, das heißt vorwiegend das Rot- und Schwarzwild, vielerorts nach herrschaftlichen Anordnungen nur noch in Gehegen

1738 Pressemitteilung mit dem Titel „Positionspapier stößt auf Kritik", in: Wild und Hund, Ausgabe Nr. 04/2004, S. 102.

1739 Goede Gendrich, Jagen. Verantwortung oder Lust am Töten? S. 39. Gendrich bezieht sich hier auf eine Aussage von Hermann Löns, der, selbst Romantiker, hier bereits die „Grundsätze moderner Waidgerechtigkeit" anklingen lässt.

1740 Gerhard Frank, 120 Jahre organisierte Jägerschaft in Deutschland, S. 24.

und Parks[1741] geduldet, um den Landmann wirtschaftlich zu entlasten, aber auch um den revolutionären Geist, der seit der Französischen Revolution nach Süddeutschland übergriff, nicht noch stärker zu reizen. Außerhalb der fürstlichen Gehege oder Parks ergingen Erlasse, diese Wildarten auszurotten oder zumindest rigoros zu verfolgen[1742]. Zeitgleich wurde die Jagd auf das Niederwild auf eine nun höhere Stufe gestellt, da sie ja nun als Ersatz der verlustig gegangenen Hoch- oder Edeljagd an Bedeutung gewinnen musste. Sowohl diesem Prozess als auch der nun häufiger werdenden bürgerlichen Jagd trug als erster Georg Ludwig Hartig bereits im Jahre 1812 Rechnung, indem er ein Büchlein verfasste, welches als „Lehrbuch für Jäger und die es werden wollen" in die Geschichte der Jagdfachbücher eingehen sollte. Es hätte ohne die Entwicklungen im beginnenden 19. Jahrhundert nicht geschrieben werden müssen, da es ja inhaltlich der früheren herrschaftlichen Jagd und ihrer Funktion vollkommen zuwider lief. In seinem Werk beschreibt Hartig nicht nur die Hege und Pflege des Hochwildes, sondern nun auch umfassend die Bejagung und Hege des Niederwildes[1743]. Doch zunächst zurück zu den Wirkungen der Proteste aus dem Landvolk und den Bürgervertretungen. Die bäuerlichen Proteste und der Druck der Landstände bzw. der Zweiten Kammer im württembergischen und badischen Parlament sorgten für eine starke Bejagung und infolgedessen zu einem Rückgang der großen, zu Schaden gehenden Wildarten wie Dam-, Rot- und Schwarzwild[1744]. In dieser Entwicklung liegen auch die Wurzeln unserer noch heute bestehenden Rotwildgebiete und der damit zusammenhängenden Rotwildbewirtschaftung[1745] verborgen. Unsere größte Schalenwildart darf aufgrund der von ihm verursachten Schäden nur noch in gesetzlich definierten „Rotwildge-

1741 So z. B. 1817 in Württemberg, wonach Schwarzwild nur noch in Tiergärten gehalten werden durfte und der Rotwildbestand in Einklang mit der Waldfläche gebracht werden sollte. Vgl. dazu bei Eugen Syrer, Jagdrecht und Interessengruppen. Eine historisch-politische Analyse, S.108 unter Bezug auf Hans Wilhelm Eckardt, Herrschaftliche Jagd, bäuerliche Not und bürgerliche Kritik.

1742 Vgl. dazu bei Wilfried Ott, Die Entwicklung der Forstorganisation in Württemberg seit 1803, S. 57. So erging in Württemberg im Jahre 1815 von König Friedrich eine Anordnung, die verfügte, die Rotwildbestände drastisch zu reduzieren und das Schwarzwild auszurotten. Die Oberforstmeister durften zu diesem Zweck sogar Scharfschützen aufstellen. König Friedrich selbst schränkte die Hofjagd stark ein und verlegte den eigenen Jagdbetrieb stärker in die neu angelegten Tier- und Saugärten. Vgl. ebd., S. 57.

1743 Georg Ludwig Hartig, Lehrbuch für Jäger und die es werden wollen, Auflage von 1812.

1744 Schon zur Regierungszeit König Friedrich (1803-1816) wurde der Wildstand in Württemberg stark reduziert, da die Landwirtschaft die Vorhand haben wollte, so Horst Alexander Willam, Wildbahn und Waidwerk in Baden-Württemberg 1875-1975, S. 31. Damit ist jedoch noch keine Aussage darüber getroffen, dass der Wildstand „zu niedrig" gewesen sei. Es ist genauso denkbar, dass nun erstmals der Wildstand an seine Umwelt angepasst wurde und damit eben immer noch so viel Wild vorhanden war, dass man es sogar bejagen konnte.

1745 Darunter ist z. B. zu subsumieren, dass das im Gebirge lebende Rotwild in den früheren Zeiten im Spätherbst in die tiefer gelegenen Täler und das Flachland oder in die allerhöchsten, vom Sturm schneefrei gehaltenen Almlagen zog. Heute dagegen ist dem Rotwild diese Möglichkeit genommen, weshalb man es im Gebirge über den Winter füttert. Doch nicht nur im Gebirge hat sich durch diese „Bewirtschaftungsform" einiges geändert, auch im Flachland, wo sich das Rotwild als ursprünglicher Steppenbewohner gerne in der freien Landschaft aufhält, wurde es von den Menschen in den Wald ab- und dort auf engstem Raum zusammengedrängt. Vgl. dazu bei Bruno Hespeler, Prügelknabe Wald, S. 123.

bieten" vorkommen. Rotwild, welches außerhalb dieser in der Regel nicht gezäunten Gebiete angetroffen wird, darf geschossen werden, sofern es sich nicht um einen so genannten beidseitigen Kronenhirschen[1746] handelt. Bereits im 19. Jahrhundert wurde dadurch den Jägern das bis dato eher vernachlässigte Rehwild in den Fokus jägerischen Strebens gerückt. Wenn man so will, wurden das Schälproblem[1747] des Rotwildes und das übermäßige Brechen des Schwarzwildes in der Feldflur lediglich durch den nicht minder schädigenden Verbiss des stetig zunehmenden Rehwildes ersetzt. Für die Wälder erbrachte die drastische Änderung in der Jagdfunktion somit kaum eine Entlastung, geschweige denn eine Besserung. Zwar wurde die Landwirtschaft durch den hohen Abschuss des Rot- und Schwarzwildes spürbar erleichtert, die Waldwirtschaft dagegen konnte eine kurze und wohl nur regional bemerkbare Verschnaufpause erst mit den Wirkungen von 1848/49 einlegen, als die Bauern und Bürger ihre kurze Jagdfreiheit weidlich nutzten und die bis dahin bereits stark angestiegenen Rehwildpopulationen mit Hilfe ihrer Hunde und Flinten örtlich deutlich dezimierten. Zu den von allen Seiten aufkommenden Ausrottungsängsten (siehe dazu auch die Aussage von Carl Emil Diezel[1748]) äußerten sich die Autoren Wilhelm Bode und Elisabeth Emmert kritisch: „Tatsächlich lässt sich das angebliche Chaos von 1848 bis 1849 historisch kaum belegen. Sichere Angaben über die sog. gemeingefährlichen Zustände liegen nicht vor."[1749] Natürlich wurden die neuen jagdlichen Freiheiten sehr ausgiebig genutzt und der Abschuss großer Mengen Wild war ja aufgrund der hohen Wilddichten kein wirkliches Problem. Selbst weniger geübte Schützen werden erfolgreich auf Wild zu Schuss gekommen sein. Der Vorwurf, der den freien Jagden in den paar Monaten zwischen Revolution und Reaktion gemacht wurde und nach wie vor gemacht wird, das

---

1746 Hat das Geweih des Hirsches eine Krone, so spricht man von einem Kronenhirsch. Die Krone kann dabei unterschiedlich ausgebildet sein, so z. B. als Becher-, Hand- oder Doppelkrone. Vgl. dazu bei Walter Frevert, Das jagdliche Brauchtum, S.41. Dazu das BLV Jagdlexikon: „Am Geweih des Rothirsches 3 oder mehr Enden als oberer Abschluss einer Geweihstange" bezeichnet man als Krone. In der Regel ist diese Geweihausbildung bei den reifen Hirschen in der Rotwildhege erwünscht.

1747 Rotwild verursacht Schaden an Bäumen durch das Abziehen der Rinde, das so genannte Schälen (Rotwild verbeißt aber auch), während Rehwild die jungen Triebe abbeißt. Die Schadbilder an wertvollen Baumarten wie Fichte, Kiefer, Rotbuche und an Edellaubhölzern wie Esche, Ahorn, Ulme, Vogelkirsche sind in Gebieten, in denen beide Wildarten vorkommen, gut voneinander zu unterscheiden und damit zweifelsfrei der jeweiligen Art zuzurechnen. Vgl. dazu auch im Jagdlexikon, S. 626, Stichwort Schälschaden. Durch das Schälen der Rinde entsteht am Baum eine Wunde, wodurch die Anfälligkeit für den Wurzelschwamm (eine Pilzart) steigt. Zwar schließt sich die Wunde durch Harzaustritt im Laufe der Zeit, der Wurzelschwamm arbeitet jedoch im Bauminnern weiter, zersetzt das Holz und sorgt für das Absterben des Baumes von innen heraus. Vgl. dazu auch bei Bruno Hespeler, Prügelknabe Wald, S. 119.

1748 Carl Emil Diezel hat in seinem Standardwerk „Erfahrungen aus dem Gebiete der Niederjagd" von 1849 (erste Auflage) kundgetan, was er von bäuerlicher Jagd und ihren Auswirkungen auf den Wildstand hält: „Wenn ich daher bei solchen Zeitverhältnissen und solchen Aussichten, um mehrfältigen Aufforderungen zu entsprechen, mich dennoch entschlossen habe, in dieser neuen Auflage meines Werkes auch noch ein Kapitel vom Rehwilde zu liefern, so kommt es mir beinahe vor, als handle es sich nur noch um eine dieser Wildart zu haltende Leichenrede." Ebd., S. 185.

1749 Wilhelm Bode und Elisabeth Emmert, Jagdwende, S. 117.

Wild beinahe ausgerottet zu haben, mag sich bei einer örtlichen Beurteilung noch halten lassen, nicht jedoch bei einer großflächigen. Bruno Hespeler bringt denn auch die angebrachte Kritik auf den Punkt: „Wenn man nun bedenkt, wie hoch die Schalenwildbestände zuvor gewesen sein sollen (und sicher mancherorts auch waren), wie ärmlich und in ihrer Wirkung äußerst beschränkt die Bewaffnung, wie gering die jagdliche Fertigkeit des „Durchschnitts-Revoluzzers" und mit welch immensen Schwierigkeiten, durch fehlende Infrastruktur (Wege, Fahrzeuge, Bringungsmöglichkeiten usw.), die damals Jagenden zu kämpfen hatten, dann muss bezweifelt werden, dass der Wildbestand in diesen wenigen Monaten (landesweit!) so stark heruntergeschossen wurde, wie uns heute oft erzählt wird."[1750] Das Rehwild, bis in die erste Hälfte des 19. Jahrhunderts hinein also eine vernachlässigte Tierart und höchstwahrscheinlich auch in geringeren Populationen als heute vorkommend, als auch das gesamte restliche Niederwild erfuhr nun eine jagdliche und insbesondere bald waidmännische Zuneigung, die sehr schnell eine deutliche Populationssteigerung mit sich brachte. Wahrscheinlich wird auch die Zurückdrängung des Rot- und Schwarzwildes (das alte Lied: Rotwild geht, Rehwild kommt[1751]) dafür verantwortlich gewesen sein, dass sich diese kleine Hirschart nun äußerst dynamisch entwickeln konnte. Der Wegfall von Wolf und Luchs und lange Zeit niedrigere Schwarzwildbestände werden ihr Übriges zur Bestandsentwicklung getan haben. So schrieb Franz von Kobell 1858 in seinem Werk „Wildanger", dass die Rehjagd in Bayern noch in den früheren Zeiten unbedeutend gewesen sein muss, während um München herum der Rehwildbestand vor 1848 ein ausgezeichneter gewesen sei. So erlegten die Schützen auf Jagden, die von Maximilian I. und König Ludwig bei Sendling abgehalten wurden, mehrmals bis zu 136 Rehe und gleichzeitig auch zwischen 400 und 1000 Hasen. „Im Lochheimer-Schlag wurden 1845 in freier Jagd in einem Bogen 135 Rehe, darunter 100 Böcke, geschossen."[1752] Welche Bestandsentwicklung das Rehwild dann insbesondere nach den zwischenzeitlich jedoch sehr kritisch betrachteten Einbrüchen durch die Wirkungen der Revolution von 1848/49 nahm, lässt sich sehr anschaulich an der Rehwildstrecke in Bayern aufzeigen. Wurden hier 1865 noch unter 20.000 Rehe landesweit gestreckt, belief sich die Rehwildstrecke im Jahre 1981 auf ca. 220.000 Stück und im Jagdjahr 2001/2002 auf 265.000 Stück[1753]. Wurden in Bayern 1865 rein rechnerisch 0,7 Rehe auf 100 Hektar Wald erlegt, so sind dies 2001/2002 etwa 11 Rehe auf 100 Hektar. Noch mehr Rehe wurden im Jagdjahr 2001/2002 in Baden-Württemberg in den Kreisen Ravensburg und Biberach erlegt, wo durchschnittlich wenigstens 14 Rehe auf 100 Hektar Wald erlegt wurden[1754]. Damit haben sich die Befürchtungen, die

---

[1750] Bruno Hespeler, Rehwild heute. Neue Wege für Hege und Jagd, S. 164.

[1751] Vgl. dazu bei Wulf-Eberhard Müller, Jagen vor dem Reichsjagdgesetz, in: Ökologischer Jagdverein Bayern e.V. (Hrsg.), Festschrift zehn Jahre Ökologischer Jagdverein Bayern 1988-1998, S. 43.

[1752] Franz von Kobell, Wildanger, an unterschiedlichen Stellen.

[1753] Entsprechende Zahlen siehe bei Wulf-Eberhard Müller, Jagen vor dem Reichsjagdgesetz, in: Ökologischer Jagdverein Bayern e.V. (Hrsg.), Festschrift zehn Jahre Ökologischer Jagdverein Bayern 1988-1998, S.49, und im DJV Handbuch Jagd 2003, S. 318.

[1754] Siehe das entsprechende Zahlenmaterial im Jagdbericht Baden-Württemberg 2001/2002, Berichte der Wildforschungsstelle Nr.9, S. 14-15.

1856 von Carl Emil Diezel ausgesprochen wurden, eindeutig nicht erfüllt. So heißt es bei ihm: „Seitdem aber das deutsche Jagdwesen parlamentarisch organisiert, oder vielmehr desorganisiert worden ist, sind die früheren Meinungsverschiedenheiten auf einmal ausgeglichen. Das Schwarzwild, wie das Rotwild und das ziegenfarbige Damwild sind bereits aus der Natur fast so gut wie verschwunden und existieren nur noch in Thiergärten, Museen und Bildgalerien. Dem Reh hat man ebenfalls das Prognostikon gestellt, dass es bald nur noch in Menagerien zu finden sein werde."[1755]

Nach all dem Gesagten wundert es also nicht, dass bereits 1812 Georg Ludwig Hartig, unter dem Eindruck der ersten großen Reduktionsabschüsse beim Rot- und Schwarzwild, unter der Rubrik Jagdschutz nun all das bereits subsumiert hatte, was sich in späterer Zeit sehr zuungunsten der wirtschaftlichen Nutzung des Waldes als auch der ökologischen Funktionen auswirken sollte. So heißt es bei ihm: „Der Jagdschutz begreift die Bemühung des Jägers in sich, die nützlichen Jagdthiere gegen die ihnen drohenden Gefahren, und gegen alles, was ihnen nachtheilig ist, so viel wie möglich, zu beschützen." Zum Aufgabenbereich des Jagdschutzes zählte Hartig bereits die Verhinderung der „Beschädigung des Wildes durch Raubthiere jeder Art" und den Schutz vor dem „Verderben der Jagdthiere durch Nahrungsmangel", dem „Verderben durch Krankheiten", dem „Verderben durch ungünstige Witterung", dem „Verderben durch nachtheilige Handlungen der Landleute", dem „Verderben durch Wilddieberey" und zu guter Letzt auch vor dem „Verderben der Jagd durch unweidmännische Behandlung von Seiten der Jäger selbst"[1756]. Darüber hinaus stellt er bereits wesentliche Verhaltensstandards für Jäger auf, die bis heute ihre Gültigkeit haben und die die zukünftigen jagdlichen Affektbändigungen zwischen den Jahren von 1875 und dem Reichsjagdgesetz von 1934 schon vorwegnahmen oder bereits erahnen ließen. Einer der von ihm genannten Punkte ist hierunter besonders hervorzuheben, negiert er doch den berechtigten Einfluss rationaler Interessen auf Höhe und Umfang des Abschusses frei lebender (wilder) Tiere. Diesem Interesse stellt er waidmännisches Denken und Handeln konträr gegenüber. So heißt es bei ihm: „Eins der größten Übel für die Jagd ist die unweidmännische Behandlung. Ich rechne vorzüglich hierher: (...) die Übertreibung der Jagd aus Eigennutz, oder die verhältnismäßig zu starke Benutzung derselben; wodurch der Stand zu sehr geschwächt und nach und nach ganz ruinirt wird (...)."[1757] Bereits hier, vielleicht sogar auch in der Person von Georg Ludwig Hartig, wurde der Grundstock von Hege und Waidgerechtigkeit gelegt, der sich insbesondere in den Zeiten nach 1875 und wiederum nach dem Ende des 1. Weltkrieges wie ein Schraubstock über die rationalen Bestrebungen der Landwirte und Waldbauern legte. Nach dem Verlust herrschaftlicher Jagdfunktionen erfolgte der „Umbau", das heißt die Veredelung der Jagd und des Jägers selbst, also aus den adeligen Kreisen heraus, hier aber aller Wahrscheinlichkeit nach von Seiten der Großgrundbesitzer und des Kleinadels, die ebenfalls erst im 19. Jahrhundert zur

1755 Carl Emil Diezel, Erfahrungen aus dem Gebiete der Niederjagd, im Vorspann zu seinem Standardwerk.

1756 Georg Ludwig Hartig, Lehrbuch für Jäger und die es werden wollen, Auflage von 1812, S. 85.

1757 Ebd., S. 96 unter dem Stichwort Jagdschutz.

Jagd finden konnten, da sie ihnen in den Zeiten davor ebenso verwehrt gewesen war. Zurückkommend auf die Jagd als soziale Distinktion bleibt damit lediglich zu bemerken, dass zwar nicht die herrschaftliche Jagd auf das Bildungs- und Besitzbürgertum durchschlagen konnte, jedoch der sittliche und moralische Jagd- oder Weidmannskodex der Großgrundbesitzer und des niederen Adels diese Leistung offensichtlich sehr wohl zu erbringen in der Lage war. Wenn man also von der bürgerlichen Jagd als soziale Distinktion sprechen will, so bezieht sich die Distinktionsleistung nicht auf den Hochadel und die Fürstenhäuser, sondern lediglich auf den kleinen, grundbesitzenden Adel, der nun wie das Bürgertum selbst auch, erst im Verlaufe des 19. Jahrhunderts zur Jagdausübung begünstigt wurde. Er ist es, der die Entfunktionalisierung der Jagd definiert, ihr eine wirkungslose Form gibt und sie als zu adaptierendes, sinnloses soziales Gut dem kopierwilligen Bürgertum zur Verfügung stellt. Ein Indiz dafür, dass gerade im Hochadel das neue waidmännische Denken und Handeln nicht von vorneherein angelegt war, zeigt Andreas Gautschi für das Beispiel Kaiser Wilhelms II. sehr anschaulich auf. Kaiser Wilhelm II. und noch stärker Erzherzog Franz Ferdinand von Österreich waren dem prunkvollen und massenhaften Jagen auf allerlei Wild nicht abgetan, was auch die Beibehaltung des Eingestellten Jagens bis zum Ende der Monarchie bewies. Auch die Pürschvorkehrungen seiner Majestät waren immens, mussten dabei doch regelmäßig mehrere gute Hirsche zum Abschuss durch den Kaiser kommen können[1758]. Dass dem Kaiser die (adelig-bürgerlich geprägte) waidmännisch gebotene Beschränkung und Bescheidenheit nicht in die Wiege gelegt war, zeigt auch ein Brief seines Büchsenspanners Rollfing auf, in dem er schrieb, dass die Hinwendung des Kaisers „zu neuzeitlicherem waidgerechten Jagen" nicht soweit ging, dass er die „manipulierten Massenschlachten offen ablehnte oder sie gar boykottierte"[1759]. Er ließ sich jedoch im Laufe der Zeit durchaus von den Gedanken der Hege einnehmen und auch von Getreuen aus seiner Umgebung nahm er ohne Groll einen Rat, wie den seines Oberstjägermeisters, an, sich nicht „als Rekordschiesser missbrauchen zu lassen" und sein Tun stärker an waidmännischen Gepflogenheiten abzuwägen[1760]. Wilhelm Bode und Elisabeth Emmert nahmen diesen von Fürst Pless ausgesprochenen Rat an seinen Kaiser als Ausgangspunkt, dem die Übertragung der kaiserlichen „Hierarchie- und Ordnungsliebe" durch Hegeauswahl auf die Hirschpopulation folgen sollte. Dies sollte denn auch für den Hirsch des kleinen Mannes (das Reh, Anm. d. V.) bald von Bedeutung sein und der Hochsitz, von dem aus der selektive Abschuss getätigt werden sollte, fand Eingang in die deutschen Reviere[1761], die er bis heute in ihrem Erscheinungsbild dominiert, einerlei ob nun in

1758 Vgl. dazu die Ausführungen von Andreas Gautschi, Wilhelm II. und das Waidwerk, S. 75-94.

1759 Ebd., S. 257, unter Bezug auf einen Bericht von Rollfing.

1760 Vgl. dazu bei Andreas Gautschi, Wilhelm II. und das Waidwerk, S. 257.

1761 Vgl. dazu bei Wilhelm Bode und Elisabeth Emmert, Jagdwende, S. 128-132. Die Hochsitze, die bis heute das Bild der Jagd in der Bundesrepublik prägen, seien auf den Kaiser selbst zurückzuführen, so Bode und Emmert. Die Behinderung seines linken Armes hätte den Kaiser zum Auflegen der Waffe gezwungen um einen sauberen Schuss anzubringen. Zu diesem Zwecke wurden ihm mehr und mehr solcher Sitze auf den Kaiserjagden errichtet, die er dann in Vollendung auch in der Schorfheide und in Rominten aufbauen ließ. Von dort aus sollen diese Einrichtungen ihren Siegeszug in die Reviere der deutschen Jäger angetreten haben.

privaten Pachtrevieren oder in staatlichen Regiejagden. Die Jagd als Waidwerk, als sittlich und moralisch wertvolles Kulturgut zum Schutze nicht „der" Natur, sondern lediglich einer romantisch-verklärten Naturvorstellung, in der es Gewinner (Schalenwildarten, Hühnervögel, Hasen und Kaninchen als Nutznießer der Hege) sowie Verlierer (Raubwild, welchem scharf und ohne Gnade nachgestellt wurde) gab, wurde somit bereits im ersten Drittel des 19. Jahrhunderts geboren. Die ersten Anfänge jener sich zu einer Ideologie (weil sie den Bauern oder schlichtweg den Jäger, der sich nicht daran hielt, denunzierte und ausschloss und letztlich in das Eigentumsrecht des Einzelnen bis heute übermäßig stark eingreift und die berechtigten Belange der Gesellschaft an intakten Waldstrukturen negiert) ausweitenden Jagdkultur können zeitgleich mit dem Funktionsverlust sowohl fürstlicher als auch bäuerlicher Jagd und dem Erstarken adeliger und bürgerlicher Jagdtätigkeit verortet werden. Sie konnte sich bis heute halten, auch wenn sich die Klientel geändert hat und die Kritik nun aus der Ecke der damaligen Bannerträger der Waidgerechtigkeit und Hege, den Forstberufen, unerträglich stark wurde und nach wie vor anhält. Auch diese Entwicklung, wie noch aufzuzeigen sein wird, ist auf einen erneuten Funktionswechsel, oder besser auf eine Wiederherstellung jagdlicher Funktionalität und Rationalität zurückzuführen, die seit etwa den 1970er Jahren auf Jagd und Jäger wirkt und unter anderem zum Ziel hat die Wildbestände den Umweltbedingungen einerseits und den ökologischen und ökonomischen Notwendigkeiten hinsichtlich des Umbaus der bundesdeutschen Wälder andererseits anzupassen. Im Grunde bräuchten wir heute mancherorts Wirkungen wie die der Revolution von 1848/49, um die Wildbestände unbürokratisch und schnell ihren Umweltbedingungen anpassen zu können. Der Wald würde es danken.

9.4 Resümee zur Jagd im 19. Jahrhundert

Grundsätzlich müssen für das 19. Jahrhundert wie auch für das 20. Jahrhundert zutreffend die mit der Jagd verbundenen Absichten, die Motive der Jagd, zunächst zweigeteilt betrachtet werden: Einmal die bürgerlichen Motive und Absichten, sowie zum Zweiten die bäuerlichen, die sich doch teilweise recht deutlich unterscheiden. Bereits die soziale und materielle Ausgangslage war hier grundverschieden. Wilhelm Heinrich Riehl zum Beispiel betrachtete in den Hirschen und Rehen, „welche nachts in den Kornfeldern weideten" die „eigentlichen Demagogen, die Aufreizer zum Missvergnügen (...) welche dem armen Bauersmann die ersten liberalen Ideen einpflanzten"[1762]. Für das Bürgertum dagegen waren sicher andere Maßstäbe für ihre nicht weniger liberalen Ideen anzulegen. Wenn man so will (um die Trennung zwischen Bauern und Bürger hinsichtlich ihrer Revolutionsmotive aufrechtzuerhalten), waren die bürgerlichen Wünsche an die Revolution mehr politischer Natur, das heißt an freiem Wahlrecht, an Pressefreiheit, am Ersatz der bürokratischen Kabinetts- und Gesinnungsjustiz durch Schwurgerichte und nicht zuletzt an der Schaffung eines parlamentarisch regierten Verfassungsstaates orien-

---

[1762] Siehe dazu bei Wilhelm Heinrich Riehl, Die Geschichte der Erhebung des Nassauischen Volkes, S. 1.

tiert[1763], während die Bauern bereits mit eindeutigen Wildschadensregelungen und der Möglichkeit auf eigenem Grund und Boden die Jagd ausüben zu können zufrieden zu stellen waren. Darin sieht auch Hubertus Hiller den Grund dafür, weshalb sich die Bauern sehr schnell nicht mehr am revolutionären Geschehen beteiligten und mit dem schnellen Sieg über die feudalen Lasten das Bürgertum mit ihrem Kampf um Pressefreiheit, freies Wahlrecht oder eine Verfassung alleine weiterfechten ließen[1764]. So waren es denn auch die Bürger und Teile des Adels (und eben keine Bauern), die die ersten Jagdvereine gründeten und die mittels der medialen Rückendeckung durch angegliederte Jagdzeitschriften wie den „Deutschen Jäger" und die 1873 gegründete „Illustrierte Jagdzeitung" (seit 1895 die bis heute bestehende Jagdzeitung „Wild und Hund") die Dominanz dieser Vereinigungen hervorbrachten. Die obersten politischen Ziele jener Vereine waren die Änderung der Jagdgesetze und das Fernhalten unerwünschter Personen wie den Typus des „Bauernjägers" und des „Aasjägers"[1765]. Das jagdliche Ziel mit Wegfall des bäuerlichen, rationalen Schutzjagdprinzips war die Hege größtmöglicher Schalenwildbestände und anderer jagdbarer Wildtiere (Hühnervögel, Hasen, Kaninchen), mit Ausnahme des Raubwildes, dessen rigorose Bekämpfung, entgegen der ansonsten affektuell sehr hohen Hemmschwelle gegen das Schalenwild, Bestandteil der Hegeideologie wurde. Während die private Jägerschaft, die sich zu einem großen Teil aus Bauern zusammensetzte, mit den Vorschlägen und Zielen der Waidgerechtigkeit und Hege nicht zuletzt aufgrund der geforderten affektuellen Beschränkungen nicht sonderlich viel anzufangen wusste, fanden die Forderungen durch das massive Gewicht der Forstbeamten jedoch unmittelbaren Eingang in die Jagdnutzungsanweisungen der Staatsforstverwaltungen. Das war der Beginn einer jagenden Försterei, die sich als Garant und als ehrbares, praxiserfahrenes Aushängeschild waidgerechten Jagens und umfassender Hege in den gutwilligen bürgerlichen und adeligen Kreisen hervortat. Der Försterjäger wurde zum Vorbild für alle sich der Hege und Waidgerechtigkeit verschriebenen Jäger (außer der Bauernjäger), während er in der heutigen Zeit zu einem Zerrbild für diejenige private Jagdklientel wurde, welche sich noch nach wie vor in jenen früheren jagdlichen Implikationen bewegt. Diese Frontstellung zwischen Försterjäger und Privatjäger habe ich in einer früheren Arbeit mit den Begriffen der Heterodoxie und Orthodoxie bereits ausführlich dargestellt[1766]. Das Reviersystem, wie ich es in der Einleitung zur vorliegenden Arbeit bereits beschrieben habe, wurde mit der so genannten Reaktion, die in den länderspezifischen Polizeigesetzen zum Ausdruck kam, zwar deutschlandweit an die Stelle der allgemeinen Jagdfreiheit gesetzt, die unterschiedlichen Bestimmungen zur Schon-

---

1763 Vgl. dazu die die Inhalte der „Märzforderungen" bei Dieter Hein, Die Revolution von 1848/49, S. 13f.

1764 Vgl. dazu bei Hubertus Hiller, Jäger und Jagd. Zur Entwicklung des Jagdwesens in Deutschland zwischen 1848 und 1914, S. 30-31, weiterhin auch bei Rainer Koch, Die Agrarrevolution in Deutschland 1848, in: Dieter Langewiesche (Hrsg.), Die Deutsche Revolution von 1848/49, S. 362-394.

1765 Unter einem Aasjäger versteht man einen leichtfertigen, gewissenlosen Jäger und schlechten Schützen, der Wild verludern lässt. Laut BLV Jagdlexikon ist der Aasjäger auch die negative Steigerung von Schlumpschütze und Schiesser.

1766 Klaus Maylein, Jagd und Jäger in der modernen Gesellschaft, Universität Konstanz 1999.

zeit, über die Ausdehnung und Einschränkung des Jagdrechts, zum Jagdschutz, den Verpflichtungen über den Ersatz des Wildschadens und der Verpachtung haben jedoch bis zum Reichsjagdgesetz von 1934 einen jagdrechtlichen Flickenteppich hinterlassen[1767]. Nicht zuletzt diese jagdrechtliche Zerrissenheit und Uneinigkeit im deutschen Jagdrecht hat die Gründung der sich in den 1870er Jahren dann konstituierenden Jägervereinigungen gefördert mit dem Ziel, jagdrechtlich als auch jagdethisch einheitliche Regelungen, einen sittlichen Kodex des deutschen Jägers, anzustreben. Der Einfluss des besitzenden Bürgertums auf die jagdlichen Affekte und die jagdliche Entfunktionalisierung wurde nun deutlich ausgeweitet. Voraussetzung für jene Entfunktionalisierung war zweifelsohne die Trennung von Jagdrecht und Jagdausübungsrecht, die es nun den bürgerlichen oder generell „führenden und besitzenden Schichten der Gesellschaft aufgrund ihrer materiellen Überlegenheit"[1768] erlaubte, die Jagd unbedingt an sich zu reißen und fortan nach egoistischem Kalkül reviergestalterisch zu wirken. Die Revolution von 1848/49 als letzter Akt in der Freisetzung der Jagd aus allen früheren Implikationen und Funktionen ist von den Wirkungen der etwa 15 Jahre später durchschlagenden Industrialisierungsprozesse in Deutschland nur schwer zu trennen. Beide zusammen erschütterten die traditionelle Gesellschaft in Deutschland so sehr, dass die daraus entstehende „neue" Gesellschaft sich mit ihren Wertvorstellungen und Eliten von den traditionellen Mustern der aristokratischen Gesellschaft deutlich zu unterscheiden begann [1769]. Auch wenn umfassende politische Forderungen in Deutschland mit der Revolution tatsächlich noch nicht erfüllt werden konnten, so wurde spätestens mit der sich schon bald beschleunigenden Industrialisierung die Machtstellung des Staates erschüttert. Wirtschaftliche Kräfte, gesellschaftliche Gruppierungen und Organisationen erzielten dagegen einen Bedeutungszuwachs und eine innerstaatliche Stellung, die sie zuvor nicht innehatten. Dazu Manfred Görtemaker: „Das relative Eigenleben, das der Staat mit seinen Instrumenten der Diplomatie, der Bürokratie, der Polizei und der Armee noch in der Ständegesellschaft geführt hatte, abgehoben vom Volk, das den Staat (damals wie heute) trug, auf das dieser sich aber nicht berief, sondern das er nur als Quelle seiner Macht durch die Einziehung von Steuern nutzte, wich nun einer unauflöslichen Verbindung von Staat und industrieller Gesellschaft. Beide waren aufeinander angewiesen, voneinander abhängig, der Staat von der Gesellschaft vielleicht sogar mehr, als umgekehrt die Gesellschaft vom Staat, wenn man z. B. an die Volksheere seit der Französischen Revolution, die Komplexität des arbeitsteiligen Wirtschaftsablaufs mit dem Zusammenspiel der Unternehmen, die Bedeutung einer funktionierenden Infrastruktur mit Energieversorgung, Verkehrswesen usw. oder an die Notwendigkeit der Erhaltung des Arbeitsfriedens denkt."[1770] Dieser Bruch, der nicht nur das Bürgertum auf den Schild erhob, bedeutete nicht nur einen immensen Einschnitt in die

---

1767 Vgl. dazu bei Dieter Lauven, Entwicklungen des Jagdrechts, in: Rundgespräche der Kommission für Ökologie, Bayerische Akademie der Wissenschaften (Hrsg.), Band 25, Über die Jagd – Kulturelle Aspekte und aktuelle Funktionen, S. 24f.

1768 Hans Wilhelm Eckardt, Herrschaftliche Jagd, bäuerliche Not und bürgerliche Kritik, S. 289.

1769 Vgl. dazu bei Dominic Lieven, Abschied von Macht und Würden. Der europäische Adel 1815-1914, S. 320f.

1770 Zitiert nach Manfred Görtemaker, Deutschland im 19. Jahrhundert, S. 181.

bisherigen gesellschaftlichen Verhältnisse, sondern umschreibt auch einen kulturhistorisch bedeutenden Zeitraum. Mit der Revolution und ihrer Vollendung fand nämlich etwas statt, was man in einem nie da gewesenen Sinne als identitätsstiftend und traditionsbildend für die kommenden Generationen bezeichnen kann. Hier war es insbesondere das Bürgertum, welches als Gewinner der Revolution und des Industrialisierungsprozesses schon bald begann sich eigene Traditionen zu bilden, eigene identitätsstiftende Handlungen zu kultivieren, die bis heute in der modernen Gesellschaft ihre Wirkungen zeigen. Im Verlust des fürstlichen Raummonopols in Konstruktion und Reproduktion und der Herauslösung bürgerlicher Kräfte aus herrschaftlichen Bedrückungen, ihrer sozialen, politischen und kulturellen Freistellung durch Liberalisierung und Demokratisierung, können Gründe für die irrationalen Auswirkungen der rationalen Herrschaft auf Funktion und Praxis der Jagd gesehen werden. Die gesellschaftlichen Umbrüche und die Verlagerung des Primärraumes (der Raum, der für die Stabilität eines Staates von größter Bedeutung war) vom Land auf die Stadt im Zuge der Industrialisierungen entbanden alle früheren raumkonstituierenden Herrschaftshandlungen ihrer Logik und ihrer Funktion. Die Ereignisse der Revolution und ihre befreiende und bestärkende Wirkung auf Bürgertum und Bauern hat nicht nur deren Selbstbewusstsein gefördert, sondern sie auch zielstrebig die Hand nach der Jagd ausstrecken lassen. Durch die Liberalisierung der Jagd und den damit einhergehenden Totalverlust vorheriger und jahrhundertealter Jagdfunktionalisierung durch die Herren und Fürsten erhielt die Jagd schlagartig vollkommen neue Konnotationen. Diese neuen Inhalte der Jagd führten letztlich jedoch zu einer Stärkung reaktionärer Kreise und deren Vorstellungen von Jagd, Jagdbetrieb und Jagdkultur. Es war der Beginn eines jagdlichen Grabenkampfes zwischen Bauern (Ratio) und Bürgern (Distinktion), wie er erst im Dritten Reich mit der Gleichschaltung sein Ende finden konnte. Eine Renaissance erfuhr jener Grabenkampf dagegen in den 1970er Jahren und er besteht mit zunehmend tieferer Grabenbildung bis heute im Dualismus Försterjäger – Privatjäger fort, wie ihn auch Ulrich Schraml in seinem Werk „Die Normen der Jäger“ beschreibt[1771]. Allerdings sind die Entwicklungen der Gegenwart diametral von denen des 19. Jahrhunderts und weiten Teilen des 20. Jahrhunderts zu unterscheiden. Die Gesellschaft der Gegenwart verortet den Jäger, sofern er das Gewand des Waidmanns trägt, als Gefahrenproduzenten, der in (Wild-)Artenklassen und in Trophäen denkt und der mittels einer unter funktionalen Aspekten sinnentleerten, jedoch für die Gesamtgesellschaft schädlichen Raumideologie den naturnahen Mischwaldbau verunmöglicht oder zumindest erschwert. Die nach wie vor erstarkenden Natur- und Tierschutzvereinigungen, die Forstverwaltungen und die Forstwissenschaften sowie das administrative System der Bundesrepublik halten den Jäger der Gegenwart davor zurück, in romantische Reminiszenzen zu verfallen, indem er stetig an seine funktionale Rolle innerhalb der Gesamtgesellschaft erinnert wird. Die Gesellschaft heute braucht den Jäger, jedoch braucht sie ihn als einen Erfüllungsgehilfen, der seine alten Weisheiten ablegt und „in Biotopen zu denken“[1772] beginnt und der in der Lage ist, Jagd als eine rationale Dienstleistung

[1771] Vgl. dazu bei Klaus Maylein, Jagd und Jäger in der modernen Gesellschaft, S. 65ff, sowie bei Ulrich Schraml, Die Normen der Jäger, S. 24-43.

[1772] Vgl. dazu bei Hubertus Hiller, Jäger und Jagd, S. 257.

zu begreifen, zu deren Erfüllung er mit einigen Privilegien ausgestattet ist und ausgestattet bleiben muss. Die rationale und unter Industrialisierungswirkungen leidende Herrschaft der Gegenwart ist insofern bestrebt, die sorgfältig entfunktionalisierte Jagd der letzten rund 150 Jahre (seit der Revolution 1848/49) in das Gesamtsystem der Gesellschaft hereinzuholen und funktional neu zu definieren und einzubinden. Was wenige Jäger sehen wollen, ist, dass nur so die Jagd auch über das 21. Jahrhundert hinaus eine Zukunft haben wird und damit die Wahrscheinlichkeit zunimmt, dass auch unsere Enkel noch auf Reh, Hirsch und Sau jagen können. Die Jagd als bürgerliche Distinktion, als revieregoistisches Instrument der Kreation eigener Raumvorstellungen, als Herrschaft über das eigene Revier, wird dort unwiederbringlich ausgelöscht werden müssen, wo sie mit den Raum- und Ordnungsvorstellungen der Gesamtgesellschaft kollidiert. Das ist heute aufgrund der dringend notwendigen Umgestaltung der bundesdeutschen Wälder in nahezu allen Revieren außerhalb der Staatsforstverwaltungen (denn hier wird die „moderne" Jagd bereits seit langem vorgeführt) der Fall. Um auf das Eingangszitat von Blaise Pascal zurückzukommen kann den folgenden Kapiteln vorausgeschickt werden, dass die Forderung an die moderne Jagd des 21. Jahrhunderts gerade die Beute, das Beutemachen, und nicht die sinnlose Jagd als Selbstzweck sein wird. Es wird heute verstärkt effektives Töten in kurzen Intervallen verlangt; bäuerliche Jagd bester „prä-1934"-Art eben.

10 Standortbestimmung der Jagd in der modernen industriellen Gesellschaft – Funktionszuweisungen

Zu den Entwicklungen der Nachkriegsjahre bis heute

10.1 Die Schwierigkeiten in der Standortbestimmung der Jagd

Übereinstimmend mit dem Jagdhistoriker Kurt Lindner kann aus den gewonnenen Eindrücken und den gemachten Erfahrungen aus Diskussionen und Jagdbetrieb guten Gewissens konstatiert werden, dass es heute der Jäger häufig genug selbst ist, der den Hemmschuh für eine zeitgemäße Standortbestimmung der Jagd darstellt. Die geringe Neigung traditionsbewusster Jägerei, ihr Tun und ihre Einstellung kritisch zu hinterfragen und einer „sich ständig überschlagenden, rasenden Welt anzupassen", so Lindner, hat sich in den vergangenen rund 100 Jahren nicht wesentlich geändert[1773]. Stattdessen haben sich die Vertreter der orthodoxen Jagdeliten und auch die Jäger an der viel zitierten Basis selbst auf Inseln der Glückseligkeit gerettet, deren argumentative Festung auf Trieb und Passion beruht. Es kann und darf aus vielen verschiedenen und in der Ausprägung der aktuellen Gesellschaftsform liegenden Gründen bei einem Thema wie dem Töten wildlebender Tiere und der Frage, weshalb es Menschen gibt, die aus anderen als unmittelbar materiellen Gründen (Nahrungsbeschaffung, Fell, Werkzeuge, Schutz der Ackerfrucht, etc.) dieser Tätigkeit heute nachgehen, keine Reduktion auf das distinktive, emotionale oder romantische Feld geben, wie das in verschiedener Ausprägung mit dem Funktionsverlust der Jagd seit 1848/49 der Fall war und teilweise auch heute noch ist, obwohl eine rationale Funktionsmöglichkeit offen vorliegt. Jagd heute benötigt zweckgebundene Motive, Ziele, Ergebnisse. Menschliches Jagdverhalten über Leidenschaft, Passion oder andere, als emotionale Triebe bezeichnete Verhaltensmuster zu erklären, scheint eine nette Geste oder ein vermeintlicher Tribut an die Natur des Menschen zugunsten einer anthropologischen Spurensuche zu sein. Jene emotionale Trieborientierung darf jedoch einer rationalen Zweckorientierung nicht entgegenstehen[1774]. Und dennoch: nach wie vor rückt eine mehr orthodoxe

---

[1773] Vgl. dazu die Ausführungen von Kurt Lindner, Zum Selbstverständnis der Jäger, in: Wild und Hund, Ausgaben Nr. 15, 16, 17, 18/1985, S. 60, ebenso angeführt bei Hubertus Hiller, Jäger und Jagd. Zur Entwicklung des Jagdwesens in Deutschland zwischen 1848 und 1914, S. 251.

[1774] Exemplarisch dazu auch die Erzählung Günter R. Kühnle, Die Jagd des Josef Rotanev, in: Forum Lebendige Jagdkultur E.V. (Hrsg.), Mit grüner Feder. Jäger von heute erzählen, S. 202-206. So heißt es hier mit schwülstigem Ton: „Der raue Knall des Schusses durchbrach die friedliche Feier der Natur und zerriss die erhabene Stimmung, die das letzte Abendlicht der am westlichen Horizont sich verabschiedenden Sonne über die Landschaft legte. Getroffen stürzte das Wild zu Boden und wurde leblos, stofflich, gewandelt vom Leib zum seelenlosen Körper, eng verbunden nun mit der Erde, die eine zeitlang seine Existenz getragen und erhalten hatte (…)." Und weiter: „Werner erkannte die Jagd als die Vermittlungsebene der Bedingung der Möglichkeit menschlichen Glücks. Die meisten Jäger erleben dieses Glück nicht als evidente Erkenntnis, die ihnen ein auch intellektuelles Gefühl vermittelt, sondern als eine dunkle, aber gewissmachende Ahnung von einem faszinierenden Geheimnis der Natur des

Jagdbetrachtung die emotionale Seite in den Vordergrund, während eine heterodoxe, zumeist wissenschaftlich gebildete Klientel die Überzeugung trägt, eine gesellschaftlich sinnvolle und solidarische Tätigkeit auszuüben[1775]. In Anlehnung an Günter R. Kühnle könnte man auch versucht sein zu sagen, dass der traditionelle und private (nicht nur!) Jäger häufig genug nicht weiß[1776], warum er eigentlich jagt, während dem heterodoxen, aufgeschlossenen Jäger die Gründe seines Tuns sehr wohl bewusst sind. Es geht dem letztgenannten Jägertypus um rationale Wildbewirtschaftung, um die Vereinbarkeit von Waldbau und Jagd, von Naturschutz und Naturnutzung, schlichtweg um die Anpassung einer (im Thorstein Veblenschen Sinne) barbarischen Handlung an die „weltumgestaltende Wucht und Selbstverständlichkeit der Fortschrittsbewegung und Beschleunigung“[1777]. Wir leben heute in keinem Märchenwald mehr, die Natur ist nicht mehr der Hort von Geistern und Kobolden, wie das noch die traditionale Gesellschaft glaubte, sondern ihre Reste werden kontrolliert und beseelt von Menschen und Maschinen sowie deren Schadstoffausstößen, bedroht durch Müll und Industrieprodukte, die neben Klima und Wasserhaushalt auch die Restnatur mit ihren Gefahren und Risiken durchdringen, ihr Erscheinungsbild nachhaltig determinieren. Gerade die traditionale Jägerschaft und ihr stark emotives und romantisiertes Bild der Jagd haben die Probleme im Bereich des Waldes in den letzten 150 Jahren erheblich verstärkt. Die ökonomische und ökologische Schieflage dort führte bereits zu Beginn der 50er Jahre des letzten Jahrhunderts zu dem Ausruf „Wald über Jagd!“, niedergeschrieben im gleichnamigen Werk vom Ausschuss zur Rettung des Laubwaldes im Deutschen Heimatbund[1778]. Doch schon damals klangen die Worte von Wilhelm Münker bezüglich der Einsicht der überwiegend emotional gesteuerten privaten Jägerschaft resignierend. So schreibt er: „Auf Grund eigener schmerzlicher Erfahrungen erklären nicht wenige Fachleute, dass mit den meisten Jägern über diese Dinge vernünftig nicht zu reden sei. Wahrscheinlich haben viele dieser Jäger die Frage nur vom eigenen Ich oder vom örtlichen Gesichtswinkel betrachtet, ohne sich über die Auswirkung im Ganzen klar zu werden, also aus Nichtbesserwissen.“[1779]

Menschen. Das ist auch der Grund, weshalb so viele Jäger nicht konkret zu sagen vermögen, weshalb sie jagen.“ Vgl. ebd., S. 206.

1775 Vgl. dazu bei Ulrich Schraml, Die Normen der Jäger, S. 116, dazu auch die Tabelle 21, weiterhin bei Klaus Maylein, Jagd und Jäger in der modernen Gesellschaft, S. 84.

1776 Vgl. ein Zitat bei Günter R. Kühnle, Die Jagd als Mechanismus der biotischen und kulturellen Evolution des Menschen. De venatoris naturae sensibilis atque intelligibilis forma et principiis. Zur soziopsychologischen Rolle des Jagdschemas als Denk- und Handlungsschema, S. 244, rekurrierend auf Michael Landmann: „Und die, welche (...) glauben, dass die Menschen sehr wenig vernünftig sind, wenn sie den ganzen Tag damit zubringen, hinter einem Hasen herzujagen, den sie gekauft nicht würden haben wollen, kennen kaum unsere Natur. Dieser Hase würde uns nicht vor dem Anblick des Todes und des Elends bewahren, aber die Jagd bewahrt uns davor. (...) Sie wissen nicht, dass es nur die Jagd ist und nicht die Beute, die sie suchen. (...) Sie glauben aufrichtig, die Ruhe zu suchen, und suchen in Wirklichkeit nur die Unrast."

1777 Peter Gross, Die Multioptionsgesellschaft, S. 30.

1778 Vgl. das gleichnamige Werk, herausgegeben von Wilhelm Münker, vermutlich im Jahre 1953.

1779 Vgl. dazu bei Wilhelm Münker, Wald über Jagd!, S. 53.

Die zurückliegende Analyse der Jagdgeschichte hat gezeigt, dass mit Hilfe der Jagd in einer historischen Kontinuität jenseits ihrer materiellen Bedürfnisbefriedigungen zu liegen kommende rationale (Raum-) Zwecke und Ziele erfolgreich erreicht werden konnten. Einen ganz anderen Standpunkt dazu propagiert jedoch z. B. Günter R. Kühnle in seinen bisher veröffentlichten Arbeiten. Für ihn kann es lediglich als Option zweckrationale Gründe für die Jagdausübung geben[1780], während sich die Jagd nach meinem Dafürhalten in Anbetracht der aktuellen gesellschaftlichen Zwänge an eben jenen Zweckrationalitäten messen lassen muss. Die moderne Gesellschaft hat sich zu weit von Rahmenbedingungen entfernt, die einen mehr „spielerischen", zwangsläufig naiven oder unbedarften Umgang mit dem Thema Jagd zulassen würden. Die gegenwärtige Gesellschaft basiert auf vielfältigen Interdependenzen und produziert stetig gegenseitige Abhängigkeiten nicht nur im Sozialsystem oder in den internationalen Beziehungen. Das ist einer der Hauptgründe, weshalb auch der Zugriff auf die Jagd und ihre Funktionen stärker als jemals zuvor in den Mittelpunkt gesamtgesellschaftlichen Trachtens und Handelns rückt. Niemals stand die Jagd so sehr im Kreuzfeuer der Kritik, nie war sie so ernsthaft in Frage gestellt wie gegenwärtig, so die Worte von Bruno Hespeler in der Einleitung zu seinem Werk „Jagd 2000"[1781]. Traditionalismus und Phlegmatismus stehen einer rationalen Einbindung von Jagd und Jäger in die moderne Gesellschaft im Wege. Die Risikogesellschaft, so Ulrich Beck, ist eine „katastrophale Gesellschaft (...). In ihr droht der Ausnahmezustand zum Normalzustand zu werden."[1782] Eine Standortbestimmung der Jagd scheint deshalb für die moderne industrielle Gesellschaft weitaus schwieriger zu sein als dies für die Jagd in den vergangenen Jahrhunderten der Fall war. Selbst in den 1990iger Jahren war die Jagd auf Schalenwildarten keineswegs in der Lage als ausgleichendes Moment zwischen den Ansprüchen der Grundbesitzer, den Wünschen der Jäger und den Forderungen der Gesellschaft vor dem Hintergrund dringender waldbaulicher Probleme zu gelten. Gerade die Popularität der privatrechtlichen Regiejagden bei einigen süddeutschen Jagdgenossenschaften zeigt diesen Missstand als reales Moment der bundesdeutschen Jagdverhältnisse auf[1783]. Revieregoismen und die damit verbundene einseitige Bevorzugung weniger jagdlich interessanter Arten führten ebenfalls zu einer Prioritätenverschiebung, deren sichtbare Auswirkungen die Enquete-Kommission des Deutschen Bundestages zu der Stellungnahme veranlasste, dass in vielen Regionen der Bundesrepublik zu hohe Schalenwildbestände erhebliche Waldschäden

---

1780 Vgl. dazu bei Günter R. Kühnle, Die Jagd als Mechanismus der biotischen und kulturellen Evolution des Menschen. De venatoris naturae sensibilis atque intelligibilis forma et principiis. Zur soziopsychologischen Rolle des Jagdschemas als Denk- und Handlungsschema, S. 246.

1781 Bruno Hespeler, Jagd 2000. Zeitgemäße Jagdstrategien, S. 10.

1782 Ulrich Beck, Risikogesellschaft, S. 31.

1783 Vgl. dazu die Ausführungen von Reiner Gubitz, Eigenbewirtschaftung der Jagd im Gemeinschaftsjagdrevier in Bayern, an verschiedenen Stellen. Wenn nach Jahrzehnten der Jagdverpachtung die Waldbauern keinerlei Verjüngung mehr zu Gesicht bekommen, so ist der Schritt zur Eigenbewirtschaftung der sinnvollste überhaupt. Revieregoismen werden ausgehebelt, die Reduktionsanstrengungen auf dem Gebiet der Schalenwildbejagung tragen Früchte und mit den wirtschaftlichen Einsparungen treten die ökologischen Vorteile auf den Plan. Vgl. ebd., S. 35ff.

verursachen. Die Kommission dazu: „Das größte Problem stellt dabei der Verbiss von Jungpflanzen dar – vor allem bei Laubbäumen und Tannen –, der Naturverjüngung häufig verhindert. Darüber hinaus führt der selektive Verbiss einzelner Krautpflanzen und Sträucher zur Veränderung der Konkurrenzverhältnisse. Dadurch werden Arten verdrängt, während sich andere stark ausbreiten können (…)."[1784] Der Wahlspruch „Der Hirsch kommt vor dem Baum"[1785], wie er für Rominten in den 1930er und 1940er Jahre unter Reichsjägermeister Hermann Göring galt, behielt im Wesentlichen bis in die 1970er Jahre seine volle Gültigkeit, während jedoch sogar auch heute noch regionalspezifisch in den Köpfen der Jäger jene Vorrangigkeit des Wildes vor landeskulturellen Aspekten anzutreffen ist. Die relativ kurze, jedoch in ihrem Umfang und Einfluss äußerst effektive Erziehungsarbeit[1786] des Dritten Reiches trägt im jagdlichen Bereich, in den jagdlichen Einstellungen und dem jagdlichen Selbstverständnis, bis heute Früchte[1787]. Jene kollektiven Einstellungen (aber auch die individuellen Verhaltensmuster der Jäger vor Ort) können prinzipiell ein Hemmschuh für eine moderne Standortbestimmung der Jagd und ein wesentlicher Grund für die Kluft zwischen Privat- und Försterjäger sein, wie wir sie heute im sozialen Feld der Jagd nach wie vor finden[1788], sowie der Nährboden für die Aufrechterhaltung herrschender Meinungsverschiedenheiten zwischen Naturschutz und Jagd. Heute zeigt sich der nicht jagdlich determinierte Naturschutz schon beinahe als der bessere Interessenvertreter im jagdlichen Bereich, weil er dem Jäger die Legitimation für sein Tun auch weit bis über das 21. Jahrhundert hinaus nahezu aufdrängt, während der Deutsche Jagdschutz-Verband mit seiner Haltung eher jagdfeindliche Tendenzen nährt oder begründet. Jagdpolitik, die Gehör findet und eine breite Öffentlichkeit anspricht, ist zwischenzeitlich das Metier der Natur- und Tierschutzverbände, nicht der Jagdverbände. Nicht

---

1784 Zitiert bei Georg Meister, Waldbau und Jagd, in: Festschrift 10 Jahre Ökologischer Jagdverein Bayern, S. 61.

1785 Vgl. dazu die Ausführungen bei Andreas Gautschi, Der Reichsjägermeister, S. 90. Galt die genannte Devise damals überwiegend in den Staatswäldern, so wird dort seit den 70er Jahren der gegenteilige Wahlspruch „Wald vor Wild" ausgegeben, was in seiner Kernaussage die Kluft zwischen Privat- und Försterjäger schon beinhaltet.

1786 So zitiert Gerd von Lettow-Vorbeck Ulrich Scherping: „Deutsches Waidwerk in seines Wortes bester Bedeutung ist eine gewaltige erzieherische Kraft zum Guten und Edlen, zum Einfachen und Sauberen, zum Gott-nah-sein". Vergl. dazu Gerd von Lettow-Vorbeck, Zum Geleit, in: Deutscher Jagdschutz-Verband e.V. (Hrsg.), Ulrich Scherping und ein halbes Jahrhundert Deutscher Jagdgeschichte. Ein Zeit- und Lebensbild, S. 11.

1787 Das bedeutet jedoch ausdrücklich nicht, dass die Jagd nationalsozialistische Grundzüge habe, so wie das hin und wieder gerade von ausgewiesenen Jagdgegnern gerne behauptet wird. Vergl. dazu zum Beispiel unter der URL: http://www.brennglas.com/der_lust_toeter/brauchtum.html. Hier heißt es gar: „Ist es dann verwunderlich, wenn der heutige Zeitgenosse beim Anblick der waidmännischen Schießtürme an die Wachtürme in den Konzentrationslagern des Dritten Reiches erinnert wird? Unweigerlich erscheint auch das Bild aus dem Film »Schindlers Liste« vor dem inneren Auge: Der Hauptmann geht früh am Morgen auf den Balkon seiner Villa, erschießt als »Frühsport« einige KZ-Häftlinge und begibt sich anschließend zum Frühstück (…)." Derartig unterstellte Bezüge zur Jagd sind das Merkmal radikaler Jagdgegner, die sich schon seit geraumer Zeit aus dem Reigen ernstzunehmender Diskussionspartner verabschiedet haben.

1788 Vgl. dazu auch die Ergebnisse von Ulrich Schraml, Die Normen der Jäger, an verschiedenen Stellen.

zuletzt deshalb ist heute aus den genannten Gründen die Bestimmung des Standortes der Jagd mit einigen Differenzen behaftet, weil Jagd und Jäger quasi systemimmanent (Reviersystem, Försterjäger versus Privatjäger, Interessen der Grund- und Waldbesitzer, etc.) ein überzeugendes und einheitliches Selbstverständnis fehlt, welches zudem geschlossen nach außen transportiert werden könnte. Dieses fehlende einheitliche Selbstverständnis ist auch als ein Resultat unterschiedlicher Sozialisation zu werten. Der (private) Jäger steht nach wie vor einem gewichtigen Problem, welches Michael Suda folgendermaßen umschrieben hat: der Jäger fragt sich, ob er seiner „eigenen Wahrnehmung und Überzeugung oder wissenschaftlichen Ergebnissen bzw. Vegetationsgutachten glauben" soll. Und weiter: „Zur Lösung dieses inneren Konflikts wird, aufgrund der tiefen Überzeugung, die Richtigkeit der in der Sozialisation gewonnenen Einstellung angenommen und diesem Weltbild gefolgt."[1789] Kurt Lindner schreibt zur jagdlichen Standortbestimmung: „Zwar haben sich viele darum bemüht, aber es wurde nichts gesagt, was nicht auch bestritten wurde. Die Jagd will nicht als Sport verstanden werden, obgleich sie nicht deutlich machen kann, was sie von Formen des Sportes wie Fußball oder Tennis trennt. Die Jagd will auch nicht als Wirtschaftsform gesehen werden, obgleich ihre Produktivität für die Entwicklung des menschlichen Geschlechtes unbestritten ist. Man sagt, wo man platziert sein will, aber vermag nicht deutlich zu machen, wohin man gehört."[1790] Im Gegenzug zum jagdlichen Selbstverständnis, welches zu einem großen Teil von den jagdlichen Eliten der letzten 70 Jahre bis heute geprägt und gestützt wurde[1791], existieren zusätzliche Rollenzuweisungen, die in zunehmenden Maße von außen an Jagd und Jäger herangetragen werden

[1789] Michael Suda, Schalenwild und gesellschaftliche Interessen, in: ÖJV Bayern e.V. (Hrsg.), Waldökosystem und Schalenwild, S. 19.

[1790] Vgl. dazu bei Kurt Lindner, Zum Selbstverständnis der Jäger, in: Wild und Hund, Ausgabe Nr. 15-18/1985, zitiert nach Bruno Hespeler, Jäger wohin? S. 28.

[1791] Erinnert sei hier nur an die Beeinflussung und Kreierung von „neuen" Traditionsbeständen und damit von jagdlichen Einstellungen, wie sie durch Walter Frevert und Ulrich Scherping betrieben wurden. Bis heute haben diese neuen Traditionen ihren festen Sitz in jägerischem Denken und Handeln. Vgl. dazu bei Walter Frevert, Die Rominter Heide, in: Deutscher Jagdschutz-Verband e.V. (Hrsg.), Ulrich Scherping und ein halbes Jahrhundert Deutscher Jagdgeschichte, S. 75. Auch die jahrzehntelange Aufrechterhaltung der Trophäen- und später dann Hegeschauen haben die deutschen Jäger stark geprägt. Der zusätzliche Zusammenschluss von Revieren zu Hegegemeinschaften mit gemeinschaftlichen Regelungen und Absprachen zur Bejagung, zur Aufstellung gemeinsamer Abschusspläne, zu revierübergreifenden Hegemaßnahmen und deren gemeinsamer Beurteilung und Bewertung etc. ist als ein weiteres stützendes Moment der Versäulung jagdlicher Traditionen und Einstellungen zu sehen. Dadurch wird der Kreis der Jäger relativ abgeschlossen und zu einem eigenständigen und nur leidlich dynamischen Teilsystem innerhalb der Gesellschaft. In der Standortbestimmung des DJV 2003 nimmt die Hege einen bestimmenden Teil ein, daneben überkommene Jagdarten wie die Fallenjagd, die Beizjagd sowie die Lockjagd zur Erleichterung des Wahlabschusses und nicht zuletzt die Integration der jagdlichen Tradition in die moderne Gesellschaft (ohne jedoch flexibel sein zu können). Vgl. dazu im DJV Handbuch Jagd 2003, S. 12ff. Welchen Stellenwert das Brauchtum und die jagdromantische Komponente im jagdlichen Selbstverständnis einnimmt, kann man auch aus den Verleihungen des DJV-Kulturpreises ableiten. Dieser unregelmäßig verliehene Preis geht und ging überwiegend an Personen, die sich um das jagdliche Brauchtum oder die Jagdmalerei, die jagdliche Bildhauerkunst und das Jagdhornblasen verdient gemacht haben. Vgl. ebd., S. 213-215.

oder die durch höhere Gewalt und die Sichtbarmachung früherer, insbesondere waldbaulicher/forstlicher Fehler nahezu oktroyiert werden. Gerade unter letztgenanntem Punkt sind insbesondere die fünf Orkane im Februar 1990 gemeint, die mit einem Schlag 60 Millionen Kubikmeter Holz zerbersten ließen, was der zweifachen Menge an Holz entspricht, die gewöhnlich in einem Jahr im Wege ordnungsgemäßer Forstnutzung geerntet wird. Im Zuge dieser großen Sturmkatastrophen Anfang der 90iger Jahre („Vivian" und „Wiebke") bzw. des Orkans „Lothar" im Dezember 1999 wurde der Öffentlichkeit deutlich vor Augen geführt: „Der Wald braucht eine neue Verfassung!"[1792] Auch die zunehmenden Schädigungen der Forstkulturen durch den Buchdrucker[1793] haben dem Publikum die Zusammenhänge zwischen forstlichen Irrlehren und jagdlichen Missbräuchen aufgezeigt. Der hochgezüchtete und der Natur völlig entfremdete Kulturwald verkraftet schon kaum einen einzelnen Faktor, geschweige denn auf Dauer beide. Nicht nur forstliche Fehler und Irrlehren der letzten 200 Jahre haben den Sturm- und kalamitätsanfälligen Zustand der bundesdeutschen Wälder gefördert, sondern auch die großflächigen Schädigungen durch die „neuartigen Waldschäden", die durch die negativen Begleiterscheinungen einer industrialisierten Gesellschaft hervorgerufen werden, haben einen Großteil dazu beigetragen. Zusätzlich führten die teilweise sehr hohen Schalenwilddichten (wiederkäuendes Schalenwild wie Reh und Hirsch) zu einem massiven „Waldsterben von unten"[1794], indem es ohne Zäunung von Pflanzkulturen zu keiner Verjüngung mehr kommen konnte. Die Forderungen der meisten Forstleute an die Rolle der Jagd sind seit jener Zeit deshalb darauf ausgerichtet, dass die jagdlich überhegten und für den naturnahen Waldbau ein erhebliches Risiko darstellenden Schalenwildbestände, insbesondere an Reh- und Rotwild, wirkungsvoll und mit einiger Dauer vermindert werden müssen. Erst wenn die großflächige Umgestaltung der bundesdeutschen Wälder von Erfolg gekrönt ist, wird ohne weiteres ein Szenario mit wiederum höheren Schalenwilddichten denkbar und vor allem ökonomisch und ökologisch relativ unbedenklich sein[1795]. Bis dahin zumindest gilt, entgegen dem oben zitierten Sprichwort, der Vorrang eindeu-

[1792] Vgl. dazu die Ausführungen von Georg Sperber, Für stürmische Zeiten: Der Wald braucht eine neue Verfassung! in: Wilhelm Bode (Hrsg.), Naturnahe Waldwirtschaft, S. 99. Allein die Aufarbeitung des Schadens, den der Orkan „Lothar" Ende 1999 hinterließ (30 Millionen Kubikmeter Sturmholz und 40.000 Hektar Kahlflächen) verschlang 134 Millionen Euro Fördermittel. Das in Nasslagern aufbewahrte Holz ist aktuell, im Februar 2004, zu 90% verkauft. Vgl. dazu eine Presseerklärung mit dem Titel „Lothar" aufgearbeitet, in: Wild und Hund, Ausgabe Nr. 04/2004, S. 103.

[1793] Der Buchdrucker oder Ibs typographus (Volksmund: Borkenkäfer) richtet den größten Schaden in Reinkulturen von etwa über 80 Jahre alten Fichten an. Dort, wo er tätig wird, entstehen so genannte „Käferlöcher" im Wald und jene bieten die Chance, die karge Fichtenmonokultur durch Anflug von Naturverjüngung aufzuwerten und umzustrukturieren. Nur geschossen werden muss hier noch, um der für das wiederkäuende Schalenwild leckeren Verjüngung auch eine Chance zu bieten. Vgl. dazu auch bei Bruno Hespeler, Prügelknabe Wald, S. 201ff.

[1794] Der Begriff „Waldsterben von unten" ist nach wie vor aktuell. Vgl. dazu die Aussagen von Georg Meister in einem Interview mit dem Titel: „Jeden Tag Krieg im Forst", in: Der SPIEGEL, Ausgabe Nr. 21/2004, S. 160.

[1795] Das heißt aber nicht, dass die jagdlichen Aktivitäten dann eingeschränkt werden können. Sehr schnell könnte ansonsten der Waldumbau zum Schutz von Mensch und Natur wieder ins Stocken geraten. Vergl. dazu ebd., S. 160-161.

tig dem Baum und nicht dem Wild (Reh, Hirsch), was jedoch nicht so verstanden und interpretiert werden darf, dass überhaupt kein Wild (Schalenwild) im Wirtschaftswald (naturnah und nach den Prinzipien des Dauerwaldgedankens bewirtschaftet, wie ihn Alfred Möller bereits in den 1920iger Jahren publizierte)[1796] geduldet würde. So wurde schon 1981 vom bayerischen Landtag die optimale Wilddichte definiert, die immer dann gegeben sei, wenn „einerseits die Hauptbaumarten und die wichtigsten Begleitbaumarten ohne Zaunschutz aufwachsen können und andererseits die Wildarten sowie die Ausübung der Jagd erhalten bleiben"[1797]. Einen Wald ohne Wild wird ernsthaft kein Förster, kein Privatwaldbesitzer und keine Kommune oder der Staatsforst auf seinen Flächen fordern[1798]. Es geht einzig und allein um das Primat zeitbegrenzter möglicher Handlungsalternativen und der Zielbestimmungen daraus. Die großflächige und einige Jahre dauernde Reduktion von wiederkäuenden Schalenwildarten gibt dem Waldbauern oder dem Förster die Möglichkeit in die Hand, Waldstrukturen von Monokulturen auf naturnahe, gemischte und standorttypische Baumartenverteilungen umzustrukturieren. Das muss das Ziel der Jagd, zumindest den Wald betreffend, sein. Jagd in der Risikogesellschaft modernen industrialisierten Zuschnitts ist damit eine Handlung, die naturnahen Waldbau sowohl verhindern als auch erst ermöglichen kann. Es kommt allein auf die Dosis der Jagd an, die darüber entscheidet, ob sie heilsam oder zerstörerisch für die Biotope ist. Damit reiht sich die Jagd nahtlos in die Grenzwertdiskussionen ein, die die Frage behandeln, ab welchen Konzentrationen bestimmte Stoffe bedenklich für Mensch und Umwelt werden und bis zu welcher Menge sie noch als unbedenklich eingestuft werden können[1799]. Die Jagd kann durchaus, allerdings nur unter Beachtung der exakten Dosis und der Raumziele, förderliche Wirkungen für Mensch und Tier entfalten. Die Dosis wird in einem Bergwald-Sanierungsgebiet eine andere sein müssen, als in einer von Landwirtschaft geprägten Agrarsteppe und dort wieder eine andere als im durchschnittlichen Forstbetrieb mit dem Ziel der Umstrukturierung der Baumartenzusammen-

---

[1796] Zum Dauerwaldgedanken Alfred Möllers siehe Wilhelm Bode und Martin von Hohnhorst, Waldwende. Vom Försterwald zum Naturwald, S. 89ff.

[1797] Hans-Ulrich Sinner, Auswirkungen unterschiedlicher Hegemaßnahmen auf die Wildpopulation und die Vegetation – Ergebnisse aus dem Wildforschungsprojekt „optimale Schalenwilddichte", in: Stationen von der Fütterung zum Verbiss?, herausgegeben vom Ökologischen Jagdverein Bayern e.V., S. 45ff.

[1798] So ist es seit den großen Sturmschäden der 90er Jahre in den Forstämtern Usus geworden die Rehwildbestände zu reduzieren, zumindest den Zuwachs voll abzuschöpfen, ohne, wie bis dahin üblich, lediglich im Rahmen der kompensatorischen Sterblichkeit zu jagen. Drückjagden, die seit den vergangenen 15 Jahren führten einen wahren Siegeszug quer durch die Republik, sind hierzu das geeignetste Mittel. Vorreiter dazu waren die Forstämter. Von einer Ausrottung der Schalenwildbestände im Rahmen des „Zahl vor Wahl"-Abschusses kann jedoch nicht einmal ansatzweise eine Rede sein. Vgl. dazu auch bei Bruno Hespeler, Jagd 2000, S. 86ff.

[1799] Vgl. dazu bei Ulrich Beck, Risikogesellschaft, S. 85ff. Grenzwerte sind nach Ulrich Beck ein Paradoxon. Zum einen definieren sie Giftstoffe als Giftstoffe, weisen auf ihre Schädlichkeit explizit hin, zum anderen lassen sie bestimmte Verschmutzungen zu, legitimieren sie. Grenzwertbestimmung oder Höchstmengenverordnung, so Ulrich Beck, sei ein anderes Wort für Ahnungslosigkeit. Vergl. ebenda S. 85.

setzung[1800]. Die moderne Standortbestimmung für die Jagd - zumindest aus den Reihen der Forstleute und des administrativen Systems der Bundesrepublik - richtet sich denn auch an den Faktoren Ökologie und Ökonomie gleichermaßen aus. Der modernen Wildbewirtschaftung (das ist: Jagd) obliegt zunächst die Aufgabe, durch Verminderung der Wildbestände den naturnahen Waldbau zu unterstützen, ihm eine vernünftige Basis zu schaffen, um dann einige Jahre später Biotope geschaffen zu haben, die wieder mehr Schalenwild waldverträglich aufnehmen können und damit auch mehr Verbiss aushalten als ihre baum- und strauchartenentmischten Vorgänger. Jagd ist damit nach wie vor eine Raum(be)handlung, eine Form des Raummanagements, nur mit dem Unterschied, dass sie nun für die „Verwirklichung ökonomischer Ökologie und somit für Umweltschutz"[1801] steht. Eine - wie ich finde notwendige - Umwandlung der Ausführungen von Monika E. Reiterer würde dann zu dem Schluss führen, dass die Jagd als eine Form des Umweltschutzes erst über ein sinnvolles Zeit-Raum-Schutzmanagement (durch Schonzeiten und Jagdzeiten werden Zeit-Räume unter Schutz gestellt) Lebens-Räume (das sind die sensiblen Restnaturräume, aber auch die in naturnahe Strukturen zu überführenden Kulturräume) zu schützen in der Lage ist[1802]. Dazu gehört auch, dass die Jagdpraktiken an diese Beziehungen innerhalb der Raum(be)handlung angepasst werden. Sollte das in naher Zukunft verwirklicht werden können, so ist die Standortbestimmung der Jagd in der modernen Gesellschaft für eine weitere jagdliche Zukunft und eine sinnvolle und legitimen Einbettung der Jagd als Teilsystem innerhalb der Gesellschaft vollzogen. Die Jagd wäre dann „ein Beispiel für die Verwirklichung einer ökonomischen Ökologie (und damit eben ökoökonomische Funktionalisierung von Jagd, Anm. d. V.) von Raum und Zeit"[1803]. In diesem Sinne hätte die Jagd eine äußerst starke Legitimation innerhalb der Gesamtgesellschaft und damit den denkbar stärksten gesamtgesellschaftlichen Stand seit vielen Jahrhunderten überhaupt.

[1800] Die Diskussion um die jagdliche „Dosis" unter Bezug auf die Raumziele wird auch durch eine Gamsjagd im Forstamt Schliersee vom November 2004 genährt. Dort wurden in kurzer Zeit von 27 Schützen 63 Stück Gamswild erlegt. Während die Jagdfachzeitschriften ob des „Gemetzels" (Josef-Markus Bloch, Gemetzel oder korrekte Jagd?, Die Pirsch, Ausgabe Nr. 24/2004, S. 20f) sich mit jener Dosis auch im Bergwald-Sanierungsgebiet offensichtlich nicht einverstanden erklären, hat das Bayerische Staatsministerium für Landwirtschaft und Forsten in einer Pressemitteilung (Nr. 372) vom 25. November 2004 klargestellt, dass die dort gesichteten rund 140 Gämsen die Notwendigkeit bestätigen, den Verbissdruck entsprechend dem Grundsatz „Wald vor Wild" deutlich zu senken. Der Schutz des Bergwald-Sanierungsgebietes hat für die Forstverwaltung oberste Priorität und rechtfertige die angewandte Dosis. Vgl. dazu Pressemitteilung des Bayerischen Staatsministeriums für Landwirtschaft und Forsten, Nr. 372 vom 25. November 2004, „Wildgemetzel" war korrekte Bewegungsjagd, Ministerium zur dpa-Meldung bay0033 vom 25. November.

[1801] Vgl. dazu die Ausführungen bei Monika E. Reiterer, Ärgernis Jagd?, S. 26.

[1802] Vgl. ebd., S. 26. Bei ihr heißt es wörtlich: „Umweltschutz bedeutet grundsätzlich Schutz von Lebens-Raum. Ein Lebens-Raum jedoch kann nur geschützt werden, wenn Zeit-Räume unter Schutz stehen. Durch die Jagdgesetze, im Besonderen durch die Festsetzung von Schonzeiten, werden vom Weidmann Zeit-Räume geschützt, die der Existenzsicherung von Wildtieren und der Erhaltung ihrer Lebens-Räume dienen."

[1803] Vgl. dazu Monika E. Reiterer, Ärgernis Jagd?, S. 26.

Ein Gradmesser für die Standortbestimmung der Jagd ist neben ihrer veränderten Funktion auch in der Jagdtechnik, der Jagdpraxis, dem Wesen der Jagd und damit letztendlich in all den jahrzehntelang erfolgten Affektbändigungen und deren Sozialisationswirkungen sowie den Versuchen einer erneuten Freisetzung jener Affekte[1804] zu sehen. Darunter soll verstanden werden, dass die Jagd regional und saisonal von affektgedrosselter, ganzjähriger Einzeljagd, der lautlosen Selektion eines zu tötenden Tieres allmählich abrückt und stattdessen zur lärmenden, großflächigen, mit Hunden und Treibern betriebenen und nur auf wenige Tage im Jahr beschränkten Treib- oder Drückjagd mit großen Strecken tendiert. Um die Effektivität zu steigern, benötigt man dort, wo wildbiologisch und populationsdynamisch unbedenklich, die Freisetzung ehemals gebändigter Affekte. Diese Leistung, so scheint es, vollbringt die Jagd des 21. Jahrhunderts und diese Entwicklung, die ihren Ausdruck in der zunehmenden Tendenz und Befürwortung von Drück- oder Bewegungsjagden sowie in einer Zurückdrängung der Selektionsjagd nach hegerischen Gesichtspunkten, etc. findet, steht erst am Anfang. Dietrich Stahl zeigt in diesem Zusammenhang z. B. die Auswirkungen gesellschaftlicher Veränderungen auf die Jagd anhand der historischen Jagd- und Schonzeitenregelungen des Schalenwildes auf. Nahm die Bedeutung des Wildbrets ab, stieg die Wertschätzung der Trophäe gleichzeitig an und es wurden die Jagd- und Schonzeiten immer stärker an den Geweihzyklus des männlichen Schalenwildes angepasst[1805]. Letztlich sind die Jagdzeiten auf die Spanne im Jahr konzentriert, in der die „Geweihe eine vollwertige Trophäe darstellen“[1806]. Verfolgt man diesen Gedankengang weiter, so stellt man für die letzten dreißig Jahre folgende Tendenz fest: Nehmen die gesamtökologischen oder besser die ökoökonomischen Faktoren in ihrer Bedeutung zu, so ändern sich abermals die Jagdpraktiken und der Ruf nach erneuten Anpassungen der Jagd- und Schonzeiten wird laut. Dabei hat sich die Wertigkeit des Wildbrets im selben Zeitraum nicht erhöht, im Gegenteil: die regional und saisonal feststell-

[1804] Vgl. dazu die Ausführungen in Kapitel 11 der vorliegenden Arbeit.

[1805] Vgl. dazu bei Dietrich Stahl, Zur Entwicklung der Schonzeitbestimmungen in der jagdlichen Gesetzgebung des deutschen Rechtskreises, S. 250f, weiterhin ebenfalls dazu bei Ulrich Schraml, Die Normen der Jäger, S. 242, und bei Dietrich Stahl, Wild – Lebendige Umwelt, S. 275f.

[1806] Dietrich Stahl, Zur Entwicklung der Schonzeitbestimmungen in der jagdlichen Gesetzgebung des deutschen Rechtskreises, S. 250. Gerade seit Dezember 2003 wird in der jagdlichen Fachpresse (Wild und Hund, Deutsche Jagdzeitung, Unsere Jagd, Ökojagd, Die Pirsch etc.) heftigst über die Rehbockjagdzeit diskutiert, da es in Sachsen erstmals nun auch ohne Selbstanzeige und Ordnungsgeld ermöglicht wurde, die Böcke auf der Bewegungsjagd und in den Staatsforsten bis zum 31. Januar 2004 zu strecken. In den anderen Bundesländern endet die Jagdzeit der Rehböcke zum 15. Oktober eines Jagdjahres. Die Schonzeit für Rehböcke wurde per Einzelanordnung auf Grundlage des § 34 SächsLJagdG zur Vermeidung von übermäßigem Wildschaden für das Jagdjahr 2003/2004 teilweise (16.10.-31.1.) lediglich bei Gesellschaftsjagden in den Verwaltungsjagdbezirken des Freistaates aufgehoben. Und dennoch reichte diese regionale und auch nur für die Staatsjagden geltende Regelung aus, einen Aufschrei in Teilen der Jagdpresse und damit im wertkonservativen Lager zu verursachen. Dabei gibt es keinerlei wildbiologische Begründung, weshalb die Rehböcke einer anderen Jagd- und Schonzeit unterworfen werden müssen als zum Beispiel die weiblichen Stücke und die Kitze (zumindest die Jagdzeit zum Ende des Jahres betreffend). Die Begründung liegt allein in der Trophäe verborgen, da diese von den Rehböcken in den Herbst- und Wintermonaten abgeworfen und neu geschoben wird, bis sie sich im April/Mai des folgenden Jahres wieder voll entwickelt hat.

baren und seit Tschernobyl gestiegenen Cäsium-137-Werte des wiederkäuenden Schalenwildes, aber auch des Schwarzwildes, haben regional eher zu einer Verminderung der Qualität als zu einer Steigerung geführt[1807]. Auch das jährliche Mittel des Pro-Kopf-Verzehrs von Wildbret ist nur marginal und lässt keinen anderen Schluss zu als den, dass die Bejagungsintensität und die Legitimation der Jagd in der modernen industrialisierten Gesellschaft andere oder zumindest zusätzliche und sehr gewichtige Wurzeln haben müssen als den Zweck der Nahrungsmittelgewinnung[1808]. Die Jagd in der Gegenwart der Bundesrepublik ist eindeutig mit dem Schwerpunkt Schutzjagd (Ertragsschutz von land- und forstwirtschaftlichen Gütern, aber auch zum Schutz vor Wildseuchen oder dem Schutz des Modells naturnaher Waldbau) zu umschreiben. Jagd ist also tatsächlich in der Lage den Platz eines funktional ausdifferenzierten Teilsystems innerhalb der modernen Gesellschaft einzunehmen. Nicht nur die Umstrukturierung der bundesdeutschen Wälder ist durch die jagdliche Unterstützung zu erreichen. Häufig genug gibt es Tierarten, die aufgrund begangener Fehler oder einfach als Kulturfolger überproportional profitieren. Hierzu zählen mit einiger Sicherheit das Reh- und das Schwarzwild[1809]. Hier ist es schlichtweg die dringende Aufgabe der Jagd, reduzie-

---

1807 Vgl. dazu die Zahlen zu oberschwäbischem Rehwild aus den Jahren 1998-1999 bei Matthias Riemer, Wildbiologische Wahrheiten, S. 170ff. Das soll jedoch nicht darüber hinwegtäuschen, dass es sich bei Fleisch von wildlebendem heimischem Schalenwild um ein qualitativ hochwertiges Nahrungsmittel handelt. Die Kontamination der Böden betrifft schlussendlich auch die landwirtschaftliche Nahrungsmittelproduktion und damit den gesamten Bereich des Nahrungsmittelspektrums. Noch im Jahre 1987, ein Jahr nach Tschernobyl, wurden in Oberschwaben die geschossenen Rehe unschädlich vernichtet und seit dem regelmäßig kontrolliert. Im Jahr 2000 wurde im Forstamt Zwiesel im Bayerischen Wald ein Keiler erlegt, der es auf stolze 65.000 Becquerel von Cäsium 137 brachte; der Grenzwert liegt bei 600 Becquerel. Vgl. dazu Meldung mit dem Titel „Atom-Keiler aus dem Bayerischen Wald", in: Der Jäger, Ausgabe Nr. 02/2000, S. 12.

1808 Legt man für das Jagdjahr 2001/2002 rund 38 Millionen Kilogramm heimisches Wildbret zugrunde (tatsächlich 37.932.000 Kilogramm laut DJV Handbuch Jagd 2003, S. 258), dann beträgt der Pro-Kopf-Verzehr bei 80 Millionen Einwohner knapp ein halbes Kilogramm pro Jahr. Damit ist die Bedeutung des Wildbrets für die Bevölkerung absolut marginal. Natürlich würde sich diese Zahl noch etwas erhöhen, zöge man alle Kleinkinder, Schwerstkranken, Vegetarier und Veganer oder auch die Personen, denen Wild einfach nicht schmackhaft genug ist, ab. Es ändert aber an der Marginalität des Wildbrets am Nahrungsmittelaufkommen nichts.

1809 Für die Explosion der Schwarzwildbestände der letzten 20 Jahre ist eine Vielzahl von Faktoren zu beachten. Insbesondere zählt dazu auch die Landwirtschaft mit ihrer Strategie der stetigen Expansion der Maisanbaugebiete auch in höhere Lagen, daneben häufig genug eine falsche Bejagung, die zu einer Auflösung der Sippenverbände und zu unzeitigem Frischen sämtlicher Bachen und gar von Frischlingsbachen führt. Auch die Kirrmethoden der Jäger werden die Reproduktionsstrategie des Schwarzwildes positiv beeinflusst haben. Die Folge ist eine deutliche Zunahme der Schwarzwildpopulation. Zur Brunftsynchronität innerhalb der Rotte und der primären Rolle der Leitbache dabei vgl. bei Rolf Hennig, Schwarzwild, S. 44f. Weiterhin stehen die häufigen starken Masten der Buchen, Kastanien und Eichen im Verdacht die Schwarzwildpopulationen zu stützen. Diese guten Mastjahre werden nach neuesten Erkenntnissen dabei durch die klimatischen Veränderungen, das heißt die Klimaerwärmung, die durch die Zunahme von Treibhausgasen in der Atmosphäre ausgelöst wird, seit den 80er Jahren hervorgerufen. Vergl. dazu auch bei Bruno Hespeler, Jagd 2000, S. 155-157, und ebenfalls bei Bruno Hespeler, Schwarzwild heute, S. 15ff. Auch die „Schwarzwildhegeringe" (obwohl die Schwarzwildhege durch den Gesetzgeber verboten ist) haben mit ihrer Strategie der

rend einzugreifen um größeren ökonomischen, aber auch ökologischen Schaden zu vermeiden[1810]. Dabei werden im Rahmen einer funktionalen Gesamtbetrachtung nicht die emotionalen oder distinktiven Potenziale der Jagd ausgeschöpft werden müssen, sondern ganz im Gegenteil die zweckrationalen und funktionalen Potenziale im Hinblick auf die ökoökonomischen Ziele der Jagd. Jene werden es sein, mit deren Hilfe eine solidarische Dienstleistung für die Gesamtgesellschaft und die künftigen Generationen jagdlich zu erbringen sein wird[1811]. Auch dies wird man an den Jagdpraktiken ablesen können, wie man das schon in den Jahrhunderten davor ebenfalls tun konnte. So sind es nicht zuletzt die Jagdpraktiken, deren Betrachtung einen Rückschluss auf die Funktion und den Standort der Jagd innerhalb einer historischen Epoche ermöglichen[1812].

10.2 Von den 1970er Jahren bis heute

10.2.1 Allgemeine Entwicklungen

Was die jagdliche Entwicklung seit den 1970er Jahren von den früheren Entwicklungen unterscheidet, ist im Wesentlichen der Ersatz des überwiegend sozialen durch den nun kulturellen Bruch, der in dieser Art und in diesem Umfang vollkommen neu, nicht nur innerhalb der Jagdhistorie, ist. Die Konflikte um die Jagd

---

Bachenschonung (Beibachen!) einer wirksamen und effektiven Reduktion der Schwarzwildbestände einen Riegel vorgeschoben.

1810 Die Schwarzwildstrecken haben sich in den Jahren von 1980 bis 2002 bundesweit von etwas über 100.000 Stück 1980 auf 531.887 Stück im Jagdjahr 2001/2002 erhöht. In Baden-Württemberg ist der Anstieg sogar noch wesentlich höher. Wurden hier 1980 noch um die 4.000 Schwarzkittel erlegt, waren es im Jagdjahr 2001/2002 ganze 36.940 Stück Schwarzwild. Das entspricht einem Anstieg um 900%. Vgl. dazu die Zahlen des Jagdberichts Baden-Württemberg für das Jagdjahr 2001/2002, Berichte der Wildforschungsstelle Nr. 9, Aulendorf 2003, Wildforschungsstelle des Landes Baden-Württemberg bei der Staatlichen Lehr- und Versuchsanstalt Aulendorf (Hrsg.), S. 22f.

1811 Vgl. dazu auch bei Klaus Maylein, Jagd und Jäger in der modernen Gesellschaft, S. V-VI. Das sind die modernen Aufgaben der Jagd in einer fortgeschrittenen industriellen Gesellschaft wie der Bundesrepublik. Gleichzeitig bezieht die Jagd hieraus ihre Legitimation, die sie auch weit bis in das 21. Jahrhundert hinein begleiten wird.

1812 Stichwort Bachenabschuss. Dieser war und ist teilweise in den Schwarzwildhegeringen nach wie vor ein rotes Tuch. Viele Bachen bringen mehr Keiler hervor als wenige und auf starke und reife Keilerwaffen (Trophäen) hat man es schlussendlich in den Hegeringen abgesehen. Vergl. dazu bei Bruno Hespeler, Jagd 2000, S. 158ff. Heute wird vermehrt und vehement dem Eingriff in die reproduzierende Klasse, den Bachen, das Wort geredet. Es sind schlichtweg alle Sauen bis auf die Leitbachen freizugeben und nach Möglichkeit zu schießen. Hans-Joachim Duderstaedt hat eine einfache Rechnung erstellt: Um die aktuelle (2001/2002) Sauenstrecke von 500.000 Stück bundesweit pro Jahr zu erlegen, bedarf es 120.000 reproduzierender Stücke bei einem Durchschnitt von 4,5 Frischlingen pro Bache. Duderstaedt wörtlich: „Mit etwas Erfahrung im Umgang mit Sauen wird für mich klar, wo wir stehen. Ich bezweifle, dass wir mit 500.000 Sauen auch nur ein Drittel des Gesamtbestandes erlegen, und wage die Behauptung, dass wir mit unserer Strecke noch nicht einmal die jährliche Reproduktion abschöpfen. Ich gehe davon aus, dass wir am Ende der Jagdzeit (...) ohne Zuwachs einen Grundbestand von einer Million Sauen in Deutschland haben. Im reproduzierten Sommerbestand bedeutet das 2,5 Millionen". Vgl. dazu einen Artikel von Hans-Joachim Duderstaedt, Gründlandschäden – Vermeiden und beseitigen, in: Deutsche Jagdzeitung, Ausgabe Nr. 03/2004, S. 18-19.

sind seitdem nicht mehr sozial durch Schichten oder Klassen geprägt, sei es im Hinblick auf herrschaftspolitische Raum(be)handlungen gegenüber den gegenkulturellen Bestrebungen der bäuerlichen Untertanen oder auf den jagenden Großindustriellen, der seine rein jagdlichen Egoismen gegen die wirtschaftlichen Ziele der kleinbäuerlichen Grund- und Waldbesitzer[1813] durchzusetzen versuchte. Die Konflikte sind vielmehr kultureller Natur, das heißt sie beruhen auf den heute sichtbaren und erst seit rund dreißig Jahren auch zunehmend mit wissenschaftlicher Unterstützung ins öffentliche Bewusstsein getragenen Problemen, die der Raubbau der Zivilisation an der Natur durch die Jahrzehnte hindurch verursacht hatte. Die umfassende Modernisierung und Technisierung in der Landwirtschaft, allmähliches Umdenken in der Forstwirtschaft, weg von Monokulturen, der steigende Erholungsdruck auf den Wald, hervorgerufen durch die Verkürzung der Arbeitszeiten und die damit einhergehende Freisetzung von Zeit für außerberufliche Aktivitäten, die Zersiedelung der Landschaft und der vermehrte Ausstoß von CO^2, etc. blieben nicht ohne Wirkung auf Jagd und Jäger. Allerdings trat mit den 70er Jahren nun eine Entwicklung ein, mit der die Jägerschaft so nicht gerechnet hatte. Die Jagd selbst geriet nun erstmals neben den großen Verursachern von Immissionen und Emissionen (Industrie, Haushalte und Verkehr) in den Blickpunkt der Suche nach weiteren Verursachern von Umweltproblemen. Die Erkenntnisse, die vor knapp 30 Jahren der „Club of Rome" in seinem Zukunftsszenario „Grenzen des Wachstums" gewann, schlugen nun plötzlich auch auf die Jagd durch. Menschliches Handeln, so die Bekenntnisse des „Club of Rome", muss die begrenzte Verfügbarkeit von natürlichen Ressourcen berücksichtigen. „Ziel ist, den ökonomischen, ökologischen und sozialen Bedürfnissen unserer Gesellschaft gerecht zu werden, ohne die Entwicklungschancen nachfolgender Generationen zu beeinträchtigen."[1814] Dass die traditionale Jagdpraxis sehr wohl in der Lage war, Ressourcen zu gefährden, ja zu vernichten und damit den ökonomischen, ökologischen und sozialen Bedürfnissen unserer Gesellschaft nicht gerecht werden konnte, zeigte der an Heiligabend 1971 ausgestrahlte Film „Bemerkungen über den Rothirsch" von Horst Stern. Sein Beitrag konnte nun erstmals einer breiten Öffentlichkeit belegen, dass diese Form der Jagd einem dringend gebotenen Waldumbau, weg von Monokulturen und hin zu sich selbst verjüngenden Mischwaldstrukturen, aus verschiedenen Gründen im Wege stand. Nicht umsonst bezeichnet Ulrich Schraml den Sendetermin als entscheidendes Datum für die forst- und jagdpolitische Diskussion in der Bundesrepublik[1815]. Die öffentliche Reputation des Jägers als Anwalt des Wildes geriet seit den 1970er Jahren deutlich unter Druck. Ernst Schniepp ist keineswegs zuzustim-

[1813] Natürlich gibt es diese Konflikte auch heute noch, sie bestimmen jedoch die jagdlichen Diskussionen und Funktionen nicht mehr in dem Maße, wie sie es noch um die Jahrhundertwende (19. zum 20. Jahrhundert) oder auch zuweilen bis in die 70er und 80er Jahre getan haben. Sie sind zwischenzeitlich zwar ein Bestandteil der Jagd geworden, ein gesamtgesellschaftlich relevantes Problem sind sie jedoch nicht mehr zwangsläufig.

[1814] Zitiert nach einer Broschüre des BASF-Konzerns, Umwelt, Sicherheit, Gesundheit 1999, BASF Aktiengesellschaft, Zentralabteilung Öffentlichkeitsarbeit und Marktkommunikation, Ludwigshafen, April 2000.

[1815] Ulrich Schraml, Die Normen der Jäger, S. 42. Schraml weiter dazu: „Selbst der Landwirtschaftsausschuss des deutschen Bundestages befasste sich in Folge des Films mit der Rotwildhege in deutschen Wäldern."

men, dass die Jägerschaft bereits in den 70er Jahren die Zeichen der Zeit erkannt hätte. Die Behauptung, dass wildbiologische Erkenntnisse, so Schniepp, gerade im Bereich der kompensatorischen Sterblichkeit in Denken und Handeln der Jägerschaft eingeflossen sei, ist schlichtweg falsch. Selbst von einer „Akzeptanz" der Ansicht, dass Rehe nicht zählbar seien, kann bis heute keine Rede sein. Die Jägerschaft verfiel in eine starre antiquierte Haltung, blieb in Praxis und Geist unflexibel, von einer Lernbereitschaft, wie sie Ernst Schniepp sah[1816], ist im Übrigen bis heute kaum eine Spur zu sehen. Auch das Ende der Diplomatenjagden in der Bundesrepublik 1976 mag in einer Korrelation zu den genannten Entwicklungen der 1970er Jahre stehen. Mit ihrem Ende verschwand - zumindest offenkundig für die Öffentlichkeit - auch das letzte Residuum einer als politisch-repräsentativ zu bezeichnenden Jagd. Dadurch, dass die Diplomatenjagden nicht nur für die Repräsentation vor und mit ausländischen Gästen gedacht waren, sondern auch regelmäßig durch anwesende und teilnehmende Journalisten in die interessierte Öffentlichkeit getragen wurden, ist durchaus von einer gewissen Repräsentationsleistung zu sprechen. Von jagenden Politikern - insbesondere von Spitzenpolitikern - hört man in der heutigen Zeit kaum etwas[1817], während noch die Bundespräsidenten Heuss, Lübke, Heinemann und Scheel sowie die Außenminister von Brentano, Schröder, Brandt und wiederum Scheel in Begleitung von zumeist SPIEGEL-Korrespondenten und Vertretern der Frankfurter Allgemeinen Zeitung zwischen den 50er Jahren und 1975 regelmäßig zur Diplomatenjagd luden und geladen wurden[1818]. Dass jene jagdlichen Ambitionen auch in der Öffentlichkeit dargestellt wurden und werden sollten, ist durch die Anwesenheit der „Zeitungsschreiber", wie sich Walter Henkels über seine Zunft auslässt, wohl hinreichend zu begründen. Die Presse war das Medium zur Öffentlichkeit in einer Zeit, in der es noch zum guten Ton gehörte, dem Waidwerk nachzugehen. Insgesamt, so lässt sich der Eindruck des vormaligen DJV-Präsidenten Rainer Frank bestätigen, waren die ruhigen Zeiten für Jagd und Jäger in der Tat mit den heraufziehenden 1970er Jahren zu Ende[1819]. Damit wieder-

---

1816 Ernst Schniepp, Jagd und Jäger an der Jahrtausendwende 1976 - 2000, hrsg. vom Landesjagdverband Baden-Württemberg e.V., S. 107f.

1817 Einzig Martin Hohmann, im Herbst 2003 wegen antisemitischer Äußerungen von der CDU-Bundestagsfraktion ausgeschlossen, trat jagdlich in den Printmedien in „Erscheinung". Er schoss am 27. September 2003 im Revier Hauswurz bei Fulda den stärksten Hirsch der Region seit den letzten fünfzig Jahren. Vgl. dazu eine Mitteilung von Ulrich Schmid, Der Hohmann-Hirsch, Wild und Hund, Nr. 24/2003, S. 89.

1818 Vgl. dazu die Ausführungen bei Walter Henkels, Wer einen Treiber erschießt, muss die Witwe heiraten, S. 33ff. Walter Henkels, selbst Kolumnist und Korrespondent der Frankfurter Allgemeinen Zeitung, war auf jeder der in diesem viertel Jahrhundert stattgefundenen Diplomatenjagden als Berichterstatter dabei. Während die Bundespräsidenten Heuss, Lübke und Heinemann nur als Schirmherren der großen Jagden dienten, auf denen inländischer und ausländischer Adel, Botschafter und Minister aller Herren Länder teilnahmen, war Scheel der einzige, der einen deutschen Jagdschein löste, das heißt die Jägerprüfung erfolgreich ablegte. Unter Walter Scheel fanden die Diplomatenjagden jedoch auch ihr Ende. Bekannt wurde in diesem Zusammenhang auch der offene Brief von Horst Stern an den Jäger Walter Scheel, der im Zeitmagazin Nr. 9/21, Februar 1975, S. 10-18 abgedruckt und veröffentlicht wurde. Die Autoren Wilhelm Bode und Elisabeth Emmert, Jagdwende. Vom Edelhobby zum ökologischen Handwerk, haben jenen Brief noch einmal ebd. abgedruckt.

1819 Gerhard Frank, 120 Jahre organisierte Jägerschaft in Deutschland, S. 24.

holte sich ein einschneidendes Ereignis für Jagd und Jäger, da auch in den Jahren nach der Französischen Revolution die „ruhigen Zeiten ungestörten Jagdvergnügens vorüber waren und man nicht an Reformen vorbeikam"[1820]. Die Romantik der Jagd, wie sie durch Filme wie „Der Förster im Silberwald" noch einem Millionenpublikum vor Augen geführt wurde, wich nun endgültig einem zunehmenden Realismus und einer damit zusammenhängenden Forderung nach klaren Zielsetzungen für die Jagd in einer fortgeschrittenen industriellen Gesellschaft. Doch nicht nur die Ziele wurden neu definiert, auch die Praxis der Jagd wurde einer Begutachtung und Infragestellung unterworfen. Dieser Prozess ist nach wie vor noch nicht abgeschlossen, obwohl ihn bereits der Amerikaner Aldo Leopold 1936 bei einem Besuch Deutschlands dringend angemahnt hatte. Für ihn waren die damals schon sichtbaren und auffälligen ökonomischen und ökologischen Schäden an der Waldvegetation auf ein „traditionelles forstliches (...) wie ein hochkultiviertes jagdliches Missmanagement"[1821] zurückzuführen.

10.2.2 Reaktionen des Deutschen Jagdschutz-Verbandes auf die Entwicklungen der 70er Jahre

Jagd und Jäger wie auch die jagdlichen Eliten (Jagdfunktionäre des DJV und der ihm untergliederten Landesjagdverbände) spürten nun mit den 70er Jahren, dass die Gesellschaft nicht mehr durchweg unkritisch und positiv der Jagd gegenüber stand[1822]. Die als dominierend verstandene Trophäenjagd, unterstützt durch die Hege des Wildes, wurde zum Jagdzerrbild in der Öffentlichkeit und immer mehr Jäger wandten sich von ihr ab. Forstliche Größen wie der Wiener Waldbauprofessor Mayer forderten eine „ökologisch verantwortungsbewusste, wild- und waldorientierte" Jagd, während Georg Sperber die Forstleute aufforderte, sich aus der „historischen Mesalliance mit der Jägerschaft zu lösen"[1823]. Diese Kluft besteht heute noch genauso wie vor dreißig Jahren, was nicht zuletzt Ulrich Schraml 1998 dazu veranlasste, eine soziologische Untersuchung zu jener Kluft zwischen Försterjäger und Privatjäger anzustellen. Aufgrund der durch Sozialisation bedingten Ausstrahlungswirkung der forstlichen Einstellung auch in private Jägerkreise hinein kommt es zu einer Ausbreitung und Verfestigung der sich häufig diametral gegenüber stehenden Ansichten. Nicht wenige private Jäger haben heute einen Begehungsschein[1824] beim Staat, was sich auch in der jagdlichen Einstellung, dem

[1820] Werner Rösener, Die Geschichte der Jagd, S. 355.

[1821] Vgl. dazu bei Georg Sperber, „The German Problem" und das vatikanische Wald-Wild-Wunder, in: Ökojagd, Ausgabe Nr. 04/1999, S. 13. Sperber rekurriert hier auf das Werk von Aldo Leopold. Leopold gilt auch als Begründer des Begriffs „wildlife management", was wohl am ehesten mit Wildtiermanagement übersetzt werden kann.

[1822] Vgl. dazu die Ausführungen von Ulrich Schraml, Die Normen der Jäger, S. 42.

[1823] Vgl. ebd., S. 42. Schraml rekurriert hier auf Georg Sperber.

[1824] Ein Begehungsschein ist die entgeltliche oder unentgeltliche Erlaubnis, Wild im angegebenen Revier zu strecken und für den Staat (wenn es sich um ein Staatsjagdrevier handelt) in Besitz zu nehmen. Begehungsscheininhaber heißen deshalb häufig „mithelfende Jäger", da sie den Forstbetrieb mit ihrem jagdlichen Beitrag entlasten. Häufig genug ist ein Begehungsschein beim Staat für den privaten Jäger die einzige Möglichkeit jagdlich in Erscheinung zu treten. Nicht zuletzt deshalb wird die forstliche Sicht der jagdlichen Dinge gerne vom privaten Begejagdlichen Rüst- und Handwerkszeug, niederschlägt[1825]. Daneben wird die Distanz der Bevölkerung zu Jagd und Jäger ebenfalls immer größer. „Heute", so Gerhard Frank 1995, „besteht die größte Gefahr in der Entfremdung vieler unserer Mitbürger von Zusammenhängen in der Natur und in oberflächlichen, schlagwortartigen Medienberichten, die den Eindruck erwecken, als ob Jäger an zu viel Wild aus Vergnügungssucht und an zu wenig Wild aus Mordlust schuld seien." Und weiter: „Wir (die Jäger, Anm. d. V.) bemühen uns", so Gerhard Frank „die durch den Menschen aus dem Gleichgewicht gebrachte Harmonie im Verhältnis Wald und Wild wieder herzustellen, aber wir müssen auch verlangen, dass dabei die Tatsachen nicht auf den Kopf gestellt werden."[1826] Dass die „Tatsachen" dabei von Jägerseite sehr wohl auf den Kopf gestellt werden, geht schon aus der Zielsetzung der Hege hervor, die auf eine vom Jäger bestimmte Verbreitung und Bestandsdichte gewünschter als auch unerwünschter Wildtierpopulationen ausgerichtet ist und auf ein manipuliertes Geschlechterverhältnis abzielt, ohne jenes auch nur annähernd erreichen zu können. Die „Hege zielt auf die Ausprägung bestimmter Körpermerkmale ab und natürlich auf ein vom Jäger gewünschtes Zahlenverhältnis einzelner Arten untereinander, auf eine künstliche Ordnung von Konkurrenten, Beutegreifern und Beutetieren"[1827]. Von einer „natürlichen" Harmonie, wie sie Gerhard Frank beschrieb, ist die Zielsetzung der Hege weit entfernt. Hege ist im Grunde ein bäuerliches Konzept der Mastviehhaltung im Großstall „Jagdrevier", welches im Gesamtgefüge dennoch nur Mikrokosmos bleiben kann. Bis heute scheinen sich wesentliche Änderungen nicht durchgesetzt zu haben und die von Gerhard Frank postulierte Einsicht der Jägerschaft (die tatsächlich kaum vorhanden ist) gegenüber dem Thema Wald und Wild steht nach wie vor auf der Agenda von Politik und Interessenvertretungen im jagdlichen und naturschützerischen Bereich. Auch Hubertus Hiller bescheinigt der privaten Jägerschaft deutlich phlegmatische Züge, da es „die legitimierten Jäger im Verlaufe der Jagdgeschichte niemals verstanden haben, jagdrechtliche Bedingungen aus eigener Initiative wirtschaftlichen

---

hungsscheininhaber auf dem Wege der Sozialisation aufgenommen und verinnerlicht, sozusagen zur eigenen Sicht der Dinge gemacht. Private Begehungsscheininhaber (beim Staat) unterscheiden sich somit auch häufig von einer orthodoxen privaten Pachtjäger-Klientel. Auch dies hat Ulrich Schraml in seinem Werk „Die Normen der Jäger" herausgearbeitet.

1825 So wurde im Jahre 1997 einem Viertel der baden-württembergischen Jäger ein Begehungsschein in den staatlichen Revieren des Landes ausgestellt – und dies auf nur rund 8% der Landesjagdfläche. Die soziale Wirkung der Staatsforste ist damit als sehr hoch einzuschätzen. Vgl. einen Artikel in der Rubrik „Bundesländer-Report" mit der Überschrift: Staatsjagden werden kaum verpachtet, in: Die Pirsch, Ausgabe Nr. 06/1997, S. 32.

1826 Gerhard Frank, 120 Jahre organisierte Jägerschaft in Deutschland, S. 30-31. Frank geht von der irrigen Ansicht aus, dass man jagdlich für ein ökologisches Gleichgewicht zu sorgen habe. Er verkennt, dass der Mensch jede Grundlage für ein auch nur annäherndes Gleichgewicht längst zerstört hat und eine wie auch immer geartete „Wiederherstellung" jener Grundlagen gegen jede Form der Kultur spricht und damit rein utopistische Vorstellungen in Jägerkreisen genährt werden. Darüber hinaus ist es fraglich, ob es in der Ökologie überhaupt so etwas wie ein Gleichgewicht gibt oder jemals gegeben hat. Arten werden übervorteilt, andere warten auf ihre Zeit, wieder andere sterben aus (auch ohne das Zutun des Menschen), etc. Anders ausgedrückt: Wildtiere sterben mit, aber auch ohne uns.

1827 Wolfgang Erz, Zwischen Hochmut und Hege. Die Deutsche Jagd im Konflikt mit dem Naturschutz, in: Nationalpark, Ausgabe Nr. 51, Heft 2, 1986.

Erfordernissen oder gesellschaftlichen Veränderungen anzupassen, sondern stets von <<außen>> dazu gezwungen wurden"[1828]. Von Einsicht im Bereich der privaten Jägerschaft ist man auch in der aktuellen Situation noch sehr weit entfernt, so die Resultate aus den Diskussionen. Noch immer streiten Förster und Privatjäger und deren Vereinigungen über dieselben Themen, über die tatsächliche Höhe von Wildbeständen, über die Dominanz des Waldbaus innerhalb der Wildbewirtschaftung (Stichwort: „Wald vor Wild"), über Hege und Überhege und deren Auswirkungen in den sensiblen Restnaturräumen der fortgeschrittenen Industrienationen. Und immer noch bestehen trotz teilweise immenser Wildschäden in Land- (Schwarzwild) und Forstwirtschaft (Rehwild, Rotwild) viele Jäger auf dem Standpunkt, dass sich der jagende Mensch eine Selbstbeschränkung auferlegen müsse (Hege und Waidgerechtigkeit), die seine Überlegenheit gegenüber dem Wildtier drosselt, um damit dem Wild eine faire Chance zu geben[1829]. Wenn wir die momentanen, durchweg hohen Wildbestände des Schalenwildes wie des Rehwildes und der Wildschweine, teilweise auch des Rotwildes betrachten, die trotz rigoroser Verfolgung offensichtlich hohe Dichte des Fuchses selbst in Großstädten[1830], die zunehmende Ausbreitung des Marderhundes von Ost nach West[1831] und die regional hohen und nicht regulierbaren Populationen des Waschbären[1832], so kann von

[1828] Hubertus Hiller, Jäger und Jagd, S. 254.

[1829] Vgl. dazu bei Dietrich Stahl, Wild – Lebendige Umwelt, S. 126. Er bezeichnet die Selbstbeschränkung des Jägers in seiner Überlegenheit gegenüber dem Wildtier seit Jahrhunderten als eine der wichtigsten Komponenten innerhalb des Gesamtgefüges Hege. Dass dies sowohl für die Vergangenheit als auch für die Gegenwart und Zukunft differenzierter betrachtet werden muss, ist im Rahmen dieser Arbeit dargestellt.

[1830] Vgl. dazu bei Andreas König, Münchens Füchse fressen Hamburger, in: Wild und Hund, Ausgabe Nr. 01/2004, S. 12ff. Andreas König weist darauf hin, dass seit den 90er Jahren des 20. Jahrhunderts zusehends Füchse in Mitteleuropa Städte und Dörfer als Lebensraum für sich erobert haben. Scheu vor Menschen kennen die Stadtfüchse dabei kaum. München betreffend hat König den Vorort Grünwald untersucht und festgestellt, dass Altenwohnheime und Baustellen bevorzugte Treffpunkte der Füchse sind. In Grünwald sollen etwa 70 – 100 Füchse bei und mit den Menschen leben. Vergl. ebd., S. 15f. Auch in Dresden ist die Fuchspopulation nach einer vorsichtigen Schätzung auf rund 1.500 Tiere angestiegen. Vgl. dazu eine Pressemeldung in der Deutschen Jagdzeitung, Ausgabe Nr. 01/2004, S. 56 mit dem Titel „Stadtfüchse werden zum Problem". Andreas David schreibt zum Fuchs und der Großstadtproblematik, dass in London nach vorsichtigen Schätzungen etwa 40.000 Füchse leben, von denen etwa 200 pro Woche erlegt werden. Zürich meldet dagegen vergleichsweise wenige Füchse, Schätzungen gehen von 500 aus. Vgl. dazu bei Andreas David, Stadtfüchse – Zur Sache, in: Wild und Hund, Ausgabe Nr. 01/2004, S. 15, weiter auch bei Jürgen Goretzki und Andreas David, Volldampf auf ganzer Fläche, in: Wild und Hund, Ausgabe Nr. 01/2004, S. 18ff. Füchse werden auch heute noch teilweise sehr rigoros jagdlich verfolgt. Die Jungfüchse werden bereits am Bau, beim erstmaligen Verlassen desselben, mit der Flinte erlegt. Das mag regional zu einer niederen Fuchspopulation führen (und wohl auch nur zeitlich beschränkt), bundesweit scheint die Jagd nicht in der Lage zu sein, die Gesamtpopulation zu reduzieren. Ein Hemmschuh ist hierbei sicher auch die Tollwutimpfung.

[1831] Zum Marderhund vgl. einen Artikel im Jäger, Leise Invasion, Ausgabe Nr. 02/1998, S. 40-41. Joachim Felsberg geht hier auf die rapide steigende Verbreitung des aus Asien stammenden Marderhundes oder Enoks ein.

[1832] So wird zum Beispiel Kassel unter Jägern und den betroffenen Einwohnern zwischenzeitlich als „Racoon-City" bezeichnet. Vgl. dazu bei Andreas David, Stadtfüchse – Zur Sache, in: Wild und Hund, Ausgabe Nr. 01/2004, S. 15.

einer Notwendigkeit der Selbstbeschränkung alter Schule keine Rede sein[1833], im Gegenteil: Wir Jäger müssen uns eingestehen, dass wir mit den erlaubten und gängigen Jagdpraktiken außerstande sind diese Wildbestände (mit Ausnahme wohl des rudelnden Rot-, Dam-, Muffel-, und teilweise des Gamswildes) an der Rand einer Gefährdung der Population als Ganzes zu bringen; von einer „Einregulierung" ganz zu schweigen. Wir erreichen häufig genug nicht einmal die Abschöpfung des Zuwachses und bewegen uns damit lediglich im Rahmen der kompensatorischen Sterblichkeit einer Wildart[1834]. Das jedoch ist seit den 70er Jahren für eine gesellschaftsumspannende Akzeptanz der Jagd einerseits und damit auch für die Manifestation ihrer Funktionen andererseits erheblich zu wenig. Schalenwildreduktion war und ist nach wie vor das Schlagwort in den Auseinandersetzungen mit Jägern, Förstern und Grundbesitzern. Vor diesem Hintergrund verwundert die Reaktion des Deutschen Jagdschutz-Verbandes in den 70er Jahren auf die Anforderungen der Zeit doch etwas, der in erster Linie den Schutz des Schalenwildes forcierte und gleichzeitig die Bejagung des Raubwildes, der Prädatoren, rigoros verschärft wissen wollte. Beim Schalenwild wäre eine Bestandsreduktion in den 1970er Jahren vor allem aufgrund der geringen Schwarzwildbestände noch relativ einfach gewesen, bei den Prädatoren gelingt es bis heute nicht[1835] und für das Schwarzwild scheint zwischenzeitlich eine Lösung in weite Ferne gerückt zu sein.

[1833] Natürlich muss hier eine zweigeteilte Betrachtung durchgeführt werden. Die Prädatoren wurden schon immer jagdlich ohne große Affektbändigungen, mit einer im Vergleich zum trophäentragenden Schalenwild deutlich niedrigeren ethischen Einstellung, rigoros verfolgt und getötet. Das ist in der modernen Jagd keineswegs anders. Mit Fallen, dem Aufgraben von Fuchsbauen und dem Erschlagen der Jungfüchse darin, der Baujagd mit dem Hund, der Bejagung der Jungfüchse am elterlichen Bau, kurzfristig in den 60er und beginnenden 70er Jahren mit Gas (Fuchs), mit so genannten Luderplätzen (Pendant zur Schalenwildkirrung), etc. wird den Prädatoren und hier überwiegend dem Fuchs nachgestellt. Eine ähnliche rigorose Behandlung des Schalenwildes würde zu einem Aufschrei der Entrüstung führen. Der Jäger nimmt hier bewusst eine Zweiteilung des Tierschutzes in Kauf und praktiziert sie letztendlich auch. Ein gesunder, wildbiologisch sinnvoller und unter dem Aspekt des Tierschutzes Bestand habender Kompromiss auf beiden Seiten (Schalenwild – Prädatoren) wäre hier die ehrlichste Lösung. Die momentan geübte Selbstbeschränkung insbesondere in der unterschiedlichen Schonzeit des männlichen und des weiblichen Schalenwildes ist aufgrund der aufgezeigten Unstimmigkeiten irrational.

[1834] Insbesondere für das Schwarzwild trifft dies in einem hohen Maße zu. Vgl. dazu auch die Aussagen von Hans-Joachim Duderstaedt, Gründlandschäden – Vermeiden und beseitigen, in: Deutsche Jagdzeitung, Ausgabe Nr. 03/2004, S. 18-19. Weiterhin dazu auch Heribert Kalchreuter, Jäger und Wildtier. Auswirkungen der Jagd auf Tierpopulationen. Er attestiert der in zivilisierten Regionen ausgeübten Freizeitjagd, dass sie die natürliche Bestandsentwicklung der Wildtiere kaum beeinträchtigen kann. Vergl. dazu ebenda, S. 273.

[1835] Vgl. dazu auch die Darstellung und die Zahlen von Manfred Pegel, Fuchsbejagung – Sinn oder Unsinn, WFS-Mitteilungen Nr. 1/2004, herausgegeben von der Wildforschungsstelle des Landes Baden-Württemberg, S. 2. Die Fuchsbesätze sind seit den Einbrüchen der 60er und beginnenden 70er Jahre (Baubegasung) und mit Beginn der Tollwutimmunisierung Mitte der 80er Jahre in Baden-Württemberg deutlich angestiegen. Wurden noch 1985 knapp 30.000 Füchsen pro Jahr in Baden-Württemberg erlegt, stieg diese Zahl auf aktuell rund 90.000 an.

10.2.3 Die Wiederaufnahme der Hegepflicht in das Bundesjagdgesetz zum 1. April 1977

Einen Grund für zu hohe Schalenwildbestände in der Bundesrepublik kann man also mit einiger Sicherheit in den Hegebestrebungen des Deutschen Jagdschutz-Verbandes verorten, zumal die hegerischen Maßnahmen seit den 70er Jahren mit Hilfe gesetzlicher Rückendeckung verstärkt werden konnten. Anstatt aufgrund der berechtigten gesellschaftlichen und forstlichen Forderungen den Schutz der waldbaulichen Prämissen oder die Förderung neuerer forstwirtschaftlicher und forstwissenschaftlicher Erkenntnisse als übergeordnete Ziele der Jagd anzuerkennen, verfiel der DJV in den 1970er Jahren in eine einseitige und von jagdegoistischen Interessen geleitete Strategie. Inhalt jener Strategie war und ist bis heute die einseitige Bevorzugung und Behandlung des Wildes (allerdings auch nur ganz bestimmter, jagdlich interessanter Wildarten) gegenüber seinem Lebensraum, auch wenn dies in der jagdlichen Presse regelmäßig dementiert wurde und wird. Bruno Hespeler hat denn auch darauf hingewiesen, dass die Hege „faunistische Monokulturen" mit wenigen Wirtschaftswildarten (Fasan, Hase, Ente aber auch Reh, Hirsch und Sau, Anm. d. V.) als Zielvorstellung habe und gerade die Beutegreifer hier „denselben Stellenwert haben wie Labkraut oder Melde in den Maisfeldern"[1836]. Allein die vehemente Verteidigung des Begriffs und der Inhalte der Hege bis heute zeigt, welcher Stellenwert dem Jagdtier im Vergleich zu den berechtigten Interessen der Grund- und Waldbesitzer innerhalb des Deutschen Jagdschutz-Verbandes zuerkannt wurde. Die gesetzliche Pflicht zur Hege sollte nun 1976 erstmals seit dem Ende des Zweiten Weltkrieges wieder in ein deutsches Jagdrecht aufgenommen werden. So setzte sich der DJV im Novellierungsverfahren des Bundesjagdgesetzes zum 1. April 1977 dafür ein, dass die Pflicht zur Hege im Bundesjagdgesetz gemäß dem Vorbild des früheren Reichsjagdgesetzes wieder verankert wurde. Im § 1, Abs.1, Satz 2, BJagdG ist denn auch seit dem 29.09.1976 die Pflicht zur Hege wieder gesetzlich festgeschrieben, was einer Anknüpfung an die entfunktionalisierten Jagdverhältnisse zwischen 1934 und 1945 gleichkam. Die damit verbundene Absicht, Grundeigentümer als Jagdrechtsinhaber und Jäger als Jagdausübungsberechtigte gemeinsam zu verpflichten, „flächendeckend über das gesamte Bundesgebiet die Lebensgrundlagen von Tier und Pflanze zu erhalten oder wiederherzustellen"[1837], schlugen jedoch weitgehend fehl. Tatsächlich führte die Pflicht zur Hege erneut zu Schalenwildbeständen, die die Ziele der Forstwirtschaft und die Forderungen der Forstwissenschaft über lange Jahre zunichte machten oder deren Erreichen zumindest erschwerten[1838].

[1836] Vgl. dazu bei Bruno Hespeler, Raubwild heute, S. 14.

[1837] Rainer Gerhard Frank, 120 Jahre organisierte Jägerschaft in Deutschland, S. 26.

[1838] So schreibt die Enquete-Kommission „Schutz der Erdatmosphäre" in ihrem dritten Bericht: „Hinsichtlich der Wechselwirkung zwischen Klimaänderung und Wäldern stellen überhöhte Schalenwildbestände insofern ein Problem dar, als dass sie den Aufwuchs vieler Baumarten behindern und dadurch die natürliche Anpassungsfähigkeit der Wälder an künftige Klimaänderungen einschränken." Vgl. dazu auch bei Georg Meister, Waldbau und Jagd, in: Festschrift 10 Jahre Ökologischer Jagdverein Bayern 1988-1998, S. 61, unter Bezug auf den dritten Bericht der Enquete-Kommission.

Die Sorgen und Ängste um zu niedrige Wildbestände gingen seit 1848/49 von den Landesherren endgültig auf die nun bürgerlichen Jäger über. Allen historischen Zäsuren seit der Revolution (1848/49, 1870/71, 1918/19 und 1945-53) ist gemeinsam, dass die bürgerlichen Jäger mit erhöhten Hegeanstrengungen entweder einem vermeintlichen Niedergang der Schalenwildbestände begegneten oder, wohl wissend um die Folgen ihres Tuns, die vorhandenen Bestände deutlich anhoben. Wurde im Reichsjagdgesetz von 1934 die Pflicht zur Hege erstmals aufgenommen, fand diese am 29.11.1952 in der Fassung des Bundesjagdgesetzes keinen Eingang mehr. Zwar konnte man über die „anerkannten Grundsätze der deutschen Waidgerechtigkeit" des §1, Abs.3 BJagdG Aufgaben der Hege ableiten, eine gesetzliche Verpflichtung zur Hege bestand für den deutschen Jäger dagegen eindeutig nicht[1839]. Wurden im Reichsjagdgesetz noch „sittliche und volkswirtschaftliche" Gründe für die Aufnahme der Hegeverpflichtung angeführt, waren dies 1976 die „Belastung der Landschaft durch die Industriegesellschaft, die intensive Land- und Forstwirtschaft, die Einschränkung des Lebensraums des Wildes und die Gefährdung vieler Tierarten"[1840]. So kam es, dass 1976 die Hegepflicht erneut im Bundesjagdrecht etabliert werden konnte und sie sich zusätzlich auf die Pflege und Sicherung der Lebensgrundlagen des Wildes ausdehnte. Hätte die Jägerschaft seitdem und zu jedem Zeitpunkt die Umsetzung des § 1, Abs. 2 BJagdG[1841] vollumfänglich gewährleistet, würde es die heute zu beobachtende Schalenwildmisere vermutlich nicht geben. Dass die Jäger mit Hilfe der gesetzlichen Verankerung der Hege jedoch eine eigennützige Position verteidigt wissen wollten, ist auch anhand der Einwände des Bauernverbandes und der Arbeitsgemeinschaft Deutscher Waldbesitzerverbände im Vorfeld der Novellierung von 1976 zu sehen. Beide Verbände, im Gegensatz zu den Jagdvereinigungen stark wirtschaftlich ausgerichtet, wollten ihre Interessen durch zu hohe Schalenwildbestände nicht beeinträchtigt wissen. Der Deutsche Bauernverband wollte erreichen, dass sich die Jagd der Land- und Forstwirtschaft unterzuordnen habe. Der Deutsche Bundestag kam der Forderung des Bauernverbandes in vollem Umfange nach, indem im § 1, Abs. 2, Satz 2 BJagdG die oben genannte Formulierung aufgenommen wurde, die der Hege gebietet, die ordnungsgemäße Land- und Forstwirtschaft nicht zu beeinträchtigen[1842]. Von einer Umsetzung jener Bestimmung ist die überwiegende deutsche Jägerschaft jedoch weit entfernt, die Auseinandersetzungen um Wildschaden in den letzen Jahren sind eher schärfer geworden, als sie es noch in der Vergangenheit waren. Ein Streitpunkt hier ist die mit der Hege eng verbundene Wildfütterung der zu Schaden gehenden Schalenwildarten und damit verbunden die Höhe der Schalenwild-

[1839] Vgl. dazu die Ausführungen bei Eugen Syrer, Jagdrecht und Interessengruppen. Eine historisch-politische Analyse, S. 184.

[1840] Vgl. dazu bei Eugen Syrer, Jagdrecht und Interessengruppen. Eine historisch-politische Analyse, S. 185.

[1841] Hier steht unter anderem, dass die Hege so durchgeführt werden müsse, dass Beeinträchtigungen einer ordnungsgemäßen land-, forst- und fischereiwirtschaftlichen Nutzung, insbesondere Wildschäden, vermieden werden können. Vgl. dazu § 1, Abs. 2 BJagdG.

[1842] Zu den Forderungen des Deutschen Bauernverbandes im Vorfeld der Novellierung des Bundesjagdgesetzes 1976 siehe bei Eugen Syrer, Jagdrecht und Interessengruppen. Eine historisch-politische Analyse, S. 187.

population[1843]. Weitere Einwände gegen die Hege des Wildes und deren Verankerung im neuen Bundesjagdgesetz zum 1. April 1977 kamen von der Arbeitsgemeinschaft Deutscher Waldbesitzer, die ebenfalls in der Heranhegung zu hoher Schalenwildbestände wirtschaftliche (noch keine ökologischen) Gefahren sahen. Insbesondere die Erweiterung der Hegepflicht, die ja nun auch die Pflicht zur Gestaltung des Lebensraumes des Wildes umfassen sollte, war für jene bedenklich. Wohl um den Verbissdruck auf die Verjüngungsbestände nicht noch zu erhöhen, sollten diejenigen Äsungs- und Einstandsflächen für das Wild ausreichend sein, die durch die geregelte Bodennutzung der Land- und Forstwirtschaft ohnehin regelmäßig dargeboten würden. Eine weiterführende Sicherung und Pflege der Lebensgrundlagen des Wildes sei deshalb als Teil einer gesetzlichen Hegepflicht (zumindest nicht für den Inhaber des Jagdrechts, wenn schon, dann nur den Jagdausübungsberechtigten betreffend) nicht notwendig zu verankern. Sollte es sich zudem um bedrohte Tierarten handeln, so wäre hier das Naturschutzrecht besser geeignet als das Jagdrecht. Ein Erfolg, wie er dem Deutschen Bauernverband beschieden war, blieb der Arbeitsgemeinschaft jedoch verwehrt. Daneben forderte im Novellierungsverfahren eine ökologisch motivierte Gruppierung (Zusammenschluss von Vertretern des Naturschutzes, von Forstwissenschaftlern und Forstpraktikern, des Instituts für Wildforschung und Jagdkunde der Universitäten München und Göttingen, die Zoologische Gesellschaft von 1858, Frankfurt a. M., etc.) den völligen Verzicht auf den Begriff der Hege. Auch jene Gruppe argumentierte gegen die Hege, weil sie eine einseitige Förderung jagdlich begehrter Arten bedeute. Weiterhin sollten die Schalenwildbestände derart angepasst werden, dass sie die Entwicklung standortgerechter Wälder nicht verhindern können[1844]. Die Bemühungen von dieser Seite und mit der genannten Stoßrichtung waren jedoch ebenfalls nicht von Erfolg gekrönt. Nicht zuletzt deshalb sind die Positionen jener ökologisch motivierten Gruppierungen heute noch Bestandteil der Forderungen des Ökologischen Jagdvereins, der sich jedoch erst im Jahre 1988 in Bayern gegen das orthodoxe jagdliche Lager konstituierte. Heute sind die Forderungen nach einer Abschaffung des Hegebegriffs und der unbedingten Anpassung der Schalenwildbestände an die berechtigten Interessen der Land- und Fortwirtschaft trotz ihrer jagdrechtlichen Verankerung (zumindest was die Interessen der Land- und Forstwirtschaft betrifft) nach wie vor sehr weit von den Wünschen und Vorstellungen der jagdlichen Basis entfernt. Konflikte sind hier systemimmanent (Reviersystem) vorprogrammiert, auch wenn zwischenzeitlich weitere 28 Jahre vergangen sind (seit dem Inkrafttreten der novellierten Fassung des BJagdG am 1. April 1977). So konnten im Novellierungsverfahren zwar die beiden großen Interessengruppen, Bauern und Jäger, ihre Interessen durchsetzen bzw. wahren, Konflikte waren damit jedoch keinesfalls gelöst, zumal sich die Jägerschaft nicht an die Forderungen des § 1, Abs. 2 BJagdG hielt. Eugen Syrer weist in diesem Zusammenhang darauf hin, dass es nach der Verabschiedung des BJagdG über die Interpretation zur Hegepflicht zu erheblichen

---

[1843] Vgl. dazu die Ausführungen in der Broschüre „Wildschäden am Wald", herausgegeben vom aid infodienst Verbraucherschutz, Ernährung, Landwirtschaft e.V., Heiner Grub, Michael Petrak, Rudi Suchant, Ralph Roth, 7. überarbeitete Auflage.

[1844] Vgl. dazu bei Eugen Syrer, Jagdrecht und Interessengruppen. Eine historisch-politische Analyse, S. 189f.

Differenzen zwischen dem Deutschen Jagdschutz-Verband einerseits und den Verbänden der Bauern und Waldbesitzer andererseits gekommen sein soll. Der Deutsche Jagdschutz-Verband vertrat offensichtlich die Auffassung, dass die Hegepflicht nicht nur den Jagdausübungsberechtigten treffe, sondern auch den Inhaber des Jagdrechts und damit den Grundeigentümer selbst. Diese Auffassung traf bei den Grundeigentümern als den Inhabern des Jagdrechts auf starken Widerstand. Letztlich kam es 1977 durch das Bundeslandwirtschaftsministerium zu einem klärenden Wort, indem in einem Schreiben an den Präsidenten des Deutschen Jagdschutz-Verbandes der wahre Wille des Gesetzgebers dargelegt wurde. Dort hieß es: „Die Pflicht zur Hege sei mit dem Jagdrecht verbunden, und dieses werde als Ganzes von einem Dritten gepachtet. Damit treffe die Pflicht zur Hege ausschließlich den Jagdausübungsberechtigten."[1845] Jene begannen sodann diese Pflicht weidlich zum Nachteil des Waldes und der Grundeigentümer auszunutzen, sie „schossen" über das Ziel der Hegeverpflichtung deutlich hinaus. Selbst Jahrzehnte nach den mahnenden Worten Aldo Leopolds war die Wald-Wild-Problematik eher noch verschärfter als zuvor. Die Nadelhölzer haben sich mittlerweile einhergehend mit den Beständen der Schalenwildarten in einem Ausmaß vermehrt, wie es sich der Vater der Wildbiologie (das ist Aldo Leopold) wohl ebenso wenig vorstellen konnte wie seine forstlichen und jagenden Zeitgenossen[1846].

10.2.3.1 Zu den Inhalten des Hegebegriffs

In der Öffentlichkeit und auch im Selbstverständnis des Jägers bedeutet Hege zu überwiegenden Teilen die Fütterung einiger jagdbarer (Wild-)Tierarten[1847]. Dies hat eine Umfrage des DJV im April 1999 bestätigt. Darüber hinaus nimmt der Stellenwert der Hege auch im öffentlichen Bewusstsein einen großen Raum ein, was eine frühere, vom DJV initiierte Umfrage aus dem Jahre 1989 ergab. 72% der Bevölkerung waren hier der Meinung, „dass der Jäger mehr mit der Hege des Wildes beschäftigt ist als mit dem Erlegen der Tiere"[1848]. Dass jedoch der Tierschutz im Rahmen der Hege teilbar scheint[1849], wurde nicht Gegenstand der Befragung. Kein Wort über die jagdliche Regulationswut im Bereich der Raubwildbejagung, keine Frage zur Schaffung jagdlicher Monokulturen durch den Jäger, indem er die für ihn interessanten Tierarten wie Fasan, Ente, Hase, Reh, Hirsch und Sau mit Fütterungen und anderen „Zuchtmethoden" übervorteilt, während er die Prädatoren dagegen rigoros bejagt um den zementierten (orthodoxen) jagdlichen Wertvorstellungen Vorschub zu leisten; ebenso auch keine Antwort auf die Frage, weshalb Wildarten

---

[1845] Eugen Syrer, Jagdrecht und Interessengruppen. Eine historisch-politische Analyse, S. 196.

[1846] Vgl. dazu die Ausführungen bei Georg Sperber, „The German Problem" und das vatikanische Wald-Wild-Wunder, in: Ökojagd, Ausgabe Nr. 04/1999, S. 13.

[1847] So hat eine telefonische Umfrage des DJV bei 1.000 Bundesbürgern im April 1999 ergeben, dass nahezu 87% der Befragten es für positiv hielten, dass Jäger Wildtiere füttern. Vgl. einen Artikel mit dem Titel „Hohe Akzeptanz von Jagd und Jägern", in: Der Jäger, Ausgabe Nr. 02/2000, S. 21.

[1848] Vgl. dazu bei Hubertus Hiller, Jäger und Jagd, S. 255.

[1849] Vgl. dazu die Ausführungen von Bruno Hespeler, Raubwild heute, BLV Verlagsgesellschaft mbH, München 1995, wo er ausführlich für jede Rauwildart auf die jägerische Unart des Feldzugsgedankens gegen die Räuber eingeht.

wie Gams- und Steinwild keineswegs mit winterlicher Fütterung versorgt werden und ob es hier einen Zusammenhang gibt zwischen dem schlichtweg nicht beeinflussbaren Hornwachstum der Boviden im Vergleich zum sehr wohl beeinflussbaren Geweihwachstum der Cerviden. Die Ableitung von Wissenswertem aus jener Umfrage bleibt tendenziös und insgesamt besehen völlig wertlos[1850]. Darüber hinaus existiert eine Vielzahl an differierenden Umfrageergebnissen, deren Aussagekraft jeweils sehr fragwürdig ist, da sie je nach Auftraggeber variieren, somit dem Grundsatz „cuius regio, eius religio"[1851] („wes Brot ich ess, des Lied ich sing") unterliegen. J. Meyer-Loss weist auf eine 1998 in der Tagespresse veröffentlichte Umfrage hin, aus der hervorgeht, dass 42 Prozent der Bevölkerung die Abschaffung der Jagd befürworten[1852]. Eine andere Umfrage der HÖRZU aus 1996 besagt gar, dass 71 Prozent der Deutschen die Jagd ablehnen[1853], während die DJV-Umfrage eine hohe Akzeptanz von Jagd und Jäger in der Bundesrepublik als bewiesen erachtet[1854]. Wem also kann man Glauben schenken? Bleibt man bei greifbareren Daten, so muss man konstatieren, dass bis heute der 1899 von Graf Sylva-Tarouca geprägte Leitsatz „Kein Heger, kein Jäger" (im gleichnamigen Werk veröffentlicht)[1855] seine Gültigkeit besitzt. Dieser jägerische Anspruch findet nach wie vor seinen Niederschlag in den aktuellen Unterlagen und Büchern zur Vorbereitung auf die Jägerprüfung, in den jagdlichen Diskussionen der Fachpresse sowie in der Jagdpraxis und im jägerischen Selbstverständnis. Hege ist nach näherer Betrachtung lediglich ein weiterer „kulturbringender" und damit zumeist folgenschwerer Eingriff der Zivilisation auf natürliche, komplexe und nicht selten (für eine Population von Wildtieren) verlustreiche (Selektion) saisonal gebundene Vorgänge (z. B. sehr kalte Winter). Kulturbringend ist die Hege auch deshalb, weil sie natürliche Vorgaben und damit den selektiven Flaschenhals in seinen populationsbereinigenden Wirkungen abmildert, der „Natur" ihren Schrecken nimmt und die Jagd unter landwirtschaftliche Prämissen stellt. Das Wild wird gleich dem Vieh auf der Weide, über das der Jäger seine schützende Hand hält. Im Rahmen dieses Jagdverständnisses gilt, dass nur ernten kann, wer vorher säte. Im übertragenen Sinne ist deshalb

---

1850 Vgl. dazu die telefonische Umfrage des DJV bei 1.000 Bundesbürgern im April 1999, veröffentlicht in einem Artikel mit dem Titel „Hohe Akzeptanz von Jagd und Jägern, in: Der Jäger, Ausgabe Nr. 02/2000, S. 21.

1851 Wörtlich: Wessen Gebiet, dessen Religion, ein Grundsatz, der im Augsburger Religionsfrieden von 1555 festgelegt wurde. Er regelte, dass die Untertanen nach der Präferenz ihres Herrn entweder protestantisch oder katholisch werden mussten. Die deutsche Redewendung dazu siehe oben. Im Bezug auf die Image-Kampagne des DJV „Auf der Jagd nach Vorurteilen" weist Bernhard Haas darauf hin, dass „manche Aussage (...) von dem ermittelnden Institut aus gutem Grunde relativiert oder nur vage umschrieben" wurde. Vgl. dazu bei Bernhard Haas, „Schwarze Schafe" bleiben im Gedächtnis, in: Die Pirsch, Ausgabe Nr. 24/1996, S. 18.

1852 Vgl. dazu bei J. Meyer-Loos, Die Jagd im Würgegriff des Naturschutzes, in: Der Jäger, Ausgabe Nr. 03/1999, S. 21.

1853 Vgl. dazu einen Beitrag mit dem Titel „Jagd: die meisten Deutschen sind dagegen", in: Der Lust-Töter, S. 2.

1854 Vgl. dazu den Artikel „Hohe Akzeptanz von Jagd und Jägern", in: Der Jäger, Ausgabe Nr. 02/2000, S. 21.

1855 Vgl. dazu bei Klaus Maylein, Jagd und Jäger in der modernen Gesellschaft, S. 23. Ebenso bei Herbert Krebs, Vor und nach der Jägerprüfung, S. 11 und bei Ferdinand von Raesfeld, Das deutsche Waidwerk, S. 408.

die Hege des Wildes ein unmögliches Begriffspaar, da die Hege das Wildtier zum Haustier werden lässt („Verhausschweinung" von ehemals wildlebenden Tieren).

Erschwerend kommt hinzu, dass die von der Hege überwiegend betroffenen Wildtiere keineswegs der Hegemaßnahmen in der Kulturlandschaft als ihren Bestand sichernd bedürfen, da ohnehin größtenteils nur die jagdlich relevanten Tierarten, die jedoch (zumindest für die Schalenwildarten zutreffend) in den letzten Jahrzehnten ohnehin einen sprunghaften Anstieg verzeichnen konnten, hegerisch profitieren[1856]. Die Gründe für den Anstieg der Schalenwildarten liegen in den milden Wintern der letzten Jahre, der Zunahme von Mastjahren bei Eichen und Buchen und der Steigerung an Kraut- und Weichholzvegetation, hervorgerufen durch die Stürme „Vivian", „Wiebke" und zuletzt „Lothar", sowie in den erhöhten Stickstoffeinträgen aus der Luft[1857] verborgen. Auch die naturnahe Bewirtschaftung der Wälder verbessert durch eine höhere Gewichtung der Laubbaumarten, durch Verzicht auf Zäunung und Einzelschutzmaßnahmen und durch eine bessere Durchforstung die Lebensraumbedingungen des Schalenwildes. Zusätzliche Energieeinträge durch Fütterung sind unter diesen Bedingungen obsolet, die Hege lediglich der weiteren Populationssteigerung und damit der Vereinfachung der Jagd durch Potenzierung der Sichtbarkeit des Wildes dienlich. Ulrich Wotschikowsky definiert die „klassische Hege" in diesem Zusammenhang als die aktive Förderung eines Wildbestandes mit dem Ziel, den Jagderfolg zu optimieren[1858] und zwar hinsichtlich der Zahl als auch der Qualität der Trophäenträger. Anders gesprochen ist die Hege lediglich die Förderung einer Tierart auf Kosten einer anderen, ihre Eingriffe sind ökologisch irrational und ihrer Intention nach nicht geeignet, „Naturnutzung" zu sein[1859]. Und dennoch vertreten viele Jäger nach wie vor die Auffassung, dass „allein (!) eine regelmäßige fachgerechte Fütterung (...) ein sicherer Garant für den Wald und unser gestresstes Schalenwild" sei[1860]. Ulrich Wotschikowsky geht auf diese von Klaus Thiemer getroffene Aussage mit harscher Kritik ein, indem er darin ein fatales und schädliches „Denken in Haustierkategorien" sieht und gerade in der Fütterung und in der Kirrung von Schalenwild das

[1856] So hat die Wildforschungsstelle des Landes Baden-Württemberg in ihrem Rehwildprojekt Borgerhau, Untersuchungen zur Ökologie einer freilebenden Rehwildpopulation, herausgefunden, dass die Fütterung von Rehen biologisch nicht notwendig ist und sich insbesondere nicht zur Vermeidung von Verbissschäden eignet. Vgl. ebd.

[1857] Vgl. dazu auch die Ausführungen in der Broschüre Fütterung – Ablenkungsfütterung – Kirrung? Erläuterungen zu den Fütterungsbestimmungen der Landesjagdgesetz-Durchführungsverordnung (LJagdGDVO) 2002, NABU Baden-Württemberg e.V., S. 2f. Gerade die Stürme der letzten 15 Jahre haben bundesweit riesige Kahlflächen hinterlassen, auf denen nun eine reiche Naturverjüngung heranwächst und damit eine hohe Freisetzung von Nahrung für wiederkäuendes Schalenwild garantiert.

[1858] Vgl. dazu bei Ulrich Wotschikowsky, Rehwild im Bergwald, in: Zehn Jahre DJZ-Versuchsrevier, Sonderheft III, Mehr Durchblick beim Rehwild, herausgegeben von der Deutschen Jagdzeitung, S. 41ff, weiterhin dazu bei Klaus Maylein, Jagd und Jäger in der modernen Gesellschaft, S. 71.

[1859] Vgl. dazu ebd., S. 74. Zwischenzeitlich bevorzuge ich den Begriff der Kulturnutzung. Von einer Naturgüter-Nutzung als Resultat aus natürlichen Bedingungen sind wir schon längst zu weit entfernt.

[1860] Vgl. dazu bei Klaus Thiemer, Irrtum oder Illusion?, in: Die Pirsch, Ausgabe Nr. 26/1999, S. 16.

Grundübel des derzeitigen Schalenwildmanagements sieht[1861]. In Hessen forderte man gar im Jahr 2000 die Wildfütterung wieder zu erlauben, um „die etwa 240.000 Rehe und über 100.000 Wildschweine", die „zwischen Spessart und Reinhardswald heftigen Kohldampf" schieben, nicht verhungern zu lassen[1862]. In der Tat wäre es sinnvoller, wenn man dem Grundsatz des § 1 Abs. 2 BJagdG nachkommen und mittels Abschuss den Wildbestand an die Verhältnisse des Raumes anpassen würde als noch mehr Beeinflussung des ohnehin schon zu knappen Lebensraumes durch zusätzlichen Energieeintrag zu provozieren. Durch die einseitige Übervorteilung der gehegten Populationen besteht die Gefahr, dass es mittels Hege in nicht seltenen Fällen zur „Schlagseite der betroffenen Ökosysteme"[1863] kommen kann, ganz zu schweigen davon, dass gehegte und damit gefütterte Wildtierpopulationen das Attribut „wild" verloren haben und damit im Endeffekt der Verbraucher Gefahr läuft, über den wahren Charakter seines gekauften „Wildfleisches" getäuscht zu werden. Insbesondere die BSE-Diskussionen im Jahr 2001 haben ein unverhofftes Licht auf die jagdlichen Praktiken der Wildfütterung geworfen, so dass jene in ihrer Gesamtheit sehr in Frage gestellt wurde. So hatte der NABU in Südwestdeutschland Tiermehl-Stichproben aus Wildfütterungen gezogen, was die BSE-Angst auch auf das von Hegemaßnahmen „betroffene" Wild lenkte[1864]. Auch hierin liegt eine nicht zu unterschätzende Gefahr für den Glaubwürdigkeitsverlust der Jagd. Nicht umsonst ist auch unter Verbraucherschutz-Aspekten das Schlagwort „Wild muss wild bleiben" hochaktuell und nur in dieser Ausprägung ein Aushängeschild für die Jagd. Nicht umsonst ist die Bundesregierung bestrebt, im Rahmen einer Novellierung des Bundesjagdrechtes die Fütterungen in ihrer Gesamtheit zu verbieten[1865], da die Spielräume einer jagdlichen Eigenverantwortung des einzelnen Jägers bisher nur zu Problemen führten und an sich gute und zielführende Mittel und Instrumente im Rahmen der Jagd (z. B. die Kirrung von Reh- und Schwarzwild) durch offensichtliche Reviergoismen missbraucht wurden[1866]. Welche Auswirkungen die klassische Hege in Verbindung mit der jahrzehntelangen Forstpra-

---

[1861] Vgl. dazu die Kritik von Ulrich Wotschikowsky an den von Klaus Thiemer getroffenen Aussagen in einem Leserbrief mit dem Titel: „Denken in Haustierkategorien", in: Die Pirsch, Ausgabe Nr. 07/2000, S. 25.

[1862] Vgl. dazu bei Klaus Röther, Wildfütterung in Hessen wieder erlauben, in: Die Pirsch, Ausgabe Nr. 04/1997, S. 88.

[1863] Vgl. dazu diese Aussage bei Wilhelm Bode und Elisabeth Emmert, Jagdwende, S. 82.

[1864] Vgl. dazu einen Artikel von Bernhard Haas, Angst vor BSE, in: Die Pirsch, Ausgabe Nr. 05/2001, S. 18-19.

[1865] Vgl. dazu das Eckpunktepapier von Renate Künast, Für eine nachhaltige Jagd, Eckpunkte des Bundesministeriums für Verbraucherschutz, Ernährung und Landwirtschaft zur Novellierung des Bundesjagdgesetzes, herausgegeben vom Bundesministerium für Verbraucherschutz, Ernährung und Landwirtschaft, vom 19. März 2004. Eine Realisierung des Papiers würde zu einem starken Einschnitt innerhalb der Hege führen. Nicht umsonst stemmt sich der DJV mit aller Kraft gegen dieses Papier.

[1866] Untersuchungen der Wildforschungsstelle Aulendorf in Baden-Württemberg 2001 haben ergeben, dass in Baden-Württemberg pro Kirrstelle und Jahr 189 kg Futter (überwiegend Mais und Getreide) ausgebracht wurden. Pro erlegter Sau ergeben sich daraus ca. 136 kg Futterverbrauch. Bei diesen Zahlen handelt es sich wohl noch um absolute Untergrenzen. Für Bayern gibt es noch keine derartigen Untersuchungen, die Situation dürfte jedoch nicht viel anders sein. Vgl. dazu das Schwarzwildpapier des Bundes Bayrischer Berufsjäger, S. 1.

xis im Rahmen der Reinertragslehre haben kann, hat Hans-Joachim Duderstaedt anhand des Beispiels des DJZ-Lehr- und Versuchsreviers dargestellt. Er schreibt, dass die Anzahl der vorhandenen Rehe so hoch war, dass „buchstäblich außer Drahtschmiele, Heidekraut und Heidelbeere keine nicht geschützte Pflanze die Chance hatte, sich zu entwickeln"[1867]. Welche verheerende Auswirkung die Winterfütterung beim Rehwild gerade in der sensiblen Bergwaldregion haben kann, beschreibt Ulrich Wotschikowsky, der der klassischen Hege enorme Schäden an den Schutzwäldern und hier vor allem bei den Mischbaumarten attestiert[1868]. Wildfütterungen, so das Resümee, haben regional zu unhaltbaren Zuständen geführt. Durch die oben angeführte Begriffsverwendung „klassische Hege" wurde bereits angedeutet, dass es auch eine modernere Form, oder besser: eine rationalere „Auslegung", des Hegebegriffs geben muss und durchaus geben kann. Grundsätzlich, so habe ich auch bereits in einer früheren Arbeit dargestellt, impliziert Hege zwei große voneinander inhaltlich und letztlich wirkungsgerichtet zu unterscheidende Bereiche. Der eine Bereich beinhaltet die so genannte „Hege mit der Büchse"[1869] als eine Form der unmittelbaren Jagdausübung, während der andere Bereich die Hegebemühungen überwiegend orthodoxer Jagdklientel umfasst und damit die mittelbaren Anstrengungen zur Erzielung starker Trophäen und einer hohen Zahl von Individuen im Revier zum Ziel hat. Dazu zählen insbesondere die Winterfütterung, die Fallenjagd zur Dezimierung der Prädatoren und die Prädatorenbejagung allgemein, das Anlegen von Wildäckern und Wildäsungsflächen, der Abschuss wildernder Hunde und Katzen, Arzneimittelbeigaben, etc.

Der erstgenannte Teilbereich der Hege (Hege mit der Büchse) könnte prinzipiell eine effiziente Jagdform darstellen, würde er nicht unter vollkommen falschen wildbiologischen Annahmen und einer diesbezüglich irrationalen Tradition leiden und damit zu einem Instrument einer völlig unsinnigen Selektion mit dem Ziel der Erlangung starker Trophäen verkommen[1870]. Wurde die Hege mit der Büchse bisher

---

1867 Hans-Joachim Duderstaedt, Zehn Jahre DJZ-Versuchsrevier, in: Zehn Jahre DJZ-Versuchsrevier, Sonderheft III, Mehr Durchblick beim Rehwild, herausgegeben von der Deutschen Jagdzeitung, S. 27ff.

1868 Vgl. dazu Ulrich Wotschikowsky, Rehwild im Bergwald, in: Zehn Jahre DJZ-Versuchsrevier, Sonderheft III, Mehr Durchblick beim Rehwild, herausgegeben von der Deutschen Jagdzeitung, S. 41ff.

1869 „Hege mit der Büchse", nachzulesen bei Hans Behnke, Hege und Jagd im Jahreslauf, S. 64ff. Behnke schreibt: „Was sagt der Mann, der seit Jahrhunderten seine Tiere gesund erhält und ihre Leistung zu fördern trachtet? Was sagt der Bauer als Jäger? Sein Rezept ist einfach: Wenn das Durchschnittsgewicht deines erwachsenen Wildes 30 Pfund aufgebrochen beträgt, so schieße in den nächsten fünf Jahren alles ab, ohne auf den Kopfschmuck zu achten, was dieses Durchschnittsgewicht nicht erreicht. In den nächsten fünf Jahren sieh dir den Kopfschmuck an und schieße die Familien heraus, deren Böcke das Gewünschte nicht aufzeigen". Vgl. ebenda, S. 64. Es ist unglaublich, welche Flausen die Jagd einem erwachsenen Menschen in den Kopf setzen kann.

1870 Solange jedoch immer noch Ratschläge von anerkannten Rehwild"experten" wie der von Christoph Stubbe den Weg in die jagdliche Presse finden, solange wird der Unsinn der Hege mit der Büchse fröhliche Urstände feiern. Er schreibt: „Der Abschuss sollte sich beim männlichen Wild bevorzugt auf Jährlinge mit dem ersten Gehörn ohne Rosen konzentrieren." Auch hier, so scheint es mir, ist der Vater des Gedankens die Trophäenwand des Jägers. Vgl. dazu bei Christoph Stubbe, Rehwildbiologie für die Praxis, in: Zehn Jahre DJZ-Versuchsrevier,

als das Schießen der konditionell weniger gut ausgeprägten Individuen zur damit verbundenen Äsungs- und Lebensraumverbesserung der stärkeren oder sonst wie als „schonenswert“ betrachteten Individuen verstanden (revieregoistische Selektion nach dem alleinigen Geschmack des Jägers), so könnte die Jagd an sich durchaus eine sinnvolle Hege sein, wenn sie den Wildbestand mit den ökoökonomischen Erfordernissen der Umwelt in Einklang bringen würde. Oder, um es mit Bruno Hespeler zu formulieren: „Wer die überzähligen Rehe kurz und schmerzlos totschießt, damit die verbleibenden artgemäß leben können, der hegt im besten Sinne; nicht jener, der die kümmernden Rehe ob ihres Zustandes beweint!“[1871] Der Begriff „Hege mit der Büchse“ soll hier also nicht im klassischen Sinne verstanden werden - als eine Form der genetischen Auslese nach dem Kriterium „braver Bock/Hirsch“ bzw. „Artverderber“[1872] - sondern als eine mögliche effiziente Jagdform, die sowohl stark in die Jugendklasse als auch bei den weiblichen Stücken eingreift und die notwendige Reduktion überhöhter Schalenwildbestände darüber hinaus z. B. im Rahmen von Drückjagden in einem zeitlich begrenzten Rahmen zuwege bringt[1873]. Hege mit der Büchse in diesem Sinne ist auch mit dem Schlachtruf der Forstpartie Anfang der 1990er Jahre gleichzusetzen, der da „Zahl vor Wahl“[1874] hieß und immer noch heißt. Entgegen den Ausführungen des baden-württembergischen

Sonderheft III, Mehr Durchblick beim Rehwild, herausgegeben von der Deutschen Jagdzeitung, S. 18f.

1871 Bruno Hespeler, Rehwild heute. Neue Wege für Hege und Jagd, S. 141.

1872 Der so genannte „Artverderber“ ist eine (frühere) Bezeichnung für einen Geweihträger (Hirsch oder Rehbock) mit schlechter, unterdurchschnittlicher Geweihbildung, in der (heute als weitgehend irrig erkannten) Annahme, dass das Erscheinungsbild des Geweihs hauptsächlich erblich bedingt sei („schlecht veranlagt“, schlechter Vererber“) und dass durch Ausmerzen der Artverderber der Wildbestand genetisch verbessert werden könne. Dann spricht man auch von Aufartung. Vgl. dazu im BLV Lexikon Jagd, S. 52, Stichwort „Artverderber“.

1873 Vgl. dazu auch bei Klaus Maylein, Jagd und Jäger in der modernen Gesellschaft, S. 70.

1874 Der Zahlabschuss bezeichnet das jagdliche Abschöpfen von Individuen einer Art (zumeist Schalenwild) ohne vermeintlich peinlichst genaue Auswahl (Selektion) bei den Wildarten, bei denen eine Selektion ohnehin vollkommen unnötig ist, wie z. B. beim Rehwild. Zahl vor Wahl gilt der Reduktion, dem Eingriff in den Bestand über die kompensatorische Sterblichkeit hinaus, um die Wildbestände in einen zahlenmäßigen Einklang mit dem verfügbaren Lebensraum und dessen Zwängen zu bringen. Deshalb bezeichnet man den Abschuss Zahl vor Wahl auch als Reduktionsabschuss. Vgl. dazu im BLV Lexikon Jagd, S. 827, Stichwort Zahlabschuss. Nach wie vor wird heftigst über Sinn oder Unsinn des Zahl vor Wahl-Abschusses diskutiert. Dazu der baden-württembergische Forstminister Stächele: "Diskussionen wie "Wald vor Wild" kommen in Baden-Württemberg erst gar nicht auf. So kann hierzulande mit gutem Recht von einer Einheit Wald und Wild gesprochen werden." Wildschäden durch Rehwild, beispielsweise durch Verbiss bei der Buche und der Fichte, spielten nahezu keine Rolle mehr, so Stächele weiter. "Lediglich bei den empfindlicheren Baumarten Tanne und Eiche bestehen regional Probleme", so der Forstminister. Stächele bat die Jäger, bei der Rehwildbejagung nicht nachzulassen. "Erste Ergebnisse des aktuellen forstlichen Gutachtens lassen auf eine steigende Population und dadurch eine höhere Verbissbelastung schließen", sagte Stächele. Als Ursache nannte der Minister die mögliche Reaktion des Rehwildes auf verbesserte Lebensgrundlagen. Nach dem Orkan "Lothar" im Jahr 1999 seien bisher rund 40.000 Hektar neue Kulturflächen entstanden. Vgl. dazu Willi Stächele MdL, am 3. April 2004 beim Landesjägertag in Bad Mergentheim (Main-Tauber-Kreis). Pressemeldung zum Landesjägertag unter der URL http://www.oejv.de/modules.php?name=News&file=article&sid=504.

Forstministers Willi Stächele[1875] auf dem Landesjägertag 2004 wird auch heute noch insbesondere in den Waldrevieren der Staatsforstverwaltung ein Abschuss getätigt, der neben der Jugend- stark in die reproduzierende Klasse eingreift. Hier gilt im Resultat nach wie vor „Zahl vor Wahl", was nicht zuletzt dadurch zum Ausdruck kommt, dass mehr Geißen als Böcke geschossen werden. Nur auf diese Weise kann die Population in ihrer Anzahl gesenkt und die Verbissbelastung auf den Verjüngungsflächen gemindert werden.

Der zweite Teilbereich der klassischen Hege umfasst dann all diejenigen Maßnahmen, die nicht unmittelbar durch den eigentlichen Abschuss von Individuen innerhalb einer zu hegenden Population durchgeführt werden. Dazu gehören die bereits oben genannten Fütterungsmaßnahmen, die (Fallen-)Jagd auf Prädatoren wie Fuchs, Steinmarder und Iltis, der Abschuss wildernder Hunde und Katzen, etc. Das Ziel jener umfassenden und stärker als alle anderen Hegebemühungen in der öffentlichen Kritik stehenden Handlungen ist es, hochkapitale Trophäenträger heranzuziehen bzw. den Nachwuchs und damit die späteren Trophäenträger oder das Friedniederwild wie Hase, Kaninchen, Fasanen und Rebhühner zu schützen. Toma Ivanovic hat dies anschaulich für seine „Kurgan-Böcke" aufgezeigt. Die Hege durch zum Teil immense Zufütterungen hat nicht nur die Erzielung kapitaler Trophäen zum Ziel, sondern auch die Vervielfachung der Population, um den Jagderfolg auf die Trophäenträger zu maximieren. Ivanovic dokumentiert die Versechsfachung des Bestandes innerhalb von 10 Jahren als Hegeerfolg. Die Raubwildbejagung wird zur reinen Bekämpfung umfunktioniert, um den Verlust von wiederkäuenden Jungtieren so gering als möglich zu halten[1876]. Im Rahmen der klassischen Hege erfolgt bis heute die Klassifizierung des Hegeerfolgs und des „richtigen" oder „falschen" Abschusses durch die Einteilung der Trophäenträger in Güteklassen, die einen Rückschluss auf die Hegemaßnahmen erlauben sollen. Die seit 1937 zur Kontrolle des Hegeerfolgs abgehaltenen Zwangstrophäenschauen existieren bis heute in einigen Bundesländern in einer freiwilligen Form weiter (so z. B. in Baden-Württemberg, während sie in Rheinland-Pfalz, Hessen und im Saarland abgeschafft ist), während in Bayern seit 1961 nach wie vor die Pflicht zu Ablieferung der Trophäen zu den später dann „Hege- oder Umweltschauen" titulierten Veranstaltungen besteht[1877]. Eine schlüssige und wissenschaftlich fundierte Erklä-

[1875] Vgl. dazu ebd.

[1876] Vgl. dazu Toma Ivanovic, Kurgan-Böcke, in: Die Pirsch, Ausgabe Nr. 05/1996, S. 97f.

[1877] Die Pflichttrophäenschau wurde 1937 im Zuge des 1934 erlassenen Reichsjagdgesetzes durch den Erlass R 3657 vom 17.09.1937 im Deutschen Reich eingeführt. Sie war mit einem jährlich abzuhaltenden Jägerappell des Kreisjägermeisters verbunden. Die Pflichttrophäenschau sollte den Erfolg der angestrebten Aufartung des Schalenwildes belehrend begleiten. Heute stehen die Pflichthegeschauen nach der Kritik aus dem Lager des Naturschutzes und des Ökologischen Jagdvereins Bayern e.V. einer rationalen Lösung des Wald-Wild-Konfliktes, insbesondere in den sensiblen Bergwäldern, strikt entgegen. Vgl. dazu die Ausführungen in einem Artikel mit dem Thema: Abschaffung der Pflicht-Hegeschau, herausgegeben von der Arbeitsgemeinschaft Naturgemäße Waldwirtschaft, Landesgruppe Bayern; vom Forstausschuss des Bayerischen Städtetages; des Bund Naturschutz in Bayern e.V.; des Ökologischen Jagdvereins Bayern e.V. et. al, zu einer Pressekonferenz des Bundes Naturschutz in Bayern und des Ökologischen Jagdvereins Bayern e.V., gehalten am Mittwoch den 23. April 2003, 11.00 Uhr, im Ratskeller am Marienplatz in München.

rung, wie man ausschließlich anhand der erwachsenen männlichen Tiere (denn nur die tragen bei den Cerviden die Trophäe) über das Pro und Contra einer artgerechten Hege diskutieren kann und eine Beurteilung über den Gesundheitszustand und die Gesamtfitness einer Population abgeben kann, sind die Verfechter der Hegeschauen bis heute schuldig geblieben. Stattdessen werden mit einer schon an Pedanterie grenzenden Ernsthaftigkeit Gehörne vermessen, gewogen, begutachtet, nach Form und Gewichtsverteilung beurteilt und klassifiziert, letztlich nach hegedienlichen Gesichtspunkten bewertet[1878]. Dass hier lediglich der Phänotyp der Art zur Schau gestellt und einer unsinnigen Momentaufnahme unterzogen wird, während der Genotyp sich unverändert zeigt, ist in den Bewertungsformeln kein Thema[1879]. Erfolg oder Misserfolg einer „Aufartung", wie sie durchaus mit dieser Bezeichnung und diesem Verständnis seit 1934 versucht wird, kann über das Instrument der Trophäen- respektive der Hegeschauen nicht dokumentiert werden. Damit sind die Ergebnisse zur ohnehin geringen wildbiologischen Aussagekraft zusätzlich nur Momentaufnahmen, die durch innerartlichen Stress, durch klimatische Schwankungen, durch eine zu hohe (oder niedrige) Populationsdichte, durch Störungen jeder Art (auch jagdlicher Art), durch das natürliche Äsungsangebot, etc. von Jahr zu Jahr variieren können. Umso erstaunlicher ist das Festhalten an den inhaltlich sinnleeren Hegeschauen auch angesichts der Tatsache, dass seit ihrem Bestehen Kritik auch aus dem jagdlichen Lager kam, allen voran vom Forst- und Jagdklassiker Ferdinand von Raesfeld, der bereits 1920 in seinem Standardwerk „Die Hege" zu den damals noch zwangsfreien Vorläufern der Trophäenschauen schrieb: „Dazu kam, dass die ersten deutschen Geweihausstellungen keineswegs, wie man gelegentlich lesen kann, den Zweck hatten, züchterischen Erfolgen zur Anerkennung und weiteren Verbreitung zu verhelfen. Das wäre auch zuviel verlangt gewesen; denn solche konnten günstigenfalls erst nach Jahren in Erscheinung treten. Nein, die günstigen Folgen der Geweihausstellungen traten unbeabsichtigt ein; ihr erster Zweck war kein anderer, als herauszubekommen, wo denn, namentlich in den preußischen Staatsforsten, die besten Hirsche stecken, um dann die Hand darauf zu legen. Das hatten die Revierverwalter natürlich bald heraus. Daher deren krampfhafte Zurückhaltung, die erst nach und nach durch scharfe Bestimmungen gebrochen wurde."[1880] Nicht zuletzt die Inhalte und Wirkungen der Hege

[1878] Die Bewertungsformeln, so der Internationale Jagdrat, geben einen Maßstab für die Begutachtung der Qualität eines Wildbestandes anhand der erbeuteten Trophäen ab. Vergl. dazu im Anhang des BLV Jagdlexikons, S. 841. Welche Aussagekraft dieser Vorgehensweise tatsächlich innewohnt, wurde schon verschiedentlich erwähnt. Für das Ansehen und die Ernsthaftigkeit der Jagd wildlebender Populationen ist diese Dickköpfigkeit orthodoxer jagdlicher Eliten nur schädlich.

[1879] Dabei werden durchaus auch in den als orthodox geltenden jagdlichen Medien immer wieder einmal Stimmen laut, die sich gegen die Stichhaltigkeit und Sinnhaftigkeit der Hegeschauen stellen. So schreibt Heinrich Weidinger in der Pirsch, Ausgabe Nr. 26/1995, S. 6, dass Rückschlüsse auf den Gesamtzustand einer Population solange nicht möglich sind, solange der weibliche Abschuss des Wildes nicht besser kontrolliert wird. Und weiter: „Mitunter wird uns Jägern eine Art Trophäenkult sogar behördlicherseits verordnet, wenn bedacht wird, welcher Zirkus mit dem hegeschaugerechten Herrichten von Spieß- und Knopfböcken betrieben wird." Vgl. ebd., S. 6.

[1880] Ferdinand von Raesfeld, Die Hege in der freien Wildbahn. Ein Lehr- und Handbuch für Jäger und Jagdbesitzer, S. 452.

waren und sind es, die sowohl in der Realität als auch in der Fachliteratur die Aufmerksamkeit auf eine orthodoxe Gruppe, ihrem Selbstverständnis nach Waidmänner und überwiegend „Erlebnisjäger", und eine heterodoxe Gruppe, die ihrem Selbstverständnis nach eher rationale Wildbewirtschaftung betreiben will, lenkte[1881]. Beide Gruppen wurden durch die Wirkungen der Hege für sich gestärkt und in ihren Argumenten bestärkt und sie stehen sich auch gegenwärtig noch weitgehend unversöhnlich gegenüber. Die Forderungen der heterodoxen Seite nach einer Lockerung der jagdkulturellen Beschränkungen auf jagdpraktischem Gebiet scheinen die orthodoxen Verfechter und ihre Klientel in den bestehenden Gruppen (z. B. DJV, Hegeringe, zunehmend auch in Internetforen) und überkommenen Argumenten zusammenzuschweißen, während die unverminderte orthodoxe Versäulung jagdlicher Traditionen ihrerseits die heterodoxen Bestrebungen nach Reformen stärken. Die Verweigerungshaltung des DJV und seiner Anhängerschaft gegenüber wildbiologischen Argumenten und ökoökonomischen Zwängen zeichnet damit durchaus für die stärker werdenden Reformbestrebungen und wohl auch für die Zunahme jagdfeindlicher Tendenzen mitverantwortlich. Beschrieben werden jene Gruppen neben Bruno Hespeler, Wilhelm Bode und Elisabeth Emmert aus mehr jagdpraktischer Sicht auch bei Ulrich Schraml und Günter R. Kühnle aus einer eher soziokulturellen Sicht. Den beiden Gruppen (orthodox – heterodox) werden neben verschiedenen Sozialisationen auch differierende Funktionszuschreibungen hinsichtlich des Jagdverständnisses zugeteilt. So unterscheidet Schraml nach Funktionen, die „darauf beruhen, dass die Jagdbeute in genügend großer Zahl vorhanden ist" (entspräche den Zielen der Hege, Anm. d. V.), und nach Funktionen, die „darauf beruhen, dass Populationsgrößen bestimmter Arten nicht überschritten werden"[1882]. Nur die letztgenannte Gruppe dagegen ist für eine Standortbestimmung der Jagd in der modernen Gesellschaft zu präferieren, da nur sie ökologische und ökonomische Funktionen wie das Vermeiden von Schäden, von Seuchen und das „Einregeln von Populationen als Maßnahme des Natur- und Artenschutzes"[1883] rational und risikominimierend zu erbringen in der Lage scheint. Eine andere Schlussfolgerung ist aufgrund der Erfahrungen aus der Vergangenheit nur schwerlich möglich. Lediglich Günter R. Kühnle, als moral-philosophischer Anwalt der organisierten (privaten) Jägerschaft, sieht darin „das aktuelle, das innovative <<Fanal>> der modernen Wildjagd; wir erleben folglich einen organisierten Rückfall auf die Negation von Tierschutz, auf Jagdpraktiken etwa der Revolutionsphase nach

[1881] Oder, wie es Günter R. Kühnle formuliert: In den 70er Jahren entstanden „konservative" Traditionalisten, die sich den Prinzipien der Waidgerechtigkeit verbunden fühlen, und "fortschrittliche" Aufgeklärte, die ihrer Jagdpassion im Lebensstil der 68iger Generation, also ungehemmt und normativ unverklemmt frönen dürfen, weil sie sich durch scheinbar höherrangige Interessen im Gewande von Selbstverwirklichung und Emanzipation instrumentalisieren lassen." Dass Kühnle bei der Definition der letztgenannten Gruppe mit stark eingeschränktem Blick argumentiert, wird noch an anderer Stelle deutlicher zur Sprache kommen. Vgl. dazu bei Günter R. Kühnle, Die Jagd als Mechanismus der biotischen und kulturellen Evolution des Menschen. De venatoris naturae sensibilis atque intelligibilis forma et principiis. Zur soziopsychologischen Rolle des Jagdschemas als Denk- und Handlungsschema, S. 248f. Für ihn scheinen ökonomische und ökologische Motive mehr heuchlerisch denn notwendig zu sein.

[1882] Ulrich Schraml, Die Normen der Jäger, S. 240.

[1883] Vgl. dazu bei Ulrich Schraml, Die Normen der Jäger, S. 240.

1848; Muse, verhülle dein Haupt ...!"[1884] Dass dies tatsächlich der Fall ist, wird im nächsten Kapitel noch näher beleuchtet werden. Im Mittelpunkt des Interesses steht dort die Aufhebung jagdlicher Affektbändigungen, deren Verfestigung insbesondere in die Zeit zwischen 1934 und etwa den 1970er Jahren fällt. Der Schrotschuss auf Rehwild und gestreifte Frischlinge, die Bewegungsjagd mit Hunden auf Reh, Sau und Hirsch, die Zurückdrängung von Traditionen; all das sind moderne heterodoxe Forderungen, die durchaus eine gewisse Ähnlichkeit mit der Jagd zwischen 1848/49 und der Verabschiedung des Reichsjagdgesetzes 1934 aufweisen.

10.2.4 Schaffung und Bewahrung jagdlicher Traditionsbestände. Der Versuch ihrer Erhaltung in der fortgeschrittenen Industriegesellschaft

Wenn von jagdlichem Brauchtum die Rede ist, so ist man zunächst einmal versucht, darunter alte und historisch gewachsene Bräuche und Verhaltensweisen zu subsumieren, die, ähnlich der jahrhundertealten Tradition der Burschenschaften, der Handwerkszünfte, des Militärs oder ähnlicher Bünde, eine Verfestigung erfahren haben und damit auch in der modernen Gesellschaft in diesen Kreisen gepflegt werden. Dem ist unter Bezug auf die Jagdbräuche, das jagdliche Brauchtum, jedoch nicht uneingeschränkt so. Wahrhaftig altes, kontinuierlich geübtes, gepflegtes und damit wohl brauchtümliches Kulturgut ist die Sprache der Jäger, die Waidmannssprache, mehr nicht. Der „Rest" ist zu 100% kulturabhängig und damit epochenspezifisch wie dies auch für die Funktion der Jagd zutreffend ist. Schon allein aufgrund der hier häufig attestierten epochenspezifischen Abhängigkeiten ist ersichtlich, dass das heute geübte jagdliche Brauchtum kaum älter als rund 150 Jahre sein kann, so alt eben, wie die bürgerliche Jagd ebenfalls ist. Aber auch hier muss man zuweilen recht diffizile Abstufungen treffen, die sich in der jagdlichen Realität so auch wieder finden. So waren die Bräuche in der Kaiserzeit und hier wiederum variierend vom Bauern über den Bürger zum Adel teilweise ganz andere als dann in den Jahren von 1934 bis 1945, die sich insbesondere durch regelrechte „Brauchtumsschaffung" von den Jahren zuvor unterscheiden. Einzig in der letztgenannten Phase konnten sich die Bauern und Bürger von den adligen Jägern nicht mehr so einfach durch eigene Bräuche und Motive der Jagd unterscheiden, da Brauchtum und Jäger in Politik und Gesinnung wie jeder Verband, jede Vereinigung, jede Gruppierung, systemisch gleichgeschaltet wurden. Auch heute befindet sich das Brauchtum, als ausdrücklich nicht historisch gewachsen und verfeinert[1885],

---

[1884] Günter R. Kühnle, Die Jagd als Mechanismus der biotischen und kulturellen Evolution des Menschen. De venatoris naturae sensibilis atque intelligibilis forma et principiis. Zur soziopsychologischen Rolle des Jagdschemas als Denk- und Handlungsschema, S. 248. Dass er damit durchaus Recht hat, zeige ich im nächsten Kapitel auf. Allerdings scheint auch Günter R. Kühnle mit dieser Argumentation dem teilbaren Tierschutzgedanken aufgesessen zu sein. Die wirklich brutale Jagd findet seit Jahrzehnten auf dem Gebiet der Fallenjagd statt. Hier sollte die Muse ihr Haupt verhüllen.

[1885] Das jagdliche Brauchtum ist deshalb nicht als historisch gewachsen zu bezeichnen, weil außer der Sprache (und diese auch nur rudimentär, wenn man den Verlust der Waidsprüche oder die Vielzahl der hirschgerechten Zeichen und Worte dazu in Relation zieht) kaum ein aktueller Brauch in seiner Verbreitung durch alle Jägerschichten und in seiner Allgemeinheit älter

in einem stetigen Wandel. Die Tendenz zeigt dabei insbesondere im Lager der Försterjäger auf ein jagdliche Denken und Handeln (Brauchtum?) von vor 1900. Auch Günter R. Kühnle hat diese Tendenz erkannt, die noch im folgenden Kapitel hinsichtlich der Affektbändigungen versus Affektfreisetzungen näher diskutiert werden wird. Die Befürchtung von Günter R. Kühnle, dass das „wahllose Töten" das aktuelle, das innovative „Fanal" der modernen Wildjagd darstelle und daraus ein „organisierter Rückfall auf die Negation von Tierschutz" resultieren würde, ist schlichtweg komplexitätsreduzierend[1886]. Prinzipiell stimme ich hier den Folgerungen Kühnles zu, allerdings sehe ich keinen Verstoß gegen Tierschutzinteressen, werden doch die Jagdzeiten verkürzt, die Störungen minimiert, die Liste der jagdbaren Tierarten gekürzt, effektivere Jagdinstrumente erlaubt und tierschutznegierende Jagdmethoden wie die Fallenjagd verboten. Brauchtümliches und damit eher tierschutznegierendes Handeln ist nach wie vor eine Bastion der überwiegend traditionellen Jäger und deren oberster Vertretung, dem Deutschen Jagdschutz-Verband. Indizien dazu findet man insbesondere in den Diskussionen um die Wertigkeit oder um die Aktualität der Waidgerechtigkeit und ihrer Inhalte. Hier zeigen sich die Differenzen zwischen einem überwiegend rationalen (Försterjäger) und einem überwiegend emotionalen (Privatjäger) Jagdverständnis überdeutlich. Dass gerade einige „waidgerechte" Regelungen gegen den Tierschutzgedanken verstoßen, müsste Günter R. Kühnle als ausgewiesenem „Kenner der jagdlichen Orthodoxie"[1887] eigentlich geläufig sein. So ist z. B. die Fallenjagd als waidmännisch zu betrachten, obwohl sie dem gefangenen Tier nicht selten Stunden der Qual und der Enge bringt; unwaidmännisch verhält sich, wer den Hasen in der Sasse (seinem Bodenversteck) schießt, obwohl der Schuss sicherer und einfacher ist als auf den flüchtigen Hasen; unwaidmännisch ist weiter, wer den Fasan am Boden (als sog. Infanterist) schießt, anstatt den pfeilschnell daherfliegenden Fasanen zu treffen versucht[1888] (wobei die Trefferquote natürlich weitaus schlechter ist). Unwaidmännisch ist, wer „sein" Wild nicht wie der Bauer die Kuh im Stall füttert, wer Fuchs und Marder nicht stetig nach dem Leben trachtet, wer generell nicht hegt und wer dem gestreckten Bock nicht die letzte Ehre erweist[1889], während dem weiblichen

als 70 Jahre ist. Historisch gewachsenes Brauchtum dagegen findet man in den Zeiten zwischen den Merowingern und Karolingern und der Zeit bis zur Revolution von 1848/49.

[1886] Günter R. Kühnle, Die Jagd als Mechanismus der biotischen und kulturellen Evolution des Menschen. De venatoris naturae sensibilis atque intelligibilis forma et principiis. Zur soziopsychologischen Rolle des Jagdschemas als Denk- und Handlungsschema, S. 248. Siehe auch Fußnote weiter oben.

[1887] So liefert Kühnle in allen seinen Werken genügend Argumente, die eine rationale, heterodoxe Einbindung von Jagd und Jäger in die moderne Gesellschaft schlichtweg verhindern. Die Überbetonung der Jagd als ein ontologisches a priori gehört ebenso hierher wie die neuerliche Analyse der Jagdmotivation, die nach seinem Dafürhalten unbewusst die Angst vor dem eigenen physischen Tod mildern soll. Toleranz, so sein Ergebnis, müsse man dem Jäger entgegenbringen, geradeso wie dem Radfahrer oder dem Briefmarkensammler. Über die Wirkungen der Jagd wird hier der Mantel des Vergessens gelegt. Dergestalt bleibt eine Jagdkritik, die letzten Endes auch ihren gesellschaftlichen Tod bedeuten kann, nicht aus.

[1888] Vgl. dazu eine Umfrage unter Experten, Was ist Waidgerechtigkeit? in: Jäger, Ausgabe Nr. 02/1998, S. 20. Peter Bachmann zählt hier die Unsinnigkeiten der Waidgerechtigkeit auf.

[1889] Vgl. dazu auch bei Klaus Maylein, Jagd und Jäger in der modernen Gesellschaft, S. 83f.

Stück nach waidmännischer Tradition diese Behandlung verweigert wird. Der Habitus des bundesdeutschen Jägers, sofern er sich als Waidmann gibt, ist nach wie vor ein Konglomerat romantischer Reminiszenzen und eines guten Stücks politischer Prägung, das heißt (bewusst oder unbewusst) ein Abgrenzungsverhalten zu anderen Kulturen, basierend auf der langen „Gegnerschaft von preußischem Deutschtum, britischem Empire-Selbstverständnis und französischem Grande-Nation-Bewusstsein"[1890]. Deutlich gefestigt wurde diese Affrontstellung wohl vermutlich seit 1871 und der damit verbundenen kulturellen Rückendeckung des kaiserlichen Selbstverständnisses (insbesondere von Wilhelm II.) und nicht zuletzt im Dritten Reich, was jedoch nicht als nationalsozialistische Prägung missverstanden oder missgedeutet werden darf. Nationalistisch waren zu jener Zeit alle Kulturen, nur das prägte entscheidend den Briten wie den Franzosen und den Deutschen. Dass jagdliches Selbstverständnis, brauchtümliche Handlungen, schlichtweg der Habitus des Jägers, in einem mehr oder weniger engen Zusammenhang mit seiner nationalen und kulturellen Identität stehen, ist auch bei Matt Cartmill nachzulesen. So gilt für den imperialen Jäger der Jahrhundertwende (19. auf 20. Jahrhundert), dass seine Art und seine Handlungen zum „imperialen Theater" gehörten, sie „sollten zum Teil die eigene Großmächtigkeit herausstreichen, die Einheimischen beeindrucken und klarstellen, wer hier der <<Baas>> war[1891]." Es war die Geburtsstunde des „Großen weißen Jägers", der die Überlegenheit des weißen Mannes über die Urwaldkreaturen, aber auch über die unterworfenen Völker demonstrieren sollte. Bei diesen Jagden außerhalb des Reiches oder außerhalb des Empires ging es darum, die Ziele des Reiches oder Empires zu belegen. „Wir sind die Herrscher", so der große Tigerjäger Ralph Stanley-Robison[1892]. Nicht zuletzt deshalb wurde die Jagd vor dem Hintergrund jener Intention ein beliebtes Thema in der Heimat. Nationale Gefühle wurden durch sie angesprochen und bestärkt. Die Druckerpressen Europas und Amerikas stießen vom frühen 19. Jahrhundert bis in die 1930er Jahre einen Schwall populärer Jagdbücher von Kolonialjägern aus, die häufig genug in Siegerpose, einen Fuß auf der erlegten Beute, auch die Macht des eigenen Staates repräsentierten und in die Ferne trugen. Auch das war eine Form jagdlicher Raum(be)handlung. Teile dieses Habitus sind also nach wie vor bei den Jägern unterschiedlicher Nationalitäten vertreten. Nicht umsonst stellt der deutsche Jäger sein waidmännisches Verständnis wie kaum ein anderer im Ausland zur Schau und besteht nicht selten auf der Einhaltung derselben Rituale wie zuhause. Auf diese Eigenheiten des deutschen Jägers haben sich die Agenturen und ausländischen Gastgeber schon längst eingestellt.

Das „aristokratische Gehabe" des Waidmanns, welches auch heute noch Bestandteil der Jagd als soziale Distinktion ist, ist insofern und unter Berücksichtigung der Anmerkungen Monika E. Reiterers möglicherweise mehr einer bewussten oder unbewussten kulturellen Abgrenzung und damit einer Form des Nationalstolzes zuzurechnen als einem rein aristokratischen Habitus. Monika E. Reiterer

---

[1890] Vgl. diesen äußerst interessanten Aspekt bei Monika E. Reiterer, Ärgernis Jagd? S. 109. Hier dreht es sich um die Frage, was denn waidgerechtes Benehmen eigentlich sei.

[1891] Matt Cartmill, Tod im Morgengrauen, S. 167.

[1892] Vgl. dazu bei Matt Cartmill, Tod im Morgengrauen, S. 167.

dazu: „Die unterschwellig immer noch virulente Vorstellung vom strammen deutschen und österreichischen Waidmann (...) im Gegensatz zum schlaksigen angloamerikanischen Sportsmann oder zum nobel parforce-hetzenden Franzosen sollte im Zeitalter der Globalisierung aller Menschheits- und Umweltprobleme als veraltet erkannt werden."[1893] Dennoch: mit den Inhalten des Nationalsozialismus darf die jüngere Geschichte der Jagd ausdrücklich nicht in einen Topf geworfen werden. Die im Reichjagdgesetz getroffenen Regelungen zu Jagd und Wild waren schon Gegenstand jagdlicher Diskussionen lange vor Hermann Görings Paukenschlag straffer und einheitlicher Organisation der deutschen Jägerschaft[1894]. Lediglich ermöglichten nun die politischen Rahmenbedingungen (Gleichschaltung, Führerprinzip) eine jagdrechtliche und tatsächliche Konkretisierung jahrzehntelanger, weitgehend unpolitischer und rein am Gedanken der Jagd- und Naturpflege orientierter Bestrebungen[1895], auch wenn sie häufig genug revieregoistisch gewesen sein mögen. Doch gerade das beeinflusste Jagd und Jäger nachhaltig und gereichte ihnen mehr zum Nach- denn zum Vorteil. Das Prinzip der Gestaltung und Beeinflussung gilt aber für alle politischen Systeme der Vergangenheit und ihren Einfluss auf die Jagd, einerlei ob Monarchie, Republik oder Diktatur. Gerade die zurückliegenden Kapitel sollten dies deutlich vor Augen geführt haben. Realiter scheint sich heute Folgendes durchgesetzt zu haben: auch wenn die deutsche Waidgerechtigkeit an vielen Stellen ihrer den Jäger schützenden Hülle brüchig und aufgeweicht wurde, so hat dies den Deutschen Jagdschutz-Verband mehr zu Reparaturleistungen denn zum konzeptionellen Umdenken veranlasst. Nicht zuletzt der reaktionäre und wertkonservative Phlegmatismus des Deutschen Jagdschutz-Verbandes gegenüber wissenschaftlichen Erkenntnissen und ökoökonomischen Zwängen sowie auch die rund 11 Jahre Erziehungsarbeit von 1934 bis 1945[1896] und ihre Wirkungen auf die deutschen Jäger waren und sind es teilweise auch noch heute, die in die tiefe Kluft zwischen Försterjäger einerseits und Privatjäger andererseits führten, die aber auch gleichzeitig die Barrieren zwischen dem Natur- und Tierschutz und der Jagd als Form der legitimen Landnutzung eher auf- denn abzubauen halfen. Die Jagd als eine Form der Landnutzung hat auf diese Weise ihre Unschuld verloren. Der erste Schritt wurde 1934 per Zwangsbeschluss vollzogen. Die Gleichschaltung auch der Jagdvereinigungen und der damit verbundenen Zentralisierung und Monopolisierung im jagdlichen Vereinswesen hinterließ bis weit nach dem Krieg einen tiefen Eindruck innerhalb des jagdlichen Selbstverständnisses. Wie wirkte sich dies aus? Bis 1934 war die Jagd der meisten Bürger und Bauern ein Hobby, ein Steckenpferd, eine Freizeitbeschäftigung, der man

---

[1893] Vgl. dazu bei Monika E. Reiterer, Ärgernis Jagd?, S. 109.

[1894] So z. B. die Hege des Wildes, die Sicherung der Jagd als Kulturgut, die Ausgrenzung der Bauernschinder und Sonntagsjäger, Waidgerechtigkeit, die Bindung von Jagdrecht und Grundeigentum, die Überbetonung starker Trophäen, Identitätsstiftung, etc.

[1895] Vgl. dazu bei Ulrich Scherping, Waidwerk zwischen den Zeiten, S. 43ff, ebenso bei Andreas Gautschi, Der Reichsjägermeister, S. 27.

[1896] Ulrich Schraml attestiert diesen Jahren allerdings die Leistung, eine homogene Jägergruppe mit einheitlichen Werten, Normen, organisiert in nur einem Jagdverband, geschaffen zu haben. Vergl. dazu bei Ulrich Schraml, Die Normen der Jäger, S. 244. Diese Wirkungen in Bezug auf jagdliche Sozialisation sind durch drei Generationen bis heute verfestigt worden.

gerne nachging und die auch nur wenig Kritik von Seiten einer nichtjagenden Bevölkerungsmehrheit auf sich zog[1897]. Die Funktion der Jagd für den bürgerlichen Jäger war der Zeitvertreib und die Fleisch- und Schutzjagd stand zumindest beim Bauernjäger noch im Mittelpunkt seines Tuns[1898]. Die dennoch stattfindende Kritik kam zumeist aus dem Lager der jagdlichen Eliten, des Adels und der noch weitgehend in deren Diensten stehenden Forstleute, die nun allesamt nicht mehr „Schießer", „Fleischjäger" oder Sonntagsjäger waren, sondern bereits Waidmänner, die sich durch jagdliche Rituale, eine jagdliche Sprache, das Jagdhornblasen (welches um 1900 noch weitgehend unbekannt war) und verschiedenen nun erst zu kreierenden „Brauchtums" von den jagenden Bauern und Bürgern zu unterscheiden wussten[1899]. Sie beklagten die Orientierungslosigkeit der Jagd, die sowohl auf dem Gebiet des Jagdrechtes als auch auf dem Gebiet des jägerischen Idealismus und der jagdlichen Poesie zu finden waren. Jene Orientierungslosigkeit konnte nach dem Willen der treibenden jagdlichen Kräfte nur durch eine reichsumfassende, einheitliche Jagdgesetzgebung sowie die Organisation der Jäger in einem sinnstiftenden und brauchtumsfördernden Verband überwunden werden. Insbesondere Ferdinand von Raesfeld und Oberländer (Pseudonym von Carl Rehfuss) kritisierten auf diese Weise die Lage vor 1933/34. Erst ein reichseinheitliches Jagdgesetz und das Generieren jagdlicher Normen und Bräuche in einer jagdlichen Organisation könnten dem Übel abhelfen. Auf diese Weise sollte dem Tun der bäuerlichen Jagdschinder und ihrer städtischen Genossen ein Ende gesetzt werden, bzw. eine Abgrenzung des ehrenvollen Waidmannes von dieser Klientel erfolgen. Ganz besonders am Herzen lag ihnen dabei neben der gesetzlichen auch die außergesetzliche jagdliche Normsetzung (deutsche Waidgerechtigkeit), die Hege der „zusammengeschossenen" Wildbestände und die Pflege der Traditionen[1900]. Das Chaos der damaligen Lage resultierte nicht zuletzt aus der Anzahl der verschiedenen Jagdgesetze (reichsweit 24 Jagdpolizeigesetze an der Zahl) als auch aus der Konkurrenzsituati-

[1897] Gerade die Jagd als Zeitvertreib war es, die den bürgerlichen und bäuerlichen Jägern die Kritik aus den Reihen der ehrbaren Jäger einbrachte. Jene Jagd, so z. B. Oberländer 1901 kritisch dazu, sei es, die man als Schießlust oder im besten Falle einen Zeitvertreib nennen könne, lediglich bestimmt, das dräuende Gespenst „Langeweile" zu bannen. Vgl. dazu bei Ulrich Schraml, Die Normen der Jäger, S. 30, und bei Oberländer, Quer durch deutsche Jagdgründe. Aus der Mappe eines philosophierenden Jägers, S. 13.

[1898] So z. B. anschaulich durch Bildmaterial bei Bruno Hespeler, Jäger wohin? S. 73f belegt. Eines der Bilder zeigt drei Jäger aus Oberbayern bei Bichl. Sie haben gerade einen jungen Basthirsch erlegt und sich ablichten lassen. Hespeler dazu: „Von Bedeutung war nur das Wildbret und das Erlebnis: die Hörner waren wertlos (...)."

[1899] Zur Kreierung und Neuerfindung jagdlichen Brauchtums in den Jahren um 1934 siehe auch Walter Frevert, Das jagdliche Brauchtum, insbesondere zu den Brüchen, dem Jagdhornblasen, dem Streckelegen, etc. All das war in den breiten Jägerkreisen vor 1934 noch weitgehend unbekannt. Weiterhin bei Walter Frevert, Die Rominter Heide, in: Deutscher Jagdschutz-Verband e.V. (Hrsg.), Ulrich Scherping und ein halbes Jahrhundert Deutscher Jagdgeschichte, S. 75. Hier beschreibt Walter Frevert, wie Brauchtum ab 1933 „gesammelt" und kreiert wurde.

[1900] Vgl. dazu die Ausführungen bei Klaus Maylein, Jagd und Jäger in der modernen Gesellschaft, S. 22, weiterhin bei Ulrich Schraml, Die Normen der Jäger, S. 29, bei Andreas Gautschi, Der Reichsjägermeister, S. 15. Die Anzahl der Jagdpolizeigesetze wuchs in den Jahren zwischen 1850 und 1918 auf 24 an. Diese 24 Jagdgesetze zu vereinheitlichen entsprach dem Wunsch der jagenden Eliten und des Adels.

on von 550 verschiedenen Jagdvereinigungen, die es im Deutschen Reich bis 1934 gab[1901]. Ein Drittel der deutschen Jäger war in eben diesen unzähligen Vereinen organisiert, wobei die restlichen zwei Drittel keiner Jagdvereinigung beigetreten waren[1902]. Die jagdliche Vereinslandschaft und das jägerische Selbstverständnis innerhalb Deutschlands waren dabei alles andere als homogen. Nur die jagdlichen Eliten, der Adel und die Forstleute, bezogen den Begriff des Waidmanns auf sich, da sich ihr ehrenvolles Jagen voller alter Ideale von dem überhand nehmenden Chaos, gefördert durch „Realismus und Indifferentismus"[1903] des jagenden Bürgertums, deutlich abgrenzte. 1934 dann konnten durch die sich ändernden politischen Verhältnisse im Zuge der Machtergreifung der Nationalsozialisten die unzähligen Vereinigungen aufgelöst und eine einheitliche Jagdorganisation mit dem Namen „Reichsbund Deutsche Jägerschaft" geschaffen werden. In ihr wurden die drei größten jagdlichen Vereinigungen, die sich durch die beiden Pole reaktionär und demokratisch-reformistisch verdeutlichen lassen, zusammengefasst, was nicht zuletzt dadurch erleichtert wurde, dass Ulrich Scherping bereits seit dem 15. Juli 1933 die Geschäftsführung aller drei Jagdorganisationen (Allgemeiner Deutscher Jagdschutzverein, Deutsche Jagdkammer, Reichsjagdbund) auf sich vereinigen konnte[1904]. Die Auswirkungen auf ideeller und materieller sowie sozialer Ebene waren dann ab 1934 mit der Inkraftsetzung des Reichsjagdgesetzes enorm. Fortan konnten die bisherigen Konfliktfelder seit der Revolution von 1848/49 gesetzlich und allgemeinverbindlich geregelt werden. Das ideelle Ziel war es, die Jäger mit Hilfe der gesetzlichen Normen und Regelungen auf die gesetzesexternen Bestimmungen der deutschen Waidgerechtigkeit einzuschwören und sie in ihrem Sinne zu erziehen[1905]. Um dies zu erreichen, wurde jeder deutsche Jäger durch eine Regelung des § 56 RJG automatisch mit der Lösung eines Jagdscheines Zwangsmitglied im Reichsbund Deutsche Jägerschaft und darüber hinaus zum Bezug einer Jagdzeitschrift verpflichtet[1906]. In der Zeit zwischen 1934 und 1945 wurden so die Grundlagen geschaffen, die die Jäger zu einem homogenen Bild des deutschen Waidmanns zusammenzufassen in der Lage waren und damit die Jagd nicht nur dem Begriff der Freizeitbeschäftigung, des Hobbys oder gar des Sports entfremdeten[1907], sondern sie darüber hinaus auch einem rationalen und zweckgerichteten Zugang entzogen. Solange dieser Zugang gesamtgesellschaftlich problemlos war, das heißt die Voraussetzungen nicht geschaffen waren, die ein breites Interesse auf das Tun und Vorhaben der Jäger und deren Wirkungen für die nichtjagende Bevölkerungsmehrheit zu lenken in der Lage waren, solange gab es keine Kritik, keine Zugriffsversuche von außen auf das System der Jagd. Bis in die 1970er Jahre hinein war das der Fall. Es ist also nur konsequent, diesen fehlenden Zugang bis in die 70er Jahre hinein als relativ unauffällig und damit ohne Wirkung für Jagd und

---

[1901] Vgl. diese Zahl bei Ulrich Scherping, Waidwerk zwischen den Zeiten, S. 41.

[1902] Vgl. ebd., S. 49.

[1903] Vgl. dazu bei Ulrich Schraml, Die Normen der Jäger, S. 30.

[1904] Vgl. dazu bei Andreas Gautschi, Der Reichsjägermeister, S. 17ff, und bei Heinrich Rubner, Deutsche Forstgeschichte 1933-1945, S. 78ff.

[1905] Vgl. dazu bei Klaus Maylein, Jagd und Jäger in der modernen Gesellschaft, S. 23.

[1906] Vgl. dazu die Ausführungen im BLV Jagdlexikon, S. 398, Stichwort jagdliches Schrifttum.

[1907] Vgl. dazu die Ausführungen bei Bruno Hespeler, Jäger wohin?, S. 19.

Jäger zu bezeichnen. Ganz nebenbei führte die als eher unauffällig zu bezeichnende Rolle des Jägers zur Herausbildung einer elitären Jagdauffassung sowie zu einem stark emotionalisierten und heroisierten Jägerselbstbildnis (Selbstverständnis). Erinnert sei hier nur an die jagdliche Faunenpyramide, die den Jäger als den Stellvertreter natürlicher Großräuber (nachdem sie jagdlich durch den Menschen ausgerottet wurden) an deren Spitze stellt[1908]. Ohne den Jäger, so die Botschaft jener Faunenpyramide, wäre das ökologische Gleichgewicht gefährdet. Dabei wird vollkommen verkannt, dass von einem ökologischen Gleichgewicht, basierend auf natürlichen komplexen Zusammenhängen und intakten Biotopstrukturen, in einer ausgesprochenen und vollkommen aus natürlichen Wurzeln gerissenen Kulturlandschaft wohl nur schwerlich die Rede sein kann. Oder, um es mit anderen Worten auszudrücken: kein Jäger sollte heute mehr ernsthaft der Auffassung sein, dass das Töten einer Rabenkrähe, eines Fuchses oder eines Mauswiesels (auch nicht eines Rehs, Wildschweins oder Hirsches) auch nur im Entferntesten deshalb geschehen muss, weil dadurch ein ökologisches Gleichgewicht erhalten werden kann. Ein ökologisches Gleichgewicht, sofern überhaupt irgendwelche realen Inhalte jener Worthülse gerecht werden können, kann es nur in Biotopen oder Reservaten, Naturschutzgebieten oder Ähnlichem geben, in denen der Mensch nicht eingreift und damit auch konsequenterweise die negativen Auswirkungen der menschlichen Zivilisation keine irgendwie geartete Beeinflussung zur Folge haben können[1909]. Dies, und das zeigt gerade Ulrich Becks „Risikogesellschaft" auf, ist für die moderne Gesellschaft aufgrund ihrer grenzüberschreitenden Gefährdungspotentiale vollkommen utopisch. Weltweit existieren keine ausschließlichen Naturräume mehr. Ein „ökologisches Gleichgewicht" ist damit ein reines Phantasiegebilde, geeignet als Instrument der orthodoxen Jagdrealisation. Erst in den 1970er Jahren wurden Jagd und Jäger aus ihrem engen Weltbild gerissen und mit den Problemen einer industrialisierten Gesellschaft direkt konfrontiert sowie hinsichtlich der Notwendigkeit des naturnahen Waldbaus nicht selten als Problemverursacher verortet. Das war ein Schlag gegen die Ansichten und Betrachtungsweisen zur Rolle und Funktion der Jagd, der sich bis heute fortwirkt. Mit der nun wieder gesetzlichen

---

[1908] Vgl. dazu bei Wilhelm Bode und Elisabeth Emmert, Jagdwende, S. 27-28.

[1909] Die in einem räumlich abgegrenzten Gebiet vorkommenden Lebensgemeinschaften aus Pflanzen und Tieren sind normalerweise in der Lage, bestimmte Veränderungen selbstständig auszugleichen. So wird das vermehrte Auftreten eines Schädlings »natürlich« zur Folge haben, dass sich auch die Feinde dieses Schädlings verstärkt vermehren (z.B. Blattlaus – Marienkäfer), bis das natürliche Gleichgewicht wieder hergestellt ist. Der Mensch greift jedoch ständig in ehemals intakte Ökosysteme (Einheit von Lebensraum und Lebensgemeinschaft) ein, die Folgen sind u. a. Artenrückgang, Klimaverschiebung oder das Absterben von Gewässern, die ihre Selbstreinigungskraft verloren haben. Heute bemüht man sich, wenigstens kleine ökologische Zellen (Biotope) zu erhalten, in denen die Natur noch sich selbst überlassen bleibt. Die über das ganze Land verteilten Biotope sollen aus diesem Grund zu einem Biotopverbund zusammengefasst werden. Vgl. dazu unter der URL: http://www.umweltdatenbank.de/lexikon/oekologisches_gleichgewicht.htm. Und dennoch ist dieses Vorhaben, so meine Meinung, nicht erfolgsorientiert. Der Mensch greift sogar über Grenzen hinweg in die ehemals natürlichen Zusammenhänge ein, ohne selbst notwendigerweise vor Ort sein zu müssen. Allein der saure Regen und die durch den Menschen verursachte Klimaerwärmung greifen in jene prinzipiell unberührten Biotope ein und verändern deren natürliche zu einer kulturellen Struktur. Von irgendwelchen Gleichgewichten kann hier keine Rede sein.

Verankerung der Hege als Pflicht eines jeden Jägers (BJagdG 1977) war ein wesentlicher Schritt in Richtung Traditionsbewahrung im pluralistischen Staat getan und die Konfliktfelder mit der Forstwirtschaft und den gesellschaftlichen Gruppierungen des Naturschutzes definiert. Die gesamtgesellschaftliche Problemlage der Jagd wurde hier wissentlich oder unwissentlich auf Jahrzehnte bestimmt und definiert.

10.2.4.1 Polarisierungen und Parolisierungen

Bis in die 1970er Jahre hinein fand nach den Worten von Bruno Hespeler eine innige Zusammenarbeit zwischen Naturschutz und Jagd statt. Noch in den 70er Jahren lud der damalige Vorsitzende des BUND, Hubert Weinzierl, zur gemeinsamen Treibjagd mit dem Landesjagdverband Bayern. Die Wege von Naturschutz und Jagd, so Bruno Hespeler weiter, trennten sich dann jedoch, als der Naturschutz begann, „die inzwischen von der Wissenschaft mehr und mehr erkannten komplizierten Zusammenhänge im komplexen Gefüge unserer Umwelt zu akzeptieren"[1910]. Daraus kann oder muss geschlussfolgert werden, dass die Jägerschaft die Zeichen der Zeit - ihre negativen Folgen als auch ihre wissenschaftlichen Erkenntnisse - nicht oder nur unzureichend anerkennt, während der Naturschutz, der in weiten Teilen ja gerade ein Kind jener Zusammenhänge ist, hier einen gewissen Vorsprung durch situationsangepasste Forderungen und Einsichten zeigt. In diesem Kontext ist es nach meinem Dafürhalten vollkommen unzulässig, in der Überbevölkerung den Grund für die zunehmenden Konflikte zwischen Naturschutz und Jagd zu suchen, wie dies Monika E. Reiterer für sich in Anspruch nimmt[1911]. Tatsache ist ja nach wie vor, dass sehr viele jagdlich interessante Arten als Kulturfolger im 20. Jahrhundert bis heute steigende Populationen aufweisen. Die Zersiedelung der Landschaft, die Strukturierung der verbleibenden Naturräume, die Wirtschaftsweisen in ihnen, hat Reh und Sau, Fuchs, Waschbär und Marderhund, um nur einige zu nennen, enorm begünstigt. Die Populationen sind auf lange Zeit gesichert, beim Schwarzwild und beim Reh ist gar ein weiterer Zuwachs nicht ausgeschlossen. Auslöser der Konflikte zwischen der Jägerschaft und dem Naturschutz und anderen gesellschaftlichen Gruppierungen war und ist nicht die „Überbevölkerung und der Trend zurück zur Natur"[1912], sondern die fehlende Einsicht und mangelnde Kompromissfähigkeit der Jägerschaft und hier vor allem ihrer Verbandseliten hinsichtlich gesamtgesellschaftlicher Lösungen, die mehr als jemals zuvor eine Verortung der Jagd als funktionierendes (und damit transparentes und offenes) Teilsystem der Gesellschaft zum Ziel haben müssten. Schlussendlich scheint es bei all den Auseinandersetzungen zwischen Jagd und Naturschutz, insbesondere von den jagdlichen Eliten initiiert, um verbandspolitischen Einfluss, um alte Pfründe, schließlich um Zugriffsrechte auf Themen in und um Natur und Jagd zu gehen. Dabei wird vollkommen übersehen, dass mit dem Beharren auf überkommenen Rechten, dem Versuch des Bewahrens nicht mehr zeitgemäßer

---

[1910] Vgl. dazu Bruno Hespeler, Jäger wohin?, S. 13.

[1911] Für Monika E. Reiterer ist die Ursache für die Gegensätze zwischen Jägerschaft und Jagdgegnern die „Überbevölkerung unserer guten Mutter Erde". Vgl. dazu bei Monika E. Reiterer, Ärgernis Jagd?, S. 16.

[1912] Ebd., S. 16.

Privilegien und Jagdpraktiken sowie einem monokausalen Denken in ökosystemaren Problemstellungen[1913] dem Zugriff des Naturschutzes Tür und Tor geöffnet wird. Schon in den aktuellen Novellierungsdiskussionen zum Bundesjagdgesetz kristallisiert sich deutlich heraus, dass die Jagdpolitik stärker eine Aufgabe der Natur- und Tierschutzvereinigungen wird und weniger eine Bastion der eigentlichen Jagdvereinigungen bleiben kann. Gerade die orthodoxen Jagdvereinigungen verlieren immer mehr an argumentativem Boden, zumal ihre Traditionsbestände und ihre irrationale Jagdpraxis (vgl. dazu Kapitel 11) durch aufgeklärte Jäger, Naturschützer und deren institutionelle Kraft immer mehr in Frage gestellt werden. Die Zivilisationsprozesse sind in ihren Wirkungen eine nicht zu leugnende Tatsache, ihre Außenwirkungen nur schwerlich zu stoppen geschweige denn umzukehren. Die Jagdausübung selbst dagegen wäre relativ unkompliziert, schnell und effektiv auf die Anforderungen der industrialisierten Gesellschaft einzustellen. Die einschränkenden Überlegungen hinsichtlich der Durchsetzung jener notwendigen Jagdausübung (deshalb „relativ") basieren einzig auf der konservativen Einstellung einer überwiegenden Mehrheit innerhalb der Jägerschaft. Der Titel „Die Jagd im Würgegriff des Naturschutzes"[1914] eines Artikels von J. Meyer-Loos zeigt die fortgeschrittene Polarisierung zwischen den „bösen" Nutzern und den „guten" Schützern sehr anschaulich auf. Solange diese Polarisierung von beiden Seiten vorangetrieben wird und Kompromisse als Lösungen nicht anerkannt werden (so geschehen mit dem gemeinsamen Empfehlungspapier zwischen DJV und NABU auf Gut Sunder, 7. März 1998), solange werden sich Jagd und Naturschutz unversöhnlich gegenüber stehen. Allein der Naturschutz hat aufgrund seiner verbandspolitischen Stärke dann noch die Möglichkeit, Jagdpolitik ohne den DJV umzusetzen. Umgekehrt wird es dem DJV nicht mehr möglich sein, Jagdpolitik ohne die großen Naturschutzverbände zu betreiben. Dabei ist die 1998 getroffene gemeinsame Empfehlung des Deutschen Jagdschutz-Verbandes und des Naturschutzbun-

[1913] Häufig wird von Seiten der Jäger in monokausaler Weise der Abschuss von (überwiegend) Raubwildarten gefordert. Vgl. dazu bei Gösta Larsson, Die Geheckzeit hat es in sich, in: Wild und Hund, Ausgabe Nr. 09/1998, S. 86. Larsson ist der Auffassung, dass die Bejagung der Jungfüchse am Bau dem „Ausgleich" in der Natur dienlich sei. Tatsächlich lauten die überwiegenden Forderungen hinsichtlich der Prädatorenbejagung zumeist, dass z. B. bereits die Jungfüchse am Bau geschossen werden müssen, weil sie die Hasen gefährden, und Rabenkrähen, weil sie Hasen und Bodenbrüter, aber auch andere Singvogelarten negativ beeinflussen würden. Natürlich bestehen diese Beziehungen, eine Monokausalität besitzen sie jedoch keineswegs. So wurde diesbezüglich vom Verwaltungsgericht Braunschweig die Klage eines Jägers abgelehnt, der gegen den Landkreis Wolfenbüttel klagen wollte, weil ihm keine Ausnahmegenehmigung für den Abschuss von Rabenvögeln erteilt worden war. Er begründete seinen Antrag auf Ausnahmegenehmigung mit dem monokausalen Gedanken, dass die Rabenvögel die Feldlerche (Vogel des Jahres 1997) erheblich dezimieren würden. Das Gericht sah es jedoch als erwiesen an, dass nicht die Rabenvögel, sondern die Landwirtschaft mit ihrer intensiven Landnutzung und dem Einsatz von Düngemitteln, durch Weidevieh und landwirtschaftliche Maschinen den Bestand der Feldlerche gefährden. Die Rabenvögel für den Rückgang der Feldlerchenpopulation verantwortlich zu machen ließ das Gericht nicht gelten. Vgl. dazu ein Urteil des Verwaltungsgerichts Braunschweig (AZ: 9 A /91166/97), kommentiert von Werner Nagel, „Landnutzung, nicht Rabenvögel sind schuld", in: Wild und Hund, Ausgabe Nr. 09/1998, S. 19.

[1914] Vgl. dazu bei J. Meyer-Loos, Die Jagd im Würgegriff des Naturschutzes, in: Der Jäger, Ausgabe Nr. 03/1999, S. 20-21.

des Deutschland (NABU), die von Baron Heereman als dem damaligen Präsidenten des DJV und von Jochen Flasbarth, dem Präsidenten des NABU unterschrieben wurde, als längst hinfällig und prinzipiell als wegweisend zu bezeichnen. Hier bekennt sich der DJV zu einer modernen Jagd, die sich den Ansprüchen des Naturschutzes nicht verschließen kann, die Kompromisse eingeht, wo sie nötig sind, die gesprächsbereit ist und nicht zuletzt funktionale Züge erkennen lässt. Selbst der anhaltende Flächenverbrauch, die Verbauung der Restnaturflächen, wurde in diesem Empfehlungsschreiben angeprangert, was bisher immer ein Primat des Naturschutzes war. Während die Verbandsspitze unter der Leitung von Baron Heereman diesen wichtigen Schritt gegenseitiger Annäherung und Kooperation mit dem NABU unternehmen will, wurden Stimmen von den einzelnen Landesjagdverbänden laut, die dem eigenen Präsidenten „verbandspolitische Fehlleistung"[1915] attestierten. Nahezu alle Landesjagdverbände warfen denn auch ihrem Präsidenten die „Dreingabe jagdlicher Rechte und Ansprüche ohne Not"[1916] vor. Schon minimalste Kompromisse scheitern an der fehlenden Einsicht hinsichtlich einer funktionalen Jagddefinition. So ist einer der Hauptkritikpunkte die auf Gut Sunder getroffene Formulierung zur Jagd in Schutzgebieten. Der Punkt 7 der „Gemeinsamen Empfehlung" sieht vor, dass „die Jagd (...) auch in Schutzgebieten eine legitime Form der Landnutzung sein *kann*, sofern sie dem Schutzziel des Gebietes nicht zuwiderläuft". Diese Formulierung steht dem DJV-Positionspapier „Jagd in Schutzgebieten" entgegen, wo es heißt: „Die Jagd *ist* in Schutzgebieten eine legitime Form der Landnutzung (...)."[1917] Wo sollen die Kompromisspotenziale liegen, wenn schon die Attribuierung *„kann* Landnutzung" versus *„ist* Landnutzung" derartige Auseinandersetzungen zwischen der DJV-Spitze und seinen 16 Mitgliedern provoziert. Das Ergebnis kann nur eine Beschneidung der jagdlichen Mitsprachemöglichkeiten des DJV sein.

Dabei muss man sich nur vor Augen halten, dass die Jagd nicht in jedem Schutzgebiet auch per se von Nöten ist. Als Beispiel dafür können die vatikanischen Wälder im Nordosten Italiens dienen, wo auf 23.000 Hektar die Jagd seit 60 Jahren eingestellt ist und dennoch reiche, natürliche Bergmischwälder aus Tannen, Buchen und Fichten vorkommen und das trotz guter Bestände von Reh- und Rotwild, von Stein- und Gamswild, Bär und Luchs, Steinmarder und Auerhahn[1918]. Es ist ein spezifisch deutsches Phänomen jeden Quadratmeter Boden mit Jagd zu überziehen. Jene auch heute noch vorherrschenden jagdlichen Allmachtsphantasien sind ein wesentliches Teilchen im Puzzle der Jagddiskussionen und sie werden von Seiten der Jagdgegner entsprechend sachlich und argumentativ ausgenutzt[1919]. Die Polarisierungen zwischen Naturschutz und Jagd werden in den nächsten Jahren

---

1915 Vgl. dazu Eberhard Wenzel, „Das geht gegen unsere Interessen", in: Wild und Hund, Ausgabe Nr. 07/1998, S. 18.

1916 Vgl. ebd., S. 16-19.

1917 Vgl. dazu Eberhard Wenzel, „Das geht gegen unsere Interessen", in: Wild und Hund, Ausgabe Nr. 07/1998, S. 18.

1918 Vgl. dazu Georg Sperber, „The German Problem" und das vatikanische Wald-Wild-Wunder, in: Ökojagd, Ausgabe Nr. 04/1999, S. 13.

1919 So z. B. auch von Thomas Winter, Jagd – Naturschutz oder Blutsport?, mit einiger Sicherheit eines der besseren jagdkritischen Bücher.

aus genau jenem Grunde noch deutlicher und insgesamt unversöhnlicher werden. Ableiten lässt sich diese Vermutung auch aus den sich radikalisierenden Gegebenheiten der letzten Jahrzehnte. Die Auffassungen über den gangbaren Weg zur Erhaltung der Natur zwischen den nun ebenfalls in den 70er Jahren herangewachsenen Natur-, Umwelt-, Tier- und Vogelschutzverbänden auf der einen und den Jägern, Fischern, Imkern und Landwirten auf der anderen Seite gingen zusehends auseinander. Die Bandagen in den Konfrontationen wurden in der Vergangenheit immer härter, die Auseinandersetzungen radikalisierten sich bis hin zu Tierbefreiungsaktionen (Nerzfarmen, Nutriafarmen), Sachbeschädigungen, verbunden mit der Gefährdung von Leib und Leben durch Ansägen von jagdlich genutzten Hochsitzen und Hochständen oder die Sprengung von Ansitzeinrichtungen, wie dies zu Beginn des Jahres 2004 auf der Ostalb und in Mecklenburg-Vorpommern der Fall war. Neben den oben genannten Polarisierungen, die in zunehmenden Maße die menschlichen Bestrebungen in der Kulturlandschaft strikt und monokausal in „Nutzer" (Jäger) und „Schützer" (nichtjagende Naturschützer) zu unterscheiden wussten, spaltete sich auch das jagdliche Lager selbst immer mehr auf. Nicht zuletzt aufgrund der wiederum orthodoxen und nur wenig einsichtigen Reaktion des Deutschen Jagdschutz-Verbandes auf die Entwicklungen und Forderungen seit den 70er Jahren begann sich auch die Kluft zwischen Försterjäger hier und Privatjäger dort deutlich zu vergrößern. Die Missachtung rein forstwirtschaftlicher Ziele durch die Privatjägerei einerseits und das Unverständnis der Förster gegenüber dem egoistischen revierbezogenen Denken und Handeln der Jäger führte zur Ausweitung der ohnehin schon bestehenden Kluft zwischen den heterodoxen Försterjägern und den orthodoxen Privatjägern. Die Forstpartie unterstellt den privaten Jägern mangelnde Biotoporientierung und stattdessen eine ungehinderte Trophäenorientierung und damit verbunden die Verunmöglichung oder zumindest Erschwerung naturnahen Mischwaldbaus, während die Forstpartie des wahllosen Zusammenschießens der Bestände von Reh- und Rotwild bezichtigt wurde und wird[1920]. Bereits in einer früheren Arbeit habe ich darauf hingewiesen, dass die private Jagd überwiegend irrationale Züge trägt, da ihr Fokus auf emotionalisiertem Erleben, auf Passion- und Lustbetonung, auf der Verdrängung des Tötens bei Hervorhebung des Hegens, auf dem „Drum und Dran" der Jagd, der Romantik, der Brauchtumspflege und der ritualisierten Waidgerechtigkeit ruht[1921]. Ganz anders die Jagd in den Augen der Forstpartie, des heterodoxen Jagdverständnisses: Jenes ist schlichtweg „jagdfeindlich" im Sinne des herrschenden orthodoxen Jagdverständnisses, da nicht die Jagd als Erlebnishandlung im Vordergrund steht, sondern die Interessen der Gesellschaft in Bezug auf den Umgang mit den Ressour-

[1920] So z. B. in einem Artikel von Alexander Krah, Ernte oder Vernichtung?, in: Wild und Hund, Ausgabe Nr. 03/2004, S. 12ff. Bei einer groß angelegten Drückjagd auf Rotwild wurden in der Lehroberförsterei Chorin am 11. Dezember 2003 ganze 52 Stück Rotwild gestreckt. Damit wurde der Abschussplan um 43 Stücke übererfüllt. Diese Jagd, von der Forstpartie als Erfolg und von den angrenzenden privaten Jägern als Niederlage ihrer Hegebemühungen tituliert, führte zu heftigen Diskussionen und gegenseitigen Schuldzuweisungen.

[1921] Vgl. dazu bei Klaus Maylein, Jagd und Jäger in der modernen Gesellschaft, Ergebnisse, S. 88ff. Wie wichtig das „Drumherum" der Jagd ist, wird aus einem als Artikel gedruckten Gespräch mit Hans Günter Winkler mit dem Titel: „Es ist das Drumherum, das die Jagd ausmacht", in: Wild und Hund, Ausgabe Nr. 18/1998, S. 16-17, ersichtlich.

cen der Kulturräume. Nicht die Gesellschaft, so die Auffassung der heterodoxen Jagd, hat den Jäger zu tolerieren, sondern dieser muss die Interessen der Gesellschaft akzeptieren und vor allen Dingen umsetzen. Dass dadurch manches emotionalisierte Jagdvergnügen auf der Strecke bleiben wird, ist wohl unumgänglich; der Jagd als Funktionsträger innerhalb der modernen Gesellschaft wird dadurch jedoch weitgehend entsprochen[1922]. Interessant im Disput zwischen Förster- und Privatjäger ist, dass nach wie vor das Bild des Försters in der Öffentlichkeit durchweg positiv beurteilt wird, während der Jäger hier mit Vor- und Aburteilungen zu kämpfen hat. So ergab die DJV-Kampagne „Auf der Jagd nach Vorurteilen", dass „es unter Jägern nur so von schwarzen Schafen wimmelt", während dagegen akzeptiert wird, „was der Förster macht"[1923]. So wurde die heterodoxe Sichtweise der Jagd seit den 1970er Jahren ein starkes Element, welches der Orthodoxie im sozialen Feld der Jagd auch mit institutioneller Rückendeckung gegenübergestellt werden konnte. Seitdem stehen sich wenigstens zwei Ordnungsvorstellungen, zwei jagdliche Raum(be)handlungen relativ unversöhnlich gegenüber. Nicht nur die äußeren Bedingungen durch Umweltveränderungen, gesellschaftlichen Wandel und Wertewandel waren als Initialzündung für jene Erstarkung heterodoxer Sichtweisen vonnöten, sondern insbesondere die Forstverwaltungen und die Försterei an der Basis als involvierte Klientel im Feld der Jagd selbst erkannten durch ihre rationale Motivation die Defizite der herrschenden Jagdpraxis und Jagdkultur und begannen jene nun mit Hilfe neuer Lösungsstrategien an die Erfordernisse der Zeit anzupassen. Wie diese „Lösungsstrategien", die insbesondere durch Rebarbarisierungen in der Jagdpraxis ausgezeichnet sind, aussehen, wird in Kapitel 11 noch ausführlich zur Sprache kommen. Dieser Prozess der Modernisierung durch Rebarbarisierung ist bis heute noch nicht abgeschlossen. Er steht vielmehr erst am Anfang einer langen Entwicklung. Nach wie vor drehen sich die jagdlichen Diskussionen in den Jagdfachpublikationen und der jagdlichen Öffentlichkeit um die häufig genug zu beobachtende „ökologische Destruktivität" der orthodoxen Seite contra den Forderungen nach einer ökologischen und damit solidarischen Leistung für die Gesamtgesellschaft der heterodoxen Seite. Das zerstörerische Potenzial, welches in der Jagdhandlung verborgen liegt, ist seitdem regelmäßig auf der Agenda der Medien, von Politik und Gesellschaft. Die Übergänge von der Zerstörung zur Erhaltung oder Förderung naturnaher Gegebenheiten sind dabei häufig fließend. Gerade das macht die beidseitige Suche nach Kompromissen oft genug eher schwieriger denn einfacher.

10.2.4.2 Kontrollverluste des DJV und seiner 16 Landesverbände

In § 38, Abs.3 des baden-württembergischen Landesjagdgesetzes steht zu den Vereinigungen der Jäger geschrieben: „Vereinigungen der Jäger (...) sind solche, die nachweislich mehr als die Hälfte der Inhaber eines baden-württembergischen

[1922] Vgl. dazu bei Klaus Maylein, Jagd und Jäger in der modernen Gesellschaft, S. 88.

[1923] Vgl. dazu einen Artikel von Bernhard Haas, „Schwarze Schafe" bleiben im Gedächtnis, in: Die Pirsch, Ausgabe Nr. 24/1996, S. 18-19.

Jahresjagdscheines für Inländer oder diesen Gleichgestellten vertreten."[1924] Kaum eine andere Passage - zumal in einem Gesetzestext - vermag entlarvender das Demokratieverständnis in der Jagdlandschaft der Bundesrepublik zu verdeutlichen. Diese sich selbst ad absurdum führende Passage findet sich neben Baden-Württemberg auch im bayerischen Landesjagdgesetz, hier im § 32, verborgen. Fredo Rittershofer ging auf diese, hier für Bayern, abstruse Regelung bei seiner Ansprache zum 10jährigen Bestehen des ÖJV Bayern ein. Er nannte die Jagd aus jenem Grunde einen Fremdkörper im demokratischen Rechtsstaat[1925]. Die anderen 14 Landesjagdgesetze (neben Bayern und Baden-Württemberg) werden ihm wohl in dieser Hinsicht ebenfalls „Recht" geben. Kontrolle, so der unweigerliche Eindruck, ist das Resultat aus rechtlich gestütztem, ja gewolltem Monopol; Erinnerungen an den „Reichsbund Deutsche Jägerschaft" werden wach. Kontrollverluste, hervorgerufen durch Pluralisierungen und Diversifizierungen im Natur- und Tierschutz, aber auch in der jagdlichen Verbandslandschaft, so könnte man als Beobachter der jagdlichen Diskussionen der Gegenwart zu urteilen versucht sein, wecken bei den jagdlichen Großverbänden und deren Eliten, aber auch in der jagdlichen Fachpresse Erinnerungen an die Zeit vor 1934, als es eine Vielzahl jagdlicher Verbände und Vereine gab und die sich als „segensreich" herausstellenden Wirkungen der Gleichschaltung noch jagdliches Utopia waren. Jagdethische Werte konnten vor 1934 nicht oder nur unzureichend durchgesetzt werden, ein jeder Jäger jagte so, wie er es mit seinem Gewissen vereinbaren konnte oder wie es der Geldbeutel oder subjektiv-materielle Zwänge bedingten. Die Wilderei blühte, die Waidgerechtigkeit wurde nur von wenigen aufrechterhalten und eine Vielzahl jagdgesetzlicher Regelungen führte zu einem unüberschaubaren Chaos. Die Zerrissenheit und Desorganisation der Jagd verhinderte wertvolle Erziehungsarbeit für „Schießer", „Aas- und Bauernjäger" und andere unwaidmännische Gesellen[1926]. So wenig es *eine* identitätsstiftende Organisation der Jäger gab, so wenig wurde die Jagd als „wertvolles Kulturgut" geachtet und gefördert.

Diese Zeilen entsprechen einer Kritik, wie sie häufig von orthodoxer Seite ins Feld geführt wird und auch von Ulrich Scherping in seinem Werk „Waidwerk zwischen den Zeiten" inhaltlich weitestgehend so vertreten wurde[1927]. Das hier grob gezeichnete Bild der Zeit vor 1934 ist bis heute ein Schreckgespenst in der jagdlichen Verbandslandschaft der auf ihr Monopol bedachten Landesverbände

---

[1924] Landesjagdgesetz Baden-Württemberg, § 38 Abs. 3. Karl Kraft, Jagdrecht für Baden-Württemberg.

[1925] Fredo Rittershofer, 10 Jahre Ökologischer Jagdverein Bayern – Verantwortung für den Naturhaushalt anstelle von Trophäenjagd, in: 1988-1998. 10 Jahre Ökologischer Jagdverein Bayern, Ökologischer Jagdverein Bayern e.V. (Hrsg.), S. 7.

[1926] Ulrich Scherping, Waidwerk zwischen den Zeiten, S. 51, rückt die auch heute noch gebräuchliche willkürliche und vermeintliche Kausalverbindung zwischen Schießer und Bauernjäger in ein anderes Licht. Die Begriffe des Schießers und Bauernjägers waren dazu geeignet, den Waidmann von ihnen abzugrenzen. Sie sollten polarisierend wirken und wurden auch bewusst so gebraucht. Auch heute finden Polarisierungen statt. Der Schießer und Bauernjäger wurde zum Förster, zu „den Staatlichen", denen Schießgeilheit und unwaidmännisches Verhalten oder Aasjägerei unterstellt wird. Jede Zeit hat ihre Pole. Und jede Zeit hat ihre eigene Jagd; jede Zeit ihre eigenen Konflikte.

[1927] Vgl. dazu die Ausführungen bei Ulrich Scherping, Waidwerk zwischen den Zeiten, S. 49ff.

und ihrer Dachorganisation. Es war eine gesetzeslose Zeit, die ihre Gefahren aus der fehlenden Kontrolle durch straffe Organisation speiste und deren Lichtgestalt Hermann Göring wurde. Der schon lange vor der Machtergreifung der Nationalsozialisten nach Einheit strebenden Jägerschaft (vor allem ihren Eliten) war es 1934 egal, wer ihnen ihren Wunsch nach Einheit in Recht, Brauch, und Sitte erfüllte[1928]. Dass es letztlich der Reichsmarschall höchst persönlich wurde, wird bis heute von Jagdgegnern und Jagdkritikern gerne zum Anlass genommen, auf den vermeintlich nationalsozialistischen Ballast hinzuweisen[1929]. Dabei wird nur zu offensichtlich übersehen, dass nahezu alle Berufs- und Gesellschaftsgruppen, sofern ihre Gründung eine Geschichte vor 1945 kennt, eine nationalsozialistische Vergangenheit gemäß der oben genannten Lesart rein jagdfeindlicher Gruppierungen besäßen. Auch der Natur- und Tierschutz wäre demnach nationalsozialistisch und die Affinität zu einem deutschen Schäferhund bereits Sinnbild für braune Kultur. Bruno Hespeler bringt die Verwirrung um die nationalsozialistische Vergangenheit der Jagd auf den Punkt: „Die Jagd war so braun wie der Sport, wie die Forstverwaltung, die Schrebergärtner, die Ärzteschaft und die Radelfahrer - vielleicht ein klein wenig mehr. Es stimmt zweifellos, und jeder kann das bei Frevert nachlesen, dass von 1933 bis 1945 für die Jäger der Gruß Waidmannsheil gleichberechtigt neben dem ansonsten landesüblichen „Heil Hitler" stand. So grüßen zu dürfen, war in jenen Jahren durchaus ein Privileg. Gegen Waidmannsheil hatte die Gestapo nichts einzuwenden, gegen „Grüß Gott" und „Guten Tag" sehr wohl."[1930] Aber auch aus diesem Zusammenhang heraus lässt sich keine kausale Verbindung zwischen nationalsozialistischen Inhalten und der Jagd herstellen. Selbst das „Heil" in der Grußformel selbst hat mit dem in Verbindung gestellten „Heil Hitler" nichts zu tun. Schon Ende des 19. Jahrhunderts wurde das „Heil" in verschiedenster Form populär im wahrsten Sinne des Wortes, da es nicht die bürgerliche oder adlige Elite war, die jene Grußform entdeckte, sondern das Proletariat. „Berg Heil", „Petri Heil", „Wald Heil", „Ski Heil", sind wohl nur die geläufigsten Heilswünsche. Lediglich das Waidmannsheil hat es geschafft, auch international einzelne frühere nationale Wünsche zu verdrängen. Selbst italienische Jägergruppen, die ansonsten kein Wort deutsch sprechen, wünschen sich Waidmannsheil auf der Jagd[1931]. Sie deshalb als verkappte Nationalsozialisten darzustellen, würde dann doch etwas sehr weit führen. Als Kontrapunkt zur gesetzeslosen Zeit vor 1934 gilt dagegen die Zeit ab 1934, die nun eine vollständige Kontrolle von Jagd und Jägern unter dem Dach der Einheitsorganisation „Reichsbund Deutsche Jägerschaft" ermöglichte und die auf eine Vielzahl von unterschiedlichen, jedoch nicht minder wirksamen Kontrollmechanismen blicken konnte, wie z. B. auf eine erstmals reichseinheitliche Jagdgesetzgebung und eine Anzahl weiterer Zwangsmechanismen (Trophäenschauen, Hegeringe, Jägerappelle, Hubertusmessen, etc.), die bis heute das Bild

---

1928 Vgl. dazu ebd., S. 44.

1929 So auch von Thomas Winter, Jagd. Naturschutz oder Blutsport? S. 215ff, weiterhin von verschiedenen Autoren im Werk „Der Lust-Töter", 3. erweiterte Auflage, erschienen im Verlag Das Brennglas, Kreuzwertheim 2002.

1930 Vgl. bei Bruno Hespeler, Und ewig waidmannsheulen die Jäger..., in: Der Jäger, Ausgabe Nr. 03/1999, S. 24f.

1931 Vgl. ebd., S. 25.

und das Selbstverständnis von Jagd und Jäger in der Bundesrepublik prägen. Selbst wenn man anerkennt, dass die Jagd kein nationalsozialistisches Erbe hat, so muss man eingestehen, dass gerade die Zeit zwischen 1934 und 1945 den großen jagdlichen Verband mit einem gewissen Maß an Übermut oder gar Selbstüberschätzung ausgestattet hat, die heute in der liberalen Demokratie einen Problemkreis aufwirft, der zuvor so nicht gegeben war. Jagd ist plötzlich ein offenes Thema, ein Forum, zu dem nicht nur der Deutsche Jagdschutz-Verband und seine ihm angegliederten Landesverbände uneingeschränkt Zutritt haben und nur ihnen Redezeit eingeräumt wird, sondern in welchem im Gegenteil immer neue gesellschaftliche Gruppierungen und Interessenverbände ihre Teilnahme lautstark anmelden und sich mit Hilfe nicht selten guter Argumente Gehör verschaffen. Die Öffentlichkeit hat nunmehr die Möglichkeit Informationen zu selektieren, Alternativen zu erblicken, die ihr vorher nicht aufgezeigt wurden. Das aber bedeutet im Endeffekt einen Kontrollverlust für den DJV, der an ihn gleichsam ungeahnte Fragen und Probleme richtet, zu deren vermeintlicher Lösung der Monopolverband häufig genug auch undemokratische Vorgehensweisen an den Tag legt[1932]. Bereits die politische und gesellschaftliche Neuorientierung in Richtung liberale Demokratie bedeutete einen herben Rückstoß, einen ersten deutlichen Kontrollverlust, wie es Herbert Selle treffend formulierte. Die sonst so bewährten demokratischen Methoden und Mittel können im Felde der Jagd mit den Vorteilen einer mehr aristokratischen (oder eben diktatorischen, Anm. d. V.) Ordnung nicht gemessen werden[1933]. Die Sorge um das Wild braucht aristokratische Strukturen, braucht einen straffen Zuschnitt auf eine Spitze und eine offensichtlich willfährige Masse an der Basis, Mitläufer so scheint's. Doch nicht nur der Zugriff aufs Wild ist in aristokratischen Ordnungen einfacher und rigoroser durchzusetzen, sondern vielmehr die Kontrolle über den Jäger selbst ist es, die hier am wirksamsten durchgeführt werden kann. Seine vollständige Erfassung, seine Eingliederung in den Landesverband, in den Hegering, etc., die Kontrolle über seine Jagdpraxis und über seine Einstellung zu den Zielen des Verbandes wird zusätzlich über Jägergruppen und deren Zwangsmechanismen, Sozialisationswirkungen, über Ehrengerichtsbarkeit und Jagdeinladungen zweckgerichtet erreicht. Welche Kraft gerade die Sozialisation in verschiedenen Jägergruppen für das Verinnerlichen informeller Normen haben kann, hat Ulrich Schraml sehr anschaulich dargestellt[1934]. Die 1970er Jahre brachten also allmählich auf den verschiedenen bereits genannten Ebenen erste Kontrollverluste mit sich, die sich bis heute massiv ausgeweitet haben. Die Kompetenzen und Kontrollmechanismen der großen etablierten jagdlichen Verbände werden seitdem regelmäßig beschnitten. Seit geraumer Zeit kontrolliert nun der Naturschutz die Jäger, wie dies in den

[1932] So z. B. in Nordrhein-Westfalen, wo die Tore der Dortmunder Westfalenhalle für das „Weiberrevier e.V." abermals verschlossen bleiben. Ihre Teilnahme auf der Messe Jagd & Hund wurde wie schon im Jahr zuvor (2003) aufgrund offensichtlicher Probleme mit pluralistischen Werten innerhalb einer demokratischen Gesellschaft durch den Landesjagdverband untersagt. Vgl. dazu den Artikel „Weiber" müssen draußen bleiben, in: Deutsche Jagdzeitung, Ausgabe Nr. 11/2003, S. 7. An anderer Stelle werde ich nochmals kurz darauf eingehen.

[1933] Vgl. dazu die Ausführungen von Herbert Selle, Seine letzten Jahre in Bonn, in: Deutscher Jagdschutz-Verband e.V. (Hrsg.), Ulrich Scherping und ein halbes Jahrhundert deutscher Jagdgeschichte, S. 89.

[1934] Vgl. dazu bei Ulrich Schraml, Die Normen der Jäger, S. 145ff.

Jahren 2001 und 2002 der Landesnaturschutzverband (LNV) Baden-Württemberg tat. Das Resultat daraus war eine strengere Durchführungsverordnung zu Fütterung und Kirrung des Schalenwildes, die im Jahre 2002 in Kraft trat[1935]. Scheinbar ob des offensichtlichen Missbrauchspotenzials sollen ab 2004 in Nordrhein-Westfalen „ehrenamtliche Naturschützer" des NABU „Jagdreviere auf Missstände hin untersuchen", was überwiegend illegale Fütterungspraktiken der Jägerschaft ans Tageslicht bringen soll. „Der Wald hat Augen und Ohren", so Jost Doerenkamp zum Pilotprojekt des NABU[1936]. Allerdings, und das regt in Jägerkreisen ebenfalls Unmut, sollen von den ehrenamtlichen Naturschützern im von der Landesgeschäftsstelle des NABU kostenlos zur Verfügung gestellten „Erfassungsbogen" auch noch sämtliche legalen jagdlichen Einrichtungen wie Kanzeln, Leitern, Fasanenschütten, Kirrungen, etc. in „die topographische Karte eingetragen werden"[1937]. Ob hier der NABU über das Ziel hinausschießt, mag jeder für sich beantworten. Tatsache ist, dass jede Art der Kontrolle, das heißt der Überprüfung legaler Einrichtungen vor Ort - einerlei aus welcher Richtung kommend - als ehrabschneidender und ungeheuerlicher Eingriff in die Kompetenzsphäre des Jägers verstanden wird. So ist es auch dem Ökologischen Jagdverein Brandenburg widerfahren, als er im Jahre 2003 den Fütterungs- und Kirrungsmissbrauch unter brandenburgischen Jägern dokumentierte. Ohne explizit „Ross und Reiter" zu benennen, reichte der ÖJV Brandenburg die GPS-Daten an das Ministerium weiter und veröffentlichte die Daten auf der brandenburgischen Homepage des ÖJV. Auch jenes als relativ „diplomatisch" zu wertende Vorgehen, da keine Personen- und Reviernamen veröffentlicht wurden, wurde dem ÖJV von Seiten der Jagdverbände und der jagdlichen Presse schwer angelastet[1938]. Ich vermag nicht abzuschätzen, was passiert wäre, hätte der ÖJV Bandenburg die Revierpächter in den betroffenen Gebieten in aller Öffentlichkeit beim Namen genannt. Unter dem Begriff „Kontrollverluste" möchte ich also grundsätzlich diejenige Entwicklung in ihrer Auswirkung subsumieren, die dem Jäger und seinen Eliten allmählich die lauter werdenden Forderungen der Forstwirtschaft, der Natur- und Tierschutzgruppen gegenüberstellte, die Grundeigentümer in ihrer Interessenwahrung stärkte[1939] und die durch eine aufmerksam gewordene Öffentlichkeit Licht in das ansonsten sehr abgeschlossene und ideali-

---

[1935] Vgl. dazu auch die Broschüre des NABU, Fütterung - Ablenkungsfütterung - Kirrung? Erläuterungen zu den Fütterungsbestimmungen der Landesjagdgesetz-Durchführungsverordnung (LJagdGDVO) 2002.

[1936] Jost Doerenkamp, Editorial „Ganz subjektiv...", in: Die Pirsch, Ausgabe Nr. 10/2004, S. 1.

[1937] Vgl. dazu . Auch im Wild und Hund Online-Forum wird heftigst über die „Blockwartmentalität" oder das „IM-Denunziantentum", welches hinter der Aktion des NABU vermutet wird, diskutiert. Vgl. dazu unter der URL: http://forum.wildundhund.de/cgi-bin/ubb/ultimatebb.cgi?ubb=get_topic&f=12&t=000620, Thema: NABU kartografiert NRW Reviere. Die verbalen Angriffe und Entgleisungen in der Wortwahl zeigen auf, welche Ängste um Kontrollverluste in der Jägerschaft vorhanden sind.

[1938] Vgl. Artikel von Alexander Krah und Heiko Hornung, Brandenburgs ÖJV probt den Aufstand, in: Wild und Hund, Ausgabe Nr. 17/2003, S. 12-14.

[1939] Als Ausfluss jener Interessenwahrnehmung kann man die vor allem in Süddeutschland beliebte Eigenregie von Jagdgenossenschaften betrachten. Vgl. dazu auch einen Artikel von Klaus Maylein, Anders jagen - Regiejagd der Jagdgenossenschaft Beuren b. Isny/Allgäu, in: Ökojagd, Ausgabe 2, Mai 2003.

sierte System der Jagd brachte, auch wenn die Methoden dafür manchmal „unüblich" sein mögen (siehe obige Darstellung der „Nordrhein-Westfälischen Verhältnisse"). Die Kritikfähigkeit des Deutschen Jagdschutz-Verbandes und seiner Landesverbände, aber auch diejenige der großen deutschen Jagdzeitschriften wie „Wild und Hund", „Der Jäger", „Die Pirsch", „Die Deutsche Jagdzeitung" und „Unsere Jagd" wurde so erstmalig in ihrer Geschichte überhaupt durch jene Interessengruppen vehement eingefordert und auf eine harte Probe gestellt. Das sicht- und spürbare Resultat der letzten dreißig Jahre dieser Entwicklung ist, dass der Deutsche Jagdschutz-Verband und seine Landesjagdverbände in eine vielschichtige und aus unterschiedlichen Bereichen an sie gerichtete Kritik gerieten. Dabei war und ist die Kritik selbstverständlich nicht nur an die Dachorganisation (DJV) der Jäger oder die Landesjagdverbände, sondern direkt auf das Tun und Unterlassen der Jäger vor Ort gerichtet. Damit steht die Jagd erstmals seit der Revolution in ihrer Gesamtheit auf dem Prüfstand, was nicht zuletzt ein Verdienst des Phlegmatismus und der Orthodoxie der etablierten großen Jagdvereinigungen sowie der 10 Jahre Erziehungsarbeit des Dritten Reiches darstellt. Dennoch darf man an dieser Stelle nicht vergessen, dass auch schon vor rund 120 Jahren Kontrollverluste durch die Einmischung der neu gegründeten Naturschutzvereinigungen zu bemerken waren. Gerade die Bejagung der Drosseln (Krammetsvögel) mit so genannten Dohnen[1940] (Dohnenstiege) wurde bereit 1888 von Vogelschutzorganisationen auf das Heftigste kritisiert. Die Jägerschaft wehrte sich vehement gegen das Entsagen der Drosselbejagung mithilfe der Dohnen und dennoch wurde diese im Jahre 1908 verboten. Die Novellierung des Reichsvogelschutzgesetzes von 1908 brachte so einen solchen Einschnitt oder Kontrollverlust für die Jägerschaft zustande, was jene mit Verärgerung quittierte. Aus eigenem Antrieb hatte auch damals schon die Jägerschaft keine Notwendigkeit gesehen, anderen Interessen als den eigenen Vorschub zu leisten. So fanden die Drosseln mit Ausnahme der Schwarzdrossel im Gesetzesentwurf zum neuen Jagdgesetz der Bundesrepublik (Entwurf aus 1974) Aufnahme in die Liste jagdbaren Wildes und blieben es auch in der 1976 verabschiedeten Fassung des Bundesjagdgesetzes, trotz Antrags der Naturschutzverbände, sie dem Naturschutzrecht zu unterstellen[1941]. Erst 1980 wurden die Drosseln mit der Artenschutzverordnung geschützt und dem Naturschutzrecht unterstellt. Die seit der Revolution 1848/49 immer wieder argumentativ gefestigten und bis dato wenig bestrittenen Zuständigkeiten von Jagd und Jäger als Instrument pfleglichen Umgangs mit der Natur, Spitzenregulator nach Wegfall von Wolf, Luchs und Bär einerseits und Wahrer eines ökologischen Gleichgewichtes andererseits[1942]

[1940] Dohnen bestehen aus einem Köder, einer Rosshaarschlinge und einem Bügel, die in Gehölzen oder auf Bäumen angebracht werden, in denen sich die Krammetsvögel im Idealfall selbst erdrosseln sollten.

[1941] Vgl. dazu bei Hubertus Hiller, Jäger und Jagd, S. 218, unter Berufung auf Barthelmess, 1981. Zusätzlich auch bei Richard Blase, Die Jägerprüfung in Frage und Antwort, S. 351.

[1942] Hier sei nur an die Faunenpyramide erinnert, die nach der Ausrottung von Wolf, Luchs, Bär, Steinadler (regional) und Uhu den Jäger an die Spitze gestellt wissen will. Vergl. die Faunenpyramide bei Wilhelm Bode und Elisabeth Emmert, Jagdwende, S. 27. Da der Jäger gewissermaßen als Stellvertreter der Großraubtiere agiert und sich an diese Rolle „gewöhnt" hat, ist es nicht verwunderlich, dass er sich durch die Versuche der Wiederansiedlung von Wolf und Luchs zum Treuhänder degradiert fühlt und sich der allmählichen Verdrängung vom Posten

wurden nun zusehends durch Einmischung von außen aufgeweicht und beschnitten. Jene Einmischung ist das Resultat aus den genannten gesamtgesellschaftlichen Entwicklungen, die eine gesellschaftsumspannende Sensibilisierung für die Auswirkungen der Zivilisation im Allgemeinen und der Industrialisierungen im Besonderen zur Folge hatten. Die Kompetenzen des DJV, seiner Landesverbände und damit letztendlich des einzelnen Jägers vor Ort werden seit den 1970er Jahren zunehmend angezweifelt oder zumindest in Frage gestellt und die Motive ihrer jagdlichen Standpunkte und Positionen stärker denn je hinterfragt. Nicht zuletzt die Klischeehaftigkeit des deutschen Waidmanns, basierend auf seiner regelmäßig persiflierten Arroganz und Aggressivität im Revier gegenüber Störern (im Grunde alle nichtjagenden Waldbesucher wie Jogger, Gleitschirmflieger, Ballonfahrer, Mountainbiker, Nordic-Walker, Pilzsammler, Spaziergänger, etc.)[1943], sein „Waffen- und Ausrüstungsfetischismus", die „lodengrüne Geschäftskungelei", seine ihm oft unterstellte Schießlust und „Trunkenheit am Schießgewehr"[1944] und nicht zuletzt auch die dem Jäger häufig zugeschriebene sexuelle Kompensation erektiler Dysfunktion durch den Schuss und die damit verbundene Penetration der Beute[1945] sind es, die Jagd und Jäger zu einem bevorzugten Objekt der Karikatur machen. Dabei liefern die jagdlichen Zeitschriften bald in jeder Ausgabe und darüber hinaus verlagsunabhängig eine Menge an Materialien, mit denen jeder Karikaturist auf lange Sicht „versorgt" werden könnte. Dem Deutschen Jagdschutz-Verband, und

---

des Stellvertreters durchaus bewusst ist. Deutlich wird dies durch verschiedentliche Kritiken und Vorbehalte, die von Jägerseite der Wiederansiedlung der Großraubtiere entgegengebracht werden. So wird die Rückkehr des Luchses immer noch nicht gerne gesehen. Vgl. dazu bei Ulrich Wotschikowsky, Rehwild im Bergwald, in: Zehn Jahre DJZ-Versuchsrevier, Sonderheft III, Mehr Durchblick beim Rehwild, herausgegeben von der DJZ, S. 43.

1943 Tatsächlich gehen die Forderungen der traditionellen Jägerschaft tendenziell stärker zu möglichen Einschränkungen des Bürgers in seinem Waldbetretungsrecht als zu einer Kompromisslösung, die für Erholungssuchende, als auch Jäger, akzeptabel sein könnte. Vgl. dazu einen Artikel „Freizeitdrang zur Natur regeln", in: Die Pirsch, Ausgabe Nr. 09/1995, S. 8 oder ebenfalls einen Artikel „Störfaktor Freizeitmensch", in: Die Pirsch, Ausgabe Nr. 04/1996, S. 5; weiterhin bei Klaus Maylein, Jagd und Jäger in der modernen Gesellschaft, S. 84f.

1944 So wurde z. B. eine ganze Reihe jener Klischees in dem Spielfilm „Halali – oder der Schuss ins Brötchen", Erstausstrahlung im ZDF am 30.10.1995, aufgegriffen. Das wirklich erschreckende an dem besagten Film – bei aller Heiterkeit, die er auszulösen verstand – ist, dass die Programmdirektion des HR-Fernsehspiels darauf hinwies, dass der Autor und Regisseur sich bei jeder Szene auf in der Realität Geschehenes stützte. Vgl. dazu bei Wilhelm Bode und Elisabeth Emmert, Jagdwende, S. 30f. Auch in den jagdlichen Printmedien wird immer wieder einmal darauf hingewiesen, dass Alkohol während der Jagd nicht genossen werden sollte. Vgl. dazu den Artikel „Sicherheit ohne Wenn und Aber", in: Die Pirsch, Ausgabe Nr. 20/2000, S. 6. Hier heißt es: „Alkohol hat auf der Jagd wie im Straßenverkehr nichts zu suchen. Die Reaktionsschnelligkeit wird ebenso gemindert wie die Einschätzungsfähigkeit möglicher Gefahrenquellen."

1945 Vgl. dazu einen Artikel von Erik Ziemen, Jagd: sexuell motiviertes Tötungsritual, in: Wild und Hund, Ausgabe Nr. 24/1997, S. 11. Weiterhin bei Walter Henkels, Jagd ist Jagd und Schnaps ist Schnaps, S. 14f. Henkels bezieht sich auf die Aussagen eines Prof. Königs, der das Gewehr der Jäger als Phallussymbol interpretierte und ihnen darüber hinaus sogar faschistoides Verhalten unterstellte, da die Jäger das Wildtier gewissermaßen „auf der Flucht" schössen. Auch Dag Frommhold bezeichnet ebenfalls sexuelle Anomalien als Triebfeder vieler Jäger. Vgl. dazu ein Interview mit Dag Frommhold, „Tieren steht das Recht auf Leben zu", in: Der Lust-Töter, S. 27.

damit auch den meisten privaten Jägern, wird die redliche Anwaltschaft für eine zersiedelte und unter ökologischen und ökonomischen Zwängen leidende Restnatur nicht mehr ohne weiteres geglaubt. Zu sehr stehen revieregoistisches Denken und Handeln seiner traditionell konservativen Klientel im Vordergrund[1946]. Immer mehr Vereinigungen, Verbände und nicht zuletzt die Politik selbst sind um weitreichende Mandate im Bereich der Jagd bemüht, welche sich in der Regel von den Absichten des DJV diametral unterscheiden. Im Gegensatz zum Deutschen Jagdschutz-Verband wuchs auf der Seite der anfänglich noch belächelten Naturschutzvereinigungen die Glaubwürdigkeit, während er auf der Seite der Jagd eher im Abnehmen begriffen scheint[1947]. Welcher Art die Differenzen in der Sache sind und was der Deutsche Jagdschutz-Verband offensichtlich von jenen Versuchen der Einflussnahme von außen hält, ist anschaulich in der Stellungnahme des DJV zu den Novellierungsvorschlägen zum Bundesjagdgesetz nachzulesen[1948]. So heißt es hier im Vorwort des damaligen DJV Präsidenten Freiherr Heereman: „Das Deutsche Jagdsystem ist selbsttragend, leistungsstark, auf Nachhaltigkeit angelegt, sichert und verpflichtet die Mitwirkung der Eigentümer und beinhaltet eine intensive Kooperation zwischen Jagd, Landwirtschaft, Wald- und Forstwirtschaft sowie Naturschutz. Die Zwangsmitgliedschaft in den Jagdgenossenschaften und das Reviersystem garantieren eine funktionierende Bejagung und einen effektiven Artenschutz. Damit wäre an sich schon alles gesagt, wenn nicht konkrete Forderungen an eine Novellierung im Raum stünden. In unterschiedlicher Qualität sind daran das Bundesamt für Naturschutz (BfN), Bündnis 90/Die Grünen, der Naturschutzbund Deutschland (NABU), der World Wildlife Fund (WWF) und der Deutsche Naturschutzring (DNR) beteiligt. Auch der Ökologische Jagdverband (ÖJV), ein ca. 800 Mitglieder zählender Verein, der überwiegend forstliche Interessen bedient, stellt Forderungen." Und weiter: „Ich bin sicher, dass „Das Bundesjagdgesetz: Forderungen und Fakten" entscheidend dazu beiträgt, eine emotional angeheizte Diskussion auf die Sachebene zurückzubringen und dadurch Politik und Verwaltung davor schützt, Irrwege einzuschlagen."[1949]

[1946] Dies ist jedoch, wie ich an anderer Stelle erwähnt habe, ein systemimmanentes Resultat des bundesdeutschen Reviersystems. Das soll jedoch nicht heißen, dass das Reviersystem abgeschafft werden sollte. Es soll lediglich auf das Potential revieregoistischen Denkens und Handelns hingewiesen werden, welches im Reviersystem verborgen ist.

[1947] Ein Grund dafür ist mit einiger Sicherheit auch in einigen Regelungen des Jagdschutzes zu sehen. So wirft das Töten freilaufender (natürlich ist nur das Töten wildernder Hunde und Katzen erlaubt) Hunde und Katzen im Revier regelmäßig ein schlechtes Licht auf Jagd und Jäger. Auch arrogantes und aggressives Auftreten im Revier gegenüber der Bevölkerung ist hier zu nennen. Vgl. dazu auch im DJV Handbuch Jagd 2003, S. 23.

[1948] Vgl. dazu die Broschüre: Das Bundesjagdgesetz - Forderungen und Tatsachen, Deutscher Jagdschutz-Verband, LV Druck im Landwirtschaftsverlag GmbH, Münster 2003.

[1949] Zitiert bei: Das Bundesjagdgesetz – Forderungen und Tatsachen, Deutscher Jagdschutz-Verband, LV Druck im Landwirtschaftsverlag GmbH, Münster 2003, Vorwort von Freiherr Constantin Heereman. Nebenbei sei bemerkt, dass der ÖJV mehr als die genannten Mitglieder hat.

Ohne auf die Probleme des bestehenden Systems[1950] einzugehen, die ja zu einem wesentlichen Teil die Grundlage der Novellierungsbestrebungen darstellen, geht Freiherr Constantin Heereman in seinem Vorwort stattdessen auf die lediglich prinzipielle Leistungsfähigkeit des jagdlichen Systems der Bundesrepublik, zumindest wie es das Papier, auf dem es steht, vermuten lässt, ein, während die Realität damit jedoch keineswegs abgebildet und letztlich das Bild verfälscht wird. Bereits Bruno Hespeler hat 1990 in seinem Buch „Jäger wohin?" die Kluft zwischen „Gesetz und Lippenbekenntnissen auf der einen und der nicht selten genau gegensätzlichen Praxis auf der anderen Seite" in Bezug auf die Positionen und Standortbestimmungen des DJV hingewiesen[1951]. Denn tatsächlich sind es nicht einmal die gesetzlichen Bestimmungen im Rahmen der Jagd, die die Gegnerschaft stärken und den DJV schwächen, sondern es sind mangelnder Realitätssinn und Einsicht der jagenden Eliten und der Jäger an der Basis, die dazu führen, dass Probleme nicht gelöst, sondern eher noch potenziert werden. Neben dem Eingeständnis einer gewissen Realitätsferne werden im weiteren Verlauf des Vorworts die genannten außerjagdlichen Verbände in ihrer Intention als „fordernd" und als für den Leser vorsichtig ausgedrückt „unbedarft" dargestellt, während der DJV die „Tatsachen" und „Fakten" repräsentiert. An dieser Art der Argumentation ist in der Tat nur schwer vorbeizukommen und sie lässt das Damoklesschwert des Kompetenzentzuges, welches über dem DJV schwebt, schon beinahe bildlich heruntersausen. In der Kynologie würde man bezüglich des Gebarens des DJV von „angstbeißen" sprechen. Dieser fortschreitende Kontrollverlust, der gleichzeitig ein Monopolverlust ist, ist für den DJV umso einschneidender, als damit die mühevolle Arbeit und die Erfolge der Jahre seit 1934, das heißt die Vereinigung der Jäger in einem starken Verband, die Festigung „brauchtümlicher" Handlungen, das Einschwören der deutschen Jäger auf die Waidgerechtigkeit, der strukturelle Aufbau des Verbandes selbst (Hegeringe, Bläsergruppen, Trophäenschauen resp. Hegeschauen, Hundeausbildung, Fallenjagdlehrgänge, etc.) und nicht zuletzt das Wiedererstarken jener Strukturen und das Aufrechterhalten des Vereins- oder besser Vertretungsmonopols (gemäß dem § 38 LJagdG Baden-Württemberg, respektive § 32 Bayrisches LJagdG) auch in der demokratischen Gesellschaft in Gefahr geraten ist zunichte gemacht zu werden. Zusätzlich zu den rein strukturellen Gefährdungen ist gleichzeitig auch die lange Zeit anerkannte und beinahe ebenfalls monopolistische Kompetenz von Jagd und Jäger als treuhänderischer Verwalter des Kulturgutes „Wild" in arge Bedrängnis geraten. Der Auftrag der deutschen Jäger „ihre Mitglieder zu waidgerechten Jägern zu erziehen und dafür zu sorgen, dass der von den Vätern übernommene Wildstand in seinen Arten unvermindert auch künftigen Geschlechtern erhalten bleibt"[1952], ist mit dem Zugriff weiterer Vereinigungen und Verbände

---

[1950] So wurde und wird z. B. die Schalenwildproblematik zu einem wesentlichen Teil von der Jägerschaft selbst und nicht zuletzt aufgrund erst jener gelobten Strukturen (Reviersystem, Hegeringe, Hegegemeinschaften, Kirrungen, Fütterungen, Nichterfüllung von Abschussplänen, etc.) geschaffen und gefördert. Dabei ist unbestritten das Potential jener Strukturen ausreichend, um eine ökologisch und ökonomisch sinnvolle Jagd auszuüben. Allein es scheitert an der Einsicht der jagenden Eliten und letztlich des Jäger an der Basis selbst.

[1951] Bruno Hespeler, Jäger wohin?, S. 62.

[1952] Zitiert nach Ulrich Schraml, Die Normen der Jäger, S. 36.

auf die Jagd und ihre Funktionsbestimmung dem Wegfall der früheren Vertragsgrundlage zum Opfer gefallen. Die Erhaltung „unverminderter" Wildbestände, insbesondere der trophäentragenden, zu Schaden gehenden Schalenwildarten, ist heute keineswegs mehr das Ziel einer nachhaltigen und ökosystemgerechten Jagd. Wer hätte vor fünfzig Jahren gedacht, dass sich gerade der Naturschutz für eine Erhöhung der Abschusszahlen beim Schalenwild stark macht, während die Jäger selbst dafür plädieren, die Bestände zu schonen und sie darüber hinaus auch noch über den Winter zu füttern[1953]. Bisher wurde eine gewisse „Bambi-Mentalität" immer dem Naturschutz und den Tierschützern zugesprochen, mittlerweile ist sie ein Problem in den Kreisen der Jägerschaft. Historisch betrachtet spiegelt sich in dieser jagdlichen Position jedoch eine gewisse Kontinuität und damit eine Form der Kompromisslosigkeit wider, wurde doch seit der Geburtsstunde der bürgerlichen Jagd der Niedergang des deutschen Wildes immer wieder prognostiziert. Gerade die einschneidenden geschichtlichen Eckdaten wie die bäuerliche Schrotjagd nach 1848/49, die man schon frühzeitig als jagdliches Übel erkennen wollte, der deutsch-französische Krieg 1870/71, in dessen Folge die Wilderei durch die bewaffneten Kriegsheimkehrer zunahm, der Zusammenbruch des Deutschen Reiches 1918 und wiederum die jagdethisch und organisatorisch uneinheitlich und nicht selten genug wohl auch uneinigen Jäger der Zeit bis zum Inkrafttreten des Reichsjagdgesetzes waren den jagdlichen Vordenkern (zu jener Zeit bezeichnenderweise noch beinahe ausschließlich Forstleute) immer Grund genug, sich für die Schonung der Schalenwildarten einzusetzen. Der Naturschutz der 1970er Jahre und der sich daran anschließenden drei Jahrzehnte bis heute brachte dieses gewachsene Verständnis der Jäger in arge Bedrängnis. Umso stärker die Angst vor dem Verlust weiterer Kompetenzen und weiterer jagdlicher Freiheiten. Die Maximalforderungen veganischer und tierrechtlicher Gruppierungen wie z. B. der „Initiative zur Abschaffung der Jagd", initiiert von dem Biologen Kurt Eicher[1954], sind zwar in ihrer Realisierung äußerst unwahrscheinlich, Forderungen wie z. B. vom Deutschen Naturschutzring (DNR) dagegen nicht. So forderte der DNR 1991 mit einem Entwurf zum Bundesjagdgesetz die Zurückdrängung der bisherigen Jagdpraxis und Jagdkultur, was mit Hilfe der Primärstellung des Naturschutzrechtes geschehen sollte. Im Mittelpunkt jagdlicher Handlungen steht für den DNR die Reduktion der Schalenwildbestände[1955]. Auch die letztgenannte Variante jagdlicher Zukunft wäre für Jagd und Jäger

[1953] Nach wie vor beinhaltet das Bundesjagdgesetz nach § 23 in Verbindung mit den detaillierten Regelungen der einzelnen Landesjagdrechte Vorgaben zur Fütterung des Schalenwildes (mit Ausnahme des Schwarzwildes). So ist zum Beispiel in Baden-Württemberg nach § 19 LJagdG die Notzeit (das ist die Zeit, in der Wild gefüttert werden darf) festgelegt auf den Zeitraum vom 1. Dezember bis zum 31. März. Die Fütterung in der Notzeit wird jedoch dann zum Imperativ, wenn Futternot objektiv besteht. Besteht Futternot außerhalb der Notzeit, so kann die Untere Jagdbehörde Fütterungen anordnen. Der NABU, entgegen dem DJV, fordert das völlige Verbot der Fütterung von Schalenwild, auch innerhalb der Notzeit. Vgl. dazu die Broschüre „Fütterung – Ablenkungsfütterung – Kirrung? Erläuterungen zu den Fütterungsbestimmungen der Landesjagdgesetz-Durchführungsverordnung (LJagdGDVO) 2002", S. 10. Unter dem Aspekt, dass dem Verbraucher gemäß dem Etikett „Wild" ein natürlich gewachsenes Lebensmittel angeboten werden soll (wild), ist dies auch sicher zielführend.

[1954] Vgl. dazu unter der URL: http://www.abschaffung-der-jagd.de und einen Artikel von Kurt Eicher mit dem Titel: „Konzepte nach der Abschaffung der Jagd", in: Der Lust-Töter, S. 42ff.

[1955] Vgl. dazu auch die Ausführungen von Werner Rösener, Die Geschichte der Jagd, S. 379.

jedoch ein Trauma, da eine ganze Reihe bisher dem Jagdrecht unterstellter Arten aus ihm herausgelöst und dem Naturschutzrecht unterstellt werden würde. Die Jagd- und Schonzeiten würden sich ändern, allgemeine Kirrungs- und Fütterungsverbote ähnlich dem im Februar 2004 vorgestellten Eckpunktepapier von Renate Künast wären das Resultat, das Ende der Fallenjagd und das Verbot der Ausbildung der Jagdhunde an lebendem Wild wären weitere Folgen daraus. An dieser Stelle ist vollumfänglich einer Aussage von Hartmut Kolbe zuzustimmen, der 1998 sagte, dass „der Druck gesellschaftlicher Tendenzen und Strömungen auf verschiedene Formen der Naturnutzung, insbesondere aber auf die Jagdausübung" immer stärker werde. „Dies zu ignorieren hieße die Zukunft der Jagd zu gefährden (...). Um es anders zu sagen: die Jäger sind schon lange nicht mehr allein in Feld und Flur und werden bei ihrem Tun aufmerksam beobachtet."[1956]

10.2.4.3 Jagdliche Öffentlichkeitsarbeit

Bereits 1971 hat Walter Henkels treffende Worte gefunden, die in ihrer Aktualität bis heute nichts eingebüßt haben. Er schreibt: „Ein Unbehagen über die Jagd ist da, über - wie unsere Jagdideologen sagen - das edle deutsche Waidwerk, das wir, dem Duden und der DDR zum Trotz, nicht Weidwerk nennen mögen, sondern mit >>ai<< schreiben. Aber das Waidwerk/Weidwerk scheint mehr als ein Druckfehler zu sein. Es ist ein atmosphärisches Unbehagen, genährt übrigens von neuartigen Massenmedien, allen voran dem Fernsehen. Es hat sich in diesen Kreisen eine Art Angriffslust auf die Jagd breitgemacht, und wir Jäger fragen uns bestürzt, woran das liegen mag. Noch will sich die These behaupten, das Waidwerk sei edel. Dass daran Zweifel erlaubt sind, wird jeder zugeben müssen, der über den dritten Jahresjagdschein hinaus ist."[1957] Dass sich an dieser Situation im Wesentlichen nicht viel zum Besseren geändert hat, lässt auch eine Aussage von Egon Anheuser, dem damaligen (1971) Präsidenten des Deutschen Jagdschutz-Verbandes, erahnen, die heute dem damaligen Wortlaut dieselbe Aktualität entgegenbringt. „Wir schießen Eigentore, wenn wir mit unverständlichen Bräuchen bei den Zuschauern Aversionen gegen uns wecken. Manchmal ist in der Selbstdarstellung der Jägerschaft der Schritt vom Erhabenen zum Lächerlichen mit einem Millimeter vollzogen worden."[1958] Art und Inhalt der Öffentlichkeitsarbeit des größten deutschen Jagdverbandes und der jagdlichen Presse lassen zuweilen ein Verharren in früheren, weil besseren Zeiten vermuten. Das DJV Handbuch Jagd 2003 führt z. B. unter dem Punkt „Öffentlichkeitsarbeit" die Öffentlichkeitsaktionen im Rahmen des „Lernorts Natur", der Hegeschauen und des Jagdhornblasens an[1959]. Die ohnehin in der Kritik stehenden Hegeschauen (früher Trophäenschauen) einerseits und das zumeist uniformiert vorgetragene Jagdhornblasen im Rahmen von Messeveranstaltungen

---

1956 Vgl. ein Interview mit Hartmut Kolbe (Ministerialrat, Jagdreferent Niedersachsen), mit dem Titel: „Jäger sind schon lange nicht mehr allein in Feld und Flur", in: Wild und Hund, Ausgabe Nr. 13/1998, S. 32f.

1957 Walter Henkels, Jagd ist Jagd und Schnaps ist Schnaps. Aus der angewandten Lehre vom edlen Waidwerk, S. 9.

1958 Zitiert nach Walter Henkels, ebd., S. 10.

1959 DJV Handbuch Jagd 2003, S. 24-25.

(so z. B. auf den Messen „Jagen und Reiten", „Jagen und Fischen", etc.) und Hubertusmessen bezeugen zwar eine starke Positionierung im jagdkulturellen Bereich, allein hinsichtlich der Legitimation der Jagd und der Jagdpraktiken selbst mangelt es an Konstruktivität und auch einer gewissen Einsicht bezüglich wissenschaftlicher Erkenntnisse und gesellschaftlicher Forderungen. Bestes Beispiel dafür ist der „Lernort Natur", der als ein Öffentlichkeitsinstrument vom DJV gewertet wird, obwohl er von den Kreisjägerschaften mit viel Engagement und eigenem Geld finanziert wird - vom DJV keine Spur[1960]. Aber auch dieses Öffentlichkeitsinstrument käut die Hegeideologie des DJV und seiner Landesverbände wieder. So wird Kindern bereits in der dritten und vierten Klasse nahe gebracht, dass „Füchse geschossen werden müssen, damit Hase und Fasan eine Chance haben"[1961]. Gleichzeitig wird dann der Abschuss eines „reifen" Bockes, aufgrund der Form, des Gewichts und der Perlung seines Gehörns (welches jedoch exakt so nur in diesem Jahr aussieht und im nächsten schon wieder ganz anders sein kann) als gerechter „Lohn der Hege"[1962] für den Jagdherrn dargestellt. In der Tat, die Gefahr, lächerlich und oberflächlich zu wirken, ist wie zu Zeiten Egon Anheusers stets vorhanden. Diejenigen, die dann dennoch den Mut aufbringen, den Unsinn der Hegeschauen, die Gefahren der (Über-)Hege von Schalenwildbeständen und die Jagdpraxis in einigen Teilen zu kritisieren, werden schnell als Andersdenkende betituliert und aus den Reihen der Jagdjournalisten und der Verbandseliten mit Diffamierungen und unsachlichem Schubladendenken abgekanzelt. Auch hier wird, ähnlich der Kluft zwischen Förster- und Privatjäger, polarisiert, das „Andere" als nicht systemgerecht erkannt, definiert, letztlich dann ausgegrenzt. Wenn dann noch die dem DJV und seinen Landesverbänden nahe stehenden Jagdzeitschriften kritisch über Veranstaltungen oder Positionspapiere berichten, so wird kurzerhand der Entschluss gefasst, Informationen zukünftig nur noch in ideologiegerechten Happen zu streuen[1963]. Kritik, so der Anschein, ist im Demokratieverständnis des DJV (noch) nicht

---

1960 Vgl. dazu ein Interview mit Mareen Vahle, Das war total geil! in: Deutsche Jagdzeitung, Ausgabe Nr. 01/2004, S. 14f.

1961 Vgl. dazu ebd., S. 14.

1962 So bezeichnet Peter Conrad in einem Artikel mit dem Titel „Aufwand, Risiko und Herzenssache", in: Deutsche Jagdzeitung, Ausgabe Nr. 01/2004, S. 19, einen hochkapitalen Rehbock als Lohn der Hege für den Jagdherrn. Meine Meinung dazu: Wollen wir tatsächlich den Abschuss eines starken Rehbockes nach außen so darstellen und verstanden wissen, dass für ihn unzählige Füchse, Marder, Dachse und nicht zuletzt Rabenkrähen (wo zulässig) sterben mussten? Das nämlich ist nichts anderes als Hege, so wie sie das orthodoxe Jägerselbstverständnis verstanden wissen möchte. Natürlich wurden im Winter noch unzählige Eimer Futter für die Kreatur Reh in den Wald gefahren und das, obwohl jene Spezies vor der bürgerlichen Revolution Jahrhunderte lang durch natürliche Feinde und den Menschen hart bedrängt, genetisch gesund gehalten wurde und – überlebte! Harte Winter zehnteten den Bestand. Heute verhelfen harte Winter durch dessen Milderung am Futtertrog eher steigenden Populationen.

1963 So wurde 1997 die Jahrestagung der Kreisvorsitzenden in Bremen von der jagdlichen Fachpresse kritisch beurteilt. Hier ging es um die Verabschiedung umfangreicher Resolutionen zu jagdpolitischen Themen. Die Kritik aus „den eigenen Reihen" hatte den damaligen DJV-Präsidenten Heereman so verärgert, dass er nicht ausschloss, die Journalisten nur noch im Rahmen einer Pressekonferenz mit gezielten Informationen zu versorgen, sie jedoch von der Veranstaltung selbst auszuschließen. Vergl. dazu eine Pressemitteilung mit dem Titel „Heereman: Jahrestagung war erfolgreich", in: Wild und Hund, Ausgabe Nr. 25/1997, S. 10.

vorgesehen. Damit gesellt sich zum nicht gerne gesehenen Pluralismus und der Basisdemokratie zugleich die Kritik. Andersdenkende, z. B. Thomas Winter, werden allzu schnell als polemisierend und ideologisierend abgetan, ihre Argumente und sachlichen Diskussionsangebote nicht ernst- bzw. nicht angenommen[1964]. Gerade die Legitimation der Jagd in einer modernen Industrienation scheint dabei für den DJV einen wunden Punkt zu repräsentieren. Ein bequemer und in seiner Stichhaltigkeit (vorausgesetzt er entspräche der Realität) einleuchtender Ausweg aus jenem Dilemma fehlenden argumentativen Gewichts wird in den öffentlichen Diskussionen an dieser Stelle regelmäßig unter Bezug auf die genetische Verwurzelung des Jagdtriebs gefunden. Nicht umsonst - so könnte man den Eindruck gewinnen - hat der unter Jagdwissenschaftlern streitbare Günter R. Kühnle als Verfechter einer biologisch determinierten Verfasstheit des Menschen als Jäger im Jahre 1998 den Hamburger Preis für Jagdpolitik erhalten[1965]. Er vertritt, wenn auch mit kritischen Seitenhieben auf die jagdlichen Eliten, ein ansonsten nur schwerlich mit rationalen Argumenten anzugreifendes Rechtfertigungsschema für den jagenden Menschen. Die Jagd, so Günter R. Kühnle, sei eine „Vitalkategorie, eine genetisch im Organismus angelegte Verhaltensdisposition"[1966]. Dass dies allein zur Rechtfertigung, geschweige denn zur Legitimation eines raumkonstituierenden und Fakten schaffenden Tuns in der modernen Gesellschaft nur schwer vorstellbar heranzuziehen ist, habe ich bereits unter Bezug auf eine „andere" Vitalkategorie, die Reproduktionsstrategie der Frauen und den damit verbundenen Kindsmord in lebenserschwerenden Situationen, aufgezeigt. Um den Kindsmord zu verhindern gibt es die segensreiche weil humane und damit nicht weniger moderne Erfindung der Babyklappe, während es im Gegenzug zur Kanalisierung jagdlicher Gelüste nicht ausreichend sein sollte, jagdlich unsinnige und als nicht mehr zeitgemäß überführte Jagdpraktiken und Einstellungen zu überdenken? Wenn die Jagd, wie jedoch an anderer Stelle schon kritisch hinterfragt, dennoch ein Trieb wäre, so wäre er nicht der erste seiner Art, der in und für die Anforderungen der modernen gegenwärtigen Gesellschaft in rationale Bahnen gelenkt werden würde. Sich hinter ihm zu verstecken, nur um egoistische und kurzfristige Ziele zu erreichen, wäre Grund genug, die Jagd abzuschaffen, nicht aber sie den Forderungen der Gesellschaft anzupassen. Die Reputation der Jagd, so hat es den Anschein, liegt bei den Jägern in den falschen Händen, zumindest was die Öffentlichkeitsarbeit und die Strategie zur Erhaltung der Jagd auf wilde Tiere anbelangt. So wundert es nicht, dass die jagdliche Öffentlichkeitsarbeit (verstanden als positive Außendarstellung der Jagd auf einige Wildarten), die sich der Frage nach der Legitimation der Jagd und den Effizienzen und Ineffizienzen der bestehenden Jagdpraktiken annimmt,

---

[1964] Vgl. dazu bei Thomas Winter, Jagd - Naturschutz oder Blutsport?, S. 347ff. Der Autor, wenn auch selbst nicht ganz der Objektivität verschrieben, hält dem Gebaren des DJV dennoch sehr anschaulich und keineswegs polemisch einen Spiegel vor. Er bezieht sich auf einige Leserbriefe und Artikel in der jagdlichen Fachpresse, wissenschaftliche Beiträge von Biologen und Naturschützern und auf Aussagen aus den Reihen des DJV bzw. einzelner Landesverbände. Als Außenstehender beurteilt er die Wirkung jagdlicher, vom DJV initiierter Öffentlichkeitsarbeit für den Letztgenannten als entlarvend.

[1965] Vgl. dazu einen Artikel mit dem Titel: Günter R. Kühnle erhielt Förderpreis, Verdienste eines Unbequemen, in: Wild und Hund, Ausgabe Nr. 09/1998, S. 12.

[1966] Vgl. dazu bei Günter R. Kühnle, Der Jäger und sein Ich, S. 307.

heute zu einem wesentlichen Teil in den Händen des Natur- und Tierschutzes zu liegen kommt. Auch die Vielzahl an existierenden Protestbewegungen und nicht zuletzt von „neuen" Jagdvereinigungen, wie z. B. der 1991 ins Leben gerufenen Arbeitsgemeinschaft Naturnahe Jagd Norddeutschland[1967], die fern den Zielen und Ideologien des DJV stehen, belegen diese Tendenzen. Diese nun überwiegend „naturschutzlastige" jagdliche Öffentlichkeitsarbeit unterscheidet sich insofern diametral von derjenigen des DJV, als jener sich aufgrund der umfassenden Aktivitäten und nicht zuletzt der Höhe der Mitgliederzahlen (BUND im Jahr 2001 zum Beispiel mit ca. 260.000 ordentlichen und 140.000 fördernden Mitgliedern[1968], NABU mit 385.000 Mitgliedern 2003[1969], der Landesnaturschutzverband Baden-Württemberg vertritt als Dachverband der baden-württembergischen Natur- und Umweltschutzverbände allein bereits über 400.000 Einzelmitglieder[1970], während im Vergleich dazu der DJV auf rund 286.000 Einzelmitglieder im Jahr 2002[1971] kommt) und damit dem absoluten Gewicht vieler anderer Interessengruppierungen in die Defensive getrieben sieht und in den meisten Fällen nur mehr reagieren denn agieren kann[1972]. Jene offensiv und dabei ehrlich (was durchaus auch einmal zu Fehl-

---

[1967] Zwischenzeitlich in den Ökologischen Jagdverein eingegliedert als ÖJV Niedersachsen-Bremen (ANJN) e.V. und die Arbeitsgemeinschaft Naturnahe Jagd Schleswig-Holstein e.V. als Landesverband ÖJV Schleswig-Holstein, Vgl. dazu unter der URL: http://www.agnj-sh.de/ für Schleswig-Holstein und http://www.anjn.de/ für Bremen.

[1968] Vgl. dazu die Mitgliederentwicklung des BUND seit 1997 bis 2001 auf der Homepage des BUND (Freunde der Erde), unter der URL: http://www.bund.net/.

[1969] Vgl. dazu das Vorwort zum NABU-Jahresbericht 2002, auf der Homepage des NABU, unter der URL: http://www.nabu.de/m09/m09_01/00547.html. Der NABU unterscheidet sich jedoch vom BUND insbesondere durch seine Entstehungsgeschichte. Der BUND ist gerade einmal 25 Jahre alt, während der NABU aus dem bereits 1899 gegründeten Bund für Vogelschutz (BfV, Gründerin Lina Hähnle) hervorging und somit auf ein über 100 jähriges Bestehen zurückblicken kann. Vgl. dazu die NABU-Chronik „100 Jahre für Mensch und Natur", unter der URL: http://www.nabu.de/m09/m09_01/00351.html. Das politische Gewicht des NABU ist dem des DJV überlegen. Zum Jahresanfang 2003 hatte der Verband 385.000 Mitglieder, organisiert in rund 2000 Orts- und Jugendgruppen sowie 16 Landesverbänden. Der NABU betreut bundesweit über 5000 Schutzgebiete und unterhält rund 100 Naturschutzzentren. In der Bundesgeschäftsstelle sind 56 Mitarbeiter beschäftigt, weitere rund 300 in Projektstellen und den Untergliederungen. Der Haushalt des Bundesverbandes beläuft sich auf rund 16 Millionen Euro. Vgl. ebd.

[1970] Vgl. dazu die Ausführungen auf der Homepage des LNV Baden-Württemberg, unter der URL: http://www.lnv-bw.de/.

[1971] Vgl. dazu die Zahlen im DJV Handbuch Jagd 2003, S. 249. Sachlich richtig müsste es jedoch heißen, dass der DJV lediglich 16 Mitglieder hat, nämlich die 16 Landesjagdverbände. Diese bringen es jedoch insgesamt auf die oben genannte Zahl von Einzelmitgliedern oder eben Jägern. Vergl. dazu auch einen Artikel von Josef-Markus Bloch, Über die Zusammensetzung und Struktur des DJV, in: Die Pirsch, Ausgabe Nr. 22/1999, S. 20f.

[1972] So z. B. auch in der Diskussion um die Novellierung des Bundesjagdgesetzes. Im März 2004 wurde ein Eckpunktepapier von Renate Künast (Bundesministerium für Verbraucherschutz, Ernährung, Landwirtschaft) veröffentlicht, welches in den meisten Inhalten vom Kurs des DJV abweicht. Entgegen dem Kurs und den Ansichten des DJV soll im anstehenden Referentenentwurf zum BJG die Fallenjagd gänzlich untersagt werden. Fütterungen (Hege!) und Kirrungen gelten ebenso als obsolet und sollen künftig in der Wildbahn nicht mehr eingesetzt werden dürfen. Die Ausbildung von Jagdhunden an lebendem Wild soll verboten werden, Haustiere (Hunde und Katzen) dürfen, selbst wenn sie wildernd im Revier angetroffen werentscheidungen oder zu einem zu weit führenden Aktionismus führen kann) auftretenden Vereinigungen sind es, die erkannt haben, dass die Jäger, die als einzige Personengruppe dieser Gesellschaft nach eigenem Gutdünken die Waffe auf anderes Leben richten dürfen, dieses Privileg nur dann aufrechterhalten können, wenn sie dies so tun, wie es dem Zeitgeist dieser Gesellschaft entspricht[1973]. Dass der Zeitgeist auch einigen Tribut in Form von Einschränkungen der bejagbaren Tierarten fordern wird, ist den orthodoxen Jagdvereinigungen offensichtlich ein Stachel im Fleisch. Hier geht es nicht mehr um Sinn oder Unsinn einer jagdlichen Handlung, sondern nur noch um Machtpositionen, um Frontstellung gegen Natur- und Tierschutz, basierend auf der Unfähigkeit zu flexibler Anpassung. Es ist ein gefährliches Spiel um Alles oder Nichts, welches der DJV hier treibt. Die Aufrechterhaltung einer fragwürdigen jagdlichen Kultur darf nicht die Jagd als Ganzes in Frage stellen. Auf diesem Weg jedoch befindet sich die jagdliche Verbandselite des DJV und der ihm angegliederten Landesjagdverbände unmissverständlich. In Anbetracht der bereits genannten Frontstellung und dem relativen Leichtgewicht des DJV und seinen angegliederten Landesverbänden im Vergleich zur Schwergewichtigkeit des Naturschutzes scheint es umso verwunderlicher, dass Jochen Borchert auf dem bayerischen Landesjägertag 2004 in Straubing die Bundesregierung ermahnte, dass sie Gefahr laufe, sich „mit einer breiten Gesellschaftsschicht aus Naturnutzern anzulegen", wenn sie versuchen sollte, die Positionen des Eckpunktepapiers von Renate Künast (Anm. d. V.: damit sind die bereits genannten Eckpunkte zur Novellierung des Bundesjagdgesetzes gemeint) umzusetzen[1974]. Der Bundesregierung werden die absoluten Mitgliederzahlen und damit der Rückhalt in Bezug auf die eine oder andere Position wohl bewusst sein. 286.000 in den Landesverbänden organisierten Jägern stehen weit über eine Million Mitglieder in den Naturschutzverbänden gegenüber. Dabei ist dieses Missverhältnis gerade dem DJV erschwerend anzulasten, da jener es versäumte, Allianzen zu schmieden und Kooperationen mit den großen Verbänden des Natur- und Tierschutzes zu suchen. Ausgerechnet der größte deutsche Jagdverband hat es für nicht notwendig erachtet,

---

den, nicht mehr getötet werden, außerdem soll die Liste der zu bejagenden Tierarten (Wild) gekürzt werden. Vgl. dazu das Eckpunktepapier „Für eine nachhaltige Jagd, Eckpunkte des Bundesministeriums für Verbraucherschutz, Ernährung und Landwirtschaft zur Novellierung des Bundesjagdgesetzes", herausgegeben vom Bundesministerium für Verbraucherschutz, Ernährung und Landwirtschaft, vom 19. März 2004. Da hilft es auch nicht, dass sich der DJV unter dem Namen „Initiative pro Land" mit dem Deutschen Bauernverband, dem Deutschen Fischerei-Verband, dem Zentralverband Gartenbau, der Bundesarbeitsgemeinschaft der Jagdgenossenschaften und Eigenjagdbesitzer, dem Deutschen Weinbauverband, der Deutschen Reiterlichen Vereinigung, der Arbeitsgemeinschaft Deutscher Waldbesitzerverbände und der Arbeitsgemeinschaft der Grundbesitzerverbände zusammengeschlossen hat. Von jener „Initiative" hört und liest man in den Medien kaum etwas. BUND, NABU, LNV, ÖJV etc., sind hier wesentlich besser positioniert. Sie beherrschen regelrecht die Agenda.

1973 Christian Itzen, Die lodengrüne Welt ist in Ordnung – oder etwa nicht? in: Wild und Hund, Ausgabe Nr. 25/1997, S. 9. Itzen, selbst Förster und Nachsuchenspezialist, hat die oben zitierte Aussage in einem sehr jagdkritischen Artikel getätigt, der die Differenzen zwischen Anspruch und Wirklichkeit deutscher Waidgerechtigkeit sehr anschaulich aufzeigt.

1974 Vgl. diese Aussage von Jochen Borchert, dem Nachfolger Freiherr Heeremans im Amt des DJV-Präsidenten, in einem Artikel von Josef-Markus Bloch, Deutliche Signale, in: Die Pirsch, Ausgabe Nr. 07/2004, S. 14.

die Interessen und Wünsche seiner Mitglieder durch Transparenz und Stringenz in seinen Handlungen, durch Kommunikation und Kooperation mit anderen großen Verbänden im Bereich des Natur- und Tierschutzes zu wahren, Effekte zu bündeln und Positionen zu formulieren. Im Gegenteil, der DJV ist aus dem Deutschen Naturschutz Ring e.V. (DNR), der ein Spektrum von rund 100 Gruppierungen von Naturnutzern und des Natur- und Tierschutzes unterschiedlicher Couleur umfasst, aufgrund der Diskussionen um die Jagd und ihre Zukunft ausgetreten, statt sich ihnen zu stellen[1975].

Die Jagd war bis in die 1970er Jahre hinein durchaus ein abgeschlossenes eigendynamisches und ein sich selbst kontrollierendes Teilsystem der Gesellschaft. Da es eine gesamtgesellschaftlich definierte Funktionszuweisung an die Jagd nicht gab, konnte dieses Teilsystem nach eigenen Maßstäben und eigenem Selbstverständnis agieren, was zu einer zusätzlichen Verfestigung jagdlicher Werte, Bräuche und Ansichten führte. Erst in den 70er Jahren wurde dieses System der Jagd allmählich aufgebrochen und transparenter. Die jagdlichen Eliten waren den neuen Anforderungen kaum gewachsen und gaben damit die Kontrolle über die Definition der jagdlichen Funktion und den jagdlichen Stellenwert innerhalb der Gesamtgesellschaft aus der Hand. Das Ergebnis war nicht nur die zunehmende Jagdkritik aus allen Teilen der Gesellschaft – insbesondere aber aus der Forstpartie –, sondern die Schaffung von Freiräumen für neue Jagdvereinigungen, für Nischen, in die nun der Tier- und Naturschutz vorstoßen konnte, da die starren Konventionen des Deutschen Jagdschutz-Verbandes einerseits und die Kritik aus verschiedenen Lagern andererseits jene Freiräume und Nischen zusätzlich interessant im Sinne partei- und vereinspolitischer Aktivitäten machten. So ist die Machtzunahme und öffentliche Präsenz des Tier- und Naturschutzes, die Gründung vielfältiger Vereine und Organisationen in diesem Bereich und nicht zuletzt die Gründung weiterer jagdlicher Vereinigungen außerhalb des Deutschen Jagdschutz-Verbandes auf eben seine orthodoxen Doktrinen und sein mangelndes Demokratieverständnis zurückzuführen. Dabei müsste der DJV nicht „offensiver" werden, wie dies Jörg Halder in einem Artikel in „Die Pirsch" forderte[1976], sondern eindeutig kommunikativer, aufgeschlossener, aktiver und moderner. Tut er dies nicht, so schafft er weiteres Potenzial für Vereinigungen, die das Produkt zunehmender Frustration sein kön-

[1975] Zu dieser Entwicklung generell vgl. einen Artikel von Klaus Maylein, Warum unser Novellierungsvorschlag zum BJG nicht funktioniert, vom 08.10.2001, auf der Homepage des Ökologischen Jagdvereins, unter der URL: http://www.oejv.de/info/artikel_Maylein.htm. „Der DJV muss es sich vorwerfen lassen, dass ihm seine Selbstgefälligkeit und seine aristokratische Sicht der Dinge das Heft aus der Hand gerissen hat. Persönlich halte ich dies für einen Verlust, da ich in einem starken DJV weitaus mehr Vorteile als Nachteile sehe. Kaum ein anderer Verband wie der DJV, der nahezu 85% der bundesdeutschen Jäger <<organisiert>> hat, wäre in der Lage ein Anwalt unserer Restnatur zu sein. Weshalb ist er es denn tatsächlich nicht? Die Basis wird regelmäßig verärgert, ja ignoriert, seine Kräfte so desorganisiert, der notwendige Schulterschluss mit den Naturschutzverbänden mit der Begründung sachlicher Differenzen verhindert und mit der lapidaren Aussage, sie alle seien Jagdgegner, auf Dauer ausgeschaltet. Glaubt der DJV tatsächlich, dass nur der bewaffnete Naturschützer in der Lage ist die Vorteile der Jagd zu erkennen?"

[1976] Vgl. dazu bei Jörg Halder, „Jäger, wir müssen offensiver werden!", in: Die Pirsch, Ausgabe Nr. 05/1997, S. 18-19.

nen. Dass auch die einzelnen Landesjagdverbände als ordentliche Mitglieder des DJV ihren Hegemonieanspruch aufrechterhalten und durchzusetzen versuchen, wurde durch den Ausschluss des Vereins „Weiberrevier e.V." von der Jagdmesse „Jagd & Hund" aus der Dortmunder Westfalenhalle 2003 und die Erweiterung des Ausschlusses für dieselbe Messe im Jahr 2004 unter Beweis gestellt. Der Landesjagdverband Nordrhein-Westfalen als ideeller Träger der „Jagd & Hund" hatte den Antrag des „Weiberrevier e.V." auf Teilnahme an der Messe mit der Begründung abgelehnt, dass der Verein „deutlich darauf ausgerichtet" sei, „ein eigenes Vereinsleben aufzubauen. Dies entspricht nicht den Zielen des Landesjagdverbandes NRW."[1977] Dabei ist der Landesjagdverband Nordrhein-Westfalen der Auffassung, dass „DJV und LJV das verbandspolitische Ziel verfolgen, die Jägerinnen in den Jagdverband zu integrieren". Dort sollen sie dann „in den verschiedenen Gremien aktiv" sein und „ihre speziellen Anliegen einbringen". Und weiter: „Nur durch diese Bündelung der Interessen von Jägerinnen und Jägern im Landesjagdverband sowie dem DJV wird das politische Gewicht verstärkt und Aufgaben noch besser gelöst werden."[1978] Sicher, die Demokratie ist in der Bundesrepublik noch sehr jung. Ihre Zwangseinführung nach dem Ende des Zweiten Weltkrieges noch manchem DJV-Funktionär im Gedächtnis selbsterlebter Geschichte präsent. Adolf Vollbach, der als preußischer Ministerialrat das Reichsjagdgesetz juristisch mit ausgearbeitet hatte, nennt sie gar nur einen „politischen Umschwung"[1979], gerade so, als ob das Pendel auch ganz schnell wieder in die andere Richtung umschlagen könne. Unter dem Leitsatz „Wider den Partikularismus"[1980], hat Andreas Gautschi die Entwicklungen innerhalb der Jagd seit der Machtübernahme der Nationalsozialisten 1933 beschrieben. Dass sich Teile dieses machtpolitisch motivierten Denkens, repräsentiert durch fehlendes Demokratieverständnis und aktive Verhinderung pluralistischer Interessengruppierungen selbst unter dem eigenen Dach, auch in der Gegenwart manifestieren können, scheint den Schluss nahe zu legen, das die Erziehungsarbeit der Jahre von 1934 bis 1945 nach wie vor Früchte trägt. Der DJV kann offensichtlich mit pluralistischen Strukturen nur schwerlich leben, er braucht jagdliche Monokultur und eine starke zentralistische Organisationsstruktur. Dieser Schritt ging dann selbst der jagdlichen Fachpresse zu weit, was zu harscher Kritik (nicht nur in den öffentlichen Foren wie bei Wild und Hund) führte.

In einem vorangegangenen Kapitel habe ich die Frage gestellt, weshalb gerade die Etablierung der rationalen Herrschaft im 19. Jahrhundert vollkommen irrationale Auswirkungen auf die Funktion und Praxis der Jagd in Deutschland hatte. Anscheinend, so der Eindruck, hat die rationale Herrschaft zu einer Manifestation eines in einigen Kreisen kollektiven Bewusstseins in Form einer „früher war alles besser"-Mentalität geführt, die auch heute noch ein sehr starkes Moment innerhalb der Jägerschaft darstellt. Möglicherweise sind auch einfach die Verbandsfunktionä-

---

1977 Artikel mit dem Titel „Weiber müssen draußen bleiben", in: Deutsche Jagdzeitung, Ausgabe Nr. 11/2003, S. 7.

1978 Vgl. ebd., S. 7.

1979 Vgl. dazu bei Adolf Vollbach, Das Reichsjagdgesetz, in: Deutscher Jagdschutz-Verband e.V. (Hrsg.), Ulrich Scherping und ein halbes Jahrhundert Deutscher Jagdgeschichte. Ein Zeit- und Lebensbild, S. 40.

1980 Vgl. dazu bei Andreas Gautschi, Der Reichsjägermeister, S. 32ff.

re der Landesjagdverbände und des DJV eine entscheidende Generation zu alt und zu nah an der jüngeren Geschichte Deutschlands[1981]. Der DJV, der aufgrund seiner rigiden reaktionären Verbandspolitik die Nischen für „neue" jagdliche Zusammenschlüsse erst geschaffen oder die relative Stärke der Natur- und Tierschutzverbände überhaupt erst ermöglicht hat, versucht durch Ausschluss von öffentlicher Kommunikation eine ihm unbequeme Interessengemeinschaft in die Schranken zu weisen, sie damit vermeintlich zu kontrollieren, dabei auch noch das Ziel der „Heimholung" jener Abtrünnigen vor Augen habend. Eine katastrophalere Öffentlichkeitsarbeit kann man nicht machen und ein rigideres politisches Eigenzerrbild kann man nicht schaffen.

10.2.4.3.1 Resultat aus den Kontrollverlusten und dem unglücklichen Umgang mit ihnen

Jagd – und davon bin ich anhand der jüngsten Entwicklungen überzeugt – wird dem Primat des Naturschutzes unterstellt werden, der nicht danach fragt, ob die Jagd an sich bereits genügend Legitimationspotenziale in sich trägt, sondern der danach fragen wird, welche Rolle der Jäger für die Gesamtgesellschaft, für das Allgemeinwohl, für die Kulturlandschaft zu übernehmen in der Lage ist. Der Jäger wird sich nicht zuletzt aufgrund der bisherigen und ausführlich genannten, auf mehreren Ebenen bestehenden Unfähigkeit jagdlicher Eliten einem für ihn neuen Primat unterwerfen müssen, was, der aktuellen Entwicklung nach zu urteilen, zu teilweise herben Einbußen im jagdlichen Alltag führen wird. Auch Werner Rösener weist in seinem aktuellen Werk „Die Geschichte der Jagd" darauf hin, dass in der nahen Zukunft die europäischen Regelungen im Hinblick auf umwelt-, natur- und tierschutzrechtliche Belange wesentliche Auswirkungen auf die deutsche Gesetzgebung haben werden[1982]. Gerade in Deutschland wird sich dies deutlich auswirken müssen, da in keinem anderen europäischen Land die historisch entstandene Trennung von Jagd- und Naturschutzrecht so vorhanden ist. Wird diese Trennung in eine stärker formulierte Gemengelage zwischen Naturschutz und Jagd einmünden, wäre dies für die deutsche orthodoxe Jagdkultur schon beinahe ein traumatischer Einschnitt. „Jagd ist kein Hobby" wird regelmäßig in den jagdlichen Printmedien und Onlineforen gebetsmühlenartig repetiert. In der Einsicht, dass die Jagd eine bedeutende Rolle zu übernehmen in der Lage sein muss, wäre es z. B. ein erster Schritt in die richtige Richtung, die stetige Negierung des Zusammenhangs Jagd und Hobby in ihrer Richtigkeit unter Beweis zu stellen[1983]. Erst wenn der Jäger bereit ist, Kompromisse einzugehen, wenn er die Kompetenzen außerjagdlicher Verbände und Organisationen anerkennt und akzeptiert, wenn er Jagd als ein

[1981] Zur „Vergreisung" jagdlicher Verbandseliten siehe auch bei Bruno Hespeler, Jäger wohin? an verschiedenen Stellen.

[1982] Vgl. dazu die Ausführungen bei Werner Rösener, Die Geschichte der Jagd, S. 389.

[1983] Allerdings ist es sehr müßig, sich von der Verbindung von Jagd und Hobby argumentativ zu trennen. Jagd wird von den meisten Jägern privat ausgeübt. Es ist Freizeit, die für die Jagdausübung zur Verfügung gestellt wird. Der Jäger erzielt mit ihr in der Regel keinen Gewinn, er investiert im Gegenteil große Summen in Ausrüstung, Jagdpacht und Wildschadensbegleichung. Was, wenn nicht Hobby, ist die Jagd für den Privatjäger?

Handwerk[1984] begreift, als eine Form der zeitgemäßen ökonomischen und ökologischen Raum(be)handlung, dann erst ist Jagd tatsächlich kein „reines" Hobby, sondern eine Aufgabe mit Verantwortung und gesellschaftlich geforderter und benötigter Effizienz. Aber dennoch bliebe die Jagd eine Handlung, die der Privatjäger in seiner Freizeit ausübt und damit letztendlich ein Hobby, welches jedoch durchaus in der Lage sein könnte, dem Gemeinwohl von großem Nutzen zu sein. Dazu gehört, dass man von der Trophäenjagd, so wie sie momentan noch entsprechend über Hegemaßnahmen wie Fütterung und wildbiologisch unsinnige Schonung des männlichen Schalenwilds während der Bast- oder Kolbenzeit praktiziert wird, abrücken muss. Die Freude an der Trophäe ist davon nicht berührt, vielmehr aber die landwirtschaftliche Betrachtungsweise wildlebender Tiere, die mehr der „Verhausschweinung" Vorschub leistet als dem Schutz geeigneter Wildlebensräume in der Kulturlandschaft. Der gesetzgeberische Verzicht auf die Trophäenorientierung, die ideologische Entrümpelung des deutschen Jagdrechts und die Besinnung auf den schlichten Pfad effizienter Jagdmethoden ist nicht umsonst eine Forderung der ökologisch ausgerichteten Jagdverbände[1985]. Die phlegmatische Haltung der traditionellen Jägerschaft hat zu den genannten Kontrollverlusten geführt und dazu, dass Jagd und Naturschutz heute vielmehr Gegner als Kooperationspartner sind und damit wichtige Synergieeffekte pro Natur und pro Jagd unsinnigerweise vergeuden; ihre gemeinsame Chance verpassen. Das ist das eigentliche Dilemma. Eine Aufweichung in der Frontstellung zwischen Jagd und Naturschutz wird es aus diesem Grunde nach meinem Dafürhalten nur über die europäische „Zwangs"-Regelung geben können. National scheinen Antrieb und Realismus der Umsetzung rationaler Wildbewirtschaftung ihre Kraft verloren zu haben. Die Verlagerung der Hauptkriegsplätze auf verbandsinterne Kämpfe und die stetigen Versuche der gegenseitigen Abgrenzung durch Parolisierung (Wild vor Wald, Wald vor Wild, Jagd ist Naturschutz, etc.) und Polarisierung wildbiologischer und forstwirtschaftlicher Vorgänge nimmt im Vergleich zu Sachthemen und rationaler Auseinandersetzung den Hauptteil in den Diskussionen ein. Hier müssen sich jedoch alle Verbände (DJV, ÖJV, NABU, DNR, etc.) an die eigene, zuweilen hochmütige Nase fassen.

10.2.4.4 Bilanz aus der Bewahrung orthodoxen Denkens und Handelns

Das Öffentlichwerden des gleichwohl bereits sehr weit fortgeschrittenen kulturellen Bruchs führte einem Millionenpublikum erstmals vor Augen, dass Jäger mit ihrem Tun eben nicht abgetrennt vom gesamtgesellschaftlichen System, unter altruistischen Vorzeichen eine der Allgemeinheit dienende Hege und Pflege des bundesdeutschen Wildes in den ihnen überantworteten Revieren betreiben, sondern durch ihre einseitige Förderung des zumeist wiederkäuenden Schalenwildes gesamtgesellschaftliche Wirkungen systemübergreifend entfalten, die immense ökonomische und ökologische Folgen haben können. In diesen Negativwirkungen

[1984] So wie es die beiden Autoren Wilhelm Bode und Elisabeth Emmert, Jagdwende, S. 260ff, beschreiben.

[1985] Vgl. dazu bei Werner Rösener, Die Geschichte der Jagd, S. 388-389. Weiterhin bei Elisabeth Emmert und Wilhelm Bode, Jagdwende, S. 271ff.

des jagdlichen Systems, der jagdlichen Selbstverantwortung der bundesdeutschen Jägerschaft, muss auch der Grund dafür gesucht werden, weshalb sich zunehmend die Politik, und hier speziell das politisch-administrative System, in die Diskussionen um die Jagd und das Thema Wald und Wild einschaltete und weshalb sich insbesondere die rot-grüne Regierungskoalition seit 1998 vehement einzubringen versuchte[1986]. Die von „Jägern beeinflussbare Interaktion von Pflanzenfressern und der Vegetation ihres Lebensraumes“[1987] steht heute mehr denn je im Mittelpunkt der Betrachtung. Zwar ist dieses Thema gerade bezüglich des Wildschadens so alt wie die Vieh- und Landwirtschaft des Menschen, dennoch waren die gesamtgesellschaftlichen Gefährdungspotenziale durch die Jagd zu keinem Zeitpunkt so groß wie dies in den fortgeschrittenen mitteleuropäischen Industrienationen der Gegenwart der Fall ist. Nicht zuletzt deshalb wird in Bayern der Grundsatz „Wald vor Wild“ voraussichtlich auch im neuen Waldgesetz festgeschrieben werden. „Dafür soll im Passus über die künftige Bewirtschaftung des Staatswaldes die Berücksichtigung der >>sonstigen Belange der Jagd<< ersatzlos gestrichen werden“[1988]. Oblag dem Wild- und Jagdschaden in den früheren Zeiten noch eine gewisse herrschaftspolitische Funktion, stellt er in der fortgeschrittenen Industriegesellschaft ein nicht geringes Gefährdungspotenzial natürlicher Ressourcen und einen Hemmschuh in der Umgestaltung forstlicher Monokulturen zu naturnahen Mischwaldstrukturen dar. Am Konfliktcharakter selbst hat dieser zivilisatorische Wandlungsprozess nichts geändert, Konflikte sind – wenn auch auf einer nunmehr anderen Ebene – nach wie vor ein Dreh- und Angelpunkt in den jagdlichen Diskussionen.

Die in den DJV-Handbüchern der vergangenen Jahre aufgelisteten wirtschaftlichen Faktoren der Jagd innerhalb der Bundesrepublik sind deshalb in vielerlei Hinsicht insbesondere durch ökologische Faktoren zu ergänzen, die sich jedoch eher negativ auf die Gesamtbilanz der Jagd auswirken. So sind die rein wirtschaftlichen Faktoren heute im 21. Jahrhundert als relativ hoch zu bezeichnen. Die Nahrungsressource Wild stellt hier jedoch nur den unbedeutendsten Teil innerhalb der wirtschaftlichen Gesamtbetrachtung dar (etwa 331 Mio. DM aus 1999/2000 und 189 Mio. € aus 2001/2002). Der deutlich größere Posten fällt auf den Jagd- und Wildschutz, der mit einer Summe von 1,4 Milliarden DM allein im Jagdjahr 1999/2000 und 750 Millionen € im Jagdjahr 2001/2002 zu Buche schlug. Darüber hinaus sollen nach einer Einschätzung von FACE in der EU durch die Jagd mindestens 100.000 Arbeitsplätze in den begleitenden Industrien und den jagdli-

[1986] Ich schreibe absichtlich von einem „Versuch“, da bis heute noch keine wirklichen Änderungen innerhalb der Jagd politisch erreicht werden konnten. Die Novellierung des Bundesjagdgesetzes steht noch aus.

[1987] Ulrich Schraml, Die Normen der Jäger, S. 1. Meine bisherigen Ergebnisse zeigen jedoch folgendes Bild: Während der Jagd- und Wildschaden zum Beispiel in den neuzeitlichen Landesherrschaften eine gewisse herrschaftliche Funktion zu erfüllen in der Lage war, ist jedwede funktionale Beziehung zwischen Jagd und Jagd- bzw. Wildschaden heute nicht mehr existent. Wild- und Jagdschaden stehen heute frei von früheren herrschaftlichen Implikationen und haben somit ihre Funktion vollkommen verloren. Heute müssen diese Schäden unter rein wirtschaftlichen und ökologischen Gesichtspunkten betrachtet werden.

[1988] Heiko Hornung, Schlierseer Jagdszenen, in: Wild und Hund, Ausgabe Nr. 04/2005, S. 18.

chen Vereinen ermöglicht werden[1989]. Auch wenn die Jagd damit im gesamtwirtschaftlichen Vergleich zu anderen Wirtschaftszweigen dennoch von eher sekundärer Bedeutung sein wird, so sind ihre ökologischen Auswirkungen noch zusätzlich zu bedenken. Auf der ökologischen Seite der wirtschaftlichen Bilanzierung der Jagd sind insbesondere die Verluste in der Forstwirtschaft heranzuziehen, die sich zweigeteilt sowohl ökonomisch als auch ökologisch bemerkbar machen. Baumartenverluste oder die selektive Entmischung von Vegetationsbeständen durch überhöhte Schalenwildpopulationen sind natürlich sowohl wirtschaftlich defizitär als auch ökologisch negativ zu bewerten. Da zuverlässige Zahlen zu finanziellen Schäden in der Forstwirtschaft fehlen, bleibt zumeist nur der Weg der Schätzung zu beschreiten. Ihr zugrunde liegen die Aufwendungen im Staatswald bezüglich der Schutzmaßnahmen (Zäune und Einzelschutz) von Verjüngungsflächen. Dieser Aufwand soll sich nach aktuellen Zahlen auf etwa 100 Millionen Euro belaufen, während die tatsächlich eingetretenen Verluste trotz Schutzmaßnahmen auf weitere 150 Millionen Euro geschätzt werden[1990]. Im DJV-Handbuch 2003 sind leider keine Zahlen zu den Waldschäden durch Schalenwild zu finden. Vielmehr wird hier der Eindruck erweckt, als ob das Schalenwild keinen natürlichen Einfluss auf den Waldzustand nehme. So heißt es dort: „Zu den vielen natürlichen Einflussfaktoren, die den Wald belasten, zählen z. B. Insekten, Pilze, Witterung und Sturm. So führen biotische Schaderreger in zeitlichem und regionalem Wechsel zu Schwankungen im Gesundheitszustand der Bäume.“[1991] Das Eingeständnis, dass wiederkäuendes Schalenwild in regional unangepasster Wilddichte Wildschäden in entsprechendem Ausmaße evozieren kann, sucht man im DJV-Handbuch vergebens. Vielmehr hat man sich auf den Standpunkt der Internationalen Jagdkonferenz (IJK), die im Jahr 2002 in Malbun tagte und sich der Fragestellung „Wie viel Wild verträgt der Wald?“ widmete, gestellt. Das Ergebnis jener Konferenz dürfte nicht nur die Experten verblüfft haben. So heißt es hier: „Wildtiere sind, wie der Wald,

---

[1989] Vgl. diese Zahlen im DJV-Handbuch Jagd 2001 und 2003. Unter dem Begriff des Jagd- und Wildschutzes wurden unsinnigerweise die Jagdsteueraufwendungen und die Pachtaufwendungen miteinbezogen. Beide haben jedoch mit dem Jagd- und Wildschutz kausal nichts zu tun. Der weitaus größte Teil der wirtschaftlichen Gesamtbedeutung kommt so tatsächlich den Jagdpachtaufwendungen mit einer Höhe von 705 Mio. DM in 1999/2000 zu. Im Zeitraum 2001/2002 entfallen auf die Jagdpacht- und generell Jagdaufwendungen 467 Mio. €. Angemeldete und abgegoltene Wildschäden schlagen mit ca. 110 Mio. DM, respektive 60 Mio. € zu Buche. Allerdings ist hier zu berücksichtigen, dass zwischen tatsächlichem Wildschaden und den angemeldeten Wildschäden eine bedeutende Differenz besteht. Eugen Syrer weist in diesem Zusammenhang darauf hin, dass gemäß einer empirischen Studie von Mergner (1983) von 434 befragten bäuerlichen Waldbesitzer nur 37% jemals eine Schadensersatzforderung gestellt hätten. 54% der Befragten verlangten keinen Schadensersatz, obwohl ihnen bewusst war, dass sie Schäden hatten. Diejenigen, die keinen Schaden geltend machten, obwohl sie wussten, dass sie welchen haben, gaben in 58% der Fälle an, dass sie auf den „Verdruss und Ärger“, den man durch eine solche Forderung bekommt, verzichten wollten. Vergl. dazu bei Eugen Syrer, Jagdrecht und Interessengruppen, S. 109-110.

[1990] Vgl. dazu die Zahlen in der Broschüre Wildschäden am Wald, Herausgegeben vom aid infodienst Verbraucherschutz, Ernährung, Landwirtschaft e.V., Heiner Grub, Michael Petrak, Rudi Suchant, Ralph Roth, 7. überarbeitete Auflage, Benatzky Druck & Medien, Hannover 2002, S. 14ff. Im Vergleich dazu auch die 6. überarbeitete Auflage des Autorenkollektivs aus dem Jahr 2000.

[1991] DJV-Handbuch 2003, S. 241.

unbestritten ein Teil der Natur. Natur kann durch Natur aber nicht geschädigt werden. Nicht Wald und Wild haben ein Problem miteinander, sondern alle Nutzungsansprüche der Menschen an die Waldökosysteme konkurrieren untereinander. Alle Teilnehmer, Vertreter der Jagdorganisationen als auch aus dem Forstbereich und von Forst- und Jagdbehörden sowie der Wissenschaft waren sich darüber einig, dass nur die Wahl der zutreffenden Terminologie die gemeinsame Gesprächsbasis bilden kann."[1992] Mit dem Ausspielen der Naturkomponente sowohl im Waldbau als auch in der Schalenwildbejagung wird ein ganz bedeutender Faktor schlichtweg ausgeklammert und ein anderer gar gänzlich unterschlagen. Zum einen hat die Waldbaupraxis in Deutschland schon vor der Jahrhundertwende (1899-1900) über die Priorität der Reinertragslehre und den damit verbundenen Aufbau deutschlandweiter Fichten- und Kiefermonokulturen die Bindung zur Natur und zur naturnahen Waldwirtschaft verloren (generell wird hier niemand widersprechen wollen, dass „wirtschaften" wenig mit Natur und viel mehr mit Kultur zu tun hat). Zum anderen wird die Internationale Jagdkonferenz wohl kaum die mindestens ebenso lange Fütterungspraxis in der waidgerechten Schalenwildhege als natürlich bezeichnen wollen. Beide Faktoren, sowohl der bereits um 1935 von dem Amerikaner Aldo Leopold kritisierte Altersklassenwaldbau als auch die irrwitzige Züge annehmende Dimension der Fütterungs- und Jagdpraxis unserer heimischen Schalenwildarten, haben zu den Problemen geführt, die wir heute in der Wald- und Wildwirtschaft nach wie vor zu minimieren suchen. Schon damals bezeichnete Aldo Leopold das deutsche Forst- und Jagdsystem als „the german problem – a system of silviculture incompatible with a natural and healthy game stand and a system of game management incompatible with an natural and healthy silviculture"[1993]. Die also nach wie vor – o. g. Internationale Jagdkonferenz sollte dies belegen – unter gesamtökonomischen und gesamtökologischen Ansätzen komplexitätsreduzierende Betrachtung des jahrzehntelang gewachsenen und forstlich wie jagdlich hausgemachten „Wald-Wild-Konfliktes" führt zu der Überlegung, ob sich die Jägerschaft oder zumindest ihre Verbandselite der durch sie geschaffenen Gefährdungspotenziale für die Gesamtgesellschaft überhaupt bewusst ist. Folgt man den Worten von Georg Sperber, so wird dieses „german problem" in seinen wahren Dimensionen der Mehrheit der Forstleute und Waldbesitzer erst allmählich bewusst[1994] und lässt man die Verlautbarungen der großen jagdlichen Verbände zum Stellenwert ihres Jagdverständnisses im Rahmen des Land- und Waldbaus moderner Prägung Revue passieren, so wird die Befürchtung von Georg Sperber eher genährt denn widerlegt. Der Versuch einer detaillierteren Beantwortung dieser Frage führt unwillkürlich auf die innerhalb der letzten dreißig Jahre

---

[1992] Die IJK ist ein Zusammenschluss der Jagdverbände: Allg. Schweizerischer Jagdschutzverband, Schweiz. Patentjäger- und Wildschutzverband, Liechtensteiner Jägerschaft, Deutscher Jagdschutz-Verband, Koninklije Nederlandse Jagersvereiniging, Österreichische Landesjagdverbände, Südtiroler Jagdverband und Fédération des Chasseurs Luxembourgeois. DJV-Handbuch 2003, S. 53.

[1993] Vgl. dazu das Zitat von Aldo Leopold bei Georg Sperber, Deer and Dauerwald – The German Problem, in: Wilhelm Bode (Hrsg.), Naturnahe Waldwirtschaft – Prozessschutz oder biologische Nachhaltigkeit, S. 37.

[1994] Vgl. dazu ebd., S. 37.

neu formulierte und zwischenzeitlich auch im politisch-administrativen System fest verankerte Funktion der Jagd in einer fortgeschrittenen Industriegesellschaft wie der Bundesrepublik. Welche Besonderheiten jene wiederum nur epochenspezifische Funktion auszeichnen, wird im Folgenden näher dargestellt werden.

10.3 Die Suche nach einer modernen Funktion der Jagd vor dem Hintergrund der Risikogesellschaft und der Jagd als Raum(be)handlung

10.3.1 Einführende Worte

Jagd ist in der modernen Gesellschaft der Gegenwart nicht nur die Nutzung von Naturgütern (Wild) oder von wildlebenden Arten, die als aktuelle Kulturgewinner/Kulturfolger zu betrachten sind und folglich hohe Populationsdichten erreichen konnten[1995]. Jagd beinhaltet – je nach Ausprägung ihrer Praxis und ihrer Zieldefinitionen – ökologische, aber auch ökonomische Risikopotenziale für eine überwiegend nichtjagende Gesamtgesellschaft. Auch Werner Rösener attestiert der aktuellen Jagdpraxis, dass nicht nur aus forstlicher Interessenlage, „sondern aus gesamtgesellschaftlicher Sicht" die derzeitige Wald-Wild-Relation nur schwer tragbar sei und plädiert vor diesem Hintergrund für eine deutliche Reduktion jener Populationen[1996]. Dabei wird häufig übersehen, dass die genannten Gefährdungspotenziale in den Händen einiger Weniger zu liegen kommen: den Jägern, die lediglich etwa rund 330.000 Bundesbürger stellen. Dagegen ist jeder der rund 80 Millionen Bundesbürger „Waldbesitzer", sei es durch Anteile am Bundeswald, an Wäldern der einzelnen Bundesländer, in denen sie wohnen, oder an kommunalem und kirchlichem Wald[1997]. In den meisten Fällen sind die Bundesbürger also gar mehrfache Waldbesitzer öffentlicher Prägung qua deutscher Abstammung (deutschem Pass). Ebenso wird übersehen, dass unsere heutigen Wirtschaftswälder selbst nicht das unmittelbare Abbild oder Resultat aus der Devastation der früheren Urwälder sind, sondern ihrerseits bereits lediglich einen Naturraum oder besser Kulturraum aus zweiter Hand repräsentieren. Der größte Teil unserer Wälder wurde bereits im 18. Jahrhundert nach jahrhundertlanger Übernutzung und Devastation mit dem damaligen Beginn einer geregelten Forstwirtschaft allmählich wieder aufgebaut. Aus verschiedenen Gründen kam bei der damals beginnenden Wiederaufforstung überwiegend Nadelholz zum Zuge, was eine Verdrängung der starken Buchen-, Eichen- und anderer Laubholzbestände gleichkam. Aus heutiger Sicht muss man nach der Ansicht einiger Fachleute gar eingestehen, dass lediglich die Übervorteilung des Nadelholzes (insbesondere der Fichte und der Kiefer) eine

---

1995 Werner Rösener, Die Geschichte der Jagd, S. 380, geht davon aus, dass sich die Schalenwildbestände in den letzten zweihundert Jahren mindestens verzehnfacht haben und im 21. Jahrhundert in Mitteleuropa so hoch wie nie zuvor seit Beginn der Waldentwicklung nach der letzten Eiszeit sind. Auch die Autoren Wilhelm Bode und Elisabeth Emmert, Jagdwende, S. 222f, gehen davon aus, dass dies der Realität entspricht.

1996 Werner Rösener, Die Geschichte der Jagd, S. 381.

1997 Vgl. dazu auch bei Bruno Hespeler, Prügelknabe Wald, S. 17ff.

rasche Wiederaufforstung ermöglichte[1998], auch wenn sich die heutige Förstergeneration nun mit den immensen Problemkreisen der Fichten- und Kiefernmonokulturen vor dem Hintergrund einer mehr orthodoxen Jagdkultur und klimatischen Veränderungen in durchdringendem Maße auseinander zu setzen hat. Zunächst führte die Umstellung auf Nadelholzwirtschaft zu einer umfassenden Leistungs- und Ertragssteigerung in der Forstwirtschaft, bis sich dann allmählich zeigte, dass die anfänglich erzielten Erträge nicht von Dauer waren und dass die Anlage von Monokulturen und „Holzäckern" häufig zum vollständigen Zusammenbruch des (Kultur-) Waldes führen konnten. Das riesige Ausmaß an „Waldkatastrophen, wie sie immer wieder durch Schädlinge, Windwurf und Brand ausgelöst werden, hat seine Ursachen oft in einer einseitigen, auf Ertrag ausgerichteten Waldwirtschaft"[1999]. Jene Problemkreise sind jedoch durchaus als modern oder industriellbedingt zu bezeichnen, da es die moderne Gesellschaft gegenwärtiger Prägung war und nach wie vor ist, die mit ihren industriellen Einflüssen auf das globale Klima, auf Wasserhaushalt, Flora und Fauna, einen Kulturraum geschaffen hat, in dem (Fichten- oder Kiefer-)Monokulturen aus wiederum vielen verschiedenen Gründen ökologisch und ökonomisch nicht geduldet werden können[2000]. Das Credo der Forstwirtschaft in der modernen Gesellschaft lautet denn auch zwischenzeitlich „Nachhaltigkeit" und „Naturnähe" um jeden Preis. Von Reinertragslehre und Fichtenmonokultur (analog zur Kiefernmonokultur in den ostdeutschen Ländern) spricht heute keiner mehr.

Vor dem Hintergrund jenes Credos eröffnet sich ein nicht zu unterschätzendes Dilemma, welches das Resultat aus dem Umbau der bundesdeutschen Waldstrukturen zu stabilen Waldökosystemen einerseits und dem gleichzeitig notwendigen Änderungen im Jagdsystem andererseits darstellt. Partizipient jenes Dilemmas ist dabei nicht nur die Förstergeneration, die für die technische Umsetzung der naturnahen Mischwälder, deren Pflege und Förderung verantwortlich zeichnet, sondern auch eine zunehmende Anzahl von Organisationen, von Verbänden des Naturschutzes, der Grund- und Waldbesitzer und der Landwirte sowie - aufgrund der Rückwirkung über die Schutzfunktionen[2001] eines baumartenreichen Waldes - auch die gesamte Gesellschaft, die sich mit den Auswirkungen vergangener und aktueller Wald- und Wildbewirtschaftung in hohem Maße kon-

---

[1998] Wald, Ökologie und Naturschutz - Leistungsbilanz und Ökologieprogramm der Landesforstverwaltung Baden-Württemberg, Herausgegeben vom Ministerium für ländlichen Raum, S. 9ff.

[1999] Vgl. dazu bei Heinrich Hofmeister, Lebensraum Wald, S. 247.

[2000] Es gibt mehrere Gründe, weshalb Monokulturen nicht mehr dienlich und förderlich sind. Sie leiden unter Sturmanfälligkeit, Kalamitätsproblemen, Fichten- und Kiefernmonokulturen speichern weniger Wasser als Mischwaldstrukturen, reinigen weniger Luft, sind extrem artenarm und entziehen dem Boden mehr Nährstoffe als sie ihm zusetzen können, was auf Dauer zur Verarmung der Bodengüte führt.

[2001] Schutzfunktionen sind unter anderem: Wasserschutz, Bodenschutz, Lawinenschutz im Bergwald, Klimaschutz, Immissionsschutz, Lärmschutz, Sichtschutz, Straßenschutz, Landschaftsschutz und Naturschutz. Nicht zuletzt ist der Wald Lebensraum für das Wild und Objekt für Forschung und Lehre. Vgl. zu den Waldfunktionen: Wald in der Bundesrepublik Deutschland, herausgegeben vom Land- und Hauswirtschaftlichen Auswertungs- und Informationsdienst e.V., S. 23ff. Ebenso vgl. bei Heinrich Hofmeister, Lebensraum Wald, S. 247.

frontiert sieht. Waldbau und Jagd gehen alle an und das nicht nur, weil jeder Bundesbürger in irgendeiner Form Waldbesitzer ist. Hier setzt die moderne Funktion der Jagd an, die dergestalt innerhalb der historischen Jagd vollkommen neu ist und die gesellschaftsspezifische Konfliktfelder aufzeigt, deren Geschichte öffentlicher Bewusstseinspräsenz gerade einmal auf rund 30 Jahre zurückblicken kann[2002]. Anhand der aufgezeigten Zusammenhänge wird schnell deutlich, dass auch hinsichtlich der Jagdausübung in den bundesdeutschen Kulturräumen der Gesellschaft ein berechtigtes Interesse an Wald und Jagd zukommt, welches sich nicht selten von den Interessen der privaten Jägerschaft unterscheidet. Exemplarisch dazu einen Transkriptauszug aus der Studie von Ulrich Schraml, in der er die Unterschiede zwischen Förster- und Privatjäger anhand der Befragung von Angehörigen beider Gruppen herausarbeitete. Die folgende Aussage stammt von einem Försterjäger: *„Vom Jagen her unterscheiden wir uns von den Privaten weniger, aber in der Intensität unterscheiden wir uns erheblich. Wir Forstleute vertreten ja die Auffassung, soviel Schalenwild, sprich Rehwild, zu schießen, damit der Wald, dass alle natürlich vorkommenden Waldbäume, ungestört wachsen können. Die private Jägerschaft betrachtet die Jagd aus einem anderen Blickwinkel. Sie wollen rausgehen, freie Natur erleben und ja möglichst viel Wild sehen und ja, gute Böcke ernten."*[2003] Betrachtet man die häufigsten Diskussionen zum Thema Jagd und Jäger, so wird für den aufmerksamen Rezipienten ein Bild der Jagd und ihrer Potenziale vor dessen geistigem Auge deutlich. Ein Blick in die bundesdeutschen Wälder bringt dann auch die Realität ins Spiel und zeigt sie jedem auf, der mit offenen Augen sehen will. Die Jagd in der modernen Gesellschaft streift unzählige andere Teilgebiete und Themen des Waldbaus, des Natur- und Umweltschutzes, der Landwirtschaft, des Tierschutzes, der Naherholung und des Freizeitverhaltens, der Seuchenpolitik, insbesondere aber der Ökologie und Ökonomie. Zu den am häufigsten formulierten Themen gehören unter anderen die Wald-Wild-Diskussionen, insbesondere die Maximen „Zahl vor Wahl" und „Wald vor Wild", das Waldsterben „von oben" (Emissionen, Immissionen) und „von unten" (Wildverbiss) und der drastische (und unvermeidliche?) Rückgang von Niederwildarten wie Rebhuhn, Hase, Kaninchen, Wachtel, generell der Hühnervögel[2004] (nur bedingt, weil künstlich am Leben gehalten auch des Fasans); daneben der naturnahe Nutzwaldbau durch die Begründung standortgerechter

---

2002 Vgl. dazu: Wald in der Bundesrepublik Deutschland, herausgegeben vom Land- und Hauswirtschaftlichen Auswertungs- und Informationsdienst e.V., S. 23. Der Begriff der „Wohlfahrtsfunktion" des Waldes setzte sich erst seit den 70er Jahren im Bewusstsein der Menschen durch. Umweltbelastungen, Flächenverbrauch und hohe Mobilität der Menschen prägten allmählich ihren Sinn für Umwelt und Wald. Zwar waren die Zusammenhänge zwischen Waldbau und Jagd schon viel früher vorhanden, einzelne kritische Stimmen gab es immer wieder einmal unter den Förstern, eine allgemeine Bewusstseinsprägung kann jedoch lediglich auf den Zeitraum von rund 30 Jahren bezogen werden.

2003 Ulrich Schraml, Die Normen der Jäger, S. 148. Auszug aus dem Transkript zur Existenz mehrerer Jägergruppen. Im Original ebenfalls kursiv.

2004 Wobei die Jagd nicht der Auslöser oder die Ursache für deren Rückgang war. Durch Pestizideinsatz in der Landwirtschaft werden gerade den Feldhühnern die Lebensgrundlage entzogen, da deren Küken auf Insekten-Nahrung angewiesen sind. Flurbereinigungen und damit zusammenhängend fehlende Hecken und Feldraine bedeuten einen weiteren tiefen Einschnitt in die Situation der Hühner. Vgl. dazu auch „Zeit der Rebhühner vorbei?", in: Die Pirsch, Ausgabe Nr. 05/2004, S. 18.

Mischwaldstrukturen, die effektiven Jagdmethoden, der Erholungsdruck und die Besucherlenkung im Wald, das allgemeine Betretungsrecht, die Kluft zwischen Privatjägern und Försterjägern, die Auseinandersetzungen zwischen Heger und „Schießer" und die Spaltung des eigenen Lagers durch derartige Polarisierungen. Weitere populäre Themen sind die (Schalen-)Wildfütterung, die Kirrung von Wild zur Erleichterung des Abschusses, die ökosystemgerechte Jagd, der Tier- und Naturschutz innerhalb der Jagd, die Explosion der Schwarzwildpopulation, das hohe Populationsniveau der meisten anderen Schalenwildarten, die Fallenjagd, der Abschuss wildernder Hunde und Katzen, die Ausweisung von Schutzgebieten sowie klare Restriktionen für Jagd und Jäger in ihnen, der „Artenschutz für Allerweltsarten", die Rabenvogeldiskussion, die Auswilderungen von Luchs (Schwarzwald, Bayerischer Wald) und Wolf (Sachsen, Bayerischer Wald), die Ausbildung von Jagdhunden an lebendem Wild[2005] und nicht zuletzt auch die Belastung von und durch Schießstände und die Diskussionen um bleihaltige Schrot-, aber auch Büchsenmunition[2006]. Zusätzlich kamen seit den 70er Jahren vermehrt Probleme und Diskussionen rund um Jagdstörer, um militante und autonome Gruppen und deren Aktionen wie An- und Umsägen von Hochsitzen oder gar den hier festzustellenden weiteren Radikalisierungstendenzen, wie das Bespiel des Sprengens zweier Ansitzeinrichtungen im Januar und März 2004[2007] zeigte, hinzu. Gerhard Frank hatte diese Tendenz wohl schon für die frühen 70er Jahre gesehen, indem er manchen Naturschützern eine militante und aggressive Vorgehensweise als neue Form des Protestes attestierte[2008]. Jagdstörungen sind zwischenzeitlich schon beinahe jagdlicher Alltag; zumindest aber muss jeder Jäger, der über Medien wie Internet oder Druckmedien eine große Jagd ankündigt, mit diesen Störungen heute rechnen[2009]. Jagd, so der unausweichliche Eindruck für Jäger, Waldbauern, Förster, Landwirte und nichtjagendes Publikum, beinhaltet ein hohes Konfliktpotenzial,

[2005] Das Eckpunktepapier von Renate Künast will die Ausbildung von Jagdhunden an lebendem Wild (Ente, Fuchs in sog. Schliefanlagen) verbieten, was auf harsche Kritik gestoßen ist. Auch der Ökologische Jagdverein Baden-Württemberg e.V. widersetzt sich dieser Forderung.

[2006] Eine ähnliche Problemfokussierung ist nachzulesen bei Ernst Schniepp, Jagd und Jäger an der Jahrtausendwende, herausgegeben vom Landesjagdverband Baden-Württemberg, S. 18.

[2007] Vgl. dazu eine Pressemeldung in Wild und Hund, Ausgabe Nr. 04/2004, Rubrik Magazin, Bundesländer, S.V, mit dem Titel „Kanzel gesprengt". So geschehen in Mecklenburg-Vorpommern in der Silvesternacht 2003/2004. Die Wucht der Sprengung war so groß, dass noch in 40 m Entfernung geborstene Fußboden-Bohlen zu finden waren. Vgl. weiterhin einen Artikel in der Pirsch, Ausgabe Nr. 05/2004, „Kanzel weggebombt", S. 12. Am 17. Januar 2004 wurde auf der Ostalb (Baden-Württemberg) eine Kanzel mit Sprengstoff in die Luft gesprengt, so dass im Umkreis von 70 – 80 m Teile davon zu finden waren.

[2008] Vgl. dazu bei Gerhard Frank, 120 Jahre organisierte Jägerschaft in Deutschland, S. 26.

[2009] Gerade Naturschutzgruppen wie PETA, Animal Peace, Vegane Offensive Ruhrgebiet, Animal Liberation Front und verschiedene Tierrechts- und Tierschutzgruppen, für die bereits jede Form der Nutzung Ausbeutung impliziert, sind für größere Störungen in der Vergangenheit bekannt geworden. Die Jäger treten diesen Gruppen mit Argumenten aus der Evolution, der Tradition und obsoleten Rechten mühsam entgegen. Am Ende hilft nur noch die Polizei und die Jagd ist vorbei. Vergl. dazu einen Artikel in der Pirsch, Ausgabe Nr. 24/1995 mit dem Titel: Wenn die „Radikalen Feldhasen" kommen, S. 38ff, ebenfalls einen Artikel von Peter Bussmann, „Gesiebte Luft" für Jagdstörer, in: Die Pirsch, Ausgabe Nr. 26/1996, S. 26, weiterhin dazu bei Klaus Maylein, Jagd und Jäger in der modernen Gesellschaft, S. 34-35.

tangiert viele verschiedene Interessen und Bereiche gesellschaftlicher Gruppierungen und Erwartungen und ist nicht zuletzt deshalb zunehmend ein Forum, in welchem die unterschiedlichsten Interessenverbände ein Mitspracherecht haben wollen. Es ihnen zu verwehren, wie dies die Strategie des Deutschen Jagdschutz-Verbandes verfolgt, wäre nach meinem Dafürhalten der falsche Weg und das falsche Signal. Umweltproblematiken, und dazu gehört auch das „Waldsterben von unten", treffen heute alle Gesellschaftsmitglieder. Anders formuliert lautet dieser einfache Zusammenhang, dass das Waldsterben und damit die Umweltproblematiken in ihren Auswirkungen und letztlich ihrer Reichweite allgemein demokratisch sind (sie treffen jedermann gleich), während die Jagd auch im 21. Jahrhundert weitgehend hierarchisch scheint[2010]. Die Aufrechterhaltung elitären Gebarens ist jedoch in der Jagd moderner Prägung vollkommen fehl am Platze. Es wäre nur ein weiterer Nagel am Sarg jagdlicher Omnipotenz und der damit verbundenen Zugriffsrechte auf Wald und Feld. Die Jagd wird lediglich von einem geringen und nach den Pachtpreisen zu urteilen überwiegend überdurchschnittlich vermögenden Teil der Bevölkerung ausgeübt, während ihre Auswirkungen auf die Umwelt dagegen von allen Gesellschaftsmitgliedern getragen werden müssen. Diesem Missstand abzuhelfen wird eine der dringendsten Aufgaben von Politik und Gesellschaft der nächsten Jahrzehnte sein und nicht zuletzt das Überleben von Jagd und Jäger in der modernen Gesellschaft des 21. Jahrhunderts final determinieren. Jagdlich betrachtet wird das 21. Jahrhundert das entscheidende Jahrhundert sein. Ob die Jagd auf wilde Tiere tatsächlich zukunftsfähig ist, wird also ein spannendes Kapitel der Jagdgeschichte dieses Jahrhunderts werden.

10.3.2 Die Risikogesellschaft – Standortbestimmung der Jagd in ihr

10.3.2.1 Geeignetheit des Konzepts der Risikogesellschaft

An dieser Stelle möchte ich zunächst darauf eingehen, aus welchen Gründen gerade das Becksche Gesellschaftsmodell der Risikogesellschaft für die vorliegende Fragestellung gewählt wurde, existieren doch eine Vielzahl weiterer erklärender oder umschreibender Gesellschaftsmodelle innerhalb der Sozialwissenschaften (Dienstleistungsgesellschaft, Leistungsgesellschaft, Erlebnisgesellschaft, Spaßgesellschaft, Wegwerfgesellschaft, etc.). Das Konzept der Risikogesellschaft ist aufgrund des stark auf Industrialisierungswirkungen zugeschnittenen Erklärungsansatzes ganz besonders dazu geeignet, rationale Gründe für die Erklärung der Umbruchphase innerhalb der Jagddiskussionen und der Öffentlichwerdung des Themas in den 1970er Jahren zu erbringen. Darüber hinaus ist die Verursacher-Wirkungs-Erkenntnis aus dem Konzept der Risikogesellschaft unerlässlich, wenn es um eine moderne, zukunftsfähige und legitime Verortung der Jagd innerhalb des 21. Jahrhunderts geht. Mit der argumentativen Hilfe dieses Konzepts ist es möglich, die Jagd als notwendige Raum(be)handlung entsprechender Prägung zu verdeutlichen, sie in die moderne Gesellschaft zu integrieren, anstatt sie aus ihr zu exkludieren, während z. B. das Konzept der „Erlebnisgesellschaft", wie es auch

---

2010 In Anlehnung an die Worte von Ulrich Beck, Risikogesellschaft, S. 48: „Not ist hierarchisch, Smog ist demokratisch."

Günter R. Kühnle auf die Jagd in gewissem Rahmen angewandt wissen will, hier eindeutig der falsche oder zumindest zu kurz gedachte Ansatz wäre. Die Verortung der Jagd im Rahmen der Erlebnisgesellschaft verunmöglicht die Übernahme von hinreichender Verantwortung des Jägers gegenüber der Gesamtgesellschaft. Nicht nur die Kernenergie als Auslöser von Risiko-Nutzen-Analysen in den 60er und 70er Jahren (vor allem zunächst in den USA) ist ein quantifizierbares Risiko[2011], auch die Jagd stellt im Rahmen der Maßstäbe, die an Risikodefinitionen und Risikoanalysen gestellt werden, ein solches dar. Die Diskussionen rund um die Jagd haben in der modernen Gesellschaft aufgrund des Gefährdungspotenzials, welches der Jagd inhärent ist, längst ein Niveau erreicht, bei dem es um die Zukunftsfähigkeit jagdlicher Handlungen, um die Überlebensfähigkeit der Jagd als Ganzes geht. Sollte die (momentan herrschende, eo ipso orthodoxe) Jagd anhand von Risikoanalysen ein für die Gesamtgesellschaft negatives Ergebnis, das heißt ein hohes Risiko und nur geringen Nutzen, erbringen, so müssten die aktuelle Jagdpraxis und die Jagd als Ganzes in Frage gestellt werden. Nach wie vor fehlen solche Detail-Analysen. Dies wäre eine gute Gelegenheit für Sozialwissenschaftler, Risikoanalysen aus dem Umweltbereich auch auf die Jagd zu übertragen um die Risiko-Nutzen-Potenziale im jagdlichen Bereich aufzuzeigen um jagdstrategische Handlungsalternativen auszuarbeiten. Dennoch sind zwischenzeitlich die Integrationsleistungen von Seiten der Jagd das Thema auf der öffentlichen Agenda, es geht um Koordination und Subordination, schlichtweg um systemische Konzeption einer jagdlichen Dienstleistung für die Gesamtgesellschaft, insbesondere im Hinblick auf Seuchenabwehr und als stützende Maßnahme des naturnahen Nutzwaldbaus. Das Hinterfragen der subjektiven Jagdmotivation ist dabei ein nur rudimentärer Faktor, der sich auch letztlich auf der Ebene der modernen Jagdfunktionen nicht negativ auswirken darf. Jagd in der modernen Gesellschaft, verstanden als ein Hobby mit dem Potenzial vielschichtige mehrdimensionale und unbewusst emotionale Zwecke zu erfüllen (Glücksgefühle, romantische Bezüge, Niederringung der existenziellen Angst oder der Angst vor dem eigenen Tode[2012], etc.), muss sich dennoch eindeutig zugunsten der übergeordneten, ökologischen und ökonomischen Funktionen unterordnen. Jagd in einem mehr systemischen und damit modernen Sinne ist Subordination und Koordination in vielerlei Hinsicht, ist ökologische und ökonomische Risikovermeidung bei ökologischer und ökonomischer (Gesamt-)Nutzensteigerung.

10.3.2.2 Hauptkritikpunkte bezüglich einer mehr emotionalen Jagdbetrachtung

Selbstverständlich ist der Jagd ein vielschichtiges Erlebnismoment inhärent, dies zu leugnen wäre der Jagd an sich auch nicht dienlich. Die emotionale Komponente der

---

2011 Vgl. dazu die Ausführungen von Mario Schmidt, Risk-Assessment – Quantifizierung von Risiken im Umwelt- und Technikbereich, in: ders. (Hrsg.), Leben in der Risikogesellschaft, S. 45.

2012 In Anlehnung an Günter R. Kühnle, Die Jagd als Mechanismus der biotischen und kulturellen Evolution des Menschen. De venatoris naturae sensibilis atque intelligibilis forma et principiis. Zur soziopsychologischen Rolle des Jagdschemas als Denk- und Handlungsschema, S. 257ff.

Jagd als wesentlicher Bestandteil des Erlebnisverlaufs selbst und dessen ausschließliche Verbindung mit moralpsychologischen Ansätzen, wie das von Günter R. Kühnle dargestellte Konzept, können jedoch nur schwerlich gesamtgesellschaftliche Integrationswirkungen entfalten. Im Gegenteil, der Jäger macht sich mit jenen schon weit mehr sentimentalen denn wissenschaftlichen Argumenten pro Jagd eher lächerlich. Seine Ernsthaftigkeit und seine Fähigkeit zu dienstleisterischer Funktion leiden darunter in jedem Fall. Nicht umsonst sind Jäger häufig Gegenstand von Karikaturen und Satire, wie dies z. B. mit dem Fernsehfilm „Halali - oder der Schuss ins Brötchen" exemplarisch zum Vergnügen für aufgeschlossene (heterodoxe) und zum Ärgernis von traditionellen (orthodoxen) Jägern vorgeführt wurde[2013]. So ist z. B. Günter R. Kühnle der Auffassung, dass „in angemessenem Verständnis der Rechtsordnungen (Grundgesetz) zivilisierter Staaten und Gesellschaften (...) jeder Mensch berechtigt sei, unter Beachtung sittlicher bzw. moralischer Grenzen und der genuin grundrechtlichen Bedingungen anderer Menschen bzw. der Umwelt (Tiere!) seiner Natur gemäß zu leben"[2014]. Der moderne Mensch der heutigen Informationsgesellschaft, so Kühnle weiter, verspüre ein „genuin urtypisches Jagdbedürfnis" und er tue nichts anderes als seiner Natur gemäß zu leben, indem er jagt. Der Jäger ist nach dieser Definition lediglich ein „Subjekt einer Lebensform unter vielen anderen, oft sehr heterogenen Lebensformen". Aber, so schränkt Kühnle ein: „Der Anspruch des Jägers, seiner Natur gemäß zu leben, findet dort seine Grenze, wo der Respekt vor der/den Lebensform(en) des/der anderen eine Relativierung der eigenen bis hin zur Zurücknahme von Eigeninteressen gebietet."[2015] Moralisch und realiter ist diese Einschränkung jagdlicher Freiheit - der von mir schon öfter so benannten Reviereegoismen - ein Ansatz, der mit dem Konzept der Risikogesellschaft in weitgehender Deckung steht. So ist es doch gerade die Risikogesellschaft, die dem Jäger das Zurücknehmen seiner Eigeninteressen nicht nur nahe legt, sondern sie aufgrund der bestehenden Konflikte geradezu auf dem Verordnungs- und Gesetzwege häufig gegen seinen Willen (siehe aktuelle Diskussion um die Novellierung des Jagdgesetzes, Verordnungen zur Fütterungs- und Kirrungspraxis, Jagd in Naturschutzgebieten und nun durch die Übertragung des EU-Rechtes in nationales Jagdrecht, etc.) durchzusetzen versucht. Bis zu diesem Punkt stimme ich inhaltlich vollkommen mit Kühnle überein; die Funktion der Jagd unterliegt seit jeher den Prozessen der Zivilisation und ändert demnach ihr

---

2013 Der Film wurde vom ZDF am 30.10.1995 erstmals ausgestrahlt. Insbesondere die darauf folgenden Reaktionen in der jagdlichen Presse und von Seiten unterschiedlicher Gruppierungen der Jägerschaft haben die Auswirkungen der Polarisierungen orthodox – heterodox hervorheben können. Exemplarisch für die orthodoxe Seite sei hier der Leserbrief von Harry Braun (Pseudonym) und für die heterodoxe Seite der Leserbrief von Ludwig Wunder angeführt. Vergl. dazu Harry Braun, Offener Brief ans ZDF, in: Die Pirsch, Ausgabe Nr. 25/1995, S. 3, weiter den Leserbrief von Ludwig Wunder, in: Die Pirsch, Ausgabe Nr. 03/1996. Auch die Autoren Wilhelm Bode und Elisabeth Emmert, Jagdwende, S. 30ff. haben sich mit Verve den Reaktionen in Jägerkreisen hingegeben, die diese gut gemachte Satire bewirkte.

2014 Vgl. dazu bei Günter R. Kühnle, Die Jagd als Mechanismus der biotischen und kulturellen Evolution des Menschen. De venatoris naturae sensibilis atque intelligibilis forma et principiis. Zur soziopsychologischen Rolle des Jagdschemas als Denk- und Handlungsschema, S. 257f.

2015 Vgl. ebd., S. 258.

Gesicht, aber auch ihre Legitimation stetig. In seinen weiteren Ausführungen dagegen wird Kühnle einer wissenschaftlichen Sichtweise weitgehend untreu, in dem er anführt, dass „Staatsforsten und andere Waldbesitzer in unserer Zeit (…) Schalenwildpopulationen einem existentiellen Vernichtungsdruck aussetzen und in diesem Zusammenhang obendrein bei der repressiven Art der Jagd die meisten anerkannten Regeln des Tierschutzes und der Tierinteressen überhaupt unbeachtet lassen, weil das intendierte wirtschaftliche Ziel einer optimalen Eigentumsnutzung in der Sicht steht". Und weiter: „Vorgeschobene ökologische Interessen bis hin zum Interpretationskonstrukt des <<naturnahen Waldbaus>> sind häufig leicht als unehrlich zu entlarvende Argumentationshilfen für ein Handeln, das aus dem Aspekt des Artikels 14 des Grundgesetzes der Bundesrepublik Deutschland nur schwer erklärlich wäre."[2016] Für Kühnle ist die Jagd in der modernen Gesellschaft vielmehr „das (unbewusst erfahrene) Erleben einer Herrschaft über die Natur in ihrer dem Menschen am meisten bedrohlich erscheinenden Gestalt, dem Tod. Der Jäger tötet und vernichtet Leben, das von Natur aus nicht in die Verfügungsgewalt menschlichen Erlebens disponiert ist. Es gibt kein Naturgesetz, das den Anspruch des Menschen auf Erleben durch Töten individuellen wild-tierischen Lebens fundiert. Die Hoffnung und Sehnsucht des Menschen, den Tod überwinden zu können, sind die Antezedenzbedingungen, die in ein vielgesichtiges Explanandum münden, dessen Ausdrucksformen Religion und Jagd sein können."[2017] Dem Deutschen Jagdschutz-Verband und seinen jagdlichen Eliten müssen solche Worte wie Wasser auf den Mühlen seiner im Romantizismus steckengebliebenen Öffentlichkeitsarbeit und jagdlichen Selbstverständnis sein. Nach Günter R. Kühnle muss Jagd also primär als ein immaterielles Gut verstanden werden, nämlich als das Erleben einer emotionalen Verlaufsform, die Kühnle unter Begriffen wie Kick, Spannung/Entspannung, Adrenalinrausch, Glücksgefühle, Zufriedenheit, Stolz begrifflich fasst[2018]. Kühnle ist der Auffassung, dass sich die jagdliche Ressource für den Jäger in der modernen Welt auf die Ebene des Erlebnisses verschoben hat, die Jagd rückt damit in den Zugriffsbereich des zwecksetzenden Ichs, von Einschränkungen zugunsten übergeordneter Interessen keine Spur mehr. Diese Betrachtung und Rechtfertigungsstrategie jagdlichen Handelns steht dem konzeptuellen Verlauf der Jagd, verstanden als Risiko, diametral entgegen, auch wenn Kühnle noch an anderer Stelle betont, dass die Grenzen des jagdlichen Anspruchs dort bestehen, wo andere Subjekte, aber auch andere materiell übergeordnete Ansprüche stärker sind und eine Überlagerung herbeiführen müssen[2019]. Die Vollendung des jagdlichen Erlebens, so Günter R. Kühnle weiter, werde dabei grundsätzlich von einer Beuteintention begleitet. Erst das gelungene Erlegen von als „Wild" kategorisierten Tieren (eine Kuh auf der Weide zu erschießen würde nicht denselben Zweck erfüllen, Anm. d. V.) lässt den emotionalen Höhepunkt und damit den Kick erreichen. „Das Töten sei hierzu die notwendige Bedingung, die Voraussetzung zum Erlangen des emotional intendierten Zieles."[2020] Der intendierte emotionale Kulminationspunkt,

[2016] Ebd., S. 268.

[2017] Ebd., S. 269.

[2018] Vgl. ebd., S. 269.

[2019] Vgl. ebd., S. 258.

[2020] Vgl. ebd., S. 269.

so Kühnle weiter, ist nur durch das Töten des Wildes erreichbar, hinter welchen Akt alle vorausgegangenen Erlebensformen und Erlebensinhalte qualitativ zurückfallen. Kühnle nennt den Tötungsakt „die Vernichtung von individualtierischem Leben", der in der Natur allgemein Ziel und Zweck der Jagd (des animalischen Jägers, Nahrungsjägers) sei. Und weiter: „In der Gestalt eines *Emotionalen Jagdparadoxes* tritt bei dem Kulturjäger unserer Zeit ein völlig andersartiger Zusammenhang zwischen der für den emotionalen Erfolg unabdingbaren Tötungshandlung und dem eigentlichen Adressaten des Handelns in Erscheinung. Einerseits ist das Erlegen des Tieres (Töten) Voraussetzung für die einzigartige, elementar zu nennende Stärke und Fülle des Erlebens, und andererseits ist genau dieser Tötungsakt, nämlich die existenzielle Auseinandersetzung mit dem Leben des Tieres, bloß Ermöglichungsbedingung für das Erlangen eines anderen, eines dahinterliegenden, dem Jäger verborgenen Zieles."[2021] Den Grund für diese Annahme sucht Kühnle bei den oftmals diffusen und indifferenten Bekundungen von Jägerinnen und Jägern, die, wann immer sie sich dazu äußern, regelmäßig betonen, dass es ihnen gerade nicht um das Töten des Tieres geht. Im Rahmen meiner Magisterarbeit habe ich ebenfalls festgehalten, dass es der orthodoxen Jägerklientel vielmehr um Passion- und Lustbetonung, um die Verdrängung des Tötungsaktes bei gleichzeitiger Hervorhebung des Hegens, des Drum und Dran der Jagd, der Romantik, der Brauchtumspflege und um ritualisierte Waidgerechtigkeit gehe[2022]. Kühnle dazu: „Nicht im Töten liege die Ursache für den extremalen Kick, die Freude und Zufriedenheit, für das elementare Glücksgefühl u. a. m. Zugleich aber sei ohne das Töten des Wildtieres jene oft leidenschaftlich intendierte Erlebensstärke und emotionale Vollkommenheit nicht erreichbar. Danach gefragt, was denn sonst die Ursache für die zuvor mehrfach erwähnten Emotionen sei, tappen bisher alle Jägerinnen und Jäger über ihr eigentliches Motiv im Dunkeln. Die empirische Untersuchung hat diesen Widerspruch problematisiert und einen deutlichen Hinweis auf das eigentliche Ziel und den Zweck gefunden, den der Jäger emotional verfolgt, wenn er jagt."[2023] An dieser Stelle kommt Kühnle auf das oben genannte „Emotionale Jagdparadox" zurück, welches dadurch gekennzeichnet sei, dass zwar die Beute als emotionale Ressource in irgendeiner Art und Weise das intendierte, häufig genug unbewusste Ziel der Jagd sei, darüber hinaus jedoch noch ganz andere und weit mehr im Mittelpunkt stehende Zwecke erreicht werden sollen, die empirisch nicht fassbar und naturwissenschaftlich nicht erklärbar seien. Der Jäger jagt, um in einem virtuellen Sinne seine eigene Endlichkeit erträglicher zu machen, das heißt er vernichtet mit den Worten Kühnles „symbolisch Individualleben" durch den Erlegungsakt, um sich „damit einen emotionalen Widerhalt gegen Angst und Ohnmacht"[2024] ange-

[2021] Vgl. ebd., S. 270.

[2022] Vgl. dazu Klaus Maylein, Jagd und Jäger in der modernen Gesellschaft, S. 88. Zum „Drum und Dran" der Jagd siehe auch ein Interview mit dem mehrmaligen Olympiasieger Hans Günter Winkler, „Es ist das Drumherum, das die Jagd ausmacht", in: Wild und Hund, Ausgabe Nr. 18/1998, S. 16f.

[2023] Vgl. dazu bei Günter R. Kühnle, Die Jagd als Mechanismus der biotischen und kulturellen Evolution des Menschen. De venatoris naturae sensibilis atque intelligibilis forma et principiis. Zur soziopsychologischen Rolle des Jagdschemas als Denk- und Handlungsschema, S. 270f.

[2024] Vgl. ebd., S. 274.

sichts des eigenen Todesbewusstseins zu vermitteln. Auf eine reine Erlebnishandlung (im Sinne individueller Satisfaktion), die lediglich zur Erfüllung jener emotionalen Verlaufsform als Glücksmoment ausgeübt wird, darf Jagd in der modernen Gesellschaft aus verschiedenen, hauptsächlich dem eigenen Streben übergeordneten ökonomischen und ökologischen Gründen nicht reduziert werden. Die Reduktion auf die Stilisierung des Erlebnisses als solches selbst verdeckt die Sicht auf eher altruistisch angelegte Jagdfunktionen, die ihrerseits eine Jagd erfordern, welche primär ein verantwortliches Handwerk im Einklang mit den gesetzlichen Bestimmungen und den gesellschaftlichen Anforderungen sein sollte. Jene Definition der Jagd als Handwerk geht auf die Autoren Wilhelm Bode und Elisabeth Emmert zurück[2025], die Jagd als ein eigenständiges Teilsystem innerhalb der modernen Gesellschaft aktueller Prägung verorten, deren Legitimation eng an die Erfüllung jener handwerklichen Aufgaben angelehnt ist. Den Anspruch auf Toleranz verliert der Jäger in der Risikogesellschaft, sobald sein Verhalten für die Gesamtgesellschaft unkalkulierbare Gefahren mit sich bringt. Darüber hinaus wäre die ausschließliche Verknüpfung der Jagd mit Erlebniswerten kaum in der Lage, jene zukunftsfähig zu erhalten und ihren Stand innerhalb der Gesellschaft zu kräftigen. Eine Minimierung dieser Gefahren funktioniert nur über ein ausgewogenes Verhältnis von Wildbeständen und Waldverjüngung. Dieses Verhältnis herbeizuführen muss die Aufgabe der Jägerei innerhalb einer modernen Gesellschaft sein[2026].

Im Resultat bedeutet dies, dass sich die Analyse der Jagd unter dem Gesichtspunkt des Risikos zuungunsten des Erlebniswertes gegen den allgemeinen Trend der Erlebnisgesellschaft stellt, die Nützlichkeit und Funktionalität einer Sache oder einer Ware lediglich als Accessoire betrachtet und stattdessen dem Erlebnis selbst den größten Nutzen einräumt[2027]. Unter orthodoxen Jägern ist somit das Konzept der Risikogesellschaft kein gern gesehener Ansatz, wohingegen für die Gesellschaft als Ganzes die Anwendung der Erlebnisgesellschaft als Erklärungsansatz zu irrational und nur schwerlich nachzuvollziehen und daneben mit unabwägbaren Risiken verbunden ist. Würde das Töten von wildlebenden Tieren als reines Freizeitvergnügen deklariert werden, so wäre der Sturm auf Jagd und Jäger wesentlich heftiger als er es ohnehin schon ist. Jagd, das Töten von frei lebenden „wilden" Tieren, passt nicht so recht in das Schema der Erlebnisgesellschaft, deren Merkmal doch gerade neben dem reinen Erlebnis, dem extremalen Kick, die Ästhetisierung ist. Insbesondere das Thema der Ästhetisierung begegnet uns heute über mediale Werbung in allen Bereichen des alltäglichen Lebens. Die Jagd auf wilde Tiere dagegen hat vielmehr etwas Barbarisches an sich, weitab jeder ästhetischen Form und jeden ästhetischen Verständnisses speziell der großen Fraktion der Nichtjäger und deren Sinn für Ästhetik folgend. Nicht zuletzt deshalb hat Matt Cartmill sein Unverständnis über die Jagd mit einer drastischen Metapher zum Ausdruck gebracht. Er kann in der Jagd sowenig Erlebnis und sowenig Ästhetik

[2025] Vgl. das Buch von Wilhelm Bode und Elisabeth Emmert, Jagdwende. Vom Edelhobby zum ökologischen Handwerk, an verschiedenen Stellen.

[2026] Vgl. dazu auch die Ausführungen von Werner Rösener, Die Geschichte der Jagd, S. 382.

[2027] Vgl. dazu die Ausführungen bei Gerhard Schulze, Die Erlebnisgesellschaft, S. 13f.

erkennen, wie im Erschlagen einer Kuh im bäuerlichen Stall[2028]. Diese Formulierung ist selbstverständlich überspitzt und sie verzerrt in ihrer metaphorischen Sprache einen ja durchaus gegebenen und möglichen Sinn und Zweck der Jagd. Trotzdem stellt diese Formulierung eines klar in den Vordergrund: Dass es letztlich für ein Marketingunternehmen (pro Jagd in ihrer traditionellen Form) wie den Deutschen Jagdschutz-Verband sehr schwierig wird, mit seinen überkommenen Erklärungsansätzen für eine „unreformierte Beibehaltung der Jagd“[2029] bei den überwiegend nichtjagenden Gesellschaftsmitgliedern Verständnis zu finden. Da an dieser Stelle und zu diesem Zweck Rationalismus gefragt ist und Emotionen nur das gegenteilige Ergebnis bewirken, ist das Konzept der Risikogesellschaft hier wesentlich geeigneter, da sich Risiken und daraus resultierende Gefahren fern ab jeder Ästhetisierung bewegen und die Argumente pro oder contra jener sensiblen Argumentation nicht bedürfen. In der Risikogesellschaft zählen allein actio und reactio, wertungsfrei und emotionslos. Das übergeordnete Handlungsschema ist die Suche nach Lösungen, wie Risiken minimiert und damit Gefahren auf ein kleinstes ökonomisch wie ökologisch hinnehmbares Niveau gebracht werden können. Für die Jagd bedeutet dies natürlich Rationalisierungen, Einschränkungen und Kompromisse mit anderen Verbänden und gesellschaftlichen Gruppierungen einzugehen und ist insofern tatsächlich kein gern gesehenes Raster, welches über die Jagd und ihre Praxis gelegt wird. Einhergehend mit den oben genannten Kontrollverlusten des größten deutschen Jagdverbandes und seiner Eliten ist das Konzept der Risikogesellschaft jedoch zwischenzeitlich ein Raster, welches sich Jagd und Jäger gefallen lassen müssen. Der DJV muss es sich zwischenzeitlich gefallen lassen, wenn ihm seine Mitglieder ob der Rastergröße die Gefolgschaft verweigern, da sein momentanes Verhalten einen deutlichen Einfluss auf die Festlegung des Rasters nimmt.

10.3.2.3 Konkretisierung

Vor diesem Hintergrund und ausgestattet mit dem oben angeführten Wissen ist es unverständlich, weshalb sich die Jägerschaft mit einer entsprechenden Analyse ihres Tuns und Unterlassens anhand der Aspekte und Kriterien der Risikogesellschaft so schwer tut. Jagd – und das hat die vorliegende Arbeit gezeigt – hat zu allen Zeiten eine Funktion im Gruppen- oder Gesellschaftsgefüge übernommen, die als jeweils spezifisch zu bezeichnen war. Dies ist zumindest jagdgeschichtlich als eine Form von Kontinuität über alle Epochen festzustellen und insofern eine berechenbare oder kalkulierbare Größe innerhalb der Betrachtung jagdlicher Funktionen. Die Konstante der Jagd ist damit tatsächlich ihre Eigenschaft als Raum(be)handlung, während die Variable sich auf die gesellschaftsspezifische Ausschöpfung ihrer Potenziale bezieht. Eine Analyse der Gesellschaftsform ge-

---

2028 Vgl. dazu die Ausführungen von Matt Cartmill, Tod im Morgengrauen, S. 276.

2029 Der Deutsche Jagdschutz-Verband stellt sich vehement gegen die Reformbestrebungen von Teilen des Naturschutzes, des Tierschutzes und der Politik von SPD und Bündnis 90/Die Grünen. Auch der aktuelle Präsident des DJV, der frühere Bundeslandwirtschaftsminister Jochen Borchert, spricht sich in Anlehnung an seinen Vorgänger strikt gegen die Notwendigkeit einer Reformierung des Jagdrechtes aus. Vgl. dazu auch bei Heiko Hornung, Künasts „Meilensteine“, in: Wild und Hund, Ausgabe Nr. 08/2004, S. 12ff.

währt unweigerlich Einblicke in die jeweilige Funktion der Jagd. Damit müsste es aber den jagdlichen Verbänden und deren Eliten vollkommen klar sein, dass Veränderungen im Selbstverständnis des Jägers und der Jagdpraxis unausweichlich sind. Die oben genannten Sachzwänge oder (gesellschaftlich bedingte) Zwänge allgemein waren in der Ständegesellschaft vollkommen andere als in der Risikogesellschaft, die man als ein gegenwärtiges Charakteristikum der gesellschaftlichen Struktur bezeichnen kann. Der Grund für jene Differenzierung liegt, so Ulrich Beck, in dem für Stände- oder Mangelgesellschaften typischen Kampf um die Teilhabe an Reichtum und Ressourcen, während sich die moderne Gesellschaft gegenwärtiger Prägung Konflikten ausgesetzt sieht, die „aus der Produktion, Definition und Verteilung wissenschaftlich-technisch produzierter Risiken entstehen"[2030]. Der Kampf um Reichtum und Ressourcen, der in der Ständegesellschaft gleichzeitig auch ein Kampf um Macht und Einfluss, um Zugriff auf Räume und Etablierung oder Festigung von Ordnungsvorstellungen war, hatte unter anderem auch zu spezifischen Raumkonstruktionen und zur Reproduktion von Macht und Herrschaft mit Hilfe der Jagd geführt. Gleichzeitig versuchten auch die ausgeschlossenen Untertanen mit Hilfe der Jagd (das ist die Wilderei) jener Logik der Herren eine eigene Raumlogik entgegenzusetzen. In der modernen Gesellschaft basiert der Versuch räumlicher Gegenkonzeptionen zu den nach wie vor herrschenden jagdlich determinierten Raumkonstrukten, basierend auf den traditionellen Handlungen einer überwiegend traditionellen Jägerschaft, im Zusammenschluss von Interessengruppen und Verbänden, mit deren Hilfe die räumlichen Gegenkonzeptionen zum Ausdruck gebracht und ihnen Nachdruck verliehen werden sollen. Der Unterschied zur Ständegesellschaft ist, dass die Gegenkonzeptionen eine allmählich stärker werdende institutionelle Rückendeckung erhalten und damit an Stärke und Kontinuität gewinnen. Der Jäger ist heute nicht mehr in Personalunion der gesellschaftliche Maßstab und der politische Machthaber, sondern Bundesbürger und damit der demokratischen und liberalen Grundordnung unterworfen. Standards werden von allen Gesellschaftsmitgliedern auf dem Wege der demokratischen Verfahren gesetzt und nicht mehr dank landesherrlicher Machtvollkommenheit von oben oktroyiert. Die genannten Gegenkonzeptionen auf dem Gebiet der Jagd erhalten aufgrund ihrer bereits auch in Zahlen genannten institutionalisierten Kraft allmählich eine politische Stärke, die jene Konzeptionen durchaus in die Lage versetzt, die herrschenden Ordnungsvorstellungen zu durchbrechen und sich selbst an ihrer Stelle zu etablieren. Das wäre ein absolutes Novum im Verhältnis Jagd – Gesamtgesellschaft, da dann erstmals in der Geschichte der Jagd die Jägerei als das schwächere Glied realiter zurückgedrängt und damit vollkommen andere Raumkonzeptionen und Ordnungsvorstellungen dauerhaft und unter institutioneller Rückendeckung über die jagdlichen Vorstellungen gesetzt werden würden. Der Naturschutz als Ganzes scheint auf dem besten Wege dorthin zu sein, was nicht allein sein Verdienst, sondern zum größten Teil das Versäumnis der etablierten Jagdvereinigungen und deren Eliten ist.

[2030] Ulrich Beck, Risikogesellschaft, S. 25.

10.3.2.4 Die Jagd als Risiko in der modernen Gesellschaft

Jagd, so eine Kernaussage der vorliegenden Arbeit, beinhaltet Potenziale, die je nach Gesellschaftsausprägung freigesetzt oder instrumentalisiert werden können. Aufgrund der mehrfach erwähnten Konstante der Jagd bleibt das Risiko in der variablen Prägung jagdlicher Funktionalisierung vor dem Hintergrund der Raum(be)handlung an dieser Stelle näher zu analysieren. Die gerade seit der Revolution von 1848/49 zu beachtende Tendenz, Jagd als Fürsorge für das Wild und den Jäger als Anwalt für die zu hegende Tierwelt zu betrachten, ist zwischenzeitlich zu einem gesamtgesellschaftlichen Risiko geworden. Das bedeutet nicht, dass der Jäger nicht auch seinem Selbstverständnis nach Anwalt für die Tierwelt an sich sein darf, allein die Ausprägung und Dosierung der an sich gerissenen mandatlichen Handlungen bestimmen über die Risiken, die im Mandat selbst verborgen liegen. Eines der größten Risiken liegt dabei in der Höhe der Schalenwildbestände, die regelmäßig durch die Spezialisten im Feld der Jagd und durch forstliche Gutachten[2031] angemahnt wird. Dazu Fritz Lamerdin: „Wo Naturverjüngung, die Baumartenmischung, eine intensive Waldrand- und Bestandsrandpflege durch den zu großen Wildstand in Frage gestellt werden, ist das Gleichgewicht Wald - Wild gestört. Dies muss beim Planabschuss gebührend beachtet werden. Wald ohne Wild geht nicht, aber das Wild darf nicht den Waldbau bestimmen"[2032]. Das Risikopotenzial, welches in der Jagd in der modernen Gesellschaft zu liegen kommt, ist damit bereits umrissen: es ist die Beeinflussung des naturnahen Waldbaus, die Gefährdung von Naturverjüngung und die damit verbundene Baumartenentmischung durch selektiven Verbiss. Jenes Risiko, welches bei sachgemäßer Jagdausübung minimiert und bei unsachgemäßer Jagdausübung maximiert werden kann, kommt der Definition dessen, was Ulrich Beck unter dem modernen Begriff des Risikos subsumiert, sehr nahe[2033]. Die modernen Risiken, ihrer Eigenart nach Risiken industrialisierten Zuschnitts, sind nach Beck so alt wie der Prozess der Industrialisierung selbst. Auch hier besteht weitgehende Deckungsgleichheit zwischen den Definitionsinhalten des Risikos als auch der Jagd und erweitert auch der Forstwirtschaft. Gerade die letztgenannte ist es, die sozusagen als unabdingbare und voraussetzende Basisgröße fungiert, wenn es um die Definition der Jagd als Risiko in Verbindung mit Prozessen der Industrialisierung und Modernisierung geht. Die Jagd verursacht die Risiken dort, wo die Forstwirtschaft und der Waldbau als übergeordnete Strukturierungsmechanismen fungieren: im Wald. Der Beginn

[2031] So z. B. durch das Forstliche Gutachten 2004 zum Dreijahres-Rehwildabschussplan der Landesforstverwaltung Baden-Württemberg. Hier heißt es: „Bei 28 % (voriges Gutachten 23 %) der Forstlichen Gutachten wird empfohlen, den Abschussplan zu erhöhen, bei 67 % wird eine Beibehaltung empfohlen und bei lediglich 5 % wird eine Senkung des Abschussplans empfohlen."

[2032] Fritz Lamerdin, Die multifunktionale und naturnahe Waldwirtschaft heute. Wünsche und Empfehlungen, in: Forst und Holz, Ausgabe Nr. 17/1988, S. 423.

[2033] Vgl. dazu auch die Ausführungen von Ulrich Schraml, Die Normen der Jäger, S. 239. Schraml dazu: „In der forstfachlichen Einschätzung stellt die Beeinflussung der Waldverjüngung durch die Nahrungsaufnahme von Schalenwildarten das gravierendste Risiko dar, das mit unsachgemäßer Jagdausübung verbunden ist. Insbesondere die sogenannte Entmischung der Wälder durch hohen Verbiss entspricht den Kriterien, die von Beck für Risiken aufgestellt werden." Auch Schraml bezieht sich eindeutig auf die Theorie von Ulrich Beck.

der heute dominierenden Konfliktfelder zwischen Jagd, Naturschutz und Gesamtgesellschaft ist deshalb nicht zuletzt in der rationalen Forstwirtschaft zu sehen, die ihrerseits und durchaus notgedrungen vor rund 150 bis 200 Jahren einem Risiko Abhilfe schaffen musste, nämlich der vollständigen Devastierung der Wälder durch weitere Nutzung jenseits des Nachhaltigkeitsgedankens zuvorzukommen. Die Aufforstung der geschundenen Wälder basierte auf der Pflanzung von Fichte und Kiefer und damit auf der Schaffung erster Monokulturen, deren Ernte aufgrund fehlender Altersmischungen zeitgleich und hiebsgerecht nach einer gewissen Umtriebszeit in einem Durchgang erfolgte. Die Kahlschlagswirtschaft war geboren. Jene Wirtschaftsform, die an gleichaltrigen Hochwaldbetrieb (hervorgerufen durch Kahlschlag oder Devastation und daran anschließender großflächiger Pflanzung gleichaltriger Baumpflanzen) gebunden war, entwickelte sich in Europa, aber auch in manchen nordamerikanischen Staaten im Verlauf der letzten 150 Jahre zur dominierenden waldbaulichen Betriebsform[2034]. Jener so genannte schlagweise, gleichaltrige Hochwaldbetrieb konnte aus verschiedenen Gründen auch etwa 130 bis 150 Jahre (entspricht etwa der Umtriebszeit von Tanne, Buche, bedingt auch der Fichte) seine Dominanz im Waldbau behalten, auch wenn bereits zu allen Zeiten seines Einsatzes Probleme und damit Risiken auftraten, die in der forstfachlichen Literatur bereits um die Jahrhundertwende (1900) publiziert und diskutiert wurden. Windwurf und Kalamitäten in den Monokulturen sind kein rein modernes Phänomen, sondern gaben schon vor über 100 Jahren Anlass zur Sorge[2035]. Allein die weiteren Entwicklungen der letzten 30 Jahre rund um den nun wiederum als „naturnah" propagierten Waldbau, die ihm vorausgegangenen Naturzerstörungen einerseits und die Bestrebungen ihrer Eindämmung durch entsprechend vielschichtige Umweltschutzmaßnahmen andererseits, sind spezifisch gegenwärtige Phänomene, deren Wirkungsgeschichte wohl noch am Anfang steht. Die hier verborgenen Risiken und Gefahren sind gemäß den Aussagen Ulrich Becks tatsächlich noch nicht vollständig und vollumfänglich abschätzbar, was die These von der genannten Umbruchszeit stützt. In weiterer Anlehnung an Beck kann somit konstatiert werden, dass die Jagd nun im Gegensatz zur ersten Hälfte des 20. Jahrhunderts – bedingt durch das steigende wissenschaftliche oder pseudowissenschaftliche Wissen um die Wirkungen der Jagd – selbst als Risiko, je nach Interessensicht (DJV contra Naturschutzvereinigungen und andere jagdliche Vereinigungen), vergrößert oder verkleinert, dramatisiert oder verharmlost und insofern für soziale Definiti-

[2034] Vgl. dazu bei Siegfried Prien, Wildschäden im Wald. Ökologische Grundlagen und integrierte Schutzmaßnahmen, S. 103f.

[2035] So z. B. formuliert in einem Artikel von Oberförster Erdmann zu Neunbruchhausen, Die Kiefernbestände der nordwestdeutschen Lehmheide, in: Tuisko Lorey (Hrsg.), Allgemeine Forst- und Jagdzeitung, Jahrgang 1900, Ausgabe Januar 1900, S. 11-22. Erdmann beschreibt die Probleme dort mit einem rund 50jährigen Kiefernreinbestand, der Opfer von Sturm und Kalamitäten wurde. Auch im Jahre 1894 fegte ein Orkan über viele Teile Deutschlands hinweg (12. Februar 1894) und warf insgesamt 9.909.000 Festmeter Holz, überwiegend Kiefernbestände, um. Vgl. dazu bei Landforstmeister Danckelmann, Wirthschaftliche und wirthschaftspolitische Rückblicke auf Wald und Jagd in den Jahren 1894, 1895, in: B. Danckelmann (Hrsg.), Zeitschrift für Forst- und Jagdwesen, Jahrgang 1897, Ausgabe Juni 1897, S. 339.

onsprozesse geöffnet wurde[2036]. Die mediale Aufbereitung dieses Wissens und die Diskussionen um dieses Wissen werden damit zu einer wichtigen Schlüsselstellung in der Entscheidungsfindung. Das Resultat ist die Öffentlichmachung des Themas Jagd und ihrer Konnotationen. Momentan befinden wir uns mitten in dieser Phase, die der eigentlichen Lösung des Problems und der Verortung der Jagd als funktionierendes Teilsystem innerhalb der Gesamtgesellschaft zwingend vorangeht. Teil dieses Problemlösungsprozesses, der die Kalkulierbarkeit des Risikos und die damit verbundene Minimierung der Gefahren zum Ziel hat, ist, dass die Öffentlichkeit auch vollumfänglich über die negative Seite der Jagdhandlungen unterrichtet wird, was durchaus zu den bereits erwähnten Stimmungsschwankungen im Rahmen von unterschiedlichen Umfragen zur gesellschaftlichen Einstellung zu Jagd und Jäger führen kann. An früherer Stelle hatte ich auf die fehlende Deckung in den von verschiedenen Institutionen und von verschiedenen Interessengruppen initiierten Umfrageergebnissen innerhalb der letzten Jahre hingewiesen. Neben der häufig fehlenden Wissenschaftlichkeit im Rahmen des Aufbaus und der Auswertung jener Umfragen kann also auch durchaus dem wechselnden und in Entwicklung befindlichen Kommunikationsprozess diese Differenz zugeschrieben werden. Die Risiken, die die Jagd evoziert, sind für die Gesamtgesellschaft nicht von vorneherein ersichtlich und erkennbar. Vielmehr findet das Wissen um die Risiken zunächst seinen Niederschlag in den Expertengruppen oder den direkt involvierten Grund- und Waldbesitzern und deren Verbänden, bevor jenes Wissen über das öffentliche System nach außen transportiert und gemäß den in Bewegung befindlichen wissenschaftlichen Erkenntnissen und den Diskussionen eine stetige Veränderung im öffentlichen Bewusstsein erfährt. Diesen Prozess machen sich die unterschiedlichen Interessengruppen in Bezug auf ihre Strategie der öffentlichen Kommunikation und der damit verbundenen Hoffnung der Einflussnahme zunutze (auch der Deutsche Jagdschutz-Verband mit seiner reaktionären Haltung macht sich diese Prozesse allmählicher und variierender Bewusstseinswerdung auf seine Weise zum Genossen). Diese Kommunikationsprozesse sind seit 1998 in eine Hochphase getreten, was mit den Koalitionsvereinbarungen von Rot-Grün, der zweiten Legislaturperiode von Rot-Grün seit 2002 und der angestrebten Novellierung des Bundesjagdgesetzes in enger Beziehung steht.

Damit komme ich zu einem weiteren Punkt der Risikodefinition nach Beck, wie sie auch Anwendung auf die Jagd findet. Nach wie vor wird die private Jagd zu einem überwiegenden Teil von einer Bevölkerungsschicht ausgeübt, die nicht unbedingt als Abbild der Gesellschaft hinsichtlich ihres Sozialkapitals zu werten ist. So habe ich in einer früheren Arbeit darauf hingewiesen, dass „auch wenn die Fragen über die Sozialstruktur der bundesdeutschen Jäger aufgrund des nur wenig aussagefähigen statistischen Materials nicht eindeutig und umfassend zu beantworten sind, so sind die tatsächlich zu erbringenden pekuniären Aufwendungen

[2036] Nach Ulrich Beck eine der wesentlichen Definitionen für Risiken. „Sie setzen systematisch bedingte, oft irreversible Schädigungen frei, bleiben im Kern meist unsichtbar, basieren auf kausalen Interpretationen, stellen sich also erst nur im (wissenschaftlichen bzw. antiwissenschaftlichen) Wissen um sie her, können im Wissen verändert, verkleinert oder vergrößert, dramatisiert oder verharmlost werden und sind insofern im besonderen Maße offen für soziale Definitionsprozesse." Vgl. bei Ulrich Beck, Risikogesellschaft, S. 29-30.

vor allem der privaten Pachtjäger ein hinlänglich aussagefähiger Weiser für einen zu vermutenden, überwiegend hohen sozialen Status der Jäger"[2037]. Die Auswirkungen der von Wilhelm Bode und Elisabeth Emmert so genannten „soziologischen Entmischung"[2038] führen aufgrund des direkten Zugriffs der privaten Jagdpächter auf ein Revier – inklusive deren Weisungsbefugnis gegenüber zahlenden oder sonst wie geduldeten Jagdgästen – dazu, dass Praxisformen jagdlicher Orthodoxien häufig begünstigt werden und über die pekuniäre Hürde das Aufkommen neuer jagdlicher Praktiker, die die Jagd als eine rationale und solidarische Leistung erbringen wollen und können, nicht selten erschwert oder verhindert wird[2039]. Dadurch verringert sich die Risikoproduktion auf einen sehr geringen Teil der Bevölkerung, während die Auswirkungen jener Risiken von allen, inklusive den Verursachern, getragen werden müssen. Die jagdlich produzierten Risiken sind damit verursacherspezifisch hierarchisch und wirkungsspezifisch demokratisch, was insofern die jagdlichen Risiken auf die Stufe genereller Umweltrisiken wie auch auf die Ebene des industriell bedingten Waldsterbens stellt, da auch jene durch ihren „Bumerang-Effekt" das Klassenschema sprengen[2040]. Nicht nur die sozial niedriger stehenden Schichten werden von den Risiken betroffen, sondern auch die Profiteure und Verursacher jener Risiken können sich nicht um die Erfahrung der Betroffenheit drücken. Diese klassensprengende Betroffenheit führt sodann zur letzten Verbindung jagdlicher Risiken mit den von Ulrich Beck allgemein definierten Modernisierungsrisiken. Jagd war seit der Revolution von 1848/49 im Vergleich zu ihrer früheren Vergangenheit untypisch unpolitisch. Erst in den 1970er Jahren, der Umbruchszeit von der Mangel- zur Risikogesellschaft, begann die Jagd urplötzlich für das administrative System politisch interessant zu werden. Dieses erwachende Interesse an der romantisch verklärten Jagd war für die Jäger-

---

2037 Vgl. dazu bei Klaus Maylein, Jagd und Jäger in der modernen Gesellschaft, S. 68, weiterhin bei Wilhelm Bode und Elisabeth Emmert, Jagdwende, S. 175ff. Die Autoren konstatieren, dass der Deutsche Jagdschutz-Verband trotzt seiner ansonsten gehegten statistischen Motivation über die Gruppe der Jagdpächter seit Jahren keine Auskunft erteile. Dies sei insofern bedeutsam, als dass diese Jagdherren eine Überzahl an revierlosen Jägern, die die finanziellen Anforderungen der Pacht nicht erfüllen (Durchschnittsverdiener), in ihren Revieren gegen Geld und Arbeit (Anlegen von Pirschwegen, Beschickung von Fütterungen und Kirrungen, Bau von Hochsitzen, Ausbesserungsarbeiten, Kontrolle von Fallen, etc.) jagen lassen. Die Autoren vergleichen die Beziehungen zwischen den Revierpächtern und den ihnen sozial unterlegenen revierlosen Jägern als eine Form „moderner Jagdfron". Der revierlose Jäger wird für die jagdliche Erfüllung seiner Passion bei fehlenden finanziellen Möglichkeiten nahezu alle Anstrengungen auf sich nehmen, die seine Freizeit, Familie, etc. erlauben.

2038 Wilhelm Bode und Elisabeth Emmert, Jagdwende, S. 175ff. Unter der „soziologischen Entmischung" subsumieren Bode und Emmert die Auswirkungen, die durch die so genannte Meistgebotspraxis bei Vergabe der Pachtreviere entstehen würden. Das Jagdrecht falle damit einer Oberschicht zu, die die Jagd aus beruflichem Zeitmangel nur stark eingeschränkt tatsächlich selbst ausüben könne. Eine Funktion der Jagd für die Gesamtgesellschaft bleibe dabei auf der Strecke. Stattdessen werde die Jagd zu einem Konsumgut, einem Prestigeobjekt und erinnere in ihrer Form an längst vergangen geglaubte Zeiten. Das Resultat sei wiederum ein Ansteigen der Schalenwildbestände und damit verbunden seien negative Auswirkungen auf die Waldvegetation, deren Konsequenzen die Gesamtgesellschaft mit zutragen habe. Vgl. dazu auch bei Klaus Maylein, Jagd und Jäger in der modernen Gesellschaft, S. 69.

2039 Vgl. dazu ebd., S. 69.

2040 Vgl. dazu die Ausführungen bei Ulrich Beck, Risikogesellschaft, S. 30.

schaft deutlich spürbar, wie dies Gerhard Frank bestätigte. Gerhard Frank liegt hier allerdings falsch, wenn er den Griff nach der Jagd durch andere Gesellschaftsbestandteile mit einer Art saturierter Langeweile in Verbindung bringt. Es waren nicht die steigende freizeitliche Mobilität der Menschen, nicht die Schlagworte wie Lebensqualität oder Freizeitbeschäftigung, nicht der Ausbau des Straßennetzes und der steigende Wohnbedarf, etc., die die Jagd in die Defensive trieben, sondern es war das wissenschaftlich erkannte und medial kommunizierte und stetig wachsende Bewusstsein um die mit dem Jäger verbundenen Risiken und Gefahren, denen sich die Menschen nahezu hilflos ausgesetzt sahen. Die Jagd wurde ihrer Unschuld beraubt, indem ihr komplexes Wirkungsgefüge aufgedeckt und einem Millionenpublikum zugänglich gemacht wurde. Damit waren die ruhigen Zeiten vorbei, neue Verbände, aber auch die Politik und die interessierte Öffentlichkeit begannen jagdliche Sachfragen zu stellen und zu diskutieren, sie streckten ihre Hand nach den intimsten jagdlichen Heiligtümern aus, nach jagdlichem Selbstverständnis, jagdlichem Auftrag, jagdlicher Passion und jagdlicher Praxis. Selbst die Brauchtumspflege blieb plötzlich nicht mehr verschont, sondern wurde vielmehr als Grund für die Probleme zwischen Waldbau und Jagd, für die Ineffizienz der gängigen Jagdmethoden verortet und in den öffentlichen Diskussionen regelrecht bloßgestellt. Seit jener Zeit wird der Zugriff auf die Jagdpraktiken und vor allem auf die Legitimation der Jagd immer stärker von außen gefordert, was zu stetigen Kontrollverlusten führt und zukünftig führen wird. Die Gesellschaft akzeptiert in keinster Weise mehr die Gefährdungslage, in die sie durch eine verschwindend kleine Minderheit und deren jagdliches Fehlverhalten manövriert wurde und nach wie vor wird. Das wirklich Verblüffende an all diesen Entwicklungen ist nur, dass die öffentliche Bewusstwerdung der Kausalverbindung zwischen Walddevastation und Wildbestand, respektive Jagd, seit der Revolution von 1848/49 für rund 100 Jahre in eine Art Dornröschenschlaf versunken ist. Welches Risiko von der Jagdausübung ausgeht und welche Gefahren für einen Waldbestand von hohen Schalenwildpopulationen ausgehen können, war schon im 16. Jahrhundert und wahrscheinlich auch schon früher bekannt. So heißt es ausdrücklich zum Verbissschaden und nicht zum durch Jagd entstandenen Schaden an Waldbäumen und Verjüngung: „dass vielverwachsenes ueberhauftes Wildpraeth im Land, sowohl den jungen angehenden Haeuen und Waeldt, als fruchtbaren Pauguetern…(…) moerklich großen und ohnleidentlichen Schaden verursachte“[2041]. Es scheint als ob die Deutschen, denen von verschiedenen Seiten eine besondere Verbindung zum Wald nachgesagt wird, ihre Liebe und ihre Verbundenheit zum deutschen Wald erst wieder durch das Waldsterben in den 1970er und 1980er Jahren neu entdecken mussten. Das Waldsterben dauert noch immer an, ja hat sich gar deutlich verschlimmert, wie der Waldzustandsbericht 2004 zeigt, aus dem öffentlichen Bewusstsein ist es jedoch in den letzten zehn Jahren nahezu verschwunden, eine mediale Präsenz existiert momentan kaum noch. Die mediale „Wiederentdeckung“ des Waldsterbens, die mit zyklischer Sicherheit kommen wird, mag dann einen erneuten Liebesschwur der Deutschen zum Wald hervorrufen. Wenn dann aus

[2041] Zitiert nach Dietrich Stahl, Wild. Lebendige Umwelt, S. 244. Er bezieht sich auf einen württembergischen Landtagsabschied aus dem Jahre 1583.

dieser Liebe zum Wald die Reduktion der Schalenwildbestände hervorgeht, so mag dies hoffentlich bald und nachhaltig geschehen.

10.3.2.5 Die Jagd als Risiko. Zusammenfassung

Zusammenfassend wird deutlich, dass nicht die Jagd an sich ein Risiko beinhaltet, sondern einzig und allein die Praxis der Jagd, das Selbstverständnis der Jäger und damit unmittelbar verbunden Art und Umfang jagdlicher Handlungen, die jenes Risiko potenzieren oder minimieren können. Das Risiko, welches in der Jagdausübung verborgen liegt, kann durch einfaches Drehen an der jagdlichen Schraube „Bejagungsintensität und Bejagungseffizienz" in die eine oder andere Richtung qualitativ verändert werden. Dieser Kausalzusammenhang ist der entscheidende Punkt, weshalb die moderne Jagd und hier insbesondere die heterodoxe Seite (Försterjäger, bäuerliche Regiejäger) ehedem gebändigte Affekte wieder freisetzen möchte und tatsächlich freisetzt, da nur so eine beherzte oder entschiedene Umdrehung an der genannten Schraube in die richtige Richtung getätigt werden kann. In diesem Sinne ist tatsächlich nicht das Wild das Risiko wie dies Ulrich Schraml annimmt[2042], sondern einzig und allein der Jäger und sein jagdliches Tun oder Unterlassen. Modernisierungsrisiken, so Ulrich Beck, werden einzig und allein durch die menschliche Zivilisation und damit von Menschen verursacht und auch von diesen getragen. Der Unterschied zu früheren Zeiten liegt nur darin, dass nun die Risiken, die zwar häufig genug nur von Teilen der Gesellschaft produziert werden, gesamtreflexiv sind und damit die gesamte Gesellschaft treffen, ohne Rücksicht auf nationale Grenzen, auf ethnische Zugehörigkeit oder auf frühere oder aktuelle Klassenschemata. Damit ist allein der Mensch über sein Handeln der Verursacher der Modernisierungsrisiken. Übertragen auf die Jagd bedeutet dies, dass die Höhe einer Wildtierpopulation durch menschliche Eingriffe wie Tollwutimpfung beim Fuchs (steigende Fuchsbesätze) oder Hege beim Schalenwild erst verursacht wurde und auch nur von ihm wieder auf ein niedrigeres Maß zurückgeführt werden kann. Aus diesem Grunde kann sich der Jäger aus seiner Verantwortung auch nicht herausreden. Allerdings, und hier hat Ulrich Schraml wiederum Recht, ist der Wildverbiss entscheidungsabhängig, das heißt er kann vermieden oder gefördert werden[2043]. Das Risiko ist jedoch nicht der Verbiss selbst, da dieser in einer bestimmten Höhe aufgrund seiner arterhaltenden Funktion immer vorhanden ist, ja vorhanden sein muss, will man das Wild erhalten. Einzig und allein der Jäger ist es dagegen, der über seine Bejagungsintensität dafür Sorge tragen kann, dass über das „normale" Maß des Verbisses hinaus dem Grundeigentümer keine untragbaren wirtschaftlichen Einbußen und der Gesamtgesellschaft keine unzumutbaren ökologischen Risiken aufoktroyiert werden. Das Wild, wie das weiter oben unter Bezug auf Fritz Lamerdin ausgeführt wurde, darf den Waldbau nicht bestimmen, oder passender formuliert: der Jäger als Nutznießer der Grundei-

---

[2042] Vgl. dazu bei Ulrich Schraml, Die Normen der Jäger, S. 240, ebenfalls unter Bezug auf Ulrich Beck. Aber: Modernisierungsrisiken werden von Menschen verursacht, nicht von Tieren, da letztlich auch der Mensch über die Höhe der Wildpopulationen seine Hand hält.

[2043] Das zeige ich im nächsten Kapitel auf. Vgl. dazu auch bei Ulrich Schraml, Die Normen der Jäger, S. 240.

gentümer darf den Waldbau nicht einseitig nach eigenen Ordnungsvorstellungen determinieren.

10.3.2.6 Funktionsbestimmung der Jagd in der modernen (Risiko-) Gesellschaft

Die Jagd, so Günter R. Kühnle, „ist im Plan der Natur" [2044] in der Zeit der Industriegesellschaften nicht mehr vorgesehen, sondern vielmehr ein Ausfluss der Kultur des Menschen, seiner ökonomischen und ökologischen Ziele. Kühnle stellt hier - wenn auch vermutlich aufgrund seiner sonstigen Äußerungen eher unintendiert - dar, dass mit philosophischen, (pseudo-)psychologischen und mit nach wie vor ontogenetisch verhafteten Denk- und vermeintlichen Handlungsmustern eine rationale Verortung der Jagd innerhalb der modernen Gesellschaft ein hoffnungsloses Unterfangen darstellt. Die ernsthafte Überzeugung, der Jäger sei bestrebt seine eigene Angst vor der physischen Vergänglichkeit durch Pulver und Blei (als Reduktion auf Jagd und das „Drum und Dran"[2045]) und jagdliches Erleben zu tilgen, ist höchstens in der Lage als individuelles und subjektiv empfundenes Beiwerk oder als kaum bewusst wahrnehmbarer Motivationsschub der Jagdhandlung gelten zu können. Von einer gesellschaftlich anerkannten Legitimation der Jagd ist das Versteifen auf unterschiedliche Erlebnisverläufe sehr weit entfernt. Darüber hinaus kann ich - müsste ich diesen Ansatz von Kühnle einer Wertung unterziehen - keinen Unterschied zu den verschiedenen Erklärungsansätzen von anderen (pseudo-)psychologischen Arbeiten erkennen, die Jagd als sexuell motiviert betrachten und den Tötungsakt als Penetration interpretieren. Beide Ansätze sind in ihrer Eigenart wenig plausibel, führen jedoch zur Erheiterung des Lesers bei und sind darüber hinaus im Rahmen gesellschaftsstruktureller Betrachtungen der Jagdfunktionen und ihrem historischen Wandel als vollkommen irrelevant zu bezeichnen. Ihr Wert ist lediglich anekdotisch, niemals systemisch-funktional oder jagdpolitisch von irgendeinem Wert. Weder für Jagd und Jäger noch für das nach Lösungen strebende politisch-administrative System und die im Disput befindlichen unterschiedlichen Interessengruppierungen ist mit solchen Ansätzen irgendeine Hilfestellung gegeben. Eine rationale Erklärung pro Jagd in einer industrialisierten Gesellschaft lässt sich mit solchen Ansätzen nicht erbringen, gleichwohl gerade Günter R. Kühnle eine große Anhängerschaft mit jenen Theorien bei den orthodoxen Jägern gefunden hat, die mit seiner Hilfe der Auffassung sind, keine weiterführende Legitimation für ihr Tun suchen zu müssen[2046]. Sein Ansatz ist demnach

---

[2044] Vgl. dazu Günter R. Kühnle, Die Jagd als Mechanismus der biotischen und kulturellen Evolution des Menschen. De venatoris naturae sensibilis atque intelligibilis forma et principiis. Zur soziopsychologischen Rolle des Jagdschemas als Denk- und Handlungsschema, S. 268ff.

[2045] Die Bedeutung des „Drum und Dran" ergibt sich auch aus einem Interview mit dem Olympiasieger Hans Günter Winkler, welches den Titel trägt: „Es ist das Drumherum, das die Jagd ausmacht", in: Wild und Hund, Ausgabe Nr. 18/1998, S. 16-17.

[2046] So z. B. in einem Leserbrief von Karl Axer zu Kühnles Dissertation, die dort in einer früheren Ausgabe von Andreas Kläne vorgestellt wurde. Der Leserbriefschreiber befindet den Jagdtrieb allein als ausreichende Grundlage für das Bestehen der Jagd in der modernen Gesellschaft. Vergl. dazu „Schluss mit der Heuchelei", in: Wild und Hund, Ausgabe Nr. 04/2004, S. 116.

zumindest im jagdlich orthodoxen Lager – dort also, wo man sich mit der Integration der Jagd durch Kompromiss und Funktionalität sozialisationsbedingt sehr schwer tut – sehr beliebt[2047]. Dabei ist die Lösung des „Problems" – das ist die Verortung und Funktionalisierung der Jagd in der modernen Gesellschaft – im Grunde relativ einfach und schon vor 60 Jahren und früher von Forstleuten und aufgeschlossenen Jägern oder Naturschützern erkannt worden. So hat schon 1953 Forstdirektor Leiber aus Donaueschingen das Konzept und die Dringlichkeit klar umrissen: „Wir denken nicht daran, das Wild auszurotten, wir fordern aber eine weise Beschränkung des Wildstandes, um das Mehrerzeugungsprogramm durchführen zu können. Die landwirtschaftlichen Schäden, die durch das Wild verursacht werden, dürfen nicht annähernd so tragisch genommen werden wie die Schäden im Wald. Im landwirtschaftlichen Betrieb kann, was heute vernichtet wurde, im nächsten Jahr nach entsprechendem Abschuss wieder wachsen. Der landwirtschaftliche Betrieb als solcher wird außer gewissen finanziellen Ausfällen nicht weiter berührt oder in seiner Wirtschaft gar in Frage gestellt. Ganz anders und viel schwerwiegender müssen die Schäden im Walde beurteilt werden. Abgesehen von dem nichtgewachsenen Holz oder den Verlusten durch Faulholz infolge der Rotwildschälschäden und anderem mehr, ferner durch Verzögerung verbissener und zerstörter Kulturen, sind die Wildschäden in ihrer letzten Auswirkung viel folgenschwerer."[2048] 45 Jahre später hört sich diese Forderung von Forstdirektor Leiber, nunmehr bekräftigt durch den bayerischen Landwirtschaftsminister Josef Miller (1998), so an: „Wir werden weiterhin konsequent die forst- und jagdpolitische Zielsetzung verfolgen, im Zuge der Waldverjüngung möglichst rasch arten- und strukturreiche Wälder aus standortgemäßen Baumarten aufzubauen. Diese Zielvorgabe wird mit dem Grundsatz „Wald vor Wild" zum Ausdruck gebracht. Damit ist nicht etwa ein Wald ohne Wild gemeint, sondern die Schaffung eines intakten und ökologisch wertvollen Lebensraumes im Wald, der letztlich auch für einen gesunden Wildbestand die beste Voraussetzung darstellt."[2049] Für die Verbisscha-

2047 Allerdings gibt es auch genügend Kritik an Kühnles Überlegungen, wie dies ein Leserbrief eines Dr. Bernd Balke zum Thema „Keine Angst vor der Lust", in: Wild und Hund, Ausgabe Nr. 07/2004, S. 118, zeigt. Kühnle, so der Leserbriefschreiber, gehe nicht adäquat auf das beglückende Gefühl des Beute-Habens ein. Auch Dr. Wolfram Schöll, Leserbrief zu „Keine Angst vor der Lust, in: Wild und Hund, Ausgabe Nr. 04/2004, S. 116, stellt mehr auf die Beute ab und schreibt: „Wer ein Revier selbst bewirtschaftet, hat pseudophilosophische Argumente zur Verteidigung der Jagd und der Jagdpassion nicht nötig. Die Realität reicht." Ganz anders dazu Karl Axer, Leserbrief zum selben Thema, in: Wild und Hund, Ausgabe Nr. 04/2004, S. 116, der die Arbeit von Günter R. Kühnle als lang ersehntes Werk bezeichnete, das es ihm endlich ermöglicht zu seiner Passion zu stehen. Er schreibt: „Da macht doch tatsächlich einer Schluss mit der ewigen Heuchelei, mit der wir die vom Verband (DJV, LJV) verordnete Passionsverleugnung soweit treiben sollen, dass wir den Jagdgegnern einreden müssen: Jagd sei für uns Naturschutz, und bloß ziemlich angeekelt und mit Bauchschmerzen würden wir ab und zu einmal ein krankes Stück Wild strecken – aus seuchenhygienischen Gründen, versteht sich!"

2048 L. Leiber, Auszug aus einem Vortrag vor dem Badischen Waldbesitzerverband am 15. Mai 1953 in Radolfzell, abgedruckt bei Wilhelm Münker (Hrsg.), Dem Mischwald gehört die Zukunft, S. 299.

2049 Josef Miller in einem Artikel der Bayerischen Staatszeitung unter der Überschrift „Im Dienst von Wald und Gesellschaft der Zukunft verpflichtet", in: Bayerische Staatszeitung, Ausgabe Nr. 48/1998, S. 53.

denshöhe und die Ausmaße der Schälschäden zeichnet sich dabei einzig und allein nur eine Klientel verantwortlich: der Jäger, der über seine Jagdpraxis, das heißt über die Intensität und Effektivität seines Tuns, die Höhe der Schäden über die Dichte des Schalenwildes determiniert. Nicht das Wild per se ist in diesem Kontext zunächst das Problem, sondern der Jäger und seine sozialisationsbedingte Einstellung zu seinem Tun, was sich gerade durch die Frontstellung der Förster- zu den Privatjägern zeigt. Schalenwild soll und muss in den Wäldern auch während der sicher Dekaden dauernden Umstrukturierungsphase vorhanden sein, allerdings „sind eventuell sogar Wilddichten anzustreben, die noch unter dem Niveau" (...) „natürlicher Wilddichten" zu liegen kommen[2050]. Während die heterodoxe Seite der Jagd damit kaum ein Problem haben wird, ist von Seiten der orthodoxen Klientel mit einem Schulterschluss in diesem Punkt kaum zu rechnen. Allerdings hat auch Georg Meister darauf hingewiesen, dass selbst in Försterkreisen, die nach Ulrich Schraml dem heterodoxen Lager zugeteilt werden, immer noch teilweise Unverständnis darüber herrscht, in welch schnellem Tempo sich ein Wald regenerieren kann, wenn in die Schalenwildbestände massiv eingegriffen wird[2051]. Waldbau durch Jagd ist keine Utopie, sondern eine Tatsache. Wenn die Jagd als unverzichtbares Instrumentarium des naturnahen Waldbaus in den Köpfen der Jäger verinnerlicht wurde und ihnen die Hand führt, dann ist ein großer Schritt in Richtung Zukunftsfähigkeit der Jagd getan. Davon, so der Eindruck, ist man jedoch noch sehr weit entfernt. Jagd, sofern sie gemäß den Forderungen des naturnahen Waldbaus ausgeübt wird, ist damit in der Lage, ein längst vergangen geglaubtes Beziehungsgefüge zwischen dem Wald und den Menschen selbst in der modernen industrialisierten Gesellschaft ins Gedächtnis zu rufen. Der technisch überlegene Mensch hat sich aus den Wald-Mensch-Zusammenhängen schon beinahe entlassen geglaubt. Für ihn ist der Wald lediglich Freizeitkulisse, romantischer Hort oder Ausflugsziel fern jeder Verbindung individual-existenzieller Art. Und dennoch: obwohl der Mensch die Erdoberfläche, den Himmel, den Orbit und in nicht allzu ferner Zukunft wohl auch andere Galaxien beherrscht, so ist er doch abhängig von intakten Waldstrukturen auf der Erde, von der Fülle an Waldfunktionen für Klima und Wasserhaushalt, die nur ein intakter Wald zu leisten vermag. Der Mensch ist trotz oder gerade wegen seiner Zivilisationserrungenschaften zutiefst abhängig von einer vernünftigen und vorausschauenden Landnutzung, die den Interessenausgleich anstrebt und nicht die Omnipotenz einer Seite zuungunsten vieler anderer Aspekte und Interessen vorantreibt. Die Jagd der letzten dreißig Jahre führte diese sensiblen Interdependenzen dem Publikum vor Augen und stellt die drohende Katastrophe dem Szenario ihrer Abwendung gegenüber. Beides, sowohl die Katastrophe als auch ihre Abwendung, liegt in den Händen der Jäger. Das zu verstehen fällt zugegebenermaßen nicht immer leicht, ändert aber nichts an der Tatsache[2052]

[2050] Vgl. dazu die Aussagen von A. Fischer, Der Einfluss des Schalenwildes auf die Bodenvegetation, in: ÖJV (Hrsg.), Waldökosystem und Schalenwild, S. 43.

[2051] Vgl. dazu die Aussagen von Georg Meister in einem Interview mit dem Titel: „Jeden Tag Krieg im Forst", in: Der SPIEGEL, Ausgabe Nr. 21/2004, S. 160-161.

[2052] So hat ein Leserbriefschreiber unter der Überschrift „Wald hat eindeutig Vorrang", in: Die Pirsch, Ausgabe Nr. 22/1995, S. 16f., das Unverständnis vieler Jäger gegenüber dieser Zielsetzung auf den Punkt gebracht: „(...) was für viele eine unmögliche Zielstellung und zum Teil den Verlust jagdlicher Vergnügen bedeutet, das Absenken und Halten der Wildbestände auf

an sich. Jagd verstanden als angewandter Naturschutz setzt am Wald an, das heißt sie ermöglicht durch gewisse kontinuierliche Absenkung der Schalenwildbestände die Umstrukturierung zu naturnahen Wäldern, was wiederum zu gesunden und in ausreichender Zahl vorkommenden Wildbeständen führt. Erst der Wald, dann das Wild und nicht umgekehrt. Nur so bringt es der Jäger fertig in eine Win-Win-Situation zu gelangen. Zu Beginn dieser Entwicklung steht jedoch, und das werde ich im nächsten Kapitel noch näher beleuchten, die Perfektionierung der handwerklichen Jagd. In dieser Reihenfolge, so Jochen Flasbarth in seiner Eigenschaft als Präsident des Naturschutzbund Deutschland (NABU), sei Jagd tatsächlich „angewandter Naturschutz“[2053]. So kann die Jagd zwar die Auswirkungen der Zivilisation auf die Kulturlandschaft nicht mehr rückgängig machen, sie ist jedoch aufgrund ihrer Potenziale in der Lage, die Landnutzer zu motivieren „es richtig zu machen, indem sie selbst mit gutem Beispiel voran geht“[2054]. So wie für den Landbau die Nische oder die Bandbreite der möglichen Wirtschaftsweisen immer geringer zu werden scheint (Stichwort ökologischer Landbau, Bioanbau, Bioprodukte, etc.), so wird auch die Nische für die Jagd analog dazu immer geringer werden. Die Gründe dafür sind klar. Der Lebensraum des Wildes in Wald und Feld wird immer knapper, die Landschaft immer zersiedelter, die Probleme, die durch die Kulturlandschaft erst entstanden sind, beeinflussen jenes Konstrukt zwischenzeitlich ebenfalls negativ; die Beziehungen sind reziprok geworden. Zusätzlich setzt sich der Prozess der Naturentfremdung des größten Teiles der Bevölkerung weiter fort, wenn sich die Massenmedien nicht auf ihre Rolle als Informationsmedium besinnen. Allerdings ist dieses Schwert in gewissem Sinne für eine orthodoxe Jägerschaft zweischneidig. Bruno Hespeler dazu: „Je bewusster sich die Bevölkerung der augenscheinlich ausweglosen gesamtökologischen Lage wird, um so weniger wird sie <<Privilegien>> der Jäger akzeptieren.“[2055] Hier muss es ein unbedingt notwendiges Anliegen der jagdlichen Verbände und des jagdlich positiv eingestellten Naturschutzes sein, jene Beziehungsgefüge deutlich zu machen und nicht zuletzt die Privilegien der Jäger (Hege, Hegegemeinschaften, Ziele der Jagd, Abschussplanung, etc.) einzuschränken. Dazu kann es auch gehören, dass die Jagd sich den landeskulturellen und gesellschaftlichen Rahmenbedingungen unterzuordnen hat, die „Hegeschauen“ zu biotopumfassenden Umweltschauen werden, die Jagdzeiten verkürzt und vereinheitlicht, die Wildfütterung verboten und die Jagd auf nur mehr Tierarten reduziert wird, die aus ökoökonomischen Gründen tatsächlich

einem verträglichen Maß“, sei die einzige dauerhafte Lösung des Konfliktes zwischen Wald und Wild. Dies einzusehen mag tatsächlich für viele private Jäger eine schwere Bürde sein, stünde doch Erlerntes und Verinnerlichtes hier den rationalen Gründen diametral gegenüber. Egoistisches Kosten-Nutzen-Denken der privaten Pachtjägerschaft ist mit einem Jagdverständnis, welches sich auf solidarische Leistung stützt, nur schwerlich in Einklang zu bringen. Vgl. dazu auch bei Klaus Maylein, Jagd und Jäger in der modernen Gesellschaft, S. 73.

2053 Vgl. dazu die Aussagen von Jochen Flasbarth, „Die Jagd ist ins Gerede gekommen“, in: 1988-1998. 10 Jahre Ökologischer Jagdverein Bayern, Ökologischer Jagdverein Bayern e.V. (Hrsg.), S. 85.

2054 Vgl. dazu bei Wilhelm Bode und Elisabeth Emmert, Jagdwende, S. 285.

2055 Bruno Hespeler, Jäger wohin?, S. 14.

bejagt werden müssen[2056]. Jagd ist und bleibt - wahrscheinlich sogar stärker als jemals zuvor - eine für die Kulturlandschaft bedeutende Raum(be)handlung. Sie ist, um auf die bereits genannten Worte Monika E. Reiterers zu rekurrieren, die „Verwirklichung ökonomischer Ökologie" und steht in diesem Zusammenhang für raumgreifenden Umweltschutz.

10.3.2.7 Resümee zur Jagd in der Risikogesellschaft

Die Jagd im 20. Jahrhundert - zumindest in dessen zweiter Hälfte bis heute - war und ist geprägt von Auseinandersetzungen unterschiedlicher Herren, differierender Raumvorstellungen im Forst, von privaten Pachtjägern und aufgeklärten Försterjägern, die jeweils um ihre eigene und die von ihren Verbänden, Eliten oder ihrer Administration vorgegebenen Raumvorstellungen konkurrierten und nach wie vor konkurrieren. Beide Fraktionen und ihre Anhängerschaft haben durch jagdliches Handeln Raumvorstellungen konzipiert und letztlich für jedermann sichtbar realisiert, die für Forstwissenschaft, Natur- und Umweltschutzverbände allmählich der Aufhänger für die Gegenüberstellung der Vor- und Nachteile der jeweiligen jagdlichen Systematik wurden. Ohne die höchst effiziente öffentliche Vorführung dessen, was „falsche" Jagd zu leisten in der Lage ist, hätte es die Loslösung der Forstleute aus der „historischen Mesalliance mit der Jägerschaft"[2057] nicht gegeben und eine Bewusstseinssteigerung innerhalb der Öffentlichkeit, bei Politik, Medien und Gesellschaft, wäre kaum in diesem Umfange möglich geworden; darüber hinaus wäre sie beim Ausbleiben des auslösenden Moments auch nicht nötig gewesen. Zwischenzeitlich hat sich das Konzept des naturnahen Nutzwaldbaus wohl in allen Regionen als ökonomische und letztlich auch ökologische Notwendigkeit herauskristallisiert, auch wenn eine Akzeptanz der jagdlichen Elite in all ihren Konsequenzen dazu noch aussteht, wie die Argumentation auf der Internationalen Jagdkonferenz 2002 in Malbun aufzuzeigen in der Lage war. Bis zu diesem Zeitpunkt allerdings, der Fixierung des naturnahen Nutzwaldbaus als weitestgehend „ökosystemgerechte Nutzung unserer Wälder"[2058] auch gegen den Einwand einiger Ewiggestriger, kam den beiden großen und sich diametral gegenüberstehenden Seiten trotz oder gerade ihrer unterschiedlichen Zielsetzungen die Zeit der Diskussionen, der emotionalen und sachlichen Auseinandersetzungen, der Öffentlichwerdung des Themas beginnend in den 70er Jahren, zunächst deutlich entgegen. Wie ist das zu verstehen? Gerade nach dem letzten großen Krieg kam die Zeit der privaten Jagdherren, obwohl die Jagd vor allem nach dem Ende der Diplomatenjagd in der Mitte der 70er Jahre etwas war, wofür man sich nicht mehr in der Öffentlichkeit rühmen konnte. Man gab nicht gerne zu, Jäger zu sein. Jagd fand vielmehr in klei-

---

2056 So z. B. die Forderungen von Georg Meister, Waldbau und Jagd, in: 1988-1998. 10 Jahre Ökologischer Jagdverein Bayern, Ökologischer Jagdverein Bayern e.V. (Hrsg.), S. 73.

2057 Vgl. dieses Zitat von Georg Sperber bei Ulrich Schraml, Die Normen der Jäger, S. 42.

2058 So weist Marcus Meissner, „Stiller Abgang", in: Die Pirsch, Ausgabe Nr. 10/2004, S. 6, folgerichtig darauf hin, dass der naturnahe Waldbau zwar eine ökosystemgerechte Nutzung unserer Wälder bedeutet, er eine vollumfängliche Integration des Natur- und Artenschutzes in die Forstwirtschaft jedoch nicht erbringen kann. Auch im naturnahen Waldbau werden Gewinner den Verlierern gegenüber gestellt, wird das Habitat dem Schalenwild zugute kommen und den Raufußhühner zum Beispiel zum Nachteil gereichen.

nen internen Kreisen statt, oft genug auch in dem Bestreben, den schon kritisch beäugten Förster sowie eine nichtjagende Öffentlichkeit und ihre Anliegen in allen Belangen außen vor zu lassen. Die Jagdmöglichkeit bot den relativ abgeschlossenen Gruppen der Jäger allerlei Vorteile, die nicht selten auch beruflicher oder generell wirtschaftlicher Art waren. Man blieb unter sich und verfestigte Tradition und Kultur. Darüber hinaus ist die Jagdmöglichkeit, insbesondere aber die Pacht eines eigenen Reviers, auch heute noch häufig ein soziales Distinktionsmerkmal. Bereits in einer früheren Arbeit haben ich darauf hingewiesen, dass selbst für Begehungsscheine nicht selten bis zu 7.000 Euro pro Jagdjahr bezahlt werden[2059], obwohl man damit die „Jagdherrschaft"[2060] in dem betreffenden Revier oder Revierteil keinesfalls in den Händen hält. Eigene Ordnungsvorstellungen kann man in dieser Situation noch nicht selbst reproduzieren; wenn überhaupt, dann nur die des Pächters, dessen Weisung man verhaftet ist. Die tatsächliche Jagdherrschaft bleibt also dem Pächter zugestanden, der oftmals noch höhere Kosten zu tragen hat als seine Mitjäger, sofern es keine Mitpächter sind. Und dennoch: die vor allem für orthodoxe Jäger stürmischen Zeiten seit etwa den 70er Jahren haben die Zugehörigkeiten und Bindungen an die ebenfalls orthodoxen jagdlichen Strukturen und Verbandsorganisationen eher noch verstärkt denn gelockert. Anders wäre die zunehmende Kluft zwischen der orthodoxen und der heterodoxen Jägerseite nicht zu erklären. Die Gräben haben sich vertieft, jede Seite meint die besseren Argumente für sich in Anspruch nehmen zu können. Es scheint, als ob die Entwicklungen der letzten dreißig Jahre die Lager nur noch tiefer gespalten hätten, ohne eine Annäherung zu schaffen. Schon allein deshalb bin ich der Überzeugung, dass die Jagd in der Bundesrepublik weitestgehend durch Kräfte von außen reformiert und umgestaltet werden wird, da die Kräfte von innen heraus im gegenseitigen Grabenkampf verbraucht sind und Kompromisse nur jeweiligen Machtverlust bedeuten würden. Die Situation scheint nach wir vor argumentativ sehr verfahren. Hier wird schon längst nicht mehr in Kosten-Nutzen-Schemata zugunsten einer ökosystemgerechteren Behandlung von Wald und Wild gedacht, sondern nur noch verbandsegoistischen Kalkülen das Wort geredet. Auch die ökologischen Jagdvereinigungen und die Naturschutzverbände müssen sich diese Kritik insoweit gefallen lassen, als auch hier häufig genug eher egoistische denn altruistische Motive Triebfeder von Be-

[2059] Vgl. dazu bei Klaus Maylein, Jagd und Jäger in der modernen Gesellschaft, S. 68, unter Bezug auf einen Artikel in einer großen deutschen Jagdzeitung mit dem Titel: „(Alp-) Traumhafte...Pacht(bedingungen)", in: Die Pirsch, Nr. 12/1997, S. 24, weiterhin eine Annonce in der Rubrik „Reviere, Jagdgelegenheiten", in: Die Pirsch, Nr. 08/1995, S. 83f, sowie den Rubriken „Jagdreviere" in: Wild und Hund, Nr. 11/1998, S. 97f; Wild und Hund, Nr. 12/1998, S. 112f; Wild und Hund Nr. 21/1998, S. 122f; Wild und Hund, Nr. 20/1998. Die Liste ließe sich endlos weiterführen. Vergleicht man dazu neuere Zahlen aus aktuellen Ausgaben der Wild und Hund, so hat sich nicht wesentlich etwas verändert. Vgl. dazu die Rubrik „Jagdreviere" in: Wild und Hund, Ausgabe Nr. 10/2004, S. 84ff; Wild und Hund, Ausgabe Nr. 09/2004, S. 89ff; Ausgabe Nr. 11/2004, S. 79ff.

[2060] Der Begriff der „Jagdherrschaft" wurde aus dem Werk von Horst Alexander Willam, Wildbahn und Waidwerk in Baden-Württemberg 1875 – 1975, entnommen. Der Autor grenzt hier bewusst scharf die Jagdherrschaft von der mithelfenden „Jungjägerschaft" oder den revierlosen – d.h. pachtlosen – Jägern ab. Vergl. ebd., S. 88. Es darf wohl daraus geschlossen werden, dass auch heute noch „Jagdherrschaften" jenes Kalibers und Selbstverständnisses keine Seltenheit in den bundesdeutschen Revieren darstellen.

schlüssen und Argumenten sind. Aus diesen genannten Gründen führten die 70er Jahre neben einem Imageverlust für die Jagd dennoch auch zu einer Kräftigung der orthodoxen Jagdvereinigungen und ihres jagdlichen Selbstverständnisses. Dort, wo Gruppen einer starken Kritik ausgesetzt sind, werden die Bindungen und das Zusammengehörigkeitsgefühl nur selten auf eine harte Probe gestellt, in den meisten Fällen funktionieren die über Jahrzehnte gefestigten sozialisierenden Kräfte, wie dies das Beispiel Jagd eindrucksvoll vor Augen geführt hat. Die jagdliche Orthodoxie konnte in diesen Zeiten von der enormen sozialisierenden Kraft der vergangenen Jahrzehnte profitieren und den Fortbestand einer weitgehend archaischen und irrationalen Jagdpraxis und Jagdfunktion auch oder gerade in der modernen Gesellschaft gegenwärtiger Prägung aufrechterhalten. Der Kulminationspunkt dieser Entwicklung ist jedoch zwischenzeitlich überschritten, die Wirkung der Schadbilder im Kulturraum Wald rütteln längst wesentlich stärkere Institutionen in Politik und Gesellschaft wach, die an einer Änderung der jagdlichen Priorität interessiert sind und jene auch gegen die Macht der Jagdverbände durchzusetzen in der Lage sein werden. Summa summarum stehen sich auch heute noch wenigstens zwei Gruppen mit ihren Ordnungsvorstellungen in den bundesdeutschen Kulturlandschaften relativ unversöhnlich gegenüber, indem jede für sich durch repetitive und spezifische Jagdhandlungen versucht, ihre Raumansprüche und Raumdefinitionen durchzusetzen: reduktionistisch dargestellt sind dies nach wie vor die Försterjäger contra die privaten Jäger, die jeder für sich die wahren „Herren" im Forst sein wollen. Dabei wird hin und wieder von beiden Seiten übersehen, dass die Potenziale des Waldes als ökologische Reserve und Chance nicht für ein einziges Ziel okkupiert werden können (also weder für jagdegoistische noch für rein holzökonomische Vorteile gestaltet werden können). Daneben finden, indem der Einfluss auch anderer Verbände und Interessengruppen auf den Wald und auf die Jagd immer größer wird, zusehends Kriterien von Inklusion und Exklusion in das soziale Feld der Jagd Eingang, die zuvor so nicht gegeben waren. Während die institutionelle Rückendeckung noch vor fünfzig oder gar dreißig Jahren für die private Jägerschaft so stark war, dass sie ihre Ordnungsvorstellungen (noch mit deutlicher Unterstützung und Hilfe der Försterei) durchsetzen und aufrechterhalten konnten, hat sich dieses Blatt heute zugunsten der Försterjäger, der mehr heterodoxen Seite, gewendet. Dies macht sich nicht nur in der starken institutionellen Rückendeckung für die Försterjäger oder die Forstwirtschaft bemerkbar, die zwischenzeitlich vom administrativen System der Bundesrepublik bis zu verschiedenen (nichtjagenden) Naturschutzverbänden reicht, sondern auch in der veränderten Jagdpraxis, die sich gemäß den neuen Raumdefinitionen ebenfalls gewandelt hat. Jagd ist also nach wie vor auch in der Risikogesellschaft ein soziales Phänomen, welches eng angelehnt ist an die Veränderungen im gesamtgesellschaftlichen Denken und Handeln. Die Raumansprüche, die die Gesellschaft an ihre Umwelt stellt, sind zu einem bedeutenden Faktor innerhalb der Jagd und ihrer Praxis geworden und die Verantwortung der Jäger in der Risikogesellschaft ist deutlich gestiegen, da die durch die Jagd verursachten Schädigungen oftmals nicht mehr mit Geld ausgeglichen werden können. So wie der Verlust einer Tierart wohl kaum in Euro und Cent auszudrücken ist, wird auch die Verunmöglichung einer zeitigen Konstituierung gesunder Mischwaldbestände nur schwerlich finanziell bezifferbar sein[2061]. Einzig der Schaden im Feld, an Ackerfrüchten, ist zeitlich und finanziell sicher und zügig zu beheben.

Die Zugangskriterien zur Jagd als Form der ökologischen Raumkonstitution werden immer schärfer formuliert, die jagdlichen Freiheiten immer weiter beschnitten und die verbleibenden oder neu hinzukommenden Jäger tendenziell in ein immer enger geschnürtes Reglement gezwängt. Als jüngstes Beispiel kann dazu die EU-Verordnungen zur Lebensmittelhygiene betrachtet werden, die für den Jäger erhebliche Änderungen innerhalb der noch aktuellen Praxis mit sich bringen wird. Aufgrund der umfänglichen Neuerungen und Anforderungen, die an genusstaugliches Wildbret dann gestellt werden, wird wohl auch eine weitere Zusatzausbildung auf die Jäger zukommen[2062]. Wildbret wird mit entsprechenden Dokumenten in den Handel gelangen, die immer eine Zurückverfolgung bis zum einzelnen Erleger gewährleisten werden. Dunkelziffern nicht der Untersuchung zugeführter Proben, z. B. im Bereich der Trichinenschau beim Schwarzwild, werden so weitgehend vermieden werden können. Ebenso werden die Verordnungen zur Kirrungs- und Fütterungseinschränkung, die nach dem Eckpunktepapier der letzten Regierungskoalition (unter Ressortchefin Renate Künast) in ein gänzliches Verbot einmünden sollten, dem Jäger Freiräume, auf die er bisher bauen konnte, nehmen. Dabei müssen sich die deutschen Jäger den Vorwurf gefallen lassen, dass sie sich einer möglichen Steigerung eigenverantwortlichen Handelns mit der Schützenhilfe ihrer jagdlichen Verbände und durch ihre jahrzehntelange Orthodoxie und wissenschaftlichen Uneinsichtigkeit selbst beraubt haben. Auch die Inklusion ganzer Gesellschaftsbestandteile in die Jagdauswirkungen sind Bestandteil orthodoxen Jagdverständnisses, obwohl das 20. Jahrhundert voll von Mahnern und Realisten war, die die Potenziale der traditionalen Jagdausübung gesehen und kritisiert haben. Ordnungsvorstellungen und Raumkonzeptionen werden so tatsächlich vermehrt von außen an die Jäger herangetragen und damit die Jagd vom aktiven und raumgestaltenden Posten, vom unkontrollierten Risikopotenzial durch Einengung der Befugnisse, durch Reglementierung sämtlicher jagdpraktischer Nischen und durch vermehrte Schulungspflichten und Weiterbildungsmaßnahmen dem ökosystemaren Willen des administrativen Systems stärker verpflichtet als jemals zuvor. Damit steigt die Gefahr, dass Jagd und Jäger zum bloßen Erfüllungsgehilfen administrativer Raumvorstellungen im Ökosystem und Kulturraum Wald degradiert werden. Auch wenn ich diese Entwicklung selbst als aktiver Jäger nicht gerade durchweg positiv sehe, so muss ich mir dennoch eingestehen, dass die nach wie vor aktuelle Jagdpolitik, die deutsche Jägerschaft und deren jagdliche Elite an dieser Entwicklung den Löwenanteil tragen. Verwunderlich am zu erwartenden Gang der Dinge ist nur, dass die deutsche Jägerschaft sehenden Auges seit Jahrzehnten auf diese Entwicklung zusteuert, ohne gegenzusteuern, ohne Allianzen zu schmie-

---

2061 Vgl. dazu die Ausführungen von Eduard Zwierlein, Verantwortung in der Risikogesellschaft, in: ders. (Hrsg.), Verantwortung in der Risikogesellschaft, S. 22. „Der Gedanke der monetären Kompensation findet eine strukturelle Grenze" in derjenigen Jagdpraxis und Jagdfunktion, die zu einer Schädigung des Kulturraumes Wald führt, die gemäß den Gesetzen des naturnahen Nutzwaldbaues in den nächsten Jahren nicht behoben werden können.

2062 Vgl. dazu bei Olgierd Graf Kujawski, Europas Jäger müssen auf die Schulbank, in: Die Pirsch, Ausgabe Nr. 10/2004, S. 10ff.

den und Kompromisse zu schließen, die nicht nur dem Naturschutz oder der Jagd, sondern der gesellschaftlichen Gesamtheit zugute kommen würden. Wildhege, vor allem nach traditionalem Muster, und naturnaher Nutzwaldbau stehen sich seit etwa drei Jahrzehnten sowohl in wissenschaftlichen Diskussionen und jagdlichen contra forstlichen Verbandsauseinandersetzungen einerseits als auch andererseits subjektiv spürbar in denjenigen geographischen Gebieten, wo rational bewirtschafteter Staatswald auf Privatwald oder wo eigenbewirtschafteter Bauernwald auf private Pachtjagdgebiete treffen (einerlei ob genossenschaftlich oder gemeindlich), scheinbar feindselig und unversöhnlich gegenüber. Auslöser dieser nicht selten mit harten Bandagen ausgefochtenen Kontroverse ist die Erkenntnis, dass ein intakter, sich selbst verjüngender Nutzmischwald für vielfachen Nutzen im Naturhaushalt steht und auf das Wohlbefinden der Menschen einen unmittelbaren Einfluss auszuüben in der Lage ist sowie dass im Zuge des dringend benötigten Waldumbaus zumeist zu hohe Schalenwildbestände dieses Ziel temporär verunmöglichen.

Im heutigen mitteleuropäischen Raumbild „Wald" ist das Ziel nicht mehr die Schaffung und Bereitstellung möglichst schnell wachsender und damit schnell verfügbarer Ressourcen wie das noch zu Beginn der rationalen Forstwirtschaft vor rund 200 Jahren der Fall war. Vielmehr ist heute „eine umfassende Betreuung des Ökosystems Wald"[2063] notwendig, da der Wald aufgrund seiner Funktionen wie Klimaausgleich, Windbrechung, Luftfilterung, Wasserspeicherung, Lärmschutz, seinen Erholungsfunktionen und seinen Habitatfunktionen für vielfältiges Leben in Flora und Fauna weitaus bedeutendere Ressourcen zu bieten hat als schlichtes Holz. Der Wald mit seinen vielfältigen Raumfunktionen und selbst als funktionierender Raum ist nach Hilmar Brack die „größte ökologische Reserve, die große Chance schlechthin!"[2064]. Dass der Jäger diese Chance nicht aktiv und im Rahmen seiner Möglichkeiten auf verbandspolitischer Ebene zu ergreifen in der Lage ist, sondern nur auf Druck von außen ganz allmählich zu reagieren beginnt, scheint das wahre Dilemma der bundesdeutschen Jagd zu sein. Ohne sich auf eine klar definierte Funktion der Jagd in der modernen Gesellschaft und für eine moderne Gesellschaft einzulassen wird die Funktionalisierung der Jagd zusehends schwieriger. Die Funktion der Jagd ist dabei – auch unter Fachleuten – unbestritten gegeben. Die gesamtgesellschaftliche Funktionalisierung dagegen setzt auch willfährige und aufgeschlossene Jäger voraus, die letztlich für die Funktionalisierung der Garant sind. Der LNVL Luxemburg dazu: „In einer Gesellschaft, die sich immer mehr von der Natur entfernt, bedarf es einer Partnerschaft all derer, die sich in irgendeiner Weise mit der Natur beschäftigen. Um zu einer konstruktiven Zusammenarbeit und zu einem Bündnis mit Naturschutz, Wald- und Landwirtschaft sowie Erholung zu kommen, müssen sich die Jäger unmissverständlich von den Strömungen distanzieren, die in der Jagd in erster Linie ihr privates Vergnügen sehen. Sie sollten erkennen, dass auch sie Opfer einer fortschreitenden Lebensraumzerstörung geworden sind. Nur im Bündnis mit dem Naturschutz liegt die Chance, Kultur-

---

[2063] Hilmar Brack, Reduktion. Der Weisheit letzter Schluss oder Armutszeugnis?, in: Die Pirsch, Ausgabe Nr. 11/2004, S. 10-15.

[2064] Ebd., S. 10.

landschaft und Artenvielfalt zu erhalten."[2065] Es bleibt zu hoffen, dass hier in baldiger Zukunft ein Ausweg gefunden werden kann, und zwar mit den Jägern, die uns zur Verfügung stehen und nicht mit neuen Jägern, die erst noch gefunden werden müssten. Jagd als Verantwortung in der Risikogesellschaft ist eine Handlungsmaxime, die jedem verständigen Jäger nahe zu bringen sein wird. Das sollte zuvorderst Aufgabe unserer jagdlichen Vereinigungen sein, einerlei ob sie dem mehr orthodoxen oder dem mehr heterodoxen Lager zuzuordnen sind.

2065 Positionspapier der LNVL Luxemburg (Lëtzebuerger Natur- a Vulleschutzliga), unter der URL: http://www.luxnatur.lu/luxnatur/lnvpos3.htm#2.1.

11 Jagd heute: Affektbändigungen contra Rebarbarisierungen

Zum Prozess des jagdlichen Sichverhaltens[2066] im Wandel von Zeit und Raum. Hier insbesondere hinsichtlich jagdlicher Affektentladungen contra Affektbändigungen, Bauernjagd contra Bürgerjagd, Werkinstinkt contra Distinktion.

11.1 Einleitung

In Kapitel 10 der vorliegenden Arbeit konnte aufgezeigt werden, dass der funktionale Wandel der Jagd seit dem letzten Drittel des 20. Jahrhunderts eine Forderung ist, die überwiegend von außen an das seit 1934 relativ abgeschlossene, traditionsbildende, -bewahrende und „reviereegoistische System"[2067] der Jagd herangetragen wurde und nach wie vor wird. Allerdings kommt den jagdinternen Auseinandersetzungen dennoch eine große Rolle zu, insbesondere angestoßen von den Forstverwaltungen, die als „Spezialisten im sozialen Feld der Jagd"[2068] aufgrund ihres Bourdieuschen Gesamtkapitals die jagdlichen Defizite der traditionalen Jagdpraxis erkannten und seit dieser Zeit unablässig durch neue Lösungsstrategien an die Erfordernisse der Zeit anzupassen trachten. Allerdings kann man Teile der heutigen Forstverwaltungen in diesem Kontext und aufgrund ihrer argumentativen und jagdpraktischen Abspaltung aus der historisch gewachsenen Allianz mit der Privatjägerei durchaus ebenfalls als „außenfaktoriell" bezeichnen. Die Motive und Motivationen der Jagd dieser beiden Gruppen haben sich teilweise sehr weit voneinander entfernt. Dieser anhaltende Prozess ist für viele Altjäger insofern eine problembehaftete Entwicklung, als es doch gerade zu Beginn des 20. Jahrhunderts, im Dritten Reich und auch in der Nachkriegszeit noch immer die Forstverwaltungen waren, die eine Vorreiterrolle innerhalb der Wildhege, der Waidgerechtigkeit und dem teilweise als dramatisch zu nennenden Ausbau der gewünschten, jagdlich

[2066] In den Kapiteln 6, 7 und 8 konnte aufgezeigt werden, dass es wenigstens eine Zweiteilung innerhalb der Jagdpraxis gegeben haben muss. Die einen Praktiken beschrieben das Verhältnis Herr – Untertan oder Jäger – Nichtjäger, während die übrigen Praktiken die Beziehung des Jägers zum Wildtier umfassten (insbesondere die Jagdart, die Jagdwaffen, Jagd- und Schonzeiten, Nutz- und Schutzaspekte, Fütterungen, etc.). Im Rahmen dieses Kapitels werden die Praktiken der Jäger-Wildtier-Beziehungen näher aufgezeigt werden. Allerdings wird dabei deutlich werden, dass aufgrund der spezifischen Situation der Risikogesellschaft das Verhalten des Jägers gegenüber dem Wildtier sehr schnell Auswirkungen gegenüber der Gesellschaft entfalten kann. Die soziale Kompetenz des Jägers heute drückt sich in seinem Verhalten den Tieren gegenüber und damit auch in seiner Jagdpraxis aus.

[2067] Vgl. dazu diesen Ausdruck bei Bruno Hespeler, Jäger wohin?, S. 43-44. Der Reviereegoismus ist zwischenzeitlich ein arg strapazierter Begriff, der von den Naturschutzvereinigungen und heterodoxen Jagdverbänden in Anwendung auf die Situation der privaten Pachtjagd gebracht wird. Weil er als Begriff und wohl auch faktisch sehr verbreitet ist, soll er hier auch genannt werden.

[2068] Vgl. dazu bei Klaus Maylein, Jagd und Jäger in der modernen Gesellschaft, S. 57ff., in Anlehnung an Bourdieus Konzept des sozialen Feldes.

interessanten Schalenwildbestände einnahmen. Es waren so nicht zuletzt die Forstverwaltungen, die hegerisches und waidmännisches Sichverhalten erfolgreich in das Denken und Handeln der privaten Jägerei übertragen konnten. Jagdpraktiken, die gegen Ende des 19. und zu Beginn des 20. Jahrhunderts bis in die 1970er Jahre zu schnell anwachsenden Schalenwildbeständen führten, waren ebenso ein Kind der Forstverwaltungen, wie es heute die von vielen Jägern in Misskredit gebrachten Bewegungsjagden auf Gams-, Rot-, Reh- und Schwarzwild, die Intervalljagden in Rotwildgebieten der Staatsforstverwaltung[2069], die Forderungen nach einem Verbot der Schalenwildfütterung, nach Einschränkung der Kirrungen und nach einem Verbot der Nachtjagd sind. Forderten im 19. und beginnenden 20. Jahrhundert die Forstverwaltungen die unbedingte Schonung des weiblichen und damit reproduzierenden Rehwildes[2070] und haben sie diese Schonung aufgrund ihrer Vorbildfunktion so nachhaltig tief und bis heute anhaltend in den Köpfen konservativer Jäger verwurzelt,, so plädieren sie heute für einen drastischen Eingriff in eben diese Klasse[2071]. Die private Jägerei scheint mit diesen raum- und zeitgemäßen Wendemanövern, die zumindest heute als unbedingt notwendiges Erfordernis zu verorten sind, nicht zurechtzukommen. Nicht nur das Dritte Reich hatte aufgrund seiner Strukturen eine Erziehungsleistung über alle Jägerschichten hinweg erbracht. Auch die Forstverwaltungen, die auf „ihre" Jäger direkt und unmittelbar vor Ort lange Zeit einen sozialisierenden Einfluss auszuüben in der Lage waren, haben ihre Spuren im Selbstverständnis des bundesdeutschen Jägers hinterlassen. Die Jägerei hing zunächst an den Lippen der Förster und erkor jene zu ihrem ideellen, praktischen und romantischen Vorbild (noch heute werden Förster „alter Schule", wie z. B. Walter Frevert, mit einigem Respekt genannt[2072], obwohl schon mindestens seit dem Jahr 1998 auch einem breiteren Publikum bekannt ist, dass Walter Frevert mit dem verbrecherischen Regime des Dritten Reiches mehr als nur ideell verwurzelt

---

[2069] So z. B. im Staatlichen Forstamt Hilchenbach, wo seit 1987 die Einzeljagd stark reduziert und die Bewegungsjagd (Ansitz-Drückjagd) den Schwerpunkt der Jagdstrategie ausmacht. Zusätzlich kommen Intervalle in der Bejagung hinzu. Vgl. dazu einen Artikel mit dem Titel: „Wild und Jagd: Eine Idee setzt sich durch", in: Wild und Hund, Ausgabe Nr. 07/1998, S. 36-39. Auch hier wurde von den umliegenden Jägern der „Niedergang der Jagdkultur" befürchtet. Weitere kontroverse Diskussion über die Bewegungsjagd in den Staatsforsten bei W. Helfenbein, Bewegungsjagd im Kreuzfeuer, in: Die Pirsch, Ausgabe Nr. 24/1996, S. 89.

[2070] So waren z. B. in Bayern zwischen 1863 und 1934 per „Königlicher Allerhöchster Verordnung", die Rehgeißen und Rehkitze ganzjährig geschont. Vgl. dazu bei Wulf-Eberhard Müller, Jagen vor dem Reichsjagdgesetz, in: Ökologischer Jagdverein Bayern e.V. (Hrsg.), Festschrift zehn Jahre Ökologischer Jagdverein Bayern 1988-1998, S. 52.

[2071] Beim Rotwild sah jedoch alles wieder anders aus. So forderte das Schlesische Ministerium für Landwirthschaft, Domänen und Forsten im Jahre 1901 von seinen Oberforstmeistern, die Zäunung von Kulturen im Walde zu unterlassen und stattdessen lieber durch „energischen Abschuss" die Verminderung des Bestandes hervorzurufen. Auch in die Klasse des weiblichen Rotwildes sollte stark eingegriffen werden. Vgl. dazu bei von Podbielski, Rothwild-Abschuss, Verfügung des Ministeriums für Landwirthschaft und an sämmtliche Herren Oberforstmeister, III 14865, in: Schirmacher (Hrsg.), Jahrbuch des Schlesischen Forstvereins für 1902, S. 149f.

[2072] Vgl. dazu auch einen Artikel über Walter Frevert von Burkhard Winsmann-Steins, Einige Rominter Kleinodien, in: Wild und Hund, Ausgabe Nr. 07/2004, S. 44-47.

war[2073]). War es den Förstern früher tatsächlich einfacher als jagdliche Vorbilder, weil Spezialisten, anerkannt zu werden, hat es die aktuelle Forstpartie mit ihren rationalen Bejagungsstrategien und ihren wenig jagdpopulären Forderungen nach weiterer Schalenwildreduktion argumentativ und realiter wesentlich schwerer[2074]. Die jagdlichen Überlegungen der Forstverwaltungen und die Absichten ihres Schalenwildmanagements zum ökologischen und ökonomischen Schutz des Waldes sind heute den privaten Jägern, die zu ihrem jagdlichen Hobby selbst zu erwirtschaftendes Geld einsetzen müssen, nur schwer zu vermitteln, was zunächst auch aus motivationalen Gründen nachvollziehbar erscheint.

Erst seit den 1970er Jahren treten die Forstverwaltungen als die vormaligen Vorbilder waidgerechten Handelns in einen deutlichen Kontrast zu dem von ihnen selbst „großgezogenen" Konstrukt und Ideal des hegenden und waidgerechten Jägers. So kam es aufgrund der „partiellen Modernisierung"[2075] in Denken und Handeln der Forstverwaltungen vermehrt zu Normenkonflikten (z. B. mit der Waidgerechtigkeit alter Schule, dem jagdlichen Selbstverständnis, der bisherigen Aufgabe und Rolle der Jagd in den Augen der Jäger, dem Traditionsbewusstsein und der waidmännischen Sozialisation, etc.), zu Inkonsistenzen und zu Kommunikationsstörungen innerhalb der beiden „rivalisierenden" Gruppen[2076]. Ein deutliches Beispiel für diese Differenzen durch „partielle Modernisierung" hat das Forstamt Schleiden im Herbst 2003 aufgezeigt, als es mit folgendem, in der Deutschen Jagdzeitung zitierten Text zur Gesellschaftsjagd auf Schalenwild einlud: „Bitte haben Sie Verständnis, wenn wir künftig nicht mehr zu Hörnerklang Strecke legen und Brüche überreichen, sondern uns vorwiegend auf die vorschriftsmäßige und fachgerechte Wildbretversorgung konzentrieren. Ebenso möchten wir auf ein formelles Schüsseltreiben verzichten. Mit der Annahme der anliegenden Jagdeinla-

---

[2073] 1998 war das Erscheinungsjahr des in Jagdkreisen viel diskutierten und positiv aufgenommenen Werkes von Andreas Gautschi, Der Reichsjägermeister. Auf den Seiten 183ff schildert Gautschi Vorgänge im Rahmen der Einrichtung des Reichsjagdgebietes Bialowies (Polen), die kein gutes Licht auf Frevert werfen. Unter anderem soll das Walter Frevert unterstellte Polizeibataillon etwa 6.000 Personen exekutiert haben. Vgl. dazu bei Andreas Gautschi, Der Reichsjägermeister, S. 186. Da wundert es schon, dass Dr. Karl-Heinz Betz, der Chefredakteur von Wild und Hund, einer der größten deutschen Jagdzeitschriften, erst im November 2004 entsetzt zur Kenntnis nimmt, dass das große Vorbild Walter Frevert „schwarze Flecken auf der Weste" habe - er tut gerade so, als ob man dieses nicht schon vorher gewusst habe. Es drängt sich förmlich der Verdacht auf, dass er nun nicht mehr anders konnte, denn Andreas Gautschi stellte im Juni 2004 sein Buch über Walter Frevert vor, in dem er deutlicher auf Freverts nationalsozialistische Vergangenheit einging. Vgl. dazu Karl-Heinz Betz im Editorial „Wankende Fundamente", in: Wild und Hund, Ausgabe Nr. 21/2004, S. 3. Weiterhin auch den ausführlichen Artikel über das neue Werk von Andreas Gautschi, rezensiert von Paul-Joachim Hopp und Wolfgang Weitz, Walter Frevert. Der Macht verfallen, in: Wild und Hund, Ausgabe Nr. 21/2004, S. 30-35.

[2074] Vgl. dazu auch die Kritik von Karl-Heinz Betz, Rehe drücken, im Editorial der Wild und Hund, Ausgabe Nr. 19/2003, S. 3. Betz kritisiert die Forstverwaltungen hier ob ihrer Jagdmethoden, die zur Erlangung des Zieles „Schalenwildreduktion" zur Anwendung kommen.

[2075] Vgl. dazu die Ausführungen von Ulrich Schraml, Die Normen der Jäger, S. 248.

[2076] Vgl. ebd., S. 248f.

dung erklären Sie sich mit den vorstehenden Ausführungen einverstanden."[2077] Darauf ging ein Aufschrei durch die Jagdpresse, die ob der „Regulierungsstrategie" einerseits und der Negierung aller gewöhnlichen Traditionen des Jagdbetriebs andererseits den Niedergang des deutschen Waidmanntums befürchtete. Zum Ausdruck kommt das völlige Unverständnis in einem Leserbrief, wie er in Wild und Hund zu jener Forstamtsjagd abgedruckt wurde: „Was in Zukunft auf uns Jäger zukommt, wird am Beispiel Nationalpark Eifel deutlich: Für alle traditionellen, sich mit der deutschen Jagdkultur verbunden fühlenden Jäger ein Schlag ins Gesicht. Da kann man nur eins sagen: <<Wehret den Anfängen!>> Jäger, die eine Einladung zum geplanten <<Wildtiermanagement>> erhalten, sollen diese ablehnen - eine passende Bemerkung kann da nicht schaden. Wer sich am Abschlachten von Wildtieren beteiligt, hat im Hegering und LJV nichts zu suchen. Die Einstellung zur Jagd und zum Brauchtum wird immer öfter auch bei der Kleiderordnung deutlich. Wie lange dauert es noch, bis Jäger im Jogginganzug durch die Wälder schleichen und Fleisch machen?"[2078] Auch wenn das Beispiel des Forstamtes Schleiden bezüglich einer „Neuinterpretation" der Gesellschaftsjagd weitab von traditionellen Bahnen sicher den Beginn neuer Wege in Jagd und Wildbewirtschaftung kennzeichnen mag, so war die Schrittweite vielleicht für den Anfang und für manchen traditionellen/orthodoxen Jäger zu gewagt. Die jagdliche Zukunft könnte dennoch so aussehen, zumal die Bewegungsjagden in einigen Staatsforstverwaltungen, Eigenregiejagden oder den Randbereichen der Nationalparke schon seit Jahren so oder ähnlich ablaufen. In den Augen der orthodoxen Jägerschaft und ihrer kulturellen, distinktiven Wertsphäre ist dies selbstverständlich ein Affront gegen alle Tradition und gegen jedwedes generationenübergreifende jagdliche Selbst- und Rollenverständnis. Ihre Sozialisation in orthodoxen und emotional stabilisierten Jägergruppen kann für ein solches Konstrukt der rationalen Wildbewirtschaftung keine Akzeptanz und kein Verständnis aufbringen, was obiger Leserbrief deutlich zum Ausdruck bringt. Wen interessiert es da schon, wenn zwar die „Abschlachtung" von Schalenwild als unwaidmännisch abgetan wird, gleichzeitig jedoch der deutsche Jäger nach Ungarn oder Polen fährt um an Treibjagden auf Hasen und Fasanen teilzunehmen, bei denen am Ende Hunderte Geschöpfe auf der Strecke liegen? Stringente Argumentation? Was, wenn der deutsche Waidmann nach Spanien auf eine Monteria fährt und dort extra für ihn 500 Hektar Wald mit 200 Hunden durchgetrieben werden und am Ende einer solchen Jagd 120 Stücke Rot-Kahlwild am Platz liegen?[2079] Interessant zu erfahren, dass auf einer solchen Jagd auch alle Hirsche, gleichgültig, was sie auf dem Kopf haben, frei sind und in großer Zahl gerne von den deutschen Jägern geschossen werden[2080]. Waidgerecht?

[2077] Zitiert nach einem Artikel von Bernd Kamphuis, „Auf, auf zum…", in: Deutsche Jagdzeitung, Ausgabe Nr. 11/2003, S. 3.

[2078] Vgl. dazu einen Leserbrief von Bernhard Lübbers mit dem Titel „Ende der Jagdkultur", in: Wild und Hund, Ausgabe Nr. 07/2004, S. 118.

[2079] Vgl. dazu Michael Lewicki, Hirsche, Sauen, Rothühner. Auf Monteria in Spanien, in: Die Pirsch, Ausgabe Nr. 08/1995, S. 49ff.

[2080] Vgl. ebd., S. 49. Dort heißt es: „Frei sind alle Hirsche und Schwarzwild ohne Beschränkung". Was ist mit dem waidgerechten Ansprechen auf einer solchen Jagd? Zählt die Ethik des deutschen Jägers nur in Deutschland? Ist sie nicht Landesgrenzen überschreitend?

Nein, good sport. Konsequent? Nein. Die Jagd ist ein emotionales Bermudadreieck, aus dem es nur unter der Anleitung staatlicher Institutionen und Interventionen einen Ausweg geben kann. Die Forstverwaltungen werden hier wie ehedem eine Leitrolle übernehmen müssen, auch wenn ihnen dies wenigstens bis zur nächsten Jägergeneration mehr Schelte als Anerkennung einbringen mag.

Die Forstverwaltungen, so der Eindruck, waren und sind „funktional stabilisierte Gruppen, denen der Zweck ihres Zusammenseins bewusst ist“[2081], die auf unterschiedliche Anforderungen schnellstmöglich reagieren und neue Strategien entwerfen, während die emotional stabilisierten Jägergruppen (Jagdpächter, Hegeringe, Kreisgruppen, LJV, DJV, ÖJV) vielfach an den einmal eingefahrenen Strategien festhalten und nicht mehr in der Lage sind, „rasch auf Änderungen ihrer Umwelt zu reagieren“[2082]. Aus dieser Situation ergeben sich die Differenzen in der Jagdpraxis, die in der Sphäre der Forstverwaltungen der früher üblichen bäuerlichen Jagdpraxis des 19. und beginnenden 20. Jahrhunderts sehr ähnlich ist, während die private Jägerei häufig genug in Phlegmatismus und Orthodoxie verhaftet bleibt, unfähig sich zu ändern, und unwillig sich weiterzubilden, sich in die Anforderungen an den naturnahen Nutzwaldbau, geboren aus den ökologischen Zwängen der Industrienationen, einzufühlen. Um mit den Argumenten Pierre Bourdieus zu sprechen führt die Orthodoxie im Feld der Jagd durch Protektionismus[2083] und Anti-Intellektualismus zu enormen Konfliktpotenzialen, die ursächlich in der Wahrnehmungsweise und den Erkenntnisfähigkeiten (Freund-Feind-Denken) ihrer Förderer und Mitläufer zu finden sind. Dadurch führen heterodoxe Anschauungsweisen zu einer Gefährdung der Institution, die orthodox strukturiert ist; die heterodoxe Jägerei (die Försterjäger und fortschrittliche Privatjägerei) wird für die Traditionalisten existenziell problematisch. Die Orthodoxie generiert auf diese Weise eine enorme sozialisierende Kraft (über alle sozialen Schichten hinweg), die den Fortbestand einer weitgehend archaischen und irrationalen Jagdpraxis innerhalb der modernen gegenwärtigen Gesellschaft erklärt.

11.2 Absichten dieses Kapitels

Das erklärte Ziel der vorliegenden Arbeit ist es, die Entwicklung der Jagd auf wilde Tiere innerhalb des Zivilisationsprozesses einer historisch-soziologischen Betrachtung zuzuführen. Jagd, so konnte bereits in den zurückliegenden Kapiteln ausführlich dargestellt werden, lässt sich im Rahmen einer solchen Analyse in eine konstante Größe der Raum(be)handlung und in eine variable Größe ihrer Funktion gliedern. Für die Fragestellung des vorliegenden Kapitels bedeuten die Ergebnisse aus jenen Kapiteln Folgendes: sowohl die endgültige Ausprägung der Konstante als auch der Variablen der Jagd stehen in einem kausalen Zusammenhang mit der jeweiligen gesellschaftlichen Ordnung, mit dem Stand derjenigen Prozesse, die wir

---

[2081] Vgl. dazu die Ausführungen von Ulrich Schraml, Die Normen der Jäger, S. 249.

[2082] Vgl. ebd., S. 249.

[2083] Zum Protektionismus siehe bei Pierre Bourdieu, Die feinen Unterschiede, S. 267f. Bezogen auf die Jagd bezeichnet der Protektionismus das Bemühen der traditionalen Jäger, durch selektive Rekrutierung auf Dauer die Einhaltung der Tradition und der kulturellen Wertsphäre zu sicherzustellen.

in ihrer Gesamtheit und in ihrem niemals statischen Resultat Zivilisation (als Prozess) oder Moderne (als die sich laufend verändernde Summe aus Domestizierung, Individualisierung, Differenzierung, Rationalisierung) nennen[2084]. Jagd auf wilde Tiere im Allgemeinen sowie die Parforcejagd, die Jagd mit Netzen und Giftpfeilen oder die bäuerliche Jagd mit der Flinte und hinter dem Hund im Besonderen waren nicht lediglich das Abbild des jeweils Möglichen zu einer bestimmten Zeit, sondern das Abbild des jeweils Wirklichen und Zweckmäßigen und damit ihrerseits beeinflusst durch die kulturelle Entwicklung des Menschen. Die existenzielle Jagdausübung der altsteinzeitlichen Jäger- und Sammlergesellschaften war aufgrund der äußeren Bedingungen wohl keine bereits kulturelle Handlung, die auf bestimmten Übereinkünften basierte, die nach festgelegten Regeln geschah und die dem Wild eine reale Entkommenschance willentlich einräumte[2085]. Die Beute, koste es was es wolle, stand im Vordergrund; die Jagd war wild und roh[2086] – und nicht zuletzt deshalb zutiefst ehrlich und anständig. Erst im Verlauf der kulturellen Entwicklung des hohen Mittelalters und der frühen Neuzeit erfuhr auch die Jagd auf wilde Tiere eine deutliche Verwandlung, sie wurde kulturell veredelt, überspitzt verfeinert und in diesem Sinne zivilisiert[2087]. Auch wenn die Jagdmethoden im Mittelalter und im Feudalstaat nach unseren heutigen Maßstäben barbarisch und grausam erscheinen, so waren sie doch Ausdruck der spezifischen Lebensumstände, des Zivilisationsstandes, der Raumkonstruktionen und deren Anforderungen und insofern absolut zweck- und zeitgemäß. Da die Jagd der Grafen, Herzöge und Territorialfürsten nicht mehr primär der Bemächtigung des Wildes galt, sondern eindrucksvolle und gewaltvolle Kommunikation der Macht war und letztendlich die absolute Durchsetzung der Herrschaft über Grund und Boden und die darauf befindlichen Unter-

---

[2084] Die Abgrenzung beider Begriffe scheint äußerst schwierig und nahezu hoffnungslos, insbesondere auch deshalb, weil Modernisierung bereits als eine Entwicklung begriffen wird, die im Spätmittelalter langsam einsetzte und sich im Verlaufe des 19. und 20. Jahrhunderts beschleunigt fortsetzte. Vgl. dazu bei Hans van der Loo und Willem van Reijen, Modernisierung – Projekt und Paradox, S. 12ff.

[2085] Anders dann die bürgerliche Jagd, die seitdem aus Übereinkünften besteht, die aus der Jagd ein kulturfähiges Tun und Verhalten machen sollten. Jagd musste hier nach einer genau festgelegten Regel geschehen, die den Waidmann als erhabenen Jäger bürgerlicher Couleur auszeichnete.

[2086] Allerdings ist in diesem Zusammenhang festzustellen, dass eine Renaissance der „rohen" Jagd in der heterodoxen Jägerschaft Einzug hält. Die Beute, bevorzugt die Schalenwildbeute, steht heute wieder im Mittelpunkt der jagdlichen Handlungen. Eine Entkommenschance des Wildes ist bei den groß angelegten Bewegungsjagden mit Treibern und vielen Hunden nicht ausdrücklich erwünscht. Im Verständnis des affektgebändigten orthodoxen Jägers scheint dies sehr wohl eine Rebarbarisierung der Jagdmethoden zu sein. Vgl. dazu auch einen Artikel von Simon Graf, Gedanken eines jagenden Hundeführers, „Spannend und effektiv", in: Wild und Hund, Ausgabe Nr. 19/2003, S. 21. Selbst Schmäh- und Hetzbriefe, so Graf, werden von manchen Jägern aufgrund von Drückjagden auf Rehe versandt. Allerdings wird die Akzeptanz der Bewegungsjagd auch auf Rehe allmählicher breiter. Vgl. dazu einen Artikel von Andreas David, Drückeberger drücken, in: Wild und Hund, Ausgabe Nr. 19/2003, S. 18ff.

[2087] Zivilisation bedeutet nicht nur im Rahmen der Jagd „Übertreibung oder Artifizialisierung". Auch die Verrichtung körperlicher Bedürfnisse erfuhr jene Entwicklung, wie es Norbert Elias in seinem Werk „Über den Prozess der Zivilisation" dargestellt hat. Die Tischsitten, dargestellt von Erasmus von Rotterdam in seinem Werk „De civilitate morum puerilium" gehören ebenfalls in diesen Kontext.

tanen beabsichtigte, musste sie zwangsläufig kraftvoll und roh, gewalttätig und bedrohlich, nicht nur dem Tier gegenüber, ausgeübt werden[2088]. Zusätzlich zur barbarischen und rohen, eigentlichen Jagdhandlung war die Jagd durch ihre Signalwirkung für die Untertanen hier bereits herrschaftlich ausgerichtet. Diese spezifische und an ganz bestimmte gesellschaftliche Bedingungen geknüpfte Prägung der Jagdpraxis in Korrelation zur jeweils spezifischen Jagdfunktion war Teil der Gesellschaftsstruktur, Teil von Herrschaft und Unterordnung und insofern zwingend. Sowenig die Angriffslust, die Entladung der Affekte im Kampf[2089], nach unserem modernen Verständnis gedämpft waren[2090], sowenig gezähmt war die Entladung jagdlicher Affekte, jagdlicher Bemächtigungshandlungen, die so zwangsläufig wesentlich „blutrünstiger" und „wahlloser" waren als dies bei der heutigen Jagd (noch) der Fall ist. Die Jagdpraxis legt so Zeugnis über die letztendliche Funktion der Jagd ab, die wiederum von den Prägungen und jeweils gesellschaftlichen Bedeutungen des Raumes zwingend abhängig war und ist. Da in diesem Kapitel insbesondere die Auswirkungen der Entwicklungen der letzten dreißig Jahre auf die seit 1848/49 allmählich gewachsene Jagdpraxis traditionaler Versäulung aufgezeigt werden soll, ist es notwendig, den Verlauf der bürgerlichen Jagdpraxis näher darzustellen, wie sie sich seit der Revolution von 1848/49 in weiten Teilen scheinbar unberührt oder nur wenig modifiziert bis heute zeigt. Die bürgerliche Jagd war es letztlich, die die rohen und unreglementierten Jagdpraktiken der Landesherrn (auch wenn sie zweck- und zielorientiert waren) seit der Revolution von 1848/49 deutlich abmilderte, ja verschiedentlich gar dafür Sorge trug, dass eine nach unserem heutigen Verständnis wildbiologisch sinnvolle und unter ökoökonomischen Zielen bestandsreduzierende Bejagung geradezu auf lange Zeit verunmöglicht wurde und nach wie vor häufig genug verunmöglicht wird. In diesem Kontext sei daran erinnert, dass die Bejagung von weiblichem Schalenwild (insbesondere bei Rehen) sowie dessen Jungtieren kaum bis überhaupt nicht stattfand[2091]. Zeitweilig und vielleicht auch regionaltypisch war dies sogar bis in die 1970er Jahre hinein der Fall. Im Schweizer Kanton Tessin wurde das Verbot, weibliches Rehwild und damit überhaupt Tiere in der reproduzierenden Klasse zu

[2088] Dass auch die Untertanen im Verlaufe der Jagden rüde angefasst und nicht selten geschlagen wurden, wurde in Kapitel 7 ausführlich dargestellt. Auch das war Bestandteil der hierarchischen Beziehungen zwischen Herrn und Untertan.

[2089] Vgl. dazu die Ausführungen bei Norbert Elias, Über den Prozess der Zivilisation, Band 1, S. 358.

[2090] Allerdings scheinen die Foltervorwürfe gegen die US-Streitkräfte im Irak oder die US-Einheiten auf dem Stützpunkt Guantanamo Bay auf Kuba einer Rebarbarisierung auch in der westlichen zivilisierten Welt das Wort zu reden. Von gebändigten Affekten in Form einer Genfer Konvention scheint hier nicht die Rede sein zu können.

[2091] So wurde auf der 25. Versammlung des Preußischen Forstvereins am 15. Juni 1896 ein Vortrag von Oberforstmeister von Bornstedt-Wiesbaden mit dem Titel „Empfiehlt sich der Abschuss von Ricken zur Erzielung starker Gehörne?" schlichtweg missmutig aufgenommen. Der Grund wird vom Berichterstatter Hempel, Regierungs- und Forstrath, gleich mitgeliefert: Der Abschuss von Geißen ist „mit den Zielen einer geordneten Wildstandspflege überhaupt nicht vereinbar (...)". Vgl. dazu bei Hempel, Versammlung des Preußischen Forstvereins für beide Provinzen Preußen, in: Zeitschrift für Forst- und Jagdwesen, Dr. jur. Danckelmann (Hrsg.), Neunundzwanzigster Jahrgang 1897, S. 111-119.

schießen, gar erst im Jahre 2002 aufgehoben[2092]. Noch heute, so Freiherr Sebastian von Rotenhan, scheitert die naturgemäße Waldwirtschaft fast immer „an der vollkommenen Uneinsichtigkeit der Jägerschaft, die nicht bereit ist, die Schalenwildbestände auf ein waldverträgliches Maß abzusenken"[2093]. Zwar steht heute nicht mehr der Abschuss des weiblichen Schalenwildes en détail zur Diskussion, die Schalenwildreduktion als solche, manifestiert in den Wahlsprüchen „Wald vor Wild" und „Zahl vor Wahl" der Forstpartie, dagegen schon. Die Konfliktursachen der jagdlichen „Affektbändigungen"[2094] sind nicht allein im Niedergang der aristokratischen Allmacht und dem Siegeszug der bürgerlichen Gesellschaft, das heißt der Geburtsstunde der Jagd als ein kapitalbürgerliches Distinktionsmerkmal[2095], zu suchen, sondern speziell in den Entwicklungen der Nachkriegszeit und damit in der Veränderung der Natur-Kultur-Räume und deren Bedeutung für die Gesamtgesellschaft. Während die Jagd, verstanden als ein bürgerliches Distinktionsmerkmal, die umfassende Bändigung jagdlicher Affekte ermöglichte, ja sogar forderte, und diese Entwicklung bis etwa in die 1970er Jahre stetig vorangetrieben wurde und sich in Denken und Handeln vieler Jäger bis heute manifestiert, brachte erst die Verwissenschaftlichung und die daran angeknüpfte „Ökologisierung des Bewusstseins" eine entgegengesetzte Entwicklung in Gang. Die Ökologisierung des Bewusstseins hatte zwar nicht die Rebarbarisierung der Jagd nach landesherrlichem Vorbild zur Folge (indem sie sämtliche in der Vergangenheit gesetzte Verhaltensstandards gesprengt hätte), sie begann jedoch allmählich die jagdliche Praxis einer rationalen Beurteilung nach einem öko-ökonomischen Kosten-Nutzen-Kalkül zu unterwerfen und einige seit der Revolution bürgerlich-gebändigte Affekte wiederum freizusetzen. War die gewaltvolle und nicht nur auf Tiere gerichtete Jagd der Landesherrn ein Abbild der inneren und äußeren Bedingungen jenes absolutistischen Gesellschaftsmodells, so war die distinktive bürgerliche Jagd verklärt, romantisiert und von einer neuen - wenn auch vorgeschobenen, weil eigennützigen - Sorge um die (Wild-)Ressourcen geprägt, während die Jagd in der Risikogesellschaft der Gegenwart auf Bestandsreduktion, auf angepasste Wildbestände zum Aufbau naturnaher Mischwaldbestände rekurriert und damit auf teilweise massive Eingriffe in die Populationen des Schalenwildes geradezu angewiesen ist. Wie sich jene differie-

[2092] Vgl. dazu Bruno Hespeler, Rehwild heute - Neue Wege für Hege und Jagd, S. 167. Jahrzehntelang, so Hespeler, war es in Deutschland streng verboten, weibliches Rehwild zu schießen. Die Förster, die das Verbot damals rigide überwachten, sind heute maßgebliche Verfechter des massiven Eingriffs in den reproduzierenden Bestand. Wie oben schon erwähnt, waren auch hier die Förster Vorreiter an beiden Enden der Zeitreihe.

[2093] Vgl. dazu bei Freiherr Sebastian von Rotenhan, „...damit keiner mehr sagen kann, er habe es nicht gewusst", S. 1, unter der URL: http://www.papernews.de/rotenhan.pdf. Ebenfalls abgedruckt in: Ökojagd, Ausgabe Nr. 01/2005, S. 4ff.

[2094] Unter jagdlichen Affektbändigungen wird das gesamte bürgerlich-adelige Reglement bezeichnet, welches die Jagd veredelte oder veredeln sollte und aus diesem Grunde Jagd ineffektiv, egoistisch, inkonsequent, wildbiologisch sowie ökologisch widersinnig und romantisch werden ließ.

[2095] Vgl. dazu die Ausführungen in Kapitel 8 der vorliegenden Arbeit. Hier habe ich dargelegt, aus welchen Gründen die landesherrliche Jagd von der distinktiven Jagd in der bürgerlichen Gesellschaft zu unterscheiden ist, dass die eine die Leistung der anderen systembedingt nicht erbringen kann.

renden gesellschaftliche Systeme und die ihnen jagdlich entwachsenden Affekte unterscheiden, wird im Rahmen des vorliegenden Kapitels aufgezeigt und darauf aufbauend werden insbesondere die aktuellen Entwicklungen innerhalb der Jagdpraxis einer näheren Betrachtung unterzogen werden.

11.3 Und die Zeiten ähneln sich doch

„Von überall, das heißt von allen revolutionären Zonen der Geschichte, bricht der wilde Hass der unteren Klassen gegen die oberen hervor, weil diese die Jagd beschränkt hatten."[2096] Dieses Zitat von Ortega y Gasset dürfte zwischenzeitlich schon aus den hier angeführten Zusammenhängen zwischen Jagd und Gesellschaft hinreichend entkräftet, zumindest jedoch relativiert worden sein. Die unterdrückten Klassen machten gerade nicht generell Front gegen das Jagdverbot an sich, sondern gegen die Art und Weise der Jagdausübung der Jagdberechtigten und der Durchsetzung ihrer Ordnungsvorstellungen, die immer mit wirtschaftlichen Einbußen der Bauern, die sie durch Jagdfronen und Wildschaden zu erleiden hatten, einhergingen. Es war die epochenspezifische Art und Weise der Herrschaftsausübung, deren wesentlicher Bestandteil die Jagdhandlungen war, die aus anfangs loyalen Untertanen geknechtete und wirtschaftlich benachteiligte Bauern werden ließ, deren einzige Möglichkeit der Linderung wirtschaftlicher Not in gegenkulturellen Raumhandlungen wie der Wilderei, der Schlechtleistung von Frondiensten, der Verweigerung obrigkeitlicher Anordnungen, etc. zu liegen kam. Bereits in den Bauernkriegen des 16. Jahrhunderts und den vorangegangenen Aufständen und Unruhen war nicht die Forderung nach der Jagdfreiheit für die Gesamtheit der Untertanen das Wesentliche, sondern die Ermahnung des Adels, für den Schutz der Feldfrüchte zu sorgen, das heißt das überzählige Wild abzuschießen und nicht noch weiteres zu hegen[2097]. So verschieden die Forderungen der Bauern auch waren, in der berühmtesten und bekanntesten Schrift des Bauernaufstandes, den Zwölf Artikeln, wird mit dem vierten Artikel tatsächlich die exklusive Jagdgerechtigkeit der Herren angeprangert und als „unziemlich und unbrüderlich", „eigennützig und dem Worte Gottes nicht gemäß"[2098], bezeichnet. Aber auch hier steht weiterhin der Wildschaden im Mittelpunkt: „Auch hegt in etlichen Orten die Obrigkeit das Gewild uns zu Trutz und mächtigen Schaden, weil wir leiden müssen,

---

2096 Ortega y Gasset, Meditationen über die Jagd, S. 17.

2097 Dennoch gab es hier deutliche Unterschiede in den beiden großen süddeutschen Bewegungen: dem Bundschuh einerseits und dem Armen Konrad andererseits. Während der badische Bundschuh sich auf das „göttliche Recht" bezog und neben Jagdrecht auch die Besitzverhältnisse von Grund auf reformieren wollte, hielt es der Arme Konrad mit dem „alten Recht", das heißt der Begrenzung der Jagdfrondienste und dem Jagdrecht des Bauern auf zu Schaden gehendes Wild. Das fürstliche Jagdrecht sollte nach den Forderungen des Armen Konrad nicht angetastet werden – sie zielten allein auf die Erleichterung der Bauernschaft ab, das heißt auf eine Situation, die von alters her schon einmal gegeben sein musste, wahrscheinlich schon unter den Karolingern. Vgl. dazu die Ausführungen bei Hans Wilhelm Eckardt, Herrschaftliche Jagd, Bäuerliche Not und Bürgerliche Kritik, S. 32. Zur Unterscheidung zwischen Bundschuh und Armen Konrad siehe auch Wilhelm Zimmermann, Der große Deutsche Bauernkrieg, S. 30ff und S. 60ff.

2098 Vgl. die Textauszüge bei Wilhelm Zimmermann, Der große Deutsche Bauernkrieg, S. 327.

dass uns das Unsere, was Gott dem Menschen zu Nutz hat wachsen lassen, die unvernünftigen Tiere zu Unnutz mutwillig verfressen, und wir sollen dazu stillschweigen, was wider Gott und den Nächsten ist."[2099] Daneben werden in den Artikeln sechs und sieben sowie neun die Frondienste und das Strafrecht angeprangert, welche die Jagddienste und die hohen Strafen für Vergehen gegen die Jagdgerechtigkeit der Herren wohl mit umfasst haben dürften[2100]. Zwar galt die Jagd als herrschaftliches politisches Instrument bis 1848 unumstritten, auch wenn es hin und wieder gemäß einem wohlfeilen Kalkül manche Ausnahme gab (z. B. die bereits näher behandelten Gnadenjagden der Studenten, reichen Bürger, etc.)[2101], wahrhaft spürbar für die Untertanen war jenes Instrument dagegen nicht auf der ideellen Ebene, sondern allein auf der materiellen. Jagddienste, die Hundelege, die Duldung der Wildschäden, die Belastung des eigenen Hausstandes, etc., all das war dem Bauern ein Dorn im Auge und verhinderte die dem 16. Jahrhundert ansonsten in der Literatur zugesprochene mögliche Prosperität der Bauern[2102].

Die Auseinandersetzungen um die Jagd heute sind weitgehend ökonomischer Art, auch wenn weitere zivilisationsbedingte, hauptsächlich ökologische Faktoren der Kritik noch hinzugetreten sind und die herrschaftspolitische Komponente zwischenzeitlich gänzlich weggefallen ist. Dennoch bleibt nicht zu leugnen, dass auch noch heute der Jagdpächter über die potenzielle „Verwüstungspraxis" seines Tuns oder besser seines Unterlassens jene frühneuzeitliche und absolutistische „Machtstellung" gelegentlich reflektiert[2103]. Die heutige Kritik an der Jagd im direkten Verhältnis zwischen Grundbesitzern und Jägern (sofern sie keine Eigenjagdbesitzer sind) ist eine Kritik der (überwiegend) Waldbauern oder Waldbesitzer contra die waldbesitzlosen Pachtjäger, die über das angepachtete Jagdausübungsrecht das Grundrecht des Waldbauern in vielen Belangen nicht nur tangieren, sondern oft genug zu seinen wirtschaftlichen Ungunsten einschränken[2104]. Neben

---

2099 Vgl. ebd., S. 327.

2100 Vgl. dazu bei Hans Wilhelm Eckardt, Herrschaftliche Jagd, Bäuerliche Not und Bürgerliche Kritik, S. 35.

2101 Dass diese „Ausnahmen" dagegen die Rolle der Jagd als Herrschaftsinstrument mehr stützten als untergruben, wurde bereits in Kapitel 8 ausführlich dargestellt.

2102 Die Vermutung, dass es den Bauern der frühen Neuzeit wirtschaftlich gut ging oder hätte gut gehen können, wären der Wildschaden und die Jagdfrondienste nicht gewesen, ist in der Literatur strittig. Zu diesem mit Vorsicht zu genießenden Argument vgl. auch bei Hans Wilhelm Eckardt, Herrschaftliche Jagd, Bäuerliche Not und Bürgerliche Kritik, S. 35, unter Bezug auf Waas und E. Kelter.

2103 Nicht selten müssen die Rechte der Grundeigentümer gegenüber dem Jagdherrn in jahrelangen Prozessen erstritten werden, die den Grundeigentümer oftmals sozial stärker treffen als den Jäger. Vgl. dazu den „Fall Hinterstoisser", dargelegt in einem Artikel von Kirsten Troeder, Vergleich angeordnet, in: Die Pirsch, Ausgabe Nr. 25/1996, S. 29, weiterhin bei Ida Schmid, Wie konnte das passieren? in: Wild und Hund, Ausgabe Nr. 23/1997, S. 6ff. Daneben sind mir aktuell auch noch weitere Prozesse bekannt, in denen bäuerliche Waldbesitzer gegen Pächter und Untere Jagdbehörde gerichtlich vorgingen, um den Schutz ihres Waldes sichern zu können (z. B. der „Fall Bühler" im Südschwarzwald).

2104 Als Beispiel mag hier die Jagdgenossenschaft Beuren bei Isny gelten, die nach Jahrzehnten der Verpachtung nun die Eigenregie favorisiert. Welche Wilddichten dort vorherrschten, hat der Vorstand der Jagdgenossenschaft eindrücklich vor Augen geführt. 1993, als die Eigenbewirtschaftung begann, wurden 25-30 Rehe pro einhundert Hektar erlegt. Die Ausgaben, die davor

den Waldbauern sind es jedoch weit öffentlichkeitswirksamer die Förster, die heute gegen die orthodoxen Jagdpraktiken und Einstellungen Front machen. Waren die Forstbediensteten lange Zeit der verlängerte Arm des Landesherrn und gleichsam sein Sprachrohr und damit dem Adeligen als gemeinsame Vorbilder der bürgerlichen Jäger des 19. und beginnenden 20. Jahrhunderts gleichgestellt, so stehen die Forstberufe heute zunehmend in einem eigenen klar definierten und von der Privatjägerei abgegrenzten Lager. Der Weg von der Orthodoxie zur Heterodoxie gleicht - je nach Perspektive natürlich - dem Weg vom Saulus zum Paulus, was jedoch die Grabenkämpfe innerhalb der Jägerschaft nicht zu vermindern half, sondern sie noch vertiefte. Zwar waren der direkte „amtliche" Weg der Forstbeamten und seine Wirkungen auf das politisch-administrative System erfolgreich, die Konflikte zwischen den Parteien der organisierten Jägerschaft einerseits und der Forstwirtschaft andererseits wurden dagegen schärfer. So attestiert auch Ulrich Schraml, dass mittlerweile ein prinzipieller Vorrang forstwirtschaftlicher Belange vor jagdlichen Interessen Eingang in die bestehenden Gesetze und politischen Programme gefunden hat, gleichzeitig jedoch die Kluft zwischen den rein jagdlichen und den rein forstlichen Interessenlagen größer wurde[2105]. Das ist auch der Grund, weshalb die Änderungen in der Jagdpraxis durch eine Rückbesinnung auf ehemals bäuerliche Jagdpraktiken der Jahrhundertwende (vom 19. zum 20. Jahrhundert) von den Forstverwaltungen ausgingen und bis heute ausgehen, während in der rein privaten Pachtjagd die traditionelle Jagd in Form von Ansitz (Einzeljagd) und selektierendem Ansprechen („Hege mit der Büchse") Vorrang genießt. Freiherr von Rotenhan bemerkte dazu: „Jagenden Zahnärzten und Rechtsanwälten ist nicht übel zu nehmen, wenn sie als Gegenleistung für die zum Teil horrenden Jagdpachten uferlos hohe Schalenwildbestände erwarten (...)."[2106] Damit hat Freiherr Rotenhan das Konfliktschema zwischen der orthodoxen, traditionsbewahrenden, egoistischen und Eigenkapital einsetzenden Jagdklientel einerseits und der heterodoxen, zumeist der Forstpartie angehörenden oder im Staatswald jagenden Klientel mit klarem Dienstleistungsauftrag andererseits umrissen. Die Wahrnehmungsebenen von Jagd und ihrer Funktion sind zwischen diesen beiden Jägergruppen vollkommen unterschiedlich. So wie es der Bauer mit der Stoßrichtung seiner Beschwerden hielt, so hielten es auch Adel und Großgrundbesitzer beziehungsweise die renommierte Bürgerschaft, die über die Jagd ein gewisses müßiges oder aristokratisches Fluidum entweder erhalten oder im Falle der Bürger erheischen wollten. Jene in

für Einzäunungen und Einzelschutzmaßnahmen ausgegeben wurden, konnten nach den ersten Jahren der Reduktion gänzlich eingespart werden. Erstmals stellten sich wieder großflächige Verjüngungen ein und das Kapital der Waldbauern, der Wald, erhielt eine neue Chance. Heute kommt eine großflächige Naturverjüngung nachhaltig ohne jede Einzelschutzmaßnahme und ohne Zaunbau hoch. Der Abschuss wurde und wird zurückgefahren, da nun auch wieder mehr Rehwild genügend Nahrung findet, ohne die Schäden in die Höhe zu treiben. Vgl. dazu auch einen Artikel von Klaus Maylein, Anders jagen - Regiejagd der Jagdgenossenschaft Beuren b. Isny/Allgäu, in: Ökojagd, Ausgabe 2, Mai 2003, S. 4 (mein Dank gilt hier vor allem Eberhard Gröber, der mir bezüglich der Vorteile von Regiejagden Vieles und für mich Neues erklären und zeigen konnte).

2105 Ulrich Schraml, Die Normen der Jäger, S. 2f.

2106 Vgl. dazu bei Freiherr Sebastian von Rotenhan, „...damit keiner mehr sagen kann, er habe es nicht gewusst", S. 1, unter der URL: http://www.papernews.de/rotenhan.pdf.

der zweiten Hälfte des 19. Jahrhunderts nun völlig neue Jagdklientel richtete sich mit ihrer Kritik nicht gegen den jagenden Bauern per se, sondern bezeichnenderweise gegen seine Jagdmotive und seine Jagdpraxis und damit gegen seine ungebändigten und jagdlich rohen Affekte. Der Bauernjäger als eigener Typus sollte über die Kritik an seiner im adlig-bürgerlichen Sinne verrohten und unmoralischen Jagdpraxis abermals von der Jagd ausgeschlossen werden. So war das zentrale Bestreben der Jagdpolitik der noch jungen Jagdverbände im ausgehenden 19. Jahrhundert - bis zum alles zentralisierenden Reichsjagdgesetz 1934 - die Änderung der Jagdgesetze der Länder und damit auch der regulierende Zugriff auf die Praxis der Jagd. Die modernen gegenwärtigen Auseinandersetzungen zwischen Jagd und Naturschutz haben wiederum eine Änderung der Jagdgesetze zum Ziel, allerdings nun auch mit der Absicht einer Stärkung der Länderkompetenzen sowie einer Lockerung jagdlicher Praxisreglements, die bisher eine effiziente und rationale Jagd verhindert haben[2107]. Das interessante an diesen Rationalisierungstendenzen ist, dass hier keine neu entwickelte „moderne" Jagdpraxis zum Tragen kommen soll, sondern lediglich altbewährte jagdliche Praktiken aus der Zeit der Bauernjäger zwischen Revolution und Reichsjagdgesetz aufgrund ihrer Effektivität Eingang in die jagdliche Praxis finden sollen. In den staatlichen Regiejagden wird diese Effektivität seit geraumer Zeit vorexerziert, lediglich die private und damit die überwiegend orthodoxe Pacht-Jagdklientel scheut sich davor, da sie jene bäuerlichen Affektfreisetzungen als in einem unerhörten Widerspruch zu ihren traditionellen Verhaltensstandards stehend betrachtet[2108]. So ist auch im 21. Jahrhundert die „bäuerliche" Jagdpraxis (damit ist nun nicht mehr der jagende Bauer, der in einem langandauernden Sozialisationsprozess zwischenzeitlich das eigentlich gegen ihn gerichtete Waidmannstum selbst verinnerlicht hat, gemeint, sondern die überwiegend von den Forstverwaltungen ausgeübte und propagierte Jagdpraxis die an die früheren bäuerlichen Jagdpraktiken in der Zeit vor dem RJG erinnern) in den Reihen der orthodoxen Jägerschaft eine nach wie vor ungern gesehene Praxis. Jahr-

---

[2107] Lockerungen sind z. B. in der Anpassung der Jagdzeit für weibliches und männliches Rehwild zu sehen, der Ausweitung der Drückjagden im Vergleich zur Ansitzjagd, dem Schrotschuss auf Rehe, der Abmilderung unsinniger Ansprechmethoden, dem Abschuss von Überläufern ohne Gewichtsbeschränkungen, Bachenabschuss, etc. Gefordert werden diese Lockerungen in der jagdlichen Praxis neben dem ÖJV auch vom NABU. Vgl. dazu in der Broschüre „Das Bundesjagdgesetz - Forderungen und Tatsachen", hrsg. vom Deutschen Jagdschutz-Verband 2003, S. 73.

[2108] Stellvertretend für häufig ähnlich lautende Kritik aus dem Lager der orthodoxen Jagdklientel führe ich hier einen Leserbrief von Felix Buchmair an, „Schindern" Tür und Tor geöffnet, in: Die Pirsch, Ausgabe Nr. 17/1996, S. 26. Er schreibt unter anderem zu einer 1996 begonnen Diskussion um eine Jagdgesetzänderung, die den Bockabschuss in der Schonzeit nicht mehr als Straftat, sondern nur noch als Ordnungswidrigkeit behandeln möchte: „(...) Und bei den „Anrühr- oder Bewegungsjagden", wie sie jetzt in Mode sind, kann man sich das „Ansprechen" beruhigt schenken, sofern das jagdliche Können dazu überhaupt vorhanden ist. Wenn jetzt noch der Schrotschuss auf Rehe wieder eingeführt wird, gemunkelt wird ja bereits davon, dann: gute Nacht, deutsches Waidwerk. Dann hänge ich meine Büchse an den Nagel und mag kein Jäger mehr sein." Auch die Diskussionen um die Jagd in den Nationalparks, hier stellvertretend im Nationalpark Eifel, ist ein Ringen um „Wildtiermanagement" hier und traditionale Jagd dort. Es stehen sich zwei Jagdvorstellungen gegenüber, zwei Jagdpraktiken, nicht die Jagd selbst. Vgl. dazu eine Flut an Leserbriefen aufgebrachter Wild und Hund-Leser, Kniefall vor dem Naturschutz, in: Wild und Hund, Ausgabe Nr. 04/2004, S. 114-115.

zehntelang haben die etablierten bürgerlichen Jäger, ihre Verbände und Eliten bis 1934 darauf hingearbeitet, dem bäuerlichen „Jagdschinder" das Handwerk zu legen. Mit Hilfe des Reichsjagdgesetzes und der Gleichschaltungszwänge ist es jener Klientel tatsächlich gelungen sozialisierend auch auf die bäuerlichen Jäger einzuwirken. Heute findet dagegen das Wiederauflebenlassen jener alten Praktiken ihre Förderer in den Reihen der Forstverwaltungen als Teil sinnvoller Praktiken vor dem Hintergrund des naturnahen Nutzwaldbaus. Urbäuerliche Jagdpraktiken finden so seit den 1970er und 1980er Jahren allmählich wieder den Einzug in das bundesdeutsche Jagdgeschehen in Person des Försters oder aufgeschlossener heterodoxer Privatjäger und mit der institutionellen Rückendeckung der Forstverwaltungen und des administrativen Systems. Um die jagdlichen Bestrebungen jener in den Augen der arrivierten Altjäger unbequemen Klientel zu forcieren und zu unterstützen, hat sich Ende der 1980er Jahre der Ökologische Jagdverein gegründet, der Rebarbarisierungen oder eben urbäuerliche Jagdpraktiken als zielführend für eine moderne Jagdausübung vor dem Hintergrund des naturnahen Mischwaldbaus betrachtet. Wenn dann noch einige bäuerliche Jagdgenossenschaften wie im Süden Deutschlands von der Verpachtung ihrer Jagdflächen Abstand nehmen und stattdessen die jagdliche Eigenregie anstreben, wird die Kritik aus dem orthodoxen Lager zusätzlich geschürt. Das mag ein Grund dafür sein, weshalb kaum eine Publikation über die Eigenbewirtschaftung von Jagdrevieren Eingang in die gängigen jagdlichen Fachzeitschriften findet[2109].

Die Abneigung gegen die bäuerliche Jagd, gegen die Konventionen der Jagdverpachtung und gegen bäuerliche Jagdmitglieder allgemein, ist auch aus den Gründungsjahren der ersten Jagdvereine zu beobachten. So wussten die bäuerlichen Jäger nichts mit den hochgesteckten Zielen der bürgerlichen Jagdvereinigungen adeliger Provenienz des 19. Jahrhunderts anzufangen. Den Bauern ging es um die Beute, ums Wildbret, und die damit zusammenhängende Minderung der Wildschäden. Die Jagdpraxis der Bauernjäger unterschied sich damit von derjenigen der bürgerlichen und adligen diametral. Während der Bauer mit Hund und Flinte gute Strecke machte, galt diese Form der Jagd im bürgerlich-adligen Lager als verpönt, als „Aasjägerei" oder „Schinderei". Das Bestreben der bürgerlichen Jägervereinigungen war es also, den Bauern diese ungezügelte und frevelhafte Jagd zu erschweren; ihre barbarischen Affekte – so hat es den Anschein – sollten über die

[2109] Innerhalb der letzten 5 Jahre findet sich kaum ein Artikel in „Die Pirsch", „Wild und Hund", „Deutsche Jagdzeitung", „Der Jäger", etc. über die Möglichkeiten der Eigenbewirtschaftung genossenschaftlicher Jagdreviere. Jüngeren Datums ist eine Pressemeldung mit dem Titel „ Jagen ohne Pächter", in: Wild und Hund, Ausgabe Nr. 17/2004, S. 100, über die Eigenregiejagd der Jagdgenossenschaft Holzhausen. Bleibt zu hoffen, dass die ökologischen und sozialen Potenziale der Eigenregie allmählich erkannt und publiziert werden. Der Ökologische Jagdverein ist in diesem Zusammenhang, auch über die Beratung von Grund- und Waldbesitzern in den Jahren 1996 bis 2000, als einziger Jagdverein aktiv geworden. Publikationen fanden sich regelmäßig auf der Homepage des ÖJV und im jagdlichen Verbandsmagazin Ökojagd. Daneben wurde eine sehr erfolgreiche Broschüre mit dem Titel „Informationen zur Jagd für Grund- und Waldbesitzer" aufgelegt, die eine große Verbreitung gefunden hat. Zwischenzeitlich haben sich weitere eigenbewirtschaftete Reviere im württembergischen und bayrischen Allgäu etabliert, die zuvor ihre Jagd verpachteten, so z. B. in Beuren, in Neutrauchburg, in Kay bei Traunstein, im Osterwald, in Immenstadt i. A., etc.

Änderungen in der Jagdgesetzgebung dauerhaft und zuverlässig gebändigt werden, was ja schließlich auch gelang. Um Bauernjäger und Wilderer zu bekämpfen, so Eugen Syrer, wurden Prämien ausbezahlt, wenn eine Anzeige gegen einen solchen Burschen erstattet wurde. Während diese Prämien noch zunächst jeder erhalten konnte, wurden sie später an die Mitgliedschaft im Jagdverein - so geschehen im pfälzisch-bayerischen Jagdschutzverein - gebunden[2110]. Auf diese Art wurde versucht, das bäuerliche Element in der Jagd auszurotten, sowohl „biologisch" durch Ausschluss und Ächtung als auch die Jagdpraxis betreffend. In der Tat konnte 1934 der Schrotschuss auf Rehwild mit dem Reichsjagdgesetz verboten und die Jagd mit Hunden auf Rehe bis in die 1980er Jahre hinein erfolgreich mit einem Tabu belegt werden. Die urtümliche bäuerliche Jagd mit Hund und Büchse (Flinte) wurde damit auf Jahrzehnte aus dem jagdlichen Repertoire verbannt; die dahingehenden Affekte oder Neigungen zuverlässig gebändigt. Dies konnte nur durch die Grundsteinlegung des Reichsjagdgesetzes und die Etablierung der „einen" jagdlichen Organisation geschehen, in der alle Jäger Mitglied werden mussten. Dieses über das Kriegsende hinaus aufrechterhaltene Sozialisationsmonopol, weitergeführt im Deutschen Jagdschutz-Verband, konnte zumindest im Bereich der privaten Jägerschaft bäuerliche und damit nun heterodoxe Jagdpraktiken erfolgreich verhindern. Einsicht und Wandel mussten damit aus einem anderen Bereich als der privaten Jägerschaft kommen, was dann auch mit den Vorstößen der Forstverwaltungen der Fall war und bis heute von diesen vorexerziert wird. Interessant in diesem Zusammenhang ist nun, dass diese Form der bäuerlichen Jagd in den letzten Jahren eine Renaissance erfahren hat und die gegenteilige Entwicklung - eine gewisse Form der Affektfreisetzung - momentan deutlich spürbar ist: zuvor gebändigte Affekte, deren Bändigung immer auch eine (negative) Auswirkung auf die Effizienz der Jagd hatten, werden allmählich wieder freigesetzt[2111]. Die Gründe dafür liegen nicht in einer veränderten Einstellung zum Tier, schon gleich erst recht nicht in einer zusehenden Brutalisierung in den Beziehungen zwischen Mensch und Tier, sondern vielmehr in den Auswirkungen der durch den Menschen verursachten Naturzerstörungen (Kultivierung) und damit den Risiken und Gefahren, denen sich die moderne industrialisierte Gesellschaft durch orthodoxe Jagd (vgl. dazu die Ausführungen in Kapitel 10) ausgesetzt sieht. Wo früher über die Definition waidmännischen Handelns Potenziale der Jagdpraxis eingeschränkt wurden, werden sie heute allmählich wieder freigesetzt. In beiden Fällen - sowohl der Beschneidung jagdlicher Effizienz als auch der Wiederfreisetzung effizienter Handlungen - waren es die Forstverwaltungen, die die jeweilige Entwicklung in Gang gesetzt, gebremst oder unterstützt haben, damals wie heute.

Die Zeiten ähneln sich also insofern, als dass die Kluft zwischen den beiden Jagdpraktiken bäuerlich contra adelig-bürgerlich nach wie vor vorhanden ist. In

---

2110 Vgl. dazu die Ausführungen bei Eugen Syrer, Jagdrecht und Interessengruppen - Eine historisch-politische Analyse, S. 115.

2111 So fordert bereits seit 1988 der Ökologische Jagdverein e.V. die Wiedereinführung des Schrotschusses auf Rehwild und seit einiger Zeit auch auf gestreifte Frischlinge. Vgl. die Gegenposition des DJV, die im Übrigen in ihrer Argumentation lediglich dazu geeignet scheint den Schrotschuss auf alles Wild per se zu verbieten, in der Broschüre „Das Bundesjagdgesetz. Forderungen, Tatsachen. Der Argumentationsleitfaden zum Bundesjagdgesetz, S. 32f.

einer früheren Arbeit benannte ich die Pole jener Kluft als heterodox für die bäuerliche Praxis und orthodox für die adelig-bürgerliche Jagdpraxis und Einstellung[2112]. Dort, wo es Unterschiede in den Jagdpraktiken gibt, gibt es auch Unterschiede im jagdlichen Selbstverständnis, in den Jägerbildern. Auch wenn die Wirkungen der Zeit vom Reichsjagdgesetz 1934 bis etwa in die 1970er Jahre diese Kluft - zumindest für eine Öffentlichkeit so wahrnehmbar - geschlossen haben, so traten die Differenzen in der Sache seit etwa 1970 auch öffentlichkeitswirksam wieder an die Oberfläche der jagdlichen Agenda. Heute haben beide Jagd- und Jägerpole eine starke Basis durch Institutionen, Vereine und Verbände gefunden, die den notwendigen Kompromissen aufgrund der jeweiligen Machtpolitik um Positionen und sachliche Zuständigkeiten nur hinderlich im Wege stehen. Die Auseinandersetzungen beider Pole sind damit historisch deckungsgleich, wenngleich die Argumente der bäuerlichen Vertreter eine inhaltliche Veränderung erfahren haben. Darüber hinaus haben sich auch die Verfechter der bäuerlichen Jagdpraktiken verändert, da die Hauptstoßrichtung nun von Seiten der Forstpartie, von aufgeschlossenen Privatjägern, vom administrativen System, vom Naturschutz, aber auch von in Eigenregie jagenden Jagdgenossenschaften vorgegeben wird. Einzig das große Lager der orthodoxen Jäger wird nach wie vor durch die privaten Pachtjäger, deren Mitjäger und die jagdlichen Eliten, insbesondere durch den Deutschen Jagdschutz-Verband vertreten, gestellt. Auch hier sieht man Bewegung auf Seiten der bäuerlichen, heterodoxen Seite, Dynamisierungen in Forderungen und Kompromissen, in Problemlösungsstrategien und Taktiken jagdlicher Praxis, während Klientel, Positionen und Argumente auf der orthodoxen Seite kaum eine Änderung erfuhren, sich statisch verhalten und das nun schon seit über 70 Jahren tun. Bestes Beispiel für jenen Phlegmatismus auf der orthodoxen Seite ist die 2003 vom DJV veröffentlichte Broschüre „Das Bundesjagdgesetz. Forderungen, Tatsachen. Der Argumentationsleitfaden zum Bundesjagdgesetz". Hier werden die Möglichkeit und die Chance einer rationalen und zukunftsfähigen Einbindung der Jägerschaft in die schnellstmöglich zu erreichenden Raumziele der Risikogesellschaft leichtfertig aufs Spiel gesetzt, indem die Argumente mehr auf Versäulung jagdlicher Traditionsbestände beruhen als auf der Einsicht den Jäger als funktionalen Teil in die Gesamtgesellschaft des 21. Jahrhunderts zukunftsfähig einzugliedern. Eine Hereinholung des Jägers in die moderne Gesellschaft, so scheint es, kann keine Leistung sein, die der Deutsche Jagdschutz-Verband zu erbringen in der Lage ist.

11.4 Zu den Jagdpraktiken im historischen Verlauf

11.4.1 Einleitung

Die Praxis der Jagd war und ist ein hervorragender Weiser für den Zustand und die Entwicklung sozialer Systeme sowie der Wechselwirkungen zwischen beiden. Die Jagdpraktiken von Jäger- und Sammlervölkern sind gemäß dem Imperativ des eigenen Überlebens von den jagdlichen Zielen und Praxisformen der antiken Hochkulturen, der frühmittelalterlichen sowie der landesherrlichen Jagd und letztlich derjenigen der bürgerlichen Gesellschaft des 19. und 20. Jahrhunderts zwangs-

[2112] Vgl. dazu bei Klaus Maylein, Jagd und Jäger in der modernen Gesellschaft, S. 57ff.

läufig zu unterscheiden[2113]. Unter Einbeziehung der Gesellschafts- oder Sozialstruktur, des Standes der Wissenschaft und Technik, der Umweltbedingungen und des politischen Systems werden diese Wechselwirkungen noch deutlicher. Mit den Zielen und damit der Funktion änderte sich auch die Praxis der Jagd, was insbesondere der Bruch zwischen landesherrlicher und bürgerlicher Jagd zu zeigen in der Lage war. Was jedoch für die Vergangenheit, das heißt die Zeit lange vor und bis 1848/49, Gültigkeit besaß, muss auch in der Gegenwart des 21. Jahrhunderts seine sichtbaren Wirkungen entfalten. Aus diesem Grunde ist es notwendig, die deutlich werdenden Veränderungen in der Jagdfunktion und der Jagdpraxis innerhalb der letzten dreißig Jahre näher zu analysieren und die auslösenden Faktoren hierfür festzustellen. Die Jagd wurde in diesem kurzen Zeitraum zu einem Verantwortungshandeln des Jägers in der Risikogesellschaft, deren spezifisch moderne Implikationen von Gefährdungslagen in den Epochen zuvor nicht gegeben waren. Damit bleibt zunächst der Blick zurück auf die letzten rund 150 Jahre deutsche Jagdgeschichte, da neben dem Bruch von 1848/49 nur noch das Reichsjagdgesetz von 1934 und die Entwicklungen im Rahmen des Dritten Reiches bis 1945 die deutsche Jagdkultur gleichermaßen stark beeinflusst und gestaltet haben. Gerade die Entwicklungen seit 1934 bis zum Kriegsende 1945 müssen als die gebündeltsten Entwicklungen hinsichtlich der Definition des Waidwerks, der Waidgerechtigkeit und des Waidmanntums und damit auch der Praxis der Jagd betrachtet werden. Ohne diese drei großen Einschnitte ist das deutsche Waidwerk in allen seinen Facetten und Konflikten nicht zu verstehen und keiner Analyse zugänglich. Und heute? Erst allmählich beginnen jene gewachsenen Strukturen zugunsten einer sich rationalisierenden, aber gleichzeitig auch rebarbarisierenden Jagdausübung, wenn auch gegen viele Widerstände, aufzubrechen. Die Suche nach den stattfindenden Rationalisierungen, ihren Formen, lenkt dabei interessanterweise sehr schnell den Blick auf die jahrzehntelang sorgsam in Ketten gelegten „bäuerlichen Affekte" (der Wille Beute zu machen, bäuerliche Jagdpraktiken, jagdliche Effizienz, Negierung jedweden Trophäendenkens), die nun Stück für Stück wieder entfesselt oder freigesetzt werden. Die bürgerliche distinktive Jagdkultur, deren Vorhandensein regelmäßig dementiert wird[2114] und die ihre Wurzeln in den rund einhundert Jahren von

[2113] So haben bereits unsere Vorfahren Giftpfeile auf der Jagd verwandt, die den Tod des Tieres auch dann zur Folge hatten, wenn der Schuss nicht optimal im Leben saß. Ziel war es, den Jagderfolg und damit das Überleben der eigenen Art zu optimieren. Vorangegangene kultische Handlungen sollten den Jagdeinsatz sowie den Tod der Beute in den Augen der Götter kompensieren, ihn erbitten und gleichfalls entschuldigen. Vgl. dazu auch einen Artikel von Herwig Zahorka, Erforscht: Die steinzeitliche Jagdkultur der Mentawaier (Indonesien), unter der URL: http://forum.wildundhund.de/archiv/archiv_beitrag_3354.html. Unsere heutigen Jagdpraktiken und jagdlichen Regelungen sind in Anbetracht des originären Erfolgs der Jagd nur suboptimal. Vor dem Hintergrund gesellschaftlich gewachsener Affektbändigungen, die nicht zuletzt im Tierschutzgesetz und in ungeschriebenen Verhaltenskodizes ihren Niederschlag fanden, ist das Suboptimale jedoch wieder zu rechtfertigen und damit schlüssig. Für einen „Wilden", einen Fürsten oder einen Wilderer vergangener Epochen wäre das jedoch nicht nachvollziehbar gewesen.

[2114] Ein Blick in die Jagdpresse genügt in der Regel um das, was das deutsche Reviersystem nun einmal zwangsläufig gebiert, zu erfassen: horrende Summen, die für einen Begehungsschein, geschweige denn für eine Pacht jährlich aufzubringen sind. Das soll keine Kritik am Reviersystem allgemein sein, sondern lediglich die Erkenntnis, dass die innere Struktur und das

1848/49 bis 1945 hat, wird seither im Lichte und mit argumentativer Rückendeckung der wildbiologischen, ökologischen, forstlichen Wissenschaft Stück für Stück zurückgedrängt und durch das früher sorgfältig unterdrückte bäuerliche, weil auf Beute und damit Schadensreduktion ausgerichtete Jagdelement ersetzt. Diese Entwicklung impliziert jedoch im Hinblick auf die Geschichte der Jagd das Zurückdrängen des zivilisierten, affektgebändigten Jägers zugunsten eines barbarischen Elements, die Wiederfreisetzung vergangen geglaubter Verhaltenseigenschaften, was aber nicht weniger zivilisiert oder modern zu sein braucht. Was das im Einzelnen für sichtbare Auswirkungen zeitigt, wird noch ausführlich thematisiert werden müssen. Tatsache ist zunächst nur, dass sich manche Jagdpraktiken in den letzten Jahren verändert haben und weitere Änderungen absehbar sind. Es ist letztendlich der Schritt von der Jagd auf wilde Tiere zur Bewirtschaftung von einigen wenigen Wildtierarten, der in den Köpfen vieler traditioneller Jäger eine Art „geistiges Bauchgrimmen" verursacht, da er die Grundpfeiler eines scheinbar auf unseren Genen basierenden Jagdverständnisses der herrschenden Jagdkultur durcheinander zu wirbeln scheint und den Menschen scheinbar „rationalisierend rebarbarisiert", was viele nicht hinzunehmen bereit sind.

11.4.2 Bäuerliche Elemente der Jagdpraxis

Die bäuerliche Jagd als Kind der Revolution, die sich im Zuge der allgemeinen Jagdfreiheit von 1848/49 endlich Bahn brechen konnte, sah allein die Reduktion des Wildes, im Umkehrschluss also die Reduktion des Wildschadens auf den eigenen Feldern, auf den eigenen Grundstücken, als oberstes Gebot und damit als wesentliche Funktion der bäuerlichen Jagd an[2115]. Der jagende Bauer tat dies nicht aus Prestigegründen oder um die Herrschaft über sein Land zu demonstrieren, oder um eigene (herrschaftliche) Ordnungsvorstellungen[2116] zu reproduzieren, sondern vor dem Hintergrund von für ihn einfachen Kosten-Nutzen-Kalkulationen. Die bis zu diesem Zeitpunkt herrschenden Existenzängste der Bauern wichen einer effizienten Jagd auf das zu Schaden gehende Wild. Der Bauer jagte auf den eigenen Grundstücken und betrieb die Jagd als eine reine Reduktions-, Schutz- und Nutzjagd, während die den Bauernjäger im letzten Drittel des 19. Jahrhunderts allmählich verdrängenden kapitalkräftigen Bürger in der Jagd eine bloße Freizeitbeschäftigung und in Anlehnung an die einstigen aristokratischen

---

Funktionieren des Reviersystems nun einmal solche Auswüchse produziert. Das Problem, das daraus zwangsläufig entsteht, lässt sich mit einer gewissen Hemmnis bei der Umsetzung angepasster Schalenwildbestände umschreiben. Wer großen Summen an Eigenkapital aufbringen muss, wird nur selten einer Bestandsreduktion und damit zukünftig schwindendem Jagderfolg das Wort reden. Je teurer das Jagdvergnügen ist, umso hartnäckiger hält sich die Hege von überhöhten Wildbeständen.

2115 Vgl. zu dieser Eigenart der bäuerlichen Jagdabsichten auch bei Freiherr Hans Hiller von Gaertringen, Jagd in Württemberg im 19. Jahrhundert, S. 2ff, und an verschiedenen weiteren Stellen. Als ursprünglich kann man wohl mit Fug und Recht die bäuerliche Jagd, also die Jagd des Grundeigentümers auf den eigenen land- oder forstwirtschaftlich genutzten Flächen, bezeichnen.

2116 Allerdings könnte man versucht sein auch die wirtschaftlichen Ziele, insbesondere die Ertragssteigerung bei gleichzeitiger Schadensminimierung, als Ordnungsvorstellungen eines ökonomisch denkenden Bauerns zu deklarieren.

Jagdprivilegien ein soziales Distinktionsmerkmal erblickten[2117]. Im Gegensatz zur bürgerlichen Jagd wurden die jagdlichen Affekte des Bauernjägers, das heißt der unbedingte Wille und die ökonomische Notwendigkeit im Rahmen der Schutzjagd Beute zu machen, in keiner Weise beschränkt. Der Bauer benötigte keine Übereinkünfte, die aus Not und Trieb ein kulturfähiges Tun und Verhalten machten, so wie das Hanno Helbling für die bürgerliche Jagd umschrieb[2118]. Der jagende Bauer benötigte keine Verhaltensstandards, die seiner hart erkämpften und langersehnten Jagdfreiheit die Möglichkeiten der Wildreduktion wieder aus der Hand nahmen oder sie zumindest stark schwächen mussten. Er schoss die Rehe vor dem Hund, meistens mit Schrot und nur selten mit der Kugel, er erlegte Geißen, Böcke und Kitze[2119], und zwar bis 1863 auch im Mondschein[2120], er nutzte gar die Schlinge und jagte vollkommen ohne waidmännisches Brimborium, was nach den Ausführungen von Wilhelm Bode und Elisabeth Emmert dazu führte, dass nun erstmals seit Jahrhunderten die Wildbestände den ökologischen Verhältnissen angepasst wurden[2121]. Auch die Bockabschüsse auf der Gemarkung Gärtringen können hier als Beispiel für ungebändigtes Jagdverhalten fern waidmännischer Verhaltensstandards herangezogen werden, wo vor 1850 noch 26 von 41 Böcken in der heute geltenden Schonzeit geschossen wurden, also zu einer Zeit, in der das Gehörn entweder schon abgeworfen oder aber noch im Bast war[2122]. Damit war das bäuerliche Ziel ein ganz anderes als das der vornehmen adelig-bürgerlichen Jäger, die getreu den Worten Georg Ludwig Hartigs stets darauf bedacht waren Rehe in einer großen Zahl zu hegen, nur wenige Böcke zu schießen und sich im Herbst mit der Erlegung der „Gelt-Geißen"[2123] zu begnügen. In der neunten Auflage seines Werkes

---

2117 In der Revolution 1848/49 und insbesondere in der Reaktion von 1850 sind die Entwicklungslinien Bauernjägerei contra waidgerechte (Bürger-) Jägerei angelegt, die sich, wenn auch in Abwandlungen, bis heute so gehalten haben. Vgl. dazu auch bei Wulf-Eberhard Müller, Jagen vor dem Reichsjagdgesetz, in: Festschrift 10 Jahre Ökologischer Jagdverein Bayern, S. 49f.

2118 Vgl. bei Hanno Helbling, Die Jagd. Mythos, Metapher, Motiv, S. 7.

2119 So war es in Württemberg bereits 1824 erlaubt, Rehkitze zu allen Zeiten, also auch frische gesetzte Kitze, zu schießen. Die heutige Jagdzeit auf Kitze beginnt dagegen erst mit dem 1. September eines Jagdjahres. Vgl. dazu bei Freiherr Hans Hiller von Gaertringen, Jagd in Württemberg im 19. Jahrhundert, S. 29. Gejagt wurden die Rehe auf Treibjagden mit Schrot, niemand dachte an Trophäenkult oder jagdliches Brauchtum, geschweige denn an „Hege mit der Büchse", so Freiherr Hiller von Gaertringen weiter. Ob eine Waidmannssprache gepflegt wurde, lässt sich anhand den Akten und Verordnungen nicht entnehmen.

2120 Erst 1863 wurde die Treibjagd bei Mondschein auf Rehe, vermutlich aus Sicherheitsgründen, verboten. Vgl. dazu auch eine zeitgenössische Darstellung, abgedruckt in der Festschrift zehn Jahre Ökologischer Jagdverein, S. 31. Es ist jedoch wahrscheinlich, dass das Sicherheitsargument nur ein vorgeschobener Grund und nicht der wahre Auslöser des Verbotes war.

2121 Vgl. dazu bei Wilhelm Bode und Elisabeth Emmert, Jagdwende, S. 117f. Es ist von der Bauernjagd seit der Revolution die Rede, und sie besaß ihre Gültigkeit bis zur Ratifizierung des Reichsjagdgesetzes 1934.

2122 Vgl. dazu bei Freiherr Hans Hiller von Gaertringen, Jagd in Württemberg im 19. Jahrhundert, S. 39.

2123 Vgl. dazu bei Georg Ludwig Hartig, Lehrbuch für Jäger und die es werden wollen, S. 14. Zur Erklärung: Gelt-Geißen sind ältere weibliche Rehe, die aufgrund ihres Alters keinen Nachwuchs mehr zur Welt bringen können. Bei einer Bejagung ausschließlich von Böcken und Gelt-Geißen kann natürlich von einem Eingriff in eine Population zu Zwecken deren Reduktion keine Rede mehr sein. Die Folge war, dass sich die Population der Rehe stetig vergrößerte

von 1865, angesichts der offenkundigen Wirkungen der Bauernjagden bzw. der bäuerlichen Jagdpraxis, prangerte Georg Ludwig Hartig dann auch den Jagddilettantismus jener Klientel an, der sich seiner Meinung nach sehr zuungunsten des Wildstandes auswüchse. Insofern, und wenn man den Schwarzmalereien der in fürstlichen Diensten stehenden Jagd- und Forstbeamten sowie deren Dienstherren Glauben schenken kann, war genau jener Wille und die Fähigkeit, mit zunehmend unorthodoxen Jagdpraktiken Beute zu machen, eines der wesentlichen Probleme der allgemeinen (bäuerlichen) Jagdfreiheit von 1848/49. So sind vielfältige Klagen von Forstleuten aus den Wirren der Revolution von 1848/49 überliefert, die das unreglementierte und ungebändigte Jagdverhalten der neuen Jagdklientel anprangerten. So heißt es z. B. bei Karl Hasel für eine Gemeinde im Mittelrheingebiet aus dem Jahre 1848: „In den Gemarkungen, welche einen hohen Wildstand hatten, fingen die Gemeinden an, einen wahren Vertilgungskrieg gegen das Wild zu führen. Es wurden große Treibjagden auf Hasen und Rehe abgehalten und, was vor das Rohr kam, wurde niedergeschossen."[2124] Ferdinand von Raesfeld fand für den bäuerlichen Jagdbetrieb folgende treffende Beschreibung: „Hier ist von einer Hege keine Rede, es wird geschossen, was vor die Flinte kommt, aber, und hier liegt der Schwerpunkt für unsere Betrachtung, fast nur auf Treibjagden und im Winter. Während der übrigen Zeit hat Jochen oder Hannes andere Beschäftigung; da geht er hinter dem Pfluge, oder es wird Heu gemacht, Getreide geerntet, Kartoffeln ausgebuddelt. Sind aber diese nützlichen Thaten zu Ende, dann hat er Zeit, dann geht es den ganzen Tag mit den Hunden oder mit Treibern im Feld und Wald hinter dem armen Wilde her. So lange der Bauer noch eine Rehfährte findet, so lange er noch einen Hasen weiß, solange hat er keine Ruhe; und täglich wird der meist kleine Jagdbezirk durchstreift, bis er leer ist."[2125] Von Raesfeld spricht hier aus, was viele seiner Zeit und Zunft dachten. Es war nicht nur die neue Klientel, die sich auf effektives Jagen verstand, sondern es waren insbesondere auch die Jagdpraktiken, die Jagdmethoden der Bauern, die auf großen Widerstand trafen. Zu unreglementiert, ohne verbindende Normen seien die Bauernjagden, und so stehe der „wahre", sich an Normen haltende und damit insgesamt betrachtet affektgedrosselte Waidmann dem Tun der affektentfesselten „bäuerlichen Jagdschin-

---

und der Schaden an der Waldvegetation und der Feldflur ebenfalls wuchs. Darüber hinaus ist es mir rätselhaft, wie im Herbst und Winter Geltgeißen zuverlässig als solche auch angesprochen werden sollten. Eine Sicherheit für den Jäger gibt es hier absolut nicht.

2124 Vgl. dazu bei Karl Hasel, Auswirkungen der Revolution von 1848 und 1849 auf Wald und Jagd, auf Forstverwaltung und Forstbeamte, insbesondere in Baden, S. 143.

2125 Siehe dazu bei Ferdinand von Raesfeld, Aus der Weidmannstasche. Jagdliche Zeit- und Streitfragen, S. 10, sowie bei Ulrich Schraml, Die Normen der Jäger, S. 30. Nach modernem Verständnis wäre eine Beschränkung der Jagdzeit auf die Herbst- und Wintermonate und damit dem früheren bäuerlichen Vorbild folgend für das Wild und auch für die nichtjagenden Naturliebhaber ein möglicher Vorteil. Das Wild würde durch eine Verringerung des Jagddrucks vertrauter, tagaktiver und damit auch für Spaziergänger und Wanderer sichtbarer. Zudem könnte der Abschuss in den Herbst- und Wintermonaten auf großen Drück- und Treibjagden mit und ohne Hunden relativ schnell und insgesamt besehen störungsarm geschehen. Über den Sinn oder Unsinn von so genannten Intervalljagdzeiten wird heftigst diskutiert.

der und ihrer städtischen Genossen[2126]" hilflos gegenüber. Es ist die Zeit, in der sich der Waidmann vom Schießer[2127], Fleischjäger und Sonntagsjäger zu unterscheiden beginnt, ja sich sittlich und moralisch über den Fleisch- und Schutzjäger (den Bauern!) hervorzuheben. Affektbändigungen sowie Traditionsbildung durch strikte Reglementierung und Ritualisierung wurden die wesentlichen Merkmale des Waidmanns, was ihn damit strikt vom Bauernjäger unterschied. So bildete sich mit dem Waidmannstum die Hege als seine wesentliche Säule heraus, die nicht auf die Eindämmung von Wildschäden oder auf die sinnvolle Nutzung der Ressource Wild bedacht war, sondern auf die Erzielung größtmöglicher Wildbestände auf kleinstmöglichem (Revier-)Raum. Es war der Beginn des Dualismus Heger - Nutzer innerhalb der Jägerschaft, der sich bis heute, wenn auch in modernerem Gewande, weitgehend gehalten hat[2128]. So hieß es auch 1981 noch zur Jagdmoral: Jagdbesitzer oder Pächter dürfen sich nicht über die jeweils in ihrem Abschussplan festgelegten Zahlen und Bestimmungen hinwegsetzen, weil sie andernfalls mit der Über- oder Unterschreitung des Abschusses den dringend notwendigen Aufbau des Schalenwildbestandes gefährden[2129]. Von der Notwendigkeit eines Aufbaues der Schalenwildbestände sind wir in der BRD zwischenzeitlich - nicht zuletzt aufgrund solch unsinniger jagdmoralischer Betrachtungen - sehr weit entfernt. Hege und Waidgerechtigkeit haben zu stetig steigenden Schalenwildbeständen geführt und zumindest hinsichtlich des Schwarzwildes bereits eine Entwicklung in Gang

2126 Vgl. dazu ebenso bei Ferdinand von Raesfeld, Aus der Weidmannstasche. Jagdliche Zeit- und Streitfragen, S. 8.

2127 Bereits im letzten Drittel des 19. Jahrhunderts auftauchende abfällige Bezeichnung für einen unbeherrschten, hemmungslosen, beutegierigen Jäger. Vgl. dazu im Jagdlexikon, S. 632. Allgemein wurde diese Bezeichnung auf all diejenigen Jäger angewandt, die nicht dem Ideal des waidgerechten Jägers zu Beginn des 20. Jahrhunderts entsprachen. Aber auch heute noch ist dieser Ausdruck für einen „unbeherrschten" Jäger üblich. Vgl. dazu einen Leserbrief von Sepp Doesel mit dem Titel „Wiederkehr der Doppelnullerzeit?", in: Die Pirsch, Ausgabe Nr. 02/1997, S. 20. Der Leserbriefschreiber nimmt hier Stellung zu den Forderungen nach Wiedereinführung des Schrotschusses auf Rehwild und bezeichnet die Förderer als „Ökos und gewissenlose Schießer". Vor 1934 waren die Verfechter des Schrotschusses auf Rehwild sicher keine „Ökos", sondern rational jagende Bauern. Dass es auch hier „schwarze Schafe" gab, wird auf der Hand liegen, auch heute gibt es diese zuhauf innerhalb der Jägerschaft - trotz Büchsenschusses auf Schalenwild! Man braucht sich nur einmal in einigen Revieren umzuschauen, was dort an Fütterungsmissbrauch getrieben wird, oder wie mit der Büchse auf Wild geschossen wird. Dort tun sich nicht nur für die zur Verschwiegenheit verpflichteten Nachsuchengespanne Abgründe auf.

2128 Jener Dualismus war auch der Auslöser für die Gründung des Ökologischen Jagdvereins, der nach den Worten von Bruno Hespeler das „Produkt der Frustration" war. Diese Frustration hatte ihre Wurzeln in den Affektbändigungen der herrschenden Lehre, die eine effektive Bejagung des Schalenwildes schlichtweg verhinderte und den Umbau der Waldwirtschaft zu naturgemäßem Waldbau verunmöglichte. Vgl. dazu bei Bruno Hespeler, Jäger wohin?, S. 60ff.

2129 Vgl. dazu die Ausführungen von Hermann Schulze, Der waidgerechte Jäger, S. 126, unter Bezug auf die vom Deutschen Jagdschutz-Verband aufgestellten Forderungen an seine Mitglieder. Der „Jagdmoral" zuträglich war es jedoch, dass noch 1987 im vom DJV herausgegebenen Merkblatt Nr. 2 zur Hege von Fasanenbruten empfohlen wurde, die Igel, z.B. mit dem Jagdmesser, kurz zu halten (also zu töten). Das war waidgerecht, das war Hege. Vgl. dazu bei Wilhelm Bode, Bis zum bitteren Untergang!, in: Deutsche Jagdzeitung, Ausgabe Nr. 12/2000, S. 27.

gesetzt, der man jagdlich kaum mehr etwas entgegensetzen kann[2130]. Die bisherigen jagdlichen Methoden z. B. gehen allesamt an der Schwarzwildproblematik vorbei. Das Thema Sauenfang ist zumindest im Nationalpark Bayerischer Wald zwischenzeitlich positiv beschieden und als rationale Jagdmethode bzw. als letzte Möglichkeit der Eindämmung hoher Schwarzwildpopulationen akzeptiert[2131].

Im gleichen Zuge wurde den Bauern und „Jagdschindern" der nachrevolutionären Zeit angekreidet, dass sie dem Wiederanwachsen der im Zuge der Revolution stark geminderten Wildbestände durch ihre regel- und zügellose Jagdpraxis entgegenstehen würden. Damit lagen die Anschuldigungen durchaus richtig, da das Kurzhalten der Wildbestände, insbesondere des Schalenwildes wie Reh, Sau und Hirsch, ja tatsächlich ein bäuerliches Jagdelement, ein bäuerliches Jagdziel, war und ist. Heute werden ähnlich lautende Vorwürfe gegenüber der Forstpartie als moderner Vertreterin der bäuerlichen Jagdpraktiken sowie der bäuerlichen Eigenregiejagden laut und es wird ihr gemäß ihrem Leitsatz „Wald vor Wild" unterstellt, sie wolle das wiederkäuende Schalenwild mit ihrem Handeln ausrotten[2132]. Das bäuerliche Element der Jagd hat sich bis heute nicht nur gehalten, sondern es erfährt geradezu eine Renaissance, wenn auch nun verschoben auf die Ebene der staatlichen Regiejagden sowie der Eigenregiejagden der Jagdgenossenschaften, letztere insbesondere im württembergischen und bayerischen Allgäu[2133]. Welche

2130 Allein in Baden-Württemberg stiegen die Abschusszahlen für das Schwarzwild von etwas über 5.000 geschossenen Sauen im Jahr 1954 auf zwischenzeitlich 40.000 Sauen im laufenden Jagdjahr. Bundesweit wurden im Jahre 2001/2002 über 530.000 Wildschweine geschossen, Tendenz immer noch steigend. Vgl. dazu auch die Ergebnisse im Jagdbericht Baden-Württemberg 2001/2002, Berichte der Wildforschungsstelle Nr. 9, Aulendorf 2003, S. 22f. Nicht umsonst werden zunehmend Stimmen laut, die auch die Wildschweineproblematik mit dem Einbringen von Ovulationshemmern („Antibabypille") in die Wildbahn einer Lösung zuführen wollen. Vgl. dazu auch einen Artikel in Wild und Hund, Ausgabe Nr. 19/2003, S. 42ff, mit dem Titel: Keine „Pille" ohne Folgen.

2131 Wie es um die Schwarzwildpopulationen in der Bundesrepublik bestellt ist, zeigt der Vergleich der Jagdstrecke 1971/72 mit 2001/2002. Wurden 1971/72 80.000 Sauen in der BRD erlegt, waren es im Jahr 2001/2002 ganze 530.000 Stück. Vgl. dazu auch bei Burckhard Stöcker, Das 1x1 der Prädatoren, in: Die Pirsch, Ausgabe Nr. 02/2005, S. 7.

2132 Vgl. zum Grundsatz „Wald vor Wild", der eine unabdingbare Voraussetzung für eine dringend benötigte „Waldwende" in der BRD darstellt, bei Wilhelm Bode und Elisabeth Emmert, Jagdwende, S. 232ff.

2133 Darüber existieren einige Artikel und Aufsätze, unter anderem von Reiner Gubitz, Eigenbewirtschaftung der Jagd im Gemeinschaftsjagdrevier in Bayern, Selbstverlag, Immenstadt/Allgäu 1999, sowie von Klaus Maylein, Gemeinschaftliche Jagdbezirke: verpachten oder eigenbewirtschaften? Darstellung beider Bewirtschaftungsansätze, insbesondere unter Berücksichtigung der ökonomischen, ökologischen und sozialen Auswirkungen, unter der URL: http://www.oejv.de/modules.php?name=Downloads&d_op=getit&lid=2, und vom selben Autor, Anders jagen – Regiejagd der Jagdgenossenschaft Beuren b. Isny/Allgäu, in: Ökojagd, Ausgabe 2, Mai 2003. Dennoch fristet die Eigenbewirtschaftung der Jagd ein Schattendasein, welches auch dadurch gefördert wird, dass die großen Jagdzeitschriften wie „Wild und Hund", „Die Pirsch", „Der Jäger", die „Deutsche Jagdzeitung", etc. kaum einmal das Thema auf die Agenda setzen.

tatsächlichen Unterschiede sich aus der staatlichen Regiejagd[2134] oder der Eigenregiejagd der Jagdgenossenschaften im Vergleich zur privaten Pachtjagd ergeben, wird noch ausführlicher dargelegt werden. Ein weiterer Beleg für die Verschiebung der bäuerlichen Jagdelemente auf die Ebene der Förster und der in Eigenregie jagenden Jagdgenossenschaften ist in den Wirkungen der bäuerlichen Jagdfreiheit von 1848/49 zu finden. Die Jahre um das Revolutionsjahr herum galten als die goldene Aufbauzeit des Waldes. Die Schalenwildbestände waren regionalspezifisch auf natürliche, waldverträgliche Größenordnungen zurückgedrängt worden. Unsere schönsten 120–170jährigen Mischwälder mit Eiche, Esche, Ahorn und Tanne, um nur die verbissempfindlichsten Arten zu nennen, sind beredte und für jedermann leicht zu erkennende Zeugen dieser Zeit: der Bauernjägerzeit[2135]. Allerdings darf man bei aller überschwänglichen Beschreibung der bäuerlichen Jagd sowie der vermeintlichen Auswirkungen der Revolution auf Wald und Wild nicht die Relationen außer Acht lassen. Es mutet übertrieben an, wenn Wilhelm Bode und Elisabeth Emmert von den immensen Auswirkungen der allgemeinen Jagdfreiheit von 1848/49 schwärmen und dabei ganz zu vergessen scheinen, dass diese Jagdfreiheit bereits 1850 wieder ihr Ende fand[2136]. Bezogen auf diese knapp zwei Jahre erscheint die obige Annahme der weitgehenden Schalenwildreduktion in nur wenigen Monaten als deutlich überzogen. Bruno Hespeler weist denn auch in diesem Zusammenhang darauf hin, dass nicht zuletzt aufgrund der schlechten Bewaffnung, der jagdlichen Fertigkeit des „Durchschnitts-Revoluzzers" sowie der auch von Hubertus Hiller bereits an anderer Stelle erwähnten schlechten Infrastruktur einige Kritik an dieser immer wiederkehrenden Vermutung angebracht sei. Die Demokratisierung brachte den Bauern nicht nur Freiheiten, sondern auch eine Menge Eigenverantwortung, die nur mit Zeit und Arbeit gebührend wahrgenommen werden konnte. Die Zeiten waren für die Bauern, die nun plötzlich zu eigenverantwortlich wirtschaftenden Kleinunternehmern wurden, sicher nicht einfach. Viel Zeit für jagdliche Großtaten blieb ihnen neben dem eigenen Betrieb nicht. Wenn sie aber jagten, dann ökonomisch dort, wo ihnen das Unterlassen am meisten „weh" tat, nämlich im Bereich um ihre Kulturen herum[2137]. Kaum jemand, so Hespeler weiter, wird die Zeit aufgebracht haben können, aufwändige und raumgreifende Jagdausflüge in die Tiefe von Wäldern und Gebirgen nach dem Vorbild früherer aristokratischer Jäger zu unternehmen. Gerade das, so auch meine Auffassung, wäre aber nötig gewesen, um die Aussagen mancher Autoren, die eine umfassende Zäsur in den Schalenwildpopulationen sehen wollen, verifizieren zu können. Regional mag es sicher Schalenwildeinbußen gegeben haben, massive landesweite Einbrüche und

2134 Die staatliche Regiejagd ist aufgrund der baden-württembergischen Verwaltungsreform allerdings zwischenzeitlich auf unsicheres Terrain geraten, da ihr Verbleib oder ihre Zukunft zurzeit nicht absehbar ist.

2135 Vgl. dazu Wulf-Eberhard Müller, Jagen vor dem Reichsjagdgesetz, in: Festschrift zehn Jahre Ökologischer Jagdverein Bayern, S. 47.

2136 Vgl. dazu bei Wilhelm Bode und Elisabeth Emmert, Jagdwende, S. 111ff.

2137 Bruno Hespeler, Rehwild heute. Neue Wege für Hege und Jagd, S. 164ff.

gar Ausrottungsszenarien[2138] werden aber wohl in das Reich des Jägerlateins zu verbannen sein. Dennoch halten sich diese Anschuldigungen an die nur kurze bäuerliche und insbesondere allgemeine Jagdfreiheit sehr hartnäckig. Vielleicht ist auch dies ein Hinderungsgrund für so manchen modernen Jäger, in der bäuerlichen Jagdpraxis einen Fortschritt zu sehen. Einerlei, ob nun der einen oder der anderen Betrachtungsweise mehr Gewicht eingeräumt wird, so ist heute das Erreichen jenes vielbeschriebenen waldbaulich glücklichen Zustandes das Ziel der Försterjäger in staatlicher Regie und der in Eigenregie wirtschaftenden Jagdgenossenschaften Süddeutschlands wie z. B. in Isny/Neutrauchburg, in Beuren, im Osterwald, bei Immenstadt i. A., etc. Und trotz oder gerade aufgrund der bisher erzielten Erfolge sind die Proteste der zumeist privaten Pachtjäger gegen die Forstpartie sowie gegen die Jäger in den selbstverwalteten Jagden der Jagdgenossenschaften und deren Jagdpraktiken allgegenwärtig.

11.4.3 Die Reaktion auf das affektuell ungebändigte bäuerliche Element: vom „Schießer" zum Heger

Der ungebundene Drang des Beutemachens, das heißt der maximale Ertrag mit minimalem Aufwand, musste nach den Ansichten der aristokratischen Jäger und deren forstlichen und jagdlichen Personal kanalisiert werden, um die Wildbahnen nicht vollkommen zu ruinieren[2139]. Die Vollendung und Durchsetzung der „Kanalisation" des bäuerlichen Beutehungers, der ja letztlich aus der Not geboren wurde und den Wildschaden auf den landwirtschaftlichen Flächen zum erliegen bringen sollte, oblag dann der kapital-bürgerlichen Jagd, die in vollem Umfange erst nach der von Wilhelm Bode und Elisabeth Emmert so genannten „forstfeudalen Reaktion" von 1850 in den meisten deutschen Ländern ihren Durchbruch erreichte[2140]. Erst die bürgerliche Jagd entwickelte allmählich ein Reglement, welches den bürgerlichen Jäger in seiner Jagdpassion oder in seinen Affekten und Möglichkeiten zurückhalten sollte und dem Wild damit eine Chance zum Entkommen gab. Dieses Reglement machte den waidgerechten Jäger zwar zum Anwalt des Wildes, nicht jedoch zum Anwalt des Bauern und Waldbesitzers, auf dessen Flächen er nun ausschließlich jagte[2141]. 96 Prozent der ländlichen Eigentümer und Pächter, die die Hälfte der gesamten landwirtschaftlichen Betriebsfläche in ihren Händen hielten,

[2138] Vgl. dazu auch leider unkritisch und traditionsbeflissen bei Horst Alexander Willam, Wildbahn und Waidwerk in Baden-Württemberg 1875-1975, herausgegeben vom Landesjagdverband Baden-Württemberg e.V., S. 30ff.

[2139] Vgl. dazu auch die Ausführungen ebd., S. 28.

[2140] Zum Begriff der forstfeudalen Reaktion vgl. bei Wilhelm Bode und Elisabeth Emmert, Jagdwende. Vom Edelhobby zum ökologischen Handwerk, S. 118f. Gemeint ist damit die Trennung von Jagdrecht und Jagdausübungsrecht in den einzelnen Landesrechten, was im Endeffekt dazu führte, dass die Mehrzahl der Bauern und Bürger ihre Jagdgelegenheit auf eigenem Grund und Boden wieder verloren. Diese Regelung besteht bis heute.

[2141] So existiert auch heute kaum ein Jagdrevier, in dem nicht ein Großteil der Fläche nichtjagenden Bauern oder anderen nichtjagenden Grundbesitzern gehört. Welche Konsequenzen sich daraus für die Zusammenarbeit zwischen Jägern und Grundbesitzer ergeben sollten, ist in einem Interview mit Gerd Sonnleitner (Präsident des Deutschen Bauernverbandes), Jagdrecht verteidigen, in: Deutsche Jagd Zeitung, Ausgabe Nr. 12/2000, S. 16-17, nachzulesen.

wurden vom Jagdausübungsrecht seit 1850 als Ergebnis der Reaktion wiederum ausgeschlossen; die Jagd ein zuverlässiger Weiser für bürgerliches Kapital und bürgerliche Verhaltensstandards. Dazu Ulrich Wendt: „Auf diese Felder (auf die Felder der nun zum zweiten Mal von der Jagd ausgeschlossenen Bauern, Anm. d. V.) ergießt sich das moderne Kapital, und wie früher der Grundbesitz dem Bauern das Jagdrecht nahm, so tut es jetzt das Kapital, und zwar in schönster Form von einem Recht, das Grundbesitz und Kapital sich selbst ad hoc gegeben haben."[2142] Geradeso wie es die Forst- und Jagdordnungen der Landesherren im 16. Jahrhundert mit dem Hinweis auf das Unvermögen und die sittliche Verderbnis der Untertanen zustande gebracht hatten, dass der herrschaftliche Zugriff und die herrschaftliche Kontrolle auf alle Räume ausgedehnt, das heißt also auch der Gemeinde- und Privatwald den Verwaltungsorganen des Herrschers transparent und zugriffsgefügig gemacht werden konnte, geradeso konnte 1850 mit beinahe gleichlautenden Vorwürfen die allgemeine Jagdfreiheit vom 31. Oktober 1848 wieder rückgängig gemacht werden. So hieß es unter anderem, dass es „die über Nacht jagdberechtigt gewordenen Bauern verstanden, unterstützt durch schießwütige Städter, ihre Freiheiten nicht segensreich zu nutzen. Eine bis dahin verdrängt gewesene, fast atavistisch zu nennende Leidenschaft brach sich Bahn und drohte bei den einen aus persönlicher Rache, bei den anderen aus zügelloser Passion den Wildbestand fast zur Gänze zu vernichten. (...) Der Gesetzgeber sah sich daher veranlasst, - nicht zuletzt auch wegen der vielen, durch eine unbotmäßige Ausübung der Jagd vernachlässigten Bauernhöfe - die bürgerlichen Proteste in erträgliche Bahnen zu lenken."[2143] Diese überwiegend bäuerlichen „atavistischen" Neigungen oder Leidenschaften, die in ihrer Summe der rationalen und zielgeleiteten, auf Eindämmung von Schäden an Feldfrucht und Wald bedachten Jagdausübung näher kamen als alles andere, was dann zwischen 1850 und teilweise noch heute unter dem Deckmantel des Waidwerks in den deutschen Revieren Alltag wurde, werden im Folgenden mit den jagdlichen Affekten, dem bäuerlichen „Werkinstinkt"[2144], bezeichnet, den es zunächst mit dem Preußischen Jagdpolizeigesetz von 1850 zu bändigen galt. Es dauerte über 120 Jahre, bis sich aufgrund der gesamtgesellschaftlichen Umstände allmählich einige Bestandteile dieses Werkinstinktes, des früheren bäuerlichen Affekthaushaltes, wieder Bahn bis in die gegenwärtige Jagdpraxis der bundesdeutschen Jäger brechen konnten. In den letzten Jahren kamen so z. B. auch verstärkt Forderungen auf, die Schusszeit der Rehböcke auszudehnen und sie mit

---

[2142] Ulrich Wendt, Kultur und Jagd. Ein Birschgang durch die Geschichte, 2. Band, S. 359.

[2143] Horst Alexander Willam, Wildbahn und Waidwerk in Baden-Württemberg 1875-1975, hrsg. vom Landesjagdverband Baden-Württemberg e.V., S. 28. So betrachtet denn auch Lehfeld die §§ 2 bis 4 des Preußischen Jagdpolizeigesetzes von 1850 als letzte Rettung, um die Vernichtung des Wildstandes zu verhindern und „die Jagdpflege zu heben. Bei allen Zweifelsauslegungen wird man daher nicht fehl gehen, wenn man diesen Gedanken als Basis wohl des ganzen Gesetzes ansieht...". Vgl. dazu bei Lehfeld, Jagdrechtskunde für den preußischen Weidmann, S. 16f.

[2144] Zum Begriff des Werkinstinktes vgl. auch die Ausführungen bei Thorstein Veblen, Theorie der feinen Leute, S. 248f. Veblen setzt den nach zweckvollem Handeln strebenden Werkinstinkt in Opposition zur umfassenden Sinnlosigkeit der Normen der müßigen Klasse. Dieser Zusammenhang fügt sich auf beinahe wundersame Weise in den von Veblen so nicht thematisierten Dualismus Waidmannstum - Bauernjäger ein.

derjenigen der weiblichen Stücke abzugleichen. Gerade die Abschusserfüllung auf den modernen Bewegungsjagden, aber natürlich auch im Rahmen der Einzeljagd, könnte auf diese Weise erheblich vereinfacht werden. Daneben gibt es keine wildbiologische Erklärung für die differierenden Schusszeiten von weiblichem (außerhalb der Aufzuchtszeit) und männlichem Rehwild. Einzig der Gedanke an und rund um die Trophäe des Bockes sowie die damit zusammenhängenden waidmännischen Verhaltensstandards aus der königlich-kaiserlichen Vergangenheit Preußens oder Bayerns behinderten bisher die Verlängerung der Bockjagdzeit. Die teilweise widersinnige Tradition[2145], die ihre gesamtdeutschen Wurzeln jedoch im gerade einmal rund 70 Jahre zurückliegenden Reichsjagdgesetz von 1934 findet, stellt sich hier vehement gegen die modernen Erkenntnisse der Wildbiologie und gegen die modernen Forderungen an Jagd und Jäger, was ihre Funktion im gesamtgesellschaftlichen Gefüge anbelangt. Eine effektive und bestandsreduzierende Jagdmethode auf Rehwild und im Grunde auch auf alles andere Schalenwild war lange Zeit - und teilweise unverhohlen auch noch heute - gerade nicht das Ziel der deutschen Jägerschaft. Um dem Bauernjäger, seiner Effektivität und damit letztlich seinem „unwaidmännischen" Verhalten entgegenzutreten, wurden in Bayern bereits 1863 die Rehgeißen und Rehkitze ganzjährig geschont - gültig bis 1934, dem Initiationsjahr des Reichsjagdgesetzes. Interessant ist in diesem Zusammenhang die Reaktion der ländlichen Jäger auf diese „Königliche Allerhöchste Verordnung" von 1863: sie entwickelten kurzerhand ein aufschraubbares Rehbockgehörn, das bei Bedarf den dennoch geschossenen Geißen aufgesetzt werden konnte[2146]. Zeitgleich wurde die Treibjagd bei Mondschein verboten sowie der jagdliche Einsatz von hochbeinigen, weitjagenden Hunden, den Bracken[2147], und nicht zuletzt auch die Treibjagd an Sonn- und Feiertagen, die immer schon die ergiebigste Jagdart der

2145 Ohnehin ist als Tradition vielmehr die ungezügelte Jagd als die reglementierte Jagd zu verstehen. Natürlich brauchen wir heute entsprechende Gesetze und Verordnungen, um den Anforderungen des Tierschutzes und den ungeschriebenen Gesetzen von Anstand und Moral (auch wenn diese Bestandteile spezifisch menschlichen Handelns stetig in Bewegung sind) gerecht werden zu können. Dennoch wurde wesentlich länger und damit traditionsbildender ohne jede Restriktion, ohne jede Verhaltensnorm gejagt als mit einer solchen; und wenn welche bestanden, so wie z. B. das bereits an früherer Stelle erwähnte Zeremoniell des Aufbrechens und der Verteilung mancher Körperteile des Hirschen an die Anwesenden, so folgte dieses Regularium nur den hierarchischen Ordnungsvorstellungen der Herrenjäger. Heute dagegen ist das Regularium auf die Bestandsreduktion der Schalenwildarten einerseits und auf den Schutz und den Erhalt anderer Wildtiere gemünzt.

2146 Wer ein Stück Wild völlig versteckt im Rucksack nach Hause trug, der wurde zumeist von den Förstern als zuständigem Aufsichtspersonal kontrolliert. Deshalb hatten manche Jäger ein Aufschraubgehörn im Rucksack - ein Flacheisen mit Dorn und Kontermutter, auf das zwei Abwurfstangen geschraubt wurden. Der versehentlich oder absichtlich erlegten Geiß wurde zwischen den Lauschern (den Ohren) die Decke aufgeschärft und das Eisen durch den Schädel geschlagen. Anschließend wurde es mit der Kontermutter unten gegengesichert. Beim Transport schaute dann das Haupt samt Gehörn aus dem Rucksack und die Förster waren zufrieden. Vgl. dazu auch bei Bruno Hespeler, Rehwild heute, S. 39. Weiterhin auch bei Wulf-Eberhard Müller, Jagen vor dem Reichsjagdgesetz, in: Festschrift zehn Jahre Ökologischer Jagdverein Bayern, S. 45.

2147 Auch hier gibt es zwischenzeitlich Forderungen, die auf eine erneute Zulassung der Brackenjagd abzielen. Vgl. dazu in der Broschüre „Das Bundesjagdgesetz - Forderungen und Tatsachen", Deutscher Jagdschutz-Verband (Hrsg.), S. 73-74.

ländlichen Jägerei war, da an diesen Tagen der Bauernjäger die meiste Zeit hatte[2148]. Der Gesetzgeber reagierte also in der nachrevolutionären Zeit auf breiter Front. Einschnitte gab es nicht nur in der Jagdpraxis, die nun mit gesetzlichen Beschränkungen belegt wurde, sondern auch in juristisch weiterführender Weise; zunächst und am einschneidensten mit der Trennung von Jagdrecht und Jagdausübungsrecht, welches bis heute so fortbesteht. 1850 war es die preußische Jagdordnung, die einen entsprechenden juristischen Passus erstmalig in ihr Jagdpolizeigesetz vom 7. März des selben Jahres aufnahm. Damit war die Jagd nur noch denjenigen Grundeigentümern auf ihren Flächen erlaubt, die über einen zusammenhängenden Grundbesitz von 300 Morgen verfügten, der land- oder forstwirtschaftlich nutzbar sein musste[2149]. Grundstücke, die diese Anforderungen nicht erfüllten, mussten in gemeinschaftlichen Jagdbezirken zusammengefasst werden. Die Jagdgenossenschaft als von Gesetzeswegen verordnete Zwangsvereinigung aller Nichteigenjagdbesitzer war damit geboren. Sie besteht bis heute in allen Bundesländern, auch in den fünf neuen Ländern, wo sie 1990 wieder eingeführt wurde, fort. Mit diesem Kniff errang das bürgerliche Kapital die Herrschaft über die Jagd, da auf den meisten Flächen die Jagd verpachtet werden musste und nach wie vor werden muss. Nur wenige Grundeigentümer konnten damals wie heute die notwendigen Flächen, die zur Gründung eines Eigenjagdbezirkes notwendig gewesen wären, vorweisen. Damit wurde die überwiegende Mehrheit der (bäuerlichen) Grundbesitzer in Jagdgenossenschaften zwangsweise zusammengeschlossen. Die bäuerlichen Grundeigentümer, die in diesen Jagdgenossenschaften per Gesetz zusammengeschlossen waren, konnten sich die nun stetig steigenden Pachten auf den eigenen Flächen zumeist schlichtweg nicht leisten. Auch deshalb mussten die Jagden auf den eigenen Flächen zumeist an Dritte verpachtet werden, die nicht aus den Reihen der Jagdgenossen stammten. Die Jagden gingen damit häufig genug an Außenstehende über; an diejenigen, die den besten Preis zu zahlen willens und für einen Zeitraum von regelmäßig 9 bis 12 Jahren[2150] dazu in der Lage waren. Erst jene juristischen Passagen erlaubten es, Jagd als soziales Distinktionsmerkmal in den bürgerlichen Kreisen auszuüben. Und wie so viele soziale Distinktionsmerkmale[2151] bedurfte nun auch die Jagdausübung eines Verhaltens- und Regelkodex, der dem

---

[2148] Vgl. dazu auch bei Wulf-Eberhard Müller, Jagen vor dem Reichsjagdgesetz, in: Festschrift zehn Jahre Ökologischer Jagdverein Bayern, S. 52.

[2149] Vgl. dazu die Regelungen im Preußischen Jagdpolizeigesetz von 1850, § 3 und § 4. Abgedruckt sind jene Paragrafen bei Lehfeld, Jagdrechtskunde für den preußischen Weidmann, S. 16ff. sowie bei Karl Dickel, Buchbesprechung zu Dr. Lehfeld, Rechtsanwalt in Berlin, Jagdrechtskunde für den preußischen Weidmann, in: Zeitschrift für Forst- und Jagdwesen. Zugleich Organ für forstliches Versuchswesen, Dr. jur. B. Danckelmann (Hrsg.), Neunundzwanzigster Jahrgang 1897, S. 319ff.

[2150] In § 11, Abs. 4 BJG ist geregelt, dass die Pachtdauer mindestens neun Jahre betragen soll. Für Hochwildreviere wird es den Ländern freigestellt, die Mindestpachtdauer auf 12 Jahre zu verlängern. Interessant in diesem Zusammenhang ist, dass gerade in einem Hochwildrevier, vorausgesetzt Rotwild kommt darin vor, ein guter jagdbarer reifer Trophäenhirsch etwa vom 12. Kopf sein muss.

[2151] Es gibt ja auch materielle Distinktionsmerkmale wie ein Auto, eine bestimmte Uhrenmarke, ein bestimmter Schneider, etc., die keine Verhaltensstandards nach sich ziehen. Golf, Tennis, Jagd, etc. dagegen haben nicht nur eine eigene Sprache, sondern auch ganz genaue Regeln, nach denen man sich richten muss, um in diesen Kreisen arriviert zu sein.

Habitus des wohlhabenden Bürgers und des wiederum jagenden Aristokraten angemessen schien. Die jagdliche Funktion der Schadensabwehr konnte so keine zwei Jahre bestehen, während nun die soziale Distinktion, deren Merkmal die jagdliche Affektbändigung war, die Zeit bis in die 1970er Jahre hinein bestimmte[2152]. Natürlich bestand das Argument der Schadensabwehr und des Schutzes nach außen hin nach wie vor, gejagt wurde jedoch nach der ursprünglichen bäuerlichen Maxime der Schadensminimierung kaum mehr, dazu war und ist der Werkinstinkt der privaten Jägerschaft zu gering ausgeprägt bzw. durch revieregoistisches Denken und Handeln überlagert. Die Schadensabwehr, so scheint es häufig genug, war und ist mehr ein argumentativer Schutzschild gegen Jagdgegner und Jagdkritiker als ein tatsächlich ins Auge gefasstes Ziel der gängigen Jagdpraktiken.

Das letzte Drittel des 19. Jahrhunderts war die Geburtsstunde des revierfernen Pächters, der nicht selten viele Kilometer Anfahrtsweg hatte, der ihm durch die zunehmende Motorisierung des privaten und des öffentlichen Verkehrs dann gegen Ende des 19. Jahrhunderts deutlich erleichtert wurde. So fand bereits in den 1870er Jahren eine rapide Zunahme der städtischen Jäger statt, die zu den ländlichen oder bäuerlichen Jagdpächtern in eine massive und beinahe konkurrenzlose Opposition traten, die Pachtpreise in die Höhe trieben und die jagenden Bauern damit allmählich von der Jagd ausschlossen; ihre Chancen zumindest sehr stark einschränkten. In welchem Maße diese Verschiebung der Pächterstruktur zwischen 1885 und 1910 im Kreis Wittenberg (bei Berlin) vonstatten ging, belegt Karl Erler. Er stellte fest, dass neben 78 Landwirten im Jahre 1885 im besagten Kreis 6 Industrielle, 8 Rentner, 3 Beamte, 2 Offiziere, 11 Handeltreibende und 15 Gewerbetreibende als Pächter auftraten. Nur 6 von ihnen kamen aus Berlin. Bis 1910 schrumpfte die Zahl der ortsansässigen bäuerlichen Pächter auf 25 und die Zahl der Industriellen stieg um 16 auf nunmehr 22 an[2153]. Diese Entwicklung konnte nicht ohne wesentliche Wirkungen auf die Jagd, ihre Praxis, Rolle und Funktion bleiben. Es war also die (groß-)bürgerliche Jagd gegen Ende des 19. Jahrhunderts, in deren Rahmen zunächst die früheren Funktionen der Jagd negiert wurden und die Jagd eine zeitlich begrenzte Freistellung von jedweder Funktion erfuhr. War die Jagd nach 1848 noch für eine gewisse Übergangszeit überwiegend wirtschaftlichen Überlegungen unterworfen, waren diese ökonomischen Ansätze zur Jahrhundertwende kaum mehr spürbar. Waidgerechtigkeit hätte in einem jagdwirtschaftlichen Motivumfeld, wie es z. B. dem jagenden Bauern vorgegeben war, kaum eine Chance auf ihre ökonomisch und häufig genug ökologisch sinnentleerte Durchsetzung gehabt. Dies konnte nur in einer Art Freistellung der Jagd von wirtschaftlichen und damit rationalen Motiven erfolgen, was beispielsweise Wolfgang Belgard wohl eher unbeabsichtigt so formulierte, zumal er ja eine Verteidigung des Begriffs

---

2152 Zwar begannen in den 70er Jahren die jagdlichen Verhaltensstandards allmählich aufzuweichen, der „Durchbruch" wurde jedoch bis heute noch nicht geschafft. Wie ein solcher Durchbruch aussehen könnte, wird im Rahmen des vorliegenden Kapitels noch häufiger bezüglich der sich wandelnden jagdlichen Verhaltensstandards thematisiert werden.

2153 Vgl. dazu bei Karl Erler, Die volkswirtschaftliche Bedeutung der Jagd in Deutschland und die Entwicklung der Wildstände im letzten Jahrhundert, S. 30f und S. 45f. Auch Hubertus Hiller, Jäger und Jagd, S. 71, bezieht sich in einem ähnlichen Kontext auf Karl Erler.

„Waidgerechtigkeit" zum Ziel hatte[2154]. So heißt es bei ihm: „Nach der revolutionären Ablösung der feudalherrlichen Jagdrechte auf fremdem Grund und Boden im Jahre 1848 fand die „Waidgerechtigkeit" noch keinen Eingang in die Gesetzgebung, weil die Jagd hauptsächlich aus einem wirtschaftlichen[2155] Blickwinkel gesehen wurde." Wie Recht er hatte und bis heute hat!

Diese völlige Freistellung von jeder instrumentellen Kraft der nun bürgerlichen Jagd schlug sich in einer weitgehenden Konzeptionslosigkeit nieder, die ihrerseits dazu führte, dass man nun versuchte, über die Einführung neuer Verhaltensstandards, wie etwa der Waidgerechtigkeit und der Hege, der Jagd die Erhaltung und Pflege der Landeskultur angedeihen zu lassen, sie mit ideellen, romantischen, natur- und tierschützerischen und generell hehren Inhalten versah, um sich vom bäuerlichen Schießer sowie dem Sonntags- und sportlichen Jäger ideell und damit auch auf der Basis eines wohl formulierten und gebändigten, nun „kultivierten" Affekthaushaltes zu distanzieren. Nicht zuletzt deshalb wurde 1852 durch den preußischen Zentralstaat eine Zirkularverfügung herausgegeben mit dem Ziel, die Sonntagsjagd unter Strafe zu stellen[2156]. Mit wirtschaftlichen oder jagdökonomischen Überlegungen hatte diese Entscheidung keinerlei Berührungspunkte. Die Maßeinheit für die nun bis zunächst 1934 folgenden Distanzierungsversuche war eindeutig in der Waidgerechtigkeit und der Hege zu finden, deren forcierte Entwicklungen in etwa auf das letzte Drittel des 19. Jahrhunderts zu veranschlagen sein werden[2157]. Die Jagd wurde so allmählich zu einem Volks- und Kulturgut

---

2154 Vgl. dazu die Worte von Wolfgang Belgard, „Im Jagdrecht. Dr. Wolfgang Belgard verfolgt Niederschlag des Begriffes Weidgerechtigkeit im Jagdrecht", in: Deutsche Jagd Zeitung, Ausgabe Nr. 12/2000, S. 30f.

2155 Damit meint er natürlich die Jagdwirtschaft und nicht die Land- oder Forstwirtschaft. Heute ist es das Ziel, beide in Einklang zu bringen, wenn auch mit einem deutlichen Ausschlag zugunsten des Waldbaus.

2156 Die Begründung lag in der Störung der Sonntagsfeier durch die Treibjagden und sollte dahin führen, dass Jagden während der üblichen Stunden des Gottesdienstes generell untersagt wurden. So geschah es dann auch. Das 1871 erlassene Reichsstrafgesetzbuch stellte in §366 generell unter Strafe, wenn den zum Schutz der Sonn- und Festtage erlassenen Anordnungen zuwidergehandelt wurde. Vgl. dazu bei Wilhelm Bode / Elisabeth Emmert, Jagdwende, S. 120.

2157 Nach Sigrid Schwenk erlebt der Begriff „waidgerecht" bis auf wenige Ausnahmen seinen Durchbruch erst durch Ernst von Dombrowskis „Deutsche Waidmannssprache" von 1892. Die Kopplung von Waidgerechtigkeit und Hege, die bis in die heutige Zeit am Leben ist, wird vor allem am Wirken von Ferdinand von Raesfeld sichtbar. Er, so Sigrid Schwenk, veröffentlichte 1895 anonym in Wild und Hund einen richtungweisenden Aufsatz mit dem Titel: „Die Hege mit der Büchse". 1920 veröffentlichte er dann das Buch „Die Hege in der freien Wildbahn" und machte seine Ideen durch viele Vorträge bekannt. Vgl. dazu bei Sigrid Schwenk, Jagdethik, in: Deutsche Jagdzeitung, Ausgabe Nr. 12/2000, S. 23-25. Wilhelm Bode bringt seine Abneigung gegenüber dem Begriff „Hege" in der freien Wildbahn oder besser in der „freien" Kulturlandschaft mit den etymologischen Wurzeln des Begriffs auf den Punkt: „(...) Nicht weniger hohl tönt der Rechtsbegriff „Hege". Der mit dem Wort „Hecke" verwandte Begriff kann ja bereits begrifflich auf die freilebende Tierwelt kaum angewendet werden. „Einhegen" meint nämlich in jägerischer Tradition das Einschließen (= Einhecken) von Wildpopulationen in vormals feudalen Bannforsten, damit der Fürst vom Bauern ungestört sein Pläsier pflegen konnte." Vgl. dazu bei Wilhelm Bode, Bis zum bitteren Untergang!, in: Deutsche Jagd Zeitung, Ausgabe Nr. 12/2000, S. 27.

stilisiert und zu dessen Schutz mit einer umfassenden Gesetzgebung versehen, die jeden rationalen Ansatz im Keim ersticken musste. Es war der Beginn jagdlicher Ideologien, weiter Teile des heute noch bestehenden jagdlichen Brauchtums und einzelner jagdlicher oder beutebezogener Affektbändigungen wie das sorgfältige Ansprechen, die Einzeljagd, der Hochsitz- und Kanzelbau, die Hege, die Waidgerechtigkeit und die waidmännischen Regularien bezüglich des Streckelegens, der Jagdhornsignale, der jägergerechten Kleidungsordnungen, der Tisch- und Trinksitten, daneben des Jagdgerichts, der Trophäenbehandlung, etc. Dennoch konnte sich der neue Verhaltensstandard nicht gleich einer umfassenden Aufnahme in die jagdlichen Kreise erfreuen. Es bedurfte erst der Wirkungen der nationalsozialistischen Politik, die es zuwege brachte, Einheit und Konformität durch Zwang und Alternativlosigkeit zu erreichen. Erst hier begannen sich die zuvor noch lockeren Regularien, Normen und Verhaltensstandards zu einem brauchtümlichen Gebräu zusammenzufügen. Zwischenzeitlich weiß man, dass gerade die fortwährende Vernachlässigung jener sich noch nicht zum „Brauchtum" verfestigten Normen und Verhaltensstandards durch die Mehrzahl der Jäger zwischen dem ausgehenden 19. Jahrhundert und dem Ende der Weimarer Republik den meisten Jagdschriftstellern und schreibenden Jägern ein Dorn im Auge war. So fand die „Rückbesinnung" auf diese Normen in Deutschland tatsächlich erst seit etwa den 1930er Jahren statt, insbesondere dann gefördert durch das Inkrafttreten des Reichsjagdgesetzes[2158] und demnach auch begünstigt durch den Druck der Gleichschaltungsauswirkungen innerhalb der deutschen Jägerschaft. Waidgerechtigkeit und Hege konnten so tatsächlich erst mit den Wirren der Weimarer Republik und endgültig mit der Verabschiedung des Reichsjagdgesetzes von 1934 durchgesetzt werden, während zuvor die Abgrenzung vom Bauernjäger über den bereits seinerseits gebändigten jagdlichen Affekthaushalt des Waidmanntums, des „Waidmännischen", erreicht werden konnte. Das waidmännische Verhalten konnte jedoch noch deutlich gesteigert und nun auch gesetzlich festgelegt und allgemeingültig formuliert werden, was dem Bauern und bürgerlichen Sonntagsjäger nun endgültig das jagdliche Handwerk legen sollte[2159]. Damit konnte nun die Waidgerechtigkeit das etwas ältere waidmännische Verhalten zusätzlich stützen und einen zuverlässig gebändigten jagdlichen Affekthaushalt des Jägers generieren, in dem „der Jagdtrieb und die Jagdleidenschaft der notwendigen Disziplin"[2160] unterworfen wurden.

2158 Vgl. dazu die Ausführungen im BLV-Jagdlexikon, S. 126.

2159 Vgl. dazu bei Wilhelm Bode, Bis zum bitteren Untergang!, in: Deutsche Jagdzeitung, Ausgabe Nr. 12/2000, S. 26ff. Wilhelm Bode nennt die Zuflucht zur Waidgerechtigkeit eine forstliche Jagdreaktion vormals feudaler Forstbeamter, die nach dem Sturz Kaiser Wilhelms II., also in den jagdpolitischen Wirren nach dem 1. Weltkrieg, mit ihrer Hilfe einen Ausweg aus den Auswüchsen bäuerlich-ländlichen Beutegreifens suchten.

2160 Auf der Internationalen Jagdkonferenz von 1971 wurden fünf Gruppen waidmännischer Gebote formuliert, von denen das letzte Gebot die Jagdleidenschaft und den Jagdtrieb unter die notwendige Disziplin gezwungen wissen will. Vgl. dazu bei Wolfgang Belgard, Im Jagdrecht. Dr. Wolfgang Belgard verfolgt Niederschlag des Begriffes Weidgerechtigkeit im Jagdrecht, in: Deutsche Jagdzeitung, Ausgabe Nr. 12/2000, S. 30. Ungeachtet dessen, dass ich das Vorhandensein eines Jagdtriebes hier mehrfach bereits negiert habe, zeigt dieses „fünfte Gebot", dass man innerhalb der Jägerschaft sehr wohl von einem gebändigten Sichverhalten und damit von einem unbedingten Verhaltensstandard sprechen kann, zumal Abweichungen von

11.5 Die Jagdpraxis als Verhaltensstandard

11.5.1 Einleitung

Die zurückliegenden Kapitel haben aufgezeigt, dass als Praxisformen oder Jagdpraktiken allgemein wenigstens zwei Ebenen voneinander unterschieden werden müssen. Die eine Ebene bezeichnet die im Zuge der Jagdhandlungen bestehenden Beziehungen zwischen Jäger und Nichtjäger (Inklusion - Exklusion, Herren - Untertanen, etc.), während die zweite Ebene die Beziehung zwischen dem Jäger und dem Wildtier zum Gegenstand hat. Auf beiden Ebenen existierten und existieren mehr oder weniger strenge Verhaltensstandards, die in ihrer Summe die Gesamtheit der Jagdpraktiken ausmachen. Über diesen Praktiken steht immer jeweils die Funktion der Jagd, die wiederum unmittelbar auf die Ausgestaltungen der Praxisformen einen Einfluss nimmt. Unter Kaiser Hadrian wie auch unter Karl dem Großen war die Jagd zwar nach unserem modernen Verständnis roh und „brutal"[2161] gegen das Wildtier, gegen die Untertanen daselbst war die Jagd jedoch noch keineswegs gerichtet. Die Außendarstellung des Königs als Jäger, die Reproduktion seines Charismas, konnte auf die Erniedrigung und Schlechtbehandlung der Untertanen vollkommen verzichten. Erst in den Landesherrschaften trat zur Brutalität gegenüber den wilden Tieren auch diejenige gegenüber den Untertanen hinzu. Mit der Revolution von 1848/49 und dem Zusammenbruch aristokratischer Herrschaft, dem allmählichen Aufblühen von Parlamentarismus und dem Erstarken der bürgerlichen Gesellschaft, verlor die Jagd schlagartig die Funktion als Herrschaftsinstrument und damit auch ihre Brutalität gegenüber den Nichtjägern. Auch auf der Ebene der Beziehung zwischen Jäger und Wildtier begann sich einiges zu verändern. Ein Höhepunkt in dem Bestreben, nun einen neuen Verhaltensstandard des

---

ihm in letzter Konsequenz den Jagdscheinentzug nach sich ziehen können. § 17 Abs. 2 Nr. 4 BJG mahnt die zuständige Behörde an, dass sie Personen, die schwer oder wiederholt gegen die anerkannten Grundsätze der deutschen Waidgerechtigkeit verstoßen haben, den Jagdschein versagt oder aber einen bereits erteilten Jagdschein nach § 18 BJG wieder entzieht.

2161 Brutalität setze ich in diesem Zusammenhang insofern in Anführungszeichen, weil sie einen epochenspezifischen Sinn von Grausamkeit oder Gewalt vermittelt und damit gemäß dem Prozess der Zivilisation voranschreitet. Was heute als brutal erkannt wird, muss nicht zwangsläufig auch vor 100 Jahren als brutal betrachtet worden sein. Im Sinne der Schrotjagd auf Rehwild kann sogar festgestellt werden, dass es auch Renaissancen von „Brutalität" geben kann, wurde jene doch bis 1934 als völlig normal betrachtet, zwischenzeitlich als gegen die ethischen und moralischen Pfeiler der Waidgerechtigkeit verstoßend diffamiert und seit etwa 10 Jahren vermehrt wieder als „modern" und angebracht in die jagdlichen Diskussionen eingebracht. Heute stehen die Forderungen nach einer Wiederzulassung des Schrotschusses auf Rehwild im Raum. Die Befürworter argumentieren mit dem Argument der Wirksamkeit, die Gegner mit dem Argument der „verdeckten" Grausamkeit oder Brutalität. „Verdeckt" deshalb, weil das vordergründige Moment der gegnerischen Argumentation die Waidgerechtigkeit darstellt. Dass der DJV hier mit seiner Argumentation und seiner Zweiteilung des Tierschutzes (Rehwild und gestreifte Frischlinge aus Gründen des Tierschutzes nein, 25 kg schwerer Dachs oder starker 10 kg wiegender Fuchs ja, selbst der 30 kg schwere Schäferhund wird mit Schrot geschossen, wenn er beim Wildern angetroffen wird) dem Verbot des Schrotschusses generell das Wort redet, scheint kaum jemand dort zu bemerken. Vgl. dazu auch die Broschüre „Das Bundesjagdgesetz - Forderungen und Tatsachen", Deutscher Jagdschutz-Verband e.V., S. 73-74.

zum „Waidmann“ metamorphosierenden Jägers zu entwerfen, erfolgte dann etwa mit der Gründung des Allgemeinen Deutschen Jagdschutz-Verbandes 1875. Spätestens seit diesem Zeitpunkt waren die beiden Ebenen der Jagdpraktiken vollkommen neu definiert. Allein die praktische Umsetzung in der deutschen Jägerschaft stieß noch auf mannigfache Probleme, die man jedoch mit Hilfe Kaiser Wilhelms II. als allerhöchstem deutschem Waidmann und seiner Außenwirkung zu lösen erhoffte. Zwar war der Kaiser noch sehr in der Vergangenheit des Hofjagdzeremoniells und der Hofjagdpraktiken verhaftet, nicht zuletzt deshalb, weil an vielen deutschen und europäischen Fürstenhöfen noch solche Massenjagden stattfanden, gleichzeitig jedoch versuchte man auch von außen entsprechendes waidmännisches Gedankengut an ihn heranzutragen[2162]. Zwar hatte sich die Brutalität gegenüber dem Tier zwischen dem 8. Jahrhundert und dem 18. Jahrhundert nur unwesentlich verändert, einen deutlichen Einschnitt gab es dann jedoch in den Zeiten nach der Revolution und den dämpfenden bürgerlichen Einflüssen auf die Jagd und ihrer Praxisformen. Für die Zeiten vor der Revolution konnte in den zurückliegenden Kapiteln dargelegt werden, dass zu den jagdlichen Praxisformen nicht nur die unmittelbare Verfolgung des Wildes, sondern eben auch die im Zuge der Jagdhandlung stattfindenden hierarchischen Interaktionen mit den in den Jagdvorgang mittelbar oder unmittelbar eingebundenen Untertanen gehörte. Die vielfältigen und auf verschiedenen Ebenen anzusiedelnden Inklusionen und Exklusionen im Zuge der Jagdhandlungen und damit der Jagdpraxis waren ein unabdingbarer Bestandteil des herrschaftspolitischen Instrumentes „Jagd“. Jagd als ein soziales Instrument bürgerlicher Jäger und Jagdliebhaber nach der Revolution 1848/49 beinhaltete zwar nach wie vor Praktiken, die jenseits der Jäger-Wildtier-Beziehung zu liegen kamen, jene sozialen Praktiken, die auch oder gerade im Kontakt mit Nichtjägern ihren Platz fanden, waren jedoch in Absicht und Wirkung mit den hierarchischen Interaktionen und der oftmals physischen Gewalt gegen die Untertanen in den Zeiten vor der Revolution keinesfalls vergleichbar. Die einen waren strikt herrschaftspolitisch, die anderen lediglich sozial motiviert und fanden zudem in einem sich parlamentarisierenden Umfeld statt, was nicht zuletzt einen erheblichen Unterschied machte. Für das Heraufbeschwören (gesamt-)gesellschaftlicher Konflikte waren und sind jedoch beide, herrschaftspolitische und soziale Jagdpraktiken, bestens geeignet, da nicht zuletzt die entfunktionalisierte, distinktive Jagd in der fortgeschrittenen Industriegesellschaft hochwertige ökologische Probleme zu verursachen in der Lage ist, wie die aktuelle Entwicklung zeigt. Historisch betrachtet waren die jagdlichen, aber auch alle anderen Möglichkeiten und Instrumente der herrschaftlichen Raum(be)handlungen unter anderem abhängig vom jeweils bestehenden Affekthaushalt und den gültigen Verhaltensstandards. So war z. B. in den Landesherrschaften der Jagdvorgang nicht nur im eigentlichen Bezug auf die wilden oder jagdbaren Tiere roh und gewalttätig (zumindest nach unseren heutigen Maßstäben), sondern darüber hinaus und damit in einem kausalen Zusammenhang stehend auch gegen die Untertanen, die im Zuge der Jagdhandlungen regelmäßig in die hierarchischen und in einem unmittelbaren Jagdkontext zu verstehenden Interaktionen eingebunden waren. Das Schlagen oder Treten eines

[2162] Vgl. dazu die Arbeit von Andreas Gautschi, Wilhelm II. und das Waidwerk, an verschiedenen Stellen.

Knechtes oder generell eines Untertanen als wesentlicher Bestandteil der Jagdhandlungen hatte in diesem Zusammenhang daher nicht lediglich affektive oder emotionale sowie einzelsituationsbedingte Gründe, sondern jene physischen Gewaltakte waren ein unabdingbarer Bestandteil der raumkonstituierenden, repetitiven, hierarchischen Interaktionen, die mit Hilfe der Jagd auf wilde Tiere ihren Kulminationspunkt erfuhren[2163]. Die Jagdhandlungen der Herren müssen aus diesem Grunde im Zusammenhang mit der häufig auch physisch zum Ausdruck kommenden Geringschätzung der Untertanen betrachtet werden, die ihrerseits ein Merkmal der Zeit, ein Teil des Verhaltensstandards oder des Affekthaushaltes, war. War es für einen Ritter nach den Ausführungen von Norbert Elias vollkommen normal, zu verstümmeln oder zu zerstören[2164], so war es auch für den Landesherrn der späteren Zeit ein Teil des gesellschaftlichen Sichverhaltens, dass er durch die Geringschätzung, Züchtigung und Schädigung seiner Untertanen seine Stellung und seine Macht zum Ausdruck brachte.

Ein endgültiger und umfassender Bruch innerhalb jener Kontinuität roher und brutaler Jagdhandlungen sowie der entsprechenden Behandlung der Untertanen war erst mit dem Ende der aristokratischen Herrschaften und den Entwicklungen nach 1848/49 zu verzeichnen. Erst seit jenem Zeitpunkt wurden die jagdlichen Affekte auf ein Minimum des früheren Standards zurückgefahren und wurde auf diesem „niedrigen" Level ein bürgerlich-jagdlicher Verhaltensstandard mit den Höhepunkten der Waidgerechtigkeit und der Hegeideologie geschaffen. Neu im Verhältnis zur landesherrlichen Situation war auch, dass sich dieser neue Verhaltensstandard zunächst lediglich im Bezug Jäger – Tier manifestierte, während sich auf der Bezugsebene Jäger – Nichtjäger die soziale Distinktion Platz schaffte, die jedoch zumindest gesamtgesellschaftlich (noch) keine tiefgreifenden Probleme mit sich brachte, auch wenn es einzelne Kritiker wie z. B. Aldo Leopold schon in den 1930er Jahren gegeben hat. Zwar existierte noch bis etwa zur Geltungskraft des Reichsjagdgesetzes eine bäuerliche Jagdkultur parallel zur alles dominierenden waidgerechten Jagd, ihr (vorläufiges) Ende fand die bäuerliche Jagdkultur dann jedoch mit dem Inkrafttreten des nun erstmalig reichseinheitlichen Jagdgesetzes von 1934.

11.5.2 Ursachen für den Wandel der Jagdpraktiken/Jagdfunktionen

Dass ein Zusammenhang bestehen muss zwischen der Funktion der Jagd (etwa in der hier dargestellten evolutionsbiologischen und zivilisatorischen Reihenfolge Subsistenz, Magie, Religion/Kult, Herrschaftslegitimation, Herrschaft, Distinktion, Ökologie/Ökonomie) und ihren Praxisformen (sowohl im herrschaftspolitischen,

---

2163 So war es noch 1808 in Württemberg notwendig, ein Reskript zu erlassen, welches den Herren und deren Bediensteten bei Strafe verbot, die Bauern, Fuhrleute und Postillons zu beschimpfen, sie zu misshandeln oder zu schlagen. A.L. Reyscher, Die grundherrlichen Rechte des württembergischen Adels, S. 179ff. Ebenso bei Hans Wilhelm Eckardt, Herrschaftliche Jagd, bäuerliche Not und bürgerliche Kritik, S. 122.

2164 Norbert Elias, Über den Prozess der Zivilisation, Band 1, S. 360ff und 376ff, berichtet über die Lebensinhalte eines Ritters, die zu einem großen Teil neben dem Kampf und der Kampfausbildung in der Plünderung, der Verstümmelung, dem Raub und der Vergewaltigung bestanden.

respektive sozialen Bereich als auch auf der Ebene der reinen Jäger-Tier-Beziehung), lässt sich auch aus der zwischenzeitlich mehrfach in ihrer Richtigkeit belegten These, dass die Jagd seit jeher aus einer Konstanten (der Jagd auf wilde Tiere als Raumbehandlung) und einer Variablen (ihrer epochenspezifischen Funktion) bestünde, ableiten. Die Konstante der Jagd änderte sich tatsächlich seit dem jagenden Neandertaler oder dem Homo s. sapiens bis heute nicht wesentlich. Jagd war und ist eine Form der Raum(be)handlung und damit letztendlich eine Möglichkeit der Konstitution von Raum, wie das in den letzten Kapiteln ausführlich aufgezeigt werden konnte[2165]. Damit ist auch etwas über die Potenziale der Jagd ausgesagt, deren Ausschöpfung sich im Verlauf des Zivilisationsprozesses stetig ausweitete. Die Funktion der Jagd, so das bisherige Ergebnis, hat sich gemäß dem und in enger Anlehnung an den Zivilisationsprozess stetig fortentwickelt. Aus diesem Grunde steht auch das tatsächliche Aus der Jagd als eine Herrschaftspraktik in einer unabdingbaren Verbindung mit den Prozessen der Parlamentarisierung und der Herausbildung der bürgerlichen Gesellschaft sowie der Industrialisierung in der zweiten Hälfte des 19. Jahrhunderts. Der Verlust dieser herrschaftsbetonten Jagdfunktion wurde sehr schnell kompensiert, indem sich das begüterte Bürgertum der Jagd annahm und sie zuverlässig und innerhalb kurzer Zeit zu einem sozialen Distinktionsmerkmal umfunktionierte. Die neuen Freiheiten in gesellschaftlicher und politischer Hinsicht halfen dem Bürgertum dabei. Mit diesem umfassenden und tief greifenden Bruch innerhalb der Jagdfunktionalisierungen änderte sich nun auch die Jagdpraxis. Die Auswirkungen schlugen sich im Verhältnis der Jäger untereinander wie auch im Verhältnis der Jäger zu den Nichtjägern nieder. Die herrschaftspolitisch bedingte Jagdpraxis war verloren (auch wenn sie nicht so schnell in Vergessenheit geriet), an ihre Stelle trat nun unvermittelt die sozialdistinktive Jagdpraxis, das heißt die Summe an Verhaltensstandards der Jäger untereinander als auch nach außen. Jagd und Jagdmöglichkeit wurden zu einer sozialen Distinktion und repräsentierten nicht mehr eine gottgewollte Gesellschaftsordnung, sondern zeigten nun zuverlässig den sozialen Stand an. Damit war es das Bürgertum, welches aus der alten Gesellschaftsordnung am zielstrebigsten ausbrechen und sich an die Spitze von Wirtschaft und Politik setzen konnte und jagdlich schon bald als Struktur-Gewinner hervorging. Doch nicht nur das Verhältnis der Jäger untereinander und nach außen war Bestandteil der neuen bürgerlichen Verhaltensstandards. Auch das Verhältnis zwischen Jäger und Wildtier als wichtige Stütze des neuen jägerischen Selbstverständnisses erfuhr eine tief greifende Veränderung. Die Gründung des Allgemeinen Deutschen Jagdschutz-Verbandes 1875 sollte nicht nur den adelig-bürgerlichen Jäger vom Bauernschinder und Aasjäger abgrenzen, sondern auch die Beziehung des Jägers zum Wildtier neu definieren[2166]. Jener Teil der Jagdpraxis, der das Verhältnis Jäger – Tier im unmittel-

[2165] Auch der naturnahe Waldbau und die mit ihm in Zusammenhang stehende Jagdpraxis gemäß dem Grundsatz „Wald vor Wild" ist als eine Form der Raumkonstruktion zu verstehen.

[2166] So hieß es in der im Jahre 1875 in Leipzig verlegten Zeitschrift „Waidmann": „Angesichts des aus mancherlei Ursachen in Deutschland immer mehr abnehmenden Wildbestandes, der in größerer Ausdehnung auch wohl auftretenden Wilddieberei und der mangelhaften Ausführung bestehender Schongesetze sowie der durch Jagdschutzvereine in benachbarten Ländern erzielte Erfolge, haben wir uns veranlasst gesehen, einen Allgemeinen Deutschen Jagdschutzverein anzuregen, zu befürworten und ins Leben zu rufen." Gerhard Frank, 120 Jahre organibaren oder mittelbaren Jagdalltag widerspiegelt und sich in waffentechnischen und jagdtechnischen Merkmalen niederschlägt, ist es, der eine äußerst aussagefähige Analyse verspricht und zudem eine möglichst rationale Betrachtung ermöglicht, da jagdethische oder moralische Aspekte, die ebenfalls weitgehend ein Resultat der Entwicklungen nach 1848/49 waren, ausgeklammert werden können. Wo es die Analyse zulässt, wird jedoch hin und wieder auf diese Größen innerhalb der jeweils herrschenden Jagdpraxis zu rekurrieren sein. Interessant ist in diesem Zusammenhang zwischen Schein (Moral und Ethik im Jagdbetrieb) und Sein (tatsächliche Jagdpraxis) auch die Tatsache, dass der damalige Präsident des Allgemeinen Deutschen Jagdschutz-Verbandes, Herzog Viktor v. Ratibor, in seinem Jägerleben rund 40.000 Stück Wild mehr erlegt hat als Kaiser Wilhelm II., der es immerhin auf 78.330 Stück Wild brachte[2167]. Für den Präsidenten eines jagdlichen Dachverbandes, der es sich auf die Fahnen geschrieben hatte den bürgerlichen und bäuerlichen Jäger zur Bescheidenheit anzuhalten, ihm also ein eng geschnürtes Verhaltenskorsett anzulegen, ist das ein beachtlicher Jagderfolg, der nur durch die Teilnahme an eingestellten Jagden (Hofjagden Kaiser Wilhelms II.) und durch konsequente Wildzucht und Gatterhaltung erreicht werden konnte. Die Kluft zwischen Schein und Sein wurde schon in der Gründungsphase zu einem wesentlichen Merkmal jagdlicher Vereinigungen. Doch zurück zur Jagdpraxis. Die der Jäger-Tier-Beziehung zurechenbaren Praktiken der Jagd unterscheiden sich im Hinblick auf ihre Variabilität von der Funktion zuweilen deutlich. Während nämlich die ebenfalls als variabel zu betrachtende Funktion der Jagd in einem unabdingbaren Kontext zum Zivilisationsprozess steht, scheint es im Falle der Jagdpraktiken diese scheinbar gleichförmige Parallelität nicht gegeben zu haben. Vielmehr sind hier Schwankungen, insbesondere aber Rückgriffe auf bereits vergangene Formen der Jagd zu bemerken[2168]. Aus diesen Rückgriffen ergibt sich die Schlussfolgerung, dass die die Jäger-Tier-Beziehung umfassende Praxis der Jagd in die bereits genannten zwei Untergruppen, nämlich die waffentechnische Praxis einerseits und die jagdtechnische Praxis andererseits, zu unterteilen bleibt.

---

sierte Jägerschaft in Deutschland, S. 3. Auch der DJV als Nachfolgeorganisation des ADJV hat die beiden Fixpunkte „Waidgerechtigkeit" als die Summe der Beziehungen zwischen Jäger und Wildtier einerseits als auch die Außenwirkung und das Verhältnis der Jäger zueinander beibehalten. So heißt es in der heute gültigen Fassung der Disziplinarordnung des DJV in § 1: „Pflicht eines jeden Jägers ist es insbesondere, a) die geschriebenen und ungeschriebenen Gesetze zum Schutz des Wildes, über die Ausübung der Jagd und zur Erhaltung des Waidwerks zu beachten, b) darüber hinaus - namentlich auch in seinem Verhalten anderen Jägern gegenüber - alles zu unterlassen, was geeignet ist, das Ansehen der Jägerschaft gröblich zu verletzen." Siehe dazu die Disziplinarordnung des DJV, verabschiedet am 24.03.1980, zuletzt geändert am 11.09.1995, in: DJV Handbuch 2003, S. 193ff.

2167 Zu den Zahlen vgl. bei Andreas Gautschi, Wilhelm II. und das Waidwerk, S. 260f.

2168 Mit Rückgriffen bezeichne ich die Auffälligkeit, dass in der Gegenwart jagdliche Praktiken der vergangenen rund 150 Jahre wieder zum Vorschein kommen oder zumindest diskutiert und teilweise auch gefordert werden. Selbst die Jagd mit dem Bogen oder der Armbrust wird hin und wieder diskutiert, während sie im nichteuropäischen Ausland wie z. B. den USA zugelassen ist. Daneben kann man auch die Jagd auf Rehwild und gestreifte Frischlinge mit Schrot nennen, die Drück- und Treibjagd auf Schalenwild, die Jagd bei Mondschein oder in der Nacht mit Hilfe künstlicher Lichtquellen, die relativ unselektive Jagdart bei Schalenwild (weniger Ansprechkriterien), etc. pp.

11.5.2.a Waffentechnische Praxis

Als Beispiel für einen Vergangenheitsbezug in der waffentechnischen Praxis kann die Beliebtheit der Bogenjagd, wie sie vorwiegend von amerikanischen Jägern favorisiert wird, herangezogen werden[2169]. Die historische Bogenjagd in Mitteleuropa liegt Jahrhunderte zurück und dennoch gewinnt sie in der Moderne neue, vielleicht auch „erinnerungsspezifische" Aktualität. Die Bogenjagd als Jagdpraktik bedeutet trotz immenser Technisierung im Bereich des Jagdbogens und einer damit zusammenhängenden lediglich geringen Ähnlichkeit zu früheren Bogenmodellen oder Bogenstandards eher einen Rück- als einen Fortschritt. Da der Fortschritt im Bereich der Jagdpraktiken im Allgemeinen neben ethischen und moralischen Maßstäben insbesondere in der Waffentechnik verortet wird, wäre in diesem konkreten Falle der Rückgriff auf eine historisch überholte waffentechnische Jagdpraktik (trotz technischer Finessen und der Tatsache, dass es sich bei Compoundbögen um Hightech-Materialien handelt) in der Tat nicht als jagdpraktischer Fortschritt zu werten. Waffentechnische Rückgriffe spielen damit im Rahmen der vorliegenden Analyse keine Rolle. Der Rückgriff auf die Schrotflinte zum Zwecke der Schalenwildbejagung (vgl. die Forderung z. B. einiger ÖJV-Landesverbände, Rehe und gestreifte Frischlinge mit Schrot schießen zu dürfen) ist in diesem Zusammenhang kein waffentechnischer Rückgriff, sondern vielmehr eine jagdtechnische Reminiszenz, da die Flinte ja nach wie vor auf Niederwildarten (außer auf das Reh) als „waidgerechtes" Tötungsgerät akzeptiert ist. In einigen europäischen Ländern, wie in manchen Kantonen der Schweiz, in Schweden, Frankreich, Dänemark, etc., werden auch heute noch Rehe mit Schrot geschossen, so wie es die Bauernjäger vor 1934 auch in Deutschland praktiziert hatten.

11.5.2.b Jagdtechnische Praxis

Ganz anders dagegen die jagdtechnische Praxis, die vielerlei Reminiszenzen erkennen lässt. Als Beispiel für den historischen Rückgriff in der jagdtechnischen Praxis kann die Drückjagd mit Hunden und Treibern auf Rehwild als zwischenzeitlich beinahe alltägliche Jagdnormalität bezeichnet werden, weiterhin die aktuellen Einschränkungen bei der Fütterungspraxis des Schalenwildes, welches bis zum letzten Drittel des 19. Jahrhundert lange Zeit nicht gefüttert wurde. Diesen Status des Nichtfütterns wieder zu erreichen kann ebenfalls als Ziel der modernen Wildbewirtschaftung angesehen werden und bedeutet insofern einen Rückgriff. Auf der Seite der jagdtechnischen Forderungen gewinnt der Schrotschuss auf Rehwild und gestreifte Frischlinge immer mehr Gewicht. Beide jagdtechnischen Praktiken waren Bestandteil der bäuerlichen Jagdpraxis, wie sie bis 1934 in Deutschland Bestand hatte, und finden zunehmend entweder neue Anhänger oder eben, wie im Falle des Schrotschusses auf kleines Schalenwild, zumindest ihre Förderer und Befürworter

---

[2169] In Deutschland hat die Bogenjagd, im Gegensatz zu den USA oder vielen afrikanischen Ländern, keine Tradition.

Durch das deutsche Jagdrecht ist das Erlegen von zumindest Schalenwild mit Pfeil und Bogen verboten (§ 19, Abs. 1, 1 BJG). Wer sich dennoch dazu entschlossen hat, mit Pfeil und Bogen zu jagen, wird eine Jagdmöglichkeit im Ausland suchen müssen. Vgl. dazu auch unter URL: http://www.bogenschuetze.de/bogenjagd.html.

(aber auch Bremser). Weiterhin ist hier die Forderung nach einer Harmonisierung der Jagdzeiten für weibliches und männliches Rehwild zu nennen, die zum jetzigen Zeitpunkt wildbiologisch unbegründet differierende Jagdzeiten haben.

Innerhalb der von mir so genannten waffentechnischen als auch jagdtechnischen Jagdpraktiken bleibt also insgesamt festzustellen, dass manches „Historische" eine Art jagdliche Renaissance erlebt. Jene Wiederauferstehung jagdlicher Praktiken früherer Zeiten ist wiederum in Bezug auf ihre gesamtjagdpraktische Effizienz wenigstens zweigeteilt. So findet im Falle der Bogenjagd wohl keine wirkliche Effektivitätssteigerung hinsichtlich des Erreichens jagdlicher Ziele statt. Ein schneller zweiter oder auch dritter Schuss auf unterschiedlich weit stehende Ziele wird nur den allerwenigsten professionellen Bogenjägern möglich sein. Auf bewegliche Ziele wird die Bogenjagd dann noch einmal deutlich schwieriger sein als mit Büchse oder Flinte. Einen hohen Abschuss im Bereich der Schalenwildarten erreicht man mit der Büchse deshalb sicher einfacher als mit dem Bogen. Ein Zusammenhang zwischen Funktion der Jagd und wiederauflebender „historischer" waffentechnischer Jagdpraxis besteht also nicht unbedingt zwingend. Vielmehr stehen für die Renaissance der Bogenjagd wohl andere Gründe Pate als diejenigen, die für ein Wiederaufleben der Drückjagd oder der anderen Rationalisierungen im Bereich der Schalenwildjagd ausschlaggebend waren und sind. Der Wiedereinführung der waffentechnischen „historischen" Praktiken liegt eine andere Motivlage zugrunde als dies bei den bäuerlichen jagdtechnischen und damit ebenfalls „historischen" Praktiken, deren Renaissance in einem unmittelbaren Kontext zur Funktion, zum Ziel der Jagd steht, nämlich der möglichst zeitnahen und über einige Jahre anhaltenden Abschusserhöhung von Schalenwildarten, der Fall ist. Hier macht der „Rückschritt" einen funktionalen und damit effektiven Sinn, was ihn zeitgleich fortschrittlich wirken lässt, obwohl lediglich ein Rückgriff auf altbewährte Jagdpraktiken stattfindet, welche lange Zeit durch die Versäulung jagdlicher Traditionsbestände, die reichs- und später auch bundeseinheitlich geregelte Waidgerechtigkeit und Hegeideologie zuverlässig verhindert werden konnten. Hier liegt der Fortschritt tatsächlich im Rückschritt. So wie die bürgerliche Jagd die Funktion der Jagd veränderte, engte sie ganz offensichtlich gleichzeitig den gewachsenen jagdlichen Affekthaushalt der aristokratischen, aber auch bäuerlichen Vorgänger ein. Der Weg jener Affektbändigungen im jagdlichen Verhalten gegenüber dem Tier lässt sich seit der Antike über Bildnisse, Gemälde, Beschreibungen und Gedichte nachzeichnen. Dabei wird deutlich, dass die jagdlichen Affektbändigungen in einem sehr viel langsameren Tempo vonstatten gingen als es hinsichtlich der Veränderung der Jagdfunktion der Fall war. Ähnlich wie in der Antike wurde auch im Mittelalter das Tier oder der Hirsch wahllos gehetzt, mit Pfeilen beschossen und schließlich aus vielen Wunden blutend gespeert, mit dem Messer oder Spieß erstochen oder ihm der Kopf mit dem Schwert oder der Streitaxt abgeschlagen[2170], das heißt nach unserem modernen Empfinden regelrecht niedergemetzelt. Erst im Rahmen der feudalen Jagd der Landesherrschaften, der Parforcejagd, wurde der

[2170] Vgl. dazu auch ein Mosaik (Ausschnitt), Pella, Zwei Griechen auf der Hirschjagd, um 320 v. Chr., abgelichtet bei Monika E. Reiterer, Ärgernis Jagd?, S. 113. Mit Schwert und Streitaxt wird hier auf den Hirschen eingeschlagen, der direkte Körperkontakt zwischen Jäger und Wild war unabdingbar.

Hirsch allmählich unter Beachtung gewisser Regeln von den Hunden gestellt, mit einem Schlag in die Achillessehne zu Fall gebracht (Ha, là lit) und anschließend mit einem Schuss oder einem gezielten Stich ins Herz getötet. Anderes Wild wie Wildschweine, Rehe oder auch das Kahlwild[2171], erfuhren jene „Affektbändigungen" dagegen nicht. Ohnehin ist in der Parforcejagd zwar ein gewisses Reglement, ein festgelegtes Sichverhalten zu erblicken, nicht jedoch „Milde" gegenüber dem Tier, wie sie dann für die bürgerliche Jagd bestimmend wurde[2172]. Das Hetzen und Stellen des Hirsches, das Ermöglichen seiner Flucht, nur um ihn etwas später wiederum zu stellen und ihn dann zu töten, kann nicht als die Bändigung eines jagdlichen Affektes interpretiert werden, da das stetige Hetzen des Hirsches vielmehr einem regelrechten Ausleben eines Affektes gleichzukommen scheint. Auch die Eingestellten Jagden und das damit verbundene Abschlachten riesiger Mengen an Wild können nicht unter die Rubrik „gebändigte Affekte" fallen. Deutliche Anzeichen eines gebändigten Jagdtriebes (auch wenn ich die Existenz dieses Triebes bezweifle, so will ich ihn doch der Vollständigkeit halber hier ins Feld führen) sind erst nach 1848/49 zu erkennen und deren Auswirkungen bis heute noch spürbar. Dennoch gab es auch hier bis etwa zum Ende der Wilhelminischen Zeit 1918 Überschneidungen, insbesondere im direkten Vergleich zwischen den Gepflogenheiten des Hofjagdbetriebes und des privaten Jagdbetriebs. Dennoch bleibt zu bemerken, dass im Kaiserreich Wilhelms II. das Wild zumeist auf größere Distanz, auf der Pirsch oder Pirschfahrt sowie von einem Hochsitz, einer Kanzel herunter nach gewissen Merkmalen selektiert (angesprochen) wurde, um dann mit einem gezielten Schuss auf oder hinter das Blatt[2173] erlegt zu werden. Zwar gab es auch unter Wilhelm II. noch die Eingestellten Jagden, wie Andreas Gautschi jedoch formulierte, hatten sich die „wahren" Jäger im Jagd- und Forstpersonal Seiner Kaiserlichen Hoheit von der Hofjagd längst „innerlich abgewandt"[2174]. Es ging dem Personal Seiner Majestät, den Forstleuten und Jägern, gegen die sich bereits herausgebildeten waidmännischen Gefühle, dass solche Hofjagden noch abgehalten wurden und dennoch mussten sie gute Miene zum bösen Spiel machen. Neben den Gesellschaftsjagden kam jedoch auch der oberste Jagdherr zusehends, wohl durch freundlichen aber bestimmten Druck seiner Beamten, Jägermeister, Förster und Jagdfreunde, zu Pirsch und Ansitz. Welche Perfektion sich hier z. B. in Rominten, dem Lieblingsrevier des Kaisers und Königs von Preußen, zwischen 1895 und dem I. Weltkrieg

2171 Unter Kahlwild versteht man das weibliche (kahlköpfige, weil geweihlose) Wild einschließlich der Kälber beiderlei Geschlechts bei den Cerviden (den Hirschartigen) mit Ausnahme des Rehwildes. Vgl. dazu im BLV-Jagdlexikon, „Kahlwild", S. 426.

2172 Allerdings mit gewaltigen Abstrichen, was das Verhalten gegenüber unerwünschtem Raubwild anbelangte: Hier waren alle Regeln außer Kraft gesetzt; was für den Hirsch galt, galt niemals für den Fuchs, übrigens bis heute.

2173 Unter dem Blatt versteht man die Blattschaufel, das Schulterblatt des Haarwildes, im weitesten Sinne die gesamte die Brusthöhle umfassende Rippenpartie. Vgl. dazu im Jagdlexikon, S. 113, Stichwort „Blatt". Der Schuss auf das Blatt führt im Allgemeinen zu einem beiderseitigen Durchschlagen der Blattschaufel und damit zu einer umfassenderen Wildbretentwertung als der Schuss hinter das Blatt, der lediglich ein oder zwei Rippen auf der Ein- und Ausschussseite zerschlägt. Tödlich sind beide Treffer, da Herz und oder Lunge jeweils durchschossen werden.

2174 Andreas Gautschi, Wilhelm II. und das Waidwerk, S. 80f.

herausbildete, hat Andreas Gautschi in seinem Werk festgehalten. So waren unter anderem dort schon bald alle Oberförstereien telefonisch mit dem Jagdhaus verbunden. Gautschi zitiert hier den früheren Hofmarschall Graf v. Zedlitz-Trützschler, der davon durchaus kritisch berichtete: „Ein Heer von Forstbeamten war zu Rad, zu Wagen, zu Pferde und zu Fuß so in Tätigkeit, dass tatsächlich jeder irgend des Beobachtens wert erscheinende Punkt dauernd unter schärfster Observanz lag und nun zu allen Zeiten des Tages die allergenauesten Nachrichten aus allen Teilen des Reviers eingehen konnten. Auch in den meisten Revieren waren so viele Pürschsteige, Kanzeln und Schirme angelegt, dass ich mich häufig eines Gefühls des Bedauerns nicht erwehren konnte, diese(n) so herrliche(n) Forst zu einem gekünstelten Jagdrevier gemacht zu sehen."[2175] Nicht zuletzt durch Kaiser Wilhelm II. wurden Pirsch und Ansitz (Hochsitz, Schirm, Kanzel) die bevorzugte Art der Jagd auf Wild und entsprechen bis heute der dominierenden Jagdpraxis innerhalb der bundesdeutschen Jägerschaft. Das zu tötende Wild wird seitdem zumeist nur geringem Stress ausgesetzt, in dem es aus dem Hinterhalt ohne Vorwarnung und nach genauen Regeln der Selektion, das heißt des Ansprechens, waidmännisch erlegt wird[2176]. Mit fortschreitender Zivilisation, insbesondere aber mit der Entwicklung der bürgerlichen Jagd, war der direkte Kontakt Wild – Mensch im Tötungsakt rückläufig (außer bei der Fallenjagd, den Fangschüssen oder dem Abfangen von Wild) und die relative Wahllosigkeit des Erlegens ebenso, während parallel dazu das Reglement der Jagdpraxis zunahm[2177]. Plötzlich stößt man auf Regelungen, die es dem Jäger verbieten ein beliebiges Stück Wild zu töten, Regeln,

---

[2175] Siehe dazu bei Andreas Gautschi, Wilhelm II. und das Waidwerk, S. 88. Die Perfektion dort ging auch so weit, dass auf den Flächen vor den Jagdkanzeln weiße, rote und blaue Pfähle eingeschlagen waren, die dem Kaiser verschiedene Entfernungen anzeigen sollten. Die Buchstaben in Klammern wurden von mir so versehen, da sie im Original nicht vorkommen; womöglich ein Druckfehler, der übersehen wurde.

[2176] Richtig betrieben ist diese Form der Jagd mit einiger Sicherheit eine der stressfreiesten Formen der Erlegung für das Wild, da keine Beunruhigung des Wildes stattfindet, das Wild damit also einigermaßen vertraut auf freie Flächen tritt, dort äst (Nahrung aufnimmt) und dann vom Jäger mit einem sicheren und sauberen Schuss erlegt werden kann. Dennoch ist auch hier darauf hinzuweisen, dass das Wild jene Art bejagt zu werden „erlernte" und sich ein entsprechendes Verhalten angewöhnte, was einen geringeren Jagderfolg zum Resultat hatte. Vgl. dazu die Ausführungen von Bruno Hespeler, Rehwild heute. Neue Wege für Hege und Jagd, S. 156ff, und insbesondere zu den Auswirkungen der Hochsitzjagd S. 160f. Häufige oder falsche Hochsitzjagd führt nach neueren Erkenntnissen sehr wohl zu Stress, da kontinuierliche Witterung des Jägers für das Wild vorhanden ist und es zum Verweilen in den Einständen zwingt. Dort entstehen dann gerade beim Rotwild auch vermehrte Schäl- und Verbissschäden.

[2177] Ähnlich ist es im Übrigen auch mit der Kampfesführung, die sich zwischen dem Mittelalter und der Gegenwart in mannigfachen Affektbändigungen gedämpft hat. Der Krieg wird heute maschinisiert, ja digitalisiert ausgefochten und verlangt eine strenge Regelung der Affekte. „Selbst im Kriege kann in der zivilisierten Welt der Einzelne nicht mehr unmittelbar seiner Lust Spielraum geben, angestachelt durch den Anblick des Feindes, sondern er muss, gleichgültig wie ihm zumute ist, nach dem Kommando unsichtbarer oder nur vermittelt sichtbarer Führer, gegen einen oft genug unsichtbaren oder nur vermittelt sichtbaren Feind kämpfen." Vgl. dazu Norbert Elias, Über den Prozess der Zivilisation, Band 1, S. 372.

die dem Jäger die Art der Tötung[2178] sowie den zahlenmäßigen Umfang des zu tötenden Wildes vorschreiben und die ihm sogar das Verhalten nach dem Schuss, dass heißt die Ehrung und Behandlung[2179] des „gefallenen" Wildes oktroyieren, bis hin zur obligaten Schweige- oder Gedenkminute[2180] am Stück, der so genannten

2178 Zur Art der Tötung z. B. von Schalenwild siehe die Regelungen/sachlichen Verbote des § 19 BJG. So ist es verboten auf Rehwild und Seehunde mit Büchsenpatronen zu schießen, deren Auftreffenergie auf 100 m (E 100) weniger als 1000 Joule beträgt. Auf alles andere Schalenwild darf nur mit einem Mindestkaliber von 6,5 mm geschossen werden und die Auftreffenergie muss mindestens 2000 Joule auf 100 m Entfernung betragen. Es ist verboten die Hetzjagd auf Wild auszuüben (§ 19, Abs. 1, 13); Wild mit Schlingen zu fangen (§ 19, Abs1, 8); nachts Schalenwild, außer Wildschweine, zu bejagen (§ 19, Abs. 1, 4) oder künstliche Lichtquellen, Spiegel, Vorrichtungen zum Anstrahlen oder Beleuchten des Zieles, Nachtzielgeräte, die für Schusswaffen bestimmt sind, etc. einzusetzen (§ 19, Abs. 1, 5a). Weiterhin ist es verboten Wild zu vergiften oder vergiftete oder betäubende Köder für die Jagd zu verwenden (§ 19, Abs. 1, 15).

2179 Darunter fällt z. B. das Streckelegen, welches nach genauen Bestimmungen und gemäß einer Art Hierarchie innerhalb der erlegten Arten vonstatten geht. Folgende Grundregeln gilt es zu beachten: das Wild wird auf die rechte Körperseite gelegt. Verschiedenartiges Wild wird in jeweils eigenen Reihen angeordnet, wobei höher angesehenes Wild in die jeweils vorderste Reihe gelegt wird. Das heißt: Hochwild kommt vor Niederwild, Geweihträger vor Kahlwild, Haarwild vor Federwild, etc. Gibt es eine größere Strecke, so wird jeweils der besseren Übersicht wegen jedes 10. Stück in der Reihe um eine halbe Körperlänge vorgezogen. Um die Strecke versammeln sich nach Beendigung der Jagd die Schützen und, sofern vorhanden, die Treiber. Der Jagdherr und die Schützen stellen sich regelmäßig am Kopf der Strecke auf, das heißt ihnen ist das zur Strecke gelegte Wild mit dem Gesicht zugewandt, während die Hundeführer, Bläser und Treiber ihnen am anderen Ende der Strecke gegenüber stehen, das heißt das Wild kehrt ihnen das Rückteil zu. Der Jagdleiter gibt also nun das Ergebnis der Jagd bekannt und das Wild wird jeweils nach Wildart mit unterschiedlichen Jagdsignalen verblasen (Rothirsch tot, Sau tot, Reh tot, Fuchs tot, etc.). Wild, welches auf der Strecke liegt, darf nicht übersprungen oder überstiegen werden. Vgl. dazu die Ausführungen im Jagdlexikon, S. 693, sowie bei Walter Frevert, Das jagdliche Brauchtum, S. 83-129. Neben dem Streckelegen ist auch der letzte Bissen ein solcher Akt der Ehrung und soll, sofern man Walter Frevert Glauben schenken möchte, ein Relikt aus der Frühzeit sein. Weshalb jene Ehrung aber nur den männlichen Schalenwildarten, also den Trophäenträgern, zugute kommen soll, wird von ihm leider nicht erwähnt. Vgl. dazu bei Walter Frevert, Das jagdliche Brauchtum, S. 74.

2180 Die Schweige- oder auch Gedenkminute, die Totenwacht, am erlegten Stück wird zumeist auf der Einzeljagd beherzigt. Der Jäger lässt sich am erlegten Stück nieder und „ehrt den Schöpfer im Geschöpfe". Auch das Tottrinken gehört hierzu, auch wenn es zeitlich und räumlich mit der Erlegung nicht in unmittelbarem Zusammenhang steht. Das Tottrinken ist das Feiern der Erlegung von Wild, besonders jedoch von starken Trophäenträgern, nicht nur, aber auch im geselligen Kreis. Vgl. dazu im Jagdlexikon, S. 716. Eine noch etwas andere Färbung ergibt sich bei Walter Frevert. Er schreibt: „Hat man ein Stück Schalenwild, insbesondere einen guten Hirsch, Rehbock oder Keiler erlegt, so wird dieses Stück totgetrunken. Das geschieht nun nicht etwa mit Schnaps draußen im Revier bei dem eben verendeten Stück, sondern man tut das erst zu Hause. Die Trophäe wird zu diesem Zweck, mit grünen Brüchen geschmückt, auf einen Tisch aufgebaut und möglichst mit Kerzenlicht beleuchtet. Am stimmungsvollsten wirkt so etwas in der Jagdhütte oder zu Hause am offenen Kamin. Der glückliche Erleger sitzt so, dass er das Geweih oder Gehörn stets vor Augen hat, das warme Kerzenlicht spielt an den weißen blitzenden Enden und wirft vervielfachte Schatten an die Wände. Im offenen Kamin prasseln die Birken- oder Eschenscheite, und gute Freunde trinken auf das edle Waidwerk (...)." Siehe dazu bei Walter Frevert, Das jagdliche Brauchtum, S. 134-135. Man sieht: alles ist bestens geregelt, choreographiert und einstudiert. Die Anleitung im Maßstab 1:1 gibt Frevert

Totenwacht. Irgendwann im Rahmen der jagdlichen Entwicklung war es nicht mehr einerlei, was man für ein Tier tötete, sondern es musste ein besonderes Stück sein, bis es letztlich nur noch ganz wenige Stücke sein durften. Diese auf einem diffizilen Reglement beruhende Einengung innerhalb der Jagd hatte vollumfängliches Gewicht bis weit in die 1970er Jahre hinein. Heute existieren diese häufig zum Selbstzwang erwachsenen Einschränkungen zwar nach wie vor, allein eine Besserung, eine Lockerung, ja eine Rückkehr zu früheren Affektentladungen ist zwischenzeitlich deutlich spürbar und hat nicht zuletzt zu den beiden sich in Habitus und jagdlicher Zielsetzung gegenüber stehenden Lager „Försterjäger contra Privatjäger" geführt.

In der Gegenwart der Bundesrepublik kämpft ein Teil der Jäger sowie der Forstberufe und des administrativen Systems gegen die Übermacht einer in bürgerlich-distinktiver Tradition stehenden Jagdausübung insofern an, als mit der Distinktion untrennbar ein (groß-)bürgerlicher Verhaltensstandard, formuliert in den engen Grenzen der Hegeideologie und der Waidgerechtigkeit, verbunden ist, der eine wirtschaftlich wie ökologisch[2181] effektive Bejagung der Schalenwildarten erschwerte und nach wie vor erschwert[2182]. Diesen Verhaltensstandard zu durchbrechen, ihn durch einen anderen, den Funktionen der Jagd angemessenen Verhaltensstandard zu ersetzen, ist das Ziel der Gegner distinktiver Jagdausübung[2183]. Wie noch aufzuzeigen sein wird, ist es nun der bäuerliche „Werkinstinkt"[2184], der sich in der modernen Jagd in der Praxis wieder Bahn bricht, während er die letzten Jahrzehnte erfolgreich unterbunden werden konnte. Dass es soweit kommen konnte, ist nicht zuletzt der beginnenden Pluralisierung jagdlicher Vereine zuzuschreiben. Die Pluralisierung innerhalb der jagdlichen Vereinsstruktur in Deutschland ist jedoch vielmehr das Ergebnis jagdrechtlicher Problematiken als das Ergebnis eines Demokratisierungsprozesses innerhalb der Jägerschaft. Eugen Syrer hat auf diese jagdrechtsimmanenten Problematiken hingewiesen. So heißt es beim ihm: „Zur

---

gleich jedem an die Hand. Ob dies in der Jägerschaft dagegen tatsächlich so praktiziert wird, entzieht sich meiner Kenntnis.

2181 In Bezug auf die Ökologie der Jagd oder die mit der Jagd verbundenen ökologischen Ziele sei gesagt, dass die Ökologie in der Kulturlandschaft im Grunde nichts anderes als eine Langzeitökonomie ist. Auf diese Vereinbarkeit von Ökonomie und Ökologie weist auch Gerd Sonnleitner, Jagdrecht verteidigen, in: Deutsche Jagdzeitung, Ausgabe Nr. 12/2000, S. 16, hin.

2182 Vgl. dazu auch die Forderungen des BUND, Bundesarbeitskreis Wald, unter der URL: http://home.t-online.de/home/waldklein/jagd1.htm, sowie unter der URL: http://home.t-online.de/home/waldklein/jagd5.htm. Die Forderungen laufen insgesamt betrachtet auf eine Rationalisierung der Jagd hinaus, das heißt auf eine Konkretisierung der jagdlichen Ziele und eine Vereinfachung der jagdlichen Praxis.

2183 Was damit gemeint ist, beschreibt Bruno Hespeler in seinem Werk Jäger wohin? S. 62, treffend. Das Problem des DJV, so Hespeler, ist das „Missverhältnis zwischen Gesetz und Lippenbekenntnissen auf der einen und der nicht selten genau gegensätzlichen Praxis auf der anderen Seite". Nach meiner Sicht (Maylein) könnte man auch sagen: das Wissen um den richtigen Weg, um die richtige Jagdpraxis, ist da, allein der Verhaltensstandard verhindert eine rationale Umsetzung in der Jagdpraxis.

2184 Der Begriff des Werkinstinktes geht zurück auf Thorstein Veblen, Theorie der feinen Leute, S. 248, wo er jenen Instinkt den Normen der „umfassenden Sinnlosigkeit" der müßigen Klasse gegenüberstellt. Umgemünzt auf die vorliegende Arbeit und die Fragestellung dieses Kapitels ergibt sich darin die Gegenüberstellung des kapital-bürgerlichen Jägers zum Bauernjäger.

Lösung der seit mehr als 100 Jahren bekannten Probleme der Wildschäden hat dieses Jagdrecht (gemeint ist das Reichsjagdgesetz sowie das Bundesjagdgesetz, Anm. d. V.) wenig beigetragen. Dafür ist es zu einseitig auf die Interessen der Jäger ausgerichtet. Seine undifferenzierte Anwendung auf waldbaulich problematische Gebiete, so z. B. den Gebirgswald, hat dort die Probleme eher verschärft."[2185] In diesem Zusammenhang werden die Worte von Bruno Hespeler, der den Ökologischen Jagdverein als das „Produkt der Frustration"[2186] bezeichnete, deutlicher. Die „Frustration" war das Resultat einer jahrzehntelangen Versäulung jagdlicher Traditionsbestände und damit eines jagdlichen Hegeverständnisses, welches einen naturnahen Waldbau schlichtweg verhinderte. Es war zumindest für die Gründungsmitglieder des Ökologischen Jagdvereins an der Zeit, die Jagdpraktiken neu zu überdenken und so schnell als möglich zu rationalisieren, das heißt den ursprünglich bäuerlichen „Werkinstinkt" zum Tragen zu bringen und die verkrusteten Strukturen innerhalb der Jägerei aufzuweichen[2187]. Auch in diesem Punkt, der Pluralisierung jagdlicher Vereinsstrukturen in Deutschland, sieht man die offenbar kausale Verbindung, die zwischen der Funktion der Jagd und ihrer Praxis besteht.

11.5.3 Norbert Elias und seine Anwendung auf die Jagd

Zunächst ist hier die Frage zu stellen, ob denn bestimmte jagdliche Verhaltensweisen, deren Reglementierung, Limitierung sowie auch deren Freisetzung dem Begriff des Affektes in den Facetten seiner Bändigung einerseits und seiner neu entdeckten „Freilassung" andererseits überhaupt gerecht werden. Zu diesem Zweck sind Norbert Elias und seine Ausführungen über den Prozess der Zivilisation zu Rate zu ziehen[2188]. Generell bezeichnet man als Affekt eine heftige Erregung, eine Leidenschaft, die sich oft genug wider alle Verhaltensstandards Bahn bricht. Nicht zuletzt deshalb kennt der Jurist z. B. den Mord im Affekt, eine Handlung, die nicht einem niederen Beweggrund wie Rachsucht oder Neid entspringt, sondern allein aus einer sich Bahn brechenden Leidenschaft zu verstehen ist. Etwas, das sich seine „Bahn bricht", kann dies nur tun, wenn es zuvor in einem zumeist langandauernden Akt zivilisatorischer Entwicklungen in eben jene limitierenden Bahnen gelenkt wurde. Rachsucht oder Neid lassen sich nur sehr schlecht kultivieren, sie sind keine Handlungskategorien, sondern vielmehr Motive für eine jeweils ihnen nachfolgende Handlung, die dann im günstigsten Falle ohne selbst Schaden zu erleiden (z. B. durch die juristische Satisfaktion der Gegenseite im Falle einer Straftat) eine gewis-

2185 Vgl. dazu bei Eugen Syrer, Jagdrecht und Interessengruppen – eine historisch-politische Analyse, S. 138f.

2186 Vgl. dazu bei Bruno Hespeler, Jäger wohin?, S. 60ff. Die Frustration bezieht sich dabei auf die Forstberufe, die tagein und tagaus mit den verheerenden Folgen des Jagdbetriebes auf die waldbauliche Situation konfrontiert waren, wobei es scheinbar keinen Ausweg aus dieser Misere gab. Einen Versuch, aus dieser Lage herauszukommen, stellte die Gründung des Ökologischen Jagdvereins dar, der ursprünglich ein reiner Försterverein war. Auch heute noch sind die Forstberufe innerhalb des ÖJV dominierend.

2187 Vgl. dazu auch bei Bruno Hespeler, Und jetzt...?, in: Festschrift 10 Jahre Ökologischer Jagdverein Bayern, S. 86.

2188 Vgl. dazu das gleichnamige Werk von Norbert Elias, Über den Prozess der Zivilisation, Band 1 und 2, Suhrkamp Verlag 1977.

se Befriedigung erbringt. Es sind also nicht die Motive, die gebändigt werden können, sondern lediglich die Handlungen selbst, die interaktive Kommunikation, die soziale Interaktion. Wenn das Motiv für eine Handlung jedwede Form von Lust, Freude oder Verlangen war, so wandelten sich im Verlaufe der Zeit nicht das Motiv, sondern die anerkannten Handlungen zur Motivbefriedigung. Norbert Elias zeigt in diesem Zusammenhang ein Beispiel aus dem Paris des 16. Jahrhunderts auf. Hier gehörte es zur Festtradition des Johannestages, dass ein oder zwei Dutzend Katzen lebendig verbrannt wurden. „Diese Feier war sehr berühmt. Das Volk versammelte sich. Festliche Musik spielte auf. Unter einer Art Gerüst wurde ein mächtiger Scheiterhaufen errichtet. Dann hing man an dem Gerüst einen Sack oder Korb mit den Katzen auf. Sack oder Korb fingen an zu glimmen. Die Katzen fielen in den Scheiterhaufen und verbrannten, während sich die Menge an ihrem Schreien und Miauen erfreute (...)."[2189] Für die damaligen Verhältnisse, für den damaligen Stand der Zivilisation, war das Verbrennen von Katzen am Johannestag ein anerkanntes Vergnügen, ein Bestandteil des gesellschaftlichen Affektstandards und dennoch gemäß dem Prozess der Zivilisation insgesamt gesehen lediglich eine Momentaufnahme. In der Gegenwart stillt der moderne affektgebändigte Mensch seine Lust durch andere, zwischenzeitlich ebenfalls gesellschaftlich institutionalisierte Events wie Boxkämpfe, Autorennen, Fußballspiele oder andere Sportgroßveranstaltungen. Welche „Inkarnationen eines gesellschaftlichen Affektstandards"[2190] in einhundert Jahren dem Verhältnis der Zeit entsprechen werden, ist vor diesem sich wandelnden Hintergrund nicht mit Sicherheit zu prognostizieren. Wenn man die Geschichte als einen Kreislauf betrachten will, wenn auf hochzivilisierte Phasen wiederum Phasen des Zerfalls eintreten sollen, dann sollte man unter dieser Konstellation damit rechnen, dass sich das sportliche Element der Lustbefriedigung sowohl für den Sportler als auch für den Konsumenten wieder eher brutalisiert[2191]. Erinnert sei hier nur an diverse Vollkontakt- oder Kickboxübertragungen im Medium Fernsehen oder an die Zukunftsvision in „The Running Man", in dem Menschen live und im Rahmen einer Fernsehshow zu Tode gejagt werden[2192]. So gibt es also viele Handlungen (nicht zu verwechseln mit den Motiven), die zwischenzeitlich durch den fortschreitenden Zivilisationsprozess zwar unter-

---

2189 Siehe ebd., Band 1, S. 374f.

2190 Ebd., S. 375.

2191 Ob es in der Jagd, speziell der Schalenwildbejagung, in der Praxis momentan auf eben diese Brutalisierung hinausläuft oder ob jene Kategorie für die Beurteilung und Bewertung der Situation ungeeignet ist, wird im Rahmen dieses Kapitels noch aufzuzeigen sein.

2192 Kurze Einführung dazu: "In this action thriller based on an early story by Stephen King, Los Angeles in the year 2017 has become a police state in the wake of the global economy's total collapse. All forms of entertainment are government controlled, and the most popular show on television is an elaborate game show in which convicted criminals are given a chance to escape by running through a gauntlet of brutal killers known as "Stalkers". Anyone who survives is given their freedom and a condominium in Hawaii, so when a wrongly accused citizen (Arnold Schwarzenegger) is chosen as a contestant, all hell breaks loose. Cheesy sets and a slimy role for game-show host Richard Dawson make this violent mess of mayhem a candidate for guilty pleasure; it is the kind of movie that truly devoted Arnold fans will want to watch more than once." Der Text ist abgedruckt auf der Rückseite der DVD-Edition „The Running Man".

drückt wurden, die sich jedoch hin und wieder aus ihrer kulturellen Versenkung heraus Bahn brechen. In Anlehnung an den nach unserem Empfinden eher grausamen und brutalen, rohen Affektstandard des Mittelalters und der frühen Neuzeit sind uns heute Fälle von Tierquälerei oder eines „abnormen" Verhaltens gegenüber Tieren nicht fremd. Zur Kategorie des Tierquälers gehört z. B. eindeutig der Typus des „Pferderippers", über den sich umfangreiches Material aus dem Internet beschaffen lässt[2193] und der in regelmäßigen Abständen seit etwa 1993 tätig wird[2194]. Nach Dietmar Stremmel fällt der Pferderipper eindeutig unter die Kategorie „neues Kriminalitätsphänomen", was sich jedoch überwiegend auf die mediale Präsenz und damit auf das öffentliche Bewusstsein bezieht. Tatsächlich wird es solche Vergehen schon vor dieser Zeit gegeben haben, in das öffentliche Bewusstsein jedoch trat dieser Typus erstmals 1993, als ein Pferdeschänder in Niedersachsen 15 Pferde quälte und teilweise tötete[2195]. Natürlich existieren noch andere Grausamkeiten gegen Tiere, das Phänomen des Pferderippers dominiert bisher jedoch die öffentliche Aufmerksamkeit deutlich. Zum genannten zweiten Typus des „abnormen" Verhaltens gegen Tiere ist wohl die Zoophilie zu rechnen. Nicht nur dass sie gegen Verhaltensstandards verstößt, sie wird darüber hinaus auch noch mit einem Tabu belegt, mit Zensur und rechtlicher Verfolgung. Dennoch finden im Zeitalter des Internets auch jene Menschen eine öffentliche Plattform[2196], die ihnen zumindest die Kommunikation nach außen und intern erleichtert. Das Tabu, mit dem die Zoophilie belegt ist, hat eine öffentliche Berichterstattung darüber bisher offensichtlich verhindert. Den Sprung in das öffentliche Bewusstsein hat sie jedenfalls nicht geschafft und das, obwohl genügend Internetpräsenzen zoophiler Menschen vorhanden sind und sie sogar eine eigene Sprache, einen eigenen Kommunikationscode (sog. Zoocode) aufgrund der Tabuisierungen entwickelt haben.

Es scheinen sich also tatsächlich bestimmte Affekte hin und wieder Bahn durch die jeweils epochal geschmiedeten Verhaltensstandards brechen zu können, wobei nicht alle jener durchschlagenden Affekte in der Gesellschaft auch aufge-

---

2193 So hat sich in Niedersachsen auch eine eigene Ermittlungsgruppe zum Thema „Pferderipper gebildet. Die "EG (Ermittlungsgruppe) Pferd" des Landeskriminalamtes Niedersachsen geht davon aus, dass ein Teil der Bluttaten auf das Konto von "Trittbrettfahrern" und Menschen gehen, die gerne Pferde misshandeln. Vgl. dazu „Der Pferderipper", unter der URL: http://www.mdr.de/kripo-live/903366.html. Weiter dazu ein Artikel mit dem Titel „Pferderipper gesucht", in: Wild und Hund, Ausgabe Nr. 04/2004, S. 11. Hier wird die Jägerschaft um Mithilfe bei der Suche nach dem oder den o. g. Pferderipper/n gebeten, der/die zwischen 1993 und 2003 über 100 Pferde getötet hat/haben.

2194 Dietmar Stremmel, Einflussnahme der Medienberichterstattung auf die Ursachenattribution von Pferdeschändungen, zu finden unter der URL: http://www.uni-giessen.de/~g11165/.

2195 Vgl. dazu ebd., S. 4f.

2196 Eine Plattform für Zoophilie findet man z. B. unter der URL http://www.zetapin.de, unter der URL: http://www.tigress.com/black/, unter der URL: http://www.tigress.com/white/, etc. pp. Die Lust am Tier und mit dem Tier ist sicher keine von Norbert Elias so gemeinte Inkarnation eines gesellschaftlichen Affektstandards. Die Zoophilie ist wohl eindeutig außerhalb der genannten Bandbreite moderner Verhaltensstandards angesiedelt und gilt insofern als anormal. Kaum ein Mitglied der modernen gegenwärtigen Gesellschaft wird die Zoophilie als „normal" bezeichnen, einerlei ob die Liebe mit Tieren auf eine sehr lange geschichtliche Tradition zurückblicken kann, das heißt früher einmal Bestandteil eines als normal zu bezeichnenden Affekthaushaltes galt, oder nicht.

nommen, das heißt wahrgenommen und akzeptiert werden. Die Tierquälerei wie auch Tabuthemen oder tabuisierte Affekte wie die Zoophilie werden den Schritt zur gesellschaftlichen Akzeptanz (gegenwärtig?) nicht vollziehen können. Es wird zwar (außer über die Zoophilie) über sie berichtet, eine Chance auf umfassende Akzeptanz dagegen besteht keineswegs. Zu weit sind sie von einer als normal betrachteten Bandbreite des Standards der Affektregelung entfernt. Von einer aktuellen „Inkarnation eines gesellschaftlichen Affektstandards" ist das Pferderipping damit genauso weit entfernt wie die Zoophilie. Ein Johannesfest wie im mittelalterlichen Paris wäre mit all seinen damaligen Affektregelungen und Verhaltensstandards heute zumindest in Mitteleuropa absolut undenkbar. Dennoch sei auch an dieser Stelle darauf hingewiesen, dass gerade die moderne Massentierhaltung oder der Transport von Rindern quer durch Mittel- und Südeuropa zum subventionierten Schlachten im Iran mit all ihren wahrhaft tierquälerischen Elementen, die einem das Blut in den Adern gefrieren lassen, gesellschaftlich auf relativ geringe Gegenwehr stoßen. Bei jeder Hauskatze, jedem Hofhund und jedem im Wald „gefundenen" Kitz zeigen die Menschen mehr Emotionalität und (tierschützerisches) Engagement als im Falle von Rindern, Schweinen, Hühnern, Krebsen, Fischen, etc., deren Leid um ein Vielfaches höher sein muss als das eines Kettenhundes oder eines Gatterhirschen. Beim Tierschutz und seiner uneingeschränkten Anwendung auf alle tierischen Kreaturen stehen wir heute vor einer großen und nicht einsichtigen Kluft, die sich zwischen Haustieren und Nutztieren, zwischen Säugern und Nichtsäugern, zwischen Herbivoren und Karnivoren, zwischen Insekten, Spinnen und allen anderen Gattungen gebildet hat[2197]. Walter Bednarek schreibt dazu treffend: „Die Putenkeule, knusprig paniert und serviert, das Steak à la Mayer erinnert nicht mehr an den Tod, Tierquälerei, Intensivhaltung und Grundwasserbelastung. Letzteres wird verdrängt. Die Industriegesellschaft sowie ihre einzelnen Mitglieder, die ursächlich für das Aussterben von Arten verantwortlich sind, können wahrscheinlich Verdrängung nur überleben durch und in Schizophrenie. Diese Bewusstseinshaltung macht sie unfähig, hochkomplexe Beziehungsgefüge zu erkennen (...)."[2198] So existieren auch heute noch mehr oder weniger große „Affektnischen", die einen spezifischen Verhaltensstandard zur Folge haben können, der an Ort, Zeit und Raum gebunden ist und außerhalb jener Räume nicht akzeptiert werden würde. Es sind dies all diejenigen Handlungen, die abseits der tabuisierten Themen und des tabuisierten Sichverhaltens existieren und die in ihrer Rationalisierung gleichsam auch eine Form der Brutalisierung mit sich bringen und dennoch auf eine breite - wenn auch zunehmend in die Kritik geratende - Akzeptanz stoßen. Als Beispiel kann hier wiederum die Gewinnung tierischer Nahrungsmittel genannt werden, das Zusammentreiben, Zusammenpferchen und Transportieren der Schweine vor der Tötung, dasselbe grausame Spiel vor der

---

2197 Erschwerend kommt noch hinzu, dass der Tierschutz grundsätzlich widernatürlich oder zumindest naturfremd ist. Selbstverständlich ist er notwendig und macht gerade in der Massentierhaltung Sinn, auch wenn er gerade dort propagiert, aber kaum umgesetzt wird. Wolf und Luchs, Bär und Uhu machen sich keine Gedanken über den Tierschutz, in dem es geradezu „menschelt". Vgl. dazu auch bei Bruno Hespeler, Wie es uns gefällt..., in: Der Jäger, Ausgabe Nr. 02/2000, S. 36f.

2198 Walter Bednarek, Jagd, Artenschutz und Gesellschaft. Gedanken zur Situation der Jagd - Ökologie pur, in: Der Jäger, Ausgabe Nr. 03/1999, S. 27.

Schlachtung der Rinder[2199], die Legebatteriehaltung der Hennen[2200], die rotierenden Messer in der Hähnchenschlachtung, etc. Die Kritik richtet sich hier jedoch nicht auf eine Abschaffung der Schlachtung als Form der Nahrungsgewinnung, sondern allein auf die Nebenwirkungen der Rationalisierungsprozesse, die z. B. in Probleme mit Sorgfaltspflichten oder mit logistischen und organisatorischen Schnittpunkten einmünden. Das zutiefst unmenschliche rationalisierte Akkord-Tötungssystem, so die Stimmen der Kritiker hier, müsse geändert werden: die Hektik und der Stress der vom „Durchlauf" gejagten Metzger gehe unweigerlich zu Lasten der Tiere, weil die Betäubung nicht mit der unbedingt nötigen Sorgfalt durchgeführt werden könne. Es genüge auch nicht, den Schlachthofdirektionen ihre Verantwortung in Erinnerung zu bringen, wenn nicht entsprechende Personalstellen geschaffen werden können[2201]. Kritik an den Folgen der Rationalisierungen in der Tiertötung stößt zwischenzeitlich auf ein zunehmendes öffentliches Interesse, welches möglicherweise durch die Fixierung des Tierschutzes im Grundgesetz der Bundesrepublik Deutschland begünstigt wird. Trotz allem stellt die Kritik nicht auf eine Abschaffung der rationalisierten Tiertötung als vielmehr auf eine bessere und tierschutzgerechtere Organisation der Tötung ab, was zumeist durch mehr und besser geschultes Personal erreicht werden soll. Die Rationalisierung der Tötung wird dabei regelmäßig auf die Organisationsstruktur „Schlachthof" verteilt, auf einzelne Metzger, Schlachter oder Mitarbeiter abgewälzt und aus der reinen Verwaltung verbannt. So existieren nicht zuletzt deshalb auch verschiedene Affektstufen innerhalb der Gesamtorganisation des Schlachthofs[2202]. Auch innerhalb der Jagd existieren offensichtlich wenigstens zwei miteinander konkurrierende Affektstufen, die bereits von Ulrich Schraml im Rahmen seiner Gegenüberstellung Förster- contra private Pachtjäger und deren Einstellungen empirisch aufgezeigt werden konnten[2203]. Die Zweiteilung der jagdlichen Affektstufen, die der Dichotomie Förster – Privatjäger in etwa entspricht, spiegelt sich kurioserweise auch in einem Imagesplitting zwischen Berufs- oder Försterjäger einerseits und den privaten Hobbyjägern andererseits wider. Obwohl die Försterjäger spätestens seit den 1970er und 1980er Jahren ihre Jagdpraktiken rigoros auf Reduktion der Schalenwildpopulationen ausrichteten, das heißt insbesondere waidmännisch gebändigte „Jagdaffekte"

[2199] Um Qualen der Tiere zu sparen, gibt es zwischenzeitlich auch „fahrende Schlachthöfe". Siehe dazu unter der URL: http://members.aon.at/mss/. So fallen nach dem österreichischen Vertrieb keine Tiertransportqualen mehr an. Zudem findet das Schlachten in der gewohnten Umgebung des Tieres ohne weiterführende Stressbelastung statt. Vgl. dazu unter der URL: http://members.aon.at/mss/german/fsh4_gr.html.

[2200] Vgl. dazu einen Artikel von Timo Rieg, Eier aus der Käfigbatterie?, unter der URL: http://www.dike.de/akut/AKUTe/99-1-07.htm, Homepage der „Aktion Kirche und Tiere AKUT e. V.".

[2201] Vgl. dazu die Kritik der „Aktion Kirche und Tiere AKUT e. V.", unter der URL: http://www.dike.de/akut/Literaturbericht/lit-95-10.htm.

[2202] Der Vollständigkeit halber sei darauf hingewiesen, dass das Delegieren rationaler Tötungsverfahren zwar dem Schlachter oder Kopfschlächter als Berufsbild objektiv und subjektiv schadet, dem kaufmännischen Angestellten innerhalb derselben Organisationsstruktur dagegen nicht.

[2203] Vgl. dazu die Ausführungen bei Ulrich Schraml, Die Normen der Jäger, S. 100ff.

wiederum freizusetzen versuchten und dies nach wie vor tun[2204], kann ihr Ansehen innerhalb der Teilöffentlichkeiten wie dem Naturschutz nach wie vor als insgesamt positiv beurteilt werden, während die zumeist orthodoxen und affektgebändigten privaten Pachtjäger üblicherweise schlechter abschneiden[2205]. Obwohl die Försterjäger insgesamt ein entschlosseneres Töten[2206] fordern, werden ihnen und ihrem Berufsstand gerade von Seiten des Naturschutzes mehr Sympathien entgegengebracht als derjenigen Klientel, welche „ohne Not" und beruflichen Konnex der Jagd in ihrer Freizeit mit all ihren Nachteilen für die (künstlichen) Ökosysteme - verursacht durch Hege und die Schaffung jagdlicher Monokulturen[2207] - nachgeht. Insofern unterstützt der Naturschutz (z. B. NABU) die Freisetzung von Affekten, indem er die heterodoxe Sichtweise der jagenden Spezialisten stützt und die orthodoxe Seite in ihren affektgebändigten Praktiken als für die Schaffung der Jagd im Sinne eines rationalen und funktionalen ökologischen Handwerks als hinderlich bezeichnet[2208]. Damit ist klar, dass auch die Rationalisierung der Jagd eine teilweise Rebarbarisierung mit sich bringt, da sie vergangene Affektstandards begünstigt oder wiederaufleben lässt, insofern eher einen Rück- denn einen Fortschritt bezeichnet und dennoch „moderne Jagdausübung" treffend umschreibt. Wie weit die Affektbändigung in der Jägerschaft teilweise vorangeschritten ist und welches Potenzial der Wiederfreisetzung daraus ableitbar ist, kann aus den Worten Hans Behnkes extrahiert werden. In einem Anflug emotionaler Verklärung gibt er den Rat, die Fütterungen fürs Schalenwild zum Heiligen Abend besonders reichlich zu beschicken und selbst dem hungernden Bussard Luder auszulegen[2209].

2204 Vgl. dazu auch die Aussagen ebd., S. 152f. Schraml sieht gerade darin den Bruch zwischen den beiden Gruppen bedingt.

2205 Diese Aussage ist jedoch mit einiger Vorsicht zu genießen, da die „Ergebnisse" von Umfragen Auftraggeber abhängig zu sein scheinen. Vgl. z. B. bei Thomas Winter, Jagd. Naturschutz oder Blutsport?, S. 340. Auch er hebt hervor, dass der Naturschutz sich für Reformen in der Jagd einsetzt, an deren Ende die Jagd als ökologisches Handwerk stehen soll.

2206 Vgl. dazu bei Wilhelm Bode und Elisabeth Emmert, Jagdwende, S. 76.

2207 Die Schaffung jagdlicher Monokulturen hat eine über 100jährige „Tradition". Während das Schalenwild gefüttert und entsprechend den Hegezielen „gepäppelt" wird, findet eine rigorose Verfolgung des Raubwildes und Raubzeuges statt. Seit seiner Gründung 1875 verfolgte der Allgemeine Deutsche Jagdschutzverein das Ziel, Prämien für preußische Forstschutzbeamte auszuschütten, die sich in der „Raubzeugvertilgung" besonders hervorgetan haben. Vgl. dazu einen Artikel von Podbielski, Prämien des Allgemeinen deutschen Jagdschutzvereins für Forstschutzbeamte, in: Schirmacher (Hrsg.), Jahrbuch des Schlesischen Forstvereins für 1902, S. 153. Auch heute noch werden mancherorts (z. B. im Landkreis Ravensburg in den Jahren 2002/2003 und 2004/2005) Prämien für Fuchsabschüsse ausgeschüttet, dabei wären Prämien für den Abschuss von Schwarzwild wesentlich sinnvoller. Selbst für die Erfüllung des Rehwildabschussplanes bei körperlichem Nachweis wäre das Geld besser angelegt als es bei den Füchsen der Fall ist.

2208 Vgl. dazu einen Artikel von Bernhard Haas, Das Revier ein jagdliches Freudenhaus?, in: Die Pirsch, Ausgabe Nr. 05/2000, S. 14.

2209 Vgl. dazu bei Hans Behnke, Hege und Jagd im Jahreslauf, S. 150. Unter Luder versteht man Aas, welches im konkreten Beispiel von Hans Behnke dem Bussard als Nahrung dienen würde.

11.5.3.1 Limitierende Bahnen auch in der Jagd

Ähnlich wie im Bereich des guten Benehmens sind in der Jagd orthodoxer Prägung eine Vielzahl von geradezu courtoisen Regeln des Sichverhaltens abgebildet (gesetzlich rückgesichert oder auch nur moralisch verankert), die sich jedoch nicht wie im Falle des guten Benehmens über Jahrhunderte entwickelten, sondern die vielmehr im Rahmen der vergangenen 70 bis 100 Jahre ihre Kulmination zunächst im Reichsjagdgesetz, darauf aufbauend im Bundesjagdgesetz sowie jagdpraktisch manifestiert im deutschen Waidmannstum erfahren haben. Mit Hilfe jener quasicourtoisen jagdlichen Verhaltensregeln konnte sich seit dem letzten Drittel des 19. Jahrhunderts der bürgerlich-adelige Waidmann vom Bauernjäger distanzieren, während sich heute mit jenen (rechtlich wie moralisch-emotional modifizierten) Verhaltensstandards häufig genug die private Jägerschaft von den Forstberufen abgrenzt und umgekehrt[2210]. Damit scheint es gewisse Parallelen zwischen dem guten Benehmen des Alltags und den jagdlichen Verhaltensstandards zu geben. Allerdings wird wie in sonst keinem anderen Bereich des guten Benehmens gerade bei der Jagd auf eine Änderung der rund 70 Jahre alten Verhaltensstandards sehr sensibel reagiert. Nicht selten wird sogleich der Niedergang des gesamten deutschen Waidwerks prognostiziert, sollte auch nur ein Stückchen vom Pfad der waidmännischen Tugend - wie absurd und widersprüchlich sie auch sein mag - abgerückt werden. Beispiele dieser Art sind die Forderungen nach dem Schrotschuss auf Rehwild und gestreifte Frischlinge (derzeit noch gesetzlich verboten), dem Erlegen „gestreifter Frischlinge“[2211] überhaupt, von Basthirschen oder noch nicht gefegten Böcken im Mai (moralisch, emotional verboten, zumindest unter waidmännischen Gesichtspunkten sehr fragwürdig, rechtlich jedoch zulässig) und der Harmonisierung der Jagdzeit von männlichem und weiblichem Rehwild (gesetzliche Einschränkung, die jedoch zwischenzeitlich in Sachsen und Niedersachsen aufgeweicht wurde). Doch zunächst zu den limitierenden Bahnen außerhalb der Jagd. Im Rahmen der zivilisatorischen Entwicklung des guten Benehmens im Alltag hat Norbert Elias das Ausspucken in der Öffentlichkeit, das Rülpsen bei Tisch und das Schnäuzen mit den Fingern als Beispiele für eine Eliminierung jener

[2210] Zwischenzeitlich ist es ebenfalls eine gewisse Form eines „Distinktionsmerkmals“, wenn man bewusst waidmännisches Verhalten (zumindest dort, wo es nicht den Tierschutz tangiert) ablehnt und dies öffentlich bekennt. Der erfolgreiche, das heißt der auf Beute ausgerichtete Jäger, wird von Forstämtern und aufgeschlossenen heterodoxen Privatjägern bei Jagdeinladungen bevorzugt, während der „affektgebändigte und hegende Nachbar“ als notwendiges Übel und aus guter Sitte mit eingeladen oder ignoriert wird. „Gebraucht“ wird jener letztgenannte Jägertypus dagegen im Rahmen der staatsforstlichen Drückjagden keineswegs, der auf Beute ausgerichtete moderne affektentfesselte Jäger dagegen schon.

[2211] Als gestreifte Frischlinge bezeichnet man die Jungtiere der Wildschweine in den ersten Lebensmonaten (solange sie eben noch als „gestreift“ zu erkennen sind). Die Streifen dienen als Tarnung und gehen nach etwa 4-6 Monaten in eine einheitliche dunkelrotbraune Färbung des normalen Sommerhaarkleides über, welches Richtung Herbst immer schwärzer wird. Vgl. dazu auch bei Rolf Hennig, Schwarzwild, S. 16. Auch heute noch können sich viele Jäger nicht der Notwendigkeit anschließen, gestreifte Frischlinge zu schießen. Dass das Schießen von gestreiften Frischlingen selbst in Schweinepestgebieten als „unpopulär“ bezeichnet wird, ist in einem Artikel von Rüdiger Klotz nachzulesen, Patentrezept: Fehlanzeige, in: Die Pirsch, Ausgabe Nr. 20/2004, S. 12.

davor durchaus üblichen Verhaltensstandards herangezogen. Diese Verhaltensweisen seien allesamt Affekte, die im Rahmen des Verhaltensstandards „gutes Benehmen" im Verlaufe der Zeit unterdrückt wurden, indem sie in limitierende Bahnen gelenkt werden konnten. So ist nach der Definition von Norbert Elias auch das Essen mit den Fingern ein Affekt, eine Verhaltensweise, die in uns allen steckt, die jedoch nicht den gültigen Standards entspricht und bereits im Mittelalter durch das Benutzen von Messer und Löffel nach den Maßregeln eines Tannhäusers[2212], eines Hugo von St. Victor, eines Thomasin von Zirklaria oder eines Erasmus von Rotterdam zu kultivieren versucht wurde[2213]. So waren und sind es jene limitierenden Bahnen, die ein bestimmtes Verhalten innerhalb einer genau definierten Bandbreite als jeweils zivilisiert umschreiben und das Verlassen jener Bandbreite nach oben oder unten als unzivilisiert oder gar barbarisch, im Kontext des Mittelalters und der Renaissance als bäurisch definierten[2214]. Die Bandbreite des guten Benehmens verkleinerte sich jedoch bis in das 18. Jahrhundert hinein zusehends. Ihre Vorschriften verdienten nun auch ihren Namen; das Essen mit den Fingern anzufassen war nun nicht mehr lediglich ungeschickt oder bäuerlich, sondern schlechthin verboten, die Tischsitten waren nun nicht mehr optional, sondern ausschließlich formuliert[2215]. Die Courtoisieschriften des Mittelalters und der Renaissance hatten dabei gerade die Abgrenzung des Höflings vom Bauern zum Ziel, was sich eben auch im allgemeinen Benehmen und der Tischzucht zeigen sollte. Wie so oft in der Geschichte, so ist es auch bei den Verhaltensstandards der Courtoisie der Fall, dass sie allmählich von der Aristokratie auch hinunter in die bürgerlichen Kreise ihren Weg fanden und von jenen erfolgreich adaptiert wurden, um sich ihrerseits von sozial tiefer stehenden Schichten abgrenzen zu können (nicht zuletzt deshalb konnte sich auch der jagdliche Verhaltensstandard „Waidgerechtigkeit" in den bürgerlichen Kreisen halten). Bis zum Ende des 18. Jahrhunderts hat sich dann ein allgemeiner Standard auch in den Essgebräuchen etabliert, der nicht nur in der Aristokratie, sondern in der ganzen bürgerlichen, zivilisierten Gesellschaft als selbstverständlich galt[2216]. Essen z. B., welches im 21. Jahrhundert ausdrücklich mit dem Finger gegessen werden darf und kann, ohne gegen geltende Standards zu verstoßen und ohne ein gewisses Unwohlsein beim Nachbarn hervorzurufen, nennt man - wohl auch um Missverständnisse zu vermeiden - heute für jeden verständlich „Fingerfood". In Fastfood-Ketten wie Burger King, McDonalds und Co. kann man diesem Urzu-

---

2212 Ob das Werk „Hofzucht" wirklich von Tannhäuser stammt (wie es Norbert Elias vermutet), ist dabei strittig. Anscheinend wurden Tannhäuser mehrere Werke fälschlicherweise zugeschrieben. Vgl. dazu auch bei Diether Krywalski, Knaurs Lexikon der Weltliteratur, S. 546-547. Daneben auch bei Norbert Elias, Über den Prozess der Zivilisation, Band 1, S. 168f.

2213 Vgl. dazu ebd., S. 157ff. Zwar gab es wohl Messer und Löffel, die Gabel war jedoch noch nicht zum individuellen Tischwerkzeug geworden. Sie diente lediglich dazu, Fleisch von der Platte auf den eigenen Teller zu befördern.

2214 Vgl. dazu ebd., S. 164ff, unter Bezug auf die Schrift von Erasmus von Rotterdam, De civilitate morum puerilium, aus dem Jahre 1530.

2215 Hieß es im Mittelalter noch „Wenn du ein Schnupftuch hast oder wenn eine Serviette gegeben wird, dann nutze sie auch", so sind diese Gegenstände im 18. Jahrhundert notwendiger Bestandteil einer jeden Tafel oder eines jeden Essens. Vgl. dazu bei Norbert Elias, Über den Prozess der Zivilisation, Band 1, S. 234ff.

2216 Vgl. ebd., S. 230ff.

stand freien Lauf lassen, ohne peinliche Gefühle bei anderen zu erwecken. Wenn man so will, sind die Fastfood-Ketten Hallen barbarischen Essverhaltens, zivilisiert nur in den jeweiligen Räumen und zivilisiert nur unter Verwendung der dazugehörigen Lebensmittelprodukte (Hamburger, Pommes Frites, Hähnchenformteile, etc.). Da das Zusammenspiel Raum – Lebensmittel für die Definition „zivilisiert" oder „barbarisch" fest verankert ist, wird man in einem Gasthof gehobener Küche oder bei einem Sternekoch keine Mahlzeiten erhalten, die man mit dem Finger isst. Anders herum erhält man bei McDonalds auch kein Menü, zu welchem man Tafelbesteck benötigt. Essen jedoch, welches in einem Gasthof gehobenen Anspruchs dennoch mit den Fingern gegessen werden kann (z. B. der Froschschenkel, wo erlaubt, oder die Artischocke, etc.), erfüllt aufgrund seines exquisiten Merkmals alle dazugehörigen Verhaltensstandards und niemand wird sich im Bewusstsein über Raum (erstklassiges Restaurant, „Gourmet-Tempel") und Produkt daran stören. Das Delektieren eines Froschschenkels mittels der Finger wird dann aufgrund seines völlig sinnlosen und banalen Inhaltes zur sozialen Distinktion, jedoch aufgrund der sozialen Implikationen und des Ortes des Geschehens zu einer äußerst zivilisierten Handlung. Die genannten limitierenden Bahnen im Bereich des guten Benehmens (hier: bei Tisch) kann man also treffend mit dem Begriff der sich kulturell verfestigten Verhaltensstandards im jeweiligen Bereich umschreiben, die sich in Anlehnung an den Prozess der Zivilisation in stetiger Wandlung befinden. Dabei ist schnell ersichtlich, dass diese Verhaltensstandards nur jeweils für eine bestimmte soziale Gruppe und auch nur in bestimmten Räumen ihre Gültigkeit besitzen. So ist z. B. der Standard des guten Benehmens im Mittelalter wie auch in allen folgenden Epochen durch einen ganz bestimmten Begriff repräsentiert. Durch ihn, so Norbert Elias, „bringt die weltliche Oberschicht des Mittelalters oder wenigstens einige ihrer Spitzengruppen ihr Selbstbewusstsein, das, was sie für ihr Gefühl auszeichnet, zum Ausdruck"[2217]. In diesem Zusammenhang hat sich ein höfisches (als Merkmal des Raumes) Benehmen herausgebildet, welches ein Mitglied dieses Kreises zuverlässig von den Ausgeschlossenen sozial und räumlich unterscheiden konnte. Damit wird ersichtlich, dass es auf dem Gebiet des „Sich-Benehmens" zu einer Zeit wenigstens immer zwei unterschiedliche Verhaltensstandards gab und geben musste, da sich ein Adeliger immer anders benehmen/verhalten wird als ein Bauer, ein Industriekapitän immer anders als ein Arbeiter, ein Konzernchef immer anders als ein Hausmeister, ein Wohlhabender anders als ein Bettler, ein Försterjäger anders als ein Hobbyjäger, etc. Einerlei, ob sich in der modernen Gesellschaft diese Konturen aus verschiedenen Gründen zu verwischen beginnen; es gibt immer sozial höher und sozial niedriger gestellte Gesellschaftsmitglieder, die sich letztendlich auch in ihren Verhaltensstandards unterscheiden. Unter heutigen Gesichtspunkten jedoch ausschlaggebender als soziale Schichten oder Stufen ist die Tatsache, dass es in der modernen Gesellschaft immer Spezialisten und Nichtspezialisten gibt, die sich – unabhängig vom sozialen Stand – ebenfalls in ihren Handlungen voneinander unterscheiden. Diese Unterschiede können hervorragend auf Jagd und Jäger angewandt werden, insbesondere auf die sich herausbildenden jagdlichen Verhaltensstandards sowie deren Veränderung bis zur Gegenwart. Auch hier spielen die vergangenen dreißig Jahre eine

[2217] Siehe dazu ebd., S. 170f.

herausragende Rolle, in denen wie nie zuvor eine Rebarbarisierung der jagdlichen Verhaltensstandards stattfand. Diese Entwicklung ist - so scheint es - noch lange nicht abgeschlossen.

Hinsichtlich der Jagd zeigt sich, dass es ebensolche Korrelationen zwischen dem Raum und der Jagdpraxis wie z. B. zwischen dem Ort des Speisens und der Art, die Speise zu sich zu nehmen, gab und gibt. Auf Jagd und Jäger lässt sich der bei Norbert Elias beschriebene Standard des guten Benehmens nahezu eins zu eins übertragen, da die Parallelen zwischen höfisch-aristokratischen Verhaltensmodellen und deren Übernahme durch die bürgerlichen Kreise mit den Entwicklungen im Bereich der jagdlichen Standards, vollendet zum Ausdruck gebracht im waidgerechten Benehmen, unübersehbar sind. Zurückkommend auf die obige Frage, ob es Parallelen zwischen dem guten Benehmen und der Waidmannstugend gibt, kann man diese eindeutig mit ja beantworten. Ähnliche Verhaltensstandards haben sich auch in der Jägerei herausgebildet, mit ihnen konnte und kann man zuverlässig z. B. einen Bauernjäger oder zwischenzeitlich einen Försterjäger (als den „barbarischen" Teil repräsentierend) von einem gutsituierten bürgerlichen Waidmann (den „zivilisierten" Teil repräsentierend) abgrenzen. Während diese Abgrenzungsmechanismen seit der Revolution den Bauernjäger erst zaghaft, dann vehement und zuverlässig zurückdrängen konnten und eine Abgrenzung gegenüber seinem unwaidmännischen Tun einerseits sowie die Bildung eines starken Zusammengehörigkeitsgefühls auf der Seite der waidgerechten Jäger andererseits zur Folge haben sollte, ist der Funke jener polarisierenden Verhaltensstandards seit etwa den 1970er Jahren nun zusehends auf die Forstleute übergesprungen. Noch bis in die 1970er Jahre waren die Förster mehr den konservativen und traditionellen Jagdkreisen und deren Gedankengut zuzurechnen, während sich diese Situation dann grundlegend ändern sollte. Karl Hasel zeigt in seinem Werk „Auswirkungen der Revolution von 1848 auf Wald und Jagd, auf Forstverwaltung und Forstbeamte, insbesondere in Baden" anschaulich auf, wie schmerzlich der Schritt zur bürgerlichen Jagd von der damaligen Forstverwaltung aufgenommen wurde[2218]. Heute wird dem Försterstand von Seiten der privaten Jägerschaft häufig genug die Abkehr von den wertkonservativen Verhaltensstandards vorgeworfen und seinem Tun werden allerlei Ausrottungsphantasien zugrunde gelegt. In jener Zeit liegen die Wurzeln für den in der Literatur oftmals herausgestellten Dualismus zwischen Försterjägern und Privatjägern[2219] verborgen. Doch nicht nur in der unterschiedlichen Sozialisation und der daraus resultierenden Einstellung lässt sich dieser Dualismus erkennen, auch räumlich hat er sich zwischenzeitlich durchgesetzt, da der Staatswald beginnt andere und dem Gemeinwohl dienlichere Strukturen zu erhalten als der Privatwald, der noch häufig genug dem schlagweisen Altersklassenwald entspricht. Wenn man so will (und ehrlich genug ist), entspricht der Staatswald als „Hort jagender Förster" einem (im Eliasschen Sinne) jagdlichen McDonalds oder Burger King, also einem Raum „barbarischen", das heißt urwüchsigen Jagdverhaltens, während viele private Pachtjagden eher mit lukullischen Genusstempeln zu ver-

[2218] Auch Ulrich Schraml, Die Normen der Jäger, S. 26f, weist auf diesen für die Forstbeamten schmerzlichen Einschnitt in Baden hin.

[2219] So z. B. ebd., S. 100-260, in empirischer Analyse.

gleichen sind, in denen nach vermeintlich jahrzehntelang bewährten Verhaltensstandards des bürgerlichen waidgerechten Jägers und Hegers nicht selten reviergoistisch und im Resultat wildbiologisch wie auch ökologisch modernen Anforderungen widersprechend gejagt wird. Obwohl es in der Schweiz im Vergleich zu den bundesrepublikanischen Zuständen recht moderne und aufgeschlossene Jagdpraktiken gibt, existieren dort ebenso Vereinigungen (so z. B. das Anti-Jagd-Forum in der Schweiz), die es sich zum Ziel gesetzt haben, das Hobbyjägertum abzuschaffen, da jenes nur Chaos unter dem Wild verbreite und „verantwortlich für die Zunahme der Wilddichte" sei und damit auch als Verursacher vermehrter Wildkrankheiten und Seuchen verantwortlich zeichne. Nur mit Hilfe von professionellen Jägern könne man die Lage wieder in den Griff bekommen[2220]. Mit dieser „Hilfe" ist der vermehrte und gezielte Abschuss der Tiere jenseits von Hege und Waidmannstum gedacht und damit schlichtweg das barbarische, „urwüchsige" Jagdverhalten professioneller moderner Jagd gefordert[2221], die sich offenbar in den Köpfen der Jägerei außerhalb der Forstverwaltungen noch nicht sonderlich durchgesetzt hat. Das, was den typischen Waidmann - sofern diese Typisierung überhaupt besteht - ausmacht, Anwalt und hegender Partner des (Schalen-)Wildes zu sein, wird heute von Naturschutzkreisen immer stärker in Frage gestellt und letztlich als unsinnig verortet. Es wird eine Abkehr der Jäger von den ökologisch und wildbiologisch sinnentleerten limitierenden Bahnen gefordert und stattdessen rationales und effektives Töten angemahnt[2222]. Das ist, wie ich finde, durchaus ein interessanter Aspekt - ja ein Paradoxon -, auch oder gerade innerhalb der bundesdeutschen Diskussion rund um die Jagd. In den Zeiten eines sich verfestigenden Tier- und Naturschutzes und zunehmender Jagdkritik wird dem effektiven und raschen Töten entgegen dem selektiven affektgebändigten Waidwerk (dem es ja nach Günter R. Kühnle und Ortega y Gasset ausdrücklich nicht ums Töten geht) der Vortritt gegeben, „dem Mörder wird unter dem Galgen noch Trägheit beim Morden vorgeworfen..."[2223].

2220 Vgl. dazu eine Pressemeldung mit dem Titel „Bald nur noch Berufsjäger?", in: Wild und Hund, Ausgabe Nr. 20/2004, S. 11.

2221 Mittels dieser Argumentation jedoch die private Jagd verbieten zu wollen, ist sicher weit übers Ziel hinausgeschossen. Auch in der Zukunft brauchen wir private Jäger, um die nach wie vor steigenden Abschusszahlen erreichen zu können. Allerdings, so auch Wilhelm Bode und Elisabeth Emmert, brauchen wir hier handwerklich sauber jagende Jäger oder mit anderen Worten: „Der Jäger darf jagen, wenn er sich um Handwerklichkeit bemüht und die gesellschaftlichen Zwecke effizient erfüllt. Hat er diesen gesellschaftlichen Anspruch reflektiert, dann soll er sogar jagen." Wilhelm Bode und Elisabeth Emmert, Jagdwende, S. 286.

2222 Das bezieht sich jedoch in den meisten Fällen auf die Bejagung des Schalenwildes. In Bezug auf die Raubwildbejagung hat der Jäger schon längst eine Grenze überschritten, die - diametral zur Forderung im Rahmen der Schalenwildbejagung - das Resultat affektentfesselter Jagdpraxis darstellt. Hier wird mit der Falle gejagt, unselektiv, weder nach Geschlecht noch Alter unterschieden, nicht nach Körperstärke oder Gesundheitszustand gefragt, mit Schrot oder Kugel geschossen, die notwendige Sorgfalt im Umgang mit dem Tier häufig vernachlässigt. Vgl. dazu auch die umfassende Kritik von Bruno Hespeler an der Behandlung des Raubwildes durch den Jäger in seinem Werk Raubwild heute, BLV Verlagsgesellschaft mbH, München 1995, an verschiedenen Stellen.

2223 Bruno Hespeler, Jagd 2000. Zeitgemäße Jagdstrategien, S. 10.

11.5.3.2 Jagdliche Affekte: ihre Bändigung einst und Wiederfreisetzung heute

11.5.3.2.1 Einführung zu den Potenzialen waidgerechter Affektbändigung

Zu den über 1945 hinaus nachwirkenden Errungenschaften des Reichsjagdgesetzes von 1934 gehört die Festschreibung eines ideellen Umbruchs, der es sich gefallen lassen muss, dass man ihm eine teilweise Negierung natur- und tierschutzrechtlicher Belange innerhalb des jagdlichen Sichverhaltens vorwirft. Bis heute werden über jagdliche Begriffe wie Waidgerechtigkeit und Hege ganz bestimmte Jägertypen, Raumdefinitionen und Ordnungsvorstellungen in den deutschen Jagdrevieren verfestigt und alltäglich reproduziert, die im ausgehenden 20. und beginnenden 21. Jahrhundert von der Risikogesellschaft offensichtlich nicht mehr toleriert werden können. Graben aufreißende Konflikte zwischen Waidgerechtigkeit und effektivem, rationalisiertem Töten einiger über Dekaden hinweg jagdlich selbstverschuldeter Hauptproblemarten wie dem wiederkäuenden Schalenwild, aber auch zunehmend des Schwarzwildes, sind das Resultat. Mit der Verabschiedung des Reichsjagdgesetzes und der auch von Werner Rösener attestierten Hinüberrettung seiner wesentlichen Inhalte[2224] in das „neue" Bundesjagdgesetz 1953 wurde die waidgerechte Reglementierung der Jagdausübung über das Jagdgesetz und die Entmündigung der eigentlichen Jagdrechtsinhaber mit denselben Mitteln unter neuen politischen Vorzeichen fortgesetzt. Effiziente Jagdmethoden wie z. B. der Schrotschuss oder die Treibjagd auf Rehwild (lediglich die Drück- und Stöberjagd ist auf Rehwild erlaubt) wurden bis heute verboten. Das Wild wurde nicht nur nach jagdnützlich (Schalenwild, Hasen, Hühnervögel) und jagdschädlich (alles Raubwild, Raubvögel) kategorisiert, sondern zusätzlich innerhalb einer Wildart, wie z. B. den trophäentragenden Cerviden, nach Güteklassen eingeteilt, die es mit Hilfe der Hege und damit auf artifiziellem Wege (z. B. durch Energieeintrag in Form von Futter) zu erreichen galt. Alles ästhetisch Minderwertige (der Heger fixiert sein Handeln auf die Symmetrie des Phänotyps) sollte dagegen abgeschossen werden, während ästhetisch Vielversprechendes wie die so genannten „Zukunftsböcke" oder „Zukunftshirsche" mit ihren prächtigen Geweihausprägungen zu schonen seien[2225]. Die unbedingte Ausrichtung auf die Trophäe führte dazu, dass der Bock im Winter nicht mehr geschossen werden durfte, da er in dieser Zeit sein jährlich neu entstehendes Gehörn schiebt und damit im eigentlichen Sinne trophäen- und gleichbedeutend wertlos ist. Auch das Schießen eines Basthirschen, d. h. eines männlichen Rothirsches in der Zeit der Geweihausbildung (während

[2224] Vgl. dazu bei Werner Rösener, Die Geschichte der Jagd, S. 377. Die gesetzlichen Grundlagen der Jagdausübung, haben sich im Vergleich zum Reichsjagdgesetz nicht wesentlich geändert.

[2225] Herbert Krebs, Vor und nach der Jägerprüfung, 48. Auflage, S. 128-129. Seltsam ist, dass es derartige Begriffe für das trophäenlose weibliche Wild nicht gibt. Niemand redet von einer Zukunftsgeiß oder einem Zukunftsalttier. Das weibliche Wild wird, sobald es Nachwuchs hat, mit Attributen wie „erfahren" oder „schlau" belegt, weil es versteht, den Nachwuchs zu schützen und den Jäger zu umgehen. Man könnte aber auch mutmaßen, dass diese Tiere nur äußerst verschreckt sind, wurden ihnen doch zumeist in den Jahren zuvor jedes Mal ihre Kitze weggeschossen. Zwischen „erfahren" und verängstigt besteht jedoch ein gewisser Unterschied.

dieser Zeit ist das Geweih mit dem Bast überzogen, welcher Nährstoffe transportiert und das sich bildende Geweih schützt) kommt teilweise immer noch einem jagdlichen Sakrileg gleich. Zeitgleich mit den jagdlichen Affektbändigungen wurden die Wildschadensregelungen im Wald aufgeweicht und verwässert. So habe laut Thomas Boschen eine Jägergeneration heranwachsen können, die der Jagd ohne Rücksicht auf wildbiologische oder ökologische Belange nachging und nicht selten aufgrund ihrer Kapitalkraft eine zunächst noch hohe Anerkennung in der Bevölkerung genoss. Vor allem so mancher Jagdpächter aus der Stadt, der großzügig sein Geld in der Gemeinde oder auf dem Land ließ, indem er Dorffeste oder andere Projekte unterstützte, habe einiges Ansehen und Macht in der Bevölkerung genossen. Diese Beschreibung spiegelt die für einige Jagdherren noch unbeschwerte Situation bis in die 1970er Jahre wider. Aber auch heute scheitern Jagdreformen auch am Pächterwiderstand, weil sie deren Interessen zuwider laufen würden. Wildschäden werden von Pächterseite häufig genug bewusst in Kauf genommen und bezahlt oder mit der Jagdpacht vermeintlich gleich mitabgegolten. Anders seien die hohen Wilddichten mit katastrophalen Wald- und Wiesenschäden in manchen Gegenden nicht zu deuten[2226]. Dass dieser kritische Blickwinkel nicht nur von der heterodoxen Jägerseite, sondern auch vom administrativen System geteilt wird, hat im Januar 2004 ein Positionspapier des Umweltministeriums Rheinland-Pfalz aufgezeigt. Ministerin Margit Conrad stellte dieses Positionspapier von Vertretern des Waldeigentums, in welchem eine deutliche Reduzierung des Rot- und Rehwildes gefordert wurde, in Mainz vor. Darin heißt es wörtlich: „Experten des Gemeinde- und Städtebundes, des Waldbesitzerverbandes, der Arbeitsgemeinschaft naturgemäße Waldwirtschaft und der Landesforstverwaltung sind der Meinung, dass momentan in Rheinland-Pfalz kein naturnaher Waldbau möglich sei. Grund dafür wären die zu hohen Reh- und Rotwildbestände und die damit verbundenen Verbissschäden."[2227] Forstministerin Margit Conrad forderte zur Lösung jener Situation ein „schadensorientiertes Rotwildmanagement" und effektive Jagdmethoden. Dazu gehöre auch die Aufhebung der Schonzeit für Rehböcke nach dem 15. Oktober, da eine Beschränkung der Bejagung von Schalenwild ohne wildbiologische Begründung[2228] keinen Sinn mache. Die Forderungen zielen auf Effektivität ohne waidmännische Zurückhaltung (Affektbändigung) ab. Welche Rehwilddichten z. B. mit Hilfe affektgedrosselter, waidgerechter Hege mitunter erreicht werden können, hat eine Studie der Wildforschungsstelle Aulendorf im Rehwildprojekt Borgerhau ergeben. Während in der Literatur die Angaben zur natürlichen Rehwilddichte je nach Art des Biotops zwischen 3 und 15 Stück auf 100 Hektar variieren, wurden im Rahmen des Rehwildprojektes Borgerhau, einem Revier auf der Schwäbischen Alb, Herbstdichten von 108 Rehen pro 100 Hektar und Früh-

[2226] Thomas Boschen, Der Jäger – vom Privilegierten zum Dienstleister, in: Ökologischer Jagdverband Rheinland-Pfalz (Hrsg.), 1992 – 2002, Festschrift zum 10 jährigen Jubiläum, S. 27.

[2227] Pressemitteilung mit dem Titel „Positionspapier stößt auf Kritik", in: Wild und Hund, Ausgabe Nr. 04/2004, S. 102, weiter auch bei Bernd Krewer, Schalenwild und Wald, in: Die Pirsch, Ausgabe Nr. 04/2004, S. 12-13.

[2228] Das Ende der Rehbockjagdzeit am 15. Oktober ist allein aus waidgerechten Gründen entstanden, da der Bock in jener Zeit beginnt sein Gehörn abzuwerfen und er ab diesem Zeitpunkt mittels Zufütterung ein hoffentlich besseres Gehörn im nächsten Jahr schieben soll.

jahrsdichten von 81 Stück ermittelt. Erreicht werden konnten diese Rehwilddichten durch eine selektive Bejagung der Rehe unter waidgerechter Zielsetzung, das heißt dem Ansprechen der Stücke nach Alter, Stärke und Gehörnqualität in Verbindung mit einer sehr zurückhaltenden Erlegung. Zusätzlich fand eine intensive Winterfütterung von Oktober bis April statt und das zusätzliche Äsungsangebot wurde mit der Anlage von Wildäckern aufgewertet[2229]. Damit wurden in der Versuchsphase 1 des Rehwildprojektes die wesentlichen waidgerechten Verhaltensmaßregeln beachtet, die im Rahmen der Hege aus zusätzlichem Energieeintrag mit Fütterung und dem Nichtabschöpfen des Zuwachses bestehen und zu den heute bestehenden Wald-Wild-Konflikten führten und nach wie vor führen.

Im waidgerechten und damit affektgebändigten Jagen, so der Eindruck, liegen Potenziale der bewussten Produktion von Schadbildern auf Grünlandflächen, der Förderung von Verbissschäden, Fegeschäden und Schälschäden im Wald und damit der Enteignung der Grundeigentümer und Waldbesitzer verborgen. Eine so verstandene Waidgerechtigkeit schadet prinzipiell dem Menschen, der Gesamtgesellschaft, indem sie schnelle und notwendige Erfolge im naturnahen Mischwaldbau verhindert und einseitige egoistische Raumvorstellungen zugunsten einer artifiziellen Fauna und Flora über Hege reproduziert. Der waidgerechte „Wahlabschuss", der einzig beim trophäentragenden Schalenwild in Anwendung kommt und der über Generationen hinweg geflissentlich als das hehre Ziel des waidgerechten Jägers beschrieben wurde, kann darüber hinaus zur genetischen Verarmung in den trophäentragenden Wildtierpopulationen führen, da bestimmte Ausprägungen von Körpermerkmalen als jagdlich erwünscht gehegt oder als jagdlich unerwünscht schnell der Wildbahn entnommen werden[2230]. Waidgerechtigkeit greift damit nicht nur interessenmotivisch einseitig und raumgestalterisch in Lebensräume ein, sondern nimmt über die negativen Auswirkungen auf ganze Populationen auch auf die genetische Vielfalt eines Wildtierbestandes Einfluss. Der seit einigen Jahren nun bereits heftig kritisierte und diskutierte selektive Wahlabschuss, der die Maximierung einzelner Körpermerkmale statt der Optimierung des Bestandes, der Population, im Einklang mit seiner/ihrer Umwelt zur Folge hat, wird aus teilweise verqueren, wertkonservativen und die Wildbiologie ad absurdum führenden, revieregoistischen und jagdbiotopgestalterischen Beweggründen bis heute praktiziert. Waidgerechtigkeit bezeichnet damit potenziell eine Art „Verwüstungspraxis" des Jägers orthodoxer Couleur gegenüber ökologisch und ökonomisch bedeutenden postindustriellen Räumen und gegenüber der Erhaltung ge-

[2229] Vgl. dazu die die Broschüre zum Rehwildprojekt Borgerhau. Untersuchungen zur Ökologie einer freilebenden Rehwildpopulation, in: Wildforschungsstelle des Landes Baden-Württemberg (Hrsg.), Schriftenreihe Wildforschung in Baden-Württemberg, Band 5, S. 11ff.; S. 53ff.

[2230] Vgl. dazu die Ausführungen von G. B. Hartl, Einfluss der Bejagung auf das Rotwild aus genetischer Sicht, in: Ökologischer Jagdverband Rheinland-Pfalz (Hrsg.), 1992-2002, Festschrift zum 10 jährigen Jubiläum, S. 50ff, weiter auch einen Artikel von Klaus Röther, Totalabschuss wegen genetischer Verarmung, in: Die Pirsch, Ausgabe Nr. 08/1995, S. 12ff. Hier hatte das Land Hessen die Absicht bekundet, das Rotwildgebiet „Gieseler Forst" aus populationsgenetischen Gründen um über 3000 Hektar zu verkleinern, so Röther. Ob dies zwischenzeitlich gegen den Widerstand der ansässigen Jägerschaft erreicht wurde, ist mir leider unbekannt.

sunder und stabiler Wildtierpopulationen. Damit ist die Waidgerechtigkeit weit mehr eine „Jagd- oder Jägergerechtigkeit", da sie allein den egoistischen Interessen des Jägers dient, die berechtigten Interessen der Land- und Forstwirtschaft negiert, Erholungssuchende als Störfaktoren[2231] bezeichnet und das Jagdrevier als kleinen, abgegrenzten Herrschaftsraum fehlgeleiteter jagdlicher Vorstellungen definiert, in denen der Sieg über die Vernunft in vielen kleinen alltäglichen Handlungen reproduziert wird.

11.5.3.2.2 Zum waidgerechten Benehmen. Inhalte, Wirkungen, Konflikte

An dieser Stelle sei zunächst darauf hingewiesen, dass es nicht möglich ist, sämtliche Widersprüche der Waidgerechtigkeit in ökologischer, wildbiologischer, tierschutz- und naturschutzfachlicher Hinsicht im Rahmen dieser Arbeit aufzuzeigen. Literatur zu jenen Widersprüchen gibt es zwar, jedoch neben Bruno Hespeler und Wilhelm Bode/Elisabeth Emmert leider kaum von jagenden Autoren, sondern vielmehr aus den Reihen der zuweilen sehr rigorosen Jagdgegnerschaft[2232]. Jagdliche Autoren, so der Eindruck, haben hier die Chancen versäumt, einen von innen heraus stattfindenden reinigenden Prozess in Gang zu bringen, der Missstände benennt und zu beheben versucht. Die Gründe dafür sind mir nicht bekannt, lassen aber auf fehlende Courage oder tatsächlich auf fehlende Einsicht in den Reihen der privaten Jägerschaft schließen. Vorweg möchte ich ein Zitat von Bruno Hespeler anfügen, welches die Verwirrung um den Begriff der Waidgerechtigkeit oder dessen, was waidgerechtes Benehmen gemeinhin auszeichnet, auf den Punkt bringt: „Was der organisierten Christenheit die Zehn Gebote, das ist dem deutschen Jäger die Waidgerechtigkeit. Der große, schwerwiegende Unterschied besteht darin, dass die Zehn Gebote eine ebenso simple wie konkrete Lebens- und Verhaltensregel darstellen – klar, einfach, überschaubar und unzweideutig; was konkret waidgerecht ist, steht nirgends geschrieben!"[2233] Waidgerechtigkeit, ob ihrer Unfassbarkeit oder aus reinem Verlegenheitsdenken heraus zuweilen umschrieben als „eine dem Waidmann innewohnende Einstellung, die sich im Einklang mit den Regeln und Gebräuchen des Waidwerks befindet", gebiert lediglich weitere Fragen, provoziert Konflikte, Unsicherheiten und ist damit nur ein weiteres Indiz für ihre inhaltliche Leere. Dies, so Bruno Hespeler, sei jedoch von den „Erfindern" der Waidgerechtigkeit 1934 und deren Nachfolgern in der Bundesrepublik eindeutig so gewollt gewesen, um unliebsame Jäger auszuschließen und damit die eigenen Reihen geschlossen zu halten[2234]. Jagd, so das Resümee, konnte über das Reglement der Waidgerechtigkeit und die noch heute gültigen Instrumente der innerverbandlichen „Rechtsprechung", welche bis zum Jagdscheinentzug reichen können, gewissermaßen ein Staat im Staate bleiben, mit eigenen Gesetzen und eigener Jurisdiktion[2235]. Waidgerechtigkeit ist insofern weit mehr als nur ein zuweilen belächeltes

[2231] Vgl. dazu bei Ulrich Schraml, Störfaktor Freizeitmensch, in: Die Pirsch, Ausgabe Nr. 22/1996.

[2232] So z. B. von Thomas Winter, Jagd – Naturschutz oder Blutsport?, S. 215ff.

[2233] Bruno Hespeler, Jäger wohin?, S. 71.

[2234] Vgl. ebd., S. 71ff.

[2235] Über die Ehrengerichtsbarkeit, die sich dem Zugriff der staatlichen Regelungsorgane entziehen sollte, und über den schlichtweg aristokratischen Aufbau des DJV ist es diesem Organ der Deutschen Jägerschaft gelungen, einen „kleinen" Staat im Staate zu kreieren. Die Bezüge zur

folkloristisches Ritual oder lediglich ein Verhaltensstandard, der dem Wohle allen Wildes und dessen Lebensraum dient. Hier klaffen Anspruch und Wirklichkeit stark auseinander, denn immerhin wird sie ja als Wohltat für das Wild nach außen hin verteidigt. Nicht zuletzt aus diesem Grunde wird gerade vor dem Hintergrund der Diskussionen um die Jagdrechtsnovellierung von heterodoxer Seite und von Seiten des Naturschutzes die Streichung des Begriffs Waidgerechtigkeit aus dem Gesetzestext gefordert[2236]. Ob es mit der bloßen Streichung jedoch zu einer Wende im jagdlichen Selbstverständnis oder gar zu einem Durchbruch der Ratio kommen wird, ist fragwürdig. Mit der Streichung eines Begriffes, ohne „Ausmerzen"[2237] seiner Ideologie, wird die Zweckrationalität noch nicht zwangsläufig in die Jagd der privaten Jägerschaft zurückfinden können. Ihre Zweckrationalität, so auch die Ausführungen in Kapitel 9, hatte die Jagd mit dem Niedergang der Aristokratie auf lange Zeit verloren. Das seitdem in Jagdkreisen bestimmende wertkonservative, orthodoxe jagdliche Bürgertum konnte teilweise bis heute jedwede Zweckrationalität im Rahmen der Jagd erfolgreich verhindern. Wohin diese Zementierung orthodoxer Sinnlosigkeit jagdlicher Handlungen zuweilen führte, geht aus den weiter unten noch zu zitierenden Worten von Forstministerin Margit Conrad (Rheinland-Pfalz) hervor: zur Devastation bestehender Waldgesellschaften und zur Verhinderung des Aufbaus eines dringend gebotenen naturnahen Mischwaldes. Das waidgerechte Benehmen umschreibt insofern die in weiten Teilen wie der Schalenwildbejagung und der Räuberregulierung bestehende Irrationalität gegenwärtiger orthodoxer Jagdpraktiken und des sie determinierenden jagdlichen Selbstverständnisses. Wurde jahrtausendelang bis zum endgültigen Untergang der Aristokratie die Jagd rational für epochen- und gesellschaftsspezifische Zwecke und Ziele funktionalisiert, so trifft jeder Versuch, dies in der Gegenwart wiederum in Anwendung zu bringen, im orthodoxen Lager auf einiges Unverständnis. Die Waidgerechtigkeit fungiert zwischenzeitlich als ein Bollwerk gegen die Ratio, was der Jagd in keiner Weise zuträglich ist, ja gar ihre Zukunftssicherheit in Frage stellt[2238]. Jagd läuft

Vorgängerorganisation, dem ADJV, sind unverkennbar. Zur Ehrengerichtsbarkeit vgl. auch bei Horst Alexander Willam, Wildbahn und Waidwerk in Baden-Württemberg 1875-1975, herausgegeben vom Landesjagdverband Baden-Württemberg e.V., S. 87. Weiter auch im BLV Jagdlexikon zur Disziplinarordnung, welche die Regeln zur Standesgerichtsbarkeit der im DJV organisierten Jäger (muss wohl korrekterweise heißen: im LJV organisierten Jäger) umfasst. Die Disziplinarordnung normiert die Pflichten eines jeden Jägers, sie regelt die Ahndung von Verfehlungen, den Verfahrensweg bei Disziplinarverfahren, die Bildung von Disziplinarausschüssen und der Berufungsinstanzen. Vgl. ebd., S. 159.

2236 Vgl. dazu den Novellierungsvorschlag des Ökologischen Jagdverbandes zum Bundesjagdgesetz, Sonderdruck des Ökologischen Jagdverbandes, 2001, S. 5, weiterhin auch die Broschüre des Ökologischen Jagdvereins Bayern e.V., Argumente für eine Novellierung des Bundesjagdgesetzes. Dort heißt es: „Weidgerechtigkeit soll durch >>Beachtung des Natur- und Tierschutzes<< ersetzt werden." Ebd., S. 4.

2237 Auch der Begriff „ausmerzen" ist ein waidgerechter Begriff, bezeichnet er doch die Tötung von nicht erwünschtem, unterdurchschnittlich entwickeltem männlichem Schalenwild. Was keine vielversprechende Trophäe zu geben verspricht, darf ohne Rücksicht auf andere körperliche Merkmale erlegt werden.

2238 Georg Sperber dazu: „Das bisherige jägerische Spaßvergnügen der selektiven Einzeljagd (als einzig waidgerechte Jagd, Anm. d. V.) von Mai bis Januar, das Höchstmaß der Anwesenheit des Störfaktors Jäger auf ganzer Fläche, hat keine Zukunft. Die Einzeljagd des Hock- und Andamit Gefahr, in die Hände von „professionals" gespielt zu werden, in die Hände von Spezialisten, die kaum mehr „waidgerecht" und damit affektgebändigt ihre Aufgabe erledigen werden, sondern die die überhöhten Wildbestände in kurzer Zeit und rigoros zu dezimieren versuchen werden und das einzig aus dem Grunde, weil eine orthodoxe Jägerschaft ihre Chance auf jagdliche Betätigung und Beteiligung sehenden Auges leichtfertig aufs Spiel gesetzt hat. Ihren Einfluss auf die Jagd, auch auf die Jagdkultur, hätte sie dann endgültig verloren. Diese Entwicklung kann die Dachorganisation der deutschen Jäger nicht wollen; dennoch treibt sie sich und ihre Mitglieder unaufhaltsam darauf zu.

Oberflächlich betrachtet bietet die Waidgerechtigkeit zunächst kaum einen Angriffspunkt für Kritik oder für den Vorwurf, im Wildtierreich zwischen nützlich (Hirsch, Reh, Hase, Fasan, etc.) und schädlich (alles Raubwild), zwischen ritterlich (Sau) und überflüssig (Krähen, Elstern, Fuchs, etc.), zwischen Tier- und revieregoistischen Interessen willkürlich zu trennen. So gibt es im aktuellen praktischen Handbuch der Jagdkunde von Fritz Nüsslein aus dem Jahre 2003 folgende Umschreibung zur Waidgerechtigkeit: „Unter Waidgerechtigkeit versteht man die disziplinierte und sittlich begründete Einstellung des Jägers zum Wild, indem er die Grundkenntnisse der Jagdkunde beherrscht und die Hege und angemessene Erhaltung des Wildes voranstellt", „zum Jagen, indem er unbeherrschtes Töten vermeidet, dem Wild Qualen erspart und die Beute sachgerecht behandelt", „das jagdliche Kulturgut wahrt und überlieferten Brauch sinnvoll pflegt", „zum Mitjäger, indem er ihm kameradschaftlich und hilfsbereit gegenübersteht", „und zur Gesellschaft, indem er ihr aufgeschlossen begegnet und seine jagdliche Tätigkeit in den Rahmen zeitgerechter Erfordernisse stellt"[2239]. Auch das Bundesjagdgesetz fordert den Jäger in § 1 Abs. 3 BJG auf, bei der Ausübung der Jagd die „allgemein anerkannten Grundsätze deutscher Waidgerechtigkeit zu beachten"[2240]. Prinzipiell werden dem unkundigen Betrachter keinerlei Anhaltspunkte gegeben, die ihn berechtigen würden, Kritik an jenen Grundsätzen jagdlichen Verhaltens, jagdlicher Moral und Ethik zu üben, sind sie doch jedermann verständlich und in ihrer Aussage nicht weniger eingängig formuliert als der juristische Grundsatz von Treu und Glauben. Wo liegen also die Widersprüche und, stärker noch, die entgegen dem eigenen Anspruch zutiefst amoralischen und unethischen Inhalte der deutschen Waidgerechtigkeit verborgen? Waidgerechte Spielräume, zumindest in der Auslegung des Begriffs, oder eine Bandbreite dessen, was moralisch gerade noch oder aber in keinem Fall mehr geduldet werden kann, sind durch die Unbestimmtheit des Begriffs und durch seine inhaltlichen Erblasten aus dem Ende des 19. und beginnenden 20. Jahrhundert ableitbar. Wer z. B. eine klare Definition der aner-

---

sitzjägers samt dem dazu gehörigen Trophäenkult wird als herausragendstes Kennzeichen der späten Dekadenzphase neofeudalistischer Jagd im Museum enden, wo Kuriosa aus der wechselvollen Jagdhistorie von den Entartungen dieses ältesten Freizeitvergnügens zeugen". Georg Sperber, „So kommt die Jagd auf den Hund", Festvortrag von Dr. Georg Sperber, in: Ökologischer Jagdverband Rheinland-Pfalz (Hrsg.), 1992-2002, Festschrift zum 10jährigen Jubiläum, S. 18.

[2239] Fritz Nüsslein, Das praktische Handbuch der Jagdkunde, S. 186. Vgl. dazu bei Monika E. Reiterer, Ärgernis Jagd?, S. 110, ebenso im DJV Handbuch Jagd 2003, S. 50ff.

[2240] Siehe ebd., § 1 Abs. 3, BJG (hier allerdings wird Waidgerechtigkeit mit „ei" geschrieben).

kannten Grundsätze der Waidgerechtigkeit im Gesetz vermutet, irrt; es gibt sie nicht. Lediglich einige ebenfalls teilweise widersprüchliche und unsachliche Verbote der §§ 19ff BJG lassen eine Ahnung waidgerechten Benehmens aufkommen. Unzählige Juristen und Gerichtsverhandlungen haben bis heute nicht eindeutig klären können, wer sich wann, warum und nach welchen konkreten Maßgaben unwaidgerecht, resp. waidgerecht verhalten hat.

Begriff und Inhalt der Waidgerechtigkeit, aber auch die (reichs- oder bundeseinheitliche) Jagdgesetzgebung, so der Eindruck, haben sich überwiegend vor dem Hintergrund eines fehlenden gesellschaftlichen Drucks auf das System der Jagd entwickelt. Tatsächlich begann ohne wirkliche Not erst 1934 die Bändigung der noch zu Beginn des 20. Jahrhunderts üblichen und effektiven jagdlichen, zumeist bäuerlichen Verhaltensweisen ihren Niederschlag im § 4 des Reichsjagdgesetzes zu finden. Vor 1934 war der Terminus der Waidgerechtigkeit in keinem Gesetz auch nur erwähnt[2241]. Dort wurde nun erstmals fixiert, dass die Jagd nur nach „den allgemein anerkannten Grundsätzen deutscher Waidgerechtigkeit ausgeübt werden" darf. Sowohl 1934 als auch 2006 wird man keinen Jäger, geschweige denn einen Funktionär des DJV finden, der diese allgemein anerkannten Grundsätze hinreichend aufzählen könnte. Bis heute wurde mit Hilfe dieser anerkannten (von wem, wodurch, nach welchem Beschluss?) Grundsätze eine Situation geschaffen, die es dem Jäger verunmöglicht, sich auf eine eindeutige Handlungsmaxime berufen zu können. Der DJV noch im Jahre 2003 dazu: „Welche Handlungen insoweit waidgerecht sind und welche nicht, kann nicht allgemein und erschöpfend im Detail festgelegt werden. Vielmehr ist jeder Einzelfall gesondert zu beurteilen und abhängig vom Motiv des Handelnden, dem Objekt dieser Handlung und dem Ort des Geschehens. Jedenfalls ist keineswegs alles erlaubt, was nicht ausdrücklich verboten ist. Vielmehr fordern die Grundsätze der Waidgerechtigkeit eine Selbstbeschränkung des Jägers."[2242] Das sorgfältige Ansprechen des Wildes, die Jagd- und Schonzeiten sowie die Hege des Wildes sind wesentliche Bestandteile dieser Selbstbeschränkung. Grundsätzlich ist gegen eine gewisse Selbstbeschränkung wie z. B. das Verbot automatischer Waffen und die Einführung von Schonzeiten oder den Schutz der Elterntiere während der Jungenaufzucht sowie den Zusammenhalt der Sozialstrukturen nichts Nachteiliges zu sagen; im Gegenteil, dies sollte jedem Jäger in Fleisch und Blut übergegangen sein. Sobald jene Selbstbeschränkungen jedoch gegen epochenspezifische oder den Anforderungen der Zeit entsprechende ökologische und auch ökonomische Notwendigkeiten verstoßen, auf Ideologien, auf tierquälerischen Handlungsmethoden und falsch verstandener Traditionspflege beruhen oder in der Praxis gar erst dazu führen, dann geben sie selbst die Mittel zu ihrer eigenen Liquidation in die Hand.

[2241] Allerdings sei darauf hingewiesen, dass 1925 und 1926 Begriffe wie Waidgerechtigkeit und Hege zuerst im sächsischen und dann auch im thüringischen Landesjagdgesetz allmählich in den Mittelpunkt rückten. Der reichsweite und einheitliche Kodex der Waidgerechtigkeit und der Hege fand jedoch erst 1934 seinen Durchbruch. Vgl. dazu auch bei Peter Conrad, BJG – kein Nazigesetz!, in: Deutsche Jagdzeitung, Ausgabe Nr. 09/2004, S. 9.

[2242] Vgl. dazu die Positionen des DJV, Stichwort „Waidgerechtigkeit", unter der URL: http://www.jagd-online.de/seite.cfm?010208. Vgl. weiterhin dazu im DJV Handbuch Jagd 2003, S. 50f.

Gerade in der in Kapitel 10 angeführten Risikogesellschaft, die sich auch durch waldbauliche Probleme und deren Wahrnehmung in Politik und Gesellschaft, durch steigende Schalenwildbestände und die Ausweisung von Schweinepestgebieten sowie das diesem vorausgehende jagdlichen Missmanagement auszeichnet, werden durch eine ansonsten als notwendig erachtete partielle Selbstbeschränkung Gefahrenpotenziale produziert, die nur durch Affektfreisetzungen und nicht durch Bändigungen vermindert werden können. Der jagende Mensch ist mit den herkömmlichen waidgerechten und affektgebändigten Jagdpraktiken nachweislich nicht in der Lage die stetig steigenden Schwarzwildpopulationen in den Griff zu bekommen oder das Rehwild nachhaltig und auf großer Fläche zugunsten des naturnahen Waldbaus zu reduzieren. Selbst der Fuchs, der mit einem wesentlich niedrigeren affektuellen Verhaltensstandard bejagt wird als jede Schalenwildart, kann mit jagdlichen Mitteln im Rahmen der aktuell gültigen Jagdgesetze kaum nachhaltig reduziert werden[2243]. Dies bleibt allein der Tollwut vorbehalten, deren Ausbruch vom Menschen durch entsprechende Impfung verhindert wird. Um wenigstens ein gewisses Maß der dringend notwendigen Reduktion von Schalenwildbeständen zu erreichen oder zumindest deren weiteres Anwachsen zu verhindern, ist es unabdingbar, die vorhandenen waidgerechten Barrieren zu durchbrechen und altüberkommene, urtümlich bäuerliche Affekte wieder freizusetzen. Dort, wo die Waidgerechtigkeit im hier zur Kritik stehenden Sinne am stärksten greift oder ihren moralischen und ethischen Halt hat, nämlich einzig und allein beim Schalenwild (alles andere Wild wird mittels anderer Affektstufen bejagt), dort ist sie obsolet und ein Risiko, da gefahrenproduzierend.

Die nach wie vor geübte waidgerechte Selbstbeschränkung des Jägers ist immer dann äußerst fragwürdig, wenn sie sich artvergleichend und vor dem Hintergrund des Tierschutzes selbst widerspricht. So ist der Schuss auf ein flüchtendes Stück Reh- oder Rotwild nicht waidgerecht, während derselbe Schuss auf Schwarzwild gängige Praxis ist. Waidgerecht ist der aus Gründen des Tierschutzes abzulehnende Schuss auf pfeilschnelle Fasanen, während der viel sicherere und in seiner Tötungswirkung bessere Schuss auf den laufenden Fasanen (den so genannten Infanteristen) unwaidmännisch ist. Waidmännisch ist die Nachtjagd auf Schwarzwild an Kirrungen oder auf Wiesen und Feldern, gesetzlich verboten und damit ebenfalls unwaidmännisch ist dieselbe Jagd auf Rehwild oder gar auf den Rothirsch. Waidmännisch ist dagegen länderspezifisch die Nachtjagd auf weibliches Rotwild, auf den trophäentragenden Hirsch ist sie es nicht[2244]. Raubwild wie Füchse, Baum- und Steinmarder, Iltis und Mauswiesel können waidgerecht in Fallen gefangen werden[2245], während der Saufang und die Kastenfalle für Rehe als

---

[2243] Vgl. dazu die Ausführungen zur Bejagung des Fuchses bei Bruno Hespeler, Raubwild heute, S. 11-51.

[2244] So ist nach § 6, Abs. 1 LJagdGDVO Baden-Württemberg die Nachtjagd auf weibliches Rotwild und auf Rotwildkälber sehr wohl erlaubt.

[2245] Dabei scheint es der Waidgerechtigkeit keinen Abbruch zu tun, dass die Fallenjagd Ergebnisse produziert, die mit dem Tierschutz in keine Übereinstimmung zu bringen sind. So berichtet Bruno Hespeler in seinem Buch Raubwild heute, S. 46-50, davon, dass von 97 gefangenen Füchsen mehr als 10% noch im Eisen lebten und bei weiteren 2,1% ungewiss war, ob sie sofort tot waren. Von 70 Mardern waren nur 87,1% sofort tot, der Rest überlebte die „Totschlagfalle"

unwaidmännisch gelten. Jungfüchse aus dem Bau zu graben, sie dann zu erschlagen oder sie nacheinander am Bau zu erschießen ist im Sinne der Hegeideologie waidgerecht[2246], während das Töten eines nur wenige Wochen alten Nestflüchters wie vom Rotwild, Gamswild, Damwild oder Rehwild höchst unwaidmännisch wäre. Oder um es mit den Worten von Bruno Hespeler auszudrücken: „In manchen Niederwildrevieren werden alljährlich die Jungfüchse gegraben und vernichtet. Was würden diese Jäger sagen, wenn Waldbesitzer oder Förster im Frühjahr durch die Wiesen streifen würden, um Rehkitze totzuschlagen?“[2247] Dabei wird zusätzlich übersehen, dass es aus der Sicht eines Waldbesitzers ökonomischer und dort, wo es ohnehin zu viele Rehe hat, sicher auch ökologischer wäre ein Rehkitz zu erschlagen als einen Fuchswelpen im Wald zu graben und zu töten. Ein Blick über die Grenzen würde zeigen, dass in einigen österreichischen Bundesländern die Jagd auf Kitze und Geißen bereits am 1. Juni beginnt, zu einer Zeit also, in denen die Kitze frisch gesetzt wurden. Warum auch nicht, gestreifte Frischlinge sind schließlich auch frei und landen bei uns in geselliger Runde auf dem Grill. Ganz offensichtlich werden Trophäenträger, insbesondere der Cerviden und Boviden, mit einer gänzlich anderen Form der Waidgerechtigkeit bedacht als alle anderen Wildtiere. Aus diesem Grunde ist es nur allzu gut nachvollziehbar, dass sich die Jagdgegnerschaft dieses raumkonstituierenden (wald- und räubervernichtenden) Verhaltens gerne annimmt, zumal die Widersprüche innerhalb der Waidgerechtigkeit genügend Munition für umfassende Jagdkritik selbst liefern[2248]. Da es äußerst müßig ist, sich detailliert auf etwas einzulassen, von dem es keine allgemein akzeptierte Definition gibt, von einer Verhaltensmaßregel, die so zweideutig ist wie kaum eine andere, die bei näherer Betrachtung nichts mit Kategorien wie dem Anstand (von anständig!) oder der Unteilbarkeit von Moral gemein hat, soll es hier lediglich um die Frage gehen, wem waidgerechtes Benehmen nutzt (dem Wild, dem Jäger, der Umwelt, der Gesellschaft?), aus welchen Maximen sich waidgerechtes Benehmen zusammensetzt, gegenüber welchen Wildtieren dieses Verhalten wohlwollend Anwendung findet und gegenüber welchen es mit unverhältnismäßigen Härten angewandt wird. Daneben ist die Frage zu klären, zu welchen räumlichen Wirkungen die spezifisch deutsche Waidgerechtigkeit bis heute führte.

Aus dem Blickwinkel der Konstruktion von Raum oder der Reproduktion von räumlichen, ökonomischen und ökologischen Ordnungsvorstellungen ist es nicht zuletzt die Waidgerechtigkeit, die zu den Konflikten zwischen Jägerei und Försterei sowie zwischen Jägerei und Naturschutz führte und die innerhalb des jagdlichen Lagers die Teilung in Orthodoxie und Heterodoxie zumindest unter-

---

oder der Eintritt des Todes blieb zweifelhaft! Diese Zahlen wurden vom Institut für Wildtierforschung an der Tierärztlichen Hochschule Hannover im Auftrag des DJV 1990 eruiert. Außer bei Bruno Hespeler fand ich sie bisher nirgends publiziert.

2246 Vgl. dazu einen Artikel von Peter Engel, Je früher, desto besser, in: Wild und Hund, Ausgabe Nr. 11/2004, S. 23ff. Das gesamte Fuchsgeheck, so Peter Engel, wird am besten mit Hilfe von Welpenfallen über Nacht „abgefischt“.

2247 Bruno Hespeler, Raubwild heute, S. 48.

2248 Vgl. dazu die Kritik an Jagd und Jäger bei Thomas Winter, Jagd. Naturschutz oder Blutsport? S. 215ff, zur Waidgerechtigkeit; weiter auch bei Walter Christiansen, Die Jagd ist nicht mehr zeitgemäß, S. 69ff.

stützt oder gefördert hat. Sowohl der Naturschutz als auch die heterodoxe Jagdseite verfolgen räumliche Zielvorstellungen im naturnahen Mischwaldbau, die durch das jagdliche Sichverhalten der orthodoxen Seite im wahrsten Sinne des Wortes waidmännisch verhindert, zumindest aber erschwert werden. Dabei ist der orthodoxen Seite nicht zu unterstellen, dass sie den naturnahen Mischwaldbau nicht haben möchte, sie fördert ihn durch ihr Verhalten nur nicht, da sie noch mit obsoleten Jagdpraktiken und einem ebensolchen jagdlichem Rollenverständnis ausgestattet ist, welches aus der Kahlschlagswirtschaft und dem Altersklassenwald[2249] (überwiegend hinter Zaun gesät und aufgewachsen) resultiert. Beide Formen räumlicher Ordnungsvorstellungen stehen sich heute weitgehend unversöhnlich gegenüber, da zumindest der Altersklassenwald und die Aufforstung in Reinkultur (egal welcher) hinter Zaun keine Optionen mehr im modernen und anforderungsspezifischen Waldbau darstellen[2250]. Hätte die industrialisierte Gesellschaft mit ihrer naturzerstörenden Kraft vor dem Hintergrund der nach wie vor desaströsen Waldzustände[2251] – herbeigeführt durch generationenübergreifenden Altersklassenbetrieb und Kahlschlagswirtschaft, durch Überhege des Schalenwildes, durch Emissionen und Immissionen sowie durch Sturm, Schnee und Insekten – die Notwendigkeit zu handeln und umzudenken nicht vor Augen geführt und hätte die Gesellschaft daraus nicht erkannt, dass Jagd im Rahmen der industrialisierten Risikogesellschaft mehr ist als nur das harmlose und unbedenkliche Hobby einiger weniger, so gäbe es bis heute vermutlich keinen Druck von außen auf das System der Jagd und damit auch auf die durch Jagd begünstigten oder verhinderten Raumkonstruktionen im deutschen Wald. Der Tierschutz, der zwischenzeitlich ebenfalls im Sinne des Drucks von außen die waidgerechte Jagd zunehmend anprangert, konnte überwiegend erst im Schatten der Naturzerstörung gedeihen. Heute spielt er eine sehr gewichtige Rolle in den Diskussionen um die Jagd. Im Zusammenhang mit der Waidgerechtigkeit schrieb nicht zuletzt deshalb Christian Itzen, selbst Jäger, dass es der Tierschutz eines Tages sein wird, der den Jägern ein Bein stellt, und nicht der Naturschutz[2252], da ganz offensichtlich unter dem Deckmantel der Waidgerechtigkeit eine „Zweiklassengesellschaft“ im Tierreich manifestiert wird, deren Errungenschaften biotopzerstörerische Prosperität für das Schalenwild und der

---

2249 Diese Waldbauformen, so genannter „Man-Made-Forest“, weil keine natürliche Verjüngung, sondern einzig und allein händisch wie im Ackerbau gesät, herrschten noch bis in die 1970er Jahre vor. Wo noch im 18. Jahrhundert Mischwaldbestände standen, wurde nach dem Kahlhieb Jahrzehnte nur mit Fichte oder Kiefer aufgeforstet und das Waldbild vollkommen verändert, artifizialisiert. Die Schäden der Industrialisierung, das Waldsterben von oben (Immissionen) und von unten (zu hohe Schalenwilddichten), haben das Bewusstsein geschärft, dringend den Wald der Jagd voranzustellen. Vgl. auch bei Franz Straubinger, Vom schlagweisen Altersklassenwald zum naturgemäßen Wirtschaftswald, in: Wilhelm Bode (Hrsg.), Naturnahe Waldwirtschaft, S. 159ff.

2250 Vgl. dazu auch die Ausführungen der GRÜNEN im Landtag für die Novellierung des badenwürttembergischen Landesnaturschutzgesetzes, in: Die GRÜNEN/Bündnis 90, Das Naturschutzrecht von Grund auf modernisieren, S. 10.

2251 Vgl. dazu den Waldzustandsbericht 2004 der Forstlichen Versuchs- und Forschungsanstalt Baden-Württemberg, herausgegeben von der FVA Baden-Württemberg, Freiburg 2004.

2252 Vgl. dazu bei Christian Itzen, Die lodengrüne Welt ist in Ordnung – oder etwa nicht? in: Wild und Hund, Ausgabe Nr. 25/1997, S. 9.

Entzug der Lebensgrundlagen für das Raubwild seien[2253]. Die orthodoxe Seite und ihre waidgerechte Verwüstungspraxis (bezogen auf die Hege und die damit zusammenhängende Verunmöglichung naturnaher Waldmodelle, die Gefährdung von Bergwäldern, die Gefahr von Seuchen und Krankheiten durch zu hohe Wildbestände, etc.) macht einer jagdkritisch eingestellten Öffentlichkeit wesentliche Kritikpunkte durch ihr Verhalten erst zugänglich. Die Ordnungsvorstellungen der traditionalen/orthodoxen Jägerei, die über die Inhalte der Waidgerechtigkeit reflektiert werden und Rückschlüsse auf ganz bestimmte, revieregoistisch zu nennende, rein jagdwirtschaftlich motivierte räumliche Vorstellungen in ökologischer, ökonomischer und sozialer Hinsicht zutage fördern, ziehen regelmäßig die Hauptkritik aus verschiedenen gesellschaftlichen Gruppierungen auf sich. Diese in der Waidgerechtigkeit zum Ausdruck kommenden Ordnungsvorstellungen sind hauptsächlich in einer Ungleichbehandlung von Waldvegetation und Wildbestand im Allgemeinen, einer artifizielle Fakten schaffenden Übervorteilung von Schalenwildarten bei gleichzeitiger Benachteiligung aller Raubwildarten im Besonderen als auch einer mangelnden sozialen Kompetenz des Jägers im Rahmen einer demokratischen Gesellschaftsordnung zu analysieren. In allen diesen drei genannten Punkten widerspricht das Gebot waidgerechten Benehmens der Realität und den Forderungen der Gesellschaft. Die Widersprüchlichkeit der Waidgerechtigkeit und insbesondere ihre Negierung oder Teilung des Tierschutzgedankens ist ein schweres Pfund, welches Jagd und Jäger in das 21. Jahrhundert hinüberzuretten versuchen. Die waidgerechte Jagd als Instrument der revieregoistischen, jagdlichen Raumkonstruktion fällt – so bleibt aufzuzeigen – auf die Gesamtgesellschaft zurück und beeinträchtigt deren berechtigte und hochrangige Interessen an einer stabilen und funktionstüchtigen Waldgesellschaft.

11.5.3.2.2.a Waidgerecht: Schieflage zwischen Schalenwild und Wald

Wie sehr der Habitus des waidgerechten Jägers räumliche Ordnungsvorstellungen einer vergangenen Zeit reproduziert und damit einen deutlichen Kontrast zur Raumvorstellung und Raumnotwendigkeit des „naturnahen Mischwalds" darstellt, wurde schon in Kapitel 10 ausführlich diskutiert. Den Großteil der gegenwärtigen Konfliktpotenziale um die Jagd stellen deshalb nicht umsonst die beiden Pole Wildhege und Waldschutz sowie deren jeweilige Anhängerschaft dar. Hege des Schalenwildbestandes im orthodoxen Sinne verunmöglicht regelmäßig den Aufbau naturnaher Mischwaldstrukturen, während die konsequente Anwendung des Waldschutzes die Populationsdichte von Schalenwildarten so ausdünnen würde, dass Hege im herkömmlichen Sinne zwangsläufig nicht mehr greifen könnte. Das Selektionsdenken der Hege ist an eine gewisse Häufigkeit des zu hegenden Wildes

[2253] Es wird offen in jagdlichen Medien darüber diskutiert, ob es nicht gerechtfertigt sei, im Sinne der Niederwildhege dem Raubwild den Lebensraum gar zu verschlechtern, während dem Rehwild immer und überall der Tisch gedeckt wird, ohne auf den damit zusammenhängenden steigenden Verbiss zu achten. Dass dies gegen geltendes Recht verstößt, scheint niemanden zu kümmern, so waidgerecht kann Hege sein. Vgl. dazu Artikel von Klaus Schmidt, Fristlose Kündigung für den Fuchs, in: Deutsche Jagdzeitung, Ausgabe Nr. 12/2004, S. 26ff. Gleichzeitig wird in Wild und Hund, Ausgabe Nr. 23/2004, S. 138, eine Rangliste über die stärksten in Deutschland geschossenen Füchse veröffentlicht.

unmittelbar gebunden. Nur wo viel Wild vorhanden ist, kann selektiv gejagt werden. Aus diesem Konflikt heraus legte der Deutsche Naturschutzring 1991 einen Entwurf für ein neues Bundesjagdgesetz vor, welcher die Zurückdrängung jenes orthodoxen Jagdverständnisses verfolgte und auf dem Primat des Naturschutzes beruhte. Die Schieflage zwischen Schalenwild und Wald, der Konflikt zwischen Hege und Waldschutz sollte nach diesem Entwurf durch die Reduzierung der Schalenwildbestände auf lange Sicht gelöst werden[2254]. Einige Bestandteile der Waidgerechtigkeit, wie die Fütterung des Verbiss verursachenden Schalenwildes, z. B. des Reh- und Rotwildes im Rahmen der Hege, sowie die damit verbundenen Populationssteigerungen in Verbindung mit der Zurückhaltung beim Abschuss durch sehr ernst genommene und deshalb nicht weniger unsinnige Ansprechmerkmale (siehe weiter unten) und deren Auslöser für oder gegen den Schuss, führen schon seit den 1930er Jahren bis heute immer wieder zu der Erkenntnis (die im Übrigen bereits 1935 Aldo Leopold bei seinem Besuch in Deutschland formulierte), dass eine bessere Waldwirtschaft nur mit einer radikalen Reform der Wildbewirtschaftung zu erreichen oder umgekehrt ein besseres Wildmanagement nur mit einem radikalen Wechsel der Forstwirtschaft möglich sei[2255]. Die jagdwirtschaftliche Realität (zumindest die in den privaten Pachtjagden) verfolgt jedoch bis heute den Grundsatz „Wild vor Wald", was in der Vergangenheit nicht selten dazu führte, dass sämtliche Versuche einer naturnahen Waldwirtschaft oder des Umbaus forstlicher Monokulturen zu naturnaheren Mischwaldstrukturen hinter Zäunen stattfinden mussten, die allein in Bayern bis 1991 auf 8000 Kilometer anwuchsen[2256]. Dass auch im Jahr 2004 der Wald auf großer Fläche seine ökonomischen und ökologischen Aufgaben wegen zu hoher Schalenwildbestände teilweise nicht erfüllen kann, geht aus einem von Ministerin Margit Conrad im Januar 2004 für Rheinland-Pfalz vorgestellten Positionspapier hervor. Dort heißt es unter anderem, dass die gravierenden und fortwährenden Wildschäden am Wald, wie sie vielerorts seit Jahrzehnten vor allem durch Reh- und Rotwild verursacht werden, im Widerspruch zum gesetzlichen und gesellschaftspolitischen Auftrag, dem sich die jagdlichen Interessen unterzuordnen haben, ständen. Stabilitätsverluste der Waldgesellschaft und Artenverarmung durch selektiven Verbiss, Schälschäden in Höhe von 100 bis 200 Euro je Hektar und Jahr sowie hohe Vermögensverluste bei den Waldbesitzern seien die Konsequenzen aus den zu hohen Wilddichten[2257]. Das rheinland-pfälzische Umweltministerium fordert deshalb die Jägerausbildung stärker ökologisch und forstwirtschaftlich auszurichten, die Abschussplanung und deren Durchführung konsequenter zu überwachen, die Fütterung des Schalenwildes gänzlich zu untersagen und effiziente Jagdmethoden wie Bewegungsjagden zu fördern. Gleichzeitig sei die Jagdzeit der Rehböcke an diejenige des weiblichen

---

2254 Vgl. dazu auch bei Werner Rösener, Die Geschichte der Jagd, S. 379.

2255 Vgl. dazu bei Georg Sperber, Deer and Dauerwald – The German Problem, in: Wilhelm Bode (Hrsg.), Naturnahe Waldwirtschaft, S. 37f.

2256 Vgl. ebd., S. 41.

2257 Vgl. dazu bei Bernd Krewer, Schalenwild und Wald, in: Die Pirsch, Ausgabe Nr. 04/2004, S. 12-13.

Wildes anzupassen[2258]. Anhand dieses ministerialen Versuchs, waidgerechte Bestandteile aus der Jagdpraxis auszublenden um damit von der orthodoxen wildbiologisch und ökologisch „sinnentleerten" Jagd zur heterodoxen, funktionalen Wildbewirtschaftung zu gelangen, lässt sich die Dringlichkeit von Reformen ablesen. Auch in Mecklenburg-Vorpommern zeigt sich Minister Till Backhaus besorgt über zu hohe Schalenwildbestände und die damit verbundenen Probleme beim Aufwuchs junger Laubbäume[2259]. So weist auch Josef Steiner darauf hin, dass es die einzig wirklich erfolgreiche Lebensraumverbesserung sei, den Bestand der einzelnen Wildarten an die tatsächlich vorhandene Lebensraumkapazität anzupassen[2260]. Waidgerechte Methoden, wie die Fütterung der Wiederkäuer und die dadurch regelrecht erzwungene Zäunung der Naturverjüngung, sind hierbei kontraproduktiv und wurden über Jahrzehnte in der Bundesrepublik zum Leidwesen der Waldstrukturen so gehandhabt. Auch Nils Hahn weist ausdrücklich darauf hin, dass die Notzeitfütterung von Wildtieren bei angepassten Wildbeständen unnötig sei[2261]. Das gilt sowohl für das Schwarzwild als auch für die wiederkäuenden Arten, was durch die Forderungen des Bundesministeriums für Verbraucherschutz, Ernährung und Landwirtschaft unterstrichen wird. Dort wird die Abschaffung jedweder Schalenwildfütterung, aber auch der Kirrung gefordert[2262]. Sobald die räumliche Struktur eines Gebietes mit dem Wildbestand positiv korreliert, ist jedweder zusätzliche Energieeintrag in Form von Fütterung hinfällig, während er davor unter den Fachleuten bezüglich seiner Auswirkungen höchst umstritten ist. Solange diese Korrelation nicht besteht, der Wildbestand deutlich zu hoch ist, solange besteht die Gefahr, dass die Fütterung Schadbilder und damit ökologische wie auch ökonomische Schäden eher begünstigt als verhindert[2263]. Sinkt dagegen der Wildbestand, so provoziert die Fütterung Schäden, bevor sie ab einer bestimmten Wilddichte diese wieder zu potenzieren und zu akzellerieren beginnt. Fütterung wilder heimischer Arten kann damit niemals irgendwelche relevanten Probleme lösen; sie schafft nur Kontinuität in der Problematisierung des Wald-Wild-Konfliktes. Dass es auch ohne Fütterung geht, ist in Schleswig-Holstein zu sehen. Dort heißt es zu den Neuerungen der Hege- und Bejagungsrichtlinien aus dem Jahr 1998: „Im Gegensatz zu den bisherigen Richtlinien aus dem Jahre 1969 steht als Ziel nicht mehr die Erlegung

---

2258 Vgl. ebd. Zwischenzeitlich gibt es Ausnahmegenehmigungen für den Winterbockabschuss in Sachsen und im Saarland; das Beispiel macht also Schule. Vgl. dazu eine Pressemeldung mit dem Titel „Böcke statt Füchse", in: Wild und Hund, Ausgabe Nr. 04/2004, S. 102.

2259 PM Mecklenburg-Vorpommern, Minister besorgt über zu großen Wildbestand, in: Deutsche Jagdzeitung, Ausgabe Nr. 11/2004, S. 54-55.

2260 Vgl. dazu einen Leserbrief von Josef Steiner (1. Vorsitzender der Forstwirtschaftlichen Vereinigung Oberbayern), Für Waldbesitzer eine wichtige Grundlage, in: Die Pirsch, Ausgabe Nr. 04/2004, S. 20-21.

2261 Vgl. dazu bei Nils Hahn, Ist die Fütterung ein sinnvolles Instrument bei der Schwarzwildbewirtschaftung? in: Ökologischer Jagdverein Bayern e.V. (Hrsg.), Schwarzwild, S. 33.

2262 Vgl. dazu „Für eine nachhaltige Jagd", Eckpunkte des Bundesministeriums für Verbraucherschutz, Ernährung und Landwirtschaft zur Novellierung des Bundesjagdgesetzes, herausgegeben vom Bundesministerium für Verbraucherschutz, Ernährung und Landwirtschaft, vom 19. März 2004, S. 3.

2263 So wird im Landesjagdgesetz Schleswig-Holstein in § 18 die Fütterung jedweden Schalenwildes seit 1998 untersagt.

einer größtmöglichen Zahl starker Trophäenträger im Vordergrund. Die neuen Richtlinien nennen als Hegeziele gesunde, zahlenmäßig begrenzte Bestände, naturnahe Strukturen im Hinblick auf Geschlechterverhältnis und Altersaufbau und räumen dem autochthonen Rotwild bei Lebensraumüberschneidungen den Vorrang vor den anderen, eingebürgerten Schalenwildarten ein. Bei der Hege sind andere, möglicherweise konkurrierende Ziele, wie die Belange von Land- und Forstwirtschaft sowie des Naturschutzes zu berücksichtigen."[2264] Im Umkehrschluss lässt sich aus diesen Worten die Motivik der Jägerei vor 1998 ableiten, die offensichtlich ein hohes Gefährdungspotenzial bezüglich ihrer Umwelt beinhaltete, ist doch selbst mit der Neuregelung von 1998 lediglich ein Mosaikstein auf dem Weg zu einer naturnahen Jagd gelegt worden[2265].

Einzig die „Bewirtschaftung mit der Büchse" (als rationales Pendant zur „Hege mit der Büchse" im traditionalen Sinne) scheint ausreichend Abhilfe bezüglich des Dilemmas Jäger - Wild - Gesellschaft zu schaffen und ist darüber hinaus nach § 1 Abs. 2 BJG auch vorgeschrieben. Dort heißt es, dass die „Hege die Erhaltung eines den landschaftlichen und landeskulturellen Verhältnissen angepassten (...) Wildstandes zum Ziel hat". Ist der Bestand zu hoch, wird die jagdliche Beute forciert, ist der Bestand gering, kann mit jagdlicher Zurückhaltung gegengesteuert werden und ist der Bestand den Verhältnissen angepasst, so wird das Niveau der Vorjahre hinsichtlich des Abschusses beibehalten. Fütterungen, die nur dann unter orthodoxem, reviereegoistischem Kalkül notwendig werden, wenn der Wildbestand bezogen auf die Äsungsangebote des Habitats zu hoch ist, werden damit prinzipiell ausgeschlossen. Eine Verbindung zwischen Fütterung und unnatürlich hoher Wilddichte wird dabei von orthodoxer Seite nicht anerkannt. Vielmehr wird die Gefahr, die in der Fütterung zu liegen kommt, regelmäßig negiert. Diese Gefahr drückt sich durch das Ungleichgewicht zwischen Habitat und Populationsdichte aus, was zu einem Verlust der allgemeinen Schutzwirkung des Waldes führen kann. In äußerst sensiblen Bereichen wie dem Bergwald gefährdet die Wildfütterung der Wiederkäuer den Schutz vor Erosion und damit den Schutz vor Lawinen, im Flachland hauptsächlich den Klimaschutz, die Wasserspeicherung, den Wind- und Lärmschutz sowie die Funktionen der Luftfilterung, die durch einen gesunden und stabilen Mischwald erfüllt werden. Die Einflüsse des Schalenwildes auf die Bodenvegetation sind nach Fischer sehr breit gefächert und gehen über die Beeinflussung der Baumartenzusammensetzung hinaus. Da wir nicht wissen, wie „natürliche Wilddichten" aussehen würden, bleiben nur Verweise auf rezente urwaldähnliche Waldgebiete und deren Schalenwilddichten. Fischer führt zu diesem Zweck das Beispiel des niederösterreichischen Rothwaldes an, der als der besterhaltene Urwald Mitteleuropas gilt. Dort zeige sich, dass das Nahrungsangebot für das Schalenwild äußerst gering sei und sich deshalb auch nur kleine Schalenwildpopulationen bilden und halten könnten. Diese geringen Populationen führten

---

2264 Vgl. dazu die Ausführungen des LJV Schleswig-Holstein, Richtlinien für die Hege und Bejagung des Rot- und Damwildes in Schleswig-Holstein, 1. Teil: Rotwild, unter der URL: http://www.ljv-sh.de/site/04_naturnutzung/04_frame_c_3.html.

2265 Vgl. ebd.

dazu, dass sich die Hauptbaumarten problemlos und flächig verjüngen könnten[2266]. Im gegenwärtigen Wirtschaftswald, der angesichts angestrebter großflächiger Naturverjüngungen und des wirtschaftlichen Erfolgsdrucks unter den künstlich hochgehaltenen Schalenwildpopulationen leide, müssten, so Fischer, zeitweilig Wilddichten angestrebt werden, die sogar unter derjenigen der Urwalddichten zu liegen kämen[2267]. Davon sind wir teilweise noch weit entfernt, wie das aktuelle Forstliche Gutachten 2004 zum Dreijahres-Rehwildabschussplan der Landesforstverwaltung Baden-Württemberg zeigt[2268]. Der LNVL dazu: „Im mitteleuropäischen Wirtschaftswald findet sich für Reh und Rothirsch ein im Vergleich zu den Urwäldern wesentlich höheres Äsungsangebot. Naturverjüngungen unter dem aufgelichteten Altholz, Jungbestände, Dickungen, Wegränder und Kahlflächen bieten viel Äsung und Deckung. Die Ausrottung der Raubsäuger, zu geringe Abschusszahlen und eine überzogene Hege mit Fütterung haben im Wesentlichen zu einer hohen Wilddichte bei Reh, Wildschwein und stellenweise beim Rothirsch beigetragen. Für den Wald blieb diese Entwicklung nicht ohne Folgen. Vielerorts liegen die Wilddichten über der Tragfähigkeit der Wald-Lebensräume. Es entstehen Verbiss- und Schälschäden, die einer natürlichen Verjüngung der Haupt- und Nebenbaumarten zuwiderlaufen. Jahrzehntelang wurde dies von Grundeigentümern und Förstern akzeptiert, indem man auf Anbau und Verjüngung der Haupt- und Nebenbaumarten verzichtete oder kostenintensive Verbissschutzzäune errichtet hat. Spätestens seit der Anwendung des Prinzips der <<Naturnahen Waldwirtschaft>> durch die Forstverwaltung, die u. a. einen weitgehenden Verzicht auf Kahlschläge und die Förderung einer kostengünstigen und natürlichen Waldverjüngung vorsieht, kommt der Bejagung des Schalenwildes eine Schlüsselrolle zu. Nur wenn diese wirkungsvoll und effektiv durchgeführt wird, kann das erklärte Ziel, stabile, artenreiche und produktive Wälder zu erziehen, von Erfolg gekrönt sein."[2269]

Die Hege im orthodoxen Sinne verstößt vor diesem Hintergrund nicht nur gegen den § 1 Abs. 2 BJG, der die Anpassung der Wildbestände an die Landeskultur fordert, sondern sie stellt die allgemeinen Schutz- und Wohlfahrtsfunktionen des Waldes für die Gesamtgesellschaft willentlich und grob fahrlässig zur Disposition. So mussten bereits zu Beginn der 1970er Jahre die durch Hege stark angewachsenen Wildbestände im neu gegründeten Nationalpark Bayerischer Wald

2266 Vgl. dazu bei A. Fischer, Der Einfluss des Schalenwildes auf die Bodenvegetation, in: Waldökosystem und Schalenwild, Ökologischer Jagdverein Bayern e.V. (Hrsg.), S. 42-43.

2267 Vgl. ebd., S. 43.

2268 Vgl. dazu ebd. So heißt es dort auf S. 4: „Landesweit betrachtet, ist der Verbiss zum ersten Mal seit Beginn der Erhebungen wieder in nennenswertem Umfang angestiegen und zwar bei allen Baum- und Jagdbesitzarten. Die Verbisswerte erreichen in etwa das Niveau des Jahres 1998. Die genaue Ursache hierfür ist unbekannt, möglicherweise führte der langandauernde Winter 2003 zu einer Erhöhung der Verbisswerte. Eventuell hat auch das Rehwild auf die besseren Äsungsgrundlagen (große Kulturflächen nach Orkan "Lothar" und anschließende Käferkalamität) mit einer gesteigerten Populationsentwicklung, die trotz hohen Abschusszahlen nicht abgeschöpft werden konnte, reagiert."

2269 Vgl. dazu die Positionen des LNVL Luxemburg (Lëtzebuerger Natur- a Vulleschutzliga) unter der URL: http://www.luxnatur.lu/luxnatur/lnvpos3.htm#2.1.

deutlich reduziert werden[2270]. Bernhard Grzimek hatte damals schon gefordert, dass 9 von 10 Hirschen sterben müssten, wollte man im Bayerischen Wald einen Nationalpark entstehen lassen[2271]. Auch im Nationalpark Harz führt die derzeitige Schalenwildsituation noch zu erheblichen Einflüssen auf den Umbau der Waldvegetation, so dass Eingriffe vorwiegend mit jagdlichen Maßnahmen mittelfristig noch für unverzichtbar gehalten werden. Frank Raimer dazu: „Die Optimierung der Wildbestandsregulierung nach >>Nationalpark-Gesichtspunkten<< ist hier unabdingbar. Gleichwohl ist ein ganzheitlicher Ansatz, wie deutlich verkürzte Jagdzeiten, mit in der Folge besserer Raumausnutzung für das Schalenwild, wie auch zunehmende Tagaktivität und Beobachtbarkeit und damit verbesserte Gesamtsituation im Waldökosystem wünschenswert."[2272] Dass gerade zur Erreichung jener Ziele die Jagd auf ursprünglich bäuerliche und damit auf relativ affektentfesselte Verhaltenspraktiken zurückgreift, wird zum Ende des Kapitels unter den Rebarbarisierungstendenzen noch thematisiert werden.

Der Vorrang des Wildes vor gesamtgesellschaftlichen, ökologischen und auch vor forstökonomischen Interessen ist das Resultat einer Waidgerechtigkeit, die den Jäger zum „Anwalt des Wildes" [2273] stilisierte, ohne auf die berechtigten Interessen der Gesellschaft Rücksicht zu nehmen. Dass dieses Mandat von der breiten nichtjagenden Öffentlichkeit lange Zeit positiv aufgenommen wurde, lag daran, dass der Öffentlichkeit von jagdlicher Seite nur die Lippenbekenntnisse der Waidgerechtigkeit - wie im oben zitierten Werk von Fritz Nüsslein dargestellt - vermittelt wurden, die über die wahren Inhalte und Ziele jenes Mandates jedoch hinwegtäuschten. Die Realität der Waidgerechtigkeit, das heißt die Übervorteilung jagdlich interessanter Arten bei gleichzeitig affektentfesselter Verfolgung der Prädatoren ohne jedwedes (schalenwildtypisches) Ansprechen oder ohne nachsichtige Behandlung der Jungtiere (Abschuss der Jungfüchse am Bau, Fuchsgraben, unselektive Fallenjagd), etc., dringt nur selten in die Öffentlichkeit, wenngleich zwischenzeitlich der publizistische Wind gegen die waidgerechte Jagd heftiger zu wehen beginnt.

Dass der Waidgerechtigkeit eine gewisse Verwüstungspraxis eigen ist, die mittels Energieeintrag und unter Beibehaltung der hohen Schalenwildbestände den

---

[2270] Vgl. bei Marco Heurich und Uli Fielitz, SMS vom Rotwild. Neue Erkenntnisse über Bayerwald-Hirsche, in: Die Pirsch, Ausgabe Nr. 05/2004, S. 4ff.

[2271] Vgl. dazu bei Georg Sperber, Deer and Dauerwald - The German Problem, in: Wilhelm Bode (Hrsg.), Naturnahe Waldwirtschaft, S. 41.

[2272] Artikel von Frank Raimer, Monitoring-Verfahren zur Waldentwicklung und der Einfluss des Schalenwildes (Reh *Capreolus capreolus L.* und Rothirsch *Cervus elaphus L.*) im Nationalpark Harz, S. 14 (unveröffentlichtes Manuskript, der Geschäftsstelle des ÖJV Baden-Württemberg e.V. und dem Redaktionsteam der Ökojagd vorliegend).

[2273] Fritz Nüsslein definiert dieses Gebot als wichtigen Grundsatz der Waidgerechtigkeit. Vgl. dazu bei Fritz Nüsslein, Das praktische Handbuch der Jagdkunde, S. 186. Wohin dieser Grundsatz den Wald in allen Belangen, sei es ökologisch als auch ökonomisch gebracht hat, darüber schweigt sich das Jagdpraktische Handbuch von Nüsslein aus. Auch ist der Jäger definitiv nicht der Anwalt des Wildes, sondern lediglich des für ihn jagdlich interessanten und damit zumeist trophäentragenden Wildes. In reinen Niederwildrevieren erhält der Fasan den Status des Rothirsches zuerkannt und wird ähnlich behandelt/misshandelt wie unsere größte Schalenwildart.

Verbissdruck auf die Pflanzenvegetation eher ansteigen lässt als ihn zu mindern, wird von jagdlicher Seite wie oben beschrieben kaum thematisiert. Stattdessen wird der hohe Besucherdruck im Wald mit der Verbissintensität in Korrelation gebracht, anstatt die zu hohen Schalenwilddichten als Verursacher anzuerkennen. Die Diskussion um die Einschränkung des allgemeinen Betretungsrechtes im Wald erfährt deshalb in regelmäßigen Abständen eine Neuauflage in den jagdlichen Fachzeitschriften. Man wolle den „Freizeitdrang zur Natur regeln"[2274] und den Bürger zu gewissen Zeiten aus dem Wald fernhalten[2275]. Bereits 1935 hatte Aldo Leopold bei seinem Besuch in Deutschland erkannt, dass „artificial feeding" der Auslöser für unerträglichen Verbissdruck auf alle fressbaren Pflanzen sei[2276]. Wiederkäuer wie Rehe und Hirsche besitzen ein Verdauungssystem, welches an nahrungsarme Zeiten bestens angepasst ist. Die Aufnahme von energiereichem, faserarmen und trockenem Kraftfutter wie Getreide und Mais muss vom Wild durch entsprechend wasserhaltige Nahrung kompensiert werden. Diesem Bedürfnis kommt das Wild nach, in dem es vermehrt Triebe und Knospen verbeißt[2277]. Die bundeslandspezifische Fütterung des Wildes in der Notzeit vom 1. Dezember bis 31. März (wenn auch z. B. in Baden-Württemberg seit 2002 im Wesentlichen ohne Kraftfutterbeigaben, so doch mit Rüben, Grünfuttersilage, Heu, einheimischem Frisch- oder Fallobst, Obsttrester und geringen Haferbeimischungen von 10%) und im nur zaghaft auf Mischwaldstrukturen umstellenden Altersklassenwald verhindert oder verzögert damit die dringend gebotene Umgestaltung der bundesdeutschen Wälder zu widerstandsfähigen Waldgesellschaften auf unbestimmte Zeit. Doch wem dient die Fütterung „wilder" Tiere? In den letzten Jahrzehnten, so Bruno Hespeler, gab es eine ganze Reihe von Versuchen, bei denen mit intensiver Fütterung der Waldverjüngung geholfen werden sollte. „Zwar kamen aus verschiedenen Revieren Jubelmeldungen, doch hielt strenger Überprüfung keine stand. Meist ist es so, das irgendwo - trotz Fütterung - die Verjüngung wächst, dieser Umstand aber ungeprüft der Fütterung gutgeschrieben wird."[2278] Letztlich ist immer der Gedanke an starke Geweihe oder an Revierbindung des Schalenwildes die treibende Kraft, um im eigenen Jagdbereich in der Schusszeit einen jagdwirtschaftlich gewollten, aber wildbiologisch und ökologisch bedenklichen Wahlabschuss betreiben zu können. Auch die Ergebnisse im Rahmen des Rehwildprojektes Borgerhau der Wildforschungsstelle des Landes Baden-Württemberg lassen den Schluss zu, dass die Wildlenkung und die Verbesserung der Trophäenqualität Fütterungs-Motive der einzelnen Jäger darstellen, das Gesetz jedoch nur den Schutz des Wildes vor Fut-

---

[2274] Vgl. den Artikel „Freizeitdrang zur Natur regeln", in: Die Pirsch, Ausgabe Nr. 09/1995, S. 8.

[2275] Vgl. dazu den Artikel „Störfaktor Freizeitmensch", in: Die Pirsch, Ausgabe Nr. 04/1996, S. 5. Über gewisse Einschränkungen des Betretungsrechtes im Wald sei öffentlich nachzudenken.

[2276] Vgl. dazu bei Georg Sperber, Deer and Dauerwald - The German Problem, in: Wilhelm Bode (Hrsg.), Naturnahe Waldwirtschaft, S. 43.

[2277] Vgl. dazu auch die Ausführungen in der Broschüre: Fütterung - Ablenkungsfütterung - Kirrung? Erläuterungen zu den Fütterungsbestimmungen der Landesjagdgesetz-Durchführungsverordnung (LJagdGDVO) 2002, NABU Baden-Württemberg e.V. (Hrsg.), S. 3.

[2278] Bruno Hespeler, Prügelknabe Wald, S. 128.

ternot anerkennt[2279]. Eine wirkliche Futternot wird es dagegen selbst in den Notzeiten in den Revieren kaum jemals geben können – wenn schon eher einen „Lebensraum-Populationsdichte-Konflikt", der jedoch mittels natürlicher Abwanderung oder Wintersterblichkeit abgemildert würde, wenn man dies nur zuließe. Fütterungen können eben auch Wildtiere an den Standort binden, was deren ansonsten stattfindende Abwanderung verhindern kann. Daneben konnte im Zuge des Rehwildprojektes Borgerhau festgehalten werden, dass die Fütterung weder eine signifikante Senkung der Sterblichkeit noch eine Steigerung der Kondition oder gar eine Minderung des Verbisses an Forstkulturen zu erbringen in der Lage ist. Die Winterfütterung, so die Ergebnisse aus Borgerhau, ist aus wildbiologischen und ökologischen Gründen heraus weder notwendig noch sinnvoll[2280] und sie eignet sich definitiv nicht zur Vermeidung oder Verminderung von Verbissschäden[2281].

Durch die nach diesen Ausführungen noch übrig bleibende Motivik einzelner Jäger, die in der Wildlenkung, der Wildbindung an das eigene Revier und der Erzielung besserer Trophäen begründet liegt, besteht neben der Entmischung der Waldvegetation und der Reduktion der Blüten- und Fruchtentwicklung, der Artenvielfalt und Biomasse der Krautschicht die Gefahr, dass das Wild jedweden Charakter des „Wilden" verliert und stattdessen einem allmählichen Prozess der Verhausschweinung unterworfen wird, indem die Maximen der bäuerlichen Viehzucht (innen) auf die Klein- und Kleinststrukturen des Reviers (außen) übertragen werden. Wenn das Mandat des Jägers als Anwalt des (Schalen-)Wildes vorsieht, Richtlinien der Viehmast und der Standortkontrolle unter der Ägide des dann einzig verbleibenden Prädatoren Mensch umzusetzen, dann wundert es nicht, dass sich die Stimmen derer mehren, die seinen Austausch durch professionelle Jäger und durch rationales Wildtiermanagement vor dem Hintergrund forstökologischer und forstökonomischer Ziele jenseits der Hege herkömmlicher Art fordern (so wie dies z. B. in der Schweiz der Fall ist, im Nationalpark Bayerischer Wald oder im Schönbuch – auch oder gerade weil letztere hinter Zaun stattfindet). Die Affektbändigungen im Rahmen des waidgerechten Benehmens, wie sie weiter unten noch ausführlich beschrieben werden, Fütterung und Hege allgemein, haben zu einem massiven Ungleichgewicht zwischen Wald und Wild nicht nur in den Köpfen der Jäger, sondern schon sehr lange auch in der Realität geführt. Auch der Naturschutz mahnt an, dass der Raum Wald in der modernen industrialisierten Welt ein möglichst naturnaher Wald sein muss. Dieser naturnahe Wald wird ohne Kahlschläge bewirtschaftet; er ist mit heimischen und standorttypischen Forstpflanzen versehen und das wiederkäuende Schalenwild steht in einem angemessenen Verhältnis zum

---

2279 Vgl. dazu die Ausführungen in der Broschüre zum Rehwildprojekt Borgerhau. Untersuchungen zur Ökologie einer freilebenden Rehwildpopulation, in: Wildforschungsstelle des Landes Baden-Württemberg (Hrsg.), Schriftenreihe Wildforschung in Baden-Württemberg, Band 5, S. 125.

2280 Vgl. ebd., S. 125.

2281 Vgl. dazu auch die Ausführungen in der Broschüre: Fütterung – Ablenkungsfütterung – Kirrung? Erläuterungen zu den Fütterungsbestimmungen der Landesjagdgesetz-Durchführungsverordnung (LJagdGDVO) 2002, NABU Baden-Württemberg e.V. (Hrsg.), S. 3, unter Bezug auf das Rehwildprojekt Borgerhau der Wildforschungsstelle Aulendorf.

Biotop[2282]. Dazu zitiert Georg Meister in seinem Referat „Waldbau und Jagd" den Forstmann Rebel, der sagte: „Ohne Wild wäre unser deutscher Wald mit Laubholz gemischt, würde er strotzen von Fülle und Kraft, hätte der Boden gesund bleiben müssen, könnten die Umtriebszeiten um 20-30 Jahre gekürzt werden (...). Jedenfalls gehen auf das Konto überhegter Wildbestände: Vernichtung der Tanne und Buche in weiten Gebieten, damit Versagen der Naturverjüngung, Anbau von gefährdeten Reinbeständen, Verschlechterung der betriebswirtschaftlichen Lage."[2283] Als Rebel dies niedergeschrieben hat, so Georg Meister weiter, betrug der Rehwildabschuss in Bayern etwa 100.000 Stück pro Jahr. Im Jagdjahr 2003/2004 wurden in Bayern dagegen 275.000 Stück Rehwild dank der Fortführung waidgerechten, affektgebändigten Jagens erbeutet[2284]. Das ist allerorts das Resultat einer Waidgerechtigkeit, die die Erhaltung und Hege des Schalenwildes über alle anderen Interessen stellt und die berechtigten Interessen der Wald- und Forstwirtschaft negiert. Selbst regelmäßige Verstöße gegen das Bundesjagdgesetz, welches in § 1 Abs. 2 die Anpassung des Wildbestandes an die Äsungsverhältnisse und nicht umgekehrt fordert, werden stillschweigend im Namen der Waidgerechtigkeit akzeptiert[2285]. Solange eine Handlung als waidgerecht erkannt wird, solange wird nicht nach dem Sinn oder ihren langfristigen Auswirkungen gefragt; alles scheint erlaubt, solange es nicht effektiv, ökologisch und ökonomisch sinnvoll ist, es also der Ratio folgt.

Dazu Sebastian Freiherr von Rotenhan: „Naturgemäße Waldwirtschaft scheitert in Deutschland selten am waldbaulichen Unvermögen der Forstleute, fast immer aber an der vollkommenen Uneinsichtigkeit der Jägerschaft, die nicht bereit ist, die Schalenwildbestände auf ein waldverträgliches Maß abzusenken. Ich habe in meinem Leben viel Wald gekauft, in den unterschiedlichsten Wuchsgebieten. Eines war immer gleich: Wir fanden jedes Mal unerträglich hohe Schalenwildbestände vor und hatten zunächst alle Mühe, diese auf eine tragbare Höhe herunterzuschießen. (...) Für das Wochenendvergnügen einer verschwindenden Minderheit unserer Gesellschaft wird die Strukturvielfalt unserer Wälder bedenkenlos geopfert. Dies geht soweit, dass jagdpassionierte Waldbesitzer sehenden Auges zuschauen, wie ihre gemischten Verjüngungen aufgefressen werden und sie diesen Luxus mit der freien Verfügbarkeit des Eigentums rechtfertigen. Würde ein böser Mensch die Leittriebe ihrer Tannen oder Eichen mit einer Schere abzwicken, die unausweichliche Folge wären Anzeige und Schadenersatzforderungen. Rehe und

[2282] Vgl. dazu die Ausführungen in der Broschüre „Das Naturschutzrecht von Grund auf modernisieren. Vorschläge der GRÜNEN im Landtag für die Novellierung des badenwürttembergischen Landesnaturschutzgesetzes", S. 9.

[2283] Georg Meister, Waldbau und Jagd, in: Waldökosystem und Schalenwild, Ökologischer Jagdverein Bayern e.V. (Hrsg.), S. 73. Der Autor will damit keineswegs einem Wald ohne Wild das Wort reden. Wald und Wild ist jedoch nur über zeitgemäße Bejagung nach dem Grundsatz „Wald vor Wild" zu erreichen. Erst wenn die Bejagung Wirkung zeigt, die Vegetation vier, fünf Jahre verschnaufen kann, dann wird sich auch das Verhältnis zwischen Wild und Wald normalisieren können.

[2284] Vgl. dazu die Streckenstatistik des Jagdjahres 2003/2004, „Auf der Strecke 2004", in: Die Pirsch, Ausgabe Nr. 19/2004, S. 12.

[2285] Vgl. dazu auch die Ausführungen von Bruno Hespeler, Prügelknabe Wald, S. 128.

Hirsche aber dürfen dies ohne dass sich jemand daran kehrt."[2286] Wenn dann das Forstliche Gutachten, wie z. B. jenes für Bayern aus dem Jahr 2003, bei rund 45% der Hegegemeinschaften eine weitere Erhöhung des Abschusses anmahnen, dann werden sehr schnell Stimmen aus dem orthodoxen Lager laut, die die Sinnhaftigkeit eines solchen Gutachtens in Frage stellen[2287]. Insgesamt, so Hans-Ulrich Sinner, sei das Forstliche Gutachten jedoch eine der „wenigen verlässlichen (weil auf gemessenen Fakten beruhende) Grundlagen für die Abschussplanung und hat erheblich zur Versachlichung der Diskussion und zur Verbesserung der Verjüngungssituation beigetragen"[2288]. Ganz nebenbei ist das Forstliche Gutachten auch über eine längere Sicht betrachtet in der Lage, eine rationale Auseinandersetzung mit dem Thema Waidgerechtigkeit herbeizuführen, da anhand von messbaren Daten die Auswirkungen falsch verstandener Hege und unzureichender Jagdpraktiken nicht länger zu leugnen sind. Solange das Tun oder Unterlassen eines Großteils der Jägerschaft nicht in fassbaren und reproduzierbaren Einheiten, Zahlen, Gutachten, etc. dokumentiert wird, solange wird eine sinnvolle Reformierung kontraproduktiver waidgerechter Kategorien nicht möglich sein; solange wird der Grundsatz „Wald vor Wild" die Diskussionen in der Jägerschaft schüren und die Gräben zwischen heterodoxer und orthodoxer Seite, zwischen Forstverwaltung und Freizeitjagd vertiefen, was insgesamt betrachtet auch die Jagd als sinnvolle Nutzungsform in Misskredit zu bringen in der Lage ist. Damit ist dann letztlich beiden Seiten – die eigentlich Hand in Hand auf ein gemeinsames Ziel hin arbeiten sollten – nicht mehr gedient. Es könnte die Hege des Schalenwildes sein, die dem privaten Jäger seine Legitimation entzieht und damit in eine Situation führt, die von keiner Forstverwaltung, von keinem Jagdverband und auch von keinem Naturschutzverband gewollt sein kann.

11.5.3.2.2.b Waidgerecht: jagdliche Monokulturen durch Hege

Die Waidgerechtigkeit mit allen ihren Facetten, die in ihrer Summe zu einem deutlich affektgedrosselten Verhaltensstandard gegenüber dem trophäentragenden Schalenwild innerhalb der Jägerei führte, hat seit 1934 zu einer weitgehend untypischen Zusammensetzung der bejagten Arten geführt. Diese Zusammensetzung entspricht zwar den Raumdefinitionen der privaten Jägerei und ihrer institutionellen Rückendeckung, nicht jedoch den Raumzielen moderner mitteleuropäischer Gesellschaften. Die Hege (etymologisch von hagen, einhagen, einhecken)[2289] ist in diesem Zusammenhang als eines der Grundübel der heute bestehenden Raumkon-

---

[2286] Sebastian Freiherr von Rotenhan, „...damit keiner mehr sagen kann, er habe es nicht gewusst", unter der URL: http://www.papernews.de/rotenhan.pdf , S. 1.

[2287] So geschehen von Anton Moser, Nicht tauglich statt nicht tragbar, in: Die Pirsch, Ausgabe Nr. 01/2004, S. 24-25. Moser musste sich jedoch in einer der darauf folgenden Ausgaben von „Die Pirsch" (Ausgabe Nr. 04/2004, S. 20-21) herbe Kritik von Seiten Hans-Ulrich Sinners, ltd. Forstdirektor und Leiter des Nationalparks Bayerischer Wald, und von Josef Steiner, dem 1. Vorsitzenden der Forstwirtschaftlichen Vereinigung Bayern, gefallen lassen.

[2288] Vgl. dazu einen Leserbrief von Hans-Ulrich Sinner, Verbissgutachten: Am Ziel vorbei gemosert, in: Die Pirsch, Ausgabe Nr. 04/2004, S. 20.

[2289] Zur Etymologie des Begriffs Hege vgl. auch bei Dietrich Stahl, Wild – Lebendige Umwelt, S. 125.

flikte zu verstehen. Sie zementiert die revieregoistischen Raumziele der orthodoxen Seite, während die ökonomisch und ökologisch erforderlichen Raumdefinitionen und Raumziele im „Jahrhundert der Umwelt"[2290] eingeschränkt werden. Hege, zumindest die in weiten Teilen praktizierte orthodoxe Hege, ist ihren Inhalten gemäß ein viehwirtschaftliches und damit rein artifizielles Prinzip, welches auf die freie Wildbahn übertragen wird und damit ein fragwürdiges Unterfangen in räumlicher, ökologischer und wildbiologischer Hinsicht darstellt[2291]. Gerade die Hege des Schalenwildes wird diesem viehwirtschaftlichen Prinzip in weiten Teilen gerecht, während die „Hegemaßnahmen" gegenüber den Prädatoren zu in ihren Wirkungen von den Jägern nicht absehbaren Populationsverschiebungen räumlicher und biologischer Art führen können. Während die Schalenwildbestände durch Hege schlichtweg ansteigen und immense ökologische und ökonomische Schäden produzieren, da die Populationszunahme keineswegs vom Biotop aufgefangen werden kann, werden Arten wie Elstern, Rabenkrähen, Eichelhäher und der Fuchs im Namen derselben Hege regelrecht bekämpft. Wird in Jägerkreisen häufig diese Verfolgung der Räuber als Hegeerfolg und als Beweis für eine erfolgreiche Niederwildhege herangezogen[2292], so kommt Josef H. Reichholf zu einem anderen Ergebnis. Er weist darauf hin, dass z. B. durch den Abschuss von Elstern und Krähen lediglich deren Verhalten geändert wird, deren bevorzugte Lebensräume verlagert werden, jedoch deren Population als Ganzes keineswegs geschmälert werde. Im Gegenteil, die jagdliche Krähenbekämpfung fördere regelmäßig solche Rabenkrähen, die kein eigenes Brutrevier erlangen und gegen die Artgenossen verteidi-

---

[2290] Ernst Ulrich von Weizsäcker, Erdpolitik, S. 8.

[2291] Selbst unter rein ökonomischen Gesichtspunkten ist Hege kontraproduktiv. Wildbreterlöse werden von den Waldschutzkosten bei zu hohen Beständen um ein Vielfaches aufgewogen. Räumlich und ökologisch besteht die Gefahr, dass durch Missbrauch (z. B. der Fütterungen) zusätzliche Verbissschäden an den Forstkulturen provoziert werden und dadurch einer weiteren Entmischung der Baum- und Strauchzusammensetzung, die ohnehin schon vielerorts durch zu hohe Wildbestände auch ohne Fütterung stattfindet, Vorschub geleistet wird (siehe auch oben unter dem Punkt: Schieflage zwischen Schalenwild und Jagd). Durch die fütterungsbedingte Bindung bestimmter Wildarten an ein Revier können räumliche und damit auch ökologische Wirkungen hervorgerufen werden, denen das Biotop (noch) nicht gewachsen ist. Gerade im Zusammenhang mit den dringend notwendigen räumlichen Vernetzungen im Zuge der Schaffung von Wildtierkorridoren (um z. B. einen Austausch unter den isolierten Rot- und Gamswildvorkommen zu erreichen) kann über Fütterungen im Korridor das eigentliche Ziel, die Wanderbewegungen des Wildes zu ermöglichen, negiert werden und plötzlich in einem vorher rotwildfreien Gebiet eine neue Population aufgebaut werden. Wildbiologisch betrachtet sind unsere Wildtiere allesamt an jahreszeitbedingte Nahrungsengpässe hervorragend angepasst und bedürfen keinerlei Zufütterung durch den Menschen. Gerade das Rehwild hat seine gesamten energieaufwändigen Verhaltensweisen wie Territorienbildung, Jungenaufzucht, Brunft und die Bildung eines Feist- oder Fettvorrates im Zuge der Evolution in das Sommerhalbjahr gelegt. In dieser Zeit ist die Darmschleimhaut mit den meisten Zotten besetzt und sehr viele Nährstoffe können schnell resorbiert werden. Im Winterhalbjahr dagegen werden die Zotten stark verringert, die Verdauung wird verlangsamt und dem winterlichen Nahrungsengpass damit hervorragend Rechnung getragen.

[2292] Vgl. dazu einen Artikel von Peter Engel, Jungfuchsbejagung – Je früher, desto besser, in: Wild und Hund, Ausgabe Nr. 11/2004, S. 22ff. Das Niederwild, so der Autor, wird es dem Jäger danken, wenn dieser alle bekannten Baue im Revier nach Jungfüchsen absucht und diese nach Möglichkeit tötet.

gen konnten. Diese würden dann in Gruppen umherschweifen und verständen es hervorragend, sich dem Jagddruck durch Raumwechsel zu entziehen. Daneben wirke die Krähenbekämpfung kontraproduktiv, da sie die opportunistisch umherstreifenden Krähen begünstige, denen nach Untersuchungen von Tompa (1975) und Wittenberg (1968) weitaus mehr Singvogelgelege und möglicherweise auch Nachwuchs von Niederwild zum Opfer fallen als den territorialen Krähen. Weiterhin habe auch eine Langzeitstudie von Müller (1996) im nordwestlichen Saarland gezeigt, dass der Massenabschuss von Krähen, Elstern, Eichelhähern und Füchsen keinerlei signifikante Wirkung auf die Entwicklung der Niederwildbesätze und ihre jagdliche Nutzbarkeit zustande bringe[2293]. Neben den Auswirkungen der so verstandenen Hege auf die Räuberpopulationen, das heißt dem Versuch jene so weit wie nur möglich zurückzudrängen oder als raumkonstituierende (weil angeblich friedwildschädliche) Faktoren auszuschalten, ist es vor allem die Hege des Schalenwildes, die zu gesamtgesellschaftlich betrachtet Risiko produzierenden Raumkonstruktionen durch die Jägerschaft führt. § 28 BJG, der die Beschränkungen der Hege aufführt, kann als Charakterisierung dessen, was unter Hege verstanden wird, herangezogen werden. Dort wird unter anderem fixiert, dass Schwarzwild als einzige Wildart nicht gehegt werden darf. In seinem Kommentar zum Bundesjagdgesetz schreibt Karl Linnenkohl zu eben diesem § 28 BJG, das Schwarzwild betreffend, dass unter Hegen im Sinne des Abs. 1 (jener verbietet die Hege des Schwarzwildes außerhalb von Einfriedungen) das planmäßige Heranzüchten eines Schwarzwildbestandes anzusehen sei[2294]. Dieser Hegebegriff, der von züchterischen Annahmen getragen wird, ist auf die gesamte Schalenwildhege zu übertragen und nennt beim Namen, was im Zuge der üblichen Hege im Mittelpunkt der Zielsetzungen steht: das Heranzüchten einiger weniger jagdnützlicher Arten und hochkapitaler Trophäenträger. Diese Form der Hege führt neben der Verschiebung des Geschlechterverhältnisses zugunsten des reproduzierenden, weiblichen Wildes nicht nur zu überhöhten und damit auch leichter zu bejagenden Beständen (Zucht), sondern auch zu einer Übervorteilung einiger weniger Arten und zu einer quasi „Verhausschweinung" bei denjenigen Tierarten, die mit Hegemaßnahmen wie Fütterung und Medikamentierung bedacht werden. Fütterung, Stallhaltung, Medikamente und Zucht unterscheiden ein Haustier von einem Wildtier, welches Nahrungsengpässen, Klima, Räubern und Krankheiten ausgesetzt ist. Die Tatsache, dass mittlerweile allein beim Schwarzwild wenigstens 37% der aufgenommenen Nahrung aus künstlichen Fütterungsbestandteilen[2295] besteht, lässt die Bezeichnung „Wild"-Schwein nur noch als eine Anekdote erscheinen, was letztlich auch einem Betrug am Endverbraucher gleichkommt. Das durch den Endverbraucher gekaufte Wildschwein ist nicht selten nur noch zu gut der Hälfte „wild" und ansonsten mit stärkehaltigem Mais „gelb" gemästet. Der Unterschied zum Hausschwein ist dann

2293 Josef H. Reichholf, Jagd und Naturschutz, in: Rundgespräche der Kommission für Ökologie, Bayerische Akademie der Wissenschaften (Hrsg.), Band 25, Über die Jagd – Kulturelle Aspekte und aktuelle Funktionen, S. 85-86.

2294 Karl Linnenkohl, Bundesjagdgesetz Taschenkommentar, S. 59.

2295 Vgl. dazu die Ergebnisse von Nils Hahn, der von 430 Wildschweinen den Mageninhalt untersucht hat. Nils Hahn, Ist Fütterung ein sinnvolles Instrument bei der Schwarzwildbewirtschaftung? in: Schwarzwild, Ökologischer Jagdverein Bayern e.V. (Hrsg.), S. 28.

nur noch gradueller Art, das heißt durch lediglich relative Freizügigkeit geprägt, da Kirrung und Fütterung der Wildschweine deren Revierbindung als Ziel verfolgen: das Revier als erweiterter Stall, das „Außen“ als „Innen“. Dabei ist hervorzuheben, dass Hege genauso wie Waidgerechtigkeit nicht grundsätzlich ein falscher Ansatz sein muss. Reinhard Strobl definiert die zeitgemäße Bedeutung der Hege als die Verantwortung für die Pflege und Sicherung der Lebensgrundlagen der Wildtiere und als jagdliche Variante des Naturschutzbegriffs „Biotoppflege“. Und weiter: „Die Berücksichtigung nicht nur der ökonomischen, sondern auch der ökologischen Belange ist Zielsetzung einer ordnungsgemäßen Landwirtschaft und Ausdruck der Sozialpflichtigkeit des Grundeigentums. Die Mustersatzung für die Jagdgenossenschaften in Bayern verpflichtet die Gesamtheit der Grundeigentümer zur Sorge um die Lebensgrundlagen des Wildes und macht diese somit zu einer öffentlich-rechtlichen Angelegenheit im Interesse der Allgemeinheit.“[2296] Allerdings wird dieser zu begrüßende Hegebegriff mit der Praxis der orthodoxen Jäger häufig genug ad absurdum geführt. Die Kluft zwischen Anspruch und Realität ist ein immer wiederkehrendes Problem innerhalb orthodoxer Jagd, wie ich bereits in einer früheren Arbeit herausgestellt habe[2297]. Der Satz „Kein Heger, kein Jäger“[2298] findet trotz aller Kritik auch heute noch regelmäßig Eingang in die orthodoxe, jagdliche Ausbildung. Dabei ist nicht die oben genannte Definition der Hege wie sie Reinhard Strobl aufzeigt, das Ziel der Ausbildung, sondern vielmehr derjenige Hegebegriff, der jagdliche Monokulturen meint und die Fütterung zur Trophäenzucht oder zur Revierbindung präferiert. Er umfasst neben der Fallenjagd zur Dezimierung der Prädatoren, dem generellen und affektentfesselten Töten alles nur habhaft zu werdenden Raubwildes (sofern es Jagdzeit hat), den Abschuss wildernder Hunde und Katzen und insbesondere die Winterfütterung des Schalenwildes, die Anlage von Wildäsungsflächen und gar Arzneimittelbeigaben für trophäentragendes Schalenwild[2299].

Neben zwei unterschiedlichen Affektstandards bezeichnet die Hege damit die Grenzüberschreitung zwischen Wildtier und Haustier, wobei selbst die tiefgreifenden Veränderungen in den Lebensräumen aus biologischem Blickwinkel betrachtet eine Fütterung von wildlebenden Tieren nicht rechtfertigen können[2300]. Hege speist im Wesentlichen die Dichotomie zwischen einer affektuell gebändigten Schalenwildzucht auch in unzulänglichen Biotopen und einer völlig affektentfesselten Räuberbekämpfung sowie diejenige zwischen Wildtier und Haustier. Unzähli-

---

2296 Reinhard Strobl, Die Hege von Wildtieren in der Agrarlandschaft, in: Rundgespräche der Kommission für Ökologie, Bayerische Akademie der Wissenschaften (Hrsg.), Band 25, Über die Jagd – Kulturelle Aspekte und aktuelle Funktionen, S. 145.

2297 Bruno Hespeler, Jäger wohin?, an verschiedenen Stellen und bei Klaus Maylein, Jagd und Jäger in der modernen Gesellschaft, an verschiedenen Stellen.

2298 Zitat von Graf Silva-Tarouca, im gleichnamigen Buch, siehe bei Herbert Krebs, Vor und nach der Jägerprüfung, S. 11, und bei Ferdinand von Raesfeld, Das deutsche Waidwerk, S. 408.

2299 Siehe BLV-Jagdlexikon, Stichwort „Hege“, S. 319: Auch die Ausbringung von Medikamenten gegen Parasiten oder die Desinfizierung der Losung an Futterstellen können Bestandteile der Hege sein. Dies trifft „natürlich“ nur die Schalenwildarten.

2300 Vgl. dazu Nils Hahn, Ist Fütterung ein sinnvolles Instrument bei der Schwarzwildbewirtschaftung? in: Schwarzwild, Ökologischer Jagdverein Bayern e.V. (Hrsg.), S. 24.

ge Dokumentationen in der Jagdpresse seit dem Jahr 2000, zumeist initiiert vom NABU, vom LNV und vom ÖJV, haben die Missbrauchspotenziale, die in der Hege mittels Fütterung verborgen liegen, offen zu Tage gefördert[2301]. Eine wirklich breite Verhaltensänderung innerhalb der orthodoxen Jagdklientel konnten die Publikation der Missstände und das Anzeigen der entsprechenden Verstöße bei den Unteren Jagdbehörden sowie die Änderung der Durchführungsverordnung in Baden-Württemberg bis heute offensichtlich nicht erbringen[2302]; im Gegenteil: Die Bestände gerade des Schwarzwildes sind noch weiter gestiegen, was Landwirtschaftsministerin Margit Conrad in Rheinland-Pfalz zum Anlass nahm, alle gesetzlichen Mittel auszuschöpfen, um Jäger zur stärkeren Bejagung zu zwingen. Die Stadtverwaltung Koblenz griff diese Androhung auf und hat in Zusammenarbeit mit dem Westerwaldkreis sowie dem Rhein-Lahn-Kreis eine erste revierübergreifende Jagd angeordnet. Sollten die Revierpächter nicht bereit sein, an dieser Jagd teilzunehmen, drohte die Stadtverwaltung Koblenz an, kostenpflichtige Polizeijagden anzuordnen[2303]. Die Verhaltensvorgaben im Rahmen der Hegeideologie, das heißt die offensichtliche Teilung des Tierschutzgedankens in die Bevorzugung des Schalenwildes einerseits und die Verfolgung des Raubwildes andererseits werden in weiten Teilen schlichtweg der Kategorie des Anstandes nicht gerecht. Sie sind im Gegenteil unmoralisch und kreationistisch, da sie gewisse jagdlich interessante Nutzwildarten fördern, manche lediglich dulden oder dulden müssen (weil nicht jagdbar, wie z. B. die Raubvögel, den - in Bayern jagdbaren - Eichelhäher, den Igel in Niederwildrevieren, etc.) und andere weitgehend rigoros bekämpfen und auszuschalten versuchen[2304]. Die Hege beinhaltet damit auch zwei affektuelle Standards, die sich diametral gegenüber stehen: Zum einen ein sehr hoher affektueller Standard bezüglich des Ansprechens (s. u.), der Bejagung, der Fütterung und Schonung des Schalenwildes, und zum anderen eine sehr niedrige Hemmschwelle oder ein nach wie vor über die Jahrzehnte erhalten gebliebenes barbarisches Sichverhalten gegenüber allem Raubwild. Seit die Begrifflichkeiten der Waidgerechtigkeit und Hege auch im Gesetzestext ihre Verankerung gefunden haben, wird mit ihrer Hilfe eine auch räumlich artifizielle Situation geschaffen und gefördert, die jagdliches

---

2301 Vgl. dazu die Broschüre „Schwarzwild" des Ökologischen Jagdvereins Bayern e.V. aus dem Jahre 2003 und die Broschüre „Stationen von der Fütterung zum Verbiss" des Ökologischen Jagdvereins Bayern e.V. aus dem Jahr 2004.

2302 Vgl. in einem Artikel von Alexander Krah und Heiko Hornung, Brandenburgs ÖJV probt den Aufstand, in: Wild und Hund, Ausgabe Nr. 17/2003, S. 12ff. Der ÖJV Brandenburg hatte 2 Jahre, nachdem der NABU in Baden-Württemberg Fütterungsmissbräuche dokumentierte und eine Änderung der Fütterungsbestimmungen im Landesjagdgesetz erreichen konnte, erhebliche Verstöße in Brandenburg festgestellt.

2303 Vgl. dazu bei Heiko Hornung, Polizeijagden angedroht, in: Wild und Hund, Ausgabe Nr. 24/2004, S. 114.

2304 Vgl. dazu auch den Artikel von Klaus Schmidt, Fristlose Kündigung für den Fuchs, in: Deutsche Jagdzeitung, Ausgabe Nr. 12/2004, S. 26ff. Daneben bleibt die Frage, weshalb es keine Hegebestrebungen von Seiten der Jägerschaft z. B. gegenüber dem Gänsesäger, dem Haubentaucher oder der gefährdeten Wildkatze gibt. Alle genannten Arten unterliegen ebenfalls dem Jagdrecht und sind im Vergleich zu allen Schalenwildarten durchaus auf Biotopunterstützung angewiesen. Vgl. dazu die Pressemitteilung 6/2004 des DNR, Natur- und Tierschutzverbände machen öffentlichen Druck für neues Bundesjagdgesetz, unter der URL: http://www.dnr.de/presse/docs/Pm6-2004.doc.

(zumeist wiederkäuendes) Nutzwild auf Kosten des Waldes unverhältnismäßig fördert, während die allein jagd-, jedoch nicht biotopschädlichen Prädatoren mit aller Härte und gänzlich anderen Affektstandards verfolgt werden. Wie weit dieser Prozess historisch zeitweilig vorangeschritten ist, zeigte von Gagern anschaulich auf, indem er den Standpunkt vertrat, dass es dem durch Waidgerechtigkeit „veredelten Weidmann" überhaupt keine Freude mehr mache, sein Wild zu töten. Vielmehr sei ihm „die stille Schau, die Freude an der unschuldigen Daseinsfreude der Kreatur, kurz die Hege mit ihrem nicht geringen Zauber, ihren Aufgaben und Belohnungen" wichtiger als die unvermeidliche Entscheidung über Leben und Tod treffen zu müssen[2305]. Diese Aussage bezieht sich allein auf das Schalenwild und hat bis heute in vielen Jägerkreisen so seine Gültigkeit. So verwundert es nicht, dass selbst in Zeiten der Schweinepest von der Jägerschaft als Erfolg gefeiert wird, dass durch konsequente Hegebestrebungen der Schwarzwildbestand auf ein „beachtliches" (vulgo: hohes) Maß angehoben werden konnte[2306]. Niemanden wundert es, dass Schwarzwildhegeringe und Schwarzwildhege offen publiziert und propagiert werden, obwohl das Bundesjagdgesetz in seinem § 28 Abs. 1 die Hege des Schwarzwildes außerhalb von Einfriedungen, die ein Ausbrechen des Schwarzwildes verhindern, verbietet.

Völlig anders begegnet man seit jeher dagegen dem Raubwild, denn dieses wird „im Interesse des nutzbaren Wildes (...) vertilgt, also eine Gesellschaft von Tieren beseitigt, welche in mehr oder weniger grausamer Weise harmlosen Geschöpfen nachstellt und Schaden anrichtet"[2307]. Waidgerechtigkeit und Hege sind bis heute eng mit den Gegensätzen gut und böse, nützlich und schädlich, friedvoll und grausam, harmlos und gefährlich, wertvoll und wertlos verbunden, das heißt dem Gegensatzpaar Schalenwild contra Raubwild geschuldet. Auch wenn sich die Einstellung der Jäger zum Raubwild in den letzten Jahrzehnten geändert hat, so sind auch heute noch im Rahmen des waidgerechten Benehmens deutliche Affektbrüche zwischen der „Räuberbejagung" und der Schalenwildbejagung zu finden, die nicht mit gleichwertigen moralischen und ethischen Maßstäben erklärt werden können, sondern Ausdruck eines scheinbar teilbaren Tierschutzgedankens sind, der nach wie vor die antiquierte Vorstellung vom guten Nutz- und bösen Raubwild hochhält. Was z. B. im Namen der Waidgerechtigkeit beim Schalenwild abgelehnt wird (die drastische Regulationseinsicht wegen Schadbildern in der Forstwirtschaft) wird selbst bei den trophäenlosen Wildgänsen als Legitimation (die Verhinderung von Schäden in der Landwirtschaft) zu deren Regulation herangezogen[2308]. Der Fuchs wird offen als Niederwildschädling bezeichnet und auch als ein solcher behandelt, während das Rehwild gerade nicht „wie ein Schädling bekämpft"[2309]

[2305] Zitiert nach Hubertus Hiller, Jäger und Jagd, S. 131.

[2306] Vgl. dazu einen Artikel von Andreas David, Auf die nächsten 50 Jahre, in: Wild und Hund, Ausgabe Nr. 17/2003, S. 30ff.

[2307] Zitiert nach Hubertus Hiller, Jäger und Jagd, S. 130. Hiller rekurriert auf die Redaktion der Deutschen Jäger-Zeitung, Band 25, 1895, S. 39.

[2308] Vgl. dazu einen Artikel des DJV, Ohne Jagd geht´s nicht! in: Der Jäger, Ausgabe Nr. 04/1998, S. 16.

[2309] Vgl. dazu einen Artikel von Günther Klahm, Rehwild ist kein Schädling, in: Die Pirsch, Ausgabe Nr. 09/1995, S. 13.

werden dürfe und das, obwohl der ökonomische und ökologische Schaden, den zu viele Rehe an Verjüngungsflächen anrichten können, um ein Vielfaches höher ist als das, was der Fuchs an „Schaden" zu produzieren in der Lage ist. Der Begriff „Wald vor Wild" wird als Schädlingsbekämpfungsmentalität vor allem der unter ökonomischen und ökologischen Prämissen wirtschaftenden Försterei vorgeworfen, während doch umgekehrt kein ökonomisch denkender Landwirt „Hirsch vor Weizen" oder „Sau vor Mais" kalkulieren, geschweige denn tolerieren würde und könnte. Sobald es um das Schalenwild geht, ist zumindest im Wald jede Form ökonomischen und ökologischen Denkens durch den Waldbesitzer ein unzulässiger Eingriff in die freie Natur, die von der privaten Jägerschaft immer noch romantisiert und ideologisiert wird, obwohl es jene Natur in Anlehnung an die Ausführungen Ulrich Becks Risikogesellschaft schlichtweg nicht mehr gibt; sie ist eine Schimäre. Noch in den 90er Jahren regten sich viele Jäger in den Leserbriefen und Publikationen der einschlägigen Jagdliteratur darüber auf, dass man in vielen Forstrevieren winters die Rehe mit Apfeltrester zur besseren Abschusserfüllung ankirrte. Die gleichen Jäger, die sich darüber aufregten und den Verlust der deutschen Waidgerechtigkeit vorhersahen, hatten keine Skrupel am Luderplatz den Fuchs zu schießen oder mittels Duftstrecken (z. B. Fischköpfe, Aufbruch von Schalenwild, etc.) dem Fuchs den Weg zum Exekutierplatz zu zeigen, geschweige denn mit Hilfe künstlicher Fuchsbaue, der Betonrohrfalle oder anderer Fangsysteme dem Fuchs überall zu Leibe zu rücken. So wird selbst heute noch die Jagd am Luderplatz auf den Fuchs als waidgerecht und höchst effizient gelobt. Während die Kirrung des Rehwildes nur in den Herbst- und Wintermonaten vollzogen wird, wird dem Fuchs ganzjährig Frischfleisch, gebraten oder roh, am so genannten Luderplatz waidgerecht gereicht[2310], um ihn dann im Herbst und Winter in hinreichender Menge füsilieren zu können. Auch die Bildung von Hegegemeinschaften spiegelt das Ungleichgewicht in der jagdlichen Betrachtung zwischen Hoch- und Niederwild wider. So wurden auf breiter Basis Hegegemeinschaften für Rot-, Dam- und Muffelwild gebildet, während das Niederwild wie Hase und Rebhuhn nach wie vor nur stiefmütterlich behandelt werden[2311]. Wer käme auf die Idee, dem äußerst selten gewordenen Baummarder eine Hegegemeinschaft zu widmen, sich um den Erhalt der Mauswiesel zu sorgen oder auch nur zu ihren Gunsten auf die Fallenjagd zu verzichten? Warum bilden die Jäger Hegegemeinschaften für Wildarten, die in ihrem Bestand weit davon entfernt sind, gefährdet zu sein? Bei den Räubern wird das Schießen, Graben, Fangen, kurzum das offenkundig zur Schau getragene Töten im Namen der Niederwildhege favorisiert[2312], während beim Schalenwild jeder Schuss abgewogen und das Stück mehrmals bestätigt und angesprochen wird, daneben nach bestem Wissen und Gewissen gefüttert, geschont, medikamentiert wird und es wissentlich und willentlich der Gesamtgesellschaft einen großen

[2310] Vgl. dazu bei einen Artikel von Horst Rohleder, Der magische Platz, in: Wild und Hund, Ausgabe Nr. 23/2004, S. 22ff. Hier ist von gebratenem Fleisch die Rede, welches dem Fuchs ganzjährig geboten werden solle.

[2311] Vgl. diese Aussage bei Kurt Menzel, Hegegemeinschaften. Stärke durch Gemeinsamkeit, in: Wild und Hund, Ausgabe Nr. 04/2004, S. 38f.

[2312] So auch offenkundig und mit aller tierschutzwidrigen Härte bei Hans Behnke, Hege und Jagd im Jahreslauf, an verschiedenen Stellen.

wirtschaftlichen und ökologischen Schaden zugefügt, der mit dem Wildbreterlös nicht zu rechtfertigen ist. Raubwild hatte durch die gesamte Entwicklungsgeschichte des Menschen und vor allem seiner Zivilisation einen denkbar schlechten Stellenwert im Vergleich zum Nutzwild wie den Schalenwildarten. Als vermeintlicher Konkurrent des Menschen, aber auch aus unbegründeten Ängsten heraus wurden Wolf, Luchs und Bär schon früh in Deutschland ausgerottet. Der letzte Bär wurde 1835 bei Ruhpolding[2313], der letzte Luchs 1888 in Oberbayern geschossen und der Wolf (zumindest als Standwild, Durchzügler und Einwanderer gab es ihn zu allen Zeiten weiter) galt bereits um 1800 als ausgerottet. Die Basis für eine unreglementierte und nach oben weitgehend offene Schalenwildhege zugunsten jagdegoistischer Raumvorstellungen wurde nicht zuletzt mit dem letzten Wolf, dem letzten Bär oder Luchs geschaffen. Zusätzlich hatte das Ausmerzen der großen Prädatoren den Vorteil, dass der jagende Mensch nun deren Rolle ausfüllen musste und dies nach außen hin als ein dringliches Jagdmotiv darstellen konnte. Bis heute verteidigt der DJV seine Spitzenregulatorrolle als Einrede notwendiger Jagd. Allein, er handelt nicht nach dem eigenen Anspruch. Welcher Prädator füttert im Winter dasjenige Wild, welches er (trophäenstark) im darauffolgenden Sommer und Herbst erbeuten möchte? Welcher Prädator kümmert sich um Geschlechterverhältnisse, um Gesundheitszustand, um Alterspyramiden, um Trophäenstärke, Körpermerkmale oder um die Frage guter Vererber - schlechter Vererber? Dazu Martin von Hohnhorst und Wilhelm Bode: „Dass menschliche Jäger nicht die Funktion des ausgerotteten Großraubwildes übernehmen können, zeigt eine tausendjährige Kulturgeschichte der Jagd. Zu keinem Zeitpunkt hat die Jagdkultur diese Funktion auch nur halbwegs erfüllt."[2314] Natürlich, so ist dem zu entgegnen, könnte der Mensch diese Rolle durchaus ausfüllen; allein Waidgerechtigkeit und Hege stehen ihm im Wege. Überspitzt formuliert könnte man durchaus attestieren, dass, wenn der Mensch jagen würde, wie dies Wolf und Luchs tun, dies nach der langen Zeit der Waidgerechtigkeit und Hege eher ein Fort- denn ein Rückschritt wäre. Momentan jedoch duldet der Spitzenregulator Mensch kaum einen Konkurrenten neben sich und es verschafft ihm „innere Genugtuung", wenn er Raubwild mit Schrot, Kleinkaliber und Falle das ganze Jahr über zum „unbestreitbaren Nutzen" des „Friedwildes"[2315] bejagen kann. Wenn alle Hegeargumente nicht mehr ausreichend sind, Prädatoren zu stigmatisieren, dann muss die Urangst der Bevölkerung vor Großraubtieren wie dem Wolf instrumentalisiert werden. Selbst im Jahre 2004 kommt das „Rotkäppchensyndrom" unsinnigerweise ausgerechnet in der Jägerschaft zum tragen, die sich regelmäßig und öffentlich auf ihr ökologisches und biologisches Wissen, hart erkämpft mit dem „Grünen Abitur", beruft. Seit in der

---

2313 Vgl. dazu eine Pressemitteilung „Die Rückkehr der Braunbären", in: Wild und Hund, Ausgabe Nr. 23/2004, S. 137. Bayern, so die Pressemitteilung, hoffe nun wieder auf eine Ansiedlung des Braunbären im Alpenraum, nachdem in Österreich die Populationen erfreulich steigen. Weiterhin auch in einem Artikel von Heini Hofmann, Hat Meister Petz noch eine Chance? in: Wild und Hund, Ausgabe Nr. 23/2004, S. 56ff.

2314 Martin von Hohnhorst und Wilhelm Bode, Waldwende. Vom Försterwald zum Naturwald, S. 124.

2315 Vgl. dazu die Ausführungen in der Broschüre: „Jäger & Praxis, Kurz und bündig, Band 22, Beilage der Zeitschrift Jäger, S. 98, 1997.

Oberlausitz in Sachsen Wölfe eine freilebende Population aufzubauen begannen, schüren unter anderen auch Jäger mit fadenscheinigen Argumenten und mythischen Urängsten behaftet eine Frontstellung gegen das Wolfsprojekt. So hat sich neben dem „Freundeskreis Lausitzer Wölfe" und der Arbeitsgemeinschaft „Pro Wolf" des NABU Sachsen auch ein Verein mit dem Namen „Sicherheit und Artenschutz e.V." gegründet, dessen jagender Vorsitzender die Sicherheit der Kinder und die heimische Tierwelt in Gefahr sieht. Jener Verein stellt sich vehement gegen die freilebende Wolfspopulation und hat bereits eine Abschussgenehmigung für Teile der freilebenden Wölfe beantragt, die jedoch vom Regierungspräsidium in Dresden abgelehnt wurde[2316]. Das Schüren von Ängsten ist bezeichnend für die Jägerschaft, obwohl doch ganz offensichtlich andere Gründe als die Sorge ums Gemeinwohl die Proteste gegen die Wölfe und gegen Großraubwild allgemein bedingen. Es ist schlichtweg die Sorge, dass mit dem Auftauchen des Wolfes ein erheblicher Rückgang des jagdlich interessanten Schalenwildes einhergehen könnte[2317], was - wenn es überhaupt soweit kommen sollte - jedoch von der heterodoxen Jägerseite sehr begrüßt werden würde. Allerdings sei zur Ehrrettung der überwiegenden Jägerschaft gesagt, dass der Landesjagdverband Sachsen der Initiative des Vereins „Sicherheit und Artenschutz e.V." den Rücken kehrt und auf Toleranz und Akzeptanz des Wolfes baut, eine insofern vom Landesjagdverband Sachsen in allen Belangen zu unterstützende Einstellung, was auf eine gute Zusammenarbeit zwischen den einzelnen Vereinen und Initiativen hoffen lässt, ohne die aus der Vergangenheit bekannten Gräben aufzureißen. Dass unterschiedliche Verhaltensstandards und moralisch-ethisches Klassendenken zwischen Raub- und Nutzwild untrennbar mit der (kurzen) Geschichte der Waidgerechtigkeit verbunden sind, zeigt folgendes Beispiel aus dem Protokoll der ersten Sitzung des Schlesischen Forstvereins vom 3. Juli 1902. Ein Oberförster Jankowski stellt darin eine Selbstschussanlage für Raubzeug/Raubwild vor, welche in Österreich damals bereits in Betrieb war: „Der Selbstschuss besteht aus einem kurzen Rohr, welches senkrecht derart in die Erde eingegraben wird, dass nur ein ganz kurzes Rohrstück über das Planum der Erde hinausreicht. An einem Faden befindet sich oberhalb der Mündung der Abzugsbrocken. Die Stellvorrichtung ist derart eingerichtet, dass der Schuss nur durch einen Zug explodirt, welcher an diesem Abzugsbrocken nach aufwärts geübt wird; es ist also das Nutzwild vollständig gesichert, weil es den Abzugsbrocken, der immer aus Fleisch besteht, nicht erfassen und in die Höhe ziehen wird; weiter kann der Abzugsbrocken so klein gehalten werden, dass auch der Mensch keine Veranlassung findet, ihn aufzuheben. Ueberdies ist das Rohr lediglich mit Pulver geladen; auch das bietet eine Sicherheit für den Menschen und für Nutzwild. Der blinde Pulverschuss, der unter dem Abzug am Brocken losgeht, schädigt ein Nutzwild, das vielleicht durch einen Zufall den Brocken abziehen sollte, nicht, weil der blinde Schuss nicht direct in den Rachen des Wildes gelangt, wie beim schädlichen Wild; nimmt dagegen der Fuchs, Marder oder irgend ein jagdschädliches Thier den Brocken in den geöffneten Rachen, so explodirt der blinde Schuss und geht in den geöffneten Rachen des Thieres, wodurch der Schädel

[2316] Vgl. dazu Kerstin Kellermann, Das Rotkäppchensyndrom befällt sogar Jäger, in: Die Pirsch, Ausgabe Nr. 08/2004, S. 16-19.

[2317] Vgl. dazu ebd., S. 18.

deselben zerschmettert wird und der Tod sofort eintritt; es ist also eine sehr - ich möchte sagen humane Vertilgungsweise. (Heiterkeit.) Wenn sich einer der Herren näher für das Instrument interessieren sollte, so findet er es beschrieben in einer der letzten Nummern von Wild und Hund."[2318]

Zwischen der Revolution von 1848/49 und der Verabschiedung des Reichsjagdgesetzes 1934 erfuhr die Bejagung (Bekämpfung) des Raubwildes zur Erzielung und Aufrechterhaltung jagdwirtschaftlich interessanter Monokulturen eine wahre Blüte, die in den 1960er und zu Beginn der 1970er Jahre mit der Baubegasung zur Abschwächung der ersten Tollwutwellen einen weiteren - auch behördlich angeordneten - Höhepunkt fand[2319]. Strychnin, Fuchsangel und die Begasung der Fuchsbaue gehören zwar endgültig der Vergangenheit an, an ihre Stelle sind jedoch das Jungfuchsgraben, der Abschuss der Jungfüchse am Bau und die ansonsten ganzjährig vollkommen unselektive Bejagung beider Geschlechter (außerhalb der Aufzuchtszeit) getreten bzw. geblieben (wehe, man forderte Ähnliches für das Rehwild). Zusätzlich zur Bejagung des Fuchses mit der Schusswaffe ist die Fallenjagd auf den Fuchs nach wie vor eine häufig verteidigte Jagdpraxis in den einschlägigen jagdlichen Fachpublikationen. Dabei wird auch im Namen des Tierschutzes und der Waidgerechtigkeit toleriert, dass im Rahmen der Fallenjagd auf den Fuchs, wie in Wild und Hund für die Betonrohrfalle beschrieben, im Revier „vor der Fangsaison (...) Rattengift in gesicherten Behältnissen" ausgelegt wird, um Ratten davon abzuhalten, „die Rohre (...) völlig mit Erde" zuzuwühlen[2320]. Der Zweck des Rattengiftes ist einzig und allein der, dass Mäuse und Ratten nicht ständig die Öffnungen zuscharren bzw. mit Erde beschmutzen. Nur um keine Mühe beim Reinigen der Rohre zu haben, werden im Revier, wohlgemerkt nicht aus seuchenpolitischen Gründen, wie dies für die Kanalisation in den Kommunen gerechtfertigt ist, sondern dort, wo Ratten und Mäuse vollkommen unbehelligt leben können sollten, diese mit Rattengift getötet. Ob auch noch andere Tiere an das Rattengift herankommen, etwa Igel, Marder, Wiesel, etc., oder ob Greifvögel wie z. B. der Bussard, daneben aber auch Singvögel wie die Krähen, die die dort verendeten Ratten und Mäuse aufnehmen, nicht auch durch das blutverdünnende Mittel des Rattengiftes zu Tode kommen, bleibt unerwähnt; es dürfte aber davon auszugehen sein. Das alles geschieht unter dem Deckmantel der Waidgerechtigkeit und zugunsten der Niederwildhege, mit deren Hilfe Füchse waidgerecht zu minderwertigem Wild erklärt werden und links und rechts vom erklärten Feind gleich „mit aufgeräumt" wird. So ist z. B. das Töten der dem Naturschutzrecht unterliegenden Igel zum Zwecke der „Niederwildhege" verboten, Hans Behnke hat dazu jedoch alternative Möglichkeiten gefunden. Er empfiehlt den Igel in der Nähe von Fasane-

---

[2318] Vgl. dazu die Ausführungen von Jankowski im Protokoll zur Ersten Sitzung des Schlesischen Forstvereins für 1902, in: Schirmacher (Hrsg.), Jahrbuch des Schlesischen Forstvereins für 1902, S. 28-29.

[2319] Vgl. dazu Heribert Kalchreuter, Herr der Lage?, in: Der Jäger, Ausgabe Nr. 01/2000, S. 41.

[2320] Vgl. dazu einen Artikel von Burkhard Winsmann-Steins, Betonrohrfalle – Klassiker mit System, in: Wild und Hund, Ausgabe Nr. 18/2004, S. 78ff.

rien mit Fallen zu fangen, „alle Igelmänner in einen Stall" zu sperren und sie dann, wenn es sich lohnt, „in einen entfernten Stadtpark zu bringen"[2321].

Während der unselektive Fang des Fuchses und des Marders mit der Falle als waidgerecht verteidigt wird, schlagen die Emotionen bei der Diskussion um den Fang des Schwarzwildes, und hier gar selektiv nur der Frischlinge, hoch. Selbst Beifänge im Zuge der Raubwildbejagung, wie Wildkatzen und vom Aussterben bedrohte Fischotter, werden von der Jägerschaft als unvermeidlich hingenommen, wohingegen wenn es um den Fang von Schwarzwild in Schweinepestgebieten geht, von Tierquälerei und fehlender Waidgerechtigkeit die Rede ist[2322]. Im Gegensatz zum Fuchs ist das Schwarzwild ein mit ritterlichen Attributen belegtes, uriges Wild, welches es verdient habe, waidgerecht behandelt und zur Strecke gebracht zu werden. Allerdings, so auch Bruno Hespeler, exerzieren gerade die Forstämter als heterodoxe Jagdvertreter z. B. in Rheinland-Pfalz vor, wie man mit waidgerechten und sinnentleerten Verhaltensweisen zuweilen umzugehen versteht. Die dort ansässigen Forstämter dürfen den Saufang zwischenzeitlich aufstellen und andere Bundesländer ziehen nach. Auch in den Nationalparken wie im Bayerischen Wald sind Saufänge ein probates Mittel der dringend notwendigen Reduzierung der überhöhten Bestände. Ob man Rehe nicht auch mit der Kastenfalle dort, wo unbedingt notwendig, reduzieren können sollte, sei zukünftigen Diskussionen anheim gestellt. Ehrlicher wäre es, entweder die gesamte Fallenjagd zu untersagen oder eben auf alle Wildarten zuzulassen. Weshalb sie jedoch beim Fuchs waidgerecht und beim Reh höchst verwerflich sein soll, leuchtet nicht ein. Wie sehr die Waidgerechtigkeit im Rahmen der Räuberbejagung gesetzliche Regelungen, z. B. die allgemeine Hegepflicht des § 1 Abs. 2 BJG (Sicherung der Lebensgrundlagen des Wildes und zwar aller Wildarten ohne Einschränkung), nach ihrem Gutdünken und damit willkürlich – jedoch ganz offensichtlich von den jagdlichen Institutionen geduldet – zuweilen auslegt, wird in einem Artikel von Klaus Schmidt, „Fristlose Kündigung für den Fuchs", deutlich. Hier heißt es wörtlich: „Ich bin als leidenschaftlicher Fuchsjäger der Meinung, dass die Fuchspopulation nicht allein durch Abschuss gesenkt werden kann, sondern wir müssen eine gezielte Lebensraumverschlechterung für den Fuchs betreiben. Wir verbessern den Lebensraum für Arten, denen es zurzeit nicht so gut geht[2323]. Warum machen wir das nicht einfach einmal umgekehrt?" Und weiter: „Wenn wir Jäger für einige Wildarten wie Hase oder Rebhuhn das Äsungsangebot verbessern, dann sollte man analog beim Fuchs über eine Verschlechterung nachdenken."[2324] Gleichzeitig zu den Lebensraumverschlechterungen werden so genannte Kunstbaue aus Betonröhrensystemen in den Revieren eingegraben, in denen sich der Fuchs einschieben soll[2325]. Zum Zwecke der Bejagung werden diese Kunstbaue an der Einfahrt mit/von Jägern abgestellt,

---

[2321] Hans Behnke, Hege und Jagd im Jahreslauf, S. 60.

[2322] Vgl. dazu bei Bruno Hespeler, Schwarzwild heute, S. 56-57.

[2323] Weshalb der Lebensraum für Reh, Sau und Hirsch so schlecht sein soll, wird dem Leser jedoch nicht erklärt.

[2324] Klaus Schmidt, Fristlose Kündigung für den Fuchs. Gezielte Lebensraumverschlechterung als Hilfe für das Niederwild, in: Deutsche Jagd Zeitung, Ausgabe Nr. 12/2004, S. 26-29.

[2325] Karl-Heinz Betz, Aufrüsten für die Bodenjagd, in: Wild und Hund, Ausgabe Nr. 22/2004, S. 116.

um dann mit einem kräftigen Schlag eines harten Gegenstandes auf einen der Kessel den Fuchs zum fluchtartigen Verlassen des Baues zu bewegen und ihn waidgerecht mit der Flinte zur Strecke zu bringen. Wenn wir Jäger schon Betonanlagen in Biotopen verbauen, nur um scheinheilig die Niederwildhege verbessern zu wollen, dann sollten wir uns Nachtsichtgeräten, der Jagd im Lampenschein bei Nacht und anderen volltechnisierten Tötungsinstrumenten beim Schalenwild nicht versperren[2326]. Eine Verweigerung derselben würde die Jägerschaft äußerst unglaubwürdig machen, da ja ohnehin schon Wilduhren, Bewegungsmelder, Kirr- und Fütterungsautomaten mit Zeitschaltern im Rahmen der Schalenwildhege und der Schwarzwildbejagung am Kirrplatz Eingang in die waidgerechte Praxis gefunden haben. Rationalisierungen, auch technischer Art, beim Raubwild und bei den Sauen finden landauf und landab überall statt, weshalb nicht auch beim Rot- und Rehwild? Oder wäre es andererseits nicht gar sinnvoll, allen technischen Fortschritt (mit Ausnahme der Waffenentwicklungen, der Bekleidungsindustrie, etc.) aus der Jagd zu verbannen und stattdessen den Affekten freien Lauf bei Bewegungsjagden, Intervalljagdmodellen und vor dem Hintergrund verkürzter Jagdzeiten zu lassen? Auch das wäre allemal anständiger als all das, was momentan in den bundesdeutschen Wäldern an jagdlicher „Praxis" vollzogen wird; darüber hinaus scheint die Entwicklung bereits in diese Richtung zu gehen.

11.5.3.2.2.c Waidgerecht: Ausdruck mangelnder sozialer Kompetenz

Waidgerechtigkeit und die jagdliche Praxis allgemein entfalten nicht nur gegenüber dem Wildtier Wirkungen, sondern ebenso gegenüber der nichtjagenden Gesellschaftsmehrheit. Waidgerechtigkeit umschreibt nach Fritz Nüsslein (s. o.) nicht nur das Sichverhalten des Jägers gegenüber dem Wildtier, sondern zeichnet ein grobes Bild des Habitus eines Jägers, wie er sich seiner Umwelt in allen Facetten zeigt. Ergänzend dazu muss es nach den obigen Ausführungen heißen, dass der Jäger nicht nur für seine Umwelt erkennbar ist, sondern er in starkem Maße auf die Umwelt wirkt und diese Wirkungen zunehmend negativ sind. In Kapitel 6, 7 und 8 konnte aufgezeigt werden, dass es Beziehungen im Rahmen der Jagd zwischen Jäger und Nichtjäger, historisch zu allen Zeiten verbürgt, gab und je nach Funktion und gesellschaftlichen Strukturen auch geben musste. Das Schlagen oder Treten eines Untertanen gehörte im Feudalismus und Absolutismus zum Inventar der herrschaftlichen Jagd im Sinne von Raum(be)handlung. Zeigte sich der Jäger im Feudalismus als Herrscher, nach 1848/49 als gut situierter Bürger oder als wirtschaftender Bauer (beide mit vollkommen unterschiedlichen Zielsetzungen und damit auch differierendem Habitus), so zeigt sich der orthodoxe Jäger der Gegenwart als emotional geleiteter Heger und Waidmann, der heterodoxe Försterjäger dagegen als rational handelnder Spezialist im Felde der Jagd. Beide sich gegenüberstehenden Gruppen entfalten unterschiedliche ökologische und ökonomische

---

2326 So forderten Eifelbauern (Rheinland-Pfalz) im Jahr 2000 zur Eindämmung der Schweinepest Frischlingsfallen einzusetzen, Hormongaben zur Reduzierung der Fruchtbarkeit in Anwendung zu bringen und Nachtsichtgeräte freizugeben. Jäger, die nicht willens seien, mit allen Mitteln gegen die Sauen vorzugehen, würden ihre Jagden verlieren, so die Bauern. Vgl. dazu eine Meldung von K. Koops, Mit Nachsichtgeräten, Fallen und Hormonen..., in: Der Jäger, Ausgabe Nr. 02/2000, S. 10.

Wirkungen auf die Gesellschaft, auf ihre Umwelt und werden als konfligierende Pole auch weiterhin existieren, was Ulrich Schraml zu der Prognose veranlasst hatte, dass der Konflikt zwischen den Gruppen und deren Normenhierarchien noch eine Weile fortdauern wird[2327]. Beiden Normenhierarchien oder räumlichen Ordnungsvorstellungen sind unterschiedliche soziale Kompetenzen innewohnend, die nicht zuletzt aus den Raumkonstitutionen ihrer Handlungen resultieren. Die heterodoxe Seite betrachtet die Jagd häufig genug als eine Dienstleistung, die der gesamten Gesellschaft zugute kommt, während die orthodoxe Seite weniger auf die tatsächlichen Folgen ihres Handelns reflektiert als die egoistischen Eigenwerte wie Revierdenken, Passion und Distinktion in den Vordergrund des Jagdmotivs zu stellen. Nicht zuletzt deshalb, so auch die Kritik von Seiten der Jagdgegnerschaft, wird von privater Jägerseite die Jagd als Mittel zur (egoistischen) Befriedigung eines vermeintlichen Urtriebes gesehen, während die tierschutzgerechte Regulierung der Wildbestände und die teilweise hohen Jagdpachtzahlungen an die Grundstückseigentümer als ausreichend und sozial ausgleichend hervorgehoben werden[2328]. Egoismus, Biotopzerstörung durch die Heranhegung überhöhter Schalenwildbestände und das Archaisieren der Jagdhandlung (der Mensch als Jäger) scheinen durch finanzielle Zuwendungen (hohe Pachtzahlungen, die jedoch nicht dem maroden Waldzustand zugute kommen) vertretbar und entschuldbar zu sein. Aus diesen sich diametral gegenüberstehenden jagdlichen Rollen- und Selbstverständnissen der beiden Gruppen „orthodox“ und „heterodox“ resultieren die differierenden Gesellschafts- und Umweltkompetenzen beider Gruppen, die unter „sozialer Kompetenz“ zusammengefasst werden können. Die Jagdpraxis der Gegenwart ist damit immer noch auf zwei Ebenen analysierbar, einmal als Affektbändigung, als waidmännisches Reglement gegenüber dem Wildtier (Wild-Jäger-Beziehung) und einmal auf der sozialen Ebene, die immer dann die Jagdpraxis in den Fokus rückt, wenn diese zur Beeinträchtigung der Gesamtgesellschaft führt, indem sie zu so hohen Verbiss- und Schälschäden führt, dass die Aufrechterhaltung (bei gesundem und artenreichem Mischwald) oder die Wiederherstellung (durch Überführung von Lärchen- oder Fichtenmonokulturen zu artenreichen Mischwaldstrukturen) der Waldfunktionen ernsthaft gefährdet sind. Durch die von Ulrich Beck beklagte Hereinholung der Natur in die Zivilisation, ihre Degradierung zur Kultur, fällt beinahe jede Form menschlichen Handelns auf diese vergesellschaftete Natur zurück. Soziale Kompetenz drückt sich durch umsichtiges Handeln innerhalb der vergesellschafteten Natur aus, das heißt die Vermeidung ihrer weiteren Schädigung oder Artifizialisierung. So ist es gerade die oben beschriebene Waidgerechtigkeit, die in weiten Teilen auf Artifizialisierung (häufig genug in Jägerkreisen als Kompensationsstrategie missverstanden oder missgedeutet) beruht und jener sozialen Kompetenz im „Jahrhundert der Umwelt“ [2329], wie Ernst Ulrich

2327 Vgl. dazu die Ergebnisse bei Ulrich Schraml, Die Normen der Jäger, S. 258ff.

2328 Vgl. dazu die Kritik bei F. Werner, Was Jäger verschweigen, S. 8.

2329 Vgl. dazu bei Ernst Ulrich von Weizsäcker, Erdpolitik, S. 8ff. Das Jahrhundert der Umwelt folgt dem 20. Jahrhundert, welches als das Jahrhundert der Ökonomie von von Weizsäcker beschrieben wird. Von Weizsäcker sieht das 21. Jahrhundert als das Jahrhundert der Umwelt an, weil die drängendsten Probleme der Menschheit aus ihrem Umgang mit der Umwelt resultieren, sie einholen und die im Sinne einer weiteren Existenz dringend gelöst werden müssen.

von Weizsäcker das 21. Jahrhundert definiert, entgegensteht. Wie ich in einer früheren Arbeit unter Bezug auf Thorstein Veblen und Pierre Bourdieu aufzeigen konnte, ist das jagdliche Sichverhalten des waidgerechten Jägers auch heute noch auf einer teilweise räuberischen, destruktiven Aggression aufbauend. Darunter sind nicht nur die Trophäenbedeutung und die damit zusammenhängenden Hegebestrebungen, die Bekämpfung jagdlicher Konkurrenten wie des Raubwildes zu verstehen, sondern auch die Konflikte mit anderen Naturnutzern, mit denen um die gleiche Ressource, nämlich die Nutzung des Waldes konkurriert wird[2330]. In ihrer Summe, so mein damaliges Ergebnis, bedienen diese Verhaltensmaximen die Konflikte zwischen dem revieregoistischen Einzelinteresse und einer als gesellschaftlich sinnvoll anerkannten Tätigkeit Jagd. Die Auswirkungen auf die Umwelt einer nach orthodoxem Muster verstandenen Jagd sind äußerst destruktiv und in ihren Raumkonstruktionen gemäß dem Jahrhundert der Umwelt kontraproduktiv und sich selbst als obsolet darstellend. Eine der tiefgreifendsten Wirkungen, die der Jäger mittels seiner Raumkonstruktion „waidgerechte Jagd" nach obiger Definition auslöst, ist, dass die wesentlichen Waldfunktionen beeinträchtigt werden und der Aufbau naturnaher Mischwaldbestände gefährdet wird. Waidgerechte Jagd provoziert das „Waldsterben von unten", wie der ständige waldschädliche Verbiss des Jungwaldes durch das Schalenwild bezeichnet wird, und ist vor dem Hintergrund oben angeführter Zusammenhänge tatsächlich eine Art „Luxusschaden"[2331], den abzustellen kein wesentliches Problem wäre. Eine Möglichkeit dazu wäre z. B., dass die Jagdpachtpreise auf breiter Fläche gesenkt werden, um als „Stimulanz für eine andere Pächterklientel" [2332] zu dienen, dem es nicht um die Heranhegung hoher Wilddichten und um Repräsentationssucht geht, sondern welche willens und in der Lage ist, Beute zu machen und den Wildstand auf ein waldverträgliches Niveau dauerhaft zurückzuführen. Waidgerecht bezeichnet gerade vor dem oben genannten Hintergrund der Schieflage zwischen Schalenwild und Wald sowie der Heranhegung jagdlicher Monokulturen einen rein jagdökonomischen Aspekt, der wider eine waldbauliche Ökonomie und wider die gesellschaftlichen Forderungen nach ökozentrischer[2333] Jagd vollkommen eigenen Gesetzmäßigkeiten unterliegt. Eine in diesem Sinne waidgerechte oder waidmännische Jagd kann ihren Zieldefinitionen und ihrer revieregoistischen Ausprägung nach niemals gemeinnützig sein. Vielmehr ist sie letzten Endes entbehrlich, da sie egoistische Einzelinteressen auf Kos-

[2330] Vgl. dazu bei Klaus Maylein, Jagd und Jäger in der modernen Gesellschaft, S. 88, weiterhin bei Ulrich Schraml, Störfaktor Freizeitmensch, in: Die Pirsch, Ausgabe Nr. 22/1996, S. 17ff.

[2331] Vgl. dazu bei Martin von Hohnhorst und Wilhelm Bode, Waldwende. Vom Försterwald zum Naturwald, S. 126.

[2332] Vgl. dazu auch die Ausführungen von Franz Straubinger, Der Jagdbetrieb - wirtschaftliche Chance oder finanzielles Bermudadreieck, in: Waldökosystem und Schalenwild, Ökologischer Jagdverein Bayern e.V. (Hrsg.), S. 62ff. Dass mit hochmotivierten Jägern, die keine distinktiven Hintergedanken verfolgen, die Jagd und damit der Waldbau wirtschaftlich gestaltet werden können bei gleichzeitig hoher ökologischer Entlastung der schwer geprüften Waldstrukturen, stellt Franz Straubinger für die Graf Hatzfeldtsche Jagd dar. So wurde der Rehwildabschuss innerhalb eines Jahres mehr als verdoppelt. Mit einem jagenden Industriellen, einem gestressten Anwalt oder Architekten wird dies kaum möglich sein.

[2333] Eine Forderung, die auf Monika E. Reiterer zurückgeht. Vgl. dazu in ihrem Werk „Ärgernis Jagd?", an verschiedenen Stellen.

ten einer ausgeschlossenen Bevölkerungsmajorität in den Mittelpunkt des Denkens und Handelns stellt. Die moderne Gesellschaft, die sich in funktionale Teilsysteme untergliedert, kann sich eine jagdliche Raumkonstruktion anhand waidgerechter Merkmale und Motive im Jahrhundert der Umwelt nicht leisten; und zwar ökonomisch betrachtet, weil jene Jagd keinerlei Leistung für die Gesellschaft zu erbringen in der Lage ist, und ökologisch, weil die waidgerechte Jagd Umweltrisiken produziert, die von einer Minderheit provoziert werden und von der Allgemeinheit getragen werden müssen. Waidgerechte Jagd weist in allen Punkten die berechtigten Forderungen der Gesellschaft weit von sich, die in der Jagd eine begleitende Maßnahme des Modells naturnaher Mischwaldbau verortet, welche damit nicht nur aus ästhetischen, sondern vorrangig aus ökologischen (Stabilisierung des Ökosystems Wald, Klima- und Wasserschutz), ökonomischen (Ertrag durch begehrte Mischwaldhölzer) und sozialen (Erholungsfunktion, Lernort für Schulkinder und Erwachsene, etc.) Interessen und gesamtgesellschaftlichen Belangen unabdingbar ist. Welche Wünsche die Gesellschaft an den Wald stellt, geht unter anderem auch aus der Broschüre „Der Wald - Umweltschutz in Bayern" aus dem Jahre 1995 hervor. Dort heißt es: „Wesentliches Ziel bayerischer Forstpolitik ist es, funktions- und standortgerechte, stabile und leistungsfähige Mischwälder zu gründen und den Wald nach naturnahen Verfahren zu bewirtschaften. Dadurch können die Ansprüche der Waldbesitzer und die berechtigten Belange der Gesellschaft am besten in Einklang gebracht werden."[2334] Mit der waidgerechten Jagd aktueller Prägung sind diese Ziele offensichtlich nicht zu erreichen. Wie die Raum- und Ordnungsvorstellungen der Jägerschaft nach wie vor als Ausdruck sozialer Inkompetenz durch völlig fehlgeleitetes Besitzstandsdenken den Grundeigentümer und letztlich auch das Gemeinwohl beeinträchtigen, ist bei Bruno Hespeler in aller Eindringlichkeit dargestellt. „Jäger müssen lernen, dass mit dem Bezahlen der Jagdpacht weder ein Anspruch auf geregeltes >>Abschussmaterial<< besteht, noch die berechtigten Interessen der Verpächter einfach ignoriert werden dürfen. (…) Wer dem Waldbesitzer mehr Rotwild aufoktroyiert als dessen Wald verkraftet, enteignet ihn! Eine offene Enteignung, etwa für den Bau einer Autobahn, kann für den Waldbesitzer finanziell weit günstiger sein als die getarnte und schleichende Enteignung über total geschälte Bestände und ausbleibende Verjüngung! Kein Jagdpächter wäre damit einverstanden, dass der nächste Bauer seine Rinder in seinen Ziergarten treibt. Man stelle sich vor, der Gesetzgeber würde dem Bund Naturschutz das Recht einräumen, zu sagen, wie viel LKW ein Fuhrunternehmer fahren lassen darf, ob er seinen Betrieb wirtschaftlich führen kann, oder ob er pleite gehen muss. Nichts anderes ist es aber, wenn ein Beamter oder ein ehrenamtlicher Jagdberater, Rotwildringleiter oder wer auch immer darüber entscheiden darf, ob ein privater Waldbesitzer aus seinem Wald noch Gewinne erzielen und naturnah bewirtschaften darf, oder ob er ihn weitgehend der Trophäenhege seiner jagdlichen Angrenzer zur Verfügung stellen muss - ohne jede Entschädigung. Dem langfristigen Überle-

---

[2334] Vgl. dazu eine Broschüre des Bayerischen Staatsministeriums für Ernährung, Landwirtschaft und Forsten, Der Wald - Umweltschutz in Bayern, aus dem Jahre 1995. Abgedruckt und zitiert ist diese Broschüre ebenfalls bei Georg Meister, Waldbau und Jagd, in: Waldökosystem und Schalenwild, Ökologischer Jagdverein Bayern e.V. (Hrsg.), S. 78.

ben des Rotwildes dient eine solche Regelung nicht. Sie entspricht auch eher einer kommunistischen Geisteshaltung denn einer freiheitlichen."[2335]

Das 21. Jahrhundert wird, nicht nur auf dem Gebiet der Jagd, jeden, der sich Realist nennen möchte, zwingen, seine Handlungsweise als Beitrag zum Erhalt der Umwelt zu rechtfertigen. Soziale Kompetenz innerhalb der Bandbreite eigener Handlungen zeigt sich damit gesellschaftsumspannend, das heißt jedes Individuum in seinem Individualverhalten treffend, nicht nur in face-to-face-Interaktionen, sondern immer häufiger und bald zwingend im Umgang mit allen zur Verfügung stehenden Ressourcen. Zwar wird die kurzfristige wirtschaftliche Optimierung als Ziel erhalten bleiben (auch innerhalb der Jagd- und Forstwirtschaft), aber wenn sie sich den ökologischen Notwendigkeiten nicht unterordnet, wird ihre Glaubwürdigkeit nicht höher sein als die der heutigen Konfessionsstreiter in Nordirland oder die von luxemburgischen Nationalisten[2336]. Jagd als Bündnispartner des Naturschutzes mittels Nutzung kann im 21. Jahrhundert keinen anderen Weg als den der Dienstleistung zugunsten der nichtjagenden Gesellschaftsmehrheit nehmen. Will der Jäger diese Herausforderung des Jahrhunderts der Umwelt annehmen, so könnte er ein hohes Maß sozialer Kompetenz zum Ausdruck bringen, indem er als hochmotivierter, jagdhandwerklich begabter und im gesellschaftlichen Auftrag handelnder Jäger die räumlichen Ordnungsvorstellungen (oder besser: räumlichen Zwänge) der Gesellschaft in ökonomischen und ökologischen Hinsichten umsetzt und deren Stabilität garantiert. Diese Form der Privilegierung, die jedoch durch breite soziale Kompetenz der Jäger erst noch erstritten werden muss, würde der von Baron Heereman angeführten Vorstellung des Jägers als Delegiertem[2337] erstmals außerhalb von Lippenbekenntnissen zuträglich sein und auf eine entsprechende Legitimation der Jagd als Form der Naturnutzung rekurrieren können. Die Akzeptanz von Jagd in der modernen Gesellschaft würde dies immens steigern. Insofern soll der sozial kompetente Jäger sogar privilegiert sein, wenn er sich um Handwerklichkeit, um Effizienz und um die Umsetzung ökologischer und ökonomischer Forderungen bemüht, die allmählich von einem Kosten- zu einem Nutzenansatz umformuliert werden. In diesem Kontext stellen Wilhelm Bode und Elisabeth Emmert heraus, dass wenn der Jäger diesen gesellschaftlichen Anspruch reflektiert, er sogar jagen soll. Es liegt dann allein in der Hand von „Jagd heute" und seinem Mehrheitsverband DJV, ob „Jagd morgen" diese Zukunft tatsächlich eröffnet[2338]. Das ist der Kern der sozialen Kompetenz im 21. Jahrhundert, die von den Jägern unbedingt und alternativlos gefordert werden muss. Die Gesellschaft kann sich den waidgerechten Jäger und Heger aus vielen bereits genannten Gründen nicht mehr länger leisten, sie muss mit ihm brechen oder ihn als Bündnispartner vor dem Hintergrund eines Naturschutzes durch

---

2335 Deutliche Worte von Bruno Hespeler, Jäger wohin?, S. 261.

2336 Vgl. dazu ähnliche Ausführungen bei Ernst Ulrich von Weizsäcker, Erdpolitik, S. 8f.

2337 Vgl. dazu ein Zitat von Freiherr Heereman (dem früheren DJV-Präsidenten und Vorgängers Jochen Borcherts in diesem Amt), Jäger sind Delegierte, nicht Privilegierte, in: Wild und Hund, Ausgabe Nr. 10/1998, S .22.

2338 Wilhelm Bode und Elisabeth Emmert, Jagdwende, S. 286.

Nutzung in das Jahrhundert der Umwelt hereinholen, ihn mit entsprechender Kompetenz ausstatten.

11.5.3.2.3 Resümee zur Waidgerechtigkeit

Die exemplarisch angeführten Widersprüche im Rahmen des waidgerechten Benehmens führen die vom DJV vertretene Ansicht, dass „der Begriff der >>Waidgerechtigkeit<< (...) weitgehend von den Ergebnissen wildbiologischer und jagdwissenschaftlicher Forschung, dem Zeitgeist, der Vervollkommnung von Waffen und Munition, dem sich ändernden Verhältnis von Mensch zu Tier, dem Wandel und der Verschiebung ethischer Auffassungen abhängig“[2339] sei, ad absurdum[2340]. Wie ich weiter oben bereits ausgeführt habe, so ist auch für die Entstehung des waidgerechten Benehmens analog zum Benehmen in „guter“ Gesellschaft zutreffend, dass für seine Entstehung der Wunsch nach Abgrenzung zu anderen, bereits bestehenden jagdlichen Verhaltensmustern ausschlaggebend war. Neben der reinen Distinktion, der Abgrenzung des „neuen“ Jägertypus von anderen Jägertypen, hatte das „gute“ jagdliche Benehmen auch den gewollten Effekt der Anhebung des Wildstandes zur Folge. Das gerechte Jagen, wie das waidgerechte Jagen teilweise auch genannt wird, sollte die Wildbestände - zumindest die des Nutzwildes - vor weiterer Absenkung zunächst bewahren, darauf aufbauen und sodann auf einem hohen Niveau erhalten. Nicht zuletzt deshalb erfuhr die Waidgerechtigkeit immer dann einen umfassenden Schub, wenn in bestimmte Wildbestände jagdlich stark eingegriffen wurde, sei es durch Krieg oder durch politische Umschwünge. Daneben sind es aber auch die „modernen“ Forderungen von Seiten der Forstverwaltungen, der Naturschutzverbände oder der ökologischen Jagdvereinigungen nach zügiger Reduktionsjagd der meisten Schalenwildarten, die im orthodoxen Lager Forderungen nach mehr Waidgerechtigkeit aufkommen lassen[2341]. Boten gerade die Revolutionsjahre 1848/49, aber auch die Jahre 1870/71, 1918/19,

---

[2339] Vgl. dazu die Broschüre des Deutschen Jagdschutz-Verbandes (Hrsg.), Das Bundesjagdgesetz - Forderungen und Tatsachen, S. 9.

[2340] Die Hegejagd schafft einen künstlichen Raum, in welchem die Übergewichtung des Friedwildes stattfindet und allein der Jäger als einzig legitimes Raubwild nach Herzenslust das erntet, wonach ihm gerade ist, und wofür er willens und bereit ist waldbauliche Misswirtschaft zu fördern oder gar der Auslöser dafür zu sein: für gute und starke Trophäen. Zusätzlich nimmt der waidgerechte Heger offensichtlich auch Verstöße gegen das Tierschutzgesetz nicht nur in Kauf, sondern toleriert diese repetitiv, während in Jagdkreisen anerkannt große Namen wie Hans Behnke, der so genannte „Niederwildpapst“, die amoralischen Handlungsanleitungen dazu liefern. So heißt es bei ihm unter anderem: „(...) Da sieht uns die streunende Katze am Roggenrand in dem Moment, in dem wir sie sehen, und nur der rasch in den niederen Roggen hineingeworfene Schrotschuss macht sie etwas kürzer und zeigt dem Hund, wo er schnell den Rest zu besorgen hat“. Vgl. bei Hans Behnke, Hege und Jagd im Jahreslauf, S. 73.

[2341] Beispiele dazu werden weiter unten noch angeführt werden, z. B. die Gamsjagd des Forstamtes Schliersee vom 16. November 2004 oder die Jagd der Lehroberförsterei Chorin vom 11. Dezember 2003. Nach beiden Jagden ging ein massiver Aufschrei durch die jagdliche Presse, dem der Ruf nach mehr Waidgerechtigkeit und deren Kontrolle folgte. Dabei wurde auf beiden Jagden nur das getan, was Sinn und Zweck moderner Jagdausübung in der Risikogesellschaft oder dem Jahrhundert der Umwelt ist: Schalenwildreduktion dort, wo es in deutlich zu hohen Populationen vorkommt. Auch die so genannten „Umweltjagden“ im Saarland unter Minister Stefan Mörsdorf gehören in diese Reihe.

1933/34 und 1945/53 wesentliche Impulse zur Manifestation waidgerechten Jagens, so waren es die weniger sozialen als vielmehr ökologischen Krisen seit den 1970er Jahren, die waidgerechtes Benehmen auf den Prüfstand einer zunehmend kritischen Öffentlichkeit brachten. Aber auch der politische Wechsel 1998 hatte neuen Zündstoff für jagdpraktische wie auch jagdrechtliche Änderungen zum Resultat, die aktuell neben der Novellierung des Bundesjagdgesetzes insbesondere in der Föderalismusdebatte ihren Niederschlag finden. Während Ulrich Scherping das deutsche Waidwerk „in seines Wortes bester Bedeutung" als eine „gewaltige erzieherische Kraft zum Guten und Edlen, zum Einfachen und Sauberen, zum Gott-nah-sein"[2342] bezeichnete, sehen andere im Waidwerk und damit auch im waidgerechten Benehmen eine „Garantie" für ökologisch unangepasste Wildbestände der Schalenwildarten[2343]. Beide Charakterisierungen existieren heute und können zu Recht als die verfestigten Pole der zwischenzeitlich auch öffentlich wahrnehmbaren Diskussion um Waidgerechtigkeit und waidgerechtes Benehmen bezeichnet werden.

Jagdlich „rohe", „bäuerische" Affekte wurden nach der Revolution 1848/49 aus bereits verschiedentlich angeführten Gründen und auf Drängen der damals neu entstandenen jagdlichen Vereinigungen unter adeliger Ägide zu bändigen versucht. Die waidgerechte, bürgerlich-adelige Jägerschaft sollte sozusagen ein zweites, rein affektuelles Bollwerk gegen die Bauernjäger bilden, nachdem diese durch die Vergrößerung der Eigenjagdbezirke bereits materiell von der Jagd auf eigenem Grund und Boden weitestgehend ausgeschlossen werden konnten[2344]. Unerwünschte jagdliche Klientel wie die berüchtigten Schinder, Fleisch- und Sonntagsjäger sollten mit Hilfe der limitierenden Bahnen des regelkonformen jagdlichen Verhaltens ausgegrenzt oder wenigstens sozialisiert und damit vollwertige Mitglieder der waidgerechten Jägerschaft werden können. Die Herausbildung dieses nun neuen affektuellen Bollwerks als Bestandteil des waidgerechten Verhaltens war jedoch erst eine Erscheinung des ausgehenden 19. Jahrhunderts und damit keineswegs älter. Kurt Lindner hat aufgezeigt, dass der Begriff weidgerecht (mit ei) vor rund 200 Jahren zunächst nur den jagdsprachlich richtigen Umgang der Jäger untereinander beschrieb. Erst mit der Definition von Ernst Ritter von Dombrowski (1892) rund 100 Jahre später wurde der Begriff ausgedehnt und sollte von nun an das Verhalten des Jägers bezeichnen, welches sich vom Schießer und Sonntagsjäger durch bereits gedrosselte Affekte unterschied. Komplettiert wurde das waidgerechte Verhalten aktueller Prägung mit der Hereinnahme der Pflicht zur Hege, ebenfalls gegen Ende des 19. Jahrhunderts. Somit kann das waidgerechte Verhalten, so wie es noch heute gepflegt wird, lediglich auf ein Alter von rund 100 Jahren zurückblicken. Da der endgültige und nun auch institutionalisierte Durchbruch der

---

[2342] Vgl. dazu bei Gerd von Lettow-Vorbeck, Zum Geleit, in: Deutscher Jagdschutz-Verband e.V. (Hrsg.), Ulrich Scherping und ein halbes Jahrhundert deutscher Jagdgeschichte. Ein Zeit- und Lebensbild, S. 11.

[2343] Vgl. dazu bei Wilhelm Bode und Elisabeth Emmert, Jagdwende, S. 137.

[2344] Der materielle Ausschluss wurde bei Ulrich Wendt wie folgt beschrieben: „Der Bauernjäger musste fort, die Jagd war wichtiger als die Hebung des Volkes, und deshalb waren große Jagdbezirke nötig." Ulrich Wendt, Kultur und Jagd. Ein Pirschgang durch die Geschichte, S. 358.

Waidgerechtigkeit als Standard und Richtschnur jagdlichen Sichverhaltens jedoch erst 1934 mit der Verabschiedung des Reichsjagdgesetzes verzeichnet werden konnte[2345], reduziert sich ihre tatsächliche Lebensdauer um weitere 30 auf gerade einmal rund 70 Jahre. In der Öffentlichkeit dagegen scheint der Eindruck erweckt, als ob waidgerechtes Benehmen auf eine jahrhundertealte Entwicklung zurückblicken könne. Dies, so konstatieren auch Hubertus Hiller[2346] und Gerd Otten[2347], ist jedoch keineswegs der Fall. Vielmehr herrscht ein wahrer Mangel an Historizität innerhalb der Waidgerechtigkeit. Dieser fehlende kulturelle Hintergrund führt dazu, dass es sich diese Waidgerechtigkeit absolut nicht erlauben kann, gegen moderne Tierschutzaspekte oder Modelle wie den naturnahen Waldbau zu verstoßen. Eine Berufung auf ihre kulturelle Wertigkeit und deren Berücksichtigung (wie das z. B. bei der Falkenjagd, der Beize, der Fall ist) ist damit ausgeschlossen. Solange das waidgerechte Benehmen eine Teilbarkeit des Tierschutzes unterstellt sowie das Modell des naturnahen Waldbaus behindert, solange können sie und ihre Vertreter nicht ernst genommen werden. Der waidgerechte Jäger wurde zum Anwalt des Wildes stilisiert und die Pflicht zur Hege ein wichtiger Wesenszug des waidgerechten und nun schon deutlich affektgebändigten Verhaltens[2348]. Raum und Zeit, so der Eindruck, haben die Herausbildung und Formung des Begriffs „waidgerecht" begünstigt und gefördert, auf die moderne Implikation des Begriffs bezogen scheinen jene Faktoren jedoch ihres Einflusses beraubt worden zu sein. Zumindest zeigt sich die Waidgerechtigkeit heute nicht selten als vollkommen an den Anforderungen der Zeit vorbeigedacht und damit als ein Hemmschuh für eine zukunftssichere Eingliederung der Jagd in die Gesellschaft als ein funktionales Teilsystem. So formuliert Gerd Otten: „Hege und Weidgerechtigkeit konnten in den Jahrzehnten politischer Stabilität in der BRD zu einer jeden Kompromiss verwehrenden Bastion ausgebaut werden und standen damit einer lösungsorientierten Novellierung des BJG entgegen."[2349] Dadurch, dass der DJV über Jahrzehnte die jagdlichen Geschicke und Belange als monopolistischer Jagdverband steuerte, sind die daraus resultierenden Strukturen, Einstellungen und Wahrnehmungsweisen der deutschen Jägerschaft aufgrund der von Ulrich Schraml so genannten tertiären

---

2345 Analog zu den Ausführungen von Gerd Otten, Waidgerechtigkeit und Hegepflicht – ethische Maxime oder neofeudales Instrument zur Schalenwildzucht?, veröffentlicht unter der URL: http://www.oejv.de/positionen/weidgerechtigkeit.htm. Es handelt sich um einen Auszug aus der Diplomarbeit zum Thema "Diskussion der inhaltlichen Entwicklung ausgewählter Paragraphen des RJG vs. BJG", die Gerd Otten 2001an der Fachhochschule Hildesheim/Holzminden/Göttingen im Fachbereich Forstwirtschaft und Umweltmanagement in Göttingen verfasste.

2346 Hubertus Hiller, Jäger und Jagd, S. 122ff.

2347 Gerd Otten, Waidgerechtigkeit und Hegepflicht – ethische Maxime oder neofeudales Instrument zur Schalenwildzucht?, veröffentlicht unter der URL: http://www.oejv.de/positionen/weidgerechtigkeit.htm.

2348 Vgl. dazu bei Kurt Lindner, Weidgerecht. Herkunft, Geschichte und Inhalt, S. 22ff, weiterhin bei Hubertus Hiller, Jäger und Jagd, S. 122ff, sowie bei Dietrich Stahl, Wild. Lebendige Umwelt, S. 131ff und bei Monika E. Reiterer, Ärgernis Jagd?, S. 110.

2349 Gerd Otten, Waidgerechtigkeit und Hegepflicht – ethische Maxime oder neofeudales Instrument zur Schalenwildzucht?, veröffentlicht unter der URL: http://www.oejv.de/positionen/weidgerechtigkeit.htm.

Sozialisation (das ist die Nähe zu jagenden Gruppen) nur sehr schwer zu durchbrechen. Das Übergewicht orthodoxer Anschauungen ist aus diesem Grunde ein Faktum innerhalb der bundesdeutschen Jägerschaft, welches auch zukünftig noch einige Probleme bereiten wird[2350]. Die Diskrepanz, die zwischen einer dringend notwendigen Funktionsdefinition der Jagd und der nur leidlich wildbiologisch und ökologisch sinnstiftenden jagdlichen Wirklichkeit besteht, ist in ihrem öffentlichen Bewusstsein gerade einmal rund dreißig Jahre alt. In diesem Zeitraum wurde zwar, wie in Kapitel 10 beschrieben, die Funktion der Jagd in weiten Teilen bereits einer Änderung unterworfen, die Waidgerechtigkeit und auch die gesetzlichen Regelungen haben jedoch bis heute nur unzureichend auf diesen Wandel reagiert. Es ist die moderne Jagd, die nach entschlossenerem Töten verlangt, was jedoch durch die limitierenden Schranken der Waidgerechtigkeit teilweise verunmöglicht wird. Die vielerorts immer noch steigenden oder auf hohem Niveau stagnierenden Schalenwildpopulationen müssen dringend gesenkt statt durch Hege und falsch verstandene Enthaltsamkeit gesteigert oder gehalten werden[2351]. Eine Adaptionsleistung an zivilisationsbedingte Situationen, an aktuelle Raumkonstruktionen und vor allem Raumanforderungen kann deshalb dem waidgerechten Benehmen nur widerwillig beschieden werden und es wundert nicht, dass aus verschiedenen Bereichen und Vereinigungen des Tier- und Naturschutzes, von ministerialer Ebene[2352] wie auch durch die Jagd selbst immer wieder einmal Forderungen nach einer Abschaffung oder wenigstens einer inhaltlichen Revision des Begriffs als auch des Verhaltens an sich geäußert werden. Die Begründungen für jene für orthodoxe Jägerkreise nach wie vor ungeheuerliche Forderung zielt regelmäßig auf das nicht mehr zeitgemäße Verständnis des Begriffes ab[2353] und damit in erster Linie auf die veralteten und in der Sache völlig unsinnigen Hegepraktiken der Jäger, die zu nach wie vor überhöhten Schalenwildbeständen führen[2354]. Hin und wieder sind es auch

---

2350 Vgl. dazu bei Ulrich Schraml, Die Normen der Jäger, Tabelle 34, S. 139. Doch nicht nur die tertiäre Sozialisation liegt überwiegend beim DJV und seinen Untergruppen, auch die sekundäre Sozialisation, die der jagdlich ausbildenden Institution zukommt, liegt durch die Kreisjägervereinigungen beim LJV und damit wiederum beim DJV. Vgl. dazu auch bei Klaus Maylein, Jagd und Jäger in der modernen Gesellschaft, S. 81.

2351 Im Übrigen eine Entwicklung, mit der nicht nur die bundesdeutschen Jäger konfrontiert sind. Auch in Österreich sind die Strecken beim Reh- und Rotwild kontinuierlich steigend und das Schwarzwild ebenso wie in der BRD zu einer „unberechenbaren Größe" geworden. Vgl. dazu eine Pressemeldung mit dem Titel „Schwarzwild kommt", in: Wild und Hund, Ausgabe Nr. 20/2004, S. 118.

2352 So z. B. im Eckpunktepapier des Bundesministeriums für Verbraucherschutz, Ernährung und Landwirtschaft zur Novellierung des Bundesjagdgesetzes, herausgegeben vom Bundesministerium für Verbraucherschutz, Ernährung und Landwirtschaft, vom 19. März 2004. Waidgerechtigkeit und Hege sollen konkretisiert werden.

2353 So fordert z. B. die AGNJ den Ersatz der Waidgerechtigkeit durch Wildtiergerechtigkeit. Vgl. dazu die Broschüre „Naturnah jagen". Eine Standortbestimmung, Arbeitsgemeinschaft Naturnahe Jagd e.V. (Hrsg.), S. 7-8.

2354 So attestiert das aktuelle Forstliche Gutachten 2004 zum Dreijahres-Rehwildabschussplan des MLR Baden-Württemberg: „Wie bereits in den vorangegangenen Jahren, zeigen auch die Ergebnisse des forstlichen Gutachtens 2004, dass die staatlichen und kommunalen Eigenjagdreviere bei der Verbissbelastung insgesamt deutlich besser abschneiden als die gemeinschaftlichen Jagdbezirke. Erstmals ist bei allen Jagdbesitzarten jedoch der Trend der Verbissbelastung wieder steigend. Bei den Schutzmaßnahmen weisen die staatlichen Verwaltungsjagdbezirke die (vermeintlich) nationalsozialistischen Merkmale der Waidgerechtigkeit, die Anlass zur Forderung nach einer inhaltlichen wie sachlichen Änderung geben[2355]. Wie die obigen Ausführungen zur Waidgerechtigkeit im althergebrachten Sinne zutage gefördert haben, wird der Gesetzgeber, der sich mit einer Novellierung des Jagdrechtes zu befassen hat, mit einer lediglich inhaltlichen Revision der Waidgerechtigkeitshülle nicht weit genug gehen. Waidgerechtigkeit hat sich zu weit von Kategorien wie Ratio, Anstand und Moral entfernt, als dass eine bloße inhaltliche Revision ausreichen würde, ein modernes Verantwortungshandeln im Jahrhundert der Umwelt aus ihr zu machen. Die Auswirkungen der Industrialisierungsprozesse, die Hereinholung der Natur in die Zivilisation, das heißt die Auflösung des Gegensatzpaares Natur – Kultur, mit ihren ersten deutlichen Zäsuren beginnend in den 1970er Jahren, enthob waidgerechtes Benehmen jedweder Legitimation. Zu sehr greift Waidgerechtigkeit in die Kraut- und Strauchvegetation, die Baumartenzusammensetzung, die Qualität und Quantität der Naturverjüngungen und die Wildartenzusammensetzung ein, als dass sie nach modernen Maßstäben geduldet werden könnte. Waidgerechtigkeit hat sich mit ihren Motiven und ihren Handlungen von jedweder funktionalen Sinnhaftigkeit der Jagd mit gesellschaftlich anerkannten und dringend notwendigen Implikationen distanziert. Dabei obliegen gerade im Jahrhundert der Umwelt Jagd und Jäger wesentliche Funktionen im Rahmen des naturnahen Waldbaus, der Umgestaltung der bundesdeutschen Waldgesellschaften zu stabilen und gesunden Mischwaldstrukturen. Voraussetzung dafür wäre, dass der § 1 des Bundesjagdgesetzes (im Übrigen würde dieser als Rahmengesetz eines zukünftig novellierten Jagdrechtes vollkommen ausreichen[2356]) vollumfänglich umgesetzt würde. Die Glaubwürdigkeit der Jagd, so Georg Meister, könnte durch die rückhaltlose Anerkennung der in § 1 BJG festgelegten Vorgaben für die Hege des Schalenwildes deutlich gesteigert werden[2357]. Ihrer Zukunftsfähigkeit würde dies zumindest Vorschub leisten. Beispiele für diese bereits affektfreisetzende Umsetzung begegnen uns bereits heute überall, wie die Beispiele des novellierten schleswig-holsteinischen Landesjagdgesetzes oder der Schweizer Patentjagdkantone, der Bewegungsjagden, der Aufhebung der Schonzeiten für Rehböcke, die Schrotschussdiskussionen, etc. aufzeigen. Auch die jagdliche Praxis in den Forstverwaltungen und den genossenschaftlichen Regiejagden zeigt, dass die oben genannte Waidgerechtigkeit dort bereits heute nicht mehr akzeptiert wird und alternative Reglements gefunden werden. Diesen Prozess wird der DJV

---

günstigere Ergebnisse als die gemeinschaftlichen Jagdbezirke auf. Das beste Gesamtergebnis der vier Jagdbezirksarten erreichen die staatlichen Verwaltungsjagden, die damit ihrer Vorbildfunktion im Hinblick auf eine waldverträgliche Wildbestandsbewirtschaftung gerecht werden." Vgl. ebd., S. 7-8.

2355 So z. B. bei Gerd Otten, Waidgerechtigkeit und Hegepflicht – ethische Maxime oder neofeudales Instrument zur Schalenwildzucht?, veröffentlicht unter der URL: http://www.oejv.de/positionen/weidgerechtigkeit.htm.

2356 Mit Ausnahme des Absatzes 3, der bestimmt, dass bei der Ausübung der Jagd die allgemein anerkannten Grundsätze deutscher Waidgerechtigkeit zu beachten seien. Die auf § 1 nachfolgenden Paragraphen des Bundesjagdgesetzes sowie die ungeschriebenen und geschriebenen Grundsätze der Waidgerechtigkeit erst haben die Jagd pervertiert.

2357 Vgl. dazu bei Georg Meister, Waldbau und Jagd, in: Waldökosystem und Schalenwild, Ökologischer Jagdverein Bayern e.V. (Hrsg.), S. 89.

mit der Forderung nach rigoroser Überprüfung waidgerechter Sitten nicht aufhalten können[2358]. Die Jagd wird teilweise roher, affektueller, intuitiver und damit effektiver, was einem Verzicht auf die heute überwiegend bekannte Form der Waidgerechtigkeit gleich kommt.

11.5.3.2.4 Rebarbarisierungen im 21. Jahrhundert

11.5.3.2.4.1 Einleitung

Die Jagd in der modernen Gesellschaft, so haben die Ausführungen in Kapitel 10 gezeigt, wurde seit den 1970er Jahren allmählich als ein Verantwortungshandeln des Jägers in der Risikogesellschaft erkannt, deren industriell bedingten Gefährdungslagen in den Epochen zuvor nicht existent waren und damit auch keinerlei Wirkung auf die Jagd entfalten konnten. Um diesem Verantwortungshandeln gerecht zu werden, dass heißt den Aufbau gesunder, gemischter und standorttypischer naturnaher Wälder zu unterstützen, die unbestritten die gesellschaftlichen Ansprüche in ökologischer und ökonomischer Sicht am besten zu erfüllen in der Lage sind[2359], müssen die jagdlich und forstlich geschaffenen Missstände der letzten 100 Jahre behoben werden. Die Jagd im Jahrhundert der Umwelt muss sich aus vielen oben genannten Gründen von ihren obsoleten waidgerechten Ansätzen distanzieren und sich im Gegenteil der Aufgabe der Beseitigung der waidgerecht geschaffenen jagdlichen Missstände sowie den forstökologisch in der Vergangenheit gemachten und bis heute nachwirkenden Fehlern im Zuge der Reinertragslehre und des Altersklassenwaldbaus stellen. Nur so wird es möglich sein, den Jäger in die moderne Gesellschaft und ihre Aufgabenfelder rational, dienstleisterisch und zweckorientiert einzubinden und sein Tun, seine „Passion", zukunftsfähig und über alle Gesellschaftsschichten hinweg konsensfindend zu erhalten. Um mit den Worten Michael Petraks zu sprechen bedeutet dies, dass der Jäger in der parlamentarischen Demokratie nur durch glaubwürdiges Handeln und durch Werbung für die Sache langfristig überzeugen kann. Um genügend Akzeptanz zu erhalten, muss die Jagd im Wesentlichen drei Kriterien erfüllen: „Sie muss tierschutzgerecht sein, sie muss die wildbiologischen Erkenntnisse berücksichtigen und sie muss sich in den ökologischen Zusammenhang einordnen."[2360]

[2358] So fordert der DJV: „Erhebliche Verstöße gegen geschriebene oder ungeschriebene Regeln der Waidgerechtigkeit sind keine >>Kavaliersdelikte<<. Sie sollten deshalb dem Jagdverband und der zuständigen Jagdbehörde zur Kenntnis gebracht werden, damit die erforderlichen Schritte eingeleitet werden können, um Wiederholungen auszuschließen. Seitens des Jagdverbandes sind vereinsrechtliche Schritte, behördlicherseits Maßnahmen bis hin zur Entziehung des Jagdscheins (§§ 17 Abs. 2 Nr. 4, 18 Satz 1 BJG) zu prüfen." Vgl. dazu die Positionen des Deutschen Jagdschutz-Verbandes unter der URL: http://www.jagd-online.de/seite.cfm?010208, Waidgerechtigkeit, Stand Februar 2005.

[2359] Vgl. bei Franz Brosinger, Angepasste Schalenwildbestände – Voraussetzung für einen naturnahen Waldbau, in: Rundgespräche der Kommission für Ökologie, Bayerische Akademie der Wissenschaften (Hrsg.), Band 25, Über die Jagd – Kulturelle Aspekte und aktuelle Funktionen, S. 69-77.

[2360] Vgl. Michael Petrak in einem Interview mit Heiko Hornung, Hahn in Ruh auf Raten?, in: Wild und Hund, Ausgabe Nr. 03/2005, S. 20ff.

Welche verheerenden Zustände in bundesdeutschen Wäldern innerhalb der letzten Jahrzehnte mittels Hege und waidgerechter Jagd zuweilen hervorgerufen wurden, ist aus dem weiter oben beschriebenen Appell der rheinland-pfälzischen Umweltministerin Margit Conrad ersichtlich. Wenn auf großer Fläche wie in Rheinland-Pfalz naturnaher Mischwaldbau aufgrund zu hoher Bestände von Reh- und Rotwild nicht möglich ist, dann ist dringend von der von Sigrid Schwenk vertretenen Ansicht, dass die Entkommenschance des Wildes auch heute noch als das ausschlaggebende Kriterium der Jagd angesehen werden müsse, Abstand zu nehmen[2361]. Die allerseits festzustellenden Rebarbarisierungen innerhalb der Jagdpraxis sind denn auch der von Margit Conrad angemahnten Situation geschuldet, das heißt allesamt auf die Steigerung jagdlicher Effizienz ausgerichtet und keineswegs waidmännisch affektgebändigt auf Entkommenschancen des zu bejagenden Wildes zielend, geschweige denn mit hegerischen Attributen versehen. Nicht umsonst werden immer wieder von orthodoxer Seite Stimmen laut, die in der rationalen Form der Wildbewirtschaftung nur das „Totschießen"[2362] sehen. Aber: auf Waidmännisches zu verzichten oder es zurückzudrängen bedeutet nicht, dass rücksichtslos und brutal gegen das zu bejagende Schalenwild vorgegangen werden soll. Würde Waidgerechtigkeit den Prinzipien jagdlicher Effektivität, fürderhin auch des Anstandes, der Unteilbarkeit von Ethik, Moral und Tierschutz gerecht werden, so müsste dies anders beurteilt werden. Wie die obigen Ausführungen jedoch zeigen, ist Waidgerechtigkeit weitab von den genannten Grundsätzen ein revieregoistisches, risikoproduzierendes und gegen geltendes Recht verstoßendes – und dennoch in weiten Teilen affektgebändigtes – Sichverhalten orthodoxer jagdlicher Kreationisten. Rebarbarisierung und damit einhergehend die Abkehr von waidgerechten Verhaltensstandards bezeichnet aus diesem Grunde in ihrer Summe die Rückbesinnung auf den ehemals bäuerlichen jagdlichen Werkinstinkt von vor 1934, an dessen erster Stelle nicht das Brimborium, nicht die hegerische Emotion, die Romantik, der gottväterliche Blick auf die Kreaturen des eigenen beengten Reviers, sondern die Beute stand und deren Zielsetzung eindeutig in der Schadensminimierung und der Nutzung des vorhandenen Wildes bestand. Martin von Hohnhorst und Wilhelm Bode haben diese Rückbesinnung auf ehedem effektive und sachliche bäuerliche Jagdfunktionen – wenn nun auch unter modernen Prämissen – folgerichtig erkannt. Der von der Gesellschaft erkannte Konflikt zwischen Wald und Wild mahne dringend Reformbedarf an, so Hohnhorst und Bode. „Doch bei näherem Hinsehen ist da nichts nach vorne zu entwickeln, sondern, wie das Wort >>Reform<< andeutet, zurückzubilden. Der Faden der Jagdgeschichte ist an der Stelle wieder aufzunehmen, an der eine wilde, freie Jagd des Landvolks – gegen den Unmut des entmachteten Adels und adelsloyaler Forstbüttel – den Wäldern eine

---

2361 Vgl. dazu bei Sigrid Schwenk, Von der hohen Kunst zu jagen. Jagdmethoden im 18. Jahrhundert, in: Die *Jägerey* im 18. Jahrhundert, Colloquium der Arbeitsstelle 18. Jahrhundert, Bergische Universität, Gesamthochschule Wuppertal, S. 42. Es ist vollkommen an der aktuellen Situation vorbeigejagt, wenn man waidgerechte Zurückhaltung beim Schalenwild als jägerisches Ehrenschild bezeichnet. Damit ist niemandem geholfen: nicht dem Jäger, nicht dem Grundbesitzer, nicht der Gesellschaft, nicht dem Wild.

2362 Vgl. dazu einen Leserbrief von Annemarie Schwintuchowski, Wildbewirtschaftung aufs Totschießen reduziert, in: Die Pirsch, Ausgabe Nr. 11/2004, S. 28.

Verjüngungskur durch Kurzhalten des Schalenwildes bescherte."[2363] Zurück zum freien Jagdrecht eines jeden Bürgers auf seinem Grund und Boden braucht es freilich nicht zu kommen (wenngleich dies in Dänemark und in Frankreich so der Fall ist); dennoch wird aus diesen Worten deutlich, was unter Rebarbarisierung zu verstehen ist. Jedem ist es heute freigestellt, ob er die Jägerprüfung machen möchte oder nicht, ob er also aktiv an einer gerechteren, weil strikt nicht-waidmännischen Jagdausübung partizipieren möchte oder ob er rein passiv dem Jäger als Dienstleister – versehen mit einem gesunden und ausgeprägten Werkinstinkt – genügend Vertrauen entgegen bringt. Um dieses Vertrauen in die Dienstleistung Jagd setzen zu können sind in der Tat Entwicklungen notwendig, die eher einem Rück- denn einem Fortschritt (in o. g. waidgerechtem Kontext) gleichzukommen scheinen. Innerhalb der letzen dreißig Jahre fanden einige solche Entwicklungen entweder bereits statt (Bewegungsjagden auf Rehwild, Reduzierung waidgerechter, jedoch wildbiologisch unsinniger Ansprechmerkmale, Zahl vor Wahl, Wald vor Wild, etc.) oder aber sie sind in Vorbereitung oder zumindest in der Diskussion und damit auch in den Fokus der natur- und tierschützerischen Einwirkungen gerückt. All diesen Entwicklungen ist gemein, dass sie häufig genug auf der historischen Zeitachse besehen eher einen Schritt zurück denn einen Schritt nach vorne umschreiben, in ihren Wirkungen jedoch als modern und einer ökologischen Betrachtungsweise voll und ganz angemessen erscheinen. Rebarbarisierungen, so werden die folgenden Ausführungen zeigen, sind damit nicht zuletzt dem „Jahrhundert der Umwelt", sondern auch der Risikogesellschaft Ulrich Becks geschuldet. Nebenbei werden die Rebarbarisierungen auch den Kategorien des Anstandes gerecht und führen eventuell zu mehr Aufrichtigkeit innerhalb der Jagd.

11.5.3.2.4.2 Rebarbarisierungen: Vereinfachungen des Ansprechens

Wie ich bereits in Kapitel 2 erwähnt habe, wird es den prähistorischen Jägern, aber auch den germanischen Kriegerbauern, den altägyptischen Pharaonen und den Römern (so sie denn jagten) gleichgültig gewesen sein, ob das getötete Stück führend oder nichtführend, weiblich oder männlich, jung oder alt, gesund oder krank (zumindest solange der Verzehr nicht gesundheitsgefährdend war) war. Auch die Ausbildung des Kopfschmuckes wird nicht ausschlaggebend für die Erlegung gewesen sein. Eine ähnliche Situation existiert innerhalb der rezenten Jäger- und Sammlervölker. Eine sehr lange Zeit sowohl im Rahmen der Evolution als auch im Rahmen der Zivilisation war es somit vollkommen gleichgültig, wie es um das Geschlecht oder den Zustand des zu erlegenden Wildes bestellt war. Die Kreatur selbst war nur Mittel zum Zweck. Als sich im Laufe der Zeit Jagd- und Schonzeiten, die zunächst lediglich auf die Vermehrungsbiologie des Wildes abzielten, herausbildeten – etwa nachweislich Mitte des 18. Jahrhunderts[2364] – wurde eine Entwicklung in Gang gesetzt, die dem Wild die Möglichkeit einräumen sollte,

---

[2363] Martin von Hohnhorst und Wilhelm Bode, Waldwende. Vom Försterwald zum Naturwald, S. 126.

[2364] Vgl. dazu bei Dietrich Stahl, Wild. Lebendige Umwelt, S. 127. Eine zunehmende Verbreitung erfuhren die Schonzeitbestimmungen mit Beginn der Regalität der Jagd, somit also vom 16. Jahrhundert an aufwärts. Vgl. dazu auch im BLV Jagdlexikon, Stichwort „Jagdgeschichte" und bei Dietrich Stahl, Wild. Lebendige Umwelt, S. 126ff.

wenigstens für die Dauer der Brut- und Setzzeiten und der Aufzuchtszeiten vor einer Erlegung geschützt zu werden. Es wurde für notwendig erachtet, dass sich der Jäger begann ein einfaches, aber konkretes und objektiv nachvollziehbares Bild vom zu erlegenden Stück zu machen, sich darüber bewusst wurde, ob er ein führendes/laktierendes oder ein nichtführendes weibliches Stück oder eben ein männliches Tier vor sich hatte. Dasselbe galt für die Feststellung, ob es sich um ein Jungtier oder um ein älteres Tier handelte. Bis zur Revolution von 1848/49 reichte diese „Kategorisierung durch objektives Ansprechen" des Wildes vollkommen aus, wurde ja auch bereits mit dieser einfachen und bereits frühen tierschutzgerechten (natürlich gab es diesen Tierschutzgedanken damals noch nicht, bzw. er begann sich gerade erst zu entwickeln) Regel das Wild vor einer Ausrottung geschützt. In Anbetracht der Jagd als politisches Instrument im Rahmen der Regalität der Jagd wäre darüber hinaus eine zu starke Dezimierung des Wildes auch aus herrschaftspolitischen Gründen kontraproduktiv gewesen. Es musste genügend Wild und damit genügend Jagdmöglichkeit vorhanden sein, wollte der Fürst seine Ordnungsvorstellungen mittels der Jagd bis in alle Bereiche seines Herrschaftsraumes transportieren[2365]. Erst mit den Erfahrungen aus der Revolution und der kurzen allgemeinen Jagdfreiheit zwischen 1848 und 1850 wurden reaktionäre Kräfte wachgerüttelt, die eine ähnliche Entwicklung - namentlich die Dezimierung des Wildstandes - für die zukünftige Entwicklung mit allen Mitteln verhindern wollten. Die völlige Freistellung der Jagd von herrschaftspolitischen Funktionen bei gleichzeitiger Überbetonung ihrer nun rein distinktiven Funktionen machte eine gewisse Populationsdichte zur leichteren Bejagung unabdingbar. Die Wucht der jagenden Bauern und Bürger, die zumindest regional für ausgedünnte Wildbestände sorgten und die sich nicht um das Ansprechen sorgten, schien den adligen Jägern und ihren Förstern ein gewaltiger Dorn im Auge zu sein, da jene die Distinktionsmöglichkeiten mit der Population gleichermaßen absenkten. So heißt es 1895 bei Oberforstrat Fürst: „(...) die in immer breitere Schichten der Bevölkerung dringende Jagdlust, die Gewinnsucht endlich, mit welcher gegenwärtig leider die Jagd seitens vieler Jagdbesitzer und Jagdpächter betrieben wird, nötigten den Staat zu genaueren Bestimmungen über die Schuss- und Hegezeiten der jagdbaren Tiere, sollten letztere nicht schließlich ganz ausgerottet werden."[2366] Doch bevor der Staat eingriff und entsprechende Gesetze schuf, wurde auf adelige Initiative von so genannten Jagdschutzverbänden ein Weg gesucht, wie man eine gewisse Homogenität der Jägergruppe schaffen und ihr zu diesem Zweck ein Normgefüge geben könnte, welches neben der Hebung des Wildstandes auch die Nobilitierung des Jägers durch ritualisiertes Gebaren und Abgrenzungshandlungen zu den verhassten Sonntags- und Fleischjägern zum Ziel haben sollte. Um dies zu erreichen, wurden Verhaltensmaßregeln aufgestellt, die sich zwar allmählich in den 1870er Jahren entwickelten, die jedoch ihre volle Geltung erst mit der Verabschiedung des Reichsjagdgesetzes und der damit verbundenen Zwangsmittel 1934 erreichen konnten. So

---

2365 Vgl. dazu ausführlich Kapitel 7 und 8, weiterhin auch einen Artikel von Oberforstrat Fürst, Die Schuss- und Schonzeiten im Deutschen Reiche, in: Wild und Hund, Ausgabe Nr. 01/1895, S. 4-5.

2366 Oberforstrat Fürst, Die Schuss- und Schonzeiten im Deutschen Reiche, in: Wild und Hund, Ausgabe Nr. 01/1895, S. 4.

konnte im letzten Drittel des 19. Jahrhunderts durchgesetzt werden, dass man weibliches Wild (zumindest beim Rehwild) zunächst generell schonte, ebenso das Jungwild im ersten Jahr nicht in die Abschussplanung mit einbezog. Beim Ansprechen war peinlichst darauf zu achten, dass man nur Geltricken und Schmalrehe schoss[2367]. Man war der irrigen Meinung, dass Kitze geschossener Geißen im Winter zugrunde gehen müssten, unabhängig davon, wann die Geißen geschossen würden. Waren Schmalrehe früher also frei und offensichtlich gut anzusprechen, so wundert es doch, dass im Jahre 1999 in Niedersachsen jene Schmalrehe für den Jäger tabu wurden, „weil er sie angeblich nicht ansprechen kann"[2368]. Neben der strikten Schonung der Geißen und der Kitze sowie der durch allerlei Ansprechmerkmale affektuell gebändigten Bockbejagung entwickelten sich auch Ansprech- und damit Erlegungs- oder Schonungskriterien heraus, die auf die vermeintliche Veranlagung des Wildes zielten. Die „Aufartung" oder die genetische Gesundhaltung der Population stand plötzlich im Mittelpunkt des hegerischen Trachtens. Spätestens mit 1934 war es gewissermaßen opportun, dem „guten" und „braven" Wild eine Chance und dem schlechten, minderwertigen Wild den Tod zu geben. Auf diesem Wege entwickelten sich Ansprechkriterien, die seit wenigstens rund 30 Jahren zusehends von Wildbiologen, von Berufsjägern und den Forstverwaltungen als den Spezialisten im sozialen Feld der Jagd ob ihrer Irrationalität und Sinnlosigkeit kritisiert werden.

Das Ansprechen des Wildes als Selektionskriterium sollte neben der Begünstigung gewünschter Körpermerkmale und Trophäenausprägungen vor allem die „Passionen im Zaume"[2369] halten, die ohne zusätzlichen Sanktionsapparat (Ausschluss aus der Gemeinschaft der Jäger, Aburteilung durch Ehrengerichte, etc.) ansonsten nur schwerlich hätten gezügelt werden können. Dabei wird häufig genug - auch von Günter R. Kühnle - vergessen, dass diese falschverstandene Jagdmoral nicht in der Lage ist, das zu vollziehen, was die Jagd des Menschen in der modernen Gesellschaft herbeiführen muss: den Wildbestand so einzuregulieren, dass ein zeitgemäßer Wald- und Landbau nicht verhindert wird. Weshalb sollte der Mensch im 21. Jahrhundert moralischer, respektive selektiver jagen als der Wolf, der Fuchs, der Luchs, etc.? Jagd, wenn sie denn aufrechterhalten werden soll, darf nicht mit dem Viehstall und der Zucht von Haustieren verwechselt werden. Die Jagd als kulturell zukunftsträchtige Form der Nutzung wildlebender Tiere vor dem Hintergrund der Naturzerstörung und der Lebensraumreduktion fordert im Jäger wieder den Wolf, nicht den affektuell gefangenen Waidmann, der nicht um zu töten jagt, sondern dies aus mannigfachen anderen Motiven tut, wie dies Ortega y Gasset und Günter R. Kühnle ausführen. Die Bestrebungen der jagdlichen Vereinigungen um die Jahrhundertwende, dem Jäger seinen „Raubtierinstinkt" einzuschränken, hatten einen grandiosen Erfolg, der nicht zuletzt in den Streckenlisten

---

[2367] Vgl. dazu die Ausführungen von Hempel, Versammlung des Preußischen Forstvereins für beide Provinzen Preußen, in: Zeitschrift für Forst- und Jagdwesen. Zugleich Organ für forstliches Versuchswesen, Dr. jur. B. Danckelmann (Hrsg.), Neunundzwanzigster Jahrgang 1897, S. 118. Der Vorschlag Ricken zu schießen stieß auf Unmut und das regional verschieden bis weit in die 1970er Jahre hinein.

[2368] Bruno Hespeler, Wie es uns gefällt..., in: Der Jäger, Ausgabe Nr. 02/2000, S. 37.

[2369] Vgl. dazu Günter R. Kühnle, Der Mensch als Jäger im Spiegel seiner Vernunft, S. 260.

der letzten 100 Jahre zu verfolgen ist. Die Wildbestände (zumindest die jagdlich interessanten) erholten sich nicht nur, sondern erreichten bis heute stetig neue Höchststände, die als Sieg des Waidmanns über die Korrektiven der Natur gefeiert wurden[2370]. Um diesen Zustand zu wahren, wurden genaue Regelungen erlassen, wann der „Zeitpunkt zum Sterben" für das betreffende Stück nach jagdlichen Interessen am ehesten gerechtfertigt sei. Durch genaues Ansprechen sollte aus den Populationen der Wiederkäuer und des Schwarzwildes nur das schwächste Stück entnommen werden, sei es physisch oder rein trophäenbezogen. So entstanden auf der Basis des Wahlabschusses (im Gegensatz zum Abschuss nach der Zahl) Abschuss-Kategorien wie „Kümmerer", „Artverderber" oder „Ausmusterer", die negative physische oder trophäenbezogene Ausprägungen umschrieben, oder aber die „Ernteabschüsse" desjenigen männlichen Schalenwildes, welches das Hegeziel in Form eines entsprechenden Alters bei maximaler Geweih- oder Gehörnentwicklung erreichte. Einen Ernteabschuss beim weiblichen Wild dagegen gibt es nicht. Ziel war und ist es, Trophäenträger in der höchsten Blüte ihres Daseins zu erlegen. Helmut Wölfel attestiert den bekannten Ansprechkriterien, dass sie weder für die Art noch für den Jäger positive Auswirkungen hätten. Vielmehr führten diese Kriterien der Güte- oder Stärkeklassen sowie der Altersklassen zu einer Ausweitung der Jagdzeit, durch die sich der Jagddruck erhöhte, der Deckungszwang verstärkt wurde und der Wildschaden durch Verbiss (beim Rehwild) und Schälen (beim Rotwild) deutlich anstieg[2371]. Auch Wölfel plädiert beim Rehwild dafür, dass nebst den Böcken auch jedes Kitz zu erlegen ist, völlig unabhängig davon, welches Gewicht oder welches Geschlecht es hat. Alles andere ist wildbiologischer und sich letztlich immer negativ auf den Lebensraum auswirkender Nonsens. So attestiert Bruno Hespeler den höchst komplizierten Abschussvorschriften z. B. beim Rotwild die jahrzehntelange Behinderung regulativer Eingriffe in die Bestände, die jedoch dringend notwendig wären[2372]. Doch was versteht der Jäger unter dem Ansprechen und welche Änderungen im Regelwerk der Ansprechkriterien machen sich heute bemerkbar? Unter dem „Ansprechen" des Wildes versteht der Jäger seit der Zwangsdurchsetzung der Hegejagd wenigstens zweierlei; zum einen das allgemeine und objektive Erkennen von Wild (was für eine Wildart ist es, welches Geschlecht) und zum anderen das subjektive Beurteilen von Wild, sei es nach dem Alter des Stückes, nach der Kondition oder einfach nur nach rein jägerischen und damit zumeist trophäenorientierten Kriterien (z. B. nach der Geweihbildung bei Hirschen, der Gehörnbildung bei Rehböcken, der Kruckenbildung beim Gamswild oder der Schneckenlänge beim Muffelwild, der Körperstärke und dem Gewaff bei Keilern, etc.). Das Ansprechen des Wildes ist damit in objektive Faktoren wie Spe-

---

2370 Bis heute greifen die affektuellen Hemmnisse des Ansprechens und der Hege insofern, als sich die private Jägerschaft nicht in der Lage sieht, die Wildbestände auf ein Maß zurückzuführen, welches gewährleistet, dass die Hauptbaumarten ohne Zaun oder Einzelschutzmaßnahmen aufwachsen können. Vgl. dazu eine Pressemitteilung mit dem Titel „Zu viel Wild in den Wäldern", in: Wild und Hund, Ausgabe Nr. 19/2004, S. 115. Till Backhaus wird in dieser Pressemitteilung mit den Worten zitiert, dass die Anstrengungen der Jäger nicht ausreichen, den Bestand deutlich zu reduzieren.

2371 Vgl. dazu die Ausführungen von Helmut Wölfel, Mit Traditionen brechen, in: Jäger, Ausgabe Nr. 04/1998, S. 52f.

2372 Vgl. dazu bei Bruno Hespeler, Jagd 2000, S. 111.

zies, Alter (allerdings nur bedingt, da nur am toten Stück anhand des Zahnabschliffs und auch dann durch den Jäger nicht zweifelsfrei feststellbar[2373]), Kondition und Gesundheitszustand sowie subjektive Faktoren wie die Trophäe oder das generelle Hegeziel (rein an der Trophäe ausgerichtet; nicht zuletzt werden auf den Hegeschauen auch nur die männlichen Stücke bewertet) zu untergliedern. Das Resultat aus dem von der Waidgerechtigkeit geforderten gewissenhaften Ansprechen eines Stückes ist in der Regel eine waidgerecht operationalisierte Handlungsanleitung, die für den Jäger wenigstens drei Optionen eröffnet: a) das angesprochene Stück kann erlegt werden, b) es muss erlegt werden (z. B. wenn es an einer Wildkrankheit leidet oder verletzt ist, oder wenn es sich um einen Artverderber, Kümmerer, Rücksetzer oder Ähnliches handelt) oder c) es muss geschont werden (z. B. in der Schonzeit, aber auch dann, wenn der Trophäenträger noch nicht das Hegeziel[2374] erreicht hat). Diese drei optionalen Handlungsanleitungen sind Ausdruck einer kurzen historischen Entwicklung des so genannten Ansprechens, welches sich immer weiter von rationalen hin zu emotionalen und letztlich wildbiologisch völlig irrationalen Handlungsanleitungen im Rahmen der Hege starker Trophäenträger fortentwickelt hat.

Das Ansprechen, so wie es die Altvorderen gelehrt haben und viele eher orthodox sozialisierte Jäger noch heute (wenn auch in einigen Punkten abgeschwächt) in ihrer Revierpraxis präferieren, verhindert aufgrund des auf den Phänotyp (das, was das Jäger im Moment des Ansichtigwerdens eines Stückes sieht) gelegten Schwerpunktes häufig genug eine effektive Bejagung des Schalenwildes, ist darüber hinaus wildbiologisch widersinnig und spiegelt deutlich mehr revier- und jagdegoistische Motive wider als die Erhaltung eines gesunden und an das jeweilige Biotop angepassten Wildbestandes zu fördern, der den gesellschaftlich definierten, zielführenden und dringend notwendigen Umstrukturierungsmaßnahmen zum naturnahen Mischwaldbau dienlich wäre. Das Ansprechen konnte im Verlaufe des 20. Jahrhunderts nur deshalb bis zu einer gewissen Perversion getrieben werden, weil das Reviersystem den Jäger zum Gralshüter seines Wildes und der von ihm präferierten Ordnungsvorstellungen machte. Ähnlich dem Viehhirten ist der Jäger seit dem Siegeszug der Waidgerechtigkeit und Hege stetig bei „sei-

2373 So weist Hans-Joachim Duderstaedt, Wie alt? in: Deutsche Jagdzeitung, Ausgabe Nr. 03/2005, S. 30f, darauf hin, dass zur wirklich exakten Altersbestimmung beim Rehwild keine der bekannten Methode tauge. Selbst der Zahnabschliff – das Schleifen der Backenzähne – erbringe keine exakten Erkenntnisse, da „die Ersatzdentinbildung beim Rehwild nicht einmal mikroskopisch genau zu erkennen" sei. Wozu dann die ganze Ansprecherei?

2374 Unter dem Hegeziel versteht man in der Regel den Zustand höchster Geweih- oder Gehörnentwicklung des „reifen" Trophäenträgers. Hegeziele gelten zumeist nur für die männlichen Stücke einer Wildart. Damit unterscheidet sich das jagdliche Hegeziel vom rechtlichen Hegeziel, welches in § 1, Abs. 2 BJG besagt, dass die Hege „die Erhaltung eines den landschaftlichen und landeskulturellen Verhältnissen angepassten artenreichen und gesunden Wildbestandes sowie die Pflege und Sicherung seiner Lebensgrundlagen" zum Ziel habe. Und weiter: „Die Hege muss so durchgeführt werden, dass Beeinträchtigungen einer ordnungsgemäßen land-, forst- und fischereiwirtschaftlichen Nutzung, insbesondere Wildschäden möglichst vermieden werden." Hege im waidmännischen Sinne ist damit rein subjektiv und revieregoistisch, während das gesetzliche Hegeziel objektiv und güterabwägend verstanden werden kann.

nem" Vieh (als wild kann man das Wild aufgrund der Fütterungspraxis, den Kartierungen von Einständen, von Plätz- und Fegestellen, der Brutplätze, der Territorien, von Rissen und Wechseln, von Stangenfunden, Fuchsbauten und von Fallwild, etc. häufig genug nicht mehr bezeichnen[2375]), er beunruhigt mittels der bevorzugten Jagdart des Ansitzens und Pirschens die Einstände bis zur Unerträglichkeit, steigert den Jagddruck und den Stress auf die Wildtiere fortwährend, was Bruno Hespeler als den „totalen Krieg - waidgerecht versteht sich"[2376] bezeichnet hat. Noch vor 1934 hatte man den notwendigen Abschuss in Intervallen getätigt, man war nicht stetig präsent im Revier und man kümmerte sich nur leidlich um Trophäen. Der jagdliche Eingriff fand in der Jugendklasse ohne Ansehen der Physis statt, die Mittelklasse wurde geschont und der alte Hirsch konnte, musste aber nicht erlegt werden. Erst in den dreißiger Jahren, so Bruno Hespeler, ging man Dank Rassenlehre, Aufartungstheorie und Trophäenkult zur selektiven und störungspotenzierten Einzeljagd über und forcierte die Ansprechkriterien in einem vollkommen überzogenen und jedwede Objektivität verhöhnenden Maße[2377]. Der Jäger wurde zum Gestalter, zum Kreationisten eigener Zucht- und Schönheitsvorstellungen. Nur das Schöne und Ebenmäßige war auf einmal wert weiterzuleben, dass Unförmige, Hässliche und Kranke musste aus dem Raum entfernt und ausselektiert werden, auch oder gerade weil es „natürlich" war. Was der Mensch nicht schuf, das schien er vernichten zu wollen - für die Jagd auf wilde Tiere ist dies bis heute ganz besonders zutreffend. Nur was der Jäger selbst artifiziell durch Einbringung von Energie ins Revier (Futter, Medikamente, Zusatzstoffe, etc.), durch selektives Hegen und Ausmerzen des „Falschen" und Unerwünschten zuwege gebracht hat, das verdient wahrhaft romantisch verehrt und waidgerecht zur Strecke gebracht zu werden, mit Erlegerbruch, Horrido und besinnlichem Verweilen am Stück. Auch Wilhelm Bode sieht diese Entwicklung als Resultat des Revierjagdsystems an, welches Besitzstandsdenken („meine Rehe") fördere und damit die Akzeptanz und den Einsatz flächig wirksamer Jagdstrategien verhindere[2378]. Dieses Besitzstandsdenken führt dazu, dass nicht nur in der Jagdzeit dem Wild zu allen Tages- und Nachtzeiten nachgestellt wird; auch in der Zeit der so genannten Hornung des Rotwildes (Abwurf der Geweihstangen zwischen Januar und März) wird fleißig den männlichen Hirschen nachgelaufen um deren abgeworfene Geweihstangen zum Zwecke des besseren Ansprechens im Sinne einer „Chronologie der Hege" zu suchen und auf künstliche Schädel zu montieren. Hans Joachim Duderstaedt dazu: „Klassische Plätze für die Suche sind: Äsungsflächen, Wildwiesen, Feldflächen mit Wintergetreide oder Raps und natürlich die bekannten regel-

---

[2375] Vgl. dazu die empfohlene Praxis von Hans Behnke, Hege und Jagd im Jahreslauf, S. 49f. Neben der Kartierung sollen auch die Hasen und Rehe gezählt werden. Noch heute meinen Jäger „ihre" Rehe zählen und eindeutig ansprechen zu können. Diese Irrungen, die zwischenzeitlich zigfach widerlegt wurden, sind solange lebendig, solange das Reviersystem besteht und solange altvorderes Gedankengut Eingang in die Jägerköpfe findet.

[2376] Bruno Hespeler, Jäger wohin?, S. 259.

[2377] Vgl. dazu bei Bruno Hespeler, Jäger wohin?, S. 259f.

[2378] Wilhelm Bode, Die Drückjagd aus rechtlicher Sicht und jagdgesetzliche Forderungen, in: Ökologischer Jagdverband Rheinland-Pfalz (Hrsg.), 1992-2002, Festschrift zum 10 jährigen Jubiläum, S. 34.

mäßigen Wechsel dorthin. Darüber hinaus Gräben und Bachläufe, an denen die Hirsche ihre Stangen beim Überfallen der Hindernisse verlieren, sowie Suhlen und Salzlecken. Auch lohnt sich das Absuchen der Hauptwechsel in dichten Beständen, denn das Anstoßen der lockeren Stangen an Hindernissen führt häufig zum Abwerfen."[2379] Um den Verdacht des enormen Störungspotenzials, den das Abwurfstangensuchen auch im Bestand nun mal evoziert, von sich zu weisen, gibt Duderstaedt den Rat, dass „der sachkundige Heger versuchen wird, Störungen in den Haupteinständen zu vermeiden"[2380]. Mit der Jagd, verstanden als ein Werkinstinkt, eine Dienstleistung für den Wald und die Gesellschaft, hat diese Form der Zuchtkontrolle des männlichen Schalenwildes absolut nichts zu tun und gehört auf den Schuttplatz der waidgerechten Jagdgeschichte. Würden die Abschusskriterien und damit die Jagd allgemein von der Trophäe losgelöst, so ließe sich dieses den Wildtieren nur unnötig Stress verursachende Handeln einstellen. Will der Jäger die Jagd als eine ehrliche und anständige Nutzung wilder Tiere zum Wohle der Gemeinschaft auch im 21. Jahrhundert und darüber hinaus aufrechterhalten, so sollte die Bewirtschaftung des Wildes von der Trophäe abgekoppelt werden. Einige Ansätze dazu gibt es bereits und sie werden immer deutlicher[2381]. So könnte z. B. bei einer Vereinfachung der „Spielregeln" wie dem Ansprechen und der Auflassung der Hege eine Verkürzung der Jagdzeit umgesetzt werden[2382]. Wenn das Ansprechen auf wenige konkrete Merkmale reduziert wird, die Populationen nicht noch durch zusätzlichen Energieeintrag in Form von Futter gesteigert oder auf hohem Niveau gehalten werden, könnte die Jagd effektiver und rationaler durchgeführt werden, die Abschüsse schneller getätigt und dem Wild mehr Ruhe verschafft werden, so die Hoffnung einiger naturschützerischer Vereinigungen, von Wildbiologen, Jagdpraktikern und auch von einigen ökologischen Jagdvereinigungen. Dass dies z. B. bei der Rotwildbewirtschaftung tatsächlich gelingen kann und ganz nebenbei noch die Tagaktivität des Rotwildes gefördert wird, um es auch den anderen Naturnutzern sichtbar und zugänglich zu machen, wurde im württembergischen Schönbuch vorexerziert[2383]; ganz zu schweigen von den Naturverjüngungen, die der Buche und der Tanne zu neuem Schwung verhalfen. Im 21. Jahrhundert werden die Forderungen immer lauter, die eine Bejagung der Schalenwildarten in Anlehnung an das Beuteschema von Wolf oder Luchs in den Fokus stellen, ohne natürlich die tierschutzkonformen Setz- und Schonzeiten zu vernachlässigen. Den Wolf im modernen Jäger zu bemühen bedeutet also nun nicht, dass laktierende oder führende

---

2379 Vgl. dazu Hans-Joachim Duderstaedt, An ihren Stangen sollt Ihr sie erkennen, in: Deutsche Jagdzeitung, Ausgabe Nr. 06/2003, S. 30f.

2380 Ebd., S. 33.

2381 So z. B. im württembergischen Schönbuch und in einigen hessischen und niedersächsischen Forstämtern. Dort wird auf die Sommerjagd auf das Rotwild völlig verzichtet, stattdessen wird der gesamte Kahlwildabschuss auf ein bis zwei Bewegungsjagden wie vor 1934 erlegt. Nur starke Hirsche werden auf der Einzeljagd erlegt, was man jedoch ebenfalls auf der Treibjagd erledigen könnte. Wozu unnötigen Stress ins Revier tragen, insbesondere bei einer so störungssensiblen Wildart wie dem Rotwild? Vgl. dazu auch bei Bruno Hespeler, Jagd 2000, S. 116ff.

2382 Vgl. dazu die Ausführungen von Helmut Wölfel, Mit Traditionen brechen, in: Jäger, Ausgabe Nr. 04/1998, S. 53.

2383 Vgl. dazu bei Bruno Hespeler, Jagd 2000, S. 134ff.

Tiere ohne vorherigen Abschuss der Kälber, Kitze oder Frischlinge getötet werden sollen. Es bedeutet lediglich, dass ohne Ansehen unsinniger Kategorien wie asymmetrischer oder sonstiger visuell abwertender Körpermerkmale jagdlich eingegriffen werden soll. Heute, in Zeiten exponentiell ansteigender Schwarzwildbestände und der Gefahr der Schweinepest, ist jedes Wildschwein, dessen man habhaft werden kann, zu töten, jedes Reh, welches man schießen kann, sollte auch erlegt werden können[2384], und beim Rotwild genügt es in drei Klassen einzuteilen: Spießer (einjährig), andere Hirsche, Kahlwild (weibliches und Kälber)[2385]. In der Jugendklasse kann vom Schwarzwild bis zum Rotwild alles ohne Ansehen des Gewichtes oder sonstiger körperlicher Merkmale erlegt werden, sofern es der Abschussplan verlangt. Der Vorteil dieser Vereinfachung der Spielregeln wäre, dass dem Wild wieder frühzeitig Ruhe und damit jagdfreie Zeit zugestanden werden kann. Nicht zuletzt aus diesem Grund fordert die Arbeitsgemeinschaft der Jagdgenossen im Landkreis Oberallgäu, dass die Jagdzeiten des weiblichen Rehwildes und des männlichen Rehwildes synchronisiert werden[2386]; die Jagd würde effektiver und ehrlicher werden. Erst der adelig-bürgerliche Jäger mit seinem Symmetrie- und Ordnungssinn begann Eingriffe in der freilebenden Tierwelt mit Zucht- und Viehwirtschaft zu verwechseln – bis heute. Jagd pervertierte nicht nur funktional, sondern auch wildbiologisch: sie wurde ihrem eigenen Anspruch, der Nutzung nachwachsender Rohstoffe, nicht mehr gerecht und ist darüber hinaus auch in der Gegenwart des 21. Jahrhunderts außerhalb der Staatsforstgebiete und einiger fortschrittlicher Großprivatwaldbetriebe immer noch sehr weit davon entfernt. Nicht zuletzt die oben beschriebene Waidgerechtigkeit ist an dieser Entwicklung nicht ganz unschuldig. Das Ansprechen des Wildes, vornehmlich des männlichen und trophäentragenden Wildes, wurde zu einem Ausdruck jener Perversion, die menschliche Schönheitsideale (Gehörn-/Geweihentwicklung) oder viehwirtschaftliche Zuchtvorstellungen (schwaches Kitz wird vor starkem Kitz geschossen) auf die Tierwelt übertrugen. Ein Beispiel von Hans Behnke, dem in Jägerkreisen bekannten „Niederwildpapst“: „Was sagt der Mann, der seit Jahrhunderten seine Tiere gesund erhält und ihre Leistung zu fördern trachtet? Was sagt der Bauer als Jäger? Sein Rezept ist einfach: Wenn das Durchschnittsgewicht deines erwachsenen

---

2384 So fordert Heribert Kalchreuther: „Es gilt, jedes Kitz oder Schmalreh zu erlegen, um den Wildbestand einigermaßen in den Griff zu bekommen. Jedes! Dann sind nämlich noch immer mehr als genug übrig. Denn im Schnitt sieht man nur die Hälfte der vorhandene, und die sind dann längst nicht alle erlegt.“ Zitiert nach Bruno Hespeler, Rehwild heute. Neue Wege für Hege und Jagd, S. 183. Hier wäre auch zu überlegen, Rehkitze vor dem 1. September freizugeben. Es ist nicht nachvollziehbar, weshalb der wenige Wochen alte Jungfuchs am Bau geschossen werden darf, während das wenige Wochen alte Rehkitz Schonzeit hat. Dasselbe gilt für das Rotwildkalb, das Gamskitz, etc. Selbst Frischlinge haben keine Schonzeit, warum dann die Cerviden und Boviden?

2385 Das entspricht dem Südtiroler Modell. Dort wird Rotwild nur noch in drei Klassen eingestuft und gemeindeweise von den ortsansässigen Jägern bejagt. Bevor man dort einen Hirsch erlegen kann, muss zuvor ein Stück Kahlwild geschossen werden. Bei einem Spießer muss der Jäger vorher ein Stück Kahlwild erlegt haben, bei einem älteren Hirschen zwei Stücke Kahlwild. Vgl. dazu Hubertus Habel, Rotwild in Oberfranken – Management als Zukunftsperspektive, in: Ökojagd, Ausgabe Nr. 0/1997, S. 14f.

2386 Peter Fink, Offener Brief an das Präsidium des Bayerischen Bauernverbandes, in: Ökojagd, Ausgabe Nr. 01/2005, S. 40.

Wildes 30 Pfund aufgebrochen beträgt, so schieße in den nächsten fünf Jahren alles ab, ohne auf den Kopfschmuck zu achten, was dieses Durchschnittsgewicht nicht erreicht. In den nächsten fünf Jahren sieh dir den Kopfschmuck an und schieße *die Familien* heraus, deren Böcke das Gewünschte nicht aufzeigen."[2387] Solche „Rezepte" von „erfahrenen" Jägern zeigen die Dringlichkeit rebarbarisierender Verhaltenskonzepte in jagdpraktischer Hinsicht, um Jagd und Jäger an wildbiologisch fundiertes Wildmanagement und ökologisch sinnvolle Jagd heranzuführen, auf. Gesellschaftliche Akzeptanz könnte das Resultat sein. Anstatt hinsichtlich des Geschlechts oder des Gewichts oder der Ausprägung des Kopfschmuckes relativ unselektiv in den Wildbestand einzugreifen, lediglich die Schon- und Aufzuchtzeiten als limitierend beachtend, wartet der Jäger heute aufgrund der ihn limitierenden Bahnen geradezu darauf, ob sich das ausersehene Stück in irgendeiner Art und Weise auffällig und damit abschusswürdig benimmt[2388]. Er ist aufgrund der waidmännischen affektlimitierenden Bahnen bezüglich der „Abschussnotwendigkeiten" geradezu darauf angewiesen, dass sich ein Stück kümmernd oder krankhaft zeigt, wird es ihm doch ansonsten deutlich erschwert Strecke zu machen. Auffälligkeiten, auf die der hegende Jäger besondere und nahezu akribische Ausschau hält, können sein: häufiges Husten eines Stückes, Störungen oder Anomalien im Bewegungsablauf wie das Nachziehen eines Laufes oder das Hinken, sei es angeboren oder verletzungsbedingt, weiterhin ob z. B. ein männliches Stück asymmetrische Entwicklungen des Gehörns oder des Geweihs zeigt, ob es also gegen die Schönheitsideale der Trophäen- oder Hegeschauen verstößt und damit abschusswürdig erscheint, ob es sonst wie in körperlicher Hinsicht „kümmert", sei es durch geringes Körpergewicht oder durch geringe und damit enttäuschende Masse in der Geweihentwicklung oder Ähnliches. Dazu Gerhard Hinze: „Jagd auf männliches Schalenwild gleicht einem Hindernislauf, an dessen Ende als Belohnung für alle Mühen die Trophäe als Auszeichnung winkt. Daher gilt es schon als Sakrileg, zu fordern, männliches Schalenwild auch während der gehörnlosen Zeit zu bejagen, wie das in vielen anderen Ländern üblich ist."[2389] Diese vollkommen unnatürlichen Selektionskriterien hemmen effektive Bejagungen dort, wo sie absolut notwendig sind, und führen zu hohen Wilddichten dort, wo sie nicht geduldet werden können: im Wald und seinen Randbereichen.

Die Bejagung nach dem Grundsatz „Zahl vor Wahl" und ungeachtet der körperlichen Verfassung oder der Trophäenentwicklung ist dagegen natürlicher und biologisch weitaus sinnvoller[2390]. Zwar steht dies im BLV Jagdlexikon schon

---

2387 Hans Behnke, Hege und Jagd im Jahreslauf, siebte Auflage, S. 64.

2388 Schon vor 1934 wussten sich manche Jäger den Affektbändigungen zu entziehen. Dort, wo wie in Bayern der Abschuss von Rehgeißen verboten war, schoss man diese dennoch und schraubte ihnen kurzerhand ein präpariertes Bockgehörn auf, so dass der Jagdaufseher oder Dorfgendarm aus dem Rucksack des Jägers heraus das Gehörn sehen konnte und zufrieden war. Vgl. dazu bei Wulf-Eberhard Müller, Jagen vor dem Reichsjagdgesetz, in: Ökologischer Jagdverein Bayern e.V. (Hrsg.), Festschrift zehn Jahre Ökologischer Jagdverein Bayern 1988-1998, S. 45.

2389 Gerhard Hinze, Braucht die Waldwende den Schrotschuss? unter der URL: http://www.oejv.de/positionen/schrot.htm.

2390 Vgl. dazu auch diese Aussage im BLV Jagdlexikon, Stichwort „Hegeabschuss", S. 320.

wenigstens seit 1996 geschrieben, in die jagdliche Ausbildung hat es als anerkannter Grundsatz bis heute keinen Eingang gefunden[2391]. Mit dem Zahlabschuss wird ein Verhalten des Jägers angemahnt, welches das Ansprechen auf Geschlecht und Jagdzeit begrenzt, gerade so, wie es vor 1934 von vielen bäuerlichen Jägern schon einmal zielführend ausgeübt wurde und wie es heute von den Staatsforstverwaltungen präferiert und propagiert wird. Betrachtet man die zwischenzeitlichen Entwicklungen in den Staatsforstverwaltungen, den Eigenregiejagden und einigen aufgeschlossenen privaten Jagdrevieren, so bleibt festzustellen, dass sich eine allmähliche Affektfreisetzung sehr wohl Bahn bricht. Schon heute können teilweise auf staatlichen Regiejagdflächen wie in Sachsen und im Saarland auf winterlichen Drückjagden effektiv Rehe geschossen werden, gleichgültig ob Bock, Ricke oder Kitz[2392]. Mit der Wiedereinsetzung urtümlich bäuerlicher jagdpraktischer Verhaltensweisen, das heißt der Auflassung sämtlicher subjektiver Ansprechmerkmale beim Schalenwild, der Beendigung und ersatzlosen Streichung jedweder Fütterungsmaßnahme (wie in Schleswig-Holstein oder in den schweizerischen Patentjagdkantonen) sowie der Präferierung von revierübergreifenden Bewegungsjagden und der Einhaltung bestimmter Intervalljagdzeiten, wäre ein Wildmanagement in greifbare Nähe gerückt, welches den Jäger als Dienstleister gesellschaftsumspannend akzeptiert und welches Wild für alle tagaktiv erlebbar machen könnte, geradeso, wie es im württembergischen Schönbuch schon seit Jahren beim Rotwild funktioniert. Dass eben auch beim Rotwild auf das frühere, affektgebändigte Ansprechen verzichtet werden kann, ist in Schleswig-Holstein zu beobachten. So heißt es von Seiten des Landesjagdverbandes Schleswig-Holstein, dass für das männliche Rotwild drei Altersstufen und Klassen (I-III) gebildet wurden. Auf die Beschreibung von Gütemerkmalen wurde hier ausdrücklich verzichtet. Ein erstes konkretes Beispiel aus dem Rotwildhegering Barlohe zeige, dass sich Gütekriterien unter Verzicht auf unnötige, übermäßige Detailregelungen festlegen lassen[2393]. Das wäre ebenfalls ein erster Ansatz in Richtung moderner Schalenwildbewirtschaftung, die sich durch die Zurückdrängung waidgerechten Reglements auszeichnet.

11.5.3.2.4.3 Rebarbarisierungen: der Schrotschuss auf Rehwild und gestreifte Frischlinge

Zunächst sei an dieser Stelle darauf hingewiesen, dass die Voraussetzung für eine partielle Rückführung jagdlicher Verhaltensweisen auf bäuerliches „prä-1934-

[2391] Vgl. dazu die Ausführungen von Fritz Nüsslein, Das praktische Handbuch der Jagdkunde, 15. Auflage 2003, S. 236ff. Noch immer wird der selektive Wahlabschuss, das besonders sorgfältige Ansprechen vor allem der Hirsche, als Programmatik der Hege gelehrt.

[2392] Zu Beginn des 20. Jahrhunderts (aber auch heute noch nach wie vor) war dies ein untrügliches Zeichen dafür, dass der Bauernschinder, der Aasjäger und Schießer am Werk sein musste. Das Abschießen von Rehen im Winter, einerlei, um welches Geschlecht und um welche Altersklasse es sich handelte, war eine häufig als bäuerlich beschriebene Jagdpraxis. Diese scheint allmählich wieder ihren Weg bis in die moderne Gesellschaft zu finden. Vgl. dazu auch bei Hubertus Hiller, Jäger und Jagd, S. 114.

[2393] Vgl. dazu die Aussagen des LJV Schleswig-Holstein, Richtlinien für die Hege und Bejagung des Rot- und Damwildes in Schleswig-Holstein, 1. Teil: Rotwild, unter der URL: http://www.ljv-sh.de/site/04_naturnutzung/04_frame_c_3.html.

Niveau" in der Auflassung der Ansprechkriterien und damit in einer wesentlichen Vereinfachung der von Helmut Wölfel so bezeichneten jagdlichen Spielregeln zu suchen sein wird. Erst die unbedingte Umsetzung des wildbiologisch sinnvolleren „Zahl-vor-Wahl-Gedankens", dessen Kontrolle und schalenwildartübergreifende Forcierung (Schwarzwild, Rehwild, Rotwild, Damwild, Gamswild, Muffelwild), würde sowohl Abschusspläne obsolet[2394] werden lassen, darüber hinaus Trophäenbewertungskommissionen verzichtbar und das Wild vertrauter (durch Minimierung des Jagddrucks) sowie den Umgang mit wildlebenden Tieren generell respektvoller und ehrlicher machen als auch in Verbindung damit stehend der Hege traditionaler Anschauung und dem Revieregoismus einen effektiven Riegel vorschieben. Dieses Vorgehen in seiner ganzen Breite entspräche quasi dem Wegfall der Geschäftsgrundlage für die Hege von Trophäenträgern und bedeutete das Ende der mit ihr zusammenhängenden revieregoistischen Ordnungsvorstellungen. In den Forstverwaltungen und staatlichen Regiejagden wird dies schon seit einigen Jahren so gehandhabt, die Ansprechkriterien werden z. B. beim Rehwild auf das Minimum „Schonzeit ja/nein" reduziert (so z. B. auch im Rahmen der Umweltjagd des Saarlandes)[2395], versehentliche Bockabschüsse durch Jagdgäste milde behandelt bis stillschweigend akzeptiert, zumindest das Rotkahlwild in einigen Landesforsten in nur wenigen Intervalljagdzeiten auf Bewegungsjagden erlegt sowie alles nur habhaft zu werdende Schwarzwild auf revierübergreifenden Bewegungsjagden geschossen (natürlich unter Beachtung der Schonzeit für führende Bachen). Ein weiteres und aktuell äußerst kontrovers diskutiertes Beispiel für die Vereinfachung der Ansprechkriterien bei gleichzeitiger Effektivitätssteigerung der Bejagung sind die Gamsdrückjagd des Forstamtes Schliersee vom 16. November 2004 oder die Rotwilddrückjagd in der Lehroberförsterei Chorin vom 11. Dezember 2003. In Schliersee wurden von 27 Jägern auf einer Jagd 63 Stück Gamswild bzw. in Chorin von 110 Jägern 33 Stück Schwarzwild, 21 Stück Rehwild und 52 Stück Rotwild erlegt – für die Forstverwaltungen eine vorbildliche Art der Wildbewirtschaftung, für die Jagdmedien orthodoxer Prägung ein schweres Vergehen gegen Waidgerechtigkeit, Selektivitätsgedanken und vermeintliche Notzeitrestriktionen[2396]. So hängt

---

[2394] So fordert der Bund Naturschutz in Bayern e.V.: „Die mit großem bürokratischen Aufwand verbundene behördliche Abschussplanung hat die angestrebte Kontrolle der Schalenwildbestände nicht erreicht. Sie kann daher ersatzlos entfallen. Sollten größere, nicht beabsichtigte Populationsrückgänge bei den bisher nach Plänen bejagten Arten eintreten, können regional längere Schonzeiten festgelegt werden. Müssen regional behördliche Abschussvorgaben wegen untragbarer Schäden gemacht werden, sind diese mit der Auflage des körperlichen Nachweises zu verbinden." Vgl. dazu das Positionspapier zur Jagd des Bundes Naturschutz in Bayern, Fassung Juni 2003.

[2395] Vgl. dazu bei Heiko Hornung, Umweltjagd im Saarland – Abschuss in fünf Stunden, in: Wild und Hund, Ausgabe Nr. 01/2005, S. 93f. Auch Böcke sind auf dieser Jagd freigegeben, während anderswo die die Schonzeit für die Gehörnten am 16. Oktober beginnt.

[2396] Vgl. dazu bei Josef-Markus Bloch, Gemetzel oder korrekte Jagd?, in: Die Pirsch, Ausgabe Nr. 24/2004, S. 20f, ebenso bei Heiko Hornung, Schlierseer Jagdszenen, in: Wild und Hund, Ausgabe Nr. 04/2005, S. 16ff; weiterhin bei Alexander Krah, Ernte oder Vernichtung?, in: Wild und Hund, Ausgabe Nr. 03/2004, S. 12ff. Von den Kritikern der Jagden wird der Begriff der Notzeit (subjektiv die Zeit, in der das Wild durch hohen Schnee oder starken Frost in seiner Nahrungsaufnahme behindert wird, objektiv nicht feststellbar) ins Feld geführt, was im Endeffekt jedoch jede Art von Bewegungsjagd oder Jagd allgemein in der Zeit zwischen dem 1.

auch die regelmäßig diskutierte Wiedereinführung des Schrotschusses und die damit zusammenhängende Effizienzsteigerung der Jagd auf unsere kleinste Schalenwildart unabdingbar mit einer vorausgehenden Vereinfachung des Ansprechens und einer Auflassung hegerischer Grundsätze zusammen. Wie war die Situation vor respektive bis 1934 und wie ist sie in einigen europäischen Nachbarländern auch heute im 21. Jahrhundert noch? Detlev Müller-Using beschreibt in „Diezels Niederjagd", wie die Rehwildjagd in weiten Teilen Deutschlands vor 1934 aussah. „Methodisch wurde es, in manchen Gegenden bis in die dreißiger Jahre dieses Jahrhunderts hinein, als Niederwild behandelt, wie heute noch in Frankreich. Man schoss es unabhängig von Alter und Geschlecht, im Herbst und im Winter gelegentlich der Treib- und Drückjagden mit Schrot ab, allenfalls erlegte man im Sommer Sechserböcke mit Schrot oder Kugel"[2397]. Bis 1934 und dem Inkrafttreten des Reichsjagdgesetzes war es in Deutschland gute (bäuerliche) Jagdpraxis, dass die Rehe vor dem Hund, häufig vor hochläufigen Bracken, mit Schrot geschossen wurden. Bis 1863 wurde sogar der Schrotschuss neben dem Rehwild auch dem Gams-, Rot- und Damwild zuteil. Während der raue Schuss dann 1863 auf die genannten Hochwildarten verboten wurde, blieb er für die Niederjagd und damit für das Rehwild ausdrücklich aus sicherheitspolizeilichen Gründen aufrechterhalten[2398]. Der Schrotschuss ist auf Rehwild äußerst effektiv und bezüglich seiner Hinterlandgefährdung als wesentlich sicherer zu bewerten als der weit reichende Büchsenschuss. Auch heute könnte die Wiederfreigabe des Schrotschusses auf Rehbewegungsjagden schwerwiegende Unfälle unter den Jägern als auch unter unbeteiligten Dritten vermutlich zu verhindern helfen. Noch heute werden Rehe in Dänemark, Schweden, in einigen Kantonen der Schweiz und in Frankreich nach guter Väter Sitte mit der Flinte und mit Schrot zur Strecke gebracht. So wurden allein in der Schweiz im Jahre 1996 rund 80% der dort erlegten Rehe (Gesamtstrecke 43.413) auf der so genannten lauten Jagd, also vor dem Brackierhund, mit Schrot erlegt[2399]. Jakob Meier weist darauf hin, dass der Schrotschuss entgegen deutscher Ansichten in der Schweiz sehr wohl als waidgerecht (offensichtlich haben die Schweizer Jäger ein anderes Verständnis von Waidgerechtigkeit als die Deutschen) bezeichnet wird und ein effektives und sicheres Tötungsinstrument sei[2400]. Auch in Dänemark werden pro Jahr mehr als 100.000 Rehe geschossen und davon mindestens 75% mit Schrot, so Knud E. Ernsted. Die Rehe werden in Dänemark in der Regel auf der Treibjagd erlegt, der so genannten „Klappjagd". Bei dieser Jagdart stehen die Jäger relativ dicht zusammen. Der Abstand zwischen den

Dezember und dem 31. März (in dieser Zeit, der Notzeit, ist die Fütterung des Schalenwildes erlaubt) verbietet oder zumindest anrüchig erscheinen lässt.

2397 Detlev Müller-Using, Diezels Niederjagd, 21. Auflage, S. 17.

2398 Vgl. dazu bei Wulf-Eberhard Müller, Jagen vor dem Reichsjagdgesetz, in: Ökologischer Jagdverein Bayern e.V. (Hrsg.), Festschrift zehn Jahre Ökologischer Jagdverein Bayern 1988-1998, S. 54.

2399 Vgl. dazu die Aussagen von Wendelin Fuchs, Schrotschuss auf Rehwild. Ja oder Nein? in: Der Jäger, Ausgabe Nr. 01/1998, S. 24. Wendelin Fuchs war zum Zeitpunkt des Erscheinens des Artikels Sekretär des Dachverbandes der Schweizerischen Jagdverbände (CHJV).

2400 Vgl. dazu die Ausführungen von Jakob Meier, Schrot auf Rehe in der Schweiz, Artikel veröffentlicht auf der Homepage der Deutschen Jagdzeitung, 05/2002, unter der URL: http://www.djz.de/artikelbeitrag/artikelbeitrag_16355.html.

Schützen beträgt maximal 50 Meter. Die Treiber bringen die Rehe nun langsam vor die Schützen und diese erlegen sie auf kurze Distanzen. Die dänische „Waidgerechtigkeit" sieht eine Distanz von maximal 20 Meter auf das breit kommende Rehwild als zulässig und sofort tödlich an[2401], während Bruno Hespeler eine Entfernung bis zu 30 Meter als zuverlässig bezeichnet[2402]. Auch in Schweden werden die Rehe vorwiegend im Herbst vor dem Hund auf Treibjagden mit der Flinte geschossen, mit Schrot zwischen 3 und 3,5 mm auf Entfernungen unter 30 m; „ziemlich wahllos und ohne das, was wir Ansprechen nennen"[2403]; effizient und einfach, ohne ritualisiertes Brimborium, ohne hegerische Gesichtspunkte trophäenoptimierender Motivik. In Deutschland stellt sich diesem Bemühen das Bundesjagdgesetz entgegen, dessen einschränkende Bestimmungen einen wirkungsvollen Schutz des Waldes vor Wildschäden verhindern. Während noch bis 1934 das Rehwild mit Schrot geschossen werden durfte, explodierten seit 1936 nach Inkrafttreten des Reichsjagdgesetzes mit seinen zahlreichen Jagderschwernissen (Trophäenbewertung, Abschussplanung, Verbot der Bejagung männlichen Wildes während der gehörnlosen Zeit) die Schalenwildbestände[2404]. Doch warum gibt es überhaupt Versuche, den Schrotschuss auf Rehwild (und auch auf gestreifte Frischlinge) in Deutschland wieder zuzulassen? Dazu muss der Schrotschuss auf Rehwild auf mehreren Ebenen betrachtet werden. Von den Befürwortern des Schrotschusses wird regelmäßig die Effizienzsteigerung von Bewegungsjagden mittels des Schrotschusses als Hoffnung angeführt und gleichzeitig darauf verwiesen, dass auch unsere kleinste Schalenwildart tierschutzgerecht mit Schrot erlegt werden könne, vorausgesetzt der Schütze lässt die notwendige Sorgfalt walten, die im Übrigen für jeden Schuss ihre Gültigkeit besitzt. Diese Sorgfaltspflicht, die in der Berücksichtigung einer maximalen Schussdistanz, der richtigen Munition (Schrotgröße) und dem richtigen Treffersitz (nur auf breit stehendes oder ziehendes Reh im vorderen Drittel) ihre Hauptmerkmale vereinigt, sollte für jeden Jäger – egal welche Waffe er in die Hand nimmt und welches Wild er beschießt – so selbstverständlich sein, dass man es nicht explizit erwähnen muss. Und dennoch scheint das alte Sprichwort: „Der Schuft sitzt hinter dem Schaft" so allgemeingültig zu sein, dass sich sehr viele Argumente des DJV gegen den Schrotschuss auf Rehwild letztlich auf die Unzuverlässigkeit der Jäger in der Handhabung ihrer Waffe und in der Einschätzung ihrer Schießfertigkeit stüt-

---

2401 Vgl. dazu bei Knud E. Ernsted, Schrotschuss auf Rehwild. Ja oder Nein?, in: Der Jäger, Ausgabe Nr. 01/1998, S. 25.

2402 Vgl. Bruno Hespeler, Auf Rehe drücken, in: Schweizer Jäger, Ausgabe unbekannt. Text liegt als Auszug vor. Bei ihm heißt es: „Der Schrotschuss auf Rehwild ist längst in die Diskussion geraten (vor allem bei jenen, die ihn noch nie legal angewendet haben), daher sollten wir doppelt bewusst und vorsichtig mit ihm umgehen. Dazu gehört, dass ich beim Einnehmen meines Standes mich zunächst nach brauchbaren Geländemarken umsehe, die mir die maximal vertretbare Schussentfernung angeben. Da unten die Buche, die mag gerade so 30 Meter entfernt sein, dort links das Stechlaub, rechts der alte Wurzelstock... Wer sich daran hält, wird mit Schrot nicht mehr Nachsuchen produzieren als mit der Kugel."

2403 Bruno Hespeler, Rehwild heute. Neue Wege für Hege und Jagd, S. 207, vgl. weiterhin einen Leserbrief von Werner Hagel, Für Besonnene kein Problem, zum Thema Reh-Reduzierung mit Schrot?, in: Die Pirsch, Ausgabe Nr. 02/1997, S. 18.

2404 Vgl. dazu die Ausführungen von Gerhard Hinze, Braucht die Waldwende den Schrotschuss? unter der URL: http://www.oejv.de/positionen/schrot.htm.

zen. So bezieht sich der DJV in seiner Broschüre „Das Bundesjagdgesetz – Forderungen und Tatsachen" aus dem Jahr 2003 darauf, dass mit zunehmender Distanz beim Schrotschuss die tödliche Wirkung auf Rehwild stark nachlasse und damit „der Schrotschuss auf Rehwild mit einem besonders hohen Risiko einer nicht tödlichen Verletzung (...) verbunden ist. Seine Zulassung würde dem Jäger zu Recht den Vorwurf einbringen, leichtfertig und gewissenlos zu sein."[2405] Wenn jedoch, wie der DJV selbst eingesteht, der Jäger per se nicht in der Lage ist, auf Rehwild einen sauberen Schrotschuss unter 30 Meter anzubringen, dann muss man fairerweise auch eingestehen, dass generell der Schrotschuss auf alles Niederwild verboten werden muss, da auch hier nicht weiter als rund 30-35 Meter geschossen werden sollte. So schreibt auch Michael Bartl treffend, dass jedes Argument gegen den Schrotschuss auf Rehwild ein Argument gegen den Schrotschuss überhaupt sei[2406]. Neben der Unzuverlässigkeit der Jäger hinsichtlich des sachgemäßen Gebrauchs ihrer Schusswaffe werden rein wundballistische Argumente gegen den Schrotschuss somit ausgerechnet aus dem einzigen Land ins Feld geführt, in dem der Schrotschuss auf Rehwild verboten ist: aus Deutschland. Aus allen anderen Ländern, in denen er Praxis ist, erfährt man dagegen, dass Nachsuchen sehr selten anfallen, zumindest nicht häufiger als bei uns auf mit der Büchse beschossene Rehe gesucht werden müsse, und dass die Tötungswirkung augenblicklich sei. Im europäischen und den Schrotschuss praktizierenden Ausland wird die Wirkung des Schrottreffers auf Rehwild akzeptiert und damit allgemein als schnellstmöglich tötend anerkannt[2407]. Neben den aus „nicht wissend, da nicht praktizierend" herrührenden Kritiken gegen den Schrotschuss zielt paradoxerweise, und mit der These der geringen Tötungswirkung sich sogar ausschließend, die zweite Schiene der Kritik auf das im Schrotschuss auf Rehwild innewohnende „Vernichtungspotenzial" im Sinne einer Effizienzsteigerung. Seit wenigstens 1934 ist die Jägerschaft in Deutschland bemüht, durch selektiven Abschuss in den Genotypus des trophäentragenden Schalenwildes regulierend einzugreifen. Als Indikator, so Gerhard Hinze, diene die Entwicklung der sekundären Geschlechtsmerkmale der männlichen Cerviden, die auf jährlichen Pflicht-Trophäenschauen vorgezeigt werden mussten und heute noch landestypisch unterschiedlich müssen (z. B. in Bayern). Daraus entwickelte sich ein Kult, der als Wertvorstellung in die Gesetzgebung und die Ausführungsbestimmungen der heutigen Jägerschaft Eingang fand. Obwohl sich seit nunmehr 70 Jahren der erwartete Erfolg nicht eingestellt hat, erschwert man weiterhin die dringend notwendige Reduzierung des Rehwildes durch gesetzliche Einschränkungen, wie auch der Verzicht auf den Schrotschuss nach § 19 Abs. 1, Satz 1 BJG eine solche darstellt[2408]. Gerhard Hinze kommt zu dem Ergebnis, dass wenn der Umbau der bundesdeutschen Wälder gelingen soll, „wenn wir wirklich

2405 Das Bundesjagdgesetz – Forderungen und Tatsachen, Deutscher Jagdschutz-Verband (Hrsg.), S. 73.

2406 Vgl. dazu einen Leserbrief von Michael Bartl, Schrotschuss-Unlogik, in: Die Pirsch, Ausgabe Nr. 20/1996, S. 24.

2407 Z. B. M. Rieser, Die Erfahrungen sind gut, Leserbrief zum Thema „Reh-Reduzierung mit Schrot?", in: Die Pirsch, Ausgabe Nr. 02/1997, S. 19.

2408 Vgl. dazu die Ausführungen von Gerhard Hinze, Braucht die Waldwende den Schrotschuss? unter der URL: http://www.oejv.de/positionen/schrot.htm.

die >>Waldwende<< wollen, dann müssen wir zu effektiveren Jagdmethoden kommen, und dazu gehört unverzichtbar der Schrotschuss auf Rehwild"[2409]. Selbst der DJV-Schalenwildausschuss hat im Jahr 1987 mehrheitlich die Auffassung vertreten, das Rehwildproblem sei in unseren Wäldern ohne den rauen Schuss nicht zu lösen[2410]. Und dennoch sind seit jeher der Deutsche Jagdschutz-Verband und seine Präsidenten die vehementesten Kritiker des Schrotschusses auf Rehwild - ein weiteres Beispiel für die Kluft, die zwischen den Bekenntnissen des DJV und deren Umsetzung besteht. Ähnlich den Vorbehalten gegenüber Bewegungsjagden (siehe weiter unten) oder einer Vereinfachung des Ansprechens ist auch beim Schrotschuss die Effektivität der Bejagung das Schreckgespenst waidmännischer Kritik. Die sachlichen Verbote des Bundesjagdgesetzes, geregelt im § 19 BJG, spiegeln in einigen Punkten affektuell gebändigte Verhaltensanforderungen wider, die allesamt in ihrer Konsequenz ein Hindernis effektiver Jagdausübung darstellen. „Wer den Kesseltrieb auf einer Hasenjagd für waidgerecht hält, muss auch zur Lappjagd und zum Abklingeln ja sagen. Wer keine moralischen und ethischen Probleme hat, in der Nacht an der Kirrung Fuchs und Sau zu beschießen, muss dies auch beim Rehwild gelten lassen. Wer die Treibjagd auf Schwarzwild zulässt (Bayern), muss dies auch beim Rehwild akzeptieren (…)."[2411] Effektivität und Verhältnismäßigkeit, so der Eindruck waidmännischer Regularien wie auch einiger jagdgesetzlicher Bestimmungen, sind nicht das Ziel der orthodoxen Jagdausübung, ja die „Gesamtexegese des Bundes- und der meisten Landesjagdgesetze wünsche eine effektive Jagd nicht"[2412]. Wer den Schrotschuss auf den bis zu 23 kg schweren Dachs[2413] oder den bis zu rund 35 kg schweren, wildernden Schäferhund als waidgerecht betrachtet, der muss ihn auch auf ein gleich schweres oder meist schwächeres Reh hinnehmen und der muss ihn erst recht auf einen deutlich schwächeren gestreiften Frischling akzeptieren. Nicht zuletzt deshalb führen viele Befürworter des Schrotschusses auf Rehwild die fehlende Verhältnismäßigkeit ins Feld. Da klingt es abermals wie Hohn und erinnert an die bereits hier mehrfach dargestellte Teilbarkeit des Tierschutzgedankens, wenn behauptet wird, dass „die Waidgerechtigkeit eng mit dem Tierschutzgedanken"[2414] zusammenhinge. Der waidgerechte Tierschutzgedanke scheint ein anderer als der im Tierschutzgesetz verankerte zu sein. Wie sonst könnte man erklären, dass die meisten Nachsuchen im Jahr immer noch von

---

2409 Gerhard Hinze, Braucht die Waldwende den Schrotschuss? unter der URL: http://www.oejv.de/positionen/schrot.htm.

2410 Michael Rupprecht, Wer sein Handwerk beherrscht…, Leserbrief zum Thema Reh-Reduzierung mit Schrot?, in: Die Pirsch, Ausgabe Nr. 20/1996, S. 18-19. Weiterhin bei Michael Bartl, Schrotschuss-Unlogik, Leserbrief zum Thema Reh-Reduzierung mit Schrot?, in: Die Pirsch, Ausgabe Nr. 20/1996, S. 24.

2411 Meinhard Süß, Doppelbödigkeit deutscher Waidgerechtigkeit, Leserbrief zum Thema Reh-Reduzierung mit Schrot, in: Die Pirsch, Ausgabe Nr. 20/1996, S. 24.

2412 Vgl. dazu die Ausführungen von Wilhelm Bode, Die Drückjagd aus rechtlicher Sicht und jagdgesetzliche Forderungen, in: Ökologischer Jagdverband Rheinland-Pfalz (Hrsg.), 1992-2002, Festschrift zum 10 jährigen Jubiläum, S. 33.

2413 Vgl. die Gewichtsangabe für einen adulten Dachs bei Bruno Hespeler, Raubwild heute, S. 189.

2414 So vehement behauptet von Günther Baumer (BJV-Regierungsbezirksvorsitzender Oberpfalz), Nicht tierschutzgerecht, Stellungnahme zum Thema Reh-Reduzierung mit Schrot? in: Die Pirsch, Ausgabe Nr. 02/1997, S. 18.

der waidgerechten Bejagung der Sauen an der nächtlichen Kirrung verursacht werden[2415] und dies einfach hingenommen wird, ohne die Nachtjagd konsequenterweise als unwaidmännisch zu verbieten?

Wie tief die Angst vor effektiven Jagdmethoden, wie sie vor 1934 zulässig waren, in einigen Köpfen steckt, vermag folgender Auszug aus einem Leserbrief zum Thema „Reh-Reduzierung mit Schrot?", abgedruckt in Die Pirsch, Ausgabe Nr. 02/1997, zum Ausdruck bringen: „Damals (vor 1934, Anm. d. V.) betrug die Pachtperiode eines Niederwildreviers sechs Jahre. Besonders wenn der Pächter nicht mehr sicher war, die Jagd wiederzubekommen oder auch um einen Gewinn abzuschöpfen, kam im letzten Pachtjahr der große Aderlass. Das Jahr über und später auf Riegeljagden mit ein paar Gleichgesinnten war dieser mit der Flinte leicht durchzuführen. Auf den herbstlichen Waldtreibjagden wurden neben Fuchs und Has´, trotz Verbot, Geiß und Kitz von richtig postierten und vor allem schweigsamen Jägern auf den Kopf gestellt (...). Klagende, mit abgeschossenen Läufen und schlecht Getroffene, auch für nichtbeteiligte Schützen hörbar, wurden halt mit >>vom Misthund gefangen<< entschuldigt. Mit nur ein paar Schroten waidwund Getroffene mussten meist elend verludern, weil sie für die Hundenase kaum oder nicht schweißten. Mit Inkrafttreten des Reichsjagdgesetzes wurde diesen üblen Jagdmethoden durch Verbot des Schrotschusses auf Rehe ein Ende gesetzt. Was sich seinerseits geheim abspielte soll nun nach Bestreben der Ökos und gewissenloser Schießer mit Wiederzulassung des Schrotschusses, dazu noch auf genehmigten Drückjagden, offiziell möglich werden. Dies und dann auch noch der ungestrafte Abschuss von bereits abgeworfenen Böcken und für diese auch noch eine Schusszeitverlängerung würden wohl bald nur mehr einen kümmerlichen Restbestand bei unserer heimischen schönen Wildart hinterlassen. Dann adieu, deutsches Waidwerk!"[2416] Ob eine solche Dezimierung des Wildbestandes jedoch tatsächlich in dem postulierten Umfang das Resultat aus der Zulassung des Schrotschusses auf Rehwild war, mag bezweifelt werden, in manchen Regionen Deutschlands jedoch auch sicher wünschenswert sein. Aber: wie könnten die Jäger in der Schweiz[2417], in Dänemark, Schweden und Frankreich auf jährlich steigende Strecken zurückblicken, hätte doch die Schrotjagd auf Rehe schon vor 50 Jahren und länger alles Wild vernichten müssen? Generell kommt es doch immer auf den Jäger hinter der Flinte an, ob er Chancen verwertet oder ob er die Option des Schrotschusses für sich in Anspruch nimmt; für die Chancenverwertung zumindest ist es dabei einerlei, ob es sich um eine Kugelbüchse oder um eine Schrotflinte handelt. Neben einer möglichen Effizienzsteigerung und der Durchsetzung der Verhältnismäßigkeit des Schrotschusses wird von den Förderern des rauen Schusses die zunehmende Besucherdichte im Wald angeführt, deren Gesundheit an Leib und Leben durch die höhere Hinterlandgefährdung beim Büchsenschuss gefährdet sei. In Zeiten, in

2415 Vgl. dazu Hans-Joachim Duderstaedt, Treffersitz und Fluchtverhalten, in: Deutsche Jagdzeitung, Ausgabe Nr. 11/2004, S. 35.

2416 Sepp Doesel, Wiederkehr der Doppelnullerzeit? Zum Thema Reh-Reduzierung mit Schrot, in: Die Pirsch, Ausgabe Nr. 02/1997, S. 19-20.

2417 Jagdstatistik Schweiz unter der URL: http://www.umwelt-schweiz.ch/imperia/md/content/forstdirektion/wildjagd/wj10_dienstleistungen/wj20_kreisschreiben/wj10_002_huftiere.xls ergibt leicht steigende Tendenz, respektive ein gleichbleibend hohes Niveau.

denen der Besucherdruck auf die Waldgebiete zunimmt, muss sich der Jäger auch Gedanken um die Sicherheit der Waldbesucher machen, nicht nur in stadtnahen Gebieten. Insofern könnte der Schrotschuss auf Rehwild, gerade bei den Bewegungsjagden, die Gefahr für alle Beteiligten wie Jäger, Hundeführer und Treiber, aber auch für unbeteiligte Dritte wie Waldbesucher und Erholungssuchende erheblich mindern[2418]. Deshalb fordert die Arbeitsgemeinschaft Naturnahe Jagd Norddeutschland, dass der Schrotschuss auf Antrag durch die Untere Jagdbehörde in den Fällen zu genehmigen sei (in Niedersachsen kann z. B. der zuständige Fachminister auf dem Verordnungswege auch den Schrotschuss abweichend von § 19 (1) BJG zulassen, wenn dies aufgrund der Gefahrenlage notwendig erscheint), in denen eine Gefährdung von Menschen auch durch sorgfältige Einhaltung der Sicherheitsbestimmungen nicht ausgeschlossen werden könne. Diese Forderung bezieht sich insbesondere auf stark von Erholungssuchenden frequentierte Gebiete, auf Forstschutzgatter und auf Waldflächen, in denen die Sicht stark durch die angekommene Naturverjüngung behindert ist und besondere Gefährdungslagen bei der Abgabe von Kugelschüssen bestehen[2419]. Würde dem Jäger der Schrotschuss als Option an die Hand gegeben, so könnte er mittels dieses effektiven und im Vergleich zum Büchsenschuss sicheren Instrumentes von Fall zu Fall entscheiden, ob er davon Gebrauch machen möchte oder nicht. Eine generelle Lösung des Schalenwildproblems wird allein mit der Legalisierung des Schrotschusses auf Rehwild und gestreifte Frischlinge nicht zu erbringen sein. Jedoch käme einer Wiedereinführung des Schrotschusses auf Rehwild und zusätzlich auf gestreifte Frischlinge nicht nur ein rebarbarisierendes Moment im Sinne vor 1934 existenter bäuerlicher Jagdpraktiken, sondern auch ein gutes Stück jagdlicher Selbstverantwortung und persönlicher Entscheidungsfreiheit durch den Jäger zu. Seine Handlungsspielräume würden erweitert und das enge Korsett in sich widersprüchlicher Waidgerechtigkeit würde einem wachen Realismus und mehr Ehrlichkeit weichen müssen. Hält der DJV dagegen an seiner Kritik am Schrotschuss auf Rehwild mit den dargestellten Argumenten fest, so kann es nur eine Frage der Zeit sein, bis der Schrotschuss per se auf die Liste der sachlichen Verbote des § 19 BJG gelangt. Dies wäre jedoch eine herbe Niederlage für effiziente und tierschutzgerechte Jagdausübung, wie sie die moderne Gesellschaft vor dem Hintergrund naturnahen Mischwaldbaus vom Jäger erwarten können muss. Die Diskussionen um die Wiedereinführung des Schrotschusses auf Rehwild und gestreifte Frischlinge zeigen auf, dass das Modell herkömmlicher waidgerechter Jagd aufgrund seiner inneren Widersprüche längst nicht mehr als effizient genug und als „modern" betrachtet wird. Auch hier fällt auf, dass es im Wesentlichen die Trägheit des Systems ist, welches dem Jäger angekreidet wird, und weswegen er weit unter seinen Effektivitätsmöglichkeiten bleibt. Jagd, zumindest die Jagd auf Schalenwildarten, ist längst dem Effektivitätsgebot unterstellt, was es dem Freizeitjäger argumentativ schwer macht, sich hinter die

2418 Vgl. dazu bei Elisabeth Emmert und Fredo Rittershofer, Reformierung der Jagd nicht auf Schrotschuss zuspitzen, Stellungnahme zum Thema Reh-Reduzierung mit Schrot? in: Die Pirsch, Ausgabe Nr. 20/1996, S. 18.

2419 Vgl. dazu die Position zum Schrotschuss auf Rehwild des ANJN, in: Positionen der Arbeitsgemeinschaft Naturnahe Jagd Norddeutschland (ANJN e.V.), aufgegangen im ÖJV Niedersachsen-Bremen, unter der URL: http://www.anjn.de/pos_schrot.htm.

Bastionen der ehrenvollen und waidgerechten Bejagung unter Rückendeckung des unbefriedigenden Selektivitätsgebots zurückzuziehen.

11.5.3.2.4.4 Rebarbarisierungen: Einschränkung hegerischer Maßnahmen

Das deutsche Jagdrecht ist aufgrund seiner Stilisierung als „das beste Jagdrecht der Welt“[2420] (zumindest galt dieser Omnipotenzanspruch für das Reichsjagdgesetz und wird heute gerne auch auf das zunehmend in der Kritik stehende Bundesjagdgesetz übertragen) ein äußerst eitles Werk, so der Eindruck. Jagdliche Gepflogenheiten aus dem benachbarten Ausland, und seien sie älter und für Wald und Wild bewährter als unsere eigene „Tradition“, finden in unserem orthodoxen jagdlichen System nur wenig Chancen auf Einlass. Wir deutschen Jäger sind es gewohnt, deutsches Waidwerk bis in alle Winkel der Welt zu tragen und dabei als vorbildlich und waidmännisch gelobt zu werden. Der deutsche Waidmann möchte auch in Ungarn, in Slowenien oder Namibia nicht auf deutsche Waidgerechtigkeit verzichten müssen. Damit wird es den deutschen Jägern und dem Deutschen Jagdschutz-Verband schon aus dem eigenen Anspruch heraus nur sehr schwer möglich, über den eigenen Schatten zu springen und gute und bewährte Entwicklungen des Auslandes auch für inländische Verhältnisse in Anwendung zu bringen. Europa, der europäische Gedanke, er findet am Jagdrecht und in der Jagdpraxis schnell seine Grenzen. So wird z. B. in Schweden weder gefüttert noch jagdlich durch Ansprechen selektiert. Es wird weitaus wahlloser gejagt als dies bei uns seit 1934 je wieder der Fall sein konnte. Und dennoch haben die Schweden starke Böcke, gut im Wildbret stehendes Wild und steigende Strecken[2421]. Ebenfalls keine Fütterungen - auch nicht von Rotwild - gibt es in den Schweizer Patentjagdkantonen[2422]. Dort wird nur maximal drei Wochen im Jahr intensiv gejagt, während die bundesdeutsche Waidgerechtigkeit 9 Monate jagdlichen (jedoch kaum effektiven[2423]) Stress in die Rot- und Rehwildreviere trägt und dies durch Fütterungen auszugleichen versucht. Kommt in den Revieren dann noch Schwarzwild vor, dann wird der Jagddruck auf volle 12 Monate erhöht, was dem hegerischen Anspruch und Reglement offensichtlich nicht zuwiderläuft. Auch in den USA und Kanada gibt es die bundesdeutschen hegerischen Ansätze und deren beinahe schon als zwangsläufig

[2420] Vgl. dazu auch die Aussagen Ulrich Scherpings, Waidwerk zwischen den Zeiten, S. 47, weiterhin O-Ton Freiherr Heeremans (damaliger Präsident des DJV) in der Sendung „Streitfall“ vom 20.01.2000 in 3Sat, 22.25 Uhr.

[2421] Vgl. dazu die Ausführungen bei Bruno Hespeler, Rehwild heute. Neue Wege für Hege und Jagd, S. 210.

[2422] Vgl. dazu das Lehrheft „Wild und Jagd in unserer Kulturlandschaft“, herausgegeben vom Schweizerischen Patentjäger- und Wildschutzverband (SPW), unter der URL: http://www.jagd.ch/jagd/lehrheft/Inhalt/08_09.pdf.

[2423] Würde in dem genannten Zeitraum wenigstens für ein paar Jahre effektiv gejagt, d.h. der Wildbestand den Lebensraumbedingungen angepasst, so könnte man dies verstehen. Rationale Wildbewirtschaftung ist auf Dauer jedoch darauf angewiesen, dass die jagdbare Zeit gekürzt und dem Wild mehr Ruhe auf der ganzen Fläche zur Verfügung gestellt wird. Dies wird exemplarisch in den Schweizer Patentjagdkantonen vorexerziert. Weshalb sollte dies nicht auch in der Bundesrepublik von Erfolg gekrönt sein?

zu nennenden Auswüchse nicht einmal annähernd; auf die Idee das Wild zu füttern würde dort niemand kommen. Auch dort sind die Schalenwildbestände aufgrund der sehr langen Schonzeiten relativ vertraut, während man in deutschen Revieren trotz hoher Schalenwilddichten als Wanderer kein Stück der verängstigten Cerviden bei durchschnittlich hohen Populationen zu Gesicht bekommt – trotz oder gerade wegen der Auswüchse von Hege und Waidgerechtigkeit[2424]. Die beste Hege, so auch das Rezept in den Schweizer Patentjagdkantonen, ist die Schaffung von Ruhe über eine Kürzung der Jagdzeiten wie auch der Schutz des Lebensraumes, der über die Umgestaltung der Waldbilder hin zu naturnahem Mischwaldbau erfolgen muss[2425]. Das System in der Bundesrepublik ist jedoch weit von solchen Ansätzen entfernt, es krankt bei uns und bringt den alle Ratio verschlingenden Revieregoismus hervor, den Bruno Hespeler treffend umschrieben hat: „Es sind *meine* Rehe, *meine* durch Hegeabschuss sorgfältig aufgebaute >Zuchtbasis<, und die Grenzböcke, die *mein* Nachbar so routiniert schießt, kamen durch *mein* Futter so gut über den Winter. Grad dichtmachen wenn ich *meine* Hegeburg könnte!"[2426]. Dasselbe gilt in wesentlich stärkerem Maße auch für das Rotwild, das Schwarzwild und, wo vorhanden, auch das Damwild. Die Verhaltensmuster der Jäger hinsichtlich Hege und Waidgerechtigkeit sind dort jeweils identisch. Mit den Auswirkungen der letzten 30 Jahre ist nun jedoch auch bezüglich der Hege des Wildes eine gewisse Rebarbarisierungsbestrebung von Seiten des administrativen Systems und der heterodoxen Naturschutz- und Jagdvereinigungen zu betrachten. Während bereits im ausgehenden 18. Jahrhundert auf Drängen der Untertanen, deren Sorgen erstmals durch die Auswirkungen der Revolution von 1789 Gehör fanden, das Hegen des Wildes durch die Herrschaft (so geschehen in der gefürsteten Grafschaft Hohenzollern – Hechingen) sein Ende fand, werden auch die modernen Forderungen nach einer Aufgabe der Hege immer deutlicher. In einer ganzen Reihe deutscher Fürstentümer hoben die Gesetze von 1848 die Schonzeiten für Rot-, Dam- und Schwarzwild gar mit dem ausdrücklichen Befehl einer völligen Ausrottung in freier Wildbahn, wie z. B. in Kurhessen, auf[2427]. Auch heute noch werden Rotwildgebiete durch Landtagsbeschlüsse dann aufgehoben, wenn die Jägerschaft über lange Zeiträume derart hohe Wildbestände heranhegt, dass bäuerliche Klagen über unerträgliche Schälschäden letzten Endes Gehör finden, so wie es im Forstamt Kempten

---

[2424] Ulrich Mergner dazu: „Damit Hirsche jedoch auch tagsüber wieder auf Talgründen und Wiesen äsen können, sollten die Jäger die erforderlichen Abschüsse bei einigen wenigen, revierübergreifenden Bewegungsjagden erfüllen anstatt acht Monate lang auf der Einzeljagd den Hirschen aufzulauern. Denn nicht Spaziergänger und Waldbesitzer sind die Ursache dafür, dass sich Rotwild nur nachts aus dem Wald traut, sondern die ständige Beunruhigung durch Jäger." Vgl. dazu einen Artikel mit der Überschrift: „Jäger sollen dem Rotwild mehr Ruhe gönnen", in: Ökojagd, Ausgabe Nr. 04/1999, S. 16. Dasselbe gilt uneingeschränkt für alle anderen Wildarten ebenso.

[2425] Vgl. dazu das Lehrheft „Wild und Jagd in unserer Kulturlandschaft", herausgegeben vom Schweizerischen Patentjäger- und Wildschutzverband (SPW), unter der URL: http://www.jagd.ch/jagd/lehrheft/Inhalt/08_09.pdf, hier insbesondere die Ausführungen zum Rot- und Rehwild.

[2426] Vgl. dazu bei Bruno Hespeler, Jäger wohin?, S. 44.

[2427] Vgl. dazu Dietrich Stahl, Wild – Lebendige Umwelt, S. 28.

im Allgäu 1987/88 der Fall war[2428]. Gerade so wie vor zweihundert Jahren wird die Jägerschaft (nun jedoch von Institutionen des Naturschutzes und vom administrativen System) heute dazu aufgefordert, das Hegen des Schalenwildes einzustellen und stattdessen die Abschüsse zu forcieren, um dem Lebensraum Möglichkeiten der Regeneration zu bieten. Forderten vor zweihundert Jahren die Untertanen das Ende der Hege, so sind dies heute die Forstverwaltungen, die Naturschutzverbände wie NABU und LNV, Dachorganisationen wie der Deutsche Naturschutz Ring (DNR)[2429] sowie der Ökologische Jagdverein oder Die Grünen[2430], deren Standpunkte bis zur völligen Abschaffung jedweder Fütterung von wilden Tieren reichen. Von Seiten der Jägerschaft und ihres größten Jagdverbandes, des DJV, existieren dagegen keinerlei Bedenken hinsichtlich der Fütterungspraxis[2431]. Die Absenkung der Schalenwildbestände war - systemimmanent - zu keinem Zeitpunkt der Geschichte der organisierten Jägerei das Ziel der Jägerinteressen, obwohl sich die Jägerschaft sehenden Auges damit mehr schadet als dass es ihr dient. Die private orthodoxe Jagd hegt und waidwerkt munter und unbeirrbar bis zum letzten Atemzug, während ein Blick in das benachbarte Ausland wie die Schweiz zu zeigen in der Lage wäre, dass es eine Einheit von Wald und Wild bei Aufhebung der Hegepraxis auf der Ebene abgesenkter Wildbestände ohne weiteres geben könnte - und das auch noch gesellschaftlich anerkannt.

Heute, zu Beginn des 21. Jahrhunderts, und insbesondere mit den Diskussionen um eine Novellierung des Bundesjagdgesetzes, stehen Forderungen im Raum, die Hege, wo nur möglich bzw. wo unsinnig, einzuschränken und stattdessen den Abschuss im Bereich des Schalenwildes zur primären Jagdaufgabe zu machen. Mit der Einstellung der Hege, das heißt vor allem der Fütterungspraxis des Schalenwildes, wurde damals wie heute das Prognostikon gestellt, dass die Wildbahn veröde und z. B. das Reh- und Rotwild an den Rand seiner Existenz geführt werde. Damals schon traf diese Prognose Karl Emil Diezels oder Adam Schwappachs nicht zu und Länder wie Dänemark oder Frankreich, wo ein jeder auf seinem Grund und Boden bis heute die Jagd ausüben darf, hätten heute schon längst kein freilebendes Schalenwild mehr zu verzeichnen. Weshalb in diesen Ländern die Strecken gleichbleibend hoch oder aber sogar steigend sind, ist mittels dieser Argumentation nicht nachzuvollziehen, sie zeigt aber, dass es an den Jägern, ihrer Jagdpraxis, und nicht an der Fütterungspraxis liegt, ob Wildbestände sinken oder steigen. Dennoch ist aus dem orthodoxen Lager regelmäßig die Befürchtung zu hören, dass mit der Fütterungseinstellung das Wild keine Zukunft mehr hätte. So kritisiert z. B. Klaus Thiemer in einem Artikel das „Quasi-Fütterungsverbot" von Schalenwild nach der

---

[2428] Vgl. dazu bei Bruno Hespeler, Jagd 2000, S. 111-112.

[2429] So fordert auch der DNR, dass das Füttern einiger für die Jagd attraktiver Wildtiere endlich verboten werden muss, da sie das ökologische Gleichgewicht empfindlich stören und der Natur schaden. Vgl. dazu die Pressemitteilung 6/2004 des DNR, Natur- und Tierschutzverbände machen öffentlichen Druck für neues Bundesjagdgesetz, unter der URL: http://www.dnr.de/presse/docs/Pm6-2004.doc.

[2430] Vgl. dazu „Hessens Grüne fordern Fütterungsverbot - Minister nimmt Jäger in Schutz", in: Die Pirsch, Ausgabe Nr. 02/2005, S. 1.

[2431] Vgl. dazu die Ausführungen im Argumentationsleitfaden des DJV: „Das Bundesjagdgesetz - Forderungen und Tatsachen", herausgegeben vom Deutschen Jagdschutz-Verband, S. 17ff.

Novellierung des hessischen Landesjagdgesetzes als „wildverachtend" und tierschutzwidrig[2432]. Dabei hatte diese Novellierung aus dem Jahr 1999 gerade die Wiedereinführung der Fütterungsmöglichkeiten in Hessen zum Ziel; diese gingen jedoch dem orthodoxen Lager nicht weit genug. Ähnlich wie beim Schrotschuss auf Rehwild und den Argumenten des orthodoxen Lagers gegen ihn sind auch die Argumente Thiemers lediglich dazu geeignet, diese gegen das orthodoxe Verständnis und dessen Argumentation selbst zu wenden. Er spricht z. B. von Hungersnot für das Wild, weil jenes nicht mit Kraftfutter wie z. B. Getreide gefüttert werden dürfe. Er spricht gar davon, dass die Rehe in Hessen an leeren Fütterungen verhungern würden[2433]. Sollte sich bewahrheiten, dass dem hessischen Schalenwild nur noch mit Hilfe von Getreidefutterbeigaben über die recht milden Winter des 21. Jahrhunderts zu helfen wäre, dann sollte man sich ernsthafte Gedanken über die Höhe der Schalenwildpopulationen machen und die Vorgaben des § 1, Abs. 2 BJG (die Anpassung der Wildbestände an ihre Umwelt) endlich einmal sinngemäß umsetzen. Thiemers Aussagen sind ein Armutszeugnis für den jagenden Menschen, der sich wie selten zuvor in der Rolle der Großprädatoren wie Wolf und Bär sieht. Im Klartext könnte und dürfte die von Thiemer postulierte großflächig vorhandene Hungersnot beim Rehwild nur die Handlungsmaxime eines sofortigen massiven jagdlichen Eingriffs zur Folge haben, um die Wildbestände den landschaftlichen und landeskulturellen Gegebenheiten anzupassen. Da dies offensichtlich mit den privaten (bundesdeutschen und orthodox sozialisierten) Hobbyjägern nicht zu erreichen ist, bleibt nur der Ausweg über großflächige Polizeijagden mittels professioneller Jäger, Jäger aus dem heterodoxen Lager wie Förster und dienstleisterisch eingestellter Privatjäger, die die Funktion der Jagd in der modernen Gesellschaft im Jahrhundert der Umwelt erkannt haben und ernst genug nehmen. Leitkriterium des Jagens muss das Biotop oder der Lebensraum sein, wie ihn § 1 Abs. 2 BJG[2434] oder § 21 Abs. 1 BJG[2435] zur Maxime erheben. Auch in der Schweiz

---

2432 Klaus Thiemer, Herbe Enttäuschung, in: Der Jäger, Ausgabe Nr. 01/2000, S. 18-19. Tatsächlich bestand mit der Novellierung die Einschränkung lediglich darin, dass kein Kraftfutter ausgegeben werden darf. Rüben, Trester, Heu, Silage dürfen nach wie vor gefüttert werden. Zwischenzeitlich fordern die GRÜNEN im hessischen Landtag, dass aufgrund des umfassenden Fütterungsmissbrauchs, den die Novellierung 1999 ermöglicht habe, diese nun gänzlich verboten werden sollte. Vgl. dazu eine Pressemeldung der Fraktion Bündnis 90 / DIE GRÜNEN im hessischen Landtag, vom 17. Januar 2005, unter der URL: http://www.oejv.de/modules.php?name=News&file=article&sid=605. Dort heißt es: „Die Hirsche im hessischen Wald nehmen rapide zu und die gesunden Bäume ab, ärgert sich der forstpolitische Sprecher der GRÜNEN Landtagsfraktion, Martin Häusling. In der Betriebskommission des Landesbetriebs Hessen Forst waren Daten zu drastisch gestiegenen Zahlen des Wildverbisses vorgelegt worden. So stiegen die frischen Schälschäden an Buchen von 1999 bis 2002 von 7,3 Prozent auf 12,9 Prozent und die geschätzten Rotwildbestände von 9799 im Jahr 1999 auf 15088 im Jahr 2003. 1999 wurde das hessische Jagdgesetz novelliert und damit auch gegen die vehementen Proteste der GRÜNEN die Wildfütterung wieder zugelassen." Das steht doch sehr im Widerspruch zu dem Artikel von Klaus Thiemer und seiner völlig unbegründeten Postulierung, dass das Wild im hessischen Winter ohne Getreidebeigaben verhungern müsste.

2433 Klaus Thiemer, Herbe Enttäuschung, in: Der Jäger, Ausgabe Nr. 01/2000, S. 19.

2434 Dort heißt es:" Die Hege hat zum Ziel die Erhaltung eines den landschaftlichen und landeskulturellen Verhältnissen angepassten artenreichen und gesunden Wildbestandes sowie die Pflege seiner Lebensgrundlagen (...). Die Hege muss so durchgeführt werden, dass Beeinist der Lebensraum der Fixpunkt der Hege, die sich auf die artgerechte Bejagung und auf die Schaffung und Erhaltung passender Lebensräume beschränkt. Die ähnlich lautenden Vorgaben des BJG werden jedoch in Deutschland stillschweigend und regelmäßig von der orthodoxen Seite zugunsten einer schalenwildzentrierten Hege mittels Fütterung negiert und ad absurdum geführt. Die lediglich aus orthodoxer Sicht funktionalisierbare Behauptung, dass Rehwild ohne Fütterung eingehen oder leiden müsse, wurde auch von der Wildforschungsstelle Aulendorf im Rahmen einer langjährigen Studie an einer freilebenden Rehwildpopulation auf der Schwäbischen Alb zurückgewiesen. Hier heißt es, dass die Winterfütterung von Rehwild weder notwendig noch sinnvoll sei. Ebenso ergaben die Untersuchungen, dass es mehr als zweifelhaft sei, dass durch Fütterung forstwirtschaftliche Schäden zu verhindern seien[2436]. Kein Argument der klassischen Hege, sei es der Schutz des Wildes vor Futternot oder die Minimierung forstwirtschaftlicher Schäden, kann bis heute als verifiziert betrachtet werden. Im Übrigen ist auffällig, dass Diskussionen wie die von Klaus Thiemer um die Notwendigkeit von Fütterungen sich auf Arten beschränken, die keinesfalls bestandsgefährdet sind, sondern, wie etwa das Schalenwild, geradezu luxurieren[2437]. Die gegenwärtig feststellbaren Versuche, Einschränkungen in der Hegefreiheit durchzusetzen, hängen eng mit den Änderungen in den waldbaulichen und jagdlichen Zielsetzungen, insbesondere einem stetigen Anstieg der Schalenwildbestände, zusammen und haben früher oder später allesamt Einfluss auf eine Aufweichung der zuvor restriktiven Affektbändigungen, die vom Ansprechen des Wildes bis hin zum Schrotschuss auf Rehwild oder zur revierübergreifenden Bewegungsjagd gehen. Immer dann, wenn die Zielsetzungen wie z. B. bei der Novellierung des saarländischen Landesjagdgesetzes die Anpassung der Jagd an ökologische Erkenntnisse, an neue forstliche, naturschutz- und tierschutzfachliche Entwicklungen bedeuten und damit die altüberkommenen Vorstellungen von Jagd und Hege abzulösen versuchen, wird es gewisse Einschränkungen in der Hege und damit Affektfreisetzungen innerhalb der Jagdpraxis geben[2438]. Nur wenn auf die Qualität der Trophäen kein wesentlicher Wert mehr gelegt wird, wenn der Lebensraum als Fixpunkt akzeptiert wird, wenn also die restriktiven Ansprechkriterien und widersinnigen Hegeziele aufgeweicht werden, muss auch die Zielsetzung der Hege an Gewicht verlieren. Wozu noch wilde Tiere füttern, wenn der „Erfolg", die starke Trophäe, keinerlei anerkannten und damit wirklichen Wert mehr besitzt und auf keiner Hege- oder Trophäenschau mehr

---

trächtigungen einer ordnungsgemäßen land-, forst- und fischereiwirtschaftlichen Nutzung, insbesondere Wildschäden, möglichst vermieden werden."

2435 Dort heißt es: „Der Abschuss des Wildes ist so zu regeln, dass die berechtigten Ansprüche der Land-, Forst- und Fischereiwirtschaft auf Schutz gegen Wildschäden voll gewahrt bleiben sowie die Belange von Naturschutz und Landschaftspflege berücksichtigt werden."

2436 Rehwildprojekt Borgerhau. Untersuchungen zur Ökologie einer freilebenden Rehwildpopulation, in: Wildforschungsstelle des Landes Baden-Württemberg (Hrsg.), Schriftenreihe Wildforschung in Baden-Württemberg, Band 5, S. 125.

2437 Vgl. dazu die Ausführungen der AGNJ (Arbeitsgemeinschaft Naturnahe Jagd Schleswig-Holstein e.V.), in: Arbeitsgemeinschaft Naturnahe Jagd e.V. (Hrsg.), Naturnah Jagen. Eine Standortbestimmung, S. 36.

2438 Vgl. dazu bei K. Plikat, Krach um das neue Landesjagdgesetz, in: Wild und Hund, Ausgabe Nr. 08/1997, S. 22f.

vorgezeigt werden muss oder kann; im Gegenteil: Wenn die zunehmend interessierte Öffentlichkeit die starke Trophäe als reinsten Ausdruck der Verhausschweinung unserer Wildbestände erkennt, mag das Instrumentarium der Hege gegen sich selbst und gegen deren Vertreter gewendet werden. Es gibt Anzeichen genug, die eine Abkehr von einer Zentrierung jagdlichen Wollens auf die Trophäe erkennen lassen. So verwundert es nicht, dass im Saarland auf der alljährlich abgehaltenen Umweltjagd seit einigen Jahren auch Böcke außerhalb der eigentlichen Schonzeit (das ist die Zeit vom 16. Oktober bis zum 1. Mai/16. Mai, deckungsgleich mit dem Rhythmus des Gehörnwechsels) geschossen werden dürfen[2439], oder dass in Sachsen im Jagdjahr 2003/2004 auf den Staatsjagdflächen ebenfalls Böcke in der ansonsten geltenden Schonzeit im Rahmen der Bewegungsjagden geschossen werden konnten[2440] oder der Abschuss von Basthirschen zu Beginn der Jagdzeit zumindest im Staatswald keinen negativen Beigeschmack mehr hat. Auch die Forderungen Bruno Hespelers, dass es keinen wildbiologischen Sinn mache, gesunde Hirsche zwischen dem 3. und dem 10. Kopf (die Zeit, in der der Hirsch ein jährlich imposanteres Geweih entwickelt) zu erlegen, zielen auf die Abkehr trophäenorientierten Schalenwildmissmanagements ab[2441]. Dass hier gerade die österreichische Steiermark einen Quantensprung im Sinne moderner Rotwildbewirtschaftung eingeschlagen hat, wird weiter unten noch ausführlich thematisiert werden. Der alte und noch bis heute gültige Grundsatz der bundesdeutschen Jägerei, der da lautet: „Das ist des Jägers Ehrenschild, dass er beschützt und hegt sein Wild, waidmännisch jagt, wie sich´s gehört, den Schöpfer im Geschöpfe ehrt!"[2442] beginnt zum Ende des 20. und zum Beginn des 21. Jahrhunderts in den außerjagdlichen Medien seine hässliche und heuchlerische Seite zu offenbaren, nicht weil diese Seite neu wäre, sondern weil die jagdliche Außenwelt durch aufklärerische Kräfte (z. B. Forstverwaltungen, NABU, LNV, etc.) davon öffentlichkeitswirksam in Kenntnis gesetzt wird. Der affektgebändigte und nur nach außen hin scheinbar wildfreundliche Heger, der winters unter Einsatz großer finanzieller Mittel mit Tonnen von Saft- und Raufutter (selbst mit dem zumeist verbotenen Kraftfutter) die Schalenwildfütterungen beschickt, wird zunehmend als Jagdzerrbild instrumentalisiert, als Träger einer überkommenen Ideologie und als Risikofaktor für stabile und großflächige Mischwaldkulturen einerseits als auch für die (noch?) als „wild" zu bezeichnenden Schalenwildpopulationen andererseits. Der Heger wird nicht mehr, wie zu Beginn des 20. Jahrhunderts oder in der unmittelbaren Nachkriegszeit, als Bewahrer und Hüter des in der Kulturlandschaft notleidenden Wildes wahrgenommen, sondern als revieregoistischer und teilweise auch „kriminalisierter" Kreationist, der

---

[2439] Heiko Hornung, Umweltjagd im Saarland – Abschuss in fünf Stunden, in: Wild und Hund, Ausgabe Nr. 01/2005, S. 93f.

[2440] Vgl. PM des ÖJV Sachsen „Aufhebung der Rehbock-Schonzeit. Mutiger Schritt in Sachsen", in: Ökojagd, Ausgabe Nr. 01/2004, S. 30.

[2441] Vgl. dazu die Rotwildpositionen Bruno Hespelers anlässlich der Crottdorfer Jagdtage in Wissen, in: Ökojagd, Ausgabe Nr. 04/1999, S. 17. Darüber hinaus fordert Hespeler, dass zum Zwecke der Bestandsreduktion als Voraussetzung zur Erlegung eines Hirschs (bis 3. Kopf, ab 10. Kopf) wenigstens 1 bis 2 Stück Kahlwild erlegt werden müssen.

[2442] Vgl. Oskar von Riesenthal, Das ist des Jägers Ehrenschild, zitiert nach Freiherr Knigge-Leveste (Hrsg.), Deutsche Wald- und Waidmannssprüche in Reimen, Werk in Auszügen vorliegend.

selbst mittels Verordnungen und Gesetze nicht mehr sozialisiert werden kann[2443]. Die private Jägerschaft – so die bundesweit publizierten Ergebnisse von NABU und ÖJV – hält sich überregional und bundeslandübergreifend zu großen Teilen nicht an die Notzeitvorgaben, nicht an vorgeschriebene Kirr- und Fütterungsmengen und ebenfalls nicht an die in einigen Fütterungsdurchführungsverordnungen erlassenen restriktiven Maßgaben dessen, was gefüttert werden darf. So heißt es bei Wolfgang Korndér: „Stichproben in etwa einem Dutzend Revieren im Landkreis Neustadt/Aisch – Bad Windsheim ab Dezember 2001 bis April 2004 ergaben, dass in vielen Fällen im Herbst/Winter unabhängig von Notzeiten durchgängig gefüttert wurde. Der größere Teil dieser Fütterungen waren klassische Rehwildfütterungen. Daneben gab es Kirrungen/Dauerkirrungen unterschiedlichster Art wohl für Schwarzwild (Ausbringung abgedeckt, flächig hingeworfen, ganze Haufen). Beim Futter in den Fütterungen bzw. Kirrungen reicht die Palette von Trester über verschiedene Getreidearten (auch gebeiztes Getreide war dabei), Mais, Soja, Kraftfutter (Pellets) bis hin zu Fischinnereien, Fischen (nach Einschreiten der Unteren Jagdbehörde 2002 nicht mehr beobachtet) und Bröseln aus Backwaren und Backwaren (letzteres erstmals 2003 beobachtet). Eine gewisse Krönung war an einer Kombi-Einrichtung (Krähenfang/Saukirrung, vermutlich noch Luderplatz) im Mai ein kompletter Rehbock, dessen Wegzerren durch Festbinden am Gehörn gesichert war! (2002). In einem Revier lagen ab Dezember 2001 nachweislich mindestens 800 kg Trester bereit, der garniert mit Kraftfutter (Getreide, das in Mülltonnen immer griffbereit daneben stand) bis auf geringste Mengen (1 Sack) verfüttert wurde. Bei der obigen Mengenangabe wurde ein guter Teil der Fütterungen erst im Februar mit berücksichtigt! Nicht einbezogen sind das dabeistehende Getreide, Mais an den Saufütterungen und Kirrplätzen oder Silage; zudem blieben etwa 30% der Waldfläche des Revieres unberücksichtigt[2444]!" Ähnlich wie zuvor in Baden-Württemberg, als durch Kontrollen und Anzeigen im Jahre 2000/2001 bei den zuständigen Behörden von Seiten des NABU großflächig missbräuchliche Fütterungen gefunden wurden, führten auch in Bayern die Anzeigen der Missbräuche nicht zum gewünschten Erfolg. Schon kurze Zeit nach den Beanstandungen und entsprechenden Verfügungen von Seiten der Unteren Jagdbehörden fand der Missbrauch wie zuvor in vergleichbarem Umfang statt[2445]. Die bisherige jagdgesetzliche Praxis, die es dem Revierinhaber überließ, was, wie viel, wann und wie gefüttert wird, ist zwischenzeitlich in einigen Bundesländern einem misstrauenden Realismus gewichen. Der Gesetzgeber tut gut daran, nicht mehr davon auszugehen, „dass dieser Personenkreis das notwendige Eigeninteresse und Fachwissen besitzt, um mit dem

[2443] Vgl. dazu die Ausführungen von Wolfgang Korndér zu wiederholtem Kirrungs- und Fütterungsmissbrauch in Bayern, Anarchie im Jagdwesen. Fütterungsrealitäten in Bayern. Lokale Vorgeschichte im Landkreis Neustadt/Aisch – Bad Windsheim, in: Stationen von der Fütterung zum Verbiss? herausgegeben vom Ökologischen Jagdverein Bayern e.V., S. 9-14.

[2444] Wolfgang Korndér zu wiederholtem Kirrungs- und Fütterungsmissbrauch in Bayern, Anarchie im Jagdwesen. Fütterungsrealitäten in Bayern. Lokale Vorgeschichte im Landkreis Neustadt/Aisch – Bad Windsheim, in: Stationen von der Fütterung zum Verbiss?, herausgegeben vom Ökologischen Jagdverein Bayern e.V., S. 9-14.

[2445] Vgl. ebd., S. 9-14. Weiterhin bei Michael Hug, Erste Erfahrungen mit den neuen Fütterungsbestimmungen der im Sommer 2002 geänderten LjagdDVO in Baden-Württemberg, in: Stationen von der Fütterung zum Verbiss?, hrsg. vom Ökologischen Jagdverein Bayern e.V., S. 15ff.

Futter weder Wild noch Wald zu schaden"[2446]. Das genaue Gegenteil scheint der Fall zu sein. Nicht umsonst ist zwischenzeitlich ein allmähliches Übergewicht der Kritiker der Fütterungen zu bemerken, die vor allem die artifizielle Aufhebung des winterlichen Regulativs als negativ betrachten, da die natürliche Selektion dadurch gemindert und die Populationen zahlenmäßig insgesamt eher gestärkt denn geschwächt werden. Die mit Fütterungen verbundenen Motive der Revierbindung möglichst großer Wildverbände (wie beim Rot- und Schwarzwild) und die damit zusammenhängende Potenzierung forstwirtschaftlicher, aber auch forstökologischer Schäden (wie beim Reh- und Rotwild) sowie nicht zuletzt die Täuschung des Verbrauchers durch den Prozess der Verhausschweinung des Wildes wird dem Jäger das Mittel der Fütterungen in naher Zukunft aus der Hand winden. Wird dann zusätzlich noch ineffizient, weil waidgerecht gejagt, ist eine Situation eingetreten, wie sie Umweltministerin Conrad in Rheinland-Pfalz veranlasst hatte, ein schadorientiertes Schalenwildmanagement einzufordern (s. o.). Einzig beim Rotwild sind sich die meisten Experten darüber einig, dass angesichts der momentan alternativlosen Rotwildgebiete und ihrer negativen Auswirkungen für Wald und Wild Fütterungen dieser größten heimischen Schalenwildart notwendig seien. Neuere Erkenntnisse zur Winterökologie des Rotwildes haben zum Ergebnis, dass wenigstens in den Hochregionen eine artgerechte, jedoch auch kontrollierte und zielführende Fütterung des Rotwildes (noch?) unabdingbar erscheint[2447]. Alle anderen Wildarten dagegen und auch das Rotwild unterhalb der Hochregionen scheinen von dieser Notwendigkeit ausgenommen werden zu können[2448]. Weshalb jedoch das ebenfalls in den Hochlagen lebende Stein- und Gamswild nicht gefüttert werden muss und de facto nicht gefüttert wird, ist aus der Literatur nicht extrahierbar. Zumindest das Tiroler Wild und vor allem das Schalenwild in den Schweizer Patentjagdkantonen darf nicht gefüttert werden und kommt dennoch in guten Beständen vor[2449]. Gibt es Unterschiede zwischen deutschem, Schweizer und Tiroler Schalenwild oder gibt es vielmehr Unterschiede zwischen Boviden und Cerviden[2450], zwischen deutscher Waidgerechtigkeit und Schweizer Waidgerechtigkeit, zwischen deutscher Jagdmanier und Schweizer Jagdeinstellung? Unverständnis

---

2446 Georg Bernd Weis, Füttern oder nicht füttern,..., in: Der Jäger, Ausgabe Nr. 01/1999, S. 28-29.

2447 Vgl. dazu Walter Arnold, Neue Erkenntnisse zur Winterökologie des Rotwildes – Der verborgenen Winterschlaf, in: Stationen von der Fütterung zum Verbiss?, herausgegeben vom Ökologischen Jagdverein Bayern e.V., S. 33-44. Als zuvorderst notwendig erkennt Arnold jedoch die Ausdehnung der Ruhezeit fürs Rotwild. Gerade in der Notzeit kann das Rotwild seine Körpertemperatur und damit seine Energieaufwendungen ähnlich wie winterschlafende Tiere regulieren. Menschliche Störungen, die Fluchtverhalten evozieren, wirken sich in diesem Kontext negativ aus.

2448 Zum Fütterungsverbot des Rotwildes unterhalb der Hochregionen vgl. auch bei Bruno Hespeler, Rotwildpositionen, in: Ökojagd, Ausgabe Nr. 04/1999, S. 17.

2449 Vgl. dazu auf der Homepage des Tiroler Jägerverbandes, Informationen zur Jagd in Tirol, unter der URL: http://www.ljv.at/tirol.htm. Hier heißt es: „Die Murmeltiere halten Winterschlaf, das Steinwild und die Gämsen suchen sich ihr Futter in der Alm- und obersten Waldregion sowie auf freigefegten Graten. Einer Fütterung durch die Jäger bedarf es nicht."

2450 Die einen schieben jährlich ein Geweih (Cerviden), womit hegerisch auf diese Entwicklung Einfluss genommen werden kann, während die Boviden jedes Jahr „nur" einen weiteren Hornring an der Basis schieben und dieses Wachstum weniger von außen durch den Menschen/Jäger beeinflusst werden kann. Trophäenzentriert?

hinsichtlich der deutschen Fütterungspraktiken wecken auch Regelungen im europäischen Ausland zum Rotwildmanagement, die aufzuzeigen in der Lage sind, dass der „deutsche Weg“ nicht der Weisheit letzter Schluss sein kann. Die Fütterungsthematik hängt zu einem wesentlichen Teil mit der mangelnden Raumplanung für das Rotwild in Deutschland zusammen. Hier haben Politik und Jäger Jahrzehnte verschlafen, indem Rotwildgebiete räumlich voneinander getrennt, natürliche Verbindungen über Wildwechsel durch Straßen-, Städte- und Siedlungsbau durchtrennt wurden und das Rotwild zum Spielball reviergoistischer Interessen wurde. In Österreich, genauer in der Steiermark, hat man diese unheilvolle Allianz jener Faktoren erkannt und mit Hilfe einer neuartigen Raumplanung der Verinselung des Rotwildes, seiner unerwünschten Überhege und dem Reviergoismus erfolgreich die Stirn geboten. So heißt es z. B. von Andreas Kranz zur Zielsetzung der Raumplanung des steirischen Rotwildes: „Schließlich soll im Zuge der Raumplanung ein wichtiger Schritt weg vom rein revierorientierten Denken und Handeln gelingen. Es kann nicht oft genug betont werden: Die Erhaltung des Rotwildes und einer geregelten und freudvollen Bewirtschaftung in unserer Kulturlandschaft kann nur gelingen, wenn das revierweise Denken relativiert wird und man sich zu Wildgemeinschaften zusammenschließt. In der Steiermark gibt es dafür sehr ermutigende Beispiele, die berechtigt Hoffnung schöpfen lassen![2451]“ Wie sieht diese Raumplanung aus? Die Rotwildgebiete werden nicht nur in Kern- und Randzonen erfasst, wie dies in Deutschland der Fall ist, sondern mit Hilfe von Korridoren (Wanderwege für Rotwild) miteinander verbunden. Das Ziel ist es, das Rotwild auf großer Fläche zu verteilen, es relativ freizügig werden zu lassen und dadurch regionale Entlastungen zu erhalten. Je nachdem ob es sich um Korridor-, Kern- oder Randgebiete handelt (wobei es noch weitere Gebietseinteilungen gibt), wird die Fütterung erlaubt oder verboten und dort, wo sie erlaubt ist, zumeist auf Heu oder Grummet (wie z. B. im Korridor) beschränkt. Die Abschusserfüllungen werden überwacht (z. B. mittels körperlichen Nachweis) und der Rotkahlwildabschuss ist nur eine Mindestvorgabe; d.h. in den reproduzierenden Bestand kann jederzeit darüber eingegriffen werden. Dort, wo es schon in der jüngeren Vergangenheit andauernd zu starken Schäden durch das Rotwild in der Forstwirtschaft gekommen ist und diese nicht toleriert werden, soll Rotwild in Zukunft nur noch als Wechselwild geduldet werden. Das bedeutet, dass Rotwild dort nicht mehr gefüttert werden darf. Die Bejagung wird drastisch erleichtert, für Kahlwild und Hirsche der Klasse III (junge Hirsche) wird es keinen Abschussplan mehr geben. Hirsche der Klasse I und II sind generell geschont[2452].

Die in Deutschland spürbar zunehmende Kritik an der generellen Fütterungspraxis, die Erkenntnisse und Erfahrungen aus angrenzenden Ländern wie z. B. Österreich, aber auch Schweden und der Schweiz werden – so zumindest die bisherige Tendenz – zukünftig in einige rebarbarisierende Verhaltensforderungen münden, so wie sie dies ja in den Gebieten, in denen Fortschritte in der Raumpla-

---

[2451] Vgl. dazu einen Artikel von Andreas Kranz, Rotwild-Raumplanung in der Steiermark, unter der URL: http://www.jagd-stmk.at/projekte1.html, ebenfalls veröffentlicht im Jahresbericht 2001/2002 der Steirischen Landesjägerschaft und in Der Anblick, Ausgabe Nr. 12/2001.

[2452] Andreas Kranz, Fortschritte in der Rotwild-Raumplanung, unter der URL: http://www.jagd-stmk.at/projekte4.html, ebenfalls veröffentlicht in Der Anblick, Ausgabe Nr. 03/2003.

nung des Rotwildes zu verzeichnen sind, bereits tun (Vereinfachung der Ansprechkriterien, Einschränkung der Fütterungen, Fokus auf den Lebensraum und nicht auf die Trophäe, Abschusserfüllung auf revierübergreifenden Bewegungsjagden, etc.). Bis zur Einstellung der Fütterung insgesamt (auch der des Rotwildes!), da sie trotz aller Vorsichtsmaßnahmen durch keine Institution wirklich überwacht und kontrolliert werden kann, wird es dann nur noch ein kleiner Schritt sein. So verbietet bereits heute das schleswig-holsteinische Landesjagdgesetz von 1999 in seinem § 18 die Fütterung von jedwedem Schalenwild, was als wegweisend für die anderen Landesjagdgesetze bezeichnet werden kann. Dass Gesetze und Verordnungen jedoch allein nicht ausreichen um den Jäger an seine Verpflichtungen (nämlich die bloße Einhaltung der Gesetze!) zu erinnern, haben die Untersuchungen des ÖJV Bayern, des ÖJV Brandenburg[2453] und des NABU in Baden-Württemberg deutlich gezeigt. Auch die Vorbehalte von Andreas Kranz gegenüber den steirischen Jägern zeigen Parallelen auf. So heißt es bei ihm bezüglich gewisser „Neigungen" in der reviereegoistischen Jägerschaft: „Freigebiete (d. h. Gebiete, in denen kein Rotwild geduldet wird, Anm. d. V.) in der Obersteiermark stellen nur so lange keine Gefahr dar, solange die Jäger nicht auf abwegige Gedanken kommen. Die Erfahrungen in Salzburg und Kärnten haben gezeigt, dass inneralpine Freigebiete von den Jägern gezielt zur Aufhege und völlig ungezügelten Rotwildjagd missbraucht werden, in Salzburg hat man diese Gebiete daher wieder umgewidmet."[2454] Wenn die Jäger dort wenigstens „ungezügelt" jagen würden, wären die Vorgaben der Freigebiete, die kein Rotwild dulden, erfüllt. Mit ungezügelt meint Andreas Kranz jedoch vielmehr die ungebremste Hege, die Schaffung eigener kleiner Rotwildvorkommen, die zwecks starker Trophäen zunächst einmal gehegt und dann bejagt werden. Dieses jagdliche Sichverhalten schafft seit wenigstens 70 Jahren alle bis heute bekannten Probleme das gesamte Schalenwild betreffend. Dort muss „zügellos" rebarbarisiert werden.

11.5.3.2.4.5 Rebarbarisierungen: Bewegungsjagden auf Schalenwild

Ähnlich den bereits genannten Affektfreisetzungen oder Rebarbarisierungserscheinungen im deutschen Jagdwesen ist auch die zunehmende Instrumentalisierung der Bewegungsjagden einzig und allein einem notwendigen und effektiven Natur- und Waldschutz geschuldet. Es mag noch immer vielen Nichtjägern, aber auch Jägern nicht verständlich sein, dass die Jagd „einen existenziellen Rationalisierungsfaktor"[2455] der privaten, aber auch der öffentlichen Waldbesitzer darstellt, den sie im Gegensatz zu anderen Faktoren wie z. B. dem Klima auch tatsächlich beeinflussen können. Die regional hohen Schalenwildbestände verunmöglichen nicht

---

[2453] Vgl. dazu Alexander Krah und Heiko Hornung, Brandenburgs ÖJV probt den Aufstand, in: Wild und Hund, Ausgabe Nr. 17/2003, S. 12f. Der ÖJV Brandenburg hatte im Sommer 2003 dem zuständigen Minister für Landwirtschaft, Umweltschutz und Raumordnung, Wolfgang Birthler, einen 94-seitigen Katalog über Fütterungsmissbrauch der brandenburgischen Jägerschaft übergeben. Von Wild und Hund wurde der Katalog als nicht authentisch verworfen.

[2454] Andreas Kranz, Fortschritte in der Rotwild-Raumplanung, unter der URL: http://www.jagdstmk.at/projekte4.html, ebenfalls veröffentlicht in Der Anblick, Ausgabe Nr. 03/2003.

[2455] Franz Straubinger, Der Jagdbetrieb – wirtschaftliche Chance oder finanzielles Bermudadreieck, in: Waldökosystem und Schalenwild, Ökologischer Jagdverein Bayern e.V. (Hrsg.), S. 69.

selten einen naturnahen Waldbau, während deren effektive und schnelle jagdliche Reduktion auf Jahre hinaus eine rapide Verbesserung der Naturverjüngung und damit des ökologischen Kapitals für nachfolgende Generationen mit sich zu bringen in der Lage wäre. Alle bisher angeführten jagdlichen Rebarbarisierungsbestrebungen, die sich jedem Jäger - sei es nur aus den Medien oder aber aus eigener Erfahrung - zeigen, haben zuvorderst das waldbauliche Ziel naturnahen Mischwaldbaus auf großer Fläche zu realisieren. Ausrottungsphantasien, die mit den Bewegungsjagden ausgelebt werden sollen, werden den Forstverwaltungen und Eigenregiejagden zwar gelegentlich von orthodoxer Seite vorgeworfen; sie bestehen dagegen de facto nicht. Hohe Abschussforderungen sind immer das Resultat zu hoher Populationen in Lebensräumen, in die sie nicht hineinpassen. Nach einigen Jahren der Zäsur dagegen sieht die Situation wieder völlig anders aus. „Wald vor Wild" ist nicht mit dem oftmals fälschlicherweise damit in Zusammenhang gebrachten „Wald ohne Wild" zu verwechseln. Für orthodoxe Jäger und vor dem Hintergrund ihrer jagdlichen Sozialisierung mögen diese Nuancen zuweilen verschwimmen. Neben direkt ökonomischen Wirkungen zugunsten des Waldbesitzers wird mittels eines hohen Abschusses - und das ist wesentlich wichtiger - ökologisches Kapital für die nachfolgenden Generationen gewonnen. Um dies zu gewährleisten wird gleichzeitig eine rigorose Bejagung nach einfachen Ansprechkriterien (weiblich/männlich, jung/alt) im Zuge der Bewegungsjagden gefordert, während parallel dazu mit Hilfe von Intervallbejagungsmodellen der Jagddruck von den Populationen genommen werden und dem Wild mehr Ruhe gegönnt werden soll als dies die orthodoxe Jagd bisher zu schaffen in der Lage war. Wohlgemerkt gilt hier die Prämisse der Streckensteigerung unter Minimierung der Jagdzeit. Weshalb wird darauf von heterodoxer Seite so großer Wert gelegt? „Überlange Jagdzeiten und wenig effiziente Jagdmethoden führen zu Verhaltensänderungen bei Wildtieren, z. B. Scheu vor dem Menschen und Verlagerung der Aktivitätszeit in die Abend- und Nachtzeit, was dazu führt, dass die Bevölkerung diese Tiere nur selten zu Gesicht bekommt und das Erleben dieser Arten damit stark eingeschränkt wird. Eine vielfältige intakte Umwelt und somit das Recht auf Erholung durch Naturerleben und die Beobachtung von wildlebenden Tier- und Pflanzenarten zählen aber zu den Bürgergrundrechten"[2456], so der NABU in seinem jagdpolitischen Grundsatzpapier. Gerade die hier häufig aufgezählten Affektbändigungen der Hege, des Ansprechens und der Waidgerechtigkeit allgemein haben dazu geführt, dass die Jagdzeiten im Verhältnis zur Jagdruhe sehr großzügig dimensioniert wurden. Der Heger konnte mittels der Regelungen des gewissenhaften, jedoch wildbiologisch völlig unsinnigen Ansprechreglements keinen forcierten Abschuss in kurzer Zeit erreichen. Selektionsjagd führt immer zu längeren Jagdzeiten und damit zu einem hohen Jagddruck auf die zu bejagenden Populationen. Auf das Rehwild z. B. kommt in Baden-Württemberg eine Jagdzeit von insgesamt 9 Monaten zur Anwendung (1. Mai - 31. Januar)[2457]. Schwarzwild wird ganzjährig bejagt (zumindest Frischlinge und Überläufer), Rotwild vom 1. Juni bis zum 31. Januar ganze 8 Mona-

[2456] Vgl. dazu das Grundsatzpapier des NABU, Aus der Reihe: NABU Argumente, Herausgegeben vom NABU Bundesverband, Bonn 2001.

[2457] Böcke ab 1. Mai bis 15. Oktober, Schmalrehe ab 1. Mai bis 31. Januar, Kitze und Geißen ab 1. September bis 31. Januar.

te des Jahres. Unterschiedliche Jagdzeiten bei den verschiedenen Raubwildarten, weitere bei den Tauben, den Hasen, etc. lassen einen ganzjährigen Jagdbetrieb und aufgrund der Nachtjagdmöglichkeiten auf verschiedene Wildarten auch ganztägig zu. Aufgrund der zumeist kleinstrukturierten Pachtjagdreviere mit ihren rein jagdlichen Interessenstrukturen und damit verbunden auch Jagdpraktiken (zumeist affektgebändigt, waidmännisch und hegerisch) ist zumindest in diesen an ausgedehnte Ruhezonen und Jagdruhe allgemein nicht zu denken. Auch in den größeren Forstverwaltungen hat sich die Ausweisung von Ruhezonen für das Wild und die Einführung von Intervalljagdmodellen noch längst nicht großflächig durchgesetzt, sie wären aber nach den Ausführungen des administrativen Systems wünschenswert. Ziel der Bewegungsjagden und aller ihrer Unterarten (Drück-, Stöber-, Riegel-, Treibjagden, etc.) ist es, den Jagddruck, dem das Wild durch permanente Einzeljagd ausgesetzt ist, zu senken und die im Jagdgesetz „als generelle Verpflichtung vorgesehene ordnungsgemäße Forstwirtschaft mit der Entwicklung und Erhaltung eines vielfältigen, ökologisch intakten Waldes zu ermöglichen"[2458]. Die mit der Bewegungsjagd verbundenen Intervalljagdmodelle, wie z. B. jenes der Revierförsterei Abbecke im Jagdjahr 1995, lassen gewisse Parallelen mit den früheren bäuerlichen Jagdzeiten um die Jahrhundertwende erkennen, die ebenfalls nur pointiert waren und zumeist gegen Ende des Jahres forciert wurden. Der Bejagungsplan der Revierförsterei Abbecke aus dem Jahr 1995 sah z.B. 4 Jagdruheintervalle vor, die die reine Jagdzeit insgesamt auf rund 5–6 Monate beim Rehwild und auf 4–5 Monate beim Rotwild reduzierten. Zusätzlich wurden Stöberjagden (ohne Treiber, nur Hunde) auf alles Schalenwild durchgeführt, mit deren Hilfe der notwendige Abschuss erfüllt wurde[2459]. Unter den Prämissen des Tierschutzes, der Steigerung des Naturerlebnisses für Nichtjäger (Wild wird wieder tagaktiv und sichtbar) und unter forst- und waldbaulichen Prämissen im Jahrhundert der Umwelt wäre insofern die Rebarbarisierung im Rahmen der Bewegungsjagden, die überwiegend auf der Vereinfachung jagdlicher Spielregeln beruht, ein wichtiger Schritt nach vorn. Die Wiederbesinnung auf Bewegungsjagden auf alles Schalenwild, erstmals intensiviert und wieder vorexerziert in den Staatsforstverwaltungen zu Beginn der 1980er Jahre, ist vor diesem Hintergrund nicht nur eine vermeintliche Reminiszenz an vergangene Tage der Bauernjägerei oder ein willfähriges Instrument für die zügellose Tötungsmentalität, wie sie dem Forstbetrieb seit einigen Jahren von orthodoxer Seite vorgeworfen wird. Die Bewegungsjagden haben, sofern sie auch ansonsten in ein Intervallbejagungsmodell (Einzeljagd nur in einigen Erfolg versprechenden Wochen im Jahr, ansonsten Jagdruhe) eingebunden sind, den Zweck, effektive Jagd in kürzester Zeit bei ansonsten maximaler Ruhe für alles Wild zu gewährleisten und dabei als positiven Nebeneffekt das Wild durch die gesteigerte Jagdruhe räumlich zu verteilen und den Verbiss in sensiblen Bereichen dadurch zu minimieren. Damit ist die Bewegungsjagd noch kein Allheilmittel gegen zu hohe Schalenwildpopulationen, jedoch ein wesentliches und unterstützendes Moment, wenn es darum geht optimale Nutzung an Zeit, Raum und vorhandenem Wild zu

---

[2458] Heiner Wildeboer, Stöberjagden, in: Die Pirsch, Ausgabe Nr. 20/1995, S. 52.

[2459] Vgl. dazu die Ausführungen von Heiner Wildeboer, ebd., S. 52ff.

erzielen[2460]. Zusätzlich wird mit Hilfe eines Bejagungsmodells, welches neben der Intervall- auch die Bewegungsjagd beinhaltet, erreicht, dass Wild wieder tagaktiv und somit auch dem Waldwanderer wieder beobachtbar wird. Mit diesem Instrument gelang es z. B. im baden-württembergischen Schönbuch das Rotwild wieder tagaktiv werden zu lassen und dadurch auch dem Waldbesucher Rotwild wieder beobachtbar zu machen. Die Zielvorgabe im Schönbuch war den Jagddruck zu senken, die Verbiss- und Schälschäden zu minimieren und die Sichtbarkeit des Rotwildes auch für Waldbesucher zu steigern. Erreicht wurde diese Vorgabe nach einem Gutachten der Wildbiologischen Gesellschaft München (WGM) aus dem Jahr 1985 und dessen Umsetzung durch die Landesforstverwaltung. Die Einzeljagd wurde stark eingeschränkt, der Kahlwild- und IIIer-Hirschabschuss fast ausschließlich auf der Bewegungsjagd erfüllt, die mit Hunden und Treibern auch heute noch so durchgeführt werden, sowie mit ansonsten ausgiebiger Ruhe für das Rotwild[2461]. Die Favorisierung von Bewegungsjagden muss also nicht immer zwangsläufig in eine Brutalisierung des gesamten Jagdbetriebs münden, sondern kann insgesamt besehen trotz Rigorosität in ihrer Durchführung Jagddruck – der in seiner orthodoxen Eigenart der selektiven Bejagung seinerseits menschliche Brutalität dem Wild gegenüber bezeichnet – deutlich mindern und damit dem Brutalitätspotenzial der orthodoxen Jagd sogar entgegenwirken. Die Affektfreisetzungen in der Bewegungsjagd liegen damit hauptsächlich in der Vereinfachung des Ansprechens und der damit verbundenen beherzteren Schussabgabe begründet. Dass die Bewegungsjagden auf Schalenwild, ihre Anerkennung in Effizienz und Notwendigkeit noch nicht sehr lange in der bundesdeutschen Jagdgeschichte angekommen sind, belegen die Worte des Präsidenten des Landesjagdverbands Bayern, Jürgen Vocke, die dieser 1995 auf dem Landesjägertag aussprach: „Wir (die Jäger, Anm. d. V.) sind jedoch nicht bereit (…) uns beispielsweise durch den Einsatz des Schrotschusses auf Schalenwild, durch Hetz- oder Drückjagden zu kaltschnäuzigen Schalenwildvernichtern degradieren zu lassen."[2462] Auch schon früher, in den fünfziger Jahren, wurde das Argument der „Vernichtung" gerne polemisierend gegen effizientes Jagen ins Feld geführt. So heißt es bei Hans Elven: „Treibjagden auf Rehwild sind barbarische Maßnahmen, die sich Nichtkenner und Nichtkönner leisteten oder Hyänen der Wildbahn. Je nach Grad ihrer Tätigkeit und Strecke (…). Gottlob hatte das Reichsjagdgesetz mit den Metzeleien der Schrotschießerzeit endgültig Schluss gemacht!"[2463] In Bayern war die Drückjagd auf Rehe bis in die 1980er Jahre

---

2460 Vgl. dazu auch die Ausführungen von Werner Reb, Die Bewegungsjagd, S. 12ff; weiter zu den Vorteilen der Bewegungsjagden im Hinblick auf Reduktion des Jagddrucks, Reduzierung der Verbiss- und Schälschäden, Reduktion des Bestandes generell und die Erhöhung der Tagaktivität und damit verbunden der Sichtbarkeit des Wildes bei Thomas Engell, Stöbern auf Rotwild, in: Unsere Jagd, Ausgabe Nr. 11/2003, S. 32ff.

2461 Vgl. dazu die Ausführungen von Hubertus Habel, Rotwild in Oberfranken – Management als Zukunftsperspektive, in: Ökojagd, Ausgabe Nr. 01/1997, S. 15, weiterhin bei Bruno Hespeler, Jagd 2000, S. 135f.

2462 Zitiert lt. einem Artikel von Peter Friedrich Sieben, Freizeitdrang zur Natur regeln, in: Die Pirsch, Ausgabe Nr. 09/1995, S. 8.

2463 Zitiert bei Wilhelm Bode, Die Drückjagd aus rechtlicher Sicht und jagdgesetzliche Forderungen, in: Ökologischer Jagdverband Rheinland-Pfalz (Hrsg.), 1992-2002, Festschrift zum 10 jährigen Jubiläum, S. 32.

hinein verboten und ganz offensichtlich auch 1995, wie der obige Ausspruch des nach wie vor amtierenden Präsidenten des Landesjagdverbandes Bayern nahe legt, kein anerkanntes Instrument jagdlicher Effizienz in orthodoxen Kreisen. Die Gegner der Bewegungsjagden, die regelmäßig waidgerechte Argumente wie die mangelnde Selektion, den Störfaktor, die Gefahr des Wildhetzens durch hochläufige Hunde, etc. anführen, missachten dabei, dass Bewegungsjagden das Ziel der Jagddruckminimierung bei gleichzeitiger Effizienzsteigerung der Jagd verfolgen. Während der traditional eingestellte Jäger beinahe das ganze Jahr im Revier seinen selektiven Einzelabschuss vollzieht (oder eben nicht vollzieht) und damit ein gewisses Potenzial an Stress in das Revier und damit in die Populationen hinein trägt, findet innerhalb des ordentlich durchgeführten und im Rahmen weiterer Maßnahmen vollzogenen Bewegungsjagdmodells (Intervalljagd) der gegenteilige Effekt statt. Bewegungsjagden können bei sachgerechter Durchführung damit nicht nur hoch effizient hinsichtlich guter Strecken, sondern wenigstens genauso effizient hinsichtlich der Unterstützung des Modells „naturnaher Waldbau" sein, da mittels weitgehender jagdlicher Ruhe in der Vegetationszeit zugunsten von intensiveren Jagden im Spätherbst die Schäl- und Verbissbelastungen minimiert werden können, so die heterodoxen Befürworter der Bewegungs-/Intervalljagdmodelle. Vorreiter für die nach wie vor steigende Tendenz der Bewegungsjagden sind die Forstverwaltungen, die in Eigenregie bejagten genossenschaftlichen Jagdreviere und einige Reviere in privater Hand, die gegenüber modernen Forderungen der Jagdausübung aufgeschlossen sind. Bruno Hespeler gibt für das Forstamt Ebrach einen Bewegungsjagd-Anteil von etwa 40% der Rehwildstrecke an[2464], während die Wildschweine bereits seit rund 30 Jahren im selben Forstamt einzig und allein auf winterlichen Bewegungsjagden erlegt werden. Die Wildschweine, so Georg Sperber, sind dort zwischenzeitlich tagaktiv und sichtbar[2465]. Auf der Umweltjagd im Saarland vor den Toren Saarbrückens wird aktuell der Gesamtabschuss an Reh- und Schwarzwild auf nur jährlich zwei Bewegungsjagden erfüllt[2466], während in den Graf Hatzfeldtschen Wäldern die Drückjagden zwischen 25–40% des Gesamtabschusses erbringen[2467]. Insbesondere von heterodoxer Seite werden Intervallbejagungsmodelle und Bewegungsjagden, einerlei ob Stöber- oder Drückjagden, gefördert und gefordert. Auch Naturschutzvereinigungen wie der NABU fordern eine Einschränkung der selektiven Einzeljagd zugunsten eines Intervalljagdmodells und zugunsten einiger weniger revierübergreifender Bewegungsjagden, bei denen unter dem Effektivitätsgebot gejagt wird, das heißt unsinnige jagdliche Restriktionen aufgelassen bzw. hinderliche Affektbändigungen wieder freigesetzt werden[2468].

[2464] Bruno Hespeler, Rehwild heute. Neue Wege für Hege und Jagd, S. 216.

[2465] Vgl. dazu bei Georg Sperber, So kommt die Jagd auf den Hund, in: Ökologischer Jagdverein Bayern e.V. (Hrsg.), Mit Hunden jagen, S. 54-55.

[2466] Vgl. dazu bei Heiko Hornung, Umweltjagd im Saarland – Abschuss in fünf Stunden, in: Wild und Hund, Ausgabe Nr. 01/2005, S. 93ff.

[2467] Vgl. dazu bei Franz Straubinger, Der Jagdbetrieb – wirtschaftliche Chance oder finanzielles Bermudadreieck, in: Waldökosystem und Schalenwild, Ökologischer Jagdverein Bayern e.V. (Hrsg.), S. 61ff.

[2468] Vgl. dazu das Grundsatzpapier des NABU, Aus der Reihe: NABU Argumente, Herausgegeben vom NABU Bundesverband, Bonn 2001, weiterhin auch die Positionen der Arbeitsge-

Gewichtsbeschränkungen beim Schwarzwild sind auf solchen Bewegungsjagden zu unterlassen, die Bockjagdzeit mit der des weiblichen Rehs zu harmonisieren und Eingriffe in die Rotwildbestände können im Bereich des Kahlwildes und der Kälber (natürlich Kalb vor Alttier) sowie der Hirsche Klasse III ohne weitere Selektion erfolgen. Derartige Bewegungsjagden und Intervalljagdmodelle mit ähnlich lautendem Reglement das Ansprechen betreffend lassen sich zum jetzigen Zeitpunkt und unter der gegebenen rechtlichen Situation kaum in privat gepachteten Revieren durchsetzen. Dort herrscht aufgrund der Kleinstrukturen vielerorts jagdliches Besitzstandsdenken im Rahmen des Reviereegoismus vor, mit dem Resultat, dass die Freisetzungen von zuvor gebändigten Affekten in der Regel dort am sicht- und spürbarsten sind, wo die „sichere" Einnahmequelle Jagdpacht gegen einen Vorteil für kommende Generationen eingetauscht wurde: auf den nichtverpachteten Staatsjagdflächen und den genossenschaftlichen Eigenregiejagden[2469] wie z.B. im württembergischen und bayerischen Allgäu. Dieser Vorteil wird regelrecht „erschossen", indem auf großen Bewegungsjagden und vor dem Hintergrund von Intervalljagdmodellen Strecke gemacht wird und gleichzeitig die Waldschutzkosten aufgrund der Optimierung jagdlicher Effizienz gegen Null gefahren werden[2470]. Während das administrative System, die Naturschutzvereinigungen und heterodoxen Jagdvereinigungen für eine Ausweitung der Intervalljagd- und Bewegungsjagdmodelle plädieren, gibt es bei deren Umsetzung hin und wieder massive Konflikte mit den orthodoxen Jägervereinigungen. Aktuelle Beispiele für die Konflikte, die jene Form affektfreisetzender Jagdausübung in orthodoxen Kreisen hervorzurufen in der Lage sind, können in der bereits erwähnten Gams-Drückjagd des Forstamtes Schliersee vom 16. November 2004 und in der Drückjagd auf Rot-, Reh- und Schwarzwild vom 11. Dezember 2003 in der Lehroberförsterei Chorin betrachtet werden. Im Forstamt Schliersee wurden innerhalb weniger Stunden und gemäß dem offiziellen Grundsatz der bayerischen Staatsregierung „Wald vor Wild" 63 Gämsen erlegt[2471]. Neben Beschwerdeschriften des Präsidenten des Bayerischen Jagdverbandes, des Bezirksjägermeisters aus dem angrenzenden Kufstein/Tirol sowie angrenzender und umliegender Jäger an den bayerischen Forstminister wurde auch Anzeige gegen das Forstamt selbst gestellt. Auch die Drückjagd in der Lehroberförsterei Chorin, bei der 33 Stück Schwarzwild, 21 Stück Rehwild und 52 Stück Rotwild zur Strecke kamen, führte zu heftigen Kontroversen in der orthodo-

---

meinschaft Naturnahe Jagd e.V. Schleswig-Holstein (Hrsg.), Naturnah Jagen - Eine Standortbestimmung, S. 28ff.

2469 Vgl. dazu die Ausführungen von Franz Straubinger, Der Jagdbetrieb - wirtschaftliche Chance oder finanzielles Bermudadreieck, in: Waldökosystem und Schalenwild, Ökologischer Jagdverein Bayern e.V. (Hrsg.), S. 64.

2470 Vgl. dazu die Erfahrungen der Regiejagd Beuren im Allgäu, die ihre Forstschutzkosten mit Hilfe heterodoxer Jagdpraktiken wie der Minimierung der Ansprechkriterien auf ein wildbiologisch sinnvolles Minimum und der Drück- und Stöberjagd auf Null zurückfahren konnte, bei Klaus Maylein, Anders jagen - Regiejagd der Jagdgenossenschaft Beuren b. Isny/Allgäu, in: Ökojagd, Ausgabe 2, Mai 2003, weiterhin auch bei Franz Straubinger, Der Jagdbetrieb - wirtschaftliche Chance oder finanzielles Bermudadreieck, in: Waldökosystem und Schalenwild, Ökologischer Jagdverein Bayern e.V. (Hrsg.), S. 61ff.

2471 Vgl. dazu bei Peter F. Sieben, Gamsgemetzel oder Jagd?, in: Deutsche Jagdzeitung, Ausgabe Nr. 02/2005, S. 16ff.

xen Jagdpresse. Es wurde ebenfalls Strafanzeige gestellt[2472]. Den Anstrengungen, „bundesweit waldverträgliche Wilddichten zu gewährleisten", die nach den Aussagen der rot-grünen Koalition das Jahr 2005 zu einem waldpolitischen Jahr machen[2473], wird dies keinen Abbruch tun. Die Tendenz der Forstverwaltungen und der Politik ist klar; beide wollen eine Vereinfachung des Abschusses, damit zeitlich schneller und unter geringerem Jagddruck höhere Strecken erzielt werden können. Zielsetzung dieser rationalen Bewirtschaftung ist neben der Absenkung regional zu hoher Populationen des Schalenwildes die Tagaktivität, die mittels waidgerechter Bejagungsrichtlinien bisher verhindert wurde. Die Bewegungsjagden, eingebunden in ein Intervalljagdsystem, sind ein wesentliches und effektives Mittel hierzu. Voraussetzung dazu ist jedoch, dass im Bereich der Hege, des Ansprechens und der jagdlichen Grundeinstellung gewisse Rebarbarisierungen - das ist die Rückbesinnung auf alte, herkömmliche Jagd durch Nutzung - Einzug in die jagdliche Praxis halten. Die Forstverwaltungen, aber auch das administrative System, soviel bleibt zu vermuten, werden diese Entwicklung weiter forcieren und damit auch die Konflikte und Diskussionen innerhalb der Jägerschaft für geraume Zeit am Leben erhalten.

11.5.3.2.4.6 Rebarbarisierungen: Alternative Modelle zur Verpachtung

Unser bundesdeutsches Reviersystem, so konstatierte Hubert Suter im Jahre 1985, habe sich für den Wild- und Artenreichtum unserer Landschaft am besten bewährt[2474]. Die obigen Ausführungen rund um Waidgerechtigkeit und Hege konnten jedoch aufzeigen, dass diese Entwicklung, die sich letztendlich auch nur für einige wenige jagdlich interessante und nur deshalb „Gewinnerarten" bewahrheitet hat, nicht allein auf das Reviersystem als Rahmen zurückzuführen ist, sondern den jahrzehntelangen ideologischen Einflüssen auf die deutsche Jägerschaft zu gleichen Teilen anzurechnen sein wird. Weiterhin haben gerade einige Schalenwildarten auch Vorteile aus landwirtschaftlichen und forstwirtschaftlichen Entwicklungen der letzten 100 Jahre gezogen, die mit der Jagd in keinem direkten Zusammenhang standen. Die Kahlschlagswirtschaft und die in ihrer Fahrrinne vollzogene Hege hatte das Reh- und Rotwild begünstigt, während der zunehmende Maisanbau sicher einen Beitrag für steigende Schwarzwildpopulationen geleistet hat. Daneben ist die Frage durchaus berechtigt, ob nicht das Reviersystem - so wie mehrfach hier angedeutet - bereits systemimmanent Wechselwirkungen zwischen Jäger und Wild- bzw. Artenreichtum hervorrufen musste, die so nicht gewollt und nicht beabsichtigt waren. Zumindest bleibt die vage Hoffnung, dass die in den letzten Jahrzehnten zu beobachtenden Auswüchse von Seiten der Waidgerechtigkeit und Hege vom Gesetzgeber im Grunde nicht gewollt sein konnten. Es ist nur schwer

---

2472 Vgl. dazu die Darstellungen bei Alexander Krah, Ernte oder Vernichtung?, in: Wild und Hund, Ausgabe Nr. 03/2004, S. 12ff.

2473 Vgl. dazu eine Pressemitteilung der waldpolitischen Sprecherin der Regierungskoalition Cornelia Brehm, Rot-Grün zieht Konsequenz aus Waldzustandsbericht, in: Ökojagd, Ausgabe Nr. 01/2005, S. 12.

2474 Vgl. bei Hubert Suter, Waidwerk im Schussfeld, S. 70.

vorstellbar, dass die Gesetzgebung der Nachkriegszeit mittels der Festschreibung von Hege und Waidgerechtigkeit eine sukzessive Enteignung der Grund- und Waldbesitzer im Sinn gehabt haben kann und dennoch ist genau dies bis heute passiert. Es kann nicht sein, dass der Gesetzgeber – wenn auch nicht willentlich – faktisch die private Jägerei in ihrem Ansehen und ihrer Zielsetzung ruiniert, zumindest jedoch korrumpiert hat, und dennoch ist genau dies bis heute geschehen. Die Forderungen aus dem heterodoxen Lager, den Natur- und Tierschutzverbänden, dem administrativen System und den ökologischen Jagdvereinigungen prangern die ruinösen Auswirkungen von Hege und Waidgerechtigkeit vehement an. Nicht zuletzt deshalb wird seit einigen Jahren versucht, dort wo es möglich ist, dem Jagdgesetz liberale und demokratische Züge abzugewinnen, sei es in der gebetsmühlenartigen Ermahnung der Jäger den Wildbestand dem Lebensraum anzupassen oder sei es in der Ausgestaltung von Jagdpachtverträgen oder von Substituten der Jagdnutzung, wie dies die Jagdnutzung in genossenschaftlicher Eigenregie sein könnte. Während die Ermahnungen an die Jägerschaft seit Jahren scheinbar ungehört verhallen, was auch das aktuelle Forstliche Gutachten 2004 zum Dreijahres-Rehwildabschussplan für Baden-Württemberg bestätigt, bleibt die einzige Möglichkeit die privatrechtliche Ausgestaltung des Pachtvertrages oder der Weg in eine andere Bewirtschaftungsform. Aber: Jedes Bewirtschaftungssystem, ob Verpachtung oder Eigenbewirtschaftung, ist nur so gut wie die Zielsetzungen und Handlungen der darin beteiligten Jäger und Jagdgenossen. Aus diesem Grunde ist die bereits mehrfach genannte Balance zwischen ökologischen und ökonomischen Überlegungen unbedingt zu finden und konsequent einzuhalten. Wird eine dieser beiden Seiten unter Vernachlässigung der anderen zu sehr in den Vordergrund gestellt, so droht auch der Eigenbewirtschaftung die Entgleisung und Entartung. Wie diese Balance zu finden ist, bleibt allerdings sehr vage und wird zumeist in den Jagdgenossenschaften unterschiedlich gehandhabt werden. Natürlich muss eine zukunftsfähige Jagd an ökologischen Notwendigkeiten ausgerichtet sein. Um den wahren Sinngehalt einer solchen Jagd, um ihr Gesicht, streiten sich nahezu alle wissenschaftlichen Bereiche, die ihr zugeordnet werden können. Die Frage nach der Ökologie der Jagd wird auch noch in 100 Jahren ungelöst, weil umstritten bleiben, denn denkbar wäre es auch, dass ökologisch heißen würde, die Jagd in weiten Teilen ganz einzustellen, schon allein aus dem Grunde, weil die ursprünglichen Grundlagen der Ökologie – die Natur und ihre Rahmenbedingungen – im 21. Jahrhundert weitgehend fehlen. Wie dem auch sei – ein wichtiger Aspekt wird in der ganzen Diskussion verschwiegen: Ökologie wird in unserer Zeit überwiegend ökonomisch gedacht. Der Waldbauer (und auch der Landwirt), egal ob privat oder staatlich, misst die ökologischen Forderungen an seinem Geldbeutel (es mag Ausnahmen geben). Ökologie im 21. Jahrhundert kann nur partiell gedacht werden – die Ökonomie bestimmt ihre Intensität und damit den Weg. Wären die Wälder in der Bundesrepublik von der Notwendigkeit Ertrag abwerfen zu müssen freigestellt, die Zukunft der Jagd wäre äußerst fraglich. Da sie jedoch Ertrag abwerfen müssen, bedeutet ökologisch zu jagen in unseren Wirtschaftswäldern hauptsächlich Schalenwildjagd. In den Feldrevieren Norddeutschlands mag diese Definition nicht uneingeschränkt Gültigkeit haben, aber diese sind auch nicht die Basis der hier angestellten Überlegungen. Hier stehen die waldreichen Reviere im Vordergrund der Betrachtung, da von ihnen und den Forstverwaltungen die spürbaren Bestrebungen ausgehen, rein jagdökonomische Motive einer egoistischen Jagdausübung abzuschwächen und ökologischen Wirkungen Vorrang einzuräumen. Und hier gelangt man schon beinahe automatisch zur Gegenüberstellung zwischen dem herkömmlichen Pachtjagdmodell und der Eigenregie, sei sie staatlich oder genossenschaftlich. Beide Modelle begünstigen entweder orthodoxes oder eben heterodoxes jagdliches Sichverhalten zum Preis der jeweils anderen Seite. Die Gründe dafür werden im Folgenden kurz dargestellt werden. Das Bundesjagdgesetz kennt im Allgemeinen ganze drei gesetzlich verankerte Bewirtschaftungsmöglichkeiten, wobei es auch Subalternativen gibt. Gegenstand der vorliegenden Untersuchung sind die Verpachtung der genossenschaftlichen Jagd und die Eigenbewirtschaftung der Jagd durch die Jagdgenossenschaft, die sich zumindest im Süden Deutschlands einer größeren Beliebtheit erfreut. Daneben kennt das BJG noch die Eigenjagd, zu der auch die staatseigene Jagd gehört und eine ganz besondere Form der Bewirtschaftung, die nur kurz erwähnt werden soll: § 11, Abs. 4, Satz 4, BJG. Demnach können nach Ablauf der vereinbarten Pachtperiode die laufenden Pachtverträge auch jeweils nur um ein Jahr verlängert werden. Diese Regelung würde es der Jagdgenossenschaft oder dem Eigenjagdbesitzer gestatten einen stärkeren Einfluss auf die jagdlichen Handlungen des Pächters zu nehmen. Dabei gibt es zwei Möglichkeiten: entweder ist die Jagdgenossenschaft mit dem Pächter zufrieden (dies zu beurteilen hatte sie mind. neun bis zwölf Jahre Zeit), dann kann sie diesem den Pachtvertrag entweder auf die volle Frist oder aber jährlich verlängern mit der Auflage, auch in Zukunft die Jagd dienstleisterisch auszuüben. Waldwirtschaftliche und jagdwirtschaftliche Belange können durch die nun jährlichen Fristen durch die Jagdgenossenschaft besser koordiniert werden. Oder aber die Jagdgenossenschaft ist mit ihrem Pächter lediglich aufgrund des zu geringen Abschusses unzufrieden, so kann sie ihn mit dem Instrument der jährlichen Verlängerung ermahnen, den Abschuss gemäß den Vorstellungen der Genossenschaft anzuheben. Geht er darauf nicht ein, so kann sie ihm nach Ablauf der Pachtperiode kündigen. Geht er darauf ein, so gilt das bereits oben Gesagte. In jedem Fall hat die Jagdgenossenschaft mehr kontrollierende Möglichkeiten als durch die bloße Pachtverlängerung oder Kündigung mit anschließender Neuverpachtung, da im Jahresrhythmus entschieden werden kann[2475]. Die Verpachtung stellt die bis heute gängigste Methode der jagdlichen Bewirtschaftung von Grundflächen dar. Die Mindestpachtdauer beläuft sich seit der Einführung des Bundesjagdgesetzes 1953 – auch auf Länderebene – unverändert auf 9 Jahre für Niederwildreviere und 12 Jahre für Hochwildreviere. Diese Regelung führt nicht selten dazu, dass die Handlungsfähigkeit der Jagdgenossen-

[2475] Das Gesetz kennt offensichtlich keine zeitliche Beschränkung dieser Praxis, so dass aus diesem Verfahren heraus eine „Quasi-Eigenbewirtschaftung" der Jagd durch die Jagdgenossenschaft entsteht. Ob und inwiefern diese Möglichkeit wahrgenommen wird, ist mir leider nicht bekannt. Es ist allerdings zu vermuten, dass sie ein Ausnahmefall ist und bleibt. Möglicherweise führt hier einmal ein Grundsatzurteil zu einer Festigung dieser Praxis oder aber zu ihrer zeitlichen Befristung auf wenige Jahre. Vgl. dazu auch bei Klaus Maylein, Gemeinschaftliche Jagdbezirke: verpachten oder eigenbewirtschaften? Darstellung beider Bewirtschaftungsansätze, insbesondere unter Berücksichtigung der ökonomischen, ökologischen und sozialen Auswirkungen, unter der URL: http://www.öjv.de/modules.php?name=Downloads&d_op=viewdownloaddetails&lid=2&ttitle=Eigenbewirtschaftung_der_Jagd_oder_Verpachten.

schaft stark eingeschränkt wird. Nicht zuletzt deshalb werden z. B. von der Arbeitsgemeinschaft der Jagdgenossen im Landkreis Oberallgäu Forderungen erhoben, die Mindestpachtdauer auf drei Jahre für alle Reviere zu senken. Die bisherigen Regelungen würden das freie Verfügungsrecht der Grundeigentümer erheblich einschränken, so die Argumentation der Arbeitsgemeinschaft[2476]. Aufgrund der Beschränkung der Anzahl der Pächter für einen Jagdbezirk und der Höchstangebotsvergabe haben sich regelrecht kommerzielle Auswüchse ergeben, wie jeder Blick in die diversen Spalten und Anzeigen der Jagdzeitschriften belegt. Von einer sozialen Differenzierung in Pächter und Begehungsscheininhaber kann vielerorts durchaus die Rede sein - einer Ökologisierung der Jagd ist diese Entwicklung mit einiger Sicherheit nicht dienlich. Nicht zuletzt aus den Erfahrungen der sozialen Entmischungen und den sich daraus ableitenden jagdwirtschaftlichen und nicht waldwirtschaftlichen Interessen wurde z. B. in den Graf Hatzfeldtschen Revieren auf die Rekrutierung geeigneter Jäger für die Pacht- und Verwaltungsjagd großes Augenmerk gelegt. „Die Pächterschar wurde auslesedurchforstet mit dem Ergebnis, dass nur noch ein Drittel übrig blieb. In diesem Läuterungsprozess wurden die Pachtentgelte um durchschnittlich 30% von 45 DM auf 30 DM/ha zurück genommen und eindeutige Pachtverträge formuliert (z. B. Hauptbaumarten, Mitjagdmöglichkeit des Forstpersonals bei unzureichender Abschusserfüllung)."[2477] Ziel war es, mit der Senkung der Pachtkosten eine Pächterklientel zu finden, welche willens und in der Lage war, gemäß dem „Großversuch von 1848"[2478] eine pragmatische und funktionale Jagd auszuüben, zum Wohle des Waldes und nicht zuletzt auch zum Wohle des Wildes[2479]. Die Verpachtung - und das wurde auch in den o. g. Revieren erkannt - darf nicht dazu führen, dass die Ordnungsvorstellungen des Pächters über diejenigen der Grundeigentümer gestülpt werden können. Da dies jedoch häufig der Fall ist, beinhaltet die Verpachtung für die meisten Jagdgenossenschaften ein gewisses unkalkulierbares Risiko, da die Jagdpachterträge häufig genug die Vernichtung des ökologischen und ökonomischen Kapitals im Wald nicht aufzufangen in der Lage sind. Nicht selten vernichtet die Verpachtung regelmäßig Grundbesitzerkapital in nicht unerheblicher Höhe, was im Endeffekt das Hauptmotiv für die Genossenschaften war, Eigenregie an Stelle der Pacht zu setzen[2480]. In den staatlichen Revieren wie auch in einigen Großprivatwaldungen wurde dieses Problem schon lange durch die effektive Ausdünnung der Schalenwildbestände gelöst. Pächter würde man für solche Reviere kaum welche finden,

2476 Vgl. dazu bei Peter Fink, Offener Brief an das Präsidium des Bayerischen Bauernverbandes, in: Ökojagd, Ausgabe Nr. 01/2005, S. 40.

2477 Franz Straubinger, Der Jagdbetrieb - wirtschaftliche Chance oder finanzielles Bermudadreieck, in: Waldökosystem und Schalenwild, Ökologischer Jagdverein Bayern e.V. (Hrsg.), S. 63-64.

2478 Ebd., S. 63.

2479 Ähnliche privatrechtliche Ausgestaltungen des Pachtvertrages, die es der Genossenschaft erlauben würden jederzeit kontrollierende und maßregelnde Entscheidungen zu treffen, sind außerhalb des Großprivatwaldes höchst selten. Die aktive Einflussnahme der Jagdgenossenschaft zielt in der Regel auf eine Verringerung der Wilddichte ab. Damit würde für die meisten Jäger die Geschäftsgrundlage der Pacht wegfallen.

2480 Vgl. dazu W.D. Rommel, Pacht- und Regiejagd aus betriebswirtschaftlicher Sicht, in: Ökojagd, Ausgabe Nr. 04/1999, S. 4ff.

wie die Ergebnisse aus dem Oberschwäbischen vor einigen Jahren zeigten. Viele der verpachteten Staatsjagdflächen wurden auf Wunsch der Pächter wieder an den Staat zurückgegeben; es war für Pachtjäger zu wenig Wild vorhanden; die Reviere waren „leer geschossen". Ist ein Pachtvertrag geschlossen worden, so sind die Möglichkeiten der Kündigung innerhalb des Pachtzeitraumes für beide Parteien nach den Bestimmungen des BJG sehr begrenzt. Gründe jagdlichen Versagens führen in der Regel nicht unmittelbar zu einer Kündigung, sondern zu Schadensersatz und Schadensbegrenzung durch die Regelungen der § 27 ff. BJG[2481]. Auch eine Kündigung infolge der Nichterfüllung des Abschusssolls wird zumeist erst im Wiederholungsfalle möglich sein und dann auch nur bei einer zumindest über 20%igen Unterschreitung der Vorgaben. Eine andere Möglichkeit bietet daneben die Beantragung der Genossenschaft auf eine einstweilige Verfügung auf Eigenbewirtschaftung[2482], die zwar eine schnelle und effektive Jagdbewirtschaftung ermöglicht, bereits entstandenen Schaden jedoch nicht mindert. Allgemein liegt hier offensichtlich eine ungleiche Risikoverteilung vor, da erst bei bereits entstandenen Wildschäden entsprechende Vorkehrungen getroffen werden können, die dann letztendlich nur Makulatur sind - die Fakten wurden ja bereits geschaffen und dem Pächter kann allein aus dieser Schlechtleistung (noch) nicht gekündigt werden, es sei denn im Pachtvertrag wäre eine Klausel enthalten, die diesen Fall ausdrücklich regelt. Allerdings wird in den meisten Fällen frühestens im Wiederholungsfalle eine Kündigung rechtswirksam ausgesprochen werden können. Reiner Gubitz weist darauf hin - und der Blick in die gerichtlichen Jagdentscheidungen, die in den Jagdzeitschriften oftmals thematisiert werden, bestätigt es –, dass in den letzten Jahrzehnten eine allmähliche Bewusstseinsveränderung bei den Jagdgenossen stattgefunden hat, die den breiten privatrechtlichen Spielraum der Ausgestaltung von Jagdpachtverträgen zu nutzen beginnen[2483]. Jagdgenossenschaften, die ihr Kapitel nicht mehr einem Pächter anvertrauen wollen, versuchen deshalb immer häufiger nach Ablauf der Pachtperiode in die Eigenbewirtschaftung zu gelangen, was in der Regel einen Bruch in den Bejagungsstrategien und der Bejagungsintensität mit sich bringt. Affektuell gedrosselte und in diesem Sinne waidmännische Jagdhandlungen wird man in den ersten Jahren der Eigenbewirtschaftung kaum finden. „Als die Jagdgenossenschaft Kay 1993 die Bewirtschaftung ihres Reviers selbst in die Hand genommen hat, anstatt es weiter an einen Jäger zu verpachten, wurden die Abschusszahlen erst einmal verdreifacht - auf durchschnittlich 23,4 Rehe pro 100 Hektar. Bis dahin war eine natürliche Verjüngung des Waldes ohne Zaun nicht möglich gewesen, weil praktisch alle Jungpflanzen vom Wild verbissen wurden."[2484] Auch in der Jagdgenossenschaft Wildpoldsried, die 1995 zur Eigenbewirtschaftung überging, wurde der Abschuss schon während der Pachtperiode

2481 Die in § 13 BJG genannten Erlöschungsgründe von Jagdpachtverträgen dürften in der Praxis wohl eher die Ausnahme sein.

2482 So geschehen im Helminger Forst bei Kienberg. Vgl. dazu Artikel "Wenn ein Pächter zu wenig schießt...", in: Die Pirsch, Ausgabe Nr. 19/1997, S. 18f.

2483 Reiner Gubitz, Eigenbewirtschaftung der Jagd im Gemeinschaftsjagdrevier in Bayern, S. 1f.

2484 Vgl. dazu die Aussagen von Johann König, Waldschutz mit dem Jagdgewehr, unter der URL:http://www.bronline.de/umweltgesundheit/unserland/landwirtschaft_forst/forst/jagdgenossenschaft-kay.shtml.

um das Dreifache auf 180 Rehe auf einer Fläche von 1720 Hektar erhöht, wohingegen sich beim Verbiss keine Besserung einstellte. Erst als die Pachtperiode ablief und die Eigenbewirtschaftung griff, erhöhte man den Abschuss noch einmal deutlich und konnte damit erreichen, dass nach kurzer Zeit Fichte, Tanne, Buche, Ahorn, Esche und Vogelbeere fast ohne Verbiss und ohne Fegeschäden aufwachsen konnten[2485]. Die Antwort auf die Frage, weshalb die Eigenregie gewissen Rebarbarisierungstendenzen im Vergleich zur Verpachtung unterliegt, ist in der jeweiligen Handlungsbevollmächtigung verborgen. Es jagen nicht mehr private Pächter, denen das Betriebsziel und das Kapital des Grundbesitzers aufgrund der systemimmanenten Trennung von Jagdrecht und Jagdausübungsrecht einerlei ist, sondern die Jagd wird von Jägern ausgeübt, die direkt von den Jagdrechtsinhabern, den Jagdgenossen, angestellt werden und insofern weisungsabhängig sind. Der Versuch, über jagdrechtliche Regelungen den Pächter mit den Interessen des Grundeigentümers verbunden zu machen, z. B. über die Androhung von Wildschadenersatz, hat bis heute auf ganzer Fläche nicht das gewünschte Ziel als Resultat. Ein beredtes Zeugnis der auch juristischen Ungleichbehandlung zwischen Grundeigentümer und Jagdausübungsberechtigten im Falle der Verpachtung zeigt der Fall der Schwarzwälder Waldbauernfamilie Bühler. Dort hatten über Jahre hinweg überhöhte Rehwildbestände die Umwandlung in einen Mischwald mit siebzigprozentigem Tannenanteil verunmöglicht. Nach dem keine Einigungen zwischen Jagdpächter und Grundeigentümer getroffen werden konnten und die Wildschäden über die kommenden Jahre weiter zunahmen, wurde der gerichtliche Weg eingeschlagen, der dem Waldbesitzer durch eine Aneinanderreihung von Verfahrensfehlern, von Fehleinschätzungen nicht objektiver Gutachter und in gewissen Interessenkonflikten stehenden Rechtsanwälten letzten Endes 1.300 € Schadenersatz bei Auferlegung von 5/6 der Verfahrenskosten „einbrachte"[2486]. Das immense Risiko, das mit der Verpachtung der Jagd allein der Grundeigentümer zu tragen gezwungen wird, liegt in der Schwächung der eigenen und damit verbunden auch der gesamtgenossenschaftlichen Ordnungsvorstellungen bezüglich des Betriebsziels und der damit verbundenen Rendite der eigenen Flächen verborgen. Das Jagdrecht, so wie es heute auch von den Gerichten noch hin und wieder ausgelegt wird (s. o.), schützt keineswegs den Jagdrechtsinhaber, sondern einzig und allein den Pächter, was in der Tat zu einer Art Enteignung der Grundeigentümer führen kann, indem die jagdwirtschaftlichen Interessen den grundwirtschaftlichen Interessen vorangestellt werden. Die Eigenbewirtschaftung dagegen optimiert den Zugriff auf die Jagdausübung und Jagdzielsetzung durch die unmittelbare Beteiligung der Genossenschaft. Sie nimmt vertraglich und sachlich im Rahmen der Eigenbewirtschaftung

[2485] Vgl. dazu Peter Fink, Erfahrungen mit der Eigenbewirtschaftung, in: Ökojagd, Ausgabe Nr. 04/1999, S. 8-9.

[2486] Eberhard Gröber dazu: „Bürger unseres demokratischen Rechtsstaates sollte dieser gesamte Hergang nachdenklich stimmen. Wenn beamtete Vertreter öffentlicher Institutionen, trotz klarer Gesetzesvorschriften und Verordnungen, im Stande sind, ein Verfahren in der Praxis straflos und fehlerhaft zu gestalten, dass dem geschädigten Waldbesitzer jeglicher Schutz genommen wird und dieser am Ende noch, als Geschädigter, den Löwenanteil für ein solch mangelhaft gestaltetes, für ihn völlig nutzloses Verfahren bezahlen muss." Eberhard Gröber, Zum Jahr der Tanne – Recht dem gesunden Menschenverstand, in: Ökojagd, Ausgabe Nr. 04/2004, S. 24-25.

nun auch auf jenen Bereich einen bestimmenden Einfluss, der zuvor dem Jäger vorbehalten war. Diese Erweiterung der jagdgenossenschaftlichen Aufgabenstellung bringt mehr Arbeit, mehr Verantwortung, aber gleichzeitig auch mehr Kontrolle und mehr Vorteile mit sich als dies bei der üblichen Verpachtung der Fall ist. Die Jagdgenossenschaft versichert sich dem Jäger gegenüber nun durch einen Anstellungsvertrag, der ähnlich wie bei einem idealen Pachtvertrag die Ziele definiert, die mit der jagdlichen Bewirtschaftung erreicht werden sollen. Das setzt auch die schriftliche Fixierung der Hauptbaumarten voraus. Bereits hier legt die Genossenschaft fest, dass der angestellte Jäger als jagdliches Handlungsorgan dienstleisterisch die Bewirtschaftung der Jagdgenossenschaft auszuüben und zu koordinieren hat. Während ein Pächter für gutes Geld oftmals einen hohen Wildbestand im Sinne seines jagdwirtschaftlichen Denkens hält und darüber hinaus Jagd- und Wildschäden zu übernehmen hat, wird der Jagdleiter in eigenbewirtschafteten Revieren von der Jagdgenossenschaft für seine jagdlichen Leistungen, die sich im betriebswirtschaftlichen Ergebnis der Genossenschaft widerspiegeln, im Idealfall sogar vergütet[2487]. Diese Vergütung kann in Form monatlicher oder jährlicher Apanagen oder aber in Naturalien (wie z.B. Wildbret) zum Ausdruck kommen. Gerade in Art und Umfang der Abschussplanung zeigen sich die Rebarbarisierungen, die letzten Endes auch zu einer Veränderung der jagdlichen Praxis und des jagdlichen Sichverhaltens führen, am deutlichsten auf. Generell kann bei der eigenbewirtschafteten Jagd die übliche Abschussplanung, die überwiegend auf der Basis der vom Revierpächter geführten Wildbestandsschätzungen durchgeführt wurde, gänzlich entfallen. Der Abschuss richtet sich allein nach dem waldbaulichen Ziel und liegt in seiner Höhe weitgehend im Ermessen der Genossenschaft, die sich während des laufenden Jagdjahres auf mehreren Waldbegehungen über die tatsächliche Situation vor Ort umfassend informiert hat[2488]. Ein wirksames Instrument zur Kontrolle des Abschusses ist bei der eigenbewirtschafteten Jagd immer der mittelbare körperliche Nachweis des Stückes. Mittelbar deshalb, weil er nicht unter Zwang angedroht wird, sondern, ähnlich wie in den Staatsforsten verfahren wird, indem der Begehungsscheininhaber und/oder Jagdleiter das erlegte Wild immer in der örtlichen bzw. vereinbarten, hier: genossenschaftlichen Wildkammer abliefert. Nur so kann man sich sicher sein, dass die gemeldeten Abschüsse auch tatsächlich durchgeführt wurden. In allen mir bekannten genossenschaftlichen Regiejagden

[2487] Vgl. bei Reiner Gubitz, Anstellungsvertrag eines Jagdleiters, in: Eigenbewirtschaftung der Jagd im Gemeinschaftsjagdrevier in Bayern, S. 10f.

[2488] Hier sei den Jagdgenossen die Inanspruchnahme eines Sachverständigen von Zeit zu Zeit geraten, der sicher auch Hilfestellungen bezüglich des dreijährigen Abschussplanes für Rehwild geben kann. Im Vordergrund steht in jedem Fall die Vorgabe des Baden-Württembergischen LJG § 27, Abs. 2, der besagt, dass neben der körperlichen Verfassung des Wildes vorrangig der Zustand der Vegetation zu berücksichtigen ist. Vgl. dazu auch bei Klaus Maylein, Gemeinschaftliche Jagdbezirke: verpachten oder eigenbewirtschaften? Darstellung beider Bewirtschaftungsansätze, insbesondere unter Berücksichtigung der ökonomischen, ökologischen und sozialen Auswirkungen, unter der URL: http://www.öjv.de/modules.php?name=Downloads&d_op=viewdownloaddetails&lid=2&ttitle=Eigenbewirtschaftung_der_Jagd_oder_Verpachten. Zur Diskussion, ob Abschusspläne fürs Rehwild ohnehin nicht hinfällig seien, vgl. auch die Diskussionsrunde „Brauchen wir Abschusspläne fürs Rehwild?", in: Der Jäger, Ausgabe Nr. 05/1999, S. 28-29.

wurde der Abschuss mit Hilfe geeigneter und gerade nicht in waidmännischem Fahrwasser verfangener Jägern drastisch erhöht. In der Jagdgenossenschaft Beuren im Allgäu ging dies bis zu einer Höhe von 26 Rehen pro 100 Hektar. Alles eventuell vorkommende Rotwild wird dort ebenfalls nicht geduldet und abgeschossen[2489]. Neben der Erzielung großflächiger Naturverjüngungen in kürzester Zeit, dem Rückbau sämtlicher Einzelschutzmaßnahmen an Bäumen oder dem Verzicht auf Zäunung von Verjüngungsflächen haben auch die Jäger rein jagdwirtschaftlich betrachtet große Vorteile in solchen rebarbarisierten Systemen. Gejagt wird ohne Pachtzahlungen oder sonstige finanzielle Aufwendungen durch die Jäger. Sie können zum Jagen mitnehmen, wen sie wollen, sie können nutzen, was die Jagdkarte hergibt, und auch unentgeltlich behalten (außer das Schalenwild). In diesen Revieren ist im Grunde ein ideologiefreies und auch habituell freies Jagen möglich, wie es sonst in Pachtrevieren und deren engen emotionalen, ideologischen und nicht selten grundeigentümerverachtenden Bahnen nicht gegeben ist. Dort, in den soeben beschriebenen Revieren bzw. Jagdgenossenschaften, wird überwiegend strikt unwaidmännisch (im hier aufgezeigten Verständnis) gejagt und nicht zuletzt deshalb häufig genug tierschutzgerechter, effektiver und jagddrucksenkender Beute gemacht als anderswo. Darüber hinaus sind die eigenbewirtschafteten Reviere demokratischer und rechtsstaatlicher als dies bei der Verpachtung und den genannten Auswüchsen häufig genug der Fall ist. „Der Waldbesitzer muss in einem demokratischen Rechtsstaat über sein Eigentum verfügen können. Das heißt nicht, dass er grundsätzlich das Wild ausschließen kann. Aber es ist ein Unding, dass Dritte darüber mitentscheiden, ob er aus dem Erbe seiner Väter weiterhin Nutzen ziehen darf oder nicht."[2490] Um dies zu verhindern brauchen wir Rebarbarisierungen innerhalb des Jagdwesens. Die Anfänge dazu sind sicher gemacht, ihr Ausbau und ihre Transportation auch in die traditionale Jägerschaft hinein sowie deren Bewusstseinsumbildung wird das wirklich große Problem der nächsten Jahrzehnte innerhalb des bundesdeutschen Jagdsystems sein. Ob vor diesem Hintergrund auch am Reviersystem gerüttelt werden wird, ist zum jetzigen Zeitpunkt noch nicht abzuschätzen. Es ist eben nur eine hypothetische Vermutung, ob mit der Einführung z. B. eines Lizenzsystems, ähnlich dem in den USA, die Jagd ökonomischer und gleichzeitig auch ökologischer werden könnte.

11.5.3.3 Resümee zum feststellbaren Trend jagdlicher Rebarbarisierungen und deren Notwendigkeit für eine zukunftsfähige Jagd

Im Rahmen der vorliegenden Arbeit habe ich stetig darauf hingewiesen, dass alle historisch nachzuweisenden Jagdpraktiken nicht lediglich das Abbild des jeweils Möglichen zu einer bestimmten Zeit, sondern das Abbild des jeweils Wirklichen und Zweckmäßigen jener Zeiten waren. Die waidgerechte Jagd mit ihrem Verbreitungsschwerpunkt im gesamten 20. Jahrhundert stößt allmählich an ihren Endpunkt. Sie ist nicht mehr zweckmäßig, nicht mehr zeitgemäß (wenn sie dies unter

[2489] Vgl. dazu auch bei Eberhard Gröber, Regiejagd der Jagdgenossenschaft Beuren im Allgäu, in: Ökojagd, Ausgabe Nr. 04/1999, S. 7f.

[2490] Bruno Hespeler, Jäger wohin?, S. 261-262.

strikt funktionaler Betrachtung überhaupt jemals war) und viel zu widersprüchlich, um ihren Weg im 21. Jahrhundert noch lange fortsetzen zu können. Die waidgerechte Jagd war zwar niemals eine politische Herrschaftshandlung, wie es die Jagd generell bis zur Revolution 1848/49 war, jedoch ist und bleibt sie eine Handlung, mit deren Hilfe einseitig egoistische und allein jagdliche Ordnungsvorstellungen reproduziert werden, Räume nach jeweiligen Kriterien der dahinter stehenden Absicht konstituiert und verfestigt werden können. Die waidgerechte Jagd konstituierte über Jahrzehnte hinweg äußerst negative ökologische und ökonomische Räume und damit auch Folgen (bestimmte Arten der Waldbewirtschaftung in Reinkultur, Altersklassen, Kahlschlag, etc.), während die heterodoxe Jagd durch „Re-form", also durch Rebarbarisierung oder eben die Wiederherstellung altbäuerlicher Verhaltensstandards (besserer Zugriff der Grundeigentümer auf die Jagdausübung, keine Abschusspläne, keine Hege, keine Fütterung, Büchsen- und Schrotjagd auf Rehe und gestreifte Frischlinge, Praktikabilität contra Brauchtum, Lebensraumvernetzung, etc.) ein vernünftiger Partner für die Gesellschaft im Jahrhundert der Umwelt werden kann. Dies zeigt, dass die Rebarbarisierung der Jagdpraktiken, des jagdlichen Sichverhaltens, keineswegs mit Brutalisierung gleichzusetzen oder zu verwechseln ist – wirklich brutales Vorgehen existiert paradoxerweise nur im Rahmen der Waidgerechtigkeit bei der Raubwildbejagung –, sondern dass Rebarbarisierung im Grunde den Wiedereinzug der Vernunft im Felde der Jagd umschreibt. Die Ratio wurde allmählich mit der Bürgerlichwerdung der Jagd im ausgehenden 19. Jahrhundert aus ihr bis heute teilweise recht erfolgreich vertrieben, was weder Jagd noch Jäger, der Gesellschaft oder gar dem Wild zugute kam. Noch in den feudalen und absolutistischen Gesellschaftsmodellen, letztlich bis zur Revolution 1848/49, entfaltete die Jagdhandlung ganz bestimmte, zielgerichtete Wirkungen, die von den jagenden Eliten seit Jahrhunderten so gewollt und geplant waren. Jagd wurde funktionalisiert, um den eigenen Herrschaftsraum zu repräsentieren, zu sichern, zu visualisieren, ihn auszubauen, zu beherrschen und die Untertanen gemäß den Ausführungen Joachim Allmanns zu kontrollieren, ihrer „aufsässigen" Art durch die Präsenz des Jagd- und Forstpersonals sowie der Jagd- und Forstordnungen entgegenzutreten. Joachim Allmann hatte in dieser Art von herrschaftlichem Blickwinkel, wie Untertanen gesehen wurden, den Grund für die stetige Verschärfung der Jagd- und Forstordnungen in den ohnehin von Kriegswirren und Armut gezeichneten Dekaden des 17. und 18. Jahrhunderts verortet. Je wirtschaftlich angespannter die gesamtgesellschaftliche Lage war, je aussichtsloser die militärische Situation und je stärker das herrschaftliche Haus um die eigene Macht besorgt war, um so rigoroser wurde bis in den intimsten Winkel des alltäglichen Lebens der Untertanen über eine Verschärfung der Jagd- und Forstordnungen ein- und durchgegriffen. Jagd war ein wesentlicher Teil der Herrschaft, bis sie als Herrschaftshandlung mitsamt dem absolutistischen und Untertanen verachtenden System in der Revolution ihr Ende fand. In der Mitte des 19. Jahrhunderts wurde die Jagd plötzlich aus allen früheren und den sich über die Jahrhunderte bewährten funktionalen Bezügen herausgerissen, sie konnte zum freien Spielball verschiedenster Interessen und deren Vertreter werden. Die Bauernschaft jagte so, wie sie es für richtig hielt, schadensorientiert und unbekümmert, wohingegen sich der Adel und die ihm nacheifernden gut situierten Bürger auf vornehme Zurückhaltung, auf Affektbändigung und allmählich beginnendes waidmännisches Sichverhalten zurückzogen. Da die unumschränkte Macht des Adels in Deutschland zwar geschwächt wurde, jedoch bis 1918 die gesellschaftliche und politische Kraft in Deutschland blieb, ging von jener Gruppe auch der stärkste Einfluss auf die Jagd aus. Die Frontstellung zwischen Bauern und Adel/ Forstpersonal legte damals den Grundstein für die aktuell im 21. Jahrhundert festzustellenden Konflikte zwischen der heterodoxen und der orthodoxen Seite. Heute ist es der private Pachtjäger, der die Argumente des Adels und des Forstpersonals des 19. Jahrhunderts als nach wie vor aktuell reflektiert, während das Forstpersonal auf die Seite der damaligen „Bauernargumente" wechselte und eine deutlich affektentfesseltere Bejagung zumindest des Schalenwildes fordert. Dort, wo die Jagd heute als rationale Form der Waldbewirtschaftung, als Voraussetzung für den Umbau der Altersklassenwirtschaft zu naturnahem Mischwaldbau erkannt wurde – in den Staatsjagdrevieren, einigen Großprivatwaldungen und einigen süddeutschen Genossenschaftsflächen –, steht die Rückführung jagdlicher Praktiken auf den Stand von vor 1934 im Dienstplan respektive auf der Tagesordnung. Jagd ist dort ein rationales Mittel der Raum(be)handlung mit dem Ziel, stabile und gesunde Mischwaldstrukturen zu erreichen, die durch bundesweit zu hohe Schalenwildbestände bis heute nur sehr schleppend großflächig umgesetzt werden können. Eine relativ zügige Umsetzung des naturnahen Mischwaldbaus wird zum jetzigen Zeitpunkt lediglich in denjenigen Räumen verwirklicht, die nicht jagdwirtschaftlichen Individualprioritäten, sondern waldwirtschaftlichem und ökologischem (nur noch selten ein Widerspruch) Globaldenken unterliegen. So ist es nicht verwunderlich, dass im ausgehenden 20. und beginnenden 21. Jahrhundert, was die Jagdmethodik und die Effizienz anbelangt, akzeptiertes rebarbarisiertes Sichverhalten auf den Staatsjagdflächen, im Großprivatwald und in den fortschrittlichen Genossenschaftswaldungen im Süden Deutschlands stattfindet, wie das die o. g. Beispiele belegen konnten. Von den Staatswäldern, dem fortschrittlichen Großprivatwald und den selbstbewussten Waldbauerngenossenschaften findet der moderne Trend jagdlicher Rebarbarisierung ganz allmählich seinen Weg über die Öffentlichkeit auch in die Sphäre der privaten Jagdnutzungen. Die Versuche des Deutschen Jagdschutz-Verbandes, argumentativ die Front der Waidgerechtigkeit gegen die Jagdnutzungsmodelle der Forstverwaltungen zu stärken, bezeugt diese Tendenz nur.

In den entscheidenden politischen Gremien und in den letztlich jagdlich federführenden Institutionen der Gesellschaft (es werden zukünftig die Naturschutzverbände sein, die die Ausrichtung der Jagd stärker bestimmen als es der DJV können wird) wurde längst erkannt, dass die spezifische Situation der Risikogesellschaft, ihre sensiblen Wechselwirkungen zwischen Jagd und Waldbau sowie den beiden Konfliktpolen Ökonomisierung – Ökologisierung, eine Abkehr von bisherigen Jagdmodellen und jagdlichem Verhalten zum Resultat haben muss. Die Erkenntnis, dass das Verhalten des Jägers gegenüber dem Wildtier, das heißt die Frage nach Hege und Waidgerechtigkeit oder Rebarbarisierung und Effizienzsteigerung, immense Auswirkungen gegenüber der Gesellschaft entfalten kann, wird auch die zukünftige Beurteilung der Jagd als Teilsystem der Gesellschaft bestimmen. Die soziale Kompetenz des Teilsystems Jagd und damit jedes einzelnen Jägers drückt sich im Sichverhalten gegenüber den jagdbaren (aber auch den nichtjagdbaren) Tieren und damit auch in der Jagdpraxis aus, die sich entweder an ökologischen und gesellschaftlichen Anforderungen ausrichtet, dienstleisterisch tätig wird, oder zwangsläufig als kultureller Bestandteil der Zivilisation untergehen wird. Der Verlust der Natur und die sicht- und spürbaren räumlichen Auswirkungen des industriellen Fortschritts sind es, die eine Veränderung in den Jagdpraktiken auf den Weg brachten. Die immer deutlicher zutage tretenden Veränderungen in der Vereinfachung des Ansprechens, der Effizienzsteigerung jagdlicher Handlungen über Intervall- und Bewegungsjagden, die Auflassung oder beginnende Einschränkung der Hege in einigen Bundesländern, etc. lassen deutlich werden, dass eine rationale Funktionalisierung von Jagd allmählich wieder zu erwachen scheint. Der Verlust der Natur erlaubt es dem Jäger nicht mehr, romantische und leider häufig mit jener Romantik einhergehende ideologische Naturstandards an sein Tun zu legen; er ist – ob er will oder nicht – zwischenzeitlich eingebunden in einen gesamtgesellschaftlichen Dienstleistungsbetrieb, der so zwar nicht geplant war, dem aber zwischenzeitlich „dank" Industrialisierung, Technisierung und Umweltverschmutzung alle Mitglieder der Gesellschaft angehören, unentrinnbar und unausweichlich. Die Grenzen zwischen innen und außen sind nicht mehr existent; die Grenzen zwischen privater und öffentlicher Verfügbarkeit, zwischen rein privatem und öffentlichem Kalkül, zwischen Ökonomie und Ökologie wurden schon längst dort verwischt, wo es um den Wald, seine Strukturen, Ressourcen und Funktionen geht. Jagd und Jäger können sich diesem erneuten Bruch „traditionaler" Räume nicht entziehen. So bleibt – wie schon mehrfach betont – festzustellen, dass es zwischenzeitlich verstärkt Anstrengungen von Seiten der Forstverwaltungen, des administrativen Systems und aufgeschlossener Naturschutz- und Jagdverbände gibt, Jagd einem gewissen Effizienzgebot zu unterwerfen. Es ist zunehmend eine Art Renaissance effektiver Jagdmethoden im Jagdbetrieb festzustellen, die spätestens seit dem Reichsjagdgesetz, nicht zuletzt aufgrund ihrer rationalen Vorzüge, aus der irrationalen orthodoxen Jägerschaft verbannt wurden. Die Argumente, die zu ihrer damaligen Tilgung aus dem anerkannten Rahmen der Waidgerechtigkeit führten, sind es heute, die ihre Wiedereinsetzung in „Stand und Ehre" naturnaher Jagd nur beschleunigen. Die Umstände, die jenes Unterfangen letzten Endes garantieren werden, seien sie politisch, ökologisch oder ökonomisch, sind zu Beginn des 21. Jahrhunderts, dem Jahrhundert der Umwelt, so gut wie seit der Revolution von 1848/49 nicht mehr. Die im Rahmen der vorliegenden Arbeit dargestellte Waidgerechtigkeit, ihre Auswüchse und Widersprüchlichkeiten, werden den Prozess der Effizienzsteigerung im Jagdbetrieb eher beschleunigen als bremsen können. Zu sehr widersprechen ihre Handlungsanweisungen, ihre ideologischen Inhalte und Zielsetzungen rein jagdwirtschaftlichen Denkens den Geboten des Jahrhunderts der Umwelt und den Notwendigkeiten der Risikogesellschaft. So bewahrheitet sich das im Vorwort zu dieser Arbeit ausgesprochene Postulat, dass die Jagd, ihre Funktion und ihre affektuelle Ausrichtung, nach meiner Auffassung und nach den Ergebnissen der vorliegenden Arbeit einzig und allein von der Form, Qualität, Richtung und Intensität menschlicher Interessen und ihrer Räume abhängig ist. Die Jagd seit dem Reichsjagdgesetz 1934 hat ihre Handlungsfähigkeit mittels einer Fülle sinnloser Regelungen und Verhaltensstandards aus der Hand gegeben und Wohl und Wehe der Jagd in die Hände neu entstandener Institutionen, wie des Tier- und Naturschutzes, gelegt. Rationalisierung, die den Interessen der Risikogesellschaft im Jahrhundert der Umwelt entgegenkommt, könnte helfen, diese Handlungsmächtigkeit der Jäger und damit den Status als ernstzunehmender Partner im Rahmen der gesamtgesellschaftlichen Interessen Wald - Wild wiederzuerlangen.

12 Chancen der Jagd als rationale Raum(be)handlung

Die Jagd, so die Ergebnisse der vorliegenden Arbeit, ist nicht aus einer Momentaufnahme heraus zu verstehen, sondern nur im Kontext historisch und gesellschaftlich gewachsener Rahmenbedingungen. Die Geschichte der Jagd ist eine Geschichte des Raumes, des Zugriffes auf ihn, der Herrschaft über ihn, seiner Veränderungen und seiner Bedeutung, damit auch seiner Zwänge (wie sie z. B. aktuell in der Industrienation und ihren ökologischen Mangelerscheinungen bestehen) innerhalb der Vergesellschaftungsgeschichte. Die zurückliegenden Kapitel sollten die Notwendigkeit einer umfassenden Überarbeitung der Jagdhistorie unter soziologischem Interesse und vor dem Hintergrund räumlicher Kriterien vor Augen geführt haben. Nicht die historische Deskription der Jagd, die sich zwangsläufig nur auf oberflächliche zeitgenössische Merkmale im Auge des Betrachters stützen kann, ist zielführend[2491], sondern nur die in tiefere Schichten reichende Analyse ihrer jeweiligen Inhalte und ihrer Funktionen kann die Leistung der gesellschafts- und epochenspezifischen Verortung der Jagd erbringen. Der Schwerpunkt der vorliegenden historisch-soziologischen Betrachtung der Jagdgeschichte musste damit zwangsläufig auf die Beantwortung der Frage gerichtet sein, weshalb bestimmte, bisher nur oberflächlich betrachtete jagdhistorische Entwicklungen genau so stattgefunden haben, wie sie uns von den Jagdhistorikern in ihrer Kontinuität geschildert wurden. Die Ursachen dafür müssen unterhalb der reflektierenden zeitgenössischen Oberfläche auf der sozialen, politischen, geographischen, ökonomischen und letztendlich auch ökologischen Ebene gesucht und gefunden werden[2492]. Jagd, auch ihre distinktive Prägung innerhalb der bürgerlichen Gesellschaft des ausgehenden 19. und beginnenden 20. Jahrhunderts, ist unabdingbar als eine sich gemäß dem Prozess der Zivilisation wandelnde Form der Konstituierung von Räumen und mithin der Reproduktion von Ordnungsvorstellungen zu begreifen. Die Herstellung der Ordnung in der Welt der ägyptischen Pharaonen durch symbolisierte, bildliche Jagddarstellungen ist in diesem Sinne ebenso als ein Mittel der Konstituierung von Räumen zu verstehen wie es die reale und kraftvolle Jagdhandlung der

---

[2491] Unter jenen oberflächlichen Merkmalen können die Jagd als praeludium belli, die Jagd als lediglich fürstliches Vergnügen oder fürstliche Zerstreuung subsumiert werden, ebenso die Jagd als Standesattribut und als höfisches Zeremoniell. Keines dieser Merkmale, auch wenn sie natürlich alle in irgendeiner Form zutreffend sind, ist für sich gesehen in der Lage, den Blick auf die Funktion der Jagd zu lenken oder freizugeben. Die Frage nach der Funktion der Jagd kann erst dann einer Beantwortung zugeführt werden, wenn man den Blick auf ihre Potenziale im gesamtgesellschaftlichen Zusammenhang und damit auf die stetige Erweiterung der mit der Jagd zusammenhängenden Möglichkeiten wagt.

[2492] Für die Zeiten bis zur Revolution treten die ökonomischen und ökologischen Motive für die jagdhistorische Entwicklung nicht in Erscheinung. Dass es keine ökonomischen Motive für die Jagd in der aristokratischen Welt gab, hat Hans Wilhelm Eckardt eindrücklich in seinem Werk aufgezeigt. „Gejagt wurde nicht wegen, sondern trotz des Ertrages", so seine Schlussfolgerung. Vergl. dazu bei Hans Wilhelm Eckardt, Herrschaftliche Jagd, bäuerliche Not und bürgerliche Kritik, S. 268. Ökologische Motive sind für jene Zeiten der aristokratischen Jagd bis zur Revolution und auch darüber hinaus ebenfalls auszuschließen. Allein, das Wissen um die Zusammenhänge war nicht Bestandteil jener Auffassung von Gesellschaft, von Raum und Mensch.

Landesherren oder die Wilderei und Ungehorsamkeit ihrer Untertanen waren. Auch die heutige Form der Jagd und ihre Differenzierung zwischen der privaten und der staatlichen Jagd, die einer eher umweltgefährdenden Jagd einerseits und einer eher umweltförderlichen Jagd andererseits gleichkommen, zeigt auf, dass es sich um wenigstens zwei unterschiedliche Formen der Konstituierung von Räumen und Raumvorstellungen oder der Reproduktion von Ordnungsvorstellungen handelt. Hierzu ist auch die moderne jagdgenossenschaftliche Regiejagd zu zählen, die sich gemäß den Erkenntnissen von Reiner Gubitz[2493] zuweilen diametral von derjenigen der privaten und rein jagdwirtschaftlich ausgerichteten Pachtjagd unterscheidet. Um also dem Kern der Jagd, nämlich ihrer Funktion unter differierenden gesellschaftlichen Vorzeichen, näher zu kommen, die Potenziale der Jagd in zeitgenössischer Funktion und zeitgenössischem Konflikt zu lokalisieren, um sie dadurch besser zu verstehen, ist es notwendig, Jagd als Raum(be)handlung zu betrachten und um die Variante der Raumkonstruktion und speziell im 21. Jahrhundert des ökologischen Raumzwangs zu erweitern. Da die Potenziale der Jagd auf wilde Tiere, wie sie in Kapitel 4 definiert wurden, latent schon immer vorhanden waren und nach wie vor vorhanden sind, ist es notwendig, ein Verständnis über die sich wandelnden Ausschöpfungsmöglichkeiten jener Potenziale in Funktion und Konflikt zu erhalten. Die Basis jenes Verständnisses ist im Prozess der Zivilisation verborgen, das heißt in den sich gleichsam wandelnden Rollenzuweisungen an Jagd und Jäger im Zuge der stetigen Strukturierung und Ausdifferenzierung von Gesellschaft. Gerade die häufig zitierte Gegenüberstellung zwischen der hadrianischen und der karolingischen Jagd sowie der späteren landesherrlichen Jagd ist beispielhaft in der Lage, die sich wandelnden Ausschöpfungsmöglichkeiten latenter Potenziale der Jagd aufzuzeigen. So sind es letztlich die Lehren aus der Vergangenheit, die für ein Verständnis der Jagdfunktion in der bundesrepublikanischen Gegenwart von einiger Bedeutung sein können, geradeso wie es die Lehren aus der Gegenwart sein werden, die die Verortung der Jagd in zukünftigen Generationen erahnen lässt. Jagd war, ist und wird zukünftig gemäß dem Räderwerk der Zivilisation in stetiger Bewegung bleiben, das heißt auf der Suche nach jeweils epochenbegrenzten Funktionen, Zwängen und deren Spezifika sein und ihr Abbild darstellend, ohne letztendliche Gewissheit, die Zeiten auch tatsächlich überdauern zu können[2494]. Wer die Jagd erhalten will, muss sich dieser Zusammenhänge bewusst

[2493] Vgl. dazu bei Reiner Gubitz, Eigenbewirtschaftung der Jagd im Gemeinschaftsjagdrevier in Bayern, Selbstverlag, Immenstadt/Allgäu 1999 und bei Klaus Maylein, Anders jagen – Regiejagd der Jagdgenossenschaft Beuren b. Isny/Allgäu, in: Ökojagd, Ausgabe 2, Mai 2003, sowie bei Klaus Maylein, Gemeinschaftliche Jagdbezirke: verpachten oder eigenbewirtschaften, unter der URL: http://www.oejv.de/modules.php?name=Downloads&d_op=getit&lid=2.

[2494] Bereits heute sind die Forderungen von Teilen des Naturschutzes daraufhin ausgerichtet, die Zahl der dem Jagdrecht unterliegenden Tierarten von rund 100 (davon sind 26 Haarwild- und 74 Federwildarten) auf 14 zu reduzieren. Derzeit dürfen davon 13 Säugetier- (Haarwild) und 27 Vogelarten (Federwild) tatsächlich noch bejagt werden. Ob und inwiefern diese Forderungen Realität werden, ist noch nicht abzuschätzen; eine grobe Richtung wird jedoch daraus erkannt werden können. Vgl. dazu die Erläuterungen zum BN Positionspapier zur Jagd, Fassung August 2003, Verantwortlich Dr. Christian Magerl, Artenschutzreferent Südbayern, Pettenkoferstrasse 10 a/l, 80336 München, unter der URL: http://www.oejv.de/modules.php?name=News&file=article&sid=406&mode=&order=0&thold=0, S.1-2. Zu den

sein und er muss sie für sich nutzbar machen. Die aktuelle Jagdpolitik aller Jagdverbände geht an diesem Anspruch vorbei und arbeitet damit der Gefahr, dass die Jagd das 21. Jahrhundert nicht überleben wird, sogar noch zu.

Damit zeichnet sich eines der großen jagdpolitischen Dilemmata der Bundesrepublik ab, welches sich aus einer fehlenden Aktualität der Jagdwissenschaft sowie auch aus einem nach wie vor hohen orthodoxen und traditionsbewahrenden Gewicht der überwiegend privaten Jägerschaft und deren verbandlichen Hauptvertretung zusammensetzt. Die bundesdeutsche Jagdwissenschaft und die bundesdeutsche jagdliche Verbandsvertretung sehen sich momentan nicht in der Lage, eine klare und zukunftsorientierte Verortung der Jagd in Deutschland zu erarbeiten. Aufgrund der aktuellen ökologischen Zwänge, der Verringerung ökologischer Ressourcen, die in eine ökologische Mangelwirtschaft zu münden drohen (oder dies bereits taten) und die zukünftig eine völlig andere Umverteilung ökologischer Ressourcen erfordern als dies bisher der Fall war, ist die Versuchung für den Staat groß, die begrenzten Ressourcen zu rationieren und gesetzlich festzulegen, was der einzelne Bürger „um der Umwelt willen"[2495] tun und lassen muss. Auf der Ebene der Verbandspolitik der Naturschutz- und Tierschutzverbände sind diese Tendenzen ja bereits heute mehr als deutlich zu sehen. Bald in jedem europäischen Land gibt es Einschnitte in das Jagdwesen, in die Anzahl der zu bejagenden Tierarten, in die Jagdzeiten und damit die effektiven Zeiten der Ressourcennutzung, in die Jagdpraktiken und beim Inverkehrbringen von Wild, etc. Noch ist die Entwicklung jedoch nicht so weit vorangeschritten, dass es keine Möglichkeit des Gegensteuerns durch die Mitverursacher ökologischer Probleme - die Jäger - mehr gäbe. Die jagdlichen Eliten wie auch die Jagdwissenschaft üben sich jedoch beide in einem fatalistischen Phlegmatismus, ohne sich allerdings des Ernstes der Lage wirklich bewusst zu sein. Man scheint der Meinung zu sein, die ökologische Krise des 21. Jahrhunderts aussitzen zu können, die Jagd sei schließlich das „älteste Handwerk der Welt", ein Kulturgut von hohem Wert, den an sich schon zu erhalten das Gebot der „Vernünftigen" und Kulturbeflissenen sei. Dass bei der Umverteilung der ökologisch knappen Ressourcen danach niemand fragen wird und dieses Argu-

---

tatsächlich zu bejagenden Wildarten siehe auch die „Verordnung über die Jagdzeiten" auf der Homepage des Bundesministeriums für Verbraucherschutz, Ernährung und Landwirtschaft unter der URL: http://www.verbraucherministerium.de/, Stand 25. April 2002. Weiterhin fordert auch der Deutsche Naturschutzring (DNR) eine drastische Kürzung der dem Jagdrecht unterliegenden Arten. Nach seinen Forderungen ist eine Reduktion auf nur noch 12 Arten vorgesehen. Vergl. dazu eine Pressemitteilung des DNR Pm19-2003.doc, unter der URL: http://www.dnr.de/presse/index.php?send=Presseinformationen%20anzeigen&titel=t&suchbegriff=Natursch%FCtzer+wollen+neues+Bundesjagdgesetz&PHPSESSID=4259caf289528f4b5ad9bf5469ef01e4. Dort heißt es: „Zukünftig sollen dem Jagdrecht nur noch die folgenden Tierarten unterliegen: Rothirsch, Damhirsch, Sikahirsch, Reh, Gemse, Mufflon, Wildschwein, Wildkaninchen. Weitere Arten, die bei Vorliegen der Voraussetzungen regional bejagt werden können, sind: Fuchs, Steinmarder, Stockente und Fasan, wobei Eingriffe in Vogelbestände nur nach naturschutzrechtlicher Maßgabe erfolgen. Alle übrigen Vogelarten sind von der Bejagung ausgenommen." Wohin das alles führt, ist zum jetzigen Zeitpunkt nicht vorhersehbar, da auch die politische Landschaft und die jeweils aktuelle Regierungskoalition entsprechende Tendenzen forcieren oder abschwächen werden.

2495 Ernst Ulrich von Weizsäcker, Erdpolitik. Ökologische Realpolitik an der Schwelle zum Jahrhundert der Umwelt, S. 266f.

ment auch ansonsten für die Verteidigung der Jagd in einer demokratischen Gesellschaft völlig wertlos ist, wird von den Interessenvertretern der Jagd nicht wahrgenommen - sie verharren in ihrer antiquierten Argumentation. Damit besteht die große Gefahr, dass Entscheidungsfreiräume aufgegeben und die Mitsprache über die Zukunft der Jagd aufs Spiel gesetzt wird. In den Debatten um die Novellierung des Jagdrechtes sieht man, dass die Bastion der jagdlichen Eliten unter starkem Beschuss liegt und es nur eine Frage der Zeit ist, bis ihre dürftigen Mauern eingerissen sind, es sei denn, es käme die notwendige Verantwortungsethik noch frühzeitig auf. Momentan zumindest sieht es nicht danach aus[2496].

Insgesamt ist also bedauerlicherweise festzustellen, dass die Jagd neben einem sich selbst gefährdenden Jagd- und Jägerselbstbild kaum ernstzunehmende, wissenschaftlich gestützte Fürsprecher in Deutschland hat[2497]. Die meisten Jagdhistoriker haben die Frage nach der sich offensichtlich wandelnden Rolle der Jagd im Verlauf der Vergesellschaftungsgeschichte entweder nicht gestellt, sie nur oberflächlich gestreift oder gar grundlegend missverstanden. Nicht zuletzt deshalb ist die aktuelle Jagddiskussion, die in den Medien zwischen Naturschutzgruppierungen, administrativem System und Jagdverbänden ausgefochten wird, eine Diskussion, die von diesen Nachlässigkeiten geprägt zu sein scheint. Von der Funktion und Indienststellung der Jagd für die Ziele und Absichten der modernen industrialisierten Gesellschaften wird aus diesem Grunde kaum Notiz genommen. Es gibt nur sehr wenige Studien, die die positiven Wirkungen der Jagd auf Flora und Fauna belegen und die für ernsthaft genug gehalten werden, um den Weg in die massenmediale Öffentlichkeit zu schaffen. Während die Jagdgegnerschaft über ein großes und öffentlichkeitswirksames Instrumentarium überwiegend emotionaler Argumente verfügt, können nur leidlich rationale und entsprechend wissenschaftlich fundierte Daten pro-jagd dargelegt werden. Es genügt schon längst nicht mehr, dass sich einige wenige und darüber hinaus immer die selben auf Seminaren und Kolloquien treffen, um dort über kulturelle oder historische Aspekte der Jagd zu referieren und um im Endeffekt nichts Brauchbares für Jagd und Jäger zustande zu bringen. Jagdwissenschaft muss als eine aktuelle, auch vorausschauende Wissenschaft verstanden werden; eine Wissenschaft, die sich für die guten Seiten der Jagd, für ihre sinnfälligen Funktionen einsetzt, jene publiziert und der Gesamtgesellschaft nahe bringt. Eine so verstandene Jagdwissenschaft darf jedoch auch nicht davor zurückschrecken, unbequeme (egal für welche Seite) Ergebnisse zu publizieren, respektive überhaupt erst Fragestellungen zu formulieren, die zu solchen Ergebnissen führen könnten. Wenn die Jagd eine Chance im 21. Jahrhundert erhal-

---

2496 Hier sei nochmals auf das exemplarische Werk des Deutschen Jagdschutz-Verbandes hingewiesen: Das Bundesjagdgesetz. Forderungen, Tatsachen. Der Argumentationsleitfaden zum Bundesjagdgesetz, Deutscher Jagdschutz-Verband e.V., Bonn 2003. Es zeigt die Kompromisslosigkeit und das fehlende Gespür für die Zwänge und Notwendigkeiten des 21. Jahrhunderts auf. Jenes Werk könnte es sein, welches dem DJV die Handlungsmächtigkeit letztendlich aus der Hand schlägt.

2497 Natürlich gibt es solche Fürsprecher sehr wohl. Sie finden nur kaum einen Eingang in die öffentlichen Diskussionen. Ihre Resonanz finden sie beim heterodoxen Fachpublikum, hier laufen sie jedoch ohnehin offene Türen ein. Die Orthodoxie, so scheint es, verhindert nicht selten ihre öffentliche Wirksamkeit.

ten soll - und diese hat sie nach meinem Dafürhalten definitiv verdient - dann kommt man um eine ernsthafte und freie Jagdwissenschaft nicht herum. „Frei" heißt, dass sie von verbandspolitischen Kalkülen unabhängig sein muss, dass sie politisch neutral, jedoch wissenschaftlich akribisch und hoch motiviert sein muss, um die Funktion der Jagd, die Wirkungen der Jagd zu erforschen, dass sie aber auch ernsthafte Alternativen zur Bejagung benennt und diese Ergebnisse in die breite Diskussion entlässt. Sollte die Gesellschaft zu dem Ergebnis gelangen, dass die „Regulierung" von z. B. Schalenwildbeständen zur Unterstützung des naturnahen Mischwaldbaus nur noch über Ovulationshemmer und nicht mehr über Pulver und Blei möglich sein soll und sollten die Befürworter dieses Umgangs mit Wildtieren diesen für ethisch und moralisch höherwertiger als den sauberen Schuss erachten, so bliebe der Jagdwissenschaft, wie sie sich heute zeigt, nur noch übrig, verschämt die Segel zu streichen. Man kann sich zwar trefflich um die kulturelle Bedeutung des Waidmannstum des 19. Jahrhunderts streiten, Aussagen zur Zukunftssicherung vor dem Hintergrund der ökologischen und ökonomischen Zwänge des 21. Jahrhunderts und damit der Gegenwart erwartet man dagegen in den momentanen jagdlichen Diskussionen und also von den von Seiten der Jagd daran Beteiligten leider vergeblich. Das ist, gelinde gesprochen, ein Armutszeugnis für die Politik und Öffentlichkeits- bzw. Lobbyarbeit der Jagdverbände, die in Zusammenarbeit mit Lehre und Forschung ein zentrales Interesse an zeitgemäßer Jagdwissenschaft haben müssten, ohne letztere zu gängeln oder zu erdrücken. Aber auch für die Jagdwissenschaft in der Bundesrepublik ist es kein Ruhmesblatt, da sie offensichtlich vor eigenständigen, mutigen und effizienten Arbeiten zur gegenwärtigen Lage der Jagd zurückschreckt und kaum Ergebnisse erbringt. Der Blick über den Tellerrand, z. B. in die USA, würde den Horizont erweitern und Möglichkeiten effizienter Politik und effizienter Mittelstreuung im Bereich der Jagd und des Naturschutzes zutage fördern. Hier könnte man auch die Allianzen erkennen, welche es für die Jäger zu schmieden gilt und die in der Bundesrepublik durch den größten Jagdverband schlichtweg vereitelt wurden und durch seine starre Grundhaltung nach wie vor vereitelt werden. Es scheint, als ob die Jagd zu einem „good sport" werden müsse um rationale Funktionen zu erkennen, wissenschaftliche Felder zu besetzen und um Jagd und Jäger letztlich eine Perspektive eröffnen zu können. In der Bundesrepublik werden im 21. Jahrhundert - zumindest bisher - die jagdlichen Themen an der Jagdwissenschaft vorbei entschieden. Ihre Rolle nehmen wesentlich effektiver die Naturschutzverbände und einige ihnen angegliederte oder zuarbeitende Naturwissenschaftler ein. Der Rest ist Politik, allerdings wiederum an den großen und mitgliederstarken Jagdverbänden vorbei, die, wie bereits erwähnt wurde, an dieser Misere nicht ganz unschuldig sind.

Stattdessen werden die Schwerpunkte jagdwissenschaftlicher Arbeiten in Deutschland auf jagdphilosophische Betrachtungen, auf anthropologische Erklärungsmodelle sowie jagdhistorische und regionalgeschichtliche Untersuchungen zur Jagd im Zeitraum um das Jahr Null bis zum Niedergang der deutschen Fürstentümer gelegt und mit entsprechenden Kulturpreisen ausgelobt. Doch auch hier bleibt auffällig, dass nur die Werke der großen Vorgänger übernommen und kaum wissenschaftliche Neugierde für die Entdeckung von sozialen, politischen und gesamtgesellschaftlichen Zusammenhängen aufgebracht wird. Für die Evolution wird die Jagd als ein sehr kraftvolles, nicht nur die Physiognomie (Bipedie, Pentadaktylie, Gehirnwachstum), sondern auch die Psyche des Menschen (der Mensch als kriegerisches, aggressives und zerstörerisches Wesen, Mörderaffenthese, etc.) umfassend determinierendes Element verortet. Sie sollte der Motor für so viele Charaktereigenschaften einerseits und Ausprägungen körperlicher Merkmale des modernen Menschen andererseits sein, dass sie selbst zur Erklärung der destruktiven Aggressivität, kumulierend in den beiden großen Weltkriegen des 20. Jahrhunderts, herangezogen wurde. Der Mensch, so die Begründung, könne nicht anders, er sei von frühester Prägung an ein zutiefst aggressives Tier, zu welchem ihn die Jagd gemacht habe. Doch auch hier wird bereits der nächste Fehler begangen: Weshalb gerade die Jagd für die Evolution des Menschen eine so starke Rolle gespielt haben soll und dagegen das weitaus Naheliegendere, die soziale, herrschaftliche, politische und ökologische Komponente der Jagd, bislang völlig übersehen oder zumindest unterbewertet wurde, ist aus der Forschung selbst nicht ersichtlich. Viel wahrscheinlicher jedoch ist, dass die Jagd in der Evolution kaum eine Rolle spielte, sie konnte den modernen Menschen weder verhindern noch begünstigen. Dagegen sollte sie bis zur Revolution von 1848/49 eine wesentliche Rolle innerhalb derjenigen mitteleuropäischen politischen Systeme spielen, die personalisiert monarchisch oder despotisch geführt wurden und entweder auf ein entsprechendes Charisma angewiesen waren oder deren Herrschaftsraum und Herrschaftsanspruch auf geographisch verhältnismäßig kleine Räume begrenzt war. Waren diese herrschaftlichen Gebilde zusätzlich noch von anderen Herrschern in ähnlicher Situation eingekreist und stellte sich die innen- und außenpolitische Lage als unsicher und instabil dar, so waren die Voraussetzungen für eine Instrumentalisierung der Jagd im Sinne Joseph Morsels Raum(be)handlung gegeben. Diese geopolitische „Situationsbeschreibung" gilt für die Geschichte des Ersten Deutschen Reiches uneingeschränkt, wie z. B. auch Joachim Allmann in seinem Werk zur Waldnutzung, hier für die Zeit zwischen 1500 und 1800, herausgestellt hat. Mit dem Ende oder dem Niedergang der Aristokratie, dem Erstarken parlamentarischer Beteiligung und den heraufziehenden Gesetzmäßigkeiten gesamtgesellschaftlicher Art in den aufkommenden Industrienationen verlor die Jagd diese zentrale politische und soziale Komponente völlig und relativ plötzlich. Die Jagd wurde aus den jahrhundertealten Bezügen in wenigen Jahrzehnten, teilweise gar in den nur ein bis zwei Jahren um das Revolutionsgeschehen herum herausgelöst und als soziale Handlung freigestellt. Es war eine gewisse Orientierungs-, weil Funktionslosigkeit innerhalb der Jagd und der Jägerschaft festzustellen, die sich seit der Revolution von 1848/49 allmählich ausbreitete und ihre höchste irrationale Blüte zwischen dem Reichsjagdgesetz und den 1970er/1980er Jahren erfuhr. Ich subsumierte die Wirkungen jenes Zeitraums unter dem Gesichtspunkt der Entfunktionalisierung der Jagd, die ihr unter der bürgerlichen Ägide, beginnend gegen Ende des 19. Jahrhunderts, zukam. Nach rund weiteren 100 Jahren (von ca. 1870 bis 1970) eines romantischen, distinktiven und ansonsten funktionslosen Dornröschenschlafs begann die Jagd allmählich wieder als eine soziale Praxis (erkennbar in den Ausstrahlungswirkungen auch auf die Nichtjäger) in den Mittelpunkt der neuen umweltbezogenen und umweltkritischen Betrachtungen zu rücken. Die Romantik der Jagd, ihre Unbeschwertheit und Unbekümmertheit, aber auch ihre Vereinnahmung als distinktive Handlung, als gehobenes Hobby ähnlich dem Golfsport oder dem

Tennis, musste seit den 1970er Jahren einem wachen Realismus weichen, der Jagd und Jäger gewisse Gefahrenpotenziale vor dem Hintergrund der Umweltzerstörungen, einer nicht mehr zeitgemäßen Waldwirtschaft und den klimatischen Veränderungen globaler Art attestierte.

Die Gesellschaft begann sich unter dem Eindruck des sauren Regens, des Waldsterbens und des Artenschwundes sowie der forstwissenschaftlich und forstwirtschaftlich geprägten und publizierten Einsicht, dass die bundesdeutschen Wälder dringend einer naturnahen Reform bedürfen, plötzlich für das Tun und Unterlassen der Jäger in der Kulturlandschaft zu interessieren. Zum zweiten Mal innerhalb der Geschichte der Jagd begann eine Gesellschaftsform und die in ihr verortete Jagdhandlung Auswirkungen bis in den hintersten intimen Winkel der Menschen zu entfalten, geradeso wie dies Joachim Allmann für die frühe Neuzeit attestierte. Diese Wirkungen waren nun jedoch nicht mehr herrschaftlich und damit auf Kontrolle und Macht begründet, sondern vielmehr auf denjenigen Prozessen basierend, die das Ende der Natur bedeuteten, die die Natur nach den Worten Ulrich Becks in die Zivilisation hineinsogen, ihre Gegensätzlichkeit zur Kultur des Menschen aufhoben, womit das Handeln des Jägers nicht mehr außerhalb, sondern innerhalb der Gesellschaftssysteme Wirkungen zu entfalten begann, die auf ihn als Verursacher zurückfielen. Und was taten die Verantwortlichen und die ihnen nahestehenden Jagdwissenschaftler? Sie verteidigten diese spezifische, gefahrenproduzierende orthodoxe Jagd als etwas zutiefst Menschliches, als ein evolutiv in uns allen verankertes Bedürfnis nach Erfüllung und Lebensvollzug. Jagd sei ein Grundrecht. Meinetwegen gerne! Sobald jedoch die Grundrechte Dritter in Gefahr gebracht werden, stoßen diese „jagdlichen" Grundrechte an eine Grenze und das taten sie - zumindest in ihrer orthodoxen Jagdausprägung - schon sehr lange. Die Jagd - zumindest die genannte orthodoxe Jagd - wurde zu einem Problem, zu einer Gefahren produzierenden Handlung einiger weniger, die mit ihren Ordnungsvorstellungen Risiken für die Gesamtgesellschaft schufen, die im Jahrhundert der Umwelt nicht mehr tragbar sind. Die fortgeschrittene industrielle Hochtechnologiegesellschaft - und das scheint zunächst ein Widerspruch - befindet sich abermals in einem „hölzernen Zeitalter", wie Werner Sombart die Zeit bis zur beginnenden Industrialisierung umschrieb, als alle lebensnotwendigen Dinge im Wald besorgt werden konnten oder mit dem Wald in Verbindung standen. Auch heute, in Anbetracht der desaströsen Waldzustände, wird deutlich, dass wir uns zwar rein ökonomisch schon längst vom Wald losgelöst haben, seine ökologische Funktion als grüne Lunge, als Rückzugsort für Mensch und Tier, als Pool verschiedener Pflanzenarten und Pflanzengenerationen, als ökologisches Reservoire für die hochtechnologisierte Gesellschaft jedoch von zentraler Bedeutung ist. Heute werden zwar die Bedürfnisse des alltäglichen Lebens nicht mehr im Wald befriedigt, der Wald jedoch ist weltweit einer der bedeutendsten Klimafaktoren dieser Erde; ohne ihn könnten wir nicht existieren. Nicht wirtschaftlich sind die Bezüge der gegenwärtigen Gesellschaft zum Wald, sondern rein ökologisch und damit nicht weniger existenziell als für die traditionale Gesellschaft des Mittelalters und der Frühen Neuzeit. Hier sind Lösungen für den Erhalt und die sinnvolle Einbindung der Jagd - als funktionales, dienstleistendes Teilsystem - in den gesamtgesellschaftlichen Kontext des 21. Jahrhunderts, des Jahrhunderts der Umwelt, zu erarbeiten, und zwar von wachen und realistischen Jagdwissenschaftlern und von jagdlichen Praktikern, die willens und in der Lage sind, diese Lösungen umzusetzen.

Dafür brauchen wir dringend die Unterstützung einer aktuellen, nicht nur wildbiologischen Jagdwissenschaft, sondern auch einer aktuellen, neugierigen und Lösungsstrategien erarbeitenden rationalen, auch sozialwissenschaftlichen Jagdwissenschaft, die sich dieser genannten Zwänge bewusst wird und sie in ihre Forschungen einarbeitet. Nur so hat die Jagd aus eigenem Antrieb heraus noch die Chance, einer außerjagdlichen Ökodiktatur rational und abwägend gegenüberzutreten. Schon heute sind die Zeichen der Zeit zu erkennen, die durch die Umweltzerstörungen allmählich eintreten werden: eine sich abzeichnende Mangelwirtschaft nicht an materiellen Gütern des Wohlstandes, sondern an ökologischen Gütern, an „Natur"-Raum. So wie im Frieden und im Krieg die Mangelwirtschaft nach den Worten Ernst Ulrich von Weizsäckers immer der ideale Ansatzpunkt für Diktaturen war, können die ökologischen Sachzwänge, die uns „ob wir wollen oder nicht, in ein Jahrhundert der Umwelt hineinzwängen (...), ein geradezu idealer Vorwand für Staaten, Staatenbünde oder Wirtschaftsgiganten sein, eine Art Ökodiktatur zu errichten"[2498]. Die Überlebensfähigkeit des privaten Jägers in solch einer Ökodiktatur wäre äußerst fraglich. Die Wahrscheinlichkeit, dass die Jäger, wenn sie nicht endlich eine wache und realistische Jagdwissenschaft und ebenso wache und rege jagdliche Eliten zur Seite gestellt bekommen, untergehen werden, ist dagegen sehr hoch. Ihre bisherigen Freiheitsrechte an der Nutzung nachwachsender Rohstoffe (das ist: Wild) würden eingeschränkt und „Experten" auf der politischen Ebene würden die Nutzung der Natur verteilen; eine „Umweltverwaltung" könnte zu einer totalitären „Megamaschine"[2499] werden, mit einem ökozentrierten Polizeiapparat an der Spitze des Staates. Insofern befinden sich Jagd und Jäger in der Bundesrepublik in einem Dilemma, verursacht durch das orthodoxe Übergewicht reaktionärer Kreise und deren Einfluss auf eine Jagdwissenschaft, die sich nicht aus der Umklammerung dieser Orthodoxie lösen konnte. Ob sich die Jägerschaft der Bundesrepublik aus diesem Dilemma befreien kann ist insofern sehr fraglich; ihre durchaus auch vorhandenen guten Argumente werden nicht gehört bzw. nicht in ausreichendem Maße hörbar gemacht und die Instrumentalisierbarkeit der Jagd für gesamtgesellschaftliche Zwecke im Jahrhundert der Umwelt verbandspolitischem Einfluss und romantischer Reminiszenz an „bessere", aber vergangene Tage geopfert. Ich persönlich wünsche mir, dass ein Weckruf durch Jagd und Jägerschaft geht und vielleicht der Weg über die Basis führt, wenn die Eliten schon keine Anstalten machen, Änderungen anzupacken.

Weg von der Wirtschaftlichkeit?

Das 20. Jahrhundert wurde wie kaum ein anderes Jahrhundert zuvor von wirtschaftlichen, sozialen, kriegerischen und wissenschaftlichen Wirkungen beeinflusst. Es war nicht nur das Jahrhundert zweier unvorstellbar katastrophaler Kriege in

[2498] Ernst Ulrich von Weizsäcker, Erdpolitik. Ökologische Realpolitik an der Schwelle zum Jahrhundert der Umwelt, S. 266.

[2499] Ebd., S. 267.

materieller, aber auch menschlicher Hinsicht; es war auch das Jahrhundert, in dem die Weltwirtschaft Kapriolen spielte. 1929 der Kapital und Existenzen vernichtende Börsencrash, am anderen Ende des Jahrhunderts, in den Jahren 1998-1999, dagegen eine Hausse an den Weltbörsen, wie man sie kaum für möglich erachtete. Die Zeit der „New Economy" brach nicht nur an den Börsen an. Ihren neuen Geist spürt man heute überall: Rationalisierung, Flexibilisierung, Entgrenzung, Enttraditionalisierung, etc., all das sind die Begleiterscheinungen eines neuen, global-vernetzten Denkens und Handelns, eines grenzenlosen Waren- und Informationsverkehrs, der mit allen Konventionen bricht und brechen muss, will er erfolgreich sein. Der Fortschritt und seine Akzeleration innerhalb der letzten 100 Jahre birgt neben ungeheuren Chancen jedoch eine Vielzahl von Gefahren, die viel zu schnell auf uns hereinbrechen, da sich die weltweite Entwicklung im genannten Zeitraum – im Vergleich zur „Geschwindigkeit" gesamtgesellschaftlicher Entwicklungen zwischen dem Niedergang Roms und dem Fall Napoleons – überschlägt. Die Geschwindigkeit, mit der der Mensch heute neue Räume schafft, erkundet, ausbaut, okkupiert, zerstört, lässt kaum Zeit, angemessen darauf zu reagieren oder die langfristigen Wirkungen zu erkennen. Schon kurz- und mittelfristig war der Mensch nicht in der Lage frühzeitig zu realisieren, wohin etwa FCKW, die Industrialisierung allgemein, selbst die rationale Forst- und Landwirtschaft, allgemeine Prosperität und ihre zwangsläufig Natur zurückdrängenden Begleiterscheinungen führen können, geschweige denn in der Lage Maßnahmen dagegen zu treffen. Stattdessen wird über Schadstoffgrenzen diskutiert, über maximalen Flächenverbrauch, werden Dosen von unterschiedlichen Schadstoffen ermittelt, die ein gesunder Mensch gerade noch verkraften kann und offensichtlich auch verkraften muss, ob er will oder nicht. Es werden gerade noch tolerierbare Dosen an Cäsium im Wild und damit auch im Nahrungsmittel definiert, die (noch) nicht gesundheitsgefährdend seien, es werden Pestizide, Fungizide, Herbizide in der Landwirtschaft eingesetzt, um dann dem Endverbraucher zu raten, Nahrungsmittel vor dem Verzehr zu waschen, Früchte wie Äpfel und Birnen gar völlig ohne Schale zu verzehren. Dem Jäger wird empfohlen nicht häufiger als zwei bis drei Mal im Jahr Leber, Nieren und Milz des von ihm erlegten Wildes zu essen, insbesondere in der Herbstzeit, wenn das Wild die strahlenbelasteten Pilze vom Waldboden äst, wird davor abgeraten (was ist mit dem „kleinen Jägerrecht"[2500] bloß geschehen?). Dabei ist es zwischenzeitlich völlig gleichgültig, ob man ein Stück Schalenwild in Bayern oder in Skandinavien erlegt, Tschernobyl und der wirtschaftende Mensch haben geographische Grenzen, die Grenzen zwischen Ursache und Wirkung aufgehoben. Das Waldsterben ist, wie der radioaktive Fallout oder die industriell bedingten Emissionen und Immissionen, kein regional verursachtes Problem, welches auch nur regional spürbar ist; sondern es ist ein globales Problem, global verursacht, global wirksam, global schädlich. Da bereits seit etwa drei Dezennien über die jeweils zulässige Dosis und die damit verbundenen Risiken von Schwefeldioxid, von Stick-

[2500] Das kleine Jägerrecht bestimmt, dass der Erleger die Innereien, das heißt den essbaren Aufbruch des erlegten Wildes (zumeist Schalenwild), behalten kann. Was früher eine Delikatesse war, ist heute eine Mahlzeit, die mit gewissen gesundheitlichen Gefahren verbunden sein kann. Das ist bedauernswerter Weise ebenfalls eine „moderne" Folgeerscheinung der Industrialisierung und ihrer Risiken.

stoff oder von sonstigen Umweltgiften debattiert wird, deren „Erzeuger" wie Industriezweige, „Wirtschafts-, Wissenschafts- und Berufsgruppen in die Schusslinie der öffentlichen Kritik"[2501] gelangen, muss es auch erlaubt sein über die „verträgliche" Dosis waidgerechten Jagens und damit der Jagd und ihrer Förderer und Gegner allgemein zu diskutieren. Die Auswirkungen einer auf falschen Annahmen und Motiven beruhenden Jagdausübung sind längst ihrer Unschuld in ökologischer und sozialer Hinsicht entkleidet. Hier gilt es anzusetzen und Lösungen zu finden, die nicht allein marktwirtschaftlich zu finden sein werden.

Nicht nur geographische Grenzen wurden im Zuge der Industrialisierung und des Fortschritts geöffnet, auch soziale Barrieren wurden durch das bestimmende Thema seit dem Ende des Zweiten Weltkrieges eingerissen: die ökologische Krise involviert alle, Verursacher wie Publikum, und sie stellt die bisher funktionierenden ökonomischen Modelle in Frage. Gerade beim Kommunal- und Staatswald, dessen Eigentümer das Volk ist, sollte jenes von seinem Recht auf Beteiligung bei der Frage nach dessen Nutzung und Ausrichtung Gebrauch machen. Neben einer effektiveren und besseren Jagdwissenschaft brauchen wir mehr denn je im Waldbau wie auch in der Jagd die Abkehr von rein ökonomischen Modellen. Solange die Jagdwirtschaft den Waldbau diktiert, das heißt den Aufbau naturnaher Mischwaldbestände außerhalb gezäunter Flächen verhindert, und solange die Forstwirtschaft der Maximierung der Erträge durch schnellwachsende Hölzer auf engen Räumen das Wort redet, solange steht es um die Gesundheit, Stabilität und Baumartenzusammensetzung in den bundesdeutschen Wäldern schlecht. Der Waldzustandsbericht des Jahres 2004 hat es gezeigt: der Wald ist todkrank, kränker zumindest als noch in den 80er Jahren, als Medien und Politik sich des Waldsterbens in großen Lettern und nicht weniger großen Gesten bedienten. Heute ist der Wald in der Bundesrepublik in einem so desaströsen Zustand, dass er aus dem Wirtschaftlichkeitsgebot vielerorts dringend herausgelöst werden müsste. Dazu schreibt Wolfgang Alexander Bajohr treffend: „Dabei ist es dem Volk völlig gleichgültig, ob die mit der Forstwirtschaft verbundene Form ökonomischer Naturnutzung wirtschaftlich ist oder nicht. Doch eines ist sicher, dass es dem Volk keineswegs gleichgültig ist was da im Walde an Bäumen und Sträuchern oder Tieren atmet, fliegt oder herumspringt. Denn zum Naturerlebnis Wald gehört für sie unteilbar alles, was im Walde lebt. Als Käfer und Schmetterling ebenso wie als kleiner Beutegreifer oder Vögel, die den Wald als Lebensraum brauchen, wie zum Beispiel die verschiedenen Arten der Spechte. Aber auch die so genannten Konkurrenten wie Fuchs und Luchs, Wildkatze oder Bär, Wiesel, Hermelin, Dachs oder Iltis. Wo es sie nicht mehr gibt, ist der ganze Wald krank. Er ist sogar sterbenskrank, krank auf den Tod. Das zeigen nicht nur die erbärmlich anmutenden Schilderungen im Waldzustandsbericht. Doch ist dieser Zustand nicht nur das Ergebnis jener gasförmigen Emissionen aus unseren Fahrzeugen, sondern sein instabiler Zustand geht auch von Standorteinflüssen aus und von Standortbedingungen, die ihm nicht zusagen und die er immer schwerer ertragen kann, und unter denen das ganze

2501 Vgl. dazu bei Ulrich Beck, Risikogesellschaft, S. 41.

Ökosystem leidet."[2502] Angesichts der Abhängigkeiten, die sich durch das o. g. „moderne" hölzerne Zeitalter ergeben und denen sich die gegenwärtige Gesellschaft und die kommenden Generationen ausgesetzt sehen, ist die Ökologisierung entgegen der Ökonomisierung sowohl in der Jagd als auch im Waldbau nicht lediglich eine Option. Sie scheint allmählich ein immer stärker werdender Zwang zu werden; die Ausweisung von Nationalparken und Naturreservaten oder die Wiederbelebung der Urwaldidee scheinen Vorboten jener Entökonomisierung zu sein. Der Jäger als ökologischer Dienstleister und nicht als ökonomischer Nutznießer ist spätestens mit dem Bewusstwerden der ökologischen Krisen des letzten Drittels des 20. Jahrhunderts eine Forderung, mit der er sich nur sehr schwer zu identifizieren weiß, mit der sich aber identifizieren muss, wenn er überleben will. Wir Jäger sollten uns unserer ökologischen Rolle bewusst werden, ohne den Anspruch erheben zu wollen wahre Naturschützer zu sein, denn das sind wir beileibe nicht.

Trotz aller negativen Vorzeichen stehen die Chancen, dass die Jagd zukünftig als rationale Dienstleistung, die auf der subjektiven Ebene durchaus egoistisch oder emotional motiviert sein kann („Erlebe Dein Leben!"), in das Jahrhundert der Umwelt eingebunden wird, heute besser als noch vor 20 Jahren. Die irrationalen Traditionen befinden sich allmählich, wenn auch langsam, über alle Jägergruppen hinweg auf dem Rückzug, einer von außen erzwungenen Ratio wird ein größerer Platz eingeräumt. Für die Jagd wie auch für die generelle Entgrenzung, die ein Phänomen der letzten 15 Jahre (Mauerfall in Berlin, Zusammenbruch der Sowjetunion) darstellt, gilt, dass der Fall der Zäune der einfachste Fall der Enttraditionalisierung darstellt. Auch in der modernen naturnahen Waldwirtschaft werden Zäune (hinter denen früher die Naturverjüngung vor den zu hohen Wildbeständen geschützt wurde) allmählich wieder – gleichsam als Relikte früherer Altersklassenwirtschaft – abgebaut und Traditionen, sowohl im Waldbau als auch in der Jagd, gleichzeitig gebrochen, da jene dem Zaunabbau nur entgegenstehen würden. Oder anders formuliert: Ohne nachhaltige Änderung in der jagdlichen Praxis, der jagdlichen Effizienz, könnten die Zäune nicht abgebaut werden, da den zu hohen Dichten an wiederkäuendem Schalenwild die plötzlich freigestellten Naturverjüngungsflächen zum Opfer fallen müssten. Die Öffnung der Zäune setzt also einen zuvor erfolgten Eingriff in die Höhe der Populationen voraus, ansonsten konterkariert er sich selbst. Die Möglichkeit den Zaunrückbau überhaupt zu forcieren, zeigt auf, dass Jagd und Jäger, losgelöst aus der starren Haltung der jagdlichen Eliten, diese neuen Entwicklungen, die die Jagd als ein neu definiertes Verantwortungshandeln verorten und den Jäger als Träger dieses Handelns in neue Zusammenhänge, in neue gesamtgesellschaftliche Verträge einzubinden versuchen, zu spüren beginnen. Die seit rund 30 Jahren zunehmenden, stetigen Mahnungen von Seiten der Forstwirtschaft, der Naturschutzverbände und des administrativen Systems, die zwar von den orthodoxen Strömungen mit Missachtung quittiert wurden, jedoch auf Dauer nicht ignoriert werden können, zeigen in den privaten Jagdkreisen durchaus allmählich Wirkung. Immer mehr heterodoxe, private Jäger schließen sich den neuen Jagdmodellen an und beginnen ihrerseits über Kommunikation und Praxis die

[2502] Wolfgang Alexander Bajohr, „Der Wald gehört uns! – Denn Eigentümer des Staatswaldes ist das Volk". Unveröffentlichter Aufsatz, November 2004, der Geschäftsstelle des ÖJV Baden-Württemberg e.V. vorliegend.

Notwendigkeit rationaler Bejagungsmodelle zu verbreiten. Die Effizienzsteigerung innerhalb der Jagd ist nicht mehr nur allein auf die staatlichen Regiejagden beschränkt – das Abrücken von dogmatischen Ansprechmerkmalen findet auch allmählich in privaten Kreisen statt, Drückjagden und Intervallbejagungen finden bei immer mehr privaten Jagdherren Eingang in die jagdliche Praxis und es scheint sich zu zeigen, dass auch die „neuen" (alten) Jagdmodelle ihre breite Anhängerschaft (wieder) finden. Sollte es nun noch gelingen den Beweis zu führen, dass die Jägerschaft mittel- und langfristig in der Lage ist, die räumlichen Vorgaben bezüglich der Sicherung der ökologischen Ressource „Wald" umzusetzen, stünde einer rationalen Einbindung der Jagd als funktionales Teilsystem in die Gesellschaft nichts mehr im Wege. Das sollte das Ziel eines jeden verständigen Jägers sein, um auch seinen Enkeln Jagd im Kulturraum Deutschland zu ermöglichen und kommenden Generationen die Bedeutung eines intakten, gesunden und stabilen Ökosystems vor Augen zu führen, welches nicht mehr allein wirtschaftlichem Nutzen dienend zu sein braucht.

13 Literaturverzeichnis

13.1 Buchtitel

1. Allmann, Joachim, Der Wald in der frühen Neuzeit, Verlag Duncker & Humblot, Berlin 1989
2. Altenmüller, Hartwig, Darstellungen der Jagd im alten Ägypten. Die Jagd in der Kunst, Verlag Paul Parey, Hamburg und Berlin 1967
3. Althoff, Gerd, Spielregeln der Politik im Mittelalter - Kommunikation in Friede und Fehde, Wissenschaftliche Buchgesellschaft, Darmstadt 1997
4. Anati, Emmanuel, Höhlenmalerei, Patmos Verlag GmbH & Co. KG, Düsseldorf 2002
5. André, Jean-Marie, Griechische Feste, Römische Spiele - Die Freizeitkultur der Antike, Verlag Reclam, Leipzig 2002
6. Andreae, Bernard, Die römischen Jagdsarkophage, Gebr. Mann Verlag, Berlin 1980
7. Aristoteles, Politik, Felix Meiner Verlag, Hamburg 1990
8. Au, Michael von, Persönliche und technische Bedingungen beim Büchsenschuß auf Schalenwild – Die Ergebnisse einer Umfrage, Diplomarbeit an der FH Rottenburg, Rottenburg 2004
9. Badian, Ernst, Römischer Imperialismus in der Späten Republik, Teubner Verlag, Stuttgart 1980
10. Baumann, Franz Ludwig, Geschichte des Allgäus, Band I, Kempten 1894
11. Baumann, Zygmunt, Moderne und Ambivalenz – Das Ende der Eindeutigkeit, Fischer Taschenbuch Verlag GmbH, Frankfurt am Main 1996
12. Becher, Matthias, Eid und Herrschaft. Untersuchungen zum Herrscherethos Karls des Großen. Vorträge und Forschungen, Sonderband 39, Sigmaringen 1993
13. Beck, Ulrich, Risikogesellschaft. Auf dem Weg in eine andere Moderne, Verlag Suhrkamp, 1986
14. Becker, Howard S., Kunst als kollektives Handeln, in: Jürgen Gerhards (Hrsg.), Soziologie der Kunst, Westdeutscher Verlag GmbH, Opladen 1997
15. Becker, Udo, Lexikon der Symbole, Verlag Herder im Breisgau, Freiburg 1992
16. Behnke, Hans, Hege und Jagd im Jahreslauf, 7. Auflage, BLV Verlagsgesellschaft mbH, München, Wien, Zürich 1994
17. Below, Stefan von und Breit, Stefan, Wald - von der Gottesgabe zum Privateigentum. Gerichtliche Konflikte zwischen Landesherren und Untertanen um den Wald in der frühen Neuzeit, Verlag Lucius & Lucius, Stuttgart 1998
18. Bergemann, Ulrich, Die Geschichte der landesherrlichen Jagdhoheit in der Grafschaft Zollern, Buchdruckerei Acker, Gammertingen 1964
19. Berger, Arthur, Die Jagd aller Völker im Wandel der Zeit, Verlag Paul Parey, Berlin 1928
20. Bieberstein, Johannes Rogalla von, Adelsherrschaft und Adelskultur in Deutschland, Verlag Peter Lang, Frankfurt am Main 1989

21. Blase, Richard, Die Jägerprüfung in Frage und Antwort, Verlag Neumann - Neudamm, Morschen-Heina 1993

22. Blickle, Peter, Studien zur geschichtlichen Bedeutung des deutschen Bauernstandes, Gustav Fischer Verlag, Stuttgart - New York 1989

23. Bode, Wilhelm und Emmert, Elisabeth, Jagdwende. Vom Edelhobby zum ökologischen Handwerk, Verlag Beck, München 1998

24. Bode, Wilhelm und Hohnhorst, Martin von, Waldwende. Vom Försterwald zum Naturwald, Verlag C.H. Beck, München 1995

25. Bode, Wilhelm, Vom lieben Bambi, dem edlen Bäumepflanzen und der gefräßigen Killerraupe! Von Märchengestalten im Deutschen Wald, in: Wilhelm Bode (Hrsg.), Naturnahe Waldwirtschaft. Prozeßschutz oder biologische Nachhaligkeit?, Verlag Deukalion 1997

26. Böhme, Klaus, Vom Steinwurf des Vormenschen zum Waidwerk der Antike, Verlag Neumann-Neudamm GmbH & Co. KG, Melsungen 1991

27. Bosl, Karl und Weis, Eberhard, Die Gesellschaft in Deutschland - Von der fränkischen Zeit bis 1848, Verlag Martin Lurtz GmbH, München 1976

28. Bosl, Karl, Das bayerische Stammesherzogtum, in: Bosl, Karl (Hrsg.), Zur Geschichte der Bayern, Wissenschaftliche Buchgesellschaft, Darmstadt 1965.

29. Bosl, Karl, Die Grundlagen der modernen Gesellschaft im Mittelalter - Eine deutsche Gesellschaftsgeschichte des Mittelalter, Teil I, Verlag Anton Hiersemann, Stuttgart 1972

30. Bourdieu, Pierre, Die feinen Unterschiede, Verlag Suhrkamp, Frankfurt am Main 1997

31. Brackert, Helmut, Höfische Jagddarstellungen in der deutschen Epik des Hochmittelalters, in: Rösener, Werner (Hrsg.), Jagd und höfische Kultur im Mittelalter, Vandenhoeck & Ruprecht, Göttingen 1997

32. Brandsch, Heinz (Hrsg.), Die Landgüterordnung Kaiser Karls des Großen, Deutscher Landwirtschaftsverlag, Berlin 1990

33. Breit, Heinrich A., Staat und Herrschaft - Eine wissenssoziologische Untersuchung, Hochschulsammlung Philosophie, Sozialwissenschaftt Band 11, Hochschulverlag, Freiburg 1980

34. Breuer Stefan, Imperien der Alten Welt, Verlag Kohlhammer, Stuttgart 1987

35. Breuer, Stefan, Max Webers Herrschaftssoziologie, Campus Verlag, Frankfurt/New York 1991

36. Bringmann, Klaus, Römische Geschichte - Von den Anfängen bis zur Spätantike, Verlag C.H. Beck, München 2000

37. Brosinger, Franz, Angepasste Schalenwildbestände - Voraussetzung für einen naturnahen Waldbau, in: Rundgespräche der Kommission für Ökologie, Bayerische Akademie der Wissenschaften (Hrsg.), Band 25, Über die Jagd - Kulturelle Aspekte und aktuelle Funktionen, Verlag Dr. Friedrich Pfeil, München 2002

38. Brunner, Otto, Land und Herrschaft, Rudolf M. Rohrer Verlag, Wien 1965

39. Buff, Joachim, 500 Jahre Osteroder Stadtwald im Spannungsfeld sich wandelnder Ansprüche der Bürger, Herausgegeben von der Stadt Osterode am Harz, Giebel & Oehlschlägel, Osterode am Harz 1987

40. Bühler, Johannes, Die Germanen in der Völkerwanderung, Insel Verlag, Leipzig 1925

41. Caesar, Gaius Iulius, Der Gallische Krieg, Verlag Reclam, Stuttgart 1980
42. Cartmill, Matt, Tod im Morgengrauen, Artemis & Winkler Verlag, 1993
43. Christiansen, Walter, Die Jagd ist nicht mehr zeitgemäß, Echo Verlag, Göttingen 1990
44. Cicero, Marcus Tullius, De natura deorum - Über das Wesen der Götter, Verlag Reclam, Stuttgart 1995
45. Ciceronis M. Tulli, Epistularum ad familiares libri XVI, zu dt.: Cicero, Marcus Tullius, An seine Freunde, Heimeran Verlag, München 1964
46. Coppens, Yves, Lucys Knie – Die prähistorische Schöne und die Geschichte der Paläontologie, Deutscher Taschenbuch Verlag GmbH & Co. KG, München 2002
47. Cramer, J., Die Grafschaft Hohenzollern. Ein Bild süddeutscher Volkszustände 1400-1850, Stuttgart 1873
48. Craner, F., Forstgesetzgebung und Forstverwaltung, Verlag und Erscheinungsjahr leider unbekannt
49. Dahlheim, Werner, Geschichte der Römischen Kaiserzeit, Oldenbourg Grundriss der Geschichte, Herausgegeben von Jochen Bleicken, Lothar Gall, Hermmann Jakobs, Band 3, R. Oldenbourg Verlag, München 1989
50. Däntl, A., Walafried Strabos Widmungsgedicht an die Kaiserin Judith und die Theoderichstatue vor der Königspfalz zu Aachen, in: Zeitschrift des Aachener Geschichtsvereins 52, 1930
51. Darwin, Charles, Die Abstammung des Menschen und die geschlechtliche Zuchtwahl, in: Darwin´s Gesammelte Werke, Bd.5/6, Stuttgart 1875-1879
52. Darwin, Charles, Entstehung der Arten, Parkland Verlag, Köln 2002
53. Dasa, Adiraja, Vedische Kochkunst, The Bhaktivedanta Book Trust, 1987
54. Dasler, Clemens, Forst und Wildbann im frühen deutschen Reich. Die könglichen Privilegien für die Reichskirche vom 9.-12. Jahrhundert. (Dissertationen zur mittelalterlichen Geschichte, 10), Verlag Böhlau, Köln 2001
55. Deißmann, Marieluise, Nachwort zum Gallischen Krieg, in: Gaius Julius Caesar, Der Gallische Krieg, Verlag Reclam, Stuttgart 1980
56. Delort, Robert, Der Elefant, die Biene und der heilige Wolf. Die wahre Geschichte der Tiere, Carl Hanser Verlag, München – Wien 1987
57. Der Volksbrockhaus, Verlag F.A. Brockhaus, Wiesbaden 1965
58. Deutsches Jagdmuseum München, Eröffnungs-Katalog 1966, Texte und Bildwahl von Dr. Karl Sälzle, Atlas Verlag und Werbung GmbH und Co. KG, München 1966
59. Die Bibel, Katholische Bibelanstalt GmbH, Stuttgart 1982
60. Diezel, Carl Emil, Erfahrungen aus dem Gebiete der Niederjagd, 2. Auflage, Verlag Scheube, Gotha 1856
61. DJV - Handbuch Jagd 2001, Deutscher Jagdschutz-Verband e.V. (Hrsg.), Verlag Dieter Hoffmann, Mainz 2001
62. DJV - Handbuch Jagd 2003, Deutscher Jagdschutz-Verband e.V. (Hrsg.), Verlag Dieter Hoffmann, Mainz 2003
63. Duby, Georges, Krieger und Bauern - Die Entwicklung von Wirtschaft und Gesellschaft im frühen Mittelalter, Syndikat Verlag, Frankfurt am Main 1981
64. Durant, Will und Ariel, Kulturgeschichte der Menschheit, Das frühe Mittelalter, Band 6, Südwest Verlag, München 1978

65. Durant, Will, Caesar und Christus, Eine Kulturgeschichte Roms und des Christentums von den Anfängen bis zum Jahre 325 n.Chr., Francke Verlag, Berlin 1959

66. Durant, Will, Das Zeitalter der Reformation – Eine Geschichte der europäischen Kultur von Wiclif bis Calvin (1300 bis 1564), Francke Verlag, Bern und München 1962

67. Eckardt, Hans Wilhelm, Herrschaftliche Jagd, bäuerliche Not und bürgerliche Kritik, Vandenhoeck & Ruprecht, Göttingen 1976

68. Eibl-Eibesfeldt, Irenäus, Krieg und Frieden aus der Sicht der Verhaltensforschung, München 1997

69. Eichendorff, Joseph Freiherr von, die Gedichte „Unmut" und „Der Unverbesserliche", in: Wolfdietrich Rasch (Hrsg.), Werke in einem Band, Hanser Verlag, München 1977

70. Elias, Norbert, Die höfische Gesellschaft: Untersuchungen zur Soziologie des Königtum und der höfischen Aristokratie, Suhrkamp Taschenbuch Wissenschaft, Frankfurt am Main 1999

71. Elias, Norbert, Über den Prozeß der Zivilisation, Erster Band, Wandlungen des Verhaltens in den weltlichen Oberschichten des Abendlandes, Verlag Suhrkamp 1977

72. Elias, Norbert, Über den Prozeß der Zivilisation, Zweiter Band, Wandlungen der Gesellschaft, Entwurf zu einer Theorie der Zivilisation, Suhrkamp Verlag 1977

73. Ellenberg, Hermann, Zur Verbissproblematik durch Wild in Wäldern, in: Saniga, M. und Korpel, S. (Hrsg.), Symposium über die Urwälder, Zvolen 13.-17.09.1993, Druck und Verlag leider unbekannt

74. Engler, Aulo, Germanen - Vom ersten Jahrhundert bis zu Karl dem Großen, Weltbildverlag, Augsburg 1989

75. Ergert, Bernd E., Die Jagd in Bayern - Von der Vorzeit bis zur Gegenwart, Rosenheimer Verlagshaus Alfred Förg GmbH & Co KG, Rosenheim 1984

76. Erler, Karl, Die volkswirtschaftliche Bedeutung der Jagd in Deutschland und die Entwicklung der Wildstände im letzten Jahrhundert, Verlag Neudamm, 1910

77. Esser, Hartmut, Soziologie – Allgemeine Grundlagen, Campus Verlag, Frankfurt - New York 1993

78. Fenske, Lutz, Jagd und Jäger im frühen Mittelalter. Aspekte ihre Verhältnisses, in: Werner Rösener (Hrsg.), Jagd und höfische Kultur im Mittelalter, Verlag Vandenhoeck & Ruprecht, Göttingen 1997

79. Fenske, Lutz, Ministerialität und Adel im Herrschaftsbereich der Bischöfe von Halberstadt während des 13. Jahrhunderts, in: Josef Fleckenstein (Hrsg.), Herrschaft und Stand, Verlag Vandenhoeck & Ruprecht, Göttingen 1977

80. Feuerstein, Georg, Gott und die Erotik, Knauer Verlag, München 1993

81. Fischer, A., Der Einfluß des Schalenwildes auf die Bodenvegetation, in: Waldökosystem und Schalenwild, Ökologischer Jagdverein Bayern e.V. (Hrsg.), Druck + Papier Meyer, Scheinfeld 1999

82. Flach, D., Römische Agrargeschichte, in: Bengston, B. (Hrsg.), Handbuch der Altertumswissenschaften, Abt. 3, Teil 9, Verlag Beck, München 1990

83. Fleckenstein, Josef, Das Turnier als höfisches Fest im hochmittelalterlichen Deutschland, Sammelband, Verlag und Herausgeber unbekannt, Erscheinungsjahr unbekannt

84. Fleckenstein, Josef, Die Entstehung des niederen Adels und das Rittertum, in: Josef Fleckenstein (Hrsg.), Herrschaft und Stand, Verlag Vandenhoeck & Ruprecht, Göttingen 1977

85. Fleckenstein, Josef, Grundlagen und Beginn der deutschen Geschichte, Verlag Vandenhoeck & Ruprecht, Göttingen 1974

86. Fleckenstein, Josef, Vom Rittertum im Mittelalter, Keip Verlag, Goldbach 1997

87. Frank, Gerhard, 120 Jahre organisierte Jägerschaft in Deutschland, Sonderdruck des Deutschen Jagdschutz- Verbandes e.V. mit freundlicher Unterstützung von Wild und Hund, 1995

88. Franke, Birgit, Jagd und landesherrliche Domäne. Bilder höfischer Repräsentation in Spätmittelalter und Früher Neuzeit, in: Wolfram Martini (Hrsg.), Die Jagd der Eliten in den Erinnerungskulturen von der Antike bis in die Frühe Neuzeit, Verlag Vandenhoeck & Ruprecht, Göttingen 2000

89. Franz, Leonhard, Jäger - Bauern - Händler. Die Wirtschaft in der Vorzeit, Rudolf M. Rohrer Verlag, Brünn, Leipzig 1939

90. Frevert, Walter, Das jagdliche Brauchtum, Verlag Paul Parey, Hamburg 1995

91. Frevert, Walter, Die Rominter Heide, in: Deutscher Jagdschutzverband e.V. (Hrsg.), Ulrich Scherping und ein halbes Jahrhundert Deutscher Jagdgeschichte. Ein Zeit- und Lebensbild,Verlag Paul Parey, Hamburg und Berlin 1960

92. Fried, Johannes, Die Formierung Europas 840 - 1046, in: Oldenbourg Grundriss der Geschichte, R. Oldenbourg Verlag, München 1991

93. Fried, Johannes, Kaiser Friedrich II. als Jäger, in: Rösener, Werner (Hrsg.), Jagd und höfische Kultur im Mittelalter, Vandenhoeck & Ruprecht, Göttingen 1997

94. Friedrich, Carl Joachim, Die Staatsraison im Verfassungsstaat, Übers. von Alice Schmitt-Psotta, Freiburg 1961

95. Friess, Rudolf, Wesen und Wege der Jagd von ihrem Urbeginn bis heute, in: Wild und Weidwerk der Welt, Herausgegeben unter dem Ehrenschutz des Bundesministeriums für Land- und Forstwirtschaft und der Österreichischen Landesjagdverbände, Marathon-Edition, Herbert St. Fürlinger, Vienna 1955

96. Fritz, Gerhard, Die Geschichte der Grafschaft Löwenstein und der Grafen von Löwenstein-Habsburg vom späten 13. bis zur Mitte des 15. Jahrhunderts, in: Historischer Verein für Württembergisch Franken, dem Stadtarchiv Schwäbisch Hall und dem Hohenlohe-Zentralarchiv Neuenstein (Hrsg.), Forschungen aus Württembergisch Franken, Band 29, Jan Thorbecke Verlag, Sigmaringen 1986

97. Fromm, Erich, Anatomie der menschlichen Destruktivität, Rowohlt Taschenbuch Verlag GmbH, Hamburg 1977

98. Frommhold, Dag, Jägerlatein - Über die ökologischen Lügen der Jäger, Okapi Verlag, Windeck 1996

99. Gaertringen, Freiherr Hans Hiller von, Jagd in Württemberg im 19. Jahrhundert. Dargestellt an der Jagd auf Markung Gärtringen - Oberamt Herrenberg, Herausgegeben von der Gemeinde Gärtringen, Jahr leider unbekannt

100. Gamber, Ortwin, Ritterspiele und Turnierrüstung im Spätmittelalter, in: Fleckenstein, Josef (Hrsg.), Das ritterliche Turnier im Mittelalter. Beiträge zu einer vergleichenden Formen- und Verhaltensgeschichte des Rittertums, Vandenhoeck & Ruprecht, Göttingen 1985

101. Gautschi, Andreas und Winsmann-Steins, Burkhard, Rominten – Gestern und Heute, Nimrod-Verlag, Bothel 1992

102. Gautschi, Andreas, Der Reichsjägermeister, Nimrod-Verlag, Suderburg 1998
103. Gautschi, Andreas, Wilhelm II. und das Waidwerk. Jagen und Jagden des letzten Deutschen Kaisers, Nimrod-Verlag, Hanstedt 2000
104. Gaxotte, Pierre, Ludwig XIV. Frankreichs Aufstieg in Europa, Gustav Lübbe Verlag, 1978
105. Gehlen, Arnold, Der Mensch – Seine Natur und seine Stellung in der Welt, Athenäum-Verlag, Bonn 1958
106. Gendrich, Goede, Jagen. Verantwortung oder Lust am Töten?, Verlag J. Neumann-Neudamm GmbH & Co. KG, Melsungen 1990
107. Gerhards, Jürgen, Soziologie der Kunst: Einführende Bemerkungen, in: Jürgen Gerhards (Hrsg.), Soziologie der Kunst, Westdeutscher Verlag GmbH, Opladen 1997
108. Gibbon, Edward, The Decline and Fall of the Roman Empire, D.M. Low. London, Book Club Associates 1979
109. Giddens, Anthony, Die Konstitution der Gesellschaft - Grundzüge einer Theorie der Strukturierung, Campus Verlag, Frankfurt - New York 1997
110. Girtler, Roland, Die feinen Leute - Von der vornehmen Art durchs Leben zu gehen, Verlag Ullstein, Berlin 1994
111. Girtler, Roland, Höfische Lebenswelten heute - Beobachtungen über Formen und Bedeutung sozialer Distanzierung, in: Helmut Kuzmics und Ingo Mörth (Hrsg.), Der unendliche Prozeß der Zivilisation - Zur Kultursoziologie der Moderne nach Norbert Elias, Campus Verlag, Frankfurt/Main; New York 1991
112. Girtler, Roland, Methoden der qualitativen Sozialforschung, Böhlau Verlag, Wien – Köln – Graz 1984
113. Girtler, Roland, Randkulturen - Theorie der Unanständigkeit, Böhlau Verlag GmbH und Co.KG, Wien – Köln – Weimar 1996
114. Girtler, Roland, Wilderer - Rebellen in den Bergen, Böhlau Verlag GmbH und Co.KG, Wien - Köln - Weimar 1998
115. Goethe, Johann Wolfgang von, Campagne in Frankreich, HA Band 10, 1792
116. Golding, William, Lord of the Flies, Faber and Faber Ltd., London – Boston 1954
117. Görtemaker, Manfred, Deutschland im 19. Jahrhundert – Entwicklungslinien, Verlag Leske + Budrich GmbH, Opladen 1994
118. Gottschalch, Wilfried, Soziologie des Selbst. Einführung in die Sozialisationsforschung, Verlag Roland Asanger, Heidelberg 1991
119. Greverus, E., Zur Geschichte des Mecklenburgischen Jagdrechts unter besonderer Berücksichtigung des Ablagerrechts, Jägerrechts und des Rechts der Folge, Dissertation, Rostock 1906
120. Grimm, Jacob, Weisthümer, Band 3, in der Dieterichschen Buchhandlung, Göttingen 1842
121. Gross, Peter, Die Multioptionsgesellschaft, Verlag Suhrkamp, Frankfurt am Main 1994
122. Gutsfeld, Andreas, Hadrian als Jäger – Jagd als Mittel kaiserlicher Selbstdarstellung, in: Wolfram Martini (Hrsg.), Die Jagd der Eliten in den Erinnerungskulturen von der Antike bis in die Frühe Neuzeit, Verlag Vandenhoeck & Ruprecht, Göttingen 2000

123. Habermas, Jürgen, Strukturwandel der Öffentlichkeit, Suhrkamp Taschenbuch Verlag, Frankfurt am Main 1996

124. Hartig, F. K., Forst- und Jagd-Staatsrecht, Leipzig 1809

125. Hartig, Georg Ludwig, Lehrbuch für Jäger und die es werden wollen, Zweyter Band, Verlag bey Rötzl und Kaulfuß, und Tübingen in der J.G. Cotta´schen Buchhandlung, Wien 1812, Reprint durch die Georg-Ludwig-Hartig-Stiftung, Wiesbaden 1998

126. Hartung, Fritz, Deutsche Verfassungsgeschichte – Vom 15. Jahrhundert bis zur Gegenwart, K.F. Koehler Verlag, Stuttgart 1950

127. Hasel, Karl, Auswirkungen der Revolution von 1848 und 1849 auf Wald und Jagd, auf Forstverwaltung und Forstbeamte, insbesondere in Baden, Schriftenreihe der Landesforstverwaltung Baden-Württemberg, Band 50, Selbstverlag der Landesforstverwaltung, Stuttgart 1977

128. Hasel, Karl, Forstgeschichte. Ein Grundriß für Studium und Praxis, Verlag Paul Parey, Hamburg und Berlin 1985

129. Hasel, Karl, Kleine Beiträge zur Forstgeschichte, insbesondere in Baden, Selbstverlag der Landesforstverwaltung Baden-Württemberg, Stuttgart 1989

130. Hauck, Karl, Tiergärten im Pfalzbereich, in: Deutsche Königspfalzen 1 (Veröffentlichungen des Max-Planck-Instituts für Geschichte 11/1), Göttingen 1963

131. Häußermann, Hartmut und Siebel, Walter, Dienstleistungsgesellschaften, Suhrkamp Verlag, Frankfurt am Main 1995

132. Hein, Dieter, Die Revolution von 1848/49, Verlag C.H. Beck, München 1999

133. Helbling, Alfred, Der Zug der Cimbern und Teutonen, Inauguraldissertation, Buchdruckerei Geschwister Ziegler, Winterthur 1898

134. Helbling, Hanno (Hrsg.), Die Jagd - Mythos, Metapher, Motiv, Insel Verlag, Frankfurt am Main und Leipzig 1993

135. Helbling, Jürg, Theorie der Wildbeutergesellschaft, Campus Verlag, Frankfurt/New York 1987

136. Heldmann, Karl, Das Kaisertum Karls des Großen - Theorien und Wirklichkeit, Verlag Hermann Böhlaus, Hof-Buchdruckerei und Verlagsbuchhandlung G.m.b.H., Weimar 1928

137. Henkels, Walter, Jagd ist Jagd und Schnaps ist Schnaps. Aus der angewandten Lehre vom edlen Waidwerk, Econ Verlag, GmbH, Düsseldorf und Wien 1971

138. Henkels, Walter, Wer einen Treiber erschiesst, muß die Witwe heiraten, Econ Verlag, GmbH, Düsseldorf und Wien 1981

139. Henne am Rhyn, Otto, Geschichte des Rittertums, Band 1, Mundus Verlag, Bearbeitete Neuauflage der unter 5883 h in der Stadtbibliothek Lübeck katalogisierten Ausgabe von 1890, Herausgegeben von A. Kleine

140. Henne am Rhyn, Otto, Geschichte des Rittertums, Band 2, Mundus Verlag, Bearbeitete Neuauflage der unter 5883 h in der Stadtbibliothek Lübeck katalogisierten Ausgabe von 1890, Herausgegeben von A. Kleine

141. Henne am Rhyn, Otto, Geschichte des Rittertums, Band 3, Mundus Verlag, Bearbeitete Neuauflage der unter 5883 h in der Stadtbibliothek Lübeck katalogisierten Ausgabe von 1890, Herausgegeben von A. Kleine

142. Hennig, Rolf, Schwarzwild. Biologie – Verhalten – Hege und Jagd, BLV Verlagsgesellschaft mbH, München – Wien – Zürich 1994

143. Henning, Friedrich-Wilhelm, Deutsche Agrargeschichte des Mittelalters – 9. bis 15. Jahrhundert, Verlag Eugen Ulmer, Stuttgart 1994

144. Hespeler, Bruno, Jagd 2000 – Zeitgemäße Jagdstrategien, Nimrod Verlag, 1995

145. Hespeler, Bruno, Jäger wohin? Eine kritische Betrachtung deutschen Weidwerks, BLV Verlagsgesellschaft mbH, München - Wien - Zürich 1990

146. Hespeler, Bruno, Prügelknabe Wald, Jagd- und Kulturverlags Anstalt, Vaduz 1996

147. Hespeler, Bruno, Raubwild heute, BLV Verlagsgesellschaft mbH, München 1995

148. Hespeler, Bruno, Rehwild heute – Lebensraum, Jagd und Hege, BLV Verlagsgesellschaft mbH, München 1992

149. Hespeler, Bruno, Rehwild heute – Neue Wege für Hege und Jagd, BLV Verlagsgesellschaft mbH, München 2003 (überarbeitete und aktualisierte Fassung)

150. Hespeler, Bruno, Schwarzwild heute, BLV Verlagsgesellschaft mbH, München 2004

151. Hilf, Richard B. und Röhrig, Fritz, Wald und Waidwerk in Geschichte und Gegenwart, Erster Teil -Der Wald - Akademische Verlagsgesellschaft Athenaion, Potsdam 1938

152. Hiller, Hubertus, Jäger und Jagd. Zur Entwicklung des Jagdwesens in Deutschland zwischen 1848 und 1914, Kieler Studien zur Volkskunde und Kulturgeschichte, Band 2, Verlag Waxmann, Münster / New York, München / Berlin 2003

153. Hiller, Hubertus, Untertanen und obrigkeitliche Jagd. Zu einem konfliktträchtigen Verhältnis in Schleswig-Holstein zwischen 1600 und 1848. Studien zur Volkskunde und Kulturgeschichte Schleswig-Holsteins, Band 27, Karl Wachholtz Verlag, Neumünster 1992

154. Hinrichs, Ernst, Einführung in die Geschichte der frühen Neuzeit, Verlag C.H. Beck, München 1980

155. Hintze, Otto, Geist und Epochen der preußischen Geschichte, in: Fritz Hartung (Hrsg.), Gesammelte Abhandlungen, Verlag Koehler und Amelang, Leipzig 1943

156. Hobbes, Thomas, Leviathan. Erster und zweiter Teil, Übersetzung von Jacob Peter Mayer, Verlag von Philipp Reclam Jun., Stuttgart 1995

157. Hobsbawn, E., Die Banditen, 1972, nur in Auszügen vorhanden

158. Hobsbawn, E., Sozialrebellen. Archaische Sozialbewegungen im 19. und 20. Jahrhundert, 1962, nur in Auszügen vorhanden

159. Hoffmann, Jürgen, Politisches Handeln und gesellschaftliche Struktur, Verlag Westfälisches Dampfboot, Münster 1996

160. Hofmann, Hans-Hubert, Adelige Herrschaft und souveräner Staat, Buchdruckerei Michael Laßleben, München 1962

161. Hofmeister, Heinrich, Lebensraum Wald. Pflanzengesellschaften und ihre Ökologie, 4. neubearbeitete Auflage, Parey Buchverlag, Berlin 1997

162. Holzberger, Rudi, Ein Streifzug durch die Wälder unseres Bewusstseins. Der Wald als Metapher, Mythos und Methode, in: Frank Halder (Hrsg.), Public Relations für den Wald, Verlag Reinhard Fischer, München 1992

163. Hornstein, Felix von, Wald und Mensch, Otto Maier Verlag, Ravensburg 1951

164. Jagdlexikon, BLV Verlagsgesellschaft mbH, München 1994

165. Jahn, Theo, Der farbige Brehm, nach der 2., überarbeiteten Auflage von Brehms Tierleben 1878ff. gekürzt und bearbeitet, Verlag Herder KG, Freiburg im Breisgau 1966

166. Jarck, Horst-Rüdiger, Repräsentation - sportliches Vergnügen - bäuerliche Last. Die Jagd des Bischofs Clemens August (1700-1761) im Hümmling, in: Die *Jägerey* im 18. Jahrhundert, Colloquium der Arbeitsstelle 18. Jahrhundert, Bergische Universität, Gesamthochschule Wuppertal, Verlag Carl Winter, Heidelberg 1991

167. Jarnut, Jörg, Die frühmittelalterliche Jagd unter rechts- und sozialgeschichtlichen Aspekten, in: Settimane di studio del Centro italiano di studi sull`alto medioevo 31/1. 1985, S. 764-798; neuerdings auch in: Becher (Hg): Herrschaft und Etnogenese im Frühmittelalter. Festschrift für Jörg Jarnut, Münster 2002

168. Jochmann von Pernau, Carl Gustav, Die unzeitige Wahrheit, Aphorismen, Glossen, und der Essay "Über die Öffentlichkeiten", Gustav Kiepenheuer Verlag, Leipzig und Weimar 1990

169. Jochmann von Pernau, Carl Gustav, Zur Naturgeschichte des Adels, Verlag der F. X. Ribler´schen Hofbuchhandlung, Hechingen 1838

170. Jochmann, Werner und Nellessen, Bernd, Adolf Hitler. Persönlichkeit, Ideologie, Taktik, Verlag Ferdinand Schöningh, Paderborn 1960

171. Kaiser Wilhelm II., Aus meinem Leben 1859-1888, Verlag von K. F. Koehler, Berlin W 9 und Leipzig, 1927

172. Kalchreuter, Heribert, Jäger und Wildtier. Auswirkungen der Jagd auf Tierpopulationen, Europäisches Wildforschungsinstitut (Hrsg.), Universität des Saarlandes, Verlag Dieter Hoffmann, Mainz 1994

173. Kantorowicz, E., Kaiser Friedrich II, Verlag leider unbekannt, Erscheinungsjahr 1927

174. Kaspers, Heinrich, Comitatus nemoris. Die Waldgrafschaft zwischen Maas und Rhein, in: Beiträge zur Geschichte des Dürener Landes, Band 7, zugleich Zeitschrift des Aachener Geschichtsvereins, Beiheft 2, Stadt Düren (Hrsg.), Düren und Aachen 1957

175. Kasulke, Tobias, Hadrian und die Jagd im Spiegel der zeitgenössischen Literatur, in: Wolfram Martini (Hrsg.), Die Jagd der Eliten in den Erinnerungskulturen von der Antike bis in die frühe Neuzeit, Verlag Vandenhoeck & Ruprecht, Göttingen 2000

176. Kaufmann, Ekkehard, Fronung, in: Erler, Adalbert und Kaufmann, Ekkehard (Hrsg.), Handwörterbuch zur Deutschen Rechtsgeschichte, I. Band Aachen – Haussuchung, Verlag Erich Schmidt, Berlin 1971

177. Kersting, Wolfgang, Niccolò Machiavelli, Verlag C.H. Beck, München 1988

178. Keudell, J., Geschichte des Forst- und Jagdwesens von Teutschland, Druck und Verlag von Florentin Schuster, Hersfeld 1837

179. Kieß, Rudolf, Forstnamen als Spuren frühmittelalterlicher Geschichte, in: Protokoll über die Arbeitssitzung am 11. November 1995 im Konstanzer Stadtarchiv, Nr. 348, Herausg. vom Konstanzer Arbeitskreis für mittelalterliche Geschichte e.V.

180. Kieß, Rudolf, Veröffentlichungen der Kommission für geschichtliche Landeskunde in Baden-Württemberg, Reihe B, Forschungen, 2. Band: Die Rolle der Forsten im Aufbau des württembergischen Territoriums bis ins 16. Jahrhundert, W. Kohlhammer Verlag, Stuttgart 1958

181. Klein, J.F. und Ziehr, Walter, Die Stuttgarter Pirsch, Herausgegeben von der Jägervereinigung Stuttgart, 1968

182. Kleist, Heinrich von, Michael Kohlhaas, Ernst Klett Verlag, Stuttgart 1979

183. Knauth, Wolfgang, in Verbindung mit Nadjamabadi, Seifoddin, Das altiranische Fürstenideal von Xenophon bis Ferdousi, Franz Steiner Verlag GmbH, Wiesbaden 1975

184. Knoll, Martin, Umwelt - Herrschaft - Gesellschaft. Die landesherrliche Jagd Kurbayerns im 18. Jahrhundert, Studien zur neueren Geschichte, Band 4, in: Luttenberger, Albrecht und Edel, Andreas (Hrsg.), Scripra Mercaturae Verlag, St. Katharinen 2004

185. Kobell, Franz von, Wildanger. Skizzen aus dem Gebiete der Jagd und ihrer Geschichte mit besonderer Rücksicht auf Bayern, Verlag J.G. Cotta, Stuttgart 1859

186. Koch, Rainer, Die Agrarrevolution in Deutschland 1848, in: Dieter Langewiesche (Hrsg.), Die Deutsche Revolution von 1848/49, Darmstadt 1983

187. Kohl, Gerald, Jagd und Revolution. Das Jagdrecht in den Jahren 1848 und 1849, Frankfurt am Main 1992

188. Kokabi, Mostefa, Forschungen und Berichte zur Vor- und Frühgeschichte in Baden Württemberg. Bd.13. Arae Flaviae II, Stuttgart 1982 und Bd.28, Arae Flaviae IForschungen und Berichte zur Vor- und Frühgeschichte in Baden Württemberg. Bd.13. Arae Flaviae II (Stuttgart 1982) und Bd.28. Arae Flaviae IV (Stuttgart 1988),Stuttgart 1988

189. Kollmer, Gero, Der Jagdfrevel – Systematische Untersuchung der Jagdbeschränkungen des Bundesjagdgesetzes: Tatbestände, Probleme, Sanktionen und Nebenfolgen, Dissertation an der Juristischen Fakultät der Universität Regensburg, 2000

190. Körber, Esther-Beate, Öffentlichkeiten der frühen Neuzeit, Verlag Walter de Gruyter, Berlin - New York 1998

191. Köstlin, Konrad, Die Verrechtlichung der Volkskultur, in: Konrad Köstlin und Kai Detlev Sievers (Hrsg.), Das Recht der kleinen Leute. Beiträge zur Rechtlichen Volkskunde. Festschrift für K.S. Kramer, Berlin 1976

192. Kraft, Karl, Jagdrecht für Baden-Württemberg, 19. Auflage, Verlag W. Kohlhammer, Stuttgart 1998

193. Krämer, Walter und Trenkler, Götz, Das Beste aus dem Lexikon der populären Irrtümer, Piper Verlag GmbH, München 2002

194. Krebs, Herbert, Vor und nach der Jägerprüfung, 48. Auflage, BLV Verlagsgesellschaft mbH, München 1993

195. Kreckel, Reinhard, Politische Soziologie der sozialen Ungleichheit, Campus Verlag, Frankfurt / New York 1992

196. Kretschmann, Gottfried, Berühmte und berüchtigte Jäger, in: Wild und Weidwerk der Welt, Herausgegeben unter dem Ehrenschutz des Bundesministeriums für Land- und Forstwirtschaft und der Österreichischen Landesjagdverbände, Marathon-Edition, Herbert St. Fürlinger, Vienna 1955

197. Krippendorff, Eckkehardt, Bemerkungen zu Herfried Münklers kritischer Auseinandersetzung, in: Steinweg, Reiner (Red.), Kriegsursachen, Suhrkamp Verlag, Frankfurt am Main 1987

198. Krotz, Friedrich Wilhelm, Wesen und Funktion der Jagd im Werke Ernest Hemingways, Inaugural Dissertation, Albert-Ludwigs-Universität, Freiburg im Breisgau 1963

199. Kruedener, Jürgen Freiherr von, Die Rolle des Hofes im Absolutismus, in: Borchardt, Knut; Schremmer, Eckart; Zorn, Wolfgang; (Hrsg.), Forschungen zur Sozial- und Wirtschaftsgeschichte, Band 19, Gustav Fischer Verlag, Stuttgart 1973

200. Krywalski, Dieter, Knauers Lexikon der Weltliteratur, Bechtermünz Verlag, Augsburg 1999

201. Kübler, Walter, Reichsjagdgesetz und Württembergisches Jagdrecht - ein Vergleich, Dissertation, Tübingen 1937

202. Kühnle, Günter Reinhold, Der Jäger und sein Ich, AVANT-Verlag, München / Bonn 1994

203. Kühnle, Günter Reinhold, Der Mensch als Jäger im Spiegel seiner Vernunft, Das Töten von Wildtieren als natürliches und kulturelles Phänomen, AVANT-Verlag, München / Bonn 1997

204. Kühnle, Günter Reinhold, Die Jagd als Mechanismus der biotischen und kulturellen Evolution des Menschen. De venatoris naturae sensibilis atque intelligibilis forma et principiis. Zur soziopsychologischen Rolle des Jagdschemas als Denk- und Handlungsschema, Dissertation, Bonn – Trier 2003

205. Kühnle, Günter Reinhold, Die Jagd des Josef Rotanev, in: Forum Lebendige Jagdkultur E.V. (Hrsg.), Österreichischer Agrarverlag, Klosterneuburg 1998

206. Kühnle, Günter Rheinhold, Die Jagd zwischen Leidenschaft und Vernunft, AVANT-Verlag, München / Bonn 1993

207. Landau, Georg, Beiträge zur Geschichte der Jagd und der Falknerei in Deutschland. Die Geschichte der Jagd und der Falknerei in beiden Hessen,Verlag Horst Hamecher, Kassel 1992, Reprint des Originals Druck und Verlag von Theodor Fischer, Kassel 1849

208. Läpple, Dieter, Essay über den Raum - Für ein gesellschaftswissenschaftliches Raumkonzept, in: Hartmut Häußermann (Hrsg.), Stadt und Raum, Pfaffenweiler 1991

209. Lauven, Dieter, Entwicklungen des Jagdrechts, in: Rundgespräche der Kommission für Ökologie, Bayerische Akademie der Wissenschaften (Hrsg.), Band 25, Über die Jagd – Kulturelle Aspekte und aktuelle Funktionen, Verlag Dr. Friedrich Pfeil, München 2002

210. Lawrence, Ronald D., Auf der Spur der Wölfe, Orbis Verlag, München 1997

211. Lehfeld, Dr., Jagdrechtskunde für den preußischen Weidmann, Verlag Paul Parey, Berlin 1897

212. Leiber, L., Auszug aus einem Vortrag vor dem Badischen Waldbesitzerverband, in: Münker, Wilhelm (Hrsg.), Dem Mischwald gehört die Zukunft, Deutscher Heimat-Verlag, Bielefeld 1958

213. Lettow-Vorbeck, Gerd von, Zum Geleit, in: Deutscher Jagdschutzverband e.V. (Hrsg.), Ulrich Scherping und ein halbes Jahrhundert Deutscher Jagdgeschichte. Ein Zeit- und Lebensbild,Verlag Paul Parey, Hamburg und Berlin 1960

214. Lexikon zur Soziologie, W. Fuchs, R. Klima, R. Lautmann, O. Rammstedt, H. Wienold (Hrsg.), Westdeutscher Verlag GmbH, Opladen 1988

215. Lieven, Dominic, Abschied von Macht und Würden – Der europäische Adel 1815-1914, S. Fischer Verlag GmbH, Frankfurt 1995

216. Lindner, Kurt, Die Jagd der Vorzeit, Verlag Walter de Gruyter & Co., Berlin 1937

217. Lindner, Kurt, Geschichte des deutschen Weidwerks, Band 2, Die Jagd im frühen Mittelalter, Verlag Walter de Gruyter & Co., Berlin 1940

218. Lindner, Kurt, Jagd – Verteidigung einer Definition, in: Homo Venator, Schriften zu Geschichte und Soziologie der Jagd, Band 1, Rudolf Habelt, Bonn 1978

219. Lindner, Kurt, Queen Mary´s Psalter. Die Jagd in der Kunst, Verlag Paul Parey, Hamburg und Berlin 1966

220. Lindner, Kurt, Weidgerecht – Herkunft, Geschichte und Inhalt, in: Homo Venator, Schriften zu Geschichte und Soziologie der Jagd, Band 2, Rudolf Habelt, Bonn 1979

221. Linnenkohl, Karl, Bundesjagdgesetz und ergänzende Vorschriften, Taschenkommentar, Nomos Verlagsgesellschaft, Baden-Baden, 1998

222. Litschauer, Gottfried Franz, Kleine Weltgeschichte mit Hervorhebung der leitenden Ideen, Tyrolia-Verlag, Innsbruck - Wien - München 1936

223. Löw, Martina, Raumsoziologie, Suhrkamp Verlag, Frankfurt am Main 2001

224. Lüning, Jens; Jockenhövel, Albrecht; Bender, Helmut; Capelle, Torsten; Deutsche Agrargeschichte, Vor- und Frühgeschichte, Verlag Eugen Ulmer 1997

225. Lütge, Friedrich, Die Agrarverfassung des frühen Mittelalters, Gustav Fischer Verlag, Stuttgart 1966

226. Machiavelli, Niccolo, Aus der Reihe: Klassiker der Politik, Westdeutscher Verlag, Band 2, herausgegeben von Otto Heinrich von der Gablentz / Erwin Faul, Köln und Opladen 1965

227. Machiavelli, Niccolo, Der Fürst, Alfred Kröner Verlag, Stuttgart 1978

228. Machiavelli, Niccolo, Discorsi – Gedanken über Politik und Staatsführung, Alfred Kröner Verlag, Stuttgart 1977

229. Macpherson, Crawford B., Naturzustand und Marktgesellschaft, in: W. Kersting (Hrsg.), Thomas Hobbes Leviathan oder Stoff, Form und Gewalt eines bürgerlichen und kirchlichen Staates, Akademie Verlag, Berlin 1996

230. Mallanaga Vatsyayana, Das Kamasutra, Deutscher Taschenbuch Verlag GmbH & Co. KG, München 1991

231. Mantel, Kurt, Wald und Forst in der Geschichte, Verlag M.& H. Schaper, Alfeld-Hannover 1990

232. Martini, Wolfram, Einleitung, in: Wolfram Martini (Hrsg.), Die Jagd der Eliten in den Erinnerungskulturen von der Antike bis in die Frühe Neuzeit, Verlag Vandenhoeck & Ruprecht, Göttingen 2000

233. Marx, Karl und Engels, Friedrich, Manifest der Kommunistischen Partei, Verlag Philipp Reclam, Stuttgart 1989

234. Marx-Kruse, M. und von Campe, E., Chronik der deutschen Jagd - Eine Kulturgeschichte des Jagdwesens von den Anfängen bis zur Gegenwart in Dokumenten, Verlag Wilhelm Langewiesche - Brandt, Ebenhausen bei München 1937

235. Maylein, Klaus, Jagd und Jäger in der modernen Gesellschaft - Ambivalenz und Notwendigkeit? (Magisterarbeit), Universität Konstanz 1999

236. Meister, Georg, Waldbau und Jagd, in: Waldökosystem und Schalenwild, Ökologischer Jagdverein Bayern e.V. (Hrsg.), Druck + Papier Meyer, Scheinfeld 1999

237. Mellaart, James, Çatal Hüyük - Stadt aus der Steinzeit, Gustav Lübbe Verlag, Bergisch Gladbach 1967

238. Meuthen, Erich, Das 15. Jahrhundert, Oldenbourg Grundriss der Geschichte, Herausgegeben von Jochen Bleicken, Lothar Gall, Hermmann Jakobs, Band 9, R. Oldenbourg Verlag, München 1996

239. Mez, Lutz, Von den Bürgerinitiativen zu den Grünen, in: Roth, Roland und Rucht, Dieter (Hrsg.), Neue soziale Bewegungen in der Bundesrepublik Deutschland, Verlag Campus, Frankfurt am Main 1987

240. Miethke, Jürgen, Politische Theorien im Mittelalter, in: Hans-Joachim Lieber (Hrsg.), Politische Theorien von der Antike bis zur Gegenwart, Studien zur Geschichte und Politik, Schriftenreihe Band 299, Bundeszentrale für politische Bildung, Bonn 1993

241. Miller, Max und Soeffner, Hans-Georg, Modernität und Barbarei - Eine Einleitung, in: Miller Max und Soeffner, Hans-Georg (Hrsg.), Modernität und Barbarei, Suhrkamp Verlag, Frankfurt am Main 1996

242. Miller, Max, Das Jagdwesen der alten Griechen und Römer, Verlag von Heinrich Killinger, München 1883

243. Mohr, Hans, Biologie und soziokulturelle Evolution, in: Sitte, Peter (Hrsg.), Jahrhundertwissenschaft Biologie – Die großen Themen, Verlag C.H. Beck, München 1999

244. Moinot, Pierre, Die königliche Jagd, Karl Rauch Verlag, Düsseldorf 1954

245. Morris, Simon Conway, Life´s Solution – Inevitable Humans in a Lonely Universe, in Auszügen vorliegend

246. Mörsdorf, Stefan und Wilms, Hajo, Globaler Wandel fängt im Wald an!, in: Wilhelm Bode (Hrsg.), Naturnahe Waldwirtschaft. Prozeßschutz oder biologische Nachhaligkeit?, Verlag Deukalion 1997

247. Morsel, Joseph, Jagd und Raum - Überlegungen über den sozialen Sinn der Jagdpraxis am Beispiel des spätmittelalterlichen Franken, in: Werner Rösener (Hrsg.), Jagd und höfische Kultur im Mittelalter, Verlag Vandenhoeck & Ruprecht, Göttingen 1997

248. Moser, W. G., Grundsätze der Forstökonomie, Leipzig – Frankfurt am Main, 1757

249. Müller, Achatz von, Schauspiele der Gewalt. Vom Zweikampf zum Duell, in: Uwe Schultz (Hrsg.), Das Duell. Der tödliche Kampf um die Ehre, Insel Verlag, Frankfurt am Main 1996

250. Müller, Hans-Peter, Sozialstruktur und Lebensstile, Suhrkamp Verlag, Frankfurt am Main 1997

251. Müller-Using, Detlev und Werner, Friedrich K., Die Jagd in Schrifttum und Dichtkunst, in: Wild und Weidwerk der Welt, Herausgegeben unter dem Ehrenschutz des Bundesministeriums für Land- und Forstwirtschaft und der Österreichischen Landesjagdverbände, , Marathon-Edition, Herbert St. Fürlinger, Vienna 1955

252. Müller-Using, Detlev, Diezels Niederjagd, 21. Auflage, Verlag Paul Parey, Hamburg und Berlin 1974

253. Münker, Wilhelm, Wald über Jagd!, Ausschuß zur Rettung des Laubwaldes im Deutschen Heimatbund (Hrsg.), Deutscher Heimat-Verlag, Bielefeld 1951 (?)

254. Münkler, Herfried, Machiavelli - Die Begründung des politischen Denkens der Neuzeit aus der Krise der Republik Florenz, Fischer Taschenbuch Verlag GmbH, Frankfurt am Main 1984

255. Nida-Rümelin, Julian, Bellum omnium contra omnes - Konflikttheorie und Naturzustandskonzeption im 13. Kapitel des Leviathan, in: Wolfgang Kersting (Hrsg.), Thomas Hobbes Leviathan oder Stoff, Form und Gewalt eines bürgerlichen und kirchlichen Staates, Akademie Verlag, Berlin 1996

256. Nippel, Wilfried, Politische Theorien der griechisch-römischen Antike, in: Hans-Joachim Lieber (Hrsg.), Politische Theorien von der Antike bis zur Gegenwart, Bundeszentrale für politische Bildung, Schriftenreihe Band 299, Bonn 1993

257. Notker, Gesta Karoli. Die Taten Karls, in: Reinhold Rau (Hrsg.), Quellen zur Karolingischen Reichsgeschichte, Band 3, ND 1969, Darmstadt 1955

258. Nüßlein, Fritz, Das praktische Handbuch der Jagdkunde, BLV Verlagsgesellschaft mbH, München 2003

259. Ortega y Gasset, José, Meditationen über die Jagd, Deutsche Verlags-Anstalt, Stuttgart 1998

260. Orthbandt, Eberhard, Illustrierte Geschichte Europas, Südwest Verlag, München 1966

261. Ott, Wilfried, Die Entwicklung der Forstorganisation in Württemberg seit 1803, Schriftenreihe der Landesforstverwaltung Baden-Württemberg, Band 54, Ministerium für Ernährung, Landwirtschaft und Umwelt (Hrsg.), Stuttgart 1979

262. Pflittner, Torsten, Manifestation der Herrschaft im Raum. Adelige Jagd im Mittelalter unter Karl dem Großen, Wissenschaftliche Arbeit im Rahmen der Landeslehrerprüfung für das Lehramt an Gymnasien, Universität Konstanz, Geisteswissenschaftliche Sektion Fachgruppe Geschichte, Konstanz 2003

263. Planitz, Hans, Deutsche Rechtsgeschichte, Verlag Hermann Böhlhaus, Graz-Köln 1961

264. Platon, Der Sophist, Verlag Meiner, Hamburg 1985

265. Platon, Der Staat, Verlag Philipp Reclam jun., Leipzig 1978

266. Ploetz, Geschichts-Kompass – Grunddaten der Weltgeschichte, im Verlag Herder, Freiburg i.Br., Lizenzausgabe für KOMET MA-Service und Verlagsgesellschaft mbH, Frechen 2000

267. Plutarch, Lebensbeschreibungen Großer Helden, Paul Uhle (Hrsg.), Verlag B. G. Teubner, Leipzig 1880

268. Prien, Siegfried, Wildschäden im Wald. Ökologische Grundlagen und intergrierte Schutzmaßnahmen, Parey Buchverlag, Berlin 1997

269. Quaritsch, H., Staat und Souveränität, Band 1, Die Grundlagen, Athenäum Verlag, Frankfurt 1970

270. Rachlin, Harvey, Lucys Knochen, heilige Steine und Einsteins Gehirn. Skurrile Museumsstücke aus aller Welt, Deutscher Taschenbuch Verlag, München 1998

271. Raesfeld, Ferdinand von, Aus der Weidmannstasche. Jagdliche Zeit- und Streitfragen, Verlag Paul Parey, Berlin 1900

272. Raesfeld, Ferdinand von, Das deutsche Waidwerk, Verlag Paul Parey, 1979

273. Raesfeld, Ferdinand von, Die Hege in der freien Wildbahn. Ein Lehr- und Handbuch für Jäger und Jagdbesitzer, Auflage 1, Verlag Paul Parey, Berlin 1920

274. Rall, Hans, Wilhelm II. – Eine Biographie, Verlag Styria, Graz – Wien – Köln 1995

275. Reb, Werner, Die Bewegungsjagd, BLV Verlagsgesellschaft mbH, München 2004

276. Rehfuß, Carl (Oberländer), Der Lehrprinz, Ein Führer für angehende Jäger, Verlag J. Neumann - Neudamm, 1900

277. Rehfuß, Carl (Oberländer), Quer durch deutsche Jagdgründe. Aus der Mappe eines philosophierenden Jägers, Verlag J. Neumann – Neudamm, 1901

278. Rehwildprojekt Borgerhau. Untersuchungen zur Ökologie einer freilebenden Rehwildpopulation, in: Wildforschungsstelle des Landes Baden-Württemberg (Hrsg.), Schriftenreihe Wildforschung in Baden-Württemberg, Band 5, Aulendorf, März 2000

279. Reichholf, Josef H., Das Rätsel der Menschwerdung, Deutscher Taschenbuch-Verlag GmbH & Co.KG, München 1990

280. Reichholf, Josef H., Jagd und Naturschutz, in: Rundgespräche der Kommission für Ökologie, Bayerische Akademie der Wissenschaften (Hrsg.), Band 25, Über die Jagd - Kulturelle Aspekte und aktuelle Funktionen, Verlag Dr. Freidrich Pfeil, München 2002

281. Reinicke, Helmut, Märchenwälder. Ein Abgesang, Berlin 1987, nur in Auszügen vorhanden

282. Reinwald, Annegret, Die Jagd im Badischen Odenwald, Dissertation an der Universität Heidelberg, 1967

283. Reiterer, Monika Elisabeth, Ärgernis Jagd?, Leopold Stocker Verlag, Graz - Stuttgart 2001

284. Reyscher, August Ludwig, Die grundherrlichen Rechte des württembergischen Adels, Tübingen 1836

285. Richter, W., Kulturbilder aus dem Klassischen Altertume, Band II, Die Spiele der Griechen und Römer, Verlag von E.A. Seemann, Leipzig 1887

286. Riehl, Wilhelm Heinrich, Die Geschichte der Erhebung des Nassauischen Volkes, Wiesbaden 1849

287. Riehl, Wilhelm Heinrich, Land und Leute, Verlag der J.G. Cotta´schen Buchhandlung, Stuttgart 1894

288. Riemer, Matthias, Wildbiologische Wahrheiten, B&P Verlag für Biologie und Pädagogik, Reutlingen 2000

289. Riesenthal, Oskar von, Das ist des Jägers Ehrenschild, in: M. Freiherr von Knigge-Leveste (Hrsg.), Deutsche Wald- und Waidmannssprüche in Reimen, Werk in Ausszügen vorliegend, 1899.

290. Roosen, Rolf, *...tuen kund und fügen zu wissen.* Ausgewählte Jagdordnungen des 18. Jahrhunderts, in: Die *Jägerey* im 18. Jahrhundert, Colloquium der Arbeitsstelle 18. Jahrhundert, Bergische Universität, Gesamthochschule Wuppertal, Verlag Carl Winter, Heidelberg 1991

291. Rösener, Werner, Agrarwirtschaft, Agrarverfassung und ländliche Gesellschaft im Mittelalter, in: Enzyklopädie Deutscher Geschichte, Band 13, 1992

292. Rösener, Werner, Der König als Jäger - Antike Einflüsse auf die herrschaftliche Jagd im Mittelalter, in: Wolfram Martini (Hrsg.), Die Jagd der Eliten in den Erinnerungskulturen von der Antike bis in die Frühe Neuzeit, Verlag Vandenhoeck & Ruprecht, Göttingen 2000

293. Rösener, Werner, Die Geschichte der Jagd. Kultur, Gesellschaft und Jagdwesen im Wandel der Zeit, Verlag Artemis & Winkler, Düsseldorf und Zürich 2004

294. Rösener, Werner, Jagd und höfische Kultur als Gegenstand der Forschung, in: Rösener, Werner (Hrsg.), Jagd und höfische Kultur im Mittelalter, Vandenhoeck & Ruprecht, Göttingen 1997

295. Rösener, Werner, Jagd, Rittertum und Fürstenhof im Hochmittelalter, in: Rösener, Werner (Hrsg.), Jagd und höfische Kultur im Mittelalter, Vandenhoeck & Ruprecht, Göttingen 1997

296. Rösener, Werner, Ministerialität, Vasallität und niederadlige Ritterschaft im Herrschaftsbereich der Markgrafen von Baden vom 11. bis zum 14. Jahrhundert, in: Josef Fleckenstein (Hrsg.), Herrschaft und Stand, Verlag Vandenhoeck & Ruprecht, Göttingen 1977

297. Rovan, Joseph, Geschichte der Deutschen - Von ihren Ursprüngen bis heute, Verlag Carl Hanser, München - Wien 1995

298. Rubner, Heinrich, Forst, in: Erler, Adalbert und Kaufmann, Ekkehard (Hrsg.), Handwörterbuch zur Deutschen Rechtsgeschichte, I. Band Aachen – Haussuchung, Verlag Erich Schmidt, Berlin 1971

299. Rubner, Heinrich, Forstgeschichte im Zeitalter der industriellen Revolution, Duncker & Humblot, Berlin 1967

300. Rubner, Heinrich, Vom römischen Saltus zum fränkischen Forst, in: Historisches Jahrbuch 83, 1964

301. Rucht, Dieter, Von der Bewegung zur Institution? – Organisationsstrukturen der Ökologiebewegung, in: Roth, Roland und Rucht, Dieter (Hrsg.), Neue soziale Bewegungen in der Bundesrepublik Deutschland, Verlag Campus, Frankfurt am Main 1987

302. Rüttgers, Jürgen, Dinosaurier der Demokratie - Wege aus Parteienkrise und Politikverdrossenheit, Verlag Hoffmann und Campe, Hamburg 1993

303. Sälzle / Schedelmann, Jagdbrevier, Keysersche Verlagsbuchhandlung, Heidelberg – München, Erscheinungsjahr leider unbekannt

304. Schaefer, Klaus und Grohnert Dietrich, Joseph Freiherr von Eichendorff. Der Weg eines großen Dichters, in: Romantik, herausgegeben vom Kollektiv für Literaturgeschichteim volkseigenen Verlag Volk und Wissen, Leipzig 1966

305. Schaller, Dieter, De karolo rege et Leone papa, (Aachener Karlsepos), in: Kurt Ruh (Hrsg.), Die deutsche Literatur des Mittelalters, Verfasserlexikon 4, 2. Auflage, Berlin - New York 1983

306. Schellhorn, Ludwig, Goldenes Vlies. Tiersymbole des Märchens in neuer Sicht, Ernst Reinhard Verlag, München / Basel 1968

307. Schernig, Eva und Martini, Wolfram, Das Jagdmotiv in der imperialen Kunst hadrianischer Zeit, in: Wolfram Martini (Hrsg.), Die Jagd der Eliten in den Erinnerungskulturen von der Antike bis in die Frühe Neuzeit, Verlag Vandenhoeck & Ruprecht, Göttingen 2000

308. Scherping, Ulrich, Uns blieb das Waidwerk, BLV Verlagsgesellschaft München, Bonn, Wien, 1958

309. Scherping, Ulrich, Waidwerk zwischen den Zeiten, Verlag Paul Parey in Berlin und Hamburg, 1950

310. Schlesinger, Walter, Beiträge zur deutschen Verfassungsgeschichte des Mittelalters, Band 1, Vandenhoeck & Ruprecht, Göttingen 1963

311. Schmidt, Mario, Risk-Assessment – Quantifizierung von Risiken im Umwelt- und Technikbereich, in: Schmidt, Mario (Hrsg.), Leben in der Risikogesellschaft. Der Umgang mit modernen Zivilisationsrisiken, Verlag C.F. Müller, Karlsruhe 1989

312. Schmitz, Ralf W. und Thissen, Jürgen, Neandertal – Die Geschichte geht weiter, Spektrum Akademischer Verlag, Heidelberg – Berlin 2002

313. Schniepp, Ernst, Jagd und Jäger an der Jahrtausendwende 1976 – 2000, herausgegeben vom Landesjagdverband Baden-Württemberg e.V., Stuttgart 2000

314. Schraml, Ulrich, Die Normen der Jäger. Soziale Grundlagen des jagdlichen Handelns, Erschienen in der Schriftenreihe des Fachverband Forst e.V.; Bd.8, Riwa Verlag, Augsburg 1998

315. Schriftenreihe der Landesforstverwaltung Baden-Württemberg, Band 9, Die Forstwirtschaft in Baden-Württemberg, 3. Auflage, Ministerium für Ernährung, Landwirtschaft und Umwelt (Hrsg.), Stuttgart 1976

316. Schröder, Richard, Lehrbuch der deutschen Rechtsgeschichte, Verlag von Veit & Comp., Leipzig 1907

317. Schulte, Regina, Das Dorf im Verhör. Brandstifter, Kindsmörderinnen und Wilderer vor den Schranken des bürgerlichen Gerichts, Oberbayern 1848-1910, Rowohlt Verlag, Hamburg 1989

318. Schultz, Uwe, Von der Heldentat zum Freitod, in: Uwe Schultz (Hrsg.), Das Duell. Der tödliche Kampf um die Ehre, Insel Verlag, Frankfurt am Main 1996

319. Schulz, Winfried, Politische Kommunikation - Theoretische Ansätze und Ergebnisse empirischer Forschung, Westdeutscher Verlag, Oppladen 1997

320. Schulze, Gerhard, Die Erlebnisgesellschaft. Kultursoziologie der Gegenwart, Campus Verlag, Frankfurt/Main; New York 1993

321. Schulze, Hermann, Der waidgerechte Jäger, Verlag Paul Parey, Hamburg und Berlin 1982

322. Schütz, Bernhard, Jagd in der Kunst, in: Rundgespräche der Kommission für Ökologie, Bayerische Akademie der Wissenschaften (Hrsg.), Band 25, Über die Jagd – Kulturelle Aspekte und aktuelle Funktionen, Verlag Dr. Freidrich Pfeil, München 2002

323. Schwan, Alexander, Politische Theorien des Rationalismus und der Aufklärung, in: Hans-Joachim Lieber (Hrsg.), Politische Theorien von der Antike bis zur Gegenwart, Bundeszentrale für politische Bildung, Schriftenreihe Band 299, Bonn 1993

324. Schwappach, Adam, Grundriß der Forst- und Jagdgeschichte Deutschlands, Verlag von Julius Springer, Berlin 1883

325. Schwappach, Adam, Handbuch der Forst- und Jagdgeschichte Deutschlands. 2 Bände, Verlag von Julius Springer, Berlin 1886-1888

326. Schwenk, Sigrid, Die Jagd im Spiegel mittelalterlicher Literatur und Jagdbücher, in: Rösener, Werner (Hrsg.), Jagd und höfische Kultur im Mittelalter, Vandenhoeck & Ruprecht, Göttingen 1997

327. Schwenk, Sigrid, Jagd: Überlebensstrategie – höfische Lustbarkeit – verantwortungsbewußte Gestaltung der Umwelt, in: Rundgespräche der Kommission für Ökologie, Bayerische Akademie der Wissenschaften (Hrsg.), Band 25, Über die Jagd – Kulturelle Aspekte und aktuelle Funktionen, Verlag Dr. Friedrich Pfeil, München 2002

328. Schwenk, Sigrid, Von der hohen Kunst zu jagen. Jagdmethoden im 18. Jahrhundert, in: Die *Jägerey* im 18. Jahrhundert, Colloquium der Arbeitsstelle 18. Jahrhundert, Bergische Universität, Gesamthochschule Wuppertal, Verlag Carl Winter, Heidelberg 1991

329. Schwenk, Sigrid, Zur Kulturgeschichte des Schwarzwildes, in: C. Commichau (Hrsg.), Schriften des Arbeitskreises Wildbiologie an der Justus-Liebig-Universität, Gießen e.V. Vortrag gehalten im Rahmen des Symposium zur Ökologie des Schwarzwildes am 15. und 16. April 1996 in Mainz

330. Seel, Otto (übertr. und erl.), Der Physiologus - Tiere und ihre Symbolik, Verlag Artemis & Winkler, Düsseldorf und Zürich 1995

331. Seidl, Alois, Deutsche Agrargeschichte, Druck der Fachhochschule Weihenstephan, Freising 1995

332. Seidl-Hohenveldern, Ignaz, Völkerrecht, Carl Heymanns Verlag KG, Köln - Berlin - Bonn - München 1997

333. Selle Herbert, Seine letzten Jahre in Bonn, in: Deutscher Jagdschutzverband e.V. (Hrsg.), Ulrich Scherping und ein halbes Jahrhundert deutscher Jagdgeschichte, Verlag Paul Parey, Hamburg und Berlin 1960

334. Semmler, Joseph, Der Forst des Königs, in: Joseph Semmler (Hrsg), Der Wald in Mittelalter und Renaissance, Düsseldorf 1991

335. Shakespeare, William, Titus Andronicus, in: Matter, Hans (Hrsg.), Shakespeares dramatische Werke, Verlag Birkhäuser, 1954

336. Simmel, Georg, Soziologie - Untersuchungen über die Formen der Vergesellschaftung, Suhrkamp Verlag, Frankfurt am Main 1992

337. Sombart, Werner, Liebe, Luxus und Kapitalismus. Über die Entstehung der modernen Welt aus dem Geist der Verschwendung, Verlag Klaus Wagenbach, Berlin 1992

338. Spengler, Eckehard, Jagdgeschichte und Jagdausübung in landesherrlicher Zeit, in: Die *Jägerey* im 18. Jahrhundert, Colloquium der Arbeitsstelle 18. Jahrhundert, Bergische Universität, Gesamthochschule Wuppertal, Verlag Carl Winter, Heidelberg 1991

339. Sperber, Georg, Deer and Dauerwald. The German Problem, in: Wilhelm Bode (Hrsg.), Naturnahe Waldwirtschaft - Prozeßschutz oder biologische Nachhaltigkeit, Deukalion Verlag, 1997

340. Sperber, Georg, Für stürmische Zeiten: Der Wald braucht eine neue Verfassung!, in: Wilhelm Bode (Hrsg.), Naturnahe Waldwirtschaft - Prozeßschutz oder biologische Nachhaltigkeit, Deukalion Verlag, 1997

341. Spiess, Karl-Heinz, Herrschaftliche Jagd und bäuerliche Bevölkerung im Mittelalter, in: Rösener, Werner (Hrsg.), Jagd und höfische Kultur im Mittelalter, Vandenhoeck & Ruprecht, Göttingen 1997

342. Sprandel, Rolf, Verfassung und Gesellschaft im Mittelalter, Verlag Ferdinand Schöningh, Parderborn 1994

343. Stahl, Dietrich und Bibelriether, Hans, Jagd in Deutschland - Wild und Jäger im Industrieland, Verlag Paul Parey, Hamburg und Berlin 1971

344. Stahl, Dietrich, Wild, Lebendige Umwelt, Verlag Karl Alber, 1979

345. Stahl, Dietrich, Zur Entwicklung der Schonzeitbestimmungen in der jagdlichen Gesetzgebung des deutschen Rechtskreises. Dissertation an der Universität Göttingen, 1967

346. Steinlin, Hansjürg, Forstpolitische Optionen im Wertewandel, in: Frank Halder (Hrsg.), Public Relations für den Wald, Verlag Reinhard Fischer, München 1992

347. Stieglitz, Christian Ludwig, Geschichtliche Darstellung der Eigentumsverhältnisse an Wald und Jagd in Deutschland - Von den ältesten Zeiten bis zur Ausbildung der Landeshoheit. Verlag F. A. Brockhaus, Leipzig 1832

348. Störmer, Wilhelm, Hofjagd der Könige und der Herzöge im mittelalterlichen Bayern, in: Rösener, Werner (Hrsg.), Jagd und höfische Kultur im Mittelalter, Vandenhoeck & Ruprecht, Göttingen 1997

349. Strabo, Walafried, Versus de imagine Tetrici, (MGH Poeta Latini aevi Carolini 2. Hrsg. von E. Dümmler), 1884, Ndr. 1964

350. Straßburg, Gottfried von, Tristan, Band 1, Reclam Verlag, 1980

351. Straubinger, Franz, Der Jagdbetrieb – wirtschaftliche Chance oder finanzielles Bermudadreieck, in: Waldökosystem und Schalenwild, Ökologischer Jagdverein Bayern e.V. (Hrsg.), Druck + Papier Meyer, Scheinfeld 1999

352. Straubinger, Franz, Vom schlagweisen Altersklassenwald zum naturgemäßen Wirtschaftswald, in: Wilhelm Bode (Hrsg.), Naturnahe Waldwirtschaft. Prozeßschutz oder biologische Nachhaligkeit?, Verlag Deukalion 1997

353. Strobl, Reinhard, Die Hege von Wildtieren in der Agrarlandschaft, in: Rundgespräche der Kommission für Ökologie, Bayerische Akademie der Wissenschaften (Hrsg.), Band 25, Über die Jagd – Kulturelle Aspekte und aktuelle Funktionen, Verlag Dr. Friedrich Pfeil, München 2002

354. Stubenrauch, F.A. von, Recht und Billigkeit in Forst- und Jagdsachen zwischen dem Landesherrn und seinen Unterthanen, 1779

355. Suda, Michael, Rituale und Triebe. Anmerkungen zum Problemfeld Schalenwild und gesellschaftliche Interessen, in: Waldökosystem und Schalenwild, Ökologischer Jagdverein Bayern e.V. (Hrsg.), Druck + Papier Meyer, Scheinfeld 1999

356. Suter, Hubert, Sie jagten und sie jagen noch, Verlag Neumann – Neudamm, Melsungen 1980

357. Suter, Hubert, Waidwerk im Schußfeld, Verlag Neumann – Neudamm, Melsungen 1986

358. Syrer, Eugen, Jagdrecht und Interessengruppen. Eine historische Analyse, Dissertation an der Ludwig-Maximilians-Universität München, München 1987

359. Szabó, Thomas, Das Turnier in Italien, in: Josef Fleckenstein (Hrsg.), Das ritterliche Turnier im Mittelalter. Beiträge zu einer vergleichenden Formen- und Verhaltensgeschichte des Rittertums, Vandenhoeck & Ruprecht, Göttingen 1985

360. Szabó, Thomas, Die Kritik der Jagd - Von der Antike zum Mittelalter, in: Rösener, Werner (Hrsg.), Jagd und höfische Kultur im Mittelalter, Vandenhoeck & Ruprecht, Göttingen 1997

361. Tacitus, (Cornelius (?) Vorname leider nicht historisch überliefert oder zumindest sehr ungewiß), Die Germania, Insel-Verlag zu Leipzig, Jahrgang leider unbekannt. Original liegt dem Verfasser selbst vor.

362. Theuerkauf, G., Frondienst, in: Erler, Adalbert und Kaufmann, Ekkehard (Hrsg.), Handwörterbuch zur Deutschen Rechtsgeschichte, I. Band Aachen – Haussuchung, Verlag Erich Schmidt, Berlin 1971

363. Theuerkauf, G., Fronhof, in: Erler, Adalbert und Kaufmann, Ekkehard (Hrsg.), Handwörterbuch zur Deutschen Rechtsgeschichte, I. Band Aachen – Haussuchung, Verlag Erich Schmidt, Berlin 1971

364. Thimme, H., Forestis - Königsgut und Königsrecht nach den Forsturkunden des 6. bis 12. Jahrhunderts, Dissertation, Göttingen 1908

365. Thran, Antje, Forstexcesse und eine würkliche Insurrection, in: Axel Kuhn (Hrsg.), Aufklärung und Revolution. Volksunruhen in Württemberg 1789-1801, Band 2, 1991

366. Tolstoi, Leo N., Kriegsursachen, in: Steinweg, Reiner (Red.), Kriegsursachen, Suhrkamp Verlag, Frankfurt am Main 1987

367. Ueckermann, Erhard, Jagd und Jagdgeschichte Nordrhein-Westfalen, Rheinland-Verlag GmbH, Köln 1979

368. Ueding, Gert, Eine gewisse Garantie gegen rohe Tätlichkeiten. Das Duell im Werk Goethes: Adliger Ehrenkodex oder bürgerliches Seelendrama?, in: Uwe Schultz (Hrsg.), Das Duell. Der tödliche Kampf um die Ehre, Insel Verlag, Frankfurt am Main 1996

369. Uerpmann, H.P., Betrachtungen zur Wirtschaftsform neolithischer Gruppen in Südwestdeutschland, Fundber. Baden-Württemberg 3, 1977, S.144-161

370. Van der Loo, Hans und van Reijen, Willem, Modernisierung – Projekt und Paradox, Deutscher Taschenbuch Verlag, München 1997

371. Veblen, Thorstein, Theorie der feinen Leute - Eine ökonomische Untersuchung der Institutionen, Fischer Taschenbuch Verlag 1997

372. Velthuysen, Hermann, Vor und nach dem Schuß, in: Wild und Weidwerk der Welt, Herausgegeben unter dem Ehrenschutz des Bundesministeriums für Land- und Forstwirtschaft und der Österreichischen Landesjagdverbände, Marathon-Edition, Herbert St. Fürlinger, Vienna 1955

373. Vogel, Christian, Anthropologische Spuren – Zur Natur des Menschen, S. Hirzel Verlag, Stuttgart – Leipzig 2000

374. Vollbach, Adolf, in: Deutscher Jagdschutzverband e.V. (Hrsg.), Ulrich Scherping und ein halbes Jahrhundert Deutscher Jagdgeschichte. Ein Zeit- und Lebensbild,Verlag Paul Parey, Hamburg und Berlin 1960

375. Von Weizsäcker, Ernst Ulrich, Erdpolitik. Ökologische Realpolitik an der Schwelle zum Jahrhundert der Umwelt, Wissenschaftliche Buchgesellschaft, 4. Auflage, Darmstadt 1994

376. Voß, Reinhardt, Jagdhumor und Jägerlatein, in: Wild und Weidwerk der Welt, Herausgegeben unter dem Ehrenschutz des Bundesministeriums für Land- und Forstwirtschaft und der Österreichischen Landesjagdverbände, Marathon-Edition, Herbert St. Fürlinger, Vienna 1955

377. Wagner, Rudolf Freiherr von, Das Jagdwesen in Württemberg unter den Herzögen, Verlag der H. Laupp´schen Buchhandlung, Tübingen 1876

378. Waitz, Georg, Deutsche Verfassungsgeschichte - Die deutsche Reichsverfassung, Sechster Band, Akademische Druck- und Verlagsanstalt, Graz-Austria 1955

379. Wald in der Bundesrepublik Deutschland, Herausgegeben vom Land- und Hauswirtschaftlichen Auswertungs- und Informationsdienst e.V., Landwirtschaftsverlag GmbH, Münster-Hiltrup 1976

380. Wald, Ökologie und Naturschutz – Leistungsbilanz und Ökologieprogramm der Landesforstverwaltung Baden-Württemberg, Herausgegeben vom Ministerium für ländlichen Raum, Landwirtschaft und Forsten Baden-Württemberg, Heilbronn 1993

381. Warland, Rainer, Vom Heros zum Jagdherrn, in: Wolfram Martini (Hrsg.), Die Jagd der Eliten in den Erinnerungskulturen von der Antike bis in die Frühe Neuzeit, Verlag Vandenhoeck & Ruprecht, Göttingen 2000

382. Weber, Max, Gesammelte Aufsätze zur Religionssoziologie, Band 1, 6. Auflage, Tübingen 1972

383. Weber, Max, Wirtschaft und Gesellschaft, Verlag J.C.B. Mohr (Paul Siebeck), Tübingen 1980

384. Wendt, Ulrich, Kultur und Jagd, Ein Pirschgang durch die Geschichte, Georg Reimer Verlag, Berlin 1908

385. Werner, F., Was Jäger verschweigen. Die Schattenseiten eines umstrittenen Hobbys, Selbstverlag F. Werner, Annweiler 2001

386. Wesel, Uwe, Der Mythos vom Matriarchat, Verlag Suhrkamp, Frankfurt am Main 1980

387. Wieser, Wolfgang, Die Evolution der Evolutionstheorie, in: Peter Sitte (Hrsg.), Jahrhundertwissenschaft Biologie. Die großen Themen, Verlag C.H. Beck, München 1999

388. Willam, Horst Alexander, Wildbahn und Waidwerk in Baden-Württemberg 1875 - 1975, herausgegeben vom Landesjagdverband Baden-Württemberg e.V., Stuttgart 1975

389. Winter, Thomas, Jagd – Naturschutz oder Blutsport?, Winter-Buchverlag, Passau 2003

390. Wolters, Reinhard, Die Römer in Germanien, Verlag C.H. Beck, München 2000

391. Wood, Ian, The Merovingian Kingdoms, London 1994

392. Wotte, Herbert, Jagd im Zwielicht. Von Jagdherren, Jägern und Wilderern, Verlag Neues Leben, Berlin (DDR) 1983

393. Yadin, Yigael, Bar Kochba. Archäologen auf den Spuren des letzten Fürsten von Israel, Hoffmann und Campe Verlag, Hamburg 1971, Original: Bar-Kokhba - The Rediscovery of the legendary hero of the last Jewish Revolt against Imperial Rome

394. Zimmermann, Wilhelm, Der große deutsche Bauernkrieg, Dietz Verlag, Berlin 1989

395. Zippelius, Reinhold, Geschichte der Staatsideen, Verlag C.H. Beck, München 1994

396. Zotz, Thomas, Beobachtungen zu Königtum und Forst im frühen Mittelalter, in: Rösener, Werner (Hrsg.), Jagd und höfische Kultur im Mittelalter, Vandenhoeck & Ruprecht, Göttingen 1997

397. Zwierlein, Eduard, Verantwortung in der Risikogesellschaft, in: Zwierlein, Eduard (Hrsg.), Verantwortung in der Risikogesellschaft, Wissenschaftlicher Verlag Dr. Ullrich Schulz-Kirchner, Idstein 1994

13.2 Fachpublika, Zeitschriften, Magazine, Internetquellen

1. (Alp-) Traumhafte Pacht(bedingungen), in: Die Pirsch, Ausgabe Nr. 12/1997
2. Abschaffung der Pflicht-Hegeschau. Artikel zu zu einer Pressekonferenz des Bundes Naturschutz in Bayern und des Ökologischen Jagdvereins Bayern e.V., abgehalten zu München, am Mittwoch den 23. April 2003. Herausgegeben von der Arbeitsgemeinschaft Naturgemäße Waldwirtschaft, Landesgruppe Bayern; vom Forstausschuß des Bayerischen Städtetages; des Bund Naturschutz in Bayern e.V.; des Ökologischen Jagdvereins Bayern e.V.; des Verbandes der Höheren Verwaltungsbeamten in Bayern e.V.; des Verbandes Weihenstephaner Forstingenieure e.V.; des Vereins zum Schutz der Bergwelt.
3. Achenbach, Joel, Blut und Bein. Wissenschaftler erwecken die Saurier zu neuem Leben, in: National Geographic, März 2003, Ausgabe Deutschland
4. AP-Meldung vom 14.07.1997 mit dem Titel: Eine Seitenlinie der Evolution, unter der URL: http://mainz-online.de/old/97/07/14/topnews/neander1.html
5. Arbeitsgemeinschaft Naturnahe Jagd e.V. Schleswig-Holstein (Hrsg.), Naturnah Jagen - Eine Standortbestimmung, Neue Nieswand Druck GmbH, Kiel 2003
6. Argumente für eine Novellierung des Bundesjagdgesetzes, Herausgegeben vom Ökologischen Jagdverein Bayern e.V., Druck + Papier Meyer, Scheinfeld 2003
7. Arnold, Walter, Neue Erkenntnisse zur Winterökologie des Rotwildes - Der verborgene Winterschlaf, in: Stationen von der Fütterung zum Verbiss?, herausgegeben vom Ökologischen Jagdverein Bayern e.V., Druck + Papier Meyer, Scheinfeld 2004
8. Artikel „Freizeitdrang zur Natur regeln", in: Die Pirsch, Ausgabe Nr. 09/1995
9. Artikel „Pferderipper gesucht", in: Wild und Hund, Ausgabe Nr. 04/2004
10. Artikel „Störfaktor Freizeitmensch", in: Die Pirsch, Ausgabe Nr. 04/1996
11. Artikel „Wenn ein Pächter zuwenig schiesst...", in: Die Pirsch, Ausgabe Nr. 19/1997
12. Artikel mit dem Titel: „Waldschutz mit dem Jagdgewehr", unter der URL: http://www.br-online.de/umwelt-gesundheit/unserland/landwirtschaft_forst/forst/jagdgenossenschaft-kay.shtml, vom 18.10.2004
13. Artikel, „Hier stellen Sie die Fragen!", Fragen an die Parteien, in: Jäger, Ausgabe Nr. 02/1998
14. Artikel: „Jäger sollen dem Rotwild mehr Ruhe gönnen", in: Ökojagd, Ausgabe Nr. 04/1999
15. Autorenkollektiv, Die Entstehung des Reichs-Jagdgesetzes, in: Wild und Hund, Ausgabe Nr. 03/1949
16. Axer, Karl, Leserbrief zum Thema: „Keine Angst vor der Lust", in: Wild und Hund, Ausgabe Nr. 04/2004
17. Bachmann, Peter, Was ist Weidgerechtigkeit?, Kommentar dazu, in: Jäger, Ausgabe Nr. 02/1998

18. Baethmann, Teresa, Den Menschen trennt mehr vom Affen als gedacht, erschienen unter der URL: http://www.wissenschaft.de/sixcms/detail.php?id=172320, vom 25. September 2002

19. Balke, Bernd, Leserbrief zum Thema: „Keine Angst vor der Lust", in: Wild und Hund, Ausgabe Nr. 07/2004

20. Bartl, Michael, Schrotschuss-Unlogik, Leserbrief zum Thema Reh-Reduzierung mit Schrot?, in: Die Pirsch, Ausgabe Nr. 20/1996

21. Baumer, Günther, Nicht tierschutzgerecht, Stellungnahme zum Thema Reh-Reduzierung mit Schrot?, in: Die Pirsch, Ausgabe Nr. 02/1997

22. Bednarek, Walter, Jagd, Artenschutz und Gesellschaft. Gedanken zur Situation der Jagd – Ökologie pur, in: Der Jäger, Nr. 03/1999

23. Belgard, Wolfgang, Im Jagdrecht. Dr. Wolfgang Belgard verfolgt Niederschlag des Begriffes Weidgerechtigkeit im Jagdrecht, in: Deutsche Jagd Zeitung, Ausgabe Nr. 12/2000

24. Bethge, Philipp, Gefiederte Genies, in: Der SPIEGEL, Ausgabe Nr. 03/2004

25. Betz, Karl-Heinz, (Editorial) Doch nicht im grünen Bereich?, in: Wild und Hund, Ausgabe Nr. 16/2003

26. Betz, Karl-Heinz, (Editorial) Rehe drücken?, in: Wild und Hund, Ausgabe Nr. 19/2003

27. Betz, Karl-Heinz, (Editorial) Wankende Fundamente, in: Wild und Hund, Ausgabe Nr. 21/2004

28. Betz, Karl-Heinz, Aufrüsten für die Bodenjagd, in: Wild und Hund, Ausgabe Nr. 22/2004

29. Beutler, Axel, Großtierfauna Mitteleuropas und ihr Einfluß auf Vegetation und Landschaft, in: Ökojagd, Ausgabe Juli 1997

30. Bloch, Josef-Markus, Artikel über die Struktur und Zusammensetzung des DJV, in: Die Pirsch, Ausgabe Nr. 22/1999

31. Bloch, Josef-Markus, Auf der Strecke 2004, in Die Pirsch, Ausgabe Nr. 19/2004

32. Bloch, Josef-Markus, Deutliche Signale, in: Die Pirsch, Ausgabe Nr. 07/2004

33. Bloch, Josef-Markus, Gemetzel oder korrekte Jagd?, in: Die Pirsch, Ausgabe Nr. 24/2004

34. Bloch, Josef-Markus, Wildschaden und Abschußplanung, in: Die Pirsch, Ausgabe Nr. 16/1997

35. Bode, Wilhelm, Bis zum bitteren Untergang!, in: Deutsche Jagd Zeitung, Ausgabe Nr. 12/2000

36. Bode, Wilhelm, Die Drückjagd aus rechtlicher Sicht und jagdgesetzliche Forderungen, in: Ökologischer Jagdverband Rheinland-Pfalz (Hrsg.), 1992 – 2002, Festschrift zum 10 jährigen Jubiläum, Verlag Meyer GmbH, Scheinfeld 2002

37. Bogenjagd, die Jagd mit dem Bogen, allgemeine Informationen rund um die Bogenjagd siehe unter der URL: http://www.bogenschuetze.de/bogenjagd.html

38. Boschen, Thomas, Festvortrag des Landesvorsitzenden Thomas Boschen, Der Jäger – vom Privilegierten zum Dienstleister, in: Ökologischer Jagdverband Rheinland-Pfalz (Hrsg.), 1992 – 2002, Festschrift zum 10 jährigen Jubiläum, Verlag Meyer GmbH, Scheinfeld 2002

39. Brack, Hilmar, Reduktion. Der Weisheit letzter Schluss oder Armutszeugnis?, in: Die Pirsch, Ausgabe Nr. 11/2004

40. Brandstetter, Anna-Maria, zitiert bei Ulrich Eberl „Kannibalismus - uraltes Erbe oder Mythos?, in: Bild der Wissenschaft online unter URL: http://www.wissenschaft.de/sixcms/detail.php?id=96670, vom 01.03.2000.

41. Braun, Gerold, Henker und Rüdemänner, in: Wild und Hund, Ausgabe Nr. 18/1998

42. Braun, Harry (Pseudonym?), Offener Brief ans ZDF, in: Die Pirsch, Ausgabe Nr. 25/1995

43. Brunner, Erwin, Sieg über Rom, in: National Geographic, März 2002, Ausgabe Deutschland

44. Buchmair, Felix, Leserbrief zur Änderung des Jagdgesetzes, nach der ein Bockabschuss in der Schonzeit keine Straftat, sondern nurmehr eine Ordnungswidrigkeit sein soll, „Schindern" Tür und Tor geöffnet, in: Die Pirsch, Ausgabe Nr. 17/1996

45. Bußmann, Peter, „Gesiebte Luft" für Jagdstörer, in: Die Pirsch, Ausgabe Nr. 26/1996

46. Conrad, Peter, Aufwand, Risiko und Herzenssache, in: Deutsche Jagdzeitung, Ausgabe Nr. 01/2004

47. Conrad, Peter, BJG - keine Nazi-Gesetz!, in: Deutsche Jagdzeitung, Ausgabe Nr. 09/2004

48. Conrad, Peter, Ein Zweckbündnis muss her!, in: Deutsche Jagdzeitung, Ausgabe Nr. 11/2004

49. Czarnetzki, Alfred und Pusch, Carsten M., Die Neandertaler. Eine hochspezialisierte Art, in: Archäologie online, unter der URL: http://www.archaeologie-online.de/magazin/thema/2001/06/c_1.php

50. Czichos, Joachim, Wurden Mammuts von einem Virus dahingerafft?, in: Bild der Wissenschaft online, erschienen am 13.10.2000 unter der URL: http://www.wissenschaft.de/sixcms/detail.php?id=36746

51. Danckelmann, B., Wirthschaftliche und wirthschaftspolitische Rückblicke auf Wald und Jagd in den Jahren 1894, 1895, in: Zeitschrift für Forst- und Jagdwesen. Zugleich Organ für forstliches Versuchswesen, Dr. jur. B. Danckelmann (Hrsg.), Neunundzwanzigster Jahrgang 1897, Verlag von Julius Springer, Berlin 1897

52. Das Bundesjagdgesetz. Forderungen und Tatsachen, Deutscher Jagdschutz-Verband, LV Druck im Landwirtschaftsverlag GmbH, Münster 2003

53. Das Bundesjagdgesetz. Forderungen, Tatsachen. Der Argumentationsleitfaden zum Bundesjagdgesetz, Deutscher Jagdschutz-Verband e.V., Bonn 2003

54. Das Naturschutzrecht von Grund auf modernisieren. Vorschläge der GRÜNEN im Landtag für die Novellierung des baden-württembergischen Landesnaturschutzgesetzes, Bündnis 90 / Die Günen (Hrsg.), Stuttgart 2003

55. Das neue Waffengesetz, Sonderdruck in der Reihe Die Pirsch, Deutscher Landwirtschaftsverlag GmbH, München 2002

56. David, Andreas, Auf die nächsten 50 Jahre, in: Wild und Hund, Ausgabe Nr. 17/2003

57. David, Andreas, Bewegungsjagden auf Rehwild. Drückeberger drücken, in: Wild und Hund, Ausgabe Nr. 19/2003

58. David, Andreas, Zur Sache - Stadtfüchse, in: Wild und Hund, Ausgabe Nr. 01/2004

59. Der BUND in Zahlen: Mitgliederentwicklung seit 1997, unter der URL: http://www.bund.net/

60. Der Fall Hinterstoißer, Faltblatt, herausgegeben vom Ökologischen Jagdverein Bayern e.V., Rothenburg 1998

61. Der Landesnaturschutzverband Baden-Württemberg in Zahlen, unter der URL: http://www.lnv-bw.de/

62. Dickel, Karl, Buchbesprechung zu Dr. Lehfeld, Rechtsanwalt in Berlin, Jagdrechtskunde für den preußischen Weidmann, in: Zeitschrift für Forst- und Jagdwesen. Zugleich Organ für forstliches Versuchswesen, Dr. jur. B. Danckelmann (Hrsg.), Neunundzwanzigster Jahrgang 1897, Verlag von Julius Springer, Berlin 1897

63. Die Kultur der Neandertaler, Artikel im Discovery Channel, unter der URL: http://www.discovery.de/de/pub/specials/menschheit/theorien/sackgasse_neandertaler/kultur_print.htm, vom 16. März 2003.

64. Die menschliche Sprache - Kulturgut oder Ergebnis der evolutionären Auslese? Artikel im Discovery Channel, unter der URL: http://www.discovery.de/de/pub/specials/menschheit/menschwerdung/sprache/sprach_gen_print.htm, vom 16. März 2003

65. Die NABU-Chronik, „100 Jahre für Mensch und Natur", unter der URL: http://www.nabu.de/m09/m09_01/00351.html

66. Diskussionsrunde mit dem Thema „Brauchen wir Abschusspläne fürs Rehwild?", in: Der Jäger, Ausgabe Nr. 05/1999

67. Doerenkamp, Jost, Editorial „Ganz subjektiv...", in: Die Pirsch, Ausgabe Nr. 10/2004

68. Doesel, Sepp, Wiederkehr der Doppelnullerzeit?, Leserbrief zum Thema Reh-Reduzierung mit Schrot?, in: Die Pirsch, Ausgabe Nr. 02/1997

69. Dörter, Malte, Bittere Pille?, in: Deutsche Jagd Zeitung, Ausgabe Nr. 05/2003

70. Duderstaedt, Hans-Joachim, An ihren Stangen sollt Ihr sie erkennen, in: Deutsche Jagdzeitung, Ausgabe Nr. 06/2003

71. Duderstaedt, Hans-Joachim, Grünlandschäden – Vermeiden und beseitigen, in: Deutsche Jagdzeitung, Ausgabe Nr. 03/2004

72. Duderstaedt, Hans-Joachim, Treffersitz und Fluchtverhalten, in: Deutsche Jagdzeitung, Ausgabe Nr. 11/2004

73. Duderstaedt, Hans-Joachim, Wie alt?, in: Deutsche Jagdzeitung, Ausgabe Nr. 03/2005

74. Duderstaedt, Hans-Joachim, Zehn Jahre DJZ-Versuchsrevier, in: Zehn Jahre DJZ-Versuchsrevier, Sonderheft III, Mehr Durchblick beim Rehwild, herausgegeben von der Deutschen Jagdzeitung 1995

75. Eberl, Ulrich, Kannibalismus – uraltes Erbe oder Mythos?, in: Bild der Wissenschaft online vom 01.03.2000 unter der URL: http://www.wissenschaft.de/sixcms/detail.php?id=96670

76. Eicher, Kurt, Berliner Manifest - Forderungen des Internationalen Symposiums Natur ohne Jagd für die Legislaturperiode 2002 - 2006. Herausgegeben von der Initiative zur Abschaffung der Jagd, Kurt Eicher, Biologe und Studiendirektor.

77. Eicher, Kurt, Konzepte nach der Abschaffung der Jagd, in: Der Lust-Töter, 3. erweiterte Auflage, Verlag Das Brennglas, Kreuzwertheim 2002

78. Emmert, Elisabeth und Rittershofer, Fedo, Reformierung der Jagd nicht auf Schrotschuss zuspitzen, Stellungnahme zum Thema Reh-Reduzierung mit Schrot?, in: Die Pirsch, Ausgabe Nr. 20/1996

79. Emmert, Elisabeth, Vorwort 10 Jahre ÖJV, in: 1988 - 1998. 10 Jahre Ökologischer Jagdverein Bayern, Ökologischer Jagdverein Bayern e.V. (Hrsg.), Druck + Papier Meyer, Scheinfeld 1999

80. Emmert, Elisabeth, Zeitgemässe Schalenwildbejagung aus der Sicht des ÖJV, in: Ökojagd, Ausgabe Nr. 01/2002

81. Engel, Peter, Jungfuchsbejagung - Je früher, desto besser, in: Wild und Hund, Ausgabe Nr. 11/2004

82. Engell, Thomas, Stöbern auf Rotwild, in: Unsere Jagd, Ausgabe Nr. 11/2003

83. Entwurf des Ökologischen Jagdverbands zur Novellierung des Bundesjagdgesetzes, September 2001, unter der URL: http://www.oejv.de/modules.php?name=Downloads&d_op=getit&lid=20

84. Entwurf zum „Gesetz zur Reform der Verwaltungsstruktur, zur Justizreform und zur Erweiterung des kommunalen Handlungsspielraums (Verwaltungsstruktur – Reformgesetz - VRG)", herausgegeben vom Innenministerium Baden-Württemberg, Januar 2004. Stand 13.01.2004 unter der URL: http://www.oejv.de/modules.php?name=Forums&file=viewtopic&t=72

85. Erdmann, Oberförster, Die Kiefernbestände der nordwestdeutschen Lehmheide, in: Tuisko Lorey (Hrsg.), Allgemeine Forst- und Jagdzeitung, Jahrgang 1900, Ausgabe Januar 1900, J.D. Sauerländer´s Verlag, Frankfurt am Main, 1900

86. Erläuterungen zum BN Positionspapier zur Jagd, Fassung August 2003, Verantwortlich Dr. Christian Magerl, Artenschutzreferent Südbayern, Pettenkoferstraße 10 a/l, 80336 München, unter der URL: http://www.oejv.de/modules.php?name=News&file=article&sid=406&mode=&order=0&thold=0

87. Ernsted, Knud E., Schrotschuss auf Rehwild. Ja oder Nein?, in: Der Jäger, Ausgabe Nr. 01/1998

88. Erz, Wolfgang, Zwischen Hochmut und Hege. Die Deutsche Jagd im Konflikt mit dem Naturschutz, in: Nationalpark, Ausgabe Nr. 51, Heft 2, 1986

89. Es ist das Drumherum, das die Jagd ausmacht, Ernst-Otto Engelhardt im Gespräch mit Olympiasieger und Jäger Hans Günter Winkler, in: Wild und Hund, Ausgabe Nr. 18/1998

90. Fabsits, Tanja „Out-of-Africa: Für die Auswanderung brauchten die Hominiden kein großes Gehirn", in: Bild der Wissenschaft online unter der URL: http://www.wissenschaft.de/sixcms/detail.php?id=125911, vom 05. Juli 2002

91. Falk, Marcel, „Älteste Überreste menschlicher Vorfahren entdeckt", in: Bild der Wissenschaft online unter URL: http://www.wissenschaft.de/sixcms/detail.php?id=126372&template_id=518&query_id=279, vom 11.07.2002

92. Felsberg, Joachim, Leise Invasion, in: Jäger, Ausgabe Nr. 02/1998

93. Fink, Peter, Erfahrungen mit der Eigenbewirtschaftung, in: Ökojagd, Ausgabe Nr. 04/1999

94. Fink, Peter, Offener Brief an das Präsidium des Bayerischen Bauernverbandes, in: Ökojagd, Ausgabe Nr. 01/2005

95. Flasbarth, Jochen, Die Jagd ist ins Gerede gekommen, in: 1988 - 1998. 10 Jahre Ökologischer Jagdverein Bayern, Ökologischer Jagdverein Bayern e.V. (Hrsg.), Druck + Papier Meyer, Scheinfeld 1999

96. Forstliches Gutachten 2004 zum Dreijahres-Rehwildabschußplan, herausgegeben von der Landesforstverwaltung Baden-Württemberg, Ministerium für Ernährung und ländlichen Raum, Juli 2004

97. Freiherr von Berg, Waidsprüche und Jägerschreie, in: Monatsschrift für das Forst- und Jagdwesen, Dr. Franz Baur (Hrsg.), Juni 1868, Stuttgart, Druck und Verlag von Fr. Schweizerbart, 1868

98. Frommhold, Dag, Interview mit demTitel „Tieren steht das Recht auf Leben zu", in: Der Lust-Töter, 3. erweiterte Auflage, Verlag Das Brennglas, Kreuzwertheim 2002

99. Fuchs, Wendelin, Schrotschuss auf Rehwild. Ja oder Nein?, in: Der Jäger, Ausgabe Nr. 01/1998

100. Für eine nachhaltige Jagd, Eckpunkte des Bundesministeriums für Verbraucherschutz, Ernährung und Landwirtschaft zur Novellierung des Bundesjagdgesetzes, herausgegeben vom Bundesministerium für Verbraucherschutz, Ernährung und Landwirtschaft, vom 19. März 2004.

101. Fürst, Oberforstrat, Die Schuß- und Schonzeiten im Deutschen Reiche, in: Wild und Hund, Ausgabe Nr. 01/1895

102. Fütterung - Ablenkungsfütterung - Kirrung? Erläuterungen zu den Fütterungsbestimmungen der Landesjagdgesetz-Durchführungsverordnung (LJagdGDVO) 2002, NABU Baden-Württemberg e.V. (Hrsg.), Inhalt: Michael Hug, ILN Bühl, Rogge & Naber, Rheinmünster Dezember 2002

103. G. Rettstadt, Eine dienstliche Correspondenz aus der guten alten Zeit über das Abschneiden der Katzenohren, in: Monatsschrift für das Forst- und Jagdwesen, Dr. Franz Bauer (Hrsg.), Oktober 1868, Stuttgart, Druck und Verlag von Fr. Schweizerbart, 1868

104. Gendrich, Goede, Wehrhaftes Wild - Wagemutiges Waidwerk, in: Die Pirsch, Ausgabe Nr. 04/1997

105. Gore, Rick, Leute wie wir, in: National Geographic, Ausgabe Deutschland, Juli 2000

106. Gore, Rick, War das Eva? in: National Geographic, Ausgabe Deutschland, August 2002

107. Goretzki, Jürgen und David, Andreas, Volldampf auf ganzer Fläche, in: Wild und Hund, Ausgabe Nr. 01/2004

108. Graf, Simon, Gedanken eines jagdenden Hundeführers. „Spannend und effektiv", in: Wild und Hund, Ausgabe Nr. 19/2003

109. Gröber, Eberhard, Regiejagd der Jagdgenossenschaft Beuren im Allgäu, in: Ökojagd, Ausgabe Nr. 04/1999

110. Gröber, Eberhard, Zum Jahr der Tanne – Recht dem gesunden Menschenverstand, in: Ökojagd, Ausgabe Nr. 04/2004

111. Gubitz, Reiner, Eigenbewirtschaftung der Jagd im Gemeinschaftsjagdrevier in Bayern, Selbstverlag, Immenstadt / Allgäu 1999

112. Haas, Bernhard, „Schwarze Schafe" bleiben im Gedächtnis, in: Die Pirsch, Ausgabe Nr. 24/1996

113. Haas, Bernhard, Angst vor BSE, in: Die Pirsch, Ausgabe Nr. 05/2001

114. Haas, Bernhard, Das Revier ein jagdliches Freudenhaus?, in: Die Pirsch, Ausgabe Nr. 05/2004

115. Haas, Bernhard, Kanzel weggebombt, in: Die Pirsch, Ausgabe Nr. 05/2004

116. Habel, Hubertus, Rotwild in Oberfranken - Management als Zukunftsperspektive, in: Ökojagd, Ausgabe Nr. 01/1997

117. Hagel, Werner, Für Besonnene kein Problem, Leserbrief zum Thema Reh-Reduzierung mit Schrot?, in: Die Pirsch, Ausgabe Nr. 02/1997

118. Hahn, Nils, Ist Fütterung ein sinnvolles Instrument bei der Schwarzwildbewirtschaftung?, in: Schwarzwild, Zusammenfassung der Referate des gleichnamigen Seminares, Ökologischer Jagdverein Bayern e.V., (Hrsg.), Druck und Papier Meyer, Scheinfeld 2003

119. Halder, Jörg, „Jäger, wir müssen offensiver werden!", in: Die Pirsch, Ausgabe Nr. 05/1997

120. Hartl, G.B., Einfluss der Bejagung auf das Rotwild aus genetischer Sicht, in: Ökologischer Jagdverband Rheinland-Pfalz (Hrsg.), 1992 - 2002, Festschrift zum 10 jährigen Jubiläum, Verlag Meyer GmbH, Scheinfeld 2002

121. Heereman, Baron von, Jäger sind Delegierte, nicht Privilegierte, in: Wild und Hund, Ausgabe Nr. 10/1998

122. Heereman, Baron von, Rede anlässlich der Delegiertenversammlung des DJV am 12. Oktober 2001 in Konstanz, unter der URL: http://www.jagdnetz.de/Aktuelles/Bundesjaegertag/Bundesjaegertagung2001/index.cfm?todo=show&session_id=&id=600&pfadid=$0$599&pfadtitel=$%DCbersicht$Reden

123. Heereman, Baron von, Schrotschuss auf Rehwild. Ja oder Nein?, in: Der Jäger, Ausgabe Nr. 01/1998

124. Heereman, Baron von,: Jahrestagung war erfolgreich, Pressemitteilung, in: Wild und Hund, Ausgabe Nr. 25/1997

125. Hempel, Versammlung des Preußischen Forstvereins für beide Provinzen Preußen, in: Zeitschrift für Forst- und Jagdwesen. Zugleich Organ für forstliches Versuchswesen, Dr. jur. B. Danckelmann (Hrsg.), Neunundzwanzigster Jahrgang 1897, Verlag von Julius Springer, Berlin 1897

126. Hespeler, Bruno, Auf Rehe drücken, in: Schweizer Jäger, Ausgabe leider unbekannt

127. Hespeler, Bruno, Rotwildpositionen, in: Ökojagd, Ausgabe Nr. 04/1999

128. Hespeler, Bruno, Und ewig waidmannsheulen die Jäger…, in: Der Jäger, Ausgabe Nr. 03/1999

129. Hespeler, Bruno, Und jetzt...?, in: Ökologischer Jagdverein Bayern e.V. (Hrsg.), Festschrift zehn Jahre Ökologischer Jagdverein Bayern 1988 – 1998, Rothenburg o.d. Tauber, 1999

130. Hespeler, Bruno, Wie es uns gefällt…, in: Der Jäger, Ausgabe Nr. 02/2000

131. Heurich, Marco und Fielitz, Uli, SMS vom Rotwild. Neue Erkenntnisse über Bayerwald-Hirsche, in: Die Pirsch, Ausgabe Nr. 05/2004

132. Hinze, Gerhard, Braucht die Waldwende den Schrotschuss?, unter der URL: http://www.oejv.de/positionen/schrot.htm

133. Hockenjos, Wolf, März-Errungenschaften, in: 1988 - 1998. 10 Jahre Ökologischer Jagdverein Bayern, Ökologischer Jagdverein Bayern e.V. (Hrsg.), Druck + Papier Meyer, Scheinfeld 1999

134. Hoffmann, Hillel, J., Das große Sterben, in: National Geographic, Ausgabe Deutschland, September 2000

135. Hofmann, Heini, Hat Meister Petz noch eine Chance?, in: Wild und Hund, Ausgabe Nr. 23/2004

136. Hohe Akzeptanz von Jagd und Jägern, DJV-Umfrage April 1999, in: Der Jäger, Ausgabe Nr. 02/2000

137. Homepage des Tiroler Jägerverbandes, Informationen zur Jagd in Tirol, unter der URL: http://www.ljv.at/tirol.htm

138. Hopp, Paul-Joachim und Weitz, Wolfgang, Walter Frevert. Der Macht verfallen, in: Wild und Hund, Ausgabe Nr. 21/2004

139. Hornung, Heiko, Bundesjagdgesetz-Reform. Es kommt alles anders, in: Wild und Hund, Ausgabe Nr. 16/2003

140. Hornung, Heiko, Jagd in Schutzgebieten: Hahn in Ruh auf Raten?, in: Wild und Hund, Ausgabe Nr. 03/2005

141. Hornung, Heiko, Künasts „Meilensteine", in: Wild und Hund, Ausgabe Nr. 08/2004

142. Hornung, Heiko, Polizeijagden angedroht, in: Wild und Hund, Ausgabe Nr. 24/2004

143. Hornung, Heiko, Schlierseer Jagdszenen, in: Wild und Hund, Ausgabe Nr. 04/2005

144. Hornung, Heiko, Umweltjagd im Saarland – Abschuss in fünf Stunden, in: Wild und Hund, Ausgabe Nr. 01/2005

145. Huber, Gerhard, CWD - BSE bei Hirsch und Reh, unter der URL: http://www.lwf.uni-muenchen.de/veroef2001/lwfakt29/beitrage28.htm, 2001

146. Huber, Gerhard, CWD bei nordamerikanischen Hirschen ist weitaus ansteckender als BSE, unter der URL: http://www.lwf.bayern.de/lwfaktuell/44/kap-9.pdf, 2004

147. Hug, Michael, Erste Erfahrungen mit den neuen Fütterungsbestimmungen der im Sommer 2002 geänderten LjagdDVO in Baden-Württemberg, in: Stationen von der Fütterung zum Verbiß?, herausgegeben vom Ökologischen Jagdverein Bayern e.V., Druck + Papier Meyer, Scheinfeld 2004

148. Im Ausland waidgerecht jagen, in: Die Pirsch, Ausgabe Nr. 06/2000

149. Informationen zur Jagd für Grund- und Waldbesitzer, Broschüre des Ökologischen Jagdvereins Baden-Württemberg e.V., 3. überarbeitete Auflage, Nr. 04/1999

150. Informationen zur Jagd für Grund und Waldbesitzer, Herausgegeben vom Ökologischen Jagdverein e.V., Walter Trefz, Reiner Knecht, Hubert Kapp, Ulrich Herkle, Eberhard Gröber, Dr. Heiner Grub, Werner Bierer, ÖJV Baden-Württemberg, Waldburg 1999

151. Initiative zur Abschaffung der Jagd, Kurt Eicher, Homepage mit weiteren Verweisen auf Vegetarismus, Veganismus, Jagdgegnerschaft, etc. unter der URL: http://www.abschaffung-der-jagd.de/index.php

152. Itzen, Christian, Die lodengrüne Welt ist in Ordnung – oder etwa nicht?, in: Wild und Hund, Ausgabe Nr. 25/1997

153. Ivanovic, Toma, Kurgan-Böcke, in: Die Pirsch, Ausgabe Nr. 05/1996

154. Jagd und Wald, Einige allgemeine Vorbemerkungen zum Themenkomplex, Homepage des BUND, Bundesarbeitskreis Wald, unter der URL: http://home.t-online.de/home/waldklein/jagd1.htm

155. Jagd und Wald, Um welche Jäger geht's denn?, Homepage des BUND, Bundesarbeitskreis Wald, unter der URL: http://home.t-online.de/home/waldklein/jagd5.htm

156. Jagdbericht Baden-Württemberg für das Jagdjahr 2001/2002, Berichte der Wildforschungsstelle Nr. 9, Aulendorf 2003, (Hrsg.) Wildforschungsstelle des Landes Baden-Württemberg bei der Staatlichen Lehr- und Versuchsanstalt Aulendorf

157. Jagdpolitisches Grundsatzpapier des NABU, Aus der Reihe: NABU Argumente, Herausgegeben vom NABU Bundesverband, Bonn 2001

158. Jäger & Praxis, Kurz und bündig, Band 22, Beilage der Zeitschrift Jäger, 1997

159. Jankowski, Ausführungen zur Selbschußanlage für Raubzeug, in: Schirmacher (Hrsg.), Jahrbuch des Schlesischen Forstvereins für 1902, Verlagsbuchhandlung Morgenstern, Breslau 1903

160. Kalchreuter, Heribert, Herr der Lage?, in: Der Jäger, Ausgabe Nr. 01/2000

161. Kamphuis, Bernd, „Auf, auf zum…", in: Deutsche Jagdzeitung, Ausgabe Nr. 11/2003

162. Kamphuis, Bernd, Wir müssen kämpfen!, in: Die Deutsche Jagdzeitung, Ausgabe Nr. 11/2004

163. Kappeler, Markus, Schimpanse. Pan troglodytes, erschienen in der WWF Gedenktaler Kollektion, Groth AG, Unterägeri, 1993, und unter der URL: http://www.markuskappeler.ch/tex/fratex.html.

164. Kehse, Ute, Sind Menschen für das Aussterben von Säbelzahntiger und Wollmammut verantwortlich?, in: Bild der Wissenschaft online, erschienen am 09.06.2001 unter der URL: http://www.wissenschaft.de/sixcms/detail.php?id=91488

165. Keine „Pille" ohne Folgen, in: Wild und Hund, Ausgabe Nr. 19/2003

166. Keine Angst vor der Lust, Leserbriefe zu einem Artikel von Andreas Kläne über die Dissertation von Günter R. Kühnle, in: Wild und Hund, Ausgabe Nr. 04/2004

167. Kellermann, Kerstin, Das Rotkäppchensyndrom befällt sogar Jäger, in: Die Pirsch, Ausgabe Nr. 08/2004

168. Keyser, André W., Die ersten Menschen – Das Geheimnis der Höhle, in: National Geographic, Ausgabe Deutschland, Mai 2000

169. Klahm, Günther, Rehwild ist kein Schädling, in: Die Pirsch, Ausgabe Nr. 09/1995

170. Kläne, Andreas, Keine Angst vor der Lust, in: Wild und Hund, Ausgabe Nr. 24/2003

171. Klärner, Diemut, Kolkraben, in: Ökojagd, Ausgabe Juli 1999

172. Klotz, Rüdiger, Patentrezept: Fehlanzeige, in: Die Pirsch, Ausgabe Nr. 20/2004

173. Knauer, Roland H., Kleinvieh statt Mammuts, in: Bild der Wissenschaft online unter der URL: http://www.wissenschaft.de/sixcms/detail.php?id=32851 vom 05.11.1997

174. Kolbe, Hartmut, Jäger sind schon lange nicht mehr allein in Feld und Flur, in: Wild und Hund, Ausgabe Nr. 13/1998

175. Kollektivschuld und Kollektivstrafe im jüdischen und israelischen Recht, Vortrag gehalten im Fachbereich Rechtswissenschaft der Universität Oldenburg (gedruckt in: DIALOG christlich-jüdische Informationen, Mai 2002) und unter der URL: http://www.juedisches-recht.de/Rechtsgeschichte-Kollektivschuld.htm

176. König, Andreas, Münchens Füchse fressen Hamburger, in: Wild und Hund, Ausgabe Nr. 01/2004

177. Koops, K., Mit Nachtsichtgeräten, Fallen und Hormonen, in: Der Jäger, Ausgabe Nr. 02/2000

178. Kornder, Wolfgang, Anarchie im Jagdwesen. Fütterungsrealitäten in Bayern, in: Stationen von der Fütterung zum Verbiß?, herausgegeben vom Ökologischen Jagdverein Bayern e.V., Druck + Papier Meyer, Scheinfeld 2004

179. Krah, Alexander und Hornung, Heiko, Brandenburgs ÖJV probt den Aufstand, in: Wild und Hund, Ausgabe Nr. 17/2003

180. Krah, Alexander, Ernte oder Vernichtung?, in: Wild und Hund, Ausgabe Nr. 03/2004

181. Kranz, Andreas, Fortschritte in der Rotwild-Raumplanung, Artikel unter der URL: http://www.jagd-stmk.at/projekte4.html, ebenfalls veröffentlicht in DER ANBLICK, Ausgabe Nr. 03/2003

182. Kranz, Andreas, Rotwild Raumplanung in der Steiermark, Artikel unter der URL: http://www.jagd-stmk.at/projekte1.html, ebenfalls veröffentlicht im Jahresbericht 2001 / 2002 der Steirischen Landesjägerschaft und in DER ANBLICK, Ausgabe Nr. 12/2001

183. Krewer, Bernd, Schalenwild und Jagd, in: Die Pirsch, Ausgabe Nr. 04/2004

184. Kujawski, Olgierd Graf von, Europas Jäger müssen auf die Schulbank, in: Die Pirsch, Ausgabe Nr. 10/2004

185. Lamerdin, Fritz, Die multifunktionale und naturnahe Waldwirtschaft heute. Wünsche und Empfehlungen, in: Forst und Holz, Ausgabe Nr. 17/1988

186. Larsson, Gösta, Die Geheckzeit hat es in sich, in: Wild und Hund, Ausgabe Nr. 09/1998

187. Lecocq, Yves, Jagd in Europa, Ein Interview des FACE-Mitarbeiters in: Deutsche Jagd Zeitung, Ausgabe Nr. 12/2000

188. Lehrheft Wild und Jagd in unserer Kulturlandschaft, herausgegeben vom Schweizerischen Patentjäger- und Wildschutzverband (SPW), unter der URL: http://www.jagd.ch/jagd/lehrheft/Inhalt/08_09.pdf

189. Leserbrief mit dem Thema „Wald hat eindeutig Vorrang", in: Die Pirsch, Ausgabe Nr. 22/1995

190. Leserbrief von Bernhard Lübbers zum Thema „Kniefall vor dem Naturschutz", in: Wild und Hund, Ausgabe Nr. 07/2004

191. Leserbrief von Schwintuchowsky, Annemarie, Wildbewirtschaftung aufs Totschießen reduziert, in: Die Pirsch, Ausgabe Nr. 11/2004

192. Leserbriefe zum Thema „Kniefall vor dem Naturschutz", in: Wild und Hund, Ausgabe Nr. 04/2004

193. Lewicki, Michael, Hirsche, Sauen, Rothühner. Auf Monteria in Spanien, in: Die Pirsch, Ausgabe Nr. 08/1995

194. Lewis-Williams, D. und Garrett, K., Bilder aus einer anderen Welt, in: National Geographic, Februar 2001, Ausgabe Deutschland

195. Lindner, Kurt, Zum Selbstverständnis der Jäger, in: Wild und Hund, Ausgaben Nr. 15-18/1985

196. LJV Schleswig-Holstein, Richtlinien für die Hege und Bejagung des Rot- und Damwildes in Schleswig-Holstein, 1. Teil Rotwild, unter der URL: http://www.ljv-sh.de/site/04_naturnutzung/04_frame_c_3.html

197. Marszk, D., Südamerikanische Urmenschen lebten vom Meer, in: bild der wissenschaft - online, unter der URL: http://www.wissenschaft.de/sixcms/detail.php?id=32684

198. Märtin, Ralf-Peter, Kampf um Germanien, in: National Geographic, Februar 2003, Ausgabe Deutschland

199. Maylein, Klaus, Anders jagen - Regiejagd der Jagdgenossenschaft Beuren b. Isny/Allgäu, in: Ökojagd, Ausgabe 2, Mai 2003

200. Maylein, Klaus, Das Presseintensivseminar der Landesforstverwaltung und die langen Schatten der anstehenden Verwaltungsreform, in: Ökojagd, Ausgabe 3, August 2003

201. Maylein, Klaus, Gemeinschaftliche Jagdbezirke: verpachten oder eigenbewirtschaften? Darstellung beider Bewirtschaftungsansätze, insbesondere unter Berücksichtigung der ökonomischen, ökologischen und sozialen Auswirkungen, unter der URL: http://www.öjv.de/modules.php?name=Downloads&d_op=viewdownloaddetails &lid=2&ttitle=Eigenbewirtschaftung_der_Jagd_oder_Verpachten

202. Maylein, Klaus, Warum unser Novellierungsvorschlag zum BJG nicht funktioniert, veröffentlicht am 08.10.2001 auf der Homepage des Ökologischen Jagdvereins, unter der URL: http://www.oejv.de/info/artikel_Maylein.htm, desweiteren in Wild und Hund, Ausgabe Nr. 19/2001

203. Meier, Jakob, Schrot auf Rehe in der Schweiz, Artikel veröffentlicht auf der Homepage der Deutschen Jagdzeitung, 05/2002, unter der URL: http://www.djz.de/artikelbeitrag/artikelbeitrag_16355.html

204. Meißner, Marcus, Stiller Abgang, in: Die Pirsch, Ausgabe Nr. 10/2004

205. Meister, Georg, Interview mit dem Titel: „Jeden Tag Krieg im Forst", in: Der SPIEGEL, Ausgabe Nr. 21/2004

206. Meister, Georg, Waldbau und Jagd, in: 1988 - 1998. 10 Jahre Ökologischer Jagdverein Bayern, Ökologischer Jagdverein Bayern e.V. (Hrsg.), Druck + Papier Meyer, Scheinfeld 1999

207. Menzel, Kurt, Hegegemeinschaften. Stärke durch Gemeinsamkeit, in: Wild und Hund, Ausgabe Nr. 04/2004

208. Meyer-Loos, J., Die Jagd im Würgegriff des Naturschutzes, in: Der Jäger, Ausgabe Nr. 03/1999

209. Mitteilung „Hessens Grüne fordern Fütterungsverbot - Minister nimmt Jäger in Schutz", in: Die Pirsch, Ausgabe Nr. 02/2005

210. Morris, Simon Conway, Delfine waren uns überlegen, in: Der SPIEGEL, Ausgabe Nr. 40/2003

211. Moser, Anton, Nicht tauglich statt nicht tragbar, in: Die Pirsch, Ausgabe Nr. 01/2004

212. Moser, Anton, Reh-Reduzierung mit Schrot, in: Die Pirsch, Ausgabe Nr. 10/1996

213. Muck, Carolin, Genmanipulation verlieh vor 200.000 Jahren unseren Vorfahren eine Stimme, in: Bild der Wissenschaft online unter der URL: http://www.wissenschaft.de/sixcms/detail.php?id=128518, vom 16. August 2002

214. Muck, Carolin, Unsere Vorfahren stammen aus dem Nahen Osten, in: Bild der Wissenschaft - online, erschienen am 06. August 2002 unter der URL: http://www.wissenschaft.de/sixcms/detail.php?id=127984

215. Müller, Hans, Warum jagen wir heute noch?, in: Ökojagd, Ausgabe Juli 1998

216. Müller, Wulf-Eberhard, Jagen vor dem Reichsjagdgesetz, in: Ökologischer Jagdverein Bayern e.V. (Hrsg.), Festschrift zehn Jahre Ökologischer Jagdverein Bayern 1988 - 1998, Rothenburg o.d. Tauber, 1999

217. Mynarek, Hubertus, „Die Metzelei an den Tieren ist wesentlich verursacht durch die Kirche", in: Der Lust-Töter, 3. erweiterte Auflage, Verlag Das Brennglas, Kreuzwertheim 2002

218. NABU - für Mensch und Natur, Vorwort zum Jahresbericht 2002 unter der URL: http://www.nabu.de/m09/m09_01/00547.html

219. Nagel, Werner, „Landnutzung, nicht Rabenvögel sind schuld", in: Wild und Hund, Ausgabe Nr. 09/1998

220. Nakott, Jürgen, Das Rätsel von Bilzingsleben, in: National Geographic, Mai 2000, Ausgabe Deutschland

221. Nakott, Jürgen, Menschen wie wir, in: National Geographic, Dezember 2002, Ausgabe Deutschland

222. Novellierungsvorschlag des Ökologischen Jagdverbandes (ÖJV) zum Bundesjagdgesetz, Sonderdruck des Ökologischen Jagdverbandes, September 2001

223. Otten, Gerd, Waidgerechtigkeit und Hegepflicht - ethische Maxime oder neofeudales Instrument zur Schalenwildzucht? Veröffentlicht unter der URL: http://www.oejv.de/positionen/weidgerechtigkeit.htm, Auszug aus der Diplomarbeit zum Thema "Diskussion der inhaltlichen Entwicklung ausgewählter Paragraphen des RJG vs. BJG" die Gerd Otten an der Fachhochschule Hildesheim/Holzminden/Göttingen im Fachbereich Forstwirtschaft und Umweltmanagement in Göttingen, 2001 verfasste

224. Pegel, Manfred, Fuchsbejagung – Sinn oder Unsinn?, WFS – Mitteilungen Nr. 01/2004, herausgegeben von der Wildforschungsstelle des Landes Baden-Württemberg, Aulendorf

225. Pfaff, Cornelia, Das Aussterben der Mammuts bleibt ein Geheimnis, in: Bild der Wissenschaft online, erschienen am 06. Juni 2001 unter der URL: http://www.wissenschaft.de/sixcms/detail.php?id=91314

226. Pfannenstiel, Hans-Dieter, Güteklassen wildbiologisch sinnvoll?, in: Unsere Jagd, Ausgabe Nr. 12/2003

227. Plikat, K., Krach um das neue Landesjagdgesetz, in: Wild und Hund, Ausgabe Nr. 08/1997

228. Positionen (des ÖJV BW, Anm.dV.) zum Eckpunktpapier des Bundesministeriums für Verbraucherschutz, Ernährung und Landwirtschaft zur Novellierung des Bundesjagdgesetzes. Siehe unter der URL: http://www.oejv.de/modules.php?name=News&file=article&sid=503&mode=&order=0&thold=0

229. Positionen der Arbeitsgemeinschaft Naturnahe Jagd Norddeutschland (ANJN e.V.), aufgegangen im ÖJV Niedersachsen-Bremen, unter der URL: http://www.anjn.de/pos_schrot.htm

230. Positionen des Deutschen Jagdschutz-Verbandes, Waidgerechtigkeit, unter der URL: http://www.jagd-online.de/seite.cfm?010208

231. Positionen des DJV, Stichwort „Waidgerechtigkeit", unter der URL: http://www.jagd-online.de/seite.cfm?010208

232. Positionen des LNVL (Lëtzebuerger Natur- a Vulleschutzliga) unter der URL: http://www.luxnatur.lu/luxnatur/lnvpos3.htm#2.1

233. Positionspapier Jagd, Landnutzung im Sinne der Agenda 21, Bündnis 90 / Die Grünen, Herausgegeben von der Landesgeschäftsstelle des Saarlandes

234. Positionspapier zu Jagd des Bundes Naturschutz in Bayern e.V., Aktuelle Fassung vom Juni 2003, Herausgegeben vom Bund Naturschutz in Bayern e.V. und unter der URL: http://www.oejv.de/modules.php?name=News&file=article&sid=406&mode=&order=0&thold=0

235. Presseerklärung mit dem Titel „Lothar" aufgearbeitet, in: Wild und Hund, Ausgabe Nr. 04/2004

236. Pressemeldung des Bayerischen Staatsministeriums für Landwirtschaft und Forsten, Nr. 372 vom 25. November 2004, „Wildgemetzel" war korrekte Bewegungsjagd,_Ministerium zur dpa-Meldung bay0033 vom 25. November.

237. Pressemeldung mit dem Titel „Atom-Keiler aus dem Bayersichen Wald", in: Der Jäger, Ausgabe Nr. 02/2000

238. Pressemeldung mit dem Titel „Bald nur noch Berufsjäger?", in: Wild und Hund, Ausgabe Nr. 20/2004

239. Pressemeldung mit dem Titel „Die Rückkehr der Braunbären", in: Wild und Hund, Ausgabe Nr. 23/2004

240. Pressemeldung mit dem Titel „Kanzel gesprengt", in: Wild und Hund, Ausgabe Nr. 04/2004, Rubrik Magazin - Bundesländer

241. Pressemeldung mit dem Titel „Positionspapier stößt auf Kritik", in: Wild und Hund, Ausgabe Nr. 04/2004

242. Pressemeldung mit dem Titel „Schwarzwild kommt", in: Wild und Hund, Ausgabe Nr. 20/2004

243. Pressemeldung vom Landesjägertag Baden-Württemberg, 3. April 2004 in Bad Mergentheim unter der URL: http://www.oejv.de/modules.php?name=News&file=article&sid=504, Minister Willi Stächele zur Rehwildbejagung

244. Pressemitteilung / Artikel des DJV, Ohne Jagd geht´s nicht!, in: Der Jäger, Ausgabe Nr. 04/1998

245. Pressemitteilung 6/2004 des DNR, Natur- und Tierschutzverbände machen öffentlichen Druck für neues Bundesjagdgesetz, unter der URL: http://www.dnr.de/presse/docs/Pm6-2004.doc.

246. Pressemitteilung der Fraktion Bündnis 90 / DIE GRÜNEN im hessischen Landtag vom 17. Januar 2005, mit dem Titel: Zahl der Hirsche und der geschädigten Bäume drastisch gestiegen", unter der URL: http://www.oejv.de/modules.php?name=News&file=article&sid=605

247. Pressemitteilung der waldpolitischen Sprecherin der Regierungskoalition Cornelia Brehm, mit dem Titel: „Rot-Grün zieht Konsequenz aus Waldzustandsbericht", in: Ökojagd, Ausgabe Nr. 01/2005

248. Pressemitteilung Mecklenburg-Vorpommern, Minister besorgt über zu großen Wildbestand, in: Deutsche Jagdzeitung, Ausgabe Nr. 11/2004

249. Pressemitteilung mit dem Titel „Böcke statt Füchse", in: Wild und Hund, Ausgabe Nr. 04/2004

250. Pressemitteilung mit dem Titel „Zeit der Rebhühner vorbei?", in: Die Pirsch, Ausgabe Nr. 05/2004

251. Pressemitteilung mit dem Titel „Zu viel Wild in den Wäldern", in: Wild und Hund, Ausgabe Nr. 19/2004

252. Pressemitteilung, Jagen ohne Pächter, in: Wild und Hund, Ausgabe Nr. 17/2004
253. Pressmitteilung mit dem Titel „Aufhebung der Rehbock-Schonzeit. Mutiger Schritt in Sachsen", in: Ökojagd, Ausgabe Nr. 01/2004
254. Prideaux, T., Phillips, Patricia, Jelinek, J., Dolni Vestonice I - The kiln and encampment, unter der URL: http://www.hominids.com/donsmaps/dolnivi.html, von: Don's Maps, Resources for the study of the Palaeolithic unter der URL: http://www.hominids.com/donsmaps/index.html#sites.
255. Radtke, Oliver, Beuteltiere, unter der URL: http://www.biokular.de/12/BEUTELT.HTM
256. Raimer, Frank, Monitoring-Verfahren zur Waldentwicklung und der Einfluss des Schalenwildes (Reh *Capreolus capreolus L.* und Rothirsch *Cervus elaphus L.*) im Nationalpark Harz (unveröffentlichtes Manuskript, der Geschäftsstelle des ÖJV Baden-Württemberg und dem Redaktionsteam der Ökojagd vorliegend)
257. Randow, Gerow von, Werfen, schleudern, schießen: vom Steinwurf bis zum Killersatelliten, nachzulesen bei Bild der Wissenschaft online vom 15. Mai 2002 unter der URL: http://www.wissenschaft.de/sixcms/detail.php?id=122576. Zuvor erschien der Artikel am 12. Mai 2002 in der Frankfurter Allgemeinen Sonntagszeitung
258. Rangliste: WuH sucht den stärksten Fuchs Deutschlands, in: Wild und Hund, Ausgabe Nr. 23/2004
259. Rieg, Timo, Eier aus der Käfigbatterie?, unter der URL: http://www.dike.de/akut/AKUTe/99-1-07.htm, veröffentlicht auf der Homepage von der „Aktion Kirche und Tiere AKUT e.V."
260. Rieser, M., Die Erfahrungen sind gut, Leserbrief zum Thema Reh-Reduzierung mit Schrot?, in: Die Pirsch, Ausgabe Nr. 02/1997
261. Ringeltauben heute. Jagdzeit verkürzt - Bürokratie verdoppelt, in: Wild und Hund, Ausgabe Nr. 16/2003
262. Rittershofer, Fredo, 10 Jahre Ökologischer Jagdverein Bayern - Verantwortung für den Naturhaushalt anstelle von Trophäenjagd, in: 1988 - 1998. 10 Jahre Ökologischer Jagdverein Bayern, Ökologischer Jagdverein Bayern e.V. (Hrsg.), Druck + Papier Meyer, Scheinfeld 1999
263. Rockstroh, Andreas, Gleich oder gleicher?, in: Deutsche Jagd Zeitung, Ausgabe Nr. 03/2003
264. Rohleder, Horst, Der magische Platz, in: Wild und Hund, Ausgabe Nr. 23/2004
265. Rommel, W.D., Pacht- und Regiejagd aus betriebswirtschaftlicher Sicht, in: Ökojagd, Ausgabe Nr. 04/1999
266. Röscheisen, Helmut, DNR-Generalsekretär, Pressemitteilung des DNR, Pm19-2003.doc, unter der URL: http://www.dnr.de/presse/index.php?send=Presseinformationen%20anzeigen&titel=t&suchbegriff=Natursch%FCtzer+wollen+neues+Bundesjagdgesetz&PHPSESSID=4259caf289528f4b5ad9bf5469ef01e4, vom 18. September 2003
267. Rotenhan, Freiherr Sebastian von, „...damit keiner mehr sagen kann, er habe es nicht gewusst", unter der URL: http://www.papernews.de/rotenhan.pdf. Ebenfalls abgedruckt in: Ökojagd, Ausgabe Nr. 07/2005, S. 4ff.
268. Röther, Klaus, Totalabschuss wegen genetischer Verarmung, in: Die Pirsch, Ausgabe Nr. 08/1995
269. Röther, Klaus, Wildfütterung in Hessen wieder erlauben, in: Die Pirsch, Ausgabe Nr. 04/1997

270. Rubrik: „Jagdreviere, Jagdgelegenheiten“, in: Die Pirsch, Ausgabe Nr. 08/1995
271. Rubrik: „Jagdreviere“, in: Wild und Hund, Ausgabe Nr. 01/2004
272. Rubrik: „Jagdreviere“, in: Wild und Hund, Ausgabe Nr. 09/2004
273. Rubrik: „Jagdreviere“, in: Wild und Hund, Ausgabe Nr. 10/2004
274. Rubrik: „Jagdreviere“, in: Wild und Hund, Ausgabe Nr. 11/1998
275. Rubrik: „Jagdreviere“, in: Wild und Hund, Ausgabe Nr. 11/2004
276. Rubrik: „Jagdreviere“, in: Wild und Hund, Ausgabe Nr. 12/1998
277. Rubrik: „Jagdreviere“, in: Wild und Hund, Ausgabe Nr. 20/1998
278. Rubrik: „Jagdreviere“, in: Wild und Hund, Ausgabe Nr. 21/1998
279. Rubrik: „Jagdreviere“, in: Wild und Hund, Ausgabe Nr. 24/2003
280. Rubrik: „Jagdverpachtung“, in: Deutsche Jagd Zeitung, Nr. 12/2003
281. Rubrik: „Reviere & Jagdgelegenheiten“, in: Die Pirsch, Ausgabe Nr. 01/2004
282. Rubrik: Aus Württemberg, Wildschadensersatz, in: Tuisko Lorey (Hrsg.), Allgemeine Forst- und Jagdzeitung, Jahrgang 1900, Ausgabe Januar 1900, J.D. Sauerländer´s Verlag, Frankfurt am Main, 1900
283. Rupprecht, Michael, Wer sein Handwerk beherrscht…, Leserbrief zum Thema Reh-Reduzierung mit Schrot?, in: Die Pirsch, Ausgabe Nr. 20/1996
284. Sackgasse - Warum starb der Neandertaler aus? Artikel im Discovery Channel, unter der URL: http://www.discovery.de/de/pub/specials/menschheit/theorien/sackgasse_neandertaler/sackgasse_print.htm, vom 16. März 2003
285. Schiller, Adolf, Die Entstehung der Menschheit, Naturhistorische Gesellschaft Nürnberg, 2001, unter URL: http://www.colourfulworld.com/die_entstehung_der_menschheit/die_entstehung_der_menschheit.htm
286. Schmid, Ida, Wie konnte das passieren?, in: Wild und Hund, Ausgabe Nr. 23/1997
287. Schmid, Ulrich, Der Hohmann-Hirsch, in: Wild und Hund, Ausgabe Nr. 24/2003
288. Schmidt, Klaus, Fristlose Kündigung für den Fuchs. Gezeilte Lebensraumverschlechterung als Hilfe für das Niederwild, in: Deutsche Jagd Zeitung, Ausgabe Nr. 12/2004
289. Schneider, Nadine, Verbrecherische Tiere vor Gericht, unter der URL: http://www.lonelygunmen.de/paranormal/legende/animalisch/gericht.html
290. Schöll, Wolfram, Leserbrief zum Thema: „Keine Angst vor der Lust“, in: Wild und Hund, Ausgabe Nr. 04/2004
291. Schraml, Ulrich, Störfaktor Freizeitmensch, in: Die Pirsch, Ausgabe Nr. 22/1996
292. Schulz, Matthias, Die Spur des Jägers, in: DER SPIEGEL 06/2004 – 02. Februar 2004
293. Schulz, Matthias, Großmaul vom Gardasee - Zoten, Sex und Pornografie - ein Altphilologe hat den vulgärsten Dichter Roms neu entdeckt. Sein Name: Catull. In: DER SPIEGEL 14/2002 - 30. März 2002, oder unter der URL: http://www.spiegel.de/spiegel/0,1518,189416,00.html
294. Schwaiger, Herbert, Der „Fahrende Schlachthof“, Vorstellung dieses österreichischen Schlachtkonzepts unter der URL: http://members.aon.at/mss/ und http://members.aon.at/mss/german/fsh4_gr.html. Der Vertrieb läuft über die Mobile Schlachtsysteme GmbH, Grünsting 18, A-2651 Reichenau/Rax

295. Schwarzwildpapier des Bundes Bayrischer Berufsjäger

296. Schweizer Jagdstrecke, Huftiere, unter URL: http://www.umwelt-schweiz.ch/imperia/md/content/forstdirektion/wildjagd/wj10_dienstleistungen/wj20_kreisschreiben/wj10_002_huftiere.xls

297. Schwenk, Sigrid, Jagdethik, in: Deutsche Jagd Zeitung, Ausgabe Nr. 12/2000

298. Serie: „Hätten Sie´s gedacht"?, in: Der Jäger, Ausgabe Nr. 01/1998

299. Serie: „Sie fragten, Politiker antworten", in: Der Jäger, Ausgabe Nr. 08/1998

300. Sicherheit ohne Wenn und Aber, in: Die Pirsch, Ausgabe Nr. 20/2000

301. Sieben, Peter Friedrich, Freizeitdrang zur Natur regeln, in: Die Pirsch, Ausgabe Nr. 09/1995

302. Sind wir verwandt oder nicht? Artikel im Discovery Channel, unter der URL: http://www.discovery.de/de/pub/specials/menschheit/theorien/sackgasse_neandertaler/forschung_print.htm, vom 16. März 2003

303. Sinner, Hans-Ulrich, Auswirkungen unterschiedlicher Hegemaßnahmen auf die Wildpopulation und die Vegetation - Ergebnisse aus dem Wildforschungsprojekt „optimale Schalenwilddichte", in: Stationen von der Fütterung zum Verbiß?, herausgegeben vom Ökologischen Jagdverein Bayern e.V., Druck + Papier Meyer, Scheinfeld 2004

304. Sinner, Hans-Ulrich, Leserbrief, Verbissgutachten: Am Ziel vorbei gemosert, in: Die Pirsch, Ausgabe Nr.04/2004

305. Sonnleitner, Gerd, Jagdrecht verteidigen, in: Deutsche Jagd Zeitung, Ausgabe Nr. 12/2000

306. Sperber, Georg, „The German Problem" und das vatikanische Wald - Wild - Wunder, Ökojagd, Ausgabe Nr. 04/1999

307. Sperber, Georg, So kommt die Jagd auf den Hund, Festvortrag von Dr. Georg Sperber, in: Ökologischer Jagdverband Rheinland-Pfalz (Hrsg.), 1992 - 2002, Festschrift zum 10 jährigen Jubiläum, Verlag Meyer GmbH, Scheinfeld 2002

308. Sperber, Georg, So kommt die Jagd auf den Hund, in: Ökologischer Jagdverein Bayern e.V. (Hrsg.), Mit Hunden jagen, Druck + Papier Meyer, Scheinfeld 2000

309. Staatsjagden werden kaum verpachtet, in: Die Pirsch, Ausgabe Nr. 06/1997

310. Stadtfüchse werden zum Problem, Pressemeldung Sachsen, in: Deutsche Jagdzeitung, Ausgabe Nr. 01/2004

311. Stammen, Theo, Xenophon in Machiavellis politischen Schriften, in: Institut für Europäische Kulturgeschichte, Universität Augsburg, Mitteilungen 7 - Bericht I, unter der URL: http://www.uni-augsburg.de/institute/iek/iek/mitt_7/xenophon.htm

312. Stark, Hans, Erfahrungen und Auswertungen bei Stöberjagden, Kirchaich. Herkunft und Jahr des Artikels leider unbekannt, liegt mir im Original vor.

313. Steiner, Josef, Leserbrief, Für Waldbesitzer eine wichtige Grundlage, in: Die Pirsch, Ausgabe Nr. 04/2004

314. Stern, Horst, Jagd vorbei - Halali. Offener Brief an den Jäger Walter Scheel, in: Zeitmagazin Nr. 9/21, Februar 1975. Abgedruckt auch bei Bode, Wilhelm / Emmert, Elisabeth, Jagdwende - Vom Edelhobby zum ökologischen Handwerk, Verlag Beck, München 1998

315. Stöcker, Burkhard, Das 1x1 der Prädatoren, in: Die Pirsch, Ausgabe Nr. 02/2005

316. Stremmel, Dietmar, Einflußnahme der Medienberichterstattung auf die Ursachenattribution von Pferdeschändungen, zu finden unter der URL: http://www.uni-giessen.de/~g11165/

317. Stubbe, Christoph, Rehwildbiologie für die Praxis, in: Zehn Jahre DJZ-Versuchsrevier, Sonderheft III, Mehr Durchblick beim Rehwild, herausgegeben von der Deutschen Jagdzeitung 1995

318. Süß, Meinhard, Doppelbödigkeit deutscher Waidgerechtigkeit, Leserbrief zum Thema Reh-Reduzierung mit Schrot?, in: Die Pirsch, Ausgabe Nr. 20/1996

319. Thema im Wild und Hund Online-Forum: Nabu kartografiert NRW Reviere, unter der URL: http://www.wildundhund.de/cgi-bin/ubb/ultimatebb.cgi?ubb=get_topic&f=12&t=000620

320. Thiemer, Klaus, Irrtum oder Illusion?, in: Die Pirsch, Ausgabe Nr.26/1999

321. Thor, Gundula, Nicht die Schuld „in die Schalen schieben", in: Die Pirsch, Ausgabe Nr. 08/2000

322. Tierschutz im Grundgesetz als Staatsziel definiert. Artikel unter der URL: http://www.3sat.de/3sat.php?http://www.3sat.de/nano/astuecke/34220/.

323. Tierschutz im Grundgesetz!, Pressemitteilung von Bündnis 90 / DIE GRÜNEN, unter der URL: http://www.gruene-fraktion.de/rsvgn/rs_dok/0,,3371,00.htm, vom 28. Februar 2002

324. Tillemans, Axel, Bereits vor 40.000 Jahren drangen Menschen in Europa bis in den Polarkreis vor, in: Bild der Wissenschaft online unter der URL: http://www.wissenschaft.de/sixcms/detail.php?id=101356, vom 06. September 2001

325. Troeder, Kirsten, Vergleich angeordnet. Streitbarer Bergwaldbauer gegen „den Rest der Welt", in: Die Pirsch, Ausgabe Nr. 25/1996

326. Umwelt, Sicherheit, Gesundheit 1999, BASF Aktiengesellschaft, Zentralabteilung Öffentlichkeitsarbeit und Marktkommunikation, Ludwigshafen, April 2000

327. Vahle, Mareen, Das war total geil!, in: Deutsche Jagdzeitung, Ausgabe Nr. 01/2004

328. Verdienste eines Unbequemen, Günter R. Kühnle erhielt Förderpreis, in: Wild und Hund, Ausgabe Nr. 09/1998

329. Verordnung über die Jagdzeiten, zu finden auf der Homepage des Bundesministeriums für Verbraucherschutz, Ernährung und Landwirtschaft unter der URL: http://www.verbraucherministerium.de/, Stand 25. April 2002

330. von Podbielski, Prämien des Allgemeinen deutschen Jagdschutzvereins für Forstschutzbeamte, in: Schirmacher (Hrsg.), Jahrbuch des Schlesischen Forstvereins für 1902, Verlagsbuchhandlung Morgenstern, Breslau 1903

331. von Podbielski, Rothwild-Abschuß, Verfügung des Ministeriums für Landwirthschaft und an sämmtliche Herren Oberforstmeister, III 14865, Berlin, den 23. October 1901, in: Schirmacher (Hrsg.), Jahrbuch des Schlesischen Forstvereins für 1902, Verlag E. Morgenstern, Breslau 1903

332. Waldzustandsbericht 2003 der Forstlichen Versuchs- und Forschungsanstalt Baden-Württemberg, herausgegeben von der FVA Baden-Württemberg, Freiburg 2003

333. Waldzustandsbericht 2004 der Forstlichen Versuchs- und Forschungsanstalt Baden-Württemberg, herausgegeben von der FVA Baden-Württemberg, Freiburg 2004

334. Wawrzinek, Andreas, New York University, Eiszeitmenschen sorgten sich sehr um schwangere Frauen, in: Bild der Wissenschaft online unter der URL: http://www.wissenschaft.de/sixcms/detail.php?id=32820, vom 20. November 1998

335. Wawrzinek, Andreas, War der moderne Mensch den Neandertalern technisch überlegen?, in: Bild der Wissenschaft online unter der URL: http://www.warp6.dva.de/sixcms/detail.php?id=119314&template_id=1981, vom 25. März 2002

336. Weiber müssen draußen bleiben, in: Deutsche Jagdzeitung, Ausgabe Nr. 11/2003

337. Weidinger, Heinrich, Des Jagens Lust und Frust, in:Die Pirsch, Ausgabe Nr. 26/1995

338. Weis, Georg Bernd, Füttern oder nicht füttern,..., in: Der Jäger, Ausgabe Nr. 01/1999

339. Wenn die „Radikalen Feldhasen" kommen, in: Die Pirsch, Ausgabe Nr. 24/1995

340. Wenzel, Eberhard, „Das geht gegen unsere Interessen", in: Wild und Hund, Ausgabe Nr. 07/1998

341. Wie sprachen unsere Ahnen? Artikel im Discovery Channel, unter der URL: http://www.discovery.de/de/pub/specials/menschheit/menschwerdung/sprache/sprachentwicklung_print.htm, vom 16. März 2003

342. Wild und Jagd: Eine Idee setzt sich durch, in: Wild und Hund, Ausgabe Nr. 07/1998

343. Wildeboer, Heiner, Stöberjagden, in: Die Pirsch, Ausgabe Nr. 20/1995

344. Wildschäden am Wald, Herausgegeben vom aid infodienst Verbraucherschutz, Ernährung, Landwirtschaft e.V., Heiner Grub, Michael Petrak, Rudi Suchant, Ralph Roth, 7. überarbeitete Auflage, Benatzky Druck & Medien, Hannover 2002

345. Wildschäden am Wald, Herausgegeben vom aid infodienst Verbraucherschutz, Ernährung, Landwirtschaft e.V., Heiner Grub, Michael Petrak, Rudi Suchant, Ralph Roth, 6. überarbeitete Auflage, GfD Wienands, Bad Honnef 2000

346. Winsmann-Steins, Burkhard, Betonrohrfalle – Klassiker mit System, in: Wild und Hund, Ausgabe Nr. 18/2004

347. Winsmann-Steins, Burkhard, Einige Rominter Kleinodien, in: Wild und Hund, Ausgabe Nr. 07/2004

348. Wölfel, Helmut, Mit Traditionen brechen, in: Jäger, Ausgabe Nr. 04/1998

349. Wotschikowsky, Ulrich, Denken in Haustierkategorien, Leserbrief zum Beitrag „Irrtum oder Illusion?" von Klaus Thiemer, in: Die Pirsch, Ausgabe Nr. 07/2000

350. Wotschikowsky, Ulrich, Rehwild im Bergwald, in: Zehn Jahre DJZ-Versuchsrevier, Sonderheft III, Mehr Durchblick beim Rehwild, herausgegeben von der Deutschen Jagdzeitung 1995

351. Wunder, Ludwig, Leserbrief als Reaktion auf Harry Brauns „Offener Brief ans ZDF", in: Die Pirsch, Ausgabe Nr. 03/1996

352. Zahorka, Herwig, Erforscht: Die steinzeitliche Jagdkultur der Mentawaier (Indonesien), Artikel veröffentlicht auf der Homepage von Wild und Hund unter der URL: http://www.wildundhund.de/archiv/archiv_beitrag_3354.html, wahrscheinlich aus dem Jahre 2001/2002

353. Ziemen, Erik, Jagd: sexuell motiviertes Tötungsritual, in: Wild und Hund, Ausgabe Nr. 24/1997

FSC
www.fsc.org
MIX
Papier | Fördert gute Waldnutzung
FSC® C083411

Kolibri 360 GmbH
Ferdinand-Jühlke-Straße 7
99095 Erfurt, Deutschland
produktsicherheit@kolibri360.de